유기농업
기사·산업기사 필기

합격에 윙크

WIN-Q

하다^

유기농업기사·산업기사 필기

Always with you

사람이 길에서 우연하게 만나거나 함께 살아가는 것만이 인연은 아니라고 생각합니다.
책을 펴내는 출판사와 그 책을 읽는 독자의 만남도 소중한 인연입니다.
SD에듀는 항상 독자의 마음을 헤아리기 위해 노력하고 있습니다.
늘 독자와 함께하겠습니다.

머리말

유기농업 분야의 전문가를 향한 첫 발걸음!

'시간을 덜 들이면서도 시험을 좀 더 효율적으로 대비하는 방법은 없을까'

자격증 시험을 앞둔 수험생들이라면 누구나 한 번쯤 들었을 법한 생각이다. 실제로도 많은 자격증 관련 카페에서도 빈번하게 올라오는 질문이기도 하다. 이런 질문들에 대해 대체적으로 기출문제 분석 → 출제경향 파악 → 핵심이론 요약 → 관련 문제 반복 숙지의 과정을 거쳐 시험을 대비하라는 답변이 꾸준히 올라오고 있다.

윙크(Win-Q) 시리즈는 위와 같은 질문과 답변을 바탕으로 기획되어 발간된 도서로, PART 01 핵심이론 + 핵심예제와 PART 02 과년도 + 최근 기출(복원)문제로 구성되었다.

PART 01에는 과거에 치러 왔던 기출문제의 Keyword를 철저하게 분석하고, 반복출제되는 문제를 추려낸 뒤 그에 따른 핵심예제를 수록하여 빈번하게 출제되는 문제는 반드시 맞힐 수 있게 하였고, PART 02에서는 기출복원문제를 수록하여 PART 01에서 놓칠 수 있는 최근에 출제되고 있는 새로운 유형의 문제에 대비할 수 있게 하였다.

어찌 보면 본 도서는 이론에 대해 좀 더 심층적으로 알고자 하는 수험생들에게는 조금 불편한 책이 될 수도 있을 것이다. 하지만 전공자라면 대부분 관련 도서를 구비하고 있을 것이고, 그러한 도서를 참고하여 공부해 나간다면 좀 더 경제적으로 시험을 대비할 수 있을 것이라 생각한다.

자격증 시험의 목적은 높은 점수를 받아 합격하는 것이라기보다는 합격 그 자체에 있다고 할 것이다. 다시 말해 평균 60점만 넘으면 어떤 시험이든 합격이 가능하다. 효과적인 자격증 대비서로서 기존의 부담스러웠던 수험서에서 과감하게 군살을 제거하여 꼭 필요한 부분만 공부할 수 있도록 한 윙크(Win-Q) 시리즈가 수험준비생들에게 "합격비법노트"로 자리 잡기를 바란다.

수험생 여러분들의 건승을 기원한다.

편저자 씀

시험안내

유기농업기사

개요

유기농업이란 화학비료, 유기합성농약(농약, 생장조절제, 제초제 등), 가축사료첨가제 등 일체의 합성화학물질을 사용하지 않고 유기물과 자연광석 미생물 등 자연적인 자재만을 사용하는 농법을 말한다. 이러한 유기농업은 단순히 자연보호 및 농가소득 증대라는 소극적 중요성을 떠나, WTO에 대응하여 자국농업을 보호하는 수단이 되며, 아울러 국민의 보건복지 증진이라는 의미에서도 매우 중요하다. 이에 따라 전문 유기농업인력을 육성·공급하기 위해 자격이 제정되었다.

진로 및 전망

❶ 유기농업 관련 단체, 유기농업 가공회사, 유기농산물 유통회사
❷ 시·도·군 지자체의 환경농업 담당공무원, 유기농업 및 유기식품 연구기관의 연구원
❸ 국제유기식품 품질인증기관의 인증책임자 및 조사원(Inspector)
❹ 소비자단체, 환경보호단체, 사회단체 등 NGO의 직원

시험일정

구분	필기원서접수 (인터넷)	필기시험	필기합격 (예정자)발표	실기원서접수	실기시험	최종 합격자 발표일
제1회	1.23~1.26	2.15~3.7	3.13	3.26~3.29	4.27~5.12	1차 : 5.29 / 2차 : 6.18
제2회	4.16~4.19	5.9~5.28	6.5	6.25~6.28	7.28~8.14	1차 : 8.28 / 2차 : 9.10
제3회	6.18~6.21	7.5~7.27	8.7	9.10~9.13	10.19~11.8	1차 : 11.20 / 2차 : 12.11

※ 상기 시험일정은 시행처의 사정에 따라 변경될 수 있으니, www.q-net.or.kr에서 확인하시기 바랍니다.

시험요강

❶ 시행처 : 한국산업인력공단
❷ 관련 학과 : 대학의 농학과, 식물자원학과, 농화학과, 생물자원학과 등
❸ 시험과목
  ㉠ 필기 : 1. 재배원론 2. 토양비옥도 및 관리 3. 유기농업개론 4. 유기식품 가공·유통론 5. 유기농업 관련 규정
  ㉡ 실기 : 유기농업 생산, 품질인증, 기술지도 관련 실무
❹ 검정방법
  ㉠ 필기 : 객관식 4지 택일형, 과목당 20문항(2시간 30분)
  ㉡ 실기 : 필답형(2시간 30분)
❺ 합격기준
  ㉠ 필기 : 100점을 만점으로 하여 과목당 40점 이상, 전 과목 평균 60점 이상
  ㉡ 실기 : 100점을 만점으로 하여 60점 이상

유기농업산업기사

개 요

유기농업이란 화학비료, 유기합성농약(농약, 생장조절제, 제초제 등), 가축사료첨가제 등 일체의 합성화학물질을 사용하지 않고 유기물과 자연광석 미생물 등 자연적인 자재만을 사용하는 농법을 말한다. 이러한 유기농업은 단순히 자연보호 및 농가소득 증대라는 소극적 중요성을 떠나, WTO에 대응하여 자국농업을 보호하는 수단이 되며, 아울러 국민의 보건복지 증진이라는 의미에서도 매우 중요하다. 이에 따라 전문 유기농업인력을 육성·공급하기 위해 자격이 제정되었다.

진로 및 전망

❶ 유기농업 관련 단체, 유기농업 가공회사, 유기농산물 유통회사
❷ 시·도·군 지자체의 환경농업 담당공무원, 유기농업 및 유기식품 연구기관의 연구원
❸ 국제유기식품 품질인증기관의 인증책임자 및 조사원(Inspector)
❹ 소비자단체, 환경보호단체, 사회단체 등 NGO의 직원

시험일정

구 분	필기원서접수 (인터넷)	필기시험	필기합격 (예정자)발표	실기원서접수	실기시험	최종 합격자 발표일
제1회	1.23~1.26	2.15~3.7	3.13	3.26~3.29	4.27~5.12	1차 : 5.29 / 2차 : 6.18

※ 상기 시험일정은 시행처의 사정에 따라 변경될 수 있으니, www.q-net.or.kr에서 확인하시기 바랍니다.

시험요강

❶ 시행처 : 한국산업인력공단
❷ 관련 학과 : 대학의 농학과, 식물자원학과, 농화학과, 생물자원학과 등
❸ 시험과목
  ㉠ 필기 : 1. 재배 2. 토양 특성 및 관리 3. 유기농업개론 4. 유기식품 가공·유통론
  ㉡ 실기 : 유기농업 생산, 유기식품 등의 인증 관련 실무
❹ 검정방법
  ㉠ 필기 : 객관식 4지 택일형, 과목당 20문항(2시간)
  ㉡ 실기 : 필답형(2시간)
❺ 합격기준
  ㉠ 필기 : 100점을 만점으로 하여 과목당 40점 이상, 전 과목 평균 60점 이상
  ㉡ 실기 : 100점을 만점으로 하여 60점 이상

출제기준[기사]

필기과목명	주요항목	세부항목	
재배원론	재배의 기원과 현황	• 재배작물의 기원과 세계 재배의 발달 • 작물의 분류 • 재배의 현황	
	재배환경	• 토 양 • 공 기 • 광	• 수 분 • 온 도 • 상적 발육과 환경
	작물의 내적 균형과 식물 호르몬 및 방사선 이용	• C/N율, T/R률, G-D 균형 • 식물생장조절제 • 방사선 이용	
	재배기술	• 작부체계 • 육 묘 • 파 종 • 생력재배 • 병해충방제	• 영양번식 • 정 지 • 이 식 • 재배관리 • 환경친화형 재배
	각종 재해	• 저온해와 냉해 • 동해와 상해 • 기타 재해	• 습해, 수해 및 가뭄해 • 도복과 풍해
	수확, 건조 및 저장과 도정	• 수 확 • 탈곡 및 조제 • 도 정 • 수량구성요소 및 수량사정	• 건 조 • 저 장 • 포 장
토양비옥도 및 관리	토양생성	• 암석의 풍화작용	• 토양의 생성과 발달
	토양의 분류와 조사	• 토양의 분류와 조사	
	토양의 성질	• 토양의 물리적 성질 • 토양수분	• 토양의 화학적 성질
	토양유기물	• 유기물과 부식의 조성 및 성질 • 유기물의 분해와 집적	
	토양생물	• 토양생물	• 토양미생물
	식물영양과 비료	• 토양양분의 유효도	• 비 료
	토양관리	• 논 · 밭 토양 • 경지이용과 특수지 토양관리	• 저위생산지 개량 • 토양침식

필기과목명	주요항목	세부항목
유기농업개론	유기농업 개요	• 유기농업 배경 및 의의 • 국내외 유기농업 현황 • 유기농업 역사 • 친환경농업
	유기경종	• 지력배양 방법 • 유기농업 허용자재
	품종과 육종	• 품 종 • 육 종
	유기원예	• 유기원예산업 • 시설원예 시설 설치 • 유기재배관리 • 유기원예토양관리 • 유기원예의 환경조건
	유기식량작물	• 유기수도작 · 전작의 재배기술 • 병 · 해충 및 잡초 방제 방법 • 유기수도작 · 전작의 환경조건
	유기축산	• 유기축산 일반 • 유기축산의 사료생산 및 급여 • 유기축산의 질병예방 및 관리 • 유기축산의 사육시설
유기식품 가공 · 유통론	유기식품의 이해	• 유기식품의 정의 재료 • 유기식품의 유형 및 표기(Labelling) • 유기식품의 제조 • 비식용유기가공품
	유기가공식품	• 유기농산식품 • 유기기호식품 • 유기축산식품
	유기식품의 저장 및 포장	• 천연첨가물처리 저장 • 가열처리 저장 • 비가열처리 저장 • 포장재 및 포장
	유기식품의 안전성	• 생물학적 요인 및 관리 • 물리 · 화학적 요인 및 관리 • 식품가공 제조시설의 위생
	유기식품 등의 유통	• 유기농 · 축산물 및 유기가공식품 유통
유기농업 관련 규정	친환경농어업 육성 및 유기식품 등의 관리 · 지원에 관한 법률	• 친환경농어업 육성 및 유기식품 등의 관리 · 지원에 관한 법률 및 시행령 • 농림축산식품부 소관 친환경농어업 육성 및 유기식품 등의 관리 · 지원에 관한 법률 시행규칙 및 관련 고시

시험안내

출제기준[산업기사]

필기과목명	주요항목	세부항목
재배	작물현황분석	• 재배의 기원과 현황
	재배환경	• 재배환경 • 각종 재해
	재배기술	• 재배 및 수확관리
토양 특성 및 관리	토양생성	• 암석의 풍화작용 • 토양의 생성과 발달
	토양의 분류와 조사	• 토양의 분류와 조사
	토양의 성질	• 토양의 물리적 성질 • 토양의 화학적 성질 • 토양수분
	토양유기물	• 유기물과 부식의 조성 및 성질 • 유기물의 분해와 집적
	토양생물	• 토양생물 • 토양미생물
	식물영양과 비료	• 토양양분의 유효도 • 비 료
	토양관리	• 논 · 밭 토양 • 저위생산지 개량 • 경지이용과 특수지 토양관리 • 토양침식
유기농업개론	유기농업 개요	• 유기농업 배경 및 의의 • 유기농업 역사 • 국내외 유기농업 현황 • 친환경농업
	유기경종	• 지력배양 방법 • 유기농업 허용자재
	품종과 육종	• 품 종 • 육 종

필기과목명	주요항목	세부항목
유기농업개론	유기원예	• 유기원예산업 • 유기원예토양관리 • 시설원예 시설 설치 • 유기원예의 환경조건 • 유기재배관리
	유기식량작물	• 유기수도작 · 전작의 재배기술 • 병해충 및 잡초방제 방법 • 유기수도작 · 전작의 환경조건
	유기축산	• 유기축산 일반 • 유기축산의 사료생산 및 급여 • 유기축산의 질병예방 및 관리 • 유기축산의 사육시설
유기식품 가공 · 유통론	유기식품의 이해	• 유기식품의 정의 재료 • 유기식품의 유형 및 표기(Labelling) • 유기식품의 제조 • 비식용유기가공품
	유기가공 식품	• 유기농산식품 • 유기축산식품 • 유기기호식품
	유기식품의 저장 및 포장	• 천연첨가물 처리 저장 • 비가열처리 저장 • 가열처리 저장 • 포장재 및 포장
	유기식품의 안전성	• 생물학적 요인 및 관리 • 물리 · 화학적 요인 및 관리 • 식품가공 제조시설의 위생
	유기식품 등의 유통	• 유기농 · 축산물 및 유기가공식품 유통

이 책의 구성과 특징

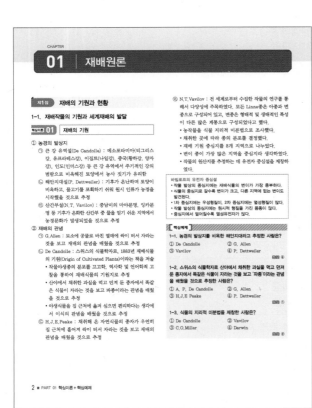

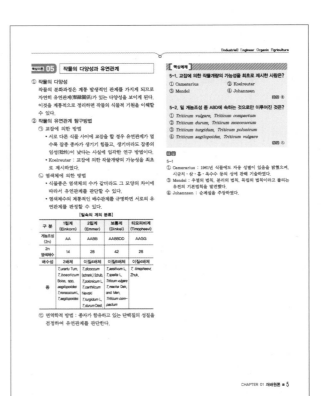

핵심이론

필수적으로 학습해야 하는 중요한 이론들을 각 과목별로 분류하여 수록하였습니다.
시험과 관계없는 두꺼운 기본서의 복잡한 이론은 이제 그만!
시험에 꼭 나오는 이론을 중심으로 효과적으로 공부하십시오.

핵심예제

출제기준을 중심으로 출제빈도가 높은 기출문제와 필수적으로 풀어보아야 할 문제를 핵심이론당 1~2문제씩 선정했습니다.
각 문제마다 핵심을 찌르는 명쾌한 해설이 수록되어 있습니다.

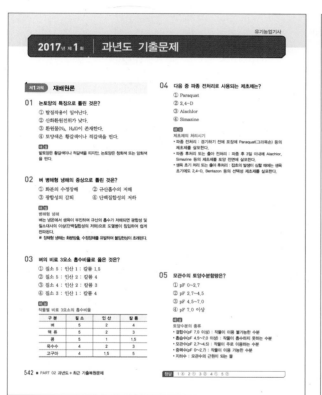

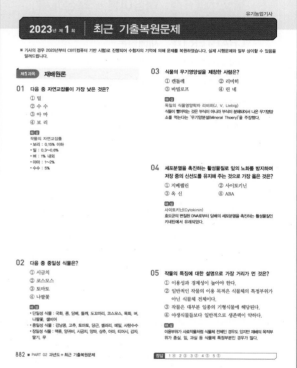

과년도 기출문제

지금까지 출제된 과년도 기출문제를 수록하였습니다. 각 문제에는 자세한 해설이 추가되어 핵심이론만으로는 아쉬운 내용을 보충 학습하고 출제경향의 변화를 확인할 수 있습니다.

최근 기출복원문제

최근에 출제된 기출복원문제를 수록하여 가장 최신의 출제경향을 파악하고 새롭게 출제된 문제의 유형을 익혀 처음 보는 문제들도 모두 맞힐 수 있도록 하였습니다.

빨리보는 간단한 키워드

빨 간 키

당신의 시험에 빨간불이 들어왔다면!
최다빈출키워드만 쏙쏙! 모아놓은
합격비법 핵심 요약집 "빨간키"와 함께하세요!
당신을 합격의 문으로 안내합니다.

제1절 | 재배의 기원과 현황

■ **작물의 기원지(바빌로프 8대 유전자중심지)**

- 중국지역 : 6조보리, 조, 피, 메밀, 콩, 팥, 파, 인삼, 배추, 자운영, 동양감, 감, 복숭아 등
- 인도 · 동남아시아 지역 : 벼, 참깨, 사탕수수, 모시품, 왕골, 오이, 박, 가지, 생강 등
- 중앙아시아 지역 : 귀리, 기장, 완두, 삼, 당근, 양파, 무화과 등
- 코카서스 · 중동지역 : 2조보리, 보통밀, 호밀, 유채, 아마, 마늘, 시금치, 사과, 서양배, 포도 등
- 지중해 연안 지역 : 완두, 유채, 사탕무, 양귀비, 화이트클로버, 티머시, 오처드그라스, 무, 순무, 우엉, 양배추, 상추 등
- 중앙아프리카 지역 : 진주조, 수수, 강두(광저기), 수박, 참외 등
- 멕시코 · 중앙아메리카 지역 : 옥수수, 강낭콩, 고구마, 해바라기, 호박 등
- 남아메리카 지역 : 감자, 땅콩, 담배, 토마토, 고추 등

■ **한국이 원산지인 작물** : 팥, 감(한국, 중국), 인삼(한국)

■ **작부방식에 따른 분류**

- 중경작물 : 작물로서 잡초억제효과와 토양을 부드럽게 하는 작물 예 옥수수, 수수 등
- 휴한작물 : 휴한 대신 지력이 유지되도록 윤작에 포함시키는 작물 예 비트, 클로버 등
- 윤작작물 : 중경작물이나 휴한작물처럼 잡초억제효과와 지력유지에 이롭기 때문에 재배하는 작물
- 동반작물 : 서로 도움이 되는 특성을 지닌 두 가지 작물
- 대파작물 : 일기불순 등으로 주작물 파종이 어려워 대파하는 작물 예 메밀, 조, 팥, 감자 등
- 구황작물 : 기후가 불순하여 흉년이 들 때에 조, 기장, 피 등과 같이 안전한 수확을 얻을 수 있어 도움이 되는 재배작물
- 흡비작물 : 체내에 흡수하여 간직하여 비료분의 유실을 적게 하는 작물 예 알팔파, 스위트클로버 등
- 보호작물 : 주작물과 파종하여 생육 초기에 냉풍 등 환경조건에서 주작물을 보호하는 작물

■ **토성의 분류 – 점토의 함량(%)에 따라**

명 칭	사 토	사양토	양 토	식양토	식 토
점토함량(%)	< 12.5	12.5 ~ 25	25 ~ 37.5	37.5 ~ 50	> 50

■ **토양유기물의 주된 기능**

- 암석의 분해촉진
- 대기 중의 이산화탄소 공급
- 입단의 형성
- 완충능력 증대
- 토양보호

- 무기양분의 공급
- 생장촉진물질의 생성 : 호르몬, 핵산물질 등
- 통기, 보수·보비력 증대
- 미생물의 번식촉진
- 지온상승

■ **토양수분장력과 토양수분 함유량의 함수관계**

수분이 많으면 수분장력은 작아지고 수분이 적으면 수분장력이 커지는 관계가 유지된다.

■ **중금속이 인체에 미치는 영향**

- 수은(Hg) : 토양의 중금속 오염으로 미나마타병을 유발
- 카드뮴(Cd) : 이타이이타이병과 같은 중독병을 유발
- 납(Pb) : 빈혈을 수반하고 조혈기관 및 소화기, 중추신경계 장애 유발
- 크로뮴(Cr)
  - 인체에 유해한 것은 6가 크로뮴을 포함하고 있는 크로뮴산이나 중크로뮴산이다.
  - 만성피해로는 만성카타르성 비염, 폐기종, 폐부종, 만성기관지암이 있고, 급성피해는 폐충혈, 기관지염, 폐암 등이 있다.
- 구리(Cu) : 침을 흘리며 위장 카타르성 혈변, 혈뇨 등이 발생
- 비소(As) : 위궤양, 손, 발바닥의 각화, 비중격천공, 빈혈, 용혈성 작용, 중추신경계 자극증상이 있으며, 뇌증상으로 두통, 권태감, 정신 증상

■ **논·밭에서의 담수 관개효과**

논에서의 담수 관개효과	밭에서의 담수 관개효과
• 생리적으로 필요한 수분 공급 • 온도조절작용 • 비료성분 공급 • 관개수에 의해 염분 및 유해물질을 제거 • 잡초의 발생이 적어지며, 제초작업 용이 • 해충의 만연이 적어지고 토양선충이나 토양전염의 병원균이 소멸, 경감 • 이앙, 중경, 제초 등의 작업이 용이 • 벼의 생육을 조절 및 개선 가능	• 생리적으로 필요한 수분의 공급 • 재배기술의 향상 • 지온의 조절 • 비료성분의 보급과 이용의 효율화 • 동상해 방지 • 풍식방지

■ 탄산시비

- 탄산시비 : 이산화탄소 농도를 인위적으로 높여 작물의 증수를 꾀하는 방법이다.
- 탄산시비의 효과 : 광합성 촉진으로 수확량 증대, 개화 수 증가 등의 효과가 있다.

■ 적산온도

작물의 발아부터 성숙까지의 생육기간 중 0℃ 이상의 일평균기온을 합산한 온도
메밀(1,000~1,200℃), 벼(3,500~4,500℃), 목화(4,500~5,500℃)

■ 하고현상

한지형 목초(생육 적온 약 12~18℃, 알팔파, 블루그래스, 스위트클로버, 티머시, 레드클로버 등)에서 식물이 한 여름철을 지낼 때 생장이 현저히 쇠퇴·정지하고 심한 경우 고사하는 현상

■ 광합성 : 청색광(440~480nm)과 적색광(650~700nm)이 효과적

■ 생육적온까지 온도가 높아질수록 광합성 속도는 높아지나 광포화점은 낮아진다.

■ 포장동화능력(포장광합성) = 총엽면적 × 수광능률 × 평균동화능력

■ 3.3m² 당 모의 포기수 계산 = 3.3 ÷ (줄 사이 × 포기 사이)

■ 춘화처리에 관여하는 조건 : 최아, 춘화처리 온도와 기간, 산소, 광선, 건조, 탄소화물

제3절 | 작물의 내적 균형과 식물 호르몬 및 방사선 이용

■ C/N율(C와 N의 비율)

- 피셔(Fisher)는 C/N율이 높을 경우 화성이 유도되고, C/N율이 낮을 경우 영양생장이 계속된다고 하였다.
- 환상박피 한 윗부분은 유관속이 절단되어 C/N율이 높아져 개화, 결실이 조장된다.

■ G−D 균형

식물의 생육이나 성숙을 생장(Growth, G)과 분화(Differentiation, D)의 두 측면으로 보는 지표

■ **식물호르몬의 종류** : 생장호르몬(옥신류), 도장호르몬(지베렐린), 세포분열호르몬(사이토키닌), 개화호르몬(플로리겐), 성숙
  · 스트레스호르몬(에틸렌), 낙엽촉진호르몬(ABA, 아브시스산) 등

■ 지베렐린

- 벼의 키다리병에서 유래한 생장 조절제이다.
- 재배적 이용 : 발아촉진, 화성의 유도 및 촉진, 경엽(줄기와 잎)의 신장촉진, 단위결과 유도
- 감자 및 목초의 휴면타파와 발아촉진에 가장 효과적이다.

■ 사이토키닌

세포분열을 촉진하는 물질로서 잎의 생장촉진, 호흡억제, 엽록소와 단백질의 분해억제, 노화방지 및 저장 중의 신선도 증진 등의 효과가 있다.

■ ABA(생장억제물질)

- 노화 및 탈리 촉진 작용을 하면서 내한성 등 재해저항성의 효과가 있고, 수분이 부족할 때 내건성을 증대시킨다.
- 종자의 휴면을 연장하여 발아를 억제
- 장일조건에서 단일식물의 화성을 유도하는 효과

■ 에틸렌

- ABA과 함께 물리적 손상, 병원균 침입, 외부의 불량 환경 등의 스트레스에 의해 활발히 생성되는 스트레스 호르몬이다.
- 작용 : 발아촉진, 정아우세 타파, 개화촉진, 성표현 조절, 생장억제, 적과의 효과, 성숙과 착색촉진, 성발현 조절, 낙엽촉진 등

제4절 | 재배 기술

■ 작부체계 발달순서

대전법(이동경작) → 휴한농법 → 삼포식 → 개량 삼포식(포장의 1/3에 콩과작물을 심는 윤작방식) → 자유작 → 답전윤환

■ 작물의 기지 정도

- 연작(이어짓기)의 해가 적은 작물 : 벼, 맥류, 조, 수수, 옥수수, 고구마, 삼, 담배, 무, 당근, 양파, 호박, 연, 순무, 뽕나무, 아스파라거스, 토당귀, 미나리, 딸기, 양배추, 사탕수수, 꽃양배추, 목화 등
- 1년 휴작 작물 : 시금치, 생강, 콩, 파, 쪽파 등
- 2년 휴작 작물 : 마, 오이, 감자, 땅콩, 잠두 등
- 3년 휴작 작물 : 참외, 토란, 쑥갓, 강낭콩 등
- 5~7년 휴작 작물 : 수박, 토마토, 가지, 고추, 완두, 사탕무, 레드클로버, 우엉 등
- 10년 이상 휴작 작물 : 인삼, 아마 등

■ 정지(整地)작업 : 경운, 작휴, 쇄토, 진압 등

■ **파종시기**

- 추파맥류에서 추파성 정도가 높은 품종은 조파하고, 추파성 정도가 낮은 품종은 만파하는 것이 좋다.
- 동일 품종의 감자라도 평지에서는 이른 봄에 파종하나, 고랭지는 늦봄에 파종한다.

■ **파종량** : 산파(흩어뿌림) > 조파(줄뿌림) > 적파(포기당 4~5립) > 점파(포기당 1~2립)

■ **파종절차** : 작조(골타기) → 시비 → 간토(비료 섞기) → 파종 → 복토 → 진압 → 관수

■ **주요작물의 복토 깊이**

복토깊이	작물
종자가 안 보일 정도	콩과와 화본과 목초의 소립종자, 파, 양파, 상추, 담배, 유채, 당근
0.5~1cm	차조기, 오이, 순무, 배추, 양배추, 가지, 고추, 토마토
1.5~2cm	무, 시금치, 호박, 수박, 조, 기장, 수수
2.5~3cm	보리, 밀, 호밀, 귀리, 아네모네
3.5~4cm	콩, 팥, 완두, 잠두, 강낭콩, 옥수수
5.0~9cm	감자, 토란, 생강, 글라디올러스, 크로커스
10cm 이상	나리, 튤립, 수선, 히야신스

■ **이식의 효과** : 생육의 촉진 및 수량증대, 토지이용도 제고, 숙기단축, 활착증진

■ **생력기계화 재배의 효과** : 농업 노동 투하 시간의 절감, 단위면적당 수량 증대, 작부체계의 개선과 재배면적의 확대, 농업경영 구조 개선

■ **멀칭의 효과** : 토양 건조방지, 지온의 조절, 토양보호 및 침식 방지, 잡초발생의 억제

■ **매개곤충별 병해**

병 명	곤충명
오갈병(벼)	끝동매미충, 번개매미충 등
줄무늬잎마름병(벼)	애멸구
모자이크병(콩)	콩진딧물, 목화진딧물, 복숭아혹진딧물 등
모자이크병(감자)	복숭아혹진딧물, 목화진딧물 등
잎말림병(복숭아)	복숭아혹진딧물
모자이크병(오이)	목화진딧물, 복숭아혹진딧물 등
오갈병(뽕나무)	마름무늬매미충

■ 병충해 방제의 유형

- 경종적 방제 : 토지 선정, 품종 선택, 종자 선택, 윤작, 재배양식의 변경, 혼식, 생육시기의 조절, 시비법의 개선, 정결한 관리, 수확물의 건조, 중간기주식물 제거
- 물리적 방제 : 담수, 포살, 유살, 채란, 소각, 흙태우기, 차단, 온도처리 등
- 화학적 방제 : 살균제, 살충제, 유인제, 기피제, 화학불임제
- 생물학적 방제 : 기생성 곤충, 포식성 곤충, 병원미생물, 길항미생물 등
- 법적 방제 : 식물 검역
- 종합적 방제 : 다양한 방제법을 유기적으로 조화시키며, 환경도 보호하는 방제

■ 2,4-D : 식물 생장 호르몬인 옥신(Auxin)의 일종으로, 세계 최초로 개발된 유기합성 제초제로서, 만들기 쉽고 저렴하여 현재까지도 세계에서 가장 많이 사용되는 제초제 중 하나이다.

제5절 | 각종 재해

■ 냉해 대책

- 내랭성 품종의 선택
- 입지조건의 개선 : 지력배양 및 방풍림을 설치하고, 객토, 밑다짐 등으로 누수답 개량과 암거배수 등으로 습답 개량을 한다.
- 육묘법 개선 : 보온육묘로 못자리 냉해의 방지와 질소과잉을 피한다.
- 재배방법의 개선 : 조기 및 조식재배 등
- 냉온기의 담수(심수관개) : 저온기에 수온 19~20℃ 이상의 물을 15~20cm 깊이로 깊게 담수하면 냉해를 경감·방지할 수 있다.
- 관개 수온 상승 : 수온이 20℃ 이하로 내려가면 물이 넓고, 얕게 고이는 온수 저류지를 설치한다.

■ 가뭄해(한해)에 대한 대책

- 관개 : 근본적인 한해 대책은 충분한 관수이다.
- 내건성인 작물과 품종 선택
- 토양수분의 보유력 증대와 증발 억제 조치 : 드라이 파밍, 피복(비닐멀칭 등), 중경제초, 증발억제제(OED 등)

■ 도복 방지 대책

- 품종의 선택 : 키가 작고 대가 튼튼한 품종, 질소 내비성 품종
- 합리적 시비 : 질소 과용을 피하고 칼리, 인산, 규산, 석회 등을 충분히 시용한다.

- 파종, 이식 및 재식밀도
  - 재식밀도가 과도하지 않게 밀도를 적절하게 조절해야 한다.
  - 맥류는 복토를 다소 깊게 하면 도복이 경감된다.
  - 맥류의 경우 이식재배를 한 것은 직파재배한 것보다 도복을 경감시킨다.
- 관리 : 벼의 마지막 김매기 때 배토하고, 맥류는 답압·토입·진압 등은 하며, 콩은 생육 전기에 배토를 하면 도복을 경감시키는 데 효과적이다.
- 병충해 방제 : 특히 줄기를 침해하는 병충해를 방제한다.
- 생장조절제의 이용 : 벼에서 유효 분얼종지기에 2.4-D, PCP 등의 생장조절제 처리를 한다.
- 도복 후의 대책 : 도복 후 지주 세우기나 결속을 하여 지면, 수면에 접촉을 줄여 변질, 부패를 경감시킨다.

■ **풍해의 생리적 장해**

- 호흡의 증대 : 상처 부위의 과다 호흡에 의한 체내 양분의 소모 증대
- 광합성의 감퇴
- 작물체의 건조 : 증산과다에 의한 식물체가 건조하며, 벼의 경우 백수현상이 나타난다.
- 작물체온의 저하 : 냉풍은 작물의 체온을 저하시키고 심하면 냉해를 유발한다.

제6절 | 수확, 건조 및 저장과 도정

■ **성숙과정**

- 화곡류 : 유숙 - 호숙 - 황숙 - 완숙 - 고숙
- 십자화 : 백숙 - 녹숙 - 갈숙 - 고숙

■ **벼의 수확적기** : 출수 후 조생종은 50일, 중생종은 54일, 중만생종은 58일 내외이다.

■ **건 조**

- 쌀 : 수분 함량 15~16% 건조가 적합하다.
- 고추 : 천일건조(12~15일), 비닐하우스 건조(10일), 열풍건조(45℃ 이하가 안전, 2일 소요)
- 마늘 : 통풍이 잘되는 곳에서 2~3개월간 간이저장 건조한다.

■ **안전저장 조건(온도와 상대습도)**

- 쌀 : 15℃, 약 70%
- 고구마 : 13~15℃, 85~90%
- 식용감자 : 3~4℃, 85~90%
- 가공용 감자 : 7~10℃
- 과실 : 0~4℃, 80~85%

02 토양 특성 및 관리

제1절 | 토양생성

- 토양의 고상, 기상, 액상의 이상적인 관계는 50 : 25 : 25

- 토양의 모재인 암석은 생성 과정에 따라 크게 화성암, 퇴적암 및 변성암의 3종류로 분류된다.

- 1차 광물로서 지각을 구성하는 화성암의 6대 조암 광물 : 장석, 석영, 운모, 각섬석, 휘석, 감람석

- 지각의 8대 구성원소 : 산소 > 규소 > 알루미늄 > 철 > 칼슘 > 나트륨 > 칼륨 > 마그네슘

- 광물의 풍화에 대한 저항성 : 석영 > 백운모·정장석 > 사장석 > 흑운모·각섬석·휘석 > 감람석 > 백운석·방해석 > 석고

- 화학적 풍화작용 : 가수분해작용, 수화작용, 탄산화작용, 산화작용, 환원작용, 용해작용, 킬레이트화 작용 등

- 물리적 풍화작용 : 온도변화에 의한 암석 자체의 팽창, 수축, 암석의 틈에 스며든 물의 동결, 융해에 따른 팽창과 수축 등으로 일어나며 일교차와 연교차가 큰 건조지방과 한대지방에서 주로 발생한다.

- 토양생성에 관여하는 주요 5가지 요인 : 모재, 지형, 기후, 식생, 시간 등

- 포드졸(Podzol)화 작용 : 일반적으로 한랭습윤지대의 침엽수림 식생환경에서 생성되는 작용

- 글레이(Glei)화 작용 : 지하수위 높은 저습지나 배수가 불량한 곳에서 나타나므로 지하수의 영향을 가장 많이 받는 토양의 생성작용

- 석회화 작용 : 우량이 적은 건조, 반건조하에서 $CaCO_3$ 집적대가 진행되는 토양생성 작용

- 염류화 작용 : 건조기후하에서 가용성의 염류(탄산염, 황산염, 질산염, 염화물)가 토양에 집적되는 것

- 점토화 작용 : 토양물질의 점토화, 즉 2차적인 점토광물의 생성작용(대표적인 토양 : 갈색 삼림토)

- 부식 및 이탄 집적 작용 : 지대가 낮은 습한 곳이나 물속에서 유기물의 분해가 억제되어 부식이 집적되는 작용

■ 토양통

- 동일한 모재로부터 형성된 토양
- 지명에 따라 명명
- 토양통 내에서는 표토의 토성에 따라 구분
- 우리나라 토양통 수 : 논 > 밭 > 임지

■ 토양의 단면 특성 조사내용

토양층위의 측정, 토색, 반문, 토성, 토양구조, 토양의 견결도, 토양단면 내의 특수생성물, 토양반응, 유기물과 식물의 뿌리, 토양중의 동물, 공극 등

■ 정밀토양조사

군단위 정도의 범위 또는 개개의 농장, 목장 등에 이용하고자 실시하는 조사로서 분류단위는 토양통이 사용되며 1 : 25,000 축척도를 사용하는 토양조사

제3절 | 토양의 성질

■ 토성과 작물생육과의 관계

- 토성이 같아도 지력은 달라질 수 있다.
- 식토는 점토 함량이 높아 물 빠짐이 좋지 않기 때문에 작물생육에 지장을 준다.
- 토성은 작물생육 및 작물병해와 밀접한 관련이 있다.
- 식질계 토양은 보수력이 좋고, 사질계 토양은 통기성이 좋다.

■ 토양의 입경 구분 : 점토 < 미사 < 세사 < 조사 < 자갈

■ 토양의 보비, 보수력의 크기 순서 : 식토 > 식양토 > 양토 > 사양토 > 사토

■ 입단구조 형성과 파괴요인

형 성	파 괴
• 유기물과 석회의 시용	• 경 운
• 콩과작물의 재배	• 입단의 팽창 및 수축의 반복
• 토양개량제의 시용	• 비와 바람
• 토양 피복 등의 방법	• 나트륨이온 첨가 등의 방법

■ 소성지수(PI) = 액성한계(LL, 소성상한) − 소성한계(PL, 소성하한)

- 토양공기는 대기에 비해 탄산가스 농도가 높고, 산소의 농도는 낮다.

- **토양색의 지배인자** : 유기물(부식화), 철(탈수되면 적색), 망간의 산화·환원 상태, 수분함량, 통기성, 모암, 조암광물, 풍화 정도 등

- **식물의 양분흡수 이용능력에 직접적으로 영향을 주는 요인** : 식물 뿌리의 표면적, 뿌리의 치환용량, 뿌리의 호흡작용과 뿌리의 양분개발을 위한 분비물의 생성량 등

- CEC가 클수록 pH에 저항하는 완충력이 크며, 양분을 보유하는 보비력이 크므로, 비옥한 토양이다.

- **양이온의 이액 및 침출 순위**
  - 이액순위 : $Al^{3+} > H^+ > Ca^{2+} > Mg^{2+} > K^+ = NH_4^+ > Na > Li$
  - 침출순위 : $Al^{3+} < H^+ < Ca^{2+} < Mg^{2+} < K^+ = NH_4^+ < Na < Li$

- $$염기포화도 = \frac{치환성양이온(H^+와\ Al^{+3}을\ 제외한\ 양이온)}{양이온치환량(CEC)} \times 100$$

- **음이온 치환순서** : $SiO_4^{4-} > PO_4^{3-} > SO_4^{2-} > NO_3^- = Cl^-$

- **토양환경 조건에 따른 중금속의 상태 변화**
  - 산성에서 용해도가 감소하며 장해가 경감되는 것 : Mo
  - 알칼리성에서 용해도가 감소하여 장해가 경감되는 것 : Cu, Zn, Mn, Cd, Fe
  - 환원상태에서 용해도가 감소하여 장해가 경감되는 것 : Cd, Zn, Cu, Pb, Ni
  - 산화상태에서 독성이 저하되는 것 : As(아비산에서 비산으로 됨으로써 독성이 저하됨)

- **토양수분의 분류와 흡착력**
  - 결합수(pF 7.0 이상) : 작물이 사용 불가능한 수분
  - 흡습수(pF 4.5 이상) : 작물에 흡수가 안 되는 수분, 습도가 높은 대기 중에 토양을 놓아두었을 때 대기로부터 토양에 흡착되는 수분으로써 −3.1MPa 이하의 퍼텐셜을 갖는다.
  - 모관수(pF 2.7~4.5(유효수분)) : 작물이 주로 사용하는 수분, 표토의 염류집적에 가장 큰 원인이 되는 수분
  - 중력수(pF 0~2.7) : 작물 이용가능 수분, 토양에 잔류하는 농약이나 영양분을 지하수로 이동시키는 데 있어서 가장 큰 역할을 하는 수분
  - 지하수 : 모관수의 근원이 되는 물, 지하수는 작은 공극으로 이루어지는 모세관을 따라 위로 이동하게 되며, 올라갈 수 있는 높이는 모세관의 지름에 반비례하고 표면장력의 2배에 비례한다.

■ 토양 내 유기물이 산화상태에서 분해되었을 때 최종 산물 : 이산화탄소, 물, 무기염류 및 에너지

■ 유기물질의 분해순서 : 당질(Starch), 단백질(Pectin) > 헤미셀룰로스 > 셀룰로스 > 리그닌, 유지, 왁스

■ 부식의 기능

물리적 기능	화학적 기능	토양미생물학적 기능
• 보수력의 증대 • 토양 물리적 성질 개선 • 토양온도 상승 • 토양입단의 형성 • 내압밀성 증가	• 보비력 증대 • 완충능 증대 • 유해물질의 독성 감소 • 광합성 작용 촉진 • 유효인산의 고정 억제 • 양분의 유효화	• 토양미생물의 활동을 촉진 • 미생물과 작물생육 촉진

■ 유기물의 탄질률(C/N율)

• 탄질률이 낮으면 질소함량 많아 미생물의 증식이 빠르고, 유기물의 분해가 빠르다.

• 탄질률이 30을 넘는 유기물을 토양에 투입하면 질소기아현상이 일어난다.

• 탄질률이 높은 유기물질에 대한 분해작용이 일단 평형을 이루면 토양의 탄질률은 약 10 : 1이 된다.

■ 토양의 유기물 증가 대책

• 식물의 유체 환원 : 모든 식물의 유체는 토양에 되돌려 주어야 한다.

• 토양 침식방지 : 유기물이 토양으로부터 제거되는 수단인 토양 침식을 방지한다.

• 무경운 재배 : 필요 이상으로 땅을 갈지 말아야 한다.

• 유기물을 시용할 때에는 토양의 조건, 유기물의 종류 등을 고려하여야 하며 돌려짓기를 하여 질이 좋은 유기물이 많이 집적되도록 하여야 한다.

• 수량을 높일 수 있는 토양관리법을 적용한다.

■ 토양생물의 분류

동 물	대형동물군(2mm 이상)	두더지, 지렁이, 노래기, 지네, 거미, 개미 등	
	중형동물군(0.2~2mm)	진드기, 톡토기	
	미소동물군(0.2mm 이하)	선형동물	선충
		원생동물	아메바, 편모충, 섬모충
식 물	대형식물군	식물뿌리, 이끼류	
	미소식물군	독립영양생물	녹조류, 규조류
		종속영양생물	사상균(효모, 곰팡이, 버섯 등), 방선균
		독립, 종속영양생물	세균, 남조류

- 토양생물 개체수($/m^2$) : 세균 > 방선균 > 사상균(곰팡이) > 조류

- 토양생물의 개체수 결정요인
  - 먹이의 양과 질
  - 물리적 요인(수분, 온도)
  - 생물적 요인(포식 및 경쟁작용)
  - 화학적 요인(염분농도, pH)

- **질산화 작용(질화작용)**
  - 암모니아(NH_4^+)가 호기적 조건에서 아질산을 거쳐 질산(NO_3^-)으로 되는 작용
  - 1단계(암모니아(NH_4^+) → 아질산(NO_2^-)) : 암모니아 산화균(아질산균) ; Nitrosomonas, Nitrosococcus, Nitrosospira 등
  - 2단계(아질산(NO_2^-) → 질산(NO_3^-)) : 아질산 산화균(질산균) ; Nitrobacter, Nitrospina, Nitrococcus 등

- **질소고정작용** : N_2 → 식물체 내 질소화합물
  - 단독질소 고정균
    - 호기성 세균 : Azotobacte, Beijerinckia, Derxia
    - 혐기성 세균 : Achromobacter, Clostridium, Pseudomonas
    - 통성혐기성 세균 : Klebsiella
  - 공생질소 고정균 : 근류균(Rhizobium), Bradyrhizobium속
  - 남조류

제6절 | 식물영양과 비료

- 작물이 흡수하는 원소의 형태

원 소	흡수형태	원 소	흡수형태
질소(N)	NH_4^+, NO_3^-	망간(Mn)	Mn^{2+}
인(P)	$H_2PO_4^-$, HPO_4^{2-}	아연(Zn)	Zn^{2+}
칼륨(K)	K^+	구리(Cu)	Cu^{2+}
칼슘(Ca)	Ca^{2+}	몰리브덴(Mo)	MoO_4^{2-}
마그네슘(Mg)	Mg^{2+}	붕소(B)	$H_2BO_3^-$
황(S)	SO_4^-	염소(Cl)	Cl^-
철(Fe)	Fe^{2+}, Fe^{3+}	규소(Si)	SiO_3^{2-}

- 점토광물 표면의 음전하 생성원인 : 변두리전하, 동형치환, pH 의존적 전하(잠시적 전하, 일시적 전하) 등

■ **비료의 반응에 의한 분류**

반 응	화학적 반응	생리적 반응
산성비료	황산암모니아, 염화암모니아, 인산암모늄, 인산칼슘, 인산칼륨, 과인산석회, 중과인석회 등	황산암모니아(유안), 황산칼륨, 염화암모니아, 염화칼륨 등
중성비료	요소, 염화칼륨, 황산칼륨, 칠레초석(질산나트륨=질산소다), 질산암모니아 등	질산암모니아, 질산칼륨, 요소, 인산암모늄, 과인산석회(과석), 중과인석회(중과석) 등
염기성비료	생석회, 소석회, 석회질소, 탄산석회(탄산칼슘), 용성인비, 규산질비료 등	칠레초석, 질산칼슘, 석회질소, 용성인비, 토마스인비, 나뭇재, 탄산석회 등

■ **최소 양분율** : Liebig가 발견한 것으로, 양분 중에서 필요량에 대해 공급이 가장 적은 양분에 의하여 작물생육이 제한된다.

■ **비료의 성분별 분류**

- 질소질 비료 : 요소, 질산암모늄(초안), 염화암모늄, 석회질소, 황산암모늄(유안), 질산칼륨(초석), 인산암모늄 등
- 인산질 비료 : 과인산석회(과석), 중과인산석회(중과석), 용성인비, 용과린, 토머스인비 등
- 칼리질 비료 : 염화칼리, 황산칼리 등
- 규산질 비료 : 규산석회질비료, 규산고토질비료, 수용성규산비료 등
- 유기질 비료 : 깻묵류, 퇴비류, 아미노산비료 등
- 무기질 비료 : 화학비료 대부분

■ **질소이용효율 = 시용량 − 작물흡수량 − 토양으로부터 작물흡수량**

제7절 │ 토양관리

■ **논토양의 특성**

- 우리나라 논토양 산성암인 화강암류가 많아 산성토양이 많다.
- 토양 중에서 유기물의 분해는 촉진되나 집적량은 적어서 유기물 함량이 낮은 척박한 토양이 대부분이다.
- 담수 상태가 되면 토양은 환원상태로 전환된다.
- 담수 후 대부분의 논토양은 중성으로 변한다.
- 담수 상태의 논토양은 인산의 유효도가 증가한다.
- 담수기간이 길 때 종종 청회색의 글레이층이 형성된다.

■ **밭토양의 특성**

- 곡간지 및 산록지와 같은 경사지에 많이 분포한다.
- 세립질 토양이 전면적의 48% 정도를 차지하며, 이들 토양은 투수성이 불량하다.
- 저위생산성인 토양이 많다.
- 화학성이 불량하다.

■ **논밭 토양의 원소**

구 분	논(환원상태)	밭(산화상태)
탄소(C)	CO, CH_4	CO_2
질소(N)	NH_4^+, N_2	NO_3^-
망간(Mn)	Mn^{2+}	Mn^{3+}, Mn^{4+}
철(Fe)	Fe^{2+}	Fe^{3+}
황(S)	H_2S, S^{2-}	SO_4^{2-}

■ **습답의 개량방법**

- 암거배수나 명거배수를 하여 투수를 좋게 한다.
- 유해물질을 제거한다.
- 양질의 점토 함량이 많은 질흙을 객토한다.
- 석회·규산석회 등을 주어서 산성의 중화와 부족 성분을 보급하고, 이랑재배를 하며, 질소의 시용량을 줄인다.

■ **노후화답의 개량방법** : 객토, 심경, 함철자재 사용, 규산질 비료 사용

■ **시설재배 토양에서 염류농도를 감소시키는 방법**

- 담수에 의한 제염
- 심경에 의한 심토 반전(염류가 많이 집적된 표토를 심토와 섞어주는 작업)
- 제염작물(윤작) 재배
- 고탄소 유기물 시용(볏짚, 고탄소 유기물, 왕겨, 부엽, 목탄 등을 시용)
- 객토 및 암거배수에 의한 토양개량
- 비료의 합리적 선택과 균형시비

■ **물에 의한 토양침식(수식)의 종류**

- 우적침식 : 빗방울이 지표면을 타격하면 입단이 파괴되고 토립이 분산하는 입단파괴 침식이다.
- 비옥도침식(표면침식) : 분산된 토립은 식물에 필요한 양분을 간직하고 있어서 유수에 의해 침식될 때 이러한 양분도 없어지게 되는 침식
- 우곡침식 : 빗물이 모여 작은 골짜기를 만들면서 토양을 침식시키는 작용
- 계곡침식 : 일시에 토양의 유실이 가장 많이 일어날 수 있다.
- 면상침식(평면침식) : 강우에 의하여 비산된 토양이 토양 표면을 따라 얇고 일정하게 침식되는 것
- 유수침식 : 일반적으로 흐르는 물에 의한 삭마 작용(골짜기의 물이 모여 강물을 이루고 흐르는 동안 자갈이나 바위 조각을 운반하여 암석을 깎아내고 부스러뜨리는 작용)에 의한 침식
- 빙식침식 : 빙하침식에는 암설에 의한 삭마작용, 굴식 및 융빙수에 의한 침식이 포함된다.

■ **경사지 토양유실을 줄이기 위한 재배방법** : 초생 재배, 계단식 재배, 대상재배, 등고선 재배, 부초법, 승수구(도랑) 설치재배법 등

03 유기농업개론

제1절 | 유기농업 개요

■ **유기농업의 의의**

비료, 농약 등 합성된 화학자재를 일체 사용하지 않고 유기물, 미생물 등 천연자원을 사용하여 안전한 농산물 생산과 농업생태계를 유지 보전하는 농업

■ **CODEX(국제식품규격위원회)**

- 유엔 식량농업기구(FAO)와 세계보건기구(WHO) 합동식품규격사업단에서 설립하였다.
- 소비자의 건강을 보호하고 식품무역에서의 공정한 거래 관행 확보를 목적으로 하고 있다.
- 유기농산물을 비롯한 유기식품의 생산과 가공, 저장, 운송, 판매 등에 관한 국제기준을 정하였다.

■ **친환경농업의 목적**

- 환경보전을 통한 지속적 농업의 발전
- 안전한 농산물을 요구하는 국민의 기대에 부응
- 친환경농업을 통한 경관보전
- 농업 생산의 경제성 확보

제2절 | 유기경종

■ **지력배양 방법**

- 토양조사
- 객토 : 토질을 개량하기 위해 양질의 흙을 가져다 논밭에 섞는 일
- 심경 : 보통 18cm 정도까지 경운하는 것
- 자급비료의 증산
- 토양개량제의 시용
- 화학비료의 합리적 시용
- 배 수
- 누수답의 개량

■ **퇴비를 판정하는 검사방법**
- 관능적인 방법 : 관능검사 – 퇴비의 형태, 수분, 냄새, 색깔, 촉감 등
- 화학적인 방법 : 탄질률 측정, pH측정, 질산태 질소 측정
- 생물학적인 방법 : 종자 발아 시험법, 지렁이법, 유식물 시험법
- 물리적인 방법 : 온도를 측정하는 방법, 돈모장력법

제3절 | 품종과 육종

■ **우량품종의 조건** : 우수성, 균일성, 영속성

■ **신품종의 구비조건** : 구별성, 균일성, 안정성

■ **품종의 특성 유지방법**
- 영양번식 : 영양번식은 유전적 퇴화를 막을 수 있다.
- 격리재배 : 격리재배로 자연교잡이 억제된다.
- 저온저장 : 종자는 건조·밀폐·냉장 보관해야 퇴화를 억제할 수 있다.
- 종자갱신 : 퇴화를 방지하면서 채종한 새로운 종자를 농가에 보급한다.

■ **1개체 1계통 육종** : F_2~F_4세대에는 매 세대 모든 개체로부터 1립씩 채종하여 집단재배하고, F_4 각 개체별로 F_5계통재배를 하는 것

■ **여교배 육종** : 우량품종에 한두 가지 결점이 있을 때 이를 보완하는 데 효과적인 육종방법으로, 양친 A와 B를 교배한 F_1을 양친 중 어느 하나와 다시 교배하는 육종방법

■ **우리나라 종자 증식 및 보급체계** : 기본식물 → 원원종 → 원종 → 보급종

제4절 | 유기원예

■ **시설원예 토양** : 노지원예 토양에 비해 연작에 특수양분의 결핍과 염류집적, 토양전염성 병해충이 심하다.

■ **윤작의 효과** : 지력유지 증강(질소고정, 잔비량의 증가, 토양구조 개선, 토양유기물 증대), 토양 보호, 기지의 회피, 병충해의 경감, 잡초의 경감, 수량증대, 토지이용도의 향상, 노력분배의 합리화, 농업경영의 안정성증대

- **연작장해 대책**

  - 작부체계 개선 : 윤작, 전·후작, 답전윤환, 객토 및 환토 등
  - 재배관리 : 피해 잔재물 처리, 작기 이동, 내병성품종 및 대목 이용, 무병묘 이용 등
  - 토양관리 : 심경, 높은 이랑재배, 담수, 관개, 토양개량제(유기물, 석회), 미량원소 시용, 합리적 시비 등
  - 약제 방제 : 종자·종묘소독, 토양소독, 적용약제 적기 살포 등

- **답전윤환의 효과** : 지력의 유지증진, 잡초발생 억제, 기지의 회피, 수량증가, 노력의 절감

- **동상해의 재배적 대책**

  - 내동성 작물과 품종의 선택한다.
  - 입지조건을 개선한다(방풍시설 설치, 토질의 개선, 배수 철저 등).
  - 냉해나 동해가 없는 지역을 선정하고, 적기에 파종한다.
  - 한지(寒地)에서 맥류의 파종량을 늘린다.
  - 채소류, 화훼류 등은 보온재배한다(불피우기, 멀칭, 종이고깔씌우기, 소형터널설치 등).
  - 맥류재배에서 이랑을 세워 뿌림골을 깊게 한다(고휴구파).
  - 맥류는 월동 전 답압을 실시한다.
  - 맥류의 경우 칼리질 비료를 증시하고, 퇴비를 종자 위에 준다.

- **고온장해의 발생원인** : 유기물의 과잉소모, 과다한 증산작용, 질소대사의 이상, 철분의 침전

- **한해(가뭄 등)에 대한 대책**

  - 관개 : 근본적인 한해 대책은 충분한 관수이다.
  - 내건성인 작물과 품종 선택
  - 토양수분의 보유력 증대와 증발억제 조치 : 드라이 파밍, 피복, 중경제초, 증발억제제의 살포

- **고립상태에서 온도와 CO_2 농도가 제한조건이 아닐 때 광포화점**

작 물	광포화점	작 물	광포화점
음생식물	10% 정도	벼, 목화	40~50%
구약나물	25% 정도	밀, 알팔파	50% 정도
콩	20~23%	고구마, 사탕무, 무, 사과나무	40~60%
감자, 담배, 강낭콩, 보리, 귀리	30% 정도	옥수수	80~100

- **이식의 양식**

  - 조식 : 파, 맥류에서 실시되며, 골에 줄지어 이식하는 방법
  - 점식 : 포기를 일정한 간격을 두고 띄어서 점점이 이식(콩, 수수, 조)
  - 혈식 : 포기를 많이 띄어서 구덩이를 파고 이식하는 방법
  - 난식 : 일정한 질서 없이 점점이 이식

■ 정 지

- 덕형 정지 : 지상 1.8m 높이에 가로세로로 철선을 늘이고 결과부위를 평면으로 만들어주는 수형
- 배상형 정지 : 짧은 원줄기상에 3~4개의 원가지를 발달시켜 수형이 술잔 모양으로 되게 하는 정지법
- 울타리형 정지 : 포도나무의 정지법으로 흔히 이용되며 가지를 2단 정도로 길게 직선으로 친 철사에 유인하여 결속시킨다.

■ 유기경종에서 사용할 수 있는 병해충 방제법

- 내병성 품종, 내충성 품종을 이용한 방제
- 봉지 씌우기, 유아등 설치, 방충망설치를 이용한 방제
- 천연물질, 페로몬 이용, 천연살충제를 이용한 방제
- 생물농약을 이용한 방제

■ 물리적(기계적) 방제법 : 인력에 의한 살충, 동력흡충기 활용, 유아등 이용, 방충망 설치, 침수법, 온탕침법, 태양열 소독법

■ 생물학적 방제법

- 기생성 천적 : 기생벌(맵시벌·고치벌·수중다리좀벌·혹벌·애배벌), 기생파리(침파리·왕눈등에), 기생선충(線蟲) 등이 있다.
  ※ 기생벌 : 원예작물에서 문제시되는 진딧물, 온실가루이, 잎굴파리류 등을 방지하기 위한 천적
- 포식성 천적 : 풀잠자리, 무당벌레, 긴털이리응애, 칠레이리응애, 팔라시스이리응애, 꽃등애, 포식성 노린재, 진디혹파리, 황색다리침파리 등

■ IPM(병해충 종합관리) : 경종적 방제 + 물리적 방제 + 화학적 방제 + 생물적 방제를 종합하여 경제적 피해수준 이하로 줄이는 병해충관리법

■ IWM(종합적 잡초방제법) : 잡초방제법 중 2종 이상을 혼합하여 방제하는 방법 즉, 물리적, 경종적, 화학적, 생물적 방제법 등을 조화롭게 이용하는 것

■ 저장온도

- 큐어링한 후 고구마의 안전저장 온도 : 13~15℃
- 마늘의 저장 : 저온저장은 3~5℃, 상대습도는 약 65%가 알맞다.
- 가공용 감자의 저장적온 : 10℃

■ 벼 종자는 종자무게의 30% 정도의 수분을 흡수하여야 발아하며, 볍씨발아의 최적 온도는 30~34℃이다.

■ **요수량의 크기** : 기장(310) < 옥수수(368) < 보리(534) < 완두(788)

■ 잡초의 생활형에 따른 분류

구 분		논	밭
1년생	화본과	강피, 물피, 돌피, 뚝새풀, 개망초	강아지풀, 개기장, 바랭이, 피
	방동사니	알방동사니, 참방동사니, 바람하늘지기, 바늘골	바람하늘지기, 참방동사니
	광엽초	물달개비, 물옥잠, 사마귀풀, 여뀌, 여뀌바늘, 마디꽃, 등애풀, 생이가래, 곡정초, 자귀풀, 중대가리풀	개비름, 까마중, 명아주, 쇠비름, 여뀌, 자귀풀, 환삼덩굴, 주름잎, 석류풀, 도꼬마리
다년생	화본과	나도겨풀	
	방동사니	너도방동사니, 매자기, 올방개, 쇠털골, 올챙이고랭이	
	광엽초	가래, 벗풀, 올미, 개구리밥, 네가래, 수염가래꽃, 미나리	반하, 쇠뜨기, 쑥, 토끼풀, 메꽃

■ 작물별 적산온도

벼(3,500~4,500℃), 담배(3,200~3,600℃), 조(1,800~3,000℃), 추파맥류(1,700~2,300℃), 봄보리(1,600~1,900℃), 메밀(1,000~1,200℃)

■ 만생종은 기본영양생장형(Blt형)과 감광형(bLt)이고, 조생종은 감광형(bLt) 또는 감온형(blT)이다.

■ 유기재배 벼의 중간 물 떼기(중간낙수)기간은 출수 30~40일 전이 가장 적당하다.

■ 객토량(톤/10a) = {(개량목표 점토함량 – 대상지 점토함량) × 개량목표 깊이/ 객토원 점토함량–대상지 점토함량)} × 가비중 × 10

■ 노후답의 재배대책 및 산성 논토양의 개량

노후답의 재배대책	산성의 논토양을 개량하는 방법
• 저항성 품종재배 : H_2S 저항성 품종, 조중생종 > 만생종 • 조기재배 : 수확 빠르면 추락 덜함 • 시비법 개선 : 무황산근 비료사용, 추비중점 시비, 엽면시비 • 재배법 개선 　– 직파재배 : 관개시기 늦출 수 있음 　– 휴립재배 : 심층시비 효과, 통기조장 　– 답전윤환 : 지력증진	• 석회와 유기물을 같이 시용한다. • 인산질비료를 준다. • 붕소 등 미량요소를 주도록 한다. • 산성비료 등을 계속해서 쓰지 않도록 한다. • 산성에 강한 작물을 재배한다.

■ **친환경관련법에서 유기축산물의 축사조건**

- 사료와 음수는 접근이 용이할 것
- 공기순환, 온도·습도, 먼지 및 가스농도가 가축건강에 유해하지 아니한 수준 이내로 유지되어야 하고, 건축물은 적절한 단열·환기시설을 갖출 것
- 충분한 자연환기와 햇빛이 제공될 수 있을 것

■ **유기축산물의 유기가축 1마리당 갖추어야 하는 가축사육 시설의 소요면적 기준**

- 번식우 방사식 사육시설 : $10m^2$
- 7~12월령 젖소 육성우 깔짚 사육시설 : $6.4m^2$
- 육성돈 사육시설 : $1.0m^2$
- 산란 육성계 사육시설 : $0.16m^2$

■ **축산물의 수익성 분석**

- 조수입 = 주산물평가액 + 부산물평가액
- 소득 = 조수입-경영비
- 순수익 = 조수입 - 생산비

■ **조사료의 종류별 섭취가능량(체중비 기준)**

- 건초 : 15~20%
- 생초 : 10~15%
- 청예작물 : 8~10%
- 근채류 : 6~8%
- 사일리지 : 5~6%
- 볏짚 : 1~1.5%

■ **C_3 식물, C_4 식물과 CAM 식물**

- C_3 식물 : 벼, 밀, 보리, 콩, 해바라기 등
- C_4 식물 : 사탕수수, 옥수수, 수수, 피, 기장, 수단그라스 등
- CAM 식물 : 파인애플, 돌나물, 선인장 등

04 유기식품 가공 · 유통론

제1절 | 유기식품의 이해

■ 유기가공식품의 재료

• 유기가공에 사용할 수 있는 원료, 식품첨가물, 가공보조제 등은 모두 유기적으로 생산된 것으로 다음의 어느 하나에 해당되어야 한다.
  – 인증을 받은 유기식품
  – 동등성 인정을 받은 유기가공식품

• 유기원료를 상업적으로 조달할 수 없는 경우, 제품에 인위적으로 첨가하는 물과 소금을 제외한 제품 중량의 5% 비율 내에서 비유기 원료 및 허용물질을 사용할 수 있다. 다만, 중량비율에 관계없이 유기원료와 동일한 종류의 비유기원료는 혼합할 수 없고, 허용물질은 그 사용이 불가피한 경우에 한하여 최소량을 사용하여야 한다.

• 유전자변형생물체 및 유전자변형생물체에서 유래한 원료 또는 재료를 사용하지 않을 것

■ 유기식품의 가공방법

• 기계적, 물리적, 생물학적 방법을 이용하되 모든 원료와 최종생산물의 유기적 순수성이 유지되도록 하여야 한다. 식품을 화학적으로 변형시키거나 반응시키는 일체의 첨가물, 보조제, 그 밖의 물질은 사용할 수 없다.

• '기계적, 물리적 방법'은 절단, 분쇄, 혼합, 성형, 가열, 냉각 가압, 감압, 건조 분리(여과, 원심분리, 압착, 증류), 절임, 훈연 등을 말하며, '생물학적 방법'은 발효, 숙성 등을 말한다.

• 유기식품의 가공 및 취급 과정에서 전리 방사선을 사용할 수 없다.

• '전리 방사선'은 살균, 살충, 발아억제, 성숙의 지연, 선도 유지, 식품 물성의 개선 등을 목적으로 사용되는 방사선을 말하며, 이물탐지용 방사선(X선)은 제외한다.

• 추출을 위하여 물, 에탄올, 식물성 및 동물성 유지, 식초, 이산화탄소, 질소를 사용할 수 있다.

• 여과를 위하여 석면을 포함하여 식품 및 환경에 부정적 영향을 미칠 수 있는 물질이나 기술을 사용할 수 없다.

• 저장을 위하여 공기, 온도, 습도 등 환경을 조절할 수 있으며, 건조하여 저장할 수 있다.

■ **통조림 제조의 4대 공정 순서** : 탈기 - 밀봉 - 살균 - 냉각

■ **우유 제조 시 균질화하는 목적** : 크림층(Layer)의 분리 방지, 점도의 향상, 우유조직의 연성화, Curd 텐션을 감소시킴으로써 소화기능 향상에 있다.

■ **가당연유의 품질결함 현상**
  • 농후화, 지방분리, 응고, 과립생성
  • 사상현상 : Sandy현상, 유당의 결정크기가 15μm 이상일 때 느끼는 현상이다.
  • 당침현상 : 통조림관 하부에 유당이 가라앉는 현상으로 유당결정 크기가 20μm 이상일 때 발생한다.
  • 갈변화 현상, 곰팡이 효모 등의 오염으로 인한 가스 생성 및 풍미 결함 등

■ **버터 제조 공정 순서** : 원유 → 크림분리 → 살균 → 접종 → 숙성 → 교반 → 가염 → 연압 → 충진

■ **레닛에 포함된 렌닌의 기능** : 카파 카세인(κ-casein)의 분해에 의한 카세인(Casein) 안정성 파괴

■ **과일 · 채소류음료**
  • 농축과 · 채즙(또는 과 · 채분) : 과일즙, 채소즙 또는 이들을 혼합하여 50% 이하로 농축한 것 또는 이것을 분말화한 것을 말한다(다만, 원료로 사용되는 제품은 제외한다).
  • 과 · 채주스 : 과 · 채즙 95% 이상
  • 과 · 채음료 : 과일즙, 채소즙 또는 과 · 채즙 10% 이상

■ **미생물 근원 천연첨가물** : 풀루라나제(Pullulanase), 프로테아제(Protease), 펙티나제(Pectinase), 셀룰라제(Cellulase), 글루코아밀라제(Glucoamylase), 종국, 폴리리신(Polylysine)

■ **동물 근원 천연첨가물** : 레시틴(Lecithin), 우유응고효소(Milk Clotting Enzyme) - Renin, Rennet, 카세인(Casein), 라이소자임(Lysozyme), 밀납(Beeswax), 이리단백(Milt Protein), 젤라틴(Gelatin)

■ **식물 근원 천연첨가물** : 프로테아제(Protease), 토코페롤, 감색소(착색료), 다이아스타제(Diastase), 쌀겨왁스, 양파색소, 포도과피색소 등

■ **냉장 · 냉동법** : 0~10℃ 냉장보관 및 0℃ 이하 냉동보관

■ MA 포장의 효과

- 신선도 유지, 영양성분 유지(당류, 비타민 C 등), 후숙지연
- 황화억제, 유해가스 억제(에틸렌, 아세트알데하이드, 에탄올 등), 갈변억제
- 수분손실억제, 생리적 장애 억제, 병충해발생억제 등

제4절 | 유기식품의 안전성

■ **세균의 생육곡선 시기별 순서** : 유도기 – 대수기 – 정지기 – 사멸기

■ 황색포도상구균은 식품을 가열하면 포도상구균 자체는 사멸해도, 내열성 있는 독소(Enterotoxin)의 활성은 그대로 남아 있으므로 그것을 먹을 경우 심한 구토를 수반하는 식중독을 일으킨다.

■ 동물성 독성분

- 테트로도톡신(Tetrodotoxin) : 복어독
- 시가테라독(ciguatera) : 아열대 산호초 주변의 독어
- 베네루핀(Venerupin) : 모시조개독
- 삭시톡신(Saxitoxin) : 대합조개
- 히스타민(Histamine) : 고등어과의 생선의 알레르기성 중독

■ 식물성 독성분

- 솔라닌(Solanin) ; 감자싹, 녹색부위
- 콜히친(Colchicine) : 원추리 독성분
- 무스카린(Muscarin) : 무당버섯, 파리버섯, 땀버섯
- 아마니타톡신(Amanitatoxin) : 광대버섯, 알광대버섯, 독우산
- 아미그달린(Amygdalin) : 복숭아, 살구, 청매 종자의 청산(HCN) 배당체
- 시큐톡신(Cicutoxin) : 독미나리
- 리신(Ricin), 리시닌(Ricinin), 알레르겐(Allergen) : 피마자
- 고시폴(Gossypol) : 목화씨, 면실유

■ 곰팡이독(Mycotoxin)의 분류

- 신장독 : 시트리닌(Citrinin), 시트레오마이세틴(Citreomycetin), 코지산(Kojic acid) 등
- 간장독 : 아플라톡신(Aflatoxion), 오크라톡신(Ochratoxin), 스테리그마토시스틴류(Sterigmatocystin), 루브라톡신(Rubra-toxin), 루테오스키린(Luteoskyrin), 아이슬랜디톡신(Islanditoxin)
- 신경독 : 시트레오비리딘(Citreoviridin), 파툴린(Patulin), 말토리진(Maltoryzine) 등

- 광과민성 피부염물질 : 스포리데스민류(Sporidesmin), 솔라렌(Psoralen)
- 발정유발물질 : 제랄레논(Zearalenone)

■ 중금속 중독 증상

- 수은 : 시력감퇴, 말초신경마비, 구토, 복통, 설사, 경련, 보행곤란 등의 신경계 장애 증상, 미나마타병을 유발
- 카드뮴 : 금속 제련소의 폐수에 다량 함유되어 중독 증상을 일으킨 오염물질로 이타이이타이병 등을 유발
- 납 : 헤모글로빈 합성 장애에 의한 빈혈, 구토, 구역질, 복통, 사지 마비(급성), 피로, 소화기 장애, 지각상실, 시력장애, 체중감소 등
- 주석 : 통조림의 납땜 작업 시 오염된다.

■ 대장균군 검사 시 사용 배지

- 정성시험방법 : 유당배지법, BGLB배지법, 데스옥시콜레이트, 유당한천배지법 등이 있다.
- 정량시험법 : 최확수법(락토스브로스배지법, BGLB배지법), 데스옥시콜레이트 유당한천배지법, 건조필름법이 있다.

■ 유해성 보존료 : 붕산(H_3BO_3) 및 붕사($NA_2B_4O_7$), 폼알데하이드(Formaldehyde), Urotropin, β-naphthol, 승홍($HgCl_2$), 불소화합물(HF) 등

■ 유해성 표백료 : Rongalit(물엿의 표백제), Nitrogen Trichloride(밀가루 표백), 과산화수소, 아황산염 등

■ 식품오염과 관련된 핵종으로 위생상 문제가 되는 것 : ^{90}Sr, ^{137}Cs, ^{131}I 등

■ 잔류농약검사 : 유기인제시험법, 유기염소제시험법, 비소시험법, 납시험법 등

■ HACCP(Hazard Analysis and Critical Control Point, 식품 및 축산물 안전관리인증기준)

식품위생법 및 건강기능식품에 관한 법률에 따른 식품안전관리인증기준과 축산물 위생관리법에 따른 축산물안전관리인증기준으로서, 식품(건강기능식품을 포함)·축산물의 원료 관리, 제조·가공·조리·선별·처리·포장·소분·보관·유통·판매의 모든 과정에서 위해한 물질이 식품 또는 축산물에 섞이거나 식품 또는 축산물이 오염되는 것을 방지하기 위하여 각 과정의 위해요소를 확인·평가하여 중점적으로 관리하는 기준을 말한다.

■ 중요관리점(CCP ; Critical Control Point)

안전관리인증기준(HACCP)을 적용하여 식품·축산물의 위해요소를 예방·제어하거나 허용 수준 이하로 감소시켜 당해 식품·축산물의 안전성을 확보할 수 있는 중요한 단계·과정 또는 공정을 말한다.

■ 위해요소

- B(Biological Hazards, 생물학적 위해요소) : 제품에 내재하면서 인체의 건강을 해할 우려가 있는 병원성 미생물, 부패미생물, 병원성 대장균(군), 효모, 곰팡이, 기생충, 바이러스 등

- C(Chemical Hazards, 화학적 위해요소) : 제품에 내재하면서 인체의 건강을 해할 우려가 있는 중금속, 농약, 항생물질, 항균물질, 사용 기준초과 또는 사용 금지된 식품 첨가물 등 화학적 원인물질
- P(Physical Hazards, 물리적 위해요소) : 제품에 내재하면서 인체의 건강을 해할 우려가 있는 인자 중에서 돌조각, 유리조각, 플라스틱 조각, 쇳조각 등

제5절 | 유기식품 등의 유통

■ **소비자의 식품기호도의 변화경향** : 간편화, 합리화, 고급화, 다양화, 건강 및 안전성 지향

■ **농산물 가격의 특성** : 불안정성, 계절성, 지역성, 비탄력성 등

■ **거미집모형**

농산물처럼 생산계획 수립시기와 수확시기에 시차가 큰 경우에는 생산자들은 금년 수확시기의 농산물 가격이 작년 가격과 같으리라 예상하기 쉬운데 이런 경우를 말하며 전형적인 정태적 기대라고 할 수 있다.

■ **농산물 유통의 특성**

계절적 편재성, 부피와 중량성, 부패성, 양과 질의 불균일성, 용도의 다양성, 수요·공급의 비탄력성 등

■ **유통경로는 일반적으로 수집→ 중계 → 분산과정의 단계로 구분한다.**

■ **3M(시장의 구성요소)** : Man이 Merchandise를 Money와 교환하는 행위

■ **제품수명주기(Product Life Cycle) 4단계** : 도입기, 성장기, 성숙기, 쇠퇴기

■ **유통비용의 구성**

- 직접비용 : 수송비, 포장비, 하역비, 저장비, 가공비 등
- 간접비용 : 점포 임대료, 자본이자, 통신비, 제세공과금 등

■ **유통마진과 유통마진율**

- 유통마진 = 최종 소비자 지불가격 − 생산농가의 수취가격
  = 산지단계마진 + 도매단계마진 + 소매단계마진
  = 유통비용 + 상업이윤

- 유통마진율 = $\dfrac{\text{소비자가격} - \text{농가수취가격}}{\text{소비자가격}} \times 100$

■ **마케팅의 4요소(4P)** : 제품(Product), 가격(Price), 유통(Place), 촉진(Promotion)

05 유기농업 관련 규정

제1절 | 친환경농어업 육성 및 유기식품 등의 관리 · 지원에 관한 법률(약칭: 친환경농어업법)

■ 유기농산물 및 유기임산물의 토양 개량과 작물 생육을 위해 사용 가능한 물질 및 사용가능조건

사용가능물질	사용가능조건
혈분 · 육분 · 골분 · 깃털분 등 도축장과 수산물 가공공장에서 나온 동물부산물	화학물질의 첨가나 화학적 제조공정을 거치지 않아야 하고, 항생물질이 검출되지 않을 것
대두박, 쌀겨 유박, 깻묵 등 식물성 유박류	• 유전자를 변형한 물질이 포함되지 않을 것 • 최종제품에 화학물질이 남지 않을 것 • 아주까리 및 아주까리 유박을 사용한 자재는 비료관리법에 따른 공정규격설정 등의 고시에서 정한 리친(Ricin)의 유해성분 최대량을 초과하지 않을 것
오 줌	충분한 발효와 희석을 거쳐 사용할 것
사람의 배설물(오줌만인 경우는 제외한다)	• 완전히 발효되어 부숙된 것일 것 • 고온발효 : 50℃ 이상에서 7일 이상 발효된 것 • 저온발효 : 6개월 이상 발효된 것일 것 • 엽채류 등 농산물 · 임산물 중 사람이 직접 먹는 부위에는 사용하지 않을 것
구아노(Guano: 바닷새, 박쥐 등의 배설물)	화학물질 첨가나 화학적 제조공정을 거치지 않을 것
짚, 왕겨, 쌀겨 및 산야초	비료화하여 사용할 경우에는 화학물질 첨가나 화학적 제조공정을 거치지 않을 것
염화나트륨(소금) 및 해수	• 염화나트륨(소금)은 채굴한 암염 및 천일염(잔류농약이 검출되지 않아야 함)일 것 • 해수는 다음 조건에 따라 사용할 것 – 천연에서 유래할 것 – 엽면시비용으로 사용할 것 – 토양에 염류가 쌓이지 않도록 필요한 최소량만을 사용할 것

■ 유기농산물 및 유기임산물의 병해충 관리를 위해 사용 가능한 물질

사용 가능 물질	사용 가능 조건
제충국 추출물	제충국(*Chrysanthemum cinerariaefolium*)에서 추출된 천연물질일 것
님(Neem) 추출물	님(*Azadirachta indica*)에서 추출된 천연물질일 것
해수 및 천일염	잔류농약이 검출되지 않을 것
담배잎차(순수 니코틴은 제외한다)	물로 추출한 것일 것
키토산	국립농산물품질관리원장이 정하여 고시하는 품질규격에 적합할 것
생석회(산화칼슘) 및·소석회(수산화칼슘)	토양에 직접 살포하지 않을 것
에틸렌	키위, 바나나와 감의 숙성을 위해 사용할 것

※ 유기축산물의 인증기준

■ 전환기간

가축의 종류	생산물	전환기간(최소 사육기간)
한우·육우	식육	입식 후 12개월
젖소	시유(시판우유)	• 착유우는 입식 후 3개월 • 새끼를 낳지 않은 암소는 입식 후 6개월
면양·염소	식육	입식 후 5개월
	시유(시판우유)	• 착유양은 입식 후 3개월 • 새끼를 낳지 않은 암양은 입식 후 6개월
돼지	식육	입식 후 5개월
육계	식육	입식 후 3주
산란계	알	입식 후 3개월
오리	식육	입식 후 6주
	알	입식 후 3개월
메추리	알	입식 후 3개월
사슴	식육	입식 후 12개월

■ 사료 및 영양관리

- 유기가축에게는 100% 유기사료를 공급하는 것을 원칙으로 할 것. 다만, 극한 기후조건 등의 경우에는 국립농산물품질관리원장이 정하여 고시하는 바에 따라 유기사료가 아닌 사료를 공급하는 것을 허용할 수 있다.
- 반추가축에게 담근먹이(사일리지)만을 공급하지 않으며, 비반추가축도 가능한 조사료(粗飼料 : 생초나 건초 등의 거친 먹이)를 공급할 것
- 유전자변형농산물 또는 유전자변형농산물에서 유래한 물질은 공급하지 않을 것
- 합성화합물 등 금지물질을 사료에 첨가하거나 가축에 공급하지 않을 것
- 가축에게 환경정책기본법 시행령에 따른 생활용수의 수질기준에 적합한 먹는 물을 상시 공급할 것
- 합성농약 또는 합성농약 성분이 함유된 동물용의약품 등의 자재를 사용하지 않을 것

※ 유기가공식품·비식용유기가공품의 인증기준

■ 가공 원료·재료

- 유기가공에 사용되는 원료, 식품첨가물, 가공보조제 등은 모두 유기적으로 생산된 것일 것
- 해당 식품의 제조·가공에 사용한 원재료의 95% 이상이 친환경농어업법에 의거한 인증을 받은 유기농산물일 것
- 유전자변형생물체 및 유전자변형생물체에서 유래한 원료는 사용하지 아니할 것
- 제품 생산을 위해 비유기원료의 사용이 필요한 경우 국립농산물품질관리원장이 정하여 고시하는 기준에 따라 비유기원료를 사용할 것
- 유기가공식품의 제조·가공 및 취급 과정에서 전리방사선을 사용할 수 없다.
- 유전자변형 식품 또는 식품첨가물을 사용하거나 검출되어서는 아니 된다.
- 해당 식품에 사용하는 용기·포장은 재활용이 가능하거나 생물분해성 재질이어야 한다.

■ 유기식품 인증의 유효기간은 인증을 받은 날부터 1년으로 한다.

※ 유기식품 등의 인증 신청을 위한 경영 관련 자료

■ 합성 농약 및 화학비료의 구매·사용·보관에 관한 사항을 기록한 자료(자재명, 일자별 구매량, 사용처별 사용량·보관량, 구매 영수증) 기록 기간은 최근 2년간(무농약농산물의 경우에는 최근 1년간)으로 하되, 재배품목과 재배포장의 특성 등을 고려하여 국립농산물품질관리원장이 정하는 바에 따라 3개월 이상 3년 이하의 범위에서 그 기간을 단축하거나 연장할 수 있다.

■ 유기표시 글자

구 분	표시 글자
유기농축산물	• 유기, 유기농산물, 유기축산물, 유기임산물, 유기식품, 유기재배농산물 또는 유기농 • 유기재배○○(○○은 농산물의 일반적 명칭으로 한다), 유기축산○○, 유기○○ 또는 유기농○○
유기가공식품	• 유기가공식품, 유기농 또는 유기식품 • 유기농○○ 또는 유기○○
비식용유기가공품	• 유기사료 또는 유기농 사료 • 유기농○○ 또는 유기○○(○○은 사료의 일반적 명칭으로 한다). 다만, '식품'이 들어가는 단어는 사용할 수 없다.

■ 인증기관 지정기준의 인력과 조직의 기준
- 5명 이상의 인증심사원을 둘 것
- 인증업무를 수행할 상설 전담조직을 갖출 것
- 인증기관의 운영에 필요한 재원을 확보할 것
- 인증업무가 불공정하게 수행될 우려가 없도록 인증기관(대표, 인증심사원 등 소속 임원 또는 직원을 포함)은 다음의 업무를 수행하지 않을 것
    - 유기농업자재 등 농업용 자재의 제조·유통·판매
    - 유기식품등·무농약농산물 및 무농약원료가공식품의 유통·판매
    - 유기식품등·무농약농산물 및 무농약원료가공식품의 인증과 관련된 기술지도·자문 등의 서비스 제공

■ 인증기관 지정 관련 평가업무를 위임·위탁할 수 없는 기관
- 한국농촌경제연구원 또는 한국해양수산개발원
- 한국식품연구원
- 고등교육법에 따른 학교 또는 그 소속 법인
- 한국농수산대학 설치법에 따른 한국농수산대학
- 그 밖에 농림축산식품부장관 또는 해양수산부장관이 고시하는 기관 또는 단체

■ 인증심사원의 자격 기준

자 격	경 력
국가기술자격법에 따른 농업·임업·축산 또는 식품 분야의 기사 이상의 자격을 취득한 사람	–
국가기술자격법에 따른 농업·임업·축산 또는 식품 분야의 산업기사 자격을 취득한 사람	친환경인증 심사 또는 친환경 농산물 관련분야에서 2년(산업기사가 되기 전의 경력을 포함) 이상 근무한 경력이 있을 것
수의사법에 따라 수의사 면허를 취득한 사람	–

■ 유기농어업자재의 공시에서 공시의 유효기간

공시의 유효기간은 공시를 받은 날부터 3년으로 한다.

■ 유기농업자재 공시를 나타내는 표시도형

• 문자의 글자체는 나눔 명조체, 글자색은 연두색으로 한다. 다만, 공시기관명은 청록색으로 한다.

• 공시마크 바탕색은 흰색으로 하고, 공시마크의 가장 바깥쪽 원은 연두색, 유기농업자재라고 표기된 글자의 바탕색은 청록색, 태양, 햇빛 및 잎사귀의 둘레 색상은 청록색, 유기농업자재의 종류라고 표기된 글자의 바탕색과 네모 둘레는 청록색으로 한다.

■ 농림축산식품부장관 또는 해양수산부장관은 공시기관이 다음의 어느 하나에 해당하는 경우에는 지정을 취소하거나 6개월 이내의 기간을 정하여 그 업무의 전부 또는 일부의 정지 또는 시정조치를 명할 수 있다. 다만, 제1호부터 제3호까지의 경우에는 그 지정을 취소하여야 한다.

1. 거짓이나 그 밖의 부정한 방법으로 지정을 받은 경우
2. 공시기관이 파산, 폐업 등으로 인하여 공시업무를 수행할 수 없는 경우
3. 업무정지 명령을 위반하여 정지기간 중에 공시업무를 한 경우

■ 300만원 이하의 과태료

해당 인증기관의 장으로부터 승인을 받지 아니하고 인증받은 내용을 변경한 자

■ 100만원 이하의 과태료

'공시사업자는 공시를 받은 제품을 생산하거나 수입하여 판매한 실적을 농림축산식품부령 또는 해양수산부령으로 정하는 바에 따라 정기적으로 그 공시심사를 한 공시기관의 장에게 알려야 한다'를 위반하여 인증품 또는 공시를 받은 유기농어업자재의 생산, 제조·가공 또는 취급 실적을 공시기관의 장에게 알리지 아니한 자

■ 과태료의 부과기준

위반행위 횟수에 따른 과태료의 가중된 부과기준은 최근 1년간 같은 위반행위로 과태료 부과처분을 받은 경우에 적용한다. 이 경우 기간의 계산은 위반행위에 대해 과태료 부과처분을 받은 날과 그 처분 후 다시 같은 위반행위를 하여 적발된 날을 기준으로 한다.

■ **인증품** : 인증 받아 인증기준을 준수하여 생산·제조·취급된 유기농산물(유기임산물을 포함한다), 유기축산물, 유기양봉제품, 유기가공식품, 비식용유기가공품, 무농약농산물, 무항생제축산물 및 동등성을 인정받아 국내에 유통되는 유기가공식품을 말한다.

■ **조사원** : 인증심사원 자격을 부여 받은 자 또는 국립농산물품질관리원 소속 공무원으로 인증품 및 인증사업자에 대한 사후관리를 하는 자를 말한다.

■ **작물별 '생육기간'**

• 3년생 미만 작물 : 파종일부터 첫 수확일까지

• 3년 이상 다년생 작물(인삼, 더덕 등) : 파종일부터 3년의 기간을 생육기간으로 적용

• 낙엽수(사과, 배, 감 등) : 생장(개엽 또는 개화) 개시기부터 첫 수확일까지

• 상록수(감귤, 녹차 등) : 직전 수확이 완료된 날부터 다음 첫 수확일까지

■ **원재료 함량에 따라 유기로 표시하는 방법**

구 분	인증품		비인증품(제한적 유기표시 제품)	
	유기 원료 95% 이상	유기 원료 70% 이상 (반려동물사료)	유기 원료 70% 이상	유기 원료 70% 미만 (특정원료)
유기 인증로고의 표시	O	X	X	X
제품명 또는 제품명의 일부에 유기 또는 이와 같은 의미의 글자 표시	O	X	X	X
주 표시면에 유기 또는 이와 같은 의미의 글자 표시	O	O	X	X
주 표시면 이외의 표시면에 유기 또는 이와 같은 의미의 글자 표시	O	O	O	X
원재료명 및 함량란에 유기 또는 이와 같은 의미의 글자 표시	O	O	O	O

■ **유기식품의 생산, 가공, 표시 및 유통에 관한 가이드라인의 목적**

- 체계 전체(Whole System)의 생물학적 다양성을 증진시키기 위하여
- 토양의 생물학적 활성을 촉진시키기 위하여
- 토양 비옥도를 오래도록 유지시키기 위하여
- 동식물 유래 폐기물을 재활용하여 영양분을 토양에 되돌려주는 한편 재생이 불가능한 자원의 사용을 최소화하기 위하여
- 현지 농업체계 안에서 재생 가능한 자원에 의존하기 위하여
- 영농의 결과로 초래될 수 있는 모든 형태의 토양, 물, 대기 오염을 최소화할 뿐만 아니라 그런 것들의 건전한 사용을 촉진하기 위하여
- 제품의 전 단계에서 제품의 유기적 순수성(Organic Integrity)과 필수적인 품질 유지를 위하여 가공방법에 신중을 기하면서 농산물을 취급하기 위하여
- 현존하는 어느 농장이든 전환기간만 거치면 유기농장으로 정착할 수 있게 한다. 전환기간은 농지의 이력, 작물과 가축의 종류 등 특정요소를 감안하여 적절히 결정한다.

■ **유기식품의 생산, 가공, 표시 및 유통에 따른 유기생산 체계의 목적**

- 전체 체계 내에서 생물학적 다양성을 증진시키기 위하여
- 토양의 생물학적 활성을 증가시키기 위하여
- 토양 비옥도를 장기간 유지시키기 위하여
- 동식물 유래쓰레기를 재활용하여 영양분을 토양에 되돌려주는 한편 재생이 불가능한 자원의 사용을 최소화하기 위하여
- 지역적으로 조직화된 농업 체계 안에서 재생가능한자원에 의존하기 위하여
- 농업규범에서 초래 될 수 있는 모든 형태의 토양, 물, 공기오염을 최소화 할뿐 만 아니라 그런 것들의 건전한 사용을 촉진하기 위하여
- 제품의 모든 단계에서 제품의 유기적 순수성과 필수적인 품질유지를 위하여 주의 깊은 가공처리방법에 중점을 두고 식품을 취급하기 위하여
- 토지 이력, 생산된 작물/가축의 종류 등의 특정요소를 감안하여 결정되는 적절한 기간 즉, 전환기간을 통하여 현존하는 모든 농장에서 유기생산제도를 정착시키기 위하여

교육이란 사람이 학교에서 배운 것을
잊어버린 후에 남은 것을 말한다.

−알버트 아인슈타인−

Win-Q

유기농업기사 · 산업기사

합격의 공식 ▶
SD에듀

자격증 · 공무원 · 금융/보험 · 면허증 · 언어/외국어 · 검정고시/독학사 · 기업체/취업

이 시대의 모든 합격! SD에듀에서 합격하세요!

www.youtube.com → SD에듀 → 구독

핵심이론 +
핵심예제

01 | 재배원론

1-1. 재배작물의 기원과 세계재배의 발달

핵심이론 01 | 재배의 기원

① 농경의 발상지

  ㉠ 큰 강 유역설(De Candolle) : 메소포타미아(티그리스강, 유프라테스강), 이집트(나일강), 중국(황하강, 양자강), 인도(인더스강) 등 큰 강 유역에서 주기적인 강의 범람으로 비옥해진 토양에서 농사 짓기가 유리함

  ㉡ 해안지대설(P. Dettweiler) : 기후가 온난하며 토양이 비옥하고, 물고기를 포획하기 쉬워 원시 인류가 농경을 시작했을 것으로 추정

  ㉢ 산간부설(N. T. Vavilov) : 중남미의 마야문명, 잉카문명 등 기후가 온화한 산간부 중 물을 얻기 쉬운 지역에서 농경문화가 발생되었을 것으로 추정

② 재배의 관념

  ㉠ G. Allen : 묘소에 공물로 바친 열매에 싹이 터서 자라는 것을 보고 재배의 관념을 배웠을 것으로 추정

  ㉡ De Candolle : 스위스의 식물학자로, 1883년 재배식물의 기원(Origin of Cultivated Plants)이라는 책을 저술
   • 작물야생종의 분포를 고고학, 역사학 및 언어학적 고찰을 통하여 재배식물의 기원지로 추정
   • 산야에서 채취한 과실을 먹고 던져 둔 종자에서 똑같은 식물이 자라는 것을 보고 파종이라는 관념을 배웠을 것으로 추정
   • 야생식물을 집 근처에 옮겨 심으면 편리하다는 생각에서 이식의 관념을 배웠을 것으로 추정

  ㉢ H. J. E. Peake : 채취해 온 자연식물의 종자가 우연히 집 근처에 흩어져 싹이 터서 자라는 것을 보고 재배의 관념을 배웠을 것으로 추정

  ㉣ N. T. Vavilov : 전 세계로부터 수집한 작물의 연구를 통해서 다양성에 주목하였다. 모든 Linne종은 아종과 변종으로 구성되어 있고, 변종은 형태적 및 생태적인 특성이 다른 많은 계통으로 구성되었다고 했다.
   • 농작물을 식물 지리적 미분법으로 조사했다.
   • 채취한 곳에 따라 종의 분포를 결정했다.
   • 재배 기원 중심지를 8개 지역으로 나누었다.
   • 변이 종이 가장 많은 지역을 중심지라 생각하였다.
   • 작물의 원산지를 추정하는 데 유전자 중심설을 제창하였다.

> **바빌로프의 유전자 중심설**
> • 작물 발상의 중심지에는 재배식물의 변이가 가장 풍부하다.
> • 식물의 중심지로 갈수록 변이가 크고, 다른 지역에 없는 변이도 발견된다.
> • 1차 중심지에는 우성형질이, 2차 중심지에는 열성형질이 많다.
> • 작물 발상의 중심지에는 원시적 형질을 가진 품종이 많다.
> • 중심지에서 멀어질수록 열성유전자가 많다.

핵심예제

1-1. 농경의 발상지를 비옥한 해안지대라고 추정한 사람은?

① De Candolle
② G. Allen
③ Vavilov
④ P. Dettweiler

정답 ④

1-2. 스위스의 식물학자로 산야에서 채취한 과실을 먹고 던져 둔 종자에서 똑같은 식물이 자라는 것을 보고 '파종'이라는 관념을 배웠을 것으로 추정한 사람은?

① A. P. De Candolle
② G. Allen
③ H. J. E Peake
④ P. Dettweiler

정답 ①

1-3. 식물의 지리적 미분법을 제창한 사람은?

① De Candolle
② Vavilov
③ C. O. Miller
④ Darwin

정답 ②

핵심이론 02 작물의 기원지(바빌로프 8대 유전자 중심지)

① 중국 지역 : 6조보리, 조, 피, 메밀, 콩, 팥, 파, 인삼, 배추, 자운영, 동양배, 감, 복숭아 등
② 인도·동남아시아 지역 : 벼, 참깨, 사탕수수, 모시풀, 왕골, 오이, 박, 가지, 생강 등
③ 중앙아시아 지역 : 귀리, 기장, 완두, 삼, 당근, 양파, 무화과 등
④ 코카서스·중동 지역 : 2조보리, 보통밀, 호밀, 유채, 아마, 마늘, 시금치, 사과, 서양배, 포도 등
⑤ 지중해 연안지역 : 완두, 유채, 사탕무, 양귀비, 화이트클로버, 티머시, 오처드그라스, 무, 순무, 우엉, 양배추, 상추 등
⑥ 중앙아프리카 지역 : 진주조, 수수, 강두(광저기), 수박, 참외 등
⑦ 멕시코·중앙아메리카 지역 : 옥수수, 강낭콩, 고구마, 해바라기, 호박 등
⑧ 남아메리카 지역 : 감자, 땅콩, 담배, 토마토, 고추 등
※ 우리나라가 원산지인 작물 : 감, 팥(한국, 중국), 인삼(한국)

[핵심예제]

2-1. Vavilov의 작물 기원 중심지가 아닌 곳은?
① 중앙아시아 지역
② 지중해 연안
③ 유럽 북부
④ 인도·동남아시아 지역

정답 ③

2-2. N. T. Vavilov가 수집 분류한 주요 작물 재배 기원 중심지 중 6조보리는 어느 지역에 해당하는가?
① 중국 지역
② 남아메리카 지역
③ 중앙아시아 지역
④ 지중해 연안 지역

정답 ①

2-3. 기원지가 지중해 연안인 작물로 짝지어진 것은?
① 배추, 콩, 자운영
② 양배추, 상추, 티머시
③ 고추, 토마토, 땅콩
④ 수박, 참외, 수수

정답 ②

핵심이론 03 재배작물의 기원

① 벼(稻, Rice)
  ㉠ 원산지 : 인도 동북부 아삼 지역으로부터 미얀마 및 라오스의 북부와 중국 운남성 지역
  ㉡ 야생벼와 재배벼의 차이

형 질	야생벼	재배벼
종자의 탈립성	쉽게 떨어진다.	쉽게 떨어지지 않는다.
종자의 휴면성	매우 강하다.	없거나 약하다.
종자의 수명	길다.	짧다.
꽃가루 수	많다.	적다.
종자의 크기	작다.	크다.
내비성(耐肥性)	강하다.	약하다.

주요 작물의 차이
• 조, 콩의 야생종은 단순하고 잘 알려져 있다.
• 감자나 고구마의 재배종은 야생종보다 덩이줄기나 덩이뿌리가 더 잘 발달하였다.
• 야생종 중 이용 가치가 높은 것이 재배종으로 발달하였으나 형태적, 생태적 변이가 존재하였다.
• 목초로 사용되는 수단그라스의 청산 함량은 재배종이 야생종보다 낮은 것으로 알려져 있다.

② 밀(小麥, Wheat)
  ㉠ 원산지 : 아프가니스탄 북부에서 카스피해 남부에 이르는 근동지방
  ㉡ 밀은 쌀과 함께 세계적으로 가장 많이 이용하는 식량자원이다.
  ㉢ 우리나라에는 중국을 거쳐 전파된 것으로 추정된다.
③ 옥수수(Corn 또는 Maize)
  ㉠ 원산지 : 멕시코 남부와 남미 안데스산맥 고원지대
  ㉡ 7,000~8,000년 전부터 재배하였고, 우리나라에는 고려 말 중국 원나라로부터 도입되었다.
④ 콩(大豆, Soybean)
  ㉠ 원산지 : 중국의 동북부 지방과 한반도를 포함한 인근 지역
  ㉡ 우리나라는 기원전 1,500~2,000년경 청동기시대부터 재배되었다.

[**핵심예제**]

재배종과 야생종의 특징을 바르게 설명한 것은?

① 야생종은 휴면성이 약하다.
② 재배종은 대립종자로 발전하였다.
③ 재배종은 단백질 함량이 높아지고 탄수화물 함량이 낮아지
　는 방향으로 발달하였다.
④ 성숙 시 종자의 탈립성은 재배종이 크다.

|정답| ②

핵심이론 04 　 **작물의 분화**

① 작물의 분화 : 작물이 원래의 것과 다른 여러 갈래의 것으로
　갈라지는 현상

② 작물의 분화과정

　㉠ 유전적 변이의 발생 : 첫 과정으로 자연교잡과 돌연변이
　　에 의해 새로운 유전자형으로 변화

> **돌연변이**
> • 작물 재배와 품종개량에 있어서 차세대로 유전하는 변이
> • 환경에 의한 변이는 유전되지 않으나 원인불명으로 유전
> 　하는 변이도 있는데, 이것을 돌연변이라 한다.
> • 드브리스(De Vries)가 주장하였다.

　㉡ 도태와 적응 : 새로운 유전형 중에서 환경이나 생존경
　　쟁에 견디지 못하는 것은 도태되고, 견디는 것은 적응
　　한다.

　㉢ 순화 : 환경에 적응하여 특성이 변화된 것

　㉣ 격절(고립) : 분화의 마지막 과정으로 성립된 적응형들
　　이 유전적인 안정 상태를 유지하는 것이다(품종).

[**핵심예제**]

4-1. 작물의 분화과정에서 첫 번째 단계는?

① 도태와 적응을 통한 순화의 단계
② 유전적 변이의 발생단계
③ 유전적인 안정 상태를 유지하는 고립단계
④ 어떤 생태조건에서 잘 적응하는 단계

|정답| ②

4-2. 작물 유전의 돌연변이설을 주장한 사람은?

① De Vries　　　　　② Mendel
③ 우장춘　　　　　　④ Darwin

|정답| ①

해설

4-1
작물의 분화과정
유전적 변이(자연교잡, 돌연변이) → 도태 → 적응(순응) → 고립(격절)

4-2
드브리스(De Vries, Hugo)
식물생리학에서는 주로 호흡작용 · 팽압 · 원형질 분리 등을 연구하였
고, 유전학에서는 식물의 잡종에 관한 연구를 하여 유전현상에 대해서
세포 내 판겐(Pangen)설을 제창하였다. 1900년도에 멘델 법칙의 재
발견과 돌연변이설을 제창하여, 그 후의 유전학과 진화론에 엄청난
영향을 주었다.

핵심이론 05 작물의 다양성과 유연관계

① 작물의 다양성

작물의 분화과정은 계통 발생적인 관계를 가지게 되므로 자연히 유연관계(類緣關係)가 있는 다양성을 보이게 된다. 이것을 계통적으로 정리하면 작물의 식물적 기원을 이해할 수 있다.

② 작물의 유연관계 탐구방법

㉠ 교잡에 의한 방법

- 서로 다른 식물 사이에 교잡을 할 경우 유연관계가 멀수록 잡종 종자가 생기기 힘들고, 생기더라도 잡종의 임성(稔性)이 낮다는 사실에 입각한 연구 방법이다.
- Koelreuter : 교잡에 의한 작물개량의 가능성을 최초로 제시하였다.

㉡ 염색체에 의한 방법

- 식물종은 염색체의 수가 같더라도 그 모양의 차이에 따라서 유연관계를 판단할 수 있다.
- 염색체수의 계통적인 배수관계를 규명하면 서로의 유연관계를 판정할 수 있다.

[밀속의 계의 분류]

구 분	1립계 (Einkorn)	2립계 (Emmer)	보통계 (Dinkel)	티모피비계 (Timopheevi)
게놈조성 (2n)	AA	AABB	AABBDD	AAGG
2n 염색체수	14	28	42	28
배수성	2배체	이질4배체	이질6배체	이질4배체
종	T. urartu Tum. T. boeoticum Boiss. spp. aegilopoides T. monococcum L. T. aegilopoides	T. dicoccum (schrank.) Schulb. T. polonicum L. T. carthlicum Nevski T. turgidum L. T. durum Desf.	T. aestivum L. T. spelta L. Triticum vulgare T. macha Dek. and Men. Triticum com-pactum	T. timopheevi. Zhuk.

㉢ 면역학적 방법 : 종자가 함유하고 있는 단백질의 성질을 검정하여 유연관계를 판단한다.

5-1. 교잡에 의한 작물개량의 가능성을 최초로 제시한 사람은?

① Camerarius   ② Koelreuter
③ Mendel   ④ Johannsen

정답 ②

5-2. 밀 게놈조성 중 ABD에 속하는 것으로만 이루어진 것은?

① Triticum vulgare, Triticum compactum
② Triticum durum, Triticum monococcum
③ Triticum turgidum, Triticum polonicum
④ Triticum aegilopoides, Triticum vulgare

정답 ①

해설

5-1

① Camerarius : 1961년 식물에도 자웅 성별이 있음을 밝혔으며, 시금치·삼·홉·옥수수 등의 성에 관해 기술하였다.
③ Mendel : 우열의 법칙, 분리의 법칙, 독립의 법칙이라고 불리는 유전의 기본법칙을 발견했다.
④ Johannsen : 순계설을 주장하였다.

핵심이론 06 작물 및 재배의 특징

① 작물의 특징
- ㉠ 일반식물에 비하여 의식주에 필요한 이용성 및 경제성이 높은 식물이다.
- ㉡ 인간의 이용목적에 맞게 특수 부분이 발달한 일종의 기형식물이다.
  ※ 재배식물들은 야생의 원형과는 다르게 특수한 부분만 매우 발달하여 원형과 비교하면 기형식물이라 할 수 있다.
- ㉢ 재배환경에 순화되어 야생종과는 차이가 있다.
- ㉣ 일반적으로 야생식물들보다 생존력이 약하므로 인위적 관리가 수반되어야 한다.
- ㉤ 사람은 작물의 생존에 의존하고, 작물은 사람에게 의존하는 공생관계이다.
- ㉥ 야생식물의 작물화 과정에서 종자는 발아억제물질이 감소되어 휴면성이 약화되었다.

② 재배의 특징
- ㉠ 토지 생산성은 수확체감의 법칙이 적용된다.
- ㉡ 재배는 자연환경의 영향을 크게 받고 생산 조절이 곤란하며, 분업적 생산이 어렵다.
- ㉢ 자본 회전이 늦고, 노동의 수요 공급이 연중 균일하지 못하다.
- ㉣ 모암과 강우로 인해 토양이 산성화되기 쉽다.
- ㉤ 농산물은 변질 위험이 크고 가격 변동이 심하며, 가격에 비해 중량과 부피가 커서 수송비가 많이 드는 경향이 있다.
- ㉥ 생산이 소규모이고 분산적이기 때문에 중간상인의 역할이 크다.
- ㉦ 농산물은 공산품에 비해 수요 공급의 탄력성이 작고 가격 변동성이 매우 크다.
- ㉧ 소득 증대에 따른 수요의 증가가 공산품처럼 현저하지 못하다.

핵심예제

6-1. 작물의 특징에 대한 설명으로 가장 거리가 먼 것은?
① 이용성과 경제성이 높아야 한다.
② 일반적인 작물의 이용목적은 식물체의 특정 부위가 아닌 식물체 전체이다.
③ 작물은 대부분 일종의 기형식물에 해당된다.
④ 일반적으로 야생식물들보다 생존력이 약하다.

정답 ②

6-2. 재배의 일반적인 특징으로 거리가 먼 것은?
① 공산물에 비해 분업적으로 생산하기 어렵다.
② 토지 생산성은 수확체감의 법칙이 적용된다.
③ 농산물은 가격에 대한 수급의 탄력성이 작다.
④ 공산물에 비하여 수요의 탄력성이 크다.

정답 ④

1-2. 작물의 분류

핵심이론 01 · 작물의 종수

① 지구상 식물의 종수는 50만여 종(기록 30만여 종)이다.
② 전 세계에 재배되고 있는 작물의 종수는 2,500종이다.
③ 재배비율은 식용작물(39.9%), 약용작물(15.4%), 사료작물(14.7%), 공예작물(11.9%), 조미작물(8.5%) 순이다.

[계통별 작물의 종과 비율]

작물의 종류	작물의 수(종)	비율(%)
식용작물	888	39.9
약용작물	342	15.4
사료작물	327	14.7
공예작물	264	11.9
조미작물	189	8.5
비료작물	81	3.6
기호작물	70	3.1
기타 작물	65	1.9
계	2,223	100

④ 식용작물(식량작물)은 화곡류(54종), 두류(52종), 서류(42종), 기타 곡류(13종), 기타(8종)로 나뉜다.
⑤ 재배작물 중 3대 작물(벼, 밀, 옥수수)이 인류 곡물 소비량의 75%를 차지한다.

> **핵심예제**

1-1. 다음 작물의 종류에서 세계적으로 가장 많은 비율을 차지하는 작물은?

① 식용작물　　　　　② 사료작물
③ 채소작물　　　　　④ 섬유작물

정답 ①

1-2. 세계 3대 식량작물로 구성된 것은?

① 밀, 옥수수, 벼　　　② 밀, 감자, 보리
③ 보리, 고구마, 벼　　④ 감자, 고구마, 벼

정답 ①

해설

1-1
작물의 재배비율
식용작물 > 약용작물 > 사료작물 > 공예작물 > 조미작물

핵심이론 02 · 작물의 식물분류학적 분류

① 식물분류학적 분류
　㉠ 식물학적 분류 = 계통적 분류 = 자연적 분류
　　• 식물기관의 형태나 구조의 유사점에 따라 종자식물은 나자식물(겉씨식물)과 피자식물(속씨식물)인 2개의 아문으로 분류된다.
　　• 피자식물은 단자엽강과 쌍자엽강으로 나눈다.
　　　– 단자엽식물 : 화곡류에 속하는 벼과식물 등
　　　– 쌍자엽식물 : 콩과작물, 겨자과작물 등
　　• 분류군의 계급은 '계 → 문 → 강 → 목 → 과 → 속 → 종'으로 구분한다.
　　　예 벼 : 식물계– 종자식물문, 속씨식물아문 – 단자엽강 – 영화목 – 벼과 – 벼속 – 벼종
　　• 기본단위인 종은 아종(지리적 차이), 변종(아종에서 변함), 품종(인위적 개량)으로 세분한다.
　㉡ 식물의 일반분류는 화본과식물(禾本科植物), 두과식물(荳科植物, 콩과식물), 십자화과식물(十字花科植物), 국화과식물(菊花科植物), 가지과식물(茄子科植物) 등 식물학적 분류법을 사용한다.
② 학 명
　㉠ 이명법
　　• 린네(Carl von Linne)가 1753년에 출판한 「식물의 종」에서 제창하였다.
　　• 속과 종의 이름을 붙여 명명하는 것이다.
　㉡ 작물은 식물분류학적인 분류와 다른 분류법을 조합하여 분류하는 것이 보통이다.
③ 학명의 구성
　㉠ 속명(屬名)과 종명(種名)
　　• 속명과 종명 두 개의 단어로 하나의 종을 나타내고 여기에 명명자의 이름(Author Name)을 붙인다.
　　• 속명 : 라틴어의 명사로서 첫 글자는 반드시 대문자로 표시한다.
　　• 종명 : 소문자의 라틴어로 표시한다(특수한 고유명사 등은 제외).

ⓛ 종(種) 이하 : 아종(亞種) subsp. 또는 ssp.(subspecies), 변종(變種) var.(varietus), 품종(品種) forma(=form. =f.)으로 표시한다.

[국명]	[속명]	[종명]	[변종명]	[명명자명]
벼	*Oryza*	*sativa*		L.
인삼	*Panax*	*ginseng*		C.A.Meyer
소나무	*Pinus*	*densiflora*		SIEB. et ZUCC

- 1개의 작물이 여러 개의 다른 종으로 구성되어 있는 것
  - 유채는 *Brassica napus*와 *B. campestris*로 구성
  - 호박은 *Cucurbita pepo*와 *C. moschata* 및 *C. maxima* 의 3종으로 구성
- 하나의 종이 2개 이상의 작물로 분화된 것
  - *Beta vulgaris*에 속하는 작물 : 사탕무, 사료용 순무, 근대
  - *Brassica oleracea*에 속하는 작물 : 케일, 양배추

[핵심예제]

2-1. 식물분류학적 방법에 의한 작물 분류가 아닌 것은?

① 벼과식물
② 콩과작물
③ 가지과작물
④ 공예작물

정답 ④

2-2. *Oryza sativa*. L.은 어떤 작물의 학명인가?

① 밀
② 토마토
③ 벼
④ 담배

정답 ③

해설

2-1
공예작물은 농업상 용도에 의한 분류이다.

2-2
① *Triticum aestivum* L.
② *Solanum lycopersicum* L.
④ *Nicotiana tabacum* L.

핵심이론 **03** **작물의 용도에 따른 분류**

① 식용작물(식량작물)
벼, 보리, 밀, 콩 등과 같이 주로 식량으로 재배되는 작물로, 보통작물이라고도 한다.
  ㉠ 곡숙류(穀菽類)
    • 화곡류
      - 미곡 : 벼(수도), 밭벼(육도) 등
      - 맥류 : 보리, 밀, 귀리, 호밀 등
      - 잡곡 : 조, 피, 기장, 수수, 옥수수, 메밀 등
    • 두류 : 콩, 팥, 녹두, 완두, 강낭콩, 땅콩 등
  ㉡ 서류 : 고구마, 감자 등

② 공예작물(특용작물)
주로 식품 공업의 원료나 약으로 이용하는 성분을 얻기 위하여 재배하는 작물이다.
  ㉠ 전분작물 : 옥수수, 고구마, 감자 등
  ㉡ 유료작물 : 참깨, 들깨, 아주까리, 해바라기, 콩, 땅콩, 평지(유채), 아마, 목화 등
  ㉢ 섬유작물 : 목화, 삼, 모시풀, 아마, 왕골, 수세미, 닥나무, 어저귀, 케냐프(양마), 대 등
  ㉣ 당료작물 : 사탕수수, 사탕무 등
  ㉤ 약료작물 : 제충국, 박하, 호프 등
  ㉥ 기호작물 : 차, 담배 등
  ㉦ 향료작물 : 박하, 계피, 장미, 라일락 등
  ㉧ 향신료작물 : 겨자, 고추냉이 등
  ㉨ 염료작물 : 쪽, 홍화, 비자, 샤프란 등
  ㉩ 수액(수지료)작물 : 옻나무, 고무나무 등

③ 사료작물(飼料作物)
  ㉠ 화본과 : 옥수수, 귀리, 수수, 티머시, 호밀, 오처드그라스, 라이그래스 등
  ㉡ 두과 : 알팔파, 화이트클로버, 레드클로버 등
  ㉢ 기타 : 순무, 비트, 해바라기, 돼지감자(뚱딴지) 등

④ 녹비작물(綠肥作物, 비료작물)
  ㉠ 화본과 : 호밀 등
  ㉡ 콩과 : 자운영, 베치 등

⑤ 원예작물

　　㉠ 채소 : 부식, 양념으로 이용하는 초본
　　　　• 과채류(果菜類) : 오이, 호박, 참외, 수박, 토마토, 가지, 딸기 등
　　　　• 협채류(莢菜類) : 완두, 강낭콩, 동부 등
　　　　• 근채류(根菜類) : 무, 당근, 고구마, 감자, 생강 등
　　　　• 경엽채류 : 배추, 상추, 시금치 등
　　㉡ 과수 : 열매를 이용하는 다년생 목본
　　　　• 인과류(仁果類) : 배, 사과, 비파 등
　　　　• 핵과류(核果類) : 복숭아, 자두, 살구, 앵두 등
　　　　• 장과류(漿果類) : 포도, 딸기, 무화과 등
　　　　• 각과류(殼果類, 견과류) : 밤, 호두 등
　　　　• 준인과류(準仁果類) : 감, 귤 등
　　㉢ 화훼류 및 관상식물
　　　　• 초본류(草本類) : 국화, 코스모스, 난초, 달리아 등
　　　　• 목본류(木本類) : 동백, 고무나무, 철쭉, 유도화, 고무나무 등

핵심예제

3-1. 화본과 작물이 아닌 것은?

① 옥수수　　　　② 귀 리
③ 수 수　　　　④ 알팔파

정답 ④

3-2. 작물의 용도에 따른 분류와 작물명이 잘못 짝지어진 것은?

① 맥류 – 쌀, 보리
② 유료작물 – 참깨, 유채
③ 근채류 – 당근, 생강
④ 장과류 – 포도, 무화과

정답 ①

3-3. 공예작물 중 유료작물로만 나열된 것은?

① 목화, 삼　　　　② 모시풀, 아마
③ 참깨, 유채　　　　④ 어저귀, 왕골

정답 ③

해설

3-3
유료작물 : 유지를 얻기 위하여 재배하는 작물

핵심이론 04 작물의 생태적 분류

① 생존연한(재배기간)에 따른 분류
　㉠ 1년생 작물 : 벼, 콩, 옥수수 등
　㉡ 월년생 작물 : 가을밀, 가을보리 등
　㉢ 2년생 작물 : 무, 사탕무, 양파, 양배추, 당근, 근대 등
　㉣ 다년생(영년생) 작물 : 아스파라거스, 호프, 목초류, 딸기, 국화 등

② 생육계절에 따른 분류
　㉠ 하작물(여름작물) : 봄에 파종하여 여름철에 생육하는 1년생 작물(조, 벼, 콩, 옥수수 등)
　㉡ 동작물(겨울작물) : 가을에 파종하여 가을, 겨울, 봄을 중심해서 생육하는 월년생 작물(가을보리, 가을밀 등)

③ 생육적온에 따른 분류
　㉠ 저온작물 : 맥류, 감자, 배추, 시금치 등
　㉡ 고온작물 : 벼, 콩, 옥수수, 수수, 담배 등
　㉢ 열대작물 : 고무나무, 카사바, 망고 등
　㉣ 한지형(북방형) 목초 : 티머시, 알팔파 등(하고현상을 나타내는 목초)
　㉤ 난지형(남방형) 목초 : 버뮤다그래스, 매듭풀 등

④ 생육형태에 따른 분류
　㉠ 주형 작물 : 식물체가 각각의 포기를 형성하는 작물(벼, 맥류)
　㉡ 포복형 작물 : 줄기가 땅을 기어서 지표를 덮은 작물(고구마, 호박 등)
　㉢ 직립형 작물 : 줄기가 균일하게, 곧게 자라는 작물. 채초(採草)가 알맞음(오처드그라스, 티머시)
　㉣ 포복형 작물 : 줄기가 땅을 기어 지표를 덮는 작물. 방목(放牧)에 알맞음(화이트클로버)

⑤ 저항성에 의한 분류
　㉠ 내산성 작물 : 벼, 감자, 호밀, 귀리, 아마, 땅콩, 수박 등
　㉡ 내건성 작물 : 밭벼, 옥수수, 수수, 조, 기장 등
　㉢ 내습성 작물 : 논벼, 미나리, 연근, 골풀 등
　㉣ 내염성 작물 : 사탕무, 목화, 수수, 유채, 양배추 등
　㉤ 내풍성 작물 : 고구마, 클로버 등

핵심예제

4-1. 작물의 분류법 중 작물을 재배하는 데 생육적온 등 유용한 정보를 가장 많이 얻을 수 있는 분류법은?

① 식물학적 분류　　　　② 일반적 분류
③ 생태적 분류　　　　④ 경영적 분류

정답 ③

4-2. 작물을 생육적온에 따라 분류했을 때 저온작물인 것은?

① 콩　　　　　　　② 벼
③ 감자　　　　　　④ 옥수수

정답 ③

4-3. 작물을 생육형태에 따라 분류할 때 틀린 것은?

① 벼 – 주형(株型)
② 고구마 – 포복형(匍匐型)
③ 오처드그라스 – 주형(株型)
④ 수단그라스 – 하번초(下繁草)

정답 ④

해설

4-1
생태적 분류는 재배기간, 생육계절, 생육적온, 생육형태, 저항성 등에 따라 분류한 것이다.

4-2
저온작물(맥류, 감자 등)의 생육적온 범위 15~18℃이다.

4-3
상번초(上繁草) : 수단그라스, 오처드그라스, 티머시 등
하번초(下繁草) : 화이트클로버, 켄터키블루그래스

핵심이론 05 | 작물의 재배·이용에 따른 분류

① **작부방식에 관련된 분류**
　㉠ 논작물 : 벼와 같이 논에서 재배되는 작물
　㉡ 밭작물
　　• 콩, 옥수수 등과 같이 밭에서 재배되는 작물
　　• 전후작(前後作)이나 사이짓기(간작, 間作)를 할 때 먼저 심어 수확하는 앞 작물(前作物)과 뒤에 심는 뒤 작물(後作物)로 구별
　㉢ 주작물(主作物)과 부작물(副作物) : 한 포장에 두 작물을 동시에 재배 시 경제적 비중에 따라 구분
　　예 콩에 수수를 섞어 짓는 혼작(混作), 옥수수와 콩을 엇갈아 짓는 교호작(交互作) 등
　㉣ 중경작물 : 잡초억제효과와 토양을 부드럽게 하는 작물 (옥수수, 수수 등)
　㉤ 휴한작물 : 휴한하는 땅의 지력이 유지되도록 윤작에 포함시키는 작물(비트, 클로버, 알팔파 등)
　㉥ 윤작작물 : 중경작물이나 휴한작물처럼 잡초억제효과와 지력 유지에 이롭기 때문에 재배하는 작물
　㉦ 동반작물 : 다년생 초지의 초기 생산량을 높이기 위하여 섞어서 덧뿌리는 작물로 클로버나 알팔파의 포장에 귀리나 보리를 파종한다.
　㉧ 대파작물 : 재해로 주작물의 수확이 어려울 때 대신 파종하는 작물(조, 메밀, 채소, 감자 등)
　㉨ 구황작물 : 기후의 불순으로 인한 흉년에도 비교적 안전한 수확을 얻을 수 있는 작물(조, 피, 수수, 기장, 메밀, 고구마, 감자 등)
　㉩ 흡비작물 : 다른 작물이 잘 이용하지 못하는 미량의 비료성분도 잘 흡수하여 체내에 간직함으로써 그 이용률을 높이고 비료분의 유실을 적게 하는 효과가 있는 작물 (옥수수, 수수, 알팔파, 스위트클로버, 화본과 목초 등)
　㉪ 보호작물 : 추운 지방에서 추파맥류를 재배할 때 춘파맥류 종자를 섞어 뿌리는 경우 춘파맥류가 먼저 자라 엄동에 동사하여 마른 잎이 추파맥류를 덮어 추위에서 보호한다.

② **토양 보호에 관련된 분류**
　㉠ 토양보호작물(피복작물, 내식성 작물) : 토양 전면을 피복하여 토양 침식을 막는 데 이용하는 작물로, 토양 보호의 효과가 크다(잔디, 알팔파, 클로버 등 목초류).

ⓛ 토양조성작물 : 토양 보호와 지력 증진의 효과를 가진 작물(콩과목초, 녹비작물)

ⓒ 토양수탈작물 : 계속 재배 시 지력을 수탈하는 경향이 있는 작물(화곡류)

ⓔ 수식성작물 : 키가 크고 드문드문 자라며, 토양을 침식 시키기 쉬운 작물(옥수수, 담배, 목화, 과수, 채소 등)

③ 경영과 관련된 분류

ⓖ 자급작물 : 농가에서 자급을 위하여 재배하는 작물(벼, 보리 등)

ⓛ 환금작물 : 판매를 목적으로 재배하는 작물(담배, 아마, 차 등)

ⓒ 경제작물 : 환금작물 중 특히 수익성이 높은 작물(담배, 아스파라거스, 아마 등)

④ 사료작물의 용도에 따른 분류

ⓖ 청예용 : 사료작물을 풋베기하여 주로 생초를 먹이로 이용하는 작물

ⓛ 건초용 : 건조시켜 건초로 많이 이용되는 작물(티머시, 알팔파, 오처드그라스 등)

ⓒ 사일리지용 : 좀 늦게 풋베기하여 사일리지 제조에 이용하는 작물(옥수수, 수수, 풋베기콩 등)

ⓔ 종실사료용 : 풋베기를 하지 않고 성숙 후 수확해 종실을 사료로 이용하는 작물(맥류, 옥수수 등)

ⓜ 방목용 : 가축을 놓아기르는 데 적합한 작물

핵심예제

5-1. 기후가 불순하여 흉년이 들 때에 조, 기장, 피 등과 같이 안전한 수확을 얻을 수 있어 도움이 되는 재배작물은?

① 보호작물　　　　　② 대용작물
③ 구황작물　　　　　④ 포착작물

정답 ③

5-2. 토양 보호와 관련된 작물분류를 올바르게 한 것은?

① 수식성 작물(受蝕性作物) - 콩과목초
② 토양수탈작물(土壤收奪作物) - 채소
③ 토양조성작물(土壤造成作物) - 과수
④ 토양보호작물(土壤保護作物) - 목초

정답 ④

번식방법 · 수분방법 · 작물의 재배형식에 따른 분류

① 번식방법에 따른 분류

ⓖ 유성번식

• 자웅동화 : 벼, 콩, 토마토, 가지, 고추(한 꽃에 암 · 수꽃이 모두 있음)

• 자웅이화동주 : 옥수수, 오이, 수박, 호박(한 그루에 암 · 수꽃 따로)

• 자웅이주 : 호프, 아스파라거스, 은행(암 · 수 그루 따로)

ⓛ 무성번식(영양번식) - 영양기관에 따른 분류

• 덩이뿌리(괴근) : 달리아, 고구마, 마, 작약 등

• 덩이줄기(괴경) : 감자, 토란, 뚱딴지 등

• 비늘줄기(인경) : 나리(백합), 마늘 등

• 뿌리줄기(지하경, 땅속줄기, 근경) : 생강, 연, 박하, 호프 등

• 알줄기(구경) : 글라디올러스 등

② 수분방법에 따른 분류

ⓖ 자가수분 작물 : 벼, 밀, 보리, 귀리, 콩, 녹두, 완두, 땅콩, 상추, 가지, 고추, 토마토 등

ⓛ 타가수분 작물 : 옥수수, 호밀, 사탕무, 감자, 고구마, 메밀, 사료작물류 등

※ 타가수분율이 높은 작물 : 조, 수수, 목화 등

③ 작물의 재배형식에 따른 분류

ⓖ 소 경

• 원시적 약탈 농업

• 토양의 비배관리를 하지 않고 땅이 척박해지면 다른 곳으로 이동

ⓛ 식 경

• 식민지적 농업(기업적 농업)

• 넓은 토지에 한 가지 작물(커피, 사탕수수, 고무나무, 담배, 차)만 경작

ⓒ 곡 경

• 대규모 농지에 기계화를 실시하여 주로 곡류를 재배하는 형식

• 미국, 캐나다, 유럽, 호주 등의 밀, 옥수수 또는 동남 아시아의 벼 재배 등

ㄹ 포 경
- 유축농업(有畜農業) 또는 혼합농업과 비슷한 뜻이며, 식량작물과 사료작물을 서로 균형 있게 생산하는 재배형식
- 가축의 구비와 콩과 작물을 재배하여 지력 소모를 막을 수 있는 형태

ㅁ 원 경
- 원예작물을 집약적으로 재배하는 농업으로 도시 근교에서 발달
- 비료를 많이 사용하며 관개, 보온육묘, 비닐하우스 등이 발달

핵심예제

6-1. 작물의 영양기관에 대한 분류가 잘못된 것은?
① 인경 – 마늘
② 괴근 – 고구마
③ 구경 – 감자
④ 지하경 – 생강

정답 ③

6-2. 자식성 식물로만 나열된 것은?
① 양파, 감
② 호두, 수박
③ 마늘, 셀러리
④ 대두, 완두

정답 ④

6-3. 유축농업(有畜農業) 또는 혼합농업과 비슷한 뜻이며, 식량과 사료를 서로 균형 있게 생산하는 재배형식은?
① 식경(殖耕)
② 원경(園耕)
③ 소경(疎耕)
④ 포경(圃耕)

정답 ④

해설

6-2
대표적인 자식성 재배식물
- 곡류 : 벼, 보리, 밀, 조, 수수, 귀리 등
- 콩류 : 대두, 팥, 완두, 땅콩, 강낭콩
- 채소 : 토마토, 가지, 고추, 갓
- 과수 : 복숭아, 포도(일부), 귤(일부)
- 기타 : 참깨, 담배, 아마, 목화, 서양유채
※ 자식성 : 자가수정에 의해 생식하는 속씨식물

1-3. 재배의 현황

핵심이론 01 **토지의 이용 및 농업 인구**

① 우리나라 농업의 변화
  ㉠ 농업 인구 변화
  - 2019년 전체 인구 51,779천명 중 농가 인구가 차지하는 비중은 4.3%로, 1970년 45.9%에 비해 41.6% 감소
  - 2019년 전체 20,891천 가구 중 농가가 차지하는 비중은 4.8%로, 1970년 44.5%에 비해 39.7% 감소

  ㉡ 경지면적
  - 2019년 1,581천ha로, 1975년 2,240천ha에 비해 659천ha(-29.4%) 감소
  - 논면적의 35.0%(-447천ha) 감소가 밭면적의 22.0%(-212천ha) 감소보다 큼

  ㉢ 생산량
  - 지난 50년간(1970~2019년) 노지 농작물 생산량은 식량작물이 연평균 0.9% 감소한 반면, 과실은 3.4%, 채소는 2.4% 증가
  - 비중은 식량작물이 40.6% 감소한 반면, 채소는 30.4%, 과실은 10.3% 증가

  ㉣ 농가 소득
  - 지난 50년간(1970~2019년) 농가 소득은 겸업 소득이 연평균 14.0%, 사업 외 소득 11.6%, 농업 소득이 8.4% 증가
  - 농가 소득 중 농업 소득의 비중은 51.0%(1970년 75.9% → 2019년 24.9%) 감소한 반면, 겸업 소득은 10.4%(1970년 3.8% → 2019년 14.2%) 증가

② 우리나라 토지 이용 상황
  ㉠ 우리나라의 총국토면적은 1,003만ha이며, 그중 농경지면적은 약 17%이다.
  ㉡ 농경지면적 중 60% 정도가 벼농사 중심의 논(101만ha)이며, 약 40% 정도가 일반작물과 원예작물 중심의 밭(73만ha)이다.
  ㉢ 논의 토양 산도는 pH 5.1 이하의 강산성인 논이 전체의 45%에 달하여 농사에 매우 불리하다.

③ 우리나라 작물재배의 특색
  ㉠ 토양 비옥도(지력)가 낮은 편이다.
  ㉡ 기상재해가 큰 편이다.

ⓒ 경영규모가 영세하고 다비 농업이며, 대부분 전업농가이다.

ⓔ 농산품의 국제경쟁력이 약하다.

ⓜ 쌀의 비중이 커서 미곡(米穀)농업이라 할 수 있다.

ⓗ 작부체계와 초지농법이 농가 소득 증대에 도움이 되는 작물만을 집약적으로 재배해 왔기 때문에 발달하지 못했다.

ⓢ 식량 자급률이 낮고 양곡 도입량이 많다.

[핵심예제]

1-1. 우리나라 작물재배의 특색 중 작부체계와 초지농업이 발달하지 못한 가장 큰 이유는?

① 경영규모가 영세하여 고투입 집약농업으로 발달해 왔기 때문이다.

② 농가 소득 증대에 도움이 되는 작물만을 집약적으로 재배해 왔기 때문이다.

③ 화곡류 위주의 약탈식 집약농업을 해 온 관계로 토양의 비옥도가 낮기 때문이다.

④ 사계절이 뚜렷하고 기상재해가 커서 다양한 작부방식이나 초지농업의 적용이 어려웠기 때문이다.

정답 ②

1-2. 답리작 맥류재배에서 가장 중요한 품종의 특성은?

① 저온발아성 　　② 만식적응성
③ 관수저항성 　　④ 조숙성

정답 ④

1-3. 우리나라 농업의 당면 과제와 거리가 먼 것은?

① 생산성 향상 　　② 작형의 분화
③ 유통구조 개선 　　④ 생산품목의 단일화

정답 ④

해설

1-2
답리작 맥류 재배에서는 조숙성이 있어야 수확 후 모내기나 콩의 파종이 가능하다.

1-3
우리나라 농업의 과제
• 생산성 향상 : 지속적인 품종개량, 재배기술 개선
• 품질의 고급화
• 작물 종류 및 작형의 분화
• 저장성의 향상
• 유통구조 개선
• 국제경쟁력 강화
• 저투입·지속적(친환경농업)의 실천
• 농산물 수출 강화

핵심이론 02　주요 작물의 생산

① 세계 주요 작물의 생산 현황

ⓐ 세계적으로 작물 생산의 주를 이루는 것은 밀, 벼, 옥수수의 3대 식량작물과 보리, 콩 등의 곡류이다.

ⓑ 전 세계 농경지 13.8억ha 중 약 50% 정도를 이 곡물이 차지하고 있으며, 그중 절반 정도는 쌀과 밀이 차지하고 있다.

ⓒ 쌀의 주생산지는 아시아이며, 90% 정도가 이 지역에서 생산된다(특히, 중국에서 많이 생산됨).

ⓓ 밀의 주생산지는 북아메리카, 유럽, 오세아니아이다.

ⓔ 옥수수는 미국에서 전체의 1/3 정도를 생산하며, 브라질, 중국, 멕시코, 인도에서도 많이 생산된다.

세계 작물 재배 현황
• 3대 식량작물 : 밀, 옥수수, 벼
• 3대 식량작물 생산량 순위 : 밀 > 벼 > 옥수수
• 2대 식량작물 : 밀, 벼
• 2대 사료작물 : 밀, 옥수수
• 우리나라 삼한시대 5곡 : 보리, 기장, 피, 콩, 참깨

② 우리나라 곡물의 자급률

ⓐ 식용작물 중 쌀과 보리의 경우 가공용을 제외한 식량용은 자급 수준을 유지하고 있으나 그 밖의 작물은 사료용, 가공용의 수요 증가로 자급 수준이 매우 낮다.

ⓑ 밀, 옥수수, 콩의 세 가지 곡물이 전체 수입량의 90% 이상을 차지한다.

ⓒ 주식으로 이용되고 있는 쌀과 감자, 고구마, 일부 공예작물은 앞으로도 자급 수준을 유지할 수 있을 것으로 전망된다.

ⓓ 사료 및 가공용 양곡 수요의 계속적인 증가와 경지면적이 줄고 있어 밀, 옥수수, 콩, 기타 작물의 자급률이 감소하고 있다.

식량의 절대적인 부족 원인
• 경지면적의 감소
• 수확량 증가 둔화(토양비옥도의 저하, 토지생산성의 한계, 비료와 농약 사용의 한계)
• 기상 이변
• 인구 증가

③ 작물의 수량을 최대화하기 위한 재배이론의 3요인(수량삼각형)
  ㉠ 종자의 우수한 유전성, 양호한 환경, 재배기술의 종합적 확립
  ㉡ 농작물의 수량이 최대로 되려면 품종, 재배환경 및 재배기술이 동등하게 적용되어야 한다.
  ㉢ 유전성, 환경조건, 재배기술이 균형 있게 형성되어야 한다.

핵심예제

2-1. 식량의 절대적인 부족 원인이 아닌 것은?
① 경지면적의 감소   ② 수확량 증가 둔화
③ 기상 이변   ④ 인구 증가 둔화

정답 ④

2-2. 삼한시대 재배되었다고 하는 오곡(五穀) 중에 포함되지 않는 작물은?
① 보 리   ② 참 깨
③ 벼   ④ 피

정답 ③

2-3. 농작물의 수량 극대화를 위한 수량의 삼각형에 대한 설명으로 가장 적합한 것은?
① 농작물의 수량을 최대로 올리려면 재배품종, 토양 및 재배방법의 조화가 중요하다.
② 농작물의 수량이 최대로 되려면 품종, 재배환경 및 재배기술이 동등하게 적용되어야 한다.
③ 농작물의 수량이 최대로 되려면 유전성이나 재배환경보다 알맞은 재배기술의 적용에 더 큰 비중을 두어야 한다.
④ 농작물의 수량 극대화를 위해서는 재배환경이나 재배기술보다 유전성이 우수한 품종의 선택에 더 큰 비중을 두어야 한다.

정답 ②

해설

2-2
우리나라 삼한시대 오곡(五穀) : 보리, 기장, 피, 콩, 참깨

제2절 재배환경

2-1. 토 양

핵심이론 01 지력(地力)

① 지력의 개념
  ㉠ 토양의 물리적(토성, 토양구조 등), 화학적(토양산도, 함유 물질 등), 생물학적(토양미생물), 종합적인 조건에 의해 작물의 생산력을 지배하는 작용을 지력이라고 한다.
  ㉡ 주로 물리적 및 화학적 지력조건을 토양 비옥도(Soil Fertility)라고도 한다.
  ㉢ 지력은 작물의 생산성에 중점을 둔 용어이며, 비옥도는 토양이 양분을 공급하는 능력에 중점을 둔 용어이다.
② 지력 향상의 조건
  ㉠ 토성, 토양구조, 토층, 토양반응, 토양수분, 토양공기, 미생물 등
    • 양토를 중심으로 사양토 내지 식양토가 좋다.
    • 사토는 수분 및 비료성분이 부족하고, 식토는 공기가 부족하다.
    • 토양구조는 입단구조가 조성될수록 토양의 수분 및 비료 보유력이 좋아진다.
    • 토층은 작토가 깊고 양분의 함량이 많으며, 심토까지 투수성과 투기가 양호하도록 객토나 심경을 하거나 토양개량제를 사용한다.
    • 토양반응은 중성~약산성이 알맞다.
    • 강산성 또는 알칼리성이면 작물생육이 저해된다.
    • 토양수분이 부족하면 한해를 받게 되고, 토양수분의 과다는 습해나 수해를 유발한다.
    • 토양공기는 토양수분과 관계가 깊으며, 토양 중의 공기가 적거나 산소의 부족 또는 이산화탄소 등 유해가스의 과다는 작물뿌리의 생장과 기능을 저해한다.
    • 작물생육을 돕는 유용 미생물이 번식하기 좋은 상태가 유리하다.
  ㉡ 유기물 및 무기성분
    • 대체로 토양 중의 유기물 함량이 증가할수록 지력이 높아진다.
    • 유기물이 분해될 때 여러 가지 산을 생성하여 암석의 분해를 촉진한다.

- 유기물이 분해되어 망간, 붕소, 구리 등 미량원소를 공급한다.
- 습답에 유기물 함량이 많으면 오히려 해가 되기도 한다.
- 습답에서는 유기물의 혐기적 분해로 유기산이 집적되어 뿌리의 생장과 흡수장해를 일으킨다.
- ※ 유기물의 부식은 토양의 보수력, 보비력, 완충능, 탄질률을 증대시킨다. 또한 토양입단의 형성을 촉진하며, 알루미늄의 독성을 중화하는 작용을 한다.
- 무기성분이 풍부하고 균형 있게 포함되어 있어야 지력이 높다.

[핵심예제]

지력을 향상시키기 위한 토양조건으로 옳지 않은 것은?

① 입단구조　　　② 사 토
③ 중성~약산성　④ 심 토

정답 ②

핵심이론 02　토양의 3상

① 토양의 3상
- ㉠ 토양은 고상(무기물, 유기물인 흙), 액상(토양수분), 기상(토양공기)의 3상으로 구성된다.
- ㉡ 고상은 무기물 45%와 유기물 5%로 이루어져 있으며, 일반적으로 고상의 비율은 입자가 작고 유기물 함량이 많아질수록 낮아진다.
- ㉢ 액상의 비율이 높으면 통기가 불량하고 뿌리의 발육이 저해된다.
- ㉣ 작물은 기상에서 산소와 이산화탄소를 흡수하고, 액상에서 양분과 수분을 흡수하며, 고상에 의해 기계적 지지를 받는다.
- ㉤ 기상의 비율이 높으면 수분 부족으로 위조, 고사한다.

② 작물생육에 적합한 토양 3상의 비율 : 고상 50%, 액상 25%, 기상 25%

[핵심예제]

2-1. 일반적으로 작물생육에 적합한 토양 3상의 비율은?(단, 고상, 액상, 기상의 순으로 나열)

① 60%, 20%, 20%　　② 50%, 25%, 25%
③ 25%, 50%, 25%　　④ 20%, 60%, 20%

정답 ②

2-2. 일반 토양의 3상에 대하여 올바르게 기술한 것은?

① 기상의 분포 비율이 가장 크다.
② 고상의 분포는 50% 정도이다.
③ 액상은 가장 낮은 비중을 차지한다.
④ 고상은 액체와 기체로 구성된다.

정답 ②

핵심이론 03 **토양입자의 분류**

① 자 갈
- ㉠ 암석이 풍화하여 맨 먼저 생긴 여러 모양의 굵은 입자이다.
- ㉡ 화학적, 교질적 작용이 적고, 비료분·수분의 보유력도 빈약하다.
- ㉢ 투기성, 투수성을 좋게 한다.

② 모 래
- ㉠ 석영을 많이 함유하는 암석이 기계적으로 부서져서 생긴 것이다.
- ㉡ 입경에 따라 거친 모래, 보통 모래, 고운 모래로 세분된다.
- ㉢ 거친 모래는 자갈과 비슷한 성질을 가지며, 잔(고운) 모래는 물이나 양분을 흡착하고 투기성 및 투수성을 좋게 하며, 토양을 부드럽게 한다.

③ 점 토
- ㉠ 토양입자 중 가장 미세한 알갱이이다(입경 $2\mu m$ (0.002mm)이하).
- ㉡ 화학적·교질적 작용을 하고, 물과 양분을 흡착하는 힘이 크지만 투기·투수를 저해한다.

[토양의 입경 구분]

(단위 mm)

입경 구분		미국농무성법	국제토양학회법
자갈(Gravel)	–	2.00 이상	2.00 이상
모래(Sand)	매우 굵은 모래(극조사)	2.00~1.00	–
	굵은 모래(조사)	1.00~0.50	2.00~0.20
	중간 모래(중사)	0.50~0.25	–
	가는 모래(세사)	0.25~0.10	0.20~0.02
	매우 가는 모래(극세사)	0.10~0.05	–
미사(微沙/Silt)	–	0.05~0.002	0.02~0.002
점토(粘土/Clay)	–	0.002 이하	0.002 이하

- ㉢ 토양교질
  - 토양교질(Colloid)은 질량에 비하여 매우 큰 표면적과 표면에 전하를 가진 아주 작은 입자이다.
  - 부식은 점토와 같이 입자가 미세하고 입경이 $1\mu m$ 이하이며, 특히 $0.1\mu m$ 이하의 입자를 교질(膠質, Colloid)이라고 한다.
  - 토양교질은 점토광물과 유기교질물로 구분한다.
  - 토양교질은 양·수분의 흡착, 이온교환, 토양반응, 산화환원 등의 여러 가지 이화학적 현상에 관여한다.
  - 교질입자는 보통 음이온(−)을 띠고 있어 양이온을 흡착한다.
  - 토양 중에 교질입자가 많아지면 치환성 양이온을 흡착하는 힘이 강해진다.
  - 토양에서 점토나 부식은 교질화를 증대한다.
- ㉣ 양이온치환용량(CEC : Cation Exchange Capacity) 또는 염기치환용량(BEC : Base Exchange Capacity)
  - 토양 1kg이 보유하는 치환성 양이온의 총량을 말한다.
  - 단위는 $cmol_c \cdot kg^{-1}$(Centimoles of Charge per Kilogram)로 표기한다.

구 분	SI 단위	환산방법
양이온 교환용량	$cmol(+) \cdot kg^{-1}$	$1meq/100g = 1cmol(+) \cdot kg^{-1}$
음이온 교환용량	$cmol(-) \cdot kg^{-1}$	$1meq/100g = 1cmol(-) \cdot kg^{-1}$
교환성 양이온	$cmol(+) \cdot kg^{-1}$	$1meq/100g = 1cmol(+) \cdot kg^{-1}$

- 토양교질 표면에 흡착되는 주요 양이온 Ca^{2+}, Mg^{2+}, H^+, Na^+, K^+, $[Al^{3+}$, $Al(OH)_2^+$, $Al(OH)_3$, $Al(OH)_4^-]$
- 토양 중 고운 점토와 부식이 증가하면 CEC도 증대된다.
- CEC가 증대하면 비료성분의 용탈이 적어서 비효가 늦게까지 지속된다.
- CEC가 증대하면 NH_4^+, K^+, Ca^{2+}, Mg^{2+} 등의 비료성분을 흡착 및 보유하는 힘이 커져서 비료를 많이 주어도 일시적 과잉흡수가 억제된다.
- CEC가 증대하면 토양의 완충능력이 커진다.

핵심예제

논토양 교질의 개념과 작용의 설명으로 옳은 것은?

① 토양교질은 양이온을 나타낸다.
② 토양에서 점토나 부식은 교질화를 증대한다.
③ 토양교질화가 증대될수록 CEC(양이온치환용량)는 적어진다.
④ 토양에 CEC가 적어지면 양분의 흡착력은 커진다.

|정답| ②

핵심이론 04 토성(土性, Soil Texture)

① 토성의 개념

㉠ 토성은 모래(미사, 세사, 조사)와 점토의 구성비로 토양을 구분하는 것이다.

㉡ 입경 2mm 이하의 입자로 된 토양을 세토라고 하며, 세토의 점토 함량에 따라서 토성을 다음과 같이 분류한 것이다.

[토성의 분류법]

토성의 명칭	세토(입경 2mm 이하) 중 점토 함량(%)
사토(沙土, Sand)	12.5 이하
사양토(砂壤土, Sandy Loam)	12.5~25.0
양토(壤土, Loam)	25.0~37.5
식양토(埴壤土, Clay Loam)	37.5~50.0
식토(埴土, Clay)	50.0 이상

② 주요 토성의 특성

㉠ 사토(모래 함량이 70% 이상인 토양)

• 점착성은 낮으나 통기와 투수가 좋다.

• 지온의 상승은 빠르나 물과 양분의 보유력이 약하다.

• 척박하고 토양침식이 심하여 한해를 입기 쉽다.

• 점토를 객토하고, 유기물을 시용하여 토성을 개량해야 한다.

㉡ 식토(점토 함량이 50% 이상인 토양)

• 투기·투수가 불량하고 유기질의 분해가 더디며, 습해나 유해물질에 의한 피해가 많다.

• 물과 양분의 보유력은 좋으나, 지온의 상승이 느리고 투수와 통기가 불량하다.

• 점착력이 강하고, 건조하면 굳어져서 경작이 곤란하다.

• 미사, 부식질을 많이 주어서 토성을 개량해야 한다.

※ 부식토는 세토가 부족하고 강한 산성을 나타내기 쉬우므로 산성을 교정하고 점토를 객토하는 것이 좋다.

※ 작물생육에는 자갈이 적고 부식이 풍부한 사양토~식양토가 가장 좋다.

[핵심예제]

토성의 특징으로 옳은 것은?

① 사토는 척박하나 토양침식이 적다.

② 식토는 투기·투수가 불량하고, 유기질 분해가 빠르다.

③ 부식토는 세토가 부족하고, 산성을 나타낸다.

④ 식토는 세토 중의 점토 함량이 25% 이상인 토양이다.

정답 ③

핵심이론 05 토양의 구조

① 단립구조(홀알구조)

㉠ 토양입자가 서로 결합되어 있지 않고 독립적으로 모여 이루어진 구조이다.

㉡ 대공극이 많고 소공극이 적어서 투기와 투수는 좋으나, 수분, 비료분의 보유력이 낮다.

㉢ 입자 사이의 공극이 작아 공기의 유통과 물의 이동이 느리며, 건조하면 땅을 갈기 힘들다.

㉣ 해안의 사구지에서 볼 수 있다.

※ 공극 : 공기 혹은 물이 존재하는 공간

② 이상구조(泥狀構造, Puddled Structure)

㉠ 미세한 토양입자가 무구조, 단일 상태로 집합한 구조로 건조하면 각 입자가 서로 결합하여 부정형 흙덩이를 이루는 것이 단일구조와 다르다.

㉡ 부식 함량이 적고 과습한 식질토양에서 많이 보이며, 소공극은 많고 대공극이 적어 토양통기가 불량하다.

③ 입단구조(떼알구조)

㉠ 단일입자가 결합하여 2차 입자로 되고 다시 3차, 4차 등으로 집합하여 입단을 구성하는 구조이다.

㉡ 대·소공극이 모두 많고, 투기·투수, 양분의 저장 등이 모두 알맞아 작물생육에 적당하다.

㉢ 입단구조의 소공극은 모세관력에 의해 수분을 보유하는 힘이 크고, 대공극은 과잉된 수분을 배출한다.

㉣ 수분과 양분의 보유력이 가장 큰 구조이다.

㉤ 유기물이나 석회가 많은 표토층에서 많이 나타난다.

※ 파종, 이식의 작업이 편리하고 생육도 좋아지는 토양 입단의 크기 : 약 1~5mm

[핵심예제]

토양구조에 관한 설명으로 옳은 것은?

① 식물이 가장 잘 자라는 구조는 이상구조이다.

② 단립구조는 점토질 토양에서 많이 볼 수 있다.

③ 수분과 양분의 보유력이 가장 큰 구조는 입단구조이다.

④ 이상구조는 대공극이 많고 소공극이 적다.

정답 ③

핵심이론 06 토양입단(粒團, Compound Granule)의 형성과 파괴

① 입단의 형성 : 유기물과 석회의 시용, 콩과작물의 재배, 토양피복·윤작·심근성 작물재배 등 작부체계 개선, 아크릴소일·크릴륨 등 토양개량제 첨가 등의 방법으로 입단의 형성 및 발달을 꾀한다.

② 입단의 파괴 : 지나친 경운, 입단의 팽창 및 수축의 반복(습윤과 건조, 수축과 융해, 고온과 저온 등으로), 비와 바람에 의한 토양입단의 압축과 타격, 나트륨이온 첨가 등의 방법으로 파괴된다.

③ 입단이 발달한 토양
  ㉠ 토양통기가 좋고 수분과 양분의 보유력이 좋아서 토양이 비옥하다.
  ㉡ 토양침식이 감소되고, 빗물의 이용도가 높아진다.
  ㉢ 토양미생물의 번식과 활동이 좋아지고, 유기물의 분해가 촉진된다.
  ㉣ 땅이 부드러워져 땅갈이가 쉬워지고, 수분을 알맞게 간직할 수 있는 좋은 토양이 된다.
  ㉤ 토양입단 알갱이의 지름은 1~2mm 범위의 것이 알맞으며 많이 생길수록 좋다.

※ 입단의 크기가 너무 커지면 물을 간직할 수 없고 공극의 크기도 커져 어린 식물은 가뭄의 피해를 입을 수 있다.

핵심예제

6-1. 토양입단의 형성과 발달에 도움이 되는 방법은?

① 경 운
② 입단의 팽창과 수축의 반복
③ 콩과작물의 재배
④ 나트륨이온의 증가

정답 ③

6-2. 토양입단은 영구적인 것이 아니라 여러 가지 요인에 의해 파괴되는데, 토양입단의 파괴와 거리가 먼 것은?

① 토양의 통기를 좋게 하기 위한 경운 작업
② 비와 바람에 의한 토양입단의 압축과 타격
③ 온도에 의한 토양 입단의 팽창과 수축의 반복
④ 토양을 피복하거나 피복작물 재배에 의한 유기물 공급

정답 ④

해설

6-2
토양에 유기질을 공급하면 입단구조가 이루어져 보비력과 보수력이 높아진다.

핵심이론 07 토양 중의 무기성분

① 무기물 개념
  ㉠ 토양 무기성분은 광물성분으로 작물생육의 영양원이 된다.
  ㉡ 1차 광물 : 암석에서 분리된 광물이다.
  ㉢ 2차 광물 : 1차 광물의 풍화 생성으로 재합성된 광물이다.

② 필수원소(16종)
  ㉠ 다량원소(9종) : 탄소(C), 산소(O), 수소(H), 질소(N), 인(P), 칼륨(K), 칼슘(Ca), 마그네슘(Mg), 황(S)
  ㉡ 미량원소(7종) : 철(Fe), 구리(Cu), 아연(Zn), 망간(Mn), 붕소(B), 몰리브덴(Mo), 염소(Cl)
  ㉢ 기타 원소(5종) : 규소(Si), 나트륨(Na), 아이오딘(요오드, I), 코발트(Co), 셀레늄(Se)

③ 토양 pH에 따른 양분의 유효도
  ㉠ 알칼리성에서 유효도가 커지는 원소: P, Ca, Mg, K, Mo 등
  ㉡ 산성에서 유효도가 커지는 원소 : Fe, Cu, Zn, Al, Mn, B 등

산성토양 적응성
• 가장 강한 것 : 벼, 밭벼, 귀리, 기장, 땅콩, 아마, 감자, 호밀, 토란
• 강한 것 : 메밀, 당근, 옥수수, 고구마, 오이, 호박, 토마토, 조, 딸기, 베치, 담배
• 약한 것 : 고추, 보리, 클로버, 완두, 가지, 삼, 겨자
• 가장 약한 것 : 알팔파, 자운영, 콩, 팥, 시금치, 사탕무, 셀러리, 부추, 양파

핵심예제

7-1. 필수 식물 구성원소들로만 나열된 것은?

① B, Cl, Si, Na
② K, Ca, Mg, Mn
③ Fe, Cu, Mo, Ag
④ C, H, O, I

정답 ②

7-2. 미량원소만으로 나열된 것은?

① Mg, Fe, Ca
② Fe, Cu, Zn
③ Ca, Mg, K
④ S, Cu, Mg

정답 ②

핵심이론 08 필수원소의 생리작용(1)

① 질소(N)

㉠ 단백질(효소), 핵산, 엽록소 등의 구성성분이다.

㉡ 질소는 질산태(NO_3^-)와 암모니아태(NH_4^+)의 형태로 식물체에 흡수되며, 흡수된 질소는 단백질·엽록소·핵산 등 세포화합물의 중요 구성성분에 이용된다.

㉢ 결핍 : 황백화현상(노엽의 단백질이 분해되어 생장이 왕성한 부분으로 질소분이 이동)이 일어나고, 하위엽에서 화곡류의 분얼이 저해된다.

㉣ 과다 : 한발, 저온, 기계적 상해, 병충해 등에 취약해지고, 웃자람(도장), 엽색이 진해진다.

※ 작물에 질소가 과잉 상태로 되는 경우 작물체 내에서 아미드태(요소태) 질소가 많아진다.

② 인(P)

㉠ 인산이온은 산성이나 중성에는 $H_2PO_4^-$, 알칼리성에서는 HPO_4^{2-}의 형태로 식물체에 흡수된다.

㉡ 세포핵, 세포막(인지질), 분열조직, 효소, ATP 등의 구성성분으로 어린 조직이나 종자에 많이 함유되어 있다.

㉢ 세포의 분열, 광합성, 호흡작용(에너지 전달), 녹말의 합성과 당분의 분해, 질소동화 등에 관여한다.

㉣ 결핍 : 산성토에서 불가급태(Al-P, Fe-P)가 되어 결핍되기 쉽다. 또 생육 초기 뿌리 발육 저해, 어린잎이 암녹색이 되며, 심하면 황화하고 결실이 저해된다.

③ 칼륨(K)

㉠ 칼륨은 잎, 생장점, 뿌리의 선단 등에 많이 함유되어 있다.

㉡ 여러 가지 효소작용의 활성제로 작용을 하며 체내 구성물질은 아니다.

㉢ 광합성, 탄수화물 및 단백질 형성, 세포 내의 수분 공급, 증산에 의한 수분 상실을 조절해 세포팽압 유지기능에 관여한다.

㉣ 칼륨은 토양공기 중에 CO_2 농도가 높고 O_2가 부족할 때 작물이 흡수하기 가장 곤란하다.

※ 단백질 합성에 필요하므로 칼륨 흡수량과 질소 흡수량의 비율은 거의 같은 것이 좋다.

㉤ 결핍 : 생장점이 말라죽고 줄기가 연약해지며, 잎의 끝이나 둘레의 황화현상, 생장점 고사, 하엽의 탈락 등으로 결실이 저조하다.

핵심예제

8-1. 작물에 질소가 과잉 상태로 되는 경우 작물체 내에서 일어나는 변화로 옳은 것은?

① C/N율이 올라가게 된다.
② 개화가 촉진된다.
③ 세포벽이 두꺼워진다.
④ 아미드태질소가 많아진다.

정답 ④

8-2. 식물체의 흡수량이 결핍되면 식물체 내에 이상현상(생장점이 말라 죽음, 줄기가 연약해짐, 하엽의 탈락)이 발생하여 한해에 약하게 되는 것은?

① 질 소
② 인
③ 칼 륨
④ 칼 슘

정답 ③

8-3. 토양공기 중에 CO_2 농도가 높고 O_2가 부족할 때 작물이 흡수하기 가장 곤란한 성분은?

① 질 소
② 인 산
③ 칼 륨
④ 석 회

정답 ③

핵심이론 09 　필수원소의 생리작용(2)

① 칼슘(Ca)
　㉠ 세포막 중 중간막의 주성분으로, 잎에 많이 존재하며 체내의 이동이 어렵다.
　㉡ 분열조직의 생장과 뿌리 끝의 발육에 필요하다.
　㉢ 단백질의 합성과 물질전류에 관여하고, 질소의 흡수 이용을 촉진한다.
　㉣ 결핍 : 뿌리나 눈의 생장점이 붉게 변하여 죽게 된다. 토마토의 경우 배꼽썩음병이 나타난다.
　㉤ 과잉 : 석회(칼슘이 주성분)의 과다는 마그네슘, 철, 아연, 코발트, 붕소 등의 흡수를 억제한다(길항작용).

② 마그네슘(Mg)
　㉠ 엽록체 구성원소로 잎에 다량 함유되어 있다.
　㉡ 체내 이동이 용이하여 부족 시 늙은 조직으로부터 새 조직으로 이동한다.
　㉢ 광합성 · 인산대사에 관여하는 효소의 활성을 높이고, 종자 내 지방질의 집적을 돕는다.
　㉣ 결 핍
　　• 황백화현상, 줄기나 뿌리의 생장점 발육이 저해된다.
　　• 체내의 비단백태질소가 증가하고 탄수화물이 감소되며, 종자의 성숙이 저해된다.
　　• 칼슘이 부족한 산성토양이나 사질토양, 칼륨, 칼슘, 염화나트륨을 과다하게 사용했을 때 결핍현상이 나타나기 쉽다.

③ 황(S)
　㉠ 단백질, 아미노산, 비타민 등의 생리상 중요한 화합물 형성, 식물체 중 산화환원, 생장의 조정 등 생리작용에 관여한다.
　㉡ 식물체 내의 특수성분(리포산, 시니그린 등)을 형성한다.
　㉢ 탄수화물대사, 엽록소의 생성에 간접적으로 관여한다.
　㉣ 황의 요구도가 큰 작물 : 파, 마늘, 양배추, 아스파라거스 등
　㉤ 체내 이동성이 낮으며, 결핍증상은 새 조직에서부터 나타난다.
　㉥ 결핍 : 황백화, 단백질 생성 억제, 엽록소의 형성 억제, 세포분열 억제, 콩과작물에서는 근류균의 질소 고정능력 저하, 세포분열이 억제되기도 한다.

핵심예제

9-1. 세포막 중 중간막의 주성분으로, 잎에 많이 존재하며 체내의 이동이 어려운 것은?

① 질 소　　　　　　　② 칼 슘
③ 마그네슘　　　　　　④ 인

　정답 ②

9-2. 토양 내 석회가 과다하면 흡수가 저해되는 성분은?

① 마그네슘, 철　　　　② 질소, 칼륨
③ 황, 망간　　　　　　④ 인산, 구리

　정답 ①

④ 결 핍
- 분열조직에 괴사가 일어나고 사과의 축과병과 같은 병해를 일으키며 수정, 결실이 나빠진다.
- 채종재배 시 수정, 결실이 불량하고, 콩과작물의 근류 형성 및 질소고정이 저해된다.
- 사탕무의 속썩음병, 순무의 갈색 속썩음병, 셀러리의 줄기쪼김병, 담배의 끝마름병, 알팔파의 황색병, 사과의 축과병, 꽃양배추의 갈색병 등

※ 결핍 시 어린잎에서 증상이 발생하는 원소는 칼슘(Ca), 철(Fe), 황(S), 붕소(B) 등이다.

핵심이론 10 필수원소의 생리작용(3)

① 철(Fe)
㉠ 엽록소(호흡효소) 구성성분으로 엽록소 형성에 관여한다.
㉡ 토양용액에 철의 농도가 높으면 인산과 칼슘의 흡수가 억제된다.
㉢ 토양의 pH가 높거나 인산 및 칼슘의 농도가 높으면 불용태가 된다.
㉣ 결 핍
- 어린잎부터 황백화되어 엽맥 사이가 퇴색한다.
- 니켈, 코발트, 크로뮴, 아연, 몰리브덴, 망간 등의 과잉은 철의 흡수·이동을 저해하여 결핍 상태에 이른다.
  예 콩밭이 누렇게 보여 잘 살펴보니 상위 엽의 잎맥 사이가 황화(Chlorosis)되었고, 토양조사를 하였더니 pH가 9였다면 철의 결핍 상태이다.
㉤ 과잉 : 벼의 경우 잎에 갈색의 반점무늬가 나타나고 심하면 잎 끝부터 흑변하여 고사한다.

② 구리(Cu)
㉠ 엽록체의 복합단백 구성성분으로 광합성과 호흡작용에 관여한다.
㉡ 산화효소의 구성원소로 작용하며, 엽록소 형성에 관여한다.
㉢ 결핍 : 단백질 합성 억제, 잎끝에 황백화현상이 나타나고 고사한다.
㉣ 과잉 : 뿌리의 신장이 억제된다.

③ 아연(Zn)
㉠ 여러 효소의 촉매 또는 반응조절물질로서 작용한다.
㉡ 단백질, 탄수화물의 대사에 관여한다.
㉢ 결핍 : 황백화, 괴사, 조기 낙엽 등이 발생하고, 감귤과 옥수수의 잎무늬병, 소엽병, 결실 불량 등을 초래한다.
㉣ 과잉 : 잎의 황백화, 콩과작물에서 잎·줄기의 자주빛 현상 등이 나타난다.

④ 붕소(B)
㉠ 촉매 또는 반응조절물질로 작용하여 석회 결핍을 경감시키는 역할을 한다.
㉡ 생장점 부근에 함유량이 높고 체내 이동성이 낮아 결핍증상은 생장점 또는 저장기관에 나타난다.
㉢ 석회의 과잉과 토양의 산성화는 붕소 결핍의 주원인이며, 개간지에서 나타나기 쉽다.

핵심예제

10-1. 붕소(B)에 대한 설명으로 옳지 않은 것은?
① 고등식물의 필수원소이다.
② 결핍 시 분열조직의 괴사현상이 나타난다.
③ 석회 부족 상태에서 붕소의 시비는 석회 결핍의 영향을 증가시킨다.
④ 결핍증으로는 갈색속썩음병, 줄기쪼김병, 끝마름병이 있다.
정답 ③

10-2. 결핍된 경우 수정, 결실이 나빠지는 원소는?
① B   ② Si
③ Mn   ④ Fe
정답 ①

10-3. 식물체의 붕소 결핍증상이 아닌 것은?
① 분열조직이 괴사한다.
② 식물의 키가 커져서 도복하기 쉽다.
③ 사탕무의 속썩음병이 발생한다.
④ 알팔파의 황색병이 발생한다.
정답 ②

핵심이론 11 필수원소의 생리작용(4)

① 망간(Mn)
- ㉠ 여러 효소의 활성을 높여서 광합성 물질의 합성과 분해, 호흡작용 등에 관여한다.
- ㉡ 생리작용이 왕성한 곳에 많이 함유되어 있고, 체내 이동성이 낮아서 결핍증상은 새잎부터 나타난다.
- ㉢ 토양의 과습 또는 강한 알칼리성이 되거나 철분이 과다하면 망간의 결핍을 초래한다.
- ㉣ 결핍 : 엽맥에서 먼 부분(엽맥 사이)이 황색으로 되며, 화곡류에서는 세로로 줄무늬가 생긴다.
- ㉤ 과잉 : 뿌리가 갈색으로 변하고, 잎의 황백화 및 만곡현상이 나타난다. 사과의 적진병이 발생한다.

② 몰리브덴(Mo)
- ㉠ 질산환원효소의 구성성분으로 콩과작물의 질소고정에 필요한 무기성분이다.
- ㉡ 식물의 요구도가 가장 낮으며, 질소 공급형태에 따라 달라지는 미량 영양원소이다.
- ㉢ 토양반응이 알칼리쪽으로 기울 때 유효도가 높아진다.
- ㉣ 결핍 : 잎의 황백화, 모자이크병에 가까운 증세가 나타난다.

③ 염소(Cl)
- ㉠ 식물조직 수화작용의 증진, 아밀로스 활성증진, 세포즙액의 pH 조절기능을 한다.
- ㉡ 삼투압 및 이온균형조절, 광합성과정에서의 물의 광분해에 관여한다.
- ㉢ 광합성에서 산소 발생을 수반하는 광화학반응에 망간과 더불어 촉매작용을 한다.
- ㉣ 염소 시용이 섬유작물에서는 유효한 반면, 전분작물과 담배에서는 불리하다.
- ㉤ 결핍 : 어린잎의 황백화, 전 식물체의 위조현상이 나타난다.

핵심예제

식물의 요구도가 가장 낮으며, 질소 공급형태에 따라 달라지는 미량 영양원소는?

① Cl ② Mn
③ Zn ④ Mo

정답 ④

핵심이론 12 비필수원소와 생리작용

① 규소(Si)
- ㉠ 필수원소는 아니지만 화본과 식물에서는 함량이 높아 중요한 원소이다.
- ㉡ 논벼에 필수 다량 성분으로 도복방지와 도열병 예방에 효과가 있다.
- ㉢ 화곡류 잎의 표피조직에 침전되어 병에 대한 저항성을 증진시키고 잎을 곧게 지지하는 역할을 한다.
- ㉣ 경엽의 직립화로 수광 상태가 좋아져 광합성에 유리하고 뿌리의 활력이 증대된다.

② 코발트(Co)
- ㉠ 비타민 B_{12}를 구성하는 금속성분이다.
- ㉡ 콩과작물의 근류균 활동에 영향을 준다.

③ 나트륨(Na)
- ㉠ 필수원소는 아니지만 셀러리, 사탕무, 순무, 목화, 크림슨 클로버 등에서는 시용효과가 인정된다.
- ㉡ 기능면에서 칼륨과 배타적 관계이지만 제한적으로 칼륨의 기능을 대신한다.
- ㉢ C_4식물에서는 나트륨의 요구도가 높다.

④ 알루미늄(Al)
- ㉠ 토양 중 규산과 함께 점토광물의 주를 이룬다.
- ㉡ 결 핍
  - 뿌리의 신장을 저해하고, 맥류의 잎에서는 엽맥 사이의 황화현상이 나타난다.
  - 토마토, 당근 등에서는 지상부에 인산 결핍증과 비슷한 증상이 나타난다.
- ㉢ 과잉 : 칼슘, 마그네슘, 질산의 흡수 및 인의 체내 이동이 저해된다.

주요정리
- 체내 이동이 낮은 원소 : Ca, S, Fe, Cu, Mn, B
- 엽록소 구성요소(형성에 관여) : N, S, Fe, Mg, Mn
- 근류근 형성에 관여 : S, Mo, Co, B
- 엽맥 간 황백화 형성 : 어린잎 - Fe, Mn, 노잎 - Mg

12-1. 논벼에 필수 다량 성분으로 도복방지와 도열병 예방에 효과가 있는 원소는?

① Ca   ② Si
③ Mg   ④ Mn

정답 ②

12-2. 화곡류 잎의 표피조직에 침전되어 병에 대한 저항성을 증진시키고 잎을 곧게 지지하는 역할을 하는 원소는?

① 칼 륨   ② 인
③ 칼 슘   ④ 규 소

정답 ④

핵심이론 13 토양유기물

① 토양유기물의 기능

※ 유기물이란 동물, 식물의 사체가 분해되어 암갈색, 흑색을 띤 부식물이다.

㉠ 유기물 분해 시 발생되는 유기산이 암석분해를 촉진시킨다.

㉡ 유기물을 분해하여 무기양분 공급원으로 작용한다.

㉢ 유기물 분해 시 발생되는 이산화탄소는 공기 중의 함량을 높여서 광합성을 촉진시킨다.

㉣ 생장촉진물질(핵산물질, 호르몬, 비타민 등)이 생성되어 작물생육에 도움을 준다.

㉤ 입단을 형성하여 토양물리성을 개선한다.

㉥ 부식콜로이드는 양분흡착력이 매우 강하며, 보수력과 보비력을 증진시켜 준다.

㉦ 토양완충능력을 증대시킨다.

㉧ 미생물의 번식을 촉진시킨다.

㉨ 토양색을 검게 하여 지온을 상승시킨다.

㉩ 토양침식을 방지하여 토양을 보호한다.

② 토양부식과 작물 생육

㉠ 부식(Humus) : 토양 중 유기물이 미생물의 분해작용을 받아서 유기물의 원형을 잃은 암갈색~흑색의 복잡한 물질로 바뀌는 것으로 토양과 작물생육에 중요한 역할을 한다.

㉡ 토양 중 부식 함량 증대는 지력의 증대를 의미한다.

㉢ 부식토처럼 토양부식의 과잉은 부식산에 의해서 산성이 강해지고, 점토 함량이 부족해서 작물생육에 지장을 초래한다.

㉣ 배수가 잘되는 토양에서는 유기물 분해가 왕성하므로 유기물이 축적되지 않는다.

㉤ 유기물이 과다한 습답에서는 토양이 심한 환원상태로 되어 뿌리의 호흡 저해, 혐기성 미생물에 의한 유해물질의 생성 등으로 해를 끼친다.

㉥ 토양유기물의 주요 공급원에는 퇴비, 구비, 녹비, 고간류 등이 있다.

유기물의 유익작용에 해당되지 않는 것은?

① 부식산 생성으로 토양개량
② 지온의 상승
③ 양분의 공급
④ CEC 증대

정답 ①

핵심이론 14 토양수분

① **토양수분의 함량** : 건토에 대한 수분의 중량비로 표시하며, 토양의 최대수분 함량이 표시된다.

② **토양수분장력**

　㉠ 수분장력 : 토양이 수분을 지니는 것. 즉, 토양 내 물분자와 토양입자 사이에 작용하는 인력에 의해 토양이 수분을 보유한다.

　㉡ 토양수분장력의 단위
　　• 임의의 수분 함량의 토양에서 수분을 제거하는 데 소요되는 단위면적당 힘이며, 기압 또는 수주(水柱)의 높이로 표시한다.
　　• 수주높이의 대수를 취하여 pF(potential Force)로 나타낸다(pF = logH, H는 수주의 높이).

　㉢ 대기압의 표시(기압으로 나타내는 방법)
　　• 토양수분장력이 1기압(mmHg)일 때 : 수주의 높이를 환산하면 약 1,000cm에 해당한다. 이 수주의 높이를 log(로그)로 나타내면 3이므로, pF는 3이 된다.
　　• 1(bar) = 1기압 = 13.6 × 76(cm) = 1,033(cm)
　　　 ≒ 1,000(cm) = 10^3(cm)

수주의 높이 H(cm)	수주 높이의 대수 pF(=logH)	대기압(bar)
1	0	0.001
10	1	0.01
100	2	0.1
1,000	3	1
10,000,000	7	10,000

③ **토양수분장력과 토양수분 함유량의 함수관계**

　㉠ 수분이 많으면 수분장력은 작아지고, 수분이 적으면 수분장력이 커지는 관계가 유지된다.

　㉡ 수분 함유량이 같아도 토성에 따라 수분장력은 달라진다.

핵심예제

토양수분의 수주 높이가 100cm일 경우 pF값과 기압은 각각 얼마인가?

① pF 1, 0.01기압　　　② pF 2, 0.1기압
③ pF 3, 1기압　　　　④ pF 4, 10기압

정답 ②

핵심이론 15 토양의 수분항수

① **최대용수량(pF 0)**

　㉠ 토양 하부에서 수분이 모관 상승하여 모관수가 최대로 포함된 상태를 말한다.

　㉡ 토양의 전체 공극이 물로 포화되어 있는 수분을 말하며, 포화용수량이라고도 한다.

② **포장용수량(pF 2.5~2.7)**

　㉠ 포장용수량은 수분이 포화된 상태의 토양에서 증발을 방지하면서 중력수를 완전히 배제하고 남은 수분 상태로, 최소용수량(=최대용수량 − 중력수)이라고도 한다.

　㉡ 포장용수량 이상인 중력수는 토양의 통기 저해로 작물 생육이 나쁘다.

　㉢ 강우 또는 충분한 관개 후 2~3일 뒤의 수분 상태인 포장용수량은 작물이 이용하기 좋은 수분 상태를 나타낸다.

　※ 수분당량 : 물로 포화된 토양에 중력의 1,000배의 원심력이 작용할 때 토양 중에 잔류하는 수분 상태로, pF가 2.7 이내로 포장용수량과 거의 일치한다.

③ **초기위조점(pF 3.9)** : 생육이 정지하고 하위엽이 위조하기 시작하는 토양의 수분 상태를 말한다.

④ **영구위조점(pF 4.2)**

　㉠ 위조한 식물을 포화습도의 공기 중에 24시간 방치해도 회복하지 못하는 위조를 영구위조라고 한다.

　㉡ 위조계수(萎凋係數, Wilting Coefficient) : 영구위조점에서의 토양함수율, 즉 토양건조중(土壤乾燥重)에 대한 수분의 중량비이다.

⑤ **흡습계수(pF 4.5)**

　㉠ 상대습도 98%(25℃)의 공기 중에서 건조토양이 흡수하는 수분 상태로 흡습수만 남은 수분 상태이며, 작물에는 이용될 수 없다.

　㉡ 수분이 토양에 가장 강하게 붙어 있는 수분항수이다.

⑥ **풍건 및 건토 상태**

　㉠ 풍건 상태(pF 약 6)

　㉡ 건토 상태(pF 약 7) : 105 ~ 110℃에서 항량에 도달되도록 건조한 토양이다.

[핵심예제]

15-1. 토양의 전체 공극이 물로 포화되어 있는 수분을 무엇이라고 하는가?

① 포장용수량   ② 최대용수량
③ 토양용수량   ④ 최적용수량

정답 ②

15-2. 토양수분에 대한 설명 중 알맞지 않은 것은?

① 수분당량은 pF(potential Force) 값이 2.7 이내로서 포장용수량과 거의 일치한다.
② 영구위조점에서의 토양건조중에 대한 수분의 중량비를 위조계수라 한다.
③ 포장용수량 이상의 토양수분은 모관수로서 작물생육에 이롭다.
④ 생육이 정지하고 하위엽이 위조하기 시작하는 토양의 수분상태를 초기위조점이라고 한다.

정답 ③

15-3. 다음 중 수분이 토양에 가장 강하게 붙어 있는 수분항수는?

① 최대용수량   ② 흡습계수
③ 포장용수량   ④ 영구위조점

정답 ②

핵심이론 16   토양수분의 형태

① 결합수(結合水, Combined Water)
  ㉠ pF 7.0 이상으로 화합수 또는 결정수라고도 한다.
  ㉡ 토양을 105℃로 가열해도 점토광물에 결합되어 있어 분리시킬 수 없는 수분을 말한다.
  ㉢ 작물이 흡수 및 이용할 수 없다.

② 흡습수(吸濕水, Hygroscopic Water)
  ㉠ pF 4.5~7
  ㉡ 공기 중 수증기를 토양입자에 응축시킨 수분으로, 토양을 105℃로 가열 시 분리 가능하다.
  ㉢ 토양입자 표면에 피막상으로 흡착된 수분이므로 작물이 이용할 수 없는 무효수분이다.

③ 모관수(毛管水, 응집수, Capillary Water)
  ㉠ pF 2.7~4.5로서 작물이 주로 이용하는 수분이다.
  ㉡ 표면장력에 의해 토양공극 내에서 중력에 저항하여 유지된다.
  ㉢ 모세관현상에 의해서 지하수가 모관공극을 상승하여 공급된다.

④ 중력수(重力水, 자유수, Gravitational Water)
  ㉠ pF 2.7 이하로, 중력에 의해 토양층 아래로 내려가는 수분이다.
  ㉡ 작물에 이용되나 근권 이하로 내려간 것은 직접 이용되지 못한다.
  ㉢ 밭작물 재배 포장에서는 대부분 불필요하게 과잉수분으로 존재하여 배수로 제거되어야 할 수분이다.

⑤ 지하수(地下水, Underground Water)
  ㉠ 땅속에 스며들어 모관수의 근원이 되는 수분이다.
  ㉡ 지하수위가 낮으면 토양이 건조하기 쉽고, 높은 경우는 과습하기 쉽다.

[핵심예제]

모관수(Capillary Water)에 대한 설명 중 틀린 것은?

① 표면장력에 의해서 중력에 저항하여 유지되는 수분이다.
② 흡습수라고도 한다.
③ 작물이 주로 이용하는 유효수분이다.
④ pF 2.7~4.5이다.

정답 ②

핵심이론 17 유효수분(pF 2.7~4.2)

① 유효수분
  - ㉠ 토양의 유효수분은 포장용수량(-0.033Mpa, -1/3bar) 과 영구위조점(-1.5MPa, -15bar) 사이의 수분이다.
  - ㉡ 점토 함량이 많을수록 유효수분의 범위가 넓어진다.
  - ㉢ 토성별 유효수분 함량은 양토에서 가장 많고, 사토에서 가장 적다.
  - ㉣ 보수력은 식토에서 가장 크고, 사토에서는 유효수분 및 보수력이 가장 작다.
  - ※ 시설원예식물은 모관수와 중력수를 활용하고, 일반 노지식물은 모관수를 활용한다.

② 무효수분 : 작물이 이용할 수 없는 영구위조점(pF 4.2) 이하 수분이다.

③ 잉여수분 : 포장용수량 이상의 토양수분은 작물생리상 과습 상태를 유발하므로 잉여수분이라 한다.

④ 최적함수량
  - ㉠ 식물생육에 가장 알맞은 최적함수량은 대개 최대용수량의 60~80%의 범위에 있다.
  - ㉡ 수도의 최적함수량은 최대용수량 상태이다.
  - ㉢ 최적함수량은 작물에 따라 다르나 보리는 최대용수량의 70%, 밀 80%, 호밀 75%, 봄호밀 60%, 콩 90%, 옥수수 70%, 감자 80%이다.

⑤ 토양수분의 역할
  - ㉠ 광합성과 각종 화학반응의 원료가 된다.
  - ㉡ 용매와 물질의 운반매체로 식물에 필요한 영양소들을 용해하여 작물이 흡수 및 이용할 수 있도록 한다.
  - ㉢ 각종 효소의 활성을 증대시켜 촉매작용을 촉진한다.
  - ㉣ 수분이 흡수되어 세포의 팽압이 커지기 때문에 세포가 팽팽하게 되어 식물의 체형을 유지시킨다.
  - ㉤ 증산작용으로 작물의 체온 상승이 억제되어 체온을 조절시킨다.

⑥ 관 수
  - ㉠ 관수의 시기는 보통 유효수분의 50~85%가 소모되었을 때(pF 2.0~2.5)이다.
  - ㉡ 관수방법
    - 지표관수 : 지표면에 물을 흘려 보내어 공급한다.
    - 지하관수 : 땅속에 작은 구멍이 있는 송수관을 묻어서 공급한다.
    - 살수(스프링클러)관수 : 노즐을 설치하여 물을 뿌리는 방법
    - 점적관수(미세관수) : 물을 천천히 조금씩 흘러나오게 하여 필요한 부위에 집중적으로 관수하는 방법(관개 방법 중 가장 발전된 방법)
    - 저면관수 : 배수 구멍을 물에 잠기게 하여 물이 위로 스며 올라가게 하는 방법으로, 토양에 의한 오염과 토양병해를 방지하고 미세종자, 파종상자와 양액재배, 분화재배에 이용
  - ㉢ 관수의 효과
    - 논에서의 효과
      - 수분 공급, 온도 조절, 병해충 경감
      - 관개수에 의한 천연양분 공급
      - 염분 등 유해물질의 제거
      - 잡초경감, 제초작업을 용이하게 함
      - 경운작업과 중경작업 등을 용이하게 함
    - 밭에서의 효과
      - 한해방지, 생육 촉진, 품질 향상과 수량증수
      - 효율적 재배관리, 지온의 조절
      - 가용 비료성분의 이용률 향상
      - 풍식해 및 동·상해 방지

핵심예제

작물재배에서 토양의 유효수분의 범위는?

① -100~-3.1MPa
② -3.1~-1.5MPa
③ -1.5~-0.033MPa
④ -0.033~0MPa

정답 ③

핵심이론 18 토양공기

① 토양의 용기량(容氣量, Air Capacity)

   ㉠ 토양 중에서 공기가 차지하는 공극량, 즉 토양의 용적에 대한 공기로 차 있는 공극의 용적 비율로 표시한다.

   ㉡ 토양공기의 용적 : 전 공극용적 – 토양수분용적

   ㉢ 최소용기량 : 토양 내 수분의 함량이 최대용수량에 달할 때이다.

   ㉣ 최대용기량 : 풍건 상태의 용기량이다.

② 토양공기의 지배요인

   ㉠ 토성 : 일반적으로 사질토양은 비모관공극(대공극)이 많아 토양의 용기량이 증가하고 토양용기량 증가는 산소의 농도를 높인다.

   ㉡ 토양구조 : 식질토양에서 입단의 형성이 촉진되면 비모관공극이 증대하여 용기량이 증대한다.

   ㉢ 경운 : 경운작업이 깊이 이루어지면 토양의 깊은 곳까지 용기량이 증대한다.

   ㉣ 토양수분 : 토양의 수분 함량이 증가하면 토양용기량은 적어지고 산소의 농도는 낮아지며, 이산화탄소의 농도는 높아진다.

   ㉤ 유기물 : 미숙유기물을 시용하면 산소의 농도는 훨씬 낮아지지만, 이산화탄소의 농도는 높아지지 않는다.

   ㉥ 식생 : 토양 내의 뿌리호흡에 의한 식물의 생육으로 이산화탄소의 농도가 나지보다 현저히 높아진다.

③ 토양공기와 작물생육

   ㉠ 토양용기량과 작물의 생육

     • 일반적으로 토양용기량이 증대하면 산소가 많아지고 이산화탄소는 적어지므로 작물생육에는 이롭다.

     • 토양 중 산소가 부족하면 뿌리의 호흡과 여러 가지 생리작용이 저해될 뿐만 아니라 황화수소(H_2S)의 환원성 유해물질이 생성되어 뿌리가 상하게 되며, 유용한 호기성 토양미생물의 활동이 저해되어 유효태 식물의 양분이 감소한다.

     • 토양 중의 이산화탄소 농도가 높아지면 수소이온을 생성하여 토양이 산성화되고 수분과 무기염류의 흡수가 저해되어 작물에 해롭다.

   ※ 무기염류의 저해 정도 : K > N > P > Ca > Mg

   ㉡ 작물의 생육에 가장 알맞은 최적용기량의 범위 : 10~25%

     • 벼, 양파, 이탈리안라이그래스 : 10%

     • 귀리와 수수 : 15%

     • 보리, 밀, 순무, 오이 : 20%

     • 양배추와 강낭콩 : 24%

핵심예제

토양공극과 용기량과의 관계를 가장 올바르게 설명한 것은?

① 모관공극이 많으면 용기량은 증대된다.

② 공극과 용기량은 관계가 없다.

③ 비모관공극이 많으면 용기량은 증대된다.

④ 비모관공극이 적으면 용기량은 증대된다.

정답 ③

해설

용기량은 비모관공극량과 비슷해 토양의 전공극량이 증대하더라도 비모관공극량이 증대하지 않으면 용기량은 증대하지 않는다.

핵심이론 19 토양오염

① 중금속오염

㉠ 중금속과 피해

- 금속광산의 폐수, 제련소의 분진, 금속공장의 폐수, 자동차의 배기가스 등이 농경지에 들어가면 대부분 토양에 축적된다.
- 카드뮴은 토양 중 3ppm 이상이면 오염토양이라 하며, 주로 제련과정에서 배출되어 하천을 통하여 유입된다.
- 수은이 인체에 축적되면 미나마타병, 카드뮴은 이타이이타이병이 발생한다.
- 구리는 토양 중 150ppm 이상이면 생육장애가 발생하는데, 특히 맥류에서 더 민감하게 발생한다.
- 논토양의 비소 함량이 10ppm을 넘으면 수량이 감소한다.

㉡ 중금속 피해대책

- 중금속을 흡수할 수 없도록 토양 중 유해 중금속을 불용화시켜야 한다.
- 유해 중금속의 불용화 정도 : 황화물 < 수산화물 < 인산염 순으로 크다.
- 담수재배 및 환원물질을 시용한다.
- 석회질 비료와 유기물을 시용한다.
- 인산물질의 시용으로 인산화물을 불용화시킨다.
- 점토광물(제올라이트, 벤토나이트 등)의 시용으로 흡착에 의한 불용화한다.
- 경운, 객토 및 쇄토를 하고, 중금속 흡수식물을 재배한다.

② 염류장해

㉠ 염류집적

- 염류집적은 주로 시설 재배 시 연속적인 작물의 시비로 작물이 이용하지 못하고 토양에 집적되어 장해가 나타난다.
- 토양수분이 적고, 산성토양일수록 심하다.
- 토양용액이 작물의 세포액 농도보다 높으면 삼투압에 의한 양분의 흡수가 이루어지지 못한다.
- 어린뿌리(유근)의 세포가 저해받아 지상부 생육장해가 발생하고, 심한 경우 고사한다.

㉡ 피해대책

- 환토, 객토, 깊이갈이를 하고, 유기물을 시용한다.
- 피복물을 제거하고, 담수처리로 염류농도를 낮춘다.
- 흡비작물(옥수수, 수수, 호밀, 수단그라스 등)을 이용한다.
- 토양검증에 의한 합리적 시비

핵심예제

19-1. 질소와 인산에 의한 토양의 오염원으로 가장 거리가 먼 것은?

① 광산폐수 ② 공장폐수
③ 축산폐수 ④ 가정하수

정답 ①

19-2. 일본에서 이타이이타이병의 원인이 된 중금속은?

① 코발트 ② 수 은
③ 카드뮴 ④ 비 소

정답 ③

19-3. 염류집적의 원인으로만 묶인 것은?

① 과잉 시비, 지표 건조
② 과소 시비, 지표 수준 과다
③ 시설 재배, 유기 재배
④ 노지 재배, 무비료 재배

정답 ①

해설

19-1

광산폐수는 카드뮴, 구리, 납, 아연 등의 중금속 오염원이다.
- 질소 : 농약, 화학비료, 가축의 분뇨 등
- 인산 : 생활하수(합성세제 등)

19-3

비료를 과다 시용하면 토양에 잔류한 비료성분이 빗물에 의해 지하로 스며든 후 확산해 가지 못하고 농지에 계속 축적되어 염류집적현상이 일어난다. 또한 점토 함량이 적고 미사와 모래 함량이 많아 지표가 건조해져도 염류집적현상이 일어난다.

핵심이론 20 토양반응(pH)

① 토양반응의 표시

㉠ pH란 용액 중에 존재하는 수소이온(H^+)농도의 역수의 대수(log)로 정의된다.

$$pH = -\log[H^+] = \log\frac{1}{[H^+]}$$

즉, pH농도는 로그값이다. 지수 1의 차이는 10배, 2의 차이는 100배를 의미한다.

- 토양의 pH가 1단위 감소하면 수소이온의 농도는 10배 (1,000%) 증가한다.
- 토양용액이 pH 4와 pH 6의 수소이온 농도 차이는 pH 4가 100배 높다.

㉡ 순수한 물이 해리할 때 수소이온(H^+)농도와 수산화이온(OH^-)농도가 10^{-7}mol/L로 중성인 것을 기준으로 한다.

㉢ 토양이 산성, 중성, 염기성인가의 성질로 토양용액 중 수소이온(H^+)농도와 수산화이온(OH^-)농도의 비율에 의해 결정되며, pH로 표시한다.

㉣ pH는 1~14의 수치로 표시한다. 7이 중성, 7 이하가 산성, 7 이상이 알칼리성이다.

[토양의 pH 범위]

구 분	pH	구 분	pH
극강산성	4.5 이하	중 성	6.6~7.3
아주 강한 산성	4.6~5.0	알칼리성	7.4~7.8
강한 산성	5.1~5.5	미알칼리성	7.9~8.4
약한 산성	5.6~6.0	강한 알칼리성	8.5~9.0
미산성	6.1~6.5	극한 알칼리성	9.0 이상

㉤ 작물의 생육에는 pH 6~7이 가장 알맞다.

② 토양 중 작물 양분의 가급도(유효도)

㉠ 토양 중 작물 양분의 가급도는 토양 pH에 따라 크게 다르며, 중성~약산성에서 가장 높다.

㉡ 대부분의 양분은 중성 부근에서 유효화가 가장 높다.

㉢ 강산성에서의 작물생육

- 강산성이 되면 P, Ca, Mg, K, Mo 등의 가급도가 감소되어 생육이 감소하고, 식물체 내에 암모니아가 축적되며, 동화되지 못해 해롭다.

※ 산성토양에서 가장 결핍되기 쉬운 성분 : P

- pH 4.5 이하의 강산성 조건이 되면 Al, Mn, Fe 등이 용출 및 활성화되어 작물에 독성을 나타낸다.
- 강산성 토양에서는 수소이온이 작물의 양분 흡수를 저해한다.
- 토양의 pH가 내려가면 미량원소인 Zn, Fe, Cu, Mn, B 등의 용해도가 높아져 유효도가 높아진다.

㉣ 강알칼리성에서의 작물생육

- 강알칼리성이 되면 B, Fe, Mn, Zn 등의 용해도 감소로 작물의 생육에 불리하다.
- Na_2CO_3 같은 강염기가 증가하여 생육을 저해한다.
- Ca, Mo, S 등은 중성~염기성 토양에서 유효도가 증가한다.

가급도 정리

강산성	가급도 증가	Fe, Cu, Zn, Al, Mn
	가급도 감소	P, N, Ca, Mg, Mo, K, B
강알칼리성	가급도 증가	Mo, Na₂CO₃
	가급도 감소	Fe, Mn, N, B

- 강산성 토양에서 양분의 흡수 변화
  - 용해도가 증가하는 것 : Fe, Cu, Zn, Al, Mn
  - 가급도가 감소하는 것 : P, N, Ca, Mg, Mo, K, B
- 알칼리성 토양에서 양분의 흡수 변화
  - 흡수에 변함이 없는 것 : K, S, Ca, Mg
  - 흡수가 크게 줄어드는 것 : Fe, Mn
- ※ B는 강산, 강알칼리성에서는 가급도 감소, 산성일 때는 가급도 증가

핵심예제

20-1. 토양용액 pH 4와 pH 6의 [H^+]의 농도 차이는?

① pH 4가 10배 높다.
② pH 4가 100배 높다.
③ pH 6이 10배 높다.
④ pH 6이 100배 높다.

정답 ②

20-2. 토양이 pH 5 이하로 변할 경우 가급도가 감소되는 원소로만 나열한 것은?

① P, N, Mg
② Ca, Zn, Mg
③ Al, Cu, Mn
④ P, Mg, Mn

정답 ①

핵심이론 **21** **간척지와 개간지**

① 간척지 토양

㉠ 특 성
- 간척지토양의 모재는 미세한 입자로 비옥하다.
- 토양의 염화나트륨(NaCl)이 0.3% 이하이면 벼의 재배가 가능하나 0.1% 이상이면 염해의 우려가 있다.
- 간척지토양은 점토가 과다하고 나트륨이온이 많아서 토양의 투수성과 통기성이 나쁘다.
- 해면 아래에 다량 집적되어 있던 황화물이 간척 후 산화되면서 황산이 되어 토양은 강산성이 된다.
- 간척지답은 지하 수위가 높아서 유해한 황화수소 생성이 증가할 수 있다.

㉡ 개량방법
- 관배수 시설로 염분과 황산을 제거하고 이상적 환원상태의 발달을 방지한다.
- 석회를 시용하여 산성을 중화시키고, 염분의 용탈을 쉽게 한다.
- 석고, 토양개량제, 생짚 등을 시용하여 토양의 물리성을 개량한다.
- 노력, 경비, 지세를 고려하여 합리적인 제염법(담수법, 명거법, 여과법, 객토 등)을 선택한다.
  - 담수법 : 물을 10여 일 간격으로 깊이 대어 염분을 녹여 배출시키는 것
  - 명거법 : 5~10m 간격으로 도랑을 내어 염분이 도랑으로 씻겨 내리도록 함
  - 여과법 : 땅속에 암거를 설치하여 염분을 여과시키고, 토양통기도 좋게 한다.

㉢ 내염재배
- 논에 물을 말리지 않고, 자주 환수한다.
- 석회 · 규산석회 · 규회석 등을 충분히 시용하며, 황산근(황산암모니아 또는 황산칼륨 등)가 들어 있는 비료 시용을 피하고, 무황산근비료(용성인비, 요소, 중과석, 염화칼륨 등)를 시용한다.
- 내염성이 강한 품종을 선택한다.
- 조기재배 및 휴립재배를 한다.

- 직파의 경우에는 토양의 강한 환원으로 발아가 불량해지는 것을 덜기 위하여 과산화석회 분의처리 효과가 인정된다.
- 비료는 여러 차례 나누어 시비하고 시비량은 많게 한다.
- 간척지의 벼재배는 이앙법이 유리하다.

작물의 내염성 정도		
	밭작물	과 수
강	사탕무, 유채, 양배추, 목화	–
중	알팔파, 토마토, 수수, 보리, 벼, 밀, 호밀, 아스파라거스, 시금치, 양파, 호박, 고추	무화과, 포도, 올리브
약	완두, 셀러리, 고구마, 감자, 가지, 녹두	배, 살구, 복숭아, 귤, 사과, 레몬

② 개간지 토양

㉠ 특 성
- 대체로 산성이며, 부식과 점토가 적고, 경사진 곳이 많아 토양보호에 유의해야 한다.
- 토양구조가 불량하고, 인산 등 비료성분이 적으며, 토양의 비옥도가 낮다.

㉡ 개량방법
- 토양 측면 : 개간 초기에는 밭벼, 고구마, 메밀, 호밀, 조, 고추, 참깨 등을 재배하는 것이 유리하다.
- 기상 측면 : 고온작물, 중간작물, 저온작물 중 알맞은 것을 선택하여 재배한다.

핵심예제

21-1. 내염재배(耐鹽栽培)에 해당하지 않는 것은?
① 환수(換水)
② 황산근 비료 사용
③ 내염성 품종의 선택
④ 조기재배 · 휴립재배

정답 ②

21-2. 내염성이 강하여 새로 조성한 간척지의 토양에 적응성이 높은 작물은?
① 유 채
② 보 리
③ 고구마
④ 완 두

정답 ①

해설

21-1
간척지에서 염해를 방지하기 위해서는 내염성 품종을 선택하고, 객토나 환토 또는 환수, 무황산근 비료를 시용하여 SO_2의 발생을 줄여야한다.

핵심이론 22 논토양의 특징

① **논토양의 환원과 토층의 분화**

  ㉠ 토층분화란 논토양에서 갈색 산화층과 회색(청회색)의 환원층으로 분화되는 것을 말한다.

  ㉡ 담수 후 시간이 경과한 뒤 표층은 산화제2철(Fe_2O_3)에 의해 적갈색을 띤 산화층이 되고, 그 이하의 작토층은 청회색의 환원층이 되며, 심토는 다시 산화층이 되는 토층분화가 일어난다.

  • 표층(산화층)은 수 mm에서 1~2cm이며, 산화제2철 (Fe_2O_3)로 적갈색을 띤 산화층이 된다.

  • 표층 이하의 작토층은 산화제1철(FeO)로 청회색을 띤 환원층이 된다.

  • 심토(산화층)는 유기물이 극히 적어서 산화층이 형성된다.

  ※ 논토양에서는 혐기성균의 활동으로 질산이 질소가스가 되고, 밭토양에서는 호기성균의 활동으로 암모니아 질산이 된다.

② **산화환원전위(Eh)**

  ※ Eh : 산화와 환원 정도를 나타내는 기호로, Eh값은 밀리볼트(mV) 또는 볼트(Volt)로 나타낸다.

  ㉠ 산화환원전위의 경계는 0.3mV이다. 산화층은 0.6mV, 환원층은 0.3mV 정도로 청회색을 띤다.

  ㉡ 미숙한 유기물을 많이 시용하거나 미생물이 왕성한 토양은 산소 소비가 많아서 Eh값은 0.0 이하가 된다.

  ㉢ 산화환원전위는 토양이 산화될수록 상승하고, 환원될수록 하강한다.

③ **논토양에서의 탈질현상**

  ㉠ 암모니아태질소가 산화층에 들어가면 질화균이 질화작용을 일으켜 질산으로 된다.

  $$NH_4^+ \rightarrow NO_2 \rightarrow NO_3^-$$

  ㉡ 질산은 토양에 흡착되지 않는다. 하부 환원층으로 침투하여 탈질균의 작용으로 환원되어 가스태질소로 되고, 공기 중으로 휘산한다.

  $$NO_3 \rightarrow NO \rightarrow N_2O \rightarrow N_2 \uparrow (휘산)$$

  ※ 질산태질소(NO_3)는 논에서는 탈질작용으로 유실이 심하다.

  ㉢ 담수 후 유기물 분해가 왕성할 때에는 미생물이 소비하는 산소의 양이 많아 전층이 환원상태가 된다.

  ㉣ 심부 환원층에 암모니아태질소를 주면 토양에 잘 흡착되어 비효가 오래 지속된다(심층시비).

  ㉤ 탈질현상에 의한 질소질 비료의 손실을 줄이기 위하여 암모니아태질소를 환원층에 준다.

  ※ 전층시비 : 논을 갈기 전에 암모니아태질소를 논 전면에 미리 뿌린 다음 갈고 써레질하여 작토의 전층에 섞이도록 하는 것

④ **양분의 유효화**

  ㉠ 답전윤환재배에서 논토양이 담수 후 환원상태가 되면 밭 상태에서는 난용성인 인산알루미늄, 인산철 등이 유효화된다.

  ㉡ 담수된 논토양은 유기물이 축적되는 경향이 있고, 물이 빠지면 유기태질소가 분해되어 질소는 흡수되기 쉬운 형태로 변한다.

  ㉢ 담수된 논토양의 심토는 유기물이 극히 적어서 산화층을 형성한다.

  ㉣ 담수 상태의 논에는 조류(藻類)의 대기질소고정작용이 나타난다.

⑤ **유기태질소의 무기화**

  ㉠ 건토효과 : 토양이 건조하면 토양유기물이 쉽게 분해될 수 있는 상태가 되고, 여기에 물을 가하면 미생물의 활동이 촉진되어 다량의 암모니아가 생성된다.

  ㉡ 지온상승 효과 : 한여름에 지온이 상승하면 유기태질소의 무기화가 촉진되어 암모니아가 생성된다.

  ㉢ 알칼리 효과 : 석회와 같은 알칼리물질을 토양에 가하면, 미생물의 활동이 촉진되고 토양유기물을 분해되기 쉽게 변화시켜 암모니아 생성량이 증가된다.

  ㉣ 질소의 고정 : 논토양에서 조류는 대기 중의 질소를 고정한다.

> **논토양의 특징**
> • 담수 후 대부분의 논토양은 중성으로 변한다.
> • 담수하면 토양은 환원상태로 전환된다.
> • 혐기성 미생물의 활동이 증가된다.
> • 토양용액의 비전도도는 증가하다 안정화된다.
> • 탈질작용이 일어난다.
> • 산화환원전위가 낮다.
> • 환원물(N_2, H_2S)이 존재한다.
> • 토양색은 청회색 또는 회색을 띤다.

[핵심예제]

22-1. 논토양의 특징으로 틀린 것은?

① 탈질작용이 일어난다.
② 산화환원전위가 낮다.
③ 환원물(N_2, H_2S)이 존재한다.
④ 토양색은 황갈색이나 적갈색을 띤다.

정답 ④

22-2. 논토양에서 유기태질소의 무기화가 촉진되기 위한 방법으로 틀린 것은?

① 수산화칼슘 처리
② 담 수
③ 지온상승
④ 토양건조 후 가수(加水)

정답 ②

해설

22-1

밭토양은 황갈색이나 적갈색을 띠지만, 논토양은 청회색 또는 회색을 띤다.

핵심이론 **23** | **밭토양의 특징**

① 밭토양의 특징
  ㉠ 경사지에 많이 분포되어 있어 침식의 우려가 있다.
  ㉡ 양분의 천연 공급량은 낮다.
  ㉢ 연작 장해가 많다.
  ㉣ 강우에 의해 양분이 용탈되기 쉽다.
② 논토양과 밭토양의 차이점
  ㉠ 양분의 존재형태

원 소	논토양(환원상태)	밭토양(산화상태)
탄소(C)	CH_4, 유기산물	CO_2
질소(N)	N_2, NH_4^+	NO_3^-
망간(Mn)	Mn^{2+}	Mn^{4+}, Mn^{3+}
철(Fe)	Fe^{2+}	Fe^{3+}
황(S)	H_2S, S^{2-}	SO_4^{2-}
인(P)	인산이수소철($Fe(H_2PO_4)_2$), 인산이수소칼슘($Ca(H_2PO_4)_2$)	인산(H_3PO_4), 인산알루미늄($AlPO_4$)
산화환원전위(Eh)	낮다.	높다.

  ㉡ 토양의 색깔
    • 논토양 : 청회색, 회색
    • 밭토양 : 황갈색, 적갈색
  ㉢ 산화환원물 상태
    • 논토양 : 환원물(N_2, H_2S, S^{2-})이 존재한다.
    • 밭토양 : 산화물(NO_3^-, SO_4^{2-})이 존재한다.
  ㉣ 양분의 유실과 천연 공급
    • 논토양 : 관개수에 의한 양분의 천연 공급량이 많다.
    • 밭토양 : 빗물(강우)에 의한 양분의 유실이 많다.
  ㉤ 토양의 pH
    • 논토양 : 담수로 인하여 낮과 밤, 담수기간과 낙수기간에 따라 차이가 있다.
    • 밭토양 : 밭토양은 대체로 산성이다.
  ㉥ 산화환원전위(Eh)
    • 논토양 : Eh값은 환원이 심한 여름에 작아지고, 산화가 심한 가을부터 봄까지 커진다.
    • 밭토양 : 논토양보다 높다.
  ※ pH가 상승하면 Eh값은 낮아지는 상관관계가 있다.

23-1. 산화 상태(밭토양)에서 원소의 존재형태로 옳은 것은?

① CO_2 ② CH_4
③ NH_4^+ ④ H_2S

23-2. 다음 중 환원 상태(논토양)에 해당하는 것은?

① CO_2 ② NO_3^-
③ Mn^{4+} ④ CH_4

핵심이론 24 │ 토양보호(수식, 풍식)

① 수 식
  ㉠ 수식의 원인
    • 강우 : 강한 강우는 표토의 비산이 많고, 유거수가 일시에 많아져 표토가 유실된다.
    • 토양의 성질
      – 식토는 빗물의 흡수량이 적어서 침식되기 쉽고, 사토는 쉽게 분산되기 때문에 침식을 받기 용이하다.
      – 내수성 입단으로 형성된 심토, 투수성이 좋은 심토, 자갈토양은 침식이 적다.
    • 지 형
      – 경사가 급하거나 경사장이 길면 침식이 쉽게 발생한다.
      – 적설이 많고 식생이 적은 사면은 침식이 많다.
      – 바람이 세거나 토양이 불안정한 사면은 침식이 많다.
    • 식생 : 식생의 피복도가 클수록 침식은 경감된다.
  ㉡ 수식의 대책 : 조림, 초생재배, 단구식(계단식) 재배, 대상재배, 등고선 경작, 토양피복, 합리적 작부체계 등
    • 초생재배
      – 과수원에서 잡초를 제거하지 않는 초생재배는 잡초 뿌리에 의한 토양침식 방지, 제초 노력 경감, 지력 증진, 지온상승을 억제하는 효과가 있다.
      – 병해충의 은신처를 제공하는 단점도 있다.

> **청경재배**
> • 나무 주위에 있는 과수 이외의 식물을 모두 제거하여 과수원을 잡초없이 깨끗하게 관리하는 방법
> • 녹비 등 잡초를 키우지 않는 방법으로, 관리하기 쉬운 장점이 있다.
> • 나지 상태로 관리되므로 토양 다져짐, 양분용탈, 침식 등 토양의 물리화학성이 불량해지는 단점이 있다.

    • 단구식(계단식) 재배 : 경사면 등고선에 따라 계단을 만들고 수평이 되는 곳에 작물을 재배하는 방법
    • 대상재배
      – 경사지에서 작물을 재배할 때 파종기나 수확기가 서로 다른 작물을 띠 모양으로 배치하여 재배하는 방법
      – 경사지에서 수식성 작물을 재배할 때 등고선으로 일정한 간격을 두고(3~10cm) 적당한 폭의 목초대를 두면 토양침식이 크게 경감한다.

• 등고선재배 : 경사지 밭에서 경운, 파종 및 재배를 등고선과 평행하게 재배하는 방법

② 풍 식

㉠ 원인 : 토양이 가볍고 건조할 때 강풍에 의해 발생한다.

㉡ 대 책

• 방풍림, 방풍울타리 등의 조성, 피복식물의 재배, 토양 개량

• 관개, 토양 진압

• 이랑을 풍향과 직각이 되도록 한다.

• 겨울에 건조하고 바람이 센 지대에서는 높이 베기로 그루터기를 이용해 풍력을 약화시키며, 지표에 잔재물을 그대로 둔다.

[핵심예제]

24-1. 과수원에서 초생재배를 실시하는 이유로 틀린 것은?

① 토양침식 방지
② 제초 노력 경감
③ 지력 증진
④ 토양온도 상승

정답 ④

24-2. 토양침식을 방지할 수 있는 효과적인 방법이 아닌 것은?

① 지표면 피복
② 등고선 재배
③ 경 운
④ 안정한 토양구조 유지

정답 ③

핵심이론 25 | **토양미생물**

① 유익작용

㉠ 탄소 순환

㉡ 암모니아화성 작용

㉢ 질산화작용(Nitrification)

㉣ 유리질소(遊離窒素)의 고정

㉤ 가용성 무기성분을 동화(이용)하여 유실을 적게 한다.

㉥ 유기물의 분해로 발생되는 유기·무기산은 양분의 유효도를 높여 준다.

㉦ 토양미생물 간의 길항작용은 토양전염 병원균의 활동을 억제한다.

㉧ 토양미생물에서 분비되는 점질물질은 토양입단의 형성을 촉진한다

㉨ 지베렐린, 사이토키닌 등의 식물생장촉진 물질을 분비한다.

② 토양미생물의 유해작용

㉠ 질산염의 환원과 탈질작용

㉡ 황산염을 환원하여 황화수소 등의 유해한 환원성 물질을 생성한다.

㉢ 환원성 유해물질의 생성 및 집적

㉣ 작물과의 양분경합

㉤ 식물의 병을 일으키는 미생물이 많다.

• 토양에서 유래되는 병 : 토마토 세균병, 감자 시들음병, 채소 무름병, 뿌리썩음병, 점무늬병, 모잘록병 등

• 방제법 : 토양소독(소토, 열소독, 약제소독)을 한다.

㉥ 선충해 유발

[핵심예제]

토양미생물의 여러 가지 활동 중에서 농작물에 해를 끼치는 활동은?

① 무기성분의 산화
② 유리질소의 고정
③ 암모니아를 질산으로 변하게 하는 질산화 작용
④ NO_3^-를 환원하여 N_2O나 N_2로 되게 하는 탈질작용

정답 ④

2-2. 수 분

핵심이론 01 수분퍼텐셜(Water Potential, ψ_w)

① 수분퍼텐셜의 개념

㉠ 어떤 상태의 물이 지니는 화학퍼텐셜을 이용하여 수분의 이동을 설명하고자 도입된 개념이다.

㉡ 토양 – 식물 – 대기로 이어지는 연속계에서 물의 화학퍼텐셜을 서술하고, 수분 이동을 설명하는 데 사용할 수 있다.

㉢ 물의 이동

• 낮은 삼투압 → 높은 삼투압

• 높은 수분퍼텐셜 → 낮은 곳

② 수분퍼텐셜의 구성

㉠ 수분퍼텐셜(ψ_w) = 삼투퍼텐셜(ψ_s) + 압력퍼텐셜(ψ_p) + 중력퍼텐셜(ψ_g) + 매트릭퍼텐셜(ψ_m)

• 수분퍼텐셜은 0이나 음(−)값을 가진다.

• 순수한 물의 수분퍼텐셜이 가장 높다.

• 온도가 높아지면 수분퍼텐셜이 증가한다.

• 용질의 농도가 높거나 압력과 온도가 낮아지면 감소한다.

㉡ 삼투퍼텐셜(ψ_s)

• 용질농도에 따라 영향을 받는 물의 퍼텐셜에너지이다.

• 용질이 첨가될수록 감소하며 항상 음(−)값을 가진다.

• 삼투포텐셜은 삼투압에 반비례한다.

㉢ 압력퍼텐셜(ψ_p)

• 식물세포 내 벽압이나 팽압의 결과로 생기는 정수압에 따른 퍼텐셜에너지이다.

• 식물세포에서는 일반적으로 양(+)의 값을 가진다.

㉣ 중력퍼텐셜(ψ_g)

• 중력의 작용에 의하여 물의 위치에너지에 기인한다.

• 일반적으로 기준면으로부터 높아질수록 중력퍼텐셜은 커진다.

• 기준점보다 높은 위치에 있으면 양(+)값, 낮은 위치에 있으면 음(−)값을 가진다.

㉤ 매트릭퍼텐셜(ψ_m)

• 매트릭퍼텐셜은 식물체 내의 수분퍼텐셜에 거의 영향을 미치지 않는다.

• 교질물질과 식물세포의 표면에 대한 물의 흡착친화력에 의해 나타나는 퍼텐셜에너지이다.

• 항상 음(−)값을 가진다.

• 토양 수분퍼텐셜의 결정에 매우 중요하다.

핵심예제

1-1. 수분퍼텐셜에 대한 설명으로 틀린 것은?

① 용질의 농도가 높으면 수분퍼텐셜이 감소한다.

② 압력이 높아지면 수분퍼텐셜이 감소한다.

③ 온도가 높아지면 수분퍼텐셜이 증가한다.

④ 물은 수분퍼텐셜이 높은 곳에서 낮은 곳으로 이동한다.

정답 ②

1-2. 일반토양과 달리 간척지나 시설재배지에서 특별히 고려해야 할 수분퍼텐셜은?

① 중력퍼텐셜   ② 압력퍼텐셜

③ 삼투퍼텐셜   ④ 매트릭퍼텐셜

정답 ③

해설

1-2

염류농도가 높은 간척지나 시설재배지 토양의 삼투퍼텐셜은 뿌리가 물을 흡수하는 데 나쁜 영향을 미친다.

핵심이론 02 | 식물체 내의 수분퍼텐셜 및 흡수기구

① 식물체 내의 수분퍼텐셜

　㉠ 식물체 내의 수분퍼텐셜은 매트릭퍼텐셜의 영향을 거의 받지 않고, 삼투퍼텐셜과 압력퍼텐셜이 좌우하므로 $\psi_w = \psi_s + \psi_p$로 표시할 수 있다.

　㉡ 세포의 부피와 압력퍼텐셜이 변화함에 따라 삼투퍼텐셜과 수분퍼텐셜이 변화한다.

　㉢ 식물체 내의 수분퍼텐셜은 0이나 음(−)의 값을 갖는다.

　㉣ 수분퍼텐셜은 토양에서 가장 높고, 대기에서 가장 낮으며, 식물체 내에서는 중간값을 나타낸다. 따라서 토양 → 식물체 → 대기로 이어지는 수분 이동이 가능하다.

　㉤ 압력퍼텐셜과 삼투퍼텐셜이 같으면 세포의 수분퍼텐셜이 0이 되므로 팽만 상태가 된다.

　㉥ 수분퍼텐셜과 삼투퍼텐셜이 같아지면 압력퍼텐셜은 0이 되므로 원형질 분리가 일어난다.

　※ 식물의 외액이 세포액의 농도보다 높을 때 원형질 분리현상이 일어난다.

② 식물체 수분퍼텐셜 측정법 : 조직부피측정법, 가압상법, Chardakov 방법, 노점식 방법(증기압측정법), 빙점 강하법 등

핵심예제

2-1. 식물체 내의 수분퍼텐셜을 올바르게 설명한 것은?

① 삼투퍼텐셜, 압력퍼텐셜, 매트릭퍼텐셜, 토양수분 보유력으로 구성된다.

② 매트릭퍼텐셜과 압력퍼텐셜이 같으면 팽만 상태가 된다.

③ 수분퍼텐셜과 삼투퍼텐셜이 같으면 팽만 상태가 된다.

④ 삼투퍼텐셜과 압력퍼텐셜이 같으면 팽만 상태가 된다.

　　　　　　　　　　　　　　　　정답 ④

2-2. 식물체 수분퍼텐셜을 측정하는 방법이 아닌 것은?

① 가압상법　　　　　　② 중성자 산란법

③ Chardakov 방법　　④ 노점식 방법(증기압측정법)

　　　　　　　　　　　　　　　　정답 ②

해설

2-2

중성자 산란법은 토양수분 측정방법이다.

핵심이론 03 | 수분의 흡수

① 삼투압(滲透壓, Osmotic Pressure)

　㉠ 삼투(滲透, Osmosis) : 식물세포의 세포질막은 인지질로 된 반투막이며, 외액이 세포액보다 농도가 낮을 때는 외액의 수분농도가 세포액보다 높아진다. 외액의 수분이 반투성인 원형질막을 통하여 세포 속으로 확산해 들어가는 것을 삼투라고 한다.

　㉡ 삼투압 : 내액과 외액의 농도차에 의해서 삼투를 일으키는 압력이다.

　※ 세포에서 물은 삼투압이 낮은 곳에서 높은 곳으로 이동한다.

② 팽압(膨壓, Turgor Pressure) : 삼투에 의해서 세포 내의 수분이 증가하면서 세포의 크기를 증대시키려는 압력이다.

③ 막압(膜壓, Wall Pressure) : 팽압에 의해 세포막이 늘어나면 탄력성에 의해서 다시 안으로 수축하려는 압력이다.

④ 흡수압(吸水壓, Suction Pressure)

　㉠ 식물세포의 삼투압은 세포 내로 수분이 들어가는 압력이고, 막압은 세포 외로 수분을 배출하는 압력이다.

　㉡ 식물의 흡수는 삼투압이 막압보다 높을 때 이루어지는데 이를 흡수압 또는 DPD(확산압차, Diffusion Pressure Deficit)라고 한다.

⑤ 토양수분장력(SMS ; Soil Moisture Stress)

　㉠ 토양의 수분보유력 및 삼투압을 합친 것을 말한다.

　㉡ 작물뿌리가 토양으로부터 수분을 흡수하는 것은 DPD와 SMS 사이 압력의 차이로 이루어진다.

> DPD − SMS = (a − m) − (t + a′)
> a : 세포의 삼투압, m : 세포의 팽압(막압), t : 토양의 수분 보유력, a′ : 토양용액의 삼투압

⑥ 확산압차구배(擴散壓差勾配, DPDD ; Diffusion Pressure Deficit Difference)

　㉠ 식물조직 내에서도 서로 DPD의 차이가 있는데 이를 DPDD라고 한다.

　㉡ 세포들 사이의 수분 이동은 이에 따라 이루어진다.

⑦ 수동적 흡수(Passive Absorption) : 물관내의 부압에 의한 흡수

⑧ 적극적 흡수(Active Absorption) : 세포의 삼투압에 기인하는 흡수

⑨ 물은 수분퍼텐셜이 높은 곳으로부터 낮은 곳으로 이동하며 두 곳의 수분퍼텐셜이 같아서 그 낙차가 0이 되어 수분의 평형 상태에 도달하면 이동이 멎는다.

[핵심예제]

SMS(Soil Moisture Stress)를 가장 잘 설명한 것은?

① 내·외액의 농도차에 의해서 삼투를 일으키는 압력

② 삼투에 의해서 세포의 수분이 늘면 세포를 증대시키려는 압력

③ 토양의 수분 보유력 및 삼투압을 합친 것

④ 삼투압과 막압을 합친 것

정답 ③

핵심이론 04 작물의 요수량

① 요수량(要水量, Water Requirement)

㉠ 작물의 요수량 : 작물의 건물 1g을 생산하는 데 소비된 수분량(g)

㉡ 증산계수 : 건물 1g을 생산하는 데 소비된 증산량

㉢ 증산능률(蒸散能率, Efficiency Transpiration) : 일정량의 수분을 증산하여 축적된 건물량으로, 요수량과 반대되는 개념이다.

㉣ 요수량은 일정 기간 내의 수분소비량과 건물축적량을 측정하여 산출한다.

㉤ 요수량은 작물의 수분경제의 척도를 나타내는 것으로, 수분의 절대소비량을 표시하는 것은 아니다.

㉥ 대체로 요수량이 작은 작물일수록 가뭄에 대한 저항성이 크다.

② 요수량의 지배요인

㉠ 작물의 종류에 따라 다르다.

• 수수, 옥수수, 기장 등은 증산계수(요수량)가 작고, 호박, 알팔파, 클로버 등은 크다.

– 호박(834) > 클로버(799) > 완두(788) > 보리(534)

– 밀(513) > 옥수수(368) > 수수(322) > 기장(310)

• 명아주는 요수량이 아주 크다.

㉡ 생육단계 : 건물 생산의 속도가 낮은 생육 초기에 요수량이 크다.

㉢ 환경 : 광의 부족, 많은 바람, 공중습도의 저하, 저온과 고온, 토양수분의 과다 및 과소, 척박한 토양 등의 불량한 환경은 요수량을 크게 한다.

[핵심예제]

4-1. 증산계수가 500인 어느 작물의 건물 생산량이 200kg/10a 이라면 생육기간에 증산된 물의 양은?

① 약 10톤/10a이다.
② 약 40톤/10a이다.
③ 약 100톤/10a이다.
④ 약 250톤/10a이다.

정답 ③

4-2. 어느 작물의 요수량이 500이라면 소비된 물의 양은?

① 0.5kg　　　② 5kg
③ 50kg　　　④ 500kg

정답 ①

4-3. 요수량에 대한 설명으로 틀린 것은?

① 건물 생산의 속도가 낮은 생육 초기의 요수량이 크다.
② 토양수분의 과다 및 과소, 척박한 토양 등의 환경조건은 요수량을 크게 한다.
③ 수수, 기장, 옥수수 등이 크고 알팔파, 클로버 등이 작다.
④ 광 부족, 많은 바람, 공기습도의 저하, 저온과 고온은 요수량을 크게 한다.

정답 ③

해설

4-1
증산계수 = (500 × 200) ÷ 1,000 = 100톤/10a
4-2
500g = 0.5kg

핵심이론 05　관 개

① 관개의 효과
　㉠ 논에서의 관개효과
　　• 생리적으로 필요한 수분을 공급한다.
　　• 온도조절작용 : 물 못자리 초기, 본답의 냉온기에 관개에 의해서 보온이 되며, 혹서기에는 관개에 의해 과도한 지온상승을 억제한다.
　　• 벼농사 기간 중 무기양분이 관개수에 섞여 공급된다.
　　• 염분 및 유해물질이 제거되고, 잡초 발생이 적어지며, 제초작업이 쉬워진다.
　　• 해충의 만연이 적어지고, 토양선충이나 토양전염의 병원균이 경감된다.
　　• 이앙, 중경, 제초 등의 작업이 용이해지고, 벼의 생육을 조절 및 개선할 수 있다.
　㉡ 밭에서의 관개효과
　　• 수분의 공급으로 한해방지, 생육 촉진, 수량 및 품질이 향상된다.
　　• 관개는 작물 선택, 다비재배의 가능, 파종·시비의 적기작업 및 효율적 실시 등으로 재배 수준이 향상된다.
　　• 혹서기에는 지온상승 억제, 냉온기에는 지온상승 가능, 여름철 북방형 목초의 하고현상 경감, 늦가을과 초봄의 생초 이용기간 연장
　　• 관개수에 의해 미량원소(K, Ca, Mg, Si 등)가 보급되며, 가용성 알루미늄이 감소된다.
　　• 비료 이용의 효율이 증대된다.
　　• 혹한기 살수결빙법 등으로 동상해를 방지할 수 있다.
　　• 식질토양에서는 휴립재배보다 평휴재배를 한다.
② 관개의 종류
　㉠ 지표관개 : 지표면에 물을 흘려 대는 방법이다.
　　• 전면관개 : 지표면 전면에 물을 대는 관개법이다.
　　　- 일류관개 : 등고선에 따라 수로를 내고, 임의의 장소로부터 월류하도록 하는 방법
　　　- 보더관개 : 완경사 상단의 수로로부터 전체 표면에 물을 흘려 대는 방법
　　　- 수반관개 : 포장을 수평으로 구획하고 관개
　　• 휴간관개 : 이랑을 세우고, 이랑 사이에 물을 대는 관개법이다.

ⓒ 지하관개 : 땅속에 작은 구멍이 있는 송수관을 묻어서
공급
ⓒ 살수관개 : 노즐을 설치하여 물을 뿌리는 방법

핵심예제

5-1. 벼가 담수조건에서도 잘 생육하는 가장 큰 원인은?

① 파생통기조직의 발달
② 뿌리조직의 목질화
③ 뿌리의 지근 발생
④ 보온효과

정답 ①

5-2. 벼의 생육단계에 따른 물 관리에서 관개심도를 가장 깊게 해야 하는 시기는?

① 이앙기~활착기
② 활착기~분얼성기
③ 유수 형성기~수잉기
④ 유숙기~황숙기

정답 ①

해설

5-1

벼의 뿌리에는 통기조직이 발달되어 있어 토양 중에서 산소요구량이 적지만 담수 상태가 계속되면 산소 부족으로 인한 영양분 흡수가 저해된다. 물의 요구량이 적을 때에 중간 낙수를 하여 통기를 좋게 하고 뿌리의 건전한 발달과 영양분의 흡수를 촉진하는 것이 간단 관수기술이다.

5-2

벼의 생육단계별 관개 정도

• 이앙 준비기 : 100~150mm 관개
• 이앙기 : 2~3cm 심수관개
• 이앙기~활착기 : 10cm 담수
• 활착기~최고 분얼기 : 2~3cm 천수
• 최고 분얼기~유수 형성기 : 중간낙수(물떼기)
• 유수 형성기~수잉기 : 2~3cm 담수
• 수잉기~유숙기 : 6~7cm 담수
• 유숙기~황숙기 : 2~3cm 담수
• 황숙기(출수 30일 후) : 완전낙수

핵심이론 06 수질오염(Water Pollution)

① 수질등급 : 생물화학적 산소요구량(BOD), 화학적 산소요구량(COD), 용존산소량(DO), 대장균군수, pH 등이 참작되어 여러 등급으로 구분된다.
② 등급의 종류
ⓐ 용존산소량(DO ; Dissolved Oxygen)
• 물에 녹아 있는 산소량으로, 일반적으로 수온이 높아질수록 용존산소량은 낮아진다.
• 용존산소량이 낮아지면 BOD, COD는 높아진다.
ⓑ 생물화학적 산소요구량(BOD ; Biochemical Oxygen Demand)
• 수중의 오탁유기물을 호기성균이 생물화학적으로 산화분해하여 무기성 산화물과 가스체로 안정화하는 과정에 소모되는 총산소량을 ppm 또는 mg/L의 단위로 표시한 것이다.
• 물이 오염되는 유기물량의 정도를 나타내는 지표로 사용된다.
• 하천오염은 BOD 측정으로 알 수 있으며, BOD가 높으면 오염도가 크다.
ⓒ 화학적 산소요구량(COD ; Chemical Oxygen Demand)
• 화학적 산소요구량은 유기물이 화학적으로 산화되는 데 필요한 산소량으로서 오탁유기물의 양을 ppm으로 나타낸다.
• COD를 측정하여 오탁유기물의 양을 산출한다.

예제 일정온도에서 비중이 1일 때 식물호르몬 1ppm이란?

풀이
1ppm = 1mg/L
mg/L = 1mg/1,000g
1mg = 0.001g
∴ 1mg/1,000g = 0.001g/1,000g = 1g/1,000,000g
즉 1,000,000g중 1g을 나타내므로 1ppm이 된다.

핵심예제

물에 녹아 있는 산소의 양을 나타내는 것은?

① 용존산소량
② 화학적 산소요구량
③ 생물화학적 산소요구량
④ 총산소요구량

정답 ①

2-3. 공기

핵심이론 01 대기의 조성과 작물생육

① 대기의 조성
  ㉠ 지상의 공기(대기) 조성비는 대체로 일정 비율을 유지한다.
  ㉡ 공기는 질소 약 79%, 산소 약 21%, 이산화탄소 0.03%와 기타 수증기, 먼지, 각종 가스 등으로 구성되어 있다.

② 대기와 작물
  ㉠ 작물의 광합성은 대기 중 이산화탄소를 재료로 하여 유기물을 합성한다.
  ㉡ 작물의 호흡작용은 대기 중 산소를 이용하여 이루어진다.
  ㉢ 대기 중 질소는 질소고정균에 의해 유리질소고정의 재료가 된다.
  ㉣ 토양 중 산소가 부족하면 토양 내 환원성 유해물질이 생성된다.
  ㉤ 대기 중 아황산가스 등 유해성분은 작물에 직접적인 유해작용을 한다.
  ㉥ 토양산소의 변화는 비료성분 변화와 관련이 있어 작물생육에 영향을 미친다.
  ㉦ 공기의 이동인 바람도 작물생육에 영향을 미친다.

［ 핵심예제 ］

1-1. 대기의 조성 중 질소가스는 약 몇 %인가?
① 21%　　　　　② 79%
③ 0.03%　　　　④ 50%

정답 ②

1-2. 공기 속에 산소는 약 몇 % 정도 존재하는가?
① 약 35%　　　　② 약 32%
③ 약 28%　　　　④ 약 21%

정답 ④

핵심이론 02 이산화탄소와 호흡작용

① 대기 중 이산화탄소의 농도가 높아지면 일반적으로 호흡속도는 감소하고, 온도가 높아질수록 어느 정도까지는 동화량이 증가한다.
② 5%의 이산화탄소농도에서 발아종자의 호흡은 억제된다.
③ 10~20%의 이산화탄소농도에서 사과는 호흡이 즉시 정지되며, 어린 과실일수록 영향을 크게 받는다.
④ 이산화탄소 중에 과실, 채소를 저장하면 대사기능이 억제되어 장기간의 저장이 가능하다.
⑤ 잎 주위 이산화탄소농도는 바람에 의해 크게 영향을 받는다(연풍은 작물생육에 용이).
⑥ 잎 주위 공기 중의 이산화탄소농도가 현저히 낮으면 역으로 엽내에서 외부로 이산화탄소의 유출이 생긴다(C_4식물은 이산화탄소의 유출이 없음).
⑦ 낮에는 군락에 가까울수록 이산화탄소의 농도가 낮고 밤에는 군락 내일수록 높다.
  ※ 여름철 밤에는 탄산가스가 공기보다 무겁기 때문에 지표면에서 가장 높고 지표면에서 멀어질수록 낮아진다.
⑧ 엽면적이 최적엽면적지수 이상으로 증대하면 건물 생산량은 증가하지 않지만 호흡은 증가한다.

［ 핵심예제 ］

식물의 생육이 왕성한 여름철의 미기상 변화를 옳게 설명한 것은?
① 지표면의 온도는 낮에는 군락과 비슷하며, 밤에는 군락보다 더 낮다.
② 군락 내의 탄산가스 농도는 낮에는 지표면이나 대기 중의 탄산가스 농도보다 높다.
③ 밤에는 탄산가스가 공기보다 무겁기 때문에 지표면에서 가장 높고 지표면에서 멀어질수록 낮아진다.
④ 대기 중의 탄산가스농도는 약 350ppm으로 지표면과 군락 내에서도 낮과 밤에 따른 변화가 거의 없이 일정하다.

정답 ③

핵심이론 03 이산화탄소와 광합성

① 이산화탄소의 농도가 낮아지면 광합성 속도는 낮아진다.

② 이산화탄소농도를 대기 중의 농도보다 0.03% 높여 주면 작물의 광합성이 증대된다.

③ 이산화탄소 포화점
  ㉠ 이산화탄소농도가 증가할수록 광합성 속도가 증가하나 어느 농도에 도달하면 이산화탄소농도가 그 이상 증가하더라도 광합성 속도는 증가하지 않는다.
  ㉡ 작물의 이산화탄소 포화점은 대기 중 농도의 약 7~10배(0.21~0.3%)이다.
  ㉢ 벼 잎에서 광포화점 도달은 온난한 지대보다는 냉량한 지대에서 더욱 강한 일사가 필요하다.
  ㉣ 고립 상태에서의 벼는 생육 초기에는 광포화점에 도달하지만 무성한 군락의 상태에서는 도달하기 힘들다.
  ㉤ 공기의 습도가 높지 않고 적당히 건조해야 광합성이 촉진된다.
  ㉥ 최적온도에 이르기까지는 온도 상승에 따라서 광합성이 촉진된다.
  ㉦ 공기의 흐름(바람)이 강하면 기공을 닫아 광합성은 중지된다.

④ 이산화탄소 보상점
  ㉠ 광합성에 의한 유기물의 생성속도와 호흡에 의한 유기물의 소모속도가 같아지는 이산화탄소농도를 이산화탄소 보상점이라 한다.
  ㉡ 이산화탄소농도가 낮아짐에 따라 광합성 속도도 낮아지며, 어느 농도에 도달하면 그 이하에서는 호흡에 의한 유기물의 소모를 보상할 수 없다.
  ㉢ 작물의 이산화탄소 보상점은 대기농도의 1/10~1/3(0.003~0.01%) 정도이다.
  ㉣ 광이 약한 조건에서는 강한 조건에서보다 이산화탄소 보상점이 높아지고, 이산화탄소 포화점은 낮아진다.

3-1. 작물재배의 광합성 촉진환경으로 거리가 먼 것은?
① 공기의 흐름이 높을수록 광합성이 촉진된다.
② 공기의 습도가 높지 않고 적당히 건조해야 광합성이 촉진된다.
③ 최적온도에 이르기까지는 온도 상승에 따라서 광합성이 촉진된다.
④ 광합성 증대의 이산화탄소 포화점은 대기 중 농도의 약 7~10배(0.21~0.3%)이다.

정답 ①

3-2. 식물의 광합성 속도에는 이산화탄소의 농도뿐만 아니라 광의 강도에도 관여를 하는데, 다음 중 광이 약할 때에 일어나는 일반적인 현상은?
① 이산화탄소 보상점과 포화점이 다 같이 낮아진다.
② 이산화탄소 보상점과 포화점이 다 같이 높아진다.
③ 이산화탄소 보상점이 높아지고 이산화탄소 포화점은 낮아진다.
④ 이산화탄소 보상점은 낮아지고 이산화탄소 포화점은 높아진다.

정답 ③

핵심이론 04 탄산시비

① 탄산시비란 이산화탄소농도를 인위적으로 높여 작물의 증수를 꾀하는 방법이다.

② 작물의 생육을 촉진하고 수량을 증대시키기 위해서는 적정 수준까지 광도와 함께 이산화탄소농도를 높여 준다.

③ 탄산시비 방법
   ㉠ 시설 내에 유지되어야 할 이산화탄소농도는 1,000~1,500ppm이며, 경우에 따라서는 2,000ppm까지도 요구된다.
   ㉡ 시비시기와 시간의 결정 : 작물의 광합성 태세, 하루 중의 이산화탄소농도 변화, 광도와 환기시간 등을 고려해야 한다.

④ 이산화탄소가 특정 농도 이상으로 증가하면 더 이상 광합성은 증가하지 않고 오히려 감소하며, 이산화탄소와 함께 광도를 높여 주는 것이 좋다.

⑤ 탄산시비 공급원으로 액화탄산가스가 이용된다.

⑥ 탄산시비의 효과
   ㉠ 탄산시비하면 광합성 촉진으로 수확량 증대효과가 있다. 즉, 시설 내의 탄산시비는 작물의 생육 촉진을 통해 수량을 증대시키고 품질을 크게 향상시킨다.
   ㉡ 열매채소에서 수량 증대가 크고, 잎채소와 뿌리채소에서도 상당한 효과가 있다.
   ㉢ 절화의 탄산시비는 품질 향상과 절화수명 연장의 효과가 있다.
   ㉣ 육묘 중 탄산시비는 모종의 소질 향상과 정식 후에도 시용효과가 계속 유지된다.
   ㉤ 탄산시비의 효과는 시설 내 환경 변화에 따라 달라진다.
   ㉥ 목화, 담배, 사탕무, 양배추는 이산화탄소 2% 농도에서 광합성농도가 10배로 증가된다.
   ㉦ 멜론은 이산화탄소 시용으로 당도가 높아진다.
   ㉧ 콩은 이산화탄소농도를 0.3~1.0% 증가시킬 경우 떡잎의 엽록소 함량이 증가하고, 이산화탄소처리와 조명시간을 길게 하면 생장한 잎의 엽록소와 카로티노이드 함량이 감소한다.
   ㉨ 토마토는 이산화탄소 시용으로 총수량이 20~40% 증수하지만 조기 수량은 감소한다.

※ 이산화탄소농도에 영향을 주는 요인 : 계절, 지표면의 거리, 식생, 바람, 미숙유기물의 시용, 일출과 일몰 등

핵심예제

4-1. 이산화탄소의 농도를 높여서 작물의 증수를 꾀하는 방법은?

① 엽면시비　　　　　② 질산시비
③ 탄산시비　　　　　④ 표층시비

정답 ③

4-2. 작물에 탄산시비를 하는 경우 그 효과로 옳은 것은?

① 광합성 촉진　　　　② 호흡작용 감소
③ 전류작용 촉진　　　④ 병해충 방제

정답 ①

4-3. CO_2 시비의 농도를 일정하게 맞추어 줌으로써 발생하는 효과로 틀린 것은?

① 수량 증가　　　　　② 개화수 증가
③ 광합성 속도 증대　　④ 병해충 감소

정답 ④

핵심이론 05 바 람

① 연풍 : 풍속 4~6km/h 이하의 바람을 의미한다.

② 연풍의 효과

　㉠ 기온을 낮추고 서리의 피해를 막는다.

　　• 고온기에는 기온, 지온을 낮추고, 봄과 겨울에는 서리의 해를 막아 작물을 보호한다.

　㉡ 잎의 수광량을 높여 광합성을 촉진시킨다.

　　• 바람은 잎을 계속 움직여 그늘진 곳의 잎이 받는 일사량을 증가시킨다.

　㉢ 작물 주위의 이산화탄소농도를 유지시킨다.

　　• 한낮에는 작물 주위의 낮아졌던 이산화탄소 농도를 높임으로써 광합성을 증대시킨다.

　㉣ 대기오염물질의 농도를 낮추어 준다.

　㉤ 꽃가루의 매개를 돕는다.

　　• 풍매화의 경우 바람에 의해 수정이 이루어진다.

　㉥ 증산작용을 촉진한다.

　　• 증산이 활발하게 이루어지면 기공이 계속 열려 이산화탄소 흡수량을 증가시키고 뿌리로부터의 양분 흡수를 촉진한다.

　㉦ 습기를 배제하여 수확물의 건조를 촉진하고 다습한 조건에서 발생하는 병해를 경감시킨다.

③ 연풍의 해작용

　㉠ 잡초의 씨나 병균의 전파와 건조상태를 조장한다.

　㉡ 저온의 바람은 작물의 냉해를 유발하기도 한다.

핵심예제

연풍(軟風)의 이점이 아닌 것은?

① 수발아의 조장

② 광합성 촉진

③ 수정, 결실의 촉진

④ 병해의 경감

정답 ①

핵심이론 06 대기오염

① 대기오염 : 공업지대와 도시에서 배출되는 각종 유해가스의 농도가 높아지면 작물생육을 저해하거나 작물 재배를 불가능하게 한다.

② 대기오염 유해가스 : 아황산가스(SO_2), 불화수소(플루오린화수소, HF), 이산화질소(NO_2), 오존(O_3), PAN(Peroxy Acetyl Nitrate), Oxidant, Ethylene, 염소가스(Cl_2) 등으로 단독 혹은 복합적으로 해를 가하며 작물을 황화 퇴색시키고 고사시킨다.

③ 대기오염물질이 식물생육에 미치는 영향

　㉠ 잎 표면에는 반점이 생기며 뿌리의 활력도 감소한다.

　㉡ 대기오염물질은 대부분 기공을 통하여 식물체 내로 들어온다.

　㉢ 불소계 가스, 염소, 오존 등은 독성이 강한 물질이다.

　㉣ 광합성 능력의 저하로 식물의 생육이 저하된다.

　※ 오존(O_3) 발생의 가장 큰 원인이 되는 물질은 이산화질소(NO_2)이다.

④ 대책 : 칼륨, 규산, 석회의 증시, 활성탄, 탄산바륨, 석유유황합제, 석회보르도액 등의 살포

[대기오염물질에 대한 저항성 정도]

대기오염물질	감수성정도		
	감수성(저항성 약함)	중간성	저항성
아황산가스	무, 당근, 시금치, 상추, 호박, 고구마, 순무, 녹색꽃양배추	파슬리, 토마토, 양배추, 가지, 완두, 꽃양배추, 부추	감자, 양파, 오이, 단옥수수, 셀러리, 머스크멜론
황화수소	오이, 토마토	고추	딸기
플루오린화수소	딸기, 고구마	당근, 상추, 시금치	토마토, 가지, 오이, 셀러리, 호박, 양배추, 양파
이산화질소	토마토, 가지, 시금치	상추, 단고추, 부추	오이, 수박
오존	시금치, 무, 강낭콩, 토란, 파, 오이, 토마토, 당근, 가지, 상추, 근대, 순무	쑥갓, 잠두, 우엉, 배추, 단고추	양배추
PAN	셀러리, 상추, 근대, 토마토, 엔디브	비트, 시금치, 당근	녹색꽃양배추, 양배추, 꽃양배추, 오이, 20일무, 호박, 딸기

※ 대기오염의 지표

　일산화탄소(CO), 아황산가스(SO_2), 이산화질소(NO_2), 미세먼지, 오존(O_3), 납, 벤젠

6-1. 대기오염물질이 식물생육에 미치는 영향으로 틀린 것은?

① 잎 표면에는 반점이 생기나 뿌리의 활력은 증대된다.
② 대기오염물질은 대부분 기공을 통하여 식물체 내로 들어온다.
③ 불소계 가스, 염소, 오존 등은 독성이 강한 물질이다.
④ 광합성 능력의 저하로 식물의 생육이 저하된다.

정답 ①

6-2. 작물 생육의 유해가스인 아황산가스의 피해에 상대적으로 저항성이 높은 작물은?

① 오 이   ② 시금치
③ 담 배   ④ 고 추

정답 ①

핵심이론 **07** **대기오염물질의 특성**

① 아황산가스(SO_2, SO_3, 황산)

　㉠ 대기오염에서 가장 대표적인 유해가스로, 배출량이 많고 독성도 강하다. 대기오염지표로 사용된다.

　㉡ 배출원 : 중유 · 연탄이 연소할 때 발생한다.

　㉢ 작물별 감수성 : 배추 > 무 > 파 > 콩 > 보리 > 벼 > 밀

　㉣ 광합성 속도를 크게 저하시킨다.

　㉤ Ca 흡수를 저해한다.

　㉥ 줄기 · 잎이 퇴색되며 잎의 끝이나 가장자리가 황녹화하거나 잎 전면이 퇴색 · 황화된다.

② 플루오린화수소(HF)

　㉠ 피해 지역은 한정되어 있으나 독성은 가장 강하여 낮은 농도에서도 피해를 끼친다.

　㉡ 배출원 : 알루미늄의 정련 · 인산비료 제조 · 요업 등의 경우와 제철을 할 경우 철광석으로부터 배출된다.

　㉢ 피해 증상 : 잎의 끝이나 가장자리가 백변한다.

③ 이산화질소(NO_2)

　㉠ 질산 제조 등의 화학공업, 금속 정련, 석유 보일러, 자동차 엔진 등에서 배출된다.

　㉡ 피해 증상 : 세포 내 pH를 낮춘다. 식물의 급격한 조직 괴사, 심한 낙과현상을 초래한다.

　㉢ 피해 경감 : 활성탄을 살포하면 이산화질소의 흡수가 경감된다.

④ 오존(O_3)

　㉠ 이산화질소(NO_2)가 자외선에 의해서 일산화질소와 원소산소로 분해되고, 원소산소가 불활성 물질인 보통 질소를 촉매로 하여 산소가스와 결합되어서 오존이 생성된다.

　　• NO_2 + 자외선 → NO + O

　　• O + O_2 + M → O_3 + M(M은 불활성 물질)

　㉡ 잎이 황백화~적색화되며 암갈색의 점상 반점이 생기거나 대형 괴사가 생긴다.

　㉢ 어린잎보다 자란 잎에 피해가 크다.

　㉣ 오존층을 파괴시켜 자외선에 의한 동식물의 피해가 발생된다.

※ 산성비 : 대기 중 CO_2는 빗물에 녹아 H_2CO_3를 만들어 pH 5.6 정도가 유지되지만 공기 중 SO, NO_2, Cl_2, F_2가 많으면 pH가 더욱 낮아진 산성비가 된다.

⑤ PAN

　㉠ 탄화수소·오존·이산화질소가 화합해서 생성된다.

　㉡ 초기에 잎의 뒷면이 은백색이 되고, 심하면 갈색을 띤다. 나중에 표면에도 증상이 나타나며 자란 잎보다 어린 잎에 피해가 크다.

⑥ 옥시던트 : 옥시턴트는 광화학이라고도 하며 오존 90%, PAN 및 이산화질소 10%로 조성되어 있다.

⑦ 염소가스

　㉠ 표백제 제조 공장, 염소 및 염산 제조 공장, 펄프 공장, 상하수도 처리시설, 석탄 제조, 합성수지 공장 등 화학 공장에서 배출된다.

　㉡ 감수성이 높은 작물인 무는 0.1ppm에서 1시간이면 피해를 받는다.

　㉢ 미세한 회백색의 반점이 잎 표면에 무수히 나타난다.

　㉣ 피해대책으로 석회물질을 시용한다.

⑧ 암모니아가스

　㉠ 배출원은 질소질 비료의 과다 시용이다.

　㉡ 잎 표면에 흑색 반점이 생긴다.

　㉢ 잎 전체가 백색 또는 황색으로 변한다.

│ 핵심예제 │

7-1. 대기오염물질 중 빗물의 산도를 낮추지 않는 것은?

① 이산화질소　　　　② 염화수소가스
③ 아황산가스　　　　④ 수소가스

[정답] ④

7-2. 대기오염물질 중에 오존을 생성하는 것은?

① 아황산가스(SO_2)　　② 이산화질소(NO_2)
③ 일산화탄소(CO)　　④ 플루오린화수소(HF)

[정답] ②

7-3. NO_2가 자외선하에서 광산화되어 생성되는 것은?

① 아황산가스　　　　② 플루오린화수소가스
③ 오존가스　　　　　④ 암모니아가스

[정답] ③

│해설│

7-1

산성비 원인 중 인위적인 발생원으로는 인간의 여러 가지 활동, 즉 각종 공장, 화력발전소, 자동차 등에서 주로 발생하는 아황산가스, 질소산화물, 염화수소 등이 있다.

2-4. 온 도

핵심이론 01　유효온도

① 유효온도(有效溫度) : 작물생육이 가능한 범위의 온도이다.

[여름작물과 겨울작물의 주요온도(℃)]

주요온도	최저온도	최적온도	최고온도
여름작물	10~15	30~35	40~50
겨울작물	1~5	15~25	30~40

[주요작물의 유효온도(℃)]

작 물	최저온도	최적온도	최고온도
보 리	3~45	20	28~30
밀	3~45	25	30~32
호 밀	1~2	25	30
귀 리	4~5	25	30
사탕무	4~5	25	28~30
담 배	13~14	28	35
완 두	1~2	30	35
옥수수	8~10	30~32	40~44
벼	10~12	30~32	36~38
오 이	12	33~34	40
삼	1~2	35	45
멜 론	12~15	35	40

※ 생육 최적온도가 높은 작물부터 낮은 순 : 오이 > 담배 > 보리

② 적산온도(積算溫度, Sum of Temperature) : 작물의 발아부터 성숙까지의 생육기간 중 0℃ 이상의 일평균기온을 합산한 온도이다.

　㉠ 봄작물의 적산온도

　　감자(1,300~3,000℃), 아마(1,600~1,850℃), 봄보리(1,600~1,900℃), 완두(2,100~2,800℃)

　㉡ 여름작물의 적산온도

　　옥수수(2,370~3,000℃), 담배(3,200~3,600℃), 벼(3,500~4,500℃), 목화(4,500~5,500℃), 메밀(1,000~1,200℃), 조(1,800~3,000℃), 콩·수수(2,500~3,000℃)

　㉢ 겨울작물의 적산온도 : 추파맥류(1,700~2,300℃)

③ 유효적산온도(GDD ; Growing Degree Days)

　㉠ 유효온도 : 작물생육의 저온한계를 기본온도라고 하고, 고온한계를 유효고온한계온도로 하여 그 범위 내의 온도를 의미한다.

　㉡ 유효적산온도 : 유효온도를 발아 후 일정 생육단계까지 적산한 것

　㉢ 계산 : GDD(℃)=∑{(일최고기온 + 일최저기온) ÷ 2 − 기본온도}

[**핵심예제** ///////////////////////////

1-1. 다음 작물 중 주요온도에서 최저온도가 가장 낮은 것은?

① 귀 리　　　　　　② 옥수수
③ 호 밀　　　　　　④ 담 배

　　　　　　　　　　　　　　　　정답 ③

1-2. 생육기간의 적산온도가 가장 높은 작물은?

① 메 밀　　　　　　② 봄보리
③ 담 배　　　　　　④ 벼

　　　　　　　　　　　　　　　　정답 ④

1-3. 적산온도가 1,000~1,200℃에 해당하는 것은?

① 메 밀　　　　　　② 벼
③ 담 배　　　　　　④ 아 마

　　　　　　　　　　　　　　　　정답 ①

해설

1-1

③ 호밀 : 1~2℃
① 귀리 : 4~5℃
② 옥수수 : 8~10℃
④ 담배 : 13~14℃

1-2

④ 벼 : 3,500~4,500℃
① 메밀 : 1,000~1,200℃
② 봄보리 : 1,600~1,900℃
③ 담배 : 3,200~3,600℃

---

① 변온과 작물의 생리

　㉠ 적온에 비해 야간의 온도가 높거나 낮으면 뿌리의 호기적 물질대사의 억제로 무기성분의 흡수가 감퇴된다.

　㉡ 비교적 낮의 온도가 높고 밤의 온도가 낮으면 동화물질의 축적이 많다.

　㉢ 밤의 기온이 어느 정도 낮아 변온이 클 때는 생장이 느리다.

　㉣ 탄수화물의 전류 축적이 가장 많은 온도는 25℃ 이하이다(야간온도).

　※ 혹서기에 토양온도는 기온보다 10℃ 이상 높아질 수 있다.

② 변온과 작물의 생장

　㉠ 벼

　　• 밤의 저온은 분얼 최성기까지는 신장을 억제하나 분얼은 증대시킨다.

　　• 분얼기의 초장은 25~35℃ 변온에서 최대, 유효 분얼수는 15~35℃ 변온에서 증대된다.

　　• 벼를 산간지에서 재배할 경우 변온에 의해 평야지보다 등숙이 더 좋다.

　　• 벼는 변온이 커서 동화물질의 축적이 유리하여 등숙이 양호하다.

　㉡ 고구마 : 29℃의 항온보다 20~29℃ 변온에서 덩이뿌리의 발달이 촉진된다.

　㉢ 감자 : 야간온도가 10~14℃로 저하되는 변온에서 괴경의 발달이 촉진된다.

┌─────────────────────────────
작물종자의 발아
• 담배, 박하, 셀러리, 오처드그라스 등의 종자는 변온 상태에서 발아가 촉진된다.
• 전분종자가 단백질종자보다 발아에 필요한 최소수분 함량이 적다.
• 호광성 종자는 가시광선 중 600~680nm에서 가장 발아를 촉진시킨다.
• 벼, 당근의 종자는 수중에서도 발아가 감퇴하지 않는다.
• 모든 작물 종자가 변온조건에서 발아가 촉진되는 것은 아니다.
└─────────────────────────────

③ 변온과 개화

　㉠ 일반적으로 일교차가 커서 밤의 기온이 비교적 낮으면 동화물질의 축적과 개화를 촉진하며, 화기도 커진다.

　㉡ 맥류는 밤의 기온이 높아서 변온이 작은 것이 출수 및 개화가 촉진된다.

ⓒ 콩은 야간의 고온은 개화를 단축시키나 낙뢰낙화(落雷落花)를 조장한다.

ⓔ 담배는 주야 변온에서 개화를 촉진한다.

④ 변온과 결실

　ⓐ 대체로 변온은 작물의 결실에 효과적이다.

　ⓑ 주야 온도교차가 큰 분지의 벼가 주야 온도교차가 작은 해안지보다 등숙이 빠르며 야간의 저온이 청미를 적게 한다.

　ⓒ 동화물질의 축적은 어느 정도 변온이 큰 조건에서 많이 이루어진다.

　ⓓ 곡류의 결실은 20~30℃에서 변온이 큰 것이 동화물질의 축적이 많아진다.

　ⓔ 콩은 밤 기온이 20℃일 때 결협률이 최대가 된다.

⑤ 변온이 작물생육에 미치는 영향 : 발아 촉진, 동화물질의 축적, 덩이뿌리의 발달 촉진, 출수 및 개화 촉진 등

2-1. 작물과 온도의 관계를 바르게 설명한 것은?

① 고등식물의 열사온도는 대략 80~90℃이다.

② 밤이나 그늘의 작물체온은 기온보다 높아지기 쉽다.

③ 고구마는 변온보다 항온조건에서 덩이뿌리의 발달이 촉진된다.

④ 혹서기에 토양온도는 기온보다 10℃ 이상 높아질 수 있다.

정답 ④

2-2. 하루 중의 기온 변화, 즉 기온의 일변화(변온)와 식물의 동화물질 축적의 관계를 바르게 설명한 것은?

① 낮의 기온이 높으면 광합성과 합성물질의 전류가 늦어진다.

② 기온의 일변화가 어느 정도 커지면 동화물질의 축적이 많아진다.

③ 낮과 밤의 기온이 함께 상승할 때 동화물질의 축적이 최대가 된다.

④ 낮과 밤의 기온차가 작을수록 합성물질의 전류는 촉진되고 호흡 소모는 적어진다.

정답 ②

2-3. 다음 중 변온에 대한 설명으로 옳은 것은?

① 가을에 결실하는 작물은 대체로 변온에 의해서 결실이 억제된다.

② 동화물질의 축적은 어느 정도 변온이 큰 조건에서 많이 이루어진다.

③ 모든 종자는 변온조건에서 발아가 촉진된다.

④ 일반적으로 작물의 생장에는 변온이 큰 것이 유리하다.

정답 ②

열해(고온장해, Heat Injury)

① 열해의 기구

　ⓐ 유기물 과잉 소모 : 광합성보다 호흡작용이 우세하여 유기물 소모는 많아지고 당분은 감소한다.

　ⓑ 질소대사의 이상 : 고온은 단백질의 합성을 저해하여 암모니아의 축적이 많아진다.

　ⓒ 철분의 침전 : 고온에 의해 철분이 침전되면 황백화현상이 일어난다.

　ⓓ 증산 과다 : 수분 흡수보다 증산이 과다하여 위조를 유발한다.

② 열해의 원인

　ⓐ 원형단백질의 응고 : 지나친 고온은 원형단백질의 열응고가 유발되어 원형질이 사멸하고 열사한다.

　ⓑ 원형질막의 액화 : 고온에 의해 원형질막이 액화되면 기능 상실로 세포의 생리작용이 붕괴되어 사멸한다.

　ⓒ 전분의 점괴화(粘塊化) : 고온으로 전분이 열응고하여 점괴화되면 엽록체의 응고 및 탈색으로 그 기능을 상실한다.

　ⓓ 기타 팽압에 의한 원형질의 기계적 피해, 유독물질의 생성 등으로 발생한다.

③ 작물의 내열성(耐熱性, Heat Tolerance, Heat Hardiness)

　ⓐ 내건성이 큰 작물이 내열성도 크다.

　ⓑ 작물의 연령이 많아지면 내열성은 커진다.

　ⓒ 세포의 점성, 염류농도, 단백질 함량, 당분 함량, 유지 함량 등이 증가하면 내열성은 커진다.

　ⓓ 세포 내 결합수가 많고 유리수가 적으면 내열성이 커진다(하우스재배에서 흔히 나타나는 고온장해).

　ⓔ 기관별로는 주피와 완성엽(늙은 잎) > 눈과 어린잎 > 미성엽과 중심주가 가장 약하다.

　ⓕ 고온, 건조, 다조(多照)환경에서 오래 생육한 작물은 경화되어 내열성이 크다.

④ 열해대책

　ⓐ 내열성이 강한 작물을 선택한다.

　ⓑ 재배시기를 조절하여 혹서기의 위험을 피한다.

　ⓒ 고온기에는 관개를 통해 지온을 낮춘다.

　ⓓ 피음 및 피복을 실시하여 온도 상승을 억제한다.

　ⓔ 시설재배에서는 환기의 조절로 지나친 고온을 회피한다.

　ⓕ 재배 시 과도한 밀식과 질소 과용 등을 피한다.

[핵심예제]

3-1. 고온에 의한 작물생육의 저해 원인이 아닌 것은?

① 유기물의 과잉 소모　　② 암모니아의 소모
③ 철분의 침전　　　　　　④ 증산 과다

정답 ②

3-2. 하우스재배에서 흔히 나타나는 고온장해에 대하여 올바르게 설명한 것은?

① 일반적으로 내습성이 큰 것은 내열성도 크다.
② 세포 내에서 유리수가 적으면 내열성이 증대된다.
③ 세포 내의 점성이 감소되면 내열성이 증대된다.
④ 작물체의 연령이 높아지면서 내열성이 감소된다.

정답 ②

3-3. 작물의 내열성을 올바르게 설명한 것은?

① 세포 내의 유리수가 많으면 내열성이 증대된다.
② 어린잎보다 늙은 잎이 내열성이 크다.
③ 세포의 유지 함량이 증가하면 내열성이 감소한다.
④ 세포의 단백질 함량이 증가하면 내열성이 감소한다.

정답 ②

해설

3-3

작물의 내열성

• 내건성이 큰 작물이 내열성도 크다.
• 작물의 연령이 많아지면 내열성은 커진다.
• 세포의 점성, 염류농도, 단백질 함량, 당분 함량, 유지 함량 등이 증가하면 내열성은 커진다.
• 세포 내 결합수가 많고 유리수가 적으면 내열성이 커진다(하우스재배에서 흔히 나타나는 고온장해).
• 기관별로는 주피와 완성엽(늙은 잎) > 눈과 어린잎 > 미성엽과 중심주가 가장 약하다.
• 고온, 건조, 다조(多照)환경에서 오래 생육한 작물은 경화되어 내열성이 크다.

핵심이론 04　목초의 하고현상(夏枯現象)

① 하고현상의 개념

　㉠ 북방형 목초에서 식물이 한 여름철을 지낼 때 생장이 현저히 쇠퇴, 정지하고 심한 경우 고사하는 현상이다.

　㉡ 하고현상은 여름철에 기온이 높고 건조가 심할수록 급증한다.

　㉢ 하고현상의 원인은 고온, 건조, 장일, 병충해, 잡초의 무성 등이다.

② 하고현상의 원인

　㉠ 고온 : 한지형 목초의 영양생장은 18~24℃에서 감퇴되며 그 이상의 고온에서는 하고현상이 심해진다.

　※ 북방형 목초의 생육적온 : 약 12~18℃

　㉡ 건조 : 한지형 목초는 대체로 요수량이 커서 난지형 목초보다 하고현상이 더 크게 나타난다.

　　• 한지형 목초는 이른 봄에 생육이 지나치게 왕성하면 하고현상이 심해진다.

　　• 한지형 목초의 종류 : 알팔파, 블루그래스, 스위트클로버, 티머시, 레드클로버 등

　※ 하고현상이 심하지 않은 목초 : 오처드그라스, 라이그래스, 화이트클로버, 수단그라스 등

　㉢ 장일 : 월동 목초는 대부분 장일식물로 초여름의 장일조건에서 생식생장으로 전환되고 하고현상이 발생한다.

　㉣ 병충해 : 한지형 목초는 여름철 고온다습하면 병충해가 생겨 하고현상을 일으킨다.

　㉤ 잡초 : 여름철 고온에서 목초는 쇠약해지고 잡초는 무성하여 하고현상을 조장한다.

③ 대책 : 스프링플러시 억제, 관개, 초종의 선택, 혼파, 채초와 방목으로 조절

　㉠ 봄철 일찍부터 약하게 채초를 하거나 방목하여 스프링플러시를 완화시킨다.

　　※ 스프링플러시(Spring Flush) : 한지형 목초의 생육은 봄철에 왕성하여 목초 생산량이 이때 집중되는데, 이를 스프링플러시라고 한다. 스프링플러시의 경향이 심할수록 하고현상도 심해진다.

　㉡ 고온건조기에 관개를 하여 지온을 낮추고 수분을 공급한다.

　㉢ 환경에 따라 하고현상이 경미한 초종을 선택하여 재배한다.

　㉣ 하고현상에 강한 초종이나 하고현상이 없는 남방형 목초를 혼파한다.

　㉤ 약한 정도의 채초와 방목은 하고현상을 감소시킨다.

2-5. 광

[핵심예제]

4-1. 식물이 한 여름철을 지낼 때 생장이 현저히 쇠퇴·정지하고 심한 경우 고사하는 현상은?

① 하고현상(夏枯現象)
② 좌지현상(挫止現象)
③ 저온장해(低溫障害)
④ 추고현상(秋枯現象)

정답 ①

4-2. 목초의 하고현상에 대한 설명으로 옳은 것은?

① 일년생 남방형 목초가 여름철에 많이 발생한다.
② 다년생 북방형 목초가 여름철에 많이 발생한다.
③ 여름철의 고온, 다습한 조건에서 많이 발생한다.
④ 월동 목초가 단일조건에서 많이 발생한다.

정답 ②

4-3. 북방형 목초의 생육적온은 약 몇 도인가?

① 약 6~11℃
② 약 12~18℃
③ 약 19~24℃
④ 약 25~30℃

정답 ②

핵심이론 01 광과 작물의 생리작용(1)

① 광과 작물생리
  ㉠ 녹색식물은 엽록소를 형성하고 광합성 통해 유기물을 생성한다.
  ㉡ 광합성 효율 : 광합성은 청색광과 적색광이 효과적이며, 녹색·황색·주황색 파장의 광은 대부분 투과되거나 반사되어 효과가 작다.
    • 청색광 : 450nm를 중심으로 440~480nm의 청색광이 가장 효과적이다.
    • 적색광 : 675nm를 중심으로 650~700nm의 적색광이 가장 효과적이다.
  ㉢ 굴광현상(청색광), 착색, 줄기의 신장 및 개화에 영향을 준다.
  ㉣ 도장을 억제하고 C/N율을 조정하는 등 작물의 신장과 개화에 관여한다.

② C₃식물, C₄식물, CAM식물의 광합성 특징
  고등식물에 있어 광합성 제2과정 중 이산화탄소(CO_2)가 환원되는 물질에 따라 C₃식물, C₄식물, CAM식물로 구분한다.
  ㉠ C₃식물
    • 이산화탄소를 공기에서 직접 얻어 캘빈회로에 이용하는 식물로, 최초로 합성되는 유기물은 3탄소화합물인 PGA이다.
    ※ 암반응 과정은 캘빈회로라는 일련의 순환회로를 통해 진행되며, 여러 효소가 관계하므로 온도의 영향을 받는다.
    • 날씨가 덥고 건조하면 C₃식물은 광호흡이 증대된다.
    • C₃식물 : 벼, 보리, 밀, 콩, 귀리, 담배 등
  ㉡ C₄식물
    • 수분 보존과 광호흡을 억제하는 적용기구가 있어 광호흡을 하지 않거나 극히 적게 한다.
    • 날씨가 덥고 건조하면 기공을 닫아 수분을 보존하고 탄소를 4탄소화합물(옥살아세트산 또는 말산, 아스파르트산)로 고정시킨다.
    • 엽육세포와 유관속초세포가 발달되어 있어 광합성을 효율적으로 수행한다.
    • 광합성 적정온도 : 30~47℃
    • 광보상점과 광호흡률은 낮고, 광포화점과 광합성효율은 높다.
    • C₄식물 : 옥수수, 사탕수수, 수수, 기장, 명아주 등

© CAM식물
- 밤에만 기공을 열어 이산화탄소를 받아들이는 방법으로 수분을 보존하며 이산화탄소를 4탄소화합물로 고정한다.
- CAM식물 : 선인장, 파인애플, 용설란 등

② C₃식물과 C₄식물의 해부학적 차이
- C₃식물의 유관속초세포 : 엽록체가 적고 그 구조도 엽육세포와 유사하다.
- C₄식물의 유관속초세포 : 다수의 엽록체가 함유되어 있고 엽육세포가 유관속초세포 주위에 방사상으로 배열된다.

C₃식물, C₄식물, CAM식물의 광합성 및 특징 비교
- CO_2 보상점은 C₃작물이 C₄작물보다 높다.
- 광포화점은 C₃작물이 C₄작물보다 낮다.
- CO_2 첨가에 의한 건물 생산 촉진효과는 대체로 C₃작물이 C₄작물보다 크다.
- 광합성 적정온도는 대체로 C₃작물이 C₄작물보다 낮다.
- C₄작물은 광호흡이 없고 이산화탄소 시비효과가 작다.
- 사탕수수가 밀보다 광호흡이 낮다.
- 광호흡량은 벼가 옥수수보다 더 높다.
- C₄작물은 C₃작물보다 증산율은 낮고 수분이용효율이 높다.
- 고온다습한 지역의 C₄식물은 유관속초세포와 엽육세포에서 탄소 환원이 일어난다.
- CAM작물은 밤에 기공을 열며 4탄소화합물을 고정한다.

[핵심예제]

1-1. 엽록소 형성에 가장 효과적인 광파장은?

① 황색광 영역
② 자외선과 자색광 영역
③ 녹색광 영역
④ 청색광과 적색광 영역

정답 ④

1-2. C₃작물에 해당하는 것은?

① 밀
② 옥수수
③ 기 장
④ 명아주

정답 ①

1-3. CAM식물에 해당하는 것은?

① 보 리
② 담 배
③ 파인애플
④ 명아주

정답 ③

1-4. CO_2 보상점이 가장 낮은 식물은?

① 벼
② 옥수수
③ 보 리
④ 담 배

정답 ②

핵심이론 02 광과 작물의 생리작용(2)

① 호흡
- ㉠ 광은 광합성에 의해 호흡기질을 생성하여 호흡을 증대시킨다.
- ㉡ C₃식물(벼, 담배 등)은 광에 의해 직접적으로 호흡이 촉진되는 광호흡이 명확하나 C₄식물은 미미하다.
- ※ 광합성-호흡 화학식
  $6CO_2 + 12H_2O + E \leftrightarrows C_6H_{12}O_6 + 6O_2 + 2H_2O$

② 증산작용
- ㉠ 햇빛을 받으면 온도 상승으로 증산이 촉진된다.
- ㉡ 광합성에 의해 동화물질이 축적되면, 공변세포의 삼투압이 높아져 흡수가 증가하여 기공이 열리고 증산이 촉진된다.
- ※ 엽록소 형성 – 적색광, 굴광현상 – 청색광, 일장효과 – 적색광, 야간조파 – 적색광

③ 굴광성
- ㉠ 광이 조사된 쪽은 옥신의 농도가 낮아지고 반대쪽은 옥신의 농도가 높아지면서, 옥신의 농도가 높은 쪽의 생장 속도가 빨라져 구부러지는 현상이다.
- ㉡ 줄기나 초엽 등 지상부에서는 광의 방향으로 구부러지는 향광성을, 뿌리는 반대로 배광성을 나타낸다.
- ㉢ 굴광현상은 400~500nm, 특히 440~480nm의 청색광이 가장 유효하다.

청색광 반응의 광생리학
- 청색광은 비대칭적인 생장과 굴곡을 촉진한다.
- 청색광은 줄기 신장을 신속하게 저해한다.
- 청색광은 유전자 발현을 조절한다.
- 청색광은 기공 열림을 촉진한다.
- 청색광은 공변세포 원형질막의 양성자 펌프를 활성화시킨다.
- 청색광은 공변세포의 삼투관계를 조절한다.

---

④ 착색(전자기 스펙트럼)
- ㉠ 광량이 부족하면 엽록소 형성이 저해되고, 담황색 색소인 에티올린(Etiolin)이 형성되어 황백화현상을 일으킨다.
- ㉡ 엽록소 형성에는 440~480nm의 청색광과 650~700nm의 적색광이 효과적이다.
- ㉢ 사과, 포도, 딸기, 순무 등의 착색은 안토사이아닌 색소의 생성에 의하고, 비교적 저온에서 생성이 잘되어 자외선이나 자색광파장에서 생성이 촉진되며, 광조사가 좋을 때 착색이 좋아진다.

파이토크로뮴(Phytochrome)
- 식물의 상적발육에 관여하는 식물체의 색소이다.
- 660nm의 Pr(적색광흡수형)과 730nm의 Pfr(근적외흡수형)이 있으며, 저마다 빛을 흡수할 때 상호변환(Pr↔Pfr)을 일으킨다.
- 적색광은 Pr을 Pfr로 전이시켜 장일식물의 화성을 촉진한다.
- Pr은 호광성종자의 발아를 억제한다.
- 파이토크로뮴은 적색광과 근적외광을 가역적으로 흡수할 수 있다.

⑤ 신장과 개화
　㉠ 신 장
　　• 줄기의 신장 억제는 자외선이 효과적이다.
　　• 광부족하거나 자외선의 투과가 적은 그늘 등의 환경은 도장(웃자라기)되기 쉽다.
　㉡ 개 화
　　• 광의 조사가 좋으면 광합성이 증가하여 탄수화물 축적이 많아지고, C/N율이 높아져 화성이 촉진된다.
　　• 일장의 적색광이 개화에 큰 영향을 끼치고, 야간조파도 가장 효과적이다.
　　• 대부분 광이 있을 때 개화하지만, 수수는 광이 없을 때 개화한다.
　　※ 광과 관련된 생리작용 : 광합성, 호흡, 증산작용, 굴광성, 착색, 신장과 개화 등

[핵심예제]

2-1. 다음 화학식은 식물에서 어떤 생리작용을 나타낸 것인가?

$$C_6H_{12}O_6 + 6O_2 + 6H_2O \rightarrow 6CO_2 + 12H_2O + 에너지$$

① 증산작용　　　　　② 동화작용
③ 호흡작용　　　　　④ 동화 및 호흡작용

정답 ③

2-2. 광이 작물생육에 미치는 영향에 대한 설명으로 옳지 않은 것은?

① 광합성은 청색광과 적생광이 효과적이다.
② 굴광성은 청색광이 가장 효과적이다.
③ 과실의 착색은 적색광이 효과적이다.
④ 줄기의 신장 억제는 자외선이 효과적이다.

정답 ③

2-3. 야간조파에 가장 효과가 큰 광의 파장은?

① 400nm 부근의 자색광　② 480nm 부근의 청색광
③ 520nm 부근의 녹색광　④ 650nm 부근의 적색광

정답 ④

핵심이론 03　광보상점과 내음성

① 광보상점
　㉠ 진정광합성(眞正光合成, True Photosynthesis) : 작물은 대기의 이산화탄소를 흡수하여 유기물을 합성하고, 호흡을 통해 유기물을 소모하며 이산화탄소를 방출하는데, 호흡을 무시한 절대적 광합성을 진정광합성이라 한다.
　㉡ 외견상광합성(外見上光合成, Apparent Photosynthesis) : 호흡으로 소모된 유기물(이산화탄소 방출)을 제외한 외견상으로 나타난 광합성을 말한다.
　　※ 식물의 건물 생산은 진정광합성량과 호흡량의 차이, 즉 외견상광합성량에 의해 결정된다.
　㉢ 광보상점(光補償點, Compensation Point)
　　• 광합성은 어느 한계까지 광이 강할수록 속도가 증대되는데, 암흑 상태에서 광도를 점차 높여 이산화탄소의 방출속도와 흡수속도가 같아지는 때의 광도를 광보상점이라 한다.
　　• 외견상광합성 속도가 0이 되는 조사광량이다.
　　• 광보상점 이하의 경우에 생육적온까지 온도가 높아지면 진정광합성은 증가한다.

② 광보상점과 내음성(耐陰性, Shade Tolerance)
　작물의 생육은 광보상점 이상의 광을 받아야 지속적 생육이 가능하다. 그러나 보상점이 낮은 작물은 상대적으로 낮은 광도에서도 생육할 수 있는 힘, 즉 내음성이 강하다.
　㉠ 음생식물 : 보상점이 낮아 음지에서 잘 자라는 식물이다. 즉, 보상점이 낮은 식물은 그늘에 견딜 수 있어 내음성이 강하다.
　　예 내음성이 강한 식물 : 사탕단풍나무, 너도밤나무 등
　㉡ 양생식물 : 보상점이 높아 태양광 아래서만 양호한 생육을 할 수 있는 식물이다.
　　예 내음성이 약한 식물 : 소나무, 측백 등

[핵심예제]

광합성에 대한 설명으로 틀린 것은?

① 고립 상태 작물의 광포화점은 전광의 30~60% 범위이다.
② 남북이랑은 동서이랑에 비하여 수광량이 많다.
③ 진정광합성속도가 0이 되는 광도를 광보상점이라 한다.
④ 밀식 시 줄 사이를 넓히고 포기 사이를 좁히면 군락 하부로의 투광률이 좋아진다.

정답 ③

핵심이론 04 **광포화점(光飽和點, Light Saturation Point)**

① 광포화점

광의 조도(빛의 세기)가 보상점을 지나 증가하면서 광합성 속도도 증가한다. 그러나 어느 한계에 이르면 광도를 더 증가하여도 광합성량이 더 이상 증가하지 않는 빛의 세기를 말한다.

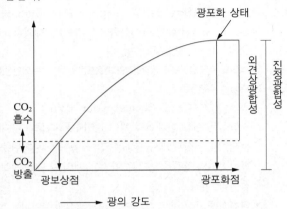

② 고립 상태 작물의 광포화점

　㉠ 양생식물이라도 전체 조사광량보다 낮으며, 대체로 일반작물의 광포화점은 조사광량의 30~60% 범위 내에 있다. 고립 상태 작물의 광포화점은 전광의 30~60% 범위이다.

　㉡ 광포화점은 온도와 이산화탄소농도에 따라 변화한다.

　㉢ 고립 상태에서 온도와 이산화탄소가 제한조건이 아닐 때 C_4식물은 최대조사광량에서도 광포화점이 나타나지 않으며, 이때 광합성률은 C_3식물의 2배에 달한다.

　㉣ 생육적온까지 온도가 높아질수록 광합성 속도는 높아지지만 광포화점은 낮아진다.

　㉤ 이산화탄소 포화점까지 공기 중의 이산화탄소농도가 높아질수록 광합성 속도와 광포화점이 높아진다.

　㉥ 군집 상태(자연포장)의 작물은 고립 상태의 조건에서보다 광포화점이 훨씬 높다.

　㉦ 음지식물은 양지식물보다 광포화점이 낮다.

◎ 각 식물의 여름날 정오의 광량에 대한 비율을 표시하면 다음의 표와 같다.

[고립 상태일 때 작물의 광포화점]

(단위 : %, 조사광량에 대한 비율)

작 물	광포화점
음생식물	10 정도
콩	20~23
구약나물	25 정도
감자, 담배, 강낭콩, 해바라기, 보리, 귀리	30 정도
벼, 목화	40~50
밀, 알팔파	50 정도
고구마, 사탕무, 무, 사과나무	40~60
옥수수	80~100

[핵심예제]

4-1. 온도와 광포화점과의 설명으로 옳은 것은?

① 광포화점은 온도와 이산화탄소농도에 따라 변하지 않는다.

② 생육적온까지 온도가 높아질수록 광합성 속도는 높아지지만 광포화점은 낮아진다.

③ 냉량한 지대보다는 온난한 지대에서 더욱 강한 일사가 요망된다.

④ 대체로 일반식물의 광포화점은 전광의 80~100%이다.

정답 ②

4-2. 고립 상태 시 광포화점을 조사광량에 대한 비율로 표시할 때 50% 정도에 해당하는 것은?

① 감 자　　　　　　② 담 배

③ 밀　　　　　　　④ 강낭콩

정답 ③

해설

4-1

① 광포화점은 온도와 이산화탄소농도에 따라 변한다.

④ 대체로 일반작물의 광포화점은 조사광량의 30~60% 범위 내에 있다.

핵심이론 05 포장광합성

① 포장동화능력(圃場同化能力) : 포장 상태에서의 단위면적 당 동화(광합성)능력으로, 수량을 직접 지배한다.

② 포장동화능력(광합성의 능력)은 총엽면적, 수광능률, 평균동화능력의 곱으로 표시한다.

$$P = AfP_0$$

여기서, P : 포장동화능력, A : 총엽면적,
f : 수광능률, P_0 : 평균동화능력

증수재배의 요점
- 작물의 생육 초기에는 엽면적을 증가시켜 포장동화능력을 증대하고, 생육 후기에는 최적엽면적과 단위동화능력을 증가시켜 포장동화능력을 증대시킨다.
- 벼의 경우 출수 전에는 주로 엽면적의 지배를 받고, 출수 후에는 단위동화능력의 지배를 받는다.
- 엽면적이 과다하여 그늘에 든 잎이 많이 생기면 동화능력보다 호흡량이 많아져 포장동화능력이 저하된다.

③ 수광능률(受光能率)
  ㉠ 군락의 잎이 광을 받아서 얼마나 효율적으로 광합성에 이용하는가의 표시이다.
  ㉡ 수광능력은 군락의 수광태세와 총엽면적에 영향을 받는다.
  - 총엽면적을 알맞은 한도로 조절하여 군락 내부로 광투사를 좋게 하는 방향으로 수광태세를 개선해야 한다.
  - 과수에 전정을 하거나 왜성대목을 사용하여 나무의 크기를 작게 하면 일사에너지 흡수에 더 유리하다.
  - 규산과 칼륨을 충분히 시용한 벼는 수광태세가 양호하여 증수된다.
  - 남북이랑은 동서이랑에 비하여 수광량이 많아 작물생육에 유리하다.
  - 밀식 시 줄 사이를 넓히고 포기 사이를 좁히면 군락 하부로의 투광률이 좋아진다.
  - 콩은 키가 크고 잎은 좁고(가늘고) 길며, 가지는 짧고 적은 것이 수광태세가 좋고 밀식에 적응한다.

④ 평균동화능력(平均同化能力)
  ㉠ 잎의 단위면적당 동화능력이다.
  ㉡ 단위동화능력을 총엽면적에 대해 평균한 것으로, 단위동화능력과 같은 의미로 사용된다.
  ㉢ 시비, 물관리 등을 잘하여 무기영양 상태를 좋게 하면 평균동화능력을 높일 수 있다.

5-1. 다음 중 포장동화능력의 식은?
① 총엽면적 × 수광능률 ÷ 평균동화능력
② 총엽면적 × 수광능률 × 평균동화능력
③ 최적엽면적 × 수광능률 ÷ 평균동화능력
④ 수광능률 × 평균동화능력 ÷ 최적엽면적

정답 ②

5-2. 수광능률을 높일 수 있는 가장 효과적인 방법은?
① 시비 및 물관리를 잘하여 무기영양 상태를 개선해야 한다.
② 단위동화능력이 최대가 되도록 환경조건을 개선해야 한다.
③ 총엽면적을 최대로 늘릴 수 있도록 재배방법을 개선해야 한다.
④ 총엽면적을 알맞은 한도로 조절하여 군락 내부로 광투사를 좋게 하는 방향으로 수광태세를 개선해야 한다.

정답 ④

핵심이론 06 | 최적엽면적(最適葉面積, Optimum Leaf Area)

① 건물 생산량과 광합성의 관계
  ㉠ 건물의 생산은 진정광합성과 호흡량의 차이인 외견상 광합성량에 의해 결정된다.
  ㉡ 군락이 발달하면 군락 내 엽면적이 증가하여 진정광합성량이 증가하나 엽면적이 일정 이상 커지면 엽면적 증가와 비례하여 진정광합성량은 증가하지 않는다.
  ㉢ 호흡량은 엽면적 증가와 비례해서 증대하므로 건물 생산량이 어느 한계까지는 군락 내 엽면적 증가에 따라 같이 증가하나, 그 이상 엽면적이 증가하면 오히려 건물 생산량은 감소한다.
② 최적엽면적 : 군락 상태에서 건물 생산을 최대로 할 수 있는 엽면적이다.
③ 엽면적지수(葉面積指數, LAI ; Leaf Area Index) : 군락의 엽면적을 토지면적에 대한 배수치(倍數値)로 표시하는 것이다.

> **예제** 엽면적 20,000m^2, 토지면적 5,000m^{2}일 경우 엽면적지수는?
> **풀이** 20,000 ÷ 5,000 = 4

※ 개체군 생장속도 = 엽면적지수 × 순동화율

④ 최적엽면적지수(最適葉面積指數)
  ㉠ 최적엽면적일 때의 엽면적지수를 최적엽면적지수라 한다.
  ㉡ 군락의 최적엽면적지수는 작물의 종류와 품종, 생육시기와 일사량, 수광 상태 등에 따라 달라진다.
  ㉢ 일사량이 높을수록 최적엽면적지수는 커진다.
  ㉣ 최적엽면적지수를 크게 하면 수량을 증대시킬 수 있다.

소모도장효과(Wasting Overgrowth Effect)
• 일조의 건물생산효과에 대한 온도의 호흡촉진효과 비를 말한다.
• 소모도장효과가 크면 광합성에 의한 유기물 생산에 비해 호흡에 의한 소모가 커지므로 작물이 도장하게 된다.
• 소모도장효과가 크면 작물의 생장이 건실하지 못하며, 반대로 소모도장효과가 작으면 생장이 건실하다.
• 우리나라 벼농사에서 소모도장효과가 가장 큰 시기는 7~8월이다.

핵심예제

6-1. 최적엽면적(Optimum Leaf Area)에 대한 설명으로 틀린 것은?
① 군락 상태에서 건물 생산을 최대로 할 수 있는 엽면적이다.
② 군락의 최적엽면적은 생육시기, 일사량, 수광태세 등에 따라 다르다.
③ 일사량이 낮을수록 최적엽면적지수는 커진다.
④ 최적엽면적지수를 크게 하면 군락의 건물 생산능력이 커져 수량을 증대시킬 수 있다.

정답 ③

6-2. 개체군 생장속도를 구하는 공식으로 옳은 것은?
① 엽면적 × 순동화율
② 엽면적률 × 상대생장률
③ 엽면적지수 × 순동화율
④ 비엽면적 × 상대성장률

정답 ③

핵심이론 07 생육단계와 일사

① 벼의 생육단계별 일조부족의 영향
  ㉠ 유수분화 초기 차광 : 최고 분얼기(출수 전 30일)를 전후한 1개월 사이 일조가 부족하면 유효경수 및 유효경 비율이 저하되어 이삭수의 감소를 초래한다.
  ㉡ 감수분열기 차광 : 일사가 부족하면 이삭당 영화수가 가장 크게 감소하고 영의 크기도 작아진다(1수 영화수와 정조 천립중을 감소시킨다).
  ㉢ 유숙기 차광 : 등숙률과 정조 천립중을 크게 감소시킨다.
  ※ 일사 부족이 수량에 끼치는 영향은 유숙기가 가장 크고, 다음이 감수분열기이다.
  ㉣ 분얼성기 : 일사 부족은 수량에 크게 영향을 주지 않는다.

② 수광과 기타 재배적 문제(작휴와 파종)
  ㉠ 경사지는 등고선 경작이 유리하나 평지는 수광량을 고려해 이랑의 방향을 정해야 한다.
  ㉡ 남북 방향이 동서 방향보다 수량의 증가를 보인다.
  ㉢ 겨울작물이 어릴 때는 동서이랑이 수광량이 많고, 북서풍도 막을 수 있다.
  ㉣ 강한 일사를 요구하지 않는 감자는 동서이랑도 무난하며, 촉성재배 시 동서이랑의 골에 파종하되 골 북쪽으로 붙여서 파종한다.

작물의 광입지
• 광이 부족한 곳에서도 적응할 수 있는 작물인 당근, 순무, 감자, 비트는 광포화점이 낮고 한발에도 약하므로 흐린 날이 있어야만 생육과 수량이 증대한다.
• 광 부족에 적응하지 못하는 작물인 벼, 조, 목화, 기장 등은 광포화점이 높고 한발에도 강하므로 맑은 날씨가 계속되어야 생육과 수량이 증대한다.

③ 수량 계산
  ㉠ 감자(뿌리작물)의 수량 계산
    = 단위면적당 식물체수 × 식물체당 덩이줄기수 × 덩이줄기의 무게
  ㉡ 3.3m²당 모의 포기수 계산
    = 3.3(3.3m²당) ÷ (줄 사이 × 포기 사이)

핵심예제

7-1. 광 부족에 적응하지 못하는 작물로만 나열된 것은?
① 벼, 조   ② 당근, 비트
③ 목화, 목초   ④ 감자, 강낭콩
정답 ①

7-2. 논에서 줄 사이 30cm, 포기 사이 15cm의 재식거리로 모를 심는 경우 3.3m²당 몇 주가 소요되는가?(단, 소수점 이하는 절사한다)
① 70주   ② 73주
③ 76주   ④ 79주
정답 ②

7-3. 다음과 같은 조건인 경우 본답 1,000m²의 모내기에 소요되는 모수는 약 몇 본인가?(단, 재식거리 줄 사이 30cm, 포기 사이 20cm, 1포기당 5본)
① 86,666본   ② 83,333본
③ 17,333본   ④ 16,666본
정답 ②

해설
7-2
$3.3 ÷ (0.3 × 0.15) ≒ 73$주
7-3
$1,000 ÷ (0.3 × 0.2) × 5 ≒ 83,333$본

핵심이론 08 군락의 수광태세

① 의 의
- ㉠ 군락의 최대엽면적지수는 군락의 수광태세가 좋을 때 커진다.
- ㉡ 동일한 엽면적일 경우 수광태세가 좋을 때 군락의 수광능률은 높아진다.
- ㉢ 수광태세를 개선하면 광에너지의 이용효율을 높일 수 있다. 이를 위해서는 우수한 초형의 품종 육성, 군락의 잎 구성을 좋게 하는 재배법의 개선이 필요하다.

② 벼의 초형
- ㉠ 잎이 얇지 않고 약간 좁으며, 상위엽이 직립한 것이 좋다.
- ㉡ 키가 너무 크거나 작지 않아야 한다.
- ㉢ 분얼은 개산형(開散型, Gathered Type)이 좋다.
- ㉣ 각 잎의 공간적 분포가 균일해야 한다.

③ 옥수수의 초형
- ㉠ 상위엽은 직립하고 아래로 갈수록 약간씩 기울어 하위엽은 수평이 되는 것이 좋다.
- ㉡ 숫이삭이 작고, 잎혀(葉舌)가 없는 것이 좋다.
- ㉢ 암이삭은 1개인 것보다 2개인 것이 밀식에 더 적응한다.

④ 콩의 초형
- ㉠ 키가 크고 도복이 안 되며, 가지는 짧고 적게 치는 것이 좋다.
- ㉡ 꼬투리가 원줄기에 많이 달리고 밑까지 착생하는 것이 좋다.
- ㉢ 잎이 작고 가늘며, 잎자루(葉柄)가 짧고 직립하는 것이 좋다.

⑤ 수광태세의 개선을 위한 재배법
- ㉠ 벼의 경우 규산과 칼륨을 충분히 시용하면 잎이 직립하고, 무효 분얼기에 질소를 적게 주면 상위엽이 직립한다.
- ㉡ 벼, 콩의 경우 밀식을 할 때에는 줄 사이를 넓히고 포기 사이를 좁히면 파상군락이 형성되어 군락 하부로 광투사를 좋게 한다.
- ㉢ 맥류는 광파재배보다 드릴파재배를 하면, 잎이 조기에 포장 전면을 덮어 수광태세가 좋아지고, 지면 증발도 적어진다.
- ㉣ 어느 작물이나 재식밀도와 비배관리를 적절하게 해야 한다.

핵심예제

8-1. 벼 군락의 수광태세에 좋은 초형 조건으로 거리가 먼 것은?
① 잎이 지나치게 얇지 않고 약간 좁으며, 상위엽이 직립한다.
② 줄기가 굵고 가능한 한 키가 최대로 크다.
③ 분얼이 조금 개산형(開散型)이다.
④ 각 잎의 공간적 분포가 균일해야 한다.

정답 ②

8-2. 콩의 수광태세를 좋게 하여 광합성 효과를 높이는 데 가장 효과적인 초형?
① 꼬투리가 원줄기에 많고, 밑까지 착생한다.
② 잎이 넓고 무성하다.
③ 가지를 많이 치고, 가지가 길다.
④ 엽병의 각도가 크다.

정답 ①

2-6. 상적발육과 환경

상적발육의 개념

① 생 장
- ㉠ 여러 기관(잎, 줄기, 뿌리와 같은 영양기관)이 양적으로 증대하는 것이다.
- ㉡ 시간의 경과에 따른 변화로 영양생장을 의미한다.

② 발육 : 작물체 내에서 일어나는 질적인 재조정작용으로 생식생장을 의미한다.

③ 상적발육(相的發育, Phasic Development)
- ㉠ 작물이 순차적인 몇 개의 발육상을 거쳐 발육이 완성되는 현상이다.
- ㉡ 영양기관의 발육단계인 영양생장을 거쳐 생식기관의 발육단계인 생식적 발육의 전환으로, 화성(花成)이라고도 한다. 즉, 화성은 영양생장에서 생식생장으로 이행하는 한 과정이다.
- ㉢ 영양생장에서 생식생장으로 전환하는 데는 일장과 온도가 가장 크게 작용한다.
- ㉣ 상적발육 초기는 감온상(특정 온도가 필요한 단계), 후기는 감광상(특정 일장이 필요한 단계)에 해당된다.

④ 상적발육설(相的發育說, Theory of Phasic Development)
- ㉠ 리센코(Lysenko, 1932)에 의해서 제창되었다.
- ㉡ 작물의 생장은 발육과 다르다. 생장은 여러 기관의 양적 증가를 의미하지만, 발육은 체내의 순차적인 질적 재조정작용을 의미한다.
- ㉢ 1년생 종자식물의 발육상은 개개의 단계에 의해서 구성되어 있다.
- ㉣ 개개의 발육단계 또는 발육상은 서로 접속해 발생하며, 잎의 발육상을 경과하지 못하면 다음 발육상으로 이행할 수 없다.
- ㉤ 1개의 식물체에서 개개의 발육상이 경과하려면 서로 다른 특정 환경조건이 필요하다.

[핵심예제]

작물의 생육에 있어서 여러 가지 기관이 양적으로 증대하는 것을 무엇이라 하는가?
① 발 아　② 신 장
③ 생 장　④ 발 육

정답 ③

화성유도 요인

① 화성유도의 주요 요인
- ㉠ 내적 요인
  - 유전적인 요인 : 종류와 품종에 따라 다양한 화아형성 양상을 보인다.
  - 호르몬 : 옥신(Auxin)과 지베렐린(Gibberellin) 등 식물호르몬의 체내 수준 관계
    ※ 화학적 방법으로 화성을 유도하는 경우에 지베렐린은 저온·장일 조건을 대체하는 효과가 크다.
  - C/N율 : 영양 상태, 특히 C/N율로 대표되는 동화 생산물의 양적 균형
- ㉡ 외적 요인 : 광조건(일장효과), 온도조건(춘화처리)
  - 일장에 의하여 화아분화가 유도되는 현상을 광주성 또는 일장효과라고 한다.
  - 엽근채류는 화아분화가 생식생장으로의 전환점이 되며, 화아분화가 되면 영양기관의 발육이 정지되기 때문에 매우 불리하다. 화아분화는 일장과 온도에 영향을 받는다.
  - 과채류는 영양생장과 생식생장이 동시에 이루어지고, 적극적으로 화아분화를 유도해야 하며, 화아분화에 미치는 환경의 영향이 엽근채류에 비하여 크지 않다.
    ※ 화아분화의 내적 요인으로는 유전적인 요인(종류와 품종에 따라 다양한 화아형성 양상을 보임), 화성호르몬, C/N율이 있으며, 외적 요인으로는 일장과 온도환경이 있다.

② C/N율(탄질비) : 식물체 내의 탄수화물(C)과 질소(N)의 비율을 의미한다.
- ㉠ C/N율설 : C/N율이 식물의 생육, 화성 및 결실을 지배한다고 생각하는 견해이다.
- ㉡ C/N율설이 적용되는 사례
  - 고구마순을 나팔꽃 대목에 접목하였을 때 개화·결실되는 경우
  - 과수재배에서 환상박피와 각절에서 개화하였을 때

[핵심예제]

작물이 영양 발육단계로부터 생식 발육단계로 이행하여 화성을 유도하는 주요 요인이 아닌 것은?
① C/N율　② T/R률
③ 일장조건　④ 온도조건

정답 ②

핵심이론 03 토마토와 오이의 화아분화

① **토마토를 재료로 연구한 C/N율설(Kraus & Kraybil, 1918)** : 식물의 생육, 화성과 체내의 탄수화물 및 수분과 질소의 관계를 4가지로 구분하였다.

㉠ 수분과 질소를 포함한 광물질 양분이 풍부해도 탄수화물 생성이 불충분하면 생장이 미약하고 화성 및 결실도 불량하다.

㉡ 탄수화물 생성이 풍부하고 수분과 광물질 양분, 특히 질소가 풍부하면 생육은 왕성하나 화성 및 결실은 불량하다.

㉢ 수분과 질소의 공급이 약간 쇠퇴하고 탄수화물의 생성이 촉진되어 탄수화물이 풍부해지면, 화성 및 결실은 양호해지지만 생육은 감퇴한다.

㉣ 탄수화물의 증대를 저해하지 않고 수분과 질소가 더욱 감소되면 생육이 더욱 감퇴하고 화아는 형성되나 결실하지 못한다. 더욱 심해지면 화아도 형성되지 않는다.

② **토마토와 오이의 화아분화**

㉠ 토마토의 화아분화

• 파종 후 25~30일이 지나면 제1화방이 분화한다.

• 줄기에서 9매의 잎이 분화되고 생장점이 비후하여 제1화방으로 분화된다.

• 제1화방과 9번째 잎 사이로 새로운 생장점이 형성되어 원줄기로 신장해 가는데, 이후 주로 3마디 간격으로 제2화방, 제3화방, … 화방이 순차적으로 착생한다.

• 육묘기에 양분이 부족하면 화아분화가 늦어지는데, 특히 C/N율이 많은 영향을 준다.

㉡ 오이의 화아분화

• 본엽이 1~2매 전개될 무렵 화아분화가 일어나며 성의 분화는 환경의 영향을 받는다.

• 저온과 단일에 대한 감응은 자엽 때부터 가능하나 본엽이 1~4매 전개되었을 때 화아분화되고 성이 결정된다.

• 대개 자웅동주로 성의 결정은 유전적 특성이지만 환경의 영향을 크게 받는다. 저온과 단일 조건은 암꽃의 착생 마디를 낮추고 암꽃의 수를 증가시킨다.

핵심예제

오이의 화아분화에 대한 설명으로 틀린 것은?

① 본엽이 1~2매 전개될 무렵 화아분화가 일어나며 성의 분화는 환경의 영향을 받는다.

② 대개 자웅동주로 성의 결정은 유전적 특성이지만 환경의 영향을 크게 받아 저온과 단일 조건은 암꽃의 착생 마디를 낮추고 암꽃의 수를 증가시킨다.

③ 저온과 단일 조건에서는 지베렐린의 생성이 증가하여 암꽃이 증가한다.

④ 저온과 단일에 대한 감응은 자엽 때부터 가능하나 본엽이 1~4매 전개되었을 때 화아분화되고 성이 결정된다.

정답 ③

핵심이론 04 버널리제이션(Vernalization, 춘화처리)

① 버널리제이션
 ㉠ 작물의 개화를 유도하기 위해 생육의 일정한 시기에 일
  정한 온도로 처리하는 것이다.
 ㉡ 저온춘화처리가 필요한 식물에서 저온처리를 하지 않
  으면 개화가 지연되거나 영양기에 머물게 된다.
 ㉢ 저온처리 자극의 감응 부위는 생장점이다.

② 버널리제이션의 구분
 ㉠ 처리온도에 따른 구분
  • 저온 버널리제이션
   – 월동하는 작물의 경우 광선의 유무에 관계 없이 대체
    로 1~10℃의 저온에 의해서 춘화가 된다.
   – 추파성 정도가 높은 식물일수록 장기 저온처리를
    해야 효과가 있다.
   – 저온 버널리제이션으로 개화되는 작물 : 무, 양배
    추, 맥류, 유채 등
  • 고온 버널리제이션 : 콩과 같은 단일식물은 비교적 고
   온인 10~30℃의 온도처리가 유효하다.
  ※ 춘화처리라 하면 보통은 저온춘화를 의미하며, 일반적으로 저온춘
   화가 고온춘화에 비해 효과적이다.
 ㉡ 처리시기에 따른 구분
  • 종자춘화형 식물 : 최아종자의 저온처리가 효과적인
   작물이다.
   예 무, 배추, 순무, 완두, 잠두, 봄무, 추파맥류, 봄
    올무 등
  ※ 종자춘화를 할 때에는 종자근의 시원체인 백체가 나타나기 시작할
   무렵까지 최아하여 처리한다.
  • 녹식물춘화형 식물 : 식물이 일정한 크기에 달한 녹체
   기에 저온처리하는 작물이다.
   예 양배추, 양파, 당근, 우엉, 국화, 사리풀, 히요스 등
 ㉢ 그 밖의 구분
  • 단일춘화 : 추파맥류의 최아종자를 저온처리 없이도
   본잎 1매 정도의 녹체기에 약 한 달 동안 단일처리를
   하되 명기에 적외선이 많은 광을 조명하면 춘화처리를
   한 것과 같은 효과가 발생하는데, 이를 단일춘화라고
   한다.
  • 화학적 춘화 : 지베렐린과 같은 화학물질을 처리하면
   춘화처리와 같은 효과를 나타내는 경우도 많다.

핵심예제

4-1. 춘화처리(春化處理)에 대한 설명으로 옳은 것은?
① 추파성 정도가 높은 식물일수록 장기 저온처리를 해야 효과
 가 있다.
② 버널리제이션에 감응하는 부위는 잎이다.
③ 버널리제이션에 산소의 공급은 필요하지 않다.
④ 최아한 봄밀(春播麥類)을 1~2℃에서 저온처리했을 때 개화
 촉진효과가 나타나는 것을 말한다.

정답 ①

4-2. 저온 버널리제이션(1~10℃)으로 개화되는 작물로만 구성
된 것은?
① 무, 양배추, 맥류
② 무, 맥류, 글라디올러스
③ 맥류, 배추, 글라디올러스
④ 맥류, 아이리스, 양배추

정답 ①

4-3. 작물의 버널리제이션(춘화처리)에 대한 설명으로 옳은
것은?
① 바빌로프에 의하여 주창되었다.
② 맥류에서 주로 봄밀에서 효과가 있다.
③ 저온 춘화처리의 감응 부위는 이삭이다.
④ 녹체 버널리제이션은 주로 양배추에 적용된다.

정답 ④

해설

4-3
온도에 의한 개화효과를 버널리제이션이라고 한다. 농학상 이 용어
가 처음 등장한 것은 1928년 소련의 Lysenko(리센코)가 소맥추파용
품종인 우크라인카를 최아시켜 봉투에 담아 눈 속에 넣어 두었다가
춘파재배하면 출수(이삭이 나옴)하는 실용적인 재배에 성공한 이후
부터이다.

핵심이론 05 │ 버널리제이션에 관여하는 조건

① 최 아
  ㉠ 버널리제이션에 필요한 수분의 흡수율은 작물에 따라 각각 다르다.
  ㉡ 버널리제이션에 알맞은 수온은 12℃ 정도이다.
  ㉢ 종자근의 시원체인 백체가 나타나기 시작할 무렵까지 최아하여 처리한다.
  ㉣ 버널리제이션된 종자는 병균에 감염되기 쉬우므로 종자를 소독해야 한다.
  ㉤ 최아종자는 처리기간이 길어지면 부패하거나 유근이 도장될 우려가 있다.

[버널리제이션 종자의 흡수율]

작물명	흡수율(%)	작물명	흡수율(%)
보 리	25	봄 밀	30~50
호 밀	30	가을밀	35~55
옥수수	30	귀 리	30

② 버널리제이션 온도와 기간
  ㉠ 처리온도 및 기간은 작물의 종류와 품종의 유전성에 따라 서로 다르다.
  ㉡ 일반적으로 겨울작물은 저온, 여름작물은 고온이 효과적이다.
③ 산 소
  ㉠ 버널리제이션 중 산소가 부족하여 호흡이 불량해지면 버널리제이션효과가 지연(저온)되거나 발생하지 못한다(고온).
  ㉡ 버널리제이션기간 중에는 산소를 충분히 공급해야 한다.
  ㉢ 호흡을 저해하는 조건은 버널리제이션도 저해한다.
④ 광 선
  ㉠ 저온 버널리제이션은 광선의 유무와 관계없다.
  ㉡ 고온 버널리제이션은 처리 중 암흑 상태에 보관해야 한다.
⑤ 건조 : 종자가 고온 · 건조를 피해야 한다.
⑥ 탄수화물 : 배나 생장점에 당과 같은 탄수화물이 공급되어야 한다.

｜ 핵심예제 ｜

5-1. 보리의 춘화처리(버널리제이션)에 필요한 종자의 흡수율 (흡수량)로 가장 적당한 것은?

① 15%　　　　　　② 25%
③ 35%　　　　　　④ 50%

정답 ②

5-2. 종자 저온 춘화처리의 과정과 효과가 맞지 않는 것은?

① 산소의 공급이 필요하다.
② 종자가 건조하지 않아야 한다.
③ 광에 노출시키지 않아야 한다.
④ 생장점에 탄수화물이 공급되어야 한다.

정답 ③

핵심이론 06 화학적 춘화(Chemical Vernalization)

① 화학물질이 저온처리와 동일한 춘화효과를 가지는 것을 화학적 춘화라고 한다.

② 화학적 춘화의 예

　㉠ 소량의 옥신은 파인애플의 개화를 유도하며, 저온처리 전의 Brassica Compestris에 IAA, IBA, NAA를 처리하면 화성을 촉진한다.

　㉡ 지베렐린

　　• 화성 유도 시 저온 장일이 필요한 식물의 저온이나 장일을 대신하는 효과가 탁월하다.

　　• 상추, 양배추, 당근 등의 추대 및 개화를 시키기 위해 저온처리 대신에 사용할 수 있다.

　㉢ IAA, IBA, 4-chlorophenoxy-acetic acid, 2-naphthoxy acetic acid 등도 지베렐린과 같은 효과가 있다.

③ 식물호르몬의 일반적인 특징

　㉠ 식물체 내에서 생성된다.

　㉡ 생성 부위와 작용 부위가 다르다.

　㉢ 극미량으로도 결정적인 작용을 한다.

　㉣ 형태적·생리적인 특수한 변화를 일으키는 화학물질이다.

④ 버널리제이션의 농업적 이용

　㉠ 재배상의 이용, 육종상의 이용

　㉡ 채종재배, 촉성재배, 재배법의 개선

　㉢ 수량의 증대, 종 또는 품종의 감정

핵심예제

6-1. 화성 유도 시 저온 장일이 필요한 식물의 저온이나 장일을 대신하는 가장 효과적인 식물호르몬은?

① 에틸렌　　　　　　　② 지베렐린
③ 사이토키닌　　　　　④ ABA

정답 ②

6-2. 버널리제이션의 농업적 이용으로 가장 옳은 것은?

① 재배상의 이용　　　　② 춘파맥류의 추파 가능
③ 내비성의 증대　　　　④ 출수개화의 지연

정답 ①

핵심이론 07 일장효과(日長效果, Photoperiodism)

① 일장효과(광주기효과)

　㉠ 일장이 식물의 개화와 화아분화 및 그 밖의 발육에 영향을 미치는 현상으로, 광주기효과라고도 한다.

　㉡ 일장효과는 가너(Garner)와 앨러드(Allard, 1920)에 의해 발견되었다.

　㉢ 식물의 화아분화와 개화에 가장 크게 영향을 주는 것은 일조시간의 변화이다.

　㉣ 광주기성에서 개화는 낮의 길이보다 밤의 길이에 더 크게 영향을 받는다.

② 작물의 일장형

　㉠ 장일식물(LDP ; Long-Day Plant, 長日植物)

　　• 장일 상태(보통 16~18시간)에서 화성이 유도·촉진되는 식물로, 단일 상태는 개화를 저해한다.

　　• 최적일장 및 유도일장 주체는 장일측에 있고, 한계일장은 단일측에 있다.

　　• 추파맥류, 시금치, 양파, 상추, 아마, 티머시, 양귀비, 완두, 양딸기, 아주까리, 감자 등

　㉡ 단일식물(SDP ; Short-Day Plant, 短日植物)

　　• 단일 상태(보통 8~10시간)에서 화성이 유도·촉진되며, 장일 상태는 이를 저해한다.

　　• 최적일장 및 유도일장의 주체는 단일측에 있고, 한계일장은 장일측에 있다.

　　• 벼의 만생종, 국화, 콩, 담배, 들깨, 조, 기장, 피, 옥수수, 담배, 아마, 호박, 오이, 나팔꽃, 샐비어, 코스모스, 도꼬마리, 목화 등

　※ 장일식물과 단일식물에서 일장을 인지하는 부위는 잎이다.

　㉢ 중일식물(중성식물, Day-neutral Plant)

　　• 개화에 일정한 한계일장이 없고 매우 넓은 범위의 일장에서 개화하는 식물이다.

　　• 고추, 강낭콩, 가지, 토마토, 당근, 메밀, 사탕수수, 셀러리 등

　㉣ 정일식물(Definite Day-length Plant, 定日植物)

　　• 중간식물이라고도 한다.

　　• 어떤 좁은 범위의 특정한 일장에서만 화성이 유도되며, 2개의 뚜렷한 한계일장이 있다.

ⓜ 장단일식물(LSDP ; Long-Short-Day Plant, 長短日植物)
  - 처음에는 장일, 후에 단일이 되면 화성이 유도되나, 일정한 일장에만 두면 장일, 단일에 관계없이 개화하지 못한다.
  - 낮이 짧아지는 늦여름과 가을에 개화한다.
  - 야래향, 브리오필룸속, 칼랑코에 등
ⓑ 단장일식물(SLDP ; Short-Long-Day Plant, 短長日植物)
  - 처음에는 단일, 후에 장일이 되면 화성이 유도되나, 계속 일정한 일장에서는 개화하지 못한다.
  - 낮이 길어지는 초봄에 개화한다.
  - 토끼풀, 초롱꽃, 에케베리아 등
③ 식물의 일장감응형에는 9가지가 있으며 L은 장일성, I는 중일성, S는 단일성을 표시한다. LI의 경우 L은 화아분화전 장일성을, I는 화아분화 후 중일성을 나타낸다.

형 별	화아분화(이전)	개 화	대상 식물
LL형 식물	장 일	장 일	시금치, 봄보리 등
LI형 식물	장 일	중 일	사탕무 등
LS형 식물	장 일	단 일	핏소스테기아(꽃범) 등
IL형 식물	중 일	장 일	밀(춘파형) 등
II형 식물	중 일	중 일	벼(조생종), 메밀, 고추, 토마토 등
IS형 식물	중 일	단 일	소빈국 등
SL형 식물	단 일	장 일	딸기, 시네라리아, 프리뮬러 등
SI형 식물	단 일	중 일	벼(만생종), 도꼬마리 등
SS형 식물	단 일	단 일	콩(만생종), 코스모스, 나팔꽃 등

핵심예제

7-1. 일장형(日長型)의 설명으로 틀린 것은?

① 단일식물에는 조, 기장, 옥수수, 콩 등이 있다.
② 장일식물은 유도일장의 주체가 단일측에 있으며, 한계일장은 장일측에 있다.
③ 개화에 일정한 한계일장이 없고 매우 넓은 범위의 일장에서 개화하는 식물을 중일식물이라 한다.
④ 좁은 범위의 일장에서만 화성이 유도 촉진되는 식물을 정일성 식물(定日性植物)이라 한다.

정답 ②

7-2. 어떤 식물의 일장형을 알기 위해 명기(Light Condition) 8시간, 암기(Dark Condition) 16시간으로 처리하였더니 개화가 촉진되었다. 이 식물의 일장형은?

① 장일식물 ② 단일식물
③ 중성식물 ④ 장단일식물

정답 ②

7-3. 다음 중 단일 상태에서 화성이 유도 촉진되는 식물은?

① 보리 ② 감 자
③ 배 추 ④ 들 깨

정답 ④

7-4. 장일식물과 단일식물에서 일장을 인지하는 부위는?

① 생장점 ② 잎
③ 줄 기 ④ 뿌 리

정답 ②

7-5. 밀의 일장감응형은?

① LL 식물 ② II 식물
③ IL 식물 ④ SI 식물

정답 ③

7-6. 고추, 벼(조생종), 메밀, 토마토 등은 식물의 일장감응 9형 중 어디에 속하는가?

① LL형 ② II형
③ SS형 ④ LS형

정답 ②

핵심이론 08 일장효과의 기구

① 감응 부위
  ㉠ 감응 부위는 성숙한 잎이며, 어린잎은 거의 감응하지 않는다.
  ㉡ 유엽이나 노엽보다 성엽이 더 잘 감응한다.
  ㉢ 도꼬마리, 나팔꽃은 좁은 엽면적만 단일처리해도 화성이 유도된다.

② 자극의 전단
  ㉠ 일장처리에 의한 자극은 잎에서 생성되어 줄기의 체관부 또는 피층을 통해 화아가 형성되는 정단분열조직으로 이동되어 모든 방향으로 전달된다.
  ㉡ 자극은 접목부에도 전달되나 물관부를 통해 이동하지 않는다.

③ 일장효과의 물질적 본체 : 잎에서 생성된 개화유도호르몬인 플로리겐이 줄기의 생장점으로 이동되어 화성이 유도된다.

④ 화학물질과 일장효과
  ㉠ 옥신처리 : 장일식물은 옥신 사용으로 화성이 촉진되나 단일식물은 옥신에 의해 화성이 억제되는 경향이 있다.
  ㉡ 지베렐린 처리 : 저온·장일의 대치적 효과가 커서 1년생 히요스 등은 지베렐린 공급 시 단일에서도 개화한다.
  ㉢ 나팔꽃에서는 키네틴이 화성을 촉진한다.
  ㉣ 파인애플은 2,4-D처리로 개화가 유도되며, 아세틸렌이 화성을 촉진한다.

⑤ 일장효과의 농업적 이용
  ㉠ 수량 증대
    • 북방형 목초(장일식물) – 야간조파 – 일장효과 발생 – 절간신장
    • 가을철 한지형 목초에 보광처리를 하면 산초량(産草量)이 증대된다.
  ㉡ 꽃의 개화기 조절
    • 일장처리에 의해 인위 개화, 개화기의 조절, 세대 단축이 가능하다.
    • 단일성 식물인 국화는 단일처리로 촉성재배를 하고, 장일처리로 억제재배를 하여 연중 개화시킬 수 있는데, 이것을 주년재배라 한다.
  ㉢ 육종상의 이용
    • 인위 개화 : 고구마순을 나팔꽃에 접목 후 단일처리하면 개화한다.
    • 개화기 조절 : 개화기가 다른 두 품종 간의 교배 시 한 품종의 일장처리로 개화기를 조절한다.
    • 육종연한의 단축 : 온실재배와 일장처리로 여름작물의 겨울재배로 육종연한이 단축될 수 있다.

※ 포인세티아의 차광재배, 국화의 촉성재배, 깻잎의 가을철 시설재배는 일장을 조절한 재배방법이나 딸기의 촉성재배는 저온에 의한 화아분화 방법이다.

핵심예제

8-1. 일장효과에 대한 설명으로 옳은 것은?
① 일장처리에 감응하는 부위는 생장점이다.
② 유엽이나 노엽보다 성엽이 더 잘 감응한다.
③ 장일식물은 질소가 많은 것이 장일효과가 더욱 잘 나타난다.
④ 일장효과는 광과의 관계이므로 온도와 전혀 무관하다.
정답 ②

8-2. 일장처리에 감응이 가장 잘되는 부위는?
① 유엽(幼葉) ② 성엽(成葉)
③ 노엽(老葉) ④ 유엽과 성엽 모두
정답 ②

8-3. 국화의 개화를 지연시키려면 다음 중 어떠한 처리를 하여야 하는가?
① 장일처리 ② 단일처리
③ 고온처리 ④ 저온처리
정답 ①

핵심이론 09 │ 품종의 기상생태형

① 기상생태형의 구성
- ㉠ 기본영양생장성
  - 작물의 출수 및 개화에 알맞은 온도와 일장에서도 일정의 기본영양생장이 덜되면 출수, 개화에 이르지 못하는 성질을 말한다.
  - 기본영양생장 기간의 길고 짧음에 따라 크다(B)와 작다(b)로 표시한다.
- ㉡ 감온성(Sensitivity for Temperature)
  - 작물이 높은 온도에 의해서 출수 및 개화가 촉진되는 성질을 말한다.
  - 감온성이 크다(T)와 작다(t)로 표시한다.
- ㉢ 감광성(Sensitivity for Day Length)
  - 작물이 일장에 의해 출수 · 개화가 촉진되는 성질을 말한다.
  - 감광성이 크다(L)와 작다(l)로 표시한다.

② 기상생태형의 분류
- ㉠ 기본영양생장형(Blt형) : 기본영양생장성이 크고, 감광성과 감온성은 작아서 생육기간이 주로 기본영양생장성에 지배되는 형태의 품종이다.
- ㉡ 감광형(bLt형) : 기본영양생장기간이 짧고 감온성은 낮으며 감광성만 커서 생육기간이 감광성에 지배되는 형태의 품종이다.
- ㉢ 감온형(blT형) : 기본영양생장성과 감광성이 작고, 감온성이 커서 생육기간이 주로 감온성에 지배되는 형태의 품종이다.
- ㉣ blt형 : 3가지 성질이 모두 작아서 어떤 환경에서도 생육기간이 짧은 형의 품종이다.

[핵심예제]

9-1. 기상생태형을 구성하는 성질이 아닌 것은?
① 굴광성 　　　② 감광성
③ 감온성 　　　④ 기본영양생장성

정답 ①

9-2. 감온형에 해당하는 것은?
① 그루콩 　　　② 그루조
③ 가을메밀 　　　④ 올 콩

정답 ④

핵심이론 10 │ 기상생태형 지리적 분포

① 저위도 지대
- ㉠ 감온성과 감광성이 작고 기본 영양생장성이 큰 기본영양생장형(Blt형)이 재배된다(예 대만, 미얀마, 인도 등).
- ㉡ 저위도 지대는 연중 고온 · 단일조건으로 감온성이나 감광성이 큰 것은 출수가 빨라져서 생육기간이 짧고 수량이 적다.
- ㉢ 조생종 벼는 감광성이 약하고 감온성이 크므로 일장보다는 고온에 의하여 출수가 촉진된다.
- ㉣ 저위도 지방에서 다수성을 가져올 수 있는 기상생태형은 기본영양생장형이다.
- ※ 어떤 벼 품종을 재배하였더니 영양생장기간이 길어져 출수, 개화가 지연되고 등숙기에 저온 상태에 놓여 수량이 감소하였다. 그 이유는 기본영양생장이 큰 품종을 우리나라의 북부산간지에서 재배하였기 때문이다.

② 중위도 지대
- ㉠ 위도가 높은 곳에서는 감온형이 재배되며, 남쪽에서는 감광형이 재배된다(예 우리나라와 일본).
- ㉡ 비교적 영양생장성이 크고 감온성, 감광성이 작은 기본영양생장형이 분포한다.
- ㉢ 중위도 지대에서 감온형 품종은 조생종으로 사용된다.
- ㉣ Blt형은 생육기간이 길어 안전한 성숙이 어렵다.

③ 고위도 지대
- ㉠ 기본영양생장성과 감광성은 작고, 감온성이 커서 일찍 감응하여 출수 · 개화하여 서리가 오기 전 성숙할 수 있는 감온형(blT형)이 재배된다(예 일본의 홋카이도, 만주, 몽골 등).
- ㉡ 고위도 지대에서는 감온형 품종을 심어야 일찍 출수하여 안전하게 수확할 수 있다. 따라서 감광성이 큰 품종은 적합하지 않다.

[핵심예제]

10-1. 중위도 지대에서의 조생종은 어떤 기상생태형 작물인가?
① 감온성 　　　② 감광성
③ 기본영양생장형 　　　④ 중간형

정답 ①

10-2. 고위도 지대에 가장 알맞은 벼의 기상생태형은?
① blT형 　　　② BlT형
③ bLt형 　　　④ Blt형

정답 ①

핵심이론 11 벼 품종의 기상생태형과 재배적 특성

① 조만성
  ㉠ 파종과 이앙을 일찍 할 때 조생종에는 blt형과 감온형이 있고, 만생종에는 기본영양생장형과 감광형이 있다.
  ㉡ 파종과 모내기를 일찍 할 때 blt형은 조생종이 된다.
② 묘대일수감응도(苗垈日數感應度)
  ㉠ 손모내기에서 못자리기간을 길게 할 때 모가 노숙하고, 이앙 후 생육에 난조가 생기는 정도이다. 이는 벼가 못자리 때 이미 생식생장의 단계로 접어들어 생기는 것이다.
  ㉡ 감온형은 못자리기간이 길어져 못자리 때 영양결핍과 고온기에 이르게 되면 쉽게 생식생장의 경향을 보인다.
  ㉢ 감광형과 기본영양생장형은 쉽게 생식생장의 경향을 보이지 않으므로 묘대일수감응도는 감온형은 높고, 감광형과 기본영양생장형은 낮다.
  ㉣ 수리안전답과 기계이앙을 하는 상자육묘에서는 문제가 되지 않는다.
③ 작기이동과 출수
  ㉠ 만파만식(만기재배)을 할 때 출수가 지연되는 정도는 기본영양생장형과 감온형이 크고 감광형이 작다.
  ㉡ 기본영양생장형과 감온형은 대체로 일정한 유효적산온도를 채워야 출수하므로 조파조식보다 만파만식에서 출수가 크게 지연된다.
  ㉢ 감광형은 단일기에 감응하고 한계일장에 민감하므로, 조파조식이나 만파만식에 대체로 일정한 단일기에 주로 감응하므로 이앙기가 빠르거나 늦음에 따른 출수기의 차이는 크지 않다.
  ※ 조기 수확을 목적으로 조파조식할 때는 감온형인 조생종이 감광형인 만생종보다 유리하다.
④ 만식적응성(晩植適應性) : 만식적응성이란 이앙이 늦을 때 적응하는 특성이 있다.
  ㉠ 기본영양생장형 : 만식을 하면 출수가 너무 지연되어 성숙이 불안정해진다.
  ㉡ 감온형 : 못자리기간이 길어지면 생육에 난조가 발생한다.
  ㉢ 감광형 : 만식을 해도 출수의 지연도가 적고, 묘대일수감응도가 낮아 만식적응성이 크다.
⑤ 조식적응성
  ㉠ 감온형과 blt형 : 조기 수확을 목적으로 조파조식할 때 알맞다.
  ㉡ 기본영양생장형 : 수량이 많은 만생종 중에서 냉해 회피 등을 위해 출수 산물·성숙을 앞당기려 할 때 알맞다.
  ㉢ 감광형 : 출수·성숙을 앞당기지 않고, 파종·이앙을 앞당겨서 생육기간의 연장으로 증수를 꾀하려 할 때 알맞다.
  ※ 유수분화는 감온성과 감광성에 의하여 촉진되는데 조생종은 감온성이, 만생종은 감광성이 강하다.

우리나라 주요 작물의 기상생태형

작 물		감온형(bIT형)	중간형	감광형(bLt형)
벼	명 칭	조생종	중생종	만생종
	분 포	북 부	중북부	중남부
콩	명 칭	올 콩	중간형	그루콩
	분 포	북 부	중북부	중남부
조	명 칭	봄 조	중간형	그루조
	분 포	서북부, 중부산간지		중부의 평야, 남부
메 밀	명 칭	여름메밀	중간형	가을메밀
	분 포	서북부, 중부산간지		중부의 평야, 남부

• 감온형 품종은 조생종, 감광형 품종은 만생종, 기본영양생장형은 어느 작물에서도 존재하기 힘들다.
• 우리나라는 북부 쪽으로 갈수록 감온형인 조생종, 남쪽으로 갈수록 감광성의 만생종이 재배된다.
• 감온형은 조기 파종으로 조기 수확, 감광형은 윤작관계상 늦게 파종된다.

핵심예제

11-1. 벼의 출수와 관련된 기상생태형에 대한 설명으로 옳은 것은?

① 조기 수확을 목적으로 조파조식할 때는 감광형이 알맞다.
② 벼의 감광형은 묘대일수감응도가 낮고, 만식적응성도 크다.
③ 조파조식할 때보다 만파만식할 때에 출수기 지연 정도는 감광형이 크다.
④ 일반적으로 적도와 같은 저위도 지대에서 감온성이 큰 것은 수확량 증대에 유리하다.

정답 ②

11-2. 벼의 만식적응성과 관련이 깊은 특성은?

① 묘대일수감응도 ② 내비성
③ 내도복성 ④ 추락저항성

정답 ①

1-1. C/N율, T/R율, G-D 균형

핵심이론 01 **작물의 내적 균형**

① 내적 균형의 개념 : 작물의 생리적, 형태적 어떤 균형 또는 비율은 작물생육의 특정한 방향을 표시하는 지표가 된다.
② 작물의 내적 균형의 지표에는 C/N율, T/R율, G-D 균형 등이 있다.
  ㉠ C/N율(C/N Ratio) : 식물체 내에 흡수된 탄소와 질소의 비율로 식물의 종류와 부위에 따라 다르다.
  ㉡ T/R율(Top/Root Ratio) : 지하부 생장량에 대한 지상부 생장량
  ㉢ G-D 균형(Growth Differentiation Balance) : 식물의 생장(Growth)과 분화(Differentiation)의 균형을 의미한다.

핵심예제

1-1. 작물의 내적 균형의 지표로 흔히 사용되는 것은?

① G-D Balance
② LAD(Leaf Area Density)
③ GDD(Growing Degree Day)
④ RQ(Respiratory Quotient)

정답 ①

1-2. 작물의 내적 균형을 나타내는 지표가 아닌 것은?

① C/N율   ② T/R율
③ G-D 균형   ④ Hormone

정답 ④

핵심이론 02 **C/N율(탄질비)**

① C/N율의 개념
  ㉠ 작물체 내의 탄수화물(C)과 질소(N)의 비율이다. 즉, 탄수화물 축적에 의한 탄소와 지하에서 흡수한 질소의 비율이 개화와 결실에 영향을 미친다.
  ㉡ 탄소는 미생물의 영양원이 되고, 질소는 미생물의 에너지원이 된다.
  ㉢ 피셔(Fisher)는 C/N율이 높을 경우 화성이 유도되고, C/N율이 낮을 경우 영양생장이 계속된다고 하였다.
  ㉣ 탄수화물의 공급이 질소 공급보다 풍부하면, 생육은 다소 감퇴하나 화성 및 결실은 양호하다.
  ㉤ 탄수화물의 공급이 풍부하고 무기양분 중 특히 질소의 공급이 풍부하면, 생육은 왕성하나 화성 및 결실은 불량하다.
  ㉥ 작물의 양분이 풍부해도 탄수화물의 공급이 불충분할 경우 생장이 미약하고 화성 및 결실도 불량하다.
  ㉦ 탄수화물의 증대를 저해하지는 않으나 질소의 공급이 더욱 감소될 경우 생육감퇴 및 화아형성도 불량해진다.
② C/N율설의 적용 사례
  ㉠ C/N율설은 C/N율이 작물의 생육과 화성 및 결실 등 발육을 지배하는 요인이라는 견해이다.
  ㉡ 고구마 순을 나팔꽃 대목에 접목하면 덩이뿌리 형성을 위한 탄수화물의 전류가 억제되어 지상부(경엽)의 C/N율이 높아져 화아형성 및 개화가 촉진된다.
  ㉢ 과수재배에 있어 환상박피(Girdling), 각절(刻截)로 개화, 결실을 촉진할 수 있다.
    • 환상박피한 윗부분은 유관속이 절단되어 C/N율이 높아져 개화, 결실이 촉진된다.
  ※ 환상박피 : 화아분화나 과실의 성숙을 촉진시킬 목적으로 식물의 줄기 어느 지점에서 인피부를 고리모양으로 벗겨내는 방법이다.

고구마의 개화 유도 및 촉진을 위한 방법
• 재배적 조치를 취하여 C/N율을 높인다.
• 9~10시간 단일처리를 한다.
• 나팔꽃 대목에 고구마 순을 접목한다.
• 고구마 덩굴의 기부에 절상을 내거나 환상박피를 한다.

③ C/N율설의 평가

    ㉠ C/N율을 적용할 경우에는 C와 N의 비율뿐만 아니라 C와 N의 절대량도 중요하다.

      • 작물체 내 탄수화물과 질소가 풍부하고 C/N율이 높아지면 개화 결실은 촉진된다.

    ㉡ C/N율의 영향은 시기나 효과에 있어서 결정적인 현저한 효과를 나타내지 못한다.

    ㉢ 개화 결실에 C/N율보다 더욱 결정적인 영향을 주는 요인들이 많다(예 개화 전 일정기간의 기온과 일조량, 유효적산온도, 수체영양 상태, 화아분화수 등).

[핵심예제]

2-1. C/N율의 의의 및 적용과 관련이 적은 것은?

① 내습성 지표
② 작물의 내적 균형 지표
③ 화성 유도
④ 환상박피

정답 ②

2-2. C/N율에 대한 설명으로 틀린 것은?

① 보편적으로 C/N율이 높을 때 개화 결실이 양호하다.
② 개화 결실에 C/N율보다 더욱 결정적인 영향을 주는 요인들이 많다.
③ 질소가 풍부하면 생육이 왕성해지고 개화, 결실도 좋아진다.
④ 환상박피 한 윗부분은 유관속이 절단되어 C/N율이 높아져 개화, 결실이 촉진된다.

정답 ③

2-3. 환상박피와 관련이 있는 것은?

① C/N율
② T/R율
③ R/S율
④ G-D균형

정답 ①

핵심이론 03   T/R율

① T/R율의 개념

    ㉠ 작물의 지하부 생장량에 대한 지상부 생장량의 비율을 말한다.

    ㉡ T/R율의 변동은 작물의 생육 상태 변동을 표시하는 지표가 될 수 있다.

② T/R율과 작물의 관계

    ㉠ 감자나 고구마 등은 파종이나 이식이 늦어지면 지하부 중량 감소가 지상부의 중량 감소보다 커서 T/R율이 커진다.

    ㉡ 질소 다비재배는 T/R율이 증대한다.

      • 질소를 다량 시비하면 지상부는 질소 집적이 많아지고, 단백질 합성이 왕성해지며, 탄수화물의 잉여는 적어져 지하부 전류가 감소하게 되므로, 상대적으로 지하부 생장이 억제되어 T/R율이 커진다.

    ㉢ 일사량이 부족하면 T/R율이 커진다.

      • 일사가 적어지면 체내에 탄수화물의 축적이 감소하여 지상부의 생장보다 지하부의 생장이 더욱 저하되어 T/R율이 커진다.

    ㉣ 토양통기가 나쁘면 T/R율이 커진다.

      • 토양통기가 불량해지면 지상부보다 지하부의 생장이 더욱 억제되므로 T/R율이 높아진다.

    ㉤ 근채류는 근의 비대에 앞서 지상부의 생장이 활발하기 때문에 생육 전반기에는 T/R율이 높다.

    ㉥ 토양 함수량이 감소하면 T/R율이 감소한다.

      • 토양수분 함량이 감소하면 지상부 생장이 지하부 생장에 비해 저해되므로 T/R율은 감소한다.

    ㉦ 꽃이나 어린 과실을 따 주면 동화물질의 소모가 적어지므로 T/R율은 감소한다.

※ 벼의 생육과정에서 지상부에 대한 뿌리의 건물 중 비율이 가장 높은 생육시기 : 분얼 초기

[핵심예제]

다음 중 T/R율에 관한 설명으로 올바른 것은?

① 감자나 고구마의 경우 파종기나 이식기가 늦어질수록 T/R율이 작아진다.
② 일사가 적어지면 T/R율이 작아진다.
③ 질소를 다량 사용하면 T/R율이 작아진다.
④ 토양함수량이 감소하면 T/R율이 감소한다.

정답 ④

핵심이론 04 G-D 균형

① Loomis(1993)는 작물의 내적 균형을 표시하는 지표로서 G-D균형의 개념을 제시하였다.
② 식물의 생육이나 성숙을 생장(Growth)과 분화(Differentiation)의 두 측면으로 보는 지표이다.
　㉠ 생장 : 세포의 분열과 증대, 즉 원형질의 증가인데 이를 위해서는 질소나 뿌리에서 흡수되는 물과 무기양분 및 잎에서 합성되는 탄수화물이 필요하다.
　㉡ 분화 : 세포의 성숙으로, 세포막의 목화 및 코르크화나 탄수화물, 알칼로이드, 고무, 지유 등의 축적이 필요한데 그 주재료는 탄수화물이다.

[핵심예제]

4-1. 식물의 생육이나 성숙을 생장과 분화의 두 측면으로 보는 지표는?

① C/N율
② T/R율
③ G-D 균형
④ DD50

정답 ③

4-2. "식물의 생장과 분화의 균형 여하가 작물의 생육을 지배하는 요인이다."를 나타내는 것은?

① C/N 균형
② R/S 균형
③ S/R 균형
④ G-D 균형

정답 ④

3-2. 식물생장조절제

핵심이론 01 식물생장조절제 정의

① 식물호르몬 : 식물체 내 어떤 조직 또는 기관에서 형성되어 체내를 이행하며, 조직이나 기관에 미량으로도 형태적, 생리적 특수 변화를 일으키는 화학물질을 말한다.
② 생장호르몬(옥신류), 도장호르몬(지베렐린), 세포분열호르몬(사이토키닌), 성숙·스트레스호르몬(에틸렌), 낙엽촉진호르몬(ABA, 아브시스산), 개화호르몬(플로리겐) 등이 있다.
③ 미량으로도 식물의 생장 및 발육에 큰 영향을 미친다.
④ 인공적으로 합성된 호르몬의 화학물질을 총칭하여 식물생장조절제(Plant Growth Regulator)라고 한다.
⑤ 천연호르몬과 합성호르몬

구 분		종 류
옥신류	천 연	IAA, IAN, PAA
	합 성	NAA, IBA, 2,4-D, 2,4,5-T, PCPA, MCPA, BNOA
지베렐린류	천 연	GA_2, GA_3, GA_{4+7}, GA_{55}
사이토키닌류	천 연	IPA, 제아틴(Zeatin)
	합 성	BA, 키네틴(Kinetin)
에틸렌	천 연	C_2H_4
	합 성	에세폰(Ethephon)
생장억제제	천 연	ABA, 페놀
	합 성	CCC, B-9, Phosphon-D, AMO-1618, MH-30

[핵심예제]

1-1. 천연 식물생장조절제의 종류가 아닌 것은?

① 제아틴
② 에세폰
③ IPA
④ IAA

정답 ②

1-2. 식물생장조절제 종류에서 천연물질이 아닌 것은?

① IAA
② GA_2
③ NAA
④ ABA

정답 ③

1-3. 다음 생장조절제 중 유형이 다른 것은?

① NAA
② IAA
③ 2,4-D
④ CCC

정답 ④

핵심이론 02 옥신류(Auxins)

① 옥신의 생리작용

　㉠ 옥신은 줄기 선단, 어린잎 등에서 생합성되어 체내에서 아래쪽으로 이동한다.

　㉡ 주로 세포의 신장촉진작용을 함으로써 과일의 부피생장을 조절한다.

　㉢ 굴광현상

　　• 광의 반대쪽에 옥신농도가 높아져 줄기에서는 그 부분의 생장이 촉진되는 향광성을 보이나 뿌리에서는 생장이 억제되는 배광성을 보인다.

　　• 옥신의 농도가 줄기생장을 촉진시킬 수 있는 농도보다 높아지면 뿌리의 신장은 억제된다.

　㉣ 정아우세현상 : 식물체 줄기의 정아(끝눈)생장을 촉진하고 측아(곁눈)생장을 억제한다.

　※ Darwin이 식물의 굴광성을 관찰한 후 네덜란드인 Went는 귀리의 어린 줄기 선단부에서 식물생육조절물질이 존재함을 확인하였고, Koegl 등은 이 조절물질의 본체가 옥신임을 규명하였다.

② 주요 합성 옥신류

　㉠ 인돌산 그룹 : IPAC, Indole Propionic Acid

　㉡ 나프탈렌산 그룹 : NAA(Naphthaleneacetic Acid), β-Naphthoxyacetic Acid(BNOA)

　㉢ 클로로페녹시산 그룹 : 2,4-D, 2,4,5-T(2,4,5-Trichloro-phenoxyacetic Acid), MCPA(2-Methyl-4-Chloro-phenoxyacetic Acid), PCPA(P-Chlorophenoxy Acetic Acid)

　㉣ 벤조익산 그룹 : Dicamba, 2,3,6-Trichlorobenzoic Acid

　㉤ 피콜리닉산 유도체 : Picloram

　※ 호르몬의 발견연도 : 옥신(1928년), 지베렐린(1935년), ABA(1937년)

③ 옥신의 재배적 이용

　㉠ 발근 촉진 : 삽목이나 취목 등 영양번식을 할 때 국화, 카네이션 등 발근을 촉진시킨다.

　㉡ 접목 시 활착 촉진 : 앵두나무, 매화나무에서 접수의 절단면 또는 대목과 접수의 접합부에 IAA 라놀린연고를 바르면 유상조직의 형성이 촉진되어 활착이 촉진된다.

　㉢ 개화 촉진 : 파인애플에 NAA, β-IBA, 2,4-D 등의 수용액을 살포하면 화아분화가 촉진된다.

　㉣ 낙과 방지 : 사과나무의 경우 자연낙화 직전 NAA, 2,4-D 등의 수용액을 처리하면 과경(열매자루)의 이층형성 억제로 낙과를 방지할 수 있다.

　㉤ 가지의 굴곡 유도 : 관상수목에서 가지를 구부리려는 반대쪽에 IAA 라놀린연고를 바르면 옥신농도가 높아져 원하는 방향으로 굴곡을 유도할 수 있다.

　㉥ 적화 및 적과 : 사과, 온주밀감, 감 등은 꽃이 만개한 후 NAA 처리를 하면 꽃이 떨어져 적화 또는 적과의 효과를 볼 수 있다.

　㉦ 과실의 착과와 비대 및 성숙 촉진

　　• 토마토는 개화 시 토마토란을, 사과나무는 포미나를 뿌리면 비대가 촉진된다.

　　• 강낭콩의 경우 PCA 살포는 꼬투리의 비대를 촉진한다.

　　• 사과, 복숭아, 자두, 살구 등의 경우 2,4,5-T를 살포하면 성숙이 촉진된다.

　　• 참다래는 풀메트를 과실에 침지하면 비대가 촉진된다.

　　• 사과나무는 포미나 액제를, 포도나무는 메피쿼드 액제(Mepiquat chlorid, 후라스타)를 꽃에 뿌리면 착과가 증대된다.

　　• 토마토는 에세폰액을 뿌리면 조기 착색되고, 배나무는 지베렐린도포제를 도포하면 비대와 성숙이 촉진된다.

　㉧ 제초제로 이용

　　• 옥신류는 세포의 신장생장의 촉진과 선택형 제초제로 이용되고 있다.

　　• 옥신은 생력재배에 크게 공헌한 제초제로, 처음으로 사용된 생장조절제이다.

　　• 페녹시아세트산(Phenoxyacetic Acid) 유사물질인 2,4-D, 2,4,5-T, MCPA가 대표적이다.

　　• 2,4-D는 선택성 제초제로 수도본답과 잔디밭에 이용한다.

　　• Diquat는 접촉형 제초제이다.

　　• Propanil은 주로 담수직파, 건답직파에 이용되는 경엽처리 제초제이다.

　　• Glyphosate는 이행성 제초제이며, 선택성이 없다.

　㉨ 단위결과 유도

　　• 토마토, 무화과 등은 개화기에 PCA나 BNOA액을 살포한다.

　　• 오이, 호박 등의 경우 2,4-D용액을 살포한다.

ㅊ 증수효과 : 고구마 싹을 NAA용액에, 감자 종자를 IAA 용액이나 헤테로옥신용액에 침지한 후 이식 또는 파종하면 증수된다.

> **옥신의 재배적 이용**
> 발근 촉진, 접목에서의 활착 촉진, 개화 촉진, 낙화 방지, 가지의 굴곡 유도, 적화 및 적과, 과실의 착과와 비대 및 성숙 촉진, 제초제로 이용, 단위결과 유도, 증수효과 등

[핵심예제]

2-1. 식물체에서 옥신의 기능을 옳게 설명한 것은?

① 정아의 생장을 억제시켜 정아우세현상을 유발한다.
② 햇빛을 받은 쪽의 옥신농도가 높아 줄기의 굴광현상을 유발한다.
③ 잎에 옥신농도가 높으면 잎자루 기부에 이층이 형성된다.
④ 세포벽의 가소성을 증대시켜 확대생장을 촉진한다.

정답 ④

2-2. 식물체의 정아우세현상을 발현하는 식물호르몬은?

① Auxin   ② Gibberellin
③ Cytokinin   ④ Abscissic Acid

정답 ①

2-3. 식물에 대한 옥신의 기능이 아닌 것은?

① 발근 촉진   ② 가지의 굴곡 유도
③ 낙과 방지   ④ 개화 지연

정답 ④

2-4. 옥신의 사용 설명으로 틀린 것은?

① 국화 삽목 시 발근을 촉진한다.
② 앵두나무 접목 시 접수와 대목의 활착을 촉진한다.
③ 파인애플의 화아분화를 촉진한다.
④ 사과나무의 과경 이층 형성을 촉진한다.

정답 ④

해설

2-1
옥신은 생장이 왕성한 줄기와 뿌리 끝에서 만들어지며 세포벽을 신장시킴으로써 길이생장을 촉진한다.

핵심이론 03 지베렐린(Gibberellin)

① **지베렐린의 생리작용**
 ㉠ 식물체 내(어린잎, 뿌리, 수정된 씨방, 종자의 배 등)에서 생합성되어 뿌리, 줄기, 잎, 종자 등 모든 기관에 이행되며, 특히 미숙종자에 많이 함유되어 있다.
 ㉡ 농도가 높아도 생장억제효과가 없고, 체내 이동에 극성이 없어 일정한 방향성이 없다.
 ㉢ 발아 촉진, 개화 촉진, 식물의 줄기신장, 과실생장 등 주로 신장생장을 유도하며 체내 이동이 자유로워 모든 부위에서 반응이 나타난다.
 ㉣ 지베렐린은 벼의 키다리병에서 유래한 생장조절제이다.

② **지베렐린의 재배적 이용**
 ㉠ 발아 촉진
  • 종자의 휴면타파로 발아가 촉진되고 호광성 종자의 발아를 촉진하는 효과가 있다.
  • 감자 및 목초의 휴면타파와 발아 촉진에 가장 효과적인 호르몬이다.
  • 감자의 휴면타파를 위한 지베렐린의 처리방법 : 절단 후 2~5ppm 지베렐린 수용액에 30~60분 침지시킨다.
 ㉡ 화성의 유도 및 촉진
  • 저온이나 장일을 대체하여 화성을 유도·촉진한다.
  • 맥류처럼 저온처리와 장일조건을 필요로 하는 식물이나 총생형 식물의 화성을 유도하고 개화를 촉진하는 효과가 있다.
  • 배추, 양배추, 무, 당근, 상추 등은 저온처리 대신 지베렐린을 처리하면 추대·개화한다.
   ※ 저온처리를 받지 않은 양배추는 화성이 유도되지 않으므로 추대가 억제된다.
  • 팬지, 프리지어, 피튜니아, 스톡, 시네라리아 등 여러 화훼에 지베렐린을 처리하면 개화가 촉진된다.
  • 추파맥류의 경우 지베렐린을 처리하면 저온처리가 불충분해도 출수한다.
 ㉢ 경엽의 신장 촉진
  • 지베렐린은 왜성식물의 경엽신장을 촉진하는 효과가 현저하다.
  • 기후가 냉한 생육 초기의 목초에 지베렐린을 처리하면 초기 생장량이 증가한다.

- 채소(쑥갓, 미나리, 셀러리 등), 과수(복숭아, 귤, 두릅), 섬유작물(삼, 모시풀, 아마) 등에 지베렐린을 처리하면 신장이 촉진된다.
  ㉣ 단위결과 유도
- 지베렐린은 토마토, 오이, 포도나무, 무화과 등의 단위결과를 유도한다.
- 씨 없는 포도를 만드는 데 가장 효과적인 호르몬이다.
  - 포도의 거봉품종(델라웨어)은 개화 2주 전에 지베렐린을 처리하면 무핵과가 형성되고 성숙도 크게 촉진된다.
  - 포도의 무핵과 만들기 지베렐린 처리 : 만개 전 14일 및 만개 후 10일경에 각각 100ppm 처리한다.
- 가을씨감자, 채소, 목초, 섬유작물 등에서 지베렐린 처리는 수량이 증대된다.
- 뽕나무에 지베렐린을 처리하면 단백질을 증가시킨다.

[**핵심예제**]

3-1. 벼의 키다리병에서 유래한 생장 조절제는?
① 지베렐린　② 옥 신
③ 사이토키닌　④ 에틸렌
정답 ①

3-2. 감자 및 목초의 휴면타파와 발아 촉진에 가장 효과적인 호르몬은?
① ABA(Abscisic Acid)　② GA(Gibberellin)
③ Ethylene　④ Auxin
정답 ②

3-3. 지베렐린의 재배적 이용과 관계가 먼 것은?
① 발아 촉진　② 화성의 유도
③ 경엽의 신장 촉진　④ 과실의 후숙 촉진
정답 ④

해설

3-1
지베렐린은 벼의 키다리병에서 발견된 식물호르몬으로 신장 촉진작용, 종자발아 촉진작용, 개화 촉진작용, 착과의 증가작용을 한다.
3-3
지베렐린의 재배적 이용
발아 촉진, 화성 유도, 경엽의 신장 촉진, 단위결과 유도, 성분 변화, 수량 증대 등

핵심이론 04　사이토키닌(Cytokinin)

① 사이토키닌의 생리작용
  ㉠ 사이토키닌은 세포분열을 촉진하는 물질로서 잎의 생장 촉진, 호흡 억제, 엽록소와 단백질의 분해 억제, 노화 방지 및 저장 중의 신선도 증진 등의 효과가 있다.
  ㉡ 세포분열과 분화에 관계하며 뿌리에서 합성되어 물관을 통해 수송된다.
  ㉢ 어린잎, 뿌리 끝, 어린 종자와 과실에 많은 양이 존재한다.
  ㉣ 옥신과 함께 존재해야 효과를 발휘할 수 있어 조직배양 시 2가지 호르몬을 혼용하여 사용한다.
② 사이토키닌의 재배적 이용
  ㉠ 사이토키닌은 세포분열 촉진, 신선도 유지 및 내동성 증대에 효과가 있다.
  ㉡ 발아를 촉진한다. 특히, 2차 휴면에 들어간 종자(상추 등)의 발아 촉진효과가 있다.
  ㉢ 무 등에서 잎의 생장을 촉진한다.
  ㉣ 호흡을 억제하여 엽록소와 단백질의 분해를 억제하고, 잎의 노화를 방지한다(해바라기).
  ㉤ 아스파라거스의 경우 저장 중에 신선도를 유지시키며 식물의 내동성도 증대시키는 효과가 있다.
  ㉥ 포도의 경우 착과를 증가시킨다.
  ㉦ 사과의 경우 모양과 크기를 향상시킨다.

[**핵심예제**]

4-1. 식물호르몬의 역할에 대한 설명 중 맞지 않는 것은?
① ABA는 식물의 생장억제제와 관련이 있다.
② 사이토키닌은 기공의 개폐에 관여한다.
③ 지베렐린은 경엽의 신장 촉진에 효과가 있다.
④ 옥신은 정아우세현상과 관련이 있다.
정답 ②

4-2. 호흡을 억제하여 잎의 엽록소·단백질의 분해를 지연시키고, 잎의 노화를 방지하는 식물호르몬은?
① Auxin　② Gibberellin
③ Cytokinin　④ Ethylene
정답 ③

핵심이론 05 ABA(Abscisic Acid, 아브시스산)

① ABA의 생리작용
- ㉠ Ookuma는 목화의 어린 식물로부터 아브시스산(ABA)을 분리해 이층(離層)의 형성을 촉진하여 낙엽을 촉진하는 물질로, ABA를 순수분리하였다.
- ㉡ ABA는 생장억제물질로, 생장촉진호르몬과 상호작용하여 식물생육을 조절한다.
- ㉢ 스트레스호르몬으로 작용하여 잎의 기공을 폐쇄시켜 증산을 억제하며 수분 부족 상태에서도 저항성을 높인다.

② ABA의 재배적 이용
- ㉠ 잎의 노화 및 낙엽을 촉진하고, 휴면을 유도한다.
- ㉡ 생장억제물질로 경엽의 신장억제에 효과가 있다.
- ㉢ 종자의 휴면을 연장하여 발아를 억제한다.
  - 예 감자, 장미, 양상추 등
- ㉣ 장일조건에서 단일식물의 화성을 유도하는 효과가 있다.
  - 예 나팔꽃, 딸기 등
- ㉤ ABA가 증가하면 기공이 닫혀서 위조저항성이 커진다.
  - 예 토마토 등
- ㉥ 목본식물의 경우 내한성이 증진된다.

※ ABA는 노화 및 탈리 촉진작용을 하면서 내한성 등 재해저항성의 효과가 있고, 수분이 부족할 때 내건성을 증대시킨다.

[핵심예제]

5-1. 식물 잎의 노화와 낙엽을 촉진시키는 물질은?

① ABA
② 2,4-D
③ 지베렐린
④ 옥 신

정답 ①

5-2. 수분이 부족할 때 내건성을 증대시키는 식물호르몬은?

① Auxin
② Abscisic Acid
③ Cytokinin
④ Ethylene

정답 ②

5-3. 토마토 식물체에 수분이 부족하면 기공을 닫아 위조저항성을 쉽게 하는 식물호르몬은?

① Abscisic Acid
② Cytokinin
③ Ethylene
④ Phosfon-D

정답 ①

핵심이론 06 에틸렌(Ethylene)

① 에틸렌의 생리작용
- ㉠ 과실 성숙의 촉진 등에 관여하는 식물생장조절물질로, 성숙호르몬 또는 스트레스호르몬이라 한다.
- ㉡ 환경스트레스(상해, 병원체 침입, 산소 부족, 냉해)와 옥신은 에틸렌 합성을 촉진시킨다.
- ㉢ 에틸렌을 발생시키는 에세폰 또는 에스렐(2-Chloroethylphosphonic Acid)이라 불리는 물질을 개발하여 사용하고 있다.

※ 에틸렌은 기체성 식물호르몬이다.

② 에틸렌의 재배적 이용
- ㉠ 발아 촉진 : 양상추, 땅콩 등의 발아를 촉진시킨다.
- ㉡ 정아우세타파 : 완두, 진달래, 국화 등에서 정아우세현상을 타파하여 측아(곁눈)의 발생을 조장한다.
- ㉢ 개화 촉진 : 아이리스, 파인애플, 아나나스 등은 꽃눈이 많아지고 개화가 촉진되는 효과가 있다.
- ㉣ 성 표현 조절 : 오이, 호박 등 박과 채소의 암꽃 착생수를 증대시킨다.
- ㉤ 생장 억제 : 옥수수, 토마토, 수박, 호박, 완두, 오이, 멜론, 당근, 무, 양파, 양배추, 복숭아, 순무, 가지 파슬리 등 작물 생육억제효과가 있다.
- ㉥ 적과의 효과 : 사과, 양앵두, 자두 등은 적과의 효과가 있다.
- ㉦ 성숙과 착색 촉진 : 토마토, 자두, 감, 배 등 많은 작물에서 과실의 성숙과 착색을 촉진시키는 효과가 있다.
- ㉧ 성 발현 조절 : 오이, 호박 등은 암꽃의 착생수가 증대한다.
- ㉨ 낙엽 촉진 : 사과나무, 서양배, 양앵두나무 등의 잎의 노화를 촉진시켜 조기 수확을 유도한다.

[핵심예제]

6-1. 과실의 성숙과 관련된 식물호르몬은?

① 지베렐린
② B-Nine
③ 에틸렌
④ ABA

정답 ③

6-2. 식물 생장조절제 에틸렌의 농업적 이용이 아닌 것은?

① 옥수수, 당근, 양파 등 작물 생육억제효과가 있다.
② 오이, 호박 등에서 암꽃의 착생수를 증대시킨다.
③ 사과, 자두 등 과수에서 적과의 효과가 있다.
④ 양상추, 땅콩 종자의 휴면을 연장하여 발아를 억제한다.

정답 ④

핵심이론 07 생장억제물질

① B-9(N-Dimethylamino Succinamic Acid)
   ㉠ B-nine(B-9)은 신장 억제, 도복방지(밀 등) 및 착화 증대에 효과가 있다.
   ㉡ 포도나무에서 가지의 신장 억제, 엽수 증대, 포도송이의 발육 증대 등의 효과가 있다.
   ㉢ 국화의 변·착색을 방지한다.
   ㉣ 사과나무에서 가지의 신장 억제, 수세 왜화, 착화 증대, 개화 지연, 낙과 방지, 숙기 지연, 저장성 향상의 효과가 있다.

② Phosfhon-D
   ㉠ 국화, 포인세티아 등의 줄기 길이를 단축하는 데 이용된다.
   ㉡ 콩, 메밀, 땅콩, 강낭콩, 목화, 해바라기, 나팔꽃 등에서도 초장 감소가 인정된다.

③ CCC(Cycocel)
   ㉠ 많은 식물에서 절간신장을 억제한다.
   ㉡ 국화, 시클라멘, 제라늄, 메리골드, 옥수수 등에서 줄기를 단축한다.
   ㉢ 밀의 줄기를 단축하고, 도복을 방지한다.
   ㉣ 토마토 등은 개화를 촉진한다.

④ MH(Maleic Hydrazide)
   ㉠ 생장억제제로 담배 측아 발생의 방지로 적심의 효과를 높인다.
   ㉡ 감자, 양파 등에서 맹아억제효과가 있다.
   ㉢ 당근, 무, 파 등에서는 추대를 억제한다.

⑤ 모르팍틴(Morphactins)
   ㉠ 굴지성, 굴광성의 파괴로 생장을 지연시키고 왜화시킨다.
   ㉡ 정아우세를 파괴하고, 가지를 많이 발생시킨다.
   ㉢ 볏과 식물에서는 분얼이 많아지고 줄기가 가늘어진다.

⑥ 파클로부트라졸(Paclobutrazol)
   ㉠ 지베렐린 생합성조절제로 지베렐린 함량을 낮추고 엽면적과 초장을 감소시킨다.
   ㉡ 화곡류의 절간신장을 억제하여 도복을 방지하는 효과가 있다.

⑦ Rh-531(CCDP)
   ㉠ 맥류의 간장 감소로 도복이 방지된다.
   ㉡ 벼모의 경우 신장 억제로 기계이앙에 알맞게 된다.

⑧ Amo-1618
   ㉠ 강낭콩, 해바라기, 포인세티아 등의 키를 작게 하고, 잎의 녹색을 진하게 한다.
   ㉡ 국화에서 발근한 삽수를 처리하면 줄기가 단축되고 개화가 지연된다.

⑨ 기 타
   ㉠ BOH(β-Hydroxyethyl Hydrazine) : 파인애플의 줄기 신장을 억제하고 화성을 유도한다.
   ㉡ 2,4-DNC : 강낭콩의 키를 작게 하며, 초생엽중을 증가시킨다.
   ㉢ 토마토에 BNOA를 처리하여 단위결과를 유도한다.
   ㉣ Fatty alcohol : 담배를 적심한 후 액아 발생을 억제할 수 있는 가장 효과적인 화학약제이다.

핵심예제

7-1. 식물생장조절물질의 역할에 대한 설명으로 옳지 않은 것은?
① 2,4-DNC는 강낭콩의 키를 작게 한다.
② BOH는 파인애플의 줄기신장을 촉진한다.
③ Rh-531은 벼의 신장을 억제한다.
④ 모르팍틴(Morphactin)은 생장 및 굴광·굴지성을 억제한다.

정답 ②

7-2. 작물의 생장억제제로 이용하고 있는 것은?
① MH(Maleic Hydrazide)
② IAA(β - Indole Acetic Acid)
③ Gibberelin
④ MCPA

정답 ①

7-3. 식물의 생장을 억제하는 물질이 아닌 것은?
① B-nine(B-9)
② CCC(Cycocel)
③ MH(Maleic Hydrazide)
④ NAA(1-Naphthalene Acetic Acid)

정답 ④

해설
7-3
NAA는 합성옥신으로 식물생장조절제이다.

3-3. 방사선 이용

① 동위원소 : 원자번호가 같고 원자량이 다른 원소를 동위원소(Isotope)라 한다.

② 방사성동위원소 : 방사능을 가진 동위원소를 방사성동위원소라 한다.

③ 방사선의 종류

  ⊙ α, β, γ선이 있고, 이 중 γ은 가장 현저한 생물적 효과를 가지고 있다.

  ⓒ γ은 투과력이 가장 크고 이온화작용, 사진작용, 형광작용을 한다.

④ 방사선의 단위

[방사능 및 방사선의 단위 관계]

구 분		종래 단위	새로운 단위
방사능 단위		큐리(Ci)	베크렐(Bq)
방사선량에 관한 단위	조사선량	뢴트겐(R)	쿨롱/킬로그램(C/kg)
	흡수선량	라드(rad)	그레이(Gy)
	등가선량, 유효선량	렘(rem)	시버트(Sv)

◤ 핵심예제 ◢

1-1. 방사성 동위원소가 방출하는 방사선 중에 가장 현저한 생물적 효과를 가진 것은?

① X선 ② α선
③ β선 ④ γ선

정답 ④

1-2. 다음 방사선량의 단위로 사용되지 않는 것은?

① rad ② rep
③ rhm ④ rpm

정답 ④

① 추적자(Tracer)로서의 이용 : 추적자란 그것을 표지(標識)로 하여 어떤 물질을 추적하기 위하여 함유시킨 특정한 방사선동위원소로, 추적자로 표지한 화합물을 표지화합물이라 한다.

  ⊙ 작물영양생리의 연구

    • ^{32}P, ^{42}K, ^{45}Ca 등을 표지화합물로 만들어 필수원소인 질소, 인, 칼륨, 칼슘 등 영양성분의 체내 동태를 파악할 수 있다.

    • 비료의 행동을 정확하게 추적할 수 있는 방사성동위원소이다.

  ⓒ 광합성의 연구

    • ^{14}C, ^{11}C 등으로 표지된 이산화탄소를 잎에 공급한다.

    • 시간 경과에 따른 탄수화물 합성과정을 규명할 수 있으며, 동화물질 전류와 축적과정도 밝힐 수 있다.

  ⓒ 농업토목 이용

    • ^{24}Na를 이용한다.

    • 제방의 누수 개소 발견, 지하수 탐색, 유속 측정 등을 한다.

② 식품 저장에 이용

  ⊙ 살균, 살충 등의 효과를 이용한 식품저장 : ^{60}Co, ^{137}Cs 등에 의한 γ선의 조사는 살균, 살충 등의 효과가 있어 육류, 통조림 등의 식품 저장에 이용된다.

  ⓒ 영양기관의 장기 저장

    • 감자괴경, 당근, 양파, 밤 등에 ^{60}Co, ^{137}Cs에 의한 γ선을 조사하면 휴면이 연장되고 장기 저장이 가능하다.

    • γ선은 주로 감자나 양파 같은 영양체의 맹아 억제를 위하여 사용한다.

  ⓒ 생산량 증수 : 건조종자에 γ선 X선 등을 조사하면 생육이 촉진되고 증수된다.

③ 육종에 이용 : γ선은 인위적 돌연변이의 유도효과가 가장 크다.

④ 농업상 이용

  ⊙ 농업에 이용되는 방사성동위원소 : ^{14}C, ^{32}P, ^{15}N, ^{45}Ca, ^{36}Cl, ^{35}S, ^{59}Fe, ^{60}Co, ^{133}I, ^{42}K, ^{64}Cu, ^{137}Cs, ^{99}Mo, ^{24}Na, ^{65}Zn 등이 있다.

ⓛ 방사성동위원소의 농업적 이용에 있어 방사선의 이온
화작용을 가장 많이 이용한다.

ⓒ 방사선 조사의 장점 : 생육의 특정시기에 처리할 수 있
다. 즉, 이온빔은 X−선이나 γ선에 비해 높은 선에너지
부여(LET)를 지니고 있고 피조사체의 특정 부위에 이온
빔의 에너지를 조절할 수 있는 장점을 가지고 있다.

[핵심예제]

**2-1. 방사성동위원소의 농업적 이용에 있어 방사선의 어떤 면
을 가장 많이 이용하는가?**

① 이온화작용 　　　　② 사진작용
③ 형광작용 　　　　　④ 맹아 발육 촉진

정답 ①

2-2. 방사선 동위원소에서 추적자로 사용하지 않는 것은?

① ^{14}C 　　　　　　② ^{45}Ca
③ ^{60}Co 　　　　　　④ ^{24}Na

정답 ③

**2-3. 비료의 행동을 정확하게 추적할 수 있는 방사성동위원
소는?**

① ^{11}C, ^{14}C 　　　　② ^{60}Co, ^{24}Na
③ ^{32}P, ^{42}K 　　　　④ ^{137}Cs, ^{35}S

정답 ③

**2-4. 지하수의 탐색 및 제방의 누수 개소의 발견을 위하여 흔히
사용하는 방사선동위원소는?**

① ^{14}C 　　　　　　② ^{32}P
③ ^{24}Na 　　　　　④ ^{60}Co

정답 ③

4-1. 작부체계

핵심이론 01 작부체계의 뜻과 중요성

① 작부체계(作付體系)의 의의

ⓐ 일정한 토지에서 몇 종류의 작물을 순차적 재배 또는
조합·배열하여 함께 재배하는 방식을 의미한다.

ⓑ 제한된 토지를 가장 효율적으로 이용하기 위해 발달하
였다.

ⓒ 종류 : 연작, 윤작, 답전윤환, 혼작, 간작, 교호작, 주위
작, 자유작 등

② 작부체계의 중요성(효과)

ⓐ 지력의 유지와 증강

ⓑ 병충해 및 잡초 발생의 감소

ⓒ 농업 노동의 효율적 배분과 잉여 노동의 활용

ⓓ 경지이용도 제고

ⓔ 종합적인 수익성 향상 및 안정화 도모

ⓕ 농업 생산성 향상 및 생산의 안정화

[핵심예제]

작부체계의 특성으로 옳지 않은 것은?

① 지력의 감소
② 병충해 및 잡초 발생의 감소
③ 농업 노동의 효율적 배분과 잉여 노동의 활용
④ 종합적인 수익성 향상 및 안정화 도모

정답 ①

핵심이론 02 작부체계의 변천 및 발달

① 대전법(이동경작)

  ㉠ 가장 원시적 작부방법이며, 화전이 대표적인 방법이다.

  ㉡ 조방농업이 주를 이루던 시대에 개간한 토지에서 몇 해 동안 작물을 연속 재배하고, 그 후 생산력이 떨어지면 이동하여 다른 토지를 개간하여 작물을 재배하는 경작법이다.

    ※ 조방농업(粗放農業) : 인구가 적고 이용할 수 있는 토지가 넓어 자본과 노력을 적게 들이고 자연력이나 자연물에 기대어 짓는 농업

  ㉢ 우리나라는 화전, 일본은 소전, 중국은 화경이라 한다.

② 주곡식 대전법 : 인류가 정착생활을 하면서 초지와 경지 전부를 주곡으로 재배하는 작부방식이다.

③ 휴한농법 : 지력감퇴 방지를 위해 농지의 일부를 몇 년에 한 번씩 작물을 심지 않고 휴한하는 작부방식이다.

④ 윤작(돌려짓기) : 농기구의 발달과 더불어 몇 가지 작물을 돌려짓는 작부방식이다.

⑤ 자유식 : 시장상황, 가격 변동에 따라 작물을 수시로 바꾸는 재배방식으로, 현재는 농업인의 특정목적에 의하여 특정작물을 재배하는 수의식(隨意式)으로 변천·발달하였다.

⑥ 답전윤환 : 지력증진 등의 목적으로 논을 몇 해마다 담수한 논 상태와 배수한 밭 상태로 돌려가면서 이용하는 방식이다.

※ 작부체계 발달순서

  대전법 → 휴한농법 → 삼포식 → 개량삼포식 → 자유작 → 답전윤환

핵심예제

2-1. 대전법(代田法)은 어떤 작부방식에 해당되는가?

① 이동경작   ② 휴한농법

③ 순환농법   ④ 자유경작

정답 ①

2-2. 지력 감퇴 방지를 위해 농지를 몇 년에 한 번씩 작물을 심지 않고 휴한하는 작부방식은?

① 자유경작법   ② 콩과작물의 순환농법

③ 이동경작법   ④ 휴한농법

정답 ④

핵심이론 03 연작과 기지(1)

① 연작 : 동일 포장에 동일 작물을 계속 재배하는 것, 즉 이어 짓기 작부체계이다.

② 연작의 필요성

  ㉠ 수익성과 수요량이 크고, 기지현상이 작은 작물은 연작을 하는 것이 일반적이다.

  ㉡ 기지현상이 있어도 채소 등과 같이 수익성이 높은 작물은 기지대책을 세우고 연작한다.

  ※ 기지(忌地)현상이란 연작의 결과, 작물의 생육이 뚜렷하게 나빠지는 것을 말한다.

③ 작물의 종류와 기지

  ㉠ 작물의 기지 정도

    • 연작의 해가 작은 작물 : 벼, 맥류, 조, 수수, 옥수수, 고구마, 삼, 담배, 무, 당근, 양파, 호박, 연, 순무, 뽕나무, 아스파라거스, 토당귀, 미나리, 딸기, 양배추, 사탕수수, 꽃양배추, 목화 등

    • 1년 휴작작물 : 시금치, 콩, 파, 생강, 쪽파 등

    • 2년 휴작작물 : 마, 오이, 감자, 땅콩, 잠두 등

    • 3년 휴작작물 : 참외, 토란, 쑥갓, 강낭콩 등

    • 5~7년 휴작작물 : 수박, 토마토, 가지, 고추, 완두, 사탕무, 레드클로버, 우엉 등

    • 10년 이상 휴작작물 : 인삼, 아마 등

  ㉡ 과수의 기지 정도

    • 기지가 문제되는 과수 : 복숭아나무, 무화과나무, 감귤류, 앵두나무 등

    • 기지가 나타나는 정도의 과수 : 감나무 등

    • 기지가 문제되지 않는 과수 : 사과나무, 포도나무, 자두나무, 살구나무 등

핵심예제

3-1. 작물을 연작하였을 때 피해가 가장 작은 작물은?

① 수 박   ② 아 마

③ 인 삼   ④ 벼

정답 ④

3-2. 연작에 의한 기지현상이 가장 심하여 10년 이상 휴작을 요하는 작물은?

① 아마, 인삼   ② 수박, 고추

③ 시금치, 생강   ④ 감자, 땅콩

정답 ①

핵심이론 04 연작과 기지(2)

① 기지의 원인(연작의 피해)

　㉠ 토양 비료분의 소모(미량요소의 결핍)

　　• 알팔파, 토란 등은 석회결핍증이 나타나기 쉽다.

　　• 옥수수는 다비성으로 연작하면 유기물과 질소가 결핍된다.

　　• 심근성 또는 천근성 작물의 연작은 많은 양분이 수탈되기 쉽다.

　㉡ 토양 중의 염류집적 : 최근 시설재배(하우스)에서 다비연작을 하여 이로 인한 작토층 과잉 염류집적은 작물생육을 저해한다.

　㉢ 토양물리성 악화 : 화곡류와 같은 천근성(淺根性) 작물을 연작하면 토양이 긴밀화되어 물리성이 악화된다.

　㉣ 토양전염의 병해 : 아마・목화・완두・백합(잘록병), 가지와 토마토(풋마름병), 사탕무(뿌리썩음병 및 갈색무늬병), 강낭콩(탄저병), 인삼(뿌리썩음병), 수박(덩굴쪼김병) 등

　㉤ 토양선충의 피해

　　• 연작을 하면 토양선충이 번성하여 직접적으로 피해를 끼치고, 2차적으로는 병균의 침입도 조장하여 병해를 유발함으로써 기지의 원인이 된다.

　　• 연작에 의한 선충의 피해가 큰 작물 : 밭벼, 두류, 감자, 인삼, 사탕무, 무, 제충국, 우엉, 가지, 호박, 감귤류, 복숭아, 무화과, 레드클로버 등

　㉥ 유독물질의 축적 : 작물의 유체(遺體) 또는 생체에서 나오는 물질이 동일종이나 유연종의 작물에 축적되어 기지현상을 일으킨다.

　㉦ 잡초의 번성 : 잡초 번성이 쉬운 작물은 연작 시 특정 잡초가 번성된다.

② 기지의 대책

　㉠ 윤작 : 가장 근본적이고 효과적인 대책이다.

　㉡ 담수 : 담수처리는 밭 상태에서 번성한 선충과 토양미생물이 감소되고, 유독물질의 용탈도 빠르다. 벼를 밭에서 재배하면 바로 기지현상이 발생하지만, 논에서는 그렇지 않다.

　㉢ 저항성 품종의 재배 및 저장성 대목을 이용한 접목 : 수박, 멜론, 가지, 포도 등은 저항성 대목에 접목하여 기지현상을 경감할 수 있다.

　㉣ 유독물질의 흘려보내기 : 유독물질의 축적이 기지의 원인인 경우(복숭아, 감귤류) 관개 또는 약제(알코올, 황산, 수산화칼륨, 계면활성제 등)를 이용해 유독물질을 흘려보내 제거하면 기지현상을 경감시킬 수 있다.

　㉤ 기타 : 객토 및 환토, 접목, 합리적 시비, 토양소독 등

▍핵심예제▍

4-1. 기지(忌地)의 발생원인 중에서 시설재배 시 가장 크게 문제가 되는 것은?

① 연작으로 인한 토양비료분의 일반적인 수탈

② 천근성 작물의 연작으로 인한 토양물리성 약화

③ 다비 연작으로 인하여 작토층에 과잉 집적되는 염류

④ 동일 작물의 다비 연작으로 인한 특정 잡초의 발생과 번성

정답 ③

4-2. 연작에 의한 작물의 기지현상에 대한 설명으로 틀린 것은?

① 토양 중에 염류집적이 크기 때문이다.

② 토양에 유독물질이 다량 축적되기 때문이다.

③ 연작장해가 가장 큰 작물은 인삼이다.

④ 여름철 고온, 다습한 조건에서 많이 발생한다.

정답 ④

4-3. 기지의 원인이 되는 토양전염병이 아닌 것은?

① 완두 - 잘록병　　　　② 인삼 - 뿌리썩음병

③ 사과 - 적진병　　　　④ 토마토 - 풋마름병

정답 ③

해설

4-2

같은 작물 또는 근연작물(近緣作物)을 매년 같은 포장에 연속 재배하면 생육장해가 생기고 점차 수량이 떨어져 마침내는 전혀 수확을 기대할 수 없게 된다. 연작에 의해서 생기는 이와 같은 현상을 총괄적으로 기지현상이라 하는데, 이것은 같은 작물 또는 그 근연작물의 연작에 의해서 토양이 어떤 작물에 대하여 적합성을 상실하게 된다.

4-3

잘록병, 뿌리썩음병, 풋마름병은 토양을 통하여 전염되는 병해이지만 적진병은 산성토양에서 망간을 지나치게 많이 흡수하거나 칼슘을 적게 흡수할 때 가지의 수피가 울퉁불퉁하여 죽는 생리적인 병해이다.

핵심이론 05   윤작(輪作, Crop Rotation)

① 윤작 : 동일 포장에서 동일 작물을 이어짓기하지 않고 몇 가지 작물을 특정한 순서에 따라 규칙적으로 반복하여 재배하는 경작법이다.

② 윤작 시 작물의 선택(윤작원리)
  ㉠ 주작물은 지역 사정에 따라 다양하게 선택한다.
  ㉡ 지력 유지를 위하여 콩과작물이나 다비작물을 반드시 포함시킨다.
  ㉢ 식량과 사료의 생산이 병행되는 것이 좋다.
  ㉣ 여름작물과 겨울작물을 결합한다.
  ㉤ 잡초의 경감을 위해서는 중경작물이나 피복작물을 포함한다.
  ㉥ 이용성과 수익성이 높은 작물을 선택한다.
  ㉦ 기지현상을 회피하도록 작물을 배치한다.

③ 윤작의 효과
  ㉠ 지력의 유지 증강
    • 질소고정 : 콩과작물의 재배는 공중질소를 고정한다.
    • 잔비량 증가 : 다비작물의 재배는 잔비량이 증가한다.
    • 토양구조의 개선 : 근채류, 목초 등을 재배하면 토양의 입단이 잘 형성된다.
    • 토양유기물 증대 : 녹비작물, 콩과작물의 재배는 토양유기물을 증대시킨다.
    • 구비(廐肥) 생산량의 증대 : 지력 증강에 도움이 된다.
  ㉡ 병충해 경감, 잡초의 경감
  ㉢ 토양보호 및 기지의 회피
  ㉣ 토지이용도 향상, 수량의 증대
  ㉤ 노력 분배의 합리화
  ㉥ 농업경영의 안정성 증대

④ 윤작법
  ㉠ 순삼포식 농법 : 경지를 3등분하여 2/3에 추파 또는 춘파곡물을 재배하고 1/3은 휴한하는 것을 순차적으로 교차하는 작부방식이다.
  ㉡ 개량삼포식 농법(콩과작물의 순환농법) : 농지를 3구획으로 나누어 2/3는 춘파작물과 추파작물을 심고, 1/3은 휴한하는 농업이다. 이 휴한지역에 지력 증진을 위해 콩과작물을 재배하는 방식이다.

  ㉢ 노퍽(Norfolk)식 윤작법 : 순무, 보리, 클로버, 밀의 4년 사이클의 윤작방식으로 영국 노퍽 지방의 윤작체계이다.

※ 유럽에서 발달한 노퍽식과 개량삼포식은 윤작농업의 대표적 작부방식이다.

핵심예제

5-1. 윤작에 대한 설명으로 옳지 않은 것은?

① 동양에서 발달한 작부방식이다.
② 지력 유지를 위하여 콩과 작물을 반드시 포함시킨다.
③ 병충해 경감효과가 있다.
④ 경지이용률을 높일 수 있다.

정답 ①

5-2. 작부체계에 대한 설명으로 옳은 것은?

① 고추와 참외는 연작 시 기지현상이 거의 없는 작물이다.
② 객토와 접목은 기지대책이 될 수 없다.
③ 노퍽(Nofolk)식 윤작은 사료 생산에 초점이 맞추어진 윤작방식이다.
④ 개량삼포식 윤작은 포장의 1/3에 콩과작물을 심는 윤작방식이다.

정답 ④

해설

5-1
윤작은 서구 중세에 발달한 작부방식이다.

핵심이론 06 답전윤환(畓田輪換)

① 답전윤환의 개념

- ㉠ 논을 몇 해 동안씩 담수한 논 상태와 배수한 밭 상태로 돌려가면서 재배하는 방식이다.
- ㉡ 답전윤환의 최소 연수는 논기간과 밭기간을 2~3년으로 하는 것이 알맞다.

② 답전윤환이 윤작의 효과에 미치는 영향

- ㉠ 토양의 물리적 성질
  - 산화상태의 토양은 입단의 형성, 통기성, 투수성, 가수성이 양호해진다.
  - 환원상태의 토양에서는 입단의 분산, 통기성과 투수성이 작아지고 가수성이 커진다.
- ㉡ 토양의 화학적 성질
  - 산화상태의 토양에서는 유기물의 소모가 크고, 양분 유실이 적고, pH가 저하된다.
  - 환원상태가 되면 유기물 소모가 적고, 양분의 집적이 많아지고, 토양의 철과 알루미늄 등에 부착된 인산을 유효화하는 장점이 있다.
- ㉢ 토양의 생물적 성질 : 환원상태가 되는 담수조건에서는 토양의 병충해, 선충과 잡초의 발생이 감소한다.
- ※ 토양통기의 촉진책 : 배수 촉진, 토양 입단 조성, 심경, 객토, 답전윤환 재배, 중·습답에서는 휴립재배, 파종할 때 미숙 퇴비를 종자 위에 두껍게 덮지 않음 등

③ 답전윤환의 효과

- ㉠ 지력 증강
  - 밭기간 동안에는 토양의 입단화가 진전(증가)되고 미량요소 용탈이 감소되며, 환원성 유해물질이 감소된다.
  - 논기간 동안에는 투수성이 좋아지고 산화환원전위가 높아진다.
- ㉡ 기지의 회피
- ㉢ 잡초의 감소
- ㉣ 벼 수확량 증가
- ㉤ 노동력 절감

④ 답전윤환의 한계

- ㉠ 수익성에 있어 벼를 능가하는 작물의 성립이 문제된다.
- ㉡ 2모작 체계에 비하여 답전윤환 체계가 더 유리해야 한다.

핵심예제

6-1. 일반적으로 답전윤환에서 논기간과 밭기간은 각각 몇 년 정도로 하는 것이 적합한가?

① 1년   ② 2~3년
③ 4~5년   ④ 6~7년

정답 ②

6-2. 토양통기를 촉진하기 위한 재배적 조치가 아닌 것은?

① 답전윤환 재배를 실시한다.
② 객토를 한다.
③ 중·습답에서는 휴립재배를 한다.
④ 파종할 때 미숙 퇴비를 종자 위에 두껍게 덮지 않는다.

정답 ②

6-3. 답전윤환의 효과가 아닌 것은?

① 지력 증강   ② 공간의 효율적 이용
③ 잡초의 감소   ④ 기지의 회피

정답 ②

해설
6-3
공간의 효율적 이용은 혼파의 장점이다.

핵심이론 07 혼파(混播, Mixed Needing)

① 혼파의 개념

ㄱ 두 종류 이상의 작물 종자를 함께 섞어서 파종하는 방식이다.

ㄴ 사료작물의 재배 시 화본과종자와 콩과종자를 8 : 2, 9 : 1 정도 섞어 파종하여 목야지를 조성하는 방법이다.

例 클로버+티머시, 베치+이탈리안 라이그래스, 레드클로버+클로버의 혼파

② 혼파의 장점

ㄱ 가축영양상의 이점 : 벼과목초와 콩과목초가 섞이면 가축의 영양상 유리하다.

ㄴ 공간의 효율적 이용 : 상번초와 하번초가 섞이면 공간을 효율적으로 이용할 수 있다.

ㄷ 비료성분의 효율적 이용 : 혼파에 의해서 토양의 비료성분을 더욱 효율적으로 이용할 수 있다.

※ 화본과목초와 두과목초를 혼파하였을 때 인과 칼륨을 많이 주면 두과목초가 우세해진다.

ㄹ 질소질 비료의 절약 : 콩과목초가 고정한 질소를 화본과목초도 이용하게 되므로 질소비료가 절약된다.

ㅁ 잡초의 경감 : 멀칭효과가 있어 잡초를 경감시킬 수 있다.

ㅂ 재해에 대한 안정성 증대 : 불량한 환경이나 재해에 대한 안정성이 증대된다.

ㅅ 산초량의 평준화 : 생장의 소장(消長)이 각기 다르기 때문에 여러 종류의 목초를 함께 생육하면 혼파목야지의 산초량이 시기적으로 평준화된다.

ㅇ 건초제조상의 이점 : 수분 함량이 많은 두과목초와 수분이 거의 없는 화본과목초가 섞이면 건초를 제조하기에 용이하다.

③ 혼파의 단점

ㄱ 작물의 종류가 제한적이고 파종작업이 힘들다.

ㄴ 목초별로 생장이 달라 시비, 병충해 방제, 수확작업 등이 불편하다.

ㄷ 수확기가 불일치하면 수확이 제한을 받는다.

ㄹ 채종이 곤란하고 기계화가 어렵다.

핵심예제

7-1. 혼파의 이점이 아닌 것은?

① 화본과목초와 콩과목초가 섞이면 가축의 영양상 유리하다.

② 상번초와 하번초가 섞이면 공간을 효율적으로 이용할 수 있다.

③ 혼파에 의해서 토양의 비료성분을 더욱 효율적으로 이용할 수 있다.

④ 화본과목초가 고정한 질소를 콩과목초가 이용하므로 질소비료가 절약된다.

정답 ④

7-2. 혼파에 관한 설명으로 틀린 것은?

① 시비, 병충해 방제 등의 관리가 용이하다.

② 공간을 효율적으로 이용할 수 있다.

③ 재해에 대한 안정성이 증대된다.

④ 잡초를 경감시킬 수 있다.

정답 ①

핵심이론 08 간작(間作, 사이짓기, Intercropping)

① 간작의 개념
  ⊙ 한 종류의 작물이 생육하고 있는 이랑 또는 포기 사이에
     한정된 기간 동안 다른 작물을 재배하는 것이다(예 보리
     밭의 이랑과 이랑 사이에 콩을 심어서 보리를 수확한
     후 콩이 자라 수확을 하는 것).
  ⊙ 일반적으로 간작되는 작물은 수확시기가 서로 다르다.
     이미 생육하고 있는 작물을 주작물 또는 상작이라 하고
     나중에 재배하는 작물을 간작물 또는 하작이라 한다.
  ⊙ 주작물에 큰 피해 없이 간작물을 재배, 생산하는 데 주
     목적이 있다.
  ⊙ 주작물 파종 시 이랑 사이를 넓게 해야 간작물의 생육에
     유리하다.
  ⊙ 주작물은 키가 작아야 통풍·통광이 좋고, 빨리 성숙한
     품종을 수확하여 간작물을 빨리 독립적으로 자랄 수 있
     게 한다.

② 장 점
  ⊙ 단작(단일경작)보다 토지이용률이 높다.
  ⊙ 노동력의 분배 조절이 용이하다.
  ⊙ 주작물과 간작물의 적절한 조합으로 비료를 경제적으
     로 이용할 수 있고 녹비작물재배를 통해서 지력 상승을
     꾀할 수 있다.
  ⊙ 주작물은 간작물에 대하여 불리한 기상조건과 병충해
     에 대하여 보호역할을 한다.
  ⊙ 간작물이 조파, 조식되어야 하는 경우 간작은 이것을
     가능하게 하여 수량이 증대된다.

③ 단 점
  ⊙ 간작물로 인하여 축력 이용 및 기계화가 곤란하다.
  ⊙ 후작의 생육장해가 발생할 수 있고, 토양수분 부족으로
     발아가 나빠질 수 있다.
  ⊙ 후작물로 인하여 토양비료의 부족이 발생할 수 있다.

[핵심예제]

간작(사이짓기)의 대표적인 형태는?
① 맥류의 줄 사이에 콩의 재배
② 벼 수확 후 보리의 재배
③ 논두렁에 콩의 재배
④ 콩밭에 수수나 옥수수를 일정 간격으로 재배

정답 ①

핵심이론 09 그 밖의 작부체계

① 교호작(交互作, 엇갈아짓기, Alternate Cropping)
  ⊙ 두 종류 이상의 작물을 일정 이랑씩 교호로 배열하여
     재배하는 방식이다.
  ⊙ 작물별 시비, 관리작업이 가능하며 주작물과 부작물의
     구별이 뚜렷하지 않다.
  ⊙ '콩의 2이랑에 옥수수 1이랑'과 같이 생육기간이 비슷한
     작물을 서로 건너서 교호로 재배한다.
  ⊙ 옥수수와 콩의 경우 공간의 이용 향상, 지력 유지, 생산
     물 다양화 등의 효과가 있다(예 옥수수와 콩의 교호작,
     수수와 콩의 교호작).

② 주위작(周圍作, 둘레짓기, Border Cropping)
  ⊙ 포장의 주위에 포장 내 작물과는 다른 작물을 재배하는
     작부체계로, 혼파의 일종이라 할 수 있다.
  ⊙ 주목적은 포장 주위의 공간을 생산에 이용하는 것이다.
  ⊙ 콩, 참외밭 주위에 옥수수나 수수간은 초장이 큰 나무를
     심으면 방풍효과가 있다(예 벼를 재배하는 논두렁에 콩
     을 심어 재배한다).

※ 콩은 간작, 혼작, 교호작, 주위작 등의 작부체계에 적합한 대표적인 작물
  이다.

[핵심예제]

**9-1. 콩 농사를 하는 홍길동은 콩밭 둘레에 옥수수를 심어 방풍
효과도 거두었다. 이 작부체계로서 가장 적절한 것은?**
① 간 작   ② 혼 작
③ 교호작   ④ 주위작

정답 ④

9-2. 옥수수와 녹두를 교호작 형태로 재배하면 유리한 점은?
① 지력 유지   ② 투광태세 양호
③ 작업 용이   ④ 수확작업 용이

정답 ①

4-2. 영양번식

핵심이론 **01** 영양번식의 뜻과 이점

① 영양번식 : 영양기관을 번식에 직접 이용하는 것이다.
  ㉠ 자연영양번식법 : 감자의 괴경(덩이줄기), 고구마의 괴근(덩이뿌리)과 같이 모체에서 자연적으로 생성, 분리된 영양기관을 이용하는 것이다.
  ㉡ 인공영양번식법 : 포도, 사과, 장미 등과 같이 영양체의 재생, 분생기능을 이용하여 인공적으로 영양체를 분할해 번식시키는 방법으로 취목, 접목, 삽목, 분주가 있다.

② 영양번식의 장점
  ㉠ 종자번식이 어려운 작물에 이용된다(고구마, 감자, 마늘 등).
  ㉡ 우량유전자를 영속적으로 유지시킬 수 있다(고구마, 감자, 과수 등).
  ㉢ 종자번식보다 생육이 왕성해 조기 수확이 가능하고, 수량도 증가한다(감자, 모시풀, 과수, 화훼 등).
  ㉣ 암수 어느 한쪽만 재배할 때 이용된다(호프는 영양번식으로 암그루만 재배가 가능).
  ㉤ 접목은 수세의 조절, 풍토 적응성 증대, 병충해 저항성 증대, 결과 촉진, 품질 향상, 수세 회복 등을 기대할 수 있다.

[핵심예제]

영양번식의 장점이 아닌 것은?
① 종자번식이 어려울 때 이용된다.
② 우량유전자를 영속적으로 유지시킬 수 있다.
③ 많은 유전적 계통을 만들 수 있다.
④ 접목에 의한 수세를 조절할 수 있다.

정답 ③

핵심이론 **02** 영양번식의 종류

① 분주(分株, 포기 나누기, Division)
  ㉠ 모주(어미식물)에서 발생한 흡지를 뿌리가 달린 채로 분리하여 번식시키는 것이다.
  ㉡ 시기는 이른 봄 싹트기 전에 한다.
  ㉢ 아스파라거스, 토당귀, 박하, 모시풀, 작약, 석류, 나무딸기, 닥나무, 머위 등에 이용된다.

② 삽목(揷木, 꺾꽂이)
  ㉠ 삽목이란 모체에서 분리한 영양체의 일부를 알맞은 곳에 심어 뿌리가 내리도록 하여 독립개체로 번식시키는 방법이다.
  ㉡ 삽목에 이용되는 부위에 따라 엽삽, 근삽, 지삽 등으로 구분된다.
    • 엽삽(葉揷) : 잎을 꽂아 발근시키는 것으로 베고니아, 펠라고늄, 차나무 등에 이용된다.
    • 근삽(根揷) : 뿌리를 잘라 심는 것으로 사과나무, 자두나무, 앵두나무, 감나무, 오동나무, 땅두릅나무 등에 이용된다.
    • 지삽(枝揷) : 가지를 삽수하는 것으로 포도, 무화과 등에 이용된다.
  ㉢ 지삽에서 가지 이용에 따라 녹지삽, 경지삽, 신초삽, 일아삽(단아삽)으로 구분한다.
    • 녹지삽 : 다년생 초본녹지를 삽목하는 것으로 카네이션, 펠라고늄, 콜리우스, 피튜니아 등에 이용된다.
    • 경지삽(숙지삽) : 묵은 가지를 이용해 삽목하는 것으로 포도, 무화과 등에 이용된다.
    • 신초삽(반경지삽) : 1년 미만의 새 가지를 이용하여 삽목하는 것으로 인과류, 핵과류, 감귤류 등에 이용된다.
    • 일아삽(단아삽) : 눈을 하나만 가진 줄기를 이용하여 삽목하는 방법으로 포도에 이용된다.

③ 취목(取木, 휘묻이, Layering)
  식물의 가지를 모체에서 분리시키지 않은 채로 흙에 묻거나 그 밖에 적당한 조건, 즉 암흑 상태·습기 및 공기 등을 주어 발근시킨 다음 절단해서 독립적으로 번식시키는 방법이다.
  ㉠ 성토법(盛土法, 묻어떼기)
    • 포기 밑에 가지를 많이 내고 성토해서 발근시키는 방법이다.
    • 사과나무, 자두나무, 양앵두, 뽕나무 등에 이용된다.

ⓒ 휘묻이법 : 가지를 휘어 일부를 흙에 묻는 방법이다.
- 보통법 : 가지의 일부를 휘어서 흙속에 묻는 방법으로 포도, 자두, 양앵두 등에 이용한다.
- 선취법 : 가지의 선단부를 휘어서 묻는 방법으로 나무딸기에 이용한다.
- 파상취목법 : 긴 가지를 파상으로 휘어 지곡부마다 흙을 덮어 하나의 가지에서 여러 개를 취목하는 방법으로 포도 등에 이용한다.
- 당목취법 : 줄기를 수평으로 땅에 묻어 각 마디에 새 가지를 발생시켜 번식하는 방법으로 포도, 자두, 양앵두 등에 이용한다.

ⓒ 고취법(高取法, 양취법)
- 줄기나 가지를 땅속에 묻을 수 없을 때(고무나무와 같은 관상수목) 높은 곳에서 발근시켜 취목하는 방법이다.
- 발근시키고자 하는 부분에 미리 절상, 환상박피 등을 하면 효과적이다.

[핵심예제]

2-1. (　　) 안에 들어갈 알맞은 내용은?

어미식물에서 발생하는 흡지(吸枝)를 뿌리가 달린 채로 분리하여 번식시키는 것을 (　　)(이)라고 한다.

① 성토법　　　　　② 분 주
③ 선취법　　　　　④ 당목취법

정답 ②

2-2. 인공영양번식에서 환상박피처리를 하는 번식법으로 가장 적절한 것은?

① 삽 목　　　　　② 취 목
③ 복 접　　　　　④ 지 접

정답 ②

2-3. 줄기를 수평으로 땅에 묻어 각 마디에 새 가지를 발생시켜 번식하는 방법은?

① 분주법　　　　　② 성토법
③ 당목취법　　　　④ 고취법

정답 ③

2-4. 고무나무와 같은 관상수목을 높은 곳에서 발근시켜 취목하는 영양번식방법은?

① 분 주　　　　　② 고취법
③ 삽 목　　　　　④ 성토법

정답 ②

① 접목방법
ⓐ 접목방식에 따라 : 쌍접, 삽목접, 교접, 이중접, 설접, 짜개접, 눈접
ⓑ 접목시기에 따라 : 춘접, 하접, 추접
ⓒ 대목 위치에 따라 : 고접, 목접, 근두접, 근접
ⓓ 접수에 따라 : 아접, 지접
ⓔ 지접에서 접목방법에 따라 : 피하접, 할접, 복접, 합접, 설접, 절접 등
ⓕ 포장에 대목이 있는 채로 접목하는 거접과 대목을 파내서 하는 양접이 있다.

② 접목의 장점
ⓐ 결과 향상 및 단축
- 온주밀감은 탱자나무를 대목으로 하는 것이 과피가 매끄럽고 착색이 좋으며, 성국이 빠르고 감미가 있다.
- 접목묘의 이용은 실생묘보다 결과에 소요되는 연수가 단축된다.
ⓑ 수세 조절
- 왜성대목 이용 : 서양배를 마르멜루 대목에, 사과를 파라다이스 대목에 접목하면 결과연령이 단축되고 관리가 편해진다.
- 강화대목 이용 : 살구나무를 일본종 자두나무 대목에, 앵두나무를 복숭아나무 대목에 접목하면 지상부 생육이 왕성해지고 수령도 길어진다.
ⓒ 환경 적응성 증대
- 감나무를 고욤나무 대목에 접목하면 내한성이 증대된다.
- 개복숭아 대목에 복숭아 또는 자두를 접목하면 알칼리 토양에 대한 적응성이 증대된다.
- 중국콩배 대목에 배를 접목하면 내한성이 높아진다.
ⓓ 병충해 저항성 증대
- 포도나무 뿌리진딧물인 필록세라(Phylloxera)는 *Vitis rupertris*, *V. berlandieri*, *V. riparia* 등의 저항성 대목에 접목하면 경감한다.
- 사과나무의 선충은 *Winter mazestin*, *Northern Spy*, 환엽해당 등의 저항성 대목에 접목하면 경감한다.
- 토마토 풋마름병, 시들음병은 야생토마토에 접목하면 경감한다.
- 수박의 덩굴쪼김병은 박 또는 호박에 접목하면 경감한다.

ⓜ 수세 회복 및 품종 갱신
- 감나무의 탄저병으로 지면 부분이 상했을 때 환부를 깎아 내고 소독한 후 건전부에 접목하면 수세가 회복된다.
- 탱자나무를 대목으로 하는 온주밀감이 노쇠했을 경우 유자나무 뿌리를 접목하면 수세가 회복되고, 고접은 노목의 품종 갱신이 가능하다.

ⓗ 묘목의 대량 생산 : 어미나무의 특성을 지닌 묘목을 일시에 대량 생산이 가능하다.

③ 인공영양번식에서 발근 및 활착 촉진
ⓐ 삽목의 경우 옥신류(IBA, NAA, IAA 등)를 처리하면 발근이 촉진된다.
ⓑ 가지 일부를 일광 차단(흙으로 덮거나 검은 종이로 쌈)하여 황화시키면 발근이 촉진된다.
ⓒ 포도 단아삽에서 자당액에 침지하면 발근이 촉진된다.
ⓓ 과망간산칼륨($KMnO_4$)액에 삽수의 기부를 침지하면 소독 및 발근을 촉진한다.
ⓔ 취목 시 발근시킬 부위에 환상박피, 절상, 연곡 등의 처리를 하면 발근이 촉진된다.
ⓕ 증산경감제 처리
- 접목 시 대목 절단면에 라놀린(Lanolin)을 바르면 활착이 촉진된다.
- 호두나무의 경우 접목 후 대목과 접수에 석회를 바르면 활착이 좋아진다.

핵심예제

3-1. 대목의 위치에 따른 접목의 분류방법이 아닌 것은?
① 설접(舌接) ② 고접(高接)
③ 근접(根接) ④ 목접(木接)
> 정답 ①

3-2. 접목의 목적과 방법이 올바르게 짝지어진 것은?
① 생육을 왕성하게 하고 수령(樹齡)을 늘리기 위한 접목 – 감나무에 고욤나무를 접목
② 병해충 저항성을 높이기 위한 접목 – 수박을 박이나 호박에 접목
③ 과수나무의 왜화와 결과연령을 단축하고 관리를 쉽게 하기 위한 접목 – 사과나무를 환엽해당에 접목
④ 건조한 토양에 대한 환경 적응성을 높이기 위한 접목 – 서양 배나무를 중국콩배에 접목
> 정답 ②

핵심이론 04 채소접목 육묘

① 채소접목 육묘의 필요성
ⓐ 흡비력이 증진되고, 고온·저온 등 불량환경에 대한 저항성이 증가한다.
ⓑ 토양전염성병의 발생이 억제된다.
ⓒ 박과채소(수박, 참외, 시설재배오이 등)는 박이나 호박을 대목으로 이용하여 연작에 의한 덩굴쪼김병을 방제한다.
ⓓ 가지과채소(토마토, 고추, 가지)는 저항성 대목을 이용한 접목재배가 증가하고 있다.

② 박과채소류 접목의 장단점

장 점	단 점
• 토양전염성 병의 발생을 억제(수박, 오이, 참외의 덩굴쪼김병) • 불량환경에 대한 내성이 증대됨(수박, 오이, 참외) • 흡비력이 증대됨(수박, 오이, 참외) • 과습에 잘 견딤(수박, 오이, 참외) • 과실의 품질이 우수해짐(수박, 멜론)	• 질소의 과다 흡수 우려가 있음 • 기형과 발생이 많아짐 • 당도가 떨어짐 • 흰가루병에 약함

핵심예제

4-1. 채소류의 접목육묘의 장점에 속하지 않는 것은?
① 토양전염병 발생 억제 ② 흡비력 감소
③ 과실의 품질 우수산물 ③ 불량환경에 대한 내성 증대
> 정답 ②

4-2. 수박접목의 특성에 대한 설명으로 가장 거리가 먼 것은?
① 흡비력이 강해진다. ② 과습에 잘 견딘다.
③ 품질이 우수해진다. ④ 흰가루병에 강해진다.
> 정답 ④

핵심이론 05 조직배양의 개념 등

① 조직배양의 개념

  ㉠ 식물의 일부 조직을 무균적으로 배양해 조직 자체의 증식 생장 및 각종 조직, 기관의 분화 발달에 의해 개체를 육성하는 방법이다.

  ㉡ 다세포로 된 식물의 기관, 조직 또는 세포를 식물체에서 적출 및 분리해 영양분이 들어 있는 기내배지에서 무균적으로 배양하여 캘러스(Callus)나 단세포의 집단을 유기하거나 완전한 기능을 가진 식물체로 재생시키는 기술이다.

  ㉢ 조직배양은 분화한 식물세포가 정상적인 식물체로 재분화를 할 수 있는 전체형성능을 가지고 있어 가능하다.

    ※ 전체형성능 : 뿌리, 줄기, 잎 꽃가루 등의 다양한 식물조직세포에서 완전한 식물체를 재생시킬 수 있는 능력

  ㉣ 하나의 개체로부터 같은 형질을 가진 개체를 대량 증식시킬 수 있어 품질이 좋다. 번식력이 약한 개체를 번식시키는 데 쓰이거나 특정 세포 등을 대량으로 배양할 때 쓰인다.

  ㉤ 조직배양은 원연종속간 잡종의 육성, 바이러스 무병(Virus Free)묘 생산, 우량한 이형접합체의 증식, 인공종자 개발, 유용물질 생산, 유전자원 보존 등에 이용된다.

    ※ 조직배양 육종 : 화분 반수체를 세포배양하여 2배체(약배양)로 만들고 Homo화, 고정화, 계통화, 시간단축을 가능하게 하며, 화분 외에도 식물의 여러 조직세포를 배양하여 식물체를 확보한다.

② 조직배양 재료

  ㉠ 단세포, 영양기관, 생식기관, 병적조직, 전체식물 등 다양하다.

    • 영양기관 : 뿌리, 잎, 떡잎, 줄기, 눈, 등

    • 생식기관 : 꽃, 과식, 배주, 배, 배유, 과피, 약, 화분 등

  ㉡ 조직배양에 사용되는 배지 : 기본배지에는 N, P, K 등의 다량원소와 Mn, ZN, Cu, Mo 등의 미량원소 및 당, 아미노산, 비타민 등의 유기물질, 옥신(NAA, IAA, IBA, 2,4-D, 사이토키닌 등), 식물호르몬 등이 있다.

③ 주요 배지의 종류

  ㉠ MS 배지 : 담배의 캘러스 증식용 배지로 개발되었고, 다양한 종류의 식물배양에 우수한 효과가 있다.

  ㉡ B5 배지 : 콩의 세포현탁배양배지로 개발되었고, 다양한 종류의 식물배양에 우수한 효과가 있다.

  ㉢ White 배지 : 토마토 뿌리 배양용으로 개발되었고, 캘러스배양, 현탁배양에 이용되며, 뿌리, 배, 자방, 줄기 등의 기관배양용 배지에 사용된다.

  ※ 조직배양 시 배지의 질소공급 염류 : 질산칼륨, 질산암모늄, 질산칼슘, 황산암모늄

  ※ 조직배양 시 배지의 pH 조절용 시약 : 산성- 수산화나트륨, 알칼리성-염산 첨가

핵심예제

식물조직배양에 대한 설명으로 옳지 않은 것은?

① 영양번식작물에서 바이러스 무병 개체를 육성할 수 있다.

② 분화한 식물세포가 정상적인 식물체로 재분화를 할 수 있는 능력을 전체형성능력이라 한다.

③ 번식이 힘든 관상식물을 단시일에 대량으로 번식시킬 수 있다.

④ 조직배양의 재료로 영양기관을 사용한 경우는 많으나 예민한 생식기관을 사용한 사례는 없다.

정답 ④

해설

조직배양의 재료로 영양기관과 생식기관을 모두 사용할 수 있다.

핵심이론 06 조직배양의 이용 등

① 조직배양의 이용

  ⊙ 생물공학의 기초연구 : 세포의 증식, 기관의 분화, 조직의 생장 등 식물의 발생과 형태형성 및 발육의 과정과 이에 관여하는 영양물질, 비타민, 호르몬의 역할, 환경조건 등에 대한 기본적인 연구가 가능해진다.

  ⓒ 선발 : 조직배양을 하는 배지에 돌연변이 유발원이나 스트레스를 가하면 변이세포를 선발할 수 있다.

  ⓒ 종속간 잡종의 육성 : 기내수정(器內受精)
  기내에서 씨방의 노출된 밑씨에 직접 화분을 수분시켜 수정하도록 하는 것으로 얻은 잡종의 배배양이나 배주배양 또는 자방배양을 통해 F1 종자를 얻을 수 있다.

  ⓔ 바이러스 무병묘 생산 : 식물의 생장점을 조직배양하면 세포분열 속도가 빨라서 바이러스가 증식하지 못하여 바이러스무병묘를 얻을 수 있다. 예 감자, 딸기, 마늘, 카네이션, 구근류, 과수류 등

  ⑩ 인공종자 개발 : 인공 종자는 체세포의 조직배양으로 유기된 체세포배(體細胞胚, Somatic Embryo)를 캡슐에 넣어 만든다. 캡슐재료로는 알긴산(Alginic Acid)을 많이 이용하며, 이것은 해초인 갈조류의 엽상체로부터 얻는다.

  ⑪ 유전자원보존 : 종자수명이 짧은 작물 또는 영양번식작물은 조직배양하여 기내보존하면 장기보존이 가능하다.

  ⑭ 대량번식 : 조직배양은 번식이 힘든 관상식물을 단시일에 대량으로 번식시킬 수 있다.

  ⑥ 독성의 검정 등 : 농약에 대한 독성이나 방사선에 대한 감수성을 세포나 조직배양물을 이용하여 간편하게 검정할 수 있다.

  ⑨ 유용물질의 생산 : 사탕수수의 자당, 약용식물의 알칼로이드, 화곡류의 전분, 수목의 리그닌, 비타민 등의 특수물질, 세포나 조직의 배양에 의한 생합성에 대해서 공업적 생산이 가능하다.

② 조직배양 시 완전 무병주 생산방법

  ⊙ 열처리에 의한 무병주 육성

  ⓒ 경정배양에 의한 무병주 육성

  ⓒ 캘러스 배양체에 의한 무병주 육성

  ※ 식물 조직배양 기술을 통한 종자 생산의 이점과 문제점
    • 이점 : 무병주 생산, 대량생산, 신품종 육성, 유전자원 보존, 식물영양번식의 응용
    • 문제점 : 숙련기술 필요, 일정한 시설 요구

핵심예제

6-1. 조직배양의 이용에 대한 설명으로 옳지 않은 것은?

① 1개의 세포로부터 유전 형질이 같은 개체를 무수히 많이 얻을 수 있어 번식력이 약한 생물이나 멸종 위기에 있는 희귀 동식물의 복원에 이용

② 식물의 개체 수를 늘리기 위해 접붙이기, 휘묻이, 꺾꽂이, 포기나누기, 알뿌리나누기 등과 같은 방법을 이용 식물을 대량으로 증식

③ 종묘 생산, 작물 종자 생산 등 유용한 식물의 대량생산에 이용

④ 질병의 발견과 염색체를 발견하는 데 도움을 주며, 의약품과 백신 개발에도 기여

정답 ②

6-2. 종속 간 교잡종자를 확보하기 어려운 경우에 활용하는 조직배양기술은?

① 소형씨감자의 대량 생산

② 무병주 식물체의 생산

③ 꽃가루 배양

④ 배주배양

정답 ④

6-3. 딸기의 바이러스프리묘를 얻기 위한 방법은?

① 경정조직배양

② 배유배양

③ 기내수정

④ 세포융합

정답 ①

6-4. 영양번식작물의 무병주 생산에 가장 좋은 조직배양법은?

① 생장점배양

② 배배양

③ 자방배양

④ 배주배양

정답 ①

6-5. 조직배양의 주목적이 무병주(無病株) 생산인 것은?

① 감자의 생장점 배양

② 과수의 아조변이 배양

③ 복숭아 배 배양

④ 기내수정

정답 ①

해설

6-1

② 채소류나 화초류의 대량 증식에 이용. 예전에는 식물의 개체수를 늘리기 위해 접붙이기, 휘묻이, 꺾꽂이, 포기나누기, 알뿌리나누기 등과 같은 방법을 이용. 그러나 최근에는 조직배양 기술을 이용하여 시험관과 같은 배지에서 식물을 대량으로 증식

※ ①, ③, ④외에 시험관 아기 시술, 호르몬생산, 태아의 유전 질환 확인, 이식자와 피이식자 간의 이식 적합성 검사 등에 응용되고 있다.

6-2

배주배양은 종간, 속간교잡 후 수정은 되었으나 종자발달 초기에 배주(밑씨)조직이 붕괴되면서 배가 퇴화되어 잡종 종자를 얻기 어려운 경우에 이용된다.

6-4

생장점배양을 하면 바이러스가 감염되지 않은 무병주의 개체를 만들 수 있다.

핵심이론 07 조직배양의 장단점

① **식물조직배양의 장점**

㉠ 파종상자나 화분에서 재배하는 것보다 공간을 효율적으로 이용 가능하다.

㉡ 기내에서의 양분조건, 생장조절제 및 생육환경조건 등이 최적환경조건이다.

㉢ 균류, 세균, 바이러스 등의 무병식물체의 생산이 가능하다.

㉣ 유성기(幼性期)의 회복, 기내배양에서는 노화된 조직의 회춘(回春)이 가능하다.

㉤ 기내(器內)에서의 배양으로 균일한 식물체의 생산이 가능하고 연중 노동력을 계속 이용한다.

㉥ 비정상적인 방향(기관형성 또는 체세포 배형성)으로 발달한다.

㉦ 육종 연한 단축 및 번식이 어려운 식물의 대량급속생산이 가능하다.

㉧ 2차 대산물의 생산 예 향료, 색소, 의약, 농약, 비타민, 호르몬, 효소 등

㉨ 영양번식 작물의 대량 급속 증식 예 감자, 카네이션, 사과, 등

㉩ 유전적으로 특이한 새로운 특성을 가진 식물체 분리가 가능하다.

㉪ 식물체의 모든 부분을 이용가능하다.

② **식물조직배양의 단점**

㉠ 배양중에 돌연변이가 발생하여 초기재료의 형질을 잃어버릴 수도 있다.

㉡ 기내에서 번식된 식물체는 측아(側芽)만 생산하여 수풀형(Bush)으로 되거나 유성기(Juvenile Phase)로 되돌아갈 수 있다.

㉢ 식물에 따라 뿌리의 형성이 어렵고 뿌리가 발생되었더라도 토양으로 이식된 후에 제 기능을 발휘하지 못하기 때문에 활착이 어렵다.

㉣ 기내에서 토양으로 이식하는 과정에서 많이 죽거나 병원체의 침해를 받기 쉽다.

㉤ 구성세포들의 배양조건 및 분화속도가 다르기 때문에 장시간 배양할 수 없다

㉥ 분화능력의 소실(계대배양을 계속할수록 분화능력은 점차 저하)

ⓐ 세포를 배양하면 세포들이 서로 응집하여 세포의 생장이나 분열에 필요한 양분이나 화학 물질이 모든 세포에 고르게 침투하지 못하게 된다. 따라서 키메라 캘러스가 형성되고 그로부터 재분화된 식물체는 키메라 식물이 되어 선발에서 어려움이 생기며, 그의 조작도 어려워지게 된다.

ⓞ 인간에게 안전한 것인가를 정확히 판단할 수 없다.

핵심예제

다음 중 조직 배양의 장점과 거리가 먼 것은?

① 무병주 묘를 생산할 수 있다.
② 묘를 대량 증식할 수 있다.
③ 세포 배양이 가능하다.
④ 특별한 기술이 필요하다.

정답 ④

해설

조직배양의 장점
무병개체, 균일하고 빠른 증식, 수송의 간편, 1년에 수회 생산

핵심이론 08 조직배양의 종류

① 배배양

ㄱ 미숙하거나 성숙한 배를 채취하여 인공배지에서 배양하는 것이다.

ㄴ 보통 종자의 종피를 제거 후 배 부분만 적출하여 배양하는 방법이다.

ㄷ 육종 연한의 단축, 배의 불임방지, 반수체의 생산, 불화합성극복, 캘러스 형성을 위한 재료의 이용 등의 목적이 있다.

• 정상적으로 발아 · 생육하지 못하는 잡종종자의 배양 : 벼, 나리, 목화 등

• 육종 연한의 단축 : 복숭아, 나리 장미 등

• 자식계가 퇴화하기 전에 배양하여 새로운 개체 육성 : 앵두 등

※ 육종 연한을 단축하기 위한 방법 : 약배양, 배배양, 세포융합, 원형질 융합 등

② 약, 화분배양

ㄱ 식물체의 약이나 화분을 채취하여 배양하는 것이다.

ㄴ 인위적으로 반수체나 반수성 배를 배양하여 2배체의 작물을 얻는 방법으로 육종 연한을 단축시키는데 그 목적이 있다.

ㄷ 자가불화합성 식물에서 새로운 개체를 분리 · 육성한다. 예 벼, 감자, 배추, 고추, 담배 등

※ 화성벼, 화청벼, 화영벼 등이 약배양으로 육성 재배되고 있다.

ㄹ 화분배양은 효율이 낮고 백색체가 많이 나오는 단점이 있다.

ㅁ 약이나 화분의 반수체를 배양하여 2배체의 작물을 얻는 방법으로 육종 연한의 단축효과가 크다. 예 고추, 벼, 배추

③ 캘러스 배양

ㄱ 식물체에 상처를 낸다든지 접목을 하면 절단면의 형성층 부분에서 활발한 세포분열이 일어나 부정형의 세포덩어리가 형성되는데, 이 부정형의 세포덩어리를 캘러스(Callus, 유상조직)라고 부른다.

ㄴ 캘러스란 식물 분열 조직에서 세포를 분리하여 생장조절물질을 첨가, 배양한 것이다.

ㄷ 캘러스 배양은 생장점 배양에 비해 식물체를 빨리 그리고 많이 생산한다는 장점이 있으나, 유전적인 변이를 초래하여 모식물체와 다른 증식체가 나올 가능성이 있다는 것과 배발생(Embryogenic) 가능한 캘러스 생산이 어렵다는 단점이 있다.

ⓔ 캘러스 배양과 생장점 배양의 차이점은 생장점 배양의 경우 생장점 조직에서 경엽을 직접 분화시키지만, 캘러스 배양은 생장점 조직에서 캘러스를 유기·증식 시킨 후 이 캘러스에서 다시 경엽을 분화시킨다는 것이다.

ⓜ 식물 캘러스 배양 추출물을 피부에 적용한 결과 염증이나 주름, 색소침착 등 피부 문제에 효과가 있는 것이 밝혀져 화장품 원료로 이용하기 시작한 것이다.

※ 캘러스 분화의 요인 : 생장조절물질, 광, 온도, 습도, 배지

④ 생장점배양

㉠ 0.2~0.3mm의 생장점을 채취하여 차아염소산나트륨에 소독 후 인위적으로 조제한 영양배지에 치상하여 배양하는 것이다. 예 난, 딸기, 카네이션, 감자 등

㉡ 생장점배양을 하면 바이러스가 감염되지 않은 무병주의 개체를 만들 수 있다.

㉢ 영양번식작물의 무병주 생산에 가장 좋은 조직배양법이다.

⑤ 기정접목 : 종자의 배를 소독 후, 무기염류와 1%의 한천으로 된 배지에 2주간 두면 싹이 나오는데 잎과 떡잎을 자른 후 0.14~0.18mm 크기의 3잎 원기를 가진 경정으로 T접을 한다. 예 감귤, 사과, 자두

⑥ 경정배양 : 1~2cm 크기로 목화되지 않은 조직을 잘라서 인공배지에 치상하는 방법이다. 예 사과, 감귤, 양배추, 감자 등

⑦ 현탁배양

㉠ 액체배지에서 작은 세포덩어리나 분리된 단세포를 배양하는 방법이다.

㉡ 첨가된 배지의 양에 따라 세포생장에 차이가 생기며, 캘러스 배양보다 세포의 기관화가 적게 일어난다.

［ 핵심예제 ］

인위적으로 반수체 식물을 만드는 조직배양 방법은?

① 배 배양
② 약배양
③ 생장점 배양
④ 원형질체 배양

정답 ②

해설

약배양 : 꽃의 화분(꽃가루)을 채취하여 고체 배지 또는 액체 배지에 넣어 무균적으로 배양하는 것으로 반수체 식물체를 만들 수 있다.

4-3. 육 묘

핵심이론 01 **육묘의 필요성**

① 직파가 매우 불리한 경우 : 딸기, 고구마, 과수 등은 직파하면 이식하는 것보다 생육이 불리하다.

② 증수효과 : 벼, 콩, 맥류, 과채류 등은 직파보다 육묘 시 증수할 수 있다.

③ 조기 수확 가능 : 과채류는 조기에 육묘해서 이식하면 수확기를 앞당길 수 있다.

④ 토지이용도 증대 : 벼를 이앙하여 재배하면 맥류와 1년 2작이 가능하다.

⑤ 병충해 및 재해 방지 : 육묘 이식은 집약관리가 가능하므로 병충해, 한해, 냉해 등을 방지하기 쉽고, 벼에서는 도복이 줄어들고, 감자의 가을재배에서는 고온해가 경감된다.

⑥ 용수의 절약 : 벼재배에서는 못자리 기간 동안 본답의 용수가 절약된다.

⑦ 노력의 절감 : 중경, 제초 등에 소요되는 노력이 절감된다.

⑧ 추대 방지 : 봄 결구 배추를 보온 육묘해서 이식하면 추대현상을 방지할 수 있다.

⑨ 종자의 절약 : 종자량이 훨씬 적게 들어 비싼 종자일 경우 유리하다.

접목 육묘 시 활착률을 높이기 위해 필요한 검토사항

• 접목은 대목과 접수의 친화성이 가장 중요하며 접목 후 보온과 적습을 유지해 주어야 활착률이 높다.

• 대목과 접수의 접목 친화성이 낮으면 대승현상이나 대부현상 등이 발생하여 생육이 왕성한 시기에 접목 부위를 통한 양수분의 이동이 적어져 말라 죽는다.

• 접목시기는 대부분 겨울철로 저온과 낮은 상대습도로 인해 활착이 늦어지고 활착률이 떨어지므로 접목상 내는 저온이 되지 않도록 하고, 가습장치를 이용하여 상대습도가 지나치게 낮지 않도록 해야 한다.

• 이병주 접목에 따른 연쇄적인 병 발생 방지를 위해 접목도구의 소독문제를 고려해야 한다.

핵심예제

1-1. 벼 직파재배와 비교할 때 육묘 이앙재배의 장점이 아닌 것은?

① 도복 경감
② 종자 절약
③ 용수 절약
④ 노력 절감

정답 ④

1-2. 육묘의 필요성에 대한 설명으로 틀린 것은?

① 딸기, 고구마 등에서는 직파하면 이식하는 것보다 생육이 불리하다.
② 벼를 이앙하여 재배하면 맥류와 1년 2작이 가능하다.
③ 육묘재배가 직파하는 것보다 종자량이 많이 든다.
④ 봄 결구 배추를 보온 육묘해서 이식하면 추대현상을 방지할 수 있다.

정답 ③

1-3. 채소재배에서 본 포장에 직파하는 것보다 육묘를 이용하는 것의 장점이 아닌 것은?

① 작물의 지하부(뿌리) 생육에 유리
② 포장의 이용효율 증대
③ 접목재배 가능
④ 화아를 분화시키기 용이

정답 ①

해설

1-1
직파재배가 더 노력이 절감된다.
1-3
육묘의 이점
• 조기 수확 및 증수
• 화아분화 억제 및 추대 방지
• 유묘기 보호 및 관리비용 절감
• 경지이용도 향상
• 본포이용률 향상

핵심이론 02 묘상의 종류

① 의의 : 묘를 육성하는 장소를 묘상이라 하고, 벼는 못자리, 수목은 묘포라고 한다.

② 보온양식에 따른 분류
  ㉠ 냉상 : 묘상을 갖추되 가온하지 않고 태양열만 유효하게 이용하는 묘상이다.
  ㉡ 노지상 : 자연 포장 상태로 이용하는 묘상이다.
  ㉢ 온상 : 열원과 태양열도 유효하게 이용하는 방법으로 열원에 따라 양열온상, 전열온상 등으로 구분한다.

③ 지면고정에 따른 분류
  ㉠ 저설상(지상) : 지면을 파서 설치하는 묘상으로 보온효과가 커서 저온기 육묘에 이용되며, 배수가 좋은 곳에 설치된다.
  ㉡ 평상 : 지면과 같은 높이로 만드는 묘상이다.
  ㉢ 고설상(양상) : 지면보다 높게 만든 묘상으로, 온도와 상관없이 배수가 나쁜 곳이나 비가 많이 오는 시기에 설치한다.

④ 못자리의 종류
  ㉠ 물못자리 : 초기부터 물을 대고 육묘하는 방식이다.
  ㉡ 밭못자리 : 못자리 기간 동안은 관개하지 않고 밭 상태에서 육묘하는 방식이다.
  ㉢ 절충못자리 : 물못자리와 밭못자리를 절충한 방식이다.
    • 초기 물못자리, 후기 밭못자리 : 서늘한 지대에서 모를 튼튼히 기르고자 할 때 사용하는 방식이다.
    • 초기 밭못자리, 후기 물못자리 : 따뜻한 지대에서 모의 생육을 강건히 하고자 할 때 사용하는 방식이다.
  ㉣ 보온절충못자리 : 초기에는 폴리에틸렌필름 등으로 피복하여 보온하고 물은 통로에만 대주다가 본엽이 3매 정도 자라고 기온이 15℃일 때, 보온자재를 벗기고 못자리 전면에 담수하여 물못자리로 바꾸는 방식이다.
  ㉤ 보온밭못자리 : 모내기를 일찍하고자 할 때 폴리에틸렌필름으로 터널식 프레임을 만들어 그 속에서 밭못자리 형태로 육묘하는 방식이다.
  ㉥ 상자육묘 : 기계이앙을 위한 방법이다.

기계이앙용 모
• 어린모(유묘) : 파종 후 8~10일 자란 모
• 치묘 : 파종 후 20일 자란 모
• 중묘 : 파종 후 30~35일 모
• 성묘 : 파종 후 40일 모

[핵심예제]

2-1. 수목의 묘목(苗木)을 기르는 곳을 지칭하는 용어는?

① 묘 대 ② 묘 상
③ 못자리 ④ 묘 포

정답 ④

2-2. 묘상을 갖추되 가온하지 않고 태양열만을 유효하게 이용하여 육묘하는 방법은?

① 온 상 ② 노지상
③ 냉 상 ④ 묘 상

정답 ③

2-3. 벼농사 육묘방법 중 기계이앙을 위한 방법은?

① 물못자리 ② 밭못자리
③ 상자육묘 ④ 절충형못자리

정답 ③

2-4. 벼 기계이앙 재배 시 중묘의 육묘 일수는?

① 8~10일 ② 20~25일
③ 30~35일 ④ 40~45일

정답 ③

핵심이론 03 묘상의 구조와 설비

① 노지상(露地床)

㉠ 지력이 양호한 곳을 골라 파종상을 만들고 파종한다.

㉡ 모판은 배수, 통기, 관리 등을 고려하여 보통 너비 1.2m 정도로 한다.

② 온상 : 구덩이를 파고 그 둘레에 온상틀을 설치한 다음 발열 또는 가열장치를 한 후, 그 위에 상토를 넣고 온상창과 피복물을 덮어서 보온한다.

㉠ 온상구덩이

• 너비는 1.2m, 길이 3.6m 또는 7.2m로 하는 것을 기준으로 한다.

• 깊이는 발열의 필요에 따라 조정하며 발열의 균일성을 위해 중앙부를 얕게 판다.

㉡ 온상틀

• 콘크리트, 판자, 벽돌 등으로 만들 경우 견고하나 비용이 많이 든다.

• 볏짚으로 둘러치면 비용이 적게 들고 보온도 양호하나 금년만 쓸 수 있다.

㉢ 열원 : 열원으로는 전열, 온돌, 스팀, 온수 등이 이용되기도 하나 양열재료를 밟아 넣어 발열시키는 경우가 많다.

㉣ 양열재료의 종류

• 주재료 : 탄수화물이 풍부한 볏짚, 보릿짚, 건초, 두엄 등

• 보조재료 또는 촉진재료 : 질소분이 많은 쌀겨, 깻묵, 계분, 뒷거름, 요소, 황산암모늄 등

• 지속재료 : 부패가 더딘 낙엽 등

㉤ 발열조건

• 양열재료에서 발생되는 열은 호기성균, 효모와 같은 미생물의 활동에 의해 각종 탄수화물과 섬유소가 분해되면서 발생하는 열이다.

• 열에 관여하는 미생물은 영양원으로 질소를 소비하며, 탄수화물을 분해하므로 재료에 질소가 부족하면 적당량의 질소를 첨가해 주어야 한다.

• 발열은 균일하게 장시간 지속되어야 하는데 양열재료는 충분량으로 고루 섞고 수분과 산소가 알맞아야 한다.

• 양열재료를 밟아 넣을 때는 여러 층으로 나누어 밟아야 재료가 고루 잘 섞이고, 잘 밟혀야 하며, 물의 분량과 정도를 알맞게 해야 한다.

ⓗ 발열재료 C/N율

- 발열재료의 C/N율은 20~30 정도일 때 발열 상태가 양호하다.
- 수분 함량은 전체의 60~70% 정도로 발열재료의 건물 중 1.5~2.5배 정도가 발열이 양호하다.

[각종 양열재료의 C/N율]

재 료	탄소(%)	질소(%)	C/N율
보리짚	47.0	0.65	72
밀 짚	46.5	0.65	72
볏 짚	45.0	0.74	61
낙 엽	49.0	2.00	25
쌀 겨	37.0	1.70	22
자운영	44.0	2.70	16
알팔파	40.0	3.00	13
면실박	16.0	5.00	3.2
콩깻묵	17.0	7.00	2.4

ⓢ 상 토

- 배수가 잘되고 보수가 좋으며, 비료성분이 넉넉하고 병충원이 없어야 좋다. 퇴비와 흙을 섞어 쌓았다가 잘 섞은 후 체로 쳐서 사용한다.
- 플러그육묘상토(공정육묘상토) : 속성상토로 피트모스, 버미큘라이트, 펄라이트 등을 혼합하여 사용한다.

ⓞ 냉 상

- 구덩이는 깊지 않게 하고, 양열재료 대신 단열재료를 넣는다.
- 단열재료는 상토의 열이 달아나지 않게 짚, 왕겨 등을 상토 밑에 10cm 정도 넣는다.

[핵심예제]

발열재료 중 C/N율이 가장 높은 것은?

① 보리짚
② 낙 엽
③ 면실박
④ 콩깻묵

정답 ①

핵심이론 04 묘상의 관리

① **파종** : 작물에 따라 적기에 알맞은 방법으로 파종하고, 복토 후 볏짚을 얇게 깔아 표면건조를 막는다.
② **시비** : 기비(밑거름)를 충분히 주고 자라는 상태에 따라 추비하며, 공정육묘는 물에 엷게 타서 추비한다.
③ **온도** : 지나치게 고온 또는 저온이 되지 않게 유지한다.
④ **관수** : 생육성기에는 건조되기 쉬우므로 관수를 충분히 해야 한다. 오전에 관수하고 과습이 되지 않도록 한다.
⑤ **제초 및 솎기** : 잡초 발생 시 제초하고, 생육 간격의 유지를 위해 적당하게 솎기를 한다.
⑥ **병충해의 방제** : 상토 소독과 농약의 살포로 병충해를 방지한다.
⑦ **경화** : 이식 시기가 가까워지면 직사광선과 외부 냉온에 서서히 경화시켜 정식하는 것이 좋다.

양질묘의 조건
- 상처가 없는 묘, 특히 뿌리가 노화되지 않은 활력이 좋은 묘
- 균일하고 품종 고유의 특성을 구비한 묘
- 영양생장과 생식생장의 균형이 잡힌 묘
- 양분 과다 및 결핍 등 생리장해를 받지 않은 묘
- 바이러스 등 병충해 피해를 받지 않은 묘
- 뿌리가 잘 발달한 묘(유백색의 뿌리털)
- 잎 두께, 줄기 상태 등이 과번무하지 않은 묘

[핵심예제]

양질묘의 조건으로 옳지 않은 것은?

① 균일하고 품종 고유의 특성을 구비한 묘
② 영양생장보다 생식생장이 좋은 묘
③ 생리장해를 받지 않은 묘
④ 병충해 피해를 받지 않은 묘

정답 ②

핵심이론 05 기계이앙용 상자육묘

① 육묘상자
- ㉠ 규격은 가로, 세로, 높이 60cm × 30cm × 3cm이다.
- ㉡ 필요한 상자수는 대체로 본답 10a당 어린모는 15개, 중모는 30~35개이다.

② 상 토
- ㉠ 부식의 함량이 알맞고 배수가 양호하고 적당한 보수력을 가지고 있어야 한다.
- ㉡ 병원균이 없고 모잘록병을 예방하기 위해 pH 4.5~5.5 정도가 알맞다.
- ㉢ 상토양은 복토할 것까지 합하여 상자당 4.5L 정도 필요하다.

③ 비 료
- ㉠ 기비를 상토에 고루 섞어 주는데 어린모는 상자당 질소, 인, 칼륨을 각 1~2g 준다.
- ㉡ 중모는 질소 1~2g, 인 4~5g, 칼륨 3~4g을 준다.

④ 파종량 : 상자당 마른종자로 어린모 200~220g, 중모 100~130g 정도로 한다.

⑤ 육묘관리
- ㉠ 출아기 : 30~32℃로 온도를 유지한다.
- ㉡ 녹화기 : 녹화는 어린싹이 1cm 정도 자랐을 때 시작하며 낮에는 25℃, 밤에는 20℃ 정도로 유지한다. 갑자기 강광을 쪼이면 엽록소광산화를 방지하는 카로티노이드 생성이 억제되기 때문에 백화묘(白化苗)가 발생한다.
- ㉢ 경화기 : 처음 8일은 낮 20℃, 밤 15℃ 정도가 알맞고, 그 후 20일간은 낮 15~20℃, 밤 10~15℃가 알맞다. 경화기에는 모의 생육에 지장이 없는 한 자연 상태로 관리한다.

> 어린모 기계이앙 재배에서 가장 중요한 벼 품종의 특성
> 어린모는 관수저항성(작물이 물에 잠긴 상태에서도 피해를 입지 않는 성질)이 좋아야 한다.

핵심예제

벼에서 백화묘의 발생은 어떤 성분의 생성이 억제되기 때문인가?
① 옥 신   ② 카로티노이드
③ ABA   ④ NAA

정답 ②

핵심이론 06 채소류의 육묘

① 공정육묘 : 상토 준비, 혼입, 파종, 재배관리(관수, 시비 등) 등이 자동으로 이루어지는 육묘로 공정묘, 성형묘, 플러그육묘, 셀묘 등으로 불린다.

② 공정육묘의 장점
- ㉠ 단위면적당 모의 대량 생산이 가능하다.
- ㉡ 육묘기간이 단축되고 주문 생산이 용이해 연중 생산이 가능하다.
- ㉢ 전 과정의 기계화로 관리비와 인건비 등 생산비가 절감된다.
- ㉣ 정식모의 크기가 작아지므로 기계정식이 용이하다.
- ㉤ 모 소질의 개선 용이 : 모 소질이 향상되므로 육묘기간은 짧아진다.
- ㉥ 취급 및 운반이 간편하여 화물화가 편리해진다.
- ㉦ 단위면적당 이용도 증가 : 계획영농이 가능하고 시설활용도를 높일 수 있다.
- ㉧ 대규모화가 가능해 기업화 및 상업화가 가능하다.
- ㉨ 묘가 균일하고 건실하고 병해충 발생이 적다.
- ㉩ 정식 후 활착이 빠르고 초기 생육이 왕성하다.

③ 공정육묘의 단점 : 고가의 시설 필요, 관리가 까다로움, 건묘 지속기간이 짧음, 양질의 상토가 필요

④ 채소류 작물의 육묘 시 묘의 생육조절 방법
- ㉠ 상토 내 수분과 양분의 조절을 통한 방법
- ㉡ 생장조절제를 이용한 방법
- ㉢ 물리적 자극에 의한 생육조절
- ㉣ 광을 이용한 생육조절
- ㉤ 주야간의 온도조절(DIF)을 통한 방법

⑤ 채소류 작물 육묘기간의 특징
- ㉠ 육묘기간은 작물의 종류, 육묘방법, 재배방식 등에 따라 달라진다.
- ㉡ 꽃눈분화나 발달 등 나중의 과실 생산에 중요한 단계는 육묘기에 결정된다.
- ㉢ 육묘일수가 길어지면 모종이 늙어 정식 후 활착이 지연된다.
- ㉣ 어린묘는 발근력이 강하고 흡비 흡수가 왕성하여 정식 후 환경조건이 나쁘더라도 활착이 빠르다.
- ㉤ 저온에 감응하여 화아분화가 일어나는 양배추, 배추, 셀러리 등은 묘상에서 충분한 엽수를 확보하여 정식하는 것이 중요하다.

6-1. 채소류의 육묘방법 중에서 공정육묘의 이점이 아닌 것은?

① 모의 대량 생산
② 기계화에 의한 생산비 절감
③ 단위면적당 이용률 저하
④ 모 소질 개선 가능

정답 ③

6-2. 채소 작물의 육묘 시 묘의 생육조절을 위한 방법이 아닌 것은?

① 상토 내 수분과 양분의 조절을 통한 방법
② 생장조절제를 이용한 방법
③ 높은 EC의 양액을 엽면 살포하는 방법
④ 주야간의 온도조절(DIF)을 통한 방법

정답 ③

핵심이론 **07** | 상 토

① 개념 : 묘를 키우는 배지로서 유기물 또는 무기물을 혼합하여 제조한 것을 말한다.

② 상토의 구성재료
  ㉠ 파종상(播種床)이나 일반 포트 육묘를 위한 원예용 상토는 토양을 주재료로 하는 경우가 일반적이고, 비료성분도 비교적 많은 양을 함유하고 있다.
  ㉡ 공정육묘(플러그 육묘)용 상토는 피트모스, 코코피트, 버미큘라이트 등이 주재료이며 비료성분도 비교적 적게 함유하고 있다.
  ㉢ 펄라이트나 버미큘라이트는 중성~약알칼리성으로 pH에 미치는 영향이 작다.
  ㉣ 펄라이트는 양이온교환용량이 적고 완충능력이 낮다.
  ㉤ 코코피트(코이어 더스트)
    • 코코넛 야자열매의 껍질섬유를 가공한 것이다.
    • 통기성, 보수력, 보비력이 좋아 뿌리 생장에 좋다.
    • 타 재료에 비해 값이 저렴하고 취급이 간편하다.
    • 토양 속에서 장기간 부패하지 않아 물리성을 개선시킨다.

③ 육묘용 상토가 갖추어야 할 조건
  ㉠ 작물의 지지력이 커야 한다.
  ㉡ 필요한 수분을 적절히 유지하여야 한다.
  ㉢ 작물 생육에 필요한 양분을 보유하여야 한다.
  ㉣ 퇴비와 흙을 섞어 충분한 기간 동안 숙성된 숙성퇴비가 좋다.
  ㉤ 보수력, 보비력, 통기성, 배수성이 좋아야 한다.
  ㉥ 물리적 · 화학적 특성이 적절하고 안정적으로 유지되어야 한다(pH는 6.0~6.5 정도가 적당하며, 전기전도도는 포화점토법으로 분석 시 2.0~4.0dS/m 범위).
  ㉦ 병해충, 중금속, 잡초종자 등에 오염되지 않아야 한다.
  ㉧ 품질이 안정되고, 장기적으로 안정되게 공급될 수 있어야 한다.
  ㉨ 취급이 용이해야 한다.
  ㉩ 기상률은 15% 이상, 유효수분은 20% 이상, 전공극 75% 이상, 물 빠짐 속도는 10분 이하, 육묘 후 일정 높이에서 떨어뜨릴 경우 붕괴율이 25% 이하가 되는 것이 좋다.

④ 작물이 생육하는 동안 상토의 pH는 상토와 상토성분 자체에 포함된 물질, 관개수의 알칼리도, 비료의 산도/염기도, 작물의 종류에 영향을 받아 변화한다.

⑤ 육묘 중 상토의 전기전도도(EC) 특징

  ㉠ 상토의 EC가 높아지는 원인은 관수량 부족으로 염분이 배수공을 통하여 용탈되지 못하고 상토에 집적되기 때문이다.

  ㉡ 상토의 EC가 높아지면 잎이 진한 녹색을 띠면서 잎의 가장자리가 괴사한다.

  ㉢ 높아진 상토의 EC를 낮추기 위하여 시비량을 줄이거나 관개수의 양을 증가시켜 용탈시킨다.

  ㉣ 상토의 EC가 낮게 나타나는 원인은 시비량이 지나치게 부족할 때이다.

  ㉤ 상토의 EC가 낮게 나타나면 시비량이나 시비 횟수를 늘린다.

⑥ 인공상토의 기능

  ㉠ 양분의 저장 : 비료 등 영양소를 저장 및 제공한다.

  ㉡ 물의 저장 : 작물이 필요할 때 흡수 이용할 수 있는 물을 보유한다.

  ㉢ 가스 교환 : 뿌리와 배지 상부 공기의 가스 교환이 이루어지도록 한다.

  ㉣ 작물 지지 및 보호기능 : 뿌리 보호 및 작물을 지탱하는 기능을 한다.

⑦ 채소류 육묘 시 인공상토 사용의 유리한 점

  ㉠ 병과 잡초관리에 유리하다.

  ㉡ 같은 품질의 상토를 계속 만들 수 있다.

  ㉢ 일반 토양보다 빨리 자라게 할 수 있는 양분을 첨가할 수 있다.

  ※ 사용 후 재활용이 어렵다.

◀ 핵심예제 ▶

인공상토의 구성재료에 대한 설명으로 틀린 것은?

① 펄라이트나 버미큘라이트는 중성~약알칼리성으로 pH에 미치는 영향이 작다.

② 코코피트는 코코넛 야자열매의 껍질섬유를 가공한 것이다.

③ 펄라이트는 양이온교환용량이 적고 완충능력이 낮다.

④ 피트모스는 중성이며 pH에 미치는 영향이 적다.

정답 ④

해설

피트모스는 산성이라 pH에 미치는 영향이 크다.

4-4. 정 지

핵심이론 01   **경운(Plowing)**

① 의의 : 토양을 갈아 일으켜 흙덩이를 반전시키고 대강 부스러뜨리는 작업을 말한다.

  ※ 정지(整地)작업에는 경운, 작휴, 쇄토, 진압 등이 있다.

② 경운의 효과

  ㉠ 토양물리성 개선

  ㉡ 토양화학적 성질 개선

  ㉢ 잡초, 해충 발생의 억제

  ㉣ 비료, 농약 사용효과 증대

> **건토효과(乾土效果)**
> • 흙을 충분히 건조시켰을 때 유기물의 분해로 작물에 대한 비료분의 공급이 증대되는 현상을 건토효과라 한다.
> • 밭보다는 논에서 더 효과적이다.
> • 겨울과 봄에 강우량이 적은 지역은 추경에 의한 건토효과가 크다.
> • 봄철 강우량이 많은 지역은 겨울 동안 건토효과로 생긴 암모니아, 질산태질소가 강우로 유실되므로 춘경이 유리하다.
> • 건토효과가 클수록 지력 소모가 심하고 논에서는 도열병의 발생을 촉진할 수 있다.
> • 추경으로 건토효과를 보려면 유기물 사용을 늘려야 한다.

③ 경운 시기

  ㉠ 경운은 작물의 파종 또는 이식에 앞서 하는 것이 일반적이지만, 동기휴한하는 일모작답의 경우에는 추경을 하는 것이 유리한 경우가 많다.

  ㉡ 추 경

    • 추경은 유기물 분해 촉진, 토양의 통기 촉진, 토양 충해의 경감, 토양을 부드럽게 해 준다.

    • 흙이 습하고 차지며 유기물 함량이 많은 농경지는 추경을 하는 것이 유리하다.

  ㉢ 춘 경

    • 흙이 사질토양이며, 겨울 강우량이 많아 풍식이나 수식이 잘되는 곳은 가을갈이보다 봄갈이가 좋다.

    • 가을갈이는 월동 중 비료성분의 용탈과 유실을 조장하기 때문에 봄갈이가 유리하다.

④ 경운의 깊이

  ㉠ 근군의 발달이 작은 작물은 천경해도 좋으나 대부분 작물은 심경을 해야 생육과 수량이 증대된다.

  ㉡ 쟁기로 갈면 9~12cm 정도로 천경이 되고, 트랙터로 갈면 20cm 이상의 심경이 가능하다.

ⓒ 심경은 한 번에 하지 않고 매년 서서히 늘리고, 유기질 비료를 증시하여 비옥한 작토로 점차 깊이 만드는 것이 좋다.

ⓔ 심경은 지상부 생육이 좋고 한해(旱害) 및 병충해 저항력 등이 증가한다.

ⓜ 심경을 한 당년에는 유기물을 많이 시비하여야 한다.

ⓗ 생육기간이 짧은 산간지 또는 만식재배 시 과도한 심경은 피해야 한다.

ⓢ 자갈이 많거나 유효토심이 낮은 땅, 모래땅 등은 오히려 심경이 불리한 반면에 보통논, 미숙논 등은 심경이 필요하다.

⑤ 무경운재배

ⓐ 부정지파 : 답리작으로 밀, 보리, 이탈리안라이그래스 등을 재배할 때 종자가 뿌려지는 논바닥을 전혀 경운하지 않고 파종, 복토하는 것이다.

ⓑ 제경법 : 경사가 심한 곳에 초지를 조성할 경우 경운이 어렵고, 경운에 의하여 표토가 깎여 목초생육이 힘들며 토양침식이 촉진될 우려가 있어 제경법을 실시한다.

ⓒ 간이정지 : 맥간작으로 콩을 재배할 때에는 경운을 하지 않고, 간이 골타기를 하거나 파종할 구멍만 파서 파종한다.

[핵심예제]

1-1. 정지(整地)작업에 관한 내용으로 거리가 먼 것은?

① 복 토 ② 작 휴
③ 쇄 토 ④ 진 압

정답 ①

1-2. 경운(耕耘)의 효과에 대한 설명으로 옳은 것은?

① 건토효과는 밭보다 논에서 크게 나타나기 쉽다.
② 유기물 함량이 높은 점질토양은 추경(秋耕)을 하지 않는 것이 좋다.
③ 강수량이 많은 사질토양은 추경을 하는 것이 유리하다.
④ 자갈논에서는 천경(淺耕)보다 심경(深耕)하는 것이 좋다.

정답 ①

1-3. 논의 추경(가을갈이)효과가 가장 크게 나타나는 조건은?

① 다년생 잡초가 많을 때
② 유기물 함량이 많을 때
③ 겨울철 강우가 많을 때
④ 배수가 양호할 때

정답 ②

① 쇄 토

ⓐ 경운한 토양의 큰 흙덩어리를 알맞게 분쇄하는 것을 쇄토라 한다.

ⓑ 알맞은 쇄토는 파종 및 이식작업을 쉽게 하고, 발아 및 착근이 촉진된다.

ⓒ 논에서는 경운 후 물을 대서 토양을 연하게 한 다음 시비를 한다.

ⓓ 써레로 흙덩어리를 곱게 부수는 것을 써레질이라 한다. 써레질은 흙덩어리가 부서지고 논바닥이 평형해지며 전층시비의 효과가 있다.

② 작 휴

ⓐ 평휴법(平畦法)
 • 이랑을 평평하게 하여 이랑과 고랑의 높이를 같게 하는 방식이다.
 • 채소나 밭벼 등은 건조해와 습해 방지를 위해 평휴법을 이용한다.

ⓑ 휴립법(畦立法) : 이랑을 세우고 고랑은 낮게 하는 방식이다.
 • 휴립구파법(畦立溝播法)
  – 이랑을 세우고 낮은 골에 파종하는 방식으로, 감자에서는 발아를 촉진하고 배토가 용이하도록 하기 위한 방법이다.
  – 맥류는 한해와 동해 방지를 위해 휴립구파법을 이용한다.
 • 휴립휴파법(畦立畦播法)
  – 이랑을 세우고 이랑에 파종하는 방식으로 배수와 토양 통기가 좋아진다.
  – 조, 콩 등은 낮은 이랑, 고구마는 높은 이랑(고휴재배)에 재배하는 것이 유리하다.

ⓒ 성휴법(成畦法)
 • 이랑을 보통보다 넓고 크게 만드는 방법으로 맥류 답리작재배의 경우 파종 노력을 절감할 수 있다.
 • 파종이 편리하고 생육 초기 건조해와 장마철 습해를 막을 수 있다.

4-5. 파 종

핵심이론 01 파종시기를 결정하는 요인

① 작물의 종류
- ㉠ 일반적으로 월동작물은 가을에, 여름작물은 봄에 파종한다.
- ㉡ 월동작물에서도 호밀은 내한성이 강해 만파에 적응하나, 쌀보리는 내한성이 약해 만파에 적응하지 못한다.
  ※ 추파하는 경우 만파에 대한 적응성은 호밀이 쌀보리보다 높다.
- ㉢ 여름작물에서도 춘파맥류와 같이 낮은 온도에 견디는 경우는 초봄에 파종하나, 옥수수와 같이 생육온도가 높은 작물은 늦봄에 파종한다.

② 작물의 품종
- ㉠ 벼에서 감광형 품종은 만파만식에 적응하나, 기본영양생장형과 감온형 품종은 조파조식이 안전하다.
- ㉡ 추파맥류에서 추파성 정도가 높은 품종은 조파를, 추파성 정도가 낮은 품종은 만파하는 것이 좋다.
  ※ 맥류의 추파성 : 파맥류가 저온을 경과하지 않으면 출수할 수 없는 성질로, 추파성 정도가 높은 품종은 대체로 내동성이 강하다.
- ㉢ 우리나라 북부지역에서는 감온형인 올콩(하대두형)을 조파(早播)한다.
- ㉣ 녹두는 파종에 알맞은 기간이 여름작물 중 가장 길어서 만파에 잘 적응한다.

③ 작부체계
- ㉠ 벼 1모작의 경우 5월 중순~6월 상순에, 맥후작의 경우 6월 하순~7월 상순에 이앙한다.
  ※ 식량 생산 증대를 위한 벼-맥류의 2모작 작부체계에서 가장 중요한 것은 맥류의 조숙성이다.
- ㉡ 콩, 고구마 등을 단작할 때는 5월에, 맥후작의 경우는 6월 하순경에 파종한다.

④ 토양조건
- ㉠ 과습한 경우에는 정지, 파종작업이 곤란하므로 파종이 지연된다.
- ㉡ 벼의 천수답 이앙시기는 강우에 의한 담수가 절대적으로 지배한다.

⑤ 출하기 : 채소나 화훼류는 출하기를 조절하기 위해 촉성재배나 억제재배를 한다.

핵심예제

2-1. 이랑을 세우고 이랑에 파종하는 방식은?
① 휴립휴파법　② 휴립구파법
③ 평휴법　④ 성휴법
정답 ①

2-2. 이랑 만들기에 대한 설명으로 옳은 것은?
① 한해(旱害)를 받기 쉬운 작물은 높은 이랑에 재배한다.
② 여름작물은 동서이랑이 유리할 경우가 많다.
③ 고구마는 높은 이랑에 재배하는 것이 유리하다.
④ 건조지에서는 대체로 높은 이랑이 유리하다.
정답 ③

2-3. 고휴재배에 가장 알맞은 작물은?
① 감 자　② 고구마
③ 보 리　④ 콩
정답 ②

해설
2-3
고휴재배 : 높은 이랑이나 두둑에서 작물을 재배하는 것이다.

⑥ 재해의 회피
  ㉠ 벼는 냉해, 풍해의 회피를 위해 조식조파하는 것이 유리하다.
  ㉡ 봄채소는 조파하면 한해가 경감된다.
  ㉢ 조의 명나방 회피를 위해 만파를 한다.
  ㉣ 가을채소의 경우 발아기에 해충이 많이 발생하는 지역에서는 파종시기를 늦춘다.
  ㉤ 채소류의 하천 부지 재배는 홍수기 이후에 파종한다.
⑦ 기 후
  ㉠ 동일 품종의 감자라도 평지에서는 이른 봄에 파종하나, 고랭지는 늦봄에 파종한다.
  ㉡ 맥주보리, 골든멜론 품종의 경우 제주도에서는 추파하나, 중부지방에서는 월동을 못하므로 춘파한다.
⑧ 노동력 사정 : 노동력의 문제로 파종기가 늦어지는 경우도 많기 때문에 적기 파종을 위해 기계화, 생력화가 필요하다.

［핵심예제］

파종기를 결정하는 요인을 잘못 설명한 것은?

① 맥류에서 추파성 정도가 높은 품종은 만파하는 것이 좋다.
② 감자는 평지에서는 이른 봄에 파종되나 고랭지에서는 늦봄에 파종된다.
③ 봄채소는 조파하면 한해가 경감된다.
④ 출하기를 조절하기 위해 촉성재배나 억제재배를 한다.

정답 ①

핵심이론 02 파종양식

① 산파(散播, 흩어뿌림, Broadcasting)
  ㉠ 포장 전면에 종자를 흩어뿌리는 방법으로 노력이 적게 든다.
  ㉡ 목초나 자운영 파종, 조 · 귀리 · 메밀 등을 조방재배할 때 맥류의 생력화재배 등에 적용한다.
  ㉢ 종자 소요량이 많아지고 균일하게 파종하기 어렵다.
  ㉣ 통풍 · 통광이 나쁘고 도복이 쉬우며 제초 · 병해충방제 등 관리작업이 불편하다.
② 조파(條播, 골뿌림, Drilling)
  ㉠ 일정한 거리로 골타기를 하고 종자를 줄지어 뿌리는 방법이다.
  ㉡ 산파보다 종자가 적게 들고 수분과 양분의 공급이 좋다.
  ㉢ 통풍 및 수광이 좋으며, 작물의 관리작업도 편리해 생장이 고르고 수량과 품질도 좋다.
  ㉣ 맥류와 같이 개체별 차지하는 공간이 넓지 않은 작물에 적용된다.
③ 점파(點播, 점뿌림, Dibbling)
  ㉠ 일정한 간격을 두고 종자를 몇 개씩 띄엄띄엄 파종하는 방법이다.
  ㉡ 두류, 감자 등 개체가 평면공간을 많이 차지하는 작물에 적용한다.
  ㉢ 시간과 노력이 많이 들지만 개체 간 간격이 조정되어 생육이 좋다.
  ㉣ 종자량이 적게 들고 생육 중 통풍 및 수광이 좋다.
④ 적파(摘播, Seeding in Group)
  ㉠ 일정한 간격을 두고 여러 개의 종자를 한 곳에 파종하는 방법으로, 점파의 변형이다.
  ㉡ 점파, 산파보다는 노력이 많이 들지만 수분, 비료분, 수광, 통풍이 좋아 생육이 양호하고 비배관리 작업도 편리하다.
  ㉢ 목초, 맥류 등과 같이 개체가 평면으로 좁게 차지하는 작물을 집약적으로 재배할 때 적용된다.
⑤ 화훼류의 파종방법
  ㉠ 상파 : 배수가 잘되는 곳에 파종상을 설치하고 종자 크기에 따라 점파, 산파, 조파를 한다. 또 이식을 해도 좋은 품종에 이용한다.

ⓛ 상자파 및 분파 : 종자가 소량이거나 귀중하고 비싼 종
　　자 또는 미세종자와 같이 집약적 관리가 필요한 경우에
　　이용된다.

ⓒ 직파 : 재배량이 많거나 직근성으로 이식하면 뿌리의
　　피해가 우려되는 경우 적합하다.

핵심예제

파종양식 중 뿌림골을 만들고 그곳에 줄지어 종자를 뿌리는 방
법은?

① 산 파　　　　　　② 점 파
③ 조 파　　　　　　④ 적 파

정답 ③

핵심이론 03　　파종량

① 파종량

ⓐ 파종량은 정식할 모수, 발아율, 성묘율(육묘율) 등에
　　의하여 산출하며, 보통 소요 묘수의 2~3배 종자가 필
　　요하다.

ⓑ 파종량 : 산파(흩어뿌림) > 조파(줄뿌림) > 적파(포기당
　　4~5립) > 점파(포기당 1~2립)

② 파종량이 적을 경우

ⓐ 수량이 적어지고, 성숙이 늦어지며 품질 저하의 우려
　　가 있다.

ⓑ 잡초 발생량이 증가하고, 토양의 수분 및 비료분의 이용
　　도가 낮아진다.

③ 파종량이 많을 경우

ⓐ 파종량이 많으면 과번무해서 수광태세가 나빠지고, 수
　　량·품질을 저하시킨다.

ⓑ 식물체가 연약해져 도복, 병충해, 한해(旱害)가 조장
　　된다.

※ 일반적으로 파종량이 많을수록 단위면적당 수량은 어느 정도 증가하
　지만, 일정 한계를 넘으면 오히려 수량은 줄어든다.

④ 파종량 결정 시 고려해야 할 조건

ⓐ 생육이 왕성한 품종은 파종량을 줄인다.

ⓑ 파종기가 늦을수록 대체로 파종량을 늘린다.

ⓒ 한랭지는 대체로 발아율이 낮고 개체 발육도가 낮으므
　　로 파종량을 늘린다.

ⓓ 맥류는 남부지방보다 중부지방에서 파종량이 많이 든다.

ⓔ 감자는 큰 씨감자를 쓸수록 파종량이 많아진다.

ⓕ 감자는 산간지보다 평야지의 파종량을 늘린다.

ⓖ 맥류는 조파에 비해 산파의 경우 파종량을 늘린다.

ⓗ 콩, 조 등은 단작보다 맥후작에서 파종량을 늘린다.

ⓩ 청예용, 녹비용 재배는 채종재배보다 파종량을 늘린다.

ⓒ 직파재배는 이식재배보다 파종량을 늘린다.

ⓚ 토양이 척박하고 시비량이 적을 때에는 파종량을 늘린다.

ⓔ 토양이 비옥하고 시비량이 충분한 경우도 다수확을 위
　　해서는 파종량을 늘린다.

ⓟ 병충해 종자가 혼입된 경우, 경실이 많이 포함된 경우,
　　쭉정이 및 협잡물이 많은 종자의 경우, 발아력이 감퇴된
　　경우 등은 파종량을 늘려야 한다.

│ 핵심예제 │

3-1. 일반적으로 종자량이 많이 소요되는 파종양식의 순서로 옳은 것은?

① 산파 > 조파 > 적파 > 점파
② 산파 > 적파 > 점파 > 조파
③ 조파 > 산파 > 점파 > 적파
④ 조파 > 산파 > 적파 > 점파

정답 ①

3-2. 맥류 재배에서 종자 파종량이 가장 많이 소요되는 파종방식은?

① 점 파   ② 조 파
③ 적 파   ④ 산 파

정답 ④

3-3. 100립중이 24g인 종자를 60cm×10cm 간격으로 1주 3립으로 파종한다면 1,000m²에 필요한 종자량은?

① 4kg   ② 8kg
③ 12kg   ④ 16kg

정답 ③

해설

3-3

1주당 3립씩 적파한다면,

1m²당 종자의 g수 = (24g/100립 × 3립) ÷ (0.6 × 0.1m) = 12g/m²

∴ 1,000m² × 12 = 12,000g = 12kg

핵심이론 04   파종 절차

작조 → 시비 → 간토 → 파종 → 복토 → 진압 → 관수

① **작조(作條, 골타기)** : 종자를 뿌릴 골을 만드는 것으로, 점파의 경우 작조 대신 구덩이를 파고, 산파 및 부정지파는 작조하지 않는다.
② **시비** : 파종할 골 및 포장 전면에 비료를 살포한다.
③ **간토(비료 섞기)** : 시비 후 그 위에 흙을 덮어 종자가 비료에 직접 닿지 않도록 한다.
④ **파종** : 종자를 직접 토양에 뿌리는 작업이다.
⑤ **복토** : 흙덮기
   ㉠ 복토는 종자의 발아에 필요한 수분의 보존, 조수에 의한 해, 파종 종자의 이동을 막을 수 있다.
   ㉡ 복토 깊이는 종자의 크기, 발아 습성, 토양의 조건, 기후 등에 따라 결정한다.
   • 소립종자는 얕게, 대립종자는 깊게 하며, 보통 종자 크기의 2~3배 정도로 복토한다.
   • 혐광성 종자는 깊게 복토하고 광발아종자는 얕게 복토하거나 하지 않는다.
   • 상추는 호광성 종자로 깊게 복토하면 발아하지 못한다.
   • 점질토는 얕게 복토하고 경토는 깊게 복토한다.
   • 토양이 습윤한 경우 얕게 복토하고 건조한 경우는 깊게 복토한다.
   • 저온 또는 고온에서는 깊게 복토하고 적온에서는 얕게 복토한다.
   ※ 볍씨를 물못자리에 파종하는 경우 복토를 하지 않는다.

주요 작물의 복토 깊이

복토 깊이	작 물
종자가 안 보일 정도	콩과와 화본과목초의 소립종자, 파, 양파, 상추, 담배, 유채, 당근
0.5~1cm	차조기, 오이, 순무, 배추, 양배추, 가지, 고추, 토마토
1.5~2cm	무, 시금치, 호박, 수박, 조, 기장, 수수
2.5~3cm	보리, 밀, 호밀, 귀리, 아네모네
3.5~4cm	콩, 팥, 완두, 잠두, 강낭콩, 옥수수
5.0~9cm	감자, 토란, 생강, 글라디올러스, 크로커스
10cm 이상	나리, 튤립, 수선, 히야신스

⑥ 진 압

　　㉠ 진압은 토양을 긴밀하게 하고 파종된 종자가 토양에 밀착되며, 모관수가 상승하여 종자가 흡수하는 데 알맞게 되어 발아가 촉진된다.

　　㉡ 경사지 또는 바람이 센 곳은 우식 및 풍식을 경감하는 효과가 있다.

⑦ 관 수

　　㉠ 미세종자를 파종상자에 파종한 경우에는 저면관수하는 것이 좋다.

　　㉡ 저온기 온실에서 파종하는 경우 수온을 높여 관수하는 것이 좋다.

[핵심예제]

4-1. 종자 파종 시 복토를 깊게 해야 하는 종자들로 짝지어진 것은?

① 가지, 오이, 상추 　　　② 벼, 옥수수, 버뮤다그래스
③ 담배, 상추, 우엉 　　　④ 콩, 옥수수, 보리

정답 ④

4-2. 다음 중 작물의 복토깊이가 가장 깊은 것은?

① 당 근 　　　　　　② 생 강
③ 오 이 　　　　　　④ 파

정답 ②

4-6. 이 식

핵심이론 01 　이식(移植, 옮겨 심기, Transplanting)

① 이식의 의의

　　㉠ 묘상 또는 못자리에서 키운 모를 본포로 옮겨 심거나 다른 장소로 옮겨 심는 일이다.

　　㉡ 정식 : 수확할 때까지 재배할 장소로 옮겨 심는 것이다.

　　㉢ 가식 : 정식까지 잠시 이식해 두는 것으로 묘상 절약, 활착 증진, 불량묘 도태, 이식성 향상, 웃자람방지효과, 재해방지효과 등이 있다.

② 이식의 효과

　　㉠ 생육의 촉진 및 수량 증대

　　　• 온상에서 보온육묘를 하면 생육기간의 연장, 작물의 발육 왕성, 초기 생육 촉진으로 수확을 빠르게 한다.

　　　• 과채류, 콩 등은 직파재배보다 육묘이식을 하면 증수된다.

　　㉡ 토지이용도 제고

　　　• 본포에 전작물이 있는 경우 육묘를 하면 전작물 수확 후 또는 전작물 사이에 정식함으로써 토지이용효율을 증대시켜 경영을 집약화할 수 있다.

　　　• 육묘이식하면 벼는 답리작에 유리하고, 채소도 경지이용률을 높일 수 있다.

　　㉢ 숙기 단축

　　　• 채소는 경엽의 도장이 억제되고 생육이 양호해져 숙기가 빨라진다.

　　　• 상추, 양배추 등의 결구를 촉진한다.

　　㉣ 활착 증진

　　　• 육묘과정에서 가식 후 정식하면 새로운 잔뿌리가 밀생하여 활착이 촉진된다.

　　　• 육묘이식은 직파하는 것보다 종자량이 적게 들어 종자비의 절감이 가능하다.

③ 이식의 단점

　　㉠ 무, 당근, 우엉 등 직근을 가진 작물은 단근이 되어 생육이 불량하다.

　　㉡ 수박, 참외, 결구배추, 목화 등은 이식으로 뿌리가 절단되면 매우 해롭다.

　　㉢ 벼의 한랭지에서 이앙은 착근과 생육이 늦어지며 임실이 불량해지므로 파종을 빨리하거나 직파재배가 유리한 경우가 많다.

[핵심예제]

작물의 가식은 정식까지 잠시 이식해 두는 것으로 가식의 효과가 아닌 것은?

① 묘상 절약　　　　　② 수량 증대
③ 재해방지　　　　　④ 웃자람방지

정답 ②

핵심이론 02 이식시기, 이식양식

① 이식시기
　　⊙ 이식시기는 작물 종류, 토양 및 기상조건, 육묘 사정에 따라 다르다.
　　ⓒ 과수·수목 등은 싹이 움트기 이전의 이른 봄이나 낙엽이 진 뒤 가을에 이식한다.
　　ⓒ 토마토, 가지는 첫 꽃이 피었을 정도에 이식한다.
　　ⓔ 벼의 손이앙은 40일모(성묘), 기계이앙은 30~35일모(중묘, 엽 3.5~4.5매)가 좋다.
　　ⓜ 수도의 도열병이 많이 발생하는 지대에서는 조식을 한다.
　　ⓗ 토양의 수분이 넉넉하고 바람이 없는 흐린 날에 이식한다.
　　ⓢ 가을보리의 이식은 월동 전 뿌리가 완전히 활착할 수 있는 기간을 두고 그 이전에 이식하는 것이 안전하다.

② 이식양식
　　⊙ 조식(條植) : 골에 줄을 지어 이식(파, 맥류 등)
　　ⓒ 점식(點植) : 포기를 일정 간격을 두고 띄어서 이식(콩, 수수, 조 등)
　　ⓒ 혈식(穴植) : 포기 사이를 넓게 띄어서 구덩이를 파고 이식(과수, 수목, 화목 등과 양배추, 토마토, 오이, 수박 등)
　　ⓔ 난식(亂植) : 일정한 질서가 따로 없이 점점이 이식(콩밭에 들깨나 조 등)
　　ⓜ 정조식 : 줄을 띄고 줄 맞추어 이식(벼 손모심기)
　　ⓗ 병목식 : 벼농사의 줄 사이는 넓게, 포기 사이는 좁게 하여 통풍·채광을 좋게 하는 이식

[핵심예제]

2-1. 이식은 작물의 생육습성이나 재배 형편에 따라 하는데 이식의 방식이 아닌 것은?

① 조 식　　　　　② 가 식
③ 난 식　　　　　④ 점 식

정답 ②

2-2. 오이 묘를 본포에 이식할 때 포기 사이를 넓게 띄어서 구덩이를 파고 이식하는 방법은?

① 조 식　　　　　② 점 식
③ 혈 식　　　　　④ 난 식

정답 ③

핵심이론 03 이식방법

① 이식 간격 : 1차적으로 작물의 생육습성에 따라 결정된다.

② 이식을 위한 묘의 준비
- ㉠ 작물체의 근권을 확보하기 위해 상토가 흠뻑 젖도록 관수한 다음 모를 뜬다.
- ㉡ 본포에 정식하기 며칠 전 가식하여 새 뿌리가 다소 발생하려는 시기가 정식에 좋다.
- ㉢ 가지나 잎의 일부를 전정하기도 한다.
- ㉣ 냉기에 순화시켜 묘를 튼튼하게 한다.
- ㉤ 근군을 작은 범위 내에 밀식시킨다.
- ㉥ 큰 나무의 경우 뿌리돌림을 한다.
- ㉦ 증산억제제인 OED유액을 1~3%로 하여 모를 담근 후 이식한다.

③ 본포 준비
- ㉠ 정지를 알맞게 하고, 퇴비나 금비를 기비로 사용하는 경우 흙과 잘 섞어야 하며, 미숙퇴비는 뿌리와 접촉되지 않도록 주의한다.
- ㉡ 호박, 수박 등은 북을 만들어 준다.

④ 이 식
- ㉠ 이식은 묘상에 묻혔던 깊이로 하나 건조지는 깊게, 습지에는 얕게 한다.
- ㉡ 유기물이 많은 표토는 속으로 심토는 표면에 덮는다.
- ㉢ 벼는 쓰러지지 않을 정도로만 얕게 심어야 활착이 좋고 분얼이 빠르다.
- ㉣ 감자, 수수, 담배 등은 얕게 심고, 생장함에 따라 배토한다.
- ㉤ 과수의 접목묘는 접착부가 지면보다 위에 나오도록 한다.

[핵심예제]

묘의 이식을 위한 준비작업이 아닌 것은?

① 작물체에 CCC를 처리한다.
② 냉기에 순화시켜 묘를 튼튼하게 한다.
③ 근군을 작은 범위 내에 밀식시킨다.
④ 큰 나무의 경우 뿌리돌림을 한다.

정답 ①

4-7. 생력재배

핵심이론 01 생력재배(省力栽培, Labor Saving Culture)

① 생력재배의 정의
- ㉠ 농작업의 기계화와 제초제의 이용 등에 의한 농업 노동력을 크게 절감할 수 있는 재배법이다.
- ㉡ 농업에 있어 노동을 절약하고, 안전하게 재배하면서 수익성도 보장하는 수단이 된다.

② 생력재배의 효과
- ㉠ 농업 노동 투하시간의 절감으로 생산비를 줄일 수 있다.
- ㉡ 단위면적당 수량을 증대시킨다.
- ㉢ 작부체계의 개선과 재배면적을 증대할 수 있다.
- ㉣ 농업경영구조를 개선할 수 있다.

③ 생력기계화 재배의 전제 조건
- ㉠ 경지정리 선행 : 농경지의 경지정리와 농로의 정비
- ㉡ 집단재배 또는 공동재배 : 기계화 및 제초제를 이용한 제초를 위하여 동일 작물을 동일한 집단재배방식으로 관리 또는 여러 농가가 집단화하여 공동재배시스템을 조성해야 한다.
- ㉢ 제초제의 사용 : 제초제를 사용한 제초의 생력화를 도모해 기계화 재배를 가능하게 해야 한다.
- ㉣ 작물별 적응재배체계 확립 : 기계화에 알맞고 제초제 피해가 적은 품종을 선택하고 인력재배방법을 개선하는 등 작물별 적응재배체계를 확립해야 한다.
- ㉤ 잉여 노동력의 수익화 : 잉여 노동력을 수익화에 활용해야 한다.

맥류의 기계화 재배 적응품종
- 다식밀식재배 시는 뿌리, 줄기가 충실하여 내도복성이 강하게 키워야 한다.
- 골과 골 사이가 같은 높이로 편평하게 되므로 한랭지에서는 특히 내한성이 강한 품종을 선택해야 한다.
- 다비밀식의 경우는 병해 발생도 조장되므로 내병성이 강한 품종이어야 한다.
- 다비밀식재배로 인하여 수광이 나빠질 수 있으므로, 초형은 잎이 짧고 빳빳하여 일어서는 직립형이 알맞다.

1-1. 작물재배에서 기계화 생력재배의 효과로 보기 어려운 것은?

① 농업 노동 투하시간의 절감
② 작부체계의 개선
③ 제초제 이용에 따른 유기재배면적의 확대
④ 단위 수량의 증대

정답 ③

1-2. 생력화 재배와 가장 관련이 적은 것은?

① 기계화 재배
② 다품종(多品種)재배
③ 제초제의 이용
④ 집단재배

정답 ②

1-3. 생력작업을 위한 기계화 재배의 전제조건이 아닌 것은?

① 대규모 경지 정리
② 적응재배체계의 확립
③ 집단재배
④ 제초제의 미사용

정답 ④

해설

1-1
생력기계화 재배로 인해 작부체계를 개선할 수 있으므로 작물재배면적을 증대시킬 수 있지만 유기재배에서는 제초제를 사용하지 않는다.

핵심이론 02 기계화 적응재배 등

① 기계화 농업
  ㉠ 농업기계화의 추진에 따라 노동능률과 농업 생산력이 증대된다.
  ㉡ 경영 규모의 한계에서 벗어나 인간의 노동력을 대체하고 노동을 절약한다.
  ㉢ 기계화의 생력효과는 농업인을 중노동에서 벗어나게 한다.
  ※ 새로운 농기계의 도입 여부는 농기계의 도입에 따라 발생하는 편익과 증가하는 유동비와 고정비를 합한 손익분기금액이 같아지는 점에서 결정되어야 함

② 벼의 집단재배
  ㉠ 농기계와 제초제의 이용이 많이 보급되었다.
  ㉡ 본격적인 기계화 재배는 집단공동재배를 전제로 한다.
  ㉢ 농업 노동력과 인건비가 크게 절감된다.

③ 맥류의 드릴파 재배
  ㉠ 밭의 맥작에서 기계화에 적응하는 재배법이다.
  ㉡ 제초제의 사용을 전제로 한다.
  ※ 맥류의 전면전층파 재배는 답리작의 맥류재배에서 기계화에 적응하는 재배법이다.

④ 제초제에 의한 생력재배
  ㉠ 파종 전처리 : Paraquat(Gramoxone, 그라목손), Glyphosate(근사미), TOK, PCP, EDPD, G-315(론스타) 등

> Paraquat계 농약
> • 그라목손이라는 이름으로 시판되었으며, 녹색을 띠는 모든 식물을 죽게 하는 제초제이다.
> • 비선택성의 파종 전 처리제초제로서 제초효과가 높고 값이 싸서 널리 이용되었다.
> • 음독 농약으로 사회적 물의를 일으키는 등 문제가 됨에 따라 최근 사용이 금지되었다.

  ㉡ 파종 후처리(출아 전처리) : Machete, Simazine(CAT), Afalon, Swep, Azimsulfuron Lasso, Benfuresate, Ramrod, Karmex 등 대부분의 제초제는 파종 후처리제이다.
  ㉢ 생육 초기처리(출아 후처리) : 잡초 발생이 심할 때에는 생육 초기에도 Stam F-34(DCPA), 2,4-D, Ssaturn-S, Pamcon, Simazine(CAT), CI-IPC 등의 선택형 제초제를 살포한다.

핵심예제

2-1. 우리나라의 벼농사는 대부분이 기계화되어 있는데, 기계화의 가장 큰 장점은?

① 유기농 재배가 가능하다.
② 농업 노동력과 인건비가 크게 절감된다.
③ 화학비료나 농약의 사용을 크게 줄일 수 있다.
④ 재배방식의 개선과 농자재 사용을 줄일 수 있어서 소득이 향상된다.

정답 ②

2-2. 비선택성의 파종 전처리 제초제로서 제초효과가 높고 값이 싸서 널리 이용되었으나, 음독 농약으로 사회적 물의를 일으키는 등 문제가 됨에 따라 최근 사용이 금지된 것은?

① Simazine ② Paraquat
③ Alachlor ④ Bentazon

정답 ②

4-8. 재배관리

핵심이론 01 비료의 분류

① 성분에 따른 분류

㉠ 질소질비료 : 요소, 질산암모늄(초안), 염화암모늄, 석회질소, 황산암모늄(유안), 질산칼륨(초석), 인산암모늄 등

㉡ 인산질비료 : 과인산석회(과석), 중과인산석회(중과석), 용성인비, 용과린, 토머스인비 등

㉢ 칼리질비료 : 염화칼륨, 황산칼륨 등

㉣ 복합비료 : 질소질비료, 인산질비료, 칼리질비료, 유기물질 등을 2종 이상 배합 또는 제조한 비료로 그 성분을 주요 성분으로 보증하는 비료이다.

㉤ 석회질비료 : 생석회(CaO), 소석회[$Ca(OH)_2$], 탄산석회($CaCO_3$)

② 반응에 따른 분류

㉠ 화학적 반응 : 수용액의 직접적인 반응
  • 산성비료 : 황산암모늄[$(NH_4)_2SO_4$], 염화암모늄, 인산암모늄, 인산칼슘, 인산칼륨, 과인산석회, 중과인석회 등
  • 중성비료 : 요소, 염화칼륨, 황산칼륨(K_2SO_4), 칠레초석(질산나트륨=질산소다), 질산암모늄(NH_4NO_3) 등
  • 염기성비료 : 생석회, 소석회, 석회질소($CaCN_2$), 용성인비, 탄산석회, 규산질비료 등

㉡ 생리적 반응 : 시비한 다음 토양 중에서 식물뿌리의 흡수작용이나 미생물의 작용을 받은 뒤 나타나는 토양반응
  • 산성비료 : 황산암모늄, 황산칼륨, 염화칼륨, 염화암모늄
  • 중성비료 : 질산암모늄, 질산칼륨, 요소[$CO(NH_2)_2$], 인산암모늄, 과인산석회(과석), 중과인석회(중과석) 등
  • 염기성비료 : 칠레초석, 질산칼슘, 석회질소, 용성인비, 토마스인비, 나뭇재, 탄산석회 등

③ 비효의 지속성에 따른 분류

㉠ 속효성비료 : 요소, 유안, 초산암모늄, 과인산석회, 염화칼륨 등

㉡ 지효성비료 : 퇴비, 구비, 녹비, 유기질비료 등

㉢ 완효성비료 : 깻묵, 유기질비료 등

※ 완효성 고형 복합비료는 비료 유실이 적다는 장점이 있다.

④ 비료의 효과에 따른 분류

  ㉠ 직접비료 : 질소질비료, 인산질비료, 칼리질비료, 잡질
    비료(조합비료, 화성비료, 퇴비 등)

  ㉡ 간접비료 : 석회비료나 세균비료 및 토양개량제 등의
    토양의 이화학적 성질 개선을 통하여 비료효과를 나타
    낸 것이 있다.

핵심예제

1-1. 속성비료이고 화학적 중성비료이며 생리적 산성비료의 조합은?

① 요소, 과인산석회　　② 요소, 석회질소
③ 황산칼륨, 염화칼륨　④ 용성인비, 염화칼리

정답 ③

1-2. 화학적으로 염기성 비료에 속하는 것은?

① $(NH_4)_2SO_4$　　② $CaCN_2$
③ NH_4NO_3　　④ K_2SO_4

정답 ②

1-3. 시비한 다음 토양 중에서 식물뿌리의 흡수작용이나 미생물의 작용에 영향을 미치는 생리적 산성비료는?

① 석회질소　　② 황산암모늄
③ 용성인비　　④ 질산암모늄

정답 ②

1-4. 화학적 · 생리적으로 염기성 비료에 속하는 것은?

① $(NH_4)_2SO_4$　　② 용성인비
③ $CO(NH_2)_2$　　④ K_2SO_4

정답 ②

1-5. 완효성 고형 복합비료의 장점은?

① 비료 유실이 적다.　② 가격이 저렴하다.
③ 시비 노력이 많이 든다.　④ 비효가 빠르다.

정답 ①

핵심이론 02 주요 비료의 성분

① **질소 함유량(%)** : 요소(46%), 질산암모늄(35%), 염화암모늄(25%), 석회질소(21%), 황산암모늄(21%), 질산칼륨(20%), 인산암모늄(11%) 등

  ㉠ 질산암모늄(NH_4NO_3)은 주로 음이온이 되어 토양 교질에 잘 흡착되지 않고 유실되기 때문에 논보다 밭작물에 유리하다.

  ㉡ 무기태질소는 질산태(NO_3^-)와 암모늄태(NH_4^+)가 있고, 유기태질소는 아마이드태와 단백태가 있다.

   • 질산태질소는 음이온으로 구성되어 있어 토양과 부착이 안 되고 해리되어 이동이 쉬우므로 작물이 쉽게 이용할 수 있다. 양이온(Ca^{2+}, Mg^{2+}, K^+)의 흡수를 돕는다.

   • 암모늄태질소는 양이온이므로 토양에 부착하여 천천히 작물에 이용되고 우천 시 비료 유실이 적다.

   • 논토양을 미리 풍건처리한 후에 담수 보온처리하게 되면 무처리구에 비하여 암모늄태 질소양분의 생성량이 높아진다.

② **인산 함유량(%)** : 인산암모니아(48%), 중과인산석회(44%), 용성인비(17~21%), 토머스인비(16%), 과인산석회(16%) 등

  ㉠ 무기질 인산은 물에 녹는 수용성, 묽은 시트르산에 녹는 구용성 및 녹지 않는 불용성으로 나뉜다.

   ※ 구용성 : 구연산에 녹고 물에 안 녹음(인산비료)

  ㉡ 수용성 인산은 속효성이고, 구용성 인산은 완효성이다.

  ㉢ 수용성과 구용성 인산은 모두 식물이 흡수 · 이용할 수 있는 인산으로 가용성 인산이라 한다.

  ㉣ 과인산석회와 인산암모늄은 수용성 인산이며, 용성인비는 구용성 인산이다.

  ㉤ 인광석, 동물의 뼈 등에 들어 있는 인산은 불용성이다.

③ **칼륨 함유량(%)** : 염화칼륨(60%), 황산칼륨(48~50%) 등

  ㉠ 무기태칼륨비료 : 탄산칼륨, 황산칼륨, 염화칼륨, 질산칼륨 등이 대부분인데, 모두 물에 잘 녹아 작물에 빠르게 흡수된다.

  ㉡ 유기태칼륨비료 : 쌀겨, 녹비, 퇴비 등이 있는데, 물에 잘 녹아 비료의 효과가 빠르게 나타난다.

④ **칼슘 함유량(%)** : 생석회(80%), 석회질소(60%), 소석회(60%), 탄산석회(45~50%)

  ㉠ 석회는 토양의 물리적 · 화학적 성질을 개량하는 데 효과가 크다.

ⓛ 산성토양을 중화하는 데에는 생석회나 소석회가 알맞고, 토양에 염기를 보급하기 위해서는 탄산석회나 석회석 분말이 좋다.

ⓒ 소석회는 석회비료로 가장 많이 이용되는데, 석회석을 가열하여 생석회로 만들고, 이것을 수화시켜 분쇄하여 만든 것이다.

ⓔ 탄산석회는 소석회 다음으로 많이 이용되며, 석회석을 분쇄한 것이다. 탄산석회 중 백운석이 풍화된 것은 마그네슘을 15~20% 함유하고 있다.

⑤ 기타 성분과 부성분 : 마그네슘(Mg), 망간(Mn), 붕소(B), 규산(SiO_2) 등

◤ 핵심예제 ◢

2-1. 다음은 질소비료의 종류를 화학식으로 나타낸 것이다. 사용하면 주로 음이온이 되어 토양 교질에 잘 흡착되지 않고 유실되기 때문에 논보다 밭작물에 유리한 비료는?

① $(NH_4)_2SO_4$ ② NH_4NO_3
③ $(NH_2)_2CO$ ④ $CaCN_2$

정답 ②

2-2. 비료 및 시비에 대한 설명으로 맞는 것은?

① 요소비료는 생리적 산성비료이다.
② 용성인비의 인산성분은 17~21%이다.
③ 질산태질소는 시비 시 토양에 잘 흡착된다.
④ 뿌리를 수확하는 작물은 칼륨보다 질소질비료의 효과가 크다.

정답 ②

2-3. 유기재배 시 토양개량과 작물생육을 위하여 사용 가능한 물질로 거리가 먼 합성석회는?

① 패 분   ② 석회석
③ 소석회   ④ 석회소다염화물

정답 ③

해설

2-3

소석회는 유기재배 시 병해충 관리를 위해 사용 가능한 물질이다.

핵심이론 03   **시 비**

① 시비 이론

ⓐ 리비히(Liebig)의 최소 양분율(Law of Minimum Nutrient)

• 작물의 생육은 다른 양분의 공급의 다소와는 관계없이 최소 양분의 공급량에 의해서 제한을 받는데, 이를 최소 양분율의 법칙 또는 최소율 법칙이라 한다.

• 식물의 무기영양설을 제창하였다(1840년).

• 무기영양설(식물의 필수영양분은 부식보다도 무기물을 먹는다는 이론)에 기초하여 인조비료가 합성되고, 수경재배의 기초가 되었다.

> **로스(J.B.Lawes)**
> • 로스가 그의 농업 시험장에서 비료의 시험을 통해 비료 3요소의 개념을 질소(N), 인산(P), 칼리(K)로 명확히 한 후로 비료의 개념이 정립되었다(1837년).
> • 무기영양설에 근거하여 Gilbert와 함께 과인산석회를 만드는데 성공. 화학비료의 첫 출현이었다(1843년).

ⓑ 보수점감의 법칙(수확체감의 법칙)

• 양분 공급량이 증가함에 따라 작물의 수확량이 증가하지만, 어느 정도에 도달하면 일정해지고 그 한계를 넘으면 수확량이 다시 점감하는 현상을 말한다.

• 일반적으로 적정 시비량은 최대의 수량보다 최대의 보수를 이룩하는 시비량을 뜻한다.

② 주요 작물의 시비원리 및 효과

ⓐ 생육기간이 길고 시비량이 많은 작물은 기비량(밑거름)을 줄이고 추비량(덧거름)을 늘려 사용한다.

ⓑ 지효성(퇴비, 깻묵 등) 또는 완효성 비료나 인산, 칼리, 석회 등의 비료는 일반적으로 밑거름으로 일시에 사용한다.

ⓒ 요소, 황산암모늄 등 속효성 질소비료

• 생육기간이 극히 짧은 작물을 제외하고는 대체로 추비와 기비로 나누어 시비한다.

• 평지 감자재배와 같이 생육기간이 짧은 경우에는 주로 기비로 시비한다.

• 맥류와 벼와 같이 생육기간이 긴 경우 나누어 시비한다.

ⓓ 조식재배로 생육기간이 길어진 경우나 다비재배의 경우 기비 비율을 줄이고 추비 비율을 늘린다.

ⓔ 사력답이나 누수답과 같이 비료분의 용탈이 심한 경우에는 추비 중심의 분시를 한다.

ⓑ 고구마, 감자 등의 작물은 양분이 많이 저장되도록 초기에는 질소를 많이 주어 생장을 촉진하고, 양분이 저장되기 시작되면 탄수화물의 이동 및 저장에 관여하는 칼리를 충분히 시용한다.

ⓢ 종자를 수확하는 작물은 영양생장기에는 질소의 효과가 크고, 생식생장기에는 인과 칼륨의 효과가 크다.

ⓞ 혼파하였을 때 질소를 많이 주면 콩과가 우세해지고 인산, 칼리를 많이 주면 화본과가 우세해진다.

ⓩ 담배, 사탕무는 암모니아태질소의 효과가 크고, 질산태질소를 주면 해가 되는 경우도 있다.

［ 핵심예제 ］

3-1. 식물의 생산량(수량)은 가장 소량으로 존재하는 무기성분에 의해 지배받는다는 최소율 법칙을 주장한 학자는?

① Liebig ② Muller
③ Millardet ④ Leeuwenho

정답 ①

3-2. 식물의 무기영양설을 제창한 사람은?

① 멘 델 ② 리비히
③ 아리스토텔레스 ④ 파스퇴르

정답 ②

3-3. 비료의 3요소 개념을 명확히 하고 N, P, K가 중요 원소임을 밝힌 사람은?

① Aristoteles ② Lawes
③ Liebig ④ Boussinault

정답 ②

해설

3-3
① Aristoteles : 유기질설 또는 부식설 주장
③ Liebig : 무기영양설, 최소율의 법칙 → 화학비료 공업을 발달시키고, 수경재배 창시
④ Boussingault : 콩과작물이 공중질소를 고정한다는 사실을 증명

핵심이론 04 시비량

① 시비량
㉠ 단위면적당 시비량을 계산할 때 이용하는 비료요소의 흡수율은 비료요소의 사용량과 실제 작물이 흡수한 양으로 구한다.

㉡ 비료요소의 천연 공급량
• 어떤 비료요소에 대하여 무비료재배를 할 때의 단위면적당 전 수확물 중에 함유되어 있는 그 비료요소량을 측정하여 구한다.
• 비료요소의 천연 공급량은 토양 중에서나 관개수에 의해서 천연적으로 공급되는 비료요소 분량이다.
• 논벼가 다른 작물에 비해서 계속 무비료재배를 하여도 수량이 급격히 감소하지 않는 이유는 비료의 천연 공급량이 많기 때문이다.

② 시비량 계산

예제 논토양 10a에 요소비료를 20kg 시비할 때 질소의 함량(kg)은?
풀이 요소비료의 질소함량은 46%이므로 20kg × 0.46 = 9.2kg이다.

예제 질소를 10a당 9.2kg 사용하고자 할 때 기비 40%의 요소필요량은?
풀이 • 전체 9.2kg에서 기비에 필요한 40% : 9.2 × 40% = 3.68kg
• 요소 중에 질소함량은 46%이므로, 3.68 × (100/46) = 8kg

예제 논에 벼를 이앙하기 전에 기비로 N − P_2O_5 − K_2O = 10 − 5 − 7.5kg/10a을 처리하고자 한다. N−P_2O_5 − K_2O = 20 − 20 − 10(%)인 복합비료를 25kg/10a을 시비하였을 때, 부족한 기비의 성분에 대해 단비할 시비량(kg/10a)은?
풀이 20-20-10(%) 복합비료 25kg/10a이므로 실제 시비량은 10a당 5-5-2.5kg이 된다. 따라서 부족분은 5-0- 5kg/10a이 된다.

비료의 성분량

1. 질소비료에는 대표적으로 요소[$CO(NH_2)_2$]와 황산암모늄 [$(NH_4)_2SO_4$] 비료가 있다.
   ⓐ 요소비료는 성분량이 46%이고, 황산암모늄비료는 성분량이 21%이다.
   ⓑ 요소비료 20kg 1포대에는 질소(N)가 9.2kg, 황산암모늄비료 20kg 1포대에는 질소(N)가 4.2kg 들어 있으며 이들의 실량은 각각 20kg이 된다.
2. 인산비료
   ⓐ 용성인비와 용과린비료의 성분량이 각각 20%이다.
   ⓑ 용성인비와 용과린 각 20kg 1포대에는 인산성분이 각 4.0kg씩 들어 있고, 이들의 실량은 각각 20kg이 된다.
3. 칼리비료
   ⓐ 염화칼륨은 성분량이 60%, 황산칼륨은 성분량이 49%이다.
   ⓑ 염화칼리 20kg 1포대에는 칼리성분(K_2O)이 12kg 들어 있고, 황산칼륨 20kg 1포대에는 칼리성분이 9.8kg 들어 있고, 이들의 실량은 각각 20kg이 된다.

[**핵심예제**]

4-1. 이론적으로 단위면적당 시비량을 계산할 때 이용하는 비료요소의 흡수율은 어떻게 구하는가?

① 비료요소의 사용량과 실제 작물이 흡수한 양으로 구한다.
② 단위면적당 전 수확물 중에 함유되어 있는 비료요소를 분석·계산하여 구한다.
③ 단위면적당 수량과 이 수량을 낼 때의 전체 흡수량을 기초로 하여 구한다.
④ 어떤 비료요소에 대하여 무비재배 시의 단위면적당 전 수확물 중에 함유되어 있는 그 비료요소량을 분석·계산하여 구한다.

정답 ①

4-2. 질소농도가 0.2%인 수용액 20L를 만들어서 엽면시비를 하려 할 때 필요한 요소비료의 양은?(단, 요소비료의 질소함량은 46%이다)

① 약 3.96g　　　　② 약 8.7g
③ 약 40.0g　　　　④ 약 86.96g

정답 ④

4-3. 요소(질소성분 46%)를 10a당 성분량으로 10kg을 시용하고자 할 때 실중량은?

① 4.6kg　　　　② 21.7kg
③ 46.0kg　　　　④ 460.0kg

정답 ②

해설

4-2
$20,000g \times 0.2\% \times 100/46 = 86.96g$

4-3
실중량 = 성분량 × 100/비료의 성분 함량 = $10 \times 100/46 = 21.7kg$

핵심이론 05 엽면시비와 흡수율

① 엽면시비
   ㉠ 작물은 뿌리뿐만 아니라 잎에서도 비료성분을 흡수할 수 있으므로 필요한 때에는 비료를 용액의 상태로 잎에 뿌려 주기도 한다.
   ㉡ 비료성분은 표면보다는 이면에서 더 잘 흡수된다. 이는 잎의 표면 표피는 이면 표피보다 큐티클 층이 더 발달되어 물질의 투과가 용이하지 않고 이면은 살포액이 더 잘 부착되기 때문이다.
   ㉢ 미량요소의 공급과 비료분의 유실 방지를 통하여 품질을 향상시킬 수 있는 장점이 있다.
   ㉣ 화훼를 제외한 일반작물의 요소 엽면시비는 1% 이내에서 효과가 있다.

② 엽면시비의 실용성
   ㉠ 작물에 미량요소의 결핍증이 나타났을 경우
   ㉡ 작물의 급속한 영양을 회복시켜야 할 경우
   ㉢ 토양시비로 뿌리 흡수가 곤란한 경우
   ㉣ 토양시비가 곤란한 경우
   ㉤ 품질 향상이 필요한 경우

③ 엽면시비 시 흡수에 영향을 미치는 요인
   ㉠ 잎의 표면보다 이면에서 더 잘 흡수된다.
   ㉡ 잎의 호흡작용이 왕성할 때 흡수가 더 잘되므로 줄기의 정부로부터 가까운 잎에서 흡수율이 높다.
   ㉢ 노엽보다는 성엽이, 밤보다는 낮에 흡수가 더 잘된다.
   ㉣ 살포액의 pH는 미산성인 것이 흡수가 잘된다.
   ㉤ 살포액에 전착제를 가용하면 흡수가 잘된다.
   ㉥ 작물에 피해가 나타나지 않는 범위 내에서 살포액의 농도가 높을 때 흡수가 빠르다.
   ㉦ 석회의 사용은 흡수가 억제되고 고농도 살포의 해를 경감시킨다.
   ㉧ 작물의 생리작용이 왕성한 기상조건에서 흡수가 빠르다.

④ 비료 흡수율
   ㉠ 시용한 비료성분량에 대하여 작물에 흡수된 비료성분의 비를 백분율로 표시한 값을 비료성분의 흡수율 또는 이용률(Availability)이라고 한다.

ⓒ 질소, 인산, 칼륨의 작물별 흡수비율
- 벼(5:2:4)
- 맥류(5:2:3)
- 콩(5:1:1.5)
- 옥수수(4:2:3)
- 고구마(4:1.5:5)
- 감 자(3:1:4)

ⓒ 질소와 인산에 대한 칼륨의 흡수비율은 화곡류보다 감자와 고구마에서 더 높다.

ⓔ 고구마의 3요소 흡수량의 크기는 칼륨 > 질소 > 인산의 순위이다.

ⓜ 두과작물(알팔파)은 화본과 작물에 비해 칼슘, 칼륨, 질소의 흡수율이 높다.

[핵심예제]

5-1. 비료의 엽면흡수에 영향을 끼치는 요인을 옳게 설명한 것은?

① 잎의 표면보다 이면에서 더 잘 흡수한다.
② 성엽보다 노엽에서, 낮보다 밤에 잘 흡수된다.
③ 살포액의 pH는 중성보다 약알칼리성에서 흡수가 잘된다.
④ 호흡작용이 왕성할 때는 흡수가 잘되지 않는다.

정답 ①

5-2. 비료의 3요소 중 칼륨의 흡수비율이 가장 높은 작물은?

① 고구마　　　　　② 콩
③ 옥수수　　　　　④ 보 리

정답 ①

핵심이론 06　보식, 숙기

① 보 식

ⓐ 보파(추파, Supplemental Seeding) : 파종이 고르지 못하거나 발아가 불량한 곳에 보충적으로 파종하는 것이다.

ⓑ 보식(Replanting, Supplementary Planting) : 발아가 불량한 곳 또는 이식 후 고사로 결주가 생긴 곳에 보충적으로 이식하는 것이다.

ⓒ 보파 또는 보식은 되도록 일찍 실시해야 생육의 지연이 덜 나타난다.

② 숙기(Thinning)

ⓐ 발아 후 밀생한 곳에서 개체를 제거해서 앞으로 키워나갈 개체에 공간을 넓혀 주는 일이다.

ⓑ 숙기는 적기에 실시하여야 하며, 생육 상황에 따라 수회에 걸쳐 실시한다.

ⓒ 일반적으로 첫 김매기와 같이 실시하고, 늦으면 개체 간 경쟁이 심해져 생육이 억제된다.

ⓔ 숙기의 효과
- 균일한 생육을 유도할 수 있다.
- 파종 시 숙기를 전제로 파종량을 늘리면 발아가 불량하더라도 빈 곳이 생기지 않는다.
- 파종 시 파종량을 늘리고 나중에 숙기를 하면 불량한 개체를 제거하고 우량한 개체만 재배할 수 있다.
- 개체 간 양분, 수분, 광 등에 대한 경합을 조절하여 건전한 생육을 할 수 있다.

[핵심예제]

숙기의 효과가 아닌 것은?

① 개체의 생육 공간을 넓혀 준다.
② 종자를 넉넉히 뿌려 빈 곳을 없게 할 수 있다.
③ 파종량을 줄일 수 있다.
④ 싹이 튼 후 개체의 밀도가 높은 곳의 일부 개체를 제거하는 것이다.

정답 ③

핵심이론 07 중경(Cultivation)

① 중경의 개념
  ㉠ 파종 또는 이식 후 작물 생육기간에 작물 사이의 토양을 호미나 중경기로 표토를 긁어 부드럽게 하는 토양관리 작업이다.
  ㉡ 중경은 잡초의 방제, 토양의 이화학적 성질의 개선, 작물 자체에 대한 기계적인 영향 등을 통하여 작물 생육을 촉진시킬 목적으로 실시된다.
  ㉢ 초기 중경은 대체로 깊게 하고 후기 중경은 단근 우려가 크므로 얕게 한다.

② 중경의 장점
  ㉠ 종자의 발아 촉진 : 중경은 굳은 피막을 부수고 토양이 부드럽게 되어 발아가 촉진된다.
  ㉡ 토양통기 촉진 : 중경하면 대기와 토양의 가스 교환이 활발해지므로 뿌리의 활력이 증진되고, 유기물의 분해가 촉진되며, 환원성 유해물질의 생성 및 축적이 감소된다.
  ㉢ 토양수분의 증발 억제 : 토양을 얕게 중경(천경)하면 토양의 모세관이 절단되어 토양 유효수분의 증발이 억제되고, 한발기에 가뭄해(旱害)를 경감할 수 있다.
  ㉣ 비효 증진 : 암모니아태질소를 표층인 산화층에 추비하고 중경하면(전층시비) 비료가 환원층으로 들어가 심층시비한 것과 같아지므로 탈질작용이 억제되어 질소질 비료의 비효를 증진한다.
  ㉤ 잡초방제 : 김매기는 중경과 제초를 겸한 작업이다.

③ 중경의 단점
  ㉠ 단근 피해 : 중경은 뿌리의 일부를 단근시킨다.
  ㉡ 토양침식 및 풍식의 조장 : 표토의 일부를 침식 또는 풍식시킨다.
  ㉢ 동상해의 조장 : 토양온열이 지표까지 상승하는 것을 억제하여 동해를 조장한다.

[핵심예제]

작물이 생육하고 있는 포장의 표토를 잘게 쪼아서 부드럽게 하는 것을 중경이라 한다. 중경의 장점이 아닌 것은?

① 토양통기 조장   ② 비효 증진
③ 풍식 조장   ④ 잡초 제거

정답 ③

핵심이론 08 제 초

① 잡초의 주요 특성
  ㉠ 잡초종자는 일반적으로 발아와 초기 생장속도가 빠르다.
  ㉡ 불량한 환경에 잘 적응하며 한발이나 과습에 대하여 견딜 수 있는 구조이다.
  ㉢ 잡초는 대개 C_4 광합성을 하고 있어서 광합성 효율이 높고, 생장이 빨라서 C_3 광합성을 하는 작물보다 경합에서 우세하다.
  ㉣ 잡초는 종자 또는 지하번식(영양번식)기관 등으로 번식하며 종자 생산량이 많다.
  ㉤ 잡초는 식물의 일부분만 남아도 재생이나 번식이 강하다.
  ㉥ 대부분의 잡초는 호광성 식물로서 광이 있는 표토에서 발아하며, 잡초 종자는 대개 복토가 얕으면 잘 발아한다.
  ㉦ 대부분의 잡초는 성숙 후 휴면성을 지닌다.
  ㉧ 휴면종자는 저온, 습윤, 변온, 광선 등에 의하여 발아가 촉진되기도 한다.
  ㉨ 잡초 중 발아를 위한 산소요구도는 돌피 > 올챙이고랭이 > 물달개비 순이다.
  ㉩ 잡초종자는 사람, 바람, 물, 동물 등을 통한 전파력이 크다.
  ㉪ 제초제 저항성 잡초는 자연 상태에서 발생한 돌연변이에 의해 나타난다.
  ㉫ 동일한 계통의 제초제를 연용하면 제초제 저항성 잡초가 발생할 수 있다.

② 잡초의 유용성
  ㉠ 지면 피복으로 토양침식을 억제하고, 환경오염 지역에서 오염물질을 제거한다.
  ㉡ 토양에 유기물의 제공원이 될 수 있다.
  ㉢ 유전자원과 구황작물로 이용할 수 있는 것이 많다.
  ㉣ 야생동물, 조류 및 미생물의 먹이와 서식처로 이용되어 환경에 기여한다.
  ㉤ 약용성분 및 기타 유용한 천연물질의 추출원이 된다.
  ㉥ 과수원 등에서 초생재배식물로 이용될 수 있고, 가축의 사료로서 가치가 있다.
  ㉦ 자연경관을 아름답게 하는 조경재료로 사용된다.

③ 잡초의 피해

㉠ 다른 작물과 양분, 수분, 광선, 공간을 경합함으로써 작물의 생육환경이 불량해진다.

㉡ 잡초는 작물 병원균의 중간기주가 되며, 병충해의 서식처와 월동처로 작용한다.

㉢ 수로 또는 저수지 등에 만연하여 물의 관리작업이 어려워진다.

㉣ 환경을 악화시키고, 미관을 손상시키며, 가축에 피해를 입힌다.

㉤ 병충해의 번식을 조장하고, 품질을 저하시킨다.

㉥ 유해물질의 분비 : 잡초의 뿌리로부터 유해물질이 분비되어 작물체의 생육을 억제하며, 반대로 작물이 잡초 생육을 억제하는 작용(타감작용, Allelopathy)이 있다.

[핵심예제]

8-1. 잡초종자의 발아에 대한 설명으로 옳은 것은?

① 잡초종자는 대개 수명이 짧다.
② 잡초종자는 대개 혐광성이다.
③ 잡초종자는 대개 변온에서 발아율이 낮아진다.
④ 잡초종자는 대개 복토가 얕으면 잘 발아한다.

정답 ④

8-2. 잡초의 해작용 중 유해물질의 분비로 인한 피해란?

① 잡초와 작물의 양분 경쟁에 의한 피해
② 목초지에서 유해한 잡초로 인한 가축의 피해
③ 잡초의 뿌리로부터 분비되는 물질로 인한 피해
④ 잡초에 기생하는 병해충이 분비하는 유해물질에 의한 피해

정답 ③

핵심이론 09 잡초의 종류와 생태

① 잡초의 종류

㉠ 생활사에 따라 1년생, 2년생 및 다년생으로 구분한다.
㉡ 종자번식과 영양번식을 할 수 있으며, 번식력이 높다.

② 우리나라의 주요 논잡초

1년생	다년생
• 화본과 : 강피, 물피, 돌피, 둑새풀 • 방동사니 : 참방동사니, 알방동사니, 바람하늘지기, 바늘골 • 광엽잡초 : 물달개비, 물옥잠, 여뀌바늘, 자귀풀, 가막사리	• 화본과 : 나도겨풀 • 방동사니과 : 너도방동사니, 올방개, 올챙이고랭이, 매자기 • 광엽잡초 : 가래, 벗풀, 올미, 개구리밥, 미나리

③ 우리나라 주요 밭잡초

1년생	다년생
• 화본과 : 바랭이, 강아지풀, 돌피, 둑새풀(2년생) • 방동사니과 : 참방동사니, 금방동사니, 알방동사니 • 광엽잡초 : 개비름, 명아주, 여뀌, 쇠비름, 냉이(2년생), 망초(2년생), 개망초(2년생)	• 화본과 : 참새피, 띠 • 방동사니과 : 향부자 • 광엽잡초 : 쑥, 씀바귀, 민들레, 쇠뜨기, 토끼풀, 메꽃

④ 병충해 방제의 유형

㉠ 경종적 방제 : 토지 선정, 품종 선택, 종자 선택, 윤작, 재배양식의 변경, 혼식, 생육시기의 조절, 시비법의 개선, 정결한 관리, 수확물의 건조, 중간기주식물 제거

㉡ 물리적 방제 : 담수, 포살, 유살, 채란, 소각, 흙 태우기, 차단, 온도처리 등

㉢ 화학적 방제 : 살균제, 살충제, 유인제, 기피제, 화학불임제

㉣ 생물학적 방제 : 기생성 곤충, 포식성 곤충, 병원미생물, 길항미생물 등

㉤ 법적 방제 : 식물 검역

㉥ 종합적 방제 : 다양한 방제법을 유기적으로 조화시키며, 환경도 보호하는 방제

[핵심예제]

우리나라의 논에 발생하는 주요 잡초이며, 1년생 광엽잡초에 해당하는 것은?

① 나도겨풀　　　　　　② 너도방동사니
③ 올방개　　　　　　　④ 물달개비

정답 ④

핵심이론 10 | 멀칭(바닥 덮기, Mulching)

① 멀칭의 개념
- ㉠ 포장토양의 표면을 피복재료로 덮는 것을 멀칭이라고 한다.
- ㉡ 피복재료에는 비닐, 플라스틱 필름, 짚, 건초 등이 있다.

② 멀칭의 종류
- ㉠ 토양멀칭 : 토양표토를 얕게 중경하면 하층 표면의 모세관이 단절되고 표면에 건조한 토층이 생겨 멀칭한 것과 같은 효과가 있다.
- ㉡ 폴리멀칭(비닐멀칭) : 폴리에틸렌, 비닐 등의 플라스틱 필름을 재료로 하여 피복하는 것이다.
- ㉢ 스터블멀칭농법 : 반건조지방의 밀 재배에 있어서 토양을 갈아엎지 않고 경운하여 앞작물의 그루터기를 그대로 남겨 풍식과 수식을 경감시키는 농법이다.

③ 필름의 종류와 멀칭의 효과
- ㉠ 투명필름 : 모든 광을 투과시켜 지온 상승의 효과가 크나 잡초 억제의 효과는 작다.
- ㉡ 흑색필름 : 모든 광을 흡수하여 백색·녹색·투명필름보다 지온 상승의 효과가 가장 작고 잡초 억제의 효과가 크며, 지온이 높을 때는 지온을 낮추어 준다.
- ㉢ 녹색필름 : 녹색광과 적외광을 잘 투과시키고 청색광, 적색광을 강하게 흡수하여 지온 상승과 잡초억제효과가 모두 크다.
- ※ 지온의 상승 효과가 가장 큰 것 : 적외선(770nm 이상)이 잘 투과되는 것

④ 멀칭의 효과
- ㉠ 토양건조방지
- ㉡ 지온 조절
- ㉢ 토양보호 및 침식 방지
- ㉣ 잡초발생의 억제
  - 잡초종자 흑색필름멀칭을 하면 잡초종자의 발아를 억제하고 발아하더라도 생장이 억제된다.
  - 밭 전면을 비닐멀칭하였을 때에는 빗물을 이용하기 곤란하다.

핵심예제

토양표면을 여러 재료로 피복하는 것을 멀칭(Mulching)이라 하는데 그 이용성이 아닌 것은?

① 한해경감　　　　② 생육억제
③ 잡초억제　　　　④ 토양보호

정답 ②

핵심이론 11 | 배토, 답압

① 배토(培土, 북주기, Earthing up, Hilling)
- ㉠ 배토의 개념
  - 작물이 생육하고 있는 중에 이랑 사이 또는 포기 사이의 흙을 포기 밑으로 긁어모아 주는 것을 배토라 한다.
  - 시기는 보통 최후 중경제초를 겸하여 한 번 정도 하나, 파와 같이 연백화를 목적으로 하는 경우에는 여러 차례에 걸쳐 하는 경우도 있다.
- ※ 간토(間土) : 비료를 뿌린 위에 흙을 넣어 종자가 비료에 직접 닿지 않게 하는 작업
- ㉡ 배토의 효과
  - 도복 경감, 배수 및 잡초 억제, 무효분얼 억제
  - 새 뿌리 발생의 촉진, 덩이줄기의 발육 촉진
  - 기타 당근 수부의 착색을 방지하고, 토란은 분구 억제와 비대 생장을 촉진하며, 파나 셀러리 등의 연백화를 목적으로 한다.

② 답압(踏壓, 밟기, Rolling)
- ㉠ 답압의 개념 : 가을보리 재배에서 생육 초기~유수형성기 전까지 보리밭을 밟아 주는 작업이다.
- ㉡ 답압의 시기 및 효과
  - 월동 전
    - 월동 전 맥류의 과도한 생장으로 동해가 우려될 때는 월동 전에 답압을 해 준다.
    - 답압은 생장점의 C/N율이 저하되어 생식생장이 억제되고 월동이 좋아진다.
  - 월동 중 : 서릿발이 많이 설 경우 답압을 하면 동해가 경감된다.
  - 월동 후 : 토양이 건조할 때 답압을 하면 토양비산을 경감시키고, 습도를 좋게 하여 건조해가 경감된다.
  - 유효분얼종지기 : 생육이 왕성할 경우에는 유효분얼종지기에 토입을 하고 답압해 주면 무효분얼이 억제된다.
  - 답압은 생육이 왕성한 경우에만 실시한다.
  - 땅이 질거나 이슬이 맺혀 있을 때, 어린싹이 생긴 이후에는 피해야 한다.
  - 유수(어린 이삭)가 생긴 이후에는 꽃눈이 다 떨어지기 때문에 피한다.

11-1. 비료를 뿌린 위에 흙을 넣어 종자가 비료에 직접 닿지 않게 하는 작업은?

① 간토(間土) ② 복토(覆土)
③ 배토(培土) ④ 성토(盛土)

정답 ①

11-2. 답압을 해서는 안 되는 경우는?

① 월동 중 서릿발이 설 경우
② 월동 전 생육이 왕성할 경우
③ 유수가 생긴 이후일 경우
④ 분얼이 왕성해질 경우

정답 ③

핵심이론 12 **정지(整枝, Training)**

① 정 지
  ㉠ 과수 등의 재배 시 자연적 생육형태를 변형시켜 목적하는 생육형태로 유도하는 것을 말한다.
  ㉡ 정지에는 입목형 정지(원추형, 배상형, 변칙주간형, 개심자연형), 울타리형 정지, 덕형 정지 등이 있다.
  ※ 간이정지 : 맥간작으로 콩을 재배할 때에는 경운을 하지 않고, 간이 골타기를 하거나 파종할 구멍만 파고 파종한다.

② 원추형(圓錐形, Pyramidal Form, Central Leader Type)
  ㉠ 수형이 원추 상태가 되도록 하는 정지방법으로 주간형 또는 폐심형이라고도 한다.
  ㉡ 왜성사과나무, 양앵두 등에 이용된다.

③ 배상형[盃狀形, 개심형(開心型, Open Center Type), Vase Form]
  ㉠ 주간을 일찍 잘라 짧은 주간에 3~4개의 주지를 발달시켜 수형을 술잔 모양으로 만드는 정지법이다.
  ㉡ 장점 : 수관 내부의 통풍과 통광이 좋고, 관리가 편하다.
  ㉢ 단점 : 각 주지의 부담이 커서 가지가 늘어지기 쉽고 결과수가 적어진다.
  ㉣ 배, 복숭아, 자두 등에 이용된다.

④ 변칙주간형(變則主幹型, 지연개심형, Modified Leader Type)
  ㉠ 원추형과 배상형의 장점을 취한 것으로 초기에는 수년간 원추형으로 재배하다 후에 주간의 선단을 잘라 주지가 바깥쪽으로 벌어지도록 하는 정지법이다.
  ㉡ 사과, 감, 밤, 서양배 등에 이용된다.

⑤ 개심자연형(開心自然形, Open Center Natural Form)
  ㉠ 배상형의 단점을 개선한 수형으로 원줄기가 수직 방향으로 자라지 않고 개장성인 과수에 적합하다.
  ㉡ 수관 내부가 열려 있어 투광률과 과실의 품질이 좋으며, 수고가 낮아 관리가 편리하다.

⑥ 울타리형 정지
  ㉠ 포도나무의 정지법으로 흔히 사용되는 방법이다.
  ㉡ 가지를 2단 정도 길게 직선으로 친 철사 등에 유인하여 결속하는 방법이다.
  ㉢ 관상용 배나무, 자두나무 등에서 이용된다.

⑦ 덕형 정지(덕식, Overhead Arbor, Trellis Training)
  ㉠ 지상 1.8m 높이에 가로세로로 철선을 늘이고 결과 부위를 평면으로 만들어 주는 수형이다.

ⓒ 장점 : 수량이 많고 과실의 품질이 좋으며, 수명도 길어 진다.

ⓓ 단점 : 시설비가 많이 들어가고 관리가 불편하며 정지, 전정, 수세 조절 등이 잘 안 되었을 때 가지가 혼잡해져 과실의 품질 저하나 병해충의 발생 증가 등이 있다.

ⓔ 포도나무, 키위, 배나무 등에 이용되고, 배나무에서는 풍해를 막을 목적으로 적용하기도 한다.

핵심예제

12-1. 관리가 편리하고 통풍, 통광이 양호하나 결과(結果)수가 적어지는 결점이 있는 정지법은?

① 원추형　　　　　　② 변칙주간형
③ 배상형　　　　　　④ 울타리형

정답 ③

12-2. 과수재배의 기본 정지법 중 다음 그림과 같이 주간을 일찍 자르고 3~4본의 주지를 발달시켜 술잔 모양으로 만드는 정지법은?

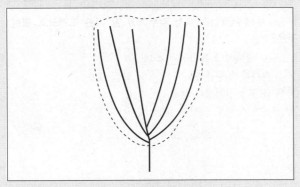

① 개심형　　　　　　② 원추형
③ 변칙주간형　　　　④ 울타리형

정답 ①

핵심이론 13　**그 밖의 생육형태 조정법**

① 적심(摘心, 순지르기, Pinching)

ⓐ 생육 중인 주경 또는 주지의 순을 질러 그 생장을 억제시키고 측지 발생을 많게 하여 개화, 착과, 착립을 촉진하는 방법이다.

ⓑ 과수, 과채류, 두류, 목화 등에 실시한다.

ⓒ 담배의 경우 꽃이 진 뒤 순을 지르면 효과가 가장 크게 나타난다.

② 적아(摘芽, 눈따기, Nipping) : 눈이 트려 할 때 불필요한 눈을 따 주는 것으로 포도, 토마토, 담배 등에 실시한다.

③ 환상박피(環狀剝皮, Ringing, Girdling) : 줄기 또는 가지의 껍질을 3~6cm 정도 둥글게 벗겨내는 것으로 화아분화의 촉진 및 과실의 발육과 성숙이 촉진된다.

④ 적엽(摘葉, 잎따기, Defoliation) : 통풍과 투광을 좋게 하기 위해 하부의 낡은 잎을 따는 것으로 토마토, 가지 등에 실시한다.

⑤ 절상(切傷, Notching) : 눈 또는 가지 바로 위에 가로로 깊은 칼금을 넣어 그 눈이나 가지의 발육을 촉진하는 것이다.

⑥ 언곡(偃曲, 휘기, Bending) : 가지를 수평이나 그보다 더 아래로 휘어서 가지의 생장을 억제시키고 정부우세성을 이동시켜 기부에 가지가 발생하도록 하는 것이다.

⑦ 제얼(除蘖) : 감자 재배 시 1포기에 여러 개의 싹이 나올 때 그 가운데 충실한 것을 몇 개 남기고 나머지를 제거하는 것으로, 토란과 옥수수의 재배에도 이용된다.

핵심예제

13-1. 식물의 생육형태를 인공적으로 조성하여 변화시켜 재배상 유리하게 하는 것을 생육형태의 조정이라고 한다. 다음 중 생육형태의 조정에 속하지 않는 것은?

① 복 대　　　　　　② 전 정
③ 제 얼　　　　　　④ 적 심

정답 ①

13-2. 적심의 효과가 가장 크게 나타나는 작물은?

① 벼　　　　　　　② 옥수수
③ 담 배　　　　　　④ 조

정답 ③

해설

13-1
복대(覆袋) : 봉지 씌우기
13-2
담배는 적심의 깊이에 의해 니코틴이나 기타 잎 안의 성분 축적량이 좌우되므로 담배 재배상 중요한 작업이다.

핵심이론 14 개화 결실(1)

① 적화 및 적과

ㄱ 적화(摘花)
- 개화수가 너무 많을 때 꽃망울이나 꽃을 솎아서 따 주는 것이다.
- 과수에 있어서 조기에 적화하면 과실의 발육이 좋고 비료도 낭비되지 않는다.
- 적화제 : 질산암모늄(NH$_4$NO$_3$), DNOC(Sodium 4,6-Dinitro-Ortho-Cresylate), 요소, 계면활성제, 석회황합제 등이 있다.

ㄴ 적과(摘果)
- 착과수가 너무 많을 때 여분의 것을 어릴 때에 솎아 따 주는 것이다.
- 적과를 하면 경엽의 발육이 양호해지고 남은 과실의 비대도 균일하여 품질 좋은 과실이 생산된다.
- 적과제 : ABA, 벤질아데닌(BA), 카바릴(Carbaryl), 에테폰(Ethephon), 에티클로제이트(Ethychlozate), NAA, MEP 등이 있으며, 대표적으로 사과의 카바릴과 감귤의 NAA가 널리 쓰인다.

ㄷ 효과
- 착색, 크기, 맛 등 과실의 품질을 향상시키고, 해거리 방지효과가 있다.
- 감자의 경우 화방이 형성되었을 때 이를 따 주면 덩이줄기의 발육이 촉진된다.

② 단위결과

ㄱ 종자의 생성 없이 열매를 맺는 현상이다.

ㄴ 씨 없는 과실은 상품 가치를 높일 수 있어 포도, 수박 등의 경우 단위결과를 유도한다.
- 씨 없는 수박은 3배체나 상호전좌를 이용한다.
- 씨 없는 포도는 지베렐린처리로 단위결과를 유도한다.
- 토마토, 가지 등도 착과제(생장조절제) 처리로 씨 없는 과실을 생산할 수 있다.

※ 자연적으로 단위결과하기 쉬운 것 : 포도

③ 수분의 매개

ㄱ 수분의 매개가 필요한 경우
- 수분을 매개할 곤충이 부족할 경우
- 작물 자체의 화분이 부적당하거나 부족한 경우
- 다른 꽃가루의 수분이 결과가 더 좋을 경우

ㄴ 수분의 매개 방법
- 인공수분 : 과채류 등에서는 인공수분을 하는 경우가 많고, 사과나무 등 과수에서는 꽃가루를 대량으로 수집하여 살포기구를 이용하기도 한다.
- 수분수의 혼식
  - 수분수 : 사과나무 등 과수의 경우 꽃가루 공급을 위해 다른 품종을 혼식하는 것이다.
  - 수분수 선택의 조건 : 주품종과 친화성이 높고 개화기가 주품종과 같거나 조금 빨라야 하며, 건전한 꽃가루의 생산이 많아야 한다. 또 과실의 생산이나 품질도 우수해야 한다.

핵심예제

14-1. 자연적으로 단위결과하기 쉬운 작물은?
① 포 도　　② 수 박
③ 가 지　　④ 토마토

정답 ①

14-2. 수분수(受粉樹)로서 갖추어야 할 기본 조건으로 틀린 것은?
① 과실 생산이나 품질이 우수할 것
② 개화시기가 주품종보다 늦거나 같을 것
③ 주품종과 친화성이 높을 것
④ 건전한 꽃가루 생산이 많을 것

정답 ②

핵심이론 15 개화 결실(2)

① 낙과
- ㉠ 낙과의 종류 : 기계적 낙과, 생리적 낙과
- ㉡ 생리적 낙과의 원인
  - 수정 불량, 유과기에 저온으로 의한 동해를 입어 낙과가 발생한다.
  - 발육 중 불량한 환경, 수분 및 비료분의 부족, 수광태세 불량으로 영양 부족 등
- ㉢ 생리적 낙과방지 방법
  - 합리적 시비 : 질소를 비롯한 비료분이 과다 및 과소하지 않도록 합리적 시비를 한다.
  - 건조 및 과습의 방지 : 멀칭, 관수 및 중경 등을 실시하여 토양건조 및 과습을 방지한다.
  - 수광태세 향상 : 재식밀도의 조절, 정지, 전정에 의하여 광합성을 조장한다.
  - 생장조절제 살포 : 옥신(NAA, IAA, 2,4-D) 등을 살포한다.
  - ※ 옥신은 낙과를 억제하고, 에틸렌은 낙과를 촉진하는 방향으로 작용한다.
  - 방한 : 동상해가 없도록 한다.
  - 방풍시설 : 방풍시설로 바람에 의한 낙과를 방지한다.
  - 병해충 방제 : 병충해는 낙과의 원인이므로 방제한다.
  - 수분매조 : 주품종과 친화성이 있는 수분수를 20~30% 혼식한다.

② 복대(覆袋, 봉지 씌우기, Bagging)
- ㉠ 복대란 과수재배에 있어 적과 후 과실에 봉지를 씌우는 것이다.
- ㉡ 복대의 장점
  - 배의 검은무늬병, 사과의 흑점병, 사과나 포도의 탄저병, 심식나방, 흡즙성밤나방 등의 병충해가 방제된다.
  - 외관이 좋아지고, 사과 등에서는 열과가 방지된다.
  - 농약이 직접 과실에 부착되지 않아 상품성이 좋아진다.
- ㉢ 복대의 단점
  - 과실의 착색이 불량해질 수 있다.
  - 노력이 많이 든다.
  - 가공용 과실의 경우 비타민 C의 함량이 떨어진다.

③ 성숙기 조절
- ㉠ 성숙의 촉진 : 촉성재배나 에스렐, 지베렐린 등의 생장조절제를 이용한다.
- ㉡ 성숙의 지연 : 포도 델라웨어 품종은 아미토신, 캠벨얼리는 에테폰처리로 숙기를 지연시킬 수 있다. 또 송이는 지베렐린처리로 착색장애를 개선한다.

④ 해거리(격년결과)
- ㉠ 원인 : 결실과다에 의해 착과지와 불착과지 착생의 불균형이 생길 때 발생한다.
- ㉡ 해거리 방지 대책
  - 착과지의 전정과 조기 적과를 실시하여 착과지와 불착과지의 비율을 적절히 유지한다.
  - 시비 및 토양관리, 건조 및 병충해를 방지한다.

⑤ 과수의 결실 습성
- ㉠ 1년생 가지에서 결실하는 과수 : 감귤류, 포도, 감, 무화과, 밤, 대추, 장미, 배롱나무
- ㉡ 2년생 가지에서 결실되는 과수 : 복숭아, 매실, 자두, 살구, 벚나무 등
- ㉢ 3년생 가지에서 결실되는 과수 : 사과, 배

핵심예제

15-1. 생리적 낙과를 방지하기 위한 방법으로 가장 적절하지 못한 것은?

① 질소비료의 과다 및 과소를 피한다.
② 건조 시 멀칭, 관수 및 중경 등을 실시한다.
③ 과수에서 차광처리를 한다.
④ 낙과를 방지하기 위하여 NAA 및 IAA 등의 호르몬처리가 유효하다.

정답 ③

15-2. 1년생 가지에서 결실하는 과수로만 나열된 것은?

① 복숭아, 감   ② 사과, 밤
③ 감, 밤   ④ 복숭아, 사과

정답 ③

4-9. 병해충 방제

핵심이론 01 병 해

① 작물병의 발생요인
  ㉠ 병원체를 받아들일 수 있는 작물체 : 저항성, 회피성, 면역성, 감수성 등이 있다.
  ㉡ 병을 일으킬 수 있는 병원체 : 주로 곰팡이, 세균, 바이러스 등이다.
  ㉢ 병을 일으킬 수 있는 재배환경 : 온도, 습도, 광 등 기상조건이 병해의 발생에 좋은 조건이면 발생한다(주로 고온다습 조건).

② 작물병해의 종류
  ㉠ 병원체에 따른 작물병

병 명	병의 종류
곰팡이	벼도열병, 모잘록병, 흰가루병, 녹병, 깜부기병, 잿빛곰팡이병, 역병, 탄저병
세 균	벼흰마름병, 풋마름병, 무름병, 둘레썩음병, 궤양병, 반점세균병, 뿌리혹병
바이러스	모자이크병, 오갈병
선 충	뿌리썩이선충병, 시스트선충병, 뿌리혹선충병
기생충	새삼, 겨우살이

  ㉡ 발생 부위에 따른 분류
    • 식물의 잎, 줄기, 열매 등 지상부에 생기는 병 : 벼도열병, 오이노균병, 토마토잿빛곰팡이병, 오이흰가루병, 벼잎집무늬마름병, 오이모자이크병, 파녹병, 고추궤양병, 딸기잿빛곰팡이병, 고추탄저병, 사과탄저병, 감귤푸른곰팡이병
    • 땅가부분이나 뿌리에 생기는 병 : 토마토시들음병, 감자더뎅이병, 배추무름병, 무뿌리썩음병, 참외뿌리혹선충병

③ 작물병해와 병원별 전염
  ㉠ 사상균(곰팡이)에 의한 병
    • 전염경로에 따른 분류
      – 종자전염 : 벼도열병, 맥류깜부기병, 고구마흑반병
      – 공기전염 : 벼도열병, 맥류녹병, 배적성병
      – 수매전염 : 벼황화위축병, 감자역병
      – 충매전염 : 오이탄저병, 배적성병
      – 토양전염 : 토마토입고병, 배추뿌리혹병, 오이 · 토마토역병

  ㉡ 세균에 의한 작물병
    • 유조직병 : 벼흰잎마름병, 채소연부병, 오이반점세균병
    • 도관병 : 청고병(가지, 토마토), 입고병(백합, 담배)
    • 증생(혹)병 : 근두암종병(사과, 밤, 포도, 당근, 참마 등)
  ㉢ 바이러스에 의한 병
    • 바이러스병의 증상 : 위축, 모자이크, 잎말림, 황화 등
    • 벼, 맥류, 콩, 감자, 담배 등의 위축병
    • 감자, 오이, 토마토, 튤립, 수선 등의 모자이크병
    • 담배, 토마토 등의 괴저모자이크병
    • 전염경로 : 진딧물, 멸구, 선충, 곰팡이 등의 매개와 꽃가루에 의한 전염 등
  ※ 감자바이러스병은 진딧물 매개전염 이외에는 이병된 씨감자로부터 발생한다.

핵심예제

1-1. 작물병의 발생요인과 관련이 적은 것은?
① 병원체를 받아들일 수 있는 작물체
② 병을 일으킬 수 있는 병원체
③ 작물체와 병원체의 불친화성
④ 병을 일으킬 수 있는 재배환경
정답 ③

1-2. 작물의 종자로 전염될 수 있는 병은?
① 벼도열병
② 벼호엽고병(줄무늬잎마름병)
③ 복숭아탄저병
④ 토마토청고병(풋마름병)
정답 ①

1-3. 감자의 위축병을 매개하는 해충은?
① 선 충   ② 진딧물
③ 명나방   ④ 응애류
정답 ②

핵심이론 02 해 충

① 식량작물의 해충

㉠ 벼, 보리, 밀 등의 식량작물을 가해하는 해충

가해 부위	주요 해충
잎	물바구미(성충), 혹명나방(유충)
줄 기	벼멸구, 흰등멸구, 애멸구, 매미충류, 이화명나방(유충)
뿌 리	벼물바구미(유충)

㉡ 벼멸구는 매년 중국에서 날아오는 벼의 주요 해충이며, 장시형태로 오지만 그 이후에는 단시형이 주로 나타난다.

② 채소 및 화훼의 해충

㉠ 배추 등의 잎을 가해하는 배추좀나방과 거세미나방 유충, 응애류 등

㉡ 꽃과 잎을 가해하는 화훼 해충 : 진딧물류, 온실가루이, 파밤나방, 총채벌레류 등

③ 과수의 해충

가해 부위	주요 해충
꽃, 잎	응애류(약성충), 배나무방패벌레, 진딧물류
줄 기	깍지벌레류, 배나무벌, 포도유리나방
열 매	심식나방류
뿌 리	포도뿌리혹벌레

④ 가해 특성에 따른 해충

㉠ 작물체를 먹는 해충 : 잎, 생장점, 줄기, 과실, 뿌리 등을 가해

- 잎과 잎줄기 : 배추흰나방, 솔나방 등
- 생장점 : 배추순나방 등
- 줄기 : 이화명나방, 하늘소, 나무좀류 등
- 열매 : 심식나방, 밤나방, 밤바구미 등
- 뿌리 : 벼물바구미, 거세미나방, 방아벌레, 고자리파리 등

㉡ 흡즙성 해충 : 잎, 줄기, 즙액을 흡즙(진딧물, 멸구류, 응애류, 노린재류, 깍지벌레 등)

㉢ 혹을 만드는 해충 : 뿌리, 잎, 줄기에 혹(포도뿌리혹진딧물, 밤나무순혹벌, 솔잎혹파리 등)

㉣ 알을 쓰는 해충 : 잎, 줄기에 알(잎벌레, 구화하늘소 등)

㉤ 저장 곡물에 피해를 주는 해충 : 저장 중인 곡물을 파먹음(쌀바구미, 보리나방, 화랑곡나방, 바구미류 등)

㉥ 중독물질 분비 : 벼줄기굴파리 등

㉭ 병해의 매개 : 병원균을 매개(벼멸구, 진딧물류 등)

[매개곤충별 병해]

병 명	곤충명
오갈병(벼)	끝동매미충, 번개매미충 등
줄무늬잎마름병(벼)	애멸구
모자이크병(콩)	콩진딧물, 목화진딧물, 복숭아혹진딧물 등
모자이크병(감자)	복숭아혹진딧물, 목화진딧물 등
잎말림병(복숭아)	복숭아혹진딧물
모자이크병(오이)	목화진딧물, 복숭아혹진딧물 등
오갈병(뽕나무)	마름무늬매미충

⑤ 기생성 곤충과 포식성 곤충

㉠ 기생성 곤충 : 침파리, 고치벌, 맵시벌, 꼬마벌

㉡ 포식성 곤충 : 풀잠자리, 꽃등애, 됫박벌레, 딱정벌레, 팔라시스이리응애

[핵심예제]

2-1. 벼물바구미의 유충은 어디에서 산소를 흡수하여 호흡을 하는가?
① 물 속 　② 물 위의 공기
③ 벼의 뿌리 　④ 토양 속

정답 ③

2-2. 해충이 병원균을 매개하는 것은?
① 벼줄기무늬잎마름병 　② 보리겉깜부기병
③ 토마토청고병 　④ 오이흰가루병

정답 ①

핵심이론 03 병해충 방제

① **경종적 방제법(재배적 방법을 통하여 병해충을 방제)**
 ㉠ 토지의 선정
 ㉡ 저항성 품종의 선택 : 벼의 줄무늬잎마름병, 포도의 필록세라
 ㉢ 무병종자의 선택
 ㉣ 윤작 : 토양병원성 병해충 방제
 ㉤ 재배양식의 변경 : 벼의 직파재배로 줄무늬잎마름병 경감, 보온육묘로 모의 부패병 경감
 ㉥ 중간기주식물의 제거 : 배나무 주변의 향나무 제거
 ㉦ 생육시기의 조절 : 감자역병의 조파
 ㉧ 시비법 개선 : 벼의 경우 질소질을 줄이고 칼륨, 규산의 증시로 도열병 경감
 ㉨ 포장의 정결한 관리
 ㉩ 혼식 : 논두렁에 콩과 혼식으로 팥의 심식충 예방
 ※ 생태적 · 경종적 방제법 : 윤작, 춘경과 같이 잡초의 경합력이 저하되도록 재배관리해 주는 방제법이다.

② **물리적 방제법(Physical Control, Mechanical Control)**
 ㉠ 토양 담수 : 밭토양에 담수는 토양전염성 병해충을 구제
 ㉡ 포살 및 채란 : 나방, 유충, 잎에 산란한 것 등
 ㉢ 소각 : 낙엽 등의 병원균이나 해충 소각
 ㉣ 상토 소토 : 상토 등을 태워 토양전염성 병해충 방제
 ㉤ 차단 : 폴리에틸렌 피복, 과실봉지 씌우기, 도랑을 파서 멸강충 등의 이동방지
 ㉥ 유살 : 유아등을 이용하여 이화명나방 등을 유인하여 포살
 ㉦ 온도처리 : 종자의 온탕처리로 맥류의 깜부기병, 고구마의 검은무늬병, 벼의 선충심고병 등을 방제

③ **생물학적 방제법** : 해충을 포식하거나 기생하는 곤충, 미생물 등 천적을 이용하여 병충해를 방제하는 것이다.
 ㉠ 포식성 곤충 : 풀잠자리, 꽃등에, 됫박벌레, 무당벌레는 진딧물을 방제한다.
 ㉡ 기생성 곤충 : 고치벌, 맵시벌, 꼬마벌, 침파리 등은 나비목(인시목) 해충에 기생한다.
 ※ 기생성 곤충인 콜레마니진디벌로 진딧물을 방제한다.
 ㉢ 병원미생물 : 옥수수 심식충(바이러스), 송충이를 침해(졸도병균, 강화균 등)

 ㉣ 길항미생물 : *Trichoderma harzianum* 길항균(토양전염성병), 비병원성 *Fusarium*(고구마 시들음병), *Bacillus subtilis* 길항균(토양병원균)처리 등은 주로 유기농업에서 활용된다.

천적의 종류와 대상 해충

대상 해충	도입 대상 천적 (적합한 환경)	이용작물
점박이응애	칠레이리응애(저온)	딸기, 오이, 화훼 등
	긴이리응애(고온)	수박, 오이, 참외, 화훼 등
	갤리포니아커스이리응애(고온)	수박, 오이, 참외, 화훼 등
	팔리시스이리응애(야외)	사과, 배, 감귤 등
온실가루이	온실가루이좀벌(저온)	토마토, 오이, 화훼 등
	황온좀벌(고온)	토마토, 오이, 멜론 등
진딧물	콜레마니진디벌	엽채류, 과채류 등
총채벌레	애꽃노린재류 (큰 총채벌레 포식)	과채류, 엽채류, 화훼 등
	오이이리응애 (작은 총채벌레 포식)	과채류, 엽채류, 화훼 등
나방류, 잎굴파리	명충알벌	고추, 피망 등
	굴파리좀벌 (큰 잎굴파리유충)	토마토, 오이, 화훼 등
	굴파리고치벌 (작은 유충)	토마토, 오이, 화훼 등

3-1. 병해충 방제 중 경종적 방제법이 아닌 것은?

① 윤작에 의한 방제　　② 담수처리에 의한 방제
③ 혼식에 의한 방제　　④ 생육기 조절에 의한 방제

정답 ②

3-2. 물리적 병해충 방제법이 아닌 것은?

① 천적 이용　　② 낙엽 소각
③ 토양 담수　　④ 상토 소토

정답 ①

3-3. 꽃등애, 딱정벌레 등 천적을 이용하여 작물의 병충해를 방제하는 방법은?

① 법적 방제　　② 생물학적 방제
③ 화학적 방제　　④ 물리적 방제

정답 ②

3-4. 생물학적 방제법에 속하지 않는 것은?

① 기생성 곤충　　② 중간기주식물
③ 병원미생물　　④ 길항미생물

정답 ②

해설

3-4
병해충 방제의 유형
• 경종적 방제 : 토지 선정, 품종 선택, 종자 선택, 윤작, 재배양식의 변경, 혼식, 생육시기의 조절, 시비법의 개선, 정결한 관리, 수확물의 건조, 중간기주식물 제거
• 물리적 방제 : 담수, 포살, 유살, 채란, 소각, 흙 태우기, 차단, 온도 처리 등
• 화학적 방제 : 살균제, 살충제, 유인제, 기피제, 화학불임제
• 생물학적 방제 : 기생성 곤충, 포식성 곤충, 병원미생물, 길항미생물 등
• 법적 방제 : 식물 검역
• 종합적 방제 : 다양한 방제법을 유기적으로 조화시키며, 환경도 보호하는 방제

핵심이론 04　농약(작물보호제)의 종류와 사용법

① 살균제(殺菌劑)
　㉠ 구리제(동제) : 석회보르도액, 분말보르도, 구리수화제 등
　㉡ 유기수은제 : Mercron, Uspulun, Riogen 등(현재는 사용하지 않음)
　㉢ 유기인제 : Tolclofos-Methyl, Fosetyl-Al, Pyrazophos, Kitazin 등
　㉣ Dithiocarbamate계 살균제 : Ferbam, Ziram, Mancozeb, Thiram, Sankel 등
　㉤ 유기비소살균제 : Urbazid, Methylarsonic Acid 등
　㉥ 항생물질 : Streptomycin Blasticidin-S, Kasugamycin, Validamycin, Polyoxin 등
　㉦ 무기황제 : 황분말, 석회황합제 등
　㉧ 보호살균제 : 다이티아논(Dithianon), 만코제브(Mancozeb), 보르도액, 프로피네브(Propineb), 클로로탈로닐(Chlorothalonil) 등

② 살충제(殺蟲劑)
　㉠ 천연살충제 : Pyrethrin, Rotenone, Nicotine 등
　㉡ 유기인제 : TEPP, Parathion, Sumithion, EPN, Malathion, Diazinon 등
　㉢ Carbamate계 살충제 : Sevin, Carbaryl, Fenobucarb, Carbofuran 등
　㉣ 유기염소계 살충제 : DDT, BHC, Chlordane, Aldrin, Endosulfan 등
　㉤ 살비제 : CPAS, DNS, D-N, Milbemectin, Pyridaben, Clofentezine 등
　㉥ 살선충제 : Bapam, Fosthiazate 등
　㉦ 비소계, 훈증제 : 메틸브로마이드, 클로로피크린, 청산가스 등(현재 사용하지 않음)

③ 기피제(忌避劑) : 모기, 이, 벼룩, 진드기 등에 대한 견제수단으로 사용된다.

④ 화학불임제(化學不姙劑) : 호르몬계 등

⑤ 유인제(誘引劑) : Pheromone 등

2,4-D
- 세계 최초로 개발된 유기합성 제초제로서, 만들기 쉽고 저렴하여 현재까지도 세계에서 가장 많이 사용되는 제초제 중 하나이다.
- 식물 생장호르몬인 옥신(Auxin)의 일종으로, 쌍떡잎식물의 줄기에 비정상적인 생육을 유발시켜 말라죽도록 유도한다.
- 외떡잎식물인 벼나 잔디에는 피해가 없어 논과 잔디밭의 잎이 넓은 잡초 제거에 사용한다.

[핵심예제]

4-1. 유기유황계 보호살균제로 분류될 수 있는 것은?

① Kasugamycin ② Prochloraz
③ Mancozeb ④ Caboxin

정답 ③

4-2. 제초제로서 처음 사용한 약제는?

① MCP ② MH
③ 2,4-D ④ 2,4,5-T

정답 ③

제5절 **각종 재해**

5-1. 저온해와 냉해

핵심이론 **01** 냉 해

① 냉해의 개념
- ㉠ 벼나 콩 등의 여름작물이 생육적온보다 온도가 낮아 작물이 받는 피해이다.
- ㉡ 냉온장해 : 식물체 조직 내에 결빙이 생기지 않는 범위의 저온에 의해서 받는 피해를 의미한다.
- ㉢ 열대작물은 20℃ 이하, 온대여름작물은 1~10℃에서 냉해가 발생한다.

② 냉해의 기구(발생 양상, 생육장해)
- ㉠ 광합성 능력의 저하 : 광합성이 저하되면 당분이 적고, 당분이 적으면 단백질 합성이 적어지면서 암모니아가 축적된다.
- ㉡ 양수분의 흡수장해 : 질소, 인산, 칼륨, 규산, 마그네슘 등의 양분 흡수가 저해된다.
- ㉢ 양분의 전류 및 축적장해
- ㉣ 단백질 합성 및 효소활력 저하
- ㉤ 꽃밥 및 화분의 세포학적 이상

- 벼에서 장해형 냉해를 가장 받기 쉬운 생육시기 : 감수분열기, 수잉기
- 침수에 의한 피해가 가장 큰 벼의 생육단계 : 수잉기
- 벼의 생육단계 중 한해에 가장 강한 시기 : 분얼기
- 침수에 극히 약한 벼 품종 : 낙동벼, 동진벼, 추청벼
- 벼의 생육 중 냉해에 의한 출수가 가장 지연되는 생육단계 : 유수형성기
- 벼의 이삭거름 시용 : 유수형성기(이삭 알이 생기는 때)

※ 벼 내도열병의 특성 : C/N율이 높은 품종이 강하다.

[핵심예제]

작물의 생육 중 냉온을 만나면 일어나는 현상으로 옳지 않은 것은?

① 질소, 인산, 칼륨, 규산, 마그네슘 등의 양분 흡수가 저해된다.
② 물질의 동화와 전류가 저해된다.
③ 질소동화가 저해되어 암모니아 축적이 적어진다.
④ 호흡이 감퇴되어 원형질 유동이 감퇴·정지하여 모든 대사 기능이 저해된다.

정답 ③

핵심이론 02 냉해의 구분

① 지연형 냉해
  ㉠ 생육 초기부터 출수기에 걸쳐서 여러 시기에 냉온을 만나서 출수가 지연되고, 이에 따라 등숙이 지연되어 후기의 저온으로 인하여 등숙 불량을 초래하는 냉해이다.
  ㉡ 벼가 생식생장기에 들어서 유수형성을 할 때 냉온을 만나면 출수가 지연된다.
  ㉢ 벼가 8~10℃ 이하가 되면 잎에 황백색의 반점이 생기고, 위조 또는 고사하며 분얼이 지연된다.
  ㉣ 질소, 인산, 칼륨, 규산, 마그네슘 등 양분의 흡수 및 물질동화 및 전류가 저해된다.
  ㉤ 질소동화의 저해로 암모니아 축적이 많아지고, 호흡의 감소로 원형질 유동이 감퇴 또는 정지되어 모든 대사기능이 저해된다.
  ※ 벼에서 나타나는 냉해를 지연형 냉해와 장해형 냉해로 구분하는 가장 큰 이유는 냉해를 입는 벼의 생육시기와 피해 양상 및 정도가 다르기 때문이다.

② 장해형 냉해
  ㉠ 장해형 냉해는 유수형성기부터 개화기까지, 특히 생식세포의 감수분열기에 냉온으로 불임현상이 나타나는 냉해이다.
  ㉡ 벼의 화분방출, 수정 등에 장해를 일으켜 불임현상이 나타난다.
  ㉢ 융단조직(Tapetum)이 비대하고 화분이 불충실하여 불임이 발생한다.
  ㉣ 타페트 세포(Tapetal Cell)의 이상비대는 장해형 냉해의 좋은 예이며, 품종이나 작물의 냉해 저항성의 기준이 되기도 한다.

③ 병해형 냉해
  ㉠ 냉온에서 생육이 부진하여 규산의 흡수가 적어져서 광합성 및 질소대상의 이상(단백질합성의 저하)으로 도열병의 침입이 쉬워져 전파되는 냉해이다.
  ㉡ 벼의 경우 냉온에서는 규산의 흡수가 줄어들어 조직의 규질화가 충분히 형성되지 못하여 도열병균에 대한 저항성이 약해져 침입이 용이해진다.

④ 혼합형 냉해 : 지연형 냉해, 장해형 냉해, 병해형 냉해가 복합적으로 발생하여 수량이 급감하는 냉해이다.

핵심예제

2-1. 여름철에 벼가 장해형 냉해를 가장 받기 쉬운 시기는?
① 묘대기   ② 분얼 초기
③ 감수분열기   ④ 출수 개화기
정답 ③

2-2. 작물의 냉해에 대한 설명으로 틀린 것은?
① 병해형 냉해는 단백질 합성이 증가되어 체내에 암모니아 축적이 적어지는 냉해이다.
② 혼합형 냉해는 지연형 냉해, 장해형 냉해, 병해형 냉해가 복합적으로 발생하여 수량이 급감하는 냉해이다.
③ 장해형 냉해는 유수형성기부터 개화기까지, 특히 생식세포의 감수분열기에 냉온으로 불임현상이 나타나는 냉해이다.
④ 지연형 냉해는 생육 초기부터 출수기에 걸쳐서 여러 시기에 냉온을 만나서 출수가 지연되고, 이에 따라 등숙이 지연되어 후기의 저온으로 인하여 등숙 불량을 초래하는 냉해이다.
정답 ①

2-3. 호랭성 작물은?
① 수 박   ② 참 외
③ 배 추   ④ 고 추
정답 ③

해설

2-3
• 호랭성 작물 : 무, 양파, 미나리, 시금치, 배추 등
• 호온성 작물 : 수박, 참외, 고추, 토마토 등

냉해의 대책

① 내랭성 품종의 선택 : 냉해 저항성 품종이나 냉해 회피성 품종(조생종)을 선택한다.

② 입지조건의 개선 : 지력배양 및 방풍림을 설치하고 객토, 밑다짐 등으로 누수답 개량과 암거배수 등으로 습답 개량을 한다.

③ 육묘법 개선 : 보온육묘로 못자리 냉해의 방지와 질소 과잉을 피한다.

④ 재배방법의 개선

  ㉠ 조기재배, 조식재배로 출수 및 성숙을 앞당겨 등숙기 냉해를 회피한다.

  ㉡ 인산, 칼륨, 규산, 마그네슘 등을 충분하게 시용하고 소주밀식한다.

⑤ 냉온기의 담수(심수관개) : 저온기에 수온 19~20℃ 이상의 물을 15~20cm 깊이로 깊게 담수하면 냉해를 경감 및 방지할 수 있다.

⑥ 관개 수온 상승

  ㉠ 수온이 20℃ 이하로 내려가면 수로를 넓게 하여 물이 넓고, 얕게 고이는 온수 저류지를 설치한다.

  ㉡ 물이 비닐파이프 등을 통과하도록 하여 관개 수온을 높인다.

  ㉢ OED(증발억제제, 수온상승제)를 살포한다.

[핵심예제]

3-1. 냉해대책의 입지조건 개선에 대한 내용으로 틀린 것은?

① 방풍림을 제거하여 공기를 순환시킨다.
② 객토 등으로 누수답을 개량한다.
③ 암거배수 등으로 습답을 개량한다.
④ 지력을 배양하여 건실한 생육을 꾀한다.

정답 ①

3-2. 벼의 냉해를 줄이기 위한 방법은?

① 질소비료 증시, 물떼기   ② 만기재배, 만식재배
③ 다주밀식, 중간낙수   ④ 심수관개, 보온육묘

정답 ④

해설

3-1
① 방풍림을 조성하고, 방풍울타리를 설치하여 냉풍을 막는다.

5-2. 습해, 수해 및 가뭄해

습해(濕害, Excess Moisture Injury)

① 습해의 발생

  ㉠ 토양이 과습하여 토양에 산소가 부족하면 직접 피해로 뿌리의 호흡장해가 생긴다.

  ㉡ 호흡장해는 뿌리의 양분 흡수, 광합성 및 증산작용을 저해하고 성장 쇠퇴를 유발하며, 수량도 감소시킨다.

  ㉢ 유해물질을 생성한다.

  • 메탄가스, 질소가스, 이산화탄소의 생성이 많아지면서 토양산소가 적어져 호흡장해를 조장한다.

  • 춘 · 하계 습해(고온)는 토양미생물의 활동으로 환원성 유해물질의 생성에 의해 피해가 더욱 크다.

  • 철, 망간 등의 환원성도 유해하나 황화수소는 더욱 해롭다.

전자 전달과정(토양이 과습할 때 생성되는 황화수소(H_2S)에 의한 호흡 억제과정)
토양이 과습할 때 전자 전달과정에 의해 황산기(SO_4^{2-})가 환원되어 황화수소(H_2S)가 발생한다. $SO_4^{2-} + 8H^+ + 8e^- \rightarrow 4H_2O + H_2S$

  ㉣ 토양전염병 발생 및 전파도 많아진다.

② 작물의 내습성(耐濕性, Resistance to High Soil-moisture)

  ㉠ 다습한 토양에 대한 작물의 적응성을 내습성이라 한다.

  ㉡ 내습성 관여 요인

  • 뿌리조직의 목화

  - 뿌리조직의 목화(木化)는 환원성 유해물질의 침입을 막아 내습성을 증대시킨다.

  - 벼와 골풀은 보통의 상태에서도 뿌리의 외피가 심하게 목화한다.

  - 외피 및 뿌리털에 목화가 생기는 맥류는 내습성이 강하고, 목화가 생기기 힘든 파의 경우는 내습성이 약하다.

  • 뿌리의 발달 습성

  - 근계가 얕게 발달하거나 부정근의 발생이 큰 것이 내습성을 강하게 한다.

  • 환원성 유해물질에 대한 저항성

  - 뿌리의 황화수소 및 이산화철에 대한 높은 저항성은 내습성을 증대시킨다.

- 파생통기조직(경엽으로부터 뿌리로 산소를 공급하는 능력)
  - 벼의 경우 잎, 줄기, 뿌리에 통기계가 발달하여 지상부에서 뿌리로 산소를 공급할 수 있어 담수조건에서도 생육을 잘한다.
  - 생육 초기 맥류와 같이 잎이 지하의 줄기에 착생하면 내습성이 커진다.
- 피층세포 배열 형태
  - 뿌리의 피층세포 배열 형태는 세포간극의 크기 및 내습성 정도에 영향을 미친다.
  - 뿌리의 피층세포가 직렬로 되어 있는 것이 사열로 되어 있는 것보다 내습성이 강하다.
- 품 종
  - 내습성의 차이는 품종 간에도 크며, 답리작 맥류재배에서는 내습성이 강한 품종을 선택해야 안전하다.

[핵심예제]

1-1. 토양의 과습에 의한 습해의 직접적인 피해는?

① 양분 흡수 저해　　② 호흡장해
③ 유해가스 피해　　④ 유기산 피해

정답 ②

1-2. 일반적으로 내습성이 강한 작물의 특성이 아닌 것은?

① 피층세포의 직렬 배열
② 파생통기조직의 형성
③ 뿌리조직의 목화(木化)
④ 심근성의 근계 형성

정답 ④

1-3. 작물의 내습성에 관여하는 요인을 잘못 설명한 것은?

① 뿌리의 피층세포가 사열로 되어 있는 것은 직렬로 되어 있는 것보다 내습성이 약하다.
② 목화한 것은 환원성 유해물질의 침입을 막아서 내습성이 강하다.
③ 부정근의 발생력이 큰 것은 내습성이 약하다.
④ 뿌리가 황화수소 등에 대하여 저항성이 크면 내습성이 강하다.

정답 ③

핵심이론 02　습해의 대책

① **배수** : 배수시설을 설치하고 배수를 철저히 한다(근본적인 대책).
② **정지** : 밭에서는 휴립휴파, 논에서는 휴립재배, 경사지에서는 등고선재배 등을 한다.
③ **시비** : 미숙유기물과 황산근비료의 사용을 피하고, 표층시비로 뿌리를 지표면 가까이 유도하고, 뿌리의 흡수장해 시 엽면시비를 한다.
④ **토양개량** : 객토, 중경, 부식, 석회 및 토양개량제 등의 사용은 토양의 입단구조를 조성하여 공극량이 증대하므로, 습해를 경감시킨다.
⑤ **과산화석회(CaO_2)의 시용** : 과산화석회를 종자에 분의하여 파종하거나 토양에 혼입하면 산소가 방출되므로, 습지에서 발아 및 생육이 촉진된다.
※ 벼 담수직파재에서 과산화석회를 종자에 분의하여 파종하는 주목적 : 종자에 산소 공급
⑥ **내습성 작물 및 품종 선택**
  ㉠ 작물의 내습성 : 골풀, 미나리, 택사, 연, 벼 > 밭벼, 옥수수, 율무, 토란 > 평지(유채), 고구마 > 보리, 밀 > 감자, 고추 > 토마토, 메밀 > 파, 양파, 당근, 자운영 등의 순이다.
  ㉡ 채소의 내습성 : 고추 > 양상추, 양배추, 토마토, 가지, 오이 > 시금치, 우엉, 무 > 당근, 양파, 꽃양배추, 멜론, 피망의 순이다.
  ㉢ 과수의 내습성 : 올리브 > 포도 > 밀감 > 감, 배 > 밤, 복숭아, 무화과의 순이다.

[핵심예제]

내습성이 가장 약한 작물로만 묶인 것은?

① 벼, 미나리　　② 옥수수, 유채
③ 보리, 감자　　④ 당근, 자운영

정답 ④

해설

미숙 유기물이나 황성근 비료(유안, 황산칼륨 등) 사용을 금하고, 표층 시비하여 뿌리를 지표 가까이 유도하면 산소 부족을 경감시킬 수 있으며, 질소질비료 다용을 피하고 칼륨과 인산질 비료를 충분히 사용해야 한다.

핵심이론 03 수해(水害)

① 수해의 개념
- ㉠ 수해는 단기간의 호우로 흔히 발생하며, 우리나라는 7~8월 우기에 국지적 수해가 발생한다.
- ㉡ 작물이 물속에 잠기는 것을 침수라 하며, 상위엽까지 완전히 잠기는 것을 관수라 한다.

② 수해에 관여하는 요인
- ㉠ 작물의 종류와 품종
  - 침수에 강한 밭작물 : 화본과목초, 피, 수수, 옥수수, 땅콩 등
  - 침수에 약한 밭작물 : 콩과작물, 채소, 감자, 고구마, 메밀 등
- ㉡ 작물의 생육단계
  - 벼는 묘대기 및 이앙 직후 분얼 초기에는 관수에 강하다(침수 피해가 작다).
  - 벼에서 수잉기~출수 개화기에는 침수 피해가 크다.
- ㉢ 수온 : 높은 수온은 호흡기질의 소모가 증가하므로 관수해가 크다.
- ㉣ 수질 : 깨끗한 물보다 탁한 물, 흐르는 물보다 고여 있는 물은 수온이 높고 용존산소가 적어 피해가 크다.
  - 청고(靑枯) : 수온이 높은 정체된 흐린 물에 침·관수되어 단백질 분해가 거의 일어나지 못해 벼가 푸른색으로 변해 죽는 현상이다.
    ※ 청고(靑枯)현상이 나타나는 조건 : 고수온, 정체수, 탁수
  - 적고(赤枯) : 흐르는 맑은 물에 의한 관수해로 단백질 분해가 생겨 갈색으로 변해 죽는 현상이다.
    ※ 적고(赤枯)현상이 나타나는 조건 : 유동수, 청수, 저수온
- ㉤ 재배적 요인 : 질소질 비료를 많이 주면 탄수화물의 함량이 적어지고 호흡작용이 왕성하여 관수해가 더 커진다.

핵심예제

3-1. 벼에서 관수해(冠水害)가 가장 큰 시기는?

① 묘대기 ② 분얼 초기
③ 출수 개화기 ④ 등숙기

정답 ③

3-2. 작물에 대한 수해의 설명으로 옳은 것은?

① 화본과목초, 옥수수는 침수에 약하다.
② 벼 분얼 초기는 다른 생육단계보다 침수에 약하다.
③ 수온이 높은 것이 낮은 것에 비하여 피해가 심하다.
④ 유수가 정체수보다 피해가 심하다.

정답 ③

핵심이론 04 수해의 대책

① 사전대책
- ㉠ 수해의 기본대책 : 치산을 잘해서 산림을 녹화하고, 하천을 보수하여 개수시설을 강화한다.
- ㉡ 재배양식의 변경
  - 분얼 초기에는 수해 피해가 적고, 수잉기와 출수 개화기는 수해에 약하므로 수해의 시기가 이때와 일치하지 않도록 조절한다.
  - 경사지는 피복작물을 재배하거나 피복으로 토양 유실을 방지한다.
  - 수해 상습지에서는 작물의 종류나 품종의 선택에 유의하고, 질소 과다 사용을 피한다.

② 침수 중 대책
- ㉠ 배수를 잘하여 관수기간을 단축한다.
- ㉡ 잎의 흙 앙금이 가라앉으면 동화작용을 저해하므로 물이 빠질 때 씻어 준다.
- ㉢ 키가 큰 작물은 서로 결속하여 유수에 의한 도복을 방지한다.
- ㉣ 벼에서 7일 이상 관수될 때에는 다른 작물을 파종할 필요가 있다.

③ 퇴수 후 대책
- ㉠ 퇴수 후 산소가 많은 새 물로 환수하여 새 뿌리의 발생을 촉진시킨다.
- ㉡ 김을 매어 토양의 통기를 좋게 한다.
- ㉢ 표토의 유실이 많을 때에는 새 뿌리의 발생 후에 추비를 주어 영양 상태를 회복시킨다.
- ㉣ 침수 후에는 반드시 병충해 방제를 해야 한다.
- ㉤ 수해가 격심할 때에는 추파, 보식, 개식, 대파 등을 고려한다.
- ㉥ 못자리 때 관수된 것은 뿌리가 상해 있으므로 배수 5~7일 후 새 뿌리가 발생하면 이앙한다.

핵심예제

수해를 입은 뒤 사후대책에 대한 설명으로 틀린 것은?

① 물이 빠진 직후 덧거름을 준다.
② 철저한 병해충 방제 노력이 있어야 한다.
③ 퇴수 후 새로운 물을 갈아 댄다.
④ 김을 매어 토양 표면의 흙 앙금을 헤쳐 준다.

정답 ①

핵심이론 05 가뭄해(한해, 旱害, Drought Injury)

① 가뭄해(한해)의 개념

　㉠ 식물체 내에 수분 함량이 감소하면 위조 상태가 되고, 더욱 감소하게 되면 고사한다. 이렇게 수분의 부족으로 작물에 발생하는 장해를 가뭄해(한해)라고 한다.

　㉡ 작물체 내의 수분이 감소하는 주원인은 강우와 관개의 부족이지만 수분이 충분하여도 근계 발달이 불량하여 시드는 경우도 있다.

② 작물의 내건성[내한성(耐旱性)]

　㉠ 작물이 건조에 견디는 성질로, 여러 요인에 의해서 지배된다.

　㉡ 내건성이 강한 작물은 체내 수분의 손실이 작아 수분의 흡수능이 크고, 체내의 수분 보유력이 크며, 수분 함량이 낮은 상태에서 생리기능이 높다.

　　※ 작물 내한성(耐寒性) : 호밀 > 보리 > 귀리 > 옥수수

　㉢ 내건성이 강한 작물의 형태적 특성

　　• 체적에 대한 표면적의 비가 작고, 식물체가 작고 잎도 작다.

　　• 뿌리가 깊고, 지상부에 비하여 근군의 발달이 좋다.

　　• 엽조직이 치밀하고, 엽맥과 울타리 조직이 발달되어 있다.

　　• 표피에 각피가 잘 발달하였으며, 기공이 작고 수효가 많다.

　　• 저수능력이 크고, 다육화(多肉化)의 경향이 있다.

　　• 기동세포가 발달하여 탈수되면 잎이 말려서 표면적이 축소된다.

　㉣ 내건성이 강한 작물의 세포적 특성

　　• 세포의 크기가 작아 수분이 적어져도 원형질 변형이 작다.

　　• 세포 중에서 원형질이나 저장양분이 차지하는 비율이 높아 수분 보유력이 강하다.

　　• 원형질의 점성과 세포액의 삼투압이 높아서 수분 보유력이 강하다.

　　• 탈수될 때 원형질의 응집이 덜하다.

　　• 원형질막의 수분, 요소, 글리세린 등에 대한 투과성이 크다.

　㉤ 내건성이 강한 작물의 물질대사적 특성

　　• 건조할 때에는 증산이 억제되고, 급수 시에는 수분 흡수기능이 크다.

　　• 건조할 때에는 호흡이 낮아지는 정도가 크고, 광합성이 감퇴하는 정도가 낮다.

　　• 건조할 때에는 단백질, 당분의 소실이 늦다.

③ 생육단계 및 재배조건과 가뭄해

　㉠ 작물의 내건성은 생식·생장기에 가장 약하다.

　㉡ 화곡류는 생식세포 감수분얼기에 가장 약하고, 그 다음 출수 개화기와 유숙기가 약하며, 분얼기에는 비교적 강하다(감수분얼기 < 출수 개화기 < 유숙기 < 분얼기).

　㉢ 퇴비, 인산, 칼륨이 결핍되거나 질소의 과다와 밀식으로 인해 내건성이 약해진다.

　㉣ 퇴비가 적으면 토양 보수력의 저하로 가뭄해가 심하다.

　㉤ 건조한 환경에서 생육시키면 내건성은 증대된다.

핵심예제

5-1. 내건성이 강한 작물의 형태적 특성이 아닌 것은?

① 식물체가 작고 잎도 작다.
② 엽조직이 치밀하고, 엽맥과 울타리 조직이 발달되어 있다.
③ 체적에 대한 표면적의 비가 작고 다육화의 경향이 있다.
④ 뿌리가 얕고, 지하부보다 지상의 발달이 좋다.

　　　　　　　　　　　　　　　　　　　정답 ④

5-2. 내한성(耐旱性)은 품종 간에 차이가 있다. 내한성이 강한 품종의 세포 특성에 해당하는 것은?

① 세포가 크고 삼투압이 낮다.
② 세포가 작고 삼투압이 높다.
③ 세포가 작고 삼투압이 낮다.
④ 세포가 크고 삼투압이 높다.

　　　　　　　　　　　　　　　　　　　정답 ②

해설

5-1
뿌리가 깊고 지상부에 비하여 근군의 발달이 좋다.

핵심이론 06 | 가뭄해의 대책

① 관개 : 근본적인 한해대책은 충분한 관수이다.

② 내건성 작물 및 품종을 선택한다.

    ㉠ 화곡류(수수, 조, 피, 기장 등)는 내건성이 강하나 옥수수는 약하다.

    ㉡ 맥류 중에는 호밀, 밀>보리>귀리 순이다.

③ 토양수분의 보유력 증대와 증발 억제

    ㉠ 토양수분의 보유력 증대를 위해 토양입단을 조성한다.

    ㉡ 드라이 파밍(Dry Farming) : 수분을 절약하는 농법이다. 휴작기에 비가 올 때마다 땅을 갈아서 빗물을 지하에 잘 저장하고, 작기에는 토양을 잘 진압하여 지하수의 모관 상승을 좋게 하여 한발적응성을 높이는 농법이다.

    ㉢ 피복(멀칭) : 비닐, 풀, 퇴비로 지면을 피복하면 증발이 경감된다.

    ㉣ 중경제초 : 표토를 갈아 모세관을 절단한 후 잡초를 제거하면 토양수분 증발 경감, 비료의 효과 증진, 종자의 발아와 토양통기가 촉진된다.

    ㉤ 증발억제제의 살포 : OED 유액을 지면이나 엽면에 뿌리면 증발, 증산이 억제된다.

④ 밭작물의 재배대책

    ㉠ 뿌림골을 낮게 한다(휴립구파).

    ㉡ 뿌림골을 좁히거나 파종 시 재식밀도를 성기게 한다.

    ㉢ 질소의 다용을 피하고 퇴비, 인산, 칼륨을 증시한다.

    ㉣ 봄철의 맥류재배 포장이 건조할 때 답압을 한다(모세관 현상 유도).

⑤ 논에서의 재배대책

    ㉠ 중북부의 천수답지대에서는 건답 직파를 한다.

    ㉡ 남부의 천수답지대에서는 만식적응재배를 한다(밭못자리모, 박파모는 만식적응성에 강하다).

    ㉢ 이앙기가 늦을 때는 모솎음, 못자리가식, 본답가식, 저묘 등으로 과숙을 회피한다.

    ㉣ 모내기가 한계 이상으로 지연될 경우에는 조, 메밀, 기장, 채소 등을 대파한다.

핵심예제

6-1. 작물의 생육기간 중 일어나는 가뭄재해를 줄일 수 있는 방법으로 거리가 먼 것은?

① 비닐멀칭   ② 중경제초

③ 배수관리   ④ 답압(踏壓)

정답 ③

6-2. 엽면증산이나 증발작용을 억제하고자 할 경우 살포하는 약제는?

① NAA   ② IBA

③ OED   ④ ABA

정답 ③

6-3. 가뭄해에 대한 밭의 재배대책이 될 수 있는 것은?

① 뿌림골을 높게 한다.

② 재식밀도를 높게 한다.

③ 질소질비료를 사용한다.

④ 봄철의 보리밭이 건조할 때는 답압을 한다.

정답 ④

5-3. 동해와 상해

핵심이론 01 동해[한해(寒害)]

① 동상해의 개념
  ㉠ 작물이 월동하는 도중에 겨울 추위에 의해 받는 피해로, 동해와 상해(霜害), 건조해, 습해, 설해(雪害) 등과 관련 있다.
  ㉡ 동해는 영하의 저온에서 일어나는 장해를 말하며, 저온에 의해서 작물의 조직 내에 결빙이 생겨 받는 피해로 월동작물은 흔히 동해를 입는다.
  ㉢ 상해는 월동하는 식물에서 일어나며, 0℃보다 훨씬 낮은 온도에서 장해가 나타난다. 주로 저온에 약한 여름작물을 재배할 때 입는 늦서리나 첫서리의 피해로, 0℃에 가까운 영하의 온도에서 일어난다.

② 작물의 내동성
  ㉠ 생리적 요인
    • 세포의 수분 함량 : 세포 내에 자유수 함량이 많으면 내동성이 감소한다.
    • 전분 함량 : 원형질에 전분 함량이 많으면 당분 함량이 저하되며 내동성이 감소한다.
    • 당분 함량 : 가용성 당분 함량이 높으면 세포의 삼투압이 커지고, 원형질 단백의 변성을 막아 내동성이 증가한다.
    • 원형질의 수분투과성 : 원형질의 수분투과성이 크면 세포 내 결빙을 적게 하여 내동성이 증대된다.
    • 원형질의 친수성 콜로이드 : 원형질의 친수성 콜로이드가 많으면 세포 내의 결합수가 많아지고, 반대로 자유수가 적어져서 내동성이 커진다.
    • 조직즙의 굴절률 : 친수성 콜로이드가 많고 세포액의 농도가 높으면 조직즙의 굴절률을 높여 주어 내동성이 증가한다.
    • 원형질의 점도와 연도 : 원형질의 점도가 낮고 연도가 크면 세포 외 결빙에 의해서 세포가 탈수될 때나 융해 시 세포가 물을 다시 흡수할 때 원형질의 변형이 적어 내동성이 크다.
    • 지유 함량 : 지방과 수분이 공존할 때 빙점강하도가 커지므로 지유 함량이 높은 것이 내동성이 강하다.
    • 원형질단백질의 특성 : 원형질단백에 다이설파이드기(-SS기)보다 설파하이드릴기(-SH기)가 많으면 내동성이 증대한다.

    • 세포 내의 무기성분 : 칼슘 이온(Ca^{2+})은 세포 내 결빙의 억제력이 크고, 마그네슘 이온(Mg^{2+})도 억제작용이 있다.
  ㉡ 맥류에서의 형태와 내동성
    • 포복성 작물은 직립성 작물보다 내동성이 강하다.
    • 관부가 깊어 생장점이 땅속 깊이 있는 것이 내동성이 강하다.
    • 엽색이 진한 것이 내동성이 강하다.
  ㉢ 발육단계와 내동성
    • 휴면아는 내동성이 극히 강하다.
    • 작물의 생식기관은 영양기관보다 내동성이 약하다.
  ㉣ 내동성의 계절적 변화
    • 월동하는 겨울작물의 내동성 : 기온이 내려감에 따라 점차 증대하고, 다시 높아지면 차츰 감소된다.
    • 경화(硬化, Hardening) : 저온 경화가 된 것은 내동성이 강하다.
    • 경화상실(Dehardening) : 경화된 것을 다시 높은 온도에서 처리하면 원래의 상태로 되돌아오는 현상이다.
    • 적설(눈)의 깊이가 깊을수록 지온이 높아진다.

핵심예제

1-1. 월동작물의 동해에 대한 설명 중 잘못된 것은?
① 저온 경화가 된 것은 내동성이 강하다.
② 적설(눈)의 깊이가 깊을수록 지온이 높아진다.
③ 당분의 함량이 높을수록 내동성이 약해진다.
④ 세포의 수분 함량이 높으면 내동성이 약해진다.

정답 ③

1-2. 작물의 내동성에 관여하는 생리적 요인으로 옳은 것은?
① 원형질의 수분투과성이 작으면 세포 내 결빙을 적게 하여 내동성을 증대시킨다.
② 세포 내 수분 함량이 높아서 자유수가 많아지면 내동성이 증대된다.
③ 세포 내 전분 함량이 많으면 내동성이 증대된다.
④ 원형질의 친수성 콜로이드가 많으면 내동성이 증대된다.

정답 ④

핵심이론 02 동해(한해)의 대책

① 일반대책
  - ㉠ 입지조건을 개선한다(방풍시설 설치, 토질 개선, 배수 철저 등).
  - ㉡ 내동성 작물과 품종을 선택한다.
  - ㉢ 냉해나 동해가 없는 지역을 선정하고, 적기에 파종한다.
  - ㉣ 한지(寒地)에서 맥류의 파종량을 늘린다.
  - ㉤ 채소류, 화훼류 등은 보온재배(불 피우기, 멀칭, 종이고깔 씌우기, 소형 터널 설치 등)한다.
  - ㉥ 맥류재배에서 이랑을 세워 뿌림골을 깊게 한다(고휴구파).
  - ㉦ 맥류는 월동 전 답압을 실시하며, 칼리질비료를 증시하고, 파종 후 퇴비와 구비를 종자 위에 시용하여 생장점을 낮춘다.

② 응급대책
  - ㉠ 관개법 : 저녁에 충분히 관개하여 물이 가진 열을 이용하여 지중열을 빨아올리며 수증기가 지열의 발산을 막아서 약한 서리를 막는 방법
  - ㉡ 송풍법 : 동상해 지역의 지상 10m 정도에서 프로펠러를 회전시켜 따뜻한 공기(지면보다 3~4℃ 높음)를 지면으로 송풍하는 방법
  - ㉢ 피복법 : 부직포나 비닐 등으로 임시로 막 덮기를 실시하는 방법
  - ㉣ 발연법 : 불을 피우고 젖은 풀이나 가마니를 덮어서 수증기를 많이 함유한 연기를 발산시키는 방법(2℃ 정도 온도 상승)
  - ㉤ 연소법 : 연소에 의해 알맞게 열을 공급하면 -4~-3℃ 정도의 동상해를 막는 방법(폐타이어, 중유, 폐목재, 왕겨 등 이용)
  - ㉥ 살수빙결법 : 물이 얼 때는 1g당 80cal의 잠열이 발생하는데 스프링클러 등에 의해 저온이 지속되는 동안 계속 살수해 식물체 표면에 결빙을 지속시키면 식물체의 기온이 -8~-7℃ 정도라도 0℃를 유지해 동상해를 방지할 수 있는 방법

③ 사후대책
  - ㉠ 영양 상태의 회복을 위하여 속효성비료의 추비와 엽면시비를 한다.
  - ㉡ 인공수분을 한다.
  - ㉢ 병충해가 발생하기 쉬우므로 약제를 살포한다.

- ㉣ 동상해 후에는 낙화, 낙과가 심하므로 적과시기를 늦춘다.
- ㉤ 한해의 피해가 커서 회복하기 곤란하거나 상당한 감수가 불가피하면 대파를 강구한다.

핵심예제

2-1. 동상해의 재배적 대책으로 옳지 않은 것은?

① 맥류는 답압을 한다.
② 채소와 화훼류는 보온재배를 한다.
③ 맥류재배에서 이랑을 세워 뿌림골을 깊게 한다.
④ 맥류재배에서 칼륨질비료를 줄이고, 퇴비를 종자 밑에 준다.

정답 ④

2-2. 봄철 과수원의 개화기에 동해 예방을 위한 응급대책으로 옳지 않은 것은?

① 방풍림을 조성한다.
② 수증기가 함유된 연기를 발산시킨다.
③ 야간에 짚이나 고형물을 태운다.
④ 저녁에 충분히 관개한다.

정답 ①

2-3. 봄철 늦추위가 올 때 동상해의 방지책으로 가장 균일하고 큰 보온효과를 기대할 수 있는 것은?

① 발연법　　　　　　　　② 송풍법
③ 연소법　　　　　　　　④ 살수빙결법

정답 ④

핵심이론 03　상해(霜害, 서리해)

① 상해를 일으키기 쉬운 기상조건
　㉠ 4월 상순에서 5월 하순에 걸쳐서 이동성 고기압이 덮고 있어 낮에는 쾌청하지만, 기온이 낮고 밤이 되면 방사냉각이 급격하게 되어 서리가 내린다.

② 상해의 피해 양상
　㉠ 화기 가운데 암술이 피해를 받기 쉽고 그중에서도 배주와 태좌가 약하고 그 다음이 화주이다. 꽃가루의 경우 봄의 저온에서 잘 죽지 않는다.
　㉡ 꽃잎은 꽃봉오리일 때에는 강하나 개화 후에는 암술보다 약하여 서리가 내린 후 바로 갈변하지만, 결실에는 영향을 미치지 않는다.
　㉢ 꽃봉오리일 때 상해를 받으면 자방 내부와 화주의 기부가 갈변해서 고사하나 개화 중에는 화주가 갈변하고 곧이어 흑변하여 떨어져 버린다.

③ 서리 발생의 기상 조건
　㉠ 서리가 내리기 2~3일 전에 비가 오거나, 전날은 차가운 북풍이 세게 불어 하루 중 기온이 그다지 높지 않고 최고기온이 18℃ 이하일 때 서리가 내린다.
　　※ 하루 중 기온이 30℃ 이상 되면 서리가 내리지 않는다.
　㉡ 야간에 구름 한 점 없이 청명하여 별이 뚜렷이 관찰될 때 서리가 내린다.
　　※ 자정에 기온이 크게 내려가도 바람이 불어 엷은 구름이 나타나면 서리 발생은 적다.

핵심예제

다음 중 냉해란?
① 작물의 조직세포가 동결되어 받는 피해
② 월동 중 추위에 의하여 작물이 받는 피해
③ 생육적온보다 온도가 낮아 작물이 받는 피해
④ 저온에 의하여 작물의 조직 내에 결빙이 생겨서 받는 피해

정답 ③

해설
① 상해
② 한해
④ 동해

5-4. 도복과 풍해

핵심이론 01　도 복

① 도복의 유발조건
　㉠ 유전(품종)적 조건
　　• 키가 크고 대가 약한 품종일수록 도복이 심하다.
　　• 뿌리가 빈약할수록, 이삭이 무거울수록 도복이 심하다.
　㉡ 재배조건
　　• 밀식, 질소 다용, 칼륨 부족, 규산 부족, 조직 중 리그닌 및 당류 함량 부족 등은 줄기를 연약하게 하여 도복을 유발한다.
　　• 화곡류에서는 등숙 초기보다 후기에 도복의 위험이 크다.
　　• 두류는 줄기가 연약한 시기인 개화기부터 약 10일간이 위험하다.
　㉢ 병충해
　　• 병충해의 발생이 많을 경우 도복이 심해진다.
　　• 벼에서는 잎집무늬마름병의 발생이 심하거나 가을멸구의 발생이 많으면 대가 약해져 도복을 유발한다.
　　• 맥류에서는 줄기녹병 등의 발생이 도복을 유발한다.
　㉣ 환경조건
　　• 태풍으로 인한 강우 및 강한 바람은 도복을 유발한다.
　　• 맥류의 등숙기 때 한발은 뿌리가 고사하여 그 뒤의 비바람에 의해 도복이 유발된다.
　　※ 벼의 도복은 줄기가 완전히 신장한 출수기 이후에 발생하고, 줄기 기부가 절곡(折曲)되는 것인데, 대부분 위쪽으로부터 4~5절간이 절곡된다.

② 작물품종의 도복저항성
　㉠ 도복지수는 간장, 수중, 줄기의 강도로 계산한다.
　㉡ 도복지수 = [모멘트(g・cm)/좌절중(g)] × 100
　　• 모멘트 = 지상부의 줄기 길이 × 지상부 생체중
　　• 지상부의 줄기 길이(초고) = 간장 + 수중
　㉢ 도복지수를 낮추기 위하여 좌절중을 크게 해야 한다.
　㉣ 도복지수가 작은 품종은 내도복성이 크다.
　㉤ 도복지수를 낮추기 위하여 무조건 단간종을 육성하면 기계 수확이 곤란해진다.
　㉥ 질소 시비량이 많을수록 간장이 길고 모멘트가 무거운 반면 좌절중이 가벼워져 도복지수가 크게 높아진다.

[핵심예제]

1-1. 작물의 도복과 가장 관련성이 큰 형질은?

① 잎   ② 숙 기

③ 키   ④ 가지수

정답 ③

1-2. 작물재배에서 도복을 유발시키는 재배조건으로 가장 적합한 것은?

① 밀식과 질소 다용   ② 소식과 이식재배

③ 토입과 배토   ④ 칼륨과 규산질 증시

정답 ①

1-3. 도복(Lodging)의 유발에 관한 설명이 잘못된 것은?

① 키가 크고 대가 약한 품종일수록 도복이 심하다.

② 칼륨, 규산 다용은 도복을 유발한다.

③ 밀식, 질소 다용은 도복을 유발한다.

④ 가을멸구의 발생이 많으면 도복이 심하다.

정답 ②

핵심이론 02   **도복의 피해 및 대책**

① 도복의 피해

  ㉠ 도복에 의하여 광합성이 감퇴되고 수량이 감소한다.

  ㉡ 종실이 젖은 토양에 닿아 변질, 부패, 수발아 등과 결실 불량으로 품질이 저하된다.

  ㉢ 도복은 수확작업, 특히 기계 수확이 어렵다.

  ㉣ 맥류에 목화나 콩을 간작할 때 맥류가 도복되면 어린 간작물을 덮어서 생육을 저해한다.

  ㉤ 도복 정도 : 담수손뿌림 > 무논골뿌림 > 건답줄뿌림 > 이앙재배의 순으로 도복이 잘된다.

② 도복 방지대책

  ㉠ 품종의 선택 : 키가 작고 대가 튼튼한 품종을 선택한다.

    ※ 질소 내비성 품종은 내도복성이 강하다.

  ㉡ 합리적 시비 : 질소 과용을 피하고 칼륨, 인산, 규산, 석회 등을 충분히 시용한다.

  ㉢ 파종, 이식 및 재식밀도

    • 재식밀도가 과도하지 않게 밀도를 적절하게 조절해야 한다.

    • 맥류는 복토를 다소 깊게 하면 도복이 경감된다.

    • 맥류의 경우 이식재배를 한 것은 직파재배한 것보다 도복을 경감시킨다.

  ㉣ 관리 : 벼의 마지막 김매기 때 배토하고, 맥류는 답압·토입·진압 등을 하며, 콩은 생육 전기에 배토를 하면 도복을 경감시키는 데 효과적이다.

  ㉤ 병충해 방제 : 특히 줄기를 침해하는 병충해를 방제한다.

  ㉥ 생장조절제의 이용 : 벼에서 유효 분얼 종지기에 2,4-D, PCP 등의 생장조절제처리를 한다.

  ㉦ 도복 후의 대책 : 도복 후 지주 세우기나 결속을 하면 지면과 수면에 접촉을 줄여 변질, 부패가 경감된다.

[핵심예제]

작물의 도복을 방지하기 위한 대책이 아닌 것은?

① 인산, 칼슘, 규산 사용량을 늘린다.

② 2,4-D를 처리한다.

③ 질소를 추가로 사용하여 생산량을 크게 한다.

④ 키가 작고, 대가 강한 품종을 선택한다.

정답 ③

핵심이론 03 수발아(穗發芽)

① 수발아의 개념
  ㉠ 성숙기에 가까운 맥류가 저온 강우의 조건, 특히 장기간 비를 맞아서 젖은 상태로 있거나 우기에 도복해서 이삭이 젖은 땅에 오래 접촉해 있게 되었을 때 수확 전의 이삭에서 싹이 트는 것이다.
  ㉡ 휴면성이 약한 품종은 강한 것보다 수발아가 잘 일어난다.
  ㉢ 수발아 종자는 종자용, 식용으로 모두 부적절하다.
② 수발아 방지대책
  ㉠ 품종의 선택
    • 도복 및 수발아에 강한 품종을 재배한다.
    • 맥류는 만숙종보다 조숙종의 수확기가 빨라 수발아의 위험이 작다.
    • 숙기가 길더라도 휴면기간이 긴 품종은 수발아가 낮다.
    • 밀은 초자질립, 백립, 다부모종 등이 수발아가 높다.
  ㉡ 조기 수확 : 벼나 보리 등은 수확 7일 전에 건조제를 살포한다.
  ㉢ 도복의 방지 : 도복을 방지하여 수발아를 방지한다.
  ㉣ 발아억제제의 살포 : 휴면기간이 짧은 맥종 또는 품종은 출수 후 20일경에 MH-30, α-NAA 등 발아억제물질을 살포하여 휴면을 연장한다.
    ※ 수발아된 벼는 최대한 빨리 수확하여 건조기를 활용해 건조한다.

> **맥류의 수발아**
> • 보리가 밀보다 성숙기가 빨라 수발아의 위험이 작다.
> • 맥류는 출수 후 발아억제제를 살포하면 수발아가 억제된다.
> • 맥류가 도복되면 수발아가 조장되므로 도복방지에 노력해야 한다.
> • 성숙기의 이삭에서 수확 전에 싹이 트는 경우이다.
> • 우기에 도복하여 이삭이 젖은 땅에 오래 접촉되어 발생한다.
> • 우리나라에서는 조숙종이 만숙종보다 수발아의 위험이 작다.

핵심예제

3-1. 수발아를 방지하기 위한 대책으로 옳은 것은?

① 수확을 지연시킨다.
② 지베렐린을 살포한다.
③ 만숙종보다 조숙종을 선택한다.
④ 휴면기간이 짧은 품종을 선택한다.

|정답| ③

3-2. 맥류의 수발아 방지를 위한 발아억제제로 알맞은 것은?

① ABA
② Ethylene
③ α-NAA
④ Uracil acid

|정답| ③

핵심이론 04 풍 해

① 풍속 4~6km/h 이상의 강풍 피해로, 풍속이 크고 공중습도가 낮을 때 심해진다.
② 직접적인 기계적 장애
  ㉠ 화곡류는 도복하여 수발아와 부패립이 발생되고 수분, 수정에 장해가 되어 불임립이 발생되며 상처에 의해서 목도열병 등이 발생한다.
    • 벼의 경우 출수 3~4일에, 도복을 초래하는 경우에는 출수 15일 이내 것이 피해가 가장 심하다.
    • 벼 출수 30일 이후의 것은 피해가 경미하다.
  ㉡ 과수류와 채소류는 절손, 열상, 낙과를 초래한다.
③ 직접적인 생리적 장애
  ㉠ 호흡의 증대 : 강한 바람에 의해서 상처가 나면 호흡이 증대하여 체내 양분의 소모가 증가한다.
  ㉡ 작물체의 건조 : 작물에 생긴 상처가 건조되면 광산화반응을 일으켜 고사할 수 있다.
    • 풍속이 강하고 공기가 건조하면 증산량이 커져서 식물체가 건조하며, 벼의 경우 백수현상이 나타난다.
    • 습도 60% 이상에서는 풍속 10m/s에서도 백수가 생기지만, 습도 80%에서는 풍속 20m/s에서도 백수가 발생하지 않는다.
  ㉢ 광합성의 감퇴 : 바람이 2~4m/s 이상 강해지면 기공이 닫혀 이산화탄소의 흡수가 감소되므로 광합성을 감퇴시킨다.
  ㉣ 작물 체온의 저하 : 작물체온의 저하로 냉해를 유발시킨다.
  ㉤ 강풍이나 돌풍은 풍식을 조장하고, 해안지대에서는 바닷물을 육상으로 날려 염풍의 피해를 유발한다.
④ 풍해 및 풍식대책
  ㉠ 풍해는 방풍림을 조성하고, 방풍울타리를 설치한다.
  ㉡ 풍식은 방풍림, 방풍울타리 등을 조성하여 풍속을 줄이고, 관개하여 토양을 습윤 상태로 있게 한다.
  ㉢ 피복식물을 재배하여 토사의 이동을 방지하고, 이랑을 풍향과 직각으로 한다.
  ㉣ 겨울에 건조하고 바람이 센 지역은 작물 수확 시 높이베기로 그루터기를 이용해 풍력을 약화시킨다.
⑤ 재배적 대책
  ㉠ 내풍성 작물 선택 : 목초, 고구마 등
  ㉡ 내도복성 품종의 선택 : 키가 작고 줄기가 강한 품종 선택

ⓒ 작기 이동 : 태풍을 피하도록 조기 재배

ⓔ 관개담수 조치 : 논물을 깊게 대면 도복과 건조 경감

ⓜ 배토와 지주 및 결속 : 맥류의 배토, 토마토나 가지의 지주 및 수수나 옥수수의 결속

ⓗ 비배관리의 합리화 : 칼륨, 인산비료 증시, 질소비료 과용 금지, 밀식의 회피

ⓢ 낙과방지제 살포 : 사과의 경우 수확 25~30일 전에 살포

［ 핵심예제 ］

4-1. 풍속이 2~4m/s 이상일 때 식물체에서 일어나는 생리적 장해현상이 아닌 것은?

① 작물 체온이 낮아진다.
② 수분 · 수정이 저해된다.
③ CO_2의 흡입량이 과다하게 증대된다.
④ 습도가 낮으면 백수현상이 나타난다.

정답 ③

4-2. 작물의 풍해에 대한 설명으로 잘못된 것은?

① 벼에서 목도열병이 발생한다.
② 상처가 나면 광산화반응을 일으킨다.
③ 풍속이 강해지면 광합성이 증대된다.
④ 수정이 저해된다.

정답 ③

4-3. 풍해의 기계적 장해에 해당하는 것은?

① 벼에서 수분 및 수정이 저해되어 불임립이 발생한다.
② 상처가 나면 호흡이 증대되어 체내의 양분 소모가 증대된다.
③ 증산이 커져서 식물이 건조해진다.
④ 기공이 닫혀 광합성이 감퇴한다.

정답 ①

해설

4-3

화곡류는 도복하여 수발아와 부패립이 발생되고 수분, 수정에 장해가 되어 불임립이 발생되며, 과수류와 채소류는 절손, 열상, 낙과를 초래한다.

제6절 수확, 건조 및 저장과 도정

6-1. 수 확

핵심이론 01 수확(收穫, Harvest)시기 결정

① 성숙(成熟, Maturation, Ripening)

ⓐ 화곡류의 성숙과정 : 유숙 → 호숙 → 황숙 → 완숙 → 고숙

• 유숙 : 종자의 내용물이 아직 유상인 과정
• 호숙 : 종자의 내용물이 아직 덜된 풀모양인 과정
• 황숙 : 이삭이 황변하고, 종자의 내용물이 납상인 과정으로, 수확 가능
• 완숙(성숙) : 전 식물체가 황변하고 종자의 내용물이 경화한 과정
• 고숙 : 식물체가 퇴색하고 내용물이 더욱 경화한 과정

ⓑ 십자화과 작물의 성숙과정 : 백숙 → 녹숙 → 갈숙 → 고숙

• 백숙 : 종자가 백색, 내용물이 물과 같은 상태
• 녹숙 : 종자가 녹색, 내용물이 손톱으로 쉽게 압출되는 상태
• 갈숙(성숙) : 꼬투리는 녹색을 상실해 가며 종자는 고유의 성숙색이 된다.
• 고숙 : 종자는 더욱 굳어지고, 꼬투리는 담갈색이 되어 취약해진다.

② 벼의 수확적기

ⓐ 벼의 수확적기는 출수 후 조생종은 50일, 중생종은 54일, 중만생종은 58일 내외이다.

ⓑ 육안으로 판단 시 한 이삭의 벼알이 90% 이상 익었을 때 수확한다.

ⓒ 종자용은 알맞은 벼 베기 때보다 약간 빠르게 수확한다.

ⓔ 벼 수확 때 콤바인 작업은 고속주행을 하지 말고 표준 작업속도를 지키며, 비 또는 이슬이 마른 다음 수확작업을 실시한다.

ⓜ 벼 수확시기가 빠르거나 늦으면 완전미 비율이 감소된다.

ⓗ 조기 수확할 경우 청미, 사미가 많아진다.

ⓢ 수확이 늦어질 경우 미강층이 두꺼워지고 기형립, 피해립, 색택 불량, 동할미가 증가된다.

③ 옥수수 수확적기
  ㉠ 옥수수 일반용
    • 옥수수 종자의 밑부분에 검은색이 나타나면 종자가 완전히 여문 때이다.
    • 충분히 여문 때로부터 1~2주 후 종실의 수분 함량이 30% 정도일 때 수확한다.
  ㉡ 옥수수 엔실리지용 : 이삭이 나온 후 40일 전후 8월 하순~9월 상순의 황숙기 후기 또는 완숙기의 초기에 수확한다(양분이 제일 많은 시기, 수분 함량이 60~70%).

핵심예제

1-1. 화곡류의 성숙과정으로 옳은 것은?

① 유숙 → 호숙 → 황숙 → 완숙 → 고숙
② 호숙 → 황숙 → 완숙 → 고숙 → 유숙
③ 황숙 → 완숙 → 고숙 → 유숙 → 고숙
④ 완숙 → 고숙 → 유숙 → 고숙 → 황숙

정답 ①

1-2. 십자화과 작물의 성숙과정으로 옳은 것은?

① 녹숙 → 백숙 → 갈숙 → 고숙
② 백숙 → 녹숙 → 갈숙 → 고숙
③ 녹숙 → 백숙 → 고숙 → 갈숙
④ 백숙 → 녹숙 → 고숙 → 갈숙

정답 ②

핵심이론 02 수확방법

① 작물의 종류에 따른 수확방법
  ㉠ 화곡류와 목초 : 예취한다.
  ㉡ 감자, 고구마 : 굴취한다.
  ㉢ 배추, 무 : 발취한다.
  ㉣ 과실, 뽕 : 적취한다.

② 작물의 수확 후 생리작용 및 손실요인
  ㉠ 물리적 요인에 의한 손실 : 수확·선별·포장·운송 및 적재과정에서 발생하는 기계적 상처에 의하여 손실이 발생한다.
  ㉡ 호흡에 의한 손실
    • 과실 수확 후 호흡급등현상(수확하는 과정에서 호흡이 급격히 증가하는 현상)이 나타나기도 한다.
    • 호흡급등형 과실 : 사과, 배, 복숭아, 참다래, 바나나, 아보카도, 토마토, 수박, 살구, 멜론, 감, 키위, 망고, 파파야 등
    • 비호흡급등형 과실 : 포도, 감귤, 오렌지, 레몬, 고추, 가지, 오이, 딸기, 호박, 파인애플 등

원예 생산물의 호흡속도
• 과일 : 딸기 > 복숭아 > 배 > 감 > 사과 > 포도 > 키위
• 채소 : 아스파라거스 > 완두 > 시금치 > 당근 > 오이 > 토마토 > 무 > 수박 > 양파

  ㉢ 증산에 의한 손실 : 중량이 감소하고, 품질이 저하된다.
    ※ 신선 농산물은 수확 후 호흡에 의한 수분 손실보다 증산에 의한 손실이 크다.
  ㉣ 맹아에 의한 손실 : 작물은 휴면 상태가 지나고 휴면이 타파되면 발아, 맹아에 의하여 품질이 저하된다.
    ※ 감자와 마늘은 저장 중 맹아에 의해 품질 저하가 발생한다.
  ㉤ 병리적 요인에 의한 손실 : 각종 병원균의 침입을 받아 부패하기 쉽다.
  ㉥ 에틸렌 생성 및 후숙
    • 숙성과정에서 발생하는 에틸렌(Ethylene)은 과실의 성숙과 착색, 채소의 노화를 촉진하며 생리장해와 특이성분을 유발시킨다.
    • 호흡급등형 작물은 호흡급등기에 에틸렌 생성이 증가되어 급속히 후숙된다.
    • 비호흡급등형도 수확 시 상처를 받거나 과격한 취급, 부적절한 저장조건에서는 스트레스에 의하여 에틸렌 생성이 급증할 수 있다.

• 엽채류와 근채류 등의 영양조직은 과일류에 비하여 에틸렌 생성량이 적다.

[핵심예제]

농산물을 저장할 때 일어나는 변화에 대한 설명으로 옳지 않은 것은?

① 호흡급등형 과실은 에틸렌에 의해 후숙이 촉진된다.
② 감자와 마늘은 저장 중 맹아에 의해 품질 저하가 발생한다.
③ 곡물은 저장 중에 전분이 분해되어 환원당 함량이 증가한다.
④ 신선 농산물은 수확 후 호흡에 의한 수분 손실이 증산에 의한 손실보다 크다.

정답 ④

6-2. 건 조

핵심이론 01 | 건조(乾燥, Drying)

① 건조의 개념
  ㉠ 5% 이하로 건조하면 곰팡이 발생을 억제할 수 있다.
  ㉡ 곡류의 도정이 가능할 정도의 경도는 수분 함량이 17~18% 이하가 되어야 한다.

② 건조기술
  ㉠ 곡 물
    • 건조온도 : 열풍건조 시 건조온도는 45℃ 정도가 알맞다.
      – 45℃ 건조는 도정률과 발아율이 높고, 동할률과 쇄미율이 낮으며, 건조시간은 6시간 정도이다.
      – 55℃ 이상 건조하면 동할률과 싸라기 비율이 높고, 단백질 응고와 전분의 노화로 발아율이 떨어지며, 식미가 나빠진다.
    • 건조기 승온조건 : 건조기 승온조건은 시간당 1℃가 적당하다.
      – 급속한 고온건조는 동할률이 증가하고 유기물이 변성되며 품질이 저하된다.
    • 건조속도 : 건조속도는 시간당 수분 감소율 1% 정도가 적당하다.
    • 수분함량 : 쌀은 수분 함량 15~16% 건조가 적합하다.
      – 수분 함량이 12~13%일 때 저장에는 좋으나 식미가 낮다.
      – 함수율 16~17%일 때 도정효율과 식미는 좋으나 변질되기 쉽다.
  ㉡ 고 추
    • 천일건조는 12~15일 정도 소요되고, 시설하우스 내 건조는 10일 정도 소요된다.
    • 열풍건조는 45℃ 이하가 안전하고 약 2일 정도 소요된다.
  ㉢ 마 늘
    • 자연건조할 때는 통풍이 잘되는 곳에서 간이 저장으로 2~3개월 건조한다.
    • 열풍건조는 45℃ 이하에서 2~3일 건조한다.

③ 예 건

　　㉠ 수확 시 외피에 수분 함량이 많고 상처나 병충해 피해를 받기 쉬운 작물은 호흡 및 증산작용이 왕성하여 바로 저장하면 미생물 번식이 촉진되고 부패율도 급속히 증가하기 때문에 충분히 건조시킨 후 저장하여야 한다.

　　㉡ 식물의 외층을 미리 건조시켜 내부조직의 수분 증산을 억제시키는 방법으로, 수확 직후에 수분을 어느 정도 증산시켜 과습으로 인한 부패를 방지한다.

　　㉢ 마늘의 경우 장기 저장을 위해서는 인편의 수분 함량을 약 65%까지 감소시켜 부패를 막고 응애와 선충의 밀도를 낮추어야 한다.

　　㉣ 수확 후 과실의 예건을 실시하여 호흡작용을 안정시키고 과피에 탄력이 생겨 상처를 받지 않으며 과피의 수분을 제거함으로써 곰팡이의 발생을 억제할 수 있다.

　　㉤ 수확 직후 건물의 북쪽이나 나무그늘 등 통풍이 잘되고 직사광선이 닿지 않는 곳을 택하여 야적하였다가 습기를 제거한 후 기온이 낮은 아침에 저장고에 입고시킨다.

[핵심예제]

일반 농가에서 가장 일반적으로 쓰이는 방법으로, 낫으로 수확한 벼를 단으로 묶어세우거나 펼쳐서 햇볕으로 건조하는 방법은?

① 상온통풍건조　　　② 천일건조
③ 열풍건조　　　　　④ 실리카겔건조

정답 ②

해설

① 상온통풍건조 : 상온의 공기 또는 약간의 가열한 공기를 곡물층에 통풍시켜 건조하는 방법
③ 열풍건조 : 열풍건조기를 이용하여 건조시키는 방법으로써 우기나 일기 상태가 나쁠 때 유리한 건조법이다.
④ 실리카겔건조 : 실리카겔은 다공질 구조로 내부 표면적이 크기 때문에 뛰어난 제습능력을 갖고 있다.

6-3. 저 장

핵심이론 01　　저장 중 품질의 변화

① 저장의 기능

　　㉠ 생산된 농산물이 신선도를 유지하는 기능이 있다.

　　㉡ 가격의 급등을 방지하고, 유통량의 수급을 조절하는 기능이 있다.

　　㉢ 소비자에게 연중 공급이 가능하도록 한다.

　　㉣ 소비와 수요가 확대되는 기능이다.

　　㉤ 농산물 가공산업을 발전시키는 기능이 있다.

② 저장 중 변화

　　㉠ 저장 중 호흡 소모와 수분 증발 등으로 중량 감소가 일어난다.

　　㉡ 생명력의 지표인 발아율이 저하된다.

　　㉢ 곡류는 저장 중 지방의 산패로 인해 유리지방산이 증가하고 묵은 냄새가 난다.

　　㉣ 곡물은 저장 중에 전분이 α-아밀레이스에 의하여 분해되어 환원당 함량이 증가한다.

　　㉤ 미생물과 해충, 쥐 등의 가해로 품질 저하와 양적 손실이 일어난다.

③ 저온 저장 중에 일어나는 식품의 품질 변화

　　㉠ 생물학적 변화 : 선도 저하, 저온장애, 미생물 번식, 효소의 작용

　　㉡ 물리적 변화 : 수분의 증발, 얼음결정의 생성과 조직의 손상, 유화 상태의 파괴, 조직의 변화, 노화, 단백질의 변성

　　㉢ 화학적 변화 : 지질의 변화, 색과 향미의 변화, 비타민의 감소

[핵심예제]

종자의 저장양분 중 전분의 분해와 합성에 관련되는 효소는?

① Amylase-Phosphorylase
② Phosphoryase-Diastase
③ Protease-Amylase
④ Lipase-Diastase

정답 ①

해설

배유의 전분을 가수분해하는 과정을 촉매하는 주요 효소에는 Starch Phosphorylase, α-amylase, β-amylase Amylopectin 분해효소 등이 있다.

큐어링과 예랭

① 큐어링(Curing)
　㉠ 큐어링의 개념
　　• 수확물의 상처에 유상조직인 코르크층을 발달시켜 병균의 침입을 방지하는 조치이다.
　　• 고구마를 따뜻하고 습기 많은 곳에 두어 상처를 아물게 하는 방법이다.
　㉡ 품목별 처리방법
　　• 감자 : 식용감자는 10~15℃에서 2주일 정도 큐어링후 3~4℃에서 저장한다.
　　• 고구마 : 고구마는 30~33℃에서 90~95%의 상대습도에서 3~6일간 큐어링 후 13~15℃에서 저장한다.
　　• 양파와 마늘 : 밭에서 1차 건조한 후 저장 전에 선별장에서 완전히 건조시켜 입고한 후 온도를 낮추기 시작한다.
② 예랭(豫冷, Precooling, Prechilling)
　㉠ 예랭의 개념 : 청과물을 수확한 직후부터 수일간 서늘한곳에 보관하여 작물을 식히는 것으로, 청과물의 저장성과 운송기간의 품질을 유지하는 효과를 증대시키고 증산과 부패를 억제하며 신선도를 유지해 준다.
　㉡ 예랭의 효과
　　• 작물의 온도를 낮추어 호흡 등 대사작용 속도를 지연시킨다.
　　• 에틸렌 생성을 억제하고, 미생물의 증식을 억제한다.
　　• 증산량 감소로 인한 수분손실을 억제한다.
　　• 노화에 따른 생리적 변화를 지연시켜 신선도를 유지한다.
　　• 유통과정의 농산물을 예랭함으로써 유통과정 중 수분손실을 감소시킨다.

［ 핵심예제 ］

과실을 수확한 직후부터 수일간 서늘한 곳에 보관하여 작물을 식히는 것으로 저장, 수송 중 부패를 최소화하기 위해 실시하는 것은?
① 후 숙　　　　　　② 큐어링
③ 예 랭　　　　　　④ 음 건

정답 ③

안전저장 조건

① 쌀
　㉠ 안전저장지표 : 발아율 80% 이상, 나쁜 냄새가 없고, 지방산가 20mg, KOH/100g 이하, 호흡에 의한 건물중량 손실률 0.5% 이하이다.
　㉡ 안전저장 조건
　　• 온도 15℃, 상대습도 약 70%, 고품질 유지 수분 함량 15~16%에 저장한다.
　　• 공기조성산소 5~7%, 탄산가스 3~5%이다.
　　※ 곡류는 저장습도가 낮을수록 좋지만 과실이나 영양체는 저장습도가 낮으면 좋지 않다.
② 기타 곡물(미국기준)
　㉠ 옥수수, 수수, 귀리의 수분 함량 13%, 보리 13~14%, 콩 11%에 저장한다.
　㉡ 5년 이상 장기 저장 시에는 2% 정도 더 낮게 조정한다.
③ 고구마
　㉠ 반드시 큐어링을 한 후 13℃까지 방랭한 후 본저장한다.
　㉡ 안전저장은 13~15℃, 상대습도 85~90%에 저장한다.
　㉢ 0℃에서 21시간, -15℃에서 3시간이면 냉동해가 발생한다.
　㉣ 고구마를 저장할 때 가장 좋은 방법은 굴저장이며, 통기하는 것이 밀폐되는 것보다 좋다.
④ 감 자
　㉠ 씨감자, 식용감자 : 안전저장 온도 3~4℃, 상대습도 85~90%에 저장한다.
　㉡ 수확 직후 약 2주 동안 통풍이 양호하고 10~15℃의 서늘한 곳과 다소 높은 온도에서 큐어링한다.
　㉢ 가공용 감자 : 7~10℃
⑤ 과실 : 안전저장온도 0~4℃, 상대습도 80~85%에 저장한다.
⑥ 엽근채류 : 안전저장 온도 0~4℃, 상대습도 90~95%에 저장한다.
⑦ 고춧가루
　㉠ 안전저장 수분 함량 11~13%, 저장고의 상대습도 60%에 저장한다.
　㉡ 수분 함량이 10% 이하이면 탈색되고 19% 이상은 갈변된다.

⑧ 마늘 : 마늘은 수확 직후 예건을 거쳐 수분 함량을 65% 정도로 낮춘다.

⑨ 바나나

　㉠ 열대작물이므로 13℃ 이상, 상대습도 85~90%에서 저장한다.

　㉡ 바나나는 10℃ 미만의 온도에서 저장하면 냉해를 입는다.

핵심예제

4-1. 고구마의 저장적온은?(단, 저장 시 상대습도는 85~90%이다)

① 1~4℃ ② 4~7℃
③ 7~10℃ ④ 12~15℃

정답 ④

4-2. 작물 수확 후 관리에 대한 설명으로 옳은 것은?

① 가공용 감자의 저장을 위한 최적온도는 3~4℃이다.
② 고춧가루의 저장 적수분 함량은 10% 이하이다.
③ 고구마의 안전저장온도는 13~15℃, RH 85~90%이다.
④ 고품질 쌀을 위한 저장 적수분 함량은 15% 이하, 최적온도는 10℃이다.

정답 ③

4-3. 고구마를 저장할 때 가장 좋은 방법은?

① 움 저장 ② 굴 저장
③ 상온 저장 ④ 냉온 저장

정답 ②

해설

4-3

굴저장 : 땅속 굴을 파서 깊숙이 저장하는 방식(고구마 등)
① 움 저장 : 지하에 움을 파고 저장하는 방식(감자, 무, 과실 등)
③ 상온 저장 : 온도 교차가 작은 서늘한 상온에 저장(배, 사과, 감귤 등)
④ 냉온 저장 : 동결되지 않을 정도의 낮은 온도 유지(채소류, 과일 등)

6-4. 도 정

핵심이론 01　도 정

① 정선 : 수확물 중에 협잡물, 이물질이나 품질이 낮은 불량품들이 혼입되어 있는 경우 양질의 산물만 고르는 것이다.

② 도 정

　㉠ 도정(搗精)은 곡립 외부를 둘러싸고 있는 강층을 벗겨내어 전분층을 노출시키는 것이다.

　㉡ 제현과 현백을 합하여 벼에서 백미를 만드는 과정이다.

　㉢ 도정률 = 제현율 × 현백율

　　• 제현율 : 벼 투입량에 대한 현미 생산량의 백분율 (벼 100 → 현미 80%)

　　• 현백율 : 현미 투입량에 대한 백미 생산량의 백분율 (현미 100 → 백미 90%)

　　• 벼 도정 시 정곡환산율은 중량 72%, 용량 50%이다. (72% = 80% × 90%)

③ 백 미

　㉠ 정미(도정) : 현미의 외주부를 깎아 제거하는 것을 말한다.

　㉡ 식미를 좋게 하고 소화가 잘되도록 하는 것이 목적이다.

　㉢ 과피, 종피, 호분층과 배를 제거하여 전분저장세포조직만 남겨 둔 것을 정백미(또는 백미, 또는 10분도미)라 한다(도정률 91~93%).

　㉣ 호분층과 배의 제거 정도에 따라 5분도미, 7분도미(배아미), 10분도미(백미)로 구분한다.

④ 배백미·기백미·횡백미(측백미) : 쌀알의 형태는 거의 완전미에 가까우나 각각 배부(등쪽), 기부, 양측부에 전분 축적이 불량하여 등숙 후기에 와서 백화한 것으로 출현 빈도는 복백미보다 낮다.

⑤ 청 미

　㉠ 과피에 엽록소가 남아 있어 녹색을 띠는 것으로, 일찍 수확하거나 늦게 개화한 영화에서 발생하며 녹색은 도정하면 제거 가능하다.

　㉡ 완숙 직전의 광택이 있는 활청색이 약간 섞여 있는 쌀(현미)은 늦게 수확한 쌀이 아니라는 증거이면서 햅쌀의 증거로서 오히려 바람직하다.

⑥ 동할미 : 완전히 등숙한 것이지만, 늦게 수확하거나 비에 노출될 경우와 생물벼를 고온에서 강제 건조한 경우에 잘 발생한다.

1-1. ( ) 안에 알맞은 내용은?

제현과 현백을 합하여 벼에서 백미를 만드는 전 과정을 ( )(이)라고 한다.

① 지 대   ② 마 대
③ 도 정   ④ 수 확

정답 ③

1-2. 벼 도정 시 정곡환산율은 중량과 용량으로, 각각 몇 % 인가?

① 42%, 80%   ② 52%, 70%
③ 62%, 60%   ④ 72%, 50%

정답 ④

해설

1-2
100kg의 벼를 쌀로 도정하면 72kg의 쌀이 생산된다.

6-5. 수량 구성요소 및 수량사정

핵심이론 **01** **수량 구성요소**

① 수량 구성요소
  ㉠ 개념 : 작물을 재배하여 얻어지는 생산물의 토지단위당 수확량을 수량이라 하고, 수량을 구성하는 식물학적 요소를 수량 구성요소라고 한다.
  ㉡ 작물별 수량 구성요소
   • 화곡류 : 수량 = 단위면적당 수수 × 1수영화수 × 등숙비율 × 1립중
   • 과실 : 수량 = 나무당 과실수 × 과실의 크기(무게)
   • 고구마 · 감자 : 수량 = 단위면적당 식물체수 × 식물체당 덩이뿌리수 × 덩이뿌리의 무게
   • 사탕무 : 수량 = 단위면적당 식물체수 × 덩이뿌리의 무게 × 성분 함량
   ※ 수량 : 단위면적당 입수(영화수)와 등숙비율(그릇을 채우는 탄수화물의 양에 좌우)의 적(積)으로 결정 → 단위면적당 입수와 등숙비율은 부(-)의 관계에 있다.

② 수량 구성요소의 결정방법
  ㉠ 수수/m^2 : $1m^2$당 평균 수수를 계수한다(논의 가장자리 주변부에 있는 벼는 제외, 보통 논두렁에서 3줄까지).
   예 평균적인 생육을 나타내는 5~10포기를 파괴적으로 샘플링하여 포기당 평균 수수를 계수한 후 재식밀도를 기초로 단위면적당 수수로 환산한다.
  ㉡ 영화수/이삭 : 위의 예에서와 같은 5~10포기의 각 포기당 영화수를 계수하여 이삭수로 나눈 후 5~10포기의 평균 이삭당 영화수를 계산한다.
  ㉢ 등숙률(%) : 위의 예에서와 같은 5~10포기의 모든 영화를 풍건한 후 비중 1.06액에 담가 가라앉은 영화의 비율을 계산한다.
  ㉣ 천립중(g) : 위의 등숙률 조사에서 비중 1.06액에 가라앉은 영화를 풍건한 후 10g 정도를 취한 다음 영화수를 계수하여 1,000립당의 g으로 환산한다.

벼의 수량 구성요소로 가장 옳은 것은?

① 단위면적당 수수 × 1수영화수 × 등숙비율 × 1립중
② 식물체수 × 입모율 × 등숙비율 × 1립중
③ 감수분열기 기간 × 1수영화수 × 식물체수 × 1립중
④ 1수영화수 × 등숙비율 × 식물체수

정답 ①

핵심이론 02 수량 구성요소의 변이계수

① 벼의 수량 구성요소의 연차 변이계수
　수량에 영향을 크게 미치는 구성요소의 순위는 수수 > 1수영화수 > 등숙비율 > 천립중이다.

② 수량 구성요소의 상보성
　㉠ 상보성이란 수량 구성 4요소는 상호 밀접한 관계로, 먼저 형성되는 요소가 많아지면 나중에 형성되는 요소는 적어지나, 먼저 형성되는 요소가 적어지면 나중에 형성되는 요소가 많아지는 현상이다.
　㉡ 벼에서 단위면적당 수수가 많아지면 1수영화수는 적어지고, 1수영화수가 증가하면 등숙비율이 낮아지는 경향이 있다.
　㉢ 단위면적당 영화수(단위면적당 수수 × 1수영화수)가 증가하면 등숙비율은 감소되고, 등숙비율이 낮으면 천립중은 증가한다.

③ 수량 증대 방안
　㉠ 이삭수를 많이 확보하기 위해서이다.
　　• 수수형 품종을 선택하고 밀식, 조식, 천식과 밑거름 및 새끼칠거름을 다량 시용한다.
　　• 재식밀도를 높이거나 분얼 발생을 촉진하는 조치가 필요하다.
　㉡ 1수 영화수를 증가시키기 위해서는 단간수중형 품종을 선택하고 이삭거름을 시용한다.
　㉢ 등숙비율을 향상시키기 위해서이다.
　　• 이삭수와 1수영화수를 조절하여 단위면적당 영화수를 확보하고, 안전등숙한계출수기 이전에 출수하도록 적기에 모내기를 한다.
　　• 무효 분얼의 발생을 억제하고 분얼 발생이 지연되지 않도록 하며 알거름을 주어 입중을 증가시키는 것이 좋다.
　㉣ 다수확을 위하여 이삭수 또는 영화수를 많이 확보하는 경우라도 등숙비율은 75~80% 정도인 것이 바람직하다. 등숙비율이 이보다 낮으면 영화수가 과다함을 뜻한다.
　㉤ 영화수의 증가는 제1차 지경분화기부터 영향을 받기 시작하고, 제2차 지경분화기에 가장 강하게 영향을 받으며, 영화분화기 이후에는 거의 영향을 받지 않는다.
　㉥ 분화된 영화는 감수분열기 전후에 가장 퇴화하기 쉽고, 출수 전 5일(감수분열 중기)에는 더 이상 퇴화하지 않아 영화수의 결정이 끝난다.

ⓐ 등숙비율은 유수분화기로부터 영향을 받기 시작하여
감수분열기, 출수기 및 등숙성기에 가장 저하되기 쉽다.
출수 후 35일이 경과되면 영향을 받지 않는다.

◎ 입중이 가장 감소되기 쉬운 시기는 감수분열 성기와 등
숙 성기이다.

[핵심예제]

2-1. 다음과 같은 조건일 때 10a당 예상 현미(정조) 수량은?

- 벼 재식밀도 : 20cm × 20cm
- 포기당 평균이삭수 : 10개
- 이삭당 평균영화수 : 100개
- 임실률 : 80%
- 현미(정조) 천립중 : 25g

① 300kg ② 400kg
③ 500kg ④ 600kg

정답 ③

2-2. 1m²의 현미 무게가 1kg이고, 이때 현미의 수분함량이
17%이다. 수분함량이 15%일 때 10a의 현미 수량은?

① 약 293kg ② 약 488kg
③ 약 512kg ④ 약 976kg

정답 ④

해설

2-1
10a당 예상수량(현미) = (단위면적당 이삭수 × 이삭당 영화수 × 등숙
비율 × 현미 천립중) ÷ 1,000
= 250 × 100 × 80% × 25 ÷ 1,000 = 500kg
- 재식밀도 : 단위면적당 심는 벼 포기수
- 1포기 재식밀도 : 20 × 20 = 400cm², 1m² = 10,000cm²
- m²당 포기수 = 10,000 ÷ 400 = 25포기
- 단위면적당 이삭수 = 25 × 10 = 250개

2-2
1kg × (100 − 17%)/(100 − 15%) = 0.976kg
10a = 1,000m²
0.976 × 1,000 = 976kg

제1절 토양생성

1-1. 암석의 풍화작용

핵심이론 01 | 토양 3상

① 토양의 개요
  ㉠ Soil(토양)은 고대 프랑스어와 라틴어의 Solum에서 유래되었다.
  ㉡ Pedon(토양단위체)은 $1 \sim 10m^2$ 정도이다. 우리나라의 Soil Series(토양통)은 Pedon 집합체이다.
  ㉢ 토양단위체(Pedon) → 토양체(Polypedon) : 토양통
    • 페돈(Pedon) : 토양이라 부를 수 있는 최소 단위의 토양표본이다. 즉, 토양분류 시 특정 토양의 특성을 나타내는 최소의 시료채취단위(최소 용적의 단위체)를 나타낸다.
    • 폴리페돈(Polypedon) : 유사한 페돈의 연속적 집합체로 토양을 분류하는 기본단위로 사용된다.
    • 토양통 : 토양을 형태론적으로 분류할 때 단면의 특성이 같은 페돈(Pedon)으로 분류한 단위이다.
② 토양의 3상 : 고체(고상), 액체(액상) 및 기체(기상)
  ㉠ 고 상
    • 무기성분 : 대부분 자갈, 모래, 미사, 점토이다.
    • 유기성분 : 동식물유체, 배설물, 대사산물로서 우리나라는 3% 미만이다.
  ㉡ 액상 : 토양용액으로 양분이 용해되어 있고 포장용수량 상태가 적당해야 한다.
  ㉢ 기상 : 대기에 비해 O_2는 낮고 CO_2는 높다.
③ 토양 3상 구성비는 기상조건에 민감하며 경운, 작물재배에 따라 변한다.
  ㉠ 토양의 고상, 기상, 액상의 이상적인 관계는 50 : 25 : 25이다.

  ㉡ 식물생육에 적합한 토양 3상의 비율
    • 논 – 50(고상) : 50(액상)
    • 밭 – 50(고상) : 25(액상) : 25(기상)
④ 토양 3상과 작물생육 : 뿌리신장(고상), 양수분 흡수(액상), 산소 공급(기상)
  ㉠ 액상이 높으면 일어나는 현상
    • 토양통기 불량으로 뿌리의 신장이 느리고, 환원형 반응들이 활발해진다.
    • 산소 공급이 낮고, 혐기성 미생물의 활성이 높다.
  ㉡ 액상이 늘어나면 기상이 줄어들어 과습 상태가 되고, 기상이 늘어나면 액상이 감소하여 가뭄 상태가 된다.
⑤ 토양 3상의 조절 : 고상이 높으면 심경, 피복, 개량제, 유기물, 답전윤환을 실시하고, 액상이 높으면 배수를 한다.

예제 토양의 입자밀도가 $2.60g/cm^3$이라 하면 용적밀도가 $1.17g/cm^3$인 토양의 고상비율은?
풀이 용적밀도/입자밀도 $\times$ 100 = $1.17/2.6 \times 100$ = 45%

핵심예제

1-1. 토양과 관련된 용어의 정의로 틀린 것은?
① Soil은 고대 프랑스어와 라틴어의 Solum에서 유래되었다.
② Pedon(토양단위체)은 $1 \sim 10m^2$ 정도이다. 우리나라의 Soil Series(토양통)은 Pedon 집합체이다.
③ 토양은 고상, 액상, 기상의 3상으로 되어 있다. 자연토양에서 액상의 비율이 늘어나면 가뭄 상태가 되고, 고상의 비율이 늘어나면 딱딱해진다.
④ 우리나라의 지질은 대부분 화강암 및 화강편마암 계통이며, 화강암은 신생대 이전의 암석에 관입된 것으로 보고 있다.

정답 ③

1-2. 토양분류 시 특정 토양의 특성을 나타내는 최소의 시료채취단위(최소 용적의 단위체)를 나타내는 용어는?
① Polypedon
② Landscape
③ Pedon
④ Soil Individual

정답 ③

핵심이론 02 생성원인에 의한 암석 종류

① 토양의 모재인 암석은 생성과정에 따라 크게 화성암, 퇴적암, 변성암의 3종류로 분류된다.

② 화성암
　　㉠ 지하 깊은 곳에 있는 고온으로 용융된 암장이 냉각·고결된 암석이다.
　　㉡ 화성암을 산성암, 중성암, 염기성암으로 구별할 때 기준이 되는 성분은 규산이다.
　　㉢ 화성암에는 화강암, 석영반암, 유문암, 섬록암, 안산암, 반려암, 휘록암, 현무암 등이 포함된다.
　　　• 중성암(규산 함량 55~65%)에는 섬록암, 섬록반암, 안산암 등이 있다.
　　　• 산성암에는 화강암과 석영반암, 유문암이 있다.
　　　• 염기성암에는 현무암, 반려암, 휘록암이 있다.

생성 위치 (SiO₂, %)	산성암 (65~75)	중성암 (55~65)	염기성암 (40~55)
심성암	화강암	섬록암	반려암
반심성암	석영반암	섬록반암	휘록암
화산암	유문암	안산암	현무암

③ 화강암
　　㉠ 우리나라는 대부분 산성토양이고, 모재는 화강암이다.
　　㉡ 규산 함량이 높고 마그네슘 함량이 낮아 산성토양이 되기 쉽다.
　　㉢ 우리나라의 지질은 대부분 화강암 및 화강편마암 계통이며, 화강암은 신생대 이전의 암석에 관입된 것으로 보고 있다.

④ 퇴적암
　　㉠ 풍화물이 쌓여서 생성된 암석이다.
　　㉡ 퇴적암에는 응회암, 석회암, 점판암, 역암, 사암, 혈암 등이 있다.
　　㉢ 퇴적암의 과반수를 차지하는 암석은 혈암이다.

⑤ 기 타
　　㉠ 현무암 : 화산암으로서 반려암과 성분이 같으며, 암색을 띠는 세립질의 치밀한 염기성암으로 풍화가 잘되는 암석이다. 제주도 토양의 주요 모재를 이룬다.
　　㉡ 심성암 : 지표면 아래에서 서서히 냉각된 암석으로, 조직이 엉성하고 거칠다.
　　㉢ 안산암 : 중성화산암으로서 주성분은 사장석이며 때로는 각람석과 석영을 함유하는 중점질의 식질토양이다.

[핵심예제]

2-1. 토양의 모재인 암석은 생성과정에 따라 크게 화성암, 퇴적암 및 ( )의 3종류로 분류된다. ( ) 안에 알맞은 것은?

① 화강암　　　　　　② 석회암
③ 변성암　　　　　　④ 현무암

정답 ③

2-2. 화성암 중 중성암으로만 짝지어진 것은?

① 석영반암, 휘록암
② 안산암, 섬록암
③ 현무암, 반려암
④ 화강암, 섬록반암

정답 ②

2-3. 화성암을 구성하는 광물이 아닌 것은?

① 석회석　　　　　　② 감람석
③ 각섬석　　　　　　④ 휘 석

정답 ①

2-4. 우리나라에 주로 분포하는 화강암에 대한 설명으로 옳은 것은?

① 어두운 색을 띠는 광물로는 석영, 장석의 함량이 높다.
② 입자의 크기가 현무암보다 작은 세립질이다.
③ 화성암으로 반려암보다 쉽게 풍화된다.
④ 규산 함량이 높고 마그네슘 함량이 낮아 산성토양이 되기 쉽다.

정답 ④

2-5. 제주도 토양의 모암인 현무암에 대한 설명으로 가장 옳은 것은?

① 지하 깊은 곳에 있는 고온으로 용융된 암장이 냉각·고결된 암석
② 지표면에서 냉각된 반정질이거나 혹은 비정질의 심성암
③ 화산암으로서 반려암과 성분이 같으며, 암색을 띠는 세립질의 치밀한 염기성암
④ 중성화산암으로서 주성분은 사장석이며 때로는 각람석과 석영을 함유하는 중점질의 식질토양

정답 ③

해설

2-5
① 화성암, ② 심성암, ④ 안산암

핵심이론 03 | 토양생성에 중요한 조암광물

① 조암광물
  ㉠ 암석을 이루는 광물을 조암광물이라고 한다.
  ㉡ 화성암을 구성하는 조암광물에는 석영, 장석, 운모, 각섬석, 휘석, 감람석 등이 있다.
    • 1차 광물(지각을 구성하는 화성암의 6대 조암광물) : 장석, 석영, 운모, 각섬석, 휘석, 감람석
      ※ 지각을 구성하는 광물 중 장석(약 60%)의 함량이 가장 많다.
    • 2차 광물 : 1차 광물이 풍화되어 토양 생성과정에서 합성된 점토광물이며, 카올리나이트, 몬모릴로나이트, 일라이트 등

② 주요 1차 광물의 종류
  ㉠ 규산염 광물 : 장석, 운모, 각섬석, 감람석, 휘석 등
  ㉡ 산화물 : 석영(SiO_2), 자철광(Fe_3O_4), 적철광(Fe_2O_3), 갈철광($FeO(OH) \cdot nH_2O$) 등
  ㉢ 탄산염 광물 : 석회석($CaCO_3$), 방해석($CaCO_3$), 백운석($CaMg(CO_3)_2$) 등
  ㉣ 인산염 광물 : 인회석
  ㉤ 황화물 : 황철광(FeS_2)

③ 토양을 구성하는 산화물의 함량 순서
  ㉠ SiO_2(규산) > Al_2O_3(반토) > Fe_2O_3(산화철) > CaO(석회)
  ㉡ SiO_2 함량 : 화강암(65~75%), 안산암(55~65%), 현무암(40~55%), 휘록암(40~55%)
  ㉢ 화성암에는 규산(66.8%), 알루미늄(17.5%) 등이 많이 들어 있고, 다음으로 철과 칼슘의 비율이 높다. 화성암에서 규산 함량이 65~75%인 것을 산성암으로 분류한다.

④ 토양광물의 입자밀도($g \cdot cm^{-3}$)
  • 석영 : 2.65
  • 장석 : 2.5~2.76
  • 백운모 : 2.8~3.1
  • 각섬석 : 2.9~3.3
  • 휘석 : 3.2~3.6
  • 점토 : 2.6 정도

⑤ 지각의 8대 구성원소
  산소 > 규소 > 알루미늄 > 철 > 칼슘 > 나트륨 > 칼륨 > 마그네슘 순서이다.

핵심예제

3-1. 1차 광물로서 지각을 구성하는 화성암의 6대 조암광물을 올바르게 나열한 것은?

① 석영, 장석, 운모, 각섬석, 휘석, 감람석
② 각섬석, 정장석, 조경석, 감람석, 사장석
③ 석영, 자월광, 금홍석, 적철광, 운모, 장석
④ 휘석, 장석, 감람석, 장석, 석회석, 백운석

정답 ①

3-2. SiO_2 함량이 가장 많은 암석은?

① 화강암   ② 휘록암
③ 안산암   ④ 현무암

정답 ①

3-3. 토양을 구성하는 주요 광물 중 석영의 입자밀도(Particle-density)는?

① $5.00g \cdot cm^{-3}$ ② $4.75g \cdot cm^{-3}$
③ $3.85g \cdot cm^{-3}$ ④ $2.65g \cdot cm^{-3}$

정답 ④

3-4. 지각을 구성하는 원소 중 함량이 가장 많은 것은?

① 알루미늄   ② 규 소
③ 산 소   ④ 칼 슘

정답 ③

핵심이론 04 풍 화

① 모암이 토양으로 변화하는 풍화작용
    ㉠ 풍화작용은 화학적, 물리적, 생물적 풍화작용으로 구분된다.
    ㉡ 모암에서 모재로 되는 과정은 풍화작용을 따른다.
    ㉢ 모재에서 토양으로 되는 과정은 풍화작용과 토양생성작용을 따른다.

② 암석풍화 저항성
    ㉠ 저항성이 강한 것 : 석영, 백운모, 백운석
    ㉡ 저항성이 중간인 것 : 정장석, 사장석, 석고, 흑운모, 사문석
    ㉢ 저항성이 약한 것 : 휘석, 각섬석, 감람석, 적철광

- 광물의 풍화에 대한 저항성
  일반적으로 석영 > 백운모 · 정장석 > 사장석 > 흑운모 · 각섬석 · 휘석 > 감람석 > 백운석 · 방해석 > 석고 순이다.
- 6대 조암광물의 풍화에 대한 안정성 순서
  석영 > 장석 > 흑운모 > 각섬석 > 휘석 > 감람석
- 토양에 존재하는 가장 간단한 독립된 규소사면체가 결정단위구조인 1차 광물로서 풍화가 가장 빠른 광물 : 감람석
- 풍화되어 주로 점토분을 만드는 광물 : 장석, 운모, 산화철

핵심예제

4-1. 모암이 토양으로 변화하는 풍화작용의 설명 중 틀린 것은?

① 모암에서 모재로 되는 과정은 풍화작용을 따른다.
② 모재에서 토양으로 되는 과정은 풍화작용과 토양생성작용을 따른다.
③ 풍화작용은 물리적, 화학적, 생물적 풍화작용으로 구분된다.
④ 물리적, 화학적, 생물적 풍화작용은 각기 일어나기 마련이며 그 결과는 토양의 질로 나타난다.

정답 ④

4-2. 화강암의 주요 광물은 장석 > 운모 > 휘석 > 각섬석 > 석영의 순으로 풍화된다. 풍화되어 주로 점토분을 만드는 광물은?

① 운모와 각섬석
② 장석과 휘석
③ 각섬석과 석영
④ 장석과 운모

정답 ④

4-3. 조암광물 중에서 풍화가 되더라도 점토가 되지 않는 것은?

① 운 모
② 석 영
③ 장 석
④ 산화철

정답 ②

핵심예제

4-4. 토양에 존재하는 가장 간단한 독립된 규소사면체가 결정단위구조인 1차 광물로서 풍화가 가장 빠른 광물은?

① 정장석
② 운 모
③ 휘 석
④ 감람석

정답 ④

해설

4-1
풍화작용은 단독적이 아니라 병행하여 나타난다.

4-3
석영은 풍화에 강하여 풍화한 퇴적층 속에 입자로 존재하는 물질 중에서 가장 많은 양을 점유한다.

화학적 풍화작용

① 가수분해

$$2KAlSi_3O_3 + 2H_2O \rightarrow 2HAlSi_3O_8 + 2KOH$$
(정장석)　　　(물)　　　(규반산)　　　(수산화칼륨)

㉠ 물의 H^+와 OH^-이온이 해리되어 반응하는 작용이다.

㉡ 규산염 광물인 정장석은 가수분해되어 Kaoline의 점토 광물이 되고 K^+를 방출한다.

㉢ 습윤냉온대 지방에서 규산염 광물의 분해는 산성가수 분해이며 주요 생성물은 점토이다.

㉣ 가수분해는 pH가 낮을수록 커져서 풍화가 잘된다.

② 수화작용 : 무수물이 함수물로 되는 작용이며, 수화되면 팽창이 일어나서 물리적 풍화를 촉진한다.

$$2Fe_2O_3 + 3H_2O \rightarrow 2Fe_2O_3 \cdot 3H_2O$$
(적철광)　　(물)　　　　(갈철광)

㉠ Fe_2O_3(산화철) + $H_2O \leftrightarrows Fe_2O_3 \cdot H_2O$(침철광)

㉡ $4FeO$(아산화철) + $3H_2O + O_2 \leftrightarrows 2Fe_2O_3 \cdot 3H_2O$(갈철광)

③ 탄산화작용

$$2KOH + CO_2 \rightarrow K_2CO_3 + H_2O$$
(수산화칼륨) (이산화탄소)　(탄산칼륨)　(물)

㉠ 대기나 토양 중의 CO_2가 물에 용해되어 탄산이 되어 암석을 용해한다.

㉡ 탄산이 수산화물과 반응하면 불용성의 탄산염이 된다.

④ 산화작용 : 조암광물과 공기 중 O_2가 접촉하여 산화된다.

$$4FeO + O_2 \rightarrow 2Fe_2O_3$$
(산화제1철) (산소)　(적철광)

㉠ 철은 산화되면 용적이 증가하여 물리적 풍화가 촉진된다. 아산화철은 풍화되기 쉽다.

㉡ 황화물은 산화되면 용적이 증가하고, 황산을 생성하여 풍화분해를 더욱 촉진시켜 석회, 인산이 유효화된다.

㉢ 규산염은 공기 중의 O_2에 의해 산화할 수 있는 Fe^{2+}와 Mn^{2+}가 들어 있으며, pH 7.0의 물은 대기와 평행 상태에서 0.81V의 산화환원전위를 갖는다.

⑤ 환원작용 : 저습지, 침수지, 유기물이 많은 곳에서는 산소 부족으로 환원작용이 쉽게 일어난다.

㉠ Fe과 Mn의 산화물이 환원되어 이산화물이 된다.

㉡ Fe수산화물이나 황산염도 환원되어 환원형이 된다.

밭토양과 논토양의 원소 존재형태

원 소	밭(산화)토양	논(환원)토양
C	CO_2	CH_4, 유기산류
N	NO_3^-	N_2, NH_4
Mn	Mn^{4+}, Mn^{3+}	Mn^{2+}
Fe	Fe^{3+}	Fe^{2+}
S	SO_4^{2-}	S, H_2S
P	H_2SO_4, $AlPO_4$	$Fe(H_2PO_4)_2$, $Ca(H_2PO_4)_2$
Eh	높 음	낮 음

⑥ 용해작용 : 광물이나 구성성분의 이온이 용출되어 모재가 변하는 것으로, 탄산염의 용해도는 순수한 물에서는 매우 낮으나 물에 염류나 CO_2가 녹아 있으면 잘 녹는다.

예 석회동굴의 형성

㉠ $CaCO_3 + CO_2 + H_2O \rightarrow Ca(HCO_3)_2$

㉡ $MgCO_3 + CO_2 + H_2O \rightarrow Mg(HCO_3)_2$

화학적 풍화작용과 분해 정도
- 화학적 풍화작용은 단독이 아니라 서로 관련되어 작용한다.
- 화학적 분해에 의하여 분해받기 어려운 정도
$Al_2O_3 > Fe_2O_3 > SiO_2 > MgO > K_2O > Na_2O > Ca$

⑦ 킬레이트화(Chelation) 작용 : 고체로부터 금속이온을 제거하는 작용이다.

㉠ 킬레이트화 작용은 부분적으로 생물체가 만든 유기산이 Al, Mn, Fe 이온 등과 결합하여 물에 녹기 쉬운 성분을 만들어 내어 금속이온을 제거한다.

㉡ 이 작용은 다른 풍화작용을 활발하게 일어나도록 도와주며, 토양 속 금속을 이동시킨다.

핵심예제

다음 반응식을 나타내는 학술용어는?

$$2KAlSi_3O_8 + 2H_2O \rightarrow 2HAlSi_3O_8 + 2KOH$$

① 산화(Oxidation)
② 가수분해(Hydrolysis)
③ 수화(Hydration)
④ 킬레이트화(Chelation)

정답 ②

핵심이론 06 물리적(기계적) · 생물적 풍화작용

① 물리적 풍화작용 : 온도의 작용, 대기(바람)의 작용, 물의 작용
  ㉠ 개 념
    • 물리적 풍화작용은 온도 변화에 의한 암석 자체의 팽창, 수축, 암석의 틈에 스며든 물의 동결, 융해에 따른 팽창과 수축 등으로 일어나며, 일교차와 연교차가 큰 건조 지방과 한대 지방에서 발생한다.
    • 암석의 기계적(물리적)인 풍화작용은 암석의 비표면적이 증가하므로 화학적 풍화작용을 촉진시킨다.
  ㉡ 온도의 변화 : 암석이 온도 변화에 따라 팽창과 수축을 거듭하여 파괴되고, 더 강력한 파괴력을 갖는 것은 동결파괴이다.
  ㉢ 압력의 변화 : 깊게 매몰된 암석이 지구조 힘에 의해 지표 가까이 융기되어 압력이 제거됨으로써 암석을 팽창시키고 균열을 야기함에 따라 암석과 퇴적물이 제거되는 풍화작용
  ㉣ 마모(Abrasion) : 암석이 유수와 파도에 운반되면서 마찰과 충격에 의해 암석 표면이 갈려서 둥글게 되는 풍화작용
  ㉤ 동결쐐기작용 : 암석의 틈에 얼음이 얼어 쐐기모양으로 암석을 팽창시키는 풍화작용
  ㉥ 유기체 활동 : 암석의 틈에 나무나 식물의 뿌리가 성장하면서 암석을 팽창시키는 풍화작용
  ㉦ 열적 팽창과 수축 : 암석의 표면이 내부보다 빨리 가열되어 팽창하고 더 빨리 식어 수축하는 것처럼 빠른 온도 변화로 인해 암석에 균열이 생기는 풍화작용
② 생물적 풍화작용
  ㉠ 관여 생물
    • 동물 : 기계적인 작용
    • 식물뿌리, 미생물 : 화학적 작용 → 호흡으로 CO_2 생성, 탄산화작용에 기여
  ㉡ 미생물 작용

```
┌─ 암모니아 산화 → 질산 ─┐
│                        │
   황화물 산화 → 황산 ─────── 암석광물 분해 촉진
│                        │
└─ 유기물 분해 → 유기산 ─┘
```

  ㉢ 킬레이트제
    • 환상구조의 유기화합물이다.
    • 구조 안에 강한 힘으로 이온을 감싸서 그 이온의 합성을 약화시킨다.
    • 킬레이트 화합물 만드는 이온 : Mg, Fe, Cu 등의 금속이온, 아미노산, 시트르산, 말산, 부식, 퇴구비

• 킬레이트 작용
  – 침전과 같이 이온을 반응계 외로 두어 반응 촉진
  – 가용성으로 물에 이동되어 암석 풍화에 기여

토양 중 주요 원소의 유실 순서

유실 순위	밭토양과 삼림지	논토양(건답)
1	Na	Na
2	Ca, Mg, K	Ca, Mg, K
3	SiO_2	Mn, Fe, SiO_2
4	Al_2O_3, Fe_2O_3	Al_2O_3
5	Ti	Ti

[핵심예제]

6-1. 암석의 기계적(물리적)인 풍화작용은 화학적 풍화작용을 촉진시킨다. 그 이유에 해당하는 것은?
① 암석의 광물이 변성되므로 ② 암석의 경도가 감소하므로
③ 암석의 비중이 감소하므로 ④ 암석의 비표면적이 증가하므로
정답 ④

6-2. 기온의 변화는 암석의 물리적 풍화를 촉진시킨다. 그 이유에 해당하는 것은?
① 팽창수축현상   ② 산화환원현상
③ 염기용탈현상   ④ 동형치환현상
정답 ①

6-3. 토양 입단을 분산시키거나 수화 시 가장 많은 물분자를 주변에 가지는 이온은?
① Na 이온   ② Ca 이온
③ Fe 이온   ④ K 이온
정답 ①

6-4. 밭이나 산림토양의 주요 원소의 유실 순서에 있어 가장 유실되기 쉬운 원소는?
① Na   ② Ca
③ SiO_2 ④ Al_2O_3
정답 ①

해설
6-1
화학적 풍화작용은 비표면적의 현저한 증가를 초래하며 더욱 더 많은 풍화작용을 일으킨다.
6-2
암석은 온도 변화로 팽창 수축되어 균열 붕괴된다.
6-3
알칼리 토양은 Na^+을 많이 함유하고 있어 토양 물리성이 파괴된다.

핵심이론 07 풍화산물의 이동과 퇴적

① 풍화산물은 이동과 퇴적방식에 따라 정적토와 운적토로 구분된다.

② 정적토

　㉠ 잔적토 : 암석의 풍화산물 중 가용성은 용탈되고 자연 모재만 남아 있는 것으로 대부분의 산지토양과 밭토양이 여기에 속한다.

　㉡ 이탄토 : 습지나 얕은 호수에 식물의 유체가 환원 상태를 유지하면서 그대로 쌓여 있는 곳을 말한다.

　㉢ 표토는 잘 풍화되어 있으며 대부분 부식이 많아 토색이 검고, 토양이 거칠고, 메마르다.

　㉣ 토층 구분이 쉽고, 토층이 얇고 하층은 모가 난 자갈이 많다.

③ 운적토 : 풍화물이 중력, 수력, 풍력에 의하여 다른 곳으로 운반되어 퇴적된 토양

풍화물 운반체에 의한 운적토 종류
- 바람 : 풍적토(Loess, 사구, 화산성토, Adobe 등)
- 물, 유수 : 수적토＝하성충적토(홍함지, 삼각주, 하안단구), 해성토 및 호성토
- 얼음 : 빙하토
- 중력 : 붕적토
- 빗물 : 선상퇴토

　㉠ 풍적토 : 바람에 의해 운반, 퇴적된 토양으로 Loess(미사가 충적된 토양), 사구, 화산성토(화산 폭발물이 퇴적한 것으로 화산사, 화산회토 등), Adobe(미사질토양이나 석회질점토) 등이 이에 해당된다.

　㉡ 수적토(하성충적토) : 하천에 의해 운반, 퇴적된 토양으로 홍함지(우리나라 논토양의 대부분), 삼각주, 하안단구로 구분한다.

　㉢ 해성토 및 호성토 : 해수 및 호수의 운적물
- 해성토 : 풍화된 모재가 바닷물에 의하여 해안에 운반, 퇴적된 것
- 호성토 : 호수 물결에 의해 만들어지는 것

　㉣ 빙적토(빙하토) : 빙하에 의해 운반, 퇴적된 토양으로 빙하퇴석은 보통 모래, 미사, 점토 등으로 된 불균일한 혼합물로 표석점토라고도 한다.

　㉤ 붕적토(붕괴토) : 풍화물이 중력에 의해 경사면 아래로 운반, 퇴적된 토양으로 동결과 해동작용, 산사태 등이 발생하여 퇴적물이 되어 이동한다.

　㉥ 선상퇴토 : 큰 비로 인해 경사가 심한 산간 골짜기로부터 평지 또는 하천으로 밀려 내려온 모래·자갈·암석 조각 등의 퇴적물에 의해 형성된 토양이다.

핵심예제

7-1. 정적토에 해당하는 것은?
① 이탄토　② 붕적토
③ 수적토　④ 선상퇴토
|정답| ①

7-2. 습지나 얕은 호수에 식물 유체가 쌓여 생성된 토양은?
① 이탄토　② 수적토
③ 운적토　④ 붕적토
|정답| ①

7-3. 퇴적양식으로 구분할 때 우리나라 논토양은 대부분 어디에 해당하는가?
① 잔적토　② 충적토
③ 풍적토　④ 빙적토
|정답| ②

7-4. 바람에 의하여 생성되는 풍적토가 아닌 것은?
① 뢰스(Loess)　② 사 구
③ 하성토　④ 화산회토
|정답| ③

1-2. 토양의 생성과 발달

핵심이론 01 토양의 생성인자

※ 토양생성에 관여하는 주요 5가지 요인 : 모재, 지형, 기후, 식생, 시간

① 모 재
 ㉠ 모암의 화학적 조성은 토양의 발달속도에 영향을 준다.
 ㉡ 운적모재는 물, 바람, 얼음, 중력 등에 의해 이동 퇴적된 풍화물로 그 성질도 다양하다.
 ㉢ 한랭건조 지방에서는 주로 물리적 풍화작용이 일어나며, 생성된 토양에 모재의 영향이 나타난다.

② 지형 : 경사도, 방향, 국지지형, 모양 등
 ㉠ 경사도가 급한 지형에서는 토심이 얕은 토양이 생성된다.
 ㉡ 안정지면에서는 오래될수록 기후대와 평형을 이루어 발달한 토양 단면을 볼 수 있다.
 ㉢ 평지에는 식질토양이 생성되는데, 이를 반층토(Planosol)라 한다.

③ 기후 : 강수량과 기온
 ㉠ 강수량이 많을수록 토양 생성속도가 빠르고 토심이 깊어진다.
 ㉡ 고온다습한 기후에서는 철산화물 광물이 많은 토양이 생성된다.
 ㉢ 고온다습한 기후에서는 빠르게, 한랭건조한 기후에서는 느리게 진행된다.
 ㉣ 모재가 달라도 기후가 같으면 같은 토양이 형성된다.
 ㉤ 한랭하고 강수량이 많으면 유기물 함량이 많은 토양이 생성된다.
 ㉥ 강수량이 많을수록 용탈과 집적 등 토양 단면의 발달이 왕성하다.
 ㉦ 건조한 기후 지대에서는 염류성 또는 알칼리성 토양이 생성된다.

④ 식생(생물) : 동식물, 미생물, 인간
 ㉠ 초지에서는 유기물이 축적된 어두운 색의 A층이 발달한다.
 ㉡ 관목지는 다우냉대해안사지(多雨冷帶海岸砂地)에서 발달하고, 포드졸(Podzol)이 생성된다.

⑤ 시 간
 ㉠ 모재가 어느 정도의 시간 동안 풍화작용을 받느냐는 토양생성작용에 중요하다.
 ㉡ 시간이 경과하여 토양모재로부터 토양 단면에 토층의 분화가 일어나 더욱 세분화된다.

핵심예제

1-1. 토양생성에 관여하는 주요 5가지 요인으로 나열된 것은?

① 모재, 기후, 지형, 수분, 부식
② 모재, 부식, 기후, 지형, 식생
③ 모재, 기후, 지형, 시간, 부식
④ 모재, 지형, 기후, 식생, 시간

정답 ④

1-2. 토양 생성인자들의 영향에 대한 설명으로 옳지 않은 것은?

① 경사도가 급한 지형에서는 토심이 깊은 토양이 생성된다.
② 초지에서는 유기물이 축적된 어두운 색의 A층이 발달한다.
③ 안정지면에서는 오래될수록 기후대와 평형을 이룬 발달한 토양 단면을 볼 수 있다.
④ 강수량이 많을수록 용탈과 집적 등 토양 단면의 발달이 왕성하다.

정답 ①

1-3. 기후가 토양의 특성에 미치는 영향에 대한 설명으로 틀린 것은?

① 강수량이 많을수록 토양 생성속도가 빠르고 토심이 깊어진다.
② 고온다습한 기후에서는 철산화물 광물이 많은 토양이 생성된다.
③ 한랭하고 강수량이 많으면 유기물 함량이 적은 토양이 생성된다.
④ 건조한 기후 지대에서는 염류성 또는 알칼리성 토양이 생성된다.

정답 ③

핵심이론 02 토양 생성작용

① 포드졸(Podzol)화 작용
  ㉠ 일반적으로 한랭습윤지대의 침엽수림 식생환경에서 생성되는 작용이다.
  ㉡ 토양무기성분이 산성부식질의 영향으로 분해되어 Fe, Al이 유기물과 결합하여 하층으로 이동한다.
  ㉢ 배수가 잘되며, 모재가 산성이고, 염기 공급이 없는 조건에서 잘 발생한다.
  ㉣ 담수하의 논토양에서도 용탈과 집적현상인 포드졸화 현상이 일어난다.

② 라트졸(Latsol)화 작용
  ㉠ 고온다습한 열대나 아열대 지방의 활엽수림의 습윤과 건조가 반복되는 토양에서 Oxisol에 해당하는 토양이 생성되는 작용이다.
  ㉡ 표층에 Fe와 Al이 집적되어 토양반응이 중성이나 염기성반응을 나타낸다.
  ㉢ 모재가 염기성암일수록, pH가 클수록, 고온다습일수록 빠르게 진행된다.
  ㉣ Allit화 작용(=라테라이트화 작용) : 점토 중에서 규산 용탈되고 Fe, Al 화합물 많아지는 것

③ 글레이(Glei)화 작용
  ㉠ 머물고 있는 물 때문에 산소 부족으로 환원상태가 되어 Fe^{+3}가 Fe^{+2}되고 토층은 청회색을 띤다.
  ㉡ G층(Glei층, 환원층)의 특징 : 치밀하고 다소 점질성이며 Eh가 매우 낮다.
  ㉢ 지하수위가 높은 저습지나 배수가 불량한 곳에서 나타나므로 지하수의 영향을 가장 많이 받는 토양생성작용이다.

④ 석회화 작용
  ㉠ 우량이 적은 건조, 반건조 지대에서 $CaCO_3$ 집적대가 진행되는 토양 생성작용이다.
  ㉡ 우기에 염화물, 황화물은 용탈되고 Ca, Mg는 탄산염으로 토양 전체에 집적되며, 토양은 칼슘으로 포화되고 전해질이 존재하면 응고한다.
  ㉢ 석회화 작용으로 이루어진 대표적 토양 : 체르노젬(Chernozem, 석회로 포화된 중성부식, 무기질이 풍부하여 비옥하다)
  ㉣ 토양 단면 : B층은 없고, A, C층만 있다.

⑤ 염류화 작용
  ㉠ 건조기후에서 가용성의 염류(탄산염, 황산염, 질산염, 염화물)가 토양에 집적되는 작용이다.
  ㉡ 분 류
    • 염류토양(알칼리백토, Solonchak) : 특히 Glei화가 일어나는 곳에서 가용성의 염류가 표층에 쌓여 피각을 형성하는 것
    • 알칼리토양(알칼리흑토, Solonetz) : 염류토양에 Na염이 첨가되어 강알칼리토양이 되는 것

⑥ 점토(Siallit)화 작용
  ㉠ 토양물질의 점토화, 즉 2차적인 점토광물의 생성작용(대표적인 토양 : 갈색 삼림토)
  ㉡ 충분한 수분과 물이 얼지 않을 정도의 온도가 필요하다.

⑦ 부식 및 이탄집적작용(Humus and Peat Accumulation)
  ㉠ 지대가 낮은 습한 곳이나 물속에서 유기물의 분해가 억제되어 부식이 집적되는 작용이다.
  ㉡ 부식이 집적되려면 식물유체의 공급이 많아야 하고, 모재 중에 이용성의 칼슘이 많아야 하며, 유기물의 무기화가 억제되어야 한다.

핵심예제

2-1. 토양 생성작용에 해당하지 않는 것은?

① 점토화 작용　　　　　② 인산화 작용
③ 염류화 작용　　　　　④ 이탄집적작용

정답 ②

2-2. 토양 생성작용 중 일반적으로 한랭습윤지대의 침엽수림 식생환경에서 생성되는 작용은?

① 포드졸화 작용　　　　② 라테라이트화 작용
③ 글레이화 작용　　　　④ 염류화 작용

정답 ①

2-3. 토양 생성작용 중 표층에 철과 알루미늄이 집적되어 토양 반응이 중성이나 염기성 반응을 나타내는 작용은?

① 포드졸(Podzol)화 작용　　② 글레이(Glei)화 작용
③ 라트졸(Latsol)화 작용　　④ 석회화 작용

정답 ③

2-4. 지하수의 영향을 가장 많이 받는 토양 생성작용은?

① 포드졸화 작용　　　　② 라테라이트화 작용
③ 석회화 작용　　　　　④ 글레이화 작용

정답 ④

핵심이론 03 토양 단면 층위

과거(舊)	현재(新)
O	O
O1	Oi, Oe
O2	Oa, Oe
A	A
A1	A
A2	E
A3	AB or EB
AB	—
A and B	E/B
AC	AC
B	B
B1	BA or BE
B and A	B/E
B2	B or Bw
B3	BC or CB
C	C
R	R

① O층(유기물층) : 토양 표면의 유기물층
  • Oi층 : 약간 분해된 유기물층
  • Oe층 : 중간 정도 분해된 유기물층
  • Oa층 : 많이 분해된 유기물층
② A층(무기물층, 부식층) : 유기물과 점토성분이 용탈(가용성 염기류 용탈)된 부식이 혼합된 무기물층
③ E층(최대 용탈층) : 점토, 철, 알루미나 등이 용탈된 용탈층
  • EB : E층에서 B층으로 이행되는 층, E층의 성질이 우세함
  • BE : B층에서 E층으로 이행되는 층, B층의 성질이 우세함
④ B층(집적층) : O, A, E층으로부터 용탈된 점토, 철, 알루미나 등이 집적된 집적층
  • BC : B층에서 C층으로 이행되는 층, B층의 성질이 우세함
⑤ C층(모재층) : 토양 생성작용을 거의 받지 않은 모재층이다.
⑥ R층(모암층) : 굳어진 암반층으로 D층이라고도 부른다.

• 토양 단면 발달 순서 : R → C → A → B → O
• 진토층 : A층, E층, B층을 의미
• 전토층 : A층, E층, B층, C층을 의미

핵심예제

3-1. 토층의 분화에 의한 토양 단면의 특성으로 맞는 것은?
① C층은 풍화작용 및 토양 생성작용을 전혀 받지 않는 층으로 암반층이라고 한다.
② B층은 집적층이라고 하며 A층과 B층 및 B층과 C층이 각각 혼재된 층도 있으며 B+C층은 C층에 가까운 특성을 보인다.
③ O층은 유기물층으로서 유기물의 원형을 식별할 수 있는 Oi 층과 식별할 수 없는 Oe층으로 구분된다.
④ A층은 용탈층으로서 작토층을 의미하며 산화물 또는 염기, 부식질 등의 용탈이 대부분 A1층에서부터 일어나기 시작한다.

정답 ③

3-2. 토양 단면에 나타난 층위 중 Oe층에 대한 설명으로 가장 옳은 것은?
① 부식의 집적으로 짙은 갈색을 띤 무기물 층
② 원형을 알아볼 수 없도록 완전히 분해된 유기물 집적층
③ 원형을 완전히 알아볼 수 있는 유기물 집적층
④ 원형을 부분적으로 알아볼 수 있는 유기물 집적층

정답 ④

3-3. 토양 단면의 층위를 나타내는 기호로서 유기물과 점토성 분이 용탈되는 층을 의미하는 것은?
① O층 ② A층
③ B층 ④ C층

정답 ②

3-4. 토양 생성학적인 층위명을 O, A, B, C 및 R로 표시할 때 규산염점토, 철-알루미늄 등의 산화물, 유기물 등이 집적되는 토층은?
① A층 ② B층
③ O층 ④ R층

정답 ②

3-5. 토양 단면의 층위에 대한 설명 중 틀린 것은?
① O층 - 토양 표면의 유기물층
② A층 - 부식이 혼합된 무기물층
③ B층 - 염기와 점토가 용탈된 층
④ C층 - 토양 생성작용을 받지 않은 모재층

정답 ③

2-1. 토양의 분류와 조사

핵심이론 01　토양조사

① 토양조사의 의의
　　㉠ 토지자원 합리적 이용 : 토양자원의 과학적 조사 평가
　　㉡ 토지 생산성 향상 : 식물 생육과의 관계를 밝힘
② 토양조사의 목적
　　㉠ 지대별 영농계획 수립
　　㉡ 토양조건의 우열에 따른 합리적인 토지 이용
　　㉢ 토양개량 및 토양보존의 계획 수립
　　㉣ 농업용수 개발에 따른 용수량의 책정
　　㉤ 농지 개발을 위한 유휴구릉지 분포 파악
　　㉥ 주택·도시·도로 및 지역개발계획의 수립
　　㉦ 토양특성에 적합한 재배작물 선정
　　㉧ 토지 생산성 관리
③ 토양조사의 내용
　　㉠ 토양의 중요한 성질조사 : 야외에서 토양 단면의 형태적 조사, 시료의 물리화학적 분석
　　㉡ 조사지역의 토양 분류 : 분류체계에 따라
　　㉢ 토양도 작성 : 같은 단면의 토양분포를 지도 표시 및 경계선 표시
　　㉣ 토지 이용, 적합한 작물, 토양관리, 토양개량, 시비법 개선과의 관련 파악 : 재배시험
④ 토양의 단면 조사내용
　　토양층위의 측정, 토색, 반문, 토성, 토양구조, 토양의 견결도, 토양 단면 내의 특수생성물(결핵 및 반층), 토양반응, 유기물과 식물의 뿌리, 토양 중의 동물, 공극 등
⑤ 토양 단면의 형태조사를 위하여 단면을 만들 때 고려할 사항
　　㉠ 시갱(Pit)을 하는데 깊이는 일반적으로 150cm를 기준으로 한다.
　　㉡ 토양생성인자를 고려하여 될 수 있는 한 대표적인 장소를 선정하여 시갱한다.
　　㉢ 시갱하기 힘든 곳에서는 기존의 자연적 단면 또는 도로를 만들 때 드러난 단면을 이용하여 조사한다.

핵심예제

1-1. 토양조사의 주요 목적이 아닌 것은?
① 토지 가격의 산정
② 합리적인 토지 이용
③ 적합한 재배작물 선정
④ 토지 생산성 관리

정답 ①

1-2. 토양을 조사하고 분류할 때 기본적으로 토양의 단면 특성을 파악해야 한다. 이때 조사해야 할 특성에 해당하지 않는 것은?
① 토양층위의 발달　　　　② 토 성
③ 토양미생물 구성　　　　④ 토양구조

정답 ③

1-3. 토양조사에서 매우 중요한 일의 하나가 토양 단면의 형태조사이다. 다음 중 단면을 만들 때 고려해야 할 사항으로 옳은 것은?
① 시갱(Pit)을 하는데 깊이는 일반적으로 100cm를 기준으로 한다.
② 시갱하기 힘든 곳에서는 기존의 자연적 단면 또는 도로를 만들 때 드러난 단면을 이용하여 조사해서는 안 된다.
③ 토양생성인자를 고려하여 될 수 있는 한 대표적인 장소를 선정하여 시갱한다.
④ 시갱할 때 지하수위가 높아 물이 고이는 곳은 수면 위로 드러난 곳만 조사한다.

정답 ③

핵심이론 02 토양조사의 종류

① 개략토양조사
  ㉠ 비교적 넓은 도 이상의 지역에 적용하여 토지이용, 개간, 목야지 조성 등의 정책 수립에 이용한다.
  ㉡ 작도단위(토양의 분류단위) : 고차단위인 토양군
  ㉢ 기본도의 축적 : 1:40,000 이상의 소축척
  ㉣ 토양도의 축적 : 1:50,000 사용
  ㉤ 작도단위별 최소 면적 : 6.25ha(조사지점 간 거리 : 500~1,000m)

② 반정밀토양조사
  ㉠ 동일 조사지역에서 농경상 이용가치가 없는 지역(험한 산악지 · 암석지 및 건조사질의 평원이나 구릉 등)은 개략토양조사를 하고, 일부 농경상 이용가치가 있는 지역은 정밀토양조사를 실시하는 방법이다.
  ㉡ 정밀토양조사 지역에서는 저차분류단위를, 개략토양조사지역에서는 고차분류단위를 사용한다.
  ㉢ 우리나라 같이 산지가 많은 지역에서 효과적이다.

③ 정밀토양조사
  ㉠ 군단위 및 그보다 좁은 범위에 대한 농장설계 및 영농계획, 목장설계 등에 이용하고자 실시하는 조사이다.
  ㉡ 분류단위 : 분류의 최저 단위인 토양통을 사용한다.
  ㉢ 작도단위 : 토양관리에 주안점을 둔 토양구와 토양상을 사용한다.
  ㉣ 기본도의 축적 : 1:25,000 축척보다 대축척을 사용한다.
    ※ 현재 우리나라는 기본도인 항공사진은 1:10,000, 1:18,750 또는 1:20,000 축척을 사용하고 있으며, 토양도출판은 1:25,000 축척을 사용한다.
  ㉤ 조사지점 간의 보통 100~200m이며, 기본도인 지도에 표시되는 작도단위별 최소 면적은 1.56ha이다.

> 토양도에서의 거리와 면적 계산
> • 거리산출 : 토양도상의 거리에 축척의 분모를 곱한다.
>   축척이 1/25,000인 지도에서 1cm의 실제 거리는
>   1cm × 25,000 = 250m
> • 면적산출 : 지도상 면적에 축척의 분모를 제곱한 수를 곱한다.
>   1/25,000인 지도상의 1cm^{2}의 실제 면적은
>   1cm × 25,000^2 = 62,500m^2

핵심예제

2-1. 군단위 정도의 범위 또는 개개의 농장, 목장 등에 이용하고자 실시하는 조사로서, 분류단위는 토양통이 사용되며 1 : 25,000 축척도를 사용하는 토양조사는?
① 개략토양조사   ② 반정밀토양조사
③ 정밀토양조사   ④ 상내토양조사

정답 ③

2-2. 정밀토양조사의 목적으로 가장 거리가 먼 것은?
① 농업용수 개발   ② 영농계획 수립
③ 재배작물 선정   ④ 토양개량

정답 ①

핵심이론 03 토양의 분류

우리나라의 토양 분류 체계
- 우리나라에서는 1975년에 개정한 미국 농무성(USDA)의 분류 방법을 채택하고 있다.
- 신토양분류법의 분류체계 : 목(Order), 아목(Suborder), 대군(Great Group), 아군(Subgroup), 속(Family), 통(Series)
- 최초의 분류는 러시아의 도쿠차예프(Dokuchaev, 1886)에 의한 생성론적 분류이었으나, USDA가 1960년 국제토양학회의 의결로 형태론적 분류로 변화시켰다.

① 토양목(Soil Order) : 토양 층위 발달에 따른 토양특성에 근거한 고차분류단위로, 어미가 sol로 끝난다. 가장 넓은 분류단계로서 전 세계의 토양을 10개로 분류하였으며, 화산분출물이 60% 이상이고 가비중이 낮은 안디졸(Andisol)을 임시로 정하여 현재는 총 11개 토양목으로 분류하고 있다.

② 토양아목(Soil Suborder) : 토양의 함수율, 모암, 식생의 역할 등의 물리적·화학적인 특성에 의해 분류된다.

③ 대군(Great Group) : 점토, 철분, 부식의 집적도, 토양의 온도, 염기 포화도, 수분 상태 등을 기준으로 분류된다.

④ 아군(Subgroup), 족(Family), 토양통(Soil Series) : 대군들과의 상호 비교를 통해 세분화하며 토양 층위의 두께, 광물학적 조성, 토양반응, 투수성 등의 성질에 따라 족(Family)으로 구분하며 특징적인 토양을 대표하여 토양통(Soil Series)으로 구분한다.

토양통
- 유사한 Pedon을 모은 최종 분류단위
- 표토의 토성을 제외한 심토의 형태, 물리, 화학 및 점토광물학적 특징 등 제반요소 등에 의한 구분
- 동일한 모재로부터 형성된 토양
- 지명에 따라 명명
- 우리나라 토양통수 : 논 > 밭 > 임지

3-1. 신토양분류법의 분류체계 순서로 옳은 것은?
① 목 - 대토양군 - 통 - 아목
② 목 - 아목 - 대군 - 통
③ 아목 - 목 - 대군 - 통
④ 대군 - 목 - 통 - 아목

정답 ②

3-2. 신토양분류법의 분류체계에 있어 6단계에 해당하지 않는 것은?
① 목(Order)   ② 태(Shape)
③ 통(Series)   ④ 대군(Great Group)

정답 ②

3-3. 우리나라 토양통을 토지 이용형태 기준으로 구분할 때 토양통수가 가장 많은 토지 이용형태는?
① 과수원토양   ② 밭토양
③ 논토양   ④ 산림토양

정답 ③

핵심이론 04 | 형태론적 토양 분류(신분류) – 미국토양분류체계 지침(미 농무성, 2014)

① Alfisols(알피졸, 완숙토)
- ㉠ 습윤지방의 토양으로 Al과 Fe이 하층토에 집적되는 토양이다.
- ㉡ 회갈색 포드졸, 회색 삼림토 등이 속한다.

② Andisols(안디졸, 화산회토)
- ㉠ 주로 화산 분출에 의해 형성된 화산회토양이다.
- ㉡ 대부분 앨러페인(Allophane)과 알루미늄 유기산 복합체로 구성되어 있다.

③ Aridisols(아리디졸, 과건토)
- ㉠ 건조한 지역에서 발달하는 토양으로서 유기물의 함량이 낮고 염류가 집적된다.
- ㉡ 사막토, 갈색토, Solonetz, Solonchak 등이 이에 속한다.

④ Entisols(엔티졸, 미숙토)
- ㉠ 생성 층위가 없는 미숙토양(발달되지 않은 토양)이다.
- ㉡ 모든 기후에서 생성되며, 비성대성토양의 대부분과 툰드라(Tundra)가 속한다.
- ㉢ 하상지에서와 같이 퇴적 후 경과시간이 짧거나 산악지와 같은 급경사지이기 때문에 침식이 심하여 층위의 분화 발달 정도가 극히 미약한 토양이다.

⑤ Gelisols(젤리솔, 결빙토)
- ㉠ 한대기후 조건, 결빙층 하부는 동토층이다.
- ㉡ 표토 100cm 이내 영구 동결층을 가지고 있는 토양이다.

⑥ Histosols(히스토졸, 유기토)
- ㉠ 주로 습한 지역에서 생성되며 유기물 집적이 많다.
- ㉡ 이탄토, 흑니토 등이 속한다.

⑦ Inceptisols(인셉티졸, 반숙토)
- ㉠ 토층 발달이 시작하는 젊은 토양으로 온대 또는 열대습윤기후에서 발달한다.
- ㉡ 산성갈색토, 갈색삼림토, 산악습초지토 등이 이에 속한다.
- ㉢ 우리나라에 가장 많이 분포하는 토양목이다.

⑧ Mollisols(몰리졸, 암연토)
- ㉠ 온대기후 조건의 목초지 및 초원지대에서 두꺼운 암색(暗色) 표층을 갖는다.
- ㉡ 유기물이 많고 물리성이 좋으며 염기성분이 많아 생산성이 높다.
- ㉢ 율색토, 체르노젬, 초지토양 등이 이에 속한다.

⑨ Oxisol(옥시졸, 과분해토)
- ㉠ 주로 습윤·고온지역에서 발견되어 Fe나 Al의 산화광물을 많이 포함하고 있다.
- ㉡ 라테라이트 토양이 이에 속한다.

⑩ Spodosols(스포도졸, 과용탈토)
- ㉠ 냉온대의 습윤기후에서 발달하며 사질인 모재를 갖는다.
- ㉡ 유기물과 비정질의 Al, Fe 산화물로 형성된 집적층을 가지며 회색의 용탈층이 있다.
- ㉢ 포드졸이 이에 속한다.

⑪ Ultisols(얼티졸, 과숙토)
- ㉠ 온대·열대의 습윤한 토양으로 점토가 많고 염기 함량이 적다.
- ㉡ 염기포화도가 35% 이하이며 산화철이 집적되어 있어 적색을 띤다.
- ㉢ 적갈색 라테라이트, 적황색 포드졸 등이 이에 속한다.

⑫ Vertisols(베르티졸, 과팽창토)
- ㉠ 팽창형 점토광물을 가진 토양으로서 수분 상태에 따라 팽창과 수축이 매우 심하게 일어난다.
- ㉡ 건습이 반복되는 열대·아열대에서 발달한다.
- ㉢ 그루무졸(Grumusol), 레구르(Regur), 열대흑색토 등이 이에 속한다.

※ 우리나라에 분포되지 않은 토양목 : Aridisol, Gelisols, Oxisols, Spodosol, Vertisol

핵심예제

4-1. 토양분류의 총괄적(형태론적) 분류체계에서 사용하지 않는 토양목의 이름은?

① Oxisols ② Histosols
③ Alfisols ④ Planosols

정답 ④

4-2. 형태론적 토양분류체계에서 주로 화산 분출에 의해 형성된 화산회토양을 의미하는 토양목은?

① Andisols ② Aridisols
③ Oxisols ④ Histosols

정답 ①

4-3. 토양 분류에 따른 토양목 중 주로 습한 지역에서 생성되며 유기물 집적이 많은 토양목은?

① Histosols ② Vertisols
③ Oxisols ④ Andisols

정답 ①

핵심이론 05   생성론적 분류(구분류)

① 성대성토양목

　㉠ 한대토양 : 툰드라

　　※ 툰드라 : 이끼 등 지의류 식물, 작은 초본류 식물, 키 작은 관목 등의
　　　　식물이 자라는 맨땅이나 바위 지대(식생의 영향을 받는 성대성 토양)

　㉡ 건조지대 담색토양 : 사막토, 적색 사막토, 초원회백토,
　　갈색토, 적갈색토

　㉢ 반건조, 반습윤지대의 암색토양 : 율색토, 적색 율색토,
　　흑토, 프레리, 적색 프레리

　㉣ 삼림, 초원의 중간대토양 : 퇴화 체르노젬, 비석회질 갈
　　색토

　㉤ 삼림지대의 담색 포드졸화 토양 : 포드졸, 회색, 갈색,
　　회갈색, 적갈색 포드졸

　㉥ 난온대 및 열대의 라테라이트 : 라테라이트, 적갈색, 황
　　갈색 라테라이트

② 간대성토양목

　㉠ 염류, 알칼리 토양 : 염류토양, 알칼리토양, Soloti

　㉡ 소택습지, 저평지수성 토양 : 소택지토

　㉢ 석회질 토양 : 갈색삼림토, Rendzina(Terra-rossa)

③ 비성대성 토양목(암쇄토, Regosol, 충적토)

　㉠ 특징적 단면 형성이 이루어지지 않은 토양을 말한다.

　㉡ 암쇄토

　　• 산악지에서 흔한 토양으로 비교적 풍화를 적게 받은
　　　암편으로 이루어진 토양이다.

　　• 급경사지에서 발달하며, 단면이 발달되어 있지 않고
　　　성토층이 얇다.

　㉢ 충적토

　　• 모든 기후조건하에서 생성된다.

　　• 우리나라 논토양의 대부분을 차지한다.

　㉢ 레고솔(Regosol)

　　• 토양 생성작용을 받은 기간이 짧기 때문에 생성적 층
　　　위가 아직 발달되지 않은 토양이다.

　　• 사구, 황토, 빙적물로 형성된 토양이다.

[핵심예제]

생성론적 분류체계 중 비성대성토양에 해당하지 않는 것은?

① 암쇄토　　　　　　② 레고솔
③ 툰드라　　　　　　④ 충적토

정답 ③

제3절   토양의 성질

3-1. 토양의 물리적 성질

핵심이론 01   토성(1)

① 토성(土星)의 개념

　㉠ 토양 무기입자의 입경 조성비율에 따라 토양을 분류한
　　것이다.

　㉡ 토성은 모래, 미사, 점토 등의 함유비율에 의하여 결정
　　된다.

　㉢ 토양의 투수성, 통기성, 보수성, 보비성 정도를 판정하
　　는 지표이다.

　㉣ 토성을 결정할 때 자갈의 함량, 유기물 함량, pH는 고려
　　하지 않는다.

　㉤ 토성은 토양의 이화학적 성질에 영향을 미친다.

　㉥ 식물생육에 있어서 양분, 수분 함량, 뿌리 활착 및 신장
　　에 영향을 미친다.

　㉦ 토성에 따라 수분보유능에 차이가 발생한다.

　㉧ 비옥도에 관련되는 토양 물리화학성과 생물성에 직간
　　접적으로 영향을 미친다.

② 토양의 입경 구분

　㉠ 우리나라 입경기준은 국제토양학회법 또는 미국농무성
　　법(USDA)에 따라 구분한다.

　㉡ 체를 이용하는 입경분석은 지름이 0.05mm 이상인 모
　　래를 분석하는 데 사용한다.

　㉢ 이 분석법에서는 미국 ASTM(American Standard Test-
　　ing Method)표준체를 사용하는데, 토양에서는 체번호
　　10번(sieve No. 10, 입자 크기 2,000μm)부터 체번호
　　325번(sieve No. 325, 입자 크기 45μm)을 사용한다.

　㉣ 토양의 입경 구분

입경 구분	입경 규격(단위 : mm)	
	미국농무성법	국제토양학회법
매우 굵은 모래(극조사)	2.00~1.00	–
굵은 모래(조사)	1.00~0.50	2.00~0.20
중간 모래(중사)	0.50~0.25	–
가는 모래(세사)	0.25~0.10	0.20~0.02
매우 가는 모래(극세사)	0.10~0.05	–
미 사	0.05~0.002	0.02~0.002
점 토	0.002 이하	0.002 이하

[핵심예제]

1-1. 토성을 가장 잘 설명한 것은?

① 토양의 유기물과 무기물의 함량비이다.
② 토양 무기입자의 입경 조성비율에 따라 토양을 분류한 것이다.
③ 토양입자의 화학적 성질을 뜻한다.
④ 토양입자의 용수량, 모관력, 통기성 등 물리적 성질을 뜻한다.

정답 ②

1-2. 토성이 가지는 의의로 가장 거리가 먼 것은?

① 토양의 투수성 정도를 판정하는 지표이다.
② 작물의 생산성을 결정하는 결정지표이다.
③ 양분 보유력 정도를 판정하는 지표이다.
④ 토양의 통기성 정도를 판정하는 지표이다.

정답 ②

1-3. 토양의 성질 중 토양 유기물의 영향을 받지 않는 것은?

① 토양구조　　　　　　② 토 성
③ 토양 완충용량　　　　④ 토양온도

정답 ②

1-4. 모래입자 분석에 사용하는 미국 ASTM표준체 10번 눈금의 크기는?

① 2,000μm　　　　　② 1,000μm
③ 500μm　　　　　　④ 10μm

정답 ①

1-5. 토양의 입경 구분 시 입자의 지름이 가장 작은 것부터 큰 순으로 나열된 것은?

① 미사 < 점토 < 세사 < 조사 < 자갈
② 미사 < 점토 < 조사 < 세사 < 자갈
③ 점토 < 미사 < 세사 < 조사 < 자갈
④ 점토 < 세사 < 조사 < 미사 < 자갈

정답 ③

핵심이론 02　토성(2) – 토성의 결정

① 토성을 결정하는 요소 : 모래, 미사, 점토의 함량비율에 따라 결정한다.

② 토성 결정법

　㉠ 삼각도표

　　• 국제토양학회와 미국농무부에서 제시한 3각 도표법에 근거하여 토성을 결정한다.

　　• 삼각형의 각 정점을 모래·미사 및 점토의 100%로 취하고, 각 변상에 그 토양의 모래·미사 및 점토의 함량을 취하여 대변과 평행하게 그은 직선교점으로부터 토성을 결정한다.

　　• 토성명이 경계선상에 해당될 경우에는 작은 입자가 많은 토성명을 따른다.

　　• 12종류의 토성명

토 성	점질 함량	토성명
사 토	12% 이하	사토, 양질사토
사양토	12~25%	사양토
양 토	25~40%	양토, 미사질양토, 미사토
식양토	38~50%	식양토, 사질식양토, 미사질식양토
식 토	50% 이상	사질식토, 미사질식토, 식토

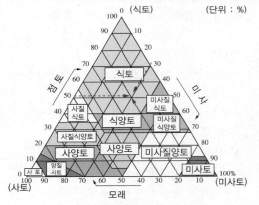

[토성 구분 삼각도]

　㉡ 촉감법(간이법)

　　• 야외에서 토성을 판단할 경우에는 손으로 토양을 만져 보거나 때로는 렌즈를 사용하여 검정하기도 한다.

　　• 이 방법으로 판별되는 토성은 양토, 식양토, 식토, 사양토 그리고 미사질양토 등이다.

③ 입경분석법(체이용 분석, 기계적 분석)

　㉠ 기계적 분석 : 침강을 통해 미사와 점토를 분석하는 스토크스법칙(Stokes' Law)을 이용한 피펫법·비중계법, X선이나 광선이용법 등이 있다.

- 침강법 : 침강속도는 입자 반경의 제곱에 비례하는 것을 이용하여 입경을 구분한다. 즉, 입자가 큰 것은 침강속도가 빠르고 입자가 작은 것은 침강속도가 느린 성질을 이용한다.

스토크스법칙 : 토양현탁액을 가만히 두면 토양입자들이 중력의 힘에 의하여 침강하고, 큰 입자일수록 침강속도가 빠른 원리이다.

스토크스공식

$$V_s = \frac{2}{9}\frac{r^2 g(\rho_p - \rho_f)}{\eta}$$

여기서, V_s : 입자의 종단속도(m/s)
　　r : 입자의 스토크스 반경(m)
　　g : 중력가속도(m/s^2)
　　ρ_p : 입자의 밀도(kg/m^3)
　　ρ_f : 유체의 밀도(kg/m^3)
　　η : 유체의 점성계수(Pa-s)

- 피펫법 : 토양의 현탁액을 일정시간 정치했다가 피펫을 이용하여 일정한 깊이에서 일정량의 현탁액을 취하여 토양입자를 조사하는 데 이용된다.
- 비중계법 : 토양의 분산액에 특수한 비중계(Hydrometer)를 꽂고 그 농도를 조정하는 방법이다.
- X-선회절법 : 토양의 결정성광물을 확인하는 방법으로, 가장 많이 이용된다.

[핵심예제]

2-1. 토성을 결정하는 요소에 포함되지 않는 것은?

① 점토　　② 미사
③ 자갈　　④ 모래

정답 ③

2-2. 토성분석방법으로 가장 적절하지 않은 것은?

① 비중계법　　② 텐시오미터법
③ 촉감법　　④ 피펫법

정답 ②

2-3. 토양의 결정성광물을 확인하는 방법으로 가장 많이 이용되는 방법은?

① X-선회절법　　② 적외선분광법
③ 시차열분석법　　④ 유도결합플라스마분광법

정답 ①

해설

2-2
텐시오미터법은 토양수분 함량 측정법이다.

핵심이론 03　토양의 물리·화학성 표준분석법

① 토양물리성 분석
　㉠ 입도분석 및 토성 구분 : 유기물 분해(H$_2$O$_2$), 가용성 물질 제거(HCl), 시료분산
　㉡ 토양밀도 및 공극량 : Core로 측정하고 가밀도라고도 하며, 공극이 없는 암석 자체의 입자밀도로 진밀도는 2.65g/cm^2
　㉢ 보수력 측정 : 1/3~15bar의 보수력 측정, 이력현상(Hysteresis) 고려
　㉣ 견지성 측정

② 토양화학성 측정
　㉠ 토양산도 : pH = -log[H$^+$]로 표시되며, 수용성 산성물질 농도, 치환산도 측정
　㉡ 토양유기물 : Tyurin법(중크로뮴산칼륨 황산혼합용액에 의한 유기물 산화)
　㉢ 염기치환용량의 측정 : 침출 → 증류 → 적정 → 계산
　㉣ 치환성 염기의 정량 : 치환성 칼슘, 마그네슘, 칼륨, 나트륨 → N-CH$_3$COONH$_4$(pH 7.0)
　㉤ 석회소요량 측정법 : ORD법, 완충곡선법, 치환산도법, 완충용액법, 완충능추정법
　㉥ 유효인산의 정량 : Truog법, Bray No.1 및 No.2법, Olsen법, Lancaster법 등
　㉦ 토양의 인산흡수계수 측정
　㉧ 토양 전질소 정량 : 황산분해법(NO$_3$-N 없을 때), 살질황산분해법(NO$_3$-N 함유)
　㉨ 유효규산 정량 : 1N-NaOAc(pH 4.0)
　㉩ 활성철 정량 : Na$_2$S$_2$O$_4$와 EDTA로 환원시켜 추출

[핵심예제]

3-1. 우리나라에서 일반적으로 실시되고 있는 토양의 물리/화학성 표준분석법에서 토양조사항목과 분석방법이 틀린 것은?

① 토양유기물 : 튜린법(Tyurin법)
② 토양조사 : USDA법
③ 토성분석 : Bray No.1법
④ 석회소요량 측정법 : ORD법

정답 ③

3-2. 유효인산 추출방법이 아닌 것은?

① Olsen법　　② Lancaster법
③ Bray법　　④ Kjeidahi법

정답 ④

토성의 분류

① 토양의 무기입자

　㉠ 자 갈
　　• 물과 염기의 흡착력이 거의 없다.
　　• 식토 중에 적당량 함유되어 있으면 물과 공기의 유통을 좋게 한다.

　㉡ 모 래
　　• 양분의 흡착과는 관계가 없으나 점토 주변에 있으면서 골격역할을 한다.
　　• 대공극이 많아지므로 통기와 물의 유통을 좋게 하고 경운도 용이해진다.

　㉢ 미 사
　　• 거친 것은 모래와 비슷한 성질을 지닌다.
　　• 가는 것은 표면에 점토입자가 부착되는 경향이 있어서 식물생육에 매우 이롭다.

　㉣ 점 토
　　• 2차 광물로 비표면적이 크고, 가소성과 점착력, 모세관력이 매우 커서 보비력과 보수력이 높다.
　　• 표면적이 커서 토양의 물리·화학적 반응을 좌우한다.
　　※ 점토 : 한랭 습윤지방에서 유기물이 쌓여 산성반응을 나타내고, 표층토는 규산의 함량이 적다. 이와 같은 규산광물이 분해되는 산성가수분해에서 주요 생성물이다.

② 무기입자의 표면적

　㉠ 입자가 작을수록 표면적이 크고, 표면적이 클수록 모든 작용이 활발히 이루어진다.
　㉡ 토양의 점토 함량에 의한 비표면적에 전적으로 좌우된다.
　㉢ 토양의 입자수(토립수) = $\dfrac{\text{토양의 무게}}{\text{단일 입자의 무게}}$
　㉣ 토양의 내표면적 = 1개의 입자 표면적 × 일정량 중의 토립수
　㉤ 토양의 비표면적 = $\dfrac{\text{표면적}}{\text{질량}}$
　㉥ 측정 : BET 흡착법(질소가스법), Ethylene Glycol, Glycerine 등의 흡착법

핵심예제

4-1. 점토(Clay)에 대한 설명으로 가장 거리가 먼 것은?
① 2차 광물이다.
② 비표면적이 크다.
③ 모세관력은 매우 약하다.
④ 가소성과 점착력이 크다.
정답 ③

4-2. 단위 그램당 표면적이 가장 큰 것은?
① 모 래　　　　② 자 갈
③ 미 사　　　　④ 점 토
정답 ④

4-3. 한랭 습윤지방에서 유기물이 쌓여 산성반응을 나타내고, 표층토는 규산의 함량이 적다. 이와 같은 규산광물이 분해되는 산성가수분해에서 주요 생성물은?
① 미 사　　　　② 점 토
③ 석 회　　　　④ 석 고
정답 ②

해설

4-1
점토는 0.002mm 이하의 미세입자로 비표면적이 크고, 가소성과 점착력, 모세관력이 매우 커서 보비력과 보수력이 높다.

핵심이론 05 토성명에 사용되는 기호 및 작물생육

① 토성명에 사용되는 기호

무기입자	영 명	기 호	토 성
모 래	Sand	S	사 토
미 사	Silt	Si	–
–	Loam	L	양 토
점 토	Clay	C	식 토

Sand(사토), Sandy Loam(사양토), Loam(양토), Clay Loam(식양토), Clay(식토), Silty Clay Loam(미사질식양토) 등으로 표기한다.

예 미사질식양토 → SiCL, 사질식토 → SC, 사질식양토 → SCL

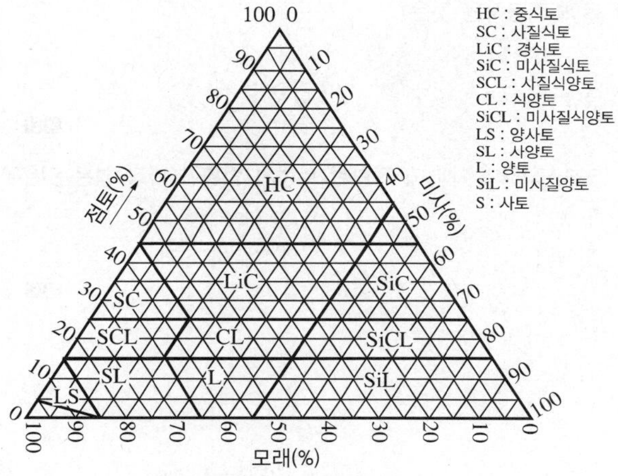

[국제토양학회법에 의한 토성 구분]

② 토성과 작물의 생육

㉠ 식 토

- 보수, 보비력은 좋지만 통기, 통수성은 불량하다. 식토는 점토가 많이 함유되어 응집력이 강하다.
- 충수분퍼텐셜이 –0.1MPa로 동일하다면 토양의 중량수분 함량이 가장 많다.

㉡ 사토(砂土)

- 투수성(透水性)이나 통기성(通氣性)은 좋으나, 보수성이나 보비성은 나빠서 가뭄을 잘 타며 양분이 결핍되기 쉽다.
- 외부의 온도 변화에 가장 민감하게 온도가 변하는 토양이다.
- 손의 감각을 이용한 토성 진단 시 수분이 포함되어 있어도 서로 뭉쳐지는 특성이 없을 뿐만 아니라 손가락을 이용하여 띠를 만들어도 띠를 형성하지 못한다.

㉢ 양토(壤土)는 식토와 사토의 중간성질로 식물생육에 가장 유리하다.

> **토양의 보비, 보수력의 크기 순서**
> 식토 > 식양토 > 양토 > 사양토 > 사토

③ 작물별 재배에 적당한 토성

수수, 옥수수(사양토~식양토), 감자(사토~식양토), 콩(사토~식토), 보리(세사토~양토), 과수(사양토~식토)이다.

④ 작물의 종류와 재배에 적합한 토성

㉠ 아마, 담배 : 사양토, 양토

㉡ 밀 : 양토, 식양토, 식토

㉢ 녹두 : 사토, 세사토, 사양토, 양토, 식양토

㉣ 콩, 팥 : 사토, 세사토, 사양토, 양토, 식양토, 식토

작 물	사 토	세사토	사양토	양 토	식양토	식 토	이탄토
감 자	◀━	━	━	━	━▶	◀┅	┅▶
콩	◀━	━	━	━	━	━▶	
팥	◀━	━	━	━	━	━▶	
녹 두	◀━	━	━	━	━▶		
고구마	◀━	━	━	━	━▶		
근채류				◀┅	┅▶		
땅 콩	◀━	━	━▶◀┅	┅	┅▶		
오이 등	◀━	━	━	━▶			
양 파	◀━	━	━	━▶			
호 밀	◀┅	┅▶	◀━	━	━▶	◀┅	┅▶
귀 리	◀┅	┅	┅▶	◀━	━▶	◀┅	┅▶
조	◀┅	┅▶	◀━	━	━▶	◀┅	┅▶
오처드그라스	◀┅	┅▶	◀━	━	━	━▶	
참 깨	◀┅	┅▶	◀━	━	━▶	◀┅	┅▶
들 깨	◀┅	┅▶	◀━	━	━▶	◀┅	┅▶
아주까리	◀┅	┅▶	◀━	━	━▶	◀┅	┅▶
보 리		◀━	━	━	━▶		
과 수			◀━	━	━	━▶	
레드클로버			◀━	━	━	━▶	
사탕무			◀━	━	━▶		
박 하			◀━	━	━▶		
엽채류			◀━	━	━▶		
수 수			◀━	━	━▶		

작물	사토	세사토	사양토	양토	식양토	식토	이탄토
옥수수			◄————————		————————►		
메밀			◄————————		————————►		
목화			◄————————		►◄----►		
삼			◄————————		►◄----►		
완두			◄————————		►◄----►		
모시풀			◄————————		►		
아마			◄————————		►		
담배			◄————————		►		
파			◄————————►				
강낭콩			◄----►◄————		————————►		
알팔파				◄————————			————►
티머시				◄————————			————►
차나무				◄————————		————►	
화이트클로버				◄————————		————►	
밀					◄————————►		

◄————► 재배 적지   ◄----► 재배 가능지

자료 : 채재천 등, 2016

토성과 작물생육과의 관계
- 토성이 같아도 지력은 달라질 수 있다.
- 일반적으로 식토가 양토에 비하여 지력이 낮다.
- 토성은 작물생육 및 작물병해와 밀접한 관련이 있다.
- 식질계 토양은 보수력이 좋고, 사질계 토양은 통기성이 좋다.

핵심예제

5-1. 토성을 나타내는 기호 중 "미사질식양토"를 나타내는 것은?

① SiL
② SiCL
③ L
④ CL

정답 ②

5-2. 손의 감각을 이용한 토성 진단 시 수분이 포함되어 있어도 서로 뭉쳐지는 특성이 없을 뿐만 아니라 손가락을 이용하여 띠를 만들어도 띠를 형성하지 못하는 토성은?

① 양 토
② 식양토
③ 사 토
④ 미사질양토

정답 ③

5-3. 작물의 재배에 적합한 토성에서 재배 적지가 사토~식양토에 해당하는 것은?

① 수 수
② 감 자
③ 옥수수
④ 담 배

정답 ②

5-4. 작물의 재배에 적합한 토성의 범위가 가장 넓은 것은?

① 밀
② 담 배
③ 팥
④ 아 마

정답 ③

핵심이론 06 | 토양의 구조

① 토양구조의 개념

  ㉠ 토양입자는 하나하나 독립적으로 존재할 수도 있지만, 대개 여러 개의 입자가 하나로 뭉쳐 입단(Aggregate)을 형성하여 존재한다.

  ㉡ 토양구조란 입단의 크기, 모양, 배열방식에 따라 달라지는 물리적 구성 상태를 말한다.

  ㉢ 토양구조는 입단의 크기, 형태, 안정성(발달 정도)에 따라 분류된다.

② 토양구조의 종류와 특성

  ㉠ 입 상

- 외관상 구형이며, 입단이 둥글다.
- 건조조건에서 생성되고, 유기물이 많은 곳에서 발달한다.
- 작토 또는 표토에 많으며 작물생육에 가장 좋은 구조이다.

  ㉡ 괴 상

- 다면체를 이루고 비교적 각도가 둥글며, 구조단위의 가로, 세로축의 길이가 비슷하다.
- 밭토양과 산림의 하층토에 많고, 여러 토양의 B층에서 흔히 볼 수 있다.

  ㉢ 주 상

- 반건조~건조지방에서 발달하며, 우리나라 해성토의 심토에서 볼 수 있다.
- 점토질 논토양과 알칼리성 토양에서 발달한다.
- 세로축의 길이가 가로축의 길이보다 길고, 모가 있으며 Bt층에서 나타난다.

  ㉣ 판 상

- 접시와 같은 모양이거나 수평 배열의 토괴로 구성된 구조이다.
- 토양 생성과정 중에 발달하거나 인위적인 요인에 의하여 만들어진다.
- 모재의 특성을 그대로 간직하고 있다.
- 수평구조의 공극을 형성하면서 작물의 수직적 뿌리 생장을 제한하는 경향이 있다.

- 용적밀도가 크고 공극률이 급격히 낮아지며 대공극이 없어진다.
- 물이나 빙하 아래 위치하기도 한다.
- 습윤지대의 A층에서 발달하며 논의 작토 밑에서 볼 수 있다.
- 가로축의 길이가 세로축의 길이보다 길며 E층과 점토 반층에서 나타난다.

  ㉤ 과립상 : 단괴가 작고, 입단 사이의 간격이 좁아서 물에 젖으면 부풀어 내부의 큰 틈이 막힌다.

핵심예제

6-1. 토양의 구조를 분류하는 특성이 아닌 것은?

① 모양(Type)   ② 위치(Position)
③ 크기(Class)   ④ 발달 정도(Grade)

정답 ②

6-2. 다면체를 이루고 비교적 각도가 둥글며, 밭토양과 산림의 하층토에 많고, 여러 토양의 B층에서 흔히 볼 수 있는 토양구조는?

① 입 상   ② 괴 상
③ 주 상   ④ 판 상

정답 ②

6-3. 다음 설명에 가장 적절한 토양구조 유형은?

> 수평구조의 공극을 형성하면서 작물의 수직적 뿌리 생장을 제한하는 경향이 있다.

① 각괴상   ② 입 상
③ 판 상   ④ 각주상

정답 ③

핵심이론 07 토양의 입단화

① 토양 입단구조의 중요성
- ㉠ 토양의 통기성과 보수성의 향상으로 식물생육에 좋다.
- ㉡ 토양침식을 억제한다.
- ㉢ 토양 내에 호기성 미생물의 활성을 증대시킨다.

② 단립구조와 입단구조

단립구조(홑알구조)	입단구조(떼알구조)
• 토양입자가 독립적으로 모여 이루어진 구조	• 여러 개의 토양입단이 모여 있는 구조
• 투기와 투수는 좋으나, 수분, 비료분의 보유력이 낮음	• 투기 · 투수, 양분의 저장 등이 알맞아 작물생육에 적당
• 공극이 작아 공기의 유통, 물의 이동이 느림	• 수분과 양분의 보유력이 가장 큰 구조
• 모래, 미사 등	• 유기물이나 석회가 많은 표토층에서 많이 나타남

③ 입단형성 촉진요인
- ㉠ 점토, 유기물, 석회, 고토 등 입단구조를 형성하는 인자를 시용한다.
- ㉡ 자운영, 헤어리베치, 알팔파 등 콩과 녹비작물을 재배한다.
- ㉢ 토양피복, 윤작 실시, 심근성 작물재배 등 작부체계를 개선한다.
- ㉣ 아크릴소일, 크릴륨(Krillium) 등 토양개량제를 사용한다.
- ㉤ 수화도가 낮은 양이온성 물질을 토양에 준다.

④ 입단형성 파괴요인
- ㉠ 토양의 통기를 좋게 하기 위한 경운작업
- ㉡ 입단의 팽창 및 수축의 반복 : 습윤과 건조, 수축과 융해, 고온과 저온 등으로
- ㉢ 비와 바람에 의한 토양입단의 압축과 타격
- ㉣ 수화도가 큰 나트륨이온 사용
- ㉤ 토양생물과 식물뿌리의 물리적 작용
- ㉥ 유기물의 분해

7-1. 토양의 구조 가운데 작물생육에 가장 적합한 구조는?

① 입단구조
② 단립(單粒)구조
③ 주상구조
④ 혼합구조

정답 ①

7-2. 토양 입단구조의 중요성에 대한 설명 중 가장 거리가 먼 것은?

① 토양의 통기성과 통수성에 영향을 미친다.
② 토양침식을 억제한다.
③ 토양 내에 호기성 미생물의 활성을 증대시킨다.
④ Na 이온은 토양의 입단화를 촉진시킨다.

정답 ④

7-3. 토양 입단구조를 만드는 방법과 거리가 먼 것은?

① 유기물질의 시용
② 염화나트륨의 시용
③ 고토의 시용
④ 석회의 시용

정답 ②

7-4. 토양의 입단구조 및 유지에 유리하게 작용하는 것은?

① 옥수수를 계속 재배한다.
② 논에 물을 대어 써레질을 한다.
③ 퇴비를 시용하여 유기물 함량을 높인다.
④ 경운을 자주 한다.

정답 ③

7-5. 토양의 입단화를 증가시키는 방안은?

① 윤작을 실시한다.
② 건조와 습윤을 반복하는 물관리를 한다.
③ 토양을 훈증소독한다.
④ 철저한 로터리 경운을 실시한다.

정답 ①

핵심이론 08 토양의 견지성 등

① 가소성(소성) : 물체에 힘을 가했을 때 파괴됨이 없이 모양이 변화되고, 힘이 제거되어도 원형으로 돌아가지 않는 성질이다.

> 견지성 : 토양은 수분량에 따라 그 역학적 성질이 매우 달라진다. 포화수분 이상에서는 유동성과 점성을 나타내고, 수분이 감소됨에 따라 강성을 나타내는데, 이때에는 질긴 감이 든다. 이러한 토양수분의 변화에 따른 토양의 상태변화를 견지성이라고 한다.

② 강성(견결성)
  ㉠ 토양이 건조하여 딱딱하게 굳어지는 성질이다.
  ㉡ 건조한 토양입자는 반데르발스의 힘으로 결합된다.
③ 이쇄성(취쇄성 또는 송성)
  ㉠ 토양을 경운하더라도 이겨지지 않고 원래의 자리로 돌아가려는 성질이다.
  ㉡ 견결성을 나타내는 수분과 소성을 나타내는 수분의 중간상태이다.
④ 응집성 : 토양입자 간의 견인력 및 연결력을 말하고 토양입자 표면의 수막면의 장력에 의하여 잡아당기는 성질이다.
⑤ 소성지수
  ㉠ 주어진 흙의 소성상한(액성한계, LL)과 소성하한(소성한계, PL)의 함수비 차를 소성지수(소성계수, PI)라고 하며, 그 흙의 소성 폭을 나타낸다.
    • 소성상한(액성한계, LL) : 소성을 나타내는 최대 수분
    • 소성하한(소성한계, PL) : 소성을 나타내는 최소 수분
  ㉡ Atterberg에 의해 제안된 토양의 소성지수는 토양 중 교질물의 함량을 표시하는 지표가 될 수 있다.
  ㉢ 토양의 소성지수를 결정하는 요인 : 점토의 함량과 종류
    • 점토가 많을수록 PI는 커진다.
    • 사질토양은 액성한계와 소성한계가 낮다.
⑥ 토양의 견지성
  ㉠ 견지성 : 토양은 수분량에 따라 그 역학적 성질이 매우 달라진다. 포화수분 이상에서는 유동성과 점성을 나타내고, 수분이 감소됨에 따라 강성을 나타내는데, 이때에는 질긴 감이 든다. 이러한 토양수분의 변화에 따른 토양의 상태 변화를 견지성이라고 한다.
  ㉡ 가소성(소성) : 물체에 힘을 가했을 때 파괴됨이 없이 모양이 변화되고, 힘이 제거되어도 원형으로 돌아가지 않는 성질이다.

  ㉢ 강성(견결성)
    • 토양이 건조하여 딱딱하게 굳어지는 성질이다.
    • 건조한 토양입자는 반데르발스의 힘으로 결합된다.
  ㉣ 이쇄성(취쇄성 또는 송성)
    • 토양을 경운하더라도 이겨지지 않고 원래의 자리로 돌아가려는 성질이다.
    • 견결성을 나타내는 수분과 소성을 나타내는 수분의 중간 상태이다.
  ㉤ 응집성 : 토양입자 간의 견인력 및 연결력을 말하고 토양입자 표면의 수막면의 장력에 의하여 잡아당기는 성질이다.
  ㉥ 소성지수
    • 주어진 흙의 소성상한(액성한계, LL)과 소성하한(소성한계, PL)의 함수비 차를 소성지수(소성계수, PI)라고 하며, 그 흙의 소성 폭을 나타낸다.
      – 소성상한(액성한계, LL) : 소성을 나타내는 최대 수분
      – 소성하한(소성한계, PL) : 소성을 나타내는 최소 수분
    • Atterberg에 의해 제안된 토양의 소성지수는 토양 중 교질물의 함량을 표시하는 지표가 될 수 있다
    • 토양의 소성지수를 결정하는 요인 : 점토의 함량과 종류
      – 점토가 많을수록 PI는 커진다.
      – 사질토양은 액성한계와 소성한계가 낮다.

핵심예제

8-1. 토양의 소성지수를 결정하는 요인으로만 짝지어진 것은?

① 토양반응과 유기물 함량
② 점토의 함량과 토양공기
③ 점토의 함량과 종류
④ 입단구조와 유기물 함량

정답 ③

8-2. 토양의 견지성(Consistency)에서 가소성(Plasticity)을 실험한 결과이다. 소성지수(PI)를 계산하였을 때 토성이 가장 사질화에 가까운 것은?

① 액성한계(LL) : 55, 소성한계(PL) : 37
② 액성한계(LL) : 52, 소성한계(PL) : 35
③ 액성한계(LL) : 50, 소성한계(PL) : 34
④ 액성한계(LL) : 48, 소성한계(PL) : 33

정답 ④

해설
8-2
점토가 많을수록 소성지수(PI)는 커진다.
① 55-37=18
② 52-35=17
③ 50-34=16
④ 48-33=15

핵심이론 09 토양의 공극

① 토양공극은 무기입자와 무기입자 사이에 공기(기상)나 물(액상)로 채워져 있다.

② 토양공극률은 진비중(입자밀도)과는 무관하고, 가비중(용적밀도)과 밀접한 관계가 있다.

③ 토양 입자밀도
  ㉠ 유기물이 많이 함유되어 있는 토양은 입자밀도값이 작다.
  ㉡ 입자밀도는 고상을 구성하는 유기물을 포함한다.
  ㉢ 입자밀도는 인위적인 요인에 의해 변하지 않는다.
  ㉣ 심토에 비하여 표토의 입자밀도는 작다.

④ 공극의 일반적 분류(크기와 기능)
  ㉠ 대공극(비모세관공극)
    • 뿌리가 뻗는 공간으로, 작은 토양생물의 이동통로이다.
    • 물이 빠지는 통로이고, 토양공기가 존재한다.
  ㉡ 중공극
    • 토양 중 공극의 크기는 0.03~0.08mm이다.
    • 모세관현상에 의하여 유지되는 물이 있고, 곰팡이와 뿌리털이 자라는 공간이다.
  ㉢ 소공극(모세관공극)
    • 토괴 내 작은 공극으로 크기는 0.005~0.03mm이다.
    • 모세관현상에 의해 식물이 흡수하는 물을 보유하고 세균이 자라는 공간이다.
  ㉣ 미세공극 : 작물이 이용하지 못하며 미생물의 일부만 자랄 수 있는 공간이다.
  ㉤ 극소공극 : 미생물도 자랄 수 없는 공간이다.

> 특수 분류(생성원인)
> • 토성공극 : 기본 입자 사이의 공극으로 주로 소공극이다.
> • 구조공극 : 입단 사이의 공극으로 주로 대공극이다.
> • 특수공극 : 근계, 소동물, 가스 발생 등에 의한 공극이다.

⑤ 공극의 효과
  ㉠ 대공극(공기의 통로)과 소공극(수분을 보유)의 균형이 중요하다.
  ㉡ 입단 간 공극과 입자 간 공극의 적당한 비율은 1:1이 적당하다.

⑥ 토양 공극량에 관여하는 요인
  ㉠ 토성 : 사토는 소공극보다 대공극이 많고, 식토는 대공극보다 소공극이 많다. 즉, 사토는 식토보다 용적밀도가 높고 공극률은 작다.

  ㉡ 토양구조 : 단립구조보다 입단구조가 공극률이 크다.
  ㉢ 배열 상태 : 사열구조보다 정렬구조가 공극률이 크다.
  ㉣ 입단의 크기 : 입단이 클수록 모세관공극은 줄어들고, 비모관공극이 많아지며 공극률도 커진다.

[토성별 용적밀도 및 공극량]

토 성	용적밀도	공극량(%)
사 토	1.6	40%
사양토	1.5	43%
양 토	1.4	47%
미사질양토	1.3	50%
식양토	1.2	55%
식 토	1.1	58%

핵심예제

9-1. 토양의 공극과 용적밀도에 대한 설명으로 옳은 것은?

① 토양공극은 물과 음이온으로 채워져 있다.
② 토성의 사토는 식토보다 용적밀도가 높다.
③ 공극량은 사토가 식양토보다 큰 편이다.
④ 비모세관공극은 수분을 보유하는 장소이다.

정답 ②

9-2. 토양의 토성에 있어 공극률이 가장 높은 것은?

① 양 토   ② 세사양토
③ 사 토   ④ 식양토

정답 ④

9-3. 토양의 구조 중에서 공극량이 가장 큰 것은?

① 입단구조 밀상태(사열)
② 입단구조 조상태(정렬)
③ 단립구조 밀상태(사열)
④ 단립구조 조상태(정렬)

정답 ②

핵심이론 10 토양공극과 토양공기

① 토양밀도 : 풍건 상태의 토양무게를 부피로 나눈 값(g/cm³)

② 토양공극률

- ㉠ 공극률 $= 100 \times \left(1 - \dfrac{\text{가비중}}{\text{진비중}}\right)$
  - 진비중(입자밀도, 알갱이밀도) : 건조한 토양무게/토양알갱이 부피
    - 알갱이밀도는 약 2.65g/cm³ 정도
  - 가비중(용적밀도, 부피밀도) : 건조한 토양의 무게/토양알갱이 부피+토양공극
    - 부피밀도는 대략 1.0~1.6g/cm³ 정도
- ㉡ 고상률(%) = 용적비중/입자비중 × 100
- ㉢ 토양입자밀도
  - 유기물이 많이 함유되어 있는 토양은 입자밀도값이 작다.
  - 입자밀도는 고상을 구성하는 유기물을 포함한다.
  - 입자밀도는 인위적인 요인에 의해 변하지 않는다.
  - 심토에 비하여 표토의 입자밀도는 작다.

③ 토양공기

- ㉠ 토양공기의 조성은 대기의 조성과 차이가 있다.

구 분	질 소	산 소	이산화탄소
대 기	79.1%	20.93%	0.03%
토양공기	75~80%	10~20%	0.1~10%

- ㉡ 토양공기는 대기에 비해 탄산가스농도가 높지만, 산소의 농도는 낮다.
- ㉢ 토양공기 유통의 중요한 기작은 확산작용이다.
- ㉣ 토양 중 산소는 미생물의 분포에 큰 영향을 준다.
- ㉤ 토양 중 통기성은 토양 내 양분의 화학성에 영향을 준다.
- ㉥ 토양공기의 성분인 이산화탄소의 이동은 주로 분압 차이에 의해 결정된다.

[핵심예제]

입자밀도가 2.60g/cm³, 전용적밀도가 1.30g/cm³인 토양의 공극률은?

① 12.5% ② 25%
③ 50% ④ 100%

정답 ③

해설

$$\text{토양공극률} = \left(1 - \frac{\text{용적밀도}}{\text{입자밀도}}\right) \times 100$$

$$= \left(1 - \frac{1.3}{2.6}\right) \times 100 = 50\%$$

핵심이론 11 토양온도

① 토양온도의 특징

- ㉠ 토양의 온도는 지표면에서 일어나는 열의 흡수와 방출의 결과이다.
- ㉡ 사토는 식토보다 토양공극이 커서 공기와 수분의 흐름이 빠르고 온도의 변화도 크다.
- ㉢ 토양온도가 올라가면 유기물의 분해가 빨라진다(부식 집적 안 됨).
- ㉣ 부식은 토양의 온도를 상승시킨다.
- ㉤ 토양표면이 온도 변화가 가장 크고 토양의 깊이가 깊어질수록 변화폭이 감소한다.
- ㉥ 하루 중 온도 변화가 없는 깊이는 30cm이고 연중 지온의 변화가 없는 깊이는 3m 정도이다.
- ㉦ 겨울의 눈은 단열재 역할을 하지만, 봄에 녹으면 비열 때문에 지온 상승이 느려진다.
- ㉧ 논에 담수는 밤에 토양의 온도저하를 막고 낮에는 증발열로 토양의 온도를 저하시킨다.

② 토양온도의 결정요인

- ㉠ 토양의 수분 함량
  - 토양의 온도 변화는 토양의 수분 함량에 의해 결정된다.
  - 물은 비열이 크기 때문에 토양수분 함량이 많으면 토양온도가 올라가기 어렵다.
  - 사토일수록 비열이 작고 토양수분이 적어 식토보다 온도 변화가 크다.
  - ※ 비열이란 어떤 물질 1g을 1℃ 올리는 데 필요한 열량으로서 비열이 높을수록 온도 변화가 작다.
- ㉡ 열전도율
  - 토양이 태양열을 받아서 온도가 상승하는 것은 열전도에 의한다.
  - 토양입자가 클수록 열전도율 높음 : 사토 > 양토 > 식토 > 이탄토
  - 습윤토양 > 건조토양 : 무기입자 > 물 > 부식 > 공기
  - 조직 치밀 > 조직 엉성 : 고체 > 공기
  - 부식의 열전도율이 낮기 때문에 토양 내 부식 함량이 많을수록 열전도가 늦다.

ⓒ 토양의 빛깔
- 색깔이 짙을수록 태양열을 많이 흡수하고 밝은색일수록 반사량이 많다.
- 열 흡수 순서 : 흑색 > 남색 > 적색 > 갈색 > 녹색 > 황색 > 백색

ⓔ 토양의 경사 방향
- 광선이 지면에 수직으로 투과 시 수열량이 가장 많고, 경사질수록 작아진다.
- 여름철 수광량 : 남북이랑 > 동서이랑

ⓜ 피복식물
- 피복식물과 멀칭은 토양온도의 변동을 작게 한다.
- 온도 변화가 심한 순서 : 나지 > 초지 > 수목지 토양
- 잎이 밀생하고 초장이 높을수록 지면 부근의 일교차는 작다.

[핵심예제]

11-1. 토양온도에 대한 설명으로 틀린 것은?
① 토양의 온도는 지표면에서 일어나는 열의 흡수와 방출의 결과이다.
② 사토보다는 식토에서 온도 변화가 크다.
③ 토양온도가 올라가면 유기물의 분해가 빨라진다.
④ 부식은 토양의 온도를 상승시킨다.

정답 ②

11-2. 다음 중 토양 열전도도가 가장 높은 것은?
① 이탄토　　　　② 양 토
③ 식 토　　　　④ 사 토

정답 ④

핵심이론 12　토양색

① 토양색의 지배인자 : 유기물(부식화), 철과 망간의 산화·환원 상태, 수분 함량, 통기성, 모암, 조암광물, 풍화 정도 등
ⓐ 부식(유기물) 함량 : 신선한 유기물은 무색이지만 부식화될수록 흑색에 가까워진다.
ⓑ 철 : 수화도가 크면 황색 → 탈수되면 적색
- 밭, 삼림토양의 적색, 갈색, 황색은 산화철에 의한다.
  - 수화도 증가 → 황색 증가
  - 수화도 감소 → 적색 증가
- 논토양은 밭토양보다 유리철의 용탈이 많아서 회색을 나타낸다.
ⓒ 함수량 : 습윤하면 짙어지고 건조하면 빛의 반사 때문에 담색을 보인다.
ⓓ 통기성
- 통기 상태가 좋은 표토나 배수가 좋은 습윤지방의 심토는 황색~적색 계통의 색을 보인다.
- 배수가 불량한 곳이나 저습지 등에서는 회녹색 또는 청회색을 보인다.
  ※ 배수 양호(담색~황갈색 → 밭), 배수 불량(회색~청회색 → 논)
- 배수가 중간 정도이면 하층토의 회색에는 황색의 반문이 섞이게 된다.
ⓔ 모 암
- 화강암(산성암) - 담색
- 안산암(중성암) - 암색
- 현무암(염기성암) - 농적색
ⓕ 조암광물
- 석영, 장석, 백운모, 탄산염 등은 흰색을 나타낸다.
- 철이 들어 있는 광물은 황색 내지 적색을 나타낸다.
ⓖ 풍화 정도
- 표토가 황색인 것은 적색인 것보다 풍화가 더 진행된 것이다.
- 논토양의 독특한 회색은 Fe^{+2} · FeS · 부식물 등이 섞여 있기 때문이며, Glei 층의 청회색은 FeO 때문이다.
※ 토양의 풍화과정이나 이화학적 성질을 판정하는 토양의 빛깔은 햇빛을 피하고 습윤 상태에서 관찰하여야 한다.

② 토양색의 표시법 : 먼셀의 색표시법을 널리 사용한다. 물체의 색을 나타내는 3가지 속성, 즉 색상, 명도, 채도의 조합으로 나타내는 것이다.

㉠ 색상 : 40 색상으로 구분한다.

㉡ 명도 : 흑을 0, 백을 10으로 하여 총 11단계로 구분한다.

㉢ 채도 : 무채색의 축을 0으로 하여 각 색상과 명도를 10단계로 구분한다.

※ 예를 들어 토양색이 '5YR·5/6'로 표시되었을 경우, 5YR은 색상, 5/는 명도, 6/은 채도를 나타낸다.

[핵심예제]

12-1. 토양색에 영향을 미치는 인자로 가장 거리가 먼 것은?

① 부 식
② 수분 함량
③ 토양구조
④ 철, 망간의 산화·환원상태

정답 ③

12-2. 산화철(Fe_2O_3)에 수화도가 높은 경우 토양색깔은 어느 쪽에 가까운가?

① 적 색 　　　　② 황 색
③ 청 색 　　　　④ 흑 색

정답 ②

12-3. 토양의 풍화과정이나 이화학적 성질을 판정하는 주요 사항의 하나인 토양의 빛깔은 어떤 상태에서 관찰하여야 하는가?

① 햇빛을 피하고 건조 상태에서 관찰
② 햇빛에서 습윤 상태에서 관찰
③ 햇빛에서 건조 상태에서 관찰
④ 햇빛을 피하고 습윤 상태에서 관찰

정답 ④

12-4. 토양의 색(Soil Color)을 나타내는 색의 3속성은?

① 색상, 명도, 채도 　　② 색상, 명도, 광도
③ 광도, 명도, 채도 　　④ 채도, 광도, 색상

정답 ①

3-2. 토양의 화학적 성질

핵심이론 01　　토양의 비료성분 함유

① 토양의 성분

　㉠ 1차 광물(화학성분)

　　$SiO_2 > Al_2O_3 > Fe_2O_3 > CaO$

　㉡ 2차 광물 = 점토광물

　㉢ 토양교질물

　　• 무기교질물(0.002mm 이하의 미세한 점토광물)

　　• 유기교질물(부식=유기물)

　　(점토 10~50me/100g, 부식 200~250me/100g)

> **유기교질물과 무기교질물의 차이**
> • 유기교질물은 Fe, Al 미함유 → 산성에서 음이온 흡수, 고정적음
> • 유기교질물은 생성 및 분해속도가 빠르다.
> • 유기교질물은 토양에 알칼리 또는 산성을 가하여도 pH의 변화가 크게 변하지 않는다.

② 필수원소

　㉠ 다량원소(9원소) : 탄소(C), 산소(O), 수소(H), 질소(N), 인(P), 칼륨(K), 칼슘(Ca), 마그네슘(Mg), 황(S)

　㉡ 미량원소(7원소) : 철(Fe), 망간(Mn), 구리(Cu), 아연(Zn), 붕소(B), 몰리브덴(Mo), 염소(Cl)

　㉢ 기타 원소(5원소) : 규소(Si), 나트륨(Na), 코발트(Co), 아이오딘(I), 셀레늄(Se)

> **토양의 화학조성**
> O > Si > Al > Fe = C = Ca > Na > K > Mg > Ti > N > S

③ 양분의 이동

　㉠ 뿌리에서 무기양분의 이동

　　• 뿌리에서 NH_4^+로 흡수되어 아미노태로 변하여 물관부로 이동한 후 지상부 각 기관으로 이동한다.

　　• 상승속도 : 물 > Ca^{2+} > H_2PO_4 > K > NO_3^-

　㉡ 무기양분의 재이동 : P > N > S > Mg > K > Ca

　㉢ 동화산물의 이동 : 탄수화물의 형태인 자당, 포도당, 과당형태로 이동한다.

식물의 양분 흡수 이용능력에 직접적으로 영향을 주는 요인
삼투압, 팽압, 막압, 흡수압, 확산과 확산구배 등 여러 가지 흡수기
구가 복합적으로 작용하며 직접적으로 영향을 주는 요인에는 활성
뿌리 표면적, 뿌리의 호흡작용, 뿌리의 치환용량, 뿌리의 양분개발
을 위한 분비물의 생성량 등에 따라 결정된다.

핵심예제

1-1. 작물의 필수원소 중 공중으로부터 흡수될 수 있는 원소는?

① N, P, K
② Ca, Mg, S
③ Cl, B, H
④ C, O, H

정답 ④

1-2. 식물이 토양으로부터 주로 흡수하는 원소가 아닌 것은?

① 황
② 탄 소
③ 질 소
④ 마그네슘

정답 ②

1-3. 식물의 양분 흡수 이용능력에 직접적으로 영향을 주는 요인으로 거리가 먼 것은?

① 뿌리의 표면적
② 뿌리의 호흡작용
③ 근권의 탄산가스농도
④ 양분 활성화와 관련되는 뿌리 분비물의 종류와 양

정답 ③

1-4. 작물의 뿌리에서 양분의 이동속도가 가장 빠른 것은?

① Ca^{2+}
② NO_3^-
③ H_2PO_4
④ K_2O

정답 ①

해설

1-1
작물의 필수원소 중 C, O, H는 공기와 물을 통해 자연적으로 흡수되며, 나머지 원소들은 주로 토양에서 공급된다.

핵심이론 02 점토광물(粘土鑛物)

① 점토광물의 종류 : 점토광물은 규산판과 알루미늄판이 1:1로 구성된 것(고령석, 엽락석)과 2:1로 구성된 것으로 분류할 수 있다.

㉠ 1:1 격자형 광물 : 카올리나이트(Kaolinite), 핼로이사이트(Halloysite), 하이드로핼로이사이트(Hydrated Halloysite, Endelite)

㉡ 2:1 격자형 광물
- 비팽창형 : 일라이트(Illite)
- 팽창형 : 버미큘라이트(Vermiculite), 몬모릴로나이트(Montmorillonite), 바이델라이트(Beidellite), 사포나이트(Saponite), 논트로나이트(Nontronite)

㉢ 혼층형 광물
- 규칙혼층형 : 클로라이트(Chlorite)
- 불규칙혼층형

㉣ 쇄상형 광물 : 아타풀자이트(Attapulgite)

㉤ 산화광물
- 산화알루미늄 : 기브자이트(Gibbsite)
- 산화철 : 헤머타이트(Hematite, 적철광), 리모나이트(Limonite), 괴타이트(Goethite, 침철광)
- 산화망간 : 파이롤루사이트(Pyrolusite)
- 무정형광물 : 앨러페인(Allophane)

② 점토광물의 생성

㉠ 풍화에 의한 점토광물의 생성과정 : Chlorite · Illite → Vermiculite → Montmorillonite → Kaolinite

㉡ 토양반응이 산성인 pH에서 규소(Si), 알칼리(Alkali) 및 토금속 이온의 농도가 낮으면 주로 1:1 격자형 광물이 생긴다.

㉢ pH가 높고 토양용액 중 알칼리 및 알칼리 토금속 이온의 농도가 비교적 높으면 주로 2:1 격자형 광물이 생성되고, K이온이 많으면 일라이트(Illite)가 생성된다. 또한 Mg 이온이 있으면 몬모릴로나이트(Montmorillonite)가, Mg의 농도가 더욱 높으면 클로라이트(Chlorite)와 팔리골스카이트(Palygorskite)가 생성된다.

㉣ 규산(SiO_2)의 함량이 낮고(약 1ppm), 알칼리 및 토금속 이온의 농도가 매우 낮으면 기브자이트(Gibbsite)[$Al(OH)_3$]만 생성된다.

[핵심예제]

2-1. 점토광물의 일반적 구조에 관한 설명으로 가장 적합한 것은?

① 규반질광물로서 Si^{4+}나 K^+가 고정된 구조
② 2:1 격자형 광물로서 알루미나판 2개가 결합된 구조
③ 토양생성과정에서 재합성된 1차 광물의 구조
④ 판상격자를 가지고 있으며 규산판과 알루미나판이 결합된 구조

정답 ④

2-2. 토양의 생성과정 중 Mg이온이 많을 때 생성되는 점토광물은?

① Kaolinite
② Montmorillonite
③ Illite
④ Vermiculite

정답 ②

핵심이론 03 **주요 광물질의 특성**

① 카올리나이트(Kaolinite)

ㄱ Si 4면체층과 Al 8면체층이 1:1 격자로 결합된 광물이다.

ㄴ 점토광물의 변두리전하에만 의존하여 영구음전하가 존재한다.

ㄷ 동형치환이 거의 발생하지 않는 광물이다.

ㄹ K 함량이 많은 장석이 염기물질의 신속한 용탈작용을 받았을 때 가장 먼저 생성된다.

ㅁ 우리나라 토양에 가장 많이 존재하며 비팽창형이다.

② 몬모릴로나이트(Montmorillonite)

ㄱ 2:1의 대표적인 8면체 점토광물로 Al의 1/6 정도가 Mg와 동형치환된 광물이다.

ㄴ 중간결합이 약해 물이 흡착될 경우 가장 많이 팽창한다.

ㄷ 강우 시 유거수에 의한 침식이 가장 잘 일어날 수 있을 것으로 추정되는 팽창형 광물이다.

ㄹ 염화암모늄 같은 강산염의 NH_4^+이온 첨가 시 토양의 단위 치환용량에 대한 NH_4^+ 흡착량이 크다.

③ 일라이트(Illite)

ㄱ 백운모와 흑운모에서 생성되며 4개의 Si 중 한 개가 Al으로 치환되고 Si층 사이에 K이온이 존재한다.

ㄴ 비팽창형의 2:1 격자광물이며 음전하의 부족한 양을 채우기 위하여 결정단위 사이에 K 원소가 고정되어 있다.

ㄷ 입자의 크기가 작고 층간전하가 작은 편이어서 버미큘라이트나 스멕타이트(Smectite) 같은 층과 섞여 있는 경우도 있다.

※ 스멕타이트(smectite) : 양이온 양분을 저장할 수 있는 용량이 큰 무기교질물

④ 버미큘라이트(Vermiculite)

ㄱ 구조가 일라이트와 비슷하나 다른 점은 대부분의 층간 결합물인 K이온이 빠져나간 상태이다.

ㄴ 토양용액의 pH 변화에 영향을 받지 않는 전하를 가장 많이 가지고 있다.

ㄷ 결합력은 일라이트보다 약하지만 층간에 수분이 유입되면 팽창한다.

ㄹ 수분 함량에 따라 부피가 크게 변한다.

ㅁ 흡습수, 중간수 및 결정수의 3가지 수분을 함유하고 있다.

⑤ 클로라이트(Chlorite)

　㉠ 실리카층, 알루미나층, 2번째 실리카층 그리고 다른 알
　　루미나 혹은 브루사이트(Brucite)층으로 구성되어 있다.

　㉡ 브루사이트층은 Al이 Mg으로 치환된 Mg 8면체로 양전
　　하를 띠며, 2개의 Si층과 1개의 Al층인 음전화층과 서로
　　중화되어 있다.

⑥ 알로판(Allophane)

　㉠ Si와 Al의 산화물이 약하게 결합한 광물질로 부정형 점
　　토광물질이다.

　㉡ 양이온교환용량이 가장 높다.

⑦ 기브자이트(Gibbsite)

　㉠ 대표적인 알루미늄의 수산화물이다.

　㉡ 울티솔(Ultisols)이나 옥시솔(Oxisols) 같이 심하게 풍
　　화된 토양에 많이 존재한다.

　㉢ 동형치환이 전혀 없으며, 토양의 pH에 따라 순양전하를
　　가질 수도 있다.

　㉣ 기브자이트는 1차 광물인 휘석보다 풍화내성이 강하다.

　㉤ 기브자이트는 2차 광물인 백운석, 침철광보다 풍화내성
　　이 강하다.

> 1차 광물의 풍화내성 정도
> 석영 > 백운모 > 장석류 > 감섬석류 > 휘석류 · 흑운모 > 감람
> 석류 순이다.
> 2차 광물의 풍화내성 정도
> 침철강 < 적철강 < 기브자이트 < 점토광물 < 백운석 < 방해석
> < 석고

[핵심예제]

3-1. 점토광물의 표면에 영구음전하가 존재하는 원인은 동형치
환과 변두리전하에 의한 것이다. 이 중 점토광물의 변두리전하
에만 의존하여 영구음전하가 존재하는 점토광물은?

① Kaolinite　　　　　② Montmorillonite
③ Vermiculite　　　　④ Allophane

　　　　　　　　　　　　　　　　　　　　정답 ①

3-2. 점토광물 중 동형치환이 거의 발생하지 않는 광물은?

① Kaolinite　　　　　② Vermiculite
③ Smectite　　　　　④ Montmorillonite

　　　　　　　　　　　　　　　　　　　　정답 ①

3-3. 칼륨 함량이 많은 장석이 염기물질의 신속한 용탈작용을
받았을 때 가장 먼저 생성되는 점토광물은?

① Illite　　　　　　　② Chlorite
③ Vermiculite　　　　④ Kaolinite

　　　　　　　　　　　　　　　　　　　　정답 ④

3-4. 물이 흡착될 경우 가장 많이 팽창하는 광물은?

① Montmorillonite　　② Illite
③ Chlorite　　　　　　④ Kaolinite

　　　　　　　　　　　　　　　　　　　　정답 ①

3-5. 비팽창형의 2 : 1 격자광물이며 음전하의 부족한 양을 채
우기 위하여 결정단위 사이에 K 원소가 고정되어 있는 광물은?

① Montmorillonite　　② Vermiculite
③ Illite　　　　　　　④ Kaolinite

　　　　　　　　　　　　　　　　　　　　정답 ③

3-6. 토양용액의 pH 변화에 영향을 받지 않는 전하를 가장 많
이 가지고 있는 광물은?

① 클로라이트(chlorite)
② 카올리나이트(kaolinite)
③ 버미큘라이트(vermiculite)
④ 할로이사이트(halloysite)

　　　　　　　　　　　　　　　　　　　　정답 ③

핵심이론 04 토양교질과 염기치환

① 토양교질물(콜로이드)의 특징

  ㉠ 교질 입자의 크기는 대체로 입경이 $0.1\mu m$ 이하이다.

  ㉡ 토양교질물에는 무기교질물과 유기교질물이 있다.

  ㉢ 단위 g당 입자 표면적이 미사보다 크다.

  ㉣ 양이온치환능력을 가지고 있다.

  ㉤ 토양교질물이 많은 토양은 수분의 유실이나 증발이 적으므로 보수력과 보비력이 크다.

② 염기(양이온)치환

  ㉠ 양이온치환

   • 확산 이중층 내부의 양이온과 유리양이온이 서로 그 위치를 바꾸는 현상을 양이온치환(Cation Exchange) 또는 염기치환(Base Exchange)이라고 한다.

   • Ca^{2+}, Mg^{2+}, H^+, Na^+, K^+, Al^{3+} 등으로 Ca^{2+}의 비율이 가장 높다.

   ※ 토양용액 중의 주요 음이온 : SO_4^{2-}, Cl^-, NO_3^-, PO_4^{3-}, HPO_4^{2-}, $H_2PO_4^-$, CO_3^{2-}, HCO_3^- 등

  ㉡ 양이온치환용량[CEC ; Cation Exchange Capacity 또는 염기치환용량(BEC)]

   • 토양 1kg이 보유하는 치환성양이온의 총량을 말한다.

   • 단위 : $1\text{me}/100\text{g} = 1\text{cmol}_c/\text{kg} = 1\text{cmol}_c \cdot \text{kg}^{-1}$
     $= 1\text{cmol}^+/\text{kg}$

③ 양이온치환용량의 의의

  ㉠ 양이온치환용량이 크면 유효 영양성분인 K^+, NH_4^+, Ca^{2+}, Mg^{2+} 등의 양분 보유량이 많으므로 비옥한 토양이다.

  ㉡ 양이온치환용량이 클수록 보비력이 향상된다.

  ㉢ 토양반응의 변동에 저항하는 힘, 즉 완충력은 염기치환용량이 크면 클수록 커지므로 염기치환용량이 큰 토양에서 생육하는 작물은 비교적 안전하다.

  ㉣ 양이온교환용량은 토양이 양이온을 흡착·교환할 수 있는 능력을 나타낸다.

양이온치환용량의 크기

토양교질물	CEC	토양교질물	CEC
부식	100~300	Chlorite	10~40
Allophane	100~800	Illite	10~40
Vermiculite	80~150	Kaolinite	3~15
Montmorillonite	80~150	Halloysite($2H_2O$)	5~10
Halloysite($4H_2O$)	40~50		

④ 토양의 양이온치환용량을 높이는 방법

  ㉠ 산성토양의 개량

  ㉡ 유기물 시용

  ㉢ 점토 함량이 높은 토양으로 객토

⑤ 토양 중 수소이온(H^+)이 생성되는 원인

  ㉠ 탄산과 유기산의 분해에 의한 수소이온 생성

  ㉡ 질산화작용에 의한 수소이온 생성

  ㉢ 식물뿌리에 의한 수소이온 방출 생성

핵심예제

4-1. 토양교질에 대한 설명으로 틀린 것은?

① 입경이 $1\mu m$ 이하인 입자를 말한다.

② 단위 g당 입자 표면적이 미사보다 크다.

③ 낮은 수분 보유능력을 가지고 있다.

④ 양이온 치환능력을 가지고 있다.

정답 ③

4-2. 토양의 양이온교환용량(CEC)를 옳게 설명한 것은?

① 토양이 전하와는 무관하게 양이온을 함유할 수 있는 용량이며, 단위는 $\text{me}100\text{g}^{-1}$이다.

② 토양이 음전하에 의하여 양이온을 함유할 수 있는 용량이며, 단위는 mgkg^{-1}이다.

③ 토양이 음전하에 의하여 양이온을 흡착할 수 있는 용량이며, 단위는 $\text{cmol}_c\text{kg}^{-1}$이다.

④ 토양이 양전하에 의하여 염기성 이온을 흡착할 수 있는 용량이며, 단위는 %이다.

정답 ③

4-3. 토양의 양이온교환용량에 대한 설명 중 틀린 것은?

① 양이온교환용량은 토양이 양이온을 흡착·교환할 수 있는 능력을 나타낸다.

② 양이온교환용량이 클수록 더 많은 양분을 보유할 수 있다.

③ 사토가 양토에 비하여 양이온교환용량이 크다.

④ 유기물 함량이 높을수록 양이온교환용량은 증가한다.

정답 ③

4-4. 토양분석결과, 교환성 K^+이온이 $0.4\text{cmol}_c/\text{kg}$이었다면 이 토양 1kg 속에는 몇 g의 교환성 K^+이온이 들어 있는가?(단, K의 원자량은 39로 한다)

① 0.078

② 0.156

③ 0.234

④ 0.312

정답 ②

해설

4-4

$0.4 \times 39/100 = 0.156$

핵심이론 05 주요 양이온의 이액순위

① 이액순위의 개념 : 유리양이온이 확산하여 이중층 내부로 치환침입하는 순위를 말한다.

② 치환침입력의 대소

　㉠ 원자가가 높은 양이온이 원자가가 낮은 양이온보다 일반적으로 치환침입력이 크다.

　㉡ 양전하수가 같은 양이온 사이에서는 이온의 크기가 작은 것이 이온의 크기가 큰 것보다 치환침입력이 크다.

　㉢ 전하수도 같고 이온의 크기도 같을 경우에는 양이온 가수도의 대소에 따라서 가수도가 작은 것이 큰 것보다 치환침입력이 크다.

　㉣ 주요 양이온 이액순위 : $Al^{3+} \geq H^+ > Ca^{2+} > Mg^{2+} > K^+ \geq NH_4^+ > Na^+ > Li^+$

　㉤ 침출순위 : $Al^{3+} \leq H^+ < Ca^{2+} < Mg^{2+} < K^+ \leq NH_4^+ < Na^+ < Li^+$

핵심예제

5-1. 토양용액 중 유리양이온의 확산이중층 내부로 치환·침입하는 순서를 이액순위라고 한다. 이액순위에 대한 설명으로 틀린 것은?

① 양하전수가 같은 사이에서는 양이온의 크기가 작은 것이 치환·침출될 때의 침출순위는 거의 변동이 없다.

② 양이온치환용량이 큰 교질물이나 토양에서는 Ca^{2+}의 흡착력이 H^+의 흡착력보다 강하다.

③ 치환침입력의 대소는 유리양이온의 농도와 관계가 있다.

④ 이액순위와 치환성양이온의 이온이 치환·침출될 때의 침출순위는 거의 변동이 없다.

정답 ④

5-2. 석회를 시용할 때 가장 먼저 떨어져 나오는 것은?

① H^+　　　　　　　② Mg^{2+}
③ Na^+　　　　　　④ K^+

정답 ①

5-3. 석회를 시용 시 침출이 가장 빠른 양이온은?

① H^+　　　　　　　② Mg^{2+}
③ Na^+　　　　　　④ K^+

정답 ③

해설

5-3

석회물질을 시용하면 토양에 Ca^{2+}이온을 공급하고 Na^+이온과 치환하면 토양입자가 Ca교질로 되고 물리성 양호해지면서 Na염이 표면 또는 지하로 용탈되어 제염되는 것으로 알려져 있다.

핵심이론 06 염기포화도와 음이온치환

① 염기포화도

　㉠ 양이온치환용량(CEC) 중 치환성양이온(일반적으로 CEC 중 H^+나 Al^{+3}을 제외한 Ca^{2+}, Mg^{2+}, K^+, Na^+ 등)이 차지하는 비율을 염기포화도라고 한다.

$$\text{※ 염기포화도} = \frac{\text{치환성양이온}(H^+\text{와 } Al^{+3}\text{을 제외한 양이온})}{\text{양이온치환량}(CEC)} \times 100$$

> **예제** 양이온교환용량이 20cmol$_c$/kg인 토양입자 표면에 흡착되어 있는 H^+, Al^{3+}, Ca^{2+}, Mg^{2+}, K^+, Na^+의 양이 각각 4, 5, 3, 2, 4, 2cmol$_c$/kg이라면 이 토양의 염기포화도는 얼마인가?
>
> **풀이**
> 염기포화도 = 교환성 염기의 총량-(Al, H)/양이온교환
> 　　　　　　용량 $\times 100$
> 　　　　　= $20 - (4+5)/(4+5+3+2+4+2) \times 100$
> 　　　　　= 55%

　㉡ 염기포화도는 토양산도(pH)와 관계가 깊다. pH가 상승하면 염기포화도는 높아지고, pH가 하강하면 염기포화도는 낮아진다.

　㉢ 염기포화도는 총치환성 염기량의 양이온치환용량에 대한 백분율이지만, 각 염기의 포화도도 구할 수 있다. 즉, 치환성 석회량의 양이온치환용량에 대한 백분율을 석회포화도라고 하고, 동일한 방법으로 마그네슘포화도, 칼륨포화도 등을 산출할 수 있다.

② 음이온의 흡착

　㉠ 토양교질에는 음전하량이 훨씬 많지만 양전하도 약간은 있다.

　㉡ pH가 낮아질수록 H^+이 교질표면에 흡착되어 교질의 양전하가 증대되므로 음이온 흡착이 증대된다.

　㉢ SiO_2/R_2O_3의 분자비가 작을수록 음이온교환이 증대된다.

　㉣ Al과 Fe 등의 수산화물이 많을수록 음이온교환이 증대된다.

　㉤ 유기교질물에 의한 흡착량이 대부분이다.

③ 음이온 치환순서 : $SiO_4^{4-} > PO_4^{3-} > SO_4^{2-} > NO_3^- = Cl^-$

　㉠ SO_4^{2-}, NO_3^-, Cl^- 등은 PO_4^{3-}가 존재하면 흡착이 어렵다.

　㉡ 인산의 고정 : PO_4^{3-} 흡착은 PO_4^{3-}가 낮거나 Cl^-이온이 높아도 이루어진다.

④ 음이온의 흡착지배요인 : 토양용액의 pH, 염농도, 선택적
성질에 좌우된다.
　㉠ 질산염 : 흡착이 안 됨
　㉡ 황산염 : 산성토양에 흡착
　㉢ 인산염 : 모든 토양에 흡착

> **염기치환용량 분석**
> 토양 10g을 1N−CH_3COONH_4(pH 7.0)용액 250mL로 24시간 침출
> 한 후 토양교질에 흡착된 NH_4를 케탈법으로 측정한다.

핵심예제

6-1. 토양산도와 가장 밀접한 관계가 있는 것은?

① 토양의 색　　　　　② 토 성
③ 염기포화도　　　　④ 토양의 구조

정답 ③

6-2. 어떤 토양의 흡착이온을 분석한 결과 Mg^{2+} : 2cmol$_c$/kg, Na^+ : 1cmol$_c$/kg, Al^{3+} : 2cmol$_c$/kg, H^+ : 4cmol$_c$/kg, K^+ : 2cmol$_c$/kg이었다. 이 토양의 CEC가 12cmol$_c$/kg이고, 염기포화도는 75%로 계산되었다. 이 토양의 치환성 칼슘의 양은 몇 cmol$_c$/kg으로 추정되는가?

① 1　　　　　② 2
③ 3　　　　　④ 4

정답 ④

해설

6-1
염기포화도는 pH와 관계가 깊은데, 교질물의 종류와 함량이 일정한
토양에서는 pH가 증가하면 염기포화도가 증가하고, pH가 감소하면
염기포화도가 감소하는 경향이 있다.

6-2
염기포화도 = 교환성 염기의 총량 − (Al^{3+}, H^+)/양이온 교환용량 × 100
$75\% = (11 + x) − (2 + 4)/12 × 100$
$\therefore x = 4$

핵심이론 07　토양반응

① **토양반응의 개념**
　㉠ 토양반응이란 토양이 나타내는 산성 또는 중성이나 알칼리
성이며 이를 pH(Potential of Hydrogen ion)로 표시한다.
　㉡ pH는 순수한 물 1L에 녹아 있는 수소이온의 역수의 대
수(log)이다.

② **토양 pH의 중요성**
　㉠ 토양의 pH는 무기성분의 용해도를 크게 지배한다.
　㉡ 농작물의 생육에 적당한 pH는 6.5 정도이며, 유기질
토양의 pH는 5.5 정도이다.
　㉢ 토양미생물에 대한 pH의 영향은 병원 생물의 활동을
억제하는 수단으로도 이용된다.
　㉣ 토양의 pH가 4~5 정도의 강산성이 되면 망간과 알루미
늄의 농도가 높아진다.
　㉤ 토양이 산성이 되면 질소를 고정하는 근류균의 활성이
떨어지고, 유기물을 분해하는 세균의 활성도 떨어져서
유기물의 무기화속도가 늦어진다.
　㉥ 인산의 유효도가 가장 높은 것은 pH 6~7 사이이며, 많
은 영양소가 pH 6 이하가 되면 유효성이 낮아진다.
　㉦ 강우량이 적은 지역에서는 염류의 집적으로 토양의 pH
가 높아지고, pH 9 이상이 되면 식물의 생장을 멈추거나
말라죽는다.

③ **토양산성의 분류**
　㉠ 활산성(활산도)
　　• 토양에 순수한 물을 가해 줄 때 용해되는 H^+에 기인하
는 산성이다.
　　• 작물에 직접 해작용을 끼치며 pH값은 활성의 유리수
소이온 농도를 표시한다.
　　• 토양시료에 증류수를 가하여 측정하는데, 일반적으로
시료와 증류수의 비율은 1:1이며 증류수의 비율을 크
게 할수록 pH값은 높아진다.
　　• 증류수 대신 농도가 높은 $CaCl_2$나 KCl을 사용했을 때
의 pH 값은 이중층 내부의 H^+이 용출되기 때문에 매우
낮은 값을 나타낸다.
　㉡ 잠산성(또는 치환산성, 잠사도, 교환산도) : 토양입자에
흡착되어 있는 교환성 수소와 교환성 알루미늄에 의한
것으로서, KCl과 같은 중성염을 가하여 용출된 H^+에
의한 산성이다.

ⓒ 가수산성
- 식초산석회와 같은 약산의 염으로 용출되는 수소이온에 기인한 토양의 산성이다.
- 산성 초기에 나타나는 산성으로서, 치환산도보다 항상 높은 값을 나타낸다.

[핵심예제]

7-1. 토양의 화학적 반응에 의해 영향을 가장 많이 받는 것은?

① 토양 삼상의 비율
② 토 성
③ 토양의 pH
④ 토양의 구조

정답 ③

7-2. 토양 pH의 중요성에 대한 설명으로 가장 적절하지 않은 것은?

① 토양의 pH는 무기성분의 용해도를 크게 지배하지 않는다.
② 토양의 pH가 강산성으로 되면 망간의 농도가 높아진다.
③ 강우량이 적은 지역에서는 염류의 집적으로 토양의 pH가 높아진다.
④ 토양이 산성이 되면 질소를 고정하는 근류균의 활성이 떨어진다.

정답 ①

7-3. 활산성에 대한 설명으로 맞는 것은?

① 치환성 수소이온농도에 의한 산성
② 확산 이중층 내외의 수소이온농도에 의한 산성
③ 다가 염의 용액으로 치환시킨 수소이온농도에 의한 산성
④ 유리수소이온 농도에 의한 산성

정답 ④

7-4. 치환산도 측정을 위해 수소이온 침출용으로 주로 사용하는 용액은?

① KCl
② NaCl
③ CaCl₂
④ MgCl₂

정답 ①

해설

7-2
토양의 pH는 무기성분의 용해도를 크게 지배한다. 토양이 너무 산성화되거나 알칼리성이 되면 양분의 불용화로 인한 결핍 또는 양분의 과잉 용출로 인한 독성으로 여러 가지 생리장애가 나타날 수 있다.

핵심이론 **08** | **토양의 산성화**

① **우리나라 토양산성화의 원인**
ㄱ 강우량이 많아 토양염기와 식물양분이 용탈된다.
ㄴ 모암이 산성암인 화강암과 화강편마암(산성화된 퇴적물이 발달한 것)이다.
ㄷ 과다한 질소질 화학비료 사용 때문이다(염화칼륨, 황산칼륨, 분뇨 등).
ㄹ 주요 점토광물의 양이온교환용량이 낮아 토양염기가 쉽게 용탈된다.
ㅁ 염기 미포화교질의 증가 때문이다.

② **산성토양의 개념**
ㄱ 토양이 산성을 나타내는 것은 근본적으로 수소이온(H^+)의 농도가 높아지는 것이다.
ㄴ 작물의 뿌리로부터 침입한 수소이온은 효소작용을 방해한다.
ㄷ 산성토양이 되면 Al^{3+}과 Mn^{2+} 이온들이 용출되어 작물에 해작용을 한다.
ㄹ 인, 칼슘, 마그네슘, 몰리브덴, 붕소 등 필수원소가 결핍된다.
ㅁ 산성토양에서는 석회가 부족하고 토양미생물의 활동이 감소되어 토양의 입단 형성이 저하된다.
ㅂ 토양산성이 강해지면 질소고정균, 근류균 등의 활동이 약화된다.
※ 알칼리가 되면 미량원소의 용해도가 떨어져 철, 망간, 알루미늄, 아연, 구리 등이 결핍되기 쉽다.
ㅅ 인산이 활성알루미늄과 결합하면 결핍이 초래된다.
ㅇ 세균이 줄어들어 질소고정이나 질산화작용은 부진해지고, 사상균은 늘어난다.
ㅈ 마그네슘의 가급도가 감소하여 작물생육에 불리하다.

③ **산성토양에서 작물생육이 불량해지는 원인**
ㄱ 알루미늄, 망간, 철 등의 용해도 증가로 독성 발현
- 알루미늄 독성으로 인해 식물의 뿌리신장이 저해된다.
- 철의 과잉흡수로 벼의 잎에 갈색 반점이 생긴다.
- 망간독성으로 인해 식물 잎의 만곡현상을 야기한다.
ㄴ 수소이온(H^+) 과다로 식물체 내 단백질의 변형과 효소활성이 저하
- 효소작용 방해 : 단백질 응고, 용해
- 세포막이 약화되어 세포투과성 감소

© 칼슘과 마그네슘 등의 유효도 감소에 의한 토양이화학성이 악화된다.
- 칼슘과 칼륨, 마그네슘 등과 같은 미량원소들이 유실되어 척박한 토양이 되고, 식물이 살 수 없는 사막화현상이 발생한다.
- 산도가 7에서 5로 낮아지면 양분의 이용률은 인산 66%, 칼륨 54%, 질소 57% 떨어진다.

② 유용 토양미생물 활성 저하
- 산성이 강해지면 세균은 줄고 사상균은 증가한다(세균에 의한 질소고정, 질산화작용, 유기물 분해 저하 및 사상균에 의한 병해 증가).
- 소동물수가 감소한다(지렁이).

토양반응과 식물의 영양성분
- 산성토양에서 가용도가 높은 원소 : 철(Fe), 망간(Mn), 알루미늄(Al), 아연(Zn), 구리(Cu)
- 산성토양에서 가용도가 낮아지는 원소 : 인산(P), 칼슘(Ca), 마그네슘(Mg), 붕소(B), 몰리브덴(Mo)

[핵심예제]

8-1. 우리나라 토양산성의 원인 중 가장 거리가 먼 것은?
① 강우량이 많아 토양염기와 식물양분의 용탈
② 모암이 산성암인 화강암과 화강편마암
③ 농경지에 화학비료의 적정 사용
④ 주요 점토광물의 양이온교환용량이 낮아 토양염기가 쉽게 용탈

정답 ③

8-2. 산성토양에 대한 설명으로 틀린 것은?
① 작물의 뿌리로부터 침입한 수소이온은 효소작용을 방해한다.
② 인산이 활성알루미늄과 결합하면 결핍이 초래된다.
③ 용성인비는 산성토양에서도 작물생육에 효과가 크다.
④ 산성이 강해지면 일반적으로 세균은 늘고 사상균은 줄어든다.

정답 ④

8-3. 토양이 산성화되면 일어나는 현상으로 틀린 것은?
① 콩과작물의 생육은 저하된다.
② 미생물활동이 저하된다.
③ Mo, S의 유효도가 증가한다.
④ Al, Cu, Mn 이온 과다로 작물생육이 저하된다.

정답 ④

해설

8-2
세균이 줄어들어 질소고정이나 질산화작용이 부진해지고, 사상균은 늘어난다.
8-3
Mo은 산성에서는 유효도가 낮으나 중성~알칼리성에서 유효도가 증가한다.

핵심이론 09 산성토양의 개량

① 산성토양의 개량대책
- ① 석회질 비료 시용 : 석회질 비료 등의 알칼리성 물질을 공급하여 토양의 반응을 교정한다.
- ① 유기물 시용 : 부식의 증대, 완충능의 증대와 토양의 물리화학적 성질, 미생물의 성질 개선효과가 있다.
- © 근류균 첨가 : 콩과식물을 재배하는 곳에는 근류균을 순수 배양하여 종자와 섞거나 배양균을 종자에 침지시키거나 모래나 부식토와 섞어 토양에 뿌려 준다.
- ② 토양개량제 시용 : 질소, 칼륨, 칼슘, 마그네슘, 유황을 공급해야 한다.

토양산성화의 방지책
- 석회는 한꺼번에 다량 시용하지 않고, 매년 계획적으로 시용한다.
- 토양부식의 증가를 위해 유기물을 시용한다.
- 산성비료나 뒷거름 등의 연용를 피하고 중성이나 알칼리성 비료를 시용한다.
- 적절한 작부체계를 세워서 토양의 나지기간을 단축시킨다.

---

② 산성토양에서 석회질을 사용하여 얻을 수 있는 혜택
- ① Ca성분 공급효과
- ① 토양산도 교정효과
- © 토양생물의 활성증진효과
- ② 석회로 산성토양을 중화했을 때 결핍되기 쉬운 영양성분 : Mn, Zn 등
- ① 인산은 중성에서 유효도가 가장 높다. 산성이나 알칼리성에서는 유효도가 감소할 뿐만 아니라 산성에서는 Fe과 Al에 의해, 알칼리성에서는 Ca에 의해 고정작용이 일어난다.
- ⑭ 석회요구량은 pH, 토성, 점토의 종류, 유기물 함량에 따라 다르다.
- ⑭ 석회소요량검정법 : 완충곡선법(ORD형 간이토양검정기 이용), 완충용액법, pH 측정법, 치환산도법, 가수산도법 등이 있다.

[핵심예제]

산성토양의 개량방법으로 적합하지 않은 것은?
① 농용석회 시용
② 황산석회 시용
③ 완숙 유기물의 시용
④ 패각분말 시용

정답 ②

핵심이론 10 토양의 알칼리화(염류토양)

① 알칼리토양

우리나라에 존재하는 알칼리토양은 $NaCl$, $MgCl_2$ 등을 다량 함유한 해성충적물질에서 유래된 간척지토양에서 그 제염이 불충분한 토양 또는 바닷물의 침입을 받는 토양이다.

② 알칼리토양의 분류

㉠ 염류토양

• 염류토양은 대부분 염화물, 황산염, 질산염 등의 가용성 염류가 많다.

• 토양의 pH는 대개 8.5 이하이고, 교환성 Na의 비율은 15% 이하이다.

• 표면에 백색의 염류피층이 형성되고, 염류의 맥이 발견되기도 하여 백색 알칼리 토양이라 한다.

• 염류토양은 대개 교질물이 고도로 응고되어 좋은 구조를 이룬다.

• 염류토양을 개량하려면 배수를 좋게 하는 것이 가장 중요하다.

㉡ 나트륨성 토양

• 교환성 Na의 비율은 15%를 넘고, pH는 8.5와 10 사이이다.

• Na이 교질물로부터 해리되어 소량의 탄산나트륨이 형성되며, 유기물이 분산되어 입자 표면에 분포되어 어두운색을 띠므로 흑색 알칼리토라고 부르기도 한다.

• 교질이 분산되어 있어 경운이 어렵고 투수가 매우 느리며, 표면에는 비교적 거친 토성층이 남는다.

• 용액에는 Ca, Mg이 적고 Na이 많이 들어 있으며, 음이온으로는 SO_4^{2-}, Cl^-, HCO_3^-, 소량의 CO_3^{2-}이 들어 있다.

염해토양의 분류기준

토양 분류	pH	EC(dS/m)	ESP(%)	SAR(%)
일반토양	6.5~7.2	< 4	< 15	< 13
염류토양	< 8.5	> 4	< 15	< 13
염류나트륨성 토양	< 8.5	> 4	> 15	> 13
나트륨성 토양	> 8.5~10	< 4	> 15	> 13

※ 전기전도도(EC), 치환성나트륨비율(ESP) 나트륨흡착비(SAR)

10-1. 염류나트륨성 토양에 대한 내용으로 옳은 것은?

① pH < 8.5, EC > 4dS/m, ESP > 15, SAR > 13
② pH > 8.5, EC > 4dS/m, ESP > 15, SAR > 13
③ pH < 8.5, EC > 4dS/m, ESP < 15, SAR > 13
④ pH < 8.5, EC > 4dS/m, ESP > 15, SAR < 13

정답 ①

10-2. 염류토양과 나트륨성 토양을 구분한 토양침출액의 화학적 반응으로 알맞은 범위에 해당하는 설명은?

① ECe(전기전도도)는 염류토양은 4dS/m 이상, 나트륨성 토양은 4dS/m 이하이다.
② ESP(교환성나트륨퍼센트)는 염류토양은 15% 이상, 나트륨성 토양은 15% 이하이다.
③ SAR(나트륨흡착비)는 염류토양은 13% 이상, 나트륨성 토양은 13% 이하이다.
④ pH값은 염류토양은 8.5 이상, 나트륨성 토양은 8.5 이하이다.

정답 ①

10-3. 다음 설명 중 옳지 않은 것은?

① 나트륨성 토양 : 전기전도도 4dS/m 이하
② 나트륨성 토양 : pH 8.5 이상
③ 염류토양 : 나트륨 흡착비 13% 이상
④ 염류토양 : 교환성 나트륨 15% 이하

정답 ③

10-4. 토양과 평형을 이루는 용액의 Ca^{2+}, Mg^{2+} 및 Na^+의 농도는 각각 6mmol/L, 10mmol/L 및 36mmol/L이다. 이로부터 구할 수 있는 나트륨흡착비(SAR)는?

① 2.25%
② 9%
③ $9\sqrt{2}$%
④ 69.2%

정답 ②

해설

10-4

나트륨흡착비 $= Na농도 / \sqrt{Ca농도 + Mg농도}$

$36 / \sqrt{6+10} = 36/4 = 9$

핵심이론 11 산화환원전위(Eh)

① 산화환원반응

　㉠ 산화는 산소와 결합하거나 수소 또는 전자를 내어 주는 경우이며, 환원은 그 반대 현상이다.

　㉡ 산화환원반응은 상호작용에 의해 형성되어 특정 물질이 산화되면 반응식에서 다른 물질은 환원이 일어나며 대부분 가역반응이다. 즉, 산화반응과 환원반응은 동시에 일어난다.

　㉢ 산화환원반응은 표준 수소전극반응의 산화환원전위를 기준($Eh = 0V$)으로 상대적인 크기로 나타낸다. Eh값이 양(+)이면 산화환경을, 음(−)이면 환원환경을 지시한다.

② 산화환원전위(Eh)

　㉠ 산화환원전위는 산화형 물질의 비율이 높으면 Eh값이 높아지고, 환원형 물질의 비율이 높아지면 Eh값이 낮아진다.

　㉡ 수소이온농도가 증가하여 pH가 저하되면 토양의 Eh는 상승하고 pH가 상승하면 토양의 Eh는 저하되어 환원상태가 된다.

　㉢ 토양의 Eh값은 토양의 pH, 무기물, 유기물, 배수조건, 온도 및 식물의 종류에 따라 변화한다. 보통 −0.35V에서 +0.80V 범위에 있으며 물속에 잠겨 있는 토양의 Eh는 대개 −0.18V 정도이다.

　㉣ 토양의 산화환원전위값으로 토양에 존재하는 무기이온의 화학적 형태를 알 수 있다.

　㉤ 통기성과 배수조건이 불량한 토양은 산화능력이 떨어져 Eh가 낮아지고 금속황화물과 젖산과 같은 저급 지방산이 형성되기도 한다.

③ 토양환경 조건에 따른 중금속의 상태 변화

　㉠ 산성에서 용해도가 감소하여 장해가 경감되는 것 : Mo

　㉡ 알칼리성에서 용해도가 감소하여 장해가 경감되는 것 : Cu, Zn, Mn, Cd, Fe

　㉢ 환원상태에서 용해도가 감소하여 장해가 경감되는 것 : Cd, Zn, Cu, Pb, Ni

　㉣ 산화상태에서 독성이 저하되는 것 : As(아비산에서 비산으로 되면서 독성이 저하됨)

핵심예제

11-1. 토양의 산화환원전위값으로 알 수 있는 것은?

① 광합성 상태
② 논과 밭의 함수율
③ 미생물의 종류와 전기적 힘
④ 토양에 존재하는 무기이온의 화학적 형태

정답 ④

11-2. 토양에서 화학적 거동 특성이 다른 것은?

① 카드뮴　　　　② 비 소
③ 납　　　　　　④ 아 연

정답 ②

11-3. 환원상태에서 황화물이 되어 난용성으로 됨으로써 장해가 경감되는 중금속이 아닌 것은?

① Cd　　　　　　② As
③ Ni　　　　　　④ Zn

정답 ②

해설

11-1

산화환원전위는 그 계의 표준전위와 산화형 및 환원형 물질의 농도비에 의하여 결정된다. 즉, 산화형 물질의 비율이 높으면 Eh값이 높아지고, 환원형 물질의 비율이 높아지면 Eh값이 낮아진다. 어떤 토양의 Eh값을 측정하는 실질적인 목적은 토양 중에 있는 산화 및 환원물질의 상대적인 양을 알고자 하는 데 있다.

11-3

토양의 산화환원전위

• 환원상태에서 황화물이 되어 난용성으로 됨으로써 장해가 경감되는 것 : Cd, Zn, Cu, Pb, Ni
• 산화상태에서 독성이 저하되는 것 : As(아비산에서 비산으로 되면서 독성이 저하됨)

핵심이론 12 | 토양비옥도 평가

① 토양비옥도 구성요소

물리적 성질	화학적 성질	생물적 성질
유효토심	pH	미생물체량 질소
용적밀도	양이온치환용량	미생물체량 탄소
보수력	유기물 함량	지렁이
입단안전성	가용성 질소	효 소
투수성 등	치환성 칼륨, 칼슘 등	토양병 억제 정도 등

② 토양비옥도 평가방법
　㉠ 토양검정을 통한 유효양분분석
　㉡ 시비 권장량 결정을 위한 재배시험
　㉢ 작물 요구영양소 결정을 위한 식물체분석

③ 영양소의 유효도 결정방법 : 토양분석, 결핍증상의 관찰과 식물체분석, 식물재배시험 등이 있으며 재배시험은 포장시험과 포트시험으로 나눈다.

④ 토양의 유효토심의 제한요인 : 암반, 지하수위, 모래 및 자갈
　※ 유효토심 : 작물생육에 있어서 뿌리의 신장에 제한을 받지 않는 토양의 깊이

핵심예제

12-1. 토양비옥도 평가방법으로 적합하지 않은 것은?

① 토양검정을 통한 유효양분분석
② 시비권장량 결정을 위한 재배시험
③ 지리적 정보시스템을 통한 토양 분류
④ 작물 요구영양소 결정을 위한 식물체분석

정답 ③

12-2. 토양비옥도 평가 중 영양소의 유효도 결정방법으로 적합하지 않은 것은?

① 토양분석
② 토양단면조사
③ 결핍증상 관찰과 식물체분석
④ 식물재배시험

정답 ②

12-3. 토양의 유효토심 제한요인으로 볼 수 없는 것은?

① 암 반　　　　　　② 지하수위
③ 모래 및 자갈　　　④ 토양유기물 함량

정답 ④

3-3. 토양수분

핵심이론 01 | 토양수분의 분류

① 결합수
　㉠ 결합수는 pF 7.0 이상으로 작물에서 사용 불가능한 수분이다.
　㉡ 토양을 100℃로 가열해도 분리되지 않는 토양 속의 수분으로, 토양의 고체분자를 형성한다.

② 흡습수
　㉠ pF 4.5 이상(-3.1MPa 이하)으로 작물에 거의 흡수되지 못한다.
　㉡ 습도가 높은 대기 중에 토양을 놓아두었을 때 대기로부터 토양에 흡착되는 수분이다.

③ 모관수(모세관수)
　㉠ pF 2.7~4.5(-3.1~-0.033MPa)로 작물이 주로 이용하는 수분이다.
　㉡ 모세관력과 물의 표면장력에 의해 유지된다.
　㉢ 표토의 염류집적에 가장 큰 원인이 되는 수분이다.
　㉣ 모세관력에 의한 물의 상승은 모세관의 반지름에 반비례한다.

④ 중력수
　㉠ pF 0~2.7(-0.033MPa 이상)로서 작물에 직접 이용할 수 없는 수분이다.
　㉡ 중력에 의해서 비모관공극에 스며 내리는 물이다.
　㉢ 토양에 잔류하는 농약이나 영양분을 지하수로 이동시키는 데 있어서 가장 큰 역할을 한다.

⑤ 지하수
　㉠ 지하에 정체하여 모관수의 근원이 된다.
　㉡ 작은 공극으로 이루어지는 모세관을 따라 위로 이동하며, 올라갈 수 있는 높이는 모세관의 지름에 반비례하고 표면장력의 2배에 비례한다.
　㉢ 지하수위가 너무 낮으면 토양이 건조할 수 있고, 너무 높으면 과습 상태가 될 수 있다.

> **토양수분의 토양수분장력(pF) 크기**
> 결합수(7.0 이상) > 흡습수(4.5 이상) > 모관수(2.7~4.5) > 중력수(0~2.7)

핵심예제

1-1. 습도가 높은 대기 중에 토양을 놓아두었을 때 대기로부터 토양에 흡착되는 수분으로 −3.1MPa 이하의 퍼텐셜을 갖는 것은?

① 흡습수　　　　　　　② 모관수
③ 중력수　　　　　　　④ 지하수

정답 ①

1-2. 식물이 생육하는 데 이용되며, pF 2.7~4.5(유효수분)를 갖는 토양수분의 영역은?

① 결합수　　　　　　　② 흡습수
③ 모관수　　　　　　　④ 풍건상태

정답 ③

1-3. 표토의 염류집적에 가장 큰 원인이 되는 수분은?

① 중력수　　　　　　　② 모세관수
③ 흡습수　　　　　　　④ 결합수

정답 ②

1-4. 토양수분의 토양수분장력(pF) 크기 순서로 옳은 것은?

① 흡습수 > 중력수 > 모관수
② 중력수 > 모관수 > 흡습수
③ 흡습수 > 모관수 > 중력수
④ 모관수 > 중력수 > 흡습수

정답 ③

해설

1-3
토양 중의 물에 의한 모세관현상(역삼투압현상) 때문에 밑에서 위로 움직여 하층토의 칼슘이나 마그네슘, 나트륨 등이 지표 경토에 집적되면서 염류농도가 높아진다.

핵심이론 02 | 토양수분의 흡착력

① 토양수분의 흡착력
　㉠ 토양수분의 흡착력은 부착력(토양입자 표면과 물분자의 결합)과 응집력(물분자 간의 결합)으로 나타낸다.
　㉡ 토양수분장력 : 토양수분을 제거하는 데 소요되는 단위면적당의 힘
　㉢ 토양수분의 흡착력을 나타내는 단위
　　• 수주 높이(cmH_2O 또는 bar, 기압으로 표시)
　　• 단위 크기 때문에 pF = logH를 사용
　　　$0.98692atm = 1 bar = 1.033kg/cm^2 = 1,033cmH_2O$
　　　　　$= 760mmHg = pF\ 3$
　　　$0.98692atm = 100,000Pa = 1,000hPa = 100kPa$
　　　　　$= 0.1MPa = 1bar = pF\ 3$

② 토양의 정전기적 물질 흡착
　㉠ 토양의 pH가 증가하면 CEC가 증가한다.
　㉡ 음이온보다 양이온을 더 많이 흡착한다.
　㉢ 점토보다 토양유기물의 흡착용량이 크다.
　㉣ 점토 함량이 높을수록 흡착능력도 증가한다.

③ 토양수분 상태의 구분
　㉠ 우딕(Udic, 습윤) : 연중 습한 상태
　㉡ 애퀵(Aquic, 물) : 연중 일정기간 포화상태 유지, 주로 환원상태로 유지
　㉢ 우스틱(Ustic, 건조) : 우딕과 애퀵의 중간 정도의 수분상태
　㉣ 애리딕(Aridic, 건조) : 연중 대부분 건조 상태
　㉤ 세릭(Xeric, 건조) : 지중해성 수분건조, 즉 겨울에 습하고 여름에는 건조함

[핵심예제]

2-1. 토양수분의 흡착력 표시 중 pF 3.0에 대한 설명으로 틀린 것은?

① -1bar에 해당됨
② -0.1MPa에 해당됨
③ 물기둥의 높이가 1,020cm에 해당됨
④ 흡습계수에 해당됨

정답 ④

2-2. 어떤 토양의 수분 상태가 물기둥 높이 100cm로 나타났다. 다음 중 토양의 수분 상태를 pF값으로 옳게 나타낸 것은?

① 1.0
② 2.0
③ 3.0
④ 4.0

정답 ②

2-3. Udic 토양의 수분 상태는?

① 연중 습한 상태
② 연중 물로 포화되어 있는 논토양 같은 상태
③ 여름에 건조하며 겨울에 습한 상태
④ 여름과 겨울이 습하고 봄과 가을에 건조한 상태

정답 ①

2-4. 반지름이 0.003cm인 모세관에 의하여 상승하는 물기둥의 높이는?

① 0.5cm
② 5cm
③ 50cm
④ 500cm

정답 ③

해설

2-1
흡습계수는 pF 4.5(-3.1MPa)이다.
2-2
$pF = log10(H) = log10(100) = 2$
2-4

$h = \dfrac{2\gamma \cos\theta}{\rho g r}$

h : 모세관 상승 높이
γ : 물의 표면장력 $= 0.0728N/m = 0.0728kg \cdot m/sec^2/m$
$= 0.0728kg/sec^2$
• $1N = 1kg \times 1m/sec^2$이므로
θ : 물 표면과 모세관의 접촉각 $= 0° \rightarrow \cos 0° = 1$
ρ : 물의 밀도 $= 1g/cm^3 = 1,000kg/m^3$
g : 지구중력가속도 $= 9.81m/sec^2$
r : 모세관 반지름 $= 0.003cm = 0.00003m$
$\therefore$ h $= [2 \times 0.0728kg/sec^2 \times 1]/[1,000kg/m^3 \times 9.81m/sec^2$
$\times 0.00003m] = 0.494m \fallingdotseq 50cm$

핵심이론 **03** | **토양수의 특정항수**

① 흡습계수(흡습도)
  ㉠ 포화상태의 수분(건조한 토양이 공기 중의 습도와 평행을 이룰 때 흡착된 수분량)을 건조토양의 중량백분율로 환산한 값을 흡습계수 또는 흡습도라고 한다.
  ㉡ 흡습계수 상태의 매트릭퍼텐셜은 -3.1MPa(pF 4.5) 정도이며 식물이 전혀 이용할 수 없는 수분이다.
  ㉢ 거친 모래분이 많은 토양일수록 흡습도와 표면적이 작아지고, 점토나 부식이 많은 토양일수록 모두 커진다.
  ㉣ 흡습도는 토양표면적에 비례한다. 토양 1g의 표면적은 흡습도에 $4m^2$를 곱한 것과 같다.
② 위조점 및 위조계수
  ㉠ 초기 위조점 : 토양수분이 점차 감소됨에 따라 식물이 시들기 시작하는 수분 상태로, 흡착은 10bar(pF 3.9, -1.0MPa) 정도이다.
  ㉡ 영구위조점 : 초기 위조점을 넘어 수분이 계속 감소되면 시든 식물을 포화습도의 공기 중에 두더라도 식물은 회복되지 않는 수분량으로, 이때 흡착력은 15bar(pF 4.2, -1.5MPa)이다.
  ㉢ 일반적으로 위조계수는 영구위조점을 말한다.
  ㉣ 수분량은 토성에 따라 다르다(사토 2~3%, 식질토 20%, 이탄토 100%).
  ※ 토양수분을 알맞게 공급했는데도 잘 자라던 식물이 위조 상태에 도달하였다면 그 원인은 뿌리 흡수기능의 이상이다.
③ 포장용수량
  ㉠ 토양이 중력에 견뎌서 저장할 수 있는 최대의 수분 함량으로 식물이 자라기 가장 좋은 상태이다.
  ㉡ 농경지에 관개 또는 강우로 많은 물이 가해지면 과잉수의 대부분은 큰 공극을 통하여 배제되고, 그 후 물의 표면장력에 의한 모세관작용으로 물의 이동이 계속되다가 이 작용에 의한 이동이 거의 정지되었을 때 이 표층토의 수분량을 '포장용수량'이라고 한다. 이때 흡착력은 1/3 bar(pF 2.54)이다.
  ㉢ 포장용수량은 토양입자가 고운 점토가 많이 함유된 입단구조에서 커진다. 식토 > 양토 > 사토

④ 수분당량
  ㉠ 물로 포화된 토양에 중력의 1,000배(1,000G)에 상당하는 원심력을 작용시킬 때 토양 중에 남아 있는 수분이다.
  ㉡ 큰 공극 중의 모세관수 대부분이 제거된 상태이며, 이때 흡착력은 0.5~1bar이다.

⑤ 최대 용수량
  ㉠ 중력에 견뎌 모세관이 물로 최대로 포화되어 있는 상태, 즉 머물고 있는 수면과 접촉한 바로 위 토양에 함유된 수분이다.
  ㉡ 토양의 전공극이 수분으로 포화된 상태이며, pF값은 0이다.
  ㉢ 자연에서는 배수가 불량하고 지하수면이 높은 곳에 나타난다.
  ㉣ 최소 용수량은 수면으로부터의 거리가 멀고 수면과 연결되는 모세관작용의 영향을 받지 않은 때에 보유된 수분으로서, 표장용수량과 거의 같다.
    ※ 용수량 측정=수분량/건토량×100, 최대 용수량=용수량×가밀도

⑥ 점착점
  ㉠ 칼끝에 늘어붙기 시작하나 오점을 남기지 않는 수분량(Sticky Point)이다.
  ㉡ 토양입자의 점착성이 증가하여 손이나 용기에 토양이 더럽게 묻지 않는 상태를 점착점 또는 점조점이라고 한다.

⑦ 토양 중의 유효수분
  ㉠ 포장용수량에서 위조점의 수분량을 뺀 것(pF 2.5~4.2)이다.
  ㉡ 일반적으로 포장용수량과 위조계수 사이의 수분 함량이며 토성에 따라 변한다.
  ㉢ 식양토가 사양토보다 유효수분의 함량이 크다.
  ㉣ 부식 함량이 증가하면 일정 범위까지 유효수분은 증가한다.
  ㉤ 일반작물의 유효수분은 pF 1.8~4.0, 정상생육은 pF 1.8~3.0
    * 작물이 이용할 수 있는 모관수는 pF 2.7~4.5(수분퍼텐셜 –3.1~ –0.033MPa)인 유효수분에 해당한다.
  ㉥ 유효수분 함량 : 사양토 < 양토 < 미사질양토 < 미사질식양토 < 식양토
    ※ 무효수분 : 영구위조점 이하의 수분. 화합수, 흡착수, 모관수 일부

핵심예제

3-1. –3.1MPa에 해당하는 것은?
① 포화상태
② 포장용수량
③ 위조점
④ 흡습계수

정답 ④

3-2. 어떤 토양 1g의 표면적이 95.24m² 일 때 이 토양의 흡습도는?
① 23.81
② 31.08
③ 47.62
④ 95.24

정답 ①

3-3. 식물이 이용할 수 있는 유효수분의 범위는?
① –100~–3.1MPa
② –3.1~–1.5MPa
③ –1.5~–0.033MPa
④ –0.033~0MPa

정답 ③

3-4. 최대 용수량이 45%, 포장용수량은 35%, 초기 위조점의 수분 함량은 15%, 영구위조점의 수분 함량은 10%였다. 이 토양의 유효수분 함량은?
① 20%
② 25%
③ 30%
④ 35%

정답 ②

3-5. 수분당량에 대한 설명으로 옳은 것은?
① 포화상태의 수분을 건조토양의 중량백분율로 환산한 값
② 토양을 100℃로 가열해도 분리되지 않는 토양속의 수분
③ 토양을 100기압으로 눌러도 나오지 않는 수분
④ 물로 포화된 토양에 중력의 1,000배에 상당하는 원심력을 작용시킬 때 토양 중 남아 있는 수분

정답 ④

해설

3-2

$$흡습도 = \frac{95.24}{4} = 23.81$$

3-4

유효수분 = 포장용수량 – 위조계수(영구위조점) = 35 – 10 = 25%

3-9

① 흡습계수
② 결합수

핵심이론 04 토양수분퍼텐셜(Soil Water Potential)

① 토양수분퍼텐셜의 개념 및 특징

　㉠ 수분퍼텐셜(ψ_w) = 삼투퍼텐셜(ψ_s)+압력퍼텐셜(ψ_p)+
　　 중력퍼텐셜(ψ_g) + 매트릭퍼텐셜(ψ_m)

　㉡ 토양수의 압력은 토양수의 이동성을 나타내며, 토양수
　　 분퍼텐셜로 표현한다.

　㉢ 기준면으로부터 다른 지점까지의 수분 이동에 필요한
　　 일의 양으로 정의한다.

　㉣ 토양에서 수분에 작용하는 다양한 에너지 관계를 나타낸다.

　㉤ 토양에서 수분 이동의 견인력 역할을 한다.

　㉥ 토양에서 수분퍼텐셜은 에너지가 높은 쪽에서 낮은 쪽
　　 으로 흐른다.

　㉦ 배수가 잘되는 밭토양에서 매트릭퍼텐셜과 거의 비슷
　　 한 값을 나타낸다.

　㉧ 불포화토양에서 수분퍼텐셜은 주로 매트릭퍼텐셜에 의
　　 해 결정된다.

　㉨ 질량 기준으로 표시하면 그 단위는 J/kg이 된다.

② 토양수분퍼텐셜의 종류

　㉠ 삼투퍼텐셜(Osmotic Potential)

　　• 토양 중에 존재하는 이온이나 용질 때문에 생긴다.

　　• 수분용액에 포함되어 있는 염의 농도에 의해서 결정
　　　된다.

　　• 순수한 물을 0으로 하기 때문에 토양용액은 항상 −값을
　　　갖는다.

　　• 삼투퍼텐셜이 낮을수록 더 큰 장력 혹은 흡수력을 갖는다.

　㉡ 압력퍼텐셜(Pressure Potential)

　　• 수면 아래 어느 지점에서 그 위에 있는 물이 누르는
　　　압력 때문에 생긴다.

　　• 대기와 접촉하고 있는 수면, 지하수면을 기준으로 지
　　　하수면은 0의 값을 가진다.

　　• 포화상태의 토양에서는 항상 +값, 불포화상태의 토양
　　　에서는 토양수분이 대기압과 평형 상태이므로 0이다.

　㉢ 중력퍼텐셜(Gravitational Potential)

　　• 중력작용에 의하여 물의 위치에너지에 기인한다.

　　• 일반적으로 기준면으로부터 높아질수록 중력퍼텐셜
　　　은 커진다.

　　• 기준점보다 높은 위치에 있으면 +값, 낮은 위치에 있
　　　으면 −값을 가진다.

　㉣ 매트릭퍼텐셜(Matric Potential)

　　• 토양에 수분이 흡착해 있는 힘 혹은 토양에서 수분을
　　　이동하기 위해 필요한 에너지량을 말한다.

　　• 불포화상태에서는 압력퍼텐셜이 중력퍼텐셜보다 훨
　　　씬 크게 작용하는데 이때의 압력퍼텐셜은 음의 압력,
　　　즉 매트릭퍼텐셜을 가진다.

　　• 토양수분 함량은 모세관 압력 혹은 토양의 매트릭퍼텐
　　　셜과 긴밀한 관계가 있다.

　　• 어떠한 매트릭스의 영향도 받지 않는 자유수로 항상
　　　−값을 가진다.

　　• 토양의 매트릭스 내 공극의 크기가 작을수록 토양수분
　　　에 대한 흡인력이 크게 작용하고 모세관 압력은 커진다.

핵심예제

**4-1. 토양수분퍼텐셜(Soil Water Potential)의 구성 종류가 아
닌 것은?**

① 중력퍼텐셜　　　　　　② 압력퍼텐셜
③ 부피퍼텐셜　　　　　　④ 삼투퍼텐셜

정답 ③

4-2. 토양수분퍼텐셜에 관한 설명으로 옳은 것은?

① 질량 기준으로 표시하면 그 단위는 J/kg이 된다.
② 부피 기준으로 표시하면 그 단위는 길이 단위가 된다.
③ 무게 기준으로 표시하면 그 단위는 압력단위가 된다.
④ 토양수분퍼텐셜 차이에 의해 주로 흐르는 속도가 결정 된다.

정답 ①

4-3. 토양수분퍼텐셜에 관한 설명으로 틀린 것은?

① 배수가 잘되는 밭토양에서 매트릭퍼텐셜과 거의 비슷한 값
　을 나타낸다.
② 토양에서 수분 이동의 견인력 역할을 한다.
③ 토양에서 수분은 에너지가 증가하는 쪽으로 자발적으로 흐른다.
④ 토양에서 수분에 작용하는 다양한 에너지 관계를 나타낸다.

정답 ③

4-4. 토양수분 함량과 퍼텐셜에 대한 설명으로 옳은 것은?

① 토양 내에서 수분은 항상 함량이 높은 곳에서 낮은 곳으로
　이동한다.
② 토양에서 수분은 항상 위에서 아래 방향으로 이동한다.
③ 토성과 구조에 관계없이 수분 함량이 높으면 항상 수분퍼텐
　셜도 높다.
④ 불포화 토양에서 수분퍼텐셜은 주로 매트릭퍼텐셜에 의해
　결정된다.

정답 ④

핵심이론 05 토양수분의 이동

※ 토양 내 물의 이동은 포화상태의 흐름과 불포화상태의 흐름으로 나뉘는데 수분장력의 차에 따른 물의 이동은 불포화상태의 흐름이다.

① 포화이동
  ㉠ 공극이 전부 물로 채워졌을 때 물의 이동으로서 중력에 의해 아래로 이동한다.
  ㉡ 공극을 통과하는 투수량은 수원의 기울기와 매체의 단면적에 비례하고, 매체의 길이에 반비례한다.
    ※ 라이시미터(Lysimeter) : 투수량 측정기구로, 침투수와 함께 용탈되는 염류의 용탈 상황도 알 수 있다.

② 불포화이동(Unsaturated Flow)
  ㉠ 증발, 식물의 흡수 또는 관개 등에 의하여 생긴 수분퍼텐셜 차이에 따라 물이 이동하는 것이다.
  ㉡ 중력수가 빠지고 난 다음에 포장용수량 상태에서 모관수의 이동으로서 토양수분 이동의 대부분은 불포화이동이다.
  ㉢ 원동력은 모세관력, 장력, 표면장력, 수막조절작용이다.
  ㉣ 이동력은 모세관의 반경에 반비례하고 표면장력의 2배에 비례한다.
  ㉤ 공극이 작으면 느리지만 멀리 이동하므로, 식토의 경우 이동속도는 느리지만 이동거리는 멀고, 지하수의 이동높이는 높다.
  ㉥ 공극이 크면 빠르지만 멀리 이동하지 못하므로, 사토의 경우 이동속도는 빠르지만 이동거리는 가깝고, 지하수의 이동높이는 낮다.

③ 토양 내 수분이동에 관한 일반적인 특징
  ㉠ 수분의 이동은 주로 양분의 이동과 병행한다.
  ㉡ 포화상태의 수분이동은 중력작용에 의해 이루어진다.
  ㉢ 대부분의 토양에서는 불포화상태의 수분이동이 지배적이다.
  ㉣ 토양수분의 이동 방향을 결정하는 곳은 두 지점 간 수분퍼텐셜 구배이다.
  ㉤ 수분퍼텐셜이 높은 곳에서 낮은 곳으로 수분이 이동한다.
  ㉥ 지표에 고운 흙을 뿌리는 수분보전방법은 일종의 모세관 절단효과이다.
  ㉦ 일반적으로 진흙에서 모래로 수분이 이동할 때 이동속도는 느려진다.

④ 수증기의 이동
  ㉠ 토양공기 중 관계습도는 거의 100%이다.
  ㉡ 수증기는 수증기압이 높은 곳에서 낮은 곳으로 이동한다.
  ㉢ 모세관 응축 : 대공극에서는 수증기 상태이다가 소공극에서 수분으로 응축되는 현상

핵심예제

5-1. 토양 내 수분이동에 관한 일반적인 설명으로 틀린 것은?
① 토양수분의 이동 방향을 결정하는 곳은 두 지점 간 수분퍼텐셜 구배이다.
② 지표에 고운 흙을 뿌리는 수분보전방법은 일종의 모세관 절단효과이다.
③ 일반적으로 진흙에서 모래로 수분이 이동할 때 이동속도는 빨라진다.
④ 토양 내 물의 이동은 포화상태의 흐름과 불포화 상태의 흐름으로 나뉘는데 수분장력의 차에 따른 물의 이동은 불포화 상태의 흐름이다.

정답 ③

5-2. 토양에서 토양수분이 이동할 때 불포화이동(Unsaturated Flow)이란?
① 중력에 따라 물이 이동하는 것
② 수분장력이 높은 곳에서 낮은 곳으로 이동하는 것
③ 증발, 식물의 흡수 또는 관개 등에 의하여 생긴 수분퍼텐셜 차이에 따라 물이 이동하는 것
④ 토양의 공극 전체를 통하여 이동하는 것

정답 ③

핵심이론 06 토양수분의 측정

> 토양수분 함량은 수분의 양적 개념이고, 토양수분퍼텐셜은 토양수분의 흡수 이용에 중요한 지표인 에너지 상태를 나타낸다. 토양의 수분 함량과 퍼텐셜 사이의 관계를 나타낸 것이 토양수분특성곡선이다.

① 토양수분 함량 측정법

⊙ 중량법 : 토양시료를 Can 또는 Core로 채취하여 무게를 잰 후에 105℃에서 48시간 이상 건조한 후 건조된 토양시료를 데시게이터에 넣어 건조하기 전의 실온 상태에 이를 때까지 정치한 후에 토양시료를 꺼내어 다음 식으로 중량 함량(%)을 구한다.

- 중량수분(%) = $\dfrac{\text{습토무게} - \text{건토무게}}{\text{건토무게}} \times 100$

- 용적수분(%) = $\dfrac{\text{습토무게} - \text{건토무게}}{\text{건토무게}} \times \dfrac{\text{가비중}}{\text{물비중}(1.0)} \times 100$

⊙ 중성자법
- 중성자의 감속 정도를 측정하여 수분량을 측정하는 것이다.
- 간편하고 신속하게 비파괴적으로 동일지점의 수분 함량을 깊이별로 수시로 측정할 수 있다.

⊙ TDR(Time Domain Reflectometry)법
- 토양수분 함량측정기로, 토양의 수분 상태에 따라 달라지는 가시유전율을 측정한다.
- 한쪽 막대에서 발생된 고주파를 다른 막대에서 수신하여 돌아오는 속도를 측정하는 방법
- 토양수분센서는 흙과 물의 유전율 차를 이용하여 측정하며, 측정신호의 분석방법에 따라서 ADR, FDR, TDR로 나뉜다.

② 토양수분퍼텐셜 측정

⊙ 텐시오미터(Tensiometer, 장력계)법
- 수분장력을 이용하는 토양수분 측정방법이다.
- 텐시오미터가 측정하는 것은 토양수분의 매트릭퍼텐셜로서 포장에서 쓰이는 방법이다.
- 텐시오미터는 다공성 세라믹컵과 진공압력계 그리고 이들을 연결하는 관으로 구성된다.
- 텐시오미터를 토양에 설치하면 토양 중의 물과 다공질컵과 연결된 내부의 물이 컵 벽의 미세한 구멍을 통하여 서로 연결된다.

⊙ 전기저항법(석고블럭법)
- 토양의 전기저항이 수분 함량에 따라 변하는 원리를 이용하는 방법이다.
- 한 쌍의 전극이 내장된 다공성의 전기저항괴(電氣抵抗塊)를 토양에 묻은 후 저항괴와 토양 사이에 수분평형이 이루어졌을 때 전극 사이의 전기저항을 측정한다.

⊙ 사이크로미트리(Psychrometry)법
- 토양공극 내의 상대습도를 측정하는 방법이다.
- 토양공극 내에 내재하는 증기압을 측정함으로써 퍼텐셜을 측정하는 방법이다.

※ 상대습도 : 수증기압과 포화 수증기압의 백분율을 말한다.

핵심예제

6-1. 토양수분함량 측정법이 아닌 것은?

① 전기저항법   ② 중성자법
③ Tensiometer   ④ 침강법

정답 ④

6-2. 수분장력을 이용하는 토양수분 측정방법은?

① 건토중량법   ② 텐시오미터법
③ 석고블록법   ④ 유전율식 측정법

정답 ②

6-3. 토양공극 내의 상대습도를 측정하는 방법은?

① Constant Volume법   ② Psychrometer법
③ Chardakov법   ④ 빙점강하법

정답 ②

해설

6-1

토양수분 측정법
- 건토중량법
- 원자력방법 : 중성자분산법
- 유전율식 관측방법 : TDR, FDR
- 토양수분장력측정법 : 수분장력계(Tensiometer)
※ 토양수분퍼텐셜 측정법 : 텐시오미터, 전기저항법(석고블록법), 사이크로미트리(Psychrometry)법

핵심이론 07 토양수분 관리

① 토양수의 보존
- ㉠ 토양수분 손실 : 증발, 증산, 삼투, 유실
- ㉡ 토양 유효수분 증대방안 : 토양의 유효수분 저장력 증대 및 불필요한 증발을 억제한다(증산만 하도록 한다).
  - 유효수분 증대 : 유기물, 객토로 입단화를 촉진하여 공극률을 증대하고 보수력을 높인다.
  - 수분 증발을 억제한다.

② 토양수분 증발의 억제
- ㉠ 비닐이나 종이로 피복한다.
- ㉡ 지표면을 얇게 경운하면 모세관을 파괴하여 수분 증발을 억제한다.
- ㉢ 잡초에 의한 유효수분 손실을 막기 위해 제초한다.
- ㉣ 방풍림 설치 등 바람의 유통이 없도록 한다.

③ 기타 주요사항
- ㉠ 지표면 가까이까지 수분으로 포화된 토양의 통기성을 증가시키는 방법 : 지하수위 저하
- ㉡ 토양의 수리(水理) 특성에 영향을 주는 요소 : 토성, 토양구조, 공극분포, 토양유기물, 경반층, 수분 함량, 토양온도

④ 수분량 계산

[예제] 과수원 1,000m² 면적에 토심 45cm까지 물을 주고자 한다. 현재 수분 함량이 15%이고, 목표로 하는 수분 함량이 25%일 때, 1회 주어야 하는 물의 양은?(단, 용적밀도 1g/cm³)

[풀이] 관수량 = 관수면적(m²) × 관수토심(m) × 부족한 함량/100
= 1,000m² × 0.45m × (25−15)/100 = 45m³

[예제] 입자밀도가 2.65g/cm³, 용적밀도가 1.325g/cm³인 건조토양 100cm³의 용적수분 함량을 25%로 조절하고자 할 때 필요한 수분량은?(단, 물의 비중은 1로 한다)

[풀이] 고상비율 = 용적밀도/입자밀도 × 100
= 1.325g/cm³ ÷ 2.65g/cm³ × 100
= 50% = 0.5
공극률 = 100 − 고상비율 = 100 − 50 = 50%
∴ 50% − 25% = 25% = 0.25
필요한 수분량 = 0.25 × 100 = 25g

[핵심예제]

7-1. 토양수분 증발의 억제수단이 아닌 것은?
① 비닐이나 종이로 피복한다.
② 지표면을 얇게 메워 준다.
③ 잡초를 제거한다.
④ 바람의 유통이 원활하도록 한다.

정답 ④

7-2. 토양의 수리(水理) 특성에 영향을 주는 요소로 가장 거리가 먼 물리적 성질은?
① 공극분포 ② 토양구조
③ 입자밀도 ④ 수분 함량

정답 ③

제4절 토양유기물

4-1. 유기물과 부식의 조성 및 성질

핵심이론 01 식물체의 조성

① 식물체의 구성성분
- ㉠ 유기물의 급원은 주로 식물체이다.
- ㉡ 토양생성의 모재로 중요한 유기물질은 C, H, O, N, S, P가 주성분인 셀룰로스, 헤미셀룰로스, 리그닌, 펙틴, 단백질 등의 세포막물질이다.

구 분	식물체(건물)	부식(토양유기물)
단백질	1~15	28~35
헤미셀룰로스	10~20	0~2
셀룰로스	20~50	2~10
리그닌	10~30	35~50
타닌, 지방, 왁스	1~8	1~8

② 주요작물의 구성성분
- ㉠ 옥수수나 밀의 줄기는 장기적으로 유기물 수준을 증가시켜 토양의 물리성을 향상시킨다.
- ㉡ 녹비작물의 어린식물은 토양비옥도 증진에 가장 이롭다.
- ㉢ 호밀과 같은 녹비작물의 뿌리는 농경지에 형성된 경반층의 문제점을 완화하는 데 도움이 된다.

③ 식물조직의 분해과정
- ㉠ 통기성이 양호한 조건에서 유기물이 완전히 분해될 때 탄소는 이산화탄소의 형태로 공기 중에 방출된다.
- ㉡ 토양 내 유기물이 산화상태에서 분해되었을 때 유기물인 탄수화물은 무기물인 물과 이산화탄소가 되며 단백질은 암모니아가 최종생산된다.
- ㉢ 부식을 형성하는 주체는 단백질과 리그닌, 부식산 등이다.
- ㉣ 유기물질의 분해 순서 : 당류(Starch), 단백질(Pectin) > 헤미셀룰로스(Hemicellulose) > 셀룰로스(Cellulose) > 리그닌(Lignin), 유지, 왁스 순이다.

> **겨울철 호밀을 이용한 녹비이용 재배의 장점**
> - 뿌리에 의한 토양 물리성 개선
> - 피복에 의한 토양침식 억제효과
> - 양분용탈에 의한 지하수 오염을 저감
> - 토양비옥도 증진
> - 농경지에 형성된 경반층의 문제점을 완화

④ 토양유기물의 기능
- ㉠ 암석의 분해 촉진
- ㉡ 대기 중의 이산화탄소 공급
- ㉢ 입단의 형성
- ㉣ 완충능의 증대
- ㉤ 지온 상승
- ㉥ 양분 공급
- ㉦ 생장촉진물질의 생성
- ㉧ 보수력·보비력의 증대
- ㉨ 미생물의 번식 촉진
- ㉩ 토양 보호

핵심예제

1-1. 토양 내 유기물이 산화상태에서 분해되었을 때 최종적으로 발생하는 물질로 구성된 것은?
① 이산화탄소, 메탄가스
② 메탄가스, 암모니아가스
③ 질소가스, 물
④ 이산화탄소, 물

정답 ④

1-2. 통기성이 양호한 조건에서 유기물이 완전히 분해될 때 탄소는 어떤 형태로 변하는가?
① 유기산　　　② 이산화탄소
③ 메탄가스　　④ 에너지와 물

정답 ②

1-3. 유기물의 퇴비화 과정 중에서 분해가 용이한 물질부터 순서대로 나열된 것은?
① 당질 → 헤미셀룰로스 → 셀룰로스 → 리그닌
② 당질 → 리그닌 → 헤미셀룰로스 → 셀룰로스
③ 리그닌 → 셀룰로스 → 헤미셀룰로스 → 당질
④ 당질 → 셀룰로스 → 헤미셀룰로스 → 리그닌

정답 ①

해설

1-2
유기물에 포함되어 있는 탄소는 최종적으로 이산화탄소로서 대기 중으로 방출된다.

핵심이론 02 토양생성의 모재

① 단백질

　㉠ 쉽게 분해되어 토양 중 질소 공급원이 되고, 리그닌과 결합하여 토양부식의 기본이 된다.

　㉡ 토양 속 세균의 단백질분해효소작용으로 인한 단백질 분해과정 : 단백질 → 아미노산 → 암모니아 → 암모늄

　㉢ 분해되면 프로테오스, 펩톤, 펩타이드, 아미노산 등이 생성된다.

② 셀룰로스(Cellulose)

　㉠ 세포벽을 단단하게 하며 식물이 성장할 수 있도록 지지 체역할을 한다.

　㉡ 수백에서 수천 개의 포도당이 $\beta-1,4$ 결합으로 결합되어 이루어진다.

　㉢ 정교한 격자구조를 이루고 있으며 분해에 대해서 어느 정도 저항성이 있다.

　㉣ 식물체가 성장함에 따라 구성비율이 증가한다.

　㉤ 셀룰로스는 분해 후 글루코스가 되며, 헤미셀룰로스는 헥소산·펜토산·메틸펜토산 등이 된다.

③ 리그닌(Lignin)

　㉠ 토양 내 유기물의 구성성분으로서 미생물 분해에 대한 저항성이 높아 부식의 기본골격이 된다.

　㉡ 식물체의 유기화합물 중 생물적 분해에 대하여 저항성이 가장 강하다.

　㉢ 볏짚을 구성하는 성분이며, 식물세포보다는 토양유기물로 존재할 때 성분 함량이 증가한다.

　㉣ 토양에서 유기모재(有機母材)의 근본이 되며 부식 중에 많이 함유된 물질이다.

　㉤ 식물 세포벽을 구성하는 유기물 구성성분 중 분해속도가 매우 늦으며, 아직도 그 구조가 완전히 밝혀지지 않은 물질이다.

　㉥ 토양 중에서 잘 분해되지 않게 하는 리그닌의 주요 구성성분은 페놀이다. 즉, 유기물에 페놀 함량이 많으면 분해속도가 느리다.

④ 유지

　㉠ 고급지방산과 글리세린의 에스터인 글리세라이드이다.

　㉡ 완전히 분해되면 CO_2와 H_2O로 되지만, 비교적 분해되기 어렵다.

⑤ 분해 정도에 따른 분류

　㉠ 쉽게 분해되는 물질 : 탄수화물, 단백질

　㉡ 쉽게 분해되지 않는 물질 : 리그닌(분해되기 가장 어렵다), 유지, 왁스

> 토양에서 유기물의 분해에 영향을 미치는 요인
> • 토양이 심한 산성이나 알칼리성이면 유기물의 분해속도가 매우 느리다.
> • 혐기조건보다는 호기조건에서 분해가 빨리 일어난다.
> • 페놀이 많이 함유되어 있는 유기물이 분해가 느리다.
> • 탄질비가 높은 유기물이 분해가 느리다.
> 밀짚의 분해를 촉진시키는 방법
> 외부로부터 질소를 공급한다. 즉, 밀짚을 그대로 유기질비료로 내면 탄소 함량이 증가하고 질소 함량은 줄어든다. 여기에 질소가 많은 가축 배설물을 넣으면 질소비율이 높아져 부식과정이 촉진된다.

핵심예제

2-1. 밀짚의 분해를 촉진하는 방법으로 가장 적절한 것은?

① 외부로부터 산소를 공급한다.
② 외부로부터 질소를 공급한다.
③ 탄질률이 600인 가문비나무 톱밥을 혼합한다.
④ 외부로부터 탄소를 공급한다.

정답 ②

2-2. 스멕타이트(Smectite)를 많이 포함한 토양에 부숙된 유기물을 가할 때 나타나는 현상이 아닌 것은?

① 수분 보유력이 증가한다.
② 토양 pH가 감소한다.
③ CEC가 증가한다.
④ 입단화 현상이 증가한다.

정답 ②

해설

2-1
밀짚을 그대로 유기질비료로 내면 질소기아현상이 일어난다. 여기에 질소가 많은 가축배설물을 넣으면 질소비율이 높아져 부식과정이 촉진된다.

2-2
스멕타이트란 2:1형 팽창형 점토광물로 토양유기물의 작용은 완충제로 pH를 유지시킨다.

핵심이론 03 　부식의 정의, 조성, 성질

① 부식의 정의 및 특성
　㉠ 토양유기물이 여러 가지 미생물에 의해 생물적 분해작용을 받아 원조직이 변질되거나 재합성된 갈색 또는 암갈색의 일정한 형태가 없는 교질상의 물질이다.
　㉡ 매우 복잡하고 분해에 대하여 저항성이 큰 물질의 혼합물로, 리그닌복합체라고도 한다.
　㉢ 부식산, 풀보산, 부식탄 등으로 이루어져 있다.
　㉣ 리그닌과 단백질의 중합반응에 의하여 생성된다.
　㉤ 무정형으로 분자량이 다양하다.

② 부식의 조성과 성질
　㉠ 부식산(Humic Acid)
　　• 알칼리에는 녹으나 산에는 녹지 않는 부식물질이다.
　　• 황갈색~흑갈색의 고분자의 산성물질로서 무정형이다.
　　• 진정부식물질로서 탄소 50~60%, 산소 30~35%, 수소, 질소, 황, 퇴분으로 구성되어 있다.
　　• 양이온치환용량이 200~600me/100g로서 매우 높다.
　　• 1가의 양이온과 결합하면 수용성염이 되고, 다가이온과는 난용성염을 만든다.
　㉡ 풀보산(Fulvic Acid)
　　• 부식산과 비슷한 물질 및 비부식물질과 같은 여러 유기 화합물들의 혼합물이다.
　　• A층에서 추출되는 부식양의 약 반이며, 하층일수록 많아진다.
　　• 부식물질 중 분자량이 가장 작다.
　　• 다가이온($Ca^{+2} \cdot Mg^{+2} \cdot Fe^{+3} \cdot Al^{+3}$) 등과 결합하여 수용성염을 형성한다.
　㉢ 부식탄(휴민, Humin)
　　• 불용성부식으로, 분해되지 않는 식물조직과 탄화된 물질 및 보통의 방법으로는 추출되지 않는 부식산 등이 주성분이다.
　　• 전체 부식의 20~30%를 차지한다.
　　• 무기성분과 강하게 결합되어 있다.

[핵심예제]

3-1. 다음은 부식에 대한 설명이다. ( ) 안에 알맞은 말은?

> 부식이란 토양 중에 가해진 생체조직이 여러 가지 미생물에 의해 생물적 분해작용을 받아 원조직이 변질되었거나 재합성된 갈색 또는 암갈색의 일정한 형태가 없는 교질상의 물질이며, 매우 복잡하고 분해에 대하여 (㉠)이 큰 물질의 혼합물이고, (㉡)(이)라고도 한다.

① ㉠ 유기물, ㉡ 교질물질
② ㉠ 저항성, ㉡ 리그닌복합체
③ ㉠ 유연성, ㉡ 리그닌복합체
④ ㉠ 가변성, ㉡ 유기물질

정답 ②

3-2. 부식물질에 대한 설명으로 옳지 않은 것은?

① 부식산, 풀보산, 부식회 등으로 이루어져 있다.
② 리그닌과 단백질의 중합반응에 의하여 생성된다.
③ 갈색에서 검은색을 띠고 있는 분해에 저항성이 약한 물질이다.
④ 무정형으로 분자량이 다양하다.

정답 ③

3-3. 부식물질을 산, 알칼리 시약에 대한 용해성으로 구분할 때 해당되지 않는 물질은?

① 아미노산　　　　　　② 부식산
③ 풀보산　　　　　　　④ 휴 민

정답 ①

3-4. 다음에서 설명하는 부식의 성분은?

> 토양 중 불용성의 부식으로 전체 부식의 20~30%를 차지하고, 무기성분과 매우 강하게 결합되어 있으며, 분해되지 않은 식물조직과 탄화된 물질 및 보통의 방법으로는 추출되지 않는 부식산 등이 그 주체를 이루고 있다.

① 부식탄　　　　　　　② 풀보산
③ 하이마토멜란산　　　④ 리그닌단백질

정답 ①

핵심이론 04 부식의 기능

① 물리적 기능
- ㉠ 보수력의 증대 : 토양유실 감소, 가뭄 피해 경감
- ㉡ 토양의 물리적 성질 개선 : 토립과 연결로 입단 조성
- ㉢ 토양온도 상승 : 갈색~암갈색(부식산은 흑색)
- ㉣ 토양입단의 형성 : 토양유실 및 침식방지, 토양공극 및 투수성 증대
- ㉤ 내압에 대한 완충작용 : 농기계나 답압에 대한 저항

② 화학적 기능
- ㉠ 양분 흡착력이 큼 : 염기치환용량이 크기 때문
- ㉡ 완충능 증대 : 양성적 성질을 지님, Al^{3+} 피해 감소
- ㉢ 유해물질(금속이온)의 독성 감소 : 폴리페놀, 우몬산, 멜라노이딘 등
- ㉣ 광합성 작용 촉진 : 양분의 가급태화 촉진
- ㉤ 유효인산의 고정 억제 : 이온활성 감소
- ㉥ 양분의 유효화 : 양분의 저장고 역할

③ 토양미생물학적 기능
- ㉠ 토양미생물의 활동을 촉진 : 화학반응 촉진
- ㉡ 미생물과 작물생육 촉진 : 비타민, 호르몬 등의 함유

[핵심예제]

부식의 기능에 대한 설명으로 틀린 것은?

① 물을 보유하는 힘을 높여 준다.
② 중금속의 피해를 감소시킨다.
③ 토양구조의 분산(分散)을 증가시킨다.
④ 토양의 입단구조를 촉진시킨다.

정답 ③

4-2. 유기물의 분해와 집적

핵심이론 01 토양유기물의 부식화에 미치는 영향

① 유기물의 특징
- ㉠ 유기물은 분해가 쉬운 탄수화물과 분해가 어려운 리그닌 등이 복합된 생물유체들이다.
- ㉡ 어린식물일수록 리그닌 함량이 낮아 분해가 빠르다.
- ㉢ 일반적으로 처음에는 분해가 느리게 일어나다가 가속화되는 경향이 있다.
- ㉣ 분해가 가속화되는 시기에 토양부식의 양이 줄기도 한다.
- ㉤ 호기성 분해보다 혐기성 분해에 의해 생성된 유기화합물의 에너지가 더 높다.
- ㉥ 유기물은 토양 3상 중 고상에 해당되며, 점토와 함께 토양양분 보유능력에 크게 기여한다.
- ㉦ 분해 시 단백질 구성유기물은 질소 함량이 높으며, 토양에 시용하면 분해가 빨라 양분적 효과가 높다.
- ㉧ 탄소화합물은 CO_2, CH_4 등의 가스로 대기 중에 소실된다. 이 분해작용은 수분, 재배법, 경운법 등에 지배된다.
- ㉨ 유기물에 포함된 페놀화합물은 분해를 느리게 한다.

② 부식화에 관여하는 요인
- ㉠ 토양유기물의 탄질률(C/N율)
  - 유기물 중에 존재하는 탄소(C)와 질소(N)의 비율을 나타내며, 질소 함량이 많은 경우에는 탄질률이 낮고, 질소 함량이 적은 경우에는 탄질률이 높다.
  - 탄소는 에너지원, 질소는 영양원으로 이용하여 미생물 증식이 이루어진다.
  - 탄질률이 낮으면 질소 함량이 많아 미생물의 증식이 빠르고, 유기물 분해가 빠르다.
  - 탄질률이 높으면 질소 함량이 적어 유기물 분해가 느리다(질소기아현상).
- ㉡ 토양의 산소
  - 혐기성보다 호기성에서 부식화가 빠르다.
  - 공기 공급이 좋으면 부식집적량이 적고, 공기 공급이 불충분하면 환원분해로 부식집적이 많다.
- ㉢ 토양산도(pH)
  - 대부분의 미생물은 중성반응을 좋아한다.
  - 사질토는 점질토보다 공기 유통이 좋아 분해가 빠르다.

ㄹ 토양 내 수분 : $-70 \sim -10kPa(-0.7 \sim -0.1bar)$에서 미생물 활동이 활발하다.

ㅁ 토양온도

- 미생물은 중온성이므로, $25 \sim 35℃$에서 활발하다.
- 고온에서 분해속도가 빠르고 부식집적량이 적다.

> 저습지, 낮은 토양온도, 토양반응이 산성인 환경에서는 미생물의 활동이 활발하지 못하여 유기물의 부식은 이화학적 특성에 따라 부식탄(휴민, Humin), 부식산(휴믹산, Humic acid), 풀보산(Fulvic acid), 울믹산(Ulmic acid) 등으로 구분한다. 분해가 느리게 진행되며, 토양 중에 부식의 집적량은 많아진다.

[핵심예제]

1-1. 유기물에 대한 설명 중 틀린 것은?

① 분해가 어려운 탄수화물과 분해가 쉬운 리그닌 등이 복합된 생물유체들이다.
② 분해과정에서 단백질 구성유기물은 질소 함량이 높으며, 토양에 사용하면 분해가 빨라 양분적 효과가 높다.
③ 탄소화합물은 CO_2, CH_4 등의 가스로 대기 중에 소실된다. 이 분해작용은 수분, 재배법, 경운법 등에 지배된다.
④ 유기물은 토양 3상 중 고상에 해당되며, 점토와 함께 토양양 분보유능력에 크게 기여한다.

정답 ①

1-2. 식물 잔재와 같은 신선유기물이 부식으로 변화하는데 직접 영향을 미치는 요인이 아닌 것은?

① 유기물의 탄질률
② 토양의 온도
③ 미생물의 합성
④ 양이온 치환용량

정답 ④

1-3. 토양에 투입된 신선한 유기화합물의 분해에 대한 설명으로 틀린 것은?

① 일반적으로 처음에는 분해가 느리게 일어나다가 가속화되는 경향이 있다.
② 호기성 분해보다 혐기성 분해에 의해 생성된 유기화합물의 에너지가 더 높다.
③ 토양토착형 미생물이 토양발효형 미생물보다 우선적으로 분해에 관여한다.
④ 분해가 가속화되는 시기에 토양부식의 양이 줄기도 한다.

정답 ③

핵심이론 02 부식의 집적형태

① 육성부식

ㄱ 조부식(모어, Mor) : 한랭습윤지방의 침엽수림에서 발달하여 염기가 적은 강산성을 나타내고, 분해가 덜 된 상태에서 집적된다. 대표적으로 포드졸(Podzol) 토양이 있다.

ㄴ 모더(Moder) : 조부식과 멀의 중간형

ㄷ 멀(Mull) : 초원 토양에 집적되는 부식으로서 유기·무기 혼합체를 형성하여 토양생물 활동에 좋은 상태이다. 대표적인 것이 체르노젬 토양이다.

② 반육성 부식

ㄱ 이 탄

- 모체에 따른 분류
  - 침적이탄 : 수초류, 화분, 붕어마름, 가래, 수연 등
  - 섬유질이탄 : 왕골류, 선태류, 갈대류, 부들류 등
  - 목질이탄 : 낙엽수, 침엽수 등의 수목류
- 식물의 종류와 위치에 따른 분류
  - 고위이탄 : 삼림 토양이 습윤해져 물이끼가 주가 되는 이탄지(선태류, 각시성냥 등)
  - 중위이탄 : 저위이탄이 수면으로 올라와 그 위에 집적되는 부식(낙엽, 나뭇가지, 잡초 등)
  - 저위이탄 : 호저 또는 하천에서 집적되며 표면이 평탄(사초, 갈대, 줄풀, 왕골 등)

ㄴ 흑니토(Muck, Anmoor) : 이탄이 더욱 분해되고 점토와 혼합되어 퇴적된 상태로 이탄의 최상층에 위치한다.

③ 수성부식(Sub-aqueous Humus)

ㄱ 부니(Sapropel) : 황화수소·메탄가스 등을 발생시켜 심한 악취가 나는 물속에 집적되는 부식

ㄴ 호저퇴적물 : 부니보다 부패가 덜한 부식

> **부식 및 이탄집적작용(Humus and Peat Accumulation)**
> - 지대가 낮은 습한 곳이나 물속에서 유기물의 분해가 억제되어 부식이 집적되는 작용이다.
> - 부식이 집적되려면 식물유체의 공급이 많아야 하고, 모재 중에 이용성의 칼슘이 많아야 하며, 유기물의 무기화가 억제되어야 한다.
> - 토양 중에 칼슘과 염기가 많을 경우에는 부식이 응고되어 집적되는데 이렇게 형성된 토양이 흑토(Chernozem)이며, 기후가 건조하고 부식원이 감소되면 이 흑토가 율색토가 되고, 이것은 다시 갈색토·회색토 등으로 되기도 한다.

핵심예제

2-1. 호수나 바다의 부영양화(富營養化)를 일으키는 결정적 원소로만 나열된 것은?

① N, K   ② N, S

③ N, P   ④ P, K

정답 ③

2-2. 과다 시비에 의한 수자원의 부영양화 및 유아의 메트헤모글로빈혈증(Methemoglobinemia, 일명 청색증)과 밀접하게 관련되는 것은?

① 칼 륨   ② 질산염

③ 인 산   ④ 석 회

정답 ②

해설

2-1

부영양화(Eutrophication)
다량의 영양염류(주로 N, P)가 유입되어 용존산소(DO) 고갈 및 어패류 질식사, 수질 악화, 악취 등이 발생하는 현상

핵심이론 03 부식과 식물생육

① 부식과 토양의 이화학적 성질

㉠ 부식의 카복실기(-COOH)와 수산기(-OH)에서 H^+ 해리로 인하여 이온의 흡착이 일어난다.

㉡ 유기물 분해에 의해 생성되는 CO_2와 여러 가지 유·무기산에 의하여 산성화가 초래된다.

㉢ 점토 함량이 높으면 양이온치환용량(CEC)이 커진다.

㉣ 유기물과 양이온치환용량 : 유기물 함량 1% 증가 시 $2.3cmol_c \cdot kg^{-1}$이 증가한다.

㉤ 부식은 치환성 염기와 암모니아를 흡착하는 능력, 즉 염기치환용량이 크다.

㉥ 양토와 사양토에 퇴비를 시용하면 부식함량이 높아져 CEC가 높아진다.

㉦ 토양유기물은 Al^{3+}과 강한 킬레이트가 결합하기 때문에 Al^{3+}에 의한 해작용을 경감시킨다.

② 토양부식과 작물생육

㉠ CEC가 클수록 pH에 저항하는 완충력이 크고, 양분을 보유하는 보비력이 커서 작물 생산에 유리하다.

㉡ 유기물은 양분과 물을 지니는 힘이 크기 때문에 물, 질소·인산과 같은 양분을 공급해 주는 물탱크 역할을 한다.

㉢ 강우에 대한 토양유실을 감소시킨다.

㉣ 유기물에 함유되어 있는 질소·인산·칼륨을 비롯한 망간·붕소·마그네슘 등의 양분을 공급하는 효과도 있다.

㉤ 비타민과 호르몬 등을 식물에게 공급해 주어 작물이 잘 자라게 하며, 중금속 등의 유해성분을 꼭 잡아 두어서 식물이 피해를 받지 않게 해 준다.

㉥ 유기물은 지온을 상승시키고 토색을 흑갈색으로 변화시키며 작물의 생육을 촉진한다.

핵심예제

토양의 구성성분 중 완충작용이 가장 큰 것은?

① 부식물   ② Al과 Fe산화물

③ 탄산염   ④ 점 토

정답 ①

핵심이론 04 유기물의 탄질률(C/N율)

① 유기물의 탄질과 부식화의 관계

　㉠ 유기물의 부식화 과정에 가장 크게 영향을 미치는 요인은 유기물에 함유된 탄소와 질소의 함량비이다.

　㉡ 탄질률이 높은 유기물은 작물의 무기질소 흡수를 방해할 수 있으며, 요소를 첨가하면 분해가 잘된다.

　㉢ 탄질률이 낮은 유기물을 토양에 넣으면 유기물의 분해가 빠르게 진행된다.

　㉣ 탄질률이 100인 유기물을 토양에 투입하면 식물과 미생물 사이 질소경쟁으로 초기 식물의 질소기아 현상이 발생하거나 토양의 환원, 탄소 분해, 식물과 미생물 사이에 질소경합 등이 일어난다.

　㉤ 토양 내 질소의 고정화반응과 무기화반응
　　• C/N율 > 30 : 고정화현상
　　• C/N율 20~30 : 무기화 = 고정화
　　• C/N율 < 20 : 무기화

② 탄질률이 높은 유기물질이 토양에 첨가될 때 일어나는 현상

　㉠ 고등식물과 미생물 간에 질소 경쟁이 일어나 질소결핍을 초래할 수 있다.

　㉡ 탄질률이 높은 유기물질에 대한 분해작용이 평형을 이루면 토양의 탄질률은 약 10:1이 된다.

　㉢ 질산화작용에 의한 질산 축적이 일어나지 않는다.

③ 유기물의 분해작용이 평형에 이르면 탄질률은 10:1이 된다.

　㉠ 탄질률 30 이상일 경우 : 질소 부족(질소기아) 현상(탄질률 15부터 발생)

　㉡ 탄질률 10~30일 경우 : 평형 유지

　㉢ 탄질률 10 이하일 경우 : 질소가 남아 작물이 활용

④ 질소기아현상

　㉠ 탄질률이 높은 유기물을 시용하면 미생물이 유기물 중에 부족한 질소를 토양으로부터 획득하므로 식물에게 이용될 질소가 부족하게 되는 현상이다.

　㉡ 탄소가 질소보다 많아지면 탄질비가 높아지고, 심한 경우 질소 부족에 따른 기아현상이 나타날 수 있다.

　㉢ 당시에는 식물에게 질소부족증상이 발생하나 생육 후기까지 질소를 보관하는 이로운 점이 있다.

　㉣ 대체로 탄질비가 30 이상일 때 나타난다.

　㉤ 미생물 상호 간은 물론 미생물과 고등식물 사이에 질소의 경쟁이 일어나게 된다.

　㉥ 탄질비가 15 이하가 되면 해소된다.

　㉦ 볏짚은 탄질률이 높기 때문에 질소기아를 가중시킨다.

⑤ 재료별 C/N율

　활엽수의 톱밥(400:1), 쌀보리짚(166:1), 밀짚(116:1), 볏짚(67:1), 옥수수(60:1), 부식산(58:1), 콩대(30:1), 블루그래스(호밀)(26:1), 알팔파건초(25:1), 녹비(20:1), 클로버(12:1), 일반 퇴비(11.6:1), 완두(11:1), 사상균(10:1), 미생물(8:1), 방사선균(6:1), 세균(5:1)

⑥ 질소고정량(단위 : kg/10a)

알팔파	레드 클로버	칡	화이트 클로버	대 두	매듭풀, 베치	완 두
22	13	12.16	11.8	11.3	9.66	8.3

핵심예제

4-1. C/N 비율이 100:1인 유기물을 토양에 시용할 경우에 일어날 수 있는 현상이 아닌 것은?

① 토양이 환원된다.
② 탄소가 분해된다.
③ 식물과 미생물 사이에 질소경합이 일어난다.
④ 공중질소고정량이 증가한다.

　　　　　　　　　　정답 ④

4-2. 질소기아현상에 대한 설명으로 틀린 것은?

① 대체로 탄질비가 30 이상일 때 나타난다.
② 토양미생물과 식물 사이의 질소경쟁으로 나타난다.
③ 탄질비가 15 이하가 되면 해소된다.
④ 볏짚을 사용하면 해소될 수 있다.

　　　　　　　　　　정답 ④

4-3. C/N율이 가장 높은 것은?

① 활엽수의 톱밥　　　　　② 알팔파
③ 호밀껍질(성숙기)　　　④ 옥수수 찌꺼기

　　　　　　　　　　정답 ①

4-4. 질소고정량이 가장 많은 두과작물은?

① 레드클로버　　　　　② 베 치
③ 알팔파　　　　　　　④ 콩

　　　　　　　　　　정답 ③

해설

4-2
볏짚은 탄질률이 높기 때문에 질소기아를 가중시킨다.
4-3
C/N율
활엽수의 톱밥(400) > 옥수수 찌꺼기(57) > 블루그래스(26) > 알팔파(13)

핵심이론 05 유기물의 공급

① 퇴비 제조의 목적
  ㉠ 유기물의 탄질률을 20 전후로 조절해 사용 후의 급격한 분해, 작물의 질소기아를 방지한다.
  ㉡ 유기물 중의 병원균, 해충, 잡초종자를 고열로 제거한다.
  ㉢ 유기물에 함유된 유해성분을 미리 분해하여 장해를 미연에 방지한다.
  ㉣ 악취를 없애므로 취급이 편리하고, 가스 발생 등이 없어서 안심하고 사용할 수 있다.

② 퇴비의 유익한 점
  ㉠ 부피가 감소하여 취급이 편리하다.
  ㉡ 탄소 이외의 양분용탈 없이 좁은 공간에서 안전하게 보관할 수 있다.
  ㉢ 원료 유기물에 비하여 탄질률이 낮아서 함유하고 있는 질소가 토양용액으로 쉽게 방출되기 때문에 탄질률이 높은 유기물의 분해를 돕는다.
  ※ 탄질률이 30을 넘는 유기물을 토양에 투입하면 질소기아현상이 일어난다.

③ 퇴비화과정
  ㉠ 1단계 : 당 분해
    • 저온성 균이 우점하게 된다.
    • 쉽게 분해될 수 있는 화합물이 분해된다. 즉, 분해되기 쉬운 단백질 아미노산, 당질 전분 등이 분해되는데 이때 발육이 빠른 곰팡이와 세균에 의하여 분해가 이루어진다.
  ㉡ 2단계 : 셀룰로스 분해
    • 고온성균이 우점하게 된다.
    • 고온 호기성의 방선균만이 셀룰로스 분해에 관여한다.
  ㉢ 3단계 : 리그닌 분해
    • 중온성균이 우점하게 된다.
    • 담자균(버섯균)에 의하여 리그닌 분해가 시작된다.
    • 보통 미생물과 소동물이 나타나기 시작한다.

④ 퇴비화과정에서 나타나는 현상
  ㉠ 잡초종자가 사멸된다.
  ㉡ 수분이 증발되고 유기물은 원료물질에 비하여 이분해성 유기물인 셀룰로스와 헤미셀룰로스가 점차 감소한다.
  ㉢ 식물에 피해를 줄 수 있는 독성화합물이 분해된다.
  ㉣ 토양병원균 활성을 억제할 수 있는 일부 미생물들이 활성화된다.
  ㉤ 원료물질에 비해 이분해성 유기물(셀룰로스와 헤미셀룰로스)이 감소한다.

> **가축분 퇴비의 품질관리 요인**
> • 악취 제거
> • 취급 간편화를 위한 물리성 개선
> • 병원균, 기생충, 잡초종사 사멸
> • 식물 유해물질의 분해
> • 이분해성 유기물의 분해
> • 염농도 저감
> • 중금속 저감

핵심예제

5-1. 퇴비화과정에서 나타나는 현상이 아닌 것은?
① 잡초종자가 사멸된다.
② 원료물질에 비해 이분해성 유기물이 늘어난다.
③ 식물에 피해를 줄 수 있는 독성화합물이 분해된다.
④ 토양병원균 활성을 억제할 수 있는 일부 미생물들이 활성화된다.
정답 ②

5-2. 토양 내 미생물의 활성도와 직접적인 연관성이 가장 적은 것은?
① 수분 함량 ② 토 색
③ 탄질률 ④ 온 도
정답 ②

5-3. 퇴비의 부숙도 검사 중 생물판정법이 아닌 것은?
① 지렁이법 ② 발아시험법
③ 돈모응축법 ④ 유식물시험법
정답 ③

해설
5-2
토양미생물의 활성도(퇴비화 속도)는 수분 함량, C/N율, pH, 통기성, 온도, 입자의 크기 등에 영향을 받는다.
5-3
퇴비를 판정하는 검사방법
• 관능적인 방법 : 관능검사 – 퇴비의 형태, 수분, 냄새, 색깔, 촉감 등
• 화학적인 방법 : 탄질률 측정, pH측정, 질산태 질소 측정
• 생물학적인 방법 : 종자발아시험법, 지렁이법, 유식물시험법
• 물리적인 방법 : 온도를 측정하는 방법, 돈모장력법

핵심이론 06 유기물의 유지

① 유기물유지의 필요성

    ㉠ 토양에 가해진 퇴비는 그 전량이 부식되는 것이 아니라 대체로 약 10%만 부식된다.

    ㉡ 높은 수확량을 내면 더 많은 식물유체나 퇴구비가 환원되어야 한다.

    ㉢ 토양으로부터 식물의 유체를 제거하지 않고 동물의 분뇨나 퇴비 등을 꾸준히 첨가하여야 한다.

    ㉣ 유기물을 시용할 때 밭토양은 논토양보다 유기물의 분해가 많다는 것을 고려해야 한다.

② 토양의 유기물 유지 및 증가 대책

    ㉠ 식물의 유체 환원 : 모든 식물의 유체는 토양에 되돌려 주어야 한다.

    ㉡ 토양침식방지 : 토양으로부터 유기물이 제거되지 않도록 토양침식을 방지한다.

    ㉢ 무경운 재배 : 필요 이상으로 땅을 갈지 말아야 한다.

    ㉣ 유기물을 시용할 때에는 토양의 조건, 유기물의 종류 등을 고려하여야 한다.

    ㉤ 돌려짓기를 하여 질 좋은 유기물이 많이 집적되도록 하여야 한다.

    ㉥ 수량을 높일 수 있는 토양관리법을 적용한다.

핵심예제

6-1. 지표면 피복의 직접적인 효과 및 피복재료에 대한 설명으로 거리가 먼 것은?

① 지표면 피복은 유거수의 유거속도를 줄인다.

② 지표면을 피복하면 토양보온효과가 있다.

③ 지표면 피복은 강우에 의한 토양입자의 분산을 경감시킨다.

④ 탄질률이 낮은 재료를 지표면에 피복하면 토양질소의 함량이 감소한다.

정답 ④

6-2. 토양유기물의 함량을 유지시키거나 높이는 방법으로 틀린 것은?

① 토양 경운을 가급적 자주 한다.

② 녹비작물을 재배 후 환원한다.

③ 무경운 재배를 한다.

④ 가축분 퇴비를 사용한다.

정답 ①

해설

6-2

경운을 자주 하면 작토층에 산소가 공급되어 유기물 분해를 촉진시키고, 물리적으로 토양입단을 해체하며, 토양미생물 활동을 노출시켜 바람직하지 않다.

제5절 토양생물

5-1. 토양생물

핵심이론 01 토양생물의 활동

① 토양생물의 종류

　㉠ 토양동물 : 대형 동물군은 폭이 2mm 보다 큰 것이고, 중형 동물군은 0.2~2mm인 것, 미소 동물군은 0.2mm 보다 작은 것이다.

　　• 대형 동물군(Macrofauna)

　　　- 미생물 포식, 유기물 분쇄, 토양입단 증진

　　　- 두더지, 지렁이, 노래기, 지네, 거미, 개미 등이 있다.

　　　- 지렁이는 유기물이 많고 석회와 물기가 많은 점질토에서 생육하면서 토양을 반전시켜 구조를 좋게 하고 토양을 비옥하게 한다.

　　• 중형 동물군(Mesofauna) : 진드기, 톡토기 등

　　• 미소 동물군(Microfauna)

　　　- 선형동물(선충류), 원생동물(편모충류, 섬모충류) 등

　　　- 선충류(2mm × 5μm) : 식균성, 초식성, 잡식성 및 기생선충(*Meloidogyne* 속)

　　　- 원생동물 : 단세포동물(세포핵, 미토콘드리아), 10~100μm, 세균과 조류 포식

　㉡ 식물 : 고등식물의 뿌리, 이끼류

　㉢ 미생물 : 조류, 사상균, 방사상균(방선균), 세균

　　• 조류(Algae) : 녹조류, 남조류, 황녹조류 등

　　• 사상균 : 곰팡이, 버섯균, 효모

　　• 방사상균 : 유기물이 적어지면 많아지고, 감자의 더뎅이병을 유발한다.

　　• 세균 : 혐기성과 호기성, 무기영양, 유기영양

② 토양생물의 활동

　㉠ 토양생물 중 토양유기물의 분해에 있어 작물생육과 관련된 것은 미생물이다.

　㉡ 미생물은 유기물 분해를 통해 탄소와 질소 등 작물생육에 필요한 영양원을 공급하고 토양비옥도 증진에 기여한다.

　㉢ 토양비옥도에 영향을 미치는 미생물은 조류(녹조류, 규조류, 남조류 등)와 균류(사상균, 버섯균, 곰팡이 등), 방사상균류, 세균류 등이 있다.

핵심예제

1-1. 토양의 대형 동물에 대한 설명으로 옳은 것은?

① 몸의 길이가 5cm 이상인 동물을 말한다.

② 대형 동물에는 지네, 선충 등이 있다.

③ 개미는 농업적으로 가장 중요한 대형 동물이다.

④ 지렁이는 유기물이 많은 점질토양에서 잘 자라는 대형 동물이다.

정답 ④

1-2. 작물에 가장 심각한 피해를 주는 토양 선충은?

① 부생성 선충　　　　　② 포식성 선충

③ 곤충 기생성 선충　　 ④ 식물 내부 기생성 선충

정답 ④

해설

1-2

식물기생성 선충은 기생의 양상에 따라 3가지로 나눌 수 있다.

• 식물체의 외부에서 가해하는 외부 기생성 선충

• 선충이 식물조직의 내부에 침투하여 가해하는 내부 기생성 선충

• 선충의 머리 부분이 식물조직에 삽입되어 영양분을 섭취하는 반내부 기생성 선충

이 선충 중에서 가장 많은 종류와 더불어 식물에 가장 많은 피해를 주는 선충그룹은 내부 기생성 선충이다.

핵심이론 02 | 토양생물과 작물생육의 관계

① 주요 토양생물은 토양 중에 가해지는 퇴구비·녹비 등의 신선 유기물과 각종 화학비료 등의 물질대사과정과 암석의 풍화를 통하여 토양의 물리적·화학적·미생물학적 성질을 변화시켜 토양의 생성과 그 비옥도에 영향을 미치고 나아가 작물생육에 직간접적으로 영향을 미친다.

> **토양생물의 개체수 결정요인**
> • 먹이의 양과 질
> • 물리적 요인(수분, 온도)
> • 생물적 요인(포식 및 경쟁작용)
> • 화학적 요인(염분농도, pH)

② 토양미생물의 수
　㉠ 토양미생물의 수는 콜로니를 형성할 수 있는 하나의 독립된 미생물 세포로 단순한 수(Number)가 아닌 개체수(CFU ; Colony Forming Units)로 표시한다.
　㉡ 미생물은 토양 내 가장 많은 생물체량을 가진다.
　㉢ 농경지에서 가장 많은 수를 차지하는 미생물은 세균이다.

토양 중 각종 생물체의 숫자와 생물량

생물체	개체수		생물량
	(1m²당 숫자)	(1g당 숫자)	(kg/ha)
세 균	$10^{13} \sim 10^{14}$	$10^8 \sim 10^9$	300~3,000
방선균	$10^{12} \sim 10^{13}$	$10^7 \sim 10^8$	300~3,000
곰팡이	$10^{10} \sim 10^{11}$	$10^5 \sim 10^6$	500~5,000
조 류	$10^9 \sim 10^{10}$	$10^3 \sim 10^6$	10~1,500
원생동물	$10^9 \sim 10^{10}$	$10^3 \sim 10^5$	5~200
선 충	$10^6 \sim 10^7$	$10^1 \sim 10^2$	1~200
지렁이	30~300	–	10~1,000
기타 하등동물	$10^3 \sim 10^5$	–	1~200

③ 토양생물과 작물생육의 관계
　㉠ 광합성생물(식물, 조류, 세균) : 이산화탄소 고정에 태양에너지를 이용하며 토양에 유기물을 공급한다.
　㉡ 분해자(세균, 곰팡이) : 잔재물을 분해하여 생물 총량 내에 양분 고정, 새로운 유기복합물(세포의 구성물, 배출물) 생산, 곰팡이균사로 토양입단화, 질소고정세균과 탈질세균에 의한 질소형태의 변환, 병원성 생물의 억제와 경쟁 등
　㉢ 공생생물(세균, 곰팡이) : 병원성 생물로부터 식물뿌리 보호, 질소고정, 균근 형성, 식물생장 촉진 등

　㉣ 병원균(세균, 곰팡이, 기생생물−선충, 미세 절지동물) : 뿌리나 식물조직에 침입하여 질병 유발
　㉤ 뿌리가식생물(원생생물, 절지동물−거세)
　㉥ 세균 포식자(원생생물, 선충) : 세균을 포식하여 식물이 이용할 수 있게 질소(암모늄이온)와 다른 양분을 내놓고, 뿌리가식생물과 질병유발해충 조절
　㉦ 곰팡이 포식자(선충, 미세 절지동물) : 곰팡이를 포식하여 식물이 이용할 수 있게 질소(암모늄이온)와 다른 양분을 내놓고, 뿌리가식생물과 질병유발해충 조절
　㉧ 잘게 부숴 주는 생물(지렁이, 큰 절지동물) : 세균과 곰팡이를 포식하여 잔재물 분해와 토양구조를 개선한다.
　㉨ 고등 포식자(선충 포식선충, 대형 절지동물, 설치류, 조류, 지상동물) : 하위의 영양단계에 있는 생물군락 조절, 흙을 갈아주고 소화관 속으로 흙을 통과시켜 토양구조를 개선

［ 핵심예제 ］

2-1. m²당 토양생물 개체수가 많은 것부터 적은 순서로 올바르게 나열한 것은?(단, 토양 15cm 깊이 기준이다)

① 사상균 > 세균 > 방선균 > 조류
② 세균 > 방선균 > 선충 > 조류
③ 방선균 > 세균 > 사상균 > 조류
④ 세균 > 방선균 > 사상균 > 조류

정답 ④

2-2. 토양 내 가장 많은 생물체량을 가지는 것은?

① 지렁이　　　　　　② 진드기
③ 개 미　　　　　　④ 미생물

정답 ④

2-3. 전형적인 농경지 토양에 서식하는 생물 중 가장 많은 수를 차지하는 것은?

① 세 균　　　　　　② 사상균
③ 조 류　　　　　　④ 선 충

정답 ①

2-4. 토양생물의 활성을 측정하는 방법으로 거리가 먼 것은?

① 개체수(CFU)　　　② 생체량(Biomass)
③ 호흡량　　　　　　④ 토양 EC

정답 ④

5-2. 토양미생물

2-5. 건조한 토양을 기준하여 지렁이 한 마리가 소화시키는 토양의 양이 연간 0.1톤일 경우 용적밀도가 1.2g/cm^{3}인 10a 표층 토양 10cm를 소화시키는 데 소요되는 시간은?

① 12년
② 120년
③ 1,200년
④ 12,000년

정답 ③

해설

2-2
토양 속에는 세균, 방선균, 사상균, 효모, 조류, 원생동물 등 많은 미생물들이 서식한다.

2-3
토양미생물의 개체수(per/g)는 세균이 가장 많다.

2-4
토양생물의 활성은 개체수(CFU), 생체량(Biomass), 호흡량 등과 같은 대사작용에 의하여 측정된다.

2-5

$$\frac{1,000\text{m}^2 \times 0.1\text{m} \times 1.2}{0.1} = 1,200\text{년}$$

$10\text{a} = 1,000\text{m}^2$

10cm 깊이의 부피 $= 1,000\text{m}^2 \times 0.1\text{m} = 100\text{cm}^3$

1a당 토양의 무게 $= 100 \times 1.2 = 120$

∴ $120 \div 0.1 = 1,200$년

핵심이론 01 토양미생물의 종류(1)

① 조류(Algae)
  ㉠ 토양 중에 서식하는 조류는 지름이 3~50μm 인 단세포이며, 녹조류, 남조류, 황녹조류 등이 있다.
  ㉡ 탄산칼슘(CaCO$_3$) 또는 이산화탄소(CO$_2$)를 이용하여 유기물을 생성함으로써 대기로부터 많은 양의 이산화탄소를 제거한다.
  ㉢ 이산화탄소를 이용하여 광합성을 하고 산소를 방출한다.
  ㉣ 녹조류인 클라미도모나스(Chlamydomonas)가 생산 분비하는 탄수화물은 토양입단과 투수성을 개선한다.
  ㉤ 식물과 동물의 중간적 성질을 갖는 미생물이다.
  ㉥ 토양 중에서 유기물의 생성, 질소의 고정, 양분의 동화, 산소의 공급, 질소균과의 공생작용을 한다.

② 세균(Bacteria)
  ㉠ 세균은 가장 원시적인 생명체이지만 거의 모든 지역에 서식하고 다양한 대사작용을 하는 특성이 있다.
  ㉡ 세균의 형태에는 구형, 막대형, 나선형 구조가 있으며 크기는 보통 0.2~10μm 로, 세포분열에 의하여 증식한다.
  ㉢ 탄소원과 에너지원에 따라 자급 영양세균과 유기물을 산화하여 에너지를 얻는 타급 영양세균으로 분류한다.

영양원별		탄소원	에너지원	대표적 미생물
자급 영양 세균	광합성자급 영양균	CO$_2$	빛	녹색세균, 남세균, 남조류, 홍색세균, 자색세균
	화학자급 영양균	CO$_2$	무기물	질화세균, 황산화세균, 수소산화세균, 철산화세균 등
타급 영양 세균	광종속 영양균	유기물	빛	홍색황세균
	화학종속 영양균	유기물	유기물	부생성세균, 대부분의 공생세균

• 화학자급영양균 : 질화세균(질산균, 아질산균), 황산화세균, 수소산화세균, 철산화세균
  – 질산균(아질산산화균) : *Nitrobacter*, *Nitrospina*
  – 아질산균(암모니아산화균) : *Nitrosomonas*, *Nitrosococcus* 등
  – 황산화세균 : *Thiobacillus*
  – 수소산화세균
  – 철산화세균

- 화학종속영양균 : 질소고정균(단독질소, 공생질소), 암모니아화성 세균, 섬유소분해세균 등
  - 단독질소고정균

  > 산소에 대한 선호도에 따라 다음과 같이 나뉜다.
  > 호기성 세균 : *Azotobacte*, *Derxia*, *Beijerinckia*
  > 혐기성 세균 : *Clostridium*, *Achromobacter*, *Pseudomonas*
  > 통성혐기성 세균 : Klebsiella

  - 공생질소고정균 : 근류균(*Rhizobium*), *Brady-rhizobium* 속
  - 암모니아화성 세균
  - 섬유소분해 세균
- ㉣ 세균은 보통 중성 부근에서 잘 활동하고 번식하지만, 황세균 등은 강한 산성에서도 잘 견딘다. 황세균의 최적 pH는 2.0~4.0이다.
- ㉤ 세균은 유기물의 분해, 질산화작용, 탈질작용 등을 하여 물질순환작용에서 핵심적인 역할을 한다.

[핵심예제]

1-1. 식물과 동물의 중간적 성질을 갖는 미생물은?

① 선 충   ② 조 류
③ 질산균   ④ 곰팡이

정답 ②

1-2. 토양미생물인 세균에 대한 설명으로 옳은 것은?

① 세균은 다세포로서 분열에 의해 증식한다.
② 산소에 대한 선호도에 따라 호기성과 혐기성으로 구분한다.
③ 자급영양세균은 유기물을 산화하여 에너지원으로 사용한다.
④ 세균은 대개 광범위한 산도조건하에서 잘 자란다.

정답 ②

1-3. 화학자급영양세균이 아닌 것은?

① 나이트로소모나스(*Nitrosomonas*)
② 나이트로박터(*Nitrobacter*)
③ 싸이오바실루스(*Thiobacillus*)
④ 아조토박터(*Azotobacter*)

정답 ④

1-4. 질산화균에 대한 설명으로 틀린 것은?

① 암모니아를 산화하여 에너지를 얻는다.
② 유기물을 이용하는 종속영양세균이다.
③ 질산화균에 의하여 질산화작용을 받아 질산이 되면 수소 이온이 생성된다.
④ 아질산산화균에는 *Nitrobacter*가 있다.

정답 ②

1-5. 암모니아로부터 질산 생성에 관여하는 세균 중 암모니아 산화균인 것은?

① *Nitrobacter*   ② *Nitrosomonas*
③ *Pseudomonas*   ④ *Azotobacter*

정답 ②

1-6. 공중질소를 고정하는 균류로 독립생활을 하는 혐기성 단독질소고정균의 속명은?

① *Azotobacter*   ② *Clostridium*
③ *Rhizobium*   ④ *Pseudomonas*

정답 ②

핵심이론 02 미생물의 종류 (2)

① 사상균(곰팡이, 버섯균, 효모)
- ㉠ 일반적으로 호기성이며, 토양의 산도와 상관없이 생육이 가능하다.
- ㉡ 산성에 대한 저항력이 강하기 때문에 산성토양에서 잘 생육한다.
- ㉢ 사상균(곰팡이)은 균사를 형성하여 토양의 입단화를 형성한다.
- ㉣ 난분해성 리그닌의 분해능력이 가장 뛰어난 미생물이다.
- ㉤ 생장에 필요한 에너지와 영양소는 대부분 유기물을 분해해서 얻는다.
- ㉥ 사상균은 세균의 수보다는 적다.
- ㉦ 세균에 비하여 더 많은 질소와 탄수화물을 섭취·분해하여 보다 적은 이산화탄소와 암모니아를 분해 부산물로 만든다.
- ㉧ 진드기는 사상균의 포자를 운반하거나 유기물을 토양과 혼합시킨다. 진드기의 분비물은 미생물의 서식지가 된다.
- ※ 토양 중에 존재하는 종(種)이 가장 많은 균속 : *Penicillium* 속

② 방사상균(방선균)
- ㉠ 세포 내의 미세구조가 세포핵이 없는 원핵생물로서 그람양성균이며, 실모양의 균사 상태로 자라면서 포자를 형성한다.
- ㉡ 균사폭이 $0.5 \sim 1.0 \mu m$로 매우 작다.
- ㉢ 토양미생물의 10~50%를 구성하고 있다.
- ㉣ 알맞은 pH는 6.0~7.0이고, pH 5.0 이하에서는 생육이 크게 떨어진다. 즉, 대부분 알칼리성에는 내성이 있지만 산성에 약한 미생물이다.
- ㉤ 흙냄새의 일종인 제오스민(Geosmins)과 같은 물질을 분비한다.
- ㉥ 에너지원과 영양원을 얻기 위하여 탄수화물과 단백질을 분해·이용한다.
- ㉦ 특히 분해되기 어려운 리그닌·케라틴 등의 부식성분을 분해한다.

③ 균근균(Mycorrhizae)
- ㉠ 균근균은 식물뿌리와 공생관계를 형성하는 균으로 '사상균뿌리'라는 의미를 지닌다.
- ㉡ 균근균은 고등식물 뿌리와의 공생관계를 통해 식물로부터 탄수화물을 직접 얻는다.
- ㉢ 토양미생물인 균근은 인산 흡수를 도와주는 대표적인 공생미생물이다.
- ㉣ 균근균에는 내생균근균과 외생균근균이 있다.
  - 내생균근 : 뿌리에 사상균(버섯 등)이 착생하여 공생함으로써 식물은 물과 양분의 흡수가 용이해지고 뿌리 유효표면이 증가하며 내염성, 내건성, 내병성 등이 강해진다.
  - 외생균근 : 토양양분의 유효화로 담자균류, 자낭균 등이 왕성해지면 병원균의 침입을 막는다.
- ㉤ 사상균 중 담자균이 식물의 뿌리에 붙어서 공생관계를 갖는다.
- ㉥ 뿌리에 보호막을 형성하여 가뭄에 대한 저항성을 높이고 가뭄 피해를 감소시킨다.
- ㉦ 뿌리의 유효면적을 증가시켜 토양 중에서 이동성이 낮은 인산, 아연, 철, 몰리브덴과 같은 성분을 흡수하여 뿌리의 역할을 수행한다.
- ㉧ 과도한 양의 염과 독성, 금속이온 등의 흡수를 억제한다.
- ㉨ 토양을 입단화하여 통기성과 투수성을 증가시킨다.
- ㉩ 길항물질 생성으로 병원균이나 선충류로부터 식물을 보호한다.

> **공생관계의 이점**
> - 외생균근은 병원균의 감염을 방지한다.
> - 세균이 식물뿌리의 연장과 같은 역할을 한다.
> - 뿌리의 유효표면적을 증가시켜 물과 양분(특히 인산)의 흡수를 돕는다.
> - 내열성·내건성이 증대한다.
> - 토양양분을 유효하게 한다.

[핵심예제]

2-1. 일반적으로 토양의 산도와 상관없이 생육이 가장 양호한 토양미생물은?

① 방사상균　　　　② 사상균
③ 세 균　　　　　　④ 아조토박터

정답 ②

2-2. 토양미생물에 대한 설명으로 옳지 않은 것은?

① 토양미생물은 세균, 사상균, 방선균, 조류 등이 있다.
② 세균은 토양미생물 중에서 수(서식수/m^2)가 가장 많다.
③ 방선균은 다세포로 되어 있고 균사를 갖고 있다.
④ 사상균은 산성에 대한 저항력이 강하기 때문에 산성토양 중에서 일어나는 화학변화를 주도한다.

정답 ③

2-3. (　　　) 안에 들어갈 용어로 가장 옳은 것은?

> 토양의 사상균(곰팡이)은 (　　　)를 형성하여 토양의 입단화를 형성한다.

① 항생물질　　　　② 균 사
③ 뿌리혹박테리아　④ 황세균

정답 ②

2-4. 균근균과 공생함으로써 식물이 얻을 수 있는 유익한 점이 아닌 것은?

① 식물의 광합성 효율이 증대된다.
② 뿌리의 병원균 감염이 억제된다.
③ 뿌리의 유효면적이 증대된다.
④ 식물의 인산 등 양분흡수가 증대된다.

정답 ①

2-5. 균근(Mycorrhizae)의 기능이 아닌 것은?

① 한발에 대한 저항성 증가
② 인산의 흡수 증가
③ 토양의 입단화 촉진
④ 식물체에 탄수화물 공급

정답 ④

핵심이론 03　토양미생물의 유익작용

① 탄소 순환 : 대기 중의 CO_2를 흡수하여 광합성을 통해 탄수화물을 합성한다. 퇴비 등은 토양미생물(주로 사상균과 세균)에 의하여 분해되어 최종 분해산물인 CO_2, H_2O, 무기염류를 생성하고 난분해성 물질은 부식으로 집적된다.

② 암모니아화성작용

　㉠ 토양 속의 유기태질소가 토양미생물에 의해서 분해되어 무기태질소인 암모니아로 변형되는 작용으로, 토양의 지온 상승 시 효과가 나타난다.

　㉡ 암모니아화작용을 일으키는 주요 미생물은 세균과 곰팡이다.

　㉢ 암모니아태질소(NH_4^+-N)는 토양 내 음이온과 결합하여 흡착이 잘되지만, 질산태 질소(NO_3^--N)는 음이온이므로 토양과의 흡착력이 약하다.

　㉣ 암모니아태 질소는 환원조건에서 탈질과정으로부터 자유로운 화합물이다.

③ 질산화성작용(질화작용)

　㉠ 질산화작용이란 암모늄이온(NH_4^+)이 아질산(NO_2^-)과 질산(NO_3^-)으로 산화되는 과정이다.

　㉡ 질산화작용으로 생성된 질산은 토양에서 유실되기 쉽다.

　㉢ 암모니아태 질소는 산소가 충분한 산화적 조건에서 호기성 무기영양세균인 암모니아 산화균(아질산균)과 아질산 산화균(질산균)에 의해 2단계 반응($NH_4^+ \rightarrow NO_2^- \rightarrow NO_3^-$)을 거쳐 질산으로 변화된다.

　㉣ 질산화과정에서 NH_4^+이온 1개가 1개의 NO_3^-로 될 때 2개의 H^+이온이 생성된다.

　　질산화반응식 : $NH_4^+ + 2O_2 \rightarrow NO_3^- + H_2O + 2H^+$

　㉤ 질소의 산화수에 따른 질소 화합물의 예시

산화수	예 시
+5	오산화이질소(N_2O_5), 질산(HNO_3), 질산화물, NO2X
+4	사산화이질소(N_2O_4), 이산화질소(NO_2)
+3	삼산화이질소(N_2O_3), 아질산(HNO_2), 아질산화물, NOX, NX3
+2	일산화질소(NO)
+1	일산화이질소(N_2O), 하이포아질산($H_2N_2O_2$), 하이포아질산화물
0	N_2
-1/3	아자이드(N_3^-)
-1	하이드록실아민, 하이드록실암모늄염
-2	하이드라진, 하이드라지늄염하이드라자이드
-3	암모니아(NH_3), 암모늄염, 아마이드, 이미드, 질화물

질산화작용 억제제
• 질산화작용에 관여하는 미생물의 활성을 억제한다.
• 억제제에는 Nitrapyrine, Dwell 등이 있다.
• NH_4^+로 유지시켜 용탈에 의한 비료손실을 줄이는 효과가 있다.

④ 공중질소의 고정 : 공중질소를 고정하는 토양미생물에는 단독으로 수행하는 것(아조토박터속, 클로스트리디움속, 남조류)과 작물과 공생하는 것(리조비움속)이 있다.

⑤ 가용성 무기성분의 동화 : 각종 무기영양성분을 에너지원 또는 영양원으로서 흡수·동화하여 균체의 구성에 이용함으로써 양분의 유실이나 용탈을 감소시키고, 사체가 됨으로써 토양에 이를 다시 환원시켜 작물이 흡수·이용하게 한다.

⑥ 인산의 가급태화 : 흡착 고정된 무기태 또는 유기태인산은 토양미생물 중 인산 가용성 세균에 의하여 유효화되어 가급태로 변화된다.

⑦ 미생물 간의 길항작용 : 토양미생물 간에는 양분경합이 일어나기도 하며, 다른 종류의 미생물 생육을 억제하거나 사멸시키는 항생물질(Antibiotics)을 생성한다.

⑧ 토양 구조의 입단화 : 신선 유기물이 토양미생물에 의해 분해되어 무기화작용(Mineralization)을 받아 부식되어 토양입단화를 촉진한다. 토양이 입단화되면 토양의 통기성, 통수성, 보비력, 보수력 등 이화학적 성질이 개선되어 토양의 비옥도가 향상되어 작물 생육에 적합해진다.

⑨ 생장촉진물질 분비 : 미생물이 토양유기물을 분해하고 번식하는 과정에서 작물 생육에 필요한 각종 무기양분을 유지시키며(K^+, Ca^{2+}, Mo), 비타민, 기타 작물 생장촉진물질을 분비한다.

[핵심예제]

3-1. 토양의 지온 상승 시 나타나는 효과와 가장 관련이 있는 것은?

① 염기포화도 증가
② 탈질작용 억제
③ 암모니아화 작용촉진
④ 부식물 집적 증가

정답 ③

3-2. 작물이 흡수하는 질소 중 토양에 흡착이 가장 잘되는 것은?

① 단백태질소
② 질산태질소
③ 암모니아태질소
④ 사이안아마이드태질소

정답 ③

[핵심예제]

3-3. 환원조건에서 탈질과정으로부터 자유로운 질소화합물 형태는?

① NO_3^-
② NH_4^+
③ NO_2^-
④ NO

정답 ②

3-4. 토양에서 일어나는 질소변환과정에 대한 설명으로 가장 옳은 것은?

① 질산화작용은 NH_4^+이 NH_3^-로 산화되는 과정이다.
② 암모니아화 반응은 공기 중의 N_2가 암모니아로 전환되는 과정이다.
③ 탈질작용은 유기물로부터 무기태질소가 방출되는 과정이다.
④ 질소고정은 NH_4^+이나 NH_3^-로부터 단백질이 합성되는 과정이다.

정답 ①

3-5. 질산화과정에서 NH_4^+이온 1개가 1개의 NO_3^-로 될 때 몇 개의 H^+이온이 생성되는가?

① 0.5개
② 1개
③ 1.5개
④ 2개

정답 ④

3-6. 토양 중 질소의 순환과정에서 질소가 가질 수 있는 가장 높은 산화수와 질소형태는?

① 0, N_2
② +3, HNO_2
③ +5, HNO_3
④ +2, NO

정답 ③

해설

3-3
토양은 음이온을 띠고 있으므로 질산태질소(NO_3^- – N)는 불안하고, 양이온을 띠고 있는 암모니아태질소(NH_4^+–N)는 논토양에서 가장 안전하다.

3-6
산화수(酸化數, Oxidation Number)란 하나의 물질(분자, 이온화합물 등) 내에서 전자의 교환이 완전히 일어났다고 가정하였을 때 특정 원자가 갖게 되는 전하수로, 이를 산화 상태(Oxidation State)라고도 한다.

핵심이론 04 토양미생물의 유해작용

① 질산염의 환원과 탈질작용
  ㉠ 질산환원작용 : 호기적 조건하에서 질산화성균군에 의해 암모니아(NH_3)로 환원
  ㉡ 탈질작용 : 논토양의 산화층과 환원층의 경계면에서나 전작지 토양의 입단 내부와 외부의 경계면에서 탈질균군에 의해 유리질소(N_2, NO, N_2O)로 변화되어 공기 중으로 휘산된다.
② 황산염의 환원 : 토양 중의 유기태유황화합물인 시스틴(Cystine), 시스테인(Cysteine), 메티오닌(Methionine)은 호기성 세균군 및 사상균, 방사상균에 의하여 호기적으로는 황산, 염기적으로는 황화수소(H_2S)로 무기화된다.
③ 환원성 유해물질의 생성 및 집적 : 배수 불량한 저습 지대의 전작지 토양이나 습답 토양에 유기물이 과잉 사용되면 혐기성 미생물에 의한 혐기적 분해를 받아 환원성 유해물인 각종 유기산이 생성 집적된다.
④ 작물과의 양분경합 : 미숙유기물을 시비하면 질소 기아현상처럼 작물과 미생물 간에 양분의 쟁탈이 일어난다.
⑤ 병해 유발 : 토양미생물 중 어떤 세균, 균류, 방사상균 등은 작물의 병해를 유발시키는 것이 많다. 잘록병 · 뿌리썩음병 · 풋마름병 · 무름병 · 둘레썩음병 · 썩음병 · 시들음병 · 날개무늬병 · 더뎅이병 · 깜부기병 및 선충에 의한 피해가 발생한다.
⑥ 선충해 유발 : 토양생물 중 토양선충(Nematode)은 특정의 작물근을 식해하여 직접적인 피해를 주고 식상을 통해 병원균의 침투를 조장하여 간접적인 작물 병해를 유발시킨다.

[핵심예제]

4-1. 토양 미생물이 식물에 미치는 유해한 작용은?
① 유기물의 분해와 무기화
② 미생물 간의 길항작용
③ 무기질소의 부동화
④ 토양 입단화 촉진

정답 ③

4-2. 다음 토양미생물의 작용 중 작물생육에 도움이 되지 못하는 것은?
① 인산가용화   ② 공중질소고정
③ 탈질작용   ④ 암모니아화성작용

정답 ③

제6절 식물영양과 비료

6-1. 토양양분의 유효도

핵심이론 01 토양 무기양분의 유효도

① 무기성분의 유효도
  ㉠ 유효성분이란 작물이 흡수 · 이용할 수 있는 광물질의 무기성분으로, 토양 중에 가급태화하는 정도를 유효도라고 한다.
  ㉡ 광물질 성분의 유효도는 전성분함량, 토양반응(pH), 토양수분, 통기상태 등에 따라 달라진다.

[작물이 흡수하는 원소의 형태]

원 소	흡수형태	원 소	흡수형태
질소(N)	NH_4^+, NO_3^-	망간(Mn)	Mn^{2+}
인(P)	$H_2PO_4^-$, HPO_4^{2-}	아연(Zn)	Zn^{2+}
칼륨(K)	K^+	구리(Cu)	Cu^{2+}
칼슘(Ca)	Ca^{2+}	몰리브덴(Mo)	MoO_4^{2-}
마그네슘(Mg)	Mg^{2+}	붕소(B)	$H_2BO_3^-$
황(S)	SO_4^-	염소(Cl)	Cl^-
철(Fe)	Fe^{2+}, Fe^{3+}	규소(Si)	SiO_3^{2-}

② 양분유효화에 영향을 주는 요인
  ㉠ 토양의 pH
    • 양분의 용해도와 식물양분의 유효도에 영향을 준다.
    • 대부분의 양분은 중성 정도(pH 6~7)에서 유효도가 크다.

[pH 감수성에 따른 식물 분류]

토양(pH)	대상식물
4.5~5.5	감자, 고구마, 진달래, 벤트그래스, 블루베리, 크랜베리, 민들레, 페스큐, 포버티그래스, 레드톱, 대황, 수영 등
5.5~6.5	보리, 밀, 호밀, 귀리, 옥수수, 강낭콩, 완두, 토마토, 딸기, 당근, 방울다다기양배추, 담배, 티모시 등
6.5~7.5	콩, 사과, 양배추, 셀러리, 꽃양배추, 사탕무, 아스파라거스, 알팔파, 브로콜리, 스위트클로버 등

    • 염기성 토양에서 유효도가 큰 성분 : Ca, Mg, K, Mo 등
    • 산성 토양에서 유효도가 큰 성분 : Fe, Cu, Zn, Al, Mn, B 등
    • 인산은 pH가 올라가면 칼슘에 의하여, pH가 내려가면 알루미늄과 철에 의하여 유효도가 떨어진다.

ⓛ 질소 과용 시 밀, 옥수수 등 화본과식물은 토양의 산성화와 Al의 독성 및 Ca, Mg, K 등의 결핍을 유발한다.

ⓒ 토양의 산화·환원조건에 따라 양분유효도에 변화를 준다.

ⓔ 토양수분의 많고 적음은 토양의 산화환원에 영향을 줄 뿐만 아니라 양분의 가용화에 큰 영향을 준다. 예 가뭄이 심하면 작물에 붕소결핍증 발생

ⓜ 토양의 유기물은 인산의 고정을 감소시킴으로 유기물 함량이 많은 토양에서 인산의 유효도가 높다.

[핵심예제]

1-1. 공기유통이 양호한 밭토양에서 식물이 흡수할 수 있는 질소의 주요 형태는?

① NO_3^- ② NH_3
③ $(NH_2)_2CO$ ④ N_2O

정답 ①

1-2. 식물의 필수원소 중 토양의 pH가 높아질수록 용해도가 증가되어 식물에 대한 유효도가 증가되는 원소는?

① Mo ② Zn
③ Cu ④ Fe

정답 ①

1-3. 산성토양에서 용해도가 증가하는 원소가 아닌 것은?

① 철 ② 구 리
③ 아 연 ④ 몰리브덴

정답 ④

토양 무기양분의 유효도 증진방안(1)

① 점토광물의 전하 생성

ⓐ 점토광물의 표면에는 음전하가 존재하기 때문에 각종 양이온의 흡착력을 가진다.

ⓑ 점토광물 표면의 음전하 생성원인 : 변두리전하, 동형치환, pH 의존적 전하(잠시적 전하) 등

② 음전하 생성과 양이온의 흡착

ⓐ 변두리전하(電荷, Edge Charge)

• 점토광물의 표면(변두리)에 존재하는 음전하이다.

• Kaolinite는 변두리전하에 의하여 음전하가 생성된다.

• 점토광물을 분쇄하여 분말도를 크게 하면 변두리전하가 늘어나 양이온교환용량이 증가한다.

ⓑ 동형치환(同型置換, Isomorphous Substitution)

• 규산 4면체나 알루미늄 8면체의 중심원자가 결정구조의 변화 없이 크기가 비슷한 다른 원자로 치환되는 현상이다.

• 점토광물의 영구음전하 생성요인이다. 즉, 동형치환에 의해서 생성된 음전하는 pH 등이 토양환경에 따라 변하지 않으므로 영구적 전하이다.

• 보통 규산 4면체에서 Si^{4+}이 Al^{3+}과 치환되고, 알루미늄 8면체에서 Al^{3+}나 Fe^{3+}이 Fe^{2+} 또는 Mg^{2+}로 치환된다.

• 동형치환은 2:1 격자형 점토광물(Illite, Vermiculite, Smectite, Chlorite 등)에서 일어나고, Kaolinite와 같은 1:1형 점토광물에서는 거의 일어나지 않는다.

ⓒ 잠시적 전하(暫時的電荷, Temporary Charge)

• 점토광물의 변화에 따라 pH 변동을 가져오는 전하로 pH 의존적 전하라고도 하고, 일시적 전하라고도 한다.

• 약산성 조건에서는 교질 표면에 전하가 거의 생기지 않으나, pH가 올라가면 교질의 OH 그룹에서 수소이온을 방출하고 음전하가 생성된다. 이 반응은 가역반응이다.

• Kaolinite, Allophane, Humus, Fe/Al 산화물 및 수산화물 등은 대부분 pH 의존전하를 갖는다.

ⓓ 부식의 음전하 생성과 양이온 흡착

• 토양부식이 음전하를 띠는 것은 주로 카복실기와 페놀성 수산기(-OH) 성분 때문이다.

- 부식의 등전점은 pH 3 정도로 낮기 때문에 보통 토양에서는 순음전하의 양이 압도적으로 많다.
- 또한 pH가 높을수록 수소이온의 해리가 증가하므로 음전하의 양이 증가한다.

핵심예제

2-1. 점토광물 표면의 음전하 생성원인과 거리가 먼 것은?

① 변두리전하   ② 동형치환
③ pH 의존전하   ④ 수화적용

정답 ④

2-2. 점토광물을 분쇄하면 양이온교환용량이 증가하는 가장 큰 이유는?

① 동형치환이 많이 이루어지기 때문이다.
② 잠시적 전하가 늘어나기 때문이다.
③ 변두리전하가 늘어나기 때문이다.
④ 표면전하의 밀도가 높아지기 때문이다.

정답 ③

2-3. 2:1 격자형 점토광물 표면이 영구적 음전하를 갖게 하는 작용은?

① 동형치환작용   ② 가수분해작용
③ 산화환원 작용   ④ 이온의 수화작용

정답 ①

2-4. 토양부식이 음전하를 띠는 것은 주로 어떤 성분 때문인가?

① 탄산기   ② 아미노기
③ Al과 Si   ④ 카복실기와 페놀릭 OH기

정답 ④

핵심이론 03 토양 무기양분의 유효도 증진방안(2)

① 토양교질물의 양분유실원리
  ㉠ 양이온치환용량(CEC)이 큰 Ca^{2+}, Mg^{2+}, K^+, NH_4^+, Na^+, Li^+ 등은 토양교질이 부전하(−)를 띠고 있어 토양에 잘 흡착된다.
  ㉡ 음이온치환용량(AEC)이 큰 SiO_4^{4-}, PO_4^{3-}, SO_4^{2-}, NO_3^-, Cl^- 등은 음이온의 흡착보유력이 커서 토양 중 양분의 유실이 적다.
  ㉢ CEC가 낮은 논토양에서는 NH_4^+이온의 용탈이 용이하다.

② 양분흡착력 증진과 유실억제대책
  ㉠ 양이온치환용량(CEC)이 큰 유기물의 시용 또는 CEC가 큰 산적토를 객토하면 토양의 보비력이 증가되어 양분유실이 적다.
  ㉡ 양이온치환용량이 낮은 논토양에서는 암모늄태질소의 용탈이 용이하므로 심층시비 또는 전층시비가 유리하다.
  ㉢ 토양의 적정산도(pH) 유지를 위한 토양개량제를 시용한다.
  ※ 양이온 흡착의 세기는 양이온의 전하가 증가할수록, 양이온의 수화반지름이 작을수록 증가한다.

③ 음이온(AEC)의 양분흡착
  ㉠ 음이온은 양이온의 흡착에 비해 매우 적지만 교질용액의 pH 조건에 따라 토양에 흡착된다.
  ㉡ 흡착 강도
    - 양이온 : $Al^{3+} > H^+ > Ca^{2+} > Mg^{2+} > K^+ > NH^{4+} > Na^+$
    - 음이온 : $SiO_4^{4-} > PO_4^{3-} > SO_4^{2-} > NO_3^- = Cl^-$
  ㉢ 질소(N)는 양이온인 암모늄태 질소(NH^{4+})와 음이온인 질산태질소(NO_3^-)로 작용이 가능하다.
  ※ 양분의 시비효율이 낮으면 양분집적 등의 문제가 생길 수 있고, 수확량이 줄어들며 환경오염률이 높아진다.

6-2. 비료

비료의 반응(Fertilizer Response)

① 화학적 반응

　㉠ 비료 그 자체의 고유반응으로 산성, 중성, 염기성으로 구분한다.

　㉡ 중성반응을 나타내는 비료로는 중성염의 비료와 유기화합물의 비료가 있다.

　㉢ 황산암모늄 또는 황산칼륨은 화학적 중성비료이나 식물이 황산보다 암모늄 또는 칼륨을 다량으로 흡수하기 때문에 남은 것은 토양 중에서 산성반응을 한다.

② 생리적 반응

　㉠ 토양 속에서 분해되어 식물에 흡수된 뒤 나타나는 반응이다.

　㉡ 인산, 규산, 탄산 등의 성분은 토양에 흡착되면 약산으로 되기 때문에 이들의 성분을 지니는 비료는 토양에 미치는 영향이 적은 생리적 산성비료가 될 수 없다.

　㉢ 염소, 유산, 초산 등의 성분은 토양에 흡착되면 강한 산성을 나타내는 성질을 지니고 있으므로, 이들의 성분을 함유하고 있는 비료는 생리적 산성비료가 된다.

[비료의 반응]

반 응	화학적 반응	생리적 반응
산성비료	황산암모늄, 염화암모늄, 인산암모늄, 인산칼슘, 인산칼륨, 과인산석회, 중과인산석회 등	황산암모늄(유안), 황산칼륨, 염화암모늄, 염화칼륨 등
중성비료	요소, 염화칼륨, 황산칼륨, 칠레초석(질산나트륨=질산소다), 질산암모니아 등	질산암모늄, 질산칼륨, 요소, 인산암모늄, 과인산석회(과석), 중과인산석회(중과석) 등
염기성비료	생석회, 소석회, 석회질소, 용성인비, 탄산석회, 규산질비료 등	칠레초석, 질산칼슘, 석회질소, 용성인비, 토마스인비, 나뭇재, 탄산석회 등

3-1. 토양입자에 의한 양분 유지 및 용탈에 관한 설명으로 옳은 것은?

① AEC가 크면 NH_4^+이온은 토양입자에 잘 유지된다.

② CEC가 크면 NO_3^-이온은 토양입자에 잘 유지된다.

③ 대체로 토양층 내에서 NH_4^+이온은 NO_3^-이온보다 용탈이 용이하다.

④ CEC가 낮은 논토양에서는 NH_4^+이온의 용탈이 용이하다.

정답 ④

3-2. 다음 음이온 중 가장 먼저 토양교질물에 흡착되는 것은?

① Cl^- 　　　　　② NO_3^-

③ SO_4^{2-} 　　　　④ PO_4^{3-}

정답 ④

3-3. 토양입자와의 결합력이 작아 용탈되기 가장 쉬운 성분은?

① Ca^{2+} 　　　　② Mg^{2+}

③ PO_4^{3-} 　　　④ NO_3^-

정답 ④

3-4. 양이온과 음이온의 2가지 형태로 작용이 가능한 양분은?

① N 　　　　　② P

③ Fe 　　　　④ Cl

정답 ①

[핵심예제]

1-1. 비료의 생리적 반응을 가장 잘 설명한 것은?

① 토양 속에서 분해되어 식물에 흡수된 뒤 나타나는 반응
② 비료 수용액 그 자체의 반응
③ 화학적 산성비료가 미생물의 작용으로 중성으로 변화되는 반응
④ 유기물비료가 미생물의 분해로 무기화되는 작용

정답 ①

1-2. 비료의 반응에 대한 설명으로 옳은 것은?

① 생리적 반응이란 비료 수용액의 고유반응을 말한다.
② 식물에 대하여 중요한 비료반응은 화학적 반응이다.
③ 용성인비, 토마스인비, 나뭇재는 화학적, 생리적으로 염기성 비료이다.
④ 유기질 비료는 분해 시 생성되는 젖산, 초산 등의 유기산으로 인하여 반응이 일정한 생리적 산성비료이다.

정답 ③

1-3. 생리적 산성비료는?

① 질산암모늄   ② 석회질소
③ 황산암모늄   ④ 요 소

정답 ③

1-4. 생리적 산성비료가 아닌 것은?

① 칠레초석   ② 황산암모늄
③ 질산암모늄   ④ 염화칼륨

정답 ①

1-5. 화학적 반응(pH)과 생리적 반응(pH)이 모두 알칼리성인 것으로 짝지어진 것은?

① 황산암모늄, 요소   ② 요소, 질산칼륨
③ 과인산석회, 염화암모늄   ④ 용성인비, 석회질소

정답 ④

1-6. 생리적 염기성 비료는?

① 염화칼륨   ② 황산칼륨
③ 질산칼슘   ④ 황산암모늄

정답 ③

① 비료 배합의 이점
  ㉠ 비료의 지속 조절이 가능하다(속효성 비료와 지효성 비료를 적당량 배합).
  ㉡ 시비의 번잡을 줄일 수 있다.
  ㉢ 비료의 물리적 성질이 좋아져 수분의 흡수나 굳어지는 것을 방지할 수 있다.
  ㉣ 기술지도상 편리하다.
  ㉤ 지방의 풍토나 토양에 적용할 수 있도록 조절이 가능하다.

② 비료 배합 시 주의할 사항
  ㉠ 3요소의 양이 식물의 생산을 완전하게 할 수 있도록 배합할 것
  ㉡ 속효성과 지효성 비료를 적당히 배합하여 작물생육기간 중 요구도에 응할 수 있을 것
  ㉢ 배합한 결과, 비료의 효과가 쉽게 나타날 것
  ㉣ 시용한 후 토양의 성질과 반응이 변화되지 않을 것
  ㉤ 배합의 결과, 유기물이 토양에 남아 토양개선을 가져올 것

③ 비료 배합이 유리한 경우
  ㉠ 어박, 깻묵류 + 회(灰)류
    • 회류 중 탄산칼륨에 의해 유지(油脂)가 분해되어 비효 증진
    • 어비류 · 깻묵류와 같이 기름을 함유하고 있는 비료를 회류와 혼합해서 시용하면 회류 중의 탄산칼륨에 의하여 기름이 분해되어 비료의 분해가 촉진되므로 비효가 증진된다.
  ㉡ 퇴비, 인분, 잠박(부숙) + 과인산석회
    • 과인산석회의 인산1칼슘과 황산칼슘의 작용에 의해 암모니아태질소의 휘산방지
    • 퇴비 · 인분뇨 · 부숙잠분 등과 같이 탄산암모늄을 함유하는 비료를 과인산석회와 배합할 경우에는 과인산석회 중의 인산1칼슘의 작용에 의하여 암모늄태질소의 휘발에 의한 손실을 막을 수 있어 비효가 증진된다.
  ㉢ 골분, 인광 + 퇴비 혼합
    • 불용성 인산이 가용성으로 변함
    • 인산3칼슘을 함유하는 골분 · 인광석과 같은 것은 퇴비와 혼합 · 퇴적시키면 불용성인산이 가용성으로 변하므로 비효가 증진된다.

ⓔ 황산암모늄 + 칠레초석, 질산칼륨, 질산석회
- 조해성이 감소
- 황산암모늄을 칠레초석·질산칼륨·질산석회와 같은 질산염과 혼합하면 그 조해성을 감소시키는 효과가 있다.
- ※ 조해성(Deliquescence) : 공기 중에 노출되어 있는 고체가 수분을 흡수하여 녹는 현상으로, 강염기인 수산화칼륨이나 수산화나트륨이 이러한 성질을 가지고 있다.

ⓜ 부숙인분 + 과인산석회 + 황산칼륨 : 배합하면 중성반응을 나타낸다.

④ 비료의 배합이 불리한 경우
- ㉠ 암모늄태질소비료 + 알칼리성 비료 → 암모니아 휘발
  - 암모늄태질소+석회, 회류, 토머스인비 : 질소분손실
  - 황산암모늄·인분뇨 등과 같이 암모늄태질소를 함유하는 비료에 석회·회류·토머스인비 등의 염기성 비료를 혼합하면 그 반응이 알칼리성으로 되어 암모니아가 휘발하므로 질소의 손실이 초래된다.
- ㉡ 질산태 질소 + 퇴비, 생짚(펜토산 함유)
  - 질소분 공기 중 휘산
  - 칠레초석·질산석회 등과 같이 질산태 질소를 함유하는 비료와 신선한 퇴비·생짚 등과 같이 펜토산을 다량으로 함유하는 유기물을 혼합시킬 때에는 질산환원균이 펜토산을 영양물로 하여 왕성한 생활을 하기 때문에 질산태질소는 아질산태 질소로 변화되어 일부분은 유리질소로 공기 중에 휘발된다.
- ㉢ 칠레초석, 질산칼륨, 질산석회 + 과인산석회
  - 질산태질소가 무수질산으로 변하여 휘산
  - 칠레초석·질산칼륨·질산석회와 같은 질산태질소 비료를 과인산석회와 배합하면 과인산석회 중에 함유된 유리산에 의하여 질산태질소는 무수질산으로 되어 공기 중으로 휘발한다.
- ㉣ 과인산석회, 중과인산석회, 토머스인비(가용성 인산비료) + 석회질소(칼슘)
  - 불용성인 인산3칼슘으로 변화
  - 과인산석회($CaH_4(PO_4)_2$)·중과인산석회·토머스인비와 같은 가용성인산비료에 석회질소와 같은 칼슘($CaCO_3$)을 함유하는 비료 또는 석회질비료를 혼합하면 불용성인산인 인산3칼슘($Ca_3(PO_4)_2$)으로 변화되어 비효가 저하된다.

핵심예제

2-1. 비료의 배합으로 유리한 배합 조성이 아닌 것은?
① 어박, 깻묵류+회(灰)류
② 퇴비, 인분, 잠박(부숙)+과인산석회
③ 황산암모늄+칠레초석
④ 암모늄태질소+석회

정답 ④

2-2. 비료의 배합으로 가장 불리한 배합 조성은?
① 황산암모늄 + 석회
② 녹비 + 석회
③ 칠레초석 + 황산암모늄
④ 어비류 + 탄산칼륨

정답 ①

해설

2-1
암모늄태질소+석회, 회류, 토머스인비 : 암모늄태질소비료와 알칼리성 비료를 섞으면 질소분손실 즉, 암모니아가 휘발하여 비료효과가 없다.

핵심이론 03 | 비료의 시험과 시비

① 비료시험 시 주의사항

　㉠ 시험목적을 명확히 할 것

　㉡ 시험목적에 따라 작물의 종류(품종)를 선택할 것

　㉢ 표준구를 설치할 것

　㉣ 시험구의 반복구를 증가시킬 것(오차를 줄이기 위해)

　㉤ 파종기, 재식밀도 등 재배법에 주의할 것

　㉥ 시비량의 적정을 기할 것

　㉦ 적당한 토양을 선택할 것

　㉧ 동일한 시험을 여러 곳에서 수행할 것

② 비료시험 방법

　㉠ 수경법 : 식물이 필요로 하는 양분의 수경액(배양액)을 이용하여 식물을 재배하는 시험방법으로 Sachs액, Knop 액, 목촌(木村)액, 춘일정(春日井)액 등 여러 가지 배양액을 이용한다.

　㉡ 사경법 : 용기(사기그릇이나 합성수지로 만든 포트)에 모래를 채우고, 배양액(염류용액)을 가하여 작물을 재배하는 방식이다.

　㉢ 토경법 : 용기에 토양을 넣고 실제와 똑같은 조건으로 시험하는 방법으로 포트시험, 상자시험, 토관시험, 포장시험, 삼투압시험 등이 있다.

③ 시비법의 원리

　㉠ 최소양분율 : 작물의 생산량이 가장 부족한 무기성분량, 즉 최소한의 양분에 의해서 지배된다는 이론(리비히가 제창)

　㉡ 최소율 : 식물의 생산량은 그 생육에 필요한 여러 인자(양분, 수분, 온도, 광선 등) 중에서 공급률이 가장 적은 인자에 의하여 지배된다(올니가 제창). 최소 양분율의 확장 이론

　㉢ 보수점감의 법칙(수확체감의 법칙) : 작물은 주어진 환경에서 시비 양분을 증가하여 사용할 경우 초기에는 시비량에 따라 수확량이 정비례하여 증가하지만 어느 수준을 넘으면 양분의 공급량에 대한 수량의 증가율이 점차 줄어드는 현상

④ 시비량의 결정

　㉠ 시비효과에 영향을 주는 요인

　　• 토양적인 요인 : 물리화학적 성질과 비옥도

　　• 기상적인 요인 : 기온, 일조량, 강수량, 풍속 등

　　• 작물적 요인 : 작물의 종류/계통(품종) 등의 양분요구 특성

　　• 비료적 요인 : 비종 · 제형 등 양분의 용해특성, 용해 속도 등

　　※ 시비량 결정 시 시비효과와 비료가를 고려한 경제적 요인이 중요하다.

　㉡ 시비량 결정방법 : 경험적 방법, 대표 토양에 대한 적량 시험에 의한 방법, 작물체 분석에 의한 흡수량 방법이 있다.

　　• 표준시비량 : 3요소 적량시험에 의하여 얻어진 작물별 시비량

　　• 흡수량에 의한 시비량 : 100(작물체 흡수량 분량 − 천연공급량 분량)/비료이용률

　　• 토양분석기준 시비량 : 토양분석 결과를 기준으로 결정(토양특성과 식물양분의 관계식 이용)

> **비료의 중량 계산방법**
> 비료의 중량 = 성분량 × [100/보증성분량(%)]

［핵심예제］

미량원소가 식물에 미치는 효과를 알아보기 위해 실시하는 방법은?

① 수경재배, 토양재배(포트)

② 사경재배, 토양(관주재배)

③ 토양재배(포트), 토양(관주재배)

④ 사경재배, 수경재배

정답 ④

핵심이론 04 비료의 종류

① 원료별 분류

㉠ 유기질 비료
- 식물질 비료 : 미강, 쌀겨, 녹비, 깻묵류 등
- 동물질 비료 : 계분, 어분, 골분, 우분, 돈분 등

> **가축분뇨**
> - 우분 : 섬유소, 리그닌, K는 많고, 무기물(N, P, Ca, Mg)은 비교적 적음(토양개량효과 많음), 작물에 사용 시 계분, 돈분보다 피해가 적음(반추동물, 조사료)
> - 돈분 : 주로 곡물사료 섭취(섬유소, 리그닌은 적고 전분, 단백질은 많음), 과다 사용 시 작물생육에 장해를 줄 수 있음(농후사료)
> - 계분 : N, P, K의 함량 높음(가스 발생), 유기물 함량 적음(토양개량효과 적음), 과다 사용 시 염류 집적(작물생육에 장해를 줄 수 있음)

㉡ 광물질 비료 : 규산질 비료, 유안, 황산고토, 황산칼리고토, 석회비료 등

㉢ 기타 : 퇴비, 복합비료 등

② 성분별 분류

㉠ 질소질비료 : 요소, 질산암모늄(초안), 염화암모늄, 석회질소, 황산암모늄(유안), 질산칼륨(초석), 인산암모늄 등

㉡ 인산질비료 : 과인산석회(과석), 중과인산석회(중과석), 용성인비, 용과린, 토머스인비 등

㉢ 칼리질비료 : 염화칼륨, 황산칼륨 등

㉣ 규산질비료 : 규산석회질비료, 규산고토질비료, 수용성 규산비료 등

㉤ 유기질비료 : 깻묵류, 퇴비류, 아미노산비료 등

㉥ 무기질비료 : 화학비료 대부분

③ 효과별 지속에 의한 분류

㉠ 속효성비료 : 유안, 인분뇨, 칼리, 수용성 규산

㉡ 완효성비료 : 깻묵류, 어분비료

㉢ 지효성비료 : 퇴비(식물질 재료+축분), 골분

> **완효성비료** : 비료성분이 서서히 녹아 나와 작물이 이용하는 비료
> **완효성 질소질비료**
> - 질소는 식물에 직접 흡수되는 형태나 물에는 녹기 어려운 물질이다.
> - 물에는 녹기 어려우나 토양미생물 또는 화학적으로 분해되어 유효질소로 변화하는 물질이다.
> - 물에는 잘 녹으나 토양 중에서 느리게 분해되어 유효한 형태로 되는 물질이다.

④ 함유된 성분의 종류에 따른 분류

㉠ 완전비료 : 복합비료, 퇴비, 깻묵류, 혈분, 어분 등

㉡ 편질비료 : 요소, 유안, 염화칼륨, 황산칼륨, 인산질비료 등

⑤ 시비시기에 의한 분류

㉠ 밑거름(기비) : 경운 전 혹은 정지작업 전에 시비하는 비료(복합비료, 퇴비, 석회 등)

㉡ 덧거름(추비) : 생육 도중에 시비하는 비료(N-K 비료)

㉢ 이삭거름(수비) : 출수 전에 시비하는 비료(N-K 비료)

핵심예제

4-1. 질소질 비료의 종류가 아닌 것은?

① 황산암모늄
② 요 소
③ 용성인비
④ 염화암모늄

정답 ③

4-2. 유기물 비료자원으로 이용하는 가축분뇨 중 양분 함량이 높고 비교적 분해가 빠르지만 유기물 함량은 상대적으로 낮은 것은?

① 돈 분
② 우 분
③ 계 분
④ 우분과 돈분의 혼합

정답 ③

핵심이론 05 질소질비료의 종류와 특성

① 질소비료의 종류 : 암모늄태(NH_4^+), 무기태[질산태(NO_3^-)]와 유기태[요소태, 사이안아마이드태, 단백태]질소가 있다.

구 분	해당 비료
암모늄태(NH_4^+)	황산암모늄[$(NH_4)_2SO_4$, 유안] 염화암모늄(NH_4Cl) 질산암모늄(NH_4NO_3)
질산태(NO_3)	질산암모늄(NH_4NO_3, 초안) 질산칼륨(KNO_3) 질산나트륨($NaNO_3$)
요소태	요소[$CO(NH_2)_2$]
사이안아마이드태(=N–CN)	석회질소($CaCN_2$)
단백태	퇴비, 깻묵, 골분

② 황산암모늄의 특성
  ㉠ 분자식은 $(NH_4)_2SO_4$이고, 질소 함유량은 20.8~21.8%(21%)이다.
  ㉡ 질소는 그대로 흡수·이용되기 때문에 속효성이다.
  ㉢ 시용했을 경우 3~4일 후 엽색이 짙어진다.

③ 염화암모늄의 특성
  ㉠ 분자식은 NH_4Cl이고, 질소 함유량은 26.19%이다.
  ㉡ 주성분은 질소질이지만, 부성분으로 염소(Cl)를 가지고 있으며 흡습성이 있다.
  ㉢ 염화물은 산성토양에 좋지 않고 담배, 감자, 고구마 등의 작물에도 적당하지 않다.

④ 질산암모늄의 특성
  ㉠ 분자식은 NH_4NO_3이고, 질소 함유량은 35%이다.
  ㉡ 생리적 중성비료로 밭작물에 좋은 비료이다.
  ㉢ 질산태질소는 토양에 흡수되지 않고 물에 의하여 쉽게 용탈된다.

⑤ 질산칼륨의 특성
  ㉠ 분자식은 KNO_3이다.
  ㉡ 질소비료를 중에는 석회물질과 혼용할 때 암모니아 휘산작용에 의하여 질소비료가 손실되므로 혼용하지 않아야 하는 비종이 있다.
  ㉢ 석회물질과 혼용하여도 문제가 없는 비종이다.

⑥ 질산나트륨(칠레초석)의 특성
  ㉠ 분자식은 $NaNO_3$이다.
  ㉡ 토양구조의 안정도를 감소시켜 입단의 붕괴를 촉진시킨다.

⑦ 요소의 특성
  ㉠ 분자식은 $CO(NH_2)_2$이고, 질소 함유량은 46%이다.
  ㉡ 질소질 함량이 황산암모늄의 2.2배로 가장 높다.
  ㉢ 보통 무색의 주상결정이다.

> 질소질비료(질소 함량)
> 요소(46%), 질산암모늄(35%), 염화암모늄(25%), 황산암모늄(유안, 21%)

⑧ 석회질소의 특성
  ㉠ 분자식은 $CaCN_2$이고, 질소 함유량은 35.98%(순수한 질소 20~23%)이다.
  ㉡ 흡습성이 있고 식물에 직접 닿으면 종자발아에 해를 끼치고 잎을 고사시킨다.
  ㉢ 석회질소는 암모늄이 함유된 비료와 혼합할 때 불리하다.

> 질소 이용효율
> [예제] 질소성분 100kg을 토양에 처리하여 작물로 회수된 질소의 양이 50kg이었고, 시비하지 않은 토양에서는 작물로 20kg의 질소가 회수되었다. 이때 이 질소비료의 질소 이용효율은?
> [풀이] 100kg(시용량) – 50kg(작물 흡수) – 20kg(토양으로부터 작물 흡수) = 30kg

핵심예제

5-1. 질소질비료가 아닌 것은?
① 요 소
② 석회질소
③ 황산암모늄
④ 과인산석회

정답 ④

5-2. 질소 함량이 가장 높은 질소질비료는?
① 요 소
② 황산암모늄
③ 염화암모늄
④ 질산암모늄

정답 ①

5-3. 국내 비료공정규격상 요소(Urea)비료의 화학식과 최소 함유 질소량은?
① $CO(NH_4)_4$, 40%
② $CO(NH_3)_4$, 45%
③ $CO(NH_2)_4$, 40%
④ $CO(NH_2)_2$, 45%

정답 ④

5-4. 질소질비료인 요소(urea)에 대한 설명으로 잘못된 것은?
① 분자식은 $CO(NH_2)_2$이다.
② 46%의 질소를 함유하고 있다.
③ 보통 무색의 주상결정이다.
④ 조해성이 작다.

정답 ④

핵심이론 06 인산질비료의 종류와 특성

① 인산질비료의 종류 : 무기태인산(수용성, 구용성, 불용성), 유기태인산(불용성)의 형태가 있다.

인산비료의 형태			해당 비료
무기태	가용성	수용성 인산1칼슘 $Ca(H_2PO_4)_2$	과인산석회, 중과인산석회, 인산암모늄, 용과린 일부
		구용성 인산2칼슘 $CaHPO_4$	용성인비, 용과린 일부, 소성인비
	불용성	$Ca_3(PO_4)_2$	인광석, 뼛가루
유기태	불용성	피틴, 핵산, 인지질	쌀겨, 깻묵, 밀기울, 어비

인산질비료의 일반적 특성
- 인산은 쌀겨의 성분 함량 중 가장 많다.
- 토양의 pH가 5일 때 토양용액 중에 가장 많이 존재하는 인의 형태 : $H_2PO_4^-$
- 인산의 유효도는 pH가 중성 부근일 때 가장 높다.
- 중성의 논토양에 인산질비료를 시용할 때 작물에 의한 흡수 효과가 크다.
- 인산은 불용성물질로 변화되기 쉽기 때문에 토양에 사용한 인산비료의 흡수율은 질소비료에 비하여 매우 낮다.

인산질 비료의 유효도 증진방안
- 규반비가 작은 토양에 대해서는 유기물 사용과 산도 조정이 중요하다.
- 건토는 유기태인산 분해와 고정인산 용출을 촉진시킨다.
- 토양을 담수하면 고정형 $FePO_4$가 $Fe_3(PO_4)_2$ 형태로 되어 용해도가 증가한다.

② 과인산석회의 특성
  - ㉠ 분자식은 $CaH_4(PO_4)_2$이고, 인산 함유량은 57.62%(수용성 P_2O_5, 16%)이다.
  - ㉡ 과인산석회의 주성분은 인산1칼슘과 황산칼슘(석고)으로 대부분 수용성이다.
  - ㉢ 인광석의 미세분말을 황산으로 처리하여 수용성인 속효성 비료로 제조한 인산질 화학비료이다.

③ 중과인산석회의 특성
  - ㉠ 분자식은 $CaH_4(PO_4)_2$이고, 유효인산은 40~48%(46%)이다.
  - ㉡ 중과인산석회는 황산칼륨, 염화칼륨, 염화암모늄, 퇴·구비, 인분뇨와 혼합해도 좋다.
  - ㉢ 중과인산석회는 나뭇재·석회·석회질소·요소 등과 혼합하면 안 된다.

④ 인산암모늄의 특성
  - ㉠ 분자식은 $(NH_4)_2H(PO_4)$이고, 성분은 P_2O_5, 53.8%이다.
  - ㉡ 비료로서 인산2암모늄이 가장 좋고, 밑거름이나 웃거름으로 사용해도 좋다. 유기질비료와 함께 쓰는 것이 좋다.

⑤ 용성인비의 특성
  - ㉠ 분자식은 $Mg_3CaP_2O_9 \cdot 3CaSiO_2$이다.
  - ㉡ 성분은 SiO_2(27~32%), MgO(15~17%), CaO(30~33%)으로, 전 인산(19~21%), 구용성인산(18~20%), 구용성 고토(10% 이상)이다.
  - ㉢ 알칼리성으로, 물에 녹았을 때 반응은 pH 8~8.5이므로 황산암모늄 등과는 혼합을 피한다.

⑥ 용과린의 특성
  - ㉠ 용과린은 지효성인 용성인비와 속효성인 과인산석회를 혼합한 인산비료이다.
  - ㉡ 성분은 구용성인산(20.2%), 전 인산 중 수용성인산(8%), MgO(4.5%), CaO(33.5%), SiO_2(9.3%), S(6.5%), 기타 미량원소이다.
  - ㉢ 요소, 염화암모늄, 염화칼륨, 퇴비 등과 혼용해도 좋다.
  - ㉢ 석회질 비료, 초목회 등과는 혼용하지 않는 것이 좋다.

※ 토머스(Thomas)인비의 주성분 : 인산4칼슘

［핵심예제］

6-1. 비료의 원료인 쌀겨의 성분 함량 중 가장 많은 것은?
① 아 연
② 인 산
③ 비타민 A
④ 비타민 C

정답 ②

6-2. 토양의 pH가 5일 때 토양용액 중 가장 많이 존재하는 인의 형태는?
① H_3PO_4
② HPO_4^{-2}
③ $H_2PO_4^-$
④ PO_4^{-3}

정답 ③

6-3. 인산질비료를 토양에 시용할 때 작물에 의한 흡수효과가 크게 나타나는 토양은?
① 미경지의 산성토양
② 간척지 논토양
③ 중성의 밭토양
④ 중성의 논토양

정답 ④

6-4. 토양에 사용한 인산비료의 흡수율은 질소비료에 비하여 매우 낮은데 그 이유로 가장 적합한 것은?
① 인산은 미생물의 활동과 번식에 이용된다.
② 인산은 불용성물질로 변화되기 쉽다.
③ 인산은 빗물에 의해 쉽게 유실된다.
④ 인산은 기체로 변하여 손실될 수 있다.

정답 ②

핵심이론 07 칼슘과 칼리질비료의 종류와 특성

① 칼슘비료의 종류 및 특성

- ㉠ 생석회(CaO) : 석회물질 100g을 토양에 처리하였을 때 토양의 중화력이 가장 크다.
- ㉡ 소석회[Ca(OH)₂] : 생석회 + 물의 형태로 열을 발생한다.
- ㉢ 탄산석회($CaCO_3$) : 소석회가 공기중 CO_2를 흡수하면 탄산석회(탄산칼슘)가 되며, 석회석의 주성분이다.
- ㉣ 석회고토 : Mg과 Ca을 동시에 공급할 수 있는 석회비료이다.
- ㉤ Ca질은 산성토양의 개량, 토양입단 구조개선, 염기포화도 증진과 유기물분해 촉진, 토양미생물의 활성화 등에 기여한다.

② 칼리질비료의 종류 및 특성

- ㉠ 염화칼륨의 특성
  - 분자식은 KCl이고, 성분은 K_2O(63.17%), Cl(23.67%)이다.
  - 중성비료지만, 토양 중 칼륨이 흡수되고 염소가 잔류하므로 생리적 산성비료이다.
  - 시간이 지날수록 토양을 산성화시키는 비료이다.
  - 토양에 습기를 증가시켜 작물의 한해(旱害)를 방지한다.
  - 토양 중 불용성칼슘염과 작용하여 가용성 염화물로 되어 칼슘을 유실시키므로 석회질비료를 보충해야 하며, 이때 퇴비·녹비와 같은 유기질비료를 병용하면 칼슘의 유실을 경감시킬 수 있다.
- ㉡ 황산칼륨의 특성
  - 분자식은 K_2SO_4이고 성분은 K_2O(54.09%), SO_3(45.96%)이다.
  - 각종 비료 중 흡습성이 가장 작은 중성비료이다.
  - 각종 비료와 배합이 가능한 생리적 산성비료이다.
  - 토양의 습기를 많이 흡수하므로 작물의 한해(旱害)를 경감시킨다.

※ 복합비료 18-18-18 한 포(25kg)에 들어 있는 질소의 양은 4.5kg이다.

[핵심예제]

시간이 지날수록 토양을 산성화시키는 비료로 가장 적절한 것은?

① 염화칼륨   ② 석회질소
③ 칠레초석   ④ 용성인비

정답 ①

제7절 토양관리

7-1. 논·밭토양

핵심이론 01 논토양의 일반적인 특성

① 논토양의 특성

- ㉠ 우리나라의 논토양은 산성암인 화강암류가 많아 산성토양이 많다.
- ㉡ 토양 중에서 유기물의 분해는 촉진되나 집적량은 적어서 유기물 함량이 낮은 척박한 토양이 대부분이다.
- ㉢ 경사지가 많고, 여름철 집중 강우로 각종 양분과 점토의 유실이 많아 갈이흙의 깊이가 얕으며, 흙의 조직이 거칠다.
- ㉣ 논은 지대가 낮은 위치에 놓여 있는 경우가 많아 종종 물에 잠기게 된다.
- ㉤ 호기성 미생물의 활동이 정지되고, 혐기성 미생물의 활동이 증가한다.
- ㉥ 담수되면 토양은 환원상태로 전환된다.
- ㉦ 담수 후 대부분의 논토양은 중성으로 변한다.
- ㉧ 담수 상태의 논토양은 인산의 유효도가 증가한다.
- ㉨ 담수기간이 길 때 종종 청회색의 글레이층(Glei층)이 형성된다.
- ㉩ 토양용액의 비전도도는 처음에는 증가되다가 최고에 도달한 후 안정된 상태로 낮아진다.

② 논토양의 유형

- ㉠ 보통논 : 주로 평탄지 및 곡간지에 분포하는 모래, 미사 및 점토 함량이 알맞게 썩어(식질, 식양질, 미사식양질) 토지생산력이 높은 논토양이다.
- ㉡ 사질논 : 주로 평탄지 및 곡간지에 분포하는 미사 및 점토 함량에 비하여 모래 함량이 많아(사양질, 미사사양질, 사질) 토지생산력이 낮은 논토양이다.
- ㉢ 미숙논 : 주로 곡간 및 대지에 분포하는 점토 함량이 많아(식질, 식양질) 토지생산력이 보통인 논토양
- ㉣ 습답 : 주로 평탄지 및 곡간지의 낮은 곳에 분포하고 물이 잘 빠지지 않아 토지생산력이 낮은 논토양이다. 항시 지하수위가 높아 전 토양층이 물에 잠겨 있어 청회색의 글레이층으로 되어 있다.
- ㉤ 염해논 : 주로 하해혼성평탄지의 낮은 곳에 분포하며, 염농도가 높고 물이 잘 빠지지 않은 토지생산력이 매우 낮은 논토양이다.

ⓗ 특이산성논 : 주로 하해혼성평탄지에 분포하고, 물이 잘 빠지지 않으며, 심토에 유산염의 집적된 층이 있어 토지생산력이 매우 낮은 논토양이다.

③ 특이산성토양의 특성

　　㉠ 토양 pH가 4.0 이하인 강한 산성을 띠며, 토양을 건조시키면 황이 산화되어 pH 3.5 정도까지 낮아진다.

　　㉡ 유기물과 황의 함량이 높고 석회량이 적은 지역에 생성되는 점질토양이다.

　　㉢ 활성 알루미늄의 함량이 높다.

　　㉣ 강 하류의 배수가 불량한 지역에 주로 분포한다.

　　㉤ 석회를 처리하거나 논에 물이 마르지 않게 관수하고 배수하여 황을 제거해야 한다.

　　㉥ 토양 단면에 황색의 자로사이트(Jarosite) 반문이 형성되어 있다.

　　㉦ 미생물의 활동도 거의 없어 유기물의 분해는 매우 느리다.

　　㉧ 토색은 갯벌의 경우 해수의 SO_4^{2-}가 환원된 H_2S로 인해 청색 내지 흑색이 되고, 배수되어 환원되면 $FeSO_4$가 형성되어 강산성이 되는 토양이다.

　　㉨ 우리나라에서는 경남 김해지역에서 발견된다.

［ 핵심예제 ］

1-1. 논토양의 특성으로 옳은 것은?

① 지하수위가 낮고, 담수기간이 길다.
② 담수환경에서는 호기성 미생물의 활동이 왕성해진다.
③ 담수기간이 길 때 종종 청회색의 글레이층이 형성된다.
④ 미생물의 호흡작용으로 토층 내 산화화합물이 축적된다.

정답 ③

1-2. 특이산성토양의 특성에 대한 설명으로 옳지 않은 것은?

① 활성 알루미늄의 함량이 높다.
② 미생물 활동으로 유기물 분해가 잘된다.
③ 강 하류의 배수가 불량한 지역에 주로 분포한다.
④ 토양을 건조시키면 황이 산화되어 pH 3.5 정도까지 낮아진다.

정답 ②

해설

1-1
글레이층은 청회색의 치밀한 점토로 이루어져 있는 것이 일반적이다. 이는 철분의 산화가 일어나지 않은 것을 뜻하는 것으로, 환원작용이 일어난 것을 나타낸다.

핵심이론 02　밭토양의 일반적인 특성

① 밭토양의 특성

　　㉠ 밭 면적 중 74%가 곡간지(가장 많음)와 구릉지 및 산록지에 산재해 있다.

　　㉡ 침식으로 토양의 유실과 비료 성분의 용탈이 심하여 대부분 척박한 토양이다.

　　㉢ 양분의 천연 공급이 없고, 유기물의 분해가 빠르다.

　　㉣ 부식 함량이 적고, 통기 상태가 양호한 산화상태이다.

　　㉤ 밭은 논에 비해 수리가 불리하여 한밭 피해가 심하다.

　　㉥ 연작에 의한 생육 장해가 일어나기 쉽고, 심한 양분 불균형을 초래하기도 한다.

> **양분 불균형을 초래하게 된 원인**
> • 사용되지 않은 양분의 탈취량 증가
> • 3요소 복합비료에 편중된 시비
> • 3요소 이외 필요양분의 공급 미흡

　　㉦ 세립질(전 면적의 48% 정도를 차지)과 역질(礫質)토양과 저위생산성인 토양이 많으며, 투수성 및 화학성이 불량하다.

　　㉧ 밭토양은 산성화가 심하여 인산유효도가 낮고 입단구조의 파괴로 지력이 낮다.

　　㉨ 시설원예지의 유효인산은 염류집적현상과 아연결핍현상, 마그네슘결핍증상이 나타날 수 있다.

② 우리나라 밭토양의 현황

구 분	보통밭	사질밭	미숙밭	중점밭	화산회밭	고원밭	합 계
비율(%)	41.8	21.4	19	14.3	2.4	1.1	100

③ 밭토양의 유형

　　㉠ 보통밭 : 토성이 식양토, 양토 및 사양토로서 토심이 깊은 밭토양이다.

　　㉡ 사질밭 : 하천유역 평탄지, 성산지, 곡간지에 분포하여 토성이 사질 또는 역질토로 토양수분과 양분간직능력이 매우 낮아 높은 수량을 기대할 수 없는 밭토양이다.

　　㉢ 미숙밭 : 개간연대가 짧아 숙전되지 못한 밭으로 토양완충력 낮아 시비의존도가 높다.

　　㉣ 중점밭 : 대체로 7% 이하의 경사지를 가진 식질토양으로 점토 함량이 높기 때문에 양·수분 저장능력이 높은 반면, 투수력이 낮아 일시적인 습해가 우려되는 토양이다.

ⓟ 화산회토밭 : 주로 제주도에 분포되어 있고, 점토광물은 알로팬으로 토색이 검고 유기물 함량이 매우 높다. 인산 고정력이 크지만 유효인산 함량이 극히 낮으므로 인산비료 사용에 주의해야 한다.

ⓑ 고원밭 : 표고가 높은 고산지대에 분포하며 점토 함량이 높아 중점밭과 비슷하지만, 저온에 의한 유기물의 분해가 늦어 토색이 흑색이나 암갈색을 띠는 경우가 많다.

④ 밭토양의 유형별 개량방법

ⓐ 보통밭 : 심경, 유기물 시용, 석회 시용

ⓑ 중점밭 : 심경, 배수, 유기물 시용, 석회 시용, 인산 시용

ⓒ 사질밭 : 객토, 유기물 시용, 석회 시용

ⓓ 미숙밭 : 심경, 유기물 시용, 석회 시용, 인산 시용

ⓔ 화산회밭 : 유기물 시용, 석회 시용, 인산 시용

ⓕ 시설원예지 : 심경, 객토, 배수, 유기물 시용, 석회 시용

【 핵심예제 】

2-1. 우리나라 밭토양을 지형별로 분류했을 때 그 비율이 가장 높은 것은?

① 곡간지(谷間地)
② 산악지(山岳地)
③ 홍적대지(洪積臺地)
④ 선상지(扇狀地)

정답 ①

2-2. 최근 경작지 토양의 양분 불균형이 문제가 되고 있는데 양분불균형을 초래하게 된 원인으로 거리가 먼 것은?

① 완숙퇴비의 사용
② 사용되지 않은 양분의 탈취량 증가
③ 3요소 복합비료에 편중된 시비
④ 3요소 이외 필요양분의 공급 미흡

정답 ①

2-3. 제주도 화산회토에 관한 설명으로 틀린 것은?

① 모재는 주로 알로판(Allophane)이다.
② 낮은 규반비를 지닌다.
③ 비결정질이다.
④ 양이온치환용량이 30cmol$_c$/kg 이하로 매우 낮다.

정답 ④

해설

2-1
밭 면적 중 74%가 곡간지, 구릉지 및 산록지에 산재되어 있으며, 평탄지는 불과 9%에 지나지 않는다.

2-3
제주도 화산회토의 양이온치환용량은 30cmol$_c$/kg 이상으로 매우 높다.

핵심이론 03 논 · 밭토양의 차이

① 논토양과 밭토양의 특성 비교

ⓐ 논토양은 밭토양보다 미량요소결핍이 적다.

ⓑ 밭토양은 논토양보다 총질소공급량이 적다.

ⓒ 논토양은 밭토양보다 산도가 높다.

ⓓ 밭토양은 물 또는 바람에 의한 침식이 논토양보다 크다.

ⓔ 산화상태인 밭토양의 유기물 분해속도가 논토양보다 빠르다.

ⓕ 논토양에 비해 밭토양의 지하수위가 대체로 낮다.

ⓖ 밭토양은 논토양보다 부식 함량이 적고 비옥도가 낮다.

ⓗ 논토양은 환원조건이고, 밭토양은 산화조건이다.

ⓘ 논토양은 주로 청회색인 반면, 밭토양은 황색, 적색 등 다양한 색이다.

ⓙ 논토양의 질소형태는 NH_4-N로, 밭토양은 NO_3-N로 주로 분포한다.

ⓚ 유기물이 분해될 때 논토양은 CO, CH_4, 밭토양은 CO_2를 방출한다.

ⓛ 논은 환원상태가 되면 밭토양에 비해 인산의 유효도가 증가하여 작물의 이용률이 높아지고, 철과 망간은 용해된 후 토양의 아래층에 쌓이므로 토양이 노후화된다.

② 주요 원소의 산화형과 환원형

구 분	탄 소	질 소	황	철	망 간
환원형 (논)	CH_4, CH_3COOH	NH_4^+, N_2	H_2S, S	Fe^{2+}	Mn^{2+}
산화형 (밭)	CO_2	NO_3^-	SO_4^{2-}	Fe^{3+}	Mn^{3+}, Mn^{4+}

【 핵심예제 】

3-1. 토양에 존재하는 주요 원소들 중 환원형태로만 나열된 것은?

① CH_3COOH, NO_3^-
② Fe^{2+}, Mn^{2+}
③ SO_4^{2-}, Fe^{3+}
④ CO_2, S

정답 ②

3-2. 논토양과 밭토양에 대한 비교 설명으로 옳은 것은?

① 밭토양은 물 또는 바람에 의한 침식이 논토양보다 작다.
② 산화상태인 밭토양의 유기물 분해속도가 논토양보다 빠르다.
③ 논토양에 비해 밭토양의 지하수위가 대체로 높다.
④ 논토양의 비옥도는 일반적으로 밭토양보다 불량하다.

정답 ②

핵심이론 04　논토양의 지력 증진 방안

① 심경(깊이갈이)
　㉠ 심경(18cm 정도)을 하면 양분의 보존량이 증대되어 뿌리의 분포 범위가 넓어지고 양분 흡수량이 많아지며, 토양의 물리적 지지력이 커져 도복에 대한 저항성이 커진다.
　㉡ 심경을 하면 양분을 쉽게 이용할 수 있으며, 물빠짐을 좋게 한다.
　㉢ 심경 후에는 유기물과 인산의 증시로 갈이흙을 개량함과 동시에 질소 비료도 적량에 비하여 20% 정도 더 증시하여야 한다.
② 객토
　㉠ 모래논은 객토를 하면 갈이흙의 성질이 개량되어 물빠짐이 좋아지고, 양분 보존력이 커짐에 따라 갈이흙의 양분 유실이 적어진다.
　㉡ 객토는 일반적으로 붉은 산흙(山赤土)이 널리 사용되며, 산적토의 찰흙 함량은 25% 이상인 것이 좋다.
③ 유기물 시용
　㉠ 토양유기물은 분해되어 작물에 양분을 공급하고 갈이흙의 낱알조직을 떼알조직으로 개선하여 물리적 성질을 좋게 하며 양분 보존력을 증가시킨다.
　㉡ 토양을 갈색 또는 암갈색으로 물들이므로 지온이 높아져 토양미생물의 활동이 증가되기 때문에 각종 양분을 유용하게 할 뿐 아니라 유해성분의 해작용을 경감시킨다.
　㉢ 시용한 유기물이 미생물에 의해 분해되어 부식되면 양분 보존력이 증가되므로 비료 시용 시 비료의 효율을 높여 준다.
　㉣ 고논(습답)에서의 유기물 시용은 유기물 분해가 느리고, 분해 시 나오는 각종 유해성분이 벼 뿌리의 신장을 억제하고 각종 양분의 흡수를 방해하므로 볏짚보다는 잘 썩은 퇴비를 사용하는 것이 좋다.
④ 규산질비료의 시용
　㉠ 벼가 규산을 많이 흡수하면 생육이 왕성하고 등숙이 좋아져서 안전한 수량을 얻게 되며, 벼잎의 표피로 규산이 이동하여 표피가 튼튼해져 병에 대한 저항성을 갖는다.
　㉡ 논토양 중에 유효 규산 함량이 130ppm 이하(우리나라 논토양)일 때 일반적으로 규산의 시용효과가 있다.

　㉢ 목도열병 상습지, 산간 고랭지, 냉조풍 지대에서 시용 효과는 매우 크다.
　㉣ 규산질비료의 시용은 경운 전에 살포하여 반드시 전층 시비가 되도록 하여야 한다.
⑤ 아연 시용
　㉠ 석회암 지대에서 생성된 논과 새로 만든 염해논에서는 물에 잠김으로써 pH 7 이상이 되어 아연은 유황 등과 결합하여 불용성 황화아연으로 된다.
　㉡ 벼는 이앙한 후 기온이 상승하면서 토양이 환원되고 산도가 올라가는 6월 중하순에 아연결핍증상이 일어난다. 이러한 토양에는 황산아연을 10a당 3~5kg 시용하면 효과가 크다.
⑥ 석고 시용
　㉠ 간척한 지 얼마 안 된 염해논, 알칼리성의 염해지 밭토양 개량에 시용한다.
　㉡ 간척 초기 산도가 높은 염해논의 제염 및 개량을 위하여 소석회를 시용하면 산도가 너무 올라가기 때문에 소석회 대신 석회를 시용하는 것이 더 효과적이다.

핵심예제

지력을 향상시키고자 할 때 가장 부적절한 방법은?
① 작목을 교체 재배한다.
② 가급적 화학비료를 많이 사용한다.
③ 논과 밭을 전환하면서 재배한다.
④ 녹비작물을 재배한다.

정답 ②

해설
화학비료를 과도하게 주면 지력이 쇠퇴하고 화학비료 속에 녹아 있는 질산이나 인산에 의해 지하수나 수질이 오염될 수 있다.

논토양의 담수에 의한 변화

① 토양 상태의 변화

㉠ 담수 후 시간이 경과하면 작토층이 산화층과 환원층으로 분화되는 토층분화현상이 일어난다.

> **토층분화현상**
> • 산화층
>   – 작토의 표층은 담수하에 있어도 산소가 부족하지 않은 상태의 산화층을 형성한다.
>   – 산화층에는 비교적 산소가 많아 호기성 미생물이 활동할 수 있다.
>   – 산화층은 산화철에 의하여 붉은빛을 띠며, 수 mm~1.2cm의 얇은 층이다.
> • 환원층
>   – 담수토양은 토양 중의 산소 함량이 급격히 감소된다.
>   – 산화층의 하위에 위치하는 토층은 산소의 부족 상태를 초래하여 환원층을 형성하게 되는데, 이 층은 이산화철로 말미암아 토양은 암회색으로 되어 황갈색인 산화층과 구별된다.
>   – 산화층의 아래층은 혐기성 미생물의 호흡작용이 활발하다.
>   – 미생물의 호흡작용으로 생성되는 이산화탄소, 질소가스, 메탄가스, 수소가스 등이 토층 내에 쌓인다.
>   – 탈질이 가장 용이하게 일어날 수 있는 층이다.

㉡ 질산태질소가 환원층에 있을 때 탈질현상이 일어난다.

㉢ 담수로 토립이 풀린다.

② 미생물의 변화

㉠ 담수 후 수시간 내에 토양에 함유되어 있던 산소는 호기성 미생물에 의해 완전히 소모된다.

㉡ 산소가 부족하면 호기성 미생물의 활동이 정지되고, 혐기성 미생물들의 활동이 왕성해진다.

㉢ 혐기성 미생물의 유기물 산화과정은 유기물의 부분적 산화로, 유기물이 지니고 있는 총에너지의 극소량만 방출·이용되므로 유기물의 집적량이 많아진다.

㉣ 최종 생성물의 농도가 집적되면 벼 생육에 해롭다.

③ 화학적 변화

㉠ 대부분의 토양 pH값은 담수 후에 모두 중성으로 변화되는 경향이 있으며, 일반적인 담수토양의 평형 pH값은 6.5~7.5이다.

㉡ 일반적으로 식물체는 pH 4.0~8.0 범위 내에서 양분흡수나 생육이 가능하다.

㉢ 토양이 물에 잠겨 pH가 6.5~7.0으로 되면 벼가 양분을 흡수하는 데 적당하다.

㉣ 담수토양에서는 pH가 높아지므로 담수 후 수 주일이 지나면 알루미늄의 독작용이 없어진다.

④ 화학적 평형과 흡착 및 방출

㉠ 토양 중의 광물질 인산은 산성토양에서는 주로 알루미늄과 철의 화합물로 되어 있고, 알칼리성 토양에서는 주로 칼슘과의 화합물로 되어 있으며, 점토광물이나 Al_2O_3 및 Fe_2O_3의 표면에도 흡착되어 있다.

㉡ 토양용액의 pH값 증가는 Al-P나 Fe-P의 용해도를 증가시키고, 흡착된 인의 방출량을 증가시키며, pH값의 감소는 Ca-P의 용해도를 증가시킨다.

㉢ 토양 중 인산의 용해도는 pH값이 6~7일 때 최고가 된다.

> **핵심예제**
>
> **5-1.** 논토양에서 산화층과 환원층이 형성되는 것을 무엇이라 하는가?
>
> ① 탈질작용   ② 토층의 분화
> ③ 포드졸화 작용   ④ 생성론적 토양 분류
>
> **정답** ②
>
> **5-2.** 논토양에서 탈질이 가장 용이하게 일어날 수 있는 층은?
>
> ① 담수층   ② 표 층
> ③ 산화층   ④ 환원층
>
> **정답** ④
>
> **5-3.** 담수 시 환원층 논토양의 색으로 가장 적합한 것은?
>
> ① 적 색   ② 황 색
> ③ 적황색   ④ 암회색
>
> **정답** ④

핵심이론 06 논의 탈질현상

① 논토양에서 일어나는 탈질현상의 특징
- ㉠ 논에서 암모니아가 산화질소나 질소가스로 되는 과정이다.
- ㉡ 혐기적인 환경조건에서도 형성된다.
- ㉢ 토양 내에 있는 탈질균에 의한 반응이다.
- ㉣ 물이 담겨져 있는 논토양에는 산소가 매우 부족하기 때문에 혐기성 세균인 탈질미생물이 밭토양보다 논토양에서 활발하게 작용한다.
- ㉤ 논토양에서 이삭거름으로 시비한 요소비료 손실의 대부분이 탈질작용에 의해 나타난다.
- ㉥ 암모늄태질소($NH_4^+ - N$)를 산화층인 표층에 시비하면 질화균에 의한 질화작용으로 암모니아가 질산이 된다 ($NH_4 \rightarrow NH_3 \rightarrow NO_2 \rightarrow NO_3$).
- ㉦ 논토양의 질산(NO_3^-)은 환원층에서는 주로 환원되어 질소가스(N_2)로 휘산된다.
- ㉧ 대부분의 토양에서 N_2까지 환원되기 전에 N_2O의 형태로 가장 많이 손실되며, NO형태의 손실은 적고 주로 산성토양에서 일어난다.
- ㉨ 토양에서 질산태질소가 환원층에 있을 때 탈질반응이 일어나기 가장 쉽다.
- ㉩ 논토양에서 암모니아태질소($NH_4^+ - N$)에 비하여 질산태질소($NO_3^- - N$)의 이용효율이 낮은 이유는 NO_3^-는 탈질작용을 통하여 손실되기 때문이다.

② 탈질방지대책
- ㉠ 암모늄태질소를 환원층에 주면 질화균의 작용을 받지 않으며, 비효가 오래 지속된다.
- ㉡ 암모니아태질소를 논토양의 심부 환원층에 주어서 비효의 증진을 꾀하는 것을 심층시비라고 한다.
- ㉢ 전층시비는 비료가 작토 전체에 고루 혼합되도록 주는 시비방법이다.
- ※ 누수가 심한 논의 심층시비는 질소의 용탈과 유실이 커서 불리하며, 질산태질소($NO_3^- - N$)를 논에 주면 용탈과 탈질현상이 심해서 비효가 암모니아태질소($NH_4^+ - N$)보다 떨어지므로 보통논에서는 질산태질소를 사용하지 않는다.

③ 유기태질소의 무기화
- ㉠ 건조토양에 가수하면 미생물의 활동이 촉진되어 유기태 질소의 무기화가 촉진된다.
- ㉡ 논을 밭으로 이용하면 유기물이 분해되어 무기태질소가 증가한다.
- ㉢ 한여름 논토양의 지온이 높아지면 유기태질소의 무기화가 촉진되어 암모니아가 생성된다.
- ㉣ 토양에 알칼리를 첨가한 후 담수하면 유기태질소의 무기화가 촉진된다.
- ㉤ 논에는 조류의 대기 질소 고정작용이 있다.
- ㉥ 논토양이 담수 후 환원상태가 되면 밭 상태에서는 난용성인 인산알루미늄·인산철 등이 유효화한다.

핵심예제

5-1. 논토양의 질산(NO_3^-)이 환원층에서는 주로 어떻게 변화하는가?
① pH값에 따라 산화된다.
② 토양입자에 강하게 흡착된다.
③ 환원되어 질소가스(N_2)로 휘산된다.
④ 암모늄(NH_4^+)으로 전환된다.

정답 ③

5-2. 탈질작용에 관한 설명으로 틀린 것은?
① 혐기적인 환경조건에서도 형성된다.
② 토양 내에 있는 탈질균에 의한 반응이다.
③ 물이 담겨져 있지 않은 논토양에서 주로 일어난다.
④ 대부분의 토양에서 N_2까지 환원되기 전에 N_2O의 형태로 가장 많이 손실된다.

정답 ③

5-3. 논토양에 질소비료를 줄 때 적절한 비료형태와 비료를 가장 효과적으로 주는 방법이 알맞게 짝지어진 것은?
① 암모니아태질소비료 - 심층시비
② 질산태질소비료 - 표층시비
③ 암모니아태질소비료 - 표층시비
④ 질산태질소비료 - 심층시비

정답 ①

7-2. 저위생산지 개량

핵심이론 01   누수답, 습답의 개량

① 누수답(사력질답)
  ⊙ 특 징
  - 모래가 많은 논으로 물빠짐이 심하여 수온 및 지온이 낮고 한해(가뭄)를 입기 쉬우며 양분의 함량과 보존력이 적어서 토양이 척박하다.
  - 비료를 시용하면 반응이 빨리 일어나서 벼의 초기 생육은 왕성해지지만 비료분을 오래 간직하지 못하므로 벼의 생육 후기에는 양분 부족으로 안전한 수량을 얻을 수 없다.
  ⊙ 개량방법
  - 모래논은 찰흙 함량이 많은 붉은 산흙을 객토하여 찰흙 함량을 높임으로써 투수성을 개선하고, 관개용수의 절약은 물론 흙층을 두껍게 한다.
  - 유기물을 증시하고, 토양의 입단화를 촉진시킨다.

② 습답(고논)
  ⊙ 특 징
  - 식물양분성분의 함량이 풍부하다.
  - 지하수위가 높아 연중 담수 상태에 있다.
  - 산소 부족으로 벼 뿌리의 발달이 좋지 못하고 지력이 약하다.
  - 암회색 글레이(Glei)층이 표층 가까이까지 발달한다.
  - 전 층이 환원층으로 토색은 청회색을 띠며, 탈질현상이 나타날 수 있다.
  - 작토 중에 유기산이 집적되어 뿌리의 생장과 흡수작용에 장해를 준다.
  - 질소 흡수는 저해되지 않으나 칼륨성분은 저해가 많이 일어난다.
  - 벼는 생육 후기에 질소 과다가 되어 병해 · 도복 등을 유발한다.
  - 여름철 기온이 높아지면 유기물의 혐기분해가 급격히 일어나 양분 흡수를 저해하는 유해물질인 유기산, 황화수소 등이 발생되어 뿌리썩음병을 유발하고 추락현상의 원인이 된다.

  ⊙ 개량방법
  - 암거배수나 명거배수를 하여 투수를 좋게 한다.
  - 유해물질을 제거한다.
  - 양질의 점토 함량이 많은 질흙을 객토한다.
  - 석회 · 규산석회 등을 주어서 산성의 중화와 부족 성분을 보급하고, 이랑재배를 하며 질소의 시용량을 줄인다.

[핵심예제]

1-1. 질소 흡수는 저해되지 않으나 칼륨성분은 저해가 많이 일어나는 논토양의 유형은?

① 습 답   ② 염해답
③ 미숙답   ④ 사질답

정답 ①

1-2. 습답에 대한 설명으로 거리가 먼 것은?

① 지하수위가 높아 연중 담수 상태에 있다.
② 암회색 글레이(Glei)층이 표층 가까이까지 발달한다.
③ 영양성분의 불용화로 식물생육에 적당하다.
④ 유기물의 혐기분해로 인해 유기산류나 황화수소 등이 토층에 쌓인다.

정답 ③

1-3. 저위생산지인 습답의 개량방법으로 적절치 않은 것은?

① 암거배수나 명거배수를 하여 투수를 좋게 한다.
② 유해물질을 제거한다.
③ 부족성분인 인산이나 질소비료를 공급한다.
④ 양질의 점토 함량이 많은 질흙을 객토한다.

정답 ③

해설

1-2
습답은 전 층이 환원층으로 토색은 청회색을 띠며, 유기물의 분해가 늦어져서 집적되어 있는데 온도가 높아지면 황화수소, 유기산 같은 유해물질이 발생되고 뿌리썩음병을 유발하여 추락현상의 원인이 된다.

핵심이론 02 노후화답의 개량

① 노후화(Podzolization)답

 ㉠ 노후화 현상 : 작토 중의 Fe · Mn 등이 하층으로 용탈되고 이에 따라 인산칼륨 · 칼슘 · 마그네슘 등의 중요한 작물 양분도 점차 용탈하여 하층토에 집적되어 작토에는 이 양분이 부족해지는 현상이다.

 ㉡ 저위생산답 중 가장 많은 부분을 차지한다.

 ㉢ 사질토양이나 화강암을 모재로 한 산간토양에서 자주 발생한다.

② 특 징

 ㉠ 작토 환원층에 철(Fe)이 많을 때에는 벼뿌리가 적갈색 산화철의 두꺼운 피막을 형성한다.

 ㉡ 무기성분(Fe, Mn, K, Ca, Mg, Si, P 등)이 작토에서 용탈되어 결핍된 논토양이다.

 ㉢ 작토층에 철이 부족하여 토색은 건조기에 회백색, 담수하면 청회색을 나타낸다.

 ㉣ 특히 철 부족으로 인하여 황화수소(H_2S)에 의한 피해가 발생해서 뿌리 활력이 감퇴하고 벼잎에는 깨씨무늬병이 발생하여 추락현상이 나타난다.

 ※ 추락답에서 황화수소의 발생으로 인하여 생기는 벼의 근부현상을 막기 위해 토양에 필요한 성분은 Fe이다.

 ㉤ 담수하의 작토의 환원층에서 철분, 망간이 환원되어 녹기 쉬운 형태로 된다.

 ㉥ 담수하의 작토의 환원층에서 황산염이 환원되어 황화수소가 생성된다.

> 논토양의 추락현상
> • 고온기에 토양의 환원상태 발달과 연관
> • 유기물이 과다하게 집적된 습답과 연관
> • 노후화 사질 논 또는 중점질 논에서 발생
> • 추락저항성이 요구되는 작물 : 벼

③ 개량방법

 ㉠ 객토 : 산의 붉은 흙, 못의 밑바닥 흙, 바닷가의 질흙 등으로 객토한다.

 ㉡ 심경 : 심토층까지 심경하여 침전된 철분 등을 다시 작토층으로 되돌린다.

 ㉢ 함철자재의 시용 : 함철자재로서 갈철광의 분말, 비철토, 퇴비철 등을 시용한다.

 ㉣ 규산질비료의 시용 : 규산석회, 규석회 등과 칼리질비료도 시용한다.

④ 재배대책

 ㉠ 저항성 품종의 선택 : 황화수소에 저항성이 강한 품종을 선택한다.

 ㉡ 조기재배 : 수확을 빨리할 수 있도록 재배하면 추락이 덜하다.

 ㉢ 무황산근 비료의 시용 : 황화수소의 발생원이 되는 황산근을 가진 비료의 시용을 피한다.

 ㉣ 덧거름 중점의 시비 : 웃거름 강화, 완효성 비료 사용, 입상 및 고형 비료의 시용 등

 ㉤ 엽면시비 : 후기 영양결핍 상태가 보일 경우 엽면시비를 한다.

 ㉥ 재배법 개선 : 직파재배(관개시기 늦출 수 있음), 휴립재배(심층시비 효과, 통기 촉진), 답전윤환(지력 증진)

핵심예제

2-1. 노후화답의 작토층에 특히 부족한 성분은?

① K   ② Fe

③ Mn   ④ Si

정답 ②

2-2. 담수된 논토양의 생물적, 화학적 특성 변화를 옳게 설명한 것은?

① 혐기성균의 활동이 감소한다.

② 산성인 토양은 pH가 더 낮아진다.

③ Mn과 Fe의 용해도가 증가한다.

④ 토양유기물의 분해가 증가한다.

정답 ③

2-3. 추락답에서 황화수소의 발생으로 인하여 생기는 벼의 근부현상을 막기 위해 토양에 필요한 성분은?

① 철   ② 규 소

③ 인   ④ 칼 리

정답 ①

2-4. 다음 중 추락저항성이 요구되는 작물은?

① 벼   ② 콩

③ 포 도   ④ 사 과

정답 ①

핵심이론 03 염해지토양의 개량

① 특 징

　㉠ 바닷물의 영향을 받아 염분이 많은 논으로, 벼의 생육이 나쁘다.

　㉡ 토양공기의 유통이 나빠 환원이 심하고, 황화수소의 발생과 아연결핍이 많아 벼의 생육이 나쁘다.

　㉢ 일반 논에 비해 유기물 함량이 1/10 정도, 치환성 석회의 함량이 1/3 정도, 활성철의 함량이 1/4 정도로 적다.

　㉣ 마그네슘과 칼륨의 함량은 5배 이상 많고, 나트륨의 함량은 20배 이상 많다.

　㉤ 25℃에서의 비전도도는 30~40mmho/cm로서, 논벼 재배의 적정한계인 2mmho/cm보다 15~20배나 높다.

② 개량방법

　㉠ 암거배수나 명거배수시설을 하고, 관수(灌水)하여 씻어낸다.

> **암거배수를 실시할 경우 배수관의 깊이 결정 시 고려할 사항**
> • 24시간 안에 되돌릴 수 있는 물의 깊이
> • 최소 토심 30cm에 이르는 지하수위 허용 높이
> • 적당한 투수계수
> • 토층의 깊이 또는 묻은 후에 스며들지 않는 깊이

　㉡ 처음에는 염분농도가 비교적 높은 물을 사용하다가 점차 염분농도가 낮은 물을 사용한다.

　㉢ 유기물을 사용하면 토층 내의 배수가 좋아지고 여러 가지 유기산이 제염을 촉진하기 때문에 매우 효과적이다.

　㉣ 건조기에 생짚이나 생풀을 깔면 수분 증발을 막아주어 염분기 제거에 효과가 있다.

　㉤ 산도가 높은 염해논에는 석회 대신 석고를 사용하면 토양산도를 높이지 않으면서 석회토양으로 바꾸어 교질입자의 전위를 낮출 수 있다.

핵심예제

3-1. 다음 특성을 가지는 논토양은?

> 일반토양에 비하여
> • 유기물 함량 : 1/10 정도
> • 교환성 칼슘 함량 : 1/2 정도
> • 활성철 함량 : 1/4 정도
> • 마그네슘, 칼륨 함량 : 5배 이상

① 사력질답　　　　　② 습 답

③ 염해지답　　　　　④ 노후화답

정답 ③

3-2. 염해지토양에 관한 설명으로 옳은 것은?

① 염해지토양은 일반 논토양보다 Na 함량은 매우 높고 K, Mg의 함량은 낮다.

② 염분농도가 감소할수록 제타단위가 감소하고, 교질은 분산된다.

③ 토양 내 규산 함량이 낮아 벼 재배 시 규산 사용이 필수적이다.

④ 밭작물 재배 시 석고를 사용하면 교질입자의 전위를 낮출 수 있다.

정답 ④

3-3. 염해지토양의 특성에 대한 설명으로 옳지 않은 것은?

① 전기전도도가 일반 경작지보다 높다.

② 유기물 함량이 일반경작지보다 많다.

③ 마그네슘, 칼륨의 함량이 일반 경작지보다 많다.

④ 석회 함량이 일반 경작지보다 적다.

정답 ②

3-4. 염해지토양의 개량방법으로 가장 적합한 것은?

① 심경한다.

② 석회질 비료와 칼리질 비료를 사용한다.

③ 암거배수(暗渠排水)하고 관수(灌水)하여 씻어낸다.

④ 철, 망간, 칼슘, 마그네슘 등을 지속적으로 공급한다.

정답 ③

3-5. 염해지토양의 개량방법으로 가장 적절하지 않은 것은?

① 물로 염분을 세척한다.

② 암거배수를 한다.

③ CaSO₄를 사용한다.

④ 유기물을 사용한다.

정답 ③

7-3. 경지 이용과 특수지 토양관리

핵심이론 01 재배시설(시설원예지)의 토양

① 특 징

ㄱ 염류의 집적 : 시설은 자연강우가 차단되고 다비재배를 하는데 작물체의 흡비력은 상대적으로 약하다. 따라서 시설 내 토양에는 염류가 집적되기 쉬운데 일반적으로 시설의 설치 연수와 염류농도는 높은 상관관계를 보인다. 토양에 염류집적도가 클수록 전기전도도는 높게 나타난다.

ㄴ 토양산도의 저하 : 토양은 산성화되어 있고 시설토양은 집약적으로 이용되기 때문에 질소화합물의 분해결과 생성되는 질산, 다른 유기물의 분해과정에서 생기는 유기산, 화학비료에서 유래하는 황산 등이 상대적으로 많이 생성된다. 따라서 이동식 하우스의 토양은 노지에 비하여 토양의 pH가 낮다.

ㄷ 토양의 통기성 불량 : 시설재배는 토양관리가 집약적으로 이루어지기 때문에 심한 답압과 인공관수로 인하여 토양이 단단히 다져져 공극량이 적어 토양 중의 공기 함량이 줄어들면서 통기성이 나빠지고 산소 공급이 억제된다.

ㄹ 연작장해의 발생 : 시설의 이용률을 높이기 위하여 같은 작물을 재배하면 특정 병원성 미생물이나 해충의 밀도가 높아져 병 발생률이나 해충의 피해가 커진다. 그리고 각종 양분이 결핍되기 쉬워 미량원소의 결핍증상이 자주 나타난다.

ㅁ 토양오염의 증가 : 시설원예는 인공관수에 의존하면서 오염된 관개수를 집중적으로 사용하고 농약, 제초제, 화학비료 등을 과용하여 시설 내의 토양은 심하게 오염되기 쉽다.

> 시설재배지가 일반 노지보다 지표에 염류직접현상이 자주 일어나는 원인
> 열 또는 에너지 수지 차이, 수분 수지 차이, 미세 기후 차이 등

② 재배시설의 토양 관리

ㄱ 담수 세척

- 답전윤환으로 염류의 집착과 연작의 피해를 경감한다.
- 강우기에 비닐을 벗기고 집적된 염류를 세탈시킨다.
- 석고 등 석회물질을 처리한 물로 담수처리하여 하층토로 염류를 배제시킨다.

ㄴ 객토 및 환토

- 시설원예 토양은 점토 함량이 적고 미사와 모래 함량이 많은 사질토이므로, CEC가 높은 양질의 산적토 등을 객토(客土)한다.
- 객토는 시설토양의 염류 희석, 고랭지 토양, 오염지 토양, 연작장해지 등에 효과가 있다.
- 객토를 하는 이유 : 미량원소의 공급, 토양침식 억제, 염류집적의 제거, 토양물리성 개선, 보수력 증대, 작토층의 확대 등
- 염류 과잉 집적된 온실토양은 작물생육이 좋은 생육토로 환토(換土)한다.

ㄷ 비료의 종류 선택과 시비량의 적정화

ㄹ 퇴비·구비(쇠두엄)·녹비(풋거름) 등 유기물의 적정 사용

ㅁ 미량요소의 보급

ㅂ 윤작재배

- 동일 시설에 서로 다른 작목을 선택하여 연작장해를 막는다.
- 돌려짓기로 지력 저하를 방지한다.

> **시설재배 토양에서 염류농도를 감소시키는 방법**
> - 담수에 의한 제염
> - 심경에 의한 심토 반전(염류가 많이 집적된 표토를 심토와 섞어주는 작업)
> - 제염작물(윤작) 재배
> - 고탄소 유기물 시용(볏짚, 고탄소 유기물, 왕겨, 부엽, 목탄 등을 시용)
> - 객토 및 암거배수에 의한 토양 개량
> - 비료의 합리적 선택과 균형 시비

핵심예제

1-1. 시설원예 토양의 특성이 아닌 것은?

① 염류농도가 높다.
② 토양의 공극률이 높다.
③ 특정성분의 양분이 결핍되기 쉽다.
④ 토양전염성 병해충의 발생이 높다.

정답 ②

[핵심예제]

1-2. 시설토양에 대한 설명으로 가장 거리가 먼 것은?

① 염류 용탈이 심하여 꾸준한 비료 공급이 필요하다.
② 기온이 낮은 시기에 재배하는 경우가 많아 토양미생물 활성에 불리한 환경이다.
③ 염류집적 토양의 경우 관수를 하여도 물의 흡수가 방해된다.
④ 대체로 토양 내 인산집적이 뚜렷하게 나타난다.

정답 ①

1-3. 시설원예지 토양은 인산과 각종 염기들이 과량으로 존재하고 있다. 이들 토양을 개량하는 방법으로 가장 거리가 먼 것은?

① 담수하여 염류를 세척한다.
② 객토하거나 환토한다.
③ 부산물 비료의 적극적 시용으로 토양비옥도를 증가시킨다.
④ 미량원소를 보급한다.

정답 ③

1-4. 염류가 집적된 시설재배지 토양에서 염류를 제거하는 방법으로 적절하지 않은 것은?

① 황화합물을 사용하여 토양의 pH를 낮춘다.
② 심근이면서 근분 발달이 좋은 작물을 심어 염류를 흡수한 후 식물 전체를 제거한다.
③ 담수하여 토양에 집적된 염류를 근권 아래로 용탈시킨다.
④ 심경을 실시하여 토양의 물리성과 화학성을 개선한다.

정답 ①

해설

1-2

시설토양은 화학비료로 인해 염류집적이 생기므로 비료의 합리적 선택과 균형 시비가 필요하다.

핵심이론 02 개간지 토양과 작물생육 관리

① 개간지 토양의 특성
  ㉠ 개간한 토양은 대부분 산성이다.
  ㉡ 부식과 점토, 토양 유기물 함량이 낮다.
  ㉢ 양이온치환용량(CEC)이 낮은 편이다.
  ㉣ 토양구조와 토양입단 안정도가 낮다.
  ㉤ 유효인산 함량이 낮고 비료성분이 적어서 토양의 비옥도가 낮다.
  ㉥ 개간지는 경사진 곳에 많으므로 토양보호에 유의해야 한다.

② 개간지 토양의 개량방법
  ㉠ 개간 초기에는 밭벼, 고구마, 메밀, 호밀, 조, 고추, 참깨 등을 재배하는 것이 유리하다.
  ㉡ 고온작물, 중간작물, 저온작물 중 알맞은 것을 선택해서 재배한다.

③ 개간지 토양의 관리
  ㉠ 지력 증진 : 토심 증대(심경, 뿌리신장 근권 확보), pH 조절(석회 시용), 유기물 증시(양분 공급, 입단형성, 구조발달, 보수력, 보비력 증대 등), 천연인광석 증시
  ㉡ 토양보전 : 피복 및 멀칭(부초, 피복작물), 재배법 개선(초생대, 승수구 설치 등)

[핵심예제]

신개간지의 일반적인 토양 화학 특성에 대한 설명으로 틀린 것은?

① 숙전에 비해 토양 유기물 함량이 낮다.
② 유효인산 함량이 낮다.
③ 염기치환용량(CEC)이 낮은 편이다.
④ 토양구조와 토양입단의 안정도가 높다.

정답 ④

핵심이론 03 간척지 토양과 작물생육 관리

① 간척지 토양의 특성
  ㉠ 벼의 생육이 가능한 염분농도는 0.3% 이하이고 염해가 발생하는 농도는 0.1% 내외이다.
  ㉡ 간척지 토양이 벼의 생육에 가장 불리한 원인은 염분농도이다.
  ㉢ 토양이 대체로 전기전도도가 높고 알칼리성에 가까운 토양반응을 나타낸다.
  ㉣ 해면하에 다량 집적되어 있던 황화물이 간척 후 산화되면서 황산이 되어 토양이 강산성으로 된다.
  ㉤ 지하수위가 높아서 환경 상태가 발달하여 유해한 황화수소 등이 생산된다.
  ㉥ 점토가 과다하고 나트륨 이온이 많아서 토양의 투수성 및 통기성이 매우 불량하다.
② 간척지 토양의 개량방법
  ㉠ 관배수시설로 염분과 황산을 제거하고, 이상 환원상태의 발달을 방지한다.
  ㉡ 석회를 시용하여 산성을 중화하고, 염분의 용탈을 쉽게 한다.
  ㉢ 석고, 토양개량제, 생짚 등을 시용하여 토양의 물리성을 개량한다.
  ㉣ 제염법에는 담수법, 명거법, 여과법, 암거배수, 객토 등이 있다.
  ㉤ 토양유기물의 시용은 간척지 토양의 구조 발달을 촉진시켜 제염효과를 높여 준다.
③ 내염재배(염분이 많은 간척지 토양에 적응하는 재배법)
  ㉠ 논물을 말리지 않으며 자주 환수한다.
  ㉡ 석회, 규산석회, 규회석을 시용하고, 황산근을 가진 비료를 시용하지 않는다.
  ㉢ 내염성이 강한 작물을 선택한다.
  ㉣ 조기재배, 휴립재배

핵심예제

3-1. 간척지 토양이 벼의 생육에 가장 불리한 원인은?
① 토 성 　　　　　② 염분의 농도
③ 토양반응 　　　　④ 지하수위

정답 ②

3-2. 일반적인 간척지 토양관리방법으로 거리가 먼 것은?
① 규산 증시 　　　　② 암거배수
③ 객 토 　　　　　　④ 소석회 시용

정답 ①

3-3. 간척답의 조기 숙답화 방안으로 거리가 가장 먼 것은?
① 지하배수시설 조성 　② 유기물 및 객토 사용
③ 석회 시용 　　　　　④ 인산 및 칼륨 감량 시비

정답 ④

3-4. 간척지 토양의 염분성분 중 나트륨(Na)을 제거하는 데 가장 효과적인 재료는?
① 석 고 　　　　　　② 제올라이트
③ 돈분 부숙퇴비 　　④ 규산질비료

정답 ①

3-5. 내염재배(耐鹽栽培)에 해당하지 않는 것은?
① 환수(換水) 　　　　② 황산근 비료 사용
③ 내염성 품종의 선택 　④ 조기재배·휴립재배

정답 ②

7-4. 토양침식

핵심이론 01 | 수식의 원인, 종류

① 침식의 개념
- ㉠ 토양침식이란 물이나 바람에 의하여 표토의 일부분이 원래의 위치에서 분리되어 다른 곳으로 이동되어 유실되는 현상이다.
- ㉡ 토양의 생성속도가 침식속도와 비슷하거나 빠른 경우는 자연침식 또는 정상침식이라 하고, 토양의 생성속도보다 침식속도가 빠른 경우는 가속침식 또는 이상침식이라 한다.
- ㉢ 토양침식이 일어나는 조건에는 토양 분산, 지표 유수의 양 및 속도 등이 있다.
- ㉣ 빗물이나 하천의 유수 등에 의한 침식을 수식이라고 한다.

② 수식의 종류
- ㉠ 우적침식 : 빗방울이 지표면을 타격하면 입단이 파괴되고 토립이 분산하는 입단파괴침식이다.
- ㉡ 비옥도침식(표면침식)
  - 분산된 토립이 삼투수와 함께 이동하여 미세 공극을 메우면 토양의 투수력이 경감되고, 이때 삼투되지 못한 물은 분산된 토양 콜로이드와 함께 지표면을 얇게 깎아 흐른다.
  - 분산된 토립은 식물에 필요한 양분을 간직하고 있는데 유수에 의해 침식되면 이러한 양분도 없어진다.
- ㉢ 우곡침식(세류침식, 누구침식)
  - 빗물이 모여 작은 골짜기를 만들면서 토양을 침식시키는 작용이다.
  - 우곡은 비가 올 때에만 물이 흐르는 골짜기가 된다.
  - ※ 세류간침식 : 토양 전체 면적에서 동일하게 일어나지 않고 불규칙적으로 형성된 세류 사이에서 먼저 일어나는 침식
- ㉣ 구상침식(계곡침식)
  - 상부 지역으로부터 물의 양이 늘어 흐를 때에는 큰 도랑이 될 만큼 침식이 매우 심하고 때로는 지형을 변화시키는 침식이다.
  - 일시에 토양의 유실이 가장 많이 일어날 수 있다.
- ㉤ 면상침식(평면침식)
  - 빗물이 지표면에서 어느 한 곳으로 몰리지 않고 전면으로 고르게 씻어 흐를 경우이다.

- 강우에 의하여 비산된 토양이 토양 표면을 따라 얇고 일정하게 침식되는 것
- ㉥ 유수침식 : 골짜기의 물이 모여 강물을 이루어 흐르는 동안 자갈이나 바위 조각을 운반하여 암석을 깎아내고 부스러뜨리는 작용을 하는데, 이와 같이 흐르는 물에 의한 삭마작용을 유수침식이라고 한다.
- ㉦ 빙하(빙식)침식 : 빙하침식에는 암설에 의한 삭마작용, 굴식 및 융빙수에 의한 침식이 포함된다.

핵심예제

1-1. 물에 의한 토양침식의 종류가 아닌 것은?
① 면상침식
② 세류 간 침식
③ 구상침식
④ 약동침식

정답 ④

1-2. 분산된 토립은 식물에 필요한 양분을 간직하고 있는데 유수에 의해 침식되면 이러한 양분도 없어지게 된다. 이러한 토양침식을 무엇이라 하는가?
① 우곡침식
② 비옥도침식
③ 평면침식
④ 유수침식

정답 ②

1-3. 빗물이 모여 작은 골짜기를 만들면서 토양을 침식시키는 작용을 무엇이라 하는가?
① 우곡침식
② 계곡침식
③ 유수침식
④ 비옥도침식

정답 ①

1-4. 침식의 형태 중 일시에 토양의 유실이 가장 많이 일어날 수 있는 것은?
① 표면침식
② 우곡침식
③ 우적침식
④ 계곡침식

정답 ④

해설

1-1
바람에 의한 토양침식 중 약동(Saltation)은 지름이 0.1~0.5mm인 토양입자가 지표면으로부터 30cm 이하에서 구르거나 튀는 모양으로 이동하는 것을 의미한다.

핵심이론 02 — 수식에 영향을 미치는 요인

① 기상조건 : 강우속도와 강우량

  ㉠ 토양침식에 가장 큰 영향을 끼치는 인자는 기상조건 이다.

  ㉡ 총강우량이 많고 강우속도가 빠를수록 토양침식은 크다.

  ㉢ 강우에 의한 침식은 우량보다는 강도인자인 우세의 영향이 더욱 크며, 장시간의 약한 비보다 단시간의 폭우가 토양침식이 더 크다.

  ㉣ 우리나라의 경우 7~8월에 큰 강도의 폭우가 집중되므로 토양침식, 특히 수식은 주로 이 시기에 발생한다.

② 토양의 성질

  ㉠ 토양침식은 토양의 투수성과 강우나 유거수에 분산되는 성질이다.

  ㉡ 토양이 너무 건조할 경우 토양이 동결되었을 때 갑작스런 강우나 융설로 큰 침식이 일어난다.

  ㉢ 투수성이 크고 구조가 잘 발달되어 내수성 입단이 많을수록 수식은 작다.

  ㉣ 토양의 투수성은 토양의 입자가 클수록, 유기물의 함량이 많을수록, 토심이 깊을수록 또는 팽창성이 큰 점토가 적을수록 크고, 토층 단면 내에 불투수층이 있거나 지표면에 피막이 생긴 토양에서는 작다.

  ㉤ 수분 함량이 적은 토양이 침식에 견디는 힘이 크고, 점토나 교질물의 함량이 많은 토양일수록 또는 규산이 많은 점토일수록 크다.

③ 지형 : 경사도와 경사장

  ㉠ 경사가 급한 곳, 경사면이 길거나 넓은 곳, 넓은 사면에서 침식이 커진다.

  ㉡ 토양침식량은 유거수의 양이 많을수록 증대되며 유속이 2배이면 운반력은 유속의 5제곱에 비례하여 $2^5 = 32$배가 되고 토양침식량은 4배가 된다.

④ 식물 생육 : 토양 표면의 피복 상태

  ㉠ 지표면이 작물로 피복되어 있으면 입단파괴와 토립분산을 막고 급작스런 유거 수량의 증가와 유거수 속도를 완화하여 수식을 경감한다.

  ㉡ 토양 표면이 생짚, 건초 등에 의한 부초나 비닐, 폴리에틸렌(Polyethylene) 등의 인공 피복물로 잘 피복되어 있으면 수식을 방지할 수 있다.

토양유실량 예측공식(USLE)

$$A = R \times K \times LS \times P \times C$$

- A : 토양유실량
- R : 강우침식능인자(강우의 낙하에너지와 유거수의 양, 속도에 따라 결정)
- K : 토양침식성인자(토양조직, 토양구조, 유기물 함량, 투수성 등)
- L : 경사장
- S : 경사도
- P : 침식조절관행인자
- C : 토양피복과 관련한 작부인자

핵심예제

2-1. 다음 표가 나타내는 의미를 올바르게 설명한 것은?

구 분	강우량(mm)	최대 강우강도 (mm/hr)	토양유실량 (kg/10a)
6월 20일	44	43	421
8월 20일	74	8	35
9월 20일	46	12	42

① 강우량이 많을수록 최대 강우강도에 비례하여 증가한다.
② 토양유실량은 강우량에 비례하여 증가한다.
③ 토양유실량은 최대 강우강도의 영향을 많이 받는다.
④ 토양유실량은 강우량과 최대 강우강도를 곱한 값에 비례한다.

정답 ③

2-2. 물에 의한 토양침식에 영향을 끼치는 주요인자가 아닌 것은?

① 경사장과 경사각
② 강우량과 강우강도
③ 해발 높이와 일사량
④ 수분 침투율과 토양구조 안정성

정답 ③

2-3. 강우에 의한 토양의 침식에 크게 영향을 주는 인자와 가장 거리가 먼 것은?

① 강우시간 ② 유거수의 양
③ 토양 투수력 ④ 토양의 분산율

정답 ①

2-4. 강우에 의한 토양침식을 억제하지 않는 것은?

① 토양유기물 ② 작물 잔재 피복
③ 토양피각 형성 ④ 강우의 높은 토양 침투물

정답 ③

【 핵심예제 】

2-5. 강우 시 강우량이 침투량(Infiltration)보다 많은 때 발생하는 현상으로만 연결된 것은?

① 침투(Infiltration), 유거(Runoff)
② 침투(Infiltration), 증발(Evaporation)
③ 모세관 상승(Capillary Rise), 유거(Runoff)
④ 유거(Runoff), 침식(Erosion)

정답 ④

해설

2-1
토양유실량은 강우량보다 최대 강우강도와 관계가 있다.

2-2
물에 의한 토양침식에 영향을 주는 인자
강우인자(강우의 낙하에너지와 유거수의 양, 속도에 따라 결정), 토양인자(수분침투율과 토양구조 안정성), 지형인자(경사장과 경사도), 식생피복인자(지표의 피복 상태), 보전관리인자(토양보전 방법)에 따라 달라진다.

2-5
유거수와 유거토양은 강우량에 의해 발생하지만 강우량이 많다고 해서 유실량이 많은 것은 아니다. 일시적으로 강한 강우가 토양침투량 이상의 강우량이 되면 침식이 일어난다.
• 유거(Runoff) : 강수나 관개수가 토양으로 침투되지 않고 외부로 유출되어 흐르는 현상
• 침식(Erosion) : 기존에 존재하는 물질이 외부작용(빗물·냇물·바람 등)에 깎이는 작용

① 풍식의 개념
  ㉠ 바람에 의해 암석이 삭마되는 현상을 풍식이라고 한다.
  ㉡ 강우량이 부족한 건조지대나 반건조지대에서는 토양 표면이 건조하여 풍식을 쉽게 받기도 한다.
  ㉢ 온대 습윤 지방에서의 풍식보다 건조 또는 반건조 지방에서의 풍식이 심하다.
  ㉣ 우리나라에서는 특히 동해안과 제주도 해안의 모래 바닥에서 다발한다.
  ㉤ 풍식은 먼저 바람에 의해 흙덩어리가 부서져서 미세입자가 된다. 이것이 강풍이나 폭풍에 의해 운반될 때 엉성한 바위 조각을 부스러뜨리며, 암석의 노출부에 바위 조각 또는 모래·자갈 등이 부딪쳐 암석이 깎이고 부스러진다.

② 풍식의 유형 : 바람에 실린 입자들이 크기에 따라 다르게 나타난다.
  ㉠ 약동 : 지름 0.1~0.5mm의 토양입자가 바람에 의해 지표면에서 30cm 이하의 높이로 짧은 거리를 구르거나 뛰는 모양으로 이동하는 것이다.
  ㉡ 포행 : 토양입자가 토양 표면을 구르거나 미끄러지며 이동하는 것이다.
  ㉢ 부유 : 모래 크기 이하의 입자가 공중에 떠서 토양 표면과 평행하게 멀리 이동하는 것
  ※ 이동량 : 약동(50~90%) > 부유(15~40%) > 포행(5~25%)

③ 풍식에 영향을 미치는 요인
  ㉠ 풍속 : 풍식의 정도에 직접적으로 영향을 주는 인자로, 갑자기 불어오는 강풍이나 돌풍은 토립의 비산을 증가시켜 토양침식을 증대시킨다.
  ㉡ 토양의 성질
    • 풍식의 정도에 영향을 미치는 토양의 성질로는 토양구조의 안전성과 토양수분의 함량이 있다.
    • 토양구조가 잘 발달되어 있으면 강풍에 의한 입단파괴와 토립의 비산이 적고, 토양이 건조가 심하거나 수분함량이 적으면 수식은 물론이고 풍식의 정도가 커서 토양침식이 크다.
  ㉢ 토양 표면의 피복 상태 : 지표면에 피복도가 큰 작물이 생육하고 있거나 인공 피복물 또는 부초가 피복되어 있으면 입단파괴와 토립의 비산이 경감되어 풍식이 적다.

ⓔ 인위적 작용 : 작휴 방향, 경운 정도, 즉 바람이 불어오는 방향으로 작휴하면 풍식으로 인한 피해가 증가하고, 거친 경운을 하면 토양이 건조되어 입단파괴와 토립의 비산이 증가하므로 토양침식이 커진다.

핵심예제

3-1. 풍식(Wind Erosion)에 대한 설명으로 옳은 것은?
① 풍식은 건조지역보다 습윤지역에서 잘 일어난다.
② 우리나라에서는 해안 모래바닥에서 주로 일어난다.
③ 풍식의 정도는 바람의 속도에 반비례한다.
④ 토양입자는 물에서보다 공기 중에서 입자 상호 간 충돌이 많다.

정답 ②

3-2. 바람에 의하여 지름 0.1~0.5mm의 토양입자가 지표면에서 30cm 이하의 높이로 비교적 짧은 거리를 구르거나 튀는 모양으로 이동하는 것은?
① 포 복   ② 부 유
③ 약 동   ④ 포 행

정답 ③

3-3. 토양풍식과 수식현상에 공통으로 작용하는 두 가지 과정으로 옳은 것은?
① 비산(Splash) – 약동(Saltation)
② 분리(Datachment) – 이탈(Transfer)
③ 약동(Saltation) – 분리(Datachment)
④ 이탈(Transfer) – 비산(Splash)

정답 ②

해설

3-1
우리나라에서는 동해안, 제주도 등에서 자주 일어난다.
3-3
풍식과 수식에 공통으로 작용하는 과정 : 분리 → 이탈(탈리)

핵심이론 04 토양침식의 대책

① 수식대책
ㄱ 수식의 기본대책 : 삼림을 조성하고 자연 초지를 개량해야 하며, 경사지·구릉지 토양에 있어서는 유거수의 속도 조절을 위한 경작법을 실시하여야 한다.
ㄴ 토양 표면의 피복
• 연중 나지기간을 단축시키는 일이 매우 중요하다. 특히 7~8월에 피복을 잘하여야 한다.
• 토양피복방법으로 부초법, 인공 피복법, 내식성 작물의 선택과 합리적 작부체계(간작, 교호작) 개선 등이 있다.
※ 잦은 경운 및 객토는 토양침식 방지법으로 적합하지 않다.
• 지표면 피복을 위한 유기자재는 C/N율이 높을수록 유리하다.
※ 옥수수, 참깨, 고추, 조 등과 같은 작물은 토양 유실이 심하고, 목초(클로버, 헤어리베치 등), 감자, 고구마 등과 같은 작물은 토양 유실이 매우 적다.
ㄷ 토양 개량
• 토양 개량에 의한 토양의 투수성·보수력의 증대와 내수성 입단구조로 안정성 있는 토양구조로 발달시킨다.
• 퇴구비·녹비 등 유기물의 사용, 규회석·탄산석회·소석회 등 석회질 물질의 사용, 입단생성제인 토양개량제의 사용 등으로 가능하다.
  – 크릴륨(Krilium)은 토양입단구조 증진을 위한 침식억제제이다.
  – 완숙퇴비보다 미숙퇴비가 내수성 입단화에 효과적이다.
  – 토양부식을 증가시켜 토양 입단구조 형성이 잘되게 한다.
ㄹ 경지의 적정 이용
• 구릉지(붕적토), 경사지(잔적토) 및 신개간지 등에서는 유거수의 속도 조절이 중요하다.
• 경사도 5° 이하에서는 등고선 재배법으로도 토양보전이 가능하나, 15° 이상의 경사지에서는 단구를 구축하고 계단식 개간경작법을 적용한다.
• 유기물 함량이 적은 사질토는 비료 유실이 많고, 지하수위가 높고, 배수가 불량한 토양은 토양유기물의 유실이 가장 적다.

※ 경사지의 토양유실을 줄이기 위한 재배방법 : 초생 재배, 계단식 재배, 대상 재배, 등고선 재배, 부초법, 승수구(도랑) 설치 재배법 등

② 풍식대책

    ㉠ 방풍림 조성 · 방풍울타리 설치(경작지 외곽에 풍향과 직각 방향으로 방풍림을 조성)

    ㉡ 피복작물의 재배 : 지표면을 식물로 피복한다.

    ㉢ 토양 개량 : 유기물의 다량 시용, 양질 점토의 객토로 입단화를 도모하고, 숙전화해야 한다.

    ㉣ 관개 담수 : 관개수를 충분히 담수하여 토립의 비산을 방지한다.

    ㉤ 풍향과 직각 방향으로 작휴하여 토사 이동과 비산을 막고, 작물이 재배될 때에는 토사의 퇴적으로 매몰될 수 있으므로 풍향과 평행 방향으로 작휴한다.

    ㉥ 토양 진압 : 겨울철이나 봄철 건조기에 롤러 등으로 토양을 진압한다.

［ 핵심예제 ］

4-1. 토양유실량이 가장 많은 작부방법은?

① 잦은 경운
② 소맥 연작
③ 옥수수 연작
④ 옥수수 · 소맥 · 클로버 윤작

정답 ①

4-2. 수식(Water Erosion)에 의한 토양침식 방지작물로서 가장 효과적인 것은?

① 옥수수   ② 소 맥
③ 고 추   ④ 클로버

정답 ④

4-3. 강우에 의한 토양유실 감소방안에 있어 피복효과가 가장 낮은 것은?

① 콩 재배   ② 옥수수 재배
③ 목초 재배   ④ 감자 재배

정답 ②

4-4. 토양유기물의 유실이 가장 적은 토양은?

① 지하 수위가 높고, 배수가 불량한 토양
② 산소 공급이 잘되는 사력질 토양
③ 표토유실이 심한 경사지 토양
④ 대공극이 많아 물 빠짐이 양호한 토양

정답 ①

해설

4-4

지하수위가 높고, 배수가 불량한 토양은 통기가 잘되지 않아 토양유기물이 잘 분해되지 않으므로 강한 산성반응을 나타낸다.

03 | 유기농업개론

제1절 유기농업 개요

1-1. 유기농업 배경 및 의의

핵심이론 01 유기농업의 배경

① 유기농업의 등장배경
  ㉠ 환경문제가 중요한 쟁점
  ㉡ 지속가능한 농업 생산
  ㉢ 고품질 안전농산물에 대한 국민들의 관심
  ㉣ 선진농업국가의 식량 과잉 생산

② 유기농업의 발달 배경
  ㉠ 대량 생산과 소비를 추구하는 산업화에 따른 심각한 환경오염
  ㉡ 야생곤충이나 조류 등 자연생태계의 무차별적인 파괴현상
  ㉢ 영농화학물질에 의한 수질토양오염은 물론 국민의 건강 위협
  ㉣ 다비농업으로 염류집적과 지력의 약화 초래
  ㉤ 가축 분비물로 토양·수질과 공기의 오염, 사료 중 항생제와 첨가물의 인축 피해

③ 현대농업의 환경오염 경로
  ㉠ 농약의 과다 사용으로 인한 농업환경 오염
  ㉡ 화학비료의 과다 사용으로 인한 농업환경 오염
  ㉢ 집약 축산에 의한 농업환경 오염

[핵심예제]

유기농산물을 구입하면서 대부분의 소비자가 기대하는 것으로 옳지 않은 것은?

① 경제적 이익
② 안전한 먹거리
③ 안전한 농산물
④ 환경보전에 기여

정답 ①

해설

친환경농산물(유기농산물, 무농약농산물)은 환경을 보전하고 소비자에게 보다 안전한 농산물을 공급하기 위해 유기합성농약과 화학비료 등 화학자재를 전혀 사용하지 않거나, 최소량만 사용하여 생산한 농산물을 말한다.

핵심이론 02 유기농업의 의의

① 유기농업의 개념
  ㉠ 화학비료, 합성농약 등 합성된 화학자재를 일체 사용하지 않고 유기물, 미생물 등 천연자원을 사용하여 안전한 농산물 생산과 농업생태계를 유지 보전하는 농업
  ㉡ 농업생태계의 건강, 생물의 다양성, 생물순환 및 토양 생물활동 증진을 위한 총체적 체계농업
  ㉢ 농업 생산력을 지속화하며 식량 생산의 장기적인 안정성을 확립하고 농가경제의 안정과 수익을 보장해 주는 농업
  ㉣ 유기농업은 통합적이자 인간적인 영농법이며, 환경적 및 경제적으로 지속적 농업생산체계를 창조하는 것을 목적으로 하는 농업적 접근방법

② 유기농업의 중요성
  ㉠ 안전건강(웰빙)농산식품 생산 공급로 → 소비자의 건강 증진(사회)
  ㉡ 국내 농산물 경쟁력 제고로 수입 억제 → 생산자의 소득 보장(경제)
  ㉢ 생물 다양성, 생물순환, 토양생물 활동 촉진 → 자연생태계 보전(환경)
  ※ 농업생태계는 자연생태계와는 달리 제한된 먹이사슬과 단순한 생태계를 유지한다.

[핵심예제]

친환경농업에서 지양(止揚)하고 있는 농업형태는?

① 자연농업
② 지속농업
③ 생태적 농업
④ 관행농업

정답 ④

해설

관행농업은 화학비료와 유기합성농약을 사용하여 작물을 재배하는 관행적인 농업형태를 말한다.

핵심이론 03 유기농업의 목적 및 실천기술

① 유기농업의 기본목적

ⓐ 환경오염의 최소화
- 미생물을 포함한 농업체계 내의 생물적 순환을 위하여
- 농업기술로 인해 발생하는 오염을 피하기 위하여
- 현지 농업체계 안에서 재생 가능한 자원에 의존하기 위하여

ⓑ 환경생태계의 보호(보전)
- 건강한 농업생태계를 유지하기 위하여
- 영양가 높은 식품을 충분히 생산하기 위하여

ⓒ 토양쇠퇴와 유실의 최소화
- 장기적으로 토양비옥도를 유지하기 위하여
- 유기물 함량 수준의 유지를 위하여
- 두과작물의 재배를 통한 지력을 유지하기 위하여
- 토양의 생물학적 활성을 촉진시키기 위하여

ⓓ 생물학적 생산성의 최적화

ⓔ 자연환경의 우호적 건강성 촉진

② 유기농업의 실천기술

ⓐ 합성화학물질의 사용을 배제한다.

ⓑ 토양 미생물의 다양성과 밀도를 최적화시킨다.

ⓒ 물리적, 생물학적 농자재를 균형 있게 사용한다.

ⓓ 병해충 경감과 토양비옥도 증진을 위해 윤작을 한다.

ⓔ 두과작물, 녹비작물 또는 심근성작물을 재배한다.

ⓕ 유기농산물 인증기준에 맞게 생산·관리된 종자를 사용한다.

ⓖ 토양에 영양분을 되돌려 주기 위한 동식물의 부산물을 재활용한다.

ⓗ 재생 불가능한 자원 이용을 최소화한다.

ⓘ 지역 또는 농가단위에서 유래되는 유기성 재생자원을 최대한 이용한다.

ⓙ 농업에서 기인한 모든 형태의 오염을 최소화한다.

ⓚ 모든 생산단계에서 상품의 유기적 성질과 특성을 유지할 수 있는 가공방식에 역점을 둔 농산물을 취급한다.

ⓛ 인간과 기타 자원에 적절한 보상을 제공하기 위한 자기 조절적인 생태적, 생물적 과정의 관리와 상호작용 등을 한다.

핵심예제

3-1. 유기농업이 추구하는 목적으로 옳지 않은 것은?

① 환경오염의 최소화
② 환경생태계의 보호
③ 생물학적 생산성의 최소화
④ 토양쇠퇴와 유실의 최소화

정답 ③

3-2. 유기농업의 핵심원리가 아닌 것은?

① 유기체의 상호 독립성
② 생물의 종 다양성
③ 건강한 토양과 비옥도 유지
④ 농장 외부자재 투입의 비의존성

정답 ①

3-3. 친환경 유기농산물 생산에서 허용되지 않는 것은?

① 윤작을 실시하여 작물을 재배한다.
② 녹비작물을 재배한다.
③ 손제초를 실시한다.
④ 생육이 부진할 경우 화학비료를 1/5 이하로 사용한다.

정답 ④

해설

3-2

친환경 유기농업의 핵심원리

건강한 토양과 비옥도 유지, 생물의 종 다양성, 유기체의 상호 의존성, 농장 외부자재 투입의 비의존성, 농업체계의 한 부분으로 생태계 전체를 완전하게 관리하는 총체적 생산체계가 핵심원리이다.

3-3

유기농산물은 화학합성물질이나 농약을 일체 사용하면 안 된다.

국내 유기농업 관련 농법

① 오리농법
 ㉠ 논에 오리를 방사하여 잡초를 방제하고, 오리 배설물을 비료자원으로 활용하는 벼 재배방법
 ㉡ 이앙 1~2주 후 2주령의 오리(25~30수/10a)를 입식한다.

② 우렁이농법
 ㉠ 왕우렁이는 물속에서만 살아가며 주로 연한 풀을 먹지만 본래 잡식성이므로 이런 특성을 이용하여 잡초를 방제한다.
 ㉡ 이앙 1주 후에 새끼우렁이(5kg/10a)를 투입한다.

③ 키토산농법
 ㉠ 갑각류인 게, 굴, 새우 등의 껍질을 탄산칼륨이나 고열로 처리하여 단백질을 제거하고 300배로 희석하여 사용한다.
 ㉡ 항균력(유해균 억제, 유익균 증식), 염류장해 억제, 흡비력 향상, 토양물성 개량, 면역기능 강화, 세포합성 촉진 등의 능력이 우수하다.

④ 참게농법
 ㉠ 참게는 잡식성으로 해충과 잡초를 먹어 병해충을 방제한다. 왕성한 야간활동으로 토양을 뒤집어 주고 물을 혼탁하게 하므로 벼 뿌리의 생육을 촉진하고 배설물은 벼에 유효한 거름으로 사용된다.
 ㉡ 이앙 후 5월 중순경 참게(1만마리/10a)를 방사한다.

⑤ 미꾸라지농법 : 이앙 2개월 후 미꾸라지 치어(800kg/10a)를 방사하여 잡초를 억제하는 농법이다.

⑥ 목초액(활성탄) : 숯을 구울 때 나오는 연기를 액화한 목초액을 100배로 희석하여 토양이나 작물에 살포하는 농법이다.

⑦ 태평농법 : 벼 수확과 동시에 밀을 파종(밀 수확과 동시에 볍씨를 파종)하여 농약이나 화학비료를 일체 사용하지 않는 농법이다.

[핵심예제]

국내 유기농업에서 선호하지 않는 농법은?

① 쌀겨농법 ② 오리농법
③ 우렁이농법 ④ 무공해농법

정답 ④

1-2. 유기농업 역사

유기농업의 발전과정

① 다윈(C. Darwin)
 ㉠ 「부엽토와 지렁이」라는 책에서 자연에서 지렁이가 담당하는 역할에 관해 기술하였다.
 ㉡ 만일 지렁이가 없다면 식물은 죽어 사라질 것이라고 결론지었다.
 ㉢ 유기농법의 이론적 근거를 최초로 제공하였다.

② 러셀(E.J. Russel)
 ㉠ 토양 중 지렁이의 수와 유기물 시용량과의 사이에는 높은 상관관계가 있다고 하였다.
 ㉡ 「토양의 여러 조건과 작물의 생육」이라는 책에서 유기물을 시용하지 않은 토양 속에는 1ac에 약 1.3만 마리의 지렁이가 발견되나, 유기물을 시용한 토양에서는 1백만 마리 이상을 발견하였다.

③ 프랭클린 킹(Franklin King)
 ㉠ 프랭클린 킹은 저서 「불멸의 농민 – 한국, 중국, 일본에서 4,000년에 걸쳐 지속적으로 경영되는 농업」에서 토양비옥도에 대해 강조하였다.
 ㉡ 지난 1970년대 초까지 지난 반만년 동안 우리 선조가 실천해 왔던 유축순환농업인 전통적 농업생산양식을 유기농업의 이상적 모델로 삼고 있다.

④ 하워드(A. Howard)
 ㉠ 영국의 하워드는 1940년 저서 「농업성전」에서 화학비료와 농약이 농작물 보호에는 성공할 수 있으나 인간에게는 해를 준다는 점에서는 비과학적이고 불완전하다고 주장하였다.
 ㉡ 작물의 생산과 부식(유기물)의 토양환원이 바로 농업의 원리임을 강조하였다. 이러한 하워드의 유기농업은 부식질 농업이라는 용어로 유럽에 퍼져 나갔다.

⑤ 생명동태농업
 ㉠ 스테이너(R. Steiner) : 생명동태농업을 처음 주창하였다. 유기농장을 살아 있는 유기체로 인식하고, 동태적 힘은 생명동태제재에 의해 더욱 고양된다고 보았다.
 ㉡ 마리아 툰(M. Thun) : 생명동태농법에 사용되는 자재에 관한 과학적인 연구를 하였다.
 ㉢ 뮬러(M. Muller) : 생명동태농업의 영향을 받아 1950년대에 유기농법을 창안하였다.

ㄹ 독일의 루시(H.P. Rusch) : 1968년 저서 「토양의 비옥도」에서 토양미생물의 역할을 토양비옥도 관점에서 설명하였고, 유기농업에서는 두과작물, 녹비작물, 토양미생물을 강조하였다.

ㅁ 레마래(R. Lemaire) : 프랑스에서 유기농법이론을 제공하였다.

ㅂ 무엘러 버글러(Mueller Bigler) : 스위스에서 유기농법이 크게 발전시켰다.

ㅅ 로데일(J.I. Rodale) : 로데일은 하워드의 농업성전의 영향을 받아 미국에 유기농업을 널리 전파하고 발전되었다.

※ 독일어권의 유기농업은 유럽유기농업규정(EU Regulation), IFOAM 기본규약(Basic Standards)의 기초로 활용되었고, 다시 Codex 유기식품 기준제정 시에 그 주요내용이 거의 반영되었다.

［ 핵심예제 ］

「부엽토와 지렁이」라는 책에서 자연에서 지렁이가 담당하는 역할에 관해 기술하면서 만일 지렁이가 없다면 식물은 죽어 사라질 것이라고 결론지었으며, 유기농법의 이론적 근거를 최초로 제공한 사람은?

① Franklin King   ② Thun
③ Steiner   ④ Darwin

정답 ④

1-3. 국내외 유기농업 현황

핵심이론 01   국내 유기농업의 역사

① 도입단계(1970년대)
   ㉠ 1976년 정농회에서 유기농업 소개
   ㉡ 1978년 '한국유기농업협회' 발족(식량이 부족한 시기로 사회적 지지를 받지 못함)

② 확산단계(1980년대)
   ㉠ 생산자와 소비자 직거래, 종교단체, 생활협동조합 등 친환경농업 확산
   ㉡ 한 살림(1986년), 한국자연농업협회 등 발족

③ 발전단계(1990년대)
   ㉠ 소수의 생산자단체가 유기농업기술 연구 보급
   ㉡ 1991년 농림수산식품부 농산국에 '유기농업발전기획단' 설치
   ㉢ 1992년 유기농업기획단에서 유기농업의 정의 정립
   ㉣ 1992년 특산물 품질인증제 실시
   ㉤ 1993년 유기·무농약 재배농산물 품질인증 실시
   ㉥ 1994년 농림수산식품부에 환경농업과 설치
   ㉦ 1997년 유기농산물의 표시제도 도입
   ㉧ 1997년 친환경농업육성법 제정
   ㉨ 1998년 친환경농업육성법 시행령 및 시행규칙 제정
   ㉩ 1998년 유기농산물 가공품에 대한 품질인증제 실시
   ㉪ 1998년 정부가 "친환경농업 원년" 선포
   ㉫ 1999년 친환경농업 직접지불제 도입

④ 도약시기(2000년 이후)
   ㉠ 2001년 친환경농업육성 5개년 계획 수립
   ㉡ 2001년 최초로 유기농산물 인증 부여
   ㉢ 2001년 농촌진흥청에 친환경농업기획단 설치
   ㉣ 2004년 농촌진흥청에 친환경농업과 설치
   ㉤ 2005년 유기농업 분야 국가기술자격제도 도입
     (유기농업기능사, 유기농업산업기사, 유기농업기사)
   ㉥ 2005년 세계친환경농업엑스포 개최
   ㉦ 2006년 국내 최초 IFOAM 인증기관 자격 획득
   ㉧ 2007년 무항생제 축산물 및 재포장과정 인증 시행
   ㉨ 2008년 농촌진흥청에 유기농업과 신설
   ㉩ 2011년 제17차 세계유기농대회 남양주시 유치
   ㉪ 2013년 친환경농업육성법을 친환경농어업 육성 및 유기식품 등의 관리·지원에 관한 법률로 개정

[핵심예제]

1-1. 유기농업발전기획단의 설치연도는?

① 1991년   ② 1992년
③ 1993년   ④ 1994년

정답 ①

1-2. 우리나라 농림수산식품부(현 농림축산식품부)에 환경농업과 부서가 설치된 해는?

① 1994년   ② 1995년
③ 1997년   ④ 1998년

정답 ①

1-3. 정부가 "친환경농업 원년"을 선포한 해는?

① 1995년   ② 1998년
③ 2000년   ④ 2004년

정답 ②

1-4. 정부가 추진한 친환경농업 관련 정책과 연도가 옳지 않은 것은?

① 1997년 환경농업육성법 제정
② 1998년 친환경농업 원년 선포
③ 2000년 친환경농업 직접지불제 도입
④ 2001년 친환경농업육성 5개년 계획 수립

정답 ③

핵심이론 02   **CODEX(국제식품규격위원회)**

① CODEX
   ㉠ 유엔 식량농업기구(FAO)와 세계보건기구(WHO) 합동 식품규격사업단에서 설립하였다.
   ㉡ 소비자의 건강을 보호하고 식품 무역에서의 공정한 거래 관행 확보가 목적이다.
   ㉢ 유기농산물을 비롯한 유기식품의 생산과 가공, 저장, 운송, 판매 등에 관한 국제기준을 정하였다.

② CODEX 유기식품 가이드라인의 주요내용
   ㉠ 윤작, 두과작물 재배, 녹비작물 재배, 저항성품종 재배, 최적량의 유기질비료 시용
   ㉡ 유기사료에 의한 가축사양, 가축복지 고려
   ㉢ 화학비료, 농약·제초제·공장식 축분 사용금지
   ㉣ 가축분뇨의 재활용을 통한 순환식 농법 실천
   ㉤ 토양·미생물·작물·축산을 연계한 총체적 생산체제 유지
   ㉥ 유전자변형농산물(GMO)과 생장조절제(생장호르몬제) 사용금지

[CODEX 유기농업기준 핵심내용]

작 물	축 산
윤 작	유기농 사료(85% 반추가축, 80% 비반추가축)
작부체계 내 두과작물 재배	가축의 복리
녹비작물의 재배	–
저항성 품종	–
최적량의 유기질비료 시용	–
• 화학비료·농약·제초제 금지 • 공장식 축산 분뇨 금지	• 수의 약품 금지 • 사료 첨가제 금지
• 폐쇄 순환 농법(축산과 윤작에 의한 토양비옥도 향상)	
• 총체적 생산 체계(토양 – 미생물 – 작물 – 축산계의 건전성 유지 및 향상)	
• 유전자변형생물체(GMO) 금지	
• 생장조절제(성장호르몬) 금지	

핵심예제

2-1. 유엔 식량농업기구(FAO)와 세계보건기구(WHO) 합동식품규격사업단에서 설립하였으며 유기농산물을 비롯한 유기식품의 생산과 가공, 저장, 운송, 판매 등에 관한 국제기준을 정하는 곳은?

① HACCP 기준원칙
② IFOAM
③ IOAS
④ CODEX

정답 ④

2-2. CODEX 유기식품규격의 핵심내용으로 거리가 먼 것은?

① 최적량의 유기질비료 사용
② 유전자변형생물체(GMO) 이용 금지
③ 생장조절제(성장호르몬) 사용 금지
④ 최소량의 화학비료 사용

정답 ④

2-3. CODEX 유기식품의 생산 · 가공 · 표시 및 유통에 관한 가이드라인에서 비반추가축은 건물을 기준으로 유기농 사료를 몇 % 이상 먹고 자라야 유기축산이라고 하는가?

① 65
② 70
③ 75
④ 80

정답 ④

해설

4-3

CODEX의 가이드라인에서 소관당국이 설정한 이행기간 동안 축산물이 유기 상태를 유지하려면, 건물기준으로 반추동물의 경우 85% 이상, 비반추동물의 경우 80% 이상의 사료가 본 가이드라인에 따라 생산된 유기사료이어야 한다고 명시한다.

핵심이론 03 유기농업단체 및 인증제도

① 유기농업단체

　㉠ 세계유기농업운동연맹(IFOAM ; International Federation of Organic Agriculture) : 전 세계 유기농업인단체, 유기농 유통회사, 유기농가공회사, 유기농연구기관 등이 회원으로 가입하고 있다. 미국의 USDA, 호주의 OFC, BFA, OHGC, NASAA, 뉴질랜드의 NZBPCC, 일본의 JAS 등이 회원으로 속해 있다는 면에서 'IFOAM'은 전 세계적으로 가장 큰 영향력을 가진 유기농인증단체라고 볼 수 있다.

　㉡ 세계유기농업학회(ISOFAR ; International Society of Organic Agriculture Research) : 전 세계 각국의 교수, 연구원, 학자, 공무원 등이 참여하여 활동하고 있다.

　㉢ 아시아유기농업연구기구(ARNOA) : 2001년 중국 항저우에서 열린 제5차 국제유기농업운동연맹-아시아(IFOAM-Asia) 학술대회 때 아시아 16개국의 학자 등이 참여해 결성한 단체이다.

② 세계 각국의 유기농업인증제도

　㉠ 한국 유기농산물 : 국내 유기농산물 인증마크로 3년 이상 화학비료와 유기합성농약을 일체 사용하지 않아야 하며, 2년 이상 영농 관련 자료가 보관되어야 인증한다.

　㉡ IFOAM : 국제유기농업운동연맹으로 유기농업 시행 후 3년이 지나야 인증마크를 부여한다.

　㉢ USDA ORGANIC : 미국 농무부에서 발급되며, 최소 3년간 화학비료와 농약을 사용하지 않는 것은 물론, 물과 소금을 제외한 원료 95% 이상이 유기농 성분인 제품에만 표시할 수 있다.

　㉣ EU Organic Farming : 12개의 유럽국가들이 연합해 만든 'EU Organic Farming'은 제품 성분의 95% 이상을 유기농 원료로 사용해야 사용할 수 있다. 특히 GMO(유전자재조합) 식품이 원료로 사용되는 것을 금하고 있기 때문에 GMO 식품을 피하고 싶은 이들이 주목해야 할 인증마크 중 하나다.

　㉤ 에코서트(ECOCERT) : 프랑스에서 설립된 유기농 인증기관이다. 유전자 조작원료나 동물실험에 반대하고 색소 및 인공향료는 물론 실리콘이나 파라벤 등의 화학성분을 일절 사용할 수 없다.

ⓗ 바이오시겔(Bio-Siegel) : 독일 유기농산물 및 유기가
공식품 인증기관이다. 식품의 방사선 처리, 유전자 조
작 유기제 사용, 화학비료, 화학합성식품보호제, 가용
광물비료 등을 사용한 유기농 제품에 대해서는 절대 사
용할 수 없다.

ⓧ JAS : 일본 농림부가 부여하는 유기농 인증마크이다.
제품의 품질만 인정해 주는 인증제도와 달리 기술적 기
준 등 환경적인 요소를 함께 심사하는 것이 특징이다.

［핵심예제］

유기농업 단체가 아닌 것은?

① ISOFAR   ② ARNOA
③ CODEX   ④ IFOAM

［정답］ ③

1-4. 친환경농업

핵심이론 01   친환경농업의 개념

① 친환경농업의 개념

ⓐ 농약 등 화학자재의 사용을 최소화하고 농림축산업 부
산물의 재활용을 통하여 농업생태계와 환경을 보전하고
안전한 농림축산물을 생산하는 농업이다.

ⓑ 농업과 환경을 조화시켜 농업의 생산을 지속가능하게
하는 농업형태로서 농업 생산의 경제성 확보, 환경보존
및 농산물의 안전성을 동시에 추구하는 농업이다.

> '친환경농어업'이란 생물의 다양성을 증진하고, 토양에서의 생
> 물적 순환과 활동을 촉진하며, 농어업생태계를 건강하게 보전
> 하기 위하여 합성농약, 화학비료, 항생제 및 항균제 등 화학자
> 재를 사용하지 아니하거나 사용을 최소화한 건강한 환경에서
> 농산물·수산물·축산물·임산물(이하 '농수산물')을 생산하
> 는 산업을 말한다(친환경농어업 육성 및 유기식품 등의 관리·
> 지원에 관한 법률 제2조제1호).

② 친환경 관련 농업

ⓐ 유기농업 : 농약과 화학비료를 사용하지 않고 원래의
흙을 중시하여 자연에서 안전한 농산물을 얻는 것을 바
탕으로 한 농업

ⓑ 자연농업 : 지력을 토대로 자연의 물질순환원리에 따르
는 농업

• 자연농법은 땅을 갈지 않고(무경운), 잡초를 제거하지
않고(무제초 직파법), 농약을 사용하지 않고(무농약),
화학비료를 사용하지 않는 농법으로 지력을 토대로 자
연의 순환을 중시한다.

• 자연농법은 인공을 가미하지 않고, 자연환경을 파괴
하지 않으며, 안전한 먹을거리를 생산하는 농법이다.

ⓒ 생태농업 : 지역폐쇄시스템에서 작물양분과 병해충 종
합관리기술을 이용하여 생태계의 균형 유지에 중점을
두는 농업

ⓓ 저투입·지속농업 : 환경에 부담을 주지 않고 영원히
유지할 수 있는 농업으로 환경을 오염시키지 않는 농업

ⓔ 정밀농업 : 한 포장 내에서 위치에 따라 종자, 비료, 농
약 등을 달리함으로써 환경문제를 최소화하면서 생산성
을 최대로 하려는 농업

ⓕ 순환농업 : 농업 부산물을 다시 농업 생산에 투입하여
물질이 순환되도록 하는 농업

③ 친환경농업이 출현하게 된 배경

   ㉠ 국제교역에서도 환경문제가 중요한 쟁점으로 부각되었다.

   ㉡ 미국 및 유럽 등의 식량 과잉으로 세계농업정책이 증산 위주에서 소비와 교역 중심으로 전환하였다.

   ㉢ 최빈국들을 제외한 대부분 국가에서도 친환경농업의 정착이 유도되고 있다.

   ㉣ 유기농업, 대체농업, 저투입농업 등 농업환경이 지속가능한 농업 생산을 지지하고 있다.

   ㉤ 고품질 안전농산물에 대한 국민들의 관심이 높아지고 있다.

핵심예제

1-1. 친환경농업과 가장 거리가 먼 것은?

① 순환농업   ② 지속적 농업
③ 생태농업   ④ 관행농업

정답 ④

1-2. 지역폐쇄시스템에서 작물양분과 병해충 종합관리기술을 이용하여 생태계의 균형 유지에 중점을 두는 농업은?

① 자연농업   ② 생태농업
③ 정밀농업   ④ 대전식 농업

정답 ②

1-3. 친환경농업이 출현하게 된 배경으로 거리가 먼 것은?

① 국제교역에서도 환경문제가 중요한 쟁점으로 부각되었다.
② 미국 및 유럽 등의 식량 과잉으로 세계농업정책이 증산 위주에서 소비와 교역 중심으로 전환하였다.
③ 최빈국들을 제외한 대부분 국가에서도 친환경농업의 정착이 유도되고 있다.
④ 고투입 현대농법으로 농업환경이 지속가능한 농업 생산을 지지하고 있다.

정답 ④

핵심이론 02   **친환경농업의 목적**

① 친환경농업의 목적

   ㉠ 환경보전을 통한 지속적 농업의 발전

   ㉡ 안전한 농산물을 요구하는 국민의 기대에 부응

   ㉢ 친환경농업을 통한 경관보전

   ㉣ 농업 생산의 경제성 확보

② 친환경 쌀 생산의 기본원리

   ㉠ 저항성 품종 선택

   ㉡ 토양미생물의 활성화(유기물 시용)

   ㉢ 토양개량제(규산질, 석회질) 사용

   ㉣ 녹비작물 재배 이용

   ㉤ 합성농약, 화학비료 등 화학자재를 사용하지 아니하거나 사용을 최소화

   ㉥ 병충해 종합관리 및 양분 종합관리기술 적용

   ㉦ 친환경 자재(석회보르도액, 포액스 등)에 의한 병해관리

   ㉧ 잡초의 물리적 방제

   ㉨ 생물(오리, 왕우렁이, 참게 등)을 이용한 잡초관리

   ㉩ 유기자원(쌀겨, 종이멀칭, EM당밀, 기계제초, 녹비작물 등)을 이용한 잡초관리

> **친환경농업을 위한 작물육종 목표 중 가장 중요한 것**
> 환경스트레스 저항성, 그 외에 환경재해 저항성, 생력화 가능, 이모작 · 다모작, 환경생태조건에 부합, 자연에너지와 영양원을 최대한 이용할 수 있는 품종을 개발해야 한다.

③ 환경친화적 작물시비의 목적

   ㉠ 안전성이 높은 농산물의 지속적 생산이 가능

   ㉡ 작물 생산에 필요한 양분물질의 과잉이나 과부족이 일어나지 않도록 수지균형 유지

   ㉢ 물질의 순환적 개념하에 이용 가능한 모든 양분물질을 수집 · 이용

   ㉣ 투입양분이 농업계 이외로 유출되어 환경이 오염되는 것을 최소화

   ㉤ 생태계의 모든 생명체가 공존할 수 있는 체제로 농업 이익 추구

> **화학합성 농약으로 병해충을 제거할 수 없는 3대 문제점(3R)**
> 저항성 증대(Resistance), 격발현상(Resurgence), 잔류독성 피해(Residue)

④ 화학합성농약의 과다 사용에 따른 부작용

 ㉠ 자연생태계의 파괴

 ㉡ 토양과 수질오염

 ㉢ 천적의 파괴와 병해충의 저항성 증대

 ㉣ 농산물에 잔류된 독성의 피해

> **작물양분종합관리(INM ; Intergrated Nutrient Management)**
> 작물생육에 필요한 양분 중 자연이 공급해 주는 양을 제외한 부족한 양을 토양검정을 통해 환경친화적인 비료를 공급함으로써 농업생산 유지와 환경 부담을 최소화하는 방법
> **IPM(Integrated Pest Management)**
> 병해충의 발생량을 정밀예찰하여 경제적으로 문제가 되지 않는 낮은 수준에서 관리하여 농약의 과다 사용을 억제하고, 생태계를 안정적으로 지속시키고 생산효율을 극대화하는 방법

[핵심예제]

2-1. 친환경농업의 목적에 해당하지 않는 것은?

① 환경보전을 통한 지속적 농업의 발전

② 안전한 농산물을 요구하는 국민의 기대에 부응

③ 농작물의 수량을 높이기 위해 과다 시비

④ 친환경농업을 통한 경관보전

정답 ③

2-2. 친환경 쌀 생산의 기본원리와 거리가 먼 것은?

① 유기합성제초제를 포함한 종합적 방제기술 적용

② 병충해 종합관리 및 양분 종합관리기술 적용

③ 잡초의 물리적 방제

④ 저항성 품종 선택

정답 ①

2-3. 친환경농업을 위한 작물육종 목표 중 가장 중요한 것은?

① 환경스트레스 저항성

② 수량 안정성 및 다수성

③ 조숙성

④ 단기생육성

정답 ①

2-4. 화학합성농약으로 병해충을 제거할 수 없는 3대 문제점(3R)이 아닌 것은?

① 저항성 증대(Resistance)

② 재활용운동(Recycling)

③ 격발현상(Resurgence)

④ 잔류독성 피해(Residue)

정답 ②

핵심이론 03 친환경농산물의 인증

① **친환경농축산물 인증제도**

소비자에게 보다 안전한 친환경농축산물을 전문인증기관이 엄격한 기준으로 선별·검사하여 정부가 그 안전성을 인증해 주는 제도이다.

② 2015년 개정된 친환경농어업육성 및 유기식품 등의 관리·지원에 관한 법률(친환경농어업법)에서 농축산물의 경우는 유기농산물, 무농약농산물, 무항생제축산물이 대상이고, 저농약농산물은 제외되었다.

③ 친환경농산물에 혼동을 초래할 수 있는 천연, 자연, 무공해, 저공해 및 내추럴 등의 표기는 할 수 없다.

④ **친환경농산물의 인증**

 ㉠ 일정한 인증기준을 준수하고, 사용 가능한 조건에서 허용물질을 사용하여 농산물을 생산해야 한다.

 ㉡ 유기농산물, 무농약농산물의 인증을 위해서는 5가지의 기준을 준수해야 한다.

  • 경영관리, 단체관리 및 친환경농업 기본교육 이수

  • 재배포장, 용수, 종자

  • 재배방법

  • 생산물의 품질관리

  • 기타 등

⑤ **친환경농산물 인증의 종류**

구 분	주요 내용
유기농산물	유기합성농약과 화학비료를 전혀 사용하지 않고 재배(전환기간 : 다년생 작물은 최초 수확 전 3년, 그 외 작물은 파종 재식 전 2년)
유기축산물	유기농산물의 재배·생산기준에 맞게 생산된 유기사료를 급여하면서 인증기준을 지켜 생산한 축산물
무농약농산물	유기합성농약을 일체 사용하지 않고, 화학비료는 권장 시비량의 1/3 이내 사용
무항생제축산물	항생제, 합성항균제, 호르몬제가 첨가되지 않은 일반사료를 급여하면서 인증기준을 지켜 생산한 축산물

⑥ **친환경농산물의 표시문자**

유기농, 유기농산물, 유기축산물, 무농약, 무항생제, 유기가공식품

핵심예제

3-1. 친환경농산물의 표시문자로 틀린 것은?

① 유기농산물
② 유기비료농산물
③ 유기농산물(전환기)
④ 무농약재배농산물

정답 ②

3-2. 토양관리처방서의 비료 추천량이 다음과 같을 때 무농약 친환경농산물 인증기준에 따라 사용할 수 있는 요소비료의 양은?

- 비료 추천량 : 질소 13.8kg
- 요소의 질소성분 함량 : 46%

① 10kg 이하
② 15kg 이하
③ 20kg 이하
④ 30kg 이하

정답 ①

해설

3-2
(13.8/0.46)/3(무농약에서는 권장량의 1/3 이하)

2-1. 지력배양

핵심이론 01 지력(地力)의 개념

① 지력은 물리성, 화학성, 미생물성에 따라 그 정도가 달라진다.
② 지력에 관여하는 토양요인
   ㉠ 화학적 인자 : 토양반응 및 양분의 함량(인산, 부식) 등
   ㉡ 물리적 인자 : 토성, 토양구조, 보수력 등
③ 흙살리기의 필요성
   ㉠ 화학비료의 과다 투입으로 토양영양 균형이 파괴되었으므로
   ㉡ 소비자들의 안전한 먹을거리 요구가 증대하므로
   ㉢ 산업화로 인한 토양오염이 심화되었으므로
④ 유기농법에 의한 토양관리 방법
   ㉠ 합리적인 작물 윤작
   ㉡ 토양 생물학적 활동 촉진
   ㉢ 동식물 폐기물 재활용
   ㉣ 완숙퇴비의 시용을 통한 토양미생물 수의 증가
   ㉤ 재생 불가능한 자원 최소화
   ㉥ 최대의 토양피복 유지 및 충분한 양분관리
   ㉦ 적정수의 가축 방목
   ㉧ 물관리를 유기물에 의존
   ㉨ 작물별 시비량에 맞게 가축분퇴비량을 시용
⑤ 토양 개량에 따른 효과
   ㉠ 미생물상의 개선으로 토양의 유효균이 증식되면서 병균활동을 억제시킨다.
   ㉡ 물리적 개량으로 토양에 공기와 수분의 침투가 용이하여 뿌리 증식이 왕성해진다.
   ㉢ 화학적 개선으로 토양이 중성에 가까워지면서 작물의 양분흡수와 생육이 양호해진다.

[핵심예제]

1-1. 지력(地力)에 관한 설명으로 옳은 것은?

① 넓고 평탄하여 사용하기 편리한 정도에 따라 달라진다.
② 토지 감정에 의한 가격 평가에 따라 달라진다.
③ 물리성, 화학성, 미생물성에 따라 그 정도가 달라진다.
④ 흙의 견고성에 따라 그 정도가 달라진다.

정답 ③

1-2. 유기농업에서 토양관리와 지력배양방법이 아닌 것은?

① 유기질비료의 과다 시비
② 동식물 폐기물 재활용
③ 재생 불가능한 자원 최소화
④ 토양 생물학적 활동 촉진

정답 ①

1-3. 유기농법으로 토양을 개량시켰을 때의 장점이 아닌 것은?

① 물리적 개량으로 토양에 공기와 수분의 침투가 용이하여 뿌리 증식이 왕성해진다.
② 화학적 개선으로 토양이 중성에 가까워지면서 작물의 양분 흡수와 생육이 양호해진다.
③ 유기질비료를 통하여 오염물질이 많이 투입되어 작물까지 잔류독성 함량이 많아진다.
④ 미생물상의 개선으로 토양의 유효균이 증식되면서 병균활동을 억제시킨다.

정답 ③

핵심이론 02 퇴비원료의 종류 및 특징

① 부산물 퇴비 : 농업·임업·축산업·수산업·제조업 또는 판매업을 영위하는 과정에서 나온 부산물(副産物), 사람의 분뇨(糞尿), 음식물류 폐기물, 토양미생물 제제(製劑, 토양효소 제제 포함), 토양활성제 등을 이용하여 제조한 비료로서 공정규격이 설정된 것을 말한다(비료관리법 제2조제3항).

> **지렁이분**
> • 질소와 인 등의 영양물질은 식물이 직접 이용할 수 있는 용해성 물질로 전환된다.
> • 양이온치환능력이 증가된다.
> • 많은 미생물이 서식하여 토양생태계를 복원한다.
> • 2mm 내외의 분립으로 보비력, 통기성, 보수성이 우수하다.
> • 지렁이분 여과액을 엽면시비나 식물강화제로 이용한다.
> • 일반 퇴비제조방법에 비하여 많은 기간과 노력을 요한다.

② 퇴비의 공정규격
  ㉠ 함유해야 할 주성분의 최소량 : 유기물 25%
  ㉡ 함유할 수 있는 유해성분의 최대량
    • 건물중 대비 비소 45mg/kg, 카드뮴 5mg/kg, 수은 2mg/kg, 납 130mg/kg, 크로뮴 250mg/kg, 니켈 45mg/kg, 구리 400mg/kg, 아연 1,000mg/kg
    • 대장균 O157:H7, 살모넬라 등 병원성 미생물은 불검출
  ㉢ 기타 규격
    • 유기물과 질소의 비가 50 이하인 것
    • 건물중에 비하여 염분(NaCl)이 2.0% 이하인 것
    • 수분이 55% 이하인 것
    • 부숙도는 암모니아와 이산화탄소 발색반응을 이용한 기계적 부숙도 측정기준에 적합하거나 종자발아법의 경우 무발아지수 70 이상

③ 사용 가능한 재료
  ㉠ 사용 가능 원료

원료의 종류	비 고
농림부산물 : 짚류, 왕겨, 미강, 녹비, 농작물잔사, 낙엽, 수피, 톱밥, 목편, 부엽토, 야생초, 폐사료, 한약찌꺼기, 기타 유사물질 포함 및 상기물질을 이용한 버섯 폐배지, 이탄, 토탄, 갈탄, 사업장잔디예초물(골프장 등)	폐수처리오니 제외
수산부산물 : 어분, 해초찌꺼기, 어묵찌꺼기, 게껍질, 해산물 도매 및 소매장 부산물포	폐수처리오니 제외

원료의 종류	비 고
인·축 등 동물 분뇨 : 인분뇨 처리잔사, 구비, 우분뇨, 돈분뇨, 계분, 지렁이 등 기타 동물의 분뇨	• 폐수처리오니 제외 • 퇴비원료로 사용할 수 없는 원료를 동물의 먹이로 이용하여 배설한 분뇨는 제외
음식물류 폐기물	폐수처리오니 제외
식음료품 제조업, 유통업, 판매업 또는 담배제조업에서 발생한 동·식물성 잔재물 : 도축, 고기가공 및 저장, 낙농업, 과실 및 야채, 통조림 및 저장가공, 동식물 유지류, 빵제품 및 국수, 설탕 및 과자, 배합사료, 조미료, 두부, 주정, 소주, 인삼주, 증류주, 약주 및 탁주, 청주, 포도주, 맥주, 청량음료, 다류, 담배제조업 및 기타	폐수처리오니 제외
미생물 : 토양미생물제제	–
광물질 : 소석회, 석회석, 석회고토, 부산소석회, 부산석회, 패화석, 생석회, 부산석고, 제올라이트	광물질은 부숙과정 중 사용하여야 하며, 사용량은 전체 원료의 5% 이내에서 사용 가능함

ⓛ 사전 분석검토 후 사용 가능한 원료

원료의 종류	비 고
• 식료품 제조 및 판매업(수산물 포함)에서 발생하는 폐수처리오니 • 음료품 및 담배 제조업에서 발생하는 폐수처리오니 • 종이제조업에서 발생하는 부산물 및 폐수처리오니 • 읍·면단위 농어촌지역 생활하수오니 • 제약업에서 발생하는 부산물 및 폐수처리오니 – 물리적 추출, 발효 단순혼합, 무균조작으로 제조하는 과정에서 발생하는 경우 • 화장품제조업에서 발생하는 부산물 및 폐수처리오니 • 인·축분뇨 등 동물의 분뇨의 폐수처리오니 • 음식물류 폐기물의 폐수처리오니 • 기타 위항과 유사한 것 중 퇴비원료로 활용가치가 있는 물질	합성 및 특수의약품을 제조하는 과정에서 발생하는 폐수처리오니는 제외

④ 퇴비의 특징
　㉠ 퇴비는 토양에 유기물을 공급한다.
　㉡ 식물에 다량요소와 미량요소를 공급한다.
　㉢ 완효성이며 지속적으로 양분을 공급한다.
　㉣ 탄산가스를 방출하여 식물의 탄소동화작용을 촉진시킨다.
　㉤ 작물의 생육을 촉진하는 물질을 분비하기도 한다.
　㉥ 토양 입자를 입단화시켜 떼알구조를 형성한다.
　　• 토양의 통기성, 보수력 및 보비력을 향상시킨다.
　　• 투수성을 제고시켜 강우 시 토양침식을 방지하는 기능도 수행한다.
　　• 떼알 조직의 형성은 물과 산소의 공급이 향상된다.
　㉦ 토양의 양이온치환용량이 높아 완충능력을 향상시킨다.
　㉧ 토양 중 활성 알루미늄 생성을 억제하고 인산 고정을 방지하며 토양 인산의 가용화를 촉진한다.
　㉨ 토양의 미생물 수와 활성이 증가되면
　　• 종의 다양성이 확대되며 생물상이 안정된다.
　　• 물질순환 기능이 증대되어 생물학적 토양 완충능력이 강화된다.
　　• 유해물질을 분해, 제거 및 안정화시킨다.
　㉩ 퇴비는 토양의 이화학적 성질을 개선하여 작물의 생산성을 향상한다.
　㉪ 화학비료 및 농약의 사용을 절감시켜 환경보전에도 크게 기여한다.

⑤ 경작지 토양의 유기물 함량을 높이는 방법
　㉠ 모든 식물의 유체는 토양으로 되돌려 주어야 한다.
　㉡ 토양보전농법 등을 실시하여 토양침식에 의한 토양유실을 막아야 한다.
　㉢ 수량을 높일 수 있는 토양관리법을 적용해야 한다.
　㉣ 필요 이상으로 땅을 갈지 말아야 한다.
　㉤ 유기물을 시용할 때는 토양의 조건, 유기물의 종류를 고려하여야 하며 윤작을 하여 질이 좋은 토양유기물이 많이 집적되도록 하여야 한다.

［ 핵심예제 ］

지렁이분에 대한 설명으로 틀린 것은?
① 양분 함량이 높다.
② 수분보유력이 좋다.
③ 일반 퇴비제조방법에 비하여 경제적이다.
④ 지렁이분 여과액을 엽면시비나 식물강화제로 이용한다.

정답 ③

핵심이론 03 친환경유기퇴비 제조과정

① 유기물원 수집 : 볏짚, 수피, 쌀겨, 깻묵 등
  ㉠ 농가단위에서 구입이 용이한 유기물자원을 수집하여 탄소 함량이 높은 재료를 주재료로 하고, 깻묵 등 질소 함량이 높은 식물성 유박을 부재료로 한다.
  ㉡ 주재료 : 탄소함량이 높은 볏짚, 수피, 톱밥, 폐배지, 파쇄목 등
  ㉢ 부재료 : 질소함량이 높은 쌀겨, 깻묵, 피마자박, 유채박 등
② 혼합 및 야적 : 질소 1% 조절, 수분 60% 호기발효
  퇴비 제조 초기의 질소 함량이 최소 1% 이상이 되도록 조절하여 공기가 잘 통하도록 야적한다.
③ 퇴적 : 뒤집기 작업은 온도가 높이 올라가지 않도록 2주 간격으로 실시하여 주재료에 따라 10~14주 야적 후 후숙시키면 양질의 친환경 유기퇴비가 제조된다.
④ 후 숙 : 2~4주 야적
⑤ 기타 주요사항
  ㉠ 친환경유기퇴비의 제조 크기는 6m³ 규모로, 가로와 세로를 각각 2m, 3m로 만든 후 공기가 잘 통하도록 1m 높이로 야적한다.
  ㉡ 퇴비화 기간 동안 수분 함량은 50~60%를 유지하고, 빗물에 의한 유출수가 발생하지 않도록 퇴비더미에 비가림을 설치한다.
  ㉢ 퇴비 생산 시 퇴비 부숙기간(약 15일) 중 필요한 최소의 온도 : 55℃
  ㉣ 퇴비 제조과정에서 잡초종자의 사멸을 기대할 수 있는 온도 : 63~65℃
  ㉤ 완숙되는 과정에 따라서 pH는 낮아지는 경향이 있다.
  ㉥ 완숙됨에 따라서 유기물은 대개 갈색, 흑갈색, 흑색으로 변화된다.

【 핵심예제 】

퇴비 제조과정에서 잡초종자의 사멸을 기대할 수 있는 온도는?
① 45~50℃ ② 53~55℃
③ 55~60℃ ④ 63~65℃

정답 ④

핵심이론 04 퇴비화 과정

① 퇴비화 과정의 개념
  ㉠ 퇴비화 과정은 볏짚류, 가축분, 식물유체 등과 같은 신선 유기물이 미생물에 의하여 분해되어 작물이 이용할 수 있도록 분해시키는 것을 말한다.
  ㉡ 유기물이 분해되는 과정에서 C/N율, 수분, 온도 등에 의해 분해되는 기간이 달라진다.
  ㉢ 탄소는 분해되어 미생물의 에너지원으로 쓰이고, 질소는 영양원으로 이용되면서 미생물 번식이 지속된다.
  ㉣ 어느 정도 기간이 지나면 C/N율이 낮아진다.
  ㉤ 분해과정에서 생성되는 유해물질이 없어지는 단계에 이르면 퇴비화가 완료되었다고 한다.
  ㉥ 이 과정을 부숙화라고 하며, 부숙화가 거의 끝난 단계를 완숙이라고 한다.
② 퇴비화의 조건 : 영양, 수분, 온도, 산소, pH, 시간 등
  ㉠ 유기물 재료 중 탄질률(C/N율)
    • 퇴비화에 적합한 C/N율은 30~35 정도이다.
    • C/N율이 이보다 낮으면 탄소원이 제한요인이 되어 퇴비화가 지연되고 질소 손실을 유발한다.
    • C/N율이 이보다 높은 경우는 질소기아를 초래하며 퇴비화하는 기간이 지연된다.

> **식물체 및 미생물의 탄소 및 질소 함량과 탄질률(단위 : %)**
> 쌀보리짚(166) > 밀집(116) > 귀리짚(74) > 볏집(67) > 감자(29) > 귀리(23) > 밀(20) > 알팔파(13) > 완두(11) > 사상균(10) > 방사상균(6) > 세균(5)
> **탄질률(단위 : %)**
> 부식산(58) > 인공구비(20) > 인공부식(11.6)

  ㉡ 수분 함량
    • 퇴비화에 적합한 초기 수분 함량은 50~60% 범위이다.
    • 수분 함량이 40% 미만인 경우는 분해속도가 저하된다. 수분 함량이 60% 이상인 경우는 호기성 미생물의 활성이 억제되어 퇴비화가 지연되고 악취를 일으키는 원인이 된다.
  ㉢ 온 도
    • 퇴비화 과정 중 온도는 40℃ 이하의 중온대와 40℃ 이상의 고온대로 구분된다.
    • 유기물 분해가 가장 효율적인 온도범위는 45~65℃이다.

ㄹ 통기성
- 퇴비더미의 적정 통기량은 일반적으로 50m³/h/Dry ton이다.
- 입자가 작고 수분이 많은 재료는 팽화제(Bulking Agent)를 사용하여 통기성을 개량한다.
- 팽화제(수분조절제)로는 일반적으로 톱밥을 이용한다.

ㅁ pH
- 퇴비화에 적합한 pH는 6.5~8.0 정도이다.
- 퇴비화 초기에는 유기산의 영향으로 pH가 약간 낮아지나 유기태질소의 암모니아화 작용으로 퇴비더미의 pH가 9.0 이상 상승하는 경우도 있다.
- 퇴비더미에서 암모니아 가스가 발생하기 가장 용이한 조건은 pH 8.0 이상이다.

※ 신선유기물 퇴비화의 부수적인 효과 중 병원균 사멸과 잡초씨앗의 불활성도 중요하기 때문에 고온대의 퇴비화 과정은 반드시 필요하다.

핵심예제

4-1. 퇴비더미에서 암모니아가스가 발생하기 가장 용이한 조건은?

① pH 3.0 이하 ② pH 5.5 이하
③ pH 7.0 ④ pH 8.0 이상

정답 ④

4-2. 퇴비화 과정에서 미생물이 활동하는 가장 적당한 온도는?

① 40~45℃ ② 55~60℃
③ 65~70℃ ④ 75~80℃

정답 ②

4-3. 퇴비 생산 시 퇴비 부숙기간(15일 정도) 중 필요한 최소의 온도는?

① 55℃ ② 65℃
③ 75℃ ④ 85℃

정답 ①

3-4. 탄질률이 가장 낮은 것은?

① 톱 밥 ② 알팔파
③ 밀 집 ④ 옥수수 찌꺼기

정답 ②

해설

3-4
탄질률
활엽수의 톱밥(400) > 밀짚(116) > 옥수수 찌꺼기(57) > 알팔파(13)

핵심이론 05 퇴비화의 3단계와 성분의 변화

※ 이분해성 물질(당질, 단백질, 전분)→ 헤미셀룰로스→ 셀룰로스→리그린의 순으로 분해된다.

① 1단계는 당 분해시기이다.
ㄱ 분해되기 쉬운 단백질, 아미노산, 당질, 전분 등이 분해된다.
ㄴ 발육이 빠른 곰팡이와 세균에 의하여 분해가 이루어진다.
※ 퇴비화 과정에서 미생물 중 혐기성균의 일부가 셀룰로스 분해에 관여하지만 유기물의 대부분은 호기성균에 의하여 분해된다.

② 2단계는 셀룰로스 분해시기이다.
ㄱ 유기물의 분해와 발열로 퇴비중의 온도가 높아지면 미생물들은 리그린, 헤미셀룰로스와 결합되어 있는 셀룰로스를 분해된다.
ㄴ 분해에 관여하는 미생물은 세균과 방선균이다.
ㄷ 퇴비온도는 60~80℃로 일반 미생물은 활동하지 못한다.
ㄹ 고온 호기성의 방선균만이 셀룰로스 분해에 관여한다.
ㅁ 산소를 가장 많이 소비하므로 산소의 공급이 필요하다.
※ 퇴비화됨에 따라 셀룰로스, 헤미셀룰로스와 같은 탄소화합물은 분해되어 이산화탄소로 공기 중으로 달아나므로 전탄소 함량은 떨어진다. 질소는 미생물체의 성분이 되기 때문에 어느 단계까지 감소하다가 일정하게 유지된다. 이 결과 C/N율은 낮아지고 화학성분은 분해됨에 따라 전체 감량이 감소되는 경향을 나타낸다.

③ 3단계는 리그닌의 분해시기이다.
ㄱ 셀룰로스, 헤미셀룰로스의 분해가 끝나면 퇴비의 온도가 서서히 떨어지게 되어 리그린의 분해가 시작된다.
ㄴ 관여하는 미생물은 담자균(버섯균)에 의하여 이루어진다.
ㄷ 난분해성 유기물이 안정화되는 기간이다.

핵심예제

유기농업에 사용하는 퇴비에 대한 설명으로 틀린 것은?

① 토양진단 후 퇴비 사용량을 결정한다.
② 토양전염병을 억제하는 효과를 나타낸다.
③ 식물체에 양분과 미량원소를 지속적으로 공급해 준다.
④ 퇴비화 후에는 분해가 어려운 부식성 물질의 비율이 감소한다.

정답 ④

해설

퇴비화 후에는 리그닌, 셀룰로스 등 분해가 일어나지 않는다.

핵심이론 06 퇴비의 시용

① 퇴비의 시용
- ㉠ 퇴비는 완전히 부숙된 것이 좋다.
- ㉡ 10a당 화곡류는 1,100~1,800kg, 채소류나 과수의 경우는 1,800kg 이상 시용한다.
- ㉢ 퇴비는 칠레초석과 같은 질산염은 질산환원작용을 일으키기 쉬우므로 혼합해서는 안 된다.
- ㉣ 퇴비시용 후에는 바로 갈아엎어 양분의 손실을 막는다.
- ㉤ 습기가 많은 토양에는 사용하지 말아야 한다.
- ㉥ 밑거름 시용을 원칙으로 하며 사질토의 경우는 얕게 갈아엎어야 한다.
- ㉦ 속효성 비료(황산암모늄, 과인산석회, 분뇨 등)와 병용하면 비효가 증진된다.

② 토양에 퇴비를 주었을 때의 효과
- ㉠ 토양의 보수력을 증가시킨다.
- ㉡ 토양의 치환능력을 증가시킨다.
- ㉢ 토양의 풍식, 침식, 양분용탈을 감소시킨다.
- ㉣ 토양을 팽연하게 하여 공극률을 증가시킨다.
- ㉤ 미생물 활동 및 비료 양분을 공급한다.
- ㉥ 토양유기물 함량을 증가시킨다.
- ㉦ 산성토양의 산도를 조절한다.
- ㉧ 퇴비 속 유익한 미생물이 토양의 오염물질과 독성물질을 분해한다.

③ 질이 좋은 발효퇴비의 장점
- ㉠ 악취가 거의 나지 않는다.
- ㉡ 토양유기물의 함량을 증가·유지하는 데 도움이 된다.
- ㉢ pH가 중성인 퇴비는 산성 토양에서 양분의 가용화를 촉진시키고, 토양병원균의 발생을 억제시킬 수 있다.
- ㉣ 식물에 필요한 양분 및 미량원소를 공급한다.
- ※ 퇴비의 대용품으로 사용되는 유기물 : 피트모스

[핵심예제]

퇴비의 대용품으로 사용되는 유기물은?(단, 보조제 제외)
① 피트모스 　　　　② 마 닌
③ 고 란 　　　　　 ④ VS제

정답 ①

핵심이론 07 퇴비검사의 관능적인 방법

관능적 방법은 발효가 끝난 퇴비의 형태, 색깔, 고유한 냄새, 수분, 촉감을 검사하여 판단하는 것이다.

① 형 태
- ㉠ 초기에는 잎과 줄기 등 그 형태가 완전하나 부숙이 진전되어감에 따라 형태를 구분하기가 어려워진다.
- ㉡ 완전히 부숙되면 잘 부스러져서 당초 재료가 무엇이었는지 구분하기가 어렵다.
- ㉢ 톱밥에 하얀 곰팡이가 핀다.

② 색 깔
- ㉠ 산소가 충분히 공급된 상태와 산소 공급이 부족한 상태에서 부숙된 경우에도 색이 달라진다.
- ㉡ 검은색으로 변해가는 것이 일반적이지만 볏짚만을 쌓아서 퇴비를 만드는 경우 속에서(혐기 상태) 부숙된 것은 누런색을 띠며 이것도 호기 상태에서는 검은색 계통으로 변화된다.
- ㉢ 톱밥이 밤색으로 변한다.

③ 냄 새
- ㉠ 볏짚이나 산야초 퇴비는 완숙되면 퇴비 고유의 향긋한 냄새가 난다.
- ㉡ 계분 등 가축의 분뇨는 당초의 악취가 거의 없어진다.
- ㉢ 톱밥에서 버섯 냄새가 난다.
- ㉣ 유기질비료인 계분 가공 비료는 악취를 제거토록 되어 있다.

④ 수분 함량
- ㉠ 퇴적 시 수분 함량은 60% 전후지만 부숙과정 중 수분이 증발하여 40~50%로 감소된다.
- ㉡ 수분이 40~50%인 퇴비는 손으로 꽉 쥐었을 때 물기를 거의 느낄 수 없는 상태로 손을 털면 묻었던 부스러기가 즉시 털어진다.

⑤ 촉 감
퇴비화에 따라 원료가 분해되어 손으로 만져서 재료가 부스러지는 정도와 섬유질이 끊어지는 상태를 관찰하여 측정한다.

7-1. 양질의 퇴비를 판정하는 방법으로 틀린 것은?

① 가축분뇨는 악취가 나는 것을 인정한다.
② 탄질률을 검사하는 방법은 화학적 방법이다.
③ 생물적 방법의 일환으로 발아시험을 하기도 한다.
④ 어린묘를 심어 퇴비의 양부를 판정한다.

정답 ①

7-2. 톱밥이 발효되었는지 확인하는 방법으로 거리가 먼 것은?

① 톱밥에서 버섯냄새가 난다.
② 톱밥이 밤색으로 변한다.
③ 하얀 곰팡이가 핀다.
④ 붉은 곰팡이가 핀다.

정답 ④

해설

7-1
가축분뇨에서 악취가 나서는 안 되며, 충분히 부숙시켜서 사용해야 한다.

핵심이론 08 퇴비검사의 화학적인 방법

① 탄질률 측정
  ㉠ 가장 많이 활용되는 것은 탄질률이다.
  ㉡ 유기물이 부숙된다는 것은 미생물이 유기물을 분해하여 탄수화물을 에너지원으로 사용하므로 탄소 함량이 줄어든다. 따라서 탄소원은 감소되고 질소는 미생물의 몸체 구성에 이용되기 때문에 질소 함량은 증가하여 탄질률은 낮아진다.
  ㉢ 탄질률검사는 볏짚과 같은 고간류의 부숙도 판정에 많이 이용된다.
  ㉣ 퇴비의 부숙은 탄질률이 20 이하일 때 완숙되었다고 할 수 있다.
② pH 측정
  ㉠ 부숙이 완료된 퇴비의 산도를 측정해 보면 pH의 수치가 내려간다.
  ㉡ 일반적으로 안정된 퇴비의 적정산도는 약 pH 6~7이다.
  ㉢ 암모니아 냄새도 약하다.
③ 질산태질소 측정
  ㉠ 퇴비화과정에서 생성되는 암모니아태질소의 함유량을 이용하는 방법이다.
  ㉡ 제1, 2단계 퇴비화과정에서 이분해성 유기물이 급격히 분해되어 암모니아태질소가 생성된다.
  ㉢ 제3단계는 암모니아태질소가 아질산을 경과해 질산이 된다.
  ㉣ 이 원리로 퇴비 중의 질산태질소 함유량을 측정해 부숙도를 판정한다.

【 핵심예제 】

8-1. 양질의 퇴비를 판정하는 주요한 방법으로 거리가 먼 것은?

① 관능적 방법   ② 발아시험법
③ 탄질률 검사   ④ 물리학적 방법

정답 ④

8-2. 퇴비 검사방법 중 화학적 판정법이 아닌 것은?

① 탄질률 검사   ② 질산태질소 측정
③ pH 검사   ④ 유식물 재배

정답 ④

핵심이론 09 퇴비검사의 생물학적인 방법

① 발아시험법
- ㉠ 수피, 톱밥 등의 목질 자재에는 페놀성 물질이 함유되어 있으므로 미숙의 목질 자재퇴비에서 추출한 용액에 오이, 배추 등의 종자를 파종하여 발아력으로서 부숙도를 판정하는 방법이다.
- ㉡ 우리나라의 경우 서호무를 종자로 사용하여 발아실험을 실시, 발아지수를 계산하여 70 이상일 때 부숙 완료로 판정하도록 규정하고 있다.

② 지렁이법
- ㉠ 지렁이는 단백질, 당류 등 많은 부숙물에 서식하지만 충분히 부식되지 않은 퇴적물에는 탄닌, 폴리페놀, 암모니아 등의 가스 발생이 많아 지렁이가 싫어하는 경향이 있다.
- ㉡ 페놀류나 암모니아가스를 싫어하는 특성을 이용하여 지렁이의 행동양태나 색조 관찰 등을 통해 부숙도를 판정하는 것이다.
- ㉢ 생물학적 방법은 주로 부숙이 완료된 사료에 지렁이를 넣어 그 행동을 보고 판단하는 것이다.

③ 유식물시험법
- ㉠ 해작용에 예민한 식물의 생육상황을 관찰함으로써 부숙도를 판정하는 방법이다.
- ㉡ 일반적으로 미숙한 퇴비를 사용하면 유기물 분해에 의하여 작물에 장해가 생긴다.
- ㉢ 식물에 질소결핍과 같은 여러 가지 장해가 일어나는 경우가 많다.
- ㉣ 식물에 대한 질소기아 및 생육 저해물질의 유무 판정은 가능하지만 질소 과잉 퇴비에 관해서는 부숙도의 판정은 매우 어려운 경우가 있다.

핵심예제

9-1. 퇴비를 판정하는 검사방법이 아닌 것은?
① 관능적 판정　② 유기물학적 판정
③ 화학적 판정　④ 생물학적 판정

정답 ②

9-2. 퇴비의 검사방법 중 생물학적 검사방법이 아닌 것은?
① 발아시험법　② 지렁이법
③ 유식물시험법　④ 온도측정법

정답 ④

핵심이론 10 퇴비검사의 물리적인 방법

① 온도를 측정하는 방법 : 퇴비재료를 퇴적하면 미생물의 증식 및 분해활동이 시작되어 퇴적물 내부 온도는 60℃ 전후까지 급속히 상승하였다가 온도가 떨어지게 되며 이때 뒤집기를 한다. 이와 같이 뒤집기를 하여도 퇴비의 온도가 변화하지 않고 외기의 온도와 거의 같은 상태가 되는데 이때는 퇴비화가 꽤 진전된 상태라고 할 수 있다.

② 돈모장력법 : 돈분을 퇴적하여 퇴비화할 때 그중에 함유된 돈모의 장력에 의하여 퇴비부숙도를 판정하는 방법이다.

핵심예제

유기퇴비검사에 대한 설명으로 틀린 것은?
① 관능적 방법은 발효가 끝난 퇴비의 형태, 색깔, 고유한 냄새를 검사하여 판단하는 것이다.
② 화학적 방법은 탄질률 검사법과 pH 검사법이 있다.
③ 생물학적 방법은 주로 부숙이 완료된 사료에 지렁이를 넣어 그 행동을 보고 판단하는 것이다.
④ 물리적 방법은 유해물질에 민감한 어린묘를 부숙이 완료된 시료에 심은 후 유식물을 물리적으로 분석하여 판단하는 것이다.

정답 ④

핵심이론 11 여러 가지 지력배양방법

① 심경(깊이갈이)
  ㉠ 보통 18cm 정도까지 경운하는 것이다.
  ㉡ 양분 보존량이 증대되어 뿌리의 분포범위가 넓어지고 양분 흡수량이 증대되며 토양의 물리성이 개선된다.

② 객토
  ㉠ 양질의 흙을 논밭에 섞는 일로 사질토양의 경우 점토 함량이 높은 흙을 넣어 준다.
  ㉡ 객토를 하면 물 빠짐이 좋아지고, 양분의 보존력이 커짐에 따라 양분 유실도 적어진다.
  ㉢ 논토양의 객토는 점토 함량이 25% 이상인 붉은 산흙이 좋다.
  ㉣ 개량목표 찰흙 함량은 모래논, 질흙논 모두 15%이다.

  • 객토량은 10a당 1cm 높이는 데 12.5ton 소요
  • 객토량(ton/10a) = (목표점토-대상논점토)/(객토원점토-대상논점토)를 구하여 여기에 1.2와 상수 10을 곱해 준다.
  ※ 개량목표갈이 흙 깊이 18cm, 토양의 가비중 1.25

③ 유기물 시용
  ㉠ 토양의 단립구조를 입단구조로 개선하여 물리적 성질을 좋게 한다.
  ㉡ 습답에서는 볏짚보다는 잘 썩은 퇴비를 시용한다.
  ㉢ 습답과 아연결핍지를 제외한 논에는 탈곡 직후 볏짚을 3~4등분하여 10a당 400~500kg 시용한다.

④ 석회 시용 – 토양반응(pH)개량
  ㉠ 토양 pH가 6.5~7.0 정도일 때 식물의 양분흡수력이 가장 왕성하다.
  ㉡ 염해 논은 탄산석회(소석회) 대신 석고를 시용한다.
  ㉢ 시용량은 대략 300kg/10a가 적당하다.

⑤ 규산질비료 시용
  ㉠ 저위생산답인 중점질답, 사력질답, 습답, 특이산성답, 염해답 등에 시용한다.
  ㉡ 논토양에서는 규산 함량이 130ppm 이하일 때 규산의 효과가 인정되는데, 우리나라 논토양은 95%가 130ppm 이하이기 때문에 대부분의 논토양에서 효과가 인정된다.
  ㉢ 규산질비료 시용은 밑거름으로 150~200kg/10a를 경운 전에 전층시비하는 것이 좋다.

⑥ 아연 시용
  ㉠ 석회암지대의 논토양이나 염해 논에서는 pH 7.0 이상으로 아연은 유황 등과 불용성인 황화아연으로 결합하게 된다.
  ㉡ 이앙 후 6월 중하순에 황산아연 3~5kg/10a를 사용한다.

핵심예제

11-1. 유기농업을 목적으로 논에 객토를 할 때 본답 목표 점토 함량은 15%이고, 작토심은 18cm이다. 현재 객토 대상 논의 점토 함량은 10%이고, 객토원은 점토 함량 25%인 산적토를 사용할 때 객토 사용량(ton/10a)은?

① 72ton   ② 82ton
③ 92ton   ④ 102ton

정답 ①

11-2. 일반적으로 토양 pH가 어느 정도일 때 식물의 양분흡수력이 가장 왕성한가?

① 4.5~5.0   ② 6.5~7.0
③ 7.8~8.3   ④ 8.5 이상

정답 ②

핵심이론 12 지력 증진을 위한 녹비작물 재배

① 녹비작물 : 녹색식물의 줄기와 잎을 비료로 사용하는 작물로, 토양비옥도 증진을 위해 일정 기간 재배하여 토양에 투입한다.

② 녹비작물의 종류

　㉠ 화본과 녹비작물 : 호밀, 녹비보리, 풋베기귀리, 수수, 옥수수, 들묵새 등

　㉡ 두과 녹비작물 : 헤어리베치, 자운영, 클로버류, 알팔파, 버즈풋트레포일, 크로탈라리아, 루핀 등

　㉢ 기타 녹비작물 : 파셀리아, 황화초, 유채, 메밀, 해바라기, 코스모스 등

③ 녹비작물의 효과

　㉠ 화학비료 사용량 절감 : 질소비료 생산, 양분 유효화 등 화학비료 대체

　㉡ 합성농약 사용량 절감 : 토양피복 및 천적보호로 잡초 발생 및 해충 억제

　㉢ 지력 보강 : 유기물 공급으로 작물 뿌리환경 개선, 토양 유실 억제

　㉣ 기후 변화 대응 : 대기 정화, 물 절약(토양구조 개선으로 보수력 증대)

　㉤ 경관 조성 및 밀원 제공 : 생태환경 조성

④ 벼 재배에 알맞은 녹비작물

　㉠ 헤어리베치

　　• 토양개량효과와 활용 편의성이 좋고 내한성도 비교적 강해서 자운영 재배가 어려운 중부지방에서도 재배가 가능하다.

　　• 토양피복도가 높아서 잡초의 발생을 크게 경감시킨다.

　　• 질소 함량이 높고 토양에 쉽게 분해되며, 토양에 혼입할 때 농기계에 의한 절단도 쉽다.

　　• 논벼, 밭의 옥수수와 윤작 작부체계가 가능하다.

　　• 파종 적기 : 보통 9월 하순~10월 초순쯤 벼 베기 10여일 전에 종자를 파종한다.

　　• 재배적지 : 양토~사양토가 적당하다.

　　• 10a당 적정 파종량 : 6~9kg

　　• 벼 재배 시에 알맞은 헤어리베치 녹비의 10a당 적정 사용량 : 1,500~2,000kg

　　※ 헤어리베치의 생초 2,000kg에 함유되어 있는 질소량은 12kg

　㉠ 자운영

　　• 자운영은 연화초・황화채로도 불리며 중부 이남지역의 답리작으로 재배가 가능한 작물이다.

　　• 파종은 토양을 종토로 종자와 함께 섞어서 뿌리는 것이 좋다(종토량 : 종자량의 2~3배).

　　• 파종 적기 : 8월 하순~9월 상순 벼가 자라고 있는 논에 파종(입모중)하면 벼를 수확한 후 이듬해 4~5월에 개화한다.

　　• 10a당 적정 파종량 : 3~4kg

　　• 녹비의 사용 : 자운영은 벼 이앙 2주 전에 갈아엎는 것이 좋으며, 이때 석회를 시용하면 부식이 빨라진다(생초 100kg당 석회 5kg).

작물별 3요소(N, P, K) 흡수비율			
작 물	N : P : K 흡수비율	작 물	N : P : K 흡수비율
콩	5 : 1 : 1.5	옥수수	4 : 2 : 3
벼	5 : 2 : 4	고구마	4 : 1.5 : 5
맥 류	5 : 2 : 3	감 자	3 : 1 : 4

핵심예제

12-1. 논과 밭에서 재배하는 녹비작물 중 화본과에 해당하는 것은?

① 호 밀　　　　　　② 클로버
③ 자운영　　　　　④ 알팔파

정답 ①

12-2. 벼 재배 시 헤어리베치와 자운영을 녹비작물로 이용할 경우 10a당 적정 파종량은?

① 헤어리베치 1~2kg, 자운영 3~4kg
② 헤어리베치 3~5kg, 자운영 1~2kg
③ 헤어리베치 6~9kg, 자운영 3~4kg
④ 헤어리베치 6~9kg, 자운영 15~20kg

정답 ③

12-3. 녹비작물로 헤어리베치를 재배하는 경우 헤어리베치의 생초 2,000kg에 함유되어 있는 질소량은 몇 kg인가?(단, 헤어리베치의 수분 함량 85%, 건초의 질소 함량 4%를 기준으로 계산)

① 6　　　　　　　　② 8
③ 10　　　　　　　④ 12

정답 ④

해설

3-3
$\{2,000 - (2,000 \times 0.85)\} \times 0.04 = 12kg$

2-2. 유기농업 허용자재

핵심이론 01 유기농산물 및 유기임산물의 토양 개량과 작물생육을 위해 사용이 가능한 물질

※ 유기농업에서 허용자재의 종류와 특성은 농림축산식품부 소관 친환경농어업 육성 및 유기식품 등의 관리·지원에 관한 법률 시행규칙 [별표 1]에서 규정하고 있다.

사용 가능 물질	사용 가능 조건
• 농장 및 가금류의 퇴구비(堆廐肥) • 퇴비화된 가축 배설물 • 건조된 농장 퇴구비 및 탈수한 가금류의 퇴구비 • 가축분뇨를 발효시킨 액상의 물질	• 국립농산물품질관리원장이 정하여 고시하는 유기농산물 및 유기임산물 인증기준의 재배방법 중 가축분뇨를 원료로 하는 퇴비·액비의 기준에 적합할 것 • 사용 가능 물질 중 가축분뇨를 발효시킨 액상의 물질은 유기축산물 또는 무항생제축산물 인증 농장, 경축순환농법(耕畜循環農法 : 친환경농업을 실천하는 자가 경종과 축산을 겸업하면서 각각의 부산물을 작물재배 및 가축사육에 활용하고, 경종작물의 퇴비소요량에 맞게 가축사육 마릿수를 유지하는 형태의 농법을 말한다) 등 친환경 농법으로 가축을 사육하는 농장 또는 동물보호법에 따른 동물복지축산농장 인증을 받은 농장에서 유래한 것만 사용하고, 비료관리법에 따른 공정규격설정 등의 고시에서 정한 가축분뇨발효액의 기준에 적합할 것
식물 또는 식물 잔류물로 만든 퇴비	충분히 부숙(腐熟)된 것일 것
버섯재배 및 지렁이 양식에서 생긴 퇴비	버섯재배 및 지렁이 양식에 사용되는 자재는 이 표에서 사용 가능한 것으로 규정된 물질만을 사용할 것
지렁이 또는 곤충으로부터 온 부식토	부식토의 생성에 사용되는 지렁이 및 곤충의 먹이는 이 표에서 사용 가능한 것으로 규정된 물질만을 사용할 것
식품 및 섬유공장의 유기적 부산물	합성첨가물이 포함되어 있지 않을 것
유기농장 부산물로 만든 비료	화학물질의 첨가나 화학적 제조공정을 거치지 않을 것
혈분·육분·골분·깃털분 등 도축장과 수산물 가공공장에서 나온 동물 부산물	화학물질의 첨가나 화학적 제조공정을 거치지 않아야 하고, 항생물질이 검출되지 않을 것

사용 가능 물질	사용 가능 조건
대두박, 쌀겨 유박, 깻묵 등 식물성 유박(油粕)류	• 유전자를 변형한 물질이 포함되지 않을 것 • 최종 제품에 화학물질이 남지 않을 것 • 아주까리 및 아주까리 유박을 사용한 자재는 비료관리법에 따른 공정규격설정 등의 고시에서 정한 리친(Ricin)의 유해성분 최대량을 초과하지 않을 것
유기농업에서 유래한 재료를 가공하는 산업의 부산물	합성첨가물이 포함되어 있지 않을 것
오 줌	충분한 발효와 희석을 거쳐 사용할 것
사람의 배설물(오줌만인 경우는 제외한다)	• 완전히 발효되어 부숙된 것일 것 • 고온발효 : 50℃ 이상에서 7일 이상 발효된 것 • 저온발효 : 6개월 이상 발효된 것일 것 • 엽채류 등 농산물·임산물 중 사람이 직접 먹는 부위에는 사용금지
구아노(Guano : 바닷새, 박쥐 등의 배설물)	화학물질 첨가나 화학적 제조공정을 거치지 않을 것
짚, 왕겨, 쌀겨 및 산야초	비료화하여 사용할 경우 화학물질 첨가나 화학적 제조공정을 거치지 않을 것

염화나트륨(소금) 및 해수	• 염화나트륨(소금)은 채굴한 암염 및 천일염(잔류농약이 검출되지 않아야 함)일 것
	• 해수는 다음 조건에 따라 사용할 것
	  – 천연에서 유래할 것
	  – 엽면시비용으로 사용할 것
	  – 토양에 염류가 쌓이지 않도록 필요한 최소량만을 사용할 것

키토산	국립농산물품질관리원장이 정하여 고시하는 품질규격에 적합할 것
미생물 및 미생물 추출물	미생물의 배양과정이 끝난 후에 화학물질의 첨가나 화학적 제조공정을 거치지 않을 것

핵심예제

1-1. 동물성 부산물 중 유기농 허용자재가 아닌 것은?

① 가축 및 모피제품 부산물
② 육골분
③ 혈 분
④ 깃털분

정답 ①

1-2. 친환경관련법상 유기 대두박의 사용 가능 조건에 해당하는 것은?

① 합성첨가물이 포함되어 있지 않을 것
② 충분히 부숙된 것일 것
③ 항생물질이 검출되지 않을 것
④ 유전자를 변형한 물질이 포함되지 않을 것

정답 ④

1-3. 유기농산물 및 유기임산물의 토양개량과 작물생육을 위하여 사용이 가능한 물질 중 사용 가능 조건이 "저온발효 : 6개월 이상 발효된 것일 것"에 해당하는 것은?

① 톱 밥   ② 나뭇재
③ 산야초   ④ 사람의 배설물

정답 ④

유기농산물 및 유기임산물의 병해충 관리를 위해 사용이 가능한 물질

사용 가능 물질	사용 가능 조건
제충국 추출물	제충국(*Chrysanthemum cinerariaefolium*)에서 추출된 천연물질일 것
데리스(Derris) 추출물	데리스(*Derris* spp., *Lonchocarpus* spp. 및 *Tephrosia* spp.)에서 추출된 천연물질일 것
쿠아시아(Quassia) 추출물	쿠아시아(*Quassia amara*)에서 추출된 천연물질일 것
라이아니아(Ryania) 추출물	라이아니아(*Ryania speciosa*)에서 추출된 천연물질일 것
님(Neem) 추출물	님(*Azadirachta indica*)에서 추출된 천연물질일 것
해수 및 천일염	잔류농약이 검출되지 않을 것
젤라틴(Gelatine)	크로뮴(Cr)처리 등 화학적 제조공정을 거치지 않을 것
난황(卵黃, 계란노른자 포함)	화학물질의 첨가나 화학적 제조공정을 거치지 않을 것
식초 등 천연산	화학물질의 첨가나 화학적 제조공정을 거치지 않을 것
누룩곰팡이속(*Aspergillus* spp.)의 발효 생산물	미생물의 배양과정이 끝난 후에 화학물질의 첨가나 화학적 제조공정을 거치지 않을 것
목초액	산업표준화법에 따른 한국산업표준의 목초액 기준에 적합할 것
담배잎차(순수 니코틴은 제외)	물로 추출한 것일 것
키토산	국립농산물품질관리원장이 정하여 고시하는 품질규격에 적합할 것
밀랍(Beeswax) 및 프로폴리스(Propolis)	–
동식물성 오일	천연유화제로 제조할 경우에만 수산화칼륨을 동물성·식물성 오일 사용량 이하로 최소화하여 사용할 것. 이 경우 인증품 생산계획서에 기록·관리하고 사용해야 한다.
해조류·해조류가루·해조류추출액	–
인지질(Lecithin)	–
카세인(유단백질)	–
버섯 추출액	–
클로렐라(담수녹조) 및 그 추출물	클로렐라 배양과정이 끝난 후에 화학물질의 첨가나 화학적 제조공정을 거치지 않을 것

사용 가능 물질	사용 가능 조건
천연식물(약초 등)에서 추출한 제재(담배는 제외)	
식물성 퇴비발효 추출액	• 제1호가목1)에서 정한 허용물질 중 식물성 원료를 충분히 부숙시킨 퇴비로 제조할 것 • 물로만 추출할 것
• 구리염 • 보르도액 • 수산화동 • 산염화동 • 부르고뉴액	토양에 구리가 축적되지 않도록 필요한 최소량만을 사용할 것
생석회(산화칼슘) 및 소석회(수산화칼슘)	토양에 직접 살포하지 않을 것
석회보르도액 및 석회유황합제	
에틸렌	키위, 바나나와 감의 숙성을 위해 사용할 것
규산염 및 벤토나이트	천연에서 유래하고 이를 단순 물리적으로 가공한 것만 사용할 것
규산나트륨	천연규사와 탄산나트륨을 이용하여 제조한 것일 것
규조토	천연에서 유래하고 단순 물리적으로 가공한 것일 것
맥반석 등 광물질 가루	• 천연에서 유래하고 단순 물리적으로 가공한 것일 것 • 사람의 건강 또는 농업환경에 위해요소로 작용하는 광물질(예 석면광 및 수은광 등)은 사용하지 않을 것
인산철	달팽이 관리용으로만 사용할 것
파라핀 오일	
중탄산나트륨 및 중탄산칼륨	
과망간산칼륨	과수의 병해관리용으로만 사용할 것
황	액상화할 경우에만 수산화나트륨을 황 사용량 이하로 최소화하여 사용할 것 이 경우 인증품 생산계획서에 기록·관리하고 사용해야 한다.
미생물 및 미생물 추출물	미생물의 배양과정이 끝난 후에 화학물질의 첨가나 화학적 제조공정을 거치지 않을 것
천 적	생태계 교란종이 아닐 것
성 유인물질(페로몬)	• 작물에 직접 처리하지 않고 덫에만 사용할 것 • 덫에만 사용할 것

사용 가능 물질	사용 가능 조건
메타알데하이드	• 별도 용기에 담아서 사용할 것 • 토양이나 작물에 직접 처리하지 않을 것 • 덫에만 사용할 것
이산화탄소 및 질소가스	과실 창고의 대기농도 조정용으로만 사용할 것
비누(Potassium Soaps)	–
에틸알코올	발효주정일 것
허브식물 및 기피식물	생태계 교란종이 아닐 것
기계유	• 과수농가의 월동 해충 제거용으로만 사용할 것 • 수확기 과실에 직접 사용하지 않을 것
웅성불임곤충	–

[핵심예제]

2-1. 병해충 관리를 위하여 사용이 가능한 물질 중 사용 가능 조건이 국립농산물품질관리원장이 정하여 고시한 품질규격에 적합해야 하는 것은?

① 제충국
② 담배잎차
③ 키토산
④ 누룩곰팡이

정답 ③

2-2. 유기농산물 및 유기임산물의 병해충 관리를 위하여 사용이 가능한 물질 중 사용가능 조건이 "토양에 직접 살포하지 않을 것"에 해당하는 것은?

① 보르도액
② 생석회(산화칼슘)
③ 수산화동
④ 산염화동

정답 ②

핵심이론 03 생물농약의 성분 및 특성

① 님(Neem)
  ㉠ 주요성분은 Azadiractin으로 여러 나방류, 삽주 벌레류, 파리류 등을 제어할 수 있다.
  ㉡ 종자와 잎은 기름과 추출액을 만드는 데 이용되며, 해충제의 역할을 한다.

② 피에트린(Pyrethrin)
  ㉠ 국화과의 식물로 꽃이 피기 위해서는 서늘한 온대기후가 알맞기 때문에 열대지방에서는 산간지역에 재배하여 건조한 꽃에서 추출하여 살충제로 사용하는 물질
  ㉡ 숙근초인 제충국의 꽃(자방부)에 주로 함유되어 있는 피에트린을 이용한 것

③ 로테논(Rotenone, Rotenoids, Derris제)
  ㉠ 콩과식물의 뿌리에서 분리한 살충성분, 열대지방 원주민이 이 독으로 사냥을 하였다.
  ㉡ *Derris* 속 이외의 *Lonchocarpus* 속, *Tephrosia* 속, *Mundulea* 속 등의 콩과식물에서 다수의 유연체가 분리된다.

④ 기계유 유제
  ㉠ 기계유를 비누로 유화시킨 것이다.
  ㉡ 값이 싸고 독이 없어 과수의 깍지벌레·응애류 등의 방제에 많이 이용되고 있다.

⑤ 유기농업 과수재배에 사용하는 석회유황합제 제조에 이용되는 원료 : 생석회, 유황

핵심예제

3-1. 유기농업 과수재배에 사용하는 석회유황합제 제조에 이용되는 원료 2가지는?
① 생석회, 황산구리
② 패화석, 황산아연
③ 생석회, 유황
④ 규조토, 유황

정답 ③

3-2. 유기농업 허용자재 중에서 병해충의 방제효과가 가장 낮은 것은?
① 제충국
② 데리스
③ 페로몬
④ 목 탄

정답 ④

해설

3-2
목탄(나무 숯 및 재)은 토양관리용 자재로 활용이 가능하다.

핵심이론 04 유기축산 사료의 조성 및 종류에서 유기배합 제조용 보조사료

사료의 품질저하 방지 또는 사료의 효용을 높이기 위해 사료에 첨가하여 사용 가능한 물질

구 분	사용 가능 물질	사용 가능 조건
천연 결착제	–	• 천연의 것이거나 천연에서 유래한 것일 것 • 합성농약 성분 또는 동물용 의약품 성분을 함유하지 않을 것 • 유전자변형생물체의 국가 간 이동 등에 관한 법률에 따른 유전자변형생물체(이하 '유전자변형생물체') 및 유전자변형생물체에서 유래한 물질을 함유하지 않을 것
천연 유화제	–	
천연 보존제	산미제, 항응고제, 항산화제, 항곰팡이제	
효소제	당분해효소, 지방분해효소, 인분해효소, 단백질분해효소	
미생물제제	유익균, 유익곰팡이, 유익효모, 박테리오파지	
천연 향미제	–	
천연 착색제	–	
천연 추출제	초목 추출물, 종자 추출물, 세포벽 추출물, 동물추출물, 그 밖의 추출물	
올리고당		
규산염제		• 천연의 것일 것 • 천연의 것에 해당하는 물질을 상업적으로 조달할 수 없는 경우에는 화학적으로 충분히 정제된 유사 물질 사용 가능 • 합성농약 성분 또는 동물용 의약품 성분을 함유하지 않을 것 • 유전자변형생물체 및 유전자변형생물체에서 유래한 물질을 함유하지 않을 것
아미노산제	아민초산, DL-알라닌, 염산 L-라이신, 황산 L-라이신, L-글루타민산나트륨, 2-다이아미노-2-하이드록시메티오닌, DL-트립토판, L-트립토판, DL메티오닌 및 L-트레오닌과 그 혼합물	
비타민제 (프로비타민 포함)	비타민 A, 프로비타민 A, 비타민 B₁, 비타민 B₂, 비타민 B₆, 비타민 B₁₂, 비타민 C, 비타민 D, 비타민 D₂, 비타민 D₃, 비타민 E, 비타민 K, 판토텐산, 이노시톨, 콜린, 나이아신, 바이오틴, 엽산과 그 유사체 및 혼합물	
완충제	산화마그네슘, 탄산나트륨(소다회), 중조(탄산수소나트륨·중탄산나트륨)	

비고 : 이 표의 사용 가능 물질의 구체적인 범위는 사료관리법에 따라 농림축산식품부장관이 정하여 고시하는 보조사료의 범위에 따른다.

4-1. 유기축산 사료의 조성 및 종류에서 유기배합제조용 보조사료가 아닌 것은?

① 아밀레이스　　② 대두 올리고당
③ 비타민 A　　④ 유 황

정답 ④

4-2. 친환경관련법상 유기배합사료 제조용 보조사료 중 천연보존제에 해당하는 것은?

① 산미제　　② 프로테아제
③ 항응고제　　④ 항산화제

정답 ②

4-3. 유기배합사료 제조용 물질 중 보조사료 비타민제(프로비타민제 포함)에 해당하지 않는 것은?

① 이노시톨　　② 나이아신
③ L-트립토판　　④ 바이오틴

정답 ③

핵심이론 05 유기가공식품 중 식품첨가물 또는 가공보조제로 사용 가능한 물질

명칭(한)	식품첨가물로 사용 시		가공보조제로 사용 시	
	사용 가능 여부	사용 가능 범위	사용 가능 여부	사용 가능 범위
과산화수소	×	–	○	식품 표면의 세척·소독제
구아검	○	제한 없음	×	–
구연산	○	제한 없음	○	제한 없음
구연산 삼나트륨	○	소시지, 난백의 저온살균, 유제품, 과립음료	×	–
구연산칼륨	○	제한 없음	×	–
구연산칼슘	○	제한 없음	×	–
규조토	×	–	○	여과보조제
글리세린	○	사용 가능 용도 제한 없음(다만, 가수분해로 얻어진 식물 유래의 글리세린만 사용 가능)	×	–
퀼라야 추출물	×	–	○	설탕 가공
레시틴	○	사용 가능 용도 제한 없음(다만, 표백제 및 유기용매를 사용하지 않고 얻은 레시틴만 사용 가능)	×	–
로커스트 콩검	○	식물성 제품, 유제품, 육제품	×	–
무수아황산	○	과일주	×	–
밀 랍	×	–	○	이형제
백도토	×	–	○	청징(Clarification) 또는 여과보조제
벤토나이트	×	–	○	청징(Clarification) 또는 여과보조제
비타민 C	○	제한 없음	×	–
DL-사과산	○	제한 없음	×	–
산 소	○	제한 없음	○	제한 없음
산탄검	○	지방제품, 과일 및 채소제품, 케이크, 과자, 샐러드류	×	–

명칭(한)	식품첨가물로 사용 시		가공보조제로 사용 시		명칭(한)	식품첨가물로 사용 시		가공보조제로 사용 시	
	사용 가능 여부	사용 가능 범위	사용 가능 여부	사용 가능 범위		사용 가능 여부	사용 가능 범위	사용 가능 여부	사용 가능 범위
수산화나트륨	○	곡류제품	○	설탕 가공 중의 산도 조절제, 유지 가공	제이인산칼륨	○	커피 화이트너	×	
수산화칼륨	×	–	○	설탕 및 분리대두단백 가공 중의 산도조절제	조제해수 염화마그네슘	○	두류제품	○	응고제
수산화칼슘	○	토르티야	○	산도조절제	젤라틴	×	–	○	포도주, 과일 및 채소 가공
아라비아검	○	식물성 제품, 유제품, 지방제품	×	–	젤란검	○	과립음료	×	–
알긴산	○	제한 없음	×	–	L−주석산	○	포도주	○	포도주 가공
알긴산나트륨	○	제한 없음	×	–	L−주석산 나트륨	○	케이크, 과자	○	제한 없음
알긴산칼륨	○	제한 없음	×	–	L−주석산 수소칼륨	○	곡물제품, 케이크, 과자	○	제한 없음
염화마그네슘	○	두류제품	○	응고제	주정 (발효주정)	×	–	○	제한 없음
염화칼륨	○	과일 및 채소제품, 비유화 소스류, 겨자제품	×	–	질 소	○	제한 없음	○	제한 없음
					카나우바왁스	×	–	○	이형제
염화칼슘	○	과일 및 채소제품, 두류제품, 지방제품, 유제품, 육제품	○	응고제	카라기난	○	식물성 제품, 유제품	×	–
					카라야검	○	제한 없음	×	–
					카세인	×	–	○	포도주 가공
					타닌산	×	–	○	여과보조제
오존수	×	–	○	식품 표면의 세척·소독제	탄산나트륨	○	케이크, 과자	○	설탕 가공 및 유제품의 중화제
이산화규소	○	허브, 향신료, 양념류 및 조미료	○	겔 또는 콜로이드 용액제	탄산수소 나트륨	○	케이크, 과자, 액상 차류	×	–
이산화염소(수)	×	–	○	식품 표면의 세척·소독제	세스퀴탄산 나트륨	○	케이크, 과자	×	–
차아염소산수	×	–	○	식품 표면의 세척·소독제	탄산마그네슘	○	제한 없음	×	–
이산화탄소	○	제한 없음	○	제한 없음	탄산암모늄	○	곡류제품, 케이크, 과자	×	–
인산나트륨	○	가공치즈	×	–	탄산수소 암모늄	○	곡류제품, 케이크, 과자	×	–
젖 산	○	발효채소제품, 유제품, 식용케이싱	○	유제품의 응고제 및 치즈 가공 중 염수의 산도 조절제	탄산칼륨	○	곡류제품, 케이크, 과자	○	포도 건조
					탄산칼슘	○	식물성 제품, 유제품(착색료로 는 사용하지 말 것)	○	제한 없음
젖산칼슘	○	과립음료	×	–	d−토코페롤 (혼합형)	○	유지류(산화방 지제로만 사용 할 것)	×	–
제일인산칼슘	○	밀가루	×	–					

명칭(한)	식품첨가물로 사용 시		가공보조제로 사용 시	
	사용 가능 여부	사용 가능 범위	사용 가능 여부	사용 가능 범위
트라가칸스검	○	제한 없음	×	–
펄라이트	×	–	○	여과보조제
펙틴	○	식물성 제품, 유제품	×	–
활성탄	×	–	○	여과보조제
황산	×	–	○	설탕 가공 중의 산도조절제
황산칼슘	○	케이크, 과자, 두류제품, 효모제품	○	응고제

[핵심예제]

5-1. 유기가공식품에서 식품첨가물 또는 가공보조제로 사용이 가능한 물질 중 가공보조제로 사용 시 허용범위가 "포도의 건조"에 해당하는 것은?

① 탄산칼륨
② 염화칼슘
③ 염화마그네슘
④ 과산화수소

정답 ①

5-2. 식품첨가물 또는 가공보조제로 사용이 가능한 물질에서 식품첨가물로 사용 시 허용범위가 소시지, 난백의 저온살균, 유제품, 과립음료에 해당하는 것은?

① 구연산삼나트륨
② 무수아황산
③ 산탄검
④ 염화마그네슘

정답 ①

핵심이론 06 무농약농산물 · 무농약원료가공식품 등에 사용가능한 물질

① 무농약농산물 : 병해충 관리에는 사용 가능한 물질만을 사용할 수 있다.
② 무농약원료가공식품 : 유기가공식품에 사용 가능한 물질만을 사용할 수 있다.
③ 유기농업자재 제조 시 보조제로 사용가능한 물질

사용가능 물질	사용가능 조건
미국환경보호국(EPA)에서 정한 농약제품에 허가된 불활성 성분 목록(Inert Ingredients List) 3 또는 4에 해당하는 보조제	• 병해충 관리를 위해 사용 가능한 물질을 화학적으로 변화시키지 않으면서 단순히 산도(pH) 조정 등을 위해 첨가하는 것으로만 사용할 것 • 유기농업자재를 생산 또는 수입하여 판매하는 자는 물을 제외한 보조제가 주원료의 투입비율을 초과하지 않았다는 것을 유기농업자재 생산계획서에 기록 · 관리하고 사용할 것 • 유기식품 등을 생산, 제조 · 가공 또는 취급하는 자가 유기농업자재를 제조하는 경우에는 물을 제외한 보조제가 주원료의 투입비율을 초과하지 않았다는 것을 인증품 생산계획서에 기록 · 관리하고 사용할 것

제3절 품종과 육종

3-1. 품 종

핵심이론 01 품종의 개념

① 품 종
- ㉠ 품종은 작물의 기본단위이면서 재배적 단위이다.
- ㉡ 특성이 균일한 농산물을 생산하는 집단(개체군)이다.
- ㉢ 각 품종마다 고유한 이름을 갖는다.
- ㉣ 재배적 특성이 우수한 품종을 우량품종이라 한다.
- ㉤ 작물의 품종은 내력이나 재배·이용 또는 형질의 특성 등에 따라 여러 그룹으로 나뉜다.

② 계 통
- ㉠ 한 품종 내의 유전형질이 서로 같은 집단이다.
- ㉡ 자연교잡 등에 의해 품종 내 유전적 변화가 일어나 변이체가 발생되고 이 변이체가 증식된 것이다.
- ㉢ 순계란 계통 중에서 유전적으로 순수한 계통이다.
- ※ 영양계란 삽목, 접목 등 무성생식에 의해 단일 개체에서 유래된 유전적으로 동일한 집단이다.

③ 변 이
- ㉠ 같은 종의 생물 개체에서 나타나는 서로 다른 특성을 말한다.
- ㉡ 연속변이하는 형질을 양적 형질(길이, 넓이, 무게 등의 수량)이라 한다.
- ㉢ 불연속변이하는 형질을 질적 형질(맛, 향기, 색깔 등 외형 구별이 뚜렷함)이라 한다.
- ㉣ 나타난 개체군이 확실하게 몇 개의 그룹으로 나뉘는 변이는 불연속변이의 특성이다.

[핵심예제]

작물의 품종에 대한 설명 중 틀린 것은?
① 품종은 작물의 기본단위이면서 재배적 단위로서 특성이 균일한 농산물을 생산하는 집단(개체군)이다.
② 각 품종마다 고유한 이름을 갖지 않는다.
③ 품종 중에 재배적 특성이 우수한 것을 우량품종이라 한다.
④ 작물의 품종은 내력이나 재배·이용 또는 형질의 특성 등에 여러 그룹으로 나뉜다.

정답 ②

핵심이론 02 품종의 분류

① 품종의 분류
- ㉠ 특성에 따른 분류

숙 기	조생종·중생종·만생종
간 장	장간종·단간종
저항성	내병성·내충성·내도복성·내동성·내건성·내한성 등

- ㉡ 이용성에 따른 분류

보 리	주식용 보리·맥주용 보리
고구마	식용·사료용·공업용 품종

- ㉢ 육성내력에 따른 분류

재래품종	무등산수박·서울능금·먹골배
육성품종	교잡육종·분리육종·집단선발·일대잡종
도입품종	외국으로부터 도입된 품종

- ㉣ 작부체계에 따른 분류

벼	조기재배용 품종·조식재배용 품종·만식재배용 품종
보 리	춘파품종·추파품종

② 우량품종의 조건
- ㉠ 우수성 : 품종이 가진 양적, 질적 형질이 일반품종에 비해 우수해야 한다.
- ㉡ 균일성 : 품종의 고유 특성이 고르게 발현되어야 한다.
- ㉢ 영속성 : 우수한 특성과 균일성이 당대에 그치지 않고 영속적으로 이어져야 우량품종이라 할 수 있다.
- ※ 품종보호의 구비요건(식물신품종보호법) : 신규성, 구별성, 균일성, 안정성, 품종 명칭

[핵심예제]

우량품종의 3대 구비조건으로 옳은 것은?
① 유전성, 적응성, 내병성
② 균일성, 우수성, 영속성
③ 다수성, 내비성, 유전성
④ 우수성, 지역성, 유전성

정답 ②

핵심이론 03 | 저항성 품종의 이해

① 저항성 품종의 개발 효과
  ㉠ 재배의 안전성 향상
  ㉡ 무농약 재배 가능
  ㉢ 수량성 증대
  ㉣ 생산비 절감

② 저항성 품종
  ㉠ 병충해 저항성이 높은 품종
  ㉡ 잡초 경합력이 높은 품종
  ㉢ 유기농업으로 재배되어 채종된 품종
  ㉣ 고품질 생산품종

> 벼가 병충해에 저항성을 가질 수 있도록 건실하게 자라는 데
> 가장 유리한 조건 : 광합성량을 크게 하기보다 순생산량이 커
> 지도록 하는 것이 좋다.

③ 유기종자의 조건
  ㉠ 병충해 저항성이 높은 종자
  ㉡ 1년간 유기농법으로 재배한 작물에서 채종한 종자
  ㉢ 화학적 소독을 거치지 않은 종자
  ㉣ 상업용 종자가 아닌 것
  ㉤ 건실하고, 오염되지 않은 고품질의 유기종자
  ㉥ 유기농산물 인증기준에 맞게 생산 및 관리된 종자
  ㉦ 잡초 경합력이 높은 품종

핵심예제

3-1. 유기농업에서 저항성 품종을 지배하는 것은 가장 중요한 결정사항 중의 하나이다. 저항성 품종으로 가장 적절치 못한 것은?

① 병충해 저항성이 높은 품종
② 잡초 경합력이 높은 품종
③ 유기농업으로 재배되어 채종된 품종
④ 종자의 화학적인 소독처리를 거친 품종

정답 ④

3-2. 유기종자의 구비조건과 가장 거리가 먼 것은?

① 고수량성 종자
② 병해충 저항성이 강한 종자
③ 화학적 소독을 거치지 않은 종자
④ 적어도 1세대를 유기농법적으로 재배한 작물로부터 채종된 종자

정답 ①

핵심이론 04 | 품종의 유지

① 퇴화의 원인
  ㉠ 유전적 퇴화 : 자연교잡, 돌연변이, 이형유전자형의 분리로 퇴화
  ㉡ 생리적 퇴화 : 기후, 토양, 재배환경 등에 따라 퇴화
  ㉢ 병리적 퇴화 : 종자 전염성 병해, 바이러스 등에 의한 퇴화(씨감자)

② 품종의 유지
  ㉠ 선발에 의한 유지
    • 개체집단선발 : 유망품종을 집단으로 개발·재배하여 이형주를 제거하고 고유품종의 특성을 지닌 개체만을 선발하여 집단 채종한다.
    • 계통집단선발 : 개체선발된 종자를 집단재배하여 선발한다.
    • 격리재배 : 타식성이 높은 작물은 자연교잡에 의해 고유품종의 특성을 잃고 잡종이 될 수 있으므로 격리재배한다.
  ㉡ 종자갱신
    • 종자의 퇴화를 방지하기 위해 일정기간 재배 후 정부 보급종자를 새로 구입하여 재배한다.
    • 품종의 퇴화를 방지하는 동시에 특성을 유지하는 방법이다.
  ㉢ 영양번식 : 유전적 퇴화를 막을 수 있다.

3-2. 육종

육종의 개요 및 목표

① 육종(植物育種, Plant Breeding)
  ㉠ 야생 혹은 재배하고 있는 식물을 개량하여 종전보다 실용 가치가 더 높은 품종을 육성·증식·보급하는 농업기술을 식물육종이라 한다.
  ㉡ 식물육종기술에 관한 이론이나 실제적 방법을 과학적으로 연구하여 체계를 세운 것이 식물육종학이다.
② 농업에 있어서 육종의 역할
  ㉠ 작물의 수량은 재배작물의 유전성, 재배환경 및 재배기술의 3가지 요소에 의해 결정된다. 이것을 수량의 3각형이라고 하며, 3가지 요인이 균형 있게 크면 수량이 최대에 달한다.
  ㉡ 육종은 수량 3각형의 한 변을 차지하는 작물의 유전성을 개량하는 것이다.
③ 작물육종의 목표
  ㉠ 품질을 향상시키고 내병충 및 내재해성 등을 높여 수량을 증대하고 경영의 합리화를 이루어 내는 데 목표가 있다.
  ㉡ 식량작물이나 채소 및 과수의 경우 일차적인 목표는 수량과 품질이고, 이에 더하여 조만성, 내병충성, 기계화적응성 등이 있다.
④ 육종의 효과
  ㉠ 새로운 품종 출현
  ㉡ 우수한 품질의 생산
  ㉢ 경영의 합리화(재배기간의 단축, 품종의 조·만성을 개선하여 생력재배, 경지이용률 확대로 경영의 합리화)
  ㉣ 경제적 효과(단위면적당 수량 증대, 소득 증대)

핵심예제

육종의 목표가 아닌 것은?
① 생산성의 증대
② 고품질의 생산
③ 경영의 합리화
④ 기존종의 유지

정답 ④

해설
일반적인 재배식물의 육종목표
• 생산성의 증대
• 고품질의 생산
• 생산의 안정화
• 경영의 합리화
• 새로운 종의 창성

핵심예제

4-1. 품종의 퇴화원인이 아닌 것은?
① 자연교잡
② 돌연변이
③ 영양번식
④ 새로운 유전자형의 분리

정답 ③

4-2. 품종의 퇴화를 방지하는 동시에 특성을 유지하는 방법으로 가장 거리가 먼 것은?
① 자연교잡
② 영양번식
③ 격리재배
④ 종자갱신

정답 ①

해설
4-1
자연교잡, 병해 발생, 돌연변이, 새로운 유전자형의 분리 등에 의해 품종이 가지고 있는 고유특성을 잃어버리는 경우를 퇴화라 한다.
4-2
품종의 특성 유지방법

영양번식	영양번식은 유전적 퇴화를 막을 수 있다.
격리재배	격리재배로 자연교잡이 억제된다.
저온저장	종자는 건조·밀폐·냉장 보관해야 퇴화를 억제할 수 있다.
종자갱신	퇴화를 방지하면서 채종한 새로운 종자를 농가에 보급한다.

핵심이론 02 작물육종 방법(1)

① 자식성 작물 : 개체선발(벼, 보리, 밀 콩)
  ㉠ 순계선발 : 교배육종(조합육종과 초월육종)
  ㉡ 교배육종 : 계통육종, 집단육종, 파생계통육종, 1개체 1계통
  ㉢ 여교잡육종 : 우량품종에 한두 가지 결점이 있을 때 이를 보완하는 데 효과적인 육종방법
② 타식성 작물 : 자식약세, 잡종강세
  ㉠ 집단선발 : 순계선발을 하지 않고, 집단선발이나 계통집단선발하여 잡종강세 유지
  ㉡ 순환선발
    • 단순순환선발(일반조합능력 개량)
    • 상호순환선발(일반조합능력검정과 특정조합능력을 함께 개량)
  ㉢ 합성품종 : 우량한 5~6개의 자식계통을 다계교배
  ㉣ 1대 잡종육종 : 잡종강세가 큰 교배조합의 1대 잡종
③ 기타 : 배수성 육종(비멘델식 육종), 돌연변이 육종(비멘델식 육종), 형질전환 육종 등

용어 정리
• 자웅이주 : 암꽃과 수꽃이 따로따로인 식물(시금치, 삼, 호프, 아스파라거스)
• 자가불화합성 : 한 꽃에 암수를 모두 가지고 있으나 종자를 형성할 수 없는 작물로 주로 타가수분이 이루어지며, 자화수정은 5% 이하임(호밀, 무, 순무, 배추, 양배추, 브로콜리, 메밀)
• 웅성불임성 : 암술은 정상이지만, 수술이 불완전하여 불임이 되는 현상(벼, 보리, 옥수수, 아마, 사탕무, 고추, 양파, 당근, 상추 등)
• 웅예선숙 : 수술이 먼저 성숙(옥수수, 딸기, 양파, 마늘)

[핵심예제]

2-1. 유기농업용 종자의 육종법으로 적당하지 않은 것은?

① 1대 잡종육종
② 생물공학적 육종
③ 영양계선발
④ 순환선발

정답 ②

2-2. 타식성 작물 중 자웅이주에 해당되는 작물은?

① 옥수수
② 오 이
③ 시금치
④ 고구마

정답 ③

핵심이론 03 작물육종 방법(2)

① 순환선발
  ㉠ 단순순환선발
    • 기본집단에서 선발한 우량개체를 자가수분하고, 동시에 검정친과 교배한다.
    • 기본집단에서 표현형에 의하여 개체를 선발하고 선발된 개체끼리 자연교배나 인공교배되도록 하여 종자를 생산하고 생산된 종자를 자가수분하고 다시 검정친과 교배한다.
    • 일반조합능력을 개량하는 데 효과적이다.
    • 3년 주기로 반복하여 실시한다.
  ㉡ 상호순환선발
    • 두 집단 A, B를 동시에 개량하는 방법으로, 3년 주기로 반복한다.
    • 집단 A의 개량에는 집단 B를 검정친으로 사용하고, 집단 B의 개량에는 집단 A를 검정친으로 사용한다.
    • 두 집단에 서로 다른 대립유전자가 많으면 효과적이고, 일반조합능력과 특수조합능력을 함께 개량할 수 있다.
② 합성품종
  ㉠ 여러 개의 우량계통을 격리포장에서 자연수분 또는 인공수분으로 다계교배시켜 육성한 품종을 말한다.
  ㉡ 잡종강세육종에서 여러 자식계통의 모든 조합의 인위적 교잡에 의해서 합성되며, 이후에는 자연수분종자에 의해서 유지되는 품종이다.
  ㉢ 합성품종으로 육종하는 대표적인 작물 : 목초
  ※ 계통분리법 : 기본 집단에서 개체별이 아니라 처음부터 집단을 대상으로 계속 선발하여 우수한 계통을 분리하는 육종방법

[핵심예제]

다음에서 설명하는 것은?

> 두 집단 A, B를 동시에 개량하는 방법이며, 3년 주기로 반복한다. 집단 A의 개량에는 집단 B를 검정친으로 사용하고, 집단 B의 개량에는 집단 A를 검정친으로 사용한다.

① 합성품종
② 상호순환선발
③ 계통집단선발
④ 여교배육종

정답 ②

핵심이론 **04** 교잡육종법

※ 교잡(배)육종 : 계통육종, 집단육종, 파생계통육종, 여교잡육종, 1개체 1계통

① 교잡(배)육종의 개념

   ㉠ 유전적 조성이 서로 다른 품종을 교잡시켜서 유전형질이 다른 새로운 작물개체를 만드는 식물육종법

   ㉡ 품종육종에 가장 많이 활용되는 육종법이다.

   ㉢ 우수한 양친을 구해 양친을 교잡하여 우수한 형질을 얻는다.

   ㉣ 교잡방법은 단교잡, 양교잡, 여교잡 등이 있다.

② 계통육종

   ㉠ 계통육종은 F_2세대부터 선발을 시작한다.

   ㉡ 계통육종은 육종재료의 관리와 선발에 많은 시간·노력·경비가 든다.

   ※ 계통분리법 : 기본 집단에서 개체별이 아니라 처음부터 집단을 대상으로 계속 선발하여 우수한 계통을 분리하는 육종방법

③ 집단육종법

   ㉠ F_2에서 F_6 또는 F_7까지 대부분의 개체가 고정될 때까지는 선발을 하지 않고 자연도태하며 개체가 유전적으로 고정되었을 때 계통육종법과 같은 방법으로 선발하는 종자육종법이다.

   ㉡ 집단육종은 잡종 초기 세대에 집단재배하기 때문에 유용 유전자를 상실할 염려가 작다.

④ 1개체 1계통 육종

   ㉠ F_2~F_4세대에는 매 세대 모든 개체로부터 1립씩 채종하여 집단재배를 하고, F_4 각 개체별로 F_5 계통재배를 하는 것이다.

   ㉡ F_5 각 계통은 F_2 각 개체로부터 유래한 것이다.

④ 여교잡육종법

   ㉠ 어떤 품종이 소수의 유전자가 관여하는 우량형질을 가졌을 때 이것을 다른 우량품종에 도입하고자 할 경우에 적용되는 방법이다.

   ㉡ 몇 개의 품종에 분산되어 있는 각종 형질을 전부 가지는 신품종을 육성하고자 할 경우에 적용되는 방법이다.

   ㉢ 우량품종에 한두 가지 결점이 있을 때 이를 보완하는 데 효과적인 육종방법이다.

   ㉣ 양친 A와 B를 교배한 F_1을 양친 중 어느 하나와 다시 교배하는 방법이다.

   ※ (A×B)×B 또는 (A×B)×A의 형식이다.

   ㉤ 성공하기 위해서는 만족할 만한 반복친이 있어야 한다.

   ㉥ 여러 번 여교배한 후에 반복친의 특성을 충분히 회복해야한다.

핵심예제

4-1. 기본 집단에서 개체별이 아니라 처음부터 집단을 대상으로 선발을 계속하여 우수한 계통을 분리하는 육종방법은?

① 순계분리법   ② 교잡육종법
③ 계통분리법   ④ 집단육종법

정답 ③

4-2. F_2에서 F_6 또는 F_7까지 대부분의 개체가 고정될 때까지는 선발을 하지 않고 자연도태하며, 개체가 유전적으로 고정되었을 때 계통육종법과 같은 방법으로 선발하는 종자육종법은?

① 순계분리법   ② 교잡육종법
③ 집단육종법   ④ 여교배육종법

정답 ③

4-3. 식물육종법인 계통육종과 집단육종의 설명으로 틀린 것은?

① 계통육종은 F_2세대로부터 선발을 시작한다.
② 집단육종은 잡종 초기 세대에 집단재배하기 때문에 유용 유전자를 상실할 염려가 작다.
③ 계통육종은 육종재료의 관리와 선발에 많은 시간·노력·경비가 든다.
④ 집단육종은 잡종 초기 세대에 선발 노력이 필요하며, 집단재배기간 동안 육종 규모를 줄이기 어렵다.

정답 ④

핵심이론 05 | 잡종강세육종법

① 잡종강세의 개념
- ㉠ 양친보다 우수한 1대 잡종(F_1)을 만들어 내는 방법이다.
- ㉡ F_1 자체를 품종으로 이용하는 방법이다.
- ㉢ 다른 계통으로 교잡을 시키면 우수한 형질이 나타난다.
- ㉣ 잡종강세 식물은 불량한 환경에 저항력이 강한 경향이 있다.
- ㉤ 잡종강세 식물은 생장발육이 왕성하다.
- ㉥ 가축의 품종 간 교배는 잡종강세효과가 가장 많이 나타난다.
- ㉦ 잡종강세육종에는 자가불화합성(무, 배추), 웅성불임(고추, 양파), 인공교배(토마토, 수박)방법 등이 이용되고 있다.

② 잡종강세를 이용하기 위한 구비조건
- ㉠ 1회 교잡으로 많은 종자의 생산이 가능할 것
- ㉡ 교잡과정이 간편할 것
- ㉢ 단위면적당 종자소요량이 적을 것
- ㉣ F_1을 재배하는 이익이 F_1을 생산하는 경비보다 클 것

③ 잡종강세육종의 장단점
- ㉠ 장점 : 강건성, 균일성, 다수성, 내병성 등
- ㉡ 단점 : F_1에서 자가채종한 종자(F_2)를 재배하면 변이가 심하여 품질이 균일하지 못하다.

[잡종강세육종법 이용작물]

구 분	이용작물
인공교배 이용	토마토, 가지, 오이, 수박 등
자가불화합성	무, 배추, 양배추 등
웅성불임작물	고추, 당근, 양파 등
자웅이화작물	오이, 참외, 옥수수 등
자웅이주작물	시금치 등

④ 잡종강세육종법의 종류
- ㉠ 단교잡법
  - 우수한 양친의 형질을 교잡(A×B)
  - 관여하는 계통이 2개이므로 우량한 조합의 선정이 용이하다.
  - 잡종강세현상이 뚜렷하다.
  - 종자 생산량이 적고 발아력이 떨어진다.
  - F_1 종자의 생산량이 적다.
- ㉡ 복교잡법 : 단교잡에 비해 종자 생산량은 많으나, 품질의 균일도가 떨어지는 단점이 있다. (A×B)×(C×D)

5-1. 잡종강세에 대한 설명으로 틀린 것은?

① 잡종강세는 F_3세대에서 가장 크게 발현된다.
② 다른 계통으로 교잡을 시키면 우수한 형질이 나타난다.
③ 잡종강세 식물은 불량한 환경에 저항력이 강한 경향이 있다.
④ 잡종강세 식물은 생장발육이 왕성하다.

정답 ①

5-2. 잡종강세를 이용한 F_1 종자가 보급되기 위해 갖추어야 할 조건이 아닌 것은?

① 1회 교잡으로 많은 종자가 생산 가능할 것
② 교잡과정이 간편할 것
③ 단위면적당 재배에 요하는 종자량이 많을 것
④ F_1을 재배하는 이익이 F_1을 생산하는 경비보다 클 것

정답 ③

핵심이론 06 | 배수체육종법

① 배수체육종
- ㉠ 인위적으로 염색체를 줄이거나 늘려서 새로운 개체를 만든다.
  - ※ 씨 없는 수박은 2배체와 4배체를 교배하여 3배체를 만들어서 얻을 수 있다.
- ㉡ 콜히친(Colchicine) 처리는 염색체를 늘리는 데 이용되는데 식물의 잎, 줄기 등의 영양기관이 비대해진다.
- ㉢ 배수체육종법은 일반적으로 육종기간을 단축하는 데 사용된다.

② 동질배수체 : 동종의 유전체로 구성되는 배수체, 유전체 수에 따라 동질 2배체, 동질 4배체와 같이 구별한다.
  - ※ 동질배수체육종은 유기농업의 종자로 사용할 수 없는 육종방법이다.

③ 이질배수체 : 유전적으로 다른 종 사이의 잡종에서 염색체 수가 배가됨으로써 형성된 배수체이다.
- ㉠ 게놈이 다른 양친을 동질 4배체로 만들어 교배한다.
- ㉡ 이종게놈의 양친을 교배한 F_1의 염색체를 배가한다.
- ㉢ 체세포를 융합한다.

④ 반수체
- ㉠ 체세포의 절반만 가진 세포로 배가시키면 동형접합체가 되는 개체이다.
- ㉡ 생육이 불량하고 완전불임으로 실용성이 없지만 염색체를 배가하면 곧바로 동형집합체를 얻을 수 있다.
- ㉢ 육종 연한을 대폭 줄일 수 있고, 상동게놈이 1개뿐이므로 열성형질을 선발하기 쉽다.

핵심예제

6-1. 생육이 불량하고 완전불임으로 실용성이 없지만 염색체를 배가하면 곧바로 동형집합체를 얻을 수 있는 것은?

① 이질배수체　　　　② 반수체
③ 동질배수체　　　　④ 돌연변이체

정답 ②

6-2. 다음에서 설명하는 것은?

> 염색체를 배가하면 곧바로 동형접합체를 얻을 수 있으므로 육종 연한을 대폭 줄일 수 있고, 상동게놈이 1개뿐이므로 열성형질을 선발하기 쉽다.

① 이질배수체　　　　② 세포융합
③ 돌연변이　　　　　④ 반수체

정답 ④

핵심이론 07 | 벡터, Hardy-Weinberg 법칙 등

① 벡 터
- ㉠ 벡터는 외래유전자를 숙주세포로 운반해 주는 유전자 운반체이다.
- ㉡ 벡터는 외래 DNA를 삽입하기 쉽고, 숙주세포에서 자기 증식을 할 수 있어야 하며, DNA 재조합형을 식별할 수 있는 표지유전자를 가지고 있어야 한다.

② 하이브리드 육종
옥수수와 원예식물에서 많이 이용되며, 최근에는 벼에서도 이용하는 육종방법이다.

③ Hardy-Weinberg 법칙
- ㉠ 식물집단에서 무작위 교배가 이루어지고, 돌연변이와 자연선택 및 개체의 이주가 일어나지 않으며, 각 개체의 생존율과 번식률이 동등할 때 그 집단은 유전적 평형을 유지하게 된다는 법칙이다.
- ㉡ Hardy-Weinberg 법칙은 커다란 개체군에서 유전자를 변화시키는 외부의 힘이 작용하지 않는 한 우성유전자와 열성유전자의 비율은 세대를 거듭해도 변하지 않고 일정하다는 의미의 법칙으로 집단유전법칙의 하나이다.

④ 상인 상반
- ㉠ 상인(시스 배열) : 연관에서 우성유전자(또는 열성유전자)끼리 연관되어 있는 유전자 배열을 말한다.
- ㉡ 상반(트랜스 배열) : 우성유전자와 열성유전자가 연관되어 있는 유전자 배열을 말한다.

> **육종의 과정**
> 육종목표 설정 → 변이 작성 → 우량계통 육성 → 생산성 검정 →
> 지역적응성 검정 → 종자 증식 → 신품종 보급

핵심예제

옥수수와 원예식물에서 많이 이용되며, 최근에는 벼에서도 이용하고 있는 육종방법은?

① 여교배육종　　　　② 집단육종
③ 계통육종　　　　　④ 하이브리드 육종

정답 ④

핵심이론 08 특성검정

① 특성검정
  ㉠ 육종목표에 부합한 형질의 변이를 정확하고 효율적으로 선발하기 위해 특성검정의 과정을 거친다.
  ㉡ 육성계통을 평가하는 최종 단계에서 여러 가지 재배조건에 따라 수량의 적응성 및 안정성을 검정한다.

② 특성검정방법
  ㉠ 실험실, 검정포장, 자연조건, 국제연락시험 등을 이용한다.
  ㉡ 근적외선 분광분석법 : 시료를 파괴하지 않고 시료 하나로 1분 이내에 여러 가지 성분을 동시에 분석할 수 있다.
  ㉢ 분자표지 이용 선발기술 : 분자표지의 한 종류인 DNA 마커 및 동위원소가 이용된다.

③ 검정내용
  ㉠ 형태 및 성분분석 : 화분 및 종자검정, 초형이나 체형의 검정, 외관특성검정, 품질과 성분 등을 검정한다.
  ㉡ 생리 · 생태적 형질검정 : 내한성, 내건성, 내병성, 내충성, 내비성 등 환경에 적응할 수 있는 생리 · 생태를 검정한다.
  ㉢ 생산력검정 : 예비시험과 본시험을 거쳐 품종의 생산력과 변이의 유무를 검정한다.

[핵심예제]

특성검정의 설명으로 옳지 않은 것은?

① 육종목표에 부합한 형질의 변이를 정확하고 효율적으로 선발하기 위해 특성검정을 한다.
② 근적외선 분광분석법은 DNA 마커 및 동위원소가 이용된다.
③ 생산력 검정은 예비시험과 본시험을 거쳐 품종의 생산력과 변이의 유무를 검정한다.
④ 생리 · 생태적 형질검정은 내한성, 내건성, 내병성, 내충성, 내비성 등을 검정한다.

정답 ②

핵심이론 09 유기종자의 증식

① 종자증식 체계 : 기본식물 → 원원종 → 원종 → 보급종
  ㉠ 기본식물 : 신품종의 기본이 되는 종자로, 농촌진흥청(국립식량과학원)에서 관리
  ㉡ 원원종 : 각 도의 농업기술원에서 기본식물을 분배받아 증식하는 포장인 원원종포에서 생산한 종자
  ㉢ 원종 : 채종포에 심을 종자를 생산하기 위해 원원종을 재배하는 원종포에서 생산한 종자
  ㉣ 보급종 : 원종을 증식하여 농가에 보급할 종자를 생산하는 포장인 채종포에서 수확한 종자
  ※ 신품종 종자 증식 시 종자생산포장의 채종량은 보통재배에 비하여 원원종포 50%, 채종포 100%가 되도록 계획 · 관리한다.

② 육성된 품종 종자의 유전적 순도 유지방법
  ㉠ 일정한 기간 내 종자 갱신
  ㉡ 이품종과 격리재배 : 자연교잡 방지
  ㉢ 이형주 제거
  ㉣ 종자저장법 개선 : 신품종 종자를 건조, 밀폐, 냉장 보관
  ※ 종자펠릿 : 담배 종자처럼 종자가 매우 미세하여 기계파종이 어려울 경우 종자 표면에 화학적으로 불활성의 고체물질을 피복시켜 종자를 크게 만드는 것

③ 종자의 채종
  ㉠ 채종재배는 증수를 목적으로 하는 것이 아니라 순도 높은 종자를 생산해서 농가에 보급할 종자를 생산하는 것이 목적이다.
  ㉡ 종자의 생리적, 병리적 퇴화 방지를 위해 적절한 지역을 선정한다(감자 - 고랭지, 타화수정을 원칙으로 하는 종자 - 포장과 격리된 지역).
  ㉢ 밀식을 지양하고, 병충해 방제와 균형시비를 하며, 이형주를 제거한다.
  ㉣ 화곡류의 채종 적기는 황숙기이고, 채소류는 갈숙기가 적기이다.

[핵심예제]

우리나라 자식성 작물의 종자증식 체계로 옳은 것은?

① 기본식물 → 원종 → 원원종 → 보급종
② 기본식물 → 원원종 → 원종 → 보급종
③ 기본식물 → 보급종 → 원원종 → 원종
④ 원종 → 기본식물 → 보급종 → 원원종

정답 ②

핵심이론 10 │ 유기종자의 보급

① 자율교환 : 선도농가나 독농가를 통하여 믿을 만한 종자를 자율적으로 교환한다.

② 정부기관의 종자 보급

　㉠ 육종은 농민의 손으로 재배할 때에야 비로소 완성단계에 이르는 것이므로, 국가 및 연구기관 등은 종자의 보급을 위해 그 우수성을 알리고 보급방안을 모색해야 한다.

　㉡ 모든 농작물은 재배연수가 경과함에 따라 종자가 퇴화되어 품종의 고유특성을 유지하지 못하고, 병해충 등에 전염되어 생산성이 저하되므로, 일정 주기 내에 종자를 갱신하여야 한다.

　　• 종자 갱신주기
　　　– 벼, 보리, 콩 : 4년 1기
　　　– 감자, 옥수수 : 매년 갱신

　㉢ 국립종자원(지자체) 보급종 생산 절차
　　생산계획 수립 → 생산포장 선정 → 생산포장 관리 → 포장·종자검사 → 종자 수매 → 종자 정선

　㉣ 종자 보급체계(생산단계) : 기본식물(농촌진흥청) → 원원종(도농업기술원) → 원종(도원종장) → 보급종(국립종자원) → 농가

　㉤ 농업인이 필요한 종자를 지자체에 신청하면 지자체에서는 국립종자원에 신청하고, 국립종자원에서는 해당 시군 농협을 통해 보급한다.

핵심예제

10-1. 우리나라 종자 증식 및 보급체계를 올바른 순서로 나열한 것은?

① 기본식물 → 원종 → 원원종 → 보급종
② 기본식물 → 원원종 → 원종 → 보급종
③ 기본식물 → 보급종 → 원원종 → 원종
④ 기본식물 → 보급종 → 원종 → 원원종

정답 ②

10-2. 보리의 종자 갱신 연한은?

① 3년 1기　　　　　② 4년 1기
③ 5년 1기　　　　　④ 6년 1기

정답 ②

해설

10-1
기본식물(농촌진흥청) → 원원종(도농업기술원) → 원종(도원종장) → 보급종(국립종자원) → 농가 순서로 공급된다.

제4절 유기원예

4-1. 유기원예산업

핵심이론 01 │ 우리나라 유기원예산업의 현황

① 시설재배 현황

　㉠ 채소류
　　• 재배면적, 생산량 : 지속적 감소 추세이다.
　　• 생산성 : 전반적으로 상승하고 있다. 엽·근채류에 비해 과채류의 단수 증가가 상대적으로 크다.
　　• 수출액은 지속적인 증가 추세로 파프리카 > 딸기 > 고추 > 토마토 > 배추> 순이다.
　　※ 과수 분야는 계속 늘어나고 있으며, 특히 기타 과수의 시설재배면적이 계속 증가하는 추세이다.

　㉡ 화훼류
　　• 시설면적, 생산액, 농가수는 지속적으로 감소 추세이고 소득률은 농작물 중 가장 낮은 수준이다.
　　• 수출은 10년 이후 감소 추세이며, 수출 품목은 백합 > 난초 > 선인장 > 장미 > 국화 순이다.

② 시설재배의 유형

　㉠ 대부분 터널이나 아치형으로 철재파이프의 사용이 크게 늘고 있다.

　㉡ 피복 자재로는 폴리에틸렌 필름이 주를 이루고 있다.

　㉢ 점적식 관수시설이 증가하고 있다.

③ 문제점

　㉠ 생산 측면 : 낮은 생산성, 높은 경영비(난방비, 화훼류의 종자종묘비 등), 과잉 생산으로 인한 가격 하락, 기상 변화에 따른 생산 불안정성 증가, 노동력 부족

　㉡ 소비 부문 : 소비자가 선호하는 품종 부족, 식생활 교육 부족

　㉢ 유통 측면 : 고비용 유통구조, 산지조직화 미흡, 저온유통체계 미흡

　㉣ 수출 측면 : 안정적 수출 물량 확보의 어려움, 수출시장 편중, 농가의 수출정보 접근성 취약, 수출업체의 형식적인 농약관리대장 관리, 과도한 행정 제재

　㉤ 시설 측면 : 시설의 표준화·규격화 미흡, 시설자재·설비의 낮은 국산화율

　㉥ 가공 측면 : 가공 관련 데이터 부족, 가공에 적합한 시설원예 품종 부족, 낮은 가격 경쟁력, 식품공전 및 식품표시기준의 잦은 변경

현재 우리 농민들이 많이 사용하고 있는 시설의 기초 피복재는?

① 염화비닐 필름
② 종이초산 필름
③ 경질 폴리에스터 필름
④ 폴리에틸렌 필름

정답 ④

해설

시설재배의 유형 : 대부분 터널이나 아치형이고, 죽재나 목재를 탈피하여 철재파이프가 크게 늘고 있으며, 피복자재로는 폴리에틸렌 필름이 주종을 이루고 있다.

4-2. 유기원예토양관리

핵심이론 01 유기원예작물 토양관리 방법

① 노지원예 및 시설원예 토양

  ㉠ 노지원예 토양

    • 경사지에 조성되어 있어 침식을 받기 쉬우며 유효 토심이 낮다.

    • 관개수에 의한 천연양분의 공급이 없고 용탈이 심하다.

    • 유해생물, 토양의 산성화, 뿌리가 분비하는 유해물질 등에 의한 연작의 장해가 심하다.

    • 양분의 용탈에 따른 미량원소의 결핍이 흔히 나타난다.

  ㉡ 시설원예 토양

    • 노지원예 토양에 비해 연작에 따른 특수양분이 결핍되나, 용탈되는 염류의 양은 적다.

    • 다비재배 경향에 의해 염류의 과잉 집적을 초래하여 토양의 이화학적 및 미생물학적 성질이 작물의 경제적 재배와 생육에 부적합하게 된다.

    • 선충류를 비롯한 토양전염성 병해충이 심하다.

② 시설 내의 환경 특이성과 관리

  ㉠ 토 양

    • 특성 : 염류농도가 높다, 물리성이 나쁘다, 연작장해가 발생한다.

    • 관리 : 객토, 심경, 담수처리, 유기물 사용, 피복물 제거, 흡비작물 재배

  ㉡ 광 선

    • 특성 : 광질이 다르다, 광량이 감소한다, 광분포가 불균일하다.

    • 관리 : 피복재 선택, 주기적 세척, 반사광 이용, 인공광 도입

  ㉢ 수 분

    • 특성 : 토양이 건조해지기 쉽다. 상대습도가 높다, 인공관수를 한다.

    • 관리 : 자동화 관수, 멀칭, 환기, 가온

  ㉣ 온 도

    • 특성 : 일교차가 크다, 위치별 분포가 다르다, 지온이 높다.

    • 관리 : 보온(터널, 커튼, 수막시설), 난방, 냉방, 환기

ⓜ 공 기
- 특성 : 이산화탄소가 부족하다, 유해가스가 집적된다, 바람이 없다.
- 관리 : 이산화탄소 시비, 환기, 유동팬 설치로 풍속 유지

핵심예제

1-1. 시설하우스 재배지에서 일반적으로 나타나는 현상으로 볼 수 없는 것은?

① 토양 염류농도의 증가
② 토양 전염병원균의 증가
③ 연작장해에 의한 수량 감소
④ 토양 용적밀도 및 점토 함량 감소

정답 ④

1-2. 노지재배에 비하여 시설재배 토양의 특성이 아닌 것은?

① 염류의 집적
② 토양산도의 저하
③ 연작장해 발생
④ 토양통기 양호

정답 ④

1-3. 시설원예지 토양의 문제점이 아닌 것은?

① 과다 시비로 인한 염류집적
② 토양의 산성화
③ 토양 병해충 발생
④ 토양온도의 일정한 유지

정답 ④

핵심이론 02 시설원예 토양의 문제점 및 해결 방법

① 염류의 집적
  ㉠ 염류집적의 원인
   - 과도한 화학비료의 사용
   - 강우의 차단과 특이한 실내 환경
   - 모세관작용에 의한 지하염류의 상승으로 지표면에 축적
  ㉡ 염류농도 장해의 가시적 증상
   - 잎 가장자리가 안으로 말리기 시작한다.
   - 염류농도가 아주 높아지면 토양 중의 삼투압이 뿌리의 삼투압보다 높아지며 양·수분의 흡수가 어려워져 잎 끝이 타면서 말라 죽는다.
   - 칼슘과 마그네슘 결핍증 : 질소질 비료의 과용으로 아질산이 집적되어 토양 중의 염류농도를 높여 토양양분 상호 간의 흡수가 저해되어 결핍증상이 나타난다.
   - 생육장해 : 강우 차단과 비료 과다 사용으로 인해 시설재배 토양에 염류집적이 일어나면 토마토의 풋마름병, 토마토의 배꼽썩음병, 셀러리의 속썩음증 등이 발생하는 등 생육장해를 일으킨다.
   ※ 지표면에 집적되는 염류는 물에 쉽게 녹는 염화칼슘($CaCl_2$), 질산칼슘($CaNO_3$), 염화칼리(KCl), 염화마그네슘($MgCl_2$) 등이 있다.
   - 토양산성화 : 질소질 비료의 분해과정에서 생성되는 질산태질소에 의해 산성화되며, 인산과 칼슘의 흡수가 어려워져 생육이 불량해진다.

   > **토양산성화를 촉진시키는 요인** : 산성비, 화학비료, 생활하수
   > - 미량원소(특수성분)의 결핍 : Ca, P, K 흡수를 저해시켜 식물체의 저항력을 약화시킨다(Ca 부족 : 토마토 배꼽썩음병 유발).
   > - 토양이 오염되고, 토양 병해충과 연작장해 등이 발생한다.

  ㉢ 염류과잉집적에 의한 작물의 생육장해 문제를 해결하는 방법
   - 답전윤환재배, 제염작물재배, 윤작재배를 한다.
   - 연작재배를 하지 않는다.
   - 미량원소를 공급한다.
   - 퇴비, 녹비 등을 적량 시용한다.
   - 관수(심층배수) 또는 담수를 한다.
   - 객토를 실시한다.
   - 토양을 깊게 갈아 준다.
   - 여름철 피복물을 제거해 준다.

• 흡비작물을 이용한다.

• 두과작물을 재배한다.

• 과다한 수분 증발을 억제한다.

② 토양수분의 부족 · 과다

㉠ 토양수분의 부족 : 토양 내에서 칼슘의 이동과 뿌리의 흡수가 어려워져 칼슘결핍증이 나타난다.

㉡ 토양수분의 과다 : 지온의 상승이 더디고 토양공극량 감소로 호흡이 억제되어 뿌리의 생육이 나빠지고 양 · 수분의 흡수가 어려워진다.

㉢ 토양 내 배수 불량

• 토양과습 및 통기 불량

• 토양 내 산소 공급의 억제

• 토양유기물 분해의 지연

㉣ 과습한 재배토양에 대한 조치

• 완숙된 유기물을 시용한다.

• 경운 시 모래를 혼합한다.

• 이랑을 높인다.

※ 시설하우스의 피복재를 통과한 햇빛은 광량이 감소할 뿐만 아니라 광질도 변질된다.

③ 토양의 온도 변화

㉠ 지온이 높으면 뿌리의 호흡이 높아져 산소 부족과 칼슘 흡수 저해로 결핍증이 생긴다.

㉡ 지온이 낮으면 뿌리의 생장이 억제되어 양 · 수분의 흡수 저해로 전반적인 생육이 저해된다.

【 핵심예제 】

2-1. 토양 내 배수 불량으로 인해 나타나는 현상으로 틀린 것은?

① 토양과습 및 통기 불량

② 토양 내 산소 공급의 억제

③ 토양유기물 분해의 지연

④ 양분의 공급과 흡수의 향상

정답 ④

2-2. 염류농도 장해의 가시적 증상으로 옳지 않은 것은?

① 잎이 황색으로 변하기 시작한다.

② 잎 가장자리가 안으로 말리기 시작한다.

③ 잎 끝이 타면서 말라 죽는다.

④ 칼슘과 마그네슘 결핍증이 나타난다.

정답 ①

핵심이론 03 토양비옥도 향상방법

① 토양비옥도 유지 · 증진방법

㉠ 담수세척, 객토 · 환토

㉡ 피복작물의 재배

㉢ 작물 윤작(합리적인 윤작체계 운영)

㉣ 두과 및 녹비작물의 재배

㉤ 발효액비 사용 및 미량요소의 보급

㉥ 최소 경운 또는 무경운

㉦ 완숙퇴비에 의한 토양미생물의 증진

㉧ 비료의 선택과 시비량의 적정화

㉨ 대상재배와 간작

㉩ 작물 잔재와 축산분뇨의 재활용

㉪ 가축의 순환적 방목

> • 토양비옥도 유지증진 수단이 아닌 것 : 연작, 저항성 품종, 기계적 경운, 화염제초, 화학비료 사용
> • 휴작기에 시설 내부에 다량의 물을 관수하거나 물을 가두는 주요 이유 : 염류 제거
> • 토양침식을 줄이기 위한 토양관리방법 : 대상재배, 등고선재배, 초생재배

② 유기물의 시용

㉠ 친환경농업을 실천하는 농가에서 사용하는 부산물 비료 중 질소질 성분이 가장 낮은 것 : 우분

㉡ 일반적으로 개체당 분뇨 발생량(kg/day)이 많은 순서 젖소 > 한우 > 돼지 > 닭

㉢ 가축분 퇴비 사용 시 시비량을 결정하는 기준 : 인산 함량

【 핵심예제 】

3-1. 유기농업에서 토양비옥도 유지 · 증진을 위한 방법으로 가장 적합한 것은?

① 저항성 품종　　　　　② 기계적 경운

③ 화염제초　　　　　　④ 두과작물 재배

정답 ④

3-2. 유기 경작을 하기 위한 토양비옥도 유지 · 증진 방안으로 볼 수 없는 것은?

① 합리적인 윤작체계 운영

② 완숙퇴비에 의한 토양미생물의 증진

③ 토양살충제에 의한 유해 미생물의 퇴치

④ 대상재배와 간작

정답 ③

핵심이론 04 염류집적에 대한 대책

① 담수세척
  ㉠ 답전윤환으로 여름철에 담수하여 염류를 씻어내고, 강우기에는 시설자재를 벗기고 집적된 염류를 용탈시킨다.
  ㉡ 관개용수가 충분하면 비재배기간을 이용하여 석고 등 석회물질을 처리한 물로 담수하여 염류를 제거한다.
  ※ 휴작기에 시설 내부에 다량의 물을 관수하거나 물을 가두는 주요 이유 : 염류 제거

② 객토·환토
  ㉠ 대부분의 시설토양은 사질토로서, 염기치환용량(CEC)이 낮아 보비력도 낮다.
  ㉡ 양질의 붉은 산흙 등으로 객토하고 염류가 과잉 집적된 표토가 밑으로 가도록 반전시켜 염류의 농도를 낮춘다 (적극적인 대책).

③ 비료의 선택과 시비량의 적정화
  ㉠ 온실 내에서는 염기나 산기를 남기지 않는 복합비료를 선택한다.
  ㉡ 유기물과 Ca, Mg, K 등을 충분히 사용하여 양이온치환용량을 높이고 토양의 입단화를 촉진시킨다.

④ 미량요소 : 각종 미량요소가 결핍되지 않도록 한다.

⑤ 윤작재배 : 토양전염병, 선충류 등 기지현상을 막기 위한 윤작재배로 지력을 높여 준다.

⑥ 심경과 흡비작물 재배 : 깊이갈이를 하여 표토와 심토를 교체하여 주고, 흡비력이 높은 옥수수, 수수 같은 C4 작물을 재배하여 지력을 높여 준다.

핵심예제

시설원예 토양의 염류과잉집적에 의한 작물의 생육장애 문제를 해결하는 방법이 아닌 것은?

① 윤작을 한다.
② 연작재배한다.
③ 미량원소를 공급한다.
④ 퇴비, 녹비 등을 적량 사용한다.

정답 ②

핵심이론 05 윤작의 효과

① 윤작의 기능 및 효과
  ㉠ 작물의 수량 증가와 품질 향상
    ※ 농업생태계 회생을 기반으로 작물별 특성을 발휘시켜 수확량 증대와 품질 향상 실현
  ㉡ 토지이용률 향상 및 토양통기성의 개선
  ㉢ 볏과작물과 콩과작물의 윤작체계
  ㉣ 지력의 유지와 증진 – 질소고정, 잔비량의 증가, 토양구조 개선, 토양유기물 증대
  ㉤ 기지현상 회피
  ㉥ 작물생산의 위험을 분산시킨다.
  ㉦ 작물의 양분수지와 염기균형의 유지
  ㉧ 노력의 시기적인 집중화를 경감하여 노력 분배 합리화
  ㉨ 타감작용에 의한 효율적인 잡초 제어와 토양전염병 예방 및 억제
  ㉪ 토양의 물리성 및 미생물상을 개선하여 토양양분의 유효화를 증가시키고 근계를 발달시켜 토양에 존재하는 양분의 흡수능력을 증대시킨다.

② 윤작의 목적
  ㉠ 토양비옥도 유지 및 향상
  ㉡ 토양보호(토양유실 감소)
  ㉢ 작물의 뿌리 활성을 높여 토양의 양분 이용 향상
  ㉣ 토양의 물리성 및 화학성을 개선
  ㉤ 작물의 생육과 수량을 안정화시키는 효과
  ㉥ 타감작용(Allelopathy)에 의한 잡초 제어, 토양전염병 예방
  ㉦ 기지현상 예방

③ 타감작물
  ㉠ 특정한 물질을 분비하여 주위 식물의 발아와 생육을 억제시키는 작물
  ㉡ 타감작용이 두드러지게 나타나는 작물
    • 두과작물로 콩 종류와 자운영
    • 겨울호밀, 해바라기
    • 헤어리베치, 메밀

5-1. 유기농업에서 윤작의 기능으로 적합하지 않은 것은?

① 작물의 수량 증수와 품질 향상
② 토양유기물의 확보
③ 토양의 단립(單粒)구조 형성에 의한 통기성 개선
④ 작물의 양분수지와 염기균형의 유지

정답 ③

5-2. 윤작의 효과로 틀린 것은?

① 질소고정
② 잔비량의 억제
③ 토양구조 개선
④ 병충해의 경감

정답 ②

5-3. 특정한 물질을 분비하여 주위 식물의 발아와 생육을 억제시키는 작물은?

① 식충작물(Insectivorous Crop)
② 보육작물(Nurse Crop)
③ 주작물(Main Crop)
④ 타감작물(Allelopathic Crop)

정답 ④

해설

5-2

윤작의 효과 : 지력유지 증강(질소고정, 잔비량의 증가, 토양구조 개선, 토양유기물 증대), 토양보호, 기지의 회피, 병충해의 경감, 잡초의 경감, 수량 증대, 토지이용도의 향상, 노력 분배의 합리화, 농업경영의 안정성 증대

핵심이론 06 유기질비료의 시용

① 유기질비료의 특성
  ㉠ 유기질비료는 각종 영양소를 고루 보유하고 있어서 토양의 입단화를 촉진시킨다.
  ㉡ 유기질은 종류에 따라 함유성분과 품질의 편차가 심하다.
  ㉢ 유기질은 주로 지효성 성분을 지니고 있어서 토양과 작물을 기름지게 해 준다.
  ㉣ 유기질 비료는 화학비료에 비해 운송과 사용이 불편하다.
② 가축분뇨
  ㉠ 우 분
    • 우분은 섬유소, 리그닌, 칼륨의 함량이 높고 무기물(질소, 인산, 칼슘, 마그네슘)은 비교적 낮다.
    • 작물에 사용 시 계분이나 돈분보다 피해가 적다.
  ㉡ 돈 분
    • 주로 곡물사료를 섭취했기 때문에 섬유소와 리그닌은 적고, 전분과 단백질은 많기 때문에 N, P성분이 높다.
    • 과다 사용 시 작물에 생육장해를 초래할 수 있다.
  ㉢ 계 분
    • N, P, K 함량이 높아 미숙계분은 가스 발생에 유의해야 하며, 유기물 함량은 낮아서 토양개량효과는 비교적 낮다.
    • 과다 사용 시 토양에 염류집적과 작물 생육에 장해를 줄 수 있으므로 유의해야 한다.
③ 유기물 과다 시용과 반응
  ㉠ 유기물 과다 시용 시 토양에 염류가 집적되어 이화학성질을 악화시킬 뿐만 아니라 병충해 발생의 원인이 될 수 있다.
  ㉡ 염류집적으로 인한 토양삼투압이 높아지면 뿌리로부터 양·수분 흡수의 지장을 초래하고 역삼투현상이 발생하여 작물이 고사할 수 있다.
  ㉢ 농산물 품질 저하와 비타민 A의 전구물인 카로틴, 비타민 B의 함량을 저하시킬 수 있다.

유기물 비료자원으로 이용하는 가축분뇨 중 양분 함량이 높고 비교적 분해가 빠르지만, 유기물 함량은 상대적으로 낮은 것은?

① 돈 분
② 우 분
③ 계 분
④ 우분과 돈분의 혼합

정답 ③

핵심이론 07 녹비작물 재배

① 호밀재배

   ⊙ 논토양에 10월 중순쯤 10a당 15~20kg의 호밀 씨앗을 뿌려 겨우내 잘 길렀다가 이듬해 5월 초에 베어 깔아 주면 잡초 방제 및 토양·양분 유실 방지, 물리성 개선을 기대할 수 있다.

   ⓒ 호밀재배는 공극(땅속의 비어 있는 부분)이 많아지고 떼알구조가 형성되어 통기성과 보수력·보비력(물과 비료분을 간직하는 능력)이 좋아지는 유익한 변화를 보인다.

② 헤어리베치(Hairy Vetch)

   ⊙ 헤어리베치는 1년생 두과식물로 논의 2모작 또는 과수원의 간작으로 적당하다.

   ⓒ 호기성균인 뿌리혹박테리아가 공중질소를 고정하기 때문에 습해를 받기 쉬우므로 배수가 잘되는 사질양토에 재배하는 것이 좋다.

   ⓒ 파종기는 가을은 9월 상순, 봄은 3월 하순이 알맞으며, 파종량은 10a당 5.4~9.0L가 적당하다.

   ⓔ 질소 생산능력이 뛰어나 유효태질소를 증가시키고 토양유실을 줄일 수 있다.

   ⓜ 지상부는 가축의 조사료로도 이용이 가능하다.

③ 청보리 재배

   ⊙ 배수가 잘되는 사양토 또는 식양토의 논이 좋다.

   ⓒ 추위에 약하고 봄에 일찍 생육하므로 남부지방의 논 뒷그루 재배에 적합하다.

   ⓒ 이른 봄 생육이 빨라 월동 후 조사료 부족 시 청예작물로 이용가치가 높다.

   ⓔ 청보리 재배의 장점

     • 국내에서 종자 구입이 가능하다.

     • 사료가치가 양호하다.

     • 알곡이 배합사료 대체효과가 크다.

     • 비육용 소의 후기 급여 시 육질개선효과가 높다.

     • 청보리 사료 급여 시 우유 내 체세포수도 크게 낮아지는 효과가 있다.

④ 국내에서 생산되는 사료작물

   ⊙ 월동 사료작물 : 총체보리(청보리), 호밀, 이탈리안 라이그래스

   ⓒ 여름 사료작물 : 옥수수, 수단그라스

   ⓒ 벼 대체 여름철 사료작물 : 옥수수, 수수 × 수단그라스, 사료용 피, 사료용 총체벼, 진주조, 율무 등

핵심예제

7-1. 최근 국제 사료가 급등하고 우리나라 남부지방을 중심으로 논을 이용한 조사료용 청보리(총체보리) 재배면적이 증가하고 있다. 청보리 재배의 장점이 아닌 것은?

① 국내에서 종자 구입이 가능하다.

② 사료가치가 양호하다.

③ 비육용 소의 후기 급여 시 육질개선효과가 높다.

④ 완숙기에 수확한 다음 후작물인 벼를 이앙을 하여도 수량에 영향이 없다.

정답 ④

7-2. 국내에서 생산되는 사료작물 중 월동 사료작물이 아닌 것은?

① 수단그라스   ② 총체보리

③ 호 밀   ④ 이탈리안 라이그래스

정답 ①

핵심이론 08 피복작물의 재배

① 과수원에 피복작물을 재배하고자 할 때 고려할 조건
- ㉠ 종자가 저렴하고 쉽게 구할 수 있으며, 수확이 용이하고 저장과 번식이 쉬운 것
- ㉡ 생육이 빨라 단기간에 피복이 가능할 것
- ㉢ 대기로부터 질소를 고정하고 이를 토양에 공급할 것
- ㉣ 병충해에 강할 것
- ㉤ 다량의 유기물과 건물을 생산할 것
- ㉥ 조밀한 근권구조를 지니고 있어 척박한 토양을 회복시킬 수 있을 것
- ㉦ 단일재배 시 또는 다른 작물과 혼식하였을 때에도 관리하기 쉬울 것
- ㉧ 사료작물이나 곡류, 즉 식량으로 이용할 수 있을 것

② 피복작물 재배의 장점
- ㉠ 유기물 함량과 양이온 함량이 증가
- ㉡ 토양은 강우와 바람으로부터 보호를 받음
- ㉢ 토양구조 발달 및 투수성 증가
- ㉣ 토양 내 질소 공급 및 질산태 질소의 유실 방지
- ㉤ 잡초의 억제, 토양 유용곤충 및 소동물의 증가 등

③ 유기 과수재배를 위한 과수원의 표토관리방법
- ㉠ 초생재배
- ㉡ 부초재배
- ㉢ 절충재배

④ 비배관리상 문제점이 있는 토양의 유기적인 관리방법
- ㉠ 산성화된 토양을 개량하기 위해 석회 시용, 윤작, 적절한 퇴비를 시용한다.
- ㉡ 과다하게 축적된 질소를 제거하기 위해 청예작물을 심는다.
- ㉢ 톱밥, 버섯배양퇴비와 같은 유기질을 시용한다.
- ㉣ 주로 콩과 목초를 윤작하여 토양 유기물 함량을 증가시킨다.

[핵심예제]

과수원에 피복작물을 재배하고자 할 때 고려할 조건으로 가장 거리가 먼 것은?

① 종자가 저렴하고, 쉽게 구할 수 있을 것
② 생육이 빨라 단기간에 피복이 가능할 것
③ 대기로부터 질소를 고정하고 이를 토양에 공급할 것
④ 토양 산성화 개선에 효과적일 것

정답 ④

핵심이론 09 연작장해(기지현상) 대책

① 연작장해(기지현상)
- ㉠ 동일한 포장에 같은 종류의 작물을 연작할 때 작물생육의 피해가 뚜렷하게 나타나는 현상이다.
- ㉡ 토양의 이화학적 성질이 악화되어 작물의 생장이 불량해지고 품질과 수량이 현저히 떨어진다.
- ㉢ 시설의 이용률을 높이기 위하여 같은 작물을 반복해서 재배할 때 발생한다.

② 연작장해의 원인
- ㉠ 토양 병해충 만연(선충, 해충, 병원균)
- ㉡ 염류집적
- ㉢ 미량요소 결핍
- ㉣ 잡초의 번성
- ㉤ 토양 유해성분의 발생 등

③ 연작피해작물
- ㉠ 연작의 해가 심한 작물 : 수박, 토마토, 고추, 토란, 오이
- ㉡ 연작의 해가 적은 작물 : 벼, 맥류, 조, 수수, 옥수수, 고구마, 삼, 담배, 무, 당근, 양파, 호박, 순무, 딸기, 양배추, 양파, 사탕수수 등
- ㉢ 과수류 중 기지현상이 심한 것 : 복숭아나무, 무화과나무, 앵두나무, 아마, 인삼
- ㉣ 과수류 중 기지현상이 심하지 않은 것 : 사과나무, 포도나무, 감나무, 자두나무
- ㉤ 연작하면 많이 발생하는 토양전염병 : 감자-둘레썩음병, 감자-더뎅이병

④ 기 타
- ㉠ 흰가루병에 의한 피해가 비교적 적은 작물 : 벼
- ㉡ 흰가루병에 의한 피해가 비교적 많은 작물 : 오이, 딸기, 장미

⑤ 연작장해의 대책
- ㉠ 비 또는 담수로 씻어 내린다.
- ㉡ 비료성분이 낮은 완숙퇴비나 짚 같은 유기물의 사용으로 토양 속에 과대하게 남아 있는 영양분을 흡수하도록 하여 서서히 분해하면서 작물에 공급되도록 한다.
- ㉢ 화본과 심근성작물을 재배하여 잔류된 염류를 흡수하게 한다.
- ㉣ 비료의 균형시비 등 합리적인 시비를 한다.
- ㉤ 토양수분을 적절하게 관리한다.

ⓗ 깊이갈이(심경)를 하거나 작부체계를 개선한다.

ⓢ 객토 또는 환토 및 표토를 제거한다.

ⓞ 전답의 돌려짓기 등을 한다(답전윤환재배).

ⓩ 토양소독(소토법 등)을 한다.

※ 소토법 : 흙을 철판 위나 회전드럼통에 넣고 골고루 열을 가하면서 적당히 구워 소독하는 방법으로, 잡초종자까지 죽일 수 있어 제초효과도 있다.

핵심예제

9-1. 기지현상이란?

① 염류과다집적에 의한 토양악화현상

② 토양선충의 피해로 토양 물리성의 악화현상

③ 유독물질의 축적으로 토양전염병이 나타나는 현상

④ 동일한 포장에 같은 종류의 작물을 연작할 때 작물생육의 피해가 뚜렷하게 나타나는 현상

정답 ④

9-2. 기지현상 때문에 한 번 재배하고 난 후 10년 이상 휴작을 요구하는 작물은?

① 쪽파, 시금치, 콩   ② 마, 감자, 오이

③ 아마, 인삼   ④ 쑥갓, 토란, 참외

정답 ③

9-3. 연작의 해가 가장 적은 것은?

① 토 란   ② 당 근

③ 고 추   ④ 오 이

정답 ②

9-4. 연작 시 발생 가능한 토양전염성 병해와 그 작물이 알맞게 짝지어진 것은?

① 고추-흰가루병

② 가지-덩굴쪼김병

③ 콩-모자이크병

④ 감자-둘레썩음병

정답 ④

해설

9-2

• 1년 휴작 : 콩, 시금치, 파, 생강, 참나리

• 2년 휴작 : 감자, 오이, 땅콩 마

• 3년 휴작 : 참외, 강낭콩, 토란

• 5~7년 휴작 : 수박, 가지, 고추, 토마토, 우엉

• 10년 이상 휴작 : 아마, 인삼

핵심이론 10   윤작체계

① 윤작체계의 권장

ⓐ 토양비옥도 증진을 위하여 지금까지의 유기농업은 퇴비를 시용하고 효소제와 미생물제 또는 광물질과 쌀겨 및 각 농가에서 제조한 액비 등을 주로 사용하여 왔다.

ⓑ 국제유기농업연맹(IFOAM)에서는 두과작물, 녹비작물 또는 심근성 작물 등의 윤작이 토양비옥도 증진에 필요함이 인정되어 윤작체계를 권장하고 있다.

ⓒ 윤작은 지력이 증진된 땅에서만 가능하며 연중 환금이 안 될 경우 생계에 당장 영향을 미치므로, 작기와 작기 사이에 녹비작물이나 심근성 작물을 심는 방안이 필요하다.

② 윤작(돌려짓기) 유형

ⓐ 현재 유기벼 재배에서 사용 가능한 풋거름 작물로는 헤어리베치와 자운영, 호밀, 풋거름보리 등이 많이 사용되고 있다.

ⓑ 윤작은 시간적으로 장기(5~7년)를 뜻하며, 공간적으로 간작, 혼작을 장려한다.

ⓒ 기본적으로 화본과 작물을 중심으로 두과(엽채류, 과채류)-근채류(서류)의 조합이 가장 합리적이다.

③ 답전윤환

ⓐ 논을 몇 년 동안 담수한 상태와 배수한 밭 상태로 돌려가면서 이용하는 것이다.

ⓑ 주요 목적은 토양의 물리성·화학성 및 생물성을 개선하기 위해서이다.

ⓒ 담수 상태나 배수 상태가 서로 교체되므로 잡초 발생이 감소된다.

ⓓ 밭기간 동안에는 논기간에 비하여 환원성인 유해물질의 생성이 억제된다.

ⓔ 벼를 재배하다가 채소를 재배하면 채소의 기지현상이 회피된다.

④ 주요 용어정리

ⓐ 엇갈아짓기(교호작) : 콩의 두 이랑에 옥수수 한 이랑씩 배열하는 것처럼 생육기간이 비등한 작물들을 서로 건너서 재배하는 방식

ⓑ 이어짓기(연작) : 동일한 포장에서 같은 종류의 작물을 계속 재배하는 것

ⓒ 사이짓기(간작) : 한 종류의 작물이 생육하고 있는 이랑 사이 또는 포기 사이에 한정된 기간 동안 다른 작물을 심는 일

ⓔ 대전법 : 개간한 토지에서 몇 해 동안 작물을 연속적으로 재배하고, 그 후 지력이 소모되고 잡초 발생이 증가하면 경지를 떠나 다른 토지를 개간하여 작물을 재배하는 경작방법

핵심예제

10-1. 논을 몇 년 동안 담수한 상태와 배수한 밭 상태로 돌려가면서 이용하는 것은?

① 이어짓기
② 답전윤환
③ 엇갈아짓기
④ 둘레짓기

정답 ②

10-2. 답전윤환의 효과로 틀린 것은?

① 벼를 재배하다가 채소를 재배하면 채소의 기지현상이 회피된다.
② 담수 상태나 배수 상태가 서로 교체되므로 잡초 발생이 감소된다.
③ 입단화가 되고 건토효과가 진전되며 미량원소 등이 용탈된다.
④ 밭기간 동안에는 논기간에 비하여 환원성인 유해물질의 생성이 억제된다.

정답 ③

10-3. 개간한 토지에서 몇 해 동안 작물을 연속적으로 재배하고, 그 후 지력이 소모되고 잡초 발생이 증가하면 경지를 떠나 다른 토지를 개간하여 작물을 재배하는 경작방법은?

① 휴한농업방법
② 대전법
③ 자유식방법
④ 답전윤환법

정답 ②

4-3. 시설원예 시설설치

핵심이론 01 시설의 종류와 특성

시설의 종류는 피복자재, 구조자재, 이용목적, 지붕모양 등 외부 형태에 따라 분류한다.
• 피복자재에 따른 분류 : 유리온실, 플라스틱온실(비닐온실, 아크릴온실, 경질비닐온실 등) 등
• 구조자재(온실의 골격) : 목재, 철재, 알루미늄, 아연도금 강철 등
• 이용목적에 따른 분류 : 영리용 생산온실, 관상용 온실, 가정용 온실
• 지붕모양 등 외부 형태에 따른 분류 : 외지붕형, 스리쿼터형, 양지붕형, 더치라이트형, 곡선지붕형, 둥근지붕형, 연동형, 벤로형

① 유리온실
  ㉠ 유리온실의 구조
    • 농업에 이용되는 유리온실은 연동형으로 주로 채소, 화훼용으로 이용된다.
    • 지붕의 기울기 : 기울기가 크면 적설에 강하고, 작으면 바람의 저항을 적게 받는다.
    • 유리온실의 장단점
      – 시설의 내구연한이 길고, 부대장치 도입이 용이하다.
      – 각종 환경관리가 용이하나 시설투자비가 높고 건축이 어렵다.
  ㉡ 유리온실의 종류
    • 외지붕형 : 남쪽 면의 지붕만 있는 온실로, 보통 동서 방향으로 짓는다. 소규모 취미오락용으로 이용되고 겨울철 채광과 보온이 뛰어나다.
    • 양지붕형 : 양쪽 지붕의 길이가 같은 온실로, 광선이 사방으로 균일하게 입사하고 통풍이 잘되는 장점이 있다.
    • 스리쿼터형(3/4식) : 주로 동서 방향으로 설치하는 온실로, 남쪽 지붕의 길이가 전 지붕 길이의 4분의 3을 차지한다. 양쪽 지붕의 길이가 서로 달라 부등변식 온실이라고 한다.
    • 벤로형 온실 : 폭이 좁고 처마가 높은 양지붕형 온실을 연결한 것으로, 연동형 온실의 결점을 보완한 온실이다.
      – 투광률이 높고 골격자재가 적게 들어 시설비를 절감할 수 있다.
      – 토마토, 오이, 피망 등 키가 큰 호온성 열매채소류를 재배하는 데 적합하다.
    • 그 외 연동형, 양지붕형 온실, 양지붕 연동형 온실, 더치라이트 지붕형 온실, 둥근지붕형 온실, 대형유리온실 등이 있다.

1-1. 주로 동서 방향으로 설치하는 온실로, 남쪽 지붕의 길이가 전 지붕 길이의 4분의 3을 차지하도록 하며, 양쪽 지붕의 길이가 서로 달라 부등변식 온실이라고 하는 것은?

① 양지붕형 온실
② 더치라이트형 온실
③ 스리쿼터형 온실
④ 벤로형 온실

정답 ③

1-2. 폭이 좁고 처마가 높은 양지붕형 온실을 연결한 것으로 연동형 온실의 결점을 보완한 온실은?

① 외지붕형 온실   ② 스리쿼터형 온실
③ 둥근지붕형 온실   ④ 벤로형 온실

정답 ④

핵심이론 02 플라스틱온실(비닐하우스)

① 플라스틱온실
  ㉠ 플라스틱온실의 구조
    • 지붕모양에 따라 아치형, 터널형, 지붕형 등으로 구분하는 데 주로 아치형과 지붕형이 많다.
    • 표준아치형와 농가보급형 표준화 하우스가 있다.
  ㉡ 조립과 해체, 이동이 간편하고, 비교적 시설비가 낮으나 내구연한이 짧고, 환경 조절이 불편하다.

> **지붕형 온실과 아치형 온실의 비교**
> • 적설 시 지붕형이 아치형보다 유리하다.
> • 광선의 유입은 지붕형보다 아치형이 많다.
> • 재료비는 지붕형이 아치형보다 많이 소요된다.
> • 천창의 환기능력은 지붕형이 아치형보다 높다.
> • 아치형 온실은 지붕형 온실에 비하여 내풍성이 강하다.
> • 아치형 온실은 지붕형 온실에 비하여 필름이 골격재에 잘 밀착되어 파손될 위험이 작다.
> **플라스틱필름하우스의 하나인 대형 터널하우스의 특징**
> • 보온성이 양호하다.
> • 내설성(耐雪性)이 취약하다.
> • 환기능률이 낮아 과습에 약하다.
> • 광이 고르게 입사하여 채광이 용이하다.

② 특수하우스 : 에어하우스, 펠릿하우스, 비가림하우스, 식물공장, 양액재배시설 등이 있다.
  ㉠ 펠릿하우스
    • 지붕과 벽을 2중구조로 하고, 야간에는 '발포 폴리스타이렌 립'을 전동 송배풍기를 이용하여 충전한다.
    • 시설 내 최저 온도를 외기기온보다 15~20℃ 높게 유지할 수 있다.
    • 보온효율을 특별히 높인 특수온실로 겨울철 하우스관리에 유리하다.
  ㉡ 비가림하우스
    • 자연강우를 차단하기 위하여 '전면비가림'과 '우산형 비가림'의 형태가 있다.
    • 우리나라의 '시설포도재배'에서 많이 이용되고 있다.
  ㉢ 양액재배
    • 양액재배는 토양을 사용하지 않고 작물의 생육에 필요한 필수원소를 그 흡수 비율에 따라 적당한 농도로 용해시킨 수용액(양액)으로 작물을 재배하는 방법이다.
    • 양액재배에는 분무경, 분무수경, 박막수경, 고형배지경 등이 있다.

[**핵심예제**]

2-1. 플라스틱필름하우스의 하나인 대형 터널하우스의 특징으로 거리가 먼 것은?

① 보온성이 양호하다.
② 내설성(耐雪性)이 취약하다.
③ 환기능률이 높아 과습에 강하다.
④ 광이 고르게 입사하여 채광이 용이하다.

정답 ③

2-2. 보온효율을 특별히 높인 특수온실은?

① 에어하우스　　　　② 펠릿하우스
③ 이동식 하우스　　　④ 비가림하우스

정답 ②

핵심이론 03 | 시설(온실)의 조명

① 백열등 : 전류가 텅스텐 필라멘트를 가열할 때 발생하는 빛을 이용하는 등
② 형광등 : 유리관 속에 수은과 아르곤을 넣고 안쪽 벽에 형광물질을 바른 전등
　㉠ 유리관 내벽에 도포하는 형광물질에 따라 분광분포가 정해진다.
　㉡ 전극에서 발생하는 열전자가 수은원자를 자극하여 자외선을 방출시키고, 이 자외선이 형광물질을 자극하여 가시광선을 방출시킨다.
③ 수은등 : 유리관에 수은을 넣고 양쪽 끝에 전극을 봉한 발생관을 진공 봉입한 전등
④ 메탈할라이드등 : 금속 용화물을 증기압 중에 방전시켜 금속 특유의 발광을 나타내는 전등
　㉠ 각종 금속 용화물이 증기압 중에 방전함으로써 금속 특유의 발광을 나타내는 현상을 이용한 등이다.
　㉡ 분광분포과 균형을 이루고 있으며, 적색광과 원적색광의 에너지 분포가 자연광과 유사하다.
⑤ 나트륨등 : 나트륨 증기 속에서 아크방전에 의해 방사되는 빛을 이용한 등
　※ 고압나트륨등 : 관 속에 금속나트륨, 아르곤, 네온 보조가스를 봉입한 등
⑥ 발광다이오드 : 반도체의 양극에 전압을 가해 식물생육에 필요한 특수한 파장의 단색광만을 방출하는 인공광원이다.

[**핵심예제**]

3-1. "전류가 텅스텐 필라멘트를 가열할 때 발생하는 빛을 이용하는 등"에 해당하는 것은?

① 백열등　　　　　　② 형광등
③ 수은등　　　　　　④ 메탈할라이드등

정답 ①

3-2. 다음에서 설명하는 것은?

• 유리관 내벽에 도포하는 형광물질에 따라 분광분포가 정해진다.
• 전극에서 발생하는 열전자가 수은원자를 자극하여 자외선을 방출시키고, 이 자외선이 형광물질을 자극하여 가시광선을 방출시킨다.

① 백열등　　　　　　② 메탈할라이드등
③ 형광등　　　　　　④ 고압나트륨등

정답 ③

핵심이론 04 시설원예의 골격자재

① 형강재

ㄱ 강재의 형태에 따라 : L형강, C형강, H형강, I형강 등이 있다.

ㄴ H, I형강 : 온실의 기둥, 트러스 등에 쓰인다.

ㄷ L, C형강 : 서까래, 중도리, 중방 등에 쓰인다.

ㄹ 경량형 형강재 : 두께가 3.2mm 이하로 플라스틱하우스의 일반 유리온실에 사용된다.

ㅁ 압연강재 : 대형 유리온실에 사용

※ 시설원예 : 유리온실이나 플라스틱하우스와 같은 시설 내에서 채소, 과수, 화훼 등을 집약적으로 재배하는 것을 말한다.

② 철재 파이프(펜타이트 파이프)

ㄱ 플라스틱필름 하우스에 이용되는 것은 두께가 1.2mm의 관으로, 바깥지름이 19mm, 22mm, 30mm인 것이 있으며, 주로 22mm가 많이 쓰인다.

ㄴ 길이는 4m, 6m, 8m인 것이 있으며, 녹 방지를 위해 아연용융도금처리를 하여 내구연한이 길다.

ㄷ 주로 비닐하우스에 많이 사용한다.

③ 경합금재

ㄱ 유리온실에는 알루미늄을 주재료로 한 골격자재가 많이 이용된다.

ㄴ 무게가 철재의 1/3이며, 녹이 슬지 않아 깨끗하다.

ㄷ 자재의 형태가 다양하여 시설도 다양한 형태로 할 수 있다.

ㄹ 우리나라에서는 특수 시설에 이용한다.

④ 골격자재 조립용 부자재 : 연결파이프, 걸고리 쇠, 밴드형 연결쇠, 결속조리개

⑤ 온실 부재의 명칭

ㄱ 서까래 : 지붕 위의 하중을 지탱하며 왕도리, 중도리 및 갓도리 위에 걸쳐 고정하는 자재이다.

ㄴ 갓도리 : 일명 처마도리라고도 하며, 측벽 기둥의 상단을 연결하는 수평재로서 서까래의 하단을 떠받치는 역할을 한다.

ㄷ 왕도리 : 대들보라고도 하며, 용마루 위에 놓이는 수평재이다.

ㄹ 샛기둥 : 기둥과 기둥 사이에 배치하여 벽을 지지해 주는 수직재에 해당한다.

ㅁ 보 : 시설자재 중 수직재인 기둥에 비하여 수평 또는 이에 가까운 상태에 놓인 부재로서 재축에 대하여 직각 또는 사각의 하중을 지탱한다.

핵심예제

4-1. 일명 처마도리라고도 하며, 측벽 기둥의 상단을 연결하는 수평재로서 서까래의 하단을 떠받치는 역할을 하는 것은?

① 갓도리
② 보
③ 버팀대
④ 샛기둥

정답 ①

4-2. 기둥과 기둥 사이에 배치하여 벽을 지지해 주는 수직재에 해당하는 것은?

① 샛기둥
② 서까래
③ 중도리
④ 왕도리

정답 ①

핵심이론 05 시설원예의 피복자재

① 피복자재의 구비조건

　㉠ 광투과율이 높아야 한다.

　㉡ 열선투과율이 낮아야 한다.

　㉢ 팽창과 수축력이 낮아야 한다.

　㉣ 당기는 힘이나 충격에 강하고 저렴해야 한다.

　㉤ 보온성과 내구성이 좋아야 한다.

외부 피복자재의 선택기준

- 광학적 특성
  - 방진성(먼지 부착률을 막는 정도)이 높아야 한다.
  - 유적성(물방울의 부착 정도)이 낮아야 한다.
  - 투과된 햇빛의 일부는 산란광이 되는 것이 좋다.
- 내용연수 : 내후성 및 내약품성(비료, 농약 등)이 커야 한다.
- 보온특성 : 장파장(열선)의 투과율이 낮아야 보온성이 좋다.
- 역학적 특성 : 팽창성과 수축성이 있어야 한다.

---

② 피복자재의 종류 및 특징

　㉠ 유 리

　　• 판유리 중에서 투명유리가 온실의 피복자재로 이용된다.

　　• 일반적으로 두께 3mm, 너비 508mm 또는 610mm, 길이 90cm 안팎의 것을 사용한다.

　㉡ 연질필름 : 두께 0.05~0.2mm의 부드럽고 얇은 필름으로 염화비닐필름(PVC), 폴리에틸렌필름(PE), 에틸렌아세트산비닐필름(EVA) 등이 있다.

에틸렌아세트산비닐필름

- $CH_2 = CH_2$와 $CH_2 = CHOCOCH$의 공중합 수지이며 기초 피복재로서의 우수한 특징을 지니고 있다.
- 광투과율이 높고 항장력과 신장력이 크다.
- 먼지의 부착이 적고 화학약품에 대한 내성이 강하다.

폴리에틸렌테레프탈레이트필름

에틸렌글리콜과 테레프탈산의 축합반응으로 제조하며, 수명이 길어 5년 이상 연속 사용이 가능한데, 자외선 차단형인 경우는 내구연한을 7~8년까지 연장할 수가 있다.

폴리에틸렌필름

광투과율이 높고 먼지 부착률이 작고, 취급이 용이하다. 현재 우리 농민들이 많이 사용하고 있는 시설의 기초 피복재이다.

　㉢ 경질필름 : 두께 0.1~0.2mm의 플라스틱 필름으로 경질염화비닐필름, 경질폴리에스터 필름이 있다.

　㉣ 경질판 : 두께 0.2mm 이상인 플라스틱판으로 FRP판, FRA판, MMA판, 복층판이 있다.

- FRP : 불포화폴리에스터수지에 유리섬유를 보강시킨 복합재로 충격이 강하고, 열수축도가 없다. 자외선 투과율이 경질판 중에서 가장 낮으며, 수명이 8~10년으로, 연속 사용이 가능하다.
- FRA : 아크릴수지에 유리섬유를 샌드위치 모양으로 넣어 가공한 것으로 내구성이 뛰어나고, 광투과율도 좋은 편이다. 산광성 피복재로, 1973년부터 시판되기 시작하였다.
- MMA : 유리섬유를 첨가하지 않은 아크릴수지 100%의 경질판으로, 보온성이 높지만 열에 의한 팽창과 수축이 매우 크다.
- 복층판 : 기초 피복재의 보온성을 향상시키기 위하여 개발한 것으로 두께 4~20mm의 공간을 가진 이중구조의 중공판이다.

반사필름

- 주로 PVC, PE, EVA 등에 알루미늄을 합성시켜 만든다.
- 빛의 반사, 차광 및 단열성을 이용하여 시설의 보광, 보온, 해충방지, 과실의 착색 증진 등에 이용된다.

---

③ 시설원예에서 보온 피복자재의 특성

　㉠ 알루미늄 증착필름은 보온성이 우수하다.

　㉡ 부직포는 보온성과 함께 투습성이 양호하다.

　㉢ 섬피와 거적은 열절감률이 우수한 보온자재이다.

　㉣ PE필름은 열전도율이 우수하나 다른 피복자재에 비하여 보온성이 떨어진다.

[핵심예제]

5-1. 시설(Green House) 설치 시 외부 피복자재의 구비조건으로 적합하지 않는 것은?

① 열전도율이 커야 함

② 광투과율이 높아야 함

③ 열선투과율이 낮아야 함

④ 보온성이 좋아야 함

정답 ①

5-2. 다음에서 설명하는 것은?

아크릴수지에 유리섬유를 샌드위치 모양으로 넣어 가공한 것으로 1973년부터 시판되기 시작하였다.

---

① FRP판　　　　　　　　② FRA판

③ MMA판　　　　　　　④ PC판

정답 ②

핵심이론 06 육묘용 설비와 자재

① 육묘시설 및 설비

ㄱ 전열온상

- 전열온상은 단상 110V, 220V, 3상 220V 등으로 구분한다.
- 전열선 아래쪽에 볏짚이나 왕겨 등 단열재를 6~12cm 두께로 깔아 주며, 단열재로는 주로 스티로폼판을 사용한다.

ㄴ 전기발열판 온상

- 전열선을 PVC판에 배선하고, 전기장판처럼 만든 온상이다.
- 전열온상의 결점을 보완한 편리하고 경제적인 온상이다.

ㄷ 온수온상

- 모판흙 밑에 방열 파이프를 묻고 온수를 순환시켜 보온한다.
- 온도 조절이 가능하고 온도분포가 균일한 장점이 있지만, 설치비용이 많이 들고 이동이 곤란하다는 단점이 있다.

ㄹ 플러그온상

- 플러그 묘(Plug Seedling)는 응집성이 있는 소량의 배지가 담긴 개개의 모종을 좁은 셀(Cell)에서 길러내는 모종이다.
- 플러그 묘 육묘를 위해서는 육묘용 온실과 컴퓨터제어방식에 의한 일련의 일관작업 설비가 필요하다.
- 플러그 묘는 기계화작업으로 일시에 대량생산이 가능하고, 본포에서 뿌리의 활착이 양호하여 영농현장에 널리 보급되고 있다.

② 육묘용 자재

ㄱ 모판흙

- 자가 모판흙 : 농가에서 직접 제조한 흙으로 병해충의 오염이 없는 마사토, 모래 등을 주재료로 하여 퇴비와 석회, 기타 복합비료를 섞어서 제조한 흙이다.
- 시판 모판흙 : 펄라이트, 버미큘라이트, 피트모스, 수태 등

ㄴ 포트(Pot)

- 트레이 : 플러그 육묘에서 모종을 육묘 또는 운반하는 포트로 구멍수는 32~800개까지 매우 다양하다.

- 지피포트 : 피트모스(이탄)를 주원료로 하여 만든 포트이기 때문에 보수, 보비, 통기성이 우수하다. 포트 채 그대로 정식하므로 노동력도 크게 절감된다.
- 헤고포트(Osmunda Products) : 열대지방 고비식물 뿌리로 만든 포트로, 통기성이 좋아 난 종류와 착생식물에 적합하다.
- 망포트(화분망) : 주로 관엽식물이나 조경용 묘목재배에 이용되며 이식 시 포트를 빼내지 않고 그대로 심는다.
- 플라스틱 포트 : 연질과 반경질, 경질성 포트 등 크기가 다양하지만, 주로 반경질성 포트를 많이 이용한다. 폴리에틸렌 재질은 모잘록병과 같은 전염성 병원균의 감염이 우려되는 경우 1회용으로만 이용하는 것이 보다 안전하다.

핵심예제

육묘용 설비와 자재의 설명으로 옳지 않은 것은?

① 전열온상은 단상 110V, 220V, 3상 220V 등으로 구분한다.
② 전기발열판 온상은 전열온상의 결점을 보완한 편리하고 경제적인 온상이다.
③ 온수온상은 온도 조절이 가능하고 온도분포가 균일하며, 설치비용이 적게 들고 이동이 편리하다.
④ 플러그 묘는 기계화작업으로 일시에 대량생산이 가능하고, 본포에서 뿌리의 활착이 양호하여 영농현장에 널리 보급되고 있다.

정답 ③

해설

온수온상은 온도 조절이 가능하고 온도분포가 균일한 장점이 있지만, 설치비용이 많이 들고 이동이 곤란하다는 단점이 있다.

핵심이론 07 시설원예의 관수설비, 환기설비

① 관수설비
  ㉠ 살수관수장치
    일정한 수압을 가진 물을 송수관으로 보내고 그 선단에 부착한 각종 노즐을 이용하여 다양한 각도와 범위로 물을 뿌리는 방법으로, 고정식과 회전식이 있다.
  ㉡ 점적관수장치
    • 플라스틱 파이프나 튜브에 미세한 구멍을 뚫거나, 그것에 연결된 가느다란 관의 선단 부분에 노즐이나 미세한 수분 배출구를 만들어 물이 방울져 소량씩 스며 나오도록 하여 관수하는 방법이다.
    • 잎과 줄기 및 꽃에 살수하지 않으므로 열매 채소의 관수에 특히 좋으며 점적 단추, 내장형 점적 호스, 점적 튜브, 다지형 스틱 점적 방식 등이 있다.
  ㉢ 분수관수장치
    일정 간격으로 구멍이 나 있는 플라스틱 파이프나 튜브에 압력이 가해진 물을 분출시켜 일정 범위의 표면을 적시는 관수방법이다.
② 환기설비
  ㉠ 자연환기장치
    • 천창이나 측창 등 환기창을 통하여 이루어지는 환기를 말한다.
    • 연동형 하우스에서는 천창과 측창환기 중간지점인 곡간환기를 사용한다.
  ㉡ 강제 환기장치
    • 프로펠러형 환풍기
      - 많은 환기량이 요구되는 넓은 면적의 환기에서 주로 이용된다.
      - 지름 60cm 이하의 팬은 포터와 팬이 직접 연결된 직결식이다.
      - 지름 60cm 이상의 대형팬은 벨트식이 이용된다.
    • 튜브형 환풍기 : 덕트환기 등에서 사용되며, 프로펠러형 환풍기보다 환기용량은 적지만 압력손실이 적다.
③ 이산화탄소 발생기 : 연소식 이산화탄소 발생기, 액화 이산화탄소 발생기
④ 방제설비 : 훈연법, 연무기, 액제살포장치 등이 있다.

핵심예제

7-1. 일정한 수압을 가진 물을 송수관으로 보내고 그 선단에 부착한 각종 노즐을 이용하여 다양한 각도와 범위로 물을 뿌리는 방법은?
① 점적관수 ② 지중관수
③ 살수관수 ④ 저면급수
정답 ③

7-2. 플라스틱 파이프나 튜브에 미세한 구멍을 뚫거나, 그것에 연결된 가느다란 관의 선단 부분에 노즐이나 미세한 수분배출구를 만들어 물이 방울져 소량씩 스며 나오도록 하여 관수하는 방법은?
① 점적관수 ② 살수관수
③ 지중관수 ④ 저면급수
정답 ①

7-3. 다음 설명에 해당하는 것은?
> 일정 간격으로 구멍이 나 있는 플라스틱 파이프나 튜브에 압력이 가해진 물을 분출시켜 일정 범위의 표면을 적시는 관수방법이다.

① 분수관수 ② 점적관수
③ 지중관수 ④ 저면급수
정답 ①

해설
7-1
② 지중관수 : 지하에 토관을 묻어 관수하는 방식
④ 저면급수 : 화분을 물에 담가 화분의 지하공을 통하여 수분을 흡수하는 방식

핵심이론 08 시설의 구비조건

① 불량한 조건에 견딜 것
  ㉠ 최악의 기상조건에도 잘 견딜 수 있어야 한다.
  ㉡ 시설은 기온이 낮은 겨울에 주로 이용하는데, 강한 바람과 많은 눈에 견딜 수 있는 구조와 강도를 갖추어야 한다.

② 작물의 생육에 적당한 환경조건을 만들 수 있을 것
  ㉠ 햇빛이 잘 들어 온도 상승이 잘되고, 밤에는 보온이 잘되어야 한다.
  ㉡ 한낮에 온도가 너무 높아지면 효율적으로 환기할 수 있는 구조를 갖추고 있어야 한다.

③ 작업의 편리성과 능률성이 있을 것
  ㉠ 재배와 시설의 관리작업에 편리하고 작업능률을 높일수 있는 구조로서, 작업자의 건강에 나쁜 영향을 끼치는 일이 없도록 설계되어야 한다.
  ㉡ 작물의 재배면을 최대한 활용할 수 있어야 한다.

④ 내구성과 경제성이 있을 것
  ㉠ 내구연한이 길고 시설비가 적게 들어야 한다.
  ㉡ 간단한 구조여야 한다.

⑤ 시설의 설치가 용이할 것
  ㉠ 시설물의 설치나 분리가 쉬워야 한다.
  ㉡ 누구나 손쉽게 설치하고 활용할 수 있게 설계되어야 한다.

핵심예제

시설재배를 위한 시설의 기본 구비조건에 대한 설명으로 틀린 것은?
① 내구연한이 길고 시설비가 적게 들어야 한다.
② 재배면적을 최대한 활용할 수 있어야 한다.
③ 최악의 기상조건에도 견딜 수 있어야 한다.
④ 환경조건이 좋으면 재배가 저절로 된다.

정답 ④

4-4. 유기원예의 환경조건

핵심이론 01 유기원예의 온도관리

① 작물의 생육적온
  ㉠ 작물의 생육 가능 온도는 최저, 생육적온, 최고 한계온도로 구분한다.
  ㉡ 온대 이북 지역이 원산지인 배추, 상추, 딸기, 완두 등의 최적 온도는 17~20℃ 내외이고, 최저 온도는 4~5℃이며, 최고 온도는 25~30℃로 전반적으로 낮은 편이다.
  ㉢ 열대 지역이 원산지인 고추, 토마토, 수박 등의 최적 온도는 25℃ 내외이며, 최저 온도는 10~15℃이고, 최고 온도는 35℃ 정도이다.
  ※ 작물이 요구하는 기본적인 환경조건 : 양분, 온도, 습도, 광, 공기, 토양 등

② 작물의 발육과 온도
  ㉠ 발아온도
    • 온대작물은 12~21℃ 내외이며, 아열대작물은 16~27℃, 열대작물은 25~35℃ 정도이다.
    • 발아할 때에는 일정한 온도를 유지해 주는 것보다 변온처리를 해 주는 것이 효과적이다.
    ※ 종자발아의 3요소는 수분, 온도, 산소이며, 광을 포함하여 4요소라 한다.

  > 작물별 발아 최저 온도(℃) 비교
  > 호밀, 완두, 삼(1~2) < 밀(3~3.5) < 보리(3~4.5) < 귀리, 사탕무(4~5) < 옥수수(8~10) < 콩(10) < 벼(10~12) < 오이(12) < 담배(13~14) < 멜론(12~15) < 박(15)

  ㉡ 꽃눈분화와 개화
    • 저온감응으로 꽃눈을 분화하는 작물 : 무, 배추, 양배추, 당근, 양파, 프리지어, 아이리스 등
    • 파종 후 수분 흡수 시 저온감응 작물 : 무, 배추, 순무(종자춘화형 작물)
    • 어린 식물로 자란 후 저온감응 작물 : 양배추, 양파, 당근(녹식물춘화형 작물)
    • 고온감응으로 꽃눈이 분화하는 작물 : 상추, 튤립, 히아신스 등

ⓒ 휴 면

- 고온에 의하여 휴면하는 작물 : 상추, 마늘, 양파, 쪽파, 알뿌리 화초, 난류 등
- 저온에 의하여 휴면하는 작물 : 국화, 안개초, 리아트리스 등

※ 시설 내의 주야간 온도관리 : 주야간 온도는 변온관리를 한다. 즉, 주간은 높고 야간은 낮게 관리한다.

핵심예제

1-1. 작물이 요구하는 기본적인 환경조건에 해당하지 않는 것은?

① 양 분　　　　　② 온 도
③ 바 람　　　　　④ 공 기

정답 ③

1-2. 시설의 온도관리에 대한 설명 중 가장 합리적인 것은?

① 주야간 모두 낮게 관리한다.
② 주간은 높고 야간은 낮게 관리한다.
③ 주야간 모두 높게 관리한다.
④ 야간에 온도를 높게 관리하다.

정답 ②

1-3. 작물의 최저 온도가 4~5℃인 것은?

① 벼　　　　　　② 오 이
③ 담 배　　　　　④ 귀 리

정답 ④

핵심이론 02 유기원예의 저온해와 대책

① 냉 해

　ⓐ 냉해의 의의
- 냉해는 0℃ 이상의 저온작물의 조직이 얼지 않은 상태에서 일어나는 피해를 말한다.
- 저온으로 인해 점진적으로 광합성이 저해되고, 죽거나 독성물질이 축적되는 간접적인 해가 일어나기도 한다.

　ⓑ 냉해의 특징
- 물질의 동화와 전류가 저해된다.
- 질소동화가 저해되어 암모니아의 축적이 많아진다.
- 질소, 인산, 칼륨, 규산, 마그네슘 등의 양분 흡수가 저해된다.
- 원형질 유동이 감퇴·정지하여 모든 대사기능이 저해된다.
- 냉온에 의해 출수가 지연되어 등숙기에 저온장해를 받는 것이 지연형 냉해이다.
- 장해형 냉해는 유수형성기부터 개화기까지, 특히 감수분열기에 발생한다.
- 감수분열기에 저온이 닥쳤을 때 생장점을 물에 잠기게 하면 물의 비열(比熱)로 냉해를 방지할 수 있다.

② 동 해

　ⓐ 동해의 의의 : 식물체의 조직이 얼어서 세포가 파괴되고 조직이 분리되는 현상을 말한다.

　ⓑ 동해의 피해
- 온도의 저하에 따라 세포 내 결빙이 생겨 이것이 계속 커지게 되고, 얼음 결정이 현미경으로 확인할 수 있을 정도로 커지면 거의 모든 세포를 죽이게 된다.
- 얼음 결정은 원형질막을 파열시키고 세포액은 세포 간극으로 새어 나와 세포가 죽게 되는데, 얼음 결빙이 조금 더 커지면 세포벽이 파괴된다.

　ⓒ 동상해의 재배적 대책
- 내동성 작물과 품종을 선택한다.
- 입지조건을 개선한다(방풍시설 설치, 토질의 개선, 배수 철저 등).
- 냉해나 동해가 없는 지역을 선정하고, 적기에 파종한다.
- 한지(寒地)에서 맥류의 파종량을 늘린다.

- 채소류, 화훼류 등은 보온재배한다(불 피우기, 멀칭, 종이고깔 씌우기, 소형터널 설치 등).
- 맥류재배에서 이랑을 세워 뿌림골을 깊게 한다(고휴구파).
- 맥류는 월동 전 답압을 실시한다.
- 맥류의 경우 칼리질비료를 증시하고, 퇴비를 종자 위에 준다.

[핵심예제]

2-1. 동상해의 재배적 대책에 대한 설명으로 가장 적절하지 않은 것은?

① 칼리질비료의 시용량을 줄인다.
② 적기에 파종한다.
③ 보온재배를 한다.
④ 이랑을 세워 뿌림골을 깊게 한다.

정답 ①

2-2. 동상해의 재배적 대책으로 틀린 것은?

① 채소는 보온재배를 한다.
② 맥류의 경우 이랑을 없애 뿌림골을 낮게 하며, 개화시기를 앞당긴다.
③ 한지(寒地)에서 맥류의 파종량을 늘린다.
④ 맥류의 경우 칼리질비료를 증시하고, 퇴비를 종자 위에 준다.

정답 ②

핵심이론 03 유기원예의 고온장해와 대책

① 고온장해의 특징
  ㉠ 당분이 감소한다.
  ㉡ 광합성보다 호흡작용이 우세해진다.
  ㉢ 단백질의 합성이 저해된다.
  ㉣ 암모니아의 축적이 많아진다.
  ㉤ 유기물의 소모가 많아진다.
  ㉥ 철분이 침전되면 황백화현상이 일어난다.

하고현상
- 다년생 북방형 목초가 여름철에 황화, 고사하고 목초 생산량이 떨어지는 현상
- 원인 : 고온, 건조, 장일, 병충해, 잡초
- 대책 : 관개, 초종의 선택(고랭지 : 티머시, 평지 : 오처드그라스), 혼파, 방목·채초의 조절

② 고온장해의 발생원인
  ㉠ 유기물의 과잉 소모
  ㉡ 과다한 증산작용
  ㉢ 질소대사의 이상
  ㉣ 철분의 침전

③ 고온장해에 대한 대책
  ㉠ 내서성 작물 또는 품종 선택
  ㉡ 재배 적기 및 적지 선정
  ㉢ 차광재배 : 태양광의 부분적인 차광에 의해 지온과 기온을 낮추어 고온기에 호랭성 작물을 재배한다.

[핵심예제]

3-1. 고온장해의 발생원인에 대한 내용으로 틀린 것은?

① 유기물의 과잉 소모
② 증산 억제
③ 질소대사의 이상
④ 철분의 침전

정답 ②

3-2. 고온장해에 대한 설명으로 가장 적절하지 않은 것은?

① 당분이 감소한다.
② 광합성보다 호흡작용이 우세해진다.
③ 단백질의 합성이 저해된다.
④ 암모니아의 축적이 적어진다.

정답 ④

핵심이론 04 유기원예 가뭄해와 대책

① 가뭄해의 개념

    ㉠ 수분 공급이 부족하면 광합성이 저하되고, 작물은 위조 되어 말라 죽게 된다.

    ㉡ 겨울 가뭄이 심하면 과수 등의 내한성이 약해져서 동해 까지 유발할 수 있다.

    ㉢ 줄기와 뿌리 채소류의 뿌리 비대가 나쁘고, 과수나 열매 채소류에서는 열매가 작아진다.

    ㉣ 가지, 잎, 과실 사이에 수분 경합이 일어나 가지와 잎이 시들게 된다.

    ㉤ 새 가지의 신장이 억제된다.

    ㉥ 조기낙엽현상이 발생하고, 일소현상이 생긴다.

    ㉦ 과실이 작아지게 되는 것에 반하여 성숙기는 빨라진다.

② 가뭄해(한해)에 대한 대책

    ㉠ 관개 : 근본적인 한해대책은 충분한 관수이며, 심을 경 우 급경사지 등은 피하는 것이 좋다.

    ㉡ 내건성인 작물과 품종 선택

    ㉢ 토양수분의 보유력 증대와 증발 억제 조치 : 드라이 파 밍, 피복(멀칭), 중경제초, 증발억제제의 살포

    ㉣ 뿌림골을 좁히거나 재식밀도를 성기게 한다.

    ㉤ 뿌림골을 낮게 한다.

    ㉥ 질소의 다용을 피하고 퇴비, 인산, 칼륨을 증시한다.

    ㉦ 봄철 보리나 밀밭이 건조할 때 답압을 한다.

> **[핵심예제]**
>
> 밭작물 재배 시 한해(旱害)에 대한 재배대책으로 틀린 것은?
>
> ① 뿌림골을 좁히거나 재식밀도를 성기게 한다.
> ② 뿌림골을 높게 한다.
> ③ 질소의 다용을 피한다.
> ④ 퇴비 · 인산 · 칼륨을 증시한다.
>
> **정답** ②

핵심이론 05 유기원예의 공기관리

① 공기의 조성

    ㉠ 질소(78.1%), 산소(21.0%) 및 이산화탄소(0.03%)가 있 고, 이 밖에도 수증기, 미생물, 화분 및 먼지 등이 있다.

    ㉡ 공기 중 산소의 농도가 21% 이하이면 호흡작용이 저해 되고, 5% 이하가 되면 유기호흡이 감소된다.

② 시설 내 공기환경

    ㉠ 탄산가스농도의 감소

      • 겨울철 시설 내 CO_2는 대기 중의 농도보다 낮다.

      • 오전 11~12시경 시설 내의 CO_2 농도는 노지보다 낮다.

    ㉡ CO_2 농도의 일변화

      • CO_2의 농도는 식물의 위치에 따라 차이가 있다.

      • 밤에는 CO_2가 계속 방출되어 시설 외부보다 농도가 상승한다. 즉, 식물의 호흡과 토양미생물의 분해활동 으로 인해 높은 CO_2 농도를 유지한다.

      • 해가 뜬 후 시설 내 CO_2 농도는 급격히 감소한다. 즉, 일출 후 2~3시간이 지나면 대기 중의 농도와 같은 350ppm 정도가 되고, 그 이후 시간이 지나면 100ppm 까지 낮아져서 안정 상태를 유지한다.

③ CO_2 농도에 관여하는 요인 : 계절, 지면과의 거리, 식생, 바람, 미숙 유기물의 사용 등이 있다.

    ㉠ 지표로부터 멀어질수록 CO_2 농도는 낮아진다.

    ㉡ 여름철 지상식물의 잎이 무성한 공기층은 CO_2 농도가 낮고 가을철에는 높다(광합성의 영향).

    ㉢ 지표면과 접한 공기층은 여름철에 CO_2 농도가 높다(토 양유기물의 분해와 뿌리 호흡의 왕성 때문).

    ㉣ 식생이 무성하면 지면에 가까운 공기층의 CO_2 농도는 높다.

    ㉤ 식생이 무성하면 지표에서 떨어진 공기층은 잎의 왕성 한 광합성 때문에 CO_2 농도가 낮다.

    ㉥ 식생이 무성한 곳의 CO_2 농도는 여름보다 겨울이 높다.

④ 바람은 공기 중의 CO_2 농도의 불균형 상태를 완화한다.

⑤ 미숙 유기물(미숙 퇴비, 낙엽, 구비, 녹비 등)을 사용하면, CO_2가 많이 발생하여 작물 주변 공기층의 CO_2 농도를 높여 서 일종의 탄산시비효과가 발생한다.

[핵심예제]

시설 내 이산화탄소 환경에 관한 설명으로 틀린 것은?

① 해가 뜬 후 시설 내 이산화탄소 농도는 급격히 감소한다.
② 밤에도 이산화탄소가 계속 방출되어 시설 외부보다 농도가 상승한다.
③ 이산화탄소의 농도는 식물의 위치에 따라 차이가 있다.
④ 낮에는 잎과 줄기가 무성한 부분에서 이산화탄소의 농도가 높고, 공기가 움직이는 통로 부분은 농도가 낮다.

정답 ④

핵심이론 06 유기원예의 광 관리

① 광(光)의 의의
  ㉠ 지면에 도달하는 햇빛은 280nm~1mm 범위의 연속된 파장으로 이루어진 광선이다. 이 중 400nm 이하의 짧은 파장을 자외선(UV)이라고 하고, 400~700nm의 파장을 가시광선, 700nm 이상의 파장을 적외선이라고 한다.
  ㉡ 광합성에 이용되는 유효파장은 400~700nm이다.

② 광량과 광합성
  ㉠ 광합성량의 측정 : CO_2 흡수량이나 O_2 방출량을 통해 광합성량을 측정한다.
  ㉡ 보상점 : 식물의 광합성에 사용되는 CO_2의 양과 호흡으로 배출되는 CO_2의 양이 같을 때의 빛의 세기이다(호흡량 = 광합성량).
  ㉢ 광포화점 : 광합성량이 더 이상 증가하지 않을 때의 빛의 세기이다.
  ㉣ 고립 상태에서 온도와 CO_2 농도가 제한조건이 아닐 때 광포화점

작 물	광포화점	작물	광포화점
음생식물	10% 정도	벼, 목화	40~50%
구약나물	25% 정도	밀, 알팔파	50% 정도
콩	20~23%	고구마, 사탕무	40~60%
감자, 담배, 강낭콩, 보리, 귀리	30% 정도	무, 사과나무, 옥수수	80~100%

※ 식물의 한 쪽에 광을 조사하면 조사된 쪽의 옥신농도가 낮아지고, 줄기나 초엽에서는 광이 조사된 옥신의 농도가 낮은 쪽의 생장속도가 반대쪽보다 낮아져서 광을 향하여 구부러지는 향광성을 나타내지만, 뿌리에서는 그 반대인 배광성을 나타낸다.

[핵심예제]

6-1. 고립 상태일 때의 광포화점이 가장 낮은 것은?

① 사탕무   ② 콩
③ 고구마   ④ 밀

정답 ②

6-2. 광포화점이 가장 높은 채소는?

① 생 강   ② 강낭콩
③ 토마토   ④ 고 추

정답 ③

해설
6-2
광포화점(단위 : lx)
토마토(70,000) > 고추(30,000) > 생강, 강낭콩(20,000)

핵심이론 07 유기원예의 수분관리

① 토양수분의 측정
- ㉠ 토양수분 측정법 : 장력계법(널리 이용), 흡습계법, 중량법, 중성자 산란법 등이 있다.
- ㉡ 텐시오미터(Tensiometer) : 토양수분 장력 측정기기

② 시설의 관수방법
- ㉠ 지표관수 : 고랑에 물을 대거나 토지 전면에 물을 대는 방법이다.
- ㉡ 분수관수
  - 일정 간격으로 구멍이 나 있는 플라스틱 파이프나 튜브에 압력이 가해진 물을 분출시켜 일정 범위의 표면을 적시는 관수방법이다.
  - 설비비가 적게 들고 이용이 간편해서 상추, 시금치 등 엽채류에 이용된다.
- ㉢ 살수관수
  - 일정한 수압을 가진 물을 송수관으로 보내고 그 선단에 부착한 각종 노즐을 이용하여 다양한 각도와 범위로 물을 뿌리는 방법이다.
  - 주로 시설채소, 정원수 등에 이용한다.
- ㉣ 점적관수
  - 플라스틱 파이프나 튜브에 미세한 구멍을 뚫거나, 그것에 연결된 가느다란 관의 선단 부분에 노즐이나 미세한 수분 배출구를 만들어 물이 방울져 소량씩 스며 나오도록 하여 관수하는 방법이다.
  - 시설채소, 화훼, 과수원에 널리 이용한다.
- ㉤ 다공관관개 : 파이프에 직접·작은 구멍을 내어 살수하는 방법이다.
- ㉥ 암거법 : 지하에 토관, 목관, 콘크리트관, 플라스틱관 등을 배치하여 통수하고 간극으로부터 스며 오르게 하는 관개방법이다.
- ㉦ 개거법
  - 개방된 토수로에 투수하여 이것이 침투해서 모관 상승을 통하여 근권에 공급되게 하는 방법이다.
  - 지하수위가 낮지 않은 사질토 지대에서 이용된다.

핵심예제

7-1. 파이프에 직접 작은 구멍을 내어 살수하는 방법은?

① 일류관개　　　　　　② 다공관관개
③ 보더관개　　　　　　④ 지하관개

정답 ②

7-2. 관개방법 중 지하에 토관, 목관, 콘크리트관, 플라스틱관 등을 배치하여 통수하고 간극으로부터 스며 오르게 하는 방법은?

① 일류관개법　　　　　② 수반법
③ 개거법　　　　　　　④ 암거법

정답 ④

7-3. 다음에서 설명하는 것은?

- 개방된 토수로에 투수하여 이것이 침투해서 모관 상승을 통하여 근권에 공급되게 하는 방법이다.
- 지하수위가 낮지 않은 사질토 지대에서 이용된다.

① 개거법　　　　　　　② 암거법
③ 수반법　　　　　　　④ 압입법

정답 ①

해설

7-1
① 일류관개법 : 등고선에 따라 수로를 내고 임의의 장소로부터 월류하도록 하는 방법
③ 보더관개 : 완경사의 포장을 알맞게 구획하고 상단의 수로로부터 전체 표면에 물을 흘려 펼쳐서 대는 방법

7-3
③ 수반법 : 포장을 수평으로 구획하고 관개하는 방법
④ 압입법 : 뿌리가 깊은 과수 주변에 구멍을 뚫고 물을 주입하거나 기계적으로 압입하는 방법

핵심이론 08 유기원예의 토양관리

① 토성과 원예작물 생육

　㉠ 토양의 3상 구성 : 원예작물이 잘 자라는 데 알맞은 토양 구성은 고상 50%(무기질 45% + 유기질 5%), 액상(토양 수분) 25%, 기상(토양공기) 25%이다.

　㉡ 토양공극

　　• 식물이 흡수할 수 있는 물의 저장능력은 토성에 따라 차이가 있다.

　　• 일정 부피를 가진 토양이 공기와 물을 지닐 수 있는 것은 공극이 있기 때문이다.

　　• 토양공극에는 공기와 물이 차 있으며, 이산화탄소와 수증기가 많은데, 산소 함량이 10% 이상이어야 뿌리가 자랄 수 있다.

　　• 점토는 입단을 형성하지 않는 한 서로 밀착하여 매우 미세한 공극만을 만든다. 이러한 공극은 물과 공기도 통과시킬 수 없으며, 식물의 뿌리도 통과시키기 어렵다.

　　• 사질토는 공극은 크고 연속적이기 때문에 물의 이동이나 공기의 이동이 빠르다.

　　• 식질토는 공극의 양은 많지만 그 크기가 작고 불연속적인 경우가 많아 물의 이동이나 공기의 갱신이 느리다.

② 토양의 공극량

　㉠ 토양의 공극량은 토양의 가비중과는 반비례 관계를 가지므로 사질토양이나 심부토양의 경우는 낮은 공극량(30~50%)을, 미사질 또는 점토질 토양은 비교적 높은 공극량(40~60%)을 갖는다.

　㉡ 토양입자의 균질성과 직접적으로 관계되며, 고른 입도를 가진 토양이 다양한 입도를 가진 토양에 비해 공극량이 높다.

　㉢ 고체가 차지하는 비율인 고상률도 공극량과 밀접한 관계를 가지며, 용적비중을 입자비중으로 나눈 것의 백분율로 계산한다.

　㉣ 토양의 공극량은 용적비중(가비중)과 입자비중(진비중)으로부터 계산한다.

• 공극률(%) = $100 \times \left(1 - \dfrac{용적비중}{입자비중}\right)$

• 고상률(%) = $\left(\dfrac{용적비중}{입자비중}\right) \times 100$

8-1. 토양의 고상 사이에 물이나 공기로 채워질 수 있는 틈을 공극이라 하는데 토양의 진밀도가 2.65g/cm³이고, 가밀도 1.33/cm³일 때 공극률은?

① 32.4%　　　　　　② 45.7%
③ 49.8%　　　　　　④ 52.3%

정답 ③

8-2. 토양공극에 관한 설명으로 틀린 것은?

① 사질토는 공극이 크고 연속적이기 때문에 물의 이동이나 공기의 이동이 빠르다.
② 식질토는 공극의 양은 많지만 그 크기가 작고 불연속적인 경우가 많아 물의 이동이나 공기의 갱신이 느리다.
③ 오랫동안 경작을 하면 일반적으로 소공극이 감소하고, 대공극이 증가하며 유기물 함량이 늘어난다.
④ 일정 부피를 가진 토양이 공기와 물을 지닐 수 있는 것은 공극이 있기 때문이다.

정답 ③

해설

8-1

공극률(%) = (1−가밀도/진밀도) × 100
　　　　　 = (1−1.33/2.65) × 100
　　　　　 = 49.8%

핵심이론 09 유기원예의 토양수분 및 토양산도 관리

① 토양수분

　㉠ 토양수분의 종류 : 토양수분은 자유수, 모세관수 및 흡습수로 나뉘는데 식물이 이용할 수 있는 유효수분은 모세관수이다.

　㉡ 원예작물과 수분 공급

　　• 호습성 식물인 난류, 아나나스류, 야자류, 수국, 철쭉류, 알뿌리 등은 보통 식물보다 수분 공급을 많이 해 주어야 한다.

　　• 토양수분이 많아지면 공기 함량이 적어지고, 반대로 공기가 많아지면 수분 함량이 적어진다.

　　• 찰흙의 함량이 많을수록 포장 용수량이 크고 위조점이 높다.

　　• 유효수분은 양토에서 가장 많고, 식양토 · 식토에서는 약간씩 적어진다.

　　※ 포장 용수량 : 수분으로 포화된 토양으로부터 증발을 방지하면서 중력수를 완전히 배제하고 남은 수분 상태

② 토양산도

　㉠ 우리나라의 토양은 염기, 특히 탄산칼슘의 유실이 심하여 산성토양이 많다.

　㉡ 대부분의 원예작물은 pH 5~7의 범위에서 잘 자란다.

　㉢ 밤나무와 복숭아나무는 산성토양에서, 무화과나무와 포도나무는 중성 토양과 약알칼리성 토양에서, 배나무, 감나무, 밀감나무 등은 약산성토양에 적합하다.

　※ 잠산도 : 토양입자에 흡착되어 있는 교환성 수소와 교환성 알루미늄에 의한 것으로서 교환성 알루미늄과 교환성 수소이온은 토양산도의 주요 원인물질이다.

　㉣ 산성토양 적응성

　　• 극히 강한 것 : 벼, 밭벼, 귀리, 기장, 땅콩, 아마, 감자, 호밀, 토란

　　• 강한 것 : 메밀, 당근, 옥수수, 고구마, 오이, 호박, 토마토, 조, 딸기, 베치, 담배

　　• 약한 것 : 고추, 보리, 클로버, 완두, 가지, 삼, 겨자

　　• 가장 약한 것 : 알팔파, 자운영, 콩, 팥, 시금치, 사탕무, 셀러리, 부추, 양파

　　※ 산성토양을 교정하는 올바른 방법 : 유기질 비료(퇴비)와 함께 석회를 시용한다.

③ 토양개량과 원예작물 생육

　㉠ 깊이갈이로 작물의 근권을 확대하고, 유기물을 시용하여 토양의 물리적 성질을 개선한다.

　㉡ 유기물을 공급하면 토양구조를 입단구조(떼알구조)화한다.

　㉢ 석회시용과 관배수 대책을 세워야 한다.

　㉣ 과수는 영년생 심근성 작물로 해가 갈수록 토양의 영향을 많이 받는다.

　㉤ 과수원의 토양관리방법 중 심경(深耕)의 효과

　　• 과수원을 심경하고 유기물을 시용하면 토양의 경도가 낮고, 조공극이 생겨서 유효수분의 함유량이 증가한다.

　　• 토양 속 비료성분을 가급태화한다.

　　• 점질땅에서는 통기성을 좋게 한다.

　　• 토양에 물의 침투성을 좋게 한다.

> • 토양의 염류농도를 측정하는 데 이용하는 것 : 전기전도도
> • 토양 전기전도도가 높으면 토양의 염류농도가 높다.

④ 유기농산물 생산에 있어 토양개량과 작물생육을 위하여 사용하는 자재

　㉠ 유기농장 부산물로 만든 퇴비

　㉡ 합성화학물질이 포함되어 있지 않은 식품 및 섬유공장의 유기적 부산물

　㉢ 벤토나이트, 펄라이트, 제올라이트

　㉣ 나무재, 소석회, 자연암석분말

　㉤ 퇴비화된 가축 배설물

　㉥ 해조류 가루

　㉦ 혈분, 육분, 골분 등 도축장에서 나온 가공제품

［핵심예제］

9-1. 산성토양에 극히 강한 것으로만 나열된 것은?

① 자운영, 콩　　　　② 팥, 시금치
③ 사탕무, 부추　　　④ 기장, 땅콩

　　　　　　　　　　　　　정답 ④

9-2. 유기농림산물의 생산을 위한 방법으로 산성토양을 교정하는 올바른 방법은?

① 염기성 비료(석회, 고토, 칼리)에 의존한다.
② 유기질 비료(퇴비)와 함께 석회를 시용한다.
③ 유기질 비료(퇴비)만 시용한다.
④ 유기질 비료(퇴비)와 함께 화학비료 시비량을 조절한다.

　　　　　　　　　　　　　정답 ②

4-5. 유기재배관리

핵심이론 01 유기원예작물의 번식(영양번식)(1)

① 영양번식

    ㉠ 식물의 생식기관이 아닌 영양기관(營養器官), 즉 줄기(莖), 잎(葉), 눈(芽), 뿌리(根) 등을 이용해서 번식시키는 방법이다.

    ㉡ 수세 조절, 풍토 적응성 증대, 병해충 저항성 증대, 결과 촉진, 품질 향상, 수세회복 등의 장점이 있다.

    ㉢ 번식방법에는 꺾꽂이(삽목), 접목, 분구(分球), 포기나눔(분주), 휘묻이(취목), 조직배양 등이 있다.

② 분주(포기나누기)

    ㉠ 뿌리를 붙여 나누는 번식법으로 숙근초와 관목류에서 많이 이용한다.

    ㉡ 모시풀, 작약, 당귀, 박하, 나무딸기, 석류, 닥나무, 아스파라거스, 머위 등에서 이용한다.

③ 취목(Layering)

    ㉠ 모주(母株)에 붙어 있는 채 가지에 상처 또는 환상박피(돌려벗기기) 후 습기가 있는 수태를 감아 막뿌리를 발생시켜 독립개체를 만드는 번식법이다.

    ㉡ 취목에는 지복법, 파상취법, 당목취법, 선취법, 성토법, 고취법 등이 있다.

      • 지복법 : 모주의 가지를 지면에 구부려 복토하여 발근시키는 방법

      • 파상취법 : 긴 가지를 파상으로 휘어서 하곡부마다 흙을 덮어 한 가지에서 여러 개 취목(포도)

      • 당목취법 : 가지를 수평으로 묻고 각 마디에서 발생하는 새 가지를 발근시켜 한 가지에서 여러 개 취목(포도, 양앵두, 자두)

      • 선취법 : 가지의 선단부를 휘어 묻는 방법(나무딸기)

      • 성토법 : 나무그루 밑동에 흙을 긁어 모아 발근시키는 방법(뽕나무, 사과나무, 양앵두, 자두)

      • 고취법 : 온실관엽식물이나 분재 등에서 높은 곳에 발근시키는 방법

④ 삽목(꺾꽂이, Cutting)

    ㉠ 이용 부위에 따라 엽삽, 근삽, 지삽이 있다.

      • 엽삽 : 베고니아, 펠라고늄 등

      • 근삽 : 땅 두릅, 감, 사과, 자두, 앵두 등

      • 지삽 : 포도, 무화과 등

    ㉡ 지삽의 종류

      • 녹지삽 : 봄철에 돋은 새순을 7, 8월에 삽목하는 것으로 카네이션, 펠라고늄, 콜레우스, 피튜니아 등 화훼류에 이용한다.

      • 경지삽 : 지난해 돋은 새순을 잘라 다음해 봄에 삽목하는 것

      • 숙지삽 : 겨울에 하는 삽목으로 포도, 무화과 등의 과수에서 이용한다.

      • 신초삽 : 인과류, 핵과류, 감귤류 등에서 1년 미만의 새 가지를 삽목한다.

      • 단아삽 : 눈 하나만을 가진 줄기(포도 등) 등에 이용한다.

[핵심예제]

1-1. 포기 밑에 가지를 많이 내고, 성토해서 발근시키는 방법으로 자두나무 등에서 이용되는 방법은?

① 선취법   ② 당목취법

③ 성토법   ④ 고취법

정답 ③

1-2. (가), (나)에 들어갈 내용은?

  • 인과류·핵과류·감귤류 등에서는 1년 미만의 새 가지를 삽목하는데, 이를 (가)라고 한다.

  • 포도나무에서는 눈 하나만을 가진 줄기를 삽목하기도 하는데, 이를 (나)라고 한다.

① 가 : 경지삽, 나 : 녹지삽

② 가 : 녹지삽, 나 : 단아삽

③ 가 : 단아삽, 나 : 신초삽

④ 가 : 신초삽, 나 : 단아삽

정답 ④

핵심이론 02 유기원예작물의 번식(영양번식)(2)

① 접 목

　㉠ 다른 영양번식이 어렵거나 개화, 열매맺음을 좋게 하기 위해 한다.

　㉡ 접목은 바탕나무와 접수의 친화성을 이용하여 형성층을 유착하는 것이다.

　㉢ 접목에는 깎기접, 짜개접, 맞접, 설접, 안장접, 배접 등이 있다.

　㉣ 장 점
　　• 토양전염성 병(덩굴쪼김병 등)의 발생을 억제한다(수박, 참외, 오이).
　　• 흡비력이 강해진다.
　　• 저온, 고온 등 불량한 환경에 대한 내성이 증대된다.
　　• 과습에 대한 저항성이 증대된다.
　　• 품질이 향상된다(수박, 멜론 등).

　㉤ 단 점
　　• 질소 과다 흡수가 우려되고, 기형과 발생이 많아진다.
　　• 당도가 떨어지고, 흰가루병에 약해진다.

② 기 타

　㉠ 절상 : 눈이나 가지의 바로 위에 가로로 깊은 칼금을 넣어 눈이나 가지의 발육을 촉진하는 것

　㉡ 제얼 : 감자재배에서 한 포기로부터 여러 개의 싹이 나올 경우, 그중 충실한 것을 몇 개 남기고 나머지는 제거하는 작업을 말한다.

　㉢ 휘기 : 가지를 수평 또는 그보다 더 아래로 휘어 가지의 생장을 억제한다. 또 정부우세성을 이동시켜 기부에서 가지가 발생하도록 하는 것이다.

③ 발근과 활착 촉진

　㉠ 호르몬 처리 : IAA, IBA, NAA 등

　㉡ 당액 처리 : 6% 자당액에 60시간 처리(포도 단아삽)

　㉢ 과망간산칼륨액($KMnO_4$) : 0.1~1.0% 과망간산칼륨액에 삽수를 24시간 침지하면 발근이 촉진된다.

　㉣ 환상박피 : 취목 시 환상박피, 절상, 연곡 등의 처리를 하면 발근이 촉진된다.

　㉤ 황화 : 발근시킬 가지의 일부분을 흙으로 덮거나 검은 종이로 싸서 일광과 엽록소 형성을 억제하면 발근이 촉진된다.

핵심예제

2-1. 박과 채소 접목의 특성에 대한 설명으로 틀린 것은?

① 토양전염성 병 발생을 억제한다.
② 흡비력이 강해진다.
③ 당도가 증가한다.
④ 과습에 잘 견딘다.

정답 ③

2-2. 눈이나 가지의 바로 위에 가로로 깊은 칼금을 넣어 눈이나 가지의 발육을 촉진하는 것은?

① 절 상　　　　　② 제 얼
③ 적 아　　　　　④ 적 심

정답 ①

2-3. 다음에서 설명하는 것은?

> • 가지를 수평 또는 그보다 더 아래로 휘어 가지의 생장을 억제한다.
> • 정부우세성을 이동시켜 기부에서 가지가 발생하도록 하는 것이다.

① 적 심　　　　　② 적 엽
③ 휘 기　　　　　④ 제 얼

정답 ③

해설

2-1

박과류 채소의 접목을 통해 당도를 증가시킬 수는 없다.

핵심이론 03 | 종자의 선택, 육묘(1)

① 유기농 원예작물의 종자 선택
- ㉠ 토양이나 기후환경에 적합한 품종을 선택한다.
- ㉡ 병충해에 강한 저항성 품종(병해충, 내건·내습·내비성 등)을 선택한다.
- ㉢ 유기농업 재배포장에서 채종한 종자를 선택한다.
- ㉣ 관행농업에서 채종한 종자가 아닌 종자를 선택한다.
- ㉤ 유전자 변형종자(GMO, LMO 등)가 아닌 종자를 선택한다.
- ㉥ 화학물질로 소독된 종자가 아닌 종자를 선택한다.

[품종/종묘 선택에 관한 유기농업의 규정]

구 분	유기농업 기본규약/규격 및 핵심기술
국제유기농업연맹 (IFOAM)의 기본규약	• 저항성 품종 선택 • 유전공학적 종자/식물체 사용 불가
CODEX의 유기농업 규격	• 병충해, 잡초에 대한 적절한 저항성 품종 선택 • 유기농법 생산종자/종묘(1년생 작물 : 최소 1년, 영년생 작물 : 최소 2년)

② 육묘의 특징
- ㉠ 딸기, 과수, 고구마 등 직파가 불리한 경우 필요하다.
- ㉡ 과채류, 벼, 콩, 맥류 등 증수효과가 있다.
- ㉢ 조기 수확을 목적으로 할 때 필요하다.
- ㉣ 토지와 시설 이용성이 증대된다.
- ㉤ 집약적 관리로 한해, 냉해, 병충해 등 재해를 방지할 수 있다.
- ㉥ 용수의 절약이 가능하다.
- ㉦ 종자를 절약할 수 있다.
- ㉧ 노력을 절감할 수 있다.
- ㉨ 화아분화 억제 및 추대 방지가 된다.

③ 묘상 설치장소의 구비조건
- ㉠ 본포와 집에서 가까운 곳에 설치하는 것이 관리에 편리함
- ㉡ 양질의 농업용수, 지하수위가 낮고 배수가 양호한 곳
- ㉢ 서북향이 막혀 냉온과 냉풍의 피해를 막을 수 있는 곳
- ㉣ 냉수와 오수의 침입이 없고 배수가 양호한 곳
- ㉤ 너무 비옥하거나 너무 척박하지 않은 곳
- ㉥ 토양전염성 병충해 등의 피해가 없는 곳
- ㉦ 인축의 출입이나 교통이 빈번하지 않은 곳
- ㉧ 유기재배를 위해서 육묘장은 반드시 유기인증을 받은 곳

핵심예제

3-1. 육묘의 장점이 아닌 것은?

① 조기 수확
② 토지이용도의 증대
③ 노력 절감
④ 조기 추대

정답 ④

3-2. IFOAM은 무엇인가?

① 유기농업운동연맹
② 국제유기농업운동연맹
③ 스위스연방유기농업연구소
④ 독일유기농업재단

정답 ②

3-3. 국제유기농업운동연맹의 기본 규약 중 품종, 종묘 선택에 관한 유기농업의 규정은?

① 병충해 잡초에 대한 적적한 정항성 품종 사용 불가
② 유전공학적 저항성 품종 사용
③ 저항성 품종 사용, 유전공학적 종자 및 식물체 사용 불가
④ 1년생 작물, 영년생 작물 사용 불가

정답 ③

핵심이론 04 종자의 선택, 육묘(2)

① 양열재료
   ㉠ 온상이나 임시모관에 쓰이는 인공가온재료
   ㉡ 양열재료의 종류
   • 주재료(탄소) : 볏짚, 두엄, 건초 등
   • 부재료(질소) : 깻묵, 겨, 유박, 계분, 황산암모늄 등
   ㉢ 양열재료 넣을 때 유의사항
   • 탄수화물, 섬유소 등이 각종 호기성균, 효모 같은 미생물의 활동에 의해 분해되는데 이때 질소(영양)가 필요하므로 부족하면 첨가한다.
   • 유기물이 토양미생물에 의해 분해되는 정도는 유기물이 갖고 있는 탄소와 질소의 함량비율에 의하여 결정된다.
   • 발열은 적당한 온도가 균일하게 지속되어야 하며 수분 함량이 알맞아야 한다.
   • 수분은 재료를 밟을 때 발자국에 물이 약간씩 스며나올 때가 알맞다.
   • 수분 함량은 60~70%(발열재료의 1.5~2.5배)가 알맞다.
   • 발열재료의 C/N율은 20~30일 때 양호하다.

[각종 양열재료의 C/N율]

재 료	탄 소	질 소	C/N율	재 료	탄 소	질 소	C/N율
쌀보리짚	50.0	0.305	166	쌀 겨	37.0	1.70	22
밀 짚	55.7	0.48	116	자운영	44.0	2.70	16
볏 짚	42.2	0.63	67	알팔파	40.0	3.00	13
감 자	44.0	1.50	29	면실박	16.0	5.00	3.2
낙 엽	49.0	2.00	25	콩깻묵	17.0	7.00	2.4

② 유기농업용 상토의 구비조건
   ㉠ 양분의 균형이 맞아야 한다(비료성분이 균일하고 적당하게 함유).
   ㉡ 화학성 면에서 pH가 6.0~6.5 정도로 안정되고 적정 범위를 유지해야 한다.
   ㉢ 물리성 측면에서 통기성, 보수성, 흡수력, 배수성이 적절해야 한다.
   ㉣ 병해충에 오염되어서는 안 되며, 잡초종자나 유해성분 등을 포함해서는 안 된다.
   ㉤ 품질이 안정되고, 장기적으로 안정하게 공급될 수 있어야 한다.
   ㉥ 취급이 용이해야 한다.
   ㉦ 농가에서 자가상토 제조가 어려우면 시판상토를 소독하여 사용한다.
   ㉧ 일반 흙을 이용할 경우 토양전염병이나 해충이 의심되면 태양열 소독을 한다.
   ㉨ 퇴비는 상토에 영양을 공급할 수 있는 자재로 적어도 사용 6개월 전에 만들어 놓는다.

핵심예제

4-1. 유기고추 육묘에 대한 설명으로 틀린 것은?

① 유기재배를 위해서 육묘장은 반드시 유기인증을 받은 곳이어야 한다.
② 농가에서 자가상토 제조가 어려우면 시판상토를 바로 사용해도 무방하다.
③ 일반 흙을 이용할 경우 토양전염병이나 해충이 의심되면 태양열 소독을 한다.
④ 퇴비는 상토에 영양을 공급할 수 있는 자재로 적어도 사용 6개월 전에 만들어 놓는다.

정답 ②

4-2. 유기물이 토양미생물에 의해 분해되는 정도는 무엇에 의하여 결정되나?

① 유기물이 갖고 있는 탄소와 칼륨의 함량비율
② 유기물이 갖고 있는 탄소와 인의 함량비율
③ 유기물이 갖고 있는 탄소와 질소의 함량비율
④ 유기물이 갖고 있는 질소와 칼륨의 함량비율

정답 ③

4-3. 유기농업용 상토의 구비조건으로 가장 부적절한 것은?

① 양분의 균형이 맞아야 한다.
② 화학성 면에서 pH가 안정되고 적정 범위를 유지해야 한다.
③ 물리성 측면에서 통기성, 보수성, 흡수력, 배수성이 적절해야 한다.
④ 상토 중 병해충이나 잡초종자는 재배에 큰 영향이 없다.

정답 ④

해설

4-3
상토는 배수와 보수성이 적당하고, 잡초종자나 병원균이 없는 비료성분이 넉넉한 것이 종묘 성장에 유리하다.

핵심이론 05　유기원예작물의 재배기술

① 파종방법

　㉠ 산파(흩어뿌림)
- 종자를 포장 전면 또는 이랑 전면에 뿌리는 방법이다.
- 맥류나 목초, 열무, 쑥갓, 얼갈이배추 등 단기간 수확을 목표로 한다.
- 노력이 적게 들고 생육이 고르지 못하며, 파종 후 작업관리가 불편하다.

　㉡ 점파(점뿌림)
- 일정한 포기 사이 간격을 두고 종자를 몇 알씩 파종하는 방법이다.
- 콩, 감자, 옥수수, 배추 등에서 이용되며, 생육과정 중 건실한 묘의 솎아주기 작업이 필요하다.
- 노력은 많이 드나 생육이 균일하다.

　㉢ 조파(줄뿌림)
- 골타기를 하고 종자를 줄지어 뿌리는 방법이다.
- 맥류처럼 개체가 차지하는 평면공간이 넓지 않은 작물에 적용한다.
- 맥류, 잡곡, 당근, 무, 상추, 우엉 등 주로 직파작물에 이용되며 관리작업이 편리하다.

② 재배양식

　㉠ 직파재배
- 유기수도작의 직파재배에 알맞은 품종 : 저온 발아성, 담수토중 발아성(담수직파), 초기 신장성이 높고 뿌리가 깊게 뻗고 키가 작으며 도복에 강한 품종을 선택한다.
- 직파재배의 장점
  - 노동력 절감 및 노력 분산
  - 관개용수 절약
  - 단기성 품종 활용 시 작부체계 도입이 유리
  - 토지이용률 증대
  - 육묘에 대한 부담 억제
- ※ 직파재배는 경운을 생략하고 파종되기 때문에 입모율이 떨어지고 도복이 심하다.

　㉡ 혼파
- 파종작업이 편리하다.
- 파종·채종작업이 힘들고, 병충해 방제 및 기계화가 어렵다는 단점이 있다.

　㉢ 이식의 양식
- 조식 : 파, 맥류에서 실시되며, 골에 줄지어 이식하는 방법
- 점식 : 포기를 일정한 간격을 두고 띄어서 점점이 이식하는 방법(콩, 수수, 조)
- 혈식 : 포기를 많이 띄어서 구덩이를 파고 이식하는 방법으로 과수, 수목, 꽃나무 등에서 실시된다.
- 난식 : 일정한 질서 없이 점점이 이식하는 방법

[핵심예제]

5-1. 골타기를 하고 종자를 줄지어 뿌리는 방법으로, 맥류처럼 개체가 차지하는 평면공간이 넓지 않은 작물에 적용하는 것은?

① 산 파　　　　　　② 점 파
③ 조 파　　　　　　④ 적 파

정답 ③

5-2. 직파재배의 장점으로 틀린 것은?

① 입모 안정
② 노동력 절감 및 노력 분산
③ 관개용수 절약
④ 단기성 품종 활용 시 작부체계 도입이 유리

정답 ①

5-3. 포기를 많이 띄어서 구덩이를 파고 이식하는 방법은?

① 조 식　　　　　　② 이앙식
③ 혈 식　　　　　　④ 노포크식

정답 ③

해설

5-2
직파재배는 입모율이 떨어지고 도복이 심하다.

유기원예작물의 재배관리

① 복 토

  ㉠ 종자가 보이지 않은 정도의 복토 : 파, 양파, 당근, 상추, 담배, 유채, 소립목초종자 등

  ㉡ 0.5~1cm 깊이의 복토 : 고추, 가지, 토마토, 양배추, 배추, 오이, 순무, 차조기 등

  ㉢ 3~4.5cm 깊이의 복토 : 콩, 팥, 옥수수, 완두, 강낭콩, 잠두 등

  ㉣ 5~9cm에 해당하는 것 : 감자, 토란, 생강 등

  ㉤ 10cm 깊이의 복토 : 튤립, 수선화 등

② 솎기 : 병든 것, 생육이 부진한 것, 이형개체 등을 2~3회 솎아 준다.

③ 중 경

  ㉠ 밭 고랑의 흙을 농기구로 긁어 가늘게 쪼아서 토양을 부드럽게 하는 작업으로, 대개 제초작업을 겸하여 실시하고 제초작업은 호미나 괭이, 제초기 등을 이용한다.

  ㉡ 중경의 장점

    • 발아 및 토양통기의 촉진

    • 단근으로 생육 조절

    • 토양수분의 증발 경감

    • 잡초의 제거 및 비효증진효과

  ㉢ 중경의 단점 : 단근, 풍식 조장(토양유실), 동상해 조장

④ 배 토

  ㉠ 작물의 생육 중 이랑 사이 흙을 그루 밑에 긁어 모아 주는 작업

  ㉡ 작물재배 시 배토의 목적

    • 무효분얼의 억제 및 도복의 경감

    • 막뿌리(부정근) 발생 촉진

    • 덩이줄기(감자, 고구마 등)의 발육 촉진

    • 인경의 백화 촉진

⑤ 정 지

  ㉠ 입목형 정지 : 주간형(원추형), 변칙주간형, 개심자연형, 배상형(개심형)

> **배상형**
> • 짧은 원줄기상에 3~4개의 원가지를 발달시켜 수형이 술잔모양으로 되게 하는 정지법이며, 개심형이라고도 한다.
> • 원가지의 부담이 커서 가지가 늘어지기 쉽고, 결과수가 적어지는 결점이 있다.

  ㉡ 울타리형 정지

  포도나무의 정지법으로 흔히 이용되는 방법이며, 가지를 2단 정도로 길게 직선으로 친 철사에 유인하여 결속시킨다.

    • 교목성과수 : 방추형, 세장방추형, 수직축형, 하이브리드트리콘형, 타투라트렐리스형, Y자형

    • 덩굴성과수 : 웨이크만식 수형, 수평코돈식 수형

  ㉢ 덕형 정지 : 지상 약 1.8m 높이에 가로 세로로 철선을 늘이고 결과 부위를 평면으로 만들어 주는 수형으로, 포도나무와 키위푸르트, 배나무 재배에 적용된다.

⑥ 수분과 결실의 조절

  ㉠ 수분 : 바람(풍매)과 곤충(꿀벌, 나비) 등에 의해 자연스럽게 수분이 이루어지나 날씨가 좋지 않거나 일부 과수는 인공수분이 필요하다.

  ㉡ 적화 : 개화수가 너무 많을 경우 꽃을 따 주는 작업이다.

  ㉢ 적과 : 착과수가 너무 많을 경우 솎아내기를 해 주는 작업이다.

핵심예제

6-1. 작물재배 시 배토의 목적이라고 볼 수 없는 것은?

① 도복의 경감

② 신근 발생의 억제

③ 무효분얼의 억제

④ 덩이줄기의 발육 촉진

정답 ②

6-2. 짧은 원줄기상에 3~4개의 원가지를 발달시켜 수형이 술잔모양으로 되게 하는 정지법은?

① 덕 형   ② 울타리형

③ 원추형   ④ 배상형

정답 ④

6-3. 포도나무의 정지법으로 흔히 이용되는 방법이며, 가지를 2단 정도로 길게 직선으로 친 철사에 유인하여 결속시킨 것은?

① 절단형 정지   ② 변칙주간형 정지

③ 원추형 정지   ④ 울타리형 정지

정답 ④

해설

6-3

포도나무의 정지법으로 흔히 이용되는 방법은 관리가 용이한 평덕식 또는 울타리형 정지법이다.

핵심이론 07 · 유기원예작물의 병해충 방제

① CODEX 규정 병해충 관리 원칙
- ㉠ 지역특성에 맞는 저항성 품종 선택
- ㉡ 적절한 윤작
- ㉢ 물리적인 경종적 방제
- ㉣ 천적의 보호와 천적에게 알맞는 환경 조성
- ㉤ 생태계의 다양성 유지
- ㉥ 포식자와 기생자 방사
- ㉦ 천연광물질 및 식물자원 활용
- ㉧ 트랩, 울타리, 빛, 소리 등을 이용한 물리적인 방제
- ㉨ 토양의 증기 소독 등
- ㉩ 생명동태적 제제의 사용

② 유기농업에서 병해충 제어를 위해 4단계 방어선
- ㉠ 1차 방어선 : 유기종자의 파종과 윤작
  - 유기농업에서는 무엇보다 윤작을 실시하여 건강한 토양에서 작물을 재배하도록 한다.

  > **유기종자의 조건**
  > • 상업용 품종에 있어서 병충해 저항성이 높아야 한다.
  > • 1년간 유기농법으로 재배된 작물에서 채종되어야 한다.
  > • 종자소독을 처리하지 않은 종자이어야 한다.

- ㉡ 2차 방어선 : 최적시비와 생태계의 섬(완충지대 : Buffer Zone) 조성
  - 토양 진단을 통한 최적시비로 질소 시비량을 줄여 나가는 것
  - 생태계의 섬을 밭둑, 연못 주위, 가로수, 이격거리, 제방 등에서 형성해 줌으로써 많은 수의 식물체가 유기농업 포장 근처에서 자라고, 여기에 많은 종류의 곤충이 자라게 하여 곤충을 먹고 사는 천적이 자연스레 밀도가 유지되도록 하는 것

  > **완충지대**
  > • 천적의 번식 및 활동이 가능한 지대
  > • 다양한 식물의 생육이 가능한 지대
  > • 생물종의 다양성이 유지되는 지대

- ㉢ 3차 방어선 : 기계적수단과 동물제초
  - 병충해가 발생하면 여러 기계적 수단과 동물제초를 실시하는 것
- ㉣ 4차 방어선 : 허용자재 사용
  - 천적의 적절한 투입과 병해충 방제 허용자재를 활용한다.

핵심예제

7-1. CODEX 규격에 의한 병충해와 잡초방제 수단이 아닌 것은?
① 하수슬러지 사용
② 기계적 경운
③ 생태계의 다양화
④ 생명동태적 제제의 사용

정답 ①

7-2. 유기농업에서 병해충 제어를 위해 4단계 방어선을 설정할 수 있다. 단계별 방어선과 핵심 내용으로 다른 것은?
① 1차 방어선 – 윤작
② 2차 방어선 – 생태계의 섬(Buffer Zone)
③ 3차 방어선 – 다량 시비
④ 4차 방어선 – 허용자재 사용

정답 ③

7-3. 유기농업 현장에서 강조되는 완충지대(Buffer Zone)의 설명으로 틀린 것은?
① 천적의 번식 및 활동이 가능한 지대
② 저항성 식물의 재배가 가능한 지대
③ 다양한 식물의 생육이 가능한 지대
④ 생물종의 다양성이 유지되는 지대

정답 ②

해설

7-2
토양진단을 통한 최적시비를 행한다.

핵심이론 08 **유기원예작물의 병해관리**

① 병해관리방법

　㉠ 예방적 병해관리
- 지역환경에 맞는 작물 및 저항성 품종 선택 재배
- 건전한 종자 선택 및 건전한 육묘
- 적합한 작부체계 도입
- 유기물 공급과 양분의 균형관리
- 포장위생 및 병해충 발생원 차단
- 천적자원의 보호 증식
- 파종 및 재배시기 및 재식거리 조절
- 적절한 물 관리 등 재배적인 방법 개선

　㉡ 치료적 병해관리 : 병해충의 발생이 작물 생산에 위협이 되는 상황에서는 생물농약 등 친환경유기농업에서 활용 가능한 작물보호자재를 투입하여 관리해야 한다.

　　※ 생물농약 : 유기농업에서 사용이 가능하며, 생물농약 중 미생물농약에 대한 등록규정이 고시(2000. 6. 7)되어 총 17품목의 미생물살균제가 등록되어 시판 중에 있다.

② 미생물 농약의 장점

　㉠ 환경에 대한 안전성이 높다.

　㉡ 방제대상 병해충은 내성이나 저항성을 가지기 어렵다.

　㉢ 인축에 해가 거의 없고, 작물의 피해를 주는 사례가 거의 없다.

　㉣ 병충해에 선택적으로 작용하며 유용생물에 악영향을 거의 주지 않는다.

　㉤ 화학농약으로 방제가 어려운 시기에 병충해 문제를 해결할 수 있다.

③ 미생물 농약의 단점

　㉠ 화학농약에 비해 방제효과가 불안정하고 서서히 나타난다.

　㉡ 재배환경 등 환경요소에 영향을 받기 쉽다.

　㉢ 사용 적기를 놓치면 효과가 낮아진다.

　㉣ 화학농약과의 혼용 여부를 반드시 살펴 사용하여야 효과적이다.

　㉤ 대량생산체계가 잘 갖추어지지 않는 등 생산비가 높아 가격이 비싸다.

난황유
- 식용유(채종유, 해바라기유 등)와 계란 노른자를 유화시킨 현탁액이다.
- 모든 농작물과 가정용 원예작물재배에 널리 활용할 수 있다.
- 인축에 대한 독성이나 환경에 대한 오염 우려가 없다.
- 흰가루병, 노균병, 응애, 온실가루이, 진딧물 등에 대한 방제효과는 높지만, 기타 병해충에 대한 방제효과는 상대적으로 낮다.

핵심예제

8-1. 미생물 농약의 장점으로 거리가 먼 것은?

① 환경에 대해 안전하다.
② 효과가 서서히 나타나는 경우가 많다.
③ 병충해가 내성을 가지기 어렵다.
④ 인축에 해가 적다.

정답 ②

8-2. 미생물 농약의 단점으로 옳은 것은?

① 환경에 대한 안전성이 높다.
② 병해충이 내성을 가지기 어렵다.
③ 재배환경 등 환경요소에 영향을 받기 쉽다.
④ 인축에 해가 거의 없고, 작물의 피해를 주는 사례가 거의 없다.

정답 ③

핵심이론 09 유기원예작물의 충해관리

> 해충은 경제적 피해 허용수준을 고려하여 경종적 방법 → 물리적·생물적 방제 → 유기농자재 활용의 단계가 필요하다.

① 예방적 해충관리 방안

　㉠ 저항성 품종 선택

　㉡ 저독성 천연물질을 이용한 해충방제

　㉢ 생태계 종의 다양성 확보로 해충 피해 제어

　㉣ 병충해 발생환경의 차단

　㉤ 천적자원의 보호증식

　　• 천적의 먹이를 제공하기 위해 일부 병충들을 포장 내에 존재시킨다.

　　• 간작 및 혼작을 통해 다양한 작물을 경작한다.

　　• 천적이 먹이를 먹을 수 있고 숨을 수 있는 장소를 제공하기 위해 서식지 내 알맞은 식물을 배치한다.

② 유기경종에서 사용할 수 있는 병해충 방제방법

　㉠ 내병성 품종, 내충성 품종을 이용한 방제

　㉡ 봉지 씌우기, 유아등 설치, 방충망 설치를 이용한 방제

　㉢ 천연물질, 페로몬, 천연살충제를 이용한 방제

　㉣ 생물농약을 이용한 방제

> • 경종적 방제방법 : 내병충성 품종의 선택, 종자의 선택, 수확물의 건조, 윤작, 생육기의 조절, 시비법 개선 등
> • 물리적(기계적) 방제방법 : 인력에 의한 살충, 동력흡충기 활용, 유아등 이용, 방충망 설치, 침수법, 온탕침법, 태양열소독법 등

③ 무농약 토양소독법 : 소토법, 증기이용법, 태양열이용법

　㉠ 태양열소독법의 특징

　　• 인체와 작물의 해작용이 없다.

　　• 유기물 투입으로 토양을 개량한다.

　　• 잡초방제의 효과도 누릴 수 있다.

　　• 상추 시들음병, 토마토 갈색뿌리썩음병, 토양 선충 등에 효과가 있다.

　㉡ 증기 이용 토양소독법의 특징

　　• 토양 속에 증기열을 가하는 방법이다.

　　• 비용과 노력이 많이 소요된다.

　　• 소독효과가 확실하고 해작용이 없다.

　　• 소독 후 바로 이용할 수 있다.

　㉢ 소토법

　　• 철판이나 세로로 쪼갠 드럼통 위에 상토를 10~20cm 정도의 두께로 펴고 밑에서 가열하여 열이 나면 유기물이 타지 않도록 물을 뿌려 상토를 적신다.

　　• 상토의 온도가 70℃ 정도가 되면 10분 정도 두었다가 밖으로 옮겨 일정 크기의 용기에 담아 사용한다.

핵심예제

9-1. 유기경종에서 사용할 수 있는 병해충 방제방법으로 틀린 것은?

① 내병성 품종, 내충성 품종을 이용한 방제

② 봉지 씌우기, 방충망 설치를 이용한 방제

③ 천연물질, 천연살충제를 이용한 방제

④ 생물농약, 합성농약을 이용한 방제

정답 ④

9-2. 유기농업의 병해충 방제법과 가장 거리가 먼 것은?

① 경종적 방제법

② 생물학적 방제법

③ 화학적 방제법

④ 물리적 방제법

정답 ③

9-3. 천적의 이용 및 관리방법으로 적절하지 않은 것은?

① 천적의 먹이를 제공하기 위해 일부 병충들을 포장 내에 존재시킨다.

② 간작 및 혼작을 통해 다양한 작물을 경작한다.

③ 화학적 방제를 이용하여 병충해 제어를 최소화한다.

④ 천적이 먹이를 먹을 수 있고 숨을 수 있는 장소를 제공하기 위해 서식지 내 알맞은 식물을 배치한다.

정답 ③

해설

9-1

유기경종에서는 화학비료와 유기합성농약을 전혀 사용하지 않아야 한다.

핵심이론 10   유기원예작물의 생물적 방제

① **생물적 방제법** : 병해충을 방제하기 위하여 생물적 요인을 도입하는 것

  ㉠ 기생성 천적 : 기생벌(맵시벌 · 고치벌 · 수중다리좀벌 · 혹벌 · 애배벌), 기생파리(침파리 · 왕눈등에), 기생선충(線蟲) 등이 있다.

   ※ 기생벌 : 원예작물에서 문제시되는 진딧물, 온실가루이, 잎굴파리류 등을 방지하기 위한 천적

  ㉡ 포식성 천적 : 풀잠자리, 무당벌레, 긴털이리응애, 칠레이리응애, 팔라시스이리응애, 꽃등에, 포식성 노린재, 진디혹파리, 황색다리침파리 등

   • 포식성 천적으로 세계에서 가장 많이 이용되고 있는 천적 : 칠레이리응애
   • 1920년대 영국에서 토마토에서 발생했던 해충인 온실가루이를 방제했던 기생성 천적 : 온실가루이좀벌

  ㉢ 병원성 미생물 천적 : 곤충병원성 세균, 바이러스, 사상균

② **해충의 천적**

  ㉠ 나방류 – 알벌
  ㉡ 나방 – 쌀좀알벌, 곤충기생선충
  ㉢ 진딧물 – 진디혹파리, 무당벌레, 풀잠자리
  ㉣ 목화진딧물, 복숭아흑진딧물 – 콜레마니진디벌, 뱅커 플랜트
  ㉤ 온실가루이 – 온실가루이좀벌, 카탈리네무당벌레
  ㉥ 점박이응애 – 칠레이리응애
  ㉦ 잎응애류 – 응애혹파리
  ㉧ 총채벌레 – 남방애꽃노린재, 오이이리응애
  ㉨ 잎굴파리 – 잎굴파리고치벌, 굴파리좀벌
  ㉩ 가루깍지벌레 – 가루깍지좀벌
  ㉪ 작은뿌리파리 – 마일즈응애

③ **작물재배에서 천적의 효과를 높이기 위한 방법**

  ㉠ 무병 · 무충의 종묘를 사용한다.
  ㉡ 외부 해충의 내부 침입을 막아 준다.
  ㉢ 천적은 가급적 초기에 투입한다.
  ㉣ 천적의 활동에 적합한 환경을 조성한다.

④ **병충해의 천적 보존과 밀도 유지를 위한 방법**

  ㉠ 먹이와 서식처 제공
  ㉡ 농약 살포 금지(선택성 농약 사용)
  ㉢ 식물 다양성 추진
  ㉣ 작물의 인접지역에서 다른 작물 재배

  ※ 천적을 증식하고 유지하는 데 이용되는 식물을 뱅커 플랜트라고 부른다. 자연생태계에서는 한 식물에서 초식자가 증식을 하고 그 초식자에서 포식자나 기생자가 증식을 한다.

핵심예제

10-1. 1920년대 영국에서 토마토에서 발생했던 해충인 온실가루이를 방제했던 기생성 천적은?

① 칠성풀잠자리   ② 온실가루이좀벌
③ 성페르몬   ④ 칠레이리응애

정답 ②

10-2. 생물학적 방제법에서 포식성 곤충에 해당하는 것은?

① 꼬마벌   ② 고치벌
③ 맵시벌   ④ 풀잠자리

정답 ④

10-3. 유기농업에서의 작물의 해충방제는 천적을 이용하는 기술이 도입되어 많이 이용하고 있다. 다음 중 대상해충과 천적이 잘못 연결된 것은?

① 진딧물 – 무당벌레
② 가루깍지벌레 – 풀잠자리
③ 온실가루이 – 온실가루이좀벌
④ 점박이응애 – 칠레이리응애

정답 ②

핵심이론 11 병해충종합관리(IPM)

① IPM(Integrated Pest Management)의 개념
  ㉠ 병해충종합관리로서 농약 사용을 줄이고 농산물의 안전성 확보와 농업과 환경의 조화를 위해 필요한 친환경적인 방제기술이다.
  ㉡ 농약으로 인한 사회 및 보건학적 위험을 감소시키는 것을 목적으로 한다.
  ㉢ 병해충의 농도를 농작물 생산의 손실을 입히지 않은 수준으로 유지하는 것이다.
  ㉣ 농약의 무분별한 사용을 줄이고 다른 방법들과 함께 농약을 현명하게 사용하는 것이다.
  ㉤ 경종적 방제 + 물리적 방제 + 화학적 방제 + 생물적 방제를 종합하여 경제적 피해수준 이하로 줄이는 병해충관리법이다.

> **병해충의 밀도를 허용 가능한 경제적 피해수준 이하로 억제하기 위한 전략**
> • 인축에 대하여 해가 적을 것
> • 자연생태계를 가장 적게 교란시킬 것
> • 병해충의 밀도를 지속적으로 감소시킬 것
> • 최대한으로 환경과 천적을 해치지 않을 것
> • 작물의 수량과 가격에 피해가 없을 정도로만 방제할 것

  ㉥ 작물을 건강하게 키워 병해충에 대한 저항성을 높이는 것
  ㉦ 유용미생물과 천적 등에 유리한 환경과 서식처를 제공하는 것
  ㉧ 병해충이 경제적 피해수준을 넘을 때는 천적 투입과 병해충 방제 허용자재를 활용하는 것

② 병해충종합관리의 기본 개념을 실현하기 위한 기본 수단
  ㉠ 모든 것을 한 가지 방법으로 해결하려고 하지 않는다.
  ㉡ 병해충 발생이 경제적으로 피해가 되는 밀도에서만 방제한다.
  ㉢ 병해충의 개체군을 박멸하는 것이 아니라 저밀도로 유지 관리한다.
  ㉣ 농업생태계에 있어서 병해충군의 자연조절기능을 적극적으로 활용하는 원칙을 적용한다.

핵심예제

병해충종합관리(IPM)에 병해충의 밀도를 허용 가능한 피해수준 이하로 억제하기 위한 전략으로 틀린 것은?

① 인축에 대하여 해가 적을 것
② 자연생태계를 가장 적게 교란시킬 것
③ 병해충의 밀도를 지속적으로 감소시킬 것
④ 목적하지 않는 생물개체군에게 가장 해가 많을 것

정답 ④

핵심이론 12 성 페로몬, 유기농자재를 이용한 해충방제법

① 성 페로몬(Pheromone) : 해충의 암컷이 교미를 위해 발산하는 성 페로몬을 인공적으로 합성하여 교미를 교란시키는 방법이다.
  ㉠ 성 페로몬의 특징
    • 자연적으로 생산되고 독성이 거의 없다.
    • 동물이나 인체에 무해하여 농업에 활용된다.
    • 해충종합관리를 위한 적용요소로 이상적이다.
    • 종 특이성이 매우 강하여, 서로 다른 종 사이에는 사용이 불가능하다.
    • 곤충의 체내에서 발생하며 합성도 가능하다.
    • 환경오염 및 파괴가 없고, 유용곤충에 피해를 주지 않는다.
  ㉡ 성 페로몬의 활용
    • 발생 예찰 : 발생시기와 발생량, 방제적기를 예측할 수 있다.
    • 해충 유인 : 특정 해충을 유인하여 포살할 수 있다.
    • 교미 교란 : 암수 성비 불균형을 유도하여 피해를 줄인다.
    • 생물 자극 : 해충의 활력과 활동을 조장하고 살충효과를 증대시킨다.
    • 대량유살 : 해충을 대량으로 포획할 수 있다.

② 유기농자재를 이용한 해충방제법
  ㉠ 충해관리로 사용 가능한 유기농자재
    • 식물추출물 : 제충국(피레트린), 님(아자디라크틴), 데리스(로테논), 고삼(마트린), 목초액 등
    • 동물성 자재 : 젤라틴(아교), 레시틴(난황유), 카세인(우유 단백질)
    • 합성물질 : 보르도액, 수산화동, 산화동, 연성비누, 파라핀유 등
    • 기타 : 해초류 추출액, 기계유제 등

구 분	병해충 관리용 친환경농자재
식물과 동물	제충국, 데리스, 쿠아시아, 라이아니아, 님, 해수 및 천일염, 젤라틴, 난황, 식초, 누룩곰팡이의 발효 생산물, 목초액, 담배잎차(순수 니코틴은 제외), 밀납 및 프로폴리스, 동식물 오일, 해조류, 인지질, 카세인, 버섯추출액, 클로렐라 및 추출액, 천연식물(약초 등)에서 추출한 제제(담배는 제외), 식물성 퇴비 발효 추출액 등
광물질	구리염, 보르도액, 수산화동, 산염화동, 부르고뉴액, 생석회(산화칼슘) 및 소석회(수산화칼슘), 석회보르도액 및 석회유황합제, 규산염 및 벤토나이트, 규산나트륨, 규조토, 맥반석 등 광물질, 인산철, 파라핀 오일, 중탄산나트륨 및 중탄산칼륨, 과망간산칼륨, 황, 키토산(국립농산물품질관리원장이 정하여 고시한 품질규격에 적합할 것)
생물적 자재	미생물 및 미생물 추출물, 천적(생태계 교란종이 아닐 것)
덫 등	성 유인물질(페로몬), 메타알데하이드
기 타	에틸렌, 이산화탄소 및 질소가스, 비누, 에틸알코올, 허브식물 및 기피식물, 기계유, 웅성불임곤충 등

ⓒ 석회보르도액
• 보르도액의 유효성분은 황산구리와 생석회이다.
• 유기포도재배에서 석회보르도액의 주된 효과는 보호살균이다.
• 조제 후 시간이 지나면 살균력이 떨어진다.
• 석회유황합제, 기계유제, 송지합제 등과 혼합하여 사용할 수 없다.
• 에스터제와 같은 알칼리에 의해 분해가 용이한 약제와의 혼합 사용은 피한다.
• 적절한 사용방법 : 비가 많이 내리는 장마시기에는 잎이 연약해져 떨어지는 부작용이 있으므로 석회량을 2배 이상 늘려 사용하는 것이 좋다.
• 석회보르도액 사용으로 효과 있는 것
  – 보리의 썩음병
  – 사과의 흑점병
  – 포도의 만부병
  – 포도의 새눈무늬병
  – 감자의 무름병
  – 감자의 역병
  – 감귤의 궤양병

• 석회보르도액의 사용으로 방제효과를 얻기 가장 어려운 것 : 감귤의 총채벌레, 딸기
ⓒ 님(Neem) 제재
• 병해충 관리를 위해 식물에서 추출한 유기농업용 제재이다.
• 나방류, 삽주벌레류, 파리류를 제어하는 데 이용되는 님(Neem)나무는 열대건조지역에서 자란다.
• 유기재배 사과밭에 발생한 응애를 제어하려고 할 때 사용할 친환경자재로 가장 적합하다.
ⓔ 기 타
• 유기합성농약의 대체물질로 사용할 수 있는 것 : 기계유제
• 유기자재에서 사과밭에 발생하는 응애류와 개각충에 살포할 수 있는 자재 : 기계유제
• 병해충 관리를 위해 사용이 가능한 미네랄 유기농자재 : 규조토
• 유기농업에 있어서 농약 대체물질로 사용할 수 있는 것 : 아인산(H_3PO_3) 이용, 천적, 성 유인물질, 밀납
• 유기농업에 있어서 농약 대체물질로 사용할 수 없는 것 : 유기염소계 농약, 인산(H_3PO_4), 카바메이트계 농약

핵심예제

12-1. 친환경관련법상 병해충 관리를 위하여 사용 가능한 물질은?
① 사람의 배설물
② 버섯재배 퇴비
③ 난 황
④ 벌레 유기체
정답 ③

12-2. 페로몬(Pheromone)의 특징으로 볼 수 없는 것은?
① 작물이나 인체에 무독하다.
② 환경오염과 파괴가 없다.
③ 유용곤충에 피해를 준다.
④ 종 특이성이 매우 강하다.
정답 ③

12-3. 페르몬의 이용 분야와 목적에 해당하지 않는 것은?
① 대량 유살
② 교미 교란
③ 발생 예찰
④ 돌연변이 유발
정답 ④

핵심이론 13 유기원예작물의 수확 및 저장관리

① 수확기
  ㉠ 대부분의 과실은 성숙(완숙)한 다음에 수확한다.
  ㉡ 종자용은 완숙되기 전 일찍 수확하는 것이 좋다.
  ㉢ 오이, 호박, 협채류 등은 녹과기에 수확하는 경우도 있다.
  ㉣ 시금치, 근대, 아욱, 쑥갓 등의 엽채류와 청예작물은 목적으로 하는 기관의 발육량에 따라 수확한다.
  ㉤ 결구배추, 결구상추, 양배추 등은 결구기관의 충실도에 따라 수확한다.
  ㉥ 고구마(괴근), 감자(괴경), 양파(인경) 등은 저장양분이 축적되어 충실해지면 수확한다.
  ㉦ 기타 후작물과의 관계, 시장조건, 기상조건 등에 따라 수확시기를 결정한다.
  ㉧ 원예작물의 수확적기는 수량과 품질 외에 유통기간·시세 등을 참고하여 결정하는 경우가 많다.

② 수확 후 관리
  ㉠ 건조(저장을 위한 충분한 건조)
    • 고추 건조 : 천일건조(12~15일), 비닐하우스건조(10일), 열풍건조(45℃ 이하가 안전, 2일소요)
    • 마늘 건조 : 통풍이 잘되는 곳에서 2~3개월간 간이저장 건조
    • 마늘 저장 : 저온저장은 3~5℃, 상대습도는 약 65%가 알맞다.
    • 가공용 감자의 저장적온 : 10℃
    • 큐어링한 후 고구마의 안전저장 온도 : 13~15℃
  ㉡ 예랭과 후숙
    • 예랭은 수확 후 품온을 낮추고 저장력을 높여 준다.
    • 과채류는 채종하여 완전한 형태의 종자로 성숙시키기 위해서 후숙시킨다.
    • 곡물 종자의 수명을 연장하기 위해서는 완숙된 종자를 저온에서 밀폐시킨다.

핵심예제

일반적으로 과채류는 채종하여 후숙시키는데, 그 주된 이유는?
① 종자 선별작업이 용이하므로
② 완전한 형태의 종자로 성숙시키기 위해서
③ 종자의 개체수가 많아지므로
④ 종자의 수명이 연장되므로

정답 ②

제5절 유기식량작물

5-1. 유기수도작·전작의 재배기술

핵심이론 01 종자 준비와 선별

① 품종의 선택
  ㉠ 볍씨의 구조 : 배에는 유아와 유근이 있다. 유아(어린싹)는 제1엽, 제2엽, 제3엽으로 분화되어 있으며, 유근(어린뿌리)은 1개의 종자근을 근초(根鞘)가 보호하고 있다.
  ㉡ 유기벼의 품종 선택 시 유의사항
    • 다른 이형종자가 기계적으로 혼입되지 않아야 한다.
    • 종자가 유전적(자연교잡, 돌연변이 등), 생리적인 퇴화가 없고, 기계적인 상처를 입지 않아야 한다.
    • 유기재배에 의해 선발된 종자로 병해충의 피해를 입지 않아야 한다.
    • 무비, 소비적응품종으로 유기농업에 적합해야 한다.
    • 지역장려품종, 우량품종, 저항성 품종이어야 한다.
    • GMO 등 유전자변형종자가 아니어야 한다.
    ※ 종자용 벼는 40~45℃, 도정 수매용은 50℃ 이하, 장기 저장할 때는 온도 15℃에서 수분 15% 이하로 건조 및 저장관리를 해야 고품질을 유지할 수 있다.

② 종자 선별
  ㉠ 볍씨 가리기는 대개 소금물 가리기(염수선)를 하여 충실한 볍씨만을 골라낸다.
  ㉡ 메벼의 경우 물 18L에 소금 4.5kg을 녹인 소금물(유안 5.6kg)을 이용한다.
  ㉢ 염수선 비중이 가장 높은 것은 메벼이고, 중간에 해당하는 것은 찰벼이며, 통일계 벼는 염수선 비중이 가장 낮다.
    ※ 염수선 비중 : 몽근 메벼 1.13, 까락메벼 1.10, 몽근 찰벼 1.10, 까락찰벼 1.08

핵심예제

염수선에 대한 설명으로 틀린 것은?
① 염수선 비중이 가장 높은 것은 메벼이다.
② 염수선 비중이 중간에 해당하는 것은 찰벼이다.
③ 통일계 벼는 염수선 비중이 가장 낮다.
④ 염수선 비중만 잘 맞추어 담그면 병충해를 걱정할 필요가 없다.

정답 ④

핵심이론 02 종자처리

① 종자 소독

㉠ 관행재배에서는 도열병, 모썩음병, 깨씨무늬병, 키다리병, 잎마름선충 등의 예방을 위해 농약에 의한 종자소독을 실시했으나 유기재배에서는 농약을 사용할 수 없다.

㉡ 물리적인 소독방법으로 온탕침법과 냉수온탕침법이 있다.

• 온탕소독법 : 마른 볍씨를 60℃의 온탕에서 약 10분간 침지한다.

• 냉수온탕침법 : 20~30℃ 물에 4~5시간 침지 후, 55~60℃ 물에 10~20분 침지한다.

• 잎마름선충병, 키다리병, 도열병 등은 볍씨소독으로 방제가 가능하다.

> 키다리병의 발병 생태
> • 병원균이 종자에서 월동하여 전염된다.
> • 우리나라 전 지역에서 발생한다.
> • 고온성병으로 30℃ 이상에서 잘 발생한다.

② 침종(볍씨 담그기)

㉠ 침종은 발아에 필요한 수분을 충분히 흡수시키는 과정이다.

㉡ 15℃의 냉수에 약 6~7일 정도 담가 두며 매일 물을 새로 갈아 준다.

㉢ 대체로 볍씨는 중량의 22.5%의 수분을 흡수하면 발아할 수 있다.

㉣ 고온에서 짧게 하는 것보다 저온에서 여러 날 하는 것이 좋다.

③ 최아(싹틔우기)

㉠ 벼의 경우 발아, 생육을 촉진할 목적으로 종자의 싹을 약간 틔워서 파종하는데, 이를 최아라고 한다.

㉡ 침종이 끝난 볍씨의 발아에 필요한 최적 수분 흡수 함량은 23%(25~30%)이다.

㉢ 볍씨 발아의 최적 온도 : 30~34℃

㉣ 발아과정 : 흡수기 → 활성기 → 발아기 → 생장기

[핵심예제]

유기농 수도재배에서 볍씨의 소독과 침종에 대한 설명으로 옳지 않은 것은?

① 물리적인 소독방법으로 냉수온탕침법이 있다.

② 볍씨의 침종과정이 끝나면 이어서 소독작업을 실시한다.

③ 볍씨의 침종시간은 15℃에서 약 6~7일 정도 소요된다.

④ 대체로 볍씨는 중량의 22.5%의 수분을 흡수하면 발아할 수 있다.

정답 ②

핵심이론 03 육 묘

① 유기수도작재배에서 모의 구비조건

㉠ 초장이 너무 크지 않고 적당한 묘령에 도달해 있을 것

㉡ 줄기가 굵고 잎 폭이 넓은 것

㉢ 생리적으로 아무 이상이 없고 질소와 전분 함량이 충분한 것

㉣ 아래 잎이 마르지 않고 잎이 늘어지지 않은 것

㉤ 병충해가 없고 영양이 적당하며 균일하게 자란 것

㉥ 발근력이 강하며 이앙 후 활착이 빠른 것

② 육묘 상자와 흙 넣기

㉠ 10a당 소요상자의 수 : 어린모는 15~18개, 중모는 30~33개, 조파인 경우는 33~36개가 필요하다.

㉡ 흙 넣기 : 어린모는 1.5cm 정도, 중모는 2cm 두께의 흙을 넣고 고르게 편다.

㉢ 조파상자용 상토의 수분은 약 70% 정도로 손에 쥐면 손바닥에 묻지 않는 정도가 알맞다.

㉣ 육묘용 상토 : 벼 육묘에 있어 자가상토의 최적 산도(pH)는 4.5~5.5가 알맞다. pH가 높으면 입고병, 뜸묘의 발생이 많아진다.

③ 파종 및 녹화

㉠ 파종량 : 어린모 200~220g/상자, 중모 110~130g/상자

㉡ 녹화 : 출아가 끝난 모를 햇빛에서 엽록소를 형성시키는 것을 녹화라 한다. 녹화가 끝나면 주간 20~25℃(야간 10~15℃), 어린모는 4~6일간, 중모는 30일 정도 경화시킨다.

㉢ 육묘과정 : 발아 → 출아 → 녹화 → 경화과정을 거친다.

[핵심예제]

3-1. 유기수도작재배에서 모의 구비조건으로 틀린 것은?

① 줄기가 가늘고 잎이 작은 것

② 발근력이 강하며 이앙 후 활착이 빠른 것

③ 적당한 묘령에 도달해 있을 것

④ 병충해가 없고 영양이 적당하며 균일하게 자란 것

정답 ①

3-2. 벼 육묘에 있어 자가상토의 최적 산도(pH)는?

① 3.0~4.0 ② 4.5~5.5

③ 6.0~7.0 ④ 7.5~8.5

정답 ②

핵심이론 04   못자리와 정지

① 못자리의 종류

　㉠ 물못자리

　　• 못자리 초기부터 물을 대고 육묘하는 방식이다.

　　• 물이 초기의 냉온을 보호하고, 모가 균일하게 비교적 빨리 자라며 잡초, 병충해, 쥐, 새의 피해도 적다.

　㉡ 마른못자리 : 파종한 육묘상자를 마른못자리에 치상하고, 비닐을 덮어서 육묘하는 못자리

　㉢ 부직포못자리 : 파종한 육묘상자를 못자리에 치상하고 부직포로 덮어서 육묘하는 못자리

　㉣ 보온절충못자리 : 파종한 육묘상자를 못자리에 옮기고 비닐을 덮어서(보온) 기르는 못자리

　㉤ 실내육묘 : 실내에서 자동화 시스템으로 기르는 못자리로 작업관리가 편리하다.

② 정지작업

　㉠ 모내기 약 10일 전쯤부터 논에 관개를 하고 논갈이를 하며, 모내기 3~5일에는 밑거름을 주고 정지(논 고르기)작업을 한다.

　㉡ 보통 논, 모래 논, 고논(습답)은 주로 봄갈이(춘경)를 하고 미숙논, 염해논, 볏짚시용 논은 가을갈이(추경)를 한다.

　㉢ 본 논 정지는 경운 → 관개 → 논두렁 바르기 → 논쎄레질(논써리기)의 순서로 이루어진다.

　㉣ 유기농 수도작에서 써레질

　　• 써레질 시기는 토양조건에 따라 다르다.

　　• 심한 습답과 같이 토양의 환원상태가 강하여 뿌리썩음현상이 발생하기 쉬운 논에서는 써레질의 횟수를 줄인다.

　　• 사양토나 양토의 경우에는 이앙 2~3일 전에 하여야 이앙 시 알맞게 굳는다.

　　• 중모는 이앙 당시 초장이 13~18cm가 되므로 약간 덜 굳어도 흙 속에서 파묻히지 않지만, 어린모는 초장이 짧아 거의 묻히게 되므로 굳히기를 알맞게 해 주어야 모내기 상태가 양호하게 된다.

> **정지작업의 효과**
> • 흙덩이를 잘게 부수어 비료와 균일하게 섞어 준다.
> • 유기물을 땅속에 넣어 주고, 누수답의 누수를 방지해 준다.
> • 흙을 부드럽게 하여 이앙작업을 쉽게 해 준다.
> • 토양수분의 적정성과 토양통기성을 좋게 해 준다.
> • 잡초제거효과와 해충의 알을 땅속에 넣어 죽게 한다.

［핵심예제］

4-1. 다음에서 설명하는 것은?

> • 못자리 초기부터 물을 대고 육묘하는 방식이다.
> • 물이 초기의 냉온을 보호하고, 모가 균일하게 비교적 빨리 자라며 잡초, 병충해, 쥐, 새의 피해도 적다.

① 물못자리　　　　　　② 밭못자리
③ 보온밭못자리　　　　④ 상자육묘

정답 ①

4-2. 유기농 수도작에서 써레질에 대한 설명으로 틀린 것은?

① 써레질 시기는 토양조건에 따라 다르다.
② 심한 습답과 같이 토양의 환원상태가 강하여 뿌리썩음현상이 발생하기 쉬운 논에서는 써레질의 횟수를 늘린다.
③ 사양토나 양토의 경우에는 이앙 2~3일 전에 하여야 이앙 시 알맞게 굳는다.
④ 중모는 이앙 당시 초장이 13~18cm가 되므로 약간 덜 굳어도 흙 속에서 파묻히지 않지만, 어린모는 초장이 짧아 거의 묻히게 되므로 굳히기를 알맞게 해 주어야 모내기 상태가 양호하게 된다.

정답 ②

핵심이론 05 이식(모내기)과 재배관리

① 이식(모내기)
- ㉠ 이식의 적기는 뿌리내림 최저 한계온도를 기준으로 한다.
- ㉡ 기계이앙을 기준 시 어린모 11.0℃, 중모 11.5~13.5℃, 손이앙모 13.5~15.5℃가 적기이다.
- ㉢ 적기보다 빨리 모를 내면 영양생장기간이 길어져 무기양분과 물 소모량이 많고 잡초와 병해충의 발생도 많아진다.
- ㉣ 적기보다 늦게 모를 내면 영양생장기간이 부족해서 단위면적당 이삭(영화)수가 적고 수량이 떨어지며, 쌀에 복백과 심복백이 많이 생기는 등 품질이 떨어진다.
- ㉤ 안전출수기까지의 적산온도는 조생종 품종 1,700℃, 중생종 품종 1,900℃, 만생종 품종 2,100℃이다.

② 무논(湛水)점파직파재배
- ㉠ 무논점파직파재배는 초기 생육이 우수하고 입모가 안정하여 잡초성 벼 발생을 방지할 수 있다.
- ㉡ 무논점파 직파재배는 농가의 노동력 절감 효과뿐만 아니라 경영비도 절감할 수 있다.
- ㉢ 잡초 발생량과 벼 수량 감소는 마른논직파재배가 가장 심하고, 그 다음은 무논직파재배이다.
- ㉣ 직파재배는 기계이앙재배보다 수량이 감소한다.

③ 요수량
- ㉠ 요수량이란 단위 생산물 건물 1g을 생산하는 데 필요한 수분의 양이다.
- ㉡ 벼의 요수량은 211~300g(밭벼 309~433g)이나 콩 307~429g보다 적다.

> 작물별 요수량 : 옥수수(368), 밀(513), 보리(534), 완두(788), 호박(834), 명아주(948) 등

- ㉢ 벼의 용수량 = (엽면증산량 + 수면증발량 + 지하침투량) – 유효강우량

5-1. (가), (나), (다)에 알맞은 내용은?

> 벼 재배양식별 잡초 발생량과 벼 수량 감소는 (가)가 가장 심하고, 그 다음은 (나)이다. 직파재배는 기계이앙재배보다 수량이 (다)한다.

① 가 : 마른논직파재배 나 : 무논직파재배 다 : 증가
② 가 : 무논직파재배 나 : 마른논직파재배 다 : 증가
③ 가 : 무논직파재배 나 : 마른논직파재배 다 : 감소
④ 가 : 마른논직파재배 나 : 무논직파재배 다 : 감소

정답 ④

5-2. 요수량이 가장 큰 것은?

① 옥수수 ② 완 두
③ 밀 ④ 보 리

정답 ②

해설

5-1
- 마른논직파(건답직파) : 쓰러짐에는 강하나 잡초가 많이 발생하고 파종 시 날씨의 영향을 받는 것이 단점이다.
- 무논직파(담수직파) : 건답직파에 비해 파종이나 잡초 발생에 유리하나 호우, 강풍에 벼가 잘 쓰러지는 것이 단점이다.
- 벼직파재배는 매우 오래된 안정적인 농법임에도 이앙재배에 비해 쌀 수량이 낮고 품질이 떨어지는 것이 단점이다.

5-2. 병해충 및 잡초 방제 방법

핵심이론 01 **벼의 병충해 및 잡초 방법**

① 병해충이나 잡초방제를 위한 방법
  ㉠ 경종적 방제
    • 합성농약을 쓸 수 없기 때문에 경종적 방제법이 우선되어야 한다.
    • 경종적 방제방법으로는 내병충성 품종 선택(가장 효율적), 윤작, 생육기의 조절, 건전종묘 이용 등이 있다.
    • 병해충의 월동처(벼집, 그루터기, 잡초 등) 제거 및 발생원을 차단한다.
  ㉡ 생물적 방제
    • 천적자원을 보호증식한다(온실가루이좀벌 등).
    • 동물(오리, 우렁이, 참게, 새우, 달팽이 등)과 식물(호밀, 귀리, 헤어리베치 등), 미생물(사상균, 세균, 방선균) 등을 이용한다.
    • 유기벼에서 오리는 해충을 잡아먹고, 잡초 발생도 경감시켜 준다.
  ㉢ 물리적 방제
    • 방충망 시설, 비닐 및 식물체 피복 등에 의한 방제법과 태양열 이용 소독, 담수처리 등 실용 가능한 물리적 방제법이 있으나 벼에서는 적용하기 어렵다.
    • 유아등을 이용하여 해충을 포획하여 유살하는 방법도 있다.
    • 경운(추경과 춘경), 예취, 심수관개, 중경과 토입, 토양피복, 흑색비닐멀칭, 화염제초 등을 이용한다.
    • 경운은 대표적인 제초법의 하나지만 잡초종자의 발아를 촉진하는 일면도 있다.
    • 휴경지를 경운하면 잡초 저장력을 감소시킬 수 있다.
    • 논물을 20cm 정도로 깊게 대면 잡초발생을 억제할 수 있다.

② 잡초발생을 감소시키는 재배요인
  ㉠ 심수관계, 균평(均平)한 써레질
  ㉡ 장간종 벼 품종 선택, 밀식재배
    ※ 소식재배는 해당 없음

③ 제초제를 사용하지 않는 친환경 잡초 방제방법
  ㉠ 작물의 초관 형성을 촉진시키는 기술을 적용한다.
  ㉡ 작물을 충실히 키우는 것은 잡초와 경합력을 높이는 방법이다.
  ㉢ 적절한 윤작체계를 도입한다.
  ㉣ 토층에 묻혀 있는 잡초의 밀도를 낮춘다.
  ㉤ 지표면에 조사되는 적색광을 차단하여 잡초 발아를 억제한다.
  ㉥ EM당밀을 살포하여 잡초 발아를 억제한다.
  ㉦ 잡초 발생량이 허용한계밀도 이하이면 방제에 많은 노력과 비용을 들이지 않는 것이 경제적이다.

※ 제초제를 사용하지 않고 친환경 잡초방제를 할 경우 재래종 품종의 벼를 선택하는 것이 잡초 발생 억제에 도움이 된다.

핵심예제

1-1. 병충해 저항력이 있는 종자나 식물을 이용하고, 생육기의 조절을 통해 병충해의 발생 가능성을 사전에 예방하는 병충해 제어법은?
① 경종적 제어법
② 유전학적 제어법
③ 생물학적 제어법
④ 물리적 제어법
정답 ①

1-2. 유기농업의 병해충 제어를 위한 경종적 제어방법이 아닌 것은?
① 품종의 선택
② 윤 작
③ 기생성 곤충
④ 생육기의 조절
정답 ③

1-3. 벼 유기재배에서 병해충 방제법으로 가장 거리가 먼 것은?
① 심수관개(深水灌漑)
② 이앙기 조절에 의한 피해 회피
③ 저항성 품종의 이용
④ 건전종묘 이용
정답 ①

1-4. 잡초를 제어하는 방법이 아닌 것은?
① 최소 경운
② 윤 작
③ 멀 칭
④ 초생재배
정답 ①

해설

1-3
심수관개는 잡초의 방제방법에 속한다.

핵심이론 02 벼의 주요 병해

① 도열병
   ㉠ 일조량이 적고 비교적 저온다습할 때 많이 발생한다.
   ㉡ 질소질 비료의 과다 등으로 전 생육기간에 걸쳐 발병한다.
   ㉢ 도열병균은 이병된 볏짚 또는 볍씨에 잠복했다가 표면에 분생포자를 형성하여 다음 해에 1차 전염병원이 되기도 한다.

② 잎집무늬마름병
   ㉠ 균핵이 지표면에서 월동하여 전염원이 된다.
   ㉡ 조기 이앙, 밀식, 다비재배는 발생 증가요인이다.
   ㉢ 기온 30℃ 이상 고온다습한 조건에서 발생이 증가한다.
   ㉣ 발병 최성기는 이앙 직후인 6~8월이다.
   ㉤ 줄기 아랫부분부터 발생하여 점차 상위 잎으로 진전된다.
   ㉥ 써레질 직후 논 수면에 떠 있는 균핵을 제거하고 밀식을 자제하여 포기 사이로 통풍이 잘되도록 한다.

③ 깨씨무늬병
   ㉠ 추락답에서 많이 발생한다.
   ㉡ 병든 조직에서 월동한 후 공기전염을 할 수 있다.
   ㉢ 종자소독을 철저히 하고 객토, 유기물 시용 등으로 지력을 높인다.
   ㉣ 칼리와 규산질 비료를 적당량 주면 예방된다.
   ㉤ 철분과 망간을 부족하지 않게 시비하면 예방에 도움이 된다.

④ 줄무늬잎마름병과 검은줄오갈병
   ㉠ 애멸구에 의해 매개되는 바이러스병이다.
   ㉡ 애멸구의 월동처인 월동 잡초를 제거한다.

⑤ 흰빛잎마름병
   ㉠ 태풍에 의해 잎이 상처를 입거나 침·관수 후에 병원균이 침입하여 발생하는 세균성 병해이다.

핵심예제

2-1. 벼 잎집무늬마름병의 병원균 및 발병요인으로 가장 부적합한 것은?

① 균핵이 지표면에서 월동하여 전염원이 된다.
② 조기 이앙, 밀식, 다비재배는 발생 증가요인이다.
③ 기온 30℃ 이상 조건에서 발생이 증가한다.
④ 발병 최성기는 이앙 직후인 5~6월이다.

정답 ④

2-2. 벼 깨씨무늬병의 발병요인 및 예방법에 대한 설명으로 틀린 것은?

① 병든 조직에서 월동한 후 공기전염을 할 수 있다.
② 비료를 밑거름 중심으로 사용하면 예방에 도움이 된다.
③ 칼리와 규산질 비료를 적당량 주면 예방된다.
④ 철분과 망간을 부족하지 않게 시비하면 예방에 도움이 된다.

정답 ②

핵심이론 03 벼의 주요 해충

① 벼멸구
  ㉠ 애멸구는 벼의 바이러스병을 매개한다.
  ㉡ 벼멸구와 흰등멸구는 장거리 이동성 해충으로 줄기의 즙액을 흡즙하여 벼를 쓰러지게 한다.
  ㉢ 오리 방사, 논 주위에 유아등 설치, 친환경농자재를 활용한다.

② 벼물바구미
  ㉠ 애벌레는 벼의 뿌리를 갉아먹어서 벼 포기가 누렇게 변하고, 벼가 잘 자라지 못한다.
  ㉡ 월동 성충의 피해를 회피할 수 있는 재배시기를 선택한다.
  ㉢ 피해를 입었던 논은 가을갈이 후 담수한다.
  ㉣ 유효경이 확보된 논은 단수하여 건답상태를 유지한다.

③ 심백미·복백미·유백미·동할미는 벼멸구, 청미는 벼물바구미, 반점미·흑점미는 노린재와 벼이삭선충(벼잎선충)이 일으킨다.
  ※ 쌀의 수분 함량을 12% 정도로 건조시켜 저장하면 바구미의 피해를 방지할 수 있다.

④ 포장의 해충을 방제하기 위한 기피식물이나 익충 또는 유용곤충의 밀도를 높이기 위한 대표적인 식물 : 금잔화, 멕시코해바라기, 쑥국화

핵심예제

3-1. 벼의 유기재배에서 벼멸구 피해를 줄이기 위한 실용적 방법이 아닌 것은?
① 오리를 방사한다.
② 논 주위에 유아등을 설치한다.
③ 친환경농자재를 활용한다.
④ 1포기(株)당 묘수(苗數)를 되도록 많게 하여 이앙한다.
정답 ④

3-2. 심백미(A), 청미(B), 동할미(C), 반점미(D)를 일으키는 해충이 바르게 연결되지 않은 것은?
① A : 벼멸구　　② B : 벼물바구미
③ C : 벼애잎굴파리　　④ D : 벼이삭선충
정답 ③

핵심이론 04 기타 병해충 방제

① 환경친화적 방제
  ㉠ 오이 세균성점무늬병, 토마토 역병, 딸기 탄저병 등과 같이 빗방울에 의하여 병원균이 비산하여 만연되는 병해는 비가림재배로 방제할 수 있다.
  ㉡ 새우, 초어, 우렁이, 참게, 오리 등 대·소동물을 이용한 잡초방제법은 최근 유기농가에서 많이 이용하고 있다.
  ㉢ 합성농약은 환경과 식품안전성 문제가 우려되기 때문에 유기농산물 생산을 위한 병충해 방제에는 사용할 수 없다.

② 혼작
  ㉠ 적당한 작물과 혼작하면 단위면적당 총수확량을 늘릴 수 있다.
  ㉡ 경지에 다양한 작물을 재배함으로써 단일작물에 대한 의존도를 낮추고, 농작물을 이상적으로 계속 수확할 수 있다.
  ㉢ 콩과작물과 혼작하면 질소고정능력이 있어서 토양의 비옥도를 높여 준다.
  ㉣ 작물들이 서로 다른 작물의 생장을 방해해 생장 부진이나 병해충 피해를 유발할 수 있다.
  ㉤ 기타 잡초 경감, 재배 및 병충해에 대한 위험성이 분산된다.

③ 혼작 시 유의사항
  ㉠ 재식 간격은 작물 간의 경합을 최소화한다.
  ㉡ 혼작하는 작물은 생장습성과 광요구도가 서로 상이해야 한다.
  ㉢ 혼작하는 동안 양분 흡수가 가장 활발한 시기는 일치하지 않아야 한다.
  ㉣ 다년생 식물은 계절작물과 함께 재배한다.

④ 동반작물
  ㉠ 서로 도움이 되는 특성을 지닌 두 가지 작물을 같이 재배하는 작물이다.
  ㉡ 다년생 초지에서 초기의 산초량을 높이기 위하여 섞어서 덧뿌려 짓는 작물이다.

ⓒ 동반작물을 같이 재배하면 병충해를 경감시키고 잡초를 방제할 수 있다.
- 완두콩 – 당근, 양배추, 주키니 호박
- 오이 – 완두, 콜라비, 파, 옥수수
- 양파 – 당근, 박하, 딸기

※ 감자밭에 동반작물로 메리골드를 심었을 때 메리골드의 주요 기능 : 도둑나방 접근 방지

핵심예제

4-1. 혼작의 장점이 아닌 것은?

① 잡초 경감
② 도복 용이
③ 토양비옥도 증진
④ 재배 및 병충해에 대한 위험성 분산

정답 ②

4-2. 서로 도움이 되는 특성을 지닌 두 가지 작물을 같이 재배하는 작물을 가리키는 것으로 다년생 초지에서 초기의 산초량을 높이기 위하여 섞어서 덧뿌려 짓는 작물은?

① 중경작물(中耕作物)
② 동반작물(同伴作物)
③ 윤작작물(輪作作物)
④ 대파작물(代播作物)

정답 ②

4-3. 병충해 방제에 있어서 동반작물을 같이 재배하면 병충해를 경감시키고 잡초를 방제할 수 있다. 다음 작물과 동반작물의 조합으로 적절하지 않은 것은?

① 완두콩 – 당근, 양배추, 주키니 호박
② 오이 – 완두, 콜라비, 파, 옥수수
③ 양파 – 당근, 박하, 딸기
④ 상추 – 강낭콩, 감자, 파, 당근

정답 ④

4-4. 주말농장의 감자밭에 동반작물로 메리골드를 심었을 때 메리골드의 주요 기능은?

① 역병방제
② 도둑나방 접근 방지
③ 잡초방제
④ 수정촉진

정답 ②

해설

4-4
온실가루이, 도둑나방을 방지하는 메리골드는 어떤 채소에도 유익하며 특히 토마토, 감자, 콩 종류에 가장 좋은 동반작물이다.

핵심이론 05 논잡초의 종류 등

① 논잡초 증가원인
  ㉠ 답리작 감소와 조기 재배로 수확이 빨라지기 때문이다.
  ㉡ 제초제 사용의 증가로 잡초의 내성이 증가했기 때문이다.
  ㉢ 손제초가 줄어들고 로터리경운이 증가했기 때문이다.

> **벼 재배양식별 잡초 발생이 많은 순서**
> 건답직파 > 담수직파 > 중묘기계이앙 > 중묘손이앙
> (마른논직파재배 > 무논직파재배 > 기계이앙)

② 잡초의 생활형에 따른 분류

구 분		논	밭
1년생	화본과	강피, 물피, 돌피, 뚝새풀, 개망초	강아지풀, 개기장, 바랭이, 피
	방동사니	알방동사니, 참방동사니, 바람하늘지기, 바늘골	바람하늘지기, 참방동사니
	광엽초	물달개비, 물옥잠, 사마귀풀, 여뀌, 여뀌바늘, 마디꽃, 등애풀, 생이가래, 곡정초, 자귀풀, 중대가리풀	개비름, 까마중, 명아주, 쇠비름, 여뀌, 자귀풀, 환삼덩굴, 주름잎, 석류풀, 도꼬마리
다년생	화본과	나도겨풀	–
	방동사니	너도방동사니, 매자기, 올방개, 쇠털골, 올챙이고랭이	–
	광엽초	가래, 벗풀, 올미, 개구리밥, 네가래, 수염가래꽃, 미나리	반하, 쇠뜨기, 쑥, 토기풀, 메꽃

③ 벼와 잡초의 경합
  ㉠ 분얼이나 분지가 많은 초형의 품종은 직립 초형을 가진 품종보다 잡초에 대한 경합력이 크다.
  ㉡ 재식밀도를 높이고 적기에 파종하면 단기간에 초관을 형성해 잡초에 대한 경합력이 크다.
  ㉢ 직파작물은 일찍 심으므로 육묘 이식한 작물보다 잡초에 대한 경합력이 작다.
  ㉣ 만생종 품종은 초관을 빨리 형성하므로 조숙종보다 잡초에 대한 경합력이 작다.
  ㉤ 벼를 조기 재배하면 올챙이고랭이와 같은 사초과 잡초가 우점한다.

핵심예제

5-1. 다년생 논잡초로만 나열된 것은?

① 강피, 돌피
② 물피, 알방동사니
③ 여뀌, 자귀풀
④ 가래, 벗풀

정답 ④

5-2. 1년생 밭잡초는?

① 토끼풀
② 민들레
③ 쑥
④ 참방동사니

정답 ④

해설

5-2

참방동사니는 1년생 방동사니과(사초과) 잡초이고 토끼풀, 민들레, 쑥은 다년생 잡초이다.

핵심이론 06 잡초 방제기술

① 유기벼 재배법 중 잡초방제를 목적으로 하는 재배법에는 쌀겨농법, 오리농법, 우렁이농법, 참게농법, 새우농법, 종이멀칭 등이 있다.

② 오리농법

ⓐ 오리농법의 주된 목적 : 오리에 의한 제초

ⓑ 유기벼 생산방법 중 잡초 및 유해충 제거, 분의 배설에 의한 시비의 효과를 가장 크게 기대할 수 있는 농법이다.

ⓒ 3~4주령의 새끼오리를 벼 이앙 1~2주 후 벼 뿌리가 완전히 활착된 상태에서 방사하는 것이 좋다.

ⓓ 적정 투입수는 10a당 25~30마리가 적당하다.

ⓔ 벼 뿌리의 단근과 도복에 대한 내성을 키운다.

③ 우렁이농법

ⓐ 동물적 잡초제어방법에 해당한다.

ⓑ 부화 후 3개월령의 20~30g 정도의 건강한 우렁이를 구입하여 이앙 7일 후 10a당 5kg 정도 방사한다.

ⓒ 논이 마르지 않도록 하고, 농약 사용을 제한한다.

ⓓ 고품질 농산물의 생산과 농가소득을 높일 수 있다.

④ 쌀겨농법

ⓐ 쌀겨에는 인산, 미네랄, 비타민 등이 많이 들어 있고, 미생물의 활동에 의해 잡초의 생장을 억제한다.

ⓑ 쌀겨의 영양분이 미생물에 의해 분해될 때 산소가 일시적으로 고갈되어 잡초의 발아 억제에 도움을 준다.

ⓒ 쌀겨가 분해될 때 생성되는 메탄가스 등이 잡초의 발아를 억제한다.

ⓓ 논물이 혼탁해져 광을 차단되어 잡초 발아가 억제된다.

ⓔ 이앙 7일 전 10a당 200kg 정도를 살포한다.

⑤ 토양멀칭 : 포장의 표토를 곱게 중경하면 하층과 표면의 모세관이 단절되고 표면에 건조한 토층이 생기는 효과가 나타난다.

ⓐ 작물재배 시 토양피복의 효과

- 증발량을 감소시켜 토양수분 유지
- 물과 바람에 의한 토양의 유실 방지
- 잡초 발생 억제 및 지온 상승 방지
- 안정된 토양구조를 유지함으로써 빗물과 관개수의 수분침투력 향상
- 토양미생물의 먹이를 제공하고 보호
- 작물에 양분 공급
- 토양유기물 함량 증가

ⓛ 스터블멀칭농법 : 토양을 갈아엎지 않고 경운하여 앞 작물의 그루터기를 그대로 남겨서 풍식과 수식을 경감시키는 농법

유기농업에서 토양양분 보존을 위한 작부체계기술
- 초기 생육이 왕성한 피복작물을 재배하거나 수확 후 작물 잔재를 남겨 토양을 나지 상태로 두는 것을 최대한 피한다.
- 짚 등의 부산물을 농장 밖으로 팔거나 내보내지 않고 그루터기와 함께 로터리 작업을 하거나 가축깔개로 사용한 후 퇴비화하여 토양에 환원시킨다.
- 두과작물과 다비성 작물을 교대로 윤작체계에 배치함으로써 후작물의 질소요구량을 자연적으로 충족시켜 주도록 한다.

[핵심예제]

6-1. 유기벼 재배법 중 쌀겨농법, 오리농법, 우렁이농법이 가지는 가장 큰 목적은?
① 토양유기물 공급
② 잡초방제
③ 해충방제
④ 토양물리성 개량

정답 ②

6-2. 국내에서 유기농업 또는 환경농업에 의한 유기벼 생산방법 중 잡초 및 유해충 제거, 분의 배설에 의한 시비효과를 가장 크게 기대할 수 있는 농법은?
① 자연농법
② 태평농법
③ 우렁이농법
④ 오리농법

정답 ④

6-3. 작물 재배 시 토양피복의 효과가 아닌 것은?
① 물과 바람에 의한 유실로부터 토양 보호
② 토양유기물 함량 감소
③ 잡초 발생 억제 및 지온 상승
④ 토양수분 증발량 감소

정답 ②

5-3. 유기 수도작 · 전작의 환경조건

핵심이론 01 기상환경

① 기상환경

기상요소로는 온도, 빛, 수분, 대기 등이 있는데 이들은 각각 또는 종합적으로 기상환경을 이루며, 벼농사의 작황에 큰 영향을 끼친다.
- ㉠ 볍씨의 발아온도 : 최저 8~13℃, 최적 30~34℃, 최고 40~44℃
- ㉡ 벼의 생육적온 : 발아와 출아기 적온 30~34℃, 육묘기 20~25℃, 분얼기 25~31℃, 출수기 30~33℃, 등숙기 20~22℃이다.
- ㉢ 적산온도 : 작물생육기간 중 0℃ 이상의 일평균기온을 합산한 온도

작물별 적산온도
벼(3,500~4,500℃), 담배(3,200~3,600℃), 조(1,800~3,000℃), 추파 맥류(1,700~2,300℃), 봄보리(1,600~1,900℃), 메밀(1,000~1,200℃)

② 기상생태형
- ㉠ 기상생태형에는 기본영양생장형(Blt), 감광형(bLt), 감온형(blT)이 있다.
  - 기본영양생장형(Blt) : 벼의 기본영양생장형은 기본영양생장성이 크고, 감광성과 감온성이 작아서 생육기간이 주로 기본영양생장성에 지배된다.
  - 감광형(bLt) : 일장환경 중 주로 단일에 의해 출수개화가 촉진 또는 지연된다.
  - 감온형(blT) : 생육적온에 도달할 때까지는 생육온도가 높을수록 출수개화가 촉진된다.
- ㉡ 저위도지방인 열대지방은 기본영양생장형을, 고위도지방에서는 온도가 낮기 때문에 감온형 품종을 선택해야 한다.
- ㉢ 만생종은 기본영양생장형과 감광형이고, 조생종은 감광형(bLt) 또는 감온형이다.
- ㉣ 묘대일수 감응도는 감온형(blT)이 높다.
  기본영양생장성 < 감광형 < 감온형

핵심예제

1-1. 벼의 전체 생육기간 중 요구되는 적산온도 범위로 가장 적합한 것은?

① 1,000~1,500℃
② 1,500~2,500℃
③ 3,500~4,500℃
④ 4,500~5,500℃

정답 ③

1-2. 작물의 적산온도가 1,700~2,300℃에 해당하는 것은?

① 벼
② 추파맥류
③ 담배
④ 메밀

정답 ②

1-3. 저위도 지대에서 재배해야 하는 벼 기상생태형으로 가장 옳은 것은?

① blt형
② blT형
③ bLt형
④ Blt형

정답 ④

핵심이론 02 수도작의 특징

① 유기수도작에서 벼의 수량을 구성하는 4요소
  ㉠ 단위면적당 이삭수
  ㉡ 1개의 이삭에 달리는 벼 알의 수
  ㉢ 전체 벼 알 중 여문 벼 알의 비율
  ㉣ 평균 벼의 알 무게(평균 1립중)
  ※ 수량 = 단위면적당 이삭수 × 1수 영화수 × 등숙비율 × 1립중

② 볏과식물의 특성
  ㉠ 볏과식물은 콩과식물, 배추과식물에 비하여 총건물 생산량이 많다.
  ㉡ 볏과식물은 축산업과 함께 우수한 유기물을 토양에 환원할 수 있다.
  ㉢ 볏과식물은 콩과식물, 서류, 채소류에 비하여 C/N율이 높다.
  ㉣ 우리나라에서 재배되는 식용작물 중 볏과식물은 대부분 1년생 또는 월년생 작물이 많다.

③ 작부체계를 다양화하기 위한 환경친화형 벼 품종 개발 목표 : 단기 생육성 품종 개발

④ 벼의 유기재배에서 친환경·고품질·수량 확보를 위한 방법
  ㉠ 품종을 선택함에 있어서 생리적 내비성이 큰 품종을 선택한다.
  ㉡ 개엽의 동화능력이 큰 품종보다 포장 동화능력이 큰 품종을 선택한다.
  ㉢ 경제성을 확보하려면 가급적 수확지수가 큰 품종을 선택한다.

핵심예제

벼의 유기재배에서 친환경·고품질·수량 확보를 위한 방법으로 바람직하지 않은 것은?

① 품종을 선택함에 있어서 생리적 내비성이 큰 품종을 선택한다.
② 개엽의 동화능력이 큰 품종보다 포장 동화능력이 큰 품종을 선택한다.
③ 경제성을 확보하려면 가급적 수확지수가 큰 품종을 선택한다.
④ 고품질을 위해 쌀의 단백질 함량이 높아지도록 재배한다.

정답 ④

핵심이론 03 수분 및 대기환경

① 수분(강우)환경

ⓒ 벼 생육에 따른 시기별 용수량을 보면 물을 가장 많이 필요로 하는 시기는 수잉기이고, 다음은 활착기와 유수발육전기이며, 그 다음은 출수개화기이다. 반면에 생육 중기인 헛가지 치는 시기에는 관개할 필요가 없으며, 유효 분얼기와 여뭄기에는 적은 양의 관개가 필요하다.

ⓒ 일반적으로 유기재배 벼의 중간 물떼기(중간낙수)기간은 출수 30~40일 전이 가장 적당하다.

※ 출수 : 이삭이 지엽의 잎집으로부터 나오는 것

ⓒ 무효 분얼기에 중간낙수를 하면 토양 중의 유해물질이 제거되고, 논토양 속에 산소를 공급함으로써 뿌리의 활력을 높여 준다.

ⓒ 벼가 수해를 입으면 병원균의 전파가 용이하며 식물체가 쇠약해져서 병해 발생이 조장된다.

※ 벼의 수해가 가장 커지는 조건 : 수온이 높은 흐르는 탁수에 관수(冠水)될 때

② 대기환경

ⓒ 벼의 생육에 미치는 대기환경은 바람과 대기 중 CO_2의 농도이다.

※ 대기 중에는 질소가 약 79%, 산소 약 21%, 이산화탄소 0.03%, 기타 물질 등이 포함되어 있다.

ⓒ 미풍은 대기 중의 CO_2를 이동시켜 군락 내부 CO_2 농도와 평형을 이루게 하고, 광합성의 저하를 막는 역할을 하며 수분작용을 돕는다.

ⓒ 대기 중 습도가 높으면 증산작용이 억제되고, 양분과 수분의 흡수율이 낮아지며 벼가 도장하여 병·해충의 피해를 받기 쉽다.

ⓒ 식물은 탄소동화작용을 통하여 유기탄소를 만들고, 건물 중 40~45%가 탄소로 구성되어 있다.

[핵심예제]

벼의 일생 중 물을 가장 많이 필요로 하는 시기는?

① 수잉기   ② 유숙기
③ 황숙기   ④ 고숙기

정답 ①

해설

수잉기 전후 : 물이 많이 필요한 시기이며, 이 시기에 물이 부족하면 유수의 발육과 개화수정이 저하되어 감수를 초래할 가능성이 크므로 항상 물을 충분히 공급해야 한다.

핵심이론 04 토양환경

고품질 쌀을 생산하기 위한 토양환경 조성에는 객토, 유기물 시용, 녹비작물 재배, 규산질 비료 시용 등이 있다.

① 객 토

ⓒ 점토 함량이 많은 식질토양은 점토 함량이 15%가 되도록 객토하는 것이 좋다.

ⓒ 객토량(톤/10a) = {(개량목표 점토 함량 – 대상지 점토 함량) × 개량목표 깊이/객토원 점토 함량 – 대상지 점토 함량)} × 가비중 × 10

② 유기물 시용

ⓒ 유기물 함량이 높으면 토양미생물 활동 촉진과 토양구조를 발달시켜 양이온치환용량을 높인다.

ⓒ 논토양의 유기물 적정범위는 25~30g/kg이다.

ⓒ 볏짚을 시용한 논토양은 추경으로 깊이갈이를 하여 부숙을 유도한다.

ⓒ 생짚이나 퇴비를 적정량 시용한 토양은 질소질 비료를 50% 정도 감량 시비한다.

※ 벼 뿌리의 생장에 가장 큰 영향을 미치는 토양환경요인 : 산소

③ 녹비작물 재배

ⓒ 유기벼 재배를 위한 녹비작물로는 자운영, 헤어리베치, 호밀 등이 적합하다.

※ 유기농업에서 중요시되는 녹비작물로 적합지 못한 것 : 도라지, 더덕, 상추, 배추, 브로콜리, 수단그라스

ⓒ 녹비작물을 간작으로 재배하면 주작물과 양분 경합이 나타날 수 있다.

ⓒ 녹비작물의 효과는 장기간에 걸쳐 서서히 나타난다.

ⓒ 녹비작물을 재배하면 부수적으로 토양침식방지효과를 기대할 수 있다.

ⓒ 녹비작물을 토양에 혼입한 후 후작물을 파종하는 시기는 혼입 후 2~3주 정도가 좋다.

④ 초지의 토양보존효과

ⓒ 토양유기물의 증가

ⓒ 두과목초에 의한 질소고정

ⓒ 토양의 떼알구조 형성

ⓒ 토양의 유실 및 침식 방지

⑤ 벼농사에서 토양 경운의 단점

ⓒ 잡초 제거로 토양유실에 취약해질 수 있다.

ⓒ 토양유기물 분해를 촉진하여 지력을 감소시킬 수 있다.

ⓒ 작물의 재배기간 동안 경운을 하면 뿌리가 손상되어 병
해충에 약해질 수 있다.
ⓔ 잦은 경운은 토양입단을 파괴하여 토양을 단단하게 하
고 토양을 산화상태로 유도한다.

핵심예제

4-1. 벼 뿌리의 생장에 가장 큰 영향을 미치는 근권 토양환경요인은?

① 산 소   ② 유기물
③ 토 성   ④ 온 도

정답 ①

4-2. 녹비작물에 대한 설명으로 틀린 것은?

① 녹비작물을 간작으로 재배하면 주작물과 양분 경합이 나타
날 수 있다.
② 녹비작물의 효과는 장기간에 걸쳐 서서히 나타난다.
③ 녹비작물을 재배하는 경우 늦은 시기에 수확하는 것이 시비
효과가 크다.
④ 녹비작물을 재배하면 부수적으로 토양침식방지효과를 기대
할 수 있다.

정답 ③

**4-3. 초지는 사료를 생산하는 기능뿐 아니라 토양을 보존하는
효과가 높아 친환경 농업과 유기축산에서 중요하다. 초지의 토
양보존효과로 거리가 먼 것은?**

① 토양유기물의 증가
② 두과목초에 의한 질소고정
③ 토양의 홑알구조 형성
④ 토양의 침식방지

정답 ③

① 보통논(건답, 乾畓)
 ㉠ 수리안전답으로, 배수가 양호하고 생산성이 높다. 건답
  이라고도 한다.
 ㉡ 우리나라 논 면적의 1/3은 보통논으로 분류된다.

② 모래논(사력질답)
 ㉠ 토양 중 모래 함량이 너무 많아 보비력과 보수력이 약하다.
  • 누수가 심하므로 누수답이라고도 한다.
  • 투수가 심하여 수온・지온이 낮고, 한해를 입기 쉬우
   며, 양분의 함량이 적고 보유력이 낮아서 토양이 척박
   하다.
 ㉡ 모래논은 객토와 녹비작물을 재배하여 토양을 개량해
  야 한다.

③ 고논(습답, 濕畓)
 ㉠ 물 빠짐이 좋지 않아 물이 차 있는 논으로, 지온이 낮고
  공기가 제대로 순환되지 않아 유기물의 분해가 늦다.
 ㉡ 고논에서 지온이 상승하면 집적된 유기물이 분해하여
  벼 뿌리가 썩기 쉽고 K, Si 흡수의 저해를 받는다.
 ㉢ 고논은 암거배수 등을 통하여 지하수위를 낮추는 것이
  필요하다.

> **담수하의 논토양의 특성**
> • 표면의 산화층과 그 밑의 환원층으로 토층분화한다.
> • 논토양의 환원층에서 탈질작용이 일어난다.
> • 논토양의 산화층에서 질화작용이 일어난다.
> • 담수 전의 마른 상태에서는 환원층을 형성하지 않는다.

※ 토양개량제의 제형 중 분제는 흩날림이 심하기 때문에 사용할 때 안면보
호장구나 장갑을 착용하는 것이 안전하다.

④ 노후논
 ㉠ 벼의 영양생장기인 생육 초기에는 생육이 왕성하다가
  생육 후기에 아래 잎이 말라 죽고 뿌리의 기능이 심하게
  약해져서 수량이 크게 떨어지는 추락(秋落)현상이 나타
  난다.
 ㉡ 추락이 일어나는 논을 추락답이라 하며, 그 원인이 노후
  화이므로 노후화답이라고도 한다.
 ㉢ Fe, Mn, Ca 등이 작토에서 용탈되어 결핍된 논토양이다.
 ㉣ 노후답의 재배대책
  • 저항성 품종재배 : H_2S 저항성 품종, 조중생종 > 만생종
  • 조기 재배 : 수확이 빠르면 추락이 덜하다.

- 시비법 개선 : 무황산근 비료 시용, 추비중점 시비, 엽면 시비
- 재배법 개선
  - 직파재배 : 관개시기를 늦출 수 있음
  - 휴립재배 : 심층시비 효과, 통기 촉진
  - 답전윤환 : 지력 증진

산성의 논토양을 개량하는 방법
- 석회와 유기물을 같이 시용한다.
- 인산질비료를 준다.
- 붕소 등 미량요소를 준다.
- 산성비료 등을 계속해서 쓰지 않도록 한다.
- 산성에 강한 작물을 재배한다.

[핵심예제]

5-1. Fe, Mn, Ca 등이 작토에서 용탈되어 결핍된 논토양을 무엇이라 하는가?

① 노후답   ② 간척지답
③ 습 답   ④ 사력질답

정답 ①

5-2. 간척지답에서 염해가 우려되는 농도는?

① 0.1% 이상   ② 0.01% 이상
③ 0.02% 이상   ④ 0.05% 이상

정답 ①

해설

5-2
간척지답 염화나트륨으로 염농도가 0.1% 이상이면 염해의 우려가 있고, 벼재배 토양 한계염분농도는 0.3% 이하이다.

제6절 유기축산

6-1. 유기축산 일반

핵심이론 01 우리나라의 유기축산 현황

① 유기축산의 개념
  - ㉠ 가축 분뇨의 적절한 처리와 재활용을 통하여 환경을 보전하면서 안전한 축산물을 생산하는 농업
  - ㉡ 유기농 사료에 의한 사양
  - ㉢ 가축의 건강과 복지 개선에 의한 사양
  - ㉣ 해초 추출물, 유산균, 효모 등 급여
  - ㉤ 유전자변형(GMO) 사료 금지
  - ㉥ 사료첨가제 사용 불가
  - ㉦ 유전자조작이나 수정란 이식 등 인위적인 조작 금지
  - ㉧ 합성농약이나 화학비료 등을 사용한 사료 급여 금지
  - ㉨ 항생·항균제, 성장호르몬 등 인위적 가공물질 급여 금지

유기축산물 생산 시 사료에 포함되면 안 되는 물질
- 대사기능 촉진을 위한 합성화합물
- 포유동물에서 유래한 사료
- 합성질소 또는 비단백태질소화합물

---

② 유기축산물 실시 방향으로 나타내는 기술
  - ㉠ 동물복지의 향상 : 유전자변형사료 금지, 적절한 사육 공간 제공, 스트레스 최소화와 질병예방, 건강증진을 위한 가축관리
    ※ 동물이 누려야 할 복지 : 행동 표현의 자유, 갈증·허기·영양결핍으로부터의 자유, 공포·스트레스로부터의 자유
  - ㉡ 안전한 육류식품의 생산
    - 육질 개선을 위하여 물리적인 방법으로 하는 거세는 허용된다.
    - 밀집사육의 금지
    - 포유기간의 모돈과 조기이유한 어린 돼지를 제외하고는 케이지(Cage)사육은 허용되지 않는다.
  - ㉢ 구비활용에 의한 지력 증진
  - ㉣ 농가 부산물을 가축에 이용
    ※ 유기축산에서 가축의 건강을 위해 실천해야 할 방법 : 농후사료 위주로 급여

1-1. 유기축산에 관한 내용으로 적합하지 않은 것은?

① 유기농 사료에 의한 사양
② 가축의 건강과 복지 개선
③ 사료첨가제 사용
④ 유전자변형(GMO)사료 금지

정답 ③

1-2. 가축의 복지로 틀린 것은?

① 양질의 유전자변형사료 지급
② 적절한 사육 공간 제공
③ 스트레스 최소화와 질병예방
④ 건강증진을 위한 가축관리

정답 ①

1-3. 유기축산물 생산을 위한 가축관리방법으로 틀린 것은?

① 육질 개선을 위하여 물리적인 방법으로 하는 거세는 허용된다.
② 밀집사육은 허용되지 않는다.
③ 꼬리, 부리, 뿔 자르기는 절대 허용되지 않는다.
④ 포유기간의 모돈과 조기이유한 어린 돼지를 제외하고는 케이지(Cage)사육은 허용되지 않는다.

정답 ③

핵심이론 02 유기축산의 현황 및 문제점

① 유기축산의 현황
  ㉠ 1997년 친환경농업육성법이 시행되면서 축산물 품질인증이 증가하고 있다.
  ㉡ 유기축산물과 무항생제축산물이 크게 늘어나고 있다.
② 이상적인 유기축산의 육종 방향
  ㉠ 지속적 생산과 긴 수명
  ㉡ 병에 대한 저항성
  ㉢ 높은 번식력
  ㉣ 수정란 이식이 아닌 품종 육성
③ 일반 경종농업에 비하여 축산의 유리한 점
  ㉠ 생활수단의 자급이 높다.
  ㉡ 토지이용의 효율이 높다.
  ㉢ 노동력을 편중 없이 효율적으로 이용할 수 있다.
④ 우리나라에서 유기농후사료 중심의 유기축산의 문제점
  ㉠ 물질순환의 문제
  ㉡ 국내 생산의 어려움
  ㉢ 고가의 수입 유기농후사료
  ㉣ 유기사료 확보문제
⑤ 기타 주요사항
  ㉠ 우리나라에서 유기축산을 실시하기 가장 어려운 축산업 규모 : 기업축산
  ㉡ 유기축산에서 육우의 능력을 개량하는 데 중요한 경제형질 : 증체율
  ㉢ 유기축산에서 젖소의 능력개량에 해당하는 경제형질 : 산유량

2-1. 이상적인 유기축산의 육종 방향이 아닌 것은?

① 지속적 생산과 긴 수명
② 병에 대한 저항성
③ 높은 번식력
④ 수정란 이식 등 생명공학을 이용한 품종 육성

정답 ④

2-2. 유기축산에서 젖소의 능력개량에 해당하는 경제형질은?

① 지육률   ② 산유량
③ 산자수   ④ 등지방 두께

정답 ②

핵심이론 03 | 유기축산물 인증제도

- 농림축산식품부 소관 친환경농어업 육성 및 유기식품 등의 관리 · 지원에 관한 법률 시행규칙 [별표 4]
- 유기식품 및 무농약농산물 등의 인증에 관한 세부실시 요령 [별표 1]

① 인증기준 : 자급사료 기반, 사육장 및 사육조건, 가축의 출처 및 입식, 사료 및 영양관리, 동물복지 및 질병관리, 품질관리 등

② 인증절차 : 신청 → 심사 → 심사결과 통보 → 생산 · 출하과정 조사 → 시판품 조사 → 위반자 조치

※ 유기축산물 인증기준 중 국내 현실에서 가장 어려운 기준 : 유기사료 급여

③ 유기축산물에서 초식가축의 자급사료기반 구비요건

    ㉠ 초식가축의 경우에는 유기적 방식으로 재배 · 생산되는 목초지 또는 사료작물 재배지를 확보할 것

    ㉡ 초식가축의 경우에는 가축 1마리당 목초지 또는 사료작물 재배지 면적을 확보하여야 한다. 이 경우 사료작물 재배지는 답리작재배 및 임차 · 계약재배가 가능하다.

       • 한 · 육우 : 목초지 2,475m^2 또는 사료작물재배지 825m^2

       • 젖소 : 목초지 3,960m^2 또는 사료작물재배지 1,320m^2

       • 면 · 산양 : 목초지 198m^2 또는 사료작물재배지 66m^2

       • 사슴 : 목초지 660m^2 또는 사료작물재배지 220m^2

       다만, 가축의 종류별 가축의 생리적 상태, 지역 기상조건의 특수성 및 토양의 상태 등을 고려하여 외부에서 유기적으로 생산된 조사료(粗飼料, 생초나 건초 등의 거친 먹이)를 도입할 경우, 목초지 또는 사료작물재배지 면적을 일부 감할 수 있다. 이 경우 한 · 육우는 374m^2/마리, 젖소는 916m^2/마리 이상의 목초지 또는 사료작물재배지를 확보하여야 한다.

    ㉢ 유기축산물의 자급사료 기반에서 산림 등 자연상태에서 자생하는 사료작물은 유기농산물 허용물질 외의 물질이 3년 이상 사용되지 아니한 것이 확인되고, 비식용 유기가공품(유기사료)의 기준을 충족할 경우 유기사료작물로 인정할 수 있다.

[핵심예제]

3-1. 유기생산원칙에 의한 유기축산과 거리가 가장 먼 것은?

① 화학비료를 사용하여 재배한 조사료 급여
② 유기사료의 사용
③ 가축의 복지를 고려한 사양 관리
④ 항생제 등의 사용 금지

정답 ①

3-2. (　　　) 안에 알맞은 내용은?

> 유기축산물의 자급사료 기반에서 산림 등 자연상태에서 자생하는 사료작물은 유기농산물 허용물질 외의 물질이 (　　) 이상 사용되지 아니한 것이 확인되고, 비식용유기가공품(유기사료)의 기준을 충족할 경우 유기사료작물로 인정할 수 있다.

① 6개월   ② 1년
③ 2년   ④ 3년

정답 ④

핵심이론 04 유기가축 사육시설과 축사조건

유기식품 및 무농약농산물 등의 인증에 관한 세부실시 요령 [별표 1]

① 유기축산의 사육시설
 ㉠ 청결하고 위생적인 시설의 확보 부여
 ㉡ 가축에게 자연적인 행동이 가능하도록 충분한 공간 부여
 ㉢ 사료와 식수를 자유롭게 섭취할 수 있는 공간 부여
 ㉣ 충분한 자연환기와 빛이 유입되는 공간 부여
 ㉤ 가축에게 케이지 사육(공장형 축사) 공간 부여 금지
 ㉥ 충분한 활동공간과 휴식공간을 제공하여 가축생리에 적합한 사육환경 부여

NDF
• 가축의 사료섭취량을 예측할 수 있는 척도
• 섬유질 사료에는 NDF(Non Detergent Fiber, 중성세제불용섬유소)와 ADF(Acid Detergent Fiber, 산성세제불용섬유소)가 있는데, NDF가 높으면 사료의 기호성이 높아지고 ADF가 높아지면 건물 소화율이 높아지는 지표가 된다.
---

② 유기축산물의 축사조건
 ㉠ 사료와 음수는 접근이 용이할 것
 ㉡ 공기순환, 온도·습도, 먼지 및 가스농도가 가축 건강에 유해하지 아니한 수준 이내로 유지되어야 하고, 건축물은 적절한 단열·환기시설을 갖출 것
 ㉢ 충분한 자연환기와 햇빛이 제공될 수 있을 것

축사 설계 시 크기와 형태를 결정하는 요인
가축의 종류와 목장의 규모, 토양의 종류와 비옥도, 개인의 기호성

핵심예제

4-1. 유기축산의 사육시설로서 적합하지 않은 것은?
① 가축에게 자연적인 행동이 가능하도록 충분한 공간 부여
② 사료와 식수를 자유롭게 섭취할 수 있는 공간 부여
③ 충분한 자연환기와 빛이 유입되는 공간 부여
④ 가축에게 개체별로 케이지 사육 공간 부여

정답 ④

4-2. 유기축산에서 실천해야 할 방법으로 틀린 것은?
① 항생제의 급여
② 깨끗한 음용수의 무제한 급여
③ 방목지 자유방사와 운동
④ 충분한 운동장과 동물복리시설

정답 ①

핵심이론 05 가축사육시설의 소요면적

유기식품 및 무농약농산물 등의 인증에 관한 세부실시 요령 [별표 1]

① 축사의 밀도조건
 ㉠ 가축의 품종·계통 및 연령을 고려하여 편안함과 복지를 제공할 수 있을 것
 ㉡ 축군의 크기와 성에 관한 가축의 행동 욕구를 고려할 것
 ㉢ 자연스럽게 일어서서 앉고 돌고 활개 칠 수 있는 등 충분한 활동공간이 확보될 것

② 유기가축 1마리당 갖추어야 하는 가축사육시설의 소요면적 (단위 : m^2)
 ㉠ 한·육우

시설형태	번식우	비육우	송아지
방사식	$10m^2$/마리	$7.1m^2$/마리	$2.5m^2$/마리

• 성우 1마리 = 육성우 2마리
• 성우(14개월령 이상), 육성우(6~14개월 미만), 송아지(6개월령 미만)
• 포유 중인 송아지는 마릿수에서 제외

 ㉡ 젖소(m^2/마리)

시설 형태	경산우		초임우 (13~24 월령)	육성우 (7~12 월령)	송아지 (3~6 월령)
	착유우	건유우			
깔짚	17.3	17.3	10.9	6.4	4.3
프리스톨	9.5	9.5	8.3	6.4	4.3

 ㉢ 돼지(m^2/마리)

구분	웅돈	번식돈				비육돈			
		임신돈	분만돈	종부 대기돈	후보돈	자돈		육성돈	비육돈
						초기	후기		
소요 면적	10.4	3.1	4.0	3.1	3.1	0.2	0.3	1.0	1.5

• 자돈 초기(20kg 미만), 자돈 중기(20~30kg 미만), 육성돈(30~60kg 미만), 비육돈(60kg 이상)
• 포유 중인 자돈은 마릿수에서 제외

 ㉣ 닭
• 소요면적
 – 육계(0.1m^2/마리)
 – 산란 성계·종계(0.22m^2/마리)
 – 산란 육성계(0.16m^2/마리)
• 성계 1마리 = 육성계 2마리 = 병아리 4마리

• 병아리(3주령 미만), 육성계(3~18주령 미만), 성계 (18주령 이상)

ⓜ 오 리
  • 소요면적
    – 산란용 오리(0.55m²/마리)
    – 육용 오리(0.3m²/마리)
  • 성오리 1마리 = 육성오리 2마리 = 새끼오리 4마리

ⓗ 면양 · 염소 소요면적 : 면양, 염소(1.3m²/마리),

ⓢ 사슴 소요면적 : 꽃사슴(2.3m²/마리), 레드디어(4.6m²/마리), 엘크(9.2m²/마리)

핵심예제

5-1. 임신기간이 가장 긴 가축은?

① 소　　　　　　② 면 양
③ 돼 지　　　　　④ 산 양

정답 ①

5-2. 유기축산물의 유기가축 1마리당 갖추어야 하는 가축사육시설의 소요면적 기준으로 틀린 것은?

① 번식우 방사식 사육시설 : 10m²
② 7~12월령 젖소 육성우 깔짚 사육시설 : 6.4m²
③ 육성돈 사육시설 : 4.0m²
④ 산란 육성계 사육시설 : 0.16m²

정답 ③

5-3. 유기가축 1마리당 갖추어야 하는 가축사육시설의 소요면적에서 육계의 소요 면적은?

① 0.1m²/마리　　　② 0.3m²/마리
③ 0.5m²/마리　　　④ 0.7m²/마리

정답 ①

해설

5-1
임신기간
소(280일), 면양 · 산양(150일), 돼지(114일)

핵심이론 06　유기축산물 생산을 위한 가축의 사양관리(1)

• 농림축산식품부 소관 친환경농어업 육성 및 유기식품 등의 관리 · 지원에 관한 법률 시행규칙 [별표 4]
• 유기식품 및 무농약농산물 등의 인증에 관한 세부실시 요령 [별표 1]

① 사양관리 조건
  ㉠ 축 사
    • 축사 · 농기계 및 기구 등은 청결하게 유지하고 소독하여 교차감염과 질병감염체의 증식을 억제할 것
    • 축사의 바닥은 부드러우면서도 미끄럽지 아니할 것
    • 충분한 휴식공간을 확보하여야 하고, 휴식공간에는 건조깔짚을 깔아 줄 것
  ㉡ 번식돈 등
    • 번식돈은 임신 말기 또는 포유기간을 제외하고는 군사할 것
    • 자돈 및 육성돈은 케이지에서 사육하지 아니할 것
    • 자돈 압사 방지를 위하여 포유기간에는 모돈과 조기에 젖을 뗀 자돈의 생체중이 25kg까지는 케이지에서 사육 가능
  ㉢ 가금류
    • 가금류의 축사는 짚 · 톱밥 · 모래 또는 야초와 같은 깔짚으로 채워진 건축공간이 제공되어야 할 것
    • 가금의 크기와 수에 적합한 홰의 크기 및 높은 수면공간을 확보할 것
    • 산란계는 산란상자를 설치하여야 할 것
    • 산란계의 경우 자연일조시간을 포함하여 총 14시간을 넘지 않는 범위 내에서 인공광으로 일조시간을 연장할 수 있다.
  ㉣ 밀집사육이 허용되지 않는다.

② 사육조건과 번식방법
  ㉠ 사육장(방목지를 포함한다), 목초지 및 사료작물 재배지는 토양오염우려기준을 초과하지 않아야 하며, 주변으로부터 오염 우려가 없거나 오염을 방지할 수 있을 것
  ㉡ 축사 및 방목환경은 가축의 생물적 · 행동적 욕구를 만족시킬 수 있도록 조성하고 국립농산물품질관리원장이 정하는 축사의 사육밀도를 유지 · 관리할 것
  ㉢ 유기축산물 인증을 받거나 받으려는 가축(이하 '유기가축')과 유기가축이 아닌 가축(무항생제축산물 인증을 받거나 받으려는 가축을 포함)을 병행하여 사육하는 경우에는 철저한 분리 조치를 할 것
  ㉣ 합성농약 또는 합성농약 성분이 함유된 동물용의약품 등의 자재를 축사 및 축사의 주변에 사용하지 않을 것

ⓜ 초식가축의 경우에는 유기적 방식으로 재배·생산되는 목초지 또는 사료작물재배지를 확보할 것

ⓑ 가축은 사육환경을 고려하여 적합한 품종 및 혈통을 선택하고, 수정란 이식기법, 번식호르몬 처리 또는 유전공학을 이용한 번식기법을 사용하지 않을 것

③ 사료 및 영양관리

ⓐ 유기가축에는 100% 유기사료를 급여하는 것을 원칙으로 할 것

ⓑ 반추가축에게 담근먹이(사일리지)만 공급하지 않으며, 비반추가축도 가능한 조사료(粗飼料)를 급여할 것

> **반추가축 : 한우, 젖소, 산양(말 ×)**
> • 반추동물의 위에서 미생물에 의한 사료분해가 이루어지는 반추위에 해당하며, 혹위라고 불리는 것 : 제1위
> • 혹위(제1위), 벌집위(제2위), 주름위(제4위), 겹주름위(제3위)
> • 암 가축의 생식기 구조 : 난소(숫소의 생식기구 : 정소)

ⓒ 유전자변형농산물 또는 유전자변형농산물에서 유래한 물질은 공급하지 아니할 것

ⓓ 합성화합물 등 금지물질을 사료에 첨가하거나 가축에 공급하지 아니할 것

ⓔ 가축에게 생활용수 수질기준에 적합한 먹는 물을 상시 급여할 것

ⓕ 합성농약 또는 합성농약성분이 함유된 동물용 의약품 등의 자재를 사용하지 않을 것

핵심예제

6-1. 친환경관련법상 유기축산물 축사조건으로 틀린 것은?

① 축사의 바닥은 부드러우면서도 미끄럽지 아니할 것
② 가금류의 축사는 짚·톱밥·모래 또는 야초와 같은 깔짚으로 채워진 건축공간이 제공되어야 할 것
③ 자돈 및 육성돈은 반드시 케이지에서 사육할 것
④ 산란계는 산란상자를 설치하여야 할 것

정답 ③

6-2. 반추가축이 아닌 것은?

① 한 우　　　　② 젖 소
③ 산 양　　　　④ 말

정답 ④

6-3. 반추동물의 위에서 미생물에 의한 사료분해가 이루어지는 반추위에 해당하며, 혹위라고 불리는 것은?

① 제1위　　　　② 제2위
③ 제3위　　　　④ 제4위

정답 ①

핵심이론 07 | **유기축산물 생산을 위한 가축의 사양관리(2)**

① 동물복지 및 질병관리

ⓐ 가축의 질병을 예방하기 위해 적절한 조치를 하고, 질병이 없는 경우에는 가축에 동물용의약품을 투여하지 않을 것

ⓑ 가축의 질병을 예방하고 치료하기 위해 물질을 사용하는 경우에는 사용 가능 조건을 준수하고 사용할 것

ⓒ 가축의 질병을 치료하기 위해 불가피하게 동물용의약품을 사용한 경우에는 동물용의약품을 사용한 시점부터 전환기간(해당 약품의 휴약기간의 2배가 전환기간보다 더 긴 경우에는 휴약기간의 2배의 기간을 말한다) 이상의 기간 동안 사육한 후 출하할 것

ⓓ 가축의 꼬리 부분에 접착밴드를 붙이거나 꼬리, 이빨, 부리 또는 뿔을 자르는 등의 행위를 하지 않을 것. 다만, 국립농산물품질관리원장이 고시로 정하는 경우에 해당될 때에는 허용할 수 있다.

ⓔ 성장촉진제, 호르몬제의 사용은 치료목적으로만 사용할 것

ⓕ ⓒ부터 ⓔ까지의 규정에 따라 동물용의약품을 사용하는 경우에는 수의사의 처방에 따라 사용하고 처방전 또는 그 사용명세가 기재된 진단서를 갖춰 둘 것

② 운송·도축·가공과정의 품질관리

ⓐ 살아 있는 가축을 운송할 때에는 가축의 종류별 특성에 따라 적절한 위생조치를 취해야 하고, 운송과정에서 충격과 상해를 입지 않도록 할 것

ⓑ 가축의 도축 및 축산물의 저장·유통·포장 등 취급과정에서 사용하는 도구와 설비는 위생적으로 관리해야 하고, 축산물의 유기적 순수성이 유지되도록 관리할 것

ⓒ 동물용의약품 성분은 식품위생법에 따라 식품의약품안전처장이 정하여 고시하는 동물용의약품 잔류허용기준의 10분의 1을 초과하여 검출되지 않을 것

ⓓ 합성농약 성분은 검출되지 않을 것

ⓔ 인증품에 인증품이 아닌 제품을 혼합하거나 인증품이 아닌 제품을 인증품으로 판매하지 않을 것

③ 가축분뇨의 처리

가축분뇨의 관리 및 이용에 관한 법률을 준수하여 환경오염을 방지하고 가축분뇨는 완전히 부숙시킨 퇴비 또는 액비로 자원화하여 초지나 농경지에 환원함으로써 토양 및 식물과의 유기적 순환관계를 유지할 것

④ 가축전염병예방관련법

　㉠ 차량이 출입하는 입구에 차량을 소독할 수 있는 터널식 소독시설 또는 고정식 소독시설을 설치할 것. 다만, 50m² 이상 1,000m² 미만의 가축사육시설의 경우 차량의 진입로 또는 차량을 돌리는 장소가 좁거나 그 밖의 사유로 터널식 소독시설 또는 고정식 소독시설을 설치하기 어려운 경우에는 차량이 출입하는 입구에 차량을 전용으로 소독하는 이동식 고압분무기를 설치한 때에는 해당 기준을 갖춘 것으로 본다.

　㉡ 축사의 벽, 바닥, 울타리, 토지 등을 약물소독 시 석회유(생석회와 물을 1:9의 비율로 섞은 것)를 사용하는 때에는 소독목적물에 충분히 뿌린다.

핵심예제

7-1. (가), (나)에 알맞은 내용은?

가축전염병예방관련법상 소독설비의 설치 개별기준에 해당하는 내용으로 차량이 출입하는 입구에 차량을 소독할 수 있는 터널식 소독시설 또는 고정식 소독시설을 설치할 것. 다만, (가)m² 이상 (나)m² 미만의 가축사육시설의 경우 차량의 진입로 또는 차량을 돌리는 장소가 좁거나 그 밖의 사유로 터널식 소독시설 또는 고정식 소독시설을 설치하기 어려운 경우에는 차량이 출입하는 입구에 차량을 전용으로 소독하는 이동식 고압분무기를 설치한 때에는 해당 기준을 갖춘 것으로 본다.

① 가 : 50　나 : 1,000　　② 가 : 100　나 : 300
③ 가 : 200　나 : 500　　④ 가 : 300　나 : 1,000

정답 ①

7-2. (가)에 알맞은 내용은?

가축전염병예방관련법상 축사의 벽, 바닥, 울타리, 토지 등을 약물소독 시 석회유(생석회와 물을 (가) : 9의 비율로 섞은 것)를 사용하는 때에는 소독목적물에 충분히 뿌린다.

① 20　　　　　　　　② 15
③ 1　　　　　　　　④ 5

정답 ③

해설

7-2
소독방법

방법	소독목적물	비 고
석회유(생석회와 물을 1:9의 비율로 섞은 것)를 사용하는 때에는 소독목적물에 충분히 뿌린다.	축사의 벽·바닥·울타리·토지 등	뿌릴 때에는 고루 저으면서 사용한다.

핵심이론 08　유기가축의 선택·번식방법 및 입식

유기식품 및 무농약농산물 등의 인증에 관한 세부실시 요령 [별표 1]

① 유기가축의 선택 : 가축은 유기축산 농가의 여건 및 다음 사항을 고려하여 사육하기 적합한 품종 및 혈통을 골라야 한다.

　㉠ 산간지역·평야지역 및 해안지역 등 지역적 조건에 적합할 것

　㉡ 가축 종류별로 주요 가축전염병에 감염되지 아니하여야 하고, 특정 품종 및 계통에서 발견되는 스트레스증후군 및 습관성 유산 등의 건강상 문제점이 없을 것

　㉢ 품종별 특성을 유지하여야 하고, 내병성이 있을 것

② 유기가축의 번식방법

　㉠ 교배는 종축을 사용한 자연교배를 권장하되 인공수정을 허용할 수 있다.

유기축산에서 가축 인공수정의 장점
• 우수한 종모축의 정액을 여러 마리의 암컷에 확대하여 수정할 수 있다.
• 가축의 개량이 촉진되고 생산성을 향상시킨다.
• 방목하지 않는 암 가축에게 인공수정을 쉽게 할 수 있다.
• 인공수정용 냉동정액을 원거리까지 수송이 가능하다.

　㉡ 수정란이식법이나 번식호르몬 처리, 유전공학을 이용한 번식기법은 허용되지 아니한다.

③ 유기가축의 입식

　㉠ 다른 농장에서 가축을 입식하려는 경우 해당 가축의 입식조건(입식시기 등)이 유기축산의 기준에 맞게 사육된 가축이어야 한다.

　㉡ 기준의 적합 여부를 입증할 자료를 인증기관에 제출하여 승인을 받아야 한다. 다만, 유기가축을 확보할 수 없는 경우에는 다음의 어느 하나의 방법으로 인증기관의 장의 승인을 받아 일반가축을 입식할 수 있다.

• 젖을 뗀 직후 또는 부화 직후의 가축인 경우(원유 생산용·알 생산용 가축의 경우 육성축 및 성축 입식 가능)
• 번식용 수컷이 필요한 경우
• 가축전염병 발생에 따른 폐사로 새로운 가축을 입식하려는 경우
• 최소 사육기간 이상의 최근 인증경력이 없는 농장 또는 사업자가 인증신청 당시 사육하고 있는 일반가축의 육성축 및 성축

[핵심예제]

8-1. 유기축산 농가의 여건과 사육 시 고려해야 하는 방법으로 옳지 않은 것은?

① 평야지역 및 해안지역 등 지역적 조건에 적합할 것
② 축종별로 주요 가축전염병에 감염되지 아니하여야 할 것
③ 특정 품종 및 계통에서 발견되는 스트레스증후군 및 습관성 유산 등의 건강상 문제점이 없을 것
④ 품종별 특성을 유지하여야 하고, 내병성이 없을 것

정답 ④

8-2. 유기축산에서 가축 인공수정의 장점이 아닌 것은?

① 우수한 종모축의 정액을 여러 마리의 암컷에 확대하여 수정할 수 있다.
② 가축의 개량이 촉진되고 생산성을 향상시킨다.
③ 방목하는 암 가축에게 인공수정을 쉽게 할 수 있다.
④ 인공수정용 냉동정액을 원거리까지 수송이 가능하다.

정답 ③

핵심이론 09 유기가축과 비유기가축의 병행사육 등

유기식품 및 무농약농산물 등의 인증에 관한 세부실시 요령 [별표 1]

① **유기가축과 비유기가축의 병행사육시 준수사항**

㉠ 유기가축과 비유기가축은 서로 독립된 축사(건축물)에서 사육하고 구별이 가능하도록 각 축사 입구에 표지판을 설치하고, 유기가축과 비유기가축은 성장단계 또는 색깔 등 외관상 명확하게 구분될 수 있도록 하여야 한다.

㉡ 일반가축을 유기가축 축사로 입식하여서는 아니 된다. 다만, 입식시기가 경과하지 않은 어린 가축은 예외를 인정한다.

㉢ 유기가축과 비유기가축의 생산부터 출하까지 구분관리 계획을 마련하여 이행하여야 한다.

㉣ 유기가축, 사료 취급, 약품 투여 등은 비유기가축과 구분하여 정확히 기록관리하고 보관하여야 한다.

㉤ 인증가축은 비유기 가축사료, 금지물질 저장, 사료공급·혼합 및 취급지역에서 안전하게 격리되어야 한다.

② **기타 주요사항**

㉠ 젖소의 품종 : 저지종, 브라운 스위스종, 건지종
㉡ 유기축산에 사용하는 가축 중에서 자축의 수가 가장 많은 가축 : 닭 > 돼지 > 한우
㉢ 유기양돈시설로 많이 사용되는 돈사 형태 : 톱밥발효 돈사
㉣ 유기축산에 이용하는 유산양 종 : 자넨종
㉤ 유기축산에서 가축관리 축사에 깔짚으로 사용하지 않는 것 : 자갈-(볏집, 보리집, 톱밥 사용)
㉥ 유기축산 젖소관리에서 착유우의 이상적인 건유기간 : 50~60일 정도
㉦ 유기양계에서 필요하거나 허용되는 사육장 및 사육조건
  • 닭이 올라가는 횟대
  • 닭이 먹는 모래
  • 닭이 쉴 수 있는 나무그늘

유기가축과 비유기가축의 병행사육 시 준수사항으로 틀린 것은?

① 입식시기가 경과한 비유기가축은 유기가축축사로 입식을 허용한다.

② 유기가축과 비유기가축은 서로 독립된 축사(건축물)에서 사육하고 구별이 가능하도록 각 축사 입구에 표지판을 설치하여야 한다.

③ 유기가축과 비유기가축의 생산부터 출하까지 구분관리 계획을 마련하여 이행하여야 한다.

④ 인증가축은 비유기가축 사료, 금지물질 저장, 사료 공급·혼합 및 취급지역에서 안전하게 격리되어야 한다.

정답 ①

핵심이론 10 유기가축의 전환

- 농림축산식품부 소관 친환경농어업 육성 및 유기식품 등의 관리·지원에 관한 법률 시행규칙 [별표 4]
- 유기식품 및 무농약농산물 등의 인증에 관한 세부실시 요령 [별표 1]

① 유기가축의 전환기간

　㉠ 일반농가가 유기축산으로 전환하거나 유기가축이 아닌 가축을 유기농장으로 입식하여 유기축산물을 생산·판매하려는 자는 가축의 종류별 전환기간(최소 사육기간) 이상을 유기축산물 인증기준에 따라 사육하여야 한다.

　㉡ 방목지, 노천구역 및 운동장 등의 사육 여건이 잘 갖추어지고 유기사료의 급여가 100% 가능하여 유기축산물 인증기준에 맞게 사육한 사실이 객관적인 자료를 통해 인정되는 경우 전환기간 2/3 범위 내에서 유기 사육기간으로 인정할 수 있다.

　㉢ 전환기간의 시작일은 사육형태에 따라 가축 개체별 또는 개체군별 또는 축사별로 기록 관리하여야 한다.

　㉣ 전환기간이 충족되지 아니한 가축을 인증품으로 판매하여서는 아니 된다.

　㉤ ㉠에 전환기간이 설정되어 있지 아니한 가축은 해당 가축과 생육기간 및 사육방법이 비슷한 가축의 전환기간을 적용한다. 다만, 생육기간 및 사육방법이 비슷한 가축을 적용할 수 없을 경우 국립농산물품질관리원장이 별도 전환기간을 설정한다.

　㉥ 동일 농장에서 가축·목초지 및 사료작물재배지가 동시에 전환하는 경우에는 현재 사육되고 있는 가축에게 자체 농장에서 생산된 사료를 급여하는 조건하에서 목초지 및 사료작물재배지의 전환기간은 1년으로 한다.

② 유기가축의 전환기간

가축의 종류	생산물	전환기간(최소 사육기간)
한우·육우	식 육	입식 후 출하 시까지 최소 12개월
젖 소	시유 (시판우유)	• 착유우는 입식 후 출하 시까지 최소 3개월 • 새끼를 낳지 않은 암소는 입식 후 출하 시까지 최소 6개월
산 양	식 육	입식 후 출하 시까지 최소 5개월
	시유 (시판우유)	• 착유양은 입식 후 출하 시까지 최소 3개월 • 새끼를 낳지 않은 암양은 입식 후 출하 시까지 최소 6개월
돼 지	식 육	입식 후 출하 시까지 최소 5개월
육 계	식 육	입식 후 출하 시까지 최소 3주

가축의 종류	생산물	전환기간(최소 사육기간)
산란계	알	입식 후 출하 시까지 최소 3개월
오 리	식 육	입식 후 출하 시까지 최소 6주
	알	입식 후 출하 시까지 최소 3개월
메추리	알	입식 후 출하 시까지 최소 3개월
사 슴	식 육	입식 후 출하 시까지 최소 12개월

※ 친환경농업 인증을 받기 위해서는 전환기간이 필요하며, 이때 다년생 작물(목초 제외)은 3년 이상, 그 외는 2년 이상의 전환기간이 필요하다.

[핵심예제]

10-1. 친환경 관련 법상 일반 농가가 유기축산으로 전환하려면, 전환기간 이상을 유기축산물 인증기준에 따라 사육해야 한다. 젖소 시유의 최소 사육기간은?

① 착유우는 30일, 새끼를 낳지 않은 암소는 3개월
② 착유우는 90일, 새끼를 낳지 않은 암소는 6개월
③ 착유우는 100일, 새끼를 낳지 않은 암소는 12개월
④ 착유우는 120일, 새끼를 낳지 않은 암소는 12개월

정답 ②

10-2. 일반농가가 유기축산으로 전환하거나 유기가축이 아닌 가축을 유기농장으로 입식하여 유기축산물을 생산·판매하려는 경우 축종과 최소 사육기간이 잘못 연결된 것은?

① 오리(식육) : 입식 후 출하 시까지 최소 6주 이상
② 육계(식육) : 입식 후 출하 시까지 최소 3주 이상
③ 돼지(식육) : 입식 후 출하 시까지 최소 3개월 이상
④ 육우(식육) : 입식 후 출하 시까지 최소 12개월 이상

정답 ③

10-3. 일반농가가 유기축산으로 전환하거나 유기가축이 아닌 가축을 유기농장으로 입식하여 유기축산물을 생산·판매하려는 경우 돼지의 식육생산물을 위한 최소 사육기간은?

① 입식 후 출하 시까지 최소 3개월
② 입식 후 출하 시까지 최소 5개월
③ 입식 후 출하 시까지 최소 7개월
④ 입식 후 출하 시까지 최소 9개월

정답 ②

핵심이론 11 유기축산 경영

① 유기축산경영 일반원칙 : 농장경영 실태를 1년 이상 기록하여 보관·관리하고, 인증기관의 요구가 있을 때는 이를 제출해야 한다.

ㄱ. 유기축산경영의 기록
- 가축입식 등 구입사항과 번식에 관한 사항
- 사료의 생산·구입 및 급여에 관한 사항
- 예방 또는 치료목적의 질병관리에 관한 사항
- 동물용 의약품·동물용 의약외품 등 자재 구매·사용·보관에 관한 사항
- 질병의 진단 및 처방
- 퇴비·액비의 발생·처리사항
- 축산물의 생산량·출하량, 출하처별 거래 내용 및 도축·가공업체

위의 자료의 기록기간은 최근 1년간으로 한다.

ㄴ. HACCP(Hazard Analysis Critical Control Point) 7가지 원칙 중 제7원칙의 기록유지방법(Record-keeping Procedure)
- CCP에 대한 모든 감시기록
- 온도에 민감한 재료에 대한 보관온도 및 보관기간 기록
- 종업원의 이동 및 교육 회의에 관한 기록
- 원자재 및 부자재에 대한 기록
- 개선조치의 실시 및 감시를 문서화
- 책임자의 서명과 일자 기입
- 기록은 최소한 2년간 보존
- 관계당국의 요구가 있을 경우 이를 제시

[핵심예제]

유기축산물 인증기준의 구비조건 중에서 1년 이상 기록한 경영 관련 자료를 보관하고 인증기관이 열람을 요구할 경우 응하여야 할 사항이 아닌 것은?

① 가축입식과 번식내용
② 사료 생산 및 구입방법
③ 질병 발생 및 예방관리
④ 자연교배하였다는 수의사의 확인서

정답 ④

핵심이론 12 | 유기축산 수익성 분석

① 생산비 : 생산을 위해 투입된 물품과 용역의 총가액으로, 경영비 · 노력비 · 자본용역비 · 토지용역비 등이 있다.

  ※ 축산물의 생산비 계산 : 가축(1두당 또는 1kg당), 우유 1kg당, 달걀 10개당 투입되는 물재비를 총비용으로 계산하여 시장가격과 비교한다.

② 결합생산

  ㉠ 한 가지 생산물을 생산할 때 다른 생산물의 생산이 일정한 비율로 생산되는 경우를 말한다.

  ㉡ 결합생산물의 예

결합관계의 생산물	결합관계의 생산물이 아닌 것
• 우유와 젖소 송아지 • 쇠고기와 소가죽 • 비육우와 퇴비 • 오리고기와 오리털 • 양털과 양고기 • 양고기와 양모 • 산란계와 달걀	• 닭고기와 돼지고기 • 쇠고기와 돼지고기 • 육계와 계란 • 산란계와 육계 • 돼지고기와 우유 • 한우고기와 수입쇠고기

③ 축산물의 수익성 분석

  ㉠ 조수입 = 주산물평가액 + 부산물평가액

  ㉡ 소득 = 조수입 − 경영비

  ㉢ 순수익 = 조수입 − 생산비

④ 이윤의 극대화

  ㉠ 최대이윤을 얻을 수 있는 경우는 한계비용과 한계수익이 같을 때이다.

  ㉡ 완전경쟁시장체제에서 생산자는 시장의 수요공급의 법칙에 의해 가격을 임의로 변경시킬 수 없으며, 다만, 수량 조절자로서 수동적 역할만 할 수 있다. 따라서 한계비용과 한계수익이 같을 때 생산자는 이윤의 극대화를 도모할 수 있다.

  ㉢ 유기축산경영의 장점

   • 항생제에 의한 환경파괴를 막을 수 있다.

   • 친환경축산경영을 통해 국민건강을 지킬 수 있다.

   • 축산물 생산비를 줄일 수 있다.

핵심예제

12-1. 축산경영의 일반적 특징 중 결합생산물의 예로 가장 적합한 것은?

① 산란계와 육계

② 돼지고기와 우유

③ 쇠고기와 소가죽

④ 한우고기와 수입쇠고기

정답 ③

12-2. 한우사육농가의 조수입이 7,000만원, 생산비가 3,500만원(경영비 3,000만원, 자가노력비 500만원)이라고 할 때 소득은 얼마인가?

① 3,000만원   ② 3,500만원

③ 4,000만원   ④ 4,500만원

정답 ③

해설

12-2

소득 = 조수입 − 경영비

  = 7,000만원 − 3,000만원 = 4,000만원

핵심이론 13　자원 투입과 산출량의 관계

① 생산량
- ㉠ 총생산 : 생산요소를 투입했을 때 얻어지는 전체량
- ㉡ 평균생산 : 총생산량÷자원의 투입량
- ㉢ 한계생산 : 재원의 투입을 1단위 높였을 때 총생산량의 추가분

② 총생산과 한계생산의 관계
- ㉠ 총생산이 증가하고 있는 동안은 한계생산이 계속 증가(+)한다.
- ㉡ 총생산이 감소하는 경우에는 한계생산도 감소(-)한다.
- ㉢ 총생산력이 최대일 때 한계생산은 0이다.
- ㉣ 생산요소의 추가적인 투입에도 불구하고 총생산이 증감 없이 불변인 경우의 한계생산은 0이다.
- ㉤ 한계생산이 증가하고 있을 때는 총생산은 증가하고, 한계생산이 감소하고 있을 때는 총생산이 체감적으로 증가한다.

③ 평균생산과 한계생산의 관계
- ㉠ 한계생산은 평균생산이 최대가 될 경우에는 동일하다.
- ㉡ 한계생산이 평균생산과 일치할 때 평균생산은 최대가 된다.
- ㉢ 한계생산이 평균생산보다 클 경우 평균생산은 증가한다.
- ㉣ 한계생산이 평균생산보다 작을 경우 평균생산은 감소한다.

④ 수확체감의 법칙 : 재화를 투입할 때 생산량은 점차 증가하지만, 어느 한계점을 초과하면 생산요소의 추가단위당 추가생산은 오히려 감소하는 법칙을 말한다.

핵심예제

생산함수에서 평균생산물과 한계생산물의 관계를 바르게 설명한 것은?

① 평균생산물이 증가하면 한계생산물은 감소한다.
② 한계생산물이 평균생산물보다 클 경우 평균생산물은 증가한다.
③ 한계생산물이 평균생산물보다 작을 경우 한계생산물은 증가한다.
④ 한계생산물과 평균생산물이 동일할 경우 평균생산물은 최소가 된다.

정답 ②

6-2. 유기축산의 사료 생산 및 급여

핵심이론 01　유기축산사료의 조성

① 유기사료의 특성
- ㉠ 유기사료는 유전자 조작이 되지 않은 종묘를 일정기간 유기적으로 관리한 토양에서 합성비료와 합성농약을 사용하지 않고 생산해야 한다.
- ㉡ 초식가축의 경우 국립농산물품질관리원장이 정하는 목초지 또는 사료작물재배지를 확보해야 한다.
- ㉢ 목초지 및 사료작물재배지는 유기농산물 재배·생산기준에 맞게 생산하여야 한다.
- ㉣ 멸강충 등 긴급 병해충 방제를 위하여 일시적으로 유기합성농약을 사용할 수 있으며, 이 경우 국립농산물품질관리원장 또는 인증기관의 사전승인이나 사후보고조치가 있어야 한다.
- ㉤ 가축분뇨나 퇴·액비를 사용하는 경우 완전히 부숙시켜서 사용하여야 하며, 이의 과다한 사용으로 유실 및 용탈 등으로 환경오염을 유발시키지 않도록 하여야 한다.
  - ※ 최적의 퇴비화에 적합한 모재료 : 소, 돼지, 닭의 축분
- ㉥ 산림이나 자연 상태에서 자생하는 사료작물은 유기농산물 허용자재 이외의 자재가 3년 이상 사용하지 않은 것이 확인되고, 유기사료의 기준을 충족할 경우 유기사료로 인정할 수 있다.

> FSH : 유기가축의 번식생리에서 암 가축의 뇌하수체 전엽에서 분비되는 난포자극호르몬
> Estrogen : 유기가축의 번식생리에서 암 가축의 난소에서 분비되는 호르몬

② 좋은 사료의 조건
- ㉠ 영양소의 공급능력이 좋아야 한다.
- ㉡ 유해물질과 독성이 없어야 한다.
- ㉢ 생산량이 많고 값이 저렴해야 한다.
- ㉣ 쉽게 변질되지 않고 신선해야 한다.
- ㉤ 영양소의 소화율이 높아야 한다.
  - ※ 탄수화물과 지방은 포도당이 구성성분이고, 단백질은 아미노산을 기본으로 구성되어 있다.
  - ※ 가축에 급여하는 사료의 소화율(%)의 계산공식
    = (섭취한 양-배설한 양)/(섭취한 양) × 100

1-1. 유기사료 생산에 대한 설명으로 가장 적합한 것은?

① 유기사료는 일반 작물과 같은 방법으로 재배해도 무방하다.
② 유기사료는 일반 작물과 같은 방법으로 재배하고 살충제만 사용하지 않으면 된다.
③ 유기사료는 일반 작물과 같은 방법으로 재배하고 제초제만 사용하지 않으면 된다.
④ 유기사료는 유전자 조작이 되지 않은 종묘를 일정기간 유기적으로 관리한 토양에서 합성비료와 합성농약을 사용하지 않고 생산해야 한다.

정답 ④

1-2. 최적의 퇴비화에 적합한 모재료인 것은?

① 녹병이나 바이러스 등에 감염된 식물체
② 소, 돼지, 닭의 축분
③ 단단한 가시 등의 재료
④ 햇볕에 1차적으로 완전히 건조되지 않은 영년생 잡초

정답 ②

1-3. 유기가축의 번식생리에서 암 가축의 뇌하수체 전엽에서 분비되는 난포자극호르몬은?

① FSH
② Oxytocin
③ Testosterone
④ Prolactin

정답 ①

핵심이론 02 화본과목초

① 화본과목초의 특징
  ㉠ 어린 목초는 단백질 함량이 높고 영양가가 높으나 성숙할수록 영양가가 떨어진다.
  ㉡ 두과목초에 비해 단위면적당 수량과 가소화영양소 총량이 상당히 높다.
  ㉢ 두과목초와 혼파에 의하여 수량 및 단백질 등의 영양성분을 증가할 수 있다.

② 화본과목초의 종류
  ㉠ 오처드그라스(Orchardgrass)
    • 원산지인 유럽에서는 콕스풋(Cocksfoot)이라 부른다.
    • 다년생 목초로 내음성과 내한성이 강해 우리나라에서 가장 많이 재배되며, 다발성이고 상번초이다.
    • 건물기준으로 8~18%의 조단백질을 함유하고 있다.
  ㉡ 티머시(Timothy)
    • 다년생으로 내한성이 강한 목초로 다발형을 이루며 상번초이다.
    • 건물기준 8~12%의 조단백질을 함유하고 있다.
    • 알팔파나 클로버와 같이 혼파하면 수량과 기호성을 더욱 증가시킬 수 있다.
  ㉢ 퍼레니얼라이그래스(Perennial Ryegrass)
    • 유럽, 아시아의 온대지방에 분포한 다년생 하번초로 기호성이 좋다.
    • 방목용 초지로 효과적이며, 여름에는 심한 하고현상을 일으킨다.
    • 건물기준 6~13%의 조단백질을 함유하고 있다.
  ㉣ 이탈리안라이그래스(Italian Ryegrass)
    • 다년생으로 우리나라의 남부지방에서 답리작으로 많이 재배된다.
    • 청예, 건초, 사일리지로 이용할 수 있으나 청예가 가장 일반적이다.
  ㉤ 켄터키블루그래스(Kentucky Bluegrass)
    • 다년생 하번초로 건조 지대를 제외하고 세계적으로 재배되고 있다.
    • 기본적으로 방목용 목초이고, 정원과 축구장의 잔디로 이용되기도 한다.
    • 라디노클로버와 혼파하여 방목지를 조성하는 것이 좋다.

ㅂ 톨 페스큐(Tall Fescue)
- 다년생 상번초로 방석모양이며 세계의 냉·온대지역에 널리 분포하고 있다.
- 개간지, 척박지, 하천제방 등 사방용으로 이용되며, 출수 이전에 방목용으로 사용된다.
- 면양이나 육우를 장기간 방목 시 페스큐 풋(Fescue Foot) 질병 발생의 우려가 있다.

[핵심예제]

2-1. 내음성과 내한성이 강하여 우리나라 전역에 재배되는 목초는?

① 이탈리안라이그래스
② 티머시
③ 오처드그래스
④ 퍼레니얼라이그래스

정답 ③

2-2. 화본과 사료작물에 속하는 것은?

① 베치류   ② 화곡류
③ 해바라기   ④ 유 채

정답 ②

핵심이론 03 두과목초

① 잎, 줄기에 단백질 함량이 풍부하여 고단백 영양공급제의 역할을 한다.
② 사료 또는 식량자원으로 활용이 가능하다.
③ 녹비작물의 효과는 단기간보다 장기간에 걸쳐 서서히 나타난다.
④ 경운, 파종, 수확 및 토양 내 혼입의 작업에 노동력이 필요한 집약적 활동이다.
⑤ 골격형성 영양소인 P, K, Ca와 같은 광물질의 함량이 높다.
⑥ 생초는 비타민 A(카로틴), 건초는 비타민 D가 많이 함유되어 있다.
⑦ 화본과목초와 혼파하면 수량과 단백질 함량을 늘릴 수 있고 초지의 비옥도를 증진시킬 수 있다.
⑧ 공기 중의 질소를 고정시켜 토양비옥도를 증진시키고 토양침식을 방지한다.
⑨ 두과목초는 포복형(라디노클로버, 화이트클로버), 직립형(레드클로버, 알팔파), 덩굴형(베치류, 완두)이 있다.

> 공중질소를 고정하여 토양비옥도를 증진시켜 주는 녹비작물 : 자운영, 헤어리베치, 알팔파, 클로버
> 유기농업으로의 전환기간 중 토양에 과잉 공급될 경우 미생물의 활동을 억압하고 두과작물의 공중질소고정능력을 감소시키며 작물체의 병해충저항력을 낮추는 성분 : N(질소)

[핵심예제]

3-1. 공기 중의 질소를 고정시켜 주는 것은?

① 두과식물   ② 쇠뜨기
③ 국화과식물   ④ 대나무

정답 ①

3-2. 공중질소를 고정하여 토양비옥도를 증진시켜 주는 녹비작물이 아닌 것은?

① 자운영   ② 알팔파
③ 헤어리베치   ④ 티머시

정답 ④

핵심이론 04 농후사료(濃厚飼料)

① 농후사료의 특징

  ㉠ 가소화영양소 농도가 높은 사료의 총칭으로 곡류사료, 강피류사료, 유지사료, 단백질사료 등이 있다.

  ㉡ 옥수수, 수수, 밀, 깻묵류, 밀기울, 어류, 배합사료 등과 같이 에너지 함량이 높고, 조섬유 함량은 낮다(조섬유 18% 이하).

  ㉢ 단백질 함량은 낮고, 가축의 기호성이 높으며, 소화율이 높다.

  ㉣ 비타민 A와 D, Ca과 유효 P의 함량이 낮다.

  ㉤ 티아민(B_1)을 제외한 나이아신(B_3) 등 비타민 B군이 적다.

② 옥수수사료의 특징

  ㉠ 단위면적당 TDN(가소화영양소 총량)이 가장 높은 사료작물이다(TDN 함량은 70%).

  ㉡ TDN(가소화양분 총량), DE(가소화에너지), ME(대사에너지), NE(정미에너지) 등이 높아서 가축의 기호성이 좋다.

  ㉢ 가용무질소화합물과 지방의 함량이 높고, 조섬유의 함량이 낮다.

  ㉣ 단백질(조단백질, 분해성 단백질)과 칼슘, 칼륨의 함량이 비교적 낮다.

  ㉤ 곡류사료 중 가장 많이 이용되는 원료(배합사료의 50~70%)이다.

※ 에너지 분류

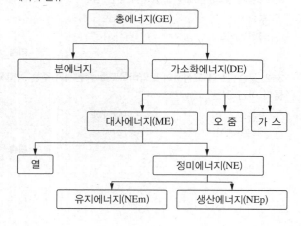

TDN, 가소화에너지 등

• TDN(Total Digesitible Nutrients, 단위면적당 가소화영양소총량)

  – 가축의 체내에서 소화·흡수되는 영양소(탄수화물, 단백질, 지방)의 총량을 나타내는 단위로, 그 값의 크기로 사료의 영양소가 평가되는 것과 동시에 체내의 에너지 공급의 상황을 판단하는 영양관리지표로도 사용된다.

  – TDN = 가소화조단백질 + 2.25 × 가소화조지방 + 가소화탄수화물

• DE(가소화에너지) : 총에너지에서 분으로 소실된 에너지를 뺀 에너지를 의미

  – 가소화에너지 = 총에너지-분으로 소실된 에너지

• ME(대사에너지) = 가소화에너지-오줌, 가스

• NE(정미에너지, 순수한 동물 유지생산) = 대사에너지-열량증가

[핵심예제]

사료에너지를 구분할 때 총에너지에서 분으로 소실된 에너지를 뺀 에너지는?

① 총에너지   ② 대사에너지

③ 정미에너지   ④ 가소화에너지

정답 ④

핵심이론 05 유기축산 조사료의 생산

① 조사료의 개념
- ㉠ 부피가 크고 가소화영양소 함량이 적으며, 섬유질이 많은(건물 중 조섬유의 함량이 18% 이상) 사료의 총칭이다.
- ㉡ 조사료에는 볏짚, 건초류, 생초류, 강피류, 산야초, 옥수수엔실리지, 수입조사료 등을 이용한다.

② 조사료의 일반적인 특징
- ㉠ 에너지 함량이 낮고 조섬유 함량이 높아 반추가축에게 만복감을 줄 수 있다.
- ㉡ 농후사료에 비하여 미량광물질과 칼슘의 함량이 높으며, 반추가축에 기호성이 높다.
- ㉢ 단백질 함량이 4~5%로 극히 낮고, 아미노산의 공급능력도 적다.
- ㉣ 70% 정도가 셀룰로스, 헤미셀룰로스로 되어 있고 실리카의 함량도 높다.
- ㉤ 젖소의 사료로는 일정 수준의 유지방을 유지하기 위해서는 반드시 급여해야 한다.
- ㉥ 돼지의 비육말기의 사료에는 사용하지 말아야 한다.
- ㉦ 축우에 있어서 조사료의 상대적 영양가치는 추운 겨울에 가치가 높다.

③ 조사료의 종류 : 건초, 볏짚, 사일리지, 고구마순 줄기(옥수수, 배합사료, 고구마×)

④ 건 초
- ㉠ 자연의 태양에너지를 이용하여 수분 함량을 약 15%(15~20%) 이하가 되도록 물리적으로 건조시킨 조사료의 저장형태이다.
- ㉡ 수확적기 : 화본과 목초는 출수기, 두과목초는 개화 초기이다.
- ㉢ 건초 조제과정의 순서 : 기상 예측 → 수확 → 뒤집기(반전) → 집초 → 결속(곤포) → 저장

> 고간류 사료 중에서 우리나라에서 가장 많이 이용하는 조사료 : 볏짚
> 조사료의 종류별 섭취 가능량(체중비 기준)
> - 건초 : 15~20%
> - 생초 : 10~15%
> - 청예작물 : 8~10%
> - 근채류 : 6~8%
> - 사일리지 : 5~6%
> - 볏짚 : 1~1.5%

⑤ 사일리지(Silage)
- ㉠ 사일리지는 매초 또는 담근먹이라고 한다.
- ㉡ 목초나 사료작물을 사일로(사일리지 만드는 용기)에 저장하고 혐기성 젖산발효시킨 다즙질 사료이다.
- ㉢ 겨울철이 긴 우리나라에 매우 적합한 조사료의 저장 및 공급형태이다.
- ㉣ 우리나라 낙농가에서 겨울철 다즙질 사료로 가장 많이 이용하는 사료 : 옥수수 사일리지
- ㉤ 유산균을 증식시켜 다른 불량 균들의 증식을 억제함으로서 저장성이 부여된 사료이다.
- ㉥ 발효손실, 삼출액의 손실 등을 줄이기 위해서는 재료의 수분함량이 가장 중요하다.
- ㉦ 사일리지를 제조할 때 가장 적당한 재료의 수분함량은 70%이다.
- ㉧ 젖산발효의 문제점은 공기가 들어가게 되면 산소에 의해서 부패발효가 일어나게 된다. 따라서 혐기적인 유산균발효를 높이기 위하여 밀봉과 답압을 세심하게 해야 한다.
  ※ 유기낙농에서 젖소에게 급여할 사일리지 제조 시에 주로 발생하는 균 : 유산균
- ㉩ 대부분의 두과목초는 화본과목초에 비하여 낙산발효형의 품질이 낮은 사일리지를 만드는 이유는 유기산 함량이 적기 때문이다.

핵심예제

축산물 품질은 사료의 영향이 매우 크다. 대부분의 두과목초는 화본과목초에 비하여 낙산발효형의 품질이 낮은 사일리지를 만드는데, 그 이유로 적합한 것은?
① 완충력이 비교적 높기 때문에
② 단백질 함량이 많기 때문에
③ 가용성탄수화물의 양이 적기 때문에
④ 유기산 함량이 적기 때문에

정답 ④

유기축산사료의 배합, 조리, 가공방법

① 사료배합의 목적

　㉠ 영양적 결함을 보완하여 균형 있는 영양소를 만든다.

　㉡ 가축의 기호에 맞는 값싼 사료를 생산한다.

　㉢ 질병예방 및 성장을 촉진시킨다.

　㉣ 사료의 이용효율을 개선한다.

② 사료의 가공 조제

　㉠ 조사료의 세절

　　• 볏짚, 건초, 생초, 근채류 등을 적당한 크기로 잘라 주는 것이다.

　　• 조사료를 분쇄하면 섭취량, 반추 및 위 내 발효를 촉진 시킨다.

　　• 세절하여 급여하는 것이 분쇄하는 것보다 기호성이 좋다.

　㉡ 곡류사료의 분쇄

　　• 일반적으로 곡류 등의 농후사료를 분쇄하는 것이다.

　　• 분쇄의 주목적 : 소화율 증가, 배합 용이, 취급 용이, 펠릿작업의 원활화, 소비자선호도 만족 등

　㉢ 수침(水浸)

　　• 사료원료 중의 단단한 알곡이나 조사료원을 적정시간 물에 담가두었다가 사료로 이용하는 방법이다.

　　• 씹기 쉽고 소화율도 높아지며, 유해물질이 우러나와 무독화되는 효과가 있다.

　　• 원료의 수분 함량이 증가되어 저장성은 매우 불리하다.

　㉣ 자비 및 증기처리

　　• 사료를 찌거나 삶는 것이다.

　　• 병원균 사멸, 풍미 증진, 잡초종자 사멸, 유독성분 제거

> **유독성분**
> 감자-솔라닌, 날콩-항트립신 인자, 목화씨-고시폴, 아마박-리나마린, 유채종자-마이로신

　㉤ 알칼리처리

　　• 조사료 세포에 알칼리가 작용하면 섬유질이 부드러워지고 세포 표면이 파괴된다. 이때 규산이 녹아 나와 소화율 증진, 칼슘 보충효과, 전분가 증가 등의 효과가 있다.

　　※ 목질화된 조사료를 알칼리로 처리하면 리그닌이 없어져 소화율이 향상된다.

　　• 단백질, 비타민은 파괴되어 못쓰게 되고, 품이 많이 들어 실용화에 장해가 된다.

　㉥ 펠릿가공(Pelleting) : 농후사료와 조사료를 혼합하여 증기압으로 열처리·가압하여 각형 또는 환제로 만든 사료를 말한다.

　　※ 배합사료의 저장 시 사료가치나 풍미 저하를 가장 적게 할 수 있는 수분 함량 : 15%

［ 핵심예제 ］

배합사료 저장 시 사료가치나 풍미 저하를 가장 적게 할 수 있는 수분함량은?

① 11~13%　　　　　　② 20~22%

③ 28~30%　　　　　　④ 31~33%

정답 ①

핵심이론 07   유기축산사료의 급여

유기식품 및 무농약농산물 등의 인증에 관한 세부실시 요령 [별표 1]

① 유기축산물 생산가축은 100% 유기사료를 급여해야 한다.

② 천재지변, 극한 기후 등으로 인하여 유기사료 급여가 어려울 경우는 일정기간 동안 유기사료가 아닌 사료를 식육을 생산하는 가축에 한하여 10% 완화할 수 있다.

③ 반추가축에게 사일리지만 급여해서는 안 되며, 비반추가축도 가능한 한 조사료를 급여해야 한다.

④ 유기사료나 유기사료가 아닌 사료를 일정 비율 급여할 경우에도 유전자변형농산물 또는 유전자변형농산물로부터 유래한 것이 함유되지 아니하여야 한다. 다만, 국립농산물품질관리원장이 정한 범위 내에서 비의도적인 혼입은 인정될 수 있다.

⑤ 유기배합사료 제조용 단미 및 보조사료는 친환경농산물의 생산을 위한 자재의 사용기준과 같다.

    ㉠ 가축에게 급여하는 사료가 유기사료임을 입증할 수 있는 자료를 확인한 후 급여하여야 한다.

    ㉡ 유기배합사료 제조용 단미 및 보조사료는 사용 가능한 자재임을 입증할 수 있는 자료를 구비하고 사용하여야 한다.

⑥ 다음에 해당되는 물질을 사료에 첨가하여서는 아니 된다.

    ㉠ 가축 대사기능 촉진을 위한 합성화합물

    ㉡ 반추가축에게 포유동물에서 유래한 사료(우유 및 유제품을 제외)는 어떠한 경우에도 첨가하여서는 아니 된다.

    ㉢ 합성질소 또는 비단백태질소화합물

    ㉣ 항생제・합성항균제・성장촉진제, 구충제, 항콕시듐제 및 호르몬제

    ㉤ 그 밖에 인위적인 합성 및 유전자조작에 의해 제조・변형된 물질

핵심예제

유기축산물 인증기준에 따라 사료에 첨가할 수 있는 물질은?

① 비단백태질소화합물
② 가축의 대사기능 촉진을 위한 합성화합물
③ 가축의 질병예방과 항균력 향상을 위한 항생제
④ 우유 및 유제품

정답 ④

6-3. 유기축산의 질병예방 및 관리

핵심이론 01   가축위생

① 방 역

    ㉠ 바이러스, 세균, 리케차, 원충, 기생충, 곰팡이 등의 감염원을 조기에 발견하고 도살, 소각, 매몰하여 건강한 축산환경을 유지해야 한다.

  • 병원체와 작물병의 분류

    – 곰팡이 : 벼 도열병, 벼 잎집무늬마름병

    – 바이러스 : 벼 오갈병, 벼 줄무늬잎마름병

    – 세균 : 채소 무름병, 감자 둘레썩음병

    – 방선균 : 감자 더뎅이병

    – 토양세균 : 과수 근두암종병

  • 탄소원과 에너지원에 따른 미생물 분류

영양원별		대표적 미생물
자급 영양 생물	광합성자 급영양균	Green Bacteria(녹색세균), Cyanobacteria(남세균, 남조류), Purpli Bacteria(홍색세균, 자색세균)
	화학자급 영양균	질화세균, 황산화세균, 수소산화세균, 철산화세균 등
타급 영양 생물	광종속 영양균	홍색황세균
	화학종속 영양균	부생성세균, 대부분의 공생세균

  • 토양생물의 분류

동물	대형동물군		두더지, 지렁이, 노래기, 지네, 거미, 개미 등
	중형동물군		진드기, 톡토기
	미소동물군	선형동물	선 충
		원생동물	아메바, 편모충, 섬모충
식물	대형식물군		식물뿌리, 이끼류
	미소식물군	독립영양생물	녹조류, 규조류, 황녹조류
		종속영양생물	사상균(효모, 곰팡이, 버섯), 방사상균
		독립, 종속영양생물	세균, 남조류

    ㉡ 병축과의 직접감염 접촉을 피하고, 교통차단, 환축 또는 보균축의 분비물・배설물의 소독, 접촉자의 소독, 병원체 오염물질의 반입을 제한 또는 정지시켜야 한다.

② 소독 : 모든 병원체를 제거하거나 무독화하는 방법으로 증기소독, 발효소독, 약물소독 등이 있다.

유기농업에서 소각을 권장하지 않는 이유
- 재가 함유하고 있는 양분은 빗물에 쉽게 씻겨 유실된다.
- 소각 시 질소, 황, 탄소 등이 가스화되어 영양분이 손실된다.
- 식물체는 태우는 것보다 토양유기물의 원료로 더 유용하게 쓰일 수 있다.
- 소각함으로써 익충과 토양생물에 피해를 준다.

[핵심예제]

1-1. 광합성자급영양생물에 해당하는 것은?

① 질화세균
② 남세균
③ 황산화세균
④ 수소산화세균

정답 ②

1-2. 토양생물을 분류할 때 미소동물군에 해당하지 않는 것은?

① 선 충
② 아메바
③ 톡토기
④ 편모충

정답 ③

1-3. 병원체와 작물병의 분류가 잘못 연결된 것은?

① 곰팡이 : 벼 도열병, 벼 잎집무늬마름병
② 바이러스 : 벼 오갈병, 벼 줄무늬잎마름병
③ 세균 : 채소 무름병, 감자 둘레썩음병
④ 곰팡이 : 감자 더뎅이병, 과수 근두암종병

정답 ④

1-4. 유기농업에서 소각을 권장하지 않는 이유에 관한 설명으로 틀린 것은?

① 재가 함유하고 있는 양분은 빗물에 쉽게 씻겨 유실된다.
② 많은 양의 탄소, 질소와 황이 고체형태로 잔류한다.
③ 식물체는 태우는 것보다 토양유기물의 원료로 더 유용하게 쓰일 수 있다.
④ 소각함으로써 익충과 토양생물에 피해를 준다.

정답 ②

핵심이론 02 가축전염병 등 질병예방과 동물약품의 사용 및 관리

① 예방접종

㉠ 예방접종 방법 : 면역혈청을 사용하는 법, 예방약을 사용하는 법, 면역혈청과 예방약을 동시에 사용하는 방법이 있다.

㉡ 백신의 종류
- 생독백신 : 미생물의 역가를 낮추어 만든 제제로, 효과는 좋으나 생체 내 증식해도 발병하지 않는 수준으로 이용해야 한다.
- 사독백신 : 불활성화 백신으로 접종 후에도 병원체가 생체 내에서 증식되지 않아 안전성은 높으나 항원자극에 한계가 있다.

② 축산물의 위생검사

㉠ 유해 잔류물질 : 항생제, 합성항균제 및 호르몬 등 동물의약품의 인위적 사용으로 동물에 잔류되었거나 농약, 유해 중금속 등 환경적인 요소에 의한 자연적 오염으로 축산물에 잔류된 화학물질과 그 대사물을 말한다.

※ 망간은 산성반응에서 유효도가 높으며, 특히 강낭콩, 양배추는 망간에 대한 내성이 약하다.

㉡ 동물용 의약품 : 가축질병의 예방·치료 및 진단을 위해 사용하는 의약품을 말한다.

[축산물 위생검사의 종류]

검사방법	검사내용
관능검사	외관, 색깔, 냄새, 맛, 경도, 이물질의 부착 상태 등을 비교검사
생물학적 검사	병원성 미생물, 세균수, 대장균군, 기생충 및 항생물질검사
화학적 검사	성분(수분, 총질소, 휘발성 염기질소, 아미노태질소, 조지방, 당류, 조섬유 등)과 독성물질, 식품첨가물, 항생물질 등 검사
독성검사	동물실험을 통한 급·만성 독성을 검사

아연(Zn) 중금속 내성 정도
- 내성이 강한 작물 : 당근, 파, 셀러리 등
- 내성이 약한 작물 : 시금치 등

축산물의 위생검사에 대한 설명으로 옳지 않은 것은?

① 관능검사는 외관, 색깔, 냄새, 맛, 경도, 이물질의 부착 상태 등을 비교검사한다.

② 생물학적 검사는 병원성 미생물, 세균수, 대장균군, 기생충 및 항생물질검사 등을 한다.

③ 독성검사에는 성분과 독성물질, 식품첨가물, 항생물질 등 검사 등이 있다.

④ 망간은 산성반응에서 유효도가 높으며, 특히 강낭콩, 양배추 는 망간에 대한 내성이 약하다.

정답 ③

핵심이론 03 가축전염병 예방법

① 가축전염병 예방법

㉠ 가축전염병 예방법은 가축의 전염성 질병이 발생하거 나 퍼지는 것을 막음으로써 축산업 발전과 공중위생 향 상에 이바지함을 목적으로 한다(법 제1조).

㉡ 가축전염병이란 다음의 제1종 가축전염병, 제2종 가축 전염병 및 제3종 가축전염병을 말한다(법 제2조 제2호).

[법정가축전염병의 종류]

종 별	대상 법정가축전염병
제1종	우역, 우폐역, 구제역, 가성우역, 블루텅병, 리프트계곡열, 럼피스킨병, 양두, 수포성구내염, 아프리카마역, 아프리카돼지열병, 돼지열병, 돼지수포병, 뉴캐슬병, 고병원성조류인플루엔자 및 그 밖에 고병원성 조류(鳥類)인플루엔자 및 그 밖에 이에 준하는 질병으로서 농림축산식품부령으로 정하는 가축의 전염성 질병
제2종	탄저, 기종저, 브루셀라병, 결핵병, 요네병, 소해면상뇌증, 큐열, 돼지오제스키병, 돼지일본뇌염, 돼지테센병, 스크래피(양해면상뇌증), 비저, 말전염성빈혈, 말전염성동맥염, 구역, 말전염성자궁염, 동부말뇌염, 서부말뇌염, 베네주엘라말뇌염, 추백리, 가금티프스, 가금콜레라, 광견병, 사슴만성소모성질병, 타이레리아병, 바베시아병, 아나플라스마, 오리바이러스성간염, 오리바이러스성장염, 마웨스트나일열, 돼지인플루엔자[H5, H7, A(H1N1)만 해당], 낭충봉아부패병
제3종	소유행열, 소아카바네병, 닭마이코플라스마병, 저병원성조류인플루엔자, 부저병, 소전염성비기관염, 소류코시스(지방병성 소류코시스만 해당), 소렙토스피라병, 돼지전염성위장염, 돼지단독, 돼지생식기호흡기증후군, 돼지유행성설사, 돼지위축성비염, 닭뇌척수염, 닭전염성후두기관지염, 닭전염성기관지염, 마렉병, 닭전염성에프낭병

※ 구제역 : 발굽이 2개인 소와 돼지 등 우제류 가축이 구제역 바이러스에 노출되어 감염되는 법정전염병을 말한다.

② 인수공통전염병

㉠ 동물과 사람 간에 서로 전파되는 병원체에 의하여 발생 되는 감염병 중 질병관리청장이 고시하는 감염병을 말 한다.

㉡ 장출혈성대장균감염증, 일본뇌염, 브루셀라증, 탄저, 공 수병, 동물인플루엔자 인체감염증, 중증급성호흡기증후 군(SARS), 변종크로이츠펠트-야콥병(vCJD), Q열, 결핵, 중증열성혈소판감소증후군(SFTS) 등이 있다.

3-1. 제1종 가축전염병으로 가축 사육 시 특히 고려해야 하는 병이 아닌 것은?

① 우폐역
② 구제역
③ 소유행열
④ 닭뉴캐슬병

정답 ③

3-2. 가축전염병 예방법에서 제1종 가축전염병이 아닌 것은?

① 결핵병
② 구제역
③ 돼지열병
④ 우폐역

정답 ①

3-3. 소나 돼지와 같은 우제류에 발생하는 심각한 전염병인 구제역의 병원체 종류는?

① 세 균
② 바이러스
③ 진 균
④ 원 충

정답 ②

3-4. 일반적으로 인수공통전염병이 아닌 것은?

① 탄저병
② 구제역
③ 브루셀라병
④ 결 핵

정답 ②

핵심이론 **04** **가축질병 예방관리**

① 유기가축을 위한 질병관리와 복지

　㉠ 가축질병 예방적 조치
　　• 내병성 품종과 계통의 적절한 선택
　　• 질병 발생 및 확산방지를 위한 사육장 위생관리
　　• 비타민, 무기물 급여를 통한 면역기능 증진
　　• 지역적으로 발생되는 질병이나 기생충에 저항력이 있는 축종 · 품종 선택

　㉡ 기생충 감염 및 예방을 위하여 구충제 사용과 가축전염병이 발생하거나 퍼지는 것을 막기 위한 예방백신을 사용할 수 있다.

　㉢ 법정전염병 등의 발생이 우려되거나 긴급한 방역이 필요할 경우는 우선적으로 질병예방조치를 취할 수 있다.

　㉣ 예방적 관리에도 불구하고 질병이 발생된 경우 수의사의 처방에 의해 질병을 치료할 수 있으며, 이 경우 동물용의약품을 사용한 가축은 해당 약품 휴약기간의 2배가 지나야만 유기가축으로 인정할 수 있다.

　㉤ 약초 및 미량(천연)물질을 이용하여 치료할 수 있다.

　㉥ 동물약품의 정기적인 투여나 성장촉진제 및 호르몬제를 사용하지 않아야 한다. 다만, 치료를 목적으로 수의사의 관리하에 호르몬제는 사용할 수 있다.

　㉦ 꼬리 자르기, 꼬리에 접착밴드 붙이기, 부리 자르기, 이빨 자르기, 뿔 자르기 같은 행위를 수행해서는 아니 된다. 다만, 안전과 가축의 건강복지개선을 위해 필요한 경우 국립농산물품질관리원장 또는 인증기관이 인정하는 경우에 한하여 적절한 마취를 실시하고 이를 수행할 수 있다.

　㉧ 생산물의 품질 향상과 전통적인 생산방법의 유지를 위하여 물리적인 거세를 할 수 있다.

② 친환경농어업법령상 유기축산을 위한 가축의 동물복지 및 질병관리(시행규칙 [별표 4])

　㉠ 가축의 질병을 예방하고 질병이 발생한 경우 수의사의 처방에 따라 치료하여야 한다.

　㉡ 가축질병을 예방하기 위해 생균제(효소제 포함), 비타민 및 무기물 급여를 통한 면역기능을 증진시킬 수 있다.

　㉢ 가축의 꼬리 부분에 접착밴드를 붙이거나 꼬리, 이빨, 부리 또는 뿔을 자르는 행위를 하여서는 아니 된다.

　㉣ 동물용 의약품을 사용한 경우에는 전환기간을 거쳐야 한다.

4-1. 유기축산물에서 가축의 질병조치를 위한 방법으로 틀린 것은?

① 가축의 품종과 계통의 적절한 선택
② 질병 발생 및 확산방지를 위한 사육장 위생관리
③ 비타민 및 무기물 급여를 통한 면역기능 증진
④ 지역적으로 발생되는 질병이나 기생충에 저항력이 약한 종 또는 품종의 선택

정답 ④

4-2. 친환경농어업법 시행규칙상 유기축산을 위한 가축의 동물복지 및 질병관리에 관한 설명으로 옳지 않은 것은?

① 가축의 질병을 예방하고 질병이 발생한 경우 수의사의 처방에 따라 치료하여야 한다.
② 면역력과 생산성 향상을 위해서 성장촉진제 및 호르몬제를 사용할 수 있다.
③ 가축의 꼬리 부분에 접착밴드를 붙이거나 꼬리, 이빨, 부리 또는 뿔을 자르는 행위를 하여서는 아니 된다.
④ 동물용 의약품을 사용한 경우에는 전환기간을 거쳐야 한다.

정답 ②

해설

4-1

가축질병이 발생되면 항생제나 약제 선택이 곤란하므로 질병이나 기생충에 대한 저항력이 강한 품종이나 가축을 선택하는 것이 유리하다.

질병의 조기 발견

① 가축질병 조기 발견의 이점
  ㉠ 진단과 치료가 용이하고, 치료비가 절감된다.
  ㉡ 발병 초기에 치료할 수 있어서 회복기가 빨라진다.
  ㉢ 가축의 경제적인 능력을 빨리 회복시킬 수 있다.
  ㉣ 질병의 전파예방과 타 가축에게 전염되기 전 예방할 수 있는 시간적 여유를 얻을 수 있다.

② 질병의 조기 발견을 위한 이상증세
  ㉠ 원기·식욕 : 식욕이 감퇴하거나 기운이 없어 보인다.
  ㉡ 동작의 변화 : 걸음걸이가 이상하고 불안해하며, 자주 누워 있다.
  ㉢ 피부 : 피부의 탄력이 없어지고 두꺼워지며, 부종·기종이 생기기도 한다.
  ㉣ 침·점액 : 거품을 내고 침을 흘리며 침에서 악취가 난다.
  ㉤ 코 점막 : 콧등이 마르고 눈과 콧구멍의 점막이 충혈되거나 누런색이다.
  ※ 기생충성 질병, 중독 등의 경우에는 점막이 창백해진다.
  ㉥ 배 : 부풀어 커지고, 두드려 보면 북소리 같은 비정상적인 소리가 난다.
  ㉦ 분뇨 : 설사를 하거나 대변이 흑갈색이고, 소변은 유백색을 띤다.
  ㉧ 호흡 : 중독, 호흡기병, 열병을 앓고 있는 경우 호흡곤란 증세가 있고, 호흡수가 증가한다.
  ㉨ 맥박 : 일반적으로 환축의 맥박이 빨라진다.
  ㉩ 산유량 : 유방에서 열이 나고 갑자기 산유량이 급격히 줄어든다.
  ㉪ 체온 : 나이와 조사하는 시기에 따라 다르지만, 환축은 정상보다 높다.
  ㉫ 털 : 털은 거칠고 윤기가 없으며, 탈모가 심해진다.
  ㉬ 눈에 윤기가 없고 눈물이나 눈곱이 보이며, 우묵하게 들어가 있으면 이상이 있는 것이다.
  ㉭ 중독 또는 신경성 장해로 질병이 발생하면 되새김질이 약하거나 하지 않는다.

5-1. 가축질병의 조기 발견 대상에 해당되지 않는 것은?

① 가축이 기운이 없어 자주 누워서 눈을 감고 식욕이 감퇴한다.
② 피부의 탄력이 없고, 털은 거치나 탈모는 없다.
③ 콧등이 마르고 눈과 콧구멍의 점막이 충혈되거나 누런색이다.
④ 거품을 내고 침을 흘리며 침에서 악취가 난다.

정답 ②

5-2. 유기축산에서 중요한 질병의 조기 발견을 위한 이상증세로 가장 거리가 먼 것은?

① 콧등이 마르고 눈, 콧구멍의 점막이 충혈된다.
② 대변이 흑갈색이고 소변은 유백색을 띤다.
③ 식욕이 감퇴하거나 기운이 없어 보인다.
④ 맥박이 증가하고 체온은 평소와 같다.

정답 ④

해설

5-1
피부의 탄력이 없어지고, 거친 털과 탈모가 있을 경우 가축질병을 의심해야 한다.

6-4. 유기축산의 사육시설

핵심이론 01 사육시설, 부속설비, 기구 등의 관리

① 유기축산을 위한 축사시설 준비과정에서 중요하게 고려하여야 할 사항
  ㉠ 햇빛의 채광이 양호하도록 시설하여 건강한 성장을 도모한다.
  ㉡ 공기의 유입이나 통풍이 양호하도록 설계하여 호흡기 질병이나 먼지 피해를 입지 않도록 배려한다.
  ㉢ 가축의 분뇨가 외부로 유출되거나 토양에 침투되어 악취 등의 위생문제 및 지하수 오염 등을 일으키지 않도록 만전을 기한다.
  ㉣ 축사 건립에 많은 투자를 하고, 좁은 면적에 많은 가축을 사육하는 밀집 사육을 피한다.
② 사육시설의 환경조건
  ㉠ 햇빛과 환기가 잘되는 남향이나 남동향이 좋다.
  ㉡ 축사부지는 북쪽이 높고, 남동쪽이 완만하게 경사진 지형이 좋다.
  ㉢ 토지는 건조한 곳을 선택하는 것이 좋다.
  ㉣ 분뇨시설이나 퇴비 저장고는 북향이나 북동 방향에 설치하는 것이 좋다.
③ 부속설비 및 기구 등의 관리
  ㉠ 축사, 농기구 및 부속시설 등은 정기적인 소독을 실시한다.
  ㉡ 자연광을 통한 소독과 환기가 잘되는 시설구조이어야 한다.
  ㉢ 분뇨시설이나 퇴비 등의 저장고는 수원과 멀리 떨어진 곳에 설치한다.
  ㉣ 질병에 대한 저항력을 높이기 위해 혹한, 혹서, 분진 등이 없는 사육환경을 조성하여 스트레스를 줄여야 한다.
  ㉤ 분뇨의 수거 · 처리를 수시로 하여 가축질병과 기생충에 대한 노출을 막아야 한다.

[핵심예제]

유기축산을 위한 축사시설 준비과정에서 중요하게 고려하여야
할 사항으로 틀린 것은?

① 햇빛의 채광이 양호하도록 시설하여 건강한 성장을 도모한다.

② 공기의 유입이나 통풍이 양호하도록 설계하여 호흡기 질병
　이나 먼지 피해를 입지 않도록 배려한다.

③ 가축의 분뇨가 외부로 유출되거나 토양에 침투되어 악취 등
　의 위생문제 및 지하수 오염 등을 일으키지 않도록 만전을
　기한다.

④ 축사 건립에 많은 투자를 피하고, 좁은 면적에 다수의 가축을
　밀집 사육시킴으로써 경영의 효율성을 제고한다.

정답 ④

04 | 유기식품 가공·유통론

- 친환경농어업 육성 및 유기식품 등의 관리·지원에 관한 법률 [시행 2023. 1. 1.] [법률 제18445호, 2021. 8. 17, 타법개정]
- 농림축산식품부 소관 친환경농어업 육성 및 유기식품 등의 관리·지원에 관한 법률 시행규칙[시행 2022. 3. 1.] [농림축산식품부령 제523호, 2022. 2. 22, 타법개정]
- 유기식품 및 무농약농산물 등의 인증에 관한 세부실시 요령[시행 2021. 3. 12.] [국립농산물품질관리원고시 제2021-4호, 2021. 3. 12., 일부개정]

1-1. 유기식품의 정의 재료

핵심이론 01 | 정 의

① 유기식품 : 유기적인 방법으로 생산된 유기농수산물과 유기가공식품을 말한다.
② 유기가공식품 : 유기농수산물을 원료 또는 재료로 하여 제조·가공·유통되는 식품 및 수산식품을 말한다.
③ 비식용유기가공품 : 사람이 직접 섭취하지 아니하는 방법으로 사용하거나 소비하기 위하여 유기농수산물을 원료 또는 재료로 사용하여 유기적인 방법으로 생산, 제조·가공 또는 취급되는 가공품을 말한다. 다만, 식품위생법에 따른 기구, 용기·포장, 약사법에 따른 의약외품 및 화장품법에 따른 화장품은 제외한다.
④ 유기(Organic) : 생물의 다양성을 증진하고, 토양의 비옥도를 유지하여 환경을 건강하게 보전하기 위하여 허용물질을 최소한으로 사용하고, 인증기준에 따라 유기식품 및 비식용유기가공품(이하 '유기식품 등')을 생산, 제조·가공 또는 취급하는 일련의 활동과 그 과정을 말한다.
⑤ 유기농업자재 : 유기농수산물을 생산, 제조·가공 또는 취급하는 과정에서 사용할 수 있는 허용물질을 원료 또는 재료로 하여 만든 제품을 말한다.

⑥ 무농약원료가공식품 : 무농약농산물을 원료 또는 재료로 하거나 유기식품과 무농약농산물을 혼합하여 제조·가공·유통되는 식품을 말한다.
⑦ 유기식품 등 : 유기식품 및 비식용유기가공품(유기농축산물을 원료 또는 재료로 사용하는 것으로 한정한다)을 말한다.
⑧ 유기식품이 갖추어야 할 조건
  ㉠ 위생성 : 인체에 위생적으로 안전해야 한다.
  ㉡ 영양성 : 목적으로 한 영양소가 풍부해야 한다.
  ㉢ 기호성 : 식감과 쾌감을 느껴야 한다.
  ㉣ 경제성 : 값이 적당하고 실용성이 있어야 한다.

핵심예제

1-1. 유기식품에서 말하는 '유기'의 의미는?
① 탄소를 중심으로 한 분자들의 집합체
② 유기농법 생산기준에 맞추어 생산함
③ 무기화학의 반대개념으로서의 용어
④ 특별히 관리된 토양의 한 종류

정답 ②

1-2. 다음 중 유기식품(Organic Food)이 아닌 것은?
① 유기농축산물
② 유기가공식품
③ 비식용유기가공품
④ 무농약농산물

정답 ④

해설

1-2
무농약농산물은 화학합성농약을 사용할 수 없지만, 화학비료의 경우 표준시비량의 1/3 이하까지 허용되므로 친환경농산물에 포함되나 유기식품에 포함되지 않는다.

핵심이론 02 재료

① 유기식품의 재료
  ⊙ 친환경농어업육성 및 유기식품 등의 관리·지원에 관한 법 유기축산물 인증기준에 적합하게 생산한 축산물
  ⓛ 친환경농어업육성 및 유기식품 등의 관리·지원에 관한 법 유기농산물 인증기준에 적합하게 생산한 농산물
  ⓒ 국내에 유기농산물 인증기준이 있는 농산물로 우리나라의 유기가공식품 인증과 동등성이 인정된 수입 유기농산물
  ② 수출국 정부에서 정한 인증기관 여건에 적합한 공인인증기관이 발행한 인증서를 첨부하여 수입한 유기가공품

> **동등성 인정**
> 농림축산식품부장관 또는 해양수산부장관은 유기식품에 대한 인증을 시행하고 있는 외국의 정부 또는 인증기관이 우리나라와 같은 수준의 적합성을 보증할 수 있는 원칙과 기준을 적용함으로써 이 법에 따른 인증과 동등하거나 그 이상의 인증제도를 운영하고 있다고 인정하는 경우에는 그에 대한 검증을 거친 후 유기가공식품 인증에 대하여 우리나라의 유기가공식품 인증과 동등성을 인정할 수 있다. 이 경우 상호주의 원칙이 적용되어야 한다.

② 유기가공식품의 재료(시행규칙 [별표 4])
  ⊙ 가공에 사용되는 원료·재료(첨가물과 가공보조제를 포함)는 모두 유기적으로 생산된 것일 것
  ⓛ ⊙에도 불구하고 제품 생산을 위해 비유기 원료·재료의 사용이 필요한 경우에는 다음 표의 구분에 따라 유기원료의 함량과 비유기 원료·재료의 사용조건을 준수할 것

제품 구분	유기원료 의 함량	비유기 원료·재료 사용조건		
		유기가공식품	비식용유기가공품	
			양축용	반려동물
유기로 표시하는 제품	인위적으로 첨가한 물과 소금을 제외한 제품 중량의 95% 이상	식품 원료(유기원료를 상업적으로 조달할 수 없는 경우로 한정한다) 또는 식품첨가물 또는 가공보조제	단미사료·보조사료	사료 원료(유기원료를 상업적으로 조달할 수 없는 경우로 한정한다) 또는 단미사료·보조사료 및 식품첨가물·가공보조제

  ⓒ 유전자변형생물체 및 유전자변형생물체에서 유래한 원료 또는 재료를 사용하지 않을 것

  ② 가공원료·재료의 ⊙부터 ⓒ까지의 규정에 따른 적합성 여부를 정기적으로 관리하고, 가공원료·재료에 대한 납품서·거래인증서·보증서 또는 검사성적서 등 국립농산물품질관리원장이 정하여 고시하는 증명자료를 보관할 것

[핵심예제]

2-1. 유기식품의 원재료로 부적합한 것은?
① 친환경농어업육성 및 유기식품 등의 관리·지원에 관한 법 제19조 및 동법 시행규칙 제11조 관련 별표의 유기축산물 인증기준에 적합하게 생산한 축산물
② 친환경농어업육성 및 유기식품 등의 관리·지원에 관한 법 제19조 및 동법 시행규칙 제11조 관련 별표의 유기농산물 인증기준에 적합하게 생산한 농산물
③ 국내에 유기농산물 인증기준이 있는 농산물로 해당 제품 수출국의 품질기준에만 적합한 수입 유기농산물
④ 수출국 정부에서 정한 인증기관 여건에 적합한 공인인증기관이 발행한 인증서를 첨부하여 수입한 유기가공품

정답 ③

2-2. 유기가공식품에 사용하는 원재료에 대한 설명으로 틀린 것은?
① 동일 원재료에 대해서 유기농산물과 비유기농산물을 혼합한 경우에는 함량을 표기해야 한다.
② 유기가공식품의 제조·가공 및 취급 과정에서 전리방사선을 사용할 수 없다.
③ 유전자변형 식품 또는 식품첨가물을 사용하거나 검출되어서는 아니 된다.
④ 해당 식품에 사용하는 용기·포장은 재활용이 가능하거나 생물분해성 재질이어야 한다.

정답 ①

해설

2-2
유기가공식품은 포장 용기가 재활용이 가능하거나 생물분해성 재질이며 전리방사선이나 유전자변형물질을 식품으로 사용할 수 없다.

1-2. 유기식품의 유형 및 표기(Labelling)

핵심이론 **01** 유기식품의 유형 및 표기

① 유기식품의 유형
- ㉠ 다류(茶類) : 침출차(녹차, 홍차, 우롱차, 곡차 등), 추출차, 분말차, 과실차 등
- ㉡ 음료류 : 혼합음료, 추출음료 등
- ㉢ 특수영양식품 : 영아용 조제식, 성장기용 조제식, 영유아용 곡류 조제식, 식사대용식품 등
- ㉣ 식품추출 가공식품 : 추출식품 또는 추출가공식품 등으로 가열처리하는 방법으로 살균하거나 비살균한 제품
- ㉤ 식품규격 및 규격 이외의 일반가공식품 : 곡류, 두류, 서류, 과실, 채소, 축산물, 기타 가공품 등
- ㉥ 식품별 개별기준에 의한 식품유형을 표시하도록 한 식품 등

② 유기식품의 표시(법 제23조)
- ㉠ 인증사업자는 생산, 제조·가공 또는 취급하는 인증품에 직접 또는 인증품의 포장, 용기, 납품서, 거래명세서, 보증서 등(이하 '포장 등')에 유기 또는 이와 같은 의미의 도형이나 글자의 표시(이하 '유기표시')를 할 수 있다. 이 경우 포장을 하지 아니한 상태로 판매하거나 낱개로 판매하는 때에는 표시판 또는 팻말에 유기표시를 할 수 있다.
- ㉡ 농림축산식품부장관 또는 해양수산부장관은 인증사업자에게 인증품의 생산방법과 사용자재 등에 관한 정보를 소비자가 쉽게 알아볼 수 있도록 표시할 것을 권고할 수 있다.
- ㉢ 농림축산식품부장관 또는 해양수산부장관은 유기농수산물을 원료 또는 재료로 사용하면서 제20조제3항에 따른 인증을 받지 아니한 식품 및 비식용가공품에 대하여는 사용한 유기농수산물의 함량에 따라 제한적으로 유기표시를 허용할 수 있다.
- ㉣ ㉠ 및 ㉢에도 불구하고 다음에 해당하는 유기식품 등에 대해서는 외국의 유기표시 규정 또는 외국 구매자의 표시 요구사항에 따라 유기표시를 할 수 있다.
  - 외화획득용 원료 또는 재료로 수입한 유기식품 등
  - 외국으로 수출하는 유기식품 등
- ㉤ 유기표시의 기준(시행규칙 [별표 6])
  - 유기농산물, 유기축산물, 유기임산물, 유기가공식품 및 비식용유기가공품에 다음의 도형을 표시하되, 유기 70%로 표시하는 제품에는 다음의 유기표시 도형을 사용할 수 없다.

인증번호 :

Certification Number :

※ 유기로 표시하는 제품은 유기원료의 함량이 인위적으로 첨가한 물과 소금을 제외한 제품 중량의 95% 이상이어야 한다.

- 유기표시 도형 내부의 '유기'의 글자는 품목에 따라 '유기식품', '유기농', '유기농산물', '유기축산물', '유기가공식품', '유기사료', '비식용유기가공품'으로 표기할 수 있다.
- 유기표시 글자

구 분	표시 글자
유기농축산물	• 유기, 유기농산물, 유기축산물, 유기임산물, 유기식품, 유기재배농산물 또는 유기농 • 유기재배○○(○○은 농산물의 일반적 명칭으로 한다), 유기축산○○, 유기○○ 또는 유기농○○
유기가공식품	• 유기가공식품, 유기농 또는 유기식품 • 유기농○○ 또는 유기○○
비식용 유기가공품	• 유기사료 또는 유기농 사료 • 유기농○○ 또는 유기○○(○○은 사료의 일반적 명칭으로 한다). 다만, "식품"이 들어가는 단어는 사용할 수 없다.

- ㉢ 유기가공식품·비식용유기가공품 중 비유기 원료를 사용한 제품의 표시 기준
  - 원재료명 표시란에 유기농축산물의 총함량 또는 원료·재료별 함량을 백분율(%)로 표시한다.
  - 비유기 원료를 제품 명칭으로 사용할 수 없다.
  - 유기 70%로 표시하는 제품은 주표시면에 "유기 70%" 또는 이와 같은 의미의 문구를 소비자가 알아보기 쉽게 표시해야 하며, 이 경우 제품명 또는 제품명의 일부에 유기 또는 이와 같은 의미의 글자를 표시할 수 없다.

「 핵심예제 」

유기가공식품의 유기표시 문자가 아닌 것은?
① 유기가공식품
② 유기가공생산품
③ 유기농 또는 유기식품
④ 유기농○○ 또는 유기○○

정답 ②

핵심이론 02 유기식품 등의 인증정보 표시방법(시행규칙 [별표 7])

① 유기표시를 하려는 인증사업자는 유기표시와 함께 인증사업자의 성명 또는 업체명, 전화번호, 사업장 소재지, 인증번호 및 생산지 등 유기식품 등의 인증정보를 유기식품 등의 인증정보 표시방법에 따라 표시해야 한다.

  ㉠ 표시사항은 해당 인증품을 포장한 사업자의 인증정보와 일치해야 하며, 해당 인증품의 생산자가 포장자와 일치하지 않는 경우에는 생산자의 인증번호를 추가로 표시해야 한다.

  ㉡ 각 항목의 구체적인 표시방법

- 인증사업자의 성명 또는 업체명 : 인증서에 기재된 명칭(단체로 인증받은 경우에는 단체명)을 표시하되, 단체로 인증받은 경우로서 개별 생산자명을 표시하려는 경우에는 단체명 뒤에 개별 생산자명을 괄호로 표시할 수 있다.
- 전화번호 : 해당 제품의 품질관리와 관련하여 소비자 상담이 가능한 판매원의 전화번호를 표시한다.
- 사업장 소재지 : 해당 제품을 포장한 작업장의 주소를 번지까지 표시한다.
- 인증번호 : 해당 사업자의 인증서에 기재된 인증번호를 표시한다.
- 생산지 : 농수산물의 원산지 표시에 관한 법률에 따른 원산지 표시방법에 따라 표시한다.

  ㉢ 표시판 또는 푯말로 표시하는 방법

- 포장하지 않고 판매하거나 낱개로 판매하는 경우에는 해당 인증품 판매대의 표시판 또는 푯말에 표시사항을 표시해야 한다.
- 판매대의 표시판, 푯말에 표시하려는 경우 인증품이 아닌 제품과 섞이지 않도록 판매대, 판매구역 등을 구분해야 한다.

  ㉣ 무공해, 저공해 등 소비자에게 혼동을 초래할 수 있는 표시를 해서는 안 된다.

② 유기농축산물의 함량에 따른 제한적 유기표시의 허용기준 (시행규칙 [별표 8])

  ㉠ 70% 이상이 유기농축산물인 제품

- 최종 제품에 남아 있는 원료 또는 재료(물과 소금은 제외)의 70% 이상이 유기농축산물이어야 한다.

- 유기 또는 이와 유사한 용어를 제품명 또는 제품명의 일부로 사용할 수 없다.
- 표시장소는 주표시면을 제외한 표시면에 표시할 수 있다.
- 원재료명 표시란에 유기농축산물의 총함량 또는 원료·재료별 함량을 백분율(%)로 표시해야 한다.

  ㉡ 70% 미만이 유기농축산물인 제품

- 특정 원료 또는 재료로 유기농축산물만을 사용한 제품이어야 한다.
- 해당 원료·재료명의 일부로 '유기'라는 용어를 표시할 수 있다.
- 표시장소는 원재료명 표시란에만 표시할 수 있다.
- 원재료명 표시란에 유기농축산물의 총함량 또는 원료·재료별 함량을 백분율(%)로 표시해야 한다.

③ 제한적 유기표시 사업자의 준수사항(시행규칙 [별표 8])
제한적 유기표시를 하려는 자는 해당 식품 또는 비식용가공품에 사용된 유기농축산물의 원료 또는 재료의 함량 등 표시와 관련된 자료를 사업장 내에 갖추어 두고, 국립농산물품질관리원장이 자료의 제출을 요구하는 경우에는 이에 응해야 한다.

［ 핵심예제 ］

친환경농어업법상 유기농축산물의 함량에 따른 제한적 유기표시의 허용기준에서 70% 이상이 유기농축산물인 제품의 표시기준으로 틀린 것은?

① 유기 또는 이와 유사한 용어를 제품명 또는 제품명의 일부로 사용할 수 없다.
② 특정 원료 또는 재료로 유기농축산물만을 사용한 제품이어야 한다.
③ 표시장소는 주표시면을 제외한 표시면에 표시할 수 있다.
④ 원재료명 표시란에 유기농축산물의 총함량 또는 원료·재료별 함량을 백분율(%)로 표시해야 한다.

정답 ②

해설
②는 70% 미만이 유기농축산물인 제품의 표시기준이다.

핵심이론 03 식품 등의 표시기준 등

① 식품의약품안전처의 '식품 등의 표시기준'의 주요사항
- ㉠ 식용유지류 : 트랜스지방 0.5g 미만은 '0.5g 미만'으로 표시할 수 있으며, 0.2g 미만은 '0'으로 표시할 수 있다. 다만, 식용유지류 제품은 100g당 2g 미만일 경우 '0'으로 표시할 수 있다.
- ㉡ 당류의 강조 표시
  - '저'라고 표시할 수 있는 것 : 식품 100g당 5g 미만 또는 식품 100mL당 2.5g 미만일 때
  - '무'라고 표시할 수 있는 것 : 식품 100g당 또는 식품 100mL당 0.5g 미만일 때
- ㉢ 식품 중 어떤 원재료가 조사처리되었는지 확인하기 어려운 경우에는 '방사선 조사처리된 원재료 일부 함유' 또는 '일부 원재료 방사선 조사처리' 등의 내용으로 표시할 수 있다.

② 식품공전상의 장류 품질규격
- ㉠ 대장균군 : 음성[(혼합장(살균제품)에 한한다]
- ㉡ 타르색소 : 검출되어서는 아니 된다.
- ㉢ 아플라톡신 : 10μg/kg 이하(B₁으로서 메주에 한한다)
- ㉣ 보존료 : 규정에서 정하는 것 이외의 보존료가 검출되어서는 아니 된다.

③ 가공식품에 사용되는 GSI 국제표준바코드의 내용
GSI-8, GSI-13, GSI-14가 있으며 전산처리할 경우 14자리를 만들어야 한다.
- ㉠ 국가식별코드(3자리)
- ㉡ 제조업체코드(6자리)
- ㉢ 상품품목코드(3자리)
- ㉣ 체크디지트코드(1자리)

[핵심예제]

식품 등의 표시기준에 의한 식용유지류 제품의 트랜스지방이 100g당 얼마 미만일 경우 "0"으로 표시할 수 있는가?

① 2g   ② 4g
③ 5g   ④ 8g

정답 ①

1-3. 유기식품의 제조

핵심이론 01 유기가공식품

① 구비요건 일반(세부실시 요령 [별표 1])
- ㉠ 사업자는 유기식품의 취급과정에서 대기, 물, 토양의 오염이 최소화되도록 문서화된 유기취급계획을 수립하여야 한다.
- ㉡ 원료의 수송 및 저장과정에서 유기생산물과 비유기생산물이 혼합되지 않도록 구분관리하여야 한다.
- ㉢ 사업자는 유기식품의 가공 및 유통과정에서 원료의 유기적 순수성을 훼손하지 않아야 한다.
- ㉣ 사업자는 유기생산물과 유기생산물이 아닌 생산물을 혼합하지 않아야 하며, 접촉되지 않도록 구분하여 취급하여야 한다.
- ㉤ 사업자는 유기생산물이 오염원에 의하여 오염되지 않도록 필요한 조치를 하여야 한다.
- ㉥ 최근 2년 이내에 교육기관에서 3시간 이상(갱신 신청의 경우 2시간 이상) 친환경농업에 대한 교육을 받아야 한다.

② 가공방법
- ㉠ 기계적, 물리적, 생물학적 방법을 이용하되 모든 원료와 최종생산물의 유기적 순수성이 유지되도록 하여야 한다. 식품을 화학적으로 변형시키거나 반응시키는 일체의 첨가물, 보조제, 그 밖의 물질은 사용할 수 없다.
- ㉡ ㉠의 '기계적, 물리적 방법'은 절단, 분쇄, 혼합, 성형, 가열, 냉각 가압, 감압, 건조분리(여과, 원심분리, 압착, 증류), 절임, 훈연 등을 말하며, '생물학적 방법'은 발효, 숙성 등을 말한다.
- ㉢ 유기식품의 가공 및 취급 과정에서 전리 방사선을 사용할 수 없다.
- ㉣ ㉢의 '전리 방사선'은 살균, 살충, 발아억제, 성숙의 지연, 선도 유지, 식품 물성의 개선 등을 목적으로 사용되는 방사선을 말하며, 이물탐지용 방사선(X선)은 제외한다.
- ㉤ 추출을 위하여 물, 에탄올, 식물성 및 동물성 유지, 식초, 이산화탄소, 질소를 사용할 수 있다.
- ㉥ 여과를 위하여 석면을 포함하여 식품 및 환경에 부정적 영향을 미칠 수 있는 물질이나 기술을 사용할 수 없다.
- ㉦ 저장을 위하여 공기, 온도, 습도 등 환경을 조절할 수 있으며, 건조하여 저장할 수 있다.

유기식품의 생산 및 관리의 특징
- 농어업 부산물의 재활용을 통해 생산성 및 위생성을 향상시킨다.
- 농어업의 환경보전기능을 증대시키고, 농어업으로 인한 환경오염을 줄인다.
- 생명순환의 원리는 생태계순환이 잘 이루어져야 관철될 수 있다.
- 유기농업의 생명관은 미생물과 동식물 및 인간 간의 상호 공존성을 강조한다.

[핵심예제]

1-1. 유기가공식품의 구비요건이 아닌 것은?

① 유기식품의 가공 및 취급 과정에서 전리방사선을 사용할 수 없다.
② 추출을 위하여 식물성 및 동물성 유지, 식초, 이산화탄소, 질소를 사용할 수 없다.
③ 여과를 위하여 석면을 포함하여 식품 및 환경에 부정적 영향을 미칠 수 있는 물질이나 기술을 사용할 수 없다.
④ 저장을 위하여 공기, 온도, 습도 등 환경을 조절할 수 있으며, 건조하여 저장할 수 있다.

정답 ②

1-2. 유기가공식품의 제조 · 가공방법 관련 내용으로 잘못된 것은?

① 기계적, 물리적 또는 화학적(분해, 합성 등) 제조 · 가공방법을 사용하여야 하고, 식품첨가물을 최소량 사용하여야 한다.
② 유기가공식품과 비유기가공식품을 동일한 시간에 동일한 설비로 제조 · 가공하지 않는다.
③ 유기가공식품을 제조 · 가공하기 전에 비유기가공식품을 제조 · 가공한 때에는 제조설비의 이물질을 제거하고 세척 등을 철저히 하여야 한다.
④ 유기가공식품과 원료유기농산물은 비유기가공식품 및 비유기원료농산물과 따로 보관 · 저장해야 한다.

정답 ①

핵심이론 02 유기가공식품 가공원료(세부실시 요령 [별표 1])

① 유기가공에 사용할 수 있는 원료, 식품첨가물, 가공보조제 등은 모두 유기적으로 생산된 것으로 인증을 받은 유기식품, 동등성 인정을 받은 유기가공식품이어야 한다.
② ①에도 불구하고 유기원료를 상업적으로 조달할 수 없는 경우, 제품에 인위적으로 첨가하는 물과 소금을 제외한 제품 중량의 5% 비율 내에서 비유기원료 및 허용물질을 사용할 수 있다. 다만, 중량비율에 관계없이 유기원료와 동일한 종류의 비유기원료는 혼합할 수 없고, 허용물질은 그 사용이 불가피한 경우에 한하여 최소량을 사용하여야 한다.

$$\frac{I_o}{G-WS}=\frac{I_o}{I_o+I_c+I_a}\geq 0.95$$

G : 제품(포장재, 용기 제외)의 중량($G\equiv I_o+I_c+I_a+WS$)
I_o : 유기원료(유기농산물 + 유기축산물 + 유기수산물 + 유기가공식품)의 중량
I_c : 비유기 원료(유기인증 표시가 없는 원료)의 중량
I_a : 비유기 식품첨가물(가공보조제 제외)의 중량
WS : 인위적으로 첨가한 물과 소금의 중량

③ ②의 '동일한 종류의 비유기원료'로 판단하는 기준
  ㉠ 가공되지 않은 원료에 대해서는 명칭이 같으면 동일한 종류의 원료로 판단할 수 있다.
  ㉡ 단순 가공된 원료에 대해서는 해당 원료의 가공에 사용된 원료가 동일하면 명칭이 다르더라도 동일한 원료로 판단할 수 있다. 예를 들면 옥수수분말과 옥수수전분, 토마토퓨레와 토마토페이스트는 동일한 원료로 볼 수 있다.
  ㉢ 실제 사용되는 유기원료와 비유기원료의 동일성 여부는 인증기관의 판단에 따른다.
④ 유기원료의 비율 계산기준
  ㉠ 원료별로 단위가 달라 중량과 부피가 병존하는 때에는 최종 제품의 단위로 통일하여 계산한다.
  ㉡ 유기가공식품 인증을 받은 식품첨가물은 유기원료에 포함시켜 계산한다.
  ㉢ 계산 시 제외되는 물과 소금은 의도적으로 투입되는 것에 한하며, 가공되지 않은 원료에 원래 포함되어 있는 물과 소금은 포함한다.
  ㉣ 농축, 희석 등 가공된 원료 또는 첨가물은 가공 이전의 상태로 환원한 중량 또는 부피로 계산한다.

ⓜ 비유기원료 또는 식품첨가물이 포함된 유기가공식품을 원료로 사용하였을 때에는 해당 가공식품 중의 유기 비율만큼만 유기원료로 인정하여 계산한다.

⑤ 유전자변형 생물체 및 유전자변형 생물체 유래의 원료를 사용할 수 없으며, 원료 또는 제품 및 시제품에 대한 검정결과 유전자변형 생물체 성분이 검출되지 않아야 한다.

⑥ 유기가공식품 제조·가공에 사용된 원료가 '유전자변형 생물체 또는 유전자변형 생물체 유래의 원료'가 아니라는 것은 해당 가공원료의 공급자로부터 받은 다음 사항이 기재된 증빙서류로 확인한다.
  ㉠ 거래당사자, 품목, 거래량, 제조단위번호(인증품 관리번호)
  ㉡ 유전자변형 생물체 또는 유전자변형 생물체 유래의 원료가 아니라는 사실

⑦ 물과 소금을 사용할 수 있으며, 최종 제품의 유기성분 비율 산정 시 제외한다. 다만, 먹는물 관리법에 의한 수질 기준 및 식품위생법에 따른 소금(식염)의 규격에 맞아야 한다.

⑧ 허용물질을 식품첨가물 및 가공보조제로 사용할 수 있다. 다만, 그 사용이 불가피한 경우에 한하여 최소량을 사용하여야 한다.

[**핵심예제**]

유기가공식품의 원료에 대한 설명으로 틀린 것은?

① 유기가공식품의 순수성은 전체 가공과정에서 철저히 유지되어야 한다.
② 식품 또는 가공보조제별로 가공보조제의 사용조건을 제한한다.
③ 가공되지 않은 원료에 대해서는 명칭이 같으면 동일한 종류의 원료로 판단할 수 있다.
④ 유기가공에 사용할 수 있는 원료는 유기적으로 생산된 것이면 충분하다.

정답 ④

가공의 기타 주요사항

① **단위조작의 기본원리와 주요 단위조작**
  ㉠ 유체의 흐름 : 수세, 세척, 침강, 원심분리, 교반, 균질화, 유체의 수송
  ㉡ 열전달 : 데치기, 끓이기, 찜, 볶음, 살균, 열교환, 냉장 및 냉동
  ㉢ 물질이동 : 추출, 증류, 용매회수, 결정화
  ㉣ 물질 및 열이동 : 건조, 농축, 증류
  ㉤ 기계적 조작 : 분쇄, 제분, 압출, 성형, 제피, 제심, 포장, 수송 등
  ※ 동유처리(Winterization) : 샐러드오일 제조 시 고융점 유지인 스테아린을 제거하기 위해 사용하는 공정

② **과세대상 가공 행위** : 본래의 성질이 변하였다고 보는 경우
  ㉠ 열 가하기 : 가열, 삶기(자숙), 찌기(증숙), 굽기, 볶기(배소), 튀기기
  ㉡ 맛내기 : 조미, 양념 가하기, 향미
  ㉢ 특정요소만 뽑기 : 면류, 앙금, 떡, 인삼차, 묵
  ㉣ 숙성, 발효, 여러 원생산물의 혼합 및 배합하기
  ㉤ 단순가공식품을 소비자에게 직접 공급할 수 있도록 거래단위 포장하기

③ **식품의 기준 및 규격에서 식품의 정의**
  ㉠ 조미식품 : 식품을 제조·가공·조리함에 있어 풍미를 돋우기 위한 목적으로 사용되는 것으로 식초, 소스류, 카레, 고춧가루 또는 실고추, 향신료가공품, 식염을 말한다.
  ㉡ 조림류 : 동식물성 원료를 주원료로 하여 식염, 장류, 당류 등을 첨가하고 가열하여 조리거나 볶은 것 또는 이를 조미 가공한 것을 말한다.
  ㉢ 가공식품
    • 식품원료(농, 임, 축, 수산물 등)에 식품 또는 식품첨가물을 가한 식품이다.
    • 그 원형을 알아볼 수 없을 정도로 변형(분쇄, 절단 등)시킨 식품이다.
    • 이와 같이 변형시킨 것을 서로 혼합 또는 이 혼합물에 식품 또는 식품첨가물을 사용하여 제조·가공·포장한 식품을 말한다.
    • 다만, 식품첨가물이나 다른 원료를 사용하지 아니하고 원형을 알아볼 수 있는 정도로 농·임·축·수산물을 단순히 자르거나 껍질을 벗기거나 소금에 절이거나 숙성하거나 가열(살균의 목적 또는 성분의 현격한 변

화를 유발하는 경우를 제외한다) 등의 처리과정 중 위생상 위해 발생의 우려가 없고 식품의 상태를 관능으로 확인할 수 있도록 단순처리한 것은 제외한다.

※ 식품가공에서 쓰이는 1%는 10,000ppm이다.

[핵심예제]

3-1. 부가가치세가 과세되는 가공조작은?
① 껍질벗기기　　② 맛내기
③ 소금절이기　　④ 말리기
정답 ②

3-2. 다음 중 가열조작이 아닌 것은?
① 배 소　　② 자 숙
③ 증 숙　　④ 추 숙
정답 ④

3-3. 식품공전상 조미식품이 아닌 것은?
① 소 금　　② 소스류
③ 식 초　　④ 카 레
정답 ①

3-4. 가공식품에서 제외되는 단순처리에 해당하는 것은?
① 농·임·축·수산물 등 식품원료에 식품첨가물을 가하여 만든 식품
② 농·임·축·수산물 등 식품원료의 형태를 알아 볼 수 없도록 변형(분쇄, 절단 등)하여 만든 식품
③ 농·임·축·수산물 등 식품원료의 형태를 변형시킨 식품을 서로 혼합하여 만든 식품
④ 농·임·축·수산물 등 식품원료의 껍질을 벗기거나 소금에 절여 만든 식품
정답 ④

3-5. 식품가공에서 쓰이는 1%는 몇 ppm인가?
① 100　　② 1,000
③ 10,000　　④ 100,000
정답 ③

해설

3-1
농산물 원료를 껍질을 벗기고, 말리고, 절이는 작업은 단순작업에 해당하나 맛내기는 제품을 부가적으로 처리하는 가공조작이다.

3-5
ppm이란 1/1,000,000을 말한다.
1ppm = 1/1,000,000
1% = 1/100
1% = (1/100) × 1,000,000 = 10,000ppm

핵심이론 04　기계적, 물리적 제조·가공방법

① **절단** : 고체식품 원료로부터 유용한 성분을 추출하고자 할 때 입자를 잘게 절단하는 이유는 표면적 증가에 의한 용매 접촉면적을 증가시켜 용해속도를 빠르게 하기 위함이다.
② **분쇄** : 재료를 분말로 만들어 표면적을 크게 하는 것
③ **압착** : 압축력을 가하여 고체 중의 액체 성분만 짜내는 단위조작
④ **압출성형** : 전분질 곡류와 단백질 곡류의 혼합, 조분쇄, 가열, 열교환, 성형, 팽화 등의 기능을 단일장치 내에서 행할 수 있는 가공조작법
⑤ **농축** : 원재료나 중간가공 중의 재료 또는 중간재료에 함유된 수분을 줄이는 조작
⑥ **분리** : 서로 다른 상태로 존재하는 재료를 구분하는 것으로, 고체와 액체의 구분을 의미한다.

막분리의 특징
• 미세한 막을 이용하여 특정 종류의 물질만 선택적으로 통과시켜 혼합물을 분리시킬 수 있다.
• 미세한 막을 이용하여 용매와 용질을 분리하는 것이다.
• 상변화가 수반되지 않는 분리공정이다.
• 가열하지 않아 열에 민감한 물질의 열변성 및 영양분 손실을 최소화한다.
• 화학약품을 거의 사용하지 않아 2차 환경오염을 유발하지 않는다.
• 가압과 용액의 순환만으로 운행되어 장치와 조작이 간단하다.
• 미생물을 이용하여 수중의 오염물질을 생물학적으로 처리하거나, 분리막을 이용하여 미생물을 분리하여 처리수를 생산하는 데 이용된다.
• 처리물질의 농도, 점도, 온도 등에 있어서 한계점을 가지고 있으며 전처리가 수반되어야 하는 경우가 많다(단점).

고형분 함량 계산
예제 30%의 가용성 고형분을 가진 과실 200g을 1L의 물로 추출하고자 한다. 평형이 이루어졌을 때 과실과 물 혼합액의 가용성 고형분 함량은?
풀이 과실과 물 혼합액의 무게 = 200g + 1,000g = 1,200g
과실 중 가용성 고형분의 무게 = 200g × 0.3 = 60g
과실과 물 혼합액의 가용성 고형분 함량 = (60g/1,200g) × 100 = 5%

[핵심예제]

유기가공식품에서 허용되지 않는 가공방법은?
① 분 쇄　　② 합 성
③ 가 열　　④ 발 효
정답 ②

핵심이론 05 │ 화학적 · 생물학적 제조 · 가공방법

① 화학적 방법

ⓐ 열처리
- 식품의 성분을 변화시켜 조직을 부드럽게 한다.
- 식품의 보존성과 안전성을 향상시킨다.
- 단백질의 변성, 캐러멜화 반응, 녹말의 호화, 효소의 불활성화, 유지의 중합 등의 기능이 있다.

ⓑ 산 · 알칼리 처리
- 특정성분을 제거하거나 분해할 수 있다.
- 예를 들면 귤 통조림을 만들 때 겉껍질을 벗긴 과육을 염산용액에 담갔다가 수산화나트륨용액에 담그면 속껍질을 대부분 녹일 수 있다.

ⓒ 소금 첨가
- 식품의 방부작용을 하여 보존효과를 부여한다.
- 점도, 탄력성을 높이고 균열을 방지한다.
- 미생물 생육을 억제한다.
- 글루텐을 파괴하는 프로테아스의 작용력을 억제한다.

ⓓ 효소처리
- 미생물의 증식과정과 곡물의 발아로 효소가 생긴다.
- 효소에는 메주에 피는 곰팡이, 식혜를 만들 때 쓰는 엿기름 등이 있다.

② 생물학적 방법

ⓐ 발효 : 미생물이 분비하는 효소를 이용하여 식품성분을 산화 · 환원 또는 분해 · 합성시켜 다른 성분으로 바꾸어 주는 작용이다.

ⓑ 발효에 의해 새로운 향미가 생기고 소화도 잘되어 식품으로서의 가치가 향상된다.

※ 발효식품 제조를 위한 코지(Koji) 곰팡이는 Amylase, Protease 효소들의 역가가 가장 좋다.

ⓒ 발효식품의 종류 : 템페, 홍차, 포도주, 맥주, 빵, 요구르트, 식초, 청주, 된장, 간장, 김치 등

핵심예제

제면 시 첨가하는 소금의 주요 역할이 아닌 것은?

① 탄력을 높인다. ② 면의 균열을 방지한다.
③ 보존효과를 부여한다. ④ 산화를 방지한다.

정답 ④

1-4. 비식용유기가공품(세부실시 요령 [별표 1])

핵심이론 01 │ 비식용유기가공품의 인증기준(1)

① 일반기준

ⓐ 경영관련 자료와 가공품의 생산과정 등을 기록한 인증품 생산계획서 및 필요한 관련정보는 국립농산물품질관리원장 또는 인증기관이 심사 등을 위하여 요구하는 때에는 이를 제공하여야 한다.

ⓑ 사업자는 유기사료의 취급 과정에서 대기, 물, 토양의 오염이 최소화되도록 문서화된 유기취급계획을 수립하여야 한다.

ⓒ 사업자는 유기사료의 가공 및 유통 과정에서 원료의 유기적 순수성을 훼손하지 않아야 한다.

ⓓ 사업자는 유기생산물과 유기생산물이 아닌 생산물을 혼합하지 않아야 하며, 접촉되지 않도록 구분하여 취급하여야 한다.

ⓔ 사업자는 유기생산물이 오염원에 의하여 오염되지 않도록 필요한 조치를 하여야 한다.

ⓕ 친환경농업에 관한 교육이수 증명자료는 인증을 신청한 날로부터 기산하여 최근 2년 이내에 이수한 것이어야 한다. 다만, 5년 이상 인증을 연속하여 유지하였거나 최근 2년 이내에 친환경농업 교육 강사로 활동한 경력이 있는 경우에는 최근 4년 이내에 이수한 교육이수 증명자료를 인정한다.

② 가공원료의 기준

ⓐ 유기사료의 제조에 사용되는 유기원료는 다음의 어느 하나에 해당되어야 하며, 유기원료임을 입증할 수 있는 거래명세서 또는 보증서 등 증빙서류(수입원료의 경우 거래인증서와 수입신고 확인증)를 비치하여야 한다.
- 인증을 받은 유기식품등
- 동등성 인증을 받은 유기가공식품

ⓑ 제품생산을 위해 필요한 경우 단미사료 또는 보조사료(사용가능 조건에 적합한 경우에 한함)를 사용할 수 있다.

ⓒ 반려동물 사료의 경우 다음의 요건에 따라 비유기 원료를 사용할 수 있다. 다만, 유기원료와 같은 품목의 비유기 원료는 사용할 수 없다.
- 95% 유기사료 : 상업적으로 유기원료를 조달할 수 없는 경우 제품에 인위적으로 첨가하는 소금과 물을 제외한 제품 중량의 5% 비율 내에서 비유기 원료의 사용

- 70% 유기사료 : 제품에 인위적으로 첨가하는 소금과 물을 제외한 제품 중량의 30% 비율 내에서 비유기 원료의 사용
  ㄹ) 유전자변형 생물체 및 유전자변형 생물체 유래의 원료를 사용할 수 없다.
  ㅁ) 다음에 해당되는 물질을 사료에 첨가해서는 아니 된다.
  - 가축의 대사기능 촉진을 위한 합성화합물
  - 반추가축에게 포유동물에서 유래한 사료(우유 및 유제품을 제외)는 어떠한 경우에도 첨가해서는 아니 된다.
  - 합성 질소 또는 비단백태 질소화합물
  - 항생제·합성항균제·성장촉진제, 구충제, 항콕시듐제 및 호르몬제
  - 그 밖에 인위적인 합성 및 유전자조작에 의해 제조·변형된 물질
  ㅂ) 방사선으로 조사한 물질을 원료로 사용할 수 없다. 다만, 이물탐지용 방사선(X선)은 제외한다.
  ㅅ) 가공원료의 적합성 여부를 정기적으로 관리하고, 가공원료에 대한 납품서, 거래인증서, 보증서 또는 검사성적서 등 증빙자료를 사업장 내에 비치·보관하여야 한다.
  ㅇ) 사용원료 관리를 위해 주기적인 잔류물질 검사계획을 세우고 이를 이행하여야 하며, 인증기준에 부적합한 것으로 확인된 원료를 사용하여서는 아니 된다.

[핵심예제]

애완용동물 유기사료 중 가공원료에 대한 사항이다. ( )의 내용으로 알맞은 것은?

유기원료 함량에 따라 이하 두 가지 인증을 실시한다.
가) 상업적으로 유기원료를 조달할 수 없는 경우 제품에 인위적으로 첨가하는 소금과 물을 제외한 제품 중량의 ( ) 비율 내에서 비유기 원료를 사용하는 제품에 대한 인증
나) 상업적으로 유기원료를 조달할 수 없는 경우 제품에 인위적으로 첨가하는 소금과 물을 제외한 제품 중량의 30% 비율 내에서 비유기 원료를 사용하는 제품에 대한 인증

① 1% ② 5%
③ 10% ④ 15%

정답 ②

해설

애완동물 유기사료 가공원료를 상업적으로 조달할 수 없는 경우 소금과 물을 제외한 제품 중량의 5% 내에서 비유기 원료를 사용하는 제품에 대한 인증을 실시한다.

핵심이론 02 | 비식용유기가공품의 인증기준(2)

① 가공방법
  ㄱ) 기계적, 물리적, 생물학적 방법을 이용하되 모든 원료와 최종 생산물의 유기적 순수성이 유지되도록 하여야 한다. 원료의 속성을 화학적으로 변형시키거나 반응시키는 일체의 첨가물, 보조제, 그 밖의 물질은 사용할 수 없다.
  ㄴ) 가공 및 취급과정에서 방사선은 해충방제, 가공품보존, 병원의 제거 또는 위생의 목적으로 사용할 수 없다. 다만, 이물탐지용 방사선(X선)은 제외한다.
  ㄷ) 추출을 위하여 물, 에탄올, 식물성 및 동물성 유지, 식초, 이산화탄소, 질소를 사용할 수 있다.
  ㄹ) 여과를 위하여 석면을 포함하여 생산물 및 환경에 부정적 영향을 미칠 수 있는 물질이나 기술을 사용할 수 없다.
② 제조시설기준
  ㄱ) 제조시설은 사료관리법 시행규칙 제6조의 시설기준에 적합하여야 한다.
  ㄴ) 유기사료 생산을 위한 원료와 유기사료가 아닌 사료(이하 '일반 사료') 생산을 위한 원료는 혼합되지 않도록 별도의 저장시설을 갖추고 구분 관리하여야 한다.
  ㄷ) 유기사료를 제조하기 위한 생산라인은 일반사료 생산라인과 별도로 구분되어야 한다. 다만, 일반사료 생산 후 생산라인이 세척(Flushing) 관리되는 경우에는 일반사료 생산라인과 같은 생산라인에서 유기사료를 생산할 수 있다.
③ 해충 및 병원균관리
  ㄱ) 해충 및 병원균 관리를 위하여 규칙에서 정한 물질을 제외한 화학적인 방법이나 방사선 조사 방법을 사용할 수 없다.
  ㄴ) 해충 및 병원균 관리를 위하여 다음 사항을 우선적으로 조치하여야 한다.
  - 서식처 제거, 접근 경로의 차단, 천적의 활용 등 예방조치
  - 예방조치로 부족한 경우 물리적 장벽, 음파, 초음파, 빛, 자외선, 덫, 온도관리, 성호르몬 처리 등을 활용한 기계적·물리적·생물학적 방법을 사용
  - 기계적·물리적·생물학적 방법으로 적절하게 방제되지 아니하는 경우 규칙에서 정한 물질을 사용

ⓒ 해충과 병원균 관리를 위해 장비 및 시설에 허용되지 않은 물질을 사용하지 않아야 하며, 허용되지 않은 물질이나 금지된 방법으로부터 유기사료를 보호하기 위해 격리 등의 충분한 예방조치를 하여야 한다.

④ 세척 및 소독

㉠ 유기사료는 시설이나 설비 또는 원료의 세척, 살균, 소독에 사용된 물질을 함유하지 않아야 한다.

ⓛ 사업자는 유기사료가 제조·가공 또는 취급에 사용할 수 있도록 허용되지 않은 물질이나 해충, 병원균, 그 밖의 이물질로부터 오염되지 않도록 필요한 예방 조치를 하여야 한다.

ⓒ 같은 시설에서 유기사료와 일반 사료를 함께 제조·가공 또는 취급하는 사업장에서는 유기사료를 생산하기 전 설비의 청소를 충분히 실시하고 청소 상태를 점검·기록하여야 한다.

ⓔ 세척제·소독제를 시설 및 장비에 사용하는 경우 유기사료의 유기적 순수성이 훼손되지 않도록 조치하여야 한다.

[핵심예제]

2-1. 비식용유기가공품의 가공방법에 대한 설명으로 틀린 것은?

① 여과를 위하여 석면을 포함하여 생산물 및 환경에 부정적 영향을 미칠 수 있는 물질이나 기술을 사용할 수 없다.
② 유기사료의 가공 및 취급 과정에서는 전리방사선을 사용할 수 없으나, 전리방사선을 조사한 물질은 원료로 사용할 수 있다.
③ 추출을 위하여 물, 에탄올, 식물성 및 동물성 유지, 식초, 이산화탄소, 질소를 사용할 수 있다.
④ 원료의 속성을 화학적으로 변형시키거나 반응시키는 일체의 첨가물, 보조제, 그 밖의 물질은 사용할 수 없다.

정답 ②

2-2. 친환경관련법상 비식용유기가공품 유기사료 가공방법에 대한 내용으로 틀린 것은?

① 기계적, 물리적, 생물학적 방법을 이용하되 모든 원료와 최종생산물의 유기적 순수성이 유지되도록 하여야 한다. 원료의 속성을 화학적으로 변형시키거나 반응시키는 일체의 첨가물, 보조제, 그 밖의 물질은 사용할 수 없다.
② 가공 및 취급과정에서 방사선은 해충방제, 가공품보존, 병원의 제거 또는 위생의 목적으로 사용할 수 없다. 다만, 이물탐지용 방사선(X선)은 제외한다.
③ 추출을 위하여 물, 에탄올, 식물성 및 동물성 유지, 식초, 이산화탄소, 질소를 사용할 수 없다.
④ 여과를 위하여 석면을 포함하여 생산물 및 환경에 부정적 영향을 미칠 수 있는 물질이나 기술을 사용할 수 없다.

정답 ③

해설

2-1
가공 및 취급과정에서 방사선은 해충방제, 가공품보존, 병원의 제거 또는 위생의 목적으로 사용할 수 없다. 다만, 이물탐지용 방사선(X선)은 제외한다.

2-2
유기사료 가공에서 추출을 위하여 에탄올, 식물성(동물성) 유지, 식초, 이산화탄소나 질소를 사용할 수 있다.

핵심이론 03 비식용유기가공품의 인증기준(3)

① 포 장
- ㉠ 포장재와 포장방법은 유기사료를 충분히 보호하면서 환경에 미치는 나쁜 영향을 최소화도록 선정하여야 한다.
- ㉡ 포장재는 유기사료를 오염시키지 않는 것이어야 한다.
- ㉢ 합성살균제, 보존제, 훈증제 등을 함유하는 포장재, 용기 및 저장고는 사용할 수 없다.
- ㉣ 유기사료의 유기적 순수성을 훼손할 수 있는 물질 등과 접촉한 재활용된 포장재나 그 밖의 용기는 사용할 수 없다.

② 유기원료 및 가공된 사료의 수송 및 운반
- ㉠ 사업자는 환경에 미치는 나쁜 영향이 최소화되도록 원료나 사료의 수송 방법을 선택하여야 하며, 수송 과정에서 유기사료의 순수성이 훼손되지 않도록 필요한 조치를 하여야 한다.
- ㉡ 수송 장비 및 운반용기의 세척, 소독을 위하여 허용되지 않은 물질을 사용할 수 없다.
- ㉢ 수송 또는 운반과정에서 유기사료가 다른 물질이나 허용되지 않은 물질과 접촉 또는 혼합되지 않도록 확실하게 구분하여 취급하여야 한다.
- ㉣ 제품을 벌크 형태로 운반하는 경우 유기사료 전용차량을 이용하여야 한다. 다만, 운반차량이 일반 사료 운반 후 세척(Flushing) 관리되는 경우 같은 차량을 이용할 수 있다.

③ 기록·문서화 및 접근보장
- ㉠ 사업자는 제조·가공, 포장, 보관·저장, 운반·수송, 판매 등 취급의 전반에 걸쳐 유기적 순수성을 유지할 수 있는 관리체계를 구축하기 위하여 필요한 만큼 문서화된 계획을 수립하여 실행하여야 하며, 문서화된 계획은 인증기관의 장의 승인을 받아야 한다.
- ㉡ 사업자는 유기사료의 제조·가공 및 취급에 필요한 모든 원료, 보조사료, 가공보조제, 세척제, 그 밖의 사용 자재의 구매, 입고, 출고, 사용에 관한 기록을 작성하고 보존하여야 한다.
- ㉢ 사업자는 제조·가공, 포장, 보관·저장, 운반·수송, 판매, 그 밖에 취급에 관한 유기적 관리지침을 문서화하여 실행하여야 한다.

- ㉣ 규칙 및 이 고시에서 정한 비식용유기가공품의 인증기준은 인증 유효기간 동안 상시적으로 준수하여야 하며, 이를 증명할 수 있는 자료를 구비하고, 국립농산물품질관리원장 또는 인증기관이 요구하는 때에는 관련 자료 제출 및 시료수거, 현장 확인에 협조하여야 한다.

④ 생산물의 품질관리 등
- ㉠ 합성농약 성분이나 동물용의약품 성분이 검출되거나 비인증품이 혼입되어 인증기준에 맞지 않은 사실을 알게 된 경우 해당 제품을 인증품으로 판매하지 않아야 하며, 해당 제품이 유통 중인 경우 인증표시를 제거하도록 필요한 조치를 하여야 한다.
- ㉡ 비식용유기가공품 인증사업자가 제조·가공 과정의 일부 또는 전부를 위탁하는 경우 수탁자도 비식용유기가공품 인증사업자이어야 하며 위·수탁업체 간에 위·수탁 계약 관계를 증빙하는 서류 등을 갖추어야 한다.
- ㉢ 인증품에 인증품이 아닌 제품을 혼합하거나 인증품이 아닌 제품을 인증품으로 광고하거나 판매하여서는 아니 된다.

[핵심예제]

농림축산식품부 소관 친환경농어업 육성 및 유기식품 등의 관리·지원에 관한 법률 시행규칙에서 규정하고 있는 비식용유기가공식품 유기사료의 포장재 및 용기에 함유되어도 가능한 것은?

① 합성살균제   ② 친환경소재
③ 훈증제   ④ 보존제

정답 ②

해설

합성살균제, 보존제, 훈증제 등을 함유하는 포장재, 용기 및 저장고는 사용할 수 없다.

핵심이론 04 수입 비식용유기가공품(유기사료)의 적합성조사 방법

① 적합성조사의 종류 및 방법
 ㉠ 서류검사
  • 서류검사란 신고서류를 검토하여 비식용유기가공품 인증 및 표시기준에 적합 여부를 판단하는 검사로 수입 신고한 비식용유기가공품(단미사료·보조사료·배합사료)에 대해 매 건마다 실시한다.
  • 서류검사의 내용은 다음과 같다.

검사항목	검사내용
신고서 확인	신고서의 모든 기재항목이 누락 없이 적정하게 기재되어 있는지 여부
인증서 사본 확인	• 한을 부여받은 인증기관이 발급한 인증서인지 여부 • 인증서에 기재된 사항이 친환경 인증관리 정보시스템에 등록된 사항과 일치하는지 여부 • 신고서에 기재된 '제조회사'와 '품목명'이 인증서에 기재되어 있는 '제조·가공자'와 '인증품목'과 일치하는지 여부 • 해당 제품의 수입 선적일이 인증서에 기재된 인증유효기간 이내인지 여부
거래인증서 확인	• 권한을 부여받은 인증기관이 발급한 거래인증서인지 여부 • 거래인증서에 기재된 '거래업자', '거래품목', '거래량' 등의 정보가 신고서 및 인증서의 기재사항과 일치하는지 여부 • 그 밖에 수입 신고된 제품이 인증받은 비식용유기가공품인지에 대한 서류 확인이 가능한지 여부
포장재 표시사항 확인	• 제품의 표시사항(포장지 견본)이 표시규정에 적합한지 여부 • 제품의 표시사항(포장지 견본)이 제조업체, 수출지, 인증 여부 등 신고서류의 기재사항과 일치하는지 여부

 ㉡ 정밀검사
  • 정밀검사란 물리적·화학적 또는 미생물학적 방법으로 비식용유기가공품 인증 및 표시기준에 적합 여부를 판단하는 검사로 다음의 어느 하나에 해당되는 경우에 실시한다.
   - 최근 1년 이내에 정밀검사(신고하려는 제품과 제조국·제조업자·제품명이 같은 제품에 대해 실시한 정밀검사에 한함)를 받은 적이 없는 제품을 수입하려는 경우

   - 최근 1년 이내에 실시한 정밀검사 결과 부적합 판정을 받은 제품과 제조국·제조업자·제품명이 같은 제품을 수입하려는 경우(단, 부적합 판정을 받은 이후 연속하여 3회 이상 적합판정을 받은 제품은 제외)
  • 정밀검사 내용은 다음과 같다.
   - 검사항목은 비식용유기가공품 인증기준에 설정되어 있는 항목 중 검출빈도 또는 기준 위반과 관련된 정보 등을 고려하여 국립농산물품질관리원장이 정하는 성분에 대하여 실시한다.
   - 검정은 기관 또는 사료관리법에 따른 사료시험검사기관·사료검정기관에 의뢰하여 실시한다.
   - 수입신고인은 검사에 필요한 수수료를 해당 검정기관에 직접 납부하여야 한다.
   - 수입신고인이 사료관리법에 따른 사료검정증명서를 제출하는 경우에는 해당 사료에 대한 정밀검사에 갈음하거나 그 검사항목을 조정하여 검정할 수 있다.
   - 그 밖에 시료의 채취 및 처리방법 등은 사료관리법을 준용한다.

② 검사결과의 판정
 ㉠ 지원장은 검사내용에 따라 서류검사 및 정밀검사를 완료한 경우 각 단계별로 각각 적합 여부를 판정한다.
 ㉡ 지원장은 서류검사 사항 중 단순한 기재오류 사항 및 경미한 표시사항 위반으로 검사결과 판정 이전까지 보완이 가능한 것으로 판단되는 경우 수입신고인에게 이를 보완하도록 한 후 적합으로 판정할 수 있다. 이 경우 보완에 소요되는 기간은 처리기간에서 제외한다.

③ 검사결과 조치 및 통보
 ㉠ 지원장은 검사결과 부적합으로 판정한 경우 수입신고를 수리하지 않고 조치를 명하여야 한다.
  • 비식용유기가공품 인증기준에 맞지 아니한 때 : 해당 인증품의 인증표시 제거
  • 비식용유기가공품 표시기준에 맞지 아니한 때 : 해당 인증품의 인증표시의 변경
  • 그밖의 인증기준 및 표시기준에 맞지 아니한 때 : 규칙을 적용하여 조치
 ㉡ 지원장은 정밀검사결과 합성농약·동물용의약품 등이 허용기준 이상 잔류하는 등 사료관리법에 따른 폐기 등의 조치가 필요한 것으로 인정되는 경우 해당 사료를 성분등록한 시·도지사에게 그 결과를 통보하여야 한다.

4-1. 수입 비식용유기가공품(유기사료)의 적합성조사 방법에서 적합성조사의 종류 및 방법 중 서류검사 시 거래인증서 확인의 검사내용으로 틀린 것은?

① 거래인증서에 기재된 '거래시간'의 정보가 신고서 및 인증서의 기재사항과 일치하는지 여부

② 거래인증서에 기재된 '거래업자'의 정보가 신고서 및 인증서의 기재사항과 일치하는지 여부

③ 거래인증서에 기재된 '거래품목'의 정보가 신고서 및 인증서의 기재사항과 일치하는지 여부

④ 거래인증서에 기재된 '거래량'의 정보가 신고서 및 인증서의 기재사항과 일치하는지 여부

정답 ①

4-2. 친환경관련법상 수입 비식용유기가공품(유기사료)의 적합성 조사방법 중 정밀검사에 대한 내용이다. (가)에 알맞은 내용은?

> 최근 (가) 이내에 정밀검사(신고하려는 제품과 제조국·제조업자·제품명이 같은 제품에 대해 실시한 정밀검사에 한함)를 받은 적이 없는 제품을 수입하려는 경우에 물리적·화학적 또는 미생물학적 방법으로 비식용유기가공품 인증 및 표시기준에 적합여부를 판단하는 검사

① 1년   ② 2년
③ 3년   ④ 4년

정답 ①

해설

4-1
거래업자, 거래품목, 거래량 등이 신고서 및 인증서의 기재사항과 일치하는지를 확인해야 한다.

4-2
비식용유기가공품(유기사료)을 수입하고자 할 때는 최근 1년 이내에 물리, 화학 또는 미생물학적으로 정밀검사를 받아 비식용유기가공품 인증이나 표시기준에 적합한 검사를 받아야 한다.

제2절   **유기가공식품**

2-1. 유기농산식품

핵심이론 01   **과채류**

① **과채류** : 줄기에서 난 채소의 과실을 먹는 것을 목적으로 하는 식물로 토마토, 수박, 오이, 딸기 등 과일이나 채소로 분류하기 어려운 식물들을 포함하는 개념이다.

② **과일주스**

㉠ 천연과일주스 : 과일을 착즙한 것으로 불투명주스(펄프질 함유)와 투명주스(펙틴 등)가 있다.

㉡ 과일음료 : 천연과일주스나 농축과즙에 물, 당류, 유기산, 향료 등을 혼합한 것으로 과즙이 10% 이상 함유되어야 한다.

㉢ 분말주스 : 농축과즙을 분무건조법, 동결건조법으로 수분을 3% 이하로 낮춘 것이다.

㉣ 기타 : 넥타(과일 퓌레 함유), 스쿼시(미세한 과육 함유), 스무디(생과일 + 우유) 등이 있다.

※ Ascorbic Acid : 비타민 C라고 불리며, 산소와 접촉하면 쉽게 산화되어 효력을 잃는다.

③ **과일주스의 일반적인 제조공정**

㉠ 원료 → 선별 및 세척 → 착즙(파쇄) → 여과 및 청징 → 조합 및 탈기 → 살균 → 담기

㉡ 잘 씻은 원료를 파쇄기로 부수어 압착기로 과즙을 고운 체로 껍질이나 씨앗 조각을 거른다.

㉢ 투명주스는 과즙을 70~80℃로 가열하여 단백질을 응고시키고, 흐림현상을 일으키는 펙틴질, 미세한 과육 등을 응고된 단백질과 함께 여과하거나 펙틴을 분해하는 효소인 펙티네이스를 처리한 후 여과보조제를 첨가하여 거른다.

> **혼탁원인 물질을 제거하기 위한 과일음료 청징방법**
> • 난백을 사용하는 방법
> • 카세인을 사용하는 방법
> • 젤라틴 및 타닌을 사용하는 방법
> • 규조토를 사용하는 방법
> • 효소(Pectinase, Polygalacturonase 등의 Pectin 분해 효소)를 사용하는 방법

㉣ 조합은 물, 당, 산, 향료, 과즙 등을 적절한 비율로 첨가하여 향과 맛, 성분을 조정하는 과정이다.

ⓜ 탈기는 색소나 비타민 등의 성분이 산화에 의하여 변화하는 것을 방지하기 위하여 주로 진공관 내에서 주스 속의 공기를 제거하는 것이다.

ⓗ 살균은 가능한 한 낮은 온도나 짧은 시간 내에 한다. 보통 85~98℃에서 6~10초 동안 처리하는 고온순간살균법으로 한다.

④ 유기과채류 가공식품 제조방법

㉠ 과채류는 비타민 등 영양분 손실이 적게 가공하는 것이 좋다.

㉡ 채소류에 산성 첨가물을 과잉 첨가하면 젖산균 등 유효균의 발육이 제한을 받는다.

㉢ 잼류는 펙틴, 산, 당분이 적당한 원료를 사용하여 가공하는 것이 좋다.

㉣ 부패 및 변질이 잘되지 않는 원료를 사용하여 가공하는 것이 좋다.

블랜칭(Blanching)이 이용되는 경우
- 효소작용을 억제하기 위해
- 연한 조직(Softer Texture)으로 만들 때
- 통조림공정을 위한 예비공정을 할 때

[핵심예제]

과채류에 해당하는 것은?

① 다 래   ② 염교(락교)
③ 연 근   ④ 오 이

정답 ④

핵심이론 02   잼 류

① 잼(Jam)

㉠ 과육을 함유하면서 불투명한 것이다.

㉡ 과일과 설탕을 넣고 가열·농축한 것으로 설탕과 과일의 비율은 1:1이 좋다.

㉢ 과일과 착즙액을 모두 사용한다.

㉣ 잼의 제조에는 펙틴, 당, 산 등이 필요하다.

잼과 젤리의 응고
- 잼과 젤리는 펙틴의 응고성을 이용하여 만든 것이다.
- 펙틴, 산, 당분이 일정한 비율로 들어 있을 때 젤리화가 일어난다.
- 젤리화 3요소 : 펙틴 1.0~1.5%, 산의 pH 3.2(3.0~3.5), 당분 60~65%

---

② 젤리(Jelly)

㉠ 과즙을 이용하여 비교적 투명하게 제조한 것이다.

㉡ 과즙에 설탕을 첨가하고 가열하여 젤라틴화가 일어나도록 가공한 것이다.

㉢ 착즙액을 걸러서 과육이 남아 있지 않도록 한다.

메톡실펙틴
- 메톡실기가 7% 이하이면 저메톡실펙틴, 7% 이상이면 고메톡실펙틴이다.
- 과실, 채소의 종류, 품종, 숙도에 따라 펙틴의 분자량, 메톡실 함량이 다르다.

㉣ 젤리의 제조공정

원료 → 조제 → 가열 → 짜기 → 청징 → 산 조절 → 가당 → 조리기 → 담기 → 밀봉 → 살균 → 제품

③ 마멀레이드(Marmalade) : 젤리에 과육과 과피의 절편을 넣은 것으로 주로 감귤이나 오렌지 껍질을 과즙에 넣고 응고시켜 만든다.

[핵심예제]

과일잼의 젤리화에 알맞은 pH는?

① pH 1   ② pH 3
③ pH 5   ④ pH 7

정답 ②

해설

젤리화에 가장 적당한 pH는 3.2 전후이며, pH가 2.8 이하로 내려가면 저장 중에 펙틴(Pectin)이 변하여 젤리화 성질이 떨어질 뿐만 아니라, 수분이 분리되는 현상이 일어나기도 한다.

핵심이론 03 김치류(침채류)

① 김치의 일반적인 특성

ㄱ 섬유질이 풍부하여 정장작용에 유익하다.

ㄴ 김치에는 유산균(젖산균)과 식이섬유가 다량 함유되어 있다.

ㄷ 발효과정 중 생성되는 유기산 등이 미각을 자극하여 식욕을 돋운다.

ㄹ 젖산균과 효모가 증식할 정도의 소금을 가한다.

ㅁ 채소류 중의 당을 유기산, 에틸알코올, 이산화탄소 등으로 전환한다.

ㅂ 향신료의 향미가 조화롭게 된다.

ㅅ 단백질 함량이 적어 에너지원으로서의 가치가 낮다.

※ 김치가 위생적인 측면에서 안전한 이유 : 원료의 세척, 소금 첨가, 젖산균 번식

② 김치류의 제조원리

ㄱ 삼투작용 : 채소를 소금에 절이면 삼투현상이 일어나 채소 세포막을 통해 물이 빠져나오고 세포막과 세포막 사이에 틈이 생긴다. 그 틈에 김치 양념의 향미 성분과 소금 성분이 들어가 채소가 연해지면서 맛과 향기가 결정된다.

ㄴ 효소작용 : 아밀레이스(단맛), 프로테이스(감칠맛), 채소 육질 연화(셀룰레이스, 펙티네이스)

ㄷ 미생물 발효작용 : 젖산균(젖산발효, 신맛), 효모(알코올발효)

③ 김치의 제조공정

배추 씻기 → 절이기(소금) → 씻기 → 물 빼기 → 속 넣기 → 담기 → 저장 → 숙성 → 제품

④ 김치 제조 시 소금물의 농도와 온도

ㄱ 소금물 농도 : 2.5~3.0%일 때 발효속도가 가장 빠르다.

ㄴ 온도 : 저온일수록 발효속도가 느리다(0℃에 가까울수록 김치맛이 좋아진다).

⑤ 김치의 발효에 관계하는 미생물

ㄱ 초기 : *Leuconostoc mesenteroides* – 젖산을 생성하고, 김치를 산성화시키고 동시에 탄산가스를 발생하여 혐기적인 상태를 만들어 호기성균의 생육을 억제하게 된다.

ㄴ 중기 : *Streptococcus faecalis*

ㄷ 중기 이후 : *Lactobacillus plantarum*, *Lactobacillus brevis*, *Pediococcus cerevisiae*

※ 청국장 제조에 사용하는 Natto균 : *Bacillus subtilis*

핵심예제

3-1. 김치 제조원리에 적용되는 작용과 가장 거리가 먼 것은?

① 삼투작용   ② 효소작용

③ 산화작용   ④ 발효작용

정답 ③

3-2. 김치의 식품 가치에 중요한 성분은?

① 단백질, 젖산균   ② 젖산균, 식이섬유

③ 식이섬유, 지질   ④ 지질, 단백질

정답 ②

3-3. 김치의 발효에 관계하는 미생물이 아닌 것은?

① *Streptococcus mutans*

② *Leuconostoc mesenteroides*

③ *Lactobacillus plantarum*

④ *Pediococcus cerevisiae*

정답 ①

해설

3-1

김치류의 제조 원리 : 삼투작용, 효소작용, 미생물 발효 작용

핵심이론 04 | 감, 식초가공 등

① 건조과일 가공
　㉠ 감 가공
　　• 떫은 감에는 Diosprin이라는 수용성 타닌성분이 들어
　　　있어서 떫은맛을 낸다.
　　• 탈삽은 외부의 산소 공급이 없을 때 호흡에서 생기는
　　　중간물질과 중화되어 불용성이 된다.
　㉡ 탈삽법(떫은맛을 제거하는 요령)
　　• 온탕법 : 약 40℃의 온수에 일정시간 담가 두는 방법
　　　으로 화학약품을 사용하지 않고 효소의 활동만을 이용
　　　하므로 유기식품 제조에 가장 적합하다.
　　• 알코올법 : 밀폐된 용기에 감을 알코올과 함께 저장한다.
　　• 이산화탄소법(가스탈삽법) : 밀폐된 용기에 이탄화탄
　　　소를 채워 넣는 방법
　　• 동결탈삽법 : 떫은 감을 −20℃ 부근에서 냉동하여
　　　그대로 저장하면 서서히 탈삽된다.
　　• 기타 : 피막탈삽법 등이 있다.
　　※ 유황훈증을 이용하여 건조과일을 만들 때 나타내는 효과 : 방부효과,
　　　갈변방지효과, 살균효과 등
　　※ 토마토 통조림(Tomato Solid Pack) 제조 시 완숙한 토마토는 연화
　　　(軟化)해서 육질이 허물어지기 쉽다. 이것을 방지하기 위해 첨가하
　　　는 물질이 염화칼슘($CaCl_2$)이다.

② 식초가공
　㉠ 양조식초
　　• 초산발효에 의하여 만든 식초로 곡물식초와 과일식초
　　　가 있다.
　　• 고유의 색깔과 향미를 가지며 이미 · 이취가 없어야 한다.
　　• 과일식초 제조공정
　　　원료 → 부수기 → 조정 → 담기 → 알코올발효 → 짜기
　　　→ 초산발효
　㉡ 합성식초
　　• 발효과정을 거치지 않은 것으로 무색 투명하다.
　　• 초산이나 빙초산을 희석하여 유기산 등을 첨가한 것이다.

[핵심예제]

탈삽(감 우리기)하는 방법 중 화학약품을 사용하지 않고 효소의
활동만을 이용하여 유기식품 제조에 가장 적합한 것은?

① 알코올법　　　　　② 탄산가스법
③ 아세틸렌가스법　　④ 온탕법

정답 ④

핵심이론 05 | 박피 가공

① 칼로 박피하는 방법(Hand Peeding) : 칼을 써서 손으로
　껍질을 벗기는 방법이다. 작업능률이 낮고 외관이 좋지 않
　으며 원료의 손실량이 많지만, 값이 비싼 기계를 사용하지
　않고 간단하게 벗길 수 있으므로 소규모 공업에서 쓰인다.
② 증기 또는 열탕 박피법 : 원료를 열탕에 담가 두거나 증기로
　처리하여 껍질을 제거하는 방법이다. 유기과실통조림을 제
　조하기 위하여 사용할 수 있는 가장 적합한 박피방법이다.
③ 약제 박피법
　㉠ 알칼리 박피법(Alkari Peeding) : 과실채소 원료를
　　90~95℃의 수산화나트륨 또는 수산화나트륨과 탄산나
　　트륨의 혼합액에 20~120초 담갔다가 바로 수세하여 박
　　피하는 방법으로서, 효율이 좋은 박피법이지만 과실에
　　서 중요한 비타민 C를 손실한다.
　㉡ 산 박피법(Acid Peeding) : 원료를 염산 또는 황산용액
　　에 침지하여 박피하는 방법으로, 감귤류 이외의 과실
　　박피에 널리 사용한다.
　㉢ 산, 알칼리 병용법 : 감귤류의 박피에 적당한 방법이다.
　　처음 1~2%의 염산에 침지한 것을 냉수로 씻은 후 다시
　　3% 정도 가성소다액에 침지하여서 박피하는 방법이다.
④ 기계 박피법(Mechanical Peeding) : 박피기를 사용하는
　방법으로 사과 등의 박피에 많이 사용된다.
　※ 감자나 당근은 주로 알칼리 박피(Lye Peeling)방법을 사용하고 있으며,
　　무와 같은 근채류의 경우 가압 수증기로 열처리한 후 터진 껍질을 손으로
　　벗긴다. 양파를 건조하는 대단위 공장에서는 가스의 불꽃에 양파 표면의
　　얇은 껍질을 태워서 없애는 방법을 쓰기도 한다.

[핵심예제]

유기과실통조림을 제조하기 위하여 사용할 수 있는 가장 적합
한 박피방법은?

① 증기 박피법　　　　② 알칼리 박피법
③ 산 박피법　　　　　④ 염화암모늄 박피법

정답 ①

해설

증기 박피법은 원료를 증기로 처리하여 껍질을 제거하는 방법이다.
식품을 화학적으로 변형시키거나 반응시키는 일체의 첨가물, 보조제,
그 밖의 물질은 사용할 수 없는 유기과실통조림을 제조하기에 적합한
박피방법이다.

핵심이론 06 빵의 가공

① 제빵가공의 특징

　㉠ 빵의 제조에는 밀가루, 물, 소금, 효모가 필요하다.

　㉡ 빵의 제조에 필요한 부재료는 설탕, 지방(윤활작용), 효모먹이, 반죽개량제, 보존료 등이 있다.

　㉢ 밀가루는 30~40일의 숙성기간을 가진 글루텐의 함량이 많은 강력분이 좋다.

　㉣ 제빵 시 이스트푸드(Yeast Food)의 역할은 발효촉진제이다.

　㉤ 효모는 반죽을 발효시켜 에탄올과 이산화탄소를 생성시킨다.

　㉥ 이산화탄소는 빵을 부풀게 하여 내부를 다공성구조로 만든다.

　㉦ 제빵용 밀가루의 가장 중요한 구비조건은 밀가루 단백질인 글루텐(Gluten) 함량이 높은 것이다.

　㉧ 제빵 원료인 설탕은 효모의 영양원이 되고 굽는 과정에서 갈색화반응을 하여 색과 향기를 좋게 한다.

　㉨ 종류 : 발효빵(효모 사용 – 식빵), 무발효빵(팽창제인 중조나 베이킹파우더 사용 – 도넛·카스텔라)

　　• 팽창제 : 탄산수소나트륨, 탄산암모늄

　　• 제빵개량제 : 암모늄염, 아스코빈산(효모의 영양분으로 발효 촉진)

② 빵 제조공정에서 반죽

　㉠ 직접반죽법(스트레이트법) : 직접법에는 표준 스트레이트법, 비상 스트레이트법, 재반죽법, 노타임반죽법, 후염법 등이 있다. 반죽을 만들기 위해서 필요한 모든 재료들을 한 번에 반죽기에 넣고 반죽을 완료하는 손쉬운 방법이다.

　㉡ 스펀지법(중종반죽법) : 믹싱공정을 두 번 나누어서 하는 것으로 처음 반죽을 스펀지, 나중의 반죽을 도(Dough)라고 한다.

　㉢ 주종법(酒種法) : 빵 누룩을 사용하여 발효시킨 것과 이스트를 혼합하여 만드는 제빵법으로, 장점은 껍질이 얇고 유연하며 은은한 향이 있고 노화가 늦다.

핵심예제

6-1. 제빵에 대한 설명 중 틀린 것은?

① 제빵 시 이스트푸드의 역할은 발효촉진제이다.

② 제빵에 있어서 글루틴 단백질의 기능이 필요하다.

③ 제빵용 밀가루의 가장 중요한 구비조건은 밀가루 단백질인 프로테이스 함량이 높은 것이다.

④ 제빵 원료인 설탕은 효모의 영양원이 되고 색과 향기를 좋게 한다.

정답 ③

6-2. 유기식품가공법 중 빵 제조공정에서 반죽을 두 번으로 나누어 행하는 반죽방법은?

① 직접법　　　　　　② 간접법

③ 스펀지법　　　　　④ 주종법

정답 ③

해설

6-1

제빵용 밀가루의 중요한 구비조건은 밀가루 단백질인 글루텐(Gluten) 함량이 높은 것이다.

핵심이론 07 면류의 가공

① 글루텐 함량에 의한 밀가루의 종류

 ㉠ 강력분 : 건부량 13% 이상으로 제빵용으로 사용한다.

 ㉡ 중력분 : 건부량 10~13%로 대부분은 제면용으로 사용한다.

 ㉢ 박력분 : 건부량 10% 이하, 제과용으로 사용한다.

② 제분공정

 ㉠ 정선 : 협잡물 제거

 ㉡ 템퍼링(전처리과정) : 겨층과 배유가 잘 분리되도록 밀의 수분 함량이 13~16%가 되도록 물을 첨가하여 20~25℃에서 20~48시간 정도 방치하는 과정이다.

 ㉢ 컨디셔닝 : 템퍼링한 것을 40~60℃로 가열한 후 냉각시킨 것으로 겨층과 배유의 분리가 쉬울 뿐 아니라 글루텐이 잘 형성되게 하여 제빵성을 향상시킨다.

 ㉣ 조쇄 및 분쇄 : 조쇄롤러에서 거칠게 부수고 활면롤러로 곱게 빻는다.

 ㉤ 숙성 및 품질개량 : 제분 직후에는 불안정하므로 약 6주간 저장하여 숙성시키면 제빵 적성이 좋아지고 색깔도 희게 된다.

 ※ 밀가루 품질 측정 기준 : 글루텐 함량, 점도, 흡수율, 색상, 첨가물, 효소 함량 등이 있다.

③ 제면(중력분이 적당)

 ㉠ 글루텐 단백질의 강한 점탄성으로 밀가루에 물과 소금을 넣어 반죽한 다음 국수를 뽑은 것이다.

 ㉡ 소금은 반죽의 점탄성을 높여 주고, 면선의 끊어짐을 방지하며 미생물의 번식을 억제한다.

 ㉢ 면의 종류

  • 선절면 : 건면이나 생면같이 면대를 자르는 것

  • 압축면 : 마카로니, 스파게티, 당면과 같이 작은 구멍으로 뽑는 것

  • 신연면 : 소면, 중화면처럼 길게 늘이는 것

  • 즉석면 : 라면처럼 기름에 튀기는 것

④ 면류 제조 특징

 ㉠ 염류에 사용하는 소금의 역할은 반죽의 점탄성을 강하게 해 줄 뿐 아니라 수분 활성의 저하를 통해 반죽이나 생면의 보존성을 높여 준다.

 ㉡ 유기식품 중 국수, 빵, 마카로니 등은 밀가루의 글루텐 점탄성을 이용하나 감자, 고구마, 녹두 전분을 이용한 당면은 글루텐이 없어 점탄성도 없다.

 ㉢ 패리노그래프(Farinograph) : 밀가루 반죽의 저항을 측정하여 점탄성을 알 수 있게 하는 장치

핵심예제

7-1. 면 분류상 중화면이 해당되는 것은?

① 선절면류   ② 압축면류

③ 즉석면류   ④ 신연면류

정답 ④

7-2. 면류 제조에 대한 설명으로 맞는 것은?

① 면류 제조 시에 부원료별로 콩가루를 사용하는 이유는 콩가루에 들어 있는 글루텐이 반죽에 의하여 면의 탄력성, 점착성, 가소성을 높여 주기 때문이다.

② 밀가루는 강력분, 중력분, 박력분의 3가지로 구분할 수 있는데 이는 밀가루 내의 탄수화물 함량으로 등급을 나눈 것이다.

③ 염류에 사용하는 소금의 역할은 반죽의 점탄성을 강하게 해 줄 뿐 아니라 수분 활성의 저하를 통해 반죽이나 생면의 보존성을 높여 준다.

④ 밀가루 반죽의 적정온도는 밀가루의 종류, 가수량, 가열량에 관계없이 온도가 낮을수록 반죽의 유동성이 높아진다.

정답 ③

7-3. 다음 유기식품 중 글루텐의 점탄성을 이용하지 않는 것은?

① 유기농 국수   ② 유기농 당면

③ 유기농 빵   ④ 유기농 마카로니

정답 ②

해설

7-3

당면은 감자, 고구마, 녹두 전분을 이용하나 글루텐이 없어 점탄성이 없으므로 가늘게 실모양으로 뽑아 끓는 물에 삶아서 얼린다.

핵심이론 08 두부의 가공

① 콩 단백질인 글리시닌(Glycinin)은 가열로 응고하지 않으나, 두유의 온도가 70~80℃될 때 응고제와 소포제를 넣어 응고시킨 것이 두부이다.

② 두부 제조공정

콩 → 수침 → 마쇄 → 두미 → 증자 → 여과 → 두유 → 응고 → 탈수 → 성형 → 절단→ 수침 → 두부

③ 두부의 응고

  ㉠ 글리시닌(Glycinin)이 응고되는 원리 : 염류와 산에 불안정하여 응고된다.

  ㉡ 두부가 응고되는 현상은 주로 금속이온에 의한 단백질의 변성이다.

  ㉢ 응고 정도에 영향을 주는 것 : 응고제의 종류나 사용량, 물의 사용량, 응고 시의 온도 등

  ㉣ 응고제 : 염화마그네슘($MgCl_2$), 황산칼슘($CaSO_4$), 글루코노델타락톤(Glucono-δ-lactone), 염화칼슘($CaCl_2$) 등이 사용된다.

  • 황산칼슘은 물에 잘 녹지 않으므로 두유에 넣었을 때 응고반응이 염화물에 비하여 매우 느리므로 보수성・탄력성이 우수한 두부를 높은 수율로 얻을 수 있다.

  • 염화칼슘의 장점은 응고시간이 빠르고, 보존성이 양호하다.

④ 두부 제조의 원리 : 글리시닌(Glycinin)의 염류용액에서 용해되고 글리시닌을 칼슘염($CaCl_2$ 혹은 $MgCl_2$)에 응고시켜 압착하면 두부가 제조된다.

핵심예제

두부제조 원리에 대한 설명으로 옳은 것은?

① 글리시닌(Glycinin)의 산성용액에서 용해 및 인산에 의한 응고
② 글리시닌(Glycinin)의 염류용액에서 용해 및 칼슘염에 의한 응고
③ 글리시닌(Glycinin)의 산성용액에서 석출 및 인산에 의한 용해
④ 글리시닌(Glycinin)의 염류용액에서 석출 및 칼슘염에 의한 용해

정답 ②

핵심이론 09 인스턴트식품

① 인스턴트식품 : 조리작업이 필요없이 뜨거운 물을 붓거나 데워서 즉시 취식이 가능한 식품으로 저장성, 안전성, 수송성이 좋다.

② 즉석건조식품(찌개, 국, 죽, 탕, 스프 등), 통・병조림, 레토르트식품, 냉동식품 등이 있다.

  ※ 레토르트식품 : 비타민 등 영양소 파괴를 최소화하고 저장성을 높이기 위해 적절한 살균을 실시하며, 보존료는 사용해서는 안 된다.

③ 통조림과 병조림의 특징

  ㉠ 통조림과 병조림은 용기 내에 식품을 넣고 탈기, 밀봉한 후 열을 가하여 미생물을 사멸시킴으로써 식품 변패를 막아 장기 저장이 가능하도록 하는 방법이다.

  ㉡ 통조림이나 병조림은 수송・운반이 편리하며, 영양가치가 높고 간편한 저장법이다.

④ 제조공정 : 원료 → 세정 → 조리 → 담기 → 조리액 채우기 → 탈기(脫氣) → 밀봉 → 살균 → 냉각 → 검사 → 상자에 넣어 포장하기 → 운반

  ※ 병조림 : 원료 → 담기 → 탈기 → 밀봉 → 살균 → 검사 → 제품

  ㉠ 탈기(脫氣, Exhausting) : 통이나 병 속의 공기를 제거하는 작업이다.

  ┌─────────────────────────────┐
  │ **탈기의 효과**
  │ • 통조림이나 병조림 내용물의 부식 방지
  │ • 식품의 산화에 의한 맛(향미), 색, 영양가(비타민 등) 저하 방지
  │ • 호기성 세균과 곰팡이의 발육 억제
  │ • 살균 시 팽창에 의해 통과 병이 터지는 것을 방지
  │ • 단백질에서 생성된 가스성분 제거
  │ • 가열탈기 시 가열로 살균시간 단축
  └─────────────────────────────┘

  ㉡ 밀봉 : 식품의 부패 방지를 위하여 용기 안의 진공도 유지

  ㉢ 살 균

  • 과일, 채소, 술, 우유 등 : 60~85℃에서 15~30분간 저온살균

  • 어류, 육류 등 : 100℃ 정도 가압살균

  ㉣ 냉각 : 내용식품의 품질과 빛깔의 변화를 방지 → 보통 40℃

  ┌─────────────────────────────┐
  │ **통조림 제조 시 고형물과 함께 주입액을 넣는 이유**
  │ 맛과 향기 증진, 고형물의 손상 방지, 미생물의 사멸률 향상, 가열살균 시 열전도가 용이
  └─────────────────────────────┘

ⓜ 검사 : 외관검사, 타관검사, 가온검사, 진공검사, 개관 검사
- 가온검사
  - 통조림의 세균 발육 여부 시험법이다.
  - 통조림 검사에서 검사 즉시 바로 판정이 되지 않고 1~2주일 후에야 판정이 가능하다.

> **병조림의 특징**
> - 내용물을 볼 수 있고, 화학적 반응에 안정적이다.
> - 기체 및 수분 통과가 불가능하다.
> - 광선이 통과하여 내용물이 변색하거나 변질되기 쉽다.
> - 열이나 기계적 충격에 약하고 열전도가 나쁘므로, 밀봉이나 살균이 곤란하다.
> - 통조림보다 보존기간이 짧고, 무게도 무겁기 때문에 수송이 불편하고 사용범위도 좁다.

[핵심예제]

9-1. 통조림 제조의 주요공정을 순서대로 바르게 나열한 것은?

① 살균 - 탈기 - 밀봉 - 냉각
② 탈기 - 냉각 - 살균 - 밀봉
③ 탈기 - 밀봉 - 살균 - 냉각
④ 밀봉 - 살균 - 탈기 - 냉각

정답 ③

9-2. 병조림의 장점이 아닌 것은?

① 내용물을 볼 수 있다.
② 기체 및 수분 통과가 불가능하다.
③ 급랭에 강하다.
④ 화학적 반응에 안정적이다.

정답 ③

해설

9-2
병조림은 급랭에 약하다.

2-2. 유기축산식품

핵심이론 01 | 햄의 가공

① 햄 : 대표적인 육제품으로 돼지고기의 뒤 넓적다리나 엉덩이 살을 소금에 절인(염지) 후, 훈연하여 만든 독특한 풍미와 방부성을 가진 가공식품

② 부위별 햄의 종류
- ㉠ 프레스햄(Press Ham)
  - 스모크햄이라고도 하며 돼지고기의 육괴를 그대로 살려 염지, 훈연, 가열의 과정을 거친 것으로 햄과 소시지의 중간 형태 제품이다.
  - 돼지고기 외에 소, 양, 토끼, 닭고기 등을 섞어서 만들기 때문에 저렴한 반면 육류 특유의 풍미를 느끼지 못한다.
- ㉡ 본인햄(볼기살 : 뼈 있음), 본리스햄(볼기살 : 뼈 제거)
- ㉢ 안심햄(안심 부위), 숄더햄(어깨 부위), 로인햄(등심 부위)
- ㉣ 피크닉 햄(목등심 또는 어깨등심 부위), 벨리햄(삼겹살 부위)

③ 햄의 가공
- ㉠ 원료육 준비 → 염지 → 정형 → 건조 및 훈연 → 가열 → 포장
- ㉡ 염지(Curing)
  - 염지의 방법에는 고기를 소금에 직접 바르는 건염법, 소금을 포함한 염지제를 녹인 염지액을 만들어 고기를 담그는 액염법, 염지액이 담긴 주사기로 고기에 염지하는 염지액주사법 등이 있다.
  - 염지의 목적
    - 고기 중의 색소를 고정시켜 염지육 특유의 색을 나타나게 한다.
    - 마이오신(Myosin) 및 액토마이오신(Actomyosin)의 용해성을 높여 보수성, 결착성을 증가시킨다.
    - 제품에 소금 맛을 가하며, 보존성을 부여한다.
    - 고기를 숙성시켜 독특한 풍미를 갖도록 한다.
  - 염지용 재료 : 소금, 설탕, 아질산염, 아스코빈산, 인산염, 향신료 등
- ㉢ 정형
  - 레귤러햄 : 고기 표면의 응고물, 이물질을 긁어내고 형태가 일그러진 곳을 다듬는다.
  - 본리스햄 : 뼈를 빼고 고기 조각, 지방 부위를 제거하고 다듬는다.
  - 프레스햄 : 통기성이 있는 케이싱이나 리테이너(성형틀)에 담아 성형한다.

ⓔ 건 조
- 목적 : 원료 고기의 표면을 다공질로 만들어 훈연 연기의 침착을 쉽게 하여 훈연효과를 높이고 제품에 광택이 나도록 하기 위함이다.
- 레귤러햄 : 30℃에서 1~2일(본리스는 40~50℃에서 5~6시간) 정도 표면이 마를 때까지 건조한다.

ⓜ 훈 연
- 목적 : 훈연을 통해 식품의 풍미가 증진, 육질의 연화, 훈연 색상을 부여함으로써 외관의 개선, 보존성 증진, 산화방지효과 등이 있다.
- 훈연방법 : 냉훈법(15~30℃) 온훈법(30~50℃) 열훈법(50~80℃), 액훈법(훈연액을 제품에 직접 첨가) 등을 사용한다.
- 훈연에 사용하는 나무 : 수지 함량이 적고, 향이 좋은 참나무, 떡갈나무, 밤나무, 벚나무, 히코리나무 등의 목재나 톱밥이 사용된다.
- 훈연실의 온도가 30℃일 경우 4~5일 정도, 50~60℃일 경우 2~3시간 정도이다.

ⓑ 가 열
- 가열처리효과 : 조직감 증진, 기호성 증진, 저장성 증진, 향미 증진, 미생물을 살균하거나 효소 불활성화 등
- 본리스햄, 프레스햄과 같이 가열처리하는 경우 75~80℃ 열탕에서 중심 온도가 65℃에 도달한 후 30분간 가열한다.

ⓢ 포장 : 10℃ 이하의 저온실에서 냉각하여 진공포장이나 가스치환포장을 한다.

［ 핵심예제 ］

1-1. 로인햄(Loin Ham)의 원료육 부위는?

① 볼기 부위　　　　　② 안심 부위
③ 어깨 부위　　　　　④ 등심 부위

정답 ④

1-2. 목재를 불완전연소시켜 발생하는 연기를 이용하여 식품의 저장성을 향상시키는 방법이 아닌 것은?

① 냉훈법　　　　　② 온훈법
③ 액훈법　　　　　④ 훈증법

정답 ④

해설

1-1
① 볼기 부위 : 본인햄, ② 안심 부위 : 안심햄, ③ 어깨 부위 : 숄더햄
1-2
훈증법은 훈증가스제를 사용하여 미생물을 사멸시키는 방법이다.

핵심이론 02 ｜ 소시지의 가공

① 소시지 : 염지시킨 육을 육절기로 갈거나 세절한 것에 조미료, 향신료 등을 넣고 유화 또는 혼합한 것을 케이싱(소, 돼지 등 동물의 창자나 셀로판 등)에 충전하여 훈연하거나 삶거나 가공한 것

② 소시지의 종류
- ⓐ 프랭크 소시지(Frank Sausage) : 미리 조리한 원료육을 돼지의 작은 창자 굵기로 성형한 후 가열한 소시지
- ⓑ 혼합어육 소시지 : 돼지고기와 어육 등을 혼합한 제품
- ⓒ 메르게즈(Merguez) : 붉은색의 매운맛 소시지로 양고기 및 쇠고기 또는 이 두 고기를 섞은 형태
- ⓓ 부르보스(Boerewors) : 쇠고기가 쓰이나 돼지고기, 양고기를 섞기도 함
- ⓔ 가열건조 소시지 : 젖산균발효에 의해 pH를 저하시켜 가열처리한 후 단기간의 건조로 수분 함량이 50% 전후가 되도록 만든 소시지

> **건조 소시지(Dry Sausage)의 특징**
> - 원료육의 불포화지방산 함량이 낮을수록 좋다.
> - 원료육의 pH는 가급적 낮은 것이 좋다.
> - 이탈리아의 살라미가 이에 해당한다.
> - 장기간 건조하는 특징을 갖고 있다.

- ⓕ 살라미(Salami) : 발효 건조 소시지로 제조공정이 긴 것이 특징이며, 반건조 소시지의 일종이다. 마늘이 첨가되어 있고, 보통 샌드위치나 피자 등에 올려먹는다.
  ※ 산미료 : 신맛과 청량감을 부여하고 염지반응을 촉진시켜 가공시간을 단축할 수 있어 주로 생햄이나 살라미 제품에 이용된다.
- ⓖ 페퍼로니(Pepperoni) : 반건조 소시지의 일종으로, 고추가 첨가되어 매운맛이 있어 주로 피자 토핑에 사용된다.
- ⓗ 볼로냐(Bologna) : 매우 굵게 만들어 훈제한 소시지로, 이것을 얇게 저며 빵 사이에 끼워 넣는 이탈리아식 샌드위치가 대표적이다.
  ※ 대표적 이탈리아 소시지 : 살라미, 페퍼로니, 볼로냐 등
  ※ 스모크 소시지의 종류 : 윈너(비엔나) 소시지, 프랑크푸르트 소시지, 볼로냐 소시지, 리오나 소시지

③ 소시지 제조
- ⓐ 고기 준비 → 분쇄 → 세절 및 유화 → 케이싱 충전 → 훈연 → 가열 → 냉각 → 포장
- ⓑ 원료육 및 선육 : 발골과정에서 생긴 조각 고기, 간, 혀, 염통, 혈액 등을 선별하여 쓴다.

ⓒ 분쇄 : 원료육과 지방은 그라인더 또는 초퍼(Chopper)를 이용하여 분쇄한다.

ⓔ 세절 및 유화 : 사일런트 커터로 갈고 혼합하여 유화물을 만드는 공정이다.

※ 고품질 소시지 생산을 위해 유화공정에서 특히 고려해야 할 요인 : 세절온도, 세절시간, 원료육의 보수력

ⓜ 충전 : 충전기(Stuffer)를 이용하여 케이싱에 넣는다. 천연케이싱(동물 창자를 이용), 인공케이싱(셀룰로스, 콜라겐을 이용)이 있다.

ⓗ 훈연 및 가열
• 케이싱을 훈연실 안에 매달아 훈연시킨다.
• 열처리의 목적은 소시지의 살균과 단백질을 응고시킴으로써 표피 형성과 조직을 굳히는 데 있다.

ⓢ 냉각 : 살균가열처리가 끝나면 찬물(얼음물)로 냉각시켜 냉장실에 저장한다.

핵심예제

2-1. 유기 소시지 가공에 사용할 수 있는 재료는?

① 합성보존제　　② BHA
③ 빙수(얼음물)　　④ 인공발색제

정답 ③

2-2. 건조 소시지(Dry Sausage)에 관한 설명으로 틀린 것은?

① 원료육의 불포화지방산 함량이 높을수록 좋다.
② 원료육의 pH는 가급적 낮은 것이 좋다.
③ 이탈리아의 살라미가 이에 해당한다.
④ 장기간 건조하는 특징을 갖고 있다.

정답 ①

해설

2-2

지방은 조직이 단단하여 각으로 절단할 수 있는 돼지 등지방이 좋으며 지방산의 불포화도 낮을수록 좋다. 연한 지방과 불포화도가 너무 높으면 숙성이나 저장 중 쉽게 산화하여 산패취가 발생한다.

핵심이론 03　베이컨의 가공

① 베이컨
ⓐ 주로 돼지의 복부육(삼겹살) 부위를 정형하여 염지한 후에 훈연처리하지만 살균 목적으로는 열처리하지 않는다.
ⓑ 수분 60% 이하, 조지방 45% 이하의 제품이다.

② 베이컨의 종류
ⓐ 벨리 베이컨 : 일반적인 베이컨으로 돼지 복부육 부위를 훈연처리한 것이다.
ⓑ 로인 베이컨 : 등심 또는 복부육을 가공한 것으로, 지방이 거의 없는 것이 특징이다.
ⓒ 숄더 베이컨 : 어깨부위육을 정형한 것을 훈연과정 없이 가열처리한 것이다.
ⓓ 보일드 베이컨 : 베이컨 부위를 뼈가 붙은 채로 염지하고 훈연과정 없이 가열처리한 것이다.
ⓔ 롤드 베이컨 : 두께가 얇은 복부육을 둥글게 말아서 정형한 후 가열처리한 것이다.

③ 베이컨의 제조
ⓐ 삼겹살 → 정형 → 염지 → 수침(염기 빼기) → 건조 및 훈연 → 냉각 → 포장
ⓑ 원료육 준비 : 돼지 복부육 등의 피부 껍질은 벗기고 지방층이 두꺼우면 부분적으로 제거한다. 지육의 온도가 5℃ 이하로 냉각된 것을 사용하며 염지공정까지 10℃ 이하를 유지해야 한다.
ⓒ 정형 : 원료육을 직사각형 모양으로 두께가 일정하게 정형한다.
ⓓ 염지
• 주로 건염법(염지제 혼합물을 고기 표면에 직접 문지르는 것)을 이용한다.
• 염지제는 소금, 설탕, 아스코빈산염, 아질산염를 섞어 쓴다.
• 염지과정에서는 공기와의 접촉을 피한다.
※ 햄이나 베이컨을 만들 때 염지액처리 시 첨가되는 질산염과 아질산염의 기능 : 고기색의 고정
ⓔ 훈연
• 훈연 온도가 너무 높으면 지방이 녹아내리고 훈연취가 강해 풍미가 저하될 수 있다.
• 제조된 베이컨의 외관은 염지육의 색이 분홍빛으로 균일해야 하고 과도한 수분이 침출되어 나오지 않아야 하며, 살코기와 지방의 비율이 적당하여야 한다.

핵심예제

3-1. 베이컨의 제조공정이 아닌 것은?

① 수 침   ② 염 지
③ 훈 연   ④ 가 열

정답 ④

3-2. 햄, 베이컨, 소시지 제조 시 훈연에 의해 저장성이 좋아지는 원인은?

① 혈액 응고, 수분 감소
② 수분 감소, 첨가보존제 활성화
③ 첨가보존제 활성화, 가열
④ 가열, 연기 성분

정답 ④

해설

3-2

훈연은 연기 성분 중 페놀이나 유기산이 갖는 살균·저장능력에 의해 표면의 미생물을 감소시켜 저장기간을 연장시킨다. 훈연과 가열이 동시에 처리될 경우 염지에 의하여 형성된 염지육의 색이 가열에 의하여 안정된다.

핵심이론 04　우유가공품

① 유가공품 종류 : 저지방우유, 가공유류, 유당분해우유, 발효유, 버터유류, 농축유류, 유크림류, 자연치즈, 가공치즈, 분유, 유청류, 유당, 유단백가수분해식품 등

② 우유의 성분 조성 및 특징
　㉠ 시유란 원유를 살균하여 상품화한 액상우유이다.
　㉡ 초유는 단백질, 지방 및 회분의 함량이 많고 유당 함량이 적다.
　㉢ 같은 품종, 같은 환경에서 사육하더라도 지방 함량의 차이가 날 수 있다.
　㉣ 착유 초기에는 지방 함량이 낮고 착유 종료 시에는 지방 함량이 높다.
　㉤ 조사료의 양이 부족하면 지방률이 현저히 감소한다.
　㉥ 우유단백질의 성분은 카세인과 유청(유장)단백질이다.

> **원유(생유)는 무균임에도 살균공정이 필요한 이유**
> • 착유자의 의복에 의해 오염될 수 있기 때문
> • 생유는 주변의 냄새를 빨아들이는 성질이 있기 때문
> • 착유도구의 위생 상태에 의해 세균이 증식할 수 있기 때문

③ 우유가공의 주요 특징
　㉠ 우유의 표준화 시 기준이 되는 성분은 유지방이다.
　㉡ 균질화 공정은 입자가 큰 우유 지방구를 잘게 쪼개서 작고 균일한 입자 크기를 가지도록 하는 과정이다.
　㉢ 균질화를 하는 목적은 크림층(Layer)의 분리(생성)방지, 점도의 향상, 우유조직의 연성화, Curd 텐션을 감소시킴으로써 소화기능을 향상시키는 데 있다.
　㉣ 우유 빙점 측정을 실시하는 목적 : 물을 섞었는가의 검사를 위하여
　㉤ 원유검사 : 크게 수유검사와 시험검사로 나눌 수 있다.
　㉥ 수유검사 : 관능검사, 비중검사, 알코올검사 및 진애검사 등
　㉦ 시험검사 : 적정산도시험, 세균수시험, 체세포수시험, 세균발육억제물질검사, 성분검사 및 기타검사 등
　㉧ 지방시험법 : Rose-gottlieb법, Gerber법, Babcock법 등이 있다.
　㉨ 알코올시험은 우유, 유제품 등의 신선도 및 열안정성 측정에 쓰인다.
　㉩ 유제품 제조 시 수분을 첨가하는 이유 : 염지재료 용해, 다즙성 유지, 생산비 감소

핵심예제

4-1. 우유의 성분조성에 영향을 미치는 인자에 대한 설명으로 틀린 것은?

① 초유는 단백질, 지방 및 회분 함량이 많고 유당 함량이 적다.
② 같은 품종, 같은 환경에서 사육하더라도 지방 함량의 차이가 날 수 있다.
③ 착유 초기에는 지방 함량이 높고 착유 종료 시에는 지방 함량이 낮다.
④ 조사료의 양이 부족하면 지방률이 현저히 감소한다.

정답 ③

4-2. 시판되는 우유 제조 시 균질을 하는 주된 이유는?

① 미생물 사멸
② 크림 분리 방지
③ 향미의 개선
④ 단백질의 콜로이드(Colloid)화

정답 ②

핵심이론 05 가당연유, 무당연유

① 연유의 개념

　㉠ 가당연유 : 우유에 약 16%의 설탕을 넣어 1/2.5 정도로 농축한 것으로 첨가당량은 종제품의 40~50%가 되며, 설탕의 농도가 높기 때문에 저장성이 있다.

　㉡ 무당연유 : 신선한 우유를 약 1/2.5로 농축한 것으로 제조과정은 가당연유와 같지만 설탕이 들어가지 않아 방부력이 없다. 주로 캔에 포장하여 멸균시킨 것 또는 멸균 후 무균적으로 캔에 포장한 것을 말하며, 유화제와 안정제의 첨가가 허용된다.

　㉢ 무당연유와 가당연유의 차이점
　　• 무당연유는 설탕을 첨가하지 않는 것이다.
　　• 균질화 작업을 실시한다.
　　• 통조림관을 멸균처리한다.
　　• 파일럿시험을 실시한다.

　※ 연유 제조 시 사용되는 가장 효율이 높은 진공농축기 : 박막 수직하강 관상형

② 가당연유의 제조공정

　㉠ 원료유 검사 → 표준화 → 예열 → 가당 → 농축 → 냉각 → 충전 및 포장 → 보존시험

　㉡ 예비가열의 목적
　　• 미생물과 효소 등을 파괴하여 저장성 향상
　　• 첨가된 설탕의 용해
　　• 농축 시 가열면에 우유가 붙는 것을 방지
　　• 제품의 농후화(Age Thickening) 억제

　㉢ 진공농축의 효과 : 비가열처리로 영양성분 손실이 적고 위생적인 방법으로 풍미유지가 가능하다.

　㉣ 가당연유의 품질결함 현상
　　• 농후화 : 내용물이 겔(Gel)처럼 엉겨 붙는 현상으로 물에 잘 풀리지 않으며 쉽게 변질된다.
　　• 지방분리, 응고
　　• 과립 형성 : 세균학적 원인이다. 방지법으로는 예비가열의 철저, 응축 시 물의 혼합방지, 충전 시 탈기를 충분히 한다.
　　• 사상현상 : Sandy현상, 유당의 결정 크기가 15μm 이상일 때 느끼는 현상이다.
　　• 당침현상 : 통조림관 하부에 유당이 가라앉는 현상으로 유당결정 크기가 20μm 이상일 때 발생한다.

- 갈변화 현상
- 곰팡이 효모 등의 오염으로 인한 가스 생성 및 풍미 결함 등

※ 바이센베르크 효과(Weissenberg Effect) : 가당연유 속에 젓가락을 세워서 회전시켰을 때 연유가 젓가락을 따라 올라가는 현상

③ 무당연유 제조공정

㉠ 원료유 검사 → 표준화 → 예열 → 농축 → 균질 → 재표준화 → 냉각 → 파일럿시험 → 충전 및 밀봉 → 멸균 → 냉각

㉡ 균질 : 균질온도는 50~60℃가 적당하며, 지방의 분리를 막고 소화율 증가, 비타민 D 강화 및 염기평형도 조정의 효과가 있다.

㉢ 무당연유의 품질결함 현상
- 가스발효(팽창관) : 멸균 불완전, 권체 불량, 수소가스의 생성
- 이취(미) : 산성취, 고미, 이취로 내열성 세균 번식, 안정제의 과도한 첨가
- 응고현상 : 응유효소의 잔존, 젖산균의 잔존
- 지방분리 현상 : 점도가 낮을 때 발생, 균질의 불완전
- 침전현상 : 제품의 저장온도가 높을 경우
- 갈변화 : 과도한 멸균처리, 고형분이 너무 많을 때
- 희박화 : 점도가 너무 낮은 경우
- 익모상현상 : 단백질 함량이 너무 높은 경우, 철 성분이 함유된 경우

핵심예제

5-1. 가당연유의 품질 저하와 관계가 없는 것은?

① 점도 증가 ② 농후화(Thickening)
③ 지방분리 ④ 과립 형성

정답 ①

5-2. 무당연유 제조 시 응고가 일어나는 조건이 아닌 것은?

① 원료유의 고산도 ② 고함량의 카세인단백질
③ 높은 균질압력 ④ 염류의 평형 불균형

정답 ②

핵심이론 06 | 분유 · 아이스크림의 가공

① 분유의 가공

㉠ 원유 또는 탈지유를 그대로 또는 이에 식품 또는 첨가물 등을 가하여 각각 분말(수분 함량 5% 이하)로 한 것이다.

㉡ 종 류
- 전지분유 : 원유의 수분을 제거하고 분말화한 것
- 탈지분유 : 원유의 유지방과 수분을 부분적으로 제거하여 분말화한 것
- 가당분유 : 원유에 당류(설탕, 과당, 포도당)를 가하고 수분 제거 후 분말화한 것
- 혼합분유 : 원유 또는 전지분유에 식품 또는 첨가물 등을 가하여 분말화한 것
- 조제분유 : 우유(생산양유 및 살균산양유는 제외한다) 또는 유제품에 영양소를 첨가하여 분말화한 것으로 모유의 성분과 유사하게 만든 것

㉢ 분유 제조공정(전지분유)

원유 → 표준화 → 살균(예비가열) → 농축 → 분무 → 건조 → 냉각 및 선별 → 충전 → 탈기 → 밀봉

② 아이스크림의 가공

㉠ 아이스크림은 우유(원유, 분유, 가당연유)에 지방, 무지고형분, 감미료, 유화제 및 안정제, 향료, 색소 및 물 등을 혼합하여 공기를 넣어 냉동시킨 것으로 부드럽고 일정한 조직을 가진 것이 특징이다.

㉡ 무지유고형분(SNF ; Milk Solid-not-fat)
- 우유는 약 88%가 수분이며 나머지를 전고형분(全固形分)이라 하는데, 여기에서 유지방을 뺀 고형분이 무지유고형분이다.
- 연유취, 소금 맛 또는 가열취가 생기기 쉽다.
- 과량 사용하면 모래조직의 결점이 생긴다.

㉢ 아이스크림 믹스의 제조공정

원료 → 배합 → 살균 → 균질 → 냉각 → 숙성 → 냉동과 오버런

㉣ 오버런(Over Run) : 냉동 중에 혼입된 공기로 인해 부피가 증가하는 현상

③ 크림의 종류

㉠ 식용크림(Table Cream) : Coffee 크림이라고도 하며, 지방률은 18~22% 정도이다.

ⓛ Single크림 : 유지방 함량 18%

ⓒ Half크림 : 유지방 함량 10.5~18%

ⓔ 포말크림(Whipping Cream) : 살균 유무에 관계없이 신선한 유지방 30~40%를 함유한 크림

ⓜ 저지방크림 : 유지방 함량 10~12%

ⓗ 고체크림(Plastic Cream) : 지방 함량 80~81%

ⓢ 건조크림 : 건조전 지방함량은 40~70%

ⓞ 발효크림: 지방 함량 18~20%의 살균크림을 젖산박테리아에 의하여 발효시킨 것

[핵심예제]

인스턴트 분유의 특성에 해당하지 않는 것은?

① 습윤성(Wettability)
② 침투성(Penetrability)
③ 침강성(Sinkability)
④ 응집성(Agglutinability)

정답 ④

해설

인스턴트 분유의 특성 : 습윤성, 침투성, 침강성, 용해성, 분산성

핵심이론 07 **버터의 가공**

① 유 형

㉠ 버터 : 원유, 우유류 등에서 유지방분을 분리한 것이나 발효시킨 것을 교반하여 연압한 것으로, 유지방분은 80% 이상이다.

㉡ 가공버터 : 원유 또는 우유류 등에서 유지방분을 분리한 것이나 발효시킨 것 또는 버터에 식품이나 식품 첨가물을 가하고 교반, 연압 등 가공한 것으로, 유지방분은 30% 이상(단, 유지방분의 함량이 제품의 지방함량에 대한 중량비율로서 50% 이상일 것)이다.

㉢ 버터오일 : 버터 또는 유크림에서 유지방 이외의 거의 모든 수분과 무지유고형분을 제거한 것

㉣ 분 류
  • 크림발효 유무에 따라 : 감성(신선)크림버터(크림을 발효시키지 않고 만든 버터), 산성발효크림버터(젖산균 Starter를 이용하여 산을 생성시켜 크림의 점도를 감소시킴)
  • 식염 첨가 유무에 따라 : 가염(Salted), 무염(Unsalted), 중염(Extrasalted)
  • 기타 : 분말버터, 유청버터, 저지방버터

② 버터 제조공정

㉠ 원유 → 크림 분리 → 살균 → 접종 → 숙성 → 교반(교동) → 가염 → 연압 → 충진

㉡ 중화제에는 탄산소다(Na_2CO_3), 중탄산소다($NaHCO_3$), 가성소다($NaOH$) 등과 석회염인 생석회(CaO) 또는 소석회($Ca(OH)_2$)가 있다.

㉢ 크림의 살균 : 특히 리파제(Lipase)를 살균하며, Batch(LTLT)법, HTST살균법 등을 이용한다.

㉣ 발효에는 *Lactococcus lactis*, *Streptococcus cremoris*를 함께 사용하며, *Streptococcus diacetylactis*와 같은 Aroma(방향)생성균 등도 함께 사용한다.

㉤ 숙성의 목적은 크림을 고형화(Crystalization)하고, 유지방 유실을 방지하며, 수분 함량을 감소시켜 조직을 단단하게 하는 것이다.

㉥ 버터의 교동에 영향을 미치는 요인 : 크림의 양, 크림의 온도, 버터색의 조절, 교동의 속도와 시간

㉦ 버터가 덩어리로 뭉쳐 있는 것을 짓이기는 공정을 연압이라 한다.

연압의 목적

• 연압을 통해 수분 함량을 조절하고 지방에 수분이 유화되도록 고루 분산시키며 물방울이 없게 한다.
• 첨가한 소금을 완전히 녹이고 분산시킨다.
• 버터의 조직을 부드럽고 치밀하게 한다.

[핵심예제]

7-1. 교반 및 연압 작업이 필요한 유가공품은?

① 발효유류
② 버터류
③ 분유류
④ 가공유류

정답 ②

7-2. 버터 제조공정 순서로 옳은 것은?

① 원료유 → 크림 분리 → 접종 → 살균 → 교반 → 가염 → 숙성 → 연압 → 충진
② 원유 → 크림 분리 → 살균 → 접종 → 숙성 → 교반 → 가염 → 연압 → 충진
③ 원료유 → 크림 분리 → 접종 → 숙성 → 교반 → 살균 → 가염 → 연압 → 충진
④ 원료유 → 크림 분리 → 살균 → 접종 → 교반 → 숙성 → 연압 → 가염 → 충진

정답 ②

핵심이론 08 ┃ **치즈의 가공**

① 치 즈

  ㉠ 신선한 우유를 오래 방치하면 산화와 부패가 진행되면서 반고체의 커드(Curd : 우유 응고물)와 액체 형태의 훼이(Whey : 유장액)로 분리된다. 이 중에서 치즈는 반고체형 물질인 커드로 만들어지고 주성분은 우유 단백질인 카세인이며 그 밖에 우유의 지방이나 불용해성 물질 등이 포함되어 있다.

  ㉡ 치즈는 우유, 양유 등에 유산균과 응유효소(레닌)를 넣어 응고된 단백질과 유지방을 침전시킨 후 유청을 제거하고 커드를 압착·성형하여 숙성시킨 유제품이다.

  • 레닌(Rennin) : 젖먹이 송아지 제4위 점막에 있는 우유를 굳게 하는 효소
  • 레닌의 기능 : 카파 카세인의 분해에 의한 카세인 안정성 파괴
  ※ 우유 내 카세인의 종류 : α_{s1} 카세인, α_{s2} 카세인, β 카세인, κ 카세인

  ㉢ 치즈는 원료유 처리, 응고와 발효, 커드처리, 숙성의 과정으로 만들어진다.

② 치즈의 제조공정

  ㉠ 치즈의 일반적인 제조공정
  원유 살균 → 냉각 → 스타터 첨가 → 레닛 첨가 → 커드 절단 → 가온 → 유청 빼기 → 분쇄 → 가염 → 압착

  ㉡ 가공 치즈의 제조공정
  원료치즈 선택 → 표피 제거 → 원료치즈 혼합 → 분쇄 → 첨가물 혼합(염, 버터, 탈지분유, 색소 등) → 가열 → 균질 → 충전 → 포장 → 냉각 → 저장

  • 초고온 살균은 유청단백질의 변성을 가져와 레닛 (Rennet)을 첨가하여 응고시키는 치즈에는 사용할 수 없고, 유기산을 첨가하여 만드는 치즈에는 이용이 가능하다.
  ※ 레닛(Rennet) : 레닌을 주원료로 하여 만든 우유 응고효소
  • 스타터의 기능
    − 응유효소의 작용을 촉진하고, 치즈 특유의 풍미 부여
    − 커드로부터 유청 배출의 촉진, 잡균 오염이나 생육 억제
    − 치즈의 구성분을 조정하고, 숙성효소작용을 적절히 조정
    − 숙성 중 유산균이 생성한 단백질 분해효소(Protease) 가 치즈의 단백질 분해작용

- 커드의 가온효과
  - 유청의 배출이 빨라지고, 젖산발효가 촉진된다.
  - 커드가 수축되어 탄력성 있는 입자로 된다.
  - 고온성균의 증식을 촉진한다.
- 가염 : 치즈에 가염을 하면 치즈의 풍미를 좋게 하고 수분 함량 조절, 오염미생물에 의한 이상발효 억제에 효과가 있다.

③ 치즈의 종류
  - ㉠ 블루치즈(Blue Cheese) : 치즈의 살이 푸른 대리석 빛을 띠어 붙여진 이름이다. 프랑스 중부지방과 남부지방에서 전통적인 방식으로 만드는 로크포르, 블루 도베르뉴가 대표적이다. 양유에서 생긴 푸른곰팡이로 숙성시켜 만든 치즈이다. 푸른곰팡이 균주는 *Penicillium glaucum*, *Penicillium roqueforti*를 넣는다.
  - ㉡ 헤드 치즈 : 돈두육, 돈심장 등을 이용하였으며, 젤라틴의 작용으로 고형화한 것이다.
  - ㉢ 파르메산 치즈 : 이탈리아 파르마시가 원산인 매우 딱딱한 치즈로, 분말 치즈로 만들어 사용한다.
  - ㉣ 에멘탈 치즈 : 스위스 치즈로 내부에 치즈 눈(Cheese Eye)을 형성한다.
  - ㉤ 하우다(고다) 치즈 : 네덜란드 남부 하우다가 원산지이며, 부드러운 맛이 특징이다.
  - ㉥ 에담 치즈 : 네덜란드 북부 에담이 원산지이며, 표면이 빨간색 왁스나 셀로판으로 덮여 있어서 적옥 치즈라고도 한다.
  - ㉦ 체더 치즈 : 영국 체더가 원산지이며 세계에서 다량 생산되는 온화한 산미가 나는 경질 치즈이다.
  - ㉧ 브릭 치즈 : 미국에서 만들어진 치즈로, 약간 자극적인 맛이 있다.
  - ㉨ 카망베르 치즈 : 프랑스 치즈로 흰곰팡이에 의해 숙성된다.
  - ㉩ 코티지 치즈 : 보통 탈지유로 만드는 숙성시키지 않은 치즈로 저칼로리 고단백질이다.
  - ㉪ 크림 치즈 : 크림이나 크림을 첨가한 우유로 만드는 숙성되지 않는 치즈이다.
  - ㉫ 가공 치즈 : 유고형분을 40% 이상 함유한 치즈이다. 특색은 밀봉되어 있어서 보존성이 좋고, 원료 치즈의 배합에 따라 기호에 맞는 맛을 낼 수 있으며, 맛이 부드럽다. 또 여러 가지 형태와 크기의 포장이 가능하므로 다채로운 상품화를 꾀할 수 있다.

핵심예제

8-1. 치즈 제조 시 사용하는 레닛에 포함된 레닌의 기능은?

① 카파 카세인(κ-casein)의 분해에 의한 카세인(Casein) 안정성 파괴
② 알파 카세인(α-casein)의 분해에 의한 카세인(Casein) 안정성 파괴
③ 베타 락토글로불린(β-lactoglobulin)의 분해에 의한 유청단백질 안정성 파괴
④ 알파 락토알부민(α-lactobumin) 분해에 의한 유청단백질 안정성 파괴

정답 ①

8-2. 치즈의 특성에 관한 설명으로 틀린 것은?

① 에멘탈(Emmental) 치즈 – 스위스 치즈로 내부에 치즈 눈(Cheese Eye)을 형성
② 체더(Cheddar) 치즈 – 세계에서 다량 생산되는 온화한 산미가 나는 경질 치즈
③ 카망베르(Camembert) 치즈 – 프랑스 치즈로 흰곰팡이에 의해 숙성
④ 블루(Blue) 치즈 – 스타터로 *Streptococcus Cremoris*를 사용

정답 ④

해설

8-1
치즈 제조의 두 번째 단계인 레닛을 우유에 첨가하면 주로 카세인 분자들의 표면에 위치해 있는 κ-casein을 분해하기 시작한다. 그래서 카세인 분자들을 안정하게 하는 역할을 상실하고 불안정하게 된 카세인 분자들은 칼슘의 다리역할로 분자들을 결합하면서 응고되기 시작한다.

핵심이론 09 발효유 가공

① 발효유

ㄱ 우유·염소젖·말젖 등에 젖산균 또는 효모를 배양하고, 젖당(락토스)을 발효시켜 젖산이나 알코올을 생성함으로써 특수한 풍미를 가지도록 만든 음료이다.

ㄴ 발효유는 주로 젖산균을 배양하여 젖산만을 함유하는 젖산발효유와 젖산균 및 효모의 작용에 의하여 젖산발효 및 알코올발효를 동시에 일으킨 젖산알코올 발효유로 나눈다.

• 젖산 발효유 : 요구르트(Yoghurt), 발효버터밀크, 발효크림, 아시도필루스 밀크(Acidophilus Milk), 칼피스(Calpis) 등이 있다.

• 젖산알코올 발효유 : 양젖·염소젖을 원료로 하는 케피르(Kefir), 말젖을 원료로 하는 쿠미스(Kumyz, Kumiss) 등이 있다.

② 발효유의 종류

ㄱ 요구르트(Yoghurt)

• 우유에 스타터(Starter)를 접종하여 발효한 젖산 발효유이다.

• 스타터는 대부분 유산균(젖산균)으로서 우유 속의 유당을 발효하여 젖산으로 전환시킨다.

• 유산균은 젖산을 만드는 모든 미생물을 뜻하는 것이 아니라 당류를 발효해서 50% 이상 젖산을 생산하는 세균을 통칭하는 용어이다.

ㄴ 발효버터밀크(Butter Milk)

• 원래 버터밀크는 버터 제조 시에 나오는 부산물로서 지방 함량은 약 0.5%로 레시틴을 많이 함유하고 있다.

• 유청 분리가 잘 일어나고 맛이 빨리 변하므로 보관에 어려움이 있고, 좋은 품질을 유지하기가 어렵다.

• 최근에는 탈지분유나 저지방우유를 이용하여 유산균으로 발효시켜 버터밀크를 만드는데 향, 맛, 점도 및 보존성에서 원래의 버터밀크보다 좋다.

ㄷ 발효크림(Sour Cream)

• 유지방 함량이 12% 이상인 크림을 Lactococcus(젖산균)을 이용하여 발효시킨 것이다.

• 조직이 매끄럽고 점도가 높으며 맛이 순하고 신맛을 낸다.

• 공기와 접촉하면 표면에 효모가 발생할 수 있고, 장시간 보관하는 경우에는 쓴맛을 내고 풍미가 떨어진다.

ㄹ 아시도필루스 밀크(Acidophilus Milk)

• 미국에서 많이 소비하는 발효유로서 탈지유나 부분 탈지유를 멸균하여 약 40℃로 냉각시킨 후 Lactobacillus Acidophilus 박테리아의 벌크스타터 약 5%를 접종하여 18~24시간 발효한다.

• 산도가 1.0%의 커드 형성 시에 10℃ 정도로 냉각하여 포장한다.

ㅁ 칼피스(Calpis) : 일본에서 시작된 발효유 음료로서 발효시킨 탈지유를 균질화하고, 식용산으로 pH 3.5(적정산도 1%)로 조절한 후 설탕과 향료를 첨가하여 만든 희석된 유음료이다.

ㅂ 케피르(Kefir)

• 케피르는 코카시안(Caucasian) 산악지대에서 유래된 것으로 산과 알코올발효가 함께 일어나며, 발효유 중에서 역사가 가장 길고 젖소, 염소, 양의 젖으로 만든다.

• 티베트 승려들이 건강을 위해 먹은 케피르가 버섯처럼 생겼다 해서 '티베트버섯'이라고도 불린다.

• 케피르는 젖산균 스타터를 사용하지 않고 케피르 그레인(Kefir Grain)으로 발효시켜서 만드는데 이것은 서로 공생해서 사는 젤라틴 모양의 미생물로 *Torula keffir*와 *Saccharomyces kefir* 같은 효모와 *Lactobacillus caucasium*과 *Lactococcus lactis* ssp. *lactis* 같은 박테리아로 구성되어 있다.

ㅅ 쿠미스(Kumiss)

• 쿠미스는 주로 러시아에서 소비되는 젖산-알코올발효유로서 전통적으로 말젖으로 제조되어 왔다.

• 현재는 탈지우유로 제조하며 발효균으로는 *L. delbrueckii* ssp., *Bulgaricus*나 *Torula yeast*를 사용한다.

핵심예제

9-1. 다음 중 알코올발효유는?

① Yoghurt　　　　　② Acidophilus Milk
③ Calpis　　　　　　④ Kumiss

정답 ④

9-2. 프로바이오틱스(Probiotics)에 대한 설명으로 틀린 것은?

① 대부분의 프로바이오틱스는 유산균이며 일부 Bacillus 등을 포함하고 있다.
② 과량으로 섭취하면 Heterofermentation을 균주에 의한 가스 발생 등으로 설사를 유발할 수 있다.
③ 프로바이오틱스가 장 점막에서 생육하게 되면 장내 환경을 중성으로 만들어 장의 기능을 향상시킨다.
④ 프로바이오틱스가 장내에 도달하여 기능을 나타내려면 하루에 108~1,010cfu 정도를 섭취하여야 한다.

정답 ③

해설

9-2

프로바이오틱스란 체내에 들어가서 건강에 좋은 효과를 주는 살아있는 균이다. 대부분 유산균이고 일부 Bacillus 등을 포함하고 있다. 장에 도달하여 장 점막에서 생육하게 되면 젖산을 생성하여 장내 환경을 산성으로 만들어 산성 환경에서 견디지 못하는 유해균들을 감소시키고 산성에서 생육이 잘되는 유익균들을 증식시켜 장을 건강하게 만들어 준다.

핵심이론 10 달 걀

① 달걀의 구조

　㉠ 달걀은 난각(껍질), 난황(노른자), 난백(흰자)으로 구성되어 있다.

　㉡ 난백은 90%가 수분이고 나머지는 거의 단백질이다.

　㉢ 난황은 약 50%가 고형분이고 단백질 외에 다량의 지방과 인(P), 철(Fe)이 들어 있다.

　㉣ 달걀에는 황을 함유한 아미노산(메티오닌과 시스테인)과 비타민이 풍부하다.

② 달걀의 특성

　㉠ 열응고성

　　• 난백은 60℃에서 응고되기 시작하여 65℃에서 완전히 응고되고, 난황은 65℃에서 응고되기 시작하여 70℃에서 완전히 응고된다.

　　• 달걀 반숙(약 90분)이 소화가 가장 빠르고, 달걀 프라이(약 3시간)가 가장 늦다.

　　• 소금은 응고온도를 낮추어 준다.

　㉡ 난백의 기포성

　　• 달걀의 흰자를 저어 주면 기포(거품)가 형성되는데 이것은 식품을 팽창시키거나 음식의 질감에 변화를 준다.

　　• 난백은 냉장온도보다 실내온도에서 쉽게 거품이 일어난다.

　　• 신선한 달걀보다 오래된 달걀이 쉽게 거품이 일어나지만 거품의 안정성은 적다.

　　• 소량의 산은 기포력을 도와주고 우유와 기름은 기포력을 저해한다. 소금 및 설탕은 기포력을 약화시키므로 충분히 거품을 낸 후에 넣는다.

　　• 봄과 가을에 낳은 달걀은 한여름에 낳은 것보다 기포의 용적이 크다.

　　• 달걀을 넣고 젓는 그릇은 밑이 좁고 바닥이 둥근 것이 좋으며, 빨리 저을수록 기포력이 크다.

　　• 달걀의 기포성을 응용한 조리로는 스펀지케이크, 케이크의 장식, 머랭(Meringue) 등이 있다.

　㉢ 난황의 유화성

　　• 난황의 유화성은 레시틴(Lecithin)이 분자 중에 친수기, 친유기를 갖고 있기 때문에 기름이 유화되는 것을 촉진한다.

- 유화성을 이용한 것에는 마요네즈가 있고 그 외에 프렌치드레싱, 크림수프, 잣 미음, 케이크 반죽 등이 있다.

② 기 타
- 예사성 : 달걀 흰자나 낫두 등에 젓가락을 넣었다가 당겨 올리면 실을 뽑는 것과 같이 되는 성질
- 가소성 : 마요네즈와 같이 작은 힘을 주면 흐르지 않지만 응력 이상의 힘을 주면 흐르는 식품의 성질

핵심예제

10-1. 달걀의 기능적 특성과 거리가 먼 것은?

① 열팽창성   ② 유화성
③ 거품성   ④ 열응고성

정답 ①

10-2. 달걀의 특성에 대한 설명으로 틀린 것은?

① 양질의 단백질, 지방, 각종 비타민류가 많이 포함되어 있다.
② 크게 난각, 난황, 난백의 3부분으로 이루어져 있다.
③ 기포성, 유화성, 보수성을 지니고 있어 식품가공에 많이 이용된다.
④ 달걀 중에 있는 Avidin은 Biotin의 흡수를 촉진시킨다.

정답 ④

해설

10-2
Avidin은 난백에 존재하는 염기성 당단백질로, Biotin과 결합하면 Biotin을 불활성화시킨다.

핵심이론 11   달걀의 가공

① 건조란(건조 달걀, 달걀가루)
  ⊙ 달걀의 껍질을 제거하고 탈수·건조시킨 것이다.
  ⓒ 달걀가루, 흰자가루, 노른자 가루 등이 있다.

② 마요네즈
  ⊙ 난황의 유화성을 이용한 대표적인 가공품이다.
  ⓒ 난황의 레시틴은 대표적인 천연유화제이다.
  ⓒ 마요네즈는 난황에 여러 가지 조미료, 향신료, 샐러드유, 식초 등을 혼합하여 유화시킨 조미제품이다(달걀, 식용유, 식초, 소금, 설탕, 겨자).
    • 식초는 보존성과 부드러움을 부여한다.
    • 소금은 보존성과 유화안전성에 도움을 주나 과다 사용은 유화성을 해친다.

③ 피 단
  ⊙ 소금, 생석회 등 알칼리 염류를 달걀 속에 침투시켜 숙성시킨 조미 달걀로 강알칼리에 의한 응고성을 이용한 식품이다.
  ⓒ 피단의 난백은 갈색, 난황은 암록색, 중심부는 오렌지색 또는 흑색이다.
  ⓒ 가공 방법에는 도포법과 침지법 등이 있다.

④ 훈연란
  ⊙ 삶은 달걀의 껍질을 벗긴 다음 조미액에 담근 후 다시 훈연을 하여 풍미, 저장성, 색의 향상 등을 높인 것이다.
  ⓒ 냉훈법, 온훈법, 열훈법, 액훈법 등이 사용된다.

핵심예제

11-1. 가금류 가공품의 특징은?

① 단백질 함량이 낮다.
② 지방 함량이 높다.
③ 칼로리가 매우 높다.
④ 필수아미노산과 비타민이 풍부하다.

정답 ④

11-2. 마요네즈 제조에 있어 난황의 주된 작용은?

① 응고제 작용   ② 유화제 작용
③ 기포제 작용   ④ 팽창제 작용

정답 ②

해설

11-2
마요네즈는 난황의 유화력을 바탕으로 난황과 식용유를 주원료로 하여 식초, 소금, 설탕 등을 사용하여 유화시켜 만든다.

2-3. 유기기호식품

핵심이론 **01** | 음 류

① 음류의 종류

   ⊙ 농축과즙, 채즙(또는 과채분) : 과일즙, 채소즙 또는 이들을 혼합하여 50% 이하로 농축한 것 또는 이것을 분말화한 것을 말한다(다만, 원료로 사용되는 제품은 제외한다).

   ⓒ 과채주스 : 과일 또는 채소를 압착, 분쇄, 착즙 등 물리적으로 가공하여 얻은 과채즙(농축과채즙, 과채즙 또는 과일분, 채소분, 과·채분을 환원한 과채즙, 과채퓨레·페이스트 포함) 또는 이에 식품 또는 식품첨가물을 가한 것(과채즙 95% 이상)을 말한다.

   ⓒ 과채음료 : 농축과채즙(또는 과채분) 또는 과채주스 등을 원료로 하여 가공한 것(과일즙, 채소즙 또는 과채즙 10% 이상)을 말한다.

② 과일주스의 제조

   ⊙ 천연과일주스

     원료 → 선별 → 세척 → 부수기 → 착즙 → 여과·청징 → 조합 → 탈기 → 살균 → 담기 → 밀봉 → 냉각 → 제품

   ⓒ 농축과일주스

     원료 → 부수기 → 찌기 → 체별 → 여과·청징 → 탈기 → 순간살균 → 농축 → 조정 → 순간살균 → 밀봉 → 냉각 → 제품

> **청징** : 혼탁한 액체를 투명한 액체의 상태로 전환시켜 주는 공정이다. 과즙의 청징제로는 난백, 산성백토, 젤라틴 및 탄닌, 카세인, 펙틴분해효소, 규조토, 활성탄소 등이 사용된다.

   ⓒ 사과주스

     원료 → 세척 → 파쇄 → 짜기 → 청징 → 여과 → 탈기 → 병조림 → 살균 → 식히기 → 제품

   ⓔ 포도주스

     원료 → 세척 → 꼭지 떼기·포도알 부수기 → 가열 → 짜기 → 살균 → 저장·주석 제거 → 살균 → 병조림(통조림) → 제품

   ⓜ 토마토주스

     원료 → 세척 → 다듬기 → 데치기 → 마쇄와 필링 → 조미 → 균질화 → 살균 → 통조림(병조림) → 제품

1-1. 음료류 중 과채주스와 과채음료의 기준은?

① 과채주스 : 과채즙 50% 이하로 농축한 것
   과채음료 : 과일즙, 채소즙 또는 과채즙 100%
② 과채주스 : 과채즙 10% 이상
   과채음료 : 과일즙, 채소즙 또는 과채즙 95% 이상
③ 과채주스 : 과채즙 95% 이상
   과채음료 : 과일즙, 채소즙 또는 과채즙 10% 이상
④ 과채주스 : 과채즙 95% 이상
   과채음료 : 과일즙, 채소즙 또는 과채즙 5% 이상

정답 ③

1-2. 포도주스의 제조와 관계없는 공정은?

① 파 쇄
② 여 과
③ 가 열
④ 증 류

정답 ④

핵심이론 02 주 류

① **주류의 종류(주세법 제5조)**

㉠ 주정 : 녹말 또는 당분이 포함된 재료를 발효시켜 알코올분 85도 이상으로 증류한 것

㉡ 발효주류
- 탁주 : 녹말이 포함된 재료와 국 및 물을 원료로 하여 발효시킨 술덧을 여과하지 않고 혼탁하게 제성한 것
- 약주 : 탁주를 여과하여 맑게 만든 것
- 청주 : 약주 중 쌀(찹쌀)만을 원료로 한 것
- 맥주 : 엿기름, 홉, 물 등을 원료로 발효시켜 제성 또는 여과한 것
- 과실주 : 과실 또는 과실과 물을 원료로 발효시킨 술덧을 여과, 제성하거나 나무통에 저장한 것
  ※ 백미의 표준 화학조성은 100g당 수분 14.1%, 단백질 6.5%, 지방질 0.4%, 당질 77.5%, 섬유 0.4%, 회분 0.5%, 열량 340kcal이다.
  ※ 현미는 벼 도정 시 왕겨를 제거한 것이다.

㉢ 증류주류
- 소 주
  - 증류식 : 녹말이 포함된 재료, 국과 물을 원료로 하여 발효시켜 연속식 증류 외의 방법으로 증류한 것
  - 희석식 : 주정 또는 곡물주정을 물로 희석한 것
- 위스키 : 발아된 곡류를 원료로 발효시킨 술덧을 증류하여 나무통에 저장한 것
- 브랜디 : 과실주를 증류하여 나무통에 저장한 것
- 일반 증류주 : 타 증류주에 속하지 않는 나머지 증류주
- 리큐어 : 일반 증류주 중 불휘발분 2도 이상인 것

㉣ 기타 주류

② **제조법에 따른 주류의 분류**

㉠ 양조주
- 과일, 곡류 등을 발효시켜 제성한 술로 비교적 알코올 함량이 낮다(보통 3~16도 정도).
- 맥주, 탁주, 약주, 청주, 과실주 등이 있다.

㉡ 증류주
- 발효가 끝난 발효액을 증류하여 제성한 술로 알코올 함량이 높다(보통 20~60도 정도).
- 소주, 고량주, 위스키, 브랜디, 진, 보드카, 럼, 테킬라 등이 있다.

㉢ 혼성주
- 양조주나 증류주에 과일, 약초, 향초류를 침출하거나 증류 등의 방법으로 제조하여 특유의 향과 맛이 있다.
- 매실주, 인삼주, 오가피주, 죽엽청주, 리큐어 등이 있다.

분해생성물
- 탄수화물은 포도당으로, 지방은 지방산과 글리세린으로, 단백질은 펩타이드, 아미노산, 아민, 암모니아, 황화수소 등으로 분해된다.
- 찰옥수수는 일반 옥수수에 비해서 젤화가 잘 일어나지 않고 걸쭉한 상태를 나타내는데 이는 찰옥수수의 아밀로펙틴 성분 때문이다.

핵심예제

2-1. 현미는 벼의 도정 시 무엇을 제거한 것인가?
① 왕 겨　　② 배 아
③ 과 피　　④ 종 피
정답 ①

2-2. 다음 중 발효주가 아닌 것은?
① 약 주　　② 맥 주
③ 과실주　　④ 소 주
정답 ④

2-3. 단백질이 분해되어 생성되는 물질이 아닌 것은?
① 암모니아　　② 아미노산
③ 아민류　　④ 지방산
정답 ④

2-4. 찰옥수수는 일반 옥수수에 비해서 젤화가 잘 일어나지 않고 걸쭉한 상태를 나타내는데 이는 찰옥수수의 어떤 성분 때문인가?
① 단백질　　② 아밀로펙틴
③ 수 분　　④ 포도당
정답 ②

해설

2-1
왕겨만 제거하고 쌀겨층과 배아를 남겨둔, 즉 '덜 깎은' 쌀이 현미이다.
2-4
찰옥수수는 일반 옥수수보다 아밀로펙틴 성분이 다량 함유되어 찰기가 강하다.

핵심이론 03 차류(식품공전)

① **침출차**

ⓒ 식물의 어린싹이나 잎, 꽃, 줄기, 뿌리, 열매 또는 곡류 등을 주원료로 하여 가공한 것으로 물에 침출하여 그 여액을 음용하는 기호성 식품이다. 녹차, 우롱차, 홍차, 가공곡류차 등이 있다.

• 녹 차
  - 가공과정에서 찻잎을 증기 등으로 가열하여 그 속의 효소를 실활시키고, 산화를 방지하여 고유의 녹색을 보존시킨 차이다.
  - 유기차는 유기농으로 재배한 차나무의 어린싹이나 어린잎을 재료로 유기 가공 기준에 맞게 제조한 유기 기호 음료이다.

• 홍차 : 잎 중의 산화효소를 충분히 작용시켜서 발효한 것이다. 즉, 열처리 전 햇볕이나 실내에서 시들리기(위조과정) 후 발효한 차이다.

• 우롱차 : 찻잎을 햇볕에 쬐어 조금 시들게 하고 찻잎 성분의 일부를 산화시킴으로써 방향이 생긴 후 볶아 만든 반발효차이다.

※ 녹차는 살청이라는 과정을 통해 찻잎의 산화, 발효를 막기 때문에 찻잎이 녹색을 띠며, 홍차는 살청을 하지 않고 찻잎을 산화, 발효시키기 때문에 찻잎이 갈색 혹은 검은색으로 변한다. 우리나라에서는 우려낸 수액이 홍색이어서 '홍차'라 부르고, 외국에서는 찻잎 색이 검다고 해서 'Black Tea'라고 부른다.

ⓒ 제조공정

• 원료(밀싹) → 세척 → 건조 → 스팀(가열) → 건조 → 볶음 → 분쇄(초핑) → 포장(티백) → 금속 검출 → 보관 → 냉각 → 보관

• 원료(곡류) → 세척 → 건조 → 볶음 → 분쇄(초핑) → 포장(티백) → 금속 검출 → 보관 → 냉각 → 보관

② **액상차** : 식물성 원료를 주원료로 하여 추출 등의 방법으로 가공한 것(추출액, 농축액 또는 분말)이거나 이에 식품 또는 식품첨가물을 가한 시럽상 또는 액상의 기호성 식품을 말한다.

③ **고형차** : 식물성 원료를 주원료로 하여 가공한 것으로 분말 등 고형의 기호성 식품을 말한다.

④ **커 피**

ⓒ 커피원두를 가공한 것, 이에 식품 또는 식품첨가물을 가한 것이다.

ⓒ 커피의 종류

• 볶은커피 : 커피원두를 볶은 것 또는 이를 분쇄한 것
• 인스턴트커피 : 볶은커피의 가용성추출액을 건조한 것
• 조제커피 : 볶은커피 또는 인스턴트커피에 식품이나 식품첨가물을 혼합한 것
• 액상커피 : 유가공품에 커피를 혼합하여 음용하도록 만든 것(커피고형분 0.5% 이상인 제품 포함)

핵심예제

기호성 식품에 속하는 것은?

① 서 류   ② 어육가공품
③ 통조림식품류   ④ 다 류

정답 ④

해설

기호식품에는 음료, 주류, 차류, 과자류 등이 있다.

핵심이론 04   과자류

① 건과류
  ㉠ 곡분 등을 주원료로 하여 굽기, 팽화, 유탕 등의 공정을 거친 것, 이에 식품 또는 식품첨가물을 가한 것이다. 비스킷, 웨이퍼, 쿠키, 크래커, 한과류, 스낵과자 등이 있다.
  ㉡ 한과의 종류
    • 유밀과류 : 꿀을 넣어 반죽하여 기름에 튀기고 다시 꿀에 담가 만든 과자류
    • 강정, 산자류 : 말린 찹쌀 반죽을 기름에 튀겨 팽화시킨 후 고물을 묻히는 것
      – 강정류 : 갸름하게 썰어 말린 찹쌀 반죽을 기름에 튀겨 팽화시킨 후 각종의 강정고물을 묻힌 것
      – 산자류 : 말린 찹쌀 반죽을 기름에 튀겨 매화 또는 튀긴 밥풀을 묻힌 것
    • 다식류 : 곡식가루, 한약재, 꽃가루, 녹말가루 등 생으로 먹을 수 있는 것에 꿀과 조청을 넣고 반죽하여 다식판에 박아 낸 것
    • 전(정)과류 : 수분이 적은 식물의 뿌리, 줄기, 열매를 꿀, 엿, 설탕 등에 오랫동안 졸여서 만든 과자류
    • 숙실과류 : 과수의 열매를 익힌 후 꿀에 졸인 것
    • 과편류 : 신맛이 나는 과일에 꿀을 넣어 졸인 후 녹말가루를 넣어 엉기게 한 다음 식혀 썰어 놓은 것
    • 엿강정류 : 견과류나 곡식을 가루로 내지 않고 그대로 엿에 섞어 끓인 후 버무린 것
② 캔디류 : 당류, 당알코올, 앙금 등을 주원료로 하여 이에 식품 또는 식품첨가물을 가하여 성형 등 가공한 것으로 사탕, 캐러멜, 젤리 등이 있다.
③ 초콜릿류 : 코코아가공품류에 식품 또는 식품첨가물을 가하여 가공한 초콜릿, 밀크초콜릿, 화이트초콜릿, 준초콜릿, 초콜릿가공품을 말한다.

핵심예제

당류, 당알코올, 앙금 등을 주원료로 하여 이에 식품 또는 식품첨가물을 가하여 성형 및 가공한 것은?

① 과 자   ② 캔디류
③ 추잉껌   ④ 빙과류

정답 ②

제3절   유기식품의 저장 및 포장

3-1. 천연첨가물 처리 저장

핵심이론 01   미생물근원 천연첨가물

① 풀루라네이스(Pullulanase)
  ㉠ *Bacillus deramificans*의 풀루라네이스 유전자가 삽입된 *Bacillus licheniformis*의 배양물, *Bacillus acidopullyticus*의 풀루라네이스 유전자가 삽입된 *Bacillus subtilis*의 배양물에서 얻어진 효소제이다.
  ㉡ 역가조정, 품질보존 등을 위하여 희석제, 안정제 등을 첨가할 수 있다.
  ㉢ 플루란(말토트리오스 다당류)을 가수분해하며 곡물을 가공하여 에탄올 또는 감미료 생산에 사용된다.
  ㉣ 백색~진한 갈색의 분말, 입상, 페이스트상 또는 무색~진한 갈색의 액상이다.
② 프로테이스(Protease)
  ㉠ 단백질분해효소라고도 하며 곰팡이성, 세균성, 식물성 프로테이스가 있다.
  ㉡ 프로테이스의 종류
    • 곰팡이성 : *Aspergillus niger* 및 그 변종, *Aspergillus oryzae* 및 그 변종, *Aspergillus melleus* 및 그 변종에서 얻어진 효소제이다.
    • 세균성 : *Bacillus subtilis* 및 그 변종, *Bacillus licheniformis* 및 그 변종, *Bacillus stearothermophilus* 및 그 변종, *Bacillus amyloliquefaciens* 및 그 변종의 배양물에서 얻어진 효소제이다.
    • 식물성 : 파파인, 피신, 브로멜라인 등 식물에서 얻어진 효소제이다.
  ㉢ 역가조정, 품질보존 등을 위하여 희석제, 안정제 등을 첨가할 수 있다.
  ㉣ 백색~진한 갈색의 분말, 입상, 페이스트상 또는 무색~진한 갈색의 액상이다.

③ 펙티네이스(Pectinase)

㉠ *Aspergillus niger*의 배양물, *Aspergillus aculeatus*의 펙티네이스 유전자를 삽입한 *Aspergillus oryzae*의 배양물, *Aspergillus aculeatus*의 배양물에서 얻어진 것으로 펙틴 및 펙틴산을 분해하는 효소이다.

㉡ 폴리갈락투로네이스(Polygalacturonase), 펙틴에스터레이스(Pectinesterase), 펙틴레이스(Pectin lyase)가 포함된다.

㉢ 역가조정, 품질보존 등을 위하여 희석제, 안정제 등을 첨가할 수 있다.

㉣ 펙틴과 펙틴산을 가수분해하여 올리고당을 생성한다.

㉤ 흡습성이 강하고, 물에 용해되며, 에탄올에 용해되지 않는다.

④ 셀룰레이스(Cellulase)

㉠ *Aspergillus niger* 및 그 변종, *Trichoderma reesei* 및 그 변종, *Humicola insolens* 및 그 변종, *Penicillium funiculosum* 및 그 변종의 배양물에서 얻어진 효소제이다.

㉡ 역가조정, 품질보존 등을 위하여 희석제, 안정제 등을 첨가할 수 있다.

㉢ 셀룰로스의 β-1,4 글루코시드 결합을 endo형으로 가수분해하여 β-덱스트린을 생성한다.

㉣ 백색~진한 갈색의 분말, 입상, 페이스트상 또는 무색~진한 갈색의 액상이다.

⑤ 글루코아밀레이스(Glucoamylase)

㉠ *Aspergillus niger* 및 그 변종, *Aspergillus oryzae* 및 그 변종, *Rhizopus oryzae* 및 그 변종, *Talaromyces emersonii*의 글루코아밀레이스 유전자를 삽입한 *Aspergillus niger*의 배양물에서 얻어진 효소제이다.

㉡ 역가조정, 품질보존 등을 위하여 희석제, 안정제 등을 첨가할 수 있다.

㉢ 전분 등의 α-1,4 글루코시드 결합을 비환원 말단에서 포도당 단위로 가수분해한다.

㉣ 백색~진한 갈색의 분말, 입상, 페이스트상 또는 무색~진한 갈색의 액상이다.

⑥ 종 국

㉠ 조제종국과 분말종국이 있다.

㉡ 조제종국 : 식용 전분질을 함유한 원료를 살균처리한 다음 *Aspergillus kawachii*, *Aspergillus oryzae*, *Aspergillus usamii*, *Aspergillus shirousamii*, *Aspergillus awamori* 또는 *Rhizopus*속 등의 종균을 각각 또는 혼합접종하여 포자가 착생토록 배양한 것이다.

㉢ 분말종국 : 조제종국에서 특수방법으로 순수 균사포자만을 채취한 것으로서 국균을 말한다.

㉣ 황색~흑갈색 또는 황색~녹색의 분말 또는 과립으로서 특유의 냄새가 있다.

⑦ ε-폴리리신(ε-Polylysine)

㉠ 방선균(*Streptomyces albulus*)의 배양액으로부터 분리한 계면활성 성질을 가진 보존료로, 리신이 결합된 직쇄상의 폴리펩타이드이다.

㉡ 흡습성이 강한 엷은 황색의 분말로 약간 쓴맛을 가지고 있다.

㉢ 항균력은 pH 값의 영향을 받지 않고 열에 안정(120℃, 20분)하여 내열 세균을 억제할 수 있고, 그람양성균과 그람음성균, 효모, 곰팡이, 박테리아 및 기타 요법의 성장을 억제할 수 있다.

㉣ 칼륨 셔벗, 구연산, 사과산, 글리신 및 Nisin과 혼합할 때 시너지 효과가 있다.

■ 핵심예제

미생물 근원 천연첨가물인 것은?

① 레시틴　　　　　　② BHA
③ 글루코아밀레이스　④ 디아스테이스

정답 ③

해설

① 레시틴 : 동물 근원 천연첨가물
② BHA, BHT : 합성보존제
④ 디아스테이스 : 식물 근원 천연첨가물

핵심이론 02 동물 근원 천연첨가물

① 레시틴(Lecithin) : 우유, 난황, 콩, 유채, 목화씨 등에서 얻어진 단백질로 주성분은 인지질이다.

※ 레시틴식품 : 대두유 또는 난황에서 분리한 인지질 함유 복합지질을 식용에 적합하도록 정제한 것 또는 이를 주원료로 하여 가공한 식품

② 우유응고효소(Milk Clotting Enzyme) : 우유를 응고시키는 단백질분해효소(Protease)의 총칭

　㉠ 레닌(Rennin) : 어린 반추동물의 위액 속에 존재하는 단백질분해효소의 일종으로, 치즈 제조에 사용되는 응유효소로서 키모신(Chymosin)이라고도 한다.

　㉡ 레닛(Rennet) : 레닌을 주로 해서 제조된 응유효소제

③ 카세인(Casein)

　㉠ 카세인 : 우유 또는 탈지유의 단백질을 산으로 처리하여 얻어진 것이다.

　㉡ 레닛카세인 : 우유 또는 탈지유의 단백질을 레닛으로 처리하여 얻어진 것이다.

④ 라이소자임(Lysozyme)

　㉠ 난백을 알칼리성 수용액 및 식염수로 처리하고, 수지정제하여 얻어진 것 또는 수지처리 또는 가염처리한 후 칼럼정제 또는 재결정에 의해 얻어진 효소제이다. 다만, 역가조정, 품질보존 등을 위하여 희석제, 안정제 등을 첨가할 수 있다.

　㉡ 동물·식물·미생물의 다양한 분비물에 존재하며, 특히 달걀에 많이 들어 있으며 그람양성세균의 세포벽을 분해하기 때문에 그람양성세균에 항균력이 있다.

⑤ 밀랍(Beeswax) : 꿀벌과 꿀벌의 벌집을 가열압착여과, 정제하여 얻어지는 것이 밀납(황납)이고, 정제한 왁스를 표백하여 얻은 것이 밀납(백납)이다.

⑥ 이리단백(Milt Protein) : 연어과 연어, 고등어과 가다랑어 등의 정소(이리) 중의 핵산과 염기성단백질을 산으로 분해한 후 중화하여 얻어진 물질로서 성분은 염기성단백질(프로타민, 히스톤)이다.

⑦ 젤라틴(Gelatin) : 동물의 뼈, 피부 등으로부터 얻은 교원질(콜라겐)을 일부 가수분해하여 만든 것이다.

핵심예제

다음 중 동물 근원 천연첨가물이 아닌 것은?

① 카세인(Casein) ② 셀룰레이스(Cellulase)
③ 밀납(Beeswax) ④ 젤라틴(Gelatin)

정답 ②

핵심이론 03 식물 근원 천연첨가물

① 프로테이스(Protease) : 식물성 프로테이스는 파파인, 피신, 브로멜라인 등 식물에서 얻어진 효소제이다. 다만, 역가조정, 품질보존 등을 위하여 희석제, 안정제 등을 첨가할 수 있다.

② d-토코페롤(혼합형) : 식용식물성기름에서 얻어진 것으로 주성분은 d-α-토코페롤, d-β-토코페롤, d-γ-토코페롤, d-δ-토코페롤이다. 항산화제로서 세포막의 손상과 나아가서 조직의 손상을 막아 준다.

③ 감색소(Persimmon Color) : 감나무의 과실을 발효·열처리하여 얻어진 색소로서 플라보노이드(Flavonoid)를 주성분으로 한다. 다만, 색가조정, 품질보존 등을 위하여 희석제, 안정제 및 용제 등을 첨가할 수 있다.

④ 디아스테이스(Diastase) : 맥아(엿기름) 등에서 얻는 효소제로 다만, 역가조정, 품질보존 등을 위하여 희석제, 안정제 등을 첨가할 수 있다.

⑤ 쌀겨왁스(Rice Bran Wax) : 벼과 벼의 미강유를 분리, 정제하여 얻어지는 것으로서 주성분은 리그노세린산미리실(Myricyl Lignocerate)이다.

⑥ 양파색소(Onion Color) : 양파의 인경을 물 또는 에탄올로 추출하여 얻어진 색소로서 플라보노이드계의 케르세틴(Quercetin)을 주성분으로 한다.

⑦ 포도과피색소(Grape Skin Extract) : 포도과 포도의 과피를 물로 추출하여 얻어진 색소로서 안토사이아닌(Anthocyanin)을 주성분으로 한다.

핵심예제

식품첨가물과 특징의 연결이 틀린 것은?

① 폴리리신 : 미생물 근원 첨가물
② 토코페롤 : 천연항산화제
③ 라이소자임 : 동물 근원 첨가물
④ 레시틴 : 식물 근원 첨가물

정답 ④

해설

레시틴은 동물 근원 천연첨가물이다.

핵심이론 05 | 식품첨가물 또는 가공보조제로 사용 가능한 물질

① 유기가공식품 생산 및 취급(유통, 포장 등) 시 사용이 가능한 재료

　㉠ 허용범위에 제한이 없는 식품첨가물 : 구아검, 구연산, 구연산칼륨, 구연산칼슘, DL-사과산 등

　㉡ 과산화수소 : 가공보조제로 식품 표면의 세척과 소독에 사용 가능하다.

　㉢ 무수아황산 : 식품첨가물로서 과일주에 사용 가능하다.

　㉣ 유기 두부의 응고제 : 조제해수염화마그네슘(해양심층수 간수), 염화칼슘, 염화마그네슘, 황산칼슘 등

　㉤ 이산화황(아황산염) : 포도주 제조과정에서 잡균의 번식이나 산화를 방지하고 산도를 일정하게 유지하기 위해 첨가한다.

　㉥ 젖산(Lactic Acid) : 발효채소제품, 유제품, 식용케이싱에 사용, 동일한 농도에서 미생물 생육 억제 효과가 크다.

　㉦ 제일인산칼슘 : 유기가공식품 생산 시 밀가루(반죽을 부풀리는 데 사용)에 사용되는 식품첨가물

　㉧ 질소 : 식품첨가물이나 가공보조제로 모두 사용할 수 있다.

　㉨ 카라기난 : 홍조류 해초를 뜨거운 물 또는 뜨거운 알칼리성 수용액으로 추출한 다음 정제하여 얻어지는 증점제

　㉩ 황산 : 유기가공식품 중 설탕 가공 시 산도조절제로 사용할 수 있는 보조제

② 기타 첨가물

　㉠ Nisin(니신) : 천연첨가물 중 미생물의 단백질이나 DNA의 합성을 저해함으로써 그람양성균에 대한 항균력을 가지는 물질

　㉡ Niacin(니아신) : B군 비타민에 속하는 니코틴산과 니코틴산아마이드의 총칭

　㉢ 산화방지제

　　• 천연산화방지제 : 천연비타민C, 천연토코페롤, 차 추출물, 레시틴 등

　　• 합성산화방지제 : 다이부틸하이드록시톨루엔(BHT), 부틸하이드록시아니솔(BHA), 아스코빌팔미테이트, EDTA류, 몰식자산프로필(Propyl Gallate = Gallic Acid + Propanol) 등

③ 유기식품첨가물의 사용 목적이나 용도에 따른 분류

　㉠ 기호관능을 만족시키는 첨가물 : 조미료, 감미료, 착색료, 발색제, 표백제

　㉡ 식품 제조에 필요한 첨가물 : 추출제, 용제, 팽창제

　㉢ 식품의 변질, 변패를 방지하는 첨가물 : 보존료, 살균제, 산화방지제

　㉣ 식품 품질개량 및 유지에 사용되는 첨가물 : 품질개량제, 소맥분 개량제, 호료

④ 유기식품 제조 시 식품첨가물과 가공보조제의 기준

　㉠ 항산화제와 보존료는 천연적인 것만 허용된다.

　㉡ 천연 미생물 및 효소제는 허용된다.

　㉢ 항생제, 의약물질은 허용되지 않는다.

[핵심예제]

4-1. 유기가공식품의 식품첨가물 및 가공보조제로 모두 사용이 가능한 허용물질은?

① 구연산
② 과산화수소
③ 규조토
④ 수산화칼륨

정답 ①

4-2. 포도주 제조과정에서 아황산염을 첨가하는 이유는?

① 유해균 증식 억제, 포도색소 산화 방지
② 곰팡이 증식 촉진, 포도색소 산화 방지
③ 효모증식 억제, 포도색소 산화 촉진
④ 세균증식 촉진, 포도색소 산화 촉진

정답 ①

4-3. 유기가공식품 생산 및 취급 시 사용 가능한 염류로만 짝지어진 것은?

① 염화칼슘, 인산염
② 염화마그네슘, 염화암모늄
③ 글루탐산염, 아황산염
④ 염화나트륨, 염화칼륨

정답 ④

4-4. 유기식품에 사용할 수 있는 것은?

① 방사선 조사처리된 건조 채소
② 유전자 변형 옥수수
③ 유전자가 변형되지 않은 식품가공용 미생물
④ 비유기가공식품과 함께 저장·보관된 과일

정답 ③

해설

4-1
과산화수소와 규조토, 수산화칼슘은 가공보조제로만 사용이 가능하다.

4-2
아황산염은 포도주 등 각종 식품에 오염된 세균들을 죽이는 살균(殺菌)효과와 건조과일이나 채소 등을 희고 밝게 보이게 하는 표백(漂白)효과가 있다.

4-3
염: 식품가공에서 일반적으로 사용되는 기본 성분인 염화나트륨이나 염화칼륨이 들어 있다.

4-4
미생물 및 효소제제: 식품가공에서 사용되는 모든 미생물 및 효소제제를 가리키지만, 유전공학/유전자 변형 미생물이나 유전공학에서 유래된 효소는 제외된다.

3-2. 비가열처리 저장

핵심이론 01 초고압법(High Pressure Processing)

① 초고압 살균법 특징
 ㉠ 초고압식품은 일정온도에서 식품 전체에 균일한 정압력(Static Pressure)을 가하여 제조한다.
 ㉡ 초고압장치는 압력발생 부분과 내고압용기로 구성된다.
 ㉢ 세포벽의 비가역적 분해에 의한 세포사멸을 위해서는 일정압력 이상의 초고압이 요구된다.
 ㉣ 감압 시에 세포 내에 있는 수분을 급속히 세포 외부로 방출시킴으로써 세포 미세구조의 변화를 일으켜 세포의 기능적 손실을 야기하며 사멸시키는 살균법이다.
 ㉤ 초고압처리에 영향을 주는 주요 인자는 압력, 온도, 시간 등의 공정변수와 수분 함량, pH, 미생물의 균종, 생육조건 및 단계 등의 환경인자가 있다.
 ㉥ 장류식품은 70~100℃에서 700~900MPa의 압력을 10~60분간 가압하면 Bacillus 계통 포자류도 사멸되어 유통기간을 연장시킬 수 있다.

② 초고압처리 시 미생물의 살균원리
 ㉠ 세포막 구성단백질의 변성
 ㉡ 세포생육의 필수아미노산 흡수 억제
 ㉢ 세포액 누출량 증가

③ 초고압에 의한 식품살균의 장단점
 ㉠ 천연의 향이나 비타민 파괴를 막고 보존할 수 있지만 단백질의 변성이 있다.
 ㉡ 오차가 작고 균일한 가공처리가 가능하다.
 ㉢ 방부제와 다른 첨가물 없이 유통기간을 연장할 수 있다.
 ㉣ 오랜 기간 신선도를 유지할 수 있다.
 ㉤ 수분이 적은 식품이나 다공질의 식품에 적당하다.
 ㉥ 미생물, 효소, 박테리아 등을 비활성화한다.
 ㉦ 육색의 변화를 막을 수 있다.
 ㉧ 대형화, 연속처리가 곤란하다.

[핵심예제]

1-1. 초고압에 의한 식품살균에 대한 설명으로 틀린 것은?

① 향미성분은 파괴될 수 있으나 단백질의 변성이 없다.
② 오차가 작고 균일한 가공처리가 가능하다.
③ 대형화, 연속처리가 곤란하다.
④ 수분이 적은 식품이나 다공질의 식품에 적당하다.

정답 ①

1-2. 미생물 살균을 위한 초고압처리의 주요 영향인자가 아닌 것은?

① 온 도　　　　　② 습 도
③ 압 력　　　　　④ 처리시간

정답 ②

해설

1-1

초고압에 의한 식품살균(HPP ; High Pressure Processing)은 높은 압력을 가하여 식품의 조직에 손상을 주지 않고 미생물을 불활성화시켜서 식품의 영양성분, 맛과 향을 유지시키는 살균법이다. 단점으로는 세포막의 투과성을 높여 세포액의 누출이 많아져 구성단백질의 변성을 일으킨다.

핵심이론 02　고전압펄스법

① 고전압펄스 전기장 기술(PEF ; Pulsed Eelectric Field)은 고전압을 시료에 가하여 세포막을 선택적으로 붕괴시키는 비가열처리기술이다.
② 고전압펄스법은 고전압펄스 전기장에 의한 비가열처리 방식으로 세포막 사이에 수만 볼트의 전압을 순간적으로 걸어 살균한다.
③ 세포막 내외의 전위차를 크게 형성함으로써 미생물의 세포막을 파괴하여 미생물을 저해시키는 방법이다.
④ 살균효과는 유전 파괴에 의한 세포막 파괴에 의한다.
⑤ 비교적 낮은 온도에서 수행될 수 있기 때문에 색상, 맛 및 영양소와 같은 신선한 특성에 미치는 영향을 최소화한다.
⑥ 식품의 물리, 화학, 영양학적 특성변화가 거의 없다.
⑦ 가열조작에 의한 에너지 손실이나 식품의 변질을 줄이며 저장성이나 유통기간에 따른 문제점을 해소시킨다.
⑧ 미생물 살균 시 유해물질의 식품 유입으로 인한 안전성 등 위생상 문제점이 있다.

※ 진동 자기장 펄스 살균 : 분자 내에 자성 쌍극자를 다량 함유한 DNA나 단백질 등의 생물분자에 5~10Tesla 정도의 자기장을 5~500kHz로 처리하여 분자 내 공유결합을 파괴시켜 미생물을 사멸하는 방법이다.

[핵심예제]

2-1. 고전장펄스살균에 대한 설명으로 옳은 것은?

① 살균효과는 유전 파괴에 의한 세포막 파괴에 의한다.
② 고전장펄스살균의 경우 포자의 사멸은 영양세포의 사멸보다 쉽게 일어난다.
③ 고전장펄스에 사용되는 전압은 1~5Kv/cm 이다.
④ 미생물 영양세포의 임계 전기장 세기는 5Kv/cm로 알려져 있다.

정답 ①

2-2. 고전압펄스법에 의한 미생물 살균 시 위생상 문제점은?

① 액상식품의 부분적인 현탁현상
② 유해물질의 식품유입으로 인한 안전성
③ 높은 에너지 사용량
④ 처리시간의 장기화

정답 ②

핵심이론 03 한외여과법(UF ; Ultra Filtration)

① 압력차를 추진력으로 하는 막분리법이다. 원리상 막세공막과 용질 간의 크기 차에 의해 특정물질을 분리하는 조작으로서 분자 크기가 $0.005{\sim}0.5\mu m$ 정도의 범위를 처리할 수 있다.

② 한외여과는 정밀여과막과 역삼투막 사이에 위치하는 것으로 확산투석막과 유사한 관계가 있다.

③ 분리의 구동력은 역삼투와 마찬가지로 압력차로서 일반적으로 $10{\sim}100$psi의 범위이다.

④ 역삼투법의 분리조작이 막과 용존염과의 상관성에 의해 주로 지배되는 반면, 한외여과는 주로 용질 및 공경의 크기에 의해 지배된다.

⑤ 분리대상물의 크기면에서 볼 때 역삼투압과 정밀여과법의 중간으로 막재질은 역삼투법과 같으나 세공의 크기가 클 뿐이다.

⑥ 반투막을 이용하여 저분자와 고분자 물질을 분리하는 방법으로 주로 물에 용해된 고분자의 농축과 정제에 이용된다.

⑦ 한외여과법의 특징
   ㉠ 고분자 물질로 만들어진 막의 미세한 공극을 이용한다.
   ㉡ 막구멍이 크기 때문에 물, 이온같은 저분자량 물질은 막을 통과하나 단백질, 효소와 같은 고분자량 물질은 통과하지 못한다(특정물질만의 분리가 용이하다).
   ㉢ 단백질 농축, 전분 및 당류의 분리, 치즈 제조에 사용된다.
   ㉣ 상변화를 수반하지 않은 공정으로서 열에너지를 필요로 하지 않으므로 에너지절약효과가 있다.
   ㉤ 열에너지를 사용하여 분리할 경우 필수적인 콘덴서나 증발장치가 필요없어 설비가 간단하고 자동화에 의해 운전이 용이하다.

역삼투
- 농도가 다른 두 용액 사이에 반투막이 있을 때 일반적으로 농도가 묽은 용액 속의 용매농도가 진한 용액 속으로 이동한다(삼투압의 차이로 생김). 즉, 농도가 진한 용액의 위쪽에 높은 압력을 가하여 묽은 용액 속으로 이동하게 하는 것을 역삼투라고 한다.
- 이 필터는 $0.0001\mu m$의 기공 크기를 가지고 있다(대략 머리카락의 천만분의 1).
- 중금속과 바이러스 이온성분 미생물 등의 오염을 제거할 수 있다.
- 유기가공식품의 제조ㆍ가공에는 역삼투압여과법 사용이 부적절하다.

핵심예제

3-1. 한외여과에 대한 설명으로 틀린 것은?

① 고분자 물질로 만들어진 막의 미세한 공극을 이용한다.
② 물과 같이 분자량이 작은 물질은 막을 통과하나 분자량이 큰 고분자 물질의 경우 통과하지 못한다.
③ 단백질 농축, 전분 및 당류의 분리, 치즈 제조에 사용된다.
④ 삼투압보다 높은 압력을 용액 중에 작용시켜 용매가 반투막을 통과하게 한다.

정답 ④

3-2. 유기가공식품의 제조ㆍ가공에 사용이 부적절한 여과법은?

① 마이크로여과   ② 감압여과
③ 역삼투압여과   ④ 가압여과

정답 ③

해설

3-1
④의 내용은 역삼투압의 설명이다.

핵심이론 04 냉장법(저온저장)

① 냉장의 개념
- ㉠ 냉장은 식품을 0~10℃의 저온에서 저장하는 것으로 미생물의 증식과 부패균의 활동 억제, 수확 후 작물의 대사작용 감소, 효소에 의한 지질의 산화와 갈변현상 억제, 영양성분의 손실 및 수분손실현상을 효과적으로 지연시킴으로써 식품 저장에 널리 이용된다.
- ㉡ 저장 시 가장 중요한 요인은 저장온도이다. 온도를 내리면 호흡이 감소되어 저장양분의 소모가 적고, 부패균의 활동이 억제되어 작물의 변질속도가 느려 저장에 유리하다.
- ㉢ 열대 및 아열대 원산지인 호온성 작물(고구마, 토마토, 오이 등)들은 저온장해를 받지 않는 한도에서 가장 낮은 저장온도를 설정해야 한다.
  - ※ Curing 저장 : 고구마를 따뜻하고 습기가 많은 방에 두어 상처를 아물게 하는 방법

② 식품의 냉장 보관 시 고려해야 할 사항
- ㉠ 식품의 종류에 따라 냉장온도를 다르게 한다.
- ㉡ 과일과 채소의 경우 얼지 않는 최저 온도에서 저장해야 가장 오랫동안 저장할 수 있다.
- ㉢ 냉장실 내부 온도는 일정하게 유지되어야 한다.
- ㉣ 육류, 우유 등은 빙결온도 이상, 미생물 활동을 억제할 수 있는 온도에서 저장한다.
- ㉤ 과일의 초기 온도, 비열, 호흡율 등을 확인한다.
- ㉥ 도살된 동물의 pH 저하는 적절한 냉장하에서 미생물의 생육을 억제하는 작용을 한다.
- ㉦ 저장실 내의 상대습도를 적절히 유지하여야 식품의 수분손실을 방지하고 미생물의 생육을 억제할 수 있다.
- ㉧ 일반적으로 같은 조건하에서 냉장저장 시 어패류는 육류보다 상하기 쉽다.
- ㉨ 냉각의 최종온도는 가능한 한 식품의 빙결점에 접근하는 것이 좋으며, 냉해가 발생하는 경우 냉해온도보다 저장온도를 높게 유지한다.
- ㉩ 저장 중 호흡으로 인해 호흡열이 발생하면 저장온도가 상승할 수 있다.
- ㉪ 호흡속도가 느릴수록 저장기간을 연장할 수 있다.
- ㉫ 일부 과일의 경우 수확 후 일어나는 후숙을 저온하에서 지연시킬 수 있다.
- ㉬ 열대 과일은 0℃ 이상에서도 냉해가 일어날 수 있다.
- ㉭ 과실의 호흡작용을 저해하는 것이 좋다.

③ 저온저장 중에 일어나는 식품의 품질변화
- ㉠ 물리적인 변화 : 수분의 증발, 얼음결정의 생성 및 조직의 손상, 유화 상태의 파괴, 노화, 조직의 변화, 단백질의 변성 등
- ㉡ 화학적 변화 : 지방질의 변화, 색과 향미의 변화, 비타민의 변화 등
- ㉢ 가열살균에 의한 품질의 영향 : 색깔의 변화, 영영가의 변화, 냄새와 조직의 변화, 단백질의 변화, 유지의 변화, 탄수화물의 변화, 비타민의 파괴 등
- ㉣ 생물학적 변화 : 선도의 저하, 저온장애, 미생물의 번식, 효소의 작용 등

[핵심예제]

4-1. 식품의 냉장 보관 시 고려해야 할 사항으로 틀린 것은?
① 식품의 종류에 따라 냉장온도를 다르게 한다.
② 과일과 채소의 경우 냉해가 발생되는 온도까지 냉장온도를 낮게 한다.
③ 냉장실 내부 온도는 일정하게 유지되어야 한다.
④ 육류, 우유 등은 빙결온도 이상, 미생물 활동을 억제할 수 있는 온도에서 저장한다.

정답 ②

4-2. 저온저장 중에 일어나는 식품의 품질변화 중 화학적 변화와 거리가 먼 것은?
① 지질의 변화
② 비타민의 감소
③ 색과 향미의 변화
④ 수분의 감소

정답 ④

핵심이론 05 냉동법

① 냉동의 개념

ㄱ. 0℃ 이하의 저온에 저장하는 방법으로 세포막이 파괴되어 사멸하거나 생육이 정지된다.

ㄴ. 냉동에는 호흡작용 정지, 미생물 증식 정지, 효소의 자기소화 억제, 변패작용 억제, 식품성분의 화학적 변화 억제 등의 기능이 있다.

ㄷ. 식품공전상 일반적인 냉동식품의 보존온도는 -18℃ 이하이다.

② 식품의 동결 중 발생하는 최대 빙결정생성대

ㄱ. 식품을 동결할 때, 시간의 경과에 따른 온도 변화를 나타낸 냉동곡선을 최대 빙결정생성대라 한다.

ㄴ. 최대 빙결정생성대(-1~-5℃)의 통과시간에 따라 급속동결과 완만동결로 구분한다.

ㄷ. 최대 빙결정생성대에서는 식품 수분 함량의 약 80%가 빙결정으로 석출된다.

ㄹ. 호화전분을 함유한 식품은 노화로의 전이를 억제하기 위하여 신속히 통과시키는 것이 좋다.

ㅁ. 약 0℃에서 약 -5℃까지의 부분으로 세포막의 손상이 미세하다.

③ 급속동결 : 얼음이 미세하게 결정화되기 때문에 식품조직의 파괴와 단백질의 변성이 작아 식품의 품질을 유지하는 데 도움이 된다.

ㄱ. 액체질소동결법 : -196℃에서 증발하는 액체질소를 이용하는 방법으로 새우, 양송이 등을 하나씩 분리하여 냉동시키는 개별 급속냉동식품 생산이 가능하다.

ㄴ. 송풍동결법 : -40~-30℃ 정도의 찬 공기를 3~5 m/s의 속도로 송풍하여 단시간에 동결하는 방법

ㄷ. 접촉동결법 : -40~-30℃ 정도로 냉각된 금속판 사이에 식품을 끼워서 동결하는 방법

ㄹ. 침지동결법 : -50~-25℃ 정도의 냉매탱크 등에 진공팩에 포장된 식품을 침지시켜서 동결하는 방법

④ 완만동결 : 얼음결정의 크기가 커져서 세포막을 파괴시키고 단백질을 변성시키며 식품을 해동시켰을 때 수분이 유출되어 조직이 거칠어지고 맛이 저하되는 등 식품의 품질이 크게 저하된다.

ㄱ. 완만동결의 종류 : 드라이아이스동결법, 공기동결법, 반송풍동결법 등

ㄴ. 완만동결(Slow Freezing)의 특징

• 최대 빙결정생성대 통과시간 40분 이상 소요

• 큰 빙결정이 생성되어 조직 손상이 큼

• 세포 외로 수분 이동과 빙결정 성장 있음

• 생성된 빙결정의 크기는 80μm 이상임

• 단백질의 변성이 발생하며, 해동 시 드립화로 인한 풍미와 영양의 손실 발생

⑤ 냉동식품의 해동

ㄱ. 해동식품의 변화 : 효소에 의한 갈변현상, 비타민 C의 손실, 미생물의 번식과 발육이 용이, 산화적 변패반응, 맛·영양가 손실과 중량 감소 등

ㄴ. 가온방법에 의한 해동

• 열전도에 의한 해동 : 공기해동, 침지해동, 가열해동, 열탕해동

• 열전도가 아닌 해동 : 마이크로파에 의한 해동

[핵심예제]

5-1. 식품공전상 일반적인 냉동식품의 보존온도 기준은?

① -10℃ 이하　　　　② -16℃ 이하

③ -18℃ 이하　　　　④ -25℃ 이하

> 정답 ③

5-2. 완만동결(Slow Freezing)의 특징이 아닌 것은?

① 최대빙결정생성대 통과시간 40분 이상 소요

② 작은 얼음결정이 생산됨

③ 세포 외로 수분 이동과 빙결정 성장 있음

④ 생성된 빙결정 크기는 80μm 이상임

> 정답 ②

5-3. 냉동식품의 해동에 사용되는 가열방법 중 식품을 가열하는 원리가 다른 것은?

① 공기해동　　　　　② 침지해동

③ 열탕해동　　　　　④ 마이크로파해동

> 정답 ④

해설

5-2

완만동결은 냉동품에 큰 빙결정이 생성되어 조직 손상이 큰 동결 방법이다.

핵심이론 06 │ 식품의 냉동 관련 계산식

① 동결속도식(Plank식) : 동결층의 두께가 x인 냉동식품에 적용되는 열전달 기본식으로부터 유도될 수 있다. 간단한 평판인 경우를 예로 들면, 동결층을 통한 열전도식은 다음과 같다.

$$q = \frac{k^* A}{x}(T_F - T_s)$$

여기서, q : 열 flux(kJ/h), k^* : 동결된 제품의 열전도도(W/m · K), A : 면적(m^2), x : 동결층의 두께(m), T_F : 초기동결온도(℃), T_S : 표면온도(℃)

② 열량계산

  ㉠ 열량 = 비열 × 질량 × 온도변화

  ㉡ 열량 = [기체체적(CMH) × 비중(kg/m^3) × 비열 × 상승온도(℃)] + 열손실량

  ㉢ 열량 Q = $\dfrac{온도차 × 너비 × 열전도도}{두께}$

    합판의 한쪽은 20℃, 다른 한쪽은 60℃이다. 합판 $1m^2$를 통해 2시간 동안 이동되는 열량은 얼마인가? (단, 합판의 두께는 5cm, 열전도도는 0.5W/m · k이다)

$$Q = \frac{온도차 × 너비 × 열전도도}{두께}$$

$$= \frac{40 × 1 × 0.5}{0.05} = 400J/s$$

    W = J/s이므로

$$= 400 × 7,200 = 2,880,000J/h = 2,880kJ/h$$

③ 식품의 냉동부하 계산

  예제 100℃의 물 1g을 냉동하여 0℃의 얼음으로 만들 경우 냉동부하는 얼마인가?(단, 에너지 손실은 없다고 가정하며, 물의 비열 1cal/g · ℃, 수증기 잠열 540cal/g, 얼음의 잠열 80cal/g이다)

  풀이 냉동부하 = 물의 양 × 비열 × 온도차

    • 물 100℃ → 0℃ : 1g × 1cal/g · ℃ × 100℃ = 100cal

    • 물 0℃ → 얼음 0℃ : 잠열 80cal/g × 1g = 80cal

    ∴ 100 + 80 = 180cal

핵심예제

6-1. 식품의 동결속도에 미치는 영향이 가장 작으며, 동결속도식(Plank식)에서도 직접적으로 사용되지 않는 인자는?

① 식품의 온도

② 식품의 양

③ 식품의 밀도

④ 냉매의 온도

정답 ②

6-2. 15℃의 물 2kg을 −20℃의 얼음으로 만드는 데 필요한 냉동부하는?(단, 이때 물과 얼음의 비열은 각각 1, 0.5cal/g℃이며, 용해 잠열은 79.6cal/g이다)

① 418.4kcal

② 418.4cal

③ 209.2kcal

④ 209.2cal

정답 ③

해설

• 물 15℃ → 0℃

  2kg × 1cal/g · ℃ × 15℃ = 30kcal

  2 × 79.6 = 159.2kcal

• 물 0℃ → −20℃

  잠열 2kg × 0.5 × 20 = 20kcal

∴ 30 + 159.2 + 20 = 209.2kcal

3-3. 가열처리 저장

핵심이론 **01** 가열살균의 특징

① 가열살균을 통하여 식품 중의 효소를 불활성화시킨다.

② 가열살균은 영양성분의 파괴와 품질의 저하를 수반한다.

③ 가열살균은 식품 중에 존재할 것으로 예상되는 병원균과 부패균을 사멸시키는 것을 목적으로 한다.

④ 가열살균 시 습열이나 건열에 따라 살균온도와 시간이 차이가 난다.

　㉠ 대부분의 저온살균과 고온살균은 습열을 이용한다.

　㉡ 습열에 의한 세균의 사멸은 세포 내 단백질의 응고로 일어난다.

　㉢ 건열에 의한 세균의 사멸은 세균의 산화과정에 의해서 일어난다.

　㉣ 미생물의 살균효과는 보통 습기가 있을 때보다 건조한 상태로 가열할 때 살균효과가 떨어진다.

⑤ 가열살균 시 미생물의 내열성에 미치는 요인 : 시간, 가열온도, 세포농도, 배지의 성상, 산소, 살균 시의 현탁기질의 조성(식품의 pH, 수분활성도, 염 또는 당의 함량 등) 등

　㉠ 식품의 pH가 알칼리성이 될수록 고온에서 가열살균하는 것이 좋다.

　㉡ 식품의 수분활성도가 낮아질수록 내열성이 증가하는 경향이 있다.

　㉢ 식품 중 소금의 농도가 증가할수록 포자의 내열성이 점차 줄어드는 경향이 있다.

　㉣ 지방 함량이 많아질수록 포자를 죽이는 데 장시간 소요되는 경향이 있다.

⑥ 가열살균 시 식품에 열이 전달되는 속도 순서 : 액체식품 → 유동성 있는 반고체상 식품 → 고체식품

⑦ 가압·가열(Autoclave) 살균을 위하여 일반적으로 사용하는 온도는 121℃이다.

⑧ 미생물의 가열살균 방법에는 저온·고온살균법, 초음파살균법, 마이크로파 살균, 원적외선 살균, 전기저항가열 살균 등이 있다.

위해 미생물 중 발육에 필요한 최저 수분활성도
- *E. coli* : 0.935~0.96
- *Clostridium botulinum* : 0.95
- *Xeromyces bisporus* : 0.80
- *Salmonella newport* : 0.945

핵심예제

1-1. 가열살균에 대한 설명으로 틀린 것은?

① 지방 함량이 많아질수록 포자를 죽이는 데 장시간 소요되는 경향이 있다.

② 식품 중 소금의 농도가 증가할수록 포자의 내열성이 점차 줄어드는 경향이 있다.

③ 식품의 pH가 알칼리성이 될수록 저온에서 가열살균하는 것이 좋다.

④ 가열 시 습열이나 건열에 따라 살균온도와 시간이 차이가 난다.

정답 ③

1-2. 미생물의 가열살균방법이 아닌 것은?

① 원적외선 살균　　　② 자외선 살균

③ 마이크로파 살균　　④ 전기저항가열 살균

정답 ②

핵심이론 02 | 저온살균법

① 저온살균법의 특징

ㄱ 100℃ 이하의 온도에서 병원성 미생물과 비내열성 변패
균을 살균하는 방법이다.

ㄴ 저산성 식품(우유 등, pH가 4.6 이상)은 병원성 미생물
의 살균이 주목적이다(유통기간이 짧음).

ㄷ 산성 식품(과일주스 등, pH가 4.6 이하)은 병원성 미생
물, 부패성 미생물(균, 효모, 곰팡이)의 살균이다(효소
불활성화).

ㄹ 저온살균은 액체식품, 액체에 담겨진 고체식품에서 사
용된다.

ㅁ 이 방법은 1860년대에 루이 파스퇴르(Louis Pasteur)
에 의해 개발되었다.

ㅂ 미생물의 영양세포를 살균하는 것은 가능하나, 포자를 살
균할 수는 없어 상온에서 방치하면 균이 다시 성장한다.

ㅅ 미생물인 곰팡이와 박테리아, 효모 등의 세균과 부패균
과 바실러스 서브틸리스(*Bacillus subtilis*)와 같은 변패
균 등의 개체수를 감소시키고, 음식물 고유의 향을 보존
하기 위하여 실행된다.

② 저온살균의 원리

ㄱ 저산성 액체식품의 살균은 미생물은 얼마 남아 있게 되
어 냉장저장을 하여야 한다.

ㄴ 과일주스 등 산성 식품의 살균은 점도에 영향을 주는
효소인 Polygalacturonase와 Pectinesterase를 불활
성화한다.

③ 저온살균의 영향

ㄱ 품질수명(유통기간)을 며칠에서 몇 주간 연장한다.

ㄴ 저온살균의 장점은 영양적 특성과 관능적 특성 유지이다.

ㄷ 천연색소는 큰 영향이 없으나, 과일주스는 갈변에 의
한 변색반응을 한다(탈기 후 살균하여 산화와 갈변반
응 억제).

우유의 살균법

- 저온장시간살균(LTLT ; Low Temperature Long Time Pasteurization) :
  63~65℃에서 30분간 살균한다.
- 고온단시간살균(HTST ; High Temperature Short Time Pasteurization) :
  72~75℃에서 15~20초간 살균한다.
- 초고온순간살균법(UHT ; Ultra High Temperature) : 130~150℃
  에서 0.5~5초간 살균한다.

[핵심예제]

2-1. 식품의 가열살균에 의한 영향을 설명한 것 중 틀린 것은?

① 가열살균처리를 통하여 식품 중의 효소를 불활성화시킨다.

② 가열살균처리는 영양성분의 파괴와 품질의 저하를 수반한다.

③ 일반적인 가열살균으로 식품 중의 모든 미생물은 사멸되고
무균화된다.

④ 가열살균은 식품 중에 존재할 것으로 예상되는 병원균과 부
패균을 사멸시키는 것을 목적으로 한다.

정답 ③

2-2. 우유의 저온살균방법(온도와 시간)은?

① 63℃, 15분

② 63℃, 30분

③ 121℃, 15초

④ 121℃, 30초

정답 ②

해설

2-1

가열살균처리의 목적은 식품 중 발생될 병원균과 세균 등을 불활화성
시키는 것이며, 완전 사멸이 목표는 아니다.

핵심이론 03 고온살균법

① 고온살균법의 특징
　㉠ 100~130℃ 고온의 살균으로 열처리하는 것이다.
　㉡ Autoclave(고압멸균기)를 사용한 살균이 여기에 속하며, 121℃, 15~20분 처리 시 멸균된다.
　㉢ 세균아포, 보툴리눔균의 완전살균과 부패원인균의 살균을 목표로 한다.
　㉣ 통조림, 병조림, 레토르트(Retort)파우치 등 장기간 보존하는 포장식품에 이용된다.
　㉤ 높은 온도처리로 인해 영양소의 손실과 관능적 특성 손실이 있다.
　㉥ 살균가열시간 영향인자 : 미생물과 효소의 열저항성, 초기 미생물수, 식품의 pH , 가열조건, 열전달 속도 등
　※ 고온·고압(121℃) 살균 시 가장 관심을 가지는 것은 박테리아 내생포자(*Bacterial endospore*)의 생존 유무이다.

② 고온살균 방법
　㉠ 스팀에 의한 가열 : 금속캔의 레토르트 살균
　㉡ 열수 및 화염에 의한 가열
　　• 열수 : 유리병, 폴리비닐의 유연성 파우치식품, 액체 혹은 반액체식품 적용
　　• 화염 (1,770℃) : 버섯, 감미옥수수, Green Bean 통조림 등 금속용기에 포장된 식품

③ **상업적 살균**(Commercial Sterilization) : 완전살균이 아닌 일정한 유통조건에서 일정한 기간 동안 위생적 품질이 유지될 수 있는 정도로 미생물을 사멸하는 것으로 캔이나 통조림, 병조림식품 제조에 이용된다.

④ **초고온살균법**(UHT ; Ultra High Temperature Pasteurization)
　㉠ 우유를 130~150℃의 고온가압하에서 0.5~5초간 살균하는 방법이다.
　㉡ 액체성(우유, 과일주스, 크림, 요구르트, 포도주, 샐러드드레싱), 반액체성 식품(유아식, 토마토 제품들, 과일이나 채소 제품 등)에 이용된다.
　㉢ 열처리 살균방법 중 가장 살균효과가 크고 성분변화가 작다.
　㉣ 고온에서 짧은 시간 살균해야 향미나 색의 변화가 작고 비타민 손실이 적다.

3-1. 통조림 제조에 많이 쓰이는 살균법은?

① 방사선살균법　　　　② 건열살균법
③ 전기살균법　　　　　④ 고압가열살균법

정답 ④

3-2. UHT법이라도 하며, 우유를 130~150℃의 고온가압하에서 0.5~5초간 살균하는 방법은?

① 저온살균법　　　　　② 고온단시간살균법
③ 초고온살균법　　　　④ 초음파가열법

정답 ③

핵심이론 04 초음파가열법

① 초음파가열법의 특징
  - ㉠ 초음파(200,000cycle 이상의 음파)는 주파수가 높고 강도가 보통 음파보다 커서 균체를 파괴하는 힘이 크다.
  - ㉡ 우유를 560~570kcycle의 초음파로 5~10분 정도 처리하면 대부분의 미생물은 사멸한다.
  - ㉢ 초음파 살균의 주목적은 처리시간을 줄이고, 에너지 절약, 식품의 저장 수명 및 품질을 향상시키는 것이다.
  - ※ 극초단파살균법 : 식품에 극초단파를 단시간 쪼여서 이를 가열시키는 방법으로 가열속도가 빠르며, 영양소 파괴가 적고 취급이 쉬운 장점이 있다.

② 원적외선 살균
  - ㉠ 파장이 2.5~20㎛인 원적외선을 사용하여 가열하여 살균하는 방법이다.
  - ㉡ 원적외선은 공기에 흡수되지 않고 직접 물체에 도달하며 표면을 가열 · 살균한다.

[핵심예제]

초음파 진동자에서 발생되는 초음파를 이용하여 액체의 가열 및 건조 시 액체 내에 포함되어 있는 고형물의 분산을 극대화함으로써 전체적으로 균일한 가열 및 건조효과를 얻을 수 있는 가열방법은?

① 저온살균법
② 고온단시간살균법
③ 초고온살균법
④ 초음파가열법

정답 ④

핵심이론 05 마이크로웨이브가열법

① 마이크로웨이브가열법의 특징
  - ㉠ 극초단파 에너지의 유전계수에 의한 발열과 전기적 효과에 의한 살균이 함께 발생하여 살균효과를 상승시키는 가열방법이다.
  - ㉡ 식품가열에 사용되는 마이크로 주파수는 2,450MHz이다.
  - ㉢ 빠르고 균일하게 가열할 수 있으며 식물질 내부에 침투하여 가열하기 때문에 시료 내부 살균에 용이하다.
  - ㉣ 물품을 직접 가열 · 건조하기 때문에 불필요한 열에너지 소모가 없다.
  - ㉤ 식품의 영양성분이 유실되거나 파괴되지 않는다.
  - ㉥ 밀폐 및 진공 상태에서의 가열이 가능하다.
  - ㉦ 마이크로파의 침투 깊이에는 제한이 있다.
  - ㉧ 손실계수가 큰 것과 작은 것이 혼재하는 경우에는 가열되는 비율이 다르다.
  - ㉨ 생산자동화와 제어가 간단히 조작된다.
  - ㉩ 환경에 친화적이고 가열설비의 체적을 줄일 수 있다.
  - ㉪ 해동하는 경우 파장이 긴 마이크로파를 사용하는 것이 좋다.
  - ㉫ 세균, 곰팡이, 효모는 용이하게 사멸시키지만 포자의 살균은 어렵다.

[핵심예제]

5-1. 마이크로파 가열의 특성이 아닌 것은?

① 침투 깊이에 제한이 없어 모든 부피의 식품에 적용 가능하다.
② 식품의 내부에서 열이 발생하여 가열된다.
③ 해동을 하는 경우 파장이 긴 마이크로파를 사용하는 것이 좋다.
④ 짧은 시간에 가열된다.

정답 ①

5-2. 식품 가열에 사용되는 마이크로 주파수는?

① 715MHz
② 1,850MHz
③ 2,450MHz
④ 3,615MHz

정답 ③

핵심이론 06 전기저항가열법

① 식품에 교류전기를 통과시켜 내부에 전기저항열을 발생시키는 가열법이다.
② 식품의 전기전도성(전기저항)으로 인하여 식품 내에 열을 발생시킨다.
③ 식품 내부에 온도구배가 생기지 않는다.
④ 무균충전시스템과의 조합으로 상온 저장·유통이 가능하다.
⑤ 고추장, 된장, 과일, 어육소시지, 어묵 등의 가공과 냉동식품의 해동에 응용이 가능하다.

※ 살균력이 가장 강한 자외선 파장범위는 250~260nm이다.

[핵심예제]

무균충전시스템과의 조합으로 상온 저장·유통이 가능하며, 고추장, 된장, 과일, 어육소시지, 어묵 등의 가공과 냉동식품의 해동에 응용이 가능한 살균방법으로 가장 적합한 것은?

① 전기저항가열법 ② 적외선조사법
③ 방사선살균법 ④ 한외여과법

정답 ①

해설

전기저항가열살균법
낮은 볼트의 교차전류를 식품 내로 흐르도록 하며, 식품의 전기전도성(전기저항)으로 인하여 식품 내에 열을 발생시키는 방법으로 식품내부에 온도구배가 생기지 않기 때문에 고추장, 된장 등 페이스트 상 식품의 살균뿐만 아니라 과일, 채소류의 데치기, 어육소시지, 어묵, 수산가공품의 가열조직화, 살균 해동 등 이용 분야가 넓다.

핵심이론 07 미생물의 사멸 및 사멸속도

① 살균시간의 산출 및 용어
  ㉠ D값 : 특정 온도에서 초기 미생물수가 1/10로 감소되는 데 걸리는 시간, 즉 일정한 온도에서 미생물을 90% 감소시키는 데 필요한 시간
  ㉡ Z값 : D값을 10분의 1로 감소시키는 데 소요되는 온도의 상승값, 즉 미생물의 가열치사기간을 10배 변화시키는 데 필요한 가열온도의 차이를 나타내는 값
  ㉢ F값 : 일정한 온도에서 미생물을 100% 사멸시키는 데 필요한 시간
  ㉣ F_0값 : 121℃에서 미생물을 100% 사멸시키는 데 필요한 시간

※ 보툴리누스 포자를 열처리하려면 D값의 12배만큼 처리해야 한다.

② 미생물의 사멸속도 공식
$$D = \frac{가열시간}{\log 가열\ 전\ 세균수 - \log 가열\ 후\ 세균수}$$

예제 100℃에서 D값이 2분인 미생물을 100℃에서 10분간 처리한 후 미생물 수를 측정한 결과 생존균수는 10²이었다. 같은 온도에서 6분 처리할 경우 예상되는 생존균수는?

풀이 $2 = \dfrac{10}{\log x - \log 10^2} = 10^7$

가열 전 세균수 $= 10^7$
같은 온도에서 6분 처리할 경우
$2 = \dfrac{6}{\log 10^7 - \log x}$
$\therefore x = 10^4$

예제 세균농도가 10^5인 식품을 121.1℃(250°F)에서 10분간 가열한 후 잔존균수가 10¹이라고 하면 D값은 얼마인가?

풀이 $D = t/\log\dfrac{t}{\log N_0 - N} = \dfrac{10}{\log 10^5 - \log 10^1} = 2.5$

여기서, N : 미생물의 농도, t : 가열시간, N_0 : 초기($t=0$)의 미생물 농도, D값 : 세균수를 1/10로 줄이는 데 필요한 시간(분)

핵심예제

7-1. 미생물의 가열치사기간을 10배 변화시키는 데 필요한 가열온도의 차이를 나타내는 값은?

① F값

② Z값

③ D값

④ K값

정답 ②

7-2. 미생물의 살균에 대한 설명으로 틀린 것은?

① 사멸방법으로 주로 열처리를 이용한다.

② D값이란 일정 온도에서 미생물이 90% 사멸될 때까지 걸리는 시간이다.

③ Z값이란 D값을 1/10로 감소시키는 데 소요되는 시간이다.

④ 보툴리누스 포자를 열처리하려면 D값의 12배만큼 처리해야 한다.

정답 ③

7-3. Clostridium Botulinum의 Z값은 10℃이다. 121℃에서 가열하여 균의 농도를 100,000분의 1로 감소시키는 데 20분이 걸렸다면 살균온도를 131℃로 하여 동일한 사멸률을 보이려면 몇 분 가열해야 하는가?

① 1분

② 2분

③ 3분

④ 4분

정답 ②

해설

7-2

Z값 : D값을 10분의 1로 감소시키는 데 소요되는 온도의 상승값

7-3

$$D = \frac{가열시간}{\log 처음 균수 - \log 가열 후 균수}$$

$$D_{121} = \frac{20}{\log 1 - \log 0.00001} = \frac{20}{4} = 5분$$

$$\therefore \frac{131 - 121}{5} = 2분$$

3-4. 포장재 및 포장

핵심이론 01   식품포장

① 식품포장

- ㉠ 식품의 품질보존은 포장재료의 물리적 성질과 화학적 성질에 크게 좌우되며, 포장 후의 환경조건에 의해서도 좌우된다.
- ㉡ 포장 후의 온도, 습도, 광선 등이 일정하더라도 포장재료의 성질에 따라 포장식품의 성분변화는 달라질 수 있다.
- ㉢ 폴리에틸렌 포장재료는 유리병에 비하여 기체투과성, 내습성이 높아 포장식품의 품질보존이 유리하다.
- ㉣ 가공식품에 있어서 흡습, 방습에 의한 물성과 성분변화를 방지하기 위해서는 투수성이 없는 포장재를 사용하는 것이 바람직하다.
- ㉤ 유기농 야채, 과일과 같이 쉽게 상하는 재료를 포장할 경우에는 높은 기체 투과도와 낮은 투습도의 포장재가 필요하다.
- ㉥ 수분 함량이 많은 식품의 포장에는 내수성이 있는 재료를 선택한다.
- ㉦ 가열살균을 하는 제품의 경우 고온에서도 포장재료의 특성변화가 작은 것을 선택한다.
- ㉧ 지방을 많이 함유하는 식품은 기체투과도가 낮은 재료를 선택한다.
- ㉨ 냉동식품은 저온에서도 물리적 강도변화가 작은 포장재료를 선택한다.

② 식품포장재료의 구비조건

- ㉠ 위생성 : 유해한 성분을 함유하지 않아야 한다.
- ㉡ 보호성 : 적절한 물리적 강도를 가지고 있어야 한다.
- ㉢ 안정성 : 식품의 성분과 상호작용이 없어야 한다.
- ㉣ 간편성 : 소비자가 취급하기에 간편하고 용이해야 한다.
- ㉤ 상품성 : 소비자에게 신선한 이미지를 제공하고, 외관을 개선해야 한다.
- ㉥ 경제성 : 적절한 가격이어야 하고, 생산·유통·보관이 용이해야 한다.
- ㉦ 친환경성 : 포장재의 폐기 및 재활용에 있어서 친환경적이어야 한다.

※ 단위식품 : 기구나 용기·포장을 사용하지 않더라도 낱개로 채취할 수 있는 식품

※ 소립식품 : 기구나 용기 등으로 채취하여야 하는 것으로 입자의 크기가 작은 식품

1-1. 식품의 포장재로서 고려하여야 할 성질과 가장 거리가 먼 것은?

① 작업성　　　　　② 편리성
③ 경제성　　　　　④ 투명성

정답 ④

1-2. 포장재료를 선정하기 위해 고려할 사항으로 틀린 것은?

① 수분 함량이 많은 식품 포장에는 내수성이 있는 재료를 선택한다.
② 가열살균을 하는 제품의 경우 고온에서도 포장재료의 특성 변화가 작은 것을 선택한다.
③ 지방을 많이 함유하는 식품은 기체투과도가 높은 재료를 선택한다.
④ 냉동식품은 저온에서도 물리적 강도변화가 작은 포장재료를 선택한다.

정답 ③

핵심이론 02　포장재(1)

① 금 속
　㉠ 금속은 기계적 강도와 수분 및 산소, 자외선 등에 대한 차단성이 좋다.
　㉡ 내열성, 전도성이 좋아서 대량 생산에 적합하다.
　㉢ 비교적 중량이 무겁고, 산성에서는 식품의 변질을 일으키거나 안전성에 영향을 줄 수 있다.
　㉣ 금속재료는 철, 주석, 크로뮴, 알루미늄으로 주로 관(Can)과 박(Foil)의 형태로 가공되어 사용된다.
　㉤ 금속관은 식품포장용기로서 재활용이 가능하고 내구성이 있어 경제적이다.
　㉥ 알루미늄은 얇은 박으로 금속 광택을 가지면서도 무게가 가볍고, 가공성이 양호하며, 일반적으로 무해·무독하여 위생적으로 안전하다.
　㉦ 알루미늄은 강도와 열가공성, 투명성, 인쇄성 등이 약하여 종이나 플라스틱 필름과 접착하여 유연포장재로 많이 사용된다.
　㉧ 알루미늄 포일은 지질 산화가 우려되는 건조식품의 포장 재질에 적합하다.

② 유 리
　㉠ 모래에 석회와 탄산나트륨을 가하여 500℃ 이상의 고온에서 녹여 냉각하면 투명한 재질의 유리가 된다.
　㉡ 투명하고 차단성이 있으며 가열 살균이 가능하고 다양하게 성형이 가능하다.
　㉢ 위생성, 방습성, 방수성, 내약품성 및 가스차단성이 우수하다. 기체 투과성이나 수분 투습성이 없다.
　㉣ 가스 투과성과 수분 투습성은 없으나 빛이 투과하여 내용물이 변하기 쉽다.
　㉤ 급격한 온도 변화나 물리적 충격에 약하고 무거워서 취급과 수송이 불편하다.

③ 종 이
　㉠ 목재에서 추출한 셀룰로스 성분이 물 분자와 결합하여 분산된 길고 강한 고분자 형태로서 무게에 비하여 강도가 좋고 가공이 용이하다.
　㉡ 포장재료 종이의 특성
　　• 원료를 쉽게 구할 수 있고, 가격이 저렴하다.
　　• 중량에 비해서 강도가 우수하다.
　　• 기계적으로 가공이 쉽고, 접착가공이 용이하다.

• 고온, 저온에서 잘 견디며, 인쇄적성이 좋다.

• 생분해가능성 재료 및 재순환하여 사용할 수 있다.

• 불에 타기 쉽고, 물에 약하고, 투기성이 커서 식품보존성이 좋지 않다.

• 물과 기름 성분에 약해 다수분 식품이나 지방질 식품에는 알맞지 않다.

[핵심예제]

2-1. 지질 산화가 우려되는 건조식품의 포장재질 설계에 가장 적합한 포장재료는?

① 나일론
② 알루미늄포일
③ 폴리염화비닐
④ 폴리에스터

정답 ②

2-2. 식품포장에 사용하는 알루미늄이 다른 금속에 비하여 포장재료로서 가지는 장점이 아닌 것은?

① 금속 광택을 가지면서도 무게가 가볍다.
② 강도가 강하다.
③ 가공성이 양호하다.
④ 일반적으로 무해, 무독하여 위생적으로 안전하다.

정답 ②

2-3. 포장재료인 유리의 단점이 아닌 것은?

① 충격과 열에 의해 깨지기 쉽다.
② 기체투과성 및 투습성이 높다.
③ 빛이 투과하여 내용물이 변하기 쉽다.
④ 수송 및 포장에 경비가 많이 든다.

정답 ②

해설

2-2

알루미늄은 강도가 종이에 비해서는 강하나 다른 금속에 비해서는 약하다.

핵심이론 03 포장재(2)

① 식품포장지로 사용되는 골판지의 특성

ⓐ 국내에서 가장 많이 사용되고 있는 외포장재이다.

ⓑ 방수 골판지상자는 물이나 습기와 접촉하였을 때 저항성을 주기 위한 방수처리에 따라 크게 발수골판지, 내수골판지, 차수골판지상자의 3종으로 구분한다.

ⓒ 골판지는 기본적으로 원지 Liner와 파형 중예(Corrugated Medium)를 결합한 형태로 결합하는 구성층에 따라 편면, 양면, 이중 양면, 3중 양면 골판지 등으로 나눈다.

ⓓ 골의 높이와 골의 수에 따라 A, B, C, E, F 등으로 구분한다.

ⓔ A, C, B의 순서로 골의 높이가 높다.

ⓕ 단위길이당 골의 수가 가장 적은 것은 A이다.

ⓖ 골의 형태는 U형과 V형이 있다.

ⓗ 골판지상자의 방수특성은 발수도 R로 표시한다.

ⓘ 골판지상자의 발수도는 농산물의 특성에 따라 R2, R4, R6으로 세분하여 적용할 수 있다.

※ 글라신지 : 광택이 있고 반투명성으로 결합부가 적고 내유성이 좋아 채소 포장에 사용된다.

② 골판지상자의 장점

ⓐ 대량 생산품의 포장에 적합하여 대량 주문요구를 수용할 수 있다.

ⓑ 가볍고 체적이 작아 보관이 편리하여 운송 물류비가 절감된다.

ⓒ 포장작업이 용이하고 기계화, 생력화가 가능하다.

ⓓ 포장조건에 맞는 강도 및 형태를 임의 제작할 수 있다.

ⓔ 외부 충격에 완충을 주어 내용물의 손상을 방지할 수 있다.

③ 골판지상자의 단점

ⓐ 습기에 약하고 수분을 흡수하면 압축강도가 저하된다.

ⓑ 소단위 생산 시 비용이 비교적 높다.

ⓒ 취급 시 변형 또는 파손되기 쉽다.

[핵심예제]

식품포장지로 사용되는 골판지에 대한 설명으로 틀린 것은?

① 골의 높이와 골의 수에 따라 A, B, C, D, E, F로 구분한다.
② A, C, B의 순서로 골의 높이가 높다.
③ 단위길이당 골의 수가 가장 적은 것은 A이다.
④ 골의 형태는 U형과 V형이 있다.

정답 ①

핵심이론 04 포장재(3)

① 플라스틱필름

  ㉠ 플라스틱필름의 특징

   • 플라스틱은 가열하여 고화되는 열경화성 플라스틱(페놀수지, 요소수지, 멜라민수지 등)과 가열하면 가소적인 변화를 보이는 열가소성 플라스틱(PE ; 폴리에틸렌, PP ; 폴리프로필렌, PVC 등)이 있다.

   • 필름포장 내의 산소농도는 일반적으로 2~5%까지 감소되고, 이산화탄소농도 범위에서 대부분의 채소는 장해를 받는다.

   • 포장에 사용되는 이상적인 필름은 산소의 유입보다는 이산화탄소 방출에 더 많은 비중을 두어야 하며, 이산화탄소투과도는 산소투과도의 3~5배에 이르러야 한다.

   • 플라스틱은 저분자의 유기물질이 일정한 단위로 중합된 고분자 화합물이다.

   • 기계적으로 강도, 점도, 탄성이 크며 열가소성이 있어서 성형하여 사용하기 좋다.

   • 원가가 저렴하고 성형성이 좋아서 다양한 식품에 적용할 수 있다.

   • 분해가 잘되지 않고 소각하면 유해물질의 발생과 같은 환경문제가 수반된다.

  ㉡ 플라스틱 포장재료를 선정하기 위해 고려할 사항

   • 플라스틱필름은 기체를 투과시키므로 호흡이 필요한 식품에 적합하다.

   • 플라스틱필름의 경우 열접착성을 고려하여야 한다.

   • 자동포장기의 작업능률을 고려하여 슬립(slip)성이 적절한 재료를 선정한다.

   • 상품가치가 높은 인쇄를 위하여 인쇄적성이 좋은 재료를 선택한다.

   • 건조식품과 분말식품의 경우에는 수분투과도가 낮은 재질을 사용한다.

   • 유지류나 축산물과 같이 산화되기 쉬운 식품에는 산소투과도가 낮은 재질의 필름을 사용한다.

  ㉢ 플라스틱 포장재의 접착방법 : 열접착법, 임펄스법, 용단접착법, 임펄스 용단접착법, 초음파접착법, 고주파접착법 등이 있다.

② 기능성 포장재

  ㉠ 방담필름

   • 필름에 첨가제를 분산하여 장력을 증가시켜 결로현상이 일어나지 않게 하여 부패균의 발생을 방지하고, 저장 중인 원예산물의 신선도를 유지시켜 준다.

   • 무 등의 야채 포장과 도시락의 개재(蓋材)는 발생하는 수증기가 필름 표면에 부착하여 내용물이 보이지 않게 된다.

  ㉡ 항균필름 : 유해 미생물(포장 내에 발생하는 곰팡이 등)에 대한 항균력 있는 물질을 코팅. 압축성형한 필름이다.

  ㉢ 고차단성 필름 : 수분, 산소, 질소, 이산화탄소, 저장산물의 고유한 향을 내는 유기화합물까지도 차단성을 갖는다.

  ㉣ 키토산필름 : 키토산은 유해균의 성장을 억제하는 효과가 있다. 즉, 200ppm 정도의 농도에서 유해균에 대한 강력한 저해활성을 발휘한다.

핵심예제

4-1. 플라스틱 포장재료를 선정하기 위해 고려할 사항으로 잘못된 것은?

① 플라스틱필름용기는 알루미늄박과 같이 기체를 투과시키지 않으므로 호흡이 필요한 식품에는 적합하지 않다.

② 플라스틱필름의 경우 열접착성을 고려하여야 한다.

③ 자동포장기의 작업능률을 고려하여 슬립(Slip)성이 적절한 재료를 선정한다.

④ 상품가치가 높은 인쇄를 위하여 인쇄적성이 좋은 재료를 선택한다.

정답 ①

4-2. 플라스틱 포장재를 접착하는 방법이 아닌 것은?

① 열접착 ② 임펄스접착

③ 저주파접착 ④ 초음파접착

정답 ③

진공포장

① 진공포장 개요

　㉠ 진공(5~10 torr)에 가깝게 감압하여 밀봉하는 포장을 말한다.

　㉡ 포장 후 진공조건을 유지하기 위해서 산소차단성이 높은 포장재료를 사용해야 한다.

　㉢ 다공성 식품의 포장에 적용할 경우 조직이 파괴될 수 있다.

　㉣ 진공포장은 생산비용은 낮으나 생산성은 높지 않은 편이다.

　㉤ 진공포장은 신선편이 농산물의 포장 중 가장 많이 사용된다. 특히 유통기간이 짧은 단체급식용 및 외식업체용에 주로 사용한다.

　㉥ 진공포장은 주로 식품의 산화 등의 변질을 방지하기 위해서 이용된다.

　㉦ 주로 사용되는 필름에는 PET/PE, EVA Copolymer/PVDC Copolymer, PET/Ionomer 등이 있다.

② 신선편이 채소의 진공포장

　㉠ 신선편이 채소의 품질 유지를 위하여 산소농도를 낮게 하고, 절단과정에서 스트레스에 의해 호흡량이 증가하기 때문에 미리 호흡을 제한하여 두는 것이 필요하며, 포장물의 온도관리 및 운송방법 등에서 주의가 필요하다.

　㉡ 심한 진공포장은 채소 압상의 원인이 되며, 급격한 기압 변화 때문에 증산작용에 의한 시들음이 발생한다.

　㉢ 진공포장은 단체급식 및 외식업체용인 벌크형의 대형 포장뿐만 아니라 소포장된(박피양파, 박피감자, 박피도라지 등) 조리용 채소와 깐 밤, 샐러드용 결구상추 및 적채 등 바로 먹을 수 있는 신선편이 품목에도 사용하고 있다.

③ 진공포장의 장단점

　㉠ 진공포장은 신선편이 제품의 부피를 줄일 수 있어 수송에 유리하다.

　㉡ 포장지 내부의 공기 제거로 박피 청과물의 갈변작용이 억제된다.

　㉢ 쇠고기 등을 진공포장하면 변색작용이 촉진된다.

　㉣ 호흡작용이 왕성한 신선 농산물의 장기유통용으로는 적합하지 않다.

5-1. 진공포장방법에 대한 설명 중 틀린 것은?

① 쇠고기 등을 진공포장하면 변색작용이 촉진된다.

② 호흡작용이 왕성한 신선 농산물의 장기유통용으로는 적합하지 않다.

③ 가스 및 수증기 투과도가 높은 셀로판, EVA, PE 등이 이용된다.

④ 포장지 내부의 공기 제거로 박피 청과물의 갈변작용이 억제된다.

정답 ③

5-2. 진공포장의 설명으로 옳지 않은 것은?

① 산소차단성이 낮은 포장재료를 사용해야 한다.

② 진공에 가깝게 감압하여 밀봉하는 포장을 말한다.

③ 생산비용은 낮으나 생산성은 높지 않은 편이다.

④ 주로 압착탈기법과 진공펌프탈기법을 사용한다.

정답 ①

핵심이론 06 가스치환포장

① 가스치환포장은 진공포장과 랩포장의 문제점에 대한 개선책으로 개발된 방법이다.

② 식품과 접하는 공기의 조성을 변환시키는 방법은 MA(Modified Atmosphere)포장과 CA(Controlled Atmosphere)저장으로 구분된다.

③ MA란 식물체 밖의 대기조성을 변화시키는 것으로 새로운 환경이 포장재료나 포장방법에 의하여 형성되는 것을 말한다. 따라서 축소된 의미의 CA저장이라고도 일컫는다. MA 조건이 포장(Packaging)에 의하여 형성되므로 MAP(Modified Atmosphere Packaging)이라 한다.

④ 기체차단성이 있는 포장재료 안에 식품을 넣은 후 N_2, CO_2와 같은 가스 등으로 내부의 공기를 치환하여 포장하는 방법이다.

⑤ 가스치환포장에 사용되는 가스는 식품의 품질유지 기간을 연장하는 역할을 한다.

　㉠ 가스의 기체로는 CO_2, N_2, O_2, Ar, He 등이 이용된다.

　㉡ 세균의 발육을 억제하기 위해서는 주로 탄산가스(CO_2)가 사용된다.

　㉢ 가다랑어포는 불활성의 N_2 가스를 사용해서 색을 유지한다.

　㉣ 과자와 스낵류는 N_2 가스를 충전하여 포장한다.

　㉤ 카스텔라와 쇠고기는 N_2와 CO_2 혼합가스를 사용한다.

　㉥ 과망간산칼륨, 이산화규소를 이용한 에틸렌 흡수제가 과채류의 후숙을 방지하는 데 이용된다.

⑥ 가스의 혼합으로 살충효과를 볼 수도 있다.

⑦ 기체투과성이 있는 봉지에 산소흡수제를 넣은 후 밀봉하는 방법을 써서 산소농도를 0.1% 이하로 낮추어서 유해 미생물 증식을 억제하고 식품 성분의 산화를 방지한다.

⑧ 가스치환포장을 한 제품의 경우 따로 살균과정이 없다. 식품 내부 중의 산소가 완전하게 제거되지 않으므로 저온 혹은 냉동 유통하여야 한다.

⑨ 탈산소제보다 기체치환율이 낮지만 포장재가 식품에 붙지 않아서 소비자의 선호도가 높으며 생산성이 좋다.

⑩ 가스치환포장에 사용되는 포장재료는 기체투과도가 낮은 재료를 사용하여야 한다.

　※ 탄산가스 : 유기식품의 가스충전포장에 일반적으로 사용되는 가스성분 중 호기성뿐만 아니라 혐기성균에 대해서도 정균작용을 나타내며, 고농도 사용 시 제품에 이미·이취를 발생시킬 수 있는 가스다.

핵심예제

6-1. 가스치환포장에 사용되는 가스에 대한 설명으로 가장 거리가 먼 것은?

① 식품의 품질유지기간을 연장하는 역할을 한다.
② 일반적으로 가스 중 산소의 함유량이 가장 높다.
③ 가스의 기체로는 CO_2, N_2, O_2, Ar, He 등이 이용된다.
④ 가스의 혼합으로 살충효과를 볼 수도 있다.

정답 ②

6-2. 과일이나 채소의 신선도 유지를 위한 가스치환방법은 공기를 주로 어떤 성분으로 바꾸어 포장하는가?

① 산소, 질소
② 산소, 일산화탄소
③ 일산화탄소, 헬륨
④ 질소, 이산화탄소

정답 ④

핵심이론 07 레토르트 파우치(Retort Pouch) 포장

① 개 념
- ㉠ 유연포장재료에 식품을 넣어 통조림처럼 살균하는 포장으로 약 135℃ 정도의 고온에서 가열하여도 견뎌내는 포장방법이다.
- ㉡ 조리 가공한 여러 가지 식품을 일종의 주머니에 넣어 밀봉한 후 고온에서 가열 살균하여, 장기간 식품을 보존할 수 있도록 만든 가공 저장식품이다.
- ㉢ 식품의 유통기한은 산소의 투과에 의한 품질변화에 의하여 결정된다.
- ㉣ 주로 사용되는 재료는 PET/AL/PP이다.

② 특 징
- ㉠ 냉장과 냉동 및 방부제가 필요 없고 가열·가온 시 시간이 절약된다.
- ㉡ 가열시간이 짧아 품질과 색·조직·풍미·영양가의 손실이 적다.
- ㉢ 휴대하기 편리하며 저장성이 좋고 조리가 간단하다.
- ㉣ 레토르트 제품과 통조림의 차이는 고압 상태에서 가열 살균을 한다는 점이 다르다.
- ㉤ 일반적으로 원료를 처리하여 조리한 후에 충전하여 밀봉하고 수증기로 가압한 상태에서 일정시간 살균하고 냉각한 다음에 마지막으로 외포장을 한다.
- ㉥ 포장지에 알루미늄포일 층이 있는 포장식품은 주로 끓는 물에 데워서 먹는 형태이다.
- ㉦ 주로 카레, 수프, 죽류, 밥류, 햄버거, 미트볼 등의 식품에 활용된다.

[핵심예제]

레토르트 포장기법에 대한 설명으로 틀린 것은?

① 고온살균을 하므로 재질의 특성은 높은 살균온도에 견디는 내열성이 중요하다.
② 식품의 유통기한은 산소의 투과에 의한 품질변화에 의하여 결정된다.
③ 식품을 포장하고 고온고압에서 살균한 후 밀봉한다.
④ 주로 사용되는 재료로는 PET/AL/PP이다.

정답 ③

핵심이론 08 무균포장

① 개념 및 특징
- ㉠ 식품과 포장재의 살균, 용기 성형과 충전, 밀봉, 냉각의 모든 과정을 무균적인 환경에서 연속적으로 처리하여 저장성을 높이는 포장기법이다.
- ㉡ 포장재료, 포장재, 기계장치도 살균되어야 한다.
- ㉢ 식품은 신선도를 유지하기 위하여 살균할 필요가 있다.
- ㉣ 포장과정도 무균적 환경을 유지해야 한다.
- ㉤ 유통과정 중 오염을 방지할 수 있도록 밀봉하여야 한다.
- ㉥ 화학적 반응을 유발하는 햇빛, 박테리아 및 공기의 유입을 막을 수 있어야 한다.
- ㉦ 무균 상태를 장기간 유지시킬 수 있는 포장재를 사용해야 한다.

※ 밀봉의 4요소 : 재료의 살균, 포장의 살균, 용기성형과 충전 시 무균환경 유지, 유통과정 중 재오염방지

② 무균포장시스템의 구성요소
- ㉠ 살균온도까지 제품을 가열하는 열교환장치
- ㉡ 제품을 이송하고 유량을 제어하는 장치
- ㉢ 충전 중에 제품을 냉각시키는 장치
- ㉣ 살균을 위한 제품의 온도를 충분한 시간 동안 유지시켜 주는 장치
- ㉤ 생산 전 기계장치 살균을 통한 무균조건 유지
- ㉥ 무균조건 보호와 오염제품과의 접촉을 막는 수단

- 수직층류형 : 무균포장실에서 멸균공기의 기류방식 중 청정한 무균실 제조에 가장 적합한 방법
- 판상식 열교환 : 다량의 열변성이 일어나기 쉬운 유제품이나 주스 등의 액체를 가열, 냉각, 살균하는 데 널리 사용된다.

③ 무균포장의 장단점
- ㉠ 열에 약한 식품도 장기간 보존이 가능하고, 영양분의 손실이 작다.
- ㉡ 용기 크기에 관계없이 일정한 품질이 유지되고, 1회성 소포장도 가능하다.
- ㉢ 포장 시 냉장이 필요하지 않고, 내열성 포장이 불필요하여 포장비 원가가 절감된다.
- ㉣ 고가의 장치와 설비비, 작업장의 대형화, 시스템 불량 시 초기화가 어려운 단점이 있다.

핵심예제

8-1. 무균포장의 구성요소가 아닌 것은?

① 제품을 살균온도까지 가열하는 열교환 장치
② 제품을 이송하고 유량을 제어하는 장치
③ 충전 중에 제품을 냉각시키는 장치
④ 충전 전에 제품의 이물을 제거하는 장치

정답 ④

8-2. 무균포장에 대한 설명으로 틀린 것은?

① 식품은 신선도를 고려하여 살균할 필요가 없다.
② 포장재도 살균되어야 한다.
③ 유통과정 중 오염을 방지할 수 있도록 밀봉하여야 한다.
④ 포장과정도 무균적 환경을 유지해야 한다.

정답 ①

핵심이론 09 **MA(Modified Atmosphere) 포장**

① 개 념

ㄱ 과일·채소의 선도 유지를 위해 선택적 가스투과성이 있는 플라스틱 필름을 이용해 포장 내 산소(O_2) 농도를 낮추고 이산화탄소(CO_2) 농도를 높여 준다. 즉, 포장지 내부의 가스조성이 저산소, 고탄산가스 농도로 변화된다.

ㄴ 특정온도에서 농산물의 호흡률과 포장필름(Film)의 적절한 투과성에 의해 포장 내부의 가스 조성이 적절하게 유지되도록 하여 농산물을 신선하게 보관하는 방법이다.

ㄷ MA 포장기법은 포장에서 탈기한 후 질소(N_2), 탄산가스(CO_2)와 산소(O_2) 등의 기체를 단독 또는 식품의 종류와 원하는 저장 수명에 맞게 일정 비율로 조절하여 주입한 다음 밀봉하는 방법이다.

ㄹ 내용물을 폴리에틸렌 또는 폴리프로필렌 등의 플라스틱 필름으로 포장한다.

ㅁ 일반적으로 식품의 색, 향, 유지의 산화방지에는 질소가 사용되고 곰팡이, 세균의 발육방지에는 탄산가스가 사용되며 고기색소의 발색에는 산소가 사용되고 있다.

※ 과실 및 채소류의 MA 포장 시 에틸렌 가스(Ethylene Gas)의 흡착제
  : $KMnO_4$, 제올라이트, 활성탄

② 조 건

ㄱ 호흡을 억제하기 위해서는 온도관리가 가장 중요하고, 투습도가 있어야 한다.

ㄴ 포장재의 통기성을 조절하기 위해서 필름 표면에 레이저 펀칭 또는 핀 등으로 필름을 손상시켜 투과도를 조절하고, 이산화탄소의 투과도가 산소투과도보다 높아야 한다.

ㄷ 내용물은 폴리에틸렌(PE) 또는 폴리프로필렌(PP) 등의 플라스틱 필름으로 포장한다.

ㄹ 포장 내에 유해물질을 방출하지 않아야 한다.

※ 품목마다 저장온도에 따른 호흡률이 차이가 나기 때문에 품목, 유통조건, 호흡률 등을 정확히 파악하고 포장재의 산소투과도를 선택하여야 하며 품목 간에도 호흡률의 차이가 있을 수 있으므로 적용하기 전에 충분한 저장, 유통실험에 대한 데이터 축적이 필요하다.

③ 효 과

신선도 유지, 영양성분 유지(당류, 비타민 C 등), 후숙지연, 황화 억제, 유해가스 억제(에틸렌, 아세트알데하이드, 에탄올 등), 갈변 억제, 수분손실 억제, 생리적 장애 억제, 병충해 발생 억제 등

※ 과습으로 인한 부패나 산소 부족에 따른 호흡장해가 발생할 수 있다.

CA저장
- 살아 있는 식품이나 살아 있지 않은 식품에 적용되며, 통상 인공적으로 가스공급장치를 갖춘 냉장고나 저장고 내에 주입시켜 온도와 습도를 유지하면서 대량으로 저장할 수 있다.
- CO_2를 높이고 O_2를 낮춘 저장고에서 저장하는 방법으로 품질유지기간의 연장, 과육의 연화 지연, 생리작용이 억제되어 맛과 향이 오래 유지는 효과가 있다.

[핵심예제]

9-1. MAP 포장방법에 대한 설명 중 틀린 것은?

① 내용물을 폴리에틸렌 또는 폴리프로필렌 등의 플라스틱 필름으로 포장한다.
② 포장지 내부의 가스 조성이 저산소, 고탄산가스 농도로 변화된다.
③ 호흡작용, 증산작용은 억제되나 에틸렌 생성은 촉진된다.
④ 과습으로 인한 부패나 산소 부족에 따른 호흡장해가 발생할 수 있다.

정답 ③

9-2. 일반적인 CA저장에 대한 설명으로 옳은 것은?

① CO_2를 높이고 O_2를 낮춘 저장고에서 저장하는 방법
② CO_2를 낮추고 O_2를 높인 저장고에서 저장하는 방법
③ CO_2와 O_2를 모두 높인 저장고에서 저장하는 방법
④ CO_2와 O_2를 모두 낮춘 저장고에서 저장하는 방법

정답 ①

해설

9-1
MAP 포장 제품의 신선도를 확보하고 유통기한을 연장시켜 주며 에틸렌 생성을 억제시킨다.

제4절 유기식품의 안전성

4-1 생물학적 요인 및 관리

핵심이론 01 위해 미생물의 이해

① 위해 미생물의 개념
  ㉠ 위해 미생물이란 사람의 건강에 악영향을 줄 수 있는 미생물이다.
  ㉡ 식품 중에 있는 대부분의 박테리아는 무해하지만 일부 병원성을 가진 것도 있다.
② 미생물의 번식 및 증식
  ㉠ 미생물의 생육은 영양, 온도, 수분(수분활성도), pH, 산소 등의 여러 조건이 좋으면 매우 빠른 속도로 증식한다.
    - 온도 : 일반적으로 중온성균은 20~40℃에서 잘 자란다.
    - 수분활성도 : 미생물의 종류별로 상이하다.
    - pH : 일반적으로 중성 부근에서 잘 자란다.
    - 산소 : 혐기성 미생물은 산소가 없는 상태에서도 잘 자란다.
  ㉡ 병원미생물의 최적 성장온도는 저온균(10~20℃), 중온균(25~40℃), 고온균(45~60℃)
③ 미생물 성장곡선
  ㉠ 유도기(Lag Phase) : 미생물이 새로운 환경에 적응하는 단계로 균수의 증가는 거의 없으며, 세포 구성물질, 효소, 핵산 등의 합성이 증가한다.
  ㉡ 대수기(Log Phase, Exponential Phase) : 세포가 기하급수적으로 증가하는 시기로 세포의 생리활성도 높고 최대 속도로 분열하여 균수는 대수적으로 증가한다. 즉 '증식속도 > 사멸속도'인 시기이다.
  ㉢ 정지기(Stationary Phase) : 새로운 세포의 증가속도와 사멸속도가 같아지는 시기로 실질적으로 생균수는 일정하다. 즉, '증식속도 = 사멸속도'인 시기이다.
  ㉣ 사멸기(Death Phase) : 생균수가 점차 감소하는 시기

1-1. 세균의 생육곡선에서 시기별로 순서가 바르게 된 것은?

① 대수기 – 유도기 – 사멸기 – 정지기
② 유도기 – 정지기 – 대수기 – 사멸기
③ 유도기 – 대수기 – 정지기 – 사멸기
④ 정지기 – 유도기 – 대수기 – 사멸기

정답 ③

1-2. 식품 미생물의 증식에 관한 설명으로 틀린 것은?

① 온도 : 일반적으로 중온성균은 20~40℃에서 잘 자란다.
② pH : 일반적으로 중성 부근에서 잘 자란다.
③ 산소 : 반드시 산소가 있어야 자랄 수 있다.
④ 수분활성도 : 미생물의 종류별로 상이하다.

정답 ③

핵심이론 02 식중독의 원인 및 종류

① 식중독 : 식품의 섭취로 인하여 인체에 유해한 미생물 또는 유독 물질에 의하여 발생하였거나 발생한 것으로 판단되는 감염성 또는 독소형 질환을 말한다(식품위생법 제2조 제14항).

② 식중독의 원인
　㉠ 전체 식중독 중 세균성 식중독이 80% 이상을 차지한다.
　㉡ 식중독 세균에 노출(부패)된 음식물을 섭취하여 발생한다.
　㉢ 빵이나 음료보다 식육과 어패류에서 부패가 잘 일어난다.
　㉣ 과일이나 채소를 통해서도 식중독이 발생된다.
　㉤ 조리온도와 조리시간이 충분하지 못할 경우 식중독이 발생할 수 있다.
　㉥ 식중독의 주된 원인으로 냉장 및 냉동 보관온도 미준수가 가장 높다.

③ 식중독의 종류

분 류	종 류		원인균 및 물질
미생물 식중독 (30종)	세균성 (18종)	감염형	살모넬라, 장염비브리오, 콜레라, 비브리오 불니피쿠스, 리스테리아 모노사이토제네스, 병원성대장균(EPEC, EHEC, EIEC, ETEC, EAEC), 바실러스 세레우스, 쉬겔라, 여시니아 엔테로콜리티카, 캠필로박터 제주니, 캠필로박터 콜리
		독소형	황색포도상구균, 클로스트리디움 퍼프린젠스, 클로스트리디움 보툴리눔
	바이러스성(7종)	–	노로, 로타, 아스트로, 장관아데노, A형간염, E형간염, 사포 바이러스
	원충성 (5종)	–	이질아메바, 람블편모충, 작은와포자충, 원포자충, 쿠도아
자연독 식중독	동물성		복어독, 시가테라독
	식물성		감자독, 원추리, 여로 등
	곰팡이		황변미독, 맥각독, 아플라톡신 등
화학적 식중독	고의 또는 오용으로 첨가되는 유해물질		식품첨가물
	본의 아니게 잔류, 혼입되는 유해물질		잔류농약, 유해성 금속화합물
	제조·가공·저장 중에 생성되는 유해물질		지질의 산화생성물, 나이트로아민
	기타 물질에 의한 중독		메탄올 등
	조리기구·포장에 의한 중독		녹청(구리), 납, 비소 등

핵심예제

2-1. 식중독균 중 감염형인 것은?

① Salmonella typhimurium
② Clostridium botulinum
③ Staphylococcus aureus
④ Clostridium perfringens

정답 ①

2-2. 다음 중 감염형 식중독균이 아닌 것은?

① 살모넬라균　　　　　② 황색포도상구균
③ 캠필로박터균　　　　④ 리스테리아균

정답 ②

2-3. 다음 중 식중독을 일으키는 균은?

① Saccharomyces cerevisiae
② Clostridium botulinum
③ Lactobacillus plantarum
④ Aspergillus oryzae

정답 ②

2-4. 균 1개가 30분마다 분열하는 경우 5시간 후에는 몇 개가 되는가?

① 10　　　　　　　② 512
③ 1,024　　　　　④ 2,048

정답 ③

해설

2-3

② Clostridium botulinum : 동물, 어류, 곡류, 야채, 과일 등을 통해 사람에게 오염되는 대표적 독소형 식중독균
① Saccharomyces cerevisiae : 맥주나 빵 발효 때 사용하는 미생물
③ Lactobacillus plantarum : 발효식품, 사람의 장관 내에서 발견되는 미생물
④ Aspergillus oryzae : 누룩곰팡이

2-4

균 1개가 30분마다 분열하는 경우, 5시간이면 300분으로 총 10회 분열하므로 $2^{10} = 1,024$개가 된다.

핵심이론 03 | 감염형 식중독

① 살모넬라
　㉠ 원인균 : Salmonella enteritidis, Sal. typhimurium, Sal. cholera suis, Sal. derby 등
　㉡ 특징
　　• 인수공통감염병
　　• 그람음성, 무포자 간균, 주모균, 통성혐기성
　　• 대부분의 살모넬라균은 유당과 자당을 분해할 수 없다.
　㉢ 최적 조건 : 발육의 최적 온도는 37℃ 정도이다.
　㉣ 원인 식품 : 계육, 달걀, 축육 등에 존재한다.
　㉤ 잠복기 : 8~48시간(균종에 따라 다양), 식중독 발생건수가 가장 많다.
　㉥ 주요 증상 : 복통, 설사, 구토, 발열(급격히 시작하여 39℃를 넘는 경우가 빈번함)
　㉦ 예방법 : 방충 및 방서시설과 균은 열에 약하여 식품을 60℃에서 20분간 가열살균하면 효과적이고, 저온보관을 한다.

② 장염비브리오균
　㉠ 원인균 : Vibrio parahaemolyticus(해수세균의 일종)
　㉡ 특징 : 호염성 세균, 그람 음성, 무포자 간균, 중온균(생육적온 37℃), 통성혐기성, 편모를 가진다.
　㉢ 원인 : 어패류 및 가공제품, 조리기구나 손을 통한 2차 감염 등
　㉣ 주요 증상 : 복통, 메스꺼움, 구토, 설사, 발열 등의 급성 위장염 형태의 증상
　㉤ 예방법 : 가능한 한 생식을 피하고, 60℃에서 5분, 55℃에서 10분 가열하면 쉽게 사멸하므로 반드시 식품을 가열한 후 섭취한다. 저온(4℃ 이하)에서는 번식을 못하고, 담수(수돗물 등)에 약하다.

③ 비브리오 불니피쿠스(비브리오 패혈증)
　㉠ 원인균 : Vibrio vulnificus
　㉡ 원인식품 : 따뜻한 해수지역에서 채취된 해산물이 주요 오염원이고, 어패류나 사람 피부의 상처를 통해서도 감염된다.
　㉢ 증상 : 오한, 발열 등의 신체 전반에 걸친 증상이 나타난다.
　㉣ 우리나라는 제3급 감염병으로 지정하였다.

④ 리스테리아 모노사이토제네스
　㉠ 원인균 : Listeria monocytogenes
　㉡ 특징 : 그람양성, 무포자 간균, 통성혐기성균, 내염성, 호랭균 등이다.

ⓒ 원인식품 : 원유, 살균처리하지 않은 우유, 핫도그, 치즈(특히 소프트치즈), 아이스크림, 소시지 및 건조소시지, 가공·비가공 가금육, 비가공 식육 등 식육제품과 비가공·훈연생선 및 채소류 등

ⓔ 주요 증상 : 유행성 감기와 증상이 비슷(미열, 위장염-복통, 설사)하다. 뇌막염, 자궁내막염(조기 유산, 사산), 패혈증 및 수막염(면역력이 저하된 사람에서 발병) 등의 증상이 있다.

ⓜ 예방법 : 고염농도, 저온 상태의 환경에서도 잘 적응하고 성장하기 때문에 균의 오염 예방이 매우 어려우므로, 식품제조 단계에서 균의 오염방지 및 제거가 가장 최선의 방법이다.

⑤ 병원성대장균(EPEC, EHEC, EIEC, ETEC, EAEC)

ⓐ 원인균 : *Escherichia coli*(대장균) 균주

ⓑ 특징 : 분변오염의 지표로 이용되며 그람음성, 무포자 간균, 주모균이다.

ⓒ 병원성대장균의 종류

  • 장관병원성 대장균(EPEC ; *Enteropathogenic E. coli*) : 어린이 설사증의 원인균이며, 독소는 형성하지 않는다(잠복기 9~12시간).

  • 장관출혈성 대장균(EHEC ; *Enterohemorrhagic E. coli*)
    - 장내 세균과에 속하는 그람음성 혐기성간균, 감염 부위는 대장이다.
    - 1982년 미국에서 햄버거로 인한 식중독이 발생하면서 알려지기 시작하였다.
    - O157:H7이 대표적인 혈청형이며 O26, O103, O104, O146 등도 포함된다.
    - 베로독소(*Verotoxin*)를 생성하여 세포 내 단백질 합성을 저해하고 세포괴사를 일으킨다.

  • 장관침투성 대장균(EIEC ; *Enteroinvasive E. coli*) : 주증상은 발열, 복통이다. 환자의 10% 정도는 합병증을 일으키며, 혈액과 점액이 섞인 설사로 진행된다(잠복기 약 10~18시간).

  • 장관독소원성 대장균(ETEC ; *Enterotoxigenic E. coli*) : 장염과 여행자 설사의 원인균으로 콜레라와 유사한 독소를 생성한다.

  • 장관흡착성 대장균(EAEC ; *Enteroaggregative. E. coli*) : 저개발국가의 신생아와 소아 설사증의 주원인균으로 감염 경로 및 병원성 인자가 충분히 알려져 있지 않다.

⑥ 바실러스 세레우스

ⓐ 원인균 : *Bacillus cereus*

ⓑ 특징
  • 그람 양성균, 아포형성균이며 통성혐기성 균이다.
  • 내열성으로 135℃에서 4시간 가열해도 견디는 성질이 있다.
  • 전분 분해작용이 강하고 토양세균의 일종으로 사람의 생활환경을 비롯하여 자연계에 널리 분포하고 있다.

ⓒ 독소 : 바실러스 세레우스가 생산하는 설사형 독소(*Diarrhetic toxin*)는 장내에서 생성되는 열, 산, 알칼리, 단백질 가수분해효소에 민감한 반면, 구토형 독소(*Emetic toxin*)는 예외적으로 열(126℃에서 90분 이상 동안), 산, 알칼리, 단백질 가수분해효소에 저항력을 갖는다.

ⓔ 원인식품 : 설사형은 향신료 사용 요리, 육류 및 채소의 수프, 푸딩 등이 대표적인 원인 식품이고, 구토형은 주로 쌀밥, 볶음밥 등이 원인이다.

ⓜ 잠복기 : 8~15시간(평균 12시간, 설사형)과 1~5시간(구토형)이 있다.

ⓗ 구토형 증상은 메스꺼움, 구토, 복통, 설사이고, 설사형 증상은 설사, 복통이다.

ⓢ 예방법 : 가열조리하거나 섭취 전 재가열처리 하여 섭취한다. 조리 후에 신속히 섭취하고, 그렇지 못하면 0℃에 보관한다.

⑦ 여시니아 엔테로콜리티카

ⓐ 원인균 : *Yersinia enterocolitica*

ⓑ 특징 : 그람음성, 주모균, 저온 및 호랭균(냉장 온도에서도 발육 가능)이다.

ⓒ 원인식품 : 오염수(음료수), 가축류(소, 돼지, 양 등), 생우유 등이다.

ⓔ 예방법 : 저온에서도 생존이 강하므로 가공육(냉장·냉동)에 유의한다.

⑧ 캠필로박터

ⓐ 원인균 : *Campylobacter jejuni*, *Campylobacter coli*

ⓑ 특징 : 그람음성, 나선형, 혐기성, 간균이다.

ⓒ 미호기성 조건(O : 5%, CO_2 : 10%, N_2 : 85%)에서 생육하는 고온성균이다.

ⓔ 원인식품 : 오염된 식육이나 조리되지 않은 닭고기 등

ⓓ 주요 증상 : 급성 위장염 형태(복통·구토·설사·발열)이며, 하루에 수차례 설사(점액, 고름 섞인 피 수반)가 나타난다.

ⓑ 예방법 : 식육(특히 닭고기)의 생식을 피하고, 열이나 건조에 약하므로 조리기구는 물에 끓이거나 소독하여 건조시켜야 한다.

핵심예제

3-1. 장염비브리오균에 대한 설명으로 틀린 것은?

① 호염성의 감염형 식중독균이다.
② 열저항성이 매우 크다.
③ 그람음성의 무포자 간균이다.
④ 편모를 가진다.

정답 ②

3-2. 장염비브리오균의 주요 원인식품은?

① 축육 및 가공제품
② 농산물 및 가공제품
③ 어패류 및 가공제품
④ 계육 및 가공제품

정답 ③

3-3. 그람음성균으로 분변오염의 지표로 삼는 미생물은?

① *Escherichia coil*
② *Salmonella paratyphi*
③ *Bacillus subtilis*
④ *Listeria monocytogenes*

정답 ①

3-4. 바실러스 세레우스에 의해 유발되는 식중독과 관련이 없는 것은?

① 전분 분해작용이 강하고 토양 등 자연계에 널리 분포하고 있다.
② 아포형성균이며 통성혐기성 균이다.
③ 균체외 독소는 생산하지 않는다.
④ 쌀밥이나 볶음밥에서 분리할 수 있다.

정답 ③

해설

3-3
식품위생의 오염지표 미생물
• 대장균군(Coliform group)
 – 식품오염의 지표균
 – Escherichia, Citrobacter, Enterobacter, Klebsiella, Proteus, Serratia, Erwinia 등
• 대장균(*Escherichia coil, E. coli*) : 분변오염의 지표
• 장구균(*Enterococcus*속) : 냉동·건조·가열식품의 오염지표균
• 일반세균수(생균수) : 식품의 세균 오염 정도

핵심이론 04 독소형 식중독

① 황색포도상구균
ⓐ 원인균 : *Staphylococcus aureus*으로 화농성 질환의 병원균이다.
ⓑ 특징 : 그람양성, 무포자 구균, 통성혐기성, 무편모이다.
ⓒ 균이 식품 중에서 증식하여 생산한 장관독(Enterotoxin)을 함유한 식품을 섭취할 때 일어나는 독소형 식중독균으로 4~5개 정도의 구균이 모여 있는 경우가 많아 포도상구균이라 부른다.
ⓓ 원인식품 : 유가공제품, 가공육제품, 전분질 식품 등
ⓔ 잠복기 : 평균 3시간 전후로 세균성 식중독 중에서 가장 짧다.
ⓕ 주요 증상 : 급성 위장염 형태(구역질, 구토, 복통, 설사)이며, 치명률은 낮다.
ⓖ 예방법 : 화농성 질환의 조리사(인후염 환자)는 조리를 하면 안 되고, 남은 음식은 저온 보존한다.

Enterotoxin(장내 독소)의 특징
• 균체가 증식 및 성장할 때만 독소를 생산하며, pH 6.5~6.8일 때 활성이 가장 크고, 생육 최적 온도는 30~37℃이다.
• 78℃에서 1분 혹은 64℃에서 10분 가열로 균은 거의 사멸되지만 식중독 원인 물질인 장독소는 내열성이 강하여 100℃에서 60분간 가열하여야 파괴된다.
• 소금농도가 높은 곳에서 증식하며 특히 건조 상태에서 저항성이 강하여 식품이나 가검물 등에서 장기간(수개월) 생존하여 식중독을 유발한다.

② 클로스트리디움 퍼프린젠스균
ⓐ 원인균 : *Clostridium perfringens*(C. welchii)이다.
ⓑ 특징 : 그람양성, 무포자 간균, 편성혐기성균이다.
ⓒ 이 균이 생산하는 독소 생산능의 차이에 따라 A, B, C, D, E, F형의 6형으로 분류하며 주로 사람의 식중독에 관여하는 것은 A형과 C형이다.
ⓓ 원인식품 : 돼지고기, 닭고기 등으로 조리한 식품 및 그 가공품인 동물성 단백질 등
ⓔ 주요 증상 : 복통이 있고 수양성 설사를 하며 경우에 따라 점혈변이 보이기도 한다.
ⓕ 예방법
 • 따뜻하게 배식하는 음식은 조리 후 배식까지 60℃ 이상을 유지해야 하며, 차갑게 배식하는 음식은 조리 후 재빨리 식혀 5℃ 이하에서 보관하여야 한다.

• 조리된 음식은 가능한 2시간 이내에 섭취하고, 보관 음식 섭취 시 독소가 파괴되도록 75℃ 이상으로 재가열한다.

③ 클로스트리디움 보툴리눔균

　㉠ 원인균 : *Clostridium botulinum*

　㉡ 편성혐기성균으로 포자를 형성하며, 치사율이 높은 신경독소(뉴로톡신, neurotoxin)를 생산한다.

　㉢ 뉴로톡신은 열에 약하여 80℃에서 30분, 100℃에서 1~3분 동안 가열하면 파괴된다.

　㉣ 항원성에 따라 A, B, C1, C2, D, E, F 및 G 등 8종의 독소가 있으며 사람에게 식중독을 일으키는 것은 A형, B형, E형, 및 F형균으로 A형이 가장 치명적이다.

　㉤ 원인식품에는 불충분하게 가열살균 후 밀봉 저장한 식품(통조림, 소시지, 햄, 병조림), 채소, 육류 및 유제품, 과일, 가금류(닭, 오리, 칠면조 등), 어육훈제품 등이 있다.

　㉥ 잠복기 : 보통 12~36시간(빠를 경우 4~6시간, 늦을 경우 70~72시간),

　㉦ 증상 : 급성 위장염 형태(메스꺼움, 구토, 복통, 설사 등)의 소화기계 질환과 신경 증상(두통, 신경장애 및 마비 등), 안장애(시력 저하, 동공 확대, 광선에 대한 무자극 반응), 후두마비 증상(언어장애, 타액 분비 이상, 연하곤란), 심할 경우 호흡마비 등이 유발된다.

　㉧ 예방법 : 이 균의 독소는 단시간의 가열로 불활성화되므로 통조림·병조림 및 기타 저장식품도 반드시 가열 후 섭취하여야 한다.

[핵심예제]

5-1. 음식물을 섭취하기 직전에 끓여 먹었는데도 식중독이 발생하였다면 추정할 수 있는 식중독 원인균은?

① *Clostridium botulinum*
② *Salmonella enteritidis*
③ *Staphylococcus aureus*
④ *Vibrio parahaemolyticus*

정답 ③

5-2. *Clostridium perfringens*와 관계가 없는 것은?

① 아포를 형성하는 그람양성의 간균이다.
② 혐기적 환경에서만 증식하는 편성혐기성균이다.
③ 섭취 직전에 완전히 재가열하더라도 식중독을 예방할 수 없다.
④ 돼지고기, 닭고기 등으로 조리한 식품 및 그 가공품인 동물성 단백질 등

정답 ③

5-3. 다음 중 내열성이 가장 강한 식중독 원인은?

① *Staphylococcus aureus* 영양세포
② *Bacillus cereus* 포자
③ *Salmonella typhimurium* 영양세포
④ *Clostridium botulinum* 포자

정답 ④

해설

5-1
황색포도상구균은 식품을 가열하면 포도상구균 자체는 사멸해도 내열성 있는 독소의 활성은 그대로 남아 있으므로 그것을 먹을 경우 심한 구토를 수반하는 식중독을 일으킨다.

5-3
보툴리누스균과 포도상구균

균	독소 내열성	균체 내열성
Staphylococcus aureus	○	×
Clostridium botulinum	×	○

핵심이론 06 노로바이러스 식중독

① 외가닥의 RNA를 가진 껍질이 없는(Non-envelop) 바이러스이다.
② 60℃에서 30분 동안 가열하여도 감염성이 유지되고 일반 수돗물의 염소농도에서도 불활성되지 않을 정도로 저항성이 강하다.
③ 주로 분변-구강경로(Fecal-oral Route)를 통하여 감염된다.
④ 사람의 장관 내에서만 증식할 수 있으며, 동물이나 세포배양으로는 배양되지 않는다.
⑤ 연중 발생 가능하며, 2차 발병률이 높다.

기타 주요사항
• 영업에 종사하지 못하는 질병의 종류(식품위생법 시행규칙 제50조)
  감염성 결핵, 콜레라, 장티푸스, 파라티푸스, 세균성이질, 장출혈성대장균감염증, A형간염, 피부병 또는 그 밖의 화농성(化膿性) 질환, 후천성면역결핍증(성매개감염병에 관한 건강진단을 받아야 하는 영업에 종사하는 사람만 해당)
• 파상열 : 사람에서는 마루타열 등의 열성질환이 되고, 가축이나 동물에서는 유산 등을 주요 병증으로 하는 인수공통감염병이다.
• 간염 : 바이러스에 의해서 감염되는 감염병
※ 세균성이질, 장티푸스, 파라티푸스의 주된 증상은 발열과 설사이다. 콜레라에 감염되면 발열이 거의 없고, 설사와 탈수증세를 보인다.

핵심예제

6-1. 노로바이러스의 특성으로 옳은 것은?
① 사람의 장에서만 증식되어 세포배양이 어렵다.
② 기온이 낮은 동절기에만 발생한다.
③ 실온에서 장기간 생존하지 않는다.
④ 물리·화학적으로 매우 불안정한 구조이다.

정답 ①

6-2. 세균성 식중독의 예방법으로 바람직하지 않은 것은?
① 식품과 접촉하는 도구는 세척과 소독을 철저히 한다.
② 식품을 종류, 가열 전후 등에 따라 분리 보관한다.
③ 저온저장하여 균의 증식을 최대한 억제한다.
④ 2차 감염을 철저하게 예방하기 위해 예방접종을 한다.

정답 ④

해설

6-2
세균성 식중독의 예방법
• 청결의 원칙 : 깨끗한 손, 기구·주방의 청결이 최우선
• 온도의 원칙 : 식품의 저온 유지, 가열에 의한 살균
• 신속의 원칙 : 조리도, 소비도 빨리 빨리
• 분리보관의 원칙을 들 수 있다.

핵심이론 07 자연독 식중독(1) – 동물성 독

① 복어독
  ㉠ 독성분 : 테트로도톡신(Tetrodotoxin)
    • 복어의 알과 생식선(난소, 고환), 간, 내장, 피부 등에 함유되어 있다.
    • 독성이 강하고 물에 녹지 않으며 열에 안정하여 끓여도 파괴되지 않는다.
  ㉡ 잠복기 및 증상
    • 식후 30분~5시간만에 발병하며 중독 증상이 단계적으로 진행된다.
    • 골격근의 마비, 호흡곤란, 의식혼탁, 의식불명, 호흡이 정지되어 사망에 이른다.
    • 진행속도가 빠르고 해독제가 없어 치사율이 높다(60%).
  ㉢ 예방 대책
    • 전문조리사만 요리한다.
    • 난소, 간, 내장 부위는 먹지 않는다.
    • 독이 가장 많은 산란 직전에는(5~6월) 주의한다.
    • 유독부의 폐기를 철저히 한다.
② 시구아테라독(Ciguatera)
  ㉠ 열대~아열대 해역의 산호초와 해조류 표면에 부착하여 생육하는 와편모조류(*Gambierdiscus toxicus*)가 생성하는 독소(시구아톡신 ; Ciguatoxin과 마이오톡신 ; Maitotoxin)를 작은 물고기가 섭취하고, 이 물고기를 큰 물고기가 잡아먹어 체내에 시구아톡신이 농축된 것을 사람이 섭취하면 발생하는 중독 증상이다.
  ㉡ 설사·구토·관절통·두통 및 온도의 이상감각 등을 일으키며, 혼수상태가 되어 죽는 경우가 있다.
  ㉢ 주로 어류의 간, 내장, 알, 머리에 축적되어 있다.
③ 마비성 조개류 중독
  ㉠ 대합, 검은 조개, 섭조개(홍합) 등에서 중독을 일으키며, 독성은 9~10월에 강하다.
  ㉡ 독성분 : Saxitoxin, Protogonyautoxin, Gonyautoxin
  ㉢ 마비성 조개독은 신경세포에서 나트륨의 유입을 차단한다.
  ㉣ 잠복기는 식후 30분~5시간이며, 주요 증상은 안면 마비(입술, 혀, 잇몸 등), 사지마비, 거동 불가능, 언어장애 등이 있다.

④ 모시조개, 굴, 바지락 중독

　　㉠ 독성분 : Venerupin이며, 독성은 2~5월에 강하고 내열성이다.

　　㉡ 잠복기는 1~3일(빠를 경우 12시간, 늦을 경우 1주일)이며, 주요 증상은 무기력, 급성 위장염(두통, 설사, 변비), 장점막 출혈, 황달, 피하출혈 반응 등이다.

독성물질	베네루핀(Venerupin)	삭시톡신(Saxitoxin)
조개류	모시조개, 바지락, 굴, 고둥 등	섭조개(홍합), 굴, 바지락 등
독 소	열에 안정한 간독소	열에 안정한 신경마비성 독소
치사율	50%	10%
유독시기	2~4개월	5~9월
중독증상	출혈반점, 간기능 저하, 토혈, 혈변, 혼수	혀, 입술의 마비, 호흡곤란

⑤ *Proteus morganii*균은 등푸른 붉은살 생선(꽁치, 고등어, 정어리) 등에 증식하여 히스티딘을 부패시켜 히스타민(Histamine) 독소를 생성함으로써 알레르기성 식중독을 발생시킨다.

［핵심예제］

7-1. 다음 중 복어의 독성분은?

① 엔테로톡신(Enterotoxin)　　② 테트로도톡신(Tetrodotoxin)
③ 아플라톡신(Aflatoxin)　　④ 아미그달린(Amygdalin)

정답 ②

7-2. 모시조개, 바지락, 굴 등에 존재하는 간장독 물질은?

① 베네루핀　　　　　　② 삭시톡신
③ 오카다익산　　　　　④ 테트로도톡신

정답 ①

7-3. 조개류의 독성물질에 대한 설명으로 옳은 것을 모두 고르면?

（ㄱ） Saxitoxin은 복어독과 유사한 마비증상을 보인다.
（ㄴ） 조개 독성물질은 조개의 체내에서 생성된다.
（ㄷ） Venerupin 중독은 바지락 중독이라고도 불린다.
（ㄹ） Saxitoxin의 치사율은 50% 정도이다.

① （ㄱ）, （ㄴ）　　　　② （ㄴ）, （ㄷ）
③ （ㄱ）, （ㄷ）　　　　④ （ㄷ）, （ㄹ）

정답 ③

핵심이론 08　자연독 식중독(2) – 식물성 독

① 감자독성분 : Solanine

　㉠ 녹색 부위와 싹이 트는 발아 부분에 많다.

　㉡ 가열에 안정하며, 중독 증상으로는 식후 2~12시간이 경과하면 구토, 설사, 복통, 두통, 발열(38~39℃), 팔다리 저림, 언어장애 등이 나타난다.

② 원추리 독성분 : 성장할수록 독성분인 콜히친(Colchicine)이 강해지므로 어린순만 먹어야 한다.

③ 여로 : 독성이 있어 농약으로 사용되는데 원추리와 비슷하여 헷갈리거나 먹는 방법이 잘못되어 식중독에 걸린다.

④ 독버섯

　㉠ 종류 : 무당버섯, 알광대버섯, 화경버섯, 미치광이버섯, 광대버섯, 외대버섯, 웃음버섯, 땀버섯, 끈적버섯, 마귀버섯, 깔때기버섯 등

　㉡ 독버섯의 독성분 : 일반적으로 무스카린(Muscarine)에 의한 경우가 많다. 그 밖에 무스카리딘(Muscaridine), 팔린(Phaline), 아마니타톡신(Amanitatoxin), 콜린(Choline), 뉴린(Neurine), Amanitatoxin, Agaric Acid, Pilztoxin 등

　㉢ 주요 증상 : 급성 위장염 형태(구토, 설사, 복통 등), 콜레라 증상, 신경계 증상(경련, 경직, 마비), 혈액독 등이 나타난다.

　㉣ 독버섯의 중독 증상
　　• 위장염 증상(구토, 설사, 복통) : 무당버섯, 화경버섯
　　• 콜레라 증상(경련, 헛소리, 탈진, 혼수상태) : 알광대버섯, 마귀곰보버섯
　　• 뇌 및 중추신경 장애증상(광증, 침 흘리기, 땀 내기, 근육경련, 혼수상태) : 미치광이버섯, 광대버섯, 파리버섯

⑤ 복숭아, 살구, 청매 종자의 시안배당체 독성분 : 청산(HCN) 배당체인 아미그달린(Amygdalin)

⑥ 독미나리 독성분 : 시큐톡신(Cicutoxin)

⑦ 붓순나무 독성분 : Shikimin, Shikimitoxin, Hananomi 등

⑧ 미치광이풀 독성분 : Hyoscyamine, Atropine 등

⑨ 오두, 바꽃(부자) 독성분 : Aconitine

⑩ 피마자 독성분 : 리신(Ricin), 리시닌(Ricinin), 알레르겐(Allergen) 등

⑪ 목화씨, 면실유 독성분 : 고시폴(Gossypol)

⑫ 오디 독성분 : 코니틴(Aconitine)

⑬ 독보리(지네보리) 독성분 : 맹독성 Alkaloid 인 Temuline

⑭ 벌꿀 독성분 : 안드로메도톡신(Andromedotoxin) 등

⑮ 가시독말풀 독성분 : Hyoscyamine, Scopolamine, Atropine 등

⑯ 꽃무릇 독성분 : 독성이 강한 Alkaloid 인 Lycorin

⑰ 미국 자리공 독성분 : 피토라카톡신(Phytolacatoxin)

[핵심예제]

8-1. 솔라닌(Solanine)에 의해 유발되는 식중독과 가장 관계가 깊은 작물은?

① 감 자   ② 고구마

③ 오 이   ④ 토마토

정답 ①

8-2. 식물성 자연독 성분을 함유한 식품이 잘못 연결된 것은?

① Gossypol : 정제가 불충분한 목화씨 기름

② Solanine : 감자

③ Cicutoxin : 독미나리

④ Lycorin : 미국 자리공

정답 ④

핵심이론 09   **자연독 식중독(3) - 곰팡이 독**

① Mycotoxin의 정의

㉠ 곰팡이가 생성하는 2차 대사산물로 사람과 동물에게 급성 또는 만성적인 장애를 일으키는 물질을 총칭한다.

㉡ Mycotoxin(곰팡이독)이라고 하고, Mycotoxin에 의해서 발생하는 질병군을 일컬어 Mycotoxicosis(진균 중독증)라고 한다.

② Mycotoxin의 특징

㉠ 목초, 동물사료, 농산물, 탄수화물이 많은 곡류 등이.

㉡ 식중독은 봄부터 여름에(4~8월) 많이 발생하지만, Fusarium은 겨울에 많이 발생한다.

㉢ 비감염형으로 사람과 동물에 직접적으로 전파되지 않는다.

㉣ 맹독성과 내열성이 강하고 항생물질로는 치료효과가 낮다.

③ Mycotoxin의 분류

㉠ 신장독 : 시트리닌(Citrinin), 시트레오마이세틴(Citreo-mycetin), 코지산(Kojic Acid) 등

㉡ 간장독 : 아플라톡신(Aflatoxion), 오크라톡신(Ochra-toxin), 스테리그마토시스틴류(Sterigmatocystin), 루브라톡신(Rubratoxin), 루테오스키린(Luteoskyrin), 아이슬랜디톡신(Islanditoxin)

• 아플라톡신(Aflatoxin) : *Aspergillus flavus* 등에 의해 생성되는 맹독성의 간정독소로 주로 땅콩·보리·밀·옥수수·쌀 등에서 검출되며 동물에 대해 간암을 유발하는 것으로 알려져 있다.

• 오크라톡신(Ochatoxin) : Penicillium, Aspergillus 속 곰팡이에 의해 생성되는 간장독소로 밀, 옥수수 등의 곡류와 육류, 가공식품 등에서 검출되며 신장에 치명적인 손상을 주는 것으로 알려져 있다.

㉢ 신경독 : 시트레오비리딘(Citreoviridin), 파툴린(Patulin), 말토리진(Maltoryzine) 등

㉣ 광과민성 피부성 물질 : 사람이 햇볕을 쬐면 피부염 증상을 일으키는 원인물질로서 스포리데스민류(Sporidesmin), 솔라렌(Psoralen) 등

㉤ 그 밖의 것으로 Zearalenone, Salframine, Fusariogenin 이나 Fusarium독 등이 사람이나 가축의 중독사고에서 발견된다.

- 발정유발물질 : 제랄레논(Zearalenone)은 Fusarium 속 곰팡이에 의해 생성되는 독소로 옥수수, 맥류 등에서 검출되며 생식기능 장애·불임 등을 유발하는 것으로 알려져 있다.

④ 황변미중독 : 페니실리움(Penicillium)속 푸른 곰팡이가 저장 중인 쌀에 번식하여 Citrinin(신장독), Islanditoxin(속효성 간장독)과 Luteoskyrin(지효성 간장독), Citreoviridin(신경독) 등의 독소를 생성한다.

⑤ 맥각독
  ㉠ 호밀, 보리에 맥각균인 *Claviceps purpures*가 기생하여 생성된 흑자색의 균핵을 맥각이라고 한다.
  ㉡ 맥각에는 유독 알칼로이드가 함유되어 있다(Ergotoxine, Ergotamine, Ergometrine 등).

[**핵심예제**]

9-1. 곰팡이독에 대한 설명으로 틀린 것은?
① 원인식품은 주로 탄수화물이 풍부한 곡류이다.
② 동물-동물 간, 사람-사람 간의 전염은 되지 않는다.
③ 중독 시 항생물질 등의 약재치료로는 효과가 별로 없다.
④ 대표적인 신경독으로는 Ochratoxin이 있다.

정답 ④

9-2. 곰팡이가 생산하는 신경독 물질은?
① 솔라렌(Psoralens)
② 시트레오비리딘(Citreoviridin)
③ 시트라닌(Citrinin)
④ 아플라톡신(Aflatoxin)

정답 ②

9-3. 맥각 중독을 일으키는 성분은?
① Ergotoxin
② Citrinin
③ Zearalenone
④ Slaframine

정답 ①

핵심이론 10 화학적 식중독(1) - 잔류 농약

① 유기인제(살충제, 신경계 저해) : 살균제와 살충제 등의 맹독성 물질로 비교적 잔류기간이 짧으며, 중독기전은 Acetylcholinesterase의 저해이다.
  ㉠ 증상 : 신경독을 일으키며 식욕부진, 구토, 경련, 근력 감퇴, 혈압 상승, 근력 감퇴, 전신경련 등의 중독 증상이 나타난다.
  ㉡ 예방법 : 살포 시 흡입에 주의하며, 과채류는 산성액으로 세척한다. 수확 전 1주일(또는 15일 전) 이내의 살포는 금지한다.
  ㉢ 종류 : 마라티온, 나레드, 파라티온, 알라티온, 다이아지논, 테프(TEPP), DDVP, 스미티온 등이 있다.

② 유기염소제(체내 지방층에 가장 오래 잔류) : 살충제나 제초제로 사용되며, 지용성으로 잔류성이 크고 인체의 지방조직에 축적되어 만성중독의 위험성이 크다. 유기인제에 비하여 독성은 적은 편이다.
  ㉠ 증상 : 신경독, 복통, 설사, 구토, 두통, 시력 감퇴, 전신 권태가 나타난다.
  ㉡ 예방법 : 살포 시 흡입에 주의하며, 과채류는 산성액으로 세척하고, 수확 전 살포를 금지한다.
  ㉢ 종류 : DDT(토양 잔류성이 크다), BHC, 다이엘드린, 알드린 등이 있다.

③ 유기수은제 : 살균제로 식물의 종자 소독, 도열병 방제와 토양 살균 등에 사용된다.
  ㉠ 증상 : 신경독, 신장독, 시력 축소, 기립보행장애, 중추신경장애 등이 나타난다.
  ㉡ 예방법 : 살포 시 흡입에 주의하며, 과채류는 산성액으로 세척하고, 수확 전 살포를 금지한다.
  ㉢ 종류 : 메틸염화수은, 메틸아이오딘화수은, PMA, EMP 등이 있다.

④ 비소화합물
  ㉠ 증상 : 구강과 식도의 수축, 위통, 설사, 구토, 혈변 등이 나타난다.
  ㉡ 예방법 : 살포 시 흡입에 주의하며, 과채류는 산성액으로 세척하고, 수확 전 살포를 금지한다.
  ㉢ 종류 : 비산칼슘, 산성비산납 등이 있다.

[핵심예제]

10-1. 반감기가 길고, 지용성이기 때문에 동물의 지방조직에 축적되어 만성독성을 일으키는 농약은?

① 금속제
② 유기불소제
③ 유기염소제
④ 유기인제

정답 ③

10-2. 식품안전성 중 화학적 요인에 대한 설명으로 틀린 것은?

① 농약은 크게 유기인제, 유기염소제, 카바메이트제 등으로 구분할 수 있다.
② 복어독은 Tetrodotoxin이 주된 원인물질이다.
③ 마비성 조개독은 신경세포에서 칼슘의 유입을 차단한다.
④ 햄, 소시지 등에 발색제로 사용되는 아질산나트륨은 발암물질을 생성할 수 있다.

정답 ③

핵심이론 11   화학적 식중독(2) – 유해성 금속화합물

① 수은(Hg)
  ㉠ 중독 경로 : 유기수은에 오염된 식품 섭취 시 유발한다.
  ㉡ 중독 증상 : 시력 감퇴, 말초신경마비, 구토, 복통, 설사, 경련, 보행곤란 등의 신경계 장애 증상이 나타나고 미나마타병을 유발한다.

② 카드뮴(Cd)
  ㉠ 중독 경로 : 광산 폐수, 법랑제품, 조리 관련 식기, 기구, 도금용기에서 용출된다.
  ㉡ 중독 증상 : 메스꺼움, 구토, 복통, 이타이이타이병(골연화증 발생) 등을 유발한다.

③ 아연(Zn)
  ㉠ 중독 경로 : 용기, 조리기기 및 기구, 도금한 식기 등에서 용출된다.
  ㉡ 중독 증상 : 구토, 설사, 두통 등을 유발한다.

④ 납(Pb)
  ㉠ 중독 경로 : 통조림, 법랑제품기구, 용기, 포장용기 등에서 용출된다.
  ㉡ 중독 증상 : 헤모글로빈 합성장애에 의한 빈혈(주요 증상), 구토, 구역질, 복통, 사지마비(급성), 피로, 소화기 장애, 지각상실, 시력장애, 체중 감소 등을 유발한다.

⑤ 구리(Cu)
  ㉠ 중독 경로 : 식품첨가물, 조리 및 가공 식기, 용기 등으로부터 오염된다.
  ㉡ 중독 증상 : 구토, 설사, 복통, 메스꺼움 등의 증상이 나타난다.

⑥ 안티몬(Sb)
  ㉠ 주된 중독 경로 : 법랑제 식기, 표면도금 등으로부터 오염된다.
  ㉡ 중독 증상 : 메스꺼움, 구토, 설사, 복통 등의 증상이 나타난다.

⑦ 주석(Sn)
  ㉠ 중독 경로 : 통조림의 납땜 작업 시 오염된다.
   ※ 주석은 통조림 용기의 도금에 사용하고 있으며, PVC의 안정제로 Octyl 주석이 사용된다.
  ㉡ 중독 증상 : 메스꺼움, 구토, 설사 등의 증상을 보인다.

⑧ 바륨(Ba)

　　㉠ 중독 경로 : 바륨에 오염된 식품을 오용할 때 유발된다.

　　㉡ 중독 증상 : 구토, 설사, 복부경련 등의 증상을 보인다.

[핵심예제]

11-1. 이타이이타이병을 유발하는 중금속은?

① 납　　　　　　　　② 수 은
③ 카드뮴　　　　　　④ 비 소

정답 ③

11-2. 원소기호는 Sn이며, 과일 통조림에 사용되며 구토, 설사, 복통 등을 일으킬 수 있는 금속은?

① 주 석　　　　　　② 아 연
③ 구 리　　　　　　④ 수 은

정답 ①

해설

11-1

이타이이타이병은 1960년대 말 일본의 한 구리광산에서 유출된 광산 폐수에 노출된 농산물과 식용수를 장기간 섭취한 인근 주민들이 병에 걸리면서 알려진 공해병이다. 이 병은 카드뮴이 체내에 들어와 혈류를 타고 간과 신장으로 확산하면서 골연화증을 일으키기 때문에 뼈가 약해져 조금만 움직여도 부러지는 등 큰 고통이 수반된다.

핵심이론 12　미생물학적 검사

① 총균수

　　㉠ 세균의 죽은 균수와 생균수를 동시에 측정하며, Breed 법이 대표적인 검사법이다.

　　㉡ 식품(음식물)의 적정량을 슬라이드 글라스에 도말, 건조, 고정, 염색한 후 현미경(광학)으로 염색된 세균수를 측정하고, 이때 오염균수를 측정한다.

② 생균 검사(일반세균, 표준평판균수 측정법, SPC ; Standard Plate Count)

　　㉠ 표준평판법 : 표준한천배지에 검체를 혼합 응고시켜 배양 후 발생한 세균 집락수를 계수하여 검체 중의 생균수를 산출하는 방법이다.

> **식육의 세균수 산출방법**
> • 소 및 돼지 도체의 경우 균수는 도체 표면적당 집락수(CFU/cm²)로 환산되어야 한다.
> • 희석배수 × 10(배지 접종량이 0.1mL일 경우) × 집락수 × 40(재료 채취 용량)/10cm × 10cm(1개 부위 채취인 경우. 단, 3개 부위를 채취할 경우는 300cm²로 나누어 준다)로 산출한다.
> • 닭의 경우는 mL당으로 집락수를 환산한다. 기타 시료는 집락수 × 희석배수로 mL당 또는 g당 세균수를 산출한다.

③ 대장균군 검사

　　㉠ 대장균군 검사는 대장균의 존재 여부를 판정하는 정성시험과 대장균군의 수를 측정하는 정량시험으로 분류되며, 액체배지를 사용하는 발효관법과 고체배지를 사용하는 한천평판배양법 등의 검사법이 있다.

　　　• 정성시험방법 : 유당배지법, BGLB배지법, 데스옥시콜레이트, 유당한천배지법 등이 있다.

　　　• 정량시험법 : 최확수법(락토스브로스배지법, BGLB배지법), 데스옥시콜레이트 유당한천배지법, 건조필름법이 있다.

　　㉡ 추정시험, 확정시험, 완전시험이 있다.

　　　※ 확정시험 : 대장균군의 정성시험법 중 BGLB 배지에서 가스가 발생한 것을 EMB 한천평판배지로 분리 배양한 후 콜로니를 관찰하는 과정이 있는 시험방법이다.

④ 정량시험(대장균군의 최확수, MPN ; Most Probable Number)

　　㉠ 검체의 각 단계별의 연속한 동일 희석액을 몇 개의 액체 BGLB배지 발효관에 일정량씩 배양하여 대장균의 존재 여부를 확인하는 추정시험을 한다.

ⓛ 확정시험과 완전시험의 결과에 따라 대장균군으로 처리된 배지의 수로부터 검체 100g(100mL) 중에 존재하는 대장균 균수를 확률적으로 산출한다.

⑤ 장구균 검사

　ⓖ 장구균의 검사법으로 주로 Winter-Sanolholzer법이 사용되며, 질화나트륨이 첨가된 배지를 사용한다.

　ⓛ 추정시험, 확정시험, 완전시험을 통한 검체 100g(100mL) 중에 존재하는 장구균 균수를 산출한다.

⑥ 곰팡이(진균), 효모검사

　ⓖ 검체 중의 곰팡이 자체를 사용(또는 곰팡이용 배지 사용 분리 후 순수 배양)하여, 세균수를 세어 검체 중의 총 세균수를 추정 관찰한다.

　ⓛ Haward법(곰팡이 포자수)에 의하여 측정한다.

⑦ 세균성 식중독 검사

식중독으로 의심되는 음식물이나 식품을 일반 세균수의 측정, 대장균 수의 측정, 직접 배양, 증균 배양 등을 실시하거나 식중독 환자의 구토물, 대변, 소변, 혈액 등을 이용하여 원인 세균을 검출하고 그것에 대한 구체적인 검색을 실시한다.

⑧ 감염병균 검사

　ⓖ 식품을 통하여 감염을 발생시키는 장티푸스균, 파라티푸스균, 이질균, 병원성 대장균 등은 세균성 식중독균 검사법에 따른다.

　ⓛ 용혈성 연쇄구균, 브루셀라균, 결핵균, 탄저균 등은 각 균의 독특한 검사법에 따른다.

　ⓒ 환자, 보균자 등의 배변, 오염되기 쉬운 추정원인식품 등의 검체를 통하여 검사하기도 한다.

※ 미생물의 신속검출법 : ATP 광측정법, DNA 증폭법, 형광항체 이용법

[핵심예제]

12-1. 식품 중의 대장균군 검사 결과 MPN 값이 50이 나왔다면 검체 100mL 중에 존재하는 대장균군의 수는 몇 개인가?

① 5　　　　　　　　　② 50
③ 500　　　　　　　　④ 5,000

정답 ②

12-2. 최근에 많이 사용되는 미생물 신속검출법은 무엇인가?

① ATP 광측정법　　　② 최확수법
③ 막투과법　　　　　④ 평판도말법

정답 ①

해설

12-1
대장균군수 단위는 MPN/100mL이므로 대장균수는 50이 된다.

4-2. 물리·화학적 요인 및 관리

핵심이론 01 | **화학적 위해물질의 이해(1)**

① 유해성 착색료

 ㉠ Auramine : 황색의 염기성 색소로 카레가루, 단무지 등의 착색에 오용

 ㉡ p-nitroaniline : 무미, 무취의 황색결정체로 두통, 청색증, 혼수상태 등을 일으킨다.

 ㉢ Rhodamin B : 분홍색 색소로 어묵, 과자 등의 착색에 오용되며 구토, 설사, 복통 등을 유발한다.

 ㉣ Silk Scalet : 선홍색 색소로 견사에 사용한다.

② 유해성 보존료

 • 붕산(H_3BO_3) 및 붕사($NA_2B_4O_7$), 폼알데하이드(Form-aldehyde), Urotropin, β-naphthol, 염화수은(Ⅱ)($HgCl_2$), 플루오린화수소(HF) 등

 ※ Formaldehyde : 두부의 방부 목적에 사용되었고 합성수지 용기로부터 검출됨

③ 유해성 표백료 : Rongalit(물엿의 표백제), Nitrogen Trichloride(밀가루 표백), 과산화수소, 아황산염 등

④ 유해성 감미료

 ㉠ Cyclamate : 설탕보다 50배의 감미도를 갖고 있으나 발암성 물질을 유발한다.

 ㉡ p-nitro-o-toluidine : 설탕보다 약 200배 단맛을 내는 황색결정체로, 혈액독과 신경독의 중독이 있어 사용이 금지되었다.

 ㉢ Dulcin : 혈액독, 설탕보다 약 200~300배의 감미도를 갖고 있으나 발암물질을 생성한다.

 ㉣ Perillartine : 설탕의 2,000배의 감미도를 갖고 있으나 신장장애를 일으킨다.

 ㉤ Ethylene Glycol : 원래 엔진 부동액으로 사용, 감미료로 사용, 신경장애

⑤ 기 타

 ㉠ 아크릴아마이드(Acrylamide) : 감자나 빵처럼 탄수화물이 많은 식품을 고온에서 튀기거나 구울 때 발생하는 유해물질이다. 식품에 들어 있는 아스파라긴이라는 아미노산과 일부 당류가 120℃ 이상에서 가열되는 과정에서 생긴다.

 ㉡ 나이트로사민(나이트로아민, Nitrosamine) : 발색제 아질산나트륨과 아민류가 결합하여 나이트로사민이 만들어진다. 나이트로사민은 소시지, 햄, 베이컨 등 육가공 제조 가공 저장 중에 생성되는 발암물질이다.

식품 관련 건강을 위한 생성요인에 따른 원인의 분류
- 내인성 : 식품 원재료의 고유성분인 유독·유해물질이 위해의 발생요인이 되는 것
- 외인성 : 식품의 생산, 제조, 가공, 저장, 유통 또는 소비 등의 과정에서 외부로부터 혼입되거나 오염되는 것
- 유인성 : 식품의 제조, 가공, 저장, 유통 등의 과정에서 식품 중에 또는 식품의 섭취에 의해 생체 내에서 유독·유해물질이 생김으로써 일어나는 위해

핵심예제

1-1. 전분질 식품을 높은 온도로 가열할 때 생성되는 물질로 감자튀김 등에서 발견되어 문제가 된 독성물질은?

① 나이트로사민(N-Nitrosamine)

② 아크릴아마이드(Acrylamide)

③ 아플라톡신(Aflatoxin)

④ 솔라닌(Solanine)

            정답 ②

1-2. 조리과정 중 생성되는 건강장해 물질은 다음 중 무엇에 속하는가?

① 내인성   ② 수인성

③ 외인성   ④ 유인성

            정답 ④

핵심이론 **02** 　화학적 위해물질의 이해(2)

① 내분비계 장해물질(EDs)

　㉠ 비스페놀 A(Bisphenol A)

　　• 캔용기, 병뚜껑, 상수관 같은 금속제품을 코팅하는 래커(Lacquer), 우유병, 생수용기 등의 소재에 사용된다.

　　• 멸균 시 식품에 용출될 가능성이 높다.

　　• 중독 증상으로는 피부염증, 발열, 태아 발육 이상, 피부알레르기를 유발할 수 있다.

　㉡ 다이옥신

　　• 무색, 무취의 맹독성 화학물질이다.

　　• 쓰레기 소각과정에서 발생되는 환경호르몬(내분비교란물질)이다.

　　• 화학적으로 안정되어 있어 분해되거나 다른 물질과 쉽게 결합되지 않아 자연적으로 사라지지 않는다.

　　• 물에는 잘 녹지 않고 지방에 잘 녹기 때문에 몸속에 들어가면 소변으로 배설되지 않고 지방조직에 축적된다.

　　• 처음 노출되면 두통, 구토, 발진 등의 증세를 일으키며, 인체에 축적되어 10여년이 지난 후 암을 유발하고 기형아 출산의 원인이 된다.

　㉢ 2,4-Dichlorophenol(2,4-DCP) : 산분해 간장에는 내분비계 장애물질(환경호르몬)로 알려진 MCPD와 DCP가 검출된다.

　㉣ 벤조피렌

　　• 3개의 아민작용기를 가지고 있고, 잔류기간이 길다.

　　• 탄수화물, 단백질, 지방 등이 불완전 연소되어 생성된다.

　　• 지방 함유 식품과 불꽃이 직접 접촉할 때 가장 많이 생성된다.

　　• 주로 콜타르, 자동차 배출가스(특히 디젤엔진), 담배에서 발생한다.

　　• 국제암연구소에서는 발암물질로 분류하고 있다.

② 방사능 물질

　㉠ 방사능 물질이 대기로 방출되어 낙진 또는 비를 통해 토양이나 해양을 오염시키며, 이러한 환경에 의해 농·축수산물에 흡수 축적된 방사능 물질이 인체에 흡수된다.

　㉡ 빗물, 수돗물, 우물물 중 방사성 물질의 오염을 받기 쉬운 것은 빗물이다.

　㉢ 인체에 가장 많이 피해를 주는 것은 반감기가 긴 물질이다.

　㉣ 잎 표면이 위를 향하며 잎이 넓은 채소류는 다른 채소에 비하여 비교적 높은 농도의 방사능 물질이 검출된다.

　㉤ 다시마와 미역 등에는 아이오딘이 함유되어 있으나, 함유되는 안정 아이오딘량이 적고 일정하지 않아 피폭 예방에 대한 효과는 미미하다.

　㉥ 어패류의 경우 방사성 물질이 먹이사슬을 통해 생물에 농축된다.

　㉦ 식품오염과 관련된 핵종으로 위생상 문제가 되는 것은 ^{90}Sr, ^{137}Cs, ^{131}I 등이다.

　　• 스트론튬(^{90}Sr) : 뼈에 축적되어 백혈병·골수암 등을 일으킨다.

　　• 세슘(^{137}Cs) : 인체의 근육조직에 침투하여 농축되며, 유방암·불임·근육마비 등을 유발한다.

　　• 아이오딘(^{131}I) : 반감기는 8일로 짧으나 갑상선암을 일으킨다.

［핵심예제］

2-1. 벤조피렌에 대한 설명으로 틀린 것은?

① 국제암연구소에서는 발암물질로 분류하고 있다.

② 지방 함유 식품과 불꽃이 직접 접촉할 때 가장 많이 생성된다.

③ 3개의 아민작용기를 가지고 있고, 잔류기간이 짧다.

④ 탄수화물, 단백질, 지방 등이 불완전 연소되어 생성된다.

　　　　　　　　　　　　　　　　　정답 ③

2-2. 방사성 물질의 식품오염에 대한 설명으로 옳은 것은?

① 빗물, 수돗물, 우물물 중 방사성 물질의 오염을 받기 쉬운 것은 수돗물이다.

② 어패류의 경우 방사성 물질이 먹이사슬을 통해 생물에 농축되지 않는다.

③ 인체에 가장 피해를 많이 주는 것은 반감기가 짧은 물질이다.

④ 식품오염과 관련된 핵종으로 위생상 문제가 되는 것은 ^{90}Sr, ^{137}Cs, ^{131}I 등이다.

　　　　　　　　　　　　　　　　　정답 ④

핵심이론 03 | 물리·화학적 검사법

① 유해물질 검사

　㉠ 유해성 중금속류(구리, 수은, 카드뮴, 주석, 아연 등) : 식품이나 음식물 중의 유기물을 건식법이나 습식법에 의해 분해하고, 유해성 중금속을 분리하여 정성(습식, 건식분석법), 정량시험법으로 다음과 같이 분석한다.

　　• 총수은 : 다이싸이존흡광광도법, 환원기화법, 원자흡광광도법으로, 알킬수은은 Chromatography으로 분석

　　• 카드뮴 : 발광분광분석, 원자흡광분석법으로 분석

　　• 비소 : Gutzeit법, Molibdene Blue법으로 분석

　　• 납 : Dithizone분광광도법, Polarography, 원자흡광광도법으로 분석

　　• 구리 : Thiocyan산법에 의한 비색법으로 분석

　㉡ Methyl Alcohol 및 Formaldehyde : Chromotrop산법, Fuchsin 아황산법, Acetylacetone법 등의 정성·정량시험법으로 분석한다.

　㉢ 사이안산 및 사이안산 배당체 : 정성시험법(피크린산법, Pyridine-pytazolone법 등)과 정량시험법(Picric Acid법, Pyridine-pyrazolone법, Liebig-deniges법 등)으로 분석한다.

　㉣ 메탄올 : 간이검정법으로 동강산화법, 정량시험은 Chenyl-phthaelin법, Pyrazorone법 이용

② 화학성 식중독의 검사 : Goldstone법이 비교적 간단하여 많이 사용한다.

③ 식품첨가물의 검사 : 식품 등의 규격 및 기준과 식품첨가물의 규격 및 기준에 명시되고 기재된 방법으로 검사한다.

④ 항생물질의 검사

　㉠ 화학적 검사방법에는 비색법, 형광법, 자외선흡수스펙트럼법, Polarograph법 등이 사용된다.

　㉡ 미생물 정량 검사방법으로는 비색법 및 비탁법이 사용된다.

⑤ 잔류 농약의 검사

　㉠ 식품 중에서 잔류 농약을 추출 또는 분리하여 정제한 후 확인시험법과 정량시험법으로 검사한다.

　㉡ 식품공전상 식품의 농약잔류시험법에 이용되는 장치 : 기체크로마토그래프-전자포획검출기(GC-ECD)

HPLC : 액체크로마토그래프, GC : 기체크로마토그래프, MS/MS : 질량분석기, ECD : 전자포획검출기, NPD : 질소·인검출기, UVD : 자외선검출기, FLD : 형광검출기

⑥ 이물(異物)의 검사 : 식품(가공품, 조리)의 원재료, 제조과정, 취급과정, 포장과정 등에서 비위생적으로 혼입된 이물질 중 일반이물검사법은 식품의 성상(분말, 액체 상태)에 따라 체분별법과 여과법으로 나누어지며, 가벼운 이물과 무거운 이물에 따라 와일드만플라스크법과 침강법으로 나누어진다. 금속성 이물은 금속성 이물(쇳가루) 방법에 따라 검사한다.

⑦ 음식물용 기구·용기·포장의 검사 : 식품 등의 규격 및 기준에 명시된 시험방법으로 검사한다.

⑧ 식품의 부패 및 변패검사

　㉠ 식품의 변질검사에 앞서 관능평가를 실시한 후 식품별로 이화학적 방법 등으로 검사한다.

　㉡ 육류와 어패류는 pH, 휘발성 염기질소(VBN ; Volatile Base Nitregen), TMA(Trimethylamine), Histamine 등을 측정하고, 곡류 등은 산도 측정, 유지류는 과산화물가·산가·카보닐가 등으로 측정한다.

핵심예제

3-1. 식품공전상 식품의 농약잔류시험법에 이용되는 장치는?

① 증류식 수분정량 장치
② 가스크로마토그래프 전자포획검출기(ECD)
③ 세미마이크로킬달 장치
④ 가스크로마토그래프 질량분석기(GC/MS)

정답 ②

3-2. 식품의 이물을 검사하는 방법이 아닌 것은?

① 진공법　　　　　　② 체분별법
③ 여과법　　　　　　④ 와일드만플라스크법

정답 ①

3-3. 단백질 식품 중 어육과 식육의 부패 정도를 나타내는 화학적 지표검사항목은?

① 휘발성염기질소(VBN)　② 경도(Hardness)
③ 과산화물가(Peroxide value)　④ 생균수

정답 ①

해설

3-2

식품의 이물검사법 : 체분별법, 여과법, 와일드만플라스크법, 침강법, 금속성 이물검사 등

핵심이론 **04** 식품의 안전성 평가시험(독성검사)

① 급성 독성시험(Acute Toxicity Studies)

　㉠ 일정한 간격으로 저농도 단계부터 고농도 단계까지 단일 용량을 짧은 시간에 투여하는 경구적인 방법이 있다.

　㉡ 실험동물에 대한 관찰(체중, 행동)은 2~4주에 걸쳐서하고 병리조직학적인 부검도 한다.

　㉢ 이때 1회 투여도와 24시간 이내의 치사량을 산출한다.

　㉣ 50% 중간치사량(50% Lethal Dose ; LD_{50})을 알 수 있으며 여러 단계의 약품 용량을 설정한다.

　㉤ LD_{50}이 작을수록 독성이 강하다.

　※ LD_{50} : 중간치사량 또는 반수치사량으로 실험동물 중 50%를 죽게 하는 물질의 용량이다.

② 아급성(단기) 독성시험(만성 독성의 예비시험 성격)

　㉠ 아급성 독성시험(Subacute Toxicity Studies) 숫자는 각 용량당 암수 각각 10~20마리(비설치류는 암수 2마리 이상)에 2주 동안 어떤 물질을 투여한 후 임상병리화학적, 부검 등의 검사를 하여 10% 치사량의 투여용량 범위 내에서 발생하는 독성을 검사하기 위한 단기반복 노출시험이다.

　㉡ 이때 관찰 대상은 행동, 성장, 사망 상태, 장기손상 정도 등이다. 또한 축적작용의 존재 유무, 독성 영향의 생화학적 성질, 현미경적 변화 등도 관찰한다.

③ 만성(장기) 독성시험

　㉠ 미량의 물질을 장기간에 걸쳐 계속 투약하여 체내에 미치는 영향을 관찰하는 유해작용검출시험이다.

　㉡ 대부분 전 수명기간 동안 또는 세대를 계속 투여하는 시험법이다.

　㉢ 식품첨가물처럼 평생 동안 섭취하는 물질의 독성평가를 위해 가장 바람직한 독성시험이다.

　㉣ 용량은 유해효과(Ill Effects)를 나타내는 양이 적당하며, 생존수에 분명한 감소를 일으키는 경우에는 사료에 대한 농도가 10%를 넘지 않도록 한다.

　㉤ 생물학적 최대무작용량(MNEL ; Maximum Non-Effect Level)을 설정하기 위한 방법이다.

　※ 최대무작용량(MNEL : Maximum Non-Effect Level) : 오랜 시간 동안 동물실험에서 아무런 영향을 미치지 않는 약물의 1인당 최대 투여량이며, 무독성이 인정되는 최대 섭취량이다.

시험동물에게 그 수명의 1/10 정도의 기간에 걸쳐 시험물질을 연속 경구 투여하면서 나타나는 독성을 관찰하는 시험방법은?

① 급성 독성시험　　　　　② 만성독성시험

③ 아급성 독성시험　　　　④ 변이원성시험

정답 ③

해설

독성시험 검체의 투여기간에 따른 분류

분류	시험법	
일반 독성시험	급성 독성시험(단회 투여 독성시험)	
	반복 투여 독성시험	아급성(단기) 독성시험
		만성 독성시험

4-3. 식품가공 제조시설의 위생

핵심이론 01 | HACCP

① 식품 및 축산물 안전관리인증기준(HACCP ; Hazard Analysis and Critical Control Point)

　㉠ 미국항공우주국(NASA)에서 우주식의 안전성 확보를 위해 개발하기 시작한 위생관리기법이다.

　㉡ HACCP는 위해요소분석((Hazard Analysis)과 중요관리점(Critical Control Point)의 영문 약자로서 '해썹' 또는 '식품 및 축산물 안전관리인증기준'으로 불린다.

　㉢ '식품 및 축산물 안전관리인증기준(Hazard Analysis and Critical Control Point, HACCP)'이란 식품위생법 및 건강기능식품에 관한 법률에 따른 식품안전관리인증기준과 축산물 위생관리법에 따른 축산물안전관리인증기준으로서, 식품(건강기능식품을 포함)·축산물의 원료관리, 제조·가공·조리·선별·처리·포장·소분·보관·유통·판매의 모든 과정에서 위해한 물질이 식품 또는 축산물에 섞이거나 식품 또는 축산물이 오염되는 것을 방지하기 위하여 각 과정의 위해요소를 확인·평가하여 중점적으로 관리하는 기준을 말한다(이하 '안전관리인증기준(HACCP)').

```
HACCP의 효과
• 중요관리점의 모니터링 효율성 향상
• 사전 예방 체계 가능
• 기록 관리를 통한 책임 소재의 명확성 확보
```

② HACCP시스템의 12절차와 7원칙

절차 1	HACCP팀 구성	
절차 2	제품설명서 작성	
절차 3	사용용도 확인	준비단계
절차 4	공정흐름도 작성	
절차 5	공정흐름도 현장 확인	
절차 6	모든 잠재적 위해요소 분석	원칙 1
절차 7	중요관리점(CCP) 결정	원칙 2
절차 8	중요관리점의 한계기준 설정	원칙 3
절차 9	중요관리점별 모니터링 체계 확립	원칙 4
절차 10	개선조치방법 수립	원칙 5
절차 11	검증절차 및 방법 수립	원칙 6
절차 12	문서화 및 기록유지방법 설정	원칙 7

③ HACCP 대상 식품(식품위생법 시행규칙 제62조)

　㉠ 수산가공식품류의 어육가공품류 중 어묵·어육소시지

　㉡ 기타 수산물가공품 중 냉동 어류·연체류·조미가공품

　㉢ 냉동식품 중 피자류·만두류·면류

　㉣ 과자류, 빵류 또는 떡류 중 과자·캔디류·빵류·떡류

　㉤ 빙과류 중 빙과

　㉥ 음료류[다류(茶類) 및 커피류는 제외한다]

　㉦ 레토르트식품

　㉧ 절임류 또는 조림류의 김치류 중 김치(배추를 주원료로 하여 절임, 양념혼합과정 등을 거쳐 이를 발효시킨 것이거나 발효시키지 아니한 것 또는 이를 가공한 것에 한한다)

　㉨ 코코아가공품 또는 초콜릿류 중 초콜릿류

　㉩ 면류 중 유탕면 또는 곡분, 전분, 전분질원료 등을 주원료로 반죽하여 손이나 기계 따위로 면을 뽑아내거나 자른 국수로서 생면·숙면·건면

　㉪ 특수용도식품

　㉫ 즉석섭취·편의식품류 중 즉석섭취식품

　㉬ 즉석섭취·편의식품류의 즉석조리식품 중 순대

　㉭ 식품제조·가공업의 영업소 중 전년도 총매출액이 100억원 이상인 영업소에서 제조·가공하는 식품

핵심예제

1-1. HACCP제도의 도입을 위한 12절차 중 3원칙에 해당하는 것은?

① 중요관리점(CCP) 결정　　② CCP 한계기준 설정
③ CCP 모니터링체계 확립　　④ 문서화, 기록유지방법 설정

정답 ②

1-2. 식품위해요소중점관리(HACCP)의 7원칙이 아닌 것은?

① 위해요소분석　　　　　② 모니터링방법 설정
③ 개선조치 설정　　　　　④ HACCP팀 구성

정답 ④

1-3. 위해요소 중점관리 기준을 의미하는 용어는 무엇인가?

① HACCP(Hazard Analysis Critical Control Point)
② SSOP(Sanitation Standard Operation Procedure)
③ GMP(Good Manufacturing Practice)
④ GAP(Good Agricultural Practice)

정답 ①

해설

1-3
② SSOP : 표준위생관리기준
③ GMP : 제조품질관리
④ GAP : 우수농산물관리제도

식품 및 축산물 안전관리인증기준에서의 정의는 다음과 같다.
① 위해요소(Hazard)란 규정에서 정하고 있는 인체의 건강을 해할 우려가 있는 생물학적, 화학적 또는 물리적 인자나 조건을 말한다.
　㉠ B(Biological Hazards), 생물학적 위해요소 : 제품에 내재하면서 인체의 건강을 해할 우려가 있는 병원성 미생물, 부패미생물, 병원성 대장균(군), 효모, 곰팡이, 기생충, 바이러스 등
　㉡ C(Chemical Hazards), 화학적 위해요소 : 제품에 내재하면서 인체의 건강을 해할 우려가 있는 중금속, 농약, 항생물질, 항균물질, 사용기준 초과 또는 사용 금지된 식품첨가물 등 화학적 원인물질
　㉢ P(Physical Hazards), 물리적 위해요소 : 제품에 내재하면서 인체의 건강을 해할 우려가 있는 인자 중에서 돌조각, 유리조각, 플라스틱 조각, 쇳조각 등
② 위해요소분석(Hazard Analysis) : 식품·축산물 안전에 영향을 줄 수 있는 위해요소와 이를 유발할 수 있는 조건이 존재하는지의 여부를 판별하기 위하여 필요한 정보를 수집하고 평가하는 일련의 과정을 말한다.
③ 중요관리점(CCP ; Critical Control Point) : 안전관리인증기준(HACCP)을 적용하여 식품·축산물의 위해요소를 예방·제어하거나 허용 수준 이하로 감소시켜 해당 식품·축산의 안전성을 확보할 수 있는 중요한 단계·과정 또는 공정을 말한다.
④ 한계기준(Critical Limit) : 중요관리점에서의 위해요소 관리가 허용범위 이내로 충분히 이루어지고 있는지의 여부를 판단할 수 있는 기준이나 기준치를 말한다.
⑤ 모니터링(Monitoring) : 중요관리점에 설정된 한계기준을 적절히 관리하고 있는지의 여부를 확인하기 위하여 수행하는 일련의 계획된 관찰이나 측정하는 행위 등을 말한다.
⑥ 개선조치(Corrective Action) : 모니터링 결과 중요관리점의 한계기준을 이탈할 경우에 취하는 일련의 조치를 말한다.
⑦ 선행요건(Pre-requisite Program) : 식품위생법, 건강기능식품에 관한 법률, 축산물 위생관리법에 따라 안전관리인증기준(HACCP)을 적용하기 위한 위생관리프로그램을 말한다.

⑧ 안전관리인증기준 관리계획(HACCP Plan) : 식품·축산물의 원료 구입부터 최종 판매에 이르는 전 과정에서 위해가 발생할 우려가 있는 요소를 사전에 확인하여 허용 수준 이하로 감소시키거나 제어 또는 예방할 목적으로 안전관리인증기준(HACCP)에 따라 작성한 제조·가공·조리·선별·처리·포장·소분·보관·유통·판매 공정 관리문서나 도표 또는 계획을 말한다.
⑨ 검증(Verification) : 안전관리인증기준(HACCP) 관리계획의 유효성(Validation)과 실행(Implementation) 여부를 정기적으로 평가하는 일련의 활동(적용방법과 절차, 확인 및 기타 평가 등을 수행하는 행위를 포함한다)을 말한다(식품 및 축산물 안전관리인증기준에서).
⑩ 안전관리인증기준(HACCP) 적용업소 : 식품위생법, 건강기능식품에 관한 법률에 따라 안전관리인증기준(HACCP)을 적용·준수하여 식품을 제조·가공·조리·소분·유통·판매하는 업소와 축산물 위생관리법에 따라 안전관리인증기준(HACCP)을 적용·준수하고 있는 안전관리인증작업장·안전관리인증업소·안전관리인증농장 또는 축산물안전관리통합인증업체 등을 말한다.
⑪ 관리책임자 : 축산물 위생관리법에 따른 자체 안전관리인증기준 적용 작업장 및 안전관리인증기준(HACCP) 적용 작업장 등의 영업자·농업인이 안전관리인증기준(HACCP) 운영 및 관리를 직접 할 수 없는 경우, 해당 안전관리인증기준 운영 및 관리를 총괄적으로 책임지고 운영하도록 지정한 자(영업자·농업인을 포함한다)를 말한다.
⑫ 통합관리프로그램 : 축산물 위생관리법 시행규칙에 따라 축산물안전관리통합인증업체에 참여하는 각각의 작업장·업소·농장에 안전관리인증기준(HACCP)을 적용·운용하고 있는 통합적인 위생관리프로그램을 말한다.
⑬ 중요관리점(CCP) 모니터링 자동 기록관리시스템 : 중요관리점(CCP) 모니터링 데이터를 실시간으로 자동 기록·관리 및 확인·저장할 수 있도록 하여 데이터의 위·변조를 방지할 수 있는 시스템(이하 '자동 기록관리 시스템')을 말한다.

[핵심예제]

2-1. HACCP 적용 시 모니터링 결과 중요점의 한계기준을 이탈할 경우에 취하는 일련의 조치는?

① 개선조치　　　　　② 예방조치
③ 재검토조치　　　　④ 경과조치

정답 ①

2-2. HACCP을 적용하여 식품·축산물의 위해요소를 예방, 제어하거나 허용 수준 이하로 감소시켜 해당 식품·축산물의 안전성을 확보할 수 있는 중요한 단계·과정 또는 공정을 정의하는 용어는?

① 모니터링　　　　　② 한계기준
③ 중요관리점　　　　④ 위해요소

정답 ③

2-3. 식품 위해요소의 종류가 옳게 연결된 것은?

① 생물학적 위해요소 - 기생충
② 물리적 위해요소 - 첨가물
③ 물리적 위해요소 - 자연독
④ 생물학적 위해요소 - 첨가물

정답 ①

선행요건관리(HACCP 제5조)
식품(식품첨가물 포함)제조·가공업소, 건강기능식품제조업소, 집단급식소식품판매업소, 축산물작업장·업소의 선행요건 관리 항목
• 영업장 관리
• 위생 관리
• 제조·가공·조리 시설·설비 관리
• 냉장·냉동 시설·설비 관리
• 용수 관리
• 보관·운송 관리
• 검사 관리
• 회수 프로그램 관리

① 작업장
　㉠ 작업장은 독립된 건물이거나 식품 취급 외의 용도로 사용되는 시설과 분리(벽·층 등에 의하여 별도의 방 또는 공간으로 구별되는 경우를 말한다)되어야 한다.
　㉡ 작업장(출입문, 창문, 벽, 천장 등)은 누수, 외부의 오염물질이나 해충·설치류 등의 유입을 차단할 수 있도록 밀폐 가능한 구조이어야 한다.
　㉢ 작업장은 청결구역(식품의 특성에 따라 청결구역은 청결구역과 준청결구역으로 구별할 수 있다)과 일반구역으로 분리하고, 제품의 특성과 공정에 따라 분리, 구획 또는 구분할 수 있다.
② 건물 바닥, 벽, 천장 : 원료처리실, 제조·가공실 및 내포장실의 바닥, 벽, 천장, 출입문, 창문 등은 제조·가공하는 식품의 특성에 따라 내수성 또는 내열성 등의 재질을 사용하거나 이러한 처리를 하여야 하고, 바닥은 파이거나 갈라진 틈이 없어야 하며, 작업 특성상 필요한 경우를 제외하고는 마른 상태를 유지하여야 한다. 이 경우 바닥, 벽, 천장 등에 타일 등과 같이 홈이 있는 재질을 사용한 때에는 홈에 먼지, 곰팡이, 이물 등이 끼지 아니하도록 청결하게 관리하여야 한다.
③ 배수 및 배관 : 작업장은 배수가 잘되어야 하고, 배수로에 퇴적물이 쌓이지 아니하여야 하며 배수구, 배수관 등은 역류가 되지 아니하도록 관리하여야 한다.
④ 출입구 : 작업장의 출입구에는 구역별 복장 착용방법을 게시하여야 하고, 개인위생관리를 위한 세척, 건조, 소독설비 등을 구비하여야 하며, 작업자는 세척 또는 소독 등을 통해 오염 가능성 물질 등을 제거한 후 작업에 임하여야 한다.

⑤ 통로 : 작업장 내부에는 종업원의 이동경로를 표시하여야 하고 이동경로에는 물건을 적재하거나 다른 용도로 사용하지 아니하여야 한다.

⑥ 창 : 창의 유리는 파손 시 유리조각이 작업장 내로 흩어지거나 원·부자재 등으로 혼입되지 아니하도록 하여야 한다.

⑦ 채광 및 조명
  ㉠ 작업실 안은 작업이 용이하도록 자연채광 또는 인공조명장치를 이용하여 밝기는 220럭스 이상을 유지하여야 하고, 특히 선별 및 검사구역 작업장 등은 육안 확인이 필요한 조도(540럭스 이상)를 유지하여야 한다.
  ㉡ 채광 및 조명시설은 내부식성 재질을 사용하여야 하며, 식품이 노출되거나 내포장 작업을 하는 작업장에는 파손이나 이물 낙하 등에 의한 오염을 방지하기 위한 보호장치를 하여야 한다.

⑧ 부대시설 중 화장실, 탈의실 등
  ㉠ 화장실, 탈의실 등은 내부 공기를 외부로 배출할 수 있는 별도의 환기시설을 갖추어야 하며, 화장실 등의 벽과 바닥, 천장, 문은 내수성, 내부식성의 재질을 사용하여야 한다. 또한, 화장실의 출입구에는 세척, 건조, 소독 설비 등을 구비하여야 한다.
  ㉡ 탈의실은 외출복장(신발 포함)과 위생복장(신발 포함) 간의 교차 오염이 발생하지 아니하도록 분리 또는 구분·보관하여야 한다.

[핵심예제]

식품을 취급하는 작업장의 구비조건 중 잘못된 것은?

① 작업장의 입지는 폐수·오물처리가 편리하고 공기가 맑고 깨끗하며, 교통이 편리한 곳이 좋다.
② 바닥 표면은 내구성의 재질로서 미끄러지지 않고 쉽게 균열이 가지 않는 재질로 하여야 한다.
③ 벽과 바닥이 맞닿는 모서리는 청소를 용이하게 하기 위하여 90°로 각을 유지하는 것이 좋다.
④ 작업실의 벽 및 천장은 내수성이 있어야 하며 결로가 생기지 않도록 하여야 한다.

정답 ③

해설
바닥과 벽이 만나는 모서리 부분은 최소 반경이 2.5cm 이상의 곡면이 되도록 설계하는 것이 좋다.

핵심이론 04 위생관리 – 작업환경 관리(HACCP [별표 1])

① 동선 계획 및 공정 간 오염방지
  ㉠ 원·부자재의 입고에서부터 출고까지 물류 및 종업원의 이동 동선을 설정하고 이를 준수하여야 한다.
  ㉡ 원료의 입고에서부터 제조·가공, 보관, 운송에 이르기까지 모든 단계에서 혼입될 수 있는 이물에 대한 관리계획을 수립하고 이를 준수하여야 하며, 필요한 경우 이를 관리할 수 있는 시설·장비를 설치하여야 한다.
  ㉢ 청결구역과 일반구역별로 각각 출입, 복장, 세척·소독 기준 등을 포함하는 위생수칙을 설정하여 관리하여야 한다.

② 온도·습도 관리 : 제조·가공·포장·보관 등 공정별로 온도 관리계획을 수립하고 이를 측정할 수 있는 온도계를 설치하여 관리하여야 한다. 필요한 경우 제품의 안전성 및 적합성을 확보하기 위한 습도 관리계획을 수립·운영하여야 한다.

③ 환기시설 관리 : 작업장 내에서 발생하는 악취나 이취, 유해가스, 매연, 증기 등을 배출할 수 있는 환기시설을 설치하여야 한다.

④ 방충·방서 관리
  ㉠ 외부로 개방된 흡·배기구 등에는 여과망이나 방충망 등을 부착하여야 한다.
  ㉡ 작업장은 방충·방서관리를 위하여 해충이나 설치류 등의 유입이나 번식을 방지할 수 있도록 관리하여야 하고, 유입 여부를 정기적으로 확인하여야 한다.
  ㉢ 작업장 내에서 해충이나 설치류 등의 구제를 실시할 경우에는 정해진 위생수칙에 따라 공정이나 식품의 안전성에 영향을 주지 아니하는 범위 내에서 적절한 보호조치를 취한 후 실시하며, 작업 종료 후 식품취급시설 또는 식품에 직간접적으로 접촉한 부분은 세척 등을 통해 오염물질을 제거하여야 한다.

⑤ 개인위생 관리 : 작업장 내에서 작업 중인 종업원 등은 항상 위생복·위생모·위생화 등을 착용하여야 하며, 개인용 장신구 등을 착용하여서는 아니 된다.

⑥ 폐기물 관리 : 폐기물·폐수처리시설은 작업장과 격리된 일정 장소에 설치·운영하며, 폐기물 등의 처리용기는 밀폐 가능한 구조로 침출수 및 냄새가 누출되지 아니하여야 하고, 관리계획에 따라 폐기물 등을 처리·반출하고, 그 관리기록을 유지하여야 한다.

⑦ 세척 또는 소독

　㉠ 영업장에는 기계·설비, 기구·용기 등을 충분히 세척하거나 소독할 수 있는 시설이나 장비를 갖추어야 한다.

　㉡ 세척·소독시설에는 종업원에게 잘 보이는 곳에 올바른 손 세척방법 등에 대한 지침이나 기준을 게시하여야 한다.

　㉢ 영업자는 종업원, 주요시설, 도구 등에 대한 세척 또는 소독 기준을 정하여야 한다.

[핵심예제]

4-1. 작업장의 환경위생관리와 관계가 없는 것은?
① 작업장에 출입하는 작업자의 동선 및 제품의 흐름을 나타내는 동선관리
② 온도 및 습도관리를 위한 공조 및 환기시스템 확보
③ 제품의 문제 발생 시 관리할 수 있는 회수방법의 설정
④ 낙하세균 및 해충 등의 관리

　　　　　　　　정답 ③

4-2. 식품공장에서 식품을 다루는 작업자의 위생과 관련된 설명으로 틀린 것은?
① 작업장에서 깨끗한 장갑을 착용하는 경우에는 손을 씻지 않아도 된다.
② 일반 작업구역에서 비오염 작업구역으로 이동할 때는 반드시 손을 씻고 소독하여야 한다.
③ 신발은 작업 전용 신발을 신어야 하고 같은 신발을 신은 채 화장실에 출입하지 않아야 한다.
④ 피부 감염, 화농성 질환이 있거나 설사를 하는 경우 식품 제조 작업을 중단하는 것이 좋다.

　　　　　　　　정답 ①

해설

4-1
③은 회수프로그램 관리에 속한다.
4-2
장갑 사용 시에도 손 세척은 철저히 하여야 한다.

핵심이론 05 제조·가공시설·설비 관리(HACCP [별표 1])

① 제조·가공·선별·처리시설 및 설비 등은 공정 간 또는 취급시설·설비 간 오염이 발생되지 아니하도록 공정의 흐름에 따라 적절히 배치되어야 하며, 이 경우 제조가공에 사용하는 압축공기, 윤활제 등은 제품에 직접 영향을 주거나 영향을 줄 우려가 있는 경우 관리대책을 마련하여 청결하게 관리하여 위해요인에 의한 오염이 발생하지 아니하여야 한다.

② 식품과 접촉하는 취급시설·설비는 인체에 무해한 내수성·내부식성 재질로 열탕·증기·살균제 등으로 소독·살균이 가능하여야 하며, 기구 및 용기류는 용도별로 구분하여 사용·보관하여야 한다.

③ 온도를 높이거나 낮추는 처리시설에는 온도변화를 측정·기록하는 장치를 설치·구비하거나 일정한 주기를 정하여 온도를 측정하고, 그 기록을 유지하여야 하며 관리계획에 따른 온도가 유지되어야 한다.

④ 식품취급시설·설비는 정기적으로 점검·정비를 하여야 하고 그 결과를 보관하여야 한다.

[핵심예제]

HACCP의 선행요건 중 제조시설 및 기계·기구류 등 설비관리에 해당하지 않는 것은?
① 내수성, 내열성, 내약품성, 내부식성 등의 재질 바닥 자재 설치
② 온도변화를 측정·기록하는 장치를 구비
③ 주기적으로 점검하여 유지·보수 등 개선 조치 실시
④ 기구 및 용기류는 용도별로 구분하여 사용·보관

　　　　　　　　정답 ①

핵심이론 06 | 냉장 · 냉동 시설 · 설비 관리 및 용수 관리 (HACCP [별표 1])

① 냉장 · 냉동시설 · 설비 관리 : 냉장시설은 내부의 온도를 10℃ 이하(다만, 신선편의식품, 훈제연어, 가금육은 5℃ 이하 보관 등 보관온도 기준이 별도로 정해져 있는 식품의 경우에는 그 기준을 따른다), 냉동시설은 −18℃ 이하로 유지하고, 외부에서 온도변화를 관찰할 수 있어야 하며, 온도감응장치의 센서는 온도가 가장 높게 측정되는 곳에 위치하도록 한다.

② 용수관리

　㉠ 식품 제조 · 가공에 사용되거나 식품에 접촉할 수 있는 시설 · 설비, 기구 · 용기, 종업원 등의 세척에 사용되는 용수는 수돗물이나 먹는물 관리법 제5조의 규정에 의한 먹는물 수질기준에 적합한 지하수이어야 한다. 지하수를 사용하는 경우 취수원은 화장실, 폐기물 · 폐수처리시설, 동물 사육장 등 기타 지하수가 오염될 우려가 없도록 관리하여야 하며, 필요한 경우 살균 또는 소독장치를 갖추어야 한다.

　㉡ 식품 제조 · 가공에 사용되거나, 식품에 접촉할 수 있는 시설 · 설비, 기구 · 용기, 종업원 등의 세척에 사용되는 용수는 다음에 따른 검사를 실시하여야 한다.

　• 지하수를 사용하는 경우에는 먹는물 수질기준 전 항목에 대하여 연 1회 이상(음료류 등 직접 마시는 용도의 경우는 반기 1회 이상) 검사를 실시하여야 한다.

　• 먹는물 수질기준에 정해진 미생물학적 항목에 대한 검사를 월 1회 이상(지하수를 사용하거나 상수도의 경우는 비가열식품의 원료 세척수 또는 제품 배합수로 사용하는 경우에 한한다) 실시하여야 하며, 미생물학적 항목에 대한 검사는 간이검사키트를 이용하여 자체적으로 실시할 수 있다.

　㉢ 저수조, 배관 등은 인체에 유해하지 아니한 재질을 사용하여야 하며, 외부로부터의 오염물질 유입을 방지하는 잠금장치를 설치하여야 하고, 누수 및 오염 여부를 정기적으로 점검하여야 한다.

　㉣ 저수조는 반기별 1회 이상 청소와 소독을 자체적으로 실시하거나 저수조청소업자에게 대행하여 실시하여야 하며, 그 결과를 기록 · 유지하여야 한다.

　㉤ 비음용수 배관은 음용수 배관과 구별되도록 표시하고 교차되거나 합류되지 아니하여야 한다.

핵심예제

HACCP 기준상 용수로 지하수를 사용하는 경우 먹는물 수질기준 전 항목에 대한 검사 실시의 기준은?(단, 음료류 등 직접 마시는 용도의 경우에 한한다)

① 1일 1회 이상　　　② 반기 1회 이상
③ 연 1회 이상　　　④ 2년마다 1회씩

정답 ②

핵심이론 07 종사자의 위생관리

① 종사자를 쉬게 해야 하는 경우
- ㉠ 관리자는 업무 시작 전에 종사자들의 건강 상태를 확인 해야 한다.
- ㉡ 발열 또는 감기(재채기) 등의 증상, 설사를 동반하는 복 통 또는 구토 등의 증상, 폐와 관련된 증상, 인후염, 후 두염 등 업무에 부적합한 증상을 보이는 사람은 해당 업무에서 제외시켜야 한다.

② 근무 중에 아프거나 다친 종사자의 관리
- ㉠ 종사자가 작업 중 건강에 이상이 생기거나 다친 경우는 즉시 해당 관리자에게 보고해야 한다.
- ㉡ 관리자는 건강 상태를 확인하고 상황을 판단하여 작업 을 다른 종사자에게 위임시키고 병원에 가도록 조치를 취해야 한다.
- ㉢ 몸에 베이거나 데인 상처·염증·종기가 있으면 반창 고를 붙여서 상처가 외부에 노출되지 않도록 한다.
- ㉣ 손의 상처는 반창고를 붙인 후 합성수지로 된 일회용 장갑을 낀 후 식품과 접촉하지 않는 업무로 바꾸어 주어 야 한다.

③ 종사자의 위생적인 습관
- ㉠ 종사자는 매일 머리를 감고 목욕하고 출근해야 한다.
- ㉡ 습관적으로 코를 만지거나 헛기침을 하지 않는다.
- ㉢ 식품을 취급하는 중간에 담배를 피우거나, 껌을 씹거나, 침을 뱉지 말아야 한다.
- ㉣ 작업 중 화장실에 갈 때는 탈의실에서 작업복, 작업모, 신발 등을 바꿔 착용해야 한다.
- ㉤ 휴식할 때는 휴게실을 이용하고 휴게실은 항상 청결하 게 유지해야 한다.

[핵심예제]

식품 관련 업체에 종사하는 자의 위생적인 습관과 관계없는 것은?

① 매일 머리를 감고 목욕한 후에 출근해야 한다.
② 습관적으로 코를 만지거나 헛기침을 하지 말아야 한다.
③ 휴식을 취할 때는 휴게실을 이용하고 휴게실은 항상 청결하 게 유지해야 한다.
④ 작업 중 화장실에 갈 때는 탈의실에서 작업복, 작업모, 신발 등을 바꿔 착용할 필요는 없다.

정답 ④

핵심이론 08 종사자의 복장관리 등

① 종사자의 작업복과 작업장
- ㉠ 종사자는 작업장 안에서 입는 작업복과 밖에서 입는 것 을 구분하여 보관한다.
- ㉡ 작업복을 입은 상태로 외부에 출입하는 것을 금지시켜 외부에서 오염되어 들어오는 것을 방지해야 한다.
- ㉢ 탈의실과 작업장은 분리되어 있어야 한다.
- ㉣ 종사자가 손으로 작업복을 만진 경우에는 옷에 존재하 는 미생물이 손으로 옮겨질 수 있으므로 반드시 손을 씻는다.

② 기타 복장관리
- ㉠ 종사자는 위생모를 착용하여 머리카락이 식품에 들어 가지 않도록 한다.
- ㉡ 위생모는 모든 면이 종이망으로 둘러싸여 있어야 하며, 사용 후에 폐기한다.
- ㉢ 위생화는 하루 한 번 표면을 소독하고, 일주일에 한 번 이상은 내부도 세척·소독한다.
- ㉣ 화장실에는 전용 신발을 둔다.
- ㉤ 작업장의 출입구, 오염구역, 청결구역이 서로 연결되어 있는 곳에는 시판 하이포염소산소듐 희석액이나 역성 비누 등 소독액이 들어 있는 발판을 비치하여 출입하는 사람의 신발 바닥을 소독한다.

③ 장신구 관리
반지, 귀걸이, 목걸이 등과 같은 장신구 틈에는 오염물질이 끼어 있고, 식품에 빠져 들어가거나, 기계에 들어가 안전사 고가 날 수 있으므로 착용을 금해야 한다.

[핵심예제]

식품공장에서 식품을 다루는 작업자의 위생과 관련된 설명으로 틀린 것은?

① 작업장에서 깨끗한 장갑을 착용하는 경우에는 손을 씻지 않 아도 된다.
② 일반 작업구역에서 비오염 작업구역으로 이동할 때는 반드 시 손을 씻고 소독하여야 한다.
③ 신발은 작업 전용 신발을 신어야 하고 같은 신발을 신은 채 화장실에 출입하지 않아야 한다.
④ 피부 감염, 화농성 질환이 있거나 설사하는 경우 식품 제조 작업을 중단하는 것이 좋다.

정답 ①

핵심이론 09 유기가공식품의 해충 및 병원균 관리

① 해충 및 병원균 관리(유기식품 및 무농약농산물 등의 인증에 관한 세부실시 요령 [별표 1])

　㉠ 해충 및 병원균 관리를 위하여 규칙 [별표 1]에서 정한 물질을 제외한 화학적인 방법이나 방사선조사방법을 사용할 수 없다.

　㉡ 해충 및 병원균 관리를 위하여 다음 사항을 우선적으로 조치하여야 한다.

　　• 서식처 제거, 접근 경로의 차단, 천적의 활용 등 예방조치

　　• 예방조치로 부족한 경우 물리적 장벽, 음파, 초음파, 빛, 자외선, 덫, 온도관리, 성호르몬 처리 등을 활용한 기계적 · 물리적 · 생물학적 방법 사용

　　• 기계적 · 물리적 · 생물학적 방법으로 적절하게 방제되지 아니하는 경우 규칙 [별표 1]에서 정한 물질 사용

　㉢ 해충과 병원균 관리를 위해 장비 및 시설에 허용되지 않은 물질을 사용하지 않아야 하며, 허용되지 않은 물질이나 금지된 방법으로부터 유기식품을 보호하기 위해 격리 등의 충분한 예방조치를 하여야 한다.

② 세척 및 소독(유기식품 및 무농약농산물 등의 인증에 관한 세부실시 요령 [별표 1])

　㉠ 유기가공식품은 시설이나 설비 또는 원료의 세척, 살균, 소독에 사용된 물질을 함유하지 않아야 한다.

　㉡ 사업자는 유기가공식품을 유기 생산, 제조 · 가공 또는 취급에 사용할 수 있도록 허용되지 않은 물질이나 해충, 병원균, 그 밖의 이물질로부터 보호하기 위하여 필요한 예방조치를 하여야 한다.

　㉢ 먹는물관리법의 기준에 적합한 먹는물과 규칙 [별표 1]에서 허용하는 식품첨가물 또는 가공보조제를 식품 표면이나 식품과 직접 접촉하는 표면의 세척제 및 소독제로 사용할 수 있다.

　㉣ 세척제 · 소독제를 시설 및 장비에 사용하는 경우 유기식품의 유기적 순수성이 훼손되지 않도록 조치하여야 한다.

③ 기타 주요사항

　㉠ 세척에 영향을 미치는 요소에는 세제의 종류, 물의 온도, 세척시간과 강도가 있다.

　㉡ 유기식품 생산시설의 위생관리를 위한 세척방식 : 진동, 컴프레서 공기 세척, CIP(Cleaning In Place)

　㉢ 소독제로서 알코올의 가장 효과적인 농도는 70%이다.

　㉤ 유기식품 가공시설에서 황산, 에탄올, 차아염소산수, 이산화염소수, 오존수는 식품 표면의 세척 · 소독제로 사용이 허용된다.

핵심예제

9-1. 유기식품 생산시설의 위생관리를 위한 세척방식이 아닌 것은?

① 검 정　　　　　　　　② 진 동
③ 컴프레서 공기 세척　④ CIP(Cleaning In Place)

정답 ①

9-2. 유기식품 가공시설에서 세척제로 적당하지 않은 것은?

① 황 산　　　　② DDT
③ 에탄올　　　④ 차아염소산나트륨제제

정답 ②

9-3. 유기가공식품 제조공장의 관리방법이 아닌 것은?

① 공장의 해충은 기계적, 물리적, 화학적 방법으로 방제한다.
② 합성농약자재 등을 사용할 경우 유기가공식품 및 유기농산물과 직접 접촉하지 아니하여야 한다.
③ 제조설비 중 식품과 직접 접촉하는 부분의 세척, 소독은 화학약품을 사용하여서는 아니 된다.
④ 식품첨가물을 사용한 경우에는 식품첨가물이 제조설비에 잔존하여서는 아니 된다.

정답 ①

9-4. 유기가공식품제조 공장 주변의 해충방제방법으로 우선적으로 고려해야 하는 방법이 아닌 것은?

① 기계적 방법　② 물리적 방법
③ 생물학적 방법　④ 화학적 방법

정답 ④

해설

9-2
DDT는 반감기가 길고, 지용성이기 때문에 동물의 지방조직에 축적되어 만성독성을 일으키는 유기염소계 농약이다.

유기식품 등의 유통

5-1. 유기농·축산물 및 유기가공식품 유통

핵심이론 01 | 시장조사

시장조사란 어떤 제품(혹은 서비스)이 잘 팔릴지를 미리 알아보는 과정이다.

① 소비자의 기호변화 경향

    ㉠ 간편화, 합리화

    ㉡ 품질의 고급화

    ㉢ 제품의 다양화

    ㉣ 건강 및 안전성 지향

    ※ 유기식품에 대한 소비자의 의향과 욕구는 확실한 품질, 저렴한 가격, 구매의 편리성이다.

2020년 식품소비 트렌드
- 바이 미 포 미(Buy me For me) : 나를 위한 소비
- 간편식

---

② 소득 증대에 따른 소비형태의 변화 추이

    ㉠ 가공식품, 편의식품 및 건강식품의 소비가 증대되고 있다.

    ㉡ 주곡의 소비가 감소되고 채소, 과일, 축산물의 수요가 지속적으로 증가하고 있다.

    ㉢ 외식에 대한 소비가 늘어나고 있다.

    ㉣ 식품안전성 인식에 따른 친환경식품의 소비가 증가하고 있다.

    ㉤ 소비자가 구매하는 식품의 가치는 단순한 '배부름'이 아니라 '건강'과 '만족감'이다.

신선편이 농산식품 갈변 억제방법
- 박피, 절단 개선, 열처리방법, MA포장, 저온저장, 유통 중 관리
- 첨가물 사용 : 산도 조절, 환원제(비타민 C), 중합인산염, 혼합처리 등

---

③ 시장조사방법

    ㉠ 대인면접법 : 가정이나 사무실, 거리, 상점가 등에 있는 조사대상자들의 협조를 얻어 그들과의 대화를 통해 정보를 수집하는 방법이다.

장 점	• 응답자의 이해도, 응답능력을 알아내 이해를 도울 수 있다. • 면접원의 역량에 따라 신뢰감(Rapport)을 형성해 갈 수 있으며, 심층규명(Probing : 응답자의 대답이 불충분하고 부정확할 때 재질문하여 답을 구하는 기술)이 가능하다. • 응답자와 주변 상황을 관찰할 수 있고 제3자의 개입을 방지할 수 있다. • 응답률이 비교적 높은 편이며, 표본편차를 줄일 수 있다. • 개방형 질문을 유용하게 활용할 수 있으며 누락자료를 줄일 수 있다.
단 점	• 절차가 복잡하고 불편하다. • 시간, 비용, 노력이 많이 든다. • 조사자의 편견이 개입된다. • 익명성 보장이 곤란하다. • 민감한 질문에 응답을 얻기 어렵다. • 접근이 용이하지 못하다.

    ㉡ 우편조사법 : 원거리조사·분산조사가 가능하고 부재 시에도 조사가 가능하다. 또한, 회답자가 여유 있게 답할 수 있으며, 회답자가 익명을 사용하기 때문에 솔직한 정보 수집이 가능하며, 면접자에 의한 압박이나 영향을 받지 않는다.

    ㉢ 전화조사법 : 전화조사는 비용이 적게 들며, 단기간 내에 조사 완료가 가능하며, 개인면접 기피자도 조사할 수 있다.

1-1. 고도산업사회에서의 식품 소비형태와 거리가 먼 것은?

① 고급, 편의, 건강을 추구한다.
② 대량 생산에 의한 대량 유통체계로 전환된다.
③ 가공, 조리, 편의식품이 증가한다.
④ 신선식품, 유기가공식품이 발달한다.

정답 ②

1-2. 유기식품에 대한 소비자의 의향과 욕구는?

① 정상 가격, 구매의 편리성, 대량 구매
② 대량 생산, 대량 소비, 대량 유통
③ 확실한 품질, 정가 매매, 상점의 거리
④ 확실한 품질, 저렴한 가격, 구매의 편리성

정답 ④

1-3. 유기식품의 마케팅조사에 있어 자료 수집을 위한 대인면접법의 특징에 대한 설명으로 옳은 것은?

① 조사비용 저렴
② 신속한 정보 획득 가능
③ 면접자의 감독과 통제 용이
④ 표본분포의 통제 가능

정답 ④

해설

1-1
고도산업사회 소비자의 소비형태는 소량 유통체제로 전환되고 있다.

핵심이론 02 **가격의 개념**

① 가격의 기능
　㉠ 자원배분기능 : 희소한 자원을 적재적소에 배분할 수 있게 하며, 생산활동과 소비활동의 신호나 유인을 마련하는 지표 또는 신호를 전달하는 기능을 한다.
　㉡ 소득분배기능 : 경제 주체의 소득은 자신이 소유한 요소의 양과 가격에 의해 결정되므로 소득 분배 상태를 결정한다.
　㉢ 거래비용의 절감효과 : 시장은 거래 당사자에게 상품의 가격과 품질에 대한 정보를 제공함으로써 탐색에 따른 거래비용을 줄여 준다.
　㉣ 생산물배분기능(분업의 전문화 촉진) : 시장이 발달함에 따라 생산물의 교환이 용이해지면서 생산자들이 특정 분야에 전문화할 수 있는 기회를 갖게 되고, 생산 규모의 확대를 통한 생산력 향상을 통해 생산비의 절감을 가져 온다.

② 고객의 심리와 행동
　㉠ 준거가격(Reference Price) : 구매자가 '이 정도 가격이면 될 것이다'라고 마음속에 설정한 기준이 되는 가격이다.
　㉡ 유보가격(Reservation Price) : 구매자가 어떤 상품에 지불할 용의가 있는 최고(최소) 가격이다.
　㉢ 최저 수용가격(Lowest Acceptable Price) : 너무 싸서 안 사다가도 좋아하는 연예인이 광고하거나 품질이 좋은 것이 알려지는 계기가 있다면 구매를 하기도 한다. 즉, 소비자가 제품의 질을 의심하지 않고 구매할 수 있는 가장 낮은 가격이다.
　㉣ 손실회피성(Loss Aversion) : 구매자들이 이득보다 손실에 더 민감하게 반응하는 현상으로, 가격 인하보다 가격인상에 더 민감하게 반응한다.

③ 가격전략
　㉠ High/Low 가격전략 : 대형 유통업체에서 정상가로 판매하다가 시즌 마지막에 세일과 같은 저가격전략을 사용하는 가격전략이다.
　㉡ 상시 저가격전략(EDLP ; EveryDay Low Price) : 상품 가격의 인하와 더불어 지속적으로 저렴한 가격을 유지하는 데 초점을 두는 전략이다.

ⓒ 단수 가격전략(Odd-Price) : 가격의 단위를 1,000원, 10,000원 등이 아닌 990원, 9,900원 등으로 설정해서 소비자들이 심리적으로 싸게 느끼도록 하는 전략이다.

ⓔ 로스리더(Loss Leader) 가격전략 : 특정 상품의 가격을 낮춰 수익 감소를 감안하는 대신 더 많은 고객을 업체로 유인해 다른 상품을 판매해 결과적으로 더 많은 수익을 낼 수 있다는 마케팅 용어이다. '유인 상품 마케팅'이라고도 한다. 대표적인 사례로는 백화점 정기 세일이나 온라인 마켓 '특가할인 상품', 편의점 '1 + 1/2 + 1 판매 상품' 등이 있다.

핵심예제

2-1. 가격의 고유한 기능과 역할이 아닌 것은?

① 자원배분기능　　　　② 소득분배기능
③ 물가안정기능　　　　④ 생산물배분기능

정답 ③

2-2. 구매자가 어떤 상품에 대하여 지불할 용의가 있는 최고가격은?

① 준거가격(Reference Price)
② 유보가격(Reservation Price)
③ 최저 수용가격(Lowest Acceptable Price)
④ 손실회피성(Loss Aversion)

정답 ②

핵심이론 03　농산물 가격 결정

① 농산물 가격의 특성

ⓐ 농산물은 수요와 공급이 가격의 변화에 비하여 비탄력적이다.

ⓑ 농산물은 계절적인 영향을 많이 받아 연중 공급이 균등하지 못하고 가격이 불안정하다.

ⓒ 농산물은 공급의 반응속도가 느려 가격의 등락이 장기간 지속될 수 있다.

ⓓ 농산물의 시장 개방으로 한 나라의 농산물 가격 변동이 다른 나라에도 영향을 미친다.

ⓔ 동질의 상품을 다수의 생산자가 공급하고 개별 생산자는 가격 형성에 거의 영향을 주지 못하는 단순한 가격 수용자에 불과하므로 농산물 시장은 완전경쟁시장에 가깝고 경쟁가격이 형성된다.

> • 농산물 가격의 특성 : 불안정성, 계절성, 지역성, 비탄력성
> • 파생 수요 : 어떤 농산물 그 자체가 소비되지 않고 다른 최종 소비재를 생산하기 위해 발생하는 농산물 수요의 특징

② 농산물 가격의 파동이 심한 이유

ⓐ 생산에 많은 시간이 소요되어 수요와 공급의 불균형을 심화시킨다.

ⓑ 수요가 급증할 경우 공급의 비탄력성으로 인해 물량이 바로 증가하지 못하기 때문에 가격이 급등한다.

ⓒ 초과 수요 발생 시 후발 생산자들이 생산한 농산물의 공급 물량으로 인해 초과공급현상이 발생하여 가격은 더욱 하락한다.

ⓓ 가격 급등 시 새로운 생산자가 생겨도 재배기간 중에 농산물 가격이 계속 상승함에 따라 계속적인 가격 상승이 발생한다.

③ 농산물 가격변동의 특징

ⓐ 농산물은 수요의 소득탄력성이 낮기 때문에 1인당 소비량이 한계를 보이는 경우가 많다.

ⓑ 생산과 소비의 계절성에 기인하여 가격도 규칙적인 계절변동을 보이는 경우가 많고 농산물 특유의 주기변동이 있다. 이것은 영세한 생산자가 생산계획 시의 높은 가격에 대응하여 생산을 확대했을 때 공급 시에 공급 과잉이 일어나며, 반대로 낮은 가격에 대응하여 생산을 축소하면 공급 부족이 일어나는 데 기인한다.

ⓒ 2~3년 주기의 에그 사이클, 4~5년 주기의 피그 사이클과 같이 축산물에서 흔히 나타난다. 채소나 과일에서는 수확물의 풍흉에 의한 가격변동이 크다.

④ 거미집이론(Cobweb Theorem)

　㉠ 장기간에 걸쳐 생산이 되는 농산물은 뒤늦게 공급량이 따라 오면서 가격의 급등락이 반복되는 현상이 발생하는데 이를 거미집이론이라고 한다. 가격변동에 대해 수요와 공급이 시간차를 가지고 대응하는 과정을 규명한 이론이다.

　㉡ 1934년 미국의 계량학자 레온티에프(W. Leontief) 등에 의해 정식화되었다.

　㉢ 가격과 공급량을 나타내는 점을 이은 눈금이 거미집과 같다고 한 에스겔(M. J. Ezekiel)의 이론이다.

　㉣ 농산물은 공급량 조절에서 자유롭지 못한 상품으로 그 가격은 철저히 그해가 풍년인지 아닌지에 따라 결정된다. 이에 따라 농산물 가격은 어느 지점에서 안정되지 못하고 해마다 급등락을 거듭한다. 즉, 공급자가 현재의 가격을 보고 반응할 뿐, 미래를 예측해 반응하지 못한다는 것을 의미한다.

　㉤ 농산물 가격의 변동을 나타내는 거미집이론의 가정
　　• 시장에서 결정되는 가격에 대해 생산자는 순응적이다.
　　• 공급자는 과거의 가격에, 수요자는 현재의 가격에 기준을 둔다.
　　• 가격의 변화와 생산량의 변화 간에는 일정기간의 시차가 있다(생산기간의 장기성).
　　• 수요와 공급곡선은 정태적이다.
　　• 매매 당사자는 합리적 예측이 곤란하다.

┌─────────────────────────────────┐
│ 농산물 가격을 안정시키기 위한 정부의 역할 │
│ • 가격 지지 정책 실시 │
│ • 출하 조정 사업 │
│ • 공정거래에 관한 법령 시행 │
└─────────────────────────────────┘

[핵심예제]

3-1. 농산물 가격의 특징으로 옳지 않은 것은?

① 안정성　　　　　② 계절성
③ 지역성　　　　　④ 비탄력성

정답 ①

3-2. 농산물 가격의 변동을 나타내는 거미집이론의 가정으로 옳지 않은 것은?

① 시장에서 결정되는 가격에 대해 생산자는 순응적이다.
② 해당 연도의 생산계획은 전년도 가격에 기준을 두고 수립된다.
③ 가격의 변화와 생산량의 변화 간에는 일정기간의 시차가 있다.
④ 수요와 공급곡선은 동태적이다.

정답 ④

해설

3-2
거미집모형은 농산물처럼 생산계획 수립시기와 수확시기의 시차가 큰 경우에는 생산자들은 금년 수확시기의 농산물 가격이 작년 가격과 같으리라 예상하기 쉬운데 이런 경우를 말하며 전형적인 정태적 기대라고 할 수 있다.

핵심이론 04 수요·공급법칙의 예외사항

① 수요법칙의 예외사항

- ㉠ 기펜(Giffen)재 : 소득이 증가하고 열등재 가격이 하락하면 열등재 수요가 감소한다. 즉, 가격이 하락하였음에도 불구하고 수요량이 감소하는 재화이다.
- ㉡ 가수요(투기, 사재기) : 가격이 더욱 상승하리라 예상되는 경우 사전 매점현상으로 수요량이 증가한다. 사회 불안으로 가격 상승이 예상될 경우 가격이 올라도 수요는 증가한다.
- ㉢ 위풍재 : 단순히 부유함을 과시하기 위한 재화로 값이 비싸면 더 잘 팔린다.

② 공급법칙의 예외사항

- ㉠ 골동품 등 희귀품은 가격이 아무리 상승해도 공급량은 증가하지 않는다.
- ㉡ 매석(賣惜) : 가격 상승을 예상하여 가격이 상승하여도 판매하지 않는다.
- ㉢ 노동의 공급곡선 : 일정 수준의 수입이 보장되면 임금이 상승하여도 노동의 공급이 증가하지 않는다.

③ 대체관계

- ㉠ 일반 쌀의 가격이 상승했을 때 유기농 쌀의 수요가 증가한다고 하면 두 종류의 쌀은 대체관계이다.
- ㉡ 과일 A의 가격이 상승했을 때 과일 B의 수요가 증가하는 경우 과일 A와 B는 대체관계이다.

※ 가격탄력성 = 수요량변화율/가격변화율

> **풍년기근** : 작황이 좋아 풍년이 되면 오히려 농업소득이 하락하여 농민들에게 피해를 주는 현상. 즉, 풍작을 거둬 농산물의 수확량이 늘어나면 당연히 농업소득도 증가해야 하는데 현상은 정반대로 나타나는 것을 의미한다.

> **틈새시장(Niche Market)의 특성**
> • 유사한 기존상품은 많으나 소비자가 원하는 상품이 없어서 수요가 틈새처럼 비어 있는 시장을 말한다.
> • 시장 세분화 단계에서 미개척 분야를 파고드는 전략이다.
> • 경쟁구도가 잡혀 있지 않는 시장에 진입하는 것이다.
> • 소비자의 기호가 다양해지면서 틈새시장의 전략적 채택이 증가하고 있다.
> • 틈새시장을 개척하기 위해서는 차별화된 제품이나 독특한 유통방법 등 특화된 영역이 창출되어야 한다.

[핵심예제]

일반 쌀의 가격이 상승했을 때 유기농 쌀의 수요가 증가한다고 하면 두 종류의 쌀은 어떤 관계인가?

① 보완관계　　　　　② 결합관계
③ 보합관계　　　　　④ 대체관계

정답 ④

해설

농업생산의 관계
• 보완관계 : 다른 부문의 생산을 돕는 경우(예 축산과 사료작물 등)
• 결합관계 : 생산물의 상호관계(예 우유와 젖소고기 등)
• 보합관계 : 생산수단이나 경영자원의 공동 이용 가능(예 쌀과 보리 등)
• 경합관계 : 경쟁관계이며 대체관계(예 고추와 담배, 양파와 마늘 등)

5-2. 유기식품 등의 유통

핵심이론 01 농산물 유통기구

① 수집기구(생산자, 수집상) : 주산지나 특산지역에서 생산되는 농산물은 산지 농업협동조합이나 작목반에 의해 계획적으로 수집되어 도매시장으로 수송되고 있다.

② 중계기구(도매시장, 중간 도매시장)
  ㉠ 우리나라 도매시장의 형태
    • 농산물 유통 및 가격 안정법에 의해 개설된 농산물 도매시장
    • 협동조합법에 의해 개설된 농 · 수산업 협동조합공판장
    • 소매시장법에 의해 인가되었으나 도매시장 기능을 하고 있는 유사 도매시장
    ※ 유사 도매시장은 소매시장으로서, 산업통상자원부의 허가를 받아 개설한 시장이지만, 도매시장 기능을 수행하고 있기 때문에 유사 도매시장 또는 위탁상이라 부른다.
  ㉡ 농산물도매시장
    • 기본원리는 거래 총수 최소화의 원리와 대량 준비의 원리에 입각한다.
    • 소규모 분산적인 생산과 소비 간의 질적 · 양적 모순을 조절한다.
    • 중요한 기능은 수급조절기능, 가격형성기능, 배급기능 등이 있다.
    • 농산물의 수집과 분산을 연결하는 중개기구이다.

> **농산물 유통기구의 수직적 통합의 장점**
> • 규모의 경제성을 통한 비용 절감, 거래 교섭력 강화
> • 대량 생산, 다량 거래, 원료 확보 및 제품 판매 용이
> **유기식품 유통기구의 문제점**
> • 유통기구에서의 판매인력 전문성 부족
> • 다양한 공급 품목의 한정성
> • 유기식품 출하자에 대한 결제 지연
> • 유기식품 소매기관의 영세성

▌ 핵심예제 ▐

농산물도매시장에 대한 설명으로 틀린 것은?

① 기본원리는 거래 총수 최대화의 원리와 대량 보유의 원리에 입각한다.
② 소규모 분산적인 생산과 소비 간의 질적 · 양적 모순을 조절한다.
③ 중요한 기능은 수급조절기능, 가격형성기능, 배급기능 등이 있다.
④ 농산물의 수집과 분산을 연결하는 중개기구이다.

정답 ①

핵심이론 02 농산물 유통의 기능

① 유통의 기능
  ㉠ 소유권이전기능(상적 유통기능)
    • 구매기능과 판매기능이 있다.
    • 구매기능 : 생산업자로부터 상품을 구입하는 기능이다.
    • 판매기능 : 잠재고객에 대한 판매 촉진, 거래 체결, 계약조건 확정 등의 기능을 의미한다.
    ※ 유기농산물의 유통기능 중 교환기능은 직거래나 직결체계를 유지하는 것이 일반적이다.
  ㉡ 물적 유통기능
    • 수송, 가공, 저장기능이 있다.
    • 생산과 소비 간의 장소적(운송), 시간적(보관) 격리를 조정하는 기능이다.
  ㉢ 유통조성기능 : 소유권 이전기능과 물적 유통기능을 원활히 수행하기 위한 표준화, 등급화, 유통 금융, 위험 부담 및 시장정보기능을 말한다.

② 농산물 산지유통의 기능
  ㉠ 농산물의 가격변동에 대응한 공급량 조절기능
  ㉡ 농산물을 일반저장, 저온저장하여 성수기에 출하를 억제하고 비수기에 분산 출하하는 출하조절기능(시간효용을 창출)
  ㉢ 생산자와 산지유통인 사이의 농산물 1차 교환기능(소비지에 출하하는 장소효용을 창출)
  ㉣ 산지 가공공장을 이용한 형태효용 및 부가가치 창출기능
  ㉤ 농산물 생산 후 품질 · 지역 · 가공 · 이미지를 차별화함으로써 농산물의 부가가치를 높이는 상품화 기능

③ 도매시장의 기능
  ㉠ 상적 유통기능(매매거래에 관한 기능) : 가격 형성, 대금 결제, 금융기능 및 위험 부담 등의 기능이 있다.
  ㉡ 물적 유통기능(재화의 이동에 관한 기능) : 집하, 분산, 저장, 보관, 하역, 운송 등의 기능이 있다.
  ㉢ 유통정보기능(유통 관련 자료의 생성기능) : 시장동향, 가격 정보 등의 수집 및 전달기능을 말한다.
  ㉣ 수급조절기능(물량 반입, 반출, 저장, 보관기능) : 공급량을 조절하고 가격변동을 통하여 수요량을 조절하기도 한다.

2-1. 유기농산물 유통의 주요기능과 거리가 먼 것은?

① 표준화, 등급화, 시장정보 등 거래조성기능
② 유기농산물 생산기반조성기능
③ 구매, 판매 등 소유권이전기능
④ 운송, 저장, 가공 등의 물질적 유통기능

정답 ②

2-2. 유통기능은 교환기능, 물적 기능, 조성기능으로 구분할 수 있다. 다음 중 물적 기능에 해당되지 않은 것은?

① 수 송　　　　　② 표준화
③ 저 장　　　　　④ 가 공

정답 ②

2-3. 농산물 유통과정에서 일어나는 유통조성기능에 해당하는 것은?

① 운 송　　　　　② 등급화
③ 가 공　　　　　④ 판 매

정답 ②

핵심이론 03 농산물 유통의 특성

① 농산물 유통의 특성

ㄱ 계절적 편재성 : 시장 출하의 계절성으로 생산·수확시기가 일정하고, 수확 물량의 일시출하현상으로 시장에서의 판매조건이 불리한 경우가 많다.

ㄴ 부피와 중량성 : 농산물은 그 가치에 비해 부피가 크고 무거운 편이고, 수송하는 데 많은 비용이 들고 저장·보관 시에도 많은 면적과 공간을 차지한다.

ㄷ 부패성 : 농산물은 유기물로 내구성이 약하여 부패·손상되기 쉽다. 이에 따라 농산물의 수송, 저장, 보관과정에서 그 신선도를 유지하기 어렵다.

ㄹ 양과 질의 불균일성 : 농산물은 생산 장소 및 토양에 따라 생산량과 품질이 상이하다.

ㅁ 용도의 다양성 : 같은 농산물이라도 공업원료, 식품원료 또는 가공식품으로 이용되기도 한다.

ㅂ 수요·공급의 비탄력성 : 적정 물량에서 약간의 과부족이 생겨도 가격의 등락폭은 매우 커진다.

※ 킹의 법칙 : 곡물 수요가 공급을 초과하면 곡물의 가격은 산술급수적이 아니라 기하급수적으로 오른다.

ㅅ 농산물은 유통경로가 여러 단계이므로 유통비용이 많이 든다.

ㅇ 농산물은 같은 품종이라도 크기와 품질이 같지 않아 표준화 및 규격화가 어렵다.

ㅈ 농산물의 지역적 특화 및 산지가 분산적이라 수집과 분산과정이 길고 복잡하다.

※ 집약적 유통 : 어떤 지역 내에서 가능한 한 많은 수의 중간상인들에게 상품을 공급하는 유통으로 가능한 한 많은 소매상들이 자사제품을 취급하도록 하는 전략

② 유기농산물 유통의 특성

ㄱ 일상 필수품으로 구매 빈도가 낮아 일반매장에서 판매가 용이하지 않다.

ㄴ 소포장 유통으로 가격이 상대적으로 고가이다.

ㄷ 소품목의 소량 생산체제이다.

ㄹ 가격과 품질면에서 차별화된 상품으로서의 특성이 강하다.

③ 농산물 유통과정에서 발생하는 위험(피해)

ㄱ 물리적 위험 : 파손, 부패, 감모, 화재, 동해, 풍수해, 열해, 지진 등

ⓒ 경제적 위험(시장 위험) : 농산물의 가치 하락, 소비자
의 기호나 유행 변화로 인한 수요의 감소, 경쟁조건의
변화, 법령의 개정이나 제정, 예측의 착오

핵심예제

3-1. 농산물 유통 시 고려해야 하는 특성이 아닌 것은?

① 계절에 따른 생산물의 변동성
② 농산물 자체의 부패 변질성
③ 전국적으로 분산되어 생산되는 분산성
④ 짧은 유통경로로 인한 낮은 유통 마진율

정답 ④

3-2. 우리나라 농산물 유통경제의 특성과 거리가 먼 것은?

① 공급자는 영세하고 다수이다.
② 지역적 특화, 산지 분산적이다.
③ 표준화, 규격화, 등급화가 용이하다.
④ 일상 필수품으로 구매 빈도가 높다.

정답 ③

핵심이론 04 **유통경로**

① 일반적인 유통경로 : 수집 – 중계 – 분산
  ㉠ 일반적으로 생산자 → 산지시장 → 도매시장 → 중간
    도매상 → 소매상 → 소비자 등의 순으로 나타난다.
  ㉡ 도매상과 소매상
    • 도매상 : 상인 도매상, 대리점, 브로커, 제조업자 도매상
    • 소매상 : 편의점, 백화점, 할인점, 잡화점, 슈퍼마켓,
      회원제클럽, 하이퍼마켓 등

② 유기농산물의 유통경로
  ㉠ 생산자(단체) – 소비자(단체) : 생산자와 소비자 간 직거래
  ㉡ 생산자(단체) – 생협소비자단체 – 소비자 : 생산자조직
    (단체)과 소비자조직(생협)의 거래를 통하여 소비자는
    회원이 되어 구입
  ㉢ 생산자(단체) – 전문직판장 – 소비자 : 농협 또는 유기
    농산물 전문 유통업체의 전문매장, 대형 유통업체를 통
    한 소비자 구매
  ㉣ 인터넷을 이용한 구매, 생산자 입장에서는 소비자와 직
    거래를 하거나 생산자 단체나 중간 물류업체 또는 직접
    소비자단체에 공급하거나 가공용으로 가공식품회사에
    납품한다.

③ 유통경로가 제공하는 효용
  ㉠ 시간효용 : 공급은 일시적으로 집중되고 수요는 연중 평
    준화되어 있는 특성을 해소함으로써 발생되는 효용이다.
  ㉡ 장소효용 : 소비자가 원하는 장소에서 상품과 서비스를
    제공함으로써 소비자의 욕구를 충족시켜 주는 효용이다.
  ㉢ 소유효용 : 특정한 소비자가 직접 구매하지 않고도 중간
    상의 도움으로 구매와 동일한 효용을 얻을 수 있게 해
    준다. 즉, 신용판매, 할부판매 등을 통하여 효용을 창출
    하여 제품의 부가가치를 높임으로써 판매를 높이는 역
    할을 수행한다.
  ㉣ 형태효용 : 대량으로 생산되는 상품의 수량을 소비지에
    서 요구되는 적절한 수량으로 분할, 분배함으로써 창출
    되는 효용이다.

┌───┐
│ **유통경로의 수직적 통합(Vertical Integration)**
│ • 유통의 수직적 통합이란 하나의 경로 구성원(리더)이 유통기능의
│   일부 또는 전부를 통합하여 직접 수행하거나 통제하는 것이다.
│ • 동일한 경로단계에 있는 구성원이 수행하던 기능을 직접 실행한다.
│ • 채널리더는 전체적인 시각으로 유통기능을 조정·할당하고 경로
│   구성원들을 관리한다.
└───┘

[핵심예제]

4-1. 농산물의 일반적인 유통경로는?

① 중계 - 분산 - 가공
② 중계 - 분산 - 수집
③ 수집 - 중계 - 분산
④ 분산 - 가공 - 중계

정답 ③

4-2. 유통경로상 도매업으로 분류될 수 있는 것은?

① 편의점
② 할인점
③ 백화점
④ 대리점

정답 ④

4-3. 유통은 4가지의 효용을 창출한다. 공급은 일시적으로 집중되고 수요는 연중 평준화되어 있는 특성을 해소함으로써 발생되는 효용은?

① 형태효용
② 장소효용
③ 시간효용
④ 소유효용

정답 ③

해설

4-1

유통경로는 일반적으로 수집과정, 중계과정, 분산과정의 단계로 구분한다.

핵심이론 05 | 제품과 제품의 수명주기

① 제품의 개념적 정의

　㉠ 핵심제품 : 소비자들이 구매하려는 제품으로부터 기대하는 핵심 혜택으로 눈에 보이는 것이 아닌 개념적인 것이다.

　　예 배고픔 해결을 위해 음식 구입

　㉡ 유형제품 : 핵심제품을 구체화한 것. 포장, 브랜드, 품질, 스타일, 특징 등으로 구체화한 것이다.

　　예 운송수단이라는 기차는 무궁화호, 새마을호 등 각기 다른 특징을 조합한 유형제품으로 구체화될 수 있다.

　㉢ 확장제품 : 배달, 보증, A/S 등과 같은 유형적 제품 속성 이외의 부가적인 서비스가 포함된 제품으로, 보통 구매하기 더 편하도록 하는 것이다.

② 제품 수명주기에 대응한 마케팅 전략

　㉠ 도입기

　　• 유통경로를 확보하여 소비자들이 제품을 쉽게 구매할 수 있도록 한다.

　　• 수요가 적고 매출 증가율도 낮다.

　　• 제품의 가격은 높으며 경쟁은 독과점 양상을 띤다.

　　• 제품 도입에 대한 마케팅 비용이 많으므로 이익은 발생하지 않는다.

　　• 제품의 본질적 기능을 소비자에게 인지시키는 것이 전략과제이다.

　㉡ 성장기

　　• 매출액이 늘어나고 시장이 확대되는 성장기에는 공급을 확대하는 한편 상품 및 가격 차별화를 도모한다.

　　• 수요가 급속도로 커지고 매출도 가속적으로 증가하며, 이익도 발생하기 시작한다.

　　• 기술 혁신 및 모방이 일어나고, 진출 기업이 많이 등장하지만 시장 전체의 성장으로 흡수되어 다 같이 성장을 구가할 수 있다.

　　• 더 많은 시장 확대가 전략과제이다.

　㉢ 성숙기

　　• 시장의 수요와 공급이 포화 상태가 되고 판매량이 최대 수준이 되며, 시장 점유율을 유지하고자 다양한 홍보활동을 하는 단계이다.

　　• 대량 생산과 극심한 경쟁으로 인해 가격 인하, 품질 향상, 판매촉진비용의 증가가 필요한 시기이다.

- 경영 자원에 대응한 경쟁에서 살아남는 것이 전략과제이다.
  ㄹ 쇠퇴기
    - 매출은 저하되고 이익도 발생하지 않는다.
    - 철수하거나 혁신에 의해 새로운 가치를 창조하는 전략을 취해야 한다.
③ 시장의 구성요소(3M) : 제품(Merchandise), 자금(Money), 인재(Man)이다.

［ 핵심예제 ］

5-1. 제품의 차원에서 품질보증, 구매 후 서비스, 배달, 설치 등을 포함하고 있는 것은?

① 확장제품 ② 핵심제품
③ 유형제품 ④ 서비스제품

정답 ①

5-2. 유기식품의 제품수명주기에서 원가 절감과 새로운 상품 개발을 고려해야 할 시기로 가장 적합한 것은?

① 도입기 ② 성장기
③ 성숙기 ④ 쇠퇴기

정답 ③

---

① 농산물 유통비용의 개념
  ㉠ 상품이 생산자로부터 소비자에게 이르는 과정에서 소유권이전기능, 물적 유통기능, 유통조성기능을 수행하면서 발생하는 비용이다.
  ㉡ 상품 유통에 들어가는 모든 비용으로 배급비용이라고도 한다.
  ㉢ 계산적으로는 소비자 가격과 생산자 가격의 차이로 파악하지만, 내용적으로는 매매비용·보관비용·운송비용 및 유통업자의 이익 등으로 구성되어 있다.
    - 유통비용은 유통마진(소비자 지불가격 − 생산자 수취가격) 중 상업이윤을 제외한 부분을 말한다.
    - 유통비용이 증가하면 일반적으로 소비자 가격은 상승한다.
    - 유통비용 변화에 따른 가격의 변화폭은 공급곡선의 이동폭에 따라 결정된다.
    - 공급이 수요보다 비탄력적이면 유통비용 증가는 소비자보다 생산자에게 더 큰 부담을 준다.
② 유통비용의 산정방법
  ㉠ 유통비용의 산정은 생산자가 출하하여 유통경로에 따른 유통기관별 유통비용을 계산하여 이들 전체 유통경로비용을 합산하여 계산한 것이다.
  ㉡ 총유통비용 = 수집단계의 유통비용 + 도매단계의 유통비용 + 소매단계의 유통비용
  ㉢ 소비자 지불가격에서 생산자 수취가격을 공제한 다음 상업이윤을 공제하는 것이다.
③ 유통비용의 구성
  ㉠ 직접비용 : 수송비, 포장비, 하역비, 저장비, 가공비 등과 같이 직접 유통하는 데 지불되는 비용이다.
  ㉡ 간접비용 : 점포 임대료, 자본이자, 통신비, 제세공과금 등과 같이 농산물을 유통하는 데 간접적으로 투입되는 비용이다.

［ 핵심예제 ］

유통비용 중 직접비용이 아닌 것은?

① 저장비 ② 수송비
③ 포장비 ④ 점포 임대비

정답 ④

핵심이론 07 유통비용의 절감방안

① 소유권이전기능의 효율성 증대방안
  ㉠ 산지유통시설의 확충 및 공동 출하를 확대한다.
  ㉡ 직거래를 활성화시킨다.
  ㉢ 도매시장 거래방식을 다양화하여 생산자의 선택 기회를 확대해 나간다.
  ㉣ 인터넷을 통한 전자상거래를 활성화한다.
② 물적 유통기능의 효율성 증대방안
  ㉠ 저장효율을 증대시킨다.
  ㉡ 보관관리기술을 개발한다.
  ㉢ 수송기술을 혁신한다.
  ㉣ 수송시설의 가동률을 증대시키고, 효율적으로 이용한다.
  ㉤ 수송 중의 부패와 감모(수량 감소)를 방지할 수 있다.
  ㉥ 부피가 크고 무거우며, 변질되기 쉬운 농산물은 생산지에서 가공하면 소비지로 수송할 때 수송비를 절감시킬 수 있다.
③ 유통조성기능의 효율성 증대방안
  ㉠ 농산물의 표준화 및 등급화의 활성화
  ㉡ 농산물 유통에 대한 금융 지원 강화
  ㉢ 농산물 유통의 위험 부담 감소방안 모색
  ㉣ 시장정보기능의 활성화

핵심예제

유기농산물 생산자들이 유통 부분을 수직적으로 통합하여 효율성을 제고함으로써 절감되는 비용은?

① 고정비용
② 유통비용
③ 거래비용
④ 물류비용

정답 ③

해설

거래비용은 거래과정에서 발생하는 재화와 용역의 가격을 제외한 모든 비용으로 거래비용이 크면 수직적 통합(내부화)이 유리하다.
※ 수직적 통합 : 어떤 활동을 '시장에 의존할지', '내부화를 할지'에 대해 결정하는 문제로 시장거래를 선택하면 수직적 통합의 수준을 낮추는 것이고, 내부조직에서 수행하는 것을 선택하면 수직적 통합의 수준을 높이는 것이다.

핵심이론 08 농산물 표준규격화, 등급화

① 농산물 표준규격화
  ㉠ 기본적인 척도 또는 한계를 결정하는 것을 의미한다.
  ㉡ 유통효율성을 향상시키고 유통비용을 절감시킨다.
  ㉢ 농산물을 전국적으로 통일된 기준이 되게 하는 것이다.
  ㉣ 소비자의 다양한 욕구를 충족시키는 데 도움이 된다.
② 농산물의 표준규격화의 필요성
  ㉠ 품질에 따른 가격 차별화로 정확한 정보 제공 및 공정거래 촉진
  ㉡ 수송, 적재 등 유통비용 절감으로 유통의 효율성 제고
  ㉢ 선별·포장 출하로 소비지에서의 쓰레기 발생 억제
  ㉣ 신용도와 상품성 향상으로 농가 소득 증대
③ 농산물의 표준화 및 등급화의 이점
  ㉠ 취급 및 수송 등의 물류기능 효율성으로 유통시간과 유통비용을 절감시킬 수 있다.
  ㉡ 상품의 신뢰성을 높임으로써 농가 소득 증대에 기여한다.
  ㉢ 농산물을 등급별, 용도별로 상이한 시장수요에 맞추어 공급함으로써 마케팅 비용을 감소시킬 수 있다.
  ㉣ 시장 유통활동의 능률화, 가격 형성의 효율화 등이 있다.
④ 농산물 표준규격에 근거한 등급규격 : 특, 상, 보통
⑤ 표준거래단위

품 목	표준거래단위
사 과	5kg, 7.5kg, 10kg
배, 감귤	3kg, 5kg, 7.5kg, 10kg, 15kg
복숭아, 매실, 단감, 자두, 살구, 모과	3kg, 4kg, 4.5kg, 5kg, 10kg, 15kg
포 도	3kg, 4kg, 5kg
고 추	5kg, 10kg
오 이	10kg, 15kg, 20kg, 50개, 100개
토마토	5kg, 7.5kg, 10kg, 15kg

⑥ 농산물 표준규격의 용어
  ㉠ 일소과 : 지름 또는 길이 10mm 이상의 일소 피해가 있는 것
  ㉡ 상해과 : 열상, 자상 또는 압상이 있는 것. 다만, 경미한 것은 제외한다.
  ㉢ 이품종과 : 품종이 다른 것
  ㉣ 부패, 변질과 : 과육이 부패 또는 변질된 것

핵심예제

8-1. 농산물 표준규격화에 대한 설명으로 틀린 것은?

① 표준규격화는 기본적인 척도 또는 한계를 결정하는 것을 의미한다.
② 표준규격화는 유통효율성을 향상시키고 유통비용을 절감시킨다.
③ 표준규격화의 기준은 산지 및 생산자에 따라 적절하게 변화되어야 한다.
④ 표준규격화는 소비자의 다양한 욕구를 충족시키는 데 도움이 된다.

정답 ③

8-2. 국립농산물품질관리원이 규정하는 농산물 표준규격에 근거하여 유기농 토마토 포장재에 등급규격을 표시할 때 잘못된 등급규격은?

① 특   ② 상
③ 중   ④ 보통

정답 ③

8-3. 농산물 표준규격에 근거하여 토마토의 표준거래단위에 해당하지 않는 것은?(단, 5kg 이상을 기준으로 한다)

① 5kg   ② 7.5kg
③ 11kg   ④ 15kg

정답 ③

8-4. 감귤의 농산물 표준규격 용어의 정의가 잘못된 것은?

① 일소과 : 지름 또는 길이 10mm 이상의 일소 피해가 있는 것
② 상해과 : 모양이 심히 불량한 것, 꼭지가 떨어진 것
③ 이품종과 : 품종이 다른 것, 숙기(조생종, 중생종, 만생종)가 다른 것
④ 부패, 변질과 : 과육이 부패 또는 변질된 것(과숙에 의해 육질이 변질된 것을 포함한다)

정답 ②

해설

8-1
표준규격품이란 농산물표준규격에서 정한 포장규격 및 등급규격에 맞게 출하하는 농산물을 말한다. 다만, 등급규격이 제정되어 있지 않은 품목은 포장규격에 맞게 출하하는 농산물을 말한다.

8-4
② 모양의 정의이다.

핵심이론 09 | 농산물 유통마진

① 농산물 유통마진의 개념
　㉠ 유통마진은 소비자가 농산물의 구입에 대한 지출금액에서 농업인이 수취한 금액을 공제한 것이다.
　　※ 원가의 3요소 : 재료비, 노무비, 경비
　㉡ 유통마진은 유통단계에 종사하고 있는 모든 유통기관에 의해서 수행된 효용증대활동과 기능에 대한 대가라고 할 수 있다.
　㉢ 유통마진 = 최종 소비자 지불가격 − 생산농가의 수취가격
　　　　　　 = 산지단계마진 + 도매단계마진 + 소매단계마진
　　　　　　 = 유통비용 + 상업이윤
　㉣ 보관·수송이 용이하고 부패성이 작은 농산물은 마진이 낮고, 부피가 크고 저장·수송이 어려운 농산물은 마진이 높다.
　㉤ 유통마진의 내용은 노동에 대한 급부로서의 노임, 차입 자본에 대한 이자, 토지와 건물에 대한 지대, 경영과 위험 부담을 안은 자본에 대한 이윤 등이다.

② 유통마진율
　㉠ 유통마진율이란 각 유통단계별 마진에서 해당 단계별 판매가격에 대한 비율을 말한다.
　㉡ 가공도가 높거나 저장기간이 길어지면 유통마진율은 높아진다.
　㉢ 수송거리가 멀거나 가격 대비 부피나 무게가 큰 것은 유통마진율이 높다.
　㉣ 유통마진은 물류비, 변질, 부패, 파손 등 여러 가지 요건에 의해 증가되므로 마진이 많다고 해서 반드시 상인의 이윤이 많아지는 것은 아니다.
　• 유통마진율 = $\dfrac{\text{소비자가격} - \text{농가 수취가격}}{\text{소비자가격}} \times 100$

핵심예제

어떤 유기농산물의 생산자 수취가격이 2,000원, 납품업체 공급가격이 2,200원, 소비자 지불가격이 2,500원일 때 총유통마진율은?

① 10%   ② 11%
③ 20%   ④ 25%

정답 ③

해설

$$\frac{\text{총마진}}{\text{소비자 지불가격}} \times 100 = \frac{2,500 - 2,000}{2,500} \times 100 = 20\%$$

핵심이론 10 농산물 유통마진의 구성

① 유통단계별 유통마진
- ㉠ 수집단계, 도매단계, 소매단계로 구분되며, 일반적으로 소매단계의 유통마진이 높은 것으로 나타난다.
- ㉡ 유통마진을 산정할 때는 유통과정 중의 상품가치와 물량의 변동, 시세변동 등을 감안하여야 한다. 이는 유통마진이 유통비용, 중간상인의 이윤 및 감모량으로 구성되기 때문이다.
- ㉢ 유통마진의 변동요인에는 마케팅 투입물 가격, 상품화 계획, 가공비의 증가 등이 있다.

② 유통기능별 유통마진 : 수송비용, 저장비용, 가공비용
- ㉠ 수송비용
  - 장소의 효용증대를 위해 투입된 모든 비용
  - 구성 : 상차·하차비와 같은 고정비와 운송거리와 관계가 있는 가변비로 구성되며 수송과정 중의 감모 부분을 포함하면 총수송비용이 된다.
- ㉡ 저장비용
  - 시간의 효용증대를 위한 비용
  - 창고에 입출고하는 고정비와 저장고 이용의 비용 및 감모 등을 감안한 사회적 비용 등으로 구성
- ㉢ 가공비용
  - 형태의 효용을 증대시키기 위한 비용이다.
  - 가공을 많이 하면 할수록 비용이 많이 든다.

③ 유통비용의 비교
- ㉠ 수송비용, 저장비용, 가공비용 등의 유통비용은 유통되는 물량이 증가하면 유통물량 단위당 평균비용은 체감되는 현상을 보인다. 단, 유통물량이 지나치게 많이 증가하면 오히려 단위당 평균비용이 증가하는 현상도 나타난다.
- ㉡ 곡물류(쌀, 찹쌀, 대두 등), 쇠고기, 닭고기, 돼지고기 등은 유통비용이 낮다.
- ㉢ 과채류(수박, 참외, 오이 등), 조미채소류(고추, 마늘, 양파, 대파 등), 엽근채류(배추, 무, 상추, 양배추 등)는 유통비용이 높다.

> 마케팅 빌 : 마케팅 마진 측정방법 중 국내에서 생산되는 모든 식료품에 대한 총소비자 지출액과 해당 농산물에 대해 농가가 수취한 액수와의 차액을 계산하는 방식

핵심예제

10-1. 농산물의 유통마진에 대한 설명으로 틀린 것은?
① 곡물류의 유통마진율이 엽근채류의 유통마진율보다 높다.
② 소매가격과 도매가격의 차를 소매 유통마진이라고 한다.
③ 한국의 유통마진율이 미국의 유통마진율보다 낮다.
④ 유통마진 산정 시 유통과정 중의 상품가치와 물량의 변동 등을 감안해야 한다.

정답 ①

10-2. 유통마진의 변동요인이 아닌 것은?
① 마케팅 투입물 가격　② 상품화 계획
③ 가공비의 증가　④ 생산비의 증가

정답 ④

10-3. 다양한 중간 유통서비스가 추가되어 유통마진이 커지게 되는 이유와 거리가 먼 것은?
① 독점적 간격　② 장소적 간격
③ 시간적 간격　④ 품질적 간격

정답 ①

해설

10-1
엽근채류는 유통단계에서 이윤 증대를 위해 재분류, 재포장하는데 인건비와 재료비가 많이 들기 때문에 곡물류보다 유통마진율이 높다.
10-2
유통마진은 유통경로에 있어서 두 단계 간의 동일한 상품에 대한 가격의 차이를 말한다.
10-3
유통은 생산자와 소비자 간에 존재하는 장소적·시간적·소유권적·품질적·수량적 간격을 좁히는 기능을 수행한다.

5-3. 유기식품 등의 마케팅방법

핵심이론 01 마케팅의 개념

① 마케팅의 의의
  ㉠ 의의 : 생산자가 상품 또는 서비스를 소비자에게 유통시키는 데 관련된 모든 체계적 경영활동으로, 매매 자체만을 가리키는 판매보다 훨씬 넓은 의미를 지니고 있다.
  ㉡ 마케팅의 4요소(4P) : 제품(Product), 가격(Price), 유통(Place), 촉진(Promotion)
    • 제품(Product) : 상품, 상품 구색, 상품 이미지, 디자인, 상표, 포장 등의 개발
    • 가격(Price) : 상품가격의 수준과 범위, 가격 결정기법, 판매조건 등을 계획
    • 유통(Place) : 유통경로의 설계, 물류와 재고 관리, 도매상과 소매상 관리를 계획하는 것
    • 촉진(Promotion) : 판매 촉진 광고, 인적 판매, 패션 홍보 등의 수단을 계획, 통제하는 것

② 마케팅 지향성
  ㉠ 생산지향적 마케팅 : 경영자는 생산성을 높이고 유통효율을 개선시키려는 데 초점을 두어야 한다는 관점이다.
  ㉡ 제품지향적 마케팅 : 소비자들은 품질, 성능, 특성 등이 가장 좋은 제품을 선호하기 때문에 조직체는 계속적으로 제품개선에 힘을 쏟아야 한다는 관점이다.
  ㉢ 판매지향적 마케팅 : 어떤 조직이 충분한 판매 및 촉진 노력을 기울이지 않는다면 소비자들은 그 조직의 제품을 충분히 구매하지 않을 것이라는 관점이다.
  ㉣ 시장지향적 마케팅 : 조직의 목표를 달성하기 위해서는 표적시장의 욕구와 욕망을 파악하고 이를 경쟁자보다 효과적이고 효율적인 방법으로 충족시켜 주어야 한다는 관점이다.
  ㉤ 사회복지지향적 마케팅
    • 마케팅 과정에서 고객과 사회의 복지를 보존하거나 향상시킬 수 있어야 한다는 관점이다.
    • 최근의 소비자는 건강 및 환경문제에 민감하고, 기업의 윤리적 측면도 고려한다.
    • 마케팅 과제를 삶의 질 향상과 인간지향 및 사회적 책임을 중시하는 데에 둔다.

핵심예제

1-1. 마케팅 믹스(4P's 전략)에 해당되지 않는 것은?
① 상품의 선정(Product)
② 가격의 설정(Price)
③ 유통경로의 선택(Place)
④ 인적자원의 육성(People)

정답 ④

1-2. 마케팅의 개념 유형 중 소비자의 건강과 환경문제에 대한 관심을 반영한 것은?
① 생산지향 개념
② 사회지향 개념
③ 제품지향 개념
④ 마케팅지향 개념

정답 ②

핵심이론 02 수요상황별 마케팅 전략

목 적	수요상황	마케팅 관리과제	마케팅 전략
수요 확대	부정적 수요	수요의 전환	전환 마케팅
	무수요	수요의 창출	자극 마케팅
	잠재적 수요	수요의 개발	개발 마케팅
	감퇴적 수요	수요의 부활	재(再)마케팅
수요 안정화	불규칙적 수요	수요·공급시기 일치	동시 마케팅
	완전 수요	수요의 유지	유지 마케팅
수요 축소	초과 수요	수요의 감소	역(逆)마케팅
	불건전 수요	수요의 파괴	대항(카운터) 마케팅

① **전환 마케팅** : 어떤 제품이나 서비스 또는 조직을 싫어하는 사람들에게 그것을 좋아하도록 태도를 바꾸려고 노력하는 마케팅

② **자극 마케팅** : 제품에 대하여 모르거나 관심을 갖고 있지 않는 경우 그 제품에 대한 욕구를 자극하려고 하는 마케팅으로, 현재의 유기식품에 대해 흥미와 관심이 적은 무관심 수요의 경우를 대응할 수 있는 마케팅 관리유형

③ **개발 마케팅** : 고객의 욕구를 파악한 후 그러한 욕구를 충족시킬 수 있는 새로운 제품이나 서비스를 개발하려는 마케팅

④ **재마케팅** : 침체된 수요에 대해 소비자들의 관심을 다시 일으키는 마케팅

⑤ **동시 마케팅** : 불규칙한 수요 상태에서 바람직한 수요의 시간패턴에 실제 수요의 시간패턴을 맞추기 위한 마케팅 기법

⑥ **유지 마케팅** : 완전수요 상태에서 변화 추세에 대해 끊임없이 점검하고 대처해 완전수요 상태를 유지하는 마케팅 활동

⑦ **디마케팅(역 마케팅)** : 하나의 제품이나 서비스에 대한 수요를 일시적으로나 영구적으로 감소시키려는 마케팅

⑧ **카운터(대항) 마케팅** : 특정한 제품이나 서비스에 대한 수요나 관심을 없애려는 마케팅

⑨ **메가 마케팅** : 전통적으로 제품, 가격, 장소(유통), 판촉 등 4P만을 마케팅의 통제 가능한 주요 마케팅 전략도구로 인식해 왔으나, 영향력·대중관계·포장까지도 주요 마케팅 전략도구로 취급하는 경향의 마케팅

⑩ **간접 마케팅** : 드라마나 영화 등의 매체나 유통과정에서 중간상 등에 의해 수행되는 마케팅으로 유통기능이 분업적으로 특화된 유통단계에 의하여 수행된다.

⑪ **그린 마케팅** : 사회지향 마케팅의 일환으로 소비자와 사회 환경 개선에 기업이 책임감을 가지고 마케팅활동을 관리해 가는 마케팅

⑫ **감성 마케팅** : 소비자의 감성에 호소하는 마케팅으로 그 기준도 수시로 바뀔 수 있는 마케팅(다품종 소량 생산)

⑬ **다이렉트 메일 마케팅** : 선별된 잠재 구매자에게 광고물을 보내 제품구매를 유도하는 판매방식

⑭ **아이디어 마케팅(사회 마케팅)** : 사회적인 아이디어나 명분·습관 따위를 목표로 하는 집단들이 수용할 수 있는 프로그램을 기획하고 실행하며 통제하는 마케팅

⑮ **관계 마케팅** : 기업이 고객과 접촉하는 모든 과정이 마케팅이라는 인식으로 기업과 고객의 계속적인 관계를 중시하는 마케팅

⑯ **터보 마케팅** : 마케팅활동에서 시간의 중요성을 인식하고 이를 경쟁자보다 효과적으로 관리함으로써 경쟁적 이점을 확보하려는 마케팅

⑰ **데이터베이스 마케팅** : 고객에 관한 데이터베이스를 구축·활용하여 필요한 고객에게 필요한 제품을 판매하는 마케팅 전략으로 '원 투 원(One-To-One) 마케팅'이라고도 한다.

핵심예제

2-1. 현재의 유기식품에 대해 흥미와 관심이 적은 무관심 수요의 경우 대응할 수 있는 마케팅 관리유형은?

① 전환 마케팅　　② 재성장 마케팅
③ 유지 마케팅　　④ 자극 마케팅

정답 ④

2-2. 간접 마케팅의 특징에 대한 설명으로 옳은 것은?

① 유통기능이 생산자나 소비자에 의하여 수행된다.
② 유통기능을 전담하는 유통기관이 가능한 배제되면서 유통된다.
③ 유통기능이 분업적으로 특화된 유통단계에 의하여 수행된다.
④ 협동조합운동이나 산지직거래방식이 이에 해당한다.

정답 ③

해설

2-2
직접유통과 간접유통
• 직접유통 : 생산자와 소비자가 농산물을 직거래하는 경우, 중간 단계인 유통기구가 배제되어 직접적인 거래가 이루어지고, 유통과정도 단축될 수 있다.
• 간접 유통 : 생산자와 소비자 사이에 전문적인 유통기구가 있고, 이들 유통기구에 의하여 단계적으로 계열화되어 있다.

① 전자상거래의 특징
  ㉠ 유통경로가 짧아지고 유통비용이 절감된다.
  ㉡ 시간과 공간의 제약이 없고, 판매점포가 불필요하다.
  ㉢ 소자본에 의한 사업이 가능한 벤처업종이다.
  ㉣ 효율적인 마케팅 활동으로 고객 정보의 획득이 용이하다.
  ㉤ 생산자와 소비자 간 쌍방향 통신을 통해 1:1 마케팅이 가능하고 실시간 고객서비스가 가능해진다.

② 전자상거래의 기대효과
  ㉠ 산지의 공동출하, 공동판매 등의 생산자 단체의 시장지배력이 상승한다.
  ㉡ 유통의 시간적 또는 공간적 제약을 줄일 수 있다.
  ㉢ 경매가 신속·정확히 이루어진다.
  ㉣ 유통경로를 단축시킬 수 있다.
  ㉤ 농산물의 훼손 가능성을 줄여서 상품가치를 유지하는 데 유리하다.
  ㉥ 생산자의 수취가격은 높아지고, 소비자의 지출가격은 낮출 수 있다.
  ㉦ 농산물의 표준화·등급화를 앞당길 수 있다.
    • 농산물은 품질, 품목이 다양하여 규격화하기가 어려우므로 잘 이루어지지 않고 있다.
    • 전자상거래를 도입하게 되면 선별, 등급, 포장, 저장 등의 산지유통기능을 강화시킬 수 있기 때문에 표준화, 등급화를 앞당길 수 있다.

③ 제약요인
  ㉠ 농·축산물은 부패하기 쉽고 크기가 크며, 거래품목이 제한되어 있다.
  ㉡ 인터넷 이용자가 젊은 지식층에 편중되어 있다.
  ㉢ 대부분의 농업인이나 영세 가공업자는 전자상거래에 대한 인식이 부족하다.
  ㉣ 농산물의 표준화 및 등급화가 미흡하다.
  ㉤ 가격이 불안정하여 미래 예측이 불안하고, 연중 지속적으로 판매할 수 있는 상품 확보의 어려움이 있다.
  ㉥ 소량 판매로 인한 물류비용이 과다하게 소요된다.

④ 발전방향
  ㉠ 거래단위와 포장 등의 표준화 모색
  ㉡ 상품의 품질을 규격화할 수 있도록 물류시스템 구축
  ㉢ 농촌지역의 정보기반시설 확충

  ㉣ 농업인의 정보화 교육 강화
  ㉤ 전자상거래에 필요한 정보의 수집 및 분산시스템 구축

핵심예제

3-1. 전자상거래 도입에 따른 유통 부문의 기대효과로 적합한 것은?
① 시간적, 공간적인 효율성을 높일 수 있다.
② 농산물의 표준화와 등급화가 지연된다.
③ 생산자 단체의 시장 지배력이 감소된다.
④ 소비자의 지출가격이 증가한다.
정답 ①

3-2. 농산물 전자상거래에 대한 설명으로 틀린 것은?
① 농산물의 표준화 및 등급화가 용이하여 전자상거래가 활성화될 수 있다.
② 품질 보존에 한계가 있으므로 전자상거래가 가능한 품목이 제한되어 있다.
③ 전자상거래에 필요한 정보의 수집 및 분산시스템을 구축하여야 한다.
④ 주문이 소량으로 이루어질 경우 규모의 비경제성이라는 문제점이 발생한다.
정답 ①

핵심이론 04 산지직거래, 선물거래

① 산지직거래

    ㉠ 시장을 거치지 않고 생산자와 소비자 또는 생산자 단체와 소비자 단체가 직결된 형태이다.

    ㉡ 생산자가 받는 가격을 높일 수 있고 소비자가 지출하는 가격을 낮춤으로써 생산자와 소비자에게 이익을 줄 수 있다.

    ㉢ 시장의 기능을 수직적으로 통합하여 활동하므로 유통비용이 절감된다.

    ㉣ 산지직거래 가격은 도매시장에서 형성된 가격에도 영향을 받는다.

    ㉤ 산지직거래의 유형에는 주말 농어민시장, 농산물 직판장, 농산물 물류센터, 신용협동조합의 산지직거래, 우편주문판매제도 등이 있다.

> **생활협동조합 등 생산자 조직과 소비자 조직 간 유통의 특징**
> • 직거래의 경제적 측면과 운동적 측면이 조화된 형태이다.
> • 생산자 조직과 소비자 조직 간 제휴 · 결합을 통해 유통되는 형태이다.
> • 도농교류를 통해 신뢰 확보가 가능한 형태이다.
> • 불특정 다수의 소비자에게 직접 판매는 제한된다.

② 선물거래

    ㉠ 장래 일정 시점에 미리 정한 가격으로 매매할 것을 현재 시점에서 약정하는 거래이다.

    ㉡ 선물거래가 가능한 농산물

      • 시장 규모가 커야 한다(거래량이 많고 생산 및 수요의 잠재력이 큰 품목).

      • 장기 저장성이 큰 품목

      • 계절, 연도, 지역별 가격의 진폭이 큰 품목

      • 선도거래가 성립되지 않는 품목

      • 표준규격화가 용이하고 등급이 단순한 품목

      • 정부의 통제가 없는 품목

> **농산물의 계약생산 및 유통의 특징**
> • 농가의 농산물 판로를 보장한다.
> • 생산성을 높이고, 수취가격을 안정시킨다.
> • 특정한 지역과 업자(소비자) 간의 계약에 의해 생산 · 유통되므로 생산 및 공급지역에 제한을 받는다.

핵심예제

4-1. 공산물 유통에서는 찾아보기 어려운 농산물의 특별한 유통체계는?

① 전자상거래   ② 도매유통
③ 소매유통   ④ 산지유통

정답 ④

4-2. 선물거래가 가능한 농산물의 조건으로 가장 거리가 먼 것은?

① 연간 절대거래량이 많은 품목일 것
② 장기 저장성이 있는 품목일 것
③ 선도거래가 선행되지 않은 품목일 것
④ 표준규격화가 어렵고 등급이 다양한 품목일 것

정답 ④

해설

4-1
공산품은 산지유통의 거래가 없지만 농산물은 주산단지의 산지유통이 일반화되어 있다.

핵심이론 05 공동판매

① 현재 실시되고 있는 농산물의 공동판매는 농가의 공동조직인 농업협동조합(농협)에 판매를 위탁하는 방법에 의존하는 경우가 많다. 그에 따라 판매 규모가 확대되면, 판매에 필요한 모든 경비가 저렴해지는 효과를 기대할 수 있으며 사는 쪽에 대한 거래력을 강화하는 효과도 기대된다.

② 공동판매의 유형
  ㉠ 수송의 공동화 : 생산한 농산물의 규모가 작거나 거래의 교섭력을 높이기 위해서 여러 농가가 생산한 농산물을 한데 모아서 공동으로 수송하는 것을 말한다.
  ㉡ 선별 · 등급화 · 포장 및 저장의 공동화 : 생산물의 규격을 통일하고 표준화, 포장과 선별, 공동투자
  ㉢ 시장대책을 위한 공동화 : 시장 개척, 판매조직, 수급조절의 효율 향상을 위한 공동화 등

③ 공동판매의 원칙
  ㉠ 무조건 위탁 : 생산물을 위탁할 경우 조건을 붙이지 않고 일체를 위임하는 방식으로, 공동조직과 구성원 간의 절대적 신뢰를 전제로 하여야 한다.
  ㉡ 평균판매 : 농산물의 출하기를 조절, 수송 · 보관 · 저장 방법의 개선을 통하여 농산물을 계획적으로 판매함으로써 농업인이 수취가격을 평준화하는 방식이다.
  ㉢ 공동계산제 : 다수의 개별농가가 생산한 농산물을 출하주별로 구분하는 것이 아니라 각 농가의 상품을 혼합하여 등급별로 구분하고 관리 · 판매하여 그 등급에 따라 비용과 대금을 평균하여 농가에 정산해 주는 방법이다.
  ㉣ 공동계산제의 장단점

장 점	· 개별 농가의 위험을 분산시킬 수 있다. · 대량 거래가 유리하고, 출하 조절이 용이하다. · 상품성 제고 및 도매시장 경매제도를 정착시킬 수 있다. · 농산물 판매 전문인력을 활용하여 전략적 마케팅을 구사함으로써 판로 확대, 생산자 수취가격을 제고시킬 수 있다. · 협동조합이나 작목반 단위로 공동출하함으로써 거래 교섭력이 증대된다. · 판매와 수송, 노동력 등에서 규모의 경제를 실현할 수 있다.
단 점	· 공동정산 주기에 따라 자금 수요 충족에 일시적인 곤란이 생길 수도 있다. · 갑작스런 시장변화에 즉각적으로 대응할 수 없다.

핵심예제

5-1. 농산물 공동계산제에 관한 설명으로 옳지 않은 것은?
① 시장교섭력의 증대 및 규모의 경제를 실현할 수 있다.
② 개별 생산농가의 명의로 농산물을 출하한다.
③ 엄격한 품질관리로 상품성을 높일 수 있다.
④ 공동정산 주기에 따라 자금 수요 충족에 일시적인 곤란이 생길 수도 있다.

정답 ②

5-2. 공판(공동판매)의 장점이 아닌 것은?
① 대량 물량 취급에 따른 단위 물량별 비용 절감
② 시장 점유율 확대에 따른 시장교섭력 강화
③ 대규모 거래를 위한 생산지역 특화 및 전문화
④ 공동출하에 따른 수송비의 절감

정답 ③

핵심이론 06 유기식품의 유통

① 정부의 국내산 유기식품 유통활성화 정책
   ㉠ 유기식품에 대한 신뢰도 제고를 위한 생산자 교육 강화
   ㉡ 유기식품인증제 추진 및 유기식품 관리체계 정비
   ㉢ 수입유기식품의 표시 체계화
   ㉣ 유기식품의 품질 향상 지원

② 우리나라 유기식품시장을 확대해 나아가기 위한 바람직한 전략
   ㉠ 유기식품의 안전성 강조 등 차별화 전략
   ㉡ 유기식품 가격의 다변화 전략
   ㉢ 유기식품 도매시장 상장 확대 등 유통경로 다양화 전략
   ㉣ 유기식품의 광고, 홍보 확대와 소비촉진 행사추진

③ 유기농식품의 안전성에 대한 신뢰 구축방법
   ㉠ 유기농 인증마크 부착
   ㉡ 생산과정 정보 제공
   ㉢ 유통과정 정보 제공

④ 마케팅 환경의 구성요소
   ㉠ 미시환경 : 고객, 경쟁업자, 중간 상인, 원료 공급업자 등이 포함된다.
   ㉡ 거시환경 : 자신을 둘러싼 울타리 밖의 큰 변화에 대한 환경으로 정치·법률적, 경제적, 사회·문화적, 기술적인 사항이 속한다.
    • 정치·법률적 환경 : 각종 규제와 법적 제약
    • 경제적 환경 : 인구통계 변화, 재정 및 금융정책(금리 등), 인플레이션, 경제 성장, 소비성향 변화, 수출입 동향, 환율 동향, 시장개방 등
    • 사회·문화적 환경 : 사회의 가치관, 생활양식, 사회적 제도나 태도 등
    • 기술적 환경 : 사회와 경제체제의 기술혁신의 방향과 그 형태 등

핵심예제

6-1. 정부의 국내산 유기식품 유통활성화 정책으로 부적합한 것은?

① 유기식품에 대한 신뢰도 제고를 위한 생산자 교육 강화
② 유기식품인증제 추진 및 유기식품 관리체계 정비
③ 수입유기식품의 표시 자율화
④ 유기식품의 품질 향상 지원

정답 ③

6-2. 농산물의 유통환경 중 거시환경에 해당하는 것은?

① 농기업
② 원료공급자
③ 경쟁사
④ 규제법률

정답 ④

해설

6-1
수입식품에 대한 품질과 규격이 자율화되면 안전성 확보와 건전한 거래질서 및 국민의 건강증진 등의 문제가 발생한다.

5-4. 유기식품 등의 홍보, 수송, 저장, 품질관리

핵심이론 01 유기식품의 홍보(브랜드화)

① 브랜드의 개념
- ㉠ 브랜드란 판매자의 제품이나 서비스를 경쟁사의 제품과 비교하여 차별화시키기 위해 사용하는 상징으로 제품의 얼굴이라 할 수 있다.
- ㉡ 다수의 다른 경쟁상품과의 식별을 가능하게 하고 그 책임소재를 분명히 한다.
- ㉢ 소비자에게 제공하는 가치를 증가시키거나 감소시킬 수 있다.
- ㉣ 시장에 정착시키는 과정에서 시간이 많이 소요된다.
- ㉤ 상표명, 상표표지, 상호, 트레이드마크 등으로 표현한다.
- ㉥ 공동브랜드화는 주로 동일한 품목을 생산하는 작목반이나 지역조합·영농조합법인들이 연합하여 연합마케팅형식으로 이루어지는 것이 일반적이다.

② 브랜드의 기능
- ㉠ 상징기능 : 기업 또는 상품의 이미지나 개성을 단독으로 상징화한다.
- ㉡ 출처표시기능 : 기업이 생산 또는 판매하는 상품임을 다수의 다른 경쟁상품으로부터 식별하기 쉽게 하고 그 책임의 소재를 명확히 한다.
- ㉢ 품질보증기능 : 소비자로 하여금 동일한 품질수준이 항상 유지되고 있다는 신념을 가지게 한다.
- ㉣ 광고기능 : 반복적인 광고에 의해 브랜드 이미지가 형성되면 브랜드 그 자체가 광고기능을 수행한다.
- ㉤ 재산보호기능 : 등록된 상표는 다른 기업의 모방에서 법적으로 보호됨과 아울러 상표권이라는 무형자산이 된다.
- ※ 브랜드 충성도 : 소비자가 특정 브랜드(상표)에 대해서 일관성 있게 선호하는 행동경향

③ 농·축산물 브랜드화의 이점
- ㉠ 생산자가 자신의 농산물에 대해 책임감을 가지고 차별화된 농산물 공급이 가능하다.
- ㉡ 품질관리가 제대로 된 브랜드화 농산물은 일반농산물에 비해 20~30% 고가판매가 가능하다.

④ 농·축산물 브랜드화 추진의 문제점
- ㉠ 유사 브랜드의 난입
- ㉡ 브랜드에 대한 생산자 인식의 한계
- ㉢ 농·축산물의 표준화, 규격화 미흡
- ㉣ 브랜드 농산물에 대한 가격 보장 미흡
- ㉤ 원산지 위주의 브랜드 이름의 한계 등
- ㉥ 개발 브랜드의 등록 및 사후관리 미흡

핵심예제

제품의 브랜드가 가지는 기능과 거리가 먼 것은?
① 상징기능
② 광고기능
③ 가격표시기능
④ 출처표시기능

정답 ③

핵심이론 02 수 송

① 수송비의 결정요인

　㉠ 수송할 물재의 물리적 · 화학적 성질(중량과 부피, 파손 가능성, 부패성의 정도 등)

　㉡ 수송거리, 운송수단과 방법, 수송량에 따라 차이가 있다.

　㉢ 수송량이 많을수록 단위당 수송비는 절감된다.

② 수송비의 절감방법

　㉠ 수송기술의 혁신과 개선 : 냉동열차, 트럭수송, 개저식 (開底式) 운반열차수의 증대 등

　㉡ 경쟁력의 유지와 규제 : 수송기관끼리 선의의 경쟁 유도

　㉢ 수송수용력의 증대 : 수송시설의 중복 및 수송노선의 개선 조정, 수집능률 향상 등

　㉣ 부패와 감모방지 : 수송방법과 수송시설의 개선 등

　㉤ 생산물의 변화 : 수송생산물의 변경, 이는 수송비를 절감할 수 있는 방법 중에서 가장 가능성이 큰 요인이다.

③ 유기축산물의 운송(유기식품 및 무농약농산물 등의 인증에 관한 세부실시 요령 [별표 1])

　㉠ 살아 있는 가축의 수송은 가축의 종류별 특성에 따라 적절한 위생조치를 취하고, 상처나 고통을 최소화하는 방법으로 조용하게 이루어져야 하며, 전기 자극이나 대 증요법의 안정제를 사용해서는 아니 된다.

　㉡ 유기축산물의 수송, 도축, 가공과정의 품질관리를 위해 다음 사항이 포함된 품질관리 계획을 세워 이를 이행하여야 한다.

　　• 수송방법, 도축방법, 가공방법, 인증품 표시방법

　　• 인증을 받지 않은 축산물이 혼입되지 않도록 하는 구분 관리 방법

　㉢ 가축의 도축은 스트레스와 고통을 최소화하는 방법으로 이루어져야 하고, 오염방지 등을 위해 축산물위생관리법에 따른 안전관리인증기준(HACCP)을 적용하는 도축장에서 실시되어야 한다.

　㉣ 살아 있는 가축의 저장 및 수송 시에는 청결을 유지하여야 하며, 외부로부터의 오염을 방지하여야 한다.

　㉤ 유기축산물로 출하되는 축산물에 동물용 의약품 성분이 잔류되어서는 아니 된다. 다만, 규정에 따라 동물용 의약품을 사용한 경우 이를 허용하되, 식품위생법에 따라 식품의약품안전처장이 고시한 동물용 의약품 잔류 허용기준의 10분의 1을 초과하여 검출되지 아니하여야 한다.

　㉥ 가축의 도축 및 축산물의 저장 · 유통 · 포장 등의 취급 과정에서 사용하는 도구와 설비가 위생적으로 관리되어야 하며, 축산물의 유기적 순수성이 유지되도록 관리하여야 한다.

　㉦ 유기합성 농약성분은 검출되지 아니하여야 한다.

④ 유기원료 및 가공식품의 수송 및 운반

　㉠ 사업자는 환경에 미치는 나쁜 영향이 최소화되도록 원료나 가공식품의 수송방법을 선택하여야 하며, 수송 과정에서 유기식품의 순수성이 훼손되지 않도록 필요한 조치를 하여야 한다.

　㉡ 수송장비 및 운반용기의 세척, 소독을 위하여 허용되지 않은 물질을 사용할 수 없다.

　㉢ 수송 또는 운반과정에서 유기가공식품이 유기가공식품이 아닌 물질이나 허용되지 않은 물질과 접촉 또는 혼합되지 않도록 확실하게 구분하여 취급하여야 한다.

⑤ 취급자(저장, 포장, 운송, 수입 또는 판매)

　㉠ 생산물의 저장 및 수송 시 저장장소와 수송수단의 청결을 유지하여야 하며, 외부로부터의 오염을 방지하여야 한다.

　㉡ 저장구역 또는 수송컨테이너에 대한 병해충 관리방법으로 물리적 장벽, 소리 · 초음파, 빛 · 자외선, 덫(페로몬 및 전기유혹 덫을 말한다), 온도 조절, 대기 조절(탄산가스 · 산소 · 질소의 조절을 말한다) 및 규조토를 이용할 수 있다.

　㉢ 저장 장소와 컨테이너가 허용물질에 해당하지 아니하는 농약이나 다른 처방으로부터의 잠재적인 오염을 방지하여야 한다.

　㉣ 생산물을 포장하지 아니한 상태로 일반 농축산물과 함께 저장 또는 수송하는 경우에는 그 구별을 위하여 칸막이를 설치하는 등 다른 농축산물과의 혼합 또는 오염을 방지하기 위한 조치를 하여야 한다.

　㉤ 원료 인증품의 수송, 저장 등의 과정(재포장을 위해 인증품의 포장을 뜯어내기 이전의 전 과정)에서 인증표시가 된 상태를 유지하여야 한다.

　㉥ 인증의 종류가 다른 농산물을 혼합하여 포장하는 경우에는 각 인증의 종류 및 품목별 함량 비율을 표시기준에 따라 표시할 수 있다.

ⓢ 포장재는 식품위생법의 관련 규정에 적합하고 가급적 생물분해성, 재생품 또는 재생이 가능한 자재를 사용하여 제작된 것을 사용하여야 한다.

핵심예제

유기축산물에 대한 설명 중 틀린 것은?

① 도축은 위생을 고려하여 위해요소중점관리 기준을 적용하는 도축장에서 실시한다.
② 포장재는 가급적 생물 분해성, 재생품 또는 재생이 가능한 자재를 사용한다.
③ 유통 시 발생할 수 있는 유기축산물의 변성이나 부패방지를 위하여 임의로 합성물질을 첨가할 수 없다.
④ 생축의 수송은 조용하고 상처나 고통을 최소화하는 방법으로 이루어져야 하며, 전기자극은 사용할 수 없으나 대증요법의 안정제는 사용할 수 있다.

정답 ④

핵심이론 03 물리적 저장법(첨가물 없이 보존)

① 건조법
  ㉠ 식품의 수분 함량(수분활성도)을 낮춤으로써 미생물의 발육과 성분변화를 억제하는 방법이다.
  ㉡ 종류 : 천연건조, 열풍건조, 진공건조, 동결건조, 전기건조, 분무건조, 약품건조 등
    • 동결건조 : 식품을 동결시킨 후 진공 상태로 수분을 승화시키는 방법
    • 분무건조 : 식품에서는 분유, 전분, 포도당, 간장, 된장, 계란, 커피, 홍차, 녹차, 마이크로캡슐 등에 적용되고 의약품에서는 페니실린, 항생물질, 비타민, 혈액, 농약 등에 적용된다.

② 식품의 저온저장법 : 냉장법, 냉동법
  ㉠ 냉장저장법 : 0~10℃ 온도에서 저장하는 것으로 어패류의 단기 저장, 과실이나 채소의 저장에 주로 이용된다.
  ㉡ 냉동저장법 : −18℃ 이하의 빙결점 이하로 낮추어 동결 상태로 저장하는 것으로 어패류, 가공식품, 육류 저장에 이용된다.

③ 가열처리법 : 저온살균법, 고온살균법, 고온단시간살균법, 초고온순간가열법, 고온장기간살균법, 초음파가열살균법 등

④ 방사선 조사 : 자외선, 감마선, 극초단파 등

⑤ 포장에 의한 보존 : 병조림, 통조림, 밀봉법(진공포장) 등

주요사항

• 유통기간 : 소비자에게 판매가 가능한 기간을 말한다. 즉, 소비자에게 판매 가능한 최대기간으로써 설정실험 등을 통해 산출된 기간이다.
• 살균 : 따로 규정이 없는 한 세균, 효모, 곰팡이 등 미생물의 영양세포를 불성화시켜 감소시키는 것을 말한다.
• 식품 부패에 영향을 주는 주요 인자 : 온도, 수분, pH
• 식육의 근육 육생에 영향을 미치는 인자 : 고기의 pH, 도살조건, 포장재 종류
• 초기 부패의 단계 : 식품 1g당 세균수가 10^7~10^8CFU/g일 때
• 우유 부패균에 의한 변색
  − *Pseudomonas fluorescens* : 녹색
  − *Pseudomonas synxantha* : 황색
  − *Pseudomonas syncyanea* : 청색
  − *Serratia marcescens* : 적색
• 알칼로이드 : 식물에서 유래한 질소함유 염기성화합물

[핵심예제]

3-1. 건조한 식품의 저장성이 좋은 이유는?

① 건조에 의한 미생물의 완전 사멸
② 식품의 산소 접촉 차단
③ 수분활성도 저하
④ 식품 pH의 산성화

정답 ③

3-2. 분유를 제조할 때 주로 사용되는 건조방법은?

① 분무건조　　　　② 열풍건조
③ 동결건조　　　　④ 드럼건조

정답 ①

3-3. 포장이 적절하지 못한 식품을 동결하여 저장할 경우 식품 표면에 발생하는 냉동해와 관련 있는 물리현상은?

① 융 해　　　　　② 기 화
③ 승 화　　　　　④ 액 화

정답 ③

핵심이론 04　화학적·생물학적 식품보존법

① 화학적 식품보존법(첨가물에 의한 보존)
　㉠ 삼투압을 이용한 저장법 : 염장법, 당장법
　㉡ pH에 의한 저장법 : 산저장법
　㉢ 훈연법
　㉣ 훈증법
　㉤ 가스저장법 : CA저장, MA저장
　　• CA저장
　　　- CO_2를 높이고 O_2를 낮춘 저장고에서 저장하는 방법
　　　- 효과 : 품질유지기간 연장, 과육의 연화 지연, 생리 작용이 억제되어 맛과 향이 오래 유지된다.
　　• MA저장
　　　- 특정 온도에서 농산물의 호흡률과 포장필름(Film)의 적절한 투과성에 의해 포장 내부의 가스 조성이 적절하게 유지되도록 하여 농산물을 신선하게 보관하는 방법
　　　- 내용물은 폴리에틸렌(PE) 또는 폴리프로필렌(PP) 등의 플라스틱필름으로 포장한다.
　㉥ 염건법
　㉦ 화학약품에 의한 저장법 : 생장조절물질, 살균제, 소독제, 보존료, 산화방지제 이용
② 생물학적 식품보존법
　㉠ 세균, 효모, 곰팡이를 이용한 발효
　㉡ 치즈, 주류, 된장, 간장 등 발효식품과 절임식품에 이용
　※ 콜드체인시스템 : 유통 과정 중 농축산물의 변질, 부패 등을 방지하기 위한 저온유통시스템이다.

[핵심예제]

유기농 과일, 채소를 CA저장할 때의 효과와 가장 관계가 먼 것은?

① 품질유지기간이 연장된다.
② 후숙기간이 빨라진다.
③ 과육의 연화가 지연된다.
④ 생리작용이 억제되어 맛과 향이 오래 유지된다.

정답 ②

핵심이론 05 유기가공식품의 품질관리(세부실시 요령 [별표 1])

① 기록 · 문서화 및 접근 보장

  ㉠ 규칙에 따른 경영 관련 자료를 기록 · 보관하고, 국립농산물품질관리원장 또는 인증기관의 장이 열람을 요구하는 때에는 관련 자료 제출 및 시료 수거, 현장 확인에 협조하여야 한다.

  ㉡ 사업자는 제조 · 가공 및 취급의 전반에 걸쳐 유기적 순수성을 유지할 수 있는 관리체계를 구축하기 위하여 필요한 만큼 문서화된 계획을 수립하여 실행하여야 하며, 문서화된 계획은 인증기관 장의 승인을 받아야 한다.

  ㉢ 사업자는 유기가공식품의 제조 · 가공 및 취급에 필요한 모든 유기원료, 식품첨가물, 가공보조제, 세척제, 그밖의 사용 물질의 구매, 입고, 출고, 사용에 관한 기록을 작성하고 보존하여야 한다.

  ㉣ 사업자는 제조 · 가공, 포장, 보관 · 저장, 운반 · 수송, 판매, 그밖에 취급에 관한 유기적 관리지침을 문서화하여 실행하여야 한다.

  ㉤ 사업자는 인증심사 및 사후관리를 위해 필요한 경우 유기식품의 제조 · 가공에서부터 취급에 이르는 전 과정에 관한 모든 기록 및 관련 현장에 접근할 수 있도록 조건 없이 보장하여야 한다.

② 생산물의 품질관리 등

  ㉠ 유기합성농약 성분은 검출되지 아니하여야 한다. 다만, 비유기원료의 오염 등 불가항력적인 요인인 것으로 입증되는 경우에 한하여 0.01mg/kg 이하까지 허용할 수 있다.

  ㉡ 유기가공식품 인증사업자가 제조 · 가공과정의 일부 또는 전부를 위탁하는 경우 수탁자도 유기가공식품 인증사업자이어야 하며, 위 · 수탁업체 간에 위 · 수탁 계약관계를 증빙하는 서류 등을 갖추어야 한다.

[핵심예제]

유기식품의 품질관리에 관한 설명 중 틀린 것은?

① 유기식품의 가공 및 취급과정에서 전리방사선을 사용할 수 없다.

② 저장을 위하여 공기, 온도, 습도 등 환경을 조절할 수 있으며, 건조하여 저장할 수 있다.

③ 유기가공식품 인증사업자가 제조 · 가공 과정의 일부 또는 전부를 위탁하는 경우 수탁자도 유기가공식품 인증사업자이어야 한다.

④ 유기합성농약 성분은 어떠한 경우에도 검출되지 아니하여야 한다.

정답 ④

05 │ 유기농업 관련 규정

친환경농어업 육성 및 유기식품 등의 관리·지원에 관한 법률(약칭 : 친환경농어업법)

- 친환경농어업 육성 및 유기식품 등의 관리·지원에 관한 법률
  [시행 2023. 1. 1.][법률 제18445호, 2021. 8. 17, 타법개정]
- 친환경농어업 육성 및 유기식품 등의 관리·지원에 관한 법률 시행령
  [시행 2022. 6. 1.][대통령령 제32657호, 2022. 5. 31, 타법개정]
- 농림축산식품부 소관 친환경농어업 육성 및 유기식품 등의 관리·지원에 관한 법률 시행규칙[시행 2023. 8. 7.][농림축산식품부령 제603호, 2023. 8. 7, 타법개정]

1-1. 총 칙

핵심이론 01 │ **목적 및 정의**

① 목적(법 제1조) : 이 법은 농어업의 환경보전기능을 증대시키고 농어업으로 인한 환경오염을 줄이며, 친환경농어업을 실천하는 농어업인을 육성하여 지속가능한 친환경농어업을 추구하고 이와 관련된 친환경농수산물과 유기식품 등을 관리하여 생산자와 소비자를 함께 보호하는 것을 목적으로 한다.

② 정의(법 제2조)

　㉠ '친환경농어업'이란 생물의 다양성을 증진하고, 토양에서의 생물적 순환과 활동을 촉진하며, 농어업생태계를 건강하게 보전하기 위하여 합성농약, 화학비료, 항생제 및 항균제 등 화학자재를 사용하지 아니하거나 사용을 최소화한 건강한 환경에서 농산물·수산물·축산물·임산물(이하 '농수산물')을 생산하는 산업을 말한다.

> '친환경농업'이란 친환경농어업 중 농산물·축산물·임산물(이하 '농축산물')을 생산하는 산업을 말한다(시행규칙 제2조제1호).

　㉡ '친환경농수산물'이란 친환경농어업을 통하여 얻는 것으로 다음의 어느 하나에 해당하는 것을 말한다.
- 유기농수산물
- 무농약농산물
- 무항생제수산물 및 활성처리제 비사용 수산물(이하 '무항생제수산물 등')

'친환경농축산물'이란 친환경농업을 통해 얻는 것으로서 다음의 어느 하나에 해당하는 것을 말한다(시행규칙 제2조제2호).
- 유기농산물·유기축산물 및 유기임산물(이하 '유기농축산물')
- 무농약농산물

　㉢ '유기'(Organic)란 생물의 다양성을 증진하고, 토양의 비옥도를 유지하여 환경을 건강하게 보전하기 위하여 허용물질을 최소한으로 사용하고, 인증기준에 따라 유기식품 및 비식용유기가공품(이하 '유기식품 등')을 생산, 제조·가공 또는 취급하는 일련의 활동과 그 과정을 말한다.

　㉣ '유기식품'이란 농업·농촌 및 식품산업 기본법의 식품과 수산식품산업의 육성 및 지원에 관한 법률의 수산식품 중에서 유기적인 방법으로 생산된 유기농수산물과 유기가공식품(유기농수산물을 원료 또는 재료로 하여 제조·가공·유통되는 식품 및 수산식품)을 말한다.

> - '유기식품'이란 유기농축산물과 유기가공식품(유기농축산물을 원료 또는 재료로 하여 제조·가공·유통되는 식품)을 말한다(시행규칙 제2조제3호).
> - '유기식품 등'이란 유기식품 및 비식용유기가공품(유기농축산물을 원료 또는 재료로 사용하는 것으로 한정)을 말한다(시행규칙 제2조제4호).

　㉤ '비식용유기가공품'이란 사람이 직접 섭취하지 아니하는 방법으로 사용하거나 소비하기 위하여 유기농수산물을 원료 또는 재료로 사용하여 유기적인 방법으로 생산, 제조·가공 또는 취급되는 가공품을 말한다. 다만, 식품위생법에 따른 기구, 용기·포장, 약사법에 따른 의약외품 및 화장품법에 따른 화장품은 제외한다.

　㉥ '무농약원료가공식품'이란 무농약농산물을 원료 또는 재료로 하거나 유기식품과 무농약농산물을 혼합하여 제조·가공·유통되는 식품을 말한다.

　㉦ '유기농어업자재'란 유기농수산물을 생산, 제조·가공 또는 취급하는 과정에서 사용할 수 있는 허용물질을 원료 또는 재료로 하여 만든 제품을 말한다.

> '유기농업자재'란 유기농축산물을 생산, 제조·가공 또는 취급하는 과정에서 사용할 수 있는 허용물질을 원료 또는 재료로 하여 만든 제품을 말한다(시행규칙 제2조제5호).

◎ '허용물질'이란 유기식품 등, 무농약농산물·무농약원료가공식품 및 무항생제수산물 등 또는 유기농어업자재를 생산, 제조·가공 또는 취급하는 모든 과정에서 사용 가능한 것으로서 농림축산식품부령 또는 해양수산부령으로 정하는 물질을 말한다.

㉧ '취급'이란 농수산물, 식품, 비식용가공품 또는 농어업용자재를 저장, 포장[소분(小分) 및 재포장을 포함], 운송, 수입 또는 판매하는 활동을 말한다.

㉨ '사업자'란 친환경농수산물, 유기식품 등·무농약원료가공식품 또는 유기농어업자재를 생산, 제조·가공하거나 취급하는 것을 업(業)으로 하는 개인 또는 법인을 말한다.

[핵심예제]

1-1. 친환경농어업법의 제정 목적으로 거리가 먼 것은?
① 농어업의 환경보전기능 증대
② 친환경농어업 실천 농가의 소득보전
③ 친환경농어업 실천 농어업인 육성
④ 농어업으로 인한 환경오염 감소

정답 ②

1-2. 친환경농업에 대한 설명으로 가장 적절한 것은?
① 친환경농어업 중 농산물·축산물·임산물을 생산하는 산업을 말한다.
② 유기농축산물, 유기가공식품 및 비식용유기가공품을 말한다.
③ 유기농축산물을 생산, 제조·가공 또는 취급하는 과정에서 사용할 수 있는 허용물질을 원료 또는 재료로 하여 만든 제품을 말한다.
④ 유기식품 등, 무농약농수산물 등 또는 유기농어업자재를 생산, 제조·가공 또는 취급하는 모든 과정을 통해 농산물을 생산하는 산업을 말한다.

정답 ①

1-3. 친환경농어업법상 친환경농수산물에 해당되지 않는 것은?
① 유기농수산물
② 활성처리제 비사용 임산물
③ 무농약농산물
④ 활성처리제 비사용 수산물

정답 ②

허용물질 – 유기농산물 및 유기임산물(1) (시행규칙 [별표 1])

토양 개량과 작물 생육을 위해 사용 가능한 물질

사용 가능 물질	사용 가능 조건
• 농장 및 가금류의 퇴구비[堆廏肥 : 볏짚, 낙엽 등 부산물을 부숙(썩혀서 익히는 것)하여 만든 퇴비와 축사에서 나오는 두엄을 말한다] • 퇴비화된 가축배설물 • 건조된 농장 퇴구비 및 탈수한 가금류의 퇴구비 • 가축분뇨를 발효시킨 액상의 물질	• 국립농산물품질관리원장이 정하여 고시하는 유기농산물 및 유기임산물 인증기준의 재배방법 중 가축분뇨를 원료로 하는 퇴비·액비의 기준에 적합할 것 • 사용 가능 물질 중 가축분뇨를 발효시킨 액상의 물질은 유기축산물 또는 무항생제축산물 인증 농장, 경축순환농법(耕畜循環農法 : 친환경농업을 실천하는 자가 경종과 축산을 겸업하면서 각각의 부산물을 작물재배 및 가축사육에 활용하고, 경종작물의 퇴비소요량에 맞게 가축사육 마릿수를 유지하는 형태의 농법) 등 친환경 농법으로 가축을 사육하는 농장 또는 동물보호법에 따른 동물복지축산농장 인증을 받은 농장에서 유래한 것만 사용하고, 비료관리법에 따른 공정규격설정 등의 고시에서 정한 가축분뇨발효액의 기준에 적합할 것
식물 또는 식물 잔류물로 만든 퇴비	충분히 부숙된 것일 것
버섯재배 및 지렁이 양식에서 생긴 퇴비	버섯재배 및 지렁이 양식에 사용되는 자재는 이 표에서 사용 가능한 것으로 규정된 물질만을 사용할 것
지렁이 또는 곤충으로부터 온 부식토	부식토의 생성에 사용되는 지렁이 및 곤충의 먹이는 이 표에서 사용 가능한 것으로 규정된 물질만을 사용할 것
식품 및 섬유공장의 유기적 부산물	합성첨가물이 포함되어 있지 않을 것
유기농장 부산물로 만든 비료	화학물질의 첨가나 화학적 제조공정을 거치지 않을 것
혈분·육분·골분·깃털분 등 도축장과 수산물 가공공장에서 나온 동물부산물	화학물질의 첨가나 화학적 제조공정을 거치지 않아야 하고, 항생물질이 검출되지 않을 것
대두박(콩에서 기름을 짜고 남은 찌꺼기), 쌀겨 유박(油粕 : 식물성 원료에서 원하는 물질을 짜고 남은 찌꺼기), 깻묵 등 식물성 유박류	• 유전자를 변형한 물질이 포함되지 않을 것 • 최종 제품에 화학물질이 남지 않을 것 • 아주까리 및 아주까리 유박을 사용한 자재는 비료관리법에 따른 공정규격설정 등의 고시에서 정한 리친(Ricin)의 유해성분 최대량을 초과하지 않을 것

사용 가능 물질	사용 가능 조건
제당산업의 부산물[당밀, 비나스(Vinasse : 사탕수수나 사탕무에서 알코올을 생산한 후 남은 찌꺼기), 식품 등급의 설탕, 포도당을 포함]	유해 화학물질로 처리되지 않을 것
유기농업에서 유래한 재료를 가공하는 산업의 부산물	합성첨가물이 포함되어 있지 않을 것
오줌	충분한 발효와 희석을 거쳐 사용할 것
사람의 배설물(오줌만인 경우는 제외)	• 완전히 발효되어 부숙된 것일 것 • 고온발효 : 50℃ 이상에서 7일 이상 발효된 것 • 저온발효 : 6개월 이상 발효된 것일 것 • 엽채류 등 농산물·임산물 중 사람이 직접 먹는 부위에는 사용하지 않을 것
벌레 등 자연적으로 생긴 유기체	
구아노(Guano : 바닷새, 박쥐 등의 배설물)	화학물질 첨가나 화학적 제조공정을 거치지 않을 것
짚, 왕겨, 쌀겨 및 산야초	비료화하여 사용할 경우에는 화학물질 첨가나 화학적 제조공정을 거치지 않을 것
• 톱밥, 나무껍질 및 목재 부스러기 • 나무 숯 및 나뭇재	원목상태 그대로이거나 원목을 기계적으로 가공·처리한 상태의 것으로서 가공·처리과정에서 페인트·기름·방부제 등이 묻지 않은 폐목재 또는 그 목재의 부산물을 원료로 하여 생산한 것일 것
• 황산칼륨, 랑베나이트(해수의 증발로 생성된 암염) 또는 광물염 • 석회소다 염화물 • 석회질 마그네슘 암석 • 마그네슘 암석 • 사리염(황산마그네슘) 및 천연석고(황산칼슘) • 석회석 등 자연에서 유래한 탄산칼슘 • 점토광물(벤토나이트·펄라이트·제올라이트·일라이트 등) • 질석(Vermiculite : 풍화한 흑운모) • 붕소·철·망간·구리·몰리브덴 및 아연 등 미량원소	• 천연에서 유래하고, 단순 물리적으로 가공한 것일 것 • 사람의 건강 또는 농업환경에 위해(危害)요소로 작용하는 광물질(예 석회광, 수은광 등)은 사용하지 않을 것
칼륨암석 및 채굴된 칼륨염	천연에서 유래하고 단순 물리적으로 가공한 것으로 염소 함량이 60% 미만일 것

사용 가능 물질	사용 가능 조건
천연 인광석 및 인산알루미늄칼슘	천연에서 유래하고 단순 물리적 공정으로 가공된 것이어야 하며, 인을 오산화인(P_2O_5)으로 환산하여 1kg 중 카드뮴이 90mg/kg 이하일 것
자연암석분말·분쇄석 또는 그 용액	• 화학물질의 첨가나 화학적 제조공정을 거치지 않을 것 • 사람의 건강 또는 농업환경에 위해요소로 작용하는 광물질이 포함된 암석은 사용하지 않을 것
광물을 제련하고 남은 찌꺼기[광재(鑛滓) : 베이직 슬래그]	광물의 제련과정에서 나온 것으로서 화학물질이 포함되지 않을 것(예 제조 시 화학물질이 포함되지 않은 규산질 비료)
염화나트륨(소금) 및 해수	• 염화나트륨(소금)은 채굴한 암염 및 천일염(잔류농약이 검출되지 않아야 함)일 것 • 해수는 다음 조건에 따라 사용할 것 　－ 천연에서 유래할 것 　－ 엽면시비용(葉面施肥用)으로 사용할 것 　－ 토양에 염류가 쌓이지 않도록 필요한 최소량만을 사용할 것
목초액	산업표준화법에 따른 한국산업표준의 목초액(KSM3939) 기준에 적합할 것
키토산	국립농산물품질관리원장이 정하여 고시하는 품질규격에 적합할 것
미생물 및 미생물 추출물	미생물의 배양과정이 끝난 후에 화학물질의 첨가나 화학적 제조공정을 거치지 않을 것
이탄(泥炭, Peat), 토탄(土炭, Peat Moss), 토탄 추출물	－
해조류, 해조류 추출물, 해조류 퇴적물	－
황	－
주정 찌꺼기(Stillage) 및 그 추출물 (암모니아 주정 찌꺼기는 제외)	－
클로렐라(담수녹조) 및 그 추출물	클로렐라 배양과정이 끝난 후에 화학물질의 첨가나 화학적 제조공정을 거치지 않을 것

[핵심예제]

2-1. 다음 중 유기농산물 및 유기임산물의 토양 개량과 작물 생육을 위해 사용 가능한 물질에서 사용 가능 조건이 다른 것은?

① 대두박
② 골 분
③ 깻 묵
④ 식물성 유박(油粕)류

정답 ②

2-2. 유기식품 등에 사용 가능한 물질에서 유기농산물 및 유기임산물에 대한 사항으로 토양 개량과 작물 생육을 위해 사용 가능한 물질 중 사용 가능 조건이 '화학물질의 첨가나 화학적 제조공정을 거치지 않아야 하고, 항생물질이 검출되지 않을 것'에 해당하는 것은?

① 비나스
② 혈 분
③ 설 탕
④ 포도당

정답 ②

2-3. 친환경농어업법 시행규칙상에서 토양 개량과 작물 생육을 위해 사용 가능한 물질 중 사용 가능 조건이 고온발효로 50℃ 이상에서 7일 이상 발효된 것에 해당해야 사용 가능한 물질은?

① 사람의 배설물(오줌만인 경우 제외)
② 대두박
③ 혈 분
④ 골 분

정답 ①

2-4. 친환경농어업법 시행규칙상 유기농산물 및 유기임산물의 토양 개량과 작물 생육을 위해 사람의 배설물(오줌만인 경우 제외)을 사용할 때 사용 가능 조건으로 틀린 것은?

① 완전히 발효되어 부숙된 것일 것
② 고온발효 : 50℃ 이상에서 7일 이상 발효된 것
③ 저온발효 : 3개월 이상 발효된 것일 것
④ 엽채류 등 농산물·임산물 중 사람이 직접 먹는 부위에는 사용하지 않을 것

정답 ③

2-5. 친환경농어업법 시행규칙상 유기농산물 및 유기임산물의 토양 개량과 작물 생육을 위해 사용 가능한 구아노(Guano : 바닷새, 박쥐 등의 배설물)의 사용 가능 조건은?

① 유전자를 변형한 물질이 포함되지 않을 것
② 고온발효(50℃ 이상에서 7일 이상 발효)된 것
③ 화학물질 첨가나 화학적 제조공정을 거치지 않을 것
④ 충분히 부숙된 것

정답 ③

핵심이론 **03** **허용물질 - 유기농산물 및 유기임산물(2)**

병해충 관리를 위해 사용 가능한 물질

사용 가능 물질	사용 가능 조건
제충국 추출물	제충국(*Chrysanthemum cinerariae-folium*)에서 추출된 천연물질일 것
데리스(Derris) 추출물	데리스(*Derris spp.*, *Lonchocarpus spp.* 및 *Tephrosia spp.*)에서 추출된 천연물질일 것
쿠아시아(Quassia) 추출물	쿠아시아(*Quassia amara*)에서 추출된 천연물질일 것
라이아니아(Ryania) 추출물	라이아니아(*Ryania speciosa*)에서 추출된 천연물질일 것
님(Neem) 추출물	님(*Azadirachta indica*)에서 추출된 천연물질일 것
해수 및 천일염	잔류농약이 검출되지 않을 것
젤라틴(Gelatine)	크로뮴(Cr)처리 등 화학적 제조공정을 거치지 않을 것
난황(卵黃, 계란노른자 포함)	화학물질의 첨가나 화학적 제조공정을 거치지 않을 것
식초 등 천연산	화학물질의 첨가나 화학적 제조공정을 거치지 않을 것
누룩곰팡이속(*Aspergillus spp.*)의 발효 생산물	미생물의 배양과정이 끝난 후에 화학물질의 첨가나 화학적 제조공정을 거치지 않을 것
목초액	산업표준화법에 따른 한국산업표준의 목초액(KSM3939) 기준에 적합할 것
담배잎차(순수 니코틴은 제외)	물로 추출한 것일 것
키토산	국립농산물품질관리원장이 정하여 고시하는 품질규격에 적합할 것
밀랍(Beeswax) 및 프로폴리스(Propolis)	-
동·식물성 오일	천연유화제로 제조할 경우만 수산화칼륨을 동물성·식물성 오일 사용량 이하로 최소화하여 사용할 것. 이 경우 인증품 생산계획서에 기록·관리하고 사용해야 한다.
해조류·해조류가루·해조류추출액	-
인지질(Lecithin)	-
카세인(유단백질)	-
버섯 추출액	-
클로렐라(담수녹조) 및 그 추출물	클로렐라 배양과정이 끝난 후에 화학물질의 첨가나 화학적 제조공정을 거치지 않을 것

사용 가능 물질	사용 가능 조건
천연식물(약초 등)에서 추출한 제재(담배는 제외)	–
식물성 퇴비발효 추출액	• 토양 개량과 작물 생육을 위해 사용 가능한 물질에서 정한 허용물질 중 식물성 원료를 충분히 부숙시킨 퇴비로 제조할 것 • 물로만 추출할 것
• 구리염 • 보르도액 • 수산화동 • 산염화동 • 부르고뉴액	토양에 구리가 축적되지 않도록 필요한 최소량만을 사용할 것
생석회(산화칼슘) 및 소석회(수산화칼슘)	토양에 직접 살포하지 않을 것
석회보르도액 및 석회유황합제	–
에틸렌	키위, 바나나와 감의 숙성을 위해 사용할 것
규산염 및 벤토나이트	천연에서 유래하고 단순 물리적으로 가공한 것만 사용할 것
규산나트륨	천연규사와 탄산나트륨을 이용하여 제조한 것일 것
규조토	천연에서 유래하고 단순 물리적으로 가공한 것일 것
맥반석 등 광물질 가루	• 천연에서 유래하고 단순 물리적으로 가공한 것일 것 • 사람의 건강 또는 농업환경에 위해요소로 작용하는 광물질(예 석면광 및 수은광 등)은 사용하지 않을 것
인산철	달팽이 관리용으로만 사용할 것
파라핀 오일	–
중탄산나트륨 및 중탄산칼륨	–
과망간산칼륨	과수의 병해관리용으로만 사용할 것
황	액상화할 경우에만 수산화나트륨을 황 사용량 이하로 최소화하여 사용할 것. 이 경우 인증품 생산계획서에 기록·관리하고 사용해야 한다.
미생물 및 미생물 추출물	미생물의 배양과정이 끝난 후에 화학물질의 첨가나 화학적 제조공정을 거치지 않을 것
천 적	생태계 교란종이 아닐 것
성 유인물질(페로몬)	• 작물에 직접 처리하지 않을 것 • 덫에만 사용할 것
메타알데하이드	• 별도 용기에 담아서 사용할 것 • 토양이나 작물에 직접 처리하지 않을 것 • 덫에만 사용할 것

사용 가능 물질	사용 가능 조건
이산화탄소 및 질소가스	과실 창고의 대기 농도 조정용으로만 사용할 것
비누(Potassium Soaps)	–
에틸알코올	발효주정일 것
허브식물 및 기피식물	생태계 교란종이 아닐 것
기계유	• 과수농가의 월동 해충 제거용으로만 사용할 것 • 수확기 과실에 직접 사용하지 않을 것
웅성불임곤충	–

[핵심예제]

3-1. 친환경농어업법 시행규칙상 병해충 관리를 위해 사용 가능한 물질 중 사용 가능 조건이 '물로 추출한 것일 것'에 해당하는 것은?

① 난황(卵黃, 계란노른자 포함)
② 젤라틴(Gelatine)
③ 식초 등 천연산
④ 담배잎차(순수니코틴은 제외)

정답 ④

3-2. 농림축산식품부 소관 친환경농어업 육성 및 유기식품 등의 관리·지원에 관한 법률 시행규칙에서 규정한 유기농산물의 병해충 관리를 위해 사용할 수 없는 물질은?

① 제충국 추출물
② 데리스 추출물
③ 님(Neem) 추출물
④ 순수 니코틴

정답 ④

3-3. 친환경농어업법 시행규칙상 유기농산물 및 유기임산물 병해충 관리를 위해 사용 가능 물질 중 사용 가능 조건으로 틀린 것은?

① 미생물의 배양과정이 끝난 후에 화학물질의 첨가나 화학적 제조공정을 거치지 않은 누룩곰팡이의 발효 생산물
② 님(Azadirachta indica)에서 추출된 천연물질인 님(Neem) 추출물
③ 잔류농약이 검출되지 않은 해수 및 천일염
④ 식품의약품안전처에서 고시한 품질규격에 적합한 키토산

정답 ④

핵심예제

3-4. 유기식품 등에 사용 가능한 물질에서 유기농산물 및 유기임산물에 대한 내용으로 병해충 관리를 위해 사용 가능한 물질 중 사용 가능 조건이 '토양에 직접 살포하지 않을 것'에 해당하는 것은?

① 보르도액
② 산염화동
③ 구리염
④ 생석회(산화칼슘)

정답 ④

3-5. 유기농산물 및 유기임산물의 병해충 관리를 위해 사용 가능한 물질이 아닌 것은?

① 구리염, 부르고뉴액
② 산화칼슘, 수산화칼슘
③ 데리스 추출물, 쿠아시아 추출물
④ 염화질소, 염화암모늄

정답 ④

3-6. 농림축산식품부 소관 친환경농어업 육성 및 유기식품 등의 관리 · 지원에 관한 법률 시행규칙상 에틸렌을 이용하여 숙성시키는 과일이 아닌 것은?

① 감
② 바나나
③ 사 과
④ 키 위

정답 ③

3-7. 병해충 관리를 위해 사용 가능한 물질 중 사용 가능 조건이 '달팽이 관리용으로만 사용할 것'에 해당하는 것은?

① 과망간산칼륨
② 황
③ 맥반석
④ 인산철

정답 ④

3-8. 친환경농어업법 시행규칙상 병해충 관리를 위해 사용 가능한 물질 중 사용 가능 조건으로 '과수의 병해관리용으로만 사용할 것'에 해당하는 것은?

① 인산철
② 과망간산칼륨
③ 파라핀 오일
④ 중탄산나트륨

정답 ②

해설

3-5
염화질소, 염화암모늄은 화학공정을 거친 화학비료로, 병해충 관리를 위해 사용 가능한 물질이 아니다.

핵심이론 **04** 허용물질 – 유기축산물 및 비식용유기가공품(시행규칙 [별표 1])

사료로 직접 사용되거나 배합사료의 원료로 사용 가능한 물질(사료관리법에 따라 고시된 사료공정을 준수한 원료로 한정)

구 분	사용 가능 물질	사용 가능 조건
식물성	곡류(곡물), 곡물부산물류(강피류), 박류(단백질류), 서류, 식품가공부산물류, 조류(藻類), 섬유질류, 제약부산물류, 유지류, 전분류, 콩류, 견과 · 종실류, 과실류, 채소류, 버섯류, 그 밖의 식물류	• 유기농산물(유기수산물을 포함) 인증을 받거나 유기농산물의 부산물로 만들어진 것일 것 • 천연에서 유래한 것은 잔류농약이 검출되지 않을 것
동물성	단백질류, 낙농가공부산물류	• 수산물(골뱅이분을 포함)은 양식하지 않은 것일 것 • 포유동물에서 유래된 사료(우유 및 유제품은 제외)는 반추가축[소 · 양 등 반추(反芻)류 가축]에 사용하지 않을 것
	곤충류, 플랑크톤류	• 사육이나 양식과정에서 합성농약이나 동물용의약품을 사용하지 않은 것일 것 • 야생의 것은 잔류농약이 검출되지 않은 것일 것
	무기물류	사료관리법에 따라 농림축산식품부장관이 정하여 고시하는 기준에 적합할 것
	유지류	• 사료관리법에 따라 농림축산식품부장관이 정하여 고시하는 기준에 적합할 것 • 반추가축에 사용하지 않을 것
광물성	식염류, 인산염류 및 칼슘염류, 다량광물질류, 혼합광물질류	• 천연의 것일 것 • 위에 해당하는 물질을 상업적으로 조달할 수 없는 경우에는 화학적으로 충분히 정제된 유사물질 사용 가능

비고 : 이 표의 사용 가능 물질의 구체적인 범위는 사료관리법에 따라 농림축산식품부장관이 정하여 고시하는 단미사료의 범위에 따른다.

[핵심예제]

4-1. 유기축산물 및 비식용유기가공품에서 사료로 직접 사용되거나 배합사료의 원료로 사용 가능한 물질 중 사용 가능 조건이 다른 것은?

① 서 류   ② 유지류
③ 전분류   ④ 무기물류

정답 ④

4-2. 유기축산물 및 비식용유기가공품의 사료로 직접 사용되거나 배합사료의 원료로 사용 가능한 물질 중 사용 가능 조건이 '수산물(골뱅이분을 포함한다)은 양식하지 않은 것일 것'에 해당하는 것은?

① 무기물류   ② 단백질류
③ 유지류   ④ 곤충류

정답 ②

4-3. 유기축산물 및 비식용유기가공품의 사료로 직접 사용되거나 배합사료의 원료로 사용 가능한 물질 중 유지류의 사용 가능 조건은?

① 천연의 것일 것
② 반추가축에 사용하지 않을 것
③ 화학물질의 첨가나 화학적 제조공정을 거치지 않을 것
④ 충분한 발효와 희석을 거쳐 사용할 것

정답 ②

핵심이론 05 단미사료의 범위(사료 등의 기준 및 규격 [별표 1])

구 분	사료종류		명 칭
식물성	곡류(곡물)		• 귀리(연맥), 메밀(교맥), 밀(소맥), 보리(대맥), 수수, 쌀, 옥수수, 조, 트리티케일, 피, 호밀(호맥), • 위의 곡류 1차 가공품 또는 싸라기[[예] 귀리 1차 가공품, 귀리 싸라기] • 혼합곡물, 혼합곡물 1차 가공품, 혼합곡물 싸라기
	강피류 (곡물부산물류)		기장피, 귀리겨, 당밀흡착강피류, 대두피, 땅콩피, 루핀피, 말분, 면실피, 밀기울(소맥피), 보릿겨(맥강), 수수겨, 쌀겨(미강[탈지 포함]), 아몬드피, 옥수수단백피(옥수수글루텐피드), 옥수수피, 율무피, 조겨, 케슈너트피, 해바라기피, 혼합강피류
	박류 (단백질류)		겨자박, 고추씨박, 구아박, 귀리박, 농축단백질, 대두박[전지대두 가공품을 포함], 들깨박(임자박), 땅콩박, 맥주박, 면실박, 밀글루텐, 밀배아박, 아마인박, 아몬드박, 야자박(코코넛박), 앵속실박, 옥수수글루텐, 옥수수배아박, 올리브박, 장유박, 전분박, 주정박[DDGS, 포도주박, 자두주박, 전통주박 등 포함], 참깨박(호마박), 채종박(카놀라박), 케슈너트박, 케이폭박, 팜유박(팜박), 포도씨박, 피마자박, 해바라기씨박, 호두씨박, 혼합박류
	서 류		감자, 고구마, 돼지감자, 카사바(매니옥), 혼합서류
	식품가공 부산물류		감자가공부산물, 과실류가공부산물, 당밀, 도토리부산물, 비타민류가공부산물, 쌀농후침지액, 아미노산발효부산물, 엿류부산물, 옥수수농후침지액, 음료가공부산물, 제과·제빵·제면부산물[초콜릿부산물 포함], 조미료부산물, 채소가공부산물, 콩류가공부산물[비지 포함, 대두박은 제외], 파당[폐당 포함], 혼합식품가공부산물
	조 류	거대 조류	갈래곰보, 갈파래, 감태, 곰피, 김, 꼬시래기, 다시마, 돌가사리, 둥근돌김, 뜸부기, 매생이, 모자반, 미역, 불등가사리, 석묵, 우뭇가사리, 지충이, 진두발, 청각, 톳, 파래, 피마톨리톤 칼카륨
		미세 조류	난노클로롭시스, 두나리엘라, 스피루리나(스피룰리나), 아이소크라이시스, 클로렐라, 키토세로스, 탈라시오시라, 테트라셀미스, 파블로바
		기 타	해조분, 혼합조류

구 분	사료종류		명 칭
식물성	섬유질류	목초	네이피어그라스, 달리스그래스, 라디노클로버, 레드톱, 로즈그라스, 리드카나리그라스, 밀건초, 바히아그래스, 버뮤다그래스, 버즈푸트레포일, 벤트그래스, 붉은토끼풀(레드클로버), 브롬그래스, 블루그래스, 시프그래스(양초), 알팔파[베일, 펠릿, 큐브 포함], 앨사이크클로버, 연맥건초, 에뉴얼라이그래스, 오처드그래스, 이탈리안라이그래스, 켄터키블루그래스, 클라인그래스, 테프그라스, 토끼풀(화이트클로버), 톨페스큐, 티모시, 파인 페스큐, 페레니얼라이그래스, 페스큐
	풋베기 사료작물		새싹보리, 수단그라스, 자운영, 청예갈대, 청예귀리, 청예밀, 청예보리, 청예벼, 청예수수, 청예옥수수, 청예유채, 청예피, 청예호밀
	고간류		귀리짚, 밀짚, 볏짚, 보릿짚, 수수대, 옥수수대
	가공·발효사료		섬유질가공사료, 섬유질발효사료
	기 타		감귤박, 곡류정선부산물(GSP), 버섯재배부산물, 사과박, 사탕무박(비트펄프), 사탕수수박(버게스), 인동(잎, 줄기), 양잠부산물, 어성초, 옥수수속대, 이질풀(잎), 커피박, 코코아박(카카오박), 케나프, 톱밥[곤충류에 한 함], 파인애플박, 혼합섬유질
	제약부산물류		이노시톨박, 인삼박
	유지류		대두유, 대마씨유, 면실유, 미강유, 식물성혼합유, 식물성식용잔유[정제된 것에 한함], 아마인유, 야자유, 옥수수유, 채종유(카놀라유), 팜유, 해바라기유
	전분류		곡류전분[α-화 전분 포함], 서류전분[α-화 전분 포함], 혼합전분
	콩 류		대두, 렌즈콩(렌틸콩), 루핀, 완두, 이집트콩, 혼합콩류
	견과·종실류		면실, 아마인, 유채씨(평지씨), 참깨, 카나리아씨드, 케슈너트, 케이폭, 피스타치오, 해바라기씨, 홍화씨, 혼합견과, 혼합견과종실류, 혼합종실
	과실류		로즈힙, 망고, 바나나, 배, 사과, 산사자, 용안육, 코코넛(야자), 키위, 파인애플, 혼합과실
	채소류		가지, 당근, 무, 사탕무, 삼채(잎), 삼채(뿌리), 시금치, 오이, 치커리(뿌리), 토마토, 호박, 혼합채소
	버섯류		노루궁뎅이버섯(자실체), 느타리버섯(자실체), 영지버섯(자실체), 잎새버섯(자실체), 큰느타리버섯(자실체), 표고버섯(자실체), 혼합버섯
	기타 식물류		뽕잎, 쑥, 인동(꽃봉오리), 차, 화분(꽃가루)

구 분	사료종류		명 칭
동물성	단백질류		가금부산물건조분[도축 및 가금도축부산물, 계육분 포함], 감마루스, 건어포, 게분, 계란분말[난황 및 난백분말 등 가공품을 포함], 골뱅이분, 동물성단백질혼합분, 모발분, 부화장부산물건조분, 새우분, 수지박[우지박, 돈지박을 포함], 어분[어류의 가공품 및 부산물을 포함], 어즙흡착사료, 우모분, 유도단백질[가수분해, 효소처리 등을 한 것을 포함], 육골분, 육골포, 육분, 육즙흡착사료, 육어포, 육포, 제각분, 혈액가공품[혈장단백 및 혈분을 제외], 혈분, 혈장단백
	무기물류		골분, 골회, 난각분, 어골분, 어골회, 패분, 혼합무기물, 가공뼈다귀, 녹각
	유지류		곤충유, 닭기름(계유), 동물성식용잔유[정제된 것에 한함], 동물성혼합유지, 돼지기름(돈지), 소기름(우지), 양기름(양지), 어류기름(어유), 오리기름, 초록입홍합추출오일
	곤충류		거저리유충(밀월·슈퍼밀웜), 건조귀뚜라미, 건조메뚜기, 동애등에유충, 번데기[번데기박을 포함], 장구벌레, 파리유충, 혼합곤충
	플랑크톤류		로티퍼, 마이시스슈림프, 물벼룩, 알테미아(브라인슈림프), 코페포다, 크릴, 혼합플랑크톤
	낙농가공 부산물류		유당, 유장, 유조제품, 전지분유, 치즈[치즈밀 포함], 탈지분유, 혼합낙농가공부산물
광물성	식염류		가공소금, 정제소금[소금산업진흥법의 규정에 의한 화학부산물소금을 제외], 천일염
	인산 염류 및 칼슘 염류	인산 염류	소성인산석회, 제일인산나트륨(인산일나트륨)[구. 인산이수소나트륨], 제이인산나트륨(인산이나트륨, 인산수소이나트륨)[구. 인산일수소나트륨], 제삼인산나트륨(인산삼나트륨)[구. 인산나트륨], 제일인산칼륨(산성인산칼륨)[구. 인산이수소칼륨], 제이인산칼륨(인산이칼륨)[구. 인산일수소칼륨], 제삼인산칼륨(인산삼칼륨)[구. 인산칼륨], 제일인산칼슘(MCP, 인산1칼슘, 산성인산칼슘), 제이인산칼슘(DCP, 인산2칼슘, 인산수소칼슘), 제삼인산칼슘(TCP, 인산3칼슘, 혼합인산칼슘(MDCP)
		칼슘 염류	마그네슘석회석분말, 석고, 석회석분말, 탄산칼슘, 황산칼슘
	다량광물질류		다량광물질-단백질화합물, 다량광물질-아미노산복합물, 다량광물질-아미노산킬레이트, 염화칼륨, 유황(법제유황, 제독유황), 엠에스엠(다이메틸설폰), 탄산마그네슘, 탄산칼륨(무수), 황산나트륨, 황산마그네슘, 황산칼륨

구 분	사료종류	명 칭
광물성	미량광물질류	구연산철, 몰리브덴산나트륨, 몰리브덴산암모늄, 미량광물질-단백질화합물, 미량광물질-아미노산복합물, 미량광물질-아미노산킬레이트, 산화아연, 삼염기염화동, 셀렌산나트륨, 아셀렌산나트륨, 아연하이드록시염화물, 염화크로뮴, 아이오딘산칼륨, 아이오딘산칼슘, 아이오딘화칼륨, 탄산망간, 탄산아연, 탄산코발트, 펩타이드구리(펩타이드동), 펩타이드망간, 펩타이드아연, 펩타이드철, 푸말산제1철, 호박산구연산소다제1철, 황산제1철, 황산구리(황산동), 황산망간, 황산아연, 황산아연메티오닌, 황산코발트
	혼합광물질류	인산염류 합제, 칼슘염류 합제, 다량광물질류 합제, 미량광물질류 합제, 혼합광물질류 합제 [인산염류부터 미량광물질류의 합제를 말함]
기 타	유지류	글리세린, 분말유지, 불해성지방(보호지방), 혼합성유지
	단세포단백질	불활성박테리아[보조사료-미생물제-유익균에 한함], 불활성효모[보조사료-미생물제-유익효모에 한함], 혼합단세포단백질
	남은음식물	남은음식물사료(축종명)
	반려동물 음용수	반려동물음용수
	기 타	밀리타리스 동충하초
혼합성	혼합제	혼합성 단미사료[둘 이상의 단미사료를 혼합한 것으로 각각의 단미사료는 혼합 전에 개별 단미사료의 기준 및 규격 등(열처리, 수분 등)을 충족하여야 함] • 애완용 동물의 간식용, 영양보충용은 소량의 보조사료(보존제와 향미제에 한함)를 첨가 가능 • 식물성~기타의 합제류 및 혼합류 사료를 제외한 것을 말한다. • 보조사료 중 규산염제와 완충제는 광물성사료에 혼합 시 단미사료로 인정하여 혼합광물질로 분류 가능

※ ( ) 안의 명칭은 병행하여 표기할 수 있으며, [ ] 안의 내용은 해당 물질에 대한 규격 및 기준 등을 의미함

아이오딘 = 요오드

[**핵심예제**]

식물성 단미사료 중 강피류(곡물부산물류)에 해당하지 않는 것은?

① 밀기울　　　　② 쌀 겨
③ 기장피　　　　④ 들깨박

정답 ④

핵심이론 06　허용물질의 선정 기준 및 절차(시행규칙 [별표 2])

① 허용물질의 선정 기준 : 다음의 기준을 모두 갖출 것

　㉠ 농산물·축산물·임산물·가공식품·비식용가공품 또는 농업자재를 유기적인 방법으로 생산, 제조·가공 또는 취급하는 데 적합한 물질일 것

　㉡ 해당 물질이 사용목적에 필요하거나 필수적일 것

　㉢ 해당 물질이 천연(식물, 동물, 광물 및 미생물 등)에서 유래하고, 생물학적(퇴비화 및 발효 등)·물리적 방법으로 제조되었을 것

　㉣ 해당 물질의 제조, 사용 및 폐기 등의 과정에서 환경에 해로운 영향을 주지 않을 것

　㉤ 해당 물질이 사람과 동물의 건강과 삶의 질에 중대한 영향을 미치지 않을 것

② 허용물질의 선정 절차

　㉠ 허용물질은 ①에 따른 선정 기준 및 물질의 유래, 제조 방법, 사용목적과 효능 및 위해성 등을 종합적으로 평가하고, 이해관계자에게 정보를 공개하며, 공정하게 결정할 것

　㉡ 모든 이해관계자는 허용물질의 선정을 국립농산물품질관리원장에게 신청할 수 있으며, 국립농산물품질관리원장은 선정 신청을 받은 물질에 대해 전문가에 의한 기초평가를 실시할 것

　㉢ 국립농산물품질관리원장은 선정 신청을 받은 물질에 대해 7명 이상의 분야별 학계 전문가, 생산자단체 및 소비자단체 등을 포함한 전문가심의회를 구성하여 평가를 실시하고, 평가과정에 기초평가를 실시한 전문가를 출석시켜 그 의견을 들을 수 있으며, 그 결과가 인체 및 농업환경에 위해성이 없어 유기농업에 적합하다고 판단되는 경우에 해당 물질을 허용물질로 선정할 것

③ ① 및 ②에 따른 허용물질의 선정 기준 및 절차에 관한 세부사항은 국립농산물품질관리원장이 정하여 고시한다.

6-1. 유기식품에 사용 가능한 허용물질의 선정 기준으로 틀린 것은?

① 해당 물질이 사용목적에 필요하거나 필수적일 것

② 해당 물질의 제조, 사용 및 폐기 등의 과정에서 환경에 해로운 영향을 주지 않을 것

③ 농산물 · 축산물 · 임산물 · 가공식품 · 비식용가공품 또는 농업자재를 유기적인 방법으로 생산, 제조 · 가공 또는 취급하는 데 적합한 물질일 것

④ 해당 물질이 천연(식물, 동물, 광물 및 미생물 등)에서 유래하고, 생물학적(퇴비화 및 발효 등) · 화학적 방법으로 제조되었을 것

정답 ④

6-2. 다음은 친환경농어업법 시행규칙상 허용물질의 선정 기준 및 절차에서 허용물질의 선정 절차에 관한 사항이다. ( ) 안에 알맞은 내용은?

> 국립농산물품질관리원장은 선정 신청 받은 물질에 대해 ( )명 이상의 분야별 학계 전문가, 생산자단체 및 소비자단체 등을 포함한 전문가심의회를 구성하여 평가를 실시하고, 평가과정에서 기초평가를 실시한 전문가를 출석시켜 그 '의견을 들을 수 있으며, 그 결과가 인체 및 농업환경에 위해성이 없어 유기농업에 적합하다고 판단되는 경우에 해당 물질을 허용물질로 선정할 것

① 3   ② 7

③ 9   ④ 12

정답 ②

국가와 지방자치단체의 책무 등

① 국가와 지방자치단체의 책무(법 제3조)

 ㉠ 국가는 친환경농어업 · 유기식품 등 · 무농약농산물 · 무농약원료가공식품 및 무항생제수산물 등에 관한 기본계획과 정책을 세우고 지방자치단체 및 농어업인 등의 자발적 참여를 촉진하는 등 친환경농어업 · 유기식품 등 · 무농약농산물 · 무농약원료가공식품 및 무항생제수산물 등을 진흥시키기 위한 종합적인 시책을 추진하여야 한다.

 ㉡ 지방자치단체는 관할구역의 지역적 특성을 고려하여 친환경농어업 · 유기식품 등 · 무농약농산물 · 무농약원료가공식품 및 무항생제수산물 등에 관한 육성정책을 세우고 적극적으로 추진하여야 한다.

② 사업자의 책무(법 제4조) : 사업자는 화학적으로 합성된 자재를 사용하지 아니하거나 그 사용을 최소화하는 등 환경친화적인 생산, 제조 · 가공 또는 취급 활동을 통하여 환경오염을 최소화하면서 환경보전과 지속가능한 농어업의 경영이 가능하도록 노력하고, 다양한 친환경농수산물, 유기식품 등, 무농약원료가공식품 또는 유기농어업자재를 생산 · 공급할 수 있도록 노력하여야 한다.

③ 민간단체의 역할(법 제5조) : 친환경농어업 관련 기술연구와 친환경농수산물, 유기식품 등, 무농약원료가공식품 또는 유기농어업자재 등의 생산 · 유통 · 소비를 촉진하기 위하여 구성된 민간단체(이하 '민간단체')는 국가와 지방자치단체의 친환경농어업 · 유기식품 등 · 무농약농산물 · 무농약원료가공식품 및 무항생제수산물 등에 관한 육성시책에 협조하고 그 회원들과 사업자 등에게 필요한 교육 · 훈련 · 기술개발 · 경영지도 등을 함으로써 친환경농어업 · 유기식품 등 · 무농약농산물 · 무농약원료가공식품 및 무항생제수산물 등의 발전을 위하여 노력하여야 한다.

④ 흙의 날(법 제5조의2)

 ㉠ 농업의 근간이 되는 흙의 소중함을 국민에게 알리기 위하여 매년 3월 11일을 흙의 날로 정한다.

 ㉡ 국가와 지방자치단체는 흙의 날에 적합한 행사 등 사업을 실시하도록 노력하여야 한다.

⟦ 핵심예제 ⟧

7-1. 친환경농어업 육성 및 유기식품 등의 관리ㆍ지원에 관한 법률상 민간단체의 역할에 대한 설명이다. (   )에 대한 내용으로 가장 거리가 먼 것은?

> 친환경농어업 관련 기술연구와 친환경농수산물, 유기식품 등, 무농약원료가공식품 또는 유기농업자재 등의 생산ㆍ유통ㆍ소비를 촉진하기 위하여 구성된 민간단체는 국가와 지방자치단체의 친환경농어업ㆍ유기식품 등ㆍ무농약농산물ㆍ무농약원료가공식품 및 무항생제수산물 등에 관한 육성시책에 협조하고 그 회원들과 사업자 등에게 필요한 (   ) 등을 함으로써 친환경농어업ㆍ유기식품 등ㆍ무농약농산물ㆍ무농약원료가공식품 및 무항생제수산물 등의 발전을 위하여 노력하여야 한다.

① 교 육　　　　　　　　② 훈 련
③ 기술개발　　　　　　　④ 친환경농작물 평가항목개발

정답 ④

7-2. 친환경농어업법상 (   ) 안에 알맞은 내용은?

> 농업의 근간이 되는 흙의 소중함을 국민에게 알리기 위하여 매년 (   )을 흙의 날로 정한다.

① 9월 11일　　　　　　　② 6월 11일
③ 5월 11일　　　　　　　④ 3월 11일

정답 ④

1-2. 친환경농어업ㆍ유기식품 등ㆍ무농약농산물ㆍ무농약 원료가공식품 및 무항생제수산물 등의 육성ㆍ지원

핵심이론 01　친환경농어업 육성계획(법 제7조)

① 농림축산식품부장관 또는 해양수산부장관은 관계 중앙행정기관의 장과 협의하여 5년마다 친환경농어업 발전을 위한 친환경농업 육성계획 또는 친환경어업 육성계획(이하 '육성계획')을 세워야 한다. 이 경우 민간단체나 전문가 등의 의견을 수렴하여야 한다.

② 육성계획에는 다음의 사항이 포함되어야 한다.
　㉠ 농어업 분야의 환경보전을 위한 정책목표 및 기본방향
　㉡ 농어업의 환경오염 실태 및 개선대책
　㉢ 합성농약, 화학비료 및 항생제ㆍ항균제 등 화학자재 사용량 감축 방안
　㉣ 친환경 약제와 병충해 방제 대책
　㉤ 친환경농어업 발전을 위한 각종 기술 등의 개발ㆍ보급ㆍ교육 및 지도 방안
　㉥ 친환경농어업의 시범단지 육성 방안
　㉦ 친환경농수산물과 그 가공품, 유기식품 등 및 무농약원료가공식품의 생산ㆍ유통ㆍ수출 활성화와 연계강화 및 소비 촉진 방안
　㉧ 친환경농어업의 공익적 기능 증대 방안
　㉨ 친환경농어업 발전을 위한 국제협력 강화 방안
　㉩ 육성계획 추진 재원의 조달 방안
　㉪ 제26조 및 제35조에 따른 인증기관의 육성 방안
　㉫ 그 밖에 친환경농어업의 발전을 위하여 농림축산식품부령 또는 해양수산부령으로 정하는 사항

> **친환경농업 육성계획(시행규칙 제4조)**
> 법 제7조 ②의 ㉫에서 '농림축산식품부령으로 정하는 사항'이란 다음의 사항을 말한다.
> ① 농경지의 보전ㆍ개량 및 비옥도의 유지ㆍ증진 방안
> ② 농업용수의 수질 등 농업환경 관리 방안
> ③ 환경친화형 농업자재의 개발 및 보급과 농업 폐자재의 활용 방안
> ④ 농업의 부산물 등의 자원화 및 적정 처리 방안
> ⑤ 유기식품 등ㆍ무농약농산물 및 무농약원료가공식품의 품질 관리 방안
> ⑥ 농업의 친환경적 육성 방안
> ⑦ 국내 친환경농업의 기준 및 목표에 관한 사항
> ⑧ 그 밖에 농림축산식품부장관이 친환경농업 발전을 위해 필요하다고 인정하는 사항

③ 농림축산식품부장관 또는 해양수산부장관은 ①에 따라 세운 육성계획을 특별시장 · 광역시장 · 특별자치시장 · 도지사 또는 특별자치도지사(이하 '시 · 도지사')에게 알려야 한다.

핵심예제

1-1. 농림축산식품부장관 또는 해양수산부장관은 관계 중앙행정기관의 장과 협의하여 친환경농어업 발전을 위한 친환경농업 육성계획 또는 친환경어업 육성계획을 몇 년마다 세워야 하는가?

① 1년　　　　　　② 2년
③ 3년　　　　　　④ 5년

정답 ④

1-2. 친환경농어업 육성 및 유기식품 등의 관리 · 지원에 관한 법률상 친환경농어업 육성계획에 포함되어야 할 항목이 아닌 것은?

① 농어업 분야의 환경보전을 위한 정책목표 및 기본방향
② 농어업의 환경오염 실태 및 개선대책
③ 친환경농어업의 시범단지 육성방안
④ 친환경농축산물 규격 표준화 방안

정답 ④

핵심이론 02　농어업 자원 · 환경 및 친환경농어업 등에 관한 실태조사 · 평가(법 제11조)

① 농림축산식품부장관 · 해양수산부장관 또는 지방자치단체의 장은 농어업 자원 보전과 농어업 환경 개선을 위하여 농림축산식품부령 또는 해양수산부령으로 정하는 바에 따라 다음의 사항을 주기적으로 조사 · 평가하여야 한다.
　㉠ 농경지의 비옥도(肥沃度), 중금속, 농약성분, 토양미생물 등의 변동사항
　㉡ 농어업 용수로 이용되는 지표수와 지하수의 수질
　㉢ 농약 · 비료 · 항생제 등 농어업투입재의 사용 실태
　㉣ 수자원 함양(涵養), 토양 보전 등 농어업의 공익적 기능 실태
　㉤ 축산분뇨 퇴비화 등 해당 농어업 지역에서의 자체 자원 순환사용 실태
　㉥ 친환경농어업 및 친환경농수산물의 유통 · 소비 등에 관한 실태
　㉦ 그 밖에 농어업 자원 보전 및 농어업 환경 개선을 위하여 필요한 사항

> **농업 자원 · 환경 및 친환경농업 등에 관한 실태조사 · 평가(시행규칙 제5조)**
> ① 농촌진흥청장, 산림청장 또는 지방자치단체의 장은 법 제11조 ①에 따라 농업 자원 보전과 농업 환경 개선을 위해 법 제11조 ①의 사항을 조사 · 평가하려는 경우에는 항목별 조사 · 평가의 방법 · 시기 및 주기 등이 포함된 계획을 수립하고, 그 계획에 따라 조사 · 평가를 해야 한다.
> ② 지방자치단체의 장은 농촌진흥청장 또는 산림청장이 ①에 따라 실시하는 실태조사 및 평가에 적극 협조해야 하며, ①에 따른 실태조사 및 평가를 실시한 경우에는 그 결과를 농촌진흥청장 및 산림청장에게 제출해야 한다.
> ③ 농촌진흥청장 및 산림청장은 ①에 따른 조사 · 평가의 결과와 ②에 따라 제출받은 조사 · 평가의 결과를 활용하기 위해 농업환경자원 정보체계를 구축해야 한다.

② 농림축산식품부장관 또는 해양수산부장관은 농림축산식품부 또는 해양수산부 소속 기관의 장 또는 그 밖에 농림축산식품부령 또는 해양수산부령으로 정하는 자에게 ①의 사항을 조사 · 평가하게 할 수 있다.

실태조사 · 평가 기관(시행규칙 제6조)

법 제11조 ②에서 '농림축산식품부령으로 정하는 자'란 다음의 어느 하나에 해당하는 자를 말한다.

① 국립환경과학원
② 한국농어촌공사
③ 한국농촌경제연구원
④ 한국농업기술진흥원
⑤ 그 밖에 농림축산식품부장관이 정하여 고시하는 친환경농업 관련 단체 · 연구기관 또는 조사전문업체

③ 농림축산식품부장관 및 해양수산부장관은 ①에 따른 조사 · 평가를 실시한 후 그 결과를 지체 없이 국회 소관 상임위원회에 보고하여야 한다.

[핵심예제]

2-1. 농어업 자원 · 환경 및 친환경농어업 등에 관한 실태조사 · 평가에 대한 내용이다. (   )에 대한 내용으로 가장 거리가 먼 것은?

( )은 농어업 자원 보전과 농어업 환경 개선을 위하여 농림축산식품부령 또는 해양수산부령으로 정하는 바에 따라 농경지의 비옥도(肥沃度), 중금속, 농약성분, 토양미생물 등의 변동사항의 사항을 주기적으로 조사 · 평가하여야 한다.

① 환경부장관
② 농림축산식품부장관
③ 해양수산부장관
④ 지방자치단체의 장

정답 ①

2-2. 친환경농어업 육성 및 유기식품 등의 관리 · 지원에 관한 법률에 따라 농어업 자원 · 환경 및 친환경농어업 등에 관한 실태조사 · 평가를 수행할 때 주기적으로 조사 · 평가하여야 할 항목이 아닌 것은?

① 농경지의 비옥도, 중금속 등의 변동사항
② 농어업 용수로 이용되는 지표수와 지하수의 수질
③ 친환경농어업 발전을 위한 각종 기술 등의 개발 · 보급 · 교육 및 지도방안
④ 수자원 함양, 토양 보전 등 농어업의 공익적 기능 실태

정답 ③

1-3. 유기식품 등의 인증 및 인증절차

핵심이론 01 유기식품 등의 인증(법 제19조)

① 농림축산식품부장관 또는 해양수산부장관은 유기식품 등의 산업 육성과 소비자 보호를 위하여 대통령령으로 정하는 바에 따라 유기식품 등에 대한 인증을 할 수 있다.

② ①에 따른 인증을 하기 위한 유기식품 등의 인증대상과 유기식품 등의 생산, 제조 · 가공 또는 취급에 필요한 인증기준 등은 농림축산식품부령 또는 해양수산부령으로 정한다.

유기식품 등의 인증대상(시행규칙 제10조)

① 법 제19조 ①에 따른 유기식품 등의 인증대상은 다음과 같다.
  ㉠ 유기농축산물을 생산하는 자
  ㉡ 유기가공식품을 제조 · 가공하는 자
  ㉢ 비식용유기가공품을 제조 · 가공하는 자
  ㉣ ㉠부터 ㉢까지에 해당하는 품목을 취급하는 자
② ①에 따른 인증대상에 관한 세부사항은 국립농산물품질관리원장이 정하여 고시한다. 다만, 농축산물과 수산물이 함께 사용된 유기가공식품 및 그 취급자에 대해서는 국립농산물품질관리원장이 국립수산물품질관리원장과 협의하여 고시한다.

[핵심예제]

친환경농어업법상 유기식품 등의 인증대상에 해당하지 않은 자는?

① 무농약가공품을 제조 · 가공하는 자
② 유기가공식품을 제조 · 가공하는 자
③ 비식용유기가공품을 제조 · 가공하는 자
④ 유기농축산물을 생산하는 자

정답 ①

핵심이론 02 유기식품 등의 생산, 제조 · 가공 또는 취급에 필요한 인증기준 – 용어의 뜻(시행규칙 [별표 4])

① '재배포장'이란 작물을 재배하는 일정구역을 말한다.

② '화학비료'란 비료관리법에 따른 비료 중 화학적인 과정을 거쳐 제조된 것을 말한다.

③ '합성농약'이란 화학물질을 원료 · 재료로 사용하거나 화학적 과정으로 만들어진 살균제, 살충제, 제초제, 생장조절제, 기피제, 유인제 또는 전착제 등의 농약으로서, [별표 1]에 따른 병해충 관리를 위해 사용 가능한 물질이 아닌 것으로 제조된 농약을 말한다.

④ '돌려짓기(윤작)'란 동일한 재배포장에서 동일한 작물을 연이어 재배하지 않고, 서로 다른 종류의 작물을 순차적으로 조합 · 배열하여 차례로 심는 것을 말한다.

⑤ '가축'이란 축산법에 따른 가축을 말한다.

⑥ '유기사료'란 유기가공식품 · 비식용유기가공품의 인증기준에 따른 비식용유기가공품의 인증기준에 맞게 제조 · 가공 또는 취급된 사료를 말한다.

⑦ '동물용의약품'이란 동물질병의 예방 · 치료 및 진단을 위해 사용하는 의약품을 말한다.

⑧ '사육장'이란 축사시설, 방목 장소 등 가축 사육을 위한 시설 또는 장소를 말한다.

⑨ '휴약기간'이란 사육되는 가축에 대해 그 생산물이 식용으로 사용되기 전에 동물용의약품의 사용을 제한하는 일정기간을 말한다.

⑩ '생산자단체'란 5명 이상의 생산자로 구성된 작목반, 작목회 등 영농 조직, 협동조합 또는 영농 단체를 말한다.

⑪ '생산관리자'란 생산자단체 소속 농가의 생산지침서의 작성 및 관리, 영농 관련 자료의 기록 및 관리, 인증을 받으려는 신청인에 대한 인증기준의 준수를 위한 교육 및 지도, 인증기준에 적합한지를 확인하기 위한 예비심사 등을 담당하는 자를 말한다. 다만, 농업자재의 제조 · 유통 · 판매를 업(業)으로 하는 자는 제외한다.

⑫ '식물공장'(Vertical Farm)이란 토양을 이용하지 않고 통제된 시설공간에서 빛(LED, 형광등), 온도, 수분 및 양분 등을 인공적으로 투입해 작물을 재배하는 시설을 말한다.

핵심예제

2-1. 유기식품 등의 생산, 제조 · 가공 또는 취급에 필요한 인증기준에서 사용하는 용어의 뜻으로 틀린 것은?

① 재배포장이란 작물을 재배하는 일정 구역을 말한다.

② 돌려짓기(윤작)란 동일한 재배포장에서 동일한 작물을 연이어 재배하는 것을 말한다.

③ 휴약기간이란 사육되는 가축에 대해 그 생산물이 식용으로 사용되기 전에 동물용의약품의 사용을 제한하는 일정기간을 말한다.

④ 합성농약이란 화학물질을 원료 · 재료로 사용하거나 화학적 과정으로 만들어진 살균제, 살충제, 제초제, 생장조절제, 기피제, 유인제 또는 전착제 등의 농약으로서, 병해충 관리를 위해 사용 가능한 물질이 아닌 것으로 제조된 농약을 말한다.

정답 ②

2-2. 친환경농어업법 시행규칙상에서 '휴약기간'이란?

① 친환경농업을 실천하는 자가 경종과 축산을 겸업하면서 각각의 부산물을 작물재배 및 가축사육에 활용하고, 경종작물의 퇴비소요량에 맞게 가축사유 마릿수를 유지하는 기간을 말한다.

② 사육되는 가축에 대해 그 생산물을 식용으로 사용되기 전에 동물용의약품의 사용을 제한하는 일정기간을 말한다.

③ 원유를 소비자가 안전하게 음용할 수 있도록 단순살균 처리한 기간을 말한다.

④ 항생제 · 합성항균제 및 호르몬 등 동물의약품의 인위적인 사용으로 인하여 동물에 잔류되거나 또는 농약 · 유해중금속 등 환경적인 요소에 의한 자연적인 오염으로 인하여 축산물 내에 잔류되는 기간을 말한다.

정답 ②

2-3. 유기식품 등의 생산, 제조 · 가공 또는 취급에 필요한 인증기준에서 사용하는 용어의 뜻에 대한 내용이다. (　) 안에 알맞은 내용은?

생산자단체란 (　) 이상의 생산자로 구성된 작목반, 작목회 등 영농 조직, 협동조합 또는 영농 단체를 말한다.

① 2명　　　　　　　　② 3명
③ 4명　　　　　　　　④ 5명

정답 ④

2-4. 농림축산식품부 소관 친환경농어업 육성 및 유기식품 등의 관리 · 지원에 관한 법률 시행규칙상 토양을 이용하지 않고 통제된 시설공간에서 빛(LED, 형광등), 온도, 수분 및 양분 등을 인공적으로 투입해 작물을 재배하는 시설을 일컫는 말은?

① 윤 작　　　　　　　② 식물공장
③ 재배포장　　　　　④ 경축순환농법

정답 ②

핵심이론 03 유기식품 등의 생산, 제조·가공 또는 취급에 필요한 인증기준 – 유기농산물 및 유기임산물의 인증기준(시행규칙 [별표 4])

① 일 반
  ㉠ [별표 5]의 경영 관련 자료를 기록·보관하고, 국립농산물품질관리원장 또는 인증기관이 열람을 요구할 때에는 이에 응할 것
  ㉡ 신청인이 생산자단체인 경우에는 생산관리자를 지정하여 소속 농가에 대해 교육 및 예비심사 등을 실시하도록 할 것
  ㉢ 다음의 표에서 정하는 바에 따라 친환경농업에 관한 교육을 이수할 것. 다만, 인증사업자가 5년 이상 인증을 유지하는 등 인증사업자가 국립농산물품질관리원장이 정하여 고시하는 경우에 해당하는 경우에는 교육을 4년마다 1회 이수할 수 있다.

과정명	친환경농업 기본교육
교육주기	2년마다 1회
교육시간	2시간 이상
교육기관	국립농산물품질관리원장이 정하는 교육기관

② 재배포장, 재배용수, 종자
  ㉠ 재배포장은 최근 1년간 인증취소 처분을 받지 않은 재배지로서, 토양환경보전법 시행규칙에 따른 토양오염우려기준을 초과하지 않으며, 주변으로부터 오염 우려가 없거나 오염을 방지할 수 있을 것
  ㉡ 작물별로 국립농산물품질관리원장이 정하여 고시하는 전환기간(轉換期間 : 최소 재배기간) 이상을 ③의 재배방법에 따라 재배할 것
  ㉢ 재배용수는 환경정책기본법 시행령에 따른 농업용수 이상의 수질기준에 적합해야 하며, 농산물의 세척 등에 사용되는 용수는 먹는물 수질기준 및 검사 등에 관한 규칙에 따른 먹는물의 수질기준에 적합할 것
  ㉣ 종자는 최소한 1세대 이상 ③의 재배방법에 따라 재배된 것을 사용하며, 유전자변형농산물인 종자는 사용하지 않을 것

③ 재배방법
  ㉠ 화학비료, 합성농약 또는 합성농약 성분이 함유된 자재를 사용하지 않을 것
  ㉡ 장기간의 적절한 돌려짓기(윤작)를 실시할 것

  ㉢ 가축분뇨를 원료로 하는 퇴비·액비는 유기축산물 또는 무항생제축산물 인증 농장, 경축순환농법 등 친환경농법으로 가축을 사육하는 농장 또는 동물보호법에 따라 동물복지축산농장으로 인증을 받은 농장에서 유래한 것만 완전히 부숙하여 사용하고, 비료관리법에 따른 공정규격설정 등의 고시에서 정한 가축분뇨발효액의 기준에 적합할 것
  ㉣ 병해충 및 잡초는 유기농업에 적합한 방법으로 방제·관리할 것

④ 생산물의 품질관리 등
  ㉠ 유기농산물·유기임산물의 수확·저장·포장·수송 등의 취급과정에서 유기적 순수성이 유지되도록 관리할 것
  ㉡ 합성농약 또는 합성농약 성분이 함유된 자재를 사용하지 않으며, 합성농약 성분은 검출되지 않을 것
  ㉢ 수확 및 수확 후 관리를 수행하는 모든 작업자는 품목의 특성에 따라 적절한 위생조치를 할 것
  ㉣ 수확 후 관리시설에서 사용하는 도구와 설비를 위생적으로 관리할 것
  ㉤ 인증품에 인증품이 아닌 제품을 혼합하거나 인증품이 아닌 제품을 인증품으로 판매하지 않을 것

⑤ 그 밖의 사항
  ㉠ 토양을 기반으로 하지 않는 농산물·임산물은 수분 외에는 어떠한 외부투입 물질도 사용하지 않을 것
  ㉡ 식물공장에서 생산된 농산물·임산물이 아닐 것
  ㉢ 농장에서 발생한 환경오염 물질 또는 병해충 및 잡초 관리를 위해 인위적으로 투입한 동식물이 주변 농경지·하천·호수 또는 농업용수 등을 오염시키지 않도록 관리할 것

[**핵심예제**]

3-1. 유기식품 등의 생산, 제조 · 가공 또는 취급에 필요한 인증기준에서 유기농산물 및 유기임산물의 재배포장, 재배용수, 종자에 관한 인증기준 내용이다. ( ) 안에 알맞은 내용은?

> 재배포장은 최근 ( ) 인증취소 처분을 받지 않은 재배지로서, 토양환경보전법 시행규칙에 따른 토양오염우려기준을 초과하지 않으며, 주변으로부터 오염 우려가 없거나 오염을 방지할 수 있을 것

① 3개월간　　　　② 6개월간
③ 1년간　　　　　④ 2년간

정답 ③

3-2. 유기농산물 및 유기임산물에서 재배포장, 재배용수, 종자의 인증기준에 대한 설명이다. ( ) 안에 알맞은 내용은?

> 종자는 최소한 ( ) 이상 재배방법에 따라 재배된 것을 사용하며, 유전자변형농산물인 종자는 사용하지 않을 것

① 1세대　　　　　② 2세대
③ 3세대　　　　　④ 4세대

정답 ①

핵심이론 04 유기식품 등의 생산, 제조 · 가공 또는 취급에 필요한 인증기준 – 유기축산물(유기양봉산물 · 부산물은 제외)의 인증기준(시행규칙 [별표 4])

① 가축의 선택, 번식방법 및 입식
　㉠ 가축은 사육환경을 고려하여 적합한 품종 및 혈통을 선택하고, 수정란 이식기법, 번식호르몬 처리 또는 유전공학을 이용한 번식기법을 사용하지 않을 것
　㉡ 다른 농장에서 가축을 입식하려는 경우 유기축산물 인증을 받은 농장(이하 '유기농장')에서 사육된 가축, 젖을 뗀 직후의 가축 또는 부화 직후의 가축 등 일정한 입식조건을 준수할 것
② 전환기간 : 유기농장이 아닌 농장이 유기농장으로 전환하거나 유기가축이 아닌 가축을 유기농장으로 입식하여 유기축산물을 생산 · 판매하려는 경우에는 다음 표에 따른 가축의 종류별 전환기간(최소 사육기간) 이상을 유기축산물의 인증기준에 맞게 사육할 것

가축의 종류	생산물	전환기간(최소 사육기간)
한우 · 육우	식 육	입식 후 12개월
젖 소	시유 (시판우유)	• 착유우는 입식 후 3개월 • 새끼를 낳지 않은 암소는 입식 후 6개월
면양 · 염소	식 육	입식 후 5개월
	시유 (시판우유)	• 착유양은 입식 후 3개월 • 새끼를 낳지 않은 암양은 입식 후 6개월
돼 지	식 육	입식 후 5개월
육 계	식 육	입식 후 3주
산란계	알	입식 후 3개월
오 리	식 육	입식 후 6주
	알	입식 후 3개월
메추리	알	입식 후 3개월
사 슴	식 육	입식 후 12개월

③ 사료 및 영양관리
　㉠ 유기가축에게는 100% 유기사료를 공급하는 것을 원칙으로 할 것. 다만, 극한 기후조건 등의 경우에는 국립농산물품질관리원장이 정하여 고시하는 바에 따라 유기사료가 아닌 사료를 공급하는 것을 허용할 수 있다.
　㉡ 반추가축에게 담근먹이(사일리지)만을 공급하지 않으며, 비반추가축도 가능한 조사료(粗飼料 : 생초나 건초 등의 거친 먹이)를 공급할 것

ⓒ 유전자변형농산물 또는 유전자변형농산물에서 유래한 물질은 공급하지 않을 것

ⓔ 합성화합물 등 금지물질을 사료에 첨가하거나 가축에 공급하지 않을 것

ⓜ 가축에게 환경정책기본법 시행령에 따른 생활용수의 수질기준에 적합한 먹는 물을 상시 공급할 것

ⓗ 합성농약 또는 합성농약 성분이 함유된 동물용의약품 등의 자재를 사용하지 않을 것

④ 동물복지 및 질병관리

ⓖ 가축의 질병을 예방하기 위해 적절한 조치를 하고, 질병이 없는 경우에는 가축에 동물용의약품을 투여하지 않을 것

ⓛ 가축의 질병을 예방하고 치료하기 위해 [별표 1]에 따른 물질을 사용하는 경우에는 사용 가능 조건을 준수하고 사용할 것

ⓒ 가축의 질병을 치료하기 위해 불가피하게 동물용의약품을 사용한 경우에는 동물용의약품을 사용한 시점부터 전환기간(해당 약품의 휴약기간의 2배가 전환기간보다 더 긴 경우에는 휴약기간의 2배의 기간) 이상의 기간 동안 사육한 후 출하할 것

ⓔ 가축의 꼬리 부분에 접착밴드를 붙이거나 꼬리, 이빨, 부리 또는 뿔을 자르는 등의 행위를 하지 않을 것. 다만, 국립농산물품질관리원장이 고시로 정하는 경우에 해당될 때에는 허용할 수 있다.

ⓜ 성장촉진제, 호르몬제의 사용은 치료목적으로만 사용할 것

ⓗ ⓒ부터 ⓜ까지의 규정에 따라 동물용의약품을 사용하는 경우에는 수의사의 처방에 따라 사용하고 처방전 또는 그 사용명세가 기재된 진단서를 갖춰 둘 것

⑤ 운송·도축·가공 과정의 품질관리

ⓖ 살아 있는 가축을 운송할 때에는 가축의 종류별 특성에 따라 적절한 위생조치를 취해야 하고, 운송과정에서 충격과 상해를 입지 않도록 할 것

ⓛ 가축의 도축 및 축산물의 저장·유통·포장 등 취급과정에서 사용하는 도구와 설비는 위생적으로 관리해야 하고, 축산물의 유기적 순수성이 유지되도록 관리할 것

ⓒ 동물용의약품 성분은 식품위생법에 따라 식품의약품안전처장이 정하여 고시하는 동물용의약품 잔류허용기준의 10분의 1을 초과하여 검출되지 않을 것

ⓔ 합성농약 성분은 검출되지 않을 것

ⓜ 인증품에 인증품이 아닌 제품을 혼합하거나 인증품이 아닌 제품을 인증품으로 판매하지 않을 것

⑥ 가축분뇨의 처리 : 가축분뇨의 관리 및 이용에 관한 법률을 준수하여 환경오염을 방지하고 가축분뇨는 완전히 부숙시킨 퇴비 또는 액비로 자원화하여 초지나 농경지에 환원함으로써 토양 및 식물과의 유기적 순환관계를 유지할 것

핵심예제

4-1. 친환경농어업법 시행규칙상 유기농장이 아닌 농장이 유기농장으로 전환하거나 유기가축이 아닌 가축을 유기농장으로 입식하여 유기축산물을 생산·판매하려는 경우 전환기간으로 옳지 않은 것은?

① 한우의 식육은 입식 후 6개월
② 면양의 식육은 입식 후 5개월
③ 돼지의 식육은 입식 후 5개월
④ 육계의 식육은 입식 후 3주

정답 ①

4-2. 친환경농어업법 시행규칙상 유기농장이 아닌 농장이 유기농장으로 전환하여 젖소의 시유를 생산·판매하려는 경우 최소 사육기간에 해당하는 것은?

① 착유우는 입식 후 1개월, 새끼를 낳지 않은 암소는 입식 후 3개월
② 착유우는 입식 후 3개월, 새끼를 낳지 않은 암소는 입식 후 6개월
③ 착유우는 입식 후 6개월, 새끼를 낳지 않은 암소는 입식 후 9개월
④ 착유우는 입식 후 9개월, 새끼를 낳지 않은 암소는 입식 후 12개월

정답 ②

4-3. 친환경농어업법 시행규칙상 유기가축이 아닌 가축을 유기농장으로 입식하여 유기축산물을 생산·판매하려는 경우에는 가축의 종류별 전환기간 이상을 유기축산물 인증기준에 맞게 사육하여야 하는데, 다음 중 옳지 않은 것은?

① 한우(식육) : 입식 후 12개월
② 오리(식육) : 입식 후 6주
③ 사슴(식육) : 입식 후 6개월
④ 돼지(식육) : 입식 후 5개월

정답 ③

4-4. 유기축산물의 사료 및 영양관리의 인증기준으로 틀린 것은?

① 반추가축에게 담근먹이(사일리지)만을 공급하지 않으며, 비반추가축도 가능한 조사료를 공급할 것
② 유전자변형농산물 또는 유전자변형농산물에서 유래한 물질은 공급하지 않을 것
③ 합성화합물 등 금지물질을 사료에 첨가하거나 가축에 공급하지 않을 것
④ 유기가축에는 90% 이상 유기사료를 공급하는 것을 원칙으로 할 것. 다만, 극한 기후조건 등의 경우에는 국립농산물품질관리원장이 정하여 고시하는 바에 따라 유기사료가 아닌 사료를 공급하는 것을 허용할 수 있다.

정답 ④

4-5. 친환경농어업법 시행규칙상 동물복지 및 질병관리의 인증기준에 대한 내용으로 틀린 것은?

① 가축의 질병을 예방하기 위해 적절한 조치를 하고, 질병이 없는 경우에는 가축에 동물용의약품을 투여하지 않을 것
② 가축의 질병을 치료하기 위해 불가피하게 동물용의약품을 사용한 경우에는 동물용의약품을 사용한 시점부터 전환기간(해당 약품의 휴약기간의 2배가 전환기간보다 더 긴 경우에는 휴약기간의 2배의 기간을 말한다) 이상의 기간 동안 사육한 후 출하할 것
③ 성장촉진제, 호르몬제의 사용은 성장촉진목적으로만 사용할 것
④ 가축의 꼬리 부분에 접착밴드를 붙이거나 꼬리, 이빨, 부리 또는 뿔을 자르는 등의 행위를 하지 않을 것

정답 ③

4-6. 친환경농어업법 시행규칙상 유기식품 등의 생산, 제조·가공 또는 취급에 필요한 인증기준의 유기축산물에서 운송·도축·가공 과정의 품질관리의 인증기준에 대한 내용이다. ( ) 안에 알맞은 내용은?

동물용의약품 성분은 식품의약품안전처장이 정하여 고시하는 동물용의약품 잔류허용기준의 ( )을 초과하여 검출되지 않을 것

① 2분의 1
② 5분의 1
③ 10분의 1
④ 20분의 1

정답 ③

유기식품 등의 생산, 제조·가공 또는 취급에 필요한 인증기준 – 유기양봉 산물·부산물의 인증기준(시행규칙 [별표 4])

① 꿀벌의 선택, 번식방법 및 입식 : 꿀벌의 품종은 지역조건에 대한 적응력, 활동력 및 질병저항성 등을 고려하여 선택할 것
② 전환기간 : 양봉의 산물·부산물(양봉산업의 육성 및 지원에 관한 법률에 따른 양봉의 산물·부산물. 이하 '양봉의 산물 등')을 생산·판매하려는 경우에는 유기양봉 산물·부산물의 인증기준을 1년 이상 준수할 것
③ 동물복지 및 질병관리
 ㉠ 양봉의 산물 등을 수확하기 위해 벌통 내 꿀벌을 죽이거나 여왕벌의 날개를 자르지 않을 것
 ㉡ 합성농약이나 동물용의약품, 화학합성물질로 제조된 기피제를 사용하는 행위를 하지 않을 것
 ㉢ 꿀벌의 질병을 예방하기 위해 적절한 조치를 할 것
 ㉣ 꿀벌의 질병을 예방·관리하기 위한 조치에도 불구하고 질병이 발생한 경우에는 다음의 물질을 사용할 것 : 젖산, 옥살산, 초산, 개미산, 황, 자연산 에터 기름[멘톨, 유칼립톨(Eucalyptol), 캠퍼(Camphor)], 바실루스 튜린겐시스(Bacillus thuringiensis), 증기 및 직사 화염
 ㉤ ㉢ 및 ㉣의 규정에 따른 꿀벌의 질병에 대한 예방·관리 조치 및 물질의 사용에도 불구하고 질병의 치료 효과가 없는 경우에만 동물용의약품을 사용할 것
 ㉥ 동물용의약품을 사용하는 경우 인증품으로 판매하지 않아야 하며, 다시 인증품으로 판매하려는 경우에는 동물용의약품을 사용한 날부터 1년의 전환기간을 거칠 것
④ 생산물의 품질관리 등
 ㉠ 양봉의 산물 등의 가공, 저장 및 포장에 사용되는 기구, 설비, 용기 등의 자재는 유기적 순수성이 유지되도록 관리할 것
 ㉡ 이온화 방사선은 해충방제, 식품보전, 병원체와 위생관리 등을 위해 양봉의 산물 등에 사용하지 않을 것
 ㉢ 가공방법은 기계적, 물리적 또는 생물학적(발효를 포함)인 방법으로 하고, 가공으로 인해 양봉의 산물 등이 오염되지 않도록 할 것
 ㉣ 동물용의약품 성분은 식품위생법에 따라 식품의약품안전처장이 고시하는 동물용의약품 잔류허용기준의 10분의 1을 초과하여 검출되지 않을 것
 ㉤ 합성농약 성분은 검출되지 않을 것

ⓑ 인증품에 인증품이 아닌 제품을 혼합하거나 인증품이 아닌 제품을 인증품으로 판매하지 않을 것

[핵심예제]

유기양봉 산물·부산물의 전환기간에 대한 내용이다. (   )의 내용으로 알맞은 것은?

> 양봉의 산물 등을 생산·판매하려는 경우에는 유기양봉 산물·부산물의 인증기준을 (   ) 이상 준수할 것

① 6개월   ② 1년
③ 2년   ④ 3년

정답 ②

핵심이론 06   유기식품 등의 생산, 제조·가공 또는 취급에 필요한 인증기준 – 유기가공식품·비식용유기가공품의 인증기준(시행규칙 [별표 4])

① 일 반

㉠ [별표 5]의 경영 관련 자료를 기록·보관하고, 국립농산물품질관리원장 또는 인증기관이 열람을 요구할 때에는 이에 응할 것

㉡ 사업자는 유기가공식품·비식용유기가공품의 제조, 가공 및 취급 과정에서 원료·재료의 유기적 순수성이 훼손되지 않도록 할 것

㉢ 다음의 표에서 정하는 바에 따라 친환경농업에 관한 교육을 이수할 것. 다만, 인증사업자가 5년 이상 인증을 유지하는 등 인증사업자가 국립농산물품질관리원장이 정하여 고시하는 경우에 해당하는 경우에는 교육을 4년마다 1회 이수할 수 있다.

과정명	친환경농업 기본교육
교육주기	2년마다 1회
교육시간	2시간 이상
교육기관	국립농산물품질관리원장이 정하는 교육기관

㉣ 자체적으로 실시한 품질검사에서 부적합이 발생한 경우에는 국립농산물품질관리원장 또는 인증기관에 통보하고, 국립농산물품질관리원 또는 인증기관이 분석 성적서 등의 제출을 요구할 때에는 이에 응할 것

② 가공 원료·재료

㉠ 가공에 사용되는 원료·재료(첨가물과 가공보조제를 포함)는 모두 유기적으로 생산된 것일 것

㉡ ㉠에도 불구하고 제품 생산을 위해 비유기 원료·재료의 사용이 필요한 경우에는 다음의 구분에 따라 유기원료의 함량과 비유기 원료·재료의 사용조건을 준수할 것

• 유기로 표시하는 제품
  – 유기원료의 함량 : 인위적으로 첨가한 물과 소금을 제외한 제품 중량의 95% 이상
  – 비유기 원료·재료 사용조건
    ⓐ 유기가공식품 : 식품 원료(유기원료를 상업적으로 조달할 수 없는 경우로 한정) 또는 [별표 1]에 따른 식품첨가물 또는 가공보조제
    ⓑ 비식용유기가공품(양축용) : [별표 1]에 따른 단미사료·보조사료

ⓒ 비식용유기가공품(반려동물) : 사료 원료(유기
원료를 상업적으로 조달할 수 없는 경우로 한정)
또는 [별표 1]에 따른 단미사료 · 보조사료 및 식
품첨가물 · 가공보조제
- 유기 70%로 표시하는 제품
 - 유기원료의 함량 : 인위적으로 첨가한 물과 소금을
제외한 제품 중량의 70% 이상
 - 비유기 원료 · 재료 사용조건
ⓐ 유기가공식품 : 식품 원료 또는 [별표 1]에 따른
식품첨가물 또는 가공보조제
ⓑ 비식용유기가공품(양축용) : 해당 없음
ⓒ 비식용유기가공품(반려동물) : 사료 원료 또는
[별표 1]에 따른 단미사료 · 보조사료 및 식품첨
가물 · 가공보조제
ⓒ 유전자변형생물체 및 유전자변형생물체에서 유래한 원
료 또는 재료를 사용하지 않을 것
ⓓ 가공 원료 · 재료의 ㉠부터 ㉢까지의 규정에 따른 적합
성 여부를 정기적으로 관리하고, 가공원료 · 재료에 대
한 납품서 · 거래인증서 · 보증서 또는 검사성적서 등 국
립농산물품질관리원장이 정하여 고시하는 증명자료를
보관할 것
③ 가공 방법 : 모든 원료 · 재료와 최종 생산물의 관리, 가공시
설 · 기구 등의 관리 및 제품의 포장 · 보관 · 수송 등의 취급
과정에서 유기적 순수성이 유지되도록 관리할 것
④ 해충 및 병원균 관리 : 해충 및 병원균 관리를 위해 예방적
방법, 기계적 · 물리적 · 생물학적 방법을 우선 사용해야 하
고, 불가피한 경우 [별표 1]에서 정한 물질을 사용할 수 있
으며, 그 밖의 화학적 방법이나 방사선 조사방법을 사용하
지 않을 것
⑤ 세척 및 소독
㉠ 유기식품 · 유기가공품에 시설이나 설비 또는 원료 · 재
료의 세척, 살균, 소독에 사용된 물질이 함유되지 않도
록 할 것
㉡ 세척제 · 소독제를 시설 및 장비에 사용하는 경우에는
유기식품 · 유기가공품의 유기적 순수성이 훼손되지 않
도록 할 것
⑥ 포장 : 유기가공식품 · 비식용유기가공품의 포장과정에서
유기적 순수성을 보호할 수 있는 포장재와 포장방법을 사용
할 것

⑦ 유기원료 · 재료 및 가공식품 · 가공품의 수송 및 운반 : 사
업자는 환경에 미치는 나쁜 영향이 최소화되도록 원료 · 재
료, 가공식품 또는 가공품의 수송방법을 선택하고, 수송과
정에서 원료 · 재료, 가공식품 또는 가공품의 유기적 순수
성이 훼손되지 않도록 필요한 조치를 할 것
⑧ 기록 · 문서화 및 접근보장
㉠ 사업자는 유기가공식품 · 비식용유기가공품의 취급과
정에서 대기, 물, 토양의 오염이 최소화되도록 문서화
된 유기취급계획을 수립할 것
㉡ 사업자는 국립농산물품질관리원 소속 공무원 또는 인
증기관으로 하여금 유기가공식품 · 비식용유기가공품
의 제조 · 가공 또는 취급의 전 과정에 관한 기록 및 사업
장에 접근할 수 있도록 할 것
⑨ 생산물의 품질관리 등
㉠ 합성농약 성분은 검출되지 않을 것. 다만, 비유기 원료
또는 재료의 오염 등 비의도적인 요인으로 합성농약 성
분이 검출된 것으로 입증되는 경우에는 0.01mg/kg 이
하까지만 허용한다.
㉡ 인증품에 인증품이 아닌 제품을 혼합하거나 인증품이
아닌 제품을 인증품으로 판매하지 않을 것

> **농식품국가인증제도와 소관 부처**
> - 유기농산물인증제 – 농림축산식품부
> - 유기가공식품인증제 – 농림축산식품부 및 인증전문기관
> - 유기축산물인증제 – 농림축산식품부
> - 식품 HACCP인증제 – 식품의약품안전처

핵심예제

유기가공식품 · 비식용유기가공품의 인증기준에서 생산물의 품
질관리 등에 대한 내용이다. ( ) 안에 가장 적절한 내용은?

> 합성농약 성분은 검출되지 않을 것. 다만, 비유기 원료 또는
> 재료의 오염 등 불가항력적인 요인으로 합성농약 성분이 검출
> 된 것으로 입증되는 경우에는 ( )한다.

① 0.1mg/kg 이하까지만 허용
② 0.05mg/kg 이하까지만 허용
③ 0.01mg/kg 이하까지만 허용
④ 0.001mg/kg 이하까지만 허용

정답 ③

핵심이론 07 유기식품 등의 생산, 제조·가공 또는 취급에 필요한 인증기준 – 취급자(유기식품 등을 저장, 포장, 운송, 수입 또는 판매하는 자)(시행규칙 [별표 4])

① 일 반

　㉠ [별표 5]의 경영 관련 자료를 기록·보관하고, 국립농산물품질관리원장 또는 인증기관이 열람을 요구할 때에는 이에 응할 것

　㉡ 다음의 표에서 정하는 바에 따라 친환경농업에 관한 교육을 이수할 것. 다만, 인증사업자가 5년 이상 인증을 유지하는 등 인증사업자가 국립농산물품질관리원장이 정하여 고시하는 경우에 해당하는 경우에는 교육을 4년마다 1회 이수할 수 있다.

과정명	친환경농업 기본교육
교육주기	2년마다 1회
교육시간	2시간 이상
교육기관	국립농산물품질관리원장이 정하는 교육기관

　㉢ 자체적으로 실시한 품질검사에서 부적합이 발생한 경우에는 국립농산물품질관리원장 또는 인증기관에 통보하고, 국립농산물품질관리원장 또는 인증기관이 분석성적서 등의 제출을 요구할 때에는 이에 응할 것

② 작업장 시설기준 : 최근 1년간 인증취소 처분을 받지 않은 작업장일 것

③ 원료·재료 관리 : 원료·재료의 사용 적합성 여부를 정기적으로 점검·관리하고, 원료·재료에 대한 납품서·거래인증서·보증서 또는 검사성적서 등 국립농산물품질관리원장이 정하여 고시하는 증명자료를 보관할 것

④ 취급방법 등

　㉠ 소분·저장·포장·운송·수입 또는 판매 등의 취급과정에서 인증품에 인증 종류가 다른 인증품 및 인증품이 아닌 제품이 혼입(混入 : 한데 섞거나 섞여 들어가는 것)되지 않도록 관리하고, 인증받은 내용과 같은 내용으로 표시할 것

　㉡ 취급과정에서 방사선은 해충방제, 식품보존, 병원체의 제거 또는 위생관리 등을 위해 사용하지 않을 것

　㉢ 생산물의 저장·포장·운송·수입 또는 판매 등의 취급과정에서 청결을 유지해야 하며, 외부로부터의 오염을 방지할 것

⑤ 생산물의 품질관리 등

　㉠ 동물용의약품 성분은 식품위생법에 따라 식품의약품안전처장이 정하여 고시하는 동물용의약품 잔류허용기준의 10분의 1을 초과하여 검출되지 않을 것

　㉡ 합성농약 성분은 검출되지 않을 것

　㉢ 인증품에는 제조단위번호(인증품 관리번호), 표준바코드 또는 전자태그(RFID Tag)를 표시할 것

　㉣ 인증품에 인증품이 아닌 제품을 혼합하거나 인증품이 아닌 제품을 인증품으로 판매하지 않을 것

[핵심예제]

유기식품 등의 생산, 제조·가공 또는 취급에 필요한 인증기준에서 취급자의 작업장 시설기준 인증기준에 해당하는 것은?

① 최근 6개월간 인증취소 처분을 받지 않은 작업장일 것
② 최근 9개월간 인증취소 처분을 받지 않은 작업장일 것
③ 최근 1년간 인증취소 처분을 받지 않은 작업장일 것
④ 최근 2년간 인증취소 처분을 받지 않은 작업장일 것

정답 ③

유기식품 등의 인증 신청 및 심사 등(법 제 20조)

① 유기식품 등을 생산, 제조 · 가공 또는 취급하는 자는 유기 식품 등의 인증을 받으려면 해양수산부장관 또는 지정받은 인증기관(이하 '인증기관')에 농림축산식품부령 또는 해양 수산부령으로 정하는 서류를 갖추어 신청하여야 한다. 다 만, 인증을 받은 유기식품 등을 다시 포장하지 아니하고 그대로 저장, 운송, 수입 또는 판매하는 자는 인증을 신청하 지 아니할 수 있다.

> **유기식품 등의 인증 신청(시행규칙 제12조)**
> 법 제20조 ①의 본문에 따라 유기식품 등의 인증을 받으려는 자는 인증신청서에 다음의 서류를 첨부하여 지정받은 인증기 관(이하 '인증기관')에 제출해야 한다.
> ① 인증품 생산계획서 또는 인증품 제조 · 가공 및 취급 계획서
> ② [별표 5]의 경영 관련 자료
> ③ 사업장의 경계면을 표시한 지도
> ④ 유기식품 등의 생산, 제조 · 가공 또는 취급에 관련된 작업 장의 구조와 용도를 적은 도면(작업장이 있는 경우로 한정)
> ⑤ 친환경농업에 관한 교육 이수 증명자료(전자적 방법으로 확 인이 가능한 경우는 제외)

② 다음의 어느 하나에 해당하는 자는 ①에 따른 인증을 신청 할 수 없다.

　㉠ 제24조제1항(같은 항 제4호는 제외)에 따라 인증이 취 소된 날부터 1년이 지나지 아니한 자. 다만, 최근 10년 동안 인증이 2회 취소된 경우에는 마지막으로 인증이 취소된 날부터 2년, 최근 10년 동안 인증이 3회 이상 취소된 경우에는 마지막으로 인증이 취소된 날부터 5년 이 지나지 아니한 자로 한다.

　㉡ 고의 또는 중대한 과실로 유기식품 등에서 식품위생법 에 따라 식품의약품안전처장이 고시한 농약 잔류허용기 준을 초과한 합성농약이 검출되어 제24조제1항제2호에 따라 인증이 취소된 자로서 그 인증이 취소된 날부터 5년이 지나지 아니한 자

　㉢ 제24조제1항에 따른 인증표시의 제거 · 정지 또는 시정 조치 명령이나 제31조제7항제2호 또는 제3호에 따른 명 령을 받아서 그 처분기간 중에 있는 자

　㉣ 제60조에 따라 벌금 이상의 형을 선고받고 형이 확정된 날부터 1년이 지나지 아니한 자

③ 해양수산부장관 또는 인증기관은 ①에 따른 인증신청을 받 은 경우 유기식품 등의 인증기준에 맞는지를 심사한 후 그 결과를 신청인에게 알려 주고 그 기준에 맞는 경우에는 인 증을 해 주어야 한다. 이 경우 인증심사를 위하여 신청인의 사업장에 출입하는 사람은 그 권한을 표시하는 증표를 지니 고 이를 신청인에게 보여 주어야 한다.

> **유기식품 등의 인증심사 등(시행규칙 제13조제1항)**
> 인증기관은 다음의 어느 하나에 해당하는 신청을 받은 경우에 는 10일 이내에 신청인에게 인증심사 일정과 인증심사원 명단 을 알리고, 법 제20조 ③의 전단에 따른 인증심사를 해야 한다.
> ① 인증 신청
> ② 인증 변경승인 신청
> ③ 인증의 갱신 또는 유효기간의 연장승인 신청

핵심예제

유기식품 등의 인증심사 등에 관한 내용이다. ( ) 안에 알맞은 내용은?

> 인증기관은 인증 신청을 받거나 인증 변경승인 신청, 인증의 갱신 또는 유효기간의 연장승인 신청을 받은 경우에는 ( ) 이내에 신청인에게 인증심사 일정과 인증심사원 명단을 알리 고, 법에 따른 인증심사를 해야 한다.

① 3일　　　　　　　② 5일
③ 10일　　　　　　 ④ 15일

정답 ③

핵심이론 09 경영 관련 자료(시행규칙 [별표 5])

① 생산자의 경우 : 다음의 구분에 따른 자료
  ㉠ 농산물 · 임산물
   • 재배포장의 재배 사항을 기록한 자료 : 품목명, 파종 · 식재일, 수확일
   • 농산물 · 임산물 재배포장에 투입된 토양 개량용 자재, 작물 생육용 자재, 병해충 관리용 자재 등 농자재 사용 내용을 기록한 자료 : 자재명, 일자별 사용량, 사용목적, 사용 가능한 자재임을 증명하는 서류
   • 농산물 · 임산물의 생산량 및 출하처별 판매량을 기록한 자료 : 품목명, 생산량, 출하처별 판매량
   • 합성농약 및 화학비료의 구매 · 사용 · 보관에 관한 사항을 기록한 자료 : 자재명, 일자별 구매량, 사용처별 사용량 · 보관량, 구매 영수증
   • 위의 규정에 따른 자료의 기록 기간은 최근 2년간(무농약농산물의 경우에는 최근 1년간)으로 하되, 재배품목과 재배포장의 특성 등을 고려하여 국립농산물품질관리원장이 정하는 바에 따라 3개월 이상 3년 이하의 범위에서 그 기간을 단축하거나 연장할 수 있다.
  ㉡ 축산물(양봉의 산물 · 부산물을 포함)
   • 가축입식 등 구입사항과 번식에 관한 사항을 기록한 자료 : 일자별 가축 구입 마릿수 · 번식 마릿수, 가축 연령 및 가축 인증에 관한 사항
   • 사료의 생산 · 구입 및 공급에 관한 사항을 기록한 자료 : 사료명, 사료의 종류, 일자별 생산량 · 구입량 · 공급량, 사용 가능한 사료임을 증명하는 서류
   • 예방 또는 치료목적의 질병관리에 관한 사항을 기록한 자료 : 자재명, 일자별 사용량, 사용목적, 자재구매 영수증
   • 동물용의약품 · 동물용의약외품 등 자재 구매 · 사용 · 보관에 관한 사항을 기록한 자료 : 약품명, 일자별 구매 · 사용량 · 보관량, 구매영수증
   • 질병의 진단 및 처방에 관한 자료 : 수의사법에 따라 발급받은 진단서 또는 발급 · 등록된 처방전
   • 퇴비 · 액비의 발생 · 처리 사항을 기록한 자료 : 기간별 발생량 · 처리량, 처리방법
   • 축산물의 생산량 · 출하량, 출하처별 거래 내용 및 도축 · 가공업체에 관하여 기록한 자료 : 일자별 생산량, 일자별 출하처별 출하량, 일자별 도축 · 가공량, 도축 · 가공업체명

   • 위의 규정에 따른 자료의 기록 기간은 최근 1년간으로 하되, 가축의 종류별 전환기간 등을 고려하여 국립농산물품질관리원장이 정한 바에 따라 그 기간을 단축하거나 연장할 수 있다.
② 제조 · 가공 및 취급자의 경우
  ㉠ 원료 · 재료로 사용한 농축산물 · 가공식품 · 비식용가공품의 입고 · 사용 · 보관에 관한 사항을 기록한 자료 : 원료 · 재료명, 일자별 입고량 · 사용량 · 보관량, 공급자 증명서
  ㉡ 제조 · 가공 및 취급에 사용된 식품첨가물 및 가공보조제 사용 내용을 기록한 자료 : 자재명, 일자별 사용량, 사용목적, 사용 가능한 물질임을 증명하는 서류
  ㉢ 인증품의 생산 및 출하처별 판매량 : 품목명, 일자별 생산량, 일자별 · 거래처별 판매량
  ㉣ 인증품의 취급(저장, 포장, 운송, 수입 또는 판매) 과정에 대한 자료
  ㉤ ㉠에서 ㉣까지의 규정에 따른 자료의 기록 기간은 최근 1년간으로 한다. 다만, 신설된 사업장으로서 농축산물 · 가공식품 · 비식용가공품의 취급기간이 1년 미만인 경우에는 인증심사가 가능한 범위(1개월 이상의 기간)에서 기록 기간을 단축하거나 연장할 수 있다.

핵심예제

9-1. 농림축산식품부 소관 친환경농어업 육성 및 유기식품 등의 관리 · 지원에 관한 법률 시행규칙상 경영 관련 자료에서 농산물 · 임산물 생산자에 대한 내용이다. ( ) 안에 알맞은 내용은?

> 합성농약 및 화학비료의 구매 · 사용 · 보관에 관한 사항을 기록한 자료(자재명, 일자별 구매량, 사용처별 사용량 · 보관량, 구매 영수증) 기록 기간은 최근 2년간(무농약농산물의 경우에는 최근 1년간)으로 하되, 재배품목과 재배포장의 특성 등을 고려하여 국립농산물품질관리원장이 정하는 바에 따라 ( )의 범위에서 그 기간을 단축하거나 연장할 수 있다.

① 3개월 이상 3년 이하
② 6개월 이상 3년 이하
③ 9개월 이상 3년 이하
④ 12개월 이상 3년 이하

정답 ①

9-2. 친환경농어업법 시행규칙상 축산물 생산자의 경영 관련 자료에서 가축입식 등 구입사항과 번식에 관한 사항을 기록한 자료는 얼마의 기록 기간으로 하는가?

① 최근 6개월간
② 최근 1년간
③ 최근 2년간
④ 최근 3년간

정답 ②

핵심이론 10 인증의 유효기간 등(법 제21조)

① 인증의 유효기간은 인증을 받은 날부터 1년으로 한다.

② 인증사업자가 인증의 유효기간이 끝난 후에도 계속하여 인증을 받은 유기식품 등(이하 '인증품')의 인증을 유지하려면 그 유효기간이 끝나기 전까지 인증을 한 해양수산부장관 또는 인증기관에 갱신신청을 하여 그 인증을 갱신하여야 한다. 다만, 인증을 한 인증기관이 폐업, 업무정지 또는 그 밖의 부득이한 사유로 갱신신청이 불가능하게 된 경우에는 해양수산부장관 또는 다른 인증기관에 신청할 수 있다.

③ ②에 따른 인증 갱신을 하지 아니하려는 인증사업자가 인증의 유효기간 내에 출하를 종료하지 아니한 인증품이 있는 경우에는 해양수산부장관 또는 해당 인증기관의 승인을 받아 출하를 종료하지 아니한 인증품에 대하여만 그 유효기간을 1년의 범위에서 연장할 수 있다. 다만, 인증의 유효기간이 끝나기 전에 출하된 인증품은 그 제품의 소비기한이 끝날 때까지 그 인증표시를 유지할 수 있다.

④ ②에 따른 인증 갱신 및 ③에 따른 유효기간 연장에 대한 심사결과에 이의가 있는 자는 심사를 한 해양수산부장관 또는 인증기관에 재심사를 신청할 수 있다.

인증의 갱신 등(시행규칙 제17조제1~4항)

① 법 제21조 ②에 따라 인증 갱신신청을 하거나 같은 조 ③에 따른 인증의 유효기간 연장승인을 신청하려는 인증사업자는 그 유효기간이 끝나기 2개월 전까지 인증신청서에 다음의 서류를 첨부하여 인증을 한 인증기관(법 제21조 ②와 ③의 단서에 해당하여 인증을 한 인증기관에 신청이 불가능한 경우에는 다른 인증기관)에 제출해야 한다. 다만, ㉠ 및 ㉢부터 ㉤까지의 서류는 변경사항이 없는 경우에는 제출하지 않을 수 있다.
  ㉠ 인증품 생산계획서 또는 인증품 제조·가공 및 취급 계획서
  ㉡ [별표 5]의 경영 관련 자료
  ㉢ 사업장의 경계면을 표시한 지도
  ㉣ 인증품의 생산, 제조·가공 또는 취급에 관련된 작업장의 구조와 용도를 적은 도면(작업장이 있는 경우로 한정)
  ㉤ 친환경농업에 관한 교육 이수 증명자료(인증 갱신신청을 하려는 경우로 한정, 전자적 방법으로 확인이 가능한 경우는 제외)

② 인증사업자는 법 제21조 ②의 단서에 따라 다른 인증기관에 인증 갱신 신청서 또는 유효기간 연장승인 신청서를 제출하려는 경우에는 원래 인증을 한 인증기관으로부터 그 인증의 신청에 관한 일체의 서류와 수수료 정산액(수수료를 미리 낸 경우로 한정)을 반환받아 인증업무를 새로 맡게 된 다른 인증기관에 낼 수 있다.

③ 인증기관은 인증의 유효기간이 끝나기 3개월 전까지 인증사업자에게 인증 갱신 또는 유효기간 연장승인 절차와 함께 유효기간이 끝나는 날까지 인증 갱신을 하지 않거나 유효기간 연장승인을 받지 않으면 인증을 유지할 수 없다는 사실을 미리 알려야 한다.

④ ③에 따른 통지는 서면(전자문서를 포함), 문자메시지, 전자우편, 팩스 또는 전화 등의 방법으로 할 수 있다.

인증의 갱신 등의 재심사(시행규칙 제18조제1항)

법 제21조 ④에 따라 재심사를 신청하려는 자는 같은 조 ② 또는 ③에 따른 심사결과를 통지받은 날부터 7일 이내에 인증 갱신·유효기간 연장 재심사 신청서에 재심사 신청사유를 증명하는 자료를 첨부하여 심사를 한 인증기관에 제출해야 한다.

핵심예제

10-1. 유기식품 등의 인증 신청 및 심사 등에 따른 인증의 유효기간은 인증을 받은 날부터 몇 년으로 하는가?

① 5년 ② 3년
③ 2년 ④ 1년

정답 ④

10-2. 다음 중 ( ) 안에 알맞은 내용은?

인증의 유효기간 연장승인을 신청하려는 인증사업자는 그 유효기간이 끝나기 ( ) 전까지 인증신청서에 해당 서류를 첨부하여 인증을 한 인증기관에 제출해야 한다.

① 1개월 ② 2개월
③ 3개월 ④ 6개월

정답 ②

핵심이론 11 인증사업자의 준수사항(법 제22조)

① 인증사업자는 인증품을 생산, 제조·가공 또는 취급하여 판매한 실적을 농림축산식품부령 또는 해양수산부령으로 정하는 바에 따라 정기적으로 해양수산부장관 또는 해당 인증기관에 알려야 한다.

② 인증사업자는 농림축산식품부령 또는 해양수산부령으로 정하는 바에 따라 인증심사와 관련된 서류 등을 보관하여야 한다.

인증사업자의 준수사항(시행규칙 제20조)

① 인증사업자는 법 제22조 ①에 따라 매년 1월 20일까지 실적 보고서에 인증품의 전년도 생산, 제조·가공 또는 취급하여 판매한 실적을 적어 해당 인증기관에 제출하거나 친환경 인증관리 정보시스템에 등록해야 한다.

② 인증사업자는 법 제22조 ②에 따라 인증심사와 관련된 다음의 자료 및 서류를 그 생산연도의 다음 해부터 2년간 보관해야 한다.
   ㉠ 인증심사와 관련된 유기식품 등의 원료 또는 재료, 자재의 사용에 관한 자료 및 서류
   ㉡ 인증품의 생산, 제조·가공 또는 취급하여 판매한 실적에 관한 자료 및 서류

［ 핵심예제 ］

11-1. 인증사업자의 준수사항에서 인증사업자는 매년 몇 월 며칠까지 실적 보고서에 인증품의 전년도 생산, 제조·가공 또는 취급하여 판매한 실적을 적어 해당 인증기관에 제출하거나 친환경 인증관리 정보시스템에 등록해야 하는가?

① 1월 20일 ② 1월 30일
③ 2월 10일 ④ 2월 15일

정답 ①

11-2. 농림축산식품부 소관 친환경농어업 육성 및 유기식품 등의 관리·지원에 관한 법률 시행규칙에 의해 인증사업자는 법에 따라 인증심사와 관련된 유기식품 등의 원료 또는 재료, 자재의 사용에 관한 자료 및 서류와 인증품의 생산, 제조·가공 또는 취급하여 판매한 실적에 관한 자료 및 서류를 그 생산연도의 다음 해부터 몇 년간 보관해야 하는가?

① 1년 ② 2년
③ 3년 ④ 5년

정답 ②

핵심이론 12 유기식품 등의 표시 등(법 제23조)

① 인증사업자는 생산, 제조·가공 또는 취급하는 인증품에 직접 또는 인증품의 포장, 용기, 납품서, 거래명세서, 보증서 등(이하 '포장 등')에 유기 또는 이와 같은 의미의 도형이나 글자의 표시(이하 '유기표시')를 할 수 있다. 이 경우 포장을 하지 아니한 상태로 판매하거나 낱개로 판매하는 때에는 표시판 또는 푯말에 유기표시를 할 수 있다.

② 농림축산식품부장관 또는 해양수산부장관은 인증사업자에게 인증품의 생산방법과 사용자재 등에 관한 정보를 소비자가 쉽게 알아볼 수 있도록 표시할 것을 권고할 수 있다.

③ 농림축산식품부장관 또는 해양수산부장관은 유기농수산물을 원료 또는 재료로 사용하면서 인증을 받지 아니한 식품 및 비식용가공품에 대하여는 사용한 유기농수산물의 함량에 따라 제한적으로 유기표시를 허용할 수 있다.

유기식품 등의 표시(시행규칙 제21조)

① 법 제23조 ①의 전단에 따른 유기 또는 이와 같은 의미의 도형이나 글자의 표시(이하 '유기표시')의 기준은 [별표 6]과 같다.

② ①에 따른 유기표시를 하려는 인증사업자는 유기표시와 함께 인증사업자의 성명 또는 업체명, 전화번호, 사업장 소재지, 인증번호 및 생산지 등 유기식품 등의 인증정보를 [별표 7]의 유기식품 등의 인증정보 표시방법에 따라 표시해야 한다.

③ 법 제23조 ③에 따른 유기농축산물의 함량에 따른 제한적 유기표시의 허용기준은 [별표 8]과 같다.

［ 핵심예제 ］

유기식품 등의 표시 등에 관한 사항이다. ( ) 안에 알맞은 내용은?

( )은 인증사업자에게 인증품의 생산방법과 사용자재 등에 관한 정보를 소비자가 쉽게 알아볼 수 있도록 표시할 것을 권고할 수 있다.

① 식품의약품안전처장 ② 농림축산식품부장관
③ 농업기술센터장 ④ 농업진흥청장

정답 ②

핵심이론 13 유기식품 등의 유기표시 기준(시행규칙 [별표 6])

① 유기표시 도형
   ㉠ 유기농산물, 유기축산물, 유기임산물, 유기가공식품 및 비식용유기가공품에 다음의 도형을 표시하되, [별표 4]에 따른 유기 70%로 표시하는 제품에는 다음의 유기표시 도형을 사용할 수 없다.

인증번호 :   Certification Number :

   ㉡ ㉠의 표시 도형 내부의 '유기'의 글자는 품목에 따라 '유기식품', '유기농', '유기농산물', '유기축산물', '유기가공식품', '유기사료', '비식용유기가공품'으로 표기할 수 있다.
   ㉢ 작도법
      • 도형 표시방법
         − 표시 도형의 가로 길이(사각형의 왼쪽 끝과 오른쪽 끝의 폭 : W)를 기준으로 세로 길이는 $0.95 \times W$의 비율로 한다.
         − 표시 도형의 흰색 모양과 바깥 테두리(좌우 및 상단부 부분으로 한정)의 간격은 $0.1 \times W$로 한다.
         − 표시 도형의 흰색 모양 하단부 왼쪽 태극의 시작점은 상단부에서 $0.55 \times W$ 아래가 되는 지점으로 하고, 오른쪽 태극의 끝점은 상단부에서 $0.75 \times W$ 아래가 되는 지점으로 한다.
      • 표시 도형의 국문 및 영문 모두 활자체는 고딕체로 하고, 글자 크기는 표시 도형의 크기에 따라 조정한다.
      • 표시 도형의 색상은 녹색을 기본 색상으로 하되, 포장재의 색깔 등을 고려하여 파란색, 빨간색 또는 검은색으로 할 수 있다.
      • 표시 도형 내부에 적힌 '유기', '(ORGANIC)', 'ORGANIC'의 글자 색상은 표시 도형 색상과 같게 하고, 하단의 '농림축산식품부'와 'MAFRA KOREA'의 글자는 흰색으로 한다.
      • 배색 비율은 녹색 C80 + Y100, 파란색 C100 + M70, 빨간색 M100 + Y100 + K10, 검은색 C20 + K100으로 한다.
      • 표시 도형의 크기는 포장재의 크기에 따라 조정할 수 있다.
      • 표시 도형의 위치는 포장재 주표시면의 옆면에 표시하되, 포장재 구조상 옆면 표시가 어려운 경우에는 표시 위치를 변경할 수 있다.
      • 표시 도형 밑 또는 좌우 옆면에 인증번호를 표시한다.

② 유기표시 글자

구 분	표시 글자
유기농축산물	• 유기, 유기농산물, 유기축산물, 유기임산물, 유기식품, 유기재배농산물 또는 유기농 • 유기재배○○(○○은 농산물의 일반적 명칭), 유기축산○○, 유기○○ 또는 유기농○○
유기가공식품	• 유기가공식품, 유기농 또는 유기식품 • 유기농○○ 또는 유기○○
비식용 유기가공품	• 유기사료 또는 유기농 사료 • 유기농○○ 또는 유기○○(○○은 사료의 일반적 명칭). 다만, '식품'이 들어가는 단어는 사용할 수 없다.

③ 유기가공식품 · 비식용유기가공품 중 [별표 4]에 따라 비유기 원료를 사용한 제품의 표시 기준
   ㉠ 원재료명 표시란에 유기농축산물의 총함량 또는 원료 · 재료별 함량을 백분율(%)로 표시한다.
   ㉡ 비유기 원료를 제품 명칭으로 사용할 수 없다.
   ㉢ 유기 70%로 표시하는 제품은 주표시면에 '유기 70%' 또는 이와 같은 의미의 문구를 소비자가 알아보기 쉽게 표시해야 하며, 이 경우 제품명 또는 제품명의 일부에 유기 또는 이와 같은 의미의 글자를 표시할 수 없다.

④ ①부터 ③까지의 규정에 따른 유기표시의 표시방법 및 세부 표시사항 등은 국립농산물품질관리원장이 정하여 고시한다.

［핵심예제］

13-1. 농림축산식품부 소관 친환경농어업 육성 및 유기식품 등의 관리·지원에 관한 법률 시행규칙상 유기식품 등의 유기표시 기준에서 유기표시 도형의 작도법에 대한 내용으로 틀린 것은?

① 표시 도형의 가로 길이(사각형의 왼쪽 끝과 오른쪽 끝의 폭 : W)를 기준으로 세로 길이는 $0.95 \times W$의 비율로 한다.

② 표시 도형의 흰색 모양과 바깥 테두리(좌우 및 상단부 부분으로 한정한다)의 간격은 $0.1 \times W$로 한다.

③ 표시 도형의 흰색 모양 하단부 왼쪽 태극의 시작점은 상단부에서 $0.90 \times W$ 아래가 되는 지점으로 하고, 오른쪽 태극의 끝점은 상단부에서 $0.70 \times W$ 아래가 되는 지점으로 한다.

④ 표시 도형의 국문 및 영문 모두 활자체는 고딕체로 하고, 글자 크기는 표시 도형의 크기에 따라 조정한다.

정답 ③

13-2. 유기식품 등의 유기표시 기준에서 유기표시 도형의 작도법에 관한 사항으로 표시 도형의 색상은 어떤 색을 기본 색상으로 하는가?

① 흰 색　　　　　② 주황색

③ 녹 색　　　　　④ 노란색

정답 ③

13-3. 친환경농어업법 시행규칙상 비식용유기가공품의 표시 글자로 틀린 것은?

① 유기사료　　　　② 유기농 사료

③ 유기조사료　　　④ 유기식품 사료

정답 ④

핵심이론 14　유기식품 등의 인증정보 표시방법(시행규칙 [별표 7])

① 인증품 또는 인증품의 포장·용기에 표시하는 방법

　㉠ 표시사항은 해당 인증품을 포장한 사업자의 인증정보와 일치해야 하며, 해당 인증품의 생산자가 포장자와 일치하지 않는 경우에는 생산자의 인증번호를 추가로 표시해야 한다.

　㉡ 각 항목의 구체적인 표시방법은 다음과 같다.

　　• 인증사업자의 성명 또는 업체명 : 인증서에 기재된 명칭(단체로 인증받은 경우에는 단체명)을 표시하되, 단체로 인증받은 경우로서 개별 생산자명을 표시하려는 경우에는 단체명 뒤에 개별 생산자명을 괄호로 표시할 수 있다.

　　• 전화번호 : 해당 제품의 품질관리와 관련하여 소비자 상담이 가능한 판매원의 전화번호를 표시한다.

　　• 사업장 소재지 : 해당 제품을 포장한 작업장의 주소를 번지까지 표시한다.

　　• 인증번호 : 해당 사업자의 인증서에 기재된 인증번호를 표시한다.

　　• 생산지 : 농수산물의 원산지 표시 등에 관한 법률에 따른 원산지 표시방법에 따라 표시한다.

② 납품서, 거래명세서 또는 보증서 등에 표시하는 방법 : 인증품을 포장하지 않고 거래하는 경우 또는 공급받는 자가 요구하는 경우에는 공급하는 자가 발행하는 납품서, 거래명세서 또는 보증서 등에 다음의 사항을 표시해야 한다.

　㉠ 인증사업자의 성명 또는 업체명, 전화번호, 사업장 소재지, 인증번호, 생산지

　㉡ 공급하는 자의 명칭과 공급받는 자의 명칭

　㉢ 거래품목, 거래수량 및 거래일

③ 표시판 또는 푯말로 표시하는 방법

　㉠ 포장하지 않고 판매하거나 낱개로 판매하는 경우에는 해당 인증품 판매대의 표시판 또는 푯말에 인증사업자의 성명 또는 업체명, 전화번호, 사업장 소재지, 인증번호, 생산지를 표시해야 한다.

　㉡ ㉠의 방법에 따라 표시하려는 경우 인증품이 아닌 제품과 섞이지 않도록 판매대, 판매구역 등을 구분해야 한다.

④ 그 밖의 표시사항 : 무공해, 저공해 등 소비자에게 혼동을 초래할 수 있는 표시를 해서는 안 된다.

⑤ ①부터 ④까지의 규정에 따른 인증정보의 표시방법 및 세부 표시사항 등은 국립농산물품질관리원장이 정하여 고시한다.

[핵심예제]

14-1. 친환경농어업법 시행규칙에 의한 유기식품 등의 인증정보 표시방법으로 <보기> 중 인증품 또는 인증품의 포장·용기에 표시하는 사항이 아닌 것으로만 나열된 것은?

<보 기>
㉠ 인증사업자의 성명 또는 업체명
㉡ 생산자의 주민등록번호
㉢ 전화번호
㉣ 생산연도(과일류에 한함)
㉤ 생산지
㉥ 인증번호

① ㉠, ㉡
② ㉡, ㉣
③ ㉡, ㉢, ㉤
④ ㉠, ㉣, ㉥

|정답| ②

14-2. 유기식품 등의 인증정보 표시방법으로 옳지 않은 것은?

① 전화번호는 해당 제품의 품질관리와 관련하여 대표자의 전화번호를 표시한다.
② 사업장 소재지는 해당 제품을 포장한 작업장의 주소를 번지까지 표시한다.
③ 인증번호는 해당 사업자의 인증서에 기재된 인증번호를 표시한다.
④ 생산지는 농수산물의 원산지 표시 등에 관한 법률에 따른 원산지 표시방법에 따라 표시한다.

|정답| ①

핵심이론 15 유기농축산물의 함량에 따른 제한적 유기표시의 허용기준(시행규칙 [별표 8])

① 유기농축산물의 함량에 따른 제한적 유기표시 허용의 일반원칙
  ㉠ 유기농축산물의 함량에 포함되는 원료 또는 재료는 다음과 같다.
    • 인증을 받은 유기식품 등
    • 동등성 인정을 받은 유기가공식품
  ㉡ ㉠에 해당하는 원료 또는 재료와 동일한 종류의 인증을 받지 않은 원료 또는 재료를 혼합해서는 안 된다.
  ㉢ 제한적 유기표시를 할 수 있는 식품 및 비식용가공품의 경우에도 다음의 어느 하나에 해당하는 사항을 표시해서는 안 된다.
    • 해당 제품에 [별표 6]에 따른 유기표시
    • 유기라는 용어를 제품명 또는 제품명의 일부로 표시
② 유기농축산물의 함량에 따른 제한적 유기표시의 허용기준
  ㉠ 70% 이상이 유기농축산물인 제품
    • 최종 제품에 남아 있는 원료 또는 재료(물과 소금은 제외)의 70% 이상이 유기농축산물이어야 한다.
    • 유기 또는 이와 유사한 용어를 제품명 또는 제품명의 일부로 사용할 수 없다.
    • 표시장소는 주표시면을 제외한 표시면에 표시할 수 있다.
    • 원재료명 표시란에 유기농축산물의 총함량 또는 원료·재료별 함량을 백분율(%)로 표시해야 한다.
  ㉡ 70% 미만이 유기농축산물인 제품
    • 특정 원료 또는 재료로 유기농축산물만을 사용한 제품이어야 한다.
    • 해당 원료·재료명의 일부로 '유기'라는 용어를 표시할 수 있다.
    • 표시장소는 원재료명 표시란에만 표시할 수 있다.
    • 원재료명 표시란에 유기농축산물의 총함량 또는 원료·재료별 함량을 백분율(%)로 표시해야 한다.

15-1. 농림축산식품부 소관 친환경농어업 육성 및 유기식품 등의 관리·지원에 관한 법률 시행규칙의 유기농축산물의 함량에 따른 제한적 유기표시의 허용기준에 따라 최종 제품에 남아 있는 원료 또는 재료의 70% 이상, 95% 미만이 유기농축산물인 제품의 제한적 유기표시의 허용기준에 대한 설명으로 옳은 것은?

① '유기' 또는 이와 유사한 용어를 제품명의 일부로 사용할 수 있다.

② '유기' 또는 이와 유사한 용어를 용기·포장의 주표시면에 표시할 수 있다.

③ 해당 제품에 사용한 유기농산물 인증기관의 명칭이나 로고를 표시하여야 한다.

④ 원재료명 표시란에 유기농축산물의 총함량 또는 원료·재료별 함량을 백분율(%)로 표시해야 한다.

정답 ④

15-2. 유기농축산물의 함량에 따른 제한적 유기표시의 기준에 따라 특정 원료 또는 재료의 70% 미만이 유기농축산물인 제품의 제한적 유기표시의 허용기준에 대한 설명으로 틀린 것은?

① 특정 원료 또는 재료로 유기농축산물만을 사용한 제품이어야 한다.

② 해당 원료·재료명의 일부로 '유기'라는 용어를 표시할 수 있다.

③ 표시장소는 주표시면과 원재료명 및 함량 표시란에만 표시할 수 있다.

④ 원재료명 표시란에 유기농축산물의 총함량 또는 원료·재료별 함량을 백분율(%)로 표시해야 한다.

정답 ③

핵심이론 16 수입 유기식품 등의 신고(법 제23조의2)

① 유기표시가 된 인증품 또는 동등성이 인정된 인증을 받은 유기가공식품을 판매나 영업에 사용할 목적으로 수입하려는 자는 해당 제품의 통관절차가 끝나기 전에 농림축산식품부령 또는 해양수산부령으로 정하는 바에 따라 수입 품목, 수량 등을 농림축산식품부장관 또는 해양수산부장관에게 신고하여야 한다.

> 수입 유기식품의 신고(시행규칙 제22조제1항)
> 인증품인 유기식품 또는 동등성이 인정된 인증을 받은 유기가공식품의 수입신고를 하려는 자는 식품의약품안전처장이 정하는 수입신고서에 다음의 구분에 따른 서류를 첨부하여 식품의약품안전처장에게 제출해야 한다. 이 경우 수입되는 유기식품의 도착 예정일 5일 전부터 미리 신고할 수 있으며, 미리 신고한 내용 중 도착항, 도착 예정일 등 주요 사항이 변경되는 경우에는 즉시 그 내용을 문서(전자문서를 포함)로 신고해야 한다.
> ① 인증품인 유기식품을 수입하려는 경우 : 인증서 사본 및 거래인증서 원본
> ② 동등성이 인정된 인증을 받은 유기가공식품을 수입하려는 경우 : 동등성 인정 협정을 체결한 국가의 인증기관이 발행한 인증서 사본 및 수입증명서(Import Certificate) 원본

② 농림축산식품부장관 또는 해양수산부장관은 ①에 따라 신고된 제품에 대하여 통관절차가 끝나기 전에 관계 공무원으로 하여금 유기식품 등의 인증 및 표시 기준 적합성을 조사하게 하여야 한다.

( ) 안에 알맞은 내용은?

> 인증품인 유기식품의 수입신고를 하려는 자는 식품의약품안전처장이 정하는 수입신고서에 인증서 사본 및 거래인증서 원본을 첨부하여 식품의약품안전처장에게 제출해야 한다. 이 경우 수입되는 유기식품의 도착 예정일 ( ) 전부터 미리 신고할 수 있으며, 미리 신고한 내용 중 도착항, 도착 예정일 등 주요 사항이 변경되는 경우에는 즉시 그 내용을 문서(전자문서를 포함한다)로 신고해야 한다.

① 30일　　② 15일
③ 10일　　④ 5일

정답 ④

핵심이론 17 인증의 취소 등(법 제24조)

① 농림축산식품부장관 · 해양수산부장관 또는 인증기관은 인증사업자가 다음의 어느 하나에 해당하는 경우에는 그 인증을 취소하거나 인증표시의 제거 · 정지 또는 시정조치를 명할 수 있다. 다만, ㉠에 해당할 때에는 인증을 취소하여야 한다.

  ㉠ 거짓이나 그 밖의 부정한 방법으로 인증을 받은 경우
  ㉡ 제19조제2항에 따른 인증기준에 맞지 아니한 경우
  ㉢ 정당한 사유 없이 제31조제7항에 따른 명령에 따르지 아니한 경우
  ㉣ 전업(轉業), 폐업 등의 사유로 인증품을 생산하기 어렵다고 인정하는 경우

② 농림축산식품부장관 · 해양수산부장관 또는 인증기관은 ①에 따라 인증을 취소한 경우 지체 없이 인증사업자에게 그 사실을 알려야 하고, 인증기관은 농림축산식품부장관 또는 해양수산부장관에게도 그 사실을 알려야 한다.

③ ①에 따른 처분에 필요한 구체적인 절차와 세부기준 등은 농림축산식품부령 또는 해양수산부령으로 정한다.

핵심예제

농림축산식품부장관 · 해양수산부장관 또는 인증기관은 인증사업자가 적법하지 않을 경우에는 그 인증을 취소하거나 인증표시의 제거 · 정지 또는 시정조치를 명할 수 있다. 다음 중 반드시 인증을 취소하여야 하는 경우는?

① 거짓이나 그 밖의 부정한 방법으로 인증을 받은 경우
② 제19조제2항에 따른 인증기준에 맞지 아니한 경우
③ 정당한 사유 없이 제31조제7항에 따른 명령에 따르지 아니한 경우
④ 전업(轉業), 폐업 등의 사유로 인증품을 생산하기 어렵다고 인정하는 경우

정답 ①

핵심이론 18 인증취소 등의 세부기준 및 절차 – 일반기준 (시행규칙 [별표 9])

① 위반행위의 횟수에 따른 행정처분의 가중된 부과기준은 최근 3년간 같은 위반행위로 행정처분을 받은 경우에 적용한다. 이 경우 기간의 계산은 위반행위에 대해 행정처분을 받은 날과 그 처분 후 다시 같은 위반행위를 하여 적발된 날을 기준으로 한다.

② ①에 따라 가중된 부과처분을 하는 경우 가중처분의 적용 차수는 그 위반행위 전 부과처분 차수(①에 따른 기간 내에 행정처분이 둘 이상 있었던 경우에는 높은 차수)의 다음 차수로 한다.

③ 인증취소는 위반행위가 발생한 인증번호 전체(인증서에 기재된 인증 품목, 인증면적 및 인증종류 전체)를 대상으로 적용한다.

④ ③에도 불구하고 생산자단체로 인증을 받은 경우 구성원 수 대비 인증취소 처분을 받은 위반행위자 비율이 20% 이하인 경우에는 위반행위를 한 구성원에 대해서만 인증취소를 할 수 있다. 이 경우 위반행위자의 수는 인증 유효기간 동안 누적하여 계산한다.

⑤ 인증품의 인증표시의 제거 · 정지, 인증품 및 제한적으로 유기표시를 허용한 식품 및 비식용가공품(이하 '인증품 등')의 판매금지 · 판매정지, 회수 · 폐기 및 세부 표시사항의 변경 처분은 다음 ㉠ 및 ㉡의 인증품 등을 처분대상으로 한다. 다만, 해당 인증품 등에 다른 인증품 등이 혼합되어 구분이 불가능한 경우에는 해당 인증품 등과 그 혼합된 다른 인증품 등 전체를 처분대상으로 한다.

  ㉠ 위반사항이 발생한 인증품 등
  ㉡ 위반사항이 발생한 인증품 등과 생산자, 품목, 생산시기가 동일한 인증품 등(위반사항이 제조 · 가공 또는 취급과정에서 발생한 경우에는 각각 제조 · 가공 또는 취급한 자, 품목, 제조 · 가공 또는 취급시기가 동일한 인증품 등)

⑥ 인증품의 인증표시의 정지와 인증품 등의 판매정지의 처분은 해당 인증품의 생산기간과 인증 유효기간 등을 고려하여 1년 이내의 기간을 정하여 처분할 수 있다.

⑦ 같은 위반행위가 개별기준의 인증사업자 및 인증품 등에 모두 해당되는 경우에는 각각의 처분기준을 적용한다.

[핵심예제]

18-1. 친환경농어업법 시행규칙상 인증취소 등의 세부기준 및 절차에서 일반기준에 대한 내용이다. ( ) 안에 알맞은 내용은?

위반행위의 횟수에 따른 행정처분의 가중된 부과기준은 ( ) 같은 위반행위로 행정처분을 받은 경우에 적용한다. 이 경우 기간의 계산은 위반행위에 대하여 행정처분을 받은 날과 그 처분 후 다시 같은 위반행위를 하여 적발된 날을 기준으로 한다.

① 최근 6개월간
② 최근 1년간
③ 최근 2년간
④ 최근 3년간

정답 ④

18-2. 인증취소 등의 세부기준 및 절차의 일반기준에 대한 내용이다. (가)에 알맞은 내용은?

'인증취소는 위반행위가 발생한 인증번호 전체(인증서에 기재된 인증 품목, 인증면적 및 인증종류 전체를 말한다)를 대상으로 적용한다'의 규정에도 불구하고 생산자단체로 인증을 받은 경우 구성원수 대비 인증취소 처분을 받은 위반행위자 비율이 (가)% 이하인 경우에는 위반행위를 한 구성원에 대해서만 인증취소를 할 수 있다. 이 경우 위반행위자의 수는 인증 유효기간 동안 누적하여 계산한다.

① 20
② 30
③ 40
④ 50

정답 ①

핵심이론 19 인증취소 등의 세부기준 및 절차 - 개별기준 (1)(시행규칙 [별표 9])

인증사업자

위반행위	위반횟수별 행정처분 기준		
	1차	2차	3차
인증신청서, 첨부서류 또는 그 밖에 인증심사에 필요한 서류를 거짓으로 작성하여 인증을 받은 경우	인증취소		
위의 내용 외에 거짓이나 그 밖의 부정한 방법으로 인증을 받은 경우	인증취소		
법 제19조제2항 또는 제34조제2항에 따른 인증기준에 맞지 않은 경우로서 다음 중 어느 하나에 해당하는 경우			
• 공통기준 - [별표 5]의 경영 관련 자료(이하 '경영 관련 자료')를 기록・보관하지 않은 경우 또는 거짓으로 기록하는 경우 - 경영 관련 자료를 국립농산물품질관리원장 또는 인증기관이 열람을 요구할 때에 이에 응하지 않은 경우 - 인증품에 인증품이 아닌 제품을 혼합하거나 인증품이 아닌 제품을 인증품으로 판매한 경우	인증취소		
• 유기농산물・유기임산물 - [별표 4] 제2호다목1) 및 라목2)를 위반하여 화학비료, 합성농약 또는 합성농약 성분이 함유된 자재를 사용한 경우	인증취소		
- 유기농산물・유기임산물에서 바람에 의한 흩날림, 농업용수로 인한 오염 등 비의도적인 요인으로 합성농약 성분이 식품위생법 제7조제1항에 따라 식품의약품안전처장이 정하여 고시하는 농약 잔류허용기준 이하로 검출된 경우	시정조치명령	시정조치명령	인증취소
- 위의 내용 외에 유기농산물・유기임산물에서 합성농약 성분이 검출된 경우	인증취소		
• 유기축산물(유기양봉의 산물・부산물은 제외) - [별표 4] 제3호나목2)를 위반하여 축사의 밀도조건을 유지・관리하지 않은 경우	인증취소		

위반행위	위반횟수별 행정처분 기준		
	1차	2차	3차
– [별표 4] 제3호마목을 위반하여 전환기간을 준수하지 않은 경우	인증취소		
– [별표 4] 제3호바목1)을 위반하여 유기사료가 아닌 사료를 공급한 경우	인증취소		
– [별표 4] 제3호바목3)·4)를 위반하여 사료에 첨가해서는 안 되는 물질을 첨가한 경우	인증취소		
– [별표 4] 제3호바목6)을 위반하여 합성농약 또는 합성농약 성분이 함유된 동물용의약품 등의 자재를 사용한 경우	인증취소		
– [별표 4] 제3호사목1)을 위반하여 질병이 없는데도 동물용의약품을 투여하거나, 치료목적 외에 성장촉진제 또는 호르몬제를 사용한 경우	인증취소		
– [별표 4] 제3호사목3)을 위반하여 동물용의약품을 사용한 시점부터 별표 4 제3호마목의 전환기간(해당 약품 휴약기간의 2배가 전환기간보다 더 긴 경우 휴약기간의 2배 기간) 이상의 기간 동안 가축을 사육하지 않고 출하한 경우	인증취소		
– [별표 4] 제3호사목6)을 위반하여 수의사의 처방전 또는 동물용의약품의 사용명세가 기재된 진단서를 갖춰 두지 않고 동물용의약품을 사용한 경우	인증취소		
– 유기축산물에서 동물용의약품 성분이 식품위생법 제7조제1항에 따라 식품의약품안전처장이 정하여 고시한 동물용의약품 잔류허용기준의 3분의 1 이하로 검출된 경우	시정조치명령	인증취소	
– 유기축산물에서 동물용의약품 성분이 식품위생법 제7조제1항에 따라 식품의약품안전처장이 정하여 고시한 동물용의약품 잔류허용기준의 3분의 1을 초과하여 검출된 경우	인증취소		

위반행위	위반횟수별 행정처분 기준		
	1차	2차	3차
– 유기축산물에서 사료의 오염 등 비의도적인 요인으로 합성농약 성분이 식품위생법 제7조제1항에 따라 식품의약품안전처장이 정하여 고시한 농약 잔류허용기준 이하로 검출된 경우	시정조치명령	시정조치명령	인증취소
– 위의 내용 외에 유기축산물에서 합성농약 성분이 검출된 경우	인증취소		
• 유기축산물 중 유기양봉의 산물·부산물			
– [별표 4] 제4호다목을 위반하여 유기양봉의 인증기준을 1년 이상 준수하지 않고 판매한 경우	인증취소		
– [별표 4] 제4호마목2)를 위반하여 유기양봉의 산물 등에 합성농약, 동물용의약품 및 화학합성물질로 제조된 기피제를 사용한 경우	인증취소		
– [별표 4] 제4호마목3)·4)에 따른 꿀벌의 질병에 대한 예방·관리 조치 및 물질의 사용으로 질병의 치료 효과가 있는 경우에도 동물용의약품을 사용한 경우	인증취소		
– [별표 4] 제4호마목6)을 위반하여 동물용의약품을 사용하고 1년의 전환기간을 다시 거치지 않고 인증품으로 판매한 경우	인증취소		
– 유기양봉의 산물 등에서 동물용의약품 성분이 식품위생법 제7조제1항에 따라 식품의약품안전처장이 정하여 고시하는 동물용의약품 잔류허용기준의 3분의 1 이하로 검출된 경우	시정조치명령	인증취소	
– 유기양봉의 산물 등에서 동물용의약품 성분이 식품위생법 제7조제1항에 따라 식품의약품안전처장이 정하여 고시하는 동물용의약품 잔류허용기준의 3분의 1을 초과하여 검출된 경우	인증취소		

위반행위	위반횟수별 행정처분 기준		
	1차	2차	3차
– 유기양봉의 산물 등에서 꿀벌의 먹이습성 등 비의도적인 요인으로 합성농약 성분이 식품위생법 제7조제1항에 따라 식품의약품안전처장이 정하여 고시하는 농약 잔류허용기준 이하로 검출되는 경우	시정조치 명령	시정조치 명령	인증취소
– 위의 내용 외에 유기양봉의 산물 등에서 합성농약 성분이 검출된 경우	인증취소		
• 유기가공식품·비식용유기가공품			
– [별표 4] 제5호나목1)·3)을 위반하여 사용할 수 없는 원료 또는 재료·식품첨가물·가공보조제를 사용한 경우	인증취소		
– [별표 4] 제5호라목을 위반하여 화학적 방법이나 방사선 조사방법을 사용한 경우	인증취소		
– [별표 4] 제5호자목1)을 위반하여 유기가공식품·비식용유기가공식품에서 합성농약 성분이 검출된 경우			
ⓐ 원료 또는 재료의 오염 등 비의도적인 요인으로 합성농약성분이 0.01mg/kg를 초과하여 검출된 경우	시정조치 명령	시정조치 명령	인증취소
ⓑ 인증사업자의 고의 또는 과실로 인해 검출된 경우 또는 검출된 사실을 알고도 해당 제품에 인증표시를 하여 보관·판매하는 경우	인증취소		
• 무농약농산물			
– [별표 14] 제2호다목1) 및 라목3)을 위반하여 합성농약 또는 합성농약 성분이 함유된 자재를 사용하거나 무농약농산물의 화학비료 사용기준을 준수하지 않은 경우	인증취소		
– 무농약농산물에서 바람에 의한 흩날림, 농업용수로 인한 오염 등 비의도적인 요인으로 합성농약 성분이 식품위생법 제7조제1항에 따라 식품의약품안전처장이 정하여 고시하는 농약 잔류허용기준 이하로 검출된 경우	시정조치 명령	시정조치 명령	인증취소

위반행위	위반횟수별 행정처분 기준		
	1차	2차	3차
– 위의 내용 외에 무농약농산물에서 합성농약 성분이 검출된 경우	인증취소		
• 무농약원료가공식품			
– [별표 14] 제3호나목1)·3)를 위반하여 원료 또는 재료를 사용한 경우	인증취소		
– [별표 14] 제3호다목1)을 위반하여 화학적 방법이나 방사선 조사방법을 사용한 경우	인증취소		
– 무농약원료가공식품에서 합성농약 성분이 검출된 경우			
ⓐ 식품첨가물의 오염 등 비의도적인 요인으로 0.01mg/kg를 초과하여 검출된 경우	시정조치 명령		
ⓑ 인증사업자의 고의 또는 과실로 인해 검출된 경우 또는 검출된 사실을 알고도 해당 제품에 인증 표시하여 보관·판매하는 경우	인증취소		
• 취급자			
– [별표 4] 제6호라목1)을 위반하여 소분·저장·포장·운송·수입 또는 판매 등의 취급과정에서 인증품에 인증 종류가 다른 인증품 및 인증품이 아닌 제품이 혼입되거나 인증받은 내용과 다르게 표시하는 경우	인증취소		
– 취급과정에서 합성농약, 동물용의약품을 사용하거나 인증기준에 맞지 않는 방법을 사용한 경우	인증취소		
– 유기식품 등·무농약농산물 및 무농약원료가공식품에서 합성농약 성분이 검출되거나 동물용의약품 성분이 식품위생법 제7조제1항에 따라 식품의약품안전처장이 정하여 고시한 동물용의약품 잔류허용기준의 10분의 1을 초과하여 검출된 경우			
ⓐ 원료 또는 재료 인증품의 오염 등 비의도적인 요인으로 검출된 경우	시정조치 명령		
ⓑ 인증사업자의 고의 또는 과실로 인해 검출된 경우	인증취소		

위반행위	위반횟수별 행정처분 기준		
	1차	2차	3차
인증사업자가 법 제19조제2항 또는 법 제34조제2항에 따른 그 밖의 인증기준을 준수하지 않은 경우	시정조치 명령		
정당한 사유 없이 법 제31조제7항 또는 법 제34조제5항에 따른 명령에 따르지 않은 경우	인증취소		
전업, 폐업 등의 사유로 인증품을 생산하기 어렵다고 인정하는 경우	인증취소		

[핵심예제]

19-1. 농림축산식품부 소관 친환경농어업 육성 및 유기식품 등의 관리 · 지원에 관한 법률 시행규칙상 인증취소 등의 세부기준 및 절차에서 인증신청서, 첨부서류 또는 그 밖에 인증심사에 필요한 서류를 거짓으로 작성하여 인증을 받은 경우 1차 행정처분 기준은?

① 시정조치 명령
② 해당 인증품의 인증표시 제거 · 정지
③ 인증취소
④ 해당 인증품의 회수 · 폐기

정답 ③

19-2. 유기농산물의 인증취소 사유에 해당하지 않는 것은?

① 인증의 표시사항을 위반하였을 경우
② 경영 관련 자료를 기록 · 보관하지 않은 경우
③ 화학비료, 합성농약 또는 합성농약 성분이 함유된 자재를 사용한 경우
④ 인증품에 인증품이 아닌 제품을 혼합하거나 인증품이 아닌 제품을 인증품으로 판매한 경우

정답 ①

핵심이론 20 인증취소 등의 세부기준 및 절차 – 개별기준(2)

인증품 등

위반행위	행정처분 기준
인증품에서 합성농약 성분, 동물용의약품 성분 등 잔류 물질이 검출되는 등 법 제19조제2항 또는 법 제34조제2항에 따른 인증기준을 위반한 경우	해당 인증품의 인증표시의 제거 · 정지 또는 인증품 등의 판매금지 · 판매정지
법 제23조제1항에 따른 유기식품 등의 표시 또는 법 제36조제1항에 따른 무농약농산물 · 무농약원료가공식품의 표시 방법을 위반한 경우	해당 인증품의 세부 표시사항의 변경
인증품 등에서 합성농약 성분 또는 동물용의약품 성분이 식품의약품안전처장이 정하여 고시하는 농약 또는 동물용의약품 잔류허용기준을 초과해 검출된 경우	해당 인증품 등의 판매금지 · 판매정지 · 회수 · 폐기
법 제23조제3항에 따른 제한적 유기표시 또는 법 제36조제2항에 따른 제한적 무농약 표시 방법을 위반한 경우	해당 제품의 세부 표시사항의 변경
인증품이 아닌 제품을 인증품으로 표시한 것으로 인정된 경우	해당 제품의 인증표시의 제거 · 정지

[핵심예제]

농림축산식품부 소관 친환경농어업 육성 및 유기식품 등의 관리 · 지원에 관한 법률 시행규칙상 인증품에서 합성농약 성분, 동물용의약품 성분 등 잔류 물질이 검출되는 등 인증기준을 위반한 경우의 행정처분 기준은?

① 해당 인증품의 세부 표시사항의 변경
② 인증품 판매금지 7일
③ 해당 인증품의 인증표시의 제거 · 정지
④ 표시정지 3개월

정답 ③

1-4. 유기식품 등의 인증기관

핵심이론 01 인증기관의 지정 등(법 제26조)

① 농림축산식품부장관 또는 해양수산부장관은 유기식품 등의 인증과 관련하여 인증심사원 등 필요한 인력·조직·시설 및 인증업무규정을 갖춘 기관 또는 단체를 인증기관으로 지정하여 유기식품 등의 인증을 하게 할 수 있다.

> **유기식품 등 인증업무의 범위(시행규칙 제32조제1항)**
> 법 제26조 ①에 따라 지정을 받은 인증기관(이하 '인증기관')의 인증업무의 범위는 다음의 구분에 따른다.
> ① 다음의 인증대상에 따른 인증업무의 범위
> ㉠ 유기농축산물을 생산하는 자
> ㉡ 유기가공식품을 제조·가공하는 자
> ㉢ 비식용유기가공품을 제조·가공하는 자
> ㉣ ㉠부터 ㉢까지에 해당하는 품목을 취급하는 자
> ② 인증대상 지역에 따른 인증업무의 범위
> ㉠ 대한민국에서 하는 ①에 따른 인증. 이 경우 인증업무의 범위는 전국 단위 또는 특정 지역 단위를 기준으로 한다.
> ㉡ 대한민국 외의 지역(해당 국가명)에서 하는 ①에 따른 인증

② ①에 따라 인증기관으로 지정받으려는 기관 또는 단체는 농림축산식품부령 또는 해양수산부령으로 정하는 바에 따라 농림축산식품부장관 또는 해양수산부장관에게 인증기관의 지정을 신청하여야 한다.

> **인증기관의 지정 신청(시행규칙 제34조제1항)**
> 국립농산물품질관리원장은 법 제26조 ①에 따라 인증기관을 지정하려는 경우에는 해당 연도의 1월 31일까지 지정 신청기간 등 인증기관의 지정에 관한 사항을 국립농산물품질관리원의 인터넷 홈페이지 및 친환경 인증관리 정보시스템 등에 10일 이상 공고해야 한다.

③ ①에 따른 인증기관 지정의 유효기간은 지정을 받은 날부터 5년으로 하고, 유효기간이 끝난 후에도 유기식품 등의 인증업무를 계속하려는 인증기관은 유효기간이 끝나기 전에 그 지정을 갱신하여야 한다.

> **인증기관의 지정 갱신 절차(시행규칙 제36조제1항)**
> 법 제26조 ③에 따라 인증기관의 지정을 갱신하려는 인증기관은 인증기관 지정의 유효기간이 끝나기 3개월 전까지 인증기관 지정 갱신 신청서에 다음의 서류를 첨부하여 국립농산물품질관리원장에게 제출해야 한다.
> ① 인증기관 지정서
> ② 인증업무의 범위 등을 적은 사업계획서
> ③ 인증기관의 지정기준을 갖추었음을 증명하는 서류

④ 농림축산식품부장관 또는 해양수산부장관은 ①에 따른 인증기관 지정업무와 ③에 따른 지정갱신업무의 효율적인 운영을 위하여 인증기관 지정 및 갱신 관련 평가업무를 대통령령으로 정하는 기관 또는 단체에 위임하거나 위탁할 수 있다.

> **인증기관 지정 등의 평가(시행령 제6조)**
> 법 제26조 ④에서 '대통령령으로 정하는 기관 또는 단체'란 다음의 기관 또는 단체를 말한다.
> ① 한국농촌경제연구원 또는 한국해양수산개발원
> ② 한국식품연구원
> ③ 고등교육법에 따른 학교 또는 그 소속 법인
> ④ 한국농수산대학교
> ⑤ 그 밖에 친환경농어업 또는 유기식품 등에 관하여 전문성이 있다고 인정되어 농림축산식품부장관 또는 해양수산부장관이 고시하는 기관 또는 단체

⑤ 인증기관은 지정받은 내용이 변경된 경우에는 농림축산식품부장관 또는 해양수산부장관에게 변경신고를 하여야 한다. 다만, 농림축산식품부령 또는 해양수산부령으로 정하는 중요 사항을 변경할 때에는 농림축산식품부장관 또는 해양수산부장관으로부터 승인을 받아야 한다.

> **인증기관의 지정내용 변경신고 등(시행규칙 제38조제1~2항)**
> ① 인증기관은 법 제26조 ⑤의 본문에 따라 지정받은 내용 중 다음의 어느 하나에 해당하는 사항이 변경된 경우에는 변경된 날부터 1개월 이내에 인증기관 지정내용 변경신고서에 지정내용이 변경되었음을 증명하는 서류를 첨부하여 국립농산물품질관리원장에게 제출해야 한다.
> ㉠ 인증기관의 명칭, 인력 및 대표자
> ㉡ 주사무소 및 지방사무소의 소재지
> ② 법 제26조 ⑤의 단서에서 '농림축산식품부령으로 정하는 중요 사항'이란 다음의 어느 하나에 해당하는 사항을 말한다.
> ㉠ 인증업무의 범위
> ㉡ 인증업무규정

핵심예제

1-1. 유기식품 등의 인증기관에 대한 내용 중 국립농산물품질관리원장이 인증기관을 지정하려는 경우에는 해당 연도의 1월 31일까지 지정 신청기간 등 인증기관의 지정에 관한 사항을 국립농산물품질관리원의 인터넷 홈페이지 및 친환경 인증관리 시스템 등에 며칠 이상 공고해야 하는가?

① 5일 ② 10일
③ 15일 ④ 20일

정답 ②

1-2. 인증기관 지정 및 갱신 관련 평가업무를 위임하거나 위탁할 수 없는 기관은?

① 한국농수산대학교 ② 한국농촌경제연구원
③ 한국식품연구원 ④ 한국농수산식품유통공사

정답 ④

1-3. 농림축산식품부 소관 친환경농어업 육성 및 유기식품 등의 관리 · 지원에 관한 법률 시행규칙에 대한 내용이다. ( ) 안에 알맞은 내용은?

유기식품 등의 인증기관에 대한 내용에서 인증기관은 지정받은 내용 중 인증기관 명칭, 인력 및 대표자 사항이 변경된 경우에는 변경된 날부터 ( ) 이내에 별지 서식에 따른 인증기관 지정내용 변경신고서에 지정내용이 변경되었음을 증명하는 서류를 첨부하여 국립농산물품질관리원장에게 제출해야 한다.

① 1개월 ② 3개월
③ 6개월 ④ 12개월

정답 ①

핵심이론 02 인증기관의 지정기준(시행규칙 [별표 10])

① 인력 및 조직 : 기관 또는 단체가 국제표준화기구(ISO)와 국제전기기술위원회(IEC)가 정한 제품인증시스템을 운영하는 기관을 위한 요구사항(ISO/IEC Guide 17065)에 적합한 경우로서 다음의 기준을 충족해야 한다.
  ㉠ 자격을 부여받은 인증심사원(이하 '인증심사원')을 상근인력으로 5명 이상 확보하고, 인증심사업무를 수행하는 상설 전담조직을 갖출 것. 다만, 인증기관의 지정 이후에는 인증업무량 등에 따라 국립농산물품질관리원장이 정하는 바에 따라 인증심사원을 추가로 확보할 수 있어야 한다.
  ㉡ 인증기관의 임원 또는 직원(인증업무를 담당하는 직원으로 한정) 중에 결격사유에 해당하는 자가 없을 것
  ㉢ 재무구조의 건전성과 투명한 회계처리 절차를 마련하는 등 인증기관의 운영에 필요한 재정적 안정성을 확보할 것
  ㉣ 인증업무가 불공정하게 수행될 우려가 없도록 인증기관(대표, 인증심사원 등 소속 임원 또는 직원을 포함)은 다음의 업무를 수행하지 않을 것
    • 유기농업자재 등 농업용 자재의 제조 · 유통 · 판매
    • 유기식품 등 · 무농약농산물 및 무농약원료가공식품의 유통 · 판매
    • 유기식품 등 · 무농약농산물 및 무농약원료가공식품의 인증과 관련된 기술지도 · 자문 등의 서비스 제공
② 시설
  ㉠ 인증기관이 인증품의 계측 및 분석을 직접 수행하는 경우에는 국립농산물품질관리원장이 정하여 고시하는 기준에 따라 검정실을 설치하고 공인시험연구기관의 지정을 받을 것
  ㉡ 인증품의 계측 및 분석 등의 업무를 다른 기관에 위탁하여 수행할 경우에는 ㉠에 따른 검정실을 갖추지 않을 수 있다.
③ 인증업무규정 : 다음의 사항이 포함된 인증업무규정을 갖출 것
  ㉠ 인증업무 실시방법
  ㉡ 인증의 사후관리방법
  ㉢ 인증 수수료

ⓒ 인증심사원의 준수사항 및 인증심사원의 자체 관리·감독 요령

ⓒ 인증심사원에 대한 교육계획

ⓒ 인증의 품질을 보장할 수 있는 관리지침과 이에 대한 시행 절차, 내부 감독 등을 포함한 매뉴얼

ⓒ 인증업무와 관련하여 제기된 불만 및 분쟁에 대한 처리 절차와 조치방법에 관한 사항

ⓒ 인증심사 및 인증 결정, 인증활동 등 인증업무를 독립적으로 수행할 수 있는 관리체계에 관한 사항

ⓒ 모든 신청인이 인증서비스를 이용할 수 있고, 인증의 결정·유지·변경·승계·취소 등의 결정에 대해 어떠한 상업적이나 재정적인 요인 등의 압력으로부터 영향을 받지 않는다는 사항

ⓒ 인증의 적합 여부를 판정하기 위한 인증심의에 관한 사항

④ ①부터 ③까지의 규정에 따른 인력, 조직, 시설 및 인증업무 규정에 관한 세부 지정기준 등은 국립농산물품질관리원장이 정하여 고시한다.

핵심예제

2-1. 친환경농어업법 시행규칙상 인증기관의 지정기준에서 인력 및 조직에 대한 내용이다. ( ) 안의 내용으로 알맞은 것은?

> 인증심사원을 상근인력으로 ( ) 이상 확보하고, 인증심사업무를 수행하는 상설 전담조직을 갖출 것. 다만, 인증기관의 지정 이후에는 인증업무량 등에 따라 국립농산물품질관리원장이 정하는 바에 따라 인증심사원을 추가로 확보할 수 있어야 한다.

① 3명 ② 5명
③ 7명 ④ 9명

정답 ②

2-2. 인증기관 지정기준의 인력 및 조직의 기준으로 틀린 것은?

① 인증심사원을 상근인력으로 5명 이상 확보할 것
② 인증심사업무를 수행하는 상설 전담조직을 갖출 것
③ 인증기관의 운영에 필요한 재정적 안정성을 확보할 것
④ 인증업무 외의 업무를 수행하고 있는 인증기관의 경우 반드시 무농약농산물 인증을 위한 컨설팅을 할 것

정답 ④

핵심이론 03 인증심사원(법 제26조의2)

① 농림축산식품부장관 또는 해양수산부장관은 농림축산식품부령 또는 해양수산부령으로 정하는 기준에 적합한 자에게 인증심사, 재심사 및 인증 변경승인, 인증 갱신, 유효기간 연장 및 재심사, 인증사업자에 대한 조사 업무(이하 '인증심사업무')를 수행하는 심사원(이하 '인증심사원')의 자격을 부여할 수 있다.

> **인증심사원의 자격 기준 등(시행규칙 제39조제1항)**
> 법 제26조의2 ①에 따른 인증심사원의 자격 기준은 [별표 11]과 같다.
>
> | 자 격 | 경 력 |
> |---|---|
> | 국가기술자격법에 따른 농업·임업·축산 또는 식품 분야의 기사 이상의 자격을 취득한 사람 | |
> | 국가기술자격법에 따른 농업·임업·축산 또는 식품 분야의 산업기사 자격을 취득한 사람 | 친환경인증 심사 또는 친환경농산물 관련 분야에서 2년(산업기사가 되기 전의 경력을 포함) 이상 근무한 경력이 있을 것 |
> | 수의사법에 따라 수의사 면허를 취득한 사람 | |
>
> 비고 : 위의 규정에도 불구하고 외국에서 인증업무를 수행하려는 사람이 국립농산물품질관리원장이 정하여 고시하는 자격을 갖춘 경우에는 인증심사원의 자격을 갖춘 것으로 본다.

② ①에 따라 인증심사원의 자격을 부여받으려는 자는 농림축산식품부령 또는 해양수산부령으로 정하는 바에 따라 농림축산식품부장관 또는 해양수산부장관이 실시하는 교육을 받은 후 농림축산식품부장관 또는 해양수산부장관에게 이를 신청하여야 한다.

> **인증심사원의 자격 기준 등(시행규칙 제39조제2항)**
> 법 제26조의2 ②에 따라 인증심사원의 자격을 부여받으려는 사람은 국립농산물품질관리원장이 실시하는 다음의 내용에 관한 교육을 30시간 이상 받아야 한다.
> ① 인증심사원의 역할과 자세
> ② 친환경농축산물 및 인증 관련 법령
> ③ 인증 심사기준, 심사실무 및 평가방법

③ 농림축산식품부장관 또는 해양수산부장관은 인증심사원이 다음의 어느 하나에 해당하는 때에는 그 자격을 취소하거나 6개월 이내의 기간을 정하여 자격을 정지하거나 시정조치를 명할 수 있다. 다만, ⓒ부터 ⓒ까지에 해당하는 경우에는 그 자격을 취소하여야 한다.

ⓐ 거짓이나 그 밖의 부정한 방법으로 인증심사원의 자격을 부여받은 경우

ⓑ 거짓이나 그 밖의 부정한 방법으로 인증심사업무를 수행한 경우

ⓒ 고의 또는 중대한 과실로 인증기준에 맞지 아니한 유기식품 등을 인증한 경우

ⓓ 경미한 과실로 인증기준에 맞지 아니한 유기식품 등을 인증한 경우

ⓔ ①에 따른 인증심사원의 자격 기준에 적합하지 아니하게 된 경우

ⓕ 인증심사업무와 관련하여 다른 사람에게 자기의 성명을 사용하게 하거나 인증심사원증을 빌려 준 경우

ⓖ 제26조의4제1항에 따른 교육을 받지 아니한 경우

ⓗ 제27조제2항에 따른 준수사항을 지키지 아니한 경우

ⓘ 정당한 사유 없이 제31조제1항에 따른 조사를 실시하기 위한 지시에 따르지 아니한 경우

④ ③에 따라 인증심사원 자격이 취소된 자는 취소된 날부터 3년이 지나지 아니하면 인증심사원 자격을 부여받을 수 없다.

⑤ 인증심사원의 자격 부여 절차 및 자격 취소·정지 기준, 그 밖에 필요한 사항은 농림축산식품부령 또는 해양수산부령으로 정한다.

핵심예제

3-1. 친환경농어업법 시행규칙상 인증심사원의 자격 기준에서 국가기술자격법에 따른 농업·임업·축산 또는 식품 분야의 산업기사 자격을 취득한 사람은 친환경인증 심사 또는 친환경 농산물 관련 분야에서 최소 몇 년 이상의 경력이 있어야 하는가?

① 1년　　　　　　② 2년
③ 3년　　　　　　④ 5년

정답 ②

3-2. 친환경농어업 육성 및 유기식품 등의 관리·지원에 관한 법률에서 규정하고 있는 인증심사원의 자격을 취소하여야 하는 경우가 아닌 것은?

① 거짓이나 그 밖의 부정한 방법으로 인증심사원의 자격을 부여받은 경우
② 거짓이나 그 밖의 부정한 방법으로 인증심사업무를 수행한 경우
③ 인증심사업무와 관련하여 다른 사람에게 자기의 성명을 사용하게 하거나 인증심사원증을 빌려 준 경우
④ 고의 또는 중대한 과실로 인증기준에 맞지 아니한 유기식품 등을 인증한 경우

정답 ③

3-3. 친환경농어업법상에 대한 내용으로 (　) 안에 알맞은 내용은?

> 농림축산식품부장관 또는 해양수산부장관은 인증심사원이 거짓이나 그 밖의 부정한 방법으로 인증심사업무를 수행한 경우 그 자격을 취소하여야 하는데, 이에 따라 인증심사원 자격이 취소된 자는 취소된 날부터 (　)이 지나지 아니하면 인증심사원 자격을 부여받을 수 없다.

① 2년　　　　　　② 3년
③ 5년　　　　　　④ 7년

정답 ②

핵심이론 04 인증기관에 대한 행정처분의 세부기준 – 일반기준(시행규칙 [별표 13])

① 위반행위의 횟수에 따른 행정처분의 가중된 부과기준은 최근 3년간 같은 위반행위로 행정처분을 받은 경우에 적용한다. 이 경우 기간의 계산은 위반행위에 대해 행정처분을 받은 날과 그 처분 후 다시 같은 위반행위를 하여 적발된 날을 기준으로 한다.

② ①에 따라 가중된 부과처분을 하는 경우 가중처분의 적용 차수는 그 위반행위 전 부과처분 차수(①에 따른 기간 내에 행정처분이 둘 이상 있었던 경우에는 높은 차수)의 다음 차수로 한다.

③ 위반행위가 둘 이상인 경우로서 그에 해당하는 각각의 처분기준이 다른 경우에는 그중 무거운 처분기준을 적용한다. 다만, 둘 이상의 처분기준이 모두 업무정지인 경우에는 무거운 처분기준의 2분의 1 범위에서 가중할 수 있되, 각 처분기준을 합산한 기간을 초과할 수 없다.

④ 최근 3년간 업무정지 처분 2회를 받고 업무정지 처분에 해당하는 위반행위가 다시 적발된 경우 각 위반행위가 같은 위반행위인지 여부와 상관없이 지정취소 처분을 해야 한다. 다만, 법 제32조의2제1항에 따른 평가 결과 인증기관 지위 승계신청일을 기준으로 최근 5년간 1회 이상 양호 이상의 등급을 받은 인증기관이 다른 인증기관의 지위를 승계한 경우, 그 다른 인증기관이 행한 위반행위의 횟수에 대해서는 양호 이상의 등급을 받은 횟수 이내에서 감면할 수 있다.

⑤ 처분권자는 다음의 어느 하나에 해당하는 경우에는 개별기준에 따른 업무정지 기간의 2분의 1 범위에서 감경할 수 있다.

　㉠ 위반행위가 사소한 부주의나 오류로 인한 것으로 인정되는 경우

　㉡ 위반행위자가 위반행위를 바로 정정하거나 시정하여 법 위반상태를 해소한 경우

　㉢ 그 밖에 위반행위의 내용·정도·동기 및 결과 등을 고려하여 감경할 필요가 있다고 인정되는 경우

핵심예제

다음은 친환경농어업법 시행규칙상 인증기관에 대한 행정처분의 세부기준에 관한 설명이다. (　) 안에 알맞은 내용은?

- 위반행위의 횟수에 따른 행정처분의 가중된 부과기준은 최근 (　)간 같은 위반행위로 행정처분을 받은 경우에 적용한다. 이 경우 기간의 계산은 위반행위에 대해 행정처분을 받은 날과 그 처분 후 다시 같은 위반행위를 하여 적발된 날을 기준으로 한다.
- 최근 (　)간 업무정지 처분 2회를 받고 업무정지 처분에 해당하는 위반행위가 다시 적발된 경우 각 위반행위가 같은 위반행위인지 여부와 상관없이 지정취소 처분을 해야 한다.

① 1년　　　　　　② 3년
③ 5년　　　　　　④ 7년

정답 ②

핵심이론 05 인증기관에 대한 행정처분의 세부기준 – 개별기준(시행규칙 [별표 13])

위반행위	행정처분 기준		
	1회 위반	2회 위반	3회 이상 위반
거짓이나 그 밖의 부정한 방법으로 지정을 받은 경우	지정 취소		
인증기관의 장이 법 제60조제1항, 같은 조 제2항제1호·제2호·제3호·제4호·제4호의2·제4호의3 및 같은 조 제3항제2호의 죄(인증심사업무와 관련된 죄로 한정)를 범하여 100만원 이상의 벌금형 또는 금고 이상의 형을 선고받아 그 형이 확정된 경우	지정 취소		
인증기관이 파산 또는 폐업 등으로 인해 인증업무를 수행할 수 없는 경우	지정 취소		
업무정지 명령을 위반하여 정지기간 중 인증을 한 경우	지정 취소		
정당한 사유 없이 1년 이상 계속하여 인증을 하지 않은 경우	지정 취소		
고의 또는 중대한 과실로 법 제19조제2항 또는 제34조제2항에 따른 인증기준에 맞지 않은 유기식품 등 또는 무농약농산물·무농약원료가공식품을 인증한 경우	지정 취소		
고의 또는 중대한 과실로 법 제20조(법 제34조제4항에서 준용하는 경우를 포함)에 따른 인증심사 및 재심사의 처리 절차·방법 또는 법 제21조(법 제34조제4항에서 준용하는 경우를 포함)에 따른 인증 갱신 및 인증품의 유효기간 연장의 절차·방법 등을 지키지 않은 경우	업무정지 6개월	지정 취소	
정당한 사유 없이 법 제24조제1항(법 제34조제4항에서 준용하는 경우를 포함)에 따른 처분, 법 제31조제7항제2호·제3호에 따른 명령 또는 같은 조 제9항에 따른 공표를 하지 않은 경우	업무정지 3개월	업무정지 6개월	지정 취소
법 제26조제1항(법 제35조제2항에서 준용하는 경우를 포함)에 따른 지정기준 중 인력 및 조직, 시설에 관한 지정기준에 맞지 않게 된 경우	업무정지 3개월	업무정지 6개월	지정 취소
차. 법 제26조제1항(법 제35조제2항에서 준용하는 경우를 포함한다)에 따른 지정기준 중 인증업무규정에 관한 지정기준에 맞지 않게 된 경우	시정 명령	업무정지 3개월	업무정지 6개월

위반행위	행정처분 기준		
	1회 위반	2회 위반	3회 이상 위반
카. 법 제27조제1항(법 제35조제2항에서 준용하는 경우를 포함한다)에 따른 인증기관의 준수사항을 위반한 경우	업무정지 3개월	업무정지 6개월	지정 취소
타. 법 제32조제2항(법 제34조제5항에서 준용하는 경우를 포함한다)에 따른 시정조치 명령이나 처분에 따르지 않은 경우	업무정지 6개월	지정 취소	
파. 정당한 사유 없이 법 제32조제3항(법 제34조제5항에서 준용하는 경우를 포함한다)을 위반하여 소속 공무원의 조사를 거부·방해하거나 기피하는 경우	지정 취소		
하. 법 제32조의2(법 제34조제5항에서 준용하는 경우를 포함한다)에 따라 실시한 인증기관 평가에서 최하위 등급을 연속하여 3회 받은 경우	지정 취소		

[핵심예제]

5-1. 친환경농어업법 시행규칙상 거짓이나 그 밖의 부정한 방법으로 인증기관 지정을 받은 경우 1회 위반 시 해당하는 행정처분 기준은?

① 업무정지 3개월　　② 업무정지 6개월
③ 업무정지 12개월　　④ 지정취소

정답 ④

5-2. 친환경농어업법 시행규칙상 인증기관에 대한 행정처분의 세부기준에서 업무정지 명령을 위반하여 정지기간 중 인증을 한 경우 1회 위반 시 행정처분 기준은?

① 업무정지 3개월　　② 업무정지 6개월
③ 업무정지 12개월　　④ 지정취소

정답 ④

5-3. 인증기관에 대한 행정처분의 세부기준에 대한 설명이다. 다음 중 1회 위반에 따른 행정처분 기준이 다른 하나는?

① 거짓이나 그 밖의 부정한 방법으로 인정기관의 지정을 받은 경우
② 업무정지 명령을 위반하여 정지기간 중 인증을 한 경우
③ 고의 또는 중대한 과실로 인증 갱신 및 인증품의 유효기간 연장의 절차·방법 등을 지키지 않은 경우
④ 정당한 사유 없이 소속 공무원의 조사를 거부·방해하거나 기피하는 경우

정답 ③

1-5. 유기식품 등, 인증사업자 및 인증기관의 사후관리

핵심이론 01 인증 등에 관한 부정행위의 금지(법 제30조)

① 누구든지 다음의 어느 하나에 해당하는 행위를 하여서는 아니 된다.

㉠ 거짓이나 그 밖의 부정한 방법으로 인증심사, 재심사 및 인증 변경승인, 인증 갱신, 유효기간 연장 및 재심사 또는 인증기관의 지정·갱신을 받는 행위

㉡ 거짓이나 그 밖의 부정한 방법으로 인증심사, 재심사 및 인증 변경승인, 인증 갱신, 유효기간 연장 및 재심사를 하거나 받을 수 있도록 도와주는 행위

㉢ 거짓이나 그 밖의 부정한 방법으로 인증심사원의 자격을 부여받는 행위

㉣ 인증을 받지 아니한 제품과 제품을 판매하는 진열대에 유기표시, 무농약표시, 친환경 문구 표시 및 이와 유사한 표시(인증품으로 잘못 인식할 우려가 있는 표시 및 이와 관련된 외국어 또는 외래어 표시를 포함한다)를 하는 행위

㉤ 인증품에 인증받은 내용과 다르게 표시하는 행위

㉥ 인증 또는 인증 갱신을 신청하는 데 필요한 서류를 거짓으로 발급하여 주는 행위

㉦ 인증품에 인증을 받지 아니한 제품 등을 섞어서 판매하거나 섞어서 판매할 목적으로 보관, 운반 또는 진열하는 행위

㉧ ㉣ 또는 ㉤의 행위에 따른 제품임을 알고도 인증품으로 판매하거나 판매할 목적으로 보관, 운반 또는 진열하는 행위

㉨ 인증이 취소된 제품임을 알고도 인증품으로 판매하거나 판매할 목적으로 보관·운반 또는 진열하는 행위

㉩ 인증을 받지 아니한 제품을 인증품으로 광고하거나 인증품으로 잘못 인식할 수 있도록 광고(유기, 무농약, 친환경 문구 또는 이와 같은 의미의 문구를 사용한 광고를 포함)하는 행위 또는 인증품을 인증받은 내용과 다르게 광고하는 행위

② ①의 ㉣에 따른 친환경 문구와 유사한 표시의 세부기준은 농림축산식품부령 또는 해양수산부령으로 정한다.

친환경 문구 표시 및 유사한 표시의 세부기준(시행규칙 제44조 제1항)

법 제30조 ①의 ㉣에 따른 친환경 문구 표시 및 이와 유사한 표시(이하 '친환경 표시')는 다음의 어느 하나에 해당하는 표시를 말한다.

① '유기', '무농약' 또는 '친환경'이라는 문구(문구의 일부 또는 전부를 한자로 표기하는 경우를 포함)가 포함된 문자 또는 도형의 표시

② 'Organic', 'Non Pesticide', 'Pesticide Free' 등 ①에 따른 문구와 관련된 외국어 또는 외래어가 포함된 문자 또는 도형의 표시

③ 그 밖에 인증품으로 잘못 인식할 우려가 있는 표시 및 이와 관련된 외국어 또는 외래어 표시로서 국립농산물품질관리원장이 정하여 고시하는 표시

핵심예제

친환경농어업 육성 및 유기식품 등의 관리·지원에 관한 법률에서 규정한 인증 등에 관한 부정행위에 해당하지 않는 것은?

① 거짓이나 그 밖의 부정한 방법으로 인증심사, 재심사 및 인증 변경승인, 인증 갱신, 유효기간 연장 및 재심사 또는 인증기관의 지정·갱신을 받는 행위

② 인증을 받지 아니한 제품과 제품을 판매하는 진열대에 유기표시, 무농약표시, 친환경 문구 표시 및 이와 유사한 표시(인증품으로 잘못 인식할 우려가 있는 표시 및 이와 관련된 외국어 또는 외래어 표시를 포함한다)를 하는 행위

③ 인증품에 인증을 받지 아니한 제품 등을 섞어서 판매하거나 섞어서 판매할 목적으로 보관, 운반 또는 진열하는 행위

④ 인증을 받은 유기식품 등을 다시 포장하지 아니하고 그대로 저장, 운송, 수입 또는 판매하는 자가 인증을 신청하지 아니하는 행위

정답 ④

해설

④ 인증을 받은 유기식품 등을 다시 포장하지 아니하고 그대로 저장, 운송, 수입 또는 판매하는 자는 인증을 신청하지 아니할 수 있다(친환경농어업법 제20조제1항 단서).

핵심이론 02 인증품 등 및 인증사업자 등의 사후관리 (법 제31조)

① 농림축산식품부장관 또는 해양수산부장관은 농림축산식품부령 또는 해양수산부령으로 정하는 바에 따라 소속 공무원 또는 인증기관으로 하여금 매년 다음의 조사(인증기관은 인증을 한 인증사업자에 대한 ⓒ의 조사에 한정)를 하게 하여야 한다. 이 경우 시료를 무상으로 제공받아 검사하거나 자료 제출 등을 요구할 수 있다.

　ⓐ 판매 · 유통 중인 인증품 및 제한적으로 유기표시를 허용한 식품 및 비식용가공품(이하 '인증품 등')에 대한 조사

　ⓑ 인증사업자의 사업장에서 인증품의 생산, 제조 · 가공 또는 취급 과정이 인증기준에 맞는지 여부 조사

인증품 등 및 인증사업자 등의 사후관리(시행규칙 제45조제1~2항)

① 법 제31조 ①에 따라 국립농산물품질관리원장 또는 인증기관이 매년 실시하는 판매 · 유통 중인 인증품 및 제한적으로 유기표시를 허용한 식품 및 비식용가공품(이하 '인증품 등')과 인증사업자에 대한 조사는 다음의 구분에 따라 실시한다.

　ⓐ 정기조사 : 인증품 판매 · 유통 사업장, 제한적으로 유기표시를 허용한 식품 및 비식용가공품의 생산, 제조 · 가공, 취급 또는 판매 · 유통 사업장 또는 인증사업자의 사업장 중 일부를 선정하여 정기적으로 실시

　ⓑ 수시조사 : 특정업체의 위반사실에 대한 신고 · 민원 · 제보 등이 접수되는 경우에 실시

　ⓒ 특별조사 : 국립농산물품질관리원장이 필요하다고 인정하는 경우에 실시

② ①에 따른 조사의 방법 및 사항은 다음의 구분에 따른다.

　ⓐ 잔류물질 검정조사 : 인증품 등이 인증기준에 맞는지의 확인

　ⓑ 서류조사 또는 현장조사 : 인증품 등의 표시사항이 표시기준에 맞는지 및 인증품 등의 생산, 제조 · 가공, 취급 또는 판매 · 유통 과정이 인증기준 또는 표시기준에 맞는지의 확인

---

② ①에 따라 조사를 할 때에는 미리 조사의 일시, 목적, 대상 등을 관계인에게 알려야 한다. 다만, 긴급한 경우나 미리 알리면 그 목적을 달성할 수 없다고 인정되는 경우에는 그러하지 아니하다.

핵심예제

친환경농어업법 시행규칙상 인증품 등과 인증사업자에 대한 조사구분에 해당되지 않는 것은?

① 인증품 판매 · 유통 사업장, 제한적으로 유기표시를 허용한 식품 및 비식용가공품의 생산, 제조 · 가공, 취급 또는 판매 · 유통 사업장 또는 인증사업자의 사업장 중 일부를 선정하여 정기적으로 실시하는 정기조사
② 특정업체의 위반사실에 대한 신고 · 민원 · 제보 등이 접수되는 경우에 실시하는 수시조사
③ 농촌진흥청장이 필요하다고 인정하는 경우에 실시하는 특별조사
④ 국립농산물품질관리원장이 필요하다고 인정하는 경우에 실시하는 특별조사

정답 ③

1-6. 무농약농산물·무농약원료가공식품 및 무항생제 수산물 등의 인증

무농약농산물·무농약원료가공식품 및 무항생제수산물 등의 인증 등(법 제34조)

① 농림축산식품부장관 또는 해양수산부장관은 무농약농산물·무농약원료가공식품 및 무항생제수산물 등에 대한 인증을 할 수 있다.

② ①에 따른 인증을 하기 위한 무농약농산물·무농약원료가공식품 및 무항생제수산물 등의 인증대상과 무농약농산물·무농약원료가공식품 및 무항생제수산물 등의 생산, 제조·가공 또는 취급에 필요한 인증기준 등은 농림축산식품부령 또는 해양수산부령으로 정한다.

> **무농약농산물·무농약원료가공식품의 인증대상(시행규칙 제53조제1항)**
> 법 제34조 ②에 따른 무농약농산물·무농약원료가공식품의 인증대상은 다음과 같다.
> ① 무농약농산물을 생산하는 자
> ② 무농약원료가공식품을 제조·가공하는 자
> ③ ① 또는 ②에 해당하는 품목을 취급하는 자

핵심예제

친환경농어업법 시행규칙상 무농약농산물·무농약원료가공식품의 인증대상이 아닌 것은?

① 무농약농산물을 생산하는 자
② 무농약원료가공식품을 제조하는 자
③ 무농약원료가공식품을 가공하는 자
④ 무비료농산물을 생산하는 자

정답 ④

무농약농산물·무농약원료가공식품의 생산, 제조·가공 또는 취급에 필요한 인증기준(시행규칙 [별표 14])

① 용어의 뜻
  ㉠ '재배포장'이란 작물을 재배하는 일정구역을 말한다.
  ㉡ '화학비료'란 비료관리법에 따른 비료 중 화학적인 과정을 거쳐 제조된 것을 말한다.

② 무농약농산물의 인증기준
  ㉠ 재배포장, 재배용수 및 종자
    • 재배포장은 최근 1년간 인증취소 처분을 받지 않은 재배지로서, 토양환경보전법 시행규칙에 따른 토양오염우려기준을 초과하지 않으며, 주변으로부터 오염 우려가 없거나 오염을 방지할 수 있을 것
    • 재배용수는 환경정책기본법 시행령에 따른 농업용수 이상의 수질기준에 적합해야 하며, 농산물의 세척 등에 사용되는 용수는 먹는물 수질기준 및 검사 등에 관한 규칙에 따른 먹는물의 수질기준에 적합할 것
    • 유전자변형농산물인 종자는 사용하지 않을 것
  ㉡ 재배방법
    • 합성농약 또는 합성농약 성분이 함유된 자재를 사용하지 않고, 화학비료는 국립농산물품질관리원장이 정하여 고시하는 기준을 준수하여 사용할 것
    • 장기간의 적절한 돌려짓기(윤작)가 이행되도록 노력할 것
    • 가축분뇨를 원료로 하는 퇴비·액비는 완전히 부숙하여 사용할 것
    • 병해충 및 잡초는 무농약재배에 적합한 방법으로 방제·관리할 것
  ㉢ 생산물의 품질관리 등
    • 무농약농산물의 수확·저장·포장·수송 등의 취급과정에서 일반 농산물과의 혼합 또는 외부로부터의 오염을 방지할 것
    • 취급과정에서 방사선은 해충방제, 식품보존, 병원(病原)의 제거 또는 위생 등을 위해 사용하지 않을 것
    • 합성농약 또는 합성농약 성분이 함유된 자재를 사용하지 않으며, 합성농약 성분은 검출되지 않을 것
    • 수확 및 수확 후 관리를 수행하는 모든 작업자는 품목의 특성에 따라 적절한 위생조치를 할 것

- 수확 후 관리시설에서 사용하는 도구와 설비를 위생적으로 관리할 것
- 인증품에 인증품이 아닌 제품을 혼합하거나 인증품이 아닌 제품을 인증품으로 판매하지 않을 것
② 그 밖의 사항
- 수경재배 및 양액(배양액)재배의 방식은 순환식 등으로 하여 양액으로 인한 환경오염이 없도록 할 것
- 농장에서 발생한 환경오염 물질이나 병해충 또는 잡초 관리를 위해 인위적으로 투입한 동식물이 주변 농경지 · 하천 · 호수 또는 농업용수 등을 오염시키지 않도록 관리할 것

③ 무농약원료가공식품의 인증기준
㉠ 가공 원료 · 재료
- 가공에 사용되는 원료 또는 재료는 모두 무농약농산물, 유기식품 또는 무농약원료가공식품일 것. 다만, 전체 원료 또는 재료의 함량 중 무농약농산물의 함량이 50% 이상이 되도록 해야 한다.
- 화학적으로 합성된 식품첨가물과 가공보조제를 사용하지 않을 것. 다만, 제품 생산을 위해 필요한 경우에는 [별표 1]의 물질을 식품위생법에 따라 식품의약품안전처장이 정하여 고시하는 식품첨가물의 기준에 따라 최소량으로 사용해야 한다.
- 유전자변형생물체 및 유전자변형생물체에서 유래한 원료 또는 재료를 사용하지 않을 것
- 원료 또는 재료의 적합성 여부를 정기적으로 관리하고, 원료 또는 재료에 대한 납품서 · 거래인증서 · 보증서 또는 검사성적서 등 국립농산물품질관리원장이 정하여 고시하는 증명자료를 보관할 것
㉡ 가공방법
- 기계적 · 물리적 · 생물학적 방법만을 사용하고, 화학적 방법이나 방사선 조사방법을 사용하지 않을 것
- 추출, 여과, 저장 등의 과정은 국립농산물품질관리원장이 정하여 고시하는 기준을 따를 것
㉢ 해충 및 병원균 관리 : 해충 및 병원균 관리를 위해 예방적 방법, 기계적 · 물리적 · 생물학적 방법을 우선 사용해야 하고, 불가피한 경우 [별표 1]에서 정한 물질을 사용할 수 있으며, 그 밖의 화학적 방법이나 방사선 조사방법을 사용하지 않을 것

㉣ 세척 및 소독
- 무농약원료가공식품에 시설이나 설비 또는 원료 · 재료의 세척, 살균, 소독에 사용된 물질이 함유되지 않도록 할 것
- 세척제 · 소독제를 시설 및 장비에 사용하는 경우에는 무농약원료가공식품의 순수성이 훼손되지 않도록 할 것
㉤ 포장 : 무농약원료가공식품의 포장과정에서 순수성을 보호할 수 있는 포장재와 포장방법을 사용할 것
㉥ 무농약원료가공식품의 수송 및 운반 : 사업자는 환경에 미치는 나쁜 영향이 최소화되도록 원료 · 재료나 가공식품의 수송방법을 선택하고, 수송과정에서 원료 · 재료 또는 가공식품의 순수성이 훼손되지 않도록 필요한 조치를 할 것
㉦ 기록 · 문서화 및 접근보장
- 사업자는 무농약원료가공식품의 취급과정에서 대기, 물, 토양의 오염이 최소화되도록 문서화된 취급계획을 수립할 것
- 사업자는 국립농산물품질관리원 소속 공무원 또는 인증기관으로 하여금 무농약농산물 · 무농약원료가공식품의 생산, 제조 · 가공 또는 취급의 전 과정에 관한 기록 및 사업장에 접근할 수 있도록 할 것
㉧ 생산물의 품질관리 등
- 합성농약 성분은 검출되지 않을 것. 다만, 식품첨가물의 오염 등 불가항력적인 요인으로 합성농약 성분이 검출된 것으로 입증되는 경우에는 0.01mg/kg 이하까지만 허용한다.
- 인증품에 인증품이 아닌 제품을 혼합하거나 인증품이 아닌 제품을 인증품으로 판매하지 않을 것

핵심예제

2-1. 농림축산식품부 소관 친환경농어업 육성 및 유기식품 등의 관리·지원에 관한 법률 시행규칙에서 규정하고 있는 무농약농산물의 인증기준으로 틀린 것은?

① 재배포장은 토양오염우려기준을 초과하지 않아야 한다.
② 재배포장은 최근 3년간 인증취소 처분을 받지 않은 재배지이어야 한다.
③ 화학비료는 국립농산물품질관리원장이 정하여 고시하는 기준을 준수하여 사용한다.
④ 합성농약을 사용하지 않고, 장기간의 적절한 돌려짓기(윤작)가 이행되도록 노력한다.

정답 ②

2-2. 무농약원료가공식품에서 생산물의 품질관리 등에 대한 내용이다. ( ) 안에 가장 적절한 내용은?

> 합성농약 성분은 검출되지 않을 것. 다만, 식품첨가물의 오염 등 불가항력적인 요인으로 합성농약 성분이 검출된 것으로 입증되는 경우에는 ( ) 이하까지만 허용한다.

① 0.1mg/kg
② 0.05mg/kg
③ 0.01mg/kg
④ 0.001mg/kg

정답 ③

핵심이론 03 무농약농산물·무농약원료가공식품 표시의 기준 – 표시 도형(시행규칙 [별표 15])

① 무농약농산물

인증번호: Certification Number:

② 무농약원료가공식품

인증번호: Certification Number:

③ 작도법

㉠ 도형 표시
- 표시 도형의 가로 길이(사각형의 왼쪽 끝과 오른쪽 끝의 폭 : W)를 기준으로 세로 길이는 $0.95 \times W$의 비율로 한다.
- 표시 도형의 흰색 모양과 바깥 테두리(좌우 및 상단부 부분으로 한정)의 간격은 $0.1 \times W$로 한다.
- 표시 도형의 흰색 모양 하단부 왼쪽 태극의 시작점은 상단부에서 $0.55 \times W$ 아래가 되는 지점으로 하고, 오른쪽 태극의 끝점은 상단부에서 $0.75 \times W$ 아래가 되는 지점으로 한다.

㉡ 표시 도형의 국문 및 영문 모두 활자체는 고딕체로 하고, 글자 크기는 표시 도형의 크기에 따라 조정한다.

㉢ 표시 도형의 색상은 녹색을 기본색상으로 하고, 포장재의 색깔 등을 고려해 파란색, 빨간색 또는 검은색으로 할 수 있다.

㉣ 표시 도형 내부의 '무농약', '무농약원료가공식품', '(NON PESTICIDE)', '(NON PESTICIDE FOODS)'의 글자 색상은 표시 도형 색상과 동일하게 하고, 하단의 '농림축산식품부'와 'MAFRA KOREA'의 글자는 흰색으로 한다.

ⓜ 배색 비율은 녹색 C80 + Y100, 파란색 C100 + M70, 빨간색 M100 + Y100 + K10, 검은색 C20 + K100으로 한다.

ⓗ 표시 도형의 크기는 포장재의 크기에 따라 조정한다.

ⓢ 표시 도형의 위치는 포장재 주표시면의 옆면에 표시하되, 포장재 구조상 옆면표시가 어려울 경우에는 표시 위치를 변경할 수 있다.

ⓞ 표시 도형 밑 또는 좌우 옆면에 인증번호를 표시한다.

[핵심예제]

3-1. 무농약농산물 · 무농약원료가공식품의 표시의 기준에서 표시 도형 작도법의 도형 표시로 가장 거리가 먼 것은?

① 표시 도형의 가로 길이(사각형의 왼쪽 끝과 오른쪽 끝의 폭 : W)를 기준으로 세로 길이는 $0.95 \times W$의 비율로 한다.

② 표시 도형의 흰색 모양과 바깥 테두리(좌우 및 상단부 부분에만 한정한다)의 간격은 $0.1 \times W$로 한다.

③ 표시 도형의 흰색 모양 하단부 왼쪽 태극의 시작점은 상단부에서 $0.95 \times W$ 아래가 되는 지점으로 한다.

④ 표시 도형의 흰색 모양 하단부 오른쪽 태극의 끝점은 상단부에서 $0.75 \times W$ 아래가 되는 지점으로 한다.

정답 ③

3-2. 무농약농산물 · 무농약원료가공식품의 표시의 기준에서 표시 도형의 작도법에 대한 내용이다. ( ) 안에 알맞은 내용으로 틀린 것은?

> 표시 도형의 색상은 녹색을 기본색상으로 하고, 포장재의 색깔 등을 고려하여 ( )으로 할 수 있다.

① 파란색　　　　② 빨간색
③ 노란색　　　　④ 검은색

정답 ③

1-7. 유기농어업자재의 공시

핵심이론 01　유기농업자재의 공시기준 – 식물에 대한 시험성적서(시행규칙 [별표 17])

① 유식물(幼植物) 등에 대한 농약피해[藥害] · 비료피해[肥害] 시험성적

ⓐ 다섯 종류 이상의 작물에 대해 적합하게 시험한 성적이어야 한다.

ⓑ 농약피해 · 비료피해의 정도는 시험성적 모두가 기준량에서 0 이하이거나, 2배량에서 1 이하이어야 한다.

② 비료효과[肥效] · 비료피해[肥害] 시험성적(효능 · 효과를 표시하려는 경우로 한정)

ⓐ 토양 개량 또는 작물 생육을 목적으로 하는 자재에 적용하고, 동일 작물에 대해서 적합하게 시험한 2개 이상의 재배 포장시험(圃場試驗 : 밭 등에서 이루어지는 시험) 성적서를 제출해야 하며, 작물에 대한 재배 포장시험은 비료관리법에 따른 작물재배 시험법을 준용한다. 다만, 농작물의 종류를 추가하려는 경우에는 1개의 재배 포장시험 성적서를 제출할 수 있다.

ⓑ 비료효과 시험 결과 통계적으로 무처리구(無處理區) 대비 효과가 인정되어야 하고, 기준량과 2배량 모두에서 비료피해가 없어야 한다.

③ 농약효과[藥效] · 농약피해 시험성적(효능 · 효과를 표시하려는 경우로 한정)

ⓐ 병해충 관리를 목적으로 하는 자재에 적용하고, 동일 작물 · 병해충에 대해서 적합하게 시험한 2개 이상의 재배 포장시험 성적서를 제출해야 하며, 작물에 대한 재배 포장시험은 농약관리법에 따른 작물에 대한 농약효과 · 농약피해 시험법을 준용한다. 다만, 적용대상 병해충 및 농작물의 종류를 추가하려는 경우에는 1개의 재배 포장시험 성적서를 제출할 수 있다.

ⓑ 농약효과 시험 결과 통계적으로 무처리구 대비 방제가(防除價, 병해충에 대한 농약의 방제효과를 표시하는 수치)를 고려해 방제효과가 인정되어야 하고, 기준량과 2배량 모두에서 농약피해가 없어야 한다.

④ 예외사항 : 농약관리법에 따라 등록된 농약이거나 비료관리법에 따라 등록 또는 신고된 비료에 해당하는 경우에는 식물시험에 대한 재배 포장시험 성적서를 제출하지 않을 수 있다.

[핵심예제]

1-1. 다음은 유기농업자재의 공시기준에서 식물에 대한 시험성 적서 심사사항 중 유식물(幼植物) 등에 대한 농약피해[藥害]·비 료피해[肥害] 시험성적의 공시기준에 해당하는 내용이다. (가), (나)에 알맞은 내용은?

> 농약피해·비료피해의 정도는 시험성적 모두가 기준량에서
> (가) 이하이거나, 2배량에서 (나) 이하이어야 한다.

① (가) : 0, (나) : 1　　　　② (가) : 1, (나) : 2
③ (가) : 2, (나) : 3　　　　④ (가) : 3, (나) : 2

정답 ①

1-2. 친환경농어업법 시행규칙상 식물에 대한 시험성적서의 비 료효과[肥效]·비료피해[肥害] 시험성적의 공시기준에 대한 내 용이다. ( ) 안에 알맞은 내용은?(단, 효능·효과를 표시하려 는 경우로 한정하고, 농작물의 종류를 추가하려는 경우를 제외 한다)

> 토양 개량 또는 작물 생육을 목적으로 하는 자재에 적용하고,
> 동일 작물에 대하여 적합하게 시험한 ( ) 이상의 재배 포장시
> 험 성적서를 제출해야 하며, 작물에 대한 재배 포장시험은 비
> 료관리법에 따른 작물재배 시험법을 준용한다.

① 2개　　　　　　　　　② 3개
③ 5개　　　　　　　　　④ 7개

정답 ①

1-3. 유기농업자재의 공시기준에서 농약효과[藥效]·농약피해 시험성적의 공시기준에 대한 설명 중 ( ) 안에 알맞은 내용 은?(단, 효능·효과를 표시하는 경우로 한정하며, 적용대상 병 해충 및 농작물의 종류를 추가하려는 경우를 제외한다)

> 병해충 관리를 목적으로 하는 자재에 적용하고, 동일 작물·병
> 해충에 대해서 적합하게 시험한 ( ) 이상의 재배 포장시험
> 성적서를 제출해야 하며, 작물에 대한 재배 포장시험은 농약관
> 리법에 따른 작물에 대한 농약효과·농약피해 시험법을 준용한
> 다.

① 1개　　　　　　　　　② 2개
③ 3개　　　　　　　　　④ 4개

정답 ②

핵심이론 **02**　공시의 유효기간 등(법 제39조)

① 공시의 유효기간은 공시를 받은 날부터 3년으로 한다.
② 공시사업자가 공시의 유효기간이 끝난 후에도 계속하여 공 시를 유지하려는 경우에는 그 유효기간이 끝나기 전까지 공시를 한 공시기관에 갱신신청을 하여 그 공시를 갱신하여 야 한다. 다만, 공시를 한 공시기관이 폐업, 업무정지 또는 그 밖의 부득이한 사유로 갱신신청이 불가능하게 된 경우에 는 다른 공시기관에 신청할 수 있다.
③ ②에 따른 공시의 갱신에 필요한 구체적인 절차와 방법 등 은 농림축산식품부령 또는 해양수산부령으로 정한다.

> 유기농업자재 공시의 갱신(시행규칙 제66조제1항)
> 공시사업자가 법 제39조 ②에 따라 유기농업자재 공시의 갱신
> 을 신청하려는 경우에는 공시의 유효기간이 끝나기 3개월 전
> 까지 유기농업자재 공시 갱신신청서에 다음의 자료·서류 및
> 시료를 첨부하여 공시를 한 공시기관(법 제39조 ②의 단서에
> 해당하는 경우에는 다른 공시기관)에 제출해야 한다. 다만, ①
> 부터 ③까지의 자료·서류 및 시료는 변경사항이 없는 경우에
> 는 제출하지 않을 수 있다.
> ① 유기농업자재 생산계획서
> ② [별표 18]의 붙임에 따른 제출 자료 및 서류
> ③ 시료 500g(mL). 다만, 병해충 관리용 시료는 100g(mL)으
> 　로 한다.
> ④ 유기농업자재 공시서

[핵심예제]

친환경농어업 육성 및 유기식품 등의 관리·지원에 관한 법률 및 농림축산식품부 소관 친환경농어업 육성 및 유기식품 등의 관리·지원에 관한 법률 시행규칙에서 규정한 유기농어업자재 공시의 유효기간에 관한 설명으로 옳지 않은 것은?

① 공시의 유효기간은 공시를 받은 날부터 5년으로 한다.
② 공시사업자가 공시의 유효기간이 끝난 후에도 계속하여 공 시를 유지하려는 경우에는 그 유효기간이 끝나기 전까지 공 시를 한 공시기관에 갱신신청을 하여 그 공시를 갱신하여야 한다.
③ 공시를 한 공시기관이 폐업, 업무정지 또는 그 밖의 부득이한 사유로 갱신신청이 불가능하게 된 경우에는 다른 공시기관 에 신청할 수 있다.
④ 공시사업자가 유기농업자재 공시의 갱신을 신청하려는 경우 에는 공시의 유효기간이 끝나기 3개월 전까지 유기농업자재 공시 갱신신청서에 해당 자료·서류 및 시료를 첨부하여 공 시를 한 공시기관에 제출해야 한다.

정답 ①

핵심이론 03 │ 유기농업자재 공시를 나타내는 도형 또는 글자의 표시 – 표시 도형(시행규칙 [별표 21])

① 표시 도형 : 효능·효과를 표시하려는 공시를 받은 유기농업자재에 대해서만 표시할 수 있다.

공시기관명
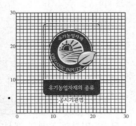

② 작도법(도형 표시방법)

㉠ 격자구조(Grid System)에 맞게 표시 도형을 도안한다.

㉡ 유기농업자재 공시마크의 크기는 포장재의 크기에 따라 조절할 수 있다.

㉢ 문자의 글자체는 나눔 명조체, 글자색은 연두색(PANTONE 376C)으로 한다. 다만, 공시기관명은 청록색(PANTONE 343C)으로 한다.

㉣ 공시마크 하단부의 유기농업자재의 종류에는 공시를 받은 구분을 표기한다.

㉤ 공시기관명란에는 해당 자재를 공시를 한 공시기관명을 표기한다.

㉥ 공시마크 바탕색은 흰색으로 하고, 공시마크의 가장 바깥쪽 원은 연두색(PANTONE 376C), 유기농업자재라고 표기된 글자의 바탕색은 청록색(PANTONE 343C), 태양, 햇빛 및 잎사귀의 둘레 색상은 청록색(PANTONE 343C), 유기농업자재의 종류라고 표기된 글자의 바탕색과 네모 둘레는 청록색(PANTONE 343C)으로 한다.

㉦ 배색 비율은 청록색(PANTONE 343C, C:98/M:0/Y:72/K:61), 연두색(PANTONE 376C, C:50/M:0/Y:100/K:0)으로 한다.

㉧ 각 모서리는 약간 둥글게 한다.

㉨ 표시 도형의 크기는 포장재의 크기에 따라 조정한다.

핵심예제

3-1. 유기농업자재 공시를 나타내는 도형 또는 글자의 표시 중 표시 도형의 작도법에서 공시기관명의 글자색은?

① 흰 색   ② 파란색
③ 검은색   ④ 청록색

정답 ④

3-2. 유기농업자재의 공시를 나타내는 도형 또는 글자의 표시 중 표시 도형의 작도법에서 공시마크 바탕색은?

① 연두색   ② 흰 색
③ 파란색   ④ 청록색

정답 ②

핵심이론 04 유기농업자재 관련 행정처분 기준 및 절차 – 일반기준(시행규칙 [별표 20])

① 위반행위의 횟수에 따른 행정처분 기준은 최근 1년간(공시기관이 정당한 사유 없이 1년 이상 계속하여 공시업무를 하지 않은 경우에는 3년) 같은 위반행위로 행정처분을 받은 경우에 적용한다. 이 경우 위반 횟수는 위반행위에 대해 행정처분을 한 날과 다시 같은 위반행위를 하여 적발된 날을 각각 기준으로 하여 계산한다.

② ①에 따라 가중된 부과처분을 하는 경우 가중처분의 적용 차수는 그 위반행위 전 부과처분 차수(①에 따른 기간 내에 행정처분이 둘 이상 있었던 경우에는 높은 차수)의 다음 차수로 한다.

③ 위반행위의 횟수에 따른 행정처분 기준을 적용할 때 같은 날 생산된 같은 명칭의 유기농업자재에 대해서 같은 위반행위가 적발된 경우에는 하나의 위반행위로 본다. 다만, 위반사항이 부적합 원료·재료에서 발생한 것으로 확인되는 경우에는 그 원료·재료를 사용하여 생산한 모든 제품에 대해 적발된 위반행위를 하나의 위반행위로 본다.

④ 공시사업자 등에 대한 공시취소, 판매금지, 시정조치 명령, 유기농업자재의 회수·폐기 및 공시의 세부 표시사항 변경처분은 해당 위반행위가 발생한 같은 날 생산된 같은 명칭의 유기농업자재를 처분대상으로 한다. 다만, 위반사항이 부적합 원료·재료에서 발생한 것으로 확인되는 경우에는 그 원료·재료를 사용하여 생산한 모든 공시 받은 유기농업자재를 처분대상으로 한다.

⑤ 위반행위가 둘 이상인 경우로서 그에 해당하는 각각의 처분기준이 다른 경우에는 그 중 무거운 처분기준에 따르되, 각각의 처분기준이 업무정지인 경우에는 각각의 처분기준을 합산한 기간을 넘지 않는 범위에서 무거운 처분기준의 2분의 1까지 그 기간을 늘릴 수 있다.

⑥ 개별기준에 따른 행정처분 기준이 업무정지인 경우에는 위반행위의 동기, 위반의 정도 및 그 결과 등을 고려하여 개별기준에 따른 업무정지 기간의 2분의 1 범위에서 그 기간을 줄일 수 있다.

핵심예제

유기농업자재 관련 행정처분 기준 및 절차에 대한 내용이다. ( ) 안에 알맞은 내용은?

> 위반행위가 둘 이상인 경우로서 그에 해당하는 각각의 처분기준이 다른 경우에는 그 중 무거운 처분기준에 따르되, 각각의 처분기준이 업무정지인 경우에는 각각의 처분기준을 합산한 기간을 넘지 않는 범위에서 무거운 처분기준의 ( )까지 그 기간을 늘릴 수 있다.

① 2분의 1 ② 4분의 1
③ 5분의 1 ④ 9분의 1

정답 ①

핵심이론 05 유기농업자재 관련 행정처분 기준 및 절차 – 개별기준(1)(시행규칙 [별표 20])

시험연구기관

위반행위	위반 횟수별 행정처분 기준		
	1회 위반	2회 위반	3회 이상 위반
거짓이나 그 밖의 부정한 방법으로 지정을 받은 경우	지정취소		
고의 또는 중대한 과실로 다음의 어느 하나에 해당하는 서류를 사실과 다르게 발급한 경우 • 시험성적서 • 원제의 이화학적 분석 및 독성 시험성적을 적은 서류 • 농약활용기자재의 이화학적 분석 등을 적은 서류 • 중금속 및 이화학적 분석 결과를 적은 서류 • 그 밖에 유기농업자재에 대한 시험·분석과 관련된 서류	업무정지 3개월	지정취소	
시험연구기관의 지정기준에 맞지 않게 된 경우	업무정지 3개월	업무정지 6개월	지정취소
시험연구기관으로 지정받은 후 정당한 사유 없이 1년 이내에 지정받은 시험항목에 대한 시험업무를 시작하지 않거나 계속하여 2년 이상 업무 실적이 없는 경우	업무정지 1개월	업무정지 3개월	지정취소
업무정지 명령을 위반하여 업무를 한 경우	지정취소		
법 제41조의2에 따른 시험연구기관의 준수사항을 지키지 않은 경우	업무정지 3개월	업무정지 6개월	지정취소

5-1. 유기농업자재 관련 행정처분 기준 및 절차에서 시험연구기관에 대한 내용 중 고의 또는 중대한 과실로 원제의 이화학적 분석 및 독성 시험성적을 적은 서류를 사실과 다르게 발급한 경우 1회 위반 시 행정처분 기준은?

① 업무정지 12개월 ② 업무정지 6개월
③ 업무정지 3개월 ④ 지정취소

정답 ③

5-2. 유기농업자재 관련 행정처분 기준 및 절차 중 시험연구기관에서 '시험연구기관의 지정기준에 맞지 않게 된 경우' 1회 위반 시 행정처분은?

① 지정취소 ② 업무정지 6개월
③ 업무정지 3개월 ④ 업무정지 1개월

정답 ③

5-3. 친환경농어업법 시행규칙상 유기농업자재 관련 행정처분 기준 및 절차에서 시험연구기관으로 지정받은 후 정당한 사유 없이 1년 이내에 지정받은 시험항목에 대한 시험업무를 시작하지 않거나 계속하여 2년 이상 업무 실적이 없는 경우, 2회 위반 시 행정처분은?

① 업무정지 1개월 ② 업무정지 3개월
③ 업무정지 6개월 ④ 지정취소

정답 ②

유기농업자재 관련 행정처분 기준 및 절차 - 개별기준(2)

공시사업자 등

위반행위	위반 횟수별 행정처분 기준		
	1회 위반	2회 위반	3회 이상 위반
거짓이나 그 밖의 부정한 방법으로 공시를 받은 경우	공시취소		
법 제37조제4항에 따른 공시기준에 맞지 않은 경우	판매금지	공시취소	
정당한 사유 없이 법 제49조제7항에 따른 명령에 따르지 않은 경우	판매금지	공시취소	
전업·폐업 등으로 인하여 유기농업자재를 생산하기 어렵다고 인정되는 경우	공시취소		
법 제49조제1항에 따른 조사결과 법 제37조제4항에 따른 공시기준을 위반한 경우			
• [별표 1]의 허용물질 외의 물질을 사용하였거나 검출된 경우(아래의 경우는 제외)	공시취소 및 유기농업자재의 회수·폐기		
• 합성농약 성분이 원료·재료의 오염 등 불가항력적인 요인으로 식품위생법 제7조제1항에 따라 식품의약품안전처장이 고시하는 농산물의 농약 잔류허용기준의 농약성분별 잔류허용기준 이하로 검출된 경우	판매금지 및 유기농업자재의 회수·폐기	공시취소 및 유기농업자재의 회수·폐기	
• 공시를 받은 원료·재료와 다른 원료·재료를 사용하거나 제조 조성비를 다르게 한 경우	판매금지 및 유기농업자재의 회수·폐기	공시취소 및 유기농업자재의 회수·폐기	
• 유해 중금속이 유기농업자재의 공시기준을 초과한 경우			
– 10% 미만	판매금지 및 유기농업자재의 회수·폐기	공시취소 및 유기농업자재의 회수·폐기	
– 10% 이상	공시취소 및 유기농업자재의 회수·폐기		

위반행위	위반 횟수별 행정처분 기준		
	1회 위반	2회 위반	3회 이상 위반
• 효능·효과를 표시한 공시 받은 유기농업자재에서 주성분의 함량이 기준 미만으로 검출된 경우			
– 1% 이상 10% 미만이거나 미생물의 보증균수가 100분의 1 이상	시정조치 명령	판매금지 및 유기농업자재의 회수·폐기	공시취소 및 유기농업자재의 회수·폐기
– 10% 이상 30% 미만이거나 미생물의 보증균수가 1,000분의 1 이상 100분의 1 미만	판매금지 및 유기농업자재의 회수·폐기	공시취소 및 유기농업자재의 회수·폐기	
– 30% 이상이거나 미생물의 보증균수가 1,000분의 1 미만	공시취소 및 유기농업자재의 회수·폐기		
공시 받은 유기농업자재에 대해 법 제42조에 따른 공시의 표시사항을 위반한 경우	공시의 세부 표시사항 변경	판매금지	

[핵심예제]

유기농업자재 관련 행정처분 기준 및 절차에서 공시사업자 등이 공시를 받은 원료·재료와 다른 원료·재료를 사용하거나 제조 조성비를 다르게 한 경우, 1회 위반 시 행정처분은?

① 업무정지 1개월
② 공시취소
③ 공시취소 및 유기농업자재의 회수·폐기
④ 판매금지 및 유기농업자재의 회수·폐기

정답 ④

핵심이론 07 | 유기농업자재 관련 행정처분 기준 및 절차 – 개별기준(3)

공시기관

위반행위	위반 횟수별 행정처분 기준		
	1회 위반	2회 위반	3회 이상 위반
거짓이나 그 밖의 부정한 방법으로 지정을 받은 경우	지정취소		
공시기관이 파산, 폐업 등으로 인해 공시업무를 수행할 수 없는 경우	지정취소		
업무정지 명령을 위반하여 정지기간 중에 공시업무를 한 경우	지정취소		
정당한 사유 없이 1년 이상 계속하여 공시업무를 하지 않은 경우	업무정지 1개월	업무정지 3개월	지정취소
고의 또는 중대한 과실로 법 제37조제4항에 따른 공시기준에 맞지 않은 제품에 공시를 한 경우	업무정지 6개월	지정취소	
고의 또는 중대한 과실로 법 제38조에 따른 공시심사 및 재심사의 처리 절차·방법 또는 법 제39조에 따른 공시 갱신의 절차·방법 등을 지키지 않은 경우	업무정지 6개월	지정취소	
정당한 사유 없이 법 제43조제1항에 따른 처분, 법 제49조제7항제2호 또는 제3호에 따른 명령 및 같은 조 제9항에 따른 공표를 하지 않은 경우	업무정지 3개월	업무정지 6개월	지정취소
법 제44조제5항에 따른 공시기관의 지정기준에 맞지 않게 된 경우	업무정지 3개월	업무정지 6개월	지정취소
법 제45조에 따른 공시기관의 준수사항을 지키지 않은 경우	업무정지 3개월	업무정지 6개월	지정취소
법 제50조제2항에 따른 시정조치 명령이나 처분에 따르지 않은 경우	지정취소		
정당한 사유 없이 법 제50조제3항을 위반하여 소속 공무원의 조사를 거부·방해하거나 기피하는 경우	업무정지 6개월	지정취소	
법 제38조 또는 법 제39조에 따라 공시업무를 적절하게 수행하지 않은 경우	업무정지 6개월	지정취소	
법 제44조제5항에 따른 지정기준에 맞지 않은 경우	업무정지 3개월	업무정지 6개월	지정취소
법 제45조에 따른 공시기관의 준수사항을 지키지 않은 경우	업무정지 3개월	업무정지 6개월	지정취소

친환경농어업법 시행규칙상 공시기관의 지정취소 등에 관한 사항으로 내용이 틀린 것은?

① 거짓이나 그 밖의 부정한 방법으로 지정을 받은 경우 그 지정을 취소하여야 한다.

② 공시기관이 파산, 폐업 등으로 인해 공시업무를 수행할 수 없는 경우 그 지정을 취소하여야 한다.

③ 업무정지 명령을 위반하여 정지기간 중에 공시업무를 한 경우 그 지정을 취소하여야 한다.

④ 정당한 사유 없이 3개월 이상 계속하여 공시업무를 하지 않은 경우 그 지정을 취소하여야 한다.

정답 ④

1-8. 보칙 및 벌칙 등

핵심이론 01 우선구매(법 제55조)

① 국가와 지방자치단체는 농어업의 환경보전기능 증대와 친환경농어업의 지속가능한 발전을 위하여 친환경농수산물·무농약원료가공식품 또는 유기식품을 우선적으로 구매하도록 노력하여야 한다.

② 농림축산식품부장관·해양수산부장관 또는 지방자치단체의 장은 이 법에 따른 인증품의 구매를 촉진하기 위하여 다음의 어느 하나에 해당하는 기관 및 단체의 장에게 인증품의 우선구매 등 필요한 조치를 요청할 수 있다.

　㉠ 중소기업제품 구매촉진 및 판로지원에 관한 법률에 따른 공공기관

　㉡ 국군조직법에 따라 설치된 각군 부대와 기관

　㉢ 영유아보육법에 따른 어린이집, 유아교육법에 따른 유치원, 초·중등교육법 또는 고등교육법에 따른 학교

　㉣ 농어업 관련 단체 등

③ 국가 또는 지방자치단체는 이 법에 따른 인증품의 소비촉진을 위하여 ②에 따라 우선구매를 하는 기관 및 단체 등에 예산의 범위에서 재정지원을 하는 등 필요한 지원을 할 수 있다.

［ 핵심예제 ］

다음 (　) 안에 해당하지 않는 자는?

(　)은 친환경농어업 육성 및 유기식품 등의 관리·지원에 관한 법률에 따른 인증품의 구매를 촉진하기 위하여 다음의 어느 하나에 해당하는 기관 및 단체의 장에게 인증품의 우선구매 등 필요한 조치를 요청할 수 있다.
- 공공기관
- 각군 부대와 기관
- 어린이집, 유치원, 학교
- 농어업 관련 단체 등

① 농림축산식품부장관　② 해양수산부장관
③ 농협조합장　　　　　④ 지방자치단체의 장

정답 ③

핵심이론 02 벌칙 - 3년 이하의 징역 또는 3천만원 이하의 벌금(법 제60조제2항)

① 제26조제1항 또는 제35조제1항에 따라 인증기관의 지정을 받지 아니하고 인증업무를 하거나 제44조제1항에 따라 공시기관의 지정을 받지 아니하고 공시업무를 한 자

② 제26조제3항(제35조제2항에서 준용하는 경우를 포함)에 따라 인증기관 지정의 유효기간이 지났음에도 인증업무를 하였거나 제44조제3항에 따라 공시기관 지정의 유효기간이 지났음에도 공시업무를 한 자

③ 제29조제1항(제35조제2항에서 준용하는 경우를 포함)에 따라 인증기관의 지정취소 처분을 받았음에도 인증업무를 하거나 제47조제1항에 따라 공시기관의 지정취소 처분을 받았음에도 공시업무를 한 자

④ 제30조제1항제1호(제34조제5항에서 준용하는 경우를 포함)를 위반하여 거짓이나 그 밖의 부정한 방법으로 제20조에 따른 인증심사, 재심사 및 인증 변경승인, 제21조에 따른 인증 갱신, 유효기간 연장 및 재심사 또는 제26조제1항 및 제3항에 따른 인증기관의 지정·갱신을 받은 자

⑤ 제30조제1항제1호의2(제34조제5항에서 준용하는 경우를 포함)를 위반하여 거짓이나 그 밖의 부정한 방법으로 제20조에 따른 인증심사, 재심사 및 인증 변경승인, 제21조에 따른 인증 갱신, 유효기간 연장 및 재심사를 하거나 받을 수 있도록 도와준 자

⑥ 제30조제1항제1호의3(제34조제5항에서 준용하는 경우를 포함)을 위반하여 거짓이나 그 밖의 부정한 방법으로 인증심사원의 자격을 부여받은 자

⑦ 제30조제1항제2호(제34조제5항에서 준용하는 경우를 포함)를 위반하여 인증을 받지 아니한 제품과 제품을 판매하는 진열대에 유기표시, 무농약표시, 친환경 문구 표시 및 이와 유사한 표시(인증품으로 잘못 인식할 우려가 있는 표시 및 이와 관련된 외국어 또는 외래어 표시를 포함)를 한 자

⑧ 제30조제1항제3호(제34조제5항에서 준용하는 경우를 포함) 또는 제48조제3호를 위반하여 인증품 또는 공시를 받은 유기농어업자재에 인증 또는 공시를 받은 내용과 다르게 표시를 한 자

⑨ 제30조제1항제4호(제34조제5항에서 준용하는 경우를 포함) 또는 제48조제4호를 위반하여 인증, 인증 갱신 또는 공시, 공시 갱신의 신청에 필요한 서류를 거짓으로 발급한 자

⑩ 제30조제1항제5호(제34조제5항에서 준용하는 경우를 포함)를 위반하여 인증품에 인증을 받지 아니한 제품 등을 섞어서 판매하거나 섞어서 판매할 목적으로 보관, 운반 또는 진열한 자

⑪ 제30조제1항제6호(제34조제5항에서 준용하는 경우를 포함)를 위반하여 인증을 받지 아니한 제품에 인증표시나 이와 유사한 표시를 한 것임을 알거나 인증품에 인증을 받은 내용과 다르게 표시한 것임을 알고도 인증품으로 판매하거나 판매할 목적으로 보관, 운반 또는 진열한 자

⑫ 제30조제1항제7호(제34조제5항에서 준용하는 경우를 포함) 또는 제48조제6호를 위반하여 인증이 취소된 제품 또는 공시가 취소된 자재임을 알고도 인증품 또는 공시를 받은 유기농어업자재로 판매하거나 판매할 목적으로 보관·운반 또는 진열한 자

⑬ 제30조제1항제8호(제34조제5항에서 준용하는 경우를 포함)를 위반하여 인증을 받지 아니한 제품을 인증품으로 광고하거나 인증품으로 잘못 인식할 수 있도록 광고(유기, 무농약, 친환경 문구 또는 이와 같은 의미의 문구를 사용한 광고를 포함)하거나 인증품을 인증받은 내용과 다르게 광고한 자

⑭ 제48조제1호를 위반하여 거짓이나 그 밖의 부정한 방법으로 제38조에 따른 공시, 재심사 및 공시 변경승인, 제39조제2항에 따른 공시 갱신 또는 제44조제1항·제3항에 따른 공시기관의 지정·갱신을 받은 자

⑮ 제48조제2호를 위반하여 공시를 받지 아니한 자재에 공시의 표시 또는 이와 유사한 표시를 하거나 공시를 받은 유기농어업자재로 잘못 인식할 우려가 있는 표시 및 이와 관련된 외국어 또는 외래어 표시 등을 한 자

⑯ 제48조제5호를 위반하여 공시를 받지 아니한 자재에 공시의 표시나 이와 유사한 표시를 한 것임을 알거나 공시를 받은 유기농어업자재에 공시를 받은 내용과 다르게 표시한 것임을 알고도 공시를 받은 유기농어업자재로 판매하거나 판매할 목적으로 보관, 운반 또는 진열한 자

⑰ 제48조제7호를 위반하여 공시를 받지 아니한 자재를 공시를 받은 유기농어업자재로 광고하거나 공시를 받은 유기농어업자재로 잘못 인식할 수 있도록 광고하거나 공시를 받은 자재를 공시 받은 내용과 다르게 광고한 자

⑱ 제48조제8호를 위반하여 허용물질이 아닌 물질이나 제37조제4항에 따른 공시기준에서 허용하지 아니하는 물질 등을 유기농어업자재에 섞어 넣은 자

핵심예제 ////////////

친환경농어업법상 인증품 또는 공시를 받은 유기농어업자재에 인증 또는 공시를 받은 내용과 다르게 표시를 한 자는 어떤 벌칙을 받는가?

① 6개월 이하의 징역 또는 1천만원 이하의 벌금에 처한다.
② 1년 이하의 징역 또는 1천만원 이하의 벌금에 처한다.
③ 2년 이하의 징역 또는 3천만원 이하의 벌금에 처한다.
④ 3년 이하의 징역 또는 3천만원 이하의 벌금에 처한다.

정답 ④

핵심이론 03 벌칙 – 1년 이하의 징역 또는 1천만원 이하의 벌금(법 제60조제3항)

① 제23조의2제1항을 위반하여 수입한 제품(제23조에 따라 유기표시가 된 인증품 또는 제25조에 따라 동등성이 인정된 인증을 받은 유기가공식품)을 신고하지 아니하고 판매하거나 영업에 사용한 자

② 제29조(제35조제2항에서 준용하는 경우를 포함) 또는 제47조에 따른 인증심사업무 또는 공시업무의 정지기간 중에 인증심사업무 또는 공시업무를 한 자

③ 제31조제7항 각 호(제34조제5항에서 준용하는 경우를 포함) 또는 제49조제7항 각 호의 명령에 따르지 아니한 자

【 핵심예제 】

친환경농어업 육성 및 유기식품 등의 관리·지원에 관한 법률에 의해 1년 이하의 징역 또는 1천만원 이하의 벌금에 처할 수 있는 경우는?

① 인증기관의 지정을 받지 아니하고 인증업무를 하거나 공시기관의 지정을 받지 아니하고 공시업무를 한 자

② 인증을 받지 아니한 제품과 제품을 판매하는 진열대에 유기표시, 무농약표시, 친환경 문구 표시 및 이와 유사한 표시(인증품으로 잘못 인식할 우려가 있는 표시 및 이와 관련된 외국어 또는 외래어 표시를 포함한다)를 한 자

③ 인증심사업무 또는 공시업무의 정지기간 중에 인증심사업무 또는 공시업무를 한 자

④ 인증품에 인증을 받지 아니한 제품 등을 섞어서 판매하거나 섞어서 판매할 목적으로 보관, 운반 또는 진열한 자

정답 ③

해설
①·②·④ 3년 이하의 징역 또는 3천만원 이하의 벌금

핵심이론 04 과태료 – 500만원 이하(법 제62조제2항)

① 인증을 받지 아니한 사업자가 인증품의 포장을 해체하여 재포장한 후 제23조제1항 또는 제36조제1항에 따른 표시를 한 자

② 제23조제3항 또는 제36조제2항에 따른 제한적 표시기준을 위반한 자

③ 제27조제1항제3호·제5호(제35조제2항에서 준용하는 경우를 포함), 제41조의2제3호, 제45조제3호 또는 제5호를 위반하여 관련 서류·자료 등을 기록·관리하지 아니하거나 보관하지 아니한 자

④ 제27조제1항제4호(제35조제2항에서 준용하는 경우를 포함) 또는 제45조제4호를 위반하여 인증 결과 또는 공시 결과 및 사후관리 결과 등을 거짓으로 보고한 자

⑤ 제27조제2항제2호(제35조제2항에서 준용하는 경우를 포함)를 위반하여 인증심사업무를 한 자

⑥ 제27조제2항제3호(제35조제2항에서 준용하는 경우를 포함)를 위반하여 인증심사업무 결과를 기록하지 아니한 자

⑦ 제28조(제35조제2항에서 준용하는 경우를 포함) 또는 제46조를 위반하여 신고하지 아니하고 인증업무 또는 공시업무의 전부 또는 일부를 휴업하거나 폐업한 자

⑧ 정당한 사유 없이 제31조제1항(제34조제5항에서 준용하는 경우를 포함) 또는 제49조제1항에 따른 조사를 거부·방해하거나 기피한 자

⑨ 제33조(제34조제5항에서 준용하는 경우를 포함) 또는 제51조를 위반하여 인증기관 또는 공시기관의 지위를 승계하고도 그 사실을 신고하지 아니한 자

【 핵심예제 】

친환경농어업 육성 및 유기식품 등의 관리·지원에 관한 법률에 의해 500만원 이하의 과태료를 부과할 수 있는 경우가 아닌 것은?

① 인증을 받지 아니한 사업자가 인증품의 포장을 해체하여 재포장한 후 유기표시를 한 자

② 인증기관의 인증 결과 및 사후관리 결과 등을 거짓으로 보고한 자

③ 수입한 제품을 신고하지 아니하고 판매하거나 영업에 사용한 자

④ 인증기관의 임원 중 인증심사업무를 한 자

정답 ③

해설
③ 1년 이하의 징역 또는 1천만원 이하의 벌금

핵심이론 05 | 과태료 – 300만원 이하(법 제62조제3항)

① 제20조제8항(제34조제4항에서 준용하는 경우를 포함) 또는 제38조제4항을 위반하여 해당 인증기관 또는 공시기관으로부터 승인을 받지 아니하고 인증받은 내용 또는 공시를 받은 내용을 변경한 자

② 제26조제5항 단서(제35조제2항에서 준용하는 경우를 포함) 또는 제44조제4항 단서를 위반하여 중요 사항을 승인받지 아니하고 변경한 자

③ 제27조제1항제4호(제35조제2항에서 준용하는 경우를 포함) 또는 제45조제4호를 위반하여 인증 결과 또는 공시 결과 및 사후관리 결과 등을 보고하지 아니한 자

④ 제33조(제34조제5항에서 준용하는 경우를 포함) 또는 제51조를 위반하여 인증사업자 또는 공시사업자의 지위를 승계하고도 그 사실을 신고하지 아니한 자

⑤ 제42조에 따른 표시기준을 위반한 자

[핵심예제]

친환경농어업법상 해당 인증기관으로부터 승인을 받지 아니하고 인증받은 내용을 변경한 자의 과태료는?

① 1천만원 이하의 과태료
② 300만원 이하의 과태료
③ 200만원 이하의 과태료
④ 100만원 이하의 과태료

정답 ②

핵심이론 06 | 과태료 – 100만원 이하(법 제62조제4항)

① 제22조제1항(제34조제4항에서 준용하는 경우를 포함) 또는 제40조제1항을 위반하여 인증품 또는 공시를 받은 유기농어업자재의 생산, 제조·가공 또는 취급 실적을 농림축산식품부장관 또는 해양수산부장관, 해당 인증기관 또는 공시기관에 알리지 아니한 자

② 제22조제2항(제34조제4항에서 준용하는 경우를 포함) 또는 제40조제2항을 위반하여 관련 서류 등을 보관하지 아니한 자

③ 제23조제1항 또는 제36조제1항에 따른 표시기준을 위반한 자

④ 제26조제5항 본문(제35조제2항에서 준용하는 경우를 포함) 또는 제44조제4항 본문을 위반하여 변경사항을 신고하지 아니한 자

[핵심예제]

'공시사업자는 공시를 받은 제품을 생산하거나 수입하여 판매한 실적을 농림축산식품부령 또는 해양수산부령으로 정하는 바에 따라 정기적으로 그 공시심사를 한 공시기관에 알려야 한다'를 위반하여 공시를 받은 유기농어업자재의 생산, 제조·가공 또는 취급 실적을 공시기관에 알리지 아니한 자의 과태료는?

① 100만원 이하의 과태료
② 300만원 이하의 과태료
③ 500만원 이하의 과태료
④ 1천만원 이하의 과태료

정답 ①

핵심이론 07 | 과태료의 부과기준 – 일반기준(시행령 [별표 2])

① 위반행위의 횟수에 따른 과태료의 가중된 부과기준은 최근 1년간 같은 위반행위로 과태료 부과처분을 받은 경우에 적용한다. 이 경우 기간의 계산은 위반행위에 대해 과태료 부과처분을 받은 날과 그 처분 후 다시 같은 위반행위를 하여 적발된 날을 기준으로 한다.

② ①에 따라 가중된 부과처분을 하는 경우 가중처분의 적용 차수는 그 위반행위 전 부과처분 차수(①에 따른 기간 내에 과태료 부과처분이 둘 이상 있었던 경우에는 높은 차수)의 다음 차수로 한다.

③ 부과권자는 다음의 어느 하나에 해당하는 경우에는 개별기준에 따른 과태료 금액의 2분의 1 범위에서 그 금액을 줄일 수 있다. 다만, 과태료를 체납하고 있는 위반행위자의 경우에는 그렇지 않다.

　㉠ 위반행위가 사소한 부주의나 오류로 인한 것으로 인정되는 경우

　㉡ 위반행위자가 법 위반상태를 시정하거나 해소하기 위한 노력이 인정되는 경우

　㉢ 위반행위자가 자연재해·화재 등으로 재산에 현저한 손실이 발생하거나 사업 여건의 악화로 사업이 중대한 위기에 처한 경우

④ 부과권자는 다음의 어느 하나에 해당하는 경우에는 개별기준에 따른 과태료 금액의 2분의 1 범위에서 그 금액을 늘릴 수 있다. 다만, 법 제62조제1항부터 제4항까지의 규정에 따른 과태료 금액의 상한을 넘을 수 없다.

　㉠ 위반의 내용·정도가 중대하여 소비자 등에게 미치는 피해가 크다고 인정되는 경우

　㉡ 그 밖에 위반행위의 정도, 위반행위의 동기와 그 결과 등을 고려하여 과태료 금액을 늘릴 필요가 있다고 인정되는 경우

핵심예제

7-1. 친환경농어업 육성 및 유기식품 등의 관리·지원에 관한 법률 시행령에서 과태료의 부과기준에 대한 내용이다. ( ) 안에 알맞은 내용은?

> 위반행위 횟수에 따른 과태료의 가중된 부과기준은 최근 ( )간 같은 위반행위로 과태료 부과처분을 받은 경우에 적용한다. 이 경우 기간의 계산은 위반행위에 대해 과태료 부과처분을 받은 날과 그 처분 후 다시 같은 위반행위를 하여 적발된 날을 기준으로 한다.

① 3개월　　　　　② 6개월
③ 1년　　　　　　④ 2년

정답 ③

7-2. 과태료의 부과기준에 관한 내용 중 과태료를 체납하고 있는 위반행위자의 경우를 제외하고 위반행위가 사소한 부주의나 오류로 인한 것으로 인정되는 경우 부과권자는 과태료를 어느 정도의 범위 내에서 줄일 수 있는가?

① 5분의 1　　　　② 2분의 1
③ 7분의 1　　　　④ 4분의 1

정답 ②

핵심이론 08 과태료의 부과기준 – 개별기준(시행령 [별표 2])

위반행위	과태료 (단위 : 만원)		
	1회 위반	2회 위반	3회 이상 위반
법 제20조제8항(법 제34조제4항에서 준용하는 경우를 포함)을 위반하여 해당 인증기관으로부터 승인을 받지 않고 인증받은 내용을 변경한 경우	100	200	300
법 제22조제1항(법 제34조제4항에서 준용하는 경우를 포함)을 위반하여 인증품의 생산, 제조 · 가공 또는 취급 실적을 알리지 않은 경우	30	50	100
법 제22조제2항(법 제34조제4항에서 준용하는 경우를 포함)을 위반하여 관련 서류 등을 보관하지 않은 경우	30	50	100
인증을 받지 않은 사업자가 인증품의 포장을 해체하여 재포장한 후 법 제23조제1항 또는 제36조제1항에 따른 표시를 한 경우	150	300	500
법 제23조제1항 또는 제36조제1항에 따른 표시기준을 위반한 경우	30	50	100
법 제23조제3항 또는 제36조제2항에 따른 제한적 표시기준을 위반한 경우	150	300	500
법 제26조제5항 본문(법 제35조제2항에서 준용하는 경우를 포함)을 위반하여 변경사항을 신고하지 않은 경우	30	50	100
법 제26조제5항 단서(법 제35조제2항에서 준용하는 경우를 포함)를 위반하여 중요 사항을 승인받지 않고 변경한 경우	100	200	300
법 제27조제1항제3호(법 제35조제2항에서 준용하는 경우를 포함)를 위반하여 관련 자료를 보관하지 않은 경우	150	300	500
법 제27조제1항제4호(법 제35조제2항에서 준용하는 경우를 포함)를 위반하여 인증 결과 및 사후관리 결과 등을 거짓으로 보고한 경우	150	300	500
법 제27조제1항제4호(법 제35조제2항에서 준용하는 경우를 포함)를 위반하여 인증 결과 및 사후관리 결과 등을 보고하지 않은 경우	100	200	300
법 제27조제1항제5호(법 제35조제2항에서 준용하는 경우를 포함)를 위반하여 불시 심사의 결과를 기록 · 관리하지 않은 경우	150	300	500
법 제27조제2항제2호(법 제35조제2항에서 준용하는 경우를 포함)를 위반하여 인증심사 업무를 한 경우	150	300	500

위반행위	과태료 (단위 : 만원)		
	1회 위반	2회 위반	3회 이상 위반
법 제27조제2항제3호(법 제35조제2항에서 준용하는 경우를 포함)를 위반하여 인증심사 업무 결과를 기록하지 않은 경우	150	300	500
법 제28조(법 제35조제2항에서 준용하는 경우를 포함)를 위반하여 신고하지 않고 인증업무의 전부 또는 일부를 휴업하거나 폐업한 경우	150	300	500
정당한 사유 없이 법 제31조제1항(법 제34조제4항에서 준용하는 경우를 포함)에 따른 조사를 거부 · 방해하거나 기피한 경우	150	300	500
정당한 사유 없이 법 제32조제1항(법 제34조제5항에서 준용하는 경우를 포함)에 따른 조사를 거부 · 방해하거나 기피한 경우	300	500	1,000
법 제33조(법 제34조제5항에서 준용하는 경우를 포함)를 위반하여 인증기관의 지위를 승계하고도 그 사실을 신고하지 않은 경우	150	300	500
법 제33조(법 제34조제5항에서 준용하는 경우를 포함)를 위반하여 인증사업자의 지위를 승계하고도 그 사실을 신고하지 않은 경우	100	200	300
법 제38조제4항을 위반하여 해당 공시기관으로부터 승인을 받지 않고 공시를 받은 내용을 변경한 경우	100	200	300
법 제40조제1항을 위반하여 공시를 받은 유기농어업자재를 생산하거나 수입하여 판매한 실적을 알리지 않은 경우	30	50	100
법 제40조제2항을 위반하여 관련 서류 등을 보관하지 않은 경우	30	50	100
법 제41조의2제3호를 위반하여 관련 자료를 보관하지 않은 경우	150	300	500
정당한 사유 없이 법 제41조의3제1항에 따른 조사를 거부 · 방해하거나 기피한 경우	300	500	1,000
법 제42조에 따른 표시기준을 위반한 경우	100	200	300
법 제44조제4항 본문을 위반하여 변경사항을 신고하지 않은 경우	30	50	100
법 제44조제4항 단서를 위반하여 중요 사항을 승인받지 않고 변경한 경우	100	200	300
법 제45조제3호를 위반하여 관련 자료를 보관하지 않은 경우	150	300	500
법 제45조제4호를 위반하여 공시 결과 및 사후관리 결과 등을 거짓으로 보고한 경우	150	300	500
법 제45조제4호를 위반하여 공시 결과 및 사후관리 결과 등을 보고하지 않은 경우	100	200	300

위반행위	과태료 (단위 : 만원)		
	1회 위반	2회 위반	3회 이상 위반
법 제45조제5호를 위반하여 관련 불시 심사 결과를 기록·관리하지 않은 경우	150	300	500
법 제46조를 위반하여 신고하지 않고 공시업무의 전부 또는 일부를 휴업하거나 폐업한 경우	150	300	500
정당한 사유 없이 법 제49조제1항에 따른 조사를 거부·방해하거나 기피한 경우	150	300	500
정당한 사유 없이 법 제50조제1항에 따른 조사를 거부·방해하거나 기피한 경우	300	500	1,000
법 제51조를 위반하여 공시기관의 지위를 승계하고도 그 사실을 신고하지 않은 경우	150	300	500
법 제51조를 위반하여 공시사업자의 지위를 승계하고도 그 사실을 신고하지 않은 경우	100	200	300

[핵심예제]

인증사업자는 인증받은 내용을 변경할 때에는 그 인증을 한 해양수산부장관 또는 인증기관으로부터 농림축산식품부령 또는 해양수산부령으로 정하는 바에 따라 인증 변경승인을 받아야 한다. 이를 위반하여 해당 인증기관으로부터 승인을 받지 않고 인증받은 내용을 변경한 경우 중 2회 위반한 자의 과태료는?

① 50만원 ② 100만원
③ 200만원 ④ 300만원

정답 ③

유기식품 및 무농약농산물 등의 인증에 관한 세부실시 요령

유기식품 및 무농약농산물 등의 인증에 관한 세부실시 요령[시행 2023. 2. 16.] [국립농산물품질관리원고시 제2023-2호, 2023. 2. 16., 일부개정]

핵심이론 01 정의(제2조)

① '인증'이란 친환경농어업 육성 및 유기식품 등의 관리·지원에 관한 법률(이하 '법')에 따른 유기식품 등에 대한 인증과 법에 따른 무농약농산물·무농약원료가공식품에 대한 인증을 말한다.

② '인증품'이란 법에 따라 인증 받아 [별표 1]의 인증기준을 준수하여 생산·제조·취급된 유기농산물(유기임산물을 포함), 유기축산물, 유기양봉 제품, 유기가공식품, 비식용유기가공품, 무농약농산물 및 무농약원료가공식품과 법에 따른 동등성을 인정받아 국내에 유통되는 유기가공식품을 말한다.

③ '인증품 등'이란 판매·유통 중인 ②에 따른 인증품과 법에 따라 제한적으로 유기표시 또는 무농약표시를 허용한 식품을 말한다.

④ '신청인'이란 농림축산식품부 소관 친환경농어업 육성 및 유기식품 등의 관리·지원에 관한 법률 시행규칙(이하 '규칙')에 따라 인증, 재심사, 변경승인 또는 인증의 갱신 등을 받으려고 신청하는 자를 말한다.

⑤ '단체신청'이란 5인 이상의 생산자로 구성된 작목반, 영농조합법인 등의 단체가 규칙에 따라 인증, 재심사, 변경승인 또는 인증의 갱신 등을 받으려고 신청하는 것을 말한다.

⑥ '인증심사원'이란 법에 따라 인증심사원 자격을 부여 받아 유기식품 등·무농약농산물·무농약원료가공식품의 인증업무를 수행하는 자로 규칙에 따라 인증심사를 하는 자를 말한다.

⑦ '인증기준'이란 규칙에 따른 인증기준과 이 요령 제6조의2에 따른 인증기준의 세부사항을 말한다.

⑧ '인증사업자'란 규칙에 따라 인증서를 발급 받은 자를 말한다.

⑨ '단체인증'이란 ⑧의 인증사업자 중 ⑤에 따른 단체신청으로 인증을 받은 경우를 말한다.

⑩ '인증사업자 등'이란 인증사업자, 인증품을 판매·유통하는 사업자 또는 법에 따라 제한적으로 유기표시 또는 무농약표시를 허용한 식품 및 비식용가공품을 생산, 제조·가공, 취급 또는 판매·유통하는 사업자를 말한다.

⑪ '사후관리'란 법에 따라 인증품에 대한 시판품조사를 하거나 인증사업자의 사업장에서 인증품의 생산, 제조・가공 또는 취급 과정이 인증기준에 맞는지 조사하는 것을 말한다.

⑫ '조사원'이란 법에 따라 인증심사원 자격을 부여 받은 자 또는 국립농산물품질관리원 소속 공무원으로 인증품 및 인증사업자 등에 대한 사후관리를 하는 자를 말한다.

⑬ '단순 처리'란 농축산물의 원형을 알아볼 수 있는 정도로 자르거나 껍질을 벗기거나 도정하거나 건조하거나 냉동하거나 소금에 절이거나 가열하는 것을 말하며, 식품첨가물을 가하거나 분쇄하는 등 가공하는 것은 제외한다.

⑭ '지원장'이란 농림축산식품부와 그 소속기관 직제 시행규칙(이하 '직제규칙')에 따른 해당 관할구역의 국립농산물품질관리원 지원장을 말한다.

⑮ '사무소장'이란 직제규칙에 따른 해당 관할구역의 국립농산물품질관리원 사무소장을 말한다(현장 인증업무를 수행하는 ⑭의 지원장을 포함).

⑯ '인증기관'이란 규칙에 따라 지정받은 기관을 말한다.

⑰ '친환경 인증관리 정보시스템'이란 국립농산물품질관리원장이 친환경농축산물 등의 인증정보를 관리하기 위하여 운영하는 홈페이지(www.enviagro.go.kr)를 말한다.

【 핵심예제 】

유기식품 및 무농약농산물 등의 인증에 관한 세부실시 요령 상 인증품 및 인증사업자 등에 대한 사후관리를 하는 자는?

① 연구원　　　　② 사무소장
③ 지원장　　　　④ 조사원

정답 ④

핵심이론 **02** 　인증대상(제5조)

① **농산물** : 유기농산물・무농약농산물 인증기준에 따라 재배하는 농산물([별표 1의2] '작물별 생육기간'의 2/3가 경과되지 않은 농산물)

> **작물별 생육기간[별표 1의2]**
> 작물별 '생육기간'은 다음과 같다.
> ① 3년생 미만 작물 : 파종일부터 첫 수확일까지
> ② 3년 이상 다년생 작물(인삼, 더덕 등) : 파종일부터 3년의 기간을 생육기간으로 적용
> ③ 낙엽수(사과, 배, 감 등) : 생장(개엽 또는 개화) 개시기부터 첫 수확일까지
> ④ 상록수(감귤, 녹차 등) : 직전 수확이 완료된 날부터 다음 첫 수확일까지

② **축산물** : 유기축산물 및 유기양봉의 산물・부산물의 생산・가공에 필요한 인증기준에 따라 사육하는 가축과 그 가축에서 생산된 축산물(식육, 원유, 식용란) 및 양봉의 산물・부산물

③ **가공식품** : 유기가공식품・무농약원료가공식품 인증기준에 따라 제조・가공하는 가공식품(식품위생법, 축산물 위생관리법 또는 건강기능식품에 관한 법률 등 관련 법령에 따라 품목제조보고・신고한 가공식품)

④ **비식용유기가공품** : 비식용유기가공품 인증기준에 따라 제조하는 양축(養畜)용 유기사료・반려동물(개・고양이에 한함) 유기사료(사료관리법에 따라 성분 등록한 사료)

⑤ **취급자 인증품** : 인증품의 포장단위를 변경하거나 단순 처리하여 포장한 인증품

【 핵심예제 】

유기식품 및 무농약농산물 등의 인증에 관한 세부실시 요령상 작물별 생육기간에 대한 설명으로 틀린 것은?

① 3년생 미만 작물 : 파종일부터 첫 수확일까지
② 3년 이상 다년생 작물(인삼, 더덕 등) : 파종일부터 3년의 기간을 생육기간으로 적용
③ 낙엽수(사과, 배, 감 등) : 생장(개엽 또는 개화) 개시기부터 첫 수확일까지
④ 상록수(감귤, 녹차 등) : 개화가 완료된 날부터 7년의 기간을 생육기간으로 적용

정답 ④

핵심이론 03 **인증기준의 세부사항 – 용어의 정의 [별표 1]**

① '재배포장'이란 작물을 재배하는 일정구역을 말한다.

② '화학비료'란 비료관리법에 따른 비료 중 화학적인 과정을 거쳐 제조된 것을 말한다.

③ '합성농약'이란 화학물질을 원료·재료로 사용하거나 화학적 과정으로 만들어진 살균제, 살충제, 제초제, 생장조절제, 기피제, 유인제, 전착제 등의 농약으로 친환경농업에 사용이 금지된 농약을 말한다. 다만, 규칙의 병해충 관리를 위하여 사용이 가능한 물질로 만들어진 농약은 제외한다.

④ '돌려짓기(윤작)'란 동일한 재배포장에서 동일한 작물을 연이어 재배하지 아니하고, 서로 다른 종류의 작물을 순차적으로 조합·배열하는 방식의 작부체계를 말한다.

⑤ '관행농업'이란 화학비료와 합성농약을 사용하여 작물을 재배하는 일반 관행적인 농업형태를 말한다.

⑥ '일반농산물'이란 관행농업을 영위하는 과정에서 생산된 것으로 이 법에 따라 인증받지 않은 농산물을 말한다.

⑦ '병행생산'이란 인증을 받은 자가 인증 받은 품목과 같은 품목의 일반농산물·가공품 또는 인증종류가 다른 인증품을 생산하거나 취급하는 것을 말한다.

⑧ '합성농약으로 처리된 종자'란 종자를 소독하기 위해 합성농약으로 분의(粉依), 도포(塗布), 침지(浸漬) 등의 처리를 한 종자를 말한다.

⑨ '배지(培地)'란 버섯류, 양액재배농산물 등의 생육에 필요한 양분의 전부 또는 일부를 공급하거나 작물체가 자랄 수 있도록 하기 위해 조성된 토양 이외의 물질을 말한다.

⑩ '싹을 틔워 직접 먹는 농산물'이란 물을 이용한 온·습도 관리로 종실(種實)의 싹을 틔워 종실·싹·줄기·뿌리를 먹는 농산물(본엽이 전개된 것 제외)을 말한다(예 발아농산물, 콩나물, 숙주나물 등).

⑪ '어린잎 채소'란 생육기간(15일 내외)이 짧아 본엽이 4엽 내외로 재배되어 주로 생식용으로 이용되는 어린 채소류를 말한다.

⑫ '유전자변형농산물'이란 인공적으로 유전자를 분리 또는 재조합하여 의도한 특성을 갖도록 한 농산물을 말한다.

⑬ '식물공장(Vertical Farm)'이란 토양을 이용하지 않고 통제된 시설공간에서 빛(LED, 형광등), 온도, 수분, 양분 등을 인공적으로 투입하여 작물을 재배하는 시설을 말한다.

⑭ '가축'이란 축산법에 따른 가축을 말한다.

⑮ '유기사료'란 유기농산물 및 비식용유기가공품 인증기준에 맞게 재배·생산된 사료를 말한다.

⑯ '동물용의약품'이란 동물질병의 예방·치료 및 진단을 위하여 사용하는 의약품을 말한다.

⑰ '유기축산물 질병 예방·관리 프로그램'이란 가축의 사육 과정에서 인증기준에 따라 사용하는 예방백신, 구충제 및 치료용으로 사용하는 동물용의약품의 명칭, 사용 시기와 조건 및 사용 후 휴약기간 등에 대해 작성된 문서를 말한다.

⑱ '사육장'이란 가축사육을 목적으로 하는 축사시설이나 방목, 운동장을 말한다.

⑲ '방사'란 축사 외의 공간에 방목장을 갖추고 방목장에서 가축이 자유롭게 돌아다닐 수 있는 것을 말한다.

⑳ '휴약기간'이란 사육되는 가축에 대하여 그 생산물이 식용으로 사용하기 전에 동물용의약품의 사용을 제한하는 일정 기간을 말한다.

㉑ '경축순환농법'(耕畜循環農法)이란 친환경농업을 실천하는 자가 경종과 축산을 겸업하면서 각각의 부산물을 작물재배 및 가축사육에 활용하고, 경종작물의 퇴비소요량에 맞게 가축사육 마릿수를 유지하는 형태의 농법을 말한다.

㉒ '시유(시판우유)'란 원유를 소비자가 안전하게 음용할 수 있도록 단순살균 처리한 것을 말한다.

㉓ '유해잔류물질'이란 인증품에 잔류하여서는 아니 되는 합성농약, 항생제, 합성항균제, 호르몬, 유해중금속 등의 금지물질로 인위적인 사용 또는 환경적인 요소에 의한 오염으로 인하여 인증품에 잔류되는 물질과 그 대사산물을 말한다.

㉔ '생산자단체'란 5명 이상의 생산자로 구성된 작목반, 작목회 등 영농 조직, 협동조합 또는 영농 단체를 말한다.

㉕ '생산지침서'란 인증품을 생산하는 전체 과정에 대해 구체적인 영농방법을 상세히 기술한 문서를 의미한다.

㉖ '생산관리자'란 생산자 단체 소속 농가의 생산지침서의 작성 및 관리, 영농 관련 자료의 기록 및 관리, 인증을 받으려는 신청인에 대한 인증기준 준수 교육 및 지도, 인증기준에 적합한지를 확인하기 위한 예비심사 등을 담당하는 자를 말한다. 다만, 농자재의 제조·유통·판매를 업으로 하는 자는 제외한다.

㉗ '계획(개선대책)을 세워 이행하여야 한다'는 것은 해당 사항에 대한 문서화된 이행계획서를 세우고 이행계획에 따라 실천함을 의미한다.

㉘ '완충지대'란 인접지역에서 사용한 금지물질이 인증을 받은 지역으로 유입되지 않도록 인증을 받은 지역을 두르는 일정한 구역을 말한다.

㉙ '인증품의 표시기준'이란 규칙에 따른 유기식품 등 및 무농약농산물 · 무농약원료가공식품의 표시기준을 말한다.

㉚ '인증을 받으려는~'으로 규정된 요건은 인증을 받은 이후에는 '인증을 받은~'을 의미한다.

핵심예제

3-1. 유기식품 및 무농약농산물 등의 인증에 관한 세부실시 요령상 인증기준의 세부사항의 용어 정의에 대한 설명으로 틀린 것은?

① '병행생산'이란 인증을 받은 자가 인증받은 품목과 같은 품목의 일반농산물 · 가공품 또는 인증종류가 다른 인증품을 생산하거나 취급하는 것을 말한다.
② '합성농약으로 처리된 종자'란 종자를 소독하기 위해 합성농약으로 분의(粉衣), 도포(塗布), 침지(浸漬) 등의 처리를 한 종자를 말한다.
③ '싹을 틔워 직접 먹는 농산물'이란 물을 이용한 온 · 습도 관리로 종실(種實)의 싹을 틔워 종실 · 싹 · 줄기 · 뿌리를 먹는 농산물(본엽이 전개된 것 포함)을 말한다.
④ '배지(培地)'란 버섯류, 양액재배농산물 등의 생육에 필요한 양분의 전부 또는 일부를 공급하거나 작물체가 자랄 수 있도록 하기 위해 조성된 토양 이외의 물질을 말한다.

정답 ③

3-2. 유기식품 및 무농약농산물 등의 인증에 관한 세부실시 요령상 (가)에 알맞은 내용은?

> '어린잎 채소'란 생육기간(15일 내외)이 짧아 본엽이 (가)엽 내외로 재배되어 주로 생식용으로 이용되는 어린 채소류를 말한다.

① 1
② 4
③ 7
④ 9

정답 ②

핵심이론 04 인증심사의 절차 및 방법의 세부사항 – 인증심사 일반 [별표 2]

① 인증심사원의 지정
　㉠ 인증기관은 인증신청서를 접수한 때에는 1인 이상의 인증심사원을 지정하고, 그 인증심사원으로 하여금 인증심사를 하도록 하여야 한다.
　㉡ 인증기관은 인증심사원이 다음의 어느 하나에 해당되는 경우 해당 신청건에 대한 인증심사원으로 지정하여서는 아니 된다.
　　• 자신이 신청인이거나 신청인 등과 민법 제777조에 해당하는 친족관계인 경우
　　• 신청인과 경제적인 이해관계가 있는 경우
　　• 기타 공정한 심사가 어렵다고 판단되는 경우
　㉢ 인증심사원은 신청인에 대해 공정한 인증심사를 할 수 없는 사정이 있는 경우 기피신청을 하여야 하며, 이 경우 인증기관의 장은 해당 인증심사원을 지체 없이 교체하여야 한다.
　㉣ 인증기관이 재심사 신청서를 접수하여 재심사를 결정한 때에는 재심사의 대상이 된 인증심사에 참여하지 않은 다른 인증심사원을 지정하고, 그 인증심사원으로 하여금 재심사를 하도록 하여야 한다.

② 서류심사
　㉠ 인증심사원은 신청인이 제출한 관련 자료가 인증기준에 적합한지에 대해 심사(이하 '서류심사')하여야 한다.
　㉡ 서류심사는 신청서류와 인증기관에서 인증심사를 위해 요구한 서류로 신청인이 제출한 관련자료 전체(단체신청의 경우 구성원 전체의 자료)를 대상으로 한다.
　㉢ 서류심사과정에서 확인하여야 할 내용은 다음과 같다.
　　• 신청서류가 구비되어 있는지 여부
　　• 각 기재항목이 빠짐없이 모두 기재되어 있는지 여부와 기재되어 있는 내용이 인증기준에 적합 한지 여부
　　• 인증신청 품목을 재배 · 생산하는 규모에 따른 생산계획량 적정 여부
　　• 다른 신청인의 자료를 필사하는 등 사실과 다르게 작성한 자료인지 여부
　　• 신청필지가 최근 1년간 인증기준 위반으로 인증취소 또는 인증부적합 필지인지 여부
　　• 기타 현장 심사 시 확인이 필요한 사항의 점검

ⓒ 서류심사를 통해 과거의 생산내역과 앞으로의 생산계획이 인증 기준에 적합한지에 대해 확인할 수 있어야 한다.

ⓓ 인증심사원은 신청인이 제출한 관련 자료에 기재하여야 할 사항이 기재되어 있지 않거나 제출하여야 하는 자료가 누락된 경우 보완에 필요한 상당한 기간을 정하여 신청인에게 보완을 요구하여야 한다.

ⓔ 인증심사원은 심사에 필요한 필수 서류(인증신청서, 인증품 생산계획서 또는 인증품 제조·가공 및 취급계획서, 경영 관련 자료 등)를 제출받아야 하며, 서류심사를 완료하기 전까지 현장심사를 하여서는 아니 된다.

③ 현장심사

ⓐ 인증심사원은 농장, 제조·가공 및 취급 작업장을 방문하고 신청인을 면담하여 생산, 제조·가공 및 취급 중인 농식품이 인증기준에 적합한지에 대하여 심사(이하 '현장심사')하여야 한다.

ⓑ 현장심사는 작물이 생육 중인 시기, 가축이 사육 중인 시기, 인증품을 제조·가공 또는 취급 중인 시기(시제품 생산을 포함)에 실시하고 신청한 농산물, 축산물, 가공품의 생산이 완료되는 시기에는 현장심사를 할 수 없다.

ⓒ 현장심사과정에서 확인하여야 하는 사항은 다음과 같다.
• 인증 신청한 내역과 생산 내역이 일치하는지 여부
  – 인증 신청한 농산물이 재배되고 있는지, 재배면적이 일치하는지
  – 인증 신청한 가축이 사육되고 있는지, 축사면적 등이 일치하는지
  – 인증 신청한 생산, 제조·가공 또는 취급과정이 신청한 내역과 일치하는지
  – 인증 신청 시 제출한 경영 관련 자료는 신청인이 기록·보관하고 있는 실제 자료와 일치하는지
• 인증품 생산계획서 또는 인증품 제조·가공 및 취급계획서에 기재된 사항대로 생산, 제조·가공 또는 취급하고 있는지 여부
• 기록되어 있지 않은 물질 또는 금지물질을 보관·사용하고 있는지 여부
• 규정된 인증기준의 각 항목에 대해 인증기준에 적합한지 여부
• 생산관리자가 예비심사를 하였는지와 예비심사한 내역이 적정한지

ⓓ 인증심사원은 인증기준의 적합여부를 확인하기 위해 필요한 경우 다음의 ⓔ에서 ⓩ까지의 절차·방법에 따라 토양, 용수, 생산물(이하 생육 중인 작물체와 가공품을 포함) 등에 대한 조사·분석(이하 '검사')을 실시한다.

ⓔ 검사가 필요한 경우는 다음과 같다.
• 농림산물
  – 재배포장의 토양·용수 : 오염되었거나 오염될 우려가 있다고 판단되는 경우
    ⓐ 토양(중금속 등 토양오염물질), 용수 : 공장폐수 유입지역, 원광석·고철야적지 주변지역, 금속 제련소 주변지역, 폐기물적치·매립·소각지 주변지역, 금속광산 주변지역, 신청 이전에 중금속 등 오염물질이 포함된 자재를 지속적으로 사용한 지역, 토양환경보전법에 따른 토양측정망 및 토양오염실태조사 결과 오염우려기준을 초과한 지역의 주변지역 등
    ⓑ 토양(잔류농약) : 생산물에 해당되나 생산물을 수거할 수 없을 경우 또는 생산물 검사보다 토양 검사가 실효성이 높은 경우(토양에 직접 사용하는 농약 등)
    ⓒ 용수 : 최근 5년 이내에 검사가 이루어지지 않은 용수를 사용하는 경우(재배기간 동안 지속적으로 관개하거나 작물수확기에 생산물에 직접 관수하는 경우에 한함)
  – 생산물 : 최근 1년 이내에 농약이 검출된 경우, 합성농약으로 처리된 종자를 사용한 경우, 관행 재배지로부터 오염우려가 있는 경우, GMO의 혼입이 우려되는 경우, 서류심사 및 현장심사결과 농약사용이 의심되는 경우(합성농약을 구매한 내역이 있으나 그 사용처가 불분명한 경우 등), 단체심사 시 선정된 표본농가(전체 구성원을 심사한 경우에는 표본농가수 이상을 무작위 추출하여 선정), 개인신청 농가(신규 신청, 갱신 신청농가는 3년 1회 이상 검사)
  – 퇴비 : 유기축산물 인증 농장, 경축순환농법 실천농장, 무항생제축산물 인증 농장 또는 동물복지축산농장 인증을 받지 아니한 농장에서 유래된 퇴비를 사용하는 경우(유기농산물에 한함)

- 축산물
  - 토양 · 용수 : 농림산물의 검사대상에 따르되 최근 5년 이내에 실시한 합성농약 · 중금속 검사성적이 없는 방사형 사육장의 토양 및 최근 5년 이내에 실시한 수질검사성적을 비치하지 않은 용수(수도법에 따른 수돗물을 이용하는 경우는 제외)
  - 사료 : 사료에 동물용의약품 · 합성농약 성분이 함유된 자재의 사용 또는 GMO의 혼입 · 사용이 의심되는 경우
  - 축산물[식육 · 시유(시판우유) · 알 · 혈청] · 가축분뇨 · 털 : 사육과정에서 동물용의약품 및 합성농약 성분 함유 자재를 사용하였거나 사용가능성이 있는 경우(동물용의약품 등을 구매한 내역이 있으나 그 사용처가 불분명한 경우 등), 단체심사 시 선정된 표본농가(전체 구성원을 심사한 경우에는 표본 농가 수 이상을 무작위 추출하여 선정), 개인신청 농가(신규 신청, 갱신 신청농가는 3년 1회 이상 검사)
- 제조 · 가공 및 취급자
  - 용수 : 세척 또는 원료로 사용하는 경우로 최근 5년 이내에 실시한 수질검사성적을 비치하지 않은 경우(수도법에 따른 수돗물을 이용하는 경우는 제외)
  - 생산물 : 전용 생산라인이 없이 일반가공품과 병행 가공하는 경우(가공품), 취급시설에서 비인증품을 병행하여 취급하는 경우(취급자), 기타 비인증품 또는 GMO의 혼입이 우려되는 경우
- 농림산물에서 제조 · 가공 및 취급자까지 검사가 필요한 경우라 하더라도 개별 법률에 따라 권한이 있는 관계 공무원 또는 조사원 등에 의해 조사되어 공중성이 확보된 검사성적으로 대체가 가능한 경우는 다음과 같다.
  - 토양(잔류농약 제외) · 용수 검사 : 최근 5년 이내의 검사성적
  - 토양(잔류농약만 해당) · 생산물 · 축산물(사료, 가축분뇨 등) 검사 : 최근 3개월 이내의 검사성적
ⓗ 검사 항목은 다음과 같다.
- 농림산물
  - 재배포장의 토양
    ⓐ 토양오염우려기준이 설정된 성분 중 해당지역에서 오염이 우려 되는 특정성분(특정성분을 한정할 수 없는 경우 카드뮴, 구리, 비소, 수은, 납, 6가크

로뮴, 아연, 니켈을 검정함), 다만, 제주특별자치도의 경우 제주특별자치도 설치 및 국제자유도시 조성을 위한 특별법에 따른 토양오염우려기준에서 규정하고 있는 성분(해당 기준을 적용함)
    ⓑ 토양에 잔류되는 합성농약 성분으로 국립농산물품질관리원장이 정하는 성분
  - 용수 : 수역별로 농업용수(하천 · 호소의 경우 'Ⅳ' 등급을 의미함) 또는 먹는 물 기준이 설정된 성분
  - 생산물 : 합성농약 성분으로 국립농산물품질관리원장이 정하는 성분, GMO
  - 퇴비 : 합성농약 및 잔류항생 물질로 국립농산물품질관리원장이 정하는 성분, 퇴비의 중금속 검사성분(카드뮴, 구리, 비소, 수은, 납, 6가크로뮴, 아연, 니켈)
- 축산물
  - 토양 · 용수 : 토양은 농림산물의 기준에 따르며, 용수는 생활용수 기준이 설정된 성분
  - 사료 · 축산물 · 가축분뇨 · 털 : 합성농약 성분과 동물용의약품 성분으로 국립농산물품질관리원장이 정하는 성분 또는 사용이 의심되는 성분과 GMO
- 제조 · 가공 및 취급자
  - 용수 : 먹는물 관리법에 따라 먹는 물 기준이 설정된 성분
  - 생산물 : 합성농약과 동물용의약품 성분으로 국립농산물품질관리원장이 정하는 성분과 GMO 및 비인증품 유래물질(식품첨가물 등)
- 농림산물에서 제조 · 가공 및 취급자까지의 규정에도 불구하고, 용수는 해당 국가의 수질기준을 적용할 수 있다.
ⓐ 국립농산물품질관리원장은 다음의 시험연구기관 중 ⓗ에 대한 검사성적서를 발급하고자 하는 시험연구기관의 명칭, 소재지, 검정 분야 등에 관한 정보를 친환경 인증관리 정보시스템에 등록 · 관리한다.
- 농수산물 품질관리법에 따른 검정기관 : 농축산물 및 그 가공품, 토양, 용수, 자재(비료, 축분, 깔짚, 털 등), 사료에 대한 검사
- 식품 · 의약품분야 시험 · 검사 등에 관한 법률에 따른 축산물 시험 · 검사기관 : 축산물 · 사료 · 축산가공식품 · 가축분뇨에 대한 검사
- 토양환경보전법에 따른 토양오염조사기관 : 토양오염물질(잔류농약 제외)의 검사

- 먹는물관리법에 따른 검사기관 : 용수의 검사
- 식품·의약품분야 시험·검사 등에 관한 법률에 따른 식품 등 시험·검사기관 : 유기식품 등의 검사(GMO 검사 포함)
- 비료관리법에 따른 퇴비원료분석기관 및 시험연구기관 : 퇴비의 검사
- 사료관리법에 따른 사료시험검사기관, 같은 법에 따른 사료검정기관 : 사료의 검사
- ISO/IEC 17025에 따라 공인을 받은 기관 : 공인된 분야
- 관련 법에 따라 검사업무를 수행하는 국가기관, 지방자치단체 또는 공공기관 : 법령에 따라 지정된 분야 또는 검사와 관련된 규정과 시설을 갖춘 분야
- 외국인증기관의 경우 ISO/IEC 17025에 따라 공인을 받았거나, 해당 국가의 관련 법령에 따라 분석기관으로 지정·승인된 기관 : 공인되거나 법령에 따라 지정된 분야
- 기타 새로운 검사 대상 및 잔류물질 등을 감안하여 국립농산물품질관리원장 정하는 시험연구기관
◎ 검사성적서는 ⓐ에서 정하고 있는 시험연구기관에서 발급하는 검사 대상별로 관련법령에서 정하는 공정시험방법을 적용하여 관련 법령에 따라 발급한 공인검사성적서 이어야 한다. 다만, 다음의 어느 하나에 해당되는 경우 공정시험방법 또는 공인검사성적서로 간주한다.
- 공정시험방법에 관한 사항
  - 토양·가축분뇨·가공품 등 검사대상에 대한 공정시험방법이 정해지지 않은 경우에는 식품의약품안전처장이 고시한 농산물 등의 유해물질 분석법을 준용하거나 국립농산물품질관리원장이 따로 시험방법을 적용할 수 있다.
  - 국립농산물품질관리원장이 공정시험방법과 같은 수준의 유효성이 있는 것으로 인정하는 경우 해당 시험방법을 적용할 수 있다.
- 공인검사성적서에 관한 사항
  - 정부조직법에 따른 국가기관 또는 지방자치법에 따른 지방자치단체에서 관련 규정에 따라 발급하는 검사성적서
  - 공인검사성적서를 발급할 수 있는 기관이 충분치 않는 분야에 한정하여 국립농산물품질관리원장이 해당 검사의 유효성을 인정한 기관이 발급한 검사성적서

ⓩ 시료수거 방법은 다음과 같다.
- 재배포장의 토양은 대상 모집단의 대표성이 확보될 수 있도록 Z자형 또는 W자형으로 최소한 10개소 이상의 수거지점을 선정하여 수거한다.
- ⓗ의 검사 항목(토양은 제외)에 대한 시료수거는 모집단의 대표성이 확보될 수 있도록 재배포장 형태, 출하·집하 형태 또는 적재 상태·진열 형태 등을 고려하여 Z자형 또는 W자형으로 최소한 6개소 이상의 수거 지점을 선정하여 수거한다. 다만, 전단에 따른 수거가 어려울 경우 대표성이 확보될 수 있도록 검사대상을 달리 선정하여 수거하거나 외관 및 냄새 등 기타 상황을 판단하여 이상이 있는 것 또는 의심스러운 것을 우선 수거할 수 있다.
- 시료수거는 신청인, 신청인 가족(단체인 경우에는 대표자나 생산관리자, 업체인 경우에는 근무하는 정규직원을 포함) 참여하에 인증심사원이 직접 수거하여야 한다. 다만, 다음의 경우에는 그 예외를 인정한다.
  - 식육의 출하 전 생체잔류검사에서 인증심사원 참여하에 신청인 또는 수의사가 수거하는 경우
  - 도축 후 식육잔류검사의 경우에는 시·도축산물위생검사기관의 축산물검사원 또는 자체검사원이 수거하는 경우
  - 관계 공무원 등 국립농산물품질관리원장이 인정하는 사람이 수거하는 경우
- 시료 수거량은 시험연구기관이 정한 양으로 한다.
- 시료수거 과정에서 시료가 오염되지 않도록 적정한 시료수거 기구 및 용기를 사용한다.
- 수거한 시료는 신청인, 신청인 가족(단체인 경우에는 대표자나 생산관리자, 업체인 경우에는 근무하는 정규직원을 포함) 참여하에 봉인 조치하고, 시료수거확인서를 작성한다.
- 인증심사원은 검사의뢰서를 작성하여 수거한 시료와 함께 지체없이 검사기관에 송부하고, 친환경 인증관리 정보시스템에 등록하여야 한다.

[핵심예제] ////////////////////

4-1. 유기식품 및 무농약농산물 등의 인증에 관한 세부실시 요령상 인증심사 일반에서 인증심사원의 지정에 대한 내용이다. 다음 내용 중 틀린 것은?

> 인증기관은 인증심사원이 다음의 어느 하나에 해당되는 경우 해당 신청건에 대한 인증심사원으로 지정하여서는 아니 된다.
> ㉠ 자신이 신청인이거나 신청인 등과 민법 제777조에 해당하는 친족관계인 경우
> ㉡ 신청인과 경제적인 이해관계가 있는 경우
> ㉢ 동일 신청인을 연속하여 1년 동안 심사한 경우
> ㉣ 기타 공정한 심사가 어렵다고 판단되는 경우

① ㉠ 　　　　　　② ㉡
③ ㉢ 　　　　　　④ ㉣

정답 ③

4-2. 유기식품 및 무농약농산물 등의 인증에 관한 세부실시 요령상 인증심사의 절차 및 방법의 세부사항에 대한 내용이다. (가)에 알맞은 내용은?

> 현장심사의 검사가 필요한 경우
> ① 농림산물
> 　㉠ 재배포장의 토양·용수 : 오염되었거나 오염될 우려가 있다고 판단되는 경우
> 　　• 용수 : 최근 (가) 이내에 검사가 이루어지지 않은 용수를 사용하는 경우(재배기간 동안 지속적으로 관개하거나 작물수확기에 생산물에 직접 관수하는 경우에 한함)

① 1년 　　　　　　② 3년
③ 5년 　　　　　　④ 7년

정답 ③

4-3. 유기식품 및 무농약농산물 등의 인증에 관한 세부실시 요령에 따라 인증심사 중 농림산물 현장심사에서 퇴비의 중금속 검사성분으로 옳은 것은?

① 카드뮴, 구리, 비소, 수은, 납, 플루오린, 아연, 니켈
② 카드뮴, 구리, 비소, 수은, 납, 시안, 아연, 니켈
③ 카드뮴, 구리, 비소, 수은, 납, 6가크로뮴, 아연, 니켈
④ 카드뮴, 구리, 비소, 수은, 납, 벤젠, 아연, 니켈

정답 ③

4-4. 유기식품 및 무농약농산물 등의 인증에 관한 세부실시 요령에 따라 인증심사 과정에서 재배포장의 토양검사용 시료채취 방법으로 옳은 것은?

① 토양시료 채취는 인증심사원 입회하에 인증 신청인이 직접 채취한다.
② 토양시료 채취지점은 재배필지별로 최소한 5개소 이상으로 한다.
③ 시료수거량은 시험연구기관이 검사에 필요한 수량으로 한다.
④ 채취하는 토양은 모집단의 대표성이 확보될 수 있도록 S자형 또는 Z자형으로 채취한다.

정답 ③

핵심이론 05 수입 비식용유기가공품(유기사료)의 적합성조사 방법 – 적합성조사의 종류 및 방법 [별표 4의2]

① 서류검사

　㉠ 서류검사란 신고서류를 검토하여 비식용유기가공품 인증 및 표시기준에 적합 여부를 판단하는 검사로 수입신고한 비식용유기가공품(단미사료·보조사료·배합사료)에 대해 매 건마다 실시한다.

　㉡ 서류검사의 내용은 다음과 같다.

검사항목	검사내용
신고서 확인	신고서의 모든 기재항목이 누락 없이 적정하게 기재되어 있는지 여부
인증서 사본 확인	• 규칙에 따라 권한을 부여받은 인증기관이 발급한 인증서인지 여부 • 인증서에 기재된 사항이 친환경 인증관리 정보시스템에 등록된 사항과 일치하는지 여부 • 신고서에 기재된 '제조회사'와 '품목명'이 인증서에 기재되어 있는 '제조·가공자'와 '인증품목'과 일치하는지 여부 • 해당 제품의 수입 선적일이 인증서에 기재된 인증유효기간 이내인지 여부
거래인증서 확인	• 규칙에 따라 권한을 부여받은 인증기관이 발급한 거래인증서인지 여부 • 거래인증서에 기재된 '거래업자', '거래품목', '거래량' 등의 정보가 신고서 및 인증서의 기재사항과 일치하는지 여부 • 그 밖에 수입 신고된 제품이 인증 받은 비식용유기가공품인지에 대한 서류 확인이 가능한지 여부
포장재 표시사항 확인	• 제품의 표시사항(포장지 견본)이 규칙의 표시규정에 적합한지 여부 • 제품의 표시사항(포장지 견본)이 제조업체, 수출지, 인증여부 등 신고서류의 기재사항과 일치하는지 여부

② 정밀검사

　㉠ 정밀검사란 물리적·화학적 또는 미생물학적 방법으로 비식용유기가공품 인증 및 표시기준에 적합 여부를 판단하는 검사로 다음의 어느 하나에 해당되는 경우에 실시한다.

　　• 최근 1년 이내에 정밀검사(신고하려는 제품과 제조국·제조업자·제품명이 같은 제품에 대해 실시한 정밀검사에 한함)를 받은 적이 없는 제품을 수입하려는 경우

　　• 최근 1년 이내에 실시한 정밀검사 결과 부적합 판정을 받은 제품과 제조국·제조업자·제품명이 같은 제품을 수입하려는 경우(단, 부적합 판정을 받은 이후 연속하여 3회 이상 '적합판정을 받은 제품은 제외)

　㉡ 정밀검사 내용은 다음과 같다.

　　• 검사항목은 규칙 [별표 4]의 비식용유기가공품 인증기준에 설정되어 있는 항목 중 검출빈도 또는 기준위반과 관련된 정보 등을 고려하여 국립농산물품질관리원장이 정하는 성분에 대하여 실시한다.

　　• 검정은 [별표 2]에서 정한 기관 또는 사료관리법 시행규칙에 따른 사료시험검사기관·사료검정기관에 의뢰하여 실시한다.

　　• 수입신고인은 검사에 필요한 수수료를 해당 검정기관에 직접 납부하여야 한다.

　　• 수입신고인이 사료관리법 시행규칙에 따른 사료검정증명서를 제출하는 경우에는 해당 사료에 대한 정밀검사에 갈음하거나 그 검사항목을 조정하여 검정할 수 있다.

　　• 그 밖에 시료의 채취 및 처리방법 등은 사료관리법 시행규칙을 준용한다.

[핵심예제]

5-1. 수입 비식용유기가공품(유기사료)의 적합성조사 방법에서 적합성조사의 종류 및 방법 중 서류검사 시 거래인증서 확인의 검사내용으로 틀린 것은?

① 거래인증서에 기재된 '거래시간'의 정보가 신고서 및 인증서의 기재사항과 일치하는지 여부
② 거래인증서에 기재된 '거래업자'의 정보가 신고서 및 인증서의 기재사항과 일치하는지 여부
③ 거래인증서에 기재된 '거래품목'의 정보가 신고서 및 인증서의 기재사항과 일치하는지 여부
④ 거래인증서에 기재된 '거래량'의 정보가 신고서 및 인증서의 기재사항과 일치하는지 여부

정답 ①

5-2. 유기식품 및 무농약농산물 등의 인증에 관한 세부실시 요령상 수입 비식용유기가공품(유기사료)의 적합성조사 방법 중 정밀검사에 대한 내용이다. (가)에 알맞은 내용은?

> 최근 (가) 이내에 정밀검사(신고하려는 제품과 제조국·제조업자·제품명이 같은 제품에 대해 실시한 정밀검사에 한함)를 받은 적이 없는 제품을 수입하려는 경우에 물리적·화학적 또는 미생물학적 방법으로 비식용유기가공품 인증 및 표시기준에 적합 여부를 판단하는 검사

① 1년　　　　　　　② 2년
③ 3년　　　　　　　④ 4년

정답 ①

핵심이론 06　인증품 등 사후관리 조사요령 [별표 5]

① 생산과정조사
　㉠ 사무소장 또는 인증기관은 인증서 교부 이후 인증을 받은 자의 농장소재지 또는 작업장 소재지를 방문하여 생산과정조사를 실시하여야 한다.
　㉡ 조사종류별 조사주기 및 조사대상은 다음과 같다.
　　• 정기조사 : 인증기관은 각 인증 건별로 인증서 교부일부터 10개월이 지나기 전까지 1회 이상의 생산과정조사를 실시한다. 단체 인증의 경우 [별표 2] 표본농가 수 이상을 조사한 경우 1회 조사로 간주하며, 수시조사부터 불시심사까지의 조사는 정기조사 횟수에 포함하지 않는다.
　　• 수시조사 : 사무소장은 인증사업자의 위반사실에 대한 신고·민원 등을 접수하거나 관계기관으로부터 위반사실을 통보 받으면 해당 인증사업자에 대한 생산과정조사를 실시한다. 이 경우 해당 인증기관으로 하여금 관련 조사에 참여하게 할 수 있다.
　　• 특별조사 : 사무소장 또는 인증기관은 국립농산물품질관리원장이 필요하다고 인정하여 생산과정조사를 지시하는 경우 특별조사를 실시한다.
　　• 불시심사 : 인증기관은 규칙에 해당하는 인증사업자에 대해 불시심사를 실시한다.
　㉢ 생산과정조사의 신뢰도가 낮아지지 않도록 조사대상, 조사시간, 이동거리 등을 감안하여 인증기관에서는 1일 조사대상 인증사업자수를 적정하게 선정하여 조사하여야 한다.
　㉣ 조사시기는 해당 농산물의 생육기간(축산물은 사육기간) 또는 생산기간 중에 실시하되 가급적 인증기준 위반의 우려가 가장 높은 시기(일반재배에서 농약을 주로 사용하는 시기 등)에 실시하되 인증 갱신 신청서가 접수되기 이전에 조사를 완료하여야 한다.
　㉤ 조사항목별 세부조사내용은 다음과 같다.
　　• 경영 관련 자료를 기록하고 있는지를 확인한다.
　　• 인증품의 출하내역을 확인한다.
　　• 인증품의 표시사항이 적정한지 여부를 확인한다.
　　• 금지물질의 구입, 보관 및 사용여부를 확인한다.
　　• 항목별 인증기준의 준수 여부를 확인한다.
　　• 인증심사 시 제출한 이행계획서의 실행 여부를 확인한다.

- 제조·가공자 및 취급자의 경우 원료 농산물 또는 축산물의 표본을 선정하여 생산자가 실제 출하하였는지 여부를 확인한다.

ⓑ 조사원은 ⓛ의 조사과정에서 필요한 경우 [별표 2]의 규정을 준용하여 합성농약·동물용의약품, GMO 등 잔류물질(이하 '금지물질') 검사를 실시할 수 있다. 다음에 해당하는 경우에는 검사를 실시하여야 한다.
- 최근 1년 이내에 생산물에서 금지물질이 검출된 경우
- 합성농약 등 비 허용물질 사용흔적의 발견 등 인증기준 위반 개연성이 있는 경우
- 검사대상에 해당되나 인증심사 시 생육 중인 가축으로 시료수거가 가능하지 않아 검사하지 않은 경우(축산물에 한함)

ⓢ 인증기관은 해당 연도 생산과정조사 대상 건의 5% 이상에 대해 인증사업자에게 조사 사실을 미리 알리지 않고 생산과정조사(불고지 조사)를 실시하여야 한다. 이 경우 조사대상자의 선정은 최근 3년 이내 인증기준 위반이 있었거나 잔류물질이 검출된 적이 있는 등 위험도가 높은 인증건을 위주로 선정한다.

ⓞ 국립농산물품질관리원장 또는 지원장은 사무소장으로 하여금 인증사업자 면담 및 관련 보고서 검토 등의 방법으로 인증심사원이 인증품 사후관리 요령과 인증심사의 절차 및 방법을 준수하였는지를 확인하게 할 수 있다.

② 유통과정조사

ⓐ 사무소장은 인증품 등의 판매장·취급작업장을 방문하여 인증품 등의 유통과정조사를 실시한다.

ⓛ 사무소장은 전년도 조사업체 내역, 인증품 등 유통실태조사 등을 통해 관내 인증품 등 유통업체 목록을 친환경인증관리 정보시스템에 등록·관리한다.

ⓒ 조사종류별 조사주기 및 조사대상은 다음과 같다.
- 정기조사 : 조사주기는 ⓛ에 따라 등록된 유통업체(취급인증사업자 포함) 중 조사 필요성이 있는 업체를 대상으로 연 2회 이상 자체 조사계획을 수립하여 실시
- 수시조사 : 국립농산물품질관리원장(지원장·사무소장을 포함)이 특정업체(온라인·통신판매 등을 포함)의 위반사실에 대한 신고가 접수되는 등 정기조사 외에 조사가 필요한 것으로 판단되는 경우 실시
- 특별조사 : 국립농산물품질관리원장이 인증기준 위반 우려 등을 고려하여 실시

ⓔ 조사시기는 가급적 인증품 등의 유통물량이 많은 시기에 실시하고 최근 1년 이내에 행정처분을 받았거나 인증품 등 부정유통으로 적발된 업체가 인증품 등을 취급하는 경우에는 행정처분일로부터 1년 이내에 유통과정조사를 실시한다.

ⓜ 항목별 세부조사사항은 다음과 같다.
- 인증품 등의 표시사항이 적정한지 여부를 확인한다.
- 인증품 등의 구매내역 및 판매내역이 일치하는지 여부를 확인한다.
- 취급 중인 인증품 등의 표본을 선정하여 산지에서 실제 출하 여부를 확인한다.
- 인증이 취소된 인증품, 표시사용정지 중인 인증품이 유통되는지 여부를 확인한다.
- 인증품 등이 아닌 제품을 인증품 등으로 표시·광고하거나 인증품에 인증품이 아닌 제품을 혼합하여 판매하거나 판매할 목적으로 보관·운반 또는 진열하는지 여부를 확인한다.
- 수입 인증품의 경우 법에 따라 적법하게 유기식품 등의 신고를 완료한 인증품인지 여부를 확인한다.

ⓑ 조사원은 ⓒ의 조사과정에서 필요한 경우 [별표 2]의 규정을 준용하여 합성농약·동물용의약품, GMO 등 잔류물질(이하 '금지물질') 검사를 실시할 수 있다. 다음에 해당하는 경우에는 검사를 실시하여야 한다.
- 최근 1년 이내에 해당업체에서 취급 중인 인증품 등에서 유해잔류물질이 검출된 경우
- 최근 1년 이내에 행정처분을 받았거나 인증품 등 부정유통으로 적발된 업체의 인증품등을 취급하는 경우

6-1. 유기식품 및 무농약농산물 등의 인증에 관한 세부실시 요령상 인증품 등 사후관리 조사요령에서 생산과정조사에 대한 내용으로 틀린 것은?

① 수시조사는 국립농산물품질관리원장이 인증기준 위반 우려 등을 고려하여 실시한다.

② 정기조사는 각 인증 건별로 인증서 교부일부터 10개월이 지나기 전까지 1회 이상의 생산과정조사를 실시한다.

③ 사무소장 또는 인증기관은 인증서 교부 이후 인증을 받은 자의 농장소재지 또는 작업장 소재지를 방문하여 생산과정조사를 실시하여야 한다.

④ 조사시기는 해당 농산물의 생육기간 또는 생산기간 중에 실시하되 가급적 인증기준 위반의 우려가 가장 높은 시기에 실시하되 인증 갱신 신청서가 접수되기 이전에 조사를 완료하여야 한다.

정답 ①

6-2. 유기식품 및 무농약농산물 등의 인증에 관한 세부실시 요령상 인증품 등 사후관리 조사요령에서 유통과정조사에 대한 내용으로 틀린 것은?

① 조사주기는 등록된 유통업체 중 조사 필요성이 있는 업체를 대상으로 연 1회 이상 자체 조사계획을 수립하여 실시한다.

② 사무소장은 인증품 등의 판매장 · 취급작업장을 방문하여 인증품 등의 유통과정조사를 실시한다.

③ 사무소장은 전년도 조사업체 내역, 인증품 등 유통실태 조사 등을 통해 관내 인증품 등 유통업체 목록을 친환경 인증관리 정보시스템에 등록 · 관리한다.

④ 조사시기는 가급적 인증품 등의 유통물량이 많은 시기에 실시하고 최근 1년 이내에 행정처분을 받았거나 인증품 등 부정유통으로 적발된 업체가 인증품 등을 취급하는 경우에는 행정처분일로부터 1년 이내에 유통과정조사를 실시한다.

정답 ①

제3절 **유기식품의 생산, 가공, 표시 및 유통에 관한 가이드라인**

3-1. 연혁 및 전문(前文)

핵심이론 01 **유기식품의 생산, 가공, 표시, 유통에 관한 가이드라인 제정 및 개정 연혁**

① 1990년 Codex 집행위원회에서 유기식품에 대한 검토를 위해 캐나다 정부에서 초안을 작성하도록 결정

② 1994년 제23차 식품표시분과위원회에서 다음 사항 논의
  ㉠ 정의의 다른 Codex 기준 부합성
  ㉡ 검사 · 인증 제도
  ㉢ 사용가능 자재
  ㉣ 축산 규정
  ㉤ 전환기간 등

③ 1999년 4월 제27차 식품표시분과위원회에서 '허용물질 검토 규정(가이드라인 제5.1항)'을 8단계로 진전시키고 축산물 규정은 6단계로 재회부

④ 1999년 7월 Codex 제23차 총회에서 식품표시분과위원회에서 논의한 식물 및 식물제품 분야를 '가이드라인'으로 채택(가축 및 가축제품 분야 제외)

⑤ 2001년 Codex 제24차 총회에서 가축 및 가축제품 분야 채택

⑥ 2003년 Codex 제26차 총회에서 부속서 2, 제5장 물질의 포함을 위한 요구사항과 국가별 물질 목록 개발을 위한 허용물질을 개정

⑦ 2004년 Codex 제27차 총회에서 부속서 2의 표 1과 2에 수록된 유기식품 생산을 위한 허용물질을 개정

⑧ 2008년 Codex 제31차 총회에서 부속서 1, C항 단락 82 일부 수정(키위와 바나나의 숙성에 에틸렌 사용 허용)

⑨ 2009년 Codex 제32차 총회에서 부속서 2, 표 2 일부 수정(로테논의 관리 조건 추가)

⑩ 2010년 Codex 제33차 총회에서 제8장과 관련 문구를 삭제해서 일부 수정(지침에 대한 지속적 검토 부분)

Codex 총회에서 식품표시분과위원회에서 논의한 식품 및 식물 제품분야를 가이드라인으로 채택한 시기는?(단, 가축 및 가축제품 분야는 제외한다)

① 1994년 10월 ② 1996년 5월
③ 1998년 5월 ④ 1999년 7월

정답 ④

핵심이론 02 유기식품의 생산, 가공, 표시 및 유통에 관한 가이드라인의 목적

① 시장에서 일어나는 기만과 부정행위 그리고 입증되지 않은 제품의 강조표시로부터 소비자를 보호하기 위함
② 비유기 제품이 유기제품으로 잘못 표시되는 것으로부터 유기제품 생산자를 보호하기 위함
③ 생산, 준비, 저장, 운송, 유통의 모든 단계가 본 가이드라인에 따라 검사되고 부합하게 하기 위함
④ 유기적으로 재배된 제품의 생산, 인증, 확인, 표시 규정을 조화시키기 위함
⑤ 수입품에 대한 국가제도 간의 동등성 인정을 용이하게 하기 위해 유기식품 관리제도에 대한 국제적 가이드라인을 제공하기 위함
⑥ 지역 및 세계 보존에 이바지하도록 각 국의 유기농업시스템을 유지하고 강화하기 위함

핵심예제

2-1. Codex 유기식품의 생산 · 가공 · 표시 · 유통에 관한 가이드라인의 적용범위로 가장 유익하게 활용할 수 있는 것은?

① 농장에서 소비자에게 직접 유기농산물을 판매할 때 적용할 수 있다.
② 유통업체에서 계약된 농가의 유기농산물을 구매할 때 적용할 수 있다.
③ 유기식품의 무역, 통상에서 국제적 가이드라인으로 활용할 수 있다.
④ 소비자가 백화점에서 구매한 유기식품의 구체적인 생산기준을 확인해보고자 할 때 적용할 수 있다.

정답 ③

2-2. 유기식품이 생산 가공 표시 유통에 관한 Codex 가이드라인의 제정목적과 가장 거리가 먼 것은?

① 시장에서 일어나는 기만 사기행위 또는 제품특성에 대한 근거 없는 주장으로부터 소비자를 보호
② 비유기 농산물을 유기농산물인양 주장하는 행위로부터 유기농산물 생산자를 보호
③ 유기농산물의 생산 인증 식별 표시에 관한 제반규정의 독자적인 제정 및 적용
④ 각국의 유기농업체계를 지역적 및 범지구적 환경보호에 기여하는 방향으로 유지, 향상

정답 ③

핵심이론 03 유기생산 체계의 목적

① 체계 전체(Whole System)의 생물학적 다양성을 증진시키기 위하여
② 토양의 생물학적 활성을 촉진시키기 위하여
③ 토양 비옥도를 오래도록 유지시키기 위하여
④ 동식물 유래 폐기물을 재활용하여 영양분을 토양에 되돌려 주는 한편 재생이 불가능한 자원의 사용을 최소화하기 위하여
⑤ 현지 농업체계 안에서 재생 가능한 자원에 의존하기 위하여
⑥ 영농의 결과로 초래될 수 있는 모든 형태의 토양, 물, 대기오염을 최소화할 뿐만 아니라 그런 것들의 건전한 사용을 촉진하기 위하여
⑦ 제품의 전 단계에서 제품의 유기적 순수성(Organic Integrity)과 필수적인 품질 유지를 위하여 가공방법에 신중을 기하면서 농산물을 취급하기 위하여
⑧ 현존하는 어느 농장이든 전환기간만 거치면 유기농장으로 정착할 수 있게 한다. 전환기간은 농지의 이력, 작물과 가축의 종류 등 특정요소를 감안하여 적절히 결정한다.

핵심예제

3-1. 유기식품의 생산 · 가공 · 표시 · 유통에 관한 Codex 가이드라인에서의 유기생산체계 목적과 가장 거리가 먼 것은?

① 체계 전체의 생물학적 다양성을 감축한다.
② 현지 농업 체계에서는 재생 가능한 자원에 의존한다.
③ 어느 농장이든 전환기만 거치면 유기농장으로 자리 잡을 수 있게 한다.
④ 농경의 결과로 야기되는 모든 형태의 토양, 물, 대기오염을 최소화하고 토양, 물, 대기의 건강한 사용을 조장한다.

정답 ①

3-2. 유기식품의 생산, 가공, 표시, 유통에 관한 Codex 가이드라인에 따른 유기생산 체계의 목적과 가장 거리가 먼 것은?

① 농장에서 생물학적 다양성을 증진시키기 위하여
② 동식물 유래 폐기물을 재활용하여 영양분을 토양에 되돌려 주는 한편 재생이 불가능한 자원의 사용을 최소화하기 위하여
③ 수질 및 토양의 오염을 최소화하고 이들의 건전한 사용을 촉진하기 위하여
④ 유기농업은 지역 형편에 따라 현지 적응 체계가 필요하므로 가급적 농장 외부 물자의 투입(Off-farm Input)을 통한 총체적 생산관리를 위하여

정답 ④

3-2. 설명 및 정의

핵심이론 01 | 본 가이드라인의 용어 정의

① 농산품/농산물 유래제품(Agricultural Product/product of Agricultural Origin) : 인간의 섭취용(물, 소금, 첨가물 제외) 또는 동물 사료용으로 판매되는 원료나 가공된 제품이나 상품을 의미한다.

② 심사(또는 감사, Audit) : 각종 활동(Activities)과 활동 결과가 계획상의 목표와 일치되는지를 확인하기 위해 체계적, 독립적으로 실시하는 조사(Examination)이다.

③ 인증(Certification) : 공인 인증기관(Official Certification Body)이 식품이나 식품관리시스템이 요건과 일치한다는 것을 확인하기 위하여 서면 또는 이와 동등한 효력을 갖는 수단으로 보증하는 것을 말한다. 식품의 인증은 지속적인 현장 검사, 품질보증시스템에 대한 심사, 최종 제품에 대한 조사 등을 포함하는 일련의 검사 활동에 기초를 둔다.

④ 인증기관(Certification Body) : '유기(Organic)'로 판매되거나 표시되는 제품이 본 가이드라인에 따라 생산, 가공, 준비 취급, 수입되고 있는지 확인하는 일을 맡은 기관을 의미한다.

⑤ 소관당국(Competent Authority) : 관할권을 가지고 있는 공식 정부기관을 의미한다.

⑥ 유전자공학/변형생물(Genetically Engineered/Modified Organisms) : 유전자공학/변형생물에 대한 잠정적 정의는 다음과 같다. 유전자공학/변형생물 및 그 제품은 교배 그리고/또는 자연적 재조합에 의해서는 불가능한 것으로서 유전물질을 변형시키는 기술을 통해 생산되는 것을 말한다.

⑦ 유전공학/변형기술(Techniques of Genetic Engineering/Modification) : DNA 재조합, 세포융합, 미량 및 대량 주입, 캡슐화, 유전자의 제거나 복제를 포함하나 이에 국한되지 않는다. 접합, 형질도입, 잡종교배 등의 방법으로 만드는 생물은 유전공학 생물에 포함되지 않는다.

⑧ 성분(Ingredient) : 식품첨가물을 포함하여 식품 제조나 준비에 사용되는 모든 물질, 그리고 변형된 형태이더라도 최종 제품에 존재하는 모든 물질을 의미한다.

⑨ 검사(Inspection) : 요건에 부합하는지 확인하기 위해 공정상의 제품과 최종 제품을 시험하는 일을 포함하여, 식품, 원료, 가공, 유통의 관리체계 또는 식품을 조사하는 것을 말한다. 유기식품의 경우, 이 검사는 생산 및 가공 체계의 조사도 포함된다.

⑩ 표시(Labelling) : 상표나 식품에 첨부되거나 식품 근처에 부착된 모든 문자, 인쇄물, 도형을 의미하며, 판매나 처분의 촉진을 목적으로 한 것도 포함된다.

⑪ 가축(Livestock) : 식용이나 식품 제조용으로 기르는 소(물소와 아메리카 들소 포함), 양, 돼지, 염소, 말, 가금, 벌과 같은 사육 동물(Domestic Animal)을 의미한다. 사냥이나 낚시로 포획한 야생동물은 가축으로 보지 않는다.

⑫ 마케팅(Marketing) : 어떠한 형태의 제품이든지 판매를 위해 가지고 있거나 전시하거나 구입을 권하는 행위, 판매, 운송, 시장에 내놓는 행위를 의미한다.

⑬ 공인지정(Official Accreditation) : 관할권을 가진 정부기관이 검사 및 인증 서비스를 제공하려는 검사기관이나 인증기관의 권한을 공식적으로 인정하는 것을 말한다. 유기생산에 대해서는 소관당국은 민간기관에 인정 기능을 위임할 수 있다.

⑭ 공인 검사제도/공인 인증제도 : 관할권을 가진 정부기관에 의해 정식으로 승인되거나 인정된 제도를 말한다.

⑮ 사업자(Operator) : 다음에 언급되어 있는 제품들을 판매하거나 판매할 목적으로 생산, 준비, 수입하는 사람을 의미한다.
  ㉠ 생산원칙과 특정한 검사규정이 부속서(Annex) 1과 3에 소개된 가공하지 않은 식물 및 식물제품, 가축 및 축산제품
  ㉡ ㉠에서 유래되어 식용을 위해 가공된 농작물 및 축산제품

⑯ 식물보호제(Plant Protection Product) : 식품, 농산물, 사료의 생산, 저장, 운송, 분배, 가공하는 과정에서 원하지 않는 동식물, 병해충을 예방, 파괴, 유인, 퇴치, 억제하기 위해 사용하는 물질을 말한다.

⑰ 준비(Preparation) : 농산물을 도살, 가공, 보존, 포장하는 행위를 의미하고 유기생산 방법의 제시와 관련된 표시로의 변경을 의미하기도 한다.

⑱ 생산(Production) : 제품의 초기 포장과 표시를 포함해서 농장에서 나오는 형태로 농산물을 공급하기 위해 수행하는 작업을 의미한다.

⑲ 동물용 의약품(Veterinary Drug) : 질병의 치료, 예방, 진단을 목적으로 사용하거나 생리적 기능이나 행위를 변화시킬 목적으로 고기나 젖을 생산하는 동물, 가금, 어류, 꿀벌과 같이 식품 생산용 동물에 적용하거나 투여하는 물질을 의미한다.

3-3. 표시 및 강조표시

핵심예제

1-1. 유기식품의 생산·가공·표시·유통에 관한 Codex 가이드라인에서 규정한 용어의 정의로 적합하지 않은 것은?

① '인증기관'은 권한을 갖는 공식 정부기관을 말한다.
② '농산물/농산물계 제품'은 인간의 섭취 또는 동물 사료용으로 판매되는 모든 가공, 비가공 제품을 말한다.
③ '검사'란 요건에 부합하는지 확인하기 위해 식품, 원료, 가공, 유통의 관리체계 또는 식품을 검사하는 것을 말한다. 유기식품 검사에는 최종제품 시험 및 생산, 가공체계 검사도 포함된다.
④ '인증'이란 식품이나 식품 통제체계가 요건과 일치한다는 것을 공식 인증기관이나 공인 인증기관이 서면 또는 이와 동등한 효력을 갖는 수단으로 보증하는 것을 말한다.

정답 ①

1-2. 유기식품의 생산·가공·표시·유통에 관한 Codex 가이드라인 용어의 정의 중 유전자 조작 유기물에 포함시키기 위한 유전자조작/변형 기법에 해당하지 않는 것은?

① 형질도입   ② 세포융합
③ 유전자 삭제/배가   ④ 캡슐화

정답 ①

1-3. 유기식품의 생산·가공·표시·유통에 관한 가이드라인 용어 설명이 옳지 않은 것은?

① '농산물/농산물 유래 제품'은 인간이 섭취하기(물, 소금, 첨가물 제외) 위해서 또는 동물사료로 쓰기 위해 거래되는 원료 또는 가공된 제품이나 상품을 의미한다.
② '성분'은 식품의 제조나 가공에 사용되는 물질로서 변형된 형태이더라도 최종 제품에 존재하는 물질 및 식품첨가물을 의미한다.
③ '가축'은 식용, 식품 제조용, 사냥이나 낚시로 포획되어 기르는 소, 말, 양, 돼지, 염소, 가금, 벌과 같은 사육동물을 의미한다.
④ '공인검사제도/공인인증제도'는 관할 정부기관에 의해 공식적으로 승인되거나 인정된 제도이다.

정답 ③

핵심이론 01 유기로 변환/전환된 제품의 표시

유기농법으로 전환하는 과정에 있는 제품은 다음과 같은 유기방법을 사용하여 12개월이 지나야 '유기로 전환중(Transition Organic)'이란 표시를 할 수 있다.

① 3.2와 3.3항에서 언급된 요구사항을 충분히 충족시켜야 한다.

> 3.2 단락 1.1 (a)에 명시된 제품의 표시 및 강조표시는 다음과 같은 경우에만 유기농법으로 생산되었음을 나타낼 수 있다.
> ① 표시가 농산물 생산방법과 분명히 관련이 있음을 보여 줄 때
> ② 제품이 제4장의 요건에 따라 생산되거나 제7장에 규정된 요건에 따라 수입될 때
> ③ 제품이 제6장에 규정된 검사를 받는 사업자에 의해 생산되거나 수입될 때
> ④ 생산이나 가장 최근의 가공 작업을 실시한 사업자를 승인한 공인검사기관이나 인증기관의 명칭 또는 코드 번호가 표시되어 있을 때
> 3.3 단락 1.1 (b)에 명시된 제품의 표시 및 강조표시는 다음의 경우에 한해 유기농법으로 생산되었음을 나타낼 수 있다.
> ① 그러한 표시가 단락1.1(b)에 명시된 제품의 농산물 생산방법을 명백하게 나타낼 때, 만약 그러한 표시가 성분 목록에 명백히 표시되지 않을 경우에는 해당 농산물의 제품명과 관련있을 때
> ② 해당 제품의 모든 농산물 유래의 원료가 제4장의 요건에 따라 생산되거나 유래될 때 또는 제7장의 요건(Arrangements)에 따라 수입될 때
> ③ 해당 제품이 부속서 2, 표 3에 기술되어 있지 않은 비농산물 유래 원료를 함유하고 있지 않을 때
> ④ 동일 원료가 유기 및 비유기 원료에서 동시에 유래되지 않은 경우
> ⑤ 해당 제품이나 그 원료의 준비 과정에서 이온화 방사선이나 부속서 2, 표 4에 기술되지 않은 물질을 사용하여 처리하지 않은 경우
> ⑥ 본 가이드라인 제6장에 나와 있는 정규 검사를 받는 사업자에 의해 준비되거나 수입된 제품
> ⑦ 가장 최근의 준비 작업을 실시한 사업자를 승인한 공인인증기관이나 인증권자의 명칭 또는 코드 번호가 표시되어 있을 때

② 변환/전환에 관한 표시는 전환과정을 완전히 거친 제품과의 차이점에 대해 구입자의 혼동을 일으키지 않아야 한다.

③ 이러한 표시는 '유기농법으로 전환하는 과정에 있는 제품'과 같은 표현 형태를 취하거나, 그 제품이 유통되는 국가의 소관당국이 허락한 유사한 단어나 문구로 표현되어야 한다. 그리고 그 문자의 색깔, 크기, 모양을 해당 제품의 판매 설명(Sales Description)보다 두드러지게 표현해서는 안 된다.

④ 단일 원료로 구성된 식품은 주표시면(Principal Display Panel)에 '유기로 전환'이라고 표시할 수 있다.

⑤ 가장 최근의 준비작업을 실시한 사업자를 승인한 공인 인증기관이나 인증권자의 명칭 또는 코드 번호가 표시 되어야 한다.

핵심예제

1-1. 유기식품의 생산, 가공, 표시, 유통에 관한 Codex 가이드 라인에 따라 유기농법으로 전환하는 과정에 있는 제품에 '유기 로 전환 중(Transition Organic)'이라는 표시를 하기 위해 부합 되어야 하는 요건으로 틀린 것은?

① 유기방법을 사용하여 6개월이 지나야 한다.
② 가장 최근의 준비작업을 실시한 사업자를 승인한 공인인증기 관이나 인증권자의 명칭 또는 코드번호가 표시되어야 한다.
③ 변환/전환에 관한 표시는 전환과정을 완전히 거친 제품과의 차이점에 대해 구입자의 혼동을 일으키지 않아야 한다.
④ 변환/전환에 대한 표시는 '유기농법으로 전환하는 과정에 있 는 제품'과 같은 표현 형태를 취하거나, 그 제품이 유통되는 국가의 관할기관이 허락한 유사한 단어나 문구로 표현되어 야 한다.

정답 ①

1-2. 유기식품의 생산 · 가공 · 표시 · 유통에 관한 Codex 가이 드라인에서 유기로 전환중인 제품의 표시방법에 대한 설명으로 틀린 것은?

① 제품에 대한 다른 설명문보다 강조되는 색상, 크기, 형태의 글자로 나타낸다.
② 유기농법으로 전환하는 과정에 있는 제품은 유기농법을 적 용한 후 12개월이 지나야 '유기로 전환 중'이라는 표시를 할 수 있다.
③ 표시는 '유기농법으로 전환하는 과정에 있는 제품' 또는 이와 유사한 표현을 사용한다.
④ '전환 중'인 제품과 전환 과정을 완전히 거친 제품과의 차이 점에 대하여 구입자의 오해를 불러일으키지 않도록 한다.

정답 ①

핵심이론 02 부속서 2에 물질을 포함시키기 위한 요건과 국가별 물질목록 작성 기준

① 제4장에서 언급된 허용물질 목록의 수정에는 최소한 다음 기준을 적용해야 한다. 각국은 유기생산에 사용할 새로운 물질의 평가에 이 기준을 사용할 때 모든 적용 가능한 법령 과 규제 규정을 검토하여야 하며, 다른 국가의 요청에도 적용 가능하도록 해야 한다.

② 부속서 2의 새로운 물질의 제안은 다음의 일반적인 기준을 충족시켜야만 한다.

㉠ 해당 물질은 본 가이드라인에서 제시된(as Outlined) 유기생산 원칙에 부합하여야 한다.
㉡ 해당 물질의 사용이 특정 용도에 필요/필수적이어야 한다.
㉢ 해당 물질의 제조, 사용, 제거가 환경에 해로운 영향을 초래하거나 일조해서는 아니 된다.
㉣ 사람이나 동물의 건강 및 삶의 질에 미치는 부정적 영향 이 극히 낮아야 한다.
㉤ 승인된 대체물질이 질적 · 양적으로 충분하지 않아야 한다.

③ 유기생산의 순수성(Integrity of Organic Production)을 보호하기 위하여 위의 기준이 전체적으로 평가되어야 한 다. 그리고 다음 기준을 평가 과정에서 적용해야 한다.

㉠ 새로운 물질이 토양의 비옥화나 토질 개량의 목적으로 사용될 경우

• 해당 물질이 토양의 비옥도를 유지, 개량하거나 작물 에 필요한 양분을 공급하는데 필수적이거나, 부속서 1에 나오는 방법이나 부속서 2의 표 2에 나오는 다른 제품으로는 충족시킬 수 없는 특정 토질 개량과 윤작 의 목적을 위해 필수적이어야 한다.
• 성분은 식물, 동물, 미생물, 무기질로부터 나온 것이어 야 하고, 물리적(예 기계적, 열적), 효소적, 미생물적(예 퇴비화, 발효) 공정을 거칠 수 있다. 이들 공정이 고갈되 었을 경우, 운반체(Carriers)와 결합체(Binders)의 추 출을 위해서만 화학적 공정을 고려할 수 있다.
• 해당 물질의 사용이 토양 생태계나 토양의 물리적인 특성의 균형 또는 수질과 대기의 질에 유해한 영향을 주지 말아야 한다.
• 해당 물질의 사용은 특정 조건, 특정 지역, 특정 상품 에 제한될 수 있다.

ⓛ 새로운 물질이 식물의 병해충이나 잡초 방제의 목적으로 사용될 경우

- 해당 물질이 다른 생물학적, 물리적, 육종방법 또는 효과적인 관리가 불가능한 유해 생명체나 특정 질병의 방제에 필수적이어야 한다.
- 해당 물질의 사용으로 인한 환경, 생태계(특히 목표로 하지 않는 생물체)와 소비자, 가축, 벌의 건강에 대한 잠재적 위해 영향을 고려해야 한다.
- 해당 물질은 식물, 동물, 미생물, 무기질로부터 나온 것이어야 하고, 물리적(예 기계적, 열적), 효소적, 미생물적(예 퇴비화, 소화) 공정을 거칠 수 있다.
- 그러나, 예외적 환경에서 해당 물질이 페로몬처럼 화학적으로 합성되어 덫과 디스펜서에 사용되는 제품일 경우, 그 제품이 자연적 형태로 충분한 양이 존재하지 않고, 사용했을 때 식용 부위에서 직간접적으로 잔류하지 않는다면 해당 물질을 목록에 추가하는 것을 고려할 수 있다.
- 해당 물질의 사용은 특정 조건, 특정 지역, 특정 상품에 제한될 수 있다.

ⓒ 식품의 조제나 보존을 위해 첨가물이나 가공보조제로 사용될 경우

- 해당 물질은 해당 물질을 사용(Recourse)하지 않고는 다음 사항들이 불가능할 경우에만 사용된다.
- 첨가물의 경우 식품의 생산이나 보존이 불가능할 경우
- 가공보조제의 경우 이 가이드라인을 만족하는 다른 가능한 기술이 없어 식품의 생산이 불가능할 경우
- 해당 물질은 자연에서 발견되어야 하며, 기계적/물리적 공정(예 추출, 침전), 생물학적/효소적 공정, 미생물적 공정(예 발효)을 거칠 수 있다.
- 만약 위에서 언급된 물질이 상기의 방법이나 기술로 충분한 양을 얻을 수 없다면, 예외적 환경에서 화학적으로 합성된 물질을 허용물질에 포함시킬 수 있다.
- 해당 물질의 사용이 제품의 진실성(Authenticity)을 유지시켜야 한다.
- 식품의 성질, 성분, 품질에 대해 소비자가 오해할 가능성이 없어야 한다.
- 첨가물 및 가공보조제는 제품의 전반적인 품질을 손상시키지 말아야 한다.

핵심예제

2-1. Codex 유기식품의 생산·가공·표시·유통에 관한 가이드라인 부속서 2의 유기식품 생산을 위해 허용되는 물질에 포함시키기 위해 필요한 요건 및 국별 물질목록 작성기준에 관한 설명으로 틀린 것은?

① 특정용도에 해당 물질의 사용이 필요/필수적이어야 한다.
② 대체물질을 양적·질적으로 충분히 구할 수 있어야 한다.
③ 해당 물질의 사용으로 환경에 나쁜 영향이 없어야 한다.
④ 사람의 삶의 질에 부정적인 영향이 없어야 한다.

정답 ②

2-2. 유기식품의 생산·가공·표시·유통에 관한 Codex 가이드라인에서 새로운 물질이 식물의 병해충이나 잡초방제의 목적으로 사용될 경우에 대한 설명으로 틀린 것은?

① 해당 물질이 다른 생물학적, 물리적 육종방법 또는 효과적인 관리가 불가능한 유해 생명체나 특정 질병의 방제에 필수적이어야 한다.
② 해당 물질은 식물, 동물, 미생물, 무기질로부터 나온 것이어야 하고, 물리적, 효소적, 미생물적 공정은 거칠 수 없다.
③ 해당 물질의 사용은 특정조건, 특정지역, 특정상품에 제한될 수 있다.
④ 해당 물질의 사용으로 인한 환경, 생태계(특히 목표로 하지 않는 생물체)와 소비자, 가축, 벌의 건강에 대한 잠재적 위해 영향을 고려해야 한다.

정답 ②

2-3. 유기식품의 생산·가공·표시·유통에 관한 Codex 가이드라인에 따라 식품의 조제나 보존 시 첨가제나 가공보조제로 사용되는 경우가 아닌 것은?

① 자연에 존재해야 하나 기계적/물리적 처리를 거칠 수 있다.
② 허가된 방법과 기술로 충분한 양을 구할 수 없을 때는 예외적으로 화학적으로 합성된 물질을 허용물질에 포함시킬 수 있다.
③ 자연에 존재해야 하나 생물/효소나 미생물 처리를 거칠 수 있다.
④ 해당 물질이 식품을 조제하는데 효과적이어야 한다.

정답 ④

3-4. 검사 및 인증 제도

핵심이론 01 공인 인증기관 또는 관할기관의 지정 및 평가

① 공인 인증기관 또는 인증권자에 의해 운영되는 검사 제도의 적용을 위해, 각 국가는 이들 기관의 승인 및 감독을 맡을 소관당국을 지정해야 한다.

   ㉠ 소관당국은 결정을 내리고 조치를 취하는 등의 일은 하겠지만, 민간 검사 및 인증 기관에 대한 평가와 감독은 민간 또는 공공의 제3기관(이하 '지정기관')에게 위임할 수 있다. 만약 위임하였다면, 그 민간 또는 공공의 제3기관은 검사 또는 인증에 관여해서는 안 된다.

   ㉡ 수출국에 지정된 소관당국과 국가 프로그램이 없을 경우 수입국은 제3의 인정기관을 지정할 수 있다.

② 공인 인증기관 또는 인증권자를 승인하기 위하여 소관당국 또는 소관당국의 지정기관은 평가할 때 다음 사항을 고려해야 한다.

   ㉠ 인증기관이 검사 대상 사업자에게 적용할 상세한 검사방법과 예방조치가 포함된 표준검사/인증 절차

   ㉡ 부정행위나 법규 위반 시 인증기관이 부과할 벌칙

   ㉢ 자격있는 직원, 행정적 및 기술적 설비, 검사 경험, 신뢰성 등 적절한 자원의 유효성

   ㉣ 검사 대상 사업자에 대한 인증기관의 객관성

> **[핵심예제]**
>
> 유기식품의 생산·가공·표시·유통에 관한 Codex 가이드라인에서 관할기관(위임기관)이 인증기관을 평가할 때 고려해야 할 사항이 아닌 것은?
>
> ① 검사대상 사업자에게 적용할 상세한 검사방법과 예방조치가 포함된 표준검사/인증절차
> ② 부정행위나 규정위반이 있을 때 부과할 벌칙
> ③ 유자격 직원, 사무실, 설비, 검사 경험, 신뢰도
> ④ 검사 대상 사업자에 대항 인증기관의 주관성
>
> **정답** ④

핵심이론 02 수입과 유통

① 수입제품은 해당 제품이 최소한 본 가이드라인의 본문과 부속서의 규정을 준수한 생산, 준비, 유통, 검사 시스템 안에서 얻어진 것이며, 7.4에서 언급된 동등성(Equivalency) 판정을 만족시킨다는 내용이 수출국의 소관당국이나 그 지정기관이 발급한 검사 인증서에 명시된 경우에만 판매할 수 있다.

② 인증서의 원본은 제품에 첨부하여 1차 인수자에게 전달되어야 한다. 수입업자는 검사나 감사에 대비하여 최소한 2년 이상 거래증명서(Transactional Certificate)를 보관해야 한다.

③ 농산물을 수입하여 유통 하고자 하는 수입국이 요구할 수 있는 조건

④ 제품의 신뢰성은 수입 후 소비자에게 도달할 때까지 유지되어야 한다. 만약 수입 유기제품이 검역을 위해 본 가이드라인의 요건에 부합되지 않는 방법으로 처리된 경우에는 유기적 지위를 잃게 될 것이다.

⑤ 농산물을 수입하여 유통 하고자 하는 수입국이 요구할 수 있는 조건

   ㉠ 수출국의 규정이 수입국의 규정과의 동등성 판단 및 결정을 위해, 양국의 소관당국 사이에 상호 합의된 독립 전문가들이 만든 보고서 등을 포함한 상세 정보를 요구할 수 있다. 단, 수입국의 규정은 본 가이드라인에 부합해야 한다.

   ㉡ 수출국과 함께 현장 방문을 하여 생산과 준비에 관한 규정 및 수출국에 적용되는 생산과 준비에 적용하는 검사/인증 방법을 조사할 수 있다.

   ㉢ 소비자의 혼선을 피하기 위하여 제3장(표시 및 강조표시)의 규정에 따라 수입국에서 적용하는 표시요건에 맞게 관련 제품에 표시하도록 요구할 수 있다.

> **[핵심예제]**
>
> 유기식품의 생산·가공·표시·유통에 관한 Codex 가이드라인에 의하면 농산물을 수입하여 유통할 때 수입자는 몇 년 이상 수출국의 관할기관이 발급한 인증서를 보관하여야 하는가?
>
> ① 6개월   ② 2년
> ③ 3년   ④ 5년
>
> **정답** ②

3-5. 부속서 1 유기생산 원칙

핵심이론 01 식물 및 식물제품(1)

① 식물 및 식물제품

　㉠ 유기생산의 원칙은 일반적으로 구획, 농장 또는 농장단위의 경우에는 파종에 앞서 최소 2년의 전환기간 동안 적용한다.

　㉡ 목초지 이외의 다년생 작물의 경우에는 첫 번째 수확하기 전 최소 3년의 전환기간 동안 적용한다.

　㉢ 소관당국이나 소관당국의 지정기관 또는 위임된 공인 인증기관이나 인증권자는 특별한 경우(2년 이상의 휴경기가 있는 경우 등)에 농장사용 경력을 감안하여 전환기간을 가감할 수 있으나, 그 기간은 반드시 12개월 이상이 되어야 한다.

　㉣ 전체 농장이 한꺼번에 전환이 되지 않을 경우에 부분적으로 본 가이드라인을 적용한 경작지의 전환을 시작으로 점진적으로 전환할 수 있다. 관행 생산에서 유기 생산으로의 전환은 본 가이드 라인에 규정된 기법을 통해 이루어져야 한다.

　㉤ 유기 생산으로 전환된 지역뿐만 아니라 전환 중인 지역에서는 유기적 생산방식과 관행 생산방식을 번갈아 사용해서는 안 된다.

② 토양의 비옥도와 생물학적 활성도가 다음 방법에 의해 유지 또는 증가되어야 한다.

　㉠ 적절한 다년 윤작 프로그램에 따라 두과, 녹비(綠肥), 심근성 작물을 경작한다.

　㉡ 퇴비화 여부에 상관없이 본 가이드라인에 따라 생산하는 경작지로부터 나온 유기물질을 토양에 투입한다. 구비(廐肥, Farmyard Manure) 같은 축산업 부산물은 본 가이드라인에 따라서 생산하는 축산농가에서 나온 것이라면 사용할 수 있다.

　㉢ 퇴비화를 촉진시키기 위해 적절한 미생물 또는 식물유래 조제품을 사용할 수 있다.

　㉣ 돌가루(Stone Meal), 구비(廐肥), 식물로부터 나오는 생체역학적 조제품(Biodynamic Preparation)은 단락 5에 기술된 목적을 위하여 사용될 수 있다.

[핵심예제]

1-1. 유기식품의 생산·가공·표시·유통에 관한 Codex 가이드 라인에서 정하고 있는 '식물과 식물제품'의 유기생산 원칙에 따라 재래농법에서 유기농업으로의 전환과 관련된 설명으로 옳은 것은?

① 농장의 경우에는 1년생 작물의 파종에 앞서 최소한 3년의 전환기간을 적용한다.

② 목초나 영년작물의 경우에는 첫 번째 수확까지 최소한 2년의 전환기간을 적용한다.

③ 농장사용 경력을 감안하더라도 전환기간은 12개월 이상이 되어야 한다.

④ 관할기관과 인증기관은 전환기간을 가감할 수 없다.

　　　　　　　　　　　　　　　　　　　정답 ③

1-2. 유기식품의 생산·가공·표시·유통에 관한 Codex 가이드라인에 의한 유기생산의 원칙이 아닌 것은?

① 파종에 앞서 최소한 2년의 전환기간 동안을 거친 포장이어야 한다.

② 전환기간은 단축하여도 최소 12개월 이상이 되어야 한다.

③ 다년생작물의 경우 첫 번째 수확까지 최소 3년의 기간을 적용한다.

④ 전환기간은 영농 경력을 감안하여 본인이 판단하여 가감할 수 있다.

　　　　　　　　　　　　　　　　　　　정답 ④

1-3. Codex 유기식품의 생산·가공·표시·유통에 관한 가이드라인의 유기생산의 원칙에 대한 설명으로 틀린 것은?

① 유기생산의 원칙은 일반적으로 구획, 농장 또는 농장단위의 경우에는 파종에 앞서 최소 1년의 전환기간 동안 적용한다.

② 목초지 이외의 다년생 작물의 경우에는 첫 번째 수확하기 전 최소 3년의 전환기간 동안 적용한다.

③ 관할기관이나 관할기관의 지정기관 또는 위임된 공인인증기관이나 인증권자는 특별한 경우에 농장사용 경력을 감안하여 전환기간을 가감할 수 있으나, 그 기간은 반드시 12개월 이상이 되어야 한다.

④ 전체 농장이 한꺼번에 전환이 되지 않을 경우에 부분적으로 Codex 유기식품의 가이드라인을 적용한 경작지의 전환을 시작으로 점진적으로 전환할 수 있다.

　　　　　　　　　　　　　　　　　　　정답 ①

핵심이론 02 식물 및 식물제품(2)

병해충, 잡초는 다음 방법을 단독 또는 복합적으로 사용하여 관리해야 한다.

① 적절한 종(Species)과 품종(Varieties)의 선택
② 적절한 윤작 프로그램
③ 기계 경운
④ 본래의 식물군을 유지시켜 주는 생울타리, 둥지, 생태학적 완충지대 같은 해충의 포식자가 선호하는 서식처를 제공하여 해충의 천적을 보호
⑤ 생태계를 다양화한다. 생태계는 지리적 위치에 따라 달라질 것이다. 예를 들어 침식을 막는 완충지대, 농경 삼림, 윤작 작물 등
⑥ 화염 제초
⑦ 포식자 및 기생동물(식물) 등 천적의 방사
⑧ 돌가루(Stone Meal), 구비(廏肥), 식물로부터 나오는 생체 역학적 조제품(Biodynamic Preparation)
⑨ 멀칭과 예취(Mulching and Mowing)
⑩ 동물 방목
⑪ 덫, 장애물, 빛, 소리 같은 기계적 관리
⑫ 토질을 회복시키는 적절한 윤작을 할 수 없는 경우, 증기 살균

[핵심예제]

2-1. 유기식품의 생산. 가공. 표시. 유통에 관한 Codex 가이드라인에 따른 유기식품 생산 원칙에서 병해충이나 잡초를 억제하는 방법이 아닌 것은?

① 가축을 방목한다.
② 생태계를 단순화한다.
③ 멀칭이나 예취를 한다.
④ 화염을 사용하여 제초한다.

정답 ②

2-2. 유기식품의 생산 · 가공 · 표시 · 유통에 관한 Codex 가이드라인의 유기생산 원칙 중 병충해의 관리방법과 가장 거리가 먼 것은?

① 병해충 저항성 품종 선택
② 천적활동을 조장하는 생태계 조성
③ 두과작물, 녹비작물, 심근성작물 재배
④ 덫, 울타리, 빛, 소리 등 기계적 수단 이용

정답 ③

핵심이론 03 가축 및 가축제품(1) - 일반원칙

① 유기생산을 위해 사육되는 가축은 유기농장의 일부가 되어야 하며 본 가이드라인에 따라 사육, 관리되어야 한다.
② 가축은 유기농업 시스템에 다음과 같은 중요한 기여를 할 수 있다.
　㉠ 토양 비옥도의 증진 및 유지
　㉡ 방목을 통한 식물군 조절
　㉢ 생물다양성의 증진 및 농장에서의 상호 보완 작용 촉진
　㉣ 농장시스템의 다양성 증대
③ 가축 생산은 토지와 관련된 활동이다.
　㉠ 초식동물은 목초지에 방목되어야 하고, 다른 동물들은 야외로 나갈 수 있어야 한다.
　㉡ 소관당국은 동물의 복지가 보장되고, 동물의 생리상태, 험악한 기후, 토지 상태에 문제가 없는 경우 또는 관행적 농장시스템이 목초지 접근을 제한하는 경우에 예외를 허용할 수 있다.
④ 가축 밀도는 사료생산 능력, 가축의 건강, 영양 균형, 환경적 영향을 고려하여 해당 지역에 적절해야 한다.
⑤ 유기가축 관리는 자연번식 방법을 사용하고, 스트레스를 최소화하며, 질병을 예방하고, 화학물질로 된 대증요법적 동물용 의약품(항생물질 포함) 사용을 점차 줄이고, 동물성 사료(예 육분-meat meal-)의 공급을 줄이고, 동물의 건강과 복지를 유지하는 것에 목적을 두어야 한다.

[핵심예제]

Codex 유기식품의 생산 · 가공 · 표시 및 유통에 관한 가이드라인에서 가축이 유기농장시스템에 기여하는 내용으로 틀린 것은?

① 토양 비옥도의 증진 및 유지
② 생물다양성을 억제하여 농장에서 필요한 작물만 촉진
③ 방목을 통한 식물군 조절
④ 농장시스템의 다양성 증대

정답 ②

해설

2-2
③은 토양의 비옥도와 생물학적 활성도 증가 대책이다.

핵심이론 04 가축 및 가축제품(3) - 전환

전환기간(유기제품으로 판매하고자 할 때 유기관리제도하에서 순응기간)

① 소관당국은 다음의 경우에 있어서 단락 10(토지인 경우)이나 단락 12(가축 및 가축제품)에 정해진 전환 기간이나 조건을 감소시킬 수 있다.

  ㉠ 비 초식동물에 사용되는 목초지, 야외 방목장, 운동 지역

  ㉡ 소관당국이 설정한 이행 기간 동안 조방적으로 사육된 소, 말, 면양, 산양 또는 처음 전환된 젖소

  ㉢ 같은 농장에서 사료용 토지와 가축의 전환이 동시에 이루어진다면, 기존의 가축과 그 새끼들을 같은 농장에서 생산된 사료가 주로 공급되는 경우에 한하여 가축, 목초지, 사료용 토지의 전환기간을 2년으로 줄일 수 있다.

② 유기상태에 도달된 농지에 비유기 가축이 입식되었을 경우, 그 제품을 유기제품으로 팔 수 있으려면, 이들 가축은 최소한 다음의 준수기간 동안 본 가이드라인에 따라 사육되어야 한다.

  ㉠ 소와 말
- 육제품 : 유기 관리 시스템에서 12개월 그리고 수명의 3/4 이상
- 육제품 생산을 위한 송아지 : 6개월령 미만으로 이유 직후 입식하여 6개월
- 유제품 : 소관당국이 설정한 이행기간 동안 90일, 그리고 그 이후 6개월

  ㉡ 면양과 산양
- 육제품 : 6개월
- 유제품 : 소관당국이 설정한 이행기간 동안 90일, 그리고 그 이후 6개월

  ㉢ 돼지
- 육제품 : 6개월

  ㉣ 가금과 산란계
- 육제품 : 소관당국이 설정한 수명 전체
- 계란 : 6주

핵심예제

4-1. 유기식품의 생산, 가공, 표시, 유통에 관한 코덱스 가이드라인에 따르면 유기상태에 도달한 농지에 비유기가축이 입식되었을 경우 이로부터 생산된 제품을 유기식품으로 유통시킬 수 있으려면 이들 가축을 순치하는 최소 기간 동안 가이드라인에 의해 사육해야 한다. 다음 중 순치기간의 원칙에 어긋난 사항은?

① 소와 말의 육제품 : 유기관리 조건하에서 12개월(단, 최소한 수명의 3/4)
② 소의 유제품 : 관할기관이 정한 시행기간 동안에는 6개월, 그 후에는 12개월
③ 육제품 생산용 송아지 : 이유 후 즉시 입식한 송아지(생후 6개월 미만)로서 6개월
④ 돼지의 육제품 : 6개월

정답 ②

4-2. 유기식품의 생산, 가공, 표시, 유통에 관한 Codex 가이드라인에 따라 유기상태에 도달한 농지에 비유기 가축이 입식되었을 경우, 그 제품을 유기제품으로 팔 수 있으려면 가축별로 최소한의 준수기간 동안 Codex 가이드라인에 따라 사육되어야 한다. 가축별 최소한의 준수기간으로 틀린 것은?

① 돼지 육제품 : 6개월
② 면양과 산양 육제품 : 12개월
③ 가금과 산란계 육제품 : 관할기관이 설정한 수명 전체
④ 육제품 생산용 송아지 : 6개월령 미만으로 이유 직후 입식하여 6개월

정답 ②

4-3. 유기식품의 생산 가공 표시 유통에 관한 Codex 가이드라인에 따라 유기상태에 도달한 농지에 비유기가축이 입식되었을 경우 이로부터 생산된 제품을 유기식품으로 팔 수 있으려면 유기 관리 조건하에서 최소한의 순치기간 동안 사육해야 한다. 해당하는 기준으로 틀린 것은?

① 소의 고기제품 : 12개월
② 산양의 고기제품 : 6개월
③ 돼지의 고기제품 : 4개월
④ 닭고기의 고기제품 : 관할기관이 정한 수명 전체

정답 ③

가축의 사료 및 영양

① 모든 가축 농장에서는 본 가이드라인의 요구사항에 맞춰 생산된 사료(전환기 사료 포함)를 100% 적정 수준으로 공급해야 한다.

② 소관당국이 설정한 이행기간 동안 축산물이 유기 상태를 유지하려면, 건물 기준으로 반추동물의 경우 85% 이상, 비반추동물의 경우 80% 이상의 사료가 본 가이드라인에 따라 생산된 유기사료이어야 한다.

③ 위의 규정에도 불구하고, 농장 운영자가 단락 13에서 제시된 요구사항을 충족시키는 사료를 확보할 수 없음을 공인 검사/인증기관에게 증명할 수 있다면, 예를 들어 예상치 못한 심각한 자연재해나 인공재해 또는 열악한 기후조건으로 초래된 것임을 증명할 수 있다면, 공인 검사/인증기관은 본 가이드라인을 따라 생산되지 않은 사료를 한시적으로 일정량 급여할 수 있도록 허용할 수 있다. 단, 그 사료는 GEO/GMO나 그것으로 만든 제품을 포함해서는 아니 된다. 소관당국은 이런 예외적 인정(Derogation)과 관련하여 비유기 사료의 최대 허용비율 및 허용조건을 정해야 한다.

④ 특정 가축의 사료(Rations)는 다음 사항을 고려해야 한다.
  ㉠ 어린 포유동물은 천연 우유, 가급적이면 모유를 필요로 한다.
  ㉡ 초식 동물이 매일 먹는 사료에는 건물 기준으로 상당한 양의 조사료(Roughage), 생초나 건초(Fresh or Dried Fodder), 사일리지(Silage) 등으로 구성되어야 한다.
  ㉢ 반추가축에게 사일리지만 급여해서는 안 된다.
  ㉣ 가금류의 비육기(肥育期)에는 곡물이 필요하다.
  ㉤ 돼지와 가금이 매일 먹는 사료에는 조사료, 생초, 건초, 사일리지가 필요하다.

⑤ 모든 가축은 건강과 활력을 유지할 수 있도록 신선한 물에 충분히 접근할 수 있어야 한다.

⑥ 어떤 물질이 사료 조제에 있어서 사료, 영양 성분, 사료첨가제, 가공보조제로 이용된다면, 소관당국은 다음의 기준을 따르는 허용(Positive) 물질 목록을 설정하여야 한다.
  ㉠ 일반기준
    • 동물 사료에 관한 국가 법령에 따라 허용된 물질
    • 동물 건강, 복지 및 활력을 유지하는데 필요/필수적인 물질

• 이러한 물질은
  - 해당 동물 종의 생리 및 거동적 요구를 만족시키는 적당한 식단에 기여해야 한다.
  - GEO/GMO나 그것으로 만든 제품이 포함되어서는 아니 된다.
  - 주로 식물성, 광물성, 동물성 유래 원료여야 한다.
  ㉡ 사료 및 영양제에 대한 특정 기준
    • 비유기적으로 생산된 식물성 사료는 화학용매의 사용이나 화학적 처리를 거치지 않고 생산되거나, 단락 14, 15의 조건이 충족될 경우에 사용할 수 있다.
    • 광물질, 미량 성분, 비타민, 프로비타민 사료는 천연적인 것만 사용할 수 있다. 이러한 물질이 부족한 경우나 예외적인 환경에서는 화학적으로 충분히 정제된 유사물질이 사용될 수 있다.
    • 우유 및 유제품을 제외한 동물 유래 사료, 어류, 기타 수산동물 및 그들로부터 유래된 제품은 일반적으로 사용되어서는 아니 되거나, 사용될 경우 국가 법령에 의하여야 한다. 어떠한 경우에도 반추동물에게 우유 및 유제품을 제외하고는 포유동물에서 유래되는 물질을 급여해서는 아니 된다.
    • 합성 질소 화합물 또는 비단백태 질소 화합물은 사용될 수 없다.
  ㉢ 첨가물 및 가공보조제에 대한 특정 기준
    • 결합제(Binders), 항응고제(Anti-caking Agents), 유화제(Emulsifiers), 안정제(Stabilizers), 증점제(Thick-eners), 계면활성제(Surfactants), 응고제(Coagulants)는 반드시 천연물(Natural Sources)만 허용된다.
    • 항산화제(Antioxidants)는 반드시 천연물(Natural Sources)만 허용된다.
    • 보존제(Preservatives)는 반드시 천연물(Natural Sources)만 허용된다.
    • 착색제(Coloring agents) (색소를 포함하여), 향미제(Flavors) 및 식욕촉진제(Appetite Stimulants)는 천연물(Natural Sources)만 허용된다.
    • 프로바이오틱스(Probiotics), 효소, 미생물은 허용된다.
    • 항생제(Antibiotics), 항콕시듐제(Coccidiostatics), 의약물질, 성장 · 생산 촉진제는 동물 사육에서 사용될 수 없다.

⑦ 사일리지 첨가제와 가공보조제는 GEO/GMO 및 그것으로 만든 제품을 사용할 수 없고, 단지 다음의 것을 포함할 수 있다.
- 바다소금(Sea Salt)
- 굵은 암염(Coarse Rock Salt)
- 효모(Yeasts)
- 효소(Enzymes)
- 유장(유청, Whey)
- 당 또는 당밀과 같은 당제품
- 꿀
- 기후 조건으로 인해 발효가 적절히 이루어지지 않을 경우 젖산균, 초산균, 포름산균, 프로피온산균이나 이들 균으로부터 생성된 천연 산(酸) 제품을 관할기관의 허락하에 사용할 수 있다.

［핵심예제］

5-1. 유기식품의 생산·가공·표시·유통에 관한 Codex 가이드라인의 유기생산 원칙 중 가축의 영양 측면에서 고려할 사항이 아닌 것은?
① 육용 가금류는 비육단계에 곡류를 먹일 필요가 있다.
② 위가 2개 이상인 가축은 사일리지만 먹일 필요가 있다.
③ 초식 가축이 매일 먹는 사료에는 조사료, 생초, 건초, 사일리지가 상당량 함유되어야 한다.
④ 가축이 건강과 활력을 유지하기 위해 신선한 물을 마음껏 섭취할 수 있어야 한다.

정답 ②

5-2. 유기식품의 생산·가공·표시·유통에 관한 Codex 가이드 라인에서 허용하는 유기축산 사일리지 첨가제와 가공보조제로 적합하지 않은 것은?
① 바다소금　② 아미노산(Amino Acid)
③ 굵은 암염　④ 당(Sugar)

정답 ②

핵심이론 06　유기가축 생산에서 질병 예방 원칙 및 의약품 사용

① 유기가축 생산에서 질병 예방의 원칙
㉠ 가축의 품종이나 계통을 적절히 선택한다.
㉡ 종별 요구사항에 적합한 축산농업규범(Animal Husbandry Practices)을 적용하여 질병에 대한 저항력을 높이고 감염 예방 기능을 강화시킨다.
㉢ 동물의 자연적 면역 기능이 강화되도록 목초지, 야외 방목장에서 정기적으로 운동 및 방목시키고, 양질의 유기 사료를 급여한다.
㉣ 적정 가축밀도를 유지하여 밀식 사육과 이로 인한 건강 문제를 예방한다.
② 위 예방 조치에도 불구하고 동물이 병에 걸리거나 부상을 당하면 즉시 치료를 해야 하고, 필요하다면 격리하거나 적당한 장소로 옮겨야 한다. 생산자는 약물치료로 인해 가축이 유기적 지위를 잃게 된다 하더라도 약물치료를 보류함으로써 가축이 불필요한 고통을 받는 일이 없도록 해야 한다.
③ 유기농장에서 동물용 의약품 사용의 원칙
㉠ 특정 질병과 건강상의 문제점이 발생하거나 발생할 우려가 있을 때 이를 해결하기 위해 허용된 대안치료법이나 관리규범이 없을 경우 또는 법으로 요구될 경우 가축의 예방접종, 구충제 사용, 동물용 의약품을 치료약으로 사용하는 일이 허용된다.
㉡ 식물요법(항생제 제외) 제제, 동종요법 제제, 인도전통의 아유르베다식 제품과 미량 원소는 이것들의 효과가 해당 축종이나 질병에 효과적일 경우, 화학물질로 된 대증요법적 동물용 의약품이나 항생제에 우선하여 사용해야 한다.
㉢ 위에서 언급된 제품의 사용이 질병과 상해에 효과적이지 못할 경우, 화학물질로 된 대증요법적 동물용 의약품이나 항생제를 수의사 책임 하에 사용할 수 있다. 휴약 기간은 법정기간의 두 배가 되어야 하며, 어떤 경우이든 최소 48시간 이상이 되어야 한다.
㉣ 화학물질로 된 대증요법적 동물용 의약품을 예방 목적으로 사용하는 일은 금지된다.
④ 호르몬 제제는 반드시 치료용만으로 수의사 감독하에 사용될 수 있다.

⑤ 성장이나 생산을 촉진할 목적으로 성장촉진제나 물질은 허용되지 않는다.

핵심예제

6-1. 유기식품의 생산 · 가공 · 표시 · 유통에 관한 Codex 가이드라인의 규정이다. 유기농장에서 동물약품을 사용할 때 원칙과 가장 거리가 먼 내용은?

① 특정한 질병이나 건강문제가 발생하고 있거나 발생할 수 있는 장소에서 다른 치료방법이나 처리방법이 없거나 법으로 요구될 때에는 예방접종이나 구충제 · 치료제의 사용이 허용된다.
② 약초요법(항생제 제외)제제, 동종요법 제제, 추적제가 해당 축종이나 질병에 효과가 있을 경우에는 이를 화학 동물 약품이나 항생제에 우선하여 사용해야 한다.
③ 질병을 예방할 목적으로 화학 동물 약품이나 항생제를 사용하는 것은 금지한다.
④ 성장이나 생산을 촉진할 목적으로 하는 경우는 성장촉진제를 수의사 책임하에 최소량 사용할 수 있다.

정답 ④

6-2. 유기식품의 생산 · 가공 · 표시 · 유통에 관한 Codex 가이드라인에서 유기농장의 동물용의약품 사용에 대한 원칙으로 옳은 것은?

① 가축의 생산성 향상을 위해 사용된 동물용의약품은 유기농장에서도 지속적으로 사용할 수 있다.
② 약초요법 제재, 동종요법 제재 등은 질병에 효과가 있다 하더라도 사용할 수 없다.
③ 질병의 예방을 목적으로 하는 경우에는 화학 동물용 의약품이나 항생제를 사용하는 것이 허용된다.
④ 질병 발생 시 수의사의 책임하에 화학 동물용 의약품을 사용할 수 있으며, 휴약기간은 법정기간의 2배가 되어야 한다.

정답 ④

핵심이론 07 가축 사육, 운송 및 도축

① 가축은 생명체에 대한 배려, 책임감, 존중하는 마음을 가지고 관리해야 한다.
② 번식 방법은 유기축산 원칙에 따르되, 다음 사항을 고려하여야 한다.
　㉠ 지역적 조건과 유기 체계에서 사육하기 적합한 품종과 계통
　㉡ 인공수정이 허용된다 하더라도 자연적 번식 방법을 선호해야 한다.
　㉢ 수정란 이식 기법과 번식호르몬 처리 방법을 사용해서는 안 된다.
　㉣ 유전공학을 이용한 번식 기법을 사용해서는 안 된다.
③ 면양의 꼬리에 고무 밴드 부착, 꼬리 절단, 이빨 절단, 부리 절단 및 뿔 제거와 같은 행동은 일반적으로 유기관리 체계에서는 허용되지 않는다.
　㉠ 예외적 상황 하에서 안전을 목적으로 한다거나(예 어린 동물의 뿔 제거) 가축의 건강과 복지를 증진시키기 위한 경우 소관당국이나 소관당국의 지정기관이 이러한 행위의 일부를 허용할 수 있다.
　㉡ 이러한 행위는 가장 적절한 연령에서 해당 가축의 고통을 최소화하는 방식으로 진행되어야 한다. 마취제는 적절하게 사용해야 한다.
　㉢ 제품의 품질과 관행적인 생산 규범(비육돈, 거세 수소, 거세 수탉 등)을 유지하기 위하여 물리적 거세를 할 수는 있지만, 본 조건 아래에서만 가능하다.
④ 사육 조건 및 환경 관리 시 가축의 거동적 요구(Behavioural Needs of the Livestock)를 고려해야 하며, 다음이 충분히 제공되어야 한다.
　㉠ 정상적 형태의 행동을 표현할 수 있는 충분한 이동의 자유와 기회
　㉡ 다른 동물과의 어울림, 특히 유사 종과의 어울림
　㉢ 비정상적인 행동, 부상 및 질병의 예방
　㉣ 화재 발생, 필수장비 손상, 필수품의 부족 등과 같은 비상상황에 대비한 조치
⑤ 운송
　㉠ 가축의 운송은 조용하고 조심스러운 방법으로 스트레스, 부상, 고통을 피할 수 있는 방식으로 이루어져야 한다.

ⓒ 소관당국은 이러한 목적 달성을 위하여 세부 조건을 정해야 하며, 최대 운송기간을 설정해야 한다.

ⓓ 가축을 운송함에 있어서 전기자극이나 대증요법적 안정제의 사용은 허용되지 않는다.

⑥ 가축의 도살은 스트레스와 고통을 최소화하는 방법으로 국가 규정에 따라 시행되어야 한다.

핵심예제

7-1. Codex 유기식품의 생산·가공·표시 및 유통에 관한 가이드라인에서 가축 번식방법의 고려사항에 해당하지 않는 것은?

① 지역적 조건과 유기체계에서 사육하기 적합한 품종과 계통을 고려해야 한다.
② 수정란 이식기법과 번식호르몬 처리방법을 사용해서는 안 된다.
③ 자연적 번식방법보다 인공수정을 선호해야 한다.
④ 유전공학을 이용한 번식기법을 사용해서는 안 된다.

정답 ③

7-2. 유기식품의 생산·가공·표시·유통에 관한 Codex 가이드 라인에서 정한 가축의 번식방법에 대한 내용으로 틀린 것은?

① 종축을 사용한 자연교배가 권장되고 인공수정 방법은 사용할 수 없다.
② 수정란 이식기법이나 번식호르몬은 처리기법은 사용하지 않는다.
③ 유전공학을 사용한 번식기법은 사용하지 않는다.
④ 현지조건과 유기체계하에 사육하기 적합한 품종과 계통을 고른다.

정답 ①

① 동물들이 야외에서 살 수 있을 만큼 적당한 기후 조건을 가진 지역에서는 축사의 설치는 의무 사항이 아니다.
② 축사의(가축의 생물학적 및 거동적 요구 충족시키기 위한) 조건
   ㉠ 사료와 물에 대한 접근 용이성
   ㉡ 공기 순환, 먼지 수준, 온도, 상대 습도 및 가스 농도가 가축에 유해하지 않는 수준으로 유지되도록 할 수 있는 건물의 단열, 난방, 냉방, 환기 설비
   ㉢ 충분한 자연 환기와 자연 채광
③ 가축은 기상 악화로 건강, 안전, 복지가 위협받을 수 있거나 식물, 토양, 수질의 보호를 위하여 일시적으로 가두어 사육할 수 있다.
④ 건물 내에서 가축의 밀도
   ㉠ 가축의 종(Species), 품종(Breed), 연령을 감안하여 가축에게 안락함과 복지를 제공할 수 있어야 한다.
   ㉡ 축군의 규모 및 성별과 관련하여 가축의 거동적 요구를 고려해야 한다.
   ㉢ 자연스럽게 서고, 쉽게 눕고, 회전하고, 스스로 다듬고, 기지개나 날개 짓 등 모든 자연스런 행동이나 움직임을 할 수 있을 만큼 충분한 공간을 제공해야 한다.
⑤ 축사, 펜스, 장비, 낙농기구는 교차 감염 및 질병 전염 미생물의 증식을 방지하기 위하여 깨끗이 청소하고 소독해야 한다.
⑥ 지역 날씨 조건 및 해당 품종에 따라 필요할 경우 비, 바람, 태양 및 극한 온도를 피할 수 있도록 자유 공간, 야외 운동 지역, 또는 야외 방목장에 충분한 보호막을 제공해야 한다.
⑦ 목초지, 초원지, 기타 자연적 또는 반자연적 서식지에서 가축의 방목 밀도는 토질 악화와 목초의 과도 섭취(Overgrazing)를 방지할 수 있을 만큼 낮아야 한다.

핵심예제

유기식품의 생산·가공·표시·유통에 관한 Codex 가이드라인에서 정하고 있는 가축의 축사 및 방목조건으로 틀린 것은?

① 사료와 물에 대한 접근이 좋아야 한다.
② 기상 악화로 건강, 안전, 복지가 위협받을 수 있거나 식물, 토양, 수질의 보호를 위하여 일시적으로 가두어 사육할 수 있다.
③ 동물들이 야외에서 살 수 있을 만큼 적당한 기후 조건을 가진 지역에서도 축사의 설치는 의무 사항이다.
④ 목초지, 초원지에서 가축의 방목 밀도는 토질 악화와 목초의 과도한 섭취를 방지할 수 있을 만큼 낮아야 한다.

정답 ③

핵심이론 09 축사 및 방목장 조건(2) - 포유동물의 사육 조건

① 모든 포유동물은 목초지 또는 야외 운동장이나 방목장으로 들어갈 수 있어야 하며, 이들 공간의 일부는 지붕으로 덮여 있어 동물의 생리적 조건, 기후 조건, 땅의 상태가 좋지 않을 때 동물이 그것을 이용할 수 있어야 한다.

② 소관당국이 예외를 인정할 수 있는 경우
　㉠ 수소의 목초지 접근 또는 암소의 경우 겨울 동안 야외 운동장이나 방목장으로의 접근
　㉡ 비육 말기

③ 축사의 바닥은 부드럽지만 미끄러워서는 아니 된다. 바닥 전체를 슬래트 구조나 격자 구조(Entirely of Slatted or Grid)로 만들어서는 안 된다.

④ 축사는 견고한 구조물로 이루어져야 하며, 편안하고 깨끗하고 건조하며 충분한 크기의 잠자리/휴식 공간을 제공할 수 있어야 한다. 휴식공간에는 충분한 양의 건조된 깔짚이 제공되어야 한다.

⑤ 개별 박스형 송아지 사육장과 가축을 밧줄로 묶어두는 것은 소관당국의 승인 없이는 허용되지 않는다.

⑥ 번식돈은 임신 말기와 포유기간을 제외하고 군사되어야 한다.
　㉠ 자돈은 평평한 바닥이나 자돈 케이지에서 사육할 수 없다.
　㉡ 운동 공간에서는 동물들이 배변을 하거나 땅을 팔 수 있도록 해야 한다.

⑦ 토끼를 케이지에서 사육하는 것은 허용되지 않는다.

［ 핵심예제 ］

유기식품의 생산 · 가공 · 표시 · 유통에 관한 Codex 가이드라인에서 정하고 있는 가축의 축사 및 방목조건으로 틀린 것은?

① 모든 포유동물은 목초지 또는 야외 운동장이나 방목장으로 들어갈 수 있어야 한다.

② 관할기관의 승인 없이 송아지를 개별 박스형 우리에 사육하는 것은 허용하지 않는다.

③ 축사 바닥은 청결을 유지하기 위해 전체를 격자형 구조물로 하되, 평평함을 유지시켜야 한다.

④ 토끼를 케이지에서 사육하는 것은 허용되지 않는다.

정답 ③

핵심이론 10 축사 및 방목장 조건(3) - 가금류의 사육조건

① 가금은 개방 조건(Open-range Conditions)에서 사육되어야 하고, 기후 조건이 허용하는 한, 야외 방목장으로 자유로운 접근이 되어야 한다. 가금을 케이지 안에 사육하는 것은 허용되지 않는다.

② 물새류는 기후 조건이 허용하는 한, 개울, 연못, 호수에 자유로이 접근할 수 있어야 한다.

③ 모든 가금류 사육장은 짚, 톱밥, 모래, 잔디와 같은 깔개 물질이 깔린 견고한 구조공간이 제공되어야 한다.
　㉠ 산란계에는 배설물(Droppings)을 수집할 수 있는 충분히 넓은 바닥부분이 확보되어야 한다.
　㉡ 횃대/공중 수면공간(Perches/higher Sleeping Areas)의 크기와 숫자는 가금 사육군의 종과 규모에 상응해야 하며, 적절한 크기의 출입구가 제공되어야 한다.

④ 산란계의 경우, 인공 조명에 의해 일광 시간을 연장하고자 할 때, 소관당국은 종, 지리적 조건, 동물의 일반적 건강 상태를 고려하여 최대 시간을 규정하여야 한다.

⑤ 가금의 건강을 위해 한 차례의 사육이 끝나면 축사를 비워야 하고(Between each batch of poultry reared buildings should be emptied), 방목장은 식물들이 다시 자랄 수 있도록 빈 상태로 두어야 한다.

［ 핵심예제 ］

유기식품의 생산 · 가공 · 표시 · 유통에 관한 Codex 가이드라인에서 정하고 있는 가축의 축사 및 방목 조건으로 옳지 않은 것은?

① 산란계가 낳은 알을 모을 수 있는 평평한 부분이 충분히 확보되어 있어야 한다.

② 가금은 개방조건에서 사육해야 하고 기후조건에 따라 노천지에 접근이 가능해야 한다.

③ 가금을 케이지 안에 사육하는 것은 허용된다.

④ 가금의 건강을 위해 한 차례의 사육이 끝나면 축사를 비워야 한다.

정답 ③

핵심이론 11 구비(廐肥) 관리

① 가축의 축사나 방목지를 유지하기 위하여 사용되는 구비관리규범은 다음과 같은 방식으로 이행되어야 한다.
  ㉠ 토양과 수질 저하를 최소화해야 한다.
  ㉡ 질산염과 병원성 박테리아가 물을 심각하게 오염시키지 않아야 한다.
  ㉢ 영양분의 재순환을 최적화해야 한다.
  ㉣ 태우기 등 유기 규범과 부합되지 않는 행위를 하지 않아야 한다.
② 퇴비시설을 포함한 모든 구비 저장 및 취급 시설은 토양이나 지표수를 오염시키지 않도록 설계되고, 축조되고, 운영되어야 한다.
③ 구비 살포 비율은 토양이나 지표수 오염을 유발하지 않는 수준이어야 한다.
  ㉠ 소관당국은 최대 구비 살포 비율이나 가축 밀도를 정할 수 있다.
  ㉡ 구비를 살포하려면 연못, 강, 개울로 유출될 위험이 커지지 않는 시기와 방법을 선택해야 한다.

핵심예제

유기식품의 생산 가공 표시 유통에 관한 Codex 가이드 라인에서 분뇨(구비)관리에 대한 설명 중 틀린 것은?

① 축사나 방목지 분뇨관리는 토양과 수질의 악화를 최소화하는 형태로 관리되어야 한다.
② 가축분뇨는 영양소의 재순환을 위해 활용되거나 적당한 형태로 태워져야 한다.
③ 가축분뇨는 질산과 병원성균으로 인해 발생하는 수질오염을 줄이는 형태로 관리되어야 한다.
④ 퇴비시설을 포함한 모든 분뇨 저장/취급 시설은 토양이나 지표수의 오염이 방지되도록 설계, 건축 관리해야 한다.

정답 ②

핵심이론 12 양봉 및 양봉 제품 - 벌의 건강

① 벌 군락의 건강은 농산물우수관리규범(Good Agricultural Practice)에 따라 유지하여야 하는데, 품종 선택과 벌통 관리를 통한 질병 예방에 중점을 두어야 한다. 이 규범에는 다음의 것들이 포함된다.
  ㉠ 현지 조건에 잘 적응할 수 있는 강건한 품종의 사용
  ㉡ 필요할 경우, 여왕벌의 갱신
  ㉢ 정기적인 청소 및 장비의 소독
  ㉣ 밀랍의 정기적 갱신
  ㉤ 벌통에 충분한 화분과 꿀이 수집될 수 있는 가용성
  ㉥ 이상을 탐지하기 위한 꿀벌 통의 체계적 검사
  ㉦ 벌통의 수벌 무리를 체계적으로 조절
  ㉧ 필요하다면, 질병에 감염된 벌통을 격리된 지역으로 이동시킴
  ㉨ 오염된 벌통과 재료를 폐기함
② 꿀벌의 병해충 관리를 위해 사용할 수 있는 것
  ㉠ 젖산(Lactic), 옥살산(Oxalic), 초산(Acetic Acid)
  ㉡ 포름산(Formic Acid), 황(Sulfur)
  ㉢ 자연산 에터 기름(Natural Etheric Oils) (예) 멘톨, 유칼립톨, 캄포)
  ㉣ 바실러스 튜링겐시스(Bacillus Thuringiensis)
  ㉤ 증기 및 직사 화염(Direct Flame)
③ 예방 수단이 효과가 없을 때, 동물용 의약품을 다음의 조건으로 사용할 수 있다.
  ㉠ 식물치료요법(Phytotherapeutic)과 동종요법(Homeopathic Treatment)을 우선적으로 사용
  ㉡ 이종요법의 화학적으로 합성된 의약품을 사용했을 경우, 그 양봉 제품을 유기 제품으로 판매할 수 없다. 이렇게 처리된 벌통은 격리한 후 1년의 전환기간을 거쳐야 한다. 모든 밀랍은 본 가이드라인 따른 밀랍으로 대체되어야 한다.
  ㉢ 수의학적인 처치를 한 경우, 모두 분명한 기록을 남겨야 한다.
④ 수벌 무리(Mmale Brood)의 제거는 꿀벌 응애(Varroa Jacobsoni)에 감염된 경우에 한하여 허용된다.
⑤ 관 리
  ㉠ 기초 벌집은 유기적으로 생산된 밀랍으로 만들어야 한다.
  ㉡ 양봉 제품을 수확하기 위하여 벌집 안에 들어 있는 벌을 죽이는 것은 금지된다.
  ㉢ 여왕벌의 날개를 자르는 것과 같은 절단행위는 금지된다.

ㄹ 꿀 채취 작업을 하는 동안에는 화학 합성방충제의 사용이 금지된다.

ㅁ 훈연은 최소화하여야 한다. 훈연 물질은 천연 물질이거나 본 가이드라인의 요건을 충족하는 재료에서 나온 것이어야 한다.

ㅂ 양봉으로부터 유래되는 제품을 추출하고 가공할 동안에는 가능한 낮은 온도를 유지하는 게 좋다.

핵심예제

12-1. Codex 유기식품의 생산 · 가공 · 표시 · 유통에 관한 가이드라인의 유기생산 원칙에서 벌의 건강에 관한 효과적인 양봉 관리에 해당하지 않는 것은?

① 지역 여건에 잘 적응하는 건강한 품종을 선택
② 상황에 따라 여왕벌 교체
③ 오염된 양봉기자재는 청소하고 소독하여 사용
④ 벌통의 수벌을 체계적으로 관리

정답 ③

12-2. 유기식품의 생산 · 가공 · 표시 · 유통에 과한 Codex 가이드라인에서 정하고 있는 벌의 건강을 위한 병충해 방지용으로 허용되고 있지 않은 것은?

① 초 산
② Bacillus Thuringiensis
③ 유 황
④ 폼알데하이드

정답 ④

12-3. Codex 유기식품의 생산 · 가공 · 표시 및 유통에 관한 가이드라인에서 양봉관리에 대한 내용으로 틀린 것은?

① 기초 벌집은 유기적으로 생산된 밀랍으로 만들어야 한다.
② 이동을 방지하기 위해 여왕벌의 날개를 자르는 것과 같은 절단행위는 허용된다.
③ 양봉제품을 수확하기 위하여 벌집 안에 들어 있는 벌을 죽이는 것은 금지된다.
④ 꿀 채취작업을 하는 동안에는 화학합성 방충제의 사용이 금지된다.

정답 ②

핵심이론 **13** 유기제품의 취급, 해충 관리

① 유기제품의 취급

유기제품의 순수성(Integrity)은 가공단계 동안 유지되어야 한다.

② 해충 관리

ㄱ 이를 위해서는 정제작업 및 첨가제, 가공보조제의 사용을 제한하는 신중한 가공방법으로 성분의 특성에 적절한 방법을 사용해야 한다.

- 해충방제, 식품보존, 병원성 미생물의 제거, 위생의 목적으로 유기식품에 전리방사선(Ionizing Radiation)을 사용해서는 안 된다.
- 에틸렌은 키위와 바나나의 숙성을 위해 사용될 수 있다.

ㄴ 해충의 관리와 통제를 위하여 다음의 조치를 우선적으로 사용해야 한다.

- 해충의 시설 접근을 봉쇄하고, 서식지의 파괴 및 제거와 같은 예방적 방법이 해충 관리의 우선적인 방법론이 되어야 한다.
- 예방적 방법이 충분하지 않을 경우, 기계적, 물리적, 생물학적 방법을 해충 방제를 위해 첫 번째로 선택해야 한다.
- 기계적, 물리적, 생물학적 방법이 해충 방제에 충분하지 않을 경우, 부속서 2, 표 2에 나오는 살충제(또는 5.2항에 따라 소관당국이 허용하는 다른 물질)를 사용할 수 있을 것이다. 단, 이 살충제들을 취급, 저장, 운송, 가공시설에서 사용할 수 있도록 소관당국이 허용해야 하며, 이것들이 유기제품과 접촉되지 않도록 해야 한다.

ㄷ 우수제조관리기준(Good Manufacturing Practice)을 이용하여 해충을 피해야 한다. 저장소나 운송 용기 안에서의 해충 관리는 물리적 장벽을 사용하거나 소리, 초음파, 빛, 자외선, 덫(페로몬 덫, 고정된 미끼 덫), 온도 조절, 대기 조절(이산화탄소, 산소, 질소), 규조토와 같은 다른 조치를 사용할 수 있다.

ㄹ 수확 후의 처리나 검역을 목적으로 부속서 2에 열거되지 않은 살충제는 본 가이드라인에 따라 조제된 제품에 사용되어서는 아니 된다. 이러한 살충제를 사용하면 유기식품은 유기제품으로서의 지위를 상실하게 될 것이다.

13-1. 다음은 무농약인증 생산물의 병해충 관리 및 방제 시 우선적으로 조치할 사항이다. 순서를 맞게 배열한 것은?

> ㉠ 기계적·물리적 및 생물학적 방법을 적용
> ㉡ 병해충 관리를 위하여 사용이 가능한 물질 사용
> ㉢ 병해충 서식처의 제거 및 시설에의 접근방지 등 예방조치

① ㉢ - ㉡ - ㉠ ② ㉡ - ㉠ - ㉢
③ ㉢ - ㉠ - ㉡ ④ ㉡ - ㉢ - ㉠

정답 ③

13-2. 유기식품의 생산. 가공. 표시. 유통에 관한 Codex 가이드라인에서 유기생산 원칙 중 취급, 저장, 운송, 가공, 포장단계에서의 해충관리와 관련된 설명으로 옳은 것은?

① 1차적 예방적 방법으로는 기계적, 물리적, 생물학적 방법을 사용한다.
② 유기제품의 보존성 증진과 해충방제의 목적으로 방사선 조사를 할 수 있다.
③ 저장소나 운송용기의 경우에는 격벽을 사용하거나 소리, 초음파, 빛, 덫(페로몬 또는 미끼를 사용하는 것)을 사용할 수 있다.
④ 해충의 서식처를 파괴, 제거하고 해충이 시설에 접근하는 것을 봉쇄하는 등의 방법은 해충관리의 2차적인 수단이 된다.

정답 ③

해설
13-1
예방조치(1단계) → 기계·물리·생물학적 방법(2단계) → 사용가능 물질사용(3단계)

핵심이론 14 유기제품의 가공 및 제조, 포장과 저장 및 운송

① 가공 및 제조
가공방법은 기계적, 물리적, 생물학적 방법(발효 및 훈연 등)이 되어야 하며, 부속서 2, 표 3과 4에 나오는 비농산물 성분 및 첨가물의 사용을 최소화해야 한다.
② 포 장
포장 물질은 가능하다면 생물분해성이며, 재활용된 또는 재활용이 가능한 자원에서 선택해야 한다.
③ 저장 및 운송
다음의 예방조치를 적용하여 저장, 운송, 취급 도중에도 제품의 순수성을 유지하여야 한다.
㉠ 유기제품에 비유기제품이 혼입되는 일은 항상 방지되어야 한다.
㉡ 유기제품은 유기농법 및 취급에 사용이 허용되지 않은 재료 및 물질과 항상 접촉되지 않도록 해야 한다.
④ 제품 가운데 일부만 인증되었다면, 본 가이드라인에 따라 만들어지지 않은 다른 제품은 분리하여 저장, 취급해야 하며, 그 두 종류의 제품은 모두 분명하게 구분되어야 한다.
⑤ 비포장(Bulk) 유기제품은 관행생산(Conventional) 제품과 분리시켜 저장해야 하며, 그 표시도 분명히 해야 한다.
⑥ 유기제품의 저장 지역과 운송용기는 유기생산에서 허용된 방법과 재료를 사용하여 청소해야 한다. 유기제품 전용이 아닌 저장 지역이나 용기의 경우에는 사용에 앞서 부속서 2에 열거되지 않은 살충제나 처리제의 오염을 막는 조치를 취해야 한다.

유기식품의 생산·가공·표시·유통에 관한 Codex 가이드라인에서 규정한 유기식품의 저장과 운송방법으로써 적절하지 못한 것은?

① 유기제품과 비유기 제품을 섞이지 않게 한다.
② 유기제품이 유기농법에서 허용되지 않는 물질과 접촉되지 않게 한다.
③ 유기제품을 벌크(Bulk)로 저장할 때에는 재래식 제품과 저장한다.
④ 제품 가운데 일부만 인증되는 경우에는 가이드라인에 의거하지 않은 제품은 별도로 저장, 취급하고 두 가지가 뚜렷이 구별되게 한다.

정답 ③

3-6. 부속서 2 유기식품 생산에 허용되는 물질

① 토양의 비옥화 및 개량, 병해충 관리, 가축의 건강 및 동물 제품의 품질을 위하거나 식품의 준비, 보존, 저장을 위해 유기 체계에서 사용되는 모든 물질은 관련 국가 규정을 따라야 한다.

② 다음의 목록에 포함된 물질의 사용량, 사용빈도, 특정 목적 같은 사용조건은 인증기관이나 인증권자에 의해 명시될 수 있다.

③ 일차 생산에 어떤 물질이 필요할 경우 허용된 물질일지라도 오용될 소지가 있고 토양이나 농장의 생태계를 변화시킬 수 있다는 점을 염두에 두고 조심스럽게 사용해야 한다.

④ 다음의 목록은 모든 물질을 규정하거나 제외하거나 한정된 규제 수단을 제시하려는 의도가 아니고, 국제적으로 합의된 정보를 각 정부에게 참고자료로 제공하려는 것이다. 각국 정부가 고려하고자 하는 제품과 관련하여, 본 가이드라인 제5장에서 상세하게 제시된 검토 기준 체계가 특정 물질 허용 여부 결정에 있어 우선적으로 적용되어야 한다.

[핵심예제]

유기식품의 생산 · 가공 · 표시 · 유통에 관한 Codex 가이드라인의 유기식품 생산을 위한 허용물질 기준에 대한 설명으로 틀린 것은?

① 유기생산시스템에서 토양비옥화, 병해충방제, 축산물 품질 향상, 유기식품가공을 위한 모든 자재는 각국에서 정하는 관련규정에 따라야 한다.

② 각국의 인증기관 또는 관계당국은 특정자재의 사용량, 사용 횟수, 구체적 사용목적을 정할 수 있다.

③ 일차생산을 위해 필요한 허용자재는 오용되지 않도록 주의해서 사용한다.

④ 코덱스 가이드라인에 의한 허용물질 기준은 각국이 변경할 수 없는 최종적 규제수단이다.

정답 ④

① 인증기관이나 인증권자가 필요성을 인정한 경우 사용되는 물질

ㄱ 퇴비화된 동물 (가금류 포함)의 배설물

ㄴ 건조된 농장 구비 및 탈수된 가금류 구비 : '공장'형 농장에서 나온 것은 허용되지 않는다.

ㄷ 구아노, 짚, 퇴비, 버섯 폐배지, 질석(蛭石)의 기질 (Vermiculite substrate)

ㄹ 선별된, 퇴비화된 또는 발효된 가정 쓰레기

ㅁ 도축장 및 수산업으로부터 유래하는 동물성 가공 제품

ㅂ 합성 첨가제로 처리되지 않은 식품 및 섬유 산업의 부산물, 해초 및 해초 제품

ㅅ 톱밥, 나무껍질, 목재 폐기물(벌목 후 화학적 처리를 하지 않은 목재)

ㅇ 나무 재, 목탄(벌목 후 화학적 처리를 하지 않은 목재)

ㅈ 천연 인광석(카드뮴이 90mg/kg P_2O_5를 초과해서는 아니 된다.)

ㅊ 염기성 슬래그(용재溶滓), 제당 산업의 부산물(예 Vinasse)

ㅋ 미량 원소(예 붕소, 동, 철, 망간, 몰리브덴, 아연), 황, 표백분(염화석회)

ㅌ 팜유, 코코넛, 코코아의 부산물 (속이 빈 열매송이, 팜유 추출 폐유, 코코아 퇴적토탄 및 속이 빈 코코아 열매 껍질)

ㅍ 유기농업유래 원료 가공산업 부산물

ㅎ 인분 : 이 물질은 화학적 오염의 우려가 있는 가정 쓰레기나 산업 쓰레기로부터 분리시켜야 한다. 또한 해충, 기생충, 병원성 미생물로부터 생겨나는 위험을 제거하기 위하여 이것을 충분히 처리해 두어야 하며, 사람이 먹을 작물이나 식물의 식용 부위에 투여하지 않는다.

② 인증기관이나 인증권자가 필요성을 인정하지 않아도 사용 가능

ㄱ 식물 잔류물에서 나온 퇴비, 지렁이 및 곤충 부식토

ㄴ 천연에서 유래하는 탄산칼슘[(예 탄산석회(백악 ; 白堊), 이회토(泥灰土), Maerl(모래퇴적물), 석회암, 인산염 탄산석회]

ㄷ 마그네슘 암, 석회질 마그네슘 석회암, 엡섬 염(사리염 ; 瀉利塩 ; 황산마그네슘)

ㄹ 돌가루(Stone Meal), 질석(Vermiculite)

ⓜ 점토(예 벤토나이트, 펄라이트, 제올라이트)

ⓗ 자연적으로 발생하는 생물체(예 벌레)

③ 기 타

　ⓘ 농장 및 가금 구비(廐肥) : 유기생산 체계에서 나오지 않은 경우 인증기관이나 인증권자가 필요성을 인정하여야 한다. '공장'형 농장에서 나온 것은 허용되지 않는다.

　ⓛ 슬러리(Slurry) 또는 가축 뇨(尿) : 유기생산으로부터 나온 것이 아닌 경우 검사기관의 인정이 필요하다. 관리된 발효 그리고/또는 적절한 희석 후에 사용하는 것이 좋다. '공장'형 농장에서 나온 것은 허용되지 않는다.

　ⓒ 구비 및 퇴비화된 농장 구비 : '공장'형 농장에서 나온 것은 허용되지 않는다.

　ⓔ 칼륨암, 채굴한 칼륨염(예 카이나이트, 실비나이트) : 염소 함량 60% 미만일 것

　ⓜ 황산칼륨(예 패튼칼리) : 물리적 절차에 의하여 얻어지는 것으로서, 그 수용성을 높이기 위해 화학 공정을 보강해서는 안 된다. 인증기관이나 인증권자가 필요성을 인정한 경우

　ⓗ 석고(황산칼슘) : 자연적인 것에서 나온 것만 사용 가능

　ⓢ 염화나트륨 : 암염만 해당

　ⓞ 스틸리지 및 스틸리지 추출액(Stillage 증류폐액) : 암모늄 주정박은 제외한다.

　ⓩ 염화나트륨 : 암염만 해당

　ⓩ 알루미늄 인산칼슘 : 카드뮴의 양이 90mg/kg P_2O_5 이하이어야 한다.

　ⓚ 토탄(土炭)/이탄(泥炭) : 합성첨가제 제외 종자 및 화분(Potting) 단위 퇴비에 사용 가능. 다른 용도의 사용에 대해서는 인증기관이나 인증권자가 필요성을 인정하여야 한다. 토양 개량제로는 사용할 수 없다.

　ⓔ 염화칼슘 용액 : 칼슘 결핍이 밝혀졌을 경우, 엽면시비용

2-1. 유기식품의 생산 · 가공 · 표시 · 유통에 관한 가이드라인에서 유기식품 생산에 허용되는 물질에 대한 설명 중 옳은 것은?

① 가축의 건강 및 동물 제품의 품질을 위하거나 식품의 준비 · 보존 · 저장을 위해 유기체계에서 사용되는 물질은 국제유기농업연맹의 규정에 부합하여야 한다.

② 토양의 비옥도 및 개량을 위해 사용되는 물질 중 퇴비화된 동물의 배설물은 인증기관이나 인증권자가 필요성을 인정한 경우에 가능하다.

③ 식품 병해를 방제용 물질 중 해초, 해초추출액, 해염 등 바다에서 생산된 것을 화학적 처리가 가능하다.

④ 인증기관이 확인하는 경우에도 박테리아는 생물학적 해충방제제로 사용할 수 없다.

정답 ②

2-2. 유기식품의 생산. 가공. 표시. 유통에 관한 Codex 가이드라인에서 유기식품 생산에 허용되는 토양의 비옥화 및 토질개선에 사용하는 물질 중 천연 인광석의 성분요건 및 사용조건으로 옳은 것은?

① 인증기관의 확인 필요하며, 카드뮴이 90mg/kg P_2O_5를 초과하지 않아야 함

② 인증기관의 확인 필요하며, 카드뮴이 120mg/kg P_2O_5를 초과하지 않아야 함

③ 인증기관의 확인 필요하지 않으며, 카드뮴이 90mg/kg P_2O_5를 초과하지 않아야 함

④ 인증기관의 확인 필요하며 않으며, 카드뮴이 120mg/kg P_2O_5를 초과하지 않아야 함

정답 ①

핵심이론 03 식물 해충 및 질병 관리를 위한 물질들

① 인증기관이나 인증권자가 필요성을 인정한 경우 사용가능

　㉠ 제충국(*Chrysanthemum cinerariaefolium*)에서 추출한 것으로 피레쓰린을 기반으로 하는 제제, 활성제(Synergist)로서의 사용을 포함함. : 2005년 이후에는 Piperonyl Butoxide을 '활성제(Synergist)'용도로 사용할 수 없다.

　㉡ *Derris elliptica, Lonchocarpus, Thephrosia* spp.에서 나온 로테논(Rotenone) 제제 : 이 물질이 수로로 유입되는 것을 방지하는 방식으로 사용하여야 한다.

　㉢ 쿠아시아 제제(from *Quassia amara*)

　㉣ 라이아니아 제제(from *Ryania speciosa*

　㉤ 님(Neem)(Azadirachtin ; 아자디라크틴)의 제제/제품(from *Azadirachta indica*)

　㉥ 해초, 해초가루, 해초추출물, 해염, 해수(화학적으로 처리되지 않은 것)

　㉦ 담배를 제외한 천연 식물성 제제

　㉧ 담배잎차(순수한 니코틴은 제외)

　㉨ 밀랍(Propolis), 레시틴(Lecithin), 천연산(예 식초), 표고버섯(Shiitake Fungus) 추출물

　㉩ 담배를 제외한 천연 식물성 제제, 담배잎차(순수한 니코틴은 제외)

　㉪ 황, 규조토, 과망간산칼륨, 파라핀 오일

　㉫ 미생물(박테리아, 바이러스, 곰팡이)

　　예 *Bacillus thuringiensis*, Granulosis virus 등

　㉬ 이산화탄소 및 질소 가스, 에틸알코올, 웅성 불임곤충, 쥐약

　㉭ 메타알데하이드(Metaldehyde)를 기반으로 고등동물 종에 혐오감(Repllent)을 주거나 덫을 이용하는 제제, 광물질 오일

② 인증기관이나 인증권자의 인정이 필요없이 사용가능한 경우

　㉠ 동식물성 오일, 클로렐라 추출물

　㉡ 젤라틴(Gelatine), 카세인(Casein), 밀랍(Beewax)

　㉢ 아스페르길루스(Aspergillus ; 누룩곰팡이) 발효제품

　㉣ 사바딜라[Sabadilla ; 멕시코산(産) 백합과 식물]

　㉤ 광물질 가루(돌가루, 규산염)

　㉥ 규산염, 점토(벤토나이트), 규산나트륨, 중탄산나트륨

　㉦ 칼륨비누(연성비누), 동종요법 및 인도전통 아유르베다식 제제

　㉨ 약용식물 및 생체역학적 제제, 페로몬 제제

　㉩ 기계적 제어 장치 예 농작물 보호망, 나선형 방책, 접착제를 칠한 플라스틱 덫, 끈끈이 밴드

　㉪ 키틴질 살선충(殺線蟲)제(Chitin Nematicides) : 자연산인 경우

　㉫ 인산철 : 연체동물 제거용

핵심예제

3-1. 유기식품의 생산 · 가공 · 표시 · 유통에 관한 Codex 가이드라인에서 정한 유기식품의 식물 병해충 방제용 물질 중 인증기관 또는 위임기관의 승인을 받지 않아도 되는 것은?

① 규조토
② 사바딜라(Sabadilla)
③ 수산화동
④ 클로렐라 추출액

정답 ④

3-2. 유기식품의 생산 · 가공 · 표시 · 유통에 관한 Codex 가이드라인에 따른 식물 해충 및 질병관리를 위한 물질 중 '자연산인 경우'에 해당하는 것은?

① 레시틴
② 천연 산(식초)
③ 키틴질 살선충(殺線蟲)제
④ 표고버섯(Shiitake Fungus) 추출물

정답 ③

3-3. 유기식품의 생산 · 가공 · 표시 · 유통에 관한 Codex 가이드라인에서 유기식품 생산을 위해 사용할 수 있는 식물병충해 방제용 자재에 해당하지 않는 것은?

① 카세인(건락소)
② 순수한 니코틴
③ 동식물 기름
④ 제충국에서 추출한 피레스린을 주성분으로 한 제제

정답 ②

3-4. 유기식품의 생산 · 가공 · 표시 · 유통에 관한 Codex 가이드라인에서 규정한 유기농산물 생산 시 식물 해충 및 질병관리를 위한 물질들 중 인증기관 또는 인증권자의 승인을 받아야만 하는 물질은?

① 칼륨비누
② 웅성불임 곤충
③ 페로몬(유인물질)제제
④ 약용식물 및 생체역학적 제제

정답 ②

핵심이론 04 비농업 유래 성분

① 특정 유기식품 범위 또는 개별 식품 품목에서 특정한 조건 아래 사용이 허가된 첨가물
  ㉠ 무수아황산(이산화황; Sulphur Dioxide) : 사과(Cider)와 배(Perry)로 만든 과일와인, 포도주, 와인(포도 이외의 과일)
  ㉡ 젖산[Lactic Acid (L- D- and DL-)] : 발효 채소 (버섯류와 균류, 근채류와 덩이줄기류, 두류 및 두과식물, 알로에베라 포함), 해조류 제품
  ㉢ 구연산 : 과채류 (버섯류와 균류, 근채류와 덩이줄기류, 두류와 두과식물, 알로에베라 포함)와 해조류, 견과류와 종실류
② 특수한 조건 없이 사용이 가능한 식품 첨가제
  ㉠ 이산화탄소(Carbon Dioxide), 토코페롤(Tocopherols)
  ㉡ 사과산[Malic Acid (DL-)], 아스코브산(Ascorbic Acid)
  ㉢ 레시틴(표백 및 유기 용매를 사용하지 않고 얻은 것), 구연산칼슘(Calcium Citrates), 주석산(Tartaric Acid)
  ㉣ 알긴산(Alginic Acid), 알긴산나트륨(Sodium Alginate)
  ㉤ 알긴산칼륨(Potassium Alginate), 한천(Agar), 카라기난(Carrageenan)
  ㉥ 캐럽콩검(로커스트콩검, Locust Locust Bean Gum), 구아검(Guar Gum)
  ㉦ 트라가칸트 검(Tragacanth Gum), 카라야검(Karaya Gum),
  ㉧ 펙틴(아미드화되지 않은 것)
  ㉨ 탄산암모늄(Hydrogen Carbonate), 탄산수소암모늄 (Ammonium Carbonate Ammonium)
  ㉩ 탄산마그네슘(Magnesium Carbonate), 탄산수소마그네슘(Magnesium Hydrogen Carbonate)
  ㉪ 탄산칼슘, 질소(Nitrogen)
③ 사용이 불가능한 식품 첨가제
  ㉠ 젖산칼슘(Calcium Lactate), 구연산이수소나트륨(Sodium Dihydrogen Citrate)
  ㉡ 구연산이수소칼륨(PotassiumDihydrogen Citrate)
④ **착향료** : 천연향료의 일반적 요구사항에 정의된 것으로서, 천연 향료 물질 또는 천연 향료 제제로 표시된 물질 및 제품

⑤ 물 및 소금
  ㉠ 음용수
  ㉡ 소금(식품가공에서 일반적으로 사용되는 기본 성분인 염화나트륨이나 염화칼륨이 들어있는)
⑥ 미생물 및 효소제제 : 통상적으로 식품가공에서 사용되는 모든 미생물 및 효소 제제를 말하지만, 유전공학/유전자변형 미생물이나 유전공학에서 유래된 효소는 제외된다.
⑦ 광물질(미량 무기질 포함), 비타민, 필수지방산 및 아미노산, 기타 질소화합물 : 식품 생산에 사용하는 것이 법적으로 요구되는 경우에만 허용

핵심예제

4-1. 유기식품의 생산·가공·표시·유통에 관한 Codex 가이드라인에서 식품첨가제로 사용할 수 있는 이산화황(sulfur dioxide)은 어떤 제품에 한정하여 사용할 수 있는가?

① 발효채소 제품
② 밀가루 제품
③ 와인제품
④ 케첩과 겨자소스

정답 ③

4-2. 유기식품의 생산·가공·표시·유통에 관한 Codex 가이드라인에서 규정한 유기식품 생산에 허용되는 물질 중 특수한 조건 없이 사용이 가능한 식품 첨가제는?

① 젖 산
② 염화칼륨
③ 알긴산(Arginic acid)
④ 아라비아 수지(Arabic gum)

정답 ③

핵심이론 05 | 농산물계 제품의 조제에 사용할 수 있는 가공보조제

① 응고제 : 염화칼슘, 황산칼슘, 염화마그네슘 (또는 Nigari)
② pH 조정의 목적으로 사용되는 것
  ㉠ 황산 : 설탕 생산에서 추출수의 pH 조정
  ㉡ 수산화나트륨 : 설탕 생산에서 pH조정
  ㉢ 수산화칼륨 : 설탕 가공을 위한 pH조정
  ㉣ 구연산 : pH조정
③ 이형제 : 밀랍(Beewax), 카르나우바 밀랍(Carnauba Wax), 식물성 오일(유연제 또는 이형제)
④ 탄산칼륨 : 건포도 건조에 사용
⑤ 에탄올 : 용매
⑥ 탄닌산 : 여과보조제
⑦ 이산화규소 : 겔 또는 콜로이드 용액으로서 사용됨
⑧ 탄산나트륨 : 설탕 생산

※ 통상적으로 식품가공에서 가공보조제로 사용되는 모든 미생물 및 효소 제제를 말하지만, 유전공학/유전자 변형 미생물과 유전공학/유전자 변형 미생물에서 유래된 효소는 제외된다.

[핵심예제]

5-1. 유기식품의 생산 · 가공 · 표시 · 유통에 관한 Codex 가이드라인에서 정한 가공보조제 중 pH 조정의 목적으로 사용되는 것이 아닌 것은?

① 탄닌산
② 구연산
③ 수산화나트륨
④ 황 산

정답 ①

5-2. 유기식품의 생산 · 가공 · 표시 · 유통에 관한 Codex 가이드라인에서 농산물계 제품의 조제에 사용할 수 있는 가공보조제와 사용조건이 틀린 것은?

① 카나우바 밀랍 : 응고제
② 황산칼슘 : 응고제
③ 탄산칼륨 : 건포도 건조
④ 탄닌산 : 여과보조제

정답 ①

3-7. 부속서 3 검사 또는 인증 제도에서 최소 검사요구사항 및 예방조치 사항

핵심이론 01 | 검사 또는 인증 제도에서 최소 검사요구사항 및 예방조치 사항

① 본 가이드라인 제3장에 따라서 표시된 제품이 국제적으로 합의된 기준에 일치하는지 확인하려면 해당 식품 제조과정 전체에 대한 검사가 필요하다. 공인 인증기관이나 인증권자와 소관당국은 본 가이드라인에 따라 정책과 절차를 설정해야 한다.
② 검사 계획 아래에서는 검사기관이 모든 기록, 문서, 시설에 언제나 접근 가능해야 한다. 검사 대상 사업자는 소관당국이나 지정권자의 접근을 허용해야 하며, 제3자 감사에 필요한 모든 정보를 제공해야 한다.
③ 준비 및 포장 구역
  ㉠ 생산자, 사업자는 다음의 것을 제공해야 한다.
    • 관련 작업 전후의 농산물 준비, 포장, 저장을 위해 사용된 시설을 보여주는 해당 구역(Unit)에 대한 상세한 설명서
    • 본 가이드라인을 준수하기 위해 단위 구역에서 취해진 모든 실행 조치
    해당 설명서와 조치에는 해당 구역과 인증기관의 책임자 서명이 있어야 한다.
    보고서에는 본 가이드라인의 제4장에 따라 작업할 것이며 이를 위반할 경우 본 가이드라인 단락 6.9에 언급된 조치를 받아들이겠다는 사업자의 약속을 담고, 쌍방이 서명해야 한다.
  ㉡ 인증기관이나 인증권자가 다음사항을 추적할 수 있도록 기록 대장이 보관되어야 한다.
    • 본 가이드라인의 제1장에서 언급된, 해당 구역에 반입된 농산물의 출처, 특성, 수량
    • 본 가이드라인의 제1장에서 언급된, 해당 구역을 떠난 제품의 특성, 양, 인수자
    • 해당 구역에 반입된 원료, 첨가물 및 생산 보조제의 출처 · 특성 · 수량, 가공제품의 성분 등 인증기관이나 인증권자가 검사를 위해 요구하는 기타 정보

ⓒ 본 가이드라인 제1장에서 언급되지 않은 제품이 해당 구역에서 함께 가공, 포장, 저장되는 경우

- 작업 전후에, 본 가이드라인 제1장에서 언급된 제품을 저장할 수 있는 별도의 구역이 해당 구역의 시설 내에 있어야 한다.
- 작업은 본 가이드라인 제1장에 언급되지 않은 제품에 이루어지는 유사한 작업과 장소와 시간을 분리하여 실시하며, 작업이 완전히 끝날 때까지 연속적으로 진행되어야 한다.
- 그 같은 작업이 자주 수행되지 않는다면, 작업이 있을 때마다 인증기관이나 인증권자와 합의한 시한 내에 미리 통보해야 한다.
- 로트를 분명히 표시하고 본 가이드라인의 요건에 부합되지 않는 제품과 섞이지 않도록 모든 조치를 취해야 한다.

ⓔ 공인 인증기관이나 인증권자는 1년에 한 번 이상 생산 구역에 대해 충분한 물리적인 검사를 해야 한다. 본 가이드라인에 허용되지 않는 제품이 사용되는 것으로 의심되는 경우에는 시험용으로 해당 제품의 견본을 수집할 수 있다. 검사 보고서는 방문할 때마다 작성해야 한다. 추가적인 불시 방문도 필요에 따라 또는 무작위로 실시되어야 한다.

ⓜ 사업자는 인증기관이나 인증권자가 검사를 위해 해당 구역에 접근하는 것과 장부 및 관련 문서를 열람할 수 있도록 해야 한다. 또한, 사업자는 검사를 위해 필요한 모든 정보를 검사기관에게 제공해야 한다.

ⓑ 본 가이드라인 제1장에 언급된 제품을 수령하는 즉시, 사업자는 다음 사항을 확인해야 한다.

- 포장이나 요구한 용기의 마무리 상태
- 본 부속서의 A.10에 규정된 표시의 존재 여부. 이 점검 결과는 B.2에서 언급한 대장에 분명하게 기록되어야 한다. 제품이 본 가이드라인의 제6장에 명시된 생산체계에 부합하지 않는 것으로 의심되면, 그 제품은 유기생산 방법에 관한 표시 없이 시장에 내놓아야 한다.

④ 수입국은 수입자에 대한 검사 및 수입된 유기 제품에 대한 검사를 위한 적절한 검사요건을 정해 놓아야 한다.

핵심예제

1-1. 유기식품의 생산·가공·표시·유통에 관한 Codex 가이드라인에서 규정하고 있는 검사/인증 시의 최소 검사요건 및 예방조치로 가장 적합한 것은?

① 수입국은 수출국의 유기제품의 검사요건을 그대로 인정하여 적용해야 한다.
② 인증기관이 해당 구역을 방문 시에는 반드시 사전에 통보하여야 한다.
③ 인증기관은 최소한 1년에 한 번씩 해당 구역 전체에 대해 물리적인 검사를 실시해야 한다.
④ 사업자는 매년 1월 1일 농가별 작물생산 스케줄을 작성하여 통보한다.

정답 ③

1-2. 유기식품의 생산·가공·표시·유통에 관한 Codex 가이드라인에서 검사/인증 시의 최소 검사요건 및 예방조치로 가장 적합한 것은?

① 수입국은 수입 유기제품의 검사요건만 정해 놓으면 된다.
② 인증기관은 필요에 따라 또는 불시에 생산구역을 방문해야 한다.
③ 인증기관은 최소한 2년에 한번씩 생산구역 전체에 대해 물리적인 검사를 실시해야 한다.
④ 사업자는 매년 인증기관이 정한 날짜에 인증기관에 단위농지별로 작물생산 스케줄을 통보한다.

정답 ②

Win-Q

유기농업기사 · 산업기사

과년도 + 최근
기출복원문제

Win-Q

유기농업기사

자격증 · 공무원 · 금융/보험 · 면허증 · 언어/외국어 · 검정고시/독학사 · 기업체/취업
이 시대의 모든 합격! SD에듀에서 합격하세요!
www.youtube.com ➜ SD에듀 ➜ 구독

유기농업기사
기출복원문제

2017년 제1회 | 과년도 기출문제

제1과목 **재배원론**

01 논토양의 특징으로 틀린 것은?

① 탈질작용이 일어난다.
② 산화환원전위가 낮다.
③ 환원물(N_2, H_2S)이 존재한다.
④ 토양색은 황갈색이나 적갈색을 띤다.

해설
밭토양은 황갈색이나 적갈색을 띠지만, 논토양은 청회색 또는 암회색을 띤다.

02 벼 병해형 냉해의 증상으로 틀린 것은?

① 화분의 수정장해
② 규산흡수의 저해
③ 광합성의 감퇴
④ 단백질합성의 저하

해설
병해형 냉해
벼는 냉온에서 생육이 부진하여 규산의 흡수가 저해되면 광합성 및 질소대사의 이상(단백질합성의 저하)으로 도열병이 침입하여 쉽게 전파된다.
※ 장해형 냉해는 화분방출, 수정장해를 유발하여 불임현상이 초래된다.

03 벼의 비료 3요소 흡수비율로 옳은 것은?

① 질소 5 : 인산 1 : 칼륨 1.5
② 질소 5 : 인산 2 : 칼륨 4
③ 질소 4 : 인산 2 : 칼륨 3
④ 질소 3 : 인산 1 : 칼륨 4

해설
작물별 비료 3요소의 흡수비율

구 분	질 소	인 산	칼 륨
벼	5	2	4
맥 류	5	2	3
콩	5	1	1.5
옥수수	4	2	3
고구마	4	1.5	5

04 다음 중 파종 전처리로 사용되는 제초제는?

① Paraquat
② 2,4-D
③ Alachlor
④ Simazine

해설
제초제의 처리시기
• 파종 전처리 : 경기하기 전에 포장에 Paraquat(그라목손) 등의 제초제를 살포한다.
• 파종 후처리 또는 출아 전처리 : 파종 후 3일 이내에 Alachlor, Simazine 등의 제초제를 토양 전면에 살포한다.
• 생육 초기 처리 또는 출아 후처리 : 잡초의 발생이 심할 때에는 생육 초기에도 2,4-D, Bentazon 등의 선택성 제초제를 살포한다.

05 모관수의 토양수분함량은?

① pF 0~2.7
② pF 2.7~4.5
③ pF 4.5~7.0
④ pF 7.0 이상

해설
토양수분의 종류
• 결합수(pF 7.0 이상) : 작물이 이용 불가능한 수분
• 흡습수(pF 4.5~7.0 이상) : 작물이 흡수하지 못하는 수분
• 모관수(pF 2.7~4.5) : 작물이 주로 이용하는 수분
• 중력수(pF 0~2.7) : 작물이 이용 가능한 수분
• 지하수 : 모관수의 근원이 되는 물

06 도복에 대한 설명으로 틀린 것은?

① 화곡류에서 도복에 가장 약한 시기는 최고 분얼기이다.
② 병해충이 많이 발생할 경우 도복이 심해진다.
③ 도복에 의하여 광합성이 감퇴되고 수량이 감소한다.
④ 도복에 대한 저항성의 정도는 품종에 따라 차이가 있다.

해설
① 화곡류는 등숙 후기에 도복에 가장 약하다.

07 토성을 분류하는 데 기준이 될 수 없는 것은?

① 자 갈　② 모 래
③ 미 사　④ 점 토

해설
토성은 모래, 미사, 점토의 함유비율에 의하여 결정한다.

08 광합성에서 C_4작물에 속하지 않는 것은?

① 옥수수　② 수 수
③ 사탕수수　④ 벼

해설
• C_3 식물 : 벼, 밀, 보리, 콩 등
• C_4 식물 : 사탕수수, 옥수수, 수수, 피 등

09 식물체에서 기관의 탈락을 촉진하는 식물생장조절제는?

① 옥 신　② 지베렐린
③ 사이토키닌　④ ABA

해설
ABA(Abseisic Acid)
• 잎의 노화와 낙엽을 촉진하고 휴면을 유도한다.
• 종자의 휴면을 연장하여 발아를 억제한다. 예 감자, 장미, 양상추
• 단일식물에서 장일하의 화성을 유도하는 효과가 있다. 예 나팔꽃, 딸기
• 기공이 닫혀서 위조저항성이 커진다. 예 토마토

10 염류집적의 피해대책으로 틀린 것은?

① 객 토　② 심 경
③ 피복재배　④ 담수처리

해설
염류집적 해결법
• 담수처리로 염류농도를 낮추는 방법
• 제염작물(벼, 옥수수, 보리, 호밀) 재식
• 미분해성 유기물 사용
• 환토, 객토, 심경
• 토양검증에 의한 합리적 시비

11 논토양에서 유기태질소의 무기화가 촉진되기 위한 방법으로 틀린 것은?

① 토양건조 후 가수(加水)
② 담 수
③ 지온상승
④ 수산화칼슘 처리

해설

유기태질소의 무기화 촉진방법

- 건토효과 : 토양을 건조시킨 후 가수하면 미생물의 활동이 촉진되어 유기태질소의 무기화가 촉진된다.
- 지온상승 효과 : 한여름 논토양의 지온의 높아지면 유기태질소의 무기화가 촉진되어 암모니아가 생성된다.
- 알칼리 효과 : 석회와 같은 알칼리물질을 토양 중에 가하여 미생물의 활동을 촉진하고 토양유기물을 분해되기 쉽게 변화하여 암모니아생성량을 증가시키는 효과이다.
- 질소의 고정 : 논토양에서 조류는 대기 중의 질소를 고정한다.

12 내건성이 강한 작물이 갖고 있는 형태적 특성은?

① 잎의 해면조직 발달
② 잎의 기동세포 발달
③ 잎의 기공이 크고 수가 적음
④ 표면적/체적의 비율이 큼

해설

내건성이 강한 작물의 형태적 특성

- 체적에 대한 표면적의 비가 작고, 식물체가 작고 잎도 작다.
- 뿌리가 깊고 지상부에 비하여 근군의 발달이 좋다.
- 엽조직이 치밀하고, 엽맥과 울타리 조직이 발달되어 있다.
- 표피에 각피가 잘 발달하였으며, 기공이 작고 수효가 많다.
- 저수 능력이 크고, 다육화(多肉化)의 경향이 있다.
- 기동세포가 발달하여 탈수되면 잎이 말려서 표면적이 축소된다.

13 채소류의 육묘방법 중에서 공정육묘의 이점이 아닌 것은?

① 모의 대량생산
② 기계화에 의한 생산비 절감
③ 단위면적당 이용률 저하
④ 모의 소질 개선 가능

해설

공정육묘 장단점

장 점	• 모의 대량 생산 가능 • 육묘 기간 단축, 주문 생산 용이, 연중 생산횟수 늘어남(기계화에 의한 생산비 절감) • 시설면적(토지) 이용도 증가 • 모의 소질 개선 용이 • 취급 및 운반이 간편하여 화물화가 용이 • 정식모의 크기가 작아지므로 기계정식이 용이 • 대규모화가 가능하여 조합영농, 기업화, 상업농화가 가능
단 점	• 고가의 시설이 필요 • 관리가 까다로움 • 건묘지속 기간이 짧음 • 양질의 상토가 필요

14 유전자 발현을 조절하고 기공의 열림을 촉진하는 광파장은?

① 적색광   ② 청색광
③ 녹색광   ④ 자외선

해설

청색광 반응의 광생리학

- 비대칭적인 생장과 굴곡을 촉진한다.
- 줄기 신장을 신속하게 저해한다.
- 유전자 발현을 조절한다.
- 기공 열림을 촉진한다.
- 공변세포 원형질막의 양성자 펌프를 활성화시킨다.
- 공변세포의 삼투관계를 조절한다.

15 잡초의 해로운 작용이 아닌 것은?

① 유해물질의 분비   ② 병충해의 전파
③ 품질의 저하   ④ 작물과 공생

해설
잡 초

이로운 작용	• 토양침식의 방지 • 잡초의 자원식물화(사료작물, 구황식물, 약료식물 등) • 내성식물 육성을 위한 유전자원 • 토양물리 환경 개선
해로운 작용	• 작물과의 경쟁 • 유해물질 분비 • 병충해 전파 • 품질저하 • 가축피해저하 • 미관 손상 등

16 고무나무와 같은 관상수목을 높은 곳에서 발근시켜 취목하는 영양번식방법은?

① 분 주   ② 고취법
③ 삽 목   ④ 성토법

해설
② 고취법 : 관상수목에서 지조를 땅 속에 휘어 묻을 수 없는 경우에 높은 곳에서 발근시켜 취목
① 분주 : 어미나무 줄기의 지표면 가까이에서 발생하는 새싹(흡지)을 뿌리와 함께 잘라내어 새로운 개체로 만드는 방법(나무딸기, 앵두나무, 대추나무)
③ 삽목 : 목체에서 분리한 영양체의 일부를 적당한 곳에 심어서 발근시켜 독립 개체로 번식시키는 방법
④ 성토법 : 나무그루 밑동에 흙을 긁어 모아 발근시키는 방법(뽕나무, 사과나무, 양앵두, 자두)

17 탄산시비의 효과가 아닌 것은?

① 수량증대   ② 품질향상
③ 착과율 감소   ④ 모의 소질 향상

해설
탄산시비의 4대 효과
• 시설 내 탄산시비는 생육의 촉진으로 수량증대와 품질을 향상시킨다.
• 열매채소에서 수량증대가 두드러지며 잎채소와 뿌리채소에서도 상당한 효과가 있다.
• 절화에서도 품질향상과 절화수명 연장의 효과가 있다.
• 육묘 중 탄산시비는 모종의 소질의 향상과 정식 후에도 사용의 효과가 계속 유지된다.

18 종자를 치상 후 일정 기간까지의 발아율을 무엇이라 하는가?

① 발아세   ② 발아시
③ 발아전   ④ 발아기

해설
② 발아시(發芽始) : 최초의 1개체가 발아한 날
③ 발아전(파종종자의 80% 이상이 발아된 상태)
④ 발아기(發芽期) : 전체 종자의 50%가 발아한 날

19 수비(이삭거름)는 벼의 일생 중 어느 생육단계에 시용하는가?

① 유수분화기   ② 유수형성기
③ 감수분열기   ④ 수전기

해설
벼의 이삭거름은 유수형성기(이삭 알이 생기는 때)에 시용한다.

20 에틸렌의 주요 생리작용이 아닌 것은?

① 성숙촉진   ② 낙엽촉진
③ 생장억제   ④ 개화억제

해설
에틸렌(Ethylene)은 과실의 성숙, 개화촉진, 노쇠와 낙엽현상에도 관여하는 식물생장억제물질이다.

제2과목 토양비옥도 및 관리

21 밭토양의 유형별 개량방법으로 가장 알맞게 짝지어진 것은?

① 보통밭 : 모래 객토, 심경, 유기물 사용
② 사질밭 : 모래 객토, 심경, 유기물 사용
③ 미숙밭 : 심경, 유기물 사용, 석회 사용, 인산 사용
④ 중점밭 : 미사 객토, 심경, 배수, 유기물 사용

해설

밭토양의 유형별 개량방법

구 분	심 경	객 토	배 수	유기물	석 회	인 산	비 고
보통밭	○			○	○		심경 시에 석회, 인산 시용량 결정
중점밭	○		○	○	○	○	심토파쇄로 지하배수, 암거설치, 석회 분시
사질밭		○					객토량 및 석회과용에 주의
미숙밭	○			○	○	○	Mg시용
화산회밭				○	○	○	인산질비료는 퇴비와 혼용, Mg시용
시설원예지	○	○	○	○	○		pH, EC검정, 윤작, 토양검정에 따라 PK 감비

22 공극률 50%인 밭토양에서 식물생육에 가장 적절한 액상률은?

① 0% ② 25%
③ 50% ④ 70%

해설
토양의 고상, 기상, 액상의 이상적인 관계는 50:25:25이다.

23 다르시(Darcy) 공식에 준하여 유속(Flux)을 조사할 때 필요하지 않은 항목은?

① 수리전도도 계수
② 토주의 길이
③ 용적밀도
④ 수두차

해설
Darcy 공식
낮은 레이놀즈수의 층류조건에서 다공성 매질을 통하여 흐르는 액체의 상대 유량의 비율을 동수경사로 나타내는 공식

$$Q = AV = A \cdot K \cdot I = A \cdot K \cdot \frac{dh}{dl}$$

여기서, Q : 유량(cm³/sec)
　　　　A : 투과단면적(cm²)
　　　　V : 투과속도(물의 유입속도)
　　　　K : 투수계수(cm/sec)
　　　　dh : dl 구간의 손실 수두(cm)
　　　　dl : 침투길이(cm)
　　　　I : 동수경사

24 과수원 1,000m² 면적에 토심 45cm까지 물을 주고자 하는데 현재 수분함량이 15%이고, 목표로 하는 수분함량이 25%로 1회 주어야 하는 물의 양은?(단, 용적밀도 1g/cm³)

① 15m³ ② 25m³
③ 35m³ ④ 45m³

해설
관수량 = 관수면적(m²) × 관수토심(m) × 부족한 함량/100
= 1,000m² × 0.45m × (25 − 15)/100
= 45m³

25 어떤 토양의 흡착이온을 분석한 결과 Mg = 2cmol/kg, Na = 1cmol/kg, Al = 2cmol/kg, H = 4cmol/kg, K = 2cmol/kg이었다. 이 토양의 CEC가 12cmol/kg이고, 염기포화도는 75%로 계산되었다. 이 토양의 치환성 칼슘의 양은 몇 cmol/kg으로 추정되는가?

① 1 ② 2
③ 3 ④ 4

해설
염기포화도 = 교환성 염기의 총량 − (Al, H)/양이온 교환용량 × 100
75% = (11 + x) − (2 + 4)/12 × 100
x = 4

26 토양의 떼알구조를 유지 및 생성시키는 조건과 관계없는 것은?

① 수화도가 낮은 양이온성 물질을 토양에 준다.
② 토양에 미생물 활동이 활발한 조건을 부여한다.
③ 건조와 습윤조건을 반복시켜 토양을 관리한다.
④ 녹비작물이나 목초를 재배한다.

해설
습윤과 건조, 수축과 융해, 고온과 저온 등에 의해 입단이 팽창·수축하는 과정을 반복하면 입단이 파괴된다.

28 작물의 필수원소 중 공중으로부터 흡수될 수 있는 원소는?

① N, P, K
② Ca, Mg, S
③ Cl, B, H
④ C, O, H

해설
필수원소 가운데 탄소(C), 산소(O), 수소(H)는 공기와 물을 통해 자연적으로 흡수되며, 나머지 원소들은 주로 토양에서 공급된다.

29 가장 효과적으로 양이온치환용량을 높일 수 있는 방법으로 토양관리법은?

① 토양유기물함량을 낮춘다.
② 수소이온농도를 증가시킨다.
③ 토양에 점토를 보충한다.
④ 토양에 통기성을 좋게 한다.

해설
점토함량이 높고 유기물(부식)이 많을수록 양이온 치환용량(CEC)이 커진다.

27 토양을 이루는 기본 토층으로, 미부숙유기물이 집적된 층과 점토나 유기물이 용탈된 토층을 나타내는 각각의 기호는?

① 미부숙유기물이 집적된 층 : Oi, 용탈된 토층 : E
② 미부숙유기물이 집적된 층 : Oe, 용탈된 토층 : C
③ 미부숙유기물이 집적된 층 : Oa, 용탈된 토층 : B
④ 미부숙유기물이 집적된 층 : H, 용탈된 토층 : C

해설
토양 층위

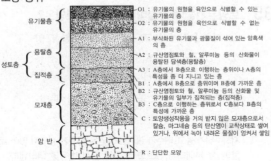

30 다음의 토양수분상태 중에서 작물의 생육에 가장 유리한 것은?

① 포장용수량 상태
② 위조점 수분상태
③ 흡습수만 존재하는 상태
④ 중력수가 존재하는 상태

해설
포장용수량은 토양이 중력에 견뎌서 저장할 수 있는 최대의 수분함량을 말하며, 수분장력은 대략 pF 2.54로 밭작물이 자라기에 적합한 상태를 말한다.

31 국내 비료공정규격상 요소(Urea)비료의 화학식과 최소 함유질소량은?

① CO(NH₄)₄, 40%
② CO(NH₃)₄, 45%
③ CO(NH₂)₄, 40%
④ CO(NH₂)₂, 45%

해설
요소비료의 화학식은 $CO(NH_2)_2$이며 최소 함유질소량은 45%이다.

32 재배기간 중 토양유실이 가장 큰 작물은?

① 옥수수
② 보 리
③ 헤어리베치
④ 목 초

해설
땅 표면 피복 정도가 좋고 작물의 지상부의 건물함량이 많은 작물일수록 토양 유실량이 적다. 또한 단작보다 합리적인 작부체계를 도입하는 것이 유리하다. 예를 들어 옥수수, 참깨, 고추, 조 등과 같은 작물은 토양유실이 심하고, 목초, 감자, 고구마 등과 같은 작물은 토양유실이 매우 적다.

33 퇴비 제조의 목적으로 틀린 것은?

① 유기물의 탄질률을 약 20으로 하여 사용 후의 급격한 분해와 질소기아를 방지한다.
② 유기물 중의 해충, 잡초의 종자를 고열로 죽인다.
③ 유기물에 포함되는 무효태 양분을 퇴비화함으로서 유효화한다.
④ 악취를 없애므로 취급이 편리하고, 가스발생 등이 없어서 안심하고 사용할 수 있다.

해설
유기물에 함유된 유해성분을 미리 분해하여 장해를 미연에 방지한다.

34 논토양과 밭토양의 특성 비교로 옳은 것은?

① 밭토양은 논토양보다 침식이 적다.
② 논토양은 밭토양보다 산도가 낮다.
③ 논토양은 밭토양보다 미량요소 결핍이 적다.
④ 밭토양은 논토양보다 총질소공급량이 많다.

해설
논토양은 담수상태에 놓이는 기간이 길기 때문에 토양미생물에 의한 유기물의 분해가 완만하며, 밭토양에 비하여 유기물 함량이 높고 관개수에 의한 양분의 천연공급량이 많으나 유효인산과 칼륨의 함량은 밭토양보다 낮다.

35 토양유기물의 유실이 가장 적은 토양은?

① 지하수위가 높고, 배수가 불량한 토양
② 산소공급이 잘되는 사력질 토양
③ 표토유실이 심한 경사지 토양
④ 대공극이 많아 물빠짐이 양호한 토양

해설
지하수위가 높고 배수가 불량한 토양은 통기가 잘되지 않아 토양 유기물이 잘 분해되지 않으므로 강한 산성 반응을 나타낸다.

36 토양의 견지성(Consistency)에서 가소성(Plasticity)을 실험한 결과이다. 소성지수(PI)를 계산하였을 때, 토성이 가장 사질화에 가까운 것은?

① 액성한계(LL) : 55, 소성한계(PL) : 37
② 액성한계(LL) : 52, 소성한계(PL) : 35
③ 액성한계(LL) : 50, 소성한계(PL) : 34
④ 액성한계(LL) : 48, 소성한계(PL) : 33

해설
소성지수
④ 48−33=15
① 55−37=18
② 52−35=17
③ 50−34=16
가소성
• 소성지수(소성계수, PI)=소성상한−소성하한
• 소성상한(액성한계, LL) : 소성을 나타내는 최대수분
• 소성하한(소성한계, PL) : 소성을 나타내는 최소수분

37 토양비옥도 평가 중 영양소의 유효도 결정방법으로 적합하지 않은 것은?

① 토양분석
② 토양단면조사
③ 결핍증상 관찰과 식물체 분석
④ 식물재배시험

해설
영양소의 유효도 결정방법으로는 토양분석, 결핍증상의 관찰과 식물체분석, 식물재배시험 등이 있으며, 재배시험은 포장시험과 포트시험으로 나눈다.

38 다음 중 입단구조의 특징으로 관련성이 가장 적은 것은?

① 대소공극이 많다.
② 토양입자가 비교적 크다.
③ 통기성이 우수해진다.
④ 보수력 및 보비력이 우수하다.

해설
토양구조
• 단립구조 : 토양입자가 하나씩 떨어진 것
• 입단구조 : 토양입자가 서로 결합하여 떼를 이룬 것

39 건조한 토양 1,000g에 Ca^{2+}, 2cmolc/kg이 치환 위치에 있다면 가장 효과적으로 치환할 수 있는 조건을 가진 물질과 농도는 다음 중 어떤 것인가?

① Al^{3+}, 1cmolc/kg
② Mg^{2+}, 2cmolc/kg
③ Na^+, 1cmolc/kg
④ K^+, 2cmolc/kg

해설
양이온 교환침입력
• 교환침입력 : H^+ > Ca^{2+} > Mg^{2+} > $K+=NH^{4+}$ > Na
• 교환침출력 : $Al^{3+}\sim H^+$ < Ca^{2+} < Mg^{2+} < $K^+=NH^{4+}$ < Na
흡착강도가 큰 이온이 교환 침입력이 크며, 교환 침출력의 크기는 이와 반대이다.

40 토양이 산성화되면 일어나는 현상으로 틀린 것은?

① 콩과작물의 생육은 저하된다.
② 미생물활동이 저하된다.
③ Mo, S의 유효도가 증가한다.
④ Al, Cu, Mn 이온 과다로 작물생육이 저하된다.

해설
Mo은 산성에서는 유효도가 낮으나, 중성~알칼리성에서 유효도가 증가한다.

제3과목 유기농업개론

41 병충해 저항력이 있는 종자나 식물을 이용하고, 생육기의 조절을 통해 병충해의 발생 가능성을 사전에 예방하는 병충해 제어법은?

① 경종적 제어법
② 유전학적 제어법
③ 생물학적 제어법
④ 물리적 제어법

해설
합성농약을 쓸 수 없으므로 경종적 방제법이 우선되어야 한다.

42 유기원예에서 이용되는 천적 중 포식성 곤충이 아닌 것은?

① 고치벌
② 팔라시스이리응애
③ 칠레이리응애
④ 진디혹파리

해설
고치벌은 숙주의 체액을 먹으면서 자라는 기생성 곤충이다.

43 볍씨 냉수온탕침법의 방법으로 옳은 것은?

① 20~30℃ 물에 10~20분 침지 후, 55~60℃ 물에 4~5시간 침지한다.
② 20~30℃ 물에 4~5시간 침지 후, 55~60℃ 물에 10~20분 침지한다.
③ 55~60℃ 물에 10~20분 침지 후, 20~30℃ 물에 4~5시간 침지한다.
④ 55~60℃ 물에 4~5시간 침지 후, 20~30℃ 물에 10~20분 침지한다.

해설
물리적인 소독방법으로 온탕침법과 냉수온탕침법이 있다.

44 산성토양에 가장 약한 작물은?

① 아 마
② 부 추
③ 기 장
④ 땅 콩

해설
산성토양 적응성
• 극히 강한 것 : 벼, 밭벼, 귀리, 기장, 땅콩, 아마, 감자, 호밀, 토란
• 강한 것 : 메밀, 당근, 옥수수, 고구마, 오이, 호박, 토마토, 조, 딸기, 베치, 담배
• 약한 것 : 고추, 보리, 클로버, 완두, 가지, 삼, 겨자
• 가장 약한 것 : 알팔파, 자운영, 콩, 팥, 시금치, 사탕무, 셀러리, 부추, 양파

45 고립상태일 때의 광포화점이 80~100%에 해당하는 것은?

① 콩
② 감 자
③ 보 리
④ 옥수수

해설
고립상태에서의 광포화점

작 물	광포화점
음생식물	10% 정도
구약나물	25% 정도
콩	20~23%
감자, 담배, 강낭콩, 보리, 귀리	30% 정도
벼, 목화	40~50%
밀, 알팔파	50% 정도
고구마, 사탕무, 무, 사과나무	40~60%
옥수수	80~100

46 혼작에 대한 설명으로 틀린 것은?

① 적당한 작물을 혼작하면 단위면적당 총수확량을 늘릴 수 있다.

② 경지에 다양한 작물을 지배함으로써 단일작물에 대한 의존도를 낮추고, 농작물을 이상적으로 계속 수확할 수 있다.

③ 콩과작물과 혼작하면 생육 후기에 비콩과작물과 질소 경합으로 작물생육이 떨어진다.

④ 작물들이 서로 다른 작물의 생장을 방해해 생장부진이나 병해충 피해를 유발할 수 있다.

해설

콩과작물의 근립균이 질소를 고정하고 흙을 풍성하게 해 준다.

47 화학 제초제를 사용하지 않고 쌀겨를 투입하여 잡초를 방제하는 경우의 방제원리로 볼 수 없는 것은?

① 논물이 혼탁해져 광을 차단하여 잡초 발아가 억제된다.

② 쌀겨의 영양분이 미생물에 의해 분해될 때 산소가 일시적으로 고갈되어 잡초의 발아억제에 도움을 준다.

③ 쌀겨에 함유된 제초제 성분이 잡초의 발아를 억제한다.

④ 쌀겨가 분해될 때 생성되는 메탄가스 등이 잡초의 발아를 억제한다.

해설

쌀겨농법은 쌀겨에 존재하고 있는 발아억제물질로 잡초의 발아를 억제시킨다. 또한 쌀겨의 발효 중 발생하는 부유물로 인한 탁수현상과 미생물의 급속한 증식으로 논의 표층토와 관개수에서 산소와 광의 부족을 야기해 잡초의 발아와 성장을 억제하여 방제하는 농법이다.

48 다음 중 C_3 식물은?

① 옥수수   ② 사탕수수

③ 기 장   ④ 보 리

해설

C_3 식물과 C_4 식물
• C_3 식물 : 벼, 밀, 보리, 콩, 해바라기 등
• C_4 식물 : 사탕수수, 옥수수, 수수, 피, 기장, 버뮤다그래스 등

49 다음에서 설명하는 것은?

> 어떤 좁은 범위의 특정한 일장에서만 화성이 유도되며, 2개의 뚜렷한 한계일장이 있다.

① 장일식물   ② 단일식물

③ 정일성식물   ④ 중성식물

해설

③ 정일식물(중간식물) : 좁은 범위의 특정한 일장 영역에서만 개화하는 식물, 즉 2개의 한계일장을 갖는 식물

① 장일식물 : 유도일장 주체는 장일측에 있고, 한계일장은 단일측에 있다.

② 단일식물 : 유도일장의 주체는 단일측에 있고, 한계일장은 장일측에 있다.

④ 중성식물(중일식물) : 일장에 관계없이 개화하는 식물

50 유기축산물에서 초식가축의 자급사료기반 구비요건으로 가장 적절한 것은?

① 유기적 방식으로 재배·생산되는 목초지

② 공장형 미발효 축분을 이용한 사료

③ 일반농법으로 재배되는 조사료 재배지

④ 성장촉진용 호르몬제를 사용한 사료

해설

유기축산물의 인증기준 - 자급사료기반(친환경농어업법 시행규칙 [별표 4])

초식가축의 경우에는 유기적 방식으로 재배·생산되는 목초지 또는 사료작물 재배지를 확보할 것

51 적산온도가 1,000~1,200℃에 해당하는 것은?

① 메 밀　　　　　② 벼
③ 추파맥류　　　④ 봄보리

해설
작물별 적산온도
① 메밀 : 1,000~1,200℃
② 벼 : 3,500~4,500℃
③ 추파맥류 : 1,700~2,300℃
④ 봄보리 : 1,600~1,900℃

52 유리섬유를 첨가하지 않은 아크릴 수지 100%의 경질판은?

① FRP판　　　　② FRA판
③ MMA판　　　　④ PC판

해설
MMA : 유리섬유를 첨가하지 않은 아크릴 수지 100%의 경질판으로 보온성이 높지만 열에 의한 팽창과 수축이 매우 크다.

53 주말농장의 감자밭에 동반작물로 메리골드를 심었을 때 메리골드의 주요 기능은?

① 역병방제　　　② 도둑나방 접근 방지
③ 잡초방제　　　④ 수정촉진

해설
온실가루이, 도둑나방을 방지하는 메리골드는 어떤 채소에도 유익하며 특히 토마토, 감자, 콩 종류에 가장 좋은 동반작물이다.

54 F_2~F_4세대에는 매 세대 모든 개체로부터 1립씩 채종하여 집단재배를 하고, F_4 각 개체별로 F_5계통재배를 하는 것은?

① 집단육종　　　　② 여교배육종
③ 파생계통육종　④ 1개체1계통 육종

해설
1개체 1계통육종법
분리세대 동안 각 세대마다 모든 개체로부터 1립(수)씩 채종하여 선발 과정 없이 집단재배를 해 세대를 진전시키고, 동형접합성이 높아진 후기 세대에서 계통재배와 선발을 하는 육종방법·세대촉진을 할 수 있어 육종연한을 단축할 수 있다.

55 친환경 유기농산물 생산에서 허용되지 않는 것은?

① 윤작을 실시하여 작물을 재배한다.
② 녹비작물을 재배한다.
③ 손제초를 실시한다.
④ 생육이 부진할 경우 화학비료를 1/5 이하로 사용한다.

해설
유기농산물은 화학비료와 유기합성농약을 전혀 사용하지 아니하여야 한다.

56 고형배지경 중 유기배지경에 해당하는 것은?

① 암면경　　　　② 펄라이트경
③ 코코넛 코이어경　④ 사 경

해설
고형배지경
• 무기배지경 : 사경(모래), 역경(자갈), 암면경, 펄라이트경 등
• 유기배지경 : 훈탄경, 코코넛 코이어경 또는 코코피트경, 피트 등

57 다년생 논잡초는?

① 참방동사니　　　② 매자기
③ 개망초　　　　　④ 돌 피

해설
참방동사니, 개망초, 돌피 등은 1년생 논잡초이며, 매자기는 다년생
잡초이다.

58 중경의 이로운 점이 아닌 것은?

① 발아조장　　　　② 토양통기의 조장
③ 동상해 경감　　　④ 비효증진 효과

해설
중경 시 토양중의 온열이 지표까지 오지 않아 발아 직후 저온을 만났을
때 동상해 피해가 조장된다.

59 친환경관련법상 병해충 관리를 위하여 사용이 가능한 물질은?

① 사람의 배설물　② 버섯재배 퇴비
③ 난 황　　　　　④ 벌레 유기체

해설
허용물질(친환경농어업법 시행규칙 [별표 4])
난황은 병해충 관리를 위해 사용 가능한 물질이고, ①, ②, ④는 토양개
량과 작물생육을 위해 사용 가능한 물질이다.

60 친환경관련법령상 유기축산물의 인증 구비요건으로 틀린
것은?

① 반추가축에게 사일리지(Silage)만 급여할 것
② 유전자변형농산물에서 유래한 물질은 급여하지 않을
　것
③ 합성화합물 등 금지물질을 사료에 첨가하지 않을 것
④ 가축에게 생활용수 수질기준에 적합한 음용수를 상시
　급여할 것

해설
유기축산물의 인증기준(친환경농어업법 시행규칙 [별표 4])
반추가축에게 담근먹이(사일리지)만을 공급하지 않으며, 비반추가축도
가능한 조사료(粗飼料 ; 생초나 건초 등의 거친 먹이)를 공급할 것

유기식품 가공·유통론

61 농산물의 계약생산 및 유통에 대한 일반적인 설명으로 틀린 것은?

① 농가의 농산물 판로를 보장한다.
② 공급지역에 제한이 없으며, 폭넓은 시장수요가 형성되어 있다.
③ 수취가격을 안정시킨다.
④ 생산성을 높인다.

해설
농산물의 계약생산은 공급지역에 제한이 있으며, 폭넓은 시장수요가 형성되지 못한다.

62 유기농 오이 한 개의 가격이 1,000원에서 1,300원으로 상승함에 따라 소비량이 100개에서 40개로 줄어들었다. 이 경우 유기농 오이 수요의 가격탄력성을 산출하면?

① 0.2   ② -0.2
③ 2.0   ④ -2.0

해설
가격탄력성 = 수요량변화율/가격변화율
$$= (100-40/100)/(1,000-1,300/100)$$
$$= -2.0$$

63 유기농산물의 유통경로로 가장 활용되지 않는 경로는?

① 생산자(단체) - 소비자(단체)
② 생산자(단체) - 생협소비자단체 - 소비자
③ 생산자(단체) - 산지시장 - 도매시장 - 소비자
④ 생산자(단체) - 전문직판장 - 소비자

해설
공영도매시장을 통한 친환경유기농산물 유통은 거의 이루어지지 않음
생활협동조합(83.1), 소비자 직접 판매(3.6), 대형유통업체, 전문매장(2.6), 도매시장(2.8), 농협(1.7), 인터넷 홈페이지(0.7), 학교급식(0.6), 인터넷 쇼핑몰(0.5), 기타(산지수집상, 식자재업체, 통신판매 등)

64 케이크 제조공정 중 Multi-Stage Mixing에 사용되는 Creaming Step은 Fat과 Sugar를 함께 혼합하여 크림을 만드는 과정이다. 이 Step의 목적이 아닌 것은?

① 미세한 Texture를 가지게 한다.
② 공정 중 기다리는 시간(Sitting Time)을 연장할 수 있게 한다.
③ 공기를 Fat에 가두어 운동성을 줄인다.
④ 공기를 직접 혼입할 수 있게 한다.

해설
부피를 우선으로 하는 제품에 적합하다. 지방의 운동성을 줄이고 질감을 높이며 시간을 연장시키려는 목적이 있다.

65 식품의 동결 중 발생하는 최대빙결정생성대에 관한 설명 중 틀린 것은?

① 최대빙결정생성대에서는 식품 수분함량의 약 80%가 빙결정으로 석출된다.
② 빙결정에 의한 미생물의 세포막 손상으로 저온 미생물에 의한 부패염려가 없다.
③ 최대빙결정생성대의 통과속도에 따라 급속동결과 완만동결로 구분된다.
④ 호화전분을 함유한 식품은 노화로의 전이를 억제하기 위하여 신속히 통과시키는 것이 좋다.

해설
급속동결의 경우 최대빙결정생성대의 통과시간이 짧아 빙결정은 미세하게 되어 빙결정 생성으로 인한 물리화학적 변화를 최소한으로 할 수 있다.
※ 최대빙결정생성대 : 빙결정이 가장 많이 만들어지는 온도범위 (-1~-5℃)

66 식품포장에 대한 설명 중 틀린 것은?

① 식품의 품질보존은 포장재료의 물리적 성질과 화학적 성질에 크게 좌우되며, 포장 후의 환경조건에 의해서도 좌우된다.

② 포장식품의 성분변화는 포장 후의 온도, 습도, 광선 등이 일정하더라도 포장재료의 성질에 따라 달라질 수 있다.

③ 폴리에틸렌 포장재료는 유리병에 비하여 투수, 투광, 기체 투과성이 높으므로 포장식품의 품질보존이 유리하다.

④ 가공식품에 있어서 흡습, 방습에 의한 물성과 성분 변화를 방지하기 위해서는 투수성이 없는 포장재를 사용하는 것이 바람직하다.

해설
폴리에틸렌보다 유리제품이 투광률이 높다.

67 꿀을 넣어 반죽하여 기름에 튀기고 다시 꿀에 담가 만든 과자류는?

① 다식류　　　　　② 산자류
③ 유밀과류　　　　④ 전과류

해설
① 다식류 : 곡식가루, 한약재, 꽃가루, 녹말가루 등 생으로 먹을 수 있는 것에 꿀과 조청을 넣고 반죽하여 다식판에 박아 낸 것
② 산자류 : 말린 찹쌀 반죽을 기름에 튀겨 매화 또는 튀긴 밥풀을 묻힌 것
④ 전(정)과류 : 수분이 적은 식물의 뿌리, 줄기, 열매를 설탕에 오랫동안 졸인 것

68 우유 부패균에 의한 변색이 잘못 연결된 것은?

① *Pseudomonas fluorescens* – 녹색
② *Pseudomonas synxantha* – 자색
③ *Pseudomonas syncyanea* – 청색
④ *Serratia marcescens* – 적색

해설
Pseudomonas synxantha 의해 황색으로 변한다.

69 유기가공식품 생산 및 취급 시 사용 가능한 허용물질이 아닌 것은?

① 탄산암모늄　　　② 펙 틴
③ 수산화칼슘　　　④ 안식향산나트륨

해설
보존료인 안식향산나트륨은 유기가공식품에 사용할 수 없다.
유기가공식품 – 식품첨가물 또는 가공보조제로 사용 가능한 물질 (친환경농어업법 시행규칙 [별표 1])

명칭(한)	식품첨가물로 사용 시		가공보조제로 사용 시	
	사용 가능 여부	사용 가능 범위	사용 가능 여부	사용 가능 범위
탄산 암모늄	○	곡류제품, 케이크, 과자	×	
펙 틴	○	식물성제품, 유제품	×	
수산화 칼슘	○	토르티야	○	산도 조절제

70 친환경농산물의 도매상과 대형유통업체 같은 소매상 등의 활동내용을 분석하여 그 특징을 밝히는 연구방법은 어디에 속하는가?

① 기능별 연구
② 기관별 연구
③ 상품별 연구
④ 관리적 연구

해설
마케팅의 연구방법
• 상품별 연구방법 : 특정상품별로 그 마케팅 제도를 검토하는 방법이다. 이를테면, 각 상품별로 제품특성, 가격상황, 유통경로와 유통관행, 광고의 판촉방법, 관계행정시책과 법규 등에 관한 사항을 연구하는 것을 말한다.
• 기관별 연구방법 : 생산자, 대리점, 도매상, 소매상, 마케팅 조성기관 등과 같이 마케팅 시스템상에서 어느 한 부분을 차지하고 있는 특정유통기관의 성격, 진화 및 기능 등을 중점적으로 연구하는 것을 말한다.
• 기능별 연구방법 : 구매, 판매, 수송, 저장, 금융, 촉진 등과 같은 마케팅기능을 중심으로 연구하는 것으로서, 상품이 생산자로부터 소비자에게 도달하기까지의 유통과정에 참여하는 각 구성주체가 수행하는 사회적·경제적 역할을 밝히려는 것이다.
• 관리적 연구방법 : 기업이라는 행동실체를 중심으로 하는 연구방법으로서, 마케팅관리자가 수행하는 계획, 조직, 지휘, 조정, 통제 등의 관리기능에 중점을 둔다.
• 시스템적 연구방법 : 복잡하게 얽혀진 문제의 해결을 위하여 연구대상인 사물 또는 현상을 상호관련이 있는 부분의 전체적인 시스템으로 인식한 다음에, 부분과 부분의 상호관련 및 부분과 전체와의 관련을 규명하고자 하는 것이다.
• 사회적 연구방법 : 여러 마케팅기관이나 그것이 수행한 마케팅활동이 이룩하였거나 발생시킨 마케팅의 사회적 공헌과 비용 등의 사회적 귀결에 중점을 두고 연구하는 것을 말한다.

71 유기식품 생산시설의 위생관리를 위한 세척방식이 아닌 것은?

① 검 경
② 진 동
③ 컴프레서 공기세척
④ CIP(Clean In Place)

해설
검경은 세균 따위를 현미경으로 검사하는 것을 말한다.

72 식품의 이물을 검사하는 방법이 아닌 것은?

① 진공법
② 체분별법
③ 여과법
④ 와일드만플라스크법

해설
식품의 이물 검사법
체분별법, 여과법, 와일드만 플라스크법, 침강법, 금속성이물 검사 등

73 유기식품을 생산하는 가공시설 내부에 유해생물을 차단하기 위한 방법으로 잘못된 것은?

① 전기장치
② 끈끈이 덫
③ 페로몬 트랩
④ 모기약 살포

해설
유기가공식품 – 해충 및 병원균 관리(친환경농어업법 시행규칙 [별표 4])
해충 및 병원균 관리를 위해 예방적 방법, 기계적·물리적·생물학적 방법을 우선 사용해야 하고, 불가피한 경우 [별표 1]에서 정한 물질을 사용할 수 있으며, 그 밖의 화학적 방법이나 방사선 조사방법을 사용하지 않을 것

74 직경이 2cm인 파이프에 물이 4m/s의 속도로 흐르고 있다. 파이프 직경이 4cm로 증가하면 물의 속도는 얼마로 변화하겠는가?

① 1m/s
② 2m/s
③ 6m/s
④ 8m/s

해설
V(유속) = Q(유량)/A(배관 단면적)
• 유량 $Q = \left(\dfrac{3.14 \times 0.02^2}{4} \right) \times 4m/s = 0.001256$

• 단면적 $A = \dfrac{3.14 \times 0.02^2}{4} = 0.001256$

∴ 유속 = $\dfrac{0.001256}{0.001256} = 1$

75 유기농식품의 판매가격이 소비자의 지불의사가격보다 높게 형성되어 있는 경우 그 문제점을 해소시키는 방안으로 적절하지 않은 것은?

① 생산비용 절감
② 물류비용 절감
③ 직불금 단가 상향 조정
④ 유통마진율 상향 적용

해설
유통마진율을 상향 적용하면 판매가격도 높아지게 되기 때문에 소비자의 지불의사 가격과의 차이는 더 벌어지게 된다.

76 유기가공식품의 제조·가공방법 관련 내용으로 잘못된 것은?

① 기계적, 물리적 또는 화학적(분해, 합성 등) 제조·가공방법을 사용하여야 하고, 식품첨가물을 최소량 사용하여야 한다.
② 유기가공식품과 비유기가공식품을 동일한 시간에 동일한 설비로 제조·가공하지 않는다.
③ 유기가공식품을 제조·가공하기 전에 비유기가공식품을 제조·가공한 때에는 제조설비의 이물질을 제거하고 세척 등을 철저히 하여야 한다.
④ 유기가공식품과 원료유기농산물은 비유기가공식품 및 비유기원료농산물과 따로 보관·저장해야 한다.

해설
유기가공식품 – 제조·가공에 필요한 인증기준(유기식품 및 무농약농산물 등의 인증에 관한 세부실시 요령 [별표 1])
기계적, 물리적, 생물학적 방법을 이용하되 모든 원료와 최종생산물의 유기적 순수성이 유지되도록 하여야 한다. 식품을 화학적으로 변형시키거나 반응시키는 일체의 첨가물, 보조제, 그 밖의 물질은 사용할 수 없다.

77 포도상구균 식중독에 대한 설명으로 옳은 것을 모두 나열한 것은?

> ㄱ. 장관독(Enterotoxin)에 의한 독소형 식중독이다.
> ㄴ. 증상으로 심한 고열이 발생한다.
> ㄷ. 잠복기는 보통 3시간 전후이다.
> ㄹ. 독소는 60℃, 20분 열처리로 파괴된다.

① ㄱ, ㄴ   ② ㄱ, ㄷ
③ ㄴ, ㄷ   ④ ㄴ, ㄹ

해설
ㄴ. 주요증상은 급성 위장염형태(메스꺼움, 구토, 복통, 설사)이며, 치명률은 낮다.
ㄹ. 독소는 내열성이 커서 100℃ 온도에서 1시간 이상 가열로도 활성을 잃지 않으며, 0℃에서 20~30분 동안 가열하여도 파괴되지 않는다.

78 식품의 기준 및 규격의 총칙에 의거하여 따로 정하여진 것을 제외한 일반적인 냉장온도는?

① 0~5℃   ② 0~10℃
③ 0~15℃   ④ 5~15℃

해설
'냉장' 또는 '냉동'이란 식품공전에서 따로 정하여진 것을 제외하고 냉장은 0~10℃, 냉동은 −18℃ 이하를 말한다.

79 소득증대에 따른 식품소비형태의 변화추이로 옳은 것은?

① 양과 영양을 중시한다.
② 맛과 건강기능을 추구한다.
③ 식품의 소비비율이 줄어든다.
④ 가공식품과 편의식품의 소비가 줄어든다.

해설
소비자들의 삶의 질이 향상되고, 웰빙과 건강을 추구하게 됨으로써 안전 식품에 대한 관심이 크게 높아져 친환경 식품의 생산과 소비가 급증하고 있다.

80 국제식품규격위원회(CODEX)에 대한 설명으로 틀린 것은?

① FAO/WHO 합동식품규격 프로그램으로 운영되는 기구이다.
② 규격(Standard)만을 설정하며, 지침(Guideline)은 없다.
③ 소비자의 건강을 보호하고, 식품 교역 시 공정한 무역관행 확보를 목표로 한다.
④ 총회에서 심의 후 코덱스 규격으로 확정한다.

해설
1962년 FAO와 WHO의 합동식품규격작업의 일환으로 설립된 CODEX 국제식품규격위원회(Codex Alimentarius Commission)는 전 세계에 통용될 수 있는 식품관련 법령을 제정하는 정부 간 협의기구로 소비자 건강보호와 식품 교역 시 공정한 무역관행을 확보를 위하여 국제식품규격, 지침 및 실행규범 등을 개발 및 공유하는 국제기구이다.

81 친환경관련법령상 작물별 생육 기간에 대한 설명으로 틀린 것은?

① 3년생 미만 작물 : 파종일부터 첫 수확일까지
② 3년 이상 다년생 작물(인삼, 더덕 등) : 파종일부터 3년의 기간을 생육기간으로 적용
③ 낙엽수(사과, 배, 감 등) : 생장(개엽 또는 개화) 개시기부터 첫 수확일까지
④ 상록수(감귤, 녹차 등) : 개화가 완료된 날부터 7년의 기간을 생육기간으로 적용

해설
상록수(감귤, 녹차 등) : 직전 수확이 완료된 날부터 다음 첫 수확일까지

82 다음은 유기식품 등의 인증기준 등에서 유기축산물 사료 및 영양관리의 구비요건 중 괄호 안에 알맞은 내용은?

> 유기가축에는 (　　)% 유기사료를 급여하는 것을 원칙으로 할 것 다만, 극한 기후조건 등의 경우에는 국립농산물품질관리원장이 정하여 고시하는 바에 따라 유기사료가 아닌 사료를 급여하는 것을 허용할 수 있다.

① 70　② 80
③ 90　④ 100

해설
유기축산물 – 사료 및 영양관리(친환경농어업법 시행규칙 [별표 4])
유기가축에는 100% 유기사료를 공급하는 것을 원칙으로 할 것. 다만, 극한 기후조건 등의 경우에는 국립농산물품질관리원장이 정하여 고시하는 바에 따라 유기사료가 아닌 사료를 공급하는 것을 허용할 수 있다.

83 친환경관련법령상 동물 복지 및 질병관리의 구비요건에 대한 내용으로 틀린 것은?

① 가축의 질병을 예방하고, 질병이 발생한 경우 수의사의 처방에 따라 질병을 치료할 것

② 질병이 없는데도 가축에 동물용 의약품을 투여해서는 안 되며, 동물용 의약품을 사용한 경우에는 전환기간(해당 약품의 휴약기간의 2배가 전환기간보다 더 긴 경우에는 휴약기간의 2배의 기간을 말한다)을 거칠 것

③ 성장촉진제, 호르몬제의 사용은 수의사의 처방에 따라 성장촉진의 목적으로만 사용할 것

④ 가축의 꼬리 부분에 접착밴드를 붙이거나 꼬리, 이빨, 부리 또는 뿔을 자르는 등의 행위를 하지 아니할 것

[해설]
유기축산물 – 동물복지 및 질병관리(친환경농어업법 시행규칙 [별표 4])
성장촉진제, 호르몬제를 동물용의약품을 사용하는 경우에는 수의사의 처방에 따라 사용하고 처방전 또는 그 사용명세가 기재된 진단서를 갖춰 둘 것

84 유기식품의 생산·가공·표시·유통에 관한 Codex 가이드라인에서 정한 가공보조제 중 pH 조정의 목적으로 사용되는 것이 아닌 것은?

① 탄닌산　　　　② 구연산
③ 수산화나트륨　　④ 황 산

[해설]
탄닌산은 여과보조제로 사용된다.

85 농림축산식품부장관 또는 해양수산부장관은 관계 중앙행정기관의 장과 협의하여 친환경농어업 발전을 위한 친환경농업 육성계획 또는 친환경어업 육성계획을 몇 년마다 세워야 하는가?

① 1년　　　　② 2년
③ 3년　　　　④ 5년

[해설]
친환경농어업 육성계획(친환경농어업법 제7조제1항)
농림축산식품부장관 또는 해양수산부장관은 관계 중앙행정기관의 장과 협의하여 5년마다 친환경농어업 발전을 위한 친환경농업 육성계획 또는 친환경어업 육성계획을 세워야 한다. 이 경우 민간단체나 전문가 등의 의견을 수렴하여야 한다.

86 인증심사원의 자격 취소 및 정지기준에서 인증심사 업무와 관련하여 다른 사람에게 자기의 성명을 사용하게 하거나 인증심사원증을 빌려 준 행위를 3회 위반 시 행정처분은?

① 자격 취소　　　　② 자격정지 12개월
③ 자격정지 6개월　　④ 자격정지 3개월

[해설]
인증심사원의 자격취소, 자격정지 및 시정조치 명령의 기준(친환경농어업법 시행규칙 [별표 12])

위반행위	위반횟수별 행정처분기준		
	1회 위반	2회 위반	3회 이상 위반
인증심사 업무와 관련하여 다른 사람에게 자기의 성명을 사용하게 하거나 인증심사원증을 빌려 준 경우	자격정지 6개월	자격취소	–

87 유기식품의 생산·가공·표시·유통에 관한 Codex 가이드라인에서 양봉 및 양봉제품의 관리에 대한 사항으로 틀린 것은?

① 기초 벌집은 유기적으로 생산된 밀랍으로 만들어야 한다.
② 꿀 채취작업을 하는 동안에는 화학합성 방충제의 사용이 허용된다.
③ 여왕벌의 날개를 자르는 것과 같은 절단행위는 금지된다.
④ 양봉으로부터 유래되는 제품을 추출하고 가공할 동안에는 가능한 한 낮은 온도를 유지하는 것이 좋다.

해설
꿀 채취 작업을 하는 동안에는 화학 합성 방충제의 사용이 금지된다.

88 인증취소 등 행정처분의 기준 및 절차에서 인증품이 아닌 제품을 인증품으로 표시 또는 광고한 것으로 인정되는 때의 행정처분기준은?

① 해당 인증품의 인증표시의 변경
② 해당 제품의 판매 금지
③ 해당 인증품의 인증표시 정지
④ 인증취소

해설
인증취소 등의 세부기준 및 절차 – 인증(친환경농어업법 시행규칙 [별표 9])

위반행위	행정처분기준
인증품이 아닌 제품을 인증품으로 표시한 것으로 인정된 경우	해당 제품의 인증표시의 제거·정지

89 친환경관련법령상 인증기준의 세부사항에서 유기농산물 재배방법 구비요건에 대한 설명 중 괄호 안에 알맞은 내용은?

- 최소 ( ) 주기로 식물분류학상 "과(科)"가 다른 작물을 재배하되 재배작물에 두과작물, 녹비작물 또는 심근성 작물을 포함한다.
- 최소 ( ) 주기로 담수재배작물과 원예작물을 조합하여 답전윤환재배(畓田輪換栽培)한다.

① 1년　　　　　② 2년
③ 3년　　　　　④ 5년

해설
유기농산물 – 재배방법(친환경농어업법 시행규칙 [별표 12])
- 2년 이내의 주기로 식물분류학상 "과(科)"가 다른 작물을 재배하되 재배작물에 두과작물, 녹비작물 또는 심근성작물을 포함한다.
- 2년 이내의 주기로 담수재배작물과 밭 재배작물을 조합하여 답전윤환(畓田輪換)한다.

90 친환경관련법령상 인증심사원의 자격기준에 대한 설명 중 (가)에 알맞은 내용은?

국가기술자격법에 따른 농업·임업·축산, 식품분야의 산업기사 자격을 취득한 사람은 친환경인증심사 또는 친환경 농산물 관련분야에서 (가)(산업기사가 되기 전의 경력을 포함한다) 이상 근무한 경력이 있을 것

① 1년　　　　　② 2년
③ 3년　　　　　④ 4년

해설
인증심사원의 자격기준(친환경농어업법 시행규칙 [별표 11])

자격	경력
1. 국가기술자격법에 따른 농업·임업·축산 또는 식품 분야의 기사 이상의 자격을 취득한 사람	–
2. 국가기술자격법에 따른 농업·임업·축산 또는 식품 분야의 산업기사 자격을 취득한 사람	친환경인증 심사 또는 친환경 농산물 관련분야에서 2년(산업기사가 되기 전의 경력을 포함) 이상 근무한 경력이 있을 것
3. 수의사법에 따라 수의사 면허를 취득한 사람	–

정답 87 ② 88 ② 89 ② 90 ②

91 유기농업자재의 공시 또는 품질인증 기준에서 약효(藥效)·약해(藥害) 시험성적의 검토기준에 대한 설명 중 괄호 안에 알맞은 내용은?

> 품질인증을 받으려는 유기농업자재 중 병해충관리 대상자재에 적용하며, 동일 작물·병해충에 대하여 적합하게 시험한 (　　) 이상의 포장 시험성적서를 제출하여야 한다.

① 1개
② 2개
③ 3개
④ 4개

해설
이화학(미생물검정) 검사성적서 – 농약효과[藥效]·농약피해 시험성적(효능·효과를 표시하려는 경우로 한정한다)(친환경농어업법 시행규칙 [별표 17])
병해충 관리를 목적으로 하는 자재에 적용하고, 동일 작물·병해충에 대해서 적합하게 시험한 2개 이상의 재배 포장시험 성적서를 제출해야 하며, 작물에 대한 재배 포장시험은 농약관리법에 따른 작물에 대한 농약효과·농약피해 시험법을 준용한다. 다만, 적용대상 병해충 및 농작물의 종류를 추가하려는 경우에는 1개의 재배 포장시험성적서를 제출할 수 있다.

92 다음에서 설명하는 것은?

> 사람이 직접 섭취하지 아니하는 방법으로 사용하거나 소비하기 위하여 유기농수산물을 원료 또는 재료로 사용하여 유기적인 방법으로 생산, 제조·가공 또는 취급되는 가공품을 말한다. 다만, 식품위생법에 따른 기구, 용기·포장, 약사법에 따른 의약외품 및 화장품법에 따른 화장품은 제외한다.

① 유기식품
② 허용물질
③ 유기농어업자재
④ 비식용유기가공품

해설
① 유기식품 : 농업·농촌 및 식품산업 기본법의 식품과 수산식품산업의 육성 및 지원에 관한 법률의 수산식품 중에서 유기적인 방법으로 생산된 유기농수산물과 유기가공식품(유기농수산물을 원료 또는 재료로 하여 제조·가공·유통되는 식품 및 수산식품)을 말한다(친환경농어업법 제2조제4호).
② 허용물질 : 유기식품 등, 무농약농산물·무농약원료가공식품 및 무항생제수산물 등 또는 유기농어업자재를 생산, 제조·가공 또는 취급하는 모든 과정에서 사용 가능한 것으로서 농림축산식품부령 또는 해양수산부령으로 정하는 물질을 말한다(친환경농어업법 제2조제7호).
③ 유기농어업자재 : 유기농수산물을 생산, 제조·가공 또는 취급하는 과정에서 사용할 수 있는 허용물질을 원료 또는 재료로 하여 만든 제품을 말한다(친환경농어업법 제2조제4호).

93 다음 중 유기축산물 및 비식용유기가공품에서 순도 99% 이상이어야 하는 유기배합사료 제조용 물질은?

① 어 분
② 골 분
③ 어즙흡착사료
④ 육 분

해설
유기축산물 및 비식용유기가공품 – 사료로 직접 사용되거나 배합사료의 원료로 사용 가능한 물질(친환경농어업법 시행규칙 [별표 1])

구 분	사용 가능 물질	사용 가능 조건
동물성	단백질류, 낙농가공부산물류	• 수산물(골뱅이분을 포함)은 양식하지 않은 것일 것 • 포유동물에서 유래된 사료(우유 및 유제품은 제외)는 반추가축[소·양 등 반추(反芻)류 가축]에 사용하지 않을 것
	무기물류	사료관리법에 따라 농림축산식품부장관이 정하여 고시하는 기준에 적합할 것

단미사료의 범위(사료 등의 기준 및 규격 [별표 1])

구 분		내용
동물성	단백질류	가금부산물건조분[도축 및 가금도축 부산물, 계육분 포함], 가죽, 감마루스, 건어포, 계분, 계란분말[난황 및 난백분말 등 가공품을 포함], 골뱅이분, 동물성단백질혼합분, 모발분, 부화장부산물건조분, 새우분, 수지박[우지박, 돈지박을 포함], 어분[어류의 가공품 및 부산물 포함], 어즙, 어즙흡착사료, 우모분, 유도단백질[가수분해, 효소처리 등을 한 것을 포함], 육골분, 육골포, 육분, 육즙흡착사료, 육어포, 육포, 제각분, 혈액가공품[혈장단백 및 혈분을 제외], 혈분, 혈장단백
	무기물류	골분, 골회, 난각분, 어골분, 어골회, 패분, 혼합무기물, 가공뼈다귀, 녹각

※ 관련 법 개정으로 정답없음

94 인증심사원이 거짓이나 그 밖의 부정한 방법으로 인증심사 업무를 수행한 경우에 해당하는 것은?

① 1개월 이내의 자격 정지 ② 2개월 이내의 자격 정지
③ 5개월 이내의 자격 정지 ④ 자격취소

해설
인증심사원의 자격취소 기준(친환경농어업법 시행규칙 [별표 12])

위반행위	위반횟수별 행정처분 기준		
	1회 위반	2회 위반	3회 이상 위반
거짓이나 그 밖의 부정한 방법으로 인증심사 업무를 수행한 경우	자격취소	–	–

95 유기식품 등의 유기표시 기준에서 유기표시문자에 대한 내용으로 틀린 것은?

① 비식용유기가공품의 표시문자 : 유기농식품○○
② 유기농축산물의 표시문자 : 유기축산○○
③ 유기농축산물의 표시문자 : 유기농○○
④ 유기가공식품의 표시문자 : 유기○○

해설
유기표시 글자 – 비식용유기가공품(친환경농어업법 시행규칙 [별표 6])
• 유기사료 또는 유기농 사료
• 유기농○○ 또는 유기○○(○○은 사료의 일반적 명칭으로 한다). 다만, '식품'이 들어가는 단어는 사용할 수 없다.

96 친환경관련법령상 괄호 안에 알맞은 내용은?

농업의 근간이 되는 흙의 소중함을 국민에게 알리기 위하여 매년 (　　　　)을 흙의 날로 정한다.

① 9월 11일　　② 6월 11일
③ 5월 11일　　④ 3월 11일

해설
흙의 날을 3월 11일로 제정한 것은 '3월'이 농사의 시작을 알리는 달로서 '하늘+땅+사람'의 3원과 농업·농촌·농민의 3농을 의미하고, '11'은 흙을 의미하는 한자를 풀면 +과 −이 되기 때문이다.
흙의 날(친환경농어업법 제5조의2제1항)
농업의 근간이 되는 흙의 소중함을 국민에게 알리기 위하여 매년 3월 11일을 흙의 날로 정한다.

97 친환경관련법령상 유기농산물 및 유기임산물을 위해 토양 개량과 작물생육을 위하여 사용가능한 구아노(Guano : 바닷새, 박쥐 등의 배설물)의 사용가능 조건은?

① 유전자를 변형한 물질이 포함되지 않을 것
② 고온발효(50℃ 이상에서 7일 이상 발효)된 것
③ 화학물질 첨가나 화학적 제조공정을 거치지 않을 것
④ 충분히 부숙된 것

해설
토양 개량과 작물 생육을 위해 사용 가능한 물질(친환경농어업법 시행규칙 [별표 1])

사용 가능 물질	사용 가능 조건
식물 또는 식물 잔류물로 만든 퇴비	충분히 부숙된 것일 것
대두박(콩에서 기름을 짜고 남은 찌꺼기를 말한다), 쌀겨 유박(油粕 : 식물성 원료에서 원하는 물질을 짜고 남은 찌꺼기를 말한다), 깻묵 등 식물성 유박류	• 유전자를 변형한 물질이 포함되지 않을 것 • 최종제품에 화학물질이 남지 않을 것 • 아주까리 및 아주까리 유박을 사용한 자재는 비료관리법에 따른 공정규격설정 등의 고시에서 정한 리친(Ricin)의 유해성분 최대량을 초과하지 않을 것
사람의 배설물(오줌만인 경우는 제외한다)	• 완전히 발효되어 부숙된 것일 것 • 고온발효 : 50℃ 이상에서 7일 이상 발효된 것 • 저온발효 : 6개월 이상 발효된 것일 것 • 엽채류 등 농산물·임산물 중 사람이 직접 먹는 부위에는 사용하지 않을 것
구아노(Guano: 바닷새, 박쥐 등의 배설물)	화학물질 첨가나 화학적 제조공정을 거치지 않을 것
짚, 왕겨, 쌀겨 및 산야초	비료화하여 사용할 경우에는 화학물질 첨가나 화학적 제조공정을 거치지 않을 것

정답 94 ④ 95 ① 96 ④ 97 ③

98 친환경관련법령상 인증기준의 세부사항의 용어 정의에 대한 설명으로 틀린 것은?

① "병행생산"이라 함은 인증을 받은 자가 인증받은 품목과 같은 품목의 일반농산물·가공품 또는 인증종류가 다른 인증품을 생산하거나 취급하는 것을 말한다.

② "유기합성농약으로 처리된 종자"라 함은 종자를 소독하기 위해 유기합성농약으로 분의(粉衣), 도포(塗布), 침지(浸漬) 등의 처리를 한 종자를 말한다.

③ "싹을 틔워 직접 먹는 농산물"이라 함은 물을 이용한 온·습도 관리로 종실(種實)의 싹을 틔워 종실·싹·줄기·뿌리를 먹는 농산물(본엽이 전개된 것 포함)을 말한다.

④ "배지(培地)"라 함은 버섯류, 양액재배농산물 등의 생육에 필요한 양분의 전부 또는 일부를 공급하거나 작물체가 자랄 수 있도록 하기 위해 조성된 토양 이외의 물질을 말한다.

해설
'싹을 틔워 직접 먹는 농산물'이란 물을 이용한 온·습도 관리로 종실(種實)의 싹을 틔워 종실·싹·줄기·뿌리를 먹는 농산물(본엽이 전개된 것 제외)을 말한다.(예 발아농산물, 콩나물, 숙주나물 등)(유기식품 및 무농약농산물 등의 인증에 관한 세부실시 요령 [별표 1])

99 유기식품의 생산·가공·표시·유통에 관한 Codex 가이드라인에서 새로운 물질이 식물의 병해충이나 잡초방제의 목적으로 사용될 경우에 대한 설명으로 틀린 것은?

① 해당 물질이 다른 생물학적, 물리적 육종방법 또는 효과적인 관리가 불가능한 유해 생명체나 특정 질병의 방제에 필수적이어야 한다.

② 해당 물질은 식물, 동물, 미생물, 무기질로부터 나온 것이어야 하고, 물리적, 효소적, 미생물적 공정은 거칠 수 없다.

③ 해당 물질의 사용은 특정조건, 특정지역, 특정상품에 제한될 수 있다.

④ 해당 물질의 사용으로 인한 환경, 생태계(특히 목표로 하지 않는 생물체)와 소비자, 가축, 벌의 건강에 대한 잠재적 위해 영향을 고려해야 한다.

해설
해당 물질은 식물, 동물, 미생물, 무기질로부터 나온 것이어야 하고, 물리적(예 기계적, 열적), 효소적, 미생물적(예 퇴비화, 소화) 공정을 거칠 수 있다.

100 친환경관련법에서 토양을 이용하지 않고, 통제된 시설공간에서 빛(LED, 형광등), 온도, 수분, 양분 등을 인공적으로 투입하여 작물을 재배하는 것은?

① 재배포장   ② 윤 작
③ 경축순환농법   ④ 식물공장

해설
인증기준의 세부사항(유기식품 및 무농약농산물 등의 인증에 관한 세부실시 요령 [별표 1])
① 재배포장 : 작물을 재배하는 일정구역을 말한다.
② 윤작(돌려짓기) : 동일한 재배포장에서 동일한 작물을 연이어 재배하지 아니하고, 서로 다른 종류의 작물을 순차적으로 조합·배열하는 방식의 작부체계를 말한다.
③ 경축순환농법 : 친환경농업을 실천하는 자가 경종과 축산을 겸업하면서 각각의 부산물을 작물재배 및 가축사육에 활용하고, 경종작물의 퇴비 소요량에 맞게 가축사육 마리 수를 유지하는 형태의 농법을 말한다.

2017년 제 2 회 | 과년도 기출문제

---

01 다음 중 식물세포의 원형질 분리현상이 일어날 수 있는 조건은?

① 외액과 세포액의 농도가 같을 때
② 외액이 세포액의 농도보다 낮을 때
③ 외액이 세포액의 농도보다 높을 때
④ 외액이 세포액의 농도와 같고, 외부압력이 작용할 때

해설
원형질 분리 : 외액의 농도가 세포액보다 높아질 때에는 세포액의 수분이 외액으로 빠져나가 원형질이 수축되고 세포막에서 분리되는 현상

02 대기 중의 이산화탄소의 농도는?

① 1% ② 80%
③ 21% ④ 0.03%

해설
대기 중에는 질소가 약 79%, 산소 약 21%, 이산화탄소 0.03%, 기타 물질 등이 포함되어 있다.

03 다음 중 식물세포에서 원형질 분리가 일어나는 상황은?

① 삼투퍼텐셜 = 수분퍼텐셜
② 압력퍼텐셜 = 중력퍼텐셜
③ 압력퍼텐셜 = 매트릭퍼텐셜
④ 삼투퍼텐셜 = 압력퍼텐셜

해설
수분퍼텐셜과 삼투퍼텐셜이 같으면 압력퍼텐셜이 0이 되므로 원형질 분리가 일어난다.

04 산성토양에서 적응성이 강한 작물로만 짝지어진 것은?

① 알팔파, 자운영, 상추
② 벼, 땅콩, 수박
③ 콩, 시금치, 보리
④ 사탕무, 부추, 양파

해설
산성 토양에 대한 작물의 적응성
• 극히 강한 것 : 벼, 밭벼, 귀리, 루우핀, 토란, 아마, 기장, 땅콩, 감자, 봄무, 호밀, 수박
• 약한 것 : 보리, 클로버, 양배추, 근대, 가지, 삼, 겨자, 고추, 완두, 상추 등
• 가장 약한 것 : 알팔파, 자운영, 콩, 팥, 시금치, 사탕무, 셀러리, 부추, 양파 등

05 세계의 3대 식량작물로 맞게 짝지어진 것은?

① 벼 - 콩 - 보리
② 콩 - 옥수수 - 호밀
③ 벼 - 옥수수 - 밀
④ 카사바 - 밀 - 보리

해설
세계 3대작물의 재배면적은 밀>벼>옥수수이고, 생산량은 재배면적에 비해 생산량이 많은 옥수수>밀>벼의 순이다.

06 채소류의 접목육묘의 장점에 속하지 않는 것은?

① 토양전염병 발생 억제
② 흡비력 감소
③ 불량환경에 대한 내성 증대
④ 과실의 품질 우수

해설
채소 접목 육묘
• 토양전염성 병의 발생 억제
• 흡비력 증진
• 저온 · 고온 등 불량환경에 저항성 높임
• 과실의 품질 우수
• 과습에 잘 견딤

07 다음 중 광합성의 명반응에서 생성되는 물질은?

① PGA
② NADH
③ CO_2
④ ATP

해설

명반응

명반응은 광합성 과정 중 광조건에서 일어나는 화학반응으로, 엽록소에서 방출된 전자가 전자전달계를 거치면서 ATP를 생산하는 한편, 수소공여체인 NADPH를 만들어 내고 산소를 방출한다. 즉, 명반응은 광에너지를 화학에너지로 바꾸면서 수소공여체를 생산하는 과정이다.

08 다음 중 출아 양상이 다른 작물은?

① 콩
② 녹 두
③ 강낭콩
④ 완 두

해설

식물이 발아할 때는 저장양분이 어디에서 공급되느냐에 따라 지상발아형과 지하발아형으로 나눈다.

• 지상발아형 : 콩, 녹두, 강낭콩, 소나무
• 지하발아형 : 완두, 화본과 작물(벼, 보리, 밀, 옥수수 등)

09 앞 작물의 그루터기를 그대로 남겨서 풍식과 수식을 경감시키는 농법은?

① 볏짚 멀칭
② 토양 멀칭
③ 스터블 멀칭
④ 플라스틱필름 멀칭

해설

스터블(Stubble) 멀칭 농법

반건조지방의 밀 재배에 있어서 토양을 갈아엎지 않고 경운하여 앞 작물의 그루터기를 그대로 남겨서 풍식과 수식을 경감시키는 농법

10 다음 작물 중에서 수명이 짧은(1~2년) 단명종자에 속하는 식물은?

① 알팔파
② 양 파
③ 가 지
④ 수 박

해설

종자의 수명에 따른 분류

• 단명종자 : 메밀, 양파, 고추, 파, 당근, 땅콩, 콩, 상추 등
• 상명종자 : 벼, 보리, 완두, 당근, 양배추, 밀, 옥수수, 귀리, 수수 등
• 장명종자 : 클로버, 알팔파, 잠두, 수박, 오이, 박, 무, 가지, 토마토 등

11 벼의 침관수 피해가 가장 크게 나타나는 조건은?

① 고수온 – 정체수 – 탁수
② 고수온 – 유수 – 청수
③ 저수온 – 정체수 – 탁수
④ 저수온 – 유수 – 청수

해설

벼의 침관수 피해

• 청고(靑枯) : 벼가 수온이 높은 정체탁수 중에서 급속히 죽게 될 때 푸른색을 띤 채로 죽는 현상(정체수, 탁수, 고수온)
• 적고(赤枯) : 벼가 수온이 낮은 유동청수 중에서 단백질도 소모되고 갈색으로 변하여 죽는 현상(유동수, 청수, 저수온)

12 다음 조암광물 중에서 풍화가 되더라도 점토가 되지 않는 것은?

① 운 모
② 석 영
③ 장 석
④ 산화철

해설

조암광물 중 장석과 운모는 풍화작용을 심하게 받으면 대부분 점토로 변하지만, 석영은 가수분해에 대한 저항력이 대단히 강해서 모래알 크기의 원형대로 남아 있다.

13 엽면시비의 장점이 아닌 것은?

① 미량요소의 공급   ② 점진적 영양회복
③ 비료분의 유실방지   ④ 품질향상

해설
엽면시비는 작물이 동·상해, 병해충의 피해를 입어 급속한 영양회복을 시키고자 할 때 시행한다.

14 광질토양에서 토양의 산도가 강산성이면 작물양분의 유효도가 가장 높은 원소는?

① 몰리브덴   ② 황
③ 마그네슘   ④ 철

해설
토양 pH에 따른 양분의 유효도
• 알칼리성에서 유효도가 커지는 원소 : P, Ca, Mg, K, Mo 등
• 산성에서 유효도가 커지는 원소 : Fe, Cu, Zn, Al, Mn, B 등

15 벼 종자의 휴면을 타파시키는 일반적인 방법은?

① 0.5~1%의 과산화수소액에 침지
② 40℃에 3주간 보관 처리
③ 지베렐린 수용액 처리
④ 사이토키닌 처리

해설
종자의 휴면타파법 : 종피파상법, 농황산처리법, 저온처리, 건열처리, 습열처리, 진탕처리, 질산염처리, 과산화수소처리법 등

16 생물학적 방제법에 속하지 않는 것은?

① 기생성 곤충   ② 중간기주식물
③ 병원미생물   ④ 길항미생물

해설
중간기주식물제거는 경종적 방제법에 속한다.

17 작물의 용도에 따른 분류와 작물명이 잘못 짝지어진 것은?

① 맥류 – 쌀, 보리
② 유료작물 – 참깨, 유채
③ 근채류 – 당근, 생강
④ 장과류 – 포도, 무화과

해설
쌀은 화곡류이고, 보리는 맥류에 속한다.

18 생력재배의 효과로 맞지 않는 것은?

① 노동력 절감   ② 재배면적 증대
③ 농업경영 개선   ④ 단위 면적당 수량 감소

해설
단위수량의 증대 : 기계적 생력 재배에 있어서는 인력 재배에 비하여 단위 수량이 증가한다.

19 다음 중 토양수분을 측정할 수 있는 방법이 아닌 것은?

① TDR법　　　　② 텐시오미터법

③ 전기저항법　　　④ 중성자법

해설

토양수분측정방법

• 건토중량법

• 유전율식 관측방법 : TDR, FDR

• 토양수분장력측정법 : 수분장력계(Tensiometer)

• 원자력방법 : 중성자분산법

※ 토양수분퍼텐셜측정법 : 텐시오미터법, 전기저항법(석고블록법),
　 Psychrometry법

제2과목 **토양비옥도 및 관리**

21 어떤 토양 1g의 표면적이 95.24m일 때, 이 토양의 흡습도는?

① 23.81　　　　② 31.08

③ 47.62　　　　④ 95.24

해설

흡습도는 토양표면적에 비례한다. 토양 1g의 표면적은 흡습도에 $4m^2$를 곱한 것과 같다.

$$흡습도 = \frac{95.24}{4} = 23.81$$

22 유기물이 토양물리성에 미치는 영향이 아닌 것은?

① 보수력 증가　　　② 입단화 촉진

③ 완충능 감소　　　④ 온도상승

해설

유기물은 토양의 완충능력을 증대시켜 산도 개선에 도움을 준다.

23 다음 원소 중 지각 내에서 함량이 가장 적은 것은?

① 산 소　　　　② 규 소

③ 알루미늄　　　④ 철

해설

지각의 8대 구성원소의 함량

산소 > 규소 > 알루미늄 > 철 > 칼슘 > 나트륨 > 칼륨 > 마그네슘

20 기지현상에 대한 가장 근본적인 대책은?

① 지력배양　　　　② 토양소독

③ 합리적 시비　　　④ 윤 작

해설

기지현상 : 연작하는 경우 작물의 생육이 나빠지는 현상

24 퇴비화 과정에서 나타나는 현상이 아닌 것은?

① 잡초종자가 사멸된다.
② 원료물질에 비해 이분해성 유기물이 늘어난다.
③ 식물에 피해를 줄 수 있는 독성화합물이 분해된다.
④ 토양병원균 활성을 억제할 수 있는 일부 미생물들이 활성화된다.

해설
② 퇴비화 과정에서 수분이 증발되고 유기물은 원료물질에 비하여 이분해성 유기물인 셀룰로스와 헤미셀룰로스가 점차 감소하게 된다.

26 토양분석결과 교환성 K^+이온이 0.4cmolc/kg이었다면 이 토양 1kg 속에는 몇 g의 교환성 K^+이온이 들어 있는가?(단, K의 원자량은 39로 한다)

① 0.078
② 0.156
③ 0.234
④ 0.312

해설
0.4cmolc/kg × 39/100 = 0.156

27 대기에 비해 토양공기 중의 탄산가스와 산소의 농도는?

① 탄산가스 농도가 높고, 산소의 농도는 낮다.
② 탄산가스 농도가 낮고 산소의 농도는 높다.
③ 탄산가스와 산소의 농도는 높다.
④ 탄산가스와 산소의 농도는 낮다.

해설
대기와 토양공기의 가스분포도

구 분	질 소	산 소	이산화탄소
대 기	79.1%	20.93%	0.03%
토양공기	75~80%	10~20%	0.1~10%

25 토양생물 중 개체수가 가장 많은 것은?

① 사상균
② 방선균
③ 세 균
④ 조 류

해설
토양 생물의 개체수
세균 > 방선균 > 사상균 > 조류

28 산성토양에 대한 설명으로 틀린 것은?

① 미생물활성이 억제된다.
② 아연이나 구리의 유효도가 감소한다.
③ 인산의 유효도가 감소한다.
④ 작물의 뿌리 활성이 억제된다.

해설
산성토양에서 아연이나 구리의 유효도는 증가한다.

29 흙냄새의 일종인 Geosmins와 같은 물질을 분비하며, 대부분 알칼리성에는 내성이 있지만 산성에 약한 미생물은?

① 토양사상균
② 토양방선균
③ 토양세균
④ 균근균

해설
정원이나 들판의 흙에서 나는 냄새는 방선균이 분비하는 물질인 지오스민(Geosmins)에 의한 것이다.

31 다음은 암석집단의 조암광물 조성 비율을 나열한 것이다. 암석풍화저항성이 강한 순서로 배열된 것은?

- A집단 : (석영 50% + 휘석 50%)
- B집단 : (장석류 50% + 휘석 50%)
- C집단 : (석영 50% + 백운모 50%)
- D집단 : (장석류 50% + 백운모 50%)

① A집단 > B집단 > C집단 > D집단
② B집단 > C집단 > A집단 > D집단
③ C집단 > D집단 > A집단 > B집단
④ D집단 > A집단 > C집단 > B집단

해설
암석의 풍화저항성
석영 > 백운모・정장석 > 사장석 > 흑운모・각섬석・휘석 > 감람석 > 백운석・방해석 > 석고

30 다음 중 양이온과 음이온의 2가지 형태로 가능한 양분은?

① N
② P
③ Fe
④ Cl

해설
질소(N)는 양이온인 암모늄태 질소(NH_4^+)와 음이온인 질산태 질소(NO_3^-)로 작용이 가능하다.

32 토양입자에 의한 양분 유지 및 용탈에 관한 설명으로 옳은 것은?

① AEC가 크면 NH_4^+이온은 토양입자에 잘 유지된다.
② CEC가 크면 NO_3^-이온은 토양입자에 잘 유지된다.
③ 대체로 토양층 내에서 NH_4^+이온은 NO_3^-이온보다 용탈이 용이하다.
④ CEC가 낮은 논토양에서는 NH_4^+이온의 용탈이 용이하다.

해설
양이온치환용량(CEC)이 클수록 유효양분(K^+, NH_4^+, Ca^{2+}, Mg^{2+}) 보유량이 크다.

33 우리나라에서 일반적으로 실시되고 있는 토양의 물리/화학성 표준분석법에서 토양조사항목과 분석방법이 틀린 것은?

① 토양유기물 : 튜린법(Tyurin법)
② 토양조사 : USDA법
③ 토성분석 : Bray No.1법
④ 석회소요량측정법 : ORD법

해설
• 토성분석 : 촉감법, 토성삼각표 이용, Pippett법, 비중계법, X선이나 광선 이용법 등
• 토양인산 추출방법 : Truog법, Bray No.1 및 No.2법, Olsen법, Lancaster법 등

34 질산화과정에서 NH_4^+ 이온 1개가 1개의 NO_3^- 로 될 때 몇 개의 H^+ 이온이 생성되는가?

① 0.5개
② 1개
③ 1.5개
④ 2개

해설
질산화 반응식
$NH_4 + 2O_2 \rightarrow NO_3 + H_2O + 2H$

35 점토광물의 영구음전하 생성요인은?

① 동형치환
② 가변전하
③ 변두리전하
④ 잠시적전하

해설
동형치환
• 형태상 변화가 되지 않은 채 크기가 비슷한 다른 이온과 치환되는 형상
$Si^{4+} \rightleftarrows Al^{3+}$, 또는 $Al^{3+} \rightleftarrows Mg^{2+}$ 즉, 양전하 부족으로 점토표면 음전하 존재
• 2:1과 2:2격자형 광물에서만 일어난다.
• pH 영향을 받지 않으므로 영구음전하라고 한다.

36 토양의 용적밀도 $1.3g/cm^3$, 입자밀도 $2.6g/cm^3$, 점토함량 15%, 토양수분 26.0%, 토양구조가 사열구조일 때 공극률은?

① 50%
② 13%
③ 7.5%
④ 25%

해설
공극률 = [1 − (용적밀도/입자밀도)] × 100
= [1 − (1.3/2.6)] × 100 = 50%

37 토양을 $100cm^3$ Core Sample로 130g을 채취하여 105℃에서 건조한 후 토양무게는 100g이었다. 입자밀도는 $2.6g/cm^3$일 때, 이 토양의 수분포화도는?

① 30
② 48.8
③ 60
④ 77.9

해설
※저자의견 : 공단에서는 3번이 확정정답이나 공식에 의하면 2번이 정답이다.
답이 60%라고 한 것은 용적밀도 계산 시 토양무게는 건조무게 100g을 사용해야 하는데, 건조 전 무게 130g을 사용했기 때문인 것 같다. 이렇게 하면 용적밀도가 $1.3g/cm^3$이 되고, 공극률이 50%로 계산되고 수분포화도가 60%로 계산된다.

* 토양의 수분부피 $= \dfrac{(습토무게 - 건토무게)}{건토무게} \times 100$

$= \dfrac{(130 - 100)}{100} \times 100$

$= 30cm^3$

* 토양의 입자밀도 $= \dfrac{건토무게}{건토부피}$

$2.6 \ g/cm^3 = \dfrac{100}{x}$

토양 입자부피 $= 38.5cm^3$

* 토양 공극부피 = 전체부피 − 입자부피
$= 100cm^3 - 38.5cm^3 = 61.5cm^3$

* 수분포화도 $= \dfrac{수분부피}{공극부피} \times 100$

$= \dfrac{30cm^3}{61.5cm^3} \times 100 = 48.8\%$

38 토양의 용적밀도가 1.25g/cm³이다. 20cm 깊이에서 1ha 면적의 토양무게는?

① 2,500,000kg   ② 250,000kg

③ 1,250,000kg   ④ 125,000kg

해설

$(1.25g/cm^3 \times 0.2m \times 10,000m^2) \times 1,000 = 2,500,000kg$

*1ha = 10,000m², 1m³ = 1,000kg

39 양분공급량이 증가함에 따라 수량의 증가율이 점점 줄어 드는 현상은?

① 우세의 원리

② 울프의 법칙

③ 보수점감의 법칙

④ 최소흡수의 법칙

해설

보수점감의 법칙

양분공급량이 증가함에 따라 작물의 수확량이 증가하지만 어느 정도에 도달하면 일정해지고 그 한계를 넘으면 수확량이 다시 점차 감소하는 현상

40 볏짚 생체중 200kg(C/N비 60, 수분함량 40%, 건물중 질소 0.3%)을 토양에 넣고, 토양 중 사상균에 의해 탄소동 화율이 40%일 때 볏짚이 질소기아 없이 분해되기 위해 외부로부터 필요한 질소량에 가장 가까운 값은?(단, 사상 균 세포의 탄질률은 10이라고 가정)

① 0.1kg   ② 0.5kg

③ 1kg   ④ 2kg

해설

볏짚 생체중 200kg 중

* 건물 중량 = 200kg − (200kg × 40%) = 120kg
* 건물중 질소함량 = 120kg × 0.3% = 0.36kg
* C/N비 중 건물중 탄소함량 = 0.36kg × 60 = 21.6kg
* 사상균 동화율 = 21.6kg × 40% = 8.64

∴ 탄질률 $10 = \dfrac{8.64}{0.36 + x}$

$8.64 = (0.36 + x) \times 10$

$x = 0.864 - 0.36 = 0.504$

41 사료의 단백질은 기본적으로 무엇으로 구성되어 있는가?

① 지 방

② 탄수화물

③ 무기물

④ 아미노산

해설

탄수화물은 포도당, 단백질은 아미노산, 지방은 지방산과 글리세롤로 구성되어 있다.

42 웅성불임성을 이용하는 작물로만 나열된 것은?

① 무, 브로콜리   ② 당근, 상추

③ 배추, 브로콜리   ④ 순무, 배추

해설

• 웅성불임성 이용 : 고추, 양파, 당근, 상추 등
• 자가불화합성 이용 : 무, 순무, 배추, 양배추, 브로콜리 등

43 종자용으로 사용할 벼 종자 건조 시 가장 알맞은 온도는?

① 40~45℃   ② 45~50℃

③ 50~55℃   ④ 55~60℃

해설

종자용 벼는 40~45℃, 도정 수매용은 50℃ 이하, 장기 저장할 때는 온도 15℃에서 수분 15% 이하로 건조 및 저장관리를 해야 고품질을 유지할 수 있다.

44 흙을 철판 위나 회전드럼통에 넣고 골고루 열을 가하면서 적당히 구워 소독하는 방법은?

① 증기법
② 태양열소독법
③ 압착법
④ 소토법

해설
소토법
논밭의 흙을 긁어모아 그 위에 마른풀이나 나뭇조각을 놓고 태우거나, 흙을 펴서 놓은 철판 밑에서 불을 때어 가열하여 살균하는 토양 소독법

46 유기농업의 핵심원리가 아닌 것은?

① 유기체의 상호독립성
② 생물의 종 다양성
③ 건강한 토양과 비옥도 유지
④ 농장 외부자재 투입의 비의존성

해설
친환경 유기농업의 핵심원리
건강한 토양과 비옥도유지, 생물의 종 다양성, 유기체의 상호 의존성, 농장 외부자재 투입의 비의존성, 농업체계의 한 부분으로 생태계 전체를 완전하게 관리하는 총체적 생산체계가 핵심원리이다.

47 다음 중 광포화점이 가장 높은 채소는?

① 생 강　　　　　② 강낭콩
③ 토마토　　　　　④ 고 추

해설
광포화점(단위 lx)
토마토(70,000) > 고추(30,000) > 생강, 강낭콩(20,000)

45 메벼의 염수선 비중은?

① 1.06
② 1.08
③ 1.13
④ 1.18

해설
염수선 비중 : 메벼(맵쌀) 1.13, 찰벼(찹쌀) 1.04

48 파이프에 직접 작은 구멍을 내어 살수하는 방법은?

① 일류관개　　　　② 다공관관개
③ 보더관개　　　　④ 지하관개

해설
① 일류관개법 : 등고선에 따라 수로를 내고 임의의 장소로부터 월류하도록 하는 방법
③ 보더관개 : 완경사의 포장을 알맞게 구획하고 상단의 수로로부터 전체 표면에 물을 흘려 펼쳐서 대는 방법

정답　44 ④　45 ③　46 ①　47 ③　48 ②

49 혐광성 종자에 해당하는 것으로만 나열된 것은?

① 담배, 상추

② 우엉, 차조기

③ 가지, 파

④ 금어초, 뽕나무

해설

광에 따른 발아종자

• 호광성 종자 : 담배, 상추, 배추, 뽕나무, 베고니아, 페튜니아, 화복과 목초류(티모시), 셀러리, 우엉, 차조기, 금어초

• 혐광성 종자 : 토마토, 가지, 파, 호박, 오이류

51 친환경관련법상 유기농업 병해충 관리를 위해 사용 가능한 허용자재가 아닌 것은?

① 목초액

② 순수 니코틴

③ 기피식물

④ 키토산

해설

병해충 관리를 위해 사용 가능한 물질(친환경농어업법 시행규칙 [별표 1])

사용가능 물질	사용가능 조건
목초액	산업표준화법에 따라 국가기술표준원장이 고시한 한국산업표준에 적합할 것
담배잎차(순수 니코틴은 제외)	물로 추출한 것일 것
기피식물	생태계 교란종이 아닐 것
키토산	국립농산물품질관리원장이 정하여 고시한 품질규격에 적합할 것

52 지렁이분에 대한 설명으로 틀린 것은?

① 양분 함량이 높다.

② 수분보유력이 좋다.

③ 일반 퇴비제조방법에 비하여 경제적이다.

④ 지렁이분 여과액을 엽면시비나 식물강화제로 이용한다.

해설

일반 퇴비제조방법에 비하여 많은 기간과 노력을 요한다.

50 우리나라 낙농가에서 겨울철 다즙질 사료로 가장 많이 이용하는 사료는?

① 베일 볏짚

② 이탈리안 라이그라스 생초

③ 귀리 건초

④ 옥수수 사일리지

해설

우리나라에서 옥수수는 축산농가에 사일리지용으로 잘 알려져 있고, 사료작물 중 가장 많이 재배하여 이용하는 작물이다.

53 잡초를 제어하는 방법이 아닌 것은?

① 최소경운

② 윤 작

③ 멀 칭

④ 초생재배

해설

병해충이나 잡초방제를 위한 방법

• 경종적 방제 : 내잡초성 품종선택, 작부체계, 재배방식(초생재배), 답전윤환, 답리작, 윤작 등에 의한 잡초를 제어하는 방제

• 생물적 방제 : 동물(오리, 우렁이, 참게, 새우, 달팽이 등)과 식물(호밀, 귀리, 헤어리베치 등), 그리고 미생물(사상균, 세균, 방선균) 등을 이용

• 물리적 방제 : 경운(추경과 춘경), 예취, 심수관개, 중경과 토입, 토양 피복, 흑색비닐멀칭, 화염제초 등을 이용

54 한 포장 내에서 위치에 따라 종자, 비료, 농약 등을 달리함으로써 환경문제를 최소화하면서 생산성을 최대로 하려는 농업은?

① 유기농업
② 생태농업
③ 자연농업
④ 정밀농업

해설
정밀농업은 농작물 재배에 영향을 미치는 요인에 관한 정보를 수집하고, 이를 분석하여 불필요한 농자재 및 작업을 최소화함으로써 농산물 생산 관리의 효율을 최적화하는 시스템이다.

55 사료를 주성분에 의하여 분류할 경우 지방질 사료로 가장 적합한 것은?

① 대두박
② 옥수수
③ 어 분
④ 콩

해설
지방질 사료 : 콩, 쌀겨, 누에번데기 등
① 대두박 : 식물성 단백질 사료
② 옥수수 : 섬유질 사료
③ 어분 : 동물성 단백질 사료

56 윤작의 효과로 틀린 것은?

① 질소고정
② 잔비량의 억제
③ 토양구조 개선
④ 병충해의 경감

해설
윤작의 효과
지력유지 증강(질소고정, 잔비량의 증가, 토양구조 개선, 토양유기물 증대), 토양 보호, 기지의 회피, 병충해의 경감, 잡초의 경감, 수량증대, 토지이용도의 향상, 노력분배의 합리화, 농업경영의 안정성증대

57 시설원예에서 보온 피복자재의 설명으로 틀린 것은?

① 알루미늄 증착필름은 보온성이 우수하다.
② 부직포는 보온성은 좋으나 투습성이 떨어진다.
③ 섬피와 거적은 열절감률이 우수한 보온자재이다.
④ PE필름은 다른 피복자재에 비하여 보온성이 떨어진다.

해설
부직포는 보온성과 함께 투습성이 양호하다.

58 종자증식 체계로 옳은 것은?

① 기본식물 → 원종 → 원원종 → 보급종
② 기본식물 → 원원종 → 원종 → 보급종
③ 기본식물 → 보급종 → 원원종 → 원종
④ 원종 → 기본식물 → 보급종 → 원원종

해설
종자증식 체계 : 기본식물 → 원원종 → 원종 → 보급종

59 유기경종에서 사용할 수 있는 병해충방제방법으로 틀린 것은?

① 내병성 품종, 내충성 품종을 이용한 방제
② 봉지 씌우기, 방충망설치를 이용한 방제
③ 천연물질, 천연살충제를 이용한 방제
④ 생물농약, 합성농약을 이용한 방제

해설
유기경종에서는 화학비료와 유기합성농약을 전혀 사용하지 아니하여야 한다.

60 친환경농업의 목적에 해당하지 않는 것은?

① 환경보전을 통한 지속적 농업의 발전
② 안전한 농산물을 요구하는 국민의 기대에 부응
③ 농작물의 수량을 높이기 위해 과다 시비
④ 친환경농업을 통한 경관보전

해설
정의(친환경농어업법 제2조제1항)
친환경농어업이란 생물의 다양성을 증진하고, 토양에서의 생물적 순환과 활동을 촉진하며, 농어업생태계를 건강하게 보전하기 위하여 합성농약, 화학비료, 항생제 및 항균제 등 화학자재를 사용하지 아니하거나 사용을 최소화한 건강한 환경에서 농산물·수산물·축산물·임산물(이하 '농수산물')을 생산하는 산업을 말한다.

제4과목 **유기식품 가공·유통론**

61 다음의 조건에서 유기농 수박의 1kg당 구매가격과 소비자 가격을 산출하면?

유기농 수박을 취급하는 한 유통조직에서 유기농 수박 생산 농가의 농업경영비에 농업경영비의 30%를 더해 구매가격을 결정한 후, 여기에 유통마진율 20%를 적용하여 소비자 가격을 책정하려고 한다.
이 농가는 유기농 수박을 1톤 생산하는데 중간재비 4,000,000원, 고용노력비 500,000원, 토지임차료 2,000,000원, 자본용역비 1,500,000원, 자가노력비 5,000,000원이 들었다고 한다.

① 구매가격 9,750원 – 소비자가격 12,190원
② 구매가격 10,400원 – 소비자가격 13,000원
③ 구매가격 12,350원 – 소비자가격 15,440원
④ 구매가격 13,000원 – 소비자가격 21,125원

해설
• 농업경영비
= 4,000,000 + 500,000 + 2,000,000 + 1,500,000
= 8,000,000원
• 구매가격 = {(8,000,000 × 30%) + 8,000,000} ÷ 1,000kg
= 10,400원
• 소비자가격 = $10,400 ÷ \left(\dfrac{100-20}{100}\right) = 13,000$원

62 유기식품의 가스충전포장에 일반적으로 사용되는 가스성분 중 호기성뿐만 아니라 혐기성균에 대해서도 정균작용을 나타내며, 고농도 사용 시 제품에 이미·이취를 발생시킬 수 있는 가스성분은?

① 산 소 ② 질 소
③ 탄산가스 ④ 아황산가스

해설
탄산가스(CO_2)
• 미생물 발육 방지 효과가 있으며 고농도인 경우 세균의 발육을 완전히 방지한다.
• 변패 미생물의 유도기와 세대시간을 증가시키는 효과 있다.
• 미생물의 생육억제 효과가 저온에서는 크나 고온에서는 상대적으로 약하다.

63 농산물 유통과정에서 일어나는 유통조성기능에 해당되는 것은?

① 운 송　　　　　　② 등급화
③ 가 공　　　　　　④ 판 매

해설
유통 조성 기능
소유권 이전 기능과 물적 유통기능을 원활히 수행하기 위한 표준화등급화, 유통금융, 위험부담 및 시장 정보 기능 등이 있다.

64 발효식품 제조를 위한 코지(Koji) 곰팡이는 어느 효소들의 역가가 가장 좋아야 하는가?

① Lactase, Lipase
② Proteinase, Pectinase
③ Glycosidase, Nuclease
④ Amylase, Protease

해설
발효식품 제조를 위한 코지(Koji) 곰팡이는 Amylase와 Protease의 역가(효소의 활성도) 수치가 높아야 한다.

65 유기가공식품 제조과정에서 허용되지 않는 가공방법은?

① 혼 합　　　　　　② 증 류
③ 유전자변형　　　　④ 가 압

해설
유기가공식품 제조과정에서는 유전자변형식품(GMO, LMO) 물질이 포함되어서는 안 된다.

66 HACCP 관리체계를 구축하기 위한 준비단계를 알맞은 순서대로 제시한 것은?

① HACCP팀 구성 → 식품특성 및 유통방법 기술 → 식품용도 및 대상소비자 파악 → 공정 및 설비배치도 작성 → 공정 및 설비배치도 현장 검증
② HACCP팀 구성 → 식품용도 및 대상소비자 파악 → 공정 및 설비배치도 작성 → 식품특성 및 유통방법 기술 → 공정 및 설비배치도 현장 검증
③ HACCP팀 구성 → 공정 및 설비배치도 작성 → 식품특성 및 유통방법 기술 → 식품용도 및 대상소비자 파악 → 공정 및 설비배치도 현장 검증
④ 식품용도 및 대상소비자 파악 → HACCP팀 구성 → 공정 및 설비배치도 작성 → 식품특성 및 유통방법 기술 → 공정 및 설비배치도 현장 검증

해설
HACCP시스템의 12절차와 7원칙

절차 1	HACCP팀 구성	준비 단계
절차 2	제품설명서 작성	
절차 3	사용용도 확인	
절차 4	공정흐름도 작성	
절차 5	공정흐름도 현장 확인	
절차 6	모든 잠재적 위해요소 분석	원칙 1
절차 7	중요관리점(CCP) 결정	원칙 2
절차 8	중요관리점의 한계기준 설정	원칙 3
절차 9	중요관리점별 모니터링 체계확립	원칙 4
절차 10	개선조치방법 수립	원칙 5
절차 11	검증절차 및 방법 수립	원칙 6
절차 12	문서화 및 기록유지방법 설정	원칙 7

67 일반적인 레토르트 포장기법에 대한 설명이 아닌 것은?

① 고온살균을 하므로 재질의 특성은 높은 살균 온도에 견디는 내열성이 중요하다.
② 식품의 유통기한은 산소의 투과에 의한 품질 변화에 의하여 결정된다.
③ 식품을 포장하고 고온 고압에 살균한 후 밀봉한다.
④ 주로 사용되는 재료는 PET/AL/PP이다.

해설
레토르트 파우치 포장
유연포장재료에 식품을 넣어 통조림처럼 살균하는 포장으로 약 135℃ 정도의 고온에서 가열하여도 견딜 수 있다.

68 유기가공식품의 가공방법에서 추출을 위하여 사용할 수 없는 것은?

① 물　　　　　　　② 헥 산
③ 에탄올　　　　　④ 질 소

해설
추출을 위하여 물, 에탄올, 식물성 및 동물성 유지, 식초, 이산화탄소, 질소를 사용할 수 있다.

69 유기가공식품의 제조가공에 사용할 수 있는 가공보조제가 아닌 것은?

① 염화마그네슘　　② 차아염소산나트륨
③ 탄산칼륨　　　　④ 활성탄

해설
살균제인 차아염소산나트륨은 유기가공식품의 제조가공에 사용할 수 없다.
유기가공식품 – 식품첨가물 또는 가공보조제로 사용 가능한 물질
(친환경농어업법 시행규칙 [별표 1])

명칭(한)	식품첨가물로 사용 시		가공보조제로 사용 시	
	사용 가능 여부	사용 가능 범위	사용 가능 여부	사용 가능 범위
염화 마그네슘	○	두류제품	○	응고제
탄산칼륨	○	곡류제품, 케이크, 과자	○	포도 건조
활성탄	×		○	여과보조제

70 단백질이 분해되어 생성되는 물질이 아닌 것은?

① 암모니아　　　　② 아미노산
③ 아민류　　　　　④ 지방산

해설
탄수화물은 포도당으로, 지방은 지방산과 글리세린으로, 단백질은 펩타이드, 아미노산, 아민, 암모니아, 황화수소 등으로 분해된다.

71 다음 중 유기식품에 사용할 수 있는 것은?

① 방사선 조사 처리된 건조 채소
② 유전자 변형 옥수수
③ 유전자가 변형되지 않은 식품가공용 미생물
④ 비유기가공식품과 함께 저장·보관된 과일

해설
방사선, 유전자 변형물질, 비유기가공식품과 함께 저장·보관된 재료는 유기식품에서 사용할 수 없는 물질이다.

72 인스턴트 분유의 특성에 해당하지 않는 것은?

① 습윤성(Wettability)
② 침투성(Penetrability)
③ 침강성(Sinkability)
④ 응집성(Agglutinability)

해설
인스턴트 분유의 특성
습윤성, 침투성, 침강성, 용해성, 분산성

73 HACCP의 선행요건 중 제조시설 및 기계·기구류 등 설비관리에 해당하지 않는 것은?

① 내수성, 내열성, 내약품성, 내부식성 등의 재질 바닥 자재 설치
② 온도변화를 측정·기록하는 장치를 구비
③ 주기적으로 점검하여 유지·보수 등 개선 조치 실시
④ 기구 및 용기류는 용도별로 구분하여 사용·보관

해설
식품과 접촉하는 취급시설·설비는 인체에 무해한 내수성·내부식성 재질로 열탕·증기·살균제 등으로 소독·살균이 가능하여야 하며, 기구 및 용기류는 용도별로 구분하여 사용·보관하여야 한다.

74 다음 중 살균력이 가장 강한 자외선 파장범위는?

① 150~160nm ② 200~210nm

③ 250~260nm ④ 300~310nm

해설

살균력이 가장 강한 자외선 파장범위는 250~260nm이다.

76 다음 중 동물근원 천연첨가물이 아닌 것은?

① Casein ② Cellulase

③ Beeswax ④ Gelatin

해설

①, ③, ④는 동물근원 천연첨가물이고 Cellulase는 식물근원 천연첨가물이다.

77 유기식품의 마케팅조사에 있어 자료수집을 위한 대인면접법의 특징에 대한 설명 중 옳은 것은?

① 조사비용 저렴

② 신속한 정보획득 가능

③ 면접자의 감독과 통제 용이

④ 표본분포의 통제가능

해설

대인면접법의 장단점

장 점	• 응답자의 이해도, 응답능력을 알아내 이해를 도울 수 있다. • 면접원의 역량에 따라 신뢰감(rapport)을 형성해 갈 수 있으며, 심층규명(probing : 응답자의 대답이 불충분하고 부정확할 때 재질문하여 답을 구하는 기술)이 가능하다. • 응답자와 주변 상황을 관찰할 수 있고 제3자의 개입을 방지할 수 있다. • 응답률이 비교적 높은 편이며, 표본편차를 줄일 수 있다. • 개방형 질문을 유용하게 활용할 수 있으며 누락자료를 줄일 수 있다.
단 점	• 절차가 복잡하고 불편하다. • 시간, 비용, 노력이 많이 든다. • 조사자의 편견이 개입된다. • 익명성 보장이 곤란하다. • 민감한 질문에 응답을 얻기 어렵다. • 접근이 용이하지 못하다.

75 Clostridium perfringens와 관계가 없는 것은?

① 아포를 형성하는 그람양성의 간균이다.

② 혐기적 환경에서만 증식하는 편성혐기성균이다.

③ 섭취 직전에 완전히 재가열하더라도 식중독을 예방할 수 없다.

④ 육류와 그 가공품을 위시하여 기름에 튀긴 식품 등에 증식한다.

해설

③ 예방하기 위해서 보관음식 섭취 시 독소가 파괴되도록 75℃ 이상으로 재가열한다.

정답 74 ③ 75 ③ 76 ② 77 ④

78 Clostridium botulinum이 z값은 10℃이다. 121℃에서 가열하여 균의 농도를 100,000의 1로 감소시키는 데 20분이 걸렸다면, 살균온도를 131℃로 하여 동일한 사멸률을 보이려면 몇 분을 가열하여야 하는가?

① 1분　　　　　　② 2분
③ 3분　　　　　　④ 4분

해설

$$D = \frac{가열시간}{\log 처음 균수 - \log 가열 후 균수}$$

$$D_{121} = \frac{20}{\log 1 - \log 0.00001} = \frac{20}{4} = 5분$$

$$\therefore \frac{131-121}{5} = 2분$$

79 식품 표면의 세척, 소독제의 용도인 가공보조제로의 사용이 가능한 것은?

① 펄라이트　　　　② 조제해수염화마그네슘
③ 규조토　　　　　④ 과산화수소

해설
유기가공식품 – 식품첨가물 또는 가공보조제로 사용 가능한 물질
(친환경농어업법 시행규칙 [별표 1])

명칭(한)	가공보조제로 사용 시	
	사용 가능 여부	사용 가능 범위
펄라이트	○	여과보조제
조제해수 염화마그네슘	○	응고제
규조토	○	여과보조제
과산화수소	○	식품 표면의 세척·소독제

80 식품용 세척제를 사용하여 세척 시 세척에 영향을 미치는 요소와 거리가 먼 것은?

① 세척제의 종류　　② 세척 전 소독여부
③ 물의 온도　　　　④ 청소시간 및 강도

해설
세척에 영향을 미치는 요소에는 세제의 종류, 물의 온도, 세척시간과 강도가 있다.

81 유기식품 등의 유기표시기준에서 작도법에 관한 사항으로 표시 도형의 색상은 어떤 색을 기본색상으로 하는가?

① 흰 색　　　　　　② 주황색
③ 녹 색　　　　　　④ 노란색

해설
유기식품 등의 유기표시 기준 – 작도법(친환경농어업법 시행규칙 [별표 6])
표시 도형의 색상은 녹색을 기본 색상으로 하되, 포장재의 색깔 등을 고려하여 파란색, 빨간색 또는 검은색으로 할 수 있다.

82 친환경관련법상 농림축산식품부장관 또는 해양수산부장관은 관계 중앙행정기관의 장과 협의하여 몇 년마다 친환경농어업 발전을 위한 친환경농업육성계획 또는 친환경어업육성계획을 세워야 하는가?

① 1년　　　　　　② 3년
③ 5년　　　　　　④ 7년

해설
친환경농어업 육성계획(친환경농어업법 제7조제1항)
농림축산식품부장관 또는 해양수산부장관은 관계 중앙행정기관의 장과 협의하여 5년마다 친환경농어업 발전을 위한 친환경농업 육성계획 또는 친환경어업 육성계획을 세워야 한다. 이 경우 민간단체나 전문가 등의 의견을 수렴하여야 한다.

83 유기식품 등의 인증기준 등에 관련된 사항으로 거래인증에 관한 기준에 대한 설명으로 틀린 것은?

① 경영관리의 구비요건으로 사업자는 거래하려고 하는 인증품의 생산과 관련된 내역을 제공할 것

② 수량관리의 구비요건으로 인증품 출고량은 인증품 생산량을 초과할 수 있으며, 취급실적의 보고내용과 일치할 것

③ 경영관리의 구비요건으로 사업자는 거래하려고 하는 인증품의 제조·가공과 관련된 내역을 제공할 것

④ 경영관리의 구비요건으로 사업자는 거래하려고 하는 인증품의 취급과 관련된 내역을 제공할 것

[해설]
수량관리 구비요건(유기식품 및 무농약농산물 등의 인증에 관한 세부실시 요령 [별표 3의2])
• 인증품 출고량은 인증품 생산량을 초과할 수 없다.
• 인증품 출고량은 인증품 생산, 제조·가공 또는 취급실적 보고서의 내용과 일치하여야 한다.

84 Codex 유기식품의 생산·가공·표시 및 유통에 관한 가이드라인에서 사일리지 첨가제와 가공보조제에 해당하지 않는 것은?

① 당 밀　　② 꿀
③ 바다소금　　④ GMO 제품

[해설]
사일리지 첨가제와 가공보조제는 GEO/GMO 및 그것으로 만든 제품을 사용할 수 없고, 단지 다음의 것을 포함할 수 있다.
• 바다소금(sea salt)
• 굵은 암염(coarse rock salt)
• 효모(yeasts)
• 효소(enzymes)
• 유장(乳漿, whey)
• 당 또는 당밀과 같은 당제품
• 꿀
• 기후 조건으로 인해 발효가 적절히 이루어지지 않을 경우 젖산균, 초산균, 포름산균, 프로피온산균이나 이들 균으로부터 생성된 천연산(酸) 제품을 소관당국의 허락하에 사용할 수 있다.

85 유기농업자재 관련 행정처분기준에 대한 내용이다. 괄호 안에 알맞은 내용은?

> 위반행위가 둘 이상인 경우로서 그에 해당하는 각각의 처분기준이 다른 경우에는 그 중 무거운 처분기준을 적용하며, 둘 이상의 처분기준이 동일한 업무정지인 경우에는 무거운 처분기준의 (　　)까지 가중할 수 있다. 이 경우 각 처분기준을 합산한 기간을 초과할 수 없다.

① 2분의 1　　② 4분의 1
③ 5분의 1　　④ 9분의 1

[해설]
유기농업자재 관련 행정처분 기준 및 절차(친환경농어업법 시행규칙 [별표 20])
위반행위가 둘 이상인 경우로서 그에 해당하는 각각의 처분기준이 다른 경우에는 그 중 무거운 처분기준에 따르되, 각각의 처분기준이 업무정지인 경우에는 각각의 처분기준을 합산한 기간을 넘지 않는 범위에서 무거운 처분기준의 2분의 1까지 그 기간을 늘릴 수 있다.

86 "친환경농축산물"에 해당하지 않는 것은?

① 유기농산물　　② 유기축산물
③ 유전자변형농산물　　④ 유기임산물

[해설]
정의(친환경농어업법 제2조제2호)
'친환경농수산물'이란 친환경농어업을 통하여 얻는 것으로 다음의 어느 하나에 해당하는 것을 말한다.
• 유기농수산물
• 무농약농산물
• 무항생제수산물 및 활성처리제 비사용 수산물

87 인증취소 등 행정처분의 기준 및 절차에 대한 내용이다. 괄호 안에 알맞은 내용은?

> 인증취소는 위반행위가 발생한 인증번호 전체(인증서에 기재된 인증품목, 인증면적 및 인증종류 전체를 말한다)를 대상으로 적용한다."의 규정에도 불구하고 생산자단체로 인증받은 경우 구성원수 대비 위반행위자 비율이 ( ) 이하인 때에는 위반행위를 한 구성원에 대해서만 인증취소를 할 수 있다. 이 경우 위반행위자의 수는 인증 유효기간 동안 누적하여 계산한다.

① 10% ② 20%

③ 30% ④ 50%

해설
인증취소 등의 세부기준 및 절차기준(친환경농어업법 시행규칙 [별표 9])
규정에도 불구하고 생산자단체로 인증을 받은 경우 구성원수 대비 인증취소 처분을 받은 위반행위자 비율이 20% 이하인 경우에는 위반행위를 한 구성원에 대해서만 인증취소를 할 수 있다. 이 경우 위반행위자의 수는 인증 유효기간 동안 누적하여 계산한다.

88 Codex 유기식품의 생산·가공·표시 및 유통에 관한 가이드라인에서 가축 번식방법의 고려사항에 해당하지 않는 것은?

① 지역적 조건과 유기체계에서 사육하기 적합한 품종과 계통을 고려해야 한다.
② 수정란 이식기법과 번식호르몬 처리방법을 사용해서는 안 된다.
③ 자연적 번식방법보다 인공수정을 선호해야 한다.
④ 유전공학을 이용한 번식기법을 사용해서는 안 된다.

해설
인공수정이 허용된다 하더라도 자연적 번식 방법을 선호해야 한다.

89 친환경관련법상 인증기관에 대한 행정처분기준에서 업무정지 명령을 위반하여 정지기간 중 인증을 한 경우 1회 위반 시 행정처분기준은?

① 업무정지 3개월
② 업무정지 6개월
③ 업무정지 12개월
④ 지정취소

해설
인증기관에 대한 행정처분기준(친환경농어업법 시행규칙 [별표 13])

위반행위	위반횟수별 행정처분기준		
	1회 위반	2회 위반	3회 이상 위반
업무정지 명령을 위반하여 정지기간 중 인증을 한 경우	지정취소	–	–

90 친환경관련법상 병해충 관리를 위하여 사용이 가능한 물질 중 사용가능 조건으로 "과수의 병해관리용으로만 사용할 것"에 해당하는 것은?

① 인산철
② 과망간산칼륨
③ 파라핀 오일
④ 중탄산나트륨

해설
병해충 관리를 위해 사용 가능한 물질(친환경농어업법 시행규칙 [별표 1])

사용가능 물질	사용가능 조건
인산철	달팽이 관리용으로만 사용할 것
과망간산칼륨	과수의 병해관리용으로만 사용할 것
파라핀 오일	–
중탄산나트륨 및 중탄산칼륨	–

91 친환경관련법상 인증기준의 세부사항에서 일반농가가 유기축산으로 전환하여 젖소의 시유를 생산·판매하려는 경우 최소 사육기간에 해당하는 것은?

① 착유우는 10일, 새끼를 낳지 않은 암소는 3개월
② 착유우는 30일, 새끼를 낳지 않은 암소는 3개월
③ 착유우는 60일, 새끼를 낳지 않은 암소는 6개월
④ 착유우는 90일, 새끼를 낳지 않은 암소는 6개월

해설
젖소의 시유를 생산·판매하려는 경우 최소 사육기간
유기축산물의 인증기준 – 전환기간(친환경농어업법 시행규칙 [별표 4])

가축의 종류	생산물	전환기간(최소 사육기간)
한우·육우	식육	입식 후 12개월
젖소	시유 (시판우유)	• 착유우는 입식 후 3개월 • 새끼를 낳지 않은 암소는 입식 후 6개월
면양·염소	식육	입식 후 5개월
	시유 (시판우유)	• 착유양은 입식 후 3개월 • 새끼를 낳지 않은 암양은 입식 후 6개월

92 친환경관련법상 정당한 사유 없이 1년 이상 계속하여 공시 등 업무를 하지 아니한 경우에 해당하는 것은?

① 농림축산식품부장관 또는 해양수산부장관은 공시 등 기관에 1개월 이내의 기간을 정하여 그 업무의 전부 또는 일부의 정지를 명할 수 있다.
② 농림축산식품부장관 또는 해양수산부장관은 공시 등 기관에 3개월 이내의 기간을 정하여 그 업무의 전부 또는 일부의 정지를 명할 수 있다.
③ 농림축산식품부장관 또는 해양수산부장관은 공시 등 기관에 6개월 이내의 기간을 정하여 그 업무의 전부 또는 일부의 정지를 명할 수 있다.
④ 농림축산식품부장관 또는 해양수산부장관은 공시 등 기관에 12개월 이내의 기간을 정하여 그 업무의 전부 또는 일부의 정지를 명할 수 있다.

해설
공시등의 기관이 정당한 사유 없이 1년 이상 공시 등의 업무를 수행하지 않는 경우 6개월 이내의 기간을 정하여 그 업무를 정지시키는 행정벌을 줄 수 있다.
공시기관의 지정취소 등(친환경농어업법 제47조제1항)
농림축산식품부장관 또는 해양수산부장관은 공시기관이 다음의 어느 하나에 해당하는 경우에는 지정을 취소하거나 6개월 이내의 기간을 정하여 그 업무의 전부 또는 일부의 정지 또는 시정조치를 명할 수 있다. 다만, 제1호부터 제3호까지의 경우에는 그 지정을 취소하여야 한다.
4. 정당한 사유 없이 1년 이상 계속하여 공시업무를 하지 아니한 경우

93 친환경관련법상 "휴약기간"에 대한 내용으로 옳은 것은?

① 동일한 재배포장에서 동일한 작물을 연이어 재배하지 아니하고, 서로 다른 종류의 작물을 순차적으로 조합·배열하는 방식의 작부체계로 생산한 기간을 말한다.
② 비식용유기가공품 인증기준에 맞게 재배·생산된 사료의 보관기간을 말한다.
③ 사육되는 가축에 대하여 그 생산물이 식용으로 사용하기 전에 동물용 의약품의 사용을 제한하는 일정기간을 말한다.
④ 가축사육을 목적으로 하는 축사시설이나 방목, 운동장의 사용기간을 말한다.

해설
용어의 정의(친환경농어업법 시행규칙 [별표 4])
'휴약기간'이란 사육되는 가축에 대해 그 생산물이 식용으로 사용되기 전에 동물용의약품의 사용을 제한하는 일정기간을 말한다.

94 친환경관련법상 유기식품 등의 인증기준 등의 유기축산물에 관한 내용이다. 괄호 안에 알맞은 내용은?

운송·도축·가공과정의 품질관리의 구비요건 중 동물용 의약품은 식품의약품안전처장이 고시한 동물용 의약품 잔류허용기준의 (   )을 초과하여 검출되지 아니할 것

① 10분의 1   ② 100분의 1
③ 1,000분의 1   ④ 10,000분의 1

해설
유기축산물의 인증기준 – 운송·도축·가공 과정의 품질관리(친환경농어업법 시행규칙 [별표 4])
동물용의약품 성분은 식품위생법에 따라 식품의약품안전처장이 정하여 고시하는 동물용의약품 잔류허용기준의 10분의 1을 초과하여 검출되지 않을 것

정답 91 ④ 92 ③ 93 ③ 94 ①

95 친환경관련법상 인증심사원의 자격기준에서 국가기술자격법에 따른 농업·임업·축산, 식품 분야의 산업기사 자격을 취득한 사람은 친환경인증 심사 또는 친환경 농산물 관련 분야에서 최소 몇 년 이상의 경력이 있어야 하는가?

① 1년   ② 2년
③ 3년   ④ 5년

해설

인증심사원의 자격기준(친환경농어업법 시행규칙 [별표 11])

자 격	경 력
1. 국가기술자격법에 따른 농업·임업·축산 또는 식품 분야의 기사 이상의 자격을 취득한 사람	–
2. 국가기술자격법에 따른 농업·임업·축산 또는 식품 분야의 산업기사 자격을 취득한 사람	친환경인증 심사 또는 친환경 농산물 관련 분야에서 2년(산업기사가 되기 전의 경력을 포함) 이상 근무한 경력이 있을 것
3. 수의사법에 따라 수의사 면허를 취득한 사람	–

비고 : 규정에도 불구하고 외국에서 인증업무를 수행하려는 사람이 국립농산물품질관리원장이 정하여 고시하는 자격을 갖춘 경우에는 인증심사원의 자격을 갖춘 것으로 본다.

96 Codex 유기식품의 생산·가공·표시 및 유통에 관한 가이드라인에서 양봉관리에 대한 내용으로 틀린 것은?

① 기초 벌집은 유기적으로 생산된 밀랍으로 만들어야 한다.
② 이동을 방지하기 위해 여왕벌의 날개를 자르는 것과 같은 절단행위는 허용된다.
③ 양봉제품을 수확하기 위하여 벌집 안에 들어 있는 벌을 죽이는 것은 금지된다.
④ 꿀 채취작업을 하는 동안에는 화학합성 방충제의 사용이 금지된다.

해설

여왕벌의 날개를 자르는 것과 같은 절단행위는 금지된다.

97 친환경관련법상 경영 관련 자료에 관한 내용이다. 괄호 안에 알맞은 내용은?

재배포장의 재배사항을 기록한 자료(품목명, 파종·식재일, 수확일)의 기록기간은 최근 ( )간으로 하되(무농약농산물은 최근 1년간으로 하되, 신규 인증의 경우에는 인증 신청 이전의 기록을 생략할 수 있다) 재배품목과 재배포장의 특성 등을 감안하여 국립농산물품질관리원장이 정하는 바에 따라 3개월 이상 3년 이하의 범위에서 그 기간을 단축하거나 연장할 수 있다.

① 2년
② 3년
③ 4년
④ 5년

해설

경영 관련 자료 – 생산자(친환경농어업법 시행규칙 [별표 5])
농산물·임산물
• 재배포장의 재배 사항을 기록한 자료 : 품목명, 파종·식재일, 수확일
• 농산물·임산물 재배포장에 투입된 토양 개량용 자재, 작물 생육용 자재, 병해충 관리용 자재 등 농자재 사용 내용을 기록한 자료 : 자재명, 일자별 사용량, 사용목적, 사용 가능한 자재임을 증명하는 서류
• 농산물·임산물의 생산량 및 출하처별 판매량을 기록한 자료 : 품목명, 생산량, 출하처별 판매량
• 합성농약 및 화학비료의 구매·사용·보관에 관한 사항을 기록한 자료 : 자재명, 일자별 구매량, 사용처별 사용량·보관량, 구매 영수증
• 규정에 따른 자료의 기록 기간은 최근 2년간(무농약농산물의 경우에는 최근 1년간)으로 하되, 재배품목과 재배포장의 특성 등을 고려하여 국립농산물품질관리원장이 정하는 바에 따라 3개월 이상 3년 이하의 범위에서 그 기간을 단축하거나 연장할 수 있다.

98 유기농축산물의 함량에 따른 표시기준에서 70% 이상 유기농축산물인 제품에 대한 내용으로 틀린 것은?

① 최종 제품에 남아 있는 원재료(정제수와 염화나트륨을 제외한다)의 70% 이상이 유기농축산물이어야 한다.
② 표시장소는 주표시면을 제외한 표시면에 표시할 수 있다.
③ 원재료명 및 함량 표시란에 유기농축산물의 총함량 또는 원료별 함량을 백분율(%)로 표시하여야 한다.
④ 유기 또는 이와 유사한 용어를 제품명 또는 제품명의 일부로 사용할 수 있다.

해설
유기가공식품·비식용유기가공품 중 비유기 원료를 사용한 제품의 표시기준(친환경농어업법 시행규칙 [별표 6])
• 원재료명 표시란에 유기농축산물의 총함량 또는 원료·재료별 함량을 백분율(%)로 표시한다.
• 비유기 원료를 제품 명칭으로 사용할 수 없다.
• 유기 70%로 표시하는 제품은 주표시면에 '유기 70%' 또는 이와 같은 의미의 문구를 소비자가 알아보기 쉽게 표시해야 하며, 이 경우 제품명 또는 제품명의 일부에 유기 또는 이와 같은 의미의 글자를 표시할 수 없다.

99 친환경관련법상 인증기관의 지정기준 인력부분에서 인증심사원은 몇 명 이상 갖추어야 하는가?

① 1명   ② 2명
③ 3명   ④ 5명

해설
인증기관의 지정기준 – 인력 및 조직(친환경농어업법 시행규칙 [별표 10])
자격을 부여받은 인증심사원을 상근인력으로 5명 이상 확보하고, 인증심사업무를 수행하는 상설 전담조직을 갖출 것. 다만, 인증기관의 지정 이후에는 인증업무량 등에 따라 국립농산물품질관리원장이 정하는 바에 따라 인증심사원을 추가로 확보할 수 있어야 한다.

100 Codex 유기식품의 생산·가공·표시 및 유통에 관한 가이드라인에서 가축이 유기농장시스템에 기여하는 내용으로 틀린 것은?

① 토양 비옥도의 증진 및 유지
② 생물다양성을 억제하여 농장에서 필요한 작물만 촉진
③ 방목을 통한 식물군 조절
④ 농장시스템의 다양성 증대

해설
② 생물다양성의 증진 및 농장에서의 상호 보완 작용 촉진

2017년 제3회 | 과년도 기출문제

01 식물의 진화과정으로 옳은 것은?

① 적응 → 순화 → 도태 → 유전적 변이
② 적응 → 유전적 변이 → 순화 → 도태
③ 유전적 변이 → 순화 → 도태 → 적응
④ 유전적 변이 → 도태 → 적응 → 순화

해설
식물은 유전적 변이(자연교잡과 돌연변이) → 도태와 적응 → 순화 → 격리의 과정을 거치면서 진화한다.

02 화곡류 잎의 표피조직에 침전되어 병에 대한 저항성을 증진시키고 잎을 곧게 지지하는 역할을 하는 원소는?

① 칼 륨   ② 인
③ 칼 슘   ④ 규 소

해설
규소(Si)
화곡류에는 그 함량이 극히 많다. 표피세포에 축적되어 병에 대한 저항성을 높이고, 잎을 꼿꼿하게 세워 수광태세를 좋게 하며, 증산(蒸散)을 경감하여 한해(旱害)를 줄이는 효과가 있다.

03 에틸렌의 전구물질에 해당하는 것은?

① Tryptophan
② Methionine
③ Acetyl CoA
④ Proline

해설
고등식물에서 에틸렌은 Methionine을 전구체로 하여 ATP와 메티오닌 아데노실전달효소의 촉매로 중간산물인 S-아데노실메티오닌으로 합성되고, 다시 ACC 생성효소에 의하여 1-아미노시클로프로판-1-카복시산으로 변환되어 마지막 단계에서 이산화철과 아스코빈산을 보인자로 하는 ACC 산화효소에 의하여 에틸렌으로 전환된다.

04 등고선에 따라 수고를 내고, 임의의 장소로부터 월류하도록 하는 방법은?

① 보더관개   ② 수반관개
③ 일류관개   ④ 고랑관개

해설
지표관개
• 전면관개
  – 일류관개 : 등고선에 따라 수로를 내고 월류하도록 하는 방법
  – 보더관개 : 완경사의 상단의 후로로부터 전체 표면에 물을 흘려 대는 방법
  – 수반관개 : 포장을 수평으로 구획하고 관개
• 고랑관개 : 포장에 이랑을 세우고 고랑에 물을 흘려서 대는 방법

05 풍해를 받을 때 작물체에 나타나는 생리적 장해로 틀린 것은?

① 호흡의 증대   ② 광합성의 감퇴
③ 작물체의 건조   ④ 작물체온의 증가

해설
작물체온의 저하로 냉해를 유발한다.

06 다음 중 발아 시 호광성 종자작물로만 짝지어진 것은?

① 호박, 토마토
② 상추, 담배
③ 토마토, 가지
④ 벼, 오이

해설
광에 따른 발아종자
• 호광성 종자 : 담배, 상추, 배추, 뽕나무, 베고니아, 페튜니아, 셀러리, 우엉, 차조기
• 혐광성 종자 : 토마토, 가지, 호박, 오이류
• 무관계 종자 : 화곡류, 두과작물, 옥수수

07 다음 중 작물의 내동성에 대한 설명으로 옳은 것은?

① 포복성인 작물이 직립성보다 약하다.
② 세포 내의 당함량이 높으면 내동성이 감소된다.
③ 작물의 종류와 품종에 따른 차이는 경미하다.
④ 원형질의 수분투과성이 크면 내동성이 증대된다.

해설
원형질의 수분투과성이 크면 세포내 결빙을 적게 하여 내동성이 증대된다.

08 다음 중 수중에서 종자가 발아를 하지 못하는 작물은?

① 벼
② 상추
③ 당근
④ 콩

해설
수중발아에 의한 분류
• 수중에서 발아를 하지 못하는 종자 : 귀리, 밀, 무, 가지, 콩, 양배추 등
• 발아가 감퇴되는 종자 : 담배, 토마토, 화이트클로버, 카네이션 등
• 수중에서 발아를 잘하는 종자 : 상추, 당근, 셀러리, 티머시, 벼 등

09 다음 중 고온에 의한 작물생육 저해의 원인이 아닌 것은?

① 유기물의 과잉소모
② 암모니아의 소모
③ 철분의 침전
④ 증산과다

해설
열해의 기구
• 유기물의 과잉소모 : 고온에서는 광합성보다 호흡작용이 우세해지며, 고온이 오래 지속되면 유기물의 소모가 많아진다. 고온이 지속되면 흔히 당분이 감소한다.
• 질소대사의 이상 : 고온에서는 단백질의 합성이 저해되고 암모니아의 축적이 많아진다. 암모니아가 많이 축적되면 유해물질이 작용한다.
• 철분의 침전 : 고온 때문에 철분이 침전되면 황백화현상(黃柏化現想)이 일어난다.
• 증산과다 : 고온에서는 수분흡수보다도 증산이 과다하여 위조(萎凋)를 유발한다.

10 다음 중 작물의 주요 온도에서 최적온도가 가장 낮은 작물은?

① 보리
② 완두
③ 옥수수
④ 벼

해설
작물별 파종 시 발아온도

구 분	온도(℃)		
	최저온도	최적온도	최고온도
보리	0~2	20~30	38~40
완두	1~2	25~30	33~37
옥수수	6~11	34~38	41~50
벼	8~10	30~34	43~44

11 다음 중 적심의 효과가 가장 크게 나타나는 작물은?

① 벼
② 옥수수
③ 담배
④ 조

해설
적심의 깊이에 의해 니코틴이나 기타 잎 안의 성분 축적량이 좌우되므로 담배 재배상 중요한 작업이다.

12 다음 중 우리나라가 원산지인 작물로만 나열된 것은?

① 벼, 참깨　　　　　　② 담배, 감자

③ 감, 인삼　　　　　　④ 옥수수, 고구마

해설

우리나라가 원산지인 작물 : 감, 팥(한국, 중국), 인삼(한국)

13 음지식물의 특성으로 옳은 것은?

① 광보상점이 높다.

② 광을 강하게 받을수록 생장이 좋다.

③ 수목 밑에서는 생장이 좋지 않다.

④ 광포화점이 낮다.

해설

음지식물

• 광포화점이 낮기 때문에 햇빛이 많은 곳에서는 광합성 효율이 양수보다 낮다.

• 그늘에서는 광합성을 효율적으로 실시함과 동시에 광보상점이 낮고 호흡량이 적기 때문에 그늘에서 경쟁력이 양수보다 높다.

14 굴광현상에 가장 유효한 광은?

① 적색광

② 자외선

③ 청색광

④ 적외선

해설

굴광현상은 400~500nm, 특히 440~480nm의 청색광이 가장 유효하다.

15 토양수분 항수로 볼 때 강우 또는 충분한 관개 후 2~3일 뒤의 수분상태를 무엇이라 하는가?

① 포장용수량

② 최대용수량

③ 초기위조점

④ 영구위조점

해설

포장용수량

정체수를 만들지 않고 비교적 배수가 좋은 토양에 있어서 다량의 경우 또는 관수 후 1~2일 지나 물의 하강 이동량이 상당히 적게 될 때의 토양수분의 양(마른 흙에 대한 %)을 말한다.

16 다음 중 작물생육에 가장 적합한 토양구조는?

① 이상구조　　　　　　② 단립(單粒)구조

③ 입단구조　　　　　　④ 혼합구조

해설

입단구조

단일입자가 결합하여 입단을 만들고 이들 입단이 모여서 토양을 만든 것으로 유기물이나 석회가 많은 표층토에서 볼 수 있다. 대·소공극이 모두 많고 통기, 투수, 양·수분의 저장 등이 모두 알맞아 작물생육에 좋다.

17 우리나라 주요 작물의 기상생태형에서 감온형에 해당하는 것은?

① 그루콩　　　　　　② 올 콩

③ 그루조　　　　　　④ 가을메밀

해설

우리나라 주요 작물의 기상생태형

• 감온형 : 조생종, 그루콩, 그루조, 가을메밀

• 감광형 : 만생종, 올콩, 봄조, 여름메밀

18 다음 중 투명 플라스틱필름의 멀칭효과가 아닌 것은?

① 지온상승
② 잡초발생 억제
③ 토양건조 방지
④ 비료의 유실 방지

해설
필름의 종류와 효과
• 투명 필름 : 모든 광을 투과시켜 잡초의 발생이 많으나, 지온 상승 효과가 크다.
• 흑색 필름 : 모든 광을 흡수하여 잡초의 발생은 적으나, 지온 상승 효과가 적다.
• 녹색 필름 : 잡초를 거의 억제하고, 지온 상승의 효과도 크다.

19 질산환원효소의 구성성분으로 콩과작물의 질소고정에 필요한 무기성분은?

① 몰리브덴
② 철
③ 마그네슘
④ 규 소

해설
몰리브덴은 질산환원효소의 구성성분으로 질소대사에 중요한 역할을 한다.

20 장해형 냉해에 대한 설명으로 옳은 것은?

① 출수기 이후 등숙기간 동안의 냉온으로 등숙률이 낮아진다.
② 융단조직이 비대해진다.
③ 수수감소 및 출수지연 등의 장해를 받는다.
④ 질소의 다비를 통해 피해를 경감시킬 수 있다.

해설
벼의 장해형 냉해는 유수형성기에서 출수개화기까지, 융단조직(Tapete)이 비대하고 화분이 불충실하여 불임이 발생한다.

제2과목 토양비옥도 및 관리

21 다음 중 토양 입단구조를 만드는 방법과 거리가 먼 것은?

① 유기물질의 사용
② 염화나트륨의 사용
③ 고토의 사용
④ 석회의 사용

해설
염화나트륨의 사용은 입단형성을 파괴하는 요인이다.

22 우리나라 토양통을 토지이용형태 기준으로 구분할 때 토양통 수가 가장 많은 토지이용형태는?

① 과수원토양
② 밭토양
③ 논토양
④ 산림토양

해설
토양통 수 : 논 > 밭 > 임지

23 수식(Water Erosion)에 의한 USLE 침식공식요인이 아닌 것은?

① 토양 침식도
② 경사 길이
③ 강우 침식도
④ 조도 인자

해설
토양유실량 예측공식(USLE)
유실량$(A) = R \times K \times LS \times P \times C$
강우(R), 토양침식성(K), 경사도 및 경사장(LS), 보전관리(P), 작부(C)인자로 구성된다.

24 토양수분퍼텐셜(Soil Water Potential)의 구성종류가 아닌 것은?

① 중력퍼텐셜　　　　② 압력퍼텐셜
③ 부피퍼텐셜　　　　④ 삼투퍼텐셜

해설
수분퍼텐셜 = 삼투퍼텐셜 + 압력퍼텐셜 + 중력퍼텐셜 + 매트릭퍼텐셜

25 치환산도 측정을 위해 수소이온 침출용으로 어떤 용액을 주로 사용하는가?

① KCl　　　　② NaCl
③ $CaCl_2$　　　　④ $MgCl_2$

해설
치환산성 : 중성염(KCl)을 가하여 용출된 H^+에 의한 산성

26 토양에서 유기물의 분해에 미치는 요인에 대한 설명으로 틀린 것은?

① 토양이 심한 산성이나 알칼리성이면 유기물의 분해속도가 매우 느리다.
② 혐기조건보다는 호기조건에서 분해가 빨리 일어난다.
③ 페놀이 많이 함유되어 있는 유기물이 분해가 빠르다.
④ 탄질비가 높은 유기물이 분해가 느리다.

해설
페놀은 토양 중에서 잘 분해되지 않게 하는 리그닌의 주요 구성성분이다.

27 토양의 입자밀도가 $2.60g/cm^3$이라 하면 용적밀도가 $1.17g/cm^3$인 토양의 고상의 비율은?

① 40%
② 45%
③ 50%
④ 55%

해설
고상의 비율 = 용적밀도/입자밀도 × 100
　　　　　= 1.17/2.6 × 100
　　　　　= 45%

28 다음 중 토양생성인자로만 나열된 것은?

① 모재, 기후, 지형, 식생, 시간
② 모재, 기후, 지형, 공극률, 시간
③ 모재, 미생물, 지형, 식생, 시간
④ 유기물, 기후, 지형, 식생, 미생물

해설
토양 생성의 주요 인자 : 모재, 지형(경사도, 경사면), 기후(강수, 기온), 생명체(식생, 토양동물), 시간 등이다.

29 화성암을 구성하는 광물이 아닌 것은?

① 석회석　　　　② 감람석
③ 각섬석　　　　④ 휘 석

해설
화성암을 구성하는 6대 조암광물 : 석영, 장석, 운모, 각섬석, 감람석, 휘석

30 시설재배지 토양의 염류를 낮추는 방법으로 틀린 것은?

① 옥수수를 재배한다.
② 염화칼륨을 시용한다.
③ 볏짚을 넣고 깊이 갈아준다.
④ 담수를 2회 이상한다.

해설
염화칼륨보다는 황산칼륨이 토양 염류를 높이는 성질이 낮기 때문에 유리하다.

31 다음과 같은 화학적 특성을 가진 토양 중에서 작물생육에 불리한 것은?

① pH 완충력이 큰 토양
② 인산 고정력이 큰 토양
③ 양이온교환용량이 큰 토양
④ 염기포화도가 큰 토양

해설
인산의 고정력이 큰 토양은 주로 작물의 생육에 불리한 산성토양으로 철, 아연, 구리 등과 결합하여 이들의 흡수가 억제될 수 있다.

32 토양 중 수소이온(H^+)이 생성되는 원인으로 틀린 것은?

① 탄산과 유기산의 분해에 의한 수소이온생성
② 질산화작용에 의한 수소이온생성
③ 교환성 염기의 집적에 의한 수소이온생성
④ 식물뿌리에 의한 수소이온 방출생성

해설
산성 물질은 물에서 해리되어 수소이온(H^+)을 생성하고, 염기성 물질은 물에서 해리되어 수산화이온(OH^-)을 생성한다.
※ 교환성 염기란 양이온 중 H^+과 Al^{3+}를 제외한 양이온을 말한다.

33 다음 중 –3.1MPa에 해당하는 것은?

① 포화상태
② 포장용수량
③ 위조점
④ 흡습계수

해설
건조한 토양이 공기 중의 습도와 평행을 이룰 때 흡착된 수분량을 건조토양의 증량백분율로 환산한 값을 흡습계수 또는 흡습도라고 한다. 흡습계수 상태의 매트릭퍼텐셜은 –3.1MPa 정도이며 식물이 전혀 이용할 수 없는 수분이다.

34 토양용액 중 양이온들의 농도가 모두 일정할 때 다음 중 이액순위가 가장 높은 이온과 가장 낮은 이온으로 짝지어진 것은?

① $Mg^{2+} - K^+$
② $H^+ - Li^+$
③ $Ca^{2+} - Mg^{2+}$
④ $H^+ - Ca^{2+}$

해설
양이온 이액순위 : $H^+ \geq Ca^{2+} > Mg^{2+} > K^+ \geq NH_4^+ > Na^+ > Li^+$

35 토양 유실량이 가장 많은 작부방법은?

① 잦은 경운
② 소맥연작
③ 옥수수연작
④ 옥수수·소맥·클로버윤작

해설
과도한 경운은 토양입단을 파괴하여 토양침식을 유발한다.

정답 30 ② 31 ② 32 ③ 33 ④ 34 ② 35 ①

36 정밀토양조사의 목적으로 가장 거리가 먼 것은?

① 농업용수 개발　　② 영농계획 수립

③ 재배작물 선정　　④ 토양개량

해설

토양조사의 목적
- 지대별 영농계획 수립
- 토양조건의 우열에 따른 합리적인 토지 이용
- 토양개량 및 토양보존 계획 수립
- 농업용수개발에 따른 용수량의 책정
- 농지개발을 위한 유휴구릉지 분포파악
- 주택·도시·도로 및 지역개발계획의 수립
- 토양특성에 적합한 재배 작물 선정
- 토지 생산성 관리

37 다음에서 설명하는 것은?

- Geosmins와 같은 물질을 분비해 흙에서 냄새가 난다.
- 원핵생물로서 그람양성균이다.

① 방선균　　　　　② 세 균

③ 탈질균　　　　　④ 조 류

해설

정원이나 들판의 흙에서 나는 냄새는 방선균이 분비하는 물질인 지오스민(Geosmins)에 의한 것이다.

38 염류나트륨성 토양에 대한 내용으로 옳은 것은?

① $pH < 8.5$, $EC > 4dS/m$, $ESP > 15$, $SAR > 13$

② $pH > 8.5$, $EC > 4dS/m$, $ESP > 15$, $SAR > 13$

③ $pH < 8.5$, $EC > 4dS/m$, $ESP < 15$, $SAR > 13$

④ $pH < 8.5$, $EC > 4dS/m$, $ESP > 15$, $SAR < 13$

해설

염해토양의 분류기준

토양 분류	pH	EC(dS/m)	ESP(%)	SAR(%)
일반토양	6.5~7.2	< 4	< 15	< 13
염류토양	< 8.5	> 4	< 15	< 13
염류나트륨성 토양	< 8.5	> 4	> 15	> 13
나트륨성 토양	> 8.5~10	< 4	> 15	> 13

※ 전기전도도(EC), 치환성나트륨비율(ESP) 나트륨흡착비(SAR)

39 다음 특성을 가지는 점토광물은?

- 대표적인 알루미늄의 수산화물이다.
- Ultisols이나 Oxisols 같이 심하게 풍화된 토양에 많이 존재한다.
- 동형치환이 전혀 없으며, 토양의 pH에 따라 순양전하를 가질 수도 있다.

① Montmorillonite　　② Allophane

③ Hematite　　　　　④ Gibbsite

해설

산화알루미늄 : Gibbsite $- Al_2O_3 \cdot 3H_2O$
① Montmorillonite : 팽창형 2:1형 광물
② Allophane : 무정형 광물
③ Hematite : 산화철

40 토양의 단면 중 점토 및 양분이 가장 많이 용탈되는 층과 집적되는 층은?

① O층과 A층　　　　② A층과 B층

③ B층과 C층　　　　④ C층과 R층

해설

토양층위
- O층(유기물 집적층)
- A층(무기물 표층) : 용탈층으로 가용성 염류용탈이 일어난다.
- E층(최대용탈층) : 점토와 부식이 용탈된 층
- B층(집적층) : A층에서 용탈된 물질이 집적된다.
- C층(모재층) : 토양생성작용을 거의 받지 않는 모재층이다.
- R층(모암층) : 굳어 있음

제3과목 유기농업개론

41 F₂~F₄세대에는 매 세대 모든 개체로부터 1립씩 채종하여 집단재배를 하고, F₄ 각 개체별로 F₅ 계통재배를 하는 것은?

① 여교배육종
② 파생계통육종
③ 1개체 1계통육종
④ 단순순환선발

해설
1개체 1계통육종법
분리세대 동안 각 세대마다 모든 개체로부터 1립(수)씩 채종하여 선발과정 없이 집단재배해 세대를 진전시키고, 동형접합성이 높아진 후기세대에서 계통재배와 선발을 하는 육종방법이다. 세대촉진을 할 수 있어 육종연한을 단축할 수 있다.

42 다음 중 저위도지대에서 재배해야 하는 벼 기상생태형으로 가장 옳은 것은?

① blt형
② blT형
③ bLt형
④ Blt형

해설
저위도지대는 감온성, 감광성이 작고 기본영양생장성이 큰 기본영양생장형(Blt형)을 고위도 지방에서는 온도가 낮기 때문에 감온형 품종을 선택해야 한다.

43 작물의 적산온도가 1,700~2,300℃에 해당하는 것은?

① 벼
② 추파맥류
③ 담 배
④ 메 밀

해설
② 추파맥류 : 1,700~2,300℃
① 벼 : 3,500~4,500℃
③ 담배 : 3,200~3,600℃
④ 메밀 : 1,000~1,200℃

44 고형배지경이면서 유기배지경에 해당되지 않는 것은?

① 훈탄경
② 코코넛 코이어경
③ 암면경
④ 피 트

해설
고형배지경
• 무기배지경 : 사경(모래), 역경(자갈), 암면경, 펄라이트경 등
• 유기배지경 : 훈탄경, 코코넛 코이어경 또는 코코피트경, 피트 등

45 식물의 일장감응형에서 LL식물에 해당하는 것은?

① 고 추
② 메 밀
③ 시금치
④ 토마토

해설
LL형 : 시금치, 봄보리
II형 : 메밀, 고추, 토마토

46 녹체춘화형 식물에 해당하는 것은?

① 양배추
② 완 두
③ 잠 두
④ 봄올무

해설
춘화형식물
• 녹체춘화형 : 양배추, 양파, 당근, 우엉, 국화, 사리풀 등
• 종자춘화형 : 무, 배추, 완두, 잠두, 봄무, 추파맥류 등

47 식물집단에서 무작위 교배가 이루어지고, 돌연변이와 자연선택 및 개체의 이주가 일어나지 않으며, 각 개체의 생존율과 번식률이 동등할 때 그 집단은 유전적 평형을 유지하게 되는데, 이를 무슨 법칙이라고 하는가?

① 연관의 법칙

② 엔트로피의 법칙

③ 멘델의 법칙

④ Hardy-Weinberg법칙

해설

Hardy-Weinberg법칙은 한 개체군 내의 유전적 평형을 기술한 대수방정식이다.

48 배낭을 만들지 않고 포자체의 조직세포가 직접 배를 형성하는 것은?

① 위수정생식

② 영양번식

③ 무포자생식

④ 부정배형성

해설

부정배형성 : 배낭을 만들지 않고 포자체의 조직세포가 직접 배를 형성하며, 밀감의 주심배가 대표적이다.

49 골타기를 하고 종자를 줄지어 뿌리는 방법이며, 맥류처럼 개체가 차지하는 평면공간이 넓지 않은 작물에 적용하는 것은?

① 산 파

② 점 파

③ 조 파

④ 적 파

해설

① 산파 : 종자를 포장 전면에 흩어 뿌리는 방식이다. 노력이 적게 드나 종자 소모량이 가장 많다.

② 점파 : 일정한 간격으로 종자를 1~2개씩 파종하는 방법이다.

④ 적파 : 일정한 간격을 두고 여러 개의 종자를 한곳에 파종한다.

50 다음 중 C_4식물의 광합성 적정온도로 가장 적절한 것은?

① 30~47℃

② 22~28℃

③ 3~20℃

④ 5~11℃

해설

광합성 적정온도

C_3식물 : 15~25℃, C_4식물 : 30~47℃

51 웅성불임성을 이용하는 것은?

① 고 추

② 무

③ 배 추

④ 브로콜리

해설

• 웅성불임성 이용 : 고추, 양파, 당근, 상추 등

• 자가불화합성 이용 : 무, 순무, 배추, 양배추, 브로콜리

52 친환경관련법에서 유기축산물의 축사조건으로 틀린 것은?

① 음수는 접근이 용이할 것

② 영양상태를 조절하기 위해 사료와 거리를 둘 것

③ 충분한 자연환기와 햇빛이 제공될 수 있을 것

④ 공기순환, 온도・습도, 먼지 및 가스농도가 가축건강에 유해하지 아니한 수준 이내로 유지되어야 하고, 건축물은 적절한 단열・환기시설을 갖출 것

해설

유기축산물 – 축사조건(유기식품 및 무농약농산물 등의 인증에 관한 세부실시 요령 [별표 1])

축사는 다음과 같이 가축의 생물적 및 행동적 욕구를 만족시킬 수 있어야 한다.

• 사료와 음수는 접근이 용이할 것

• 공기순환, 온도・습도, 먼지 및 가스농도가 가축건강에 유해하지 아니한 수준 이내로 유지되어야 하고, 건축물은 적절한 단열・환기시설을 갖출 것

• 충분한 자연환기와 햇빛이 제공될 수 있을 것

53 저온처리의 감응부위는?

① 줄 기   ② 노 엽

③ 뿌 리   ④ 생장점

54 다음에서 설명하는 것은?

> • $CH_2 = CH_2$와 $CH_2 = CHOCOCH$의 공중합수지로 기초피복재로서의 우수한 특징을 지니고 있다.
> • 광투과율이 높고 항장력과 신장력이 크다.
> • 먼지의 부착이 적고 화학약품에 대한 내성이 강하다.

① 에틸렌아세트산비닐
② 경질폴리염화비닐필름
③ 불소수지필름
④ 경질폴리에스터필름

해설

에틸렌아세트산비닐

온실의 기초 피복재로 사용하는 에틸렌과 아세트산의 공중합 수지. 광선 투과율이 높고 항장력과 신장력이 크며 먼지가 적게 부착된다. 저온에 굳지 않고 고온에 흐물대지 않아 모든 계절에 사용할 수 있다. 비료와 약품에 대한 내성이 강하며 가스 발생이나 독성이 없는 장점이 있으나, 가격이 비싸 보급률이 낮은 편이다.

55 지력을 토대로 자연의 물질순환 원리에 따르는 농업은?

① 생태농업
② 저투입 지속적 농업
③ 정밀농업
④ 자연농업

해설

① 생태농업 : 작물 양분(INM)과 병해충 종합관리기술(IPM)을 이용해 생태계 균형 유지
② 저투입 지속적 농업 : 화학비료와 농약 등을 최소한으로 사용, 환경에 부담을 주지 않고, 영원히 유지할 수 있는 농업
③ 정밀농업 : 한 포장 내에서 위치에 따라 종자, 비료, 농약 등을 달리함으로써 환경문제를 최소화하면서 생산성을 최대로 하려는 농업

56 타식성 작물로만 나열된 것은?

① 밀, 보리   ② 콩, 완두

③ 딸기, 양파   ④ 토마토, 가지

해설

• 타식성 작물 : 옥수수, 호밀, 알팔파, 사탕무, 클로버류, 페스큐, 무, 배추
• 자식성 작물 : 벼, 보리, 밀, 콩, 땅콩, 아마, 완두, 토마토, 가지

57 수경재배의 특징으로 틀린 것은?

① 자원을 절약하고 환경을 보존한다.
② 근권환경이 단순하여 관리하기가 쉽다.
③ 재배관리의 생력화와 자동화가 편리하다.
④ 양액의 완충능력이 강하다.

해설

배양액의 완충능력이 없어 환경변화의 영향을 민감하게 받는다.

58 다년생 작물에 해당하는 것은?

① 옥수수   ② 사탕무

③ 무   ④ 아스파라거스

해설

생존연한(재배기간)에 따른 분류
• 1년생작물 : 벼, 콩, 옥수수 등
• 월년생작물 : 가을밀, 가을보리 등
• 2년생작물 : 무, 사탕무, 양파, 양배추, 당근, 근대 등
• 다년생(영년생)작물 : 아스파라거스, 호프, 목초류, 딸기, 국화 등

59 유기축산물 유기배합사료 제조용 물질 중 "천연에서 유래한 것일 것"에 해당하는 단미사료는?

① 골 분 ② 해조분
③ 패 분 ④ 우 지

해설
유기축산물 및 비식용유기가공품 – 사료로 직접 사용되거나 배합사료의 원료로 사용 가능한 물질(친환경농어업법 시행규칙 [별표 1])

구 분	사용 가능 물질	사용 가능 조건
식물성	곡류(곡물), 곡물부산물류(강피류), 박류(단백질류), 서류, 식품가공부산물류, 조류(藻類), 섬유질류, 제약산물류, 유지류, 전분류, 콩류, 견과·종실류, 과실류, 채소류, 버섯류, 그 밖의 식물류	• 유기농산물(유기수산물을 포함한다) 인증을 받거나 유기농산물의 부산물로 만들어진 것일 것 • 천연에서 유래한 것은 잔류농약이 검출되지 않을 것
동물성	무기물류	사료관리법에 따라 농림축산식품부장관이 정하여 고시하는 기준에 적합할 것
	유지류	• 사료관리법에 따라 농림축산식품부장관이 정하여 고시하는 기준에 적합할 것 • 반추가축에 사용하지 않을 것

단미사료의 범위(사료 등의 기준 및 규격 [별표 1])

구 분	사료종류		명 칭
식물성	조 류	기 타	해조분, 혼합조류
동물성	무기물류		골분, 골회, 난각분, 어골분, 어골회, 패분, 혼합무기물, 가공뼈다귀, 녹각
	유지류		곤충유, 닭기름(계유), 동물성식용잔유[정제된 것에 한함], 동물성혼합유지, 돼지기름(돈지), 소기름(우지), 양기름(양지), 어류기름(어유), 오리기름, 초록입홍합추출오일

※ 관련 법 개정으로 정답없음

60 다음에서 설명하는 것은?

• 각종 금속 용화물이 증기압 중에 방전함으로써 금속 특유의 발광을 나타내는 현상을 이용한 등이다.
• 분광분포과 균형을 이루고 있으며, 적색광과 원적색광의 에너지 분포가 자연광과 유사하다.

① 형광등 ② 수은등
③ 메탈할라이드등 ④ 고압나트륨등

해설
① 형광등 : 유리관 속에 수은과 아르곤을 넣고 안쪽 벽에 형광 물질을 바른 전등
② 수은등 : 유리관에 수은을 넣고 양쪽 끝에 전극을 봉한 발생관을 진공 봉입한 전등
④ 고압나트륨등 : 관 속에 금속나트륨, 아르곤, 네온 보조가스를 봉입한 등

제4과목 **유기식품 가공·유통론**

61 식품의 원료관리, 제조, 가공, 조리, 소분, 유통, 판매의 모든 과정에서 위해한 물질이 식품에 섞이거나 오염되는 것을 방지하기 위하여 각 과정을 중점적으로 관리하는 기준을 무엇이라 하는가?

① HACCP ② SSOP
③ GMP ④ GAP

해설
② SSOP : 표준위생관리기준
③ GMP : 제조품질관리
④ GAP : 우수농산물관리제도

62 유기가공식품의 식품첨가물 및 가공보조제로 모두 사용이 가능한 허용물질은?

① 구연산
② 과산화수소
③ 규조토
④ 수산화칼륨

해설
유기가공식품 – 식품첨가물 또는 가공보조제로 사용 가능한 물질(친환경농어업법 시행규칙 [별표 1])

명칭(한)	식품첨가물로 사용 시		가공보조제로 사용 시	
	사용 가능 여부	사용 가능 범위	사용 가능 여부	사용 가능 범위
구연산	○	제한 없음	○	제한 없음
과산화수소	×		○	식품 표면의 세척·소독제
규조토	×		○	여과보조제
수산화칼륨	×		○	설탕 및 분리 대두단백 가공 중의 산도 조절제

63 다음 중 병조림의 장점이 아닌 것은?

① 내용물을 볼 수 있다.
② 기체 및 수분 통과가 불가능하다.
③ 급랭에 강하다.
④ 화학적 반응에 안정적이다.

해설

병조림은 통조림과는 달리 외부에서 내용물을 볼 수 있는 장점이 있는 반면, 광선이 통과하여 내용물이 변색하거나 변질되기 쉽다는 결점이 있다. 병은 열이나 기계적 충격에 약하고 열전도가 나쁘므로, 밀봉이나 살균이 곤란하다. 더욱이 통조림보다 보존기간이 짧고, 무게도 무겁기 때문에 수송이 불편하고 사용범위도 좁다. 병조림은 찬물에 넣어 급랭하면 병이 깨지므로 꺼내어 마른 곳에 놓고 그대로 식힌다.

64 효과적인 마케팅 전략을 수립하기 위한 핵심요소(4P)는?

① Product – Price – Place – People
② Product – Price – Process – Promotion
③ Product – Price – Place – Promotion
④ Product – Price – Place – Physical Evidence

해설

효과적인 마케팅 전략의 핵심 4요소
제품(Product), 가격(Price), 유통(Place), 촉진(Promotion)

65 유기식품 가공시설에서 세척제로 적당하지 않은 것은?

① 황 산
② DDT
③ 에탄올
④ 차아염소산나트륨제제

해설

DDT는 반감기가 길고, 지용성이기 때문에 동물의 지방조직에 축적되어 만성독성을 일으키는 유기염소계 농약이다.

66 유기농 감귤을 유통하는 과정에서 발생할 수 있는 물리적 위험은?

① 오렌지의 수입 급증에 따른 유기농 감귤 가격 하락
② 소비자 기호변화에 따른 유기농 감귤 소비 감소
③ 태풍 및 집중호우에 따른 유기농 감귤 파손율 증가
④ 급격한 경제상황 악화에 따른 유기농 감귤시장 축소

해설

물리적 위험과 시장위험
• 물리적 위험 : 파손, 부패, 감모, 화재, 동해, 풍수해, 열해, 지진 등
• 시장위험(경제적 위험) : 농산물의 가치 하락, 소비자의 기호나 유행 변화로 인한 수요의 감소, 경쟁조건의 변화, 법령의 개정이나 제정, 예측의 착오

67 현재의 유기식품에 대해 흥미와 관심이 적은 무관심 수요의 경우 대응할 수 있는 마케팅관리 유형은?

① 전환 마케팅
② 재성장 마케팅
③ 유지 마케팅
④ 자극 마케팅

해설

자극 마케팅이란 소비자들을 자극하여 무의식적 반응을 이끌어내고 이를 매출증대로 연결한다는 데 있다.

68 유통마진에 대한 설명으로 틀린 것은?

① 소비자가 지불한 가격과 생산자가 수취한 가격의 차이이다.
② 농산물의 중간유통과정에서 발생하는 효용 부가활동과 기능에 대한 비용에서 이윤을 제외한 금액이다.
③ 유통마진율은 소비자지불가격 중에서 유통마진이 차지하는 비율이다.
④ 측정하는 방법으로는 마케팅빌, 지불수취가격차가 있다.

해설

유통마진에는 유통비용과 해당 유통 주체의 이윤이 포함된다.

69 농산물 산지유통시설을 개선하는 조치에 해당하는 것은?

① 청과물 주산단지 종합유통시설 설치
② 중매인 표준소득률 인하
③ 농산물 안정기금 설치
④ 쌀 매매업을 신고제로 전환

해설
산지유통시설은 가급적 대부분의 시설을 생산자조직이 소유·운영할 수 있도록 유도해 가는 것이 필요하다. 품목별 주산단지 조성을 보다 촉진함과 동시에 품목별 생산자조직 활성화를 위한 지원을 확대해 나가야 할 것이다.

71 GMO(유전자변형생물체, 유전자변형농산물)의 기술이 재래의 품종개량기술과 다른 점은 무엇인가?

① 특정목적 유전자만을 선택하여 재조합한다는 것
② 유전자를 변형대상으로 삼았다는 것
③ 분자생물학기술을 이용하였다는 것
④ 살아있는 생물을 대상으로 한다는 것

해설
유전자 공학/변형 생물 및 그 제품은 교배나 자연적 재조합에 의해서는 발생하지 않는 방식으로 유전 물질을 변형시키는 기술을 통해 생산된다.

70 유기식품의 저장과 운송에 대한 설명으로 틀린 것은?

① 유기제품과 비유기제품이 섞이지 않게 조심한다.
② 유기농법에서 허용되지 않는 물질과 접촉되지 않도록 한다.
③ 제품 중 일부만 인증되는 경우 별도로 저장, 취급해야 된다.
④ 유기제품을 벌크(Bulk)로 저장할 경우는 표시를 별도로 하지 않아도 된다.

해설
비포장(Bulk) 유기제품은 관행생산(Conventional) 제품과 분리시켜 저장해야 하며, 그 표시도 분명히 해야 한다.

72 샐러드오일 제조 시 고융점 유지인 스테아린을 제거하기 위해 사용하는 공정은?

① 탈납(Dewaxing)
② 동유처리(Winterization)
③ 용매분별(Solvent Fractionation)
④ 경화처리(Hydrogenation)

해설
동유처리(Winterization)
면실유, 옥수수유, 콩기름 등 액체유를 냉각법(7.2℃)으로 고체화한 지방을 여과 처리하는 방법이다. 융점이 높은 지방(스테아린)들은 비중이 작아 위로 뜨게 된다. 이렇게 처리한 것은 냉장온도에서도 혼탁을 일으키지 않는다.

73 다음 중 발열이 거의 없는 감염병은?

① 세균성 이질　　　　② 장티푸스
③ 콜레라　　　　　　④ 파라티푸스

해설
세균성 이질, 장티푸스, 파라티푸스의 주된 증상은 발열과 설사이다. 콜레라에 감염되면 설사와 탈수증세를 보인다.

74 고온·고압(121℃) 살균 시 가장 관심을 가지는 것은 다음 중 어느 것의 생존유무인가?

① *Bacterial endospore*
② *Mycobacterium tuberculosis*
③ Vegetative Cells
④ Mold Spore

해설
내생포자(*Bacterial endospore*)를 사멸할 수 있는 방법은 소각, 고온고압살균, 틴달반응, 알킬화제제, 락스 10%희석액이다.

75 다음 중 진공포장에 적합한 식품은?

① 과 일　　　　　　② 채 소
③ 버 섯　　　　　　④ 과 자

해설
진공포장은 호흡작용이 왕성한 신선 농산물의 장기유통용으로는 적합하지 않다.

76 30%의 가용성 고형분을 가진 과실 200g을 1L의 물로 추출하고자 한다. 평형이 이루어졌을 때 과실과 물 혼합액의 가용성 고형분함량은?

① 5%　　　　　　② 10%
③ 15%　　　　　　④ 20%

해설
• 과실과 물 혼합액의 무게 = 200g + 1,000g = 1,200g
• 과실 중 가용성 고형분의 무게 = 200g × 0.3 = 60g
• 과실과 물 혼합액의 가용성 고형분 함량 = (60g/1,200g) × 100 = 5%

77 유기가공식품의 제조·가공에 사용이 부적절한 여과법은?

① 마이크로여과　　　② 감압여과
③ 역삼투압여과　　　④ 가압여과

해설
순수한 물이 고농도의 용액에서 저농도 용액 측으로 흘러 들어가는 역삼투압여과법은 유기가공식품의 제조·가공에 사용이 부적절하다.

78 가열살균에 대한 설명으로 틀린 것은?

① 지방함량이 많아질수록 포자를 죽이는데 장시간이 소요되는 경향이 있다.
② 식품 중 소금의 농도가 증가할수록 포자의 내열성이 점차 줄어드는 경향이 있다.
③ 식품의 pH가 알칼리성이 될수록 저온에서 가열살균하는 것이 좋다.
④ 가열 시 습열이나 건열에 따라 살균온도와 시간이 차이가 나게 된다.

해설
식품의 pH가 알칼리성이 될수록 고온에서 가열살균하는 것이 좋다.

79 생유(원유)는 원래 무균임에도 살균공정이 필요한 이유가 아닌 것은?

① 균질화시켜야 하기 때문
② 착유자의 의복에 의해 오염될 수 있기 때문
③ 생유는 주변의 냄새를 빨아들이는 성질이 있기 때문
④ 착유도구의 위생상태에 의해 세균이 증식할 수 있기 때문

해설
생유(연유)는 세균수와 관계없이 지방구의 균일한 분포를 위해 균질화 과정을 거친다.

80 식품위생법령에 근거하여 식품영업에 종사하지 못하는 질병의 종류가 아닌 것은?

① 감염성 결핵
② 장출혈성 대장균감염증
③ 세균성 이질
④ 유행성 이하선염

해설
영업에 종사하지 못하는 질병의 종류(식품위생법 시행규칙 제50조)
영업에 종사하지 못하는 사람은 다음의 질병에 걸린 사람으로 한다.
• 감염병의 예방 및 관리에 관한 법률에 따른 결핵(비감염성인 경우는 제외한다)
• 다음의 어느 하나에 해당하는 감염병
– 콜레라
– 장티푸스
– 파라티푸스
– 세균성이질
– 장출혈성대장균감염증
– A형간염
• 피부병 또는 그 밖의 화농성(化膿性)질환
• 후천성면역결핍증(감염병의 예방 및 관리에 관한 법률에 따라 성매개 감염병에 관한 건강진단을 받아야 하는 영업에 종사하는 사람만 해당한다)

제5과목 **유기농업 관련 규정**

81 유기식품의 생산·가공·표시·유통에 관한 Codex 가이드라인에 따른 식물 해충 및 질병관리를 위한 물질 중 "자연산인 경우"에 해당하는 것은?

① 레시틴
② 천연산(식초)
③ 키틴질 살선충(殺線蟲)제
④ 표고버섯(Shiitake Fungus) 추출물

해설
식물 해충 및 질병 관리를 위한 물질

물 질	특징, 성분 요구사항, 사용조건
레시틴(Lecithin)	인증기관이나 인증권자가 필요성을 인정한 경우
천연산(예 식초)	인증기관이나 인증권자가 필요성을 인정한 경우
키틴질 살선충(殺線蟲)제	자연산인 경우
표고버섯(Shiitake fungus) 추출물	인증기관이나 인증권자가 필요성을 인정한 경우

82 친환경관련상 인증품 사후관리 조사요령에서 유통과정조사에 대한 내용으로 틀린 것은?

① 조사주기는 등록된 유통업체 중 조사 필요성이 있는 업체를 대상으로 연 1회 이상 자체 조사계획을 수립하여 실시한다.
② 사무소장은 인증품 판매장·취급작업장을 방문하여 인증품의 유통과정조사를 실시한다.
③ 사무소장은 전년도 조사업체 내역, 인증품 유통실태 조사 등을 통해 관 내 인증품 유통업체 목록을 인증관리 정보시스템에 등록·관리한다.
④ 조사시기는 가급적 인증품의 유통물량이 많은 시기에 실시하고 최근 1년 이내에 행정처분을 받았거나 인증품 부정유통으로 적발된 업체가 인증품을 취급하는 경우 1년 이내에 유통과정조사를 실시한다.

해설
유통과정조사 – 정기조사 조사주기 및 조사대상(유기식품 및 무농약농산물 등의 인증에 관한 세부실시 요령 [별표 5])
조사주기는 등록된 유통업체(취급인증사업자 포함) 중 조사 필요성이 있는 업체를 대상으로 연 2회 이상 자체 조사계획을 수립하여 실시한다.

83 친환경관련법상 인증번호 부여방법에서 국립농산물품질관리원이 인증한 경우의 인증종류별 번호로 틀린 것은?

① 유기농림산물(1) ② 무농약농산물(3)
③ 무항생제축산물(5) ④ 수입자(8)

해설

인증번호 부여방법-인증종류별 번호(유기식품 및 무농약농산물 등의 인증에 관한 세부실시 요령 [별표 3])
• 유기농림산물 : 1
• 유기축산물 및 유기양봉의 산물·부산물 : 2
• 무농약농산물 : 3
• 취급자 : 6
• 무농약원료가공식품 : 7
• 유기가공식품 : 8
• 비식용유기가공품(양축용 유기사료·반려동물 유기사료) : 9

84 유기식품 등의 인증기준 등에서 유기축산물사료 및 영양관리의 구비조건으로 틀린 것은?

① 예외사항을 제외하고 유기가축에는 100% 유기사료를 급여하는 것을 원칙으로 할 것
② 유전자변형농산물 또는 유전자변형농산물에서 유래한 물질은 급여하지 아니할 것
③ 반추가축에게 사일리지(Silage)만 급여할 것
④ 합성화합물 등 금지물질을 사료에 첨가하거나 가축에 급여하지 아니할 것

해설

유기축산물의 인증기준 – 사료 및 영양관리(친환경농어업법 시행규칙 [별표 4])
• 유기가축에게는 100% 유기사료를 공급하는 것을 원칙으로 할 것. 다만, 극한 기후조건 등의 경우에는 국립농산물품질관리원장이 정하여 고시하는 바에 따라 유기사료가 아닌 사료를 공급하는 것을 허용할 수 있다.
• 반추가축에게 담근먹이(사일리지)만을 공급하지 않으며, 비반추가축도 가능한 조사료(粗飼料 : 생초나 건초 등의 거친 먹이)를 공급할 것
• 유전자변형농산물 또는 유전자변형농산물에서 유래한 물질은 공급하지 않을 것
• 합성화합물 등 금지물질을 사료에 첨가하거나 가축에 공급하지 않을 것
• 가축에게 환경정책기본법 시행령에 따른 생활용수의 수질기준에 적합한 먹는 물을 상시 공급할 것
• 합성농약 또는 합성농약 성분이 함유된 동물용의약품 등의 자재를 사용하지 않을 것

85 친환경관련법상 무농약농산물 등의 인증기준에서 무항생제축산물 전환기간 구비요건에 대한 내용이다. 괄호 안에 알맞은 내용은?

> 일반농가가 무항생제축산으로 전환하거나 일반가축을 무항생제농장으로 입식하여 무항생제축산물을 생산·판매하려는 경우에는 (   )이 정하여 고시하는 전환기간 이상을 무항생제축산물 인증기준에 따라 사육할 것

① 농촌진흥청장 ② 식약처장
③ 국립생태원장 ④ 국립농산물품질관리원장

해설

유기축산물 – 전환기간(유기식품 및 무농약농산물 등의 인증에 관한 세부실시 요령 [별표 1])
일반농가가 유기축산으로 전환하거나 단서에 따라 유기가축이 아닌 가축을 유기농장으로 입식하여 유기축산물을 생산·판매하려는 경우에는 규칙 [별표 4]에서 정하고 있는 가축의 종류별 전환기간(최소 사육기간) 이상을 유기축산물 인증기준에 따라 사육하여야 한다.
※ 관련 법 개정으로 정답없음

86 친환경관련법상 유기식품 등에 사용 가능한 물질에서 토양개량과 작물생육을 위하여 사용이 가능한 물질 중 짚, 왕겨, 산야초가 있다. 짚, 왕겨, 산야초의 사용가능조건은?

① 충분한 발효와 희석을 거쳐 사용할 것
② 6개월 이상 발효된 것일 것
③ 50℃ 이상에서 7일 이상 발효된 것
④ 비료화하여 사용할 경우에는 화학물질 첨가나 화학적 제조공정을 거치지 않을 것

해설

토양 개량과 작물 생육을 위해 사용 가능한 물질(친환경농어업법 시행규칙 [별표 1])

사용 가능 물질	사용 가능 조건
오 줌	충분한 발효와 희석을 거쳐 사용할 것
사람의 배설물(오줌만인 경우는 제외한다)	• 완전히 발효되어 부숙된 것일 것 • 고온발효 : 50℃ 이상에서 7일 이상 발효된 것 • 저온발효 : 6개월 이상 발효된 것일 것 • 엽채류 등 농산물·임산물 중 사람이 직접 먹는 부위에는 사용하지 않을 것
짚, 왕겨, 쌀겨 및 산야초	비료화하여 사용할 경우에는 화학물질 첨가나 화학적 제조공정을 거치지 않을 것

87 친환경관련법상 병해충 관리를 위하여 사용이 가능한 물질 중 사용가능조건이 "물로 추출한 것일 것"에 해당하는 것은?

① 난황(卵黃, 계란노른자 포함)
② 젤라틴(Gelatine)
③ 식초 등 천연산
④ 담배잎차(순수니코틴은 제외)

[해설]
병해충 관리를 위해 사용 가능한 물질(친환경농어업법 시행규칙 [별표 1])

사용가능 물질	사용가능 조건
젤라틴(Gelatine)	크로뮴(Cr)처리 등 화학적 공정을 거치지 않을 것
난황(卵黃, 계란노른자 포함)	화학물질의 첨가나 화학적 제조공정을 거치지 않을 것
식초 등 천연산	화학물질의 첨가나 화학적 제조공정을 거치지 않을 것
담배잎차(순수니코틴은 제외)	물로 추출한 것일 것

88 친환경관련법상 유기농축산물의 함량에 따른 제한적 유기표시의 기준에서 특정 원재료로 유기농축산물을 사용한 제품에 대한 설명으로 틀린 것은?

① 특정 원재료로 유기농축산물만을 사용한 제품이어야 한다.
② 표시장소는 원재료명 및 함량 표시란에만 표시할 수 있다.
③ 해당 원재료명의 일부로 "유기"라는 용어를 표시할 수 없다.
④ 원재료명 및 함량 표시란에 유기농축산물의 총함량 또는 원료별 함량을 백분율(%)로 표시하여야 한다.

[해설]
유기농축산물의 함량에 따른 제한적 유기표시의 허용기준(친환경농어업법 시행규칙 [별표 8])
• 70% 이상이 유기농축산물인 제품
 – 최종 제품에 남아 있는 원료 또는 재료(물과 소금은 제외한다)의 70% 이상이 유기농축산물이어야 한다.
 – 유기 또는 이와 유사한 용어를 제품명 또는 제품명의 일부로 사용할 수 없다.
 – 표시장소는 주표시면을 제외한 표시면에 표시할 수 있다.
 – 원재료명 표시란에 유기농축산물의 총함량 또는 원료·재료별 함량을 백분율(%)로 표시해야 한다.
• 70% 미만이 유기농축산물인 제품
 – 특정 원료 또는 재료로 유기농축산물만을 사용한 제품이어야 한다.
 – 해당 원료·재료명의 일부로 '유기'라는 용어를 표시할 수 있다.
 – 표시장소는 원재료명 표시란에만 표시할 수 있다.
 – 원재료명 표시란에 유기농축산물의 총함량 또는 원료·재료별 함량을 백분율(%)로 표시해야 한다.

89 다음은 친환경관련법상 허용물질의 선정기준 및 절차에서 허용물질의 신규선정, 개정 또는 폐지 절차에 관한 사항이다. 괄호 안에 알맞은 내용은?

> 국립농산물품질관리원장은 신청받은 물질에 대하여 ( )명 이상의 분야별 학계 전문가, 생산자단체 및 소비자단체 등을 포함한 전문가심의회를 구성하여 평가를 진행하고, 평가의 과정에 기초평가를 실시한 전문가를 출석시켜 그 의견을 들을 수 있으며, 그 결과가 인체 및 농업환경에의 위해성이 없어 유기농업에 적합하다고 판단되는 경우 허용물질로 지정할 것

① 3   ② 7
③ 9   ④ 12

해설
허용물질의 선정 절차(친환경농어업법 시행규칙 [별표 2])
국립농산물품질관리원장은 선정 신청을 받은 물질에 대해 7명 이상의 분야별 학계 전문가, 생산자단체 및 소비자단체 등을 포함한 전문가심의회를 구성하여 평가를 실시하고, 평가과정에 기초평가를 실시한 전문가를 출석시켜 그 의견을 들을 수 있으며, 그 결과가 인체 및 농업환경에 위해성이 없어 유기농업에 적합하다고 판단되는 경우에 해당 물질을 허용물질로 선정할 것

90 친환경관련법상 유기식품 등의 인증기준 등의 용어에 대한 설명으로 틀린 것은?

① "휴약기간"이란 사육되는 가축에 대하여 그 생산물이 식용으로 사용하기 전에 동물용 의약품을 사용할 수 있는 일정기간을 말한다.
② "윤작"이란 동일한 재배포장에서 동일한 작물을 연이어 재배하지 아니하고, 서로 다른 종류의 작물을 순차적으로 조합·배열하는 방식의 작부체계를 말한다.
③ "유기사료"란 비식용유기가공품 인증기준에 맞게 재배·생산된 사료를 말한다.
④ "동물용 의약품"이란 동물질병의 예방·치료 및 진단을 위하여 사용하는 의약품을 말한다.

해설
용어의 정의(친환경농어업법 시행규칙 [별표 4])
'휴약기간'이란 사육되는 가축에 대해 그 생산물이 식용으로 사용되기 전에 동물용 의약품의 사용을 제한하는 일정기간을 말한다.

91 유기축산물의 사육장 및 사육조건에서 유기가축 1마리당 갖추어야 하는 가축사육시설의 소요면적(단위 : m²)이 있는데, (가)에 알맞은 내용은?

돼지(m²/마리)					
구분	웅돈	번식돈			
		임신돈	분만돈	종부대기돈	후보돈
소요면적	(가)	3.1	4.0	3.1	3.1

① 3.5   ② 8.2
③ 10.4   ④ 15.5

해설
유기축산물 – 사육장 및 사육조건(유기식품 및 무농약농산물 등의 인증에 관한 세부실시 요령 [별표 1])

돼지(m²/마리)								
구분	웅돈	번식돈				비육돈		
		임신돈	분만돈	종부대기돈	후보돈	자돈 초기	후기	육성돈 비육돈
소요면적	10.4	3.1	4.0	3.1	3.1	0.2 0.3		1.0 1.5

92 친환경관련법상 유기농업자재 관련 행정처분기준에서 시험연구기관으로 지정받은 후 정당한 사유 없이 1년 이내에 지정받은 시험항목에 대한 시험업무를 시작하지 않거나 계속하여 2년 이상 업무실적이 없는 경우, 2회 위반 시 행정처분은?

① 업무정지 1개월   ② 업무정지 3개월
③ 업무정지 6개월   ④ 지정취소

해설
유기농업자재 관련 행정처분 기준 및 절차 – 시험연구기관(친환경농어업법 시행규칙 [별표 20])

위반행위	위반횟수별 행정처분기준		
	1회 위반	2회 위반	3회 이상 위반
시험연구기관으로 지정받은 후 정당한 사유 없이 1년 이내에 지정받은 시험항목에 대한 시험업무를 시작하지 않거나 계속하여 2년 이상 업무 실적이 없는 경우	업무정지 1개월	업무정지 3개월	지정취소

93 친환경관련법상 유기식품 등의 인증기준 등의 유기축산물에서 운송·도축·가공과정의 품질관리의 구비요건에 대한 내용이다. 괄호 안에 알맞은 내용은?

> 동물용 의약품은 식품의약품안전처장이 고시한 동물용 의약품 잔류 허용기준의 (　　)을 초과하여 검출되지 아니할 것

① 2분의 1
② 5분의 1
③ 10분의 1
④ 20분의 1

해설
유기축산물 – 운송·도축·가공 과정의 품질관리(친환경농어업법 시행규칙 [별표 4])
동물용 의약품 성분은 식품위생법에 따라 식품의약품안전처장이 정하여 고시하는 동물용 의약품 잔류허용기준의 10분의 1을 초과하여 검출되지 않을 것

94 친환경관련법상 인증심사원의 자격취소 및 정지기준의 개별기준에서 인증심사업무와 관련하여 다른 사람에게 자기의 성명을 사용하게 하거나 인증심사원증을 빌려 준 경우 1회 위반 시 행정처분은?

① 자격정지 3개월
② 자격정지 6개월
③ 자격정지 1년
④ 자격취소

해설
인증심사원의 자격취소, 자격정지 및 시정조치 명령의 기준(친환경농어업법 시행규칙 [별표 12])

위반행위	위반횟수별 행정처분기준		
	1회 위반	2회 위반	3회 이상 위반
인증심사 업무와 관련하여 다른 사람에게 자기의 성명을 사용하게 하거나 인증심사원증을 빌려 준 경우	자격정지 6개월	자격취소	–

95 유기농업자재의 공시기준에서 식물에 대한 시험성적서에 대한 내용이다. 괄호 안에 알맞은 내용은?

> 비효(肥效)·비해(肥害) 시험성적의 검토기준에서 토양개량 또는 작물생육을 목적으로 하는 자재에 적용하며, 동일 작물에 대하여 적합하게 시험한 (　)개 이상의 재배포장 시험성적서를 제출하여야 한다. 작물에 대한 재배포장시험은 비료관리법에 작물재배시험법을 준용한다. 다만, 농작물의 범위를 추가하려는 경우에는 1개의 시험성적만으로도 검토할 수 있다.

① 2
② 4
③ 5
④ 8

해설
식물에 대한 시험성적서 – 비료효과[肥效]·비료피해[肥害] 시험성적(효능·효과를 표시하려는 경우로 한정한다)(친환경농어업법 시행규칙 [별표 17])
토양 개량 또는 작물 생육을 목적으로 하는 자재에 적용하고, 동일 작물에 대해서 적합하게 시험한 2개 이상의 재배 포장시험(圃場試驗 : 밭 등에서 이루어지는 시험) 성적서를 제출해야 하며, 작물에 대한 재배 포장시험은 비료관리법에 따른 작물재배 시험법을 준용한다. 다만, 농작물의 종류를 추가하려는 경우에는 1개의 재배 포장 시험성적서를 제출할 수 있다.

96 친환경관련법상 수입 비식용유기가공품(유기사료)의 적합성 조사방법 중 정밀검사에 대한 내용이다. (가)에 알맞은 내용은?

> 최근 (가) 이내에 정밀검사(신고하려는 제품과 제조국·제조업자·제품명이 같은 제품에 대해 실시한 정밀검사에 한함)를 받은 적이 없는 제품을 수입하려는 경우에 물리적·화학적 또는 미생물학적 방법으로 비식용유기가공품 인증 및 표시기준에 적합여부를 판단하는 검사

① 1년
② 2년
③ 3년
④ 4년

해설

수입 비식용유기가공품(유기사료)의 적합성조사 방법 – 정밀검사(유기식품 및 무농약농산물 등의 인증에 관한 세부실시 요령 [별표 4의2])
정밀검사란 물리적·화학적 또는 미생물학적 방법으로 비식용유기가공품 인증 및 표시기준에 적합여부를 판단하는 검사로 다음 각 호의 어느 하나에 해당되는 경우에 실시한다.
• 최근 1년 이내에 정밀검사(신고하려는 제품과 제조국·제조업자·제품명이 같은 제품에 대해 실시한 정밀검사에 한함)를 받은 적이 없는 제품을 수입하려는 경우
• 최근 1년 이내에 실시한 정밀검사 결과 부적합 판정을 받은 제품과 제조국·제조업자·제품명이 같은 제품을 수입하려는 경우(단, 부적합 판정을 받은 이후 연속하여 3회 이상 적합판정을 받은 제품은 제외)

97 친환경관련법상 인증심사 일반에서 인증심사원의 지정에 대한 내용이다. 다음 내용 중 틀린 것은?

> 사무소장 또는 인증기관의 장은 인증심사원이 다음의 각 호의 어느 하나에 해당되는 경우 해당 신청 건에 대한 인증심사원으로 지정하여서는 아니 된다.
> 가) 자신이 신청인인 경우
> 나) 신청인과 경제적인 이해관계가 있는 경우
> 다) 동일 신청인을 연속하여 1년 동안 심사한 경우
> 라) 기타 공정한 심사가 어렵다고 판단되는 경우

① 가)
② 나)
③ 다)
④ 라)

해설

인증심사 일반 – 인증심사원의 지정(유기식품 및 무농약농산물 등의 인증에 관한 세부실시 요령 [별표 2])
• 인증기관은 인증신청서를 접수한 때에는 1인 이상의 인증심사원을 지정하고, 그 인증심사원으로 하여금 인증심사를 하도록 하여야 한다.
• 인증기관은 인증심사원이 다음의 어느 하나에 해당하는 경우 해당 신청 건에 대한 인증심사원으로 지정하여서는 아니 된다.
  – 자신이 신청인이거나 신청인 등과 민법 제777조에 해당하는 친족관계인 경우
  – 신청인과 경제적인 이해관계가 있는 경우
  – 기타 공정한 심사가 어렵다고 판단되는 경우
• 인증심사원은 신청인에 대해 공정한 인증심사를 할 수 없는 사정이 있는 경우 기피신청을 하여야 하며, 이 경우 인증기관의 장은 해당 인증심사원을 지체 없이 교체하여야 한다.
※ 관련 법 개정으로 가)와 다)모두 틀린 내용

98 유기식품의 생산·가공·표시·유통에 관한 Codex 가이드라인의 목적으로 부적합한 것은?

① 시장에서 일어나는 기만과 부정행위 그리고 입증되지 않은 제품의 강조표시로부터 소비자를 보호하기 위함
② 비유기제품이 유기제품으로 잘못 표시되는 것으로부터 유기제품 생산자를 보호하기 위함
③ 생산, 준비, 저장, 운송, 유통 중 2가지만 임의로 선택하여 가이드라인에 따라 검사되고 부합하게 하기 위함
④ 유기적으로 재배된 제품의 생산, 인증, 확인, 표시규정을 조화시키기 위함

해설
Codex 가이드라인의 목적
①, ②, ④ 외에
• 생산, 준비, 저장, 운송, 유통의 모든 단계가 본 가이드라인에 따라 검사되고 부합하게 하기 위함
• 수입품에 대한 국가제도 간의 동등성 인정을 용이하게 하기 위해 유기식품 관리제도에 대한 국제적 가이드라인을 제공하기 위함
• 지역 및 세계 보존에 이바지하도록 각 국의 유기농업시스템을 유지하고 강화하기 위함

100 친환경관련법상 (가)에 알맞은 내용은?

> "어린잎채소"라 함은 생육기간(15일 내외)이 짧아 본엽이 (가)엽 내외로 재배되어 주로 생식용으로 이용되는 어린 채소류를 말한다.

① 1   ② 4
③ 7   ④ 9

해설
용어의 정의(유기식품 및 무농약농산물 등의 인증에 관한 세부실시 요령 [별표 1])
'어린잎채소'라 함은 생육기간(15일 내외)이 짧아 본엽이 4엽 내외로 재배되어 주로 생식용으로 이용되는 어린 채소류를 말한다.

99 유기식품의 생산·가공·표시·유통에 관한 Codex 가이드라인에서 양봉 및 양봉제품관리에 대한 내용으로 틀린 것은?

① 여왕벌의 날개 일부를 잘라주어야 한다.
② 기초 벌집은 유기적으로 생산된 밀랍으로 만들어야 한다.
③ 양봉제품을 수확하기 위하여 벌집 안에 들어 있는 벌을 죽이는 것은 금지된다.
④ 양봉으로부터 유래되는 제품을 추출하고 가공할 동안에는 가능한 한 낮은 온도를 유지하는 게 좋다.

해설
여왕벌의 날개를 자르는 것과 같은 절단행위는 금지된다.

2018년 제1회 | 과년도 기출문제

제1과목 **재배학원론**

01 토양 통기의 촉진책으로 틀린 것은?

① 배수 촉진
② 토양 입단조성
③ 식질토를 이용한 객토
④ 심 경

해설
토양통기 촉진책

토양처리	재배적 조치
• 배수촉진 • 토양입단조성 • 심 경 • 객 토	• 답전 윤환 재배를 한다. • 답리작 · 답전작을 한다. • 습답에서는 휴립재배(이랑 재배)를 한다. • 물못자리에서는 못자리그누기[芽乾]를 한다. • 중경을 한다. • 파종할 때 미숙 퇴비를 종자 위에 두껍게 덮지 않는다.

02 이랑을 세우고 낮은 골에 파종하는 방식은?

① 휴립휴파법
② 이랑재배
③ 평휴법
④ 휴립구파법

해설
이랑밭 조성방법 및 특징

명 칭		고랑과 이랑 특징	재배작물 및 특징
평휴법		이랑높이 = 고랑높이	채소, 벼 재배 건조해, 습해 동시완화
휴립법	휴립 휴파법	이랑 높이 > 고랑 깊이, 이랑에 파종	조, 콩 재배 배수와 토양 통기 양호
	휴립 구파법	이랑높이 > 고랑 깊이, 고랑에 파종	맥류재배(한해, 동해 방지) 감자(발아 촉진, 배토용이)
성휴법		이랑을 크고 넓게 만듦 이랑에 파종	중부지방에서 맥후 작콩의 파종에 유리, 답리작 맥류 재배 건조해, 장마철습해방지

03 작물체 내에서의 생리적 또는 형태적인 균형이나 비율이 작물생육의 지표로 사용되는 것과 거리가 가장 먼 것은?

① C/N율
② T/R율
③ G-D 균형
④ 광합성-호흡

해설
'C/N율, T/R율, G-D균형'은 작물체 내의 생리적 · 형태적인 균형이나 비율을 나타내는 지표로 사용된다.
① C/N율 : 탄수화물과 질소화합물의 비율로 생장, 결실상태를 나타내는 지표
② T/R율 : 지상부와 지하부의 비율로 생육상태의 지표
③ G-D 균형 : 지상부와 지하부의 비율로 생육상태의 지표

04 휴면연장과 발아억제를 위한 방법으로 틀린 것은?

① 에스렐 처리
② MH 수용액 처리
③ 저온저장
④ 감마선 조사

해설
에스렐은 발아촉진(휴면타파)에 쓰인다.

05 추파성 맥류의 상적 발육설을 주창한 사람은?

① 다 윈
② 우장춘
③ 바빌로프
④ 리센코

해설
온도에 의한 개화효과는 버널리제이션이라고 하며, 농학상 용어가 처음 등장한 것은 1928년 소련의 Lysenko(리센코)가 소맥추파 품종인 우크라인카를 최아시켜 봉투에 담아 눈 속에 넣어두었다가 춘파재배하여 출수 실용적인 재배에 성공한 이후부터이다.
※ 춘화처리(Vernalization) : 작물의 개화를 유도하기 위하여 생육기간 중의 일정시기에 온도처리(저온처리)를 하는 일

06 교잡에 의한 작물개량의 가능성을 최초로 제시한 사람은?

① Camerarius　　② Koelreuter

③ Mendel　　④ Johannsen

해설
② Koelreuter : 서로 다른 종 간에는 교잡이 잘되지 않고 동일 종 내 근연 간에는 교잡이 잘 일어날 수 있다는 사실을 입증하였다.
① Camerarius : 1961년 식물에도 자웅성별이 있음을 밝혔으며 시금치·삼·홉·옥수수 등의 성에 관해 기술하였다.
③ Mendel : 우열의 법칙, 분리의 법칙, 독립의 법칙이라고 불리는 유전의 기본법칙을 발견했다.
④ Johannsen : 순계설을 주장하였다.

07 광합성 연구에 활용되는 방사선 동위원소는?

① ^{14}C　　② ^{32}P

③ ^{42}K　　④ ^{24}Na

해설
추적자로서의 방사성 동위원소 이용
• 작물영양생리의 연구 : ^{32}P, ^{42}K, ^{45}Ca 등으로 표지화합물을 만들어서 P, K, Ca 등의 영양선분의 체내에서의 행동파악 가능, 비료의 토양 중에서 행동과 흡수기구 파악 가능
• 광합성의 연구 : ^{11}C, ^{14}C 등으로 표지된 CO_2를 잎에 공급해 시간의 경과에 따른 탄수화물 합성과정 규명
• 농업 토목 분야에 이용 : ^{24}Na를 표지한 화합물을 이용하여 제방의 누수개소 발견, 지하수 탐색

08 침수에 의한 피해가 가장 큰 벼의 생육단계는?

① 분얼성기　　② 최고 분얼기

③ 수잉기　　④ 등숙기

해설
벼의 수잉기~출수개화기는 외부환경에 민감한 시기로 저온, 침수 등에 약하다.

09 세포막 중 중간막의 주성분으로, 잎에 많이 존재하며 체내의 이동이 어려운 것은?

① 질 소
② 칼 슘
③ 마그네슘
④ 인

해설
칼슘(Ca)의 생리작용
세포막 중간막의 주성분으로서 단백질 합성, 물질전류, 알루미늄의 독성경감 작용을 한다. 잎에 많이 함유되어 있고 질소의 흡수를 조장한다.

10 다음 중 동상해 대책으로 틀린 것은?

① 방풍시설 설치
② 파종량 경감
③ 토질개선
④ 품종선정

해설
한지(寒地)에서 맥류의 파종량을 늘린다.

11 고온이 오래 지속될 때 식물체 내에서 일어나는 현상은?

① 당의 증가
② 증산작용의 저하
③ 질소대사의 이상
④ 유기물의 증가

해설
열해의 기구
철분의 침전, 증산 과다, 질소대사의 이상, 유기물의 과잉소모

12 좁은 범위의 일장에서만 화성이 유도 촉진되며 2개의 한계일장을 가진 식물은?

① 장일식물
② 중일식물
③ 장단일식물
④ 정일식물

해설
일장(감광성)
• 장일식물 : 유도일장 주체는 장일측에 있고, 한계일장은 단일측에 있다.
• 단일식물 : 유도일장의 주체는 단일측에 있고, 한계일장은 장일측에 있다.
• 정일식물(중간식물) : 좁은 범위의 특정한 일장 영역에서만 개화하는, 즉 2개의 한계일장을 갖는 식물
• 중성식물(중일식물) : 일장에 관계없이 개화하는 식물
• 장단일식물 : 장일에서 단일로 옮겨야 개화가 촉진되는 식물
• 단장일식물 : 단일에서 장일로 옮겨야 개화가 촉진되는 식물

13 화성유도 시 저온 장일이 필요한 식물의 저온이나 장일을 대신하는 가장 효과적인 식물호르몬은?

① 에틸렌
② 지베렐린
③ 사이토키닌
④ ABA

해설
지베렐린(Gibberellin)
저온, 장일이 화성에 필요한 작물에서는 저온이나 장일을 대신하는 효과가 탁월하다.

14 내염성 정도가 가장 강한 작물로만 짝지어진 것은?

① 완두, 셀러리
② 배, 살구
③ 고구마, 감자
④ 유채, 양배추

해설
내염성
• 정도가 강한 작물 : 유채, 목화, 순무, 사탕무, 양배추, 라이그래스
• 정도가 약한 작물 : 완두, 고구마, 베치, 가지, 녹두, 셀러리, 감자, 사과, 배, 복숭아, 살구

15 다음 중 육묘의 장점으로 틀린 것은?

① 증수 도모
② 종자 소비량 증대
③ 조기수확 가능
④ 토지 이용도 증대

해설
육묘의 장점
증수 도모, 종자 절약, 조기 수확 가능, 토지 이용도 증대, 육묘의 노력 절감, 병충해 및 재해 방지, 용수의 절약, 추대 방지 등

16 비료의 엽면흡수에 영향을 미치는 요인 중 맞는 것은?

① 잎의 이면보다 표피에서 더 잘 흡수된다.

② 잎의 호흡작용이 왕성할 때 잘 흡수된다.

③ 살포액의 pH는 알칼리인 것이 흡수가 잘된다.

④ 엽면시비는 낮보다는 밤에 실시하는 것이 좋다.

해설

비료의 엽면흡수에 영향을 끼치는 요인
- 잎의 표면보다 이면에서 더 잘 흡수된다.
- 잎의 호흡작용이 왕성할 때 흡수가 더 잘되므로 줄기의 정부로부터 가까운 잎에서 흡수율이 높다.
- 살포액의 pH는 미산성의 것이 더 잘 흡수된다.
- 엽면시비는 노엽보다는 성엽이, 밤보다는 낮에 흡수가 더 잘된다.

19 파종 양식 중 뿌림골을 만들고 그곳에 줄지어 종자를 뿌리는 방법은?

① 산 파   ② 점 파

③ 조 파   ④ 적 파

해설

① 산파 : 파종양식 중 노력이 적게 드나 종자가 많이 소요되며 생육기간 중 통풍 및 통광이 불량한 방법이다.

② 점파 : 일정한 간격을 두고 종자를 몇 개씩 띄엄띄엄 파종하는 방법. 노력은 다소 많이 들지만 건실하고 균일한 생육을 한다.

④ 적파 : 점파와 비슷한 방식이며 점파를 할 때 한곳에 여러 개의 종자를 파종할 경우를 말하며 목초, 맥류 등에서 실시된다.

17 다음 중 무배유 종자로만 짝지어진 것은?

① 벼, 밀, 옥수수   ② 벼, 콩, 팥

③ 콩, 팥, 완두   ④ 옥수수, 밀, 귀리

해설

배유종자와 무배유종자
- 배유종자 : 벼, 보리, 옥수수
- 무배유종자 : 박과, 배추과, 콩과(콩, 팥, 완두)

18 변온이 작물 생육에 미치는 영향이 아닌 것은?

① 발아촉진   ② 동화물질의 축적

③ 덩이뿌리의 발달   ④ 출수 및 개화의 지연

해설

변온이 작물 생육에 미치는 영향
발아 촉진, 동화물질의 축적, 덩이뿌리의 발달 촉진, 출수 및 개화 촉진 등

20 군락의 수광 태세가 좋아지고 밀식 적응성이 큰 콩의 초형이 아닌 것은?

① 꼬투리가 원줄기에 적게 달린 것

② 키가 크고 도복이 안 되는 것

③ 가지를 적게 치고 마디가 짧은 것

④ 잎이 작고 가는 것

해설

① 꼬투리가 원줄기와 줄기 밑동에 많을 것

제2과목 토양비옥도 및 관리

21 토양공극 내의 상대습도를 측정하는 방법은?

① Constant Volume법
② Psychrometer법
③ Chardakov법
④ 빙점강하법

해설
Psychrometry법 : 토양공극 내에 내재하는 증기압을 측정함으로써 퍼텐셜을 측정하는 방법
※ 상대습도 : 수증기압과 포화 수증기압의 백분율을 말한다.

22 공생질소 고정균에 해당하는 것은?

① Azotobacter
② Clostridium
③ Rhizobium
④ Derxia

해설
질소고정 작용균
• 단생질소 고정균
 – 호기성 세균 : Azotobacter, Derxia, Beijerinckia
 – 혐기성 세균 : Clostridium
 – 통성혐기성 세균 : Klebsiella
• 공생질소 고정균 : Rhizobium, Bradyrhizobium속

23 토양오염원에서 비점오염원에 해당하는 것은?

① 폐기물매립지
② 대단위 가축사육장
③ 산성비
④ 송유관

해설
점오염원과 비점오염원
• 점오염원 : 오염원의 유출경로가 확인 가능하여 오염물질유출 제어가 쉽다.
 예 폐기물매립지, 대단위 가축사육장, 산업지역, 건설지역, 운영 중인 광산, 송유관, 유류 및 유독물저장시설 등
• 비점오염원 : 정확한 위치와 형태, 크기를 파악하는 것이 힘든 넓은 지역적 범위를 갖는 오염원으로서 농촌 지역에 살포된 농약 및 비료, 질산성 질소, 도로 제설제, 산성비 등이 포함된다.

24 다음 설명에 해당하는 것은?

> 팽창형 점토광물을 가진 토양으로서 수분상태에 따라 팽창과 수축이 매우 심하게 일어난다.

① Ultisol
② Spodosol
③ Entisol
④ Vertisol

해설
④ Vertisol : 점토가 풍부하여 팽창과 수축을 반복 반전하는 토양
① Ultisol : 세탈이 극심하여 염기포화도 35% 이하인 산성토양
② Spodosol : Al 산화물 집적층
③ Entisol : 토양생성발달이 미약하여 층위의 분화가 없는 새로운 토양

25 ( ) 안에 알맞은 것은?

> ( )은/는 사상균의 포자를 운반하거나 유기물을 토양과 혼합시키고, ( )의 분비물은 미생물의 서식지가 된다.

① 선 충
② 조 류
③ 내생균근
④ 진드기

해설
진드기는 돌아다니면서 몸에 붙어 있는 곰팡이(사상균) 포자를 운반해 주고, 배설물은 곰팡이의 양분이 되는 특이한 공생 관계가 펼쳐진다.

26 토양생성인자에 해당하지 않는 것은?

① 모 재　　　　　② 토 성
③ 기 후　　　　　④ 시 간

해설
토양 생성의 주요 인자는 모재, 지형, 기후, 생명체, 시간 등이다.

27 강우에 의하여 비산된 토양이 토양 표면을 따라 얇고 일정하게 침식되는 것은?

① 해안침식　　　　② 협곡침식
③ 세류침식　　　　④ 면상침식

해설
④ 면상침식 : 강우로 인해 토층이 포화상태가 되면서 경사지 전면에 걸쳐 얇은 층으로 토양이 이동하는 평면적 침식
① 해안침식 : 해안의 모래와 자갈이 바람, 파도 및 물흐름에 의해 씻겨 해안이 조금씩 후퇴하는 것
② 협곡침식 : 빗물에 의하여 지표가 서서히 깎여 내려가는 세류 침식이 확대되어 움푹 패인 골을 형성하는 현상
③ 세류침식 : 면상침식이 발전하여 유출수가 비탈면을 고르게 흐르지 않고 작은 여러 물결을 따라 흘러가면서 지표면에 손금과 같이 가늘고 얇은 골을 만드는 침식

28 화성암의 평균조성비에서 함량이 많은 순서대로 나열한 것은?

① Al_2O_3 > CaO > SiO_2 > Fe_2O_3
② CaO > Fe_2O_3 > Al_2O_3 > SiO_2
③ Fe_2O_3 > SiO_2 > CaO > Al_2O_3
④ SiO_2 > Al_2O_3 > Fe_2O_3 > CaO

해설
화성암 조성비
SiO_2(규산) > Al_2O_3(반토) > Fe_2O_3(산화철) > CaO(석회) > MgO(고토) > Na_2O(소다) > K_2O(칼리)

29 다음에서 설명하는 것은?

> 하상지에서와 같이 퇴적 후 경과시간이 짧거나 산악지와 같은 급경사지이기 때문에 침식이 심하여 층위의 분화 발달 정도가 극히 미약한 토양이다.

① 반숙토　　　　　② 미숙토
③ 성숙토　　　　　④ 과숙토

해설
② 미숙토(Entisol) : 토양의 형태적 분류상 비성대토양의 대부분을 차지하며, 발달되지 않은 새로운 토양이다.
① 반숙토(Inceptisol) : 생성적 층위가 막 발달 시작한 젊은 토양
③ 성숙토(Alfisol) : 석회세탈되어 Al, Fe가 하층에 집적토양
④ 과숙토(Ultisol) : 세탈이 극심하여 염기가 매우 적은 토양

30 토양이 건조하여 딱딱하게 굳어지는 성질을 무엇이라 하는가?

① 이쇄성　　　　　② 소 성
③ 수화성　　　　　④ 강 성

해설
④ 강성 : 토양이 건조하여 딱딱하게 되는 성질로서, 토양입자는 Van der Wals 힘(분자간 인력)에 의해 결합되어 있다.
① 이쇄성 : 쉽게 분말상태로 깨지는 성질
② 가소성(소성) : 물체에 힘을 가했을 때 파괴됨이 없이 모양이 변화되고, 힘이 제거되어도 원형으로 돌아가지 않는 성질
③ 수화성 : 물과 잘 어우러지는 특성

31 토양조사의 주요 목적이 아닌 것은?

① 토지 가격의 산정
② 합리적인 토지 이용
③ 적합한 재배 작물 선정
④ 토지 생산성 관리

해설
토양조사는 분포하는 토양의 성질을 조사하고 토양의 종류를 체계적으로 분류하여 토지를 합리적으로 이용하고 토지 생산성을 향상시키는 것을 목적으로 한다.

32 다음 중 토양오염우려기준(단위 : mg/kg)이 가장 높은 것은?

① 카드뮴
② 아 연
③ 6가 크로뮴
④ 수 은

해설
토양오염우려기준(토양환경보전법 시행규칙 [별표 3])
(단위: mg/kg)

물 질	1지역	2지역	3지역
카드뮴	4	10	60
수 은	4	10	20
6가크로뮴	5	15	40
아 연	300	600	2,000

33 다음 중 양이온교환용량이 가장 높은 것은?

① Vermiculite
② Sesquioxides
③ Kaolinite
④ Hydrous Mica

해설
토양콜로이드의 양이온총량(me/100g)
부식(200) > Vermiculite(100~150) > Montmorillonite(80~150) > illte(10~40) > Hydrous Mica(25~40) > Kaolinite(3~15) > Sesquioxides(0~3)

34 화성암을 구분할 때 중성암에 해당하는 것은?

① 화강암
② 석영반암
③ 섬록암
④ 유문암

해설
화성암의 종류

생성위치(SiO_2, %)	산성암(65~75)	중성암(55~65)	염기성암(40~55)
심성암	화강암	섬록암	반려암
반심성암	석영반암	섬록반암	휘록암
화산암	유문암	안산암	현무암

35 다음 미소식물군 중 일반적으로 m^2당 개체수가 가장 적은 것은?

① 세 균
② 조 류
③ 방선균
④ 사상균

해설
토양 생물의 개체수
세균 > 방선균 > 사상균 > 조류 > 선충 > 지렁이

정답 31 ① 32 ② 33 ① 34 ③ 35 ②

36 다음 중 풍화 내성이 가장 강한 것은?

① 각섬석　　　　　② 석 영
③ 휘 석　　　　　　④ 감람석

해설
6대 조암광물의 풍화에 대한 안정성 순서
석영 > 장석 > 흑운모 > 각섬석 > 휘석 > 감람석

37 다음 중 토양색을 결정하는 주요인자로 거리가 가장 먼 것은?

① 철　　　　　　　② 규 소
③ 망 간　　　　　　④ 유기물

해설
토양이 적색, 갈색, 회색 등 특징적인 색깔을 띠는 것은 2차 광물인 철이나 망간, 산화물의 축적량과 유기물의 분해로 생성된 부식의 집적 정도에 따라서 결정된다.

38 다음 미량원소 중 토양반응이 알칼리쪽으로 기울 때 유효도가 높아지는 것은?

① Mo　　　　　　② Fe
③ Zn　　　　　　④ Co

해설
토양 pH에 따른 양분의 유효도
• 알칼리성에서 유효도가 커지는 원소: P, Ca, Mg, K, Mo 등
• 산성에서 유효도가 커지는 원소 : Fe, Cu, Zn, Al, Mn, B 등

39 토괴 내 작은 공극으로 크기는 $0.005 \sim 0.03$mm이며, 식물이 흡수하는 물을 보유하고, 세균이 자라는 공간은?

① 대공극　　　　　② 중공극
③ 소공극　　　　　④ 극소공극

해설
공극 크기에 따른 분류
• 대공극 : 뿌리가 뻗는 공간으로 물이 빠지는 통로이고 작은 토양 생물의 이동통로이다.
• 중공극 : 모세관현상에 의하여 유지되는 물이 있고 곰팡이와 뿌리털이 자라는 공간이다.
• 소공극 : 식물이 흡수하는 물을 보유하고 세균이 자라는 공간이다.
• 미세공극 : 작물이 이용하지 못하며 미생물의 일부만 자랄 수 있는 공간이다.
• 극소공극 : 미생물도 자랄 수 없는 공간이다.

40 (　　　) 안에 알맞은 내용은?

> 토양이라 부를 수 있는 최소 단위의 토양표본을 (　　)이라고 부른다.

① 이쇄성　　　　　② 미 사
③ 페 돈　　　　　④ 피 복

해설
페돈과 폴리페돈
• 페돈(Pedon) : 각개 토양의 특성을 확정할 수 있는 최소 용적의 단위체
• 폴리페돈(Polypedon) : 유사한 페돈의 연속적 집합체로 토양을 분류하는 기본단위로 사용된다.

제3과목 유기농업개론

41 파, 맥류에서 실시되며 골에 줄지어 이식하는 방법은?

① 점 식   ② 혈 식
③ 조 식   ④ 난 식

해설
① 점식 : 포기를 일정한 간격을 두고 띄어서 점점이 이식(콩, 수수, 조)
② 혈식 : 그루 사이를 많이 띄어서 구덩이를 파고 이식(양배추, 토마토, 수박, 호박)
④ 난식 : 일정한 질서 없이 점점이 이식

42 친환경관련법상 인증기준의 세부사항에서 유기축산물의 사료 및 영양관리에 대한 내용이다. ( ) 안에 알맞은 것은?

> 유기축산물의 생산을 위한 가축에게는 ( )% 비식용유기가 공품(유기사료)을 급여하여야 하며, 유기사료 여부를 확인하여야 한다.

① 100   ② 90
③ 80   ④ 70

해설
유기축산물 – 사료 및 영양관리(친환경농축산물 및 유기식품 등의 인증에 관한 세부실시 요령 [별표 1])
유기축산물의 생산을 위한 가축에게는 100% 유기사료를 급여하여야 하며, 유기사료 여부를 확인하여야 한다.

43 F₂~F₄세대에는 매 세대 모든 개체로부터 1립씩 채종하여 집단재배를 하고, F₄ 각 개체별로 F₅ 계통재배하는 것은?

① 여교배육종   ② 1개체 1계통 육종
③ 집단육종   ④ 계통육종

해설
1개체 1계통육종법
분리세대 동안 각 세대마다 모든 개체로부터 1립(수)씩 채종하여 선발 과정 없이 집단재배해 세대를 진전시키고, 동형접합성이 높아진 후기 세대에서 계통재배와 선발을 하는 육종방법이다. 세대촉진을 할 수 있어 육종연한을 단축할 수 있다.

44 작물의 재배에 적합한 재배적지 토성이 "사양토~식양토"에 해당하는 것은?

① 알팔파   ② 티머시
③ 밀   ④ 옥수수

해설
재배적지 토성
• 알팔파, 티머시 : 양토~식토
• 밀 : 식양토~식토
• 옥수수 : 사양토~식양토

45 플라스틱 파이프나 튜브에 미세한 구멍을 뚫거나, 그것에 연결된 가느다란 관의 선단 부분에 노즐이나 미세한 수분 배출구를 만들어 물이 방울져 소량씩 스며 나오도록 하여 관수하는 방법은?

① 점적관수   ② 살수관수
③ 지중관수   ④ 저면급수

해설
점적관수는 잎과 줄기 및 꽃에 살수하지 않으므로 열매 채소의 관수에 특히 좋으며, 점적 단추, 내장형 점적 호스, 점적 튜브, 다지형 스틱 점적 방식 등이 있다.

46 다음 중 지력을 토대로 자연의 물질순환원리에 따르는 농업은?

① 생태농업
② 자연농업
③ 저투입 지속적 농업
④ 정밀농업

해설
① 생태농업 : 지역폐쇄시스템에서 작물양분과 병해충종합관리기술을 이용하여 생태계 균형유지에 중점을 두는 농업
③ 저투입·지속농업 : 환경에 부담을 주지 않고 영원히 유지할 수 있는 농업
④ 정밀농업 : 한 포장 내에서 위치에 따라 종자, 비료, 농약 등을 달리함으로써 환경문제를 최소화하면서 생산성을 최대로 하려는 농업

47 다음 중 고온장해의 발생원인에 대한 내용으로 틀린 것은?

① 유기물의 과잉소모
② 증산억제
③ 질소대사의 이상
④ 철분의 침전

해설
열해는 유기물의 과잉소모, 과다한 증산작용, 질소대사의 이상, 철분의 침전 등의 원인으로 발생한다.

48 종자의 발아과정으로 옳은 것은?

① 수분흡수 → 과피(종피)의 파열 → 저장양분 분해효소 생성과 활성화 → 저장양분의 분해·전류 및 재합성 → 배의 생장개시 → 유묘 출현
② 수분흡수 → 저장양분 분해효소 생성과 활성화 → 저장양분의 분해·전류 및 재합성 → 배의 생장개시 → 과피(종피)의 파열 → 유묘 출현
③ 수분흡수 → 저장양분 분해효소 생성과 활성화 → 과피(종피)의 파열 → 저장양분의 분해·전류 및 재합성 → 배의 생장개시 → 유묘 출현
④ 수분흡수 → 저장양분의 분해·전류 및 재합성 → 저장양분 분해효소 생성과 활성화 → 과피(종피)의 파열 → 배의 생장개시 → 유묘 출현

해설
종자의 발아과정
수분흡수 → 효소의 활성화 → 저장양분의 분해·전류 및 재합성 → 배의 생장개시 → 과피(종피)의 파열 → 유묘 출현 → 유묘의 성장

49 큐어링한 후 고구마의 안전저장 온도는?

① 3~5℃
② 7~11℃
③ 13~15℃
④ 18~24℃

해설
고구마의 본 저장은 온도 13~15℃, 습도 85~90%이다.

50 다음에서 설명하는 것은?

· 포도나무의 정지법으로 흔히 이용되는 방법이다.
· 가지를 2단 정도로 길게 직선으로 친 철사에 유인하여 결속시킨다.

① 울타리형 정지
② 변칙주간형 정지
③ 원추형 정지
④ 배상형 정지

해설
② 변칙주간형 : 주간형의 단점인 높은 수고와 수관 내부의 광부족을 시정한 수형
③ 원추형(주간형, 배심형) : 원줄기를 영구적으로 수관 상부까지 존속시키고 원가지를 그 주변에 배치하는 수형
④ 배상형 : 짧은 원줄기 상에 3~4개의 원가지를 거의 동일한 위치에서 발생시켜 외관이 술잔모양으로 되는 수형

51 친환경관련법상 유기축산물의 축사조건에 대한 내용으로 틀린 것은?

① 건축물은 적절한 단열·환기시설을 갖출 것

② 음수의 접근이 용이할 것

③ 충분한 자연환기와 햇빛이 제공될 수 있을 것

④ 가축의 영양 상태를 조절하기 위해 사료의 접근거리를 멀리할 것

해설

유기축산물 – 축사조건(유기식품 및 무농약농산물 등의 인증에 관한 세부실시 요령 [별표 1])

축사는 다음과 같이 가축의 생물적 및 행동적 욕구를 만족시킬 수 있어야 한다.

• 사료와 음수는 접근이 용이할 것

• 공기순환, 온도·습도, 먼지 및 가스농도가 가축건강에 유해하지 아니한 수준 이내로 유지되어야 하고, 건축물은 적절한 단열·환기시설을 갖출 것

• 충분한 자연환기와 햇빛이 제공될 수 있을 것

52 다음 중 C₃ 작물에 해당하는 것은?

① 밀   ② 옥수수

③ 기 장   ④ 명아주

해설

• C_3 식물 : 벼, 밀, 보리, 콩 등

• C_4 식물 : 사탕수수, 옥수수, 수수, 피, 기장, 명아주 등

53 다음에서 설명하는 것은?

• 가지를 수평 또는 그보다 더 아래로 휘어 가지의 생장을 억제한다.

• 정부우세성을 이동시켜 기부에서 가지가 발생하도록 하는 것이다.

① 적 심   ② 적 엽

③ 휘 기   ④ 제 얼

해설

적심은 순지르기, 적엽은 잎따기, 제얼은 가지 제거이다.

54 "포장군락의 단위면적당 동화능력"의 표시방법으로 옳은 것은?

① 총엽면적 × 수광능률 × 평균동화능력

② 총엽면적 × 수광능률 ÷ 평균동화능력

③ 총엽면적 + 수광능률 ÷ 평균동화능력

④ 총엽면적 – 수광능률 × 평균동화능력

해설

포장동화능력(포장군락의 단위면적당의 광합성 능력)

= 총엽면적×수광능률×평균동화능력

55 고립상태일 때 광포화점이 80~100%에 해당하는 것은?

① 콩   ② 감 자

③ 벼   ④ 옥수수

해설

광포화점(%)

• 콩 : 20~23

• 감자, 담배, 강낭콩, 보리, 귀리 : 30

• 벼, 목화 : 40~50

• 옥수수 : 80~100

56 동상해의 재배적 대책으로 틀린 것은?

① 채소는 보온재배를 한다.

② 맥류의 경우 이랑을 없애 뿌림골을 낮게 하며, 개화시기를 앞당긴다.

③ 한지(寒地)에서 맥류의 파종량을 늘린다.

④ 맥류의 경우 칼리질 비료를 증시하고, 퇴비를 종자 위에 준다.

해설

이랑을 세워 뿌림골을 깊게 함으로써 냉풍의 피해를 막는다.

59 다음에서 설명하는 것은?

> 반도체의 양극에 전압을 가해 식물생육에 필요한 특수한 파장의 단색광만을 방출하는 인공광원이다.

① 발광다이오드　　② 메탈할라이드 등

③ 형광등　　　　　④ 고압나트륨 등

해설

② 메탈할라이드등 : 금속 용화물을 증기압 중에 방전시켜 금속 특유의 발광을 나타내는 전등

③ 형광등 : 유리관 속에 수은과 아르곤을 넣고 안쪽 벽에 형광 물질을 바른 전등

④ 고압나트륨등 : 관 속에 금속나트륨, 아르곤, 네온 보조가스를 봉입한 등

57 다음에서 설명하는 것은?

> 시설자재 중 수직재인 기둥에 비하여 수평 또는 이에 가까운 상태에 놓인 부재로서 재축에 대하여 직각 또는 사각의 하중을 지탱한다.

① 토 대　　　　　② 보

③ 샛기둥　　　　④ 측 창

해설

② 보(Beam) : 기둥이 수직재인데 비하여 보는 수평 또는 이에 가까운 상태에 놓인 부재로서 직각 또는 사각의 하중을 지탱한다.

① 토대 : 모든 건조물 따위의 가장 아랫도리가 되는 밑바탕

③ 샛기둥 : 기둥과 기둥 사이에 배치하여 벽을 지지해 주는 수직재를 말한다.

④ 측창 : 벽에 내는 창

60 다음 중 3년생 가지에 결실하는 것은?

① 사 과

② 감

③ 밤

④ 포 도

해설

과수의 결실 습성

• 1년생 가지에서 결실하는 과수 : 감귤류, 포도, 감, 무화과, 밤

• 2년생 가지에서 결실되는 과수 : 복숭아, 매실, 자두 등

• 3년생 가지에서 결실되는 과수 : 사과, 배

58 수경재배 시 고형배지경이면서 유기배지경에 해당하는 것은?

① 담액수경　　　② 분무경

③ 훈탄경　　　　④ 모세관수경

해설

고형배지경

• 무기배지경 : 사경(모래), 역경(자갈), 암면경, 펄라이트경 등

• 유기배지경 : 훈탄경, 코코넛 코이어경 또는 코코피트경, 피트 등

제4과목 유기식품 가공 · 유통론

61 대류에 의하여 빠르게 가열되는 통조림 식품은?

① 딸기 잼   ② 사과 주스

③ 쇠고기 스프   ④ 옥수수 크림

해설
점도가 낮은 액체는 대류가 잘 일어나 빨리 데워지는 반면에 빨리 식는다.

62 다음 중 HACCP의 7가지 원칙에 해당되지 않는 것은?

① 위해요소 분석

② 검증절차 및 방법 수립

③ 제품의 특징 기술

④ 개선조치방법 수립

해설
HACCP의 7가지 원칙
1. 위해요소 분석
2. 중요관리점(CCP) 결정
3. CCP 한계기준 설정
4. CCP 모니터링 체계 확립
5. 개선조치방법 수립
6. 검증절차 및 방법 수립
7. 문서화 및 기록 유지방법 설정

63 조리과정 중 생성되는 건강장해 물질은 다음 중 무엇에 속하는가?

① 내인성   ② 수인성

③ 외인성   ④ 유인성

해설
유인성은 식품의 제조, 가공, 저장, 유통 등의 과정에서 식품 중에 또는 식품의 섭취에 의해 생체 내에서 유독·유해물질이 생김으로써 일어나는 위해를 말한다.

64 농산물의 일반적인 유통경로는?

① 중계 – 분산 – 가공

② 중계 – 분산 – 수집

③ 수집 – 중계 – 분산

④ 분산 – 가공 – 중계

해설
유통경로는 일반적으로 수집과정, 중계과정, 분산과정의 단계로 구분한다.

65 저온저장 중에 일어나는 식품의 품질변화 중 화학적 변화와 거리가 먼 것은?

① 지질의 변화   ② 비타민의 감소

③ 색과 향미의 변화   ④ 수분의 감소

해설
수분의 감소는 물리적 변화에 속한다.

66 식물성 자연독 성분을 함유한 식품이 잘못 연결된 것은?

① Gossypol – 정제가 불충분한 목화씨 기름

② Solanine – 감자

③ Cicutoxin – 독미나리

④ Lycorin – 미국 자리공

해설
Lycorin – 꽃무릇(신경독), Phytolacatoxin – 미국 자리공(심장독성)

67 유기가공식품 제조공장의 관리방법이 아닌 것은?

① 공장의 해충은 기계적, 물리적, 화학적 방법으로 방제한다.

② 합성농약자재 등을 사용할 경우 유기가공식품 및 유기농산물과 직접 접촉하지 아니하여야 한다.

③ 제조설비 중 식품과 직접 접촉하는 부분의 세척, 소독은 화학약품을 사용하여서는 아니 된다.

④ 식품첨가물을 사용한 경우에는 식품첨가물이 제조설비에 잔존하여서는 아니 된다.

해설
유기가공식품·비식용유기가공품의 인증기준 – 해충 및 병원균 관리(친환경농어업법 시행규칙 [별표 4])
해충 및 병원균 관리를 위해 예방적 방법, 기계적·물리적·생물학적 방법을 우선 사용해야 하고, 불가피한 경우 [별표 1]에서 정한 물질을 사용할 수 있으며, 그 밖의 화학적 방법이나 방사선 조사방법을 사용하지 않을 것
※ 관련 법 개정으로 정답없음

68 수입 산분해 간장에 들어 있던 것으로 보고되어 논란이 있었던 내분비계 장애물질(일명 환경호르몬)은?

① Ergocalciferol

② Okcadaic Acid

③ Clopidol

④ Dichlorophenol

해설
산분해 간장에는 내분비계 장애물질(일명 환경호르몬)로 알려진 MCPD와 DCP(Dichlorophenol)가 검출된다.
① Ergocalciferol : 비타민 D$_2$
② Okcadaic Acid : 설사성 패독의 주요 원인 물질
③ Clopidol : 살충제로 눈, 피부자극, 기도자극, 기침을 일으키는 물질

69 다음 중 식품공전상 조미식품이 아닌 것은?

① 조림류

② 소스류

③ 식초

④ 카레(커리)

해설
• 조미식품 : 식품을 제조·가공·조리함에 있어 풍미를 돋우기 위한 목적으로 사용되는 것으로 식초, 소스류, 카레, 고춧가루 또는 실고추, 향신료가공품, 식염을 말한다.
• 조림류 : 동·식물성원료를 주원료로 하여 식염, 장류, 당류 등을 첨가하고 가열하여 조리거나 볶은 것 또는 이를 조미 가공한 것을 말한다.

70 필름표면에 계면활성제를 처리하여 첨가제 분산에 의한 필름의 장력을 증가시켜 결로현상이 일어나지 않게 하는 기능성 포장재는?

① 항균필름

② 방담필름

③ 미세공필름

④ 키토산필름

해설
방담필름
무 등의 야채 포장과 도시락의 뚜껑재료는 발생하는 수증기가 필름표면에 부착하여 내용물이 보이지 않게 된다. 필름의 표면장력을 저하시켜 수증기가 응결할 때에 용이하게 물에 젖도록 하여 투명한 외관을 볼 수 있도록 처리한 필름

71 진공포장방법에 대한 설명 중 틀린 것은?

① 쇠고기 등을 진공포장하면 변색작용을 촉진하게 된다.
② 호흡작용이 왕성한 신선 농산물의 장기유통용으로는 적합하지 않다.
③ 가스 및 수증기 투과도가 높은 셀로판, EVA, PE 등이 이용된다.
④ 포장지 내부의 공기제거로 박피 청과물의 갈변작용이 억제된다.

해설
진공포장에 사용되는 포장 필름은 산소 및 수분 투과도가 낮아야 하고 딱딱한 뼈 등과 접촉하더라도 뚫어지지 않도록 충분한 강도를 가져야 한다. 주로 사용되는 필름에는 PET/PE, EVA Copolymer/PVDC Copolymer, PET/Ionomer 등이 있다.

72 세균성 식중독의 예방법으로 바람직하지 않은 것은?

① 식품과 접촉하는 도구는 세척과 소독을 철저히 한다.
② 식품을 종류, 가열 전후 등에 따라 분리 보관한다.
③ 저온저장하여 균의 증식을 최대한 억제한다.
④ 2차 감염을 철저하게 예방하기 위해 예방접종을 한다.

해설
세균성 식중독의 예방
• 청결의 원칙 : 깨끗한 손, 기구, 주방이 최우선
• 분리보관의 원칙
• 온도의 원칙 : 식품의 저온유지, 가열에 의한 살균
• 신속의 원칙 : 조리도, 소비도 빨리 빨리

73 유기가공식품에서 식품 표면의 세척, 소독제로서 가공보조제로만 사용이 가능한 것은?

① 과산화수소   ② 수산화나트륨
③ 무수아황산   ④ 구연산

해설
유기가공식품 – 식품첨가물 또는 가공보조제로 사용 가능한 물질 (친환경농어업법 시행규칙 [별표 1])

명칭(한)	식품첨가물로 사용 시		가공보조제로 사용 시	
	사용 가능 여부	사용 가능 범위	사용 가능 여부	사용 가능 범위
과산화수소	×		○	식품 표면의 세척·소독제
수산화나트륨	○	곡류제품	○	설탕 가공 중의 산도 조절제, 유지 가공
무수아황산	○	과일주	×	
구연산	○	제한 없음	○	제한 없음

74 유기가공식품에 사용하는 원재료에 대한 설명으로 틀린 것은?

① 동일 원재료에 대해서 유기농산물과 비유기농산물을 혼합한 경우에는 함량을 표기해야 한다.
② 유기가공식품의 제조·가공 및 취급 과정에서 전리방사선을 사용할 수 없다.
③ 유전자변형 식품 또는 식품첨가물을 사용하거나 검출되어서는 아니 된다.
④ 당해 식품에 사용하는 용기·포장은 재활용이 가능하거나 생물분해성 재질이어야 한다.

정답 71 ③ 72 ④ 73 ① 74 ①

75 100℃에서 D값이 2분인 미생물을 100℃에서 10분간 처리한 후 미생물 수를 측정한 결과 생존균수는 10^2이었다. 같은 온도에서 6분 처리할 경우 예상되는 생존균수는?

① 10^2 ② 10^3

③ 10^4 ④ 10^5

해설

$$D = \frac{가열시간}{\log 처음 균수 - \log 가열 후 균수}$$

$$2 = \frac{10}{\log x - \log 10^2}$$

*가열전 세균수 $= 10^7$

같은 온도에서 6분 처리할 경우 $2 = \dfrac{6}{\log 10^7 - \log x}$

$\therefore x = 10^4$

76 제품수명주기(Product Life Cycle) 4단계 중 대량생산과 극심한 경쟁으로 인해 가격인하, 품질향상, 판매촉진비용의 증가가 필요한 단계는?

① 도입기   ② 성장기

③ 성숙기   ④ 쇠퇴기

해설

제품수명주기에 대응한 마케팅 전략
• 도입기 : 상표 구축전략으로, 유통경로를 확보하여 소비자들이 제품을 쉽게 구매할 수 있도록 한다.
• 성장기 : 매출액이 늘어나고 시장이 확대되는 성장기에는 공급을 확대하는 한편 상품 및 가격차별화를 도모한다.
• 성숙기 : 다른 수명 주기보다 제품 가격을 낮게 한다.
• 쇠퇴기 : 투자를 줄이고 현금 흐름을 증가시킨다.

77 유기가공식품의 가공에 대한 설명으로 틀린 것은?

① 유기가공식품의 순수성은 전체 가공과정에서 철저히 유지되어야 한다.
② 식품 또는 가공보조제별로 가공보조제의 사용조건을 제한한다.
③ 미생물 효소제제 중 유전자변형 미생물 및 효소제제는 제외한다.
④ 유기사료 또는 유기농 사료는 유기농축산물로 표시한다.

해설

유기표시 글자 – 유기가공식품(친환경농어업법 시행규칙 [별표 6])
• 유기가공식품, 유기농 또는 유기식품
• 유기농○○ 또는 유기○○

78 마케팅 믹스의 구성요소가 아닌 것은?

① 상품전략
② 가격전략
③ 유통전략
④ 수송전략

해설

마케팅믹스의 구성요소 : 상품전략, 가격전략, 유통전략, 촉진전략

79 한외여과에 대한 설명으로 틀린 것은?

① 고분자 물질로 만들어진 막의 미세한 공극을 이용한다.

② 물과 같이 분자량이 작은 물질은 막을 통과하나 분자량이 큰 고분자 물질의 경우 통과하지 못한다.

③ 단백질 농축, 전분 및 당류의 분리, 치즈 제조에 사용된다.

④ 삼투압보다 높은 압력을 용액 중에 작용시켜 용매가 반투막을 통과하게 한다.

해설

한외여과

정밀여과막과 역삼투막 사이에 위치하는 것으로 확산투석막과 유사한 관계가 있다. 압력차를 추진력으로 하는 막분리법으로서 원리상 막세공과 용질 간의 크기 차에 의해 특정 물질을 분리하는 조작이다. 분자 크기 0.05~0.5μm 정도의 범위를 처리할 수 있다.

80 수박 한 통의 유통단계별 가격은 농가판매가격 5,000원, 위탁상 가격 6,000원, 도매가격 6,500원, 그리고 소비자 가격은 8,500원이라 한다면, 수박 한 통의 유통마진(Marketing Margin)은 얼마인가?

① 1,000원

② 1,500원

③ 2,000원

④ 3,500원

해설

유통마진 = 소비자가격 − 농가수취가격
= 8,500 − 5,000 = 3,500원

---

81 다음 내용에 해당하는 것은?

> 합성농약, 화학비료 및 항생제·항균제 등 화학자재를 사용하지 아니하거나 그 사용을 최소화하고 농업·수산업·축산업·임업(이하 "농어업"이라 한다) 부산물의 재활용 등을 통하여 생태계와 환경을 유지·보전하면서 안전한 농산물·수산물·축산물·임산물(이하 "농수산물"이라 한다)을 생산하는 산업을 말한다.

① 친환경농수산물

② 유 기

③ 비식용유기가공품

④ 친환경농어업

해설

① 친환경농수산물 : 친환경농어업을 통하여 얻는 것으로 유기농수산물, 무농약농산물, 무항생제수산물 및 활성처리제 비사용 수산물(이하 '무항생제수산물 등')(친환경농어업법 제2조제2호).

② 유기 : 생물의 다양성을 증진하고, 토양의 비옥도를 유지하여 환경을 건강하게 보전하기 위하여 허용물질을 최소한으로 사용하고, 인증기준에 따라 유기식품 및 비식용유기가공품(이하 '유기식품 등')을 생산, 제조·가공 또는 취급하는 일련의 활동과 그 과정을 말한다(친환경농어업법 제2조제3호).

③ 비식용유기가공품 : 사람이 직접 섭취하지 아니하는 방법으로 사용하거나 소비하기 위하여 유기농수산물을 원료 또는 재료로 사용하여 유기적인 방법으로 생산, 제조·가공 또는 취급되는 가공품(다만, '식품위생법'에 따른 기구, 용기·포장, '약사법'에 따른 의약외품 및 '화장품법'에 따른 화장품은 제외)(친환경농어업법 제2조제5호).

④ 친환경농어업 : 생물의 다양성을 증진하고, 토양에서의 생물적 순환과 활동을 촉진하며, 농어업생태계를 건강하게 보전하기 위하여 합성농약, 화학비료, 항생제 및 항균제 등 화학자재를 사용하지 아니하거나 사용을 최소화한 건강한 환경에서 농산물·수산물·축산물·임산물(이하 '농수산물')을 생산하는 산업을 말한다(친환경농어업법 제2조제1호).

※ 관련 법 개정으로 정답없음

---

82 인증사업자의 준수사항에서 인증사업자는 매년 몇 월 며칠까지 서식에 따라 전년도 인증품의 생산, 제조·가공 또는 취급 실적을 해당 인증기관의 장에게 제출하거나 친환경 인증관리 정보시스템에 등록하여야 하는가?

① 1월 20일　　② 1월 30일
③ 2월 10일　　④ 2월 15일

해설
인증사업자의 준수사항(친환경농어업법 제20조제1항)
인증사업자는 법 제22조제1항에 따라 매년 1월 20일까지 별지 제13호 서식에 따른 실적 보고서에 인증품의 전년도 생산, 제조·가공 또는 취급하여 판매한 실적을 적어 해당 인증기관에 제출하거나 법 제53조에 따른 친환경 인증관리 정보시스템(이하 '친환경 인증관리 정보시스템')에 등록해야 한다.

83 인증심사원에 관한 내용 중 거짓이나 그 밖의 부정한 방법으로 인증심사 업무를 수행한 경우 인증심사원이 받는 처벌은?

① 자격 취소
② 3개월 이내의 자격 정지
③ 12개월 이내의 자격 정지
④ 24개월 이내의 자격 정지

해설
인증심사원의 자격취소, 자격정지 및 시정조치 명령의 기준(친환경농어업법 시행규칙 [별표 12])

위반행위	위반횟수별 행정처분 기준		
	1회 위반	2회 위반	3회 이상 위반
거짓이나 그 밖의 부정한 방법으로 인증심사 업무를 수행한 경우	자격취소	-	-

84 친환경농어업 육성 및 유기식품 등의 관리·지원에 관한 법률상 "허용물질"의 신규 선정, 개정 또는 폐지 절차에 관한 내용이다. (　) 안에 알맞은 내용은?

국립농산물품질관리원장은 신청받은 물질에 대하여 (　) 이상의 분야별 학계 전문가, 생산자단체 및 소비자단체 등을 포함한 전문가심의회를 구성하여 평가를 진행하고, 평가의 과정에 기초평가를 실시한 전문가를 출석시켜 그 의견을 들을 수 있으며, 그 결과가 인체 및 농업환경에의 위해성이 없어 유기농업에 적합하다고 판단되는 경우 허용물질로 지정할 것

① 3명　　② 5명
③ 7명　　④ 9명

해설
허용물질의 선정 절차(친환경농어업법 시행규칙 [별표 2])
국립농산물품질관리원장은 선정 신청을 받은 물질에 대해 7명 이상의 분야별 학계 전문가, 생산자단체 및 소비자단체 등을 포함한 전문가심의회를 구성하여 평가를 실시하고, 평가과정에 기초평가를 실시한 전문가를 출석시켜 그 의견을 들을 수 있으며, 그 결과가 인체 및 농업환경에 위해성이 없어 유기농업에 적합하다고 판단되는 경우에 해당 물질을 허용물질로 선정할 것

85 유기식품 등의 표시 등에 관한 사항이다. (　) 안에 알맞은 내용은?

(　)은 인증사업자에게 인증품의 생산방법과 사용자재 등에 관한 정보를 소비자가 쉽게 알아볼 수 있도록 표시할 것을 권고할 수 있다.

① 식품의약품안전처장　　② 농림축산식품부장관
③ 농업기술센터장　　④ 농업진흥청장

해설
유기식품 등의 표시 등(친환경농어업법 제23조제2항)
농림축산식품부장관 또는 해양수산부장관은 인증사업자에게 인증품의 생산방법과 사용자재 등에 관한 정보를 소비자가 쉽게 알아볼 수 있도록 표시할 것을 권고할 수 있다.

86 농림축산식품부장관은 관계 중앙행정기관의 장과 협의하여 몇 년마다 친환경농어업 발전을 위한 친환경농업 육성계획 또는 친환경어업 육성계획을 세워야 하는가?

① 3년　　　　　　　② 5년
③ 7년　　　　　　　④ 9년

해설
친환경농어업 육성계획(친환경농어업법 제7조제1항)
농림축산식품부장관 또는 해양수산부장관은 관계 중앙행정기관의 장과 협의하여 5년마다 친환경농어업 발전을 위한 친환경농업 육성계획 또는 친환경어업 육성계획을 세워야 한다. 이 경우 민간단체나 전문가 등의 의견을 수렴하여야 한다.

87 수입 유기식품의 신고에 관한 내용이다. (　　) 안에 알맞은 내용은?

> 유기식품을 수입하려는 자는 식품의약품안전처장이 정하는 수입신고서에 인증서 사본 및 인증기관이 발행한 거래인증서 원본을 첨부하여 식품의약품안전처장에게 제출하여야 한다. 이 경우 수입되는 유기식품의 도착 예정일 (　　) 전부터 미리 신고할 수 있으며, 미리 신고한 내용 중 도착항, 도착 예정일 등 주요 사항이 변경되는 경우에는 즉시 그 내용을 문서로 신고하여야 한다.

① 15일　　　　　　② 10일
③ 7일　　　　　　　④ 5일

해설
수입 유기식품의 신고(친환경농어업법 시행규칙 제22조제1항)
인증품인 유기식품 또는 법 제25조에 따라 동등성이 인정된 인증을 받은 유기가공식품의 수입신고를 하려는 자는 식품의약품안전처장이 정하는 수입신고서에 다음 구분에 따른 서류를 첨부하여 식품의약품안전처장에게 제출해야 한다. 이 경우 수입되는 유기식품의 도착 예정일 5일 전부터 미리 신고할 수 있으며, 미리 신고한 내용 중 도착항, 도착 예정일 등 주요 사항이 변경되는 경우에는 즉시 그 내용을 문서(전자문서를 포함한다)로 신고해야 한다.
1. 인증품인 유기식품을 수입하려는 경우 : 제13조에 따른 인증서 사본 및 별지 제19호서식에 따른 거래인증서 원본
2. 법 제25조에 따라 동등성이 인정된 인증을 받은 유기가공식품을 수입하려는 경우: 제27조에 따라 동등성 인정 협정을 체결한 국가의 인증기관이 발행한 인증서 사본 및 수입증명서(Import Certificate) 원본

88 유기식품 등의 인증을 받은 사업자가 인증받은 내용을 변경할 때에는 그 인증을 한 해양수산부장관 또는 인증기관으로부터 농림축산식품부령 또는 해양수산부령으로 정하는 바에 따라 인증 변경승인을 받아야 한다. 이를 위반하여 해당 인증기관의 장으로부터 승인을 받지 않고 인증받은 내용을 변경한 자 중 2회 위반한 자의 과태료는?

① 50만원　　　　　② 100만원
③ 200만원　　　　④ 300만원

해설
과태료(친환경농어업법 제62조제3항)
다음의 어느 하나에 해당하는 자에게는 300만원 이하의 과태료를 부과한다.
1. 제20조제8항(제34조제4항에서 준용하는 경우를 포함한다) 또는 제38조제4항을 위반하여 해당 인증기관 또는 공시기관으로부터 승인을 받지 아니하고 인증받은 내용 또는 공시를 받은 내용을 변경한 자
과태료의 부과기준(친환경농어업법 시행령 [별표 2])

	과태료(단위: 만원)		
위반행위	1회 위반	2회 위반	3회 이상 위반
법 제20조제8항(법 제34조제4항에서 준용하는 경우를 포함한다)을 위반하여 해당 인증기관으로부터 승인을 받지 않고 인증받은 내용을 변경한 경우	100	200	300

※ 출제 당시 확정답안은 ②였으나, 관련 법 개정으로 정답 ③

89 위반행위의 횟수에 따른 과태료의 가중된 부과 기준은 최근 얼마간 같은 위반행위로 과태료 부과처분을 받은 경우에 적용하는가?(단, 이 경우 기간의 계산은 위반행위에 대하여 과태료 부과처분을 받은 날과 그 처분 후 다시 같은 위반행위를 하여 적발된 날을 기준으로 한다)

① 3개월　　　　　　② 6개월
③ 1년　　　　　　　④ 2년

해설
과태료의 부과기준(친환경농어업법 시행령 [별표 2])
위반행위의 횟수에 따른 과태료의 가중된 부과기준은 최근 1년간 같은 위반행위로 과태료 부과처분을 받은 경우에 적용한다. 이 경우 기간의 계산은 위반행위에 대해 과태료 부과처분을 받은 날과 그 처분 후 다시 같은 위반행위를 하여 적발된 날을 기준으로 한다.

90 인증기관의 지정취소 등에 관한 내용 중 정당한 사유 없이 1년 이상 계속하여 인증을 하지 아니한 경우 인증기관이 받는 처벌은?

① 지정 취소
② 3개월 이내의 업무 일부 정지
③ 3개월 이내의 업무 전부 정지
④ 12개월 이내의 업무 전부 정지

해설
인증기관에 대한 행정처분의 세부기준(친환경농어업법 시행규칙 [별표 13])

위반행위	행정처분 기준		
	1회 위반	2회 위반	3회 이상 위반
정당한 사유 없이 1년 이상 계속하여 인증을 하지 않은 경우	지정 취소	–	–

91 인증기관의 지정내용 변경신고 등에서 인증기관의 장은 지정받은 내용 중 인증기관의 명칭, 인력 및 대표자가 변경된 경우에 변경된 날부터 몇 개월 이내에 인증기관 지정내용 변경신고서에 지정내용이 변경되었음을 증명할 수 있는 서류를 첨부하여 국립농산물품질관리원장에게 제출하여야 하는가?

① 6개월
② 3개월
③ 2개월
④ 1개월

해설
인증기관의 지정내용 변경신고 등(친환경농어업법 시행규칙 제38조제1항)
인증기관은 지정받은 내용 중 다음의 어느 하나에 해당하는 사항이 변경된 경우에는 변경된 날부터 1개월 이내에 별지 제22호서식에 따른 인증기관 지정내용 변경신고서에 지정내용이 변경되었음을 증명하는 서류를 첨부하여 국립농산물품질관리원장에게 제출해야 한다.
1. 인증기관의 명칭, 인력 및 대표자
2. 주사무소 및 지방사무소의 소재지

92 유기식품 등의 인증 신청 및 심사 등에 따른 인증의 유효기간은 인증을 받은 날부터 몇 년으로 하는가?

① 5년
② 3년
③ 2년
④ 1년

해설
인증의 유효기간 등(친환경농어업법 제21조제1항)
인증의 유효기간은 인증을 받은 날부터 1년으로 한다.

93 유기농축산물의 함량에 따른 표시기준에서 특정 원재료로 유기농축산물을 사용한 제품에 관한 내용으로 틀린 것은?

① 특정 원재료로 유기농축산물만을 사용한 제품이어야 한다.
② 표지장소는 원재료명 및 함량 표시란에만 표시할 수 있다.
③ 해당 원재료명의 일부로 "유기"라는 용어를 표시할 수 없다.
④ 원재료명 및 함량 표시란에 유기농축산물의 총함량 또는 원료별 함량을 백분율(%)로 표시하여야 한다.

해설
유기농축산물의 함량에 따른 제한적 유기표시의 허용기준 – 70% 미만이 유기농축산물인 제품(친환경농어업법 시행규칙 [별표 8])
• 특정 원료 또는 재료로 유기농축산물만을 사용한 제품이어야 한다.
• 해당 원료·재료명의 일부로 '유기'라는 용어를 표시할 수 있다.
• 표시장소는 원재료명 표시란에만 표시할 수 있다.
• 원재료명 표시란에 유기농축산물의 총함량 또는 원료·재료별 함량을 백분율(%)로 표시해야 한다.

94 유기식품 등의 인증기준 등에서 유기농산물 및 유기임산물의 재배 포장, 용수, 종자에 관한 구비 요건 내용이다. ( ) 안에 알맞은 내용은?

> 재배포장은 최근 ( ) 인증취소 처분을 받지 않은 재배지로서 토양환경보전법 시행규칙에 따른 토양오염우려기준을 초과하지 않으며, 주변으로부터 오염 우려가 없거나 오염을 방지할 수 있을 것

① 3개월간
② 6개월간
③ 1년간
④ 2년간

해설
유기농산물 및 유기임산물의 인증기준 – 재배포장, 재배용수, 종자(친환경농어업법 시행규칙 [별표 4])
재배포장은 최근 1년간 인증취소 처분을 받지 않은 재배지로서, 토양환경보전법 시행규칙 및 [별표 3]에 따른 토양오염우려기준을 초과하지 않으며, 주변으로부터 오염 우려가 없거나 오염을 방지할 수 있을 것

95 병해충 관리를 위하여 사용이 가능한 물질 중 사용가능 조건이 "달팽이 관리용으로만 사용할 것"에 해당하는 것은?

① 과망간산칼륨
② 황
③ 맥반석
④ 인산철

해설
병해충 관리를 위해 사용 가능한 물질(친환경농어업법 시행규칙 [별표 1])

사용가능 물질	사용가능 조건
과망간산칼륨	과수의 병해관리용으로만 사용할 것
황	액상화할 경우에 한하여 수산화나트륨은 황 사용량 이하로 최소화하여 사용할 것. 이 경우 인증품 생산계획서에 등록하고 사용해야 한다.
맥반석 등 광물질 가루	• 천연에서 유래하고 단순 물리적으로 가공한 것일 것 • 사람의 건강 또는 농업환경에 위해요소로 작용하는 광물질(예) 석면광 및 수은광 등)은 사용하지 않을 것
인산철	달팽이 관리용으로만 사용할 것

96 유기식품 등의 유기표시 기준에서 유기표시 도형의 작도법에 관한 설명으로 틀린 것은?

① 표시 도형의 가로의 길이(사각형의 왼쪽 끝과 오른쪽 끝의 폭 : W)를 기준으로 세로의 길이는 $0.95 \times W$의 비율로 한다.
② 표시 도형의 흰색 모양과 바깥 테두리(좌・우 및 상단부 부분에만 해당한다)의 간격은 $0.1 \times W$로 한다.
③ 표시 도형의 흰색 모양 하단부 좌측 태극의 시작점은 상단부에서 $0.55 \times W$ 아래가 되는 지점으로 한다.
④ 표시 도형의 흰색 모양 하단부 우측 태극의 끝점은 상단부에서 $0.55 \times W$ 아래가 되는 지점으로 한다.

해설
유기식품등의 유기표시 기준 – 작도법(친환경농어업법 시행규칙 [별표 6])
• 표시 도형의 가로 길이(사각형의 왼쪽 끝과 오른쪽 끝의 폭 : W)를 기준으로 세로 길이는 $0.95 \times W$의 비율로 한다.
• 표시 도형의 흰색 모양과 바깥 테두리(좌우 및 상단부 부분으로 한정한다)의 간격은 $0.1 \times W$로 한다.
• 표시 도형의 흰색 모양 하단부 왼쪽 태극의 시작점은 상단부에서 $0.55 \times W$ 아래가 되는 지점으로 하고, 오른쪽 태극의 끝점은 상단부에서 $0.75 \times W$ 아래가 되는 지점으로 한다.

97 인증취소 등 행정처분의 기준 및 절차에서 인증신청서, 첨부서류, 인증심사에 필요한 서류를 거짓으로 작성하여 인증을 받은 경우 1차 행정처분은?

① 시정명령
② 해당 인증품의 인증 표시제거
③ 인증취소
④ 해당 인증품의 회수・폐기

해설
인증취소 등의 세부기준 및 절차 – 인증사업자(친환경농어업법 시행규칙 [별표 9])

위반행위	행정처분기준		
	1차	2차	3차
인증신청서, 첨부서류 또는 그 밖에 인증심사에 필요한 서류를 거짓으로 작성하여 인증을 받은 경우	인증 취소	–	–

정답 94 ③ 95 ④ 96 ④ 97 ③

98 유기식품 등의 인증심사 절차 등에 관한 내용이다. ( ) 안에 알맞은 내용은?

> 인증기관의 장은 인증 신청을 받거나 인증의 갱신 신청 또는 유효기간 연장승인 신청을 받았을 때에는 ( ) 이내에 인증심사계획을 세워 신청인에게 인증심사 일정과 인증심사원 명단을 알리고 그 계획에 따라 인증심사를 하여야 한다.

① 3일   ② 5일
③ 10일   ④ 15일

해설
유기식품 등의 인증심사 등(친환경농어업법 시행규칙 제13조제1항)
인증기관은 다음의 어느 하나에 해당하는 신청을 받은 경우에는 10일 이내에 신청인에게 인증심사 일정과 법 제26조의2제1항에 따른 인증심사원(이하 '인증심사원') 명단을 알리고, 법 제20조제3항 전단에 따른 인증심사를 해야 한다.
1. 제12조에 따른 인증 신청
2. 제16조에 따른 인증 변경승인 신청
3. 제17조에 따른 인증의 갱신 또는 유효기간의 연장승인 신청

99 유기농축산물을 생산, 제조·가공 또는 취급하는 과정에서 사용할 수 있는 허용물질을 원료 또는 재료로 하여 만든 제품을 무엇이라 하는가?

① 친환경농업   ② 유기식품등
③ 유기농업자재   ④ 친환경농축산물

해설
① 친환경농업 : 친환경농어업 중 농산물·축산물·임산물(이하 "농축산물"이라 한다)을 생산하는 산업을 말한다(친환경농어업법 시행규칙 제2조제1호).
② 유기식품 등 : 유기식품 및 비식용유기가공품(유기농축산물을 원료 또는 재료로 사용하는 것으로 한정한다)을 말한다(친환경농어업법 시행규칙 제2조제4호).
④ 친환경농축산물 : 친환경농업을 통하여 얻는 것으로 다음의 어느 하나에 해당하는 것을 말한다(친환경농어업법 시행규칙 제2조제2호).
    가. 유기농산물·유기축산물 및 유기임산물(이하 '유기농축산물')
    나. 무농약농산물

100 과태료의 부과기준에 관한 내용 중 과태료를 체납하고 있는 위반행위자의 경우를 제외하고 위반행위가 사소한 부주의나 오류로 인한 것으로 인정되는 경우 부과권자는 과태료를 어느 정도의 범위 내에서 줄일 수 있는가?

① 5분의 1   ② 2분의 1
③ 7분의 1   ④ 4분의 1

해설
과태료의 부과기준(친환경농어업법 시행령 [별표 2])
부과권자는 다음의 어느 하나에 해당하는 경우에는 제2호에 따른 과태료 금액의 2분의 1 범위에서 그 금액을 줄일 수 있다. 다만, 과태료를 체납하고 있는 위반행위자의 경우에는 그렇지 않다.
1. 위반행위가 사소한 부주의나 오류로 인한 것으로 인정되는 경우
2. 위반행위자가 법 위반상태를 시정하거나 해소하기 위한 노력이 인정되는 경우
3. 위반행위자가 자연재해·화재 등으로 재산에 현저한 손실이 발생하거나 사업 여건의 악화로 사업이 중대한 위기에 처한 경우

2018년 제2회 | 과년도 기출문제

제1과목 **재배학원론**

01 다음 중 가장 먼저 발견된 식물 호르몬은?

① 옥신
② 지베렐린
③ 사이토키닌
④ ABA

해설
호르몬 발견연도
옥신(1928년), 지베렐린(1935년), ABA(1937년), 사이토키닌(1955년)

02 작물의 내동성의 생리적 요인으로 틀린 것은?

① 원형질 수분 투과성이 크면 내동성이 증대된다.
② 원형질의 점도가 낮을수록 내동성이 크다.
③ 당분 함량이 많으면 내동성이 증가한다.
④ 전분 함량이 많으면 내동성이 증가한다.

해설
전분 함량이 많으면 당분 함량이 저하되며, 전분립은 원형질의 기계적 견인력에 의한 파괴를 크게 한다. 따라서 전분 함량이 많으면 내동성은 저하한다.

03 다음 중 합성 옥신 제초제로 이용되는 것은?

① IAA
② IAN
③ 2,4-D
④ PAA

해설
옥신의 종류
• 천연 옥신 : 인돌아세트산(IAA), IAN, PAA
• 합성된 옥신 : NAA, IBA, 2,4-D, 2,4,5-T, PCPA, MCPA, BNOA 등

04 작물이 여름철에 0℃ 이상의 저온을 만나서 입는 피해는?

① 냉해(冷害)
② 동해(冬害)
③ 한해(寒害)
④ 상해(霜害)

해설
① 냉해 : 여름작물의 생육기간 동안에 저온에 의하여 발생하는 농작물의 피해
② 동해 : 저온에 의하여 작물의 조직 내에 결빙이 생겨서 받는 피해
③ 한해 : 겨울철의 이상저온에 의해 일어나는 농작물의 피해
④ 상해 : 작물의 조직세포가 동결되어 받는 피해

05 다음 중 장명종자로만 나열된 것은?

① 메밀, 양파, 고추, 콩
② 벼, 보리, 완두, 당근
③ 벼, 상추, 양배추, 밀
④ 클로버, 알팔파, 가지, 수박

해설
종자의 수명에 따른 분류
• 단명종자 : 메밀, 양파, 고추, 파, 당근, 땅콩, 콩, 상추 등
• 상명종자 : 벼, 보리, 완두, 당근, 양배추, 밀, 옥수수, 귀리, 수수 등
• 장명종자 : 클로버, 알팔파, 잠두, 수박, 오이, 박, 무, 가지, 토마토 등

06 하고현상이 심한 목초로만 나열된 것은?

① 화이트클로버, 수수
② 오처드그라스, 수단그라스
③ 퍼레니얼라이그래스, 수단그라스
④ 티머시, 레드클로버

해설
티머시, 알팔파, 레드클로버와 같이 하고현상을 보이는 목초를 한지형 목초라고 한다.

07 답전윤환의 효과가 아닌 것은?

① 지력증강
② 공간의 효율적 이용
③ 잡초의 감소
④ 기지의 회피

해설
답전윤환의 효과
지력증강, 잡초의 감소, 기지의 회피, 벼 수확량 증가, 노동력의 절감

08 우리나라의 논에 발생하는 주요 잡초이며, 1년생 광엽잡초에 해당하는 것은?

① 나도겨풀
② 너도방동사니
③ 올방개
④ 물달개비

해설
잡초의 생활형에 따른 분류

구 분		논
1년생	화본과	강피, 물피, 돌피, 뚝새풀
	방동사니	알방동사니, 참방동사니, 바람하늘지기, 바늘골
	광엽초	물달개비, 물옥잠, 사마귀풀, 여뀌, 여뀌바늘, 마디꽃, 등애풀, 생이가래, 곡정초, 자귀풀, 중대가리풀, 발뚝외풀
다년생	화본과	나도겨풀
	방동사니	너도방동사니, 매자기, 올방개, 쇠털골, 올챙이고랭이
	광엽초	가래, 벗풀, 올미, 개구리밥, 네가래, 수염가래꽃, 미나리

09 다음 중 상대적으로 아연 결핍증이 발생하기 쉬운 것으로만 나열된 것은?

① 옥수수, 귤
② 고구마, 유채
③ 콩, 셀러리
④ 보리, 사탕무

해설
비료 요소 효과 중 옥수수 및 감귤류 등에서 아연결핍증이 발생하기 쉽다.

10 지베렐린에 대한 설명으로 틀린 것은?

① 쑥갓, 미나리의 신장 촉진
② 토마토의 위조 저항성 증가
③ 감자의 휴면타파
④ 포도의 단위결과 유도

해설
아브시스산(ABA)이 증가하면 토마토의 기공이 닫혀서 위조저항성이 커진다.

11 토양의 중금속 오염으로 먹이연쇄에 따라 인체에 축적되면 미나마타병을 유발하는 것은?

① 비 소
② 수 은
③ 구 리
④ 카드뮴

해설
중금속이 인체에 미치는 영향

중금속명	인체에 미치는 영향
수은(Hg)	치아의 이완, 치은염, 천공성 궤양, 미나마타병, 신경손상
카드뮴(Cd)	• 이따이이따이병과 같은 중독병을 유발한다. • 뼈의 관절부의 이상을 초래, 신경, 간장 호흡기, 순환기 계통 질환을 일으킨다.
구리(Cu)	침을 흘리며 위장 카타르성 혈변, 혈뇨 등이 생긴다.
비소(As)	• 피부와 입, 기도의 점막을 통해 체내에 유입된다. • 위궤양, 손, 발바닥의 각화, 비중격천공, 빈혈, 용혈성 작용, 중추신경계 자극증상이 있으며, 뇌증상으로 두통, 권태감, 전신증상이 있다.

12 다음 중 땅속줄기(지하경)로 번식하는 작물은?

① 감 자　　　　② 토 란
③ 마 늘　　　　④ 생 강

해설
무성번식(영양번식) - 영양기관에 따른 분류
• 덩이뿌리(塊根) : 달리아, 고구마, 마, 작약 등
• 덩이줄기(塊莖) : 감자, 토란, 뚱딴지 등
• 비늘줄기(鱗莖) : 나리(백합), 마늘 등
• 뿌리줄기(地下莖), 근경(根莖) : 생강, 연, 박하, 호프 등
• 알줄기(球莖) : 글라디올러스 등

13 녹체춘화형 식물로만 짝지어진 것은?

① 완두, 잠두　　　② 봄무, 잠두
③ 양배추, 사리풀　④ 추파맥류, 완두

해설
처리시기에 따른 춘화처리의 구분
• 녹체춘화형 식물 : 양배추, 양파, 당근, 우엉, 국화, 사리풀 등
• 종자춘화형 식물 : 무, 배추, 완두, 잠두, 봄무, 추파맥류 등

14 옥신에 대한 설명으로 틀린 것은?

① 옥신은 줄기의 선단이나 어린 잎에서 생합성된다.
② 옥신은 세포의 신장을 촉진하는 역할을 한다.
③ 옥신은 곁눈의 생장을 촉진한다.
④ 옥신의 농도가 줄기생장을 촉진시킬 수 있는 농도보다
　높아지면 뿌리의 신장은 억제된다.

해설
옥신은 식물체 줄기의 정아(끝눈)생장을 촉진하고 측아(곁눈)생장
을 억제한다.

15 답압을 해서는 안 되는 경우는?

① 월동 중 서릿발이 설 경우
② 월동 전 생육이 왕성할 경우
③ 유수가 생긴 이후일 경우
④ 분얼이 왕성해질 경우

해설
유수(어린 이삭)가 생긴 이후에는 꽃눈이 떨어질 수 있으므로 답압을
피해야 한다.

16 다음 중 식물학상 과실로 과실이 나출된 식물은?

① 겉보리　　　　② 귀 리
③ 벼　　　　　　④ 쌀보리

해설
종자의 분류
• 식물학상 종자 : 두류, 유채, 담배, 아마, 목화, 참깨
• 식물학상 과실
　- 과실이 나출된 것 : 밀, 쌀보리, 옥수수, 메밀, 호프
　- 과실이 이삭(영)에 싸여 있는 것 : 벼, 겉보리, 귀리
　- 과실이 내과피에 싸여있는 것 : 복숭아, 자두, 앵두

17 과수원에서 초생재배를 실시하는 이유로 틀린 것은?

① 토양 침식 방지　　② 제초 노력 경감
③ 지력 증진　　　　④ 토양 온도 상승

해설
초생법의 장단점

장 점	• 토양의 입단화 • 토양 침식 방지 • 제초 노력 절감 • 지력 증진 • 미생물 증식 • 가뭄 조절 • 지온 조절 • 선충피해 방지 • 지렁이 등 익충의 보금자리 • 내병성 향상 • 과목 뿌리신장 • 과목 수명연장
단 점	• 양분, 수분의 쟁탈

18 방사성 동위원소 중 재배적 이용에 가장 현저한 생물적 효과를 가진 것은?

① 알파선 ② 베타선
③ 감마선 ④ X선

해설
γ선은 X선과 같은 전자파의 일종으로 파장이 극히 적고 에너지가 크며, 가장 생물학적인 효과가 크다.

19 다음 중 요수량이 가장 큰 것은?

① 보 리 ② 옥수수
③ 완 두 ④ 기 장

해설
요수량의 크기
기장(310) < 옥수수(368) < 보리(534) < 완두(788)

20 우리나라 주요 작물의 기상생태형의 분포를 나타낸 것 중 옳은 것은?

① 기본영양생장형이 주를 이루고 있다.
② 콩의 감광형은 북부지방에 주로 분포한다.
③ 벼의 감온형은 조생종이 되며 북부지방에 분포한다.
④ 감광형은 수확기를 당길 수 있는 장점이 있다.

해설
우리나라는 중위도 지방 중에서도 북부지대에 속하고 생육기간이 그다지 길지 않다. 따라서 초여름의 고온에 감응을 시켜 성숙이 빨라지는 감온형(blT형)이나 초가을에 감응시킬 수 있는 감광형(bLt)형이 적당하다. 감온형은 조생종이 되며, 기본영양생장형, 감광형은 만생종이다. 감온형은 조기파종으로 조기수확, 감광형은 윤작관계상 늦게 파종한다. 북부로 갈수록 감온형, 남부로 갈수록 감광형이 기본품종이 된다.

제2과목 **토양비옥도 및 관리**

21 바람에 의하여 생성되는 풍적토가 아닌 것은?

① 뢰스(Loess) ② 사 구
③ 하성토 ④ 화산회토

해설
하성토는 강물에 의해 운반되어 쌓인 토양이다.
※ 풍적토 : 바람에 의해 운반, 퇴적된 토양으로 Loess(미사가 충적된 토양), 사구, 화산성토(화산의 폭발물이 퇴적한 것으로 화산사, 화산회토 등이 있다), Adobe(미사질토양이나 석회질점토) 등이 이에 해당된다.

22 토양의 유기물 유지 및 증가 대책으로 거리가 먼 것은?

① 식물의 유체 환원 ② 농약살포
③ 완숙퇴비 사용 ④ 토양 침식방지

해설
농약이나 제초제 사용은 살포하는 시점에서 유해, 유효를 불문하고 미생물을 모두 죽이는 결과를 빚기 때문에, 토양의 유기물은 일시 분해를 멈추게 되고, 이어서 자연계에 절대 다수인 부패균이 우점하기 쉬운 상태가 된다. 아울러 저항성 병충해도 이 멈춤상태(中途狀態)가 잦을수록 출현할 기회가 많아지며 잔류독성이 강한 농약일수록 병해충의 저항성을 조장하게 된다.

23 토양의 용적밀도가 0.65g/cm³이고, 입자밀도가 2.60g/cm³인 경우의 토양공극률은?

① 13% ② 25%
③ 50% ④ 75%

해설
토양공극률 = (1 − 용적밀도 / 입자밀도) × 100

$$= \left(1 - \frac{0.65}{2.6}\right) \times 100 = 75\%$$

---

24 우리나라에 주로 분포하는 화강암에 대한 설명으로 옳은 것은?

① 어두운 색을 띠는 광물로는 석영, 장석의 함량이 높다.
② 입자의 크기가 현무암보다 작은 세립질이다.
③ 화성암으로 반려암보다 쉽게 풍화된다.
④ 규산 함량이 높고 마그네슘 함량이 낮아 산성토양이 되기 쉽다.

해설
우리나라에 주로 분포하는 화강암은 규산이 많고 염류(K, Ca, Mg, Mn 등)가 적어 산성토양이 되기 쉽다.

25 토양을 구성하는 산화물의 함량 순서로 옳은 것은?

① Fe_2O_3(산화철) > Al_2O_3(반토) > SiO_2(규산) > CaO (석회)
② SiO_2(규산) > Al_2O_3(반토) > Fe_2O_3(산화철) > CaO (석회)
③ SiO_2(규산) > Al_2O_3(반토) > CaO(석회) > Fe_2O_3(산화철)
④ CaO(석회) > SiO_2(규산) > Al_2O_3(반토) > Fe_2O_3(산화철)

해설
화성암 조성비
SiO_2(규산) > Al_2O_3(반토) > Fe_2O_3(산화철) > CaO(석회) > MgO(고토) > Na_2O(소다) > K_2O(칼리)

26 논토양과 밭 토양의 차이에 대한 설명으로 틀린 것은?

① 논토양은 환원조건이고, 밭 토양은 산화조건이다.
② 논토양은 주로 청회색인 반면 밭 토양은 황색, 적색 등 다양한 색이다.
③ 유기물이 분해될 때 논토양은 CO_2, 밭 토양은 CH_4를 방출한다.
④ 논토양의 질소형태는 NH_4-N로, 밭 토양은 NO_3-N로 주로 분포한다.

해설
유기물이 분해될 때 논토양은 CH_4, CH_3COOH(아세트산으로 유기물) 밭 토양은 CO_2를 방출한다.

27 6대 조암광물에 속하지 않는 것은?

① 석 영   ② 장 석
③ 휘 석   ④ 석회석

해설
화성암을 구성하는 6대 조암광물 : 석영, 장석, 운모, 각섬석, 감람석, 휘석

28 습지에 식물 잔재물이 집적하여 형성된 모재는?

① 이탄모재   ② 호성모재
③ 하성모재   ④ 빙적모재

해설
이탄토 : 습지나 얕은 호수에 식물 유체가 쌓여 생성된 토양을 말한다.

정답 24 ④ 25 ② 26 ③ 27 ④ 28 ①

29 토양의 형태론적 분류체계에서 가장 하위단위가 되는 토양통(Soil Series)에 대한 설명으로 틀린 것은?

① 동일한 토양통에서 표토의 토성은 항상 같다.
② 동일한 토양통에서 동일한 모재로 이루어져 있다.
③ 동일한 토양통은 토층의 순서 및 발달 정도가 비슷하다.
④ 동일한 토양통은 유사한 지질학적 및 토양생성학적 요소를 가진다.

해설
토양통은 동일한 모재에서 유래하였고, 토층의 순서 및 발달 정도, 배수상태, 단면의 토성, 토색 등이 비슷한 개별토양의 집합체이며 표토의 토성은 서로 다를 수도 있다.

30 지하수의 영향을 가장 많이 받는 토양생성작용은?

① 포드졸화작용
② 라테라이트화작용
③ 석회화작용
④ 글라이화작용

해설
글라이화작용
한랭 습윤 지역에서 지하수위가 높은 저습지나 배수가 불량한 곳에서의 토양생성작용을 말한다. 정체된 토양으로 유기물의 분해가 늦고 지온이 낮아 작물생육이 불량하다.

31 토양의 형태적 분류상 비성대토양의 대부분을 차지하며, 단면이 발달되지 않은 새로운 토양은?

① 몰리솔　　　　② 버티솔
③ 엔티솔　　　　④ 옥시솔

해설
엔티솔(Entisol)
하상지에서와 같이 퇴적 후 경과시간이 짧거나 산악지와 같은 급경사지이기 때문에 침식이 심하여 층위의 분화 발달 정도가 극히 미약한 토양이다.

32 토양을 구성하는 주요 광물 중 석영의 입자밀도는?

① $2.65g/cm^{-3}$　　　　② $3.95g/cm^{-3}$
③ $4.65g/cm^{-3}$　　　　④ $5.55g/cm^{-3}$

해설
운모, 장석, 석영의 입자밀도는 $2.65g/cm^{-3}$로 평균값을 적용한다.

33 토양 내 유기물이 산화상태에서 분해되었을 때 최종적으로 발생하는 물질로 구성된 것은?

① 이산화탄소, 메탄 가스
② 메탄 가스, 암모니아 가스
③ 질소 가스, 물
④ 이산화탄소, 물

해설
탄수화물은 무기물인 물과 이산화탄소가 되고, 단백질은 암모니아가 된다.

34 다음 중 점토의 설명으로 틀린 것은?

① 2차 광물이다.

② 비표면적이 크다.

③ 모세관력은 매우 약하다.

④ 가소성과 점착력이 크다.

해설

점토는 입자가 미세하면 할수록 비표면적이 증가하여 흡착수분량이 많아져 건조 시 증발수분량이 많아 건조 수축이 커진다.

36 미생물에 의한 토양유기물의 부식화에 영향을 미치는 요인 중 가장 주요한 것은?

① 유기물의 탄질률　　② 공 기

③ 기 온　　④ 지 형

해설

유기물의 분해속도는 C/N율에 크게 좌우한다.

37 토양침식을 방지하는 방법으로 가장 효율성이 낮은 것은?

① 피복재배

② 잦은 경운

③ 등고선 재배법

④ 건초류의 표면피복

해설

과도한 경운은 토양입단을 파괴하여 토양침식을 유발한다.

35 미국 농무부법(USDA법)에 의한 자갈의 입경 기준으로 옳은 것은?

① 2.0mm 이상

② 2.0~1.0mm

③ 1.0~0.5mm

④ 0.5mm 이하

해설

입자의 지름 – 미국 농무성(USDA)의 토양입자 분류

자갈(2mm 이상) > 조사(2.0~0.2mm) > 세사(0.2~0.02mm) > 미사(0.02~0.002mm) > 점토(0.002mm 이하)

38 토양의 생성인자에 해당하지 않는 것은?

① 지형(경사도, 경사면)

② 기후(강수, 기온)

③ 생명체(식생, 토양동물)

④ 작물재배(시비, 경운)

해설

토양 생성의 주요 인자는 모재, 지형(경사도, 경사면), 기후(강수, 기온), 생명체(식생, 토양동물), 시간 등이다.

39 농약과 같은 유기화학물질이 토양에서 용탈되는 데에 관여하는 인자로 가장 거리가 먼 것은?

① 유기화학물질의 증기압
② 점토량
③ 토양유기물량
④ 유기화학물질의 용해도

해설
양이온교환용량(CEC)은 토성, 점토광물의 종류와 함량, 유기물 함량에 따라서 다르다.

40 1차 광물의 풍화에 대한 안정성이 큰 순서대로 나열한 것은?

① 석영 > 운모 > 각섬석 > 감람석
② 운모 > 석영 > 감람석 > 각섬석
③ 각섬석 > 감람석 > 석영 > 운모
④ 감람석 > 각섬석 > 운모 > 석영

해설
6대 조암광물의 풍화에 대한 안정성 순서
석영 > 장석 > 흑운모 > 각섬석 > 휘석 > 감람석

제3과목 **유기농업개론**

41 다음 중 논(환원)상태에서 원소의 존재 형태로 옳은 것은?

① H_2S
② Mn^{4+}
③ H_2PO_4
④ SO_4^{2-}

해설
밭토양과 논토양의 원소 존재형태

원소	밭(산화)토양	논(환원)토양
Mn	Mn^{4+}, Mn^{3+}	Mn^{2+}
S	SO_4^{2-}	S, H_2S
P	H_2SO_4, $AlPO_4$	$Fe(H_2PO_4)_2$, $Ca(H_2PO_4)_2$

42 유기축산물 사료 및 영양관리에 대한 내용이다. (가)에 알맞은 내용은?

> 유기축산물의 생산을 위한 가축에게는 (가) 유기사료를 급여하여야 하며, 유기사료 여부를 확인하여야 한다.

① 100%
② 80% 이상
③ 70% 이상
④ 60% 이상

해설
유기축산물 – 사료 및 영양관리(친환경농어업법 시행규칙 [별표 4])
유기가축에게는 100% 유기사료를 공급하는 것을 원칙으로 할 것. 다만, 극한 기후조건 등의 경우에는 국립농산물품질관리원장이 정하여 고시하는 바에 따라 유기사료가 아닌 사료를 공급하는 것을 허용할 수 있다.

43 아연 중금속에 대한 내성 정도가 가장 작은 것은?

① 파
② 당근
③ 셀러리
④ 시금치

해설
아연(Zn) 중금속 내성 정도
• 내성이 강한 작물 : 당근, 파, 셀러리 등
• 내성이 약한 작물 : 시금치 등

44 폭이 좁고 처마가 높은 양지붕형 온실을 연결한 것으로 연동형 온실의 결점을 보완한 온실은?

① 외지붕형 온실
② 스리쿼터형 온실
③ 둥근지붕형 온실
④ 벤로형 온실

해설
벤로형 온실은 연동형 온실의 단점을 보완한 온실로 투광률이 높고 골격자재가 적게 들어 시설비를 절감할 수 있다.

45 육종의 과정으로 옳은 것은?

① 육종목표 설정 → 변이작성 → 우량계통 육성 → 생산성 검정 → 지역적응성 검정 → 종자증식 → 신품종 보급
② 육종목표 설정 → 변이작성 → 우량계통 육성 → 지역적응성 검정 → 생산성 검정 → 종자증식 → 신품종 보급
③ 육종목표 설정 → 우량계통 육성 → 변이작성 → 지역적응성 검정 → 생산성 검정 → 종자증식 → 신품종 보급
④ 육종목표 설정 → 지역적응성 검정 → 우량계통 육성 → 변이작성 → 생산성 검정 → 종자증식 → 신품종 보급

해설
육종의 과정
육종목표 설정 → 육종재료 및 육종방법 결정 → 변이작성 → 우량계통 육성 → 생산성 검정 및 지역적응성 검정 → 신품종결정 및 등록 → 종자증식 → 신품종 보급

46 다음에서 설명하는 것은?

> 아크릴 수지에 유리섬유를 샌드위치 모양으로 넣어 가공한 것으로 1973년부터 시판되기 시작하였다.

① FRP판
② FRA판
③ MMA판
④ PC판

해설
• FRP : 불포화폴리에스터수지에 유리섬유를 보강시킨 복합재
• MMA판 : 유리섬유를 첨가하지 않은 아크릴 수지 100%의 경질판

47 작물의 재배에 적합한 토성에서 재배적지가 사토~식양토에 해당하는 것은?

① 수 수
② 감 자
③ 옥수수
④ 담 배

해설
작물별 재배에 적당한 토성
• 수수, 옥수수 : 사양토~식양토
• 감 자 : 사토~식양토
• 담 배 : 사양토~양토

48 식품첨가물 또는 가공보조제로 사용이 가능한 물질에서 식품첨가물로 사용 시 허용범위가 소시지, 난백의 저온살균, 유제품, 과립음료에 해당하는 것은?

① 구연산삼나트륨
② 무수아황산
③ 산탄검
④ 염화마그네슘

해설
유기가공식품 – 식품첨가물 또는 가공보조제로 사용 가능한 물질
(친환경농어업법 시행규칙 [별표 1])

명칭(한)	식품첨가물로 사용 시		가공보조제로 사용 시	
	사용 가능 여부	사용 가능 범위	사용 가능 여부	사용 가능 범위
구연산삼나트륨	○	소시지, 난백의 저온살균, 유제품, 과립음료	×	
무수아황산	○	과일주	×	
산탄검	○	지방제품, 과일 및 채소제품, 케이크, 과자, 샐러드류	×	
염화마그네슘	○	두류제품	○	응고제

49 병해충 관리를 위해 사용 가능한 물질에서 사용가능 조건으로 "과수의 병해관리용으로만 사용할 것"에 해당하는 것은?

① 젤라틴
② 과망간산칼륨
③ 해 수
④ 천일염

해설
병해충 관리를 위해 사용 가능한 물질(친환경농어업법 시행규칙 [별표 1])

사용가능 물질	사용가능 조건
젤라틴	크로뮴(Cr)처리 등 화학적 공정을 거치지 않을 것
과망간산칼륨	과수의 병해관리용으로만 사용할 것
해수 및 천일염	잔류농약이 검출되지 않을 것

50 기둥과 기둥 사이에 배치하여 벽을 지지해 주는 수직재는?

① 갖도리
② 서까래
③ 샛기둥
④ 보

해설
① 갖도리 : 일명 처마도리라고도 하는데, 측벽기둥의 상단을 연결하는 수평재로 서까래를 떠 받치는 역할을 담당한다.
② 서까래 : 지붕 위의 하중을 지탱하며 왕도리, 중도리 및 갖도리 위에 걸쳐 고정하는 자재이다.
④ 보 : 수직재의 기둥에 연결되어 하중을 지탱하고 있는 수평 구조부재

51 다음에서 설명하는 것은?

> 여러 개의 우량계통을 격리포장에서 자연수분 또는 인공수분으로 다계교배시켜 육성한 품종을 말한다.

① 단순순환선발 품종
② 합성 품종
③ 상호순환선발 품종
④ 영양번식 품종

해설
합성품종은 여러 계통이 관여된 것이기 때문에 세대가 진전되어도 비교적 높은 잡종강세를 나타내어 환경변동에 대한 안정성이 높고, 자연수분을 통해 유지하므로 채종 노력과 경비를 절감할 수 있다.

52 수경재배의 분류에서 고형배지경이면서 유기배지경에 해당하는 것은?

① 암면경
② 펄라이트경
③ 코코넛 코이어경
④ 사 경

해설
고형배지경
• 무기배지경 : 사경(모래), 역경(자갈), 암면경, 펄라이트경 등
• 유기배지경 : 훈탄경, 코코넛 코이어경 또는 코코피트경, 피트 등

53 내습성이 가장 강한 작물은?

① 당 근
② 미나리
③ 고구마
④ 감 자

해설
내습성 크기
미나리 > 고구마 > 감자 > 당근

54 지력을 토대로 자연의 물질순환 원리에 따르는 농업은?

① 정밀농업
② 자연농업
③ 생태농업
④ 저투입 지속적 농업

해설
친환경관련 농법
• 자연농업 : 지력을 토대로 자연의 물질순환 원리에 따르는 농업
• 생태농업 : 지역폐쇄 시스템에서 작물양분과 병해충 종합관리 기술을 이용하여 생태계 균형유지에 중점을 두는 농업
• 유기농업 : 농약과 화학비료를 사용하지 않고 원래 흙을 중시하여 자연에서 안전한 농산물을 얻는 것을 바탕으로 한 농업
• 저투입 지속농업 : 환경에 부담을 주지 않고 영원히 유지할 수 있는 농업으로 환경을 오염시키지 않는 농업 등

55 유기농산물 및 유기임산물의 토양개량과 작물생육을 위하여 사용 가능한 물질 중 사용가능 조건이 "저온발효 : 6개월 이상 발효된 것일 것"에 해당하는 것은?

① 톱 밥
② 나뭇재
③ 산야초
④ 사람의 배설물

해설
토양 개량과 작물 생육을 위해 사용 가능한 물질 – 사람의 배설물(오줌만인 경우는 제외한다)(친환경농어업법 시행규칙 [별표 1])
• 완전히 발효되어 부숙된 것일 것
• 고온발효 : 50℃ 이상에서 7일 이상 발효된 것
• 저온발효 : 6개월 이상 발효된 것일 것
• 엽채류 등 농산물·임산물 중 사람이 직접 먹는 부위에는 사용하지 않을 것

56 유기축산물 축사 및 방목에 대한 세부요건 중 축사 조건으로 틀린 것은?

① 음수는 접근이 용이할 것
② 공기순환, 온도·습도, 먼지 및 가스농도가 가축건강에 유해하지 아니한 수준 이내로 유지되어야 하고, 건축물은 적절한 단열·환기시설을 갖출 것
③ 충분한 자연환기와 햇빛이 제공될 수 있을 것
④ 사료관리를 위해 사료의 접근 거리를 멀리 둘 것

해설
유기축산물 – 축사조건(유기식품 및 무농약농산물 등의 인증에 관한 세부실시 요령 [별표 1])
축사는 다음과 같이 가축의 생물적 및 행동적 욕구를 만족시킬 수 있어야 한다.
• 사료와 음수는 접근이 용이할 것
• 공기순환, 온도·습도, 먼지 및 가스농도가 가축건강에 유해하지 아니한 수준 이내로 유지되어야 하고, 건축물은 적절한 단열·환기시설을 갖출 것
• 충분한 자연환기와 햇빛이 제공될 수 있을 것

57 F₂~F₄세대에는 매 세대 모든 개체로부터 1립씩 채종하여 집단재배하고, F₄ 각 개체별로 F₅계통재배를 하는 것은?

① 여교배육종
② 1개체 1계통 육종
③ 계통육종
④ 집단육종

해설
1개체 1계통육종법
분리세대 동안 각 세대마다 모든 개체로부터 1립(수)씩 채종하여 선발과정 없이 집단재배해 세대를 진전시키고, 동형접합성이 높아진 후기 세대에서 계통재배와 선발을 하는 육종방법이다. 세대촉진을 할 수 있어 육종연한을 단축할 수 있다.

58 다음 중 광합성자급영양생물에 해당하는 것은?

① 질화세균
② Cyanobacteria
③ 황산화세균
④ 수소산화세균

해설
탄소원과 에너지원에 따른 분류

영양원별		탄소원	에너지원	대표적 미생물
자급영양생물	광합성자급영양균	CO_2	빛	green bacteria(녹색세균), cyanobacteria(남세균, 남조류), purpli bacteria(홍색세균, 자색세균)
	화학자급영양균	CO_2	무기물	질화세균, 황산화세균, 수소산화세균, 철산화세균 등
타급영양생물	광종속영양균	유기물	빛	홍색황세균
	화학종속영양균	유기물	유기물	부생성세균, 대부분의 공생세균

정답 55 ④ 56 ④ 57 ② 58 ②

59 일반농가가 유기축산으로 전환하거나 유기가축이 아닌 가축을 유기농장으로 입식하여 유기축산물을 생산·판매하려는 경우 젖소 시유 생산물을 위한 최소 사육기간은?

① 착유우는 30일, 새끼를 낳지 않은 암소는 3개월
② 착유우는 60일, 새끼를 낳지 않은 암소는 6개월
③ 착유우는 90일, 새끼를 낳지 않은 암소는 6개월
④ 착유우는 120일, 새끼를 낳지 않은 암소는 9개월

해설
유기축산물 – 전환기간(친환경농어업법 시행규칙 [별표 4])

가축의 종류	생산물	전환기간(최소 사육기간)
한우·육우	식육	입식 후 12개월
젖소	시유(시판우유)	• 착유우는 입식 후 3개월 • 새끼를 낳지 않은 암소는 입식 후 6개월

60 유기축산물 사육장 및 사육조건에 대한 내용이다. (   ) 안에 알맞은 내용은?

> 번식돈은 임신 말기 또는 포유기간을 제외하고 군사를 하여야 하고, 자돈 및 육성돈은 케이지에서 사육하지 아니할 것. 다만, 자돈 압사 방지를 위하여 포유기간에는 모돈과 조기 이유한 자돈의 생체중이 (   ) 킬로그램까지는 케이지에서 사육할 수 있다.

① 25   ② 35
③ 45   ④ 55

해설
유기축산물 – 사육장 및 사육조건(유기식품 및 무농약농산물 등의 인증에 관한 세부실시 요령 [별표 1])
번식돈은 임신 말기 또는 포유기간을 제외하고는 군사를 하여야 하고, 자돈 및 육성돈은 케이지에서 사육하지 아니할 것. 다만, 자돈 압사 방지를 위하여 포유기간에는 모돈과 조기에 젖을 뗀 자돈의 생체중이 25kg까지는 케이지에서 사육할 수 있다.

제4과목 **유기식품 가공·유통론**

61 시장의 수요와 공급이 포화 상태가 되고 판매량이 최대 수준이 되며, 시장점유율을 유지하고자 다양한 홍보 활동을 하는 상품수명주기는?

① 도입기   ② 성장기
③ 성숙기   ④ 쇠퇴기

해설
제품수명주기(Product Life Cycle) 4단계 중 성숙기는 대량생산과 극심한 경쟁으로 인해 가격인하, 품질향상, 판매촉진비용의 증가가 필요한 단계이다.

62 HACCP의 7원칙이 아닌 것은?

① 위해요소 분석   ② CCP모니터링 체계 확립
③ 개선조치 방법 수립   ④ HACCP팀 구성

해설
HACCP의 7원칙
1. 위해요소 분석
2. 중점관리점(CCP) 결정
3. CCP 한계기준 설정
4. CCP 모니터링 체계 확립
5. 개선조치방법 수립
6. 검증절차 및 방법 수립
7. 문서화 및 기록 유지방법 설정

63 식품의 동결건조의 기본원리는?

① 승 화 　　　　② 기 화
③ 액 화 　　　　④ 응 고

해설
동결건조의 원리
식품을 빙점 이하의 온도에서 동결(예비동결)하여 그 동결 상태에서 승화시켜 수분을 빼버리는 방법이다.

64 샐러드 원료용으로서 호흡작용이 왕성한 농산물을 슬라이스 형태로 절단하여 MA포장을 할 때 다음 중 가장 적합한 포장재질은?

① 폴리에틸렌(PE)
② 폴리아마이드(PA)
③ 폴리에스터(PET)
④ 폴리염화비닐리덴(PVDC)

해설
MA저장의 내용물은 폴리에틸렌(PE) 또는 폴리프로필렌(PP) 등의 플라스틱 필름으로 포장한다.

65 현미란 벼의 도정 시 무엇을 제거한 것인가?

① 왕 겨 　　　　② 배 아
③ 과 피 　　　　④ 종 피

해설
왕겨만 제거하고 쌀겨층과 배아를 남겨 둔, 즉 '덜 깎은' 쌀이 현미이다.

66 농산물가격의 특징으로 옳지 않은 것은?

① 안정성 　　　　② 계절성
③ 지역성 　　　　④ 비탄력성

해설
농산물가격은 수요, 공급의 작은 변동에도 쉽게 가격이 변동하는 불안정성이 있다.
※ 농산물 가격의 특성 : 불안정성, 계절성, 지역성, 비탄력성

67 HACCP에서 정의하는 중요관리점(CCP)이란?

① 식품의 원료관리, 제조·가공·조리 및 유통의 모든 과정에서 위해한 물질이 식품에 혼입되거나 식품이 오염되는 것을 사전에 방지하기 위하여 각 과정을 중점적으로 관리하는 기준
② 한계기준을 적절히 관리하고 있는지 여부를 평가하기 위하여 수행하는 일련의 계획된 관찰이나 측정 등의 행위
③ 식품의 위해요소를 예방·제거하거나 허용 수준 이하로 감소시켜 해당 식품의 안정성을 확보할 수 있는 중요한 단계 또는 공정
④ 위해요소 관리가 허용범위 이내로 충분히 이루어지고 있는지 여부를 판단할 수 있는 기준이나 기준치

해설
HACCP은 위해요소분석(HA)과 중요관리점(CCP)으로 구성되어 있는데 HA는 위해가능성이 있는 요소를 찾아 분석·평가하는 것이며, CCP는 해당 위해 요소를 예방·제거하고 안전성을 확보하기 위하여 중점적으로 다루어야 할 관리점을 말한다.
• 위해요소중점관리기준
• 모니터링
• 위해요소분석

68 유기농 토마토 2kg 한 상자의 농가수취가격이 8,400원, 유통마진율이 25%일 때 소비자가격은 얼마인가?

① 10,500원   ② 11,200원
③ 12,200원   ④ 12,500원

해설

소비자가격 = $8,400 \div \left(\dfrac{100 - 25}{100} \right)$ = 11,200원

69 기구나 용기·포장을 사용하지 않더라도 낱개로 채취할 수 있는 식품 등을 무엇이라 하는가?

① 소립식품   ② 단위식품
③ 묶음식품   ④ 포장식품

해설

① 소립식품 : 기구나 용기 등으로 채취하여야 하는 것으로 입자의 크기가 작은 식품 등을 말한다.
③ 묶음식품 : 최종소비자에게 그대로 판매하도록 여러 개를 묶었거나 소포장하여 그대로 채취할 수 있는 시금치묶음, 두릅묶음 등을 말한다.

70 농식품 국가인증제도와 소관 부처의 연결이 틀린 것은?

① 유기농산물 인증제 – 농림축산식품부
② 유기가공식품 인증제 – 식품의약품안전처
③ 유기축산물 인증제 – 농림축산식품부
④ 식품 HACCP 인증제 – 식품의약품안전처

해설

유기가공식품 인증제 – 농림축산식품부

71 소비자가 건강, 환경문제 등을 고려하여 유기식품을 구매한다면, 이는 어떤 유형의 마케팅에 해당하는가?

① 생산지향적 마케팅
② 판매지향적 마케팅
③ 시장지향적 마케팅
④ 사회복지지향적 마케팅

해설

① 생산지향적 마케팅 : 경영자는 생산성을 높이고 유통효율을 개선시키려는 데 초점을 두어야 한다는 관점이다.
② 판매지향적 마케팅 : 어떤 조직이 충분한 판매 및 촉진노력을 기울이지 않는다면 소비자들은 그 조직의 제품을 충분히 구매하지 않을 것이라는 관점이다.
③ 시장지향적 마케팅 : 조직의 목표를 달성하기 위해서는 표적시장의 욕구와 욕망을 파악하고 이를 경쟁자보다 효과적이고 효율적인 방법으로 충족시켜 주어야 한다고 보는 관점이다.

72 우유의 저온살균 방법(온도와 시간)은?

① 63℃, 15분   ② 63℃, 30분
③ 121℃, 15초   ④ 121℃, 30초

해설

살균방법
• 저온장시간살균법(LTLT) : 63℃로 30분
• 고온단시간살균법(HTST) : 72.5℃로 15초
• 초고온멸균법(UHT) : 130~150℃로 1~5초

73 다음 중 두부의 응고제로 사용할 수 없는 것은?

① 염화마그네슘   ② 포도당
③ 염화칼슘   ④ 황산칼슘

해설

응고제 허용범위
• 염화마그네슘 : 두류제품
• 염화칼슘 : 과일 및 채소제품, 두류제품, 지방제품, 유제품, 육제품
• 황산칼슘 : 케이크, 과자, 두류제품, 효모제품
• 조제해수염화마그네슘 : 두류제품

74 최적 성장온도가 25~40℃이며, 병원성 세균이 많이 존재하는 온도대에 속하는 미생물은?

① 고온균
② 중온균
③ 저온균
④ 초저온균

해설
미생물의 생육에 필요한 최적온도
저온균 10~20℃, 중온균 25~40℃, 고온균 45~60℃

76 햄, 베이컨, 소시지 제조 시 훈연에 의해 저장성이 좋아지는 원인은?

① 혈액응고, 수분감소
② 수분감소, 첨가보존제 활성화
③ 첨가보존제 활성화, 가열
④ 가열, 연기성분

해설
훈연은 연기성분 중 페놀이나 유기산이 갖는 살균·저장능력에 의해 표면의 미생물을 감소시켜 저장기간을 연장시킨다. 훈연과 가열이 동시에 처리될 경우 염지에 의하여 형성된 염지육 색이 가열에 의하여 안정된다.

77 장염 비브리오균에 대한 설명으로 틀린 것은?

① 호염성의 감염형 식중독균이다.
② 열 저항성이 매우 크다.
③ 그람 음성의 무포자 간균이다.
④ 편모를 가진다.

해설
장염 비브리오균
30~37℃가 최적 온도이고, 10℃ 이하는 발육하지 않는다. 즉, 열 저항성이 약하기 때문에 끓여 먹는 것이 중요하다.

75 인증농산물의 정보를 검색할 때 다음 인증번호에서 시군 코드에 해당하는 것은?(단, 국립농산물품질관리원 인증 기준에 의한다)

| 15 | 06 | 1 | 3 |

① | 15 |
② | 06 |
③ | 1 |
④ | 3 |

해설
인증번호부여방법(유기식품 및 무농약농산물 등의 인증에 관한 세부실시 요령 [별표 3])
인증번호는 시도별 지정번호, 인증종류, 인증서의 발급순번을 결합하여 일련번호 방식으로 부여한다.
※ 관련 법 개정으로 정답없음

78 포도주 제조과정에서 아황산염을 첨가하는 이유는?

① 유해균 증식 억제, 포도색소 산화 방지
② 곰팡이 증식 촉진, 포도색소 산화 방지
③ 효모증식 억제, 포도색소 산화 촉진
④ 세균증식 촉진, 포도색소 산화 촉진

해설
포도주 제조과정에서 잡균의 번식이나 산화를 방지하고 산도를 일정하게 유지하기 위해 아황산염(이산화황)을 첨가한다.

정답 74 ② 75 ② 76 ④ 77 ② 78 ①

79 니신(Nisin)에 대한 설명으로 옳은 것은?

① 세균이 생산한 항미생물물질로서 그람양성세균에 항균력이 있다.

② 곰팡이가 생산한 항미생물물질로서 그람음성세균에 항균력이 있다.

③ 효모가 생산한 항미생물물질로서 그람음성세균에 항균력이 있다.

④ 식물이 생산한 항미생물물질로서 그람양성세균에 항균력이 있다.

[해설]
니신(Nisin)은 미생물이 내는 항균물질(박테리오신)로 유해세균에 대한 강한 살균능력이 있는 그람양성세균이다.

80 유연포장재료에 식품을 넣어 통조림처럼 살균하는 포장으로 약 135℃ 정도의 고온에서 가열하여도 견뎌내는 포장방법은?

① 진공포장
② 가스치환포장
③ 저온살균포장
④ 레토르트파우치포장

[해설]
레토르트파우치포장은 고온살균을 하므로 높은 살균 온도에 견디는 내열성이 중요하다.

제5과목 **유기농업 관련 규정**

81 유기가공식품 생산물의 품질관리 등에서 유기합성농약은 검출되지 아니하여야 하지만 비유기원료의 오염 등 불가항력적인 요인인 것으로 입증되는 경우에 한하여 몇 ppm 이하까지 허용할 수 있는가?

① 0.01ppm
② 0.05ppm
③ 0.1ppm
④ 0.5ppm

[해설]
유기가공식품·비식용유기가공품 – 생산물의 품질관리 등(친환경농어업법 시행규칙 [별표 4])
합성농약 성분은 검출되지 않을 것. 다만, 비유기 원료 또는 재료의 오염 등 불가항력적인 요인으로 합성농약 성분이 검출된 것으로 입증되는 경우에는 0.01mg/kg 이하까지만 허용한다.
※ 관련 법 개정으로 단위 ppm이 mg/kg으로 변경

82 친환경관련법상 인증심사의 절차 및 방법의 세부사항에 대한 내용이다. (A)에 알맞은 내용은?

> 현장심사의 검사가 필요한 경우
> 가) 농림산물
> (1) 재배포장의 토양·용수 : 오염되었거나 오염될 우려가 있다고 판단되는 경우
> – 용수 : 최근 (A) 이내에 검사가 이루어지지 않은 용수를 사용하는 경우(재배기간 동안 지속적으로 관개하거나 작물 수확기에 생산물에 직접 관수하는 경우에 한함)

① 1년
② 3년
③ 5년
④ 7년

[해설]
인증심사의 절차 및 방법의 세부사항 – 현장심사(유기식품 및 무농약농산물 등의 인증에 관한 세부실시 요령 [별표 2])
검사가 필요한 경우 – 농림산물
• 재배포장의 토양·용수 : 오염되었거나 오염될 우려가 있다고 판단되는 경우
– 용수 : 최근 5년 이내에 검사가 이루어지지 않은 용수를 사용하는 경우(재배기간 동안 지속적으로 관개하거나 작물수확기에 생산물에 직접 관수하는 경우에 한함)

83 유기농업자재 관련 행정처분기준에서 시험연구기관에 대한 내용 중 고의 또는 중대한 과실로 원제의 이화학적 분석 및 독성시험성적을 적은 서류를 사실과 다르게 발급한 경우 1회 위반 시 행정처분기준은?

① 업무정지 12개월 ② 업무정지 6개월
③ 업무정지 3개월 ④ 지정취소

해설
유기농업자재 관련 행정처분 기준-시험연구기관(친환경농어업법 시행규칙 [별표 20])

위반행위	위반 횟수별 행정처분기준		
	1회 위반	2회 위반	3회 이상 위반
고의 또는 중대한 과실로 다음 가)부터 마)까지의 어느 하나에 해당하는 서류를 사실과 다르게 발급한 경우 가) 시험성적서 나) 원제의 이화학적 분석 및 독성 시험성적을 적은 서류 다) 농약활용기자재의 이화학적 분석 등을 적은 서류 라) 중금속 및 이화학적 분석 결과를 적은 서류 마) 그 밖에 유기농업자재에 대한 시험·분석과 관련된 서류	업무정지 3개월	지정취소	–

84 유기양봉제품 동물 복지 및 질병관리에 대한 내용이다. ( ) 안에 알맞은 내용은?

부득이하게 화학적으로 합성된 동물용 의약품을 사용하는 경우 그 양봉 제품은 유기 제품으로 판매하지 않아야 한다. 처리된 벌통은 격리된 곳에 두어야 하고, ( )의 전환기간을 다시 거쳐야 한다. 이 경우 모든 밀랍은 유기적으로 생산된 밀랍으로 교체되어야 한다.

① 3년 ② 2년
③ 1년 ④ 6개월

해설
유기축산물 중 유기양봉의 산물·부산-동물복지 및 질병관리(유기식품 및 무농약농산물 등의 인증에 관한 세부실시 요령 [별표 1])
부득이하게 화학적으로 합성된 동물용의약품을 사용하는 경우 그 양봉 제품은 유기 제품으로 판매하지 않아야 한다. 처리된 벌통은 격리된 곳에 두어야 하고, 1년의 전환기간을 다시 거쳐야 한다. 이 경우 모든 밀랍은 유기적으로 생산된 밀랍으로 교체되어야 한다.

85 친환경관련법상 인증심사에 대한 내용이다. ( ) 안에 알맞은 내용은?

인증기관의 장은 인증심사원이 다음에 해당되는 경우 해당 신청 건에 대한 인증심사원으로 지정하여서는 아니 된다.
– 동일 신청인을 연속하여 ( ) 동안 심사한 경우

① 1년 ② 2년
③ 3년 ④ 4년

해설
인증심사 일반 – 인증심사원의 지정(유기식품 및 무농약농산물 등의 인증에 관한 세부실시 요령 [별표 2])
• 인증기관은 인증심사원이 다음의 어느 하나에 해당되는 경우 해당 신청 건에 대한 인증심사원으로 지정하여서는 아니 된다.
– 자신이 신청인이거나 신청인 등과 민법 제777조에 해당하는 친족관계인 경우
– 신청인과 경제적인 이해관계가 있는 경우
– 기타 공정한 심사가 어렵다고 판단되는 경우
※ 관련 법 개정으로 정답없음

86 친환경관련법상 인증기관에 대한 행정처분기준에 대한 내용이다. ( ) 안에 알맞은 내용은?

위반행위의 횟수에 따른 행정처분기준은 최근 ( )간 같은 위반행위로 행정처분을 받은 경우에 적용하며, 그 기준적용일은 같은 위반행위에 대한 행정처분일과 그 처분 후의 재적발일을 기준으로 한다.

① 6개월 ② 1년
③ 2년 ④ 3년

해설
과태료의 부과기준(친환경농어업법 시행령 [별표 2])
위반행위의 횟수에 따른 과태료의 가중된 부과기준은 최근 1년간 같은 위반행위로 과태료 부과처분을 받은 경우에 적용한다. 이 경우 기간의 계산은 위반행위에 대해 과태료 부과처분을 받은 날과 그 처분 후 다시 같은 위반행위를 하여 적발된 날을 기준으로 한다.

87 유기식품 등의 유기표시기준에서 유기표시도형의 작도법 도형 표시방법 중 표시도형의 가로 길이(사각형의 왼쪽 끝과 오른쪽 끝의 폭 : W)를 기준으로 세로의 길이는 몇의 비율로 하는가?

① $0.75 \times W$ ② $0.80 \times W$
③ $0.85 \times W$ ④ $0.95 \times W$

해설
유기표시 도형 – 작도법 도형 표시방법(친환경농어업법 시행규칙 [별표 6])
표시 도형의 가로 길이(사각형의 왼쪽 끝과 오른쪽 끝의 폭 : W)를 기준으로 세로 길이는 $0.95 \times W$의 비율로 한다.

88 인증취소 등 행정처분의 기준 및 절차에서 무농약농산물의 위반사항으로 전업, 폐업 등의 사유로 인증품을 생산하기 어렵다고 인정하는 경우에 1차 행정처분기준은?

① 시정명령
② 해당 인증품의 인증표시 변경
③ 인증취소
④ 해당 인증품의 회수·폐기

해설
인증취소 등의 세부기준 및 절차(친환경농어업법 시행규칙 [별표 9])

위반행위	행정처분기준		
	1차	2차	3차
전업, 폐업 등의 사유로 인증품을 생산하기 어렵다고 인정하는 경우	인증취소	–	–

89 무농약농산물 등의 표시 기준에서 작도법에 대한 내용이다. ( ) 안에 알맞은 내용으로 틀린 것은?

표시 도형의 색상은 녹색을 기본 색상으로 하고, 포장재의 색깔 등을 고려하여 ( )으로 할 수 있다.

① 파란색 ② 빨간색
③ 노란색 ④ 검은색

해설
유기표시 도형 – 작도법(친환경농어업법 시행규칙 [별표 6])
표시 도형의 색상은 녹색을 기본 색상으로 하되, 포장재의 색깔 등을 고려하여 파란색, 빨간색 또는 검은색으로 할 수 있다.

90 친환경관련법상 인증심사의 절차 및 방법의 세부사항에서 심사결과의 판정에 대한 내용이다. (가)에 알맞은 내용은?

인증기관의 장은 국가기술자격법에 따른 농업·임업·축산, 식품 분야의 기사 이상의 자격을 보유하고 있고, 친환경농축산물 및 유기식품 등의 인증업무(인증검토·결정) 경력이 (가) 이상이거나 상근심사원 경력이 3년 이상인 자를 인증심의관으로 정하여 인증기준에 따라 적합여부를 결정하여야 한다.

① 3년
② 5년
③ 7년
④ 10년

해설
심사결과의 판정(유기식품 및 무농약농산물 등의 인증에 관한 세부 실시 요령 [별표 2])
인증기관은 인증심사 적합여부를 판정하기 위하여 유기식품 및 무농약농산물 등의 인증기관 지정·운영 요령 [별표 1] 제3호다목 1)에 따라 지정된 인증심의관에게 인증기준에 따라 심의하도록 하여야 한다. 이 경우 인증심의관은 공정한 심의를 위해 제1호가목 2)와 3)을 적용한다.
※ 인증심의관 운영방법(유기식품 및 무농약농산물 등의 인증기관 지정·운영 요령 [별표 1])
인증기관은 다음의 요건에 충족하는 자를 인증심의관으로 지정하여 인증기준에 따라 인증심사의 적합여부를 판정하도록 한다.
가) 국가기술자격법에 따른 농업·임업·축산, 식품 분야의 기사 이상의 자격 또는 수의사법 제4조에 따라 수의사 면허를 보유하고 있고, 상근 인증심사원 경력이 3년 이상이면서 인증심사 경험이 풍부한 자
나) 가)의 규정에도 불구하고 대한민국 외 국가에서 활동하는 인증심의관은 규칙 제39조제2항 및 제40조제3항에 준하는 교육을 인증기관 또는 인증기관으로 지정 받고자 하는 신청기관에서 자체적으로 실시할 수 있다. 다만, 이 경우 교육계획 및 결과를 원장에게 승인 받아야 한다.
※ 관련 법 개정으로 정답없음

91 다음은 유기농업자재의 공시 기준에서 식물에 대한 시험성적서 심사사항 중 유식물 등에 대한 약해(略解)·비해(肥害)시험의 검토기준에 해당하는 내용이다. (가), (나)에 알맞은 내용은?

> 약해(略解)·비해(肥害)의 정도는 시험성적 모두가 기준량에서 (가) 이하이거나, 배량에서 (나) 이하이어야 한다.

① (가) : 0, (나) : 1   ② (가) : 1, (나) : 2
③ (가) : 2, (나) : 3   ④ (가) : 3, (나) : 2

해설
식물에 대한 시험성적서 – 유식물(幼植物) 등에 대한 농약피해[藥害]·비료피해[肥害] 시험성적(친환경농어업법 시행규칙 [별표 17])
• 다섯 종류 이상의 작물에 대해 적합하게 시험한 성적이어야 한다.
• 농약피해·비료피해의 정도는 시험성적 모두가 기준량에서 0 이하이거나, 2배량에서 1 이하이어야 한다.

92 무농약농산물 경영관리 및 단체관리에서 생산자단체로 인증 받으려는 경우 중 인증신청서를 제출하기 이전에 "소속 농가에게 인증기준에 적합하게 작성된 생산지침서를 제공하여야 한다."의 요건을 이행하고 관련 증명자료를 보관하여야 한다. "소속 농가에게 인증기준에 적합하게 작성된 생산지침서를 제공하여야 한다."의 업무를 수행하기 위해 국립농산물품질관리원장이 정하는 자격을 갖춘 생산관리자를 최소 몇 명 이상 지정하여야 하는가?

① 4명   ② 3명
③ 2명   ④ 1명

해설
유기농산물 – 일반(유기식품 및 무농약농산물 등의 인증에 관한 세부실시 요령 [별표 1])
생산자단체로 인증 받으려는 경우 인증신청서를 제출하기 이전에 다음의 요건을 모두 이행하고 관련 증명자료를 보관하여야 한다.
가) 생산관리자는 소속 농가에게 인증기준에 적합하게 작성된 생산지침서를 제공하고, 이에 대한 교육을 실시하여야 한다.
나) 생산관리자는 소속 농가의 인증품 생산과정이 인증기준에 적합한지에 대한 예비심사를 하고 심사한 결과를 별지 제5호서식에 기록하여야 하며, 인증기준에 적합하지 않은 농가는 인증신청에서 제외하여야 한다.
다) 가)부터 나)까지의 업무를 수행하기 위해 국립농산물품질관리원장이 정하는 바에 따라 생산관리자를 1명 이상 지정하여야 한다.

93 유기식품 등의 유기표시 기준에서 비식용유기가공품의 표시문자로 틀린 것은?

① 유기사료
② 유기식품사료
③ 유기농 사료
④ 유기○○(○○은 사료의 일반적 명칭)

해설
유기표시 글자 – 비식용유기가공품(친환경농어업법 시행규칙 [별표 6])
• 유기사료 또는 유기농 사료
• 유기농○○ 또는 유기○○(○○은 사료의 일반적 명칭으로 한다). 다만, '식품'이 들어가는 단어는 사용할 수 없다.

94 유기농업자재 표시기준의 작도법에서 공시기관명의 글자 색은?

① 흰 색   ② 파란색
③ 검은색   ④ 청록색

해설
표시 도형 – 작도법(친환경농어업법 시행규칙 [별표 21])
공시마크 바탕색은 흰색으로 하고, 공시마크의 가장 바깥쪽 원은 연두색 (PANTONE 376C), 유기농업자재라고 표기된 글자의 바탕색은 청록색(PANTONE 343C), 태양, 햇빛 및 잎사귀의 둘레 색상은 청록색(PANTONE 343C), 유기농업자재의 종류라고 표기된 글자의 바탕색과 네모 둘레는 청록색(PANTONE 343C)으로 한다.

95 수입 비식용유기가공품(유기사료)의 적합성조사 방법에서 적합성조사의 종류 및 방법 중 서류검사 시 거래인증서 확인의 검사내용으로 틀린 것은?

① 거래인증서에 기재된 '거래시간'의 정보가 신고서 및 인증서의 기재사항과 일치하는지 여부

② 거래인증서에 기재된 '거래업자'의 정보가 신고서 및 인증서의 기재사항과 일치하는지 여부

③ 거래인증서에 기재된 '거래품목'의 정보가 신고서 및 인증서의 기재사항과 일치하는지 여부

④ 거래인증서에 기재된 '거래량'의 정보가 신고서 및 인증서의 기재사항과 일치하는지 여부

해설

서류검사 – 거래인증서 확인(유기식품 및 무농약농산물 등의 인증에 관한 세부실시 요령 [별표 4의2])
• 규칙 제35조제2항에 따라 권한을 부여받은 인증기관이 발급한 거래 인증서인지 여부
• 거래인증서에 기재된 '거래업자', '거래품목', '거래량' 등의 정보가 신고서 및 인증서의 기재사항과 일치하는 지 여부
• 그 밖에 수입 신고된 제품이 인증 받은 비식용유기가공품인지에 대한 서류 확인이 가능한지 여부

96 유기양봉제품의 일반원칙 및 사육조건에 대한 내용이다. (가)에 알맞은 내용은?

벌통은 관행농업지역(유기양봉 및 유기양봉생산물의 품질에 영향을 미치지 않을 정도로 관리가 가능한 지역의 경우는 제외), 오염된 비농업지역, 골프장, 축사와 GMO 또는 환경오염물질에 의한 잠재적인 오염 가능성이 있는 지역으로부터 반경 (가) 이내의 지역에는 놓을 수 없다(단, 꿀벌이 휴면상태일 때는 적용하지 않는다).

① 3km　　　　② 4km
③ 5km　　　　④ 6km

해설

유기축산물 중 유기양봉의 산물·부산물 – 일반(유기식품 및 무농약농산물 등의 인증에 관한 세부실시 요령 [별표 1])
벌통은 관행농업지역(유기양봉 산물등의 품질에 영향을 미치지 않을 정도로 관리가 가능한 지역의 경우는 제외), 오염된 비농업지역(국토계획법에 따른 도시지역, 쓰레기 및 하수 처리시설 등), 골프장, 축사와 GMO 또는 환경 오염물질에 의한 잠재적인 오염 가능성이 있는 지역으로부터 반경 3km 이내의 지역에는 놓을 수 없다(단, 꿀벌이 휴면상태일 때는 적용하지 않는다).

97 친환경관련법상 인증심사원의 자격 취소 및 정지 기준에서 위반행위로 인증심사 업무와 관련하여 다른 사람에게 자기의 성명을 사용하게 하거나 인증심사원증을 빌려 준 경우에 1회 위반 시 행정처분 기준은?

① 자격정지 3개월
② 자격정지 6개월
③ 자격정지 12개월
④ 자격취소

해설

인증심사원의 자격취소, 자격정지 및 시정조치 명령의 기준(친환경농어업법 시행규칙 [별표 12])

위반행위	위반횟수별 행정처분기준		
	1회 위반	2회 위반	3회 이상 위반
인증심사 업무와 관련하여 다른 사람에게 자기의 성명을 사용하게 하거나 인증심사원증을 빌려 준 경우	자격정지 6개월	자격취소	–

98 유기농축산물의 함량에 따른 표시기준에서 특정 원재료로 유기농축산물을 사용한 제품에 대한 내용으로 틀린 것은?

① 특정 원재료로 유기농축산물만을 사용한 제품이어야 한다.

② 표시장소는 원재료명 및 함량 표시란에만 표시할 수 있다.

③ 원재료명 및 함량 표시란에 유기농축산물의 총함량 또는 원료별 함량을 백분율(%)로 표시하여야 한다.

④ 해당 원재료명의 일부로 "유기"라는 용어를 표시할 수 없다.

해설

유기농축산물의 함량에 따른 제한적 유기표시의 허용기준 – 70% 미만이 유기농축산물인 제품(친환경농어업법 시행규칙 [별표 8])
• 특정 원료 또는 재료로 유기농축산물만을 사용한 제품이어야 한다.
• 해당 원료·재료명의 일부로 '유기'라는 용어를 표시할 수 있다.
• 표시장소는 원재료명 표시란에만 표시할 수 있다.
• 원재료명 표시란에 유기농축산물의 총함량 또는 원료·재료별 함량을 백분율(%)로 표시해야 한다.

99 유기농산물 재배포장의 전환기간에 대한 내용이다. (가)에 알맞은 내용은?

> 재배포장의 전환기간은 인증기관의 감독이 시작된 시점부터 인정되며, 전환기간을 생략하거나 그 일부를 단축 또는 연장하는 대상은 다음과 같다.
>
> – 단축 대상 : 재배포장에 최근 (가)간 유기합성농약과 화학비료를 사용하지 않은 것이 객관적으로 인정되는 경우로 토양검정결과 염류가 적정범위를 초과하지 않는 경우(전환기간을 단축하여도 최소 1년 이상이 되어야 한다)

① 2년 ② 3년
③ 4년 ④ 5년

해설
유기농산물 – 재배포장, 용수, 종자(유기식품 및 무농약농산물 등의 인증에 관한 세부실시 요령 [별표 1])
• 재배포장은 유기농산물을 처음 수확하기 전 3년 이상의 전환기간 동안 다목에 따른 재배방법을 준수한 구역이어야 한다. 다만, 토양에 직접 심지 않는 작물(싹을 틔워 직접 먹는 농산물, 어린잎 채소 또는 버섯류)의 재배포장은 전환기간을 적용하지 아니한다.
• 재배포장의 전환기간은 인증기관이 1년 단위로 실시하는 심사 및 사후관리를 통해 다목에 따른 재배방법을 준수한 것으로 확인된 기간을 인정한다. 다만, 다음 각 호의 어느 하나에 해당하는 경우 관련 자료의 확인을 통해 전환기간을 인정할 수 있다.
– 외국정부 또는 IFOAM의 유기기준에 따라 인증받은 재배지 : 인증서에 기재된 유효기간
– 산림 등 식용식물의 자생지 : 산림병해충 방제 등 금지물질이 사용되지 않은 것으로 확인된 기간
※ 관련 법 개정으로 정답없음

100 유기농산물의 재배포장, 용수, 종자에 대한 내용이다. ( ) 안에 알맞은 내용은?

> 재배포장의 토양에 대해서는 매년 ( ) 이상의 검정을 실시하여 토양 비옥도가 유지·개선되고 염류가 과도하게 집적되지 않도록 노력하며, 토양비옥도 수치가 적정치 이하이거나 염류가 과도하게 집적된 경우 개선계획을 마련하여 이행하여야 한다.

① 4회 ② 3회
③ 2회 ④ 1회

해설
유기농산물 – 재배포장, 용수, 종자(유기식품 및 무농약농산물 등의 인증에 관한 세부실시 요령 [별표 1])
재배포장의 토양에 대해서는 매년 1회 이상의 검정을 실시하여 토양 비옥도가 유지·개선되고 염류가 과도하게 집적되지 않도록 노력하며, 토양비옥도 수치가 적정치 이하이거나 염류가 과도하게 집적된 경우 개선계획을 마련하여 이행하여야 한다. 벼를 재배할 경우에는 토양환경정보시스템(http://soil.rda.go.kr)에서 제공하는 논토양 유기자재 처방서를 참고할 수 있다.

2018년 제3회 | 과년도 기출문제

재배학원론

01 대기의 조성에서 질소 가스는 약 몇 %인가?

① 21% ② 79%

③ 0.03% ④ 50%

해설

대기 중에는 질소가 약 79%, 산소 약 21%, 이산화탄소 0.03%, 기타 물질 등이 포함되어 있다.

02 다음 중 작물의 적산온도가 가장 낮은 것은?

① 벼 ② 메 밀

③ 담 배 ④ 조

해설

② 메밀 : 1,000~1,200℃
① 벼 : 3,500~4,500℃
③ 담배 : 3,200~3,600℃
④ 조 : 1,800~3,000℃

03 수박 접목의 특성에 대한 설명으로 가장 거리가 먼 것은?

① 흡비력이 강해진다.
② 과습에 잘 견딘다.
③ 품질이 우수해진다.
④ 흰가루병에 강해진다.

해설

박과채소류 접목의 단점 : 흰가루병에 약하다

04 다음에서 설명하는 것은?

- 펄프 공장에서 배출
- 감수성이 높은 작물인 무는 0.1ppm에서 1시간이면 피해를 받음
- 미세한 회백색의 반점이 잎 표면에 무수히 나타남
- 피해 대책으로 석회물질을 시용

① 아황산가스
② 불화수소가스
③ 염소계 가스
④ 오존가스

해설

염소가스(Cl_2)는 표백제 제조 공장, 염소 및 염산 제조 공장, 펄프 공장, 상하수도 처리시설, 석탄. 제조, 합성수지 공장 등 화학공장에서 배출된다.

05 다음 중 C_3 식물에 해당하는 것으로만 나열된 것은?

① 옥수수, 수수
② 기장, 사탕수수
③ 명아주, 진주조
④ 보리, 밀

해설

- C_3 식물 : 벼, 밀, 보리, 콩, 담배 등
- C_4 식물 : 사탕수수, 옥수수, 수수, 피, 사탕수수, 기장, 진주조, 명아주 등

정답 1 ② 2 ② 3 ④ 4 ③ 5 ④

06 다음 중 열해에 대한 설명으로 가장 적절하지 않은 것은?

① 암모니아의 축적이 많아진다.
② 철분이 침전된다.
③ 유기물의 소모가 적어져 당분이 증가한다.
④ 증산이 과다해진다.

해설
고온에서는 광합성보다 호흡작용이 우세하여 유기물 소모가 많아지고
당분이 감소한다.

07 (   )에 알맞은 내용은?

> 감자 영양체를 20,000rad 정도의 (   )에 의한 γ선을
> 조사하면 맹아억제 효과가 크므로 저장기간이 길어진다.

① ^{15}C
② ^{60}Co
③ ^{17}C
④ ^{40}K방사성 동위원소의 이용

해설
^{60}Co, ^{137}Cs에 의한 γ선을 조사하면 휴면이 연장되고 맹아억제 효과가
있다.

08 벼의 침수피해에 대한 내용이다. (   )에 알맞은 내용은?

> • 분얼 초기에는 침수피해가 (가)
> • 수잉기~출수개화기 때 침수피해는 (나)

① 가 : 작다, 나 : 작아진다.
② 가 : 작다, 나 : 커진다.
③ 가 : 크다, 나 : 커진다.
④ 가 : 크다, 나 : 작아진다.

해설
벼의 침수피해는 분얼 초기에는 작지만, 수잉기~출수개화기에는
커진다.

09 다음 중 자연교잡률이 가장 낮은 것은?

① 아 마   ② 밀
③ 보 리   ④ 수 수

해설
작물의 자연교잡률
• 보리 : 0.15% 이하
• 밀 : 0.3~0.6%
• 벼 : 1% 내외
• 아마 : 1~2%
• 수수 : 5%

10 다음 중 노후답의 재배대책으로 가장 거리가 먼 것은?

① 조식재배를 한다.
② 저항성 품종을 선택한다.
③ 무황산근 비료를 시용한다.
④ 덧거름 중점의 시비를 한다.

해설
노후답의 재배대책
• 저항성 품종재배 : H_2S 저항성 품종, 조중생종 > 만생종
• 조기재배 : 수확 빠르면 추락 덜함
• 시비법 개선 : 무황산근 비료시용, 웃거름중점 시비, 엽면시비
• 재배법 개선 : 직파재배(관개시기 늦출 수 있음), 휴립재배(심층시비
  효과, 통기조장), 답전윤환(지력증진)

11 다음 중 (   )에 알맞은 내용은?

> • Ookuma는 목화의 어린 식물로부터 이층의 형성을 촉진하여 낙엽을 촉진하는 물질로서 (   )을/를 순수분리하였다.
> • (   )은/는 잎의 노화, 낙엽을 촉진하고 휴면을 유도한다.

① 에틸렌　　　　　② 지베렐린
③ ABA　　　　　④ 사이토키닌

해설
ABA(아브시스산)
• 잎의 노화 및 낙엽을 촉진하고 휴면을 유도한다.
• 종자의 휴면을 연장하여 발아를 억제한다.
• 단일 식물에서 장일하의 화성을 유도한다.
• ABA가 증가하면 기공이 닫혀서 위조저항성이 커진다.

12 다음 중 천연 식물생장조절제의 종류가 아닌 것은?

① 제아틴　　　　　② 에세폰
③ IPA　　　　　④ IAA

해설
에세폰은 합성 식물생장조절제이다.

13 다음 중 작물의 내염성 정도가 가장 강한 것은?

① 가 지　　　　　② 사 과
③ 감 자　　　　　④ 양배추

해설
내염성
• 정도가 강한 작물 : 유채, 목화, 순무, 사탕무, 양배추, 라이그라스
• 정도가 약한 작물 : 완두, 고구마, 베치, 가지, 녹두, 셀러리, 감자, 사과, 배, 복숭아, 살구

14 다음 중 작물의 기원지가 중국지역에 해당하는 것으로만 나열된 것은?

① 감자, 땅콩, 담배　　② 조, 피, 메밀
③ 토마토, 고추, 수수　　④ 수박, 참외, 호밀

해설
기원지별 주요작물
• 중국지역 : 6조보리, 조, 피, 메밀, 콩, 팥, 파, 인삼, 배추, 자운영, 동양감, 감, 복숭아
• 인도 · 동남아시아 지역 : 벼, 참깨, 사탕수수, 모시품, 왕골, 오이, 박, 가지, 생강
• 중앙아시아 지역 : 귀리, 기장, 완두, 삼, 당근, 양파, 무화과
• 코카서스 · 중동지역 : 2조보리, 보통밀, 호밀, 유채, 아마, 마늘, 시금치, 사과, 서양배, 포도
• 지중해 연안 지역 : 완두, 유채, 사탕무, 양귀비, 화이트클로버, 티머시, 오처드그라스, 무, 순무, 우엉, 양배추, 상추
• 중앙아프리카 지역 : 진주조, 수수, 강두(광저기), 수박, 참외
• 멕시코 · 중앙아메리카 지역 : 옥수수, 강낭콩, 고구마, 해바라기, 호박
• 남아메리카 지역 : 감자, 땅콩, 담배, 토마토, 고추

15 다음 중 작물의 주요온도에서 최저온도가 가장 낮은 것은?

① 귀 리　　　　　② 옥수수
③ 호 밀　　　　　④ 담 배

해설
작물별 발아 최저온도 비교
호밀, 완두, 삼(1~2) < 밀(3~3.5) < 보리(3~4.5) < 귀리, 사탕무(4~5) < 옥수수(8~10) < 콩(10) < 벼(10~12) < 오이(12) < 담배(13~14) < 멜론(12~15) < 박(15)

16 다음 중 감온형에 해당하는 것은?

① 그루콩   ② 그루조

③ 가을메밀   ④ 올 콩

해설
우리나라 주요 작물의 기상생태형
• 감온형 : 조생종, 그루콩, 그루조, 가을메밀
• 감광형 : 만생종, 올콩, 봄조, 여름메밀

17 다음 중 상대습도가 70%일 때 쌀의 안전저장 온도 조건으로 가장 적절한 것은?

① 5℃   ② 10℃

③ 15℃   ④ 20℃

해설
쌀의 안전저장 조건은 온도 15℃, 상대습도 약 70%이다.

18 다음 중 단일식물에 해당하는 것으로만 나열된 것은?

① 샐비어, 콩   ② 양귀비, 시금치

③ 양파, 상추   ④ 아마, 감자

해설
단일식물 : 담배, 콩, 벼, 코스모스, 샐비어, 나팔꽃

19 벼와 같이 식물체가 포기를 형성하는 작물을 무엇이라 하는가?

① 포복형작물

② 주형작물

③ 내랭성작물

④ 내습성작물

해설
② 주형작물 : 벼, 맥류(麥類), 오처드그라스 등
① 포복형작물 : 고구마, 딸기 등
③ 내랭성작물 : 호밀, 감자, 배추 등
④ 내습성작물 : 미나리, 벼 등

20 다음 중 굴광현상이 가장 유효한 것은?

① 440~480nm

② 490~520nm

③ 560~630nm

④ 650~690nm

해설
굴광현상은 400~500nm, 특히 440~480nm의 청색광이 가장 유효하다.

정답   16 ④ 17 ③ 18 ① 19 ② 20 ①

토양비옥도 및 관리

21 토양의 양이온치환용량과 가장 관계가 적은 것은?

① 유기물 함량   ② 수분 함량

③ 점토 함량   ④ 비표면적

해설

유기물이나 점토의 함량이 많아 토성이 미세할수록, 비표면적이 클수록 양이온치환용량(CEC)은 커진다.

22 전형적인 농경지 토양에 서식하는 생물 중 가장 많은 수를 차지하는 것은?

① 세 균   ② 사상균

③ 조 류   ④ 선 충

해설

토양 생물의 개체수

세균 > 방선균 > 사상균 > 조류 > 선충 > 지렁이

23 다음 중 스멕타이트를 많이 포함한 토양에 부숙된 유기물을 가할 때 나타나는 현상이 아닌 것은?

① 수분 보유력이 증가한다.

② 토양 pH가 감소한다.

③ CEC가 증가한다.

④ 입단화 현상이 증가한다.

해설

토양 유기물의 작용은 완충제로 pH를 유지시킨다.

24 석회를 시용 시 침출이 가장 빠른 양이온은?

① H^+ ② Mg^{2+}

③ Na^+ ④ K^+

해설

석회물질을 사용하면 토양에 Ca^{2+}이온이 공급되어 Na^+이온과 치환하면 토양입자가 Ca교질로 되며 물리성이 양호해지면서 Na염이 표면 또는 지하로 용탈되어 제염되는 것으로 알려져 있다.

25 토양수분의 토양수분장력(pF) 크기 순서로 옳은 것은?

① 흡습수 > 중력수 > 모관수

② 중력수 > 모관수 > 흡습수

③ 흡습수 > 모관수 > 중력수

④ 모관수 > 중력수 > 흡습수

해설

토양수분의 토양수분장력(pF) 크기

결합수(7.0 이상) > 흡습수(4.5 이상) > 모관수(2.7~4.5) > 중력수(0~2.7)

26 토양 생성에 관여하는 풍화작용 중 성질이 다른 하나는?

① 산화작용
② 가수분해작용
③ 수화작용
④ 침식작용

해설
• 화학적 풍화작용 : 산화작용, 가수분해, 탄산화작용, 수화작용, 용해작용과 킬레이트화 작용 등
• 물리적 풍화작용 : 대기에 의한 풍식, 수식에 의한 침식작용

27 토양생물이 고등식물에 끼치는 유익작용은?

① 각종 병을 일으킨다.
② 황산염을 환원한다.
③ 탈질작용을 한다.
④ 공기 중 유리 질소를 고정한다.

해설

토양 미생물의 유익 작용	토양 미생물의 유해 작용
• 탄소순환 • 미생물에 의한 무기성분의 변화 • 암모니아화성 작용 • 미생물 간의 길항 작용 • 질산화 작용 • 토양구조 입단화 • 유리 질소의 고정 • 생장 촉진 물질 분비 • 가용성 무기성분의 동화	• 질산염의 환원과 탈질작용 • 황산염의 환원작용으로 황화수소 발생 • 환원성 유해물질 생성 및 집적 • 작물과의 양분경합 – 질소 기아현상 • 병해 발생 • 선충해 유발

28 다음 중 우리나라 밭 토양의 특성에 해당하는 것은 모두 몇 가지인가?

> ㄱ. 곡간지 및 산록지와 같은 경사지에 많이 분포한다.
> ㄴ. 세립질과 역질(礫質) 토양이 많다.
> ㄷ. 저위생산성인 토양이 많다.
> ㄹ. 화학성이 불량하다.

① 1
② 2
③ 3
④ 4

해설
밭 면적 중 74%가 곡간지와 구능지 및 산록지에 산재해 있으며, 평탄지 밭은 9%에 불과하다. 또한 침식에 의하여 토양의 유실과 비료성분의 용탈이 심하고 지력이 낮은 척박한 토양이 대부분이다.

29 지표면 피복의 직접적인 효과 및 피복재료에 대한 설명으로 거리가 먼 것은?

① 지표면 피복은 유거수의 유거속도를 줄인다.
② 지표면을 피복하면 토양 보온효과가 있다.
③ 지표면 피복은 강우에 의한 토양입자의 분산을 경감시킨다.
④ 탄질률이 낮은 재료를 지표면에 피복하면 토양 질소의 함량이 감소한다.

해설
질소 함량이 많은 경우에는 탄질률이 낮고, 질소 함량이 적은 경우에는 탄질률이 높다.

30 다음 중 비점오염원에 해당하는 것은?

① 폐기물 매립지
② 산성비
③ 송유관
④ 가축사육장

해설
비점오염원 : 정확한 위치와 형태, 크기를 파악하는 것이 힘든 넓은 지역적 범위를 갖는 오염원으로서 농촌 지역에 살포된 농약 및 비료, 질산성 질소, 도로 제설제, 산성비 등이 포함된다.

31 다음 점토광물 중 수분함량에 따라 부피가 가장 크게 변하는 것은?

① 스멕타이트　　　② 카올리나이트
③ 버미큘라이트　　④ 일라이트

해설
버미큘라이트(Vermiculite)
질석을 약 1,000℃에서 구운 것으로, 결합력은 일라이트보다 약하지만 층간에 수분이 유입되면 팽창하게 된다.

32 식물의 양분흡수 이용능력에 직접적으로 영향을 주는 요인으로 거리가 먼 것은?

① 뿌리의 표면적
② 뿌리의 호흡작용
③ 근권의 탄산가스 농도
④ 양분 활성화와 관련되는 뿌리분비물의 종류와 양

해설
무기양분의 흡수와 이용능력에 영향을 미치는 요인
활성 뿌리 표면적, 뿌리의 호흡작용, 뿌리의 치환용량, 뿌리의 양분개발을 위한 분비물의 생성량 등

33 질소성분 100kg을 토양에 처리하여 작물로 회수된 질소양이 50kg이었고, 시비하지 않은 토양에서는 작물로 20kg의 질소가 회수되었다. 이때 이 질소비료의 질소이용효율은?

① 20%　　　② 30%
③ 50%　　　④ 70%

해설
질소이용효율
= 100kg(시용량) − 50kg(작물흡수) − 20kg(토양으로부터 작물흡수)
= 30kg

34 다음 중 토양 열전도도가 가장 높은 것은?

① 이탄토
② 양 토
③ 식 토
④ 사 토

해설
열전도도 : 사토 > 양토 > 식토 > 이탄토

35 난분해성 리그닌의 분해능력이 가장 뛰어난 미생물은?

① 세 균
② 사상균
③ 방사상균
④ 조 류

해설
사상균은 이용하는 유기물의 종류에 따라 당류(糖類)사상균・셀룰로스 분해사상균・리그닌 분해사상균으로 나누어지며, 세균에 비해 일반적으로 내산성(耐酸性)이 강해, 특히 산성토양에서 유기물 분해에 중요한 작용을 한다.

36 지각을 구성하는 원소 중 함량이 가장 많은 것은?

① 알루미늄　　　　② 규 소

③ 산 소　　　　　　④ 칼 슘

해설

지각의 8대 구성원소의 함량

산소 > 규소 > 알루미늄 > 철 > 칼슘 > 나트륨 > 칼륨 > 마그네슘 순서이다.

37 토양의 대형동물에 대한 설명으로 옳은 것은?

① 몸의 길이가 5cm 이상인 동물을 말한다.

② 대형동물에는 지네, 선충 등이 있다.

③ 개미는 농업적으로 가장 중요한 대형동물이다.

④ 지렁이는 유기물이 많은 점질토양에서 잘 자라는 대형동물이다.

해설

지렁이는 하루에 자신의 몸무게의 2~30배의 흙(유기물 등)을 섭취하고 건강한 토양에서 300평당 50만 마리 서식을 가정하였을 때 분변토를 연 10~20톤 배설할 수 있다.

① 대형동물은 폭이 2mm 이상인 동물을 말한다.

② 대형동물에는 두더지, 지네, 거미 등이 있다. 선충은 소동물이다.

③ 지렁이는 농업적으로 가장 중요한 대형동물이다.

38 질소기아현상에 대한 설명으로 틀린 것은?

① 볏짚을 넣어 주면 해소될 수 있다.

② 토양의 미생물과 식물체 사이의 질소 경쟁이다.

③ 대개 탄질비가 30 이상일 때 나타난다.

④ 탄질비가 15 이하가 되면 해소된다.

해설

볏짚은 탄질률이 높기 때문에 토양 내 질소기아현상을 가중시킨다.

39 다음 중 토양의 화학적 반응에 의해 가장 많이 영향을 받는 것은?

① 토양 삼상의 비율

② 토 성

③ 토양 pH

④ 토양의 구조

해설

토양의 화학적 반응 : 토양산도(pH), 산화, 가수분해 등

40 풍식에 대한 설명으로 옳은 것은?

① 풍식은 건조지역보다 습윤지역에서 잘 일어난다.

② 우리나라에서는 해안 모래바닥에서 주로 일어난다.

③ 풍식의 정도는 바람의 속도에 반비례한다.

④ 토양입자는 물에서보다 공기 중에서 입자 상호 간 충돌이 많다.

해설

② 우리나라에서는 동해안, 제주도 등에서 자주 일어나며, 풍속이 클수록 피해가 크다.

정답 36 ③　37 ④　38 ①　39 ③　40 ②

제3과목 유기농업개론

41 유기농산물 및 유기임산물의 토양 개량과 작물 생육을 위해 사용 가능한 물질 중 "해수"의 사용가능 조건에 대한 내용으로 틀린 것은?

① 천연에서 유래할 것
② 엽면(葉面) 시비용으로 사용할 것
③ 충분한 발효와 희석을 거쳐 사용할 것
④ 토양에 염류가 쌓이지 않도록 필요한 최소량만을 사용할 것

[해설]
토양 개량과 작물 생육을 위해 사용 가능한 물질 – 해수(친환경농어업법 시행규칙 [별표 1])
• 천연에서 유래할 것
• 엽면시비용(葉面施肥用)으로 사용할 것
• 토양에 염류가 쌓이지 않도록 필요한 최소량만을 사용할 것

42 유리섬유를 첨가하지 않은 아크릴 수지 100%의 경질판에 해당하는 것은?

① PC판　② FRP판
③ FRA판　④ MMA판

[해설]
• FRP : 불포화폴리에스터수지에 유리섬유를 보강시킨 복합재
• FRA판 : 아크릴수지에 유리섬유를 샌드위치 모양으로 가공한 것
• MMA판 : 보온성이 높지만 열에 의한 팽창과 수축이 매우 크다.

43 다음 중 (가)에 알맞은 내용은?

유기축산물의 생산을 위한 가축에게는 (가)퍼센트 유기사료를 급여하여야 하며, 유기사료 여부를 확인하여야 한다.

① 100　② 80
③ 70　④ 50

[해설]
유기축산물 – 사료 및 영양관리(친환경농어업법 시행규칙 [별표 4])
유기가축에게는 100% 유기사료를 공급하는 것을 원칙으로 할 것. 다만, 극한 기후조건 등의 경우에는 국립농산물품질관리원장이 정하여 고시하는 바에 따라 유기사료가 아닌 사료를 공급하는 것을 허용할 수 있다.

44 중경의 장점으로 틀린 것은?

① 토양통기의 조장
② 단근 억제
③ 토양수분의 증발 경감
④ 비효증진 효과

[해설]
중경의 장단점
• 장점 : 발아조장, 토양통기조장, 토양수분의 증발억제, 비효증진, 잡초방제
• 단점 : 단근피해, 토양침식의 조장, 동상해의 조장

45 다음 중 육종과정이 옳게 나열된 것은?

① 육종목표 설정 → 신품종 결정 및 등록 → 변이작성 → 지역적응성 검정 → 생산성 검정
② 육종목표 설정 → 변이작성 → 지역적응성 검정 → 생산성 검정 → 신품종 결정 및 등록
③ 육종목표 설정 → 변이작성 → 생산성 검정 → 지역적응성 검정 → 신품종 결정 및 등록
④ 육종목표 설정 → 변이작성 → 신품종 결정 및 등록 → 생산성 검정 → 지역적응성 검정

[해설]
육종의 과정
육종목표 설정 → 육종재료 및 육종방법 결정 → 변이작성 → 우량계통 육성 → 생산성 검정 및 지역적응성 검정 → 신품종결정 및 등록 → 종자증식 → 신품종 보급

46 수경재배의 분류에서 분무경에 대한 설명으로 옳은 것은?

① 고형배지경이면서 무기배지경에 해당한다.

② 고형배지경이면서 유기배지경에 해당한다.

③ 순수수경이면서 기상배지경에 해당한다.

④ 순수수경이면서 액상배지경에 해당한다.

해설

분무경과 분무수경은 순수수경이면서 기상배지경에 해당한다.

47 다음에서 설명하는 것은?

> 녹비 등 잡초를 키우지 않는 방법으로 관리하기가 쉬운 장점이 있으나 나지상태로 관리되므로 토양 다져짐, 양분 용탈, 침식 등 토양의 물리화학성이 불량해지는 단점이 있다.

① 청경재배   ② 피복재배

③ 절충재배   ④ 초생재배

해설

① 청경재배 : 잡초를 모두 제거하고 작물을 재배하는 방법으로, 토양을 맨땅 상태로 방치하게 되어 경사지에서는 토양의 침식이 심해 경토와 그 속의 비료분이 빗물과 함께 유실되기 쉽다.

② 피복재배 : 멀칭재배

③ 절충재배 : 과수 묘목이 어린 유목일 경우 청경재배로 관리하다가 성목이 된 이후에는 초생재배하는 방법

④ 초생재배 : 잡초를 제거하지 않고 재배하는 방법

48 유기축산물 사료 및 영양관리에 대한 내용이다. 다음 중 내용이 틀린 것은?

> 다음에 해당되는 물질을 사료에 첨가해서는 아니 된다.
> 가) 가축의 대사기능 촉진을 위한 합성 화합물
> 나) 반추가축에게 포유동물에서 유래한 사료(우유 및 유제품 포함)는 어떠한 경우에도 첨가해서는 아니 된다.
> 다) 합성질소 또는 비단백태질소화합물
> 라) 항생제·합성항균제·성장촉진제, 구충제, 항콕시듐제 및 호르몬제

① 가)   ② 나)

③ 다)   ④ 라)

해설

유기축산물 – 사료 및 영양 관리(유기식품 및 무농약농산물 등의 인증에 관한 세부실시 요령 [별표 1])

다음에 해당되는 물질을 사료에 첨가해서는 아니 된다.

• 가축의 대사기능 촉진을 위한 합성화합물

• 반추가축에게 포유동물에서 유래한 사료(우유 및 유제품을 제외)는 어떠한 경우에도 첨가해서는 아니 된다.

• 합성질소 또는 비단백태질소화합물

• 항생제·합성항균제·성장촉진제, 구충제, 항콕시듐제 및 호르몬제

• 그 밖에 인위적인 합성 및 유전자조작에 의해 제조·변형된 물질

49 산성토양에 극히 강한 것으로만 나열된 것은?

① 자운영, 콩   ② 팥, 시금치

③ 사탕무, 부추   ④ 기장, 땅콩

해설

산성토양 적응성

• 극히 강한 것 : 벼, 밭벼, 귀리, 기장, 땅콩, 아마, 감자, 호밀, 토란

• 강한 것 : 메밀, 당근, 옥수수, 고구마, 오이, 호박, 토마토, 조, 딸기, 베치, 담배

• 약한 것 : 고추, 보리, 클로버, 완두, 가지, 삼, 겨자

• 가장 약한 것 : 알팔파, 자운영, 콩, 팥, 시금치, 사탕무, 셀러리, 부추, 양파

50 다음 중 웅성불임성을 이용하는 것으로만 짝지어진 것은?

① 무, 양배추   ② 배추, 브로콜리

③ 순무, 브로콜리   ④ 당근, 양파

해설

• 웅성불임성 이용 : 고추, 양파, 당근, 상추 등

• 자가불화합성 이용 : 무, 순무, 배추, 양배추, 브로콜리

정답   46 ③   47 ①   48 ②   49 ④   50 ④

51 다음에서 설명하는 것은?

> • 못자리 초기부터 물을 대고 육묘하는 방식이다.
> • 물이 초기의 냉온을 보호하고, 모가 균일하게 비교적 빨리 자라며, 잡초, 병충해, 쥐, 새의 피해도 적다.

① 물못자리　　　　　② 밭못자리
③ 보온밭못자리　　　④ 상자육묘

해설
물못자리
• 장점 : 설치가 쉽고, 초기 냉온으로부터 보호하며, 잡초·병충해·쥐·조류 등의 피해를 줄일 수 있다.
• 단점 : 발근력이 약하고, 묘가 연약하며 노화가 빠르다.

52 다음 중 (　　)에 알맞은 내용은?

> 벼의 경우 발아, 생육을 촉진할 목적으로 종자의 싹을 약간 틔워서 파종하는데, 이를 (　　)(이)라고 한다.

① 건열처리　　　　　② 온탕침법
③ 프라이밍　　　　　④ 최 아

해설
최아(催芽)는 침종이 끝난 종자를 파종 직전에 싹을 트게 하는 것이다.

53 작물의 복토 깊이가 0.5~1cm에 해당하는 것으로만 나열된 것은?

① 콩, 팥　　　　　　② 옥수수, 토란
③ 완두, 크로커스　　④ 가지, 토마토

해설
주요 작물의 복토 깊이

복토 깊이	작물
0.5~1.0cm	순무, 배추, 양배추, 가지, 고추, 토마토, 오이, 차조기
3.5~4.0cm	콩, 팥, 완두, 잠두, 강낭콩, 옥수수
5.0~9.0cm	감자, 토란, 생강, 글라디올러스, 크로커스

54 유기농산물 및 유기임산물의 병해충 관리를 위해 사용 가능한 물질 중 사용 가능 조건이 "토양에 직접 살포하지 않을 것"에 해당하는 것은?

① 생석회(산화칼슘)　　② 보르도액
③ 수산화동　　　　　　④ 산염화동

해설
병해충 관리를 위해 사용 가능한 물질(친환경농어업법 시행규칙 [별표 1])

사용가능 물질	사용가능 조건
생석회(산화칼슘) 및 소석회 (수산화칼슘)	토양에 직접 살포하지 않을 것
구리염, 보르도액, 수산화동, 산염화동, 부르고뉴액	토양에 구리가 축적되지 않도록 필요한 최소량만을 사용할 것

55 다음에서 설명하는 것은?

> • 기본집단에서 선발한 우량개체를 자가수분하고, 동시에 검정친과 교배한다.
> • 일반조합능력을 개량하는 데 효과적이다.
> • 3년 주기로 반복하여 실시한다.

① 합성품종선발　　　② 단순순환선발
③ 집단선발　　　　　④ 영양번식선발

해설
순환선발에는 단순순환선발(일반조합 능력 개량)과 상호순환선발법(일반조합능력검정과 특정조합능력 함께 개량)이 있다.

56 유기축산물 사육장 및 사육조건에 대한 내용이다. (　　)에 알맞은 내용은?

> 번식돈은 임신 말기 또는 포유기간을 제외하고는 군사를 하여야 하고, 자돈 및 육성돈은 케이지에서 사육하지 아니할 것. 다만, 자돈 압사 방지를 위하여 포유기간에는 모돈과 조기에 젖을 뗀 자돈의 생체중이 (　　)kg까지는 케이지에서 사육할 수 있다.

① 25　　　　　　　　② 28
③ 30　　　　　　　　④ 32

해설
유기축산물 – 사육장 및 사육조건(유기식품 및 무농약농산물 등의 인증에 관한 세부실시 요령 [별표 1])
번식돈은 임신 말기 또는 포유기간을 제외하고는 군사를 하여야 하고, 자돈 및 육성돈은 케이지에서 사육하지 아니할 것. 다만, 자돈 압사 방지를 위하여 포유기간에는 모돈과 조기에 젖을 뗀 자돈의 생체중이 25kg까지는 케이지에서 사육할 수 있다.

57 다음 중 논(환원)상태에 해당하는 것은?

① CO_2　　　　　　② NO_3^-
③ Mn^{4+}　　　　　④ CH_4

해설
밭토양과 논토양의 원소 존재형태

원 소	밭(산화)토양	논(환원)토양
C	CO_2	CH_4, 유기산류
N	NO_3^-	N_2, NH_4
Mn	Mn^{4+}, Mn^{3+}	Mn^{2+}

58 기둥과 기둥 사이에 배치하여 벽을 지지해 주는 수직재에 해당하는 것은?

① 샛기둥　　　　　　② 서까래
③ 중도리　　　　　　④ 왕도리

해설
② 서까래 : 지붕 위의 하중을 지탱하며 왕도리, 중도리 및 갖도리 위에 걸쳐 고정하는 자재이다.
③ 중도리 : 지붕을 지탱하는 골재로 왕도리와 갖도리 사이에 설치되어 서까래를 받치는 수평재이다.
④ 왕도리 : 대들보라고도 하며, 용마루 위에 놓이는 수평재를 말한다.

59 "전류가 텅스텐 필라멘트를 가열할 때 발생하는 빛을 이용하는 등"에 해당하는 것은?

① 백열등　　　　　　② 형광등
③ 수은등　　　　　　④ 메탈할라이드등

해설
② 형광등 : 유리관 속에 수은과 아르곤을 넣고 안쪽 벽에 형광 물질을 바른 전등
③ 수은등 : 유리관에 수은을 넣고 양쪽 끝에 전극을 봉한 발생관을 진공 봉입한 전등
④ 메탈할라이드등 : 각종 금속 용화물이 증기압 중에 방전함으로써 금속 특유의 발광을 나타내는 현상을 이용한 등

60 다음 중 내습성이 가장 강한 것은?

① 올리브　　　　　　② 포 도
③ 배　　　　　　　　④ 밤

해설
과수의 내습성 크기
올리브 > 포도 > 밀감 > 감, 배 > 밤, 복숭아, 무화과

제4과목 유기식품 가공·유통론

61 유기농법을 적용할 경우 예상되는 결과와 거리가 먼 것은?

① 화학비료를 사용하지 않아 과용된 비료에 의한 환경오염을 줄일 수 있다.
② 잔류농약으로 인한 위험이 줄어든다.
③ 농약과 비료를 사용하지 않아 고품질의 지속적인 농업 생산량을 유지하기가 어렵다.
④ 부가가치를 증가시켜 고가로 판매할 수 있어 경쟁력 있는 농업으로 발전할 수 있다.

해설
유기농업은 화학자재 대신 윤작, 녹비작물, 유기질비료, 유기농사료 등을 사용하고, 특히 축산과 윤작에 의한 자연순환농업을 통해 생태계의 건전성을 유지한다.

62 식품의 냉장 보관 시 고려해야 할 사항으로 틀린 것은?

① 식품의 종류에 따라 냉장온도를 달리한다.
② 과일과 채소의 경우 냉해가 발생되는 온도까지 냉장온도를 낮게 한다.
③ 냉장실 내부 온도는 일정하게 유지되어야 한다.
④ 육류, 우유 등은 빙결 온도 이상의 냉장온도에서 미생물 활동을 억제할 수 있는 온도에서 저장한다.

해설
대부분의 과일과 채소는 얼지 않는 최저온도에서 저장해야 가장 오랫동안 저장할 수 있다.

63 친환경농산물의 유통비용을 줄이는 방안으로 적절하지 않은 것은?

① 물적 유통의 효율성을 증대시킨다.
② 직거래 등으로 유통단계를 줄인다.
③ 고급 백화점에서 한정 상품으로 판매한다.
④ 로컬 푸드와 같은 산지 거래를 활성화한다.

해설
농산물의 유통비용을 줄이기 위해서는 물적유통비용과 서비스비용을 줄이는 방법으로, 중간상이 이윤을 과다하게 취하는 문제는 이들에 대한 관리 감독 혹은 유통단계의 축소 및 직거래나 전자상거래의 활성화가 해결책이 될 수 있을 것이다.

64 통조림 제조의 주요 공정을 순서대로 바르게 나열한 것은?

① 살균 – 탈기 – 밀봉 – 냉각
② 탈기 – 냉각 – 살균 – 밀봉
③ 탈기 – 밀봉 – 살균 – 냉각
④ 밀봉 – 살균 – 탈기 – 냉각

해설
통조림 제조공정
원료 → 선별 → 씻기 → 열처리 → 제핵과 박피 → 선별 → 담기 → 조미액 넣기 → 탈기 → 밀봉 → 살균 → 냉각 → 검사 → 제품

65 유기농 오이 10kg 한 상자의 생산자가격이 10,000원이고, 유통마진율이 20%라고 할 때 소비자가격은 얼마인가?

① 12,000원
② 12,500원
③ 13,000원
④ 13,500원

해설
소비자가격 = $10,000 \div \left(\frac{100-20}{100} \right) = 12,500$원

66 식품을 취급하는 작업장의 구비조건으로 옳지 않은 것은?

① 작업장의 입지는 폐수·오물처리가 편리하고, 교통이 편리한 곳이 좋다.

② 바닥 표면은 미끄러지지 않고 쉽게 균열이 가지 않는 재질로 하여야 한다.

③ 벽과 바닥이 맞닿는 모서리는 청소를 용이하게 하기 위해 직각을 유지하는 것이 좋다.

④ 작업실의 벽 및 천장은 내수성이 있어야 하며 결로가 생기지 않도록 하여야 한다.

해설

바닥과 벽이 만나는 모서리 부분은 최소 반경이 2.5cm 이상의 곡면이 되도록 설계하는 것이 좋다.

67 특정 온도에서 농산물의 호흡률과 포장필름(Film)의 적절한 투과성에 의해 포장 내부의 가스 조성이 적절하게 유지되도록 하여 농산물을 신선하게 보관하는 방법은?

① MA(Modified Atmosphere) 저장

② CA(Controlled Atmosphere) 저장

③ 가스충전 포장

④ 무균밀봉 포장

해설

MA저장 : 원예산물의 자연적 호흡 또는 인위적인 기체 조성을 통해서 산소 소비와 이산화탄소를 방출시켜 포장 내에 적절한 대기가 조성되도록 하는 저장법

68 찰옥수수는 일반 옥수수에 비해서 젤화가 잘 일어나지 않고 걸쭉한 상태를 나타내는데 이는 찰옥수수의 어떤 성분 때문인가?

① 단백질

② 아밀로펙틴

③ 수 분

④ 포도당

해설

찰옥수수는 일반 옥수수보다 아밀로펙틴 성분이 다량 함유되어 찰기가 강하다.

69 무균충전 시스템과의 조합으로 상온 저장·유통이 가능하며, 고추장, 된장, 과일, 어육소시지, 어묵 등의 가공과 냉동식품의 해동에 응용이 가능한 살균방법으로 가장 적합한 것은?

① 전기저항가열법

② 적외선조사법

③ 방사선살균법

④ 한외여과법

해설

전기저항가열 살균법

낮은 볼트의 교차 전류를 식품 내로 흐르도록 하며, 식품의 전기 전도성(전기저항)으로 인하여 식품 내에 열을 발생시키는 방법으로 식품 내부에 온도구배가 생기지 않기 때문에 고추장, 된장 등 페이스트상 식품의 살균뿐. 아니라 과일, 채소류의 데치기, 어육 소시지, 어묵, 수산가공품의 가열조직화, 살균 해동 등 이용분야가 넓다.

70 포장 재료를 선정하기 위해 고려할 사항으로 틀린 것은?

① 수분함량이 많은 식품의 포장에는 내수성이 있는 재료를 선택한다.

② 가열살균을 하는 제품의 경우 고온에서도 포장 재료의 특성 변화가 적은 것을 선택한다.

③ 지방을 많이 함유하는 식품은 기체투과도가 높은 재료를 선택한다.

④ 냉동식품은 저온에서도 물리적 강도변화가 적은 포장 재료를 선택한다.

해설

지방의 산화는 저장온도뿐만 아니라 포장의 빛 투과에 의해서도 영향을 받아 기체투과도가 낮은 재료를 선택하여 포장한다.

71 비열 1.0kcal/℃·kg인 물 1,000kg을 4℃에서 74℃로 가열하고자 한다. 가열 중 열손실이 50%이면 필요한 열량은 얼마인가?

① 1,000kcal

② 70,000kcal

③ 140,000kcal

④ 280,000kcal

해설

열량 = 질량 × 비열 × 온도차 + 열손실량

$x = 1,000 \times 1 \times (74 - 4) + 0.5x$

$x = 70,000kcal + 0.5x$

열량 = 140,000kcal

72 상업적 살균(Commercial Sterilization)에 대한 설명으로 옳은 것은?

① 모든 미생물을 사멸하되 사멸 비용을 최소화하는 것이다.

② 일정한 유통조건에서 일정한 기간 동안 위생적 품질이 유지될 수 있는 정도로 미생물을 사멸하는 것이다.

③ 병원성 미생물의 사멸을 목적으로 한다.

④ 식품의 종류에 상관없이 같은 방법으로 살균하는 것이다.

해설
상업적 살균은 완전살균하지 않고 유통기한 내에 문제가 발생하지 않을 정도로 위생상 위험한 미생물을 대상으로 가열 살균하는 것을 말한다.

73 식품 등의 표시기준에 따르면 식용유지류 제품의 트랜스지방이 100g당 얼마 미만일 경우 "0"으로 표시할 수 있는가?

① 2g ② 4g
③ 5g ④ 8g

해설
영양성분별 세부표시방법 – 지방, 트랜스지방, 포화지방(식품 등의 표시기준)
트랜스지방은 0.5g 미만은 "0.5g 미만"으로 표시 할 수 있으며, 0.2g 미만은 "0"으로 표시할 수 있다. 다만, 식용유지류 제품은 100g당 2g 미만일 경우 "0"으로 표시할 수 있다.

74 다음 중 HACCP의 위해요소 중 화학적 위해요소가 아닌 것은?

① 중금속 ② 농 약
③ 항생물질 ④ 세균(박테리아)

해설
• 화학적 위해요소 : 중금속, 농약, 항생물질, 항균물질, 사용 기준 초과 또는 사용 금지된 식품 첨가물 등
• 생물학적 위해요소 : 병원성 미생물, 부패미생물, 병원성 대장균(군), 효모, 곰팡이, 기생충, 바이러스 등

75 대형유통업체에서 정상가로 판매하다가 시즌 마지막에 세일 같은 저가격전략을 사용하는 가격전략을 무엇이라 하는가?

① 상시 저가격전략(EDLP ; Everyday Low Price)
② High/Low 가격전략
③ 단수 가격전략(Odd-Price)
④ 로스리더(Loss Leader) 가격전략

해설
High/Low 가격전략(고저가격전략)
촉진용 상품을 대량구매하여 일부는 가격인하용으로 판매하여 저가격 이미지를 구축하고, 일부는 정상가격으로 판매하여 높은 이윤을 달성하고자 하는 가격정책으로 백화점등에서 활용되고 있는 가격전략이다.

76 유기농업에서 생태환경의 질을 유지하고 개선하기 위한 방법으로 가장 거리가 먼 것은?

① 에너지 재사용 ② 에너지 재순환
③ 에너지 관리 효율화 ④ 에너지 투입 최대화

해설
유기농업은 지역 조건, 생태계, 문화, 규모에 순응해야 한다. 생태적 질을 유지하고 증진하며, 재사용, 재순환, 물질과 에너지의 관리를 효율적으로 함으로써 자원을 보존해야 하는 것이 필수적이다.

77 대두유 또는 난황에서 분리한 인지질 함유 복합지질을 식용에 적합하도록 정제한 것 또는 이를 주원료로 하여 가공한 식품은?

① 레시틴식품　　　② 배아식품
③ 감마리놀렌산식품　④ 옥타코사놀식품

해설
② 배아식품 : 밀배아, 쌀배아를 분리하여 식용에 적합하도록 가공한 것 또는 이를 주원료로 하여 섭취가 용이하도록 가공한 것을 말한다.
③ 감마리놀렌산식품 : 감마리놀렌산을 함유한 달맞이꽃 종자 등에서 채취한 기름을 식용에 적합하도록 정제한 것 또는 이를 주원료로 하여 섭취가 용이하도록 가공한 것을 말한다.
④ 옥타코사놀식품 : 미강이나 소맥배아에서 추출한 유지에서 분리한 옥타코사놀 함유성분을 식용에 적합하도록 정제한 것 또는 이를 주원료로 하여 섭취가 용이하도록 가공한 것을 말한다.

78 미호기성 환경에서 생육하는 고온성균으로, 오염된 식육이나 조리되지 않은 닭고기 등에서 분리되는 식중독균은?

① 병원성 대장균(E. coli O157 : H7)
② 살모넬라균(*Salmonella typhimurium*)
③ 캠필로박터균(*Campylobacter jejuni*)
④ 비브리오균(*Vibrio parahaemolyticus*)

해설
③ 캠필로박터균 : 최적 온도인 42~43℃에 잘 증식하고, 산소가 적은 조건에서 생장하며, 또한 냉동 및 냉장 상태에서 장시간 생존이 가능하다. 특히 닭, 칠면조, 돼지, 개, 소, 고양이 등에 보균율이 높으며, 인간보다 체온이 높은 가금류의 경우 장내증식이 쉽게 일어난다.
① 병원성 대장균 : 1982년 미국에서 햄버거에 의한 식중독에서 대장균 O157:H7이 밝혀졌다.
② 살모넬라균 : 오염된 계란, 쇠고기, 가금육, 우유가 주요 원인이 된다.
④ 비브리오균 ; 원인식품은 해산 어패류가 압도적으로 많으며 생선회나 초밥 등의 생식이 주원인이 된다.

79 육류를 덜 익은 것 또는 날것을 육회로 섭취함으로써 인체에 감염되는 기생충이 아닌 것은?

① 회 충　　　② 무구조충
③ 유구조충　④ 선모충

해설
회충, 요충, 편충 등의 충란은 인체의 입을 통하여 감염되고, 무구조충, 유구조충과 선모충 등은 육류를 날 것으로 섭취했을 때 인체에 감염된다.

80 신제품 기획 시 제품의 디자인 및 제품의 특성은 마케팅 4P's Mix 중 어디에 해당되는가?

① Promotion　② Price
③ Place　　　④ Product

해설
마케팅 4P' Mix
• 제품(Product) : 상품, 상품 구색, 상품 이미지, 상표, 포장 등의 개발
• 가격(Price) : 상품가격의 수준과 범위, 가격 결정기법, 판매조건 등을 계획
• 촉진(Promotion) : 상품의 판매를 촉진하기 위한 광고, 인적 판매, 홍보, 판매 촉진 등의 수단을 계획, 통제하는 것
• 유통(Place) : 유통경로의 설계, 물류와 재고 관리, 도매상과 소매상 관리를 계획하는 것

유기농업 관련 규정

81 유기농업자재 관련 행정처분기준에서 공시사업자 또는 유기농업자재 유통업자가 공시를 받은 원료와 다른 원료를 사용하거나 제조 조성비를 다르게 한 경우 1회 위반 시 행정처분은?

① 업무정지 1개월
② 지정취소
③ 공시 취소 및 회수·폐기
④ 판매금지 및 회수·폐기

해설
개별기준 – 공시사업자 등(친환경농어업법 시행규칙 [별표 20])

위반행위	위반 횟수별 행정처분기준		
	1회 위반	2회 위반	3회 이상 위반
공시를 받은 원료·재료와 다른 원료·재료를 사용하거나 제조 조성비를 다르게 한 경우	판매금지 및 유기농업 자재의 회수·폐기	공시취소 및 유기농업 자재의 회수·폐기	–

82 농림축산식품부 소관 친환경농어업 육성 및 유기식품 등의 관리·지원에 관한 법률 시행규칙에서 "유기식품 등"에 해당하는 것은?

① 수산물
② 유기수산물의 원료
③ 유기사료
④ 수산물 가공품

해설
정의(친환경농어업법 시행규칙 제2조제4호)
'유기식품 등'이란 유기식품 및 비식용유기가공품(유기농축산물을 원료 또는 재료로 사용하는 것으로 한정한다)을 말한다.
※ 관련 법 개정으로 정답없음

83 유기배합사료제조용 물질 중 단미사료 유지류의 사용가능 조건은?

① 천연의 것일 것
② 99.9% 이상인 것일 것
③ 화학물질의 첨가나 화학적 제조공정을 거치지 않을 것
④ 충분한 발효와 희석을 거쳐 사용할 것

해설
사료로 직접 사용되거나 배합사료의 원료로 사용 가능한 물질(친환경농어업법 시행규칙 [별표 1])

구분	사용 가능 물질	사용 가능 조건
동물성	유지류	• 사료관리법에 따라 농림축산식품부장관이 정하여 고시하는 기준에 적합할 것 • 반추가축에 사용하지 않을 것

※ 관련 법 개정으로 정답없음

84 유기양봉제품의 전환기간에 대한 내용이다. (　)의 내용으로 알맞은 것은?

> 유기양봉제품은 유기양봉 기준을 적어도 (　) 이상 동안 준수하였을 때 유기적으로 생산된 양봉제품으로 판매할 수 있다.

① 6개월
② 1년
③ 2년
④ 3년

해설
유기축산물 중 유기양봉의 산물·부산물 – 전환기간(유기식품 및 무농약농산물 등의 인증에 관한 세부실시 요령 [별표 1])
유기양봉의 산물·부산물은 유기양봉의 인증기준을 적어도 1년 동안 준수하였을 때 유기양봉 산물 등으로 판매할 수 있다.

85 친환경관련법상 유기가공식품의 포장에 대한 구비요건으로 틀린 것은?

① 포장재와 포장방법은 유기가공식품을 충분히 보호하면서 환경에 미치는 나쁜 영향을 최소화되도록 선정하여야 한다.

② 포장재는 유기가공식품을 오염시키지 않는 것이어야 한다.

③ 합성살균제, 보존제, 훈증제 등을 함유하는 포장재, 용기 및 저장고는 사용할 수 있다.

④ 유기가공식품의 유기적 순수성을 훼손할 수 있는 물질 등과 접촉한 재활용된 포장재나 그 밖의 용기는 사용할 수 없다.

해설

유기가공식품 – 포장(유기식품 및 무농약농산물 등의 인증에 관한 세부실시 요령 [별표 1])
합성살균제, 보존제, 훈증제 등을 함유하는 포장재, 용기 및 저장고는 사용할 수 없다.

86 친환경관련법상 정당한 사유 없이 1년 이상 계속하여 공시업무를 하지 아니한 경우에 농림축산식품부장관이 명할 수 있는 것은?

① 6개월 이내의 기간을 정하여 그 업무의 전부 또는 일부의 정지를 명할 수 있다.

② 12개월 이내의 기간을 정하여 그 업무의 전부 또는 일부의 정지를 명할 수 있다.

③ 24개월 이내의 기간을 정하여 그 업무의 전부 또는 일부의 정지를 명할 수 있다.

④ 36개월 이내의 기간을 정하여 그 업무의 전부 또는 일부의 정지를 명할 수 있다.

해설

공시기관의 지정취소 등(친환경농어업법 제47조제1항)
농림축산식품부장관 또는 해양수산부장관은 공시기관이 다음 의 어느 하나에 해당하는 경우에는 지정을 취소하거나 6개월 이내의 기간을 정하여 그 업무의 전부 또는 일부의 정지 또는 시정조치를 명할 수 있다. 다만, 제1호부터 제3호까지의 경우에는 그 지정을 취소하여야 한다.
1. 거짓이나 그 밖의 부정한 방법으로 지정을 받은 경우
2. 공시기관이 파산, 폐업 등으로 인하여 공시업무를 수행할 수 없는 경우
3. 업무정지 명령을 위반하여 정지기간 중에 공시업무를 한 경우
4. 정당한 사유 없이 1년 이상 계속하여 공시업무를 하지 아니한 경우

87 친환경 관련법상 인증심사원의 자격취소 및 정지일반기준에 대한 내용이다. (   )의 내용으로 알맞은 것은?

> 위반행위의 횟수에 따른 행정처분의 가중된 부과기준은 최근 (   )간 같은 위반행위로 행정처분을 받은 경우에 적용한다. 이 경우 기간의 계산은 위반행위에 대해 행정처분을 받은 날과 그 처분 후 다시 같은 위반행위를 하여 적발된 날을 기준으로 한다.

① 6개월   ② 1년
③ 2년   ④ 3년

해설

과태료의 부과기준(친환경농어업법 시행령 [별표 2])
위반행위의 횟수에 따른 과태료의 가중된 부과기준은 최근 1년간 같은 위반행위로 과태료 부과처분을 받은 경우에 적용한다. 이 경우 기간의 계산은 위반행위에 대해 과태료 부과처분을 받은 날과 그 처분 후 다시 같은 위반행위를 하여 적발된 날을 기준으로 한다.

88 애완용동물 유기사료 중 가공원료에 대한 사항이다. (   )의 내용으로 알맞은 것은?

> 반려동물 사료의 경우 다음의 요건에 따라 비유기 원료를 사용할 수 있다. 다만, 유기원료와 같은 품목의 비유기 원료는 사용할 수 없다.
> 가) 95% 유기사료 : 상업적으로 유기원료를 조달할 수 없는 경우 제품에 인위적으로 첨가하는 소금과 물을 제외한 제품 중량의 (   ) 비율 내에서 비유기 원료의 사용
> 나) 70% 유기사료 : 제품에 인위적으로 첨가하는 소금과 물을 제외한 제품 중량의 30% 비율 내에서 비유기 원료의 사용

① 1%   ② 5%
③ 10%   ④ 15%

해설

비식용유기가공품(양축용 유기사료·반려동물 유기사료) – 가공원료 (유기식품 및 무농약농산물 등의 인증에 관한 세부실시 요령 [별표 1])
반려동물 사료의 경우 다음의 요건에 따라 비유기 원료를 사용할 수 있다. 다만, 유기원료와 같은 품목의 비유기 원료는 사용할 수 없다.
• 95% 유기사료 : 상업적으로 유기원료를 조달할 수 없는 경우 제품에 인위적으로 첨가하는 소금과 물을 제외한 제품 중량의 5% 비율 내에서 비유기 원료의 사용
• 70% 유기사료 : 제품에 인위적으로 첨가하는 소금과 물을 제외한 제품 중량의 30% 비율 내에서 비유기 원료의 사용

89 친환경관련법에서 농업의 근간이 되는 흙의 소중함을 국민에게 알리기 위하여 흙의 날을 정하였는데 흙의 날은?

① 10월 11일   ② 8월 11일
③ 5월 11일   ④ 3월 11일

해설
흙의 날을 3월 11일로 제정한 것은 '3'이 농사의 시작을 알리는 달로서 '하늘 + 땅 + 사람'의 3원과 농업 · 농촌 · 농민의 3농을 의미하고, '11' 은 흙을 의미하는 한자를 풀면 +와 −가 되기 때문이다.
흙의 날(친환경농어업법 제5조의2제1항)
농업의 근간이 되는 흙의 소중함을 국민에게 알리기 위하여 매년 3월 11일을 흙의 날로 정한다.

90 농림축산식품부장관 또는 해양수산부장관은 관계 중앙행정기관의 장과 협의하여 몇 년마다 친환경농어업 발전을 위한 친환경농업 육성계획 또는 친환경어업 육성계획을 세워야 하는가?

① 2년   ② 3년
③ 5년   ④ 7년

해설
친환경농어업 육성계획(친환경농어업법 제7조제1항)
농림축산식품부장관 또는 해양수산부장관은 관계 중앙행정기관의 장과 협의하여 5년마다 친환경농어업 발전을 위한 친환경농업 육성계획 또는 친환경어업 육성계획을 세워야 한다. 이 경우 민간단체나 전문가 등의 의견을 수렴하여야 한다.

91 유기농산물 및 유기임산물의 토양개량과 작물생육을 위하여 사용이 가능한 물질 중 사람의 배설물이 있다. 사람의 배설물의 사용가능 조건에 해당하지 않는 것은?

① 미생물의 배양과정이 끝난 후에 화학물질의 첨가나 화학적 제조공정을 거치지 않을 것
② 완전히 발효되어 부숙된 것일 것
③ 고온발효 : 50℃ 이상에서 7일 이상 발효된 것
④ 저온발효 : 6개월 이상 발효된 것일 것

해설
토양 개량과 작물 생육을 위해 사용 가능한 물질 – 사람의 배설물(오줌만인 경우는 제외한다)(친환경농어업법 시행규칙 [별표 1])
• 완전히 발효되어 부숙된 것일 것
• 고온발효 : 50℃ 이상에서 7일 이상 발효된 것
• 저온발효 : 6개월 이상 발효된 것일 것
• 엽채류 등 농산물 · 임산물 중 사람이 직접 먹는 부위에는 사용하지 않을 것

92 유기가공식품에서 포장에 대한 내용이다. (   )의 내용으로 알맞은 것은?

> 유기가공식품 인증을 받은 날로부터 (   ) 이내에 생산하거나 재포장한 후 인증표시를 하여 출하된 인증품은 해당 식품의 유통기한까지 그 인증표시를 유지할 수 있다.

① 1년   ② 2년
③ 3년   ④ 5년

해설
※ 관련 법 개정으로 정답없음

93 친환경관련법상 경영관련 자료에서 생산자에 대한 내용이다. (가)에 알맞은 것은?

> 유기합성 농약 및 화학비료의 구매·사용·보관에 관한 사항을 기록한 자료(자재명, 일자별 구매량, 사용처별 사용량·보관량, 구매 영수증) 기록기간은 최근 (가)간으로 하되(무농약 농산물은 최근 1년간으로 하되, 신규 인증의 경우에는 인증 신청 이전의 기록을 생략할 수 있다) 재배품목과 재배포장의 특성 등을 감안하여 국립농산물품질관리원장이 정하는 바에 따라 3개월 이상 3년 이하의 범위에서 그 기간을 단축하거나 연장할 수 있다.

① 3개월
② 6개월
③ 2년
④ 3년

해설
경영 관련 자료 – 생산자(친환경농어업법 시행규칙 [별표 5])
• 합성농약 및 화학비료의 구매·사용·보관에 관한 사항을 기록한 자료 : 자재명, 일자별 구매량, 사용처별 사용량·보관량, 구매 영수증
• 정에 따른 자료의 기록 기간은 최근 2년간(무농약농산물의 경우에는 최근 1년간)으로 하되, 재배품목과 재배포장의 특성 등을 고려하여 국립농산물품질관리원장이 정하는 바에 따라 3개월 이상 3년 이하의 범위에서 그 기간을 단축하거나 연장할 수 있다.

94 유기식품 등의 유기표시 기준 작도법에서 표시도형의 국문 및 영문 모두 활자체는 무엇으로 사용해야 하는가?

① 궁서체
② 굴림체
③ 돋움체
④ 고딕체

해설
유기표시 도형 – 작도법(친환경농어업법 시행규칙 [별표 6])
표시 도형의 국문 및 영문 모두 활자체는 고딕체로 하고, 글자 크기는 표시 도형의 크기에 따라 조정한다.

95 다음 중 ( )에 해당하지 않는 것은?

> 유기식품의 가공 및 취급 과정에서 전리 방사선을 사용할 수 없다. '전리 방사선'은 ( )을/를 목적으로 사용하는 방사선을 말한다.

① 살 균
② 살 충
③ 발아억제
④ 이물 탐지용 방사선

해설
유기가공식품 – 가공방법(유기식품 및 무농약농산물 등의 인증에 관한 세부실시 요령 [별표 1])
가공 및 취급과정에서 방사선은 해충방제, 식품보존, 병원의 제거 또는 위생의 목적으로 사용할 수 없다. 다만, 이물탐지용 방사선(X선)은 제외한다.

96 친환경관련법상 인증기관의 지정기준에서 인력에 대한 내용이다. ( )의 내용으로 알맞은 것은?

> 인증심사원을 ( ) 이상 갖출 것 다만, 인증기관 지정 이후에는 인증업무량 등에 따라 국립농산물품질관리원장이 정하는 인증심사원을 추가적으로 확보할 수 있을 것

① 3명
② 5명
③ 7명
④ 9명

해설
인증기관의 지정기준 – 인력 및 조직(친환경농어업법 시행규칙 [별표 10])
자격을 부여받은 인증심사원(이하 '인증심사원')을 상근인력으로 5명 이상 확보하고, 인증심사업무를 수행하는 상설 전담조직을 갖출 것. 다만, 인증기관의 지정 이후에는 인증업무량 등에 따라 국립농산물품질관리원장이 정하는 바에 따라 인증심사원을 추가로 확보할 수 있어야 한다.

97 무농약농산물의 재배 방법 구비요건에 대한 내용이다. ( )의 내용으로 알맞은 것은?

> 화학비료는 농촌진흥청장·농업기술원장 또는 농업기술센터소장이 재배포장별로 권장하는 성분량의 ( ) 이하를 범위 내에서 사용시기와 사용자재에 대한 계획을 마련하여 사용하여야 한다.

① 2분의 1   ② 3분의 1
③ 5분의 1   ④ 7분의 1

해설
무농약농산물 – 재배방법(유기식품 및 무농약농산물 등의 인증에 관한 세부실시 요령 [별표 1])
화학비료는 농촌진흥청장·농업기술원장 또는 농업기술센터소장이 재배포장별로 권장하는 성분량의 3분의 1 이하를 범위 내에서 사용시기와 사용자재에 대한 계획을 마련하여 사용하여야 한다.

98 일반농가가 유기축산으로 전환하여 유기축산물을 생산·판매하려는 경우에는 전환기간 이상을 유기축산물 인증기준에 따라 사육하여야 하는데 한우·육우의 식육 생산물을 위한 최소 사육기간으로 옳은 것은?

① 입식 후 출하 시까지(최소 3개월)
② 입식 후 출하 시까지(최소 6개월)
③ 입식 후 출하 시까지(최소 9개월)
④ 입식 후 출하 시까지(최소 12개월)

해설
유기축산물 – 전환기간(친환경농어업법 시행규칙 [별표 4])

가축의 종류	생산물	전환기간(최소 사육기간)
한우·육우	식육	입식 후 12개월
젖소	시유(시판우유)	• 착유우는 입식 후 3개월 • 새끼를 낳지 않은 암소는 입식 후 6개월
	식육	입식 후 5개월
면양·염소	시유(시판우유)	• 착유양은 입식 후 3개월 • 새끼를 낳지 않은 암양은 입식 후 6개월
돼지	식육	입식 후 5개월
육계	식육	입식 후 3주
산란계	알	입식 후 3개월
오리	식육	입식 후 6주
	알	입식 후 3개월
메추리	알	입식 후 3개월
사슴	식육	입식 후 12개월

99 유기가축 1마리당 갖추어야 하는 가축사육 시설의 소요면적(단위 : m²)에 대한 내용이다. ( )의 내용으로 알맞은 것은?

구 분	소요면적
면양, 산양	( )m²/마리

① 0.5   ② 1.3
③ 2.7   ④ 3.1

해설
유기축산물 – 사육장 및 사육조건(유기식품 및 무농약농산물 등의 인증에 관한 세부실시 요령 [별표 1])
유기가축 1마리당 갖추어야 하는 가축사육시설의 소요면적(단위 : m²)은 다음과 같다.

구분	소요면적
면양, 염소	1.3m²/마리

100 친환경관련법상 유기농축산물의 함량에 따른 표시기준에서 특정 원재료로 유기농축산물을 사용한 제품에 대한 설명으로 틀린 것은?

① 특정 원재료로 유기농축산물만을 사용한 제품이어야 한다.
② 해당 원재료명의 일부로 "유기"라는 용어를 표시할 수 있다.
③ 원재료명 및 함량 표시란에 유기농축산물의 총함량 또는 원료별 함량을 ppm으로 표시하여야 한다.
④ 표시장소는 원재료명 및 함량 표시란에만 표시할 수 있다.

해설
유기농축산물의 함량에 따른 제한적 유기표시의 허용기준(친환경농어업법 시행규칙 [별표 8])
• 70% 이상이 유기농축산물인 제품
– 최종 제품에 남아 있는 원료 또는 재료(물과 소금은 제외한다)의 70% 이상이 유기농축산물이어야 한다.
– 유기 또는 이와 유사한 용어를 제품명 또는 제품명의 일부로 사용할 수 없다.
– 표시장소는 주표시면을 제외한 표시면에 표시할 수 있다.
– 원재료명 표시란에 유기농축산물의 총함량 또는 원료·재료별 함량을 백분율(%)로 표시해야 한다.
• 70% 미만이 유기농축산물인 제품
– 특정 원료 또는 재료로 유기농축산물만을 사용한 제품이어야 한다.
– 해당 원료·재료명의 일부로 "유기"라는 용어를 표시할 수 있다.
– 표시장소는 원재료명 표시란에만 표시할 수 있다.
– 원재료명 표시란에 유기농축산물의 총함량 또는 원료·재료별 함량을 백분율(%)로 표시해야 한다.

2019년 제1회 | 과년도 기출문제

01 엽채류의 안전저장 조건으로 가장 옳은 것은?

① 온도 : 0~4℃, 상대습도 : 90~95%

② 온도 : 5~7℃, 상대습도 : 80~90%

③ 온도 : 0~4℃, 상대습도 : 70~80%

④ 온도 : 5~7℃, 상대습도 : 70~80%

[해설]
작물의 안전저장 조건(온도, 상대습도)
• 쌀 : 15℃, 약 70%
• 고구마 : 13~15℃, 80~90%
• 식용감자 : 3~4℃, 85~90%
• 엽근채류 : 0~4℃, 90~95%

02 다음 중 작물의 기지 정도에서 휴작을 가장 적게 하는 것은?

① 당 근 ② 토 란

③ 참 외 ④ 쑥 갓

[해설]
작물의 기지 정도
• 연작의 피해가 적은 작물 : 벼, 맥류, 조, 수수, 옥수수, 고구마, 삼, 담배, 무, 당근, 양파, 호박, 연, 순무, 뽕나무, 아스파라거스, 토당귀, 미나리, 딸기, 양배추, 사탕수수, 꽃양배추, 목화 등
• 3~4년 휴작 작물 : 쑥갓, 토란, 참외, 강낭콩 등

03 공기 속에 산소는 약 몇 % 정도 존재하는가?

① 약 35% ② 약 32%

③ 약 28% ④ 약 21%

[해설]
대기 중에는 질소가 약 79%, 산소 약 21%, 이산화탄소 0.03%, 기타 물질 등이 포함되어 있다.

04 다음 중 3년생 가지에 결실하는 것으로만 나열된 것은?

① 감, 밤 ② 포도, 감귤

③ 사과, 배 ④ 호두, 살구

[해설]
과수의 결실 습성
• 1년생 가지에서 결실하는 과수 : 감귤류, 포도, 감, 무화과, 밤
• 2년생 가지에서 결실되는 과수 : 복숭아, 매실, 자두 등
• 3년생 가지에서 결실되는 과수 : 사과, 배

05 다음 중 다년생 방동사니과에 해당하는 것으로만 나열된 것은?

① 여뀌, 물달개비 ② 올방개, 매자기

③ 개비름, 명아주 ④ 망초, 별꽃

[해설]
다년생 방동사니과 : 너도방동사니, 매자기, 올방개, 쇠탈골, 올챙이고랭이

06 고립상태일 때 광포화점(%)이 가장 낮은 것은?(단, 조사광량에 대한 비율임)

① 고구마

② 콩

③ 사탕무

④ 무

해설
고립상태에서의 광포화점(%)
• 콩 : 20~23
• 고구마, 사탕무, 무, 사과 : 40~60

07 다음 중 장일식물로만 나열된 것은?

① 도꼬마리, 코스모스

② 시금치, 아마

③ 목화, 벼

④ 나팔꽃, 들깨

해설
일장반응에 따른 작물의 종류
• 단일식물 : 국화, 콩, 담배, 들깨, 도꼬마리, 코스모스, 목화, 벼, 나팔꽃
• 장일식물 : 맥류, 양귀비, 시금치, 양파, 상치, 아마, 티머시, 딸기, 감자, 무

08 다음 중 감온형에 해당하는 것은?

① 그루콩

② 올 콩

③ 그루조

④ 가을메밀

해설
우리나라 주요 작물의 기상생태형
• 감온형 : 조생종, 그루콩, 그루조, 가을메밀
• 감광형 : 만생종, 올콩, 봄조, 여름메밀

09 작물의 기원지가 남아메리카 지역에 해당하는 것으로만 나열된 것은?

① 메밀, 파

② 배추, 감

③ 조, 복숭아

④ 감자, 담배

해설
바빌로프 8대 유전자중심지
• 중국 지역 : 보리(6조), 조, 피, 메밀, 콩, 팥, 파, 인삼, 배추, 자운영, 감, 복숭아, 동양배 등
• 남아메리카 지역 : 감자, 고추, 토마토, 땅콩, 담배 등

10 다음 중 작물의 주요온도에서 '최고온도'가 가장 높은 것은?

① 밀

② 옥수수

③ 호 밀

④ 보 리

해설
작물의 주요온도(℃)

구 분	온 도		
	최저온도	최적온도	최고온도
밀	0~2	20~30	40
옥수수	6~11	34~38	41~50
호밀	1~2	25~31	31~37
보리	0~2	25~30	38~40

11 냉해대책의 입지조건 개선에 대한 내용으로 틀린 것은?

① 방풍림을 제거하여 공기를 순환시킨다.

② 객토 등으로 누수답을 개량한다.

③ 암거배수 등으로 습답을 개량한다.

④ 지력을 배양하여 건실한 생육을 꾀한다.

해설
① 방풍림 조성, 방풍울타리를 설치하여 냉풍을 막는다.

12 다음에서 설명하는 것은?

> • 이랑을 세우고 이랑에 파종하는 방식이다.
> • 배수와 토양통기가 좋게 된다.

① 평휴법
② 휴립구파법
③ 성휴법
④ 휴립휴파법

해설
휴립휴파법 조성방법 및 특징

이랑높이 > 고랑깊이, 이랑에 파종	조, 콩 재배 배수와 토양 통기 양호

13 작물의 내열성에 대한 설명으로 틀린 것은?

① 늙은 잎은 내열성이 가장 작다.
② 내건성이 큰 것은 내열성도 크다.
③ 세포 내의 결합수가 많고, 유리수가 적으면 내열성이 커진다.
④ 당분 함량이 증가하면 대체로 내열성은 증대한다.

해설
① 주피 및 늙은 잎이 내열성이 가장 크다.

14 다음 중 자연교잡률(%)이 가장 높은 것은?

① 벼
② 수 수
③ 보 리
④ 밀

해설
자연교잡률(%)
• 자가수정 작물(벼, 보리, 밀 등) : 4% 이하
• 타가수정 작물 : 5% 정도
• 부분타식성 작물(피망, 갓, 목화, 유채, 수수, 수단그라스) : 5~25%

15 공예작물 중 유료작물로만 나열된 것은?

① 목화, 삼
② 모시풀, 아마
③ 참깨, 유채
④ 어저귀, 왕골

해설
유료작물 : 유지를 얻기 위하여 재배하는 작물로 참깨, 들깨, 유채, 해바라기 등

16 수광태세가 좋아지고 밀식적응력을 높이는 콩의 초형으로 틀린 것은?

① 키가 크고, 도복이 안 되며, 가지를 적게 친다.
② 꼬투리가 원줄기에 많이 달리고, 밑에까지 착생한다.
③ 잎이 크고 가늘다.
④ 잎자루가 짧고 일어선다.

해설
콩은 키가 크고 잎은 좁고(가늘고) 길며, 가지는 짧고 적은 것이 수광태세가 좋고 밀식에 적응한다.

17 다음 중 CO_2 보상점이 가장 낮은 식물은?

① 벼
② 옥수수
③ 보 리
④ 담 배

해설
C_4식물(옥수수)은 C_3식물(벼, 보리, 담배)에 비하여 광포화점이 높고 CO_2 보상점은 낮다.

18 다음에서 설명하는 것은?

> • 배출원은 질소질 비료의 과다사용이다.
> • 잎 표면에 흑색 반점이 생긴다.
> • 잎 전체가 백색 또는 황색으로 변한다.

① 아황산가스   ② 불화수소가스

③ 암모니아가스   ④ 염소계 가스

해설

암모니아가스가 식물체 잎에 접촉되면 잎 표면에 흑색의 반점이 나타나거나 잎맥 사이가 백색, 회백색 혹은 황색으로 변한다. 암모니아가스가 뿌리에 접촉되면 뿌리가 흑색으로 변하며 줄기가 입고병 증상과 같은 잘록현상이 생긴다.

19 다음 중 천연옥신류에 해당하는 것은?

① GA_2 ② IAA

③ CCC   ④ BA

해설

옥신의 종류
• 천연 옥신 : 인돌아세트산(IAA), IAN, PAA
• 합성된 옥신 : IBA, 2,4-D, NAA, 2,4,5-T, PCPA, MCPA, BNOA 등

20 다음 중 작물별로 구분할 때 K의 흡수비율이 가장 높은 것은?

① 콩   ② 고구마

③ 옥수수   ④ 벼

해설

질소, 인산, 칼륨의 작물별 흡수비율
② 고구마(4 : 1.5 : 5)
① 콩(5 : 1 : 1.5)
③ 옥수수(4 : 2 : 3)
④ 벼(5 : 2 : 4)

제2과목 **토양비옥도 및 관리**

21 다음 중 수식에 의한 토양침식 방지작물로 가장 효과적인 것은?

① 옥수수

② 소 맥

③ 고 추

④ 클로버

해설

옥수수, 참깨, 고추, 조 등과 같은 작물은 토양유실이 심하고, 목초, 감자, 고구마 등과 같은 작물은 토양유실이 매우 적다.

22 석회로 산성토양을 중화했을 때 결핍되기 가장 쉬운 영양성분은?

① 몰리브덴

② 마그네슘

③ 질 소

④ 망 간

해설

산성토양의 석회 과다사용은 망간(Mn)의 결핍을 유도한다.

23 대개 바람에 의하여 지름 0.1~0.5mm의 토양입자가 지표면에서 30cm 이하의 높이로 비교적 짧은 거리를 구르거나 튀는 모양으로 이동하는 것은?

① 포 복   ② 부 유
③ 약 동   ④ 포 행

해설
풍식의 유형 – 바람에 실린 입자들이 크기에 따라 다르게 나타난다.
• 약동 : 바람에 의해 지름이 0.1mm-0.5mm의 입자가 지표면에서 30cm 이하의 높이로 짧은 거리를 구르거나 튀는 모양으로 이동
• 포행 : 큰 토양입자가 구르거나 미끄러지며 이동
• 부유 : 모래 이하의 입자가 공중에 떠서 토양 표면과 평행하게 멀리 이동하는 것

24 두과 식물과 공생에 의한 질소고정균은?

① 클로스트리듐   ② 리조비움
③ 프랑키아   ④ 노스톡

해설
질소고정작용 균
• 단생질소 고정균
  – 호기성 : Azotobacter, Derxia, Beijerinckia
  – 혐기성 : Clostridium
  – 통성혐기성 : Klebsiella
• 공생질소 고정균 : *Rhizobium*, Bradyrhizobium속

25 토양 중 질소의 순환과정에서 질소가 가질 수 있는 가장 높은 산화수의 질소형태는?

① N_2 ② N_2^-
③ NO_3^- ④ NO

해설
질소의 산화수
③ NO_3^- = +5
① N_2 = 0
② NO_2^- = +4
④ NO = +2

26 다음 중 토성별로 비교 시 포장용수량이 가장 높은 것은?

① 사양토   ② 양 토
③ 식 토   ④ 미사질양토

해설
포장용수량은 토양입자가 고운 점토가 많이 함유된 입단 구조에서 커진다(사토 < 양토 < 식토).

27 다음 중 제주도 토양의 모암인 현무암에 대한 설명으로 가장 옳은 것은?

① 지하 깊은 곳에 있는 고온으로 용융된 암장이 냉각·고결된 암석
② 지표면에서 냉각된 반정질이거나 혹은 비정질의 심성암
③ 화산암으로서 반려암과 같은 성분으로 되어 있으며, 암색을 띠는 세립질의 치밀한 염기성암
④ 중성화성암으로서 주성분은 사장석이며 때로는 각람석과 석영을 함유하는 중점질의 식질토양

해설
① 화성암, ② 심성암, ④ 안산암

28 다음 중 토양 pH의 중요성에 대한 설명으로 가장 적절하지 않은 것은?

① 토양의 pH는 무기성분의 용해도를 크게 지배하지 않는다.
② 토양의 pH가 강산성으로 되면 망간의 농도가 높아진다.
③ 강우량이 적은 지역에서는 염류의 집적으로 토양의 pH가 높아진다.
④ 토양이 산성으로 되면 질소를 고정하는 근류균의 활성이 떨어진다.

해설
토양의 pH는 무기성분의 용해도를 크게 지배한다. 토양이 너무 산성화되거나 알칼리성이 되면 양분의 불용화로 인한 결핍 또는 양분의 과잉 용출로 인한 독성으로 여러 가지 생리장애를 나타낼 수 있다.

29 강우 시 유거수에 의한 침식이 가장 잘 일어날 수 있을 것으로 추정되는 팽창형 광물은?

① Montmorillonite

② Illite

③ Chlorite

④ Kaolinite

해설
Montmorillonite : 2 : 1격자형이며 팽창형으로 습윤 시 활성표면적 매우 커진다.
※ 점토광물의 분류
- 1 : 1형 광물 : Kaolinite
- 2 : 1형 광물
  - 비팽창형 : Illite
  - 팽창형 : Montmorillonite, Vermiculite
- 혼층형 광물 : Chlorite

30 식물생육에 적합한 밭토양 표토의 고상을 제외한 수분과 공기의 비율로 가장 적합한 것은?

① 10% 수분과 90% 공기

② 50% 수분과 50% 공기

③ 25% 수분과 75% 공기

④ 85% 수분과 15% 공기

해설
토양의 고상, 기상, 액상의 이상적인 관계는 50 : 25 : 25이다.

31 논토양의 특성으로 옳은 것은?

① 지하수위가 낮고, 담수기간이 길다.

② 담수환경에서는 호기성 미생물의 활동이 왕성해진다.

③ 담수기간이 길 때 종종 청회색의 글레이층이 형성된다.

④ 미생물의 호흡작용으로 토층 내 산화화합물이 축적된다.

해설
글레이층은 청회색의 치밀한 점토로 이루어져 있는 것이 보통인데 이는 철분의 산화가 일어나지 않은 것을 뜻하는 것으로 환원작용이 일어난 것을 나타낸다.

32 다음 중 탄질률이 가장 높은 것은?

① 옥수수찌꺼기　　② 알팔파

③ 블루그라스　　④ 활엽수의 톱밥

해설
탄질률
활엽수의 톱밥(400) > 옥수수찌꺼기(57) > 블루그라스(26) > 알팔파(13)

33 다음 중 1차 광물의 풍화 내성 정도 비교 시 가장 강한 것은?

① 감람석　　② 석 영

③ 회장석　　④ 각섬석

해설
암석의 풍화 저항성
석영 > 백운모, 정장석 > 사장석 > 흑운모, 각섬석, 휘석 > 감람석 > 백운석, 방해석 > 석고

34 pH가 5.0 이하인 강산성 토양에서 식물생육을 저해하는 성분은?

① Al   ② Ca

③ K   ④ Mg

해설

산성토양이 되면 Al과 Mn 이온들이 용출되어 작물에 해작용을 한다.

36 다음 중 토양의 구조 가운데 작물생육에 가장 적합한 구조는?

① 입단구조   ② 단립(單粒)구조

③ 주상구조   ④ 혼합구조

해설

입단구조의 토양은 틈새가 많아 통기성이 좋고, 보수력과 보비력이 좋은 비옥한 토양이라고 할 수 있다.

37 토양에서 토양수분이 이동할 때 불포화이동에 대한 설명으로 옳은 것은?

① 중력에 따라 물이 이동하는 것

② 수분장력이 높은 곳에서 낮은 곳으로 이동하는 것

③ 증발, 식물의 흡수 또는 관개 등에 의하여 생긴 수분퍼텐셜 차이에 따라 물이 이동하는 것

④ 토양의 공극 전체를 통하여 이동하는 것

해설

불포화이동

중력수가 빠지고 난 다음에 포장용수량 상태에서 모관수의 이동으로, 토양 수분 이동의 대부분은 불포화이동이다.

35 암모니아화 작용에 대한 설명으로 옳은 것만 모두 고른 것은?

> ㄱ. 유기태질소가 토양미생물로 분해되어 무기태질소인 암모니아가 되는 작용이다.
> ㄴ. 이 작용을 일으키는 주요 미생물은 세균과 곰팡이다.
> ㄷ. 이 작용은 40℃~60℃에서 왕성하게 일어난다.
> ㄹ. 암모니아태질소(NH_4^+-N)는 주로 토양의 콜로이드에 흡착되기 어려워서 쉽게 용탈된다.

① ㄱ, ㄹ   ② ㄱ, ㄴ

③ ㄱ, ㄴ, ㄷ   ④ ㄱ, ㄴ, ㄷ, ㄹ

해설

암모니아태질소는 토양에 흡착이 가장 잘된다.

38 토양 중금속에 대한 설명으로 틀린 것은?

① 비소는 5가 양이온보다 3가 양이온의 독성이 더 크다.

② 크로뮴은 3가 양이온보다 6가 양이온의 독성이 더 크다.

③ 인산 사용은 카드뮴의 유효도를 증가시킨다.

④ 토양 중 납의 천연 함량은 약 10ppm 정도이다.

해설

인산 사용은 철, 망간, 크로뮴, 납, 아연, 카드뮴 등의 중금속을 불용화시킨다.

39 어떤 토층을 Btg라는 기호로 표시하였다. 이 토층의 특성은?

① 석고가 집적된 무기물 표층

② 규산염 점토가 집적된 강환원 집적층

③ 염류가 집적된 동결 집적층

④ 탄산염과 나트륨의 집적층

해설

B층은 철, 알루미늄 산화물(Bo 또는 Bs 층)과 규산염 점토(Bt 층)같은 물질들이 최대로 집적되는 층이다.

접미부호	층위의 특징
t	점토 집적층
g	회색화(gleying)된 환원층

40 토양에 존재하는 주요 원소들 중 환원형태로만 나열된 것은?

① CH_3COOH, NO_3^-

② Fe^{2+}, Mn^{2+}

③ SO_4^{2-}, Fe^{3+}

④ CO_2, S

해설

주요원소의 산화형과 환원형

구 분	탄소	질소	황	철	망간
산화형	CO_2	NO_3^-	SO_4^{2-}	Fe^{3+}	Mn^{3+}, Mn^{4+}
환원형	CH_4, CH_3COOH	NH_4^+, N_2	H_2S, S	Fe^{2+}	Mn^{2+}

제3과목 **유기농업개론**

41 다음 중 재배에 적합한 토성의 범위가 가장 작은 것은?

① 아 마   ② 콩

③ 팥   ④ 녹 두

해설

• 아마 : 사양토~양토

• 콩·팥 : 사토~식토

• 녹두 : 사토~식양토

42 다음 중 고립상태일 때의 광포화점이 가장 낮은 것은?

① 사탕무   ② 콩

③ 고구마   ④ 밀

해설

고립상태에서의 광포화점

작 물	광포화점
음생식물	10% 정도
구약나물	25% 정도
콩	20~23%
감자, 담배, 강낭콩, 보리, 귀리	30% 정도
벼, 목화	40~50%
밀, 알팔파	50% 정도
고구마, 사탕무, 무, 사과나무	40~60%
옥수수	80~100

43 지역폐쇄시스템에서 작물양분과 병해충 종합관리기술을 이용하여 생태계의 균형 유지에 중점을 두는 농업은?

① 자연농업   ② 생태농업

③ 정밀농업   ④ 대전식 농업

해설

자연의 억제 세력인 길항 미생물, 공영식물, 생물 농약을 활용하는 농업을 생태농업이라고 한다.

44 다음 중 CAM식물은?

① 벼
② 파인애플
③ 보 리
④ 옥수수

해설
CAM식물 : 덥고 물이 부족한 사막 지역에서도 잘 자랄 수 있는 식물
예 선인장, 파인애플, 아가베 등

46 한 포장에 연작을 하지 않고 몇 가지 작물을 특정한 순서로 반복하여 재배하는 것은?

① 돌려짓기
② 이어짓기
③ 사이짓기
④ 엇갈아짓기

해설
① 돌려짓기(윤작) : 한 경작지에 여러 가지의 다른 농작물을 일정한 순서에 따라서 주기적으로 돌려가며 재배하는 것
② 이어짓기(연작) : 한 경작지에 같은 작물을 해마다 재배하는 것
③ 사이짓기(간작) : 한 종류의 작물이 생육하고 있는 이랑 사이 또는 포기 사이에다 한정된 기간 동안 다른 작물을 심는 일
④ 엇갈아짓기(교호작) : 이랑을 만들고 두 가지 이상의 작물을 일정한 이랑씩 번갈아 심어서 재배하는 것

45 양친 A와 B를 교배한 F_1을 양친 중 어느 하나와 다시 교배하는 것은?

① 집단육종
② 파생계통육종
③ 1개체 1계통육종
④ 여교배

해설
여교배
(A×B)×A, A(A×B) 또는 (A×B)×B, B×(A×B)와 같이 F_1을 양친 중 어느 한쪽 친과 교배하는 것이다. 이때는 한 조합에 두 개의 품종만이 관여하지만, 조합에 따라 유전조성이 다르다.

47 유기가축과 비유기가축의 병행사육 시 준수사항으로 가장 적절하지 않은 것은?

① 유기가축과 비유기가축은 서로 독립된 축사(건축물)에서 사육하고 구별이 가능하도록 각 축사 입구에 표지판을 설치하여야 한다.
② 입식시기가 경과한 비유기가축을 유기가축축사로 입식하여서는 아니 된다.
③ 유기가축과 비유기가축의 생산부터 출하까지 구분관리계획을 마련하여 이행하여야 한다.
④ 유기가축, 사료취급, 약품투여 등은 비유기가축과 공동으로 사용하여 기록·관리하고 보관하여야 한다.

해설
유기가축, 사료취급, 약품투여 등은 비유기가축과 구분하여 정확히 기록 관리하고 보관하여야 한다.

정답 44 ② 45 ④ 46 ① 47 ④

48 마늘의 저온저장방법으로 가장 적절한 것은?

① 저온저장은 8~10℃, 상대습도는 약 50%가 알맞다.

② 저온저장은 8~10℃, 상대습도는 약 85%가 알맞다.

③ 저온저장은 3~5℃, 상대습도는 약 65%가 알맞다.

④ 저온저장은 3~5℃, 상대습도는 약 85%가 알맞다.

해설
- 마늘의 건조 : 통풍이 잘되는 곳에서 2~3개월간 간이저장 건조
- 마늘의 저장 : 저온저장은 3~5℃, 상대습도는 약 65%

49 포기를 많이 띄어서 구덩이를 파고 이식하는 방법은?

① 조 식 ② 이앙식

③ 혈 식 ④ 노포크식

해설
① 조식 : 골에 줄지어 이식하는 방법
④ 노포크식 : 농지를 4구획으로 나누고, "춘파보리-추파밀-순무-클로버"를 순환 재배하여 곡류 생산과 심근성작물 재배는 물론, 지력 증진을 위한 윤작 방식이다.

50 수경재배의 분류에서 고형배지경이면서, 무기배지경에 해당하는 것으로만 나열된 것은?

① 모세관수경, 분무수경

② 분무경, 훈탄경

③ 담액수경, 박막수경

④ 암면경, 사경

해설
고형배지경
- 무기배지경 : 사경(모래), 역경(자갈), 암면경, 펄라이트경 등
- 유기배지경 : 훈탄경, 코코넛 코이어경 또는 코코피트경, 피트 등

51 생물학적 방제법에서 기생성 곤충에 해당하는 것은?

① 침파리 ② 풀잠자리

③ 꽃등에 ④ 무당벌레

해설
기생성 천적
기생벌(맵시벌·고치벌·수중다리좀벌·혹벌·애배벌), 생파리(침파리·왕눈등에), 기생선충 등이 있다.

52 각종 금속 용화물이 증기압 중에 방전함으로써 금속 특유의 발광을 나타내는 현상을 이용한 등은?

① 형광등 ② 백열등

③ 메탈할라이드등 ④ 고압나트륨등

해설
메탈할라이드등 : 고압수은램프의 발광을 개선시키기 위해 발광관 내에 금속할로겐 화합물을 첨가함으로써 그 금속 원자 고유의 발광을 이용하여 발광효율과 연색성을 향상시킨 등이다.

53 짧은 원줄기상에 3~4개의 원가지를 발달시켜 수형이 술잔 모양이 되도록 하는 정지법은?

① 원추형 정지

② 울타리형 정지

③ 배상형 정지

④ 폐심형 정지

해설
배상(杯狀)형은 원가지의 부담이 커서 가지가 늘어지기 쉽고, 또 결과수가 적어지는 결점이 있다.

54 토양피복의 목적으로 가장 적합한 것은?

① 공기 유동 촉진

② 병해충 발생 촉진

③ 지온 저하 촉진

④ 토양수분 유지

[해설]
토양피복의 목적
- 증발량을 감소시켜 토양수분 유지
- 물과 바람에 의한 토양의 유실 방지
- 잡초 발생 억제 및 지온 상승 방지
- 안정된 토양구조를 유지함으로써 빗물과 관개수의 수분침투력 향상
- 토양미생물의 먹이를 제공하고 보호
- 작물에 양분공급
- 토양유기물 함량증가

55 고온장해에 대한 설명으로 가장 적절하지 않은 것은?

① 단백질의 합성이 증가한다.

② 암모니아의 축적이 많아진다.

③ 철분이 침전되면 황백화현상이 일어난다.

④ 유기물의 소모가 많아진다.

[해설]
작물의 고온장해로 인해 단백질의 합성이 저해된다.

56 토마토에서 실시되며 눈이 트려고 할 때 필요하지 않은 눈을 손끝으로 따주는 것은?

① 적 아   ② 휘 기

③ 제 얼   ④ 절 상

[해설]
① 적아 : 눈따기 작업
② 휘기 : 가지를 수평 또는 그보다 더 아래로 휘어 가지의 생장 억제, 정부 우세성을 이동시켜 기부에서 가지가 발생하는 것
③ 제얼(가지 제거)
④ 절상 : 눈이나 가지의 바로 위에 가로로 깊은 칼금을 넣어 그 눈이나 가지의 발육을 조장하는 것

57 다음 설명에 해당하는 것은?

> 일정 간격으로 구멍이 나 있는 플라스틱파이프나 튜브에 압력이 가해진 물을 분출시켜 일정 범위의 표면을 적시는 관수방법이다.

① 분수관수   ② 점적관수

③ 지중관수   ④ 저면급수

[해설]
분수관수
플라스틱 파이프나 튜브에 일정한 거리와 각도로 구멍을 뚫고 압력을 가해 물을 분수처럼 분출시켜 토양에 수분을 공급하는 방법

58 다음에서 설명하는 것은?

> 기초피복재의 보온성을 향상시키기 위하여 개발한 것으로 두께 4~20mm의 공간을 가진 이중구조의 중공판이다.

① FRA판   ② FRP판

③ 복층판   ④ MMA판

[해설]
① FRA : 아크릴수지에 유리섬유를 샌드위치 모양으로 넣어 가공한 것
② FRP : 불포화폴리에스터수지에 유리섬유를 보강한 복합재
④ MMA : 유리섬유를 첨가하지 않은 아크릴 수지 100%의 경질판

59 해마다 좋은 결과를 시키려면 해당 과수의 결과 습성에 알맞게 전정을 해야 하는데, 2년생 가지에 결실하는 것으로 가장 적절하게 나열된 것은?

① 비파, 호두   ② 포도, 감귤
③ 감, 밤   ④ 매실, 살구

해설
과수의 결실 습성
• 1년생 가지에서 결실하는 과수 : 감귤류, 포도, 감, 무화과, 밤
• 2년생 가지에서 결실되는 과수 : 복숭아, 매실, 자두, 살구 등
• 3년생 가지에서 결실되는 과수 : 사과, 배

60 유기축산물 사료 및 영양관리에서 사료에 첨가해서는 아니 되는 물질에 대한 설명으로 가장 적절하지 않은 것은?

① 합성질소 또는 비단백태질소화합물을 첨가해서는 아니 된다.
② 구충제, 항콕시듐제 및 호르몬제를 첨가해서는 아니 된다.
③ 유전자조작에 의해 제조·변형된 물질을 첨가해서는 아니 된다.
④ 우유 및 유제품을 포함하여 반추가축에게 포유동물에서 유래한 사료는 어떠한 경우에도 첨가해서는 아니 된다.

해설
유기축산물 – 사료 및 영양 관리(유기식품 및 무농약농산물 등의 인증에 관한 세부실시 요령 [별표 1])
다음에 해당되는 물질을 사료에 첨가해서는 아니 된다.
• 가축의 대사기능 촉진을 위한 합성화합물
• 반추가축에게 포유동물에서 유래한 사료(우유 및 유제품을 제외)는 어떠한 경우에도 첨가해서는 아니 된다.
• 합성질소 또는 비단백태질소화합물
• 항생제·합성항균제·성장촉진제, 구충제, 항콕시듐제 및 호르몬제
• 그 밖에 인위적인 합성 및 유전자조작에 의해 제조·변형된 물질

61 다음 중 2019년 현재 우리나라에서 시행하는 친환경 농·축산물 관련 인증제도에 해당하지 않는 것은?

① 유기농산물 인증
② 무농약농산물 인증
③ 저농약농산물 인증
④ 무항생제축산물 인증

해설
친환경농산물 중 저농약농산물 인증은 2009년 7월부터 신규 인증이 중단되었고, 2011년 6월 이후에는 완전폐지되었다. 다만, 기존에 저농약농산물로 인증을 받은 농산물은 2015년 12월 31일까지 유효기간연장이 가능했다. 즉, 친환경 인증에 포함됐던 저농약 인증은 2015년에 모두 폐지됐다. 농약 사용을 허용하는 저농약농산물 인증제도가 더이상 소비자 신뢰를 얻기 어렵고 혼선을 초래한다는 이유에서이다.

62 HACCP의 효과와 거리가 먼 것은?

① 사전 예방체계 가능
② 중요관리점의 모니터링 효율성 향상
③ 기록 관리를 통한 책임소재의 명확성 확보
④ 수입식품에 대한 효과적 관리시스템 구축

해설
HACCP의 도입효과
• 사전 예방 체계 가능
• 중요관리점의 모니터링 효율성 향상
• 기록 관리를 통한 책임소재의 명확성 확보

63 무균포장에 대한 설명으로 틀린 것은?

① 식품은 신선도를 고려하여 살균할 필요가 없다.

② 포장재도 살균되어야 한다.

③ 유통과정 중 오염을 방지할 수 있도록 밀봉하여야 한다.

④ 포장과정도 무균적 환경을 유지해야 한다.

해설

무균 포장의 목적은 오랜 유통기간 동안 방부제를 사용하지 않으면서 제품 원래의 신선도를 유지할 수 있는 포장을 하는데 있다. 무균 포장 시스템에서 특히 중요한 것은 다음과 같다.

• 식품에 내재하는 미생물의 살균상태
• 포장재료의 표면에 부착하는 미생물의 살균
• 각종 기계장치에 부착하는 미생물의 살균
• 충전 과정중의 살균 환경
• 화학적 반응을 유발하는 햇빛, 박테리아 및 AIR의 유입을 막을 수 있어야 하며
• 무균 상태를 장기간 유지시킬 수 있는 포장재를 사용해야 한다.

64 시장의 구성요소인 3M에 해당하지 않는 것은?

① 물적 재화(Merchandise)

② 시장(Market)

③ 화폐적 재화(Money)

④ 사람(Man)

해설

3M(시장의 구성요소)

마케팅은 Man이 Merchandise를 Money와 교환하는 행위이다.

65 시료액을 100배 희석하고 그중 0.1mL를 표준 평판배지에 분주하여 230개의 집락이 형성된 경우 시료액 1mL당 세균수는?

① 2,300 CFU

② 23,000 CFU

③ 230,000 CFU

④ 2,300,000 CFU

해설

*0.1mL 대비 1mL는 10배

$230 \times 10 \times 100 = 230,000$ CFU

66 마케팅믹스의 4P's에 해당하지 않는 것은?

① Product

② Price

③ Place

④ People

해설

마케팅의 4P 믹스

제품(Product), 가격(Price), 유통(Place), 촉진(Promotion)

67 식품의 기준 및 규격상의 정의가 틀린 것은?

① 냉동은 -18℃ 이하, 냉장은 0~10℃를 말한다.

② 건조물(고형물)은 원료를 건조하여 남은 고형물로 별도의 규격이 정하여지지 않은 한 수분함량이 10% 이하인 것을 말한다.

③ 살균이라 함은 따로 규정이 없는 한 세균, 효모, 곰팡이 등 미생물의 영양세포를 불성화시켜 감소시키는 것을 말한다.

④ 유통기간이라 함은 소비자에게 판매가 가능한 기간을 말한다.

해설

'건조물(고형물)'은 원료를 건조하여 남은 고형물로서 별도의 규격이 정하여지지 않은 한 수분함량이 15% 이하인 것을 말한다.

68 식품의 동결속도에 미치는 영향이 가장 적으며, 동결속도식(Plank식)에서도 직접적으로 사용되지 않는 인자는?

① 식품의 온도
② 식품의 양
③ 식품의 밀도
④ 냉매의 온도

해설

Plank식 : 동결층을 통한 열전도식

$$q = \frac{k^* A}{x}(T_F - T_s)$$

q : 열 flux(kJ/h), k^* : 동결된 제품의 열전도도(W/m·K), A : 면적(m²),
x : 동결층의 두께(m), T_F : 초기 동결온도(℃), T_s : 표면온도(℃)

69 건조소시지(Dry Sausage)에 관한 설명으로 틀린 것은?

① 원료육의 불포화지방산 함량이 높을수록 좋다.
② 원료육의 pH는 가급적 낮은 것이 좋다.
③ 이탈리아의 살라미가 이에 해당한다.
④ 장기간 건조하는 특징을 갖고 있다.

해설

건조소시지(Dry Sausage)의 지방은 조직이 단단하여 각으로 절단할 수 있는 돼지 등지방이 좋으며 지방산의 불포화도 낮을수록 좋다. 연한 지방과 불포화도가 너무 높은 경우 숙성이나 저장 중 쉽게 산화하여 산패취가 발생하게 된다.

70 마이크로파(Microwave) 가열의 특성이 아닌 것은?

① 신속한 가열이다.
② 식품의 내부에서 열이 발생하여 가열된다.
③ 밀폐 및 진공 상태에서의 가열이 어렵다.
④ 마이크로파의 침투깊이에는 제한이 있다.

해설

밀폐 및 진공 가열이 가능하다.

71 선물거래가 가능한 농산물의 조건으로 가장 거리가 먼 것은?

① 연간 절대거래량이 많은 품목일 것
② 장기저장성이 있는 품목일 것
③ 선도거래가 선행되지 않은 품목일 것
④ 표준규격화가 어렵고 등급이 다양한 품목일 것

해설

선물거래가 가능한 농산물
• 시장규모가 커야 한다(거래량이 많고 생산 및 수요의 잠재력이 큰 품목).
• 장기저장성이 큰 품목
• 계절, 연도, 지역별 가격의 진폭이 큰 품목
• 선도거래가 성립되지 않는 품목
• 표준규격화가 용이하고 등급이 단순한 품목
• 정부의 통제가 없는 품목

72 치즈 제조 시 사용하는 렌넷에 포함된 렌닌의 기능은?

① 카파 카세인(κ-casein)의 분해에 의한 카세인(Casein) 안정성 파괴
② 알파 카세인(α-casein)의 분해에 의한 카세인(Casein) 안정성 파괴
③ 베타 락토글로불린(β-lactoglobulin)의 분해에 의한 유청단백질 안정성 파괴
④ 알파 락트알부민(α-lactobumin) 분해에 의한 유청 단백질 안정성 파괴

해설

송아지의 위벽에서 나오는 효소인 렌닌은 카파 카세인을 분해하여 친수성 부분을 분리시킴으로써, 카세인의 미셀을 안정화시키는 기능을 파괴해서 침전시킨다.
※ 미셀 : 물리화학에서 수십·수백의 원자, 이온(전기적으로 전하를 띤 원자), 분자들이 느슨하게 결합하여 콜로이드 입자를 형성한 상태

73 다음 중 감염형 식중독균이 아닌 것은?

① 살모넬라균

② 황색포도상구균

③ 캠필로박터균

④ 리스테리아균

해설

독소형 식중독 : 황색포도상구균, 황색포도상구균, 클로스트리디움 퍼프린젠스, 클로스트리디움 보툴리눔 등

74 과일잼의 젤리화에 가장 적당한 pH는?

① pH 1

② pH 3

③ pH 5

④ pH 7

해설

젤리화에 가장 적당한 pH는 3.2 전후이며, pH가 2.8 이하로 내려가면 저장 중에 펙틴(Pectin)이 변하여 젤리화 성질이 떨어질 뿐만 아니라, 수분이 분리되는 현상이 일어나기도 한다.

75 유기농식품의 구입 전후에 안전성 문제를 해소할 수 있는 방법으로 가장 거리가 먼 것은?

① 유기농 인증마크 부착

② 생산과정 정보 제공

③ 유통과정 정보 제공

④ 지역브랜드마크 부착

해설

지역 브랜드는 지역 그 자체 또는 지역의 상품을 소비자에게 특별한 브랜드로 인식시키는 것이다.

76 우수농산물 관리제도 도입의 필요성이 아닌 것은?

① 식품안전성에 대한 소비자 요구의 증대

② 식품안전에 관련된 국제동향에 대응

③ 자연환경 보호 및 농업의 지속성 확보

④ 친환경농업의 종료에 따른 대안 필요

해설

우수농산물 관리제도 도입의 필요성

• 국가 농산물생산관리시스템을 UPGRADE시키기 위한 방안으로 도입 및 농산물 안전성에 대한 소비자의 관심과 요구 증대

• 농산물 안전에 관련된 국제동향에 적극 대응

• DDA(도하개발아젠다협상) 이후 생산농가의 경쟁력 확보를 위한 농산물 품질관리제도 도입

• 농촌의 자연환경 보호 및 농업의 지속성 확보

77 최초의 유기표준안을 제정한 영국의 토지조합(Soil Association)이라는 단체를 만들었고, 「살아 있는 토양(The Living Soil)」이라는 책을 저술한 영국 유기농업의 선구자는?

① Rudolf Steiner

② Albert Howard

③ Eve Balfour

④ John Henry

해설

이브 발포어(Eve Balfour)와 헨리 더블데이(Henry Doubleday)는 영국의 농업학자로 유기농의 선구자들이다. 이브 발포어는 1943년 「The Living Soil(살아 있는 토양)」을 출판했다.

78 과일이나 채소의 신선도 유지를 위한 가스치환방법은 공기를 주로 어떤 성분으로 바꾸어 포장하는가?

① 산소, 질소

② 산소, 일산화탄소

③ 일산화탄소, 헬륨

④ 질소, 이산화탄소

해설

가스치환포장

밀봉포장 중에서 공기를 빼고 대신 질소, 이산화탄소와 같은 불활성 가스로 치환해 내용물의 변질, 부패를 방지하는 것을 목적으로 하는 포장 방법이다.

79 고전압 펄스법에 대한 설명으로 옳은 것은?

① 고전압과 저전압을 번갈아 가하면서 우유 지방구를 균질하는 방법이다.

② 세포막 내외의 전위차를 크게 형성함으로써 미생물의 세포막을 파괴하여 미생물을 저해시키는 방법이다.

③ 고전압을 반복적으로 가하면서 농산물을 파쇄하여 성분추출을 용이하게 하는 방법이다.

④ 고압에 의해 세포 내 고분자 물질의 입체구조를 변화시킴으로써 세포를 사멸시키는 방법이다.

해설

고전압 펄스법

미생물 세포막의 내부와 외부 사이의 전위차를 발생시켜 미생물을 사멸시킨다. 비교적 낮은 온도에서 수행될 수 있기 때문에 색상, 맛 및 영양소와 같은 신선한 특성에 미치는 영향을 최소화한다.

80 생산물의 품질관리를 위해 유기식품 가공시설에서 사용하는 소독제로 부적합한 것은?

① 차아염소산수

② 염산 희석액

③ 이산화염소수

④ 오존수

해설

유기식품 가공시설에서 차아염소산수, 이산화염소수, 오존수는 식품 표면의 세척·소독제로 사용이 허용된다.

제5과목 **유기농업 관련 규정**

81 허용물질의 선정 기준 및 절차 중 허용물질의 신규 선정, 개정 또는 폐지 절차에 대한 내용이다. (   )에 알맞은 내용은?

> 국립농산물품질관리원장은 신청받은 물질에 대하여 (   ) 이상의 분야별 학계 전문가, 생산자단체 및 소비자단체 등을 포함한 전문가심의회를 구성하여 평가를 진행하고, 평가의 과정에 기초평가를 실시한 전문가를 출석시켜 그 의견을 들을 수 있으며, 그 결과가 인체 및 농업환경에 위해성이 없어 유기농업에 적합하다고 판단되는 경우 허용물질로 지정할 것

① 3명   ② 4명

③ 5명   ④ 7명

해설

허용물질의 선정 절차(친환경농어업법 시행규칙 [별표 2])

국립농산물품질관리원장은 선정 신청을 받은 물질에 대해 7명 이상의 분야별 학계 전문가, 생산자단체 및 소비자단체 등을 포함한 전문가심의회를 구성하여 평가를 실시하고, 평가과정에 기초평가를 실시한 전문가를 출석시켜 그 의견을 들을 수 있으며, 그 결과가 인체 및 농업환경에 위해성이 없어 유기농업에 적합하다고 판단되는 경우에 해당 물질을 허용물질로 선정할 것

정답 79 ② 80 ② 81 ④

82 유기축산물 및 비식용 유기가공품에서 유기배합사료 제조용 물질 중 단미사료로 사용 가능 물질에서 사용 가능 조건이 다른 것은?

① 밀기울
② 면실유
③ 쌀 겨
④ 호 밀

해설

사료로 직접 사용되거나 배합사료의 원료로 사용 가능한 물질(친환경농어업법 시행규칙 [별표 1])

구 분	사용 가능 물질	사용 가능 조건
식물성	곡류(곡물), 곡물부산물류(강피류), 박류(단백질류), 서류, 식품가공부산물류, 조류(藻類), 섬유질류, 제약부산물류, 유지류, 전분류, 콩류, 견과·종실류, 과실류, 채소류, 버섯류, 그 밖의 식물류	• 유기농산물(유기수산물을 포함) 인증을 받거나 유기농산물의 부산물로 만들어진 것일 것 • 천연에서 유래한 것은 잔류농약이 검출되지 않을 것

단미사료의 범위(사료 등의 기준 및 규격 [별표 1])

구 분	사료종류	명 칭
식물성	곡류 (곡물)	• 귀리(연맥), 메밀(교맥), 밀(소맥), 보리(대맥), 수수, 쌀, 옥수수, 조, 트리티케일, 피, 호밀(호맥) • 곡류 1차 가공품 또는 싸라기[예 귀리 1차 가공품, 귀리 싸라기] • 혼합곡물, 혼합곡물 1차 가공품, 혼합곡물 싸라기
	강피류 (곡물 부산물류)	기장피, 귀리겨, 당밀흡착강피류, 대두피, 땅콩피, 루핀피, 말분, 면실피, 밀기울(소맥피), 보릿겨(맥강), 수수겨, 쌀겨(미강[탈지 포함]), 아몬드피, 옥수수단백피(옥수수글루텐피드), 옥수수피, 율무피, 조겨, 케슈너트피, 해바라기피, 혼합강피류
	유지류	대두유, 대마씨유, 면실유, 미강유, 식물성혼합유, 식물성식용잔유[정제된 것에 한함], 아마인유, 야자유, 옥수수유, 채종유(카놀라유), 팜유, 해바라기유

83 친환경농어업 육성 및 유기식품 등의 관리·지원에 관한 법률 시행령에서 과태료의 부과기준에 대한 내용이다. ( )에 알맞은 내용은?

> 위반행위 횟수에 따른 과태료의 가중된 부과기준은 최근 ( )간 같은 위반행위로 과태료 부과처분을 받은 경우에 적용한다. 이 경우 기간의 계산은 위반행위에 대하여 과태료 부과처분을 받은 날과 그 처분 후 다시 같은 위반행위를 하여 적발된 날을 기준으로 한다.

① 3개월
② 6개월
③ 1년
④ 2년

해설

과태료의 부과기준(친환경농어업법 시행령 [별표 2])
위반행위의 횟수에 따른 과태료의 가중된 부과기준은 최근 1년간 같은 위반행위로 과태료 부과처분을 받은 경우에 적용한다. 이 경우 기간의 계산은 위반행위에 대해 과태료 부과처분을 받은 날과 그 처분 후 다시 같은 위반행위를 하여 적발된 날을 기준으로 한다.

84 인증취소 등 행정처분의 기준 및 절차의 일반기준에 대한 내용이다. (가)에 알맞은 내용은?

> "인증취소는 위반행위가 발생한 인증번호 전체(인증서에 기재된 인증품목, 인증면적 및 인증종류 전체를 말한다)를 대상으로 적용한다"의 규정에도 불구하고 생산자단체로 인증을 받은 경우 구성원 수 대비 위반행위자 비율이 (가) % 이하인 때에는 위반행위를 한 구성원에 대해서만 인증취소를 할 수 있다. 이 경우 위반행위자의 수는 인증 유효기간 동안 누적하여 계산한다.

① 20
② 30
③ 40
④ 50

해설

인증취소 등의 세부기준 및 절차(친환경농어업법 시행규칙 [별표 9])
• 인증취소는 위반행위가 발생한 인증번호 전체(인증서에 기재된 인증품목, 인증면적 및 인증종류 전체를 말한다)를 대상으로 적용한다.
• 위에도 불구하고 생산자단체로 인증을 받은 경우 구성원 수 대비 인증취소 처분을 받은 위반행위자 비율이 20% 이하인 경우에는 위반행위를 한 구성원에 대해서만 인증취소를 할 수 있다. 이 경우 위반행위자의 수는 인증 유효기간 동안 누적하여 계산한다.

85 유기가공식품 식품첨가물 또는 가공보조제로 사용 가능한 물질 중 가공보조제로 사용 시 제한 없이 허용이 가능한 것은?

① 비타민 C

② 산 소

③ DL-사과산

④ 산탄검

해설

유기가공식품 – 식품첨가물 또는 가공보조제로 사용 가능한 물질 (친환경농어업법 시행규칙 [별표 1])

명칭(한)	식품첨가물로 사용 시		가공보조제로 사용 시	
	사용 가능 여부	사용 가능 범위	사용 가능 여부	사용 가능 범위
비타민 C	○	제한 없음	×	
산 소	○	제한 없음	○	제한 없음
DL-사과산	○	제한 없음	×	
산탄검	○	지방제품, 과일 및 채소제품, 케이크, 과자, 샐러드류	×	

86 유기농업자재의 표시기준 작도법(도형표시)에서 공시마크의 바탕색은?

① 연두색

② 흰 색

③ 파란색

④ 청록색

해설

유기농업자재 공시를 나타내는 도형 또는 글자의 표시 – 작도법(친환경농어업법 시행규칙 [별표 21])

공시마크 바탕색은 흰색으로 하고, 공시마크의 가장 바깥쪽 원은 연두색, 유기농업자재라고 표기된 글자의 바탕색은 청록색, 태양, 햇빛 및 잎사귀의 둘레 색상은 청록색, 유기농업자재의 종류라고 표기된 글자의 바탕색과 네모 둘레는 청록색으로 한다.

87 유기식품 등의 인증기준 등에서 사용하는 내용으로 "사육되는 가축에 대하여 그 생산물이 식용으로 사용되기 전에 동물용의약품의 사용을 제한하는 일정 기간을 말한다"의 용어는?

① 휴약기간

② 미량기간

③ 최소기간

④ 윤환기간

해설

유기식품 등의 생산, 제조·가공 또는 취급에 필요한 인증기준(친환경농어업법 시행규칙 [별표 4])

'휴약기간'이란 사육되는 가축에 대해 그 생산물이 식용으로 사용되기 전에 동물용의약품의 사용을 제한하는 일정기간을 말한다.

88 "유기농어업자재" 용어의 뜻은?

① 유기농수산물을 생산, 제조·가공 또는 취급하는 과정에서 사용할 수 있는 허용물질을 원료 또는 재료로 하여 만든 제품을 말한다.

② 유기식품, 무농약농수산물 등을 생산, 제조·가공 또는 취급하는 모든 과정에서 사용 가능한 것으로서 농림축산식품부령 또는 해양수산부령으로 정하는 물질을 말한다.

③ 무농약농산물, 무항생제축산물, 무항생제수산물 및 활성처리제 비사용 수산물을 말한다.

④ 유기적인 방법으로 생산된 유기농수산물과 유기가공식품을 말한다.

해설

정의(친환경농어업법 제2조제6호)

'유기농어업자재'란 유기농수산물을 생산, 제조·가공 또는 취급하는 과정에서 사용할 수 있는 허용물질을 원료 또는 재료로 하여 만든 제품을 말한다.

89 유기농업자재 관련 행정처분기준 중 시험연구기관에서 "시험연구기관의 지정기준에 맞지 않게 된 경우" 1회 위반 시 행정처분은?

① 지정취소
② 업무정지 6개월
③ 업무정지 3개월
④ 업무정지 1개월

해설

개별기준 – 시험연구기관(친환경농어업법 시행규칙 [별표 20])

위반행위	위반 횟수별 행정처분기준		
	1회 위반	2회 위반	3회 이상 위반
시험연구기관의 지정기준에 맞지 않게 된 경우	업무정지 3개월	업무정지 6개월	지정취소

90 유기농어업자재의 공시에서 공시의 유효기간으로 옳은 것은?

① 공시의 유효기간은 공시를 받은 날부터 6개월로 한다.
② 공시의 유효기간은 공시를 받은 날부터 1년으로 한다.
③ 공시의 유효기간은 공시를 받은 날부터 3년으로 한다.
④ 공시의 유효기간은 공시를 받은 날부터 4년으로 한다.

해설

공시의 유효기간 등(친환경농어업법 제39조제1항)
공시의 유효기간은 공시를 받은 날부터 3년으로 한다.

91 유기식품 등에 사용 가능한 물질에서 유기농산물 및 유기임산물에 대한 사항으로 토양개량과 작물생육을 위하여 사용이 가능한 물질 중 사용 가능 조건이 "화학물질의 첨가나 화학적 제조공정을 거치지 않아야 하고, 항생물질이 검출되지 않을 것"에 해당하는 것은?

① 비나스
② 혈 분
③ 설 탕
④ 포도당

해설

토양개량과 작물생육을 위해 사용 가능한 물질(친환경농어업법 시행규칙 [별표 1])

사용가능 물질	사용가능 조건
제당산업의 부산물(당밀, 비나스, 식품등급의 설탕, 포도당 포함)	유해 화학물질로 처리되지 않을 것
혈분·육분·골분·깃털분 등 도축장과 수산물 가공공장에서 나온 동물부산물	화학물질의 첨가나 화학적 제조공정을 거치지 않아야 하고, 항생물질이 검출되지 않을 것

92 유기식품 등의 유기표시 기준에서 작도법 중 도형 표시방법에 대한 내용으로 틀린 것은?

① 표시 도형의 흰색 모양 하단부 우측 태극의 끝점은 상단부에서 $0.55 \times W$ 아래가 되는 지점으로 한다.
② 표시 도형의 흰색 모양 하단부 좌측 태극의 시작점은 상단부에서 $0.55 \times W$ 아래가 되는 지점으로 한다.
③ 표시 도형의 흰색 모양과 바깥테두리(좌우 및 상단부 부분에만 해당한다)의 간격은 $0.1 \times W$로 한다.
④ 표시 도형의 가로의 길이(사각형의 왼쪽 끝과 오른쪽 끝의 폭 : W)를 기준으로 세로의 길이는 $0.95 \times W$의 비율로 한다.

해설

유기식품등의 유기표시 기준 – 작도법(친환경농어업법 시행규칙 [별표 6])
• 표시 도형의 가로 길이(사각형의 왼쪽 끝과 오른쪽 끝의 폭 : W)를 기준으로 세로 길이는 $0.95 \times W$의 비율로 한다.
• 표시 도형의 흰색 모양과 바깥 테두리(좌우 및 상단부 부분으로 한정한다)의 간격은 $0.1 \times W$로 한다.
• 표시 도형의 흰색 모양 하단부 왼쪽 태극의 시작점은 상단부에서 $0.55 \times W$ 아래가 되는 지점으로 하고, 오른쪽 태극의 끝점은 상단부에서 $0.75 \times W$ 아래가 되는 지점으로 한다.

93 유기식품 등의 인증 신청 및 심사 등에 따른 인증의 유효기간은 인증을 받은 날부터 몇 년으로 하는가?

① 1년
② 2년
③ 3년
④ 4년

해설

인증의 유효기간 등(친환경농어업법 제21조제1항)
인증의 유효기간은 인증을 받은 날부터 1년으로 한다.

94 유기농축산물의 함량에 따른 제한적 유기표시의 기준에서 유기농축산물의 함량에 따른 표시기준 중 특정 원재료로 유기농축산물을 사용한 제품에 대한 내용으로 틀린 것은?

① 특정 원재료로 유기농축산물만을 사용한 제품이어야 한다.

② 해당 원재료명의 일부로 "유기"라는 용어를 표시할 수 있다.

③ 표시장소는 원재료명 및 함량 표시란에만 표시할 수 있다.

④ 원재료명 및 함량 표시란에 유기농축산물의 총함량 또는 원료별로 ppm 및 mol로 표시하여야 한다.

해설
유기농축산물의 함량에 따른 제한적 유기표시의 허용기준(친환경농어업법 시행규칙 [별표 8])
• 70% 이상이 유기농축산물인 제품
  – 최종 제품에 남아 있는 원료 또는 재료(물과 소금은 제외한다)의 70% 이상이 유기농축산물이어야 한다.
  – 유기 또는 이와 유사한 용어를 제품명 또는 제품명의 일부로 사용할 수 없다.
  – 표시장소는 주표시면을 제외한 표시면에 표시할 수 있다.
  – 원재료명 표시란에 유기농축산물의 총함량 또는 원료·재료별 함량을 백분율(%)로 표시해야 한다.
• 70% 미만이 유기농축산물인 제품
  – 특정 원료 또는 재료로 유기농축산물만을 사용한 제품이어야 한다.
  – 해당 원료·재료명의 일부로 "유기"라는 용어를 표시할 수 있다.
  – 표시장소는 원재료명 표시란에만 표시할 수 있다.
  – 원재료명 표시란에 유기농축산물의 총함량 또는 원료·재료별 함량을 백분율(%)로 표시해야 한다.

95 유기식품 등의 인증기준 등에서 유기축산물에 대한 내용 중 사료 및 영양관리의 구비요건에 대한 내용으로 틀린 것은?

① 반추가축에게 사일리지(Silage)만 급여하지 않으며, 비반추가축도 가능한 조사료(粗飼料)를 급여할 것

② 유전자변형농산물 또는 유전자변형농산물에서 유래한 물질은 급여하지 아니할 것

③ 유기가축에는 90% 유기사료를 급여하는 것을 원칙으로 할 것. 다만, 극한 기후조건 등의 경우에는 국립농산물품질관리원장이 정하여 고시하는 바에 따라 유기사료가 아닌 사료를 급여하는 것을 허용할 수 있다.

④ 합성화합물 등 금지물질을 사료에 첨가하거나 가축에 급여하지 아니할 것

해설
유기축산물 – 사료 및 영양관리(친환경농어업법 시행규칙 [별표 4])
유기가축에게는 100% 유기사료를 공급하는 것을 원칙으로 할 것. 다만, 극한 기후조건 등의 경우에는 국립농산물품질관리원장이 정하여 고시하는 바에 따라 유기사료가 아닌 사료를 공급하는 것을 허용할 수 있다.

96 유기식품 등에 사용 가능한 물질에서 유기농산물 및 유기임산물에 대한 내용으로 병해충 관리를 위하여 사용이 가능한 물질 중 사용 가능 조건이 "토양에 직접 살포하지 않을 것"에 해당하는 것은?

① 보르도액 ② 산염화동

③ 구리염 ④ 생석회(산화칼슘)

해설
병해충 관리를 위해 사용 가능한 물질(친환경농어업법 시행규칙 [별표 1])

사용가능 물질	사용가능 조건
구리염, 보르도액, 수산화동, 산염화동, 부르고뉴액	토양에 구리가 축적되지 않도록 필요한 최소량만을 사용할 것
생석회(산화칼슘) 및 소석회(수산화칼슘)	토양에 직접 살포하지 않을 것

97 유기식품 등의 인증기준 등에서 사용하는 용어의 정의에 대한 내용이다. ( )에 알맞은 내용은?

> "생산자단체"란 ( ) 이상의 생산자로 구성된 작목반, 작목회 등 영농조직, 협동조합 또는 영농단체를 말한다.

① 2명 ② 3명
③ 4명 ④ 5명

해설
용어의 정의(친환경농어업법 시행규칙 [별표 4])
'생산자단체'란 5명 이상의 생산자로 구성된 작목반, 작목회 등 영농조직, 협동조합 또는 영농 단체를 말한다.

99 유기식품 등의 인증기준 등에서 유기농산물 및 유기임산물 중 재배포장, 용수, 종자의 구비요건에 대한 내용이다. ( )에 알맞은 내용은?

> 재배포장은 최근 ( ) 인증취소 처분을 받지 않은 재배지로서 토양환경보전법 시행규칙에 따른 토양오염우려기준을 초과하지 않으며, 주변으로부터 오염 우려가 없거나 오염을 방지할 수 있을 것

① 1년간 ② 2년간
③ 3년간 ④ 4년간

해설
유기농산물 및 유기임산물의 인증기준 – 재배포장, 재배용수, 종자 (친환경농어업법 시행규칙 [별표 4])
재배포장은 최근 1년간 인증취소 처분을 받지 않은 재배지로서, 토양환경보전법 시행규칙 및 [별표 3]에 따른 토양오염우려기준을 초과하지 않으며, 주변으로부터 오염 우려가 없거나 오염을 방지할 수 있을 것

98 인증기관의 지정기준 중 인력에 대한 내용에서 인증심사원을 몇 명 이상 갖추어야 하는가?

① 2명 ② 3명
③ 4명 ④ 5명

해설
인증기관의 지정기준 – 인력 및 조직(친환경농어업법 시행규칙 [별표 10])
자격을 부여받은 인증심사원(이하 '인증심사원')을 상근인력으로 5명 이상 확보하고, 인증심사업무를 수행하는 상설 전담조직을 갖출 것. 다만, 인증기관의 지정 이후에는 인증업무량 등에 따라 국립농산물 질관리원장이 정하는 바에 따라 인증심사원을 추가로 확보할 수 있어야 한다.

100 친환경관련법상 경영 관련 자료에 대한 내용이다. (가)에 알맞은 내용은?

> 농산물, 임산물의 재배포장의 재배사항을 기록한 자료 중 품목명, 파종·색재일, 수확일 자료의 기록기간은 최근 (가)간으로 하되(무농약농산물은 최근 1년간으로 하되, 신규인증의 경우에는 인증신청 이전의 기록을 생략할 수 있다) 재배품목과 재배포장의 특성 등을 감안하여 국립농산물품질관리원장이 정하는 바에 따라 3개월 이상 3년 이하의 범위에서 그 기간을 단축하거나 연장할 수 있다.

① 6개월 ② 9개월
③ 2년 ④ 3년

해설
경영 관련 자료 – 생산자(친환경농어업법 시행규칙 [별표 5])
• 합성농약 및 화학비료의 구매·사용·보관에 관한 사항을 기록한 자료 : 자재명, 일자별 구매량, 사용처별 사용량·보관량, 구매 영수증
• 정에 따른 자료의 기록 기간은 최근 2년간(무농약농산물의 경우에는 최근 1년간)으로 하되, 재배품목과 재배포장의 특성 등을 고려하여 국립농산물품질관리원장이 정하는 바에 따라 3개월 이상 3년 이하의 범위에서 그 기간을 단축하거나 연장할 수 있다.

정답 97 ④ 98 ④ 99 ① 100 ③

2019년 제2회 | 과년도 기출문제

제1과목 **재배원론**

01 내건성이 큰 작물의 세포적 특성이 아닌 것은?

① 세포가 작다.
② 세포의 삼투압이 높다.
③ 원형질막의 수분투과성이 크다.
④ 원형질의 점성이 낮다.

해설
④ 원형질의 점성이 높다.

02 버널리제이션의 농업 이용에 가장 이용하지 않는 것은?

① 억제 재배
② 수량 증대
③ 육종에 이용
④ 대파(代播)

해설
춘화처리(Vernalization)의 농업적 이용
• 재배상의 이용, 육종상의 이용
• 채종재배, 촉성재배, 재배법의 개선
• 수량의 증대, 종 또는 품종의 감정

03 다음 중 생존연한에 따른 분류상 2년생 작물에 해당되는 것은?

① 보 리   ② 사탕무
③ 호 프   ④ 벼

해설
생존연한에 따라 분류
• 1년생작물 : 벼, 콩, 옥수수 등
• 월년생작물 : 가을밀, 가을보리 등
• 2년생작물 : 무, 사탕무, 양파, 양배추, 당근, 근대 등
• 다년생(영년생)작물 : 아스파라거스, 호프, 목초류, 딸기, 국화 등

04 논벼가 다른 작물에 비해서 계속 무비료재배를 하여도 수량이 급격히 감소하지 않는 이유로 가장 적절한 것은?

① 잎의 동화력이 크기 때문이다.
② 뿌리의 활력이 좋기 때문이다.
③ 비료의 천연공급량이 많기 때문이다.
④ 비료의 흡수력이 크기 때문이다.

해설
물은 외부에서 벼의 양분을 운반하여 주어 거름기에 많은 보탬이 된다.
무비료(비료없이)재배를 하여도 반타작 이상을 거두어들일 수 있을
정도이다.

05 다음 중 고추의 일장감응형은?

① LL형   ② II형
③ SS형   ④ LS형

해설
식물의 일장형

일장형	종래의 일장형	최적 일장		실 례
		꽃눈 분화	개화	
SS	단일식물	단일	단일	콩(만생종), 코스모스, 나팔꽃
LL	장일식물	장일	장일	시금치, 봄보리
LS	–	장일	단일	Physostegia
II	중성식물	중성	중성	벼(조생), 메밀, 토마토, 고추

06 비늘줄기를 번식에 이용하는 작물은?

① 생 강　　　　② 마 늘
③ 토 란　　　　④ 연

해설
- 비늘줄기(인경) : 백합, 마늘 등
- 땅속줄기(지하경) : 생강, 연, 박하, 호프 등
- 덩이줄기(괴경) : 토란, 감자, 뚱딴지 등

07 다음 중 내염성이 가장 강한 작물은?

① 가 지　　　　② 양배추
③ 셀러리　　　　④ 완 두

해설
내염성
- 정도가 강한 작물 : 유채, 목화, 순무, 사탕무, 양배추, 라이그래스
- 정도가 약한 작물 : 완두, 고구마, 베치, 가지, 녹두, 셀러리, 감자, 사과, 배, 복숭아, 살구

08 감자의 2기작 방식으로 추계 재배 시 휴면타파에 가장 효과적으로 이용하는 화학약제는?

① B-995　　　　② Gibberellin
③ Phosfon-D　　④ CCC

해설
지베렐린은 감자의 추작재배를 위하여 휴면타파에 이용되는 생장조절제이다.

09 다음 중 적산온도를 가장 적게 요하는 작물은?

① 옥수수　　　　② 조
③ 기 장　　　　④ 메 밀

해설
적산온도(℃)
④ 메밀 : 1,000~1,200℃
① 옥수수 : 2,370~3,000℃
② 조 : 1,800~3,000℃
③ 기장 : 3,200~3,600℃

10 다음 중 작물 생육의 다량원소가 아닌 것은?

① K　　　　② Cu
③ Mg　　　　④ Ca

해설
다량원소와 미량원소
- 다량 원소 : 탄소(C), 수소(H), 산소(O), 질소(N), 황(S), 칼륨(K), 인(P), 칼슘(Ca), 마그네슘(Mg) 등
- 미량 원소 : 철(Fe), 망간(Mn), 아연(Zn), 구리(Cu), 몰리브덴(Mo), 붕소(B), 염소(Cl) 등

11 수확물의 상처에 코르크층을 발달시켜 병균의 침입을 방지하는 조치를 나타내는 용어는?

① 큐어링
② 예 랭
③ CA저장
④ 후 숙

해설
큐어링
수확 당시의 상처와 병반부를 아물게 하고 당분을 증가시켜 저장하는 방법이다.

12 다음 중 작물의 복토깊이가 가장 깊은 것은?

① 당 근
② 생 강
③ 오 이
④ 파

해설
주요 작물의 복토 깊이

복토 깊이	작 물
종자가 보이지 않을 정도	소립목초종자, 파, 양파, 상추, 당근, 담배, 유채
0.5~1.0cm	순무, 배추, 양배추, 가지, 고추, 토마토, 오이, 차조기
5.0~9.0cm	감자, 토란, 생강, 글라디올러스, 크로커스

13 밭에 중경은 때에 따라 작물에 피해를 준다. 다음 중 중경에 대한 설명으로 가장 거리가 먼 것은?

① 중경은 뿌리의 일부를 단근시킨다.
② 중경은 표토의 일부를 풍식시킨다.
③ 중경은 토양수분의 증발을 증가시킨다.
④ 토양온열을 지표까지 상승을 억제, 동해를 조장한다.

해설
토양수분의 증발억제 : 토양을 얕게 중경(천경)하면 토양의 모세관이 절단되어 토양 유효수분의 증발이 억제되고, 한발기에 가뭄해(루害)를 경감할 수 있다.

14 광합성 양식에 있어서 C_4식물에 대한 설명으로 가장 거리가 먼 것은?

① 광호흡을 하지 않거나 극히 작게 한다.
② 유관속초세포가 발달되어 있다.
③ CO_2 보상점은 낮으나 포화점이 높다.
④ 벼, 콩 및 보리가 C_4식물에 해당된다.

해설
C_3 식물과 C_4 식물
• C_3 식물 : 벼, 밀, 보리, 콩, 해바라기 등
• C_4 식물 : 사탕수수, 옥수수, 수수, 피, 기장, 버뮤다그래스 등

15 작물의 특성을 유지하기 위한 방법이 아닌 것은?

① 영양번식에 의한 보존재배
② 격리재배
③ 원원종재배
④ 자연교잡

해설
자연교잡은 유전적 퇴화의 원인이다.

16 다음 중 단일성 작물로만 나열된 것은?

① 들깨, 담배, 코스모스
② 감자, 시금치, 양파
③ 고추, 당근, 토마토
④ 사탕수수, 딸기, 메밀

해설

일장반응에 따른 작물의 종류
- 단일성 식물 : 국화, 콩, 담배, 들깨, 도꼬마리, 코스모스, 목화, 벼, 나팔꽃
- 장일성 식물 : 맥류, 양귀비, 시금치, 양파, 상치, 아마, 티머시, 감자, 딸기, 무
- 중일성 식물 : 강낭콩, 고추, 토마토, 당근, 셀러리, 메밀, 사탕수수

17 다음 중 산성토양에 강하면서 연작의 장해가 가장 적은 작물로만 나열된 것은?

① 자운영, 양파
② 옥수수, 시금치
③ 콩, 담배
④ 벼, 귀리

해설

연작의 해가 적은 작물 : 벼, 맥류, 조, 수수, 옥수수, 고구마, 담배, 무, 당근

18 박과채소류 접목육묘의 특징으로 가장 거리가 먼 것은?

① 흡비력이 강해진다.
② 토양전염성 병의 발생이 적어진다.
③ 질소 흡수가 줄어들어 당도가 증가한다.
④ 불량환경에 대한 내성이 증대된다.

해설

박과채소류 접목육묘

장 점	• 토양 전염병 발생이 적어진다. • 불량환경에 대한 내성이 증대된다. • 흡비력이 강해진다. • 과습에 잘 견딘다. • 과실 품질이 우수해진다.
단 점	• 질소과다 흡수 우려 • 기형과 많이 발생 • 당도가 떨어진다. • 흰가루병에 약하다.

19 다음 중 휴작의 필요기간이 가장 긴 작물은?

① 시금치
② 고구마
③ 수 수
④ 토 란

해설

작물의 기지 정도
- 연작의 피해가 적은 작물 : 벼, 맥류, 조, 수수, 옥수수, 고구마, 삼, 담배, 무, 당근, 양파, 호박, 연, 순무, 뽕나무, 아스파라거스, 토당귀, 미나리, 딸기, 양배추, 사탕수수, 꽃양배추, 목화 등
- 1년 휴작 작물 : 시금치, 콩, 파, 생강, 쪽파 등
- 3~4년 휴작 작물 : 쑥갓, 토란, 참외, 강낭콩 등

20 작물에서 화성을 유도하는 데 필요한 중요요인으로 가장 거리가 먼 것은?

① 체내 동화생산물의 양적 균형
② 체내의 Cytokine과 ABA의 균형
③ 온도조건
④ 일장조건

해설

화성유도의 주요요인
- 내적 요인 : 유전적인 요인, 체내 동화생산물의 양적 균형(C/N율), 식물호르몬(옥신과 지베렐린의 체내 수준관계)
- 외적 요인 : 광조건(일장효과), 온도조건(춘화처리)

제2과목 **토양비옥도 및 관리**

21 다음 중 토양 내 가장 많은 생물체량을 가지는 것은?

① 지렁이　　　　② 진드기
③ 개 미　　　　④ 미생물

해설
토양 속에는 세균, 방선균, 사상균, 효모, 조류 원생동물 등 많은 미생물들이 서식한다.

22 다음 중 토성에 대한 설명으로 가장 거리가 먼 것은?

① 토성은 토양의 이화학적 성질에 영향을 미친다.
② 토성을 결정할 때 유기물 함량은 고려하지 않는다.
③ 토성을 결정할 때 자갈의 함량은 고려할 필요가 없다.
④ 토성은 토양용액의 수소이온 농도에 의존하는 성질이 있다.

해설
토성은 모래, 미사, 점토의 함량 비율에 따라 결정되는 토양 물리성 인자로 토양 내 화학 반응의 기초가 되는 인자인 토양 산도(pH)와는 무관하다.

23 다음 중 식물의 구성성분 중 토양에 들어가 미생물이 생성하는 다른 화합물들과 결합하여 토양부식을 이루는 물질로 가장 적절한 것은?

① 단백질　　　　② 셀룰로스
③ 리그닌　　　　④ 전 분

해설
리그닌은 토양에서 유기모재(有機母材)의 근본이 되며 부식 중에 많이 함유된 물질이다.

24 다음 중 시간이 지날수록 토양을 산성화시키는 비료로 가장 적절한 것은?

① 염화칼륨　　　　② 석회질소
③ 칠레초석　　　　④ 용성인비

해설
염화칼륨(KCl)은 중성비료이지만, 토양 중 칼륨이 흡수되고 염소가 잔류하여 생리적 산성비료이다.

25 다음 중 가장 적절한 토양구조 유형은?

> 수평구조의 공극을 형성하면서 작물의 수직적 뿌리 생장을 제한하는 경향이 있다.

① 각괴상
② 입 상
③ 판 상
④ 각주상

해설
판상 구조
접시와 같은 모양이거나 수평배열의 토괴로 구성된 구조로 토양생성과정 중에 발달하거나 인위적인 요인에 의하여 만들어지며, 모재의 특성을 그대로 간직하고 있다. 작물 뿌리의 수직 생장을 제한하고 수분이 아래로 잘 빠지지 않는 특징이 있다.

26 다음 중 토성과 작물생육과의 관계에 대한 설명으로 가장 적절하지 않은 것은?

① 토성이 같아도 지력은 달라질 수 있다.
② 일반적으로 식토가 양토에 비하여 지력이 높다.
③ 토성은 작물생육 및 작물병해와 밀접한 관련이 있다.
④ 식질계 토양은 보수력이 좋고, 사질계 토양은 통기성이 좋다.

해설
식토는 점토 함량이 높아 물 빠짐이 좋지 않기 때문에 작물생육에 지장을 준다.

27 토양을 구성하는 주요 광물 중 석영의 입자밀도로 가장 옳은 것은?

① $5.00g \cdot cm^{-3}$
② $4.75g \cdot cm^{-3}$
③ $3.85g \cdot cm^{-3}$
④ $2.65g \cdot cm^{-3}$

해설
운모, 장석, 석영의 입자밀도는 $2.65g/cm^{-3}$로 평균값을 적용한다.

28 토양공기에 대한 설명으로 가장 적절하지 않은 것은?

① 토양공기의 조성은 대기의 조성과 동일하다.
② 토양공기 유통의 중요한 기작은 확산작용이다.
③ 토양 중 산소는 미생물의 분포에 큰 영향을 준다.
④ 토양 중 통기성은 토양 내 양분의 화학성에 영향을 준다.

해설
토양공기는 대기에 비해 탄산가스 농도가 높고, 산소의 농도는 낮다.

29 다음 중 농경지 토양에서 석회요구량 검정방법으로 가장 적절하지 않은 것은?

① TDR법
② 완충곡선법
③ ORD법
④ 교환산도법

해설
TDR(Time Domain Reflectometry)법은 토양수분함량 측정방법이다.

30 다음 중 공생 질소고정균에 해당하는 것으로 가장 옳은 것은?

① *Azotobacter*
② *Clostridium*
③ *Rhizobium*
④ *Derxia*

해설
질소고정작용 균
• 단생질소 고정균
  − 호기성 세균 : *Azotobacter*, *Derxia*, *Beijerinckia*
  − 혐기성 세균 : *Clostridium*
  − 통성혐기성 세균 : *Klebsiella*
• 공생질소 고정균 : *Rhizobium*, *Bradyrhizobium*속

정답 26 ② 27 ④ 28 ① 29 ① 30 ③

31 특이산성토양에 가장 많이 축적되어 있는 화합물은?

① Ca
② S
③ P
④ K

해설
특이산성토양(pH가 4.0이하인 강한 산성)은 유기물과 황의 함량이 높고 석회함량이 적은 점질토양이다.

32 다음 중 작물이 흡수하는 질소 중 토양에 흡착이 가장 잘 되는 것은?

① 단백태질소
② 질산태질소
③ 암모니아태질소
④ 사이안아마이드태질소

해설
암모니아태질소(NH_4^+)는 토양에 흡착되며, 질산태질소(NO_3^-)로 변화된 질소의 일부는 용탈이나 휘발에 의하여 손실된다.

33 다음 중 토양 생성의 주요 인자로 가장 적절하지 않은 것은?

① 기 후
② 모 재
③ 시 간
④ 경 운

해설
토양 생성의 주요 인자 : 모재, 지형, 기후, 생명체, 시간 등

34 다음 중 점토광물이고 양이온교환용량이 가장 높은 것은?

① Kaolinite
② Chlorite
③ Quartz
④ Allophane

해설
점토광물의 양이온교환용량
Kaolinite(3~15), Chlorite(10~40), Allophane(100~800)
※ Quartz(석영)은 비점토광물이다.

35 다음 중 화성암이며 우리나라 토양의 주요 모재가 되는 암석으로 가장 옳은 것은?

① 현무암
② 반려암
③ 석회암
④ 화강암

해설
화강암은 심성암 중에서 가장 넓게 분포하며, 우리나라에서는 2/3를 차지한다.

36 다음 중 점토에 대한 설명으로 가장 거리가 먼 것은?

① 2차 광물이다.

② 비표면적이 크다.

③ 가소성과 점착력이 크다.

④ 모세관력은 매우 약하다.

해설

점토는 2차 광물로 비표면적이 크고, 가소성과 점착력, 모세관력이 매우 커서 보비력과 보수력이 높다.

37 다음 설명에 가장 적절한 작용은?

> 논토양은 청회색, 밭토양은 갈색 또는 붉은색을 나타낸다.

① 분해에 의한 유기물 함량 변화

② 질소의 함량 변화

③ 인의 함량 변화

④ 철의 산화·환원

해설

철은 산화상태인 밭토양에서는 붉은색을 띠고, 환원상태인 논토양에서는 청회색이나 담녹색을 띤다.

38 다음 중 우리나라 토양이 가장 많이 함유하는 점토광물은?

① Illite

② Chlorite

③ Kaolinite

④ Montmorillonite

해설

Kaolinite는 우리나라 토양 중 대부분을 차지하며 규소사면체층과 알루미늄팔면체층이 1 : 1격자형으로 결합된 광물이다.

39 다음 중 토양 내 인산의 고정화를 방지하는 방법으로 가장 적절한 것은?

① 양이온 미량원소의 시비

② 유기물의 투입

③ 철산화물의 투입

④ 토양의 알칼리화

해설

유기물은 인산의 저장고이고 인산이 알루미늄 등과 재결합하는 것을 방지하여 인산의 고정화(불용화)를 억제할 수 있다.

40 다음 중 염류 토양의 관리방안으로 가장 적절하지 않은 것은?

① 시비를 자주 한다.

② 객토를 한다.

③ 유기물을 시용한다.

④ 배수체계를 향상시킨다.

해설

염류토양은 토양 중에 양분함량을 고려하여 합리적인 시비를 한다면 염류가 집적되는 시기를 늦출 수 있다.

제3과목 유기농업개론

41 자가불화합성을 이용하는 것으로만 나열된 것은?

① 멜론, 고추　　　② 토마토, 옥수수
③ 무, 배추　　　　④ 수박, 밀

해설
자가불화합성 이용 : 무, 순무, 배추, 양배추, 브로콜리 등

42 다음 중 요수량이 가장 큰 것은?

① 옥수수　　　　② 완 두
③ 밀　　　　　　④ 보 리

해설
요수량의 크기
옥수수(368) < 기장(513) < 보리(534) < 완두(788)

43 과수의 결과 습성에서 좋은 결과를 시키려고 할 때 2년생 가지에 결실하는 것으로만 나열된 것은?

① 감, 밤　　　　② 포도, 감귤
③ 비파, 호두　　④ 복숭아, 자두

해설
과수의 결실 습성
• 1년생 가지에서 결실하는 과수 : 감귤류, 포도, 감, 무화과, 밤
• 2년생 가지에서 결실되는 과수 : 복숭아, 매실, 자두 등
• 3년생 가지에서 결실되는 과수 : 사과, 배

44 시설 내의 환경특이성에 대한 설명으로 틀린 것은?

① 온도는 위치별로 분포가 다르다.
② 일교차가 작다.
③ 광분포가 불균일하다.
④ 광량이 감소한다.

해설
시설하우스는 일교차가 크고, 위치별 분포가 다르며, 지온이 높다.

45 대들보라고도 하며 용마루 위에 놓이는 수평재는?

① 보　　　　　② 왕도리
③ 샛기둥　　　④ 천 창

해설
① 보 : 수직재의 기둥에 연결되어 하중을 지탱하고 있는 수평 구조부재
③ 샛기둥 : 기둥과 기둥 사이에 배치하여 벽을 지지해 주는 수직재
④ 천창 : 채광이나 환기를 위하여 지붕에 낸 창

46 유기축산물의 자급사료 기반에 대한 내용이다. (　)에 알맞은 내용은?(단, 축종별 가축의 생리적 상태, 지역 기상조건의 특수성 및 토양의 상태 등을 고려하여 외부에서 유기적으로 생산된 조사료를 도입할 경우를 제외한다)

> 초식가축의 경우에는 가축 1마리당 목초지 또는 사료작물 재배지 면적을 확보하여야 한다. 이 경우 사료작물 재배지는 답리작재배 및 임차·계약재배가 가능하다.
> 가) 한·육우 : 목초지 (　)m²

① 1,932　　　　② 2,000
③ 2,475　　　　④ 2,500

해설
유기축산물 – 자급 사료 기반(유기식품 및 무농약농산물 등의 인증에 관한 세부실시 요령 [별표 1])
초식가축의 경우에는 가축 1마리당 목초지 또는 사료작물 재배지 면적을 확보하여야 한다. 이 경우 사료작물 재배지는 답리작 재배 및 임차계약재배가 가능하다.
• 한·육우 : 목초지 2,475m² 또는 사료작물재배지 825m²

정답　41 ③　42 ②　43 ④　44 ②　45 ②　46 ③

47 다음 중 포식성 곤충에 해당하는 것은?

① 침파리   ② 고치벌
③ 꼬마벌   ④ 꽃등에

해설
• 포식성 곤충 : 무당벌레, 노린재, 풀잠자리, 꽃등에 등
• 기생성 천적 : 기생벌(맵시벌·고치벌·수중다리좀벌·혹벌·애배벌), 기생파리(침파리·왕눈등에) 등

48 전류가 텅스텐 필라멘트를 가열할 때 발생하는 빛을 이용하는 등은?

① 수은등   ② 메탈할라이드등
③ 백열등   ④ 고압나트륨등

해설
① 수은등 : 유리관에 수은을 넣고 양쪽 끝에 전극을 봉한 발생관을 진공 봉입한 전등
② 메탈할라이드등 : 금속 용화물을 증기압 중에 방전시켜 금속 특유의 발광을 나타내는 전등
④ 고압나트륨등 : 관 속에 금속나트륨, 아르곤, 네온 보조가스를 봉입한 등

49 다음 중 산성토양에 가장 강한 것은?

① 메 밀   ② 겨 자
③ 고 추   ④ 완 두

해설
산성토양 적응성
• 극히 강한 것 : 벼, 밭벼, 귀리, 기장, 땅콩, 아마, 감자, 호밀, 토란
• 강한 것 : 메밀, 당근, 옥수수, 고구마, 오이, 호박, 토마토, 조, 딸기, 베치, 담배
• 약한 것 : 고추, 보리, 클로버, 완두, 가지, 삼, 겨자
• 가장 약한 것 : 알팔파, 자운영, 콩, 팥, 시금치, 사탕무, 셀러리, 부추, 양파

50 다음에서 설명하는 것은?

> 에틸렌글리콜과 테레프탈산의 축합반응으로 제조하며, 수명이 길어 5년 이상 연속사용이 가능한데, 자외선 차단형인 경우는 내구연한을 7~8년까지도 연장할 수가 있다.

① 폴리에틸렌 테레프탈레이트필름
② 에틸렌아세트산필름
③ 염화비닐필름
④ 폴리에틸렌필름

해설
폴리에틸렌 테레프탈레이트필름(PET)
포화 폴리에스터 수지로 내열성성, 강성, 전기적 성질 등이 뛰어나 섬유, 필름 또는 열가소성 성형 재료로 이용된다.

51 다음 중 연작의 해가 가장 적은 것은?

① 토 란   ② 당 근
③ 고 추   ④ 오 이

해설
연작의 해가 적은 작물 : 벼, 맥류, 조, 수수, 옥수수, 고구마, 담배, 무, 당근

52 유기배합사료 제조용 물질 중 단미사료에서 단백질류에 해당하는 것은?

① 골 분   ② 어골회
③ 패 분   ④ 어 분

해설
단미사료의 범위(사료 등의 기준 및 규격 [별표 1])

단백질류	가금부산물건조분[도축 및 가금도축부산물, 계육분 포함], 가죽, 감마루스, 건어포, 게분, 계란분말[난황 및 난백분말 등 가공품을 포함], 골뱅이분, 동물성단백질혼합분, 모발분, 부화장부산물건조분, 새우분, 수지박[우지박, 돈지박을 포함], 어분[어류의 가공품 및 부산물 포함], 어즙, 어즙흡착사료, 우모분, 유도단백질[가수분해, 효소처리 등을 한 것을 포함], 육골분, 육골포, 육분, 육즙흡착사료, 육어포, 육포, 제각분, 혈액가공품[혈장단백 및 혈분을 제외], 혈분, 혈장단백
무기물류	골분, 골회, 난각분, 어골분, 어골회, 패분, 혼합무기물, 가공뼈다귀, 녹각

53 담배 종자처럼 종자가 매우 미세하여 기계파종이 어려울 경우 종자 표면에 화학적으로 불활성의 고체물질을 피복하여 종자를 크게 만드는 것은?

① 필름코팅　　　　② 피막종자처리
③ 종자펠렛　　　　④ 매트종자처리

해설
종자펠렛
종자가 작거나 표면이 불균일하여 손작업, 기계화 작업이 어려운 경우 종자에 고체물질을 피복하여 종자 크기를 크게 한 것
• 장점 : 기계화 정식 용이, 파종발아율 증가
• 단점 : 코팅비용 듦, 경실화에 따른 발아 지연

54 다음 중 베드의 바닥에 일정한 크기의 구배를 만들어 얇은 막상의 양액이 흐르도록 하고, 그 위에 작물의 뿌리가 일부가 닿게 하여 재배하는 방식으로 뿌리의 일부는 공중에 노출되고, 나머지는 흐르는 양액에 닿아 공중산소와 수중산소를 다 같이 이용할 수 있는 것은?

① 분무경　　　　　② 박막수경
③ 환류방식 담액수경　　④ 등량교환방식 담액수경

해설
박막수경(NFT)
플라스틱 필름으로 만든 베드 내에서 생육시키고 그 안에 배양액을 계속 흘려보내는 방법으로 양액이 잘 순환될 수 있도록 1/60~1/80의 경사도를 유지한다.
장단점
• 베드 내 뿌리의 윗부분이 공기 중에 노출되고 밑부분은 흐르는 양액에 접촉되어 상하부 뿌리로부터 산소 흡수가 많다.
• 담액수경에 비해 시설비 및 운영비용이 적게 든다.
• 순환식이므로 비료나 물의 손실이 적다.
• 분무수경에 비해 정전이 되면 뿌리부분이 쉽게 마르지 않는다.

55 다음 중 혼파에 대한 설명으로 가장 적절하지 않은 것은?

① 잡초가 경감한다.
② 산초량이 평준화된다.
③ 공간을 효율적으로 이용할 수 있다.
④ 파종작업이 편리하다.

해설
혼파의 장단점

장 점	• 가축영양상의 이점 • 공간의 효율적 이용 • 비료성분의 효율적 이용 • 질소질 비료의 절약 • 잡초의 경감 • 재해에 대한 안정성 증대 • 산초량의 평준화 • 건초제조상의 이점
단 점	• 작물의 종류가 제한적, 파종작업이 곤란하다. • 목초별로 생장이 다르므로 생육 중 시비, 병충해 방제, 수확작업이 불편하다. • 채종이 곤란하고 기계화가 어렵다.

56 짧은 원줄기상에 3~4개의 원가지를 발달시켜 수형이 술잔 모양으로 되게 하는 정비법이며, 개심형이라고도 하는 것은?

① 덕 형　　　　　② 울타리형
③ 원추형　　　　　④ 배상형

해설
배상형은 원가지의 부담이 커서 가지가 늘어지기 쉽고, 또 결과수가 적어지는 결점이 있다.

57 유기축산물의 동물복지 및 질병관리에 대한 내용으로 틀린 것은?

> 가축의 질병은 다음과 같은 조치를 통하여 예방하여야 하며, 질병이 없는데도 동물용의약품을 투여해서는 아니 된다.
> 가) 가축의 품종과 계통의 적절한 선택
> 나) 무기물 급여를 통한 면역기능 증진
> 다) 비타민 급여를 통한 면역기능 증진
> 라) 다만, 생균제(효소제 포함)는 사용해서는 아니 된다.

① 가   ② 나
③ 다   ④ 라

해설
유기축산물 – 동물복지 및 질병관리(유기식품 및 무농약농산물 등의 인증에 관한 세부실시 요령 [별표 1])
가축의 질병은 다음과 같은 조치를 통하여 예방하여야 하며, 질병이 없는데도 동물용의약품을 투여해서는 아니 된다.
• 가축의 품종과 계통의 적절한 선택
• 질병발생 및 확산방지를 위한 사육장 위생관리
• 생균제(효소제 포함), 비타민 및 무기물 급여를 통한 면역기능 증진
• 지역적으로 발생되는 질병이나 기생충에 저항력이 있는 종 또는 품종의 선택

58 한·육우 유기가축 1마리당 갖추어야 하는 가축사육시설의 소요면적에 대한 내용이다. ( ) 안에 알맞은 내용은?

시설형태	번식우
방사식	( )m²/마리

㉠ 성우 1마리 = 육성우 2마리
㉡ 성우(14개월령 이상), 육성우(6개월~14개월 미만), 송아지(6개월령 미만)
㉢ 포유 중인 송아지는 마릿수에서 제외

① 20   ② 15
③ 10   ④ 5

해설
유기축산물 – 사육장 및 사육조건(유기식품 및 무농약농산물 등의 인증에 관한 세부실시 요령 [별표 1])
유기가축 1마리당 갖추어야 하는 가축사육시설의 소요면적(단위 : m²)은 다음과 같다.
• 한·육우

시설형태	번식우	비육우	송아지
방사식	10m²/마리	7.1m²/마리	2.5m²/마리

– 성우 1마리=육성우 2마리
– 성우(14개월령 이상), 육성우(6개월~14개월 미만), 송아지(6개월령 미만)
– 포유중인 송아지는 마릿수에서 제외

59 우량품종에 한두 가지 결점이 있을 때 이를 보완하는 데 효과적인 육종방법으로 양친 A와 B를 교배한 F_1을 양친 중 어느 하나와 다시 교배하는 것은?

① 여교배육종   ② 파생계통육종
③ 1개체 1계통육종   ④ 순환선발

60 한 포장 내에서 위치에 따라 종자, 비료, 농약 등을 달리함으로써 환경문제를 최소화하면서 생산성을 최대로 하려는 농업은?

① 자연농업   ② 정밀농업
③ 유기농업   ④ 생태농업

해설
정밀농업은 농작물 재배에 영향을 미치는 요인에 관한 정보를 수집하고, 이를 분석하여 불필요한 농자재 및 작업을 최소화함으로써 농산물 생산 관리의 효율을 최적화하는 시스템인 것이다.

제4과목 유기식품 가공 · 유통론

61 농산물 유통 시 고려해야 하는 특성이 아닌 것은?

① 계절에 따른 생산물의 변동성

② 농산물 자체의 부패변질성

③ 전국적으로 분산되어 생산되는 분산성

④ 짧은 유통경로로 인한 낮은 유통마진율

해설
길고 복잡한 유통경로로 인해 유통마진율이 높다.

62 가열살균에서 습열과 건열을 설명한 것 중 틀린 것은?

① 미생물의 살균효과는 보통 습기가 있을 때보다 건조한 상태로 가열할 때 살균효과가 떨어진다.

② 습열에 의한 세균의 사멸은 세포 내 단백질의 응고로 일어난다.

③ 대부분의 저온살균과 고온살균은 건열을 이용한다.

④ 건열에 의한 세균의 사멸은 세균의 산화과정에 의해서 일어난다.

해설
대부분의 저온살균과 고온살균은 습열을 이용한다.

63 부가가치세가 과세되는 가공조작은?

① 껍질벗기기　　　② 맛내기

③ 소금절이기　　　④ 말리기

해설
과세하는 가공 행위 : 본래의 성질이 변하였다고 보는 경우
• 열 가하기(가열, 삶기, 찌기, 굽기, 볶기, 튀기기)
• 맛내기(조미, 양념가하기, 향미)
• 특정요소만 뽑기(면류, 앙금, 떡, 인삼차, 묵)
• 숙성, 발효, 여러 원생산물의 혼합 및 배합하기
• 단순가공식품을 소비자에게 직접 공급할 수 있도록 거래단위 포장하기

64 유기적 가공의 원칙이 아닌 것은?

① 유기가공식품과 비유기가공식품의 혼용 사용

② 물리적 가공방법

③ 생물학적 가공방법(유전자 조작 제외)

④ 유기적 순수성 유지

해설
유기가공식품과 비유기가공식품을 동일한 시간에 동일한 설비로 제조 · 가공하지 않는다.

65 유기가공식품 생산 및 취급(유통, 포장 등) 시 사용이 가능한 재료에 대한 설명으로 틀린 것은?

① 무수아황산은 식품첨가물로서 과일주에 사용 가능하다.

② 구연산은 과일, 채소제품에 사용 가능하다.

③ 질소는 식품첨가물이나 가공보조제로 모두 사용할 수 있다.

④ 과산화수소는 식품첨가물로 사용하여 식품의 세척과 소독에 사용 가능하다.

해설
과산화수소는 식품첨가물로 사용할 수 없고, 가공보조제로 사용시 허용범위는 식품 표면의 세척 및 소독제이다.

66 수박 한 통의 유통단계별 가격은 농가수취가격 5,000원, 위탁상 가격 6,000원, 도매가격 6,500원, 소비자가격은 8,500원이다. 수박 총거래량이 100개라고 하면, 유통마진의 가치(VMM)는 얼마인가?

① 350,000원　　　② 200,000원

③ 150,000원　　　④ 100,000원

해설
유통마진 = 소비자가격 − 농가수취가격
　　　　 = (8,500 × 100) − (5,000 × 100)
　　　　 = 350,000원

67 유기식품의 생산 및 관리에 대한 설명으로 옳은 것은?

① 농어업 부산물의 1회 사용을 통해 생산성 및 위생성을 향상시킨다.

② 농어업의 환경보전기능을 증대시키고, 농어업으로 인한 환경오염을 줄인다.

③ 생명순환의 원리는 생태계순환을 단절시킴으로써 관철될 수 있다.

④ 유기농업의 생명관은 미생물과 동식물 및 인간 간의 상호 분리성을 강조한다.

해설

① 농어업 부산물의 1회 사용이 아닌 재활용을 통해 생산성 및 위생성을 향상시킨다.

③ 생명순환의 원리는 생태계순환이 잘되도록 해야 관철될 수 있다.

④ 유기농업의 생명관은 미생물과 동식물 및 인간 간의 상호 공존성을 강조한다.

68 초고압 처리 시 미생물의 살균원리와 거리가 먼 것은?

① 세포막 구성단백질의 변성

② 세포생육의 필수아미노산 흡수 억제

③ 세포막 투과성 억제

④ 세포액 누출량 증가

해설

초고압 처리

상온에서 200~800MPa의 초고압으로 10~60분간 가압하는 것으로, 미생물의 세포막 구성단백질을 변성시켜 세포생육의 필수아미노산의 흡수를 억제하고, 세포액의 누출량을 증가시켜 살균하는 원리이다. 천연의 향이나 비타민 파괴를 막으며, 열처리와 비교했을 때보다 적은 단백질의 변성이 있다.

69 식품포장지로 사용되는 골판지에 대한 설명으로 틀린 것은?

① 골의 높이와 골의 수에 따라 A, B, C, D, E, F로 구분한다.

② A, C, B의 순서로 골의 높이가 높다.

③ 단위길이당 골의 수가 가장 적은 것은 A이다.

④ 골의 형태는 U형과 V형이 있다.

해설

골판지는 골의 높이와 골의 수에 따라 A, B, C, E, F 등으로 구분한다.

70 미생물의 살균에 대한 설명으로 틀린 것은?

① 사멸방법으로 주로 열처리를 이용한다.

② D값이란 일정 온도에서 일군의 미생물이 90% 사멸될 때까지 걸리는 시간이다.

③ Z값이란 D값을 1/10로 감소시키는 데 소요되는 시간이다.

④ 보툴리누스 포자를 열처리하려면 D값의 12배만큼 처리해야 한다.

해설

Z값이란 D값을 10분의 1로 감소시키는데 소요되는 온도의 상승값이다.

71 식품과 관련된 위해인자의 설명으로 틀린 것은?

① 유기염소계 살충제는 염소를 함유하고 있으면서 강력한 살충효과를 나타내지만 분해기간이 길어 자연에 오랫동안 잔류된다.

② 주석은 통조림 용기의 도금에 사용하고 있으며, PVC의 안정제로 Octyl 주석이 사용된다.

③ 다이옥신은 염화비닐 등 염소가 들어간 물질을 불완전 연소시켜야 배출이 억제된다.

④ 카드뮴은 일본에서 이타이이타이병을 일으킨 물질로 중독되면 골연화증이 유발된다.

해설

염소를 포함한 유기 화합물 염소를 완전 연소시켰을 때에 염소분은 염화수소(염산)가 되어, 다이옥신은 생성하지 않고 만약 있어도 분해한다. 그러나 산소가 부족해 불완전연소시켰을 때에는 벤젠환이 몇 개라도 연결된 다핵방향족 탄화수소나 폴리 염화 벤젠 등에서 완성되는 분진(검댕)이 발생하고 다이옥신이 생성된다.

72 구토 및 콜레라 증세를 보이며 간장과 신장의 침해를 보이는 맹독성의 버섯독은?

① 뉴 린　　　　　② 무스카린
③ 아마니타톡신　　④ 콜 린

해설
③ 아마니타톡신(Amanitatoxin) : 알광대버섯, 흰알광대버섯, 독우산 광대버섯 무리 함유. 6~12시간의 잠복기를 거쳐 구토 및 설사가 나기 시작하고 간과 신장의 장애를 일으키며 경련과 혼수상태가 되고 사망률이 70%나 된다.
① 뉴린(Neurine) : 중독증상은 호흡곤란, 부정맥, 설사, 경련, 유연, 사지마비 등
② 무스카린(Muscarine) : 1~2시간의 잠복기를 거쳐 구토 및 설사가 나고 어지러우며 시력장애를 나타내고 흥분한다. 중증일 때는 의식불명이 된다.
④ 콜린(Choline) : 혈압강하, 심장박동저하, 동공수축, 혈류증가, 소화기관의 운동촉진 등의 증상을 보인다.

73 통조림과 병조림의 제조 중 탈기의 효과가 아닌 것은?

① 산화에 의한 맛, 색, 영양가 저하 방지
② 저장 중 통 내부의 부식 방지
③ 호기성 세균 및 곰팡이의 발육 억제
④ 단백질에서 유래된 가스성분 생성

해설
④ 단백질에서 생성된 가스성분을 제거한다.

74 농산물 가격의 파동이 심한 이유에 대한 설명으로 틀린 것은?

① 생산에 많은 시간이 소요되어 수요와 공급의 불균형을 심화시킨다.
② 수요가 급증할 경우 공급의 비탄력성으로 인해 물량이 바로 증가하지 못하기 때문에 가격이 급등한다.
③ 초과수요 발생 시 후발생산자들이 생산한 농산물의 공급물량으로 인해 초과공급 현상이 발생하여 가격은 더욱 상승한다.
④ 가격 급등 시 새로운 생산자가 생겨도 재배기간 중에 농산물 가격이 계속 상승함에 따라 계속적인 가격 상승이 발생한다.

해설
초과수요 발생 시 후발생산자들이 생산한 농산물의 공급물량으로 인해 초과공급 현상이 발생하여 가격은 낮아진다.

75 황변미 독소를 생산할 수 있는 곰팡이로 짝지어진 것은?

ⓐ *Penicillium toxicarium*
ⓑ *Penicillium notatum*
ⓒ *Penicillium citreoviride*
ⓓ *Penicillium citrinum*

① ⓐ, ⓑ, ⓒ　　　　② ⓑ, ⓒ, ⓓ
③ ⓐ, ⓒ, ⓓ　　　　④ ⓐ, ⓑ, ⓓ

해설
Penicillium(푸른 곰팡이속)
• 황변미균
 − *Pen. toxicarium, Pen. citreoviride* : Citreoviridin(신경독) 생성
 − *Pen. islanicum* : 간 장해 독소 생성균 − Islanditoxin(속효성 간장독)과 Luteoskyrin(지효성 간장독) 생성
 − *Pen. citrinum* : Citrinin(신장독) 생성
• Penicillin 생산균 : *Pen. notatum*
• 치즈 숙성균
 − *Pen. roqueforti* : Roqueforti 치즈 곰팡이
 − *Pen. camemberti* : Camemberti 치즈 곰팡이

76 포장재로서 유리의 단점이 아닌 것은?

① 충격과 열에 의해 깨지기 쉽다.

② 기체 투과성 및 투습성이 높다.

③ 빛이 투과하여 내용물이 변하기 쉽다.

④ 수송 및 포장에 경비가 많이 든다.

해설

유리의 장점 : 위생성, 방습성, 방수성, 내약품성 및 가스차단성이 우수하다.

77 두부응고제, 영양강화제로 사용되는 첨가물은?

① 겔화제(Gelling Agent)

② 과산화수소(Hydrogen Peroxide)

③ 염화칼슘(Calcium Chloride)

④ 글루콘산(Gluconic Acid)

해설

염화칼슘 사용
- 식품첨가물 : 과일 및 채소제품, 두류제품, 지방제품, 유제품, 육제품
- 가공보조제 : 응고제

78 다음 식품 위해미생물 중 발육에 필요한 최저 수분활성도가 가장 낮은 것은?

① *E. coli*

② *Clostridium botulinum*

③ *Xeromyces bisporus*

④ *Salmonella newport*

해설

③ *Xeromyces bisporus* : 0.80
① *E. coli* : 0.935~0.96
② *Clostridium botulinum* : 0.95
④ *Salmonella newport* : 0.945

79 어떤 융점이 낮은 식물성 유지가 동물성 유지보다 산패가 적게 나타날 때 가장 주요한 원인은?

① 이중결합이 많다.

② 분자량이 낮다.

③ 항산화제가 많이 들어 있다.

④ 지방산 Chain 길이가 길다.

해설

식물성 유지에 존재하는 자연 항산화제(토코페롤, 세사몰, 아스코빈산, 케르세틴, 갈릭산 등) 때문에 식물성 유지는 동물성 유지에 비해 산패가 적다.

80 어떤 유기농산물의 생산자 수취가격이 2,000원, 납품업체 공급가격이 2,200원, 소비자 지불가격이 2,500원일 때 총유통마진율은?

① 10%　　　　　　② 11%

③ 20%　　　　　　④ 25%

해설

총유통마진율 = (총마진 / 소비자 지불가격) × 100
= (2,500−2,000원 / 2500원) × 100 = 20%

유기농업 관련 규정

81 농림축산식품부 소관 친환경농어업 육성 및 유기식품 등의 관리·지원에 관한 법률 시행규칙상 경영 관련 자료에서 농산물·임산물 생산자에 대한 내용이다. (   )에 알맞은 내용은?

> 합성 농약 및 화학비료의 구매·사용·보관에 관한 사항을 기록한 자료(자재명, 일자별 구매량, 사용처별 사용량·보관량, 구매 영수증) 기록 기간은 최근 2년간(무농약농산물의 경우에는 최근 1년간)으로 하되, 재배품목과 재배포장의 특성 등을 고려하여 국립농산물품질관리원장이 정하는 바에 따라 (   )의 범위에서 그 기간을 단축하거나 연장할 수 있다.

① 3개월 이상 3년 이하
② 6개월 이상 3년 이하
③ 9개월 이상 3년 이하
④ 12개월 이상 3년 이하

해설
경영 관련 자료 – 생산자(친환경농어업법 시행규칙 [별표 5])
• 합성농약 및 화학비료의 구매·사용·보관에 관한 사항을 기록한 자료 : 자재명, 일자별 구매량, 사용처별 사용량·보관량, 구매 영수증
• 정에 따른 자료의 기록 기간은 최근 2년간(무농약농산물의 경우에는 최근 1년간)으로 하되, 재배품목과 재배포장의 특성 등을 고려하여 국립농산물품질관리원장이 정하는 바에 따라 3개월 이상 3년 이하의 범위에서 그 기간을 단축하거나 연장할 수 있다.

82 유기농어업자재에 대한 설명으로 가장 적절한 것은?

① 유기식품 등, 무농약농수산물 등 또는 유기농어업자재를 생산, 제조·가공 또는 취급하는 모든 과정에서 사용 가능한 것으로서 농림축산식품부령 또는 해양수산부령으로 정하는 물질을 말한다.
② 유기농수산물을 생산, 제조·가공 또는 취급하는 과정에서 사용할 수 있는 허용물질을 원료 또는 재료로 하여 만든 제품을 말한다.
③ 친환경농수산물, 유기식품 등 또는 유기농어업자재를 생산, 제조·가공하거나 취급하는 것을 업(業)으로 하는 개인 또는 법인을 말한다.
④ 농수산물, 식품, 비식용가공품 또는 농어업용자재를 저장, 포장, 운송, 수입 또는 판매하는 활동을 말한다.

해설
정의(친환경농어업법 제2조제6호)
'유기농어업자재'란 유기농수산물을 생산, 제조·가공 또는 취급하는 과정에서 사용할 수 있는 허용물질을 원료 또는 재료로 하여 만든 제품을 말한다.

83 (   )에 알맞은 내용은?

> 유기농산물 및 유기임산물의 재배포장, 용수, 종자에 구비요건 중 재배포장은 최근 (   )간 인증취소처분을 받지 않은 재배지로서 토양환경보전법 시행규칙에 따른 토양오염우려기준을 초과하지 않으며, 주변으로부터 오염 우려가 없거나 오염을 방지할 수 있을 것

① 1년　　　　　② 2년
③ 3년　　　　　④ 5년

해설
유기농산물 및 유기임산물의 인증기준 – 재배포장, 재배용수, 종자(친환경농어업법 시행규칙 [별표 4])
재배포장은 최근 1년간 인증취소 처분을 받지 않은 재배지로서, 토양환경보전법 시행규칙 및 [별표 3]에 따른 토양오염우려기준을 초과하지 않으며, 주변으로부터 오염 우려가 없거나 오염을 방지할 수 있을 것

84 무농약농산물 등의 표시 기준에서 작도법의 도형 표시로 가장 거리가 먼 것은?

① 표시 도형의 가로의 길이(사각형의 왼쪽 끝과 오른쪽 끝의 폭 : W)를 기준으로 세로의 길이는 $0.95 \times W$의 비율로 한다.

② 표시 도형의 흰색 모양과 바깥테두리(좌우 및 상단부 부분에만 해당한다)의 간격은 $0.1 \times W$로 한다.

③ 표시 도형의 흰색 모양 하단부 좌측 태극의 시작점은 상단부에서 $0.95 \times W$ 아래가 되는 지점으로 한다.

④ 표시 도형의 흰색 모양 하단부 우측 태극의 끝점은 상단부에서 $0.75 \times W$ 아래가 되는 지점으로 한다.

해설

유기식품 등의 유기표시 기준 – 작도법(친환경농어업법 시행규칙 [별표 6])
• 표시 도형의 흰색 모양 하단부 왼쪽 태극의 시작점은 상단부에서 $0.55 \times W$ 아래가 되는 지점으로 하고, 오른쪽 태극의 끝점은 상단부에서 $0.75 \times W$ 아래가 되는 지점으로 한다.

85 친환경농어업 육성 및 유기식품 등의 관리·지원에 관한 법률상 민간단체의 역할에 대한 설명이다. (   )에 대한 내용으로 가장 거리가 먼 것은?

친환경농어업 관련 기술연구와 친환경농수산물, 유기식품 등 또는 유기농어업자재 등의 생산·유통·소비를 촉진하기 위하여 구성된 민간단체는 국가와 지방자치단체의 친환경농어업 및 유기식품 등에 관한 육성시책에 협조하고 그 회원들과 사업자 등에게 필요한 (   ) 등을 함으로써 친환경농어업 및 유기식품 등의 발전을 위하여 노력하여야 한다.

① 교 육   ② 훈 련
③ 기술개발   ④ 친환경농작물 평가항목개발

해설

민간단체의 역할(친환경농어업법 제5조)
친환경농어업 관련 기술연구와 친환경농수산물, 유기식품 등, 무농약원료가공식품 또는 유기농어업자재 등의 생산·유통·소비를 촉진하기 위하여 구성된 민간단체는 국가와 지방자치단체의 친환경농어업·유기식품 등·무농약농산물·무농약원료가공식품 및 무항생제수산물 등에 관한 육성시책에 협조하고 그 회원들과 사업자 등에게 필요한 교육·훈련·기술개발·경영지도 등을 함으로써 친환경농어업·유기식품 등·무농약농산물·무농약원료가공식품 및 무항생제수산물 등의 발전을 위하여 노력하여야 한다.

86 유기축산물의 사료 및 영양관리에서 유기가축에는 몇 퍼센트 유기사료를 공급하는 것을 원칙으로 하여야 하는가?(단, "극한 기후조건 등의 경우에는 국립농산물품질관리원장이 정하여 고시하는 바에 따라 유기사료가 아닌 사료를 공급하는 것을 허용할 수 있다"는 제외한다)

① 70%   ② 85%
③ 90%   ④ 100%

해설

유기축산물 – 사료 및 영양관리(친환경농어업법 시행규칙 [별표 4])
유기가축에게는 100% 유기사료를 공급하는 것을 원칙으로 할 것. 다만, 극한 기후조건 등의 경우에는 국립농산물품질관리원장이 정하여 고시하는 바에 따라 유기사료가 아닌 사료를 공급하는 것을 허용할 수 있다.

87 농림축산식품부 소관 친환경농어업 육성 및 유기식품 등의 관리·지원에 관한 법률 시행규칙에 대한 내용이다. (   )에 알맞은 내용은?

유기식품 등의 인증기관에 대한 내용에서 인증기관의 장은 지정받은 내용 중 인증기관 명칭, 인력 및 대표자 사항이 변경된 경우에는 변경된 날부터 (   ) 이내에 별지서식의 인증기관 지정내용 변경신고서에 지정내용이 변경되었음을 증명할 수 있는 서류를 첨부하여 국립농산물품질관리원장에게 제출하여야 한다.

① 1개월   ② 3개월
③ 6개월   ④ 12개월

해설

인증기관의 지정내용 변경신고 등(친환경농어업법 시행규칙 제38조 제1항)
인증기관은 지정받은 내용 중 다음의 어느 하나에 해당하는 사항이 변경된 경우에는 변경된 날부터 1개월 이내에 별지 제22호서식에 따른 인증기관 지정내용 변경신고서에 지정내용이 변경되었음을 증명하는 서류를 첨부하여 국립농산물품질관리원장에게 제출해야 한다.
1. 인증기관의 명칭, 인력 및 대표자
2. 주사무소 및 지방사무소의 소재지

88 친환경농업에 대한 설명으로 가장 적절한 것은?

① 친환경농어업 중 농산물·축산물·임산물을 생산하는 산업을 말한다.

② 유기농축산물, 유기가공식품 및 비식용유기가공품을 말한다.

③ 유기농축산물을 생산, 제조·가공 또는 취급하는 과정에서 사용할 수 있는 허용물질을 원료 또는 재료로 하여 만든 제품을 말한다.

④ 유기식품 등, 무농약농수산물 등 또는 유기농어업자재를 생산, 제조·가공 또는 취급하는 모든 과정을 통해 농산물을 생산하는 산업을 말한다.

해설
정의(친환경농어업법 시행규칙 제2조제1호)
'친환경농업'이란 친환경농어업 중 농산물·축산물·임산물(이하 '농축산물')을 생산하는 산업을 말한다.

89 농림축산식품부 소관 친환경농어업 육성 및 유기식품 등의 관리·지원에 관한 법률 시행규칙상 인증취소 등 행정처분의 기준 및 절차에서 인증신청서, 첨부서류, 인증심사에 필요한 서류를 거짓으로 작성하여 인증을 받은 경우 1차 행정처분기준은?

① 해당 인증품의 인증표시 제거·정지

② 시정명령

③ 인증취소

④ 해당 제품의 광고 금지 및 인증표시 제거·정지

해설
개별기준 −인증사업자(친환경농어업법 시행규칙 [별표 9])

위반행위	행정처분기준		
	1차	2차	3차
인증신청서, 첨부서류 또는 그 밖에 인증심사에 필요한 서류를 거짓으로 작성하여 인증을 받은 경우	인증 취소		

90 농어업 자원·환경 및 친환경농어업 등에 관한 실태조사·평가에 대한 내용이다. (   )에 대한 내용으로 가장 거리가 먼 것은?

> (   )은 농어업자원 보전과 농어업환경 개선을 위하여 농림축산식품부령 또는 해양수산부령으로 정하는 바에 따라 농경지의 비옥도(肥沃度), 중금속, 농약성분, 토양미생물 등의 변동사항의 사항을 주기적으로 조사·평가하여야 한다.

① 환경부장관

② 농림축산식품부장관

③ 해양수산부장관

④ 지방자치단체의 장

해설
농어업 자원·환경 및 친환경농어업 등에 관한 실태조사·평가(친환경농어업법 제11조제1항)
농림축산식품부장관·해양수산부장관 또는 지방자치단체의 장은 농어업 자원 보전과 농어업 환경 개선을 위하여 농림축산식품부령 또는 해양수산부령으로 정하는 바에 따라 다음의 사항을 주기적으로 조사·평가하여야 한다.
• 농경지의 비옥도(肥沃度), 중금속, 농약성분, 토양미생물 등의 변동사항
• 농어업 용수로 이용되는 지표수와 지하수의 수질
• 농약·비료·항생제 등 농어업투입재의 사용 실태
• 수자원 함양(涵養), 토양 보전 등 농어업의 공익적 기능 실태
• 축산분뇨 퇴비화 등 해당 농어업 지역에서의 자체 자원 순환사용 실태
• 친환경농어업 및 친환경농수산물의 유통·소비 등에 관한 실태
• 그 밖에 농어업 자원 보전 및 농어업 환경 개선을 위하여 필요한 사항

91 (   )에 알맞은 내용은?

> 유기식품을 수입하려는 자는 식품의약품안전처장이 정하는 수입신고서에 인증서 사본 및 인증기관이 발행한 거래인증서 원본 서류를 첨부하여 식품의약품안전처장에게 제출하여야 한다. 이 경우 수입되는 유기식품의 도착 예정일 (   ) 전부터 미리 신고할 수 있으며, 미리 신고한 내용 중 도착항, 도착 예정일 등 주요 사항이 변경되는 경우에는 즉시 그 내용을 문서로 신고하여야 한다.

① 30일   ② 15일
③ 10일   ④ 5일

해설
수입 유기식품의 신고(친환경농어업법 시행규칙 제22조제1항)
인증품인 유기식품 또는 법 제25조에 따라 동등성이 인정된 인증을 받은 유기가공식품의 수입신고를 하려는 자는 식품의약품안전처장이 정하는 수입신고서에 다음 각 호의 구분에 따른 서류를 첨부하여 식품의약품안전처장에게 제출해야 한다. 이 경우 수입되는 유기식품의 도착 예정일 5일 전부터 미리 신고할 수 있으며, 미리 신고한 내용 중 도착항, 도착 예정일 등 주요 사항이 변경되는 경우에는 즉시 그 내용을 문서(전자문서를 포함한다)로 신고해야 한다.
• 인증품인 유기식품을 수입하려는 경우 : 제13조에 따른 인증서 사본 및 별지 제19호서식에 따른 거래인증서 원본
• 법 제25조에 따라 동등성이 인정된 인증을 받은 유기가공식품을 수입하려는 경우 : 제27조에 따라 동등성인정협정을 체결한 국가의 인증기관이 발행한 인증서 사본 및 수입증명서(Import Certificate) 원본

92 (   )에 알맞은 내용은?

> (   )은 농림축산식품부령 또는 해양수산부령으로 정하는 기준에 적합한 자에게 유기식품 등의 인증 신청 및 심사 등에 따른 인증심사 업무를 수행하는 심사원의 자격을 부여할 수 있다.

① 국립종자원장   ② 농업기술센터장
③ 농림축산식품부장관   ④ 환경부장관

해설
인증심사원(친환경농어업법 제26조의2제1항)
농림축산식품부장관 또는 해양수산부장관은 농림축산식품부령 또는 해양수산부령으로 정하는 기준에 적합한 자에게 인증심사, 재심사 및 인증 변경승인, 인증 갱신, 유효기간 연장 및 재심사, 인증사업자에 대한 조사 업무를 수행하는 심사원의 자격을 부여할 수 있다.

93 유기농업자재 공시를 갱신하려는 공시사업자는 유효기간 만료 몇 개월 전까지 별지서식의 유기농업자재 공시 갱신 신청서에 유기농업자재 공시 생산계획서의 서류를 첨부하여 공시기관의 장에게 제출하여야 하는가?(단, 변경사항이 있는 경우이다)

① 12개월   ② 9개월
③ 5개월   ④ 3개월

해설
유기농업자재 공시의 신청 등(친환경농어업법 시행규칙 제62조제1항)
유기농업자재 공시의 신청을 하려는 자는 별지 제31호서식에 따른 유기농업자재 공시 신청서에 다음의 자료·서류 및 시료를 첨부하여 지정된 공시기관에 제출해야 한다.
• 별지 제32호서식에 따른 유기농업자재 생산계획서
• [별표 18]의 붙임에 따른 제출 자료 및 서류
• 시료 500g(mL). 다만, 병해충 관리용 시료는 100g(mL)으로 한다.

94 유기가공식품·비식용유기가공품에서 생산물의 품질관리 등에 대한 내용이다. (   )에 가장 적절한 내용은? (단, 유기가공식품의 경우만 해당한다)

> 유기합성농약은 검출되지 않을 것. 다만, 비유기원료의 오염 등 불가항력적인 요인인 것으로 입증되는 경우에는 (   )

① 0.1ppm 이하까지 허용
② 0.05ppm 이하까지 허용
③ 0.01ppm 이하까지 허용
④ 0.001ppm 이하까지 허용

해설
유기가공식품·비식용유기가공품 – 생산물의 품질관리 등(친환경농어업법 시행규칙 [별표 4])
합성농약 성분은 검출되지 않을 것. 다만, 비유기 원료 또는 재료의 오염 등 불가항력적인 요인으로 합성농약 성분이 검출된 것으로 입증되는 경우에는 0.01mg/kg 이하까지만 허용한다.
※ 관련 법 개정으로 단위 ppm이 mg/kg으로 변경

95 유기식품 등의 인증기관에 대한 내용 중 국립농산물품질관리원장이 인증기관을 지정하려는 경우에는 해당 연도의 1월 31일까지 해당 연도의 지정 신청기간 등 인증기관 지정에 관한 사항을 며칠 이상 공고하여야 하는가?

① 5일   ② 10일
③ 15일   ④ 20일

해설
인증기관의 지정 신청(친환경농어업법 제34조제1항)
국립농산물품질관리원장은 법에 따라 인증기관을 지정하려는 경우에는 해당 연도의 1월 31일까지 지정 신청기간 등 인증기관의 지정에 관한 사항을 국립농산물품질관리원의 인터넷 홈페이지 및 친환경 인증관리 정보시스템 등에 10일 이상 공고해야 한다.

97 유기식품 등, 인증사업자 및 인증기관의 사후관리에서 인증사업자 또는 인증기관의 지위를 승계할 수 있는 조건으로 가장 거리가 먼 것은?

① 인증사업자가 사망한 경우 그 제품 등을 계속하여 생산, 제조·가공 또는 취급하려는 상속인
② 인증사업자나 인증기관이 그 사업을 양도한 경우 그 양수인
③ 인증사업자가 의식불명인 경우 국가에서 2년간 운영 후 생산, 제조·가공 또는 취급하려는 상속인에게 승계
④ 인증사업자나 인증기관이 합병한 경우 합병 후 존속하는 법인이나 합병으로 설립되는 법인

해설
인증기관 등의 승계(친환경농어업법 제33조제1호)
다음의 어느 하나에 해당하는 자는 인증사업자 또는 인증기관의 지위를 승계한다.
• 인증사업자가 사망한 경우 그 제품 등을 계속하여 생산, 제조·가공 또는 취급하려는 상속인
• 인증사업자나 인증기관이 그 사업을 양도한 경우 그 양수인
• 인증사업자나 인증기관이 합병한 경우 합병 후 존속하는 법인이나 합병으로 설립되는 법인

96 유기식품 등의 인증 및 인증절차 등에서 인증의 유효기간으로 가장 적절한 것은?

① 인증의 유효기간은 인증을 받은 날부터 6개월로 한다.
② 인증의 유효기간은 인증을 받은 날부터 1년으로 한다.
③ 인증의 유효기간은 인증을 받은 날부터 2년으로 한다.
④ 인증의 유효기간은 인증을 받은 날부터 3년으로 한다.

해설
인증의 유효기간 등(친환경농어업법 제21조제1항)
인증의 유효기간은 인증을 받은 날부터 1년으로 한다.

98 유기농축산물의 함량에 따른 제한적 유기표시의 기준에서 유기농축산물의 함량에 따른 표시기준 중 특정 원재료로 유기농축산물을 사용한 제품에 대한 내용으로 가장 거리가 먼 것은?

① 특정 원재료로 유기농축산물만을 사용한 제품이어야 한다.

② 표시장소는 원재료명 및 함량 표시란에만 표시할 수 있다.

③ 해당 원재료명의 일부로 "유기"라는 용어를 표시할 수 없다.

④ 원재료명 및 함량 표시란에 유기농축산물의 총함량 또는 원료별 함량을 백분율(%)로 표시하여야 한다.

해설
유기농축산물의 함량에 따른 제한적 유기표시의 허용기준(친환경농어업법 시행규칙 [별표 8])
• 70% 이상이 유기농축산물인 제품
  – 최종 제품에 남아 있는 원료 또는 재료(물과 소금은 제외한다)의 70% 이상이 유기농축산물이어야 한다.
  – 유기 또는 이와 유사한 용어를 제품명 또는 제품명의 일부로 사용할 수 없다.
  – 표시장소는 주표시면을 제외한 표시면에 표시할 수 있다.
  – 원재료명 표시란에 유기농축산물의 총함량 또는 원료·재료별 함량을 백분율(%)로 표시해야 한다.
• 70% 미만이 유기농축산물인 제품
  – 특정 원료 또는 재료로 유기농축산물만을 사용한 제품이어야 한다.
  – 해당 원료·재료명의 일부로 '유기'라는 용어를 표시할 수 있다.
  – 표시장소는 원재료명 표시란에만 표시할 수 있다.
  – 원재료명 표시란에 유기농축산물의 총함량 또는 원료·재료별 함량을 백분율(%)로 표시해야 한다.

99 "공시사업자는 공시를 받은 제품을 생산하거나 수입하여 판매한 실적을 농림축산식품부령 또는 해양수산부령으로 정하는 바에 따라 정기적으로 그 공시심사를 한 공시기관의 장에게 알려야 한다"를 위반하여 인증품 또는 공시를 받은 유기농어업자재의 생산, 제조·가공 또는 취급 실적을 공시기관의 장에게 알리지 아니한 자의 과태료는?

① 500만원 이하의 과태료

② 600만원 이하의 과태료

③ 900만원 이하의 과태료

④ 1천만원 이하의 과태료

해설
과태료(친환경농어업법 제62조제4항)
다음의 어느 하나에 해당하는 자에게는 100만원 이하의 과태료를 부과한다.
• 인증사업자 준수사항 또는 공시사업자의 준수사항을 위반하여 위반하여 인증품 또는 공시를 받은 유기농어업자재의 생산, 제조·가공 또는 취급 실적을 농림축산식품부장관 또는 해양수산부장관, 해당 인증기관 또는 공시기관에 알리지 아니한 자
• 인증사업자 준수사항 또는 공시사업자의 준수사항을 위반하여 관련 서류 등을 보관하지 아니한 자
• 유기식품 등의 표시 등 또는 무농약농산물·무농약원료가공식품 및 무항생제수산물 등의 표시기준 등에 따른 표시기준을 위반한 자
• 인증기관의 지정규정 본문(무농약농산물·무농약원료가공식품 및 무항생제수산물 등의 인증기관 지정에서 준용하는 경우를 포함한다) 또는 공시기관의 지정규정 본문을 위반하여 변경사항을 신고하지 아니한 자

100 유기농어업자재의 공시에서 공시의 유효기간으로 가장 적절한 것은?

① 공시를 받은 날부터 6개월로 한다.

② 공시를 받은 날부터 1년으로 한다.

③ 공시를 받은 날부터 2년으로 한다.

④ 공시를 받은 날부터 3년으로 한다.

해설
공시의 유효기간 등(친환경농어업법 제39조제1항)
공시의 유효기간은 공시를 받은 날부터 3년으로 한다.

2019년 제3회 | 과년도 기출문제

01 작물의 도복에 대한 설명으로 가장 거리가 먼 것은?

① 맥류의 경우 절간신장이 시작된 이후의 토입은 도복을 크게 경감시킨다.

② 밀식하면 통풍 및 통광이 저해되어 경엽이 연약해지고 뿌리의 발달도 불량해지므로 도복이 심해진다.

③ 질소 시비량을 증가시키면 도복이 억제된다.

④ 맥류의 경우 이식재배를 한 것은 직파재배한 것보다 도복을 경감시킨다.

해설
질소다용은 작물이 웃자라서 쉽게 도복되고 병충해 저항성도 약화되므로 균형시비가 필요하다.

02 C₄작물에 대한 설명으로 가장 거리가 먼 것은?

① 광포화점이 높다. ② 광호흡률이 높다.

③ 광보상점이 낮다. ④ 광합성효율이 높다.

해설
C_4 작물은 광호흡이 없고 이산화탄소시비 효과가 작다.

03 단풍나무의 휴면을 유도, 위조저항성, 한해저항성, 휴면아 형성 등과 관련 있는 호르몬으로 가장 옳은 것은?

① 옥 신 ② 지베렐린

③ 사이토키닌 ④ ABA

해설
ABA(아브시스산)는 식물의 환경저항성과 관련이 있다.

04 화곡류의 생육단계 중 한발해에 가장 약한 시기는?

① 유숙기

② 출수개화기

③ 감수분열기

④ 유수형성기

해설
벼 장해형 냉해에 가장 민감한 시기는 감수분열기이다.

05 세포벽의 가소성을 증대시켜 세포의 신장을 유발하는 것으로 가장 옳은 것은?

① Auxin

② CCC

③ Cytokinin

④ Ethylene

해설
옥신(Auxin)은 생장이 왕성한 줄기와 뿌리 끝에서 만들어지며 세포벽을 신장시킴으로써 길이 생장을 촉진한다.

06 다음 중 적산온도에 대한 설명으로 가장 적합한 것은?

① 작물생육기간 중 0℃ 이상의 일평균기온을 합산한 온도
② 작물생육의 최적 온도를 생육일수로 곱한 온도
③ 작물생육기간 중 일최고기온을 합산한 온도
④ 작물생육기간 중 일최저기온을 합산한 온도

해설
적산온도 : 발아로부터 성숙까지의 0℃ 이상의 일평균 기온의 합산

07 벼의 관수해(冠水害)에 대한 설명으로 가장 옳은 것은?

① 출수개화기에 약하다.
② 관수상태에서 벼의 잎은 도장이 억제될 수 있다.
③ 수온과 기온이 높으면 피해가 적다.
④ 청수보다 탁수에서 피해가 적다.

해설
② 관수 중의 벼 잎은 급히 도장하여 이상 신장을 유발하기도 한다.
③ 수온이 높을수록 호흡기질의 소모가 많아져 침수의 해가 더 커진다.
④ 탁수가 청수보다 산소함유량이 적고 유해물질이 많으므로 더 피해가 크다.

08 우리나라 작물재배의 특색에 대한 설명으로 가장 적절하지 않은 것은?

① 토양비옥도가 낮음
② 전체적인 식량자급률이 높음
③ 경영규모가 영세함
④ 농산물의 국제경쟁력이 약함

해설
우리나라 작물재배는 쌀을 제외한 곡물과 사료를 포함한 전체 식량자급률이 낮다.

09 질소를 10a당 9.2kg 시용하고자 할 때 기비 40%의 요소 필요량은?

① 약 4kg
② 약 8kg
③ 약 12kg
④ 약 16kg

해설
전체 9.2kg에서 기비에 필요한 40%는 9.2 × 40% = 3.68kg이고, 요소 중에 질소함량은 46%이므로
3.68 × (100/46) ≒ 8kg

10 녹체춘화형 식물인 것으로만 나열된 것은?

① 잠두, 무
② 추파맥류, 코스모스
③ 완두, 벼
④ 양배추, 양파

해설
춘화형식물
• 녹체춘화형식물 : 양배추, 양파, 당근, 우엉, 국화, 사리풀 등
• 종자춘화형 식물 : 무, 배추, 완두, 잠두, 봄무, 추파맥류

11 다음 중 인과류로만 나열되어 있는 것은?

① 사과, 배 ② 무화과, 딸기
③ 복숭아, 앵두 ④ 감, 밤

해설
과실의 구조에 따른 분류
• 인과류 : 배, 사과, 비파 등
• 핵과류 : 복숭아, 자두, 살구, 앵두 등
• 장과류 : 포도, 딸기, 무화과 등
• 견과류(곡과류) : 밤, 호두 등
• 준인과류 : 감, 귤 등

12 사료작물을 혼파재배할 때 가장 불편한 것은?

① 채종이 어려움
② 건초 제조가 어려움
③ 잡초 방제가 어려움
④ 병해충 방제가 어려움

해설
혼파의 단점은 파종작업과 목초별로 생장이 달라 시비, 병충해 방제, 수확작업 등이 불편하고 채종이 곤란하다.

13 다음 중 윤작에 대한 설명으로 옳지 않은 것은?

① 동양에서 발달한 작부방식이다.
② 지력 유지를 위하여 콩과 작물을 반드시 포함한다.
③ 병충해 경감효과가 있다.
④ 경지이용률을 높일 수 있다.

해설
윤작은 주로 경지가 넓은 서양에서 중세에 발달한 작부방식이다.

14 다음 중 요수량이 가장 큰 작물은?

① 옥수수   ② 기 장
③ 수 수   ④ 호 박

해설
요수량
호박(834) > 옥수수(368) > 수수(322) > 기장(310)

15 논에 심층시비를 하는 효과에 대한 설명으로 가장 옳은 것은?

① 질산태질소비료를 논토양의 환원층에 주어 탈질을 막는다.
② 질산태질소비료를 논토양의 산화층에 주어 용탈을 막는다.
③ 암모니아태질소비료를 논토양의 환원층에 주어 탈질을 막는다.
④ 암모니아태질소비료를 논토양의 산화층에 주어 용탈을 막는다.

해설
암모니아태질소(NH_4^+)는 환원층에서 안정된 형태로 토양에 강하게 흡착 및 이용되나 산화층에서는 미생물의 작용으로 빨리 질산태질소(NO_3^-)로 변한다.

16 세포분열을 촉진하는 활성물질로 잎의 노화를 방지하며 저장 중의 신선도를 유지해 주는 것으로 가장 옳은 것은?

① 옥 신   ② 사이토키닌
③ 지베렐린   ④ ABA

해설
사이토키닌(Cytokinin)
효모균의 변질된 DNA로부터 담배의 세포분열을 촉진하는 활성물질인 키네틴에서 유래되었다.

17 작부방식의 변천과정으로 가장 적절한 것은?

① 이동경작 → 3포식농법 → 개량3포식농법 → 자유작
② 자유작 → 이동경작 → 휴한농법 → 개량3포식농법
③ 이동경작 → 개량3포식농법 → 자유작 → 3포식농법
④ 자유작 → 휴한농법 → 개량3포식농법 → 이동경작

해설
작부방식의 변천과정
이동경작 → 3포식 농법(휴한농법) → 개량3포식농법(윤작농법) → 자유작

18 포도 등의 착색에 관계하는 안토사이안의 생성을 가장 조장하는 광파장은?

① 적외선   ② 녹색광

③ 자외선   ④ 적색광

해설

사과, 포도, 딸기 등의 착색에 관여하는 안토사이안(Anthocyan, 화청소)은 비교적 저온에서, 자외선이나 자색광 파장에서 생성이 촉진된다.

19 토양공극과 용기량과의 관계를 가장 올바르게 설명한 것은?

① 모관공극이 많으면 용기량은 증대된다.

② 공극과 용기량은 관계가 없다.

③ 비모관공극이 많으면 용기량은 증대된다.

④ 비모관공극이 적으면 용기량은 증대된다.

해설

용기량은 비모관공극량과 비슷하므로 토양의 전공극량이 증대하더라도 비모관공극량이 증대하지 않으면 용기량은 증대하지 않는다.
※ 토양의 용기량 : 토양 중에서 공기로 차 있는 공극량

20 토마토, 당근에 해당하는 일장형은?

① 단일식물

② 장일식물

③ 중성식물

④ 장단일식물

해설

중성식물(중일식물) : 일장에 관계없이 개화하는 식물로 강낭콩, 고추, 토마토, 당근, 셀러리, 메밀, 사탕수수 등이 있다.

21 미국 농무성(USDA)의 토양입자 분류에 따른 미사의 지름으로 가장 옳은 것은?

① 0.05~0.002mm

② 0.10~0.007mm

③ 1.0~0.005mm

④ 2.0~0.2mm

해설

입자의 지름-미국 농무성(USDA)의 토양입자 분류
자갈 (2mm이상 > 조사(2.0~0.2mm) > 세사(0.2~0.02mm) > 미사
(0.02~0.002mm) > 점토(0.002mm 이하)

22 토양 내 유기물의 구성성분으로서 미생물 분해에 대한 저항성이 높아 부식의 기본골격이 되는 것은?

① 단백질   ② 셀룰로스

③ 헤미셀룰로스   ④ 리그닌

해설

리그닌은 볏짚을 구성하는 성분이며, 미생물 등에 의한 분해 저항성이 가장 큰 물질로서 식물세포보다는 토양유기물로 존재할 때 성분 함량이 증가된다.

23 다음 질소비료에 해당되지 않는 것은?

① 인산암모늄   ② 유 안

③ 질산칼륨   ④ 용과린

해설

용과린은 인산비료이다.

24 유기물의 탄질률과 가장 밀접하게 관련된 것은?

① 토양의 양이온교환용량

② 토양의 pH

③ 토양유기물의 분해속도

④ 토양의 염기포화도

해설

탄질비가 높은 유기물이 분해가 느리다.

25 토양의 소성지수를 산정하는 계산방법으로 가장 옳은 것은?

① 소성지수 = 소성상한 – 점토활성도

② 소성지수 = 점토함량 – 소성상한

③ 소성지수 = 소성하한 – 소성상한

④ 소성지수 = 소성상한 – 소성하한

해설

액성한계(LL, 소성상한)와 소성한계(PL, 소성하한)의 차이를 나타내는 소성지수(PI)는 점토함량에 기인하므로 토양 중 교질물의 함량을 표시하는 지표가 될 수 있다.

26 다음 토양오염원 중 점오염원에 해당되지 않는 것은?

① 폐기물 매립지

② 산성비

③ 산업지역

④ 대단위 가축사육장

해설

점오염원과 비점오염원

• 점오염원 : 오염원의 유출경로가 확인 가능하여 오염물질유출 제어가 쉽다.

• 비점오염원 : 정확한 위치와 형태, 크기를 파악하는 것이 힘든 넓은 지역적 범위를 갖는 오염원으로서 농촌 지역에 살포된 농약 및 비료, 질산성 질소, 도로 제설제, 산성비 등이 포함된다.

27 다음 중 풍화가 가장 어려운 광물은?

① 백운모

② 방해석

③ 정장석

④ 흑운모

해설

암석의 풍화 저항성

석영 > 백운모·정장석 > 사장석 > 흑운모·각섬석·휘석 > 감람석 > 백운석·방해석 > 석고

28 우리나라 토양에 가장 많이 존재하며, 규소 사면체층과 알루미늄 팔면체층이 1 : 1로 결합된 광물은?

① Chlorite

② Illite

③ Vermiculite

④ Kaolinite

해설

Kaolinite는 우리나라 토양 중 대부분을 차지하며 비팽창형이다.

29 미량원소 중 토양 pH가 낮아지면 유효도가 감소하는 원소는?

① Fe

② Mn

③ Mo

④ Zn

해설

토양 pH에 따른 양분의 유효도
• 알칼리성에서 유효도가 커지는 원소: P, Ca, Mg, K, Mo 등
• 산성에서 유효도가 커지는 원소 : Fe, Cu, Zn, Al, Mn, B 등

31 토양산성화에 의한 작물의 생육장해 현상으로 가장 적절하지 않은 것은?

① 세균이 줄어들어 질소고정이나 질산화작용이 부진하게 된다.

② 마그네슘의 가급도가 감소하여 작물 생육에 불리하다.

③ 수소이온 농도가 커지면 작물뿌리에서의 양분흡수력이 작다.

④ 활성알루미늄이 인산의 과잉을 초래한다.

해설

산성토양은 활성알루미늄작용으로 뿌리생육의 억제, 인산의 효과 억제, 마그네슘 결핍으로 이어지고, 망간의 과다 흡수로 생리장해의 원인이 된다.

30 어떤 토양의 용적밀도가 1.3g/cm³, 입자밀도가 2.6g/cm³이다. 이 토양의 공극률은 얼마인가?

① 12.5%

② 25%

③ 50%

④ 100%

해설

토양공극률 = (1 − 용적밀도 / 입자밀도) × 100

$$= \left(1 - \frac{1.3}{2.6}\right) \times 100 = 50\%$$

32 다음 중 물이 흡착될 경우 가장 많이 팽창하는 광물은?

① Montmorillonite   ② Illite

③ Chlorite   ④ Kaolinite

해설

Montmorillonite : 2 : 1격자형이며 팽창형으로 습윤 시 활성표면적 매우 커진다.

※ 점토광물의 분류
• 1 : 1형 광물 : Kaolinite
• 2 : 1형 광물
　– 비팽창형 : Illite
　– 팽창형 : Montmorillonite, Vermiculite
• 혼층형 광물 : Chlorite

정답 　29 ③　30 ③　31 ④　32 ①

33 토양용액에 해리되는 수소이온에 의해 나타나는 토양산도로 가장 적절한 것은?

① 가수산성 　　② 교환산성
③ 활산성 　　④ 잠산성

해설
③ 활산성 : 토양용액 중의 활성유리 수소이온 농도, 일반적으로 토양과 증류수 1:5로 침출후 pH 미터로 측정하는 토양의 pH
① 가수산성 : 식초산석회와 같은 약산의 염으로 용출되는 수소이온에 기인한 토양의 산성
② 교환산성 : 중성산의 용해액으로 토양을 처리하여 생기는 산성
④ 잠산성(치환산성) : 토양입자의 확산 이중층 내부에 흡착되어 있는 수소이온, 즉 치환성 수소 및 알루미늄에 의한 산성

34 다음 중 제주도에 많이 분포하는 암석은?

① 화상암 　　② 반려암
③ 안산암 　　④ 현무암

해설
현무암
• 암색을 띠고 세립질이며 치밀하다.
• 산화철이 풍부하며 중점식토로 되며, 장석은 석회질로 된다.
• 제주도 토양의 주요 모재를 이룬다.

35 토양 내 미생물의 활성도와 직접적인 연관성이 가장 작은 것은?

① 수분함량 　　② 토 색
③ 탄질률 　　④ 온 도

해설
토양 내 미생물의 활성도(퇴비화 속도)는 수분함량, C/N율, pH, 통기성, 온도, 입자의 크기 등에 영향을 받는다.

36 다음 중 화성암에 해당하지 않는 것은?

① 석회암 　　② 현무암
③ 화강암 　　④ 석영반암

해설
화성암의 종류

생성위치(SiO₂, %)	산성암(65~75)	중성암(55~65)	염기성암(40~55)
심성암	화강암(Granite)	섬록암(Diorite)	반려암(Gabbro)
반심성암	석영반암	섬록반암	휘록암(Diabase)
화산암(Volcanic)	유문암(Rhyolite)	안산암(Andesite)	현무암(Basaslt)

37 밀짚의 분해를 촉진하는 방법으로 가장 적절한 것은?

① 외부로부터 산소를 공급한다.
② 외부로부터 질소를 공급한다.
③ 탄질률이 600인 가문비나무 톱밥을 혼합한다.
④ 외부로부터 탄소를 공급한다.

해설
밀짚은 탄소 함량이 높고 질소 함량은 낮아 그대로 유기질비료로 사용하면 질소기아현상이 일어난다. 여기에 질소가 많은 가축배설물을 넣으면 질소비율이 높아져 부식과정이 촉진된다.

38 토양단면 중 농경지의 포층토(경작층)를 가장 옳게 표시한 것은?

① Bo 　　② Bt
③ Rz 　　④ Ap

해설
④ Ap층(Ap Horizon Plow) : 토양의 표층 중 정기적인 경운이나 경작 등의 인간활동으로 교란되는 경운층 또는 경작층
① Bo : 철산화물 집적층
② Bt : 규산염 점토 집적층
③ Rz : 풍화의 흔적이 전혀 없는 암석으로 이루어진 층

39 다음 중 생리적 염기성 비료는?

① 염화칼륨

② 황산칼륨

③ 질산칼슘

④ 황산암모늄

해설

비료의 생리적인 반응에 따른 분류

• 생리적 산성비료 : 황산암모늄(유안), 염화암모늄(염안), 황산칼륨, 염화칼륨 등

• 생리적 중성비료 : 질산암모늄(초안), 요소, 과석(과인산석회), 중과석(중과인산석회), 질산칼륨 등

• 생리적 염기성비료 : 칠레초석, 질산칼슘, 석회질소, 용성인비, 토마스인비, 나뭇재, 탄산석회 등

40 다음 중 화학 자급영양생물이 아닌 것은?

① 질화 세균

② 황산화 세균

③ 청록색 세균

④ 수소산화 세균

해설

화학적 자급영양생물 : 질화세균, 황산화세균, 수소산화세균, 철산화세균

---

41 지력을 토대로 자연의 물질순환 원리에 따르는 농업은?

① 유기농업   ② 자연농업

③ 정밀농업   ④ 생물농업

해설

자연농업 : 지역에 서식하는 토착미생물을 활용, 토양활력을 되살려 작물을 강건하게 키워 농약, 비료 사용을 최소화하고 돈사 등에 톱밥과 축분을 발효시켜 사료화함으로써 사료절감 및 축분처리 비용을 절감할 수 있는 농업이다.

42 우량품종에 한두 가지 결점이 있을 때 이를 보완하는 데 가장 효과적인 육종방법은?

① 여교배육종   ② 집단육종

③ 파생계통육종   ④ 1개체 1계통육종

해설

여교배육종

우량품종에 한두 가지 결점이 있을 때 이를 보완하는 데 효과적인 육종방법으로, 양친 A와 B를 교배한 F_1을 양친 중 어느 하나와 다시 교배한다.

43 수경재배의 분류에서 순수수경이며, 기상배지경에 해당하는 것으로만 나열된 것은?

① 모세관수경, 훈탄경

② 분무경, 분무수경

③ 사경, 역경

④ 담액수경, 박막수경

해설

기상배지경은 작물의 뿌리를 공기 중에 노출시킨 상태에서 영양액을 공급하여 재배하는 양액 재배 방식으로, 분무경과 분무수경이 있다.

---

44 다음에서 설명하는 것은?

> 감자 재배에서 한 포기로부터 여러 개의 싹이 나올 경우, 그중 충실한 것을 몇 개 남기고 나머지는 제거하는 작업을 말한다.

① 휘 기
② 적 심
③ 제 얼
④ 적 아

해설
과수에서 생육형태의 조정은 정지와 전정이 대표적이고 기타 적심(순지르기), 적아(눈따기) 및 휘기 등이 있다.

45 친환경농축산물에서 축사조건에 대한 내용으로 가장 적절하지 못한 것은?

① 자외선을 피하기 위해 햇빛을 차단할 것
② 건축물은 적절한 단열·환기시설을 갖출 것
③ 사료와 음수는 접근이 용이할 것
④ 공기순환, 온습도, 먼지 및 가스농도가 가축건강에 유해하지 아니한 수준 이내로 유지되어야 할 것

해설
유기축산물 – 축사조건(유기식품 및 무농약농산물 등의 인증에 관한 세부실시 요령 [별표 1])
축사는 다음과 같이 가축의 생물적 및 행동적 욕구를 만족시킬 수 있어야 한다.
• 사료와 음수는 접근이 용이할 것
• 공기순환, 온도·습도, 먼지 및 가스농도가 가축건강에 유해하지 아니한 수준 이내로 유지되어야 하고, 건축물은 적절한 단열·환기시설을 갖출 것
• 충분한 자연환기와 햇빛이 제공될 수 있을 것

46 다음 중 C₄식물에 해당하는 것으로만 나열된 것은?

① 벼, 파인애플
② 밀, 수단그라스
③ 보리, 사탕수수
④ 옥수수, 기장

해설
• C_3 식물 : 벼, 밀, 보리, 콩, 해바라기 등
• C_4 식물 : 사탕수수, 옥수수, 수수, 피, 기장, 수단그라스 등
• CAM 식물 : 파인애플, 돌나무, 선인장 등

47 유기축산물의 생산을 위한 가축에게는 "몇 %" 유기사료를 급여하여야 하는가?

① 약 60%
② 약 75%
③ 약 85%
④ 100%

해설
유기축산물 – 사료 및 영양관리(친환경농어업법 시행규칙 [별표 4])
유기가축에게는 100% 유기사료를 공급하는 것을 원칙으로 할 것. 다만, 극한 기후조건 등의 경우에는 국립농산물품질관리원장이 정하여 고시하는 바에 따라 유기사료가 아닌 사료를 공급하는 것을 허용할 수 있다.

48 가공용 감자의 저장적온으로 가장 적절한 것은?

① 25℃
② 20℃
③ 15℃
④ 10℃

해설
포테이토칩을 만드는 가공용 감자의 경우 저온에서 저장을 하면 환원당이 상승하여 갈변현상을 유도해 포테이토칩이 검게 되는 현상이 일어난다. 이를 방지하기 위해 저장온도를 높이면 색상은 좋아지지만 부패와 발아 등이 일어나므로 이 두 가지 조건을 만족시킬 수 있는 10℃ 전후에서 저장하는 것이 가장 적절하다.

49 다음 중 고립상태일 때의 광포화점이 가장 높은 것은?

① 귀 리   ② 옥수수
③ 담 배   ④ 콩

해설
고립상태에서의 광포화점

작 물	광포화점
음생식물	10% 정도
구약나물	25% 정도
콩	20~23%
감자, 담배, 강낭콩, 보리, 귀리	30% 정도
벼, 목화	40~50%
밀, 알팔파	50% 정도
고구마, 사탕무, 무, 사과나무	40~60%
옥수수	80~100%

50 나트륨 증기 속에서 아크방전에 의해 방사되는 빛을 이용한 등은?

① 백열등   ② 수은등
③ 나트륨등   ④ 형광등

해설
① 백열등 : 전류가 텅스텐 필라멘트를 가열할 때 발생하는 빛을 이용하는 등
② 수은등 : 유리관에 수은을 넣고 양쪽 끝에 전극을 봉한 발생관을 진공 봉입한 전등
④ 형광등 : 유리관 속에 수은과 아르곤을 넣고 안쪽 벽에 형광 물질을 바른 전등

51 다음 중 동상해의 재배적 대책에 대한 설명으로 가장 적절하지 못한 것은?

① 칼리질 비료의 시용량을 줄인다.
② 적기에 파종한다.
③ 보온재배를 한다.
④ 이랑을 세워 뿌림골을 깊게 한다.

해설
맥류의 경우 칼리질 비료를 증시하고, 종자 위에 퇴비를 준다.

52 포장동화능력의 표시방법으로 가장 적절한 것은?

① 단위엽면적 × 생장조절률 × 평균동화능력
② 단위엽면적 × 수광능률 × 평균동화능력
③ 총엽면적 × 액포수용능력 × 평균동화능력
④ 총엽면적 × 수광능률 × 평균동화능력

해설
포장동화능력(포장군락의 단위면적당의 광합성 능력)
= 총엽면적×수광능률×평균동화능력

53 포도나무의 정지법으로 흔히 이용되는 방법이며, 가지를 2단 정도로 길게 직선으로 친 철선에 유인하여 결속시킨 것은?

① 절단형 정지   ② 원추형 정지
③ 변칙주간형 정지   ④ 울타리형 정지

해설
울타리형 정지는 지지대에 유인 줄을 설치하고 교목성 과수나 덩굴성 과수를 울타리처럼 심은 후, 그에 적합하게 가지를 자르거나 유인하는 것이다.

54 일정한 수압을 가진 물을 송수관으로 보내고 그 선단에 부착한 각종 노즐을 이용하여 다양한 각도와 범위로 물을 뿌리는 방법은?

① 저면급수　　　　② 점적관수

③ 살수관수　　　　④ 지중관수

해설
① 저면급수 : 화분을 물에 담구어 화분의 지하공을 통하여 수분을 흡수하는 방식
② 점적관수 : 비닐튜브에 작은 구멍을 뚫어 흘려보내는 관수법
④ 지중관수 : 지하에 토관을 묻어 관수하는 방식

55 다음 중 고온장해에 대한 설명으로 가장 적절하지 않은 것은?

① 당분이 감소한다.
② 광합성보다 호흡작용이 우세해진다.
③ 단백질의 합성이 저해된다.
④ 암모니아의 축적이 적어진다.

해설
고온에서는 광합성보다 호흡작용이 우세하다. 고온이 오래 지속되면 유기물의 소모가 많아져 식물체가 약해지며, 단백질의 합성이 저해되고 암모니아의 축적이 많아지는데, 암모니아의 축적이 많아지면 유해물질로서 작용하게 되어 피해를 일으키며, 수분흡수보다 증산작용이 많이 이루어져 위조 증상을 유발하는 등의 피해가 발생한다.

56 포기를 일정한 간격을 두고 띄어서 점점이 이식하는 방법은?

① 조 식　　　　② 대전3포식

③ 점 식　　　　④ 난 식

해설
③ 점식 : 일정한 간격을 두고 점점이 이식하는 방법
① 조식 : 골에 줄지어 이식하는 방법
④ 난식 : 일정한 질서 없이 점점이 이식하는 방법

57 생물학적 방제법에서 포식성 곤충에 해당하는 것은?

① 꼬마벌　　　　② 고치벌

③ 맵시벌　　　　④ 풀잠자리

해설
• 포식성 곤충 : 무당벌레, 노린재, 풀잠자리, 꽃등에 등
• 기생성 천적 : 기생벌(맵시벌・고치벌・수중다리좀벌・혹벌・애배벌), 기생파리(침파리・왕눈등에) 등

58 다음 중 작물의 재배에 적합한 토성의 범위가 가장 넓은 것은?

① 밀　　　　② 담 배

③ 팥　　　　④ 아 마

해설
• 밀 : 식양토~식토
• 콩・팥 : 사토~식토
• 아마, 담배 : 사양토~양토

59 ( )에 알맞은 내용은?

( )는 지붕 위의 하중을 지탱하며 왕도리, 중도리 및 갓도리 위에 걸쳐 고정하는 자재이다.

① 샛기둥 ② 버팀대
③ 서까래 ④ 보

해설
① 샛기둥 : 기둥과 기둥 사이에 배치하여 벽을 지지해 주는 수직재
② 버팀대 : 주로 가설물 등에 사용하는 도괴를 방지하기 위해 비스듬하게 버티는 막대
④ 보 : 수직재의 기둥에 연결되어 하중을 지탱하고 있는 수평 구조부재

60 작물의 내염성 정도가 강한 것으로만 나열된 것은?

① 셀러리, 고구마 ② 가지, 사과
③ 배, 귤 ④ 사탕무, 양배추

해설
내염성
• 강한 작물 : 유채, 목화, 순무, 사탕무, 양배추, 라이그래스
• 약한 작물 : 완두, 고구마, 베치, 가지, 녹두, 셀러리, 감자, 사과, 배, 복숭아, 살구

제4과목 유기식품 가공·유통론

61 반감기가 길고, 지용성이기 때문에 동물의 지방조직에 축적되어 만성중독을 일으키는 농약은?

① 금속제 ② 유기불소제
③ 유기염소제 ④ 유기인제

해설
유기염소제 농약
독성은 낮은 반면 잔류성이 커서 먹이사슬을 통해 축적이 되고 만성중독을 유발하는 농약으로 DDT, BHC 등이 있으며 현재 사용 금지되었다. 유기염소제는 지용성 물질로 동물의 지방조직에 축적되어 만성중독 유발을 일으키고 유기염소제 중 DDT는 양이 반으로 줄려면 최소 10~15년이 걸린다.

62 틈새시장(Niche Market)의 특성과 거리가 먼 것은?

① 시장세분화 단계에서 미개척 분야를 파고드는 전략이다.
② 경쟁구도가 잡혀 있는 시장에 진입하는 것이다.
③ 소비자의 기호가 다양해지면서 틈새시장의 전략적 채택이 증가하고 있다.
④ 틈새시장을 개척하기 위해서는 차별화된 제품이나 독특한 유동방법 등 특화된 영역이 창출되어야 한다.

해설
틈새시장이란 유사한 기존상품은 많으나 소비자가 원하는 바로 그 상품이 없어서 수요가 틈새처럼 비어 있는 시장을 말한다.

63 유기농 참외 한 상자의 소매가격이 20,000원이며, 유통마진율이 30%라고 할 때 유기농 참외 생산농가의 수취율(Farmer's Share)은?

① 50% ② 60%
③ 70% ④ 80%

해설
소비자가격에는 원가+유통마진율 30%가 포함되어 생산농가 수취율은 유통마진율 30%를 제외한 70%이다.

64 농산물 표준규격관리의 필요성에 대한 설명으로 틀린 것은?

① 품질에 따른 가격차별화로 정확한 정보 제공 및 공정거래 촉진
② 유통의 효율성 제고
③ 선별·포장 출하로 소비지에서의 쓰레기 발생 억제
④ 수송, 적재 등 유통비용 증가

해설
농산물의 표준규격화의 필요성
• 품질에 따른 가격차별화로 정확한 정보제공 및 공정거래 촉진
• 수송, 적재 등 유통비용 절감으로 유통의 효율성 제고
• 선별·포장 출하로 소비지에서의 쓰레기 발생 억제
• 신용도와 상품성 향상으로 농가 소득을 증대

66 유통경로의 수직적 통합(Vertical Integration)에 대한 설명으로 옳은 것은?

① 두 가지 이상의 기능을 동시에 수행한다.
② 상당히 비용이 많이 드는 단점이 있다.
③ 관련된 유통기능을 통제할 수 있는 장점이 있다.
④ 동일한 경로단계에 있는 구성원이 수행하던 기능을 직접 실행한다.

해설
하나의 경로구성원이 모든 기능을 수행한다면 이는 경로구성원이 수직적으로 통합된 기업형 경로이고, 반면에 각각의 기능을 외부의 독립적인 경로구성원이 수행한다면 이는 전통형 경로에 해당한다.
• 장점 : 생산원가 절감, 시장비용 감소, 제품품질의 유지, 특허기술의 보호
• 단점 : 원가상의 불이익, 유연성 부족

67 균 1개가 30분마다 분열하는 경우 5시간 후에는 몇 개가 되는가?

① 10　　② 512
③ 1,024　　④ 2,048

해설
균 1개가 30분마다 분열하는 경우 5시간이면 300분으로 총 10회 분열하므로 $2^{10}=1,024$개가 된다.

65 고체식품 원료로부터 유용한 성분을 추출하고자 할 때 입자를 잘게 절단하는 이유는?

① 용매흡수 촉진에 의한 침전 방지
② 용매흡수 지연에 의한 입자 간 결합 방지
③ 표면적 감소에 의한 추출속도 증가
④ 표면적 증가에 의한 용매 접촉면적 증가

해설
고체(용질)와 용매(물)의 반응에서 접촉 면적을 크게 하면 용해속도가 빨라진다.

68 식품가열에 주로 사용되는 주파수는?

① 715MHz　　② 1,850MHz
③ 2,450MHz　　④ 3,615MHz

해설
일반적으로 물체의 가열이나 건조에 2,450MHz가 사용되고 있다.

69 다음 중 유기식품(Organic Food)이 아닌 것은?

① 유기농축산물　　　② 유기가공식품

③ 비식용유기가공품　④ 무농약농산물

해설

정의(친환경농어업법 시행규칙 제2조제2호~제4호)

• '친환경농축산물'이란 친환경농업을 통해 얻는 것으로서 다음의 어느 하나에 해당하는 것을 말한다.

– 유기농산물·유기축산물 및 유기임산물(이하 '유기농축산물'이라 한다)

– 무농약농산물

• '유기식품'이란 유기농축산물과 유기가공식품(유기농축산물을 원료 또는 재료로 하여 제조·가공·유통되는 식품)을 말한다.

• '유기식품 등'이란 유기식품 및 비식용유기가공품(유기농축산물을 원료 또는 재료로 사용하는 것으로 한정)을 말한다.

70 포장이 적절하지 못한 식품을 동결하여 저장할 경우 식품 표면에 발생하는 냉동해와 관련 있는 물리현상은?

① 융 해　　　② 기 화

③ 승 화　　　④ 액 화

해설

동결건조의 원리

식품을 빙점 이하의 온도에서 동결(예비동결)하여 그 동결 상태에서 승화시켜 수분을 빼버리는 방법이다.

① 융해 : 고체 → 액체

② 기화 : 액체 → 기체

④ 액화 : 기체 → 액체

71 유기가공식품 제조 시 가공방법으로 적합하지 않은 것은?

① 원료의 특성에 적합한 기계를 이용한 기계적 가공

② 첨가제와 보조제를 최대한 활용한 화학적 가공

③ 열, 건조 처리 등 물리적 가공

④ 미생물을 이용한 발효 등 생물학적 가공

해설

유기가공식품 – 가공방법(유기식품 및 무농약농산물 등의 인증에 관한 세부실시 요령 [별표 1])

기계적, 물리적, 생물학적 방법을 이용하되 모든 원료와 최종생산물의 유기적 순수성이 유지되도록 하여야 한다. 식품을 화학적으로 변형시키거나 반응시키는 일체의 첨가물, 보조제, 그 밖의 물질은 사용할 수 없다.

72 식품 포장재료의 일반적인 구비요건으로 적합하지 않은 것은?

① 식품의 성분과 상호작용이 없어야 한다.

② 유해한 성분을 함유하지 않아야 한다.

③ 적정한 물리적 강도를 가지고 있어야 한다.

④ 투습도가 높고 기체를 통과시키지 않아야 한다.

해설

식품 포장재료의 구비조건

위생성, 보호성, 안정성, 상품성, 간편성, 경제성, 친환경성

73 다음 중 식중독을 일으키는 균은?

① *Saccharomyces cerevisiae*

② *Clostridium botulinum*

③ *Lactobacillus plantarum*

④ *Aspergillus oryzae*

해설

② *Clostridium botulinum* : 동물, 어류, 곡류, 야채, 과일 등을 통해 사람에게 오염되는 대표적 독소형 식중독균

① *Saccharomyces cerevisiae* : 맥주나 빵 발효 때 사용하는 미생물

③ *Lactobacillus plantarum* : 발효식품, 사람의 장관 내에서 발견되는 미생물

④ *Aspergillus oryzae* : 누룩곰팡이

74 유기가공식품 중 설탕 가공 시 산도조절제로 사용할 수 있는 보조제는?

① 황 산　　　② 탄산칼륨
③ 염화칼슘　　④ 밀 납

해설
유기가공식품 – 식품첨가물 또는 가공보조제로 사용 가능한 물질
(친환경농어업법 시행규칙 [별표 1])

명칭(한)	식품첨가물로 사용 시		가공보조제로 사용 시	
	사용 가능 여부	사용 가능 범위	사용 가능 여부	사용 가능 범위
황 산	×		○	설탕 가공 중의 산도 조절제
탄산칼륨	○	곡류제품, 케이크, 과자	○	포도 건조
염화칼슘	○	과일 및 채소제품, 두류제품, 지방제품, 유제품, 육제품	○	응고제
밀 납	×		○	이형제

75 노로바이러스의 특성으로 옳은 것은?

① 사람의 장에서만 증식되어 세포배양이 어렵다.
② 기온이 낮은 동절기에만 발생한다.
③ 실온에서 장기간 생존하지 않는다.
④ 물리·화학적으로 매우 불안정한 구조이다.

해설
노로바이러스
• 외가닥의 RNA를 가진 껍질이 없는(Non-envelop) 바이러스이다.
• 60℃에서 30분 동안 가열하여도 감염성이 유지되고, 일반 수돗물의 염소 농도에서도 불활성되지 않을 정도로 저항성이 강하다.
• 주로 분변-구강 경로(Fecal-oral Route)를 통하여 감염이 된다.
• 사람의 장관 내에서만 증식할 수 있으며, 동물이나 세포배양으로는 배양되지 않는다.
• 연중 발생 가능하며, 2차 발병률이 높다.

76 포도주스의 제조와 관계없는 공정은?

① 파 쇄　　　② 여 과
③ 가 열　　　④ 증 류

해설
포도주스의 제조 공정
원료 → 세척 → 포도알따기 → 파쇄 → 가열 → 찌기 → 여과 → 분리 → 제품

77 유기과실통조림을 제조하기 위하여 사용할 수 있는 가장 적합한 박피방법은?

① 증기 박피법　　② 알칼리 박피법
③ 산 박피법　　　④ 염화암모늄 박피법

해설
증기 박피법은 원료를 증기로 처리를 하여 껍질을 제거하는 방법으로 식품을 화학적으로 변형시키거나 반응시키는 일체의 첨가물, 보조제, 그 밖의 물질은 사용할 수 없는 유기과실통조림을 제조하기에 적합한 박피방법이다.

78 가열 처리 용어의 정의가 틀린 것은?

① Z값 – 가열치사온도를 90% 단축하는 데 필요한 시간
② D값 – 일정한 온도에서 미생물을 90% 감소시키는 데 필요한 시간
③ F값 – 일정한 온도에서 미생물을 100% 사멸시키는 데 필요한 시간
④ F_0값 – 121℃에서 미생물을 100% 사멸시키는 데 필요한 시간

해설
Z값이란 D값을 10분의 1로 감소시키는데 소요되는 온도의 상승값이다.

79 천연첨가물 중 미생물의 단백질이나 DNA의 합성을 저해함으로써 그램양성균에 대한 항균력을 가지는 물질은?

① 코지산
② 나이신
③ 벤토나이트
④ 유산균

해설
Nisin(나이신)은 *Streptococcus Lactis*로부터 분리된 최초의 항균 Polypeptide이다.

---

81 유기농산물 및 유기임산물에서 재배포장, 용수, 종자의 구비요건에 대한 설명이다. (   )에 알맞은 내용은?

> 종자는 최소한 (   ) 이상 유기농산물 및 유기임산물 재배방법의 규정에 따라 재배된 것을 사용하며, 유전자변형농산물인 종자는 사용하지 아니할 것

① 1세대
② 2세대
③ 3세대
④ 4세대

해설
유기농산물 및 유기임산물의 인증기준 – 재배포장, 재배용수, 종자 (친환경농어업법 시행규칙 [별표 4])
유기농업의 종자는 최소한 1세대 이상 유기농산물 재배방법 규정에 따라 재배된 것을 사용하며, 유전자변형농산물인 종자는 사용하지 아니할 것

---

80 작황이 좋아 풍년이 되면 농업소득이 오히려 하락하여 농민들에게 피해를 주는 현상은?

① 완전경쟁
② 직접지불
③ 풍년기근
④ 포전거래

해설
풍년기근(豊年飢饉, 풍작기근)
풍년이 들었으나 농산물의 가격이 너무 떨어져 농민에게 타격이 심한 현상을 말한다. 즉, 농산물의 수확량이 늘어나면 농업소득도 증가해야 하는데 그 현상은 정반대로 나타나는 것을 의미한다.

---

82 유기식품 등의 유기표시 기준에서 유기표시 도형의 작도법에 대한 내용이다. (   )에 옳지 않은 내용은?

> 표시 도형의 색상은 녹색을 기본 색상으로 하되, 포장재의 색깔 등을 고려하여 (   )으로 할 수 있다.

① 빨간색
② 주황색
③ 파란색
④ 검은색

해설
유기표시 도형 – 작도법(친환경농어업법 시행규칙 [별표 6])
표시 도형의 색상은 녹색을 기본 색상으로 하되, 포장재의 색깔 등을 고려하여 파란색, 빨간색 또는 검은색으로 할 수 있다.

---

83 친환경관련법상 식물에 대한 시험성적서의 비효(肥效)·비해(肥害) 시험성적 검토기준에 대한 내용이다. ( )에 알맞은 내용은?(단, 효능·효과를 표시하려는 경우에 한정하고, 농작물의 범위를 추가하려는 경우를 제외한다)

> 토양개량 또는 작물생육을 목적으로 하는 자재에 적용하며 동일작물에 대하여 적합하게 시험한 ( ) 이상의 재배포장 시험성적서를 제출하여야 한다. 작물에 대한 재배포장 시험은 비료관리법에 작물재배시험법을 준용한다.

① 2개　　　　② 3개
③ 5개　　　　④ 7개

해설
식물에 대한 시험성적서 – 비료효과[肥效]·비료피해[肥害] 시험성적(효능·효과를 표시하려는 경우로 한정한다)(친환경농어업법 시행규칙 [별표 17])
토양 개량 또는 작물 생육을 목적으로 하는 자재에 적용하고, 동일 작물에 대해서 적합하게 시험한 2개 이상의 재배 포장시험(圃場試驗 : 밭 등에서 이루어지는 시험) 성적서를 제출해야 하며, 작물에 대한 재배 포장시험은 비료관리법에 따른 작물재배 시험법을 준용한다. 다만, 농작물의 종류를 추가하려는 경우에는 1개의 재배 포장시험성적서를 제출할 수 있다.

84 다음 중 유기농산물 및 유기임산물의 토양개량과 작물생육을 위해 사용 가능한 물질에서 사용 가능 조건이 다른 것은?

① 대두박　　　　② 골 분
③ 깻 묵　　　　④ 식물성 유박(油粕)류

해설
토양개량과 작물생육을 위해 사용 가능한 물질(친환경농어업법 시행규칙 [별표 1])

사용가능 물질	사용가능 조건
대두박(콩에서 기름을 짜고 남은 찌꺼기를 말한다), 쌀겨 유박(油粕: 식물성 원료에서 원하는 물질을 짜고 남은 찌꺼기), 깻묵 등 식물성 유박류	• 유전자를 변형한 물질이 포함되지 않을 것 • 최종제품에 화학물질이 남지 않을 것 • 아주까리 및 아주까리 유박을 사용한 자재는 비료관리법에 따른 공정규격설정 등의 고시에서 정한 리친(Ricin)의 유해성분 최대량을 초과하지 않을 것
혈분·육분·골분·깃털분 등 도축장과 수산물 가공공장에서 나온 동물부산물	화학물질의 첨가나 화학적 제조공정을 거치지 않아야 하고, 항생물질이 검출되지 않을 것

85 친환경관련법상 공시기관의 지정기준의 인력에 대한 내용이다. ( )에 알맞은 내용은?(단, 보수교육을 포함한다)

> 공시업무는 최근 ( ) 이내에 국립농산물품질관리원장이 정하는 교육을 이수한 심사원만이 수행하도록 하여야 한다.

① 3년　　　　② 2년
③ 1년　　　　④ 6개월

해설
공시기관의 지정기준 – 인력(친환경농어업법 시행규칙 [별표 22])
공시업무는 최근 1년 이내에 국립농산물품질관리원장이 정하는 교육(보수교육을 포함)을 이수한 심사원만이 수행하도록 해야 한다.

86 무항생제축산물의 운송·도축·가공 과정의 품질관리에 대한 내용에서 동물용 의약품은 식품의약품안전처장이 고시한 동물용 의약품 잔류 허용기준의 몇을 초과하여 검출되지 아니하여야 하는가?

① 15분의 1　　　　② 10분의 1
③ 5분의 1　　　　④ 3분의 1

해설
유기축산물 – 운송·도축·가공 과정의 품질관리(친환경농어업법 시행규칙 [별표 4])
동물용의약품 성분은 식품위생법에 따라 식품의약품안전처장이 정하여 고시하는 동물용의약품 잔류허용기준의 10분의 1을 초과하여 검출되지 않을 것

87 유기농산물 및 유기임산물의 병해충 관리를 위하여 사용이 가능한 물질에서 생석회(산화칼슘)의 사용 가능 조건은?

① 토양에 직접 살포하지 않을 것
② 감의 숙성을 위하여 사용할 것
③ 단순 물리적으로 가공한 것만 사용할 것
④ 천연규사를 이용하여 제조한 것일 것

해설
병해충 관리를 위해 사용 가능한 물질(친환경농어업법 시행규칙 [별표 1])

사용가능 물질	사용가능 조건
생석회(산화칼슘) 및 소석회(수산화칼슘)	토양에 직접 살포하지 않을 것

88 친환경관련법상 인증취소 등 행정처분의 기준 및 절차에서 일반기준에 대한 내용이다. ( )에 알맞은 내용은?

> 위반행위의 횟수에 따른 행정처분의 가중된 부과기준은 ( ) 같은 위반행위로 행정처분을 받은 경우에 적용한다. 이 경우 기간의 계산은 위반행위에 대하여 행정처분을 받은 날과 그 처분 후 다시 같은 위반행위를 하여 적발된 날을 기준으로 한다.

① 최근 6개월간　　② 최근 1년간
③ 최근 2년간　　　④ 최근 3년간

해설
과태료의 부과기준(친환경농어업법 시행령 [별표 2])
위반행위의 횟수에 따른 과태료의 가중된 부과기준은 최근 1년간 같은 위반행위로 과태료 부과처분을 받은 경우에 적용한다. 이 경우 기간의 계산은 위반행위에 대해 과태료 부과처분을 받은 날과 그 처분 후 다시 같은 위반행위를 하여 적발된 날을 기준으로 한다.

89 유기가공식품 식품첨가물 또는 가공보조제로 사용이 가능한한 물질 중 가공보조제로 사용 시 허용되는 것은?

① 레시틴　　　　② 구연산
③ 로커스트콩검　④ 무수아황산

해설
유기가공식품 – 식품첨가물 또는 가공보조제로 사용 가능한 물질 (친환경농어업법 시행규칙 [별표 1])

명칭(한)	식품첨가물로 사용 시		가공보조제로 사용 시	
	사용 가능 여부	사용 가능 범위	사용 가능 여부	사용 가능 범위
레시틴	○	사용 가능 용도 제한 없음. 다만, 표백제 및 유기용매를 사용하지 않고 얻은 레시틴만 사용 가능	×	
구연산	○	제한 없음	○	제한 없음
로커스트콩검	○	식물성제품, 유제품, 육제품	×	
무수아황산	○	과일주	×	

90 친환경관련법상 해당 인증기관의 장으로부터 승인을 받지 아니하고 인증받은 내용을 변경한 자의 과태료는?

① 1,000만원 이하의 과태료
② 500만원 이하의 과태료
③ 200만원 이하의 과태료
④ 100만원 이하의 과태료

해설
과태료(친환경농어업법 제62조제3항)
다음의 어느 하나에 해당하는 자에게는 300만원 이하의 과태료를 부과한다.
• 유기식품등의 인증 신청 및 심사 등 또는 유기농어업자재 공시의 신청 및 심사 등 을 위반하여 해당 인증기관 또는 공시기관으로부터 승인을 받지 아니하고 인증받은 내용 또는 공시를 받은 내용을 변경한 자
• 인증기관의 지정 등 또는 공시기관의 지정 등을 위반하여 중요 사항을 승인받지 아니하고 변경한 자
• 인증기관 등의 준수사항 또는 공시기관의 준수사항를 위반하여 인증 결과 또는 공시 결과 및 사후관리 결과 등을 보고하지 아니한 자
• 인증사업자 또는 공시사업자의 지위를 승계하고도 그 사실을 신고하지 아니한 자
• 공시 표시기준을 위반한 자
※ 관련 법 개정으로 정답없음

91 공시기관의 지정취소 등에서 정당한 사유 없이 1년 이상 계속하여 공시업무를 하지 아니한 경우에 농림축산식품부장관으로부터 무엇을 받을 수 있는가?

① 6개월 이내의 기간을 정하여 그 업무의 전부 또는 일부의 정지
② 7개월 이내의 기간을 정하여 그 업무의 전부 또는 일부의 정지
③ 9개월 이내의 기간을 정하여 그 업무의 전부 또는 일부의 정지
④ 12개월 이내의 기간을 정하여 그 업무의 전부 또는 일부의 정지

해설
공시기관의 지정취소 등(친환경농어업법 제47조제1항)
농림축산식품부장관 또는 해양수산부장관은 공시기관이 다음의 어느 하나에 해당하는 경우에는 지정을 취소하거나 6개월 이내의 기간을 정하여 그 업무의 전부 또는 일부의 정지 또는 시정조치를 명할 수 있다. 다만, 제1호부터 제3호까지의 경우에는 그 지정을 취소하여야 한다.
• 거짓이나 그 밖의 부정한 방법으로 지정을 받은 경우
• 공시기관이 파산, 폐업 등으로 인하여 공시업무를 수행할 수 없는 경우
• 업무정지 명령을 위반하여 정지기간 중에 공시업무를 한 경우
• 정당한 사유 없이 1년 이상 계속하여 공시업무를 하지 아니한 경우

92 유기가공식품·비식용유기가공품에서 생산물의 품질관리 등에 대한 내용이다. ( )에 알맞은 내용은?(단, 유기가공식품의 경우만 해당한다)

> 유기합성농약은 검출되지 않을 것. 다만, 비유기원료의 오염 등 불가항력적인 요인인 것으로 입증되는 경우에는 ( )ppm 이하까지 허용

① 0.15 　　② 0.10
③ 0.05 　　④ 0.01

해설
유기가공식품·비식용유기가공품 – 생산물의 품질관리 등(친환경농어업법 시행규칙 [별표 4])
합성농약 성분은 검출되지 않을 것. 다만, 비유기 원료 또는 재료의 오염 등 불가항력적인 요인으로 합성농약 성분이 검출된 것으로 입증되는 경우에는 0.01mg/kg 이하까지만 허용한다.
※ 관련 법 개정으로 단위 ppm이 mg/kg으로 변경

93 친환경관련법상 축산물의 경영 관련 자료에서 가축입식 등 구입사항과 번식에 관한 사항을 기록한 자료는 얼마의 기록기간으로 하는가?

① 최근 6개월간 　　② 최근 1년간
③ 최근 2년간 　　④ 최근 3년간

해설
경영관련자료 – 축산물(양봉의 산물·부산물을 포함한다)(친환경농어업법 시행규칙 [별표 5])
• 규정에 따른 자료의 기록 기간은 최근 1년간으로 하되, 가축의 종류별 전환기간 등을 고려하여 국립농산물품질관리원장이 정한 바에 따라 그 기간을 단축하거나 연장할 수 있다.

94 유기농축산물의 함량에 따른 표시기준에서 특정 원래료로 유기농축산물을 사용한 제품에 대한 내용으로 틀린 것은?

① 표시장소는 원재료명 및 함량 표시란에만 표시할 수 있다.
② 해당 원재료명의 일부로 "유기"라는 용어를 표시할 수 있다.
③ 특정 원재료로 유기농축산물만을 사용한 제품이어야 한다.
④ 원재료명 및 함량 표시란에 유기농축산물의 총함량 또는 원료별 함량을 ppm으로 표시하여야 한다.

해설
유기농축산물의 함량에 따른 제한적 유기표시의 허용기준(친환경농어업법 시행규칙 [별표 8])
• 70% 이상이 유기농축산물인 제품
 – 최종 제품에 남아 있는 원료 또는 재료(물과 소금은 제외한다)의 70% 이상이 유기농축산물이어야 한다.
 – 유기 또는 이와 유사한 용어를 제품명 또는 제품명의 일부로 사용할 수 없다.
 – 표시장소는 주표시면을 제외한 표시면에 표시할 수 있다.
 – 원재료명 표시란에 유기농축산물의 총함량 또는 원료·재료별 함량을 백분율(%)로 표시해야 한다.
• 70% 미만이 유기농축산물인 제품
 – 특정 원료 또는 재료로 유기농축산물만을 사용한 제품이어야 한다.
 – 해당 원료·재료명의 일부로 '유기'라는 용어를 표시할 수 있다.
 – 표시장소는 원재료명 표시란에만 표시할 수 있다.
 – 원재료명 표시란에 유기농축산물의 총함량 또는 원료·재료별 함량을 백분율(%)로 표시해야 한다.

95 ( )에 알맞은 내용은?

> 친환경관련법상 ( )(이)란 농수산물, 식품, 비식용 가공품 또는 농어업용 자재를 저장, 포장[소분(小分) 및 재포장을 포함한다], 운송, 수입 또는 판매하는 활동을 말한다.

① 사업자 　　② 민간단체활동
③ 취 급 　　④ 농업유통

해설
정의(친환경농어업법 제2조제8호)
'취급'이란 농수산물, 식품, 비식용가공품 또는 농어업용자재를 저장, 포장[소분(小分) 및 재포장을 포함], 운송, 수입 또는 판매하는 활동을 말한다.

96 유기축산물의 사료 및 영양관리의 구비요건으로 틀린 것은?

① 반추가축에게 사일리지만 급여하지 않으며, 비반추가축도 가능한 조사료를 급여할 것

② 유전자변형농산물 또는 유전자변형농산물에서 유래한 물질은 급여하지 아니할 것

③ 합성화합물 등 금지물질을 사료에 첨가하거나 가축에 급여하지 아니할 것

④ 유기가축에는 90% 이상 유기사료를 급여하는 것을 원칙으로 할 것(단, 극한 기후조건 등의 경우에는 국립농산물품질관리원장이 정하여 고시하는 바에 따라 유기사료가 아닌 사료를 급여하는 것을 허용할 수 있다)

해설
유기축산물 – 사료 및 영양관리(친환경농어업법 시행규칙 [별표 4])
유기가축에게는 100% 유기사료를 공급하는 것을 원칙으로 할 것. 다만, 극한 기후조건 등의 경우에는 국립농산물품질관리원장이 정하여 고시하는 바에 따라 유기사료가 아닌 사료를 공급하는 것을 허용할 수 있다.

97 유기축산물 및 비식용유기가공품의 유기배합사료 제조용 물질 중 단미사료에서 사용 가능 조건이 "순도 99.9% 이상인 것일 것"에 해당하는 것은?

① 어 분
② 우 지
③ 육 분
④ 유제품

해설
사료로 직접 사용되거나 배합사료의 원료로 사용 가능한 물질(친환경농어업법 시행규칙 [별표 1])

구 분	사용 가능 물질	사용 가능 조건
동물성	단백질류, 낙농가공 부산물류	• 수산물(골뱅이분을 포함한다)은 양식하지 않은 것일 것 • 포유동물에서 유래된 사료(우유 및 유제품은 제외한다)는 반추가축[소·양 등 반추(反芻)류 가축을 말한다]에 사용하지 않을 것
	곤충류, 플랑크톤류	• 사육이나 양식과정에서 합성농약이나 동물용 의약품을 사용하지 않은 것일 것 • 야생의 것은 잔류농약이 검출되지 않은 것일 것
	무기물류	사료관리법에 따라 농림축산식품부장관이 정하여 고시하는 기준에 적합할 것
	유지류	• 사료관리법에 따라 농림축산식품부장관이 정하여 고시하는 기준에 적합할 것 • 반추가축에 사용하지 않을 것

※ 관련 법 개정으로 정답없음

98 유기식품 등의 인증기준 등에서 취급자의 작업장 시설기준 구비요건에 해당하는 것은?

① 최근 6개월간 인증취소처분을 받지 않은 작업장일 것

② 최근 9개월간 인증취소처분을 받지 않은 작업장일 것

③ 최근 1년간 인증취소처분을 받지 않은 작업장일 것

④ 최근 2년간 인증취소처분을 받지 않은 작업장일 것

해설
취급자 – 작업장 시설기준(친환경농어업법 시행규칙 [별표 4])
최근 1년간 인증취소처분을 받지 않은 작업장일 것

99 농림축산식품부장관은 관계 중앙행정기관의 장과 협의하여 몇 년마다 친환경농어업 발전을 위한 친환경농업 육성계획을 세워야 하는가?

① 2년
② 3년
③ 5년
④ 7년

해설
친환경농어업 육성계획(친환경농어업법 제7조제1항)
농림축산식품부장관 또는 해양수산부장관은 관계 중앙행정기관의 장과 협의하여 5년마다 친환경농어업 발전을 위한 친환경농업 육성계획 또는 친환경어업 육성계획을 세워야 한다. 이 경우 민간단체나 전문가 등의 의견을 수렴하여야 한다.

100 농업의 근간이 되는 흙의 소중함을 국민에게 알리기 위하여 매년 몇 월 며칠을 흙의 날로 정하는가?

① 1월 19일

② 3월 11일

③ 4월 15일

④ 8월 13일

해설
흙의 날을 3월 11일로 제정한 것은 '3'이 농사의 시작을 알리는 달로서 '하늘 + 땅 + 사람'의 3원과 농업·농촌·농민의 3농을 의미하고, '11'은 흙을 의미하는 한자를 풀면 +과 一이 되기 때문이다.
흙의 날(친환경농어업법 제5조의2제1항)
농업의 근간이 되는 흙의 소중함을 국민에게 알리기 위하여 매년 3월 11일을 흙의 날로 정한다.

2020년 제 1·2 회 통합 | 과년도 기출문제

01 작물 수량 삼각형에서 수량증대 극대화를 위한 요인으로 가장 거리가 먼 것은?

① 유전성
② 재배기술
③ 환경조건
④ 원산지

해설
작물 수량 삼각형에서 작물의 생산성을 극대화시킬 수 있는 3요소는 유전성, 재배기술, 재배환경이다.

02 다음 중 산성토양에 적응성이 가장 강한 것은?

① 부 추
② 시금치
③ 콩
④ 감 자

해설
산성토양 적응성
• 극히 강한 것 : 벼, 밭벼, 귀리, 기장, 땅콩, 아마, 감자, 호밀, 토란
• 강한 것 : 메밀, 당근, 옥수수, 고구마, 오이, 호박, 토마토, 조, 딸기, 베치, 담배
• 약한 것 : 고추, 보리, 클로버, 완두, 가지, 삼, 겨자
• 가장 약한 것 : 알팔파, 자운영, 콩, 팥, 시금치, 사탕무, 셀러리, 부추, 양파

03 다음 중 벼에서 장해형 냉해를 가장 받기 쉬운 생육시기는?

① 묘대기
② 최고 분얼기
③ 감수분열기
④ 출수기

해설
감수분열기는 일반적인 벼의 생육 단계에서 17℃ 이하의 기온에서 냉해를 받는 가장 민감한 시기이다.

04 작물의 기원지가 중국지역인 것으로만 나열된 것은?

① 조, 피
② 참깨, 벼
③ 완두, 삼
④ 옥수수, 고구마

해설
기원지별 주요작물
• 중국지역 : 6조보리, 조, 피, 메밀, 콩, 팥, 파, 인삼, 배추, 자운영, 동양감, 감, 복숭아
• 인도 · 동남아시아 지역 : 벼, 참깨, 사탕수수, 모시풀, 왕골, 오이, 박, 가지, 생강
• 중앙아시아 지역 : 귀리, 기장, 완두, 삼, 당근, 양파, 무화과
• 코카서스 · 중동지역 : 2조보리, 보통밀, 호밀, 유채, 아마, 마늘, 시금치, 사과, 서양배, 포도
• 지중해 연안 지역 : 완두, 유채, 사탕무, 양귀비, 화이트클로버, 티머시, 오처드그라스, 무, 순무, 우엉, 양배추, 상추
• 중앙아프리카 지역 : 진주조, 수수, 강두(광저기), 수박, 참외
• 멕시코 · 중앙아메리카 지역 : 옥수수, 강낭콩, 고구마, 해바라기, 호박
• 남아메리카 지역 : 감자, 땅콩, 담배, 토마토, 고추

05 벼의 수량구성 요소로 가장 옳은 것은?

① 단위면적당 수수×1수영화수×등숙비율×1립중
② 식물체수×입모율×등숙비율×1립중
③ 감수분열기 기간×1수영화수×식물체수×1립중
④ 1수영화수×등숙비율×식물체수

해설
벼의 수량구성 요소
단위면적당 수수(이삭수)×1수영화수×등숙비율×1립중

06 작물의 영양기관에 대한 분류가 잘못된 것은?

① 인경 – 마늘
② 괴근 – 고구마
③ 구경 – 감자
④ 지하경 – 생강

해설
- 덩이줄기(塊莖) : 감자, 토란, 뚱딴지 등
- 알줄기(球莖, 구경) : 글라디올러스, 프리지어 등

07 박과 채소류 접목의 특징으로 가장 거리가 먼 것은?

① 당도가 증가한다.
② 기형과가 많이 발생한다.
③ 흰가루병에 약하다.
④ 흡비력이 약해진다.

해설
박과채소류 접목육묘

장 점	• 토양 전염병 발생이 적어진다. • 불량환경에 대한 내성이 증대된다. • 흡비력이 강해진다. • 과습에 잘 견딘다. • 과실 품질이 우수해진다.
단 점	• 질소과다 흡수 우려 • 기형과 많이 발생 • 당도가 떨어진다. • 흰가루병에 약하다.

08 목초의 하고(夏枯) 요인과 가장 거리가 먼 것은?

① 고 온   ② 건 조
③ 잡 초   ④ 단 일

해설
하고현상 원인 : 고온, 건조, 장일, 병충해, 잡초

09 고립상태일 때 광포화점이 가장 높은 것은?

① 감 자
② 옥수수
③ 강낭콩
④ 귀 리

해설
고립상태에서의 광포화점

작 물	광포화점
음생식물	10% 정도
구약나물	25% 정도
콩	20~23%
감자, 담배, 강낭콩, 보리, 귀리	30% 정도
벼, 목화	40~50%
밀, 알팔파	50% 정도
고구마, 사탕무, 무, 사과나무	40~60%
옥수수	80~100

10 용도에 따른 분류에서 공예작물이며, 전분작물로만 나열된 것은?

① 고구마, 감자
② 사탕무, 유채
③ 사탕수수, 왕골
④ 삼, 닥나무

해설
공예작물
전분작물(고구마, 감자), 유료작물(유채, 참깨), 섬유작물(왕골, 삼, 닥나무) 기호작물(커피, 담배), 약용작물(인삼, 박하), 당료작물(사탕무, 사탕수수)

11 다음 중 내염성 정도가 가장 강한 것은?

① 완 두 ② 고구마

③ 유 채 ④ 감 자

해설

내염성

• 정도가 강한 작물 : 유채, 목화, 순무, 사탕무, 양배추, 라이그라스

• 정도가 약한 작물 : 완두, 고구마, 베치, 가지, 녹두, 셀러리, 감자, 사과, 배, 복숭아

12 다음 중 작물의 요수량이 가장 작은 것은?

① 호 박 ② 옥수수

③ 클로버 ④ 완 두

해설

요수량

호박(834) > 클로버(799) > 완두(788) > 옥수수(368)

13 감온형에 해당하는 작물은?

① 벼 만생종

② 그루조

③ 올 콩

④ 가을메밀

해설

우리나라 주요 작물의 기상생태형

• 감온형 : 조생종, 그루콩, 그루조, 가을메밀

• 감광형 : 만생종, 올콩, 봄조, 여름메밀

14 작물의 특징에 대한 설명으로 가장 거리가 먼 것은?

① 이용성과 경제성이 높아야 한다.

② 일반적인 작물의 이용 목적은 식물체의 특정부위가 아닌 식물체 전체이다.

③ 작물은 대부분 일종의 기형식물에 해당된다.

④ 야생식물들보다 일반적으로 생존력이 약하다.

해설

이용부위가 사료작물처럼 식물체 전체인 경우도 있지만 재배의 목적부위가 종실, 잎, 과실 등 식물체 특정부분인 경우가 많다.

15 콩의 초형에서 수광태세가 좋아지고 밀식적응성이 커지는 조건으로 가장 거리가 먼 것은?

① 잎자루가 짧고 일어선다.

② 도복이 안 되며, 가지가 짧다.

③ 꼬투리가 원줄기에 적게 달린다.

④ 잎이 작고 가늘다.

해설

꼬투리가 원줄기에 많이 달리고, 밑에까지 착생한다.

16 다음 중 중일성 식물은?

① 코스모스　　　　② 토마토
③ 나팔꽃　　　　　④ 시금치

해설
일장반응에 따른 작물의 종류
• 단일성 식물 : 국화, 콩, 담배, 들깨, 도꼬마리, 코스모스, 목화, 벼, 나팔꽃
• 장일성 식물 : 맥류, 양귀비, 시금치, 양파, 상치, 아마, 티머시, 딸기, 감자, 무
• 중일성 식물 : 강낭콩, 고추, 토마토, 당근, 셀러리, 메밀, 사탕수수

17 다음 중 비료를 엽면시비할 때 흡수가 가장 잘되는 조건은?

① 미산성 용액 살포
② 밤에 살포
③ 잎의 표면에 살포
④ 하위 잎에 살포

해설
비료의 엽면흡수에 영향을 끼치는 요인
• 살포액의 pH는 미산성의 것이 더 잘 흡수된다.
• 잎의 호흡작용이 왕성할 때 흡수가 더 잘되므로 줄기의 정부로부터 가까운 잎에서 흡수율이 높다.
• 노엽 < 성엽, 밤 < 낮에 잘 흡수된다.
• 잎의 표면보다 얇은 이면에서 더 잘 흡수된다.
• 전착제를 가용하는 것이 흡수를 조장한다.

18 (가)에 알맞은 내용은?

제현과 현백을 합하여 벼에서 백미를 만드는 전 과정을 (가)(이)라고 한다.

① 지 대　　　　　② 마 대
③ 도 정　　　　　④ 수 확

해설
도 정
• 곡물의 겨층을 깎아내는 것
• 제현과 현백을 합하여 벼에서 백미를 만드는 전 과정

19 다음 중 합성된 옥신은?

① IAA　　　　　② NAA
③ IAN　　　　　④ PAA

해설
옥신의 종류
• 천연 옥신 : 인돌아세트산(IAA), IAN, PAA
• 합성된 옥신 : IBA, 2,4-D, NAA, 2,4,5-T, PCPA, MCPA, BNOA 등

20 다음 중 파종 시 작물의 복토깊이가 0.5~1.0cm에 해당하는 것은?

① 고 추　　　　　② 감 자
③ 토 란　　　　　④ 생 강

해설
주요 작물의 복토 깊이

복토 깊이	작 물
0.5~1.0cm	순무, 배추, 양배추, 가지, 고추, 토마토, 오이, 차조기
5.0~9.0cm	감자, 토란, 생강, 글라디올러스, 크로커스

정답　16 ②　17 ①　18 ③　19 ②　20 ①

제2과목 **토양비옥도 및 관리**

21 다음 반응에 따른 직접적인 결과로 옳은 것은?

$$CaH_4(PO_4)_2 + 2CaCO_3 \rightarrow Ca_3(PO_4)_2 + 2H_2O + 2CO_2$$

① 토양의 산성화
② 가용성 인산의 감소
③ 인산 용탈에 의한 손실 증가
④ 이산화탄소 발생에 따른 작물 피해

해설
과인산석회($CaH_4(PO_4)_2$)와 같은 가용성인산비료에 탄산석회($CaCO_3$) 같은 석회질비료를 혼합하면 칼슘과 인의 결합으로 불용성인산인 인산3 칼슘($Ca_3(PO_4)_2$)으로 변화되어 비효가 오히려 저하된다.

23 식초산석회와 같은 약산의 염으로 용출되는 수소이온에 기인한 토양의 산성을 무엇이라 하는가?

① 활산성
② 가수산성
③ 치환산성
④ 잔류산성

해설
② 가수산성 : 식초산석회와 같은 약산의 염으로 용출되는 수소이온에 기인한 토양의 산성
① 활산성 : 토양용액 중의 활성유리 수소이온 농도, 일반적으로 토양과 증류수 1:5로 침출 후 pH미터로 측정하는 토양의 pH
③ 치환산성(잠산성) : 토양입자의 확산 이중층 내부에 흡착되어 있는 수소이온, 즉 치환성 수소 및 알루미늄에 의한 산성

24 토양유기물의 기능으로 옳지 않은 것은?

① 토양의 보수력을 감소시킨다.
② 토양의 입단화를 향상시킨다.
③ 토양의 양이온교환용량(CEC)를 증가시킨다.
④ 식물의 생육에 필요한 영양분을 공급해 준다.

해설
입단과 부식콜로이드의 작용에 의해서 토양의 통기, 보수력, 보비력이 증대한다.

22 다음 중 정적토에 해당하는 것은?

① 이탄토
② 붕적토
③ 수적토
④ 선상퇴토

해설
풍화산물의 이동과 퇴적 방식에 따라 정적토와 운적토로 구분된다.
• 정적토 : 잔적토, 이탄토(토식토, Peat)
• 운적토 : 붕적토, 선상퇴토, 수적토, 풍적토, 빙하토

25 양분공급량이 증가함에 따라 작물의 수확량이 증가하지만 어느 정도에 도달하면 일정해지고 그 한계를 넘으면 수확량이 다시 점감하는 현상을 일컫는 말은?

① 우세의 원리
② 울프의 법칙
③ 보수점감의 법칙
④ 최소흡수의 법칙

26 시설재배지 토양의 염류경감 방법으로 적당하지 않은 것은?

① 담 수

② 제염작물재배

③ 심토반전, 환토, 성토, 객토

④ 작물별 노지 표준시비량에 따른 시비

해설
시설재배지에서는 시비량의 과다로 특성성분이 부족하기보다는 양분 상호 간의 불균형으로 오는 문제가 많다. 시비관리 면에서는 이와 같은 특성을 고려한 토양관리가 요구된다.

27 탄소함량이 40%이고, 질소함량이 0.5%인 볏짚 100kg을, C/N율이 10이고 탄소동화율이 30%인 미생물이 분해시킬 때 식물이 질소기아를 나타내지 않게 하려면 몇 kg의 질소를 가하여 주어야 하는가?

① 0.1kg

② 0.3kg

③ 0.5kg

④ 0.7kg

해설
첨가하는 질소량
= (재료의 탄소함량 × 탄소동화율) ÷ 교정하려는 C/N율 − 재료의 질소함량
= (40kg × 30%) ÷ 10 − 0.5kg = 0.7kg

28 토양의 pH가 5일 때 토양용액 중에 가장 많이 존재하는 인의 형태는?

① H_3PO_4

② HPO_4^{2-}

③ $H_2PO_4^-$

④ PO_4^{3-}

해설
토양 pH가 5~6의 범위에서는 $H_2PO_4^-$의 형태로 존재한다. pH가 중성 부근일 때 인산의 유효도가 가장 높다.

29 토양의 유기물 유지방법 또는 그 필요성에 대한 설명으로 옳지 않은 것은?

① 토양에 가해진 퇴비는 그 전량이 부식물질이 된다.

② 유기물을 시용할 때 밭토양은 논토양보다 유기물의 분해가 왕성하다는 것을 고려해야 한다.

③ 필요 이상으로 땅을 갈지 말아야 한다.

④ 토양으로부터 식물의 유체를 제거하지 않고 동물의 분뇨나 퇴비 등을 꾸준히 첨가하여야 한다.

해설
일반적으로 토양에 가해진 퇴비는 그 전량이 부식으로 되는 것이 아니라 대체로 그중 약 10%가 부식으로 된다.

30 균근의 기능이 아닌 것은?

① 한발에 대한 저항성 증가

② 인산의 흡수 증가

③ 토양의 입단화 촉진

④ 식물체에 탄수화물 공급

해설
균근균은 공생관계를 통해 탄수화물을 식물로부터 직접 얻는다.

31 총수분퍼텐셜이 −0.1MPa로 동일하다면 토양의 중량수분함량이 가장 많은 토양은?

① 식 토

② 사양토

③ 사질 식양토

④ 미사질 양토

해설
토양의 보비력과 보수력
식토 > 식양토 > 양토 > 사양토 > 사토

32 환원조건에서 탈질과정으로부터 자유로운 질소 화합물 형태는?

① NO_3^-

② NH_4^+

③ NO_2^-

④ NO

해설
토양은 음이온을 띠고 있으므로 질산태질소는 불안하고, 양이온을 띠고 있는 암모늄태질소는 논토양에서 가장 안전하다.

33 건조한 토양 1,000g에 Ca^{2+}, $2cmol_c/kg$이 치환위치에 있다면 가장 효과적으로 치환할 수 있는 조건을 가진 물질과 농도는 다음 중 어떤 것인가?

① Al^{3+}, $1cmol_c/kg$

② Mg^{2+}, $2cmol_c/kg$

③ Na^+, $1cmol_c/kg$

④ K^+, $2cmol_c/kg$

해설
양이온 교환침입력
• 교환침입력 : $Al^{3+} \sim H^+ > Ca^{2+} > Mg^{2+} > K^+ = NH^{4+} > Na$
• 교환침출력 : $Al^{3+} \sim H^+ < Ca^{2+} < Mg^{2+} < K^+ = NH^{4+} < Na$
흡착강도가 큰 이온이 교환 침입력이 크며, 교환 침출력의 크기는 이와 반대이다.

34 석회물질과 혼용하여도 문제가 없는 비료는?

① $(NH_2)_2CO$

② $(NH_4)_2SO_4$

③ KNO_3

④ NH_4Cl

해설
질산칼륨
암모니아태질소비료를 석회물질과 혼용할 때, 암모니아 휘산작용에 의하여 질소비료가 손실되므로 혼용하여도 문제가 없는 비종에는 질산태질소인 질산칼륨(KNO_3)이 있다.
• 암모늄태(NH_4^+)질소 : 황산암모늄[$(NH_4)_2SO_4$, 유안], 염화암모늄(NH_4Cl), 질산암모늄(NH_4NO_3)
• 질산태(NO_3)질소 : 질산암모늄(NH_4NO_3, 초안), 질산칼륨(KNO_3), 질산나트륨($NaNO_3$)

35 대기에 비해 토양공기 중의 탄산가스와 산소의 농도를 비교한 것으로 옳은 것은?

① 탄산가스와 산소의 농도 둘 다 높다.

② 탄산가스와 산소의 농도 둘 다 낮다.

③ 탄산가스 농도가 낮고 산소의 농도는 높다.

④ 탄산가스 농도가 높고 산소의 농도는 낮다.

해설
대기와 토양공기의 가스분포도

구 분	질 소	산 소	이산화탄소
대 기	79.1 %	20.93 %	0.03 %
토양공기	75~80 %	10~20 %	0.1~10 %

36 토양생성에 관여하는 주요 5가지 요인으로 나열된 것은?

① 모재, 부식, 기후, 수분, 지형
② 모재, 지형, 식생, 부식, 기후
③ 모재, 기후, 시간, 지형, 부식
④ 모재, 지형, 기후, 식생, 시간

해설
토양 생성의 주요 인자 : 모재, 지형, 기후, 식생, 시간 등

37 토양생성인자들의 영향에 대한 설명으로 옳지 않은 것은?

① 경사도가 급한 지형에서는 토심이 깊은 토양이 생성된다.
② 초지에서는 유기물이 축적된 어두운 색의 A층이 발달한다.
③ 안정지면에서는 오래 될수록 기후대와 평형을 이룬 발달한 토양단면을 볼 수 있다.
④ 강수량이 많을수록 용탈과 집적 등 토양단면의 발달이 왕성하다.

해설
경사가 완만한 지역에는 비교적 토심이 깊으며 경사도가 급하면 토심은 대체적으로 반비례되어 토심이 얕게 분포하거나 암석으로 구성되어 있다.

38 담수 시 환원층 논토양의 색으로 가장 적합한 것은?

① 적 색   ② 황 색
③ 적황색   ④ 암회색

해설
산화층의 하위에 위치하는 토층은 산소의 부족상태를 초래하여 환원층을 형성하게 되는데 이 층은 이산화철로 인해 암회색으로 되어 황갈색인 산화층과 구별된다.

39 토양의 산화환원 전위값으로 알 수 있는 것은?

① 광합성 상태
② 논과 밭의 함수율
③ 미생물의 종류와 전기적 힘
④ 토양에 존재하는 무기이온들의 화학적 형태

해설
산화환원전위는 그 계의 표준전위와 산화형 및 환원형 물질의 농도비에 의하여 결정된다. 즉, 산화형물질의 비율이 높으면 Eh값이 높아지고, 환원형 물질의 비율이 높아지면 Eh값이 낮아진다. 어떤 토양의 Eh값을 측정하는 실질적인 목적은 토양 중에 있는 산화 및 환원물질의 상대적인 양을 알고자 하는데 있다.

40 토양 중에서 잘 분해되지 않게 하는 리그닌의 주요 구성성분은?

① 페 놀   ② 아미노산
③ 글루코스   ④ 유기산

해설
리그닌은 침엽수나 활엽수 등의 목질부를 구성하는 다양한 구성성분 중에서 지용성 페놀고분자를 의미한다.

정답 36 ④ 37 ① 38 ④ 39 ④ 40 ①

제3과목 유기농업개론

41 다음 중 친환경농업과 가장 거리가 먼 것은?

① 순환농업 ② 지속적 농업
③ 생태농업 ④ 관행농업

해설

관행농업은 화학 비료와 유기합성 농약을 사용하여 작물을 재배하는 관행적인 농업 형태를 말한다. 친환경관련 농법은 자연순환농업, 생태농업, 유기농업, 저투입 지속농업 등이 있다.

42 농림축산식품부 소관 친환경농어업 육성 및 유기식품 등의 관리·지원에 관한 법률 시행규칙상 유기축산을 위한 가축의 동물복지 및 질병관리에 관한 설명으로 옳지 않은 것은?

① 가축의 질병을 예방하고 질병이 발생한 경우 수의사의 처방에 따라 치료하여야 한다.
② 면역력과 생산성 향상을 위해서 성장촉진제 및 호르몬제를 사용할 수 있다.
③ 가축의 꼬리 부분에 접착밴드를 붙이거나 꼬리, 이빨, 부리 또는 뿔을 자르는 행위를 하여서는 아니 된다.
④ 동물용의약품을 사용한 경우에는 전환기간을 거쳐야 한다.

해설

유기축산물 – 동물복지 및 질병관리(친환경농어업법 시행규칙 [별표 4])
성장촉진제, 호르몬제의 사용은 치료목적으로만 사용할 것

43 유기농업의 종자로 사용할 수 없는 육종방법은?

① 분리육종 ② 교배육종
③ 동질배수체육종 ④ 잡종강세육종

해설

유기농산물 및 유기임산물의 인증기준 – 재배포장, 재배용수, 종자(친환경농어업법 시행규칙 [별표 4])
유기농업의 종자는 최소한 1세대 이상 유기농산물 재배방법 규정에 따라 재배된 것을 사용하며, 유전자변형농산물인 종자는 사용하지 아니할 것

44 일반적으로 유기재배 벼의 중간 물 떼기(중간낙수)기간은 출수 며칠 전이 가장 적당한가?

① 10~20일
② 30~40일
③ 50~60일
④ 70~80일

해설

유기재배 벼의 중간 물 떼기(중간낙수)기간은 출수 30~40일 전이 가장 적당하다.

45 유기경종에서 사용할 수 있는 병해충방제 방법으로 옳지 않은 것은?

① 내병성 품종, 내충성 품종을 이용한 방제
② 봉지 씌우기, 방충망설치를 이용한 방제
③ 천연물질, 천연살충제를 이용한 방제
④ 생물농약, 합성농약을 이용한 방제

해설

유기경종에서 사용할 수 있는 병해충 및 잡초 방제 방법

구 분	경종적 방법	물리적 방법	생물적 방법	화학적 방법
병	내병성 품종/대목, 작기 변경, 윤작, 토양개량, 질소감비 등	봉지씌우기, 비가림재배, 태양열소독, 증기소독, 화염소독법 등	생물농약(미생물자체 또는 활성물질)	천연물질(목초액, 키토산 등), 보르도액
해 충	내충성 품종, 작기 변경, 윤작, 토양개량 등	살충기(인력), 흡충기(동력), 네트(방충망)설치, 유인교살유인등, 페로몬 유인 등	천적곤충(칠레이리응애, 진디벌 등)* 천적미생물(곤충기생균)	천연살충제
잡 초	내잡초성 품종, 경운법, 답전윤환, 작부체계, 재배양식	낫, 호미, 제초기(인력, 동력), 심수관개법, 피복법(유기물, 비닐), 화염소각법	잡초식해 생물(오리, 우렁이 등), 병원미생물(바이오 제초제)	오일류

46 농림축산식품부 소관 친환경농어업 육성 및 유기식품 등의 관리·지원에 관한 법률 시행규칙상 유기배합사료 제조용 물질 중 단미사료로 쓰일 수 있는 것으로 사용가능 조건이 천연에서 유래한 것이어야 하는 것은?

① 조 ② 루핀종실
③ 해조분 ④ 호밀

해설

사료로 직접 사용되거나 배합사료의 원료로 사용 가능한 물질(친환경농어업법 시행규칙 [별표 1])

구 분	사용 가능 물질	사용 가능 조건
식물성	곡류(곡물), 곡물부산물류(강피류), 박류(단백질류), 서류, 식품가공부산물류, 조류(藻類), 섬유질류, 제약부산물류, 유지류, 전분류, 콩류, 견과·종실류, 과실류, 채소류, 버섯류, 그 밖의 식물류	• 유기농산물(유기수산물을 포함한다) 인증을 받거나 유기농산물의 부산물로 만들어진 것일 것 • 천연에서 유래한 것은 잔류농약이 검출되지 않을 것

단미사료의 범위(사료 등의 기준 및 규격 [별표 1])

구 분	사료종류		명 칭
식물성	조 류	기 타	해조분, 혼합조류
동물성		무기물류	골분, 골회, 난각분, 어골분, 어골회, 패분, 혼합무기물, 가공뼈다귀, 녹각
		유지류	곤충유, 닭기름(계유), 동물성식용잔유[정제된 것에 한함], 동물성혼합유지, 돼지기름(돈지), 소기름(우지), 양기름(양지), 어류기름(어유), 오리기름, 초록입홍합추출오일

※ 관련 법 개정으로 정답없음

47 유기축산 농가인 길동농장이 육계 병아리를 5월 1일에 입식시켰다면 언제부터 출하하는 경우에 유기축산물 육계(식육)로 인증이 가능한가?

① 5월 2일 ② 5월 16일
③ 5월 22일 ④ 6월 22일

해설

육계 식육 전환기간 : 입식 후 3주이므로 5월 22일이다.
유기축산물 – 전환기간(친환경농어업법 시행규칙 [별표 4])

가축의 종류	생산물	전환기간(최소 사육기간)
육 계	식 육	입식 후 3주

48 퇴비를 판정하는 검사방법이 아닌 것은?

① 관능적 판정 ② 유기물학적 판정
③ 화학적 판정 ④ 생물학적 판정

해설

퇴비를 판정하는 검사방법
• 관능적인 방법 : 관능검사 – 퇴비의 형태, 수분, 냄새, 색깔, 촉감 등
• 화학적인 방법 : 탄질률 측정, pH측정, 질산태질소 측정
• 생물학적인 방법 : 종자발아시험법, 지렁이법, 유식물시험법
• 물리적인 방법 : 온도를 측정하는 방법, 돈모장력법

49 다음 중 (가), (나), (다)에 알맞은 내용은?

• 벼는 배우자의 염색체수가 n=(가)이다.
• 연관에서 우성유전자(또는 열성유전자)끼리 연관되어 있는 유전자배열을 (나)이라 하고, 우성유전자와 열성유전자가 연관되어 있는 유전자배열을 (다)라고 한다.

① (가) : 12, (나) : 상인, (다) : 상반
② (가) : 24, (나) : 상인, (다) : 상반
③ (가) : 12, (나) : 상반, (다) : 상인
④ (가) : 24, (나) : 상반, (다) : 상인

해설

(가) 벼의 염색체 수는 n=12, 2n=24이고 AA게놈에 속한다.
(나) 상인 연관 : 각각의 대립 유전자 중 우성끼리 또는 열성끼리 연관되어 있는 경우(A와 B, a와 b가 연관(AB/ab)되어 있을 경우) → AB : ab = 1 : 1
(다) 상반 연관 : 각각의 대립 유전자 중 우성과 열성 유전자가 연관되어 있는 경우로, A와 b, a와 B가 연관(Ab/aB)되어 있을 경우 → Ab : aB = 1 : 1

50 곡물 종자의 수명을 연장시킬 수 있는 구비조건으로 가장 적합한 것은?

① 완숙이면서 건조되었고 저온에 밀폐되어 있다.
② 미숙이면서 건조되었고 고온에 통기가 잘된다.
③ 완숙이면서 수분이 많고 저온에 밀폐되었다.
④ 미숙이면서 수분이 많고 고온에 통기가 잘된다.

해설

저장조건 중에서 중요한 것은 온도와 습도인데 대체로 건조하거나 저온인 상태에서는 곡물 종자의 수명이 연장된다.

정답 46 ③ 47 ③ 48 ② 49 ① 50 ①

51 다음 설명하는 생물농약의 성분은?

> • 주요성분은 Azadiractin으로 여러 나방류, 삽주, 벌레류, 파리류 등을 제어할 수 있다.
> • 종자와 잎은 기름 추출액을 만드는데 이용되며 해충제의 역할을 한다.

① 님
② 제충국
③ 로테논
④ 마 늘

해설
님(Neem)
• 추출 : 건조 열대지역의 님나무에서 추출
• 성분 : Azadiractin
• 제어해충 : 나방류, 삽주벌레류, 파리류 등

52 연작 시 발생 가능한 토양전염성 병해와 그 작물이 알맞게 짝지어진 것은?

① 고추 – 흰가루병
② 가지 – 덩굴쪼김병
③ 콩 – 모자이크병
④ 감자 – 둘레썩음병

해설
둘레썩음병은 씨감자로 전염하는 세균으로, 씨감자 절단과 파종작업 중에 주로 전염된다.

53 벼의 전체 생육기간 중 요구되는 적산온도 범위로 가장 적합한 것은?

① 1,000~1,500℃
② 1,500~2,500℃
③ 3,500~4,500℃
④ 4,500~5,500℃

해설
여름작물 중에서 생육기간이 긴 벼는 3,500~4,500℃이고 담배는 3,200~3,600℃이며, 생육기간이 짧은 메밀은 1,000~1,200℃이고 조는 1,800~3,000℃이다.

54 농림축산식품부 소관 친환경농어업 육성 및 유기식품 등의 관리, 지원에 관한 법률 시행규칙상 유기축산물 생산을 위한 가축의 사육조건으로 옳지 않은 것은?

① 사육장, 목초지 및 사료작물 재배지는 토양오염우려기준을 초과하지 않아야 한다.
② 유기축산물 인증을 받은 가축과 일반가축을 병행하여 사육할 경우 90일 이상의 분리기간을 거친 후 합사하여야 한다.
③ 축사 및 방목환경은 가축의 생물적, 행동적 욕구를 만족시킬 수 있도록 사육환경을 유지·관리하여야 한다.
④ 유기합성농약 또는 유기합성농약 성분이 함유된 동물용의약품 등의 자재를 축사 및 축사의 주변에 사용하지 아니하여야 한다.

해설
유기축산물 – 사육조건(친환경농어업법 시행규칙 [별표 4])
유기축산물 인증을 받거나 받으려는 가축(이하 '유기가축')과 유기가축이 아닌 가축(무항생제축산물 인증을 받거나 받으려는 가축을 포함)을 병행하여 사육하는 경우에는 철저한 분리 조치를 할 것

55 시설하우스 재배지에서 일반적으로 나타나는 현상으로 볼 수 없는 것은?

① 토양 염류농도의 증가
② 토양 전염병원균의 증가
③ 연작장해에 의한 수량감소
④ 토양 용적밀도 및 점토함량 감소

해설
시설재배의 토양특성
염류의 집적, 토양 산도의 저하, 토양의 통기성 불량, 연작장해의 발생, 토양의 오염 증가 등을 들 수 있다.

56 윤작 실천 목적으로 적당하지 않은 것은?

① 병충해 회피
② 토양 보호
③ 토양비옥도의 향상
④ 인산의 축적

해설
동일 포장에 동일 작물을 연속 재배할 경우 지력이 저하되어 수확량이 줄어든다. 돌려짓기(윤작)는 이를 피하고 지력을 유지시키는 데 우선적인 목적이 있다.

57 F₂에서 F₆또는 F₇까지 대부분의 개체가 고정될 때까지는 선발을 하지 않고 자연도태하며, 개체가 유전적으로 고정되었을 때 계통육종법과 같은 방법으로 선발하는 종자 육종법은?

① 순계분리법
② 교잡육종법
③ 집단육종법
④ 여교배육종법

해설
집단육종법은 잡종 집단의 취급은 용이하며, 자연선택을 유리하게 이용할 수 있다.

58 과수원에 피복작물을 재배하고자 할 때 고려할 조건으로 가장 거리가 먼 것은?

① 종자가 저렴하고, 쉽게 구할 수 있을 것
② 생육이 빨라 단기간에 피복이 가능할 것
③ 대기로부터 질소를 고정하고 이를 토양에 공급할 것
④ 토양 산성화 개선에 효과적일 것

해설
피복작물의 조건
• 종자가 저렴하고, 쉽게 구할 수 있으며, 수확이 용이하고, 저장과 번식이 쉬운 것
• 생육이 빨라 단기간에 피복이 가능할 것
• 대기로부터 질소를 고정하고 이를 토양에 공급할 것
• 병충해에 강할 것
• 다량의 유기물과 건물을 생산할 것
• 조밀한 근권구조를 지니고 있어 척박한 토양을 회복시킬 수 있을 것
• 단일재배 시 또는 다른 작물과 혼식하였을 때에도 관리하기 쉬울 것
• 사료 작물이나 곡류, 즉 식량으로 이용할 수 있을 것

59 유기농업이 추구하는 목적으로 옳지 않은 것은?

① 환경오염의 최소화
② 환경생태계의 보호
③ 생물학적 생산성의 최소화
④ 토양쇠퇴와 유실의 최소화

해설
③ 생물학적 생산성의 최적화

60 토양에 퇴비를 주었을 때의 효과는?

① 토양의 보수력을 감소시킨다.
② 토양의 치환능력을 감소시킨다.
③ 토양의 풍식, 침식, 양분용탈을 감소시킨다.
④ 토양을 팽연하게 하여 공극율을 감소시킨다.

해설
퇴비의 효과는 화학비료에 비해 상대적으로 완만하지만, 지속적으로 나타나며, 토양의 구조를 개선하고 완충력을 높이며, 질소와 규산을 보충해 주고 미생물의 활동을 왕성하게 한다.

제4과목 **유기식품 가공·유통론**

61 마케팅 마진 측정방법 중 국내에서 생산되는 모든 식료품에 대한 총소비자 지출액과 해당 농산물에 대해 농가가 수취한 액수와의 차액을 계산하는 방식은?

① 마크업
② 마케팅 빌
③ 농가 수취분
④ 농장과 소매가격차

해설
마케팅 빌은 국내 농가에서 생산한 식품 원자재를 식품으로 가공하고 소비자에게 유통·판매시키는 과정에서 발생하는 전체 비용을 추정한 값이다. 매년 소비자들이 국내 농식품에 지출하는 금액에서 농가수취액을 차감함으로써 구할 수 있다.

62 유기농산물의 재배 시 사용할 수 있는 것은?

① 농 약
② 퇴 비
③ 항생물질
④ 호르몬류

해설
유기농산물 및 유기임산물 – 재배방법(친환경농어업법 시행규칙 [별표 4])
• 화학비료, 합성농약 또는 합성농약 성분이 함유된 자재를 사용하지 않을 것
• 장기간의 적절한 돌려짓기(윤작)를 실시할 것
• 가축분뇨를 원료로 하는 퇴비·액비는 유기축산물 또는 무항생제축산물 인증 농장, 경축순환농법 등 친환경 농법으로 가축을 사육하는 농장 또는 동물보호법에 따라 동물복지축산농장으로 인증을 받은 농장에서 유래한 것만 완전히 부숙하여 사용하고, 비료관리법에 따른 공정규격설정 등의 고시에서 정한 가축분뇨발효액의 기준에 적합할 것
• 병해충 및 잡초는 유기농업에 적합한 방법으로 방제·관리할 것

63 유기식품 생산시설의 위생관리를 위한 세척방식이 아닌 것은?

① 검 경
② 진 동
③ 컴프레서 공기 세척
④ CIP(Cleaning In Place)

해설
검경은 세균 따위를 현미경으로 검사하는 것을 말한다.

64 유기가공식품제조 공장 주변의 해충방제 방법으로 우선적으로 고려해야 하는 방법이 아닌 것은?

① 기계적 방법
② 물리적 방법
③ 생물학적 방법
④ 화학적 방법

해설
유기가공식품·비식용유기가공품 – 해충 및 병원균 관리(친환경농어업법 시행규칙 [별표 4])
해충 및 병원균 관리를 위해 예방적 방법, 기계적·물리적·생물학적 방법을 우선 사용해야 하고, 불가피한 경우 법에서 정한 물질을 사용할 수 있으며, 그 밖의 화학적 방법이나 방사선 조사방법을 사용하지 않을 것

65 식품의 저장을 위한 가공방법 중 가열처리 방법은?

① 동결건조법(Freeze-drying)
② 한외여과법(Ultra-filtration)
③ 냉장냉동법(Chilling or Freezing)
④ 저온살균법(pasteurization)

해설
가열살균 방식은 열처리에 의하여 식품 중의 미생물을 사멸시켜 식품의 안전성과 저장성을 부여하는 식품가공 기술으로 저온살균법, 고온단시간살균법, 초고온순간살균법 등이 있다.

66 제면 시 첨가하는 소금의 주요 역할이 아닌 것은?

① 탄력을 높인다.

② 면의 균열을 방지한다.

③ 보존효과를 부여한다.

④ 산화를 방지한다.

해설

제면 시 소금의 역할
- 점탄성 상승
- 제품 변질 방지
- 미생물 생육 억제
- 짠맛 부여
- 글루텐을 파괴하는 프로테아제의 작용력을 억제

67 청과물의 증산작용에 영향을 주는 요인과 가장 거리가 먼 것은?

① 빛 　　　　　② 질 소

③ 온 도 　　　　④ 습 도

해설

증산작용에 영향을 주는 환경요인 : 빛, 온도, 습도, 바람, 체내 수분
※ 증산 작용은 햇빛이 쨍쨍 내리쬐고 기온이 높을수록, 습도가 낮을수록, 몸속에 들어 있는 수분량이 많을수록, 바람이 불수록 증산 작용이 활발하게 일어난다.

68 식중독의 원인에 대한 설명으로 옳지 않은 것은?

① 빵이나 음료보다 식육과 어패류가 부패를 잘 일으킨다.

② 식중독의 주된 원인으로 냉장 및 냉동보관온도 미준수가 있다.

③ 과일이나 채소를 통해서는 식중독이 발생되지 않는다.

④ 조리온도와 조리시간을 충분히 하지 못할 경우 식중독이 발생할 수 있다.

해설

세균에 오염된 과일이나 채소를 통해서 식중독이 발생된다.

69 꿀을 넣어 반죽하여 기름에 튀기고 다시 꿀에 담가 만든 과자류는?

① 다식류

② 산자류

③ 유밀과류

④ 전과류

해설

① 다식류 : 곡식가루, 한약재, 꽃가루, 녹말가루 등 생으로 먹을 수 있는 것에 꿀과 조청을 넣고 반죽하여 다식판에 박아 낸 것
② 산자류 : 말린 찹쌀 반죽을 기름에 튀겨 매화 또는 튀긴 밥풀을 묻힌 것
④ 전(정)과류 : 수분이 적은 식물의 뿌리, 줄기, 열매를 꿀, 엿, 설탕 등에 오랫동안 졸여서 만든 과자류

70 다음 조건에서 유기농 수박의 1kg당 구매가격과 소비자가격을 올바르게 구한 것은?

> 유기농 수박을 취급하는 한 유통조직에서 유기농 수박 생산 농가의 농업경영비에 농업경영비의 30%를 더해 구매가격을 결정한 후, 여기에 유통마진을 20%를 적용하여 소비자가격을 책정하려고 한다. 이 농가는 유기농 수박을 1톤 생산하는데 중간재비 4,000,000원, 고용노력비 500,000원, 토지임차료 2,000,000원, 자본용역비 1,500,000원, 자가노력비 5,000,000원이 들었다고 한다.

① 구매가격 9,750원, 소비자가격 12,190원

② 구매가격 10400원, 소비자가격 13000원

③ 구매가격 12,350원, 소비자가격 15,440원

④ 구매가격 13,000원, 소비자가격 21,125원

해설

- 농업경영비 = (4,000,000 + 500,000 + 2,000,000 + 1,500,000)
  = 8,000,000원
- 구매가격 = (8,000,000 × 30%) + 8,000,000 ÷ 1,000kg = 10,400원
- 소비자가격 = $10,400 ÷ \left(\dfrac{100-20}{100}\right) = 13,000$원

71 전분질 곡류와 단백질 곡류의 혼합, 조분쇄, 가열, 열교환, 성형, 팽화 등의 기능을 단일장치 내에서 행할 수 있는 가공조작법은?

① 농 축　　　　② 분 쇄
③ 압 착　　　　④ 압출성형

해설
④ 압출성형 : 전분의 호화, 단백질의 열변성이 쉽게 일어나는 장치로서 조립 및 팽화식품의 생산, 식물조직단백질(인조육)의 생산 등에 많이 사용된다.
① 농축 : 원재료나 중간가공 중의 재료 또는 중간재료에 함유된 수분을 줄이는 조작
② 분쇄 : 재료를 분말로 만들어 표면적을 크게 하는 것
③ 압착 : 압축력을 가하여 고체 중의 액체 성분만을 짜내는 단위조작

해설
HACCP시스템의 12절차와 7원칙

절차 1	HACCP팀 구성	
절차 2	제품설명서 작성	준비단계
절차 3	용도 확인	
절차 4	공정흐름도 작성	
절차 5	공정흐름도 현장 확인	
절차 6	위해요소 분석	원칙 1
절차 7	중요관리점(CCP) 결정	원칙 2
절차 8	CCP 한계기준 설정	원칙 3
절차 9	CCP 모니터링 체계확립	원칙 4
절차 10	개선조치방법 수립	원칙 5
절차 11	검증절차 및 방법 수립	원칙 6
절차 12	문서화 및 기록유지방법 설정	원칙 7

72 무균포장실에서 멸균공기의 기류방식 중 청정한 무균실 제조에 가장 적합한 방법은?

① 수직층류형　　　② 수평층류형
③ 국소층류형　　　④ 수평난류형

해설
수직층류형
기류가 천정면에서 바닥으로 흐르도록 하는 방식으로 청정도 CLASS 100 이하의 고청정 공간을 얻을 수 있다.

74 유기식품의 마케팅조사에 있어 자료수집을 위한 대인면 접법의 특징에 대한 설명으로 옳은 것은?

① 조사비용이 저렴하다.
② 신속한 정보획득이 가능하다.
③ 면접자의 감독과 통제가 용이하다.
④ 표본분포의 통제가 가능하다.

해설
대인면접법의 장단점

장점	• 응답자의 이해도, 응답능력을 알아내 이해를 도울 수 있다. • 면접원의 역량에 따라 신뢰감(Rapport)을 형성해 갈 수 있으며, 심층규명(Probing ; 응답자의 대답이 불충분하고 부정확할 때 재질문하여 답을 구하는 기술)이 가능하다. • 응답자와 주변 상황을 관찰할 수 있고 제3자의 개입을 방지할 수 있다. • 응답률이 비교적 높은 편이며, 표본편차를 줄일 수 있다. • 개방형 질문을 유용하게 활용할 수 있으며 누락자료를 줄일 수 있다.
단점	• 절차가 복잡하고 불편하다. • 시간, 비용, 노력이 많이 든다. • 조사자의 편견이 개입된다. • 익명성 보장이 곤란하다. • 민감한 질문에 응답을 얻기 어렵다. • 접근이 용이하지 못하다.

73 HACCP 관리체계를 구축하기 위한 준비 단계를 알맞은 순서대로 제시한 것은?

① HACCP팀 구성 → 제품설명서 작성 → 모든 잠재적 위해요소 분석 → 중요관리점(CCP)설정 → 중요관리점 한계기준 설정
② HACCP팀 구성 → 모든 잠재적 위해요소 분석 → 중요관리점(CCP)설정 → 중요관리점 한계기준 설정 → 제품설명서 작성
③ 모든 잠재적 위해요소 분석 → 중요관리점(CCP)설정 → 중요관리점 한계기준 설정 → HACCP팀 구성 → 제품설명서 작성
④ 모든 잠재적 위해요소 분석 → HACCP팀 구성 → 중요관리점(CCP)설정 → 중요관리점 한계기준 설정 → 제품설명서 작성

75 유통경로가 제공하는 효용이 아닌 것은?

① 본질효용
② 시간효용
③ 장소효용
④ 소유효용

해설
유통경로의 효용 : 시간효용, 장소효용, 소유효용, 형태효용

76 편성혐기성균으로 포자를 형성하며, 치사율이 높은 신경독소를 생산하는 것은?

① Stapylococcus aureus
② Clostridium botulinum
③ Lactobacillus bulgaricus
④ Bacillus cereus

해설
② Clostridium botulinum : 치사율이 높은 신경독소(Neurotoxin)를 생산한다.
① Stapylococcus aureus : 화농성 질환의 병원균으로 독소형 식중독의 원인균
③ Lactobacillus bulgaricus : 불가리아 젖산간균
④ Bacillus cereus : 그람 양성균이며 호기성 세균이고 대형 간균으로 독소형 식중독균

77 식품 미생물의 내열성과 살균에 대한 설명으로 옳지 않은 것은?

① 식품의 수분활성도가 낮아질수록 내열성이 증가하는 경향이 있다.
② 식품 중 소금의 농도가 증가할수록 세균 포자의 내열성이 점차 줄어드는 경향이 있다.
③ 식품의 pH가 알칼리성이 될수록 미생물의 내열성이 급격히 증가한다.
④ 가열살균 시 습열 혹은 건열에 따라 살균 온도와 시간이 차이가 나게 된다.

해설
세균의 영양세포나 포자는 중성 부근에서 내열성이 강하지만 알칼리 또는 산성 측에서의 내열성은 매우 약해진다.

78 버터 제조 공정 순서로 옳은 것은?

① 원료유 → 크림분리 → 접종 → 살균 → 교반 → 가염 → 숙성 → 연압 → 충진
② 원유 → 크림분리 → 살균 → 접종 → 숙성 → 교반 → 가염 → 연압 → 충진
③ 원료유 → 크림분리 → 접종 → 숙성 → 교반 → 살균 → 가염 → 연압 → 충진
④ 원료유 → 크림분리 → 살균 → 접종 → 교반 → 숙성 → 연압 → 가염 → 충진

해설
버터의 제조 공정
원유 → 크림분리 → 살균 → 접종 → 숙성 → 교반 → 가염 → 연압 → 충진

79 D값이 121℃에서 2분인 세균포자의 수를 10^3개에서 1개로 감소시킬 때의 F값은?

① 1분   ② 3분
③ 6분   ④ 9분

해설
$n = \log \dfrac{N_0}{N}$

$F = nD$

$F_0 = F_{121}$

F : 영양세포 또는 포자를 원하는 수준까지 사멸하는데 소요되는 시간
F_0 : 121℃에서 가열하여 영양세포 또는 포자를 원하는 수준까지 사멸하는데 소요되는 시간
N_0 : 초기의 세균수
N : 살균 후 최종 세균수

$n = \log \left(\dfrac{10^3}{10} \right) = 3$

* $1 = \log 10$
$F = 3 \times 2 = 6$분

80 식품의 화학적 위해요소에 해당하는 것은?

① 세 균   ② 살충제
③ 곰팡이   ④ 바이러스

해설
화학적 위해요소 : 제품에 내재하면서 인체의 건강을 해할 우려가 있는 중금속, 농약, 항생물질, 항균물질, 사용기준 초과 또는 사용금지된 식품 첨가물 등 화학적 원인물질
※ 생물학적 위해요소 : 병원성 미생물, 부패미생물, 병원성 대장균(군), 효모, 곰팡이, 기생충, 바이러스 등

유기농업 관련 규정

81 친환경농어업 육성 및 유기식품 등의 관리·지원에 관한 법률에서 정의한 용어로 옳지 않은 것은?

① "유기농어업자재"란 합성농약, 화학비료 및 항생·항균제 등 화학자재를 사용하지 아니하거나 사용을 최소화하고 농업·수산업·축산업·임업 부산물의 재활용 등을 통하여 농업생태계와 환경을 유지·보전하면서 안전한 농·수·축·임산물을 생산하는 자재를 말한다.

② "친환경농수산물"이란 친환경농어업을 통하여 얻은 유기농수산물, 무농약농산물, 무항생제축산물, 무항생제수산물 및 활성처리제 비사용 수산물을 말한다.

③ "취급"이란 농수산물, 식품, 비식용가공품 또는 농어업용자재를 저장, 포장, 운송, 수입 또는 판매하는 활동을 말한다.

④ "허용물질"이란 유기식품 등, 무농약농수산물 등 또는 유기농어업자재를 생산, 제조·가공 또는 취급하는 모든 과정에서 사용 가능한 것으로서 농림축산식품부령 또는 해양수산부령으로 정하는 물질을 말한다.

해설

정의(친환경농어업법 제2조제6호)
'유기농어업자재'란 유기농수산물을 생산, 제조·가공 또는 취급하는 과정에서 사용할 수 있는 허용물질을 원료 또는 재료로 하여 만든 제품을 말한다.

82 농림축산식품부 소관 친환경농어업 육성 및 유기식품 등의 관리·지원에 관한 법률 시행규칙에 의거한 유기가공식품 제조 공장의 관리로 적합한 것은?

① 제조설비 중 식품과 직접 접촉하는 부분에 대한 세척은 화학약품을 사용하여 깨끗이 한다.

② 세척제·소독제를 시설 및 장비에 사용하는 경우 유기식품·가공품의 유기적 순수성이 훼손되지 않도록 한다.

③ 식품첨가물을 사용한 경우에는 식품첨가물이 제조설비에 잔존하도록 한다.

④ 병해충 방제를 기계적·물리적 방법으로 처리하여도 충분히 방제가 되지 않으면 화학적인 방법이나 전리방사선 조사방법을 사용할 수 있다.

해설

① 유기식품·유기가공품에 시설이나 설비 또는 원료·재료의 세척, 살균, 소독에 사용된 물질이 함유되지 않도록 할 것
③ 모든 원료·재료와 최종 생산물의 관리, 가공시설·기구 등의 관리 및 제품의 포장·보관·수송 등의 취급과정에서 유기적 순수성이 유지되도록 관리할 것
④ 해충 및 병원균 관리를 위해 예방적 방법, 기계적·물리적·생물학적 방법을 우선 사용해야 하고, 불가피한 경우 별표 1 제1호가목2)에서 정한 물질을 사용할 수 있으며, 그 밖의 화학적 방법이나 방사선 조사방법을 사용하지 않을 것

83 친환경농축산물 및 유기식품 등의 인증에 관한 세부실시요령에 따라 친환경농산물 인증심사 과정에서 재배포장 토양검사용 시료채취 방법으로 옳은 것은?

① 토양시료 채취는 인증심사원 입회하에 인증 신청인이 직접 채취한다.
② 토양시료 채취 지점은 재배필지별로 최소한 5개소 이상으로 한다.
③ 시료수거량은 시험연구기관이 검사에 필요한 수량으로 한다.
④ 채취하는 토양은 모집단의 대표성이 확보될 수 있도록 S자형 또는 Z자형으로 채취한다.

해설
현장심사 – 시료수거방법(유기식품 및 무농약농산물 등의 인증에 관한 세부실시 요령 [별표 2])
• 재배포장의 토양은 대상 모집단의 대표성이 확보될 수 있도록 Z자형 또는 W자형으로 최소한 10개소 이상의 수거지점을 선정하여 수거한다.
• 검사 항목(토양은 제외)에 대한 시료수거는 모집단의 대표성이 확보될 수 있도록 재배포장 형태, 출하·집하 형태 또는 적재 상태·진열 형태 등을 고려하여 Z자형 또는 W자형으로 최소한 6개소 이상의 수거 지점을 선정하여 수거한다. 다만, 전단에 따른 수거가 어려울 경우 대표성이 확보될 수 있도록 검사대상을 달리 선정하여 수거하거나 외관 및 냄새 등 기타 상황을 판단하여 이상이 있는 것 또는 의심스러운 것을 우선 수거할 수 있다.
• 시료수거는 신청인, 신청인 가족(단체인 경우에는 대표자나 생산관리자, 업체인 경우에는 근무하는 정규직원을 포함한다) 참여하에 인증심사원이 직접 수거하여야 한다. 다만, 다음의 경우에는 그 예외를 인정한다.
  – 식육의 출하 전 생체잔류검사에서 인증심사원 참여하에 신청인 또는 수의사가 수거하는 경우
  – 도축 후 식육잔류검사의 경우에는 시·도축산물위생검사기관의 축산물검사원 또는 자체검사원이 수거하는 경우
  – 관계 공무원 등 국립농산물품질관리원장이 인정하는 사람이 수거하는 경우
• 시료 수거량은 시험연구기관이 정한 양으로 한다.
• 시료수거 과정에서 시료가 오염되지 않도록 적정한 시료수거 기구 및 용기를 사용한다.
• 수거한 시료는 신청인, 신청인 가족(단체인 경우에는 대표자나 생산관리자, 업체인 경우에는 근무하는 정규직원을 포함한다) 참여하에 봉인 조치하고, 별지 제7호서식의 시료수거확인서를 작성한다.
• 인증심사원은 검사의뢰서를 작성하여 수거한 시료와 함께 지체없이 검사기관에 송부하고, 친환경 인증관리 정보시스템에 등록하여야 한다.

84 농림축산식품부 소관 친환경농어업 육성 및 유기식품 등의 관리·지원에 관한 법률 시행규칙에서 유기가공품으로 인증을 받은 자가 인증품의 표시사항을 위반하였을 경우 행정처분기준은?

① 판매정지 1개월
② 표시사용정지 1개월
③ 유기가공식품 인증취소
④ 해당 인증품의 인증표시 변경

해설
개별기준 – 인증품 등(친환경농어업법 시행규칙 [별표 9])

위반행위	행정처분 기준
무농약농산물·무농약원료가공식품의 표시 방법을 위반한 경우	해당 인증품의 세부 표시사항의 변경

85 농림축산식품부 소관 친환경농어업 육성 및 유기식품 등의 관리·지원에 관한 법률 시행규칙상 에틸렌을 이용하여 숙성시키는 과일이 아닌 것은?

① 감
② 바나나
③ 사 과
④ 키 위

해설
병해충 관리를 위해 사용 가능한 물질(친환경농어업법 시행규칙 [별표 1])

사용 가능 물질	사용 가능 조건
에틸렌	키위, 바나나와 감의 숙성을 위해 사용할 것

86 농림축산식품부 소관 친환경농어업 육성 및 유기식품 등의 관리·지원에 관한 법률 시행규칙에서 규정한 유기농산물의 병해충 관리를 위하여 사용할 수 없는 물질은?

① 제충국 추출물
② 데리스 추출물
③ 님(Neem) 추출물
④ 순수 니코틴

해설
병해충 관리를 위해 사용 가능한 물질(친환경농어업법 시행규칙 [별표 1])

사용 가능 물질	사용 가능 조건
제충국 추출물	제충국(Chrysanthemum cinerariaefolium)에서 추출된 천연물질일 것
데리스(Derris) 추출물	데리스(Derris spp., Lonchocarpus spp. 및 Tephrosia spp.)에서 추출된 천연물질일 것
님(Neem) 추출물	님(Azadirachta indica)에서 추출된 천연물질일 것
담배잎차(순수 니코틴은 제외한다)	물로 추출한 것일 것

87 농림축산식품부 소관 친환경농어업 육성 및 유기식품 등의 관리·지원에 관한 법률 시행규칙상 유기가공식품 생산 시 사용이 가능한 식품첨가물 또는 가공보조제가 아닌 것은?

① 이산화탄소
② 알긴산칼륨
③ 젤라틴
④ 아질산나트륨

해설
육류 발색제로 사용되는 아질산나트륨은 체내 단백질 성분인 아민과 결합하여 나이트로소아민이라고 하는 발암물질이 만들어진다.
※ 유기가공식품 – 식품첨가물 또는 가공보조제로 사용 가능한 물질
(친환경농어업법 시행규칙 [별표 1])

명칭(한)	식품첨가물로 사용 시		가공보조제로 사용 시	
	사용 가능 여부	사용 가능 범위	사용 가능 여부	사용 가능 범위
이산화탄소	○	제한 없음	○	제한 없음
알긴산칼륨	○	제한 없음	×	
젤라틴	×		○	포도주, 과일 및 채소 가공

88 친환경농축산물 및 유기식품 등의 인증에 관한 세부실시요령에서 규정한 유기농산물 인증기준의 세부사항에 관한 설명 중 옳지 않은 것은?

① 재배포장의 토양에서 유기합성농약 성분의 검출량이 0.01g/kg 이하인 경우는 불검출로 본다.
② 재배포장의 토양에서는 매년 1회 이상의 검정을 실시하여 토양비옥도가 유지·개선되게 노력하여야 한다.
③ 재배 시 화학비료와 유기합성농약을 전혀 사용하지 아니하여야 한다.
④ 가축분뇨를 원료로 하는 퇴비·액비는 완전히 부숙시켜서 사용하되, 과다한 사용, 유실 및 용탈 등으로 인해 환경오염을 유발하지 아니하도록 하여야 한다.

해설
유기농산물 – 재배포장, 용수, 종자(유기식품 및 무농약농산물 등의 인증에 관한 세부실시 요령 [별표 1])
재배포장의 토양은 주변으로부터 오염 우려가 없거나 오염을 방지할 수 있어야 하고, 토양환경보전법 시행규칙에 따른 1지역의 토양오염우려기준을 초과하지 아니하며, 합성농약 성분이 검출되어서는 아니 된다. 다만, 관행농업 과정에서 토양에 축적된 합성농약 성분의 검출량이 0.01mg/kg 이하인 경우에는 예외를 인정한다.

89 친환경농어업 육성 및 유기식품 등의 관리·지원에 관한 법률에 의해 1년 이하의 징역 또는 1천만원 이하의 벌금에 처할 수 있는 경우는?

① 인증기관의 지정을 받지 아니하고 인증업무를 하거나 공시등기관의 지정을 받지 아니하고 공시 등 업무를 한 자
② 인증을 받지 아니한 제품에 인증표시 또는 이와 유사한 표시나 인증품으로 잘못 인식할 우려가 있는 표시 등을 한 자
③ 인증 또는 공시업무의 정지기간 중에 인증 또는 공시업무를 한 자
④ 인증품에 인증을 받지 아니한 제품 등을 섞어서 판매하거나 섞어 판매할 목적으로 보관, 운반 또는 진열한 자

해설
벌칙(친환경농어업법 제60조제3항)
다음의 어느 하나에 해당하는 자는 1년 이하의 징역 또는 1천만원 이하의 벌금에 처한다.
• 수입한 제품을 신고하지 아니하고 판매하거나 영업에 사용한 자
• 인증심사업무 또는 공시업무의 정지기간 중에 인증심사업무 또는 공시업무를 한 자
• 제31조제7항 각 호(제34조제5항에서 준용하는 경우를 포함한다) 또는 제49조제7항 각 호의 명령에 따르지 아니한 자

90 친환경농어업 육성 및 유기식품 등의 관리·지원에 관한 법률상 농림축산식품부장관은 관계중앙행정기관의 장과 협의하여 몇 년마다 친환경농어업 발전을 위한 친환경농업 육성계획을 세워야 하는가?

① 2년
② 3년
③ 5년
④ 10년

해설
친환경농어업 육성계획(친환경농어업법 제7조제1항)
농림축산식품부장관 또는 해양수산부장관은 관계 중앙행정기관의 장과 협의하여 5년마다 친환경농어업 발전을 위한 친환경농업 육성계획 또는 친환경어업 육성계획을 세워야 한다. 이 경우 민간단체나 전문가 등의 의견을 수렴하여야 한다.

91 친환경농축산물 및 유기식품 등의 인증에 관한 세부실시 요령의 인증품 사후관리 조사요령에서 유통과정조사에 대한 내용으로 옳지 않은 것은?

① 조사주기는 등록된 유통업체 중 조사 필요성이 있는 업체를 대상으로 연 1회 이상 자체 조사계획을 수립하여 실시한다.

② 사무소장은 인증품 판매장·취급작업장을 방문하여 인증품의 유통과정조사를 실시한다.

③ 사무소장은 전년도 조사업체 내역, 인증품 유통실태 조사 등을 통해 관내 인증품 유통업체 목록을 인증관리 정보시스템에 등록·관리한다.

④ 조사시기는 가급적 인증품의 유통물량이 많은 시기에 실시하고 최근 1년 이내에 행정처분을 받았거나 인증품 부정유통으로 적발된 업체가 인증품을 취급하는 경우 1년 이내에 유통과정 조사를 실시한다.

해설
조사종류별 조사주기 및 조사대상(유기식품 및 무농약농산물 등의 인증에 관한 세부실시 요령 [별표 5])
• 정기조사 : 조사주기는 등록된 유통업체(취급인증사업자 포함) 중 조사 필요성이 있는 업체를 대상으로 연 2회 이상 자체 조사계획을 수립하여 실시
• 수시조사 : 국립농산물품질관리원장(지원장·사무소장을 포함)이 특정업체(온라인·통신판매 등을 포함)의 위반사실에 대한 신고가 접수되는 등 정기조사 외에 조사가 필요한 것으로 판단되는 경우 실시
• 특별조사 : 국립농산물품질관리원장이 인증기준 위반 우려 등을 고려하여 실시

92 친환경농어업 육성 및 유기식품 등의 관리·지원에 관한 법률 및 농림축산식품부 소관 친환경농어업 육성 및 유기식품 등의 관리·지원에 관한 법률 시행규칙에서 규정한 유기농어업자재 공시의 유효기간에 관한 설명으로 옳지 않은 것은?

① 공시의 유효기간은 공시를 받은 날부터 5년으로 한다.

② 공시사업자가 공시유효기간이 끝난 후에도 공시를 유지하려고 할 경우에는 유효기간이 끝나기 전 갱신 신청을 하여야 한다.

③ 공시를 한 공시기관이 폐업, 업무정지 또는 그 밖의 사유로 갱신 신청이 불가능하게 된 경우에는 다른 기관에 갱신을 신청할 수 있다.

④ 유기농업자재 공시를 갱신하려는 공시사업자는 유효기간 만료 3개월 전까지 서류 및 시료를 첨부하여 공시기관의 장에게 제출하여야 한다.

해설
공시의 유효기간 등(친환경농어업법 제39조제1항)
공시의 유효기간은 공시를 받은 날부터 3년으로 한다.

93 농림축산식품부 소관 친환경농어업 육성 및 유기식품 등의 관리·지원에 관한 법률 시행규칙상 토양을 이용하지 않고 통제된 시설공간에서 빛(LED, 형광등), 온도, 수분, 양분 등을 인공적으로 투입하여 작물을 재배하는 시설을 일컫는 말은?

① 윤 작
② 식물공장
③ 재배포장
④ 경축순환농법

해설
용어의 정의(친환경농어업법 시행규칙 [별표 4])
• '재배포장'이란 작물을 재배하는 일정구역을 말한다.
• '돌려짓기(윤작)'이란 동일한 재배포장에서 동일한 작물을 연이어 재배하지 아니하고, 서로 다른 종류의 작물을 순차적으로 조합·배열하는 방식의 작부체계를 말한다.
• '식물공장(Vertical Farm)'이란 토양을 이용하지 않고 통제된 시설공간에서 빛(LED, 형광등), 온도, 수분 및 양분 등을 인공적으로 투입해 작물을 재배하는 시설을 말한다.

94 농림축산식품부 소관 친환경농어업 육성 및 유기식품 등의 관리·지원에 관한 법률 시행규칙상 유기가공식품의 도형 표시에 대한 설명으로 옳은 것은?

① 표시 도형의 국문 및 영문 글자의 활자체는 궁서체로 한다.

② 표시 도형의 크기는 포장재의 크기에 관계없이 지정된 크기로 한다.

③ 표시 도형 내부에 적힌 "유기", "(ORGANIC)", "ORGANIC"의 글자 색상은 표시 도형 색상과 동일하게 한다.

④ 표시 도형의 색상은 백색을 기본색상으로 하고, 포장재의 색깔 등을 고려하여 파란색 또는 녹색으로 할 수 있다.

해설
유기표시 도형 – 작도법(친환경농어업법 시행규칙 [별표 6])
• 표시 도형의 국문 및 영문 모두 활자체는 고딕체로 하고, 글자 크기는 표시 도형의 크기에 따라 조정한다.
• 표시 도형의 색상은 녹색을 기본 색상으로 하되, 포장재의 색깔 등을 고려하여 파란색, 빨간색 또는 검은색으로 할 수 있다.
• 표시 도형 내부에 적힌 "유기", "(ORGANIC)", "ORGANIC"의 글자 색상은 표시 도형 색상과 같게 하고, 하단의 "농림축산식품부"와 "MAFRA KOREA"의 글자는 흰색으로 한다.
• 표시 도형의 크기는 포장재의 크기에 따라 조정할 수 있다.

95 친환경농축수산물 및 유기식품 등의 인증에 관한 세부실시요령에서 정한 작물별 생육기간에 대한 내용으로 옳지 않은 것은?

① 3년생 미만 작물 : 파종일부터 첫 수확일까지

② 3년 이상 다년생 작물(인삼, 더덕 등) : 파종일부터 3년의 기간을 생육기간으로 적용

③ 낙엽수(사과, 배, 감 등) : 생장(개엽 또는 개화) 개시기부터 첫 수확일까지

④ 상록수(감귤, 녹차 등) : 개화가 완료된 날부터 7년의 기간을 생육기간으로 적용

[해설]
작물별 생육기간(유기식품 및 무농약농산물 등의 인증에 관한 세부실시 요령 [별표 1])
• 3년생 미만 작물 : 파종일부터 첫 수확일까지
• 3년 이상 다년생 작물(인삼, 더덕 등) : 파종일부터 3년의 기간을 생육기간으로 적용
• 낙엽수(사과, 배, 감 등) : 생장(개엽 또는 개화) 개시기부터 첫 수확일까지
• 상록수(감귤, 녹차 등) : 직전 수확이 완료된 날부터 다음 첫 수확일까지

96 농림축산식품부 소관 친환경농어업 육성 및 유기식품 등의 관리·지원에 관한 법률 시행규칙상 토양개량과 작물생육을 위하여 사람의 배설물을 사용할 때 사용가능 조건이 아닌 것은?

① 완전히 발효되어 부숙된 것일 것

② 고온발효 : 50℃ 이상에서 7일 이상 발효된 것

③ 저온발효 : 3개월 이상 발효된 것일 것

④ 엽채류 등 농산물·임산물 중 사람이 직접 먹는 부위에는 사용하지 않을 것

[해설]
토양개량과 작물생육을 위해 사용 가능한 물질(친환경농어업법 시행규칙 [별표 1])

사용가능 물질	사용가능 조건
사람의 배설물(오줌만인 경우는 제외한다)	• 완전히 발효되어 부숙된 것일 것 • 고온발효 : 50℃ 이상에서 7일 이상 발효된 것 • 저온발효 : 6개월 이상 발효된 것일 것 • 엽채류 등 농산물·임산물 중 사람이 직접 먹는 부위에는 사용하지 않을 것

97 친환경농어업 육성 및 유기식품 등의 관리·지원에 관한 법률에 따라 친환경농산물인증의 유효기간은 유기농산물의 경우 인증을 받은 날부터 언제까지인가?

① 1년 ② 2년
③ 3년 ④ 5년

[해설]
인증의 유효기간 등(친환경농어업법 제21조제1항)
인증의 유효기간은 인증을 받은 날부터 1년으로 한다.

98 농림축산식품부 소관 친환경농어업 육성 및 유기식품 등의 관리·지원에 관한 법률 시행규칙의 유기축산물 인증기준에서 경영관련 자료로 1년 이상 보관하여야 하는 자료가 아닌 것은?

① 질병관리에 관한 사항

② 가축구입사항 및 번식 내용

③ 사료의 생산·구입 및 급여내용

④ 공장형 퇴비 생산 내용

[해설]
경영관련자료 – 축산물(양봉의 산물·부산물을 포함한다)(친환경농어업법 시행규칙 [별표 5])
• 가축입식 등 구입사항과 번식에 관한 사항을 기록한 자료 : 일자별 가축 구입 마릿수·번식 마릿수, 가축 연령 및 가축 인증에 관한 사항
• 사료의 생산·구입 및 공급에 관한 사항을 기록한 자료 : 사료명, 사료의 종류, 일자별 생산량·구입량·공급량, 사용 가능한 사료임을 증명하는 서류
• 예방 또는 치료목적의 질병관리에 관한 사항을 기록한 자료 : 자재명, 일자별 사용량, 사용목적, 자재구매 영수증
• 동물용의약품·동물용의약외품 등 자재 구매·사용·보관에 관한 사항을 기록한 자료 : 약품명, 일자별 구매·사용량·보관량, 구매영수증
• 질병의 진단 및 처방에 관한 자료 : 수의사법에 따라 발급받은 진단서 또는 발급·등록된 처방전
• 퇴비·액비의 발생·처리 사항을 기록한 자료 : 기간별 발생량·처리량, 처리방법
• 축산물의 생산량·출하량, 출하처별 거래 내용 및 도축·가공업체에 관하여 기록한 자료 : 일자별 생산량, 일자별·출하처별 출하량, 일자별 도축·가공량, 도축·가공업체명
• 규정에 따른 자료의 기록 기간은 최근 1년간으로 하되, 가축의 종류별 전환기간 등을 고려하여 국립농산물품질관리원장이 정한 바에 따라 그 기간을 단축하거나 연장할 수 있다.

99 농림축산식품부 소관 친환경농어업 육성 및 유기식품 등의 관리·지원에 관한 법률 시행규칙상 유기가공식품을 제조하기 위해 허용된 취급물질 중 첨가물이 아닌 가공보조제로만 사용되는 물질은?

① 염화칼슘 ② 구연산

③ 수산화나트륨 ④ 카나우바왁스

해설

유기가공식품 – 식품첨가물 또는 가공보조제로 사용 가능한 물질 (친환경농어업법 시행규칙 [별표 1])

명칭(한)	식품첨가물로 사용 시		가공보조제로 사용 시	
	사용 가능 여부	사용 가능 범위	사용 가능 여부	사용 가능 범위
염화칼슘	○	과일 및 채소제품, 두류제품, 지방제품, 유제품, 육제품	○	응고제
구연산	○	제한없음	○	제한없음
수산화나트륨	○	곡류제품	○	설탕 가공 중의 산도 조절제, 유지 가공
카나우바왁스	×		○	이형제

100 농림축산식품부 소관 친환경농어업 육성 및 유기식품 등의 관리·지원에 관한 법률 시행규칙상 인증심사원의 자격 기준으로 옳지 않은 것은?

① 국가기술자격법에 따른 농업분야의 기사 이상의 자격을 취득한 사람

② 국가기술자격법에 따른 농업·임업·축산, 식품 분야의 산업기사 자격을 취득하고 친환경인증심사 또는 친환경농산물 관련 분야에서 2년(산업기사가 되기 전의 경력을 포함한다) 이상 근무한 경력이 있는 사람

③ 국가기술자격법에 따른 농업·임업·축산 식품 분야의 기능사 자격을 취득하고 친환경인증심사 또는 친환경농산물 관련 분야에서 5년(기능사가 되기 전의 경력을 포함한다) 이상 근무한 경력이 있는 사람

④ 국가기술자격법에 따른 임업 분야의 기사 이상의 자격을 취득한 사람

해설

인증심사원의 자격기준(친환경농어업법 시행규칙 [별표 11])

자격	경력
국가기술자격법에 따른 농업·임업·축산 또는 식품 분야의 기사 이상의 자격을 취득한 사람	–
국가기술자격법에 따른 농업·임업·축산 또는 식품 분야의 산업기사 자격을 취득한 사람	친환경인증 심사 또는 친환경농산물 관련 분야에서 2년(산업기사가 되기 전의 경력을 포함) 이상 근무한 경력이 있을 것
수의사법에 따라 수의사 면허를 취득한 사람	–

제1과목 재배원론

01 다음 중 토양의 입단구조를 파괴하는 요인으로서 가장 옳지 않은 것은?

① 경 운
② 입단의 팽창과 수축의 반복
③ 나트륨 이온의 첨가
④ 토양의 피복

해설
토양 입단의 형성과 파괴
• 입단의 형성 : 유기물과 석회의 시용, 콩과작물의 재배, 토양 피복·윤작·심근성 작물재배 등 작부체계 개선, 아크릴소일·크릴륨 등 토양개량제 첨가 등의 방법
• 입단의 파괴 : 경운, 입단의 팽창 및 수축의 반복(습윤과 건조, 수축과 융해, 고온과 저온 등으로), 비와 바람에 의한 토양 입단의 압축과 타격, 나트륨이온 첨가 등의 방법으로 파괴된다.

02 작물재배를 생력화하기 위한 방법으로 가장 옳지 않은 것은?

① 농작업의 기계화
② 경지정리
③ 유기농법의 실시
④ 재배의 규모화

해설
유기농법은 제초제를 사용할 수 없어 대규모 재배가 곤란한다.
※ 생력화를 위한 전제조건
제초제 이용, 적응재배 체계 확립(기계작업에 적응하는 새로운 재배체계), 경지 정리, 넓은 면적을 공동 관리에 의한 집단 재배, 공동재배, 잉여 노력의 수익화

03 토양수분이 부족할 때 한발저항성을 유도하는 식물호르몬으로 가장 옳은 것은?

① 사이토키닌
② 에틸렌
③ 옥 신
④ 아브시스산

해설
아브시스산(ABA ; Abscisic acid)
단풍나무의 휴면을 유도, 위조저항성, 한해저항성, 휴면아 형성 등과 관련 있는 호르몬이다.

04 다음 중 생장억제물질이 아닌 것은?

① AMO-1618
② CCC
③ GA_2
④ B-9

해설
지베렐린 $A_2(GA_2)$는 식물생장조절물질이다.
※ 생장억제물질
2,4-DNC, BOH, 모르파크린(Morphactin), RH-531(CCDP), Amo-1618, B-9, CCC, CGR-811, MH, 파클로부트라졸, Phosphon-D 등

05 다음 중 내염성이 가장 높은 작물은?

① 녹 두
② 유 채
③ 고구마
④ 가 지

해설
내염성
• 정도가 강한 작물 : 유채, 목화, 순무, 사탕무, 양배추, 라이그래스
• 정도가 약한 작물 : 완두, 고구마, 베치, 가지, 녹두, 셀러리, 감자, 사과, 배, 복숭아, 살구

06 지력유지를 위한 작부체계에서 '클로버'를 재배할 때 이 작물을 알맞게 분류한 것으로 가장 옳은 것은?

① 포착작물
② 휴한작물
③ 수탈작물
④ 기생작물

해설
작부체계에서 휴한하는 대신 클로버와 같은 콩과 식물을 재배하면 지력이 좋아지는데, 이를 휴한작물이라고 한다.

07 작물의 재배조건에 따른 T/R률에 대한 설명으로 가장 옳은 것은?

① 고구마는 파종기나 이식기가 늦어지면 T/R률이 감소된다.
② 질소비료를 많이 주면 T/R률이 감소된다.
③ 토양공기가 불량하면 T/R률이 감소된다.
④ 토양수분이 감소되면 T/R률이 감소된다.

해설
토양수분이 감소하면 지상부의 생육이 나빠져 T/R률이 감소된다.

08 농업에서 토지생산성을 계속 증대시키지 못하는 주요 요인으로 가장 옳은 것은?

① 기술개발의 결여
② 노동 투하량의 한계
③ 생산재 투하량의 부족
④ 수확체감의 법칙이 작용

해설
토지생산성은 수확체감의 법칙이 적용된다.
※ 수확체감의 법칙
  노동력 투입을 늘려 나가면 절대 수확량은 어느 정도까지는 증가하지만 1인당 생산성은 점점 감소한다는 법칙

09 용도에 따른 작물의 분류에서 포도와 무화과는 어느 것에 속하는가?

① 장과류
② 인과류
③ 핵과류
④ 곡과류

해설
과실의 구조에 따른 분류
• 장과류 : 포도, 딸기, 무화과 등
• 인과류 : 배, 사과, 비파 등
• 준인과류 : 감, 귤 등
• 핵과류 : 복숭아, 자두, 살구, 앵두 등
• 견과류(곡과류) : 밤, 호두 등

10 땅속줄기로 번식하는 것으로만 나열된 것은?

① 감자, 토란
② 생강, 박하
③ 백합, 마늘
④ 달리아, 글라디올러스

해설
② 뿌리줄기(지하경, 땅속줄기, 근경) : 생강, 연, 박하, 호프 등
① 덩이줄기(괴경) : 감자, 토란
③ 비늘줄기(인경) : 백합, 마늘
⑤ 알뿌리(구경) : 글라디올러스

11 포장용수량의 pF값의 범위로 가장 적합한 것은?

① 0   ② 0~2.5

③ 2.5~2.7   ④ 4.5~6

해설
포장용수량의 pF는 2.5~2.7 정도이다.

12 작물에서 낙과를 방지하기 위한 조치로 가장 거리가 먼 것은?

① 환상박피   ② 방 한

③ 합리적인 시비   ④ 병해충 방제

해설
환상박피한 윗부분은 유관속이 절단되어 C/N율이 높아져 개화, 결실이 조장된다.

13 벼의 침수피해에 대한 내용이다. (가), (나)에 알맞은 내용은?

```
            < 벼의 침수피해 >
 • 분얼 초기에는 ( 가 ).
 • 수잉기~출수개화기에는 ( 나 ).
```

① (가) : 크다, (나) : 크다

② (가) : 크다, (나) : 작다

③ (가) : 작다, (나) : 작다

④ (가) : 작다, (나) : 크다

해설
벼의 침수피해는 분얼 초기에는 작고, 수잉기~출수개화기에는 커진다.

14 식물이 한 여름철을 지낼 때 생장이 현저히 쇠퇴·정지하고 심한 경우 고사하는 현상은?

① 하고현상

② 좌지현상

③ 저온장해

④ 추고현상

해설
다년생 북방형 목초인 경우 여름철에 많이 발생한다.

15 식물의 영양생리의 연구에 사용되는 방사성 동위원소로만 나열된 것은?

① ^{32}P, ^{42}K

② ^{24}Na, ^{80}Al

③ ^{60}Co, ^{72}Na

④ ^{137}Cs, ^{58}Co

해설
작물영양생리의 연구 : ^{32}P, ^{42}K, ^{45}Ca 등으로 표지화합물을 만들어서 P, K, Ca 등의 영양선분의 체내에서의 행동파악 가능, 비료의 토양 중에서 행동과 흡수기구 파악 가능하다.

16 파종 후 재배 과정에서 상대적으로 노력이 가장 많이 요구되는 파종 방법은?

① 산 파   ② 조 파
③ 점 파   ④ 적 파

해설
① 산파 : 종자를 포장 전면에 흩어 뿌리는 방법으로, 노력이 적게 드나 종자 소모량이 가장 많다.
② 조파 : 줄뿌림. 발아력이 강하고 생장이 빠르며 해가림이 필요없는 수종의 종자를 일정간격의 줄로 뿌리는 방법이다.
③ 점파 : 일정한 간격으로 종자를 1~2개씩 파종하는 방법이다.
④ 적파 : 일정한 간격을 두고 여러 개의 종자를 한곳에 파종한다.

17 과수재배에서 환상박피를 이용한 개화의 촉진은 화성유인의 어떤 요인을 이용한 것인가?

① 일장 효과   ② 식물 호르몬
③ C/N율   ④ 버널리제이션

해설
과수재배에서 환상박피는 질소의 공급을 억제하여 개화·결실이 촉진된다.

18 중위도 지대에서의 조생종은 어떤 기상생태형 작물인가?

① 감온형   ② 감광형
③ 기본영양생장형   ④ 중간형

해설
중위도지대 : 감광성 큰 감광형(bLt)은 만생종이 되고, 감온형(blT)은 조생종이 된다.

19 다음 중 과실에서 봉지를 씌워서 병해충을 방제하는 것은?

① 경종적 방제   ② 물리적 방제
③ 생태적 방제   ④ 생물적 방제

해설
물리적(기계적) 방제
병해충은 온도, 습도, 광선 등 물리적 조건에 따라 견디어 낼 수 있는 한계가 있으므로 정상적인 생리작용이나 활동을 할 수 없는 조건을 조성하여 발생을 억제시키는 방법이다. 낙엽의 소각, 상토의 소독, 밭 토양의 담수, 과실 봉지 씌우기, 나방·유충의 포살 및 잎에 산란한 것을 채취, 비가림재배, 빛이 자극이 되는 주광성을 이용한 유아등의 설치, 온탕처리와 건열처리 등의 방법이 있다.

20 다음 중 장일성 식물로만 나열된 것은?

① 딸기, 사탕수수, 코스모스
② 담배, 들깨, 코스모스
③ 시금치, 감자, 양파
④ 당근, 고추, 나팔꽃

해설
일장반응에 따른 작물의 종류
• 단일성 식물 : 국화, 콩, 담배, 들깨, 도꼬마리, 코스모스, 목화, 벼, 나팔꽃
• 장일성 식물 : 맥류, 양귀비, 시금치, 양파, 상치, 아마, 티머시, 감자, 딸기, 무
• 중일성 식물 : 강낭콩, 고추, 토마토, 당근, 셀러리, 메밀, 사탕수수

제2과목 **토양비옥도 및 관리**

21 강우 시 강우량이 침투량보다 많을 때 발생하는 현상으로만 연결된 것은?

① 차단(Interception), 유거(Runoff)

② 침투(Infiltration), 증발(Evaporation)

③ 모세관 상승(Capillary Rise), 유거(Runoff)

④ 유거(Runoff), 침식(Erosion)

해설
유거수와 유거토양은 강우량에 의해 발생하지만 강우량이 많다고 해서 유실량이 많은 것은 아니며 일시적으로 강한 강우가 토양침투량 이상의 강우량이 되면 침식이 일어나게 된다.
• 유거(Runoff) : 강수나 관개수가 토양으로 침투되지 않고 외부로 유출되어 흐르는 현상
• 침식(Erosion) : 기존에 존재하는 물질이 외부작용(빗물 · 냇물 · 바람 등)에 깎이는 작용

22 시설토양에 대한 설명으로 옳지 않은 것은?

① 염류 용탈이 심하여 꾸준한 비료 공급이 필요하다.

② 심한 답압과 인공관수로 인해 토양이 단단히 다져져 공극량이 적은 편이다.

③ 염류집적 토양의 경우 관수를 하여도 물의 흡수가 방해된다.

④ 대체로 토양 내 인산집적이 뚜렷하게 나타난다.

해설
시설토양은 화학비료로 인해 염류 집적이 생기므로 비료의 합리적 선택과 균형시비가 필요하다.

23 토양을 조사하고 분류할 때 기본적으로 토양의 단면 특성을 파악해야 한다. 이때 조사해야 할 특성에 해당되지 않는 것은?

① 토양층위의 발달 ② 토 색

③ 토양미생물 구성 ④ 토양 구조

해설
토양의 단면조사 내용
토양층위의 측정, 토색, 반문, 토성, 토양구조, 토양의 견결도, 토양단면 내의 특수생성물(결핵 및 반층), 토양반응, 유기물과 식물의 뿌리, 토양 중의 동물, 공극 등

24 인산에 대한 설명으로 옳지 않은 것은?

① pH가 낮은 토양에서는 철 및 알루미늄과 반응하여 용해도가 감소한다.

② pH가 높은 토양에서는 칼슘과 반응하여 용해도가 감소한다.

③ 인산의 식물 흡수형태는 HPO_4^-와 $H_2PO_4^-$이다.

④ 음이온 형태이므로 토양에 흡착되지 않고 쉽게 용탈된다.

해설
인산은 음이온이기 때문에 토양 속의 철이나 알루미늄과 결합하여 고정되기 쉽고 용출되는 일이 적다.

25 우리나라 대부분의 토양이 산성인 원인으로 가장 옳지 않은 것은?

① 모암이 화강암과 화강편마암이기 때문

② 지표면에서 수분 증발산량보다 많은 강우량 때문

③ 과다한 질소질 화학비료 사용 때문

④ 제올라이트 광물의 객토 때문

해설
CEC가 높은 광물질인 제올라이트, 벤토나이트, 버미큘라이트를 넣어주면 객토효과를 얻을 수 있다.

정답 21 ④ 22 ① 23 ③ 24 ④ 25 ④

26 토양수분의 측정방법이 아닌 것은?

① 중성자법
② Tensiometer법
③ Psychrometer법
④ 양이온 측정법

해설
토양수분 측정법
• 토양 수분함량 측정법
 – 직접법(중량법) : 중량법
 – 간접법 : 중성자법, TDR법
• 토양 수분퍼텐셜 측정 : 텐시오미터법, 전기저항법(석고블록법), Psychrometry법

27 작물의 생육 중 삼투압 및 이온균형조절, 광합성과정에서의 물의 광분해에 관여하는 원소로 옳은 것은?

① B
② Cl
③ Si
④ Na

해설
광합성 관련 원소의 주기능
• 질소(N) : 엽록체(엽록소) 생성
• 인(P) : 엽록체 가동, 광합성 시동
• 칼륨(K) : 물 흡수, 양분 이동
• 칼슘(Ca) : 이산화탄소 공급, 양분 이동
• 마그네슘(Mg) : 이산화탄소 수송, 엽록소 중심
• 철(Fe), 황(S), 구리(Cu) : 전자전달, 광합성
• 망간(Mn), 아연(Zn) : 물 광분해
• 붕소(B) : 양분 이동, 당 이동
• 염소(Cl) : 물 광분해

28 질화작용의 과정으로 옳은 것은?

① $NO_2^- \rightarrow NH_4^+ \rightarrow NO_3^-$
② $NO_2^- \rightarrow NO_3^- \rightarrow NH_4^+$
③ $NO_3^- \rightarrow NH_4^+ \rightarrow NO_2^-$
④ $NH_4^+ \rightarrow NO_2^- \rightarrow NO_3^-$

해설
질산화성 작용(질화작용)
암모늄이온(NH_4^+)이 아질산(NO_2^-)과 질산(NO_3^-)으로 산화되는 과정을 말한다.

29 균근균과 공생함으로써 식물이 얻을 수 있는 이점이 아닌 것은?

① 식물의 광합성 효율이 증대된다.
② 뿌리의 병원균 감염이 억제된다.
③ 뿌리의 유효면적이 증대된다.
④ 식물의 인산 등 양분흡수가 증대된다.

해설
공생관계의 이점
• 외생균근은 병원균의 감염을 방지한다.
• 세근이 식물뿌리의 연장과 같은 역할을 한다.
• 뿌리의 유효표면적이 증가시켜 물과 양분(특히 인산)의 흡수를 돕는다.
• 내열성·내건성이 증대한다.
• 토양양분을 유효하게 한다.

30 토양 15g을 105℃ 건조기에 넣고 24~48시간 건조시킨 후의 무게가 12g이었다. 이 토양의 중량수분함량은?

① 20%
② 25%
③ 50%
④ 80%

해설
$$중량수분(\%) = \frac{습토무게 - 건토무게}{건토무게} \times 100$$

$$= \frac{15 - 12}{12} \times 100 = 25\%$$

31 비료의 반응에 대한 설명으로 옳은 것은?

① 생리적 반응이란 비료 수용액의 고유반응을 말한다.

② 중성비료를 시용하면 토양은 중성이 되고, 염기성 비료를 시용하면 토양은 염기성이 된다.

③ 용성인비, 토마스 인비, 나뭇재는 화학적으로 염기성 비료이다.

④ 유기질 비료는 분해 시 젖산, 초산 등의 유기산만 생성하여 반응이 일정하다.

해설

① 화학적 반응은 비료 수용액의 고유반응을 말하고, 생리적 반응은 토양 속에서 분해되어 식물에 흡수된 뒤 나타나는 반응을 말한다.

② 화학적으로 중성인 비료라도 사용 후 식물의 흡수작용을 받으면 그 반응은 변화된다. 예 황산암모늄 또는 황산칼륨은 화학적 중성비료이나 식물이 황산보다 암모늄 또는 칼륨을 다량으로 흡수하기 때문에 토양 중에서 산성반응을 일으킨다.

④ 유기질비료의 반응은 종류에 따라 다르다. 유기질 비료가 분해될 때 먼저 유기산으로 분해되어 산성을 나타내는 것도 있고, 암모니아를 발생시켜 알칼리성을 나타내는 것도 있다.

– 혈분, 탈지혈분 ; 분해 초기부터 알칼리성

– 콩깻묵 ; 분해 초기 수일간 산성, 후에 알칼리성

– 퇴비 ; 분해 초기 약 5주간 약알칼리성, 후에 점차 중성

32 토양 내 성분의 산화·환원 형태가 잘못된 것은?

	산화형태	환원형태
㉠	CO_2	CH_4
㉡	H_2S	SO_4^{2-}
㉢	Fe^{3+}	Fe^{2+}
㉣	Mn^{4+}	Mn^{2+}

① ㉠   ② ㉡

③ ㉢   ④ ㉣

해설

산화형태	환원형태
SO_4^{2-}	H_2S

33 미생물의 에너지원과 영양원으로 작용하는 물질로 알맞게 짝지어진 것은?

① 규소 – 붕소   ② 탄소 – 질소

③ 염소 – 인   ④ 비소 – 철

해설

토양에 유기물이 가해지면 미생물이 유기물을 분해하여 탄소는 에너지원으로 사용하고 질소는 영양원으로 섭취한다.

34 토양의 용적밀도 1.3g/cm³, 입자밀도 2.6g/cm³, 점토함량 15%, 토양수분 26%, 토양구조가 사열구조일 때 공극률은?

① 7.5%   ② 13%

③ 25%   ④ 50%

해설

토양공극률 = (1 – 용적밀도 / 입자밀도) × 100

$$= \left(1 - \frac{1.3}{2.6}\right) \times 100 = 50\%$$

35 토양 내 질소의 고정화 반응과 무기화반응이 동등하게 일어날 수 있는 C/N율의 범위는?

① 5~15   ② 20~30

③ 40~50   ④ 60~70

해설

토양 내 질소의 고정화 반응과 무기화반응

• C/N율 > 30 : 고정화현상

• C/N율 20~30 : 무기화 = 고정화

• C/N율 < 20 : 무기화

36 질소기아현상에 대한 설명으로 옳지 않은 것은?

① 대체로 탄질률이 30 이상일 때 나타난다.
② 토양미생물과 식물 사이의 질소경쟁으로 나타난다.
③ 탄질률이 15 이하가 되면 해소된다.
④ 볏짚을 시용하면 해소될 수 있다.

해설
볏짚은 탄질률이 높기 때문에 질소기아를 가중시킨다.

38 토양생성 중 나타나는 풍화작용에 대한 설명으로 틀린 것은?

① 모암이 토양이 되기 위해서는 붕괴, 분해과정을 거쳐서 모재가 되어야 한다.
② 풍화작용은 물리적 → 화학적 → 생물적 순서로 진행된다.
③ 화학적 풍화작용은 산화, 환원, 가수분해 등의 화학작용이 수반된다.
④ 산악지와 같은 경사지에서의 풍화물은 중력, 물, 바람 등의 작용으로 운적모재가 된다.

해설
풍화작용은 단독적이 아니라 병행하여 일어난다.

39 토양 유효토심의 제한요인으로 볼 수 없는 것은?

① 암 반   ② 지하수위
③ 모래 및 자갈   ④ 식 생

해설
유효토심 : 작물의 생육에 있어서 뿌리의 신장에 제한을 받지 않는 토양의 깊이

뿌리 뻗음 제한 요인	토양 관리 방법
암반이 있는 곳	적토 후 깊이갈이하여 원래 토양과 잘 섞어줌
경운 등으로 다져진 곳 경지정리, 토목공사 이후 깊이별로 토성이 급변하여 물빠짐이 나쁜 곳	심토파쇄 또는 심토반전
지하수위가 높은 땅	암거배수

37 유수에 의해 토양이 침식될 때 토양 내 양분과 가용성 염류, 유기물이 같이 씻겨 내려가는 토양 침식을 일컫는 용어는?

① 우곡침식   ② 평면침식
③ 유수침식   ④ 비옥도침식

해설
④ 비옥도침식 = 표면침식
① 우곡침식 : 빗물이 모여 작은 골짜기를 만들면서 토양을 침식시키는 작용
② 평면침식(면상침식) : 빗물이 지표면에서 어느 한곳으로 몰리지 않고 전면으로 고르게 씻어 흐를 경우
③ 유수침식 : 골짜기의 물이 모여 강물을 이루고 흐르는 동안 자갈이나 바위 조각을 운반하여 암석을 깎아내고 부스러뜨리는 작용을 하는데, 이와 같이 흐르는 물에 의한 삭마 작용

40 토양 생성의 주요 인자에 해당되지 않는 것은?

① 기 후   ② 모 재
③ 경 운   ④ 시 간

해설
토양생성에 관여하는 주요 5가지 요인 : 모재, 지형, 기후, 식생, 시간

정답 36 ④ 37 ④ 38 ② 39 ④ 40 ③

제3과목 유기농업개론

41 「부엽토와 지렁이」라는 책의 저술자로 유기농법의 이론적 근거를 최초로 제공한 사람과 관련된 내용으로 옳은 것은?

① 다윈(Darwin, C.)은 만일 지렁이가 없다면 식물은 죽어 사라질 것이라고 주장하였다.

② 러셀(Russel, E. J.)은 지렁이 수와 유기물 사용량은 상관관계가 있다고 주장하였다.

③ 프랭클린 킹(Franklin King)은 유축순환농업을 전통적 농업생산의 이상적 모델로 삼았다.

④ 하워드(Howard, A.)는 '부엽토와 지렁이' 이후에 1940년 농업성전(An Agricultueal Teatament)을 저술하였다.

해설
다윈은 유기농법의 이론적 근거를 최초로 제공한 사람이다.

42 퇴비의 검사에 대한 설명으로 틀린 것은?

① 관능적 방법은 발효가 끝난 퇴비의 형태, 색깔, 고유한 냄새를 검사하여 판단하는 것이다.

② 화학적 방법은 탄질률 검사법과 pH 검사법이 있다.

③ 생물학적 방법 중 지렁이법은 부숙이 완료된 시료에 지렁이를 넣어 그 행동을 보고 퇴비의 양부를 판단하는 방법이다.

④ 물리적 방법 중 유식물 시험법은 유해물질에 민감한 어린묘를 실험퇴비에 이식하여 그 양부를 물리적으로 판정하는 방법이다.

해설
생물학적 방법 중 유식물 시험법은 해작용에 예민한 식물의 생육상황을 관찰함으로써 부숙도를 판정하는 방법이다.

43 윤작의 효과에 대한 설명으로 틀린 것은?

① 토양 전염성 병해충의 발생 억제

② 기지현상 발생 촉진

③ 수량 증가와 품질 향상

④ 토양 통기성의 개선

해설
윤작을 하면 기지현상을 크게 줄이거나, 회피하거나 예방할 수 있다.

44 수경재배의 특징으로 틀린 것은?

① 자원을 절약하고 환경을 보존한다.

② 근권환경이 단순하여 관리하기가 쉽다.

③ 재배관리의 생력화와 자동화가 편리하다.

④ 양액의 완충능력이 강하다.

해설
배양액의 완충능력이 없어 환경변화의 영향을 민감하게 받는다.

45 포장의 해충을 방제하기 위한 기피식물이나 익충 또는 유용 곤충의 밀도를 높이기 위한 대표적인 식물이라고 볼 수 없는 것은?

① 금잔화   ② 마디꽃

③ 멕시코 해바라기   ④ 쑥국화

해설
② 마디꽃은 부처꽃과의 논잡초이다.
금잔화, 쑥국화, 멕시코 해바라기는 타감작용물질을 가지고 있다.

정답 41 ①   42 ④   43 ②   44 ④   45 ②

46 친환경농축산물 및 유기식품 등의 인증에 관한 세부실시요령상 한우 1두를 유기적으로 사육하는데 필요한 목초지의 최소 면적은?(단, 특수하게 외부에서 유기적으로 생산된 조사료를 도입할 경우를 제외한다)

① 660m²
② 2,475m²
③ 3,960m²
④ 4,921m²

해설
유기축산물 – 자급 사료 기반(유기식품 및 무농약농산물 등의 인증에 관한 세부실시 요령 [별표 1])
초식가축의 경우에는 가축 1마리당 목초지 또는 사료작물 재배지 면적을 확보하여야 한다. 이 경우 사료작물 재배지는 답리작 재배 및 임차·계약재배가 가능하다.
• 한·육우 : 목초지 2,475m² 또는 사료작물재배지 825m²
• 젖소 : 목초지 3,960m² 또는 사료작물재배지 1,320m²

47 다음 중 유기농업의 병충해 방제에 있어 경종적 방제법으로 볼 수 없는 것은?

① 품종의 선택
② 병원 미생물의 이용
③ 종자의 선택
④ 수확물의 건조

해설
병원 미생물의 이용은 생물학적 방제법에 속한다.

48 벼 육묘에 있어 자가상토의 최적 산도(pH)는?

① 3.0~4.0
② 4.5~5.5
③ 6.0~7.0
④ 7.5~8.5

해설
벼 육묘에 있어 자가상토의 최적 산도(pH)는 4.5~5.5가 알맞다.

49 육성된 품종 종자의 유전적 순도 유지방법으로 틀린 것은?

① 일정한 기간 내 종자갱신
② 이품종과 격리재배
③ 이형주 제거
④ 무병종자 상온저장

해설
신품종종자를 건조, 밀폐, 냉장 보관한다.

50 유기농업에서 종자를 선정할 때 적합하지 않은 것은?

① 건실한 종자
② 유기종자
③ 화학약제로 소독한 종자
④ 오염되지 않은 고품질 종자

해설
화학적 소독을 거치지 않은 종자여야 한다.

51 녹비작물로 적합하지 않은 작물은?

① 자운영
② 클로버류
③ 브로콜리
④ 베치류

해설
브로콜리는 잎줄기채소에 속한다.
※ 녹비작물의 종류
• 콩과 녹비작물 : 자운영, 콩, 헤어리베치, 클로버, 아카시아나무 등
• 화본과 녹비작물 : 호밀, 보리, 귀리 등

52 유기축산 돼지 관리에서 자돈에게 실시하는 관리방법이 아닌 것은?

① 절 치　　　　　② 단 미
③ 거 세　　　　　④ 제 각

해설
제각(뿔 제거)은 송아지 관리에 적용된다.

53 소나 돼지 같은 우제류에 발생하는 심각한 전염병인 구제역의 병원체 종류는?

① 세 균　　　　　② 바이러스
③ 진 균　　　　　④ 원 충

해설
구제역은 발굽이 2개인 소와 돼지 등 우제류 가축이 구제역 바이러스에 노출되어 감염되는 제1종 법정전염병이다.

54 종자용으로 사용할 벼 종자를 열풍 건조할 시 가장 적정한 온도는?

① 30~35℃　　　　② 40~45℃
③ 50~55℃　　　　④ 60~65℃

해설
종자용 벼는 40~45℃, 도정 수매용은 50℃ 이하, 장기 저장할 때는 온도 15℃에서 수분 15% 이하로 건조 및 저장관리를 해야 고품질을 유지할 수 있다.

55 유기농업에서 토양비옥도 유지·증진을 위한 방법으로 가장 적합한 것은?

① 화염제초　　　　② 기계적 경운
③ 두과작물 재배　　④ 저항성 품종 파종

해설
토양비옥도 유지증진 수단
• 담수, 세척, 객토, 환토
• 피복작물의 재배
• 작물윤작(합리적인 윤작 체계 운영)
• 두과 및 녹비작물의 재배
• 발효액비 사용 및 미량요소의 보급
• 최소경운 또는 무경운
• 완숙퇴비에 의한 토양 미생물의 증진
• 비료의 선택과 시비량의 적정화
• 대상재배와 간작
• 작물잔재와 축산분뇨의 재활용
• 가축의 순환적 방목

56 농림축산식품부 소관 친환경농어업 육성 및 유기식품 등의 관리·지원에 관한 법률 시행규칙상 유기축산물의 사료 및 영양관리 기준에 대한 설명으로 틀린 것은?

① 반추가축에게는 사일리지(Silage)만 급여할 것
② 유전자변형농산물에서 유래한 물질은 급여하지 않을 것
③ 합성화합물 등 금지물질을 사료에 첨가하지 아니할 것
④ 가축에게 생활용수 수질기준에 적합한 음용수를 상시 급여할 것

해설
유기축산물 – 전환기간(친환경농어업법 시행규칙 [별표 4])
반추가축에게 담근먹이(사일리지)만을 공급하지 않으며, 비반추가축도 가능한 조사료(粗飼料 ; 생초나 건초 등의 거친 먹이)를 공급할 것

57 잡종강세에 대한 설명으로 틀린 것은?

① F3 세대에서 가장 크게 발현된다.
② 자식성 작물보다 타식성 작물에서 월등히 크게 나타난다.
③ 잡종강세 식물은 불량환경에 저항력이 강한 경향이 있다.
④ 잡종강세 식물은 생장발육이 왕성하다.

해설
잡종강세는 F₁ 세대에서 가장 크게 발현된다.

58 논을 몇 년 동안 담수한 상태와 배수한 밭 상태로 돌려가면서 이용하는 것은?

① 이어짓기 ② 답전윤환
③ 엇갈아짓기 ④ 둘레짓기

해설
답전윤환의 주요 목적은 토양의 물리성·화학성 및 생물성을 개선하기 위해서이다.

59 다음에서 설명하는 온실은?

> 시설의 지붕과 벽에 일정한 간격의 이중구조를 만들고 야간이 되면 이 구조에 발포 폴리스티렌립을 전동 송배풍기를 이용하여 충전시켜 보온효율을 높인 시설로, 외기온이 영하로 내려가지 않는 한 호온성 과채류 등을 무가온 상태로 재배할 수 있다.

① 에어하우스
② 펠릿하우스
③ 이동식하우스
④ 비가림하우스

해설
펠릿하우스는 바깥기온에 비해 15~20℃ 정도 높게 유지할 수 있다.

60 수경재배의 고형배지경 중 유기배지경에 해당하는 것은?

① 암면경
② 펄라이트경
③ 사 경
④ 코코넛 코이어경

해설
고형배지경
• 무기배지경 : 사경(모래), 역경(자갈), 암면경, 펄라이트경 등
• 유기배지경 : 훈탄경, 코코넛 코이어경 또는 코코피트경, 피트 등

제4과목 **유기식품 가공·유통론**

61 식품가공에서 쓰이는 1%는 몇 ppm인가?

① 100 ② 1,000
③ 10,000 ④ 100,000

해설
1ppm = 1/1,000,000
1% = 1/100
1% = (1/100) × 1,000,000 = 10,000ppm

62 초고압 살균에 대한 설명으로 틀린 것은?

① 향미성분은 파괴될 수 있으나 단백질의 변성이 없다.
② 오차가 작고 균일한 가공처리가 가능하다.
③ 대형화, 연속처리가 곤란하다.
④ 수분이 적은 식품이나 다공질의 식품에 적당하다.

해설
초고압 살균은 천연의 향이나 비타민 파괴를 막고 보존할 수 있지만 단백질의 변성이 있다.

63 잼 및 젤리제조 시 젤리화에 필요한 요인으로 바르게 짝지어진 것은?

① 섬유소, 당, 산
② 당, 산, 덱스트린
③ 산, 덱스트린, 섬유소
④ 당, 산, 펙틴

해설
젤리화를 이루는 3요소는 당, 산, 펙틴 등이다.

---

64 유기가공식품에서 식품 표면의 세척, 소독제로서 가공보조제로만 사용 가능한 것은?

① 과산화수소　　② 수산화나트륨
③ 무수아황산　　④ 구연산

해설
유기가공식품 – 식품첨가물 또는 가공보조제로 사용 가능한 물질 (친환경농어업법 시행규칙 [별표 1])

명칭(한)	식품첨가물로 사용 시		가공보조제로 사용 시	
	사용 가능 여부	사용 가능 범위	사용 가능 여부	사용 가능 범위
과산화수소	×		○	식품 표면의 세척·소독제
수산화나트륨	○	곡류제품	○	설탕 가공 중의 산도 조절제, 유지 가공
무수아황산	○	과일주	×	
구연산	○	제한 없음	○	제한 없음

65 다음 기사를 참고하였을 때 생협의 유통 방식에 해당하지 않는 것은?

> 최근 배추값이 급등하면서 생협의 직거래 체계가 새삼스레 주목받았다. 단순히 시장가격의 논리만으로 접근해 '생협의 물품이 질 좋고 값싸다'는 식으로만 접근하는 것은 곤란하다. 생협의 가격결정 방식은 일반 시장의 논리와 달라서, 매년 품목에 따라 일반 시장보다 싸기도 하고 비싸기도 하다. 정확하게 말하자면 안정적인 생협의 가격 체계를 기준으로 볼 때, 시장가격이 상황에 따라 불안정하게 오르내리는 것이다. 따라서 생협이 취급하는 물품의 안정성 못지않게 생협이 만들어가는 '비시장적 호혜경제'의 영역에 주목해야 한다.

① 수급방식–생산계약
② 사업방식–계통출하
③ 가격결정방식–협의가격
④ 사업범위–생산·유통·가공·소비

해설
생활협동조합을 통한 유통은 생산자조직과 소비자조직 간의 제휴 결합을 통한 유통으로 직거래의 경제적 측면과 유기농업의 운동적 측면이 조화된 형태이다.
※ 계통출하 : 농어민이 협동조합 계통조직을 통해 생산한 농수산물을 출하·판매하는 것을 말한다.

66 세균의 Generation Time이 30분일 때 초기 세균수 10^3개가 10^9개로 되는데 걸리는 시간은?(단, log2는 0.3으로 계산한다)

① 10시간　　② 20시간
③ 25시간　　④ 40시간

해설
$$G = \frac{\triangle t}{n} = \frac{\triangle t \times \log 2}{\log b - \log a}$$
G : Gmeration time
a : 최초 균수
b : 1분 후 균수
$$0.5 = \frac{x \times 0.3}{\log 10^9 - \log 10^3} = \frac{0.3x}{6} = 10시간$$

67 유기가공식품 및 비식용유기가공품의 제조·가공 방법으로 잘못된 것은?

① 기계적, 물리적 또는 화학적(분해, 합성 등) 제조·가공방법을 사용하여야 하고, 식품첨가물을 최소량 사용하여야 한다.
② 유기가공에 사용되는 원료, 식품첨가물, 가공보조제 등은 모두 유기적으로 생산된 것이어야 한다.
③ 비유기원료의 사용이 필요한 경우에는 국립농산물품질관리원장이 정하여 고시하는 기준에 따라 비유기원료를 사용하여야 한다.
④ 유기식품·가공품에 시설이나 설비 또는 원료의 세척, 살균, 소독에 사용된 물질이 함유되지 않아야 한다.

해설
유기가공식품 – 가공방법(유기식품 및 무농약농산물 등의 인증에 관한 세부실시 요령 [별표 1])
기계적, 물리적, 생물학적 방법을 이용하되 모든 원료와 최종생산물의 유기적 순수성이 유지되도록 하여야 한다. 식품을 화학적으로 변형시키거나 반응시키는 일체의 첨가물, 보조제, 그 밖의 물질은 사용할 수 없다.

68 식품 포장에 대한 설명으로 틀린 것은?

① 식품의 품질 보존은 포장 재료의 물리적 성질과 화학적 성질에 크게 좌우되며, 포장 후의 환경 조건에 의해서도 좌우된다.

② 포장 식품의 성분 변화는 포장 후의 온도, 습도, 광선 등이 일정하더라도, 포장 재료의 성질에 따라 달라질 수 있다.

③ 폴리에틸렌 포장 재료는 유리병에 비하여 투수, 투광, 기체 투과성이 높으므로 포장 식품의 품질 보존이 유리하다.

④ 가공 식품에 있어서 흡습, 방습에 의한 물성과 성분 변화를 방지하기 위해서는 투수성이 없는 포장재를 사용하는 것이 바람직하다.

해설
폴리에틸렌보다 유리제품이 투광률이 높다.

69 농산물 유통의 특성이 아닌 것은?

① 계절의 편재성
② 부피와 중량성
③ 부패성과 용도의 다양성
④ 양과 질의 균일성

해설
양과 질의 불균일성 : 농산물은 생산장소와 토양에 따라 동일 품종이라 하더라도 생산량과 품질이 동일하지 않다.

70 감의 떫은맛을 제거하기 위하여 사용하는 탈삽 방법이 아닌 것은?

① 알코올 탈삽법 ② 온탕 탈삽법
③ 이산화탄소 탈삽법 ④ 유황 탈삽법

해설
탈삽법(떫은맛을 제거하는 요령)
• 온탕법 : 약 40℃의 온수에 일정시간 담가두는 방법
• 알코올법 : 밀폐된 용기에 감을 알코올과 함께 저장
• 이산화탄소법 : 밀폐된 용기에 이탄화탄소를 채워 넣는 방법

71 우유의 저온살균 방법(온도와 시간)은?

① 63℃, 15분 ② 63℃, 30분
③ 121℃, 15초 ④ 121℃, 30초

해설
우유 살균방법
• 저온장시간살균법(LTLT) : 63℃로 30분
• 고온단시간살균법(HTST) : 72.5℃로 15초
• 초고온멸균법(UHT) : 130~150℃로 1~5초

72 다음 중 습도 및 산소 차단성이 모두 우수한 플라스틱 포장재는?

① 무연신 폴리프로필렌(CPP)
② 저밀도 폴리에틸렌(LDPE)
③ 염화비닐리덴(PVDC)
④ 에틸렌비닐알코올 공중합체(EVOH)

해설
PVDC는 투명성, 내열성, 가스 배리어성이 우수하여 충전 후에 고온가열 처리되는 식품의 포장용 필름, 케이싱 필름(식품으로 충전 후, 가열 처리를 행할 목적으로 내열성, 가스 배리어성이 우수한 필름)으로서 널리 사용되고 있다.

73 친환경농산물 유통경로에서 유통조직들이 수행하는 기능이 아닌 것은?

① 필요한 시장정보를 수집·분석하고 분배하는 역할
② 유통과정에서 발생할 가능성이 있는 손실을 부담하는 역할
③ 일정한 척도와 기준에 따라 표준화, 등급화하는 역할
④ 고품질 농산물을 생산해서 출하시기를 조정하는 역할

해설
유통의 기능
• 소유권 이전기능(상적 유통기능) : 구매기능과 판매기능이 있다.
• 물적 유통기능 : 생산과 소비 간의 장소적(운송), 시간적(보관) 격리를 조정하는 기능
• 유통 조성 기능 : 표준화, 등급화, 금융, 위험부담 및 시장정보 기능

정답 68 ③ 69 ④ 70 ④ 71 ② 72 ③ 73 ④

74 식품의 HACCP 관리에서 일반적인 위해요소의 종류가 옳게 연결된 것은?

① 생물학적 위해요소 – 세균
② 물리적 위해요소 – 첨가물
③ 물리적 위해요소 – 자연독
④ 생물학적 위해요소 – 항생제

해설
HACCP 관리에서 일반적인 위해요소의 종류
• 생물학적 위해요소 : 병원성 미생물, 부패미생물, 병원성 대장균(군), 효모, 곰팡이, 기생충, 바이러스 등
• 화학적 위해요소 : 중금속, 농약, 항생물질, 항균물질, 사용 기준 초과 또는 사용 금지된 식품 첨가물 등 화학적 원인물질
• 물리적 위해요소 : 돌조각, 유리조각, 플라스틱 조각, 쇳조각 등

75 유기가공식품 제조 시 식품첨가물로 사용할 때 허용범위에 제한이 없는 첨가물이 아닌 것은?

① 구아검
② 구연산칼륨
③ DL-사과산
④ 주정(발효주정)

해설
유기가공식품 – 식품첨가물 또는 가공보조제로 사용 가능한 물질 (친환경농어업법 시행규칙 [별표 1])

명칭(한)	식품첨가물로 사용 시		가공보조제로 사용 시	
	사용 가능 여부	사용 가능 범위	사용 가능 여부	사용 가능 범위
구아검	○	제한 없음	×	
구연산칼륨	○	제한 없음	×	
DL-사과산	○	제한 없음	×	
주정(발효주정)	×		○	제한 없음

76 우유 부패균에 의한 변색이 잘못 연결된 것은?

① *Pseudomonas fluorescens* – 녹색
② *Pseudomonas synxantha* – 자색
③ *Pseudomonas syncyanea* – 청색
④ *Serratia marcescens* – 적색

해설
*Pseudomonas synxantha*에 의해 황색으로 변한다.

77 분유를 제조할 때 주로 사용되는 건조 방법은?

① 분무건조
② 열풍건조
③ 동결건조
④ 드럼건조

해설
분무건조는 열에 민감한 액상, 유기용액, 유화액, 분산액, 현탁액 등을 건조분말로 바꾸는 가장 광범위한 건조방법으로 식품 분야에서는 분유, 전분, 포도당, 간장, 된장, 계란, 커피, 홍차, 녹차, 마이크로캡슐 등에 적용된다.

78 유기가공식품 제조공장의 관리방법이 아닌 것은?

① 공장의 해충은 기계적, 물리적, 화학적 방법으로 방제한다.
② 합성농약자재 등을 사용할 경우 유기가공식품 및 유기농산물과 직접 접촉하지 아니하여야 한다.
③ 제조설비 중 식품과 직접 접촉하는 부분의 세척, 소독은 화학약품을 사용하여서는 아니된다.
④ 식품첨가물을 사용한 경우에는 식품첨가물이 제조설비에 잔존하여서는 아니 된다.

해설
유기가공식품 · 비식용유기가공품의 인증기준 – 해충 및 병원균 관리(친환경농어업법 시행규칙 [별표 4])
해충 및 병원균 관리를 위해 예방적 방법, 기계적 · 물리적 · 생물학적 방법을 우선 사용해야 하고, 불가피한 경우 [별표 1]에서 정한 물질을 사용할 수 있으며, 그 밖의 화학적 방법이나 방사선 조사방법을 사용하지 않을 것

79 최확수법(MPN법)을 이용한 대장균군의 정량검사 중 균의 유무추정 시험에 사용되는 배지는?

① EMB 배지
② KI 배지
③ BTB 배지
④ BGLB 배지

해설
대장균군 – 정량시험
최확수법 : 유당배지법, BGLB 배지법, 데스옥시콜레이트 유당한천배지법, 건조필름법, 자동화된 최확수법

80 소비자에게 판매 가능한 최대기간으로써 설정실험 등을 통해 산출된 기간은?

① 품질유지기간
② 유통기간
③ 유통기한
④ 권장유통기간

해설
① 품질유지기간 : 식품의 특성에 맞는 적절한 보존방법과 기준에 따라 보관할 때 제품 고유의 품질이 유지될 수 있는 기간
③ 유통기한 : 제품의 제조일로부터 소비자에게 판매가 허용되는 기한
④ 권장유통기간 : 영업자 등이 유통기한 설정 시 참고할 수 있도록 제시하는 판매가능 기간

제5과목 **유기농업 관련 규정**

81 농림축산식품부 소관 친환경농어업 육성 및 유기식품 등의 관리·지원에 관한 법률 시행규칙상 사람의 배설물이 토양개량과 작물생육을 위하여 사용이 가능한 물질이 되기 위한 조건에 해당되지 않는 것은?

① 완전히 발효되어 부숙된 것일 것
② 저온발효 : 3개월 이상 발효된 것일 것
③ 고온발효 : 50℃ 이상에서 7일 이상 발효된 것
④ 엽채류 등 농산물·임산물 중 사람이 직접 먹는 부위에는 사용하지 않을 것

해설
토양 개량과 작물 생육을 위해 사용 가능한 물질 – 사람의 배설물(오줌만인 경우는 제외한다)(친환경농어업법 시행규칙 [별표 1])
• 완전히 발효되어 부숙된 것일 것
• 고온발효 : 50℃ 이상에서 7일 이상 발효된 것
• 저온발효 : 6개월 이상 발효된 것일 것
• 엽채류 등 농산물·임산물 중 사람이 직접 먹는 부위에는 사용하지 않을 것

82 농림축산식품부 소관 친환경농어업 육성 및 유기식품 등의 관리·지원에 관한 법률 시행규칙상 유기농산물 및 유기임산물의 병해충관리를 위하여 사용이 가능한 물질이 아닌 것은?

① 쿠아시아(Quassia) 추출물
② 라이아니아(Ryania) 추출물
③ 제충국 추출물
④ 메틸알코올

해설
병해충 관리를 위해 사용 가능한 물질(친환경농어업법 시행규칙 [별표 1])

사용 가능 물질	사용 가능 조건
제충국 추출물	제충국(Chrysanthemum cinerariaefolium)에서 추출된 천연물질일 것
쿠아시아(Quassia) 추출물	쿠아시아(Quassia amara)에서 추출된 천연물질일 것
라이아니아(Ryania) 추출물	라이아니아(Ryania speciosa)에서 추출된 천연물질일 것
에틸알코올	발효주정일 것

정답 79 ④ 80 ② 81 ② 82 ④

83 농림축산식품부 소관 친환경농어업 육성 및 유기식품 등의 관리·지원에 관한 법률 시행규칙에 따라 과수의 병해 관리용으로만 사용 가능한 물질은?

① 인산철　　　　　② 과망간산칼륨
③ 파라핀 오일　　　④ 중탄산나트륨

해설
병해충 관리를 위해 사용 가능한 물질(친환경농어업법 시행규칙 [별표 1])

사용가능 물질	사용가능 조건
인산철	달팽이 관리용으로만 사용할 것
과망간산칼륨	과수의 병해관리용으로만 사용할 것
파라핀 오일	-
중탄산나트륨 및 중탄산칼륨	-

84 다음 중 ( )에 알맞은 내용은?

친환경농어업 육성 및 유기식품 등의 관리·지원에 관한 법률상 "친환경농어업"은 합성농약, 화학비료 및 항생제·항균제 등 화학자재를 사용하지 아니하거나 그 사용을 최소화하고, 생태와 환경을 유지·보전하면서 안전한 ( )·( )·( )·( )을 생산하는 산업을 말한다.

① 농산물, 유기식품, 가공품, 임산물
② 농산물, 수산물, 축산물, 해산물
③ 농산물, 해산물, 가공품, 축산물
④ 농산물, 수산물, 축산물, 임산물

해설
정의(친환경농어업법 제2조제1호)
'친환경농어업'이란 생물의 다양성을 증진하고, 토양에서의 생물적 순환과 활동을 촉진하며, 농어업생태계를 건강하게 보전하기 위하여 합성농약, 화학비료, 항생제 및 항균제 등 화학자재를 사용하지 아니하거나 사용을 최소화한 건강한 환경에서 농산물·수산물·축산물·임산물(이하 '농수산물')을 생산하는 산업을 말한다.

85 다음 ( ) 안에 해당하지 않는 자는?

( )은 친환경농어업 육성 및 유기식품 등의 관리·지원에 관한 법률에 따른 인증품의 구매를 촉진하기 위하여 공공기관의 장 및 농업관련 단체의 장 등에게 그 인증품을 우선구매하도록 요청할 수 있다.

① 농림축산식품부장관　　② 해양수산부장관
③ 농협조합장　　　　　　④ 지방자치단체의 장

해설
우선구매(친환경농어업법 제55조제2항)
농림축산식품부장관·해양수산부장관 또는 지방자치단체의 장은 이 법에 따른 인증품의 구매를 촉진하기 위하여 다음의 어느 하나에 해당하는 기관 및 단체의 장에게 인증품의 우선구매 등 필요한 조치를 요청할 수 있다.
• 중소기업제품 구매촉진 및 판로지원에 관한 법률에 따른 공공기관
• 국군조직법에 따라 설치된 각 군부대와 기관
• 영유아보육법에 따른 어린이집, 유아교육법에 따른 유치원, 초·중 등교육법 또는 고등교육법에 따른 학교
• 농어업 관련 단체 등

86 친환경농어업 육성 및 유기식품 등의 관리·지원에 관한 법률상 친환경농어업 육성계획에 포함되어야 할 항목이 아닌 것은?

① 농어업 분야의 환경보전을 위한 정책목표 및 기본방향
② 농어업의 환경오염 실태 및 개선대책
③ 친환경농어업의 시범단지 육성방안
④ 친환경농축산물 규격 표준화 방안

해설
친환경농어업 육성계획(친환경농어업법 제7조제2항)
육성계획에는 다음의 사항이 포함되어야 한다.
• 농어업 분야의 환경보전을 위한 정책목표 및 기본방향
• 농어업의 환경오염 실태 및 개선대책
• 합성농약, 화학비료 및 항생제·항균제 등 화학자재 사용량 감축 방안
• 친환경 약제와 병충해 방제 대책
• 친환경농어업 발전을 위한 각종 기술 등의 개발·보급·교육 및 지도 방안
• 친환경농어업의 시범단지 육성 방안
• 친환경농수산물과 그 가공품, 유기식품 등 및 무농약원료가공식품의 생산·유통·수출 활성화와 연계강화 및 소비촉진 방안
• 친환경농어업의 공익적 기능 증대 방안
• 친환경농어업 발전을 위한 국제협력 강화 방안
• 육성계획 추진 재원의 조달 방안
• 제26조 및 제35조에 따른 인증기관의 육성 방안
• 그 밖에 친환경농어업의 발전을 위하여 농림축산식품부령 또는 해양 수산부령으로 정하는 사항

87 농림축산식품부 소관 친환경농어업 육성 및 유기식품 등의 관리·지원에 관한 법률 시행규칙상 유기식품 등의 표시기준으로 틀린 것은?

① 표시 도형 내부의 "유기"의 글자는 품목에 따라 "유기식품", "유기농", "유기농산물", "유기축산물", "유기가공식품", "유기사료", "비식용유기가공품"으로 표기할 수 있다.

② 도형 표시방법에서 표시 도형의 가로의 길이(사각형의 왼쪽 끝과 오른쪽 끝의 폭 : W)를 기준으로 세로의 길이는 $0.95 \times W$의 비율로 한다.

③ 표시 도형의 색상은 녹색을 기본 색상으로 하되, 포장재의 색깔 등을 고려하여 파란색, 빨간색 또는 검은색으로 할 수 있다.

④ 표시 도형의 국문 및 영문 모두 글자의 활자체는 명조체로 하고, 글자 크기는 표시 도형의 크기에 따라 조정한다.

해설
유기표시 도형 – 작도법(친환경농어업법 시행규칙 [별표 6])
표시 도형의 국문 및 영문 모두 활자체는 고딕체로 하고, 글자 크기는 표시 도형의 크기에 따라 조정한다.

88 농림축산식품부 소관 친환경농어업 육성 및 유기식품 등의 관리·지원에 관한 법률 시행규칙에 따른 유기가공식품 인증기준에 관한 설명으로 옳은 것은?

① 유기가공식품의 해충 및 병원균 관리를 위해 방사선 조사 방법을 사용할 것

② 유기사업자는 유기식품의 가공 및 유통과정에서 원료의 양분을 훼손하지 아니할 것

③ 유기가공식품의 가공원료는 제조 시 원재료 이외의 어떠한 물질도 혼합하지 아니할 것

④ 모든 원료와 최종 생산물의 관리, 가공시설·기구 등의 관리 및 제품의 포장·보관·수송 등의 취급 과정에서 유기적 순수성이 유지되도록 관리할 것

해설
① 해충 및 병원균 관리를 위해 예방적 방법, 기계적·물리적·생물학적 방법을 우선 사용해야 하고, 불가피한 경우 별표 1 제1호가목2)에서 정한 물질을 사용할 수 있으며, 그 밖의 화학적 방법이나 방사선 조사방법을 사용하지 않을 것
② 사업자는 유기가공식품·비식용유기가공품의 제조, 가공 및 취급 과정에서 원료·재료의 유기적 순수성이 훼손되지 않도록 할 것
③ 제품 생산을 위해 비유기 원료·재료의 사용이 필요한 경우에는 다음 표의 구분에 따라 유기원료의 함량과 비유기 원료·재료의 사용조건을 준수할 것

89 농림축산식품부 소관 친환경농어업 육성 및 유기식품 등의 관리·지원에 관한 법률 시행규칙의 유기가공식품 인증기준에서 유기가공에 사용할 수 있는 가공원료의 기준으로 틀린 것은?

① 해당 식품의 제조·가공에 사용한 원재료의 85% 이상이 친환경농어업법에 의거한 인증을 받은 유기농산물일 것

② 유기가공에 사용되는 원료, 식품첨가물, 가공보조제 등은 모두 유기적으로 생산된 것일 것

③ 제품 생산을 위해 비유기원료의 사용이 필요한 경우 국립농산물품질관리원장이 정하여 고시하는 기준에 따라 비유기원료를 사용할 것

④ 유전자변형생물체 및 유전자변형생물체에서 유래한 원료는 사용하지 아니할 것

해설
유기가공식품·비식용유기가공품 – 가공원료·재료(친환경농어업법 시행규칙 [별표 4])
• 가공에 사용되는 원료·재료(첨가물과 가공보조제를 포함)는 모두 유기적으로 생산된 것일 것
• 제품 생산을 위해 비유기 원료·재료의 사용이 필요한 경우에는 다음 표의 구분에 따라 유기원료의 함량과 비유기 원료·재료의 사용조건을 준수할 것

제품구분	유기원료의 함량	비유기 원료·재료 사용조건		
		유기가공식품	비식용유기가공품	
			양축용	반려동물
유기로 표시하는 제품	인위적으로 첨가한 물과 소금을 제외한 제품 중량의 95% 이상	식품 원료(유기 원료를 상업적으로 조달할 수 없는 경우로 한정) 또는 별표 1 제1호다목1)에 따른 식품첨가물 또는 가공보조제	별표 1 제1호나목1)·2)에 따른 단미사료·보조사료	사료 원료(유기원료를 상업적으로 조달할 수 없는 경우로 한정) 또는 별표 1 제1호나목1)·2)에 따른 단미사료·보조사료 및 다목1)에 따른 식품첨가물·가공보조제
유기 70%로 표시하는 제품	인위적으로 첨가한 물과 소금을 제외한 제품 중량의 70% 이상	식품 원료 또는 별표 1 제1호다목1)에 따른 식품첨가물 또는 가공보조제	해당 없음	사료 원료 또는 별표 1 제1호나목1)·2)에 따른 단미사료·보조사료 및 다목1)에 따른 식품첨가물·가공보조제

• 유전자변형생물체 및 유전자변형생물체에서 유래한 원료 또는 재료를 사용하지 않을 것
• 가공원료·재료의 규정에 따른 적합성 여부를 정기적으로 관리하고, 가공원료·재료에 대한 납품서·거래인증서·보증서 또는 검사성적서 등 국립농산물품질관리원장이 정하여 고시하는 증명자료를 보관할 것

정답 87 ④ 88 ④ 89 ①

90 친환경농어업 육성 및 유기식품 등의 관리·지원에 관한 법률에서 친환경농수산물을 정의하는 각 목으로 틀린 것은?

① 유기농수산물
② 무항생제축산물
③ 활성처리제 비사용 수산물
④ 화학자재 최소화 농수산물

해설
정의(친환경농어업법 제2조제2호)
'친환경농수산물'이란 친환경농어업을 통하여 얻는 것으로 다음의 어느 하나에 해당하는 것을 말한다.
• 유기농수산물
• 무농약농산물
• 무항생제수산물 및 활성처리제 비사용 수산물

91 농림축산식품부 소관 친환경농어업 육성 및 유기식품 등의 관리·지원에 관한 법률 시행규칙상 인증기관에 대한 행정처분 기준으로 틀린 것은?

① 거짓이나 그 밖의 부정한 방법으로 지정을 받은 경우 1회 위반 시 지정 취소한다.
② 정당한 사유 없이 1년 이상 계속하여 인증을 하지 않은 경우 1회 위반 시 경고, 2회 위반 시 지정 취소한다.
③ 업무정지 명령을 위반하여 정지기간 중 인증을 한 경우 1회 위반 시 지정 취소한다.
④ 시정조치 명령이나 처분에 따르지 않은 경우 1회 위반 시 업무정지 6개월, 2회 위반 시 지정 취소한다.

해설
인증기관에 대한 행정처분의 세부기준(친환경농어업법 시행규칙 [별표 13])

위반행위	행정처분 기준		
	1회 위반	2회 위반	3회 이상 위반
정당한 사유 없이 1년 이상 계속하여 인증을 하지 않은 경우	지정 취소	–	–

92 친환경농어업 육성 및 유기식품 등의 관리·지원에 관한 법률에 따라 농어업 자원·환경 및 친환경농어업 등에 관한 실태조사·평가를 수행할 때 주기적으로 조사·평가하여야 할 항목이 아닌 것은?

① 농경지의 비옥도, 중금속 등의 변동 사항
② 농어업 용수로 이용되는 지표수와 지하수의 수질
③ 친환경농어업 발전을 위한 각종 기술 등의 개발·보급·교육 및 지도방안
④ 수자원 함양, 토양 보전 등 농어업의 공익적 기능 실태

해설
농어업 자원·환경 및 친환경농어업 등에 관한 실태조사·평가(친환경농어업법 제11조제1항)
농림축산식품부장관·해양수산부장관 또는 지방자치단체의 장은 농어업자원보전과 농어업환경 개선을 위하여 농림축산식품부령 또는 해양수산부령으로 정하는 바에 따라 다음의 사항을 주기적으로 조사·평가하여야 한다.
• 농경지의 비옥도(肥沃度), 중금속, 농약성분, 토양미생물 등의 변동 사항
• 농어업 용수로 이용되는 지표수와 지하수의 수질
• 농약·비료·항생제 등 농어업투입재의 사용 실태
• 수자원 함양(涵養), 토양 보전 등 농어업의 공익적 기능 실태
• 축산분뇨 퇴비화 등 해당 농어업 지역에서의 자체 자원 순환사용 실태
• 친환경농어업 및 친환경농어업수산물의 유통·소비 등에 관한 실태
• 그 밖에 농어업 자원 보전 및 농어업 환경 개선을 위하여 필요한 사항

93 농림축산식품부 소관 친환경농어업 육성 및 유기식품 등의 관리·지원에 관한 법률 시행규칙에 따라 토양개량과 작물생육을 위하여 사용이 가능한 물질이면서 병해충 관리를 위하여 사용이 가능한 물질은?

① 보르도액 ② 황산칼륨
③ 님추출물 ④ 미생물 및 미생물추출물

해설
유기식품 등에 사용 가능한 물질(친환경농어업법 시행규칙 [별표 1])

토양개량과 작물생육을 위해 사용 가능한 물질	황산칼륨 미생물 및 미생물추출물
병해충 관리를 위해 사용 가능한 물질	보르도액 님(Neem) 추출물 미생물 및 미생물 추출물

94 친환경농축산물 및 유기식품 등의 인증에 관한 세부실시요령상 친환경 농산물의 인증심사를 위한 현장심사에 관한 내용으로 틀린 것은?

① 농림산물의 검사항목 중 용수는 수역별 농업용수 또는 먹는 물 기준이 설정된 성분을 검사한다.

② 축산물 생산을 위한 사료에 유기합성 농약 성분 및 동물용의약품 성분으로 국립농산물품질관리원장이 정하는 성분 또는 사용이 의심되는 성분의 검사를 실시한다.

③ 현장심사는 신청한 농산물, 축산물, 가공품의 생산이 완료되는 시기에는 실시할 수 없다.

④ 최근 3년 이내에 검사가 이루어지지 않은 용수를 사용하는 경우에는 반드시 수질검사를 실시해야 한다.

해설

인증심사의 절차 및 방법의 세부사항 - 현장심사(유기식품 및 무농약농산물 등의 인증에 관한 세부실시 요령 [별표 2])
검사가 필요한 경우 - 농림산물
• 재배포장의 토양 · 용수 : 오염되었거나 오염될 우려가 있다고 판단되는 경우
 - 토양(중금속 등 토양오염물질), 용수 : 공장폐수유입지역, 원광석 · 고철야적지 주변지역, 금속제련소 주변지역, 폐기물적치 · 매립 · 소각지 주변지역, 금속광산 주변지역, 신청 이전에 중금속 등 오염물질이 포함된 자재를 지속적으로 사용한 지역, 토양환경보전법에 따른 토양측정망 및 토양오염실태조사 결과 오염우려기준을 초과한 지역의 주변지역 등
 - 토양(잔류농약) : 토양(중금속 등 토양오염물질), 용수에 해당되나 생산물을 수거할 수 없을 경우 또는 생산물 검사보다 토양 검사가 실효성이 높은 경우(토양에 직접 사용하는 농약 등)
 - 용수 : 최근 5년 이내에 검사가 이루어지지 않은 용수를 사용하는 경우(재배기간 동안 지속적으로 관개하거나 작물수확기에 생산물에 직접 관수하는 경우에 한함)

95 유기가공식품 동등성 인정 및 관리요령에서 유기가공식품을 관리하는 외국의 정부가 유기가공식품의 생산, 제조 · 가공 또는 취급과 관련된 법적 요구사항이 유기가공식품에 일관되게 적용되는지를 확인하는 일련의 활동을 일컫는 말은?

① 일관성 검증시스템
② 일관성 평가시스템
③ 동등성 검증시스템
④ 적합성 평가시스템

해설

정의(유기가공식품 동등성 인정 및 관리 요령 제2조)
• '동등성 인정'이란 외국에서 시행하고 있는 유기식품 인증제도가 우리나라와 같은 수준의 원칙과 기준을 적용함으로써 법에 따른 인증과 동등하거나 그 이상의 인증제도를 운영하고 있다고 검증되면 양국의 정부가 상호주의 원칙을 적용하여 양국의 유기가공식품 인증이 동등하다는 것을 공식적으로 인정하는 것을 말한다.
• '동등성 검증'이란 동등성 인정을 위해 외국과 우리나라의 동등성 인정기준을 상호 비교하여 같은 수준의 원칙과 기준을 적용하는지를 평가하는 일련의 활동을 말한다.

96 농림축산식품부 소관 친환경농어업 육성 및 유기식품 등의 관리 · 지원에 관한 법률 시행규칙에 따른 유기가공식품 제조 시 식품첨가물 또는 가공보조제로 사용 가능한 물질이 아닌 것은?

① 과일주의 무수아황산
② 두류제품의 염화칼슘
③ 통조림의 글루타민산나트륨
④ 유제품의 구연산삼나트륨

해설

L-글루타민산나트륨은 사료의 품질저하 방지 또는 사료의 효용을 높이기 위해 사료에 첨가하여 사용 가능한 물질에 해당한다.
※ 식품첨가물 또는 가공보조제로 사용 가능한 물질(친환경농어업법 시행규칙 [별표 1])

명칭(한)	식품첨가물로 사용 시		가공보조제로 사용 시	
	사용 가능 여부	사용 가능 범위	사용 가능 여부	사용 가능 범위
무수 아황산	○	과일주	×	
염화 칼슘	○	과일 및 채소제품, 두류제품, 지방제품, 유제품, 육제품	○	응고제
구연산삼 나트륨	○	소시지 난백의 저온살균, 유제품, 과립음료	×	

97 친환경농어업 육성 및 유기식품 등의 관리 · 지원에 관한 법률에서 규정한 인증 등에 관한 부정행위에 해당하지 않는 것은?

① 거짓이나 그 밖의 부정한 방법으로 유기식품 등의 인증을 받거나 인증기관으로 지정받는 행위

② 인증을 받지 아니한 제품에 유기표시나 이와 유사한 표시를 하는 행위

③ 인증품에 인증을 받지 아니한 제품 등을 섞어서 판매하거나 섞어서 판매할 목적으로 보관, 운반 또는 진열하는 행위

④ 인증을 받은 유기식품을 다시 포장하지 아니하고 그대로 저장, 운송, 수입 또는 판매하는 자가 취급자 인증을 신청하지 아니하는 행위

[해설]
유기식품 등의 인증 신청 및 심사 등(친환경농어업법 제20조제1항)
유기식품 등을 생산, 제조 · 가공 또는 취급하는 자는 유기식품 등의 인증을 받으려면 해양수산부장관 또는 제26조제1항에 따라 지정받은 인증기관에 농림축산식품부령 또는 해양수산부령으로 정하는 서류를 갖추어 신청하여야 한다. 다만, 인증을 받은 유기식품 등을 다시 포장하지 아니하고 그대로 저장, 운송, 수입 또는 판매하는 자는 인증을 신청하지 아니할 수 있다.

98 농림축산식품부 소관 친환경농어업 육성 및 유기식품 등의 관리 · 지원에 관한 법률 시행규칙상 유기식품 등의 인증신청 시 제출해야 하는 서류가 아닌 것은?

① 인증품 생산 계획서

② 인증품 제조 · 가공 및 취급 계획서

③ 식품제조업 허가증 또는 영업신고서

④ 친환경농업에 관한 교육 이수 증명자료

[해설]
유기식품 등의 인증 신청(친환경농어업법 시행규칙 제12조)
유기식품 등의 인증을 받으려는 자는 인증신청서에 다음의 서류를 첨부하여 지정받은 인증기관에 제출해야 한다.
• 인증품 생산계획서 또는 인증품 제조 · 가공 및 취급 계획서
• [별표 5]의 경영 관련 자료
• 사업장의 경계면을 표시한 지도
• 유기식품 등의 생산, 제조 · 가공 또는 취급에 관련된 작업장의 구조와 용도를 적은 도면(작업장이 있는 경우로 한정)
• 친환경농업에 관한 교육 이수 증명자료(전자적 방법으로 확인이 가능한 경우는 제외)

99 친환경농어업 육성 및 유기식품 등의 관리 · 지원에 관한 법률에서 정한 유기농어업자재 공시의 유효기간으로 옳은 것은?

① 공시를 받은 날부터 3년

② 공시를 받은 날부터 5년

③ 공시 신청일로부터 3년

④ 공시 신청일로부터 5년

[해설]
공시의 유효기간 등(친환경농어업법 제39조제1항)
공시의 유효기간은 공시를 받은 날부터 3년으로 한다.

100 농림축산식품부 소관 친환경농어업 육성 및 유기식품 등의 관리 · 지원에 관한 법률 시행규칙에서 정의하는 '휴약기간'이란?

① 친환경농업을 실천하는 자가 경종과 축산을 겸업하면서 각각의 부산물을 작물재배 및 가축사육에 활용하고, 경종작물의 퇴비소요량에 맞게 가축사육 마릿수를 유지하는 기간을 말한다.

② 사육되는 가축에 대하여 그 생산물이 식용으로 사용하기 전에 동물용의약품의 사용을 제한하는 일정기간을 말한다.

③ 원유를 소비자가 안전하게 음용할 수 있도록 단순살균처리한 기간을 말한다.

④ 항생제 · 합성항균제 및 호르몬 등 동물의약품의 인위적인 사용으로 인하여 동물에 잔류되거나 또는 농약 · 유해중금속 등 환경적인 요소에 의한 자연적인 오염으로 인하여 축산물 내에 잔류되는 기간을 말한다.

[해설]
용어의 정의(친환경농어업법 시행규칙 [별표 4])
'휴약기간'이란 사육되는 가축에 대하여 그 생산물이 식용으로 사용하기 전에 동물용의약품의 사용을 제한하는 일정기간을 말한다.

2021년 제1회 | 과년도 기출문제

01 작물의 냉해에 대한 설명으로 틀린 것은?

① 병해형 냉해는 단백질의 합성이 증가되어 체내에 암모니아의 축적이 적어지는 형의 냉해이다.

② 혼합형 냉해는 지연형 냉해, 장해형 냉해, 병해형 냉해가 복합적으로 발생하여 수량이 급감하는 형의 냉해이다.

③ 장해형 냉해는 유수형성기부터 개화기까지, 특히 생식세포의 감수분열기에 냉온으로 불임현상이 나타나는 형의 냉해이다.

④ 지연형 냉해는 생육 초기부터 출수기에 걸쳐서 여러 시기에 냉온을 만나서 출수가 지연되고, 이에 따라 등숙이 지연되어 후기의 저온으로 인하여 등숙 불량을 초래하는 형의 냉해이다.

해설
병해형 냉해는 냉온 조건에서 생육이 저조해지고 병균에 대한 저항성이 약해져서 병해의 발생이 더욱 조장되는 냉해이다.

02 다음 중 단일식물에 해당하는 것으로만 나열된 것은?

① 샐비어, 콩　　② 양귀비, 시금치
③ 양파, 상추　　④ 아마, 감자

해설
단일식물 : 담배, 콩, 벼, 코스모스, 샐비어, 나팔꽃

03 맥류의 수발아를 방지하기 위한 대책으로 옳은 것은?

① 수확을 지연시킨다.

② 지베렐린을 살포한다.

③ 만숙종보다 조숙종을 선택한다.

④ 휴면기간이 짧은 품종을 선택한다.

해설
수발아의 방지대책
· 품종 선택 : 조숙종이 만숙종보다 수발아 위험이 적다. 밀에서는 초자질립, 백립, 다부모종 등이 수발아가 심하다.
· 조기수확
· 맥종 선택 : 보리가 밀보다 성숙기가 빠르므로 성숙기에 비를 맞는 일이 적어 수발아 위험이 적다.
· 도복방지
· 발아억제제 살포 : 출수 후 20일경 종피가 굳어지기 전 0.5~1.0%의 MH액 살포

04 식물의 광합성 속도에는 이산화탄소의 농도뿐 아니라 광의 강도도 관여를 하는데, 다음 중 광이 약할 때에 일어나는 일반적인 현상으로 가장 옳은 것은?

① 이산화탄소 보상점과 포화점이 다 같이 낮아진다.

② 이산화탄소 보상점과 포화점이 다 같이 높아진다.

③ 이산화탄소 보상점이 높아지고 이산화탄소 포화점은 낮아진다.

④ 이산화탄소 보상점이 낮아지고 이산화탄소 포화점은 높아진다.

해설
이산화탄소 보상점과 이산화탄소 포화점
· 광이 약할 때에는 이산화탄소 보상점이 높아지고 이산화탄소 포화점은 낮아진다.
· 광이 강할 때에는 이산화탄소 보상점이 낮아지고 이산화탄소 포화점은 높아진다.

05 다음 중 추파맥류의 춘화처리에 가장 적당한 온도와 기간은?

① 0~3℃, 약 45일　　② 6~10℃, 약 60일
③ 0~3℃, 약 5일　　④ 6~10℃, 약 15일

해설
주요작물의 춘화처리온도와 기간
추파맥류는 최아종자를 0~3℃에 30~60일, 벼는 37℃에서 10~20일, 옥수수는 20~30℃에 10~5일 정도이다.

06 엽면시비의 장점으로 가장 거리가 먼 것은?

① 미량요소의 공급　　② 점진적 영양회복
③ 비료분의 유실방지　　④ 품질향상

해설
엽면시비의 실용성
• 작물에 미량요소 결핍증이 나타났을 경우
• 작물의 영양상태를 급속히 회복시켜야 할 경우
• 토양시비로서 뿌리흡수가 곤란한 경우
• 작업상 토양시비가 곤란한 경우
• 특수한 목적이 있을 경우

07 광합성 연구에 활용되는 방사선 동위 원소는?

① ^{14}C　　② ^{32}P
③ ^{42}K　　④ ^{24}Na

해설
방사성 동위원소의 이용 – 추적자로서의 이용
• 표지화합물로 작물의 생리연구에 이용(^{32}P, ^{42}K, ^{45}Ca)
• 광합성의 연구(^{11}C, ^{14}C 등으로 표지된 CO_2를 잎에 공급)
• 농업분야 토목에 이용(^{24}Na)

08 작물체 내에서의 생리적 또는 형태적인 균형이나 비율이 작물생육의 지표로 사용되는 것과 거리가 가장 먼 것은?

① C/N율　　② T/R율
③ G–D 균형　　④ 광합성–호흡

해설
작물생육의 지표
• C/N율 : 탄수화물과 질소화합물의 비율로 생장, 결실상태를 나타내는 지표
• T/R율 : 지상부와 지하부의 비율로 생육상태의 지표
• G–D 균형 : 지상부와 지하부의 비율로 생육상태의 지표

09 토양수분의 수주 높이가 1,000cm 일 때 pF값과 기압은 각각 얼마인가?

① pF 1, 0.01기압　　② pF 1, 0.01기압
③ pF 2, 0.1기압　　④ pF 3, 1기압

해설
pF = log H(H는 수주의 높이)로 pF = log 1,000 = log 10^3 = 3이며 기압은 1기압이다.

10 답전윤환의 효과로 가장 거리가 먼 것은?

① 지력증강　　　　　② 공간의 효율적 이용
③ 잡초의 감소　　　　④ 기지의 회피

해설
답전윤환
• 논을 몇 해 동안씩 담수한 논 상태와 배수한 밭 상태로 돌려가면서 이용(최적 연수: 2~3년)
• 효과 : 지력의 유지증진, 잡초발생 억제, 기지의 회피, 수량증가, 노력의 절감

11 다음 중 투명 플라스틱 필름의 멀칭 효과로 가장 거리가 먼 것은?

① 지온상승　　　　　② 잡초 발생 억제
③ 토양 건조 방지　　④ 비료의 유실 방지

해설
필름의 종류와 효과
• 투명 필름 : 모든 광을 투과시켜 잡초의 발생이 많으나, 지온 상승 효과가 크다.
• 흑색 필름 : 모든 광을 흡수하여 잡초의 발생은 적으나, 지온 상승 효과가 적다.
• 녹색 필름 : 잡초를 거의 억제하고, 지온 상승의 효과도 크다.

12 엽록소 형성에 가장 효과적인 광파장은?

① 황색광 영역　　　　② 자외선과 자색광 영역
③ 녹색광 영역　　　　④ 청색광과 적색광 영역

해설
광합성은 청색광과 적색광이 효과적이다.

13 다음 중 굴광현상이 가장 유효한 것은?

① 440~480nm
② 490~520nm
③ 560~630nm
④ 650~690nm

해설
굴광현상은 400~500nm, 특히 440~480nm의 청색광이 가장 유효하다.

14 토양수분 항수로 볼 때 강우 또는 충분한 관개 후 2~3일 뒤의 수분 상태를 무엇이라 하는가?

① 최대 용수량
② 초기 위조점
③ 포장용수량
④ 영구위조점

해설
포장용수량
정체수를 만들지 않고 비교적 배수가 좋은 토양에 있어서 다량의 경우 또는 관수 후 1~2일 지나 물의 하강 이동량이 상당히 적게 될 때의 토양수분의 양(마른 흙에 대한 %)을 말한다.

정답　10 ②　11 ②　12 ④　13 ①　14 ③

15 기온의 일변화(변온)에 따른 식물의 생리작용에 대한 설명으로 가장 옳은 것은?

① 낮의 기온이 높으면 광합성과 합성물질의 전류가 늦어진다.
② 기온의 일변화가 어느 정도 커지면 동화물질의 축적이 많아진다.
③ 낮과 밤의 기온이 함께 상승할 때 동화물질의 축적이 최대가 된다.
④ 밤의 기온의 높아야 호흡소모가 적다.

해설
동화물질의 축적
낮의 기온이 높으면 광합성과 합성물질의 전류가 촉진되고, 밤의 기온은 비교적 낮은 것이 호흡소모가 적다. 따라서 변온이 어느 정도 큰 것이 동화물질의 축적이 많아진다. 그러나 밤의 기온이 과도하게 내려가도 장해가 발생한다.

16 다음 벼의 생육단계 중 한해(旱害)에 가장 강한 시기는?

① 분얼기 ② 수잉기
③ 출수기 ④ 유숙기

해설
주요 생육시기별 한발해
감수분열기(수잉기) > 이삭패기개화기 > 유수형성기 > 분얼기 순으로 크며, 무효분얼기에는 그 피해가 가장 적다.

17 벼에서 백화묘(白化苗)의 발생은 어떤 성분의 생성이 억제되기 때문인가?

① BA ② 카로티노이드
③ ABA ④ NAA

해설
백화묘(白化苗)
봄에 벼를 육묘할 때 발아 후 약광에서 녹화시키지 않고 바로 직사광선에 노출시키면 엽록소가 파괴되어 볏모의 잎이 하얗게 변한 것. 저온에서는 엽록소의 산화를 방지하는 카로티노이드의 생성이 억제되어 있지만, 갑자기 강한 광을 받으면 광산화로 엽록소가 파괴되기 때문이다.

18 십자화과 작물의 성숙과정으로 옳은 것은?

① 녹숙 → 백숙 → 갈숙 → 고숙
② 백숙 → 녹숙 → 갈숙 → 고숙
③ 녹숙 → 백숙 → 고숙 → 갈숙
④ 갈숙 → 백숙 → 녹숙 → 고숙

해설
십자화과 식물의 성숙과정
• 백숙 : 종자가 백색이고, 내용물이 물과 같은 상태의 과정이다.
• 녹숙 : 종자가 녹색이고, 내용물이 손톱으로 쉽게 입출되는 상태의 과정이다.
• 갈숙 : 꼬투리가 녹색을 상실해 가며, 종자는 고유의 성숙색이 되고, 손톱으로 파괴하기 어려운 과정이다. 보통 갈숙에 도달하면 성숙했다고 본다.
• 고숙 : 고숙하면 종자는 더욱 굳어지고, 꼬투리는 담갈색이 되어 취약해진다.

19 작물의 내동성의 생리적 요인으로 틀린 것은?

① 원형질 수분 투과성 크면 내동성이 증대된다.
② 원형질의 점도가 낮은 것이 내동성이 크다.
③ 당분 함량이 많으면 내동성이 증가한다.
④ 전분 함량이 많으면 내동성이 증가한다.

해설
전분 함량이 많으면 당분 함량이 저하되며, 전분립은 원형질의 기계적 견인력에 의한 파괴를 크게 한다. 따라서 전분 함량이 많으면 내동성은 저하한다.

20 나팔꽃 대목에 고구마 순을 접목시켜 재배하는 가장 큰 목적은?

① 개화촉진 ② 경엽의 수량 증대
③ 내건성 증대 ④ 왜화재배

해설
고구마는 우리나라와 같은 온대지역에서는 개화가 어려워 나팔꽃에 접목하여 단일처리를 통해 개화를 유도한다.

토양비옥도 및 관리

21 토양 내 작물이 이용할 수 있는 유효수분에 대한 설명으로 틀린 것은?

① 일반적으로 포장용수량과 위조계수 사이의 수분함량이며 토성에 따라 변한다.

② 식양토가 사양토보다 유료수분의 함량이 크다.

③ 부식 함량이 증가하면 일정 범위까지 유효수분은 증가한다.

④ 토양 내 염류는 유효수분의 함량을 높이는 데에 도움을 준다.

해설
토양 내 염류는 물의 퍼텐셜이 낮아지기 때문에 유효수분의 함량이 줄어든다.

22 토양의 유기물 증가 혹은 유실 방지 대책으로 거리가 먼 것은?

① 식물의 유체를 환원한다.

② 농약을 살포한다.

③ 완숙퇴비를 사용한다.

④ 토양 침식을 방지한다.

해설
토양의 유기물 유지 및 증가 대책
• 식물의 유체 환원 : 모든 식물의 유체는 토양에 되돌려 주어야 한다.
• 무경운 재배 : 필요 이상으로 땅을 갈지 말아야 한다.
• 유기물을 시용할 때에는 토양의 조건, 유기물의 종류 등을 고려하여야 하며 돌려짓기를 하여 질이 좋은 유기물이 많이 집적되도록 하여야 한다.
• 토양 침식방지 : 유기물이 토양으로부터 제거되는 수단인 토양 침식을 방지한다.
• 수량을 높일 수 있는 토양관리법을 적용한다.

23 담수 논토양의 일반적인 특성변화로 가장 옳은 것은?

① 호기성 미생물 활동이 증가한다.

② 인산성분의 유효도가 증가한다.

③ 토양의 색은 적갈색으로 변한다.

④ 토양이 산성화 된다.

해설
담수로 인하여 환원되는 논토양에서는 철이 환원되어 2가철 형태의 인산철이 되므로 인산의 용해도가 증가된다.

24 토양에 투입된 신선한 유기화합물의 분해에 대한 설명으로 틀린 것은?

① 일반적으로 처음에는 분해가 느리게 일어나다가 가속화되는 경향이 있다.

② 호기성 분해보다 혐기성 분해에 의해 생성된 유기화합물의 에너지가 더 높다.

③ 토양토착형 미생물이 토양발효형 미생물보다 우선적으로 분해에 관여한다.

④ 분해가 가속화되는 시기에는 토양부식의 양이 줄어들기도 한다.

해설
새로운 유기물이 더해지면 발효형 미생물의 개체수가 급증하여 고착형 미생물의 수보다 많아진다. 발효형 미생물은 유기질의 분해 과정에서 점질의 고분자나 단립을 연결하는 강한 균사체를 형성하는 능력이 뛰어나다.

25 토양을 이루는 기본 토층으로, 미부숙유기물이 집적된 층과 점토나 유기물이 용탈된 토층을 나타내는 각각의 기호는?

① 미부숙유기물이 집적된 층 : Oi, 점토나 유기물이 용탈된 토층 : E

② 미부숙유기물이 집적된 층 : Oe, 점토나 유기물이 용탈된 토층 : C

③ 미부숙유기물이 집적된 층 : Oa, 점토나 유기물이 용탈된 토층 : B

④ 미부숙유기물이 집적된 층 : H, 점토나 유기물이 용탈된 토층 : C

해설

토양단면 층위

• O층(유기물층) : 토양표면의 유기물층
 - Oi층 : 약간 분해된 유기물층
 - Oe층 : 중간 정도 분해된 유기물층
 - Oa층 : 많이 분해된 유기물층
• A층(무기물층, 부식층) : 유기물과 점토성분이 용탈(가용성 염기류 용탈)된 부식이 혼합된 무기물 층
• E층(최대 용탈층) : 점토, 철, 알루미나 등이 용탈된 용탈층
 - EB : E층에서 B층으로 이행되는 층, E층의 성질이 우세함
 - BE : B층에서 E층으로 이행되는 층, B층의 성질이 우세함
• B층(집적층) : O, A, E층으로부터 용탈된 점토, 철, 알루미나 등이 집적된 집적층
 - BC : B층에서 C층으로 이행되는 층, B층의 성질이 우세함
• C층(모재층) : 토양생성작용을 거의 받지 않은 모재층이다.
• R층(모암층) : 굳어져 있는 암반층으로 D층이라고도 부른다.

26 손의 감각을 이용한 토성 진단 시 수분이 포함되어 있어도 서로 뭉쳐지는 특성이 없을 뿐만 아니라 손가락을 이용하여 띠를 만들 때에도 띠를 형성하지 못하는 토성은?

① 양 토　　　　　② 식양토
③ 사 토　　　　　④ 미사질양토

해설

사토(砂土)

• 투수성이나 통기성은 좋으나 보수성이나 보비성은 나쁘기 때문에 가뭄을 잘 타며 양분이 결핍되기 쉽다.
• 외부의 온도변화에 가장 민감하게 온도가 변하는 토양이다.
• 손의 감각을 이용한 토성 진단 시 수분이 포함되어 있어도 서로 뭉쳐지는 특성이 없을 뿐만 아니라 손가락을 이용하여 띠를 만들 때에도 띠를 형성하지 못한다.

27 다음 중 유기물의 탄질비에 대한 설명으로 옳은 것은?

① 일반적으로 토양의 탄질비는 30 정도이다.

② 토양에 질소질 비료를 주면 탄질비가 올라간다.

③ 유기물이 분해되는 동안 탄질비는 변하지 않는다.

④ 탄질비가 높은 유기물이 토양에 공급되면 질소기아현상이 생길 가능성이 높다.

해설

유기물의 분해작용이 평형에 이르면 탄질률(C/N율)은 10:1이 된다.
• 탄질률(C/N율) 30 이상일 경우 : 질소부족(질소기아) 현상(탄질률 15부터 발생)
• 탄질률(C/N율) 10~30일 경우 : 평형유지
• 탄질률(C/N율) 10 이하일 경우 : 질소가 남아 작물이 활용

28 다음 설명에 알맞은 토양미생물은?

> • 사상균 중 담자균이 식물의 뿌리에 붙어서 식물과 공생관계를 갖는다.
> • 뿌리에 보호막을 형성하여 가뭄에 대한 저항성을 높이고 가뭄 피해를 감소시킨다.
> • 토양 중에서 이동성이 낮은 인산, 아연, 철 등을 흡수하여 뿌리 역할을 수행한다.

① 진균(Fungi)　　　　② 조류(Algae)
③ 균근(Mycorrhizae)　④ 방선균(Actionomycetes)

해설

균근균은 식물뿌리와 공생관계를 형성하는 균으로 '사상균뿌리' 라는 의미를 지닌다.

29 다음 중 작물에게 가장 심각한 피해를 주는 토양 선충은?

① 부생성 선충　　　　② 포식성 선충
③ 곤충 기생성 선충　　④ 식물 내부 기생성 선충

해설

식물 기생성 선충의 분류

• 식물체의 외부에서 가해하는 외부 기생성 선충
• 선충이 식물조직의 내부에 침투하여 가해하는 내부 기생성 선충
• 선충의 머리부분이 식물조직에 삽입되어 영양분을 섭취하는 반내부 기생성 선충

이들 중에서 가장 많은 종류와 더불어 식물에 가장 많은 피해를 주는 선충그룹은 내부 기생성 선충이다.

30 다음 중 pH 5.0 이하인 강산성 토양에서 식물생육을 저해하고, 인산결핍을 초래하는 성분은?

① Al   ② Ca

③ K   ④ Mg

해설

pH 5.0 이하의 강산성 토양이 되면 Al, Mn, Fe 등이 용출되어 작물에 독성을 나타낸다.

31 다음 중 양이온교환용량이 가장 높은 토성은?

① 사 토   ② 식 토

③ 양 토   ④ 미세 사양토

해설

양이온치환용량(CEC)이 많다는 것은 양분을 많이 보유한다는 의미이다.

※ 토양의 보비, 보수력의 크기 순서

    식토 > 식양토 > 양토 > 사양토 > 사토

32 토양 생성에 관여하는 풍화작용 중 성질이 다른 하나는?

① 산화작용   ② 가수분해작용

③ 수화작용   ④ 침식작용

해설

풍화작용

• 물리적(기계적) 풍화 : 온도, 대기, 물, 바람 등의 영향으로 더 작은 입자로 붕괴되는 현상

• 화학적 풍화 : 화학적 반응에 의해 암석이나 광물을 새로운 화학 조합으로 변화시키는 풍화과정 예 가수분해작용, 수화작용, 탄산화작용, 산화작용, 환원작용, 용해작용, 킬레이트화 작용 등

• 생물적 풍화 : 동물에 의한 작용, 식물과 미생물에 의한 작용 예 식물의 뿌리가 성장하면서 뿌리압에 의해 암석이 파괴

33 토양의 양이온치환용량을 높일 수 있는 방법으로 토양관리법은?

① 토양 유기물 함량을 낮춘다.

② 수소이온 농도를 증가시킨다.

③ 토양에 점토를 보충한다.

④ 토양에 통기성을 좋게 한다.

해설

점토함량이 높고 유기물(부식)이 많을수록 양이온치환용량(CEC)이 커진다.

※ 토양의 양이온치환용량을 높이는 방법

   • 산성토양의 개량

   • 유기물 시용

   • 점토 함량이 높은 토양으로 객토

34 점토광물의 표면에 영구음전하가 존재하는 원인은 동형치환과 변두리전하에 의한 것이다. 이 중 점토광물의 변두리전하에만 의존하여 영구음전하가 존재하는 점토광물은?

① Kaolinite   ② Montmorillonite

③ Vermiculite   ④ Allophane

해설

변두리전하(電荷, Edge Charge)

• 점토광물의 표면(변두리)에서 생성되는 음전하이다.

• 카올리나이트(Kaolinite)는 변두리 전하에 의하여 음전하가 생성된다.

• 점토광물을 분쇄하여 분말도를 크게 하면 변두리 전하가 늘어나 양이온교환용량이 증가한다.

35 토양의 형태적 분류상 비성대토양의 대부분을 차지하며, 단면이 발달되지 않은 새로운 토양은?

① 몰리솔(Mollisol) ② 버티솔(Vertisol)
③ 엔티솔(Entisol) ④ 옥시솔(Oxisol)

해설
엔티솔(Entisols, 미숙토)
• 생성층위가 없는 미숙토양(발달되지 않은 토양)이다.
• 모든 기후에서 생성되며, 비성대성토양의 대부분과 Tundra가 속한다.
• 하상지에서와 같이 퇴적 후 경과시간이 짧거나 산악지와 같은 급경사 지이기 때문에 침식이 심하여 층위의 분화 발달 정도가 극히 미약한 토양이다.

36 습윤 한랭지방에서 규산광물이 산성가수분해될 때의 주요 생성물은?

① 미 사 ② 점 토
③ 석 회 ④ 석 고

해설
가수분해작용
냉온대지방에서는 생성물의 유실에 반하여 유기물이 쌓이므로 용액은 산성반응을 나타내게 되고 규산을 침전하게 된다. 반대로 알루미늄과 철은 산성액에 용해되고 부식과 혼합되어 교질상태로 되어 유실된다. 그러므로 습윤 한랭지방의 표층토는 규산의 함량이 많고 알루미늄과 철의 함량이 적다. 이와 같은 규산광물의 분해는 곧 산성가수분해이며, 그 주요한 생성물은 점토가 된다.

37 벼 재배 시 규산질 비료를 시용하여 얻을 수 있는 효과와 거리가 먼 것은?

① 병충해에 대한 내성 증가
② 내도복성(耐倒伏性) 증가
③ 수광자세(受光姿勢)를 좋게 하여 동화율 향상
④ 질소의 흡수를 빠르게 하여 등숙률(登熟率) 증가

해설
벼가 규산을 많이 흡수하게 되면 생육이 왕성하고 등숙이 좋아져 안전한 수량을 얻게 되고, 볏잎의 표피로 규산이 이동하여 표피가 튼튼해져 병에 대한 저항성을 갖게 된다.

38 다음 중 강우에 의한 토양유실 감소방안에 있어 피복효과가 가장 낮은 것은?

① 콩재배 ② 옥수수재배
③ 목초재배 ④ 감자재배

해설
땅 표면 피복 정도가 좋고 작물의 지상부의 건물 함량이 많은 작물일수록 토양 유실량이 적고 또한 단작보다 합리적인 작부체계를 도입하는 것이 유리하다. 옥수수, 참깨, 고추, 조 등과 같은 작물은 토양유실이 심하고, 목초, 감자, 고구마 등과 같은 작물은 토양유실이 매우 적다.

39 토양조사의 주요 목적이 아닌 것은?

① 토지 가격의 산정
② 합리적인 토지 이용
③ 적합한 재배 작물 선정
④ 토지 생산성 관리

해설
토양조사의 목적
• 지대별 영농계획 수립
• 토양조건의 우열에 따른 합리적인 토지 이용
• 토양개량 및 토양보존 계획 수립
• 농업용수개발에 따른 용수량의 책정
• 농지개발을 위한 유휴구릉지 분포파악
• 주택·도시·도로 및 지역개발계획의 수립
• 토양특성에 적합한 재배 작물 선정
• 토지 생산성 관리

40 다음 중 토양 내에서 조류(藻類)의 작용에 해당되지 않는 것은?

① 유기물 생성 ② 산소의 공급
③ 황산의 고정 ④ 양분의 동화

해설
조류는 독립영양체로서의 성질 때문에 광이나 수분조건이 양호한 토양 표면에서 주로 발생된다. 유기물을 생성하고 산소를 공급하며 대기 중 공중질소를 고정할 수 있다. 부영양화의 원인이 되며 녹조류, 규조류, 황녹조류 등이 있다.

제3과목 제3과목　유기농업개론

41 혼작의 장점이 아닌 것은?

① 잡초 경감
② 도복 용이
③ 토양 비옥도 증진
④ 재해 및 병충해에 대한 위험성 분산

해설
혼작은 토양과 기상에 대한 적응력을 보완하고 각종 위험성을 분산한다는 장점을 가지지만, 정밀한 관리작업 및 기계화가 어렵고 생육장해를 초래할 수 있다는 단점을 가진다.
※ 혼작의 장점
　• 병해충 및 잡초 발생 감소
　• 토양과 기상의 적응력 보완
　• 각각의 생리적, 생태적 특성이용
　• 위험성 분산

42 다음 중 논(환원)상태에 해당하는 것은?

① CO_2
② NO_3^-
③ Mn^{4+}
④ CH_4

해설
밭토양과 논토양의 원소 존재형태

원 소	밭(산화)토양	논(환원)토양
C	CO_2	CH_4, 유기산류
N	NO_3^-	N_2, NH_4
Mn	Mn^{4+}, Mn^{3+}	Mn^{2+}

43 유기낙농에서 젖소에게 급여할 사일리지 제조 시 주로 발생하는 균은?

① 질소화성균
② 진 균
③ 방선균
④ 유산균

해설
사일리지는 유산균을 증식시켜 다른 불량 균들의 증식을 억제하여 저장성이 부여된 사료이다.

44 유기종자의 개념과 가장 거리가 먼 것은?

① 병충해 저항성이 높다.
② 1년간 유기농법으로 재배한 작물에서 채종한 것이다.
③ 병원균이 확산되지 않도록 약제소독을 한 것이다.
④ 상업용 종자가 아니다.

해설
유기종자는 화학적 소독을 거치지 않은 종자이다.

45 주말농장의 감자밭에 동반작물로 메리골드를 심었을 때, 메리골드의 주요 기능은?

① 역병 방제
② 도둑나방 접근 방지
③ 잡초 방제
④ 수정 촉진

해설
메리골드는 온실가루이, 도둑나방을 방지하여 어떤 채소에도 유익하며 특히 토마토, 감자, 콩 종류에 가장 좋은 동반작물이다.

46 시설원예 토양의 염류과잉집적에 의한 작물의 생육장해 문제를 해결하는 방법이 아닌 것은?

① 윤작을 한다.
② 연작 재배한다.
③ 미량원소를 공급한다.
④ 퇴비, 녹비 등을 적정량 사용한다.

해설
연작 재배를 하지 않는다.

47 다음에서 설명하는 등(Lamp)은?

- 각종 금속 용화물이 증기압 중에 방전함으로써 금속 특유의 발광을 나타내는 현상을 이용한 등이다.
- 분광분포가 균형을 이루고 있으며, 적색광과 원적색광의 에너지 분포가 자연광과 유사하다.

① 형광등　　　　② 수은등
③ 메탈할라이드등　④ 고압나트륨등

해설
① 형광등 : 유리관 속에 수은과 아르곤을 넣고 안쪽 벽에 형광 물질을 바른 전등
② 수은등 : 유리관에 수은을 넣고 양쪽 끝에 전극을 봉한 발생관을 진공 봉입한 전등
④ 고압나트륨등 : 관 속에 금속나트륨, 아르곤, 네온 보조가스를 봉입한 등

48 다음 중 아연 중금속에 대한 내성정도가 가장 작은 것은?

① 파　　　　② 당 근
③ 셀러리　　④ 시금치

해설
아연(Zn) 중금속 내성정도
- 내성이 강한 작물 : 당근, 파, 셀러리 등
- 내성이 약한 작물 : 시금치 등

49 다음에서 설명하는 것은?

녹비 등 잡초를 키우지 않는 방법으로 관리하기 쉬운 장점이 있으나 나지상태로 관리되므로 토양 다져짐, 양분용탈, 침식 등 토양의 물리화학성이 불량해지는 단점이 있다.

① 청경재배
② 피복재배
③ 절충재배
④ 초생재배

해설
① 청경재배 : 잡초를 모두 제거하고 작물을 재배하는 방법으로, 토양을 맨땅 상태로 방치하게 되어 경사지에서는 토양의 침식이 심해 경토와 그 속의 비료분이 빗물과 함께 유실되기 쉽다.
② 피복재배 : 멀칭재배
③ 절충재배 : 과수 묘목이 어린 유목일 경우 청경재배로 관리하다가 성목이 된 이후에는 초생재배하는 방법
④ 초생재배 : 잡초를 제거하지 않고 재배하는 방법

50 고간류 사료 중에서 우리나라에서 가장 많이 이용하는 조사료는?

① 보릿짚
② 옥수수대
③ 밀 짚
④ 볏 짚

해설
볏짚은 축산농가가 많이 이용하고 있는 대표 고간류 사료라고 할 수 있다.

51 유기농업에 사용하는 퇴비에 대한 설명으로 틀린 것은?

① 토양진단 후 퇴비 사용량을 결정한다.
② 토양전염병을 억제하는 효과를 나타낸다.
③ 식물체에 양분과 미량원소를 지속적으로 공급해 준다.
④ 퇴비화 후에는 분해가 어려운 부식성 물질의 비율이 감소한다.

해설
퇴비화 후에는 리그닌, 셀룰로스 등의 분해가 일어나지 않는다.

52 교잡육종법에 있어 계통육종법에 관한 설명으로 틀린 것은?

① 초기 세대에서 선발한다.
② 육종효과가 빨리 나타난다.
③ 질적 형질의 개량에 효과적이다.
④ 육종재료의 관리와 선발에 시간과 노력이 적게 든다.

해설
계통육종법은 육종재료의 관리와 선발에 많은 시간 · 노력 · 경비가 들지만 육종가의 정확한 선발에 의하여 육종규모를 줄이고 육종연한을 단축할 수 있다.

53 화학 제초제를 사용하지 않고 쌀겨를 투입하여 잡초를 방제하는 경우의 방제원리로 볼 수 없는 것은?

① 논물이 혼탁해져 광을 차단하여 잡초발아가 억제된다.
② 쌀겨의 영양분이 미생물에 의해 분해될 때 산소가 일시적으로 고갈되어 잡초의 발아억제에 도움을 준다.
③ 쌀겨에 함유된 제초제 성분이 잡초의 발아를 억제한다.
④ 쌀겨가 분해될 때 생성되는 메탄가스 등이 잡초의 발아를 억제한다.

해설
쌀겨농법은 쌀겨에 존재하고 있는 발아억제물질로 잡초의 발아를 억제시키고, 쌀겨의 발효 중 발생하는 부유물로 인한 탁수현상과 미생물의 급속한 증식으로 논의 표층토와 관개수에서 산소와 광의 부족을 야기해 잡초의 발아와 성장을 억제하는 원리를 이용해 잡초를 방제하는 농법이다.

54 대체로 볍씨는 중량의 22.5% 정도의 물을 흡수하면 발아할 수 있는데 종자 소독 후 침종은 적산온도 100℃를 기준으로 수온이 15℃인 물에서는 며칠간 실시하는 것이 가장 적정한가?

① 4.5일　　　　　② 7일
③ 10일　　　　　④ 15일

해설
볍씨의 침종시간은 15℃에서 약 6~7일 정도 소요된다.

55 사료의 품질저하 방지 또는 사료의 효용을 높이기 위해 사료에 첨가하여 사용 가능한 물질이 아닌 것은?

① 초목 추출물　　　② DL-알라닌
③ 이노시톨　　　　④ 버섯 추출액

해설
버섯 추출액은 유기농산물 및 유기임산물의 병해충 관리를 위하여 사용이 가능한 물질이다.

56 혐광성 종자에 해당하는 것으로만 나열된 것은?

① 담배, 상추
② 우엉, 차조기
③ 가지, 파
④ 금어초, 뽕나무

해설
광에 따른 발아종자
• 호광성 종자 : 담배, 상추, 배추, 뽕나무, 베고니아, 페튜니아, 화복과 목초류(티모시), 셀러리, 우엉, 차조기, 금어초
• 혐광성 종자 : 토마토, 가지, 파, 호박, 오이류

57 농림축산식품부 소관 친환경농어업 육성 및 유기식품 등의 관리 · 지원에 관한 법률 시행규칙상 유기축산물에서 사료로 직접 사용되거나 배합사료의 원료로 사용가능한 물질은 식물성, 동물성, 광물성으로 구분된다. 다음 중 식물성에 해당하지 않는 것은?

① 조류(藻類)
② 식품가공부산물류
③ 유지류
④ 식염류

해설
사료로 직접 사용되거나 배합사료의 원료로 사용 가능한 물질(친환경농어업법 시행규칙 [별표 1])

구 분	사용 가능 물질
식물성	곡류(곡물), 곡물부산물류(강피류), 박류(단백질류), 서류, 식품가공부산물류, 조류(藻類), 섬유질류, 제약부산물류, 유지류, 전분류, 콩류, 견과 · 종실류, 과실류, 채소류, 버섯류, 그 밖의 식물류
동물성	단백질류, 낙농가공부산물류
	곤충류, 플랑크톤류
	무기물류
	유지류
광물성	식염류, 인산염류 및 칼슘염류, 다량광물질류, 혼합광물질류

58 직파재배의 장점으로 틀린 것은?

① 입모 안전
② 노동력 절감 및 노력분산
③ 관개용수 절약
④ 단기성 품종 활용 시 작부체계 도입이 유리

해설
직파재배의 장점
• 육묘에 대한 부담억제
• 노동력 절감 및 노력분산
• 관개용수 절약
• 단기성 품종 활용 시 작부체계 도입이 유리
• 토지이용률 증대

59 다음 중 가축의 복지를 고려한 축사조건으로 적합하지 않은 것은?

① 사료와 음수는 접근이 용이하도록 한다.
② 자연환기를 억제하고, 밀폐된 구조로 한다.
③ 가축이 활동하기 편하도록 충분한 공간을 확보하여야 한다.
④ 축사의 바닥은 부드러우면서도 미끄럽지 아니하고, 청결 및 건조하여야 한다.

해설
충분한 자연환기와 빛이 유입되는 공간 부여

60 유기농산물의 병해충 관리를 위해 사용 가능한 물질인 보르도액에 대한 설명으로 틀린 것은?

① 보르도액의 유효성분은 황산구리와 생석회이다.
② 조제 후 시간이 지나면 살균력이 떨어진다.
③ 석회유황합제, 기계유제, 송지합제 등과 혼합하여 사용할 수 있다.
④ 에스터제와 같은 알칼리에 의해 분해가 용이한 약제와의 혼합사용은 피한다.

해설
석회유황합제, 기계유제, 송지합제 등과 혼합하여 사용할 수 없다.

제4과목 유기식품 가공·유통론

61 김치의 염지 방법 중 배추의 폭을 젖히면서 사이사이에 마른 소금을 뿌리는 것은?

① 염수법 ② 건염법
③ 습염법 ④ 통풍법

해설
채소를 소금에 절이는 방법에는 채소에 소금을 뿌리는 건염법과 소금물에 담그는 염수법이 있다.

62 유기가공식품의 제조기준으로 적절하지 않은 것은?

① 해충 및 병원균 관리를 위하여 방사선 조사 방법을 사용하지 않아야 한다.
② 지정된 식품첨가물, 미생물제제, 가공보조제만 사용하여야 한다.
③ 유기농으로 재배한 GMO는 허용될 수 있다.
④ 재활용 또는 생분해성 재질의 용기, 포장만 사용한다.

해설
유기가공식품 제조과정에서는 유전자변형식품(GMO, LMO) 물질이 포함되어서는 안 된다.

63 면류 제조에 대한 설명으로 옳은 것은?

① 면류에 사용하는 소금은 반죽의 점탄성을 강하게 해 줄뿐 아니라, 수분 활성 저하를 통해 반죽이나 생면의 보존성을 높여 준다.
② 면류 제조 시에 부원료로 콩가루를 사용하는 이유는 콩가루에 들어 있는 글루텐이 반죽에 의하여 면의 탄력성, 점착성, 가소성을 높여 주기 때문이다.
③ 밀가루는 강력분, 중력분, 박력분의 3가지로 구분할 수 있는데 이는 밀가루 내의 탄수화물 함량으로 등급을 나눈 것이다.
④ 밀가루 반죽의 적정온도는 밀가루의 종류, 가수량, 가염량에 관계없이 일정하다.

해설
제면 시 소금의 역할
• 점탄성 상승
• 제품 변질 방지
• 미생물 생육 억제
• 짠맛부여
• 글루텐을 파괴하는 프로테아제의 작용력을 억제

64 한외여과에 대한 설명으로 틀린 것은?

① 고분자 물질로 만들어진 막의 미세한 공극을 이용한다.
② 물과 같이 분자량이 작은 물질은 막을 통과하나 분자량이 큰 고분자 물질의 경우 통과하지 못한다.
③ 당류, 단백질, 생체물질, 고분자물질의 분리에 주로 사용된다.
④ 삼투압보다 높은 압력을 용액 중에 작용시켜 용매가 반투막을 통과하게 한다.

해설
한외여과는 저압을 이용하여 염류와 같은 저분자물질은 막을 투과시키지만 단백질과 같은 고분자물질은 투과시키지 못한다는 점에서 역삼투와 구분된다.

65 미생물의 가열치사시간을 10배 변화시키는데 필요한 가열 온도의 차이를 나타내는 값은?

① F값   ② Z값

③ D값   ④ K값

해설
② Z값 : D값을 10분의 1로 감소시키는데 소요되는 온도의 상승값
① F값 : 일정한 온도에서 미생물을 100% 사멸시키는 데 필요한 시간
③ D값 : 일정한 온도에서 미생물을 90% 감소시키는 데 필요한 시간

66 식품의 위해요인에 해당되지 않는 것은?

① 철분의 결핍   ② 이물질 혼입

③ 위해 미생물 존재   ④ 농약, 항생제 존재

해설
식품의 위해요인

생성 원인에 따른 분류	내인성	식품 자체에 함유되어 있는 유독·유해성분
	외인성	식품의 원재료 자체에는 함유되어 있지 않지만 생육, 생산, 제조 및 유통 과정 중에 외부로부터 혼입되거나 이행된 것
	유기성	식품의 제조, 저장과정 중에 또는 식품의 섭취에 의해서 무독성분에서 유도되는 유독·유해성 물질
특성에 따른 분류	생물학적	세균, 곰팡이, 리케차, 원생동물, 바이러스 등
	화학적	농약, 환경호르몬, 중금속, 자연독 등
	물리적	유해성 이물 (금속, 유리, 돌, 토양, 모발 등)

67 마케팅 믹스 4P의 구성요소가 아닌 것은?

① 제품(Product)   ② 가격(Price)

③ 장소(Place)   ④ 원칙(Principle)

해설
마케팅의 4요소(4P) : 제품(Product), 가격(Price), 유통(Place), 촉진(Promotion)

68 식품취급자의 손 세척 시 주의할 점으로 틀린 것은?

① 온수보다 냉수로 하는 것이 세균 감소에 더 효과적이다.

② 고형비누보다 액상비누가 효과적이며 30초 이상 비누가 접촉할 수 있도록 하는 것이 효과적이다.

③ 손은 물론 팔꿈치까지 세척해야 한다.

④ 세척 시에는 양손을 비비면서 마찰을 증가시키거나 솔을 사용할 경우 비상재성 세균의 감소율이 크다.

해설
냉수보다 온수로 하는 것이 세균 감소에 더 효과적이다.

69 유기농 오이 10kg 한 상자의 생산가격이 10,000원이고, 유통마진율이 20%라고 할 때 소비자가격은 얼마인가?

① 12,000원   ② 12,500원

③ 13,000원   ④ 13,500원

해설
$$소비자가격 = 10,000 \div \left(\frac{100-20}{100} \right) = 12,500원$$

70 친환경농산물 유통의 특성으로 옳은 것은?

① 친환경농산물의 경쟁 척도로는 가격이 유일하다.

② 친환경농산물의 품질은 외관으로 충분히 확인 가능하므로 소비자가 현장에서 확인 가능하다.

③ 친환경농산물의 품질 차별성은 가격결정의 변수와 무관하다.

④ 친환경농산물의 유통조직의 물류효율성 여부는 경쟁력 결정요인이다.

해설
친환경농산물 유통 효율성을 높이기 위한 적합한 물류시설 및 장비와 물류시스템이 마련되어야 경쟁력이 우수하나, 큰 비용부담이 따르므로 물류기반과 물류조건이 취약한 실정이다.

71 상업적 살균(Commercial Sterilization)에 대한 설명으로 가장 적절한 것은?

① 모든 미생물을 사멸하되 사멸 비용을 최소화하는 것이다.
② 일정한 유통조건에서 일정한 기간 동안 위생적 품질이 유지될 수 있는 정도로 미생물을 사멸하는 것이다.
③ 병원성 미생물을 집중적으로 완전 사멸시키는 것이다.
④ 식물의 종류에 상관없이 같은 방법으로 살균하는 것이다.

해설
상업적 살균은 완전살균하지 않고 유통기한 내에 문제가 발생하지 않을 정도로 위생상 위험한 미생물을 대상으로 가열 살균하는 것을 말한다.

72 다량의 열변성이 일어나기 쉬운 유제품이나 주스 등의 액체를 가열, 냉각, 살균하는데 널리 사용하는 열교환기는?

① 재킷형 열교환기
② 코일형 열교환기
③ 보테이터식 표면 긁기 열교환기
④ 관상식 열교환기

73 돌연변이 유발 물질을 테스트하는 Ames테스트에 관한 설명으로 틀린 것은?

① 히스티딘 요구주를 이용한다.
② 돌연변이가 유발된 실험군은 대조군에 비해 집락을 더 많이 발생시킨다.
③ 발암성과 변이원성은 완전히 일치한다.
④ 주로 살모넬라균을 이용한다.

해설
복귀돌연변이시험(Bacterial Reverse Mutation Test, Ames Test, OECD TG 471)
복귀돌연변이시험은 특정 아미노산 합성이 저해된 미생물을 이용하여 시험물질에 의한 아미노산 합성 균주로 전환되는지를 확인함으로써 유전 독성을 측정하는 시험법으로 1970년대 초반 Dr. Bruce Ames에 의해 개발되어 Ames Test라고도 한다. 이 시험법은 5균주 이상을 이용하여 DNA의 Single Base Level에서 유전적 손상을 측정한다. 일반적으로 Salmonella Typhimurium TA98, TA100, TA1535, TA1537과 Escherichia Coli WP2 uvrA 등의 5균주를 사용하고, 시험물질의 특성에 따라 Salmonella Typhimurium TA102 균주를 사용하기도 한다. 유전독성시험법 중 빠르고 간편하면서도 발암성시험 결과와 매우 밀접한 상관관계를 보이는 시험법으로서 신약개발의 초기 Screening 단계 및 의약품, 식품첨가물, 농약, 일반화학물질 등의 안전성 시험에서 널리 사용된다.

74 조리과정 중 생성되는 건강장해 물질은 다음 중 어디에 속하는가?

① 내인성　　② 수인성
③ 외인성　　④ 유인성

해설
유인성은 식품의 제조, 가공, 저장, 유통 등의 과정에서 식품 중에 또는 식품의 섭취에 의해 생체 내에서 유독·유해물질이 생김으로써 일어나는 위해를 말한다.

75 E.coli의 세대기간은 17분이다. 식품의 최초 E.coli 숫자가 10개/g이면 170분 후에는 E.coli는 얼마로 변화하겠는가?

① 1000개/g　　② 10,000개/g
③ 10,240개/g　　④ 590,490개/g

해설
170분 후에는 세대기간을 10번 거쳤으므로 10개/g × 2^{10}=10,240개/g

76 차류에 대한 설명 중 틀린 것은?

① 녹차는 가공 과정에서 찻잎을 증기 등으로 가열하여 그 속의 효소를 불활성화시켜 고유의 녹색을 보존시킨 차이다.

② 유기차는 유기농으로 재배한 참나무의 어린싹이나 어린잎을 재료로 유기 가공 기준에 맞게 제조한 유기 기호음료이다.

③ 홍차는 발효가 일어나지 않도록 찻잎에 열을 가하면서 향이 강해지도록 볶아서 색깔이 붉게 나도록 만든다.

④ 우롱차는 찻잎을 햇볕에 쬐어 조금 시들게 하고 찻잎 성분의 일부를 산화시킴으로써 방향이 생긴 후 볶아 만든 반발효차이다.

해설
홍차는 잎 중의 산화효소를 충분히 작용시켜서 발효한 것이다. 즉, 열처리 전 햇볕이나 실내에서 시들리기(위조과정) 후 발효한 차이다.

77 제품의 브랜드가 가지는 기능과 거리가 먼 것은?

① 상징 기능   ② 광고 기능
③ 가격 표시 기능   ④ 출처 표시 기능

해설
브랜드의 기능 : 상징 기능, 출처표시 기능, 품질보증 기능, 광고 기능, 재산보호 기능

78 친환경농어업 육성 및 유기식품 등의 관리·지원에 관한 법률 상 친환경농수산물 분류 및 인증에 관한 내용으로 틀린 것은?

① 친환경농수산물은 유기농산물과 무농약농산물, 무항생제수산물 및 활성처리제 비사용 수산물로 분류한다.

② 유기식품 등의 인증대상과 유기식품 등의 생산, 제조·가공 또는 취급에 필요한 인증기준 등은 대통령령으로 정한다.

③ 농림축산식품부장관은 유기식품 등의 산업육성과 소비자 보호를 위하여 유기식품 등에 대한 인증을 할 수 있다.

④ 해양수산부장관은 유기식품 등의 인증과 관련하여 인증심사원 등 필요한 인력·조직·시설 및 인증업무규정을 갖춘 기관 도는 단체를 인증기관으로 지정할 수 있다.

해설
유기식품 등의 인증(친환경농어업법 제19조제2항)
인증을 하기 위한 유기식품 등의 인증대상과 유기식품 등의 생산, 제조·가공 또는 취급에 필요한 인증기준 등은 농림축산식품부령 또는 해양수산부령으로 정한다.

79 진공포장방법에 대한 설명으로 틀린 것은?

① 쇠고기 등을 진공포장하면 변색작용을 촉진하게 된다.

② 가스 및 수증기 투과도가 높은 셀로판, EVA, PE 등이 이용된다.

③ 호흡작용이 왕성한 신선 농산물의 장기유통용으로는 적합하지 않다.

④ 포장지 내부의 공기제거로 박피 청과물의 갈변작용이 억제된다.

해설
진공포장에 사용되는 포장 필름은 산소 및 수분 투과도가 낮아야 하고 딱딱한 뼈 등과 접촉하더라도 뚫어지지 않도록 충분한 강도를 가져야 한다. 주로 사용되는 필름의 예는 PET/PE, EVA copolymer/PVDC copolymer, PET/ionomer등이다

80 필름표면에 계면활성제를 처리하여 첨가제 분산에 의한 필름의 장력을 증가시켜 결로현상이 일어나지 않게 하는 기능성 포장재는?

① 항균필름   ② 방담필름
③ 미세공필름   ④ 키토산필름

해설
방담필름
무우 등의 야채 포장과 도시락의 뚜껑재료는 발생하는 수증기가 필름표면에 부착하여 내용물이 보이지 않게 된다. 필름의 표면장력을 저하시켜 수증기가 응결할 때에 용이하게 물에 젖도록 하여 투명한 외관을 볼 수 있도록 처리한 필름이다.

제5과목 유기농업 관련 규정

※ 친환경농축산물 및 유기식품 등의 인증에 관한 세부실시 요령의 고시명칭이 유기식품 및 무농약농산물 등의 인증에 관한 세부실시 요령으로 변경(시행 2021.3.12)

81 농림축산식품부 소관 친환경농어업 육성 및 유기식품 등의 관리·지원에 관한 법률 시행규칙에 따라 유기가축이 아닌 가축을 유기농장으로 입식하여 유기축산물을 생산·판매하려는 경우에는 일정 전환기간 이상을 유기축산물 인증기준에 따라 사육하여야 한다. 다음 중 축종, 생산물, 전환기간에 대한 기준으로 틀린 것은?

① 한우 – 식육용 – 입식 후 12개월 이상
② 육우 송아지 – 식육용 – 6개월령 미만의 송아지 입식 후 12개월
③ 젖소 – 시유생산용 – 3개월 이상
④ 돼지 – 식육용 – 입식 후 5개월 이상

해설
유기축산물의 인증기준–전환기간(친환경농어업법 시행규칙 [별표 4])

가축의 종류	생산물	전환기간(최소 사육기간)
한우·육우	식 육	입식 후 12개월
젖 소	시유(시판우유)	• 착유우는 입식 후 3개월 • 새끼를 낳지 않은 암소는 입식 후 6개월
돼 지	식 육	입식 후 5개월

82 농림축산식품부 소관 친환경농어업 육성 및 유기식품 등의 관리·지원에 관한 법률 시행규칙상 유기표시 도형의 작도법 중 표시 도형의 가로의 길이(사각형의 왼쪽 끝과 오른쪽 끝의 폭 : W)를 기준으로 세로 길이 비율은?

① $0.75 \times W$
② $0.80 \times W$
③ $0.85 \times W$
④ $0.95 \times W$

해설
유기식품 등의 유기표시 기준 – 작도법(친환경농어업법 시행규칙 [별표 6])
• 표시 도형의 가로 길이(사각형의 왼쪽 끝과 오른쪽 끝의 폭 : W)를 기준으로 세로 길이는 $0.95 \times W$의 비율로 한다.
• 표시 도형의 흰색 모양과 바깥 테두리(좌우 및 상단부 부분으로 한정한다)의 간격은 $0.1 \times W$로 한다.
• 표시 도형의 흰색 모양 하단부 왼쪽 태극의 시작점은 상단부에서 $0.55 \times W$ 아래가 되는 지점으로 하고, 오른쪽 태극의 끝점은 상단부에서 $0.75 \times W$ 아래가 되는 지점으로 한다.

83 농림축산식품부 소관 친환경농어업 육성 및 유기식품 등의 관리·지원에 관한 법률 시행규칙상 "70% 미만이 유기농축산물인 제품"의 제한적 유기표시 허용기준으로 틀린 것은?

① 특정 원료 또는 재료로 유기농축산물만을 사용한 제품이어야 한다.
② 해당 원료·재료명의 일부로 "유기"라는 용어를 표시할 수 있다.
③ 원재료명 표시란에 유기농축산물의 총함량 또는 원료·재료별 함량을 ppm으로 표시해야 한다.
④ 표시장소는 원재료명 표시란에 표시할 수 있다.

해설
유기농축산물의 함량에 따른 제한적 유기표시의 허용기준 – 70% 미만이 유기농축산물인 제품(친환경농어업법 시행규칙 [별표 8])
• 특정 원료 또는 재료로 유기농축산물만을 사용한 제품이어야 한다.
• 해당 원료·재료명의 일부로 '유기'라는 용어를 표시할 수 있다.
• 표시장소는 원재료명 표시란에만 표시할 수 있다.
• 원재료명 표시란에 유기농축산물의 총함량 또는 원료·재료별 함량을 백분율(%)로 표시해야 한다.

84 친환경농축산물 및 유기식품 등의 인증에 관한 세부실시 요령상 유기농산물 인증기준의 세부사항에서 가축분뇨 퇴비에 대한 내용으로 틀린 것은?

① 퇴비의 유해성분 함량은 비료 공정규격설정 및 지정에 관한 고시에서 정한 퇴비규격에 적합하여야 한다.
② 완전히 부숙시킨 퇴비·액비의 경우 인증기관의 장의 사전 승인 또는 사후 보고 등의 조치를 취하고 사용이 가능하다.
③ 경축순환농법으로 사육하지 아니한 농장에서 유래된 가축분뇨 퇴비는 항생물질이 포함되지 아니하여야 한다.
④ 가축분뇨 퇴·액비는 표면수 오염을 일으키지 아니하는 수준으로 사용하되, 장마철에는 사용하지 아니하여야 한다.

해설
유기농산물의 인증기준 – 재배방법(유기식품 및 무농약농산물 등의 인증에 관한 세부실시 요령 [별표 1])
가축분뇨를 원료로 하는 퇴비·액비는 유기농축산물 인증 농장, 경축순환농법 실천 농장, 축산법에 따른 무항생제축산물 인증 농장 또는 동물보호법에 따른 동물복지축산농장 인증을 받은 농장에서 유래된 것만 사용할 수 있으며, 완전히 부숙(썩혀서 익히는 것)시켜서 사용하되, 과다한 사용, 유실 및 용탈 등으로 인하여 환경오염을 유발하지 아니하도록 하여야 한다.

85 농림축산식품부 소관 친환경농어업 육성 및 유기식품 등의 관리·지원에 관한 법률 시행규칙에 의한 유기축산물의 인증기준에서 생산물의 품질향상과 전통적인 생산방법의 유지를 위하여 허용되는 행위는?(단, 국립농산물품질관리원장이 고시로 정하는 경우를 제외함)

① 꼬리 자르기
② 이빨 자르기
③ 물리적 거세
④ 가축의 꼬리 부분에 접착밴드 붙이기

해설

유기축산물의 인증기준 – 동물복지 및 질병관리(친환경농어업법 시행규칙 [별표 4])
가축의 꼬리 부분에 접착밴드를 붙이거나 꼬리, 이빨, 부리 또는 뿔을 자르는 등의 행위를 하지 않을 것. 다만, 국립농산물품질관리원장이 고시로 정하는 경우에 해당될 때에는 허용할 수 있다.

86 농림축산식품부 소관 친환경농어업 육성 및 유기식품 등의 관리·지원에 관한 법률 시행규칙에 따른 유기축산물의 사료 및 영양관리 기준에 대한 설명으로 틀린 것은?

① 유기가축에게는 100% 유기사료를 급여하여야 한다.
② 필요에 따라 가축의 대사기능 촉진을 위한 합성화합물을 첨가할 수 있다.
③ 반추가축에게 사일리지만 급여해서는 아니 되며 비반추 가축에게도 가능한 조사료 급여를 권장한다.
④ 가축에게 관련법에 따른 생활용수의 수질기준에 적합한 신선한 음수를 상시 급여할 수 있어야 한다.

해설

유기축산물의 인증기준 – 사료 및 영양관리(친환경농어업법 시행규칙 [별표 4])
합성화합물 등 금지물질을 사료에 첨가하거나 가축에 공급하지 않을 것

87 친환경농축산물 및 유기식품 등의 인증에 관한 세부실시 요령상 유기농산물의 인증기준에 관한 규정으로 옳은 것은?

① 재배포장은 최근 2년간 인증기준 위반으로 인증취소처분을 받은 재배지가 아니어야 한다.
② 재배포장의 토양에 대해서는 매년 1회 이상의 검정을 실시하여 토양 비옥도가 유지·개선되고 염류가 과도하게 집적되지 아니하도록 노력하여야 한다.
③ 재배포장은 인증받기 전에 다년생 작물의 경우 최소 수확 전 1년 전환기간 이상 해당 규정에 따른 재배방법을 준수하여야 한다.
④ 산림 등 자연상태에서 자생하는 식용식물의 포장은 관련 규정에서 정하고 있는 허용자재 외의 자재가 2년 이상 사용되지 아니한 지역이어야 한다.

해설

유기농산물 및 유기임산물의 인증기준 – 재배포장, 재배용수, 종자(친환경농어업법 시행규칙 [별표 4])
• 재배포장은 최근 1년간 인증기준 위반으로 인증취소처분을 받은 재배지가 아니어야 한다.
• 재배포장은 유기농산물을 처음 수확 하기 전 3년 이상의 전환기간 동안 관련법에 따른 재배방법을 준수한 구역이어야 한다. 다만, 토양에 직접 심지 않는 작물(싹을 틔워 직접 먹는 농산물, 어린잎 채소 또는 버섯류)의 재배포장은 전환기간을 적용하지 아니한다.
• 산림 등 자연상태에서 자생하는 식용식물의 포장은 다목에서 정하고 있는 허용자재 외의 자재가 3년 이상 사용되지 아니한 지역이어야 한다.

88 친환경농어업 육성 및 유기식품 등의 관리·지원에 관한 법률상 인증심사원에 관한 내용 중 거짓이나 그 밖의 부정한 방법으로 인증심사 업무를 수행한 경우 인증심사원이 받는 처벌은?

① 자격 취소
② 3개월 이내의 자격 정지
③ 12개월 이내의 자격 정지
④ 24개월 이내의 자격 정지

해설

인증심사원의 자격취소, 자격정지 및 시정조치 명령의 기준(친환경농어업법 시행규칙 [별표 12])

위반행위	위반횟수별 행정처분 기준		
	1회 위반	2회 위반	3회 이상 위반
거짓이나 그 밖의 부정한 방법으로 인증심사 업무를 수행한 경우	자격취소	–	–

89 농림축산식품부 소관 친환경농어업 육성 및 유기식품 등의 관리·지원에 관한 법률 시행규칙상 유기농업자재의 공시 기준에서 식물에 대한 시험성적서 심사사항에 해당하는 내용이다. (가)와 (나)에 알맞은 내용은?

> 유식물 등에 대한 농약피해·비료피해의 정도는 시험성적 모두가 기준량에서 (가) 이하이거나, 2배량에서 (나) 이하이어야 한다.

① (가) : 0, (나) : 1   ② (가) : 1, (나) : 2
③ (가) : 2, (나) : 3   ④ (가) : 3, (나) : 2

해설
식물에 대한 시험성적서- 유식물(幼植物) 등에 대한 농약피해[藥害]·비료피해[肥害] 시험성적(친환경농어업법 시행규칙 [별표 17])
• 다섯 종류 이상의 작물에 대해 적합하게 시험한 성적이어야 한다.
• 농약피해·비료피해의 정도는 시험성적 모두가 기준량에서 0 이하이거나, 2배량에서 1 이하이어야 한다.

90 농림축산식품부 소관 친환경농어업 육성 및 유기식품 등의 관리·지원에 관한 법률 시행규칙상 유기축산물 인증기준의 사육조건으로 틀린 것은?

① 사육장, 목초지 및 사료작물 재배지는 토양환경보전법 시행규칙의 토양오염우려기준을 초과하지 않아야 하며, 주변으로부터 오염될 우려가 없어야 한다.
② 축사 및 방목환경은 가축의 생물적·행동적 욕구를 만족시킬 수 있도록 조성하고 농촌진흥청장이 정하는 축사의 사육밀도를 유지·관리하여야 한다.
③ 합성농약 또는 합성농약 성분이 함유된 동물용의약품 등의 자재를 축사 및 축사의 주변에 사용하지 않아야 한다.
④ 사육 관련 업무를 수행하는 모든 작업자는 가축 종류별 특성에 따라 적절한 위생조치를 하여야 한다.

해설
유기축산물의 인증기준 – 사육조건(친환경농어업법 시행규칙 [별표 4])
축사 및 방목 환경은 가축의 생물적·행동적 욕구를 만족시킬 수 있도록 조성하고 국립농산물품질관리원장이 정하는 축사의 사육 밀도를 유지·관리할 것

91 농림축산식품부 소관 친환경농어업 육성 및 유기식품 등의 관리·지원에 관한 법률 시행규칙의 인증품 또는 인증품의 포장·용기에 표시하는 방법에서 다음 (   ) 안에 알맞은 내용은?

> 표시사항은 해당 인증품을 포장한 사업자의 인증정보와 일치해야 하며, 해당 인증품의 생산자가 포장자와 일치하지 않는 경우에는 (   )를 추가로 표시해야 한다.

① 생산자의 주민등록번호 앞자리
② 생산자의 인증번호
③ 생산자의 국가기술자격 발급번호
④ 인증기관의 주소

해설
인증품 또는 인증품의 포장·용기에 표시하는 방법(친환경농어업법 시행규칙 [별표 7])
표시사항은 해당 인증품을 포장한 사업자의 인증정보와 일치해야 하며, 해당 인증품의 생산자가 포장자와 일치하지 않는 경우에는 생산자의 인증번호를 추가로 표시해야 한다.

92 친환경농축산물 및 유기식품 등의 인증에 관한 세부실시 요령상 유기양봉제품의 전환기간에 대한 내용이다. (   )의 내용으로 알맞은 것은?

> 유기양봉의 산물·부산물은 유기양봉의 인증기준을 적어도 (   ) 동안 준수하였을 때 유기양봉 산물 등으로 판매할 수 있다.

① 6개월   ② 1년
③ 2년   ④ 3년

해설
유기축산물 중 유기양봉의 산물·부산물 – 전환기간(유기식품 및 무농약농산물 등의 인증에 관한 세부실시 요령 [별표 1])
유기양봉의 산물·부산물은 유기양봉의 인증기준을 적어도 1년 동안 준수하였을 때 유기양봉 산물 등으로 판매할 수 있다.

93 농림축산식품부 소관 친환경농어업 육성 및 유기식품 등의 관리·지원에 관한 법률 시행규칙상 유기가공식품 제조 시 가공보조제로 사용 가능한 물질 중 응고제로 활용 가능한 물질로만 구성된 것은?

① 염화칼슘, 탄산칼륨, 수산화칼륨

② 염화칼슘, 황산칼슘, 염화마그네슘

③ 염화칼슘, 수산화나트륨, 탄산나트륨

④ 염화칼슘, 수산화칼륨, 수산화나트륨

해설

유기가공식품 – 식품첨가물 또는 가공보조제로 사용 가능한 물질(친환경농어업법 시행규칙 [별표 1])

명칭(한)	가공보조제로 사용 시	
	사용 가능 여부	사용 가능 범위
염화마그네슘	○	응고제
염화칼슘	○	응고제
조제해수 염화마그네슘	○	응고제
황산칼슘	○	응고제

94 친환경농어업 육성 및 유기식품 등의 관리·지원에 관한 법률 시행령상 과태료에 대한 내용이다. 다음 ( )에 알맞은 내용은?

> 위반행위의 횟수에 따른 과태료의 가중된 부과기준은 최근 ( )간 같은 위반행위로 과태료 부과처분을 받은 경우에 적용한다. 이 경우 기간의 계산은 위반행위에 대해 과태료 부과처분을 받은 날과 그 처분 후 다시 같은 위반행위를 하여 적발된 날을 기준으로 한다.

① 3개월   ② 6개월

③ 1년   ④ 2년

해설

과태료의 부과기준(친환경농어업법 시행령 [별표 2])
위반행위의 횟수에 따른 과태료의 가중된 부과기준은 최근 1년간 같은 위반행위로 과태료 부과처분을 받은 경우에 적용한다. 이 경우 기간의 계산은 위반행위에 대해 과태료 부과처분을 받은 날과 그 처분 후 다시 같은 위반행위를 하여 적발된 날을 기준으로 한다.

95 친환경농어업 육성 및 유기식품 등의 관리·지원에 관한 법률상 다음 내용은 무엇의 정의에 해당하는가?

> 합성농약, 화학비료, 항생제 및 항균제 등 화학자재를 사용하지 아니하거나 사용을 최소화한 건강한 환경에서 농산물·수산물·축산물·임산물을 생산하는 것을 말한다.

① 친환경농수산물

② 유 기

③ 비식용유기가공품

④ 친환경농어업

해설

정의(친환경농어업법 제2조제1호)
'친환경농어업'이란 생물의 다양성을 증진하고, 토양에서의 생물적 순환과 활동을 촉진하며, 농어업생태계를 건강하게 보전하기 위하여 합성농약, 화학비료, 항생제 및 항균제 등 화학자재를 사용하지 아니하거나 사용을 최소화한 건강한 환경에서 농산물·수산물·축산물·임산물(이하 '농수산물')을 생산하는 산업을 말한다.

96 친환경농축산물 및 유기식품 등의 인증에 관한 세부실시요령상 유기가공식물 중 유기원료 비율의 계산법이다. 다음 각 문자가 나타내는 것으로 틀린 것은?(단, $G = I_o + I_c + I_a + WS$이다.)

$$\frac{I_o}{G - WS} = \frac{I_o}{I_o + I_c + I_a} \geq 0.95$$

① G : 제품(포장재, 용기 제외)의 중량

② I_o : 유기원료(유기농산물 + 유기축산물 + 유기수산물 + 유기가공식품)의 중량

③ I_a : 비유기 식품첨가물(가공보조제 포함)의 중량

④ I_c : 비유기 원료(유기인증 표시가 없는 원료)의 중량

해설

I_a : 비유기 식품첨가물(가공보조제 제외)의 중량
WS : 인위적으로 첨가한 물과 소금의 중량

정답 93 ② 94 ③ 95 ④ 96 ③

97 친환경농축산물 및 유기식품 등의 인증에 관한 세부실시 요령상 인증심사의 절차 및 방법 세부사항에 대한 내용이다. ( )에 알맞은 내용은?

> 현장심사의 검사가 필요한 경우
> 가) 농림산물
>   (1) 재배포장의 토양·용수 : 오염되었거나 오염될 우려가 있다고 판단되는 경우
>   – 용수 : 최근 ( ) 이내에 검사가 이루어지지 않은 용수를 사용하는 경우(재배기간 동안 지속적으로 관개하거나 작물 수확기에 생산물에 직접 관수하는 경우에 한함)

① 1년　　　　　　② 3년
③ 5년　　　　　　④ 7년

해설

인증심사의 절차 및 방법의 세부사항 – 현장심사(유기식품 및 무농약 농산물 등의 인증에 관한 세부실시 요령 [별표 2])
• 검사가 필요한 경우
 – 농림산물·재배포장의 토양·용수 : 오염되었거나 오염될 우려가 있다고 판단되는 경우
 – 용수 : 최근 5년 이내에 검사가 이루어지지 않은 용수를 사용하는 경우(재배기간 동안 지속적으로 관개하거나 작물수확기에 생산물에 직접 관수하는 경우에 한함)

98 친환경농축산물 및 유기식품 등의 인증에 관한 세부실시 요령 및 친환경농어업 육성 및 유기식품 등의 관리·지원에 관한 법률에 따라 인증대상에서 "취급자 인증품"에 포함되지 않는 것은?

① 포장된 인증품을 해체한 후 소포장하는 인증품
② 인증품을 산물로 구입하여 포장한 인증품
③ 포장된 인증품을 해체하여 단순처리 후 재포장한 인증품
④ 포장하지 않고 낱개로 판매하는 인증품

해설

인증대상(유기식품 및 무농약농산물 등의 인증에 관한 세부실시 요령 제5조제5호)
취급자 인증품 : 인증품의 포장단위를 변경하거나 단순 처리하여 포장한 인증품

99 농림축산식품부 소관 친환경농어업 육성 및 유기식품 등의 관리·지원에 관한 법류 시행규칙상 인증기관이 정당한 사유 없이 1년 이상 계속하여 인증을 하지 아니한 경우 인증기관에 내릴 수 있는 행정처분은?(단, 위반횟수는 1회이다.)

① 경고　　　　　　② 업무정지 3월
③ 업무정지 6월　　④ 지정취소

해설

인증기관에 대한 행정처분의 세부기준(친환경농어업법 시행규칙 [별표 13])

위반행위	행정처분 기준		
	1회 위반	2회 위반	3회 이상 위반
정당한 사유 없이 1년 이상 계속하여 인증을 하지 않은 경우	지정 취소	–	–

100 친환경농어업 육성 및 유기식품 등의 관리·지원에 관한 법률 시행령상 농림축산식품부장관은 관계 중앙행정기관의 장과 협의하여 몇 년마다 친환경농어업 발전을 위한 친환경농업 육성계획을 세워야 하는가?

① 2년　　　　　　② 3년
③ 5년　　　　　　④ 7년

해설

친환경농어업 육성계획(친환경농어업법 제7조제1항)
농림축산식품부장관 또는 해양수산부장관은 관계 중앙행정기관의 장과 협의하여 5년마다 친환경농어업 발전을 위한 친환경농업 육성계획 또는 친환경어업 육성계획을 세워야 한다. 이 경우 민간단체나 전문가 등의 의견을 수렴하여야 한다.

2021년 제 2 회 | 과년도 기출문제

재배원론

01 작물의 영양번식에 대한 설명으로 옳은 것은?

① 종자 채종을 하여 번식시킨다.
② 우량한 유전특성을 영속적으로 유지할 수 있다.
③ 잡종 1세대 이후 분리집단이 형성된다.
④ 1대 잡종벼는 주로 영양번식으로 채종한다.

해설
영양번식은 유전적으로 이형접합의 우량 유전자형을 보존하고 증식시키는 데 유리한 생식방법이다.

02 다음 중 T/R율에 관한 설명으로 옳은 것은?

① 감자나 고구마의 경우 파종기나 이식기가 늦어질수록 T/R율이 작아진다.
② 일사가 적어지면 T/R율이 작아진다.
③ 질소를 다량시용하면 T/R율이 작아진다.
④ 토양함수량이 감소하면 T/R율이 감소한다.

해설
T/R율 : 지하부 생장량에 대한 지상부 생장량 비율
① 감자나 고구마의 경우 파종기나 이식기가 늦어질수록 T/R율이 커진다.
② 일사가 적어지면 T/R율은 커진다.
③ 토양 내에 수분이 많거나 질소 과다시용, 일조부족과 석회시용부족 등의 경우는 지상부에 비해 지하부의 생육이 나빠져 T/R율이 높아지게 된다.

03 대기 오염물질 중에 오존을 생성하는 것은?

① 아황산가스(SO_2) ② 이산화질소(NO_2)
③ 일산화탄소(CO) ④ 불화수소(HF)

해설
오존발생의 주원인은 자동차 배기가스에 포함된 탄화수소(HC)와 이산화질소(NO_2) 등 화학물질이 햇빛과 광화학 반응을 일으켜 생성된다.

04 이랑을 세우고 낮은 골에 파종하는 방식은?

① 휴립휴파법
② 이랑재배
③ 평휴법
④ 휴립구파법

해설
이랑밭 조성방법 및 특징

명 칭		고랑과 두둑 특징	재배작물 및 특징
평휴법		두둑높이 = 고랑높이	채소, 벼 재배 건조해, 습해 동시완화
휴립법	휴립휴파법	두둑높이 > 고랑깊이, 두둑에 파종	조, 콩, 고구마 재배 배수와 토양 통기 양호
	휴립구파법	두둑높이 > 고랑깊이, 고랑에 파종	맥류재배 한해, 동해 방지
성휴법		두둑을 크고 넓게 만듦, 두둑에 파종	중부지방에서 맥후 작 콩의 파종에 유리, 답 리작 맥류재배 건조해, 장마철습해방지

05 도복의 대책에 대한 설명으로 가장 거리가 먼 것은?

① 칼리, 인, 규소의 시용을 충분히 한다.
② 키가 작은 품종을 선택한다.
③ 맥류는 복토를 깊게 한다.
④ 벼의 유효 분얼종지기에 지베렐린을 처리한다.

해설
벼에서 유효 분얼종지기에 2,4-D, PCD 등을 이용한다.

06 다음 중 CO_2 보상점이 가장 낮은 식물은?

① 벼　　　　　　　② 옥수수

③ 보 리　　　　　　④ 담 배

해설
C_4식물(옥수수)은 C_3식물(벼, 보리, 담배)에 비하여 광포화점이 높고
CO_2 보상점은 낮다.

07 녹체춘화형 식물로만 나열된 것은?

① 완두, 잠두　　　　② 봄무, 잠두

③ 양배추, 사리풀　　④ 추파맥류, 완두

해설
춘화형 작물
• 녹체춘화형 식물 : 양배추, 사리풀, 양파, 당근, 우엉, 국화 등
• 종자춘화형 식물 : 무, 배추, 완두, 잠두, 봄무, 추파맥류 등

08 내건성이 강한 작물의 특성으로 옳은 것은?

① 세포액의 삼투압이 낮다.

② 작물의 표면적/체적비가 크다.

③ 원형질막의 수분투과성이 크다.

④ 잎 조직이 치밀하지 못하고 울타리 조직의 발달이 미약
하다.

해설
작물의 내건성 특징
• 원형질의 점성이 높고 세포액의 삼투압이 높다.
• 세포의 크기가 작다.
• 상부가 왜생화
• 잎 조직이 치밀하고 기계적 조직이 발달
• 뿌리의 발달이 좋다.
• 세포 중에 원형질, 저장양분의 비율이 높아 수분 보유력이 크다.

09 벼의 침수피해에 대한 내용이다. ( )에 알맞은 내용은?

• 분얼 초기에는 침수피해가 (가)
• 수잉기~출수개화기 때 침수피해는 (나)

① 가 : 작다, 나 : 작아진다.

② 가 : 작다, 나 : 커진다.

③ 가 : 크다, 나 : 커진다.

④ 가 : 크다, 나 : 작아진다.

해설
벼의 침수피해는 분얼 초기에는 작지만, 수잉기~출수개화기에는
커진다.

10 다음 중 벼의 적산온도로 가장 옳은 것은?

① 500~1,000℃

② 1,200~1,500℃

③ 2,000~2,500℃

④ 3,500~4,500℃

해설
벼의 적산온도 : 3,500~4,500℃

11 비료의 3요소 중 칼륨의 흡수비율이 가장 높은 작물은?

① 고구마
② 콩
③ 옥수수
④ 보 리

해설
고구마 비료의 3요소 흡수비율 : 칼륨 > 질소 > 인

12 토양이 pH 5 이하로 변할 경우 가급도가 감소되는 원소로
만 나열된 것은?

① P, Mg
② Zn, Al
③ Cu, Mn
④ H, Mn

해설
식물양분의 가급도와 pH와의 관계
• 작물양분의 가급도 : 중성~미산성에서 가장 높음
• 강산성
 – P, Ca, Mg, B, Mo 등의 가급도가 감소 → 필수원소 부족으로
   작물생육 불리
 – Al, Cu, Zn, Mn 등의 용해도가 증가 → 독성으로 작물생육 불리
• 강알칼리성 : B, Mn, Fe 등의 용해도 감소 → 생육 불리

13 벼의 생육 중 냉해에 출수가 가장 지연되는 생육단계는?

① 유효 분얼기
② 유수형성기
③ 유숙기
④ 황숙기

해설
장해형 냉해
유수형성기부터 개화기 사이에 생식세포 감수분열기에 냉온의 영향을
받아 생식기관 형성을 정상적으로 해내지 못하거나 꽃가루의 방출이나
정받이에 장해를 일으켜 불임을 초래하는 냉해이다.

14 나팔꽃 대목에 고구마 순을 접목하여 개화를 유도하는 이
론적 근거로 가장 적합한 것은?

① C/N율
② G-D균형
③ L/W율
④ T/R율

해설
C/N율은 식물체의 탄수화물(C)과 질소(N)의 비율로 C/N율이 높을
경우에는 화성을 유도하고 C/N율이 낮을 경우에는 영양생장이 계속
된다.

15 다음 중 요수량이 가장 큰 것은?

① 보 리
② 옥수수
③ 완 두
④ 기 장

해설
요수량의 크기
기장(310) < 옥수수(377) < 보리(534) < 완두(788)

16 비료의 엽면흡수에 대한 설명으로 옳은 것은?

① 잎의 이면보다 표피에서 더 잘 흡수된다.
② 잎의 호흡작용이 왕성할 때에 잘 흡수된다.
③ 살포액의 pH는 알칼리인 것이 흡수가 잘된다.
④ 엽면시비는 낮보다는 밤에 실시하는 것이 좋다.

해설
② 잎의 호흡작용이 왕성할 때 노엽 < 성엽, 밤 < 낮에 잘 흡수된다.
① 잎의 표면보다 얇은 이면에서 더 잘 흡수된다.
③ 살포액의 pH는 미산성의 것이 더 잘 흡수된다.
④ 전착제를 가용하는 것이 흡수를 조장한다.

17 개량삼포식농법에 해당하는 작부방식은?

① 자유경작법
② 콩과작물의 순환농법
③ 이동경작법
④ 휴한농법

해설
개량삼포식농법은 농지이용도를 제고하고 지력유지를 더욱 효과적으로 하기 위해서 휴한하는 대신 클로버와 같은 지력증진작물을 재배하는 방식으로 3포식농법보다 더 진보적인 것이다.

18 작물의 수량을 최대화하기 위한 재배이론의 3요인으로 가장 옳은 것은?

① 비옥한 토양, 우량종자, 충분한 일사량
② 비료 및 농약의 확보, 종자의 우수성, 양호한 환경
③ 자본의 확보, 생력화 기술, 비옥한 토양
④ 종자의 우수한 유전성, 양호한 환경, 재배기술의 종합적 확립

해설
작물의 최대 수량을 얻기 위해서는 작물의 유전성과 재배기술, 환경조건이 맞아야 한다.

19 다음 (   ) 안에 알맞은 내용은?

> 감자영양체를 20,000rad 정도의 (   )에 의한 γ선을 조사하면 맹아억제 효과가 크므로 저장기간이 길어진다.

① ^{15}C ② ^{60}Co
③ ^{17}C ④ ^{40}K

해설
방사성 동위원소의 이용
• 추적자로서의 이용
  - 표지화합물로 작물의 생리연구에 이용(^{32}P, ^{42}K, ^{45}Ca)
  - 광합성의 연구(^{11}C, ^{14}C 등으로 표지된 CO_2를 잎에 공급)
  - 농업분야 토목에 이용(^{24}Na)
• 에너지의 이용
  - 살균·살충효과를 이용한 식품저장(^{60}Co, ^{137}Cs에 의한 γ선을 조사)
  - 영양기관의 장기 저장에 이용(^{60}Co, ^{137}Cs에 의한 γ선을 조사하면 휴면이 연장되고 맹아억제효과가 있음)
  - 증수에 이용

20 작물의 내열성에 대한 설명으로 틀린 것은?

① 늙은 잎은 내열성이 가장 작다.
② 내건성이 큰 것을 내열성도 크다.
③ 세포 내의 결합수가 많고, 유리수가 적으면 내열성이 커진다.
④ 당분 함량이 증가하면 대체로 내열성은 증대한다.

해설
① 주피 및 늙은엽이 내열성이 가장 크다.

제2과목 토양비옥도 및 관리

21 토양과 평형을 이루는 용액의 Ca^{2+}, Mg^{2+} 및 Na^+의 농도는 각각 6mmol/L, 10mmol/L 및 36mmol/L이다. 이로부터 구할 수 있는 나트륨흡착비(SAR)는?

① 2.25　　　　　② 9.0
③ $9\sqrt{2}$　　　　④ 69.2

해설
나트륨흡착비 $= Na^+$농도$/ \sqrt{Ca^{2+}$농도$+ Mg^{2+}$농도}
$= 36/ \sqrt{6+10} = 36/4 = 9$

22 토양에 시용한 유기물의 분해를 촉진시키는 조건으로 가장 적절하지 않은 것은?

① 기후 – 고온다습
② 토양 pH – 7.0 근처
③ 토양수분 – 포장용수량 조건
④ 시용유기물 탄질률 – 100 이상

해설
탄질률이 30을 넘는 유기물을 토양에 투입하면 질소기아현상이 일어난다.

23 농경지 토양유기물 유지를 위한 농경지 유기물관리 방안으로 적절하지 않은 것은?

① 경운 최소화
② 농경지 피복
③ 비료사용 억제
④ 경사지에서의 등고선 재배

해설
토양유기물의 유지관리
• 양질 유기물의 적절한 시용, 작물잔사는 반드시 토양환원
• 토양침식 방지 : 윤작도입, 멀칭, 피복작물재배, 녹비작물재배, 초생재배, 등고선 재배
• 적절한 토양관리 : 석회시용, 배수시설, 등고선재배, 승수로 설치, 무경운, 최소 경운

24 토양조사 시 토양의 수리전도도를 직접 측정하지 않고 배수성을 판정하는 방법은?

① pH를 측정한다.
② 토양색을 본다.
③ 유기물 함량을 측정한다.
④ 토양구조를 본다.

해설
토양색의 지배인자 : 유기물(부식화), 철, 망간의 산화·환원 상태, 수분함량, 통기성, 모암, 조암광물, 풍화 정도 등

25 식물에 이용되는 유효수분으로서 토양입자 사이 작은 공극 안에 표면 장력에 의하여 흡수·유지되어 있는 토양수는?

① 중력수
② 모세관수
③ 흡습수
④ 결합수

해설
토양수분의 종류
• 결합수(pF 7.0 이상) : 작물이 사용 불가능한 수분
• 흡습수(pF 4.5 이상) : 작물에 흡수 안 되는 수분
• 모관수(pF 2.7~4.5) : 작물이 주로 사용하는 수분
• 중력수(pF 0~2.7) : 작물이 이용 가능한 수분
• 지하수 : 모관수의 근원이 되는 물

26 빗물이 모여 작은 골짜기를 만들면서 토양을 침식시키는 작용은?

① 우곡침식   ② 계곡침식
③ 유수침식   ④ 비옥도침식

해설
① 우곡침식(세류침식, 누구침식) : 우곡은 비가 올 때에만 물이 흐르는 골짜기가 된다.
② 계곡침식(구상침식) : 상부 지역으로부터 물의 양이 늘어 흐를 때에는 큰 도랑이 될 만큼 침식이 대단히 심하고 때로는 지형을 변화시키는 침식
③ 유수침식 : 골짜기의 물이 모여 강물을 이루고 흐르는 동안 자갈이나 바위 조각을 운반하여 암석을 깎아내고 부스러뜨리는 작용을 하는데, 이와 같이 흐르는 물에 의한 삭마 작용
④ 비옥도침식(표면침식) : 유수에 의해 토양이 침식될 때 토양 내 양분과 가용성 염류, 유기물이 같이 씻겨 내려가는 토양 침식

27 토양층위에 대한 설명으로 틀린 것은?

① E층 : 규반염점토와 철, 알루미늄의 산화물 등이 용탈되며 최대 용탈층이라고도 부른다.
② B층 : A층에서 용탈된 물질이 집적된다.
③ C층 : 토양생성작용을 거의 받지 않는 모재층이다.
④ O층 : 유기물 층위로 보통 A층 아래에 위치한다.

해설
O층 : 유기물 층위로 A층 위에 위치한다.

28 물에 의한 토양침식의 종류가 아닌 것은?

① 면상침식   ② 세류침식
③ 협곡침식   ④ 약동침식

해설
약동(Saltation)은 바람에 의한 토양침식으로, 지름이 0.1~0.5mm인 토양입자가 지표면으로부터 30cm 이하에서 구르거나 튀는 모양으로 이동한다.

29 표토 염류집적의 가장 큰 원인이 되는 수분은?

① 중력수
② 모세관수
③ 흡습수
④ 결합수

해설
토양 중의 물에 의한 모세관현상(역삼투압현상) 때문에 밑에서 위로 움직여 하층토의 칼슘이나 마그네슘, 나트륨 등이 지표 경토에 집적되면서 염류농도가 높아진다.

30 다음에서 설명하는 부식의 성분은?

> 토양 중 부식의 주요부분을 이루고 있고, 양이온 교환용량이 200~600cmol$_c$/kg으로 매우 높으며, 1가의 양이온과 결합한 염은 수용성이지만, Ca^{2+}, Mg^{2+}, Fe^{3+}, Al^{3+} 등과 같은 다가이온과 결합한 염은 물에 용해되기 어렵다.

① 부식탄(Humin)
② 풀브산(Fulvic Acid)
③ 히마토멜란산(Hymatomelanic Acid)
④ 부식산(Humic Acid)

해설
부식산(Humic Acid)
• 알칼리에는 녹으나 산에서 녹지 않는 부식물질이다.
• 황갈색~흑갈색의 고분자의 산성물질로서 무정형이다.
• 진정부식물질로서 탄소 50~60%, 산소 30~35%, 수소, 질소, 황, 퇴분으로 구성
• 양이온치환용량이 200~600me/100g로서 매우 높다.
• 1가의 양이온과 결합하면 수용성염이 되고, 다가이온과는 난용성염을 만든다.

31 다음 반응식이 나타내는 화학적 풍화작용은?

$$KAISi_3O_8 + H_2O \leftrightarrow HAISi_3O_8 + K^+ + OH^-$$

① 산화(Oxidation)
② 가수분해(Hydrolysis)
③ 수화(Hydration)
④ 킬레이트화(Chelation)

해설
가수분해
• 물의 H^+와 OH^-이온이 해리되어 반응하는 작용이다.
• 규산염 광물인 정장석은 가수분해되어 Kaoline의 점토광물이 되고 K^+를 방출한다.
• 습윤냉온대 지방에서 규산염 광물의 분해는 산성가수분해이며 주요 생성물은 점토이다.
• 가수분해는 pH가 낮을수록 커져서 풍화가 잘된다.

32 다음 필수식물영양소 중 다량영양소가 아닌 것은?

① S
② P
③ Fe
④ Mg

해설
필수원소
• 다량원소(9원소) : 탄소(C), 산소(O), 수소(H), 질소(N), 인(P), 칼륨(K), 칼슘(Ca), 마그네슘(Mg), 황(S)
• 미량원소(7원소) : 철(Fe), 망간(Mn), 구리(Cu), 아연(Zn), 붕소(B), 몰리브덴(Mo), 염소(Cl)
• 기타 원소(5원소) : 규소(Si), 나트륨(Na), 코발트(Co), 아이오딘(I), 셀레늄(Se)

33 토양에서 일어나는 질소순환에 대한 설명으로 옳은 것은?

① 토양유기물에 존재하는 질소는 우선 질산태질소로 무기화된다.
② 질산화작용에 관여하는 주요 미생물은 아질산균과 질산균이다.
③ 질산태질소에 비하여 암모니아태질소가 용탈되기 쉽다.
④ 통기성이 좋은 토양에서 질산화 작용은 일어나기 어렵다.

해설
질소순환에 관여하는 세균
• 아질산균(암모니아 산화균) : *Nitrosomonas*, *Nitrosococcus*, *Nitrosospira* 등
• 질산균(아질산산화균) : *Nitrobacter*, *Nitrospina*, *Nitrococcus* 등

34 밭토양의 유형별 개량방법이 가장 알맞게 짝지어진 것은?

① 보통밭 : 모래 객토, 심경, 유기물 시용
② 사질밭 : 모래 객토, 심경, 유기물 시용
③ 미숙밭 : 심경, 유기물 시용, 석회 시용, 인산 시용
④ 중점밭 : 미사 객토, 심경, 배수, 유기물 시용

해설
밭토양의 유형별 개량방법
③ 미숙밭 : 심경, 유기물 시용, 석회 시용, 인산 시용
① 보통밭 : 심경, 유기물 시용, 석회 시용
② 사질밭 : 객토, 유기물 시용, 석회 시용
④ 중점밭 : 심경, 배수, 유기물 시용, 석회 시용, 인산 시용

35 토양생성작용 중 일반적으로 한랭습윤지대의 침엽수림 식생환경에서 생성되는 작용은?

① 포드졸화 작용
② 라테라이트화 작용
③ 회색화 작용
④ 염류화 작용

해설
포드졸(Podzol)화 작용
• 일반적으로 한랭습윤지대의 침엽수림 식생환경에서 생성되는 작용이다.
• 토양무기성분이 산성부식질의 영향으로 분해되어 Fe, Al까지도 하층으로 이동한다.
• 배수가 잘되며, 모재가 산성이고, 염기 공급이 없는 조건에서 잘 발생한다.
• 담수하의 논토양에서도 용탈과 집적현상인 포드졸화 현상이 일어난다.

36 Mg과 Ca을 동시에 공급할 수 있는 석회비료는?

① 생석회

② 석회석

③ 소석회

④ 석회고토

해설

① 생석회[CaO] : 석회물질 100g을 토양에 처리하였을 때 토양의 중화력이 가장 크다.

② 석회석[Ca(OH)$_2$] : 생석회+물의 형태로 열을 발생한다.

③ 소석회[Ca(OH)$_2$] : 생석회+물의 형태로 열을 발생한다.

37 습답에 대한 설명으로 틀린 것은?

① 지하수위가 높아 연중 담수상태에 있다.

② 암회색 글레이층이 표층 가까이까지 발달한다.

③ 영양성분의 불용화가 일어난다.

④ 유기물의 혐기분해로 인해 유기산류나 황화수소 등이 토층에 쌓인다.

해설

전층이 환원층으로 토색은 청회색을 띠며, 유기물의 분해가 늦어져서 집적되어 있는데 온도가 높아지면 황화수소, 유기산 같은 유해물질이 발생되고 뿌리썩음병을 유발하여 추락현상의 원인이 된다.

38 토양이 건조하여 딱딱하게 굳어지는 성질을 무엇이라 하는가?

① 이쇄성 　　　　② 소 성

③ 수화성 　　　　④ 강 성

해설

④ 강성 : 토양이 건조하여 딱딱하게 되는 성질로서, 토양입자는 Van Der Wals 힘(분자 간 인력)에 의해 결합되어 있다.

① 이쇄성 : 쉽게 분말상태로 깨지는 성질

② 소성(가소성) : 물체에 힘을 가했을 때 파괴됨이 없이 모양이 변화되고, 힘이 제거되어도 원형으로 돌아가지 않는 성질

③ 수화성 : 물과 잘 어우러지는 특성

39 토양에서 일어나는 질소변환과정에 대한 다음 설명 중에서 가장 옳은 것은?

① 질산화작용은 NH$_4^+$이 NO$_3^-$로 산화되는 과정이다.

② 암모니아화 반응은 공기 중의 N$_2$가 암모니아로 전환되는 과정이다.

③ 탈질작용은 유기물로부터 무기태질소가 방출되는 과정이다.

④ 질소고정은 NH$_4^+$이나 NH$_3^-$로부터 단백질이 합성되는 과정이다.

해설

질산화작용이란 암모늄이온(NH$_4^+$)이 아질산(NO$_2^-$)과 질산(NO$_3^-$)으로 산화되는 과정을 말한다.

40 토양오염원에서 비점오염원에 해당하는 것은?

① 폐기물매립지

② 대단위 가축사육장

③ 산성비

④ 송유관

해설

비점오염원 : 오염원의 정확한 위치와 형태, 크기를 파악하는 것이 힘든 넓은 지역적 범위를 갖는 오염원으로서 농촌 지역에 살포된 농약 및 비료, 질산성 질소, 도로 제설제, 산성비 등이 포함된다.

제3과목 유기농업개론

41 축산물 생산을 위하여 사일리지를 제조할 때 대부분의 두과목초는 화본과목초에 비하여 낙산발효형의 품질이 낮은 사일리지를 만드는데, 그 이유로 적합한 것은?

① 완충력이 비교적 높기 때문에
② 단백질 함량이 많기 때문에
③ 가용성탄수화물이 양이 적기 때문에
④ 유기산 함량이 적기 때문에

해설
두과목초는 화본과 목초에 비해 당분이 적고 단백질이 많으며 수분함량이 높아 사일리지 재료로는 화본과보다 부적절하다.

42 벼의 유기재배에서 벼멸구 피해를 줄이기 위한 실용적 방법이 아닌 것은?

① 벼멸구에 강한 벼종자를 사용한다.
② 논 주위에 유아등을 설치한다.
③ 유기농어업자재를 활용한다.
④ 1포기(株) 당 묘수(苗數)를 되도록 많게 하여 이앙한다.

해설
유기재배 시 밀식재배를 하지 않으면 공기유통이 좋아져서 벼멸구 피해를 줄일 수 있다.

43 벼의 주요 해충 중 가해 부위가 다른 하나는?

① 혹명나방
② 벼애나방
③ 애멸구
④ 벼이삭선충

해설
벼 해충의 종류
• 잎 : 물바구니(성충), 혹명나방(유충), 벼애나방, 벼이삭선충
• 줄기 : 벼멸구, 흰등멸구, 애멸구, 매미충류, 이화명나방(유충)
• 뿌리 : 벼물바구미(유충)

44 일반적인 메벼의 염수선 비중은?

① 1.06
② 1.08
③ 1.13
④ 1.18

해설
메벼의 경우 소금물(비중 1.13)을 만드는 방법은 물 18L에 소금 4.5kg을 녹인 소금물(유안 5.6kg)을 이용한다.

45 유기가축과 비유기가축의 병행사육 시 준수하여야 할 사항이 아닌 것은?

① 유기가축과 비유기가축은 서로 독립된 축사(건축물)에서 사육하고 구별이 가능하도록 각 축사 입구에 표지판을 설치하여야 한다.
② 유기가축, 사료취급, 약품투여 등은 비유기가축과 공동으로 사용하되 정확히 기록 관리하고 보관하여야 한다.
③ 인증가축은 비유기 가축사료, 금지물질 저장, 사료공급·혼합 및 취급 지역에서 안전하게 격리되어야 한다.
④ 유기가축과 비유기가축의 생산부터 출하까지 구분관리 계획을 마련하여 이행하여야 한다.

해설
유기가축, 사료취급, 약품투여 등은 비유기가축과 구분하여 정확히 기록 관리하고 보관하여야 한다.

46 수경재배 중 분무수경이 속한 분류로 옳은 것은?

① 고형배지경이면서 무기배지경에 해당한다.
② 고형배지경이면서 유기배지경에 해당한다.
③ 순수수경이면서 기상배지경에 해당한다.
④ 순수수경이면서 액상배지경에 해당한다.

해설
수경재배의 분류
작물의 뿌리를 지지하는 방법과 양분과 수분 또는 산소를 공급하는 방법에 따라 분류한다.
• 비고형배지경(순수수경) : 배지의 사용 없이 뿌리에 양액을 직접 접촉시켜 재배하는 방식

기상배지경	분무경(공기경)
	분무수경(수기경)
액상배지경	담액형
	순환형

• 고형배지경 : 고형물질을 배지로 이용해 양액을 적절하게 공급하여 재배하는 방식
 - 무기배지경 : 사경(모래), 역경(자갈), 암면경, 펄라이트경 등
 - 유기배지경 : 훈탄경, 코코넛 코이어경 또는 코코피트경, 피트 등

47 사료의 단백질은 기본적으로 무엇으로 구성되어 있는가?

① 지 방
② 탄수화물
③ 무기물
④ 아미노산

해설
탄수화물과 지방은 포도당이 구성성분이고, 단백질은 아미노산을 기본으로 구성되어 있다.

48 유기원예에서 이용되는 천적 중 포식성 곤충이 아닌 것은?

① 고치벌
② 팔라시스이리응애
③ 칠레이리응애
④ 풀잠자리

해설
고치벌은 기생성 천적에 속한다.

49 다음에서 설명하는 것은?

> 어떤 좁은 범위의 특정한 일장에서만 화성이 유도되며, 2개의 뚜렷한 한계일장이 있다.

① 장일식물
② 단일식물
③ 정일성식물
④ 중성식물

해설
③ 정일식물(중간식물) : 좁은 범위의 특정한 일장 영역에서만 개화하는, 즉 2개의 한계일장을 갖는 식물
① 장일식물 : 유도일장 주체는 장일측에 있고, 한계일장은 단일측에 있다.
② 단일식물 : 유도일장의 주체는 단일측에 있고, 한계일장은 장일측에 있다.
④ 중성식물(중일식물) : 일장에 관계없이 개화하는 식물

50 유기농업의 병충해 방제법으로 볼 수 없는 것은?

① 경종적 방제법
② 생물학적 방제법
③ 기계적 방제법
④ 화학적 방제법

해설
유기가공식품의 해충 및 병원균 관리를 위해 예방적 방법, 기계적·물리적·생물학적 방법을 우선 사용해야 하고, 불가피한 경우 법에서 정한 물질을 사용할 수 있으며, 그 밖의 화학적 방법이나 방사선 조사방법을 사용하지 않을 것

51 유기양계에서 필요하거나 허용되는 사육장 및 사육조건이 아닌 것은?

① 가금의 크기와 수에 적합한 홰의 크기
② 톱밥·모래 등 깔짚으로 채워진 축사
③ 높은 수면공간
④ 닭을 사육하는 케이지

해설
가금은 개방조건에서 사육되어야 하고, 기후조건이 허용하는 한 야외 방목장에 접근이 가능하여야 하며, 케이지에서 사육하지 아니할 것

52 잡종강세 이용에 있어 단교잡법에 대한 일반적인 설명으로 틀린 것은?

① 관여하는 계통이 2개이므로 우량한 조합의 선정이 용이하다.
② 잡종강세 현상이 뚜렷하다.
③ 종자의 발아력이 강하다.
④ 1대 잡종종자의 생산량이 적다.

해설
종자생산량이 적고 발아력이 떨어진다.

53 다음에서 설명하는 자재의 명칭은?

> • $CH_2 = CH_2$와 $CH_2 = CHOCOCH$의 공중합수지로 기초 피복재로서의 우수한 특징을 지니고 있다.
> • 광투과율이 높고 항장력과 신장력이 크다.
> • 먼지의 부착이 적고 화학약품에 대한 내성이 강하다.

① 에틸렌아세트산비닐   ② 경질폴리염화비닐
③ 불소수지   ④ 경질폴리에스터

해설
에틸렌아세트산비닐
온실의 기초 피복재로 사용하는 에틸렌과 아세트산의 공중합 수지. 광선 투과율이 높고 항장력과 신장력이 크며 먼지가 적게 부착된다. 저온에 굳지 않고 고온에 흐물대지 않아 모든 계절에 사용할 수 있다. 비료와 약품에 대한 내성이 강하며 가스 발생이나 독성이 없는 장점이 있으나, 가격이 비싸 보급률이 낮은 편이다.

54 1962년 발간된 Rachel L. Carson의 저서로서 무차별한 농약사용이 환경과 인간에게 얼마나 위해한지 경종을 울리게 된 계기가 되었다. 이후 일반인, 학자, 정부관료들의 사고에 변화를 유도하여 IPM 사업이 발아하게 된 저서의 이름은?

① 토양비옥도
② 농업성전
③ 농업과정
④ 침묵의 봄

해설
'침묵의 봄'이 발간되면서 농약의 부작용 문제가 대두하게 되었다. 농약은 빠르고 정확하게 해충을 방제하는 효과가 있지만, 인간과 가축에 대한 농약잔류의 위험, 농약에 저항성이 있는 해충의 출현, 천적의 사라짐으로 인한 해충의 돌발적 발생, 잠재해충의 문제 해충화 등의 부작용을 낳았다.

55 유기 경작을 하기 위한 토양비옥도 유지·증진 방안으로 볼 수 없는 것은?

① 합리적인 윤작 체계 운영
② 완숙퇴비에 의한 토양 미생물의 증진
③ 토양 살충제에 의한 유해 미생물의 퇴치
④ 대상재배(Strip Cropping)와 간작

해설
토양 비옥도를 유지·증진시키는 수단
• 작물윤작(합리적인 윤작 체계 운영)
• 완숙퇴비에 의한 토양 미생물의 증진
• 대상재배와 간작
• 담수, 세척, 객토, 환토
• 피복작물의 재배
• 두과 및 녹비작물의 재배
• 발효액비 사용 및 미량요소의 보급
• 최소 경운 또는 무경운
• 비료의 선택과 시비량의 적정화
• 작물잔재와 축산분뇨의 재활용
• 가축의 순환적 방목

56 벼 도열병과 관련된 설명으로 옳은 것은?

① 일조량이 적고 비교적 저온 다습할 때 많이 발생한다.
② 규산질 비료를 과다하게 사용할 시 발병이 증가한다.
③ 전염원은 병든 볏짚이며 볍씨로는 전염되지 않는다.
④ 조식, 밀식조건에서 발병이 조장된다.

해설
벼 도열병의 발병요인 및 예방법
• 일조량이 적고 비교적 저온 다습할 때 많이 발생한다.
• 질소질 비료의 과다 등으로 전 생육기간에 걸쳐 발병한다.
• 도열병균은 이병된 볏짚 또는 볍씨에 잠복했다가 표면에 분생포자를 형성하여 다음 해에 1차 전염병원이 되기도 한다.

57 피복재의 역학적 특성 중 "피복재가 늘어나는 정도"를 나타내는 용어는?

① 방진성
② 폐기성
③ 신장률
④ 굴절률

해설
피복재의 특성
• 방진성 : 먼지의 부착 정도
• 폐기성 : 분해성, 환경오염 정도, 친환경성
• 유적성(무적성) : 물방울이 부착되지 않고 흘러내리는 정도
• 내구성 : 실용적으로 사용 가능한 피복재의 수명
• 작업성 : 자재 간의 접착성, 무게 등 피복작업의 용이성
• 경제성 : 수명과 가격
• 안전성 : 유해가스 발생, 독성여부
• 내약품성 : 화학약품, 농약 등에 대해 견디는 정도

58 박과 채소류 접목의 일반적인 효과에 대한 설명으로 틀린 것은?

① 당도가 증가한다.
② 토양전염성 병의 발생을 억제한다.
③ 저온·고온 등 불량환경에 대한 내성이 증대된다.
④ 양·수분 흡수 촉진을 통해 생육이 증대된다.

해설
박과채소류 접목육묘

장 점	단 점
• 토양 전염병 발생이 적어진다. • 불량환경에 대한 내성이 증대된다. • 흡비력이 강해진다. • 과습에 잘 견딘다. • 과실 품질이 우수해진다.	• 질소과다 흡수 우려 • 기형과 많이 발생 • 당도가 떨어진다. • 흰가루병에 약하다.

59 웅성불임성을 이용하는 작물로만 짝지어진 것은?

① 무, 양배추
② 배추, 브로콜리
③ 순무, 브로콜리
④ 당근, 양파

해설
웅성불임성과 자가불화합성 이용작물
• 웅성불임성 : 고추, 양파, 당근, 상추 등
• 자가불화합성 : 무, 순무, 배추, 양배추, 브로콜리 등

60 정부가 추진한 친환경농업정책의 시행 연도와 그 내용이 옳게 짝지어진 것은?

① 1988년 환경농업육성법 제정
② 1989년 친환경농업 원년 선포
③ 2000년 친환경농업 직접 지불제 도입
④ 2001년 친환경농업육성 5개년 계획 수립

해설
① 1997년 환경농업육성법 제정
② 1998년 11월11일 정부가 '친환경유기농업 원년'을 선포함과 동시에 소비자협동조합법(일명, 생협법)을 제정 공포
③ 1999년 친환경농업 직접 지불제 도입

제4과목 유기식품 가공·유통론

61 막 분리공정 중 주로 저분자 물질과 고분자 물질의 분리에 사용되는 방법은?

① 역삼투
② 투 석
③ 전기투석
④ 한외여과

해설
한외여과법은 반투막을 이용하여 저분자와 고분자 물질을 분리하는 방법으로 주로 물에 용해된 고분자의 농축과 정제에 이용되고 있다.

62 친환경농식품 유통조직(기구)가 창출할 수 있는 기능이 아닌 것은?

① 물품을 한 장소에서 다른 장소로 전달하는 장소(Place)의 기능
② 대량생산된 물품을 잘게 쪼개 물품구색을 형성하는 형태(Form)로서의 기능
③ 정보탐색이 용이하도록 접촉점을 제공하는 탐색(Search)의 기능
④ 생산자와 소비자 간의 거래횟수(Transaction Frequency) 증가의 기능

해설
유통기관의 기능
• 거래의 효율성 증대 : 유통기관(도소매기관)이 존재함으로써 생산자와 소비자의 직거래(분산적 교환), 즉 도소매에 의한 집중적 교환으로 인해 거래횟수가 줄고 사회적 비용도 감소한다.
• 구색갖춤
• 제품의 소량단위화
• 거래의 단순화
• 정보탐색의 용이성

63 지역농산물 이용촉진 등 농산물 직거래 활성화에 관한 법률상 농산물 직거래에 해당하지 않는 것은?(단, 그 밖에 대통령령으로 정하는 농산물 거래 행위는 제외한다)

① 생산자로부터 농산물의 판매를 위탁받아 농산물직판장을 통해 소비자에게 판매하는 행위
② 생산자로부터 농산물을 구입한 자가 이를 소비자에게 직접 판매하는 행위
③ 소비자로부터 농산물의 구입을 위탁받아 생산자로부터 이를 직접 구입하는 행위
④ 생산자로부터 농산물의 판매를 위탁받아 소비자에게 판매하는 행위

해설
정의(지역농산물 이용촉진 등 농산물 직거래 활성화에 관한 법률 제2조제3호)
'농산물 직거래'란 생산자와 소비자가 직접 거래하거나, 중간 유통단계를 한 번만 거쳐 거래하는 것으로서 다음의 어느 하나에 해당하는 행위를 말한다.
가. 자신이 생산한 농산물을 소비자에게 직접 판매하는 행위
나. 생산자로부터 농산물의 판매를 위탁받아 소비자에게 판매하는 행위
다. 생산자로부터 농산물을 구입한 자가 이를 소비자에게 직접 판매하는 행위
라. 소비자로부터 농산물의 구입을 위탁받아 생산자로부터 이를 직접 구입하는 행위
마. 그 밖에 대통령령으로 정하는 농산물 거래 행위

64 유기식품을 취급하는 자가 지켜야 할 사항으로 틀린 것은?

① 취급과정에서 방사선은 해충방제, 식품보존, 병원체의 제거 또는 위생관리 등을 위해 사용할 수 없다.
② 유기식품을 저장·운송·취급할 때는 유기제품에 표시를 한 경우 비유기제품과 혼입할 수 있다.
③ 최종 제품에 합성농약 성분이 검출되지 않도록 하여야 한다.
④ 인증품에는 제조단위번호(인증품 관리번호), 표준바코드 또는 전자태그(RFID tag)를 표시하여야 한다.

해설
제품을 저장, 운송, 취급할 때는 다음 사항을 지켜 원래의 상태를 유지시킨다.
• 유기제품과 비유기 제품이 섞이지 않게 한다.
• 유기제품이 유기농법에서 허용되지 않는 물질과 접촉되지 않게 한다.

65 유기농림산물 재배를 위한 퇴비의 중금속 검사 성분이 아닌 것은?

① 셀레늄   ② 카드뮴
③ 6가크로뮴   ④ 니 켈

해설
퇴비의 중금속 검사성분
카드뮴, 비소, 수은, 납, 6가크로뮴, 구리, 아연, 니켈

66 식중독을 유발하는 바실러스 세레우스(*Bacillus cereus*)에 대한 설명으로 틀린 것은?

① 토양 등 자연계에서 널리 분포하고 있다.
② 아포형성균이며 통성혐기성균이다.
③ 균체 내 독소를 생산한다.
④ 쌀밥이나 볶음밥에서 분리할 수 있다.

해설
독소 생성 식중독균은 생육환경인자가 불리하면 균의 증식이 일어나도 이 독소를 생성하지 못한다.

67 근해산 해산어패류를 생식하였을 때 발생하는 패혈증의 원인은?

① *Morganella morganii*
② *Staphylococcus aureus*
③ *Vibrio parahaemolyticus*
④ *Vibrio vulnificus*

해설
비브리오 패혈증균(*Vibrio vulnificus*) 원인식품
따뜻한 해수지역에서 채취된 해산물이 주요 오염원이고, 어패류, 사람 피부의 상처를 통해서도 감염된다.

68 유기농 오이 한 개의 가격이 1,000원에서 1,300원으로 상승함에 따라 소비량이 100개에서 40개로 줄어들었다. 이 경우 유기농 오이 수요의 가격탄력성을 산출하면?

① 0.5   ② −0.5
③ 2.0   ④ −2.0

해설
가격탄력성 = 수요량변화율/가격변화율
$$= \{(100 - 40)/100\}/\{(1,000 - 1,300)/100\}$$
$$= -2.0$$

69 비타민 C라고 불리며, 산소와 접촉하면 쉽게 산화되어 효력을 잃는 것은?

① Acetic Acid   ② Ascorbic Acid
③ Malic Acid   ④ Tartaric Acid

해설
1933년 스위스의 과학자 라이히슈타인이 비타민 C의 공식명칭으로 Ascorbic Acid(아스코빈산)라고 명명하고 비타민 C부족으로 사망에 이르는 병이 될 수도 있는 괴혈병 치료에 비타민 C를 의학적으로 사용하기 시작했다.

70 유기농 감귤을 유통하는 과정에서 발생할 수 있는 물리적 위험은?

① 오렌지의 수입 급증에 따른 유기농 감귤 가격 하락
② 소비자 기호 변화에 따른 유기농 감귤 소비 감소
③ 태풍 및 집중호우에 따른 유기농 감귤 파손율 증가
④ 급격한 경제상황 악화에 따른 유기농 감귤시장 축소

해설
물리적 위험과 시장위험
• 물리적 위험 : 파손, 부패, 감모, 화재, 동해, 풍수해, 열해, 지진 등
• 시장위험(경제적 위험) : 농산물의 가치 하락, 소비자의 기호나 유행 변화로 인한 수요의 감소, 경쟁조건의 변화, 법령의 개정이나 제정, 예측의 착오

71 고기의 훈연효과로 가장 거리가 먼 것은?

① 육질의 연화
② 저장성 증대
③ 고기의 내부 살균
④ 독특한 맛과 향의 생성

해설
훈연의 효과
식품의 풍미 증진, 육질의 연화, 훈연색상을 부여함으로써 외관 개선, 보존성 증진, 산화방지 효과 등이 있다.

72 식품미생물의 증식에 관한 설명으로 틀린 것은?

① 온도 : 일반적으로 중온균은 20~40℃에서 잘 자란다.
② pH : 세균은 일반적으로 중성부근에서 잘 자란다.
③ 산소 : 반드시 산소가 있어야 자랄 수 있다.
④ 수분활성도 : 수분활성도를 떨어뜨리면 세균, 효모, 곰팡이 순으로 생육이 어려워진다.

해설
산소 : 혐기성 미생물은 산소가 없는 상태에서도 잘 자란다.

73 미국산 쇠고기와 아이스크림, 냉동만두, 냉동피자 등에서 유래되는 식중독의 원인균은?

① 살모넬라
② 장염비브리오
③ 리스테리아
④ 캠필로박터

해설
리스테리아(*Listeria monocytogenes*) 원인식품
원유, 살균처리하지 아니한 우유, 핫도그, 치즈(특히 소프트 치즈), 아이스크림, 소시지 및 건조 소시지, 가공·비가공 가금육, 비가공 식육 등 식육제품과 비가공·훈연생성 및 채소류 등

74 다음 중 동물근원 천연첨가물은?

① 코지산
② 프로타민
③ 폴리라이신
④ 히노키티올

해설
이리단백(Milt Protein) : 연어과 연어, 고등어과 가다랑어 등의 정소(이리)의 핵산과 염기성단백질을 산으로 분해한 후 중화하여 얻어진 물질로서 성분은 염기성단백질(프로타민, 히스톤)이다.

75 친환경농산물의 도매상과 대형유통업체 같은 소매상 등의 활동내용을 분석하여 그 특징을 밝히는 연구방법은?

① 기능별 연구
② 기관별 연구
③ 상품별 연구
④ 관리적 연구

해설
마케팅의 연구방법
• 상품별 연구방법 : 특정상품별로 그 마케팅 제도를 검토하는 방법이다. 예를 들면 각 상품별로 제품특성, 가격상황, 유통경로와 유통관행, 광고의 판촉방법, 관계행정시책과 법규 등에 관한 사항을 연구하는 것을 말한다.
• 기관별 연구방법 : 생산자, 대리점, 도매상, 소매상, 마케팅 조성기관 등과 같이 마케팅 시스템상에서 어느 한 부분을 차지하고 있는 특정유통기관의 성격, 진화 및 기능 등을 중점적으로 연구하는 것을 말한다.
• 기능별 연구방법 : 구매, 판매, 수송, 저장, 금융, 촉진 등과 같은 마케팅기능을 중심으로 연구하는 것으로서, 상품이 생산자로부터 소비자에게 도달하기까지의 유통과정에 참여하는 각 구성주체가 수행하는 사회적·경제적 역할을 밝히려는 것이다.
• 관리적 연구방법 : 기업이라는 행동실체를 중심으로 하는 연구방법으로서, 마케팅관리자가 수행하는 계획, 조직, 지휘, 조정, 통제 등의 관리기능에 중점을 둔다.
• 시스템적 연구방법 : 복잡하게 얽혀진 문제의 해결을 위하여 연구대상인 사물 또는 현상을 상호 관련이 있는 부분의 전체적인 시스템으로 인식한 다음에, 부분과 부분의 상호관련 및 부분과 전체와의 관련을 규명하고자 하는 것이다.
• 사회적 연구방법 : 여러 마케팅기관이나 그것이 수행한 마케팅활동이 이룩하였거나 발생시킨 마케팅의 사회적 공헌과 비용 등의 사회적 귀결에 중점을 두고 연구하는 것을 말한다.

76 식품의 냉장 보관 시 고려해야 할 사항으로 틀린 것은?

① 식품의 종류에 따라 냉장온도를 달리한다.
② 과일과 채소의 경우 대체로 −5℃ 정도가 가장 적당하다.
③ 냉장실 내부 온도는 일정하게 유지되어야 한다.
④ 육류, 우유 등은 빙결 온도 이상의 냉장온도 중 미생물 활동을 억제할 수 있는 온도에서 저장한다.

해설
대부분의 과일과 채소는 얼지 않는 최저 온도에서 저장해야 가장 오랫동안 저장할 수 있다.

77 직경이 2cm인 파이프에 물이 4m/s의 속도로 흐르고 있다. 파이프 직경이 4cm로 증가하면 물의 속도는 얼마로 변화하겠는가?(단, 동일한 유량이 흐르고 있음)

① 1m/s
② 2m/s
③ 6m/s
④ 8m/s

해설
V(유속) $= Q$(유량)$/A$(배관 단면적)

- 유량 $Q = \left(\dfrac{3.14 \times 0.02^2}{4}\right) \times 4\text{m/sec} = 0.001256$
- 단면적 $A = \dfrac{3.14 \times 0.04^2}{4} = 0.001256$

$\therefore$ 유속 $= \dfrac{0.001256}{0.001256} = 1\text{m/s}$

78 샐러드 원료용으로서 호흡작용이 왕성한 농산물을 슬라이스형태로 절단하여 MA 포장할 때 가장 적합한 포장재질은?

① 폴리에틸렌(PE)
② 폴리아마이드(PA)
③ 폴리에스터(PET)
④ 폴리염화비닐리덴(PVDC)

해설
MA저장의 내용물은 폴리에틸렌(PE) 또는 폴리프로필렌(PP) 등의 플라스틱필름으로 포장한다.

79 유기가공식품 생산 시 식품첨가물로 이용되는 '천연향료' 추출을 위하여 사용할 수 없는 물질은?

① 물
② 헥 산
③ 발효주정
④ 이산화탄소

해설
천연향료 식품첨가물로 사용 시
사용 가능 용도 제한 없음. 다만, 식품위생법 제7조제1항에 따라 식품첨가물의 기준 및 규격이 고시된 천연향료로서 물, 발효주정, 이산화탄소 및 물리적 방법으로 추출한 것만 사용할 것

80 유기과채류 가공식품 제조방법으로 틀린 것은?

① 과채류는 비타민 등 영양분 손실이 적게 가공하는 것이 좋다.
② 채소류는 알칼리성이기 때문에 산성 첨가물을 최대로 사용하여 가공하는 것이 좋다.
③ 잼류는 펙틴, 산, 당분이 적당한 원료를 사용하여 가공하는 것이 좋다.
④ 부패 및 변질이 잘되지 않는 원료를 사용하여 가공하는 것이 좋다.

해설
채소류에 산성 첨가물을 과잉첨가하면 젖산균 등 유효균의 발육이 제한을 받게 된다.

유기농업 관련 규정

81 농림축산식품부 소관 친환경농어업 육성 및 유기식품 등의 관리·지원에 관한 법률 시행규칙상 유기농산물 및 유기임산물의 인증기준에 대한 내용으로 틀린 것은?

① 병해충 및 잡초는 유기농업에 적합한 방법으로 방제·관리할 것
② 장기간의 적절한 돌려짓기(윤작)을 실시할 것
③ 재배용수는 관련법에 따른 먹는 물의 수질기준 이상만 사용할 것
④ 화학비료, 합성농약 또는 합성농약 성분이 함유된 자재를 사용하지 않을 것

해설
유기농산물 및 유기임산물의 인증기준 – 재배포장, 재배용수, 종자(친환경농어업법 시행규칙 [별표 4])
재배용수는 환경정책기본법 시행령에 따른 농업용수 이상의 수질기준에 적합해야 하며, 농산물의 세척 등에 사용되는 용수는 먹는물 수질기준 및 검사 등에 관한 규칙에 따른 먹는물의 수질기준에 적합할 것

82 유기식품 및 무농약농산물 등의 인증에 관한 세부실시 요령상 유기농산물의 인증기준에서 병해충 및 잡초의 방제·조절 방법으로 거리가 먼 것은?

① 무경운
② 적합한 돌려짓기(윤작) 체계
③ 덫과 같은 기계적 통제
④ 포식자와 기생동물의 방사 등 천적의 활용

해설
유기농산물 – 재배방법(유기식품 및 무농약농산물 등의 인증에 관한 세부실시 요령 [별표 1])
병해충 및 잡초는 다음의 방법으로 방제·조절해야 한다.
• 적합한 작물과 품종의 선택
• 적합한 돌려짓기(윤작) 체계
• 기계적 경운
• 재배포장 내의 혼작·간작 및 공생식물의 재배 등 작물체 주변의 천적활동을 조장하는 생태계의 조성
• 멀칭·예취 및 화염제초
• 포식자와 기생동물의 방사 등 천적의 활용
• 식물·농장퇴비 및 돌가루 등에 의한 병해충 예방 수단
• 동물의 방사
• 덫·울타리·빛 및 소리와 같은 기계적 통제

83 농림축산식품부 소관 친환경농어업 육성 및 유기식품 등의 관리·지원에 관한 법률 시행규칙상 유기축산물 생산과정 중 '사료의 품질저하 방지 또는 사료의 효용을 높이기 위해 사료에 첨가하여 사용 가능한 물질'에 해당하지 않는 것은?(단, 사용 가능 조건을 모두 만족한다)

① 당분해효소
② 항응고제
③ 규조토
④ 박테리오파지

해설
유기축산물 및 비식용유기가공품 – 사료의 품질저하 방지 또는 사료의 효용을 높이기 위해 사료에 첨가하여 사용 가능한 물질(친환경농어업법 시행규칙 [별표 1])

구 분	사용 가능 물질	사용 가능 조건
천연 보존제	산미제, 항응고제, 항산화제, 항곰팡이제	• 천연의 것이거나 천연에서 유래한 것일 것 • 합성농약 성분 또는 동물용의약품 성분을 함유하지 않을 것 • 유전자변형생물체의 국가간 이동 등에 관한 법률 제2조제2호에 따른 유전자변형생물체(이하 '유전자변형생물체') 및 유전자변형생물체에서 유래한 물질을 함유하지 않을 것
효소제	당분해효소, 지방분해효소, 인분해효소, 단백질분해효소	
미생물제제	유익균, 유익곰팡이, 유익효모, 박테리오파지	

84 친환경농어업 육성 및 유기식품 등의 관리·지원에 관한 법률상 친환경농업 또는 친환경어업 육성계획에 포함되지 않는 것은?

① 친환경농어업의 공익적 기능 증대 방안
② 친환경농어업의 발전을 위한 국제협력 강화 방안
③ 농어업 분야의 환경보전을 위한 정책목표 및 기본방향
④ 친환경농산물의 생산 증대를 위한 유기·화학자재 개발 보급 방안

해설
친환경농어업 육성계획(친환경농어업법 제7조제2항)
육성계획에는 다음의 사항이 포함되어야 한다.
• 농어업 분야의 환경보전을 위한 정책목표 및 기본방향
• 농어업의 환경오염 실태 및 개선대책
• 합성농약, 화학비료 및 항생제·항균제 등 화학자재 사용량 감축 방안
• 친환경 약제와 병충해 방제 대책
• 친환경농어업 발전을 위한 각종 기술 등의 개발·보급·교육 및 지도 방안
• 친환경농어업의 시범단지 육성 방안
• 친환경농수산물과 그 가공품, 유기식품등 및 무농약원료가공식품의 생산·유통·수출 활성화와 연계강화 및 소비 촉진 방안
• 친환경농어업의 공익적 기능 증대 방안
• 친환경농어업 발전을 위한 국제협력 강화 방안
• 육성계획 추진 재원의 조달 방안
• 제26조 및 제35조에 따른 인증기관의 육성 방안
• 그 밖에 친환경농어업의 발전을 위하여 농림축산식품부령 또는 해양수산부령으로 정하는 사항

85 농림축산식품부 소관 친환경농어업 육성 및 유기식품 등의 관리·지원에 관한 법률 시행규칙상 유기축산물 생산을 위한 사료 및 영양관리 내용으로 옳은 것은?

① 반추가축에게 담근먹이만 급여할 것
② 가축에게 농업용수의 수질기준에 적합한 음용수를 상시 급여할 것
③ 합성농약 또는 합성농약 성분이 함유된 동물용의약품 등의 자재를 사용하지 않을 것
④ 유기가축에게는 50% 이상의 유기사료를 공급하는 것을 원칙으로 할 것

해설
유기축산물의 인증기준 – 사료 및 영양관리(친환경농어업법 시행규칙 [별표 4])
• 유기가축에게는 100% 유기사료를 공급하는 것을 원칙으로 할 것. 다만, 극한 기후조건 등의 경우에는 국립농산물품질관리원장이 정하여 고시하는 바에 따라 유기사료가 아닌 사료를 공급하는 것을 허용할 수 있다.
• 반추가축에게 담근먹이(사일리지)만을 공급하지 않으며, 비반추가축도 가능한 조사료(粗飼料 : 생초나 건초 등의 거친 먹이)를 공급할 것
• 유전자변형농산물 또는 유전자변형농산물에서 유래한 물질은 공급하지 않을 것
• 합성화합물 등 금지물질을 사료에 첨가하거나 가축에 공급하지 않을 것
• 가축에게 환경정책기본법 시행령에 따른 생활용수의 수질기준에 적합한 먹는 물을 상시 공급할 것
• 합성농약 또는 합성농약 성분이 함유된 동물용의약품 등의 자재를 사용하지 않을 것

정답 84 ④ 85 ③

86 농림축산식품부 소관 친환경농어업 육성 및 유기식품 등의 관리·지원에 관한 법률 시행규칙상 유기가공식품에서 가공보조제로 사용이 가능한 물질 중 응고제로 허용되지 않는 것은?

① 황산칼슘
② 염화칼슘
③ 탄산나트륨
④ 염화마그네슘

해설
유기가공식품 – 식품첨가물 또는 가공보조제로 사용 가능한 물질(친환경농어업법 시행규칙 [별표 1])

명칭(한)	가공보조제로 사용 시	
	사용 가능 여부	사용 가능 범위
염화마그네슘	○	응고제
염화칼슘	○	응고제
조제해수 염화마그네슘	○	응고제
황산칼슘	○	응고제
탄산나트륨	○	설탕 가공 및 유제품의 중화제

87 농림축산식품부 소관 친환경농어업 육성 및 유기식품 등의 관리·지원에 관한 법률 시행규칙상 용어의 정의로 틀린 것은?

① 재배포장이라 함은 작물을 재배하는 일정구역을 말한다.
② 돌려짓기(윤작)라 함은 동일한 재배포장에서 동일한 작물을 연이어 재배하는 것을 말한다.
③ 휴약기간이라 함은 사육되는 가축에 대해 그 생산물이 식용으로 사용되기 전에 동물용의약품의 사용을 제한하는 일정기간을 말한다.
④ 생산자단체로 함은 5명 이상의 생산자로 구성된 작목반, 작목회 등 영농 조직, 협동조합 또는 영농 단체를 말한다.

해설
유기식품 등의 생산, 제조·가공 또는 취급에 필요한 인증기준 – 용어의 정리(친환경농어업법 시행규칙 [별표 4])
'돌려짓기(윤작)'란 동일한 재배포장에서 동일한 작물을 연이어 재배하지 않고, 서로 다른 종류의 작물을 순차적으로 조합·배열하여 차례로 심는 것을 말한다.

88 유기식품 및 무농약농산물 등의 인증에 관한 세부실시 요령에 의한 유기농산물의 인증기준 세부사항에서 재배포장은 유기농산물을 처음 수확하기 전 몇 년 이상의 전환기간 동안 관련법에 따른 재배방법을 준수하여야 하는가? (단, 토양에 직접 심지 않는 작물의 재배포장은 제외한다)

① 3개월
② 6개월
③ 1년
④ 3년

해설
유기농산물 – 재배포장, 용수, 종자(유기식품 및 무농약농산물 등의 인증에 관한 세부실시 요령 [별표 1])
재배포장은 유기농산물을 처음 수확 하기 전 3년 이상의 전환기간 동안 다목에 따른 재배방법을 준수한 구역이어야 한다. 다만, 토양에 직접 심지 않는 작물(싹을 틔워 직접 먹는 농산물, 어린잎 채소 또는 버섯류)의 재배포장은 전환기간을 적용하지 아니한다.

89 친환경농어업 육성 및 유기식품 등의 관리·지원에 관한 법률에 따라 국가와 지방자치단체가 농어업 자원의 보전과 환경개선을 위하여 추진하여야 하는 시책으로 가장 거리가 먼 것은?

① 온실가스 발생의 최소화
② 농경지의 개량
③ 농어업 용수의 오염 방지
④ 농수산물 규격의 표준화

해설
농어업 자원 보전 및 환경 개선(친환경농어업법 제10조제1항)
국가와 지방자치단체는 농지, 농어업 용수, 대기 등 농어업 자원을 보전하고 토양 개량, 수질 개선 등 농어업 환경을 개선하기 위하여 농경지 개량, 농어업 용수 오염 방지, 온실가스 발생 최소화 등의 시책을 적극적으로 추진하여야 한다.

90 농림축산식품부 소관 친환경농어업 육성 및 유기식품 등의 관리·지원에 관한 법률 시행규칙에 의한 유기농축산물의 유기표시 글자로 적절하지 않은 것은?

① 유기농한우
② 유기재배사과
③ 유기축산돼지
④ 친환경재배포도

해설
유기농축산물–비식용유기가공품(친환경농어업법 시행규칙 [별표 6])
• 유기, 유기농산물, 유기축산물, 유기임산물, 유기식품, 유기재배농산물 또는 유기농
• 유기재배○○(○○은 농산물의 일반적 명칭으로 한다), 유기축산○○, 유기○○ 또는 유기농○○

91 친환경농어업 육성 및 유기식품 등의 관리 · 지원에 관한 법률에 따른 유기식품 등의 인증 신청 및 심사에 대한 내용으로 틀린 것은?

① 유기식품 등을 생산, 제조 · 가공 또는 취급하는 자는 유기식품 등의 인증을 받으려면 해양수산부장관 또는 지정받은 인증기관에 농림축산식품부령 또는 해양수산부령으로 정하는 서류를 갖추어 신청하여야 한다.

② 해양수산부장관 또는 인증기관은 관련법에 따른 인증 신청자의 신청을 받은 경우 유기식품 등의 인증기준에 맞는지를 심사한 후 그 결과를 신청인에게 알려 주고 그 기준에 맞는 경우에는 인증을 해 주어야 한다.

③ 유기식품 등의 인증을 받은 사업자는 동일한 인증기관으로부터 연속하여 2회를 초과하여 인증(갱신을 포함한다)을 받을 수 없다.

④ 관련법에 따른 인증심사 결과에 대하여 이의가 있는 자는 농산물품질관리사에게 재심사를 신청할 수 있다.

해설
유기식품 등의 인증 신청 및 심사 등(친환경농어업법 제20조제5항)
인증심사 결과에 대하여 이의가 있는 자는 인증심사를 한 해양수산부장관 또는 인증기관에 재심사를 신청할 수 있다.

92 친환경농어업 육성 및 유기식품 등의 관리 · 지원에 관한 법률에서 인증에 관한 규정을 위반하여 3년 이하의 징역 또는 3천만원 이하의 벌금에 처하게 되는 자가 아닌 것은?

① 인증심사업무 결과를 기록하지 아니한 자

② 인증품 또는 공시를 받은 유기농어업자재에 인증 또는 공시를 받은 내용과 다르게 표시를 한 자

③ 인증품에 인증을 받지 아니한 제품 등을 섞어서 판매하거나 섞어서 판매할 목적으로 보관, 운반 또는 진열한 자

④ 인증기관의 지정취소 처분을 받았음에도 인증업무를 한 자

해설
• 벌칙(친환경농어업법 제60조제2항)
다음의 어느 하나에 해당하는 자는 3년 이하의 징역 또는 3천만원 이하의 벌금에 처한다.
1. 인증기관의 지정을 받지 아니하고 인증업무를 하거나 공시기관의 지정을 받지 아니하고 공시업무를 한 자
2. 인증기관 지정의 유효기간이 지났음에도 인증업무를 하였거나 공시기관 지정의 유효기간이 지났음에도 공시업무를 한 자
3. 인증기관의 지정취소 처분을 받았음에도 인증업무를 하거나 공시기관의 지정취소 처분을 받았음에도 공시업무를 한 자
4. 거짓이나 그 밖의 부정한 방법으로 인증심사, 재심사 및 인증변경승인, 인증 갱신, 유효기간 연장 및 재심사 또는 인증기관의 지정 · 갱신을 받은 자
4의2. 거짓이나 그 밖의 부정한 방법으로 인증심사, 재심사 및 인증변경승인, 인증 갱신, 유효기간 연장 및 재심사를 하거나 받을 수 있도록 도와준 자
4의3. 거짓이나 그 밖의 부정한 방법으로 인증심사원의 자격을 부여받은 자
5. 인증을 받지 아니한 제품과 제품을 판매하는 진열대에 유기표시, 무농약표시, 친환경 문구 표시 및 이와 유사한 표시(인증품으로 잘못 인식할 우려가 있는 표시 및 이와 관련된 외국어 또는 외래어 표시를 포함한다)를 한 자
6. 인증품 또는 공시를 받은 유기농어업자재에 인증 또는 공시를 받은 내용과 다르게 표시를 한 자
7. 인증, 인증 갱신 또는 공시, 공시 갱신의 신청에 필요한 서류를 거짓으로 발급한 자
8. 인증품에 인증을 받지 아니한 제품 등을 섞어서 판매하거나 섞어서 판매할 목적으로 보관, 운반 또는 진열한 자
9. 인증을 받지 아니한 제품에 인증표시나 이와 유사한 표시를 한 것임을 알거나 인증품에 인증을 받은 내용과 다르게 표시한 것임을 알고도 인증품으로 판매하거나 판매할 목적으로 보관, 운반 또는 진열한 자
10. 인증이 취소된 제품 또는 공시가 취소된 자재임을 알고도 인증품 또는 공시를 받은 유기농어업자재로 판매하거나 판매할 목적으로 보관 · 운반 또는 진열한 자
11. 인증을 받지 아니한 제품을 인증품으로 광고하거나 인증품으로 잘못 인식할 수 있도록 광고(유기, 무농약, 친환경 문구 또는 이와 같은 의미의 문구를 사용한 광고를 포함한다)하거나 인증품을 인증받은 내용과 다르게 광고한 자
11의2. 공시, 재심사 및 공시 변경승인, 공시 갱신 또는 시기관의 지정 · 갱신을 받은 자
12. 공시를 받지 아니한 자재에 공시의 표시 또는 이와 유사한 표시를 하거나 공시를 받은 유기농어업자재로 잘못 인식할 우려가 있는 표시 및 이와 관련된 외국어 또는 외래어 표시 등을 한 자
13. 공시를 받지 아니한 자재에 공시의 표시나 이와 유사한 표시를 한 것임을 알거나 공시를 받은 유기농어업자재에 공시를 받은 내용과 다르게 표시한 것임을 알고도 공시를 받은 유기농어업자재로 판매하거나 판매할 목적으로 보관, 운반 또는 진열한 자
14. 공시를 받지 아니한 자재를 공시를 받은 유기농어업자재로 광고하거나 공시를 받은 유기농어업자재로 잘못 인식할 수 있도록 광고하거나 공시를 받은 자재를 공시 받은 내용과 다르게 광고한 자
15. 허용물질이 아닌 물질이나 공시기준에서 허용하지 아니하는 물질 등을 유기농어업자재에 섞어 넣은 자
• 과태료(친환경농어업법 제62조제2항)
① 인증심사업무 결과를 기록하지 아니한 자에게는 500만원 이하의 과태료를 부과한다.

93 농림축산식품부 소관 친환경농어업 육성 및 유기식품 등의 관리·지원에 관한 법률 시행규칙상 다음 ( ) 안에 알맞은 것은?

> 제17조(인증의 갱신 등) 인증 갱신신청을 하거나 인증의 유효기간 연장승인을 신청하려는 인증사업자는 그 유효기간이 끝나기 ( ) 전까지 인증신청서에 관련 서류를 첨부하여 인증을 한 인증기관에 제출해야 한다.

① 7일
② 1개월
③ 42일
④ 2개월

해설
인증의 갱신 등(친환경농어업법 시행규칙 제17조제1항)
인증 갱신신청을 하거나 같은 조 제3항에 따른 인증의 유효기간 연장승인을 신청하려는 인증사업자는 그 유효기간이 끝나기 2개월 전까지 인증신청서에 다음의 서류를 첨부하여 인증을 한 인증기관(같은 항 단서에 해당하여 인증을 한 인증기관에 신청이 불가능한 경우에는 다른 인증기관을 말한다)에 제출해야 한다. 다만, 제1호 및 제3호부터 제5호까지의 서류는 변경사항이 없는 경우에는 제출하지 않을 수 있다.
1. 인증품 생산계획서 또는 인증품 제조·가공 및 취급 계획서
2. 경영 관련 자료
3. 사업장의 경계면을 표시한 지도
4. 인증품의 생산, 제조·가공 또는 취급에 관련된 작업장의 구조와 용도를 적은 도면(작업장이 있는 경우로 한정한다)
5. 친환경농업에 관한 교육 이수 증명자료(인증 갱신신청을 하려는 경우로 한정하며, 전자적 방법으로 확인이 가능한 경우는 제외한다)

94 친환경농어업 육성 및 유기식품 등의 관리·지원에 관한 법률상 유기농어업자재 공시의 유효기간은 공시를 받은 날로부터 몇 년인가?

① 1년
② 2년
③ 3년
④ 5년

해설
공시의 유효기간 등(친환경농어업법 제39조제1항)
공시의 유효기간은 공시를 받은 날부터 3년으로 한다.

95 농림축산식품부 소관 친환경농어업 육성 및 유기식품 등의 관리·지원에 관한 법률 시행규칙에 따른 유기가공식품 제조 시 식품첨가물 또는 가공보조제로 사용가능한 물질이 아닌 것은?

① 과일주의 무수아황산
② 두류제품의 염화칼슘
③ 통조림의 L-글루타민산나트륨
④ 유제품의 구연산삼나트륨

해설
L-글루타민산나트륨은 사료의 품질저하 방지 또는 사료의 효용을 높이기 위해 사료에 첨가하여 사용 가능한 물질에 해당한다.
※ 식품첨가물 또는 가공보조제로 사용 가능한 물질(친환경농어업법 시행규칙 [별표 1])

명칭(한)	식품첨가물로 사용 시		가공보조제로 사용 시	
	사용 가능 여부	사용 가능 범위	사용 가능 여부	사용 가능 범위
무수 아황산	○	과일주	×	
염화 칼슘	○	과일 및 채소제품, 두류제품, 지방제품, 유제품, 육류제품	○	응고제
구연산삼 나트륨	○	소시지, 난백의 저온살균, 유제품, 과립음료	×	

96 농림축산식품부 소관 친환경농어업 육성 및 유기식품 등의 관리·지원에 관한 법률 시행규칙에 의한 인증품의 생산, 제조·가공자가 인증품 또는 인증품의 포장·용기에 표시하여야 하는 항목 중 표시 사항이 아닌 것으로만 나열된 것은?

〈보 기〉
㉠ 인증사업자의 성명 또는 업체명
㉡ 생산자의 주민등록번호 앞자리
㉢ 소비자 상담이 가능한 판매원의 전화번호
㉣ 생산연도(과일류에 한함)
㉤ 생산지
㉥ 인증번호

① ㉠, ㉡
② ㉡, ㉣
③ ㉡, ㉢, ㉤
④ ㉠, ㉣, ㉥

해설
인증품 또는 인증품의 포장·용기에 표시하는 방법(친환경농어업법 시행규칙 [별표 7])
각 항목의 구체적인 표시방법은 다음과 같다.
1. 인증사업자의 성명 또는 업체명 : 인증서에 기재된 명칭(단체로 인증받은 경우에는 단체명)을 표시하되, 단체로 인증받은 경우로서 개별 생산자명을 표시하려는 경우에는 단체명 뒤에 개별 생산자명을 괄호로 표시할 수 있다.
2. 전화번호 : 해당 제품의 품질관리와 관련하여 소비자 상담이 가능한 판매원의 전화번호를 표시한다.
3. 사업장 소재지 : 해당 제품을 포장한 작업장의 주소를 번지까지 표시한다.
4. 인증번호 : 해당 사업자의 인증서에 기재된 인증번호를 표시한다.
5. 생산지 : 농수산물의 원산지 표시에 관한 법률에 따른 원산지 표시방법에 따라 표시한다.

97 유기식품 및 무농약농산물 등의 인증에 관한 세부실시 요령상 원재료 함량에 따라 유기로 표시하는 방법 중 주 표시면에 유기 또는 이와 같은 의미의 글자 표시를 할 수 있는 조건은?

① 인증품이면서 유기 원료 65% 이상인 경우
② 인증품이면서 유기 원료 95% 이상인 경우
③ 비인증품(제한적 유기표시 제품)이면서 유기원료 100%인 경우
④ 비인증품(제한적 유기표시 제품)이면서 유기원료 70% 미만(특정원료)인 경우

해설
원재료 함량에 따라 유기로 표시하는 방법(유기식품 및 무농약농산물 등의 인증에 관한 세부실시 요령 [별표 4])

구 분	인증품		비인증품(제한적 유기표시 제품)	
	유기 원료 95% 이상	유기 원료 70% 이상 (유기가공식품·반려동물 사료)	유기 원료 70% 이상	유기 원료 70% 미만 (특정원료)
유기 인증로고의 표시	○	×	×	×
제품명 또는 제품명의 일부에 유기 또는 이와 같은 의미의 글자 표시	○	×	×	×
주표시면에 유기 또는 이와 같은 의미의 글자 표시	○	○	×	×
주표시면 이외의 표시면에 유기 또는 이와 같은 의미의 글자 표시	○	○	○	×
원재료명 표시란에 유기 또는 이와 같은 의미의 글자 표시	○	○	○	○

98 농림축산식품부 소관 친환경농어업 육성 및 유기식품 등의 관리·지원에 관한 법률 시행규칙상 유기가공식품·비식용유기가공품의 인증기준에 대한 내용으로 옳은 것은?

① 해충 및 병원균 관리를 위하여 방사선 조사 방법을 사용할 것

② 비유기 원료 또는 재료의 오염 등 불가항력적인 요인으로 합성농약 성분이 검출된 것으로 입증되는 경우에는 0.01g/kg 이하까지만 허용할 것

③ 유기식품·가공품에 시설이나 설비 또는 원료의 세척, 살균, 소독에 사용된 물질이 국립농산물품질관리원장이 정한 것만 함유될 것

④ 사업자는 국립농산물품질관리원 소속 공무원 또는 인증기관으로 하여금 유기가공식품·비식용유기가공품의 제조·가공 또는 취급의 전 과정에 관한 기록 및 사업장에 접근할 수 있도록 할 것

해설
① 해충 및 병원균 관리를 위해 예방적 방법, 기계적·물리적·생물학적 방법을 우선 사용해야 하고, 불가피한 경우 병해충 관리를 위해 사용 가능한 물질을 사용할 수 있으며, 그 밖의 화학적 방법이나 방사선 조사방법을 사용하지 않을 것

② 합성농약 성분은 검출되지 않을 것. 다만, 비유기 원료 또는 재료의 오염 등 불가항력적인 요인으로 합성농약 성분이 검출된 것으로 입증되는 경우에는 0.01mg/kg 이하까지만 허용한다.

③ 유기식품·유기가공품에 시설이나 설비 또는 원료·재료의 세척, 살균, 소독에 사용된 물질이 함유되지 않도록 할 것

99 친환경농어업 육성 및 유기식품 등의 관리·지원에 관한 법률 시행령상 유기식품 등에 대한 인증을 하는 경우 유기농산물·축산물·임산물의 비율이 유기수산물의 비율보다 클 때의 소관은?

① 한국농수산대학장

② 한국농촌경제연구원장

③ 해양수산부장관

④ 농림축산식품부장관

해설
유기식품 등 인증의 소관(친환경농어업법 시행령 제3조)
유기식품 등에 대한 인증을 하는 경우 유기농산물·축산물·임산물과 유기수산물이 섞여 있는 유기식품 등의 소관은 다음의 구분에 따른다.
1. 유기농산물·축산물·임산물의 비율이 유기수산물의 비율보다 큰 경우 : 농림축산식품부장관
2. 유기수산물의 비율이 유기농산물·축산물·임산물의 비율보다 큰 경우 : 해양수산부장관
3. 유기수산물의 비율이 유기농산물·축산물·임산물의 비율과 같은 경우 : 농림축산식품부장관 또는 해양수산부장관

100 농림축산식품부 소관 친환경농어업 육성 및 유기식품 등의 관리·지원에 관한 법률 시행규칙상 유기식품 등의 유기표시 기준에 있어 유기표시 도형 내부 또는 하단에 사용할 수 없는 글자는?

① ORGANIC

② MAFRA KOREA

③ ECO FRIENDLY

④ 농림축산식품부

해설
유기표시 도형 – 작도법(친환경농어업법 시행규칙 [별표 6])
표시 도형 내부에 적힌 "유기", "(ORGANIC)", "ORGANIC"의 글자 색상은 표시 도형 색상과 같게 하고, 하단의 "농림축산식품부"와 "MAFRA KOREA"의 글자는 흰색으로 한다.

2021년 제3회 과년도 기출문제

제1과목 재배원론

01 다음 중 연작 장해가 가장 심한 작물은?

① 당 근   ② 시금치

③ 수 박   ④ 파

해설

작물의 기지 정도

• 연작의 피해가 적은 작물 : 벼, 맥류, 조, 수수, 옥수수, 고구마, 삼, 담배, 무, 당근, 양파, 호박, 연, 순무, 뽕나무, 아스파라거스, 토당귀, 미나리, 딸기, 양배추, 사탕수수, 꽃양배추, 목화 등

• 1년 휴작 작물 : 시금치, 콩, 파, 생강, 쪽파 등

• 2~3년 휴작 작물 : 마, 감자, 잠두, 오이, 땅콩 등

• 3~4년 휴작 작물 : 쑥갓, 토란, 참외, 강낭콩 등

• 5~7년 휴작 작물 : 수박, 가지, 완두, 우엉, 고추, 토마토, 레드클로버, 사탕무, 대파 등

• 10년 이상 휴작 작물 : 아마, 인삼 등

02 고구마의 저장온도와 저장습도로 가장 적합한 것은?

① 1~4℃, 60~70%

② 5~7℃, 70~80%

③ 13~15℃, 80~90%

④ 15~17℃, 90% 이상

해설

일반적으로 고구마 저장에 알맞은 온도는 13~15℃며 습도는 80~90% 이다.

03 다음 중 질산태질소에 관한 설명으로 옳은 것은?

① 산성토양에서 알루미늄과 반응하여 토양에 고정되어 흡수율이 낮다.

② 작물의 이용형태로 잘 흡수·이용하지만 물에 잘 녹지 않으며 지효성이다.

③ 논에서는 탈질작용으로 유실이 심하다.

④ 논에서 환원층이 주면 비효가 오래 지속된다.

해설

탈질작용은 물이 차 있는 논에서와 같이 산소가 부족하고 유기물이 많은 곳에서 일어나기 쉽다(질산태 질소가 환원층에 있을 때).

04 다음 중 세포의 신장을 촉진시키며 굴광현상을 유발하는 식물호르몬은?

① 옥 신

② 지베렐린

③ 사이토카이닌

④ 에틸렌

해설

굴광현상은 옥신의 농도차에 의해 나타난다.

05 다음 중 하고현상이 가장 심하지 않은 목초는?

① 티머시

② 켄터키블루그래스

③ 레드클로버

④ 화이트클로버

해설

티머시, 알팔파, 레드클로버, 켄터키블루그래스와 같이 하고현상을 보이는 목초를 한지형목초라고 한다.

06 식물의 무기영양설을 제창한 사람은?

① 바빌로프
② 캔돌레
③ 린 네
④ 리비히

해설
독일의 식물영양학자 리비히(J. V. Liebig)
식물이 빨아먹는 것은 부식이 아니라 부식이 분해되어서 나온 무기영양소를 먹는다는 '무기양분설(Mineral Thoery)'을 주장했다.

07 다음 중 파종량을 늘려야 하는 경우로 가장 적합한 것은?

① 단작을 할 때
② 발아력이 좋을 때
③ 따뜻한 지방에 파종할 때
④ 파종기가 늦어질 때

해설
파종량을 늘려야 하는 경우
• 품종의 생육이 왕성하지 않은 것
• 기후조건 : 한지 > 난지
• 땅이 척박하거나 시비량이 적을 때
• 발아력이 감퇴된 것 또는 경실을 많이 포함하고 있는 것
• 파종기가 늦어질 경우
• 토양이 건조한 경우
• 발아기 전후에 병충해 발생의 우려가 큰 경우

08 벼, 보리 등 자가수분작물의 종자갱신방법으로 옳은 것은?(단, 기계적 혼입의 경우는 제외한다)

① 자가에서 정선하면 종자를 교환할 필요가 없다.
② 원종장에서 보급종을 3~4년마다 교환한다.
③ 원종장에서 10년마다 교환한다.
④ 작황이 좋은 농가에서 15년마다 교환한다.

해설
종자갱신 주기
벼, 보리, 콩 등 자식성 작물의 종자갱신 연한은 4년 1기이다. 옥수수와 채소류의 1대잡종 품종은 매년 새로운 종자를 사용한다.

09 토양의 pH가 1단위 감소하면 수소이온의 농도는 몇 % 증가하는가?

① 1%
② 10%
③ 100%
④ 1,000%

해설
pH 1은 10^{-1}이다. 수소이온 농도가 1/10이라는 뜻이다.
pH 2은 10^{-2}이다. 수소이온 농도가 1/100이라는 뜻이다.
pH 3은 10^{-3}이다. 수소이온 농도가 1/1,000이라는 뜻이다.
토양의 pH가 1단위 감소하면 수소이온의 농도는 10배(1,000%)씩 증가한다.

10 다음 중 봄철 늦추위가 올 때 동상해의 방지책으로 옳지 않은 것은?

① 발연법
② 송풍법
③ 연소법
④ 냉수온탕법

해설
냉수온탕법은 종자소독법에 속한다.
※ 동상해의 대책
• 입지조건 개선 : 방풍림 조성, 방풍울타리 설치
• 내동성 작물과 품종을 선택한다(추파맥류, 목초류).
• 재배적 대책 : 보온재배, 뿌리골 깊게 파종, 인산·칼리질 비료 증시, 월동 전 답압을 통해 내동성 증대
• 응급대책 : 관개법, 송풍법, 피복법, 발연법, 연소법, 살수 결빙법

11 건물생산이 최대로 되는 단위면적당 군락엽면적을 뜻하는 용어는?

① 최적 엽면적
② 비엽면적
③ 엽면적지수
④ 총엽면적

해설
최적 엽면적
• 군락상태에서 건물생산을 최대로 할 수 있는 엽면적이다.
• 군락의 최적 엽면적은 생육시기, 일사량, 수광태세 등에 따라 다르다.
• 최적 엽면적지수를 크게 하는 것은 군락의 건물 생산능력을 크게 하여 수량을 증대시킨다.

12 작물이 정상적으로 생육하는 토양의 유효수분 범위(pF)는?

① 1.8~3.0
② 18~30
③ 180~300
④ 1,800~3,000

해설
유효수분은 포장용수량과 영구위조점(pF 2.5~4.2) 사이의 토양수분
• 일반작물의 유효수분 : pF 1.8~4.0
• 정상생육 : pF 1.8~3.0

13 다음 중 벼 장해형 냉해에 가장 민감한 시기로 옳은 것은?

① 유묘기
② 감수분열기
③ 최고 분얼기
④ 유숙기

해설
장해형 냉해는 유수형성기에서 출수개화기까지, 특히 수잉기의 생식세포감수분열기의 냉온에 의해서 화분이나 배낭 등 생식기관이 정상적으로 형성되지 못하거나 화분방출, 수정장해를 유발하여 불임현상이 초래되는 형의 냉해를 말한다.

14 무기성분의 산화와 환원형태로 옳지 않은 것은?

① 산화형 : SO_4, 환원형 : H_2S
② 산화형 : NO_3, 환원형 : NH_4
③ 산화형 : CO_2, 환원형 : CH_4
④ 산화형 : Fe^{2+}, 환원형 : Fe^{3+}

해설
산화형 : Fe^{3+}, 환원형 : Fe^{2+}

15 다음 중 영양번식을 하는 데 발근 및 활착을 촉진하는 처리가 아닌 것은?

① 황화처리
② 프라이밍
③ 환상박피
④ 옥신류처리

해설
프라이밍처리는 불량환경에서 종자의 발아율과 발아의 균일성을 높일 목적으로 실시한다.

정답 11 ① 12 ① 13 ② 14 ④ 15 ②

16 다음 중 방사선을 육종적으로 이용할 때에 대한 설명으로 옳지 않은 것은?

① 주로 알파선을 조사하여 새로운 유전자를 창조한다.
② 목적하는 단일유전자나 몇 개의 유전자를 바꿀 수 있다.
③ 연관군 내의 유전자를 분리할 수 있다.
④ 불화합성을 화합성으로 변화시킬 수 있다.

해설
주로 감마선과 엑스선을 조사하여 새로운 유전자를 창조한다.

17 다음 중 인과류에 해당하는 것은?

① 앵 두
② 포 도
③ 감
④ 사 과

해설
과실의 구조에 따른 분류
• 인과류 : 배, 사과, 비파 등
• 핵과류 : 복숭아, 자두, 살구, 앵두 등
• 장과류 : 포도, 딸기, 무화과 등
• 견과류 : 밤, 호두 등
• 준인과류 : 감, 귤 등

18 질소농도가 0.3%인 수용액 20L를 만들어서 엽면시비를 할 때 필요한 요소비료의 양은?(단, 요소비료의 질소함량은 46%이다)

① 약 28g
② 약 60g
③ 약 77g
④ 약 130g

해설
20kg×0.3% = 0.06kg = 60g
요소비료의 질소함량은 46%이므로 60g ÷ 46 × 100 = 130.43g의 요소비료를 시비해야 한다.

19 영양번식을 위해 엽삽을 이용하는 것은?

① 베고니아
② 고구마
③ 포도나무
④ 글라디올러스

해설
영양번식방법 중 꺾꽂이(삽목)는 이용 부위에 따라 지삽, 엽삽, 근삽으로 구분한다.
※ 엽삽 : 베고니아, 아프리칸바이올렛 등

20 화곡류에서 잎을 일어서게 하여 수광률을 높이고, 증산을 줄여 한해 경감 효과를 나타내는 무기성분으로 옳은 것은?

① 니 켈
② 규 소
③ 셀레늄
④ 리 튬

해설
규 소
• 작물의 필수 원소에 포함되지 않는다.
• 벼과 작물은 건물 중의 10% 정도를 흡수한다.
• 표피 조직을 규질화하고 수광 태세를 좋게 한다.

토양비옥도 및 관리

21 다음 중 풍화에 가장 강한 1차 광물은?

① 휘 석

② 백운모

③ 사장석

④ 감람석

해설
광물의 풍화에 대한 저항성
일반적으로 석영 > 백운모·정장석 > 사장석 > 흑운모· 각섬석· 휘석 > 감람석 > 백운석·방해석 > 석고 순이다.

22 다음 중 작물생육의 필수원소가 아닌 것은?

① Zn

② Cu

③ Co

④ Fe

해설
필수원소
• 다량원소(9원소) : 탄소(C), 산소(O), 수소(H), 질소(N), 인(P), 칼륨(K), 칼슘(Ca), 마그네슘(Mg), 황(S)
• 미량원소(7원소) : 철(Fe), 망간(Mn), 구리(Cu), 아연(Zn), 붕소(B), 몰리브덴(Mo), 염소(Cl)
• 기타 원소(5원소) : 규소(Si), 나트륨(Na), 코발트(Co), 아이오딘(I), 셀레늄(Se)

23 산성토양에 대한 설명으로 틀린 것은?

① 작물 뿌리의 효소 활성을 억제한다.

② 인산이 활성알루미늄과 결합하여 인산 결핍이 초래된다.

③ 산성이 강해지면 일반적으로 세균은 늘고 사상균은 줄어든다.

④ 낮은 pH로 인해 독성 화합물의 용해도가 증가한다.

해설
산성이 강해지면 질소고정이나 질산화작용이 부진하게 되며 사상균은 늘어난다.

24 최근 경작지 토양의 양분불균형이 문제가 되고 있는데 그 원인으로 거리가 먼 것은?

① 완숙퇴비의 사용

② 시비 없는 작물 재배

③ 3요소 복합비료에 편중된 시비

④ 미량원소의 공급 미흡

해설
완숙퇴비는 토양 미생물의 증진양분이 된다.

25 기후가 토양의 특성에 미치는 영향에 대한 설명으로 틀린 것은?

① 강수량이 많을수록 토양생성속도가 빨라지고 토심도 깊어진다.

② 고온다습한 기후에서는 철광물이 많이 잔류된다.

③ 한랭하고 강수량이 많으면 유기물 함량이 적은 토양이 생성된다.

④ 건조한 기후 지대에서는 염류성 또는 알칼리성 토양이 생성된다.

해설
한랭하고 강수량이 많으면 유기물 함량이 많은 토양이 생성된다.

26 질산화작용 억제제에 대한 설명으로 틀린 것은?

① 질산화작용에 관여하는 미생물의 활성을 억제한다.

② 개발 제품으로는 Nitrapyrin, Dwell 등이 있다.

③ 밭작물은 NO_3 보다 NH_4^+를 더 많이 흡수하기 때문에 적극 사용한다.

④ 질소 성분을 NH_4^+로 유지시켜 용탈에 의한 비료손실을 줄이는 효과가 있다.

해설

토양은 음이온을 띠고 있으므로 질산태질소($NO_3^- - N$)는 불안하고, 양이온을 띠고 있는 암모니아태질소($NH_4^+ - N$)가 논토양에서 가장 안전하다.

27 식물의 양분흡수 이용능력에 직접적으로 영향을 주는 요인으로 거리가 먼 것은?

① 뿌리의 표면적

② 뿌리의 호흡작용

③ 근권의 질소가스 농도

④ 양분 활성화와 관련된 뿌리분비물의 종류와 양

해설

무기양분의 흡수, 이용능력에 영향을 미치는 요인

활성 뿌리 표면적, 뿌리의 호흡작용, 뿌리의 치환용량, 뿌리의 양분개발을 위한 분비물의 생성량 등에 따라 결정된다.

28 토양의 떼알(입단) 구조 생성 및 발달 조건과 관계없는 것은?

① 수화도가 낮은 양이온성 물질을 토양에 준다.

② 토양을 멸균처리하여 미생물의 활동을 억제시킨다.

③ 건조와 습윤 조건을 반복시켜 토양을 관리한다.

④ 녹비작물이나 목초를 재배한다.

해설

토양에 미생물 활동이 활발한 조건을 부여한다.

29 토성을 구분하거나 결정할 때 이용되는 것으로 거리가 먼 것은?

① 토성삼각도

② 촉감법

③ Stokes 공식

④ Munsell 기호

해설

토성결정법

토성삼각표, 촉감법, Stokes 법칙을 이용한 Pippett법, 비중계법, X선이나 광선이용법 등

30 다음 토양표층에서 발견되는 생물 중 개체수가 가장 많은 것은?

① 방선균

② 지렁이

③ 진드기

④ 선 충

해설

토양생물의 개체수

세균 > 방선균 > 사상균 > 조류 > 선충 > 지렁이

31 기온의 변화는 암석의 물리적 풍화를 촉진시킨다. 그 원인으로 가장 적절한 것은?

① 팽창수축 현상
② 산화환원 현상
③ 염기용탈 현상
④ 동형치환 현상

해설
물리적 풍화작용은 온도변화에 의한 암석 자체의 팽창, 수축, 암석의 틈에 스며든 물의 동결, 융해에 따른 팽창과 수축 등으로 일어나며 일교차와 연교차가 큰 건조지방과 한대 지방에서 주로 발생한다.

32 유기물의 부식화 과정에 가장 크게 영향을 미치는 요인은?

① 토양 온도
② 유기물에 함유된 탄소와 질소의 함량비
③ 토양의 수소이온농도
④ 토양의 모재

해설
유기물의 분해속도는 C/N율에 크게 좌우한다.

33 여름철 논토양의 지온 상승 시 나타나는 현상과 가장 관련이 깊은 것은?

① 염기포화도 증가
② 탈질작용 억제
③ 암모니아화작용 촉진
④ 부식물 집적 증가

해설
암모니아화 작용은 무기태의 암모니아태 질소로 전환되는 작용으로 토양의 지온 상승 시 효과가 나타난다.

34 다음 중 포장용수량이 가장 큰 토성은?

① 사양토
② 양 토
③ 식양토
④ 식 토

해설
포장용수량은 토양입자가 고운 점토가 많이 함유된 입단 구조에서 커진다(사토 < 양토 < 식토).

35 토양유기물 분해에 적절한 조건이 아닌 것은?

① 혐기성 조건일 때
② 온도가 25~35℃일 때
③ 토양산도가 중성에 가까울 때
④ 토양공극의 약 60%가 물로 채워져 있을 때

해설
혐기성보다 호기성에서 부식화가 빠르다.

36 토양 부식에 대한 설명으로 틀린 것은?

① 토양 pH 변화에 완충작용을 한다.
② 토양 미생물에 의하여 쉽게 분해된다.
③ 토양의 양이온치환용량을 증가시킨다.
④ 토양 입단화에 도움을 준다.

해설
부식의 효과
토양의 보비력·보수력 증대, 토양입단 형성 촉진, 토양 미생물 번식, 중금속이온의 해작용 억제, 인산의 유효도 증대, 지온상승, 토양 완충능의 증대 등

37 우리나라 경작지 토양 중 통상적으로 영양염류의 함량이 가장 높은 곳은?

① 시설재배지
② 과수원
③ 논
④ 밭

해설
시설재배는 토양의 비옥도를 고려하지 않고 연중 수차례 화학비료와 퇴비 같은 작물을 반복적으로 재배함으로써 염류집적 문제가 쉽게 나타난다.

38 다음 점토광물 중 수분함량에 따라 부피가 가장 크게 변하는 것은?

① 스멕타이트
② 카올리나이트
③ 버미큘라이트
④ 일라이트

해설
스멕타이트는 2:1 층상 점토광물로, 층간에 물분자나 양이온을 결합시켜 C축의 길이를 팽창시키거나 수축시키는 성질을 가지고 있다.

39 탄질률(C/N율)이 매우 높은 유기물을 토양에 시용하였을 때 나타날 수 있는 현상은?

① 탈 질
② 질소의 부동화
③ 분해속도 증가
④ 암모니아의 휘산

해설
분해되는 유기물의 C/N비가 클 경우(30 이상) 부동화 작용이 우선적으로 일어나서 미생물은 토양용액 중의 무기태질소를 이용하여 생명현상에 필요한 단백질 등을 만들게 된다. 이 경우 미생물이 식물이 이용해야 할 무기태질소를 흡수하여 고정하므로 고등식물은 일시적으로 질소가 부족한 상태가 된다. 이러한 현상을 질소기아라 한다.

40 완효성 비료에 속하지 않는 것은?

① 피복요소
② IBDU(Isobutylidene Diurea)
③ Fe-EDTA
④ CDU(Crotonylidene Diurea)

해설
EDTA-Fe(킬레이트-철 비료)는 속효성 비료이다.

제3과목 **유기농업개론**

41 다음 중 내습성이 가장 강한 작물은?

① 당 근 ② 미나리

③ 고구마 ④ 감 자

해설

작물의 내습성

골풀, 미나리, 벼 > 밭벼, 옥수수, 율무 > 토란 > 유채, 고구마 > 보리, 밀 > 감자, 고추 > 토마토, 메밀 > 파, 양파, 당근, 자운영

42 농림축산식품부 소관 친환경농어업 육성 및 유기식품 등의 관리·지원에 관한 법률 시행규칙상 병해충 관리를 위하여 사용이 가능한 물질은?(단, 사용 가능 조건을 모두 만족한다)

① 사람의 배설물 ② 버섯재배 퇴비

③ 난 황 ④ 벌레 유기체

해설

유기식품 등에 사용 가능한 물질(친환경농어업법 시행규칙 [별표 1])

1) 토양 개량과 작물 생육을 위해 사용 가능한 물질

사용 가능 물질	사용 가능 조건
버섯재배 및 지렁이 양식에서 생긴 퇴비	버섯재배 및 지렁이 양식에 사용되는 자재는 이 표에서 사용 가능한 것으로 규정된 물질만을 사용할 것
사람의 배설물(오줌만인 경우는 제외한다)	(1) 완전히 발효되어 부숙된 것일 것 (2) 고온발효: 50℃ 이상에서 7일 이상 발효된 것 (3) 저온발효: 6개월 이상 발효된 것일 것 (4) 엽채류 등 농산물·임산물 중 사람이 직접 먹는 부위에는 사용하지 않을 것
벌레 등 자연적으로 생긴 유기체	–

2) 병해충 관리를 위해 사용 가능한 물질

사용 가능 물질	사용 가능 조건
난황(卵黃, 계란 노른자 포함)	화학물질의 첨가나 화학적 제조공정을 거치지 않을 것

43 병충해의 방제에 있어서 동반작물을 같이 재배하면 병충해를 경감시키고 잡초를 방제할 수 있다. 다음 작물과 동반작물의 조합으로 적절하지 않은 것은?

① 완두콩 – 당근, 양배추, 주키니 호박

② 오이 – 완두, 콜라비, 파, 옥수수

③ 양파 – 당근, 박하, 딸기

④ 상추 – 강낭콩, 감자, 딜, 양배추

44 친환경농업의 목적으로 가장 거리가 먼 것은?

① 지속적 농업발전

② 안전농산물 생산

③ 고비용·고투입 농산물 생산

④ 환경보전적 농업발전

해설

친환경농업은 농업과 환경을 조화시켜 농업의 생산을 지속 가능하게 하는 농업형태로서, 농업 생산의 경제성 확보, 환경보전 및 농산물의 안전성 등을 동시에 추구하는 농업이다.

45 토양 미생물 활용은 식물보호를 위하여 사용하는데 이는 길항, 항생 및 경합작용을 이용한 것이다. 이때 얻을 수 있는 효과로 가장 거리가 먼 것은?

① 병 감염원 감소

② 작물표면 보호

③ 연작 장해 촉진

④ 저항성 증가

해설

병 방제 미생물의 효과

화학농약에 비해 방제효과가 지속적이며, 사람과 가축에게 독성이 없고 환경생태계에 안전할 뿐만 아니라 소비자의 기호에 맞는 친환경농산물을 생산할 수 있는 장점이 있다.

정답 41 ② 42 ③ 43 ④ 44 ③ 45 ③

46 두과 녹비작물 재배에 대한 설명으로 틀린 것은?

① 경운, 파종, 수확 및 토양 내 혼입 등 작업에 집약적인 노동력이 필요하다.

② 녹비작물의 효과는 단기간보다 장기간에 걸쳐 서서히 나타난다.

③ 일부 녹비작물은 가축의 사료 또는 식량자원으로 활용이 가능하다.

④ 녹비작물을 주작물 사이에 간작의 형태로 재배하는 경우 주작물과 질소 경합이 발생할 수 있다.

해설
녹비작물을 주작물 사이에 간작의 형태로 재배하는 경우, 녹비작물과 주작물 사이에 양분·수분 및 햇빛에 대한 경합이 발생할 수 있다.

47 '부엽토와 지렁이'라는 책에서 자연에서 지렁이가 담당하는 역할에 관해 기술하면서, 만일 지렁이가 없다면 식물은 죽어 사라질 것이라고 결론지었으며, 유기농법의 이론적 근거를 최초로 제공한 사람은?

① Franklin King

② Thun

③ Steiner

④ Darwin

해설
다윈(C. Darwin)은 「부엽토와 지렁이」라는 책에서 자연에서 지렁이가 담당하는 역할에 관해 기술하였다.

48 작물별 3요소(N:P:K) 흡수비율 중 옳은 것은?

① 옥수수 – 4:1:3

② 콩 – 5:1:1.5

③ 감자 – 3:2:4

④ 벼 – 4:2:3

해설
작물별 3요소(N, P, K)흡수비율

작 물	N:P:K 흡수비율	작 물	N:P:K 흡수비율
콩	5:1:1.5	옥수수	4:2:3
벼	5:2:4	고구마	4:1.5:5
맥 류	5:2:3	감 자	3:1:4

49 유기사료 생산에 대한 설명으로 가장 적합한 것은?

① 유기사료는 일반 작물과 같은 방법으로 재배하여도 무방하다.

② 유기사료는 일반 작물과 같은 방법으로 재배하고 살충제만 사용하지 않으면 된다.

③ 유기사료는 일반 작물과 같은 방법으로 재배하고 제초제만 사용하지 않으면 된다.

④ 유기사료는 유전자 조작이 되지 않은 종묘를 합성비료와 합성농약을 사용하지 않고 생산해야 한다.

해설
유기사료는 유전자 조작이 되지 않은 종묘를 일정기간 유기적으로 관리한 토양에서 합성비료와 합성농약을 사용하지 않고 생산해야 한다.

50 유기벼 재배에서 제초제를 사용하지 않고 친환경적인 잡초방제를 할 때 어느 품종을 선택하는 것이 잡초 발생 억제에 가장 도움이 되겠는가?

① 초기 생육이 늦고 키가 작은 품종

② 유효 분얼이 빠르고 키가 큰 품종

③ 활착기가 길고 후기 생육이 왕성한 품종

④ 유효 분얼이 짧고 이삭수가 적은 품종

51 해마다 좋은 결과를 시키려면 해당 과수의 결과습성이 알맞게 전정을 해야 하는데, 2년생 가지에 결실하는 것으로만 나열된 것은?

① 비파, 호두
② 포도, 감귤
③ 감, 밤
④ 매실, 살구

해설
과수의 결실 습성
• 1년생 가지에서 결실하는 과수 : 감귤류, 포도, 감, 무화과, 밤
• 2년생 가지에서 결실되는 과수 : 복숭아, 매실, 자두 등
• 3년생 가지에서 결실되는 과수 : 사과, 배

52 다음 중 산성토양에 가장 강한 작물은?

① 감 자   ② 겨 자
③ 고 추   ④ 완 두

해설
산성토양 적응성
• 극히 강한 것 : 벼, 밭벼, 귀리, 기장, 땅콩, 아마, 감자, 호밀, 토란
• 강한 것 : 메밀, 당근, 옥수수, 고구마, 오이, 호박, 토마토, 조, 딸기, 베치, 담배
• 약한 것 : 고추, 보리, 클로버, 완두, 가지, 삼, 겨자
• 가장 약한 것 : 알팔파, 자운영, 콩, 팥, 시금치, 사탕무, 셀러리, 부추, 양파

53 친환경적인 잡초발생 억제 방법으로 가장 적당한 것은?

① 변온 처리
② 화학자재 투입
③ 경작층에 산소 공급
④ 지표면에 대한 적색광 차단

해설
제초제를 사용하지 않는 친환경 잡초방제방법
• 작물의 초관 형성을 촉진시키는 기술을 적용한다.
• 작물을 충실히 키우는 것은 잡초와 경합력을 높이는 방법이다.
• 적절한 윤작체계를 도입한다.
• 토층에 묻혀 있는 잡초의 밀도를 낮춘다.
• 지표면에 조사되는 적색광을 차단하여 잡초발아를 억제한다.
• EM당밀을 살포하여 잡초 발아를 억제한다.
• 잡초 발생량이 허용한계밀도 이하이면 방제에 많은 노력과 비용을 들이지 않는 것이 경제적이다.

54 동물이 누려야 할 복지로 거리가 먼 것은?

① 도축장까지의 안전운반을 위한 합성 진정제 접종의 자유
② 행동 표현의 자유
③ 갈증, 허기, 영양결핍으로부터의 자유
④ 공포, 스트레스로부터의 자유

해설
동물이 최소한 누려야 할 복지
• 영양관리(굶주림, 쇠약, 비만)으로부터 자유
• 불쾌한 환경이나 오염된 장소로부터의 자유
• 신체적 고통(통증, 부상, 질환)으로부터의 자유
• 정신적 고통(공포, 불안 등)으로부터의 자유
• 자유스러운 본능을 발현할 수 있는 자유

55 다음에서 설명하는 시설원예 자재는?

아크릴 수지에 유리섬유를 샌드위치 모양으로 넣어 가공한 것으로 1973년부터 시판되기 시작하였다.

① FRP판
② FRA판
③ MMA판
④ PC판

해설
② FRA판 : 아크릴수지에 유리섬유를 샌드위치 모양으로 넣어 가공한 것으로 내구성이 뛰어나고, 광투과율도 좋은 편이며, 산광성 피복재로, 1973년부터 시판되기 시작하였다.
① FRP판 : 불포화폴리에스터수지에 유리섬유를 보강시킨 복합재
③ MMA판 : 유리섬유를 첨가하지 않은 아크릴 수지 100%의 경질판

56 담수 하의 논토양 특성으로 틀린 것은?

① 표면의 환원층과 그 밑의 산화층으로 토층분화한다.
② 논토양의 환원층에서 탈질작용이 일어난다.
③ 논토양의 산화층에서 질화작용이 일어난다.
④ 담수 전의 마른 상태에서는 환원층을 형성하지 않는다.

해설
표면의 산화층과 그 밑의 환원층으로 토층분화한다.

57 유기축산물 생산 시 유기양돈에서 생산할 수 있는 육가공제품은?

① 치 즈
② 버 터
③ 햄
④ 요거트

해설
치즈, 버터, 요거트는 유제품이다.

58 종자의 증식 보급체계로 옳은 것은?

① 기본식물 양성 → 원원종 생산 → 원종 생산 → 보급종 생산
② 원종 생산 → 원원종 생산 → 보급종 생산 → 기본식물 양성
③ 원원종 생산 → 원종 생산 → 기본식물 양성 → 보급종 생산
④ 보급종 생산 → 원종 생산 → 원원종 생산 → 기본식물 양성

59 다음 중 포식성 곤충은?

① 침파리
② 고치벌
③ 꼬마벌
④ 무당벌레

해설
• 포식성 곤충 : 무당벌레, 노린재, 풀잠자리, 꽃등에 등
• 기생성 곤충 : 기생벌(맵시벌, 고치벌, 수중다리좀벌, 혹벌, 애배벌, 꼬마벌), 기생파리(침파리, 왕눈등애) 등

60 유기축산 젖소관리에서 착유우의 이상적인 건유기간으로 옳은 것은?

① 10~15일
② 20~30일
③ 50~60일
④ 80~100일

해설
유기축산 젖소관리에서 착유우의 이상적인 건유기간 : 50~60일 정도

제4과목 **유기식품 가공·유통론**

61 생선, 육류 등의 가스충진(Gas Flushing) 포장에 대한 설명으로 잘못된 것은?

① 산소, 질소, 탄산가스 등이 주로 사용된다.

② 세균의 발육을 억제하기 위해서는 주로 탄산가스가 사용된다.

③ 가스충진포장에 사용되는 포장 재료는 기체투과도가 낮은 재료를 사용하여야 한다.

④ 가스충진포장을 한 제품의 경우 일반적으로 상온에 저장하여도 무방하다.

해설
가스치환포장을 한 제품의 경우 따로 살균과정이 없고, 식품 내부 중의 산소가 완전하게 제거되지 않으므로 저온 혹은 냉동 유통하여야 한다.

62 식품첨가물과 용도의 연결이 틀린 것은?

① 곰팡이 생성 방지 – 폴리라이신

② 항균성 물질 생산 – 유산균

③ 항산화 작용 – 포도씨 추출물

④ 과실, 채소의 선도 유지 – 히노키티올

해설
ε-폴리라이신(ε-Polylysine)
방선균의 배양액으로부터 분리한 것으로 가공식품의 보존료로 사용되는 식품첨가물이다.

63 다음 [보기]에서 사용하는 마케팅 전략은?

[보 기]
유기농 사과주스 판매하는 영농조합법인은 유기농 재료로 가공되어 잔류농약 걱정이 전혀 없고, 사과 주스를 마시면 피부미용과 맛 두 가지를 한꺼번에 잡을 수 있음을 상품 광고에 적극 활용하고 있다.

① S(Strength) – O(Opportunity) 전략

② S(Strength) – T(Treat) 전략

③ W(Weak) – O(Opportunity) 전략

④ W(Weak) – T(Treat) 전략

해설
SWOT전략
• SO전략(확대전략) : 내부의 강점을 살리고 기회를 포착하는 전략
• ST전략(회피전략) : 내부의 강점을 살리되 위협은 회피하는 전략
• WO전략(우회전략) : 내부의 약점을 극복하면서 외부의 기회를 포착하는 전략
• WT전략(방어전략) : 내부의 약점을 극복하고 외부의 위협을 회피하는 전략

64 현재 우리나라에서 시행하는 친환경 농축산물 관련 인증 제도에 해당하지 않는 것은?

① 유기농산물 인증

② 무농약농산물 인증

③ 저농약농산물 인증

④ 유기축산물 인증

해설
친환경농산물 중 저농약농산물 인증이 2009년 7월부터 신규 인증이 중단되고 2011년 6월 이후에는 완전폐지 되었다. 다만, 기존에 저농약농산물로 인증을 받은 농산물은 2015년 12월 31일까지 유효기간연장이 가능했다. 친환경 인증에 포함됐던 저농약 인증은 2015년에 폐지됐다. 농약 사용을 허용하는 저농약농산물인증제도가 더이상 소비자 신뢰를 얻기 어렵고 혼선을 초래한다는 이유에서이다.

65 통조림과 병조림의 제조 중 탈기의 효과가 아닌 것은?

① 산화에 의한 맛, 색, 영양가 저하 방지
② 저장 중 통 내부의 부식 방지
③ 호기성 세균 및 곰팡이의 발육 억제
④ 단백질에서 유래된 가스성분 생성

해설
④ 단백질에서 생성된 가스성분 제거

66 가열 살균법과 온도, 시간의 연결이 적절하지 않은 것은?

① 고온순간살균, 72~75℃, 15~20초
② 저온장시간살균, 63~65℃, 10~15분
③ 초고온살균, 130~150℃, 0.5~5초
④ 건열살균, 150~180℃, 1~2시간

해설
저온장시간살균법(LTLT) : 63℃로 30분

67 고전압펄스 전기장처리법에 대한 설명으로 옳은 것은?

① 고전압과 저전압을 번갈아 가하면서 우유 지방구를 균질하는 방법이다.
② 세포막 내·외의 전위차를 크게 형성함으로써 미생물의 세포막을 파괴하여 미생물을 저해시키는 방법이다.
③ 고전압을 반복적으로 가하면서 농산물을 파쇄하여 성분추출을 용이하게 하는 방법이다.
④ 고압에 의해 세포 내 고분자 물질의 입체구조를 변화시킴으로써 세포를 사멸시키는 방법이다.

해설
고전압펄스 전기장기술(Pulsed Electric Field, PEF)은 고전압을 시료에 가하여 세포막을 선택적으로 붕괴시키는 비가열처리기술이다.

68 범위의 경제성이 발생하는 현상과 관련한 설명으로 적합하지 않은 것은?

① 결합생산 또는 복합경영 시 발생한다.
② 소품종 대량생산 또는 유통 시 가변비용 감축으로 발생한다.
③ 복합경영 시 중복비용의 절감 때문에 발생한다.
④ 다품종 소량생산 또는 유통과정에서 발생한다.

해설
범위의 경제성
한 기업이 하나씩의 상품을 생산하는 체제보다 여러 가지 상품을 생산하는 체제가 더욱 경제적일 때 "범위의 경제"가 존재한다고 한다.
※ 소품종 대량생산 → 규모의 경제 // 다품종 소량생산 → 범위의 경제

69 *Clostridum botulinum*의 z값은 10℃이다. 121℃에서 가열하여 균의 농도를 100,000의 1로 감소시키는 데 20분이 걸렸다면, 살균온도를 131℃로 하여 동일한 사멸률을 보이려면 몇 분을 가열하여야 하는가?

① 1분   ② 2분
③ 3분   ④ 4분

해설
$$D = \frac{가열시간}{\log 처음\ 균수 - \log 가열\ 후\ 균수}$$

$$D_{121} = \frac{20}{\log 1 - \log 0.00001} = \frac{20}{4} = 5분$$

$$\therefore \frac{131 - 121}{5} = 2분$$

70 식품의 물적 유통기능과 관계가 적은 것은?

① 시간적 효용
② 장소적 효용
③ 생산적 효용
④ 형태적 효용

해설
유통경로의 효용 : 시간효용, 장소효용, 소유효용, 형태효용

71 치즈 제조 시 사용하는 레닛(Rennet)에 포함된 렌닌 (Rennin)의 기능은?

① 카파 카세인(κ-casein)의 분해에 의한 카세인(Casein) 안정성 파괴
② 알파 카세인(α-casein)의 분해에 의한 카세인(Casein) 안정성 파괴
③ 베타 락토글로불린(β-lactoglobulin)의 분해에 의한 유청단백질 안정성 파괴
④ 알파 락트알부민(α-lactalbumin) 분해에 의한 유청 단백질 안정성 파괴

해설
치즈제조 두 번째 단계인 레닛을 우유에 첨가하면 주로 카세인 분자들의 표면에 위치해있는 κ-casein을 분해하기 시작한다. 그래서 카세인 분자들을 안정하게 하는 역할을 상실하고 불안정하게 된 카세인 분자들은 칼슘의 다리역할로 분자들을 결합하면서 응고되기 시작한다.

72 수박 한 통의 유통단계별 가격이 농가판매가격 5,000원, 위탁상 가격 6,000원, 도매가격 6,500원, 그리고 소비자 가격은 8,500원이라 한다면, 수박 한 통의 유통마진은 얼마인가?

① 1,000원   ② 1,500원
③ 2,000원   ④ 3,500원

해설
유통마진 = 소비자가격 - 농가수취가격
= 8,500 - 5,000 = 3,500원

73 청국장 제조에 사용하는 납두(Natto)균과 가장 비슷한 성질을 갖는 균은?

① *Mucor rouxii*
② *Saccharomyces cerevisiae*
③ *Lactobacillus casei*
④ *Bacillus subtilis*

해설
일본에는 *Bacillus natto*균이, 한국에서는 *Bacillus subtilis*가 청국장 발효에 사용된다. 거의 같은 종으로 이를 서로 아종(亞種)이라 부르면서 구별한다.

74 HACCP 지정 식품처리장의 손세척 및 소독방법으로 잘못된 것은?

① 자동세정을 원칙으로 한다.
② 청정구역으로 들어갈 경우 손세정 후 자동건조장치사용을 원칙으로 한다.
③ 손소독 장치를 설치하는 것이 바람직하다.
④ 손을 말릴 수 있는 물품으로 면타올을 준비해야 한다.

해설
손을 말릴 수 있는 물품으로 손소독기를 사용한다.

75 분자 내에 자성 쌍극자를 다량 함유한 DNA나 단백질 등의 생물분자에 5~10Tesla 정도의 자기장을 5~500kHz로 처리하여 분자 내 공유결합을 파괴시켜 미생물을 사멸하는 방법은?

① 고강도 광펄스 살균
② 고전압 펄스 전기장 살균
③ 마이크로파 살균
④ 진동 자기장 펄스 살균

76 유기농업에 대한 내용으로 가장 거리가 먼 것은?

① 녹색 혁명에 의한 관행(慣行) 농업
② 생태학적 자원 순환 체제 농업
③ 지속 가능한 농업(Sustainable Agriculture)
④ 환경 보전형 농업

해설
관행농업은 화학 비료와 유기 합성 농약을 사용하여 작물을 재배하는 관행적인 농업 형태를 말한다.

77 농산물 표준규격의 거래단위에 관한 내용으로 ( ) 안에 알맞은 것은?

( )kg 미만 또는 최대 거래단위 이상은 거래 당사자 간의 협의 또는 시장 유통여건에 따라 다른 거래단위를 사용할 수 있다.

① 3   ② 5
③ 7   ④ 10

해설
5kg 미만 또는 최대 거래단위 이상은 거래 당사자 간의 협의 또는 시장 유통여건에 따라 다른 거래단위를 사용할 수 있다(농산물 표준규격 제3조).

78 식품의 이물을 검사하는 방법이 아닌 것은?

① 진공법
② 체분별법
③ 여과법
④ 와일드만 플라스크법

해설
식품의 이물 검사법
체분별법, 여과법, 와일드만 플라스크법, 침강법, 금속성이물 검사 등

79 포장재질에 대한 설명으로 적절하지 않은 것은?

① 폴리스티렌(PS) : 비교적 무거운 편이고 고온에서 견디는 힘이 강하다.
② 폴리프로필렌(PP) : 표면광택과 투명성이 우수하며 내한성, 방습성이 좋다.
③ 폴리염화비닐(PVC) : 열접착성, 광택성, 경제성이 좋으나 태울 경우 유독가스가 발생한다.
④ 폴리에스터(PET) : 기체 및 수증기 차단성이 우수하며, 인쇄성, 내열성, 내한성이 좋다.

해설
폴리스티렌(PS) : 투명도가 우수하며 단단하지만 유기용매에 잘 견디지 못하고 기체 투과성이 큰 단점이 있다.

80 유기의 개념과 거리가 먼 것은?

① 지속가능성
② 친환경
③ 생태적
④ 유전자변형

해설
국제식품규격위원회가 유기농업에 대해 내린 정의를 보면, "유기농업은 일종 전체적인 생산관리체계로, 생물 다양성, 생물순환과 토양 생물활성을 포함한 농업·생태체계의 건강을 촉진과 향상시킬 수 있다." 즉, 유기농업의 기본원칙은 최대한 외부물질의 응용을 감소 및 인공합성의 화학비료와 살충제를 사용하지 않는 외에 일종 체계와 과정을 주도로 하는 방법을 준수하는 것이다. 유전자 전환 생물과 유전자 전환제품은 유기농업에 응용되지 못하도록 명확히 금지되었다.

제5과목 유기농업 관련 규정

81 농림축산식품부 소관 친환경농어업 육성 및 유기식품 등의 관리·지원에 관한 법률 시행규칙상 유기농산물 및 유기임산물 생산 시 병해충 관리를 위해 사용 가능한 물질 중 사용 가능 조건이 '달팽이 관리용으로만 사용'인 것은?

① 과망간산칼륨
② 황
③ 맥반석
④ 인산철

해설
병해충 관리를 위해 사용 가능한 물질(친환경농어업법 시행규칙 [별표 1])

사용가능 물질	사용가능 조건
인산철	달팽이 관리용으로만 사용할 것
과망간산칼륨	과수의 병해관리용으로만 사용할 것
황	액상화 경우에 한하여 수산화나트륨은 황 사용량 이하로 최소화하여 사용할 것. 이 경우 인증품 생산계획서에 등록하고 사용해야 한다.
맥반석 등 광물질 가루	• 천연에서 유래하고 단순 물리적으로 가공한 것일 것 • 사람의 건강 또는 농업환경에 위해요소로 작용하는 광물질(예 석면광 및 수은광 등)은 사용하지 않을 것

82 유기식품 및 무농약농산물 등의 인증에 관한 세부실시 요령상 무농약농산물 생산에 필요한 인증기준 내용이 틀린 것은?

① 재배포장 주변에 공동방제구역 등 오염원이 있는 경우 이들로부터 적절한 완충지대나 보호시설을 확보하여야 한다.
② 재배포장의 토양은 토양 비옥도가 유지 및 개선되도록 노력하여야 하며, 염류의 검출량은 0.01mg/kg 이하여야 한다.
③ 화학비료는 농촌진흥청장·농업기술원장 또는 농업기술센터소장이 재배포장별로 권장하는 성분량의 3분의 1 이하를 범위 내에서 사용시기와 사용자재에 대한 계획을 마련하여 사용하여야 한다.
④ 가축분뇨 퇴·액비를 사용하는 경우에는 완전히 부숙시켜서 사용하여야 하며, 이의 과다한 사용, 유실 및 용탈 등으로 인하여 환경오염을 유발하지 아니하도록 하여야 한다.

해설
유기농산물 – 재배포장, 용수, 종자(유기식품 및 무농약농산물 등의 인증에 관한 세부실시 요령 [별표 1])
재배포장의 토양은 주변으로부터 오염 우려가 없거나 오염을 방지할 수 있어야 하고, 토양환경보전법 시행규칙에 따른 1지역의 토양오염우려기준을 초과하지 아니하며, 합성농약 성분이 검출되어서는 아니 된다. 다만, 관행농업 과정에서 토양에 축적된 합성농약 성분의 검출량이 0.01mg/kg 이하인 경우에는 예외를 인정한다.

83 친환경농어업 육성 및 유기식품 등의 관리·지원에 관한 법률상 유기농어업자재 공시의 유효기간은 공시를 받은 날부터 얼마까지로 하는가?

① 6개월　　　　② 1년
③ 3년　　　　　④ 5년

해설
공시의 유효기간 등(친환경농어업법 제39조제1항)
공시의 유효기간은 공시를 받은 날부터 3년으로 한다.

84 유기식품 및 무농약농산물 등의 인증에 관한 세부실시 요령상 인증기관이나 인증번호가 변경되었으나 기존 제작된 포장재 재고량이 남았을 경우 적절한 조치 사항은?

① 별도의 승인 없이 남은 재고 포장재의 사용이 가능하다.
② 포장재 재고량 및 그 사용기간에 대해 농림축산식품부장관의 승인을 받아 기존에 제작된 포장재를 사용할 수 있다.
③ 포장재 재고량 및 그 사용기간에 대해 인증기관의 승인을 받아 기존에 제작된 포장재를 사용할 수 있다.
④ 포장재의 표시 사항은 변경이 불가능하므로 남은 재고량은 즉시 폐기처분하고 변경된 포장재에 대한 승인을 받아야 한다.

해설
인증기관 및 인증번호의 변경에 따른 기존 포장재의 사용기간(유기식품 및 무농약농산물 등의 인증에 관한 세부실시 요령 [별표 4])
1. 인증기관 또는 인증번호가 변경된 경우에는 인증품의 포장에 변경된 사항을 표시하여야 한다.
2. 1.에도 불구하고 기존에 제작된 포장재 재고량이 남아 있는 경우에는 포장재 재고량 및 그 사용기간에 대해 인증기관(인증기관이 변경된 경우 변경된 인증기관을 말함)의 승인을 받아 기존에 제작된 포장재를 사용할 수 있다. 이 경우 인증 사업자는 인증기관이 승인한 문서를 비치하여야 한다.

85 농림축산식품부 소관 친환경농어업 육성 및 유기식품 등의 관리·지원에 관한 법률 시행규칙상 '유기식품 등'에 해당되지 않는 것은?

① 유기농축산물
② 유기가공식품
③ 비식용유기가공품
④ 수산물가공품

해설
정의(친환경농어업법 시행규칙 제2조제4호)
'유기식품 등'이란 유기식품 및 비식용유기가공품(유기농축산물을 원료 또는 재료로 사용하는 것으로 한정)을 말한다.

86 친환경농어업 육성 및 유기식품 등의 관리·지원에 관한 법률상 인증을 받지 아니한 사업자가 인증품의 포장을 해체하여 재포장한 후 유기표시를 하였을 경우의 과태료 기준은 얼마인가?

① 2,000만원 이하
② 1,500만원 이하
③ 1,000만원 이하
④ 500만원 이하

해설
과태료(친환경농어업법 제62조제2항)
다음의 어느 하나에 해당하는 자에게는 500만원 이하의 과태료를 부과한다.
1. 인증을 받지 아니한 사업자가 인증품의 포장을 해체하여 재포장한 후 제23조제1항 또는 제36조제1항에 따른 표시를 한 자
과태료의 부과기준(친환경농어업법 시행령 [별표 2])

위반행위	과태료(단위 : 만원)		
	1회 위반	2회 위반	3회 이상 위반
인증을 받지 않은 사업자가 인증품의 포장을 해체하여 재포장한 후 법 제23조제1항 또는 제36조제1항에 따른 표시를 한 경우	150	300	500

87 농림축산식품부 소관 친환경농어업 육성 및 유기식품 등의 관리·지원에 관한 법률 시행규칙에 따른 유기가공식품의 생산에 사용 가능한 가공보조제와 그 사용 가능 범위가 옳게 짝지어진 것은?

① 밀납 – 이형제
② 백도토 – 설탕 가공
③ 과산화수소 – 응고제
④ 수산화칼슘 – 여과보조제

해설
유기가공식품 – 식품첨가물 또는 가공보조제로 사용 가능한 물질(친환경농어업법 시행규칙 [별표 1])

명칭(한)	가공보조제로 사용 시	
	사용 가능 여부	사용 가능 범위
밀 납	○	이형제
백도토	○	청징(Clarification) 또는 여과보조제
과산화수소	○	식품 표면의 세척·소독제
수산화칼슘	○	산도 조절제

88 농림축산식품부 소관 친환경농어업 육성 및 유기식품 등의 관리·지원에 관한 법률 시행규칙상 70% 이상이 유기농축산물인 제품의 제한적 유기표시 허용기준으로 틀린 것은?

① 유기 또는 이와 유사한 용어를 제품명 또는 제품명의 일부로 사용할 수 없다.
② 표시장소는 주표시면을 제외한 표시면에 표시할 수 있다.
③ 원재료명 표시란에 유기농축산물의 총함량 또는 원료·재료별 함량을 g 혹은 kg으로 표기해야 한다.
④ 최종 제품에 남아 있는 원료 또는 재료의 70% 이상이 유기농축산물이어야 한다.

해설
③ 원재료명 표시란에 유기농축산물의 총함량 또는 원료·재료별 함량을 백분율(%)로 표시한다(친환경농어업법 시행규칙 [별표 6]).

89 농림축산식품부 소관 친환경농어업 육성 및 유기식품 등의 관리·지원에 관한 법률 시행규칙상 인증신청자가 심사결과에 대한 이의가 있어 인증심사를 실시한 기관에 재심사를 신청하고자 할 때 인증심사 결과를 통지받은 날부터 얼마 이내에 관련 자료를 제출해야 하는가?

① 7일 ② 10일
③ 20일 ④ 30일

해설
재심사 신청 등(친환경농어업법 시행규칙 제15조제1항)
인증심사 결과에 대해 이의가 있는 자가 재심사를 신청하려는 경우에는 인증심사 결과를 통지받은 날부터 7일 이내에 인증 재심사 신청서에 재심사 신청사유를 증명하는 자료를 첨부하여 그 인증심사를 한 인증기관에 제출해야 한다.

90 유기식품 및 무농약농산물 등의 인증에 관한 세부실시 요령상 유기농산물 생산에 필요한 재배포장의 구비요건에 대한 설명으로 ( ) 안에 알맞은 것은?

> 재배포장은 최근 ( )년간 인증기준 위반으로 인증취소 처분을 받은 재배지가 아니어야 한다.

① 1 ② 2
③ 3 ④ 4

해설
유기농산물 및 유기임산물의 인증기준 – 재배포장, 재배용수, 종자 (친환경농어업법 시행규칙 [별표 4])
재배포장은 최근 1년간 인증취소 처분을 받지 않은 재배지로서, 토양환경보전법 시행규칙 및 [별표 3]에 따른 토양오염우려기준을 초과하지 않으며, 주변으로부터 오염 우려가 없거나 오염을 방지할 수 있을 것

91 친환경농어업 육성 및 유기식품 등의 관리·지원에 관한 법률상 인증기관의 지정취소 등에 관한 사항에서 정당한 사유 없이 1년 이상 계속하여 인증을 하지 아니한 경우 인증기관이 받는 처벌은?

① 지정 취소
② 3개월 이내의 업무 일부 정지
③ 3개월 이내의 업무 전부 정지
④ 12개월 이내의 업무 전부 정지

해설
인증기관에 대한 행정처분의 세부기준(친환경농어업법 시행규칙 [별표 13])

위반행위	행정처분 기준		
	1회 위반	2회 위반	3회 이상 위반
정당한 사유 없이 1년 이상 계속하여 인증을 하지 않은 경우	지정 취소	–	–

92 친환경농어업 육성 및 유기식품 등의 관리·지원에 관한 법률 시행령상 농림축산식품부장관·해양수산부장관 또는 지방자치단체의 장이 관련 법률에 따라 친환경농어업에 대한 기여도를 평가하고자 할 때 고려하는 사항이 아닌 것은?

① 친환경농수산물 또는 유기농어업자재의 생산·유통·수출 실적

② 친환경농어업 기술의 개발·보급 실적

③ 유기농어업자재의 사용량 감축 실적

④ 축산분뇨를 퇴비 및 액체비료 등으로 자원화한 실적

해설
친환경농어업에 대한 기여도(친환경농어업법 시행령 제2조)
농림축산식품부장관·해양수산부장관 또는 지방자치단체의 장은 친환경농어업 육성 및 유기식품 등의 관리·지원에 관한 법률에 따른 친환경농어업에 대한 기여도를 평가하려는 경우에는 다음의 사항을 고려해야 한다.
1. 농어업 환경의 유지·개선 실적
2. 유기식품 및 비식용유기가공품(이하 '유기식품 등'), 친환경농수산물 또는 유기농어업자재의 생산·유통·수출 실적
3. 유기식품 등, 무농약농산물, 무농약원료가공식품, 무항생제수산물 및 활성처리제 비사용 수산물의 인증 실적 및 사후관리 실적
4. 친환경농어업 기술의 개발·보급 실적
5. 친환경농어업에 관한 교육·훈련 실적
6. 농약·비료 등 화학자재의 사용량 감축 실적
7. 축산분뇨를 퇴비 및 액체비료 등으로 자원화한 실적

93 농림축산식품부 소관 친환경농어업 육성 및 유기식품 등의 관리·지원에 관한 법률 시행규칙상 유기가공식품 생산 시 지켜야 할 사항이 아닌 것은?

① 인증품에 인증품이 아는 제품을 혼합하거나 인증품이 아닌 제품을 인증품으로 판매하지 않을 것

② 유전자변형생물체에서 유래한 원료 또는 재료를 사용하지 않을 것

③ 사업자는 유기가공식품의 취급과정에서 대기, 물, 토양의 오염이 최소화되도록 문서화된 유기취급계획을 수립할 것

④ 해충 및 병원균 관리를 위하여 우선적으로 방사선 조사 방법을 사용할 것

해설
유기가공식품 – 해충 및 병원균 관리(친환경농어업법 시행규칙 [별표 4])
해충 및 병원균 관리를 위해 예방적 방법, 기계적·물리적·생물학적 방법을 우선 사용해야 하고, 불가피한 경우 [별표 1]에서 정한 물질을 사용할 수 있으며, 그 밖의 화학적 방법이나 방사선 조사방법을 사용하지 않을 것

94 농림축산식품부 소관 친환경농어업 육성 및 유기식품 등의 관리·지원에 관한 법률 시행규칙에 따라 유기농산물 및 유기임산물의 병해충 관리를 위해 사용 가능한 물질과 사용 가능 조건이 옳게 짝지어진 것은?

① 담배잎차(순수 니코틴은 제외) – 에탄올로 추출한 것일 것

② 라이아니아(Ryania) 추출물 – 쿠아시아(*Quassia amara*)에서 추출된 천연물질일 것

③ 목초액 – 산업표준화법에 따른 한국산업표준의 목초액(KSM3939) 기준에 적합할 것

④ 젤라틴 – 크로뮴(Cr)처리를 한 것일 것

해설
해충 관리를 위해 사용 가능한 물질(친환경농어업법 시행규칙 [별표 1])

사용 가능 물질	사용 가능 조건
목초액	산업표준화법에 따른 한국산업표준의 목초액(KSM3939) 기준에 적합할 것
담배잎차(순수 니코틴은 제외한다)	물로 추출한 것일 것
라이아니아(Ryania) 추출물	라이아니아(*Ryania speciosa*)에서 추출된 천연물질일 것
젤라틴(Gelatine)	크로뮴(Cr)처리 등 화학적 제조공정을 거치지 않을 것

95 유기식품 및 무농약농산물 등의 인증에 관한 세부실시 요령상 인증품 등의 사후관리 조사요령 중 생산과정조사에 대한 내용으로 틀린 것은?

① 사무소장 또는 인증기관은 인증서 교부 이후 인증을 받은 자의 농장소재지 또는 작업장 소재지를 방문하여 생산과정조사를 실시하여야 한다.

② 정기조사의 경우 인증기관은 각 인증 건별로 인증서 교부일 부터 3년이 지나기 전까지 1회 이상의 생산과정 조사를 실시한다.

③ 생산과정조사의 신뢰도가 낮아지지 않도록 조사대상, 조사시간, 이동거리 등을 감안하여 인증기관에서는 1일 조사대상 인증사업자수를 적정하게 선정하여 조사하여야 한다.

④ 조사시기는 해당 농산물의 생육기간 또는 생산기간 중에 실시하되 가급적 인증기준위반의 우려가 가장 높은 시기에 실시하고 인증 갱신 신청서가 접수되기 이전에 조사를 완료하여야 한다.

해설
인증품 등의 사후관리 조사요령 – 생산과정조사(유기식품 및 무농약농산물 등의 인증에 관한 세부실시 요령 [별표 5])
정기조사 : 인증기관은 각 인증건별로 인증서 교부일부터 10개월이 지나기 전까지 1회 이상의 생산과정조사를 실시한다.

96 유기식품 및 무농약농산물 등의 인증에 관한 세부실시 요령상 유기양봉제품 생산의 일반원칙 미사육조건에 대한 내용이다. ( ) 안에 알맞은 내용은?

> 벌통은 관행농업지역(유기양봉산물 등의 품질에 영향을 미치지 않은 정도로 관리가 가능한 지역의 경우는 제외), 오염된 비농업지역, 골프장, 축사와 GMO 또는 환경 오염물질에 의한 잠재적인 오염 가능성이 있는 지역으로부터 반경 ( ) 이내의 지역에는 놓을 수 없다(단, 꿀벌이 휴면상태일 때는 적용하지 않는다).

① 3km ② 4km
③ 5km ④ 6km

해설
유기축산물 중 유기양봉의 산물·부산물 인증기준(유기식품 및 무농약농산물 등의 인증에 관한 세부실시 요령 [별표 1])

97 친환경농어업 육성 및 유기식품 등의 관리·지원에 관한 법률상 ( ) 안에 알맞은 내용은?

> 농업의 근간이 되는 흙의 소중함을 국민에게 알리기 위하여 매년 ( )을 흙의 날로 정한다.

① 9월 11일 ② 6월 11일
③ 5월 11일 ④ 3월 11일

해설
흙의 날을 3월 11일로 제정한 것은 '3'이 농사의 시작을 알리는 달로서 '하늘+땅+사람'의 3원과 농업·농촌·농민의 3농을 의미하고, '11'은 흙을 의미하는 한자를 풀면 +과 −이 되기 때문이다.
흙의 날(친환경농어업법 제5조의2제1항)
농업의 근간이 되는 흙의 소중함을 국민에게 알리기 위하여 매년 3월 11일을 흙의 날로 정한다.

98 친환경농어업 육성 및 유기식품 등의 관리·지원에 관한 법률의 제정 목적으로 가장 거리가 먼 것은?

① 농어업의 환경보전기능 증대
② 농어업으로 인한 환경오염의 감축
③ 친환경농어업을 실천하는 농어업인의 육성
④ 고품질 농산물의 생산 증대

해설
목적(친환경농어업법 제1조)
이 법은 농어업의 환경보전기능을 증대시키고 농어업으로 인한 환경오염을 줄이며, 친환경농어업을 실천하는 농어업인을 육성하여 지속가능한 친환경농어업을 추구하고 이와 관련된 친환경농수산물과 유기식품 등을 관리하여 생산자와 소비자를 함께 보호하는 것을 목적으로 한다.

정답 95 ② 96 ① 97 ④ 98 ④

99 농림축산식품부 소관 친환경농어업 육성 및 유기식품 등의 관리·지원에 관한 법률 시행규칙상 무농약농산물·무농약원료가공식품 표시를 위한 도형 작도법에 대한 내용이다. ( ) 안에 들어갈 수 있는 색상이 아닌 것은?

> 표시 도형의 색상은 녹색을 기본색상으로 하고, 포장재의 색깔 등을 고려하여 ( ), ( ) 또는 ( )으로 할 수 있다.

① 파란색
② 빨간색
③ 노란색
④ 검은색

해설
유기식품 등의 유기표시 기준 – 작도법(친환경농어업법 시행규칙 [별표 6])
표시 도형의 색상은 녹색을 기본 색상으로 하되, 포장재의 색깔 등을 고려하여 파란색, 빨간색 또는 검은색으로 할 수 있다.

100 유기식품 및 무농약농산물 등의 인증에 관한 세부실시 요령상 다음 정의의 ( ) 안에 적합한 숫자는?

> '생산자단체'란 ( )명 이상의 생산자로 구성된 작목반, 작목회 등 영농 조직, 협동조합 또는 영농 단체를 말한다.

① 2
② 3
③ 4
④ 5

해설
용어의 정의(친환경농어업법 시행규칙 [별표 4])
'생산자단체'란 5명 이상의 생산자로 구성된 작목반, 작목회 등 영농 조직, 협동조합 또는 영농 단체를 말한다.

2022년 제 1 회 | 최근 기출문제

---

01 우리나라 원산지인 작물로만 나열된 것은?

① 감, 인삼
② 벼, 참깨
③ 담배, 감자
④ 고구마, 옥수수

해설
우리나라가 원산지인 작물 : 감, 팥(한국, 중국), 인삼(한국)

02 다음 중 식물학상 과실로 과실이 나출된 식물은?

① 벼
② 겉보리
③ 쌀보리
④ 귀 리

해설
식물학상 과실
• 과실이 나출된 것 : 밀, 쌀보리, 옥수수, 메밀, 호프
• 과실이 이삭(영)에 싸여 있는 것 : 벼, 겉보리, 귀리
• 과실이 내과피에 싸여있는 것 : 복숭아, 자두, 앵두

03 뿌림골을 만들고 그곳에 줄지어 종자를 뿌리는 방법은?

① 산 파
② 점 파
③ 적 파
④ 조 파

해설
① 산파 : 흩어뿌림, 파종양식 중 노력이 적게 드나 종자가 많이 소요되며 생육기간 중 통풍 및 통광이 불량한 방법이다.
② 점파 : 일정한 간격을 두고 종자를 2~3개씩 띄엄띄엄 파종하는 방법. 노력은 다소 많이 들지만 건실하고 균일한 생육을 한다.
③ 적파 : 점파와 비슷한 방식이며 점파를 할 때 한곳에 여러 개의 종자를 파종할 경우를 말하며 목초, 맥류 등에서 실시된다.

04 노후답의 재배대책으로 가장 거리가 먼 것은?

① 저항성 품종을 선택한다.
② 조식재배를 한다.
③ 무황산근 비료를 시용한다.
④ 덧거름 중점의 시비를 한다.

해설
노후답의 재배대책
• 저항성 품종재배 : H_2S 저항성 품종, 조중생종 > 만생종
• 조기재배 : 수확 빠르면 추락 덜함
• 시비법 개선 : 무황산근 비료시용, 웃거름중점 시비, 엽면시비
• 재배법 개선 : 직파재배(관개시기 늦출 수 있음), 휴립재배(심층시비 효과, 통기조장), 답전윤환(지력증진)

05 작물의 수해에 대한 설명으로 옳은 것은?

① 수온이 높은 것이 낮은 것에 비하여 피해가 심하다.
② 유수가 정체수보다 피해가 심하다.
③ 벼 분얼초기는 다른 생육단계보다 침수에 약하다.
④ 화본과 목초, 옥수수는 침수에 약하다.

해설
① 수온이 높을수록 호흡기질의 소모가 많아져 침수의 해가 더 커진다.
② 정체수, 탁수는 유수보다 산소 함유량이 적고 유해물질이 많으므로 더 피해가 크다.

06 고무나무와 같은 관상수목을 높은 곳에서 발근시켜 취목하는 영양번식 방법은?

① 삽 목
② 분 주
③ 고취법
④ 성토법

해설
③ 고취법 : 관상수목에서 지조를 땅 속에 휘어 묻을 수 없는 경우에 높은 곳에서 발근시켜 취목하는 방법
① 삽목 : 모체에서 분리한 영양체의 일부를 적당한 곳에 심어서 발근시켜 독립 개체로 번식시키는 방법
② 분주 : 어미나무 줄기의 지표면 가까이에서 발생하는 새싹(흡지)을 뿌리와 함께 잘라내어 새로운 개체로 만드는 방법(나무딸기, 앵두나무, 대추나무)
④ 성토법 : 나무그루 밑동에 흙을 긁어모아 발근시키는 방법(뽕나무, 사과나무, 양앵두, 자두)

---

07 ( )에 알맞은 내용은?

> 감자 영양체를 20,000rad 정도의 ( )에 의한 γ선을
> 조사하면 맹아억제 효과가 크므로 저장기간이 길어진다.

① ^{13}C   ② ^{17}C
③ ^{60}Co   ④ ^{52}K

해설
^{60}Co의 γ선을 감자, 양파, 당근, 밤 등의 영양체에 20,000rad 정도
조사하면 휴면이 연장되어 맹아를 억제하고 안전하게 저장할 수 있다.

08 다음 중 땅속줄기(지하경)로 번식하는 작물은?

① 마 늘   ② 생 강
③ 토 란   ④ 감 자

해설
② 생강은 지하경을 이용하는 심근성 작물이다.
① 비늘줄기(인경)
③·④ 덩이줄기(괴경)

09 다음 중 T/R률에 대한 설명으로 옳은 것은?

① 감자나 고구마의 경우 파종기나 이식기가 늦어질수록
　T/R률이 작아진다.
② 일사가 적어지면 T/R률이 작아진다.
③ 토양함수량이 감소하면 T/R률이 감소한다.
④ 질소를 다량시용하면 T/R률이 작아진다.

해설
토양함수량이 감소하면 지상부의 생육이 억제되어 T/R률이 감소한다.

10 식물체의 부위 중 내열성이 가장 약한 곳은?

① 완성엽(完成葉)   ② 중심주(中心柱)
③ 유엽(幼葉)   ④ 눈(芽)

해설
주피, 완피, 완성엽은 내열성이 가장 크고, 눈·어린잎은 비교적 강하
며, 미성엽이나 중심주는 내열성이 가장 약하다.

11 다음 중 침수에 의한 피해가 가장 큰 벼의 생육 단계는?

① 분얼성기   ② 최고분얼기
③ 수잉기   ④ 고숙기

해설
수잉기(특히 감수분열기)는 외부환경에 가장 민감한 시기로 저온, 침수
등에 가장 피해가 큰 시기이다.

12 화성유도 시 저온·장일이 필요한 식물의 저온이나 장일을 대신하여 사용하는 식물호르몬은?

① CCC   ② 에틸렌
③ 지베렐린   ④ ABA

해설
화성을 유인하는 내적요인은 C/N율, 옥신, 지베렐린 등이 있다.
지베렐린(Gibberellin)
저온, 장일이 화성에 필요한 작물에서는 저온이나 장일을 대신하는
효과가 탁월하다.

13 다음 중 단일식물에 해당하는 것으로만 나열된 것은?

① 양파, 상추
② 샐비어, 콩
③ 시금치, 양귀비
④ 아마, 감자

해설
- 단일식물 : 국화, 샐비어, 콩, 담배, 들깨, 도꼬마리, 코스모스, 목화, 벼, 나팔꽃 등
- 장일식물 : 맥류, 양귀비, 시금치, 양파, 상추, 아마, 티머시, 아주까리, 감자, 페튜니아, 메리골드, 금잔화, 금어초 등

14 순무의 착색에 관계하는 안토사이안의 생성을 가장 조장하는 광파장은?

① 적색광
② 녹색광
③ 적외선
④ 자외선

해설
사과, 포도, 딸기 등의 착색에 관여하는 안토사이안(Anthocyan)은 비교적 저온에서, 자외선이나 자색광 파장에서 생성이 촉진된다.

15 광합성에서 C_4 작물에 속하지 않는 것은?

① 사탕수수
② 옥수수
③ 벼
④ 수 수

해설
- C_3 식물 : 벼, 밀, 보리, 콩, 해바라기 등
- C_4 식물 : 사탕수수, 옥수수, 수수, 피, 기장, 수단그라스 등
- CAM 식물 : 파인애플, 돌나무, 선인장 등

16 다음 중 작물의 주요온도에서 최적온도가 가장 낮은 작물은?

① 옥수수
② 완 두
③ 보 리
④ 벼

해설
작물별 파종 시 발아온도

구 분	온도(℃)		
	최저온도	최적온도	최고온도
보 리	0~2	20~30	38~40
완 두	1~2	25~30	33~37
옥수수	6~11	34~38	41~50
벼	8~10	30~34	43~44

17 등고선에 따라 수로를 내고, 임의의 장소로부터 월류하도록 하는 방법은?

① 등고선관개
② 보더관개
③ 일류관개
④ 고랑관개

해설
① 일류관개 : 등고선에 따라 수로를 내고 임의의 장소로부터 월류하도록 하는 방법
③ 보더관개 : 완경사의 포장을 알맞게 구획하고 상단의 수로로부터 전체 표면에 물을 흘려 펼쳐서 대는 방법

18 벼의 비료 3요소 흡수 비율로 옳은 것은?

① 질소 5 : 인산 1 : 칼륨 1
② 질소 3 : 인산 1 : 칼륨 3
③ 질소 5 : 인산 2 : 칼륨 4
④ 질소 4 : 인산 2 : 칼륨 3

해설
작물별 비료 3요소의 흡수비율

구 분	질 소	인 산	칼 륨
벼	5	2	4
맥 류	5	2	3
콩	5	1	1.5
옥수수	4	2	3
고구마	4	1.5	5

19 앞 작물의 그루터기를 그대로 남겨서 풍식과 수식을 경감시키는 농법은?

① 녹색 필름 멀칭
② 스터블 멀칭
③ 볏짚 멀칭
④ 투명 필름 멀칭

해설
스터블 멀칭(Stubble Mulching) 농법
건조 또는 반건조지방의 밀 재배에 있어서 토양을 갈아엎지 않고 경운하여 앞 작물의 그루터기를 그대로 남겨서 풍식과 수식을 경감시키는 농법이다.

제2과목 **토양비옥도 및 관리**

21 토양 중에 서식하는 조류(藻類)의 역할로 가장 거리가 먼 것은?

① 사상균과 공생하여 지의류 형성
② 유기물의 생성
③ 산소 공급
④ 산성토양을 중성으로 개량

해설
조류(藻類)
• 독립영양체로서의 성질 때문에 광이나 수분조건이 양호한 토양표면에서 주로 발생된다.
• 이산화탄소를 이용하여 광합성을 하고 산소를 방출하는 생물이다.
• 탄산칼슘 또는 이산화탄소를 이용하여 유기물을 생성한다.
• 유기물을 생성하고 산소를 공급하며 대기중 공중질소를 고정할 수 있다.

22 토양의 입자밀도가 $2.60g/cm^3$이라 하면 용적밀도가 $1.17g/cm^3$인 토양의 고상 비율은?

① 40%
② 45%
③ 50%
④ 55%

해설
토양의 고상의 비율 = 용적밀도/입자밀도 × 100
= 1.17/2.6 × 100
= 45%

20 녹체춘화형 식물로만 나열된 것은?

① 완두, 잠두
② 봄무, 잠두
③ 사리풀, 양배추
④ 완두, 추파맥류

해설
춘화형식물
• 녹체춘화형 : 양배추, 양파, 당근, 우엉, 국화, 사리풀 등
• 종자춘화형 : 무, 배추, 완두, 잠두, 봄무, 추파맥류 등

23 식물 세포벽을 구성하는 유기물 구성 성분 중 분해속도가 가장 느리며 아직도 그 구조가 완전히 밝혀지지 않은 물질은?

① 셀룰로스
② 단백질
③ 리그닌
④ 지방류

해설
리그닌 : 식물의 구성성분 중 토양에 들어가 미생물이 생성하는 다른 화합물들과 결합하여 토양부식을 이루는 물질

24 토양에 질소성분 100kg을 시비한 작물로 흡수된 질소량이 50kg이었고, 시비하지 않은 토양에서 작물이 20kg의 질소를 흡수하였다. 이 작물의 질소비료 이용효율은?

① 20% ② 30%

③ 50% ④ 70%

해설

질소 이용효율 = 100kg(시용량) − 50kg(작물흡수) − 20kg(토양으로부터 작물흡수) = 30kg

25 표층에서 용탈된 점토가 B층에 집적되며 주요 감식토층이 Argillic 차표층인 토양목은?

① Alfisol ② Vertisol

③ Andisol ④ Entisol

해설

① 성숙토(Alfisol) : 석회세탈되어 Al, Fe가 하층에 집적토양
② Vertisol : 점토가 풍부하여 팽창과 수축을 반복 반전하는 토양
③ Andisol : 주로 화산분출에 의해 형성된 화산회토양을 의미하는 토양목
④ Entisol : 토양생성발달이 미약하여 층위의 분화가 없는 새로운 토양

26 토양미생물의 질소대사 작용 중 다음과 같은 작용을 무엇이라고 하는가?

$$NO_3^- \rightarrow NO_2^- \rightarrow NH_4^+$$

① 질산화작용 ② 암모니아화성작용

③ 탈질작용 ④ 질산환원작용

해설

질산환원작용
질소화합물이 토양미생물에 의해 $NO_3^- \rightarrow NO_2^- \rightarrow NH_4^+$와 같은 순서로 그 형태가 바뀌는 작용

27 토양분석결과 교환성 K^+이온이 $0.4cmol_c/kg$이었다면, 이 토양 1kg 속에는 몇 g의 교환성 K^+이온이 들어있는가?(단, K의 원자량은 39로 한다)

① 0.078g ② 0.156g

③ 0.234g ④ 0.312g

해설

$0.4cmol_c/kg \times 39/100 = 0.156g$

28 토양의 소성지수를 측정한 결과 A 토양은 25이고, B 토양은 20이었다. 두 토양을 올바르게 비교 설명한 것은?

① A 토양이 B 토양보다 소성상태에서 수분을 많이 보유한다.
② B 토양이 A 토양보다 소성상태에서 총유기물 함량이 많다.
③ A 토양은 B 토양보다 적은 수분량으로 소성상태를 유지한다.
④ B 토양은 A 토양보다 점토함량이 많은 토양이다.

해설

액성한계(LL, 소성상한)와 소성한계(PL, 소성하한)의 차이를 나타내는 소성지수(PI)는 점토함량에 기인하므로 토양 중 교질물의 함량을 표시하는 지표가 될 수 있다.

29 농약과 같은 유기화학물질이 토양에서 용탈되는데 관여하는 인자로 가장 거리가 먼 것은?

① 유기화학물질의 증기압
② 점토량
③ 토양유기물량
④ 유기화학물질의 용해도

해설

양이온교환용량(CEC)은 토성, 점토광물의 종류와 함량, 유기물 함량에 따라서 다르다.

30 화산회토에 대한 설명으로 적절하지 않은 것은?

① 다공성이다.

② 전용적밀도가 낮다.

③ 주요 무기교질은 카올리나이트이다.

④ 유기물함량이 높지만 난분해성이다.

해설

③ 화산회토의 주요 무기교질은 알로팬(Allophane)이다.

31 경작지의 유기물 함량을 높이는 방법으로 적절하지 않은 것은?

① 작물의 잔사(Residue)를 토양에 돌려준다.

② 토양 침식을 막는다.

③ 필요 이상으로 땅을 자주 경운하지 않는다.

④ 토양 표면의 녹비작물을 제거한다.

해설

토양의 유기물 유지 및 증가 대책으로 ①, ②, ③외에 유기물을 사용할 때에는 토양의 조건, 유기물의 종류 등을 고려하여야 하며 돌려짓기를 하여 질이 좋은 유기물이 많이 집적되도록 하여야 하고 수량을 높일 수 있는 토양관리법을 적용한다.

32 토양에 대한 설명으로 틀린 것은?

① 토양에서 전토층(Regolith)과 진토층(Solum)의 차이는 전토층은 C층을 포함한다는 점이다.

② 토양이라고 부를 수 있는 최소 단위의 토양 표본은 페돈(Pedon)이라고 일컫는다.

③ 토양 3상의 구성 비율 중 고상의 비율이 높은 토양은 뿌리의 자람이 쉬우나 식물을 지지하는 힘은 약해진다.

④ 우리나라의 토양의 모암은 대부분 화강암 및 화강편마암 계통이다.

해설

고상의 비율이 높은 토양은 단위용적당 토양입자의 양이 많고 액상과 기상의 비율이 낮기 때문에 뿌리의 자람이 불량해지고 물과 공기가 들어갈 공간이 적어진다. 반면에 고상의 비율이 낮은 토양은 뿌리의 자람이 쉽고 물과 공기가 들어갈 공간이 커지지만 식물을 지지하는 힘은 약해진다.

33 다음 미생물 중 산성토양에서도 잘 생육하는 것은?

① Mucor

② Streptosporangium

③ Micromonospora

④ Nocardia

해설

① 사상균의 형태인 털곰팡이(Mucor)는 산성토양에 비교적 강하다. 방선균인 Streptosporangium, Micromonospora은 산성토양에 민감하다. 세균(박테리아)은 보통 중성에서 잘 활동하고 번식하지만 황세균은 강산성에서도 강하게 활동한다.

34 황산칼륨 비료에는 어떤 원소가 들어 있는가?

① K, O, S

② C, O, K

③ C, K, S

④ H, S, K

해설

황산칼륨의 분자식 : K_2SO_4

35 1차 광물의 풍화에 대한 안정성이 큰 순서대로 나열한 것은?

① 석영 > 운모 > 각섬석 > 감람석

② 운모 > 석영 > 감람석 > 각섬석

③ 각섬석 > 감람석 > 석영 > 운모

④ 감람석 > 각섬석 > 운모 > 석영

해설

1차 광물인 석영은 풍화되기 어려우며, 경도(7.0)가 가장 높아 풍화에 저항성을 가지고 있다.

6대 조암광물의 풍화에 대한 안정성 순서

석영 > 장석 > 흑운모 > 각섬석 > 휘석 > 감람석

36 주요 화성암 중 심성암이면서 염기성암인 것은?

① 반려암   ② 화강암

③ 유문암   ④ 안산암

해설

화성암의 종류

생성위치(SiO_2, %)	산성암(65~75)	중성암(55~65)	염기성암(40~55)
심성암	화강암(Granite)	섬록암(Diorite)	반려암(Gabbro)
반심성암	석영반암	섬록반암	휘록암(Diabase)
화산암(Volcanic)	유문암(Rhyolite)	안산암(Andesite)	현무암(Basaslt)

37 토양 중 수소이온(H^+)이 생성되는 원인으로 틀린 것은?

① 탄산과 유기산의 분해에 의한 수소이온 생성

② 질산화작용에 의한 수소이온 생성

③ 교환성염기의 집적에 의한 수소이온 생성

④ 식물 뿌리에 의한 수소이온 생성

해설

산성 물질은 물에서 해리되어 수소이온(H^+)을 생성하고, 염기성 물질은 물에서 해리되어 수산화이온(OH^-)을 생성한다.

※ 교환성 염기 : 양이온 중 H^+과 Al^{3+}를 제외한 양이온

토양 중 수소이온의 생성원인

• 탄산과 유기산에 의한 수소이온 생성
  – 대기 중 탄산가스가 빗물에 녹아 생성된 탄산
  – 식물 뿌리의 호흡, 유기물 분해에 의한 탄산가스의 탄산화
  – 유기물 분해 시 생성된 유기산
    $CO_2 + H_2O \leftrightarrow H_2CO_3 \leftrightarrow HCO_3^- + H^+$

• 암모늄비료의 질산화작용에 의한 수소이온 생성
  $NH_4^- + 2O_2 \xrightarrow{\text{질산화세균}} NO_3^- + H_2O + 2H^+$

• 산성비에 의한 수소이온 유입 : 황화물, 질소산화물

• 식물 뿌리에 의한 수소이온 방출

38 토양의 구조 가운데 작물생육에 가장 적합한 구조는?

① 입단구조   ② 단립(單立)구조

③ 주상구조   ④ 판상구조

해설

입단구조의 토양은 틈새가 많아 통기성이 좋고, 보수력과 보비력이 좋은 비옥한 토양이라고 할 수 있다.

39 토양입자와의 결합력이 작아 용탈되기 가장 쉬운 성분은?

① Ca^{2+} ② Mg^{2+}

③ PO_4^{3-} ④ NO_3^-

해설

흡착 강도

• 양이온의 경우 : $Al^{3+} > H^+ > Ca^{2+} > Mg^{2+} > K^+ > NH_4^+ > Na^+$

• 음이온의 경우 : $SiO_4^{4-} > PO_4^{3-} > SO_4^{2-} > NO_3^- = Cl^-$

40 습도가 높은 대기 중에 토양을 놓아두었을 때 대기로부터 토양에 흡착되는 수분으로서 −3.1MPa 이하의 포텐셜을 갖는 것은?

① 흡습수   ② 모관수

③ 중력수   ④ 지하수

해설

흡습수는 분자간 인력에 의하여 토양입자 표면에 흡착된 수분이다.

제**3**과목 **유기농업개론**

41 친환경농업에 해당되지 않는 것은?

① 녹색혁명농업
② 생명동태농업(Bio-dynamic농업)
③ IPM(Itegrated Pest Management)
④ 유기농업

해설
친환경농업
합성농약, 화학비료, 호르몬제, 항생물질 등 화학적으로 합성된 농자재를 사용하지 않거나 사용을 최소화하여 안전농산물을 생산하고 자연환경과 국민의 건강을 고려한 지속농업을 말한다.
※ 녹색혁명 : 수확량이 많은 개량품종을 도입해서 식량증산을 꾀하는 농업정책

42 녹비작물의 토양 혼입과 관련한 설명으로 옳은 것은?

① 녹비작물의 수확적기는 종실의 완숙기이다.
② 녹비작물의 토양 내 분해속도는 늙은 시기에 수확한 것이 어린 시기에 수확한 것보다 빠르다.
③ 녹비작물을 완숙기에 수확했다면 길게 절단하여 토양에 혼입하는 것이 좋다.
④ 녹비작물을 토양에 혼입한 후 후작물을 파종하는 시기는 혼입 후 2~3주 이내가 좋다.

해설
① 토양에 혼입하기 가장 좋은 시기는 녹비작물의 개화기이다.
② 녹비작물의 토양 내 분해속도는 늙은 시기에 수확한 것이 어린 시기에 수확한 것보다 느리다.
③ 녹비작물이 너무 크거나 거센 노화조직일 경우에는 가능한 한 이를 조각내어 토양에 혼입하는 것이 분해속도를 촉진할 수 있다.

43 유기종자의 조건으로 거리가 먼 것은?

① 병충해 저항성이 높은 종자
② 화학비료로 전량 시비하여 재배한 작물에서 채종한 종자
③ 농약으로 종자 소독을 하지 않은 종자
④ 유기농법으로 재배한 작물에서 채종한 종자

해설
유기종자란 유기적으로 재배된 농작물에서 채종된 종자를 의미한다. 즉 농약, 화학비료 등 인위적으로 합성된 제품이 아닌 유기자재만을 이용하여 생산하고 채종된 종자를 말한다.

44 답전윤환의 효과로 틀린 것은?

① 벼를 재배하다가 채소를 재배하면 채소의 기지현상이 회피된다.
② 담수상태와 배수상태가 서로 교체되므로 잡초발생이 감소된다.
③ 입단화가 되고 건토효과가 진전되어 미량원소 등이 용탈된다.
④ 밭 기간 동안에는 논 기간에 비하여 환원성인 유해물질의 생성이 억제된다.

해설
답전윤환
• 논을 몇 해 동안씩 담수한 논 상태와 배수한 밭 상태로 돌려가면서 이용(최적연수 : 2~3년)
• 효과 : 지력증강, 잡초의 감소, 기지의 회피, 벼 수확량 증가, 노동력의 절감

45 시설토양의 염류집적의 원인이 아닌 것은?

① 과도한 화학비료의 사용
② 강우의 차단과 특이한 실내환경
③ 모세관작용에 의한 지하염류의 상승으로 지표면에 염류 축적
④ 인공관수에 의한 염류의 지하용탈 및 지표유실의 빈번

해설
시설재배 토양의 염류과다집적 원인
• 집약적 농업형태로 다수확 위주로 재배되고, 연중 2~5회 연속적으로 작물을 재배하며 매 작기마다 적정량 이상의 화학비료와 부산물비료가 투입되고 있기 때문이다.
• 시설에서는 강우에 의한 용탈이 없고 노지에서와는 반대로 하층의 양분이 물의 이동과 함께 표층위로 집적되기 때문에 비료로 준 질소, 인산, 칼리 및 염기류가 표층토에 쌓이게 되어 작물 생육과 품질을 떨어뜨리는 여러 가지 문제를 일으키는 원인이 된다.

46 건답직파의 특성이 아닌 것은?

① 비가 올 때에는 파종이 어렵다.

② 담수직파보다 잡초 발생량이 적다.

③ 담수직파보다 출아일수가 길다.

④ 도복 발생량이 감소한다.

해설

건답직파의 특성

• 강우의 영향을 많이 받는다.

• 잡초 발생이 많다.

• 출아일수가 담수직파보다 길다(5~7일).

• 복토를 하므로 뜸모가 없고 도복발생 감소

• 물이 없어서 평평하게 정지 곤란

• 써레질을 하지 않으므로 용수량 많이 소요

47 유기사료 중 조사료에 해당하지 않는 것은?

① 사일리지   ② 건 초

③ 볏 짚   ④ 옥수수

해설

조사료(粗飼料) : 영양소 공급 능력에 비해 부피가 크며, 섬유소 함량이 높다. 거칠고 비교적 가격이 싼 사료

예 볏짚, 야초, 목초, 사일리지, 건초

48 유기축산을 위한 축사시설 준비 과정에서 중요하게 고려해야 할 사항으로 틀린 것은?

① 채광이 양호하도록 설계하여 건강한 성장을 도모한다.

② 공기의 유입이나 통풍이 양호하도록 설계하여 호흡기 질병이나 먼지 피해를 입지 않도록 한다.

③ 가축의 분뇨가 외부로 유출되거나 토양에 침투되어 악취 등의 위생문제 및 지하수 오염 등을 일으키지 않도록 한다.

④ 축사건립에 많은 투자를 피하고, 좁은 면적에 다수의 가축을 밀집 사육시킴으로서 경영의 효율성을 제고한다.

해설

유기 축산을 위해서는 가축에 양질의 유기사료를 제공하는 것 이외에도 적정 사육밀도를 유지해야 하며, 동물의 행동적 욕구에 적절한 축산시설, 스트레스를 최소화할 수 있는 사양환경 시설, 가축건강과 복지를 고려한 축사시설, 주변의 환경영향을 방지할 수 있는 적정 분뇨 및 오·폐수 처리시설을 갖추고 농장을 관리, 운영해야만 한다.

49 다음 중 고립상태일 때의 광포화점이 가장 낮은 것은?

① 사탕무   ② 콩

③ 고구마   ④ 밀

해설

광포화점(%)

• 콩 : 20~23

• 감자, 담배, 강낭콩, 보리, 귀리 : 30

• 벼, 목화 : 40~50

• 옥수수 : 80~100

50 인공광에서 수은등에 대한 설명으로 가장 적절한 것은?

① 고압의 수은 증기 속의 아크방전에 의해서 빛을 내는 전등이다.

② 각종 금속 용화물이 증기압 중에 방전함으로써 금속 특유의 발광을 나타내는 현상을 이용한 등이다.

③ 나트륨 증기 속에서 아크방전에 의해 방사되는 빛을 이용한 등이다.

④ 반도체의 양극에 전압을 가해 식물생육에 필요한 특수한 파장의 단색광만을 방출하는 인공광원이다.

해설

수은등 : 유리관에 수은을 넣고 양쪽 끝에 전극을 봉한 발생관을 진공 봉입한 전등으로, 기화된 수은에 방전을 일으켜 빛을 낸다.

② 메탈할라이드등, ③ 나트륨등, ④ LED(Light Emitting Diodes)

51 토양미생물의 작용에 대한 설명으로 틀린 것은?

① 식물과 상호영향을 끼치며 번식, 생존해 간다.

② 각종 무기물의 흡수와 순환에 중요한 역할을 한다.

③ 미생물간의 길항작용을 한다.

④ 병해를 일으키지는 않고 예방작용만 한다.

해설

토양미생물의 으뜸가는 기능은 무엇보다 분해작용으로 동물의 시체, 식물의 잔재를 분해하여 재생산을 위한 원료로 공급하는 것이다. 이외에도 여러 가지 무기원소를 산화·환원작용을 통하여 식물들이 쉽게 이용할 수 있는 형태로 변모시키는 생물지화학적작용(Biogeochemical Cycle), 대기 중에 존재하는 질소를 고정하여 토양에 공급하는 질소고정작용, 식물의 생장에 도움을 주는 식물 생장 호르몬을 분비하는 일, 세포 밖으로 효소를 분비하여 토양의 비옥도를 높이는 작용 등이 있다.

52 마늘의 저온저장방법으로 가장 적절한 것은?

① 저온저장은 −10~−5℃, 상대습도는 약 50% 알맞다.
② 저온저장은 8~10℃, 상대습도는 약 85%가 알맞다.
③ 저온저장은 3~5℃, 상대습도는 약 65%가 알맞다.
④ 저온저장은 3~5℃, 상대습도는 약 85%가 알맞다.

해설
수확 당시의 마늘 수분함량은 80% 정도이다. 통풍이 잘되는 곳에서 2~3개월간 간이저장 건조하고, 저온저장은 3~5℃, 상대습도는 약 65%가 알맞다.

53 다음 중 3년생 가지에 결실하는 것은?

① 사 과   ② 감
③ 밤   ④ 포 도

해설
과수의 결실 습성
• 1년생 가지 결실 : 감, 감귤, 포도, 무화과 등
• 2년생 가지 결실 : 복숭아, 자두, 매실 등
• 3년생 가지 결실 : 사과, 배 등

54 다음 중 3년 휴작이 필요한 작물로만 나열된 것은?

① 벼, 조   ② 딸기, 양배추
③ 당근, 미나리   ④ 토란, 참외

해설
3~4년 휴작이 필요한 작물 : 쑥갓, 토란, 참외, 강낭콩 등

55 F$_2$~F$_4$ 세대에는 매세대 모든 개체로부터 1립씩 채종하여 집단재배를 하고, F$_4$ 각 개체별로 F$_5$ 계통재배를 하는 것은?

① 여교배육종   ② 파생계통육종
③ 1개체 1계통육종   ④ 단순순환선발

해설
1개체 1계통육종 : 잡종 집단의 1개체에서 1립씩 채종하여 다음 세대를 진전시키는 육종방법이다.

56 광물성 유기농업자재가 아닌 것은?

① 유지류   ② 식염류
③ 칼슘염류   ④ 인산염류

해설
① 유지류는 식물성에 해당한다.
사료로 직접 사용되거나 배합사료의 원료로 사용 가능한 물질(친환경농어업법 시행규칙 [별표 1])

구 분	사용 가능 물질
식물성	곡류(곡물), 곡물부산물류(강피류), 박류(단백질류), 서류, 식품가공부산물류, 조류(藻類), 섬유질류, 제약부산물류, 유지류, 전분류, 콩류, 견과·종실류, 과실류, 채소류, 버섯류, 그 밖의 식물류
동물성	단백질류, 낙농가공부산물류
	곤충류, 플랑크톤류
	무기물류
	유지류
광물성	식염류, 인산염류 및 칼슘염류, 다량광물질류, 혼합광물질류

57 전류가 텅스텐 필라멘트를 가열할 때 발생하는 빛을 이용하는 등(Lamp)은?

① 백열등   ② 형광등
③ 수은등   ④ 메탈할라이드등

해설
② 형광등 : 유리관 속에 수은과 아르곤을 넣고 안쪽 벽에 형광 물질을 바른 전등
③ 수은등 : 유리관에 수은을 넣고 양쪽 끝에 전극을 봉한 발생관을 진공 봉입한 전등
④ 메탈할라이드등 : 금속 용화물을 증기압 중에 방전시켜 금속 특유의 발광을 나타내는 전등

58 염류농도 장해의 가시적 증상이 아닌 것은?

① 새순부터 잎이 마르기 시작한다.
② 잎이 농녹색을 띠기 시작한다.
③ 잎 끝이 타면서 말라 죽는다.
④ 칼슘과 마그네슘 결핍증이 나타난다.

해설

생육초기부터 엽색이 이상하게 짙어지면서 농녹색으로 된다. 잎의 촉감이 단단해지고 딱딱해지며, 키가 작아지고 생장점 부근의 잎이 마른다.

59 다음 중 고온장해에 대한 내용으로 틀린 것은?

① 유기물의 과잉소모
② 증산억제
③ 질소대사의 이상
④ 철분의 침전

해설

열해는 유기물의 과잉소모, 질소대사의 이상, 철분의 침전, 과다한 증산작용 등의 원인으로 일어난다.

60 유기축산에 사용하는 가축 중에서 자축의 수가 평균적으로 가장 많은 가축은?

① 한 우   ② 젖 소
③ 돼 지   ④ 염 소

해설

소는 한 번에 1마리 정도밖에 낳지 못하는 반면, 돼지는 한 번에 8~11마리 정도로 한꺼번에 많이 출산한다.

제**4**과목 **유기식품 가공·유통론**

61 전지분유에 대한 설명으로 틀린 것은?

① 충전 시 충분한 냉각이 필요하며, 건조한 곳에서 취급되어야 한다.
② 물에 쉽게 용해될 수 있도록 인스턴트화시켜 탈지분유보다 저장이 용이하다.
③ 공기가 통하지 않도록 포장한다.
④ 제빵, 제과용으로 많이 사용된다.

해설

전지분유와 탈지분유 차이점

전지분유	탈지분유
우유 그대로 건조시켜 분말화	전지분유에서 지방을 분리
탈지분유 보다 지방이 높음	지방분이 없어 다이어트 식품
고소한 맛이 특징	오랫동안 보관할 수 있음
우유 그대로의 영양분 섭취	고단백 저칼로리

62 대장균군 검사에 사용되지 않는 배지는?

① 표준한천배지
② 유당배지
③ BGLB 배지
④ 데스옥시콜레이트 유당한천 배지

해설

대장균군 검사는 대장균의 존재 여부를 판정하는 정성시험과 대장균군의 수를 측정하는 정량시험으로 분류되며, 액체배지를 사용하는 발효관법과 고체배지를 사용하는 한천평판배양법 등의 검사법이 있다.
• 정성시험 : 유당배지법, BGLB배지법, 데스옥시콜레이트, 유당한천배지법 등이 있다.
• 정량시험 : 최확수법(락토오스브로스배지법, BGLB배지법), 데스옥시콜레이트 유당한천배지법, 건조필름법법이 있다.

63 유기농법을 적용할 경우 예상되는 결과와 거리가 먼 것은?

① 화학비료를 사용하지 않아 과용된 비료에 의한 환경오염을 줄일 수 있다.
② 잔류농약으로 인한 위험이 줄어든다.
③ 농약과 비료를 사용하지 않아 장기적으로 고품질 농산물의 안정적 생산량 유지가 어렵다.
④ 부가가치를 증가시켜 고가로 판매할 수 있어 경쟁력 있는 농업으로 발전할 수 있다.

해설
유기농업은 화학자재 대신 윤작, 녹비작물, 유기질비료, 유기농사료 등을 사용하고, 특히 축산과 윤작에 의한 자연순환농업을 통해 생태계의 건전성을 유지한다.

64 식품포장지로 사용되는 골판지에 대한 설명으로 틀린 것은?

① 골의 높이와 골의 수에 따라 A, B, C, D, E, F로 구분된다.
② 골의 높이는 A > C > B의 순서로 높다.
③ 단위길이당 골의 수가 가장 적은 것은 A이다.
④ 골의 형태는 U형과 V형이 있다.

해설
① 식품포장용 골판지는 골의 높이와 골의 수에 따라 A, B, C, E, F 등으로 구분한다.

65 식품포장재료의 일반적인 구비요건으로 적합하지 않은 것은?

① 식품의 성분과 상호작용이 없어야 한다.
② 유해한 성분을 함유하지 않아야 한다.
③ 적정한 물리적 강도를 가지고 있어야 한다.
④ 식품 종류와 관계없이 투습도가 높고 기체를 통과시키지 않아야 한다.

해설
④ 식품 포장재료는 투습도가 낮고 기체를 통과시킬 수 있는 재질이어야 한다.

66 식품의 원료 관리, 제조, 가공, 조리, 소분, 유통, 판매의 모든 과정에서 위해한 물질이 식품에 섞이거나 오염되는 것을 방지하기 위하여 각 과정의 위해요소를 중점적으로 관리하는 기준을 무엇이라 하는가?

① HACCP
② SSOP
③ GMP
④ GAP

해설
① HACCP(Hazard Analysis and Critical Control Points) : 위해요소 중점 관리 기준
② SSOP(Sanitation Standard Operating Procedure) : 위생 표준 작업 절차
③ GMP(Good Manufacturing Practice) : 우수 의약품 제조 및 품질 관리 기준
④ GAP(Good Agricultural Practices) : 농산물 우수관리 인증제도

67 대두유 또는 난황에서 분리한 인지질 함유 복합지질을 식용에 적합하도록 정제한 것 또는 이를 주원료로 하여 가공한 식품은?

① 레시틴식품
② 배아식품
③ 감마리놀렌산식품
④ 옥타코사놀식품

해설
① 레시틴식품 : 난황, 콩기름, 간, 뇌 등에 다량 존재하는 복합지질로, 특히 지방구의 피막이나 지질단백질 식품
② 배아식품 : 밀배아, 쌀배아를 분리하여 식용에 적합하도록 가공한 것 또는 이를 주원료로 하여 섭취가 용이하도록 가공한 것을 말한다.
③ 감마리놀렌산식품 : 감마리놀렌산을 함유한 달맞이꽃 종자 등에서 채취한 기름을 식용에 적합하도록 정제한 것 또는 이를 주원료로 하여 섭취가 용이하도록 가공한 것을 말한다.
④ 옥타코사놀식품 : 미강이나 소맥배아에서 추출한 유지에서 분리한 옥타코사놀 함유성분을 식용에 적합하도록 정제한 것 또는 이를 주원료로 하여 섭취가 용이하도록 가공한 것을 말한다.

68 화농성 질환의 병원균으로 독소형 식중독의 원인균은?

① *Leuconostoc mesenteroides*

② *Steptococcus faecalis*

③ *Staphylococcus aureus*

④ *Bacillus coagulans*

해설

포도상구균(*Staphylococcus*)은 화농성질환의 대표적 원인균으로 황색의 색소를 생성하는 황색포도상구균이 식중독을 일으키며, 황색포도상구균(*S. aureus*), 표피(종)포도상구균(*S. epidermidis*), 비병원포도상구균(*S. saprophyticus*)의 세 종류가 있다.

69 농산물 표준규격에 근거하여 토마토의 표준거래단위에 해당되지 않는 것은?(단, 5kg 이상을 기준으로 한다)

① 5kg

② 7.5kg

③ 15kg

④ 20kg

해설

농산물의 표준거래단위(농산물 표준규격 [별표 1])

토마토 : 5kg, 7.5kg, 10kg, 15kg

70 식품의 동결건조의 기본 원리는?

① 승 화

② 기 화

③ 액 화

④ 응 고

해설

식품 동결건조의 기본원리는 식품 중 수분을 동결시켜 만든 빙결정을 감압·진공 하에서 승화시켜 저장성을 향상시키기 위함이다.

71 수박 한 통의 유통단계별 가격은 농가수취가격 5,000원, 위탁상가격 6,000원, 도매가격 6,500원, 소비자가격 8,500원이다. 수박 총거래량이 100개라고 하면, 유통마진의 가치(VMM)는 얼마인가?

① 350,000원

② 200,000원

③ 150,000원

④ 100,000원

해설

유통마진 = 소비자가격 − 농가수취가격

$\qquad = (8,500 \times 100) - (5,000 \times 100)$

$\qquad = 350,000$원

72 시판되는 우유 제조 시 균질을 하는 주된 이유는?

① 미생물 사멸

② 크림 분리 방지

③ 향미의 개선

④ 단백질의 콜로이드(Colloid)화

해설

균질화를 하는 목적 : 크림층(Layer)의 분리(생성)방지, 점도의 향상, 우유조직의 연성화, Curd 텐션을 감소시킴으로써 소화기능 향상

73 초고압 처리의 미생물 살균 원리와 거리가 먼 것은?

① 세포막 구성단백질의 변성

② 세포생육의 필수아미노산 흡수억제

③ 세포막 투과성 억제

④ 세포막 누출량 증가

해설

초고압 처리의 미생물 살균 원리

살균 대상에 600~700MPa의 압력을 가한 후 순간적으로 압력을 해제하면 가압 시 미생물 세포 내에 침투한 압축수가 압력해제와 동시에 세포 내에서 단열팽창을 강하게 하여 세포막을 물리적으로 파괴하면서 미생물을 사멸한다.

74 식품의 기준 및 규격 상의 정의가 틀린 것은?

① 냉동은 -18℃ 이하, 냉장은 0~10℃를 말한다.
② 건조물(고형물)은 원료를 건조하여 남은 고형물로 별도의 규격이 정하여지지 않은 한, 수분함량이 5% 이하인 것을 말한다.
③ 살균이라 함은 따로 규정이 없는 한 세균, 효모, 곰팡이 등 미생물의 영양세포를 불성화시켜 감소시키는 것을 말한다.
④ 유통기간이라 함은 소비자에게 판매가 가능한 기간을 말한다.

해설
② 건조물(고형물)은 원료를 건조하여 남은 고형물로서 별도의 규정으로 정해지지 않은 한, 수분함량이 15% 이하인 것을 말한다(식품의 기준 및 규격 제1. 3.).
④ 소비기한이라 함은 식품에 표시된 보관방법을 준수할 경우 섭취하여도 안전에 이상이 없는 기한을 말한다(식품의 기준 및 규격 제1. 제3.).
※ 관련 법 개정으로 유통기한이 소비기한으로 변경

75 농산물 표준화의 잠재적 효용가치가 아닌 것은?

① 마케팅비용의 감소
② 중간상의 이윤을 높임
③ 시장 유통활동의 능률화
④ 가격형성의 효율화

해설
표준화란 중간마진을 낮추고 유통과 가격형성의 효율화를 위해 필요한 조치이다.

76 청과물의 호흡작용에 가장 크게 영향을 주는 요인은?

① 습 도   ② 온 도
③ 빛   ④ 산 소

해설
수확 후의 청과물을 자체 내 성분을 분해하면서 호흡작용을 계속하여 생명을 유지하므로 일반적으로 온도가 높은 만큼 호흡작용은 왕성하다.

77 농산물의 일반적인 유통경로는?

① 중계 - 분산 - 가공
② 중계 - 분산 - 수집
③ 수집 - 중계 - 분산
④ 분산 - 가공 - 중계

해설
농산물은 주산지로부터 수집하고 도매상 등의 중계를 거쳐 분산하게 된다.

78 식품공장에서 식품을 다루는 작업자의 위생과 관련된 설명으로 틀린 것은?

① 작업장에서 깨끗한 장갑을 착용하는 경우에는 손을 씻지 않아도 된다.
② 일반 작업구역에서 비오염 작업구역으로 이동할 때는 반드시 손을 씻고 소독하여야 한다.
③ 신발은 작업 전용 신발을 신어야 하고 같은 신발을 신은 채 화장실에 출입하지 않아야 한다.
④ 피부감염, 화농성질환이 있거나 설사를 하는 경우 식품제조 작업에서 제외하여야 한다.

해설
식품공장에서는 작업복은 물론 손을 깨끗이 씻는 것은 기본적인 위생관념이다.

79 *Bacillus polymixa* 포자의 D값은 100℃에서 0.5분이며 z값은 9℃이다. 초기 미생물 수가 10^6인 식품을 109℃에서 0.15분간 가열하였을 때 식품에 잔류하는 미생물의 수는?

① 10
② 10^2
③ 10^3
④ 10^4

해설

미생물의 사멸속도 공식

$$D = \frac{t}{\log N_0 - \log N}$$

$$0.5 = \frac{0.15}{\log 10^6 - \log N}$$

$$\therefore \log N = 10^3$$

여기서, D값 : 생균의 90%가 사멸하는데 걸리는 시간
N_0 : 초기($t = 0$)의 미생물 농도
N : 임의 온도 T에서 t시간 가열했을 때 시료 중의 생존균수
t : 가열시간

80 유기식품의 품질보증, 구매 후 서비스, 반품 등은 제품의 세 가지 차원 중 어디에 해당되는가?

① 핵심제품
② 유형제품
③ 확장제품
④ 유사제품

해설

③ 확장제품 : 배달, 보증, A/S 등과 같은 유형적 제품속성 이외의 부가적인 서비스가 포함된 제품으로 보통 구매하기 더 편하도록 하는 것
① 핵심제품 : 소비자들이 구매하려는 제품으로부터 기대하는 핵심혜택으로 눈에 보이는 것이 아닌 개념적인 것
   예 배고픔 해결을 위해 음식 구입
② 유형제품 : 핵심제품을 구체화한 것으로 포장, 브랜드, 품질, 스타일, 특징 등으로 구체화한 것
   예 운송수단이라는 기차는 무궁화호, 새마을호 등 각기 다른 특징을 조합한 유형제품으로 구체화 될 수 있다.

제5과목 **유기농업관련 규정**

81 무항생제축산물 인증에 관한 세부실시요령상 무항생제축산물 생산을 위하여 사료에 첨가하면 안되는 것으로 틀린 것은?

① 우 유
② 항생제
③ 합성항균제
④ 항콕시듐제

해설

무항생제축산물의 인증기준 – 사료 및 영양관리(무항생제축산물 인증에 관한 세부실시요령 [별표 1])
다음에 해당되는 물질을 사료에 첨가하지 않을 것
• 항생제·합성항균제·성장촉진제, 구충제, 항콕시듐제 및 호르몬제
• 반추가축에게 포유동물에서 유래한 사료(우유 및 유제품을 제외)

82 농림축산식품부 소관 친환경농어업 육성 및 유기식품 등의 관리·지원에 관한 법률 시행규칙에 따른 유기가공식품의 생산에 사용 가능한 가공보조제와 그 사용 가능 범위가 옳게 짝지어진 것은?

① 오존수 – 식품 표면의 세척·소독제
② 백도토 – 설탕 가공
③ 과산화수소 – 응고제
④ 수산화칼륨 – 여과보조제

해설

유기가공식품 – 식품첨가물 또는 가공보조제로 사용 가능한 물질(친환경농어업법 시행규칙 [별표 1])

명칭(한)	가공보조제로 사용 시	
	사용 가능 여부	사용 가능 범위
오존수	○	식품 표면의 세척·소독제
백도토	○	청징(Clarification) 또는 여과보조제
과산화수소	○	식품 표면의 세척·소독제
수산화칼륨	○	설탕 및 분리대두단백 가공 중의 산도 조절제

83 농림축산식품부 소관 친환경농어업 육성 및 유기식품 등의 관리·지원에 관한 법률 시행규칙의 인증품 또는 인증품의 포장·용기에 표시하는 방법에서 다음 ( ) 안에 알맞은 내용은?

> 표시사항은 해당 인증품을 포장한 사업자의 인증정보와 일치하여야 하며, 해당 인증품의 생산자가 포장자와 일치하지 않는 경우에는 ( )를 추가로 표시하여야 한다.

① 생산자의 주민등록번호 앞자리
② 생산자의 인증번호
③ 생산자의 국가기술자격 발급번호
④ 인증기관의 주소

[해설]
인증품 또는 인증품의 포장·용기에 표시하는 방법(친환경농어업법 시행규칙 [별표 7])
표시사항은 해당 인증품을 포장한 사업자의 인증정보와 일치해야 하며, 해당 인증품의 생산자가 포장자와 일치하지 않는 경우에는 생산자의 인증번호를 추가로 표시해야 한다.

84 농림축산식품부 소관 친환경농어업 육성 및 유기식품 등의 관리·지원에 관한 법률 시행규칙에서 규정한 허용물질 중 유기농산물의 토양 개량과 작물 생육을 위하여 사용 가능한 물질은?(단, 사용 가능한 조건을 만족한다)

① 천 적
② 님(Neem) 추출물
③ 담배잎차
④ 랑베나이트

[해설]
토양 개량과 작물 생육을 위해 사용 가능한 물질(친환경농어업법 시행규칙 [별표 1])

사용 가능 물질	사용 가능 조건
랑베나이트(해수의 증발로 생성된 암염) 또는 광물염	• 천연에서 유래하고, 단순 물리적으로 가공한 것일 것 • 사람의 건강 또는 농업환경에 위해(危害) 요소로 작용하는 광물질(예 석면광, 수은광 등)은 사용하지 않을 것

병해충 관리를 위해 사용 가능한 물질(친환경농어업법 시행규칙 [별표 1])

사용 가능 물질	사용 가능 조건
천 적	생태계 교란종이 아닐 것
님(Neem) 추출물	님(Azadirachta indica)에서 추출된 천연물질일 것
담배잎차(순수 니코틴은 제외)	물로 추출한 것일 것

85 농림축산식품부 소관 친환경농어업 육성 및 유기식품 등의 관리·지원에 관한 법률 시행규칙상 인증심사원의 자격 취소 및 정지 기준의 개별기준에서 [보기]의 내용으로 1회 적발되었을 경우의 행정처분은?

> [보 기]
> 인증심사 업무와 관련하여 다른 사람에게 자기의 성명을 사용하게 하거나 인증심사원증을 빌려준 경우

① 자격정지 3개월
② 자격정지 6개월
③ 자격정지 1년
④ 자격취소

[해설]
인증심사원의 자격취소, 자격정지 및 시정조치 명령의 기준(친환경농어업법 시행규칙 [별표 12])

위반행위	위반횟수별 행정처분 기준		
	1회 위반	2회 위반	3회 이상 위반
인증심사 업무와 관련하여 다른 사람에게 자기의 성명을 사용하게 하거나 인증심사원증을 빌려 준 경우	자격정지 6개월	자격취소	–

86 농림축산식품부 소관 친환경농어업 육성 및 유기식품 등의 관리·지원에 관한 법률 시행규칙상 유기가공식품의 식품첨가물 또는 가공보조제로 사용 가능한 물질이 아닌 것은?

① 탄산칼슘
② 탄산칼륨
③ 탄산바륨
④ 탄산나트륨

[해설]
유기가공식품 – 식품첨가물 또는 가공보조제로 사용 가능한 물질(친환경농어업법 시행규칙 [별표 1])

명칭(한)	식품첨가물로 사용 시		가공보조제로 사용 시	
	사용 가능 여부	사용 가능 범위	사용 가능 여부	사용 가능 범위
탄산칼슘	○	식물성제품, 유제품(착색료로는 사용하지 말 것)	○	제한 없음
탄산칼륨	○	곡류제품, 케이크, 과자	○	포도 건조
탄산나트륨	○	케이크, 과자	○	설탕 가공 및 유제품의 중화제

87 유기식품 및 무농약농산물 등의 인증에 관한 세부실시 요령상 인증심사의 인증심사원으로 지정할 수 있는 경우는?

① 자신이 신청인이거나 신청인 등과 관련법에 해당하는 친족관계인 경우

② 인증기관 임직원과 이해관계가 있는 경우

③ 신청인과 경제적인 이해관계가 있는 경우

④ 최근 3년 이내에 신청인과 경제적인 이해관계가 없는 경우

해설

인증심사 일반 – 인증심사원의 지정(유기식품 및 무농약농산물 등의 인증에 관한 세부실시 요령 [별표 2])

인증기관은 인증심사원이 다음의 어느 하나에 해당되는 경우 해당 신청 건에 대한 인증심사원으로 지정하여서는 아니 된다.

• 자신이 신청인이거나 신청인 등과 민법 제777조에 해당하는 친족관계인 경우

• 신청인과 경제적인 이해관계가 있는 경우

• 기타 공정한 심사가 어렵다고 판단되는 경우

88 친환경농어업 육성 및 유기식품 등의 관리 · 지원에 관한 법률상 친환경농어업 육성계획에 포함되어야 할 항목이 아닌 것은?

① 농어업 분야의 환경보전을 위한 정책목표 및 기본방향

② 농어업의 환경오염 실태 및 개선대책

③ 합성농약, 화학비료 및 항생제 · 항균제 등 화학자재 사용량 감축 방안

④ 친환경농산물을 규격 표준화 방안

해설

친환경농어업 육성계획(친환경농어업법 제7조제2항)

육성계획에는 다음의 사항이 포함되어야 한다.

• 농어업 분야의 환경보전을 위한 정책목표 및 기본방향

• 농어업의 환경오염 실태 및 개선대책

• 합성농약, 화학비료 및 항생제 · 항균제 등 화학자재 사용량 감축 방안

• 친환경 약제와 병충해 방제 대책

• 친환경농어업 발전을 위한 각종 기술 등의 개발 · 보급 · 교육 및 지도 방안

• 친환경농어업의 시범단지 육성 방안

• 친환경농수산물과 그 가공품, 유기식품 등 및 무농약원료가공식품의 생산 · 유통 · 수출 활성화와 연계강화 및 소비촉진 방안

• 친환경농어업의 공익적 기능 증대 방안

• 친환경농어업 발전을 위한 국제협력 강화 방안

• 육성계획 추진 재원의 조달 방안

• 제26조 및 제35조에 따른 인증기관의 육성 방안

• 그 밖에 친환경농어업의 발전을 위하여 농림축산식품부령 또는 해양수산부령으로 정하는 사항

89 친환경농어업 육성 및 유기식품 등의 관리 · 지원에 관한 법률에서 농업의 근간이 되는 흙의 소중함을 국민에게 알리기 위하여 매년 몇 월 며칠을 흙의 날로 정하는가?

① 1월 19일

② 3월 11일

③ 4월 15일

④ 8월 13일

해설

흙의 날을 3월 11일로 제정한 것은 '3'이 농사의 시작을 알리는 달로서 '하늘+땅+사람'의 3원과 농업 · 농촌 · 농민의 3농을 의미하고, '11'은 흙을 의미하는 한자를 풀면 +과 −이 되기 때문이다.

흙의 날(친환경농어업법 제5조의2제1항)

농업의 근간이 되는 흙의 소중함을 국민에게 알리기 위하여 매년 3월 11일을 흙의 날로 정한다.

90 농림축산식품부 소관 친환경농어업 육성 및 유기식품 등의 관리 · 지원에 관한 법률 시행규칙상 유기농산물 및 유기임산물의 잔류 합성농약 기준으로 옳은 것은?

① 1/2 이하

② 1/5 이하

③ 1/10 이하

④ 검출되지 아니하여야 한다.

해설

유기농산물 및 유기임산물의 인증기준–생산물의 품질관리 등(친환경농어업법 시행규칙 [별표 4])

합성농약 또는 합성농약 성분이 함유된 자재를 사용하지 않으며, 합성농약 성분은 검출되지 않을 것

91 친환경농어업 육성 및 유기식품 등의 관리 · 지원에 관한 법률상 유기식품 등의 인증 유효기간으로 옳은 것은?

① 인증을 받은 날부터 1년이다.

② 인증을 받은 날부터 2년이다.

③ 인증을 받은 날부터 2년이나, 유기농산물은 1년이다.

④ 인증을 받은 날부터 1년이나, 유기농산물은 2년이다.

해설

인증의 유효기간 등(친환경농어업법 제21조제1항)

인증의 유효기간은 인증을 받은 날부터 1년으로 한다.

92 농림축산식품부 소관 친환경농어업 육성 및 유기식품 등의 관리·지원에 관한 법률 시행규칙상 유기표시가 된 인증품 또는 동등성이 인정된 인증을 받은 유기가공식품을 판매나 영업에 사용할 목적으로 수입하려는 자가 수입신고서에 반드시 첨부해야 할 서류가 아닌 것은?

① 인증서 사본
② 인증기관이 발생한 거래인증서 원본
③ 동등성 인정 협정을 체결한 국가의 인증기관이 발행한 인증서 사본 및 수입증명서 원본
④ 잔류농약검사 성적서

해설
수입 유기식품의 신고(친환경농어업법 시행규칙 제22조제1항)
인증품인 유기식품 또는 동등성이 인정된 인증을 받은 유기가공식품의 수입신고를 하려는 자는 식품의약품안전처장이 정하는 수입신고서에 다음의 구분에 따른 서류를 첨부하여 식품의약품안전처장에게 제출해야 한다. 이 경우 수입되는 유기식품의 도착 예정일 5일 전부터 미리 신고할 수 있으며, 미리 신고한 내용 중 도착항, 도착 예정일 등 주요 사항이 변경되는 경우에는 즉시 그 내용을 문서(전자문서를 포함)로 신고해야 한다.
1. 인증품인 유기식품을 수입하려는 경우 : 제13조에 따른 인증서 사본 및 별지 제19호서식에 따른 거래인증서 원본
2. 법 제25조에 따라 동등성이 인정된 인증을 받은 유기가공식품을 수입하려는 경우 : 제27조에 따라 동등성 인정 협정을 체결한 국가의 인증기관이 발행한 인증서 사본 및 수입증명서(Import Certificate) 원본

93 농림축산식품부 소관 친환경농어업 육성 및 유기식품 등의 관리·지원에 관한 법률 시행규칙상 인증신청자가 심사결과에 대한 이의가 있어 인증심사를 실시한 기관에 재심사를 신청하고자 할 때 인증심사 결과를 통지받은 날부터 얼마 이내에 관련 자료를 제출해야 하는가?

① 7일　　　　　　　② 10일
③ 20일　　　　　　　④ 30일

해설
재심사 신청 등(친환경농어업법 시행규칙 제15조제1항)
인증심사 결과에 대해 이의가 있는 자가 재심사를 신청하려는 경우에는 인증심사 결과를 통지받은 날부터 7일 이내에 인증 재심사 신청서에 재심사 신청사유를 증명하는 자료를 첨부하여 그 인증심사를 한 인증기관에 제출해야 한다.

94 농림축산식품부 소관 친환경농어업 육성 및 유기식품 등의 관리·지원에 관한 법률 시행규칙상 공시 사업자 등이 공시를 받은 원료와 다른 원료를 사용하거나 제조 조성비를 다르게 한 경우, 1회 위반 시 행정처분은?

① 업무정지 1개월
② 지정취소
③ 공시 취소 및 유기농업자재의 회수·폐기
④ 판매금지 및 유기농업자재의 회수·폐기

해설
개별기준 – 공시사업자 등(친환경농어업법 시행규칙 [별표 20])

위반행위	위반 횟수별 행정처분 기준		
	1회 위반	2회 위반	3회 이상 위반
공시를 받은 원료·재료와 다른 원료·재료를 사용하거나 제조 조성비를 다르게 한 경우	판매금지 및 유기농업자재의 회수·폐기	공시취소 및 유기농업자재의 회수·폐기	–

95 유기식품 및 무농약농산물 등의 인증에 관한 세부실시 요령상 유기양봉제품의 전환기간에 대한 내용이다. (　)의 내용으로 알맞은 것은?

전환기간 (　) 동안에 밀랍은 유기적으로 생산된 밀랍으로 모두 교체되어야 한다. 인증기관은 전환기간 동안에 모든 밀랍이 교체되지 않은 경우 전환기간을 연장할 수 있다.

① 6개월　　　　　　② 1년
③ 2년　　　　　　　④ 3년

해설
유기축산물 중 유기양봉의 산물·부산물 – 전환기간(유기식품 및 무농약농산물 등의 인증에 관한 세부실시 요령 [별표 1])
전환기간(1년) 동안에 밀랍은 유기적으로 생산된 밀랍으로 모두 교체되어야 한다. 인증기관은 전환기간 동안에 모든 밀랍이 교체되지 않은 경우 전환기간을 연장할 수 있다.

96 유기식품 및 무농약농산물 등의 인증에 관한 세부실시 요령상 유기축산물 인증 부분의 사육장 및 사육조건의 인증기준으로 옳은 것은?

① 산란계의 경우 자연일조시간을 포함하여 총 14시간 범위 내에서 인공광으로 일조시간을 연장할 수 있다.

② 가금은 기후 등 사육여건을 감안하여 케이지 사육이 허용된다.

③ 반추가축은 축사면적 3배 이상의 방목지를 확보해야 한다.

④ 비육우의 방사식 사육에서 사육시설의 소요면적은 마리당 10m²이다.

해설

유기축산물 – 사육장 및 사육조건(유기식품 및 무농약농산물 등의 인증에 관한 세부실시 요령 [별표 1])

산란계의 경우 자연일조시간을 포함하여 총 14시간을 넘지 않는 범위 내에서 인공광으로 일조시간을 연장할 수 있다.

97 농림축산식품부 소관 친환경농어업 육성 및 유기식품 등의 관리·지원에 관한 법률 시행규칙중에서 사용되는 용어의 정의로 그 내용이 틀린 것은?

① '재배포장'이란 작물을 재배하는 일정구역을 말한다.

② '돌려짓기(윤작)'이란 동일한 재배포장에서 동일한 작물을 연이어 재배하지 아니하고, 서로 다른 종류의 작물을 순차적으로 조합·배열하는 방식의 작부체계를 말한다.

③ '유기사료'란 식용유기가공품 인증기준에 맞게 재배·생산된 사료만을 말한다.

④ '동물용의약품'이란 동물질병의 예방·치료 및 진단을 위하여 사용하는 의약품을 말한다.

해설

③ '유기사료'란 비식용유기가공품 인증기준에 맞게 제조·가공 또는 취급된 사료를 말한다(친환경농어업법 시행규칙 [별표 4]).

98 친환경농어업 육성 및 유기식품 등의 관리·지원에 관한 법률 시행령상 농림축산식품부장관·해양수산부장관 또는 지방자치단체의 장이 관련 법률에 따라 친환경농어업에 대한 기여도를 평가하고자 할 때 고려하는 사항이 아닌 것은?

① 친환경농어업에 관한 교육·훈련 실적

② 친환경농어업 기술의 개발·보급 실적

③ 유기농어업자재의 사용량 감축 실적

④ 축산분뇨를 퇴비 및 액체비료 등으로 자원화한 실적

해설

친환경농어업에 대한 기여도(친환경농어업법 시행령 제2조)

농림축산식품부장관·해양수산부장관 또는 지방자치단체의 장은 친환경농어업 육성 및 유기식품 등의 관리·지원에 관한 법률 제16조제1항에 따른 친환경농어업에 대한 기여도를 평가하려는 경우에는 다음의 사항을 고려해야 한다.

1. 농어업 환경의 유지·개선 실적
2. 유기식품 및 비식용유기가공품(이하 '유기식품 등'), 친환경농수산물 또는 유기농어업자재의 생산·유통·수출 실적
3. 유기식품 등, 무농약농산물, 무농약원료가공식품, 무항생제수산물 및 활성처리제 비사용 수산물의 인증 실적 및 사후관리 실적
4. 친환경농어업 기술의 개발·보급 실적
5. 친환경농어업에 관한 교육·훈련 실적
6. 농약·비료 등 화학자재의 사용량 감축 실적
7. 축산분뇨를 퇴비 및 액체비료 등으로 자원화한 실적

99 농림축산식품부 소관 친환경농어업 육성 및 유기식품 등의 관리·지원에 관한 법률 시행규칙상 인증기관 지정기준의 인력에 대한 내용으로 ( )에 알맞은 것은?

> 관련 자격을 부여받은 인증심사원을 상근인력으로 ( ) 이상 확보하고, 인증심사업무를 수행하는 상설 전담조직을 갖출 것

① 3명
② 5명
③ 7명
④ 9명

해설

인증기관의 지정기준 – 인력 및 조직(친환경농어업법 시행규칙 [별표 10])

기관 또는 단체가 국제표준화기구(ISO)와 국제전기기술위원회(IEC)가 정한 제품인증시스템을 운영하는 기관을 위한 요구사항(ISO/IEC Guide 17065)에 적합한 경우로서 다음의 기준을 충족해야 한다.

가. 법 제26조의2제1항에 따라 자격을 부여받은 인증심사원(이하 '인증심사원')을 상근인력으로 5명 이상 확보하고, 인증심사업무를 수행하는 상설 전담조직을 갖출 것. 다만, 인증기관의 지정 이후에는 인증업무량 등에 따라 국립농산물품질관리원장이 정하는 바에 따라 인증심사원을 추가로 확보할 수 있어야 한다.

나. 인증기관의 임원 또는 직원(인증업무를 담당하는 직원으로 한정) 중에 법 26조의3에 따른 결격사유에 해당하는 자가 없을 것

다. 재무구조의 건전성과 투명한 회계처리 절차를 마련하는 등 인증기관의 운영에 필요한 재정적 안정성을 확보할 것

라. 인증업무가 불공정하게 수행될 우려가 없도록 인증기관(대표, 인증심사원 등 소속 임원 또는 직원을 포함)은 다음의 업무를 수행하지 않을 것

1) 유기농업자재 등 농업용 자재의 제조·유통·판매
2) 유기식품등·무농약농산물 및 무농약원료가공식품의 유통·판매
3) 유기식품등·무농약농산물 및 무농약원료가공식품의 인증과 관련된 기술지도·자문 등의 서비스 제공

100 유기식품 및 무농약농산물 등의 인증에 관한 세부실시 요령에 따른 유기축산물 인증기준의 일반원칙에 해당하지 않는 것은?

① 가축의 건강과 복지증진 및 질병예방을 위하여 사육 전 기간 동안 적절한 조치를 취하여야 하며, 치료용 동물용의약품을 절대 사용할 수 없다.

② 초식가축은 목초지에 접근할 수 있어야 하고, 그 밖의 가축은 기후와 토양이 허용되는 한 노천구역에서 자유롭게 방사할 수 있도록 하여야 한다.

③ 가축의 생리적 요구에 필요한 적절한 사양관리체계로 스트레스를 최소화하면서 질병예방과 건강유지를 위한 가축관리를 하여야 한다.

④ 가축 사육두수는 해당농가에서의 유기사료 확보능력, 가축의 건강, 영양균형 및 환경영향 등을 고려하여 적절히 정하여야 한다.

해설

유기축산물 – 동물복지 및 질병 관리(유기식품 및 무농약농산물 등의 인증에 관한 세부실시 요령 [별표 1])

동물용의약품은 규칙 [별표 4] 제3호에서 허용하는 경우에만 사용하고 농장에 비치되어 있는 유기축산물 질병·예방관리 프로그램에 따라 사용하여야 한다.

2022년 제 2회 | 최근 기출문제

제1과목 재배원론

01 다음 중 산성토양에서 작물의 적응성이 가장 약한 것은?

① 호 밀
② 땅 콩
③ 토 란
④ 시금치

해설
산성토양 적응성
• 극히 강한 것 : 벼, 밭벼, 귀리, 기장, 땅콩, 아마, 감자, 호밀, 토란
• 강한 것 : 메밀, 당근, 옥수수, 고구마, 오이, 호박, 토마토, 조, 딸기, 베치, 담배
• 약한 것 : 고추, 보리, 클로버, 완두, 가지, 삼, 겨자
• 가장 약한 것 : 알팔파, 자운영, 콩, 팥, 시금치, 사탕무, 셀러리, 부추, 양파

02 다음 중 탄산시비의 효과로 옳지 않은 것은?

① 수량 증가
② 개화 수 증가
③ 착과율 증가
④ 광합성 속도 감소

해설
탄산시비의 4대 효과
• 시설 내 탄산시비는 생육의 촉진으로 수량증대와 품질을 향상시킨다.
• 열매채소에서 수량증대가 두드러지며 잎채소와 뿌리채소에서도 상당한 효과가 있다.
• 절화에서도 품질향상과 절화수명 연장의 효과가 있다.
• 육묘 중 탄산시비는 모종의 소질의 향상과 정식 후에도 사용의 효과가 계속 유지된다.

03 대기 중 이산화탄소의 농도로 옳은 것은?

① 약 0.03%
② 약 0.09%
③ 약 0.15%
④ 약 0.20%

해설
대기 중에는 질소가 약 79%, 산소 약 21%, 이산화탄소 0.03%, 기타 물질 등이 포함되어 있다.

04 다음 중 굴광현상에 가장 유효한 광은?

① 청색광
② 녹색광
③ 황색광
④ 적색광

해설
굴광현상은 400~500nm, 특히 440~480nm의 청색광이 가장 유효하다.
※ 620~700nm(670nm)의 적색광은 광합성에 가장 유효한 광이다.

05 다음 중 장일효과를 유도하기 위한 야간조파에 효과적인 광의 파장은?

① 300~350nm
② 380~420nm
③ 600~680nm
④ 300nm 이하

해설
일장효과에 가장 큰 효과를 주는 파장은 600~680nm(670nm)인 적색광이다.

06 다음 중 식물분류학적 방법에서 작물 분류로 옳지 않은 것은?

① 벼과 작물   ② 콩과 작물

③ 가지과 작물   ④ 공예작물

해설
계통별 작물의 종류 : 식용작물, 약용작물, 사료작물, 공예작물, 조미작물

07 다음 중 연작에 의해서 나타나는 기지현상의 원인으로 옳지 않은 것은?

① 토양 비료분의 소모

② 염류의 감소

③ 토양 선충의 번성

④ 잡초의 번성

해설
연작에 의해서 나타나는 기지현상의 원인
토양비료분의 소모, 염류의 집적, 토양물리성의 악화, 토양전염병의 해, 토양선충의 번성, 유독물질의 축적, 잡초의 번성 등

08 다음 중 종자 휴면의 원인과 관련이 없는 것은?

① 경실 종자

② 발아억제물질

③ 배의 성숙

④ 종피의 불투기성

해설
③ 배의 미숙이 종자 휴면의 원인이다.

09 다음 중 영양번식의 취목에 해당하지 않는 것은?

① 성토법   ② 분 주

③ 휘묻이   ④ 고취법

해설
분주(포기나누기) : 어미나무 줄기의 지표면 가까이에서 발생하는 새싹(흡지)을 뿌리와 함께 잘라내어 새로운 개체로 만드는 방법
예 나무딸기, 앵두나무, 대추나무

10 다음 중 사과의 축과병, 담배의 끝마름병으로 분열조직에서 괴사를 일으키는 원인으로 옳은 것은?

① 칼슘의 결핍   ② 아연의 결핍

③ 붕소의 결핍   ④ 망간의 결핍

해설
붕소의 결핍 시 무 속썩음병, 셀러리 줄기쪼김병, 담배 끝마름병, 사과 축과병, 알팔파 황색병 등을 유발한다.

11 다음 중 접목부위로 옳게 나열된 것은?

① 대목의 목질부, 접수의 목질부

② 대목의 목질부, 접수의 형성층

③ 대목의 형성층, 접수의 목질부

④ 대목의 형성층, 접수의 형성층

해설
접목은 대목과 접수를 조직적으로 접착시키는 번식법이기 때문에 대목과 접수의 형성층을 잘 접합해야 한다. 대목과 접수의 형성층 접합이 잘 되어 접목에 성공하는 것을 접목 활착이라 한다.

12 다음 중 내염성 작물로 가장 옳은 것은?

① 감 자　　　　　② 완 두
③ 목 화　　　　　④ 사 과

해설
내염성 작물 : 사탕무, 양배추, 목화, 유채 등

13 무기성분 중 벼가 많이 흡수하는 것으로 벼의 잎을 직립하게 하여 수광상태가 좋게 되어 동화량을 증대시키는 효과가 있는 것은?

① 규 소　　　　　② 망 간
③ 니 켈　　　　　④ 붕 소

해설
규소(Si)
• 작물의 필수 원소에 포함되지 않는다.
• 벼과 작물은 건물 중의 10% 정도를 흡수한다.
• 표피 조직을 규질화하고 수광 태세를 좋게 한다.

14 다음 중 중성식물로 옳은 것은?

① 시금치　　　　　② 고 추
③ 벼　　　　　　　④ 콩

해설
중성식물 : 가지과(고추, 토마토), 당근, 셀러리 등

15 환상박피 때 화아분화가 촉진되고 과실의 발달이 조장되는 작물의 내적균형 지표로 가장 알맞은 것은?

① C/N율　　　　　② S/R률
③ T/R률　　　　　④ R/S율

해설
C/N율이 높으면 화성을 유도하고, C/N율이 낮으면 영양생장만 계속된다.

16 다음 중 건물 생산이 최대로 되는 단위면적당 군락엽면적을 뜻하는 용어로 옳은 것은?

① 포장동화능력　　② 최적엽면적
③ 보상점　　　　　④ 광포화점

해설
최적엽면적 : 군락상태에서 건물생산을 최대로 올리는 상태의 엽면적

17 다음 중 전분 합성과 관련된 효소로 옳은 것은?

① 아밀라아제
② 포스포릴라아제
③ 프로테아제
④ 리파아제

해설
포스포릴라아제 : 가인산 분해를 촉매하는 효소를 통틀어 이르는 말로 녹말이나 글리코겐의 합성과 분해에도 작용한다.

18 다음 중 골 사이나 포기 사이의 흙을 포기 밑으로 긁어 모아 주는 것을 뜻하는 용어로 옳은 것은?

① 멀 칭   ② 답 압
③ 배 토   ④ 제 경

해설
배토 : 작물의 생육기간 중 흙을 포기 밑으로 모아주는 작업으로, 도복방지, 무효분얼억제와 증수, 품질향상 등의 효과가 있다.

19 다음 중 식물 세포의 크기를 증대시키는데 직접적으로 관여하는 것으로 가장 옳은 것은?

① 팽 압   ② 막 압
③ 벽 압   ④ 수분포텐셜

해설
팽압 : 삼투현상으로 세포 내의 수분이 증가하면 세포의 크기를 증대시키려는 압력이 생기는데 이를 팽압이라 하며, 팽압에 의해 식물체가 유지된다.

20 리비히가 주장하였으며 생산량은 가장 소량으로 존재하는 무기성분에 의해 지배받는다는 이론은 무엇인가?

① 최소양분율
② 유전자중심설
③ C/N율
④ 하디-바인베르크법칙

해설
최소양분율
식물생장은 가장 소량으로 존재하고 있는 무기성분, 즉 임계 원소의 양에 의해 달라진다는 내용으로 리비히(J. von Liebig, 1842)에 의해 제창되었다.

토양비옥도 및 관리

21 염기포화도에서 고려되는 교환성 염기가 아닌 것은?

① Ca^{2+} ② Mg^{2+}
③ Na^+ ④ Al^{3+}

해설
교환성 염기란 양이온 중 H^+과 Al^{3+}를 제외한 양이온을 말한다.

22 어떤 토양의 흡착이온을 분석한 결과 Mg = 2cmol/kg, Na = 1cmol/kg, Al = 2cmol/kg, H = 4cmol/kg, K = 2cmol/kg이었다. 이 토양의 CEC가 12cmol/kg이고 염기포화도는 75%로 계산되었다. 이 토양의 치환성칼슘의 양은 몇 cmol/kg으로 추정되는가?

① 1   ② 2
③ 3   ④ 4

해설
염기포화도 = 교환성 염기의 총량 - (Al, H)/양이온 교환용량 × 100
$75\% = (11 + x) - (2 + 4)/12 × 100$
∴ 치환성칼슘의 양 = 4cmol/kg

23 주로 혐기성균에 의해 일어나는 질소대사는?

① 암모니아화성작용
② 질산화성작용
③ 탈질작용
④ 산화적 탈아미노반응

해설
탈질작용
질산태질소(NO_3^-)가 논토양의 환원층에 들어가면 점차 환원되어 산화질소(NO), 이산화질소(NO_2), 질소가스(N_2)를 생성하며, 이들은 작물에 이용되지 못하고 공중으로 날아간다. 물이 차 있는 논에서와 같이 산소가 부족하고 유기물이 많은 곳에서 일어나기 쉽다.

24 식물생장촉진 근권미생물의 기능이 아닌 것은?

① 질소고정
② 식물생장촉진호르몬 생성
③ 시데로포어(Siderophore) 생성
④ 타감작용(Alleropathy)

해설
근권미생물은 질소를 고정하면서 생장촉진호르몬을 생성하고 유기물의 분해도 촉진하는 등 여러 기능을 동시에 수행한다.
※ 타감작용(상호대립작용) : 잡초의 뿌리로부터 유해물질이 분비되어 작물체의 생육 억제, 반대로 작물이 잡초 생육을 억제하는 작용

25 유기물의 탄질률과 토양 질소에 대한 설명으로 옳은 것은?

① 탄질률 20 이하인 유기물을 사용하면 토양 중의 무기질소 함량이 감소한다.
② 탄질률이 낮은 유기물일수록 토양 무기질소의 부동화를 촉진시킨다.
③ 탄질률이 높은 유기물을 시용하면 질산화작용이 촉진된다.
④ 탄질률이 높은 유기물은 작물의 무기질소 흡수를 방해할 수 있다.

해설
① 탄질률 20 이하인 유기물을 사용하면 무기화가 미생물의 이동보다 커진다.
② 탄질률이 낮은 유기물을 토양에 넣으면 유기물의 분해가 빠르게 진행된다.
③ 탄질률이 높은 유기물은 작물의 무기질소 흡수를 방해할 수 있다.

26 토양 입단구조의 중요성에 대한 설명으로 가장 거리가 먼 것은?

① 토양의 통기성과 통수성에 영향을 미친다.
② 토양 침식을 억제한다.
③ 토양 내에 호기성 미생물의 활성을 증대시킨다.
④ Na 이온은 토양의 입단화를 촉진시킨다.

해설
④ Na 이온은 토양의 입단화를 파괴시킨다.

27 다음 중 접시와 같은 모양이거나 수평배열의 토괴로 구성된 구조로 토양생성과정 중에 발달하거나 인위적인 요인에 의하여 만들어지며, 모재의 특성을 그대로 간직하고 있는 것은?

① 괴상구조
② 각주상구조
③ 원주상구조
④ 판상구조

해설
판상구조는 수평구조의 공극을 형성하면서 작물의 수직적 뿌리 생장을 제한하는 경향이 있다.

28 토양의 생성인자로 가장 거리가 먼 것은?

① 지형(경사도, 경사면)
② 기후(강수, 기온)
③ 생명체(식생, 토양동물)
④ 작물재배(시비, 경운)

해설
토양생성에 관여하는 주요 5가지 요인 : 모재, 지형, 기후, 식생, 시간

정답 24 ④ 25 ④ 26 ④ 27 ④ 28 ④

29 다음 중 탄질률이 가장 높은 것은?

① 옥수수찌꺼기
② 알팔파
③ 블루그래스
④ 활엽수의 톱밥

해설
탄질률
활엽수의 톱밥(400) > 옥수수찌꺼기(57) > 블루그래스(26) > 알팔파(13)

30 유기물의 토양물리성에 미치는 영향이 아닌 것은?

① 보수력 증가
② 입단화 촉진
③ 완충능 감소
④ 온도상승

해설
유기물은 토양의 완충능력을 증대시켜 산도 개선에 도움을 준다.

31 우리나라 토양통을 토지이용 형태 기준으로 구분할 때 토양통 수가 가장 많은 토지이용 형태는?

① 과수원토양
② 밭토양
③ 논토양
④ 산림토양

해설
토양통 수 : 논 > 밭 > 임지

32 다음 중 양이온교환용량이 가장 높은 토양콜로이드는?

① Vermiculite
② Sesquioxides
③ Kaolinite
④ Hydrous Mica

해설
토양콜로이드의 양이온총량(me/100g)
부식(200) > Vermiculite(100~150) > Montmorillonite(80~150) > illte(10~40) > Hydrous Mica(25~40) > Kaolinite(3~15) > Sesquioxides(0~3)

33 다음 중 식물성 유기질 비료로 탄질률이 가장 높은 것은?

① 채종박
② 대두박
③ 면실박
④ 미강유박

해설
탄질률
미강유박(15.0) > 채종박(5.6) > 대두박(4.7) > 면실박(4.5)

34 화성암 중 중성암으로만 짝지어진 것은?

① 석영반암, 휘록암
② 안산암, 섬록암
③ 현무암, 반려암
④ 화강암, 섬록반암

해설
화성암의 종류

생성위치(SiO_2, %)	산성암(65~75)	중성암(55~65)	염기성암(40~55)
심성암	화강암	섬록암	반려암
반심성암	석영반암	섬록반암	휘록암
화산암	유문암	안산암	현무암

35 암모늄태 질소를 아질산태 질소로 산화시키는데 주로 관여하는 세균은?

① *Nitrobacter* ② *Nitrosomonas*

③ *Micrococcus* ④ *Azotobacter*

해설
질소순환에 관여하는 세균
• 암모니아 산화균 : *Nitrosomonas*, *Nitrosococcus*, *Nitrosospira* 등
• 아질산 산화균 : *Nitrobacter*, *Nitrospina*, *Nitrococcus* 등

36 다음 중 풍화가 가장 어려운 광물은?

① 백운모 ② 방해석

③ 정장석 ④ 흑운모

해설
암석 풍화저항성
• 저항성이 강한 것 : 석영, 백운모, 백운석
• 저항성이 중간인 것 : 정장석, 사장석, 석고, 흑운모, 사문석
• 저항성이 약한 것 : 휘석, 각섬석, 감람석, 적철광

37 다음 중 칼리 함량이 많은 장석이 염기물질의 신속한 용탈작용을 받았을 때 가장 먼저 생성되는 점토광물은?

① Illite ② Kaolinite

③ Vermiculite ④ Chlorite

해설
Kaolinite
• 규소사면체층과 알루미늄팔면체층이 1 : 1로 결합된 광물이다.
• 점토광물의 변두리전하에만 의존하여 영구음전하가 존재한다.
• 동형치환이 거의 발생하지 않는 광물이다.
• 칼리 함량이 많은 장석이 염기물질의 신속한 용탈작용을 받았을 때 가장 먼저 생성된다.
• 우리나라 토양에 가장 많이 존재하며 비팽창형이다.

38 토양단면 중 농경지의 표층토(경작층)를 가장 옳게 표시한 것은?

① Bo ② Bt

③ Rz ④ Ap

해설
주요 토양 단면은 5개가 있고, 대문자 O, A, E, B, C로 표기한다. 세부층은 주요 단면 내에 형성되고, 대문자 옆에 소문자로 Bt, Ap, Oi 등과 같이 표기한다.
④ Ap층(Ap Horizon Plow) : 토양의 표층 중 정기적인 경운이나 경작 등의 인간활동으로 교란되는 경운층 또는 경작층
① Bo : 철산화물 집적층
② Bt : 규산염 점토 집적층
③ Rz : 풍화의 흔적이 전혀 없는 암석으로 이루어진 층

39 스멕타이트를 많이 포함한 토양에 부숙된 유기물을 가할 때 나타나는 현상이 아닌 것은?

① 수분 보유력이 증가한다.
② 토양 pH가 감소한다.
③ CEC가 증가한다.
④ 입단화 현상이 증가한다.

해설
스멕타이트는 2 : 1 팽창형 점토광물로, 토양 유기물의 작용은 완충제로 pH를 유지시킨다.

40 유기물의 분해속도에 대한 설명으로 틀린 것은?

① 호기성 조건이 혐기성 조건보다 빠르다.
② 리그닌 및 페놀함량이 많으면 느리다.
③ 중성보다 강산성에서 늦다.
④ 탄질률이 클수록 빠르다.

해설
④ 탄질률이 큰 유기물은 분해속도가 느리다.

제3과목 유기농업개론

41 다음 중 C₃ 식물은?

① 옥수수   ② 사탕수수
③ 기 장   ④ 보 리

해설
C₃ 식물과 C₄ 식물
• C₃ 식물 : 벼, 밀, 보리, 콩, 해바라기 등
• C₄ 식물 : 사탕수수, 옥수수, 수수, 피, 기장, 버뮤다그래스 등

42 포도나무의 정지법으로 흔히 이용되는 방법이며, 가지를 2단 정도로 길게 직선으로 친 철사에 유인하여 결속시킨 것은?

① 절단형 정지   ② 원추형 정지
③ 변칙주간형 정지   ④ 울타리형 정지

해설
울타리형 정지
지지대에 유인 줄을 설치하고 교목성 과수나 덩굴성 과수를 울타리처럼 심은 후 그에 적합하게 가지를 자르거나 유인하는 것으로, 포도나무의 재배에는 관리가 용이한 평덕식 또는 울타리형 정지법이 이용된다.

43 토양의 질적 수준 및 토양비옥도 유지·증진 수단의 실천 기술이 아닌 것은?

① 연 작   ② 간 작
③ 녹 비   ④ 윤 작

해설
연작은 염류집적, 토양전염 병해충, 잡초관리 등 토양관리에 불리한 관리법이다.

44 1920년대 영국에서 토마토에 발생했던 해충인 온실가루이를 방제했던 기생성 천적은?

① 칠성풀잠자리   ② 온실가루이좀벌
③ 성페로몬   ④ 칠레이리응애

해설
시설 내에서 온실가루이에 대한 천적으로 온실가루이좀벌이 이용된다.

45 고온장해에 대한 설명으로 틀린 것은?

① 당분이 감소한다.
② 광합성보다 호흡작용이 우세해진다.
③ 단백질의 합성이 저해된다.
④ 암모니아의 축적이 적어진다.

해설
작물의 고온장해로 인해 암모니아 축적이 많아져 단백질 합성이 감소하고, 철분이 침전되어 황백화현상이 일어난다.

46 녹비작물의 토양 혼입에 대한 설명으로 틀린 것은?

① 지력을 유지하는데 필요하다.
② 토양 내 유기물 함량이 감소된다.
③ 토양의 무기물 및 미생물 체내 질소가 증가한다.
④ 토양 혼입 시 1개월 이내에 대부분의 녹비작물이 토양 속에서 분해된다.

해설
② 토양 내 유기물 함량이 증가된다.

47 동물복지(Animal Welfare) 개선을 위한 조치로 잘못된 것은?

① 양질의 유전자변형사료 공급
② 적절한 사육 공간 제공
③ 스트레스 최소화와 질병예방
④ 건강증진을 위한 가축관리

해설
① 유전자변형사료 미급여

48 벼 친환경재배 시 규산질 비료 사용을 권장하는 이유로 가장 적합한 것은?

① 다량원소를 공급함으로써 병충해 저항성을 높인다.
② 토양의 이학적 성질을 개선하고 균형시비 효과를 얻을 수 있다.
③ 벼의 수광자세를 개선하여 건실한 생육을 조장한다.
④ 질소질 비료의 흡수를 촉진하여 벼가 건강히 자라도록 한다.

해설
규산은 작물의 필수원소는 아니지만 벼가 규산을 많이 흡수하게 되면 생육이 왕성하고 등숙이 좋아져 안전한 수량을 얻게 되고, 볏잎의 표피로 규산이 이동하여 표피가 튼튼해져 병에 대한 저항성을 갖게 된다.

49 다음 친환경농업을 위한 작물육종 목표 중 가장 중요한 것은?

① 병해충 저항성
② 수량안정성 및 다수성
③ 조숙성
④ 단기생육성

해설
친환경농업
합성농약, 화학비료, 호르몬제, 항생물질 등 화학적으로 합성된 농자재를 사용하지 않거나 사용을 최소화하여 생물환경(물, 토양)의 오염을 최소화하는 농법이다.

50 다음에서 설명하는 육묘방식은?

- 못자리 초기부터 물을 대고 육묘하는 방식이다.
- 물이 초기의 냉온을 보호하고, 모가 균일하게 비교적 빨리 자라며, 잡초, 병충해, 쥐, 새의 피해도 적다.

① 물못자리　　② 밭못자리
③ 보온밭못자리　　④ 상자육묘

해설
① 물못자리 : 묘판에 물을 대고 육묘
② 밭못자리 : 물이 없는 밭 상태에서 육묘
③ 보온밭못자리 : 묘판을 피복하여 밭못자리 상태로 육묘
④ 상자육묘 : 기계모
물못자리
- 장점 : 설치가 쉽고, 초기 냉온으로부터 보호하며, 잡초·병충해·쥐·조류 등의 피해를 줄일 수 있다.
- 단점 : 발근력이 약하고, 묘가 연약하며 노화가 빠르다.

51 다음 중 CAM식물은?

① 벼　　② 파인애플
③ 담 배　　④ 명아주

해설
CAM식물 : 덥고 물이 부족한 사막 지역에서도 잘 자랄 수 있는 식물
예 선인장, 파인애플, 아가베 등

52 양질의 퇴비를 판정하는 방법으로 틀린 것은?

① 가축분뇨는 냄새가 약할수록 좋은 것으로 본다.
② 퇴비에 물기가 거의 없어야 좋은 것으로 본다.
③ 퇴비는 부서진 형상보다 그 형상을 유지할수록 좋은 것으로 본다.
④ 퇴비의 색은 흑갈색~흑색에 가까울수록 좋은 것으로 본다.

해설
형태를 보았을 때 초기에는 잎과 줄기가 완전하지만 부숙이 진전되면 형태의 구분이 어려워지고, 완전히 부숙되면 잘 부스러지면서 처음의 재료가 무엇이었는지 구분하기 어렵다.

53 우리나라에서 친환경농업육성법이 제정된 후 정부가 친환경농업 원년을 선포한 연도는?

① 1997년 ② 1998년

③ 1999년 ④ 2000년

해설

우리나라 친환경 정책
• 1991년 유기농업발전기획단 설치
• 1994년 환경농업과 설치
• 1997년 환경농업육성법 제정
• 1998년 친환경농업 원년 선포
• 1999년 친환경농업 직접지불제 도입
• 2001년 친환경농업육성 5개년 계획 수립 유기농산물 최초 인증

54 농림축산식품부 소관 친환경농어업 육성 및 유기식품 등의 관리·지원에 관한 법률 시행규칙상 병해충 관리를 위하여 사용 가능한 물질 중 사용 가능 조건이 "달팽이 관리용으로만 사용할 것"인 것은?

① 벤토나이트 ② 규산나트륨

③ 규조토 ④ 인산철

해설

병해충 관리를 위해 사용 가능한 물질(친환경농어업법 시행규칙 [별표 1])

사용가능 물질	사용가능 조건
규산염 및 벤토나이트	천연에서 유래하거나 이를 단순 물리적으로 가공한 것만 사용할 것
규산나트륨	천연규사와 탄산나트륨을 이용하여 제조한 것일 것
규조토	천연에서 유래하고 단순 물리적으로 가공한 것일 것
인산철	달팽이 관리용으로 사용할 것

55 타식성 작물로만 나열된 것은?

① 밀, 보리 ② 콩, 완두

③ 딸기, 양파 ④ 토마토, 가지

해설

• 자식성 작물 : 벼, 밀, 보리, 콩, 완두, 담배, 토마토, 가지, 참깨 등
• 타식성 작물 : 옥수수, 호밀, 메밀, 시금치, 딸기, 양파, 호프, 아스파라거스 등

56 혼파에 대한 설명으로 적절하지 않은 것은?

① 잡초가 경감된다.

② 산초량이 평준화된다.

③ 공간을 효율적으로 이용할 수 있다.

④ 파종작업이 편리하다.

해설

혼파는 2종 이상의 작물을 섞어 뿌리기 때문에 파종작업은 물론 종자채취 등이 어렵다.

57 다음 중 광합성자급영양생물에 해당하는 것은?

① 질화세균 ② 남세균

③ 황산화세균 ④ 수소산화세균

해설

탄소원과 에너지원에 따른 분류

영양원별		탄소원	에너지원	대표적 미생물
자급영양생물	광합성자급영양균	CO_2	빛	Green bacteria(녹색세균), Cyanobacteria(남세균, 남조류), Purpli bacteria(홍색세균, 자색세균)
	화학자급영양균	CO_2	무기물	질화세균, 황산화세균, 수소산화세균, 철산화세균 등
타급영양생물	광종속영양균	유기물	빛	홍색황세균
	화학종속영양균	유기물	유기물	부생성세균, 대부분의 공생세균

58 녹비작물로 이용하는 헤어리베치 생초 2,000kg에 함유된 질소 성분량은 얼마인가?(단, 헤어리베치의 수분은 85%, 건초 질소 함량은 4%를 기준으로 한다)

① 10kg ② 12kg
③ 15kg ④ 16kg

해설
2,000kg − (2,000 × 85%) × 4% = 12kg

59 다음 중 광포화점이 가장 높은 채소는?

① 생 강 ② 강낭콩
③ 토마토 ④ 고 추

해설
광포화점이 높은 수박, 토마토, 토란 등은 강 광조건에서 생육이 촉진되고 광포화점이 낮은 머위, 생강, 삼엽채 등은 약광 하에서도 비교적 생육이 양호하다.
광포화점(단위 lx)
토마토(70,000) > 고추(30,000) > 생강, 강낭콩(20,000)

60 포기를 많이 띄워서 구덩이를 파고 이식하는 방법은?

① 조 식 ② 이앙식
③ 혈 식 ④ 노포크식

해설
① 조식 : 골에 줄지어 이식하는 방식
② 이앙식 : 못자리에서 일정기간 모를 키운 후 본답에 옮겨 재배하는 방식
④ 노포크식 : 농지를 4구획으로 나누고, '춘파보리-추파밀-순무-클로버'를 순환 재배하여 곡류 생산과 심근성작물 재배는 물론, 지력 증진을 위한 윤작 방식

제4과목 **유기식품 가공·유통론**

61 친환경농식품 생산자(조직)가 중간상을 대상으로 판매촉진 활동을 해서 그들이 최종 소비자에게 적극적으로 판매하도록 유도하는 촉진전략은?

① 풀(Pull) 전략
② 푸시(Push) 전략
③ 포지셔닝(Positioning) 전략
④ 타케팅(Targeting) 전략

해설
풀 전략은 소비자를 대상으로 한 전략이고, 푸시 전략은 유통 채널을 중심에 둔 전략이다.

62 유기가공식품 중 설탕 가공 시, 산도조절제로 사용할 수 있는 보조제는?

① 황 산 ② 탄산칼륨
③ 염화칼슘 ④ 밀 납

해설
유기가공식품 – 식품첨가물 또는 가공보조제로 사용 가능한 물질
(친환경농어업법 시행규칙 [별표 1])

명칭(한)	식품첨가물로 사용 시		가공보조제로 사용 시	
	사용 가능 여부	사용 가능 범위	사용 가능 여부	사용 가능 범위
황 산	×		○	설탕 가공 중의 산도 조절제
탄산칼륨	○	곡류제품, 케이크, 과자	○	포도 건조
염화칼슘	○	과일 및 채소제품, 두류제품, 지방제품, 유제품, 육제품	○	응고제
밀 납	×		○	이형제

63 생산물의 품질관리를 위해 유기식품 가공시설에서 사용하는 소독제로 부적합한 것은?

① 차아염소산수
② 염산 희석액
③ 이산화염소수
④ 오존수

해설
유기가공식품 – 식품첨가물 또는 가공보조제로 사용 가능한 물질(친환경농어업법 시행규칙 [별표 1])

| 명칭(한) | 가공보조제로 사용 시 | |
	사용 가능 여부	사용 가능 범위
이산화염소(수)	○	식품 표면의 세척·소독제
차아염소산수	○	식품 표면의 세척·소독제
오존수	○	식품 표면의 세척·소독제

64 재고손실률이 5%인 업체의 매출이 1억원이고 장부재고(전산재고)가 1억 2,000만원인 경우 실사재고(창고재고)는 얼마인가?

① 1억 1,000만원
② 1억 1,500만원
③ 1억 2,000만원
④ 1억 2,500만원

해설
실사재고 = 장부재고 – 재고 손실액
= 1억 2,000만원 – (5/100 × 1억) = 1억 1,500만원

65 자외선 조사(UV Radiation)는 다음 어떤 제품의 살균에 가장 효과적이겠는가?

① 오염된 햄버거
② 석영관 내부를 통과하는 물
③ 종이로 포장된 유리관
④ 나무 포장 박스에 담긴 파우더

해설
자외선의 조사방법에 따라 물위점등(외조식), 수중점등(내조식) 및 자외선투과 유리관 또는 석영관 속의 유수를 그 바깥쪽에서 조사하는 등의 방식이 있다.

66 다음 중 식품공전상 조미식품이 아닌 것은?

① 조림류
② 소스류
③ 식초류
④ 카레(커리)

해설
① 조림류 : 동·식물성원료를 주원료로 하여 식염, 장류, 당류 등을 첨가하고 가열하여 조리거나 볶은 것 또는 이를 조미 가공한 것을 말한다.
조미식품
식품을 제조·가공·조리함에 있어 풍미를 돋우기 위한 목적으로 사용되는 것으로 식초, 소스류, 카레, 고춧가루 또는 실고추, 향신료가공품, 식염을 말한다.

67 우리나라 유기식품 시장을 확대하기 위한 바람직한 전략이 아닌 것은?

① 유기식품의 안전성 강조 및 차별화 전략
② 유기식품가격의 고가 통제 전략
③ 유기식품 도매시장 상장 확대 등 유통경로 다양화 전략
④ 유기식품의 광고·홍보 확대와 소비촉진 행사 추진

해설
② 유기식품가격의 다변화 전략

68 식품 등의 표시기준에 따르면 식용유지류 제품의 트랜스지방이 100g당 얼마 미만일 경우 '0'으로 표시할 수 있는가?

① 2g
② 4g
③ 5g
④ 8g

해설
영양성분별 세부표시방법 – 지방, 트랜스지방, 포화지방(식품 등의 표시기준 [별지 1])
트랜스지방은 0.5g 미만은 '0.5g 미만'으로 표시할 수 있으며, 0.2g 미만은 '0'으로 표시할 수 있다. 다만, 식용유지류 제품은 100g당 2g 미만일 경우 '0'으로 표시할 수 있다.

69 유기식품을 생산하는 가공시설 내부에 유해 생물을 차단하기 위한 방법으로 잘못된 것은?

① 전기장치   ② 끈끈이 덫

③ 페로몬 트랩   ④ 모기약 살포

해설

유기가공식품 - 해충 및 병원균 관리(친환경농어업법 시행규칙 [별표 4])

해충 및 병원균 관리를 위해 예방적 방법, 기계적·물리적·생물학적 방법을 우선 사용해야 하고, 불가피한 경우 [별표 1]에서 정한 물질을 사용할 수 있으며, 그 밖의 화학적 방법이나 방사선 조사방법을 사용하지 않을 것

70 유기가공식품 생산 및 취급(유통, 포장 등) 시 사용 가능한 재료에 대한 설명으로 틀린 것은?

① 무수아황산은 식품첨가물로서 과일주에 사용 가능하다.

② 구연산은 과일, 채소제품에 사용 가능하다.

③ 질소는 식품첨가물이나 가공보조제로 모두 사용 가능하다.

④ 과산화수소는 식품첨가물로 사용하고, 식품의 세척과 소독에도 사용 가능하다.

해설

④ 과산화수소는 식품첨가물로 사용할 수 없고, 가공보조제로 사용 시 허용범위는 식품 표면의 세척 및 소독제이다(친환경농어업법 시행규칙 [별표 4]).

71 현미란 벼의 도정 시 무엇을 제거한 것인가?

① 왕 겨   ② 배 아

③ 과 피   ④ 종 피

72 유기식품의 가스충전포장에 일반적으로 사용되는 가스성분 중 호기성뿐만 아니라 혐기성균에 대해서도 정균작용을 나타낼 수 있는 가스성분은?

① 산 소   ② 질 소

③ 탄산가스   ④ 아황산가스

해설

탄산가스(CO_2)

• 미생물 발육 방지 효과가 있으며 고농도인 경우 세균의 발육을 완전히 방지한다.

• 변패 미생물의 유도기와 세대시간을 증가시키는 효과 있다.

• 미생물의 생육억제 효과가 저온에서는 크나 고온에서는 상대적으로 약하다.

73 두부응고제, 영양강화제로 사용되는 첨가물은?

① 겔화제(Gelling Agent)

② 과산화수소(Hydrogen Peroxide)

③ 염화칼슘(Calcium Chloride)

④ 글루콘산(Gluconic Acid)

해설

염화칼슘

• 주요용도는 연화방지제이다.

• 두부제조에서 간수의 대용으로 사용된다.

• 김, 녹차, 과자, 분말 식품의 흡습제, 봉입포장에서 흡습제로 사용된다.

74 곰팡이독(Mycotoxin)에 대한 설명으로 틀린 것은?

① 원인식품은 주로 탄수화물이 풍부한 곡류이다.

② 동물-동물간, 사람-사람간의 전염은 되지 않는다.

③ 중독 시 항생물질 등의 약재치료로는 효과가 별로 없다.

④ 대표적인 신경독으로는 Ochratoxin이 있다.

해설

Mycotoxin의 분류

• 신장독 : 시트리닌(Citrinin), 시트레오마이세틴(Citreomycetin), 코지산(Kojic Acid) 등

• 간장독 : 아플라톡신(Aflatoxion), 오크라톡신(Ochratoxin), 스테리그마토시스틴류(Sterigmatocystin), 루브라톡신(Rubratoxin), 루테오스키린(Luteoskyrin), 아이슬랜디톡신(Islanditoxin)

• 신경독 : 시트레오비리딘(Citreoviridin), 파툴린(Patulin), 말토리진(Maltoryzine) 등

75 유통경로의 수직적 통합(Vertical Integration)에 대한 설명으로 옳은 것은?

① 두 가지 이상의 기능을 동시에 수행한다.
② 비용이 상당히 많이 드는 단점이 있다.
③ 관련된 유통기능을 통제할 수 있는 장점이 있다.
④ 동일한 경로 단계에 있는 구성원이 수행하던 기능을 직접 실행한다.

해설
유통경로의 수직적 통합(Vertical Integration)
• 유통의 수직적 통합이란 하나의 경로구성원(리더)이 유통기능의 일부 또는 전부를 통합하여 직접 수행하거나 통제하는 것이다.
• 동일한 경로단계에 있는 구성원이 수행하던 기능을 직접 실행한다.
• 채널리더는 전체적인 시각으로 유통기능을 조정·할당하고 경로구성원들을 관리한다.

76 유기가공식품의 제조·가공에 사용이 부적절한 여과법은?

① 마이크로여과
② 감압여과
③ 역삼투압여과
④ 가압여과

해설
역삼투
• 농도가 다른 두 용액 사이에 반투막이 있을 때 일반적으로 농도가 묽은 용액 속의 용매 농도가 진한 용액 속으로 이동한다(삼투압의 차이). 즉, 농도가 진한 용액의 위쪽에 높은 압력을 가하여 묽은 용액 속으로 이동하게 하는 것을 역삼투라고 한다.
• 유기가공식품의 제조·가공에는 역삼투압여과법 사용이 부적절하다.

77 100℃의 물 1g을 냉동하여 0℃의 얼음으로 만들 경우 냉동부하는 얼마인가?(단, 에너지 손실은 없다고 가정하며 물의 비열은 1cal/g℃, 수증기의 잠열은 540cal/g, 얼음의 잠열은 80cal/g이다)

① 80cal
② 100cal
③ 180cal
④ 720cal

해설
냉동부하 = 물의 양 × 비열 × 온도차
• 물 100℃ → 0℃
  1g × 1cal/g·℃ × 100℃ = 100cal
• 물 0℃ → 얼음 0℃
  잠열 80cal/g × 1g = 80cal
∴ 100 + 80 = 180cal

78 포장이 적절하지 못한 식품을 동결하여 저장할 경우 식품 표면에 발생하는 냉동해와 관련 있는 물리 현상은?

① 융 해
② 기 화
③ 승 화
④ 액 화

해설
식품의 표면(고압)과 주위(저압)의 압력 차이로 인해 수분의 증발(얼음의 승화)이 비가역적으로 점차 내부로 진행되어 다공질의 건조층이 생기게 되는데, 이러한 현상을 냉동변질(Freeze Burn)이라 한다.

79 유기가공식품 생산 시 밀가루에 사용되는 식품첨가물은?

① 초산나트륨
② 제일인산칼슘
③ 염화마그네슘
④ 이산화황

해설
② 제일인산칼슘 : 유기가공식품 생산 시 밀가루(반죽을 부풀리는데 사용)에 사용되는 식품첨가물(친환경농어업법 시행규칙 [별표 4])
• 유기 두부의 응고제 : 조제해수염화마그네슘(해양심층수 간수), 염화칼슘, 염화마그네슘, 황산칼슘 등
• 이산화황(아황산염) : 포도주 제조과정에서 잡균의 번식이나 산화를 방지하고 산도를 일정하게 유지하기 위해 첨가한다.

80 건조소시지(Dry Sausage)에 관한 설명으로 틀린 것은?

① 원료육의 불포화 지방산 함량이 높을수록 좋다.
② 원료육의 pH는 5.4~5.8 정도로 가급적 낮은 것이 좋다.
③ 이탈리아의 살라미가 이에 해당한다.
④ 장기간 건조하는 특징을 갖고 있다.

해설
건조소시지(Dry Sausage)의 지방은 조직이 단단하여 각으로 절단할 수 있는 돼지 등지방이 좋으며 지방산의 불포화도 낮을수록 좋다. 연한 지방과 불포화도가 너무 높은 경우 숙성이나 저장 중 쉽게 산화하여 산패취가 발생하게 된다.

81 친환경농어업 육성 및 유기식품 등의 관리·지원에 관한 법률상 다음 설명은 누구의 역할인가?

> 친환경농어업 관련 기술연구와 친환경농수산물, 유기식품 등, 무농약원료가공식품 또는 유기농어업자재 등의 생산·유통·소비를 촉진하기 위하여 구성되었고, 친환경농어업·유기식품 등·무농약농산물·무농약원료가공식품 및 무항생제수산물 등에 관한 육성시책에 협조하고 그 회원들과 사업자 등에게 필요한 교육·훈련·기술개발·경영지도 등을 함으로써 친환경농어업·유기식품 등·무농약농산물·무농약원료가공식품 및 무항생제수산물 등의 발전을 위하여 노력하여야 한다.

① 국 가
② 지방자치단체
③ 사업자
④ 민간단체

해설
민간단체의 역할(친환경농어업법 제5조)
친환경농어업 관련 기술연구와 친환경농수산물, 유기식품등, 무농약원료가공식품 또는 유기농어업자재 등의 생산·유통·소비를 촉진하기 위하여 구성된 민간단체는 국가와 지방자치단체의 친환경농어업·유기식품 등·무농약농산물·무농약원료가공식품 및 무항생제수산물등에 관한 육성시책에 협조하고 그 회원들과 사업자 등에게 필요한 교육·훈련·기술개발·경영지도 등을 함으로써 친환경농어업·유기식품 등·무농약농산물·무농약원료가공식품 및 무항생제수산물 등의 발전을 위하여 노력하여야 한다.

82 친환경농어업 육성 및 유기식품 등의 관리·지원에 관한 법률상 유기농어업자재 공시의 유효기간으로 옳은 것은?

① 공시를 받은 날부터 6개월로 한다.
② 공시를 받은 날부터 1년으로 한다.
③ 공시를 받은 날부터 2년으로 한다.
④ 공시를 받은 날부터 3년으로 한다.

해설
공시의 유효기간 등(친환경농어업법 제39조제1항)
공시의 유효기간은 공시를 받은 날부터 3년으로 한다.

83 친환경농어업 육성 및 유기식품 등의 관리·지원에 관한 법률 시행령에 따라 인증기관의 지정은 위임규정에 의해 누구에게 위임되어 있는가?

① 법무부장관
② 식품의약품안전처장
③ 농촌진흥청장
④ 국립농산물품질관리원장

해설
권한의 위임 또는 위탁(친환경농어업법 시행령 제7조제4항)
농림축산식품부장관은 법 제58조제1항에 따라 다음의 권한 중 농업·축산업·임업, 농산물·축산물·임산물(이하 '농림축산물') 및 농림축산물 가공품(제3조제2호에 해당하는 경우는 제외)에 관한 권한을 국립농산물품질관리원장에게 위임한다.
12. 법 제26조제1항에 따른 인증기관의 지정

84 농림축산식품부 소관 친환경농어업 육성 및 유기식품 등의 관리·지원에 관한 법률 시행규칙상 유기식품 등의 유기표시 기준으로 틀린 것은?

① 표시 도형의 국문 및 영문 모두 활자체는 고딕체로 하고, 글자 크기는 표시 도형의 크기에 따라 조정한다.
② 표시 도형의 색상은 녹색을 기본 색상으로 하되, 포장재의 색깔 등을 고려하여 파란색, 빨간색 또는 검은색으로 할 수 있다.
③ 표시 도형의 크기는 지정된 크기만을 사용하여야 한다.
④ 표시 도형의 위치는 포장재 주 표시면의 옆면에 표시하되, 포장재 구조상 옆면 표시가 어려운 경우에는 표시 위치를 변경할 수 있다.

해설
유기표시 도형 – 작도법(친환경농어업법 시행규칙 [별표 6])
• 표시 도형의 국문 및 영문 모두 활자체는 고딕체로 하고, 글자 크기는 표시 도형의 크기에 따라 조정한다.
• 표시 도형의 색상은 녹색을 기본 색상으로 하되, 포장재의 색깔 등을 고려하여 파란색, 빨간색 또는 검은색으로 할 수 있다.
• 표시 도형 내부에 적힌 "유기", "(ORGANIC)", "ORGANIC"의 글자 색상은 표시 도형 색상과 같게 하고, 하단의 "농림축산식품부"와 "MAFRA KOREA"의 글자는 흰색으로 한다.
• 표시 도형의 크기는 포장재의 크기에 따라 조정할 수 있다.

85 농림축산식품부 소관 친환경농어업 육성 및 유기식품 등의 관리·지원에 관한 법률 시행규칙상 인증취소 등의 세부기준 및 절차의 일반기준에 대한 내용이다. ( )에 알맞은 내용은?

> 위반행위의 횟수에 따른 행정처분의 가중된 부과기준은 최근 ( )년간 같은 위반행위로 행정처분을 받은 경우에 적용한다.

① 1 　　　　　② 2
③ 3 　　　　　④ 5

해설
인증기관에 대한 행정처분의 세부기준(친환경농어업법 시행규칙 [별표 13])
위반행위의 횟수에 따른 행정처분의 가중된 부과기준은 최근 3년간 같은 위반행위로 행정처분을 받은 경우에 적용한다. 이 경우 기간의 계산은 위반행위에 대해 행정처분을 받은 날과 그 처분 후 다시 같은 위반행위를 하여 적발된 날을 기준으로 한다.

86 농림축산식품부 소관 친환경농어업 육성 및 유기식품 등의 관리·지원에 관한 법률 시행규칙 중 유기가공식품·비식용유기가공품의 인증기준으로 틀린 것은?

① 사업자는 유기가공식품·비식용유기가공품의 취급 과정에서 대기, 물, 토양의 오염이 최소화되도록 문서화된 유기취급계획을 수립할 것
② 자체적으로 실시한 품질검사에서 부적합이 발생한 경우에는 농림축산식품부에 통보하고, 농림축산식품부가 분석 성적서 등의 제출을 요구할 때에는 이에 응할 것
③ 사업자는 유기가공식품·비식용유기가공품의 제조, 가공 및 취급 과정에서 원료·재료의 유기적 순수성이 훼손되지 않도록 할 것
④ 유기식품·유기가공품에 시설이나 설비 또는 원료·재료의 세척, 살균, 소독에 사용된 물질이 함유되지 않도록 할 것

해설
유기가공식품·비식용유기가공품의 인증기준(친환경농어업법 시행규칙 [별표 4])
자체적으로 실시한 품질검사에서 부적합이 발생한 경우에는 국립농산물품질관리원장 또는 인증기관에 통보하고, 국립농산물품질관리원 또는 인증기관이 분석 성적서 등의 제출을 요구할 때에는 이에 응할 것

87 유기식품 및 무농약농산물 등의 인증에 관한 세부실시 요령상 인증심사의 절차 및 방법에서 재배포장의 토양시료 수거지점은 최소한 몇 개소 이상으로 선정해야 하는가?

① 3개소 　　　　② 5개소
③ 7개소 　　　　④ 10개소

해설
현장심사 – 시료수거방법(유기식품 및 무농약농산물 등의 인증에 관한 세부실시 요령 [별표 2])
재배포장의 토양은 대상 모집단의 대표성이 확보될 수 있도록 Z자형 또는 W자형으로 최소한 10개소 이상의 수거지점을 선정하여 수거한다.

88 유기식품 및 무농약농산물 등의 인증에 관한 세부실시 요령상 유기농산물 생산에 필요한 인증기준 중 병해충 및 잡초의 방제·조절 방법으로 적합하지 않은 것은?

① 적합한 작물과 품종의 선택
② 적합한 돌려짓기 체계
③ 멀칭·예취 및 화염제초
④ 기계적·물리적 및 화학적 방법

해설
유기농산물 – 재배방법(유기식품 및 무농약농산물 등의 인증에 관한 세부실시 요령 [별표 1])
병해충 및 잡초는 다음의 방법으로 방제·조절해야 한다.
• 적합한 작물과 품종의 선택
• 적합한 돌려짓기(윤작) 체계
• 기계적 경운
• 재배포장 내의 혼작·간작 및 공생식물의 재배 등 작물체 주변의 천적활동을 조장하는 생태계의 조성
• 멀칭·예취 및 화염제초
• 포식자와 기생동물의 방사 등 천적의 활용
• 식물·농장퇴비 및 돌가루 등에 의한 병해충 예방 수단
• 동물의 방사
• 덫·울타리·빛 및 소리와 같은 기계적 통제

89 농림축산식품부 소관 친환경농어업 육성 및 유기식품 등
의 관리·지원에 관한 법률 시행규칙에 따라 유기식품 등
의 인증을 받은 자가 인증 유효기간 연장승인을 신청하고
자 할 때 언제까지 신청해야 하는가?

① 연장신청 없이 판매가능
② 유효기간이 끝나는 날의 7일 전까지
③ 유효기간이 끝나는 날의 1개월 전까지
④ 유효기간이 끝나는 날의 2개월 전까지

해설
인증의 갱신 등(친환경농어업법 시행규칙 제17조제1항)
인증 갱신신청을 하거나 같은 조 제3항에 따른 인증의 유효기간 연장승
인을 신청하려는 인증사업자는 그 유효기간이 끝나기 2개월 전까지
인증신청서에 다음의 서류를 첨부하여 인증을 한 인증기관(같은 항
단서에 해당하여 인증을 한 인증기관에 신청이 불가능한 경우에는
다른 인증기관을 말한다)에 제출해야 한다. 다만, 제1호 및 제3호부터
제5호까지의 서류는 변경사항이 없는 경우에는 제출하지 않을 수 있다.
1. 인증품 생산계획서 또는 인증품 제조·가공 및 취급 계획서
2. 경영 관련 자료
3. 사업장의 경계면을 표시한 지도
4. 인증품의 생산, 제조·가공 또는 취급에 관련된 작업장의 구조와
   용도를 적은 도면(작업장이 있는 경우로 한정한다)
5. 친환경농업에 관한 교육 이수 증명자료(인증 갱신신청을 하려는
   경우로 한정하며, 전자적 방법으로 확인이 가능한 경우는 제외한다)

90 농림축산식품부 소관 친환경농어업 육성 및 유기식품 등
의 관리·지원에 관한 법률 시행규칙에 따른 유기가공식
품에 사용이 가능한 물질 중 식품첨가물과 가공보조제 모
두 허용 범위의 제한 없이 사용이 가능한 것은?

① 비타민 C   ② 산 소
③ DL-사과산   ④ 산탄검

해설
식품첨가물 또는 가공보조제로 사용 가능한 물질(친환경농어업법
시행규칙 [별표 1])

명칭(한)	식품첨가물로 사용 시		가공보조제로 사용 시	
	사용 가능 여부	사용 가능 범위	사용 가능 여부	사용 가능 범위
비타민 C	○	제한 없음	×	
산 소	○	제한 없음	○	제한 없음
DL-사과산	○	제한 없음	×	
산탄검	○	지방제품, 과일 및 채소제품, 케이크, 과자, 샐러드류	×	

정답 89 ④ 90 ②

91 농림축산식품부 소관 친환경농어업 육성 및 유기식품 등의 관리·지원에 관한 법률 시행규칙상 허용물질의 종류와 사용조건이 틀린 것은?

① 염화나트륨(소금)은 채굴한 암염 및 천일염(잔류농약이 검출되지 않아야 함)이어야 한다.
② 사람의 배설물은 1개월 이상 저온발효된 것이어야 한다.
③ 식물 또는 식물 잔류물로 만든 퇴비는 충분히 부숙된 것이어야 한다.
④ 대두박은 유전자를 변형한 물질이 포함되지 않아야 한다.

해설
토양 개량과 작물 생육을 위해 사용 가능한 물질 – 사람의 배설물(오줌만인 경우는 제외)(친환경농어업법 시행규칙 [별표 1])
• 완전히 발효되어 부숙된 것일 것
• 고온발효 : 50℃ 이상에서 7일 이상 발효된 것
• 저온발효 : 6개월 이상 발효된 것일 것
• 엽채류 등 농산물·임산물 중 사람이 직접 먹는 부위에는 사용하지 않을 것

92 유기식품 및 무농약농산물 등의 인증에 관한 세부실시 요령상 현장검사에 관한 내용으로 틀린 것은?

① 작물이 생육 중인 시기, 가축이 사육 중인 시기, 인증품을 제조·가공 또는 취급 중인 시기에는 현장심사를 할 수 없다.
② 인증품 생산계획서 또는 인증품 제조·가공 및 취급계획서에 기재된 사항대로 생산, 제조·가공 또는 취급하고 있는지 여부를 심사하여야 한다.
③ 생산관리자가 예비심사를 하였는 지와 예비심사한 내역이 적정한지 여부를 심사하여야 한다.
④ 인증심사원은 인증기준의 적합여부를 확인하기 위해 필요한 경우 규정된 절차·방법에 따라 토양, 용수, 생산물 등에 대한 조사·분석을 실시한다.

해설
인증심사의 절차 및 방법의 세부사항 – 현장심사(유기식품 및 무농약농산물 등의 인증에 관한 세부실시 요령 [별표 2])
현장심사는 작물이 생육 중인 시기, 가축이 사육 중인 시기, 인증품을 제조·가공 또는 취급 중인 시기(시제품 생산을 포함)에 실시하고 신청한 농산물, 축산물, 가공품의 생산이 완료되는 시기에는 현장심사를 할 수 없다.

93 농림축산식품부 소관 친환경농어업 육성 및 유기식품 등의 관리·지원에 관한 법률 시행규칙상 유기농축산물의 함량에 따른 표시기준 중 70% 미만이 유기농축산물인 제품에 대한 내용으로 틀린 것은?

① 특정 원료 또는 재료로 유기농축산물만을 사용한 제품이어야 한다.
② 해당 원료·재료명의 일부로 '유기'라는 용어를 표시할 수 있다.
③ 표시장소는 원재료명 표시란에만 표시할 수 있다.
④ 원재료명 표시란에 유기농축산물의 총함량 또는 원료·재료별 함량을 ppm 및 mol로 표시하여야 한다.

해설
유기농축산물의 함량에 따른 제한적 유기표시의 허용기준 – 70% 미만이 유기농축산물인 제품(친환경농어업법 시행규칙 [별표 8])
• 특정 원료 또는 재료로 유기농축산물만을 사용한 제품이어야 한다.
• 해당 원료·재료명의 일부로 '유기'라는 용어를 표시할 수 있다.
• 표시장소는 원재료명 표시란에만 표시할 수 있다.
• 원재료명 표시란에 유기농축산물의 총함량 또는 원료·재료별 함량을 백분율(%)로 표시해야 한다.

94 농림축산식품부 소관 친환경농어업 육성 및 유기식품 등의 관리·지원에 관한 법률 시행규칙상 유기축산물 생산을 위한 동물복지 및 질병관리에 관한 내용으로 틀린 것은?

① 동물용의약품을 사용하는 경우에는 수의사의 처방에 따라 사용하고 처방전 또는 그 사용명세가 기재된 진단서를 갖춰 둘 것
② 가축의 질병을 치료하기 위해 불가피하게 동물용의약품을 사용한 경우에는 동물용의약품을 사용한 시점부터 전환기간 이상의 기간 동안 사육한 후 출하할 것
③ 호르몬제의 사용은 수의사의 처방에 따라 성장촉진의 목적으로만 사용할 것
④ 가축의 꼬리 부분에 접착밴드를 붙이거나 꼬리, 이빨, 부리 또는 뿔을 자르는 등의 행위를 하지 않을 것

해설
유기축산물 – 동물복지 및 질병관리(친환경농어업법 시행규칙 [별표 4])
성장촉진제, 호르몬제의 사용은 치료목적으로만 사용할 것

95 농림축산식품부 소관 친환경농어업 육성 및 유기식품 등의 관리·지원에 관한 법률 시행규칙상 유기축산물 인증기준으로 틀린 것은?

① 사료작물 재배지는 예외적으로 화학비료를 사용할 수 있다.

② 축사는 국립농산물품질관리원장이 정하는 사육밀도를 유지·관리하여야 한다.

③ 경영 관련 자료의 기록 기간은 최근 1년간으로 한다.

④ 반추가축에게 담근먹이(사일리지)만 공급해서는 아니 된다.

해설

유기축산물의 인증기준 – 자급사료기반(친환경농어업법 시행규칙 [별표 4])
초식가축의 경우에는 유기적 방식으로 재배·생산되는 목초지 또는 사료작물 재배지를 확보할 것

96 농림축산식품부 소관 친환경농어업 육성 및 유기식품 등의 관리·지원에 관한 법률 시행규칙상 인증사업자의 준수사항에 대한 내용으로 (   ) 안에 알맞은 것은?

> 인증사업자는 관련법에 따라 매년 1월 20일까지 별지 서식에 따른 실적 보고서에 인증품의 전년도 생산, 제조·가공 또는 취급하여 판매한 실적을 적어 해당 인증기관에 제출하거나 관련법에 따라 (   )에 등록해야 한다.

① 식품의약품안전처 홈페이지

② 한국농어촌공사 홈페이지

③ 유기농업자재 정보시스템

④ 친환경 인증관리 정보시스템

해설

인증사업자의 준수사항(친환경농어업법 시행규칙 제20조제1항)
인증사업자는 법 제22조제1항에 따라 매년 1월 20일까지 별지 제3호 서식에 따른 실적 보고서에 인증품의 전년도 생산, 제조·가공 또는 취급하여 판매한 실적을 적어 해당 인증기관에 제출하거나 법 제53조에 따른 친환경 인증관리 정보시스템(이하 '친환경 인증관리 정보시스템')에 등록해야 한다.

97 유기식품 및 무농약농산물 등의 인증에 관한 세부실시 요령상 유기가공식품에 유기원료 비율의 계산법이다. 내용이 틀린 것은?

$$\frac{I_o}{G - WS} = \frac{I_o}{I_o + I_c + I_a} \geq 0.95$$

① G : 제품(포장재, 용기 제외)의 중량($G = I_o + I_c + I_a + WS$)

② WS : I_o(유기원료의 중량) / I_c(비유기원료의 중량)

③ I_o : 유기원료(유기농산물 + 유기축산물 + 유기가공식품)의 중량

④ I_c : 비유기 원료(유기식품인증표시가 없는 원료)의 중량

해설

② WS : 인위적으로 첨가한 물과 소금의 중량

98 농림축산식품부 소관 친환경농어업 육성 및 유기식품 등의 관리·지원에 관한 법률 시행규칙에서 유기농업자재와 관련하여 공시기관이 정당한 사유 없이 1년 이상 계속하여 공시업무를 하지 않은 행위가 최근 3년 이내에 2회 적발된 경우 행정처분 내용은?

① 업무정지 1개월   ② 업무정지 3개월

③ 업무정지 6개월   ④ 지정취소

해설

개별기준 – 공시기관(친환경농어업법 시행규칙 [별표 20])

위반행위	위반 횟수별 행정처분 기준		
	1회 위반	2회 위반	3회 이상 위반
정당한 사유 없이 1년 이상 계속하여 공시업무를 하지 않은 경우	업무정지 1개월	업무정지 3개월	지정취소

정답 95 ① 96 ④ 97 ② 98 ②

99 농림축산식품부 소관 친환경농어업 육성 및 유기식품 등의 관리·지원에 관한 법률 시행규칙에 따라 유기농산물의 병해충 관리를 위하여 사용 가능한 물질의 사용 가능 조건으로 옳은 것은?

① 담배잎차 – 물로 추출한 것일 것

② 라이아니아(Ryania) 추출물 – 쿠아시아(Quassia Amara)에서 추출된 천연물질인 것

③ 목초액 – 목재의 지속 가능한 이용에 관한 법률에 따라 국립산림과학원장이 고시한 규격 및 품질 등에 적합일 것

④ 보르도액·수산화동 및 산염화동 – 토양에 구리가 축적될 수 있도록 필요한 양을 충분히 사용할 것

해설

병해충 관리를 위해 사용 가능한 물질(친환경농어업법 시행규칙 [별표 1])

사용가능 물질	사용가능 조건
담배잎차(순수 니코틴은 제외한다)	물로 추출한 것일 것
라이아니아(Ryania) 추출물	라이아니아(*Ryania speciosa*)에서 추출된 천연물질일 것
목초액	산업표준화법에 따른 한국산업표준의 목초액(KSM3939) 기준에 적합할 것
구리염, 보르도액, 수산화동, 산염화동, 부르고뉴액	토양에 구리가 축적되지 않도록 필요한 최소량만을 사용할 것

100 유기식품 및 무농약농산물 등의 인증에 관한 세부실시 요령에 따른 유기가공식품 인증기준에 대한 설명으로 옳은 것은?

① 95% 유기가공식품의 경우 제품에 인위적으로 첨가하는 소금과 물을 포함한 제품 중량의 5% 비율 내에서 비유기 원료를 사용할 수 있다.

② 동일 원재료에 대하여 유기농산물과 비유기농산물은 혼합하여 사용하여서는 아니 된다.

③ 해당 식품 중 사용량이 10% 이하인 재료는 방사선 처리된 것을 사용할 수 있다.

④ 해당 식품 중 사용량이 5% 이하인 재료는 유전자재조합 식품 또는 식품첨가물을 사용할 수 있다.

해설

유기가공식품 – 가공원료(유기식품 및 무농약농산물 등의 인증에 관한 세부실시 요령 [별표 1])

1) 유기가공에 사용할 수 있는 원료, 식품첨가물, 가공보조제 등은 모두 유기적으로 생산된 것으로 다음의 어느 하나에 해당되어야 한다.
   가) 법 제19조제1항에 따라 인증을 받은 유기식품
   나) 법 제25조에 따라 동등성 인정을 받은 유기가공식품

2) 1)에도 불구하고 다음의 요건에 따라 비유기 원료를 사용할 수 있다. 다만, 유기원료와 같은 품목의 비유기 원료는 사용할 수 없다.
   가) 95% 유기가공식품 : 상업적으로 유기원료를 조달할 수 없는 경우 제품에 인위적으로 첨가하는 소금과 물을 제외한 제품 중량의 5% 비율 내에서 비유기 원료(규칙 [별표 1] 제1호다목에 따른 식품첨가물을 포함)의 사용
   나) 70% 유기가공식품 : 제품에 인위적으로 첨가하는 물과 소금을 제외한 제품 중량의 30% 비율 내에서 비유기 원료(규칙 [별표 1] 제1호다목에 따른 식품첨가물을 포함)의 사용

2023년 제 1 회 | 최근 기출복원문제

※ 기사의 경우 2023년부터 CBT(컴퓨터 기반 시험)로 진행되어 수험자의 기억에 의해 문제를 복원하였습니다. 실제 시행문제와 일부 상이할 수 있음을 알려드립니다.

제1과목 재배원론

01 다음 중 자연교잡률이 가장 낮은 것은?

① 밀
② 수 수
③ 아 마
④ 보 리

해설
작물의 자연교잡률
• 보리 : 0.15% 이하
• 밀 : 0.3~0.6%
• 벼 : 1% 내외
• 아마 : 1~2%
• 수수 : 5%

02 다음 중 중일성 식물은?

① 시금치
② 코스모스
③ 토마토
④ 나팔꽃

해설
• 단일성 식물 : 국화, 콩, 담배, 들깨, 도꼬마리, 코스모스, 목화, 벼, 나팔꽃, 샐비어
• 중일성 식물 : 강낭콩, 고추, 토마토, 당근, 셀러리, 메밀, 사탕수수
• 장일성 식물 : 맥류, 양귀비, 시금치, 양파, 상추, 아마, 티머시, 감자, 딸기, 무

03 식물의 무기영양설을 제창한 사람은?

① 캔돌레
② 리비히
③ 바빌로프
④ 린 네

해설
독일의 식물영양학자 리비히(J. V. Liebig)
식물이 빨아먹는 것은 부식이 아니라 부식이 분해되어서 나온 무기영양소를 먹는다는 '무기양분설(Mineral Thoery)'을 주장했다.

04 세포분열을 촉진하는 활성물질로 잎의 노화를 방지하며 저장 중의 신선도를 유지해 주는 것으로 가장 옳은 것은?

① 지베렐린
② 사이토키닌
③ 옥 신
④ ABA

해설
사이토키닌(Cytokinin)
효모균의 변질된 DNA로부터 담배의 세포분열을 촉진하는 활성물질인 키네틴에서 유래되었다.

05 작물의 특징에 대한 설명으로 가장 거리가 먼 것은?

① 이용성과 경제성이 높아야 한다.
② 일반적인 작물의 이용 목적은 식물체의 특정부위가 아닌 식물체 전체이다.
③ 작물은 대부분 일종의 기형식물에 해당된다.
④ 야생식물들보다 일반적으로 생존력이 약하다.

해설
이용부위가 사료작물처럼 식물체 전체인 경우도 있지만 재배의 목적부위가 종실, 잎, 과실 등 식물체 특정부분인 경우가 많다.

정답 1 ④ 2 ③ 3 ② 4 ② 5 ②

06 다음 중 중경에 대한 설명으로 가장 거리가 먼 것은?

① 토양온열을 지표까지 상승을 억제, 동해를 조장한다.
② 중경은 표토의 일부를 풍식시킨다.
③ 중경은 토양수분의 증발을 증가시킨다.
④ 중경은 뿌리의 일부를 단근시킨다.

해설
토양을 얕게 중경(천경)하면 토양의 모세관이 절단되어 토양 유효수분의 증발이 억제되고, 한발기에 가뭄해(旱害)를 경감할 수 있다.

07 C₄ 작물에 대한 설명으로 가장 거리가 먼 것은?

① 광포화점이 높다.
② 광호흡률이 높다.
③ 광보상점이 낮다.
④ 광합성효율이 높다.

해설
C_4 작물은 광호흡이 없고 이산화탄소시비 효과가 작다.

08 벼의 생육 중 냉해에 출수가 가장 지연되는 생육단계는?

① 황숙기
② 유수형성기
③ 유숙기
④ 유효 분얼기

해설
장해형 냉해
유수형성기부터 개화기 사이에 생식세포 감수분열기에 냉온의 영향을 받아 생식기관 형성을 정상적으로 해내지 못하거나 꽃가루의 방출이나 정받이에 장해를 일으켜 불임을 초래하는 냉해이다.

09 내건성이 강한 작물이 갖고 있는 형태적 특성은?

① 잎의 해면조직 발달
② 잎의 기동세포 발달
③ 잎의 기공이 크고 수가 적음
④ 표면적/체적의 비율이 큼

해설
내건성이 강한 작물의 형태적 특성
• 체적에 대한 표면적의 비가 작고, 식물체가 작고 잎도 작다.
• 뿌리가 깊고 지상부에 비하여 근군의 발달이 좋다.
• 엽조직이 치밀하고, 엽맥과 울타리 조직이 발달되어 있다.
• 표피에 각피가 잘 발달하였으며, 기공이 작고 수효가 많다.
• 저수 능력이 크고, 다육화(多肉化)의 경향이 있다.
• 기동세포가 발달하여 탈수되면 잎이 말려서 표면적이 축소된다.

10 다음 중 동상해 대책으로 틀린 것은?

① 품종선정
② 파종량 경감
③ 토질개선
④ 방풍시설 설치

해설
한지(寒地)에서 맥류의 파종량을 늘린다.

11 다음 중 접목부위로 옳게 나열된 것은?

① 대목의 목질부, 접수의 목질부

② 대목의 형성층, 접수의 목질부

③ 대목의 목질부, 접수의 형성층

④ 대목의 형성층, 접수의 형성층

해설

접목은 대목과 접수를 조직적으로 접착시키는 번식법이기 때문에 대목과 접수의 형성층을 잘 접합해야 한다. 대목과 접수의 형성층 접합이 잘 되어 접목에 성공하는 것을 접목 활착이라 한다.

12 다음 중 휴작의 필요기간이 가장 긴 작물은?

① 시금치 ② 수 수

③ 토 란 ④ 고구마

해설

작물의 기지 정도

• 연작의 피해가 적은 작물 : 벼, 맥류, 조, 수수, 옥수수, 고구마, 삼, 담배, 무, 당근, 양파, 호박, 연, 순무, 뽕나무, 아스파라거스, 토당귀, 미나리, 딸기, 양배추, 사탕수수, 꽃양배추, 목화 등

• 1년 휴작 작물 : 시금치, 콩, 파, 생강, 쪽파 등

• 3~4년 휴작 작물 : 쑥갓, 토란, 참외, 강낭콩 등

13 군락의 수광 태세가 좋아지고 밀식 적응성이 큰 콩의 초형이 아닌 것은?

① 꼬투리가 원줄기에 적게 달린 것

② 키가 크고 도복이 안 되는 것

③ 가지를 적게 치고 마디가 짧은 것

④ 잎이 작고 가는 것

해설

① 꼬투리가 원줄기와 줄기 밑동에 많을 것

14 용도에 따른 분류에서 공예작물이며, 전분작물로만 나열된 것은?

① 사탕수수, 왕골

② 고구마, 감자

③ 사탕무, 유채

④ 삼, 닥나무

해설

공예작물

전분작물(고구마, 감자), 유료작물(유채, 참깨), 섬유작물(왕골, 삼, 닥나무) 기호작물(커피, 담배), 약용작물(인삼, 박하), 당료작물(사탕무, 사탕수수)

15 박과 채소류 접목의 특징으로 가장 거리가 먼 것은?

① 당도가 증가한다.

② 기형과가 많이 발생한다.

③ 흰가루병에 약하다.

④ 흡비력이 약해진다.

해설

박과채소류 접목육묘

장 점	• 토양 전염병 발생이 적어진다. • 불량환경에 대한 내성이 증대된다. • 흡비력이 강해진다. • 과습에 잘 견딘다. • 과실 품질이 우수해진다.
단 점	• 질소과다 흡수 우려 • 기형과 많이 발생 • 당도가 떨어진다. • 흰가루병에 약하다.

정답 11 ④ 12 ③ 13 ① 14 ② 15 ①

16 농업에서 토지생산성을 계속 증대시키지 못하는 주요 요인으로 가장 옳은 것은?

① 기술개발의 결여
② 노동 투하량의 한계
③ 생산재 투하량의 부족
④ 수확체감의 법칙이 작용

해설
토지생산성은 수확체감의 법칙이 적용된다.
※ 수확체감의 법칙
노동력 투입을 늘려 나가면 절대 수확량은 어느 정도까지는 증가하지만 1인당 생산성은 점점 감소한다는 법칙

17 다음 중 전분 합성과 관련된 효소로 옳은 것은?

① 아밀라아제
② 포스포릴라아제
③ 프로테아제
④ 리파아제

해설
포스포릴라아제 : 가인산 분해를 촉매하는 효소를 통틀어 이르는 말로 녹말이나 글리코겐의 합성과 분해에도 작용한다.

18 광합성 연구에 활용되는 방사성 동위원소는?

① ^{42}K ② ^{32}P
③ ^{24}Na ④ ^{14}C

해설
방사성 동위원소의 이용 – 추적자로서의 이용
• 표지화합물로 작물의 생리연구에 이용(^{32}P, ^{42}K, ^{45}Ca)
• 광합성의 연구(^{11}C, ^{14}C 등으로 표지된 CO_2를 잎에 공급)
• 농업분야 토목에 이용(^{24}Na)

19 화곡류에서 잎을 일어서게 하여 수광률을 높이고, 증산을 줄여 한해 경감 효과를 나타내는 무기성분으로 옳은 것은?

① 규 소
② 셀레늄
③ 니 켈
④ 리 튬

해설
규 소
• 작물의 필수 원소에 포함되지 않는다.
• 벼과 작물은 건물 중의 10% 정도를 흡수한다.
• 표피 조직을 규질화하고 수광 태세를 좋게 한다.

20 다음 중 단일식물에 해당하는 것으로만 나열된 것은?

① 시금치, 양귀비
② 양파, 상추
③ 샐비어, 콩
④ 아마, 감자

해설
• 단일성 식물 : 국화, 콩, 담배, 들깨, 도꼬마리, 코스모스, 목화, 벼, 나팔꽃, 샐비어
• 중일성 식물 : 강낭콩, 고추, 토마토, 당근, 셀러리, 메밀, 사탕수수
• 장일성 식물 : 맥류, 양귀비, 시금치, 양파, 상추, 아마, 티머시, 감자, 딸기, 무

토양비옥도 및 관리

21 다음 토양의 구조 중에서 공극량이 가장 적은 것은?

① 단립구조 밀상태(사열)

② 입단구조 조상태(정열)

③ 단립구조 조상태(정열)

④ 입단구조 밀상태(사열)

해설

토양 구조에 따른 공극량

• 단립구조

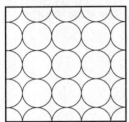

[조상태(정렬)]　　　[밀상태(사열)]

• 입단구조

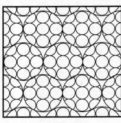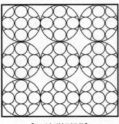

[밀상태(사열)]　　　[조상태(정렬)]

22 다음 중 Polynov의 풍화이론에 따른 암석풍화생성물의 가동률(可動率)이 가장 낮은 원소는?

① SiO_2

② Fe_2O_3

③ Na^+

④ Cl^-

23 토양분류의 총괄적(형태론적) 분류체계에서 사용하는 토양목의 이름은?

① Gelisols

② Planosols

③ Podozols

④ Regosols

24 산화철(Fe_2O_3)에 수화도가 높은 경우 토양색깔은 어느 쪽에 가까운가?

① 청 색

② 황 색

③ 흑 색

④ 회 색

해설

• 산화철의 수화도 증가 : 황색

• 산화철의 수화도 감소 : 적색

25 토양 내 작물이 이용할 수 있는 유효수분에 대한 설명으로 틀린 것은?

① 일반적으로 포장용수량과 위조계수 사이의 수분함량이며 토성에 따라 변한다.

② 식양토가 사양토보다 유료수분의 함량이 크다.

③ 부식 함량이 증가하면 일정 범위까지 유효수분은 증가한다.

④ 토양 내 염류는 유효수분의 함량을 높이는 데에 도움을 준다.

해설

④ 토양 내 염류는 물의 퍼텐셜이 낮아지기 때문에 유효수분의 함량이 줄어든다.

26 다음 중 생리적 산성비료는?

① 질산암모늄
② 석회질소
③ 황산암모늄
④ 요 소

해설

생리적 산성비료
화학적 반응은 중성이지만, 토양 중 칼륨이 흡수되고 염소가 잔류하여 산성이 되는비료로, 황산암모늄, 염화암모늄, 황산칼륨, 염화칼륨 등이 있다.

27 다음 설명에 가장 적절한 작용은?

논토양은 청회색, 밭토양은 갈색 또는 붉은색을 나타낸다.

① 분해에 의한 유기물 함량 변화
② 철의 산화·환원
③ 인의 함량 변화
④ 질소의 함량 변화

해설

철은 산화상태인 밭토양에서는 붉은색을 띠고, 환원상태인 논토양에서는 청회색이나 담녹색을 띤다.

28 토양 내 성분의 산화·환원 형태가 잘못된 것은?

구 분	산화형태	환원형태
㉠	CO_2	CH_4
㉡	H_2S	SO_4^{2-}
㉢	Fe^{3+}	Fe^{2+}
㉣	Mn^{4+}	Mn^{2+}

① ㉣　　　　　　② ㉠
③ ㉡　　　　　　④ ㉢

해설

산화형태	환원형태
SO_4^{2-}	H_2S

29 토양유기물 분해에 적절한 조건이 아닌 것은?

① 혐기성 조건일 때
② 온도가 25~35℃일 때
③ 토양산도가 중성에 가까울 때
④ 토양공극의 약 60%가 물로 채워져 있을 때

해설

혐기성보다 호기성에서 부식화가 빠르다.

30 건조한 토양을 기준으로 하여 지렁이 한 마리가 소화시키는 토양의 양이 연간 0.1톤일 경우, 용적밀도가 1.2g/cm^{3}인 10a 표층토양 10cm를 소화시키는 데 소요되는 시간은?

① 12년
② 120년
③ 1,200년
④ 12,000년

정답 26 ③ 27 ② 28 ③ 29 ① 30 ③

31 토양에서 유기물의 분해에 미치는 요인에 대한 설명으로 틀린 것은?

① 토양이 심한 산성이나 알칼리성이면 유기물의 분해속도가 매우 느리다.
② 혐기조건보다는 호기조건에서 분해가 빨리 일어난다.
③ 페놀이 많이 함유되어 있는 유기물이 분해가 빠르다.
④ 탄질비가 높은 유기물이 분해가 느리다.

해설
페놀은 토양 중에서 잘 분해되지 않게 하는 리그닌의 주요 구성성분이다.

32 다음 중 작물생육의 필수원소가 아닌 것은?

① Cu
② Fe
③ Co
④ Zn

해설
필수원소
• 다량원소(9원소) : 탄소(C), 산소(O), 수소(H), 질소(N), 인(P), 칼륨(K), 칼슘(Ca), 마그네슘(Mg), 황(S)
• 미량원소(7원소) : 철(Fe), 망간(Mn), 구리(Cu), 아연(Zn), 붕소(B), 몰리브덴(Mo), 염소(Cl)
※ 기타 원소(5원소) : 규소(Si), 나트륨(Na), 코발트(Co), 아이오딘(I), 셀레늄(Se)

33 식초산석회와 같은 약산의 염으로 용출되는 수소이온에 기인한 토양의 산성을 무엇이라 하는가?

① 잔류산성
② 치환산성
③ 가수산성
④ 활산성

해설
③ 가수산성 : 식초산석회와 같은 약산의 염으로 용출되는 수소이온에 기인한 토양의 산성
② 치환산성(잠산성) : 토양입자의 확산 이중층 내부에 흡착되어 있는 수소이온, 즉 치환성 수소 및 알루미늄에 의한 산성
④ 활산성 : 토양용액 중의 활성유리 수소이온 농도, 일반적으로 토양과 증류수 1:5로 침출 후 pH미터로 측정하는 토양의 pH

34 다음 중 풍화가 가장 어려운 광물은?

① 방해석
② 정장석
③ 흑운모
④ 백운모

해설
암석의 풍화 저항성
석영 > 백운모 · 정장석 > 사장석 > 흑운모 · 각섬석 · 휘석 > 감람석 > 백운석 · 방해석 > 석고

35 논토양에서 NH_4^+ 형태의 질소에 비하여 NO_3^- 형태의 질소의 이용 효율이 낮은 이유로 옳은 것은?

① NO_3^- 형태의 질소는 토양에 강하게 흡착되어 이용되기 어렵기 때문이다.
② NO_3^- 형태의 질소는 탈질작용을 통하여 손실되기 때문이다.
③ NO_3^- 형태의 질소는 금속성 음이온과 쉽게 결합하여 침전되기 때문이다.
④ 미생물은 NO_3^- 형태의 질소를 우선적으로 흡수하여 부동화시키기 때문이다.

36 미량원소만으로 나열된 것은?

① Mg, Fe, Ca

② Fe, Cu, Zn

③ Ca, Mg, K

④ S, Cu, Mg

해설

다량원소와 미량원소

- 다량 원소 : 탄소(C), 수소(H), 산소(O), 질소(N), 황(S), 칼륨(K), 인(P), 칼슘(Ca), 마그네슘(Mg) 등
- 미량 원소 : 철(Fe), 망간(Mn), 아연(Zn), 구리(Cu), 몰리브덴(Mo), 붕소(B), 염소(Cl) 등

37 토양에 사용한 인산비료의 흡수율은 질소비료에 비하여 매우 낮은데 그 이유로 가장 적합한 것은?

① 인산은 미생물 활동과 번식에 이용된다.

② 인산은 불용성물질로 변화되기 쉽다.

③ 인산은 빗물에 의해 쉽게 유실된다.

④ 인산은 기체로 변하여 손실될 수 있다.

38 토양분석결과 교환성 K^+이온이 0.4cmol$_c$/kg이었다면, 이 토양 1kg 속에는 몇 g의 교환성 K^+이온이 들어있는가?(단, K의 원자량은 39로 한다)

① 0.078

② 0.156

③ 0.234

④ 0.312

해설

0.4cmol$_c$/kg × 39 ÷ 100 = 0.156g

39 암석의 기계적(물리적)인 풍화작용은 화학적 풍화작용을 촉진시킨다. 그 이유에 해당하는 것은?

① 암석의 비중이 감소하므로

② 암석의 경도가 감소하므로

③ 암석의 비표면적이 증가하므로

④ 암석의 광물이 변성되므로

해설

풍화작용

- 물리적(기계적) 풍화 : 온도, 대기, 물, 바람 등의 영향으로 더 작은 입자로 붕괴되는 현상
- 화학적 풍화 : 화학적 반응에 의해 암석이나 광물을 새로운 화학 조합으로 변화시키는 풍화과정 예 가수분해작용, 수화작용, 탄산화작용, 산화작용, 환원작용, 용해작용, 킬레이트화 작용 등
- 생물적 풍화 : 동물에 의한 작용, 식물과 미생물에 의한 작용 예 식물의 뿌리가 성장하면서 뿌리압에 의해 암석이 파괴

40 토양생물이 고등식물에 끼치는 유익작용은?

① 각종 병을 일으킨다.

② 황산염을 환원한다.

③ 탈질작용을 한다.

④ 공기 중 유리 질소를 고정한다.

해설

토양 미생물의 유익 작용	토양 미생물의 유해 작용
• 탄소순환 • 미생물에 의한 무기성분의 변화 • 암모니아화성 작용 • 미생물 간의 길항 작용 • 질산화 작용 • 토양구조 입단화 • 유리 질소의 고정 • 생장 촉진 물질 분비 • 가용성 무기성분의 동화	• 질산염의 환원과 탈질작용 • 황산염의 환원작용으로 황화수소 발생 • 환원성 유해물질 생성 및 집적 • 작물과의 양분경합 – 질소 기아현상 • 병해 발생 • 선충해 유발

제3과목 **유기농업개론**

41 식품첨가물 또는 가공보조제로 사용이 가능한 물질에서 식품첨가물로 사용 시 허용범위가 소시지, 난백의 저온살균, 유제품, 과립음료에 해당하는 것은?

① 구연산삼나트륨
② 염화마그네슘
③ 무수아황산
④ 산탄검

유기가공식품 – 식품첨가물 또는 가공보조제로 사용 가능한 물질 (친환경농어업법 시행규칙 [별표 1])

명칭(한)	식품첨가물로 사용 시		가공보조제로 사용 시	
	사용 가능 여부	사용 가능 범위	사용 가능 여부	사용 가능 범위
구연산삼나트륨	○	소시지, 난백의 저온살균, 유제품, 과립음료	×	
염화마그네슘	○	두류제품	○	응고제
무수아황산	○	과일주	×	
산탄검	○	지방제품, 과일 및 채소제품, 케이크, 과자, 샐러드류	×	

42 인수공통 감염병이 아닌 것은?

① 구제역
② 브루셀라증
③ 결 핵
④ 탄 저

해설
인수공통 감염병
장출혈성대장균감염증, 일본뇌염, 브루셀라증, 탄저, 공수병, 동물인플루엔자 인체감염증, 중증급성호흡기증후군(SARS), 변종크로이츠펠트-야콥병(vCJD), 큐열, 결핵, 중증열성혈소판감소증후군(SFTS)

43 벼 잎집무늬마름병의 발병요인 및 예방적 방제법으로 적절하지 않은 것은?

① 써레질 직후 수면에 떠 있는 균핵을 제거하는 것은 방제에 도움이 된다.
② 논 주변의 잡초는 잎집무늬마름병의 발생과 큰 관련이 없다.
③ 벼의 초관에 통풍이 잘 되도록 하는 조치는 병 방제에 도움이 된다.
④ 질소 과용을 피한다.

해설
잎집무늬마름병은 써레질 직후 논 수면에 떠있는 균핵을 제거하고 밀식을 자제하여 포기사이로 통풍이 잘되도록 한다.

44 유기농업에서 소각을 권장하지 않는 이유에 관한 설명으로 틀린 것은?

① 재가 함유하고 있는 양분은 빗물에 쉽게 씻겨 유실된다.
② 식물체는 태우는 것보다 토양유기물의 원료로 더 유용하게 쓰일 수 있다.
③ 많은 양의 탄소, 질소와 황이 고체형태로 잔류한다.
④ 소각함으로써 익충과 토양생물에 피해를 준다.

45 적산온도가 1,700~2,300℃에 해당하는 것은?

① 메 밀
② 추파맥류
③ 담 배
④ 벼

해설
① 메밀 : 1,000~1,200℃
③ 담배 : 3,200~3,600℃
④ 벼 : 3,500~4,500℃

정답 41 ① 42 ① 43 ② 44 ③ 45 ②

46 특이산성토양의 특성에 대한 설명으로 옳지 않은 것은?

① 활성 알루미늄의 함량이 높다.
② 미생물 활동으로 유기물 분해가 잘된다.
③ 강 하류의 배수가 불량한 지역에 주로 분포한다.
④ 토양을 건조시키면 황이 산화되어 pH 3.5 정도까지 낮아진다.

47 다음 중 고온장해에 대한 설명으로 가장 적절하지 않은 것은?

① 당분이 감소한다.
② 광합성보다 호흡작용이 우세해진다.
③ 단백질의 합성이 저해된다.
④ 암모니아의 축적이 적어진다.

해설
고온에서는 광합성보다 호흡작용이 우세하다. 고온이 오래 지속되면 유기물의 소모가 많아져 식물체가 약해지며, 단백질의 합성이 저해되고 암모니아의 축적이 많아지는데, 암모니아의 축적이 많아지면 유해 물질로서 작용하게 되어 피해를 일으키며, 수분흡수보다 증산작용이 많이 이루어져 위조 증상을 유발하는 등의 피해가 발생한다.

48 친환경적인 병충해 방제를 위해 최근에 개발, 보급된 난황유의 예방 및 방제에 사용되는 농도와 적용병해가 가장 적절하게 짝지어진 것은?

구 분	예방(%)	방제(%)	적용병해
㉠	0.1	0.3	탄저병
㉡	0.2	0.4	녹 병
㉢	0.3	0.5	흰가루병
㉣	0.4	0.6	잿빛곰팡이병

① ㉠
② ㉡
③ ㉢
④ ㉣

49 비배관리상 문제점이 있는 토양의 유기적인 관리방법으로 옳지 않은 것은?

① 산성화된 토양을 개량하기 위해 석회시용, 윤작, 적절한 퇴비를 시용한다.
② 과다하게 축적된 질소를 제거하기 위해 청예작물을 심는다.
③ 톱밥, 버섯배양 퇴비와 같은 유기질을 시용한다.
④ 서양에서는 주로 화본과 목초를 포함한 윤작에 의해 토양 유기물 함량을 증가시킨다.

50 유기축산물 사료 및 영양관리에 대한 내용이다. 다음 중 내용이 틀린 것은?

다음에 해당되는 물질을 사료에 첨가해서는 아니 된다.
가) 가축의 대사기능 촉진을 위한 합성 화합물
나) 반추가축에게 포유동물에서 유래한 사료(우유 및 유제품 포함)는 어떠한 경우에도 첨가해서는 아니 된다.
다) 합성질소 또는 비단백태질소화합물
라) 항생제 · 합성항균제 · 성장촉진제, 구충제, 항콕시듐제 및 호르몬제

① 가
② 나
③ 다
④ 라

해설
유기축산물 – 사료 및 영양 관리(유기식품 및 무농약농산물 등의 인증에 관한 세부실시 요령 [별표 1])
다음에 해당되는 물질을 사료에 첨가해서는 아니 된다.
• 가축의 대사기능 촉진을 위한 합성화합물
• 반추가축에게 포유동물에서 유래한 사료(우유 및 유제품을 제외)는 어떠한 경우에도 첨가해서는 아니 된다.
• 합성질소 또는 비단백태질소화합물
• 항생제 · 합성항균제 · 성장촉진제, 구충제, 항콕시듐제 및 호르몬제
• 그 밖에 인위적인 합성 및 유전자조작에 의해 제조 · 변형된 물질

51 우량품종에 한두 가지 결점이 있을 때 이를 보완하는 데 효과적인 육종방법으로 양친 A와 B를 교배한 F_1을 양친 중 어느 하나와 다시 교배하는 것은?

① 순환선발

② 여교배육종

③ 1개체 1계통육종

④ 파생계통육종

52 유기농산물 재배포장의 전환기간에 대한 내용이다. (가)에 알맞은 내용은?

> 재배포장은 유기농산물을 처음 수확 하기 전 (가)년 이상의 전환기간 동안 재배방법을 준수한 구역이어야 한다. 다만, 토양에 직접 심지 않는 작물(싹을 틔워 직접 먹는 농산물, 어린잎 채소 또는 버섯류)의 재배포장은 전환기간을 적용하지 아니한다.

① 1
② 2
③ 3
④ 5

해설

유기농산물 – 재배포장, 용수, 종재(유기식품 및 무농약농산물 등의 인증에 관한 세부실시 요령 [별표 1])
• 재배포장은 유기농산물을 처음 수확 하기 전 3년 이상의 전환기간 동안 재배방법을 준수한 구역이어야 한다. 다만, 토양에 직접 심지 않는 작물(싹을 틔워 직접 먹는 농산물, 어린잎 채소 또는 버섯류)의 재배포장은 전환기간을 적용하지 아니한다.
• 재배포장의 전환기간은 인증기관이 1년 단위로 실시하는 심사 및 사후관리를 통해 다목에 따른 재배방법을 준수한 것으로 확인된 기간을 인정한다. 다만, 다음의 어느 하나에 해당하는 경우 관련 자료의 확인을 통해 전환기간을 인정 할 수 있다.
    – 외국정부 또는 IFOAM의 유기기준에 따라 인증 받은 재배지 : 인증서에 기재된 유효기간
    – 산림 등 식용식물의 자생지 : 산림병해충 방제 등 금지물질이 사용되지 않은 것으로 확인된 기간

53 논토양의 개량방법으로 옳지 않은 것은?

① 표토파쇄
② 심 경
③ 암거배수
④ 객 토

해설

논토양의 개량방법 : 객토, 심경, 규산질비료 시비, 유기물 사용, 암거배수 등

54 온실 부재에 대한 설명 중 옳지 않은 것은?

① 서까래 : 지붕 위의 하중을 지탱하며 왕도리, 중도리 및 갖도리 위에 걸쳐 고정하는 자재이다.

② 중도리 : 일명 처마도리라고도 하며, 측벽기둥의 상단을 연결하는 수평재로서 서까래의 하단을 떠받치는 역할을 한다.

③ 샛기둥 : 기둥과 기둥 사이에 배치하여 벽을 지지해 주는 수직재에 해당한다.

④ 보 : 수평 또는 이에 가까운 상태에 놓인 부재로서 재축에 대하여 직각 또는 사각의 하중을 지탱한다.

해설

② 중도리 : 지붕을 지탱하는 골재로 왕도리와 갖도리 사이에 설치되어 서까래를 받치는 수평재이다.

55 대들보라고도 하며 용마루 위에 놓이는 수평재는?

① 보
② 왕도리
③ 샛기둥
④ 천 창

해설

① 보 : 수직재의 기둥에 연결되어 하중을 지탱하고 있는 수평 구조부재
③ 샛기둥 : 기둥과 기둥 사이에 배치하여 벽을 지지해 주는 수직재
④ 천창 : 채광이나 환기를 위하여 지붕에 낸 창

정답 51 ② 52 ③ 53 ① 54 ② 55 ②

56 유기축산의 적절한 사육환경 기준으로 옳지 않은 것은?

① 유기배합 사료급여
② 적절한 사육밀도 유지
③ 치료용 동물용의약품의 정기사용
④ 생축의 스트레스 최소화

해설
유기축산물 – 동물복지 및 질병 관리(유기식품 및 무농약농산물 등의 인증에 관한 세부실시 요령 [별표 1])
동물용의약품은 규칙 [별표 4] 제3호에서 허용하는 경우에만 사용하고 농장에 비치되어 있는 유기축산물 질병·예방관리 프로그램에 따라 사용하여야 한다.

57 등고선에 따라 수로를 내고, 임의의 장소로부터 월류하도록 하는 방법은?

① 보더관개   ② 수반관개
③ 일류관개   ④ 고랑관개

해설
① 보더관개 : 완경사의 포장을 알맞게 구획하고, 상단의 수로로부터 전체 표면에 물을 흘려 펼쳐서 대는 방법
② 수반관개 : 밭의 둘레에 두둑을 만들고 그 안에 물을 가두어 두는 저류법(貯溜法).
④ 고랑관개 : 포장에 이랑을 세우고 고랑에 물을 흘려서 대는 방법

58 동물적 잡초 제어방법에 이용되는 것은?

① 왕우렁이   ② 지렁이
③ 메뚜기   ④ 땅강아지

해설
동물적 잡초 제어에 이용되는 것 : 오리, 우렁이, 참게, 새우, 달팽이 등

59 플라스틱 파이프나 튜브에 미세한 구멍을 뚫거나, 그것에 연결된 가느다란 관의 선단 부분에 노즐이나 미세한 수분 배출구를 만들어 물이 방울져 소량씩 스며 나오도록 하여 관수하는 방법은?

① 점적관수
② 살수관수
③ 지중관수
④ 저면급수

해설
점적관수는 잎과 줄기 및 꽃에 살수하지 않으므로 열매 채소의 관수에 특히 좋으며, 점적 단추, 내장형 점적 호스, 점적 튜브, 다지형 스틱 점적 방식 등이 있다.

60 병해충 관리를 위해 사용이 가능한 미네랄 유기농자재는?

① 제충국 제제
② 데리스 제제
③ 목초액
④ 규조토

제4과목	유기식품 가공 · 유통론

61 가열 살균법과 온도, 시간의 연결이 적절하지 않은 것은?

① 저온장시간살균, 63~65℃, 10~15분

② 고온순간살균, 72~75℃, 15~20초

③ 초고온살균, 130~150℃, 0.5~5초

④ 건열살균, 150~180℃, 1~2시간

해설

저온장시간살균법(LTLT) : 63℃로 30분

62 유기가공식품 생산 시 식품첨가물로 이용되는 '천연향료' 추출을 위하여 사용할 수 없는 물질은?

① 물   ② 헥 산

③ 발효주정   ④ 이산화탄소

해설

천연향료 식품첨가물로 사용 시

사용 가능 용도 제한 없음. 다만, 식품위생법 제7조제1항에 따라 식품첨가물의 기준 및 규격이 고시된 천연향료로서 물, 발효주정, 이산화탄소 및 물리적 방법으로 추출한 것만 사용할 것

63 식품의 동결 중 발생하는 최대빙결정생성대에 관한 설명 중 틀린 것은?

① 최대빙결정생성대에서는 식품 수분함량의 약 80%가 빙결정으로 석출된다.

② 빙결정에 의한 미생물의 세포막 손상으로 저온 미생물에 의한 부패염려가 없다.

③ 최대빙결정생성대의 통과속도에 따라 급속동결과 완만동결로 구분된다.

④ 호화전분을 함유한 식품은 노화로의 전이를 억제하기 위하여 신속히 통과시키는 것이 좋다.

해설

급속동결의 경우 최대빙결정생성대의 통과시간이 짧아 빙결정은 미세하게 되어 빙결정 생성으로 인한 물리화학적 변화를 최소한으로 할 수 있다.

※ 최대빙결정생성대 : 빙결정이 가장 많이 만들어지는 온도범위 (-1~-5℃)

64 유기가공식품제조 공장 주변의 해충방제 방법으로 우선적으로 고려해야 하는 방법이 아닌 것은?

① 기계적 방법

② 물리적 방법

③ 화학적 방법

④ 생물학적 방법

해설

유기가공식품·비식용유기가공품-해충 및 병원균 관리(친환경농어업법 시행규칙 [별표 4])

해충 및 병원균 관리를 위해 예방적 방법, 기계적·물리적·생물학적 방법을 우선 사용해야 하고, 불가피한 경우 법에서 정한 물질을 사용할 수 있으며, 그 밖의 화학적 방법이나 방사선 조사방법을 사용하지 않을 것

65 식품가공에서 쓰이는 1%는 몇 ppm인가?

① 100

② 10,000

③ 1,000

④ 100,000

해설

1ppm = 1/1,000,000

1% = 1/100

= (1/100) × 1,000,000 = 10,000ppm

66 포장재질에 대한 설명으로 적절하지 않은 것은?

① 폴리스티렌(PS) : 비교적 무거운 편이고 고온에서 견디는 힘이 강하다.

② 폴리프로필렌(PP) : 표면광택과 투명성이 우수하며 내한성, 방습성이 좋다.

③ 폴리염화비닐(PVC) : 열접착성, 광택성, 경제성이 좋으나 태울 경우 유독가스가 발생한다.

④ 폴리에스터(PET) : 기체 및 수증기 차단성이 우수하며, 인쇄성, 내열성, 내한성이 좋다.

해설
폴리스티렌(PS) : 투명도가 우수하며 단단하지만 유기용매에 잘 견디지 못하고 기체 투과성이 큰 단점이 있다.

67 김치의 발효에 관계하는 미생물이 아닌 것은?

① *Pediococcus cerevisiae*

② *Leuconostoc mesenteroiides*

③ *Streptoccoccus mutans*

④ *Lactobacillus plantarum*

해설
김치의 발효에 관계하는 미생물
• 초기 : *Leuconostoc mesenteroides*
• 중기 : *Streptococcus faecalis*
• 중기 이후 : *Lactobacillus plantarum*, *Lactobacillus brevis*, *Pediococcus cerevisiae*

68 고메톡실펙틴의 젤리화가 이루어지기 위한 3요소가 아닌 것은?

① 펙 틴　　　　② 산

③ 당　　　　　④ 염

해설
젤리화에는 펙틴, 산, 당의 3가지 성분이 필요하다. 고메톡실펙틴은 메톡실기의 함량이 7% 이상인 펙틴으로, 당과 산이 있으면 젤리화가 가능하다.

69 전자레인지에서 마그네트론의 역할로 옳은 것은?

① 전기에너지를 미세하게 절단하여 전송하는 장치

② 마이크로파 발진기의 손상을 막아주는 보조장치

③ 전기에너지를 마이크로파 에너지로 변환시켜주는 장치

④ 마이크로파가 가열부에 많이 전달되도록 유도하는 장치

70 재고손실률이 5%인 업체의 매출이 1억원이고 장부재고(전산재고)가 1억 2,000만원인 경우 실사재고(창고재고)는 얼마인가?

① 1억 1,000만원

② 1억 2,500만원

③ 1억 2,000만원

④ 1억 1,500만원

해설
실사재고 = 장부재고 − 재고 손실액
　　　　 = 1억 2,000만원 − (5/100 × 1억) = 1억 1,500만원

71 특정 온도에서 농산물의 호흡률과 포장필름(Film)의 적절한 투과성에 의해 포장 내부의 가스 조성이 적절하게 유지되도록 하여 농산물을 신선하게 보관하는 방법은?

① 가스충전 포장
② CA(Controlled Atmosphere)저장
③ 무균밀봉 포장
④ MA(Modified Atmosphere)저장

해설
MA저장 : 원예산물의 자연적 호흡 또는 인위적인 기체 조성을 통해서 산소 소비와 이산화탄소를 방출시켜 포장 내에 적절한 대기가 조성되도록 하는 저장법

72 GMO에 대한 설명으로 틀린 것은?

① 유전자재조합식품은 유전자재조합기술을 활용하여 재배·육성된 농축수산물 등을 원료로 하여 제조·가공한 식품이다.
② 유전자변형농산물의 생산·유통과정 중 비의도적인 혼입을 허용하지 않으므로, 별도의 혼입허용치는 설정되어 있지 않다.
③ 생물의 유전자 중 유용한 유전자만 취하여 다른 생물체의 유전자와 결합시키는 등의 유전자재조합 기술을 활용한다.
④ 전세계적으로 옥수수의 개발 품목수가 가장 많다.

해설
비의도적 혼입치
농산물을 생산·수입·유통 등 취급과정에서 구분하여 관리한 경우에도 그 속에 유전자변형농산물이 비의도적으로 혼입될 수 있는 비율을 비의도적 혼입치라 하며, 유전자변형농산물이 비의도적으로 3% 이하인 농산물과 이를 원재료로 사용하여 제조·가공한 식품 또는 식품첨가물의 경우 유전자변형식품임을 표시하지 아니할 수 있다.

73 아이스크림 제조 시 균질의 목적이 아닌 것은?

① 지방 응집 방지
② 기포성 억제
③ 숙성기간 단축
④ 증용률 향상

74 효과적인 시장세분화의 요건으로 옳지 않은 것은?

① 변동가능성
② 측정가능성
③ 접근가능성
④ 실행가능성

해설
시장세분화의 요건 : 측정가능성, 접근가능성, 시장의 규모성, 차별화가능성, 실행가능성 등

75 고도 산업사회에서의 식품소비행태가 아닌 것은?

① 고급, 편의, 건강을 추구한다.
② 신선식품, 유기가공식품이 발달한다.
③ 가공, 조리, 편의 식품이 증가한다.
④ 대량생산에 의한 대량유통체계로 전환된다.

76 유기축산물의 유통에 있어서 콜드체인 시스템을 가장 잘 설명한 것은?

① 높은 유통 마진을 추구하는 기업이 매장에서의 재고를 감소시키기 위한 시스템이다.

② 유기축산물의 신선도 유지와 장기 저장을 위한 급속예 냉시스템이다.

③ 유통 과정 중 농축산물의 변질, 부패 등을 방지하기 위한 저온유통시스템이다.

④ 동절기에 주로 생산되는 유기축산물에 대하여 동절기에 한하여 저온유통시키는 시스템이다.

77 레토르트 포장기법에 대한 설명으로 틀린 것은?

① 고온살균을 하므로 재질의 특성은 높은 살균온도에 견디는 내열성이 중요하다.

② 식품의 유통기한은 산소의 투과에 의한 품질변화에 의하여 결정된다.

③ 식품을 포장하고 고온고압에서 살균한 후 밀봉한다.

④ 외부와 내부는 폴리에스테르의 얇은 막으로, 중층은 알루미늄박으로 되어 있다.

해설
레토르트 파우치 포장
유연포장재료에 식품을 넣어 통조림처럼 살균하는 포장으로 약 135℃ 정도의 고온에서 가열하여도 견딜 수 있다.

78 다음 중 우리나라에서 시행하는 친환경 농·축산물 관련 인증제도에 해당하지 않는 것은?

① 유기축산물　　　② 유기농산물
③ 저농약농산물　　④ 무농약농산물

해설
친환경농산물 중 저농약농산물 인증은 2009년 7월부터 신규 인증이 중단되었고, 2011년 6월 이후에는 완전폐지되었다. 다만, 기존에 저농약농산물로 인증을 받은 농산물은 2015년 12월 31일까지 유효기간연장이 가능했다. 즉, 친환경 인증에 포함됐던 저농약 인증은 2015년에 모두 폐지됐다. 농약 사용을 허용하는 저농약농산물 인증제도가 더이상 소비자 신뢰를 얻기 어렵고 혼선을 초래한다는 이유에서이다.

79 전분질 곡류와 단백질 곡류의 혼합, 조분쇄, 가열, 열교환, 성형, 팽화 등의 기능을 단일장치 내에서 행할 수 있는 가공조작법은?

① 분쇄　　　　　② 농축
③ 압출성형　　　④ 압착

해설
③ 압출성형 : 전분의 호화, 단백질의 열변성이 쉽게 일어나는 장치로서 조립 및 팽화식품의 생산, 식물조직단백질(인조육)의 생산 등에 많이 사용된다.
① 분쇄 : 재료를 분말로 만들어 표면적을 크게 하는 것
② 농축 : 원재료나 중간가공 중의 재료 또는 중간재료에 함유된 수분을 줄이는 조작
④ 압착 : 압축력을 가하여 고체 중의 액체 성분만을 짜내는 단위조작

80 벤조피렌에 대한 설명으로 틀린 것은?

① 국제암연구소에서는 발암물질로 분류하고 있다.

② 지방함유 식품과 불꽃이 직접 접촉할 때 가장 많이 생성된다.

③ 3개의 아민 작용기를 가지고 있고, 잔류기간이 짧다.

④ 탄수화물, 단백질, 지방 등이 불완전 연소되어 생성된다.

81 유기식품 및 무농약농산물 등의 인증에 관한 세부실시 요령상 유기가공식품에 유기원료 비율의 계산법이다. 내용이 틀린 것은?

$$\frac{I_o}{G-WS}=\frac{I_o}{I_o+I_c+I_a}\geq 0.95$$

① G : 제품(포장재, 용기 제외)의 중량($G=I_o+I_c+I_a+WS$)

② WS : I_o(유기원료의 중량)/I_C(비유기원료의 중량)

③ I_o : 유기원료(유기농산물+유기축산물+유기가공식품)의 중량

④ I_C : 비유기 원료(유기식품인증표시가 없는 원료)의 중량

해설
② WS : 인위적으로 첨가한 물과 소금의 중량

82 무항생제축산물 인증에 관한 세부실시요령상 무항생제축산물 생산을 위하여 사료에 첨가하면 안되는 것으로 틀린 것은?

① 우 유
② 항생제
③ 합성항균제
④ 항콕시듐제

해설
무항생제축산물의 인증기준 – 사료 및 영양관리(무항생제축산물 인증에 관한 세부실시요령 [별표 1])
• 수의사의 별도 지시 및 축산물위생관리법에 따른 절식을 제외하고 사료나 물의 공급을 제한하지 않을 것
• 공급받은 사료의 용기 및 포장에 표시된 사항을 확인하고 동물용의약품이 첨가된 사료를 급여하지 않을 것
• 다음에 해당되는 물질을 사료에 첨가하지 않을 것
 – 항생제·합성항균제·성장촉진제, 구충제, 항콕시듐제 및 호르몬제
 – 반추가축에게 포유동물에서 유래한 사료(우유 및 유제품 제외)
• 가축에게 합성착색제를 급여하지 않을 것
• 지하수의 수질보전 등에 관한 규칙에 따른 생활용수 수질기준에 적합한 신선한 음수를 공급할 것

83 유기식품 및 무농약농산물 등의 인증에 관한 세부실시 요령상 용어 정의에 대한 설명으로 틀린 것은?

① '싹을 틔워 직접 먹는 농산물'이라 함은 물을 이용한 온·습도 관리로 종실(種實)의 싹을 틔워 종실·싹·줄기·뿌리를 먹는 농산물(본엽이 전개된 것 포함)을 말한다.

② '합성농약'이란 화학물질을 원료·재료로 사용하거나 화학적 과정으로 만들어진 살균제, 살충제, 제초제, 생장조절제, 기피제, 유인제, 전착제 등의 농약으로 친환경농업에 사용이 금지된 농약을 말한다. 다만, 병해충 관리를 위하여 사용이 가능한 물질로 만들어진 농약은 제외한다.

③ '배지(培地)'란 버섯류, 양액재배농산물 등의 생육에 필요한 양분의 전부 또는 일부를 공급하거나 작물체가 자랄 수 있도록 하기 위해 조성된 토양 이외의 물질을 말한다.

④ '병행생산'이란 인증을 받은 자가 인증 받은 품목과 같은 품목의 일반농산물가공품 또는 인증종류가 다른 인증품을 생산하거나 취급하는 것을 말한다.

해설
인증기준의 세부사항(유기식품 및 무농약농산물 등의 인증에 관한 세부실시 요령 [별표 1])
'싹을 틔워 직접 먹는 농산물'이란 물을 이용한 온·습도 관리로 종실(種實)의 싹을 틔워 종실·싹·줄기·뿌리를 먹는 농산물(본엽이 전개된 것 제외)을 말한다(발아농산물, 콩나물, 숙주나물 등).

84 친환경농어업 육성 및 유기식품 등의 관리·지원에 관한 법률상 유기농어업자재 공시의 유효기간으로 옳은 것은?

① 공시를 받은 날부터 6개월로 한다.
② 공시를 받은 날부터 1년으로 한다.
③ 공시를 받은 날부터 2년으로 한다.
④ 공시를 받은 날부터 3년으로 한다.

해설
공시의 유효기간 등(친환경농어업법 제39조제1항)
공시의 유효기간은 공시를 받은 날부터 3년으로 한다.

85 친환경농어업 육성 및 유기식품 등의 관리·지원에 관한 법률상 유기식품등의 인증기관이 지정취소된 후 몇 년이 지나야 인증기관으로 다시 지정받을 수 있는가?

① 1년 ② 2년
③ 3년 ④ 5년

해설
인증기관의 지정취소 등(친환경농어업법 제29조제3항)
인증기관의 지정이 취소된 자는 취소된 날부터 3년이 지나지 아니하면 다시 인증기관으로 지정받을 수 없다. 다만, 제1항제2호에 해당하는 사유로 지정이 취소된 경우는 제외한다.

86 농림축산식품부 소관 친환경농어업 육성 및 유기식품 등의 관리·지원에 관한 법률 시행규칙상 일반농가가 유기축산으로 전환하거나 유기가축이 아닌 가축을 유기농장으로 입식하여 유기축산물을 생산·판매하려는 경우 축종과 최소 사육기간이 잘못 연결된 것은?

① 오리(식육) : 입식 후 6주 이상
② 돼지(식육) : 입식 후 3개월 이상
③ 육계(식육) : 입식 후 3주 이상
④ 육우(식육) : 입식 후 12개월 이상

해설
유기축산물 - 전환기간(친환경농어업법 시행규칙 [별표 4])

가축의 종류	생산물	전환기간(최소 사육기간)
한우·육우	식육	입식 후 12개월
젖소	시유(시판우유)	• 착유우는 입식 후 3개월 • 새끼를 낳지 않은 암소는 입식 후 6개월
	식육	입식 후 5개월
면양·염소	시유(시판우유)	• 착유양은 입식 후 3개월 • 새끼를 낳지 않은 암양은 입식 후 6개월
돼지	식육	입식 후 5개월
육계	식육	입식 후 3주
산란계	알	입식 후 3개월
오리	식육	입식 후 6주
	알	입식 후 3개월
메추리	알	입식 후 3개월
사슴	식육	입식 후 12개월

87 친환경농어업 육성 및 유기식품 등의 관리·지원에 관한 법률 시행령상 농림축산식품부장관·해양수산부장관 또는 지방자치단체의 장이 관련 법률에 따라 친환경농어업에 대한 기여도를 평가하고자 할 때 고려하는 사항이 아닌 것은?

① 친환경농수산물 또는 유기농어업자재의 생산·유통·수출 실적
② 친환경농어업 기술의 개발·보급 실적
③ 유기농어업자재의 사용량 감축 실적
④ 축산분뇨를 퇴비 및 액체비료 등으로 자원화한 실적

해설
친환경농어업에 대한 기여도(친환경농어업법 시행령 제2조)
농림축산식품부장관·해양수산부장관 또는 지방자치단체의 장은 친환경농어업 육성 및 유기식품 등의 관리·지원에 관한 법률에 따른 친환경농어업에 대한 기여도를 평가하려는 경우에는 다음의 사항을 고려해야 한다.
1. 농어업 환경의 유지·개선 실적
2. 유기식품 및 비식용유기가공품(이하 '유기식품 등'), 친환경농수산물 또는 유기농어업자재의 생산·유통·수출 실적
3. 유기식품 등, 무농약농산물, 무농약원료가공식품, 무항생제수산물 및 활성처리제 비사용 수산물의 인증 실적 및 사후관리 실적
4. 친환경농어업 기술의 개발·보급 실적
5. 친환경농어업에 관한 교육·훈련 실적
6. 농약·비료 등 화학자재의 사용량 감축 실적
7. 축산분뇨를 퇴비 및 액체비료 등으로 자원화한 실적

88 유기식품 및 무농약농산물 등의 인증에 관한 세부실시 요령상 유기농산물 생산에 필요한 인증기준 중 병해충 및 잡초의 방제 · 조절 방법으로 적합하지 않은 것은?

① 적합한 작물과 품종의 선택
② 적합한 돌려짓기 체계
③ 멀칭 · 예취 및 화염제초
④ 기계적 · 물리적 및 화학적 방법

해설
유기농산물 – 재배방법(유기식품 및 무농약농산물 등의 인증에 관한 세부실시 요령 [별표 1])
병해충 및 잡초는 다음의 방법으로 방제 · 조절해야 한다.
• 적합한 작물과 품종의 선택
• 적합한 돌려짓기(윤작) 체계
• 기계적 경운
• 재배포장 내의 혼작 · 간작 및 공생식물의 재배 등 작물체 주변의 천적활동을 조장하는 생태계의 조성
• 멀칭 · 예취 및 화염제초
• 포식자와 기생동물의 방사 등 천적의 활용
• 식물 · 농장퇴비 및 돌가루 등에 의한 병해충 예방 수단
• 동물의 방사
• 덫 · 울타리 · 빛 및 소리와 같은 기계적 통제

89 농림축산식품부 소관 친환경농어업 육성 및 유기식품 등의 관리 · 지원에 관한 법률 시행규칙상 무농약농산물 · 무농약원료가공식품 표시를 위한 도형 작도법에 대한 내용이다. ( ) 안에 들어갈 수 있는 색상이 아닌 것은?

> 표시 도형의 색상은 녹색을 기본색상으로 하고, 포장재의 색깔 등을 고려하여 ( ), ( ) 또는 ( )으로 할 수 있다.

① 노란색　　② 파란색
③ 검은색　　④ 빨간색

해설
유기식품 등의 유기표시 기준 – 작도법(친환경농어업법 시행규칙 [별표 6])
표시 도형의 색상은 녹색을 기본 색상으로 하되, 포장재의 색깔 등을 고려하여 파란색, 빨간색 또는 검은색으로 할 수 있다.

90 친환경농어업 육성 및 유기식품 등의 관리 · 지원에 관한 법률 시행령상 유기식품 등에 대한 인증을 하는 경우 유기농산물 · 축산물 · 임산물의 비율이 유기수산물의 비율보다 클 때의 소관은?

① 한국농수산대학장
② 한국농촌경제연구원장
③ 해양수산부장관
④ 농림축산식품부장관

해설
유기식품 등 인증의 소관(친환경농어업법 시행령 제3조)
유기식품 등에 대한 인증을 하는 경우 유기농산물 · 축산물 · 임산물과 유기수산물이 섞여 있는 유기식품 등의 소관은 다음의 구분에 따른다.
1. 유기농산물 · 축산물 · 임산물의 비율이 유기수산물의 비율보다 큰 경우 : 농림축산식품부장관
2. 유기수산물의 비율이 유기농산물 · 축산물 · 임산물의 비율보다 큰 경우 : 해양수산부장관
3. 유기수산물의 비율이 유기농산물 · 축산물 · 임산물의 비율과 같은 경우 : 농림축산식품부장관 또는 해양수산부장관

91 유기식품 및 무농약농산물 등의 인증에 관한 세부실시 요령상 인증심사의 절차 및 방법에서 재배포장의 토양시료 수거지점은 최소한 몇 개소 이상으로 선정해야 하는가?

① 7개소　　② 5개소
③ 3개소　　④ 10개소

해설
현장심사 – 시료수거방법(유기식품 및 무농약농산물 등의 인증에 관한 세부실시 요령 [별표 2])
재배포장의 토양은 대상 모집단의 대표성이 확보될 수 있도록 Z자형 또는 W자형으로 최소한 10개소 이상의 수거지점을 선정하여 수거한다.

92 농림축산식품부 소관 친환경농어업 육성 및 유기식품 등의 관리 · 지원에 관한 법률 시행규칙상 인증기관이 정당한 사유 없이 1년 이상 계속하여 인증을 하지 아니한 경우 인증기관에 내릴 수 있는 행정처분은?(단, 위반횟수는 1회이다)

① 업무정지 1개월
② 업무정지 3개월
③ 업무정지 6개월
④ 지정취소

해설
인증기관에 대한 행정처분의 세부기준(친환경농어업법 시행규칙 [별표 13])

위반행위	행정처분 기준		
	1회 위반	2회 위반	3회 이상 위반
정당한 사유 없이 1년 이상 계속하여 인증을 하지 않은 경우	지정 취소	–	–

93 농림축산식품부 소관 친환경농어업 육성 및 유기식품 등의 관리 · 지원에 관한 법률 시행규칙상 허용물질의 종류와 사용조건이 틀린 것은?

① 사람의 배설물은 1개월 이상 저온발효된 것이어야 한다.
② 염화나트륨(소금)은 채굴한 암염 및 천일염(잔류농약이 검출되지 않아야 함)이어야 한다.
③ 식물 또는 식물 잔류물로 만든 퇴비는 충분히 부숙된 것이어야 한다.
④ 대두박은 유전자를 변형한 물질이 포함되지 않아야 한다.

해설
토양 개량과 작물 생육을 위해 사용 가능한 물질 – 사람의 배설물(오줌만인 경우는 제외)(친환경농어업법 시행규칙 [별표 1])
• 완전히 발효되어 부숙된 것일 것
• 고온발효: 50℃ 이상에서 7일 이상 발효된 것
• 저온발효: 6개월 이상 발효된 것일 것
• 엽채류 등 농산물 · 임산물 중 사람이 직접 먹는 부위에는 사용하지 않을 것

94 농림축산식품부 소관 친환경농어업 육성 및 유기식품 등의 관리 · 지원에 관한 법률 시행규칙 중 유기가공식품 · 비식용유기가공품의 인증기준으로 틀린 것은?

① 사업자는 유기가공식품 · 비식용유기가공품의 취급 과정에서 대기, 물, 토양의 오염이 최소화되도록 문서화된 유기취급계획을 수립할 것
② 자체적으로 실시한 품질검사에서 부적합이 발생한 경우에는 농림축산식품부에 통보하고, 농림축산식품부가 분석 성적서 등의 제출을 요구할 때에는 이에 응할 것
③ 사업자는 유기가공식품 · 비식용유기가공품의 제조, 가공 및 취급 과정에서 원료 · 재료의 유기적 순수성이 훼손되지 않도록 할 것
④ 유기식품 · 유기가공품에 시설이나 설비 또는 원료 · 재료의 세척, 살균, 소독에 사용된 물질이 함유되지 않도록 할 것

해설
유기가공식품 · 비식용유기가공품의 인증기준–일반(친환경농어업법 시행규칙 [별표 4])
자체적으로 실시한 품질검사에서 부적합이 발생한 경우에는 국립농산물품질관리원장 또는 인증기관에 통보하고, 국립농산물품질관리원 또는 인증기관이 분석 성적서 등의 제출을 요구할 때에는 이에 응할 것

95 농림축산식품부 소관 친환경농어업 육성 및 유기식품 등의 관리 · 지원에 관한 법률 시행규칙상 유효기간 연장신청에 대한 내용이다. ( )에 알맞은 내용은?

인증 갱신신청을 하거나 인증의 유효기간 연장승인을 신청하려는 인증사업자는 그 유효기간이 끝나기 ( )까지 인증신청서에 인증을 한 인증기관에 제출해야 한다.

① 2개월 전
② 4개월 전
③ 6개월 전
④ 12개월 전

해설
인증의 갱신 등(친환경농어업법 시행규칙 제17조제1항)
인증 갱신신청을 하거나 인증의 유효기간 연장승인을 신청하려는 인증사업자는 그 유효기간이 끝나기 2개월 전까지 별지 제4호서식 또는 별지 제5호서식에 따른 인증신청서에 서류를 첨부하여 인증을 한 인증기관(인증을 한 인증기관에 신청이 불가능한 경우에는 다른 인증기관)에 제출해야 한다. 다만, 서류는 변경사항이 없는 경우에는 제출하지 않을 수 있다.

96 농림축산식품부 소관 친환경농어업 육성 및 유기식품 등의 관리·지원에 관한 법률 시행규칙의 유기가공식품 인증기준에서 유기가공에 사용할 수 있는 가공원료의 기준으로 틀린 것은?

① 해당 식품의 제조·가공에 사용한 원재료의 85% 이상이 친환경농어업법에 의거한 인증을 받은 유기농산물일 것

② 유기가공에 사용되는 원료, 식품첨가물, 가공보조제 등은 모두 유기적으로 생산된 것일 것

③ 제품 생산을 위해 비유기원료의 사용이 필요한 경우 국립농산물품질관리원장이 정하여 고시하는 기준에 따라 비유기원료를 사용할 것

④ 유전자변형생물체 및 유전자변형생물체에서 유래한 원료는 사용하지 아니할 것

해설

유기가공식품·비식용유기가공품 – 가공원료·재료(친환경농어업법 시행규칙 [별표 4])

• 가공에 사용되는 원료·재료(첨가물과 가공보조제를 포함)는 모두 유기적으로 생산된 것일 것

• 제품 생산을 위해 비유기 원료·재료의 사용이 필요한 경우에는 다음 표의 구분에 따라 유기원료의 함량과 비유기 원료·재료의 사용조건을 준수할 것

제품구분	유기원료의 함량	비유기 원료·재료 사용조건		
		유기가공식품	비식용유기가공품	
			양축용	반려동물
유기로 표시하는 제품	인위적으로 첨가한 물과 소금을 제외한 제품 중량의 95% 이상	식품 원료(유기 원료를 상업적으로 조달할 수 있는 경우로 한정) 또는 별표 1 제1호다목1)에 따른 식품첨가물 또는 가공보조제	별표 1 제1호나목1)·2)에 따른 단미사료·보조사료	사료 원료(유기원료를 상업적으로 조달할 수 없는 경우로 한정한다) 또는 별표 1 제1호나목1)·2)에 따른 단미사료·보조사료 및 다목1)에 따른 식품첨가물·가공보조제
유기 70%로 표시하는 제품	인위적으로 첨가한 물과 소금을 제외한 제품 중량의 70% 이상	식품 원료 또는 별표1 제1호다목1)에 따른 식품첨가물 또는 가공보조제	해당 없음	사료 원료 또는 별표 1 제1호나목1)·2)에 따른 단미사료·보조사료 및 다목1)에 따른 식품첨가물·가공보조제

• 유전자변형생물체 및 유전자변형생물체에서 유래한 원료 또는 재료를 사용하지 않을 것

• 가공원료·재료의 규정에 따른 적합성 여부를 정기적으로 관리하고, 가공원료·재료에 대한 납품서·거래인증서·보증서 또는 검사성적서 등 국립농산물품질관리원장이 정하여 고시하는 증명자료를 보관할 것

97 친환경농축산물 및 유기식품 등의 인증에 관한 세부실시요령에 따라 친환경농산물 인증심사 과정에서 재배포장 토양검사용 시료채취 방법으로 옳은 것은?

① 채취하는 토양은 모집단의 대표성이 확보될 수 있도록 S자형 또는 Z자형으로 채취한다.

② 토양시료 채취 지점은 재배필지별로 최소한 5개소 이상으로 한다.

③ 시료수거량은 시험연구기관이 검사에 필요한 수량으로 한다.

④ 토양시료 채취는 인증심사원 입회하에 인증 신청인이 직접 채취한다.

해설

현장심사 – 시료수거방법(유기식품 및 무농약농산물 등의 인증에 관한 세부실시 요령 [별표 2])

• 재배포장의 토양은 대상 모집단의 대표성이 확보될 수 있도록 Z자형 또는 W자형으로 최소한 10개소 이상의 수거지점을 선정하여 수거한다.

• 검사 항목(토양은 제외)에 대한 시료수거는 모집단의 대표성이 확보될 수 있도록 재배포장 형태, 출하·집하 형태 또는 적재 상태·진열 형태 등을 고려하여 Z자형 또는 W자형으로 최소한 6개소 이상의 수거 지점을 선정하여 수거한다. 다만, 전단에 따른 수거가 어려울 경우 대표성이 확보될 수 있도록 검사대상을 달리 선정하여 수거하거나 외관 및 냄새 등 기타 상황을 판단하여 이상이 있는 것 또는 의심스러운 것을 우선 수거할 수 있다.

• 시료수거는 신청인, 신청인 가족(단체인 경우에는 대표자나 생산관리자, 업체인 경우에는 근무하는 정규직원을 포함) 참여하에 인증심사원이 직접 수거하여야 한다. 다만, 다음의 경우에는 그 예외를 인정한다.

– 식육의 출하 전 생체잔류검사에서 인증심사원 참여하에 신청인 또는 수의사가 수거하는 경우

– 도축 후 식육잔류검사의 경우에는 시·도축산물위생검사기관의 축산물검사원 또는 자체검사원이 수거하는 경우

– 관계 공무원 등 국립농산물품질관리원장이 인정하는 사람이 수거하는 경우

• 시료 수거량은 시험연구기관이 정한 양으로 한다.

• 시료수거 과정에서 시료가 오염되지 않도록 적정한 시료수거 기구 및 용기를 사용한다.

• 수거한 시료는 신청인, 신청인 가족(단체인 경우에는 대표자나 생산관리자, 업체인 경우에는 근무하는 정규직원을 포함) 참여하에 봉인조치하고, 별지 제7호서식의 시료수거확인서를 작성한다.

• 인증심사원은 검사의뢰서를 작성하여 수거한 시료와 함께 지체없이 검사기관에 송부하고, 친환경 인증관리 정보시스템에 등록하여야 한다.

98 농림축산식품부 소관 친환경농어업 육성 및 유기식품 등의 관리·지원에 관한 법률 시행규칙상 유기축산물 생산을 위한 사료 및 영양관리 내용으로 옳은 것은?

① 반추가축에게 담근먹이만 급여할 것
② 가축에게 농업용수의 수질기준에 적합한 음용수를 상시 급여할 것
③ 합성농약 또는 합성농약 성분이 함유된 동물용의약품 등의 자재를 사용하지 않을 것
④ 유기가축에게는 50% 이상의 유기사료를 공급하는 것을 원칙으로 할 것

해설
유기축산물의 인증기준 – 사료 및 영양관리(친환경농어업법 시행규칙 [별표 4])
• 유기가축에게는 100% 유기사료를 공급하는 것을 원칙으로 할 것. 다만, 극한 기후조건 등의 경우에는 국립농산물품질관리원장이 정하여 고시하는 바에 따라 유기사료가 아닌 사료를 공급하는 것을 허용할 수 있다.
• 반추가축에게 담근먹이(사일리지)만을 공급하지 않으며, 비반추가축도 가능한 조사료(粗飼料 : 생초나 건초 등의 거친 먹이)를 공급할 것
• 유전자변형농산물 또는 유전자변형농산물에서 유래한 물질은 공급하지 않을 것
• 합성화합물 등 금지물질을 사료에 첨가하거나 가축에 공급하지 않을 것
• 가축에게 환경정책기본법 시행령에 따른 생활용수의 수질기준에 적합한 먹는 물을 상시 공급할 것
• 합성농약 또는 합성농약 성분이 함유된 동물용의약품 등의 자재를 사용하지 않을 것

99 친환경농어업 육성 및 유기식품 등의 관리·지원에 관한 법률상 농림축산식품부장관은 관계중앙행정기관의 장과 협의하여 몇 년마다 친환경농어업 발전을 위한 친환경농업 육성계획을 세워야 하는가?

① 2년　　　　　② 3년
③ 5년　　　　　④ 7년

해설
친환경농어업 육성계획(친환경농어업법 제7조제1항)
농림축산식품부장관 또는 해양수산부장관은 관계 중앙행정기관의 장과 협의하여 5년마다 친환경농어업 발전을 위한 친환경농업 육성계획 또는 친환경어업 육성계획을 세워야 한다. 이 경우 민간단체나 전문가 등의 의견을 수렴하여야 한다.

100 농림축산식품부 소관 친환경농어업 육성 및 유기식품 등의 관리·지원에 관한 법률 시행규칙상 인증심사원의 자격기준에 대한 설명으로 옳지 않은 것은?

① 국가기술자격법에 따른 농업·임업·축산 또는 식품 분야의 기사 이상의 자격을 취득한 사람
② 국가기술자격법에 따른 농업·임업·축산 또는 식품 분야의 산업기사 자격을 취득한 사람은 친환경인증 심사 또는 친환경 농산물 관련분야에서 2년(산업기사가 되기 전의 경력은 제외) 이상 근무한 경력이 있을 것
③ 수의사법에 따라 수의사 면허를 취득한 사람
④ 외국에서 인증업무를 수행하려는 사람이 국립농산물품질관리원장이 정하여 고시하는 자격을 갖춘 경우에는 인증심사원의 자격을 갖춘 것으로 봄

해설
인증심사원의 자격기준(친환경농어업법 시행규칙 [별표 11])

자 격	경 력
1. 국가기술자격법에 따른 농업·임업·축산 또는 식품 분야의 기사 이상의 자격을 취득한 사람	–
2. 국가기술자격법에 따른 농업·임업·축산 또는 식품 분야의 산업기사 자격을 취득한 사람	친환경인증 심사 또는 친환경 농산물 관련분야에서 2년(산업기사가 되기 전의 경력을 포함) 이상 근무한 경력이 있을 것
3. 수의사법에 따라 수의사 면허를 취득한 사람	–

제1과목 재배원론

01 다음 중 가장 먼저 발견된 식물 호르몬은?

① 옥 신　　② 지베렐린
③ 사이토키닌　　④ ABA

해설
호르몬 발견연도
옥신(1928년), 지베렐린(1935년), ABA(1937년), 사이토키닌(1955년)

02 다음 중 식물학상 과실로 과실이 나출된 식물은?

① 겉보리　　② 쌀보리
③ 귀 리　　④ 벼

해설
종자의 분류
• 식물학상 종자 : 두류, 유채, 담배, 아마, 목화, 참깨
• 식물학상 과실
 – 과실이 나출된 것 : 밀, 쌀보리, 옥수수, 메밀, 호프
 – 과실이 이삭(영)에 싸여 있는 것 : 벼, 겉보리, 귀리
 – 과실이 내과피에 싸여있는 것 : 복숭아, 자두, 앵두

03 다음 중 육묘의 장점으로 틀린 것은?

① 증수 도모
② 종자 소비량 증대
③ 조기수확 가능
④ 토지 이용도 증대

해설
육묘의 장점
증수 도모, 종자 절약, 조기 수확 가능, 토지 이용도 증대, 육묘의 노력 절감, 병충해 및 재해 방지, 용수의 절약, 추대 방지 등

04 다음 중 노후답의 재배대책으로 가장 거리가 먼 것은?

① 조식재배를 한다.
② 저항성 품종을 선택한다.
③ 무황산근 비료를 사용한다.
④ 덧거름 중점의 시비를 한다.

해설
노후답의 재배대책
• 저항성 품종재배 : H_2S 저항성 품종, 조중생종 > 만생종
• 조기재배 : 수확 빠르면 추락 덜함
• 시비법 개선 : 무황산근 비료사용, 웃거름 중점 시비, 엽면시비
• 재배법 개선 : 직파재배(관개시기 늦출 수 있음), 휴립재배(심층시비 효과, 통기조장), 답전윤환(지력증진)

05 식물의 광합성 속도에는 이산화탄소의 농도뿐 아니라 광의 강도도 관여를 하는데, 다음 중 광이 약할 때에 일어나는 일반적인 현상으로 가장 옳은 것은?

① 이산화탄소 보상점과 포화점이 다 같이 낮아진다.
② 이산화탄소 보상점과 포화점이 다 같이 높아진다.
③ 이산화탄소 보상점이 높아지고 이산화탄소 포화점은 낮아진다.
④ 이산화탄소 보상점이 낮아지고 이산화탄소 포화점은 높아진다.

해설
이산화탄소 보상점과 이산화탄소 포화점
• 광이 약할 때에는 이산화탄소 보상점이 높아지고 이산화탄소 포화점은 낮아진다.
• 광이 강할 때에는 이산화탄소 보상점이 낮아지고 이산화탄소 포화점은 높아진다.

06 다음 중 작물의 내동성에 대한 설명으로 옳은 것은?

① 포복성인 작물이 직립성보다 약하다.
② 세포 내의 당함량이 높으면 내동성이 감소된다.
③ 작물의 종류와 품종에 따른 차이는 경미하다.
④ 원형질의 수분투과성이 크면 내동성이 증대된다.

해설
④ 원형질의 수분투과성이 크면 세포내 결빙을 적게 하여 내동성이
증대된다.

07 다음 중 건물 생산이 최대로 되는 단위면적당 군락엽면적
을 뜻하는 용어로 옳은 것은?

① 포장동화능력   ② 최적엽면적
③ 보상점   ④ 광포화점

해설
최적엽면적 : 군락상태에서 건물생산을 최대로 올리는 상태의 엽면적

08 작물체 내에서의 생리적 또는 형태적인 균형이나 비율이
작물생육의 지표로 사용되는 것과 거리가 가장 먼 것은?

① C/N율   ② T/R율
③ G-D 균형   ④ 광합성-호흡

해설
작물생육의 지표
• C/N율 : 탄수화물과 질소화합물의 비율로 생장, 결실상태를 나타내
는 지표
• T/R율 : 지상부와 지하부의 비율로 생육상태의 지표
• G-D 균형 : 지상부와 지하부의 비율로 생육상태의 지표

09 다음 중 작물 생육의 다량원소가 아닌 것은?

① K
② Cu
③ Mg
④ Ca

해설
다량원소와 미량원소
• 다량 원소 : 탄소(C), 수소(H), 산소(O), 질소(N), 황(S), 칼륨(K),
(P), 칼슘(Ca), 마그네슘(Mg) 등
• 미량 원소 : 철(Fe), 망간(Mn), 아연(Zn), 구리(Cu), 몰리브덴(Mo),
붕소(B), 염소(Cl) 등

10 좁은 범위의 일장에서만 화성이 유도 촉진되며 2개의 한
계일장을 가진 식물은?

① 장일식물
② 중일식물
③ 장단일식물
④ 정일식물

해설
일장(감광성)
• 장일식물 : 유도일장 주체는 장일측에 있고, 한계일장은 단일측에
있다.
• 단일식물 : 유도일장의 주체는 단일측에 있고, 한계일장은 장일측에
있다.
• 정일식물(중간식물) : 좁은 범위의 특정한 일장 영역에서만 개화하는,
즉 2개의 한계일장을 갖는 식물
• 중성식물(중일식물) : 일장에 관계없이 개화하는 식물
• 장단일식물 : 장일에서 단일로 옮겨야 개화가 촉진되는 식물
• 단장일식물 : 단일에서 장일로 옮겨야 개화가 촉진되는 식물

11 사료작물을 혼파재배할 때 가장 불편한 것은?

① 채종이 어려움
② 건초 제조가 어려움
③ 잡초 방제가 어려움
④ 병해충 방제가 어려움

해설
혼파재배 시 파종작업과 목초별로 생장이 달라 시비, 병충해 방제, 수확작업 등이 불편하고 채종이 곤란하다.

12 식물의 영양생리의 연구에 사용되는 방사성 동위원소로만 나열된 것은?

① ^{32}P, ^{42}K
② ^{24}Na, ^{80}Al
③ ^{60}Co, ^{72}Na
④ ^{137}Cs, ^{58}Co

해설
작물영양생리의 연구 : ^{32}P, ^{42}K, ^{45}Ca 등으로 표지화합물을 만들어서 P, K, Ca 등의 영양성분의 체내에서 행동파악 가능, 비료의 토양 중에서 행동과 흡수기구 파악 가능하다.

13 식물체의 부위 중 내열성이 가장 약한 곳은?

① 중심주(中心柱)
② 완성엽(完成葉)
③ 눈(芽)
④ 유엽(幼葉)

해설
주피, 완피, 완성엽은 내열성이 가장 크고, 눈·어린잎은 비교적 강하며, 미성엽이나 중심주는 내열성이 가장 약하다.

14 논벼가 다른 작물에 비해서 계속 무비료재배를 하여도 수량이 급격히 감소하지 않는 이유로 가장 적절한 것은?

① 잎의 동화력이 크기 때문이다.
② 뿌리의 활력이 좋기 때문이다.
③ 비료의 천연공급량이 많기 때문이다.
④ 비료의 흡수력이 크기 때문이다.

해설
물은 외부에서 벼의 양분을 운반하여 주어 거름기에 많은 보탬이 된다. 무비료(비료없이)재배를 하여도 반타작 이상을 거두어들일 수 있을 정도이다.

15 내건성이 강한 작물의 특성 설명으로 옳은 것은?

① 세포의 수분보유력이 적다.
② 원형질막의 수분 및 요소에 대한 투과성이 크다.
③ 세포액의 삼투퍼텐셜이 높다.
④ 세포의 원형질 함량이 적다.

해설
내건성이 강한 작물의 형태적 특성
• 지상부가 왜생화되어 있다.
• 지상부에 비해 뿌리가 잘 발달되어 있고 길다.
• 저수능력이 크고, 다육화 경향이 있다.
• 기동세포가 발달하여 탈수되면 잎이 말려 표면적이 작아진다.
• 잎조직이 치밀하고 울타리 조직이 발달되어 있다.

16 비료의 3요소 중 칼륨의 흡수비율이 가장 높은 작물은?

① 보 리　　　　　② 콩
③ 옥수수　　　　　④ 고구마

해설
고구마 비료의 3요소 흡수비율 : 칼륨 > 질소 > 인

17 엽면시비의 장점이 아닌 것은?

① 비료분의 유실방지
② 미량요소의 공급
③ 점진적 영양회복
④ 품질향상

해설
엽면시비는 작물이 동·상해, 병해충의 피해를 입어 급속한 영양회복을 시키고자 할 때 시행한다.

18 포장용수량의 pF값의 범위로 가장 적합한 것은?

① 2.5~2.7　　　　② 0
③ 4.5~6　　　　　④ 0~2.5

해설
포장용수량의 pF는 2.5~2.7 정도이다.

19 논에 심층시비를 하는 효과에 대한 설명으로 가장 옳은 것은?

① 암모니아태질소비료를 논토양의 산화층에 주어 용탈을 막는다.
② 질산태질소비료를 논토양의 산화층에 주어 용탈을 막는다.
③ 암모니아태질소비료를 논토양의 환원층에 주어 탈질을 막는다.
④ 질산태질소비료를 논토양의 환원층에 주어 탈질을 막는다.

해설
암모니아태질소(NH_4^+)는 환원층에서 안정된 형태로 토양에 강하게 흡착 및 이용되나 산화층에서는 미생물의 작용으로 빨리 질산태질소(NO_3^-)로 변한다.

20 단풍나무의 휴면을 유도, 위조저항성, 한해저항성, 휴면아 형성 등과 관련 있는 호르몬으로 가장 옳은 것은?

① ABA
② 지베렐린
③ 옥 신
④ 사이토키닌

해설
ABA(아브시스산)는 식물의 환경저항성과 관련이 있다.

21 토양공극 내의 상대습도를 측정하는 방법은?

① Constant Volume법

② Psychrometer법

③ Chardakov법

④ 빙점강하법

해설
Psychrometry법 : 토양공극 내에 내재하는 증기압을 측정함으로써 퍼텐셜을 측정하는 방법
※ 상대습도 : 수증기압과 포화 수증기압의 백분율을 말한다.

22 시설재배지 토양에서 나타날 수 있는 문제점과 가장 거리가 먼 것은?

① 염류 집적   ② 연작 장해

③ 양분의 용탈   ④ 양분의 불균형

해설
시설재배지 토양의 특성 : 염류의 집적, 토양 산도의 저하, 토양의 통기성 불량, 연작 장해의 발생, 토양의 오염 증가 등

23 본답 점토함량이 10%인 논을 18cm 작토깊이의 15% 점토함량으로 조절하고자 25% 객토원으로 객토를 하고자 할 때 필요한 객토시용량(톤/10a)은 얼마인가?(단, 작토와 객토원의 가비중은 1.2, 상수는 10으로 한다)

① 7.2톤   ② 72톤

③ 8.2톤   ④ 82톤

24 강우에 의하여 비산된 토양이 토양 표면을 따라 얇고 일정하게 침식되는 것은?

① 해안침식

② 협곡침식

③ 면상침식

④ 세류침식

해설
③ 면상침식 : 강우로 인해 토층이 포화상태가 되면서 경사지 전면에 걸쳐 얇은 층으로 토양이 이동하는 평면적 침식
① 해안침식 : 해안의 모래와 자갈이 바람, 파도 및 물흐름에 의해 씻겨 해안이 조금씩 후퇴하는 것
② 협곡침식 : 빗물에 의하여 지표가 서서히 깎여 내려가는 세류 침식이 확대되어 움푹 패인 골을 형성하는 현상
④ 세류침식 : 면상침식이 발전하여 유출수가 비탈면을 고르게 흐르지 않고 작은 여러 물결을 따라 흘러가면서 지표면에 손금과 같이 가늘고 얇은 골을 만드는 침식

25 토양수분의 측정방법이 아닌 것은?

① 중성자법

② Tensiometer법

③ Psychrometer법

④ 양이온 측정법

해설
토양수분 측정법
• 토양 수분함량 측정법
  - 직접법(중량법) : 중량법
  - 간접법 : 중성자법, TDR법
• 토양 수분퍼텐셜 측정 : 텐시오미터법, 전기저항법(석고블록법), Psychrometry법

26 다음 중 화성암이며 우리나라 토양의 주요 모재가 되는 암석으로 가장 옳은 것은?

① 반려암
② 화강암
③ 석회암
④ 현무암

해설
화강암은 심성암 중에서 가장 넓게 분포하며, 우리나라에서는 2/3를 차지한다.

27 토양생성작용 중 일반적으로 한랭습윤지대의 침엽수림 식생환경에서 생성되는 작용은?

① 포드졸화 작용
② 라테라이트화 작용
③ 회색화 작용
④ 염류화 작용

해설
포드졸(Podzol)화 작용
• 일반적으로 한랭습윤지대의 침엽수림 식생환경에서 생성되는 작용이다.
• 토양무기성분이 산성부식질의 영향으로 분해되어 Fe, Al까지도 하층으로 이동한다.
• 배수가 잘되며, 모재가 산성이고, 염기 공급이 없는 조건에서 잘 발생한다.
• 담수하의 논토양에서도 용탈과 집적현상인 포드졸화 현상이 일어난다.

28 토양침식을 방지하는 방법으로 가장 효율성이 낮은 것은?

① 피복재배
② 잦은 경운
③ 등고선 재배법
④ 건초류의 표면피복

해설
과도한 경운은 토양입단을 파괴하여 토양침식을 유발한다.

29 토양미생물의 질소대사 작용 중 다음과 같은 작용을 무엇이라고 하는가?

$$NO_3^- \rightarrow NO_2^- \rightarrow NH_4^+$$

① 질산화작용
② 암모니아화성작용
③ 탈질작용
④ 질산환원작용

해설
질산환원작용
질소화합물이 토양미생물에 의해 $NO_3^- \rightarrow NO_2^- \rightarrow NH_4^+$와 같은 순서로 그 형태가 바뀌는 작용이다.

30 토양의 입경조성에 따른 토양의 분류를 뜻하는 것은?

① 토 성
② 토양의 화학성
③ 토양통
④ 토양의 반응

해설
토양 무기질 입자의 입경조성(기계적 조성)에 의한 토양의 분류로, 모래, 실트, 점토의 상대적 함량비를 토성이라 한다.

31 토양입자에 의한 양분 유지 및 용탈에 관한 설명으로 옳은 것은?

① AEC가 크면 NH_4^+이온은 토양입자에 잘 유지된다.
② CEC가 크면 NO_3^-이온은 토양입자에 잘 유지된다.
③ 대체로 토양층 내에서 NH_4^+이온은 NO_3^-이온보다 용탈이 용이하다.
④ CEC가 낮은 논토양에서는 NH_4^+이온의 용탈이 용이하다.

해설
양이온치환용량(CEC)이 클수록 유효양분(K^+, NH_4^+, Ca^{2+}, Mg^{2+}) 보유량이 크다.

32 토양용액 중 양이온들의 농도가 모두 일정할 때 다음 중 이액순위가 가장 높은 이온과 가장 낮은 이온으로 짝지어진 것은?

① $Mg^{2+}-K^+$
② H^+-Li^+
③ $Ca^{2+}-Mg^{2+}$
④ H^+-Ca^{2+}

해설
양이온 이액순위 : $H^+ \geq Ca^{2+} > Mg^{2+} > K^+ \geq NH^{4+} > Na^+ > Li^+$

33 균근균과 공생함으로써 식물이 얻을 수 있는 이점이 아닌 것은?

① 식물의 광합성 효율이 증대된다.
② 뿌리의 병원균 감염이 억제된다.
③ 뿌리의 유효면적이 증대된다.
④ 식물의 인산 등 양분흡수가 증대된다.

해설
공생관계의 이점
• 외생균근은 병원균의 감염을 방지한다.
• 세근이 식물뿌리의 연장과 같은 역할을 한다.
• 뿌리의 유효표면적이 증가시켜 물과 양분(특히 인산)의 흡수를 돕는다.
• 내열성・내건성이 증대한다.
• 토양양분을 유효하게 한다.

34 염류나트륨성 토양에 대한 내용으로 옳은 것은?

① $pH > 8.5$, $EC > 4dS/m$, $ESP > 15$, $SAR > 13$
② $pH < 8.5$, $EC > 4dS/m$, $ESP < 15$, $SAR > 13$
③ $pH < 8.5$, $EC > 4dS/m$, $ESP > 15$, $SAR > 13$
④ $pH < 8.5$, $EC > 4dS/m$, $ESP > 15$, $SAR < 13$

해설
염해토양의 분류기준

토양 분류	pH	EC(dS/m)	ESP(%)	SAR(%)
일반토양	6.5~7.2	< 4	< 15	< 13
염류토양	< 8.5	> 4	< 15	< 13
염류나트륨성 토양	< 8.5	> 4	> 15	> 13
나트륨성 토양	> 8.5~10	< 4	> 15	> 13

※ 전기전도도(EC), 치환성나트륨비율(ESP) 나트륨흡착비(SAR)

35 간척지토양의 염분성분 중 나트륨(Na)을 제거하는데 가장 효과적인 재료는?

① 석 고
② 제올라이트
③ 돈분 부숙퇴비
④ 규산질비료

해설
산도가 높은 염해논에는 석회 대신 석고를 사용하면 토양산도를 높이지 않으면서 석회토양으로 바꾸어 교질입자의 전위를 낮출 수 있다.

36 토양을 구성하는 주요 광물 중 석영의 입자밀도는?

① $2.65g/cm^{-3}$ ② $3.95g/cm^{-3}$

③ $4.65g/cm^{-3}$ ④ $5.55g/cm^{-3}$

[해설]
운모, 장석, 석영의 입자밀도는 $2.65g/cm^{-3}$로 평균값을 적용한다.

37 다음 중 모암이 토양으로 변화하는 풍화작용에 대한 설명으로 틀린 것은?

① 모암에서 모재로 되는 과정은 풍화작용을 따른다.
② 모재에서 토양으로 되는 과정은 풍화작용과 토양생성작용을 따른다.
③ 풍화작용은 물리적, 화학적, 생물적 풍화작용으로 구분된다.
④ 물리적, 화학적, 생물적 풍화작용은 각각 일어나며, 그 결과는 토양의 질로 나타난다.

[해설]
④ 풍화작용은 단독적으로 일어나는게 아니라 병행된다.

38 다음 중 염류 토양의 관리방안으로 가장 적절하지 않은 것은?

① 시비를 자주 한다.
② 객토를 한다.
③ 유기물을 시용한다.
④ 배수체계를 향상시킨다.

[해설]
염류토양은 토양 중에 양분함량을 고려하여 합리적인 시비를 한다면 염류가 집적되는 시기를 늦출 수 있다.

39 토괴 내 작은 공극으로 크기는 0.005~0.03mm이며, 식물이 흡수하는 물을 보유하고, 세균이 자라는 공간은?

① 대공극
② 중공극
③ 소공극
④ 극소공극

[해설]
공극 크기에 따른 분류
• 대공극 : 뿌리가 뻗는 공간으로 물이 빠지는 통로이고 작은 토양생물의 이동통로이다.
• 중공극 : 모세관현상에 의하여 유지되는 물이 있고 곰팡이와 뿌리털이 자라는 공간 이다.
• 소공극 : 식물이 흡수하는 물을 보유하고 세균이 자라는 공간이다.
• 미세공극 : 작물이 이용하지 못하며 미생물의 일부만 자랄 수 있는 공간이다.
• 극소공극 : 미생물도 자랄 수 없는 공간이다.

40 황산칼륨 비료에는 어떤 원소가 들어 있는가?

① K, O, S
② C, O, K
③ C, K, S
④ H, S, K

[해설]
황산칼륨의 분자식 : K_2SO_4

41 벼 유기재배에서 우리 또는 우렁이를 활용하는 1차적 목적으로 가장 적합한 것은?

① 수량 증대
② 잡초방제
③ 토양비옥도 증진
④ 도복방지

해설
생물적 잡초방제법
동물(오리, 우렁이, 참게, 새우, 달팽이 등)과 식물(호밀, 귀리, 헤어리베치 등), 그리고 미생물(사상균, 세균, 방선균) 등을 이용한다.

42 시설재배 시 작물생육환경에 대한 설명으로 옳은 것은?

① 시설 내의 온도 일교차는 노지보다 적기 때문에 원예작물 재배에 적합하다.
② 시설하우스의 피복재를 통과한 햇빛은 광량이 감소할 뿐만 아니라 광질이 변질된다.
③ 시설재배 토양은 건조하므로 물의 온도와는 상관없이 관수가 이루어져야 한다.
④ 시설 내의 공기는 노지보다 습하지만 산소농도가 높아 작물생육에 유리하다.

해설
① 시설 내의 온도는 위치별로 분포가 다르고 일교차가 크다.
③ 관수하는 물의 온도는 뿌리의 양수분 흡수에 영향을 미치므로 지온(대개 15~20℃, 겨울철 15℃)보다 높게 유지해야 한다.
④ 시설 내의 공기는 작물의 광합성에 필요한 이산화탄소가 부족하여 이산화탄소 시비를 해주어야 한다.

43 다음 중 벼 종자소독 시 냉수온탕침법을 실시할 때 가장 적절한 온탕의 물 온도는?

① 15℃
② 25℃
③ 35℃
④ 55℃

해설
냉수온탕침법 : 20~30℃ 물에 4~5시간 침지 후, 55~60℃ 물에 10~20분 침지한다.

44 다음 중 C_4 식물의 광합성 적정온도로 가장 적절한 것은?

① 30~47℃
② 22~28℃
③ 3~20℃
④ 5~11℃

해설
광합성 적정온도
C_3 식물 : 15~25℃, C_4 식물 : 30~47℃

45 농림축산식품부 소관 친환경농어업 육성 및 유기식품 등의 관리·지원에 관한 법률 시행규칙상 병해충 관리를 위해 사용 가능한 물질에서 사용가능 조건으로 '과수의 병해 관리용으로만 사용할 것'에 해당하는 것은?

① 젤라틴
② 과망간산칼륨
③ 해 수
④ 천일염

병해충 관리를 위해 사용 가능한 물질(친환경농어업법 시행규칙 [별표 1])

사용가능 물질	사용가능 조건
젤라틴	크로뮴(Cr)처리 등 화학적 공정을 거치지 않을 것
과망간산칼륨	과수의 병해관리용으로만 사용할 것
해수 및 천일염	잔류농약이 검출되지 않을 것

46 유기농업에서 사용해서는 안 되는 품종은?

① 병충해 저항성 품종
② 고품질 생산품종
③ 재래품종
④ 유전자변형품종

47 일정한 수압을 가진 물을 송수관으로 보내고 그 선단에 부착한 각종 노즐을 이용하여 다양한 각도와 범위로 물을 뿌리는 방법은?

① 저면급수　　　② 점적관수
③ 살수관수　　　④ 지중관수

해설
① 저면급수 : 화분을 물에 담구어 화분의 지하공을 통하여 수분을 흡수하는 방식
② 점적관수 : 비닐튜브에 작은 구멍을 뚫어 흘려보내는 관수법
④ 지중관수 : 지하에 토관을 묻어 관수하는 방식

48 가축전염병에서 제1종 가축전염병이 아닌 것은?

① 구제역　　　② 결핵병
③ 돼지열병　　　④ 우폐역

해설
제1종 가축전염병(가축전염병 예방법 제2조제2호가목)
우역, 우폐역, 구제역, 가성우역, 불루텅병, 리프트계곡열, 럼피스킨병, 양두, 수포성구내염, 아프리카마역, 아프리카돼지열병, 돼지열병, 돼지수포병, 뉴캐슬병, 고병원성조류인플루엔자 및 그 밖에 고병원성조류(鳥類)인플루엔자 및 그 밖에 이에 준하는 질병으로서 농림축산식품부령으로 정하는 가축의 전염성 질병

49 다음에서 설명하는 것은?

시설자재 중 수직재인 기둥에 비하여 수평 또는 이에 가까운 상태에 놓인 부재로서 재축에 대하여 직각 또는 사각의 하중을 지탱한다.

① 보
② 토 대
③ 샛기둥
④ 측 창

해설
① 보(Beam) : 기둥이 수직재인데 비하여 보는 수평 또는 이에 가까운 상태에 놓인 부재로서 직각 또는 사각의 하중을 지탱한다.
② 토대 : 모든 건조물 따위의 가장 아랫도리가 되는 밑바탕
③ 샛기둥 : 기둥과 기둥 사이에 배치하여 벽을 지지해 주는 수직재를 말한다.
④ 측창 : 벽에 내는 창

50 종자용으로 사용할 벼 종자를 열풍 건조할 시 가장 적정한 온도는?

① 30~35℃
② 40~45℃
③ 50~55℃
④ 60~65℃

해설
종자용 벼는 40~45℃, 도정 수매용은 50℃ 이하, 장기 저장할 때는 온도 15℃에서 수분 15% 이하로 건조 및 저장관리를 해야 고품질을 유지할 수 있다.

51 유기농업의 병해충 제어를 위한 경종적 제어방법이 아닌 것은?

① 품종의 선택
② 윤 작
③ 기생성 곤충
④ 생육기의 조절

해설
기생성 곤충의 이용은 생물학적 방제법에 속한다.

53 인공교배를 실시하지 않는 육종법은?

① 계통육종법
② 1수1렬법
③ 여교잡육종법
④ 집단육종법

해설
1수1렬법은 인공교배과정이 전혀 없는 분리육종법 중 하나이다.
• 분리육종법 : 집단선발법, 성군집단선발법, 계통집단 선발법, 1수1렬법, 영양계분리법
• 교잡육종법 : 계통육종법, 여교잡육종법, 집단육종법, 파생계통육종법, 다계교잡법

54 타식성 작물 중 자웅이주에 해당되는 작물은?

① 옥수수   ② 오 이
③ 시금치   ④ 고구마

해설
자웅이주
암술과 수술이 서로 다른 개체에서 생기는 것으로 시금치, 삼, 호프, 아스파라거스, 파파야, 은행나무 등이 있다.

52 F$_2$~F$_4$세대에는 매 세대 모든 개체로부터 1립씩 채종하여 집단재배를 하고, F$_4$ 각 개체별로 F$_5$계통재배를 하는 것은?

① 집단육종
② 여교배육종
③ 파생계통육종
④ 1개체1계통육종

해설
1개체1계통육종법
분리세대 동안 각 세대마다 모든 개체로부터 1립(수)씩 채종하여 선발 과정 없이 집단재배를 해 세대를 진전시키고, 동형접합성이 높아진 후기 세대에서 계통재배와 선발을 하는 육종방법 · 세대촉진을 할 수 있어 육종연한을 단축할 수 있다.

55 시설원예에서 보온 피복자재의 설명으로 틀린 것은?

① 알루미늄 증착필름은 보온성이 우수하다.
② PE필름은 다른 피복자재에 비하여 보온성이 떨어진다.
③ 섬피와 거적은 열절감률이 우수한 보온자재이다.
④ 부직포는 보온성은 좋으나 투습성이 떨어진다.

해설
부직포는 보온성과 함께 투습성이 양호하다.

56 소나 돼지 같은 우제류에 발생하는 심각한 전염병인 구제역의 병원체 종류는?

① 세 균   ② 바이러스

③ 진 균   ④ 원 충

해설
구제역은 발굽이 2개인 소와 돼지 등 우제류 가축이 구제역 바이러스에 노출되어 감염되는 제1종 법정전염병이다.

57 유기사료 중 조사료에 해당하지 않는 것은?

① 사일리지   ② 건 초

③ 옥수수   ④ 볏 짚

해설
조사료(粗飼料) : 영양소 공급 능력에 비해 부피가 크며, 섬유소 함량이 높다. 거칠고 비교적 가격이 싼 사료
예 볏짚, 야초, 목초, 사일리지, 건초

58 염류농도 장해의 가시적 증상으로 옳지 않은 것은?

① 잎이 황색으로 변하기 시작한다.

② 잎 가장자리가 안으로 말리기 시작한다.

③ 잎 끝이 타면서 말라 죽는다.

④ 칼슘과 마그네슘 결핍증이 나타난다.

해설
염류농도 장해의 가시적 증상
• 잎에 생기가 없고, 심하면 낮에는 시들고, 저녁부터 다시 생기를 찾는다.
• 잎의 색이 진하며, 잎의 표면이 정상적인 잎보다 더 윤택이 난다.
• 잎의 가장자리가 안으로 말린다.
• 뿌리는 뿌리털이 거의 없고, 길이가 짧으며, 갈색으로 변한다.

59 다음에서 설명하는 것은?

> • 포도나무의 정지법으로 흔히 이용되는 방법이다.
> • 가지를 2단 정도로 길게 직선으로 친 철선에 유인하여 결속시킨다.

① 울타리형 정지

② 변칙주간형 정지

③ 원추형 정지

④ 배상형 정지

해설
② 변칙주간형 : 주간형의 단점인 높은 수고와 수관 내부의 광부족을 시정한 수형
③ 원추형(주간형, 배심형) : 원줄기를 영구적으로 수관 상부까지 존속시키고 원가지를 그 주변에 배치하는 수형
④ 배상형 : 짧은 원줄기 상에 3~4개의 원가지를 거의 동일한 위치에서 발생시켜 외관이 술잔모양으로 되는 수형

60 종자의 증식 보급체계로 옳은 것은?

① 기본식물 양성 → 원원종 생산 → 원종 생산 → 보급종 생산

② 원종 생산 → 원원종 생산 → 보급종 생산 → 기본식물 양성

③ 원원종 생산 → 원종 생산 → 기본식물 양성 → 보급종 생산

④ 보급종 생산 → 원종 생산 → 원원종 생산 → 기본식물 양성

제4과목 **유기식품 가공 · 유통론**

61 농산물 유통 시 고려해야 하는 특성이 아닌 것은?

① 계절에 따른 생산물의 변동성
② 농산물 자체의 부패변질성
③ 전국적으로 분산되어 생산되는 분산성
④ 짧은 유통경로로 인한 낮은 유통마진율

해설
④ 길고 복잡한 유통경로로 인해 유통마진율이 높다.

62 찰옥수수는 일반 옥수수에 비해서 젤화가 잘 일어나지 않고 걸쭉한 상태를 나타내는데 이는 찰옥수수의 어떤 성분 때문인가?

① 단백질   ② 아밀로펙틴
③ 수 분   ④ 포도당

해설
찰옥수수는 일반 옥수수보다 아밀로펙틴 성분이 다량 함유되어 찰기가 강하다.

63 유기가공식품제조 공장 주변의 해충방제 방법으로 우선적으로 고려해야 하는 방법이 아닌 것은?

① 기계적 방법
② 물리적 방법
③ 생물학적 방법
④ 화학적 방법

해설
유기가공식품 · 비식용유기가공품 - 해충 및 병원균 관리(친환경농어업법 시행규칙 [별표 4])
해충 및 병원균 관리를 위해 예방적 방법, 기계적 · 물리적 · 생물학적 방법을 우선 사용해야 하고, 불가피한 경우 법에서 정한 물질을 사용할 수 있으며, 그 밖의 화학적 방법이나 방사선 조사방법을 사용하지 않을 것

64 캔용기, 병뚜껑, 상수관 같은 금속제품을 코팅하는 락커(Lacquer), 우유병, 생수용기 등의 소재에 사용되며, 멸균 시 식품에 용출될 가능성이 높으며 중독 증상으로는 피부염증, 발열, 태아 발육이상, 피부알레르기를 유발할 수 있는 환경오염 물질은?

① 비스페놀 A(Bisphenol A)
② 폴리염화 바이페닐(PCB)
③ 프탈산에스테르(Phthalate Esters)
④ 다이옥신(Dioxin)

해설
비스페놀 A
일부 영수증용감열지 현상제, 플라스틱 항산화제, 치아 밀봉재(레진) 등에 사용되며, 여성호르몬(에스트로겐)과 유사한 작용을 하여 남성의 무정자증을 유발하거나 여성에게 이상성징후를 나타내기도 한다.

65 식품을 취급하는 작업장의 구비조건으로 옳지 않은 것은?

① 바닥 표면은 미끄러지지 않고 쉽게 균열이 가지 않는 재질로 하여야 한다.
② 작업장의 입지는 폐수 · 오물처리가 편리하고, 교통이 편리한 곳이 좋다.
③ 벽과 바닥이 맞닿는 모서리는 청소를 용이하게 하기 위해 직각을 유지하는 것이 좋다.
④ 작업실의 벽 및 천장은 내수성이 있어야 하며 결로가 생기지 않도록 하여야 한다.

해설
③ 바닥과 벽이 만나는 모서리 부분은 최소 반경이 2.5cm 이상의 곡면이 되도록 설계하는 것이 좋다.

66 식품을 12분 가열하여 세균수를 10^5CFU/mL에서 10^2CFU/mL로 낮추었을 때 D값은?

① 2분   ② 3분

③ 4분   ④ 5분

67 음식물을 섭취하기 직전에 끓여 먹었는데도 식중독이 발생하였다면 추정할 수 있는 식중독의 원인균은?

① *Clostridium botulinum*

② *Saimonealla enteritidis*

③ *Staphylococcus aureus*

④ *Vibrio parahaemolyticus*

해설
황색포도상구균(*Staphylococcus aureus*)의 독소는 내열성이 커서 100℃ 온도에서 1시간 이상 가열해도 활성을 잃지 않으며, 0℃에서 20~30분 동안 가열하여도 파괴되지 않는다.

68 가열 처리 용어의 정의가 틀린 것은?

① D값 – 일정한 온도에서 미생물을 90% 감소시키는 데 필요한 시간

② F값 – 일정한 온도에서 미생물을 100% 사멸시키는 데 필요한 시간

③ F_0값 – 121℃에서 미생물을 100% 사멸시키는 데 필요한 시간

④ Z값 – 가열치사온도를 90% 단축하는 데 필요한 시간

해설
Z값이란 D값을 10분의 1로 감소시키는데 소요되는 온도의 상승값이다.

69 30%의 가용성 고형분을 가진 과실 200g을 1L의 물로 추출하고자 한다. 평형이 이루어졌을 때 과실과 물 혼합액의 가용성 고형분 함량은?

① 5%

② 10%

③ 15%

④ 20%

해설
• 과실과 물 혼합액의 무게 = 200g + 1,000g = 1,200g
• 과실 중 가용성 고형분의 무게 = 200g × 0.3 = 60g
• 과실과 물 혼합액의 가용성 고형분 함량 = (60g / 1,200g) × 100 = 5%

70 시장의 구성요소인 3M에 해당하지 않는 것은?

① 물적 재화(Merchandise)

② 시장(Market)

③ 화폐적 재화(Money)

④ 사람(Man)

해설
3M(시장의 구성요소)
마케팅은 Man이 Merchandise를 Money와 교환하는 행위이다.

71 농산물의 유통환경 중 거시환경에 해당하는 것은?

① 농기업   ② 규제법률
③ 경쟁사   ④ 원료공급자

해설
거시환경은 유통환경을 둘러싼 전반적인 경제 및 사회적 요인을 말한다.
예 경제환경, 규제법률, 기술혁신 등

72 식품 등에 표시된 보관방법을 준수할 경우 섭취하여도 안전에 이상이 없는 기한은?

① 품질유지기한   ② 권장유통기한
③ 소비기한   ④ 제조일자

해설
① 품질유지기한 : 식품의 특성에 맞는 적절한 보존 방법이나 기준에 따라 보관할 경우 해당 식품 고유의 품질이 유지될 수 있는 기한
② 권장유통기간 : 제품의 제조일로부터 소비자에게 판매가 허용되는 기한
④ 제조일자 : 포장을 제외한 더 이상의 제조나 가공이 필요하지 않은 시점

73 다음 중 유기식품에 사용할 수 있는 것은?

① 방사선 조사 처리된 건조 채소
② 유전자 변형 옥수수
③ 유전자가 변형되지 않은 식품가공용 미생물
④ 비유기가공식품과 함께 저장·보관된 과일

해설
방사선, 유전자 변형물질, 비유기가공식품과 함께 저장·보관된 재료는 유기식품에서 사용할 수 없는 물질이다.

74 김치의 염지 방법 중 배추의 폭을 젖히면서 사이사이에 마른 소금을 뿌리는 것은?

① 염수법
② 건염법
③ 습염법
④ 통풍법

해설
채소를 소금에 절이는 방법에는 채소에 소금을 뿌리는 건염법과 소금물에 담그는 염수법이 있다.

75 전분질 식품을 높은 온도로 가열할 때 생성되는 물질로 감자튀김 등에서 발견되어 문제가 된 독성 물질은?

① 나이트로사민(N-Nitrosamine)
② 아크릴아마이드(Acrylamide)
③ 아플라톡신(Aflatoxin)
④ 솔라닌(Solanine)

해설
아크릴아마이드(Acrylamide)
감자나 빵처럼 탄수화물이 많은 식품을 고온에서 튀기거나 구울 때 발생하는 유해물질이다. 식품에 들어 있는 아스파라긴이라는 아미노산과 일부 당류가 120℃ 이상에서 가열되는 과정에서 생긴다.

76 샐러드오일 제조 시 고융점 유지인 스테아린을 제거하기 위해 사용하는 공정은?

① 탈납(Dewaxing)
② 용매분별(Solvent Fractionation)
③ 경화처리(Hydrogenation)
④ 동유처리(Winterization)

해설
동유처리(Winterization)
면실유, 옥수수유, 콩기름 등 액체유를 냉각법(7.2℃)으로 고체화한 지방을 여과 처리하는 방법이다. 융점이 높은 지방(스테아린)들은 비중이 작아 위로 뜨게 된다. 이렇게 처리한 것은 냉장온도에서도 혼탁을 일으키지 않는다.

77 공판(공동판매)의 장점이 아닌 것은?

① 대량 물량 취급에 따른 단위 물량별 비용 절감
② 시장점유율 확대에 따른 시장 교섭력 강화
③ 대규모 거래를 위한 생산 지역 특화 및 전문화
④ 공동출하에 따른 수송비의 절감

78 다음 중 동물근원 천연첨가물이 아닌 것은?

① Casein
② Cellulase
③ Beeswax
④ Gelatin

해설
② Cellulase는 식물근원 천연첨가물이다.

79 케이크 제조공정 중 Multi-Stage Mixing에 사용되는 Creaming Step은 Fat과 Sugar를 함께 혼합하여 크림을 만드는 과정이다. 이 Step의 목적이 아닌 것은?

① 미세한 Texture를 가지게 한다.
② 공정 중 기다리는 시간(Sitting Time)을 연장할 수 있게 한다.
③ 공기를 Fat에 가두어 운동성을 줄인다.
④ 공기를 직접 혼입할 수 있게 한다.

해설
부피를 우선으로 하는 제품에 적합하다. 지방의 운동성을 줄이고 질감을 높이며 시간을 연장시키려는 목적이 있다.

80 포장 재료를 선정하기 위해 고려할 사항으로 틀린 것은?

① 가열살균을 하는 제품의 경우 고온에서도 포장 재료의 특성 변화가 적은 것을 선택한다.
② 수분함량이 많은 식품의 포장에는 내수성이 있는 재료를 선택한다.
③ 지방을 많이 함유하는 식품은 기체투과도가 높은 재료를 선택한다.
④ 냉동식품은 저온에서도 물리적 강도변화가 적은 포장 재료를 선택한다.

해설
③ 지방의 산화는 저장온도뿐만 아니라 포장의 빛 투과에 의해서도 영향을 받아 기체투과도가 낮은 재료를 선택하여 포장한다.

유기농업 관련 규정

81 농림축산식품부 소관 친환경농어업 육성 및 유기식품 등의 관리 · 지원에 관한 법률 시행규칙상 유기식품 등의 유기표시 기준으로 틀린 것은?

① 표시 도형의 색상은 녹색을 기본 색상으로 하되, 포장재의 색깔 등을 고려하여 파란색, 빨간색 또는 검은색으로 할 수 있다.

② 표시 도형의 국문 및 영문 모두 활자체는 고딕체로 한다.

③ 표시 도형의 크기는 지정된 크기만을 사용하여야 한다.

④ 표시 도형의 위치는 포장재 주 표시면의 옆면에 표시하되, 포장재 구조상 옆면 표시가 어려운 경우에는 표시 위치를 변경할 수 있다.

해설

유기표시 도형 - 작도법(친환경농어업법 시행규칙 [별표 6])
• 표시 도형의 국문 및 영문 모두 활자체는 고딕체로 하고, 글자 크기는 표시 도형의 크기에 따라 조정한다.
• 표시 도형의 색상은 녹색을 기본 색상으로 하되, 포장재의 색깔 등을 고려하여 파란색, 빨간색 또는 검은색으로 할 수 있다.
• 표시 도형 내부에 적힌 "유기", "(ORGANIC)", "ORGANIC"의 글자 색상은 표시 도형 색상과 같게 하고, 하단의 "농림축산식품부"와 "MAFRA KOREA"의 글자는 흰색으로 한다.
• 표시 도형의 크기는 포장재의 크기에 따라 조정할 수 있다.

82 농림축산식품부 소관 친환경농어업 육성 및 유기식품 등의 관리 · 지원에 관한 법률 시행규칙상 '유기식품 등'에 해당되지 않는 것은?

① 유기농축산물
② 수산물가공품
③ 비식용유기가공품
④ 유기가공식품

해설

정의(친환경농어업법 시행규칙 제2조제4호)
'유기식품 등'이란 유기식품 및 비식용유기가공품(유기농축산물을 원료 또는 재료로 사용하는 것으로 한정)을 말한다.

83 농림축산식품부 소관 친환경농어업 육성 및 유기식품 등의 관리 · 지원에 관한 법률 시행규칙에서 유기농업자재와 관련하여 공시기관이 정당한 사유 없이 1년 이상 계속하여 공시업무를 하지 않은 행위가 최근 3년 이내에 2회 적발된 경우 행정처분 내용은?

① 업무정지 1개월
② 지정취소
③ 업무정지 3개월
④ 업무정지 6개월

해설

개별기준 - 공시기관(친환경농어업법 시행규칙 [별표 20])

위반행위	위반 횟수별 행정처분 기준		
	1회 위반	2회 위반	3회 이상 위반
정당한 사유 없이 1년 이상 계속하여 공시업무를 하지 않은 경우	업무정지 1개월	업무정지 3개월	지정취소

84 농림축산식품부 소관 친환경농어업 육성 및 유기식품 등의 관리 · 지원에 관한 법률 시행규칙 중에서 사용되는 용어의 정의로 그 내용이 틀린 것은?

① '재배포장'이란 작물을 재배하는 일정구역을 말한다.

② '유기사료'란 식용유기가공품 인증기준에 맞게 재배 · 생산된 사료만을 말한다.

③ '동물용의약품'이란 동물질병의 예방 · 치료 및 진단을 위하여 사용하는 의약품을 말한다.

④ '돌려짓기(윤작)'이란 동일한 재배포장에서 동일한 작물을 연이어 재배하지 아니하고, 서로 다른 종류의 작물을 순차적으로 조합 · 배열하는 방식의 작부체계를 말한다.

해설

② '유기사료'란 비식용유기가공품 인증기준에 맞게 제조 · 가공 또는 취급된 사료를 말한다(친환경농어업법 시행규칙 [별표 4]).

85 농림축산식품부 소관 친환경농어업 육성 및 유기식품 등의 관리·지원에 관한 법률 시행규칙상 70% 이상이 유기농축산물인 제품의 제한적 유기표시 허용기준으로 틀린 것은?

① 유기 또는 이와 유사한 용어를 제품명 또는 제품명의 일부로 사용할 수 없다.
② 표시장소는 주표시면을 제외한 표시면에 표시할 수 있다.
③ 원재료명 표시란에 유기농축산물의 총함량 또는 원료·재료별 함량을 g 혹은 kg으로 표기해야 한다.
④ 최종 제품에 남아 있는 원료 또는 재료의 70% 이상이 유기농축산물이어야 한다.

해설
③ 원재료명 표시란에 유기농축산물의 총함량 또는 원료·재료별 함량을 백분율(%)로 표시한다(친환경농어업법 시행규칙 [별표 6]).

86 농림축산식품부 소관 친환경농어업 육성 및 유기식품 등의 관리·지원에 관한 법률 시행규칙상 경영관련 자료에서 생산자에 대한 내용이다. ( ) 안에 알맞은 것은?

> 유기합성 농약 및 화학비료의 구매·사용·보관에 관한 사항을 기록한 자료(자재명, 일자별 구매량, 사용처별 사용량·보관량, 구매 영수증) 기록기간은 최근 ( )간으로 하되(무농약 농산물은 최근 1년간으로 하되, 신규 인증의 경우에는 인증 신청 이전의 기록을 생략할 수 있다) 재배품목과 재배포장의 특성 등을 감안하여 국립농산물품질관리원장이 정하는 바에 따라 3개월 이상 3년 이하의 범위에서 그 기간을 단축하거나 연장할 수 있다.

① 3개월　　　　② 6개월
③ 2년　　　　④ 3년

해설
경영 관련 자료–생산자(친환경농어업법 시행규칙 [별표 5])
자료의 기록 기간은 최근 2년간(무농약농산물의 경우에는 최근 1년간)으로 하되, 재배품목과 재배포장의 특성 등을 고려하여 국립농산물품질관리원장이 정하는 바에 따라 3개월 이상 3년 이하의 범위에서 그 기간을 단축하거나 연장할 수 있다.

87 농림축산식품부 소관 친환경농어업 육성 및 유기식품 등의 관리·지원에 관한 법률 시행규칙에 따른 유기축산물의 사료 및 영양관리 기준에 대한 설명으로 틀린 것은?

① 반추가축에게 사일리지만 급여해서는 아니 되며 비반추 가축에게도 가능한 조사료 급여를 권장한다.
② 유기가축에게는 100% 유기사료를 급여하여야 한다.
③ 가축에게 관련법에 따른 생활용수의 수질기준에 적합한 신선한 음수를 상시 급여할 수 있어야 한다.
④ 필요에 따라 가축의 대사기능 촉진을 위한 합성화합물을 첨가할 수 있다.

해설
유기축산물의 인증기준 – 사료 및 영양관리(친환경농어업법 시행규칙 [별표 4])
합성화합물 등 금지물질을 사료에 첨가하거나 가축에 공급하지 않을 것

88 친환경농어업 육성 및 유기식품 등의 관리·지원에 관한 법률에 의해 1년 이하의 징역 또는 1천만원 이하의 벌금에 처할 수 있는 경우는?

① 인증기관의 지정을 받지 아니하고 인증업무를 하거나 공시 등 기관의 지정을 받지 아니하고 공시 등 업무를 한 자
② 인증을 받지 아니한 제품에 인증표시 또는 이와 유사한 표시나 인증품으로 잘못 인식할 우려가 있는 표시 등을 한 자
③ 인증 또는 공시업무의 정지기간 중에 인증 또는 공시업무를 한 자
④ 인증품에 인증을 받지 아니한 제품 등을 섞어서 판매하거나 섞어 판매할 목적으로 보관, 운반 또는 진열한 자

해설
벌칙(친환경농어업법 제60조제3항)
다음의 어느 하나에 해당하는 자는 1년 이하의 징역 또는 1천만원 이하의 벌금에 처한다.
• 수입한 제품을 신고하지 아니하고 판매하거나 영업에 사용한 자
• 인증심사업무 또는 공시업무의 정지기간 중에 인증심사업무 또는 공시업무를 한 자
• 제31조제7항 각 호(제34조제5항에서 준용하는 경우를 포함한다) 또는 제49조제7항 각 호의 명령에 따르지 아니한 자

89 농림축산식품부 소관 친환경농어업 육성 및 유기식품 등의 관리 · 지원에 관한 법률 시행규칙상 인증사업자의 준수사항에 대한 내용으로 ( ) 안에 알맞은 것은?

> 인증사업자는 관련법에 따라 매년 1월 20일까지 별지 서식에 따른 실적 보고서에 인증품의 전년도 생산, 제조 · 가공 또는 취급하여 판매한 실적을 적어 해당 인증기관에 제출하거나 관련법에 따라 ( )에 등록해야 한다.

① 식품의약품안전처 홈페이지
② 한국농어촌공사 홈페이지
③ 유기농업자재 정보시스템
④ 친환경 인증관리 정보시스템

해설
인증사업자의 준수사항(친환경농어업법 시행규칙 제20조제1항)
인증사업자는 법 제22조제1항에 따라 매년 1월 20일까지 별지 제13호 서식에 따른 실적 보고서에 인증품의 전년도 생산, 제조 · 가공 또는 취급하여 판매한 실적을 적어 해당 인증기관에 제출하거나 법 제53조에 따른 친환경 인증관리 정보시스템에 등록해야 한다.

90 농림축산식품부 소관 친환경농어업 육성 및 유기식품 등의 관리 · 지원에 관한 법률 시행규칙상 유기축산물에 관한 내용이다. ( ) 안에 알맞은 내용은?

> 운송 · 도축 · 가공과정의 품질관리의 구비요건 중 동물용의약품은 식품의약품안전처장이 고시한 동물용 의약품 잔류 허용기준의 ( )을 초과하여 검출되지 아니할 것

① 10분의 1　　　　② 5분의 1
③ 15분의 1　　　　④ 20분의 1

해설
유기축산물－운송 · 도축 · 가공 과정의 품질관리(친환경농어업법 시행규칙 [별표 4])
동물용 의약품 성분은 식품위생법에 따라 식품의약품안전처장이 정하여 고시하는 동물용 의약품 잔류허용기준의 10분의 1을 초과하여 검출되지 않을 것

91 농림축산식품부 소관 친환경농어업 육성 및 유기식품 등의 관리 · 지원에 관한 법률 시행규칙상 유기축산물 생산을 위한 동물복지 및 질병관리에 관한 내용으로 틀린 것은?

① 동물용의약품을 사용하는 경우에는 수의사의 처방에 따라 사용하고 처방전 또는 그 사용명세가 기재된 진단서를 갖춰 둘 것
② 가축의 질병을 치료하기 위해 불가피하게 동물용의약품을 사용한 경우에는 동물용의약품을 사용한 시점부터 전환기간 이상의 기간 동안 사육한 후 출하할 것
③ 호르몬제의 사용은 수의사의 처방에 따라 성장촉진의 목적으로만 사용할 것
④ 가축의 꼬리 부분에 접착밴드를 붙이거나 꼬리, 이빨, 부리 또는 뿔을 자르는 등의 행위를 하지 않을 것

해설
유기축산물 － 동물복지 및 질병관리(친환경농어업법 시행규칙 [별표 4])
성장촉진제, 호르몬제의 사용은 치료목적으로만 사용할 것

92 농림축산식품부 소관 친환경농어업 육성 및 유기식품 등의 관리 · 지원에 관한 법률 시행규칙상 유기농업자재의 표시기준 작도법(도형표시)에서 공시마크의 바탕색은?

① 연두색　　　　② 흰 색
③ 파란색　　　　④ 청록색

해설
유기농업자재 공시를 나타내는 도형 또는 글자의 표시－작도법(친환경농어업법 시행규칙 [별표 21])
공시마크 바탕색은 흰색으로 하고, 공시마크의 가장 바깥쪽 원은 연두색, 유기농업자재라고 표기된 글자의 바탕색은 청록색, 태양, 햇빛 및 잎사귀의 둘레 색상은 청록색, 유기농업자재의 종류라고 표기된 글자의 바탕색과 네모 둘레는 청록색으로 한다.

정답　89 ④　90 ①　91 ③　92 ②

93 유기식품 및 무농약농산물 등의 인증에 관한 세부실시 요령상 유기양봉제품 생산의 일반원칙 미사육조건에 대한 내용이다. ( ) 안에 알맞은 내용은?

> 벌통은 관행농업지역(유기양봉산물 등의 품질에 영향을 미치지 않은 정도로 관리가 가능한 지역의 경우는 제외), 오염된 비농업지역, 골프장, 축사와 GMO 또는 환경 오염물질에 의한 잠재적인 오염 가능성이 있는 지역으로부터 반경 ( ) 이내의 지역에는 놓을 수 없다(단, 꿀벌이 휴면상태일 때는 적용하지 않는다).

① 3km   ② 4km
③ 5km   ④ 6km

[해설]
유기축산물 중 유기양봉의 산물·부산물—일반(유기식품 및 무농약농산물 등의 인증에 관한 세부실시 요령 [별표 1])
벌통은 관행농업지역(유기양봉 산물등의 품질에 영향을 미치지 않을 정도로 관리가 가능한 지역의 경우는 제외), 오염된 비농업지역(국토계획법에 따른 도시지역, 쓰레기 및 하수 처리시설 등), 골프장, 축사와 GMO 또는 환경 오염물질에 의한 잠재적인 오염 가능성이 있는 지역으로부터 반경 3km 이내의 지역에는 놓을 수 없다(단, 꿀벌이 휴면상태일 때는 적용하지 않는다).

94 유기식품 및 무농약농산물 등의 인증에 관한 세부실시 요령상 무농약농산물의 재배 방법 구비요건에 대한 내용이다. ( )에 알맞은 내용은?

> 화학비료는 농촌진흥청장·농업기술원장 또는 농업기술센터소장이 재배포장별로 권장하는 성분량의 ( ) 이하를 범위 내에서 사용시기와 사용자재에 대한 계획을 마련하여 사용하여야 한다.

① 3분의 1   ② 2분의 1
③ 3배   ④ 2배

[해설]
무농약농산물—재배방법(유기식품 및 무농약농산물 등의 인증에 관한 세부실시 요령 [별표 1])
화학비료는 농촌진흥청장·농업기술원장 또는 농업기술센터소장이 재배포장별로 권장하는 성분량의 3분의 1 이하를 범위 내에서 사용시기와 사용자재에 대한 계획을 마련하여 사용하여야 한다.

95 농림축산식품부 소관 친환경농어업 육성 및 유기식품 등의 관리·지원에 관한 법률 시행규칙에 따른 유기가공식품 제조 시 식품첨가물 또는 가공보조제로 사용가능한 물질이 아닌 것은?

① 과일주의 무수아황산
② 두류제품의 염화칼슘
③ 통조림의 L-글루타민산나트륨
④ 유제품의 구연산삼나트륨

[해설]
L-글루타민산나트륨은 사료의 품질저하 방지 또는 사료의 효용을 높이기 위해 사료에 첨가하여 사용 가능한 물질에 해당한다.
※ 식품첨가물 또는 가공보조제로 사용 가능한 물질(친환경농어업법 시행규칙 [별표 1])

명칭(한)	식품첨가물로 사용 시		가공보조제로 사용 시	
	사용 가능 여부	사용 가능 범위	사용 가능 여부	사용 가능 범위
무수 아황산	○	과일주	×	
염화 칼슘	○	과일 및 채소제품, 두류제품, 지방제품, 유제품, 육제품	○	응고제
구연산삼 나트륨	○	소시지 난백의 저온살균, 유제품, 과립음료	×	

96 농림축산식품부 소관 친환경농어업 육성 및 유기식품 등의 관리·지원에 관한 법률 시행규칙에서 사육되는 가축에 대하여 그 생산물이 식용으로 사용되기 전에 동물용의 약품의 사용을 제한하는 일정 기간을 의미하는 용어는?

① 휴약기간   ② 미량기간
③ 최소기간   ④ 윤환기간

[해설]
유기식품 등의 생산, 제조·가공 또는 취급에 필요한 인증기준(친환경농어업법 시행규칙 [별표 4])
'휴약기간'이란 사육되는 가축에 대해 그 생산물이 식용으로 사용되기 전에 동물용의약품의 사용을 제한하는 일정기간을 말한다.

97 농림축산식품부 소관 친환경농어업 육성 및 유기식품 등의 관리·지원에 관한 법률 시행규칙에 따라 유기농산물의 병해충 관리를 위하여 사용 가능한 물질의 사용 가능 조건으로 옳은 것은?

① 담배잎차 – 물로 추출한 것일 것
② 라이아니아(Ryania) 추출물 – 쿠아시아(Quassia Amara)에서 추출된 천연물질인 것
③ 목초액 – 목재의 지속 가능한 이용에 관한 법률에 따라 국립산림과학원장이 고시한 규격 및 품질 등에 적합일 것
④ 젤라틴 – 크로뮴(Cr)처리를 한 것일 것

해설
병해충 관리를 위해 사용 가능한 물질(친환경농어업법 시행규칙 [별표 1])

사용가능 물질	사용가능 조건
담배잎차(순수 니코틴은 제외한다)	물로 추출한 것일 것
라이아니아(Ryania) 추출물	라이아니아(*Ryania speciosa*)에서 추출된 천연물질일 것
목초액	산업표준화법에 따른 한국산업표준의 목초액(KSM3939) 기준에 적합할 것
젤라틴(Gelatine)	크로뮴(Cr)처리 등 화학적 제조공정을 거치지 않을 것

98 농림축산식품부 소관 친환경농어업 육성 및 유기식품 등의 관리·지원에 관한 법률 시행규칙상 인증신청자가 심사결과에 대한 이의가 있어 인증심사를 실시한 기관에 재심사를 신청하고자 할 때 인증심사 결과를 통지받은 날부터 얼마 이내에 관련 자료를 제출해야 하는가?

① 10일   ② 7일
③ 20일   ④ 30일

해설
재심사 신청 등(친환경농어업법 시행규칙 제15조제1항)
인증심사 결과에 대해 이의가 있는 자가 재심사를 신청하려는 경우에는 인증심사 결과를 통지받은 날부터 7일 이내에 인증 재심사 신청서에 재심사 신청사유를 증명하는 자료를 첨부하여 그 인증심사를 한 인증기관에 제출해야 한다.

99 유기식품 및 무농약농산물 등의 인증에 관한 세부실시 요령상 유기가공식품의 포장에 대한 구비요건으로 틀린 것은?

① 포장재와 포장방법은 유기가공식품을 충분히 보호하면서 환경에 미치는 나쁜 영향을 최소화되도록 선정하여야 한다.
② 포장재는 유기가공식품을 오염시키지 않는 것이어야 한다.
③ 합성살균제, 보존제, 훈증제 등을 함유하는 포장재, 용기 및 저장고는 사용할 수 있다.
④ 유기가공식품의 유기적 순수성을 훼손할 수 있는 물질 등과 접촉한 재활용된 포장재나 그 밖의 용기는 사용할 수 없다.

해설
유기가공식품-포장(유기식품 및 무농약농산물 등의 인증에 관한 세부실시 요령 [별표 1])
합성살균제, 보존제, 훈증제 등을 함유하는 포장재, 용기 및 저장고는 사용할 수 없다.

100 친환경농어업 육성 및 유기식품 등의 관리·지원에 관한 법률상 유기식품 등의 인증 유효기간으로 옳은 것은?

① 인증을 받은 날부터 1년이다.
② 인증을 받은 날부터 2년이다.
③ 인증을 받은 날부터 2년이나, 유기농산물은 1년이다.
④ 인증을 받은 날부터 1년이나, 유기농산물은 2년이다.

해설
인증의 유효기간 등(친환경농어업법 제21조제1항)
인증의 유효기간은 인증을 받은 날부터 1년으로 한다.

정답 97 ① 98 ② 99 ③ 100 ①

교육은 우리 자신의 무지를 점차 발견해 가는 과정이다.

– 윌 듀란트 –

Win-Q

유기농업산업기사

자격증 · 공무원 · 금융/보험 · 면허증 · 언어/외국어 · 검정고시/독학사 · 기업체/취업
이 시대의 모든 합격! SD에듀에서 합격하세요!
www.youtube.com ➔ SD에듀 ➔ 구독

유기농업산업기사
기출복원문제

2017년 제1회 | 과년도 기출문제

01 작물이 주로 이용하는 토양수분의 형태는?

① 흡습수   ② 모관수
③ 중력수   ④ 지하수

해설
토양수분의 종류
- 결합수(pF 7.0 이상) : 작물이 이용 불가능한 수분
- 흡습수(pF 4.5∼7.0 이상) : 작물이 흡수하지 못하는 수분
- 모관수(pF 2.7∼4.5) : 작물이 주로 이용하는 수분
- 중력수(pF 0∼2.7) : 작물이 이용 가능한 수분
- 지하수 : 모관수의 근원이 되는 물

02 신품종의 구비조건으로 틀린 것은?

① 구별성   ② 독립성
③ 균일성   ④ 안정성

해설
품종보호의 요건(식물신품종보호법)
신규성, 구별성, 균일성, 안정성, 품종 명칭

03 씨감자의 병리적 퇴화의 주요 원인은?

① 효소의 활력저하   ② 비료 부족
③ 바이러스 감염   ④ 이형종자의 기계적 혼입

해설
병리적 퇴화 : 종자소독으로 방제할 수 없는 바이러스 병 등으로 병리적으로 퇴화한다.

04 기상생태형으로 분류할 때 우리나라 벼의 조생종은 어디에 속하는가?

① Blt형   ② bLt형
③ BLt형   ④ blT형

해설
우리나라는 중위도 지방 중에서도 북부지대에 속하고 생육기간이 그다지 길지 않다. 따라서 초여름의 고온에 감응을 시켜 성숙이 빨라지는 감온형(blT)이나 초가을에 감응시킬 수 있는 감광형(bLt)이 적당하다. 감온형(blT)은 조생종이 되며, 기본영양생장형. 감광형은 만생종이다.

05 괴경으로 번식하는 작물은?

① 생 강   ② 마 늘
③ 감 자   ④ 고구마

해설
괴경(덩이줄기) : 감자, 토란, 뚱딴지
① 생강(지하경), ② 마늘(인경) ④, 고구마(괴근)

06 다음 중 휴립휴파법 이용에 가장 적합한 작물은?

① 보 리   ② 고구마

③ 감 자   ④ 밭 벼

해설
휴립휴파법
두둑을 세우고 두둑에 파종. 고구마는 높게, 조·콩은 낮게 두둑을 세운다.

07 생력기계화 재배의 전제조건으로만 짝지어진 것은?

① 경영단위의 축소, 노동임금 상승

② 잉여노동력 감소, 적심재배

③ 재배면적 축소, 개별재배

④ 경지정리, 제초제 이용

해설
생력기계화 재배의 전제 조건
• 경지정리 선행
• 집단재배 또는 공동재배
• 제초제의 사용으로 노동력 절감
• 작물별 적응 재배체계 확립
• 잉여노동력의 수익화

08 작물재배 시 열사를 일으키는 원인으로 틀린 것은?

① 원형질단백의 응고   ② 원형질막의 액화

③ 전분의 점괴화   ④ 당분의 증가

해설
작물재배 시 열사를 일으키는 원인
• 원형질단백의 응고
• 원형질막의 액화
• 전분의 점괴화
• 팽압에 의한 원형질의 기계적 피해
• 유독물질의 생성 등

09 중경의 특징에 대한 설명으로 틀린 것은?

① 작물종자의 발아 조장

② 동상해 억제

③ 토양통기의 조장

④ 잡초의 제거

해설
중경의 장단점
• 장점 : 발아조장, 토양통기조장, 토양수분의 증발억제, 비효증진, 잡초방제
• 단점 : 단근피해, 토양침식 및 풍식의 조장, 동상해의 조장

10 지베렐린의 재배적 이용에 해당되는 것은?

① 앵두나무 접목 시 활착촉진

② 호광성 종자의 발아촉진

③ 삽목 시 발근촉진

④ 가지의 굴곡유도

해설
지베렐린의 재배적 이용
발아촉진, 화성유도 및 촉진, 경엽의 신장촉진, 단위결과유도 등

11 다음 중 상대적으로 하고의 발생이 가장 심한 것은?

① 수 수
② 티머시
③ 오처드그래스
④ 화이트클로버

해설
티머시, 알팔파 등은 목초의 하고현상 피해가 큰 한지형(북방형) 목초
이다.

12 냉해의 발생양상으로 틀린 것은?

① 동화물질 합성 과잉
② 양분의 전류 및 축적 장해
③ 단백질 합성 및 효소활력 저하
④ 양수분의 흡수장해

해설
냉해의 발생양상
• 광합성능력의 저하
• 양분의 전류 및 축적 장해
• 단백질합성 및 효소활력 저하
• 양수분의 흡수장해
• 꽃밥 및 화분의 세포학적 이상

13 다음에서 설명하는 식물생장조절제는?

• 줄기 선단, 어린잎 등에서 생합성되어 체내에서 아래쪽
  으로 이동한다.
• 세포의 신장촉진작용을 함으로써 과일의 부피생장을
  조정한다.

① 옥 신   ② 지베렐린
③ 에틸렌   ④ 사이토키닌

해설
② 지베렐린 : 세포분열 및 신장, 신장과 분열의 억제, 종자휴면타파와
   발아촉진
③ 에틸렌 : 과실의 성숙촉진, 생장조절
④ 사이토키닌 : 세포 분열 촉진, 노화 억제, 휴면 타파, 엽록체 발달
   촉진 등

14 다음 중 복토깊이가 가장 깊은 것은?

① 생 강
② 양배추
③ 가 지
④ 토마토

해설
주요 작물의 복토 깊이

복토 깊이	작 물
0.5~1.0cm	순무, 배추, 양배추, 가지, 고추, 토마토, 오이, 차조기
5.0~9.0cm	감자, 토란, 생강, 글라디올러스, 크로커스

15 다음 중 녹체기에 춘화처리하는 것이 효과적인 작물은?

① 양배추
② 완 두
③ 잠 두
④ 봄 무

해설
처리시기에 따른 춘화처리의 구분
• 녹체춘화형식물 : 양배추, 양파, 당근, 우엉, 국화, 사리풀 등
• 종자춘화형 식물 : 무, 배추, 완두, 잠두, 봄무, 추파맥류 등

16 수중에서 발아를 하지 못하는 종자로만 나열된 것은?

① 벼, 상추
② 귀리, 무
③ 당근, 셀러리
④ 티머시, 당근

해설

수중발아에 의한 분류
• 수중에서 발아를 하지 못하는 종자 : 귀리, 밀, 무, 가지, 콩, 양배추 등
• 발아가 감퇴되는 종자 : 담배, 토마토, 화이트클로버, 카네이션 등
• 수중에서 발아를 잘하는 종자 : 상추, 당근, 셀러리, 티머시, 벼 등

17 다음 중 산성토양에 적응성이 가장 강한 내산성 작물은?

① 감 자   ② 사탕무
③ 부 추   ④ 콩

해설

산성토양 적응성
• 극히 강한 것 : 벼, 밭벼, 귀리, 기장, 땅콩, 아마, 감자, 호밀, 토란
• 강한 것 : 메밀, 당근, 옥수수, 고구마, 오이, 호박, 토마토, 조, 딸기, 베치, 담배
• 약한 것 : 고추, 보리, 클로버, 완두, 가지, 삼, 겨자
• 가장 약한 것 : 알팔파, 자운영, 콩, 팥, 시금치, 사탕무, 셀러리, 부추, 양파

18 묘의 이식을 위한 준비작업이 아닌 것은?

① 작물체에 CCC를 처리한다.
② 냉기에 순화시켜 묘를 튼튼하게 한다.
③ 근군을 작은 범위 내에 밀식시킨다.
④ 큰 나무의 경우 뿌리돌림을 한다.

해설

CCC(2-chloroethyl)의 식물에 대한 생리작용은 줄기를 짧게 한다.

19 다음 작물 중에서 자연적으로 단위결과하기 쉬운 것은?

① 포 도
② 수 박
③ 가 지
④ 토마토

해설

단위결과 유기방법
• 수박은 3배체나 상호 전좌를 이용해서 씨없는 수박을 만든다.
• 포도는 지베렐린 처리에 의하여 단위결과를 유도한다.
• 토마토, 가지 등도 생장조절제(착과제)처리로 씨없는 과실을 생산할 수 있다.
※ 단위결과란 종자가 생기지 않아도 과일이 비대하는 경우를 말한다.

20 내습성이 가장 강한 작물은?

① 고구마
② 감 자
③ 옥수수
④ 당 근

해설

작물의 내습성의 강한 정도
골풀, 미나리, 벼 > 밭벼, 옥수수, 율무 > 토란 > 유채, 고구마 > 보리, 밀 > 감자, 고추 > 토마토, 메밀 > 파, 양파, 당근, 자운영

제2과목 토양비옥도 및 관리

21 우리나라 토양의 화학성에 대한 설명으로 틀린 것은?

① 내륙지방의 석회암지대에서 생성된 토양은 중성에 가깝다.
② 우리나라 논토양의 표토는 대체로 염기성이다.
③ 해안지대의 배수가 불량한 지대에서는 유기물이 집적된 곳도 있다.
④ 내륙지방의 토양은 대부분 산성이다.

해설
우리나라 논토양의 대부분은 조립질의 산성암인 화강암, 화강편마암이 70%를 차지하는 산성 토양이다.

22 다음 중 C/N율이 가장 높은 것은?

① 활엽수의 톱밥
② 알팔파
③ 호밀껍질(성숙기)
④ 옥수수찌꺼기

해설
C/N율
활엽수의 톱밥(400) > 옥수수찌꺼기(57) > 호밀껍질(성숙기)(37) > 알팔파(13)

23 토양 내 치환성 염기 정량에 가장 적합한 추출용액은?

① $1N-CH_3COONH_4(pH\ 7.0)$
② $1N-(CH_3COO)_2Ca(pH\ 7.0)$
③ $1N-CH_3COOK(pH\ 7.0)$
④ $1N-CH_3COONa(pH\ 7.0)$

해설
염기치환용량 분석
토양 10g을 $1N-CH_3COONH_4$(pH 7.0)용액 250mL로 24시간 침출한 후 토양교질에 흡착된 NH_4를 케탈법으로 측정한다.

24 토양의 산도를 조절하고자 석회요구량을 산정할 때 필요한 사항이 아닌 것은?

① 토양의 완충용량
② 토양미생물의 활성도
③ 점토함량
④ 개량 전후 토양의 pH

해설
석회요구량은 pH, 토성, 점토의 종류, 유기물 함량에 따라 다르다.

25 산성토양에서 작물생육이 불량해지는 원인과 연관성이 가장 적은 것은?

① 알루미늄, 망간, 철 등의 용해도 증가로 인한 독성 발현
② 수소이온(H^+) 과다로 식물체 내 단백질의 변형과 효소 활성의 저하
③ 칼슘과 마그네슘 등의 유효도 감소에 의한 토양물리성 악화
④ 유용 토양미생물의 활성 저하

해설
③ 칼슘과 마그네슘 등의 유효도 감소에 의한 토양 이화학성의 악화

26 다음 중 식물의 요구도가 가장 낮으며, 질소공급형태에 따라 달라지는 미량영양원소는?

① Cl
② Mn
③ Zn
④ Mo

해설
몰리브덴(Mo)은 질소 고정효소와 질산 환원효소의 조효소로서 질소동화의 필수 성분이다. 몰리브덴이 결핍되면 작물체 내에 질산이 축적되고 장애가 발생한다.

27 다음 1차 광물 중 풍화에 가장 약한 것은?

① 흑운모
② 정장석
③ 석 영
④ 방해석

해설
암석의 풍화 저항성
석영 > 백운모, 정장석 > 사장석 > 흑운모, 각섬석, 휘석 > 감람석 > 백운석, 방해석 > 석고

28 토양의 풍화과정이나 이화학적 성질을 판정하는 주요 사항의 하나인 토양의 빛깔은 어떤 상태에서 관찰하여야 하는가?

① 햇빛을 피하고 건조상태에서 관찰
② 햇빛에서 습윤상태에서 관찰
③ 햇빛에서 건조상태에서 관찰
④ 햇빛을 피하고 습윤상태에서 관찰

해설
토양의 빛깔은 착색료의 함량, 함수량, 토성, 모암, 통기 등에 의하여 달라진다.

29 반지름이 0.003cm인 모세관에 의하여 상승하는 물기둥의 높이는?

① 0.5cm
② 5cm
③ 50cm
④ 500cm

해설
$$h = \frac{2\gamma\cos\theta}{\rho g r}$$

h : 모세관 상승 높이
γ : 물의 표면장력 = 0.0728N/m = 0.0728kg · m/sec^2/m
$\qquad$ = 0.0728kg/sec^2
$\quad$ *1N = 1kg × 1m/sec^{2}이므로
θ : 물 표면과 모세관의 접촉각 = 0° → cos 0° = 1
ρ : 물의 밀도 = 1g/cm^3 = 1,000kg/m^3
g : 지구중력가속도 = 9.81m/sec^2
r : 모세관 반지름 = 0.003cm = 0.00003m
$\therefore$ h = [2 × 0.0728kg/sec^2 × 1]/[1,000kg/m^3 × 9.81m/sec^2 × 0.00003m]
$\qquad$ = 0.494m ≒ 50cm

30 토양수분퍼텐셜에 관한 설명으로 틀린 것은?

① 배수가 잘되는 밭토양에서 매트릭퍼텐셜과 거의 비슷한 값을 나타낸다.
② 토양에서 수분이동의 견인력 역할을 한다.
③ 토양에서 수분은 에너지가 증가하는 쪽으로 자발적으로 흐른다.
④ 토양에서 수분에 작용하는 다양한 에너지 관계를 나타낸다.

해설
단위량의 토양수분이 갖는 에너지를 토양수분 퍼텐셜이라 하며, 물은 에너지가 높은 곳에서 낮은 곳으로 흐른다.

31 수분장력을 이용하는 토양수분 측정방법은?

① 건조중량법
② 텐시오미터법
③ 석고블록법
④ 유전율식 측정법

해설
텐시오미터(Tensiometer)법
토양의 매트릭퍼텐셜에 의해 다공질의 수분이 빠져 나가는 압력을 측정하는 방법

32 부식물질에 대한 설명으로 옳지 않은 것은?

① 부식산, 풀브산, 부식회 등으로 이루어져 있다.
② 리그닌과 단백질의 중합반응에 의하여 생성된다.
③ 갈색에서 검은색을 띠고 있는 분해에 저항성이 약한 물질이다.
④ 무정형으로 분자량이 다양하다.

해설
부식물질은 유기물이 분해되어 갈색, 암갈색의 일정한 형태가 없는 교질상의 복합물질이다.

33 다음에서 식물과 동물의 중간적 성질을 갖는 미생물은?

① 선 충
② 조 류
③ 질산균
④ 곰팡이

해설
조류는 식물과 동물의 중간적 성질을 가졌다. 엽록소를 가지고 광합성을 하는 것은 식물적 특성이며, 입이나 수축포를 가지고 자유롭게 움직이는 것은 동물적 특성에 속한다.

34 다음 설명 중 옳지 않은 것은?

① 나트륨성 토양 : 전기전도도 4dS/m 이하
② 나트륨성 토양 : pH 8.5 이상
③ 염류토양 : 나트륨 흡착비 13 이상
④ 염류토양 : 교환성 나트륨 15% 이하

해설
염류토양 : 나트륨 흡착비 13 이하

35 토양의 입경구분 시 입자의 지름이 가장 작은 것부터 큰 순으로 나열된 것은?

① 미사 < 점토 < 세사 < 조사 < 자갈
② 미사 < 점토 < 조사 < 세사 < 자갈
③ 점토 < 미사 < 세사 < 조사 < 자갈
④ 점토 < 세사 < 조사 < 미사 < 자갈

해설
입자의 지름-미국 농무성(USDA)의 토양입자 분류
자갈(2mm 이상) > 조사(2.0~0.2mm) > 세사(0.2~0.02mm) > 미사(0.02~0.002mm) > 점토(0.002mm 이하)

정답 31 ② 32 ③ 33 ② 34 ③ 35 ③

36 토양수분이 점차 감소됨에 따라 식물이 시들기 시작하는 수분상태를 무엇이라고 하는가?

① 영구 위조점 　　② 최대 위조점
③ 초기 위조점 　　④ 최소 위조점

해설
초기 위조점은 작물이 처음 시들기 시작하는 상태로 다시 물을 주면 작물은 회복된다. 만약 토양 수분이 계속 감소하면 위조가 영구히 회복하지 못하게 되는 시점이 있는데, 이때의 토양수분함량을 영구 위조점이라고 한다.

37 통기성이 양호한 조건에서 유기물이 완전히 분해될 때 탄소는 어떤 형태로 변하는가?

① 유기산 　　② 이산화탄소
③ 메탄가스 　　④ 에너지와 물

해설
유기물이 산화적 상태에서 호기성 세균에 의해 분해되면 최종산물은 이산화탄소 형태로 대기중에 방출된다.

38 토양 입자밀도에 대한 설명으로 옳지 않은 것은?

① 유기물이 많이 함유되어 있는 토양은 입자밀도값이 크다.
② 입자밀도는 고상을 구성하는 유기물을 포함한다.
③ 입자밀도는 인위적인 요인에 의해 변하지 않는다.
④ 심토에 비하여 표토의 입자밀도는 작다.

해설
입자밀도 : 공극이 없는 암석(고상) 자체만의 밀도
• 유기물함량이 높은 토양은 낮다.
• 진밀도는 일정하고, 유기물과 무기물의 차이가 없는 경우 밀도는 차이가 없다.

39 다음에서 설명하는 것은?

> • 토양 중 크기는 0.03~0.08mm이다.
> • 곰팡이와 뿌리털이 자라는 공간이다.

① 중공극 　　② 미세공극
③ 극소공극 　　④ 대공극

해설
공극 크기에 따른 분류
• 대공극 : 뿌리가 뻗는 공간으로 물이 빠지는 통로이고 작은 토양 생물의 이동통로이다.
• 중공극 : 모세관현상에 의하여 유지되는 물이 있고 곰팡이와 뿌리털이 자라는 공간이다.
• 소공극 : 식물이 흡수하는 물을 보유하고 세균이 자라는 공간이다.
• 미세공극 : 작물이 이용하지 못하며 미생물의 일부만 자랄 수 있는 공간이다.
• 극소공극 : 미생물도 자랄 수 없는 공간이다.

40 토양수분상태를 측정하는 TDR법에서 센서의 측정원리에 관한 설명으로 옳은 것은?

① 토양의 3상 중 물이 갖는 유전상수가 매우 낮은 성질을 이용한다.
② 토양의 중량수분함량을 직접 측정한다.
③ 토양수분장력을 직접 측정한다.
④ 토양의 수분상태에 따라 달라지는 가시유전율을 측정한다.

해설
유전율식 토양수분 측정법
• FDR식(Frequency Domain Reflectometry, 주파수가변식)
고주파(3~100MHz)를 이용하여 토양 내 유전율 정도에 따라 측정 회로 내에 걸리는 주파수영역에서 콘덴서에 걸리는 정전용량(electric capacity)으로 읽어 토양수분함량으로 환산하여 나타낸다. 측정 토양 수분은 용적수분으로 바로 읽으나 토양특성에 따라 보정 필요하다.
• TDR식(Time Domain Reflectometry, 주파수고정식)
초고주파(1.0~3.0GHz)를 이용하여 토양 내 유전율 정도에 따라 흐르는 전자파 세기가 달라지고 그에 따라 반사되어 오는 반사파의 세기 정도에 따라 회로 내에 걸리는 전압.또는 전류의 세기를 시간으로 변환하여 읽어 토양의 직접 용적수분함량으로 환산하여 나타낸다. 측정 토양수분은 용적수분으로 바로 읽으며 비적 정확도가 높으며 안정적인 측정값을 제공한다.

제3과목 유기농업개론

41 다음 중 임신기간이 가장 긴 가축은?

① 소
② 면 양
③ 돼 지
④ 산 양

해설
임신기간
① 소(280일)
②·④ 면양·산양(150일)
③ 돼지(114일)

42 다음에서 설명하는 육종방법은?

- 게놈이 다른 양친을 동질 4배체로 만들어 교배한다.
- 이종게놈의 양친을 교배한 F₁의 염색체를 배가한다.
- 체세포를 융합한다.

① 동질배수체
② 반수체
③ 이질배수체
④ 돌연변이체

해설
이질배수체 : 서로 다른 게놈을 가진 생명체간 교배에서 염색체가 배가 된다.

43 다음에서 설명하는 것은?

수직재인 기둥에 비하여 수평 또는 이에 가까운 상태에 놓인 부재로서 재축에 대하여 직각 또는 사각의 하중을 지탱한다.

① 샛기둥
② 왕도리
③ 중도리
④ 보

해설
④ 보(Beam) : 기둥이 수직재인데 비하여 보는 수평 또는 이에 가까운 상태에 놓인 부재로서 직각 또는 사각의 하중을 지탱한다.
① 샛기둥 : 기둥과 기둥 사이에 배치하여 벽을 지지해 주는 수직재를 말한다.
② 왕도리 : 대들보라고도 하며, 용마루 위에 놓이는 수평재를 말한다.
③ 중도리 : 지붕을 지탱하는 골재로 왕도리와 갖도리 사이에 설치되어 서까래를 받치는 수평재이다.

44 토양 비옥도를 유지·증진시키는 수단과 거리가 가장 먼 것은?

① 두과작물 재배
② 연 작
③ 간 작
④ 완숙퇴비 사용

해설
토양 비옥도를 유지·증진시키는 수단
- 담수, 세척, 객토, 환토
- 피복작물의 재배
- 작물윤작(합리적인 윤작 체계 운영)
- 두과 및 녹비작물의 재배
- 발효액비 사용 및 미량요소의 보급
- 최소경운 또는 무경운
- 완숙퇴비에 의한 토양 미생물의 증진
- 비료의 선택과 시비량의 적정화
- 대상재배와 간작
- 작물잔재와 축산분뇨의 재활용
- 가축의 순환적 방목

45 식물의 일장형에서 Ⅱ식물에 해당하는 것은?

① 코스모스
② 나팔꽃
③ 시금치
④ 토마토

해설
식물의 일장형
- SS : 코스모스, 나팔꽃
- LL : 시금치
- Ⅱ : 고추, 토마토, 올벼, 메밀

정답 41 ① 42 ③ 43 ④ 44 ② 45 ④

46 다음 중 다년생 논잡초로만 짝지어진 것은?

① 알방동사니, 올챙이고랭이

② 올방개, 매자기

③ 여뀌, 물달개비

④ 물옥잠, 여뀌

해설

잡초의 생활형에 따른 분류

구분		논	밭
1년생	화본과	강피, 물피, 돌피, 뚝새풀	강아지풀, 개기장, 바랭이, 피
	방동사니	알방동사니, 참방동사니, 바람하늘지기, 바늘골	바람하늘지기, 참방동사니
	광엽초	물달개비, 물옥잠, 사마귀풀, 여뀌, 여뀌바늘, 마디꽃, 등애풀, 생이가래, 곡정초, 자귀풀, 중대가리풀	개비름, 까마중, 명아주, 쇠비름, 여뀌, 자귀풀, 환삼덩굴, 주름잎, 석류풀, 도꼬마리
다년생	화본과	나도겨풀	–
	방동사니	너도방동사니, 매자기, 올방개, 쇠털골, 올챙이고랭이	–
	광엽초	가래, 벗풀, 올미, 개구리밥, 네가래, 수염가래꽃, 미나리	반하, 쇠뜨기, 쑥, 토끼풀, 메꽃

47 다음 토양미생물 중 흙냄새와 가장 관련이 있는 것은?

① 곰팡이

② 근 균

③ 방선균

④ 세 균

해설

흙 속 유기물을 분해하는 세균류인 방선균은 흙냄새 나는 화합물 지오스민을 만든다.

48 벼의 일생 중 물을 가장 많이 필요로 하는 시기는?

① 수잉기

② 유숙기

③ 황숙기

④ 고숙기

해설

수잉기 전후는 물을 많이 필요로 하는 시기이며, 이 시기에 물이 부족하면 유수의 발육과 개화수정이 저하되어 감수를 초래할 가능성이 크므로 항상 물을 충분히 공급해야 한다.

49 다음 중 산성토양에 대한 작물의 적응성이 가장 약한 것으로만 짝지어진 것은?

① 호박, 딸기

② 부추, 양파

③ 토마토, 조

④ 베치, 담배

해설

산성토양 적응성

• 극히 강한 것 : 벼, 밭벼, 귀리, 기장, 땅콩, 아마, 감자, 호밀, 토란

• 강한 것 : 메밀, 당근, 옥수수, 고구마, 오이, 호박, 토마토, 조, 딸기, 베치, 담배

• 약한 것 : 고추, 보리, 클로버, 완두, 가지, 삼, 겨자

• 가장 약한 것 : 알팔파, 자운영, 콩, 팥, 시금치, 사탕무, 셀러리, 부추, 양파

50 일반적으로 토양 pH가 어느 정도일 때 식물의 양분흡수력이 가장 왕성한가?

① 4.5~5.0

② 6.5~7.0

③ 7.8~8.3

④ 8.5 이상

해설

일반적으로는 식물에는 중성 내지 약산성(pH 6.5~7.0)이 좋다. 토양이 중성에 가까울 때에 화학적 성질, 미생물학적 성질도 좋아지고 식물의 충분한 성장을 시킬 수 있다.

51 다음 유기퇴비 중 C/N율이 가장 높은 것은?

① 옥수수찌꺼기 ② 밀 짚
③ 톱 밥 ④ 알팔파

해설
탄질률(C/N율)
활엽수의 톱밥(400) > 밀짚(116) > 옥수수찌꺼기(57) > 알팔파(13)

52 포식성 곤충에 해당하는 것은?

① 침파리 ② 꽃등애
③ 고치벌 ④ 맵시벌

해설
• 포식성 곤충 : 무당벌레, 노린재, 풀잠자리, 꽃등에 등
• 기생성 천적 : 기생벌(맵시벌 · 고치벌 · 수중다리좀벌 · 혹벌 · 애배
벌), 기생파리(침파리 · 왕눈등에) 등

53 유기농업에서 추구하는 목표와 방향으로 거리가 가장 먼 것은?

① 생태계 보전
② 환경오염의 최소화
③ 토양쇠퇴와 유실의 최소화
④ 다수확

해설
유기농업이 추구하는 목표와 방향
• 환경생태계의 보호
• 토양쇠퇴와 유실의 최소화
• 환경오염의 최소화
• 생물학적 생산성의 최적화
• 자연환경의 우호적 건강성 촉진

54 GMO(Genetically Modified Organism)와 가장 관련이 있는 것은?

① 유전자조작 식물
② 세포이식 식물
③ 윤작 작부체계 내에 넣어 재배하는 작물
④ 농업기술센터에서 권장하는 신품종

해설
GMO(Genetically Modified Organism)
유전자 조작 생물체로 유전자 재조합기술에 의해 만들어진 생물체란 뜻으로, 기존 작물육종에 의한 품종개발이 아닌 식물, 동물, 미생물의 유용한 유전자를 인공적으로 분리하거나 결합해 개발자가 목적한 특성을 갖도록 한 농축수산물이다.

55 다음에서 설명하는 것은?

• 각종 금속 용화물이 증기압 중에 방전함으로써 금속 특유의 발광을 나타내는 현상을 이용한 등이다.
• 적색광과 원적색광의 에너지 분포가 자연광과 유사하다.

① 형광등
② 수은등
③ 백열등
④ 메탈할라이드등

해설
① 형광등 : 유리관 속에 수은과 아르곤을 넣고 안쪽 벽에 형광 물질을 바른 전등
② 수은등 : 수은등 : 유리관에 수은을 넣고 양쪽 끝에 전극을 봉한 발생관을 진공 봉입한 전등
③ 백열등 : 전류가 텅스텐 필라멘트를 가열할 때 발생하는 빛을 이용하는 등

정답 51 ③ 52 ② 53 ④ 54 ① 55 ④

56 다음 중 괄호 안에 알맞은 것은?

> (　　)은 포기를 많이 띄어서 구덩이를 파고 이식하는 방법으로 과수, 수목, 꽃나무 등에서 실시된다.

① 조 식 　　　　　② 혈 식

③ 난 식 　　　　　④ 점 식

해설

② 혈식 : 그루 사이를 많이 띄어서 구덩이를 파고 이식(양배추, 토마토, 수박, 호박)

① 조식 : 골에 줄지어 이식하는 방법(파, 맥류)

③ 난식 : 일정한 질서 없이 점점이 이식

④ 점식 : 포기를 일정한 간격을 두고 띄어서 점점이 이식(콩, 수수, 조)

57 다음 중 1년 휴작이 필요한 작물로만 짝지어진 것은?

① 토마토, 사탕무

② 우엉, 고추

③ 레드클로버, 고추

④ 시금치, 생강

해설

작물의 기지 정도

• 1년 휴작 작물 : 시금치, 콩, 파, 생강, 쪽파 등

• 5~7년 휴작 작물 : 수박, 가지, 완두, 우

58 친환경관련법상 유기축산물의 사료 및 영양관리에서 유기가축에는 몇 %의 유기사료를 급여하는 것을 원칙으로 하는가?(단, 극한 기후조건 등의 경우에는 국립농산물품질관리원장이 정하여 고시하는 바에 따라 유기사료가 아닌 사료를 급여하는 것을 허용할 수 있다)

① 100 　　　　　② 95

③ 90 　　　　　　④ 80

해설

유기축산물 – 사료 및 영양관리(친환경농어업법 시행규칙 [별표 4])

유기가축에는 100% 유기사료를 공급하는 것을 원칙으로 할 것. 다만, 극한 기후조건 등의 경우에는 국립농산물품질관리원장이 정하여 고시하는 바에 따라 유기사료가 아닌 사료를 공급하는 것을 허용할 수 있다.

59 다음 중 (가), (나)에 알맞은 것은?

> 호광성인 상추종자에 650nm 부근의 (가)의 조사 직후 (나)을 4분간 조사하면 발아율이 6%로 된다.

① 가 : 근적외광, 나 : 자색광

② 가 : 적색광, 나 : 청색광

③ 가 : 근적외광, 나 : 적색광

④ 가 : 적색광, 나 : 근적외광

해설

적색광(660nm)의 조사를 받으면 파이토크로뮴이 활성화되어 발아를 촉진하고, 근적외광(730nm)을 조사받으면 파이토크로뮴이 불활성화되어 발아를 억제한다.

60 다음 중 두과 녹비작물로만 짝지어진 것은?

① 유채, 귀리

② 수수, 수단그라스

③ 자운영, 베치

④ 조, 옥수수

해설

두과 녹비작물 : 헤어리베치, 자운영, 클로버류, 알팔파, 버즈풋트레포일, 클로탈라리아, 루피너스 등

정답 56 ② 57 ④ 58 ① 59 ④ 60 ③

제4과목 **유기식품 가공·유통론**

61 유기식품 중의 일반세균수를 측정하기 위하여 스토마커 블렌더에서 시료 10g을 넣고 인산완충용액으로 최종부피 100mL가 되도록 시료를 제조한 후 표준평판배지 하나에 1mL(1g으로 가정)를 넣어 배양했을 때, 평판배지 하나에 50개의 콜로니가 검출되었다면 시료의 g당 세균 콜로니 수는?

① 5CFU/g
② 50CFU/g
③ 500CFU/g
④ 5,000CFU/g

해설

CFU/ml = 콜로니수 × 희석배수
시료의 g당 세균 콜로니수 = 50 × 100 ÷ 10 = 500CFU/g

62 합판의 한 쪽은 20℃, 다른 한 쪽은 60℃이다. 합판 $1m^2$를 통해 2시간 동안 이동되는 열량은 얼마인가?(단, 합판의 두께는 5cm, 열전도도는 0.5W/m·k이다)

① 1,080kJ
② 300kJ
③ 2,160kJ
④ 2,880kJ

해설

$$Q = \frac{온도차 \times 너비 \times 열전도도}{두께}$$

$$= \frac{40 \times 1 \times 0.5}{0.05} = 400 J/s$$

W = J/s이므로
400 × 7,200 = 2,880,000J/h = 2,880kJ/h

63 유기가공식품 제조 시 허용범위에 제한이 없는 식품첨가물은?

① 구아검
② 구연산삼나트륨
③ 무수아황산
④ 카라기난

해설

유기가공식품 – 식품첨가물 또는 가공보조제로 사용 가능한 물질(친환경농어업법 시행규칙 [별표 1])

명칭(한)	식품첨가물로 사용 시		가공보조제로 사용 시	
	사용 가능 여부	사용 가능 범위	사용 가능 여부	사용 가능 범위
구아검	○	제한 없음	×	–
구연산삼 나트륨	○	소시지, 난백의 저온살균, 유제품, 과립음료	×	–
무수 아황산	○	과일주	×	–
카라기난	○	식물성제품, 유제품	×	–

64 생활협동조합 등 생산자 조직과 소비자 조직 간 유통의 특징이 아닌 것은?

① 직거래의 경제적 측면과 운동적 측면이 조화된 형태이다.
② 불특정 다수의 소비자에게 직접 판매하기 좋은 방식이다.
③ 생산자 조직과 소비자 조직 간 제휴·결합을 통해 유통되는 형태이다.
④ 도농교류를 통해 신뢰 확보가 가능한 형태이다.

해설

생활협동조합을 통한 유통은 생산자조직과 소비자조직 간의 제휴 결합을 통한 유통으로 직거래의 경제적 측면과 유기농업의 운동적 측면이 조화된 형태이다. 한살림 등 생협 유통의 대부분을 차지하고 있으며 주로 소비자회원의 주문에 따라 공급하는 형태를 취하고 있다.

정답 61 ③ 62 ④ 63 ① 64 ②

65 목재를 불완전연소시켜 발생하는 연기를 이용하여 식품의 저장성을 향상시키는 방법이 아닌 것은?

① 냉훈법　　　　　② 온훈법
③ 액훈법　　　　　④ 훈증법

해설
훈연방법에는 냉훈법, 온훈법, 열훈법, 액훈법, 전훈법 등이 있고, 훈증법은 훈증가스제를 사용하여 미생물을 사멸시키는 방법이다.

66 유기배를 MA포장하여 판매할 때 포장재 내부의 가스농도 변화는?

① 산소농도와 탄산가스농도는 감소한다.
② 산소농도는 감소하나 탄산가스농도는 증가한다.
③ 산소농도는 증가하나 탄산가스농도는 감소한다.
④ 산소농도와 탄산가스농도는 증가한다.

해설
MA포장(MA ; Modified Atmosphere)
선택적 가스투과성이 있는 플라스틱 필름을 이용하여 포장 내부의 산소농도를 낮추고 이산화탄소 농도를 높여주는 포장기술이다.

67 유기가공식품의 제조·가공을 위하여 사용할 수 있는 물질과 그 기능을 옳게 연결한 것은?

① 염화칼슘 – pH 조정제
② 황산칼슘 – 용매
③ 탄닌산 – 여과보조제
④ 동물유 – 유연제

해설
유기가공식품 – 식품첨가물 또는 가공보조제로 사용 가능한 물질(친환경농어업법 시행규칙 [별표 1])

명칭(한)	식품첨가물로 사용 시		가공보조제로 사용 시	
	사용 가능 여부	사용 가능 범위	사용 가능 여부	사용 가능 범위
염화칼슘	○	과일 및 채소제품, 두류제품, 지방제품, 유제품, 육제품	○	응고제
탄닌산	×	–	○	여과보조제
황산칼슘	○	케이크, 과자, 두류제품, 효모제품	○	응고제

68 치즈의 특성에 관한 설명으로 틀린 것은?

① 에멘탈(Emmental)치즈 – 스위스치즈로 내부에 치즈눈(Cheese Eye)을 형성
② 체다(Cheddar)치즈 – 세계에서 다량 생산되는 온화한 산미가 나는 경질치즈
③ 까망베르(Camembert)치즈 – 프랑스치즈로 흰곰팡이에 의해 숙성
④ 블루(Blue)치즈 – 스타터로 *Streptococcus cremoris* 를 사용

해설
블루치즈(Blue Cheese)
곰팡이로 숙성시킨 것이며 숙성에는 푸른곰팡이의 일종인 페니실륨 로케포르피(*Penicillium roqueforti*)가 중요한 구실을 한다.
※ 체다치즈 – 스타터로 *Streptococcus cremoris*를 사용

69 식품위해요인을 분석하고 중요관리점을 설정하여 식품안전을 관리하는 시스템은?

① HACCP　　　　　② GMP
③ ISO 9001　　　　④ QMP

해설
'식품 및 축산물 안전관리인증기준(Hazard Analysis and Critical Control Point, HACCP)'이란 식품위생법 및 건강기능식품에 관한 법률에 따른 식품안전관리인증기준과 축산물 위생관리법에 따른 축산물안전관리인증기준으로서, 식품(건강기능식품을 포함)·축산물의 원료 관리, 제조·가공·조리·선별·처리·포장·소분·보관·유통·판매의 모든 과정에서 위해한 물질이 식품 또는 축산물에 섞이거나 식품 또는 축산물이 오염되는 것을 방지하기 위하여 각 과정의 위해요소를 확인·평가하여 중점적으로 관리하는 기준을 말한다(이하 '안전관리인증기준(HACCP)').

70 식품 중 어떤 원재료가 방사선 조사처리 되었는지 확인하기 어려운 경우 가장 적합한 표시방법은?

① 전재료가 방사선 조사처리 재료 직접 접촉됨
② 방사선 조사처리된 원재료 일부 함유
③ 확인이 어려운 경우에 한해 미표시
④ 방사선 조사처리를 줄인 재료 사용

해설
조사처리(照射處理) 식품의 표시 – 표시방법(식품 등의 표시기준)
어떤 원재료가 조사처리 되었는지 확인하기 어려운 경우에는 '방사선 조사처리된 원재료 일부 함유' 또는 '일부 원재료 방사선 조사처리' 등의 내용으로 표시할 수 있다.

71 베이컨의 제조공정이 아닌 것은?

① 수 침 ② 염 지
③ 훈 연 ④ 가 열

해설
베이컨의 제조공정
삼겹살 → 정형 → 피빼기 → 염지 → 수침(염기빼기) → 건조 및 훈연 → 냉각 → 포장

72 가격의 고유한 기능과 역할이 아닌 것은?

① 자원 배분 기능 ② 소득 분배 기능
③ 물가 안정 기능 ④ 생산물 배분 기능

해설
가격의 고유한 기능
자원 배분 기능, 소득 분배 기능, 교환기능, 생산물 배분 기능, 정보전달기능, 유인제공기능 등

73 가당연유의 품질 저하와 관계가 없는 것은?

① 점도증가 ② 농후화(Thickening)
③ 지방분리 ④ 과립형성

해설
가당연유의 품질저하
갈색화, 사상현상, 당침현상, 농후화, 응고, 지방분리, 가스발효, 과립형성 등

74 냉장에 관한 용어의 설명 중 옳은 것은?

① 원료열 : 식품의 품온이 냉장실의 온도보다 높을 경우 식품을 냉각시키기 위해 제거해야 되는 열
② 침투열 : 냉장실의 주기적인 환기 시에 유입되는 열로 통제해야 되는 열
③ 호흡열 : 작업자가 냉장실 내에서 작업 시 발생하는 열
④ 흡열 : 식품의 자동산화, 강제 환풍 내부 기계 등에서 발생되는 열

해설
② 침투열 : 냉장실 구성하는 벽면으로 침투하는 열
③ 호흡열 : 보관과정에서 발생하는 열
④ 흡열 : 열을 빨아들임

75 식품의 부패 초기란 식품 1g 중의 균수가 어느 정도일 때를 말하는가?

① $10^3 \sim 10^4$CFU/g
② $10^4 \sim 10^5$CFU/g
③ $10^7 \sim 10^8$CFU/g
④ $10^9 \sim 10^{10}$CFU/g

해설
식품 1g당 세균수가 $10^7 \sim 10^8$CFU/g일 때를 초기 부패의 단계로 본다.

76 식생활의 발달에 따른 현상이 아닌 것은?

① 간편조리식품을 선호한다.
② 곡물 중심의 소비형태가 나타난다.
③ 소분포장 등 형태적 변경을 통해 효용을 높인다.
④ 축산물 소비증가로 동물성 열량섭취 비중이 증가한다.

해설
쌀과 채소 중심의 전통적인 우리의 식생활이 서양식 식사패턴으로 바뀌고 있다.

77 식품을 동결시킨 후 고도의 진공하에서 식품 내의 빙결정을 승화시켜 건조하는 방법으로 영양가의 변화가 적고, 다공질로 복원성이 좋은 건조방법은?

① 열풍건조
② 진공동결건조
③ 드럼건조
④ 분무건조

해설
진공동결건조(Freeze Vacuum Dry)
식품을 동결한 뒤 진공 상태로 건조하는 방법으로 단백질의 변성이 적고 구조가 잘 보존되며 복원력도 우수한 장점이 있다.

78 미생물의 신속검출법이 아닌 것은?

① ATP 광측정법
② 표준평판도말법
③ DNA 증폭법
④ 형광항체 이용법

해설
② 표준평판도말법은 생균수를 측정하는 방법이다.
미생물의 신속검출 : ATP 광측정법, DNA 증폭법, 형광항체 이용법, 염료환원법, DNA probe 사용법 등

79 식중독을 일으키는 비브리오 불니피쿠스(*Vibrio vulnificus*)에 대한 설명으로 틀린 것은?

① 비브리오 패혈증을 일으킨다.
② 따뜻한 해수지역에서 채취된 해산물이 주요 오염원이다.
③ 사람 피부의 상처를 통해서도 감염된다.
④ 우리나라에서 제1종 법정감염병으로 지정되어 있다.

해설
비브리오 불니피쿠스(*Vibrio vulnificus*)에 의해 발병하는 비브리오패혈증은 우리나라에서 제3급 감염병으로 지정되어 있다.

80 다양한 중간유통 서비스가 추가되어 유통마진이 커지게 되는 이유와 거리가 먼 것은?

① 독점적 간격   ② 장소적 간격
③ 시간적 간격   ④ 품질적 간격

해설
유통은 생산자와 소비자 간에 존재하는 장소적·시간적·소유권적·품질적·수량적 간격을 좁혀주는 기능을 수행한다.

2018년 제 1 회 | 과년도 기출문제

제1과목 **재배원론**

01 다음에서 설명하는 것은?

> • 지상 1.8m 높이에 가로세로로 철선을 늘이고 결과부위를 평면으로 만들어 주는 수형이다.
> • 포도나무 재배에 많이 이용된다.

① 개심자연형 정지　　② 변칙주간형 정지
③ 덕형 정지　　　　　④ 갱신 정지

해설
③ 덕형 정지 : 풍해를 적게 받고 수량이 많은 장점 등이 있지만, 시설비와 작업노력이 많이 들고 정지·전정과 수세조절이 잘 안 되었을 경우 가지가 혼잡하여 과실의 품질저하, 병해충 발생증가 등의 문제점도 있다.
① 개심자연형 정지 : 배상형의 단점을 개선한 수형으로서 복숭아나무와 같이 원줄기가 수직방향으로 자라지 않고 개장성인 과수에 적합한 수형이다.
② 변칙주간형 정지 : 주간형의 단점인 높은 수고와 수관 내부의 광부족을 시정한 수형으로서 미국 동부지방의 사과나무 재배에서 발달하기 시작하였으며, 사과나무 외에 감나무·밤나무·양앵두나무 등의 재배에 널리 적용되고 있다.
④ 갱신 정지 : 맹아력이 강한 활엽수에 대해서 너무 늙어 생기를 잃은 나무나 개화상태가 불량해진 묵은 가지를 잘라 주어 새로운 가지가 나오게 함으로서 수목에 활기를 불어 넣어 주는 것이다.

02 고립상태 시 광포화점을 조사광량에 대한 비율로 표시할 때 50% 정도에 해당하는 것은?

① 감 자　　　　　　② 담 배
③ 밀　　　　　　　④ 강낭콩

해설
①, ②, ④ : 30% 정도

03 다음 중 장일식물에 해당하는 것은?

① 담 배　　　　　　② 들 깨
③ 나팔꽃　　　　　④ 감 자

해설
일장반응에 따른 작물의 종류
• 단일성 식물 : 국화, 콩, 담배, 들깨, 도꼬마리, 코스모스, 목화, 벼, 나팔꽃
• 장일성 식물 : 맥류, 양귀비, 시금치, 양파, 상치, 아마, 티머시, 딸기, 감자, 무

04 (　　) 안에 들어갈 알맞은 내용은?

> 작부체계에서 휴한하는 대신 클로버와 같은 콩과 식물을 재배하면 지력이 좋아지는데, 이를 (　　)이라고 한다.

① 피복작물　　　　　② 자급작물
③ 휴한작물　　　　　④ 중경작물

해설
③ 휴한작물 : 휴한 대신 지력이 유지되도록 윤작에 포함시키는 작물(비트, 클로버 등)
① 피복작물 : 토양 전면을 피복하여 토양침식을 막는데 이용하는 작물(목초류)
② 자급작물 : 농가에서 자급을 위하여 재배하는 작물(벼, 보리 등)
④ 중경작물 : 작물로서 잡초억제효과와 토양을 부드럽게 하는 작물(옥수수, 수수 등)

05 다음 중 감광형에 해당하는 것은?

① 봄 조   ② 여름메밀
③ 올 콩   ④ 그루콩

해설
우리나라 주요 작물의 기상생태형
• 감온형 : 조생종, 올콩, 봄조, 여름메밀
• 감광형 : 만생종, 그루콩, 그루조, 가을메밀

06 다음 중 인과류만 나열된 것은?

① 포도, 딸기   ② 복숭아, 자두
③ 배, 사과   ④ 밤, 호두

해설
과실의 구조에 따른 분류
• 인과류 : 배, 사과, 비파 등
• 핵과류 : 복숭아, 자두, 살구, 앵두 등
• 장과류 : 포도, 딸기, 무화과 등
• 견과류(곡과류) : 밤, 호두 등
• 준인과류 : 감, 귤 등

07 적산온도가 1,000~1,200℃에 해당하는 것은?

① 메 밀   ② 벼
③ 담 배   ④ 아 마

해설
① 메밀 : 1,000~1,200℃
② 벼 : 3,500~4,500℃
③ 담배 : 3,200~3,600℃
④ 아마 : 1,600~1,850℃

08 쌀의 안전저장 조건으로 가장 옳은 것은?

① 온도 : 5℃, 상대습도 : 약 60%
② 온도 : 10℃, 상대습도 : 약 65%
③ 온도 : 15℃, 상대습도 : 약 70%
④ 온도 : 20℃, 상대습도 : 약 80%

해설
쌀의 안전저장 조건은 온도 15℃, 상대습도 약 70%이다.

09 작물의 기원지가 이란인 것은?

① 매 화   ② 자운영
③ 배 추   ④ 시금치

해설
시금치의 원산지는 아프카니스탄 주변의 중앙아시아 이란지방에서 오래 전부터 재배. 회교도에 의해 동서양으로 전파, 유럽에는 11~16세기, 동양은 7세기 한나라시대 중국으로. 우리나라에는 조선시대 중종 22년 1527에 최세진이 편찬한 훈몽자회에 소개되었다.
①, ②, ③의 기원지는 중국이다.

10 비료의 3요소 개념을 명확히 하고 N, P, K가 중요 원소임을 밝힌 사람은?

① Aristoteles ② Lawes
③ Liebig ④ Boussinault

해설
② Lawes가 그의 농업 시험장에서 비료의 시험을 통해 비료 3요소의 개념을 질소(N), 인산(P), 칼리(K)로 명확히 한 후로 비료의 개념이 정립되었다. 무기영양설에 근거하여 과인산석회를 만드는데 성공. 화학비료의 첫 출현이었다.
① Aristoteles : 유기질설 또는 부식설
③ Liebig : 무기영양설, 최소율의 법칙
④ Boussingault : 콩과작물이 공중질소를 고정한다는 사실을 증명

11 눈이나 가지의 바로 위에 가로로 깊은 칼금을 넣어 그 눈이나 가지의 발육을 조장하는 것을 무엇이라 하는가?

① 제 얼 ② 환상박피
③ 적 심 ④ 절 상

해설
① 제얼 : 분얼을 제거하는 것
② 환상박피 : 줄기가 가지의 껍질을 3~6cm 정도 둥글게 벗기는 것
③ 적심(순지르기) : 원줄기나 원가지의 순을 질러서 생장을 억제하고 곁가지 발생을 많게 하여 개화·착과·착립을 조장하는 것

12 다음 중 천연 옥신류에 해당하는 것은?

① IAA ② BA
③ 페 놀 ④ IPA

해설
옥신의 종류
• 천연 옥신 : 인돌아세트산(IAA), IAN, PAA
• 합성된 옥신 : IBA, 2,4-D, NAA, 2,4,5-T, PCPA, MCPA, BNOA 등

13 등고선에 따라 수로를 내고, 임의의 장소로부터 월류하도록 하는 방법은?

① 보더관개 ② 일류관개
③ 수반관개 ④ 고랑관개

해설
지표관개
• 전면관개
 – 일류관개 : 등고선에 따라 수로를 내고 월류하도록 하는 방법
 – 보더관개 : 완경사의 상단의 후로로부터 전체 표면에 물을 흘려 대는 방법
 – 수반관개 : 포장을 수평으로 구획하고 관개
• 고랑관개 : 포장에 이랑을 세우고 고랑에 물을 흘려서 대는 방법

14 다음 중 CAM식물에 해당하는 것은?

① 보 리 ② 담 배
③ 파인애플 ④ 명아주

해설
CAM 식물
밤에 이산화탄소를 받아들여 저장하였다가 낮에 당을 만들어 내는 식물로서 파인애플, 돌나물, 선인장 등의 사막식물이 속해 있다.

정답 10 ② 11 ④ 12 ① 13 ② 14 ③

15 ( ) 안에 들어갈 알맞은 내용은?

> 어미식물에서 발생하는 흡지(吸枝)를 뿌리가 달린 채로 분리하여 번식시키는 것을 ( )(이)라고 한다.

① 성토법
② 분 주
③ 선취법
④ 당목취법

해설

취목번식방법

구 분		내 용	대상식물
성토법		모식물의 기부(지표와 맞닿은 부분, 기관 또는 부속기관의 접촉면에 가까운 것)에 새로운 측지를 나오게 한 후 끝이 보일 정도로 흙을 덮어서 뿌리가 내린 후 잘라서 번식시키는 방법	뽕나무, 사과나무, 환엽해당, 양앵두, 자두 등
휘묻이법 (언지법)	보통법	가지를 보통으로 휘어서 일부를 흙 속에 묻는 방법	포도, 자두, 양앵두 등
	선취법	가지의 선단부를 휘어서 묻는 방법	나무딸기 등
	파상 취목법	긴가지를 휘어서 하곡부마다 흙을 덮어 한 가지에서 여러 개 취목하는 방법	포도 등
	당목취법	가지를 수평으로 묻고, 각 마디에서 발생하는 새 가지를 발근시켜 한 가지에서 여러 개 취목하는 방법	포도, 양앵두, 자두 등
고취법 (양취법)		지조(=가지)를 땅속에 휘어묻을 수 없는 경우에 높은 곳에서 발근시켜 취목하는 방법	고무나무와 같은 관상수목

16 다음 중 땅속줄기에 해당하는 것은?

① 생 강
② 박 하
③ 모시풀
④ 마 늘

해설

영양기관에 따른 분류
- 덩이뿌리(塊根) : 달리아, 고구마, 마, 작약 등
- 덩이줄기(塊莖) : 감자, 토란, 뚱딴지 등
- 비늘줄기(鱗莖) : 나리(백합), 마늘 등
- 뿌리줄기(地下莖), 근경(根莖) : 생강, 연, 박하, 호프 등
- 알줄기(球莖) : 글라디올러스 등

17 작물의 주요 생육온도에서 최고온도가 30℃에 해당하는 것은?

① 옥수수
② 삼
③ 호 밀
④ 오 이

해설

작물의 주요 온도(℃)

작 물	최 저	최 적	최 고
옥수수	8~10	30~32	40~44
삼	1~2	35	45
호 밀	1~2	25	30
오 이	12	33~34	40

18 NO_2가 자외선하에서 광산화되어 생성되는 것은?

① 아황산가스
② 불화수소가스
③ 오존가스
④ 암모니아가스

해설

오존은 대기 중에 배출된 NOx와 휘발성유기화합물(VOCs) 등이 자외선과 광화학 반응을 일으켜 생성된 PAN, 알데하이드, Acrolein 등의 광화학 옥시던트의 일종으로 2차 오염물질에 속한다.

19 다음 중 3년생 가지에 결실하는 것은?

① 감   ② 밤

③ 배   ④ 포 도

해설

과수의 결실 습성
- 1년생 가지에서 결실하는 과수 : 감귤류, 포도, 감, 무화과, 밤
- 2년생 가지에서 결실되는 과수 : 복숭아, 매실, 자두 등
- 3년생 가지에서 결실되는 과수 : 사과, 배

---

21 비팽창형의 2 : 1 격자광물이며 음전하의 부족한 양을 채우기 위하여 결정단위 사이에 K 원소가 고정되어 있는 광물은?

① Montmorillonite   ② Vermiculite

③ Illite   ④ Kaolinite

해설

Illite : 결정구조의 결정단위와 단위 사이에 K^+을 가지고 있는 광물

---

22 토양온도에 대한 설명으로 틀린 것은?

① 토양의 온도는 지표면에서 일어나는 열의 흡수와 방출의 결과이다.

② 사토보다는 식토에서 온도변화가 크다.

③ 토양온도가 올라가면 유기물의 분해가 빨라진다.

④ 부식은 토양의 온도를 상승시킨다.

해설

열전도도 : 사토 > 양토 > 식토 > 이탄토 순서로 전도된다.

---

20 반건조지방의 밀 재배에 있어서 토양을 갈아엎지 않고 경운하여 앞 작물의 그루터기를 그대로 남겨서 풍식과 수식을 경감시키는 농법은?

① 수경 농법

② 노포크식 농법

③ 비닐멀칭 농법

④ 스터블멀칭 농법

해설

스터블멀칭 농법 : 앞 작물의 그루터기를 그대로 남겨서 풍식과 수식을 경감시키는 농법

---

23 퇴비화 과정에 대한 설명으로 옳지 않은 것은?

① 첫째 단계는 쉽게 분해될 수 있는 화합물이 분해된다.

② 첫째 단계는 고온성 균이 우점하게 된다.

③ 둘째 단계는 고온성 균이 우점하게 된다.

④ 셋째 단계는 중온성 균이 우점하게 된다.

해설

첫째 단계는 저온성 균이 우점하게 된다.

---

24 논토양에서 카드뮴의 영향을 감소시킬 수 있는 방안으로 옳은 것은?

① Zn 첨가
② 유기물 제거
③ 석회물질 첨가
④ 생육 후반에 낙수

해설
카드뮴에 의한 토양오염을 방지는 배토나 객토, 또는 석회질 물질에 의한 토양의 알칼리화를 꾀하여 카드뮴을 수산화카드뮴으로 불용화시키거나, 인산 흡수계수에 가까운 인산을 시용하여 인산카드뮴으로 불용화시키기도 한다.

25 경작지 토양에 유기물 함량을 높이는 방법으로 틀린 것은?

① 식물의 유체를 토양으로 되돌려 준다.
② 토양의 침식을 막아야 한다.
③ 토양 경운을 최소화한다.
④ 논토양에는 밭 토양보다 많은 양의 유기물을 투입한다.

해설
밭토양이 유기물의 용탈이 더 심하므로 논토양보다 더 많이 투입해야 한다.

26 다음 중 탄질비를 갖는 유기물을 토양에 사용했을 때 질소기아 현상이 가장 많이 일어날 수 있는 경우는?

① C < N
② C > N
③ C = N
④ C ≤ N

해설
탄소(C)가 많고 질소(N)가 적은 유기물이라면 미생물이 먹고도 많이 남게 되어 유기물은 잘 썩지 않는다. 탄소가 적고 질소가 많은 유기물이라면 먹을 것이 부족하여 유기물은 빨리 썩어버리게 된다.

27 지름에 따라 토양입자를 분류할 때 0.002~0.05mm 범위에 해당하는 것은?

① 자 갈
② 모 래
③ 미 사
④ 점 토

해설
입자의 지름-미국 농무성(USDA)의 토양입자 분류
자갈(2mm 이상) > 조사(2.0~0.2mm) > 세사(0.2~0.02mm) > 미사(0.02~0.002mm) > 점토(0.002mm 이하)

28 토양의 전체 공극이 물로 포화되어 있는 수분을 무엇이라고 하는가?

① 포장용수량
② 최대용수량
③ 토양용수량
④ 최적용수량

해설
최대용수량 : 토양의 모든 공극 내에 물이 완전히 차 있는 상태이다.

29 다음 중 질소질 비료가 아닌 것은?

① 요 소
② 석회질소
③ 황산암모늄
④ 과린산석회

해설
• 질소질 비료 : 요소, 질산암모늄(초안), 염화암모늄, 석회질소, 황산암모늄(유안), 질산칼륨(초석), 인산암모늄 등
• 인산질 비료 : 과인산석회(과석), 중과인산석회(중과석), 용성인비, 용과린, 토머스인비 등

30 암모니아로부터 질산 생성에 관여하는 세균 중 암모니아 산화균인 것은?

① *Nitrobacter*
② *Nitrosomonas*
③ *Pseudomonas*
④ *Azotobacter*

해설

질소순환에 관여하는 세균
- 암모니아 산화균(*Nitrosomonas*, *Nitrosococcus*, *Nitrosospira* 등)
- 아질산 산화균(*Nitrobacter*, *Nitrospina*, *Nitrococcus* 등)

31 식물이 이용할 수 있는 유효수분의 범위는?

① −100∼−3.1MPa
② −3.1∼−1.5MPa
③ −1.5∼−0.033MPa
④ −0.033∼0MPa

해설

유효수분의 범위
포장용수량(−0.033Mpa, −1/3bar)과 위조점 수분함량(−1.5MPa, −15bar)의 차이가 유효수분의 함량이다.

32 다음 토성 중 토양 pH를 4에서 5로 교정하는 데 가장 반응이 느린 것은?

① 식 토
② 식양토
③ 양 토
④ 사양토

해설

토성을 식토, 식양토, 양토, 사양토 및 사토 등으로 구분하고, 점토함량이 많은 식토 쪽으로 갈수록 양분의 보존능력은 크나 공기나 물의 유통을 느리게 하며 건조시에는 단단하여 뿌리신장이 나쁘다. 한편, 모래함량이 많은 사토쪽으로 갈수록 투수성 및 통기성은 양호하지만 가뭄을 잘 타며 양분이 결핍되기 쉽다.

33 일반적으로 시설재배 토양의 특성을 열거한 것으로 틀린 것은?

① 염류의 집적
② 토양의 오염 증가
③ 연작장해의 발생
④ pH의 중성화

해설

시설재배 토양의 특성
염류의 집적, 토양의 오염 증가, 연작장해의 발생, 토양 산도의 저하(산성화), 토양의 통기성 불량 등

34 일반적인 농경지에서 가장 많은 수를 차지하는 미생물은?

① 세 균
② 곰팡이
③ 조 류
④ 선 충

해설

토양 생물의 개체수
세균 > 방선균 > 사상균(곰팡이) > 조류

35 토양단면을 나타내는 기호의 설명으로 틀린 것은?

① A : 환원층
② O : 유기물층
③ B : 집적층
④ R : 모암층

해설

토양단면
- O층 : 유기물 집적층
- A층 : 무기물 표층
- E층 : 최대용탈층
- B층 : 집적층
- C층 : 모재층
- R층 : 모암층

36 다음 중 토양침식에 가장 영향을 미치지 않는 인자는?

① 지 형
② 기상조건
③ 식물의 생육
④ 토양산도

해설
토양의 침식에 영향을 주는 인자
기상조건(강우인자), 토양의 침식성, 지형(경사장과 경사도), 식물의 생육(작물의 피복도 및 토양보전 관리인자) 등이다.

37 산성 토양 반응에서 유효도가 가장 높은 영양소로 짝지어진 것은?

① N–Mg
② P–K
③ Fe–Cu
④ Cu–Mo

해설
토양 pH에 따른 양분의 유효도
• 알칼리성에서 유효도가 커지는 원소 : P, Ca, Mg, K, Mo 등
• 산성에서 유효도가 커지는 원소 : Fe, Cu, Zn, Al, Mn, B 등

38 다음 생성론적 분류 체계 중 비성대성 토양에 해당하지 않는 것은?

① 암쇄토
② 레고솔
③ 툰드라
④ 충적토

해설
토양의 생성론적 분류
• 성대성 토양 : Tundra, 건조지대의 담색토양, 반간반습 및 습윤지대의 암색토양, 초원·삼림 중간지대, 삼림지대의 담색 Podzol화 토양, 난온대·열대지대의 Latosol화 토양
• 간대성 토양 : 염류 및 알칼리성 토양, 수성토양, 석회질 토양
• 비성대성 토양 : 암쇄토(Lithosol), 퇴적토(Regosol), 충적토

39 질소에 대한 설명으로 옳지 않은 것은?

① 토양 중 질소는 대부분 무기태 형태로 존재한다.
② 아미노산과 같은 유기화합물을 구성하는 필수원소이다.
③ 이동성이 매우 큰 원소이다.
④ 작물 내 질소흡수량이 많아지면 영양생장이 촉진된다.

해설
토양 중의 질소형태는 유기태질소와 무기태질소로 있으나 비료를 주지 않은 상태에서는 무기태질소의 비율은 극히 적어 1~3%에 불과하며 대부분이 유기태질소의 형태로 존재한다.

40 토양 내 양이온치환용량(CEC)이 크다는 것은 무엇을 의미하는가?

① 비옥한 토양
② 토양의 완충능력 저하
③ 사토함량 풍부
④ 비료성분의 용탈 증대

해설
CEC가 클수록 pH에 저항하는 완충력이 크며, 양분을 보유하는 보비력이 크므로, 비옥한 토양이다. 따라서 작물을 안정적으로 재배할 수 있다.

제3과목 유기농업개론

41 유기축산물 자급 사료 기반에 대한 내용이다. ( ) 안에 들어갈 알맞은 내용은?

> 산림 등 자연상태에서 자생하는 사료작물은 유기농산물 허용물질 외의 물질이 ( ) 이상 사용되지 아니한 것이 확인되고, 비식용 유기가공품(유기사료)의 기준을 충족할 경우 유기사료작물로 인정할 수 있다.

① 6개월   ② 1년
③ 2년   ④ 3년

해설
유기축산물 – 자급 사료 기반(유기식품 및 무농약농산물 등의 인증에 관한 세부실시 요령 [별표 1])
산림 등 자연상태에서 자생하는 사료작물은 유기농산물 허용물질 외의 물질이 3년 이상 사용되지 아니한 것이 확인되고, 비식용유기가공품(유기사료)의 기준을 충족할 경우 유기사료작물로 인정할 수 있다.

42 우리나라 자식성 작물의 종자증식 체계로 옳은 것은?

① 기본식물 → 원원종 → 보급종 → 원종
② 기본식물 → 원원종 → 원종 → 보급종
③ 보급종 → 기본식물 → 원원종 → 원종
④ 보급종 → 원원종 → 원종 → 기본식물

해설
자식성 식물의 종자증식 체계
품종 육성 및 기본식물 생산 → 원원종 → 원종 → 보급종 → 농가

43 병해충 관리를 위해 사용 가능한 물질 중 사용가능 조건이 "물로 추출한 것"에 해당하는 것은?

① 담뱃잎차(순수 니코틴은 제외)
② 식 초
③ 난 황
④ 젤라틴

해설
병해충 관리를 위해 사용 가능한 물질(친환경농어업법 시행규칙 [별표 1])

사용가능 물질	사용가능 조건
담배잎차(순수 니코틴은 제외)	물로 추출한 것일 것
식초 등 천연산	화학물질의 첨가나 화학적 제조공정을 거치지 않을 것
난황(卵黃, 계란노른자 포함)	화학물질의 첨가나 화학적 제조공정을 거치지 않을 것
젤라틴(Gelatine)	크로뮴(Cr)처리 등 화학적 공정을 거치지 않을 것

44 유기가공식품에서 식품첨가물 또는 가공보조제로 사용이 가능한 물질 중 가공보조제로 사용 시 허용범위가 "포도의 건조"에 해당하는 것은?

① 탄산칼륨   ② 염화칼슘
③ 염화마그네슘   ④ 과산화수소

해설
유기가공식품 – 식품첨가물 또는 가공보조제로 사용 가능한 물질(친환경농어업법 시행규칙 [별표 1])

명칭(한)	식품첨가물로 사용 시		가공보조제로 사용 시	
	사용 가능 여부	사용 가능 범위	사용 가능 여부	사용 가능 범위
탄산칼륨	○	곡류제품, 케이크, 과자	○	포도 건조
염화칼슘	○	과일 및 채소제품, 두류제품, 지방제품, 유제품, 육제품	○	응고제
염화마그네슘	○	두류제품	○	응고제
과산화수소	×	–	○	식품 표면의 세척·소독제

정답   41 ④   42 ②   43 ①   44 ①

45 다음에서 설명하는 것은?

> 염색체를 배가하면 곧바로 동형접합체를 얻을 수 있으므로 육종연한을 대폭 줄일 수 있고, 또한 상동게놈이 1개뿐이므로 열성형질을 선발하기 쉽다.

① 이질배수체　　　　② 세포융합
③ 돌연변이　　　　　④ 반수체

해설
반수체
· 특성 : 생육이 불량하고 완전불임으로 실용성이 없다.
· 이점 : 반수체의 염색체를 배가하면 곧바로 동형접합체를 얻을 수 있으므로 육종연한을 대폭 줄일 수 있고, 또한 상동게놈이 1개뿐이므로 열성형질을 선발하기 쉽다.

46 $CH_2 = CH_2$와 $CH_2 = CHOCOCH_3$의 공중합 수지이며 기초 피복재로서의 우수한 특징을 지니고 있는 것은?

① 불소수지필름　　　② 폴리에틸렌필름
③ 염화비닐　　　　　④ 에틸렌아세트산비닐

해설
EVA(Ethylene Vinyl Acetate), 에틸렌아세트산비닐
보온성과 내구성이 PE와 PVC필름의 중간적 성질을 가지고 있으며 물방울이 생기지 않는 무적필름이기 때문에 점차 그 사용면적이 증가되고 있다.

47 뿌리를 양액이나 고형배지에 두지 않고 베드 내의 공중에 매달아 양액분무로 젖어 있게 하면서 재배하는 방법으로 공기경이라고도 하는 것은?

① 박막수경　　　　　② 담액수경
③ 분무경　　　　　　④ 수기경

해설
③ 분무경 : 식물의 뿌리를 베드 내의 공기 중에 매달아 양액을 분무하여 재배
① 박막수경 : 베드 내에 양액을 조금씩 흘러내리게 하고 그 위에 뿌리가 닿도록 하여 재배
② 담액수경 : 식물의 뿌리를 양액에 담가 재배
④ 수기경(분무수경) : 식물의 뿌리에 양액을 분무함과 동시에 뿌리의 일부를 양액에 담가 재배

48 유기가축 1마리당 갖추어야 하는 가축사육시설의 소요면적에서 육계의 소요 면적은?

① $0.1m^2$/마리　　　② $0.3m^2$/마리
③ $0.5m^2$/마리　　　④ $0.7m^2$/마리

해설
유기축산물 – 사육장 및 사육조건(유기식품 및 무농약농산물 등의 인증에 관한 세부실시 요령 [별표 1])
유기가축 1마리당 갖추어야 하는 가축사육시설의 소요면적(단위 : m^2)은 다음과 같다.

구분	소요면적
산란 성계, 종계	$0.22m^2$/마리
산란 육성계	$0.16m^2$/마리
육계	$0.1m^2$/마리

· 성계 1마리 = 육성계 2마리 = 병아리 4마리
· 병아리(3주령 미만), 육성계(3주령~18주령 미만), 성계(18주령 이상)

49 토양개량과 작물생육을 위해 사용 가능한 물질 중 사용가능 조건이 "고온발효 : 50℃ 이상에서 7일 이상 발효된 것"에 해당하는 것은?

① 혈 분　　　　　　② 육 분
③ 골 분　　　　　　④ 사람의 배설물

해설
토양개량과 작물생육을 위해 사용 가능한 물질(친환경농어업법 시행규칙 [별표 1])

사용가능 물질	사용가능 조건
혈분·육분·골분·깃털분 등 도축장과 수산물 가공공장에서 나온 동물부산물	화학물질의 첨가나 화학적 제조공정을 거치지 않아야 하고, 항생물질이 검출되지 않을 것
사람의 배설물(오줌만인 경우는 제외한다)	· 완전히 발효되어 부숙된 것일 것 · 고온발효 : 50℃ 이상에서 7일 이상 발효된 것 · 저온발효 : 6개월 이상 발효된 것일 것 · 엽채류 등 농산물·임산물 중 사람이 직접 먹는 부위에는 사용하지 않을 것

50 작물의 기지 정도에 따라 2년 휴작이 필요한 작물로만 나열된 것은?

① 수박, 가지　　　　② 완두, 우엉

③ 고추, 토마토　　　④ 감자, 오이

해설

작물의 기지 정도

- 연작의 피해가 적은 작물 : 벼, 맥류, 조, 수수, 옥수수, 고구마, 삼, 담배, 무, 당근, 양파, 호박, 연, 순무, 뽕나무, 아스파라거스, 토당귀, 미나리, 딸기, 양배추, 사탕수수, 꽃양배추, 목화 등
- 1년 휴작 작물 : 시금치, 콩, 파, 생강, 쪽파 등
- 2년 휴작이 필요한 작물 : 마, 오이, 감자, 땅콩, 잠두 등
- 3년 휴작이 필요한 작물 : 참외, 토란, 쑥갓, 강낭콩 등
- 5~7년 휴작 작물 : 수박, 가지, 완두, 우엉, 고추, 토마토, 레드클로버, 사탕무, 대파 등
- 10년 이상 휴작 작물 : 아마, 인삼 등

51 유기가축과 비유기가축의 병행사육 시 준수사항으로 틀린 것은?

① 입식시기가 경과한 비유기가축은 유기가축축사로 입식을 허용한다.

② 유기가축과 비유기가축은 서로 독립된 축사(건축물)에서 사육하고 구별이 가능하도록 각 축사 입구에 표지판을 설치하여야 한다.

③ 유기가축과 비유기가축의 생산부터 출하까지 구분관리 계획을 마련하여 이행하여야 한다.

④ 인증가축은 비유기가축 사료, 금지물질 저장, 사료공급·혼합 및 취급 지역에서 안전하게 격리되어야 한다.

해설

유기축산물 – 사육장 및 사육조건(유기식품 및 무농약농산물 등의 인증에 관한 세부실시 요령 [별표 1])

유기가축과 비유기가축의 병행사육 시 다음의 사항을 준수하여야 한다.

- 유기가축과 비유기가축은 서로 독립된 축사(건축물)에서 사육하고 구별이 가능하도록 각 축사 입구에 표지판을 설치하고, 유기 가축과 비유기가축은 성장단계 또는 색깔 등 외관상 명확하게 구분될 수 있도록 하여야 한다.
- 일반 가축을 유기 가축 축사로 입식하여서는 아니 된다. 다만, 입식시기가 경과하지 않은 어린 가축은 예외를 인정한다.
- 유기가축과 비유기가축의 생산부터 출하까지 구분관리 계획을 마련하여 이행하여야 한다.
- 유기가축, 사료취급, 약품투여 등은 비유기가축과 구분하여 정확히 기록 관리하고 보관하여야 한다.
- 인증가축은 비유기 가축사료, 금지물질 저장, 사료공급·혼합 및 취급 지역에서 안전하게 격리되어야 한다.

52 일반농가가 유기축산으로 전환하거나 유기가축이 아닌 가축을 유기농장으로 입식하여 유기축산물을 생산·판매하려는 경우 돼지의 식육생산물을 위한 최소 사육기간은?

① 입식 후 출하 시까지(최소 3개월)

② 입식 후 출하 시까지(최소 5개월)

③ 입식 후 출하 시까지(최소 7개월)

④ 입식 후 출하 시까지(최소 9개월)

해설

유기축산물 – 전환기간(친환경농어업법 시행규칙 [별표 4])

가축의 종류	생산물	전환기간 (최소 사육기간)
한우·육우	식 육	입식 후 12개월
젖 소	시유 (시판우유)	• 착유우는 입식 후 3개월 • 새끼를 낳지 않은 암소는 입식 후 6개월
면양·염소	식 육	입식 후 5개월
	시유 (시판우유)	• 착유양은 입식 후 3개월 • 새끼를 낳지 않은 암양은 입식 후 6개월
돼 지	식 육	입식 후 5개월
육 계	식 육	입식 후 3주
산란계	알	입식 후 3개월
오 리	식 육	입식 후 6주
	알	입식 후 3개월
메추리	알	입식 후 3개월
사 슴	식 육	입식 후 12개월

53 밭(산화)상태에서 원소의 존재형태로 옳은 것은?

① CO_2　　　　　② CH_4

③ NH_4^+　　　　④ H_2S

해설

밭토양과 논토양의 원소 존재형태

원 소	밭(산화)토양	논(환원)토양
C	CO_2	CH_4, 유기산류
N	NO_3^-	N_2, NH_4
S	SO_4^{2-}	S, H_2S

54 보리의 종자갱신 연한은?

① 3년 1기　　　　② 4년 1기
③ 5년 1기　　　　④ 6년 1기

해설
우리나라에서 벼, 보리, 콩 등 자식성 작물의 종자갱신 연한은 4년
1기로 되어 있다.

55 우량품종에 한 두 가지 결점이 있을 때 이를 보완하는 데
효과적인 육종방법은?

① 여교배육종　　　② 1개체 1계통육종
③ 파생계통육종　　④ 집단육종

해설
여교배육종
우량품종에 한두 가지 결점이 있을 때 이를 보완하는 데 효과적인
육종방법으로, 양친 A와 B를 교배한 F_1을 양친 중 어느 하나와 다시
교배한다.

56 망간 중금속에 대한 작물의 내성 정도가 가장 작은 것은?

① 밀　　　　　　　② 보 리
③ 강낭콩　　　　　④ 귀 리

해설
망간 내성
보리, 호밀, 감자, 귀리, 밀은 내성이 크고, 강낭콩, 양배추는 내성이
약하다.

57 다음 중 산성토양에 극히 강한 것으로만 나열된 것은?

① 보리, 가지
② 토란, 아마
③ 삼, 겨자
④ 고추, 완두

해설
산성토양 적응성
• 극히 강한 것 : 벼, 밭벼, 귀리, 기장, 땅콩, 아마, 감자, 호밀, 토란
• 강한 것 : 메밀, 당근, 옥수수, 고구마, 오이, 호박, 토마토, 조, 딸기,
  베치, 담배
• 약한 것 : 고추, 보리, 클로버, 완두, 가지, 삼, 겨자
• 가장 약한 것 : 알팔파, 자운영, 콩, 팥, 시금치, 사탕무, 셀러리,
  부추, 양파

58 다음 중 포식성 곤충에 해당하는 것은?

① 침파리
② 고치벌
③ 꽃등에
④ 맵시벌

해설
• 포식성 곤충 : 무당벌레, 노린재, 풀잠자리, 꽃등에 등
• 기생성 천적 : 기생벌(맵시벌·고치벌·수중다리좀벌·혹벌·애배
  벌), 기생파리(침파리·왕눈등에) 등

59 다음에서 설명하는 것은?

> • 유리관 내벽에 도포하는 형광물질에 따라 분광분포가 정해진다.
> • 전극에서 발생하는 열전자가 수은원자를 자극하여 자외선을 방출시키고, 이 자외선이 형광물질을 자극하여 가시광선을 방출시킨다.

① 백열등

② 메탈할라이드등

③ 형광등

④ 고압나트륨등

해설

③ 형광등 : 유리관 속에 수은과 아르곤을 넣고 안쪽 벽에 형광 물질을 바른 전등

① 백열등 : 전류가 텅스텐 필라멘트를 가열할 때 발생하는 빛을 이용하는 등

② 메탈할라이드등 : 금속 용화물을 증기압 중에 방전시켜 금속 특유의 발광을 나타내는 전등

④ 고압나트륨등 : 관 속에 금속나트륨, 아르곤, 네온 보조가스를 봉입한 등

60 일명 처마도리라고도 하며, 측벽 기둥의 상단을 연결하는 수평재로서 서까래의 하단을 떠받치는 역할을 하는 것은?

① 갓도리

② 보

③ 버팀대

④ 샛기둥

해설

② 보 : 수직재의 기둥에 연결되어 하중을 지탱하고 있는 수평 구조부재

③ 버팀대 : 엇가새와 뻗침목이 있다.

④ 샛기둥 : 기둥과 기둥 사이에 배치하여 벽을 지지해 주는 수직재

61 HACCP 적용 시 모니터링 결과 중요점의 한계기준을 이탈할 경우에 취하는 일련의 조치는?

① 개선조치

② 예방조치

③ 재검토조치

④ 경과조치

해설

'개선조치(Corrective Action)'란 모니터링 결과 중요관리점의 한계기준을 이탈할 경우에 취하는 일련의 조치를 말한다.

62 25℃의 식품 100g를 냉동하여 −20℃의 냉동식품으로 만들려고 한다. 필요한 열량은?(단, 에너지 손실은 없다고 가정, 식품의 비열 1cal/g℃(냉동 전후 동일), 얼음의 잠열 80cal/g, 식품의 수분 함량은 20%이다.)

① 1,600cal

② 2,500cal

③ 4,500cal

④ 6,100cal

해설

열량 = 질량 × 비열 × 온도변화

• 물 25℃ → −20℃ : 100g × 1cal/g℃ × {25℃ − (−20)} = 4,500kcal

• 잠열 : 100g × 0.2 × 80 = 1,600kcal

∴ 4,500 + 1,600 = 6,100kcal

63 유통마진의 변동요인이 아닌 것은?

① 마케팅 투입물 가격

② 상품화 계획

③ 가공비의 증가

④ 생산비의 증가

해설

유통마진의 변동은 유통투입요소 가격의 변동, 유통능률의 변화 및 최종소비재에 구상화된 서비스의 차이에 의해 변하게 된다.

64 식품 등의 표시기준에 의한 영양성분 표시 중 당류에 대해서 강조 표시로 "무"라고 표시할 수 있는 것은?

① 1회 제공량당 당류의 열량이 10kcal 미만일 경우
② 식품 100g당 또는 식품 100mL당 당류 0.5g 미만으로 낮추거나 제거한 경우
③ 가공 중 당을 인위적으로 첨가하지 않은 경우
④ 식품 100g당 또는 식품 100mL당 영양성분 기준치의 10% 미만일 경우

해설
식품 등의 표시기준 [별지 1] 표시사항별 세부표시기준

영양성분	강조표시	표시조건
당 류	저	식품 100g당 5g 미만 또는 식품 100ml당 2.5g 미만일 때
	무	식품 100g당 또는 식품 100ml당 0.5g 미만일 때

65 다음 유기식품가공 중 빵 제조 공정에서 반죽을 두 번으로 나누어 행하는 반죽 방법은?

① 직접법
② 간접법
③ 스펀지법
④ 주종법

해설
스펀지법이란 중종반죽법이라고도 하며 믹싱공정을 두 번 나누어서 하는 것으로 처음 반죽을 스펀지, 나중의 반죽을 도(Dough)라고 한다.

66 다음 중 동물성 색소에 해당하는 것은?

① 안토사이아닌
② 미오글로빈
③ 탄 닌
④ 클로로필

해설
• 미오글로빈 : 육조직에 있는 색소 단백질
• 식물성색소 : 플라보노이드색소, 안토사이아닌색소, 타닌, 클로로필, 카로티노이드 등

67 식품의 가열살균에 의한 영향을 설명한 것 중 틀린 것은?

① 가열살균처리를 통하여 식품 중의 효소를 불활성화시킨다.
② 가열살균처리는 영양성분의 파괴와 품질의 저하를 수반한다.
③ 일반적인 가열살균으로 식품 중의 모든 미생물은 사멸되고 무균화된다.
④ 가열살균은 식품 중에 존재할 것으로 예상되는 병원균과 부패균을 사멸시키는 것을 목적으로 한다.

해설
가열살균 방식은 '열처리에 의하여 식품 중의 미생물을 사멸시켜 식품의 안전성과 저장성을 부여하는 식품가공 기술'이라 할 수 있다. 이 가열살균의 목적은 식품 중의 미생물의 사멸과 효소를 불활성화시키는 데 있다.

68 유기식품 제조 시 두류제품에 사용할 수 없는 물질은?

① 탄산나트륨
② 황산칼슘
③ 염화마그네슘
④ 조제해수염화마그네슘

해설
유기가공식품 – 식품첨가물 또는 가공보조제로 사용 가능한 물질(친환경농어업법 시행규칙 [별표 1])

명칭(한)	식품첨가물로 사용 시		가공보조제로 사용 시	
	사용 가능 여부	사용 가능 범위	사용 가능 여부	사용 가능 범위
탄산나트륨	○	케이크, 과자	○	설탕 가공 및 유제품의 중화제
황산칼슘	○	케이크, 과자, 두류제품, 효모제품	○	응고제
염화마그네슘	○	두류제품	○	응고제
조제해수염화마그네슘	○	두류제품	○	응고제

69 과즙의 청징을 위해 사용하는 물질이 아닌 것은?

① 카세인　　　　　② 펙틴분해효소
③ 섬유소　　　　　④ 규조토

해설
과실 주스의 청징 방법의 종류
난백 사용법, 산성 백토법, 젤라틴 및 타닌 사용법, 규조토법, 카세인 사용법, 펙틴분해효소법, 활성탄소법 등

70 유기식품의 유통에 대한 설명으로 옳은 것은?

① 유기식품과 유전자 변형 농산물은 혼합 저장할 수 있다.
② 유기식품은 생산시설과 저장시설이 비유기식품과 뚜렷이 분리된 구역에서 생산해야 한다.
③ 유기제품은 유기농법에서 허용되지 않는 물질과 접촉하여도 무방하다.
④ 유기식품 생산사업자는 구매 원료의 출처, 특성, 수량, 용도에 대한 기록은 할 필요가 없다.

해설
① 유기제품에 비유기제품이 혼입되는 일은 항상 방지되어야 한다.
③ 유기제품은 유기농법 및 취급에 사용이 허용되지 않은 재료 및 물질과 항상 접촉되지 않도록 해야 한다.
④ 유기가공식품사업자는 유기가공식품의 제조ㆍ가공 및 취급에 필요한 모든 유기원료, 식품첨가물, 가공보조제, 세척제, 그 밖의 사용 물질의 구매, 입고, 출고, 사용에 관한 기록을 작성하고 보존하여야 한다.

71 다음 중 식중독을 일으키는 세균은?

① *Clostridium botulinum*
② *Lactobacillus bulgaricus*
③ *Saccharomyces cerevisiae*
④ *Aspergillus oryzae*

해설
① *Clostridium botulinum* : 동물, 어류, 곡류, 야채, 과일 등을 통해 사람에게 오염되는 대표적 독소형 식중독균이다.
② *Lactobacillus bulgaricus* : 불가리아 젖산간균
③ *Saccharomyces cerevisiae* : 맥주나 빵 발효 때 사용하는 미생물
④ *Aspergillus oryzae* : 누룩곰팡이

72 식품의 가열살균 과정에 있어서 미생물의 내열성에 미치는 인자가 아닌 것은?

① 그람 염색성　　　② 식품의 pH
③ 미생물의 농도　　④ 식품의 수분함량

해설
미생물의 내열성에 미치는 영향인자
• 가열 전의 조건
　- 세포 자체의 내부인자 : 유전성, 세포조성, 세포형태, 세포의 배양, 연령 등
　- 환경인자 : 배지조성, 발육온도, 대사산물 등
• 가열 시의 조건 : 시간, 가열온도, 세포 농도, 배지의 성상, 산소, 살균 시의 현탁기질의 조성(pH, 탄수화물, 지질, 단백질과 그 관련물질, 무기염) 등
• 가열 후의 조건 : 영양 요구의 확대, 배양온도, pH, 산화환원전위, 삼투압, 표면장력, 저해제, 선택제 등

73 통조림 식품의 미생물적 변패 원인이 아닌 것은?

① 내열성 세균 오염
② 권체(Seaming) 불량
③ 수분활성도 감소
④ 부패 원료육

해설
통조림의 변질 및 결정 원인
• 미생물 : 살균부족과 불충분한 냉각으로 인한 내열성 세균ㆍ유기산 생성, 권체 불량, 살균 전 부패 등
• 화학적 : 수소팽창, 황화수소 발생으로 흑변
• 물리적 : Buckling can / Panelling can
• 기타 : 녹슨 것, 충격 등으로 손상

74 마케팅의 4P 믹스에 해당되는 것은?

① 편리성
② 의사소통
③ 판매 촉진
④ 고객 가치

해설
마케팅의 4P 믹스
제품(Product), 가격(Price), 유통(Place), 촉진(Promotion)

75 유기가공식품의 유기표시 문자가 아닌 것은?

① 유기가공식품

② 유기가공생산품

③ 유기농 또는 유기식품

④ 유기농○○ 또는 유기○○

해설
유기표시 글자 – 유기가공식품(친환경농어업법 시행규칙 [별표 6])
• 유기가공식품, 유기농 또는 유기식품
• 유기농○○ 또는 유기○○

76 유기백미가 가장 많이 함유하고 있는 영양성분은?

① 수 분　　② 단백질

③ 지 방　　④ 당 질

해설
백미의 표준 화학조성
100g당 수분 14.1%, 단백질 6.5%, 지방질 0.4%, 당질 77.5 %, 섬유 0.4%, 회분 0.5%, 열량 340kcal이다.

77 엿기름으로 단술을 제조할 때 당화온도로 적당한 것은?

① 15℃　　② 30℃

③ 45℃　　④ 60℃

해설
단술을 만들 때 아밀라제의 작용을 활발하게 하기 위하여 당화온도를 50~60℃ 정도로 한다.

78 사람에게는 열병, 동물에게는 유산을 일으키는 인수공통 감염병은?

① 결 핵　　② 탄 저

③ 파상열　　④ Q열

해설
브루셀라병
세균성 번식장애 전염병으로 소, 돼지 등의 가축, 개 등의 애완동물 및 기타 야생동물에 감염되어 생식기관 및 태막의 염증과 유산, 불임 등의 증상이 특징인 2종 법정전염병이다. 사람에게 감염되어 파상열 등을 일으키는 인수공통전염병으로 공중 보건적 측면에서 매우 중요시되고 있는 질병이다.

79 다음 냉동식품의 해동에 사용되는 가열방법 중 식품을 가열하는 원리가 다른 것은?

① 공기해동　　② 침지해동

③ 열탕해동　　④ 마이크로파해동

해설
가온방법에 의한 해동
• 열전도에 의한 해동 : 공기해동, 침지해동, 가열해동, 열탕해동
• 열전도가 아닌 해동 : 마이크로파에 의한 해동

80 살아 있는 식품이나 살아 있지 않은 식품에 적용되며, 통상 인공적으로 가스공급장치를 갖춘 냉장고나 저장고 내에 주입시켜 온도와 습도를 유지하면서 대량으로 저장하는 저장법은?

① 저온저장　　② CA저장

③ MAP저장　　④ 냉장저장

해설
CA저장은 저장고 대기 중의 산소농도를 낮추어 저장물의 호흡으로 인한 대사에너지 소모를 최소화시키는 저장법이다.

2019년 제1회 과년도 기출문제

제1과목 재배원론

01 단위면적당 광합성 능력을 표시하는 것은?

① 재식밀도×수광태세×평균동화능력

② 재식밀도×엽면적률×순동화율

③ 총엽면적×수광능률×평균동화능력

④ 엽면적률×수광태세×순동화율

해설
단위 면적당 광합성 능력(포장동화능력) = 총엽면적×수광능률×평균 동화 능력

02 식물체에서 내열성이 가장 강한 부위는?

① 주 피　　② 눈

③ 유 엽　　④ 중심주

해설
주피 및 늙은엽이 내열성이 가장 크며 눈(芽)유엽이 다음이고 미성엽이나 중심주는 가장 약하다.

03 벼가 수온이 높고 정체된 흐린 물에 침·관수되어 급속히 죽게 될 때의 상태는?

① 청 고　　② 적 고

③ 황 화　　④ 백 수

해설
청고와 적고
• 청고 : 벼가 수온이 높은 정체탁수 중에서 급속히 죽게 될 때 푸른색을 띈 채로 죽는 현상
• 적고 : 벼가 수온이 낮은 유동청수 중에서 단백질도 소모되고 갈색으로 변하여 죽는 현상

04 윤작, 춘경과 같이 잡초의 경합력이 저하되도록 재배관리해 주는 방제법은?

① 물리적 방제법　　② 생물적 방제법

③ 생태적·경종적 방제법　④ 화학적 방제법

해설
생태적 방제(경종적 방제법) : 잡초와 작물의 생리·생태적 특성 차이에 근거를 두고 잡초에는 경합력이 저하되도록 유도하고, 작물에는 경합력이 높아지도록 재배 관리를 해 주는 방법이다.

05 수해를 입은 뒤 사후대책에 대한 설명으로 틀린 것은?

① 물이 빠진 직후 덧거름을 준다.

② 철저한 병해충 방제 노력이 있어야 한다.

③ 퇴수 후 새로운 물을 갈아 댄다.

④ 김을 매어 토양 표면의 흙 앙금을 헤쳐 준다.

해설
표토가 많이 씻겨 내려갔을 경우 새뿌리의 발생 후에 추비를 주도록 한다.

06 벼 키다리병에서 유래되었으며 세포의 신장을 촉진하는 식물 생장조절제는?

① 지베렐린　　　　② 옥 신

③ ABA　　　　　　④ 에틸렌

해설

벼가 키다리병에 걸리면 심한 도장현상을 보인다. 이는 *Gibberella fujikuroi* 가 생성한 특수한 물질 때문이며 이 물질을 추출하여 지베렐린이라 명명하였다.

07 당료작물에 해당하는 것은?

① 옥수수

② 고구마

③ 감 자

④ 사탕수수

해설

당료작물(설탕의 원료가 되는 식물) : 사탕수수, 사탕무 등

①, ②, ③은 전분작물에 해당한다.

08 C_4식물로만 나열된 것은?

① 벼, 보리, 수수

② 벼, 기장, 버뮤다그래스

③ 보리, 옥수수, 해바라기

④ 옥수수, 사탕수수, 기장

해설

C_3 식물과 C_4 식물

• C_3 식물 : 벼, 밀, 보리, 콩, 해바라기 등

• C_4 식물 : 사탕수수, 옥수수, 수수, 피, 기장, 버뮤다그래스 등

09 자식성 식물로만 나열된 것은?

① 양파, 감　　　　② 호두, 수박

③ 마늘, 셀러리　　④ 대두, 완두

해설

대표적인 자식성 재배식물

• 곡류 : 벼, 보리, 밀, 조, 수수, 귀리 등

• 콩류 : 대두, 팥, 완두, 땅콩, 강낭콩 등

• 채소 : 토마토, 가지, 고추, 갓 등

• 과수 : 복숭아, 포도(일부), 귤(일부) 등

• 기타 : 참깨, 담배, 아마, 목화, 서양유채 등

10 작물이 자연적으로 분화하는 첫 과정으로 옳은 것은?

① 도태와 적응　　　② 지리적 결응

③ 유전적 교섭　　　④ 유전적 변이

해설

작물의 분화 및 발달 과정

유전적 변이 → 도태와 적응 → 지리적인 결정

11 엽면시비가 필요한 경우가 아닌 것은?

① 토양시비가 곤란한 경우

② 급속한 영양 회복이 필요한 경우

③ 뿌리의 흡수력이 약해졌을 경우

④ 다량요소의 공급이 필요한 경우

해설

작물에 미량요소의 결핍증이 나타났을 경우에 사용한다.

14 내동성에 대한 설명으로 옳은 것은?

① 생식기관은 영양기관보다 내동성이 강하다.

② 휴면아는 내동성이 극히 약하다.

③ 저온 처리를 해서 맥류의 추파성을 소거하면 생식 생장이 유도되어 내동성이 약해진다.

④ 직립성인 것이 포복성인 것보다 내동성이 강하다.

해설

① 생식기관은 영양기관보다 내동성이 약하다.

② 휴면아는 내동성이 극히 강하다.

④ 포복성 작물은 직립성인 것보다 내동성이 강하다.

12 벼 종자 선종방법으로 염수선을 하고자 한다. 비중을 1.13으로 할 경우 물 18L에 드는 소금의 분량은?

① 3.0kg

② 4.5kg

③ 6.0kg

④ 7.5kg

해설

염수선

• 멥쌀(메벼) : 비중 1.13(물 1.8L + 소금 4.5kg)

• 까락이 있는 메벼 : 비중 1.10(물 1.8L + 소금 3.0kg)

• 찰벼와 밭벼 : 비중 1.08(물 1.8L + 소금 2.25kg)

15 내건성 작물의 특성으로 옳은 것은?

① 세포액의 삼투압이 낮다.

② 원형질의 점성이 높다.

③ 원형질막의 수분투과성이 작다.

④ 기공이 크다.

해설

세포액의 삼투압이 높아 수분보유력이 강하고, 원형질의 점성이 높으며, 원형질막의 수분투과성이 크고 기공이 작다.

13 일장효과에 가장 큰 영향을 주는 광 파장은?

① 200~300nm

② 400~500nm

③ 600~680nm

④ 800~900nm

해설

파장이 높은 적색파장(650~700nm)으로 갈수록 일장효과와 야간조파에 효과적이다.

정답 11 ④ 12 ② 13 ③ 14 ③ 15 ②

16 다음에서 설명하는 것은?

> 식물체 내에 함유된 탄수화물과 질소의 비율이 개화와 결실에 영향을 미친다.

① 일장효과   ② G/D 균형
③ C/N율   ④ T/R율

해설
C/N율
탄수화물과 질소화합물의 비율로 생장, 결실상태를 나타내는 지표

17 작물의 습해대책으로 틀린 것은?

① 습답에서는 휴립재배한다.
② 황산근 비료의 시용을 피한다.
③ 미숙유기물을 다량 시용하여 입단을 조성한다.
④ 과산화석회를 시용하고 파종한다.

해설
미숙유기물은 숙성과정에서 암모니아 가스 등이 발생하므로 시용을 피한다.

18 다음 중 식물의 이층 형성을 촉진하여 낙엽에 영향을 주는 것은?

① ABA   ② IBA
③ CCC   ④ MH

해설
Abscisic acid(ABA)
이층형성 외에 휴면(休眠)유기, 측아의 성장저해, 종자·구근의 발아 억제, 기공개폐의 조절, 개화·꽃눈유도 등의 생리작용을 도와주는 역할을 한다.

19 생리작용 중 광과 관련이 적은 것은?

① 굴광현상
② 일비현상
③ 광합성
④ 착 색

해설
일비현상
작물의 줄기나 나무줄기를 절단하거나 혹은 목질부에 도달하는 구멍을 뚫으면 절구(切口)에서 대량의 수액이 배출되는 현상

20 감자의 휴면타파를 위하여 흔히 사용하는 물질은?

① 질산염
② ABA
③ 지베렐린
④ 과산화수소

해설
지베렐린은 감자의 추작재배를 위하여 휴면타파에 이용되는 생장조절제이다.

제2과목 **토양비옥도 및 관리**

21 단생 질소고정균에 해당하지 않는 것은?

① *Desulfovibrio*

② *Clostridium*

③ *Azotobacter*

④ *Rhizobium*

해설
질소고정작용 균
• 단생질소 고정균
 – 호기성 : *Azotobacter, Derxia, Beijerinckia*
 – 혐기성 : *Clostridium*
 – 통성혐기성 : *Klebsiella*
• 공생질소 고정균 : *Rhizobium, Bradyrhizobium*속

22 토양 생성에 관여하는 주요 5가지 요인으로 바르게 나열된 것은?

① 모재, 기후, 지형, 수분, 부식

② 모재, 부식, 기후, 지형, 식생

③ 모재, 기후, 지형, 시간, 부식

④ 모재, 지형, 기후, 식생, 시간

해설
토양생성에 관여하는 주요 5가지 요인 : 모재, 지형, 기후, 식생, 시간

23 토양 단면에 나타난 층위 중 Oe층에 대한 설명으로 가장 옳은 것은?

① 부식의 집적으로 짙은 갈색을 띤 무기물 층

② 원형을 알아볼 수 없도록 완전히 분해된 유기물 집적층

③ 원형을 완전히 알아볼 수 있는 유기물 집적층

④ 원형을 부분적으로 알아볼 수 있는 유기물 집적층

해설
O층
• Oi층 : 약간 분해된 유기물층
• Oe층 : 중간 정도 분해된 유기물층
• Oa층 : 많이 분해된 유기물층

24 토양환경 조건에 따른 중금속의 상태 변화에 대한 설명으로 틀린 것은?

① 환원상태에서 용해도가 감소되는 것 – As

② 알칼리성에서 용해도가 감소하는 것 – Zn

③ 산성토양에서 용해도가 감소하는 것 – Mo

④ 산화상태에서 용해도가 감소하는 것 – Cd

해설
비소(As)는 환원상태에서 용해도 및 이동도가 증가한다.

25 다음 중 식물이 자라기에 가장 알맞은 수분상태는?

① 위조점에 있을 때

② 중력수가 있을 때

③ 포장용수량의 상태일 때

④ 최대용수량에 이르렀을 때

해설
포장용수량
토양이 중력에 견뎌서 저장할 수 있는 최대의 수분함량을 말하며, 수분장력은 대략 pF2.54로서 밭작물이 자라기에 적합한 상태이다.

26 토성에 대한 설명으로 가장 옳은 것은?

① 토양의 유기물과 무기물의 함량비이다.
② 토양 무기입자의 입경 조성비율에 따라 토양을 분류한
것이다.
③ 토양입자의 화학적 성질을 뜻한다.
④ 토양입자의 용수량, 모관력, 통기성 등 물리적 성질을
뜻한다.

해설
토성이란 토양의 무기입자를 모래 미사 및 점토로 구분하고 이들의
함량비, 즉 입경조성에 따라 결정되는 토양의 종류를 말한다.

27 다음 중 질소 함량이 가장 높은 질소질 비료는?

① 요 소   ② 황산암모늄
③ 염화암모늄   ④ 질산암모늄

해설
질소질 비료(질소 함량)
요소(46%), 질산암모늄(35%), 염화암모늄(25%), 황산암모늄(21%)

28 토양유기물의 역할에 대한 설명으로 가장 옳지 않은 것은?

① 토양의 완충능력을 증가시킨다.
② 토양구조의 발달을 촉진한다.
③ 지온과 이산화탄소 농도를 낮춘다.
④ 토양 내 환경오염물질의 이동을 줄인다.

해설
유기물이 분해되는 과정에서 토양의 색을 검게 해 지온을 상승시키고,
방출되는 이산화탄소는 작물 주변의 이산화탄소 농도를 높여 광합성을
조장한다.

29 다음 중 토성 분석방법으로 가장 적절하지 않은 것은?

① 비중계법
② 텐시오미터법
③ 촉감법
④ 피펫법

해설
② 텐시오미터법은 토양수분함량 측정법이다.
토성 결정
• 3각 도표법, 간이판정법(촉감 or 렌즈 이용)
• 입경분석법 : 체이용 분석, 기계적 분석
  – 기계적 분석 : 침강을 통해 미사와 점토를 분석하는 스토크스
    법칙 이용하며 피펫법, 비중계법, X선이나 광선 이용법 등

30 균근의 기능으로 가장 적절하지 않은 것은?

① 인산의 흡수 증가
② 한발에 대한 저항성 증가
③ 토양의 입단화 촉진
④ 식물체에 탄수화물 공급

해설
균근균은 공생관계를 통해 식물로부터 탄수화물을 직접 얻는다.

31 탄질률이 낮은 유기물을 토양에 넣으면 어떻게 되는가?

① 유기물의 분해가 빠르게 진행된다.
② 식물에 질소 기아현상이 나타난다.
③ 토양미생물의 활성이 저해된다.
④ 무기태질소의 함량이 감소한다.

해설
탄질률이 낮은 경우는 질소함량이 많아 미생물의 빠른 증식이 이루어지므로 유기물의 빠른 분해가 이루어지고, 탄질률이 높은 경우에는 질소함량이 적어 미생물의 증식이 활발하지 못하므로 유기물의 분해가 느리게 진행된다.

32 토양유기물의 함량을 유지하거나 높이는 방법으로 틀린 것은?

① 토양 경운을 가급적 자주 한다.
② 녹비작물을 재배 후 환원한다.
③ 무경운 재배를 한다.
④ 가축분 퇴비를 시용한다.

해설
잦은 경운은 작토층에 산소를 공급하여 유기물 분해를 촉진하고 물리적으로 토양 입단을 해체하며, 토양미생물 활동을 노출시키므로 바람직하지 않다.

33 다음 중 6대 조암광물이 아닌 것은?

① 석 영   ② 운 모
③ 장 석   ④ 석회석

해설
화성암을 구성하는 6대 조암광물은 석영, 장석, 운모, 각섬석, 감람석, 휘석이다.

34 다음 중 단위면적당 생체량이 가장 많은 것은?

① 지렁이
② 토양선충
③ 조 류
④ 사상균

해설
토양 생물의 개체수
세균 > 방선균 > 사상균 > 조류 > 선충 > 지렁이

35 다음 중 염기성암으로 풍화가 잘되는 암석은?

① 현무암
② 화강암
③ 유문암
④ 섬록암

해설
화성암의 종류

생성위치(SiO₂, %)	산성암(65~75)	중성암(55~65)	염기성암(40~55)
심성암	화강암	섬록암	반려암
반심성암	석영반암	섬록반암	휘록암
화산암	유문암	안산암	현무암

36 논토양에 질소비료를 줄 때 적절한 비료 형태와 비료를 가장 효과적으로 주는 방법이 짝지어진 것은?

① 암모니아태질소비료 – 심층시비
② 질산태질소비료 – 표층시비
③ 암모니아태질소비료 – 표층시비
④ 질산태질소비료 – 심층시비

해설
암모니아태질소를 심층시비하는 목적은 환원층에 시비하여 질화작용을 억제하기 위해서이다.

37 다음 중 토양에서 화학적 거동 특성이 다른 것은?

① 카드뮴
② 비 소
③ 납
④ 아 연

해설
토양의 산화환원전위
• 환원상태에서 황화물이 되어 난용성으로 됨으로써 장해가 경감되는 것 : 카드뮴(Cd), 아연(Zn), 구리(Cu), 납(Pb), 니켈(Ni)
• 산화상태에서 독성이 저하되는 것 : 비소(As)는 아비산에서 비산으로 됨으로써 독성이 저하된다.

38 입자밀도가 2.65g/cm³, 용적밀도가 1.325g/cm³인 건조 토양 100cm³의 용적수분함량을 25%로 조절하고자 할 때 필요한 수분량은?(단, 물의 비중은 1로 한다)

① 13.25g
② 25g
③ 26.5g
④ 100g

해설
고상비율 = 용적밀도/입자밀도 × 100
= 1.325g/cm³ ÷ 2.65g/cm³ × 100
= 50% = 0.5
공극률 = 100 – 고상비율
= 100 – 50 = 50%
∴ 50% – 25% = 25% = 0.25
필요한 수분량 = 0.25 × 100 = 25g

39 깁사이트에 대한 설명으로 가장 옳지 않은 것은?

① 깁사이트는 1차 광물인 휘석보다 풍화내성이 강하다.
② 깁사이트는 1차 광물로서 2차 광물인 석고보다 풍화내성이 강하다.
③ 깁사이트는 2차 광물인 백운석보다 풍화내성이 강하다.
④ 깁사이트는 2차 광물인 침철광보다 풍화내성이 약하다.

해설
2차 광물의 풍화내성
침철강 < 적철강 < 깁사이트 < 점토광물 < 백운석 < 방해석 < 석고

40 논토양의 질산(NO_3^-)이 환원층에서는 주로 어떻게 변화하는가?

① pH값에 따라 산화된다.
② 토양입자에 강하게 흡착된다.
③ 환원되어 질소가스(N_2)로 휘산된다.
④ 암모늄(NH_4^+)으로 전환된다.

해설
탈질작용
질산태질소(NO_3^-)가 논토양의 환원층에 들어가면 점차 환원되어 산화질소(NO), 이산화질소(NO_2), 질소가스(N_2)를 생성하며, 이들은 작물에 이용되지 못하고 공중으로 날아가는 현상을 말한다.

제3과목 유기농업개론

41 5~7년 휴작이 필요한 작물은?

① 수 박　　　② 조
③ 수 수　　　④ 고구마

해설
작물의 기지 정도
• 연작의 피해가 적은 작물 : 벼, 맥류, 조, 수수, 옥수수, 고구마, 삼 등
• 5~7년 휴작 작물 : 수박, 가지, 완두, 우엉, 고추, 토마토, 레드클로버, 사탕무, 대파 등

42 수경재배의 특징으로 틀린 것은?

① 초기에 투자자본이 적게 든다.
② 자원을 절약하고 환경을 보전한다.
③ 고정시설에서 같은 작물의 연작이 가능하다.
④ 재배관리가 생력화 · 자동화되어 편리하다.

해설
수경(양액)재배는 고정시설 설비를 위해 많은 초기 자본과 기술력이 필요하다.

43 다음 중 탄질률이 가장 낮은 것은?

① 톱 밥　　　② 알팔파
③ 밀 짚　　　④ 옥수수찌꺼기

해설
탄질률
활엽수의 톱밥(400) > 밀짚(116) > 옥수수찌꺼기(57) > 알팔파(13)

44 피복재의 종류에서 연질필름에 해당하는 것은?

① FRP
② FRA
③ PVC
④ MMA

해설
피복재의 종류 – 외피복재
• 유리 : 보통판유리, 형판유리 및 열선흡수유리
• 경질판 : FRP, FRA, MMA, PC 등
• 경질필름 : 경질염화비닐필름(경질PVC), 경질폴리에스터필름(PET), 불소필름(ETFE)
• 연질필름 : 폴리에틸렌필름(PE), 초산비닐필름(EVA), 염화비닐필름(PVC), 폴리오레핀 필름(PO), 연질특수필름(기능성필름)

45 3년생 가지에 결실하는 것은?

① 감
② 배
③ 밤
④ 호 두

해설
과수의 결실 습성
• 1년생 가지에서 결실하는 과수 : 감귤류, 포도, 감, 무화과, 밤
• 2년생 가지에서 결실되는 과수 : 복숭아, 매실, 자두 등
• 3년생 가지에서 결실되는 과수 : 사과, 배

정답　41 ①　42 ①　43 ②　44 ③　45 ②

46 유기농업의 목표가 아닌 것은?

① 유기물 함량 수준의 유지
② 두과 작물의 재배를 통한 지력 유지
③ 작물의 윤작 체계
④ 토양미생물 박멸

해설
④ 유기농업은 화학합성물질이나 합성농약을 사용하지 않기 때문에 토양미생물 증진과 함께 토양입단화를 기대할 수 있다.
유기농업의 목표
• 유기물 함량 수준의 유지, 토양미생물 활성도의 조장, 조심스러운 기계적 수단에 의한 장기적 토양비옥도(Long-term Soil Fertility)의 보호
• 토양미생물의 활동에 의해 작물에 가급태화되는 비교적 불용성인 영양분 자원(예 패각분, 인광석분말, 맥반석분말 등)을 사용하는 간접적인 작물영양분의 제공
• 두과작물의 재배, 생물학적 질소고정 및 작물잔재와 축분을 포함하는 효과적인 유기물질의 순환에 의한 질소의 자급자족
• 작물의 윤작체계, 천적, 종 다양성, 유기적 녹비, 저항성 품종, 제한적인(가능한 최저수준으로) 열, 생물 및 화학적 수단에 주로 의존하는 잡초와 병충해 방제
• 영양, 축사, 번식, 사육과 관련하여 축종의 적응성(Adaptations), 행동적 요구(Behavioural Needs), 동물복리(Animal Welfare)를 전적으로 배려하는 가축관리
• 보다 광범위한 환경, 야생동물 및 자연 서식지의 보호에 대한 유기농법 체계의 영향에 대한 사려깊은 배려

47 친환경관련법상 유기배합사료 제조용 물질 중 단미사료에서 박류(단백질류)에 해당하는 것은?

① 보리
② 호밀
③ 메밀
④ 참깻묵

해설
호마박(참깻묵), 임자박(들깻묵), 겨자박 미강, 맥강, 유박 등을 박류라고 하며, 박류에는 단백질 성분이 많이 들어 있다.
사료로 직접 사용되거나 배합사료의 원료로 사용 가능한 물질(친환경농어업법 시행규칙 [별표 1])

구 분	사용 가능 물질
식물성	곡류(곡물), 곡물부산물류(강피류), 박류(단백질류), 서류, 식품가공부산물류, 조류(藻類), 섬유질류, 제약부산물류, 유지류, 전분류, 콩류, 견과 · 종실류, 과실류, 채소류, 버섯류, 그 밖의 식물류
동물성	단백질류, 낙농가공부산물류, 곤충류, 플랑크톤류, 무기물류, 유지류

48 유기가축 1마리당 갖추어야 하는 가축 사육시설의 소요면적(m²)에 대한 내용으로 ( )에 알맞은 내용은?

시설형태	번식우
방사식	( )

① 1m²/마리
② 3m²/마리
③ 5m²/마리
④ 10m²/마리

해설
유기축산물 – 사육장 및 사육조건(유기식품 및 무농약농산물 등의 인증에 관한 세부실시 요령 [별표 1])
유기가축 1마리당 갖추어야 하는 가축사육시설의 소요면적(단위 : m²)은 다음과 같다.
• 한 · 육우

시설형태	번식우	비육우	송아지
방사식	10m²/마리	7.1m²/마리	2.5m²/마리

– 성우 1마리＝육성우 2마리
– 성우(14개월령 이상), 육성우(6개월~14개월 미만), 송아지(6개월령 미만)
– 포유중인 송아지는 마릿수에서 제외

49 1년생 밭잡초는?

① 토끼풀
② 민들레
③ 쑥
④ 참방동사니

해설
④ 참방동사니 : 1년생 방동사니과(사초과) 잡초
①, ②, ③ : 다년생 잡초

50 공기 중의 질소를 고정시켜 주는 것은?

① 두과 식물
② 쇠뜨기
③ 국화과 식물
④ 대나무

해설
두과 작물은 근류균을 생성하여 공기 중의 질소를 고정하기 때문에 중요한 천연질소공급원이 된다.

51 주로 동서 방향으로 설치하는 온실로, 남쪽 지붕의 길이가 전 지붕 길이의 4분의 3을 차지하도록 하며, 양쪽 지붕의 길이가 서로 달라 부등변식 온실이라고 하는 것은?

① 양지붕형 온실
② 더치라이트형 온실
③ 스리쿼터형 온실
④ 벤로형 온실

해설
스리쿼터형 온실(3/4 지붕형 온실)
용마루를 사이에 두고 지붕의 길이가 한쪽이 다른 쪽보다 반절 또는 적어도 지붕 전체의 길이가 3/4 정도되는 온실로, 광선 입사량이 많고 채광과 보온이 좋다.

52 친환경관련법상 일반 농가가 유기축산으로 전환하려면, 전환기간 이상을 유기축산물 인증기준에 따라 사육해야 한다. 젖소 시유의 최소 사육기간은?

① 착유우는 30일, 새끼를 낳지 않은 암소는 3개월
② 착유우는 90일, 새끼를 낳지 않은 암소는 6개월
③ 착유우는 100일, 새끼를 낳지 않은 암소는 12개월
④ 착유우는 120일, 새끼를 낳지 않은 암소는 12개월

해설
유기축산물의 인증기준 – 전환기간(친환경농어업법 시행규칙 [별표 4])

가축의 종류	생산물	전환기간(최소 사육기간)
한우·육우	식 육	입식 후 12개월
젖 소	시유 (시판우유)	• 착유우는 입식 후 3개월 • 새끼를 낳지 않은 암소는 입식 후 6개월

53 다음에서 설명하는 것은?

• 이산화탄소를 이용하여 광합성을 하고 산소를 방출하는 생물이다.
• 탄산칼슘 또는 이산화탄소를 이용하여 유기물을 생성 한다.

① 사상균   ② 조 류
③ 방선균   ④ 부생성 세균

해설
미소식물군 중 조류는 산소를 방출하는 광합성 생물이다.

54 포장의 표토를 곱게 중경하면 하층과 표면의 모세관이 단절되고 표면에 건조한 토층이 생기는데, 이와 같은 효과를 나타내는 멀칭은?

① 스터블 멀칭
② 비닐 멀칭
③ 폴리에틸렌 멀칭
④ 토양 멀칭

해설
토양 표면을 곱게 중경하는 토양멀칭을 하면 건조한 토층이 생겨서 수분보존 효과가 있다.

55 다음에서 설명하는 것은?

일정한 수압을 가진 물을 송수관으로 보내고 그 선단에 부착한 각종 노즐을 이용하여 다양한 각도와 범위로 물을 뿌리는 방법으로 고정식과 회전식이 있다.

① 점적관수
② 지중관수
③ 살수관수
④ 저면급수

해설
① 점적관수 : 비닐튜브에 작은 구멍을 뚫어 흘려 보내는 관수법
② 지중관수 : 지하에 토관을 묻어 관수하는 방식
④ 저면급수 : 화분을 물에 담구어 화분의 지하공을 통하여 수분흡수하는 방식

정답 51 ③ 52 ② 53 ② 54 ④ 55 ③

56 생육이 불량하고 완전 불임으로 실용성이 없지만 염색체를 배가하면 곧바로 동형집합체를 얻을 수 있는 것은?

① 이질배수체　　② 반수체
③ 동질배수체　　④ 돌연변이체

해설
반수체는 완전불임으로 실용성이 없다. 그러나 염색체를 배가하면 곧바로 동형접합체를 얻을 수 있으므로 육종연한을 단축하는데 이용한다.

57 박과 채소 접목의 특성에 대한 설명으로 틀린 것은?

① 토양전염성 병 발생을 억제한다.
② 흡비력이 강해진다.
③ 당도가 증가한다.
④ 과습에 잘 견딘다.

해설
박과채소류 접목육묘

장 점	• 토양 전염병 발생이 적어진다. • 불량환경에 대한 내성이 증대된다. • 흡비력이 강해진다. • 과습에 잘 견딘다. • 과실 품질이 우수해진다.
단 점	• 질소과다 흡수 우려 • 기형과 많이 발생 • 당도가 떨어진다. • 흰가루병에 약하다.

58 다음에서 설명하는 것은?

> 꽃 색깔이 붉은 것과 흰 것으로 뚜렷이 구별된다.

① 연속변이
② 불연속변이
③ 양적·형질변이
④ 환경변이

해설
불연속변이(대립변이) : 꽃이 희고 붉은 것과 같은 두 변이 사이에 구별이 뚜렷하고 중간 계급의 것이 없는 변이(색깔, 모양, 까락의 유무)

59 옥수수의 N : P : K 흡수비율은?

① 4 : 2 : 3
② 5 : 2 : 3
③ 5 : 1 : 4
④ 4 : 1.5 : 2

해설
작물별 3요소(N : P : K) 흡수비율

작 물	N : P : K 흡수비율	작물	N : P : K 흡수비율
콩	5 : 1 : 1.5	옥수수	4 : 2 : 3
벼	5 : 2 : 4	고구마	4 : 1.5 : 5
맥류	5 : 2 : 3	감자	3 : 1 : 4

60 눈이나 가지의 바로 위에 가로로 깊은 칼금을 넣어 눈이나 가지의 발육을 조장하는 것은?

① 절 상
② 제 얼
③ 적 아
④ 적 심

해설
② 제얼 : 가지나 어린 박을 제거하는 일, 줄기수가 적어지면 불필요한 양분의 소모를 방지하여 수량을 증대시킬 수 있다.
③ 적아 : 눈이 트려고 할 때에 필요하지 않은 눈을 손끝으로 따주는 것
④ 적심 : 순지르기

유기식품 가공·유통론

61 농산물 소비에 있어서 소비자의 식품기호도의 변화경향과 일치하지 않는 것은?

① 소비의 대형화, 집중화
② 품질의 고급화
③ 제품의 다양화
④ 건강 및 안전성 지향

[해설]
소비자의 식품 구입패턴은 건강 지향, 고급화, 다양화, 간편화, 합리화로 도출되었다.
2020.8 농촌진흥청 보도자료에 의하면 지난 10년간의 농식품 소비 형태가 '젊은 소비(20~30대), 건강 중시, 간편 소비, 먹거리·구매 장소 다양화'로 변화해 왔다고 밝혔다.

62 유기농산물에 대한 인증의 유효기간은 인증을 받은 날부터 얼마간 유효한가?

① 3개월   ② 6개월
③ 1년   ④ 3년

[해설]
인증의 유효기간 등(친환경농어업법 제21조제1항)
인증의 유효기간은 인증을 받은 날부터 1년으로 한다.

63 시장여건 변화에 대응하여 유기농식품의 유통활성화 전략으로 부각되고 있는 마케팅믹스의 구성요소가 아닌 것은?

① 상품전략
② 생산전략
③ 유통전략
④ 가격전략

[해설]
마케팅믹스의 구성요소 : 상품전략, 가격전략, 유통전략, 촉진전략

64 다음 설명 중 틀린 것은?

① 유기재배는 유기합성농약을 사용하지 않으며 화학비료는 필요에 따라 사용할 수 있다.
② 무농약재배는 유기합성농약을 사용하지 않는다.
③ 저농약 재배는 유기합성농약을 완전 사용기준의 50% 이하 및 수확 전 30일까지 사용할 수 있다.
④ 일반 재배는 화학비료과 유기합성농약을 사용할 수 있다.

[해설]
유기농산물 : 화학비료와 유기합성농약을 전혀 사용하지 아니하여야 한다.
무농약농산물 : 유기합성농약을 사용하지 아니하고, 화학비료는 농촌진흥청장·농업기술원장 또는 농업기술센터소장이 재배포장별로 권장하는 성분량의 3분의 1 이하를 범위 내에서 사용시기와 사용자재에 대한 계획을 마련하여 사용하여야 한다.

65 유기식품 제조 시 식품첨가물과 가공보조제의 기준으로 틀린 것은?

① 항산화제는 천연적인 것만 허용된다.
② 미생물 및 효소제는 허용이 안 된다.
③ 보존료는 천연적인 것만 허용된다.
④ 항생제, 의약 물질은 허용이 안 된다.

[해설]
유기가공식품 – 식품첨가물 또는 가공보조제로 사용 가능한 물질(친환경농어업법 시행규칙 [별표 1])

명칭(한)	식품첨가물로 사용 시		가공보조제로 사용 시	
	사용 가능 여부	사용 가능 범위	사용 가능 여부	사용 가능 범위
효소제	○	사용가능 용도제한 없다. 다만, 식품위생법 제7조제1항에 따라 식품첨가물의 기준 및 규격이 고시된 효소제만 사용할 수 있다.	○	사용가능 용도제한 없다. 다만, 식품위생법 제7조제1항에 따라 식품첨가물의 기준 및 규격이 고시된 효소제만 사용할 수 있다.

66 HACCP 적용순서를 옳게 나열한 것은?

> ㄱ. 위해요소 목록 작성
> ㄴ. 중요관리점별 한계기준 설정
> ㄷ. 모니터링체계 확립
> ㄹ. 문서화 및 기록유지방법 설정

① ㄱ → ㄴ → ㄷ → ㄹ
② ㄱ → ㄹ → ㄴ → ㄷ
③ ㄹ → ㄱ → ㄴ → ㄷ
④ ㄹ → ㄴ → ㄷ → ㄱ

해설
HACCP 적용순서
위해요소 목록 작성 → 중요관리점 결정 → 한계기준 설정 → 모니터링
체계 확립 → 개선조치방법 수립 → 검증절차 및 방법 수립 → 문서화
및 기록유지방법 수립

67 유기가공식품 생산 및 취급 시 발효채소제품에 사용이 가
능한 식품첨가물은?

① 젖 산
② 초 산
③ 염 산
④ 이산화황

해설
젖 산
• 식품첨가물로 사용 시 : 발효채소제품, 유제품, 식용케이싱
• 가공보조제로 사용 시 : 유제품의 응고제 및 치즈 가공 중 염수의
산도 조절제

68 육가공 시 염지의 목적이 아닌 것은?

① 지방의 유화작용 발생
② 고기의 색 유지
③ 육단백질의 용해성 향상
④ 고기의 보존성 향상

해설
염지의 목적
• 고기 중의 색소를 고정시켜 염지육 특유의 색이 나타나게 하며
• Myosin 및 Actomyosin의 용해성을 높여 보수성, 결착성을 증가시키고
• 제품에 소금 가하며, 맛과 보존성을 부여
• 고기를 숙성시켜 독특한 풍미를 갖도록 함

69 육제품 훈연의 주요 목적이 아닌 것은?

① 지방 산화의 방지
② 육색의 고정
③ 변색 촉진
④ 향미의 증진

해설
훈연의 목적은 고기의 방부성을 높이고 보존성을 좋게 하고 고기 지방
의 산화를 방지하며 발색과 풍미를 좋게 하는데 있다.

70 유기농 야채와 과일같이 쉽게 상하는 재료를 포장할 경우
요구되는 포장재의 특성은?

① 높은 기체 투과도가 높은 투습도 필요
② 높은 기체 투과도와 낮은 투습도 필요
③ 낮은 기체 투과도와 높은 투습도 필요
④ 낮은 기체 투과도와 낮은 투습도 필요

해설
야채와 과일같이 쉽게 상하는 재료를 포장할 경우에는 높은 기체 투과
도와 낮은 투습도의 포장재가 필요하다.

71 농산물 가격의 변동을 나타내는 거미집 이론의 가정으로 옳지 않은 것은?

① 시장에서 결정되는 가격에 대해 생산자는 순응적이다.
② 해당 연도의 생산계획은 전년도 가격에 기준을 두고 수립된다.
③ 가격의 변화와 생산량의 변화 간에는 일정 기간의 시차가 있다.
④ 수요와 공급곡선은 동태적이다.

해설
거미집모형은 농산물처럼 생산계획 수립시기와 수확시기에 시차가 큰 경우에는 생산자들은 금년 수확시기의 농산물 가격이 작년 가격과 같으리라 예상하기 쉬운데 이런 경우를 말하며, 전형적인 정태적 기대라고 할 수 있다.

72 수분이 적은 식물의 뿌리, 줄기, 열매를 꿀, 엿, 설탕 등에 오랫동안 졸여서 만든 과자류는?

① 유밀과류
② 산자류
③ 다식류
④ 전과류

해설
① 유밀과류 : 꿀을 넣어 반죽하여 기름에 튀기고 다시 꿀에 담가 만든 과자류
② 산자류 : 말린 찹쌀 반죽을 기름에 튀겨 매화 또는 튀긴 밥풀을 묻힌 것
③ 다식류 : 곡식가루, 한약재, 꽃가루, 녹말가루 등 생으로 먹을 수 있는 것에 꿀과 조청을 넣고 반죽하여 다식판에 박아 낸 것

73 천연 산화방지제는?

① 토코페롤
② 나이아신
③ 글루코사민
④ 젤라틴

해설
식품산화방지제
• 천연산화방지제 : 천연비타민 C, 천연토코페롤, 차추출물, 레시틴 등
• 합성산화방지제 : 다이부틸하이드록시톨루엔(BHT), 부틸하이드록시아니솔(BHA), 아스코빌팔미테이트, 다이에틸렌트라이아민(DETA), 몰식자산프로필(Propyl Gallate) 등

74 플라스틱 포장재를 접착하는 방법이 아닌 것은?

① 열 접착
② 임펄스 접착
③ 저주파 접착
④ 초음파 접착

해설
플라스틱 포장재의 접착방법
열접착법, 임펄스법, 용단 접착법, 임펄스 용단접착법, 초음파접착법, 고주파접착법 등이 있다.

75 포장재료로서 종이의 특성이 아닌 것은?

① 원료를 쉽게 구할 수 있다.
② 잘 구겨져 기계적으로 가공하기 쉽다.
③ 기체를 투과시키지 않아 식품보존성이 좋다.
④ 인쇄적성이 좋다.

해설
종이의 특성
• 원료를 쉽게 구할 수 있음
• 가격이 저렴함
• 중량에 비해서 강도가 우수
• 구겨지기 쉬워 기계적으로 가공이 쉽다
• 고온, 저온에서 잘 견디며, 인쇄적성이 좋음
• 접착가공이 용이
• 생분해가능성 재료 및 재순환하여 사용할 수 있음
• 불에 타기 쉽고 물에 약함
• 기체 투과성이 크고, 열접착성이 없음

76 가수분해에 의해 청산(HCN)을 형성하는 화합물은?

① 글루코시놀레이트   ② 사이안배당체
③ 에틸카바메이트   ④ 퓨 란

해설
아마씨앗은 무색의 휘발성 액체이자 독성물질인 사이안배당체를 함유하고 있는데, 가수분해되면 사이안화수소산(청산 HCN)을 생성하여 급성 중독 및 신경계에 문제를 일으킬 수 있다.

77 유기농산물과 일반농산물의 가장 본질적인 차이는?

① 유통경로   ② 재배방법
③ 서비스 수준   ④ 신선도

해설
일반농산물과 달리 유기농산물은 화학비료와 유기합성농약을 전혀 사용하지 않고 일정한 인증기준을 지켜 재배한 농산물을 말한다.

78 초기 미생물 농도가 6×10^6 spores/mL인 포자 현탁액을 121℃로 10분간 가열하였더니 생균수가 60spores/mL로 감소하였다. 이 포자의 D_{121}값은?

① 1.67분   ② 2분
③ 10분   ④ 16.7분

해설

$$D = \frac{가열시간}{\log 처음 균수 - \log 가열 후 균수}$$

$$D_{121} = \left(\frac{10}{\log 6 \times 10^6 - \log 60} = \frac{10}{5} \right) = 2분$$

79 감자의 발아, 녹색 부위에 다량 존재하는 독성 배당체 성분은?

① 고시폴(Gossypol)
② 셉신(Sepsine)
③ 솔라닌(Solanine)
④ 아플라톡신(Aflatoxin)

해설
③ 솔라닌(Solanine) : 감자의 발아한 부분 또는 녹색부분
① 고시폴(Gossypol) : 목화씨
② 셉신(Sepsine) : 부패한 감자
④ 아플라톡신(Aflatoxin) : 쌀, 보리. 등의 탄수화물이 풍부한 곡류와 땅콩 등

80 다음 중 발효식품에 속하지 않는 것은?

① 템 페
② 포도주
③ 홍 차
④ 옥수수수염차

해설
옥수수수염차는 식물성 원료를 주원료로 하여 제조·가공한 기호성 식품으로서 다류에 속한다.

2021년 제 1 회 │ 과년도 기출복원문제

제1과목 재배원론

01 식물학상 종자로만 이루어진 것은?

① 옥수수, 참깨 ② 콩, 참깨

③ 벼, 보리 ④ 쌀보리, 유채

[해설]

콩과작물, 고추, 담배, 목화, 모, 배추, 수박, 오이, 양파, 참외, 아마,
참깨 등은 식물학상 종자에 해당한다.

02 다음 중 산성토양에 적응성이 가장 강한 내산성 작물은?

① 감 자 ② 사탕무

③ 부 추 ④ 콩

[해설]

산성토양에 극히 강한 작물 : 벼, 귀리, 루핀, 토란, 아마, 기장, 땅콩,
감자, 봄무, 호밀, 수박 등

03 다음 중 CAM식물에 해당하는 것은?

① 보 리 ② 담 배

③ 파인애플 ④ 명아주

[해설]

CAM 식물

밤에 이산화탄소를 받아들여 저장하였다가 낮에 당을 만들어 내는
식물로서 파인애플, 돌나물, 선인장 등의 사막식물이 속해 있다.

04 천연 옥신류에 해당하는 것은?

① IAA ② IPA

③ BA ④ 페 놀

[해설]

옥신의 종류

• 천연 옥신 : 인돌아세트산(IAA), IAN, PAA

• 합성된 옥신 : IBA, 2,4-D, NAA, 2,4,5-T, PCPA, MCPA, BNOA 등

05 작물이 주로 이용하는 토양수분의 형태는?

① 중력수 ② 모관수

③ 지하수 ④ 흡습수

[해설]

토양수분의 종류

• 결합수(pF 7.0 이상) : 작물이 이용 불가능한 수분

• 흡습수(pF 4.5~7.0 이상) : 작물이 흡수하지 못하는 수분

• 모관수(pF 2.7~4.5) : 작물이 주로 이용하는 수분

• 중력수(pF 0~2.7) : 작물이 이용 가능한 수분

• 지하수 : 모관수의 근원이 되는 물

정답 1 ② 2 ① 3 ③ 4 ① 5 ②

06 ( )에 들어갈 내용으로 알맞은 것은?

> 당근은 20,000rad의 ( )조사에 의해 발아가 억제된다.

① X선 ② γ선
③ α선 ④ β선

해설
채소류 장기저장 : 20,000rad 정도의 ^{60}Co, ^{137}Cs에 의한 선에 조사하면 감자, 당근, 양파, 밤 등의 발아가 억제되어 장기저장이 가능하다.

07 괴경으로 번식하는 작물은?

① 생 강 ② 마 늘
③ 감 자 ④ 고구마

해설
괴경(덩이줄기) : 감자, 토란, 뚱딴지
① 생강(지하경)
② 마늘(인경)
④ 고구마(괴근)

08 작물재배 시 열사를 일으키는 원인으로 틀린 것은?

① 원형질단백의 응고
② 원형질막의 액화
③ 전분의 점괴화
④ 당분의 증가

해설
작물재배 시 열사를 일으키는 원인
• 원형질단백의 응고
• 원형질막의 액화
• 전분의 점괴화
• 팽압에 의한 원형질의 기계적 피해
• 유독물질의 생성 등

09 내습성이 가장 강한 작물은?

① 고구마
② 감 자
③ 옥수수
④ 당 근

해설
작물의 내습성의 강한 정도
골풀, 미나리, 벼 > 밭벼, 옥수수, 율무 > 토란 > 유채, 고구마 > 보리, 밀 > 감자, 고추 > 토마토, 메밀 > 파, 양파, 당근, 자운영

10 다음 중 작물의 적산온도가 가장 낮은 것은?

① 벼
② 메 밀
③ 담 배
④ 조

해설
② 메밀 : 1,000~1,200℃
① 벼 : 3,500~4,500℃
③ 담배 : 3,200~3,600℃
④ 조 : 1,800~3,000℃

정답 6 ② 7 ③ 8 ④ 9 ③ 10 ②

11 다음 중 장일식물인 것은?

① 벼   ② 시금치

③ 국 화   ④ 코스모스

해설
일장반응에 따른 작물의 종류
• 단일성 식물 : 국화, 콩, 담배, 들깨, 도꼬마리, 코스모스, 목화, 벼, 나팔꽃
• 장일성 식물 : 맥류, 양귀비, 시금치, 양파, 상추, 아마, 티머시, 딸기, 감자

12 다음 중 땅속줄기에 해당하는 것은?

① 생 강   ② 박 하

③ 모시풀   ④ 마 늘

해설
영양기관에 따른 분류
• 덩이뿌리(塊根) : 다알리아, 고구마, 마, 작약 등
• 덩이줄기(塊莖) : 감자, 토란, 뚱딴지 등
• 비늘줄기(鱗莖) : 나리(백합), 마늘 등
• 뿌리줄기(地下莖), 근경(根莖) : 생강, 연, 박하, 호프 등
• 알줄기(球莖) : 글라디올러스 등

13 다음 중 대기 함량이 약 21%인 것은?

① 먼 지
② 수증기
③ 질소가스
④ 산소가스

해설
대기조성 : 질소(N_2) 78.09%, 산소(O_2) 21%, 아르곤(Ar) 0.9%, 이산화탄소(CO_2) 0.03%, 수증기 0~4%

14 벼 종자 선종방법으로 염수선을 하고자 한다. 비중을 1.13으로 할 경우 물 18L에 드는 소금의 분량은?

① 3.0kg
② 4.5kg
③ 6.0kg
④ 7.5kg

해설
염수선
• 멥쌀(메벼) : 비중 1.13(물 1.8L + 소금 4.5kg)
• 까락이 있는 메벼 : 비중 1.10(물 1.8L + 소금 3.0kg)
• 찰벼와 밭벼 : 비중 1.08(물 1.8L + 소금 2.25kg)

15 다음 설명에 알맞은 것은?

> 벼농사에 필요한 물을 빗물에만 의존하는 형태의 논이다.

① 건 답
② 추락답
③ 천수답
④ 누수답

해설
① 건답 : 조금만 가물어도 물이 곧 마르는 논
② 추락답 : 추락현상이 자주 나타나 벼의 수량이 감소하는 논
④ 누수답 : 물이 지하로 쉽게 빠져 내려가는 논

16 다음 중 작물의 주요 온도에서 최적 온도가 가장 낮은 작물은?

① 보 리   ② 완 두

③ 옥수수   ④ 벼

해설

작물별 파종 시 발아온도

구 분	온도(℃)		
	최저 온도	최적 온도	최고 온도
보리	0~2	20~30	38~40
완두	1~2	25~30	33~37
옥수수	6~11	34~38	41~50
벼	8~10	30~34	43~44

17 다음에서 설명하는 것은?

- 지상 1.8m 높이에 가로세로로 철선을 늘이고 결과부위를 평면으로 만들어주는 수형이다.
- 포도나무 재배에 많이 이용된다.

① 개심자연형 정지

② 변칙주간형 정지

③ 덕형 정지

④ 갱신 정지

해설

③ 덕형 정지 : 풍해를 적게 받고 수량이 많은 장점 등이 있지만, 시설비와 작업노력이 많이 들고 정지 · 전정과 수세조절이 잘 안 되었을 경우 가지가 혼잡하여 과실의 품질저하, 병해충 발생증가 등의 문제점도 있다.

① 개심자연형 정지 : 배상형의 단점을 개선한 수형으로서 복숭아나무와 같이 원줄기가 수직방향으로 자라지 않고 개장성인 과수에 적합한 수형이다.

② 변칙주간형 정지 : 주간형의 단점인 높은 수고와 수관 내부의 광부족을 시정한 수형으로서 미국 동부 지방의 사과나무 재배에서 발달하기 시작하였으며, 사과나무 외에 감나무 · 밤나무 · 양앵두나무 등의 재배에 널리 적용되고 있다.

④ 갱신 정지 : 맹아력이 강한 활엽수에 대해서 너무 늙어 생기를 잃은 나무나 개화상태가 불량해진 묵은 가지를 잘라 주어 새로운 가지가 나오게 함으로서 수목에 활기를 불어 넣어 주는 것이다.

18 내건성 작물의 특성을 가장 잘 설명한 것은?

① 건조할 때에 단백질의 소실이 빠르다.

② 건조할 때에 호흡이 낮아지는 정도가 작다.

③ 원형질의 점성이 낮고 수분 보유력이 강하다.

④ 원형질막의 수분 투과성이 크다.

19 작물이 영양생장에서 생식생장으로 전환하는데 가장 크게 관여하는 요인은?

① C/N율

② CO_2/O_2의 비

③ 수분과 양분

④ 온도와 일장

20 다음의 생장조절제 중 유형이 다른 하나는?

① NAA

② CCC

③ 2,4-D

④ IAA

해설

CCC(2-chloroethyl)의 식물에 대한 생리작용은 줄기를 짧게 한다.

21 풍화가 가장 어려운 광물은?

① 방해석
② 백운모
③ 흑운모
④ 정장석

해설

암석의 풍화 저항성

석영 > 백운모 · 정장석 > 사장석 > 흑운모 · 각섬석 · 휘석 > 감람석 > 백운석 · 방해석 > 석고

22 다음 중 가장 적절한 토양구조 유형은?

수평구조의 공극을 형성하면서 작물의 수직적 뿌리 생장을 제한하는 경향이 있다.

① 각괴상
② 입 상
③ 판 상
④ 각주상

해설

판상 구조

접시와 같은 모양이거나 수평배열의 토괴로 구성된 구조로 토양생성과정 중에 발달하거나 인위적인 요인에 의하여 만들어지며, 모재의 특성을 그대로 간직하고 있다. 작물 뿌리의 수직 생장을 제한하고 수분이 아래로 잘 빠지지 않는 특징이 있다.

23 토양의 소성지수를 산정하는 계산방법으로 가장 옳은 것은?

① 소성지수 = 소성하한 − 소성상한
② 소성지수 = 소성상한 − 점토활성도
③ 소성지수 = 점토함량 − 소성상한
④ 소성지수 = 소성상한 − 소성하한

해설

액성한계(LL, 소성상한)와 소성한계(PL, 소성하한)의 차이를 나타내는 소성지수(PI)는 점토함량에 기인하므로 토양 중 교질물의 함량을 표시하는 지표가 될 수 있다.

24 다음 설명에 알맞은 것은?

2차 광물이며, 대부분의 음전하가 변두리전하에 의해 생성된다.

① 클로라이트
② 몬모릴로나이트
③ 카올리나이트
④ 일라이트

해설

변두리전하(電荷, Edge Charge) : 점토광물의 표면에 존재하는 음전하를 말하며, 적은 양이지만 카올리나이트는 변두리 전하에 의하여 음전하가 생성된다.

25 입자밀도가 2.65g/cm^3, 용적밀도가 1.325g/cm^{3}인 건조토양 100cm^{3}의 용적수분 함량을 25%로 조절하고자 할 때 필요한 수분량은?(단, 물의 비중은 1로 한다)

① 13.25g
② 25g
③ 26.5g
④ 100g

해설

고상비율 = 용적밀도/입자밀도 × 100
= 1.325g/cm^3 ÷ 2.65g/cm^3 × 100
= 50% = 0.5
공극률 = 100 − 고상비율
= 100 − 50 = 50%
∴ 50% − 25% = 25% = 0.25
필요한 수분량 = 0.25 × 100 = 25g

26 화성암이며 우리나라 토양의 주요 모재가 되는 암석은?

① 화강암
② 천매암
③ 석회암
④ 현무암

27 토양수분상태를 측정하는 TDR법에서 센서의 측정원리에 관한 설명으로 옳은 것은?

① 토양의 3상 중 물이 갖는 유전상수가 매우 낮은 성질을 이용한다.
② 토양의 중량수분함량을 직접 측정한다.
③ 토양수분장력을 직접 측정한다.
④ 토양의 수분상태에 따라 달라지는 가시유전율을 측정한다.

[해설]
유전율식 토양수분 측정법
• FDR식(Frequency Domain Reflectometry, 주파수가변식)
고주파(3~100MHz)를 이용하여 토양 내 유전율 정도에 따라 측정 회로 내에 걸리는 주파수영역에서 콘덴서에 걸리는 정전용량(Electric Capacity)으로 읽어 토양수분 함량으로 환산하여 나타낸다. 측정 토양수분은 용적수분으로 바로 읽으며 토양특성에 따라 보정이 필요하다.
• TDR식(Time Domain Reflectometry, 주파수고정식)
초고주파(1.0~3.0GHz)를 이용하여 토양 내 유전율 정도에 따라 흐르는 전자파 세기가 달라지고 그에 따라 반사되어 오는 반사파의 세기 정도에 따라 회로 내에 걸리는 전압 또는 전류의 세기를 시간으로 변환하여 읽어 토양의 직접 용적수분 함량으로 환산하여 나타낸다. 측정 토양수분은 용적수분으로 바로 읽으며 비적 정확도가 높으며 안정적인 측정값을 제공한다.

28 토양의 산도를 조절하고자 석회요구량을 산정할 때 필요한 사항이 아닌 것은?

① 토양의 완충용량
② 토양미생물의 활성도
③ 점토 함량
④ 개량 전후 토양의 pH

[해설]
석회요구량은 pH, 토성, 점토의 종류, 유기물 함량에 따라 다르다.

29 식물의 다량필수원소에 해당되지 않는 것은?

① 마그네슘(Mg)
② 질소(N)
③ 철(Fe)
④ 황(S)

[해설]
필수원소(16종)
• 다량원소(9종) : 탄소(C), 산소(O), 수소(H), 질소(N), 인(P), 칼륨(K), 칼슘(Ca), 마그네슘(Mg), 황(S)
• 미량원소(7종) : 철(Fe), 구리(Cu), 아연(Zn), 망간(Mn), 붕소(B), 몰리브덴(Mo), 염소(Cl)
• 기타 원소(5종) : 규소(Si), 나트륨(Na), 아이오딘(요오드, I), 코발트(Co), 셀레늄(Se)

30 부식물질에 대한 설명으로 옳지 않은 것은?

① 부식산, 풀브산, 부식회 등으로 이루어져 있다.
② 리그닌과 단백질의 중합반응에 의하여 생성된다.
③ 갈색에서 검은색을 띠고 있는 분해에 저항성이 약한 물질이다.
④ 무정형으로 분자량이 다양하다.

[해설]
부식물질은 유기물이 분해되어 갈색, 암갈색의 일정한 형태가 없는 교질상의 복합물질이다.

31 표토의 염류집적에 가장 큰 원인이 되는 수분은?

① 중력수

② 모세관수

③ 흡습수

④ 결합수

해설

강우가 적고 증발량이 많은 건조·반건조 지대에서 표토층에 하층으로의 증발에 의한 염류의 상승량이 많아 표층에 염류가 집적하는 현상을 말하는데 이는 모세관현상에 의한 증발현상이다.

32 다음 비료 중 질소함량이 가장 높은 것은?

① 염화암모늄

② 질산암모늄

③ 황산암모늄

④ 요 소

해설

④ 요소 : 46%

① 염화암모늄 : 26%

② 질산암모늄 : 35%

③ 황산암모늄 : 21%

33 우리나라 토양의 산성 원인 중 가장 거리가 먼 것은?

① 강우량이 많아 토양염기와 식물양분의 용탈

② 모암이 산성암인 화강암과 화강편마암

③ 농경지에 화학비료의 적정 사용

④ 주요 점토광물의 양이온교환용량이 낮아 토양염기가 쉽게 용탈

해설

모암(화강암), 강우, 토양의 용탈, 산성비료의 남용 등은 토양이 산성화되는 원인이다.

34 토양 내 양이온치환용량(CEC)이 크다는 것은 무엇을 의미하는가?

① 비옥한 토양

② 토양의 완충능력 저하

③ 사토함량 풍부

④ 비료성분의 용탈 증대

해설

CEC가 클수록 pH에 저항하는 완충력이 크며, 양분을 보유하는 보비력이 크므로, 비옥한 토양이다. 따라서 작물을 안정적으로 재배할 수 있다.

35 다음 중 단위면적당 생체량이 가장 많은 것은?

① 지렁이

② 토양선충

③ 조 류

④ 사상균

해설

토양 생물의 개체수

세균 > 방선균 > 사상균 > 조류 > 선충 > 지렁이

36 토양 침식에 영향을 미치는 인자에 대한 설명으로 틀린 것은?

① 경사장이 길거나 경사폭이 넓은 곳은 빗물이 모여 흐를 수 있는 기회가 많아 토양 유실량이 많아진다.

② 강우량이 부족한 건조지대나 반건조지대에서는 토양 표면에 건조하여 풍식을 쉽게 받기도 한다.

③ 지표면 가까이 있어 바로 접촉되어 있는 피복은 토양유 실방지에 효과적이지 않다.

④ 침식과 관련된 토양의 투수력은 입자가 클수록, 유기 물 함량이 많을수록, 토심이 깊을수록, 팽창성 점토광 물이 적을수록 크다.

37 다음 중 강우에 의한 토양유실 감소방안에 있어 피복효과 가 가장 낮은 것은?

① 콩재배

② 옥수수재배

③ 목초재배

④ 감자재배

해설
두과작물, 목초 등이 토양유실이 적고, 초장이 짧은 작물이 비교적 피복효과가 크다.

38 토양 생성에 관여하는 주요 5가지 요인으로 바르게 나열 된 것은?

① 모재, 기후, 지형, 수분, 부식

② 모재, 부식, 기후, 지형, 식생

③ 모재, 기후, 지형, 시간, 부식

④ 모재, 지형, 기후, 식생, 시간

해설
토양생성에 관여하는 주요 5가지 요인 : 모재, 지형, 기후, 식생, 시간

39 다음 중 식물의 요구도가 가장 낮으며, 질소공급형태에 따라 달라지는 미량영양원소는?

① Cl

② Mn

③ Zn

④ Mo

해설
몰리브덴(Mo)은 질소 고정효소와 질산 환원효소의 조효소로서 질소동 화에 필수 성분이다. 몰리브덴이 결핍되면 작물체 내에 질산이 축적되 고 장애가 발생한다.

40 통기성이 양호한 조건에서 유기물이 완전히 분해될 때 탄 소는 어떤 형태로 변하는가?

① 유기산

② 이산화탄소

③ 메탄가스

④ 에너지와 물

해설
유기물이 산화적 상태에서 호기성 세균에 의해 분해되면 최종 산물은 이산화탄소 형태로 대기 중에 방출된다.

제3과목 유기농업개론

41 다음 식물육종법 중 유전적 조성이 다른 작물의 품종을 인위적으로 서로 교잡시켜서 유전형질이 다른 새로운 작물개체를 만들어 내는 방법은?

① 교잡육종법
② 도입육종법
③ 돌연변이육종법
④ 배수체육종법

42 다음에서 설명하는 것은?

> 수직재인 기둥에 비하여 수평 또는 이에 가까운 상태에 놓인 부재로서 재축에 대하여 직각 또는 사각의 하중을 지탱한다.

① 왕도리
② 샛기둥
③ 중도리
④ 보

해설

④ 보(Beam) : 기둥이 수직재인데 비하여 보는 수평 또는 이에 가까운 상태에 놓인 부재로서 직각 또는 사각의 하중을 지탱한다.
① 샛기둥 : 기둥과 기둥 사이에 배치하여 벽을 지지해 주는 수직재를 말한다.
② 왕도리 : 대들보라고도 하며, 용마루 위에 놓이는 수평재를 말한다.
③ 중도리 : 지붕을 지탱하는 골재로 왕도리와 갖도리 사이에 설치되어 서까래를 받치는 수평재이다.

43 우리나라 자식성 작물의 종자증식 체계로 옳은 것은?

① 기본식물 → 원원종 → 보급종 → 원종
② 기본식물 → 원원종 → 원종 → 보급종
③ 보급종 → 기본식물 → 원원종 → 원종
④ 보급종 → 원원종 → 원종 → 기본식물

해설

자식성 식물의 종자증식 체계
품종 육성 및 기본식물 생산 → 원원종 → 원종 → 보급종→ 농가

44 다음 토양미생물 중 흙냄새와 가장 관련이 있는 것은?

① 곰팡이
② 근 균
③ 방선균
④ 세 균

해설

흙 속 유기물을 분해하는 세균류인 방선균은 흙냄새 나는 화합물 지오스민(Geosmin)을 만든다.

45 유기가축 1마리당 갖추어야 하는 가축 사육시설의 소요면적(m^2)에 대한 내용으로 ( )에 알맞은 내용은?

시설형태	번식우
방사식	( )

① $10m^2$/마리
② $5m^2$/마리
③ $3m^2$/마리
④ $1m^2$/마리

해설

유기축산물 – 사육장 및 사육조건(유기식품 및 무농약농산물 등의 인증에 관한 세부실시 요령 [별표 1])
유기가축 1마리당 갖추어야 하는 가축사육시설의 소요면적(단위 : m^2)은 다음과 같다.
한 · 육우

시설형태	번식우	비육우	송아지
방사식	$10m^2$/마리	$7.1m^2$/마리	$2.5m^2$/마리

46 다음 중 1년 휴작이 필요한 작물로만 짝지어진 것은?

① 토마토, 사탕무
② 우엉, 고추
③ 레드클로버, 고추
④ 시금치, 생강

해설
작물의 기지 정도
• 1년 휴작 작물 : 시금치, 콩, 파, 생강, 쪽파 등
• 5~7년 휴작 작물 : 수박, 가지, 완두, 우엉 등

47 윤작의 효과에 대한 설명으로 틀린 것은?

① 토양 전염성 병해충의 발생 억제
② 기지현상 발생 촉진
③ 수량 증가와 품질 향상
④ 토양 통기성의 개선

해설
윤작을 하면 기지현상을 크게 줄이거나, 회피하거나 예방할 수 있다.

48 공기 중의 질소를 고정시켜 주는 것은?

① 두과 식물　　② 쇠뜨기
③ 국화과 식물　　④ 대나무

해설
두과 작물은 근류균을 생성하여 공기 중의 질소를 고정하기 때문에 중요한 천연질소공급원이 된다.

49 다음 중 석회보르도액의 사용효과가 아닌 것은?

① 사과의 흑점병, 갈반병을 예방해 준다.
② 배의 쐐기벌레, 뿌리선충을 예방해 준다.
③ 포도의 만부병을 예방해 준다.
④ 감귤의 더뎅이병, 궤양병을 예방해 준다.

50 다음에서 설명하는 것은?

> 꽃 색깔이 붉은 것과 흰 것으로 뚜렷이 구별된다.

① 연속변이
② 불연속변이
③ 양적 형질변이
④ 환경변이

해설
불연속변이(대립변이) : 꽃이 희고 붉은 것과 같은 두 변이 사이에 구별이 뚜렷하고 중간 계급의 것이 없는 변이(색깔, 모양, 까락의 유무)

51 눈이나 가지의 바로 위에 가로로 깊은 칼금을 넣어 눈이나 가지의 발육을 조장하는 것은?

① 적 심   ② 제 얼
③ 적 아   ④ 절 상

해설
① 적심 : 순지르기
② 제얼 : 가지나 어린 박을 제거하는 일, 줄기 수가 적어지면 불필요한 양분의 소모를 방지하여 수량을 증대시킬 수 있다.
③ 적아 : 눈이 트려 할 때에 필요하지 않은 눈을 손끝으로 따주는 것

52 보리의 종자갱신 연한은?

① 6년 1기
② 5년 1기
③ 4년 1기
④ 3년 1기

해설
우리나라에서 벼, 보리, 콩 등 자식성 작물의 종자갱신 연한은 4년 1기로 되어 있다.

53 친환경농업에서 지양(止揚)하고 있는 농업형태는?

① 자연농업
② 지속농업
③ 생태적 농업
④ 관행농업

해설
관행농업은 화학 비료와 유기합성 농약을 사용하여 작물을 재배하는 관행적인 농업 형태를 말한다. 친환경관련 농법은 자연순환농업, 생태 농업, 유기농업, 저투입 지속농업 등이 있다.

54 유기농업용 종자의 육종법으로 적당하지 않은 것은?

① 1대잡종육종
② 생물공학적 육종
③ 영양계선발
④ 순환선발

55 유기농업에서 추구하는 목표와 방향으로 거리가 가장 먼 것은?

① 생태계 보전
② 환경오염의 최소화
③ 토양쇠퇴와 유실의 최소화
④ 다수확

해설
유기농업이 추구하는 목표와 방향
• 환경생태계의 보호
• 토양쇠퇴와 유실의 최소화
• 환경오염의 최소화
• 생물학적 생산성의 최적화
• 자연환경의 우호적 건강성 촉진

정답   51 ④   52 ③   53 ④   54 ②   55 ④

56 수가축의 기관으로 옳은 것은?

① 정 소

② 난 관

③ 난 소

④ 자 궁

57 국제유기농운동연맹(IFOAM)의 유기농업의 4대 원칙에 해당하지 않는 것은?

① 공정의 원칙(Principle of Fairness)

② 상생의 원칙(Principle of Cooperation)

③ 생태의 원칙(Principle of Ecology)

④ 건강의 원칙(Principle of Health)

해설

국제유기농운동연맹(IFOAM)의 유기농업의 4대 원칙

• 건강의 원칙(Principle of Health)

• 생태의 원칙(Principle of Ecology)

• 공정의 원칙(Principle of Fairness)

• 배려의 원칙(Principle of Care)

58 생육이 불량하고 완전 불임으로 실용성이 없지만 염색체를 배가하면 곧바로 동형집합체를 얻을 수 있는 것은?

① 이질배수체   ② 반수체

③ 동질배수체   ④ 돌연변이체

해설

반수체는 완전불임으로 실용성이 없다. 그러나 염색체를 배가하면 곧바로 동형접합체를 얻을 수 있으므로 육종연한을 단축하는데 이용한다.

59 주로 동서 방향으로 설치하는 온실로, 남쪽 지붕의 길이가 전 지붕 길이의 4분의 3을 차지하도록 하며, 양쪽 지붕의 길이가 서로 달라 부등변식 온실이라고 하는 것은?

① 양지붕형 온실

② 더치라이트형 온실

③ 스리쿼터형 온실

④ 벤로형 온실

해설

스리쿼터형 온실(3/4 지붕형 온실)

용마루를 사이에 두고 지붕의 길이가 한쪽이 다른 쪽보다 반절 또는 적어도 지붕 전체의 길이가 3/4 정도 되는 온실로, 광선 입사량이 많고 채광과 보온이 좋다.

60 다음 중 ( ) 안에 알맞은 것은?

( )은 포기를 많이 띄어서 구덩이를 파고 이식하는 방법으로 과수, 수목, 꽃나무 등에서 실시된다.

① 조 식   ② 혈 식

③ 난 식   ④ 점 식

해설

② 혈식 : 그루 사이를 많이 띄어서 구덩이를 파고 이식 예 양배추, 토마토, 수박, 호박

① 조식 : 골에 줄지어 이식하는 방법 예 파, 맥류

③ 난식 : 일정한 질서 없이 점점이 이식

④ 점식 : 포기를 일정한 간격을 두고 띄어서 점점이 이식 예 콩, 수수, 조

제4과목　유기식품 가공·유통론

61 유기배를 MA포장하여 판매할 때 포장재 내부의 가스농도 변화는?

① 산소농도와 탄산가스농도는 감소한다.

② 산소농도는 감소하나 탄산가스농도는 증가한다.

③ 산소농도는 증가하나 탄산가스농도는 감소한다.

④ 산소농도와 탄산가스농도는 증가한다.

해설

MA포장(MA ; Modified Atmosphere)
선택적 가스투과성이 있는 플라스틱필름을 이용하여 포장 내부의 산소농도를 낮추고 이산화탄소 농도를 높여 주는 포장기술이다.

62 샐러드 원료용으로서 호흡작용이 왕성한 농산물을 슬라이스 형태로 절단하여 MA포장을 할 때 다음 중 가장 적합한 포장재질은?

① 폴리에틸렌(PE)

② 폴리아마이드(PA)

③ 폴리에스터(PET)

④ 폴리염화비닐리덴(PVDC)

해설

MA저장의 내용물은 폴리에틸렌(PE) 또는 폴리프로필렌(PP) 등의 플라스틱필름으로 포장한다.

63 식품공전상 일반적인 냉동식품의 보존온도는?

① -10℃ 이하

② -15℃ 이하

③ -18℃ 이하

④ -25℃ 이하

64 다음 중 식중독을 일으키는 세균은?

① *Clostridium botulinum*

② *Lactobacillus bulgaricus*

③ *Saccharomyces cerevisiae*

④ *Aspergillus oryzae*

해설

① *Clostridium botulinum* : 동물, 어류, 곡류, 야채, 과일 등을 통해 사람에게 오염되는 대표적 독소형 식중독균이다.

② *Lactobacillus bulgaricus* : 불가리아 젖산간균

③ *Saccharomyces cerevisiae* : 맥주나 빵 발효 때 사용하는 미생물

④ *Aspergillus oryzae* : 누룩곰팡이

65 식품 등의 표시기준에 의한 영양성분 표시 중 당류에 대해서 강조 표시로 "무"라고 표시할 수 있는 것은?

① 1회 제공량당 당류의 열량이 10kcal 미만일 경우

② 식품 100g당 또는 식품 100mL당 당류 0.5g 미만으로 낮추거나 제거한 경우

③ 가공 중 당을 인위적으로 첨가하지 않은 경우

④ 식품 100g당 또는 식품 100mL당 영양성분 기준치의 10% 미만일 경우

해설

식품 등의 표시기준 [별지 1] 표시사항별 세부표시기준

영양성분	강조표시	표시조건
당류	저	식품 100g당 5g 미만 또는 식품 100mL당 2.5g 미만일 때
	무	식품 100g당 또는 식품 100mL당 0.5g 미만일 때

66 치즈의 특성에 관한 설명으로 틀린 것은?

① 에멘탈(Emmental)치즈 – 스위스치즈로 내부에 치즈 눈(Cheese Eye)을 형성

② 체더(Cheddar)치즈 – 세계에서 다량 생산되는 온화한 산미가 나는 경질치즈

③ 카망베르(Camembert)치즈 – 프랑스치즈로 흰곰팡이에 의해 숙성

④ 블루(Blue)치즈 – 스타터로 *Streptococcus cremoris*를 사용

해설
블루치즈(Blue Cheese)
곰팡이로 숙성시킨 것이며 숙성에는 푸른곰팡이의 일종인 페니실륨 로케포르피(*Penicillium roqueforti*)가 중요한 구실을 한다.
※ 체더치즈 – 스타터로 *Streptococcus cremoris*를 사용

67 유통마진의 변동요인이 아닌 것은?

① 마케팅 투입물 가격　② 상품화 계획
③ 가공비의 증가　　　　④ 생산비의 증가

해설
유통마진의 변동은 유통투입요소 가격의 변동, 유통능률의 변화 및 최종소비재에 구상화된 서비스의 차이에 의해 변하게 된다.

68 유기농산물에 대한 인증의 유효기간은 인증을 받은 날부터 얼마간 유효한가?

① 3개월　　　　② 6개월
③ 1년　　　　　④ 3년

해설
인증의 유효기간 등(친환경농어업법 제21조제1항)
인증의 유효기간은 인증을 받은 날부터 1년으로 한다.

69 유기가공식품 생산 및 취급 시 발효채소제품에 사용이 가능한 식품첨가물은?

① 젖 산　　　　② 초 산
③ 염 산　　　　④ 이산화황

해설
젖 산
• 식품첨가물로 사용 시 : 발효채소제품, 유제품, 식용케이싱
• 가공보조제로 사용 시 : 유제품의 응고제 및 치즈 가공 중 염수의 산도 조절제

70 국립농산물품질관리원 친환경 인증관리 정보시스템에서 인증정보 중 인증분류가 잘못 짝지어진 것은?

① 1(유기축산물), 5(무농약)
② 2(유기농산물), 3(무항생제)
③ 8(유기가공식품), 9(비식용유기가공품)
④ 7(재포장과정)

해설
인증분류
농산물 : 1(유기농산물), 3(무농약)
축산물 : 2(유기축산물), 5(무항생제)
취급자 : 6(재포장과정)
가공품 : 7(무농약원료가공식품), 8(유기가공식품), 9(비식용유기가공품)

71 유기백미가 가장 많이 함유하고 있는 영양성분은?

① 수 분   ② 단백질

③ 지 방   ④ 당 질

해설

백미의 표준 화학조성

100g당 수분 14.1%, 단백질 6.5%, 지방질 0.4%, 당질 77.5 %, 섬유 0.4%, 회분 0.5%, 열량 340kcal이다.

72 식품 중 어떤 원재료가 방사선 조사처리 되었는지 확인하기 어려운 경우 가장 적합한 표시방법은?

① 전재료가 방사선 조사처리 재료 직접 접촉됨

② 방사선 조사처리된 원재료 일부 함유

③ 확인이 어려운 경우에 한해 미표시

④ 방사선 조사처리를 줄인 재료 사용

해설

조사처리(照射處理) 식품의 표시 – 표시방법(식품 등의 표시기준)

어떤 원재료가 조사처리 되었는지 확인하기 어려운 경우에는 '방사선 조사처리된 원재료 일부 함유' 또는 '일부 원재료 방사선 조사처리' 등의 내용으로 표시할 수 있다.

73 미생물의 신속검출법이 아닌 것은?

① ATP 광측정법

② 표준평판도말법

③ DNA 증폭법

④ 형광항체 이용법

해설

② 표준평판도말법은 생균수를 측정하는 방법이다.

미생물의 신속검출법 : ATP 광측정법, DNA 증폭법, 형광항체 이용법, 염료환원법, DNA probe 사용법 등

74 가격을 올리지 않고 내용물을 줄여 가격을 유지하는 사례가 속출한다. 이때 작용한 심리적 가격 전략은?

① 단수 가격전략

② 준거 가격전략

③ 명성 가격전략

④ 관습 가격전략

해설

관습가격

시장에서 한 제품군에 대해 오랜 기간 고정되어 있는 가격을 말하며 라면, 담배, 휴지 등이 있다. 이 경우 원재료의 가격이 상승해 제품 가격을 올릴 필요가 발생해도 소비자의 저항에 부딪혀 가격을 변동하기가 쉽지 않다.

75 냉장에 관한 용어의 설명 중 옳은 것은?

① 원료열 : 식품의 품온이 냉장실의 온도보다 높을 경우 식품을 냉각시키기 위해 제거해야 되는 열

② 침투열 : 냉장실의 주기적인 환기 시에 유입되는 열로 통제해야 되는 열

③ 호흡열 : 작업자가 냉장실 내에서 작업 시 발생하는 열

④ 흡열 : 식품의 자동산화, 강제 환풍 내부 기계 등에서 발생되는 열

해설

② 침투열 : 냉장실 구성하는 벽면으로 침투하는 열

③ 호흡열 : 보관과정에서 발생하는 열

④ 흡열 : 열을 빨아들임

76 마케팅의 4P 믹스에 해당되는 것은?

① 편리성
② 의사소통
③ 판매 촉진
④ 고객 가치

해설
마케팅의 4P 믹스
제품(Product), 가격(Price), 유통(Place), 촉진(Promotion)

77 식품의 가열살균에 의한 영향을 설명한 것 중 틀린 것은?

① 가열살균처리를 통하여 식품 중의 효소를 불활성화시 킨다.
② 가열살균처리는 영양성분의 파괴와 품질의 저하를 수 반한다.
③ 일반적인 가열살균으로 식품 중의 모든 미생물은 사멸 되고 무균화된다.
④ 가열살균은 식품 중에 존재할 것으로 예상되는 병원균 과 부패균을 사멸시키는 것을 목적으로 한다.

해설
가열살균 방식은 '열처리에 의하여 식품 중의 미생물을 사멸시켜 식품 의 안전성과 저장성을 부여하는 식품가공 기술'이라 할 수 있다. 이 가열살균의 목적은 식품 중의 미생물의 사멸과 효소를 불활성화시키는 데 있다.

78 어떤 유기농산물의 생산자 수취가격이 2,000원, 납품업 체 공급가격이 2,200원, 소비자 지불가격이 2,500원일 때 총유통마진율은?

① 10%
② 11%
③ 20%
④ 25%

해설
총유통마진율 = (총마진/소비자 지불가격)×100
= {(2,500−2,000원)/2500원}×100
= 20%

79 식품위해요인을 분석하고 중요관리점을 설정하여 식품안 전을 관리하는 시스템은?

① HACCP
② GMP
③ ISO 9001
④ QMP

해설
식품 및 축산물 안전관리인증기준(HACCP ; Hazard Analysis and Critical Control Point)
식품위생법 및 건강기능식품에 관한 법률에 따른 식품안전관리인증기 준과 축산물 위생관리법에 따른 축산물 안전관리인증기준으로서, 식 품(건강기능식품을 포함)·축산물의 원료 관리, 제조·가공·조리· 선별·처리·포장·소분·보관·유통·판매의 모든 과정에서 위해 한 물질이 식품 또는 축산물에 섞이거나 식품 또는 축산물이 오염되는 것을 방지하기 위하여 각 과정의 위해요소를 확인·평가하여 중점적으 로 관리하는 기준을 말한다.

80 식생활의 발달에 따른 현상이 아닌 것은?

① 간편조리식품을 선호한다.
② 곡물 중심의 소비형태가 나타난다.
③ 소분포장 등 형태적 변경을 통해 효용을 높인다.
④ 축산물 소비증가로 동물성 열량섭취 비중이 증가한다.

해설
쌀과 채소 중심의 전통적인 우리의 식생활이 서양식 식사패턴으로 바뀌고 있다.

2022년 제 1 회 │ 최근 기출복원문제

01 다음 중 3년생 가지에 결실하는 것은?

① 밤　　　　　② 매 실
③ 배　　　　　④ 포 도

해설
과수의 결실 습성
• 1년생 가지에서 결실하는 과수 : 감귤류, 포도, 감, 무화과, 밤
• 2년생 가지에서 결실되는 과수 : 복숭아, 매실, 자두 등
• 3년생 가지에서 결실되는 과수 : 사과, 배

02 씨감자의 병리적 퇴화의 주요 원인은?

① 효소의 활력저하
② 비료 부족
③ 바이러스 감염
④ 이형종자의 기계적 혼입

해설
병리적 퇴화 : 종자소독으로 방제할 수 없는 바이러스 병 등으로 병리적으로 퇴화한다.

03 다음 중 상대적으로 하고의 발생이 가장 심한 것은?

① 화이트클로버　　　② 티머시
③ 오처드그라스　　　④ 수 수

해설
티머시, 알팔파 등은 목초의 하고현상 피해가 큰 한지형(북방형) 목초이다

04 다음 중 산성토양에 적응성이 가장 강한 내산성 작물은?

① 감 자　　　　② 사탕무
③ 부 추　　　　④ 콩

해설
산성토양 적응성
• 극히 강한 것 : 벼, 밭벼, 귀리, 기장, 땅콩, 아마, 감자, 호밀, 토란
• 강한 것 : 메밀, 당근, 옥수수, 고구마, 오이, 호박, 토마토, 조, 딸기, 베치, 담배
• 약한 것 : 고추, 보리, 클로버, 완두, 가지, 삼, 겨자
• 가장 약한 것 : 알팔파, 자운영, 콩, 팥, 시금치, 사탕무, 셀러리, 부추, 양파

05 다음 중 CAM식물에 해당하는 것은?

① 보 리　　　　② 담 배
③ 명아주　　　　④ 파인애플

해설
CAM 식물
밤에 이산화탄소를 받아들여 저장하였다가 낮에 당을 만들어 내는 식물로서 파인애플, 돌나물, 선인장 등의 사막식물이 속해 있다.

06 어미식물에서 발생하는 흡지(吸枝)를 뿌리가 달린 채로 분리하여 번식시키는 번식방법은?

① 성토법　　　　② 분 주
③ 선취법　　　　④ 당목취법

해설
② 분주 : 어미식물로부터 자라난 어린식물의 뿌리를 분리하여 새로운 개체로 번식
① 성토법 : 흙을 덮어 뿌리를 내리게 한 번식
③ 선취법 : 식물의 가지를 휘어 그 한끝을 땅속에 묻어서 뿌리를 내리게 하는 인공 번식
④ 당목취법 : 나뭇가지를 수평으로 묻고 각 마디에서 발생하는 새 가지를 발근시켜 번식

07 작물의 주요 생육온도에서 최고온도가 30℃에 해당하는 것은?

① 옥수수 　　　　　② 삼
③ 호 밀 　　　　　④ 오 이

해설
작물의 주요 온도(℃)

구 분	최저온도	최적온도	최고온도
옥수수	8~10	30~32	40~44
삼	1~2	35	45
호 밀	1~2	25	30
오 이	12	33~34	40

08 굴광현상에 가장 유효한 광은?

① 자외선 　　　　　② 자색광
③ 청색광 　　　　　④ 녹색광

해설
굴광현상 : 청색광이 가장 유효하다(400~500nm, 특히 440~480nm).

09 다음에서 설명하는 것은?

> 식물체 내에 함유된 탄수화물과 질소의 비율이 개화와 결실에 영향을 미친다.

① C/N율 　　　　　② G/D 균형
③ T/R률 　　　　　④ 일장효과

해설
C/N율
탄수화물과 질소화합물의 비율로 생장, 결실상태를 나타내는 지표

10 다음 중 습해의 대책이 아닌 것은?

① 내습성 작물 및 품종을 선택한다.
② 심층시비를 실시한다.
③ 배수를 철저히 한다.
④ 토양공기를 조장하기 위해 중경을 실시하고 석회 및 토양개량제를 사용한다.

해설
② 습해 발생 시 비료는 엽면시비를 하는 것이 좋다.

11 광과 관련이 적은 생리작용은?

① 착 색 　　　　　② 일비현상
③ 굴광현상 　　　　④ 광합성

해설
일비현상
작물의 줄기 또는 나무줄기를 절단하거나 혹은 목질부에 도달하는 구멍을 뚫으면 절구(切口)에서 대량의 수액이 배출되는 현상

12 혼파 시 화본과 목초와 콩과 목초의 혼파 비율은?(단, '화본과 목초 : 콩과 목초'로 표현한다)

① 5~6 : 4~5
② 3~4 : 6~7
③ 8~9 : 1~2
④ 4~5 : 5~6

13 다음 중 작물별로 구분할 때 K의 흡수비율이 가장 높은 것은?

① 콩   ② 고구마

③ 옥수수   ④ 벼

해설

질소, 인산, 칼륨의 작물별 흡수비율

② 고구마(4 : 1.5 : 5)

① 콩(5 : 1 : 1.5)

③ 옥수수(4 : 2 : 3)

④ 벼(5 : 2 : 4)

14 다음 중 식물생장조절제로 사용되지 않는 것은?

① OED   ② CCC

③ B-9   ④ MH

해설

OED는 증발억제제, 수온상승제이다.

15 작물이 주로 이용하는 토양수분의 형태는?

① 중력수   ② 흡습수

③ 지하수   ④ 모관수

해설

토양수분의 종류

• 결합수(pF 7.0 이상) : 작물이 이용 불가능한 수분

• 흡습수(pF 4.5~7.0 이상) : 작물이 흡수하지 못하는 수분

• 모관수(pF 2.7~4.5) : 작물이 주로 이용하는 수분

• 중력수(pF 0~2.7) : 작물이 이용 가능한 수분

• 지하수 : 모관수의 근원이 되는 물

16 생력기계화 재배의 전제조건으로만 짝지어진 것은?

① 경영단위의 축소, 노동임금 상승

② 잉여노동력 감소, 적심재배

③ 재배면적 축소, 개별재배

④ 경지정리, 제초제 이용

해설

생력기계화 재배의 전제 조건

• 경지정리 선행

• 집단재배 또는 공동재배

• 제초제의 사용으로 노동력 절감

• 작물별 적응 재배체계 확립

• 잉여노동력의 수익화

17 가을에 파종하여 다음해 여름에 재배하는 작물을 무엇이라 하는가?

① 1년생 작물   ② 월년생 작물

③ 2년생 작물   ④ 다년생 작물

해설

월년생 작물(추파 1년생 작물) : 가을에 파종하고 월동 후 이듬해 개화 결실하는 작물로 가을밀, 가을보리, 금어초 등이 있다.

18 재배적 이용에 해당되는 것은?

① 앵두나무 접목 시 활착촉진

② 호광성 종자의 발아촉진

③ 삽목 시 발근촉진

④ 가지의 굴곡유도

해설

지베렐린의 재배적 이용 : 발아촉진, 화성유도 및 촉진, 경엽의 신장촉진, 단위결과유도 등

19 작물의 기원지가 중앙아시아에 해당하는 것으로만 나열된 것은?

① 귀리, 당근　　② 고추, 오이
③ 메밀, 호밀　　④ 상추, 감자

해설
기원지별 주요작물
• 중국지역 : 6조보리, 조, 피, 메밀, 콩, 팥, 파, 인삼, 배추, 자운영, 동양감, 감, 복숭아
• 인도·동남아시아 지역 : 벼, 참깨, 사탕수수, 모시풀, 왕골, 오이, 박, 가지, 생강
• 중앙아시아 지역 : 귀리, 기장, 완두, 삼, 당근, 양파, 무화과
• 코카서스·중동지역 : 2조보리, 보통밀, 호밀, 유채, 아마, 마늘, 시금치, 사과, 서양배, 포도
• 지중해 연안 지역 : 완두, 유채, 사탕무, 양귀비, 화이트클로버, 티머시, 오처드그라스, 무, 순무, 우엉, 양배추, 상추
• 중앙아프리카 지역 : 진주조, 수수, 강두(광저기), 수박, 참외
• 멕시코·중앙아메리카 지역 : 옥수수, 강낭콩, 고구마, 해바라기, 호박
• 남아메리카 지역 : 감자, 땅콩, 담배, 토마토, 고추

20 NO_2가 자외선 하에서 광산화되어 생성되는 것은?

① 불화수소가스　　② 오존가스
③ 암모니아가스　　④ 아황산가스

해설
오존은 대기 중에 배출된 NOx와 휘발성유기화합물(VOCs) 등이 자외선과 광화학 반응을 일으켜 생성된 PAN, 알데하이드, Acrolein 등의 광화학 옥시던트의 일종으로 2차 오염물질에 속한다.

제2과목 **토양비옥도 및 관리**

21 경작지 토양에 유기물 함량을 높이는 방법으로 틀린 것은?

① 식물의 유체를 토양으로 되돌려 준다.
② 토양의 침식을 막아야 한다.
③ 토양 경운을 최소화한다.
④ 논토양에는 밭 토양보다 많은 양의 유기물을 투입한다.

해설
밭토양이 유기물의 용탈이 더 심하므로 논토양보다 더 많이 투입해야 한다.

22 다음 중 질소질 비료가 아닌 것은?

① 요 소　　② 석회질소
③ 질산칼륨　　④ 용과린

해설
• 질소질 비료 : 요소, 질산암모늄(초안), 염화암모늄, 석회질소, 황산암모늄(유안), 질산칼륨(초석), 인산암모늄 등
• 인산질 비료 : 과인산석회(과석), 중과인산석회(중과석), 용성인비, 용과린, 토머스인비 등

23 다음 중 토양침식을 방지하는 방법으로 가장 부적합한 것은?

① 경운 및 객토
② 피복재배
③ 초생재배
④ 등고선 재배법

해설
경운작업은 토립의 응고를 방해하여 침식을 유리하게 해준다.

24 토양의 용적밀도가 1.30g/cm³이고, 입자밀도가 2.60g/cm³인 경우의 토양공극률은?

① 13% ② 25%

③ 50% ④ 75%

해설

$$토양공극률 = \left[\left(1 - \frac{용적밀도}{입자밀도}\right)\right] \times 100$$

25 단생질소고정균에 해당하지 않는 것은?

① Desulfovibrio ② Rhizobium

③ Azotobacter ④ Clostridium

해설

질소고정작용 균

• 단생질소고정균
  – 호기성 : Azotobacter, Derxia, Beijerinckia
  – 혐기성 : Clostridium
  – 통성혐기성 : Klebsiella
• 공생질소고정균 : Rhizobium, Bradyrhizobium속

26 다음 중 염류집적 시설재배지의 염류제거방법으로 가장 적합하지 않은 것은?

① 유황함유물 사용으로 pH를 낮춘다.

② 심경으로 토양의 성질을 개량한다.

③ 염류흡수가 강한 작물을 재배한다.

④ 담수로 집적염류를 근권 아래로 용탈시킨다.

해설

SO₄의 S는 pH를 높여서 토양을 산성화시키는 원인이 된다.

27 점오염원에 해당하는 것은?

① 산성비

② 대단위 가축사육장

③ 작물의 장기간 연작

④ 방사성 물질

해설

오염원의 구분

• 점오염원 : 오염물질의 유출 및 배출 경로가 명확하여 수집이 쉽고, 유지관리가 용이한 오염원
• 비점오염원 : 오염물질의 유출 및 배출 경로가 불명확하여 수집이 어렵고, 유지관리가 곤란한 오염원

28 석영(Quartz), 장석(Feldspar), 운모(Mica), 각섬석(Hornblende), 휘석(Pyroxene, Augite) 등으로 구성된 암석의 종류는?

① 화성암 ② 변성암

③ 퇴적암 ④ 산성암

해설

화성암을 구성하는 조암광물에는 석영, 장석, 운모, 각섬석, 휘석, 감람석 등이 있다.

29 토성을 분류할 때 세토중의 점토함량이 12.5~25%에 해당하는 것은?

① 사 토 ② 식양토

③ 사양토 ④ 식 토

해설

토양 중 점토의 함량에 따라 사토 12.5% 이하, 사양토 12.5~25%, 양토 25~37.5% 식양토 37.5~50%, 식토 50% 이상으로 나눈다.

30 논토양에서 카드뮴의 영향을 감소시킬 수 있는 방안으로 옳은 것은?

① Zn 첨가

② 유기물 제거

③ 석회물질 첨가

④ 생육 후반에 낙수

해설

카드뮴에 의한 토양오염을 방지는 배토나 객토, 또는 석회질 물질에 의한 토양의 알칼리화를 꾀하여 카드뮴을 수산화카드뮴으로 불용화시키거나, 인산 흡수계수에 가까운 인산을 시용하여 인산카드뮴으로 불용화시키기도 한다.

31 질산화작용(Nitrification)에 대한 설명으로 틀린 것은?

① 암모니아태 질소를 질산태로 변화시키는 작용이다.

② 암모니아산화균과 아질산산화균의 작용으로 일어난다.

③ 논토양의 환원층에서 일어난다.

④ 질산화작용으로 생성된 질산은 토양에서 유실되기 쉽다.

32 다음 중 기후와 자연의 영향을 가장 많이 받은 토양은?

① 비성대성 토양

② 간대성 토양

③ 카테나 토양

④ 성대성 토양

해설

④ 성대성 토양 : 기후와 식생의 영향을 크게 받아 생성된 토양

① 비성대성 토양 : 토양 생성 기간이 짧고 발달이 미숙하여 여러 가지 환경 인자의 영향을 확실하게 나타내지 않는 상태의 토양

② 간대성 토양 : 지형, 모재, 시간 등의 영향을 받아 생성된 토양

33 경사지에서 수식성 작물을 재배할 때 등고선으로 일정한 간격을 두고 적당한 폭의 목초대를 두면 토양침식이 크게 경감하는데 이를 무엇이라 하는가?

① 청경재배   ② 단구식 재배

③ 초생재배   ④ 대상재배

해설

대상재배

경사가 진 등고선에서 따를 구성하여 목초 등을 재배하므로 토양침식을 크게 경감시킬 수 있다.

34 다음에서 식물과 동물의 중간적 성질을 갖는 미생물은?

① 선 충   ② 조 류

③ 질산균   ④ 곰팡이

해설

조류는 식물과 동물의 중간적 성질을 가졌다. 엽록소를 가지고 광합성을 하는 것은 식물적 특성이며, 입이나 수축포를 가지고 자유롭게 움직이는 것은 동물적 특성에 속한다.

35 다음에서 설명하는 것은?

- 토양 중 크기는 0.03~0.08mm이다.
- 곰팡이와 뿌리털이 자라는 공간이다.

① 중공극   ② 미세공극

③ 극소공극   ④ 대공극

해설

공극 크기에 따른 분류

- 대공극 : 뿌리가 뻗는 공간으로 물이 빠지는 통로이고 작은 토양생물의 이동통로이다.
- 중공극 : 모세관현상에 의하여 유지되는 물이 있고 곰팡이와 뿌리털이 자라는 공간이다.
- 소공극 : 식물이 흡수하는 물을 보유하고 세균이 자라는 공간이다.
- 미세공극 : 작물이 이용하지 못하며 미생물의 일부만 자랄 수 있는 공간이다.
- 극소공극 : 미생물도 자랄 수 없는 공간이다.

36 탄질률(C/N Ratio)이 높은 유기물질이 토양에 첨가될 때 일어나는 현상으로 틀린 것은?

① 고등식물과 미생물 간에 질소의 경쟁이 일어나 질소의 결핍을 초래할 수 있다.

② 탄질률이 높은 유기물질에 무기질소를 가하면 토양 유기물의 유지에 이롭다.

③ 탄질률이 높은 유기물질에 대한 분해작용이 일단 평형을 이루면 토양의 탄질률은 약 10 : 1이 된다.

④ 질산화작용에 의한 질산축적이 일어나지 않는다.

37 부식물질에 대한 설명으로 옳지 않은 것은?

① 부식산, 풀브산, 부식회 등으로 이루어져 있다.

② 리그닌과 단백질의 중합반응에 의하여 생성된다.

③ 갈색에서 검은색을 띠고 있는 분해에 저항성이 약한 물질이다.

④ 무정형으로 분자량이 다양하다.

해설
부식물질은 유기물이 분해되어 갈색, 암갈색의 일정한 형태가 없는 교질상의 복합물질이다.

38 다음 중 식물의 요구도가 가장 낮으며, 질소공급형태에 따라 달라지는 미량영양원소는?

① Cl　　② Mn

③ Zn　　④ Mo

해설
몰리브덴(Mo)은 질소 고정효소와 질산 환원효소의 조효소로서 질소동화의 필수 성분이다. 몰리브덴이 결핍되면 작물체 내에 질산이 축적되고 장애가 발생한다.

39 우리나라 토양의 화학성에 대한 설명으로 틀린 것은?

① 우리나라 논토양의 표토는 대체로 염기성이다.

② 내륙지방의 석회암지대에서 생성된 토양은 중성에 가깝다.

③ 해안지대의 배수가 불량한 지대에서는 유기물이 집적된 곳도 있다.

④ 내륙지방의 토양은 대부분 산성이다.

해설
우리나라 논토양의 대부분은 조립질의 산성암인 화강암, 화강편마암이 70%를 차지하는 산성 토양이다.

40 반지름이 0.003cm인 모세관에 의하여 상승하는 물기둥의 높이는?

① 0.5cm　　② 5cm

③ 50cm　　④ 500cm

해설
$h = \dfrac{2\gamma\cos\theta}{\rho g r}$

h : 모세관 상승 높이

γ : 물의 표면장력 = 0.0728N/m = 0.0728kg · m/sec²/m
= 0.0728kg/sec²
(∵ 1N = 1kg × 1m/sec²)

θ : 물 표면과 모세관의 접촉각 = 0° → cos 0° = 1

ρ : 물의 밀도 = 1g/cm³ = 1,000kg/m³

g : 지구중력가속도 = 9.81m/sec²

r : 모세관 반지름 = 0.003cm = 0.00003m

∴ h = [2 × 0.0728kg/sec² × 1]/[1,000kg/m³ × 9.81m/sec² × 0.00003m]
= 0.494m ≒ 50cm

정답 36 ② 37 ③ 38 ④ 39 ① 40 ③

제3과목 유기농업개론

41 $CH_2 = CH_2$와 $CH_2 = CHOCOCH$의 공중합 수지이며 기초 피복재로서의 우수한 특징을 지니고 있는 것은?

① 불소수지필름
② 폴리에틸렌필름
③ 염화비닐
④ 에틸렌아세트산비닐

[해설]
EVA(Ethylene Vinyl Acetate, 에틸렌아세트산비닐)
보온성과 내구성이 PE와 PVC필름의 중간적 성질을 가지고 있으며 물방울이 생기지 않는 무적필름이기 때문에 점차 그 사용면적이 증가되고 있다.

42 피복재의 종류에서 연질필름에 해당하는 것은?

① FRP
② FRA
③ PVC
④ MMA

[해설]
피복재의 종류 – 외피복재
• 유리 : 보통판유리, 형판유리 및 열선흡수유리
• 경질판 : FRP, FRA, MMA, PC 등
• 경질필름 : 경질염화비닐필름(경질PVC), 경질폴리에스터필름(PET), 불소필름(ETFE)
• 연질필름 : 폴리에틸렌필름(PE), 초산비닐필름(EVA), 염화비닐필름(PVC), 폴리오레핀 필름(PO), 연질특수필름(기능성필름)

43 공기 중의 질소를 고정시켜 주는 것은?

① 두과 식물
② 쇠뜨기
③ 국화과 식물
④ 대나무

[해설]
두과 작물은 근류균을 생성하여 공기 중의 질소를 고정하기 때문에 중요한 천연질소공급원이 된다.

44 공중질소를 고정하여 토양 비옥도를 증진시키려는 녹비 작물이 아닌 것은?

① 자운영
② 클로버
③ 헤어리베치
④ 호 밀

[해설]
두과 녹비작물 : 헤어리베치, 자운영, 클로버류, 알팔파, 버즈풋트레포일, 클로탈라리아, 루피너스 등

45 다음 중 반추가축이 아닌 것은?

① 한 우
② 젖 소
③ 산 양
④ 말

[해설]
반추동물
반추위(反芻胃)가 있고 반추작용을 하는 동물로 한번 삼킨 먹이를 다시 게워 내어 씹는 특성을 가지고 있어 되새김 동물이라고도 한다. 소, 양, 낙타 등이 있다.

46 국내에서 유기농업 또는 환경농업에 의한 유기벼 생산방법 중 잡초 및 유해충 제거, 분의 배설에 의한 시비효과를 가장 크게 기대할 수 있는 농법은?

① 우렁이농법
② 오리농법
③ 태평농법
④ 참게농법

[정답] 41 ④　42 ③　43 ①　44 ④　45 ④　46 ②

47 키토산 재료의 원료는?

① 식물성 단백질
② 미생물 추출물
③ 참나무의 껍질
④ 갑각류의 껍질

해설
키토산은 게나 새우 갑각류의 껍질로부터 추출된다.

48 다음 중 작물의 중금속 내성 정도에서 니켈에 대한 내성이 가장 작은 것은?

① 호 밀   ② 사탕무
③ 밀   ④ 보 리

해설
작물의 니켈(Ni) 내성정도
• 내성이 강한 작물 : 보리, 밀, 호밀
• 내성이 약한 작물 : 귀리, 사탕무

49 작물의 기지 정도에 따라 10년 이상의 휴작이 필요한 작물은?

① 생 강   ② 완 두
③ 아 마   ④ 감 자

해설
작물의 기지 정도
• 연작의 피해가 적은 작물 : 벼, 맥류, 조, 수수, 옥수수, 고구마, 삼, 담배, 무, 당근, 양파, 호박, 연, 순무, 뽕나무, 아스파라거스, 토당귀, 미나리, 딸기, 양배추, 사탕수수, 꽃양배추, 목화 등
• 1년 휴작 작물 : 시금치, 콩, 파, 생강, 쪽파 등
• 2년 휴작이 필요한 작물 : 마, 오이, 감자, 땅콩, 잠두 등
• 3년 휴작이 필요한 작물 : 참외, 토란, 쑥갓, 강낭콩 등
• 5~7년 휴작 작물 : 수박, 가지, 완두, 우엉, 고추, 토마토, 레드클로버, 사탕무, 대파 등
• 10년 이상 휴작 작물 : 아마, 인삼 등

50 토양공극에 관한 설명으로 틀린 것은?

① 일정부피를 가진 토양이 공기와 물을 지닐 수 있는 것은 공극이 있기 때문이다.
② 사질토는 공극은 크고 연속적이기 때문에 물의 이동이나 공기의 이동이 빠르다.
③ 식질토는 공극의 양은 많지만 그 크기가 작고 불연속적인 경우가 많아 물의 이동이나 공기의 갱신이 느리다.
④ 경작을 오랫동안 하게 되면 일반적으로 소공극이 감소하고, 대공극이 증가하며 유기물 함량이 늘어난다.

51 콩의 N : P : K 흡수비율로 옳은 것은?

① 5 : 1 : 1.5   ② 4 : 1.5 : 5
③ 5 : 2 : 3   ④ 4 : 2 : 3

해설
작물별 비료 3요소의 흡수비율

구 분	질 소	인 산	칼 륨
벼	5	2	4
맥 류	5	2	3
콩	5	1	1.5
옥수수	4	2	3
고구마	4	1.5	5

52 다음에서 설명하는 것은?

> 꽃 색깔이 붉은 것과 흰 것으로 뚜렷이 구별된다.

① 연속변이   ② 환경변이
③ 양적 형질변이   ④ 불연속변이

해설
불연속변이(대립변이) : 꽃이 희고 붉은 것과 같은 두 변이 사이에 구별이 뚜렷하고 중간 계급의 것이 없는 변이
예 색깔, 모양, 까락의 유무

정답 47 ④ 48 ② 49 ③ 50 ④ 51 ① 52 ④

53 다음 토양미생물 중 흙냄새와 가장 관련이 있는 것은?

① 곰팡이 　　　　② 근 균
③ 방선균 　　　　④ 세 균

해설
흙 속 유기물을 분해하는 세균류인 방선균은 흙냄새 나는 화합물 지오스민을 만든다.

54 1대잡종은 식물의 어떤 특성을 이용하고자 함인가?

① 희소성 　　　　② 잡종강세
③ 특이성 　　　　④ 용불용설

55 유기가축 1마리당 갖추어야 하는 가축 사육시설의 소요면적(m²)에 대한 내용으로 ( )에 알맞은 내용은?

시설형태	번식우
방사식	( )m²/마리

① 1 　　　　② 3
③ 5 　　　　④ 10

해설
유기축산물 – 사육장 및 사육조건(유기식품 및 무농약농산물 등의 인증에 관한 세부실시 요령 [별표 1])
유기가축 1마리당 갖추어야 하는 가축사육시설의 소요면적(단위 : m²)은 다음과 같다.
• 한·육우

시설형태	번식우	비육우	송아지
방사식	10m²/마리	7.1m²/마리	2.5m²/마리

– 성우 1마리 = 육성우 2마리
– 성우(14개월령 이상), 육성우(6개월~14개월 미만), 송아지(6개월령 미만)
– 포유중인 송아지는 마릿수에서 제외

56 친환경관련법상 유기축산물의 사료 및 영양관리에서 유기가축에는 몇 %의 유기사료를 급여하는 것을 원칙으로 하는가?(단, 극한 기후조건 등의 경우에는 국립농산물품질관리원장이 정하여 고시하는 바에 따라 유기사료가 아닌 사료를 급여하는 것을 허용할 수 있다)

① 100 　　　　② 95
③ 90 　　　　④ 80

해설
유기축산물 – 사료 및 영양관리(친환경농어업법 시행규칙 [별표 4])
유기가축에는 100% 유기사료를 공급하는 것을 원칙으로 할 것. 다만, 극한 기후조건 등의 경우에는 국립농산물품질관리원장이 정하여 고시하는 바에 따라 유기사료가 아닌 사료를 공급하는 것을 허용할 수 있다.

57 유기농업에서 추구하는 목표와 방향으로 거리가 가장 먼 것은?

① 생태계 보전
② 환경오염의 최소화
③ 토양쇠퇴와 유실의 최소화
④ 다수확

해설
유기농업이 추구하는 목표와 방향
• 환경생태계의 보호
• 토양쇠퇴와 유실의 최소화
• 환경오염의 최소화
• 생물학적 생산성의 최적화
• 자연환경의 우호적 건강성 촉진

58 일반적으로 토양 pH가 어느 정도일 때 식물의 양분흡수력이 가장 왕성한가?

① 4.5~5.0 　　　　② 6.5~7.0
③ 7.8~8.3 　　　　④ 8.5 이상

해설
일반적으로는 식물에는 중성 내지 약산성(pH 6.5~7.0)이 좋다. 토양이 중성에 가까울 때에 화학적 성질, 미생물학적 성질도 좋아지고 식물의 충분한 성장을 시킬 수 있다.

59 식물의 일장형에서 II 식물에 해당하는 것은?

① 코스모스   ② 나팔꽃

③ 시금치   ④ 토마토

해설

식물의 일장형

- SS : 코스모스, 나팔꽃
- LL : 시금치
- II : 고추, 토마토, 올벼, 메밀

60 다음에서 설명하는 것은?

> - 유리관 내벽에 도포하는 형광물질에 따라 분광분포가 정해진다.
> - 전극에서 발생하는 열전자가 수은원자를 자극하여 자외선을 방출시키고, 이 자외선이 형광물질을 자극하여 가시광선을 방출시킨다.

① 백열등

② 메탈할라이드등

③ 형광등

④ 고압나트륨등

해설

③ 형광등 : 유리관 속에 수은과 아르곤을 넣고 안쪽 벽에 형광 물질을 바른 전등

① 백열등 : 전류가 텅스텐 필라멘트를 가열할 때 발생하는 빛을 이용하는 등

② 메탈할라이드등 : 금속 용화물을 증기압 중에 방전시켜 금속 특유의 발광을 나타내는 전등

④ 고압나트륨등 : 관 속에 금속나트륨, 아르곤, 네온 보조가스를 봉입한 등

61 과즙의 청징을 위해 사용하는 물질이 아닌 것은?

① 카세인   ② 펙틴분해효소

③ 섬유소   ④ 규조토

해설

과실 주스 청징 방법의 종류

난백 사용법, 산성 백토법, 젤라틴 및 탄닌 사용법, 규조토법, 카세인 사용법, 펙틴분해효소법, 활성탄소법 등

62 미생물 살균을 위한 초고압처리의 주요 영향인자가 아닌 것은?

① 온 도   ② 습 도

③ 압 력   ④ 처리시간

63 다음 중 일반적인 CA저장에 대한 설명으로 옳은 것은?

① CO_2를 높이고 O_2를 낮춘 저장고에서 저장하는 방법

② CO_2를 낮추고 O_2를 높인 저장고에서 저장하는 방법

③ CO_2와 O_2를 모두 높인 저장고에서 저장하는 방법

④ CO_2와 O_2를 모두 낮춘 저장고에서 저장하는 방법

64 유기농산물에 대한 인증의 유효기간은 인증을 받은 날부터 얼마간 유효한가?

① 3개월　　　　② 6개월
③ 1년　　　　　④ 3년

해설
인증의 유효기간 등(친환경농어업법 제21조제1항)
인증의 유효기간은 인증을 받은 날부터 1년으로 한다.

65 다음 포장재료 중 공기 및 수분의 투과를 가장 잘 차단하는 포장재료는?

① 다층접착필름　　② PET
③ 알루미늄필름　　④ 유 리

해설
일반적으로 PET 고분자는 투명성, 내화학성, 기체나 수분 투과 차단성 등의 성질을 가지고 있어 식품 포장용 재질로 자주 사용된다.

66 사람에게는 열병, 동물에게는 유산을 일으키는 인수공통감염병은?

① Q열　　　　　② 브루셀라병
③ 결 핵　　　　④ 탄 저

해설
브루셀라병
세균성 번식장애 전염병으로 소, 돼지 등의 가축, 개 등의 애완동물 및 기타 야생동물에 감염되어 생식기관 및 태막의 염증과 유산, 불임 등의 증상이 특징인 2종 법정전염병이다. 사람에게 감염되어 파상열 등을 일으키는 인수공통전염병으로 공중 보건적 측면에서 매우 중요시 되고 있는 질병이다.

67 다음 중 유기 인증로고의 표시를 할 수 있는 제품은?

① 인증품이면서 유기 원료 85% 이상인 제품
② 인증품이면서 유기 원료 95% 이상인 제품
③ 비인증품이면서 유기 원료 70% 이상인 제품
④ 비인증품이면서 유기 원료 80% 이상인 제품

해설
원재료 함량에 따라 유기로 표시하는 방법(유기식품 및 무농약농산물 등의 인증에 관한 세부실시 요령 [별표 4])

구 분	인증품		비인증품(제한적 유기표시 제품)	
	유기 원료 95% 이상	유기 원료 70% 이상 (유기가공식품·반려동물 사료)	유기 원료 70% 이상	유기 원료 70% 미만 (특정원료)
유기 인증로고의 표시	○	×	×	×
제품명 또는 제품명의 일부에 유기 또는 이와 같은 의미의 글자 표시	○	×	×	×
주표시면에 유기 또는 이와 같은 의미의 글자 표시	○	○	×	×
주표시면 이외의 표시면에 유기 또는 이와 같은 의미의 글자 표시	○	○	○	×
원재료명 표시란에 유기 또는 이와 같은 의미의 글자 표시	○	○	○	○

68 육제품 훈연의 주요 목적이 아닌 것은?

① 지방 산화의 방지　② 향미의 증진
③ 변색 촉진　　　　④ 육색의 고정

해설
훈연의 목적은 고기의 방부성을 높이고 보존성을 좋게 하고 고기 지방의 산화를 방지하며 발색과 풍미를 좋게 하는데 있다.

69 식품을 동결시킨 후 고도의 진공하에서 식품 내의 빙결정을 승화시켜 건조하는 방법으로 영양가의 변화가 적고, 다공질로 복원성이 좋은 건조방법은?

① 열풍건조   ② 진공동결건조

③ 드럼건조   ④ 분무건조

해설
진공동결건조(Freeze Vacuum Dry)
식품을 동결한 뒤 진공 상태로 건조하는 방법으로 단백질의 변성이 적고 구조가 잘 보존되며 복원력도 우수한 장점이 있다.

70 다음 냉동식품의 해동에 사용되는 가열방법 중 식품을 가열하는 원리가 다른 것은?

① 공기해동   ② 침지해동

③ 열탕해동   ④ 마이크로파해동

해설
가온방법에 의한 해동
• 열전도에 의한 해동 : 공기해동, 침지해동, 가열해동, 열탕해동
• 열전도가 아닌 해동 : 마이크로파에 의한 해동

71 다음 중 유기가공식품의 정의로 옳은 것은?

① 무농약농산물을 원료 또는 재료로 하여 제조·가공·유통되는 식품을 말한다.

② 유기농산물을 원료 또는 재료로 하여 제조·가공·유통되는 식품을 말한다.

③ 유기농산물을 생산, 제조·가공 또는 취급하는 과정에서 사용할 수 있는 허용물질을 원료 또는 재료로 하여 만든 제품을 말한다.

④ 유기식품과 무농약농산물을 혼합하여 제조·가공·유통되는 식품을 말한다.

72 유기가공식품에 사용할 수 있는 식품첨가물(가공보조제)는?

① 레시틴   ② 무수아황산

③ 구연산   ④ 카라기난

해설
유기가공식품 – 식품첨가물 또는 가공보조제로 사용 가능한 물질(친환경농어업법 시행규칙 [별표 1])

명칭(한)	식품첨가물로 사용 시		가공보조제로 사용 시	
	사용 가능 여부	사용 가능 범위	사용 가능 여부	사용 가능 범위
레시틴	○	사용 가능 용도 제한 없음. 다만, 표백제 및 유기용매를 사용하지 않고 얻은 레시틴만 사용 가능	×	
무수아황산	○	과일주	×	
구연산	○	제한 없음	○	제한 없음
카라기난	○	식물성제품, 유제품	×	

73 제빵 원료로 사용되는 달걀의 기능으로 옳지 않은 것은?

① 유화제   ② 향미 개선제

③ 팽창제   ④ 보존제

해설
계란 흰자는 단백질의 피막을 형성하여 믹싱 중에 공기를 포집하여 부풀리는 팽창제의 역할을 하며, 계란 노른자의 레시틴은 유화제 역할을 한다.

74 우유를 130~150℃, 0.5~5초간 살균하는 방법은?

① HTST   ② UHT

③ LTLT   ④ Sterilization

해설
② 초고온순간살균(UHT) : 130~150℃에서 0.5~5초간 살균하는 방법
① 고온단시간살균(HTST) : 72~75℃에서 15~20초간 살균하는 방법
③ 저온장시간살균(LTLT) : 63~65℃에서 30분간 살균하는 방법

정답   69 ②   70 ④   71 ②   72 ③   73 ④   74 ②

75 유기농산물 및 유기임산물의 병해충 관리를 위해 사용 가능한 물질 중 사용 가능 조건이 '토양에 구리가 축적되지 않도록 필요한 최소량만을 사용할 것'에 해당하지 않는 것은?

① 산염화동
② 보르도액
③ 수산화동
④ 생석회(산화칼슘)

병해충 관리를 위해 사용 가능한 물질(친환경농어업법 시행규칙 [별표 1])

사용가능 물질	사용가능 조건
구리염, 보르도액, 수산화동, 산염화동, 부르고뉴액	토양에 구리가 축적되지 않도록 필요한 최소량만을 사용할 것
생석회(산화칼슘) 및 소석회 (수산화칼슘)	토양에 직접 살포하지 않을 것

76 가스치환포장에 사용되는 가스에 대한 설명으로 가장 거리가 먼 것은?

① 가스의 기체로는 CO_2, N, O_2, 에틸렌, Ar, He 등이 이용된다.
② 일반적으로 가스 중 산소의 함유량이 가장 높다.
③ 식품의 품질유지 기간을 연장하는 역할을 한다.
④ 가스의 혼합으로 살충효과를 볼 수도 있다.

77 세균포자 1,000,000개를 함유한 식품을 121.1℃에서 20분간 살균하여 세균의 농도를 100개로 감소시킬 경우 $D_{121.1}$값을 구하면?

① 5분
② 10분
③ 15분
④ 20분

78 육가공 시 염지의 목적이 아닌 것은?

① 지방의 유화작용 발생
② 고기의 색 유지
③ 육단백질의 용해성 향상
④ 고기의 보존성 향상

염지의 목적
• 고기 중의 색소를 고정시켜 염지육 특유의 색이 나타나게 하며
• Myosin 및 Actomyosin의 용해성을 높여 보수성, 결착성을 증가시키고
• 제품에 소금 가하며, 맛과 보존성을 부여
• 고기를 숙성시켜 독특한 풍미를 갖도록 함

79 자국 농민을 위한 농업보호정책이 아닌 것은?

① 수입제한조치
② 수출보조
③ 최혜국대우
④ 국내보조

80 농산물 가격을 안정시키기 위한 정부의 역할로서 적절하지 않은 것은?

① 가격 지지 정책 실시
② 출하 조정 사업
③ 공정 거래에 관한 법령시행
④ 독과점 장려

2023년 제 1 회 | 최근 기출복원문제

재배

01 기상생태형으로 분류할 때 우리나라 벼의 조생종은 어디에 속하는가?

① Blt형　　　　② bLt형
③ BLt형　　　　④ blT형

해설
우리나라는 중위도 지방 중에서도 북부지대에 속하고 생육기간이 그다지 길지 않다. 따라서 초여름의 고온에 감응을 시켜 성숙이 빨라지는 감온형(blT)이나 초가을에 감응시킬 수 있는 감광형(bLt)이 적당하다. 감온형(blT)은 조생종이 되며, 기본영양생장형, 감광형은 만생종이다.

02 벼 종자 선종방법으로 염수선을 하고자 한다. 비중을 1.13으로 할 경우 물 18L에 드는 소금의 분량은?

① 3.0kg　　　　② 4.5kg
③ 6.0kg　　　　④ 7.5kg

해설
염수선
• 멥쌀(메벼) : 비중 1.13(물 1.8L + 소금 4.5kg)
• 까락이 있는 메벼 : 비중 1.10(물 1.8L + 소금 3.0kg)
• 찰벼와 밭벼 : 비중 1.08(물 1.8L + 소금 2.25kg)

03 ( )에 들어갈 내용으로 알맞은 것은?

> 당근은 20,000rad의 ( )조사에 의해 발아가 억제된다.

① X선　　　　② γ선
③ α선　　　　④ β선

해설
채소류 장기저장 : 20,000rad 정도의 60Co, 137Cs에 의한 선에 조사하면 감자, 당근, 양파, 밤 등의 발아가 억제되어 장기저장이 가능하다.

04 생력작업을 위한 기계화 재배의 전제조건이 아닌 것은?

① 대규모 경지정리
② 적응 재배체계의 확립
③ 집단재배
④ 제초제의 미사용

해설
생력기계화 재배의 전제 조건
• 경지정리 선행
• 집단재배 또는 공동재배
• 제초제의 사용으로 노동력 절감
• 작물별 적응 재배체계 확립
• 잉여노동력의 수익화

05 작물재배 시 열사를 일으키는 원인으로 틀린 것은?

① 원형질단백의 응고
② 원형질막의 액화
③ 전분의 점괴화
④ 당분의 증가

해설
작물재배 시 열사를 일으키는 원인
• 원형질단백의 응고
• 원형질막의 액화
• 전분의 점괴화
• 팽압에 의한 원형질의 기계적 피해
• 유독물질의 생성 등

정답 1 ④ 2 ② 3 ② 4 ④ 5 ④

06 연작에 의해서 유발되는 병해와 해당 작물의 연결이 틀린 것은?

① 풋마름병 – 토마토

② 뿌리썩음병 – 인삼

③ 덩굴쪼김병 – 수박

④ 도열병 – 벼

해설
벼 도열병 발생 원인
• 질소비료 과다 시용
• 일조량 부족
• 온도가 낮고, 비가 오는 날이 많을 때

07 용도에 의한 작물의 일반 분류로 맞는 것은?

① 대용작물　　　② 열대작물

③ 식용작물　　　④ 산성작물

해설
작물의 용도에 따른 분류 : 식용작물, 공예작물, 사료작물, 녹비작물, 원예작물

08 작물의 개화를 유도하기 위해 생육의 일정한 시기에 일정한 온도로 처리하는 것은?

① 단일처리　　　② 춘화처리

③ 장일처리　　　④ 담수처리

해설
춘화처리(Vernalization)
작물의 개화를 유도 또는 화아의 분화, 발육의 유도를 촉진하기 위해서 생육의 일정시기(주로 초기)에 일정기간 인위적으로 일정한 온도처리(주로 저온처리)를 하는 것을 말한다.

09 다음 중 천연 옥신류에 해당하는 것은?

① IAA

② NAA

③ IBA

④ IPA

해설
옥신의 종류
• 천연 옥신 : 인돌아세트산(IAA), IAN, PAA
• 합성된 옥신 : IBA, 2,4-D, NAA, 2,4,5-T, PCPA, MCPA, BNOA 등

10 다음 중 휴립휴파법 이용에 가장 적합한 작물은?

① 보 리

② 고구마

③ 감 자

④ 밭 벼

해설
휴립휴파법
두둑을 세우고 두둑에 파종. 고구마는 높게, 조·콩은 낮게 두둑을 세운다.

11 냉해의 발생양상으로 틀린 것은?

① 동화물질 합성 과잉
② 양분의 전류 및 축적 장해
③ 단백질 합성 및 효소활력 저하
④ 양수분의 흡수장해

해설
냉해의 발생양상
• 광합성능력의 저하
• 양분의 전류 및 축적 장해
• 단백질합성 및 효소활력 저하
• 양수분의 흡수장해
• 꽃밥 및 화분의 세포학적 이상

12 곡립 외부를 둘러싸고 있는 강층을 벗겨내어 전분층을 노출시킨 정도를 나타낸 것을 무엇이라 하는가?

① 도정율
② 도정도
③ 제현율
④ 현백율

해설
② 도정도 : 현미에서 강층이 벗겨진 정도
① 도정율 : 원곡(조곡, 벼)을 도정하여 최종적으로 얻어진 백미의 비율
③ 제현율 : 원곡(조곡, 벼)에 대한 현미 생산량의 비율
④ 현백율 : 현미 투입량에 대한 백미 생산량의 비율

13 세포벽의 Pectin에 흡착하여 세포벽을 견고하게 하고, 세포의 신장과 분열에 필요하며, 부족시에는 생장점의 조직이 파괴되어 새잎이 기형으로 되고 뿌리 신장이 나빠지는 원소는?

① K
② P
③ Ca
④ N

14 다음에서 설명하는 식물생장조절제는?

> • 줄기 선단, 어린잎 등에서 생합성되어 체내에서 아래쪽으로 이동한다.
> • 세포의 신장촉진작용을 함으로써 과일의 부피생장을 조정한다.

① 옥 신
② 지베렐린
③ 에틸렌
④ 사이토키닌

해설
② 지베렐린 : 세포분열 및 신장, 신장과 분열의 억제, 종자휴면 타파와 발아촉진
③ 에틸렌 : 과실의 성숙촉진, 생장조절
④ 사이토키닌 : 세포 분열 촉진, 노화 억제, 휴면 타파, 엽록체 발달 촉진 등

15 등고선에 따라 수로를 내고, 임의의 장소로부터 월류하도록 하는 방법은?

① 보더관개
② 일류관개
③ 수반관개
④ 고랑관개

해설
지표관개
• 전면관개
  - 일류관개 : 등고선에 따라 수로를 내고 월류하도록 하는 방법
  - 보더관개 : 완경사의 상단의 후로로부터 전체 표면에 물을 흘려대는 방법
  - 수반관개 : 포장을 수평으로 구획하고 관개
• 고랑관개 : 포장에 이랑을 세우고 고랑에 물을 흘려서 대는 방법

16 다음 중 대기 함량이 약 21%인 것은?

① 이산화탄소 ② 산 소
③ 수증기 ④ 질 소

해설
대기조성 : 질소(N_2) 78.09%, 산소(O_2) 21%, 아르곤(Ar) 0.9%, 이산화탄소(CO_2) 0.03%, 수증기 0~4%

17 작물에 대한 수해의 설명으로 옳은 것은?

① 화본과 목초, 옥수수는 침수에 약하다.
② 벼 분얼초기는 다른 생육단계보다 침수에 약하다.
③ 수온이 높은 것이 낮은 것에 비하여 피해가 심하다.
④ 유수가 정체수보다 피해가 심하다.

해설
① 화본과 목초, 피, 수수, 기장, 옥수수 등이 침수에 강하다.
② 벼 수잉기, 출수개화기에는 침수에 약하다.
④ 정체수가 유수보다 산소도 적고 수온도 높기 때문에 침수해가 심하다.

18 다음 중 땅속줄기에 해당하는 것은?

① 생 강 ② 박 하
③ 모시풀 ④ 마 늘

해설
영양기관에 따른 분류
• 덩이뿌리(塊根) : 달리아, 고구마, 마, 작약 등
• 덩이줄기(塊莖) : 감자, 토란, 뚱딴지 등
• 비늘줄기(鱗莖) : 나리(백합), 마늘 등
• 뿌리줄기(地下莖), 근경(根莖) : 생강, 연, 박하, 호프 등
• 알줄기(球莖) : 글라디올러스 등

19 내습성이 가장 강한 작물은?

① 고구마
② 감 자
③ 옥수수
④ 당 근

해설
작물의 내습성의 강한 정도
골풀, 미나리, 벼 > 밭벼, 옥수수, 율무 > 토란 > 유채, 고구마 > 보리, 밀 > 감자, 고추 > 토마토, 메밀 > 파, 양파, 당근, 자운영

20 과실을 수확한 직후부터 수일간 서늘한 곳에 보관하여 몸을 식히는 것이며, 저장, 수송 중 부패를 최소화하기 위해 실시하는 것은?

① 후 숙
② 큐어링
③ 예 냉
④ 음 건

해설
① 후숙 : 과실 수확 후에 성숙과정이 계속되어 향기, 색변화, 과육의 변화 등 변화가 생기는 것
② 큐어링 : 알뿌리를 수확한 후 고온·다습한 곳에서 2~3일 넣어 표피를 각질화시키는 작업
④ 음건 : 응달에 건조시킨다는 의미

21 다음 중 포장용수량이 가장 큰 토성은?

① 사양토

② 양 토

③ 식양토

④ 식 토

해설

토양의 입자가 클수록 포장용수량이 적다.

22 토양에 잔류하는 농약이나 영양분을 지하수로 이동시키는 데 있어서 가장 큰 역할을 하는 수분은?

① 모관수

② 중력수

③ 결합수

④ 흡습수

해설

토양수분의 종류

• 결합수(pF 7.0 이상) : 작물이 이용 불가능한 수분

• 흡습수(pF 4.5~7.0 이상) : 작물이 흡수하지 못하는 수분

• 모관수(pF 2.7~4.5) : 작물이 주로 이용하는 수분

• 중력수(pF 0~2.7) : 작물이 이용 가능한 수분

• 지하수 : 모관수의 근원이 되는 물

23 경사면 등고선에 따라 계단을 만들고 수평이 되는 곳에 작물을 재배하는 방법은?

① 단구식(계단식) 재배

② 초생재배

③ 대상재배

④ 등고선재배

24 토양의 양이온치환용량이 커지면 1차적으로 어떤 현상이 나타나는가?

① 토양산도가 감소된다.

② 통기성이 향상된다.

③ 보비력이 향상된다.

④ 보수력이 향상된다.

해설

• CEC가 증대하면 비료성분의 용탈이 적어서 비효가 늦게까지 지속된다.

• CEC가 증대하면 NH_4^+, K^+, Ca^{2+}, $Mg2^{2+}$ 등의 비료성분을 흡착 및 보유하는 힘이 커져서 비료를 많이 주어도 일시적 과잉흡수가 억제된다.

• CEC가 증대하면 토양의 완충능력이 커진다.

25 토양 생성에 관여하는 주요 5가지 요인으로 바르게 나열된 것은?

① 모재, 기후, 지형, 수분, 부식

② 모재, 부식, 기후, 지형, 식생

③ 모재, 기후, 지형, 시간, 부식

④ 모재, 지형, 기후, 식생, 시간

해설

토양생성에 관여하는 주요 5가지 요인 : 모재, 지형, 기후, 식생, 시간

26 다음 중 토양온도에 영향을 미치는 요인이 아닌 것은?

① 토양의 수분 함량

② 열전도율

③ 토양의 경사 방향

④ 강우량

해설
토양의 열원은 태양광으로 토양온도에 영향을 미치는 요인으로 토양의 수분 함량, 경사도 및 방향, 열전도율, 피복물, 토색 등이 있다.

28 퇴비화 과정에 대한 설명으로 옳지 않은 것은?

① 첫째 단계는 쉽게 분해될 수 있는 화합물이 분해된다.

② 첫째 단계는 고온성 균이 우점하게 된다.

③ 둘째 단계는 고온성 균이 우점하게 된다.

④ 셋째 단계는 중온성 균이 우점하게 된다.

해설
첫째 단계는 저온성 균이 우점하게 된다.

29 식물을 구성하는 유기화합물 중 가장 분해되기 어려운 것은?

① 폴리페놀류　　　　② 조단백질

③ 셀룰로스　　　　　④ 탄수화물

27 암모니아로부터 질산 생성에 관여하는 세균 중 암모니아 산화균인 것은?

① Nitrobacter

② Nitrosomonas

③ Pseudomonas

④ Azotobacter

해설
질소순환에 관여하는 세균
• 암모니아 산화균(Nitrosomonas, Nitrosococcus, Nitrosospira 등)
• 아질산 산화균(Nitrobacter, Nitrospina, Nitrococcus 등)

30 논토양과 밭토양 차이에 대한 일반적인 설명 중 옳지 않은 것은?

① 논토양은 환원토양이고 밭토양은 산화토양 조건이다.

② 논토양 색깔은 청회색인 반면 밭토양 색깔은 황색, 적색 및 다양한 색이다.

③ 유기물이 분해될 때 논토양은 CO_2, 밭토양은 CH_4를 방출한다.

④ 논토양의 질소형태는 NH_4-N로 주로 분포하고 밭토양은 NO_3-N로 분포한다.

해설
③ 유기물이 분해될 때 논토양은 CO, CH_4, 밭토양은 CO_2를 방출한다.

정답　26 ④　27 ②　28 ②　29 ①　30 ③

31 다음 중 질소비료가 아닌 것은?

① 요 소
② 용성인비
③ 유 안
④ 암모니아수

해설
• 질소질 비료 : 요소, 질산암모늄(초안), 염화암모늄, 석회질소, 황산암모늄(유안), 질산칼륨(초석), 인산암모늄 등
• 인산질 비료 : 과인산석회(과석), 중과인산석회(중과석), 용성인비, 용과린, 토머스인비 등

32 토양에 존재하는 유기성분 중 미생물에 의한 분해 저항성이 가장 큰 성분은?

① 리그닌
② 단백질
③ 셀룰로오스
④ 헤미셀룰로오스

해설
유기물의 분해 : 당질(전분) > 단백질(펙틴) > 헤미셀룰로오스 > 셀룰로오스 > 리그닌

33 시설재배지 토양의 염류경감 방법으로 적당하지 않은 것은?

① 담 수
② 제염작물재배
③ 객 토
④ 작물별 노지 표준시비량에 따른 시비

해설
염류집적 토양은 화학비료 시비량을 낮추고 유기물 시용을 높이는 것이 필요하다.

34 토양 생성작용에 해당하지 않는 것은?

① 점토화작용
② 인산화작용
③ 염류화작용
④ 이탄집적작용

35 다음 중 6대 조암광물이 아닌 것은?

① 석 영
② 운 모
③ 장 석
④ 석회석

해설
화성암을 구성하는 6대 조암광물은 석영, 장석, 운모, 각섬석, 감람석, 휘석이다.

정답 31 ② 32 ① 33 ④ 34 ② 35 ④

36 토양 조류(Algae)에 대한 설명으로 옳지 않은 것은?

① 탄산칼슘(CaCO₃) 또는 이산화탄소를 이용하여 유기물을 생성함으로써 대기로부터 많은 양의 이산화탄소를 제거한다.

② 이산화탄소(CO_2)를 이용하여 광합성을 하고 산소를 방출하는 생물이다.

③ 녹조류인 Chlamydomonas가 생산 분비하는 탄수화물은 토양입단과 투수성을 개선한다.

④ 지의류는 탄산을 분비하여 규산염을 생물학적으로 풍화하는 작용을 하기도 한다.

해설

조류(藻類)

• 독립영양체로서의 성질 때문에 광이나 수분조건이 양호한 토양표면에서 주로 발생된다.

• 이산화탄소를 이용하여 광합성을 하고 산소를 방출하는 생물이다.

• 탄산칼슘 또는 이산화탄소를 이용하여 유기물을 생성한다.

• 유기물을 생성하고 산소를 공급하며 대기중 공중질소를 고정할 수 있다.

37 다음 중 토양침식에 가장 영향을 미치지 않는 인자는?

① 지 형   ② 기상조건

③ 식물의 생육   ④ 토양산도

해설

토양의 침식에 영향을 주는 인자

기상조건(강우인자), 토양의 침식성, 지형(경사장과 경사도), 식물의 생육(작물의 피복도 및 토양보전 관리인자) 등이다.

38 토양의 pH가 6.5에서 4.5로 전환될 때 현상으로 적합한 설명은?

① 토양입자표면의 음전하가 감소한다.

② 양이온치환용량이 증가한다.

③ 점토입자의 비표면적이 감소한다.

④ 토양입단 형성이 증가한다.

39 토양생성작용 중 표층에 철과 알루미늄이 집적되어 토양반응이 중성이나 염기성 반응을 나타내는 작용은?

① 포드졸(Podzol)화 작용

② 글레이(Glei)화 작용

③ 라트졸(Latsol)화 작용

④ 석회화 작용

해설

① 포드졸화 작용 : 한랭습윤지대의 침엽수림 식생환경에서 토양무기성분이 산성부식질의 영향으로 분해되어 Fe, Al이 유기물과 결합하여 하층으로 이동한다.

② 글레이화 작용 : 머물고 있는 물 때문에 산소 부족으로 환원상태가 되어 Fe^{+3}가 Fe^{+2}되고 토층은 청회색을 띤다.

④ 석회화 작용 : 우량이 적은 건조, 반건조 지대에서 $CaCO_3$ 집적대가 진행되는 토양생성작용이다.

40 토양오염의 특징에 대한 설명으로 틀린 것은?

① 산업활동 등에 의한 수질오염과 대기오염을 통하여 2차적으로 오염될 수 있다.

② 수질 및 대기오염과 비교하여 토양의 조성은 매우 복잡하여 그 자체로 생태계가 된다.

③ 수질 및 대기오염에 비하여 고정된 위치에서 유해물질을 수용·방출하므로 오염의 영향이 비교적 짧다.

④ 식물 및 토양생물의 생육에 직접적으로, 사람의 건강에 대해서는 간접적으로 나타난다.

해설

③ 토양오염은 영향의 지속이 비교적 길다.

제3과목 유기농업개론

41 윤작의 효과로 틀린 것은?

① 지력의 유지와 증강

② 토지의 집약적 이용 증대

③ 기지현상 회피

④ 병충해와 잡초발생 제어

해설

윤작의 효과

지력유지 증강(질소고정, 잔비량의 증가, 토양구조 개선, 토양유기물 증대), 토양 보호, 기지의 회피, 병충해의 경감, 잡초의 경감, 수량증대, 토지이용도의 향상, 노력분배의 합리화, 농업경영의 안정성증대

42 과수, 수목 등에서 실시되는 방법으로 포기를 많이 띄어서 구덩이를 파고 이식하는 방법은?

① 조 식   ② 난 식

③ 혈 식   ④ 점 식

해설

① 조식 : 골에 줄치어 이식하는 방법

② 난식 : 일정한 질서 없이 점점이 이식

④ 점식 : 포기를 일정한 간격을 두고 띄어서 점점이 이식

43 피복재의 종류에서 연질필름에 해당하는 것은?

① FRP   ② FRA

③ PVC   ④ MMA

해설

피복재의 종류 – 외피복재

• 유리 : 보통판유리, 형판유리 및 열선흡수유리

• 경질판 : FRP, FRA, MMA, PC 등

• 경질필름 : 경질염화비닐필름(경질PVC), 경질폴리에스터필름(PET), 불소필름(ETFE)

• 연질필름 : 폴리에틸렌필름(PE), 초산비닐필름(EVA), 염화비닐필름 (PVC), 폴리오레핀 필름(PO), 연질특수필름(기능성필름)

44 작물 생육에 대한 토양미생물의 유익작용이 아닌 것은?

① 근류균에 의하여 유리질소를 고정한다.

② 유기물에 있는 질소를 암모니아로 분해한다.

③ 불용화된 무기성분을 가용화한다.

④ 황산염의 환원으로 토양산도를 조절한다.

해설

토양미생물이 작물 생육에 해로운 작용

• 탈질작용

• 식물에 병을 일으키는 미생물

• 작물과 미생물 간에 양분 쟁탈 작용

• 황산염을 환원하여 황화수소 등의 유해한 환원성 물질을 생성

45 토양소독법 중 증기이용법에 대한 설명이 아닌 것은?

① 토양을 침수시켜 열을 가하는 방법이다.

② 비용과 노력이 많이 소요된다.

③ 소독효과가 확실하고 해작용이 거의 없다.

④ 소독 후 바로 이용할 수 있다.

해설

① 토양 속 증기열을 가하는 방법이다.

46 시설원예의 시설이라 할 수 없는 것은?

① 히트펌프　　　　　② 보온시설
③ 일산화탄소 공급장치　④ 환기시설

해설
① 히트펌프 : 전기를 사용하여 열을 공급하는 장치로 난방과 냉방에 모두 사용 가능하다.
② 보온시설 : 야간 및 겨울철에 시설 내외부의 기온차로 인한 열방출을 억제하여 온도가 낮아지는 것을 방지한다.
④ 환기시설 : 시설 내외부의 공기를 교환하여 시설 내부의 온도가 고온이 되는 것을 억제하고, 습도를 조절한다.

47 토양미생물 활용은 식물보호를 위하여 사용하는데 이는 길항, 항생 및 경합작용을 이용한 것이다. 이때 얻을 수 있는 효과로 가장 거리가 먼 것은?

① 병 감염원 감소　　② 작물표면 보호
③ 연작 장해 촉진　　④ 저항성 증가

해설
병 방제 미생물의 효과
화학농약에 비해 방제효과가 지속적이며, 사람과 가축에게 독성이 없고 환경생태계에 안전할 뿐만 아니라 소비자의 기호에 맞는 친환경농산물을 생산할 수 있는 장점이 있다.

48 유기 벼 재배법 중 쌀겨농법, 오리농법, 우렁이농법이 가지는 가장 큰 목적은?

① 잡초방제
② 토양유기물 공급
③ 해충방제
④ 토양물리성 개량

해설
벼의 유기재배기술 중 오리, 우렁이, 참게 등의 소동물을 이용하는 방법은 벼 재배에 있어서 가장 노동력이 많이 소요되는 잡초의 방제 문제를 소동물의 투입을 통해 극복하는 것이다.

49 작물의 품종에 대한 설명 중 틀린 것은?

① 품종은 작물의 기본단위이면서 재배적 단위로서 특성이 균일한 농산물을 생산하는 집단(개체군)이다.
② 각 품종마다 고유한 이름을 갖지 않는다.
③ 품종 중에 재배적 특성이 우수한 것을 우량품종이라 한다.
④ 작물의 품종은 내력이나 재배·이용 또는 형질의 특성 등에 여러 그룹으로 나뉜다.

해설
② 각 품종마다 고유한 이름을 갖는다.

50 작물의 기지 정도에 따라 2년 휴작이 필요한 작물로만 나열된 것은?

① 수박, 가지　　　　② 완두, 우엉
③ 고추, 토마토　　　④ 감자, 오이

해설
작물의 기지 정도
• 연작의 피해가 적은 작물 : 벼, 맥류, 조, 수수, 옥수수, 고구마, 삼, 담배, 무, 당근, 양파, 호박, 연, 순무, 뽕나무, 아스파라거스, 토당귀, 미나리, 딸기, 양배추, 사탕수수, 꽃양배추, 목화 등
• 1년 휴작 작물 : 시금치, 콩, 파, 생강, 쪽파 등
• 2년 휴작이 필요한 작물 : 마, 오이, 감자, 땅콩, 잠두 등
• 3년 휴작이 필요한 작물 : 참외, 토란, 쑥갓, 강낭콩 등
• 5~7년 휴작 작물 : 수박, 가지, 완두, 우엉, 고추, 토마토, 레드클로버, 사탕무, 대파 등
• 10년 이상 휴작 작물 : 아마, 인삼 등

51 GMO(Genetically Modified Organism)와 가장 관련이 있는 것은?

① 농업기술센터에서 권장하는 신품종
② 세포이식 식물
③ 윤작 작부체계 내에 넣어 재배하는 작물
④ 유전자조작 식물

해설
GMO(Genetically Modified Organism)
유전자 조작 생물체로 유전자 재조합기술에 의해 만들어진 생물체란 뜻으로, 기존 작물육종에 의한 품종개발이 아닌 식물, 동물, 미생물의 유용한 유전자를 인공적으로 분리하거나 결합해 개발자가 목적한 특성을 갖도록 한 농축수산물이다.

52 생육이 불량하고 완전 불임으로 실용성이 없지만 염색체를 배가하면 곧바로 동형집합체를 얻을 수 있는 것은?

① 이질배수체
② 반수체
③ 동질배수체
④ 돌연변이체

해설
반수체는 완전불임으로 실용성이 없다. 그러나 염색체를 배가하면 곧바로 동형접합체를 얻을 수 있으므로 육종연한을 단축하는데 이용한다.

53 다음 유기퇴비 중 C/N율이 가장 높은 것은?

① 옥수수찌꺼기
② 밀 짚
③ 톱 밥
④ 알팔파

해설
탄질률(C/N율)
활엽수의 톱밥(400) > 밀짚(116) > 옥수수찌꺼기(57) > 알팔파(13)

54 유기가축 1마리당 갖추어야 하는 가축사육시설의 소요면적(m^2)이 가장 큰 것은?

① 비육우
② 젖 소
③ 돼 지
④ 염 소

해설
② 젖소(경산우) : 17.3m^2/마리
① 비육우 : 7.1m^2/마리
③ 돼지(웅돈) : 10.4m^2/마리
④ 염소 : 1.3m^2/마리

55 친환경관련법상 유기축산물의 사료 및 영양관리에서 유기가축에는 몇 %의 유기사료를 급여하는 것을 원칙으로 하는가?(단, 극한 기후조건 등의 경우에는 국립농산물품질관리원장이 정하여 고시하는 바에 따라 유기사료가 아닌 사료를 급여하는 것을 허용할 수 있다)

① 100
② 95
③ 90
④ 80

해설
유기축산물 – 사료 및 영양관리(친환경농어업법 시행규칙 [별표 4])
유기가축에는 100% 유기사료를 공급하는 것을 원칙으로 할 것. 다만, 극한 기후조건 등의 경우에는 국립농산물품질관리원장이 정하여 고시하는 바에 따라 유기사료가 아닌 사료를 공급하는 것을 허용할 수 있다.

정답 51 ④ 52 ② 53 ③ 54 ② 55 ①

56 유기축산물 생산을 위한 유기사료의 분류 시에 조사료가 아닌 것은?

① 건 초
② 배합사료
③ 볏 짚
④ 사일리지

해설
조사료(粗飼料) : 영양소 공급 능력에 비해 부피가 크며, 섬유소 함량이 높다. 거칠고 비교적 가격이 싼 사료
예 볏짚, 야초, 목초, 사일리지, 건초

57 다음 중 유기농업의 정의 및 의의로 옳은 것은?

① 유기농업은 유기전환기재배, 무농약재배, 저농약재배를 포함한다.
② 유기농업은 생물의 다양성, 생물학적 순환, 토양의 생물학적 활성을 포함하여 농업생태계의 건강을 증진, 향상시키려는 총체적인 생산관리 체계를 말한다.
③ 유기농업은 유기질 비료를 많이 투입하여 농산물을 생산하는 농업생산 방식이다.
④ 유기농업은 화학비료, 유기합성농약을 사용하지 않으므로 유기물을 가능한 많이 투입하여야 한다.

해설
유기가공식품의 생산, 가공, 표시, 유통에 관한 지침에서 유기농업은 유기농업은 생물의 다양성, 생물학적 순환, 토양의 생물학적 활성을 포함하여 농업생태계의 건강을 증진, 향상시키려는 총체적인 생산관리 체계를 말한다고 정의하고 있다.

58 현대농업의 환경오염 경로에 해당되지 않는 것은?

① 농약의 과다 사용에 의한 농업환경 오염
② 화학비료의 과다 사용에 의한 농업환경 오염
③ 노동력의 과다 투입에 의한 농업환경 오염
④ 집약축산에 의한 농업환경 오염

59 유기축산의 사육시설로서 부적합한 것은?

① 가축에게 자연적인 행동이 가능하도록 충분한 공간 부여
② 가축에게 개체별로 케이지 사육 공간 부여
③ 사료와 식수를 자유롭게 섭취할 수 있는 공간 부여
④ 충분한 자연환기와 빛이 유입되는 공간 부여

60 정부가 '친환경농업 원년'을 선포한 때는?

① 1995년
② 1998년
③ 2000년
④ 2004년

해설
1998년 11월 11일 정부가 '친환경유기농업 원년'을 선포함과 동시에 소비자협동조합법을 제정 공포하였다.

제4과목 유기식품 가공ㆍ유통론

61 고전압 펄스살균에 대한 설명으로 옳은 것은?

① 살균효과는 유전파괴에 의한 세포막 파괴에 의한다.
② 고전압 펄스살균의 경우 포자의 사멸은 영양 세포의 사멸보다 쉽게 일어난다.
③ 고전압 펄스에 사용되는 전압은 1~5Kv/cm 이다.
④ 미생물 영양세포의 임계 전기장 세기는 5Kv/cm로 알려져 있다.

62 가스치환포장에 사용되는 가스에 대한 설명으로 가장 거리가 먼 것은?

① 일반적으로 가스 중 산소의 함유량이 가장 높다.
② 가스의 혼합으로 살충효과를 볼 수도 있다.
③ 식품의 품질유지 기간을 연장하는 역할을 한다.
④ 가스의 기체로는 N, Ar, He 등이 이용된다.

해설
가스의 기체로는 CO_2, N_2, O_2, Ar, He 등이 이용되며, 세균의 발육을 억제하기 위해 주로 탄산가스(CO_2)가 사용된다.

63 유기식품 중의 일반세균수를 측정하기 위하여 스토마커 블렌더에서 시료 10g을 넣고 인산완충용액으로 최종부피 100mL가 되도록 시료를 제조한 후 표준평판배지 하나에 1mL(1g으로 가정)를 넣어 배양했을 때, 평판배지 하나에 50개의 콜로니가 검출되었다면 시료의 g당 세균 콜로니 수는?

① 5CFU/g
② 50CFU/g
③ 500CFU/g
④ 5,000CFU/g

해설
CFU/ml = 콜로니수×희석배수
시료의 g당 세균 콜로니수 = 50×100÷10 = 500CFU/g

64 유기가공식품 제조 시 허용범위에 제한이 없는 식품첨가물은?

① 구아검
② 구연산삼나트륨
③ 무수아황산
④ 카라기난

해설
유기가공식품 – 식품첨가물 또는 가공보조제로 사용 가능한 물질(친환경농어업법 시행규칙 [별표 1])

명칭(한)	식품첨가물로 사용 시		가공보조제로 사용 시	
	사용 가능 여부	사용 가능 범위	사용 가능 여부	사용 가능 범위
구아검	○	제한 없음	×	–
구연산삼나트륨	○	소시지, 난백의 저온살균, 유제품, 과립음료	×	–
무수아황산	○	과일주	×	–
카라기난	○	식물성제품, 유제품	×	–

65 마이크로파(Microwave) 가열의 특성이 아닌 것은?

① 신속한 가열이다.
② 식품의 내부에서 열이 발생하여 가열된다.
③ 밀폐 및 진공 상태에서의 가열이 어렵다.
④ 마이크로파의 침투깊이에는 제한이 있다.

해설
밀폐 및 진공 가열이 가능하다.

66 농산물가공에 관한 설명 중 틀린 것은?

① 가공 원료에 따라 농산가공과 축산가공으로 나눌 수 있다.

② 달걀을 원료로 만드는 난가공은 축산가공에 속한다.

③ 햄이나 소시지는 미생물 발효를 이용한 축산가공품이다.

④ 버터나 치즈는 우유를 원료로 만드는 유가공품이다.

해설
- 햄 : 돼지고기의 뒤 넓적다리나 엉덩이 살을 소금에 절인(염지) 후, 훈연하여 만든 독특한 풍미와 방부성을 가진 가공식품
- 소시지 : 염지시킨 육을 육절기로 갈거나 세절한 것에 조미료, 향신료 등을 넣고 유화 또는 혼합한 것을 케이싱에 충전하여 훈연하거나 삶거나 가공한 것

67 세균농도가 10^5인 식품을 121.1℃(250°F)에서 10분간 가열한 후 잔존균수가 10^1이라고 하면 D값은 얼마인가?

① 1.0 ② 1.5

③ 2.0 ④ 2.5

해설
D값 : 세균수를 1/10로 줄이는데 필요한 시간(단위는 분)

68 지질 산화가 우려되는 건조식품의 포장재질 설계에 가장 적합한 포장 재료는?

① 나일론 ② 알루미늄 호일

③ 폴리염화비닐 ④ 폴리에스테르

69 독성물질이 인체 내에 들어오면 ADME 작용에 의해 체외로 배출된다. 다음 중 ADME 각 뜻을 잘못 설명한 것은?

① A : Approach

② D : Distribution

③ M : Metabolism

④ E : Excretion

해설
ADME
흡수(Absorption), 분포(Distribution), 대사(Metabolism), 배설(Excretion)을 묶어서 ADME라고 부른다.

70 식육의 냉동저장 중 일어나는 변화로 옳지 않은 것은?

① 동결된 식육 내의 얼음결정은 매우 안정하여 일단 형성된 다음에는 형태 변화가 일어나지 않는다.

② 부패팽창에 의한 조직손상은 동결속도에 따라 영향을 받으며, 완만한 냉동 시 더욱 심하게 나타난다.

③ 동결이 완료되면 식육성분의 재구성이 일어난다.

④ 비포장 식육에서는 냉동저장 중 수분이 곧바로 증발되어 중량감소가 일어난다.

71 생활협동조합 등 생산자 조직과 소비자 조직 간 유통의 특징이 아닌 것은?

① 직거래의 경제적 측면과 운동적 측면이 조화된 형태이다.

② 불특정 다수의 소비자에게 직접 판매하기 좋은 방식이다.

③ 생산자 조직과 소비자 조직 간 제휴·결합을 통해 유통되는 형태이다.

④ 도농교류를 통해 신뢰 확보가 가능한 형태이다.

해설

생활협동조합을 통한 유통은 생산자조직과 소비자조직 간의 제휴 결합을 통한 유통으로 직거래의 경제적 측면과 유기농업의 운동적 측면이 조화된 형태이다. 한살림 등 생협 유통의 대부분을 차지하고 있으며 주로 소비자회원의 주문에 따라 공급하는 형태를 취하고 있다.

72 광고매체 중 TV의 특징으로 옳지 않은 것은?

① 널리 보급하기 쉽다.

② 대상이 제한적이지 않다.

③ 비용 대비 효율이 좋다.

④ 미세한 목표 대상에 영향을 끼치는 데 효과적이다.

해설

④ 광고는 대중적인 매체이므로 미세한 목표 대상에 광고를 전달하기 어렵다.

73 미생물의 신속검출법이 아닌 것은?

① ATP 광측정법

② 표준평판도말법

③ DNA 증폭법

④ 형광항체 이용법

해설

② 표준평판도말법은 생균수를 측정하는 방법이다.

미생물의 신속검출법 : ATP 광측정법, DNA 증폭법, 형광항체 이용법, 염료환원법, DNA probe 사용법 등

74 다음 중 가열살균 시 식품에 열이 전달되는 속도가 빠른 순서로 옳은 것은?

① 액체식품 – 고체식품 – 유동성 있는 반고체상 식품

② 고체식품 – 유동성있는 반고체식품 – 액체식품

③ 유동성있는 반고체상 식품 – 액체식품 – 고체식품

④ 액체식품 – 유동성 있는 반고체상 식품 – 고체식품

75 마케팅의 4P 믹스에 해당되는 것은?

① 편리성

② 의사소통

③ 판매 촉진

④ 고객 가치

해설

마케팅의 4P 믹스

제품(Product), 가격(Price), 유통(Place), 촉진(Promotion)

76 세균포자 1,000,000개를 함유한 식품을 121.1℃에서 20분간 살균하여 처리 이후의 세균 수치가 처리 이전의 1/100이 되도록 감소시키기 위한 소요 시간은?

① 5분   ② 10분
③ 15분   ④ 20분

77 식품위해요인을 분석하고 중요관리점을 설정하여 식품안전을 관리하는 시스템은?

① CODEX   ② GMP
③ ISO 9001   ④ HACCP

해설
식품 및 축산물 안전관리인증기준(HACCP ; Hazard Analysis and Critical Control Point)
식품위생법 및 건강기능식품에 관한 법률에 따른 식품안전관리인증기준과 축산물 위생관리법에 따른 축산물 안전관리인증기준으로서, 식품(건강기능식품을 포함)ㆍ축산물의 원료 관리, 제조ㆍ가공ㆍ조리ㆍ선별ㆍ처리ㆍ포장ㆍ소분ㆍ보관ㆍ유통ㆍ판매의 모든 과정에서 위해한 물질이 식품 또는 축산물에 섞이거나 식품 또는 축산물이 오염되는 것을 방지하기 위하여 각 과정의 위해요소를 확인ㆍ평가하여 중점적으로 관리하는 기준을 말한다.

78 다양한 중간유통 서비스가 추가되어 유통마진이 커지게 되는 이유와 거리가 먼 것은?

① 시간적 간격   ② 장소적 간격
③ 독점적 간격   ④ 품질적 간격

해설
유통은 생산자와 소비자 간에 존재하는 장소적ㆍ시간적ㆍ소유권적ㆍ품질적ㆍ수량적 간격을 좁혀주는 기능을 수행한다.

79 주로 어패류를 통해 감염되며 우리나라에선 7~8월에 급증하는 감염병은?

① 비브리오 패혈증
② 살모넬라
③ 장염비브리오균
④ 바실러스 세레우스

해설
비브리오 불니피쿠스(*Vibrio vulnificus*)에 의해 발병하는 비브리오패혈증은 따뜻한 해수지역에서 채취된 해산물이 주요 오염원이다.

80 농산물 가격의 변동을 나타내는 거미집 이론의 가정으로 옳지 않은 것은?

① 시장에서 결정되는 가격에 대해 생산자는 순응적이다.
② 해당 연도의 생산계획은 전년도 가격에 기준을 두고 수립된다.
③ 가격의 변화와 생산량의 변화 간에는 일정 기간의 시차가 있다.
④ 수요와 공급곡선은 동태적이다.

해설
거미집모형은 농산물처럼 생산계획 수립시기와 수확시기에 시차가 큰 경우에는 생산자들은 금년 수확시기의 농산물 가격이 작년 가격과 같으리라 예상하기 쉬운데 이런 경우를 말하며, 전형적인 정태적 기대라고 할 수 있다.

얼마나 많은 사람들이
책 한 권을 읽음으로써
인생에 새로운 전기를 맞이했던가.

헨리 데이비드 소로

Win-Q 유기농업기사 · 산업기사 필기

개정2판2쇄 발행	2024년 01월 05일 (인쇄 2023년 12월 28일)
초 판 발 행	2022년 01월 03일 (인쇄 2021년 10월 15일)
발 행 인	박영일
책 임 편 집	이해욱
편 저	최광희
편 집 진 행	윤진영, 장윤경
표지디자인	권은경, 길전홍선
편집디자인	정경일
발 행 처	(주)시대고시기획
출 판 등 록	제10-1521호
주 소	서울시 마포구 큰우물로 75 [도화동 538 성지 B/D] 9F
전 화	1600-3600
팩 스	02-701-8823
홈 페 이 지	www.sdedu.co.kr
I S B N	979-11-383-5697-8(13520)
정 가	35,000원

SD에듀가 만든

기술직 공무원 합격 대비서

테크바이블 시리즈!
TECH BIBLE

기술직 공무원 건축계획
별판 | 30,000원

기술직 공무원 전기이론
별판 | 23,000원

기술직 공무원 전기기기
별판 | 23,000원

기술직 공무원 화학
별판 | 21,000원

기술직 공무원 재배학개론+식용작물
별판 | 35,000원

기술직 공무원 환경공학개론
별판 | 21,000원

한눈에 이해할 수 있도록
체계적으로 정리한 핵심이론

철저한 시험유형 파악으로
만든 필수확인문제

국가직·지방직 등
최신 기출문제와 상세 해설

기술직 공무원 기계일반
별판 | 23,000원

기술직 공무원 기계설계
별판 | 23,000원

기술직 공무원 물리
별판 | 22,000원

기술직 공무원 생물
별판 | 20,000원

기술직 공무원 임업경영
별판 | 20,000원

기술직 공무원 조림
별판 | 20,000원

※도서의 이미지와 가격은 변경될 수 있습니다.

산림·조경·농림 국가자격 시리즈

산림기사·산업기사 필기 한권으로 끝내기	4×6배판 / 45,000원
산림기사 필기 기출문제해설	4×6배판 / 24,000원
산림기사·산업기사 실기 한권으로 끝내기	4×6배판 / 24,000원
산림기능사 필기 한권으로 끝내기	4×6배판 / 28,000원
산림기능사 필기 기출문제해설	4×6배판 / 25,000원
조경기사 필기 한권으로 끝내기	4×6배판 / 38,000원
조경기사 필기 기출문제해설	4×6배판 / 35,000원
조경기사·산업기사 실기 한권으로 끝내기	국배판 / 40,000원
조경기능사 필기 한권으로 끝내기	4×6배판 / 26,000원
조경기능사 필기 기출문제해설	4×6배판 / 25,000원
조경기능사 실기 [조경작업]	8절 / 26,000원
식물보호기사·산업기사 필기 + 실기 한권으로 끝내기	4×6배판 / 40,000원
유기농업기능사 필기 한권으로 끝내기	4×6배판 / 29,000원
5일 완성 유기농업기능사 필기	8절 / 20,000원
농산물품질관리사 1차 한권으로 끝내기	4×6배판 / 40,000원
농산물품질관리사 2차 필답형 실기	4×6배판 / 31,000원
농산물품질관리사 1차 + 2차 기출문제집	4×6배판 / 27,000원
농·축·수산물 경매사 한권으로 끝내기	4×6배판 / 39,000원
축산기사·산업기사 필기 한권으로 끝내기	4×6배판 / 36,000원
가축인공수정사 필기 + 실기 한권으로 끝내기	4×6배판 / 35,000원
Win-Q(윙크) 조경기능사 필기	별판 / 25,000원
Win-Q(윙크) 유기농업기사·산업기사 필기	별판 / 35,000원
Win-Q(윙크) 유기농업기능사 필기 + 실기	별판 / 29,000원
Win-Q(윙크) 종자기사·산업기사 필기	별판 / 32,000원
Win-Q(윙크) 종자기능사 필기	별판 / 24,000원
Win-Q(윙크) 버섯종균기능사 필기	별판 / 21,000원
Win-Q(윙크) 화훼장식기능사 필기	별판 / 21,000원
Win-Q(윙크) 화훼장식산업기사 필기	별판 / 28,000원
Win-Q(윙크) 축산기능사 필기 + 실기	별판 / 24,000원

※ 도서의 가격은 변경될 수 있습니다.